Schmeil-Fitschen · Die Flora Deutschlands

Schmeil-Fitschen

Die Flora Deutschlands und angrenzender Länder

Ein Buch zum Bestimmen aller wildwachsenden und häufig kultivierten Gefäßpflanzen

98., überarbeitete und erweiterte Auflage

Herausgegeben von Gerald Parolly und Jens G. Rohwer

Bearbeitet von Michael Koltzenburg, Birgit Nordt, Gerald Parolly,
Jens G. Rohwer und Peter A. Schmidt

Mit Beiträgen von Gregor Aas, Peter F. J. Englmaier,
Andreas Fleischmann, Thomas Gregor, Klaus Kaplan,
Rico Kaufmann, Eckhard von Raab-Straube und Robert Vogt

Quelle & Meyer Verlag Wiebelsheim

Dr. Gerald Parolly
Freie Universität Berlin
Dahlem Centre of Plant Sciences (DCPS)
ZE Botanischer Garten und Botanisches Museum Berlin
Königin-Luise-Str. 6–8
14195 Berlin
g.parolly@bo.berlin

Prof. Dr. Jens G. Rohwer
Universität Hamburg
Institut für Pflanzenwissenschaften und Mikrobiologe
Ohnhorststr. 18
22609 Hamburg
Jens.Rohwer@uni-hamburg.de

Bibliografische Information der Deutschen Nationalbibliothek
Die Deutsche Nationalbibliothek verzeichnet diese Publikation in der Deutschen Nationalbibliografie; detaillierte bibliografische Angaben sind im Internet über http://dnb.d-nb.de abrufbar.

98., überarbeitete und erweiterte Auflage

www.quelle-meyer.de

Umschlagabbildungen: Michael Koltzenburg, Gerald Parolly, Jens G. Rohwer

Vorderseite:
Oben links: *Adonis vernalis* – Lebus, Brandenburg, Deutschland (G. Parolly); oben rechts: *Papaver dubium* – Rendbjerg bei Sonderburg, Dänemark (J. G. Rohwer); unten: *Carlina vulgaris* – Hirschauer Berg, Tübingen (M. Koltzenburg),
Rückseite:
Oben: *Glaux maritima* – Egeskov bei Sonderburg, Dänemark (J. G. Rohwer); unten links: *Succisa pratensis* – Botanischer Garten Hamburg (J. G. Rohwer); unten rechts: *Vaccinium vitis-idaea* – Speiereck, Lungau, Salzburg, Österreich (G. Parolly).

Die Zeichnungen stammen z.T. aus: „Licht: Einführung in die Pflanzenbestimmung", Quelle & Meyer Verlag 1995; „Schmidt/Schulz: Fitschen – Gehölzflora", Quelle & Meyer Verlag 2023; „Gutte/Hardtke/Schmidt: Die Flora Sachsens und angrenzender Gebiete", Quelle & Meyer Verlag 2013.

Druck und Verarbeitung: Buchdruck Zentrum, Prüm
Printed in Europe/Imprimé en Europe

ISBN 978-3-494-01943-7

Inhalt

Frühere Auflagen

1. Aufl., Dez. 1903: O. Schmeil & J. Fitschen „Flora von Deutschland. Ein Hilfsbuch zum Bestimmen der in dem Gebiete wildwachsenden und angebauten Pflanzen"
32. Aufl., 1923: alleiniger Bearbeiter wird J. Fitschen
37. Aufl., 1927: gründliche Neubearbeitung und Erweiterung durch J. Fitschen
50. Aufl., 1939: Jubiläumsausgabe, aber nur Überarbeitung (J. Fitschen)
64. Aufl., 1954: Neubearbeitung durch W. Rauh nach dem Tod von J. Fitschen
70. Aufl., 1960: Neubearbeitung durch W. Rauh, Bearbeitung der Compositen und Monokotylen durch K. Senghas
81. Aufl., 1967: Neubearbeitung und Gebietserweiterung („Flora von Deutschland und seinen angrenzenden Gebieten", noch ohne Österreich) durch W. Rauh und K. Senghas
87. Aufl., 1982: Gründliche Neubearbeitung und Erweiterung (ohne Gebietsänderung) durch W. Rauh und K. Senghas
89. Aufl., 1993: Gründliche Neubearbeitung und Gebietserweiterung um die österreichischen Bundesländer Oberösterreich, Steiermark, Kärnten sowie um Osttirol durch K. Senghas und S. Seybold
93. Aufl., 2006: Gründliche Neubearbeitung und Gebietserweiterung auf fast ganz Österreich durch S. Seybold
95. Aufl., 2011: Gründliche Überarbeitung und Gebietserweiterung auf die Schweiz, Liechtenstein, die Provinz Bozen und die Tschechische Republik durch S. Seybold
96. Aufl., 2016: Völlige Neubearbeitung und Erweiterung durch Michael Koltzenburg, Gerald Parolly, Jens G. Rohwer, Peter A. Schmidt und Siegmund Seybold mit Beiträgen von Andreas Fleischmann, Birgit Nordt, Eckhard von Raab-Straube und Robert Vogt
97. Aufl., 2019: Überarbeitung und Erweiterung durch Michael Koltzenburg, Gerald Parolly, Jens G. Rohwer und Peter A. Schmidt mit Beiträgen von Andreas Fleischmann, Birgit Nordt, Eckhard von Raab-Straube und Robert Vogt

Viele Auflagen waren unveränderte Nachdrucke, einige waren „durchgesehen", z. B. die 84., 86., 88., 90. und 92. Aufl.

Vorwort

Mit großer Freude legen wir nach vergleichsweise kurzer Zeit die 98. Auflage des Schmeil-Fitschen vor, die den Namen einer aktualisierten und erweiterten Neuauflage vollauf verdient. Die wichtigsten Leitlinien und Konzepte der Flora fassen wir im Kapitel „Allgemeines zum Aufbau und Inhalt der Flora" (s. S. 1 ff.) zusammen.

Durch das Engagement Vieler hat sich einmal mehr erfreulich viel getan und der Schmeil-Fitschen ist in dreifacher Weise gewachsen: Zunächst sichtbar im Format – etwas größer, dafür weniger voluminös. Dieser Zuwachs korreliert mit der Aufnahme von knapp 400 zusätzlichen Sippen, sodass sich mit der vorliegenden Bestimmungsflora nun über 5450 Arten und Unterarten (und seltener Varietäten) der heimischen Flora bestimmen lassen. Die Zunahme des Artenspektrums hätte im alten Format die Nutzbarkeit beeinträchtigt – das Buch wäre einfach zu dick geworden. Einen Teil der neu aufgenommenen Taxa verdanken wir nicht zuletzt der Tatsache, dass wir für einige kritische Gattungen Fachbearbeiter gewinnen konnten (s. unten), so dass auch die Zahl der an unserem Projekt Mitwirkenden angewachsen ist. Und natürlich hat gerade auch in diesen Gruppen die Qualität und Tiefe der Bearbeitung stark gewonnen.

An vielen Stellen erfolgten strukturelle Überarbeitungen der Haupt-, Familien- und Gattungsschlüssel, teilweise um bereits bekannte Fehler und Bestimmungsschwierigkeiten zu entschärfen, häufig aber auch, weil neu aufgenommene Taxa oder allgemeine Fortschritte bei der Kenntnis über die Taxonomie und Nomenklatur der behandelten Sippen Anpassungen verlangten. Wie immer lagen die Entscheidungen über die taxonomischen Konzepte und Ergänzungen in den Händen der Bearbeiter*innen. Reaktionsschluss für alle wichtigeren inhaltlichen Änderungen war Dezember 2021/Januar 2022. Ihm lag die ursprüngliche Planung zugrunde, diese Neuauflage zum Frühjahrsbeginn 2023 auszuliefern. Aus vertriebstechnischen Gründen hat der Verlag allerdings die Entscheidung treffen müssen, den Auslieferungstermin auf Anfang 2024 zu verschieben. Diese Entscheidung fiel, nachdem das Manuskript bereits in der ersten Korrekturschleife war, sodass danach neuere Literatur nur noch sehr punktuell berücksichtigt werden konnte.

Viele hunderte kleiner und kleinster Korrekturen und Ergänzungen sind nicht sofort zu entdecken, aber wesentlich für die qualitative Weiterentwicklung des Schmeil-Fitschen. Sie betreffen Verbreitungs- und Statusangaben, Hinweise auf ähnliche Arten sowie die Giftwirkung und Nutzbarkeit von Pflanzen. Oft wurden die Beschreibungen der Pflanzen, Standortangaben und deutsche Büchernamen präzisiert oder die Betonung der wissenschaftlichen Namen verbessert. In diesem Zug konnten mehr als 200 Abbildungen, die Bestimmungsmerkmale illustrieren, durch neu geschaffene ausgetauscht oder ergänzt werden. Nicht zuletzt wurden bei den Farbtafeln rund ein Drittel aller Scans durch aussagekräftigere ersetzt.

Erneut haben wir viel Zeit und Energie aufgewendet, um die Bestimmungsschlüssel und das ganze Werk exakter und zugleich benutzerfreundlicher zu machen. Das Abkürzungsverzeichnis (s. vorderes Vorsatz) wurde diesbezüglich überarbeitet und die Erklärung der botanischen Fachausdrücke kritisch durchgesehen. Auch wurden einige einleitende Kapitel (S. 1–26) revidiert und aktualisiert. Das Literaturverzeichnis haben wir neu organisiert und referenzieren u. a. die Quellen der neu hinzugekommenen Abbildungen.

Bei den Verbreitungsangaben zeichnet sich für das Gesamtgebiet eine erste Konsolidierung ab: Während die Flora Deutschlands und Österreichs in dem auf S. 3–4 skizzierten Rahmen vollständig abgedeckt sein sollte, sind von unserem östlichen Nachbarland Polen mindestens die Arten der drei westlichsten Woiwodschaften berücksichtigt. Auch das Arteninventar der böhmischen Verwaltungsgebiete der Tschechischen Republik nähert sich der Vollständigkeit. Etwas anders sieht es für die Schweizer Anteile des Florengebietes aus. Wiederum konnten für die Ostschweiz viele Fundortdaten, dem Online-Atlas und der Checkliste für die Flora der Schweiz (Checklist 2017; www.infoflora.ch/) folgend, ergänzt werden. Dennoch ist hier sicherlich noch nicht für jede Sippe bei den Verbreitungsangaben Vollständigkeit erreicht, besonders bei den nicht-autochthonen Florenanteilen. Eine vertiefte Durcharbeitung der Sippeninventare und Verbreitungsdaten der Benelux-Staaten und Dänemarks für einige Pflanzengruppen steht noch aus, doch wurden auch hier zahlreiche Ergänzungen vorgenommen.

Eine echte Sisyphos-Arbeit ist es, die im Gebiet sich einbürgernden Sippen zu erfassen (s. auch S. 23–24), da ihre Zahl stetig steigt, zugleich aber die Datenlage innerhalb des Gebietes durchaus unterschiedlich sein kann. Diesmal wurden rund 200 Taxa neu aufgenommen. Sowohl bei den eingeschleppten und mittlerweile Eingebürgerten als auch unter den verwilderten Zier- und Kulturpflanzen fanden sich Arten, die in den bisherigen Auflagen fehlten. Bei der – schon wegen der schieren Masse subjektiven – Auswahl ließen wir uns häufig von den in Zuschriften und Rezensionen geäußerten Wünschen und Kritikpunkten leiten. Freilich mussten gerade bei Zierpflanzen, die keine Verwilderungstendenzen zeigen, der Neuaufnahme aus Zeit- und Platzgründen enge Grenzen gesetzt werden.

Ohnehin verdanken wir zahlreiche Verbesserungsvorschläge einem wachsenden Kreis von Nutzerinnen und Nutzern, die sich im Praxistest intensiv an der Fehlersuche beteiligen und uns in freundlich-motivierender Weise über ihre Funde informieren. Auch für die Neuauflage freuen uns über reges Feedback, selbst wenn wir nicht immer allen Hinweisen und Wünschen entsprechen werden können. Wie schon für die 97. Auflage werden die relevanteren Verbesserungen auf der Homepage des Quelle & Meyer Verlags (unter Service/Downloads/Korrigenda zu Schmeil-Fitschen, 98. Auflage) zum Herunterladen bereitgestellt.

Wir möchten aber auch nicht verschweigen, dass sich für die 98. Auflage nicht alle zuvor anvisierten Änderungen realisieren ließen – zumal unter den während der Bearbeitungszeit gegebenen pandemischen Bedingungen und den daraus resultierenden Mehrbelastungen im Team. Beispielsweise warten einige schwierige Gattungen wie *Hieracium*, *Oenothera*, *Pilosella*, *Rubus* oder *Taraxacum* weiterhin auf ihre Überarbeitungen durch Expert*innen; Änderungen bei diesen Gruppen beschränkten sich aus pragmatischen Gründen auf das Allernotwendigste.

Aber was wäre der Schmeil-Fitschen ohne seine engagierten Bearbeiter*innen?! Michael Koltzenburg (Tübingen), Birgit Nordt (BGBM Berlin) und Peter A. Schmidt (Coswig) zeichnen neben den Herausgebern für den „harten Kern" unseres Teams als Hauptbearbeiter. Wiederum unterstützten uns einige Fachkollegen, die kleinere oder größere Gruppen bearbeiteten wie Gregor Aas (ÖBG Bayreuth), Thomas Gregor (Senckenberg Frankfurt), Andreas Fleischmann (BSM München), Robert Vogt und Eckhard von Raab-Straube (beide BGBM Berlin). Als neu im Team begrüßen wir Peter Franz Josef Englmaier (Wien), Klaus Kaplan (Bad Bentheim) und Rico Kaufmann (Bad Wildbad). Die Aufgabenverteilung ist aus dem Verzeichnis der Bearbeiter*innen (S. IX–X) zu ersehen.

Wiederum illustrieren 32 instruktive Farbtafeln von Frau Ingeborg Niesler (Hamburg) wichtige Bestimmungsmerkmale. Allen sei hier für die konstruktive und entspannte Zusammenarbeit gedankt.

Ein besonders herzlicher Dank geht an unsere Lektorin, Frau Claudia Huber (Erfurt), die das Manuskript äußerst sorgfältig redigiert und viele Verbesserungs- und Gestaltungsideen eingebracht hat. Sie hat uns auch durch diese Auflage begleitet und ganz wesentlich dazu beigetragen, unsere Flora zu verbessern und den „ganzen Laden" zusammenzuhalten.

Unserem Verleger, Herrn Gerhard Stahl, danken wir für sein „offenes Ohr" bezüglich unserer Ausstattungswünsche bei der Weiterentwicklung des Schmeil-Fitschen.

Und auch da sprechen wir sicher für Alle: Ein dickes Dankeschön an unsere Familien, die verständnisvoll unsere langen physischen und geistigen Abwesenheiten durch das Bearbeiten der Neuauflage ertragen haben.

Der Schmeil-Fitschen versteht sich als benutzerfreundliche und möglichst aktuelle und vollständige Exkursionsflora für einen großen Teil Mitteleuropas. Für die 98. Auflage haben sich Bearbeiter*innen und Herausgeber bemüht, dieses Profil zu schärfen und neue Impulse zu setzen auf dem gemeinsamen Weg der konzeptionellen und strukturellen Weiterentwicklung dieses Traditionswerkes. Wir hoffen auf eine intensive Benutzung, positive Aufnahme und konstruktive Kritik.

Berlin und Hamburg im April 2022/August 2023

Gerald Parolly, Jens Rohwer

Verzeichnis der Bearbeiterinnen und Bearbeiter

Hauptbearbeiter

Michael Koltzenburg – Wahlhau 36, 72070 Tübingen – mail@saxifraga.de

Tabelle I
Lycopodiales – Selaginellales – Isoëtales – Equisetales – Ophioglossales – Osmundales – Hymenophyllales – Salviniales – Polypodiales – Commelinales – Poales (mit Ausnahme Poaceae: Vorschlüssel core-Loliinae, *Drymochloa, Festuca, Lolium*) – Saxifragales – Cucurbitales – Oxalidales – Euphorbiaceae – Elatinaceae – Linaceae – Hypericaceae – Geraniales – Myrtales – Ericales – Plantaginaceae

Birgit Nordt – Freie Universität Berlin, Dahlem Centre of Plant Sciences (DCPS), ZE Botanischer Garten und Botanisches Museum Berlin-Dahlem, Königin-Luise-Str. 6–8, 14195 Berlin – b.nordt@bo.berlin

Zygophyllales, Fabales, Malvales, Apiales

Dr. Gerald Parolly – Freie Universität Berlin, Dahlem Centre of Plant Sciences (DCPS), ZE Botanischer Garten und Botanisches Museum Berlin-Dahlem, Königin-Luise-Str. 6–8, 14195 Berlin – g.parolly@bo.berlin

Vorwort – Grundlegendes zum Aufbau und Inhalt der Flora: Grundbegriffe, Leitlinien und Konzepte – Allgemeines zum Bestimmen und Sammeln von Pflanzen – Bemerkungen zur Flora und Vegetation des Gebiets
Acorales – Alismatales – Dioscoreales – Liliales – Asparagales – Arecales – Violaceae – Brassicales – Caryophyllales (mit Ausnahme der Droseraceae) – Asterales (mit Ausnahme von Cardueae [excl. *Centaurea* u. *Cyanus*], Cichorioideae, *Leucanthemum* s. ampl.) – Dipsacales

Prof. Dr. Jens G. Rohwer – Institut für Pflanzenwissenschaften und Mikrobiologie, Ohnhorststr. 18, 22609 Hamburg – Jens.Rohwer@uni-hamburg.de

Erklärung der botanischen Fachausdrücke – Tabellenschlüssel – Tabelle zum Bestimmen der Hauptgruppen –Tabellen III–X und XII
Nymphaeales – Piperales – Laurales – Ceratophyllales – Ranunculales – Rosales (mit Ausnahme von *Alchemilla, Aronia, Comarum, Cormus, Cotoneaster, Crataegus, Dasiphora, Drymocallis, Potentilla, Rosa, Rubus, Sorbus, Spiraea*) – Gentianales – Boraginales – Solanales – Lamiales (mit Ausnahme der Oleaceae, Plantaginaceae, Orobanchaceae und Lentibulariaceae sowie der Gattung *Thymus,* Lamiaceae)

Prof. em. Dr. Peter A. Schmidt – Am Wasserwerk 24, 01640 Coswig – peteraschmidt@yahoo.de

Tabelle II, Tabelle XI
Pinales – Gnetaten – Rosaceae: *Aronia, Cormus, Cotoneaster, Crataegus, Rubus, Sorbus, Spiraea* – Fagales – Celastrales – Salicaceae (mit Ausnahme von *Salix*) – Sapindales – Santalales – Cornales – Oleaceae – Lamiaceae: *Thymus* – Aquifoliales

Bearbeiter weiterer Gruppen

Dr. Gregor Aas – Ökologisch-Botanischer Garten, Universität Bayreuth, 95440 Bayreuth – gregor.aas@uni-bayreuth.de

Salicaceae: *Salix*

Prof. Dr. Peter Franz Josef Englmaier – OECONSULT Sachverständigenbüro für ökologische Wissenschaften, Einsiedlergasse 23/8, A-1050 Wien – peter.franz.josef.englmaier@univie.ac.at

Poaceae: Vorschlüssel core-Loliinae, *Drymochloa, Festuca, Lolium*

Dr. Andreas Fleischmann – Botanische Staatssammlung München, Menzinger Str. 67, 80638 München – fleischmann@snsb.de

Droseraceae, Orobanchaceae, Lentibulariaceae

Dr. Thomas Gregor – Senckenberg, Forschungsinstitut und Naturmuseum – Abt. Botanik und molekulare Evolutionsforschung, Senckenberganlage 25, 60325 Frankfurt – thomas.gregor@senckenberg.de

Rosaceae: *Comarum, Dasiphora, Drymocallis, Potentilla*

Dr. Klaus Kaplan – Am Berghang 17, 48455 Bad Bentheim – ovkap@t-online.de

Rosaceae: *Rosa*

Dr. Rico Kaufmann – Freudenstädter Straße 29, 75323 Bad Wildbad – rico.kaufmann@mail.de

Rosaceae: *Alchemilla*

Dr. Eckhard von Raab-Straube – Freie Universität Berlin, Dahlem Centre of Plant Sciences (DCPS), ZE Botanischer Garten und Botanisches Museum Berlin-Dahlem, Königin-Luise-Str. 6–8, 14195 Berlin – e.raab-straube@bo.berlin

Cardueae (excl. *Centaurea* u. *Cyanus*) – Cichorioideae

Dr. Robert Vogt – Freie Universität Berlin, Dahlem Centre of Plant Sciences (DCPS), ZE Botanischer Garten und Botanisches Museum Berlin-Dahlem, Königin-Luise-Str. 6–8, 14195 Berlin – r.vogt@bo.berlin

Leucanthemum s. ampl.

Farbtafeln

Dr. Ingeborg Niesler – 22549 Hamburg – Niesler@gmx.de

Grundlegendes zum Aufbau und Inhalt der Flora – Begriffe, Leitlinien und Konzepte

Der Schmeil-Fitschen deckt mit vergleichsweise einfach zu benutzenden Bestimmungsschlüsseln ein großes, über ein einzelnes Staatengebilde hinausreichendes Gebiet ab. Durch seinen hohen Grad an Vollständigkeit war und ist es also möglich, sich mit einem einzigen, geländetauglichen Band zuverlässig über die Flora Deutschlands und der angrenzenden Gebiete zu informieren. Diese Stärken der Grundkonzeption werden auch zukünftig konsequent weiterentwickelt.

1. Grundbegriffe: Systematik, Taxonomie und Nomenklatur

Systematik und Taxonomie

Heute sind rund 400 000 Arten von Gefäßpflanzen bekannt; fortlaufend werden besonders in wenig erforschten Ländern neue entdeckt und beschrieben. Um diese Vielfalt auf der Grundlage von Verwandtschaftsbeziehungen zu klassifizieren und in das „System der Pflanzen" einordnen zu können (Systematik = Verwandtschaftsforschung), hat man das gesamte Pflanzenreich in systematische Einheiten, sog. Taxa (Einzahl: Taxon; deutsch: Sippe), unterteilt. Taxon und Sippe sind dabei neutrale, rangstufenunabhängige Bezeichnungen. Derartige abgrenzbare biologische Einheiten können innerhalb des Systems hierarchisch abgestuften Rangstufen zugeordnet werden (Taxonomie).

Die Grundeinheit der biologischen Systematik ist die **Art** (species). In ihr werden alle jene Individuen, einschließlich ihrer Vorfahren und Nachkommen, zusammengefasst, die sich untereinander in wesentlichen, erblich konstanten Merkmalen gleichen und sich von anderen, nächstverwandten Arten unterscheiden. Eine Art kann also nur durch den Vergleich mit einer anderen erfasst und abgegrenzt werden. Die Art ist jedoch nicht die kleinste taxonomische Einheit. Sie kann je nach dem Grad ihrer Merkmalsvariabilität weiter in **Unterarten** (subspecies = subsp.), **Varietäten** (varietas = var.) und **Formen** (forma – fo.) gegliedert werden.

Häufig wird in Übereinstimmung mit den Standardreferenzen von der Möglichkeit Gebrauch gemacht, sog. „Sammelarten" (Kollektivarten, hier als **Artengruppe** oder **Aggregat,** abgekürzt agg., bezeichnet) in **Kleinarten** aufzugliedern. Kleinarten erfahren die gleiche nomenklatorische Behandlung wie Arten. Oft liegt es allein im Ermessen des Spezialisten, eine formenreiche Artengruppe in mehrere Kleinarten oder in eine Art mit Unterarten zu unterteilen. Bei einer Gliederung eines Aggregats in Kleinarten erhält die namensgebende Art meist den Zusatz s. str. (sensu stricto = im engeren Sinn). Bei einer Gliederung in Unterarten bekommt die Unterart, die den Typus der Art einschließt, als Namen die Wiederholung der Artbezeichnung (Epitheton, z. B. *Carex atrata* L. subsp. *atrata*). Beispiele für solche in ihrer stammesgeschichtlichen (phylogenetischen) Entwicklung stabilisierten Verhältnisse von Artengruppen oder Gruppen von Unterarten – etwa durch Entstehung von getrennt vorkommenden Öko- oder Chromosomentypen – liefern u. a. die Gattungen *Ranunculus, Rhinanthus, Melampyrum, Thymus, Myosotis, Achillea, Centaurea, Epipactis, Carex, Bromus, Poa, Festuca* und *Stipa*.

Untereinheiten einer Art oder auch Artengruppe treten häufig räumlich voneinander getrennt auf oder sie wachsen an verschiedenen Standorten. Im Falle von Unterarten spricht man von **geographischen** oder **ökologischen Rassen**, die sich auch morphologisch unterscheiden lassen. Allgemein ist zu beobachten, dass nah verwandte Sippen sich in verschiedenen Gebieten oder Lebensräumen stellenäquivalent vertreten. So werden die Felsspalten- und Steinschuttfluren der Hochlagen der Alpen von drei geographisch getrennten Felsenmieren (Gattung *Facchinia*) besiedelt, die zudem eine Substratdifferenzierung aufweisen. Die Rion-Felsenmiere (*F. herniarioides*) kommt nur in der West-Schweiz und auf Silikat vor, die anderen beiden – Unterarten der Polster-Felsenmiere (*F. cherlerioides*) – auf Kalk. Wir haben es mit ökologisch unterschiedlich eingenischten Kleinarten zu tun. Innerhalb der letztgenannten Art werden die subsp. *aretioides* (Nördliche Polster-Felsenmiere, Nördliche Kalk-Alpen) und die subsp. *cherlerioides* (Südliche Polster-Felsenmiere, Südliche Kalk-Alpen) unterschieden (S. 580). Oft haben morphologisch schwierig zu unterscheidende **vikariierende** Sippen – wechselseitiger, geographisch oder ökologisch bedingter Ausschluss im Vorkommen – auch unterschiedliche Chromosomenzahlen (besonders Ploidiestufen).

Alle Arten, die mehrere gemeinsame Merkmale erkennen lassen und näher miteinander verwandt sind, werden zur nächsthöheren taxonomischen Einheit, der **Gattung**, zusammengefasst. Mehrere Gattungen können ihrerseits in wesentlichen Merkmalen miteinander übereinstimmen, sodass sie zu einer **Familie**, der nächsten übergeordneten Hauptrangstufe, vereinigt werden können. Jeder Pflanzenfamilie ist in diesem Buch eine kurze Charakteristik der typischen Merkmale ihrer mitteleuropäischen Vertreter vorangestellt. Mehrere Familien werden zu **Ordnungen**, mehrere Ordnungen zu **Klassen**, mehrere Klassen zu **Unterabteilungen** und diese zu **Abteilungen** zusammengefasst. So gehört beispielsweise die Familie der Kieferngewächse (Pinaceae) zur Ordnung der Kiefernartigen (Pinales), diese zur Klasse der Coniferopsida, den Nadelgehölzen und Gnetumähnlichen, diese Klasse zu den Gymnospermen (Nacktsamer) und diese wiederum zur Unterabteilung Spermatophytina, den Samenpflanzen.

Wissenschaftliche und deutsche Namen

Alle systematischen Einheiten werden mit wissenschaftlichen Namen belegt, die in ihrer Bildung (unabhängig von ihrer sprachlichen Herkunft) lateinischen Sprachregeln folgen. Nur diese Namen sind international eindeutig und anerkannt, während die deutschen Pflanzennamen (echte Volksnamen und deutsche Büchernamen) hingegen oft von Gebiet zu Gebiet wechseln und unverbindlich bleiben. Carl von Linné hat 1753 die **binäre Nomenklatur** für Arten eingeführt. Hierbei kennzeichnet der erste (großgeschriebene) Name die Gattung, und in Verbindung mit dem zweiten (kleingeschriebenen), dem Epitheton, die Art. Die Gattungs- und Artnamen sowie die Namen auf Rangstufen unterhalb der Art stehen in diesem Bestimmungsbuch jeweils in Kursivdruck.

An die wissenschaftlichen Pflanzennamen schließen sich die Namen derjenigen Personen (Einzelpersonen od. Autorenteams, m/w/d) an, welche die Namen der Art – und jeder anderen systematischen Einheit – zuerst gültig veröffentlicht haben. Häufig steht vor dem (oder den) Autorennamen noch ein weiterer in Klammern. Hierdurch wird ausgedrückt, dass der so verwendete Name vom sog. „Klammerautor" geprägt worden ist, aber vom nachfolgenden Autor entweder in eine neue Rangstufe (Kategorie) oder aber in eine andere Gattung versetzt worden ist. Der Klammerautor hat damit das sog. Basionym (den Grundnamen) begründet, der vom nachfolgenden Autor bei dessen Umkombination den internationalen Nomenklaturregeln zufolge (meist) beibehalten werden muss.

Wie in vielen wissenschaftlichen Werken üblich, werden hier die Autorenbezeichnungen (nomenklatorische Autorennamen, Autorenzitate) nach Brummitt & Powell (gedruckte Version von 1992: „Authors of plant names" oder online auf der Seite des International Plant Names Index, kurz IPNI, *https://www.ipni.org/*) abgekürzt und standardisiert.

Die nomenklatorischen Autorennamen stellen keinen festen Bestandteil des Namens dar und beziehen sich ausschließlich auf diesen Namen und nicht auf den Inhalt des Taxons, d. h. seine Umgrenzung. Trotzdem hat ihre Angabe hier eine gewisse Berechtigung, etwa um Namensverwechslungen bei gleichlautenden wissenschaftlichen Namen (sog. Homonyme) nach Doppel- oder Mehrfachbeschreibungen zu vermeiden oder um eine stark abgekürzte Version des vollständigen Literaturzitats zu haben, das zum sog. Protolog führt. Das Autorenzitat reflektiert, gerade wenn zusätzlich Synonyme genannt werden, zugleich einen Teil der jeweiligen Taxonomiegeschichte.

Als **Synonyme** bezeichnet man Namen, die neben den hier verwendeten zusätzlich vorhanden sind. Sie sind als solche korrekte Namen, wenn durch sie nur eine andere Meinung über den Status eines Taxons ausgedrückt wird (taxonomische Synonyme). Sie sind aber – häufiger – inkorrekt, z. B. dann, wenn eine Pflanze (Gattung oder Art) zwei- oder gar mehrmals beschrieben und benannt worden ist. Korrekt (legitim) ist dann jeweils nur der älteste Name (Prioritätsregel). Synonyme finden sich im vorliegenden Buch in eckigen Klammern und im Kursivdruck jeweils am Ende der Kurzbeschreibung der Taxa. Wir haben uns bemüht, jene Synonyme anzuführen, die einen Vergleich mit anderen, auch älteren, Florenwerken des geographisch abgedeckten Gebiets ermöglichen oder abweichende taxonomische Auffassungen über den Verwandtschaftskreis widerspiegeln. Die Synonymie sollte kurz gehalten werden und sich möglichst auf abweichende Namen in den Referenzwerken (für Deutschland auch Jäger 2017 bzw. Müller et al. 2021) beschränken. Sofern das Basionym eines Namens in einer der Standardfloren Verwendung findet, wird es üblicherweise zuerst genannt.

Als Hilfe zur richtigen Aussprache sind die wissenschaftlichen Namen mit Betonungszeichen (Unterstreichungen) versehen. Diese sind kein Bestandteil der Namen und werden nur bei der ersten

Nennung eines Namens im Bestimmungsteil („Tabellen zum Bestimmen der Gattungen und Arten", ab S. 123) angegeben.

In Hinblick auf die Nutzerfreundlichkeit (bessere Einprägsamkeit) werden für alle Taxa bis hinab zur Rangstufe der Unterart deutsche Namen angeboten. Diese Trivialnamen sind nur in den wenigsten Fällen echte Volksnamen (Vernakularnamen), sondern meist künstlich gebildet (sog. deutsche Büchernamen) und vielfach Nachschöpfungen der wissenschaftlichen Namen. Die Namen wurden weitgehend mit den o.g. Quellen abgeglichen; in Ausnahmefällen erfolgten eigene übersetzende Eindeutschungen.

Für die Bildung der deutschen Namen gibt es keine verbindlichen Regeln, aber sie ist dennoch weitgehend konsistent erfolgt. Die Familiennamen erkennt man an der Endung -gewächse (z.B. Kreuzblütengewächse, Brassicaceae). Die deutschen Gattungsnamen bestehen aus einem Wort, z.B. heißt die Gattung *Alyssum* auf Deutsch Steinkraut. Die deutschen Artnamen sind wie ihre wissenschaftlichen Vorbilder üblicherweise Kombinationen aus einem Gattungsnamen und einem die Art kennzeichnenden Zusatzwort (Epitheton). Ist letzteres ein Substantiv, wird der Name mit Bindestrich geschrieben; *Alyssum montanum* wird so entsprechend zum Berg-Steinkraut. Im Falle eines Adjektivs bedarf es zweier Wörter, beide mit großen Anfangsbuchstaben geschrieben: Auf Deutsch heißt *Alyssum repens* Kriechendes Steinkraut. Ausnahmen von diesen Regeln stellen die volkstümlichen Artnamen dar, die in einem Wort ohne Bindestrich geschrieben werden (z.B. Buschwindröschen und nicht: Busch-Windröschen, *Anemone nemorosa*). Bei den Namen der Unterarten kommt es entweder zu trinominalen Gebilden (dreiteiligen Namen), die den Artnamen aufgreifen und durch ein weiteres Zusatzwort ergänzen, oder es gibt in der Literatur bereits verwendete kürzere (binominale/binäre und doch eindeutige) Namen wie im Fall von *Alyssum montanum* subsp. *gmelinii*, dessen Name entweder als Gmelin-Berg-Steinkraut eingedeutscht werden könnte oder Dünen-Steinkraut lautet. Für die Nominatunterart *Alyssum montanum* subsp. *montanum* bietet sich die Bezeichnung Eigentliches Berg-Steinkraut an. Besonders im Fall von Unterartnamen aus zwei adjektivischen Zusatzworten wurde jedoch meist vorgezogen, die Nominatunterart mit einem nachgestellten, eingeklammerten und abgekürzten „im engeren Sinne" (i.e.S.) zu kennzeichnen. Uns ist bewusst, dass v.a. die dreiteiligen Büchernamen als sperrig empfunden werden können. Bei diesem Angebot überwiegt aber der didaktische Vorteil im Sinne einer Merkhilfe.

2. Behandeltes Gebiet: Der geographische Geltungsbereich der Flora und die Organisation der Verbreitungsdaten

Das Gebiet, das die vorliegende Exkursionsflora umfasst („Schmeil-Fitschen-Gebiet") geht deutlich über die Grenzen von Deutschland hinaus, indem es die direkt angrenzenden, naturräumlich ähnlichen Nachbargebiete berücksichtigt. Im Norden werden Dänemark und im Westen die Benelux-Staaten (Belgien, Niederlande und Luxemburg), das Elsass (mit Oberrheinischer Tiefebene, Jura alsacien und Vogesen) floristisch vollständig abgedeckt. Im Süden erstreckt sich das „Schmeil-Fitschen-Gebiet" über größere Teile der Ostalpen und ihres Vorlandes (östliche Kantone der Schweiz, Liechtenstein, Österreich, Italien: Provinz Bozen), die pannonischen Landesteile Österreichs miteingeschlossen. Damit ist die Flora Österreichs weitestgehend erfasst. Im Osten umgreift der von der Flora behandelte Raum in Polen die drei westlichsten Woiwodschaften, namentlich Województwo zachodniopomorskie (Westpommern), Województwo lubuskie (Lebus) und Województwo dolnośląskie (Niederschlesien) und in der Tschechischen Republik einen mindestens 100 km breiten Streifen entlang der deutschen Grenze, inklusive des Böhmerwalds und der Sudeten.

Die Karte auf der nächsten Seite illustriert die Abgrenzung des Gebiets und listet die in der Flora verwendeten geographischen Abkürzungen für die administrativen Einheiten auf. Die Karte auf dem hinteren Vorsatzblatt des Buches zeigt die wichtigsten Landschaften, Flüsse und Gebirge des Gebietes.

Für alle oben genannten Bereiche wurden Floren und Checklisten ausgewertet. Aufgrund der naturräumlichen Gegebenheiten und der Pflanzenverbreitung kann unser Bestimmungsbuch aber sicherlich in einem noch größerem geographischen Raum benutzt werden: Es dürfte im Prinzip für fast ganz Nord- und Westfrankreich, im südlichen Skandinavien, großen Teilen des polnischen Tieflands und in den Randgebieten Ungarns und der Slowakei zuverlässige Bestimmungsergebnisse liefern,

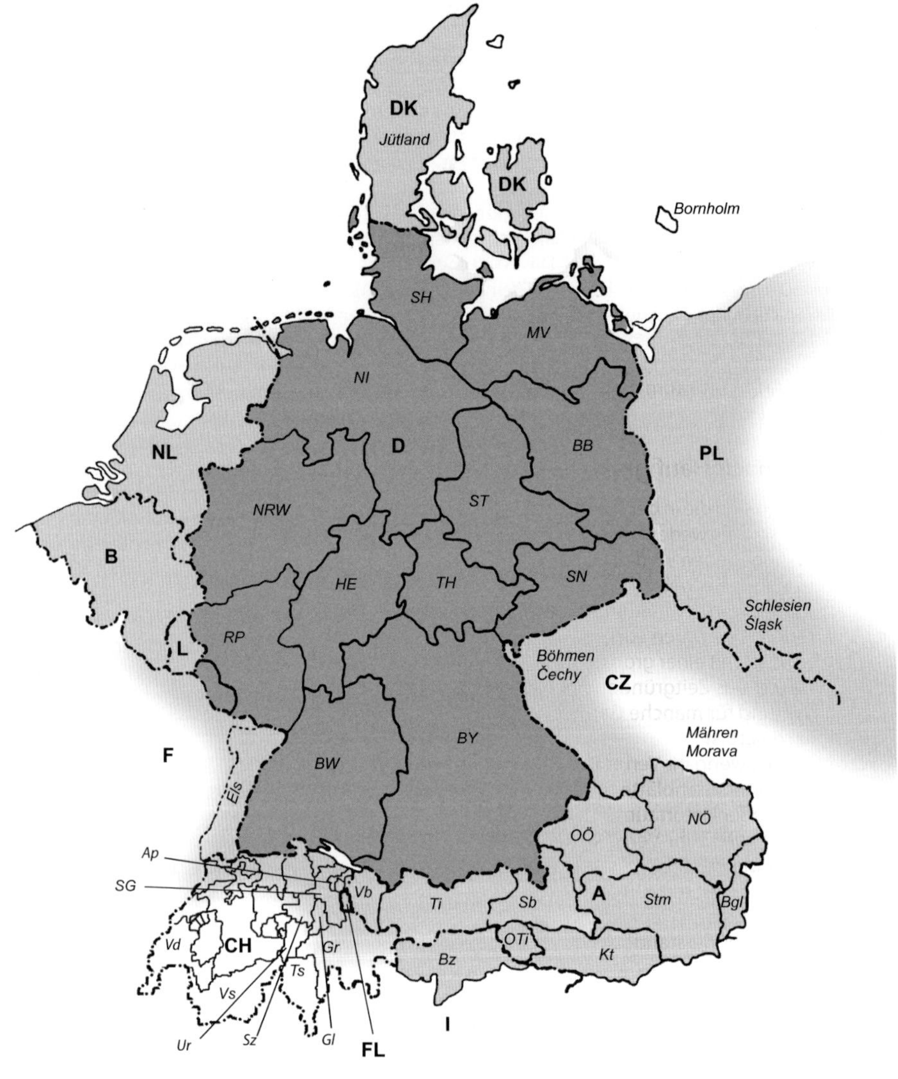

Im Text verwendete Abkürzungen

A	Österreich
Ap	Appenzell
B	Belgien
BB	Brandenburg + Berlin
Bgl	Burgenland
BW	Baden-Württemberg
BY	Bayern
BZ	Provinz Bozen
CH	Schweiz
CZ	Tschechische Republik
DK	Dänemark
D	Deutschland
Els	Elsass
F	Frankreich
FL	Liechtenstein
Gl	Glarus
Gr	Graubünden
HE	Hessen
I	Italien
Kt	Kärnten
L	Luxemburg
MV	Mecklenburg-Vorpommern
NI	Niedersachsen + Bremen
NL	Niederlande
NÖ	Niederösterreich + Wien
NRW	Nordrhein-Westfalen
OÖ	Oberösterreich
OTi	Osttirol
Pf	Pfalz
PL	Polen
RP	Rheinland-Pfalz + Saarland
Sb	Salzburg
SG	St. Gallen
SH	Schleswig-Holstein + Hamburg
SN	Sachsen

um im Südosten in den Weiten der Puszta und an den Hochlagen der Tatra und der Karpaten seine endgültige Anwendungsgrenze zu finden. Gleiches gilt für die Süd- und Westalpen, deren floristische Besonderheiten nicht Thema des Schmeil-Fitschen sind.

Die Verbreitungsangaben in dieser Flora sollen so kurz wie möglich sein. Bei weitverbreiteten Arten sind sie mit dem Hinweis auf bestimmte Regionen oder naturräumliche Einheiten umrissen. Wächst die Art im gesamten „Schmeil-Fitschen-Gebiet" (d. h. in allen abgedeckten Ländern), steht oft nur: „im gesamten Gebiet" oder gar nur ein „*v*" (für verbreitet). Die Verbreitungsangaben sind also oft mit Häufigkeitsangaben kombiniert (s. 3.)

Die Anordnung der Verbreitungsdaten (Länder/Bundesländer oder vergleichbare administrative Einheiten und Fundorte) erfolgt in alphabetischer Sortierung. Dem Titel und der Ausrichtung der Flora entsprechend sind die Angaben für Deutschland zuerst aufgeführt. Bislang wird nur bei Bedarf für Deutschland, Österreich und die Schweiz die Verbreitung weiter nach administrativen Einheiten (wie Bundesländern oder Kantonen) untergliedert. Für alle anderen Gebiete wird derzeit nur das Länderkürzel genannt. Bei seltenen und kleinräumig verbreiteten Arten kann in allen Fällen noch eine genauere Fundortsangabe folgen. Umgekehrt lassen sich gerade für selten verwilderte, gebietsfremde Arten oft kaum mehr als länderbezogene Angaben liefern.

3. Angaben zur Häufigkeit der Pflanzen

Wie zu erwarten sind die in der vorliegenden Flora aufgeführten Pflanzenarten unterschiedlich häufig zu finden. Sie sind entweder im gesamten Gebiet gleichmäßig verteilt oder auf eng umgrenzte Areale beschränkt. Angegeben wird die Dichte der Vorkommen innerhalb eines Gebietes ohne Bezug zur Individuenzahl. Idealerweise ließe sich die Häufigkeit auf der Basis von Messtischblatt-Rasterangaben abschätzen, wie sie in Verbreitungsatlanten Verwendung findet. Da nicht für alle Gebiete (angrenzende Länder) derartige Daten vorliegen, stammen die meisten Angaben aus den Standardfloren. Wir arbeiten bewusst mit einer groben Skala (in Vereinfachung einer Skala aus Jäger 2017 bzw. Müller et al. 2021), da u. a. aus Zeitgründen noch keine konsistente Überarbeitung aller Häufigkeitsangaben möglich war (und für manche Gebiete aufgrund der Datenlage noch längere Zeit nicht sein wird).

Eine Pflanzenart ist

- **verbreitet** (*v*), wenn ihr Verbreitungsgebiet keine oder nur regionale Lücken aufweist und sie in > 40 % aller Messtischblätter des Gebiets (Gesamtgebiet oder eingegrenztes Teilgebiet wie z. B. Bundesland oder Naturraum) vorkommt;
- **zerstreut** (*z*), wenn ihr Verbreitungsgebiet von größeren Lücken unterbrochen ist und sie in 6–40 % aller Messtischblätter des Gebiets (Gesamtgebiet oder eingegrenztes Teilgebiet wie z. B. Bundesland oder Naturraum) vorkommt;
- **selten** (*s*), wenn sie im Gebiet nur an wenigen Fundpunkten und oft nur an begrenzt verfügbaren ökologischen Sonderstandorten auftritt und in ≤ 5 % aller Messtischblätter des Gebiets (Gesamtgebiet oder eingegrenztes Teilgebiet wie z. B. Bundesland oder Naturraum) vorkommt;
- **fehlend** (*f*), wenn sie in dem (den) genannten Gebiet(en) überhaupt nicht vorkommt.

Gelegentlich wird eine Häufigkeitsangabe durch ein „sehr" noch betont.

Im Text verwendete Abkürzungen (Forts.)

ST	Sachsen-Anhalt	Afr.	Afrika	Ob.	Ober-, z. B. Ob.Allgäu
Stm	Steiermark	Am.	Amerika	Unt.	Unter-, z. B. Unt.Fr
Sz	Schwyz	As.	Asien	M-	Mittel-, mittlere/-r/-s, z. B. M-Eur.
TH	Thüringen	Eur.	Europa	N	Nord(en)
Ti	Tirol	europ.	europäisch/-e/-er	O	Ost(en)
Ts	Tessin	HI	Halbinsel	S	Süd(en)
Ur	Uri	MMG	Mittelmeergebiet	W	West(en)
Vb	Vorarlberg			Z	Zentral-, z. B. Z-As.
Vd	Waadt				
Vs	Wallis				

4. Berücksichtigte Sippen oder: Die Grenzen der Vollständigkeit

Aus den unterschiedlichsten Gründen kann keine Flora für sich Vollständigkeit reklamieren. Es ist daher wichtig, die Grenzen der Vollständigkeit des vorliegenden Bestimmungswerkes klar zu benennen: Mit diesem Buch lassen sich ausschließlich Gefäßpflanzen, also Farne, Farnverwandte und Samenpflanzen, bestimmen und dies üblicherweise bis zum Niveau von Arten und Unterarten. Varietäten und Formen werden nur selten aufgeführt, und wenn, dann meist bei bestimmungskritischen Pflanzengruppen, bei denen zugleich noch erheblicher Forschungsbedarf besteht (z. B. *Rosa*). Ebenso sind nur vergleichsweise wenige **Hybriden**, d. h. Kreuzungen (Bastarde, im Text mit × gekennzeichnet) zwischen zwei verschiedenen Arten aufgenommen worden. Entgegen der Konvention trennen wir aus Gründen der besseren Lesbarkeit das vorangestellte „Hybrid-ד mit einem Leerzeichen vom Pflanzennamen ab. Bei Gattungen, in denen häufig Hybridbildung erfolgt, wird zumindest darauf hingewiesen. Arten stehen im Schlüssel in Grundschrift, Klein- und Unterarten sind durch Kleinschrift kenntlich gemacht.

Nach dem im Untertitel anklingendem Selbstverständnis will der Schmeil-Fitschen „Ein Buch zum Bestimmen aller wildwachsenden und häufig kultivierten Gefäßpflanzen" sein – dies im geographisch oben umrissenen Raum. Neben allen einheimischen Pflanzen sollten also die dort dauerhaft etablierten Sippen ebenso berücksichtigt sein wie – fast selbstverständlich – jene kleine Auswahl an Zier- und Kulturpflanzen, die eine klare Tendenz zeigen, regional besonders häufig zu verwildern. Spätestens bei der „Auswahl" wird es notwendigerweise subjektiv, doch für den „wildwachsenden" Florenbestand gibt es härtere Kriterien.

Seit der 96. Auflage orientiert sich der Schmeil-Fitschen für das Kerngebiet am Artenbestand des „Verbreitungsatlas der Farn- und Blütenpflanzen Deutschlands" (2013), der in der Deutschlandflora (*www.deutschlandflora.de/*) und in FloraWeb (*www.floraweb.de/*) kontinuierlich auf dem neuesten Stand gehalten wird. Für die angrenzenden Gebiete gelten die einschlägigen, im Literaturverzeichnis genannten Länderfloren als Referenz. Alle darin enthaltenen wildwachsenden Sippen sollten dementsprechend zumindest als Synonym Aufnahme gefunden haben.

Deutlich kritischer steht es um den Versuch, sich bei den eingebürgerten Pflanzen um Vollständigkeit zu bemühen (zur Definition von „eingebürgert" und weiterer Begriffe zum Thema Indigenat s. S. 23). Richtig ist: Die 98. Auflage des Schmeil-Fitschen berücksichtigt mehr Neophyten als je zuvor, was nochmals zur Erhöhung der Gesamtartenzahl im Vergleich zur vorangehenden Auflage beiträgt. Aufgenommen wurden möglichst Arten, die laut „Verbreitungsatlas", der gedruckten „Liste der Gefäßpflanzen Deutschlands" (Buttler et al. 2018) und der „Florenliste von Deutschland" (Hand et al. 2019, online unter *www.kp-buttler.de/florenliste*) in Deutschland eingebürgert sind. Maßgeblich bei der Manuskriptabfassung für die vorliegende Auflage war bei der „Florenliste" die 11. Version (die am 29.01.2022 publizierte 12. Version erschien zu spät, um noch Berücksichtigung zu finden).

Aber auch so haben wir sicherlich (noch) nicht alle Sippen erfasst und regionale Besonderheiten vernachlässigt. Wichtig ist zu verstehen, dass die floristischen Statusangaben bezüglich der Einbürgerung stetigen Veränderungen unterliegen, sodass auch in Zukunft regelmäßig Ergänzungen und Änderungen notwendig sein werden. Ausschließlich in den Nachbarländern eingebürgerte Pflanzenarten wurden nur ausnahmsweise aufgenommen, am ehesten dann, wenn sie in Deutschland zumindest als Unbeständige auftreten. Gelegentlich wurde auch der einfachen, wenngleich im Einzelfall stets zu überprüfenden Logik gefolgt, dass in den atlantischen, frostärmeren Anrainergebieten wie Belgien und den Niederlanden erfolgreiche Neubürger zeitnah auch in Deutschland auftreten könnten. In diesem Zusammenhang sei auf das „Manual of the Alien Plants of Belgium" (*https://alienplantsbelgium.myspecies.info/*) als wichtige Internetquelle verwiesen. Neben dem nicht immer klar zu fassendem Einbürgerungskriterium hat uns noch ein weiterer Aspekt immer wieder einmal bewogen, die eigenen Regeln flexibel zu handhaben. Denn ist es nicht wahrscheinlicher, dass wir im Gelände auf eine eher häufige, aber im Gebiet stets unbeständige Pflanze treffen und diese bestimmen wollen, als auf eine Sippe, die seit Jahrzehnten nur in einem winzigen Gebiet eingebürgert ist?

In der letzten Auflage haben wir das Bearbeitungsgebiet der Flora etwas verkleinert, aber der Versuchung widerstanden, bereits ausgeschlüsselte Taxa wieder zu streichen, nur weil sie nach der derzeitigen Umgrenzung des „Schmeil-Fitschen-Gebiets" wegfallen würden. Die Erfahrung lehrt, dass

Floren und die floristische Erfassung ebenso dynamisch sind wie die wechselnden geographischen Umgrenzungen des Schmeil-Fitschen.

Traditionell ermöglicht der Schmeil-Fitschen die Bestimmung von Gefäßpflanzen im Gelände. Die Beurteilung der Bestimmungsmerkmale der Pflanzen verlangt dabei häufig die Benutzung einer 8–20-fach vergrößernden Handlupe. Verwandtschaftskreise, deren sichere Bestimmung stärkere Vergrößerungen oder sonstigen apparativen Aufwand erfordert, lassen sich mit unserem Bestimmungsbuch oft nur bis auf die Ebene einer Artengruppe oder einer Art bestimmen (auf das Auftreten von untergeordneten Taxa wird dann hingewiesen, z. B. bei *Portulaca oleracea*).

Es gibt eine Reihe von Gattungen, die noch in lebhafter Entwicklung begriffen und deshalb außerordentlich formenreich sind. Sie werden z. T. in **Sammelarten** bzw. **Artengruppen** gegliedert und in sehr viele, oft nur nach intensiver Einarbeitung zu bestimmende **Kleinarten** aufgespalten. Wer sich eingehender mit diesen beschäftigen will, muss zur Spezialliteratur greifen, benötigt ein Vergleichsherbarium und den Austausch mit Gleichgesinnten. Die ganze Vielfalt dieser Gruppen (oft mit speziellen Reproduktionssystemen u. abweichenden Artkonzepten) erschließt sich ohnehin nur einem kleinen Kreis von Fachleuten mit manchmal auch divergierenden Auffassungen über den Wert von (biologischen) taxonomischen Einheiten.

Um nicht den Rahmen der einbändig und einsteigerfreundlich konzipierten Exkursionsflora zu sprengen, gehen wir bei derartigen, sog. „bestimmungskritischen Verwandtschaftskreisen“ bewusst einen Weg der Zurückhaltung und Vereinfachung. Wir führen nur die Artengruppen auf und verschlüsseln eine – auch als solche gekennzeichnete – Auswahl an häufigen Arten. Dieses Vorgehen wurde v. a. bei *Hieracium*, *Oenothera*, *Pilosella*, *Ranunculus auricomus* agg., *Rubus fruticosus* s. ampl., *Sorbus* s. ampl. und *Taraxacum* gewählt. Ebenfalls nicht vollständig aufgeschlüsselt, wenn auch deutlich umfangreicher als in der 97. Auflage behandelt, ist die schwierige Gattung *Alchemilla*, während das Sippeninventar von *Festuca* nun weitgehend vollständig sein dürfte. Analog wurde auch auf die Darstellung einiger Sippen auf Klein- oder Unterartniveau innerhalb von ansonsten besser bekannter Pflanzengruppen verzichtet.

Die auf diese Weise nicht behandelten Sippen belaufen sich grob geschätzt auf weit über 2 500 für das ganze Gebiet. In den Gattungen *Rubus* und *Taraxacum* kommen jeweils mehr als 400 Sippen allein in Deutschland vor (Müller et al. 2016), für die Habichtskräuter der Gattungen *Hieracium* und *Pilosella* listet Gottschlich (2020) über 200 Arten und mehr als 1 560 Unterarten! Bevor hier allerdings durch diese Zahlen die allgemeine Nutzbarkeit unserer Exkursionsflora in Frage gestellt wird: Der Klassifikation der hier nicht berücksichtigten, überwiegend apomiktischen Pflanzengruppen liegen andere evolutionäre Bedingungen und Artkonzepte zugrunde. Und: Es gibt ohnehin nur äußerst wenige Spezialistinnen und Spezialisten, die diese Vielfalt angemessen erfassen können.

Andererseits haben wir aber eine ganze Reihe bestimmungskritischer und durchaus umstrittener Sippen ausgeschlüsselt (z. B. einige Poaceae; *Dactylorhiza, Epipactis, Rosa, Scilla* s. l.), v. a., um ihren taxonomischen Wert zu testen, ihre Erfassung im Gelände zu ermöglichen und so den Kenntnisstand über die Sippen zu verbessern. Bestimmbar sind – oder sollten es im Idealfall sein – zumindest alle der weit mehr als 3 000 im „Verbreitungsatlas der Farn- und Blütenpflanzen Deutschlands“ genannten Sippen, sowie ca. 2 000 weitere, nur in den angrenzenden Gebieten verbreiteten Arten und Unterarten (und/oder Kleinarten) aus dem Kerngebiet. Insgesamt lassen sich derzeit rund 5 460 Sippen in 1 020 Gattungen mit dem aktuellen Schmeil-Fitschen bestimmen.

5. Weitere taxonomische und systematische Konzepte im Schmeil-Fitschen

Die Taxonomie der Pflanzen ist in einem steten Wandel begriffen, seit Jahren beschleunigt durch den breiten Einsatz molekularer Methoden bei der Verwandtschaftsforschung. Mit der Ausrichtung des aufzunehmenden Florenbestandes auf die Online-Version des „Verbreitungsatlas der Farn- und Blütenpflanzen Deutschlands“ (siehe oben) bzw. die „Florenliste von Deutschland“ (*www.kp-buttler.de/florenliste*) gab sich der Schmeil-Fitschen erstmalig zugleich ein zumindest deutschlandweites taxonomisch-nomenklatorisches Bezugssystem. Für die angrenzenden Gebiete dienen die Länderfloren als taxonomische Referenz, für die Schweiz der Online-Atlas und die Checkliste für die Flora der Schweiz (Checklist 2017; *www.infoflora.ch/*). Die anfängliche und weitgehende Angleichung der Taxonomie und Nomenklatur an den „Verbreitungsatlas“ war ein wichtiger Zwischenschritt für die Aktualisierung der 96. Auflage. Schon seit der 97. und mehr noch mit der vorliegenden Auflage kommen vermehrt abweichende taxonomische Auffassungen bei der Bearbeitung einzelner Gruppen zum Tragen. In der Praxis erforderte manchmal schon der größere geographische Bezugsrahmen taxonomische Anpassungen.

Oft waren das Euro+Med Plantbase Project (*ww2.bgbm.org/EuroPlusMed/query.asp* und *https://europlusmed.org/*), der Blick in die Nachbarfloren, die taxonomischen Auffassungen, die in den Zeitschriften Kochia (für Hand et al. 2019ff, Florenliste von Deutschland), Schlechtendahlia (für Müller et al., Rothmaler – Exkursionsflora von Deutschland, 2021) oder Neilreichia (für Fischer et al., Exkursionsflora für Österreich, Liechtenstein, Südtirol, 2008) vertreten wurden, oder die aktuelle, jeweils bei den Gattungsbearbeitungen zitierte Fachliteratur eine Entscheidungshilfe. Nach wie vor viele Impulse lieferten die referierenden Arbeiten von Kadereit et al. (2016) über die den Monophyliekriterien genügenden Gattungen innerhalb der deutschen Flora und die von Hernández-Ledesma et al. (2015) über die Familien- und Gattungsabgrenzung bei den Caryophyllales. Ihren Vorschlägen sind wir v. a. gefolgt, wenn es gut begründete Merkmale gab, um die „neueren“ (oft auch: die wieder akzeptierten und zwischenzeitlich als Synonyme aufgefassten Segregate) zu charakterisieren. Diese Veröffentlichungen waren selbst dann wichtig, wenn wir weiterhin ein traditionelles, paraphyletisches Gattungskonzept bevorzugt haben und weitere, die molekularen Studien bestätigende Ergebnisse abwarten wollen. Wir haben in diesen Fällen, wann immer es geraten schien, Kommentare mit Literaturzitaten zu den Konzepten angebracht und die Synonymie gegebenenfalls erweitert, um alternative Taxonomien abzudecken.

Die einzelnen Teile der Flora wurden von den beteiligten Mitarbeiter(inne)n unabhängig überarbeitet. Der Bearbeitungsgrad kann sich daher bezüglich der Tiefe des Floreninventars und der Aktualität unterscheiden und die verwendete Taxonomie und Nomenklatur muss nicht notwendigerweise der taxonomischen Auffassung der (einzelnen) Herausgeber entsprechen.

Innerhalb der Familien, deren Umgrenzung sich bei den Angiospermen (Bedecktsamern) meist nah an der APG IV-Klassifikation orientiert, erfolgt die Anordnung der Gattungen alphabetisch. APG IV steht dabei für die vierte Klassifikationsversion der Angiosperm Phylogeny Group, s. beispielweise Chase et al. (2016) und Stevens (2001ff, Angiosperm Phylogeny Website, Version 14, July 2017 [and more or less continuously updated since] sowie *http://www.mobot.org/MOBOT/research/APweb/*). Dieser Ansatz gliedert die Angiospermen in 64 Ordnungen und 416 Familien. Die im Schmeil-Fitschen behandelten Pflanzengruppen und ihre Klassifikation sind im folgenden zusammengefasst.

Das der Flora zugrunde liegende System der Pflanzen

Das System folgt bei den Pteridophyten und Gymnospermen Kadereit et al. (2014), bei den Angiospermen überwiegend der APG IV-Klassifikation (Chase et al. 2016).

6. Sonstige Angaben

Neben den in Deutschland gesetzlich besonders und streng geschützten Arten (nach BArtSchVO/Bundesartenschutzverordnung) werden als zusätzlicher Service für die Nutzer(innen) auch diejenigen Pflanzenarten gekennzeichnet, die in den Anhängen II, IV und V der Fauna-Flora-Habitat-Richtlinie aufgelistet sind.

Die „Richtlinie 92/43/EWG des Rates vom 21. Mai 1992 zur Erhaltung der natürlichen Lebensräume sowie der wildlebenden Tiere und Pflanzen" (kurz: FFH-Richtlinie) der Europäischen Union zielt auf die Sicherung und den Schutz wildlebender Arten von gemeinschaftlichem Interesse, deren Lebensräume und die europaweite Vernetzung dieser Lebensräume. Anhang II umfasst Arten, für deren Erhaltung besondere Schutzgebiete ausgewiesen werden müssen. Anhang IV ist eine Liste der Arten, die unter dem besonderen Rechtsschutz der EU stehen, weil sie selten und schützenswert sind. Da die Gefahr besteht, dass die Vorkommen dieser Arten für immer verloren gehen, dürfen ihre Habitate nicht beeinträchtigt werden. Anhang V listet Arten, für deren Entnahme aus der Natur besondere Regelungen zu treffen sind.

Zusätzlich werden die besonders invasiven Pflanzenarten laut der „Liste invasiver gebietsfremder Arten von unionsweiter Bedeutung (Unionsliste)" gekennzeichnet (*www.bfn.de/publikationen/bfn-schriften/bfn-schriften-574-die-invasiven-gebietsfremden-arten-der-unionsliste*). Diese benennt EU-weit diejenigen Tier- und Pflanzenarten, die mit ihrer Ausbreitung Lebensräume, Arten oder Ökosysteme beeinträchtigen und daher der biologischen Vielfalt schaden können. Bezüglich gebietsfremder Arten in der Schweiz sei auf *https://www.infoflora.ch/de/assets/content/documents/neophyten/uw-2220-d-iga.pdf* verwiesen.

Außerdem werden giftige Pflanzen gekennzeichnet.

Allgemeines zum Bestimmen und Sammeln von Pflanzen

1. Hinweise zum Bestimmen und Sammeln von Pflanzen

Eine sichere Bestimmung der Pflanzen wird durch Beachtung der folgenden Hinweise erleichtert:

➤ **Mehrere, normal und vollständig ausgebildete Exemplare betrachten**, um nicht von gelegentlich auftretenden abnormalen Ausbildungen, Zahlen- und Größenverhältnissen oder Missbildungen fehlgeleitet zu werden.

Die „größte und schönste" Blüte ist häufig untypisch! Zu vermeiden sind durch Tierfraß, Mahd, Düngung oder Parasiten (Pilzinfektionen, Gallen) in ihrem Aussehen veränderte Pflanzen. Probleme können Farbabweichungen bereiten; bei vielen Sippen mit bunten Schaublättern können vereinzelt (lokal vielleicht sogar häufiger) auch Exemplare mit weißen auftreten, ohne dass dies jeweils in den Schlüsseln erwähnt wird.

➤ **Nur Pflanzenmaterial verwenden, das es erlaubt, alle (oder möglichst viele) Merkmale zu studieren.**

- Häufig braucht man zum Bestimmen nicht nur **blühende, sondern auch fruchtende Triebe** in verschiedenen Entwicklungsstadien. Die Vertreter mehrerer Familien (z. B. Apiaceae, Asteraceae, Brassicaceae, Fabaceae) und zahlreicher Gattungen (z. B. *Carex*, *Polygonum*, *Valerianella*) lassen sich oft nur mit reifen Früchten bestimmen. Bei den Gefäßkryptogamen ist ebenfalls meist fertiles Material, idealerweise mit reifen Sporen, nötig. Das Indusium vieler Farne ist aber im noch unreifen Zustand besser ausgebildet.
- Besitzt eine Pflanze **eingeschlechtige** und **zweihäusig verteilte** Blüten, so sollte immer nach Pflanzen des jeweils anderen Geschlechts gesucht werden, auch wenn wir uns bemüht haben, die Bestimmung nach nur einem Geschlecht zu ermöglichen.
- Sofern es sich um krautige Pflanzen handelt, sind stets die **Grundblätter** (wenn vorhanden) zu beachten (und sammeln), da diese sich von den Stängelblättern unterscheiden können. Bei größeren Pflanzen, von denen nur kleinere Stücke mitgenommen werden können, achte man auf die **Stängelbasis** (verholzt oder krautig) und möglichst auf die Beschaffenheit der unterirdischen Organe (ob Ausläufer, Rhizome, Zwiebeln, Knollen usw.). Oft reicht es bereits, die Erde rings um den Stängel zu lockern, um sich über die Merkmalsausprägung im Wurzelbereich zu orientieren. Wir haben bei der Auswahl der Merkmale (ganz besonders bei geschützten oder seltenen Arten wie z. B. den Orchideen) Wert darauf gelegt, dass die Bestimmung der Sippen möglich ist, ohne die Pflanzen zu beschädigen; die Bestimmung wird dadurch teilweise etwas schwieriger. Bei Gruppen, bei denen z. B. die Zwiebel- bzw. Knollenmerkmale für die sichere Artansprache unbedingt notwendig sind (z. B. bei *Gagea* bzw. *Crocus*), ist es durchaus möglich, einzelne Exemplare vorsichtig zu entnehmen und nach dem Bestimmen wieder einzupflanzen. Dabei sollte man sich unbedingt vorher informieren, in welchen Familien und Gattungen mit geschützten Arten (®) zu rechnen ist.
- Beim Bestimmen und Sammeln von Parasiten, insbesondere Sommerwurz-Arten (*Orobanche* i. w. S.; s. S. 703ff), ist stets auf die sie umgebenden **Wirtspflanzen** zu achten (ggf. durch Ausgraben die Verbindung zwischen Wirt und Parasiten prüfen) und zu notieren, da diese für die spätere Bestimmung wichtig sind.

➤ **Den Charakter des Stand- und Fundorts einbeziehen.** Standortdaten wie Meereshöhe, Exposition, Geologie, Boden, Vegetation und Störungsregime beachten und notieren, um sie vor Ort oder später mit der Standortangabe in der Artbeschreibung zu vergleichen. Zum Absichern des Bestimmungsergebnisses sind auch die Verbreitungsangaben zu konsultieren. Zu starke Abweichungen sind nicht die Regel; daher kritisch überprüfen, bevor man eine Gebirgssippe feuchter Standorte als Nachweis für einen norddeutschen Trockenrasen akzeptiert!

➤ **Die Bewertung von Größen- und Maßangaben sowie Blütezeiten in der Beschreibung der Taxa können gelegentlich zu Schwierigkeiten führen.** Zunächst muss festhalten werden, dass wir es mit biologischen Organismen zu tun haben, die innerhalb ihres Verbreitungsgebietes auf die jeweiligen, nicht zuletzt auch höhenabhängigen Klima- und Standortbedingungen (und Witterungssituationen) reagieren. Extremwerte (Ausreißer) kommen immer wieder mal vor und können gelegentlich außerhalb der hier für die einzelnen Taxa angegebenen Werte (Intervalle) liegen. Dennoch sollte man hellhörig werden (Verdacht auf Fehlbestimmung), wenn Messwerte und Blütezeiten allzu weit von den Angaben in der Flora abweichen!

Einige der Werte in den Intervallangaben sind dahingehend abgestuft, dass zusätzlich Extremwerte in Klammern genannt werden. Auch wenn die Werte über eine lange Folge von Auflagen aus den unterschiedlichsten Quellen (Handbücher, Floren, Monographien) kompiliert wurden und diese Quellen sich oft über die Datenqualität ausschweigen, ist es realistisch anzunehmen, dass die Werte in den Klammern im schlechtesten Fall der 10 %-Perzentile entsprechen, d. h., die nicht eingeklammerten Angaben treffen auf ≥ 80 % aller Exemplare der Sippe zu.

In dieser Hinsicht mögen (wieder unter Berücksichtigung der Nutzung von Literatur ohne Angaben zum Stichprobenumfang bei der Datenerhebung!) Anhaltspunkte für das Verständnis für die unscharfen relativierenden Häufigkeitsangaben von Merkmalen hilfreich sein. Wir verwenden folgende Kategorien: Selten (< 10 %); zuweilen, gelegentlich (< 20 %); überwiegend (> 50 %) und meist (> 80 %).

➤ **Theoretische Vorbereitung.** Bevor mit dem eigentlichen Bestimmen nach den Tabellen begonnen wird, orientiert man sich über den Bau der Pflanze wie **Blattstellung, Form der Blätter, Verzweigung, Art der Infloreszenzen (Blütenstände)** und v. a. m. und hält sich dabei am besten an die Erklärung der botanischen Fachausdrücke (s. S. 27ff).

➤ **Um den Bau einer Blüte genau kennenzulernen,** wird diese, wenn nötig, in ihre einzelnen Teile zerlegt. Es ist erforderlich, stets mehrere Blüten zu untersuchen, denn gelegentlich weisen einzelne vom Normalen abweichende Zahlenverhältnisse ihrer Organkreise auf. Beim Studium des Feinbaus der Blüte und anderer Pflanzenteile helfen eine 10–15(–20)-fach vergrößernde Lupe (ideal im Gelände ist eine Einschlaglupe, die an einer Kordel um den Hals getragen werden kann), Präpariernadeln, eine spitze Pinzette und ein kleines Skalpell oder eine Rasierklinge oder ein scharfes Taschenmesser.

Um zu entscheiden, ob ein Kelch vorhanden ist, müssen gelegentlich die Blütenknospen herangezogen werden. Es gibt Pflanzen (z. B. Papaveraceae), bei denen der Kelch früh abfällt und nur an Blütenknospen nachzuweisen ist.

➤ **Merkmale notieren.** Wird nicht ausschließlich im Gelände bestimmt, empfehlen sich Notizen, die alle Merkmale der Pflanze umfassen sollten, die zu einem späteren Zeitpunkt nicht mehr vorhanden sein mögen: Habitusbeschreibungen und Beschreibung fehlender Teile von Pflanzen, die zu groß sind, um als Ganzes gesammelt zu werden; Farben von Blüten und Blütenteilen, die sich beim herbarmäßigen Trocknen verändern können; dreidimensionale Strukturen, die nach beim Pressen oft nur noch schwer zu erkennen sind; Geruch. Zum Festhalten dieser Angaben, die bei Herbarbelegen auch auf die Etiketten zu übernehmen sind, sollte ein Notizbuch („Feldbuch") anstelle von losen Blättern verwendet werden. Dabei erhalten die Pflanzen und die korrespondierenden Notizen im Feldbuch (dauerhaft) eine verknüpfende Nummer.

➤ **Pflanzen beim Transport vor dem Verwelken schützen,** wenn sie nicht an Ort und Stelle bestimmt werden. Hierzu eignen sich Plastiktüten, besonders verschließ- und mehrfach verwendbare Tiefkühlbeutel (früher gab es zu diesem Zweck spezielle Blechkästen, die sog. Botanisiertrommeln). Gerade bei zarten und kleinen Pflanzen empfiehlt es sich, sie von Anfang an nummeriert und von Erdresten befreit einzeln in kleine Tüten zu stecken, statt Pflanzen aller Größen zusammen in eine große Tüte zu packen.

➤ **Vergleichssammlung anlegen.** Wer sich eine umfassende Pflanzenkenntnis aneignen und ähnliche Pflanzen immer wieder vergleichen möchte, dem sei die Anlage eines Herbars empfohlen. Man benutze zum Trocknen des gesammelten Pflanzenmaterials (Belege) z. B. Pflanzenpressen mit Deckeln aus zwei Sperrholzplatten mit Lüftungslöchern und Spanngurten oder käufliche Gitterpressen und lege die Pflanzen zwischen Zeitungen oder spezielles, besonders saugfähiges Pflanzentrockenpapier (Filzpapier). Beim Einlegen ist darauf zu achten, dass die Belege mit ihren Sammelnummern oder Geländedaten versehen werden (Pflanzen mit kleinen Anhängeetiketten versehen oder Notizen auf dem Einlagebogen, der bis zur Montage dann um den Beleg bleiben muss), um Informationsverluste zu vermeiden.

Um während des Trocknens ein Verschimmeln der Belege zu verhindern, wird die Presse an einem sonnigen, luftigen Ort aufgestellt und häufiger das saugfähige Zwischenpapier gewechselt. Wellpappen zwischen den einzelnen Bögen verbessern die Durchlüftung. Sind die Pflanzen trocken, werden sie auf weißes, steifes und möglichst säurefreies Papier („Spannbogen") z. B. mit Hilfe von mit Weißleim aufgeklebten Papierstreifen (kein durchsichtiges Klebeband!) aufgezogen („montiert") und etikettiert. Abfallende oder bei der Bestimmung abgelöste Pflanzenteile werden in kleine, kuvertähnliche Papiertaschen („Kapseln") gelegt und zusammen mit Pflanze und Etikett auf den Spannbogen montiert.

Auf dem **Etikett** sind sofort **Fundort** (jeweils exakte Angaben: Land, Bundesland o. Ä., untergeordnete administrative Einheiten, Lokalität, Koordinaten und/oder der dem Fundort nächstgelegene größere Ort, der sich auf einer Landkarte wiederfinden lässt, Höhe über NN.), **Standort** (jeweils exakte Angaben wie Topographie, Hangneigung, Geologie, Boden, Vegetation), **Sammler, Sammeldatum** und die ergänzenden Notizen zu vermerken. Die Bestimmungsergebnisse (Name der Pflanze), der Name der Person, die die Pflanze bestimmt hat sowie die verwendete Bestimmungsliteratur (als taxonomische Referenz) können gegebenenfalls auch später ergänzt werden.

Wenngleich mit etwas Erfahrung sorgfältig getrocknete Pflanzen gut bestimmt werden können, erleichtert frisches Material die ersten Bestimmungsversuche erheblich.

➤ Um **Sicherheit im Bestimmen** zu bekommen, sollte man regelmäßig üben. Es empfiehlt sich, mit Pflanzen zu beginnen, deren Namen bereits bekannt sind (Vorkenntnisse, Bilderbücher, Botanische Gärten). Zum Abschluss einer Bestimmung lohnt sich (anfangs und bei bestimmungskritischen Pflanzen immer) ein selbstkritischer Abgleich des Bestimmungsergebnisses mit guten Abbildungen (z. B. Aeschimann et al. 2004; Haeupler & Muer 2007; Jäger et al. 2017) und in schwierigeren Fällen ein Vergleich mit weiterer Literatur. Von den meisten Arten sind auch über eine Bildersuche im Internet sehr gute Abbildungen zu finden, allerdings besteht dort abseits verlässlicher Portale vielfach die Gefahr, auf falsch bestimmte Fotos zu treffen. Am Ende des Literaturverzeichnisses listen wir eine Auswahl wichtiger zuverlässiger Onlineressourcen auf (S. 858).

2. Rechtlicher Rahmen und eigene Verantwortung

Ein **Sammeln von Pflanzen**, sei es zu ihrer Bestimmung oder wissenschaftlichen Bearbeitung und Dokumentation des Vorkommens für ein Herbarium, muss unter Beachtung der nationalen (in Deutschland BNatSchG, BArtSchVO) und internationalen (EG-ArtenschutzVO, FFH-Richtlinie der EU, Washingtoner Artenschutzabkommen/CITES) **Arten- und Naturschutzbestimmungen** erfolgen. Grundsätzlich darf in der Bundesrepublik Deutschland jede Person wild lebende Pflanzen oder Teile davon aus der Natur an Stellen, die keinem Betretungsverbot unterliegen, pfleglich entnehmen.

Verboten ist jedoch das Sammeln in Nationalparks, Naturschutzgebieten (NSG; damit auch in Kern- und Pflegezonen von Biosphärenreservaten) und Flächennaturdenkmalen (FND). Aus Artenschutzgründen gilt zudem ein Sammelverbot für alle besonders geschützten Arten, streng geschützten Arten und von Arten der Anhänge der FFH-Richtlinie. Für Arten, die nach „Roten Listen" der Bundesrepublik und der Bundesländer in unterschiedlichem Maße in ihrem Bestand gefährdet sind, gibt es – abgesehen von zugleich besonders und streng geschützten Arten – zwar kein gesetzliches Sammelverbot, aber es sollte im Interesse der Erhaltung dieser Arten auf das Sammeln solcher Pflanzen verzichtet werden.

Dies gilt entsprechend auch in den Nachbarländern. Bevor man dort Pflanzen entnimmt, unterrichte man sich vorher genau über die rechtliche Situation und die geschützten und seltenen Arten, denn diese Daten sind im Schmeil-Fitschen nicht zusammengefasst.

3. Anleitung zum Gebrauch der Bestimmungstabellen

Die Bestimmungstabellen (Bestimmungsschlüssel, kurz: „Schlüssel") im Schmeil-Fitschen sind so gestaltet, dass normalerweise auch Anfängerinnen und Anfänger ohne große Mühe den Namen einer unbekannten Pflanze ermitteln können. Die erfolgreiche Nutzung setzt allerdings voraus, dass man sich mit den Grundlagen der Pflanzenmorphologie (Baupläne der Pflanzen und ihre Terminologie, s. S. 27ff) und den Abkürzungen, die in den Bestimmungstabellen verwendet werden (s. vorderes Vorsatz, für geographische Bezeichnungen S. 4 u. 5), vertraut gemacht hat. Idealerweise geschieht dies vorher, doch kann natürlich auch während des Bestimmungsgangs nachgeschlagen werden.

Die Bestimmungsschlüssel sind im Prinzip absatzweise angeordnete und durchnummerierte Auflistungen von alternativen Merkmalsgruppen, die möglichst alle auf eine zu bestimmende (zu identifizierende) Pflanze zutreffen und an ihr durch genaues Untersuchen der im Schlüssel geforderten („erfragten") Merkmale ermittelt werden müssen. Alle Bestimmungsschlüssel sind dichotom (zweigabelig) aufgebaut, d. h., man kann und muss sich stets jeweils zwischen zwei alternativen Merkmalskombinationen (und/oder -zuständen) entscheiden, die gewissermaßen einem „Fragenpaar" entsprechen: Die erste Alternative ist durch eine Zahl im Fettdruck, die zweite durch einen Strich (—) am linken Seitenrand gekennzeichnet.

Ein Geviertstrich (ein überlanger Gedankenstrich) trennt konsequent in jedem Schlüsselpunkt die diakritischen (d. h. verlässlichen) Differenzialmerkmale von den ergänzenden Merkmalen. Nur für erstere gibt es – links vom Geviertstrich stehend – echte und ausschließliche alternative Merkmalsangaben. Die ergänzenden Merkmale stehen rechts vom Geviertstrich. Sie beinhalten häufig auch die überlappenden Merkmale der Schlüsselpunkte oder Taxa, die es zu vergleichen gilt, und dazu alle diejenigen Merkmale, für die bei der Alternative eine Angabe eines Merkmals(zustands) fehlt. Wir haben den Geviertstrich übrigens nicht eingesetzt, wenn nur die Pflanzenhöhe allein abzutrennen gewesen wäre (hier gäbe es innerhalb einer Gattung sehr viele Überlappungen). Es sei ausdrücklich betont, dass auch die Merkmale rechts vom Geviertstrich hochgradig diagnostisch sein können, also beim Erkennen der Pflanze helfen. Zusammen mit den diakritischen Merkmalen und denen der Familien- und Gattungsbeschreibungen (aus den übergeordneten Tabellen) ergeben sie eine hinreichende Artbeschreibung, die das Bestimmen des Taxons ermöglichen sollte.

Hat man sich nach sorgfältiger Prüfung der Merkmale der Pflanze für die zutreffende(n) Merkmalskombination(en) entschieden, so findet man am rechten Seitenrand eine fettgedruckte Zahl, bei der die Bestimmung fortgeführt wird usf., bis man zu einem Familien- oder Gattungsnamen gelangt. Die bei diesem stehende Zahl im Normaldruck verweist auf die Seite, auf der in der Familientabelle die Gattung und in der Gattungstabelle schließlich die Art zu ermitteln ist (s. auch S. 21). Die Bestimmung führt zum Ziel, wenn (möglichst) alle in den Tabellen und in der Beschreibung aufgeführten Merkmale mit denen der vorliegenden Pflanze übereinstimmen. Kann man sich für keine Alternative entscheiden, sollten beide Wege verfolgt werden (bis einer in eine eindeutige „Sackgasse" führt, d. h., bis beide Fragenpaare eines Weges als nicht zutreffend erkannt werden). Führt kein Weg zum Ziel, so kann das folgende Gründe haben:

- Ein wichtiges Merkmal wurde nicht erkannt (vielleicht, weil die Pflanze nicht im optimalen Entwicklungszustand ist, sodass wichtige Merkmale fehlen), übersehen oder fehlgedeutet. Bei Anfängern ist dies sicherlich die häufigste Ursache für Fehlbestimmungen oder Schwierigkeiten bei der Bestimmung! In diesen Fällen muss man mit der Bestimmung von vorne beginnen oder schrittweise den Bestimmungsweg bis zur möglichen Fehlerquelle zurückverfolgen. Kam man nicht vom unmittelbar vorangegangenen Fragenpaar, findet man hinter der aktuellen Schlüsselziffer in Klammern die entsprechende Nummer. Gibt es Zweifel bezüglich des Erkennens von Strukturen (richtige Anwendung der Fachbegriffe), lohnt es sich, die „Erklärung der botanischen Fachausdrücke" (s. S. 27ff) zu konsultieren, sofern nicht auch Hinweise bei den Gattungsschlüsseln zu bestimmten Strukturen gegeben werden.
- Es liegt ein untypisches Exemplar vor. Daher die Empfehlung, stets mehrere Exemplare der gleichen Art zu vergleichen oder ggf. zu sammeln (s. o. „Hinweise zum Bestimmen und Sammeln von Pflanzen", S. 15ff).
- Die Pflanze ist nicht im vorliegenden Bestimmungsbuch enthalten. Von seltenen, aber möglichen Neunachweisen für das Gebiet einmal abgesehen, wird dies am häufigsten zutreffen auf: (1) verwilderte Zier- und Nutzpflanzen (v. a. Zierformen weichen häufig stark ab); (2) neu eingewanderte oder unbeständige Sippen; (3) Klein- und Unterarten bestimmungskritischer Verwandtschaftskreise; (4) Hybriden, die in manchen Verwandtschaftskreisen häufig vorkommen, aber teilweise schwer zu erkennen und hier kaum ausgeschlüsselt sind.

Dem Konzept der vorliegenden Flora entsprechend sind diese o.g. Pflanzengruppen nur in einem begrenztem Umfang erfasst. In allen Punkten hilft das Ausweichen auf die entsprechende Spezialliteratur. Für den Einstieg bieten sich z.B. Jäger et al. (2008) für krautige Zier- und Nutzpflanzen sowie Schmidt & Schulz (2023) für Gehölze an. Für das weite Themenfeld der Adventivfloristik kann die „New Flora of the British Isles" (Stace 2019) empfohlen werden, die viele Taxa enthält, die im Florengebiet des Schmeil-Fitschen noch nicht als vollständig eingebürgert gelten (und deswegen hier nicht berücksichtigt sind). Daneben enthält diese Flora auch zahlreiche Hybriden. Bei (3) bleibt nur das Konsultieren von Spezialliteratur oder weiteren Bestimmungsfloren, die diese Gruppen detailliert aufschlüsseln. Ideal ist es, wenn man zudem Fachleute für die jeweiligen Pflanzengruppen kontaktieren und dabei Bild- und Herbarmaterial der schwierigen Sippe vorlegen kann.

- Einer der Bestimmungsschlüssel ist trotz aller Sorgfalt durch das Bearbeiterteam (hoffentlich nur an dieser Stelle und im Einzelfall!) fehlerhaft konstruiert oder greift auf wenig brauchbare Merkmale zurück. Letzteres ist übrigens gar nicht so selten, da selbst die Flora Mitteleuropas, das botanisch am besten erforschte Gebiet der Welt, in mancherlei Hinsicht deutlich weniger bekannt ist als Viele vermuten. In beiden Fällen wird wiederum das Ausweichen auf eine andere Flora empfohlen, die vielleicht andere/zuverlässigere trennende Merkmale verwendet. Es gilt ohnehin, dass in fast allen kritischen Gruppen die (parallele) Benutzung von mehreren Florenwerken zu besseren Bestimmungsergebnissen führen dürfte. Im Falle von Fehlern oder Verbesserungsmöglichkeiten in den Schlüsseln bitten Herausgeber und Verlag um die entsprechenden Hinweise.

Nachfolgend wird an drei Beispielen die Handhabung der Tabellen gezeigt:

Iris pseudacorus, Sumpfschwertlilie
Wir beginnen auf S. 53, wo es unter der Überschrift: „Tabellen zum Bestimmen der Hauptgruppen" heißt:

1. Tabellen zum Bestimmen in erster Linie nach generativen Merkmalen **3**
— Tabellen zum Bestimmen in erster Linie nach vegetativen Merkmalen; nur für (usf.) **2**

Wir wollen nach Blütenmerkmalen bestimmen, was meist der kürzere Weg ist, da mehr Merkmale einbezogen werden können. Daher fahren wir bei Nr. 3 fort:

3. Pflanze stets ohne Blüten und Samen (usf.) .... **Pteridophyten, Tabelle I,** 55
— Pflanze mit Blüten (usf.) **4**

Da unsere Pflanze auffällige, d.h. bunte und deutlich erkennbare Blüten besitzt, gehen wir bei Nr. 4 weiter:

4. Samenanlagen nicht in einen Fruchtknoten eingeschlossen, frei (usf.)
Nacktsamer, **Gymnospermen, Tabelle II,** 58
— Samenanlagen in einen Fruchtknoten eingeschlossen (*44/1–44/5*); Bedecktsamer, **Angiospermen** **5**

Die kursiven Zahlen in Klammern verweisen auf Abbildungen: (*44/2*) bedeutet die 2. Abbildung auf S. 44. Ein Schnitt durch den unterständigen Fruchtknoten überzeugt uns davon, dass die Samen eingeschlossen sind, wir es also mit einer bedecktsamigen Pflanze zu tun haben. Da es sich um eine Pflanze mit grünen Blättern, aber nicht um einen Baum oder Strauch handelt, müssen wir bei Nr. 6 weitergehen. Die Pflanze hat zur Blütezeit voll entwickelte Blätter, was uns zu Nr. 7 führt. Die hier aufgeführten Merkmale lassen die Zugehörigkeit zu den Monokotylen erkennen, sodass wir mit Tab. IV auf S. 59 weiter bestimmen. In dieser gelangen wir von Nr. 1 (Land- u. Sumpfpfl.) zu Nr. 16. Von Nr. 16— (Blätter nicht über 2 cm dick, Rand nicht stachelig …) geht es über 17— (Blüten nicht in kugeligen Köpfchen ...), 18— (Blütenhülle vorhanden), 19— (Staubblätt. 3–∞, meist 6) und 20 (Blütenhüllblätt. 6, gleich od. ungleich) zu 22. Die 3 Staubblätter und der unterständige Fruchtknoten verweisen auf die Familie der Iridaceae, S. 198. Da die Blüten radiär und nicht purpurrot und die Perigonblätter unterschiedlich gestaltet sind, führt uns der Schlüssel zur Gattung *Iris*. Im Gattungsschlüssel auf S. 202 gelangen wir über 1— (die äußeren Perigonblätter sind bartlos) und 2— (die Blätter sind über 1 cm breit und schwertförmig) zu Nr. 3. Da es sich um eine Pflanze feuchter Standorte handelt und der Stängel (fast) stielrund ist, gehen wir zu Nr. 4 weiter, wo aufgrund der gelben Blütenfarbe die Entscheidung für *I. pseudacorus* fällt.

Anemone nemorosa, Buschwindröschen
Die Pflanze gehört mit ihren gefingerten Blättern zu den Zweikeimblättrigen Pflanzen, sodass wir auf Tabelle V, S. 64, verwiesen werden. Da es sich um eine mit grünen Blättern versehene Staude handelt, deren Blütenhüllblätter gleichartig gebaut sind (keine Unterscheidung zwischen Kelch- und anders gefärbten Kronblättern), setzen wir die Bestimmung in der Tabelle VIII, S. 75, fort. Von Nr. 1 gelangen wir über Nr. 2 (Pflanze mit wohl entwickelten grünen Blättern) zu Nr. 4. Da die Blüten einzeln stehen, gehen wir zu Nr. 5 weiter. Radiäre Blüten und und das Fehlen eines auffälligen Milchsafts führen uns über über 6— und Nr. 7 zu Nr. 9. Da der Fruchtknoten oberständig ist, die Blattspreiten nicht rundlich-nierenförmig und die Blätter quirlständig sind, kommen wir über 10— und und Nr. 11 zu Nr. 33. Aufgrund der Tatsache, dass nur 1 Blattquirl vorhanden ist, gelangen wir zu Nr. 34. Da die Blüten nicht deutlich in kelch- und kronartige Anteile gegliedert sind, gehen wir weiter zu Nr. 35, wo wegen der Länge der Blütenhüllblätter die Entscheidung für die Familie Ranunculaceae fällt. Die Bestimmung der Gattung erfolgt nach der Tabelle ab S. 332. Über 1—, 2—, 3—, 4—, 5, 10, 21—, 22— landen wir bei Nr. 23. Die einzeln stehenden Blüten mit ihren weißen Blütenhüllblättern sprechen für eine Art der Gattung *Anemone* und wir gehen zu S. 337. Über 1—, 2— und 3— erreichen wir Nr. 4. Die Blattfiedermerkmale führen uns zu *A. nemorosa*.

Veronica chamaedrys, Gamander-Ehrenpreis
Auch diese Pflanze gehört zu den Zweikeimblättrigen, denn die Blattspreite ist fiedernervig. Die Blüten besitzen eine doppelte, in Kelch und Krone gegliederte Blütenhülle. Zupfen wir die Krone ab, so stellen wir fest, dass die Kronblätter zu einer, wenn auch nur kurzen, Röhre verwachsen sind. Wir müssen demzufolge die Bestimmung nach Tabelle X, S. 87, durchführen. Von Nr. 1 (Stg. nicht windend od. rankend) gelangen wir über Nr. 4 (Blüten radiär) zu Nr. 36. Von dort geht es über Nr. 37 und 38 (Staubbeutel und Staubfäden frei) und 38 (Blätter gegenständig) zu Nr. 39. Da > 2 Kelchblätter vorhanden sind, kommen wir zu Nr. 41. Die Zahl der Staubblätter (< 5), der oberständige Fruchtknoten, die nicht trockenhäutige blaue Krone und die fiedernervige Blattspreite bringen uns zu Nr. 57. Da der Fruchtknoten nicht 4-teilig ist, geht es zur Nr. 58. Die Blüten stehen nicht in knäueligen Wickeln, damit gelangen wir zur Familie Plantaginaceae, S. 660. In der Gattungstabelle kommen wir mit wenigen Schritten (1—, 2—, 3—, 4) zur Gattung *Veronica*. Der Artenschlüssel ab S. 668 führt uns von Nr. 1 über 4—, 5, 26, 31— und 32— zur Sammelart *V. chamaedrys* agg. Über 33— gelangen wir zu Nr. 34, wo aufgrund der Tatsache, dass der Kelch locker langdrüsig behaart ist, die Entscheidung für *V. chamaedrys* subsp. *chamaedrys* fällt.

Erläuterungen zu den Tabellen

Abkürzungen s. vorderes Vorsatz.

1. Schlüssel zum Bestimmen der Gattungen

Aktuelle Schlüsselziffer

Vorherige Schlüsselziffer – in diesem Fall kam man von Nr. 15 zur aktuellen Nummer Nr. 20

Im Kolumentitel ist jeweils der Name der Familie angegeben

Schlüsselziffer, bei der die Bestimmung fortgesetzt wird

Asteraceae

20 **(15).** Blätt. weißl. gefleckt, marmoriert; — Hüllblätt. m. lg., an ihrem Grund gezähnter Dornspitze .... ***Silybum***, 824
— Blätt. nicht weiß gefleckt od. marmoriert **21**
21. Pappusborsten einfach, nicht federig behaart (*753/3*), zuw. aber kurz gezähnt (rau) **23**
— Pappusborsten (wenigstens die inn.!) federig behaart (*753/4*) **22**
22. Laub- u. Hüllblätt. nicht dornig gezähnt; — Köpfchen einzeln od. doldenart. gehäuft; Alpenpfl., nur 5–40 cm hoch .... ***Saussurea***, 816

Alternative

Nach diesem Strich folgen ergänzende Angaben

Abbildungsverweis

Gattungsname mit Seitenzahl, auf der der Gattungsschlüssel beginnt

2. Artbeschreibungen

Beispiel: Schaftlose Schlüsselblume, *Primula acaulis*

> **4.** Doldenstiel sehr kurz bis fehlend; Blütenstiel lg.haarig; Blätt. ohne deutl. Stiel, oberseits kahl, — am Grund allmähl. verschmälert; Krone meist schwefelgelb; ↕ 5–10 cm; ♃. III–V. – Lichte Wälder, Gebüsche; bis 1500 m. – D: *z* SH, *s* im NW (wie in MV oft verschwunden), sonst S-BW, S-BY; *v* A; CH; *s* CZ; *v* FL; I: Bz. ⓖ. – Unbest. zahlr., auch mehrfarbige Sorten als Zierpfl.
> [*P. vulgaris* Huds. subsp. *vulgaris*]   Stängellose S., Schaftlose S., ***P. acaulis*** (L.) L. (subsp. ***acaulis***)

Nach den Bestimmungsmerkmalen folgen standardmäßig weitere Angaben:

a) Lebensform (Symbol, hier: ausdauernd).
b) Gelegentlich (besonders bei Artengruppen und ihren Kleinarten) finden sich Angaben zur Chromosomenzahl, z. B.: 2n = 40.
c) Blütezeit (bei Sporenpflanzen die Zeit der Sporenreife) in römischen Ziffern; die Schaftlose Schlüsselblume blüht von März bis Mai.
d) Standort: Die Art kommt in lichten Wäldern und Gebüschen bis in 1500 m Höhe vor.
e) Angaben zur Häufigkeit und zur Verbreitung: Die Angabe für Deutschland steht immer zuerst. Die weiteren Länder sind in der alphabetischen Reihenfolge der Länderkürzel angeordnet, jeweils mit Strichpunkt abgetrennt. Das Häufigkeitskürzel gilt jeweils für alle folgenden aufgeführten Gebiete. *Primula vulgaris* kommt zerstreut in Schleswig-Holstein vor, selten im Nordwesten des Florengebiets, außerdem in Süd-Baden-Württemberg und Südbayern; verbreitet ist sie dagegen in Österreich und der Schweiz, selten in der Tschechischen Republik, wiederum verbreitet im Fürstentum Liechtenstein und in der italienischen Provinz Bozen.
f) Bei in Deutschland vorkommenden Arten: Schutzstatus.
g) Zusätzliche Hinweise (hier: mehrfarbige Sorten als Zierpflanzen).
h) Synonyme [in eckigen Klammern].
i) Deutscher und wissenschaftlicher Name, wobei der Gattungsname abgekürzt wird (Anfangsbuchstabe).

Zur Flora und Vegetation des Gebiets

1. Vertikale Verbreitung der Pflanzen

Steigt man in Gebirgen von niederen Lagen bis in die Schneestufe empor, so ist eine deutliche Höhenzonierung der einzelnen Pflanzen und Pflanzengesellschaften festzustellen. Bezogen auf die Vegetation lassen sich dabei verschiedene, ± scharf gegeneinander abgrenzbare Höhenstufen unterscheiden:

- Die **planar-kolline** Stufe umfasst die Ebenen der Tiefländer und die Hügelstufe bis 500 m. In den niederschlagsreicheren Gebieten prägen Buchenwälder die oft glazial überformte Landschaft. Unter trockeneren Bedingungen ist es das Gebiet der Eichenmisch- und der Kiefernwälder. Hier finden sich an Steilhängen, besonders entlang großer Flusstäler, Trockenrasen, auf denen zahlreiche wärmeliebende und trockenresistente Arten wachsen. Ihre Obergrenze fällt in den klimatisch begünstigten Gebieten mit der des Weinbaus zusammen.
- In der **submontanen** Stufe (untere Bergwaldstufe), ca. 500–1000 m, kommen überwiegend Buchenwälder vor, an speziellen Standorten aber auch andere Laubmischwälder. Der größte Teil der einstigen Laub- und Mischwälder ist heute vielerorts durch standortfremde Fichtenforste ersetzt oder längst in Wiesen-, Weide- oder Ackerflächen umgewandelt.
- Die **(hoch)montane** Stufe, ca. 1000–1600(–1800) m, ist die Stufe des Bergwaldes, in dem die Buche sich mit Tanne oder Fichte mischt. Im obersten Bereich dominiert meist die Fichte allein oder sie tritt zusammen mit der Lärche auf. Submontane und hochmontane Stufe werden oft zum montanen Stufenkomplex zusammengefasst.
- Die **subalpine** Stufe, ca. (1600–)1800–2200(–2400) m, ist die Waldgrenz- und Krummholzstufe. Einzelne Vorposten von Lärche oder Zirbel-Kiefer (Arve) stehen verzahnt in größeren Beständen der Latsche (Legföhre) oder der Grün-Erle. Durch die Almwirtschaft ist heute diese natürliche Übergangszone zwischen dem Wald und der baumfreien Hochgebirgsvegetation weiter oben gestört. Meist prägen Viehweiden mit vielen Zwergsträuchern die Landschaft, unterbrochen von inselartigen, lichten Baumbeständen.
- Die **alpine** Stufe, ca. 2200–3000 m, lässt sich in zwei Bereiche einteilen: im unteren dominieren Zwergstrauchheiden, im oberen alpine Rasengesellschaften.
- Darüber folgen die **subnivale** (ca. 3000–3300 m) und die **nivale** Stufe. Hier treten nur noch vereinzelt Polsterpflanzen auf, während Moose und Flechten vorherrschen.

Die einzelnen Abstufungen beginnen und enden nicht überall in gleicher Meereshöhe. In weiter südlich gelegenen Gebieten und mächtigeren Gebirgszügen (Massenerhebungseffekt) können Pflanzen und die Vegetationsstufen größere Höhen erreichen als weiter nördlich und in kleineren Gebirgen mit niedrigeren Bergen.

2. Horizontale Verbreitung der Pflanzen

Im eurasiatischen Laubwaldbereich werden die als Florengebiete unterscheidbaren Hauptverbreitungsgebiete von Geoelementen (Arealelementen) teils mit den Begriffen der zonalen Florengliederung belegt (z. B. meridional [hier: mediterran], nemoral, boreal, arktisch), teils wird der West-Ost-Differenzierung aufgrund des starken Kontinentalitätsgefälles Vorrang gegeben. So lässt sich für das Kerngebiet Mitteleuropas der atlantische Raum vom (eu)mitteleuropäischen und dieser vom schon stärker kontinental geprägten mittelrussischen und dem pontischen (beide außerhalb des Geltungsbereichs des Schmeil-Fitschen) unterscheiden. Übergangsgebiete werden dabei entweder durch die Vorsilbe „sub-“ gekennzeichnet (subatlantisch bedeutet also weniger ausgeprägt atlantisch, aber immer noch deutlich durch die Ozeanität bestimmt) oder durch eine Art Doppelsignatur (z. B. atlantisch-mediterran für Arten, die besonders in den humiden Gebieten des weiteren Mittelmeerraumes wachsen). In den einzelnen Florengebieten kommen immer auch aus benachbarten Florengebieten „einstrahlende“ Arten vor. So treffen wir in Mitteleuropa (im arealkundlichen Sinn) viele Sippen an, deren Verbreitungsschwerpunkt (von West nach Ost und von Nord nach Süd) im hochatlantischen Westeuropa, kontinentalen Osteuropa oder gar im aralo-kaspischen Raum liegt, oder aber im weiteren Skandinavien und Mittelmeergebiet. Diese Vielfalt der Floren bezüglich ihrer horizontalen Verbreitung reflektiert gleichermaßen das Klima wie die Florengeschichte (s. 4.). Dabei findet bei der arealkundlichen Gliederung der Flora eigentlich nur die der Tiefländer ihre Berücksichtigung. Jede größere Relieferhebung hat ihren Einfluss auf das Großklima und die zonale Gliederung wird unscharf. Bei Beschreibungen der Arealtypen von Pflanzen wird deswegen entsprechend oft zusätzlich ihre Verbreitung in den Gebirgen genannt und man spricht z. B. von alpischen (oder auch: alpiden oder alpigenen, um keine Verwechslung mit dem Höhenstufenbegriff „alpin" aufkommen zu lassen) Elementen einer Flora.

- **Arktisch-nordische** Arten haben ihre Hauptverbreitung im arktischen Tundrengebiet jenseits der polaren Waldgrenze. Mit einigen Arten treten sie in den Alpen und den höheren Mittelgebirgen besonders in baumfreien Vegetationseinheiten auf und werden dann als arktisch-alpische Florenelemente bezeichnet (s. auch S. 25f).
- **Nordische (boreale)** Arten haben ihre Hauptverbreitung in den nordischen Nadelwaldgebieten (Taiga). Auch sie kommen v. a. in den Gebirgen und anderen kalten Gebieten vor und sind oft an Bergwälder gebunden.
- **Atlantische** Arten finden sich bevorzugt in den feucht-kühlen Küstengebieten ohne lange und starke Winterfröste, strahlen z. T. aber auch weit nach Osten aus (in Gebiete, in denen atlantische, subatlantische und eurasiatisch-subozeanische Arten vorherrschen).
- **Submediterrane** Arten reichen vom Mittelmeergebiet bis in die warmtrockenen und relativ wintermilden Gebiete Süd- und Westdeutschlands.
- **Pontische** und **pannonische** Arten sind in den nacheiszeitlichen Wärmephasen aus den Steppen des Ostens nach Mitteleuropa (Mittel- und Westdeutschland) gelangt und besiedeln als nacheiszeitliche **Wärmerelikte** trocken-warme Gebiete. Derartige Elemente treten u. a. relativ großflächig in den trocken-warmen pannonischen Gebieten Österreichs auf (Burgenland, östliches Niederösterreich; „pontisch-pannonisch") auf, in denen gemäßigt kontinentale und eurasiatisch-kontinentale Arten vorherrschen, zugleich aber eine Häufung submediterraner Arten zu beobachten ist.

Diese die mitteleuropäisch-nemorale Flora so bereichernden Florenelemente tragen viel zur pflanzengeographischen Differenzierung des Naturraums bei. Sie sind aber auch für den Arten- und Biotopschutz relevant, besonders, wenn Taxa in unserem Gebiet die Grenzen ihrer natürlichen Verbreitung erreichen oder gar nur in isolierten Arealvorposten vorkommen.

3. Wichtige pflanzengeographische Begriffe zur Verbreitung, zum floristischen Status und den Standorten

Reliktpflanzen sind Pflanzen, die in früheren erdgeschichtlichen Phasen der Nacheiszeit eine weitere Verbreitung hatten und heute nur noch an Sonderstandorten mit stark vom Durchschnitt abweichenden Klimabedingungen gedeihen. Sie nehmen deshalb hinsichtlich ihrer Gesamtverbreitung **disjunkte** („zerstuckelte") Areale (= Verbreitungsgebiete) ein. Beispielsweise wachsen **arktisch-alpische** Reliktpflanzen, die während der letzten Eiszeit die schmale eisfreie Zone Mitteldeutschlands besiedelten, heute nur in der Arktis und in den Alpen oder an extremen Standorten in den Mittelgebirgen (sog. Exklaven, z. B. Schwäbische Alb, Vogesen, Schwarzwald), wo sie geeignete kühl-feuchte Lebensbedingungen finden. Ähnliches gilt für die **pontischen** Reliktpflanzen, die in der nacheiszeitlichen Wärmezeit eine weite Verbreitung hatten, sich heute aber außerhalb ihrer Hauptareale nur noch in Exklaven mit heiß-trockenem Klima halten können.

Endemiten sind Pflanzensippen mit relativ kleinem, häufig disjunktem Verbreitungsgebiet. Ein Endemit der nordöstlichen Kalk-Alpen wie das Kerner-Lungenkraut (*Pulmonaria kerneri*) z. B. kommt nur in einem kleinen Abschnitt der Ostalpen und weltweit sonst nirgendwo vor. Das andere Extrem stellen **Kosmopoliten** dar, also Taxa, deren Areale sich nahezu über die ganze Welt erstrecken (sehr trockene, heiße und kalte Gebiete ausgenommen). Beispiele sind der Weiße Gänsefuß (*Chenopodium album*) und das Einjährige Rispengras (*Poa annua*).

In vielen Pflanzenbestimmungsbüchern, so auch hier, finden sich Angaben zum **Indigenat** der Organismen. Im Wesentlichen wird beim floristischen Status zwischen **Indigenen** (Einheimische) und **Neobiota** (Nichteinheimische) unterschieden. Die Auffassung von „einheimisch" ist dabei abhängig von der Zeitstellung; die zahlreichen auf natürlichem Wege postglazial eingewanderten Pflanzentaxa gelten heute als Teil der indigenen Flora.

Die Nichteinheimischen können auf ganz unterschiedlichen Wegen (Einwanderung, Einführung, Verschleppung) ein bestimmtes Florengebiet erreichen oder sogar erst in neuerer Zeit in diesem entstanden sein. Innerhalb der letzten Gruppe gibt es Taxa, die sich in der Kulturlandschaft aus dem indigenen Florengrundstock entwickelt haben, wie zahlreiche Taxa des Wirtschaftsgrünlands oder die vielen Sippen des *Rubus fruticosus*-Aggregates (Brombeeren). Es gibt aber auch Taxa, die unter genetischer Beteiligung nichteinheimischer Sippen im Gebiet entstanden sind wie das Englische Schlickgras (*Spartina anglica*), der Böhmische Staudenknöterich (*Reynoutria × bohemica*) oder die Sandbürtige Flockenblume (*Centaurea × psammogena*).

Bei der Gruppe der Einwanderer, die das Gebiet mit natürlichen Ausbreitungsvektoren erreicht haben, wird üblicherweise unterschieden, ob die Taxa unabhängig oder abhängig von anthropogener Begünstigung das Gebiet besiedelt haben. Erst das Vorhandensein von anthropogenen, störungsreichen Habitaten hat beispielsweise Arten wie dem Frühlings-Greiskraut (*Senecio vernalis*) die Zuwanderung aus dem Osten und nachfolgend die erfolgreiche Etablierung hierzulande ermöglicht.

Der Mensch hat viele Taxa absichtlich (Einführung) oder unbeabsichtigt (Einschleppung od. Verschleppung) in Gebiete außerhalb ihres natürlichen Areals verbracht und ihnen so zu oft erheblichen Arealerweiterungen verholfen. Eingeführt wurden und werden v. a. Nutz- und Zierpflanzen, aber auch forstwirtschaftlich relevante Gehölze, die verwildern können. Bei den eingeschleppten Taxa handelt es sich oft um Pflanzen, die unser Gebiet durch ihre Diasporen (Ausbreitungseinheiten) im Saatgut, in Wolle, Tierfutter und anderen Transporten erreich(t)en.

Eine strikt abzulehnende und zurecht verbotene Sonderform der menschenbeförderten Arealerweiterung von Pflanzen ist die sog. „Ansalbung". Dabei handelt es sich um die gezielte Ausbringung von gebietsfremden, oft attraktiven Arten in der „freien Natur", wohl zum Zwecke der „Florenbereicherung". Diese Florenverfälschung ist besonders dann problematisch, wenn die angesalbten Arten mit dem Genpool einheimischer Arten interagieren.

Pflanzliche Nichteinheimische (zusammenfassend als „Neuankömmlinge" betrachtet) werden in der sog. Adventivfloristik traditionell nach Einwanderungszeit, Einbürgerungsgrad und Einführungs- bzw. Zuwanderungsweise auf recht komplexe und nicht immer eindeutige Weise gegliedert.

Unbestritten und im Allgemeinen sinnvoll ist die Unterscheidung zwischen Altadventiven (Archäophyten) und Neuadventiven (Neophyten), mit der zeitlichen Trennline vor bzw. nach der Entdeckung Amerikas (1492).

Bei den **Archäophyten** handelt es sich oft um Pflanzen, vorwiegend Ackerbeikräuter („Unkräuter"; z. B. *Agrostemma githago*, *Anagallis arvensis* u. a.), die mit dem Ackerbau und Handel bereits in vorgeschichtlicher Zeit (Stein- und Bronzezeit) oder später bis ca. zum Jahr 1500 nach Mitteleuropa gelangt sind. Gerade bei alten Einschleppungen und Einführungen ist das Indigenat nicht immer eindeutig feststellbar; wobei selbst die Befunde archäologischer Grabungen Einschätzungen ändern können. Auch ist zu bedenken, dass der floristische Status einer Art innerhalb des Schmeil-Fitschen-Gebiets nicht überall gleich sein muss (was dann auch die fundamentale Unterscheidung einheimisch versus nichteinheimisch betrifft). Aus pragmatischen Gründen werden daher in Florenlisten (etwa Buttler et al. 2018; Hand et al. 2019ff) die Archäophyten den Indigenen zugeschlagen. Dem schließen wir uns an.

Zahlreiche etablierte **Neophyten**, unabhängig ob in natürlicher oder anthropogener Vegetation vorkommend, erwecken heute durch ihre Häufigkeit und Dominanz oft den Eindruck, als seien sie „schon immer" Bestandteile der einheimischen Vegetation. Dazu zählen die in Ruderalfluren (s. u.) auffälligen Nachtkerzen (*Oenothera*-Arten), die aus Nordamerika stammen, ferner das ebenfalls nordamerikanische Berufkraut (*Erigeron canadensis*), die heute in die Auenwälder eindringenden Herbst- oder Neuweltastern (*Symphyotrichum*), Goldruten (*Solidago gigantea* und *S. canadensis*), die Wasserpest (*Elodea canadensis*), die ostasiatische Kalmus (*Acorus calamus*) u. v. a.

Auch der Einbürgerungsgrad ist ein wichtiges Kriterium: Üblicherweise gilt ein Taxon als eingebürgert (etabliert), wenn es innerhalb eines Zeitraums von mindestens 25 Jahren mindestens zwei spontane Generationen hervorgebracht hat. Wir sprechen im Kontext unserer Bestimmungsflora von Etablierungstendenzen („in Einbürgerung"), wenn sich Taxa in einem bestimmten Gebiet regelmäßig über einen längeren Zeitraum (aber eben noch nicht belegbar über 25 Jahre) spontan reproduzieren. Dieser Entwicklung entsprechend müssen immer mehr dieser Arten schrittweise in den Schmeil-Fitschen aufgenommen werden.

Viele Arten wildwachsender neophytischer **Adventivpflanzen** i. e. S. finden sich, vorwiegend aus Übersee eingeschleppt, besonders in Häfen, an Bahnhöfen oder sonstigen Warenumschlagplätzen. Sie verschwinden häufig bereits nach dem ersten Winter oder nach spätestens nach einigen Jahren wieder (sind also unbeständig), da sie nicht dauerhaft an die hiesigen Umwelt- und Klimabedingungen angepasst sind oder der Konkurrenz der heimischen Vegetation erliegen. In einigen Gegenden erfolgt der Nachschub durch Samen und Früchten von eingeschleppten Pflanzen aber so regelmäßig, dass die Arten (fast) immer irgendwo im Gebiet zu entdecken sind, obwohl die einzelnen Populationen und Vorkommen unbeständig bleiben.

Vorkommen von Pflanzen, die durch direkte Einwirkung des Menschen entstanden sind, nennt man **synanthrop.** Wenn immer es möglich ist, geben wir bei den Nichteinheimischen das ursprüngliche Verbreitungsgebiet (unter dem Stichwort „Heimat") an.

Ruderalpflanzen (von lateinisch *rudis* für Schutt) sind Gewächse, die in ihrer Verbreitung an anthropogene, sehr oft durch Eingriffe gestörte und meist nährstoffreiche und in der Regel offene Lebensräume gebunden sind. Sie teilen seit der der Sesshaftwerdung des Menschen und der Einführung des Ackerbaus und der Viehzucht aus Südwestasien („Neolithische Revolution", in Mitteleuropa vor ca. 5 800 bis 4 300 v. Chr.) den Lebensraum mit dem Menschen. Sie bauen eine eigenständige ein- oder mehrjährige Ruderalvegetation (Ruderalfluren) auf. Sie finden sich im landwirtschaftlichen Umfeld genauso wie im städtischen Siedlungsraum auf Freiflächen wie Baustellen, Bauschuttdeponien, Lagerplätzen, Bahn- und Hafenanlagen und entlang von Verkehrswegen aller Art. Besonders an frischen und feuchteren Standorten sind die Ruderalfluren mit Gesellschaften der nitrophytischen (stickstoffliebenden) Saum- und Flussufervegetation verzahnt. Vielfach treten in ihnen Nährstoffzeiger aus den Familien der Amaranthaceae, Chenopodiaceae, Polygonaceae, Urticaceae u. a. auf.

Damit im Zusammenhang stehen jene Pflanzen, die in den Gebirgen als **Lägerpflanzen** bezeichnet werden. Es handelt sich gleichfalls um stickstoffliebende Pflanzen, die dort auf Almen vorherrschen, wo sich das Vieh lagert und den Boden düngt (z. B. *Blitum bonus-henricus*, *Rumex alpinus*, *Senecio alpinus*).

Segetalpflanzen (von lateinisch *seges* für Saat, Saatfeld) bilden dagegen die Flora, die, vom Menschen ungewollt, auf seinen landwirtschaftlich genutzten Flächen wächst. Viele Arten sind Einjährige, die zusammen mit dem Ackerbau aus Südwestasien und dem Mittelmeergebiet stammen und außerhalb (extensiver) Ackerflächen kaum dauerhaft überleben können.

Nachfolgend sei noch auf zwei besondere Pflanzengemeinschaften der Alpen und höheren Mittelgebirge hingewiesen: **Hochstaudenfluren** der Gebirge sind Vergesellschaftungen von großblättrigen Stauden (z. B. *Adenostyles*-Arten, *Aconitum*-Arten, *Cicerbita alpina* u. a.), die in der montanen und unteren alpinen Stufe auf sehr nährstoffreichen und gut durchfeuchteten Böden, v. a. in Mulden und Runsen, siedeln. Wachsen sie in alten Gletscherkaren, in denen der Schnee länger liegen bleibt, so werden sie auch als **Karfluren** bezeichnet. In den höheren Mittelgebirgen (Schwarzwald, Vogesen, Riesengebirge) finden sich in den Karfluren als Reliktpflanzen auch eine Reihe alpischer Florenelemente.

Schneetälchen sind muldenförmige Geländevertiefungen v. a. in der alpinen Stufe, in welchen der Schnee sehr lange liegen bleibt und wo sich demzufolge eine besondere Vegetation, die nur eine kurze Vegetationsperiode zu ihrer Entwicklung benötigt, ansiedelt (z. B. *Omalotheca supina*, *Sibbaldia procumbens*, *Salix herbacea*).

Etwas weniger üppige Hochstaudenvegetation als in den Gebirgen gibt es auch an nährstoffreichen und ungemähten Stellen im Tiefland, besonders in Form von Saumgesellschaften entlang von Feuchtwiesen, Wäldern und Gebüschen.

4. Die letzten 20 000 Jahre: Mitteleuropäische Florengeschichte kurzgefasst

Ein einschneidendes Ereignis für die heutige Verteilung des Pflanzenkleids im behandelten Gebiet war der Höhepunkt der letzten **Kaltzeit** („Eiszeit", vor ca. 20 000 Jahren), als das Eis einerseits vom Norden südwärts und andererseits die Gletscher aus den Alpen heraus nordwärts wanderten und die Eismassen nur einen schmalen, eisfreien Streifen zwischen sich frei ließen. Wärmeliebende Pflanzen wurden nach Südwest bzw. nach Südost abgedrängt, während kälteertragende Pflanzen den schmalen, eisfreien Streifen besiedelten. So entstand eine Vegetation, die jener der heutigen nordischen Tundra ähnlich war. Dem entsprechend finden wir Ablagerungen von Pflanzenresten

(z. B. *Dryas octopetala* und Gletscherweiden), die man heute nur in der Subarktis und in den Alpen antrifft. Nach allmählichem Rückgang des Eises[1] – etwa vor 12 000 Jahren – wanderte ein Teil der damaligen **Tundrenvegetation** nach Norden, ein anderer aber nach Süden, woraus sich die disjunkte Verbreitung der **arktisch-alpinen Florenelemente** erklären lässt.

Nach dem weiteren Rückgang der Eisdecke und fortschreitender Erwärmung (vor etwa 10 000–8 000 Jahren v. Chr.) gelangten Gehölze in das weithin eisfrei gewordene Mitteleuropa, zuerst Birke und Kiefer, sodass man von der **Kiefern-Birken-Zeit** spricht. Etwa um 7 000 v. Chr. erreichte der Temperaturanstieg ein Maximum; die Temperaturen lagen höher als in der Jetztzeit. Aus dem Südosten (Südosteuropa) sowie aus dem Südwesten (Mediterrangebiet) wanderten wärmeliebende Pflanzen ein. Die ersteren sind als **pannonische** (aus der ungarischen Tiefebene), respektive **pontische** (aus der weiteren Ukraine) **Florenelemente** der heimischen Vegetation bekannt (*Stipa-*, *Pulsatilla-*, *Adonis*-Arten). Aus dem Mittelmeergebiet gelangten submediterrane Arten in unser Gebiet (v. a. Orchideen, *Dioscorea communis* u. a.); sie werden als **submediterrane Florenelemente** bezeichnet. Bäume wie Kiefer und Birke wurden auf Spezialstandorte (Sandflächen und Moore) oder nach Norden abgedrängt, während wärmeliebende Gehölze wie Haselnuss, Eichen, Ulme, Hainbuche u. a. das Vegetationsbild beherrschten. Man spricht deshalb von der **Eichen-Mischwald-Zeit**, die der nacheiszeitlichen Wärmezeit entspricht.

Etwa um 2 500 v. Chr. begann sich dann das Klima erneut zu verschlechtern; es wurde kühler und feuchter. Wärmeliebende Sippen wurden auf Extremstandorte verdrängt (z. B. steile, südexponierte Felshänge von Flusstälern wie Donau, Main, Elbe, Saale, Unstrut u. a.), wo sie als **xerotherme** oder wärmezeitliche Reliktpflanzen überlebten. Der vorherrschende Waldbaum wurde in niederen Lagen die Buche (*Fagus sylvatica*), ein Baum des feuchteren, ozeanischen Klimas. Mit ihm wanderten jene Pflanzen ein, die das **atlantische Florenelement** bilden (u. a. *Ilex aquifolium*, *Ulex europaeus*, *Digitalis purpurea*, *Erica*-Arten, *Hymenophyllum tunbrigense*, *Teucrium scorodonia*). In dieser **Nachwärmezeit**, dem Subatlantikum, befinden wir uns noch immer.

So stellt also das heutige Vegetationskleid, sofern es nicht oder nur wenig vom Menschen beeinflusst worden ist, ein Abbild der nacheiszeitlichen Entwicklung, d. h. etwa der letzten 12 000 Jahre, dar. Allerdings hat der Mensch durch Nutzung, v. a. Ackerbau, Rodung, Forstwirtschaft und Industrialisierung, aber auch durch die zunehmend globalisierte Einführung und Einschleppung von Pflanzenarten seit langer Zeit umgestaltend in die primäre Vegetation eingegriffen. Heute ist es oft schwierig, das ursprüngliche Vegetationsbild zu rekonstruieren. Deshalb ist es zu begrüßen, dass der Gedanke des Naturschutzes und der Naturerhaltung zunehmend mehr an Bedeutung gewinnt, um die wenigen Reste intakter Vegetation zu schützen und der Nachwelt zu erhalten. Jeder Benutzer der vorliegenden Flora kann dazu beitragen, den Naturschutzgedanken zu verwirklichen!

[1] Es gab mehrere, von Wärmeperioden unterbrochene Kaltzeiten, d. h. Perioden des Rückzugs und des Vorstoßes der Eisdecke, bevor sich ein endgültiger Rückzug der geschlossenen Eisdecke nach Norden und Süden vollzog.

Erklärung der botanischen Fachausdrücke, dargestellt an den Grundzügen pflanzlicher Gestaltung

Die Kenntnis der in diesem Kapitel erläuterten Fachausdrücke wird in den Bestimmungstabellen vorausgesetzt.

Diese Flora befasst sich mit den Gefäßpflanzen, also den **Pteridophyten** (Farnartige Pflanzen im weiteren Sinne) und den **Samenpflanzen** (Nacktsamer = **Gymnospermen** und Bedecktsamer = **Angiospermen**). Nicht erfasst sind die Moose, deren Bestimmung ganz andere Kenntnisse und Hilfsmittel erfordert. Die Gefäßpflanzen, so vielfältig sie auch sind, lassen fast immer drei Grundorgane erkennen: **Wurzeln, Sprossachsen** und **Blätter**. Diese Grundorgane sind von Leitbündeln durchzogen, die (außer bei einigen Wasserpflanzen) wasserleitende Gefäße (zumindest Tracheiden, oft auch Tracheen) enthalten, daher der Name „Gefäßpflanzen".

Heute bestimmen **Samenpflanzen** das Bild fast aller Lebensräume an Land; zumeist sind es Angiospermen, manchmal aber auch Gymnospermen (Nadelwälder). Die charakteristische Struktur der Samenpflanzen ist der **Same** (*27/1a*). Samen entstehen aus Samenanlagen, die bei den Angiospermen in einem Fruchtknoten eingeschlossen sind (*44/1–44/5*), bei den Gymnospermen dagegen frei bzw. zwischen Zapfenschuppen gebildet werden (*45/4*). Ein Same besteht aus dem **Embryo** (*27/1a*, E), meist umgeben von einem Nährgewebe (*27/1a*, N), und einer meist derben **Samenschale** (*27/1a*, S). Bereits am Embryo sind die Grundorgane zumindest als Anlagen erkennbar. Die Blätter des Embryos werden als **Keimblätter** (*27/1b–c*, Kb) bezeichnet. Bei den Zweikeimblättrigen (Dikotylen, *27/1b*) und den früher ebenfalls zu den Zweikeimblättrigen gezählten Magnoliidae gibt es zwei Keimblätter, bei den Einkeimblättrigen (Monokotylen, *27/1c*) nur eines. Gymnospermen haben oft mehr als zwei Keimblätter. Gleich den normalen Laubblättern sitzen die Keimblätter an einer Achse, dem **Keimstängel** (**Hypokotyl**; *27/1b–c*, Kst), dessen basales Ende die Anlage für die **Keim-** oder **Hauptwurzel** (W) bildet. Dieser gegenüber befindet sich die Anlage für die spätere **Sprossachse** (Sp).

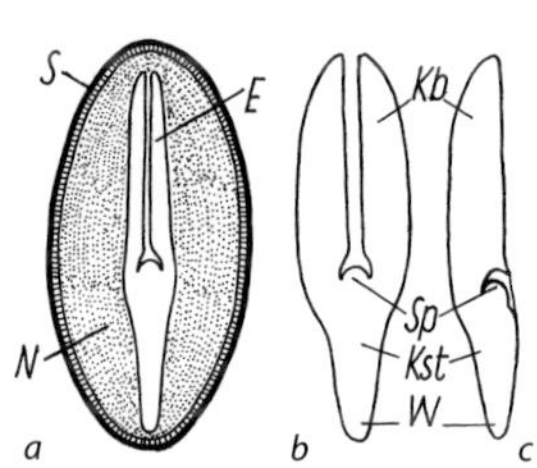

27/1

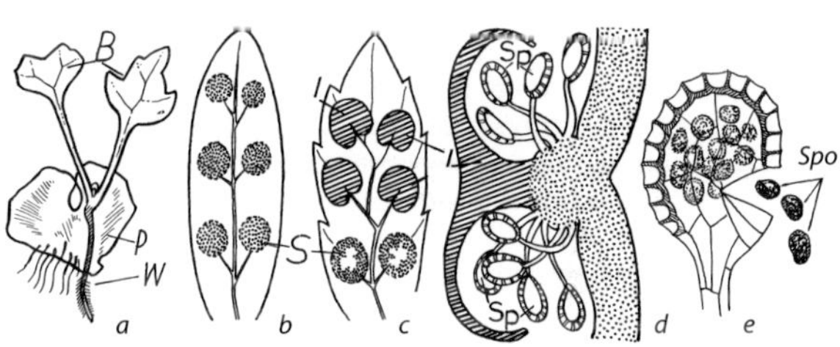

27/2

Der Embryo macht oft eine Zeit der Ruhe durch, die sog. **Samenruhe,** bevor er seine Weiterentwicklung aufnimmt. Bei der **Keimung** tritt als erstes die Wurzelanlage nach außen und wird zur Haupt- oder Primärwurzel. Kurz danach beginnt die Sprossanlage auszutreiben und entwickelt sich zum **Primär-** oder **Hauptspross,** der die grünen Blätter als Assimilationsorgane hervorbringt. Die Ansatzstellen der Blätter werden als Knoten bezeichnet, gleichgültig, ob sie verdickt sind oder nicht. In den Achseln der Blätter entstehen Knospen, die zu Seitensprossen auswachsen können. Nach Erreichen eines bestimmten Alters oder Entwicklungsstands beschließen Primärspross und/oder Seitensprosse ihr Längenwachstum manchmal mit der Bildung von Blüten (bzw. Zapfen bei Gymnospermen), welche die Staubblätter mit den Pollenkörnern (s. S. 43) und/oder die Fruchtblätter (bzw. Samenschuppen, *45/4,* Ss) mit den Samenanlagen (s. S. 44) enthalten. Nach erfolgter Befruchtung gehen aus den Samenanlagen die Samen mit den Embryonen hervor.

Bei den **Pteridophyten** beginnt die Entwicklung einer Pflanze nicht mit einem vielzelligen, komplex gebauten Samen, sondern mit einer einzelligen, von einer derben Wand umgebenen **Spore** (*27/2e*, Spo). Die Spore keimt zu einem kleinen, flächigen oder massiven, jedoch nicht in Blätter, Sprossachse und Wurzeln gegliederten Gebilde, dem **Prothallium** (*27/2a*, P), an dem meist auf der Unterseite in besonderen Behältern die männlichen und weiblichen Keimzellen, die Spermatozoide und Eizellen, gebildet werden. Aus der Vereinigung eines Spermatozoids mit einer Eizelle entsteht die Zygote, die sich weiter zum Embryo und zur jungen Pflanze (*27/2a*) entwickelt, die bald die Gliederung in Wurzel (*27/2a*, W), Sprossachse und Blatt (*27/2a*, B) erkennen lässt. Sobald sich die junge Pflanze selbstständig ernähren kann, geht das Prothallium zugrunde. Ausgewachsene farnartige Pflanzen bringen dann wieder Sporen hervor. Diese werden in besonderen Behältern, den **Sporangien** (*27/2c–d*, Sp), gebildet. Bei den echten Farnen stehen die Sporangien meist zu mehreren in besonderen Sporangienhäufchen, den **Sori** (*27/2b–d*, S). Diese sind entweder nackt (*27/2b*) oder von einem **Schleier**, dem **Indusium** (*27/2c–d*, I), bedeckt, dessen Form bei der Bestimmung der einzelnen Farngattungen und -arten eine wichtige Rolle spielt.

Die Sori sitzen meist auf der Unterseite normaler grüner Laubblätter (Wedel), die dann wegen der Doppelfunktion für Ernährung und Fortpflanzung Sporotrophophylle genannt werden, oder (seltener) an besonderen, abweichend gestalteten Blättern (Sporophyllen, *57/8b, 57/9b*) oder Blattabschnitten. Bei einigen Sporenpflanzen – *Equisetum* (*127/1, 127/2*), den meisten Lycopodiaceae (*123/2b–123/5*) und *Selaginella* (*123/6a*) – treten die Sporophylle zu **Sporophyllständen** zusammen. Wenn die Sporen reif sind, dann werden sie aus dem Sporangium freigesetzt und meist durch den Wind ausgebreitet, bis sie schließlich an einer feuchten Stelle liegen bleiben und zu einem neuen Prothallium auskeimen.

Bei den Wasserfarnen werden die Sporangien von einer besonderen Hülle umschlossen, die als **Sporokarp** bezeichnet wird. Die Sporokarpien finden sich an der Basis der Blätter, bei *Salvinia* (*55/4b*, S) am wurzelartig aussehenden Unterwasserblatt (*55/4b*, WB), bei den Marsileaceae (*Marsilea, Pilularia*) an der Basis der Laubblätter. Bei *Marsilea* sind sie bohnenförmig und gestielt (*55/7*, S), bei *Pilularia* kugelig und sitzend (*55/6*, S).

Lebensdauer und Lebensformen (*Taf. 1*)

Nach ihrer Lebensdauer ist zwischen ein-, zwei-, mehrjährigen und ausdauernden Pflanzen zu unterscheiden. Ein- und zweijährige Kräuter, seltener auch mehrjährige (z. B. *Laserpitium prutenicum*), gelangen innerhalb ihres Lebenszyklus nur ein einziges Mal zur Blüte und Samenreife, um dann abzusterben. Solche Pflanzen werden auch als hapaxanth bezeichnet. Ausdauernde oder perennierende Pflanzen können mehrere bis viele Jahre hintereinander Blüten und Samen hervorbringen. Dazu gehören sowohl krautige Pflanzen (Stauden) als auch Halbsträucher und Holzpflanzen.

Kräuter sind **einjährig** oder **annuell** (⊙), wenn Keimung, Blüte, Samenreife und Absterben sich innerhalb eines Jahres vollziehen. Erfolgt die Keimung im Frühjahr, die Blüte und Samenreife im Sommer, so spricht man von **Sommerannuellen**; keimen die Samen im Herbst, tritt Blüte und Samenbildung aber erst im nächsten Frühjahr ein, so spricht man von **Winterannuellen** (z. B. Wintergetreide). Annuelle werden auch als **Therophyten** bezeichnet. Im Gegensatz zu den Ausdauernden entwickeln sie meist nur ein schwaches Wurzelsystem und lassen sich daher leicht aus dem Boden ziehen (*Taf. 1: 8*).

Zweijährige oder **Bienne** (⊙) leben im ersten Jahr vegetativ und gelangen erst im zweiten Jahr zur Blüte und Samenreife. Bei **Mehrjährigen** tritt die Blütenbildung oft erst nach mehreren Jahren ein.

Bei den **Perennierenden** (♃) richtet sich die Einteilung der Lebensformen nach der Lage der **Erneuerungsknospen**, aus denen die Pflanze im Frühjahr neu austreibt:

a) **Stauden:** Die Sprosse sind mehr oder weniger krautig, und bei vielen Arten sterben alle deutlich oberirdischen Teile im Winter ab. Bei **Geophyten** überwintern die Teile, die im nächsten Jahr das Sprosssystem fortführen, im Boden. Je nach Art der Überwinterungsorgane spricht man von **Zwiebel-** (*Galanthus, Taf. 1: 2*), **Knollen-** (*Ficaria, Taf. 2: 6*), **Rhizom-** (*Iris, Taf. 3: 6*), **Rüben-** oder **Wurzelgeophyten**. Die Tiefenlage der Geophyten wird durch kontraktile Wurzeln (Zugwurzeln) reguliert. Liegen die Erneuerungsknospen dem Erdboden dicht an, nennt man die Pflanzen **Hemikryptophyten** (z. B. *Plantago, Taf. 1: 5*). In Mitteleuropa ist das die häufigste Lebensform.

b) **Chamaephyten:** Bei den Chamaephyten liegen die Erneuerungsknospen zwar über dem Erdboden, aber in den meisten Wintern – besonders im Gebirge – unter einer schützenden Schneedecke. Hierher gehören z. B. Halbsträucher (♄) und Polsterpflanzen, aber auch Zwergsträucher (s. u.). Bei den **Halbsträuchern** sind die basalen Triebe schwach verholzt und ausdauernd, der übrige Teil der Jahrestriebe stirbt im Herbst oder Winter großenteils ab. Die **Polsterpflanzen** der Gebirge und Trockenstandorte sind Stauden oder (Halb-)Sträucher mit gestauchten, dicht beblätterten Sprossachsen, die sich durch geringen Längenzuwachs auszeichnen und deren Spitzen in eine kompakte, flache oder halbkuglig aufgewölbte Oberfläche zu stehen kommen. Im Gegensatz zu den Stauden sterben die Triebe nicht ab, sondern wachsen ständig fort, wobei sich die Innovationsknospen von der Erdoberfläche entfernen. Polsterpflanzen sind immergrüne Gewächse.

c) **Holzpflanzen (= Gehölze):** Die Sprossachsen sind in allen Teilen verholzt und bleiben in ihrer Gesamtheit erhalten. Mehrjährige holzige Sprossachsen zeigen im Querschnitt meist Jahresringe.

Sträucher (♄) sind Holzpflanzen, die keinen Stamm ausbilden, sondern vom Grund an mehrere, oft nahezu gleich starke Äste aufweisen und neue Triebe aus der Basis heraus entwickeln, die Schösslinge. Ihre Erneuerungsknospen befinden sich meist etwa 50–300 cm über dem Erdboden. Zuweilen werden Sonderformen unterschieden:

Zwergsträucher sind bis etwa 1 m hoch mit aufrechtem, von der Basis her verzweigtem Sprosssystem. Bei Halbsträuchern (s. o.) sind nur die basalen Teile verholzt.

Spaliersträucher, auch **Teppichsträucher** genannt, sind Zwergsträucher, deren Sprosssystem flach dem Boden angedrückt ist. Im Extremfall (z. B. *Salix herbacea*) kann es sogar unterhalb der Bodenoberfläche liegen.

Bäume (♄) sind meist in einen unverzweigten Stamm und eine reich verzweigte Krone gegliedert. Bäume und höhere Sträucher werden auch als **Phanerophyten** bezeichnet.

d) **Lianen** (∫) sind kletternde Pflanzen, die krautig (z. B. *Humulus*, *Vicia*) oder holzig (z. B. *Hedera*, *Vitis*) sein können. Krautige Lianen und zumindest die jüngeren Triebe holziger Lianen können ihr Eigengewicht nicht selbst tragen und sind auf eine Stütze angewiesen. Nach der Klettertechnik lassen sich die folgenden Typen unterscheiden:

Windeklimmer (s. auch S. 32) sind Pflanzen, deren Hauptachse eine kreisende Bewegung vollführt (Nutation) und sich so um eine Stütze wickelt (*Taf. 5: 1*). Die Richtung der Nutationsbewegung ist bei jeder Pflanzenart festgelegt. So ist *Lonicera periclymenum* rechtswindend, d. h., die Bewegung erfolgt im Uhrzeigersinn, während *Convolvulus sepium* linkswindend ist.

Rankenklimmer bilden fadenförmige Anhangsorgane (Ranken) aus, die der Anheftung dienen. Ranken können aus Blättern (S. 39; *Taf. 5: 6–7*) oder aus Sprossachsen (S. 32) hervorgehen. Die meisten Ranken wickeln sich mit ihrer Spitze um die Stütze; manche (z. B. *Bryonia*, *Taf. 5: 5*) rollen sich danach von der Mitte her springfederartig ein, sodass eine elastische Aufhängung entsteht. Seltener sind Haftranken (*Parthenocissus*, *116/5*; *Taf. 5: 3*), die am Ende Haftscheiben ausbilden.

Wurzelklimmer (*Hedera*, *Taf. 5: 4*) bilden zahlreiche, meist sehr kurze und dicht stehende sprossbürtige Wurzeln aus, deren Spitzen sich in Unebenheiten ihrer Stütze (Borke, Felsen, Hauswände) verankern.

Hakenklimmer (z. B. *Rubus*) werden von (häufig rückwärts gekrümmten) Stacheln (oder ähnlichen Emergenzen) oder von Dornen aufrecht gehalten. Manche Pflanzen wie z. B. *Galium aparine* verhaken sich auch mit rückwärts (zur Basis) gerichteten Haaren auf ihren Stängeln und/oder Blättern an benachbarten Pflanzen. Sie werden häufig auch der folgenden Gruppe zugerechnet.

Spreizklimmer (z. B. *Jasminum nudiflorum*) zeigen keine besonderen Anheftungsorgane; sie verankern sich einfach mit abgespreizten Seitenzweigen oder Blattstielen im Geäst von Sträuchern.

Ausbildung und Umbildung der einzelnen Organe

A. Wurzel (*Taf. 2*)

Während die Sprosse normalerweise grün sind und dem Licht entgegenwachsen, ist die Wurzel bleich und dringt in den Boden ein. Die für die Sprossachse charakteristischen Blätter fehlen den Wurzeln völlig. An der Blattlosigkeit sind deshalb mit Sicherheit echte Wurzeln von wurzelähnlichen, unterirdischen Sprossachsen, Ausläufern und Rhizomen (s. S. 32) zu unterscheiden, die bleiche Schuppenblätter tragen oder zumindest deren Narben erkennen lassen.

Die aus der Wurzelanlage des Embryos hervorgehende Wurzel wird als **Primär-** oder **Hauptwurzel** bezeichnet. An dieser entstehen **Seitenwurzeln,** die sich selbst wieder verzweigen können. Hauptwurzel und Seitenwurzeln zusammen bilden das **Wurzelsystem.** Während bei den meisten Dikotylen und Gymnospermen die Primärwurzel mit ihren Seitenwurzeln erhalten bleibt (allorhize Bewurzelung, *Taf. 2: 3, 4*), geht sie bei den Monokotylen frühzeitig zugrunde und wird durch **sprossbürtige Wurzeln** ersetzt (homorhize Bewurzelung, *Taf. 2: 1, 2*). Aber auch viele Dikotyle können, insbesondere an niederliegenden Sprossen, sprossbürtige Wurzeln bilden. Bei den Pteridophyten unterbleibt von vornherein die Ausbildung einer Hauptwurzel, sodass schon die erste am Embryo auftretende Wurzel eine sprossbürtige Wurzel ist.

Einige Blütenpflanzen (*Ceratophyllum, Utricularia, Corallorhiza, Wolffia*) sind überhaupt wurzellos.

Umbildungen der Wurzel

Neben ihrer eigentlichen Funktion, den Spross im Boden zu verankern und mit Wasser und mineralischen Stoffen zu versorgen, übernehmen die Wurzeln noch vielfach die Aufgabe der Reservestoffspeicherung. Sie erfahren dadurch mannigfache Umbildungen und werden v. a. dick und fleischig.

Wir sprechen von einer:

Pfahlwurzel, wenn die Primärwurzel nur mäßig verdickt ist, tief in den Boden eindringt und nur wenige Seitenwurzeln hervorbringt (*Taraxacum; 30/1a; Taf. 2: 4*).

Rübe, wenn die Primärwurzel dick und fleischig ist. In die Rübenbildung wird meist auch der Keimstängel einbezogen (*Daucus sativus, Beta vulgaris; 30/1b; Taf. 2: 5*); er kann sogar den größeren Teil der Rübe bilden.

Speicherwurzel, wenn sich sprossbürtige Wurzeln verdicken, aber noch Seitenwurzeln hervorbringen und dadurch ihren Wurzelcharakter erkennen lassen (*Campanula rapunculoides; 30/1c*).

Wurzelknolle, wenn sprossbürtige Wurzeln knollenförmig anschwellen, aber keine Seitenwurzeln mehr erzeugen (*Ficaria verna; 30/1d–e; Taf. 2: 6*). Von Sprossknollen (s. S. 32) lassen sie sich v. a. durch das Fehlen von Knospen („Augen") unterscheiden.

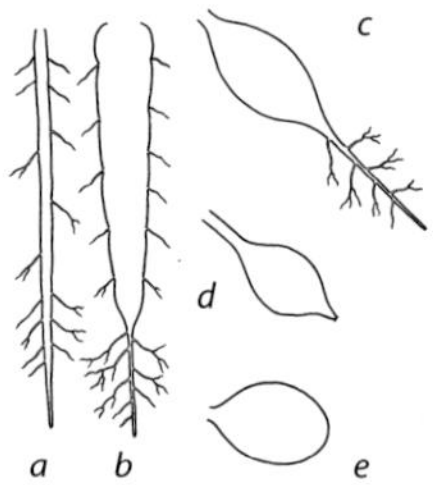

30/1

Die Wurzeln zahlreicher Pflanzen (*Calystegia sepium, Euphorbia cyparissias, Prunus spinosa* u. a.) sind zur Bildung von Sprossen befähigt, die man als **Wurzelsprosse** bezeichnet.

B. Sprossachse (*Taf. 3*)

Die Sprossanlage des Keimlings entwickelt sich zum **Haupt-** oder **Primärspross,** der in den meisten Fällen senkrecht nach oben bzw. dem Licht entgegen wächst. Er ist in **Knoten (Nodien)** und **Stängelglieder (Internodien)** gegliedert *(Taf. 3: 1)*. An den Knoten, die bei manchen Pflanzengruppen (z. B. Poaceae, Polygonaceae, *Impatiens, Galeopsis*) auffällig verdickt sein können, stehen in bestimmter Anordnung die grünen Blätter. Eine mit entfalteten Blättern besetzte Sprossachse wird als Spross oder **Trieb,** seine von jungen Blattanlagen umhüllte, wachsende Spitze als **Endknospe** bezeichnet. Zusätzlich entstehen **Seiten-** oder **Achselknospen,** bei Samenpflanzen ausschließlich in den Achseln von Blättern. Nur in den wenigsten Fällen wächst die Spitze des Primärsprosses stets unverzweigt weiter. Meistens entstehen Seitensprosse aus einigen der Achselknospen. Die Laubblätter, aus deren Achsel die Seitensprosse hervorgehen, werden dann als **Tragblätter** bezeichnet. Die Seitensprosse 1. Ordnung können sich wiederum verzweigen, woraus schließlich ein System von Seitenästen, das **Sprosssystem,** resultiert.

Bei den Holzgewächsen entwickeln sich viele Achselknospen erst im folgenden Jahr zu Seitenästen. Damit die Anlage für den Seitenspross und seine Blätter nicht den Winterfrösten zum Opfer fällt, werden die Knospen von derben, verkorkten, manchmal filzig behaarten und/oder klebrigen **Knospenschuppen** eingehüllt. Wir bezeichnen solche Knospen als **bedeckte Knospen** (*31/1; Taf. 10: 7*). Fehlen die Knospenschuppen, so spricht man von **nackten Knospen** (*Viburnum lantana; 31/2*).

Als **ruhende Knospen** oder „schlafende Augen" bezeichnen wir solche, die jahrelang im Knospenstadium verharren können und vielfach erst unter besonderen Bedingungen austreiben, z. B. bei Verletzung des Sprosssystems. Hierauf beruhen u. a. die **Stockausschläge** abgeschlagener Bäume.

Je nach dem Verhalten der Endknospe des Primärsprosses und der Seitensprosse ist zwischen **monopodialer und sympodialer Verzweigung** zu unterscheiden. Bei **monopodialer Verzweigung** wächst die Endknospe zeitlebens fort. Es entsteht eine kräftige, durchgehende Hauptachse, an der oft in regelmäßiger Anordnung alljährlich Seitenäste stehen. Dabei kann, wie bei vielen Nadelhölzern (*Abies, Picea*), aber auch einigen Laubgehölzen, eine auffallende Etagierung des Sprosssystems entstehen. Diese kommt dadurch zustande, dass die Knospen des vorjährigen Triebs zu Seitenästen auswachsen, deren Länge und Dicke im Bereich des Jahreszuwachses spitzenwärts zunimmt. Die kräftigsten Seitenäste sind deshalb unmittelbar der Endknospe benachbart, die ihrerseits das Sprosssystem fortführt (*31/3*). Wir sprechen in diesem Fall von einer akrotonen Förderung der Verzweigung. Die Wachstumsgrenzen sind in Abb. *31/3* mit x1 und x2 gekennzeichnet. Bei **sympodialer Verzweigung** fehlt die durchgehende Hauptachse, die Endknospe der Triebgeneration geht alljährlich zugrunde (*31/4–31/5*) bzw. wird an blühfähigen Pflanzen zur Bildung einer Blüte oder eines Blütenstands aufgebraucht. Unterhalb des Triebendes gelegene Achselknospen übernehmen im darauffolgenden Jahr die Fortführung des Sprosssystems. Entwickelt sich nur eine Achselknospe zu einem kräftigen Seitenast, der sich dann meist in die Richtung des vorausgegangenen Triebs stellt, so sprechen wir von einem **Monochasium** (*Tilia, Ulmus*; *31/4*). Treiben zwei Knospen zu gleichwertigen Seitenästen aus, so entsteht ein gabelförmiges, als **Dichasium** (*Syringa*; *31/5*) bezeichnetes Verzweigungsbild (vgl. Blütenstände, S. 48).

Die Ausbildungsformen der Sprossachse

Stängel: Die Sprossachse ist krautig und stirbt im Herbst ab.

Halm: Die Sprossachse ist hohl und durch Querwände an den Knoten deutlich gegliedert (Poaceae; *Taf. 3: 3*).

Schaft: Der sichtbare Stängel besteht nur aus einem einzigen gestreckten Internodium und schließt mit einer Blüte oder einem Blütenstand ab (*Primula, Taraxacum*; *Taf. 3: 2*).

Stamm: Die Hauptsprossachse ist verholzt, viele Jahre ausdauernd, und wächst dabei vielfach stark in die Dicke (Bäume).

Zweig: Achse ein- oder mehrjähriger Seitensprosse, bei Gehölzen verholzend.

Weitere Ausbildungsformen und Umbildungen

Langtriebe sind verholzte Sprossachsen mit mehreren verlängerten Internodien. Sie bewirken den Längenzuwachs der Bäume und Sträucher.

Kurztriebe sind Seitenäste von Holzgewächsen mit sehr kurzen Internodien. Sie erreichen in einem Jahr einen Längenzuwachs von nur wenigen Millimetern (*31/6*). Bei einer Reihe von Pflanzen übernehmen die Kurztriebe besondere Funktionen: Bei einigen Obstgehölzen wie z. B. Äpfeln tragen sie die Blüten, bei *Pinus* und *Berberis* tragen nur die Kurztriebe normale Laubblätter, während die Langtriebe mit braunen Schuppen- (*Pinus*) bzw. mit Dornblättern besetzt sind (*Berberis*). Bei der Schlehe (*Prunus spinosa*) entwickeln sich die Kurztriebe selbst zu Dornen.

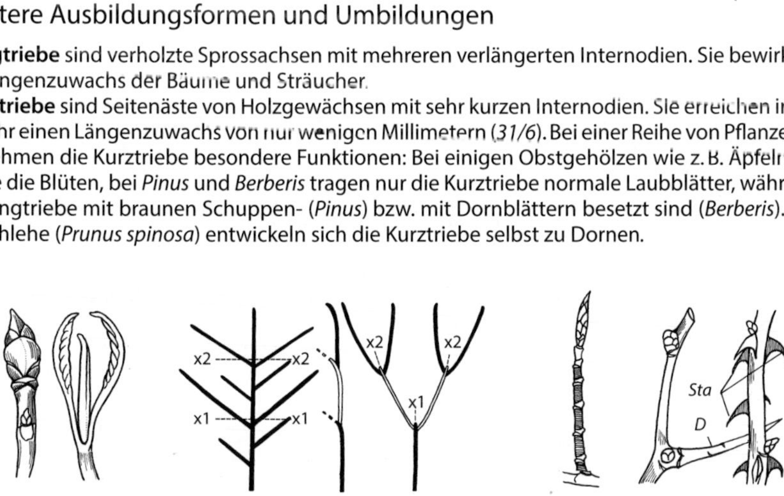

31/1 *31/2* *31/3* *31/4* *31/5* *31/6* *31/7* *31/8*

Schösslinge sind besonders lange und/oder kräftige Triebe von Gehölzen, die sich oft infolge einer Störung entwickeln, z. B. nach Verlust größerer Zweige. Sie haben meist verlängerte Internodien und übergroße, manchmal abweichend gestaltete Blätter und sind daher zur Bestimmung ungeeignet.

Sprossdornen sind spitz zulaufende, verholzte und manchmal mit Schuppenblättern besetzte Kurztriebe (*Crataegus, 31/7* D; *Prunus spinosa, Taf. 4: 1*); **Stacheln** hingegen sind keine umgewandelten Sprossachsen, sondern nur Auswüchse der Sprossepidermis unter Beteiligung subepidermalen Rindengewebes (*Rosa, Rubus; 31/8*, Sta; *Taf. 4: 5–7*).

Windesprosse: Der Primärspross besitzt stark verlängerte Internodien, ist aber zu schwach, um sich allein aufrecht zu halten und steigt in Schraubenwindungen an einer Stütze empor (*Calystegia, Humulus, Lonicera, Phaseolus; Taf. 5: 1*; vgl. S. 29).

Rankensprosse: Teile der Sprossachse sind zu fadenförmigen Anheftungsorganen = Ranken umgebildet, mit deren Hilfe die Pflanze zu klettern in der Lage ist (*Vitis; Taf. 3: 7*; vgl. S. 29). Im Gegensatz zu Blattranken (S. 39) steht in ihrer Achsel kein Seitenspross und keine Seitenknospe.

Rosettensprosse: An der aufrecht wachsenden Sprossachse unterbleibt die Längenentwicklung der Internodien, sodass die Blätter dicht gedrängt beieinander stehen und als Rosette dem Boden aufliegen (*Plantago, Sempervivum, Taraxacum*); sie sind **grundständig** (*Taf. 1: 5; Taf. 6: 5*).

Zwiebelsprosse sind unterirdische Sprosse mit verdickten Blättern als Speicherorganen. Die Sprossachse (*Taf. 3: 4, A*) ist extrem kurz, scheiben- oder kegelförmig; an ihr sitzen dicht gedrängt Niederblätter und/oder Laubblätter mit verdicktem Grund.

Rhizome (*Taf. 3: 6*) sind ausdauernde, mit schuppenförmigen Niederblättern (s. S. 39) besetzte, meist unterirdische, horizontal wachsende, verdickte Speichersprosse. Nur die über die Erde tretenden Blüten- und Laubtriebe tragen normale Laubblätter. Die Rhizome sterben von hinten her allmählich ab, wachsen an der Spitze aber ständig weiter. Die Bewurzelung ist sprossbürtig.

Bei den **Schuppenrhizomen** ist die Sprossachse selbst relativ dünn; die Stoffspeicherung wird entweder von verdickten, erhalten bleibenden Blattbasen (*Oxalis*) oder von fleischigen Niederblättern (*Lathraea, Tozzia*) übernommen.

Ausläufer (*Taf. 3: 5*) sind horizontal, ober- oder unterirdisch wachsende, manchmal schuppenförmige Niederblätter tragende Seitensprosse mit stark verlängerten Internodien und sprossbürtiger Bewurzelung. Die Ausläufer stehen im Dienste der vegetativen Vermehrung.

Sprossknollen sind in der Regel zu Speicherorganen umgebildete Enden von Ausläufern (= **Ausläuferknollen,** z. B. Kartoffel: *Solanum tuberosum*). In seltenen Fällen bildet sich auch die aufrecht wachsende Primärachse zu einer **aufrechten Sprossknolle** um (Kohlrabi: *Brassica oleracea* var. *gongylodes*).

Platykladien sind grüne, flächig verbreiterte Langtriebe (Hauptsprosse), die bei Pflanzen mit reduzierten Blättern ganz oder teilweise die Photosynthese übernommen haben (*Opuntia; Taf. 4: 4*).

Phyllokladien sind Umbildungen, bei denen Kurztriebe (Nebensprosse) nadel- oder blattartig (*Asparagus, Ruscus; Taf. 3: 8*) ausgebildet sind und der Photosynthese dienen. Die Blätter sind dann nur als winzige Schuppen ausgebildet.

Die Sprossachse ist:

rund oder **stielrund,** wenn sie einen kreisförmigen Querschnitt aufweist (*32/1; Taf. 3: 2–3* u. *9–10*);
kantig, wenn der Querschnitt eckig ist (bei Lamiaceae sind die Achsen zumeist deutlich vierkantig; *32/2*; *Taf. 3: 12*);
geflügelt, wenn die Sprosskanten zu längs verlaufenden, flügelartigen Leisten auswachsen (*32/3; Taf. 3: 13*);

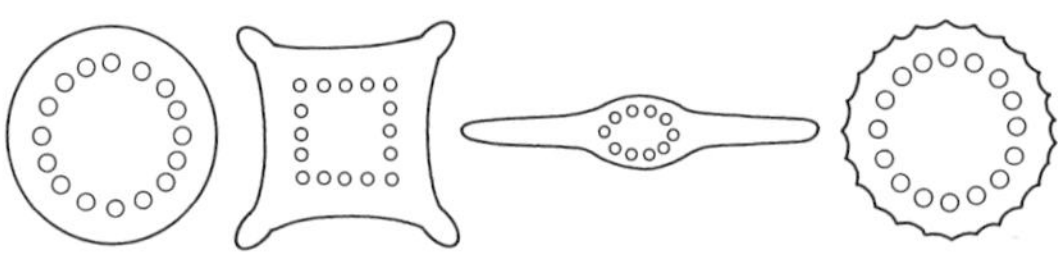

32/1 *32/2* *32/3* *32/4*

gefurcht oder **gerieft,** wenn die Sprossoberfläche mit längs verlaufenden Rillen versehen ist (z. B. bei vielen Apiaceae; *32/4; Taf. 3: 11*).

C. Blatt (*Taf. 5–12*)

Die Blätter sind in der Regel grüne, flächig entwickelte Organe, die der Photosynthese dienen (aber siehe S. 39, Umbildungen des Blatts). Sie entstehen ausschließlich an Sprossachsen und tragen in ihrer Achsel häufig Knospen, aus denen ein weiterer Austrieb erfolgen kann.

1. Lebensdauer

Die Lebensdauer der Blätter kann sehr unterschiedlich sein, zwischen wenigen Wochen und mehreren Jahren. In gemäßigten Gebieten unterscheidet man die folgenden Grundtypen:

a) Bei **sommergrün**en Pflanzen treiben die Blätter im Frühjahr aus und gehen noch im selben Jahr wieder zugrunde. Bei den meisten Gehölzen werden die Blätter im Herbst abgeworfen, während sie bei vielen krautigen Pflanzen zusammen mit den oberirdischen Stängeln absterben. Sommergrüne Pflanzen sind in gemäßigten Gebieten vorherrschend, besonders unter den Gehölzen.
b) Bei **wintergrünen** (= grün überwinternden) Pflanzen werden die Blätter zwar ebenfalls häufig im Frühjahr gebildet, bleiben aber den folgenden Winter über grün. Sie gehen jedoch mit oder kurz nach dem Austrieb der Blätter des nächsten Jahrgangs zugrunde. Manche Arten sind fakultativ wintergrün (z. B. *Ligustrum vulgare*): in milden Wintern bleiben die Blätter grün und weitgehend erhalten, in harten Wintern sterben sie ab oder werden abgeworfen.
c) Bei **immergrünen** Pflanzen haben die Blätter eine Lebensdauer von mehreren Jahren. Man findet sie bei Gehölzen (z. B. *Prunus laurocerasus*) daher auch an mehr als zwei Jahre alten Zweigen. Typische Blätter immergrüner Pflanzen sind deutlich derber und dunkler als die der meisten sommergrünen. Auch die heimischen Koniferen sind immergrün, mit Ausnahme der Lärche (*Larix*).

2. Blattstellung (*Taf. 6*)

Die Blätter sind bei jeder Pflanzengruppe in charakteristischer Weise an der Sprossachse angeordnet. Man spricht daher auch von einer bestimmten **Blattstellung.** Die verschiedenen Formen der Blattstellung kann man als **Blattstellungsdiagramm** darstellen. Dabei werden die einzelnen, an der Pflanze aufeinanderfolgenden Knoten in eine Ebene projiziert und als konzentrische Kreise dargestellt, wobei der größte, äußere Kreis dem ältesten, der kleinste, innerste dem jüngsten Knoten entspricht. Trägt man nun in diese Kreise die Signaturen der Blätter ein, so erhält man die in *34/1–34/4* wiedergegebenen Grundformen der Blattstellung:

a, b) **Wechselständige** Blattstellung (*34/1, 34/2; Taf. 6: 1–5*): An jedem Knoten steht nur ein Blatt, das gegenüber dem vorausgegangenen jeweils um einen bestimmten Winkelbetrag verschoben ist. Beträgt dieser Winkel 180° (½ Kreisumfang), dann entsteht eine **zweizeilige** oder **distiche Blattstellung** (*34/2; Taf. 6: 2*), bei der die Blätter jeweils abwechselnd links und rechts in zwei Längszeilen am Stängel stehen. Diese Blattstellung ist charakteristisch für die meisten Monokotylen.
Beträgt der Winkel 120° (⅓ Kreisumfang), dann entsteht eine **dreizeilige Blattstellung,** wie v. a. bei vielen Sauergräsern (Cyperaceae) deutlich zu erkennen ist (*Taf. 6: 3*).
Alle weiteren wechselständigen Blattstellungen ($2/5$, $3/8$, $5/13$ … ca. 137,5°) werden als **zerstreut** oder **spiralig** bezeichnet (*34/1*: $2/5$-Spirale). Diese Form der Blattstellung ist typisch für die meisten Dikotylen (*Taf. 6: 1, 4–5*).
Ein Sonderfall der wechselständigen Beblätterung sind die mehrgliedrigen **Scheinwirtel (Scheinquirle).** Sie kommen dadurch zustande, dass auf ein verlängertes Stängelglied jeweils einige nicht gestreckte Internodien folgen, sodass die zu den Knoten gehörigen Blätter dicht beisammen

stehen und einen mehrgliedrigen Quirl vortäuschen. Dennoch entspringen die Blätter nicht wie bei echten Quirlen (s. u.) einem einzigen Knoten. Solche Scheinquirle sind weiter verbreitet bei Monokotylen. Sie treten entweder in Einzahl auf (*Paris quadrifolia*, S. 170) oder zu mehreren etagenförmig übereinander (*Lilium martagon*, S. 173, *Polygonatum verticillatum*, S. 215). Auch die drei scheinbar quirlig angeordneten Blattorgane am Blütenspross von *Anemone*-Arten bilden einen Scheinquirl (*335/1*).

c) **Gegenständige** oder **dekussierte** Blattstellung (*34/3; Taf. 6: 6–7*): An jedem Knoten stehen 2 Blätter einander gegenüber. Das Blattpaar des folgenden Knotens steht (zumindest zur Zeit der Anlage) auf Lücke dazu, also um 90° verschoben, so dass am Stängel insgesamt 4 Längszeilen von Blättern entstehen (Lamiaceae, Caryophyllaceae, Oleaceae). Durch Ausrichtung zum Licht können allerdings die Blattpaare so gedreht werden, dass alle Blätter in einer Ebene zu liegen scheinen (*Taf. 6: 6*). Gegenständige Blattstellung liegt genau genommen auch bei den Rubiaceae (S. 628) vor, obwohl die Blätter in mehr als zweizähligen, etagenförmigen Quirlen angeordnet erscheinen; doch stehen die Blätter der aufeinanderfolgenden Quirle nicht auf Lücke, wie dies bei echten Quirlen der Fall ist (s. Punkt d), sondern übereinander (superponiert). Bei den Rubiaceae beruht die Bildung mehrzähliger Quirle auf der laubblattartigen Ausbildung der für diese Familie typischen Nebenblätter. In der Gattung *Cruciata* (S. 629) kommen die 4-zähligen Quirle dadurch zustande, dass die Stipeln der gegenständigen Laubblätter auf jeder der beiden Seiten zu einer interpetiolaren Stipel vereinigt sind. Bei 6-zähligen Quirlen (*Asperula, Galium; Taf. 5: 8*) sind die Nebenblätter gleich gestaltet wie die Laubblätter; bei 8- und mehrzähligen Quirlen kommt es zu einer Vermehrung der blattähnlichen Stipeln (*35/6*). Die eigentlichen Laubblätter sind daran zu erkennen, dass nur aus ihren Achseln heraus eine Verzweigung möglich ist.

d) **Quirlständige (wirtelige) Blattstellung** (*34/4*): An jedem Knoten stehen drei bis viele Blätter, wobei jene des nächstjüngeren Knotens auf Lücke zu denen des vorausgegangenen Knotens stehen (*Hippuris, 119/1; Taf. 6: 8*).

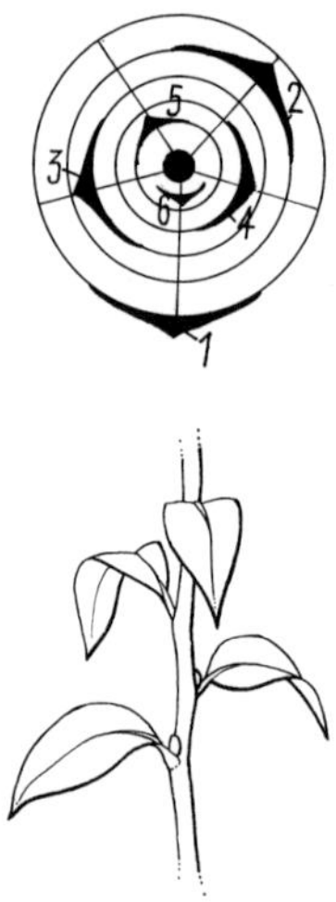

34/1

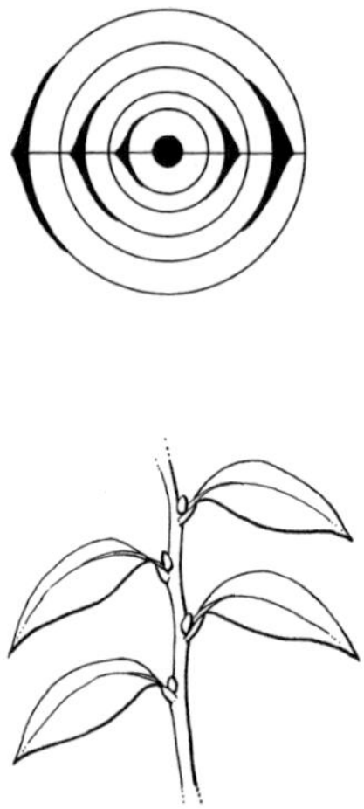
34/2

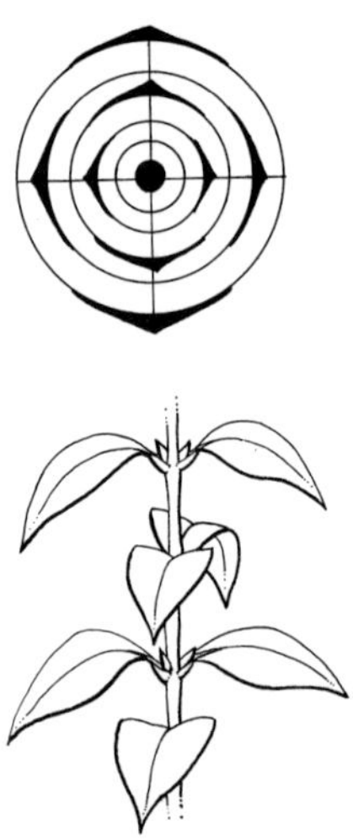
34/3

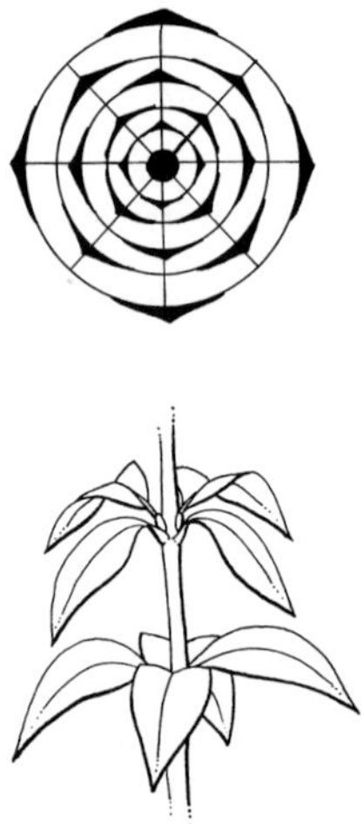
34/4

3. Gliederung des Blatts (*Taf. 7*)

Ein typisches Laubblatt besteht aus einer grünen **Blattspreite** oder **Lamina** (*35/1*, Spr), einem meist schmalen **Blattstiel** (St) und dem **Blattgrund** (G) (*Taf. 7: 1–3*). Blattspreite und Blattstiel werden zusammen auch als **Oberblatt,** der Blattgrund als **Unterblatt** (U) bezeichnet.

Bei den Farnpflanzen und Palmen nennt man das Blatt auch **Wedel.**

a) Blattgrund

Bei vielen Dikotylen setzt sich der Blattgrund nicht scharf vom Blattstiel ab und bildet nur eine leichte Verbreiterung der Blattstielbasis (*35/1*); bei manchen anderen und bei den meisten Monokotylen ist er dagegen stark entwickelt. So ist der Blattgrund bei vielen *Allium*-Arten allseits röhrig geschlossen und fleischig verdickt (*35/2*); bei vielen Doldenblütlern (Apiaceae) ist er auffällig verbreitert (*Taf. 8: 6*), und bei den Süßgräsern (Poaceae) ist er als lange, offene **Blattscheide** (*35/3, U; Taf. 32: 9*) ausgebildet und geht unmittelbar in die Spreite (Spr) über. An der Grenze zwischen beiden findet sich ein kleines Häutchen, das als **Blatthäutchen** oder **Ligula** (*35/3,* Lig; *Taf. 32: 9,* Lig) bezeichnet wird. Der Begriff der Ligula wird allerdings auch für ein winziges häutiges Anhängsel anderer Herkunft benutzt, das sich auf der Oberseite der Blätter von *Isoetes* und *Selaginella* findet.

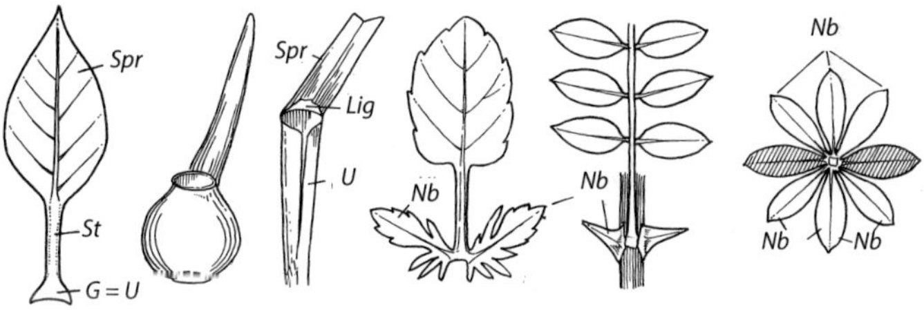

35/1 *35/2* *35/3* *35/4* *35/5* *35/6*

Als seitliche Auswüchse des Blattgrunds treten **Nebenblätter** oder **Stipeln** auf (*35/4, 35/5,* Nb; *Taf. 7: 2–4*), die bei den meisten Rosaceae, Fabaceae, Violaceae u. a. stark entwickelt sind und zeitlebens erhalten bleiben, bei *Carpinus, Corylus, Populus, Prunus, Tilia* u. a. hingegen früh abfallen. Bei den Polygonaceae, *Zannichellia* und wenigen weiteren Gruppen bildet der Blattgrund eine als **Ochrea** bezeichnete, mehr oder weniger verlängerte Röhre oder Tüte (*35/7,* O; *Taf. 8: 5,* O), die die Basis des folgenden Stängelglieds umgibt. Bei *Robinia* sind die beiden Nebenblätter als Dornen ausgebildet (*35/5,* Nb). Bei *Galium* sind sie den Laubblättern (*35/6,* schraffiert) völlig gleichgestaltet (*35/6,* Nb) und häufig vermehrt.

Bei manchen dicht zweizeilig beblätterten Einkeimblättrigen (z. B. *Iris, Tofieldia*) ist der Blattgrund ebenfalls scheidig entwickelt, sitzt aber der Sprossachse an wie ein Reiter auf dem Pferd. Man spricht deshalb auch von **reitenden** Blättern (*35/8; Taf. 10: 2*).

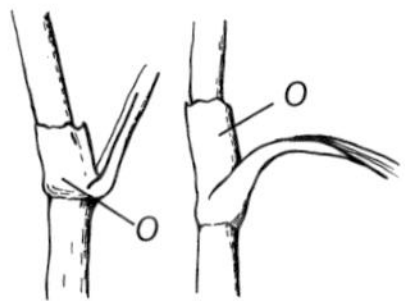

35/7

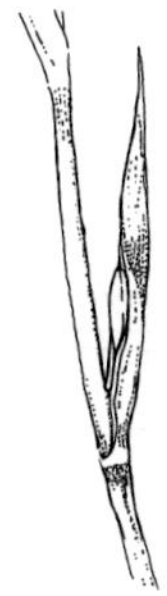
35/8

b) Blattstiel

Ein Blattstiel trennt in vielen Fällen den Blattgrund von der Blattspreite. Im Querschnitt ist der Blattstiel in der Regel unterseits ± rundlich, oberseits meist abgeflacht oder rinnig. Selten ist er geflügelt, d. h. an den Seiten flächig verbreitert (*Lathyrus latifolius, Taf. 5: 7*), sehr selten (*Clematis, Taf. 5: 2*) dient er als Ranke. Fehlt der Blattstiel, so werden die Blätter als **sitzend**

(*36/6*) bezeichnet. Die Mehrzahl der Dikotylen hat gestielte, die Mehrzahl der Monokotylen sitzende Blätter. In beiden Gruppen gibt es allerdings zahlreiche Ausnahmen.

c) Blattspreite

Die Blattspreite ist der im Regelfall flächig ausgebildete, der Photosynthese dienende Teil des Blatts. Sie kann sehr unterschiedlich gestaltet sein und liefert daher wichtige Bestimmungsmerkmale.

Nach dem Verlauf der **Leitbündel** (auch als **Nerven** oder **Adern** bezeichnet) ist zwischen parallelnervigen und fiedernervigen Blättern zu unterscheiden.

parallel- oder **bogennervig** (*36/1–2*): Die Nerven verlaufen längsgerichtet parallel (*36/1*; *Taf. 10: 2*) oder bogenförmig (*36/2*); ein Mittelnerv tritt meist nicht auffällig hervor. Diese Form der Nervenanordnung ist typisch für die weitaus meisten Monokotylen, kommt aber auch bei einigen Dikotylen vor (z. B. bei *Bupleurum-*, *Gentiana-* und *Plantago*-Arten; *Taf. 10: 16*).

fiedernervig (*36/3–36/5*): Hier gehen von einem stärkeren Hauptnerv schwächere Seitennerven ab (*36/3*; *Taf. 7: 2*). Da die Seitennerven meist durch weitere Leitbündel netzartig miteinander verbunden sind, spricht man auch von netznervigen Blättern. Sie sind typisch für die Dikotylen, bei Monokotylen dagegen kommen sie nur äußerst selten vor, z. B. bei einigen Araceae (*36/5*). Eine Abwandlung der Fiedernervigkeit ist die **hand-** oder **fingerförmige Nervatur,** die dadurch zustande kommt, dass mehrere kräftige Seitennerven vom Ende des Blattstiels wie die Finger einer Hand in die Blattspreite eintreten (z. B. *Acer, 36/4*).

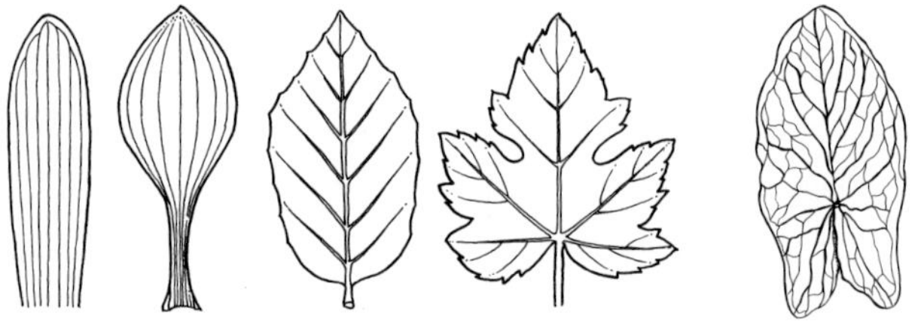

36/1 *36/2* *36/3* *36/4* *36/5*

Auch der Grund der Blattspreite kann sehr charakteristisch ausgebildet sein. Man bezeichnet Blätter als

stängelumfassend, wenn der Spreitengrund den Stängel fast oder ganz umgreift (*36/7*; *Taf. 8: 5*);

geöhrt, wenn der Spreitengrund mit 2 Lappen oder Anhängseln (Öhrchen) versehen ist (*36/8; Taf. 11: 5,* Ö);

durchwachsen, wenn der Spreitengrund den Stängel so umgibt, dass dieser durch die Spreite durchgewachsen erscheint (*Bupleurum rotundifolium, 36/9*);

verwachsen, wenn der Spreitengrund zweier an einem Knoten gegenüberstehender Blätter miteinander vereinigt ist (*Dianthus, 36/10, Taf. 11: 1; Dipsacus; Lonicera caprifolium, 36/11*);

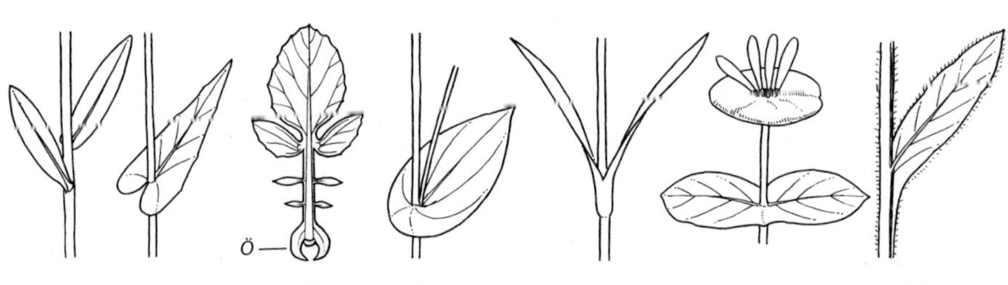

36/6 *36/7* *36/8* *36/9* *36/10* *36/11* *36/12*

herablaufend, wenn sich der Spreitengrund noch ein Stück an der Sprossachse herabzieht (*Symphytum officinale, 36/12; Taf. 11: 2*).

Nach der Gliederung der Blattspreite unterscheidet man einfache und zusammengesetzte Blätter.

Einfache Blätter

Die Blattspreite ist **ungeteilt**, kann aber ± tief eingeschnitten sein.

Der Umriss der Blattspreite kann recht vielgestaltig sein (*Taf. 7–11*): **nadelförmig** (Pinaceae, *37/1*), **linealisch** (Poaceae, *37/2*), **stielrund,** wenn die Blattspreite langgestreckt ist, einen (fast) kreisförmigen Querschnitt hat und über einen großen Teil ihrer Länge kaum dünner wird, sodass sie einem Stängel ähnelt (*Allium, Juncus, 37/3*), **pfriemlich,** wenn sie sehr schmal und starr ist und ganz allmählich spitz zuläuft, **lanzettlich** (*37/4*), wenn sie die Form einer Lanze hat (an beiden Enden zugespitzt, am breitesten in der Mitte oder näher zur Basis), **spatelförmig** (*37/5*), **eiförmig** (*37/6*), **verkehrt eiförmig, elliptisch** (*37/7*), **kreisrund** (*37/8*), **schildförmig,** wenn der Blattstiel unter der Fläche des Blatts entspringt, ohne Kontakt zum Blattrand (*Tropaeolum, 37/9; Taf. 10: 6)*, **rautenförmig** (*Trapa, 37/10*), **nierenförmig** (*37/11*), **herzförmig** (*37/12*), **pfeilförmig** (*37/13*), **spießförmig** (*37/14*), **schwertförmig,** wenn das Blatt seitlich abgeflacht ist und mit der Schmalseite zum Stängel steht (z. B. *Iris; 35/8, Taf. 10: 2*).

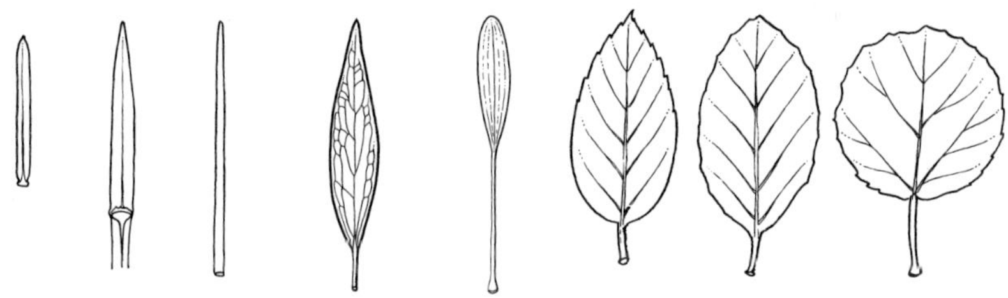

37/1 *37/2* *37/3* *37/4* *37/5* *37/6* *37/7* *37/8*

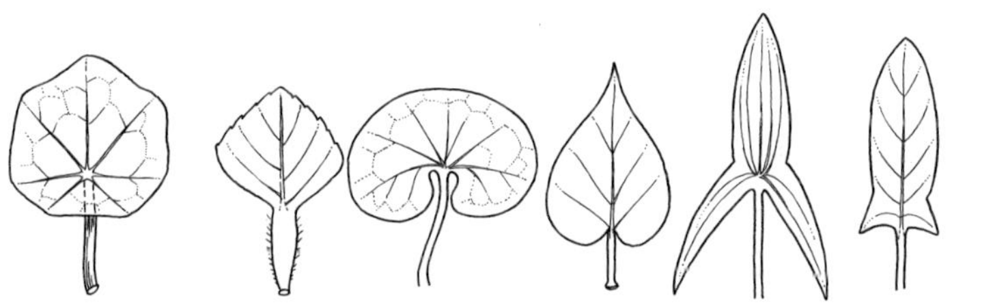

37/9 *37/10* *37/11* *37/12* *37/13* *37/14*

Nach der Beschaffenheit ihres Randes (*Taf. 9*) ist die Blattspreite:

ganzrandig, wenn der Rand keine Einschnitte zeigt und völlig glatt ist (*38/1; Taf. 9: 1*);
gesägt, wenn die spitzen Sägezähne durch spitzwinklige Einkerbungen getrennt sind (*38/2; Taf. 9: 7*);
doppelt gesägt, wenn große Zähne von kleinen überlagert sind (*38/3; Taf. 9: 9*);
schrotsägeförmig, wenn sehr grobe, meist rückwärts gerichtete Zähne einige kleine Zähne tragen (*Taraxacum, 38/4; Taf. 9: 4*);
gezähnt, wenn die Vorsprünge spitz und die Einschnitte abgerundet sind (*38/5; Taf. 9: 5);*
gekerbt, wenn die abgerundeten Vorsprünge durch spitzwinklige Einkerbungen getrennt sind (*38/6; Taf. 9: 3*);
gebuchtet, wenn die Vorsprünge und Einschnitte abgerundet sind (*38/7; Taf. 9: 6*).

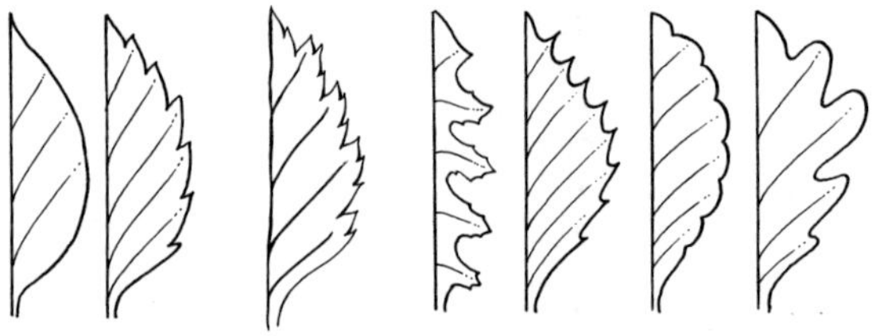

38/1 38/2 38/3 38/4 38/5 38/6 38/7

Sind die Einschnitte tiefer, so tritt eine Aufteilung der Blattspreite ein, die dem Verlauf der Nerven entspricht.

Ein Blatt ist **fiederspaltig,** wenn die Einschnitte nicht allzu tief sind, aber Fiedern andeuten;
fiederteilig, wenn die Einschnitte fast bis zur Mittelrippe reichen;
leierförmig fiederspaltig oder **leierförmig gefiedert,** wenn das fiederspaltige bzw. gefiederte Blatt einen auffallend großen Endlappen besitzt (*38/8*);
kammförmig gefiedert, wenn die Fiedern wie die Zähne eines Kammes angeordnet sind (z. B. *Hottonia, 38/9*; *Taf. 7: 6*);
handförmig geteilt, wenn tiefe Einschnitte zwischen fingerförmigen Hauptnerven zum Grund der Spreite gerichtet sind (*38/10*; *Taf. 9: 10*);
gelappt, wenn die Blattfläche in mehrere breite Hauptlappen geteilt ist (*38/11*; *Taf. 9: 8*).

Die gleichen Begriffe für Umriss und Rand werden auch für die Blättchen zusammengesetzter Blätter benutzt.

38/8 38/9 38/10 38/11

Zusammengesetzte Blätter (*Taf. 7: 3–8*)

Bei zusammengesetzten Blättern besteht die Blattspreite aus mehreren, voneinander getrennten **Blättchen** oder **Fiedern.** Man spricht deshalb auch von **Fiederblättern.** Die Blattfiedern sitzen meist paarweise an der verlängerten **Blattspindel** oder **Rhachis,** die dem Mittelnerv eines einfachen Blatts entspricht.

Das Blatt ist:

unpaarig gefiedert, wenn es mehrere Paare von Fiedern und eine Endfieder (*39/1*, E; *Taf. 7: 3*, E) besitzt. Ist außer der Endfieder nur noch ein Fiederpaar vorhanden, so spricht man von **dreizählig gefiederten** Blättern. Die Endfieder ist vom Fiederpaar durch ein mehr oder weniger langes Rhachisstück getrennt (*Melilotus, 39/2*);
paarig gefiedert, wenn die Endfieder fehlt oder nur als winziger Rest erkennbar ist (*39/3*, E; *Taf. 7: 5*, E);
doppelt gefiedert, wenn die Fiedern (= Fiedern 1. Ordnung) selbst wieder gefiedert sind und damit Fiedern 2. Ordnung entstehen (*39/4; Taf. 7: 8*);

mehrfach gefiedert, wenn Fiedern 2. Ordnung selbst wieder gefiedert sind und damit Fiedern 3. Ordnung oder bei weiterer Fortsetzung Fiedern entsprechend höherer Ordnung entstehen (viele Apiaceae, Farne);

unterbrochen gefiedert, wenn zwischen den großen Fiederpaaren kleinere stehen (*Filipendula, Solanum tuberosum, 39/5; Taf. 7: 7*).

Unterbleibt die Längenentwicklung der Rhachis, sodass alle Fiedern von einem Punkt ausgehen, so entsteht ein **gefingertes** Blatt (*39/6, 39/7, 39/9; Taf. 8: 1*). Fünfzählig gefingert sind z. B. die Blätter vieler Fingerkräuter (*Potentilla*), dreizählig gefingert die Blätter des Klees (*Trifolium, 39/7; Taf. 7: 4*). Ein solches Blatt unterscheidet sich von einem dreizählig gefiederten darin, dass End- und Seitenfiedern **nicht** durch einen kurzen Rhachisabschnitt voneinander getrennt sind. Beide Formen werden oft als dreizählige Blätter zusammengefasst.

Entwickelt sich die Rhachis statt in die Länge quer zum Blattstiel, so entsteht ein **fußförmig gefiedertes** Blatt (*Helleborus, 39/8, 40/2a; Taf. 11: 9*).

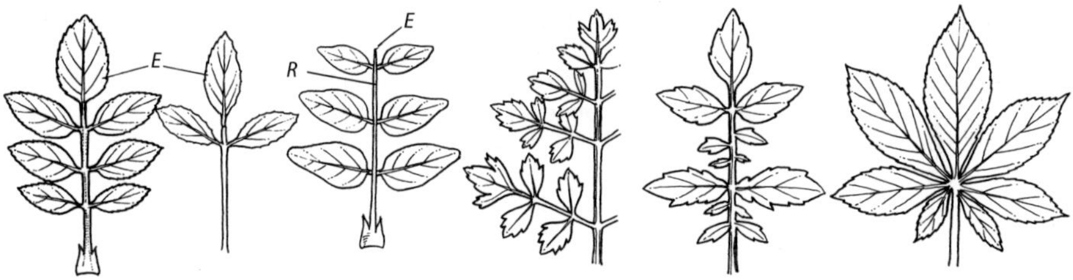

39/1 *39/2* *39/3* *39/4* *39/5* *39/6*

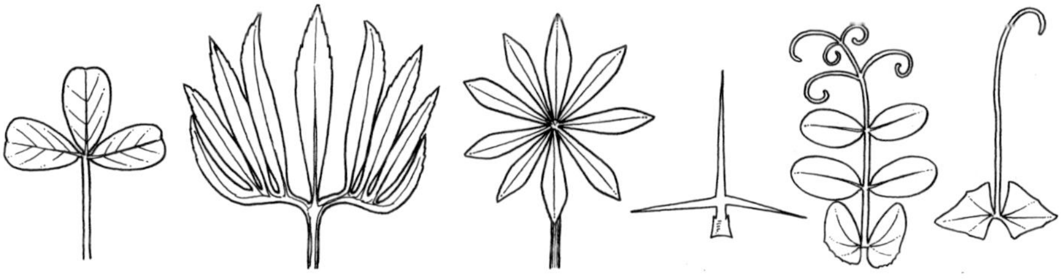

39/7 *39/8* *39/9* *39/10* *39/11* *39/12*

4. Umbildungen des Blatts

Dornblätter: Die Ausbildung der Blattspreite ist unterdrückt. Es bleiben nur die Hauptnerven übrig, die in eine harte Dornspitze auslaufen (Berberitze, *39/10; Taf. 4: 3*). Dornblätter tragen in ihrer Achsel häufig Büschel von Laubblättern, an einem nicht gestreckten Kurztrieb.

Rankenblätter: Bei vielen Schmetterlingsblütlern unterbleibt an den obersten Blattfiedern die Ausbildung der Spreite; die Mittelrippe tritt deshalb als eine für Berührungsreize empfindliche Ranke hervor, mit deren Hilfe die Pflanze an Stützen emporrankt (*39/11, Taf. 5: 6* u. *7*). In seltenen Fällen, z. B. bei der Ranken-Platterbse (*Lathyrus aphaca*), ist das gesamte Blatt zur Ranke umgebildet; in diesem Falle sind die Nebenblätter laubig entwickelt (*39/12*) und dienen als Assimilationsorgane.

Niederblätter sind einfache, schuppenförmige Blätter (*Vicia faba, 40/1a–c; Asparagus, Taf. 10: 13*), die sich von normalen Laubblättern (*40/1d*) dadurch unterscheiden, dass bei ihnen nur das Unterblatt ausgebildet ist. Unterirdische Sprossachsen wie Ausläufer, Rhizome und Knollen sind in der Regel mit Niederblättern besetzt. Holzgewächse haben Niederblätter, die als **Knospenschuppen** bezeichnet werden (*Taf. 10: 7*). Sie übernehmen hier den Schutz der jungen Blatt- und Blütenanlagen des neuen Triebs gegen ungünstige Außeneinflüsse. Nach Erfüllung dieser Aufgabe fallen sie meist ab.

Hochblätter sind Blattorgane im Bereich der Blütenstände, die deutlich anders als normale Laubblätter gestaltet sind, in der Regel einfacher (*40/2b–f, Taf. 12*), die aber nicht zur Blüte selbst gehören. Sie können jedoch in einigen Fällen eine weitere Hülle um eine Blüte oder um mehrere bilden. So wird bei manchen Ranunculaceae (z. B. *Eranthis, Taf. 12: 2, Nigella, Pulsatilla, Taf. 12: 1*) die Blütenknospe von Hochblättern umhüllt. Im Bereich der Blütenstände werden die Hochblätter, aus deren Achseln Blüten oder weitere Verzweigungen des Blütenstandes hervorgehen, als **Deck-** oder **Tragblätter (Brakteen)** bezeichnet. Bei den Asteraceae bilden Hochblätter die Hülle des Köpfchens (**Involucrum,** *Taf. 12: 3 u. 4,* H), bei den Doldenblütlern die **Hülle** und das **Hüllchen** der Dolde bzw. des Döldchens (*Taf. 12: 5 u. 6,* H). Manchmal sind die Hochblätter blumenblattartig gefärbt und übernehmen bei kleinen, unscheinbaren Blüten Blumenblattfunktion, z. B. bei *Cornus suecica* (*78/2*).

Primärblätter sind die ersten Blattorgane des Stängels, welche auf die Keimblätter folgen. Gegenüber den Folgeblättern sind sie oft von einfacher Gestalt. So sind bei *Phaseolus vulgaris* die Primärblätter ungeteilt, die Folgeblätter dreizählig gefiedert.

Heterophyllie oder **Verschiedenblättrigkeit** bezeichnet das Vorkommen unterschiedlich gestalteter Blätter an einer Sprossachse (*Taf. 8: 4*). Besonders ausgeprägt ist diese bei vielen Wasserpflanzen (z. B. einigen *Ranunculus*-Arten): Die Unterwasserblätter besitzen eine in haarfeine Zipfel aufgelöste, die Schwimmblätter hingegen eine ungeteilte bis gelappte Spreite (*343/3*).

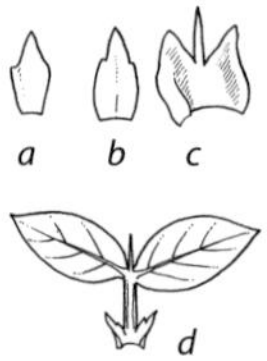

40/1

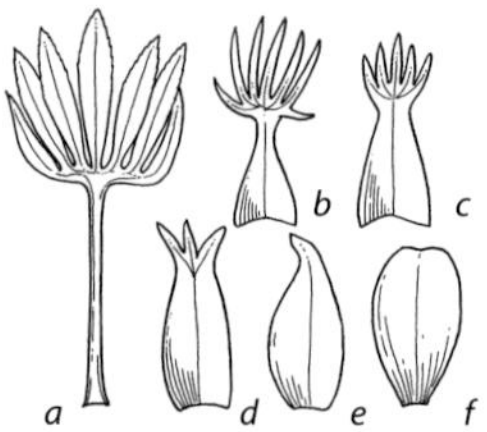

40/2

Sonderbildungen

Als Auswüchse der Epidermis der Blattspreite und auch der Sprossachse treten vielfach Haare (Trichome) und Emergenzen auf, die in mannigfacher Ausbildung anzutreffen sind:

Einfache Haare (*41/1*) sind unverzweigte, gerade oder wenig gekrümmte Haare.
Borstenhaare sind unverzweigte, steife Haare (Boraginaceae).
Wollhaare sind unverzweige, gekräuselte Haare.
Brennhaare enthalten ein scharfes, auf der Haut einen Brennreiz hervorrufendes Sekret *(Urtica).*
Drüsenhaare (sitzend oder gestielt, *41/2*) besitzen an der Spitze ein oft kugeliges, meist von ätherischen Ölen erfülltes Köpfchen.
Blasenhaare (*41/3*) haben ein sitzendes, zartes, durchscheinendes Köpfchen. Sie lassen die Pflanze mehlig bestäubt erscheinen und wirken unter der Lupe wie Tautropfen.
Gabelhaare (*41/4*) sind in zwei Arme verzweigt.
Sternhaare (*41/5*) sind an der Spitze eines oft nur sehr kurzen Stiels in mehrere Arme oder Strahlen verzweigt. Ist einer dieser Arme deutlich länger als die anderen, spricht man von Zackenhaaren.
Büschelhaare (*41/6*) sind am Grund gebüschelt oder verzweigt.
Schildhaare (*41/7*) ähneln Sternhaaren, ihre Arme verbinden sich aber zu einer Fläche.
Spreuschuppen sind dünne, häutige Schuppen an Blättern und Rhizomen von Farnpflanzen.
Hakenförmige Haare (oder Hakenhaare, *41/8*) sind an der Spitze umgebogen; sie können der Pflanze als Kletterhilfe (s. o.) oder zur Ausbreitung von Früchten und Samen dienen.

41/1

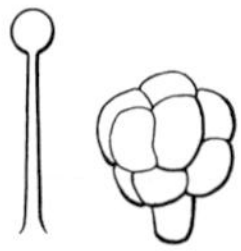

41/2

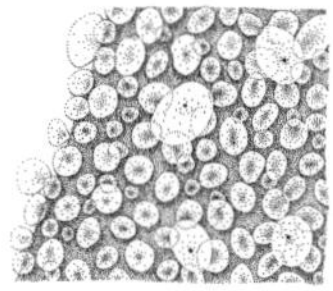

41/3

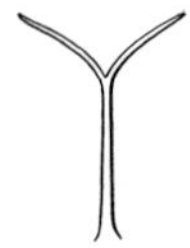

41/4

41/5

41/6

41/7

41/8

D. Blüte (*Taf. 13–23*)

Die Blüte (*Taf. 13: 1)* ist ein Spross begrenzten Wachstums, der mit Sporophyllen besetzt ist: An einer **Blütenachse** (*41/9,* Ba), auch als **Blütenboden** bezeichnet, sitzen in spiraliger oder wirteliger Anordnung in mehreren, aufeinander folgenden Kreisen die Blütenorgane, die meist als Blätter interpretiert werden, auch wenn sie in ihrer Gestalt von normalen Laubblättern stark abweichen. Von der Basis bis zur Spitze, bzw. von außen nach innen, können wir an der Achse der meisten Blüten die folgenden Organe feststellen: die Blütenhülle, meist bestehend aus **Kelch** (*41/9,* K) und (**Blumen-)Krone** (*41/9,* Kr), die **Staubblätter** (*41/9,* St) und den/die aus Fruchtblättern gebildeten **Fruchtknoten** (*41/9,* Frkn).

1. Blütensymmetrie

Eine Blüte ist **strahlig** oder **radiär** (*41/10; Taf. 13: 5),* wenn sie durch mehr als 2 Schnittebenen in 2 spiegelbildliche Hälften zerlegt werden kann oder wenn sie wie eine Schiffsschraube aussieht, also bei einer Drehung um < 180° wieder das gleiche Bild ergibt (rotationssymmetrisch, *69/1*); in den Schlüsseln werden aber auch annähernd sternförmige, z. B. spiralig organisierte Blüten als radiär behandelt. Blüten sind **disymmetrisch,** wenn nur zwei aufeinander senkrecht stehende Schnittebenen sie in zwei spiegelbildliche Hälften zerlegen (*41/11, Taf. 14: 1, Lamprocapnos*); sie sind **zygomorph** oder **dorsiventral,** wenn sie sich nur durch eine Schnittebene in 2 spiegelbildliche Hälften zerlegen lassen (*41/12–41/13*; *Taf. 14: 2–4; Taf. 15: 2* u. *6*). Ein Blütenhüllblatt kann dabei gespornt sein (*41/13*, Sp, *Taf. 17*). Deutlich asymmetrische Blüten – ohne jede Symmetrieebene – finden sich nur bei einigen Caprifoliaceae (S. 834).

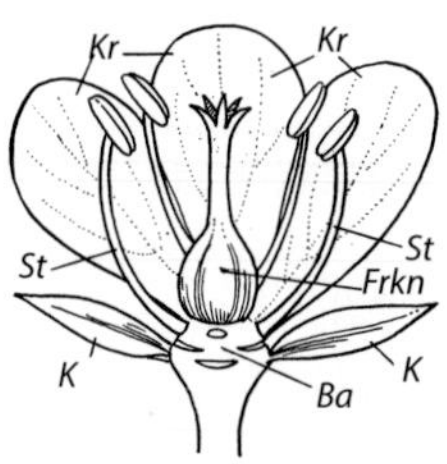

41/9

41/10

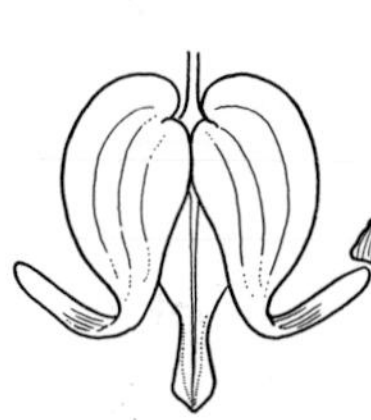

41/11

41/12

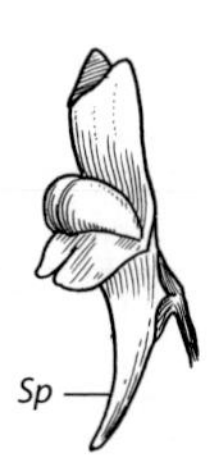

41/13

2. Blütenachse

Diese tritt in den meisten Blüten kaum in Erscheinung; sie ist kurz und leicht kegelförmig aufgewölbt (*41/9* Ba, *45/1*, gepunktet); bei *Myosurus* (*333/5*) ist sie stark verlängert, bei *Prunus* und *Rosa* krug- bis becherförmig eingetieft (*45/2*; *Taf. 13: 2*).

3. Blütenhülle = Perianth

Die **Blütenhülle** ist **homoiochlamydeisch,** wenn sie aus gleichartigen Hüllblättern gebildet wird. Wir sprechen auch von einem **Perigon** und die einzelnen Blütenhüllblätter heißen **Tepalen.** Sie sind entweder alle unscheinbar grün oder alle blumenblattartig gefärbt. Das Perigon kann dabei aus 2 oder mehreren Kreisen bestehen. Ist nur 1 Kreis von Blütenhüllblättern vorhanden, so ist die Blütenhülle einfach. Man spricht dann auch von einem **haplo-** oder **monochlamydeischen** Perianth (z. B. *Urtica,* Amaranthaceae, *Aristolochia, Daphne*).

Heterochlamydeische Blüten hingegen besitzen eine **doppelte** Blütenhülle, mit deutlich verschiedenen Organen. Die äußeren Blütenorgane sind die zumeist grünen, in manchen Fällen auch gefärbten Kelchblätter, während die inneren, zumeist zarteren und lebhaft gefärbten Kronblätter die Blumenkrone bilden.

Eine Blüte ist **nackt, a-** oder **apochlamydeisch,** wenn die Blütenhülle fehlt (z. B. *Fraxinus, Taf. 19: 13; Salix, Taf. 26: 5*).

Die **Kelchblätter (Sepalen)** sind in einigen Fällen aus Hochblättern hervorgegangen, die in den Bereich der Blütenregion rücken. Gelegentlich (z. B. *Helleborus, 40/2b–f*) lassen sich sogar Übergangsformen beobachten. Solange die Blüte im Knospenzustand verharrt, dienen die Kelchblätter als Schutz für die inneren Blütenorgane. Nach der Entfaltung der Blüte fallen sie gelegentlich ab (Papaveraceae, *Taf. 23: 1*), bei den meisten Pflanzen aber bleibt der Kelch erhalten, wächst zuweilen nach der Befruchtung noch stark heran und umhüllt selten sogar die reife Frucht (*Hyoscyamus, 653/1; Alkekengi, Taf. 23: 2*). Die Kelchblätter können frei oder miteinander verwachsen sein (Caryophyllaceae, *42/1, Taf. 13: 6;* Fabaceae, Lamiaceae u. a.). Der verwachsene Anteil wird dann als Kelchröhre bezeichnet, die freien Anteile als Kelchzipfel. Wird der Kelch am Grunde noch von einer Hülle weiterer, meist kleinerer Hochblätter umgeben, so spricht man von einem **Außenkelch** (viele Rosaceae, *82/4, AK, Taf. 13: 7*; Malvaceae, *Taf. 12: 9*, AK; Caryophyllaceae, *567/1, AK*).

Die **Kronblätter (Petalen)** sind oft umgebildete (verlaubte) Staubblätter. Übergänge zwischen beiden Blütenorganen sind in schöner Weise in den Blüten von *Nymphaea alba* (*42/2a–e, Taf. 18: 5*) und bei vielen Kultur-Rosen zu beobachten. Die „Füllung" von Blüten, wie sie bei vielen Gartenblumen anzutreffen ist, beruht auf einer solchen Umwandlung von Staub- in Kronblätter.

Die Kronblätter sind entweder untereinander frei, **choripetal** (= Freikronblättrige Pflanzen, Choripetalae) oder miteinander zu einer Röhre verwachsen, **sympetal** (*42/3–42/4, Taf. 15: 4–7;* = Verwachsenkronblättrige Pflanzen oder Sympetalae). An der Anzahl der freien Zipfel der **Kronröhre** lässt sich bei den Sympetalen in der Regel die Zahl der an ihrer Bildung beteiligten Blumenblätter erkennen; bei stark zygomorphen Blüten (*Lamium, Taf. 15: 6*) kann das allerdings schwierig sein. Die Kronröhre kann jedoch so kurz und die **Kronzipfel** können so lang sein, dass der Eindruck einer Freikronblättrigen erweckt wird (*Anagallis, Veronica, 660/4*). Am Ende der Blütezeit fällt die Blumenkrone der Sympetalen meist in ihrer Gesamtheit ab oder bleibt insgesamt vertrocknet erhalten, während freie Kronblätter einzeln abfallen.

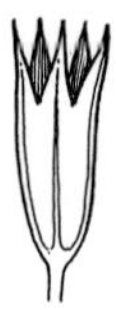

42/1

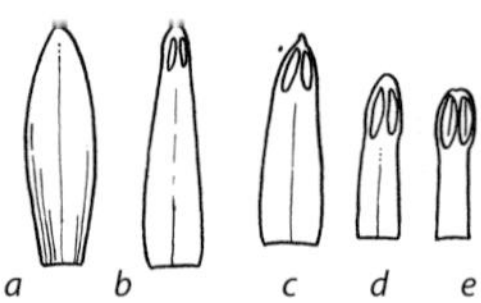

42/2

42/3

42/4

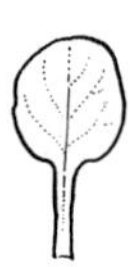

42/5

Ein Kronblatt ist **genagelt**, wenn sich dessen auch als **Platte** bezeichneter Spreitenteil scharf von einem stielartigen Gebilde **(Nagel)** absetzt (*42/5, Taf. 13: 4* u. *23: 5, N*).

Sonderbildungen

Ein **Sporn** ist eine schlauch- oder tütenförmige Ausstülpung eines Blütenhüllblatts (*41/13, Sp; Taf. 17*), meist rückwärts gerichtet und meist mit Nektarbildung im Inneren.

Spelzen sind schuppenartige Blattorgane, die die Blüte grasartiger Pflanzen (Cyperaceae, S. 228; Poaceae, S. 255, *Taf. 24: 3–5*) umgeben.

Zerschlitzt sind Blütenblätter, die in schmale, unregelmäßige Zipfel zerteilt sind (z. B. *579/2; Taf. 14: 5*).

Nebenkrone: Auswüchse der Blütenblätter (Kron- oder Perigonblätter), die sich häufig im Übergangsbereich vom Nagel zur Platte oder von der Kron- bzw. Perigonröhre zu deren Zipfeln finden. Diese Auswüchse sind entweder frei (Caryophyllaceae, *567/2*, NK; *Taf. 13: 4*) oder zu einer mehr oder weniger langen Röhre verwachsen (*Narcissus, 62/1*); bei verwachsenblättrigen Blumenkronen werden ähnliche Auswüchse oder Ausstülpungen als Schlundschuppen bezeichnet [Boraginaceae (*640/1, 640,2, 641/3*, S; *Taf. 23: 6 u. 7*), Gentianaceae (*637/9, 637/10*)].

4. Staubblätter = Stamina (*Taf. 18* u. *19*)

Sie werden in ihrer Gesamtheit als **Androeceum** bezeichnet, und sie können wie die Kelch- und Kronblätter spiralig oder in Wirteln angeordnet sein; häufig sind 2 Wirtel von Staubblättern vorhanden.

Das einzelne Staubblatt ist in der Regel folgendermaßen gebaut: Ein **Staubfaden** oder **Filament** (*43/1, F*) trägt die **Anthere (Staubbeutel).** Diese besteht aus 2 Hälften (*Taf. 18: 1*), den beiden **Theken** (*Th*), die durch ein steriles Mittelstück, das **Konnektiv** (*Ko*), miteinander verbunden sind. Jede Theka enthält 2 **Pollensäcke** (*Ps*), in denen die Pollenkörner gebildet werden. Diese werden bei Reife meist durch einen Längsriss (*Taf. 18/1, Ö*) freigesetzt.

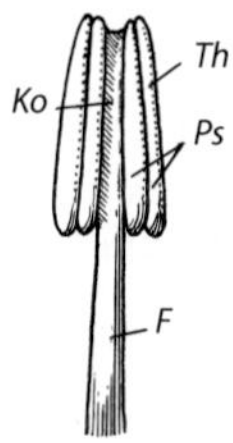

43/1

Als **Staminodien** bezeichnet man unfruchtbare (sterile) Staubblätter (z. B. bei *Gratiola, 660/1*, St; *Parnassia, 454/1b; Salvia, Taf. 18: 4, St*) ohne (funktionsfähige) Staubbeutel. Allerdings fallen bei manchen Arten auch die Staubbeutel fertiler Staubblätter oft schon wenige Stunden nach dem Aufblühen wieder ab, sodass diese leicht mit Staminodien verwechselt werden können; im Zweifelsfall hilft ein Blick in eine Blütenknospe.

5. Fruchtblätter = Karpelle (*Taf. 20–21*)

Sie bilden in ihrer Gesamtheit das **Gynoeceum**, welches bei den Angiospermen die Samenanlagen (Ovulae) umschließt; das Gynoeceum selbst besteht in seltenen Fällen aus einem (z. B. Fabaceae, S. 367; *Taf. 20: 4; Taf. 23: 8*), häufiger aber aus mehreren Fruchtblättern. In letzterem Fall sind 2 Ausbildungsformen zu unterscheiden: das chorikarpe und das coenokarpe Gynoeceum. **Chorikarp** (= **apokarp**) heißt ein aus mehreren bis zahlreichen freien, nicht miteinander verwachsenen Karpellen bestehendes Gynoeceum (*44/2, 332/6–8, Taf. 20: 1 u. 2*; z. B. Ranunculaceae, S. 332); beim **coenokarpen** sind die Fruchtblätter zu einem gemeinsamen Gebilde verwachsen (*44/3, 44/4; Taf. 21: 1–3*). Wird das Gynoeceum nur aus einem einzigen Fruchtblatt gebildet, so spricht man von einem **monokarpen** oder **monokarpellaten** Gynoeceum. Am Gynoeceum, gleichgültig ob aus einem Einzelkarpell oder aus mehreren Karpellen, lassen sich meist die folgenden Abschnitte erkennen: Der basale bauchige Teil wird als **Fruchtknoten** oder **Ovar** bezeichnet (*44/1a, Taf. 13: 1, Frkn*). Er umschließt die Samenanlage(n) (*44/1b–c, Sa*). Dann folgt meist ein stielartiger **Griffel** (*44/1a, Gr; Taf. 13: 1,* Gr; seltener fehlend oder mehrere), der an seiner Spitze die **Narbe** (*44/1a, N; Taf. 13: 1, N*) als Empfangsorgan für die Pollenkörner trägt. Fruchtknoten, Griffel und Narbe bilden insgesamt den **Stempel** oder das **Pistill**. Fehlt der Griffel, so sitzt die Narbe unmittelbar dem Fruchtknoten auf (*44/4a,* z. B. bei vielen Brassicaceae). Aus der Anzahl der Narbenäste kann man in der Regel auf die Anzahl der an der Bildung des Gynoeceums beteiligten Fruchtblätter schließen; eine ungeteilte, kopfige Narbe lässt

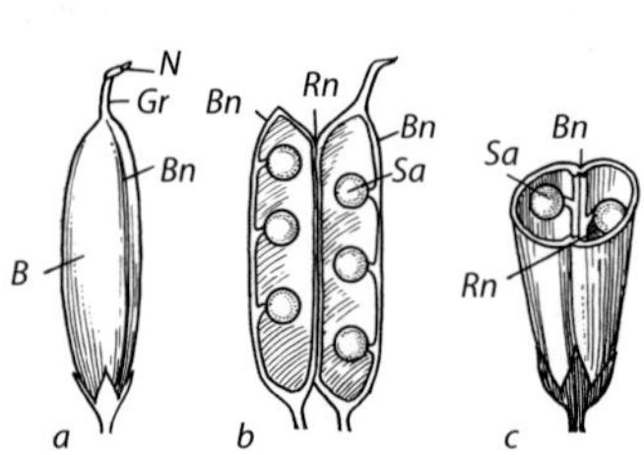

44/1

44/2

44/3

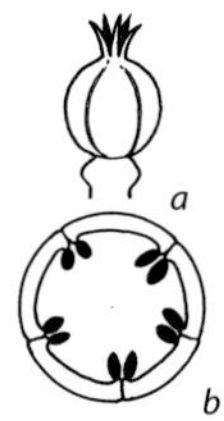

44/4

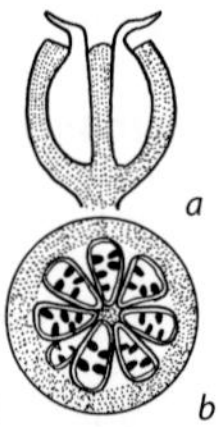

44/5

allerdings meist keinen Schluss zu. Bei manchen Gattungen (z. B. *Forsythia*, *Primula*, *Taf. 21: 3*) gibt es innerhalb einer Art jeweils zwei Formen, eine mit kurzem Griffel und langen Staubfäden bzw. oben in der Kronröhre ansetzenden Staubblättern, die andere mit langem Griffel und kurzen Staubfäden bzw. weiter unten in der Kronröhre ansetzenden Staubblättern. Bestäubung ist in der Regel nur zwischen diesen Formen möglich. Diese Erscheinung wird als **Heterostylie** bezeichnet. Bei *Lythrum* gibt es sogar drei Formen, kurz-, mittel- und langgrifflige Blüten.

Das einzelne Karpell wird, als Modellvorstellung, häufig wie ein nicht entfaltetes Blatt betrachtet, dessen Ränder miteinander zur **Bauchnaht** (*44/1, Bn*) verwachsen sind. An dieser stehen an leitbündelversorgten Leisten, den **Plazenten,** die **Samenanlagen** (*Sa*). Bei einem Einzelkarpell (*44/1*) oder freien Karpellen (*44/2; Taf. 20: 1 u. 2*) spricht man daher auch von marginaler Plazentation. Nur bei den Nymphaeaceae und einigen Alismatales entspringen die Samenanlagen auf der gesamten Innenfläche der Fruchtblätter (laminale Plazentation, *44/5b, Taf. 20: 5*). Der Bauchnaht gegenüber liegt der Mittelnerv des Fruchtblatts, die **Rückennaht** (*44/1b, Rn*). Die Samen(anlagen) sind also vom Fruchtblatt eingeschlossen oder bedeckt, daher der Name Bedecktsamige oder Angiospermae.

Wenn mehrere Fruchtblätter mit ihren Flanken verwachsen, entsteht ein **gefächerter, synkarper** Fruchtknoten (*44/3b*), mit echten **Scheidewänden** oder **Septen** zwischen den Karpellen. Die Samenanlagen stehen dann in der Mitte des Fruchtknotens, und zwar in den von den Scheidewänden gebildeten Winkeln. Man spricht deshalb auch von **zentralwinkelständiger (axillärer) Plazentation**. Verwachsen die Fruchtblätter nur mit ihren Rändern, so entsteht eine einheitliche Fruchtknotenhöhle; das Gynoeceum ist **ungefächert** oder **parakarp**. Die Samenanlagen scheinen in diesem Fall den Wänden des Fruchtknotens zu entspringen (*44/4b*). Man spricht deshalb auch von **wandständiger** oder **parietaler Plazentation** (*Viola*, *Taf. 21: 1*). Je nachdem, wie weit die Plazenten in den Innenraum ragen, gibt es alle Übergangsformen zwischen septierten und unseptierten Fruchtknoten. Bei einer anderen Form des parakarpen Fruchtknotens wächst eine so genannte **Zentralplazenta** als Säule bzw. verdickter Plazentarkörper in den ungefächerten Innenraum hinein (*Taf. 21: 3*). Zuweilen, v. a. bei den Primulaceae (S. 615), ist auch die Narbe kopfig und ungelappt, so dass die Zahl der Fruchtblätter morphologisch kaum feststellbar ist. Bei den Polygonaceae (S. 555) und einigen weiteren Gruppen steht anstelle der Zentralplazenta mit vielen Samenanlagen eine einzige basal stehende Samenanlage. Die **sekundäre Zentralplazenta** vieler Caryophyllaceae (S. 567) kommt durch eine frühzeitige Auflösung der Septen zustande. Außer den echten Scheidewänden (= Karpellwänden) gibt es auch so genannte **falsche Scheidewände,** die nicht den Karpellgrenzen entsprechen. So kann ein parakarper Fruchtknoten nachträglich durch Auswüchse der Plazenten gefächert sein (z. B. Brassicaceae, *49/3, S*). Bei den Nymphaeaceae ist das Gynoeceum zwar freiblättrig (chorikarp), wird aber von der Blütenachse (*44/5a–b*, gepunktet) so umwallt, dass das Bild eines verwachsenblättrigen (coenokarpen) Gynoeceums entsteht (*Taf. 20: 5*). Man spricht hier von einem **pseudocoenokarpen** Gynoeceum.

Von großer Bedeutung für die Bestimmung von Pflanzen ist die Stellung des Gynoeceums (Fruchtknotens) in der Blüte, die wiederum in enger Beziehung zur Ausbildung der Blütenachse steht.

Der Fruchtknoten ist **oberständig,** wenn die Blütenachse flach oder kegelförmig aufgewölbt ist und Staub- und Perianthblätter unterhalb des Fruchtknotens inseriert sind (*45/1; Taf. 13: 1* u. *6; Taf. 16: 3*), auf derselben Seite wie der Blütenstiel; Blüten mit oberständigem Fruchtknoten sind **hypogyn.** Der Fruchtknoten ist **unterständig,** wenn die Blütenachse becher- oder krugförmige Ausbildung zeigt und der Fruchtknoten mit dieser verwachsen ist. Die Staub- und Perianthblätter stehen in diesem

Fall oberhalb des Fruchtknotens (*45/3; Taf. 13: 3; Taf. 16: 2*) bzw. auf dessen dem Blütenstiel gegenüber liegender Seite; die Blüte ist **epigyn.** Bei einigen Pflanzen (z. B. *Oenothera, 85/3*) verlängert sich der Becherrand über den Fruchtknoten hinaus. Es wird auf diese Weise eine Röhre gebildet, die als **Hypanthium** (*85/3, H*) bezeichnet wird. Ist der Fruchtknoten nicht mit der becherförmigen Achse (= dem Blütenbecher oder Hypanthium) verwachsen, so spricht man von einem **mittelständigen** Fruchtknoten (*45/2, Taf. 13: 2,* Kirsche) oder **perigynen** Blüten.

Bei den Gymnospermen, den Nacktsamigen, sind die Samenanlagen nicht in einem Fruchtknoten eingeschlossen, sondern stehen frei an oder zwischen Schuppen (*45/4*, *Sa* = Samenanlage, *Ss* = Samenschuppe, *Ds* = Deckschuppe), die ihrerseits meist in dichten Zapfen beisammen stehen. Dabei steht bei den meisten Nadelbäumen jeweils eine Samenschuppe, welche oberseits die Samenanlagen trägt, in der Achsel einer Deckschuppe.

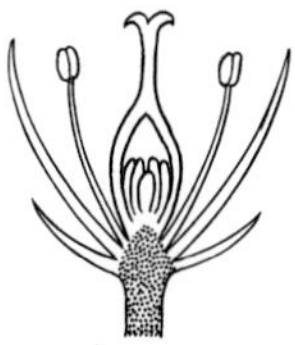

45/1

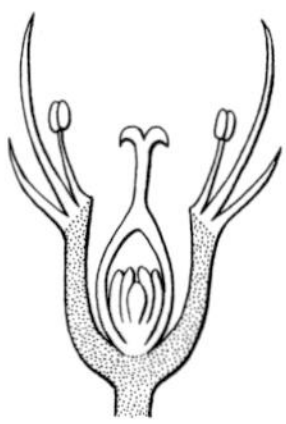

45/2

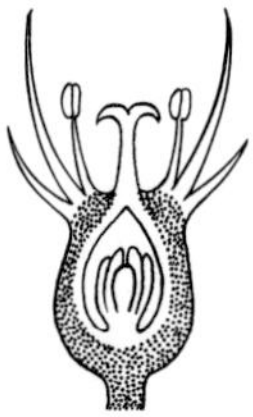

45/3

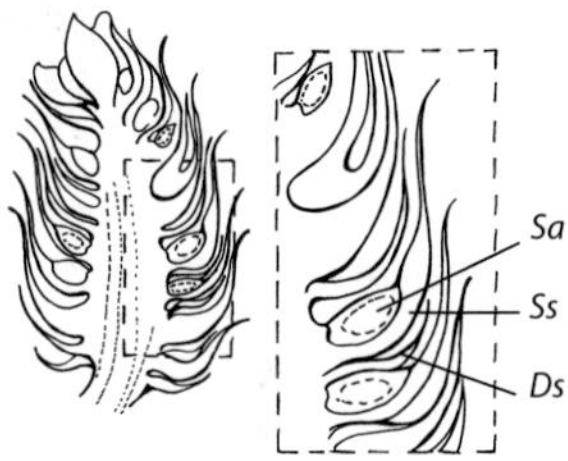

45/4

6. Nektarien (*Taf. 22*)

Nektarien sondern zuckerhaltigen Nektar ab und dienen damit in der Regel als Lockmittel für potentielle Bestäuber (bei uns Insekten). Dabei können alle Blütenorgane beteiligt sein: z. B. Blütenbecher bei *Prunus,* Kelchblätter bei Malvaceae, Kronblätter bei vielen Dikotylen, häufig in Kronröhre oder Sporn, Perigonblätter bei *Lilium,* Staubblätter bei *Linum,* Fruchtblätter bei *Allium*. Selten sind sogar Organe außerhalb der Blüte beteiligt, z. B. Tragblätter bei *Euphorbia* (*Taf. 22: 2, N*). Eine mehr oder weniger ringförmige Drüsenstruktur in der Blüte, meist am Blütenboden (z. B. bei *Acer, Taf. 22: 13; Vitis*) oder bei unterständigem Fruchtknoten auf dessen Dach (z. B. bei Apiaceae (*Taf. 28: 5,* D), *Campanula, Hedera*), wird als **Diskus** bezeichnet. Seltener stehen große einzelne Drüsen, z. B. bei *Vincetoxicum,* neben den Fruchtblättern. Bei Berberidaceae und Ranunculaceae gibt es eine besondere Form von nektarbildenden Organen zwischen Blütenhülle und Androeceum, die **Nektarblätter**. Bei manchen Pflanzen sind sie klein und unauffällig (*Eranthis, 332/1, N, Helleborus, 332/4; Taf. 22: 8*), bei anderen (*Ranunculus, 332/2, Taf. 22: 7; Aquilegia, 332/3, 333/1; Taf. 17: 1*) sind sie kronblattartig (petaloid) entwickelt.

Extraflorale (außerhalb der Blüten befindliche) Nektarien finden sich z. B. auf der Unterseite der Nebenblätter von *Vicia*-Arten oder an Blattstielen oder der Basis der Blattspreiten von *Prunus*-Arten (*Taf. 22: 1*).

7. Vollständige und unvollständige Blüten

Enthält eine Blüte sowohl Staub- als auch Fruchtblätter, so ist sie **zwittrig** (⚥) oder **vollständig**. Sind in einer Blüte entweder nur die Staub- oder nur die Fruchtblätter ausgebildet, so ist diese **eingeschlechtig (unvollständig).** Im ersteren Fall spricht man von **männlichen** (♂) Blüten, im letzteren von **weiblichen** (♀) Blüten. Finden sich beide auf derselben Pflanze, so ist diese **einhäusig** oder **monözisch** (Haselnuss); sind beide auf zwei verschiedene Individuen verteilt, so spricht man von **zweihäusigen** oder **diözischen** Gewächsen (z. B. *Salix*-Arten, *Urtica dioica, Antennaria dioica*).

8. Blütendiagramme

Will man sich einen Überblick über den Bau einer Blüte und die Stellungsverhältnisse der einzelnen Organe zueinander verschaffen, so stellt man ein sog. **Blütendiagramm** her, indem alle Blütenorgane in eine Ebene projiziert werden. Die aufeinander folgenden Blütenkreise oder -wirtel werden durch konzentrische Kreise symbolisiert, von denen der größte dem untersten, d. h. meist dem Kreis der Kelchblätter entspricht. In diese Kreise trägt man von außen nach innen, d. h. vom Kelch zu den Fruchtblättern fortschreitend, die einzelnen Blütenorgane und ihre Stellung zueinander ein. Auf diese Weise erhält man Diagramme, wie sie in Abb. *53/2* für eine Monokotylen- und in Abb. *53/4* für eine Dikotylenblüte dargestellt sind. Steht die Blüte in der Achsel eines Tragblatts, so werden auch die Abstammungsachse (im Diagramm oben) und das Tragblatt (unten) eingezeichnet. Die durch Abstammungsachse und Tragblatt hindurchgelegte Schnittebene ist die **Mediane** der Blüte, die senkrecht zu ihr stehende die **Transversale.** Bei zygomorphen Blüten, z. B. den gespornten Blüten von *Linaria* (*41/13*), fällt die einzige Symmetrieebene in die Mediane, und der Sporn wird im Diagramm durch eine Aussackung des entsprechenden Blütenblatts gekennzeichnet.

9. Blütenstände (*Taf. 24–26*)

Nur selten beschließt ein Spross sein Längenwachstum mit der Ausbildung einer einzigen Blüte; meist werden mehrere erzeugt, die sich in bestimmter Anordnung an besonderen, mit Hochblättern (Tragblättern oder Brakteen) besetzten Sprossachsen finden. Diese blütentragenden Sprossabschnitte, die sich ihrerseits auch verzweigen können, werden als **Blütenstände** oder **Infloreszenzen** bezeichnet. Nach dem Verhalten der Infloreszenzachse ist in Übereinstimmung mit der vegetativen Region zwischen monopodialen oder razemösen und sympodialen oder zymösen (S. 48) Infloreszenzen zu unterscheiden.

Razemöse Infloreszenzen

a) Einfach-razemöse Infloreszenzen

Die Infloreszenzachse ist unverzweigt:

Traube: Entlang einer gestreckten Achse stehen gestielte Einzelblüten in den Achseln von Tragblättern (die auch fehlen können: Brassicaceae). Die Traube ist geschlossen, wenn eine Endblüte (*46/1*) vorhanden ist; sie ist offen, wenn die Endblüte fehlt (*46/2, Taf. 24: 6*).

Doldentraube (besser **Schirmtraube**): Traube, bei der die verschieden lang gestielten Blüten in einer Ebene zu stehen kommen (*46/3*).

Ähre: Die Blüten sitzen an einer gestreckten Achse ungestielt in den Achseln der Brakteen (*46/4; Plantago, Taf. 24: 2*).

Zapfen sind die weiblichen Blütenstände der Erle und der Nadelhölzer. Es sind ährenähnliche Blütenstände, deren Achse und Tragblätter bei Samenreife verholzen (*Taf. 24: 1; Taf. 31*).

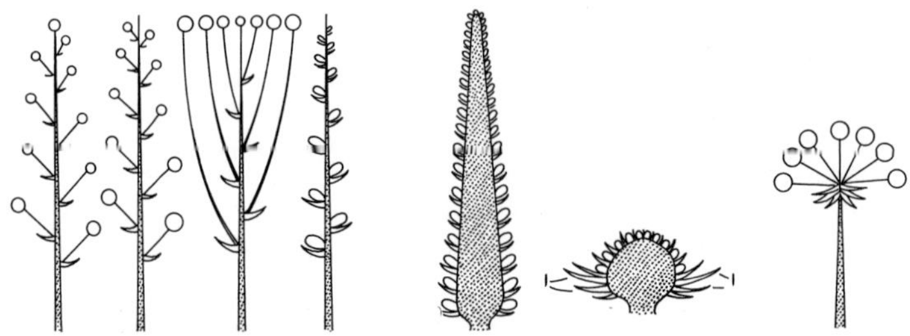

46/1 *46/2* *46/3* *46/4* *46/5* *46/6* *46/7*

Kolben: Die Ährenachse ist stark verdickt (*46/5, Acorus, Arum*); ihr Durchmesser ist größer als der der Blüten.

Köpfchen oder **Körbchen**: Die Infloreszenzachse entwickelt sich nicht oder nur wenig in die Länge, sondern mehr in die Breite; sie kann kegelförmig aufgewölbt (*Taf. 24: 10 u. 11*), nahezu kugelig (*46/6*), scheibenförmig verbreitert oder schalenförmig vertieft sein. An der Infloreszenzbasis findet sich oft ein **Involucrum** (*46/6, I, Taf. 12: 3* u. *4*) aus dicht beisammen stehenden, meist überlappenden Hochblättern. Dieses Involucrum wird im Schlüssel kurz als „Hülle" bezeichnet (sonst zuw. auch „Hüllkelch"), seine Blattorgane als „Hüllblätter". Beispiele: Korbblütler (Asteraceae), viele Caprifoliaceae. Die auf dem Köpfchenboden sitzenden Tragblätter der Einzelblüten werden als **Spreublätter** (*751/1*, S) bezeichnet. Die randlichen (= basalen) Blüten der Köpfchenachse sind die **Rand-,** die zentralen die **Scheibenblüten.** Beide können von verschiedener Gestalt und Färbung sein. Zuweilen können auch die oberen Involucralblätter (Hüllblätter) blumenblattartig ausgebildet sein; sie sind dann von strohiger Beschaffenheit (z. B. *Carlina*).

Dolde: Blütenstand, bei dem die Längenentwicklung der Internodien der Hauptachse unterbleibt und die gestielten Blüten in den Achseln der rosettig angeordneten Brakteen von einem Punkt ausstrahlen (*46/7, Astrantia, Taf. 12: 5*). Die Blüten bilden dann meist eine ± ebene oder (halb-)kugelige Fläche. Sie blühen von außen nach innen auf. Ist die Aufblühfolge anders, ist die Infloreszenz meist zymös und wird dann als **Scheindolde** (Trugdolde) bezeichnet. Da dies nicht immer leicht erkennbar ist, sind im Schlüssel meist Scheindolden und Dolden unter letzterer Bezeichnung zusammengefasst (z. B. *Allium, Taf. 24: 7*).

b) Zusammengesetzt-razemöse Infloreszenzen

Die Infloreszenzachse erzeugt Seitenäste 1. und höherer Ordnung:

Rispe: Die Blütenstiele stehen entlang einer Achse und sind mindestens zum Teil mehrfach verzweigt (*47/3; Taf. 25: 1*); eine Endblüte ist vorhanden. Die „Traube" der Weinrebe ist daher aufgrund ihrer Verzweigung eine Rispe.

Schirmrispe, **Doldenrispe** oder **Ebenstrauß** (= **Corymbus**): Rispe, bei der die Blüten zwar in einer Ebene oder auf einem Kugelsegment enden (*Sorbus, 47/4, Taf. 25: 5*), aber die Stiele nicht vom gleichen Punkt ausgehen.

Spirre oder **Trichterrispe** (*48/1, Taf. 25: 4*): Rispe, bei der die basalen Seitenäste so stark verlängert sind, dass sie die höher entspringenden Seitenäste überragen. Die Endblüten (*48/1*, E, E1–E2) finden sich jeweils am Grund der so entstehenden „Trichter". Spirren finden sich bei vielen Sauergräsern (Cyperaceae) und Binsengewächsen (Juncaceae) und bei *Filipendula ulmaria*.

Doppeltraube: An Stelle der Einzelblüten der Traube steht jeweils eine Traube (*47/1, Taf. 25: 3*).

Zusammengesetzte Ähre: Dieser Blütenstand entsteht, wenn an Stelle der Einzelblüte einer Ähre wieder jeweils eine Ähre steht (*47/2*); so etwa bei Ährengräsern (Weizen, Gerste, Roggen; *Lolium, Taf. 25: 2*).

Zusammengesetzte Dolde: Die Doldenstrahlen 1. Ordnung enden mit kleinen, als Döldchen bezeichneten Dolden 2. Ordnung. Die Tragblätter der Doldenstrahlen 1. Ordnung werden als Hülle (*47/5*, H), die der 2. Ordnung (= Tragblätter der Blüten) als Hüllchen (*47/5*, h) bezeichnet (sehr viele Apiaceae, *47/5, Taf. 12: 6, Taf. 24: 8*).

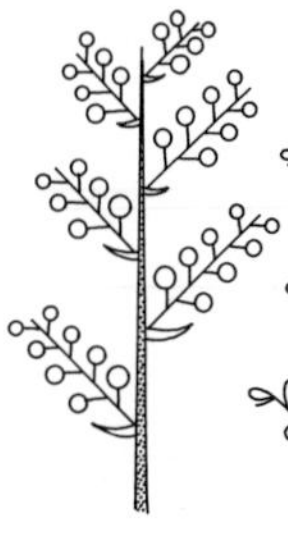

47/1

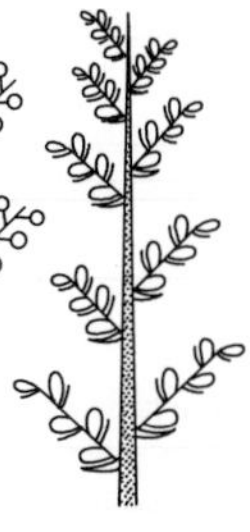

47/2

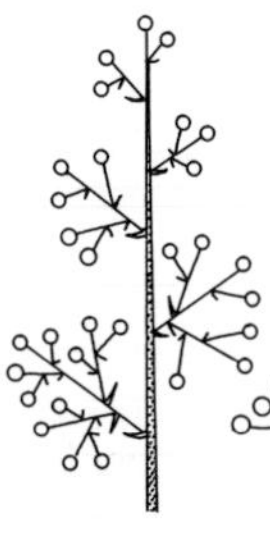

47/3

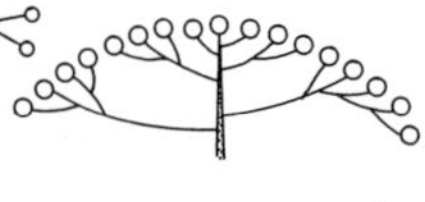

47/4

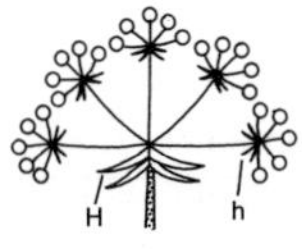

47/5

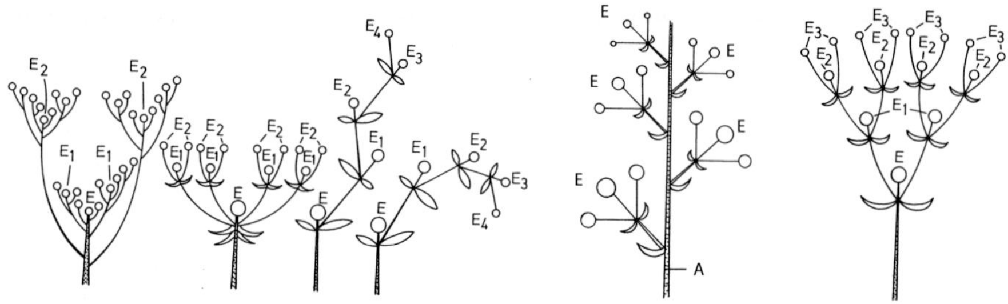

48/1 48/2 48/3 48/4 48/5 48/6

Zymöse Infloreszenzen

Die Infloreszenzachse beschließt ihr Längenwachstum mit der Ausbildung einer Blüte und wird von Seitenachsen übergipfelt, die ihr Wachstum wiederum mit der Ausbildung von Blüten beschließen. Diese Form der Verzweigung kann sich mehrmals wiederholen.

Dichasium: Unterhalb der Endblüte E (*48/6*) entwickeln sich in den Achseln von Tragblättern 2 Seitenäste, die ihrerseits mit Endblüten abschließen und von jeweils zwei Seitenästen fortgeführt werden usw. (*48/6,* E1–E3; *Taf. 25: 8*), sodass sich die Anzahl der Blüten mit jeder Verzweigungsordnung verdoppelt.

Pleiochasium: Unterhalb der Endblüte E (*48/2*) des Primärsprosses entwickeln sich mehrere Seitenäste, die ihrerseits wieder mit Blüten (E1) abschließen. Die letzten Auszweigungen eines Pleiochasiums können in Dichasien übergehen (bei *Euphorbia, 455/2*).

Wickel: Die mit der Endblüte abschließenden Hauptachsen (*48/3,* E) werden jeweils nur von einem Seitenast fortgeführt (**Monochasium**, s. S. 31), wobei die aufeinanderfolgenden Triebgenerationen abwechselnd nach rechts und links fallen (*Echium*; *48/3,* E1– E4). Die Bezeichnung als Wickel geht darauf zurück, dass die Spitzen solcher Infloreszenzen oft schneckenartig eingerollt sind (*Phacelia, Taf. 25: 7*).

Doppelwickel: Es entwickeln sich beide Dichasialäste 1. Ordnung mit wickeliger Blütenanordnung.

Schraubel: Unterscheidet sich vom Wickel darin, dass die Fortsetzungssprosse alle nach einer Seite fallen (*48/4,* E1–E4).

Thyrsus: Blütenstand mit durchgehender monopodialer Achse, an der an Stelle von Einzelblüten zymöse Teilinfloreszenzen stehen (*48/5, Taf. 25: 6,* z. B. Dichasien, Schraubel oder Wickel). Im Schlüssel werden Thyrsen (wegen ihrer mehrfachen Verzweigung) meist als Rispen oder rispenartige Infloreszenzen bezeichnet.

Kätzchen (*Taf. 26*) können razemös oder zymös gebaut sein (Ähren, Trauben oder Thyrsen). Sie bestehen aus eingeschlechtigen Blüten mit unscheinbarer oder ganz ohne Blütenhülle. Männliche Kätzchen sind meist hängend, mit biegsamer Achse, und fallen nach der Blütezeit als Ganzes ab (z. B. bei *Alnus, Corylus, Juglans, Populus*). Weibliche Kätzchen gibt es z. B. bei *Betula* oder *Salix*; sie können in unterschiedlicher Orientierung im Raum stehen. Die Tragblätter innerhalb der Kätzchen heißen **Kätzchenschuppen**.

E. Frucht (*Taf. 27–30*)

Als Frucht wird die Blüte im Zustand der Samenreife bezeichnet. Nach der Blütezeit trocknen Kron- oder Perigonblätter und Staubblätter meist ab und werden abgeworfen. Auch der Griffel geht meist verloren, oder er bleibt an jenen Früchten erhalten (bzw. wächst sogar noch in die Länge), bei denen er zu deren Ausbreitung dient (*Geum, Dryas, Pulsatilla* u. a.). Erhalten bleibt in allen Fällen der Fruchtknoten, der sich zur Frucht umbildet bzw. stets an der Fruchtbildung beteiligt ist. Aus dem

Fruchtknotengewebe geht dabei die **Fruchtwand** hervor, das **Perikarp,** das die Samen umschließt. Auch die Blütenachse kann sich in mannigfacher Weise an der Fruchtbildung beteiligen; selbst der Kelch kann in vielen Fällen erhalten bleiben (*Physalis, Hyoscyamus; Taf. 23: 2; Taf. 29: 3; Taf. 30: 1* u. *3*).

Nach der Ausbildung des Gynoeceums ist zwischen Einzel- und Sammelfrüchten zu unterscheiden.

I. Einzelfrüchte

Sie gehen aus einem verwachsenblättrigen (coenokarpen) Fruchtknoten hervor oder aus einem Gynoeceum, das nur von einem einzigen Fruchtblatt gebildet wird. Je nachdem, ob sich die Frucht bei Reife öffnet und die Samen ausgestreut werden oder diese geschlossen bleibt und zusammen mit den Samen ausgebreitet wird, ist zwischen Öffnungs- (Spring- oder Streu-) und Schließfrüchten zu unterscheiden.

1. Öffnungsfrüchte (*Taf. 27*)

Das Perikarp wird bei der Reife meist **trockenhäutig.**

Ein **Balg** wird aus nur einem Fruchtblatt gebildet und öffnet sich bei Reife an der Bauchnaht (balgfrüchtige Ranunculaceae, *49/1a–b*). Mehrere aus einer Blüte hervorgehende Bälge bilden zusammen eine Balgfrucht (*Taf. 27: 1 u. 2*).

Die **Hülse** der Fabaceae wird wie ein Balg aus nur einem Fruchtblatt gebildet. Sie öffnet sich bei Reife an Bauch- und Rückennaht (*49/2a–b, Taf. 27: 3*). Die beiden Fruchtblatthälften rollen sich bei Trockenheit oft spiralig zusammen.

Die **Kapsel** wird aus zwei oder mehreren Fruchtblättern gebildet. Nach der Öffnungsweise sind verschiedene Formen zu unterscheiden:

a) **Spaltkapsel:** Weichen die Fruchtblätter entlang der Karpellgrenzen auseinander (d.h. in den Scheidewänden, wenn vorhanden), so ist die Kapsel wandspaltig (**septizid**, *49/4c*; *Hypericum*; *Digitalis, Taf. 27: 6*). Die Scheidewände werden dabei in der Fläche gespalten und bleiben am Rand der Kapselklappen erhalten. Springen die Kapseln im Bereich der Mittelnerven der Fruchtblätter auf, so ist die Kapsel **loculizid** (*Iris, 49/4a, b, Taf. 27: 5*). Dabei bleiben die Scheidewände (wenn vorhanden) in der Mitte der Kapselklappen erhalten. Lösen sich nur die Spitzen der Fruchtblätter ab, so öffnet sich die Kapsel am Scheitel mit Zähnen (**Zähnchenkapsel**; Caryophyllaceae, *49/5, Taf. 27: 7*) Häufig werden dabei doppelt so viele Zähne gebildet wie Fruchtblätter vorhanden waren.

b) **Deckelkapsel:** Die Kapsel öffnet sich mit einem ringförmigen Querbruch, sodass der obere Teil wie ein Deckel abfällt (*Anagallis, 49/7, Taf. 27: 10*).

c) **Porenkapsel:** In der Kapselwand entstehen an scharf umrissenen Stellen Löcher, durch welche die Samen ausgestreut werden (*Papaver, 49/6, Taf. 27: 8; Antirrhinum; Campanula, Taf. 27: 9*).

d) Die **Schote** der Brassicaceae wird aus 2 Fruchtblättern gebildet, zwischen deren Plazenten sich eine falsche Scheidewand ausbildet (*49/3a–b, S*; *Taf. 27: 11*). Bei Reife lösen sich die beiden Fruchtblätter von dieser ab, und die Samen bleiben noch längere Zeit an der Scheidewand wie an einem Rahmen stehen. **Schötchen** werden diejenigen Schoten genannt, die höchstens 3-mal so lang wie breit sind (*Taf. 27: 12* u. *13*).

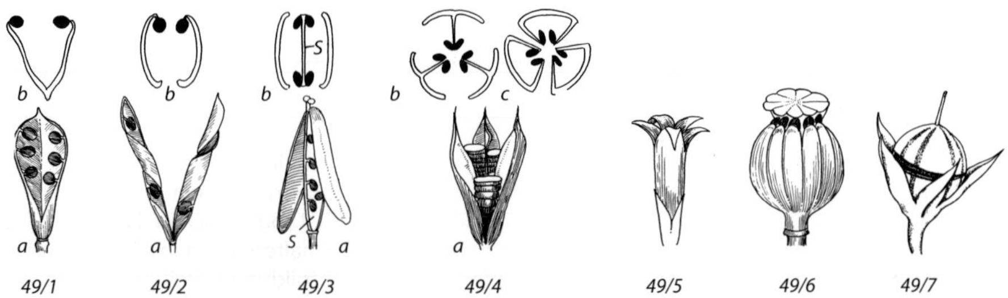

49/1 *49/2* *49/3* *49/4* *49/5* *49/6* *49/7*

2. Schließfrüchte (*Taf. 28* u. *29*)

Beere: Das Perikarp wird bei der Reife in allen seinen Teilen fleischig und saftig (*50/1*, punktiert; Tomate, Stachel-, Heidelbeere, Gurke u.a.; *Taf. 29: 1–3*). Die Samen werden im Wesentlichen durch ihre Samenschale geschützt. Bei vielen Beeren besitzen die Samen eine innen holzige, außen saftig-fleischige Samenschale. Beeren mit sehr fester Schale (z.B. Kürbisse) werden auch als Panzerbeeren bezeichnet.

Steinfrüchte: Das Perikarp differenziert sich bei Reife in einen inneren Steinkern (Endokarp, *50/3*, doppelt schraffiert), selten mehrere Steinkerne, und einen äußeren Teil (Mesokarp), der entweder fleischig-saftig (*50/3*, punktiert; Pflaume, Kirsche, Aprikose; *Taf. 29: 4–5*) oder lederig-faserig wird (Mandel). Die Samenschale ist nur schwach ausgebildet. Übergangsformen zwischen unterständigen Beeren und Steinfrüchten, bei denen Samenschale und Endokarp („Kerngehäuse") unterschiedlich stark ausgebildet sein können, werden bei den Rosaceae auch als Apfelfrüchte bezeichnet. Kernäpfel sind Apfelfr. m. pergamentart. Kerngehäuse (*399/8*), bei Steinäpfeln (*399/9*) ist das Kerngehäuse verholzt.

Nuss: Das Perikarp wird bei der Reife zu einem harten, trockenen Gehäuse, das meist nur einen Samen umschließt (Haselnuss, Buchecker, Eichel; *50/2*, doppelt schraffiert; *Taf. 29: 6–7*).

Nüsschen: Aus den einzelnen Karpellen des chorikarpen Gynoeceums einer Blüte hervorgehende nussartige Früchtchen (d.h. mit holziger Karpellwand), die meist einzeln ausgebreitet werden (viele Ranunculaceae und Rosaceae; *Taf. 29: 8*).

Sonderformen der Nussfrüchte sind:

a) **Karyopse** der Gräser (Getreidefrucht, *Taf. 29: 9*): Oberständige Nussfrucht, bei der die sehr dünne Samenschale fest mit dem Perikarp verbunden ist. Die Frucht täuscht deshalb einen Samen vor.
b) **Achäne** der Asteraceae (*Taf. 28: 1–4*): Unterständige Nussfrucht, bei der die sehr dünne Samenschale fest mit dem Perikarp verbunden ist. Der häufig als **Pappus** ausgebildete Kelch (*50/4, P*; *Taf. 28: 2–4*) bleibt erhalten und dient oft als Flugorgan zur Ausbreitung der Früchte.
c) **Spaltfrüchte:** Die einzelnen Fruchtblätter lösen sich bei Reife an den Verwachsungsnähten voneinander und zerfallen zu einsamigen, nüsschenartigen Teilfrüchten (Apiaceae, *50/5*, *Taf. 28: 5–10*; *Acer*, *Taf. 29: 10*).
d) **Klausenfrüchte** der Boraginaceae und Lamiaceae: Die Frucht zerfällt bei Reife sowohl zwischen den beiden Fruchtblättern als auch zwischen den beiden Samen eines Fruchtblatts, so dass 4 einsamige Teilfrüchte entstehen (*88/1*, *Taf. 29: 11*). Es reifen aber nicht immer alle 4 Klausen.
e) **Gliederhülsen:** Zwischen den Samen einer Hülse bilden sich Scheidewände aus, sodass einsamige Glieder entstehen, die bei Reife auseinanderbrechen (einige Fabaceae, *50/6*). Bei wenigen Brassicaceae kommt es in gleicher Weise zur Ausbildung von **Gliederschoten** (*Raphanus*).

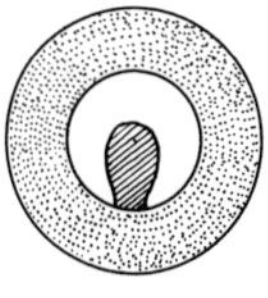

50/1

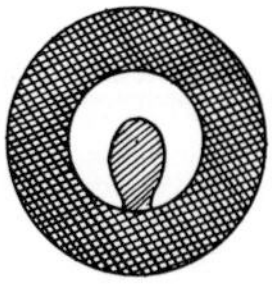

50/2

50/3

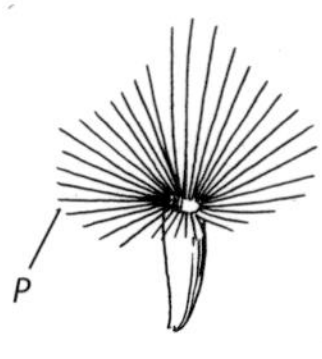

50/4

50/5

50/6

II. Sammelfrüchte (*Taf. 30*)

Sie sind gemeinsame Fruchtbildungen aus den einzelnen Karpellen eines chorikarpen Gynoeceums. Jeder einzelne Fruchtknoten bildet ein Früchtchen für sich. Man spricht aber nur dann von einer Sammelfrucht, wenn diese das Aussehen einer Einzelfrucht annimmt und die Einzelfrüchte sich in ihrer Gesamtheit ablösen. An der Sammelfruchtbildung kann sich in mannigfacher Weise die Blütenachse beteiligen:

1. **Sammelnussfrüchte:** Die einzelnen Teilfrüchte werden bei Reife zu Nüsschen. Bei der Erdbeere entwickelt sich der Blütenboden zu einem fleischigen, kegelförmigen, aufgewölbten Gebilde, dem die kleinen **Nüsschen** aufsitzen (*51/1a–b, Taf. 30: 1*); bei der Hagebutte, der Rosenfrucht, sind die Nüsschen von der fleischigen, krugförmigen Blütenachse umschlossen (*51/2a–b, Taf. 30: 2*). Sammelnussfrüchte werden auch als Nüsschenfrüchte bezeichnet.
2. **Sammelsteinfrüchte:** Die einzelnen Teilfrüchte entwickeln sich bei der Reife zu **Steinfrüchtchen.** Sie sitzen bei *Rubus* der kegelförmigen Blütenachse auf (*51/3a–b, Taf. 30: 3*) und lösen sich bei Reife von dieser (*R. idaeus*) oder mit dieser (*R. fruticosus* s. l.) in ihrer Gesamtheit ab.

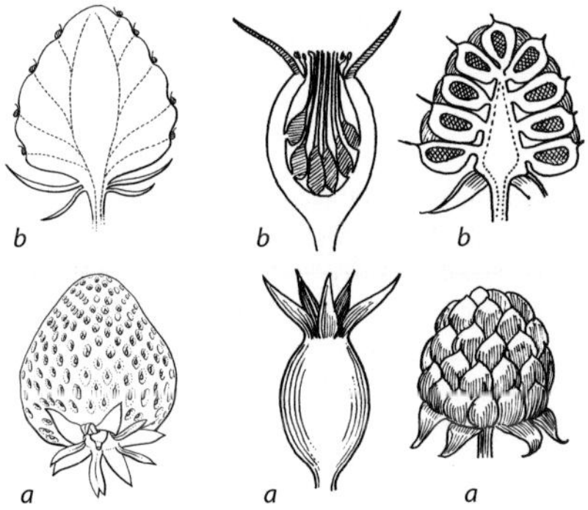

51/1 *51/2* *51/3*

III. Fruchtverbände (*Taf. 30*)

Diese gehen aus einem ganzen Blütenstand hervor, nehmen bei der Reife das Aussehen einer Einzelfrucht an und lösen sich gleich den Sammelfrüchten in ihrer Gesamtheit ab. An der Fruchtbildung beteiligen sich außer dem Fruchtknoten die Blütenhülle, die Infloreszenzachse und/oder die Brakteen (*Morus, Taf. 30: 4; Chenopodium capitatum*). Eine Besonderheit der Feigen ist, dass die sehr zahlreichen Blüten im Inneren eines fruchtartig aussehenden Blütenstandes verborgen sind (*Ficus, Taf. 30: 5*).

Tabellenschlüssel

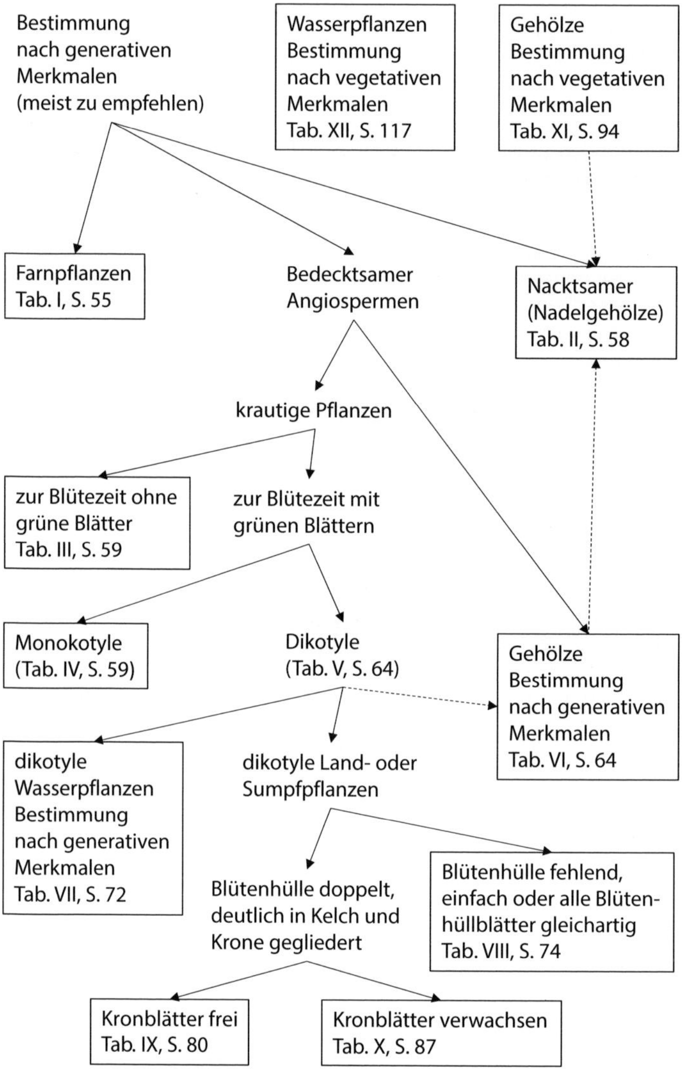

Tabelle zum Bestimmen der Hauptgruppen

1. Tabellen zum Bestimmen in erster Linie nach generativen Merkmalen **3**

— Tabellen zum Bestimmen in erster Linie nach vegetativen Merkmalen; nur für Gehölze inkl. holzige Lianen, (überwiegend) untergetauchte Wasserpflanzen, Schwimmblattpflanzen und freischwimmende Pflanzen **2**

2. Größtenteils untergetauchte Wasserpflanzen, Schwimmblattpflanzen oder freischwimmende Pflanzen .... **Tabelle XII,** 117

— Bäume, Sträucher, Zwerg- und Halbsträucher sowie verholzte Lianen .... **Tabelle XI,** 94

3 (1). Pflanze stets ohne Blüten und Samen; Fortpflanzung durch mikroskopisch kleine, einzellige Sporen .... Sporen-, Farnpfl., **Pteridophyten, Tabelle I,** 55

— Pflanze mit Blüten, die Staubblätter oder Fruchtblätter oder beides enthalten, oder mit Samenanlagen zwischen Schuppen und/oder mit Samen **4**

4. Samenanlagen nicht in einen Fruchtknoten eingeschlossen, frei, entweder auf der Oberseite von Samenschuppen (*45/4*, Sa, Ss), die in der Achsel von Deckschuppen stehen (*45/4*, Ds) oder auf der Oberseite miteinander verwachsener Deck- u. Samenschuppen („Zapfenschuppen"); selten zw. fleischigen Schuppen oder einzeln und von fleischiger Samenhülle teils oder ganz umgeben. Meist immergrüne[1] Bäume und Sträucher mit nadelförmigen oder schuppenförmigen Blättern[2] („Nadelbäume", *37/1, 58/1–58/5, 143/1–143/3*), Samenstände meist holzige Zapfen, selten Zapfenschuppen derbfleischig („Beerenzapfen") od. lederig (*Taf. 31*) .... Nacktsamer, **Gymnospermen, Tabelle II,** 58

— Samenanlagen in einen Fruchtknoten eingeschlossen (*44/1–44/5*); Bedecktsamer, **Angiospermen** **5**

5. Bäume, Sträucher, Zwerg- und Halbsträucher sowie verholzte Lianen; Erneuerungsknospen an vorjährigen, holzigen Zweigen, meist im Luftraum .... **Tabelle VI,** 64

— Krautige Pflanzen, ein- bis mehrjährig oder ausdauernd (Stauden); Stängel auch an der Basis nicht oder kaum verholzt; wenn mit holzigem Anteil, dann ohne Jahresringe; oberirdische Teile im Winter häufig absterbend; Erneuerungsknospen (wenn vorhanden) unter, an oder knapp über der Bodenoberfläche **6**

6. Pflanze zur Blütezeit ohne grüne Blätter, oder blühende Sprosse nur mit bleichen, bräunlichen oder violetten Schuppenblättern .... **Tabelle III,** 59

— Pflanze zur Blütezeit mit voll entwickelten, meist grünen Blättern **7**

7. Blütenorgane meist in 3-zähligen Kreisen[3] (*53/2*), selten 2- oder 4-zählig, nie regelhaft 5-zählig; Blütenhüllblätt. meist gleichartig, selten in Kelch und Krone gegliedert[4], 6 oder weniger[5]; Staubblätter selten > 6, Fruchtblätter selten > 3 (beides nur bei Sumpf- und Wasserpflanzen);

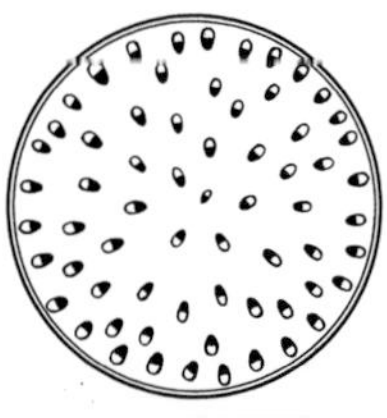

53/1

53/2

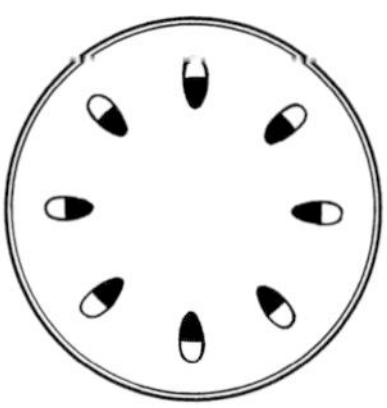

53/3

53/4

---

1 Wenn sommergrün, dann Nadeln in Büscheln zu 15–30 (*Larix*, S. 144).
2 Selten Zweige grün und Blätter zu winzigen bräunlichen Schuppen reduziert.
3 Zahlr. Ausnahmen, z. B. Potamogetonaceae (S. 164), *Maianthemum* (S. 212), *Paris* (S. 170), Cyperaceae (S. 228), Poaceae (S. 255), Araceae (S. 153), (scheinbar) Orchidaceae (S. 174).
4 Nur bei Alismataceae (S. 158), Commelinaceae (S. 219), einigen Hydrocharitaceae (S. 160).
5 Nur bei *Paris* 8, alle grünlich, die äußeren viel breiter als die inneren (*170/1*).

Sprossachse fast immer krautig, mit zerstreut angeordneten Leitbündeln (*53/1*); Anordnung der Leitbündel bei hohlen Stängeln oft nicht eindeutig erkennbar; bei *Dioscorea* (S. 169) ringförmig;
Blattspreite parallelnervig oder bogennervig, selten einnervig[1] oder netznervig[2], fast immer einfach und ungeteilt[3], zuweilen stielrund (*Juncus*), schwertförmig oder nadelförmig (*Asparagus*);
Blätter fast immer wechselständig, häufig in 2 oder 3 Zeilen, selten (scheinbar) gegen- oder quirlständig;
Wurzeln ± gleichartig, bei ausgewachsen Pflanzen keine Hauptwurzel;
Keimling nur mit 1 Keimblatt (*27/1c*) ..... Einkeimblättrige Pfl., **Monokotyle, Tabelle IV,** 59

— Blütenorgane meist in 4- oder 5-zähligen Kreisen4 (*53/4*); Blütenhülle häufig in Kelch und Krone gegliedert; Blütenhüll-, Staub- und Fruchtblätter 0–zahlreich;
Sprossachse krautig oder holzig, Leitbündel im Querschnitt ringförmig angeordnet (*53/3*);
Blattspreite mit fiederig, fingerig, handförmig oder netzartig miteinander verbundenen Nerven, seltener bogen-, parallel- oder einnervig[5];
Blätter einfach, gefiedert oder gefingert, wechselständig, gegenständig oder quirlständig; Wurzelwerk häufig mit deutl. Hauptwurzel; Keimling fast immer mit 2 Keimblättern (*27/1b*) .... Zweikeimblättrige Pfl. (**Magnoliidae** und **Dikotyle**), **Tabelle V,** 64

---

1 Meist Wasserpflanzen wie *Najas* (S. 162), *Zannichellia* (S. 168), *Elodea* (S. 161) oder Potamogetonaceae (S. 164).

2 Netznervig sind *Paris* (S. 170, Blätter zu 4 in einem Quirl unterhalb der 4-zähligen Blüte (*170/1*)), *Arum* (S. 154, Blätter pfeilförmig, zahlreiche Blüten in einem von einem Hochblatt umschlossenen Kolben (*61/1*)), *Dioscorea* (S. 169, Blätter herzförmig, Windepflanze mit eingeschlechtigen Blüten).

3 Bei *Dracunculus* (S. 155) sind die Blätter fußförmig geteilt, bei *Pinellia* (S. 156) 3-zählig. Bei *Trachycarpus* (S. 218; *Taf. 10: 14*) ist die Blattspreite fingerförmig geteilt.

4 Hiervon gibt es zahlr. Ausnahmen. 3-zählige Blüten bei den Dikotylen besitzen z. B. *Berberis* und die Aristolochiaceae; *Pulsatilla* hat eine 6-zählige (3+3) Blütenhülle.

5 Ausnahmen: *Lathyrus nissolia* (*380/3*), *Bupleurum*, viele Caryophyllaceae, Rubiaceae, *Gentiana*, *Plantago* (*36/2*), *Arnica*.

Tabellen zum Bestimmen der Familien in erster Linie nach generativen Merkmalen (meist Blütenmerkmalen)

Tabellen zum Bestimmen von Familien u. Gattungen in erster Linie nach vegetativen Merkmalen: Gehölze ab S. 94, Wasserpflanzen ab S. 117.

Tabelle I
Sporenpflanzen, Farnpflanzen, Pteridophyten

1. Stg. deutl. knotig geglied., hohl (Halm); Blätt. schuppenf., zu gezähnter, die Knoten umgebender Scheide verwachsen (*55/1–55/2, 127/1–127/11*); — Stg. leicht in ≈ gleich lg., ineinander geschachtelte Glieder zerreißbar, unverzweigt (*55/2*) od. quirlig verzweigt (*55/1*); Sporangien in endst. Ähren (*55/2*) .... **Equisetaceae,** 126

— Stg. fehlend od., wenn vorhanden, nicht halmf. (nicht deutl. knotig geglied., nicht hohl); Blätt. nicht scheidig verwachsen **2**

2. Frei schwimmende Wasserpfl. .... **Salviniaceae,** 131

— Im Boden wurzelnde Wasser-, Sumpf- od. Landpfl. **3**

3. Vollkommen untergetauchte Wasserpfl.; — Blätt. grasart., am Grund zwiebelf. verdickt auf einer kurzen Achse sitzend (*55/5a*); Sporangien in scheidig verbreiterten Blattgrund eingesenkt (*55/5b*, S) .... **Isoëtaceae,** 126

— Land- od. Sumpfpfl. (Blätt. über der Wasseroberfläche) **4**

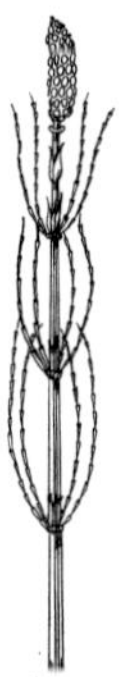

55/1

55/2

55/3

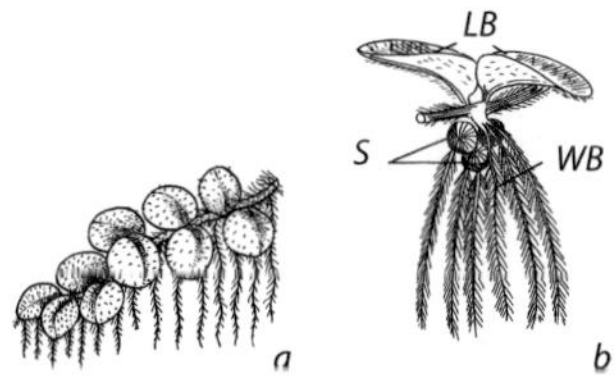

55/4

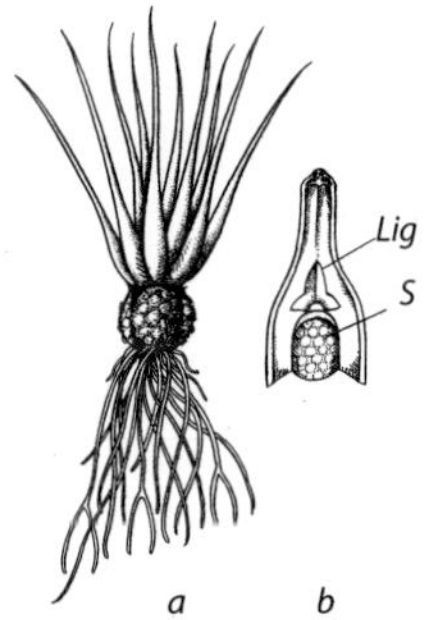

55/5

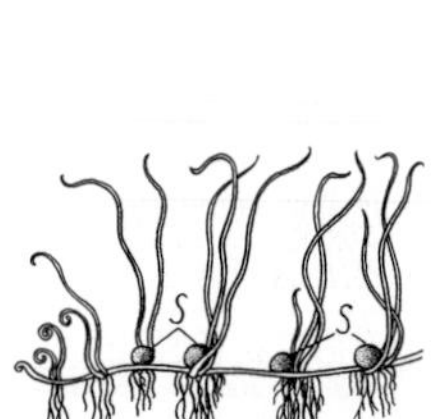

55/6

55/7

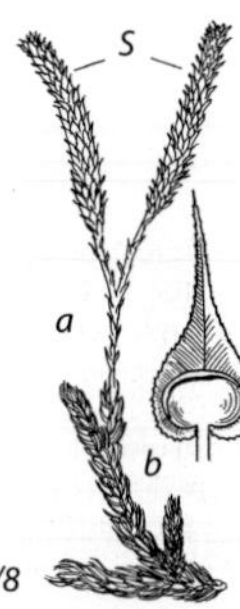

55/8

55/9

4. Blätt. binsenf. (*55/6*) od. 4-zählig, einem „Glücksklee" ähnl. (*55/7*), — am Grund m. sitzenden, kugel- od. bohnenf., gestielten Sporokarpien (*55/6–55/7*, S) .... **Marsileaceae,** 132

— Blätt. nicht binsenf. od. „Glücksklee"-ähnl. **5**

5. Blätt. > 1 cm lg., (fast immer) deutl. gestielt; Spr. („Wedel", Megaphylle) deutl. flächig, ganzrandig od. gefied. **7**

— Blätt. ≤ 1 cm lg., sitzend; Spr. nadelf.-linealisch od. schuppenf. (Mikrophylle), ∞, stets ungeteilt, von der Sprossachse sparrig absthd. (*123/1, 123/3, 123/5*) od. sich dachziegelig deckend (*123/2*) **6**

6. Pfl. zart, moosart. (*55/9*); Blätt. 0,1–0,3(–0,5) cm lg., am Grund m. kleinem Häutchen (= Lig.); Sporangien in 2 unterschiedl. Formen, darin Sporen unterschiedl. Größe (Mega- od. Mikrosporen; Lupe!); — Blätt. (*123/6a*) spiralig od. 4-zeilig; Sporophylle in Ähren (*55/9*, S) **Selaginellaceae,** 125

— Pfl. kräftiger; Blätt. meist > 0,5 cm lg., ohne Lig.; Sporangien alle einheitl. gebaut, nierenf. (*55/8b*), alle m. gleichgestalteten Sporen (Isosporen; Lupe!); — Sporangien entw. in Achseln normaler Laubblätt. (*Huperzia, 123/1*) od. Sporophylle in verläng. Ähren (*55/8a*, S) **Lycopodiaceae,** 123

7 (5). Sporangien in endst., ährenf. od. rispenf. (fertilen) Blattabschnitten (*56/3–56/4*) **23**

— Sporangien auf der Unterseite (*27/2b–c, 56/7–56/10, 57/1–57/6*) od. am Rand der Blätt. (*56/5*), meist zu Sori vereint **8**

8. Pfl. zart, 3–8 cm groß, moosähnl. (*56/1*); Sori am Rand hautdünner Fiedern, von becherf., 2-klappigem Schleier umgeben (*56/5*) .... **Hymenophyllaceae** (*Hymenophyllum*), 131

— Pfl. kräftiger, meist > 8 cm, nicht moosähnl.; Sori stets auf der Blattunterseite (*56/2*), aber gelegentl. randst. **9**

9. Wedel[1] ungeteilt, zungenf., ganzrandig (*57/7*) **Aspleniaceae** (*Asplenium scolopendrium*), 135

— Wedel gefied., gelappt od. gabelteilig (*57/8–57/11, 135/1–135/3, 136/1–136/7*) **10**

10. Fertile Wedel von den sterilen auffallend verschieden (*57/6, 57/8, 57/9*) **21**

— Fertile u. sterile Wedel ± gleich gestaltet **11**

11. Wedel deutl. (1- bis mehrfach) gefied. (ähnl. *57/9, 57/11*) od. gabelteilig (*135/2*) **13**

— Wedel nur fiederteilig, gelappt (*56/2, 57/10*), die Abschnitte br. m. der Mittelrippe verbunden **12**

12. Wedel unterseits dicht graubraun beschuppt (*56/6*, rechte Seite) **Aspleniaceae** (*Asplenium ceterach*), 135

— Wedel unterseits kahl, — m. großen, runden, schleierlosen Sori (*56/2, 56/7*) **Polypodiaceae,** 142

13 (11). Wedel unterseits dicht m. Spreuschuppen bedeckt **Pteridaceae** (*Paragymnopteris*), 133

— Wedel unterseits ohne od. nur m. vereinzelten Spreuschuppen **14**

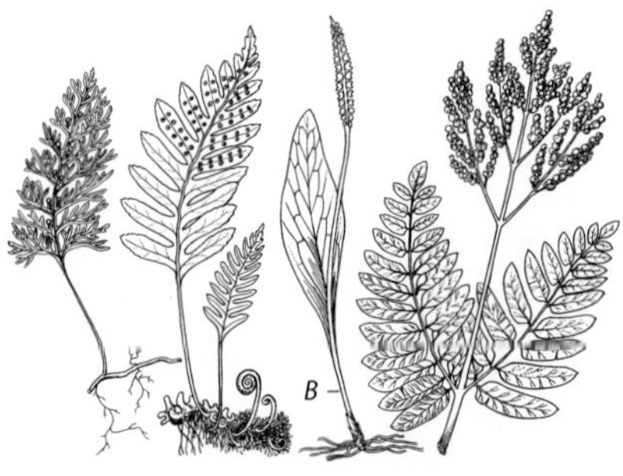

56/1 *56/2* *56/3* *56/4*

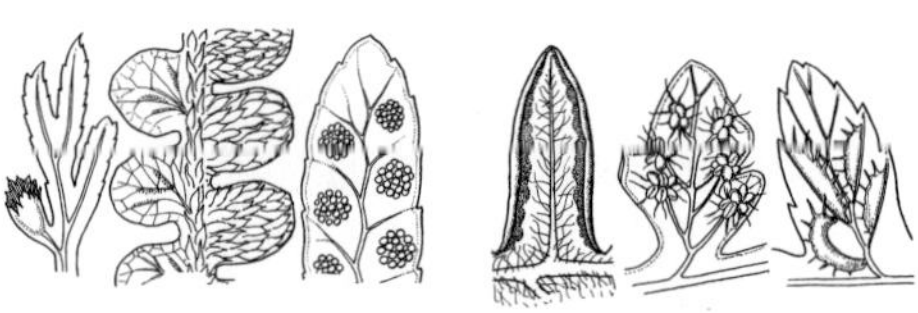

56/5 *56/6* *56/7* *56/8* *56/9* *56/10*

[1] Wedel = hier: Farnblatt; Fiedern: Blattauszweigungen 1. Ordn., Fiederchen bei doppelt u. mehrfach gefied. Blätt. die Auszweigungen 2. Ordn.

57/1 57/2 57/3 57/4 57/5 57/6

14. Sori bandart. einander genähert am Blattrand sthd., zuw. vom zurückgerollten Blattrand bedeckt („falscher Schleier", *56/8*) **24**
— Sori einzeln, nicht vom Blattrand bedeckt; — Pfl. fast stets < 100 cm hoch **15**
15. Schleier der Sori fransig zerschlitzt u. in haarf. Zipfel aufgelöst (*56/9*), Blattunterseite dadurch behaart erscheinend .... **Woodsiaceae** (*Woodsia*), 137
— Schleier nicht in haarf. Zipfel aufgelöst, höchstens am Rand etwas gefranst od. ganz fehlend **16**
16. Sori u. Schleier rundl., eif., nierenf. od. fehlend **18**
— Sori u. Schleier längl., linealisch od. hakenf. **17**
17. Sori u. Schleier längl. od. hakenf. (*56/10*); Wedel > 15 cm br., 30–150 cm lg., 2–3-fach gefied. .... **Athyriaceae** (*Athyrium filix-femina*), 138
— Sori u. Schleier meist linealisch (*57/1–57/2*); Wedel < 12 cm br., 5–40 cm lg. **Aspleniaceae**, 135
18 (16). Wedel 10–50 cm lg., — zart, m. zerbrechl. Rhachis; Schleier eif., nur an seinem der Fiederbasis zugewandten Rand angeheftet, zart, zuletzt zurückgeschlagen (*57/3*), od. Schleier fehlend od. hinfällig; Fiedern nie m. Dornspitzen .... **Cystopteridaceae**, 134
— Wedel meist > 50 cm lg.; — Schleier rund, schildf., nierenf. od. fehlend **19**
19. Schleier schildf., rund od. nierenf., — in der Mitte (*57/4*) od. in der Bucht angeheftet (*57/5*) .... **Dryopteridaceae**, 139
— Schleier hinfällig od. fehlend **20**
20. Wedel 1-fach gefied. (*135/1*) od. fiederschnittig; — Fiedern fiederspaltig, aber m. ganzrandigen Abschnitten .... **Thelypteridaceae**, 139
— Wedel wenigstens an der Basis doppelt gefied.; — Fiedern fiederspaltig **Woodsiaceae**, 137
21 (10). Fertile Wedel 2–4-fach gefied. .... **Pteridaceae**, 132
— Fertile Wedel 1-fach gefied., — sterile Wedel 1–2-fach gefied. **22**
22. Sterile Wedel fast flach ausgebr., fiederteilig; Fiedern ganzrandig (*57/8a*); — fertile Wedel aufr. (*57/8b*) .... **Blechnaceae**, 138
— Sterile Wedel aufr. (*57/9a*), einen Trichter bildend; Fiedern fiederspaltig; — fertile Wedel in der Trichtermitte, später braun (*57/9b*) .... **Onocleaceae**, 138
23 (7). Pfl. nur bis 30 cm hoch; fertile Blattabschnitte m. den Sporangien ährenf. (*56/3*) od. rispenf. (*130/1–130/5*), gestielt; — Pfl. m. 1 ganzrandigen (*56/3*) od. gefied. Blatt (*130/1–130/5*) .... **Ophioglossaceae**, 129

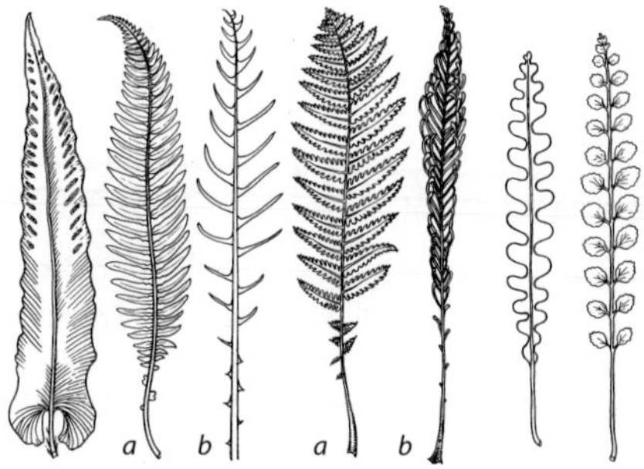

57/7 57/8 57/9 57/10 57/11

— Pfl. 50–180 cm hoch; Sporangien sorusart. geknäuelt am Rand rispenf. verzweigter fertiler Blattabschnitte am Ende doppelt gefied. Blätt. (*56/4*) .... **Osmundaceae**, 131

24 (14). Wedel 1-fach gefied. od. unterstes Fiederpaar jeweils 2-teilig; — Fiedern schmal lanzettl., bis 40 cm lg.; Pfl. 50–70 cm hoch .... **Pteridaceae** (*Pteris*), 133

— Wedel 2–4-fach gefied. **25**

25. Pfl. 60–200 cm hoch; Wedelstiel gelbl., > 5 mm ∅; Fiederchen letzter Ordn. kammart. sitzend, am Grund br., ganzrandig .... **Dennstaedtiaceae**, 133

— Pfl. 10–50 cm hoch; Wedelstiel schwarz glzd., < 1 mm ∅; Fiederchen fächerf., keilf. in den Stiel überghd., vorn meist kerbig gezähnt .... **Pteridaceae** (*Adiantum*), 133

Tabelle II
Nacktsamige Pflanzen, Coniferophytina

Obwohl bei den Koniferen (=„Zapfenträger") die ♂ „Blütenorgane" auch als Pollenzapfen u. die ♀ „Blütenstände" als Samenzapfen bezeichnet werden, sind in den Bestimmungstabellen m. Zapfen, sofern nicht anders angegeben, stets die ♀ Samenzapfen zur Samenreife gemeint, die meist verholzt sind, zuw. auch lederig od. beerenart. Abweichend davon können Samen von einem roten fleischigen Becher umgeben (s. Nr. 3) od. in roten beerenart. Samenständen (s. Nr. 4–) angeordnet sein.

1. Blätt. alle od. teilw. schuppenf., Schuppenblätt. der Sprossachse angedrückt (oft ähnl. *58/1*), grün, selten (*Ephedra*) trockenhäutig (*149/3*), weißl. bis bräunl., zuw. in der Mitte grün ... **4**

— Blätt. nadelf., von der Sprossachse ganz od. teilw. absthd., grün, selten (*Pinus*) außerdem an der Basis der in Bündeln zu 2, 3 od. 5 sthd. Nadeln häutige, völlig weißl. bis bräunl. Schuppenbl. (*143/3, Taf. 10: 1*) **2**

2. Nadeln meist in Quirlen zu 3 (*58/2a*), stechend, oberseits m. weißem Streifen; Samen in beerenart. Zapfen (*58/2b*) .... **Cupressaceae** (*Juniperus*), 148

— Nadeln nicht in Quirlen zu 3, sondern spiralig u. einzeln, in Bündeln zu 2, 3 od. 5 od. büschelig zu > 10 angeordnet; Samen nicht in beerenart. Zapfen, entw. einzeln u. von fleischigem Becher umgeben od. reife Zapfen holzig od. lederart. **3**

3. Nadelbasis als grüne Leiste am Zweig herablfd. (*58/3*); Pfl. 2-häusig; Samen von fleischigem, zur Reife rotem Becher umgeben (*58/4*; *Taf. 31: 3*) .... **Taxaceae**, 149

— Nadeln nicht als grüne Leiste herablfd., einzeln (*143/1–143/2*), in Bündeln zu 2 (*143/3; Taf. 31: 1*), 3 od. 5 od. in Büscheln zu > 10 (*58/5*) an Kurztrieben; Pfl. 1-häusig; Samen in verholzenden Zapfen .... **Pinaceae**, 143

4 (1). Junge Zweige von dicht sthd. grünen Schuppenblätt. bedeckt, selten außerdem einige Zweige m. nadelf. od. pfrieml. Blätt.; Sträucher od. Bäume; Samen in verholzenden, lederart. od. beerenart. Zapfen .... **Cupressaceae**, 147

— Zweige m. wenigen, nur in der Mitte zuw. grünen, ringsum trockenhäutigen Schuppenblätt. (*149/3*); stark verzweigte Rutensträucher, an Schachtelhalme (S. 126) erinnernd; Samen in beerenart., zur Reife roten Samenständen (*149/4*) .... **Ephedraceae**, 149

58/1

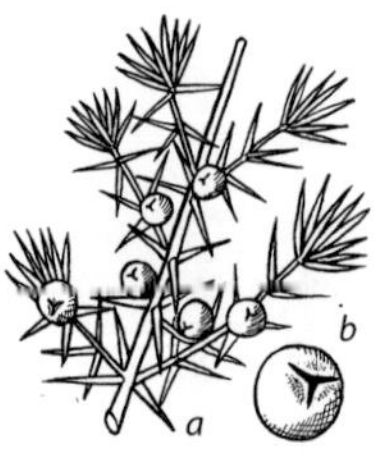

58/2

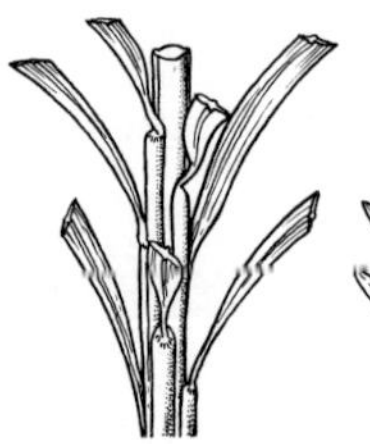

58/3

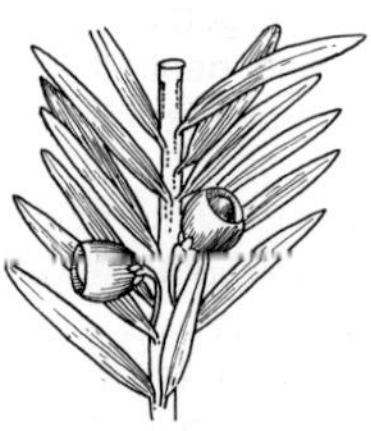

58/4

58/5

Tabelle III
Krautige Pflanzen, zur Blütezeit ohne grüne Blätter oder Blütenstängel nur mit Schuppenblättern

1. Pfl. ohne oberird. Stg., Blüten grundst. **9**
— Pfl. m. oberird. Stg., zumind. m. oberird. Infl.Achse **2**
2. Stg. stockwerkart. geglied. (*127/1–127/11, 596/1*) **8**
— Stg. nicht stockwerkart. geglied. **3**
3. Stg. windend, fädl. u. dünn, gelbl. od. rötl.; — Blüten klein, meist in Knäueln (*85/4*) **Convolvulaceae** (*Cuscuta*), 652
— Stg. nicht windend **4**
4. Blüten in Köpfchen; — Frühjahrsblüher, Laubblätt. nach der Blüte erscheinend **7**
— Blüten in Trauben od. Ähren, nicht in Köpfchen **5**
5. Frkn. unterst.; Blüten meist gespornt (*60/7*, Sp); Staubblatt 1, m. dem Gr. zu Säulchen verwachsen (*174/1, 174/2b*) .... **Orchidaceae**, 174
— Frkn. oberst.; Staubblätt. 4, 8 od. 10 .... **6**
6. Staubblätt. 8–10 .... **Ericaceae** (*Hypopitys*), 625
— Staubblätt. 4 .... **Orobanchaceae**, 698
7 (4). Köpfchen einzeln, endst., 15–30 mm ∅, Blüten goldgelb .... **Asteraceae** (*Tussilago*), 831
— Köpfchen zu mehreren in traubig-rispiger Infl., meist < 15 mm ∅; Blüten weißl. od. rötl. **Asteraceae** (*Petasites*), 812
8 (2). Am Grund jedes Stg.Glieds Scheide aus reduzierten Blätt. (*127/1–127/11*); Sporenpfl.; Sporophylle zu endst. Ähre vereinigt (*55/2*) .... **Equisetaceae**, 126
— Stg.Glieder am Grund ohne Scheide; Stg. dickfleischig (*596/1*), armleuchterart. verzweigt; Blütenpfl.; Pfl. von Salz-StO .... **Chenopodiaceae** (*Salicornia*), 605
9 (1). Blüten zygomorph; Staubblätt. 4, — Frühjahrsblüher; Vollparasit ohne grüne Blätt. **Orobanchaceae** (*Lathraea clandestina*), 701
— Blüten radiär, 6-zipfelig, aufr.; Staubblätt. 3 od. 6 .... **10**
10. Staubblätt. 3; Frühjahrsblüher (bei Gartenflüchtlingen u. in Parks auch Herbstblüher); Blätt. m. od. kurz nach der Blüte erscheinend .... **Iridaceae** (*Crocus*), 199
— Staubblätt. 6; Hochsommer- od. Herbstblüher; Blätt. im Frühjahr erscheinend **Colchicaceae** (*Colchicum*), 170

Tabelle IV
Einkeimblättrige Pflanzen, Monokotyle

Holzpflanzen sind auch m. Tab. VI, S. 64, bestimmbar.

1. Land- od. Sumpfpfl. bzw. im Wasser wurzelnde Pfl., die m. ihren Stg. u. Blätt. größtenteils od. ganz aus dem Wasser herausragen **16**
— Schwimmpfl. od. untergetaucht lebende Wasserpfl. **2**
2. Pfl. nicht in Stg. u. Blätt. geglied., entw. eif. od. linsenf. (*60/1, 60/3, 60/4*), 1–10 mm groß, auf dem Wasser schwimmend od. untergetaucht, dann flügelart., m. kreuzweise verbundenen Gliedern (*60/2*) .... **Araceae**, 153
— Pfl. in Stg. u. Blätt. geglied., > 10 mm groß **3**
3. Blätt. in Rosetten, Internodien im vegetativen Bereich kaum erkennbar (allenfalls Ausläufer) **12**
— Blätt. nicht in Rosetten, Internodien dazw. deutl. erkennbar **4**
4. Blätt. m. häutigen Nebenblätt. od. Lig. in der Blattachsel, zuw. zu einer Ochrea verbunden, bei Unterwasserblätt. zuw. m. Blattgrund verwachsen; Blätt. zuw. deutl. gestielt **Potamogetonaceae**, 164
— Blätt. ohne achselst. Nebenblätt. od. Ochrea, stets sitzend; wenn m. Lig., dann am Übergang von Blattscheide zu Blattspr., nicht in der Blattachsel **5**

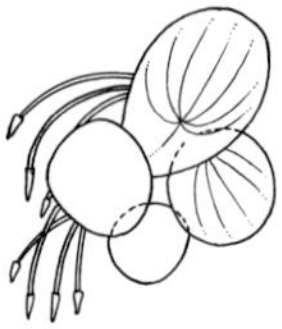

60/1

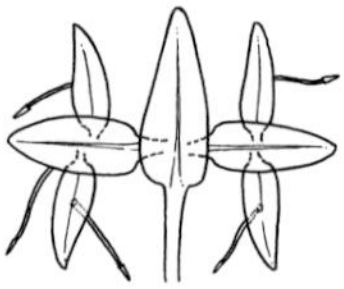

60/2

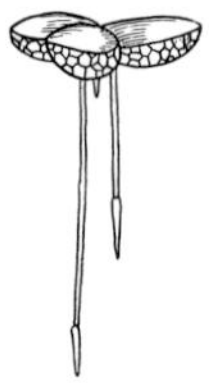

60/3

60/4

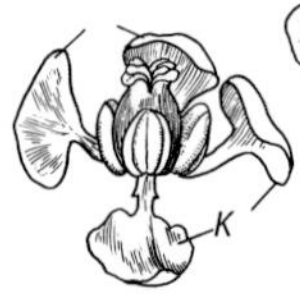

60/5

60/6

5. Blätt. wechselst. (außer zuw. die obersten) **7**

— Blätt. (scheinbar) quirlst. od. gegenst. **6**

6. Blätt. gegenst., ganzrandig, 3–15 mm br. .... **Potamogetonaceae** (*Groenlandia*), 165

— Blätt. quirlst. od. wenn gegenst., dann < 1 mm br. od. grob gezähnt **Hydrocharitaceae**, 160

7 (5). Blätt. zurückgekrümmt, bis 3 cm lg. u. 3 mm br., dicht spiralig an lg. gestreckten Sprossachsen .... **Hydrocharitaceae** (*Lagarosiphon*), 162

— Blätt. nicht zurückgekrümmt, ausgebr. od. ± zur Stg.Spitze gerichtet, meist > 3 cm lg. ... **8**

8. Pfl. im Süßwasser; Blüten in Ährch. od. kugeligen Köpfchen deutl. oberh. der Wasseroberfläche **10**

— Pfl. im Salz- od. Brackwasser; Blüten in Ähren od. Büscheln unter od. an der Wasseroberfläche **9**

9. Infl. vielblütig, z. Bltzt. in die Scheide des obersten Laubblatts eingeschlossen; Blattscheide kaum breiter als Blattspr.; Blätt. meist > 1 mm br. .... **Zosteraceae**, 164

— Infl. 2-blütig, z. Bltzt. gestielt; Blattscheide ≈ 3-mal so br. wie Blattspr.; Blätt. meist < 1 mm br. .... **Ruppiaceae**, 169

10 (8). Blüten eingeschl., in getrennten ♂ u. ♀ kugeligen Köpfchen (*61/4*) **Typhaceae** (*Sparganium*), 219

— Blüten ⚥, in Ährch. **11**

11. Spelzen der Ährch. 2-zeilig sthd.; Blätt. > 4 mm br., m. Lig. am Übergang von Blattscheide zu Blattspr. .... **Poaceae** (*Glyceria fluitans*), 300

— Spelzen der Ährch. spiralig sthd.; Blätt. bis 2 mm br., ohne Lig. **Cyperaceae** (*Isolepis*), 251

12 (3). Pfl. frei auf od. knapp unter der Wasseroberfläche schwimmend, oft durch Ausläufer verbunden **15**

— Pfl. im Boden wurzelnd **13**

13. Blüten m. 3 grünen Kelchblätt. u. 3 weißen od. rosa, > 2 mm lg. Kronblätt., über der Wasseroberfläche; Schwimmblätt. u. Überwasserblätt. meist lanzettl. bis kreisrund **Alismataceae**, 158

— Blüten unscheinbar, grünl., unter Wasser od. an der Oberfläche schwimmend; alle Blätt. lg. bandf., ganz unter Wasser od. ihre Spitzen schwimmend **14**

14. Blüten in Rispen, untergetaucht, sich nicht öffnend **Alismataceae** (*Alisma gramineum*), 158

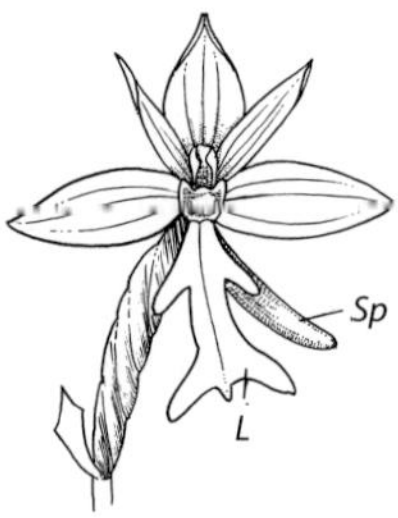

60/7

60/8

60/9

60/10

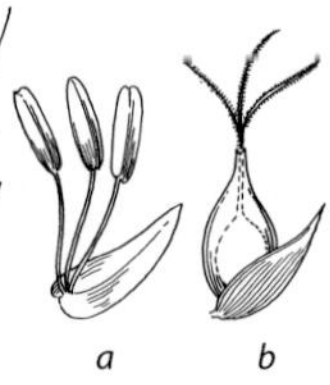

60/11

61/1

61/2

61/3

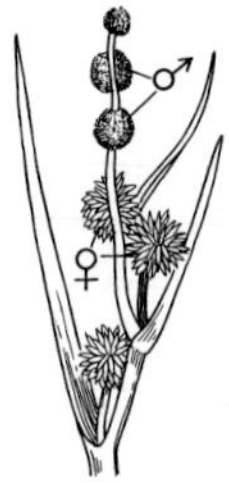

61/4

61/5

— Blüten einzeln, im Gebiet nur ♂, unter Wasser gebildet, dann abgelöst u. frei an der Oberfläche schwimmend (♀ an lg. spiraligen Stielen an die Oberfläche reichend) **Hydrocharitaceae** (*Vallisneria*), 163

15 (12). Blätt. kahl, ohne ausgeprägte Längsrippen, entw. br. linealisch u. stachelig gezähnt (*Stratiotes*, S. 162) od. gestielt u. fast kreisrund m. herzf. Grund (*Hydrocharis, 161/1*) **Hydrocharitaceae**, 160

— Blätt. dicht behaart, m. ausgeprägten Längsrippen, br. keilf., am Ende gestutzt bis etwas ausgerandet ..... **Araceae** (*Pistia*), 156

16 (1). Blätt. > 2 cm dick, 1–2 m lg., hart, m. stechender Spitze, Rand meist stachelig gezähnt; Infl. > 4 m hoch ..... **Asparagaceae** (*Agave*), 210

— Blätt. dünner, meist kürzer, Rand nicht stachelig; Infl. < 2,5 m hoch **17**

17. Blüten winzig, in kugeligen Köpfchen (*61/4–61/5),* od. in Kolben (*61/1–61/3*), diese zuw. von einem Hochblatt (Spatha, *61/1–61/2*, Spa) umgeben **43**

— Blüten (wenigstens die ♂, Zea) nicht in kugeligen Köpfchen od. Kolben (aber zuw. in Ähren) **18**

18. Blütenhülle fehlend od. nur in Form von 1–2 schuppenf. Blätt. (Spelzen, *60/10*; *Taf. 24: 3–5*), Borsten od. Haaren vorhanden **42**

— Blütenhülle meist 6-blättr., selten 4- od. 8-blättr. **19**

19. Staubblatt 1 (m. 2 getrennten Pollenfächern, *174/2b*), selten 2 (*Cypripedium, 174/2a*), m. dem Gr. zu einem Säulchen (*174/2a*) verwachsen; — Frkn. unterst., oft gedreht; das oft nach unten weisende inn. Perigonblatt zu einer Lippe (*60/7*, L) umgebildet ..... **Orchidaceae**, 174

— Staubblätt. 3–∞, meist 6 ..... **20**

20. Blütenhüllblätt. 6, gleich od. ungleich **22**

— Blütenhüllblätt. 4 od. 8 ..... **21**

21. Blüten in Trauben, weiß; Perigon 4-blättr.; Laubblätt. meist 2, gestielt, m. herzf. Spr.Grund **Asparagaceae** (*Maianthemum*), 212

— Blüten einzeln, (gelbl.)grün; Perigon 8-blättr. (4 breite u. 4 schmale); Laubblätt. (3–)4(–5), quirlst. (*170/1*) ..... **Melanthiaceae** (*Paris*), 170

22 (20). Staubblätt. 3; Frkn. unterst.; Blüten lebhaft gefärbt; Gr.Äste zuw. blumenblattart. **Iridaceae**, 198

— Staubblätt. meist 6, selten 3, 9 od. ∞; wenn 3, dann Blüten unscheinbar weißl., grünl. od. bräunl. u. Frkn. oberst. **23**

23. Staubblätt. 9; — Blüten rosa, in Scheindolden (*159/2*); Blätt. im unt. Teil 3-kantig; Uferpfl., 50–150 cm hoch ..... **Butomaceae**, 160

— Staubblätt. 3, 6 od. ∞ **24**

24. Blütenhülle doppelt, Kelchblätt. grün, Kronblätt. weiß, rosa, violett od. blau — Staubblätt. 6–∞ **41**

— Blütenhülle nicht od. nur undeutl. in Kelch u. Krone geteilt (Perigon), selten m. Nebenkrone (*Narcissus, 62/1*) zusätzl. zum Perigon; Perigonblätt. alle gefärbt od. alle grünl. — Staubblätt. 3 od. (meist) 6 ..... **25**

25. Frkn. unterst. ..... **Amaryllidaceae**, 204

— Frkn. oberst. **26**

26. Pfl. nach Lauch riechend; — Blüten in doldenähnl. Infl., vor dem Aufblühen in Hochblatthülle eingeschlossen .... **Amaryllidaceae** (*Allium*), 204

— Pfl. nicht nach Lauch riechend **27**

27. Stg. windend; Blätt. lg. gestielt, herz-eif.; — Blüten eingeschl., 2-häusig **Dioscoreaceae**, 169

— Stg. nicht windend; Blätt. meist sitzend **28**

28. Blüten grundst., scheinbar direkt aus dem Boden kommend, m. od. ohne Laubblätt. am Grund .... **Colchicaceae**, 170

— Blüten m. Stg., nicht grundst. **29**

29. Blätt. der Langtriebe zu Schuppen umgebildet, in deren Achseln 1 blattart. abgeflachter Blüten tragender Kurztrieb (*Taf. 3: 8*) od. 1 Büschel von grünen Nadeln (*62/2*); Fr. rote Beeren .... **Asparagaceae**, 208

— Blätt. normal entwickelt **30**

30. Blätt. flach, schwertf. u. reitend wie bei *Iris* (*35/8*; *Taf. 10: 2*), meist grundst.; Schmalseite zum Stg. gekehrt, Blattoberseite nur am Grund vorhanden **40**

— Blätt. flach bis drehrund, aber nicht schwertf.; bei flachen Blätt. Ober- u. Unterseite unterscheidbar u. Oberseite zum Stg. gekehrt **31**

31. Blätt. br. eif., die unt. >15 cm lg. u. 10 cm br., mehrfach längs gefaltet; — Blüten in vielblütigen Doppeltrauben .... **Melanthiaceae** (*Veratrum*), 170

— Blätt. schmaler, meist linealisch bis längl. ellipt. **32**

32. Blüten in ± dichten Knäueln (*60/9*) od. lockeren, meist vielblütigen Spirren (*60/8*); Perigonblätt. grünl. od. bräunl., selten weiß; — Frkn. 1; Gr. 1 m. 3 Narben; Blätt. flach, grasart. od. stielrund .... **Juncaceae**, 221

— Blüten einzeln, in Ähren, Trauben, Doppeltrauben od. wenigblütigen Scheindolden, oft lebhaft gefärbt **33**

33. Perigonblätt. unscheinbar grünl., zuw. rötl. überlaufen, 2–4 mm lg., kürzer als der Frkn.; Pfl. von Mooren od. Meeresküsten **39**

— Perigonblätt. weiß od. lebhaft gefärbt, länger als der Frkn., wenn grünl., dann >10 mm lg.; Pfl. mittl. bis trockener StO, nicht von Mooren od. Küsten **34**

34. Perigonblätt. fast od. ganz bis zum Grund getrennt **36**

— Perigonblätt. deutl. verwachsen, bei Blüten < 2,5 cm zu mehr als der Hälfte, bei Blüten > 6 cm am Grund zu einer 1,5–3 cm lg. Röhre **35**

35. Blüten sehr groß, 6–10 cm lg., gelb bis orangerot; Staubblätt. 3,5–6,5 cm lg., aus der Blütenröhre herausragend, deutl. aufw. gekrümmt .... **Asphodelaceae** (*Hemerocallis*), 204

— Blüten < 2,5 cm lg.; Staubblätt. sehr kurz, ± gerade, in der Blütenröhre eingeschlossen **Asparagaceae**, 208

36 (34). Blüten einzeln an der Spitze des Stg., od. (*Streptopus*, S. 173) an deutl. geglied. Stiel einzeln unter m. herzf. Grund sitzenden Laubblätt. hgd. .... **Liliaceae**, 170

— Blüten in Trauben, Doppeltrauben od. Scheindolden, Tragblätt. der Blüten viel kleiner als die Laubblätt. **37**

37. Blüten gelb, gelbl.grün, orange od. rötl.; wenn orange bis rotviolett, dann gefleckt **Liliaceae**, 170

— Blüten blau, violett od. weiß, nicht gefleckt; zuw. m. grünem, rötl. od. bräunl. Mittelstreifen **38**

62/1

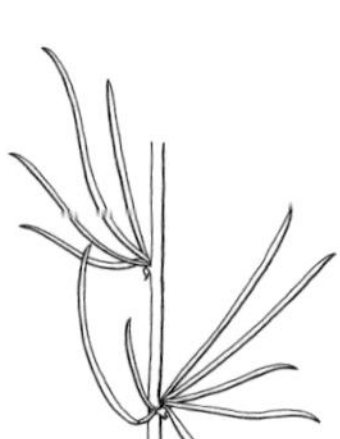

62/2

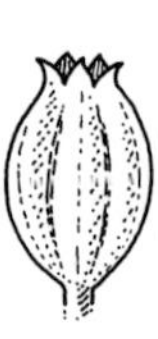

62/3

62/4

62/5

62/6

38. Perigonblätt. weiß, beiderseits m. schmalem, scharf begrenztem, grünen, rötl. od. bräunl. Mittelstreifen; Staubfäden am Grund dem Frkn. eng anlgd., oben ausgebr., schmaler als die Staubbeutel .... **Asphodelaceae** (*Asphodelus*), 204

— Perigonblätt. blau, violett od. rein weiß; wenn weiß m. grünem Mittelstreifen (*Ornithogalum*, S. 213), dann Mittelstreifen nur außen, od. > ein Drittel so br. wie das Perigonblatt, u. Staubfäden stark verbreitert, zumind. am Grund breiter als die Staubbeutel **Asparagaceae**, 208

39 **(33).** Stg. beblätt.; Blüten (*163/1*) m. Tragblätt. .... **Scheuchzeriaceae**, 163

— Stg. blattlos, Blätt. grundst.; Blüten ohne Tragblätt. .... **Juncaginaceae**, 163

40 **(30).** Perigonblätt. 6–9 mm lg., leuchtend gelb; Gr. 1; Staubblätt. wollig behaart **Nartheciaceae**, 169

— Perigonblätt. 1,5–3,5 mm lg., gelbl.grün od. weißl.; Gr. 3 (*62/5*); Staubblätt. kahl **Tofieldiaceae**, 157

41 **(24).** Kronblätt. weiß od. zart rosa; Staubblätt. 6–∞, alle gleich, kahl; Frkn. u. Gr. > 3, frei; Sumpf- od. Wasserpfl. .... **Alismataceae**, 158

— Kronblätt. blau od. violett (zumind. 2 von 3), selten weiß; Staubblätt. 6, sehr verschieden od. alle behaart; Frkn. u. Gr. 1; Landpfl. (verwild. Zierpfl.) .... **Commelinaceae**, 219

42 **(18).** Jede Blüte von 2 kahnf. Blattorganen (Spelzen) umschlossen, zu Ährch. vereinigt, diese am Grund m. 1–2 Hüllsp. (*60/10*, H, *Taf. 24: 3–5*); Ährch. in Ähren, Rispen od. Ährenrispen angeordnet (*255/2–255/6*); Stg. (Halm) knotig geglied., meist hohl, rund, selten zus.gedrückt; Blattgrund meist als offene Scheide, m. Lig. (*35/3*, Lig; *Taf. 32: 9*) od. Haarreihe **Poaceae**, 255

— Jede Blüte nur von 1 Spelze umschlossen (*60/11a, b*); Ährch. am Grund ohne Hüllsp.; Blütenhülle schlauchf. (*228/1*, nur bei ♀ Blüten), borstenf. (*228/4, 228/5*) od. ganz fehlend; Stg. meist knotenlos od. an den Knoten nicht verdickt, oft 3-kantig, selten hohl (*Carex hirta*); Blattscheiden meist geschlossen .... **Cyperaceae**, 228

43 **(17).** Blüten in kugeligen Köpfchen (*61/4–61/5*) **47**

— Blüten in walzenf. Kolben (*61/1–61/3*) **44**

44. Kolben scheinbar seitl. an einem schwertf. Blatt sthd. (*61/2*); — Pfl. stark aromat. riechend .... **Acoraceae**, 153

— Kolben endst. od. in der Achsel eines Blatts seitl. am Stg. sthd. **45**

45. Nur ♀ Blüten in Kolben, seitl. am Stg., von mehreren Hochblätt. eingehüllt, m. fadenf. heraushgd. Narben; ♂ Blüten in endst. Rispen (*Taf. 32: 1*) .... **Poaceae** (*Zea*), 325

— Alle Blüten in endst. Kolben (*61/1, 61/3*) **46**

46. Kolben ohne Hochblatthülle, deutl. 2-teilig, der ob. m. ♂, der unt. m. ♀ Blüten (*61/3*), nach der Bltzt. (dk.)braun; Röhrichtpfl. .... **Typhaceae** (*Typha*), 220

— Kolben in ein Hochblatt eingeschlossen (*61/1*) od. am Grund m. 1 ausgebr. Hochblatt, nicht 2-teilig od. Teilung erst nach Öffnen des Hochblatts sichtbar .... **Araceae**, 153

47 **(43).** Blüten eingeschl., ♂ u. ♀ Teilinfl. deutl. verschieden, die ♀ zu igeligen od. morgensternf. Köpfchen vereinigt **49**

— Blüten ⚥; Teilinfl. alle gleichart. **48**

48. Perigonblätt. 6, dk.braun; Blätt. schwertf. reitend (ähnl. *Iris*, *35/8*), Oberseite nur am Grund erkennbar od. drehrund u. 1 Blatt geradlinig in Fortsetzung des Stg. (*60/9*) **Juncaceae** (*Juncus*), 221

— Perigonblätt. fehlend od. als Haare od. Borsten vorhanden; Blätt. linealisch, m. deutl. Ober- u. Unterseite od. borstenf., nicht seitl. abgeflacht .... **Cyperaceae**, 228

49 **(47).** ♂ Blüten (wie die ♀) in kugeligen Köpfchen, diese meist zu mehreren an den Infl. Achsen (*61/4*) .... **Typhaceae** (*Sparganium*), 219

— ♂ Blüten in 1–2(–4) schmalen, lg.gestreckten Ähren .... **Cyperaceae** (*Carex*), 231

Tabelle V
Zweikeimblättrige Pflanzen (Dikotyle und Magnoliide)

Kräuter u. Stauden, die z. Bltzt. keine grünen Blätt. besitzen, können auch nach Tabelle III, S. 59, bestimmt werden.

1. Bäume, Sträucher, Zwerg- u. Halbsträucher sowie verholzte Lianen; Erneuerungsknospen an vorj., holzigen Zweigen, meist im Luftraum .... **Tabelle VI,** 64
— Pfl. krautig; Stg. auch an der Basis nicht od. wenig verholzt, im Winter meist absterbend, Erneuerungsknospen im, am od. knapp über dem Boden **2**
2. Untergetaucht lebende od. m. Schwimmblätt. versehene Wasserpfl., die nur die Blüten über die Wasseroberfläche erheben od. die Blüten unter Wasser entfalten .... **Tabelle VII,** 72
— Land-, Sumpf- u. Wasserpfl., deren Blütenstg. u. Blätt. sich größtenteils über die Wasseroberfläche erheben **3**
3. Blütenhülle fehlend od. einfach (nur 1 Kreis von Blütenhüllblätt.), od. wenn doppelt (2 Kreise von Blütenhüllblätt.), dann alle Blütenhüllblätt. gleichart. .... **Tabelle VIII,** 75
— Blütenhülle doppelt, Kelch u. Krone deutl. verschieden (selten Kelch bei der Blütenentfaltung abfallend, nur an Blütenknospen vorhanden, z. B. bei Papaveraceae, S. 326; selten 3 Perianthkreise vorhanden, z. B. bei Malvaceae, S. 502, m. einem 3. Kreis als Außenkelch) **4**
4. Kronblätt. frei, bis zum Grund (od. zumind. am Grund) voneinander getrennt, nach der Bltzt. meist einzeln abfallend, seltener z.T. verwachsen, aber mind. 1 ganz frei ...... **Tabelle IX,** 81
— Kronblätt. alle miteinander zu einer Röhre verwachsen (*42/3*), zuw. aber tief geteilt u. nur am Grund zu kurzer Röhre verbunden (*42/4*); nach der Bltzt. als Ganzes abfallend od. als meist bräunl. Hülle bleibend .... **Tabelle X,** 87

Tabelle VI
Holzgewächse: Bäume, Sträucher und Halbsträucher

Bestimmung vorwgd. nach vegetativen Merkmalen: Tab. XI, S. 94.

1. Samenanlagen nicht in einen Frkn. eingeschlossen, frei, entw. auf der Oberseite von Samenschuppen (*45/4*, Sa, Ss), die in der Achsel von Deckschuppen stehen (*45/4*, Ds), od. auf der Oberseite miteinander verwachsener Deck- u. Samenschuppen („Zapfenschuppen"); selten einzeln u. von Schuppen teils od. ganz umgeben; meist immergrüne Bäume u. Sträucher m. nadelf. od. schuppenf. Blätt. (*37/1, 58/1–58/5, 143/1–143/3, 149/3*), selten sommergrün, dann Nadeln in Büscheln von 15–30 an Kurztrieben; Samenstände meist holzige Zapfen, selten Zapfenschuppen derbfleischig („Beerenzapfen") od. lederig, od. Same von fleischiger Hülle umgeben (*149/2, 149/4*) .... Nacktsamer, **Gymnospermen, Tabelle II,** 58
— Samenanlagen in einem Frkn. eingeschlossen (*44/1–44/5*) **2**
2. Blüten schmetterlingsf. (*367/1a*) od. ähnl. gestaltet (*69/4*); m. 2 seitl. Blütenhüllblätt. („Flügel"); Staubblätt. 8 od. 10, (zumind. beim Aufblühen) in von Kronblätt. gebildetem Schiffchen eingeschlossen **100**
— Blüten nicht schmetterlingsf.; wenn ähnl., dann Staubblätt. < 8 od. nicht eingeschlossen, ab dem Aufblühen sichtbar **3**
3. Stg. windend, rankend od. auf and. Weise kletternd **93**
— Stg. ± selbsttragend od. dem Boden anlgd., nicht kletternd **4**
4. Pfl. z. Bltzt. m. entwickelten od. zumind. zus. m. den Blüten austreibenden Blätt.; Blätt. zuw. nur nadelf. **18**
— Pfl. z. Bltzt. ohne normale Laubblätt., allenfalls m. bleichen od. bräunl. Schuppenblätt., selten m. blattart. verbreiterten Sprossen (*Taf. 3: 8, Taf. 4: 4*); Laubblätt. erst nach der Blüte erscheinend od. zu bleichen Dornen umgebildet od. ganz fehlend **5**
5. Blüten außen dicht m. silbrig-bräunl. Schildhaaren (*41/7, 440/6*) besetzt (Lupe!), — Blütenhülle 2-blättr. od. 2-zipfelig; ♂ Blüten (*440/8*) grünl.gelb, dicht gedrängt an Kurztrieben u. am Grund junger Langtriebe; ♀ Blüten unscheinbar, meist nur gelbl. Narben zw. jungen Blätt. erkennbar; — dorniger Strauch; Fr. orangerot .... **Elaeagnaceae** (*Hippophaë*), 441

— Blüten nicht m. Schildhaaren besetzt **6**
6. Blüten nicht in Kätzchen **9**
— Blüten, zumind. die ♂, in Kätzchen (*Taf. 26*) **7**
7. Pfl. 1-häusig; ♀ Infl. (*65/2, 65/3; Taf. 26: 2 u. 4*) seltener u. unscheinbarer als die hgd. ♂ Kätzchen .... **Betulaceae**, 448
— Pfl. 2-häusig (selten 1-häusige Kulturformen); Kätzchen meist schräg aufr. absthd. **8**
8. Kätzchen (fast) kahl, aufr. od. schief absthd., Staubblätt. kürzer od. wenig länger als das Tragblatt (*65/4*), meist zu 4; ♀ Kätzchen knospenart., 3–14 mm lg., nur rote Narben zw. den Tragblätt. sichtbar; Zweige m. Harzpünktchen u. würzig riechend .... **Myricaceae**, 447
— Kätzchen behaart, vor dem Aufblühen meist wollig, hgd., schief absthd. od. aufr.; Staubblätt. entw. zahlr. u. kürzer als das zerschlitzte Tragblatt (*Populus, 65/1*), od. viel länger als das Tragblatt (*Salix, 65/5*) u. zu 2, 3 od. 5; ♀ Kätzchen meist > 15 mm lg., Frkn. gestielt, frei sichtbar; Pfl. meist nicht würzig riechend .... **Salicaceae**, 460
9 (6). Sprossachse in dicke, abgeflachte, fleischige, m. Dornpolstern (Areolen) besetzte Segmente geglied. (*Taf. 4: 4*) .... **Cactaceae**, 612
— Sprossachse im ∅ rundl., kantig od. geflüg., nicht in dicke, abgeflachte, fleischige Segmente geglied. **10**
10. Sprossachsen der letzten Verzweigungsordn. blattart. verbreitert, in der Achsel kleiner Schuppenblätt. (*Taf. 3: 8*) .... **Asparagaceae** (*Ruscus*), 216
— Sprossachsen nicht blattart. verbreitert **11**
11. Zweige, Knospen u. Blattnarben wechselst. **16**
— Zweige, Knospen u. Blattnarben gegenst. **12**
12. Blüten jeweils paarweise m. ihren unterst. Frkn. verwachsen; Staubblätt. 5, — Kronblätt. 5, verwachsen, cremeweiß .... **Caprifoliaceae** (*Lonicera caerulea*), 839
— Blüten nicht paarweise verwachsen; Staubblätt. meist 2, 4 od. 8, selten 5 .... **13**
13. Blüten zygomorph, auffällig; — Krone hell blauviolett, 50–60 mm lg.; Staubblätt. 4 **Paulowniaceae** (*Paulownia tomentosa*), 698
— Blüten radiär od. Blütenhülle unscheinbar od. fehlend **14**
14. Staubblätt. 2; — Sträucher m. gelben, verwachsenen Kronblätt. (*Forsythia, Jasminum*) od. Bäume ohne Kronblätt. od. ganz ohne Blütenhülle (*Fraxinus, 65/7a, b; Taf. 19: 13*) **Oleaceae**, 657
— Staubblätt. 4–8 .... **15**
15. Blüten in Dolden; Infl. am Grund m. 4 fast gleichen Hüllblätt.; Kronblätt. goldgelb; Staubblätt. 4 .... **Cornaceae** (*Cornus mas*), 613
— Blüten in Rispen od. Büscheln; Infl. am Grund m. ungleichen Knospenschuppen; Kronblätt. fehlend od. grünl.gelb; Staubblätt. meist > 4; wenn Kronblätt gelb, dann Staubblätt. 8 **Sapindaceae** (*Acer*), 499
16 (11). Blütenhülle doppelt; Staubblätt. >10; — Kronblätt. reinweiß, rosa od. orangerot **Rosaceae**, 398
— Blütenhülle einfach; Staubblätt. 4–8 .... **17**
17. Sträucher, 20–150 cm hoch; Blüten auffällig, rosa bis hell rotviolett, selten weiß; Staubblätt. 8, in der Perigonröhre eingeschlossen; Staubbeutel gelb ..... **Thymelaeaceae** (*Daphne*), 506
— Bäume; Blüten unscheinbar, grünl., bräunl. od. rötl.; Staubblätt. (4–)5(–8), aus der Blüte herausragend; Staubbeutel rötl. .... **Ulmaceae**, 442

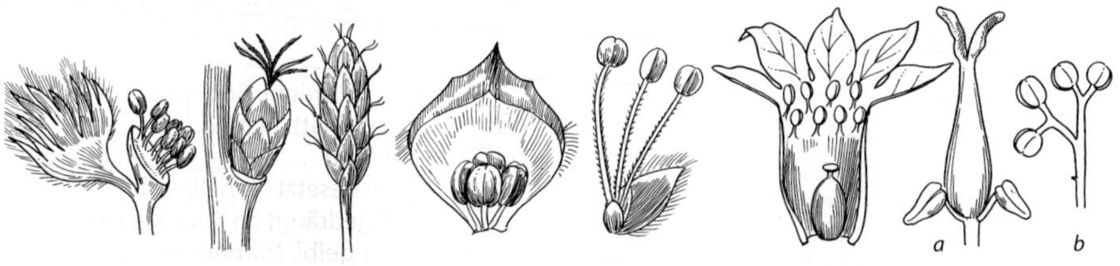

65/1 65/2 65/3 65/4 65/5 65/6 65/7

18 (4). Blattspr. einfach, nicht in getrennte Blättchen geteilt (aber zuw. gelappt, gebuchtet od. ± tief handf. geteilt) **37**
— Blattspr. gefied. od. gefing. **19**
19. Blätt. gegenst. **32**
— Blätt. wechselst. (zerstreut od. 2-zeilig) **20**
20. Blätt. (z. T. doppelt) paarig gefied. — an Kurztrieben gehäuft, an leicht zickzackf. Zweigen; Stamm oft m. 3–10 cm lg., verzweigten Dornen ..... **Fabaceae** (*Gleditsia*), 379
— Blätt. gefing. od. (zuw. doppelt) unpaarig gefied., selten fußf. **21**
21. Blütenhülle fehlend od. winzig, viel keiner als Staubblätt. od. Frkn.; Blüten eingeschl., ohne Reste des anderen Geschlechts **31**
— Blütenhülle deutl. erkennbar, wenig kürzer bis viel länger als Staubblätt. u./od. Frkn.; Blüten ⚥ od. eingeschl., dann aber m. deutl. Resten des anderen Geschlechts **22**
22. Blüten zygomorph, m. nur 1 dk.violetten bis braunvioletten Kronblatt, in lg. ährenähnl. Trauben; — Staubblätt. 10; Blätt. gefied., m. 11–25 Fiedern ..... **Fabaceae** (*Amorpha*), 372
— Blüten radiär, m. mehreren Kron- od. Perigonblätt. **23**
23. Blätt. fußf. gefied. (*39/8*); — Blüten grünl., m. tütenf. Nektarblätt. (*332/4*; *Taf. 22: 8*); Staubblätt. zahlr. ..... **Ranunculaceae** (*Helleborus foetidus*), 340
— Blätt. gefied. od. gefing., aber nicht fußf. **24**
24. Blätt. 2–3-fach gefied., 50–200 cm lg.; Blüten in kugeligen Dolden, — diese in Rispen, an der Zweigspitze gehäuft; Stamm (wenn vorhanden) oft m. einfachen, bis 2 cm lg. Stacheln **Araliaceae** (*Aralia*), 714
— Blätt. gefing. od einfach gefied.; wenn 2–3-fach fiederteilig, dann < 20 cm lg.; Blüten nicht in Dolden **25**
25. Blätt. m. im Gegenlicht durchscheinenden Drüsenpunkten (Lupe!); Frkn. (bei ♀ u. ⚥ Blüten) m. deutl. Öldrüsen; — Infl. rispig, fast immer m. 4- u. 5-zähligen Blüten; Blätt. 3-zählig od. 2–3-fach fied.teilig ..... **Rutaceae**, 501
— Blätt. ohne durchscheinende Drüsenpunkte; Frkn. ohne Öldrüsen **26**
26. Staubblätt. 2; — Blüten gelb, stieltellerf., m. 5–6 Kronzipfeln; Blätt. 3-zählig **Oleaceae** (*Chrysojasminum*), 658
— Staubblätt. 4–zahlr. **27**
27. Blätt. am Rand stachelig gezähnt, derb, lederig, grün überwinternd; Blüten 3-zählig; — Kronblätt. goldgelb ..... **Berberidaceae** (*Mahonia*), 332
— Blätt. ohne Stacheln am Rand, meist weich, sommergrün; Blüten 4–5-zählig **28**
28. Blätt. m. Nebenblätt., zumind. an jungen Langtrieben; Staubblätt. zahlr. ..... **Rosaceae**, 398
— Blätt. ohne Nebenblätt.; Staubblätt. 5 od. 10 ..... **29**
29. Staubblätt. zu einem Kegel vereinigt; Kronblätt. violett (*Taf. 18: 3*); meist nur einige Blätt. 3-zählig, m. großer Endfieder u. viel kleineren Seitenfiedern, die übrigen ungeteilt od. gelappt ..... **Solanaceae** (*Solanum dulcamara*), 656
— Staubblätt. nicht zu einem Kegel vereinigt; Kronblätt. grünl.weiß od. gelbl.; alle Blätt. 3-zählig od. gefied. **30**
30. Staubblätt. 5; Blätt. 3-zählig od. gefied., dann junge Zweige wollig-zottig u. Blattfiedern gesägt ..... **Anacardiaceae**, 498
— Staubblätt. 10; Blätt. gefied., Fiedern nur am Grund grob gezähnt; junge Zweige nicht wollig-zottig ..... **Simaroubaceae**, 502
31 (21). Blüten in Rispen od. ♀ in absthd. Ähren; ♂ Blüten m. roten Staubbeuteln, ♀ m. Trag- u. Vorblätt. am Grund des Frkn. ..... **Anacardiaceae** (*Pistacia*), 498
— Blüten in hgd. Kätzchen, zumind. die ♂; ♀ Blüten in hgd. Ähren od. zu 1–3 am Ende diesj. Triebe, m. winzigen Blütenhüllblätt. oben auf dem Frkn., neben der Narbe **Juglandaceae**, **448**
32 (19). Blätt. 5–7-zählig gefing. (*39/6*); — Blüten in Thyrsen; Staubblätt. frei, aus der Blüte herausragend; Fr.Hülle stachelig ..... **Sapindaceae** (*Aesculus*), 501
— Blätt. gefied. od. 3-zählig **33**
33. Blüten eingeschl., 2-häusig; Blütenhülle unscheinbar **36**
— Blüten ⚥; Blütenhülle doppelt, Krone weiß, grünl.gelb od. gelb **34**

34. Staubblätt. 2; Blüten entw. m. meist 4 freien, bandf. weißen Kronblätt. (*Fraxinus ornus*) od. m. (5–)6 leuchtend gelben, verwachsenen Kronblätt. (*Jasminum nudiflorum*) **Oleaceae,** 657
— Staubblätt. 5; Blüten vorwgd. 5-zählig **35**
35. Blüten in hgd. Trauben od. Rispen; Kelchblätt. kronblattart. (petaloid), mind. so groß wie die aufr. sthd. Kronblätt. .... **Staphyleaceae,** 498
— Blüten in aufr. od. absthd. (Schirm-)Rispen; Kelchblätt. nicht kronblattart., viel kleiner als die ausgebr. od. zurückgeschlagenen Kronblätt. .... **Viburnaceae** (*Sambucus*), 833
36 (33). ♂ Blüten m. 4–6 Staubblätt.; ♀ Blüten m. 2 seitl. Auswüchsen am Frkn. (spätere Flügel) .... **Sapindaceae** (*Acer negundo*), 499
— ♂ Blüten m. 2 Staubblätt.; ♀ Blüten m. Längskanten, aber ohne seitl. Auswüchse am Frkn.; später 1 Flügel an der Spitze des Frkn. gebildet .... **Oleaceae** (*Fraxinus*), 658
37 (18). Pfl. im vegetativen Bereich unverzweigt; alle Blätt. in 1 Blattschopf od. 1 Rosette, selten m. Tochterrosetten am Grund; Blätt. > 50 cm lg.; — in wintermilden Gebieten eingebürg. Pfl. **92**
— Pfl. verzweigt; Blätt. an den Zweigen verteilt od. an mehreren Zweigenden ± gehäuft, meist < 30 cm lg. **38**
38. Blätt. nadel- od. schuppenf., < 1,5 mm br., meist kaum breiter als dick; Blüten radiär **89**
— Blätt. nicht nadel- od. schuppenf., ± flach od. dickfleischig; wenn Blätt. fast nadelart. schmal, dann Blüten deutl. zygomorph **39**
39. Blätt. (überwgd.) wechselst. (zerstreut od. 2-zeilig) **63**
— Blätt. (fast) gegenst. od. zu 3 quirlst.; bei niedrigen Halb- od. Zwergsträuchern zuw. nur an nicht-blhd. Zweigen gegenst. **40**
40. Auf Bäumen wachsende, grüne Halbparasiten m. gabelig verzweigtem Sprosssystem (*551/5*) **62**
— Pfl. im Erdboden wurzelnd **41**
41. Halbstrauch der Nordseeküste; Blätt. auffällig bläul. od. graugrün, m. Blasenhaaren („mehlig", *41/3*), im Infl.Bereich oft wechselst.; — Blüten winzig, eingeschl., in dichten Knäulen an verzweigten Achsen .... **Chenopodiaceae** (*Halimione portulacoides*), 604
— Pflanzen des Binnenlandes, kahl od. behaart, aber nicht mehlig durch Blasenhaare **42**
42. Blüten in Kätzchen, ohne Blütenhülle, eingeschl., 2-häusig; ♂ Blüten m. 2 Staubblätt., ♀ m. 1 gestielten Frkn. (ähnl. *Taf. 26: 5*) .... **Salicaceae** (*Salix purpurea*), 463
— Blüten nicht in Kätzchen, m. Blütenhülle, meist ⚥ **43**
43. Staubblätt. 2–10(–12) **47**
— Staubblätt. > 12 .... **44**
44. Kronblätt. leuchtend (orange-)rot; — Frkn. unterst. .... **Lythraceae** (*Punica*), 492
— Kronblätt. weiß od. gelb, selten zartrosa; — Frkn. oberst. od. (halb)unterst. **45**
45. Frkn. (halb)unterst.; — bis 4 m hoher Strauch; Blüten 4–5-zählig, bei Zierformen auch mehrzählig, weiß, oft stark duftend .... **Hydrangeaceae,** 614
— Frkn. oberst.; — 0,2–1 m hoher Strauch; Blüten 5(–7)-zählig, weiß (bis zartrosa) od. gelb .. **46**
46. Kelchblätt. deutl. ungleich, meist 3 größ. u. 2 kleinere, zugespitzt, m. stark hervortretenden Nerven od. Längskanten, zuw. stark behaart; Blüten gelb od. weiß (bis zartrosa); Fr. Kapseln .... **Cistaceae,** 507
— Kelchblätt. alle fast gleich groß u. gleich gestaltet, ± ellipt., stumpf, ohne hervortretende Nerven od. Kanten, kahl; Blüten gelb; Fr. beerenart. .... **Hypericaceae,** 485
47 (43). Staubblätt. 8–10(–12), bei Zierformen zuw. in Kronblätt. umgewandelt (= Blüten gefüllt) **60**
— Staubblätt. 2–5 .... **48**
48. Blüten in Schirmrispen, ∞, reinweiß od. cremeweiß; — randst. Blüten zuw. vergrößert (*833/1*); Staubblätt. 4–5; Frkn. unterst. (z. Bltzt. zuw. schwer erkennbar) **59**
— Blüten anders angeordnet (einzeln, paarweise, in Köpfchen, Quirlen, Büscheln, Ähren, Trauben od. verlängeren Rispen); wenn Infl. ähnl. Schirmrispen, dann Blüten < 10, grünl. od. rötl. u. Frkn. oberst. **49**
49. Frkn. unterst. .... **Caprifoliaceae,** 834
— Frkn. oberst. **50**

50. Krone zygomorph **57**
— Krone radiär od. Blütenhülle einfach **51**
51. Staubblätt 2(–3) .... **Oleaceae**, 657
— Staubblätt. 4–5 .... **52**
52. Kronblätt. frei od. fehlend **55**
— Kronblätt. verwachsen **53**
53. Höh. Sträucher, 1,5–4 m hoch; Blätt. am Grund durch deutl. Kanten od. blattart. Anhängsel verbunden; Blüten 4-zählig, in lg.gestreckten Rispen, meist violett, seltener weiß **Scrophulariaceae** (*Buddleja*), 674
— Niedrige Halb- od. Zwergsträucher, niederlgd. od. bis zu 40 cm hoch; Blätt. am Grund nicht deutl. verbunden; Blüten 5-zählig, einzeln od. zu wenigen **54**
54. Staubblätt. in der Kronröhre eingeschlossen; Staubbeutel in Haarschopf auf dem Narbenkopf eingesenkt; Blüten stieltellerf., meist blau od. blauviolett, selten dk. rötl. od. weiß, einzeln, m. lg., enger Kronröhre u. asymmetr. Zipfeln (*69/1a*), in der Knospe gedreht (*69/1b*); Sprossbasis nur schwach verholzt .... **Apocynaceae** (*Vinca*), 640
— Staubblätt. sichtbar; Staubbeutel u. Narbe deutl. getrennt; Blüten rosa bis hell rotviolett, meist zu mehreren, m. kurzer, weiter Kronröhre u. symmetr. Zipfeln; vorj. u. ältere Sprosse an der Basis stark verholzt .... **Ericaceae** (*Kalmia procumbens*), 625
55 (52). Blätt. immergrün, 12–30 mm lg., ganzrandig; — Blüten gelbl.weiß, in blattachselst. Knäueln, eingeschl., die ♂ m. 4 Staubblätt., die ♀ m. 3 Gr. .... **Buxaceae**, 351
— Blätt. sommergrün, meist größer **56**
56. Staubblätt. vor den sehr kleinen Kronblätt. sthd. (wenn vorhanden) bzw. auf Lücke zu den Kelchblätt.; Zweigenden zuw. verdornt; Blüten einzeln od. zu mehreren in achselst. Büscheln, unvollkommen eingeschl. u. 2-häusig; Fr. steinfruchtart., m. 2–4 Kernen; — Blätt. oft m. bogenläufigen Seitennerven (*99/1*) .... **Rhamnaceae**, 441
— Staubblätt. zw. den Kronblätt. sthd.; Pfl. ohne Dornen; Blüten in gestielten, blattachselst. Dichasien, ⚥; Fr. rote, stumpfkantige Kapsel; — Kronblätt. grünl.weiß od. grünl.gelb, zuw. rötl. überlaufen; Seitennerven der Blätt. kaum bogenf. zum Rand lfd. u. kurz vorher verbunden; mehrj. Zweige meist grün, oft m. 4 längs verlfd. Korkleisten, zuw. geflüg. **Celastraceae** (*Euonymus*), 453
57 (50). Bäume; Krone glockig, 30–45 mm lg., weiß, auf der Unterlippe m. 2 großen gelben Flecken u. m. purpurnen Punkten od. Linien; Blattspr. 20–30(–40) cm lg., 12–20 cm lg. gestielt; Fr. schotenf., lg.gestreckt, 20–40 cm lg. .... **Bignoniaceae** (*Catalpa*), 677
— Sträucher; Krone 2-lippig od fast radf. ausgebr., meist kleiner; Blätt. kleiner u. kürzer gestielt; Klausen- od. Kapselfr., < 10 mm lg. **58**
58. Kelchblätt. röhrig verwachsen; Krone m. deutl. Kronröhre, meist 2-lippig; Frkn. u. Fr. 4-teilig (Klausenfr.), im Kelch verborgen .... **Lamiaceae**, 677
— Kelchblätt. nahezu frei; Kronröhre sehr kurz, Kronzipfel 4, fast radf. ausgebr.; Fr. längl., seitl. abgeflacht **Plantaginaceae** (*Veronica fruticulosa*), 671
59 (48). Blüten 5-zählig; Blätt. gelappt od. Blattrand gesägt, Seitennerven handf. od. fiederig, wenig zur Spitze gekrümmt; — randst. Blüten zuw. vergrößert (*833/1*) **Viburnaceae** (*Viburnum*), 833
— Blüten 4-zählig; Blätt ungeteilt, ganzrandig, Seitennerven deutl. bogenf. zur Spitze lfd. (*97/4*) .... **Cornaceae**, 613
60 (47). Staubfäden verbreitert, am Grund breiter als die Staubbeutel, oft m. 2 Zipfeln unterh. des Staubbeutels; Frkn. unterst. — Blüten weiß od. zart rosa, zuw. gefüllt **Hydrangeaceae** (*Deutzia*), 614
— Staubfäden nicht verbreitert, schmaler als die Staubbeutel; Frkn. oberst., — Blüten nicht rein weiß **61**
61. Blüten kräftig rosa, Kronblätt. verwachsen; niedrige Sträucher, < 1 m hoch; Blätt. längl. ellipt. bis fast lanzettl., ganzrandig .... **Ericaceae** (*Kalmia angustifolia*), 625
— Blüten gelbl. od. grünl., Kronblätt. frei od. fehlend; Bäume od. hohe Sträucher, > 1 m hoch; Blattspr. 3–7-lappig (*500/1–500/4*) od. ungeteilt u. unregelm. doppelt gesägt; — Fr.Blätt. 2, bilden geflüg. Spaltfr. (*499/2*) .... **Sapindaceae** (*Acer*), 499

62 (40). Pfl. sommergrün, auf *Quercus* od. *Castanea*; mehrj. Zweige schwarzbraun; Beeren gelb .... **Loranthaceae**, 553

— Pfl. immergrün, fast nie auf *Quercus* od. *Castanea*; mehrj. Zweige grün; Beeren weiß bis grünl. .... **Santalaceae** (*Viscum*), 552

63 (39). Pfl. m. klebrigem Milchsaft; Blüten eingeschl., in kurzen Ähren (dann m. 4 Blütenhüllblätt.) od. auf der Innenseite einer hohlen, birnenf. Infl. (*Ficus, Taf. 30: 5*); Fr.Verbände brombeerähnl. u. schwarzviolett, rötl. od. weiß (*Taf. 30: 4*), od. birnenf. u. grün bis violett (Feige); — Blattspr. ungeteilt (*110/1a*) od. gelappt (*110/1b, 442/6*), am Grund herzf. **Moraceae**, 443

— Pfl. ohne Milchsaft; Fr. anders gestaltet **64**

64. Alle Teile der Pfl., inkl. Außenseite der Blüten, dicht m. silbrigen bis bräunl. Schildhaaren (*41/7, 440/6*) besetzt (Lupe!) .... **Elaeagnaceae,** 440

— Pflanze kahl od. unterschiedl. behaart, zuw. m. Büschel- od. Sternhaaren (*41/5–41/6*), aber ohne silbrige Schildhaare **65**

65. Blüten in endst. Ähren, 1-häusig, die ♀ unscheinbar, am Grund der Ähre, die ♂ m. unscheinbarer Blütenhülle u. (3–)4 Staubblätt.; Staubfäden auffällig fleischig, weiß, ≈ 6–8 mm weit aus der Blüte ragend, etwa so dick wie die (rötl.)braunen Staubbeutel; — Pfl. kriechend, bodendeckend; Blätt. immergrün, in der ob. Hälfte grob gesägt **Buxaceae** (*Pachysandra*), 351

— Blüten nicht in endst. Ähren; Staubfäden nicht fleischig, dünner als die Staubbeutel **66**

66. Blüten eingeschl., zumind. die ♂ in dichten od. lockeren Kätzchen od. seitenst. Ähren bzw. in herabhgd. kugeligen Büscheln od. Köpfchen (*Taf. 26*); wenn 2-häusig, dann auch die ♀ Blüten in Kätzchen **85**

— Blüten ⚥ od. eingeschl., aber nicht in Kätzchen od. hgd. Köpfchen **67**

67. Blüten in aufr. Köpfchen, blau od. blauviolett, 6–8 mm lg., 2-lippig, Unterlippe 3-zipfelig, mehrfach länger als die Oberlippe; — niederlgd. Spalierstrauch **Plantaginaceae** (*Globularia*), 664

— Blüten nicht in Köpfchen, radiär bis zygomorph, aber nicht 2-lippig **68**

68. Blütenhülle aus vier 3-zähligen Kreisen, die beiden äuß. grünl., blassgelb od. rötl., die beiden inn. leuchtend gelb; Zweige m. oft 3-strahligen Blattdornen (*331/1a, b*; *Taf. 4: 3*), m. Büscheln von Blättern in deren Achsel; — Blüten in Büscheln od. hgd.Trauben **Berberidaceae** (*Berberis*), 332

— Blütenhülle einfach od. doppelt, 4–6-zählig; Zweige dornenlos od. m. einfachen Dornen **69**

69. Blütenhülle doppelt, — Kronblätt. zuw. den Kelchblätt. ähnl. (*Tilia*) od. sehr klein (Grossulariaceae, Rhamnaceae) **74**

— Blütenhülle einfach **70**

70. Staubblätt. (6–)8–12(–16), die inn. m. paarigen gelben Nektardrüsen am Filament (*Taf. 22: 9*), ebenso die 3–5 sterilen Staubblätt. in ♀ Blüten (wenn getrenntgeschlechl.); Staubbeutel m. nach oben öffnenden Klappen; — Blätt. immergrün; Blüten in Rispen od. Scheindolden, diese in Knospe von Hüllblätt. umschlossen .... **Lauraceae**, 152

— Staubblätt. 4–8, ohne Nektardrüsen am Filament; Staubbeutel m. Längsschlitzen öffnend **71**

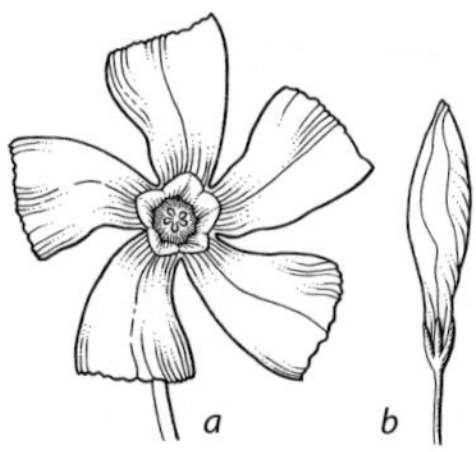

69/1

69/2

69/3

69/4

71. Perigonblätt. verwachsen, Perigonröhre länger als die Perigonzipfel; Staubblätt. 8 (*65/6*), in der Röhre eingeschlossen; — Blüten grünl.gelb, weiß, rot, rosa od. rot gestreift **Thymelaeaceae** (*Daphne*), 506
— Perigonblätt. frei od. nur am Grund verwachsen; Staubblätt. 4–6 .... **72**
72. Alle Teile der Pfl. inkl. Blüten graufilzig durch ± dicht sthd. Büschelhaare (*41/6*); — Blüten in dichten Knäueln; Blätt. ganzrandig; bis 1 m hoher, stark ästiger Strauch **Chenopodiaceae** (*Krascheninnikovia*), 604
— Pfl. kahl od. ± behaart, höchstens Blattunterseite graufilzig **73**
73. Bäume; Blüten einzeln, selten zu 2; Frkn. in ⚥ u. ♀ Blüten viel länger als die Blütenhülle; Narben 2, viel länger als der Gr.,weit spreizend, federig-papillös; Blätt. am Grund asymmetr. u. m. 2 kräftigeren, vom Grund ausghd. Seitennerven (*111/3*) ..... **Cannabaceae** (*Celtis*), 443
— Sträucher, selten kleine Bäume; Blüten meist zu mehreren; Frkn. auch in ♀ Blüten kürzer als die Blütenhülle, Gr. kürzer od. kaum länger; Narben unauffällig; Blätt. am Grund ± symmetr., unt. Seitennerven nicht kräftiger als die ob. .... **Rhamnaceae**, 441
74 (69). Blätt. halb stielrund od. beiderseits konvex, dickfleischig, saftig, 8–15(–20) mm lg.; — Blüten (5–)6-zählig, m. (10–)12 Staubblätt.; Zwergstrauch, 20–50 cm hoch **Crassulaceae** (*Petrosedum sediforme*), 361
— Blätt. nicht dickfleischig u. saftig **75**
75. Staubblätt. 4–10(–12, wenn Blüten 6-zählig); Kronblätt. frei od. verwachsen **78**
— Staubblätt. > 12; Kronblätt. frei **76**
76. Staubfäden deutl. zu einer ca. 3 cm lg. Röhre um den Gr. verwachsen; Blüten groß, 5–8 cm ∅; — Kronblätt. meist hell blau-violett, am Grund kräftig rot(-violett), selten weiß od. rosa .... **Malvaceae** (*Hibiscus syriacus*), 503
— Staubfäden frei; Blüten meist kleiner, ca. 0,5–5 cm ∅, — Kronblätt. unterschiedl. gefärbt, aber nicht bläul. **77**
77. Infl. m. bleichem, bis zur Mitte angewachsenem u. als Flugorgan dienendem Blattorgan (*69/3*); Kelch- u. Kronblätt. gelbl. od. grünl.weiß, einander ähnl.; Frkn. oberst., aus 5 Fruchtblätt. verwachsen .... **Malvaceae** (*Tilia*), 505
— Infl. ohne ein solches Blattorgan; Kelch u. Kronblätt. deutl. verschieden; Frkn. ober- od. unterst., wenn oberst., dann Fruchtblätt. frei .... **Rosaceae**, 398
78 (75). Kelchblätt. deutl. größer als Kronblätt., meist ähnl. gefärbt od. auffälliger; Kronblätt. frei **84**
— Kelchblätt. kleiner als Kronblätt., grün, rötl. überlaufen od. ähnl. gefärbt wie die Kronblätt.; Kronblätt. frei od. verwachsen, nicht grün **79**
79. Blätt. zumind. z.T. am Rand grob stachelig gezähnt (*102/3*), immergrün, derb lederig; Staubblätt. 4; — Blüten weiß, einzeln od. in dichten Büscheln in Blattachseln; 1–10 m hoher Strauch .... **Aquifoliaceae**, 713
— Blätt. gezähnt, gesägt od. ganzrandig, aber nicht stachelig; Staubblätt. > 4 .... **80**
80. Staubblätt. 6, meist 4 lg. u. 2 kurze; Kelch u. Krone 4-zählig, frei; — niedrige Halbsträucher .... **Brassicaceae**, 510
— Staubblätt. 5, 8, 10 od. 12, so viele od. doppelt so viele wie Kronblätt. **81**
81. Staubblätt. 8 od. 10, selten 12, doppelt so viele wie Kronblätt. .... **Ericaceae**, 622
— Staubblätt. 5, so viele wie Kronblätt., selten mehr als Kronblätt., aber nicht doppelt so viele **82**
82. Blüten eingeschl.; Kronblätt. deutl. getrennt, gelbl.; — Blüten in vielblütigen, endst. Rispen, deren Äste z. Fr.Reife m. lg. absthd. Haaren bedeckt sind ..... **Anacardiaceae** (*Cotinus*), 498
— Blüten ⚥; Kronblätt. verwachsen; zuw. nur am Grund verwachsen, aber Krone nach der Bltzt. als Ganzes abfallend **83**
83. Kronblätt. violett, am Grund zuw. m. gelben od. grünl. Flecken (*Taf. 18: 3*) .. **Solanaceae**, 653
— Kronblätt. gelb od. weiß .... **Ericaceae**, 622
84 (78). Blattspr. gelappt (*112/6*); Staubblätt. auf Lücke zu den Kronblätt. sthd.; Frkn. unterst. **Grossulariaceae**, 352
— Blattspr. nicht gelappt; Staubblätt. vor den Kronblätt. sthd.; Frkn. oberst. **Rhamnaceae**, 441

85 (66). Seitennerven der Blätt. handf. vom Spr.Grund entspringend; Blattspr. groß, meist > 10 cm br., lg. gestielt, handf. gelappt (*350/2–3, 350/5*); Blüten in kugeligen, an lg. Stielen hgd. Köpfchen .... **Platanaceae**, 350
— Seitennerven fiederig angeordnet, erst oberh. des Spr.Grunds entspringend; Blattspr. ungeteilt bis fiederspaltig; Infl. meist längl. od. nur die ♂ kugelig **86**
86. Blätt. ohne Nebenblätt., unterseits m. sitzenden, gelben, kugeligen Drüsen (Lupe!), aromat. duftend; Fr. kugelige, beerenart. Steinfr., bläul. bereift, oft noch vom Vorjahr erhalten **Myricaceae** (*Morella*), 447
— Blätt. m. Nebenblätt. (zuw. früh abfallend); Blätt. unterseits ohne kugelige Drüsen; Fr. nicht fleischig **87**
87. Blüten 2-häusig, die ♂ u. ♀ in in eif. bis lg.gestreckten, aufr. od. absthd., selten hgd. Kätzchen (selten gemischte Kätzchen m. ♂ u. ♀ Blüten); — Fr. 2-klappig aufspringende Kapsel; Samen m. Haarbüschel .... **Salicaceae** (*Salix*), 462
— Blüten 1-häusig, ♂ Infl. zahlreicher als die oft sehr unscheinbaren ♀ **88**
88. ♀ Blüten entw. zahlr. in Kätzchen (*Taf. 26: 4*) od. zu wenigen, dann in Knospen m. roten Narben eingeschlossen (*Taf. 26: 2*); ♂ Blüten in walzenf., meist hgd. Kätzchen (nur bei niedrigen Sträuchern in Mooren aufr.); Blattspr. meist doppelt gesägt; Nebenblätt. dienen als Knospenschuppen, am jungen Austrieb einige Zeit erhalten .... **Betulaceae**, 448
— ♀ Blüten zu wenigen od. einzeln in einen Becher teilw. eingeschlossen, dieser z. Frzt. verholzt; ♂ Blüten in kugeligen Köpfchen (*Taf. 26: 1*), in lockeren hgd. Kätzchen od. in Knäueln an aufr. od. überhgd. Ähren, an deren Grund die ♀ Blüten stehen; Blattspr. (fast) ganzrandig (*111/6*), gelappt (*446/1–446/6*) od. gesägt (*111/1*), aber nicht doppelt gesägt; Nebenblätt. zart, gleich nach dem Austrieb abfallend .... **Fagaceae**, 445
89 (38). Blütenhülle einfach, 5-zählig, unscheinbar grün od. rötl. überlaufen; Blüten winzig, < 2 mm ∅, sich kaum öffnend, nur Staubblätt. od. Narben herausgestreckt, in Knäueln an verzweigten, ährenart. Infl. .... **Chenopodiaceae** (*Bassia prostrata*), 599
— Blütenhülle doppelt, 3–5-zählig, Kronblätt. weiß, gelb od. rosa bis tief dk.rot; Blüten nicht in Knäueln, meist größer **90**
90. Staubblätt. 20–40; Blüten gelb; Kelchblätt. ungleich groß; — 10–20 cm hohe, niederlgd. od. aufstgd. Zwergsträucher .... **Cistaceae**, 507
— Staubblätt. 3–10; Blüten rötl., seltener weiß; Kelchblätt. gleich groß **91**
91. Blüten in längl. ährenart. Trauben, 5-zählig, Kronblätt. frei; Staubblätt. 10; Pfl. graugrün; Äste rutenf. m. wechselst. Blätt.; höh. Sträucher; auf Geröll im Flussbett .... **Tamaricaceae**, 553
— Blüten entlang beblätt. Zweige od. an deren Ende gehäuft, meist 3- od. 4-zählig, wenn 5-zählig, dann Kronblätt. deutl. verwachsen; Staubblätt. 2–4 od. 8(–10); Zwergsträucher m. wechselst. od. quirlst. Blätt.; Heiden, Moore, Sandböden .... **Ericaceae**, 622
92 (37). Blätt. sitzend, am Grund > 3 cm dick, fleischig, ungeteilt, am Rand stachelig gezähnt, in grundst. Rosette od. auf kurzem Stamm; Infl. einzeln, aufr. in der Mitte der Rosette, 3–9 m hoch .... **Asparagaceae** (*Agave*), 210
— Blätt. lg. gestielt; Blattspr. flach, fächerf. gefaltet, handf. geteilt (*Taf. 10: 14*), auf von Fasern u. alten Blattbasen bedecktem Stamm; Infl. zu mehreren unten aus dem Blattschopf heraushgd. .... **Arecaceae**, 218
93 (3). Blüten stark zygomorph **99**
— Blüten radiär **94**
94. Pflanze m. zahlr. kurzen Haftwurzeln (*Taf. 5: 4*) an der Unterlage (Mauer, Rinde, etc.) befestigt; — Blätt. grün überwinternd, derb, 3–5-lappig (*102/1a, Taf. 11: 8*) od. eif. (*102/1b*); Blüten grünl., in Dolden .... **Araliaceae** (*Hedera*), 714
— Sprosse ohne Haftwurzeln, aber zuw. m. Haftranken (*Taf. 5: 3*) **95**
95. Staubblätt. zahlr.; Blätt. 3-zählig od. (doppelt) gefied.; Blattstiel, Rhachis u. Blättchenstiele oft als Ranken dienend (*Taf. 5: 2*); — Fr. zahlr. Nüsschen m. federig behaartem Gr. (*332/8; Taf. 29: 8*) .... **Ranunculaceae** (*Clematis*), 338
— Staubblätt. 2–8; Blätt. ungeteilt, gelappt, od. 3- od. mehrzählig gefing.; Blattstiele nicht rankend, aber Sprosse zuw. m. Ranken **96**

96. Sprosse m. Ranken, diese jeweils einem Blatt gegenüber sthd. u. verzweigt, ohne od. m. Haftscheiben an den Enden (*116/5*; *Taf. 5: 3*); Blätt. 5-zählig gefing. od. handf. gelappt **Vitaceae**, 366
— Sprosse ohne Ranken; Blätt. ungeteilt od. 3-zählig **97**
97. Staubblätt. 2; Pfl. spreizklimmend; Blätt. 3-zählig; Blüten gelb **Oleaceae** (*Jasminum nudiflorum*), 659
— Staubblätt. 5–8; Pfl. windend; Blätt. meist einfach od. nur z.T. 3-zählig; Blüten weiß od. violett **98**
98. Blütenhülle doppelt; Kronblätt. violett; Staubblätt. 5, Staubbeutel kegelf. zus.neigend (*92/3; Taf. 18: 3*) .... **Solanaceae** (*Solanum dulcamara*), 656
— Blütenhülle einfach, weiß; Staubblätt. 6–8, getrennt .... **Polygonaceae** (*Fallopia*), 557
99 (93). Blätt. gegenst., ± ellipt.; Blüten weiß, gelbl. od. rötl., 2-lippig, m. lg. (fast) gerader Röhre; Oberlippe 4-zipfelig, Unterlippe 1 Zipfel .... **Caprifoliaceae** (*Lonicera*), 838
— Blätt. wechselst., herzf.; Blüten bräunl., grünl. od. beige, m. U-f. gekrümmter Röhre u. 3 fast gleichen Zipfeln (*151/3*) .... **Aristolochiaceae** (*Aristolochia*), 152
100 (2). Kelchblätt. frei, die beiden seitl. blumenblattart. (*69/4*), auffällig; Kronblätt. 3, fast ganz zum Schiffchen verwachsen; Staubblätt. 8 **Polygalaceae** (*Polygaloides chamaebuxus*), 397
— Kelchblätt. verwachsen, nicht blumenblattart., grün, trockenhäutig od. gefärbt, aber weniger auffällig als die Kronblätt.; Kronblätt. 5, frei (zumind. das ob.), die beiden unt. zum Schiffchen verklebt (*367/1a*); Staubblätt. 10 .... **Fabaceae**, 367

Tabelle VII
Dikotyle Wasserpflanzen
(mit untergetauchten oder schwimmenden Blättern und sich unter oder über dem Wasser entfaltenden Blüten)

Die monokotylen Sumpf- u. Wasserpfl. sind nach Tabelle IV, S. 59, zu bestimmen. Sie sind von den dikotylen durch ihre schmal bandf., grasart. bzw. bogen- od. parallelnervigen Blätt. u. den Bau ihrer Blüten zu unterscheiden. In Tabelle XII (S. 117) sind alle Wasserpfl. noch einmal zus.gestellt.

1. Untergetauchte Blätt. ungeteilt od. fehlend; Schwimmblätt., wenn vorhanden, ganzrandig, gezähnt, gekerbt, seicht gebuchtet od. gelappt **10**
— Untergetauchte Blätt. in viele linealische, oft fadenf. Zipfel zerschlitzt (*72/2–72/4*) od. m. lg. Borsten versehen (*72/1*); Schwimmblätt., wenn vorhanden, gelappt od. gefied. **2**
2. Blätt. wechselst. **7**
— Blätt. (zumind. Unterwasserblätt.) gegenst. od. quirlst. **3**
3. Blattspr. rundl.-nierenf., 5–7 mm lg., ihre Hälften auf einen Reiz hin zus.klappend; — Blattstiel verbreitert, an der Spitze m. lg. Borsten (*72/1*); Pfl. wurzellos, frei schwimmend **Droseraceae** (*Aldrovanda*), 566
— Blattspr. nicht rundl.-nierenf., bei Berührung nicht zusammenklappend **4**
4. Blattspr. mehrfach gabelteilig (*72/2*), nur die erste Teilung zuw. handf. **6**

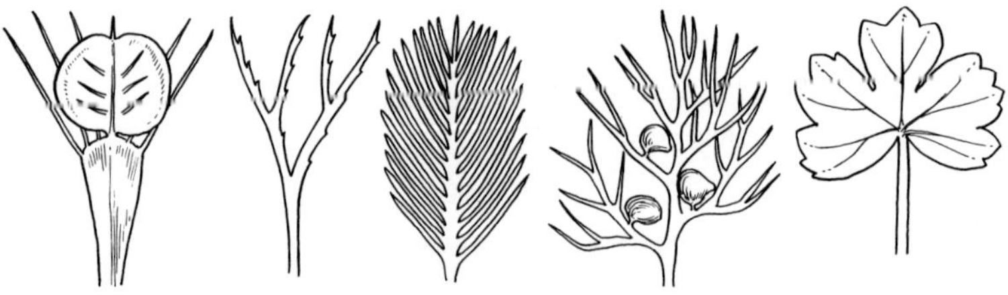

72/1 *72/2* *72/3* *72/4* *72/5*

— Blattspr. kammf. gefied. (*72/3; Taf. 7: 6*) **5**
5. Blüten unscheinbar, 1–3 mm ∅, in 3–10(–15) cm lg., aus dem Wasser ragenden Ähren **Haloragaceae** (*Myriophyllum*), 365
— Blüten auffällig, 15–25 mm ∅, weiß od. zart rosa, im Zentrum gelb, in etagenf. Quirlen an bis 30 cm aus dem Wasser ragenden Trauben; — Blätt. in Quirlen, am Ende der Sprosse gehäuft; häufig Landformen bildend .... **Primulaceae** (*Hottonia*), 619
6 (4). Wasserblätt. gegenst., deutl. gestielt, Blattspr. am Grund handf. in meist 5 Teile geteilt, diese gabelteilig; Schwimmblätt. (selten!) lineal-lanzettl. m. in der Mitte ansetzendem Stiel bis schildf.-ellipt.; Blüten aus dem Wasser ragend, weiß od. gelb, 6–15 mm ∅; Pfl. im Boden wurzelnd .... **Cabombaceae,** 150
— Wasserblätt. quirlst., undeutl. gestielt bis sitzend, Blattspr. vom Grund an gabelteilig; Schwimmblätt. fehlend; Blüten unscheinbar, untergetaucht, blattachselst.; Pfl. wurzellos, frei schwimmend .... **Ceratophyllaceae,** 326
7 (2). Wasserblätt. m. kleinen, tierfangenden Blasen (*72/4*); Blüten zygomorph, gelb, gespornt, auf lg. Schaft .... **Lentibulariaceae** (*Utricularia*), 712
— Wasserblätt. ohne Blasen; Blüten radiär, weiß od. zart rosa, im Zentrum zuw. gelb **8**
8. Blüten einzeln, den Blätt. gegenüberstհd.; Staubblätt. zahlr.; Zipfel untergetauchter Blätt. handf. angeordnet (*343/2–343/3a*); Schwimmblätt. rundl., m. ± tiefen Einschnitten (*72/5, 343/3b*) .... **Ranunculaceae** (*Ranunculus*), 342
— Blüten in Trauben od. Dolden; Staubblätt. 5; alle Blätt. gefied. **9**
9. Blüten 15–25 mm ∅, weiß od. zartrosa, im Zentrum gelb, quirlst. in etagenf. Trauben; Kronblätt. verwachsen; Blätt. kammf. gefied. (*72/3; Taf. 7: 6*) ..... **Primulaceae** (*Hottonia*), 619
— Blüten < 3 mm ∅, weiß, in 2–12-blütigen Dolden; Kronblätt. frei; Wasserblätt. 2–4-fach fiederteilig, m. linealischen Zipfeln; Luftblätt. 1-fach fiederteilig **Apiaceae** (*Helosciadium*), 730
10 (1). Blätt. rautenf., an der Spitze gezähnt, in schwimmenden Rosetten; Blattstiel bauchig aufgetrieben (*73/6*) .... **Lythraceae** (*Trapa*), 493
— Blätt. anders gestaltet **11**
11. Blattspr. etwa so br. wie lg., rundl. bis herz- od. nierenf., ∅ > 15 mm, Nervatur ± handf. .. **23**
— Blattspr. doppelt so lg. wie br. od. länger; wenn rundl., dann < 6 mm br. od. deutl. fiedernervig **12**
12. Stg. beblätt. **16**
— Alle Blätt. grundst. **13**
13. Blätt. lg. gestielt, Spr. lineal-spatelig bis lanzettl., deutl. breiter als der Stiel (*73/3a*) **Scrophulariaceae** (*Limosella*), 674
— Blätt. sitzend, linealisch bis pfrieml. zugespitzt **14**
14. Blüten deutl. zygomorph (*73/2a*), auffällig; Blätt. linealisch, gleichm. br., am Ende gerundet (*73/2b*) .... **Campanulaceae** (*Lobelia*), 748
— Blüten (fast) radiär, unscheinbar; Blätt. allmähl. zugespitzt **15**
15. Pfl. meist durch Ausläufer verbunden (*73/1*); Blüten eingeschl.; ♂ Blüte 1, m. 4 lg. heraushgd. Staubblätt.; an der Basis ihres lg. Stiels 2–3 ♀ Blüten (*73/1b*) **Plantaginaceae** (*Littorella uniflora*), 666

73/1

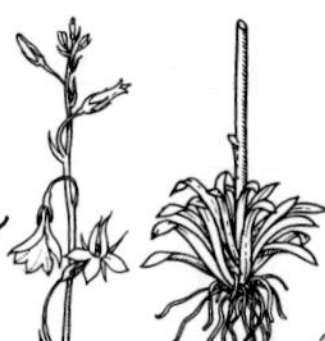

73/2

73/3

73/4

73/5

73/6

— Pfl. nicht durch Ausläufer verbunden; Blüten ⚥, in 2–8-blütiger Traube (*73/4*); Staubblätt. kürzer als Kronblätt. .... **Brassicaceae** (*Subularia*), 550
16 (12). Blätt. 1–6 mm br., Nervatur meist undeutl. **18**
— Blätt. (z. T.) > 10 mm br., deutl. fiedernervig **17**
17. Blätt. am Grund m. röhrenf. Nebenblattscheide (Ochrea, *555/5*); Blüten rötl., in Scheinähren über der Wasseroberfläche .... **Polygonaceae** (*Persicaria amphibia*), 559
— Blätt. ohne Ochrea; Blüten gelb od. grün., einzeln in den Blattachseln **Onagraceae** (*Ludwigia*), 496
18 (16). Blätt. in mehrblättr. Quirlen **22**
— Blätt. gegenst. **19**
19. Blätt. dickl., etwas fleischig, linealisch bis lanzettl., sitzend, zumind. Überwasserblätt. beiderseits konvex; — Blüten m. je 4 freien Kelch-, Kron-, Staub- u. Fr.Blätt. **Crassulaceae** (*Crassula aquatica*), 359
— Blätt. dünn, flach od. wenn etwas dickl., dann ellipt. od. spatelf. u. gestielt **20**
20. Blüten ohne Blütenhülle, eingeschl., am Grund häufig m. 2 sichelf. Vorblätt. (*73/5, 662/1*); Fr. m. 4 scharfen Kanten (*662/2*); — Pfl. m. od. ohne Schwimmblattrosetten **Plantaginaceae** (*Callitriche*), 661
— Blüten m. Blütenhülle, am Grund ohne sichelf. Vorblätt.; Fr. ohne scharfe Kanten; — Pfl. ohne Schwimmblattrosetten **21**
21. Kronblätt. 3–4 (*460/1–460/2*), abfallend; Blüten breiter als lg.; Frkn. auffällig, frei sichtbar; Stg. glasig durchscheinend; Fr. fast kugelige Kapsel (*460/3b, 460/4b*) .... **Elatinaceae**, 460
— Kronblätt. 5, am Grund zu 1-seitig gespaltener Röhre verwachsen; Blüten länger als br.; Frkn. eingeschlossen, unauffällig; Stg. nicht glasig durchscheinend; Fr. birnen- od. trichterf. **Montiaceae** (*Montia*), 611
22 (18). Unterwasserblätt. in 8–16-zähligen Quirlen, Luftblätt. in 3-zähligen Quirlen (*119/2*); Blüten ⚥, 4-zählig, Blütenhülle doppelt; Staubblätt. 8 .... **Elatinaceae**, 460
— Alle Blätt. in 6–12(–16)-zähligen Quirlen (*119/1; Taf. 6: 8*); Blüten unscheinbar, oft eingeschl.; Krone fehlend; Staubblatt 1 (*664/1*) .... **Plantaginaceae** (*Hippuris*), 664
23 (11). Blätt. gekerbt od. gelappt, 15–40 mm ∅ **25**
— Blätt. ganzrandig od. seicht wellig gebuchtet, am Grund tief herzf. (*150/1–150/3, 121/2*), meist größer; — Blüten > 2 cm ∅, einzeln od. in Büscheln **24**
24. Blätt. sehr groß, (7–)10–30 cm ∅), ganzrandig; Seitennerven überwgd. gerade, erst zum Rand hin stärker vernetzt (*150/1, 150/3*); Blüten weiß od. gelb; Staubblätt. ∞ **Nymphaeaceae**, 150
— Blätt. kleiner, 3–10(–16) cm ∅, Rand meist seicht wellig gebuchtet; Seitennerven grobmaschig vernetzt (*121/2*); Blüten gelb; Staubblätt. 5 ..... **Menyanthaceae** (*Nymphoides*), 751
25 (23). Blüten < 3 mm ∅, in Dolden .... **Araliaceae** (*Hydrocotyle ranunculoides*), 715
— Blüten 8–40 mm ∅, einzeln od. in wenigblütigen Infl., — lg. gestielt **Ranunculaceae** (*Ranunculus*), 342

Tabelle VIII
Dikotyle Kräuter und Stauden. Blütenhülle fehlend, einfach oder doppelt, dann aber alle Blütenhüllblätter gleichgestaltet

In dieser Tabelle sind auch jene Pfl. aufgenommen, bei denen der Kelch frühzeitig abfällt od. sehr klein u. unscheinbar ist u. deshalb (selbst m. der Lupe) leicht übersehen wird.
Wasserpfl. m. untergetauchten od. schwimmenden Blätt. s. Tabelle VII, S. 72, od. XII, S. 117.

1. Blüten in am Grund von Hüllblätt. (Hochblätt.) umgebenen Köpfchen, oft eine Einzelblüte vortäuschend (*75/3–75/4, 76/1; Taf. 12: 3* u. *4; Taf. 24: 9–11*); Hüllblätt. meist frei, selten kelchart. verwachsen **58**
— Blüten nicht in Köpfchen od. in Köpfchen ohne Hüllblätt. am Grund **2**
2. Pfl. m. grünen Blätt., diese wohl entwickelt od. nadelf. **4**
— Blätt. fehlend od. zu bleichen, rötl. od. bräunl. Schuppen reduziert **3**

3. Stg. perlschnurart. geglied. (*596/1*), dick, saftig, zerbrechl., meist verzweigt, grün od. rot; Blüten winzig, in der Achsel der Schuppenblätt.; Pfl. nur auf salzhaltigen Böden **Chenopodiaceae** (*Salicornia*), 605

— Stg. nicht perlschnurart. geglied., wachsgelb od. rötl. überlaufen, getrocknet schwarz, erst nickend, z. Frzt. aufr., unverweigt, m. schuppenf. Blätt.; Blüten in Trauben; Pfl. in schattigen Wäldern .... **Ericaceae** (*Hypopitys*), 625

4 (2). Blüten in Doppeldolden (*47/5*; *Taf. 24: 8*); — Kronblätt. 5, weiß od. gelb, selten rosa; Staubblätt. 5, selten gleichzeitig entfaltet; Frkn. unterst., 2-teilig; Gr. 2, umgeben von Drüsenpolster (ähnl. *715/1, D*; *Taf. 28: 5, D*) .... **Apiaceae**, 715

— Blüten in andersart. Blütenständen od. einzeln **5**

5. Blüten deutl. zygomorph, meist > 5 mm lg., m. 1 Sporn (*75/2*, Sp) od. deutl. ausgesackt (*75/1*) **54**

— Blüten radiär, disymmetrisch, undeutl. zygomorph od. klein u. unscheinbar; nicht gespornt od. m. 5 Spornen **6**

6. Blüten in kugeligen Dolden, diese in 20–50 cm langen Trauben od. Rispen; Blätt. doppelt gefied., 50–200 cm lg. .... **Araliaceae** (*Aralia*) 714

— Blüten nicht in kugeligen Dolden od. Infl. u. Blätt. viel kleiner **7**

7. Pfl. ohne (auffälligen) weißen od. gelbl. Milchsaft **9**

— Aus allen Pfl.Teilen bei Verletzung weißer od. gelbl. Milchsaft austretend **8**

8. Einzelblüten klar erkennbar, meist groß, 15–120 mm ∅, ⚥, m. 8–zahlr. Staubblätt., einzeln, in Scheindolden od. Rispen; Kelchblätt. 2, z. Bltzt. abgefallen; Kronblätt. rot, hell violett, weißl. od. gelb; zuw. fehlend; Milchsaft weiß od. gelb; Fr. keulenf., kugelige od. lg. schotenf. Kapsel (*328/1–328/4*, *327/4*) .... **Papaveraceae**, 326

— Einzelblüten < 3 mm ∅, wenig auffällig, aber von zuw. auffälligen Hochblätt. umgeben, eingeschl., aber ⚥ Blüten vorgetäuscht durch von becherf. Hülle umgebene Teilinfl. (*455/3*; *Taf. 22: 2*) m. zahlr. winzigen, aus 1 Staubblatt besthd. ♂ Blüten u. einer aus 1 gestielten Frkn. besthd. ♀ Blüte; Teilinfl. (Cyathien) in Di- od. Pleiochasien (*48/2*, *48/6*, *455/2*); Milchsaft stets weiß; Fr. 3-fächerige Kapsel .... **Euphorbiaceae**, 455

9 (7). Frkn. unterst. (aber zuw. m. von oben sichtbarem Drüsenpolster um den/die Gr., ähnl. *715/1, D*; Längsschnitt!); Blüten ⚥ **45**

— Frkn. oberst., mittelst. (Längsschnitt!) od. halbunterst. (in sehr flachen Blüten); Blüten ⚥ od. eingeschl., dann ♀ Blüten zuw. ohne Blütenhülle **10**

10. Blattspr. ± rundl. bis nierenf., 1–5 cm br., zumind. z. T. breiter als lg., gekerbt, am Grund herzf. od. gestutzt — Blüten sehr flach, ≈ 5 mm ∅, gelb, m. 4 Blütenhüllblätt., 8 Staubblätt. u. 2 Gr., zu mehreren am Ende beblätt. Stg. in flachen, von gelbl.grünen bis gelben Hochblätt. umgebenen Infl. (*353/3*); an feuchten, schattigen StO **Saxifragaceae** (*Chrysosplenium*), 353

— Blattspr. länger als br., od. wenn ± rundl. bis nierenf. u. breiter als lg., dann Blüten anders **11**

11. Blätt. gegenst (zumind. die unt.) od. quirlst. **33**

— Blätt. wechselst. **12**

12. Staubblätt. ≤ 10 od. Blüten nur m. Frkn., dann diese meist m. pinself. Narben (*Taf. 20: 9*) ... **17**

— Staubblätt. > 10 .... **13**

13. Infl. bis 40 cm lg. Traube, den Blätt. gegenüberstehd.; Blätt. ungeteilt; — Fr. beerenart. **Phytolaccaceae**, 610

75/1

75/2

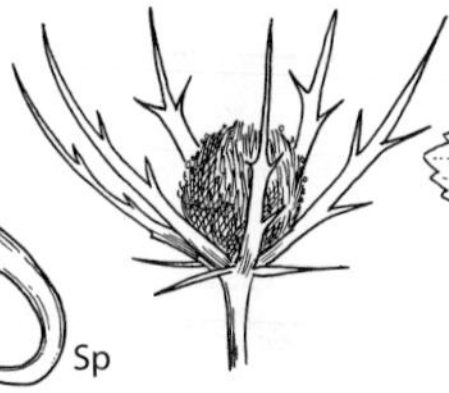

75/3

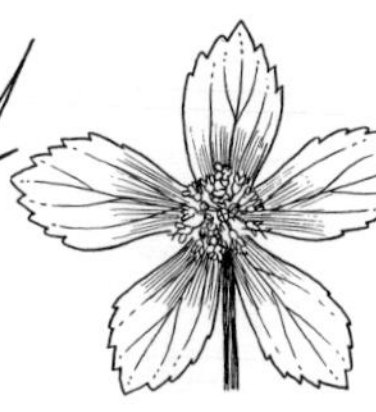

75/4

— Infl. nicht traubig od. wenn Blüten in Trauben, dann end- od. achselst., nicht den Blätt. gegenübersthd.; Blätt. meist gefied. od. gelappt **14**

14. Blüten < 5 mm ∅, in lg. gestielten, kugeligen bis eif. Köpfchen, grünl. od. rötl., ⚥ od. eingeschl.; Staubblätt. 20–30 (*435/2*); — Blätt. gefied. (*435/6*), m. Nebenblätt. **Rosaceae** (*Sanguisorba*), 434

— Blüten einzeln, in Trauben, Rispen od. Schirmrispen, nicht in Köpfchen, meist größer u. meist lebhafter gefärbt **15**

15. Blüten eingeschl., in auffälligen, endst. Trauben od. Rispen, die ♀ an der Spitze, m. 5 unscheinbaren Perigonblätt. u. Frkn. m. später zu Stacheln auswachsenden Fortsätzen u. 6 roten Narbenästen, die ♂ an der Basis, m. 3–5 Perigonblätt. u. > 100 Staubblätt.; Fr. 3-fächerige Kapsel .... **Euphorbiaceae** (*Ricinus*), 459

— Blüten ⚥ **16**

16. Blütenhüllblätt. 4, selten 6, leuchtend orange-gelb; Blüten > 3 cm ∅, m. kragenf. Ring am Grund (Basis des mützenf. abgefallenen Kelchs); Frkn. 1 ... **Papaveraceae** (*Eschscholzia*) 328

— Blütenhüllblätt. meist 5–12, wenn nur 4, dann Blüten kleiner; Blüten ohne kragenf. Ring am Grund; Frkn. meist mehrere, nur in kleinen weißen Blüten zuw. 1 ... **Ranunculaceae**, 332

17 (12). Wenigstens basale Stg.Blätt. gefied., gefing., fiederspaltig od. handf. gelappt **29**

— Alle Blätt. m. ungeteilter, höchstens gesägter, gezähnter od. gekerbter, am Grund zuw. spieß- od. pfeilf. Spr. **18**

18. Staubfäden auffällig, weiß, ≈ 6–8 mm weit aus der Blüte ragend, ≈ so dick wie die (rötl.) braunen Staubbeutel; — Pfl. kriechend, bodendeckend; Blätt. immergrün, in der ob. Hälfte grob gesägt; Blüten in endst. Ähren, 1-häusig, die ♀ unscheinbar, am Grund der Ähre, m. 2–3 dicken Gr., die ♂ m. unscheinbarer Blütenhülle u. (3–)4 Staubblätt. **Buxaceae** (*Pachysandra*), 351

— Staubfäden unauffällig, nicht verdickt, < 3 mm lg., deutl. dünner als die Staubbeutel **19**

19. Frkn. 1, aus 2–5 Fr.Blätt. verwachsen, m. 1–5 Narben **22**

— Frkn. > 5, frei, od. 1, aus 3–10 nur am Grund verwachsenen Fr.Blätt, ob. Teil der Frkn. u. Gr. frei **20**

20. Alle Blätt. in grundst. Rosette; Blüten einzeln am Ende des Stg.; — Frkn. u. Fr. ∞, an veräng. Achse (*333/5*); Blätt. linealisch, < 3 mm br.; Pfl. 1-j. .... **Ranunculaceae** (*Myosurus*), 341

— Stg. beblätt.; Blüten in Trauben **21**

21. Blätt. herzf., m. handf. Nervatur; Blütenhülle fehlend; Fr. trocken, grünl. od. braun **Saururaceae**, 151

— Blätt. ± ellipt. bis eif., fiedernervig; Blütenhülle 5-blättrig; Teilfr. 8–10 (–12) schwarz, saftig; Fr.Stiel u. Blütenhüllblätt. z. Frzt. rotviolett .... **Phytolaccaceae**, 610

22 (19). Blätt. bzw. Blattstiel am Grund m. längerer od. kürzerer, zuw. früh aufreißender, röhriger, die Basis der Internodien umgreifender Scheide (Ochrea, *35/7, 555/5–555/7*); — Stg.Knoten oft deutl. hervortretend; Blüten weiß, rötl. od. grün, in einfachen, walzenf. od. verzweigten Scheinähren od. Rispen; Gr. 2–3; Narben häufig pinself. (*555/2–555/3*) .... **Polygonaceae**, 555

— Blätt. u. Blattstiele am Grund ohne röhrig geschlossene Scheide **23**

23. Fertile Staubblätt. 8, in der Mündung der krug- bis röhrenf., (grünl.) gelben Blütenhülle (ähnl. *65/6*); Blüten ⚥, sitzend in der Achsel linealischer Blätt. (*77/1*) **Thymelaeaceae** (*Thymelaea*), 507

76/1

76/2

76/3

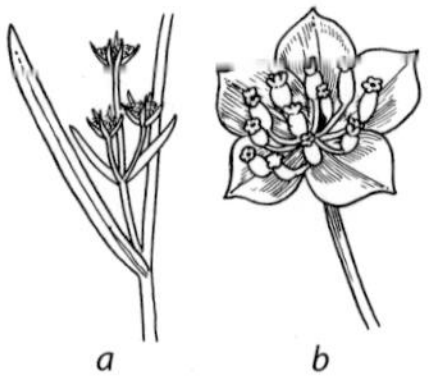

76/4

— Fertile Staubblätt. 1–6 (zuw. 5 fertile u. 5 sterile), od. Blüten nur m. Frkn.; Blütenhüllblätt frei od. am Grund verwachsen, nicht krug- bis röhrenf.; Blüten ⚥ od. eingeschl. **24**

24. Blüten in Trauben, fast stets ohne Tragblätt.; Staubblätt. 6 (4 lg. u. 2 kurze), selten 4 od. 2 (*Lepidium*); Blütenhüllblätt. 4; Fr. Schote od. Schötchen (*49/3a, 511/4–511/6, 515/3–515/8, 516/2–516/6, 516/8–517/7, 518/1, 518/5–518/10*) .... **Brassicaceae**, 510

— Blüten einzeln, in Ähren, Knäueln, köpfchen- od. rispenart. Infl., meist m. Tragblätt.; fertile Staubblätt. 1–5, zuw. fehlend; Fr. weder Schoten noch Schötchen **25**

25. Blütenhüllblätt. 10, die äuß. (= Kelchblätt.) auf der Innenseite weiß, außen m. br. weißem Rand u. grünem bis rotbraunem Zentrum, zumind. z.T. m. rotbraunem Fleck **Caryophyllaceae** (*Corrigiola*), 576

— Blütenhüllblätt. 0–6, beiderseits ± gleich gestaltet, grünl. od. trockenhäutig, ohne rotbraunen Fleck **26**

26. Staubblätt. 10, je 5 m. u. 5 ohne Staubbeutel (*568/4b*); Pfl. niederlgd., dichtrasig bis polsterf.; Blätt. eilanzettl., bis 10 mm br., höchstens 4-mal so lg. wie br., die unt. gegenst., die ob. (scheinbar) wechselst., oft ein Blatt eines Paares viel kleiner als das gegenüberlgd.; Blüten in blattachselst. Knäueln (*568/4a*) .... **Caryophyllaceae** (*Herniaria*), 581

— Staubblätt. 0–5; Staminodien fehlen; Pfl. anders gestaltet **27**

27. Blüten stets 4-zählig, eingeschl., in achselst. Knäueln (*76/3*), die ♂ m. 4 z. Bltzt. ausgebr. Staubblätt., die ♀ m. 1 pinself. Narbe; Trag- u. Vorblätt. grün, meist m. hakenf. Haaren (*41/8*, Lupe!); — Blätt. kurzhaarig, ohne Drüsen od. Blasenhaare, lg. gestielt, eif., ellipt. od. br. lanzettl., ganzrandig; Nervatur oberseits leicht eingesenkt, unterseits hervortretend; Stg. u. Blattstiele oft etwas glasig durchscheinend .... **Urticaceae** (*Parietaria*), 444

— Blüten meist 5-zählig, eingeschl. od. ⚥; Staubblätt. 1–5; Narben 2–5, nicht pinself.; Trag- u. Vorblätt. ohne hakenf. Haare **28**

28. Blüten oft auffällig papierart., m. Tragblatt, 2 lg. zugespitzten Vorblätt. u. (3–)5 Blütenhüllblätt., alle einander ± ähnl. od. Blütenhüllblätt. blumenblattart., grün, gelbl. od. rötl. bis tief rot, hautrandig od. insges. papierart.; Pfl. nicht mehlig bestäubt; — Blüten einzeln in der Achsel nadelf. Blätt. (*Polycnemum, 609/1–609/2*) od. zahlr. in dichten, oft zus.gesetzten, Ähren, ährenart. Thyrsen (*76/2*) od. Knäueln, dann Laubblätt. flächig, nicht spießf. **Amaranthaceae**, 607

— Blüten nicht papierart., unauffällig, ohne Vorblätt. od. ♀ Blüten m. 2 verschieden gestalteten, aber nicht lg. zugespitzten Vorblätt., an der Fr. oft vergrößert (*597/1–597/7*); Blütenhüllblätt. 0–5, unauffällig gefärbt od. rötl. überlaufen, nicht blumenblattart.; Pfl. oft mehlig bestäubt; — Laubblätt. nadelf. od. flächig, oft spießf. (*601/1–601/6, 603/1–603/2*) **Chenopodiaceae**, 594

29 (17). Blüten herzf. (*41/11, Taf. 14: 1*), rosa bis rot m. weißer Spitze, in einseitswendigen, überhgd. Trauben .... **Papaveraceae** (*Lamprocapnos*), 329

— Blüten nicht herzf. **30**

30. Blüten in Trauben ohne Tragblätt.; Staubblätt. 6 (4 lg. u. 2 kurze), selten 4 od. 2 (*Cardamine, Lepidium*); Blütenhüllblätt. 4; Fr. Schote od. Schötchen (*49/3a, 511/4–511/6, 515/3–515/8, 516/2–516/6, 516/8–517/7, 518/1, 518/5–518/10*) .... **Brassicaceae**, 510

— Blüten in Ähren, Knäueln, köpfchen- od. rispenart. Infl.; fertile Staubblätt. 1–5, zuw. fehlend; Fr. weder Schoten noch Schötchen **31**

77/1 77/2 77/3 77/4

31. Blätt. m. Nebenblätt.; Spr. 1-fach gefied. (*435/5*), gleichm. 3–9-lappig od. gefing. (*403/1–403/2, 407/1–407/3*); — Staubblätt. 1 od. 4 … **Rosaceae**, 398

— Blätt. ohne Nebenblätt.; Spr. (doppelt) 3-zählig, fiederspaltig od. gelappt … **32**

32. Blätt. doppelt 3-zählig; Blüten auffällig, m. 4 gelben od. roten Kronblätt. u. 4 gelben od. bräunl.roten, schuhf. Nektarblätt. (ähnl. *84/3*); Kelchblätt. früh abfallend; Pfl. nicht mehlig bestäubt … **Berberidaceae** (*Epimedium*), 332

— Blätt. fiederspaltig (*79/1*) od. 3-lappig m. größ. Mittellappen (*79/2*), daneben oft auch kaum geteilte Blätt.; Blüten unscheinbar; Pfl. oft mehlig bestäubt … **Chenopodiaceae**, 594

33 (11). Blätt. in zahlr. 6–12(–16)-zähligen Quirlen (*Taf. 6: 8*), linealisch; — Sumpfpfl., im Wasser wurzelnd; Blüten winzig, m. nur 1 Staubblatt u./od. Frkn. … **Plantaginaceae** (*Hippuris*), 664

— Blätt. gegenst., in (3–)4-zähligen Quirlen, od. Stg. m. nur 1 Blattquirl (*335/1, 342/2, 342/4; Taf. 12: 1* u. *2*) … **34**

34. Blütenhülle scheinbar deutl. in Kelch u. Krone geglied.; kronart. Perigon verwachsen, 10–60 mm lg., rot, violett, rosa, gelb, weiß od. mehrfarbig, m. 5–45 mm lg. Röhre; je 1–5 Blüten von kelchart. Hülle aus 5 verwachsenen Hüllblätt. umgeben … **Nyctaginaceae**, 610

— Blütenhülle nicht od. nur sehr undeutl. in kelch- u. kronart. Anteile geglied., Blütenhüllblätt. frei od. < 6 mm lg., oft unauffällig … **35**

35. Blütenhüllblätt. 8–40 mm lg., auffällig; Staubblätt. zahlr.; Frkn. > 6, frei **Ranunculaceae**, 332

— Blütenhüllblätt. < 6 mm lg., oft unauffällig, zuw. fehlend; Staubblätt. 1–10 (–15 in ♂ Blüten); Frkn. 1, aus (1–)2–5 Fr.Blätt., zumind. z.T. verwachsen … **36**

36. Blätt. gefied., gefing. od. (großenteils) tief handf. gelappt, m. br. Seitenlappen u. gesägtem Rand … **44**

— Blätt. ungeteilt, nadelf. od. flächig, zuw. 3-eckig, spießf. od. grob gezähnt, höchstens am Grund m. schmalen Seitenlappen (ähnl. *603/1*) … **37**

37. Blütenhülle 12-zähnig (*492/1*), davon 6 m. Drüse an der Spitze; — Staubblätt. 6; Stg. rötl., niederlgd., an den Knoten wurzelnd; Blätt. verkehrt eif. bis spatelig
Lythraceae (*Lythrum portula*), 492

— Blütenhülle 2–5-zähnig od. m. getrennten Blütenhüllblätt. … **38**

38. Blütenhüllblätt. 8, 4 Kelchblätt., violett-rosa, strohig u. 4 Kronblätt., ähnl. wie Kelchblätt., aber meist kürzer; — Staubblätt. 8; Blätt. schuppenf., 4-zeilig-dachig (*95/3*); Zwergstrauch
Ericaceae (*Calluna*), 624

— Blütenhüllblätt. 0–5 … **39**

39. Blüten eingeschl., ♂ od. ♂ u. ♀. in achselst., lg. gestielten, unterbrochenen (Schein-)Ähren; ♂ Blüten m. 8–15 Staubblätt. (*455/1a*), ♀ m. 2(–3)-fächerigem Frkn. (*455/1b*), bei ♀ Pfl. zuw. in achselst. Büscheln od. wenigblütigen Trauben; Blütenhüllblätt. 3(–4)
Euphorbiaceae (*Mercurialis*), 459

— Blüten ⚥ od. eingeschl., nicht in gestielten Ähren, m. 3–10 Staubblätt.; Blütenhüllblätt. 4–5 od. fehlend … **40**

40. Staubblätt. m. den Blütenhüllblätt. abwechselnd, stets 5; Blüten ⚥, rosa, selten weiß, relativ auffällig, einzeln in den Achseln der mittl. Stg.Blätt. sitzend; — Blätt. etwas fleischig, 5–15 mm lg., bis 5 mm br.; Sprosse niederlgd. bis aufstgd.; nur an salzhaltigen StO
Primulaceae (*Glaux*), 619

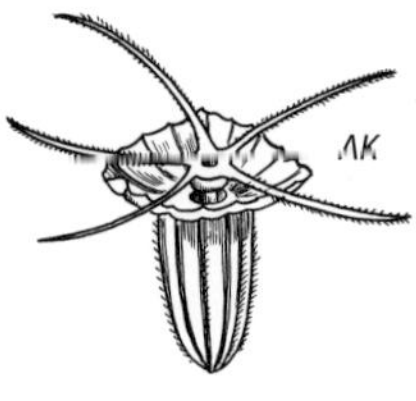

78/1

78/2

78/3

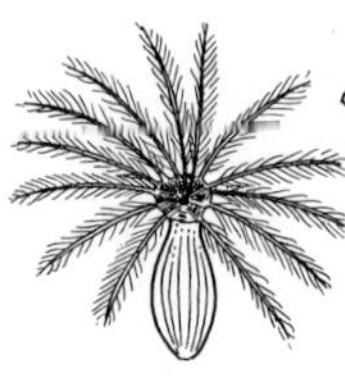

78/4

78/5

78/6

— Staubblätt. vor den Blütenhüllblätt. sthd. od. doppelt so viele wie Blütenhüllblätt., 3–10; Blüten ⚥ od. eingeschl., meist unauffällig, grün, gelbl., weiß hautrandig od. rötl., selten rein weiß **41**

41. Blattspr. regelm. gesägt (*444/1–444/3*); Pfl. m. Brennhaaren (zuw. spärl.), ohne Blasenhaare .... **Urticaceae** (*Urtica*), 444

— Blattspr. ganzrandig od. unregelm. gezähnt, zuw. spießf. u./od. m. Blasenhaaren (*41/3*) ... **42**

42. Staubblätt. 8 od. 10, od. 5 m. u. 5 ohne Staubbeutel (*568/4b*) .... **Caryophyllaceae**, 567

— Staubblätt. ≤ 5; Staminodien fehlen **43**

43. Blätt. alle gegenst., linealisch bis ellipt., ganzrandig, selten in 4-blätt. Scheinwirteln aus 2 größ. u. 2 kleineren Blätt. (*Polycarpon*); Pfl. kahl od. behaart, aber nicht mehlig bestäubt **Caryophyllaceae**, 567

— Nur unt. Blätt. gegenst., die ob. wechselst.; — Laubblätt. zugespitzt, stechend, kahl (*606/1*) od. flächig, meist bläul.grün od. graugrün, meist mehlig bestäubt, oft spießf. (*599/1, 601/1–601/6, 603/1–603/2*) .... **Chenopodiaceae**, 594

44 (36). Pfl. 5–15 cm hoch; Blätt. 3-zählig od. doppelt 3-zählig gefied. (*77/4*); Blüten ⚥, zu 5 in gestielten, fast würfelf. Köpfchen, gelbl. od. blass grünl., die ob. 4-zählig, die seitl. 5-zählig; Staubblätt. (scheinbar) 8 od. 10, paarweise genähert (eigentl. 4 od. 5, geteilt) **Viburnaceae** (*Adoxa*), 833

— Pfl. > 50 cm hoch, aufr., m. mehrzählig gefingerten Blätt. (*Cannabis*) od. windend m. überwgd. gelappten Blätt. (*Humulus*); Blüten eingeschl., in Rispen od. die ♀ in Ähren; Staubblätt. 5 .... **Cannabaceae**, 443

45 (9). Blätt. zu 4 od. mehr quirlst. (zumind. die unt.), stets ungeteilt, sitzend ... **Rubiaceae**, 628

— Blätt. wechselst., grundst. od. gegenst., selten zu 3 quirlst. **46**

46. Blattspr. im Umriss rundl. od. nierenf., ungeteilt od. handf. gelappt, ≈ so br. wie lg. od. breiter **52**

— Blattspr. nicht rundl. im Umriss, länger als br., ungeteilt, fiederteilig, 3-zählig od. gefied. . **47**

47. Staubblätt. 3; — Blütenhülle verwachsen, ganz schwach zygomorph; Blätt. gegenst. od. fast alle grundst. u. nur am Blütenstg. gegenst. .... **Caprifoliaceae**, 834

— Staubblätt. 4–5 .... **48**

48. Blätt. gegenst. **51**

— Blätt. wechselst., zuw. nur grundst. **49**

49. Blüten einzeln, in Trauben od. Rispen, Tragblatt (*77/3*, T) u. oft auch Vorblätt. am Blütenstiel direkt unter der Blüte; — Blätt. lineal-lanzettl., 1–7 mm br.; Blütenhüllblätt. innen rein weiß, außen grünl.; Staubblätt. vor den Blütenhüllblätt. sthd. .... **Santalaceae** (*Thesium*), 551

— Blüten in Dolden od. Köpfchen **50**

50. Blüten in lg. gestielten, kugelf. Köpfchen, blauviolett bis grauweiß; Staubbeutel zu einer Röhre verbunden; — Blätt. tief fiederteilig, unterseits ± graufilzig, am Rand stachelig **Asteraceae** (*Echinops*), 793

— Blüten in Dolden, diese zuw. köpfchenart. dicht; Staubbeutel frei .... **Apiaceae**, 715

51 (48). Blüten einzeln in den Blattachseln, unscheinbar grünl.; — Sumpfpfl. **Onagraceae** (*Ludwigia palustris*), 497

79/1

79/2

— Blüten in köpfchenart. Dolden, zumind. im Zentrum dk. purpurn, von 4 weißen Hochblätt. umgeben .... **Cornaceae** (*Cornus*), 613

52 **(46).** Blätt. nierenf., ganzrandig; pro Spross nur 2 Blätt., zw. sich eine nickende, braunrote Blüte einschließend (*151/1*); — unterh. der Blätt. am kriechenden Rhizom 2–3 Niederblätt.; Pfl. zerrieben nach Pfeffer riechend .... **Aristolochiaceae** (*Asarum*), 152

— Blätt. gekerbt, ± tief gelappt od. handf. geteilt; Blätt. meist > 2; Blüten in z. T. köpfchenart. Dolden, weiß **53**

53. Spr. zu > zwei Drittel bis zum Grund handf. geteilt, am Rand gesägt; Dolden köpfchenart., in Pleiochasien .... **Apiaceae** (*Sanicula*), 737

— Spr. gekerbt od. max. bis zur Mitte handf. gelappt; Dolden einzeln **Araliaceae** (*Hydrocotyle*), 715

54 **(5).** Frkn. unterst.; alle Blütenhüllblätt. verwachsen; Blüten m. deutl. Röhre **57**

— Frkn. oberst.; Blütenhüllblätt. meist frei, wenn eine deutl. Röhre bildend, dann Frkn. in der Röhre **55**

55. Blätt. ungeteilt; — Kronblätt. 5, die beiden seitl. jeweils verwachsen, das ob. frei; Kelchblätt. vorhanden, die beiden seitl. klein, unscheinbar, das hint. groß, blumenblattart. u. gespornt (*75/2*; *Taf. 17: 5*); Fr. saftige, bei Berührung aufspringende Kapsel (*Taf. 30: 6*) **Balsaminaceae**, 614

— Blätt. gefied., gefing. od tief geteilt **56**

56. Blätt. handf. geteilt (ähnl. *335/2–335/3*); Blüten helmf. (*333/3, 335/5–336/2*) od. lg. gespornt (*333/2*), m. in den Helm od. Sporn ragenden Nektarblätt.; Staubblätt. zahlr. **Ranunculaceae**, 332

— Blätt. 3-zählig bis mehrfach gefied.; Blüten ± röhrenf., gespornt od. kurz ausgesackt (*327/3, 328/5–328/6, 328/8a*); Staubblätt. 2–6 .... **Papaveraceae**, 326

57 **(54).** Blätt. am Grund tief herzf.; Blüten nicht gespornt, gelbl. od. (violett-)bräunl., m. > 2,5 mm weiter, gerader od. gekrümmter, am Grund zu einem Kessel erweiterter Röhre (*151/2, 151/3*; *Taf. 20: 6*) u. schiefem od. 3-lappigem Saum; Staubblätt. m. dem Narbenkopf verwachsen, in einem Blütenkessel .... **Aristolochiaceae** (*Aristolochia*), 152

— Blätt. am Grund nicht herzf., ellipt. bis linealisch od. gefied.; Blüten am Grund nicht zu einem Kessel erweitert, zuw. etwas ausgesackt od. gespornt, m. 5-zipfeligem Saum; Staubblatt 1 od. 3, frei aus der Blüte ragend .... **Caprifoliaceae** 834

58 **(1).** Hochblätt. kelchart. verwachsen, (4–)5; Köpfchen 2–4-blütig; Blüten ca. 10 mm ∅, rotviolett (spät im Jahr grünl. u. kleiner); — Köpfchen in dichasialen Infl. **Nyctaginaceae** (*Mirabilis nyctaginea*), 610

— Hochblätt. (Hüllblätt.) frei, ∞ od. 4; Köpfchen meist m. ∞, kleineren Blüten **59**

59. Blütenhüllblätt. (= Kronblätt.) zumind. am Grund zu einer Röhre verwachsen; Staubbeutel zu einer Röhre verklebt, in der Kronröhre od. daraus herausragend .... **Asteraceae**, 751

— Blütenhüllblätt. u. Staubbeutel frei; Staubfäden deutl. aus der Blüte ragend **60**

60. Blüten 4-zählig; Hochblätt. 4, weiß, br. eif. .... **Cornaceae** (*Cornus*), 613

— Blüten 5-zählig; Hochblätt. meist > 4 .... **Apiaceae**, 715

Tabelle IX
Dikotyle Kräuter und Stauden. Blüten mit doppelter, deutlich in Kelch und Krone gegliederter Blütenhülle; Kronblätter getrennt, bis zum Grund frei

Kelch u. Krone sind meist von unterschiedl. Farbe, Größe u. Gestalt. Häufig sind die Kelchblätt. grün u. unscheinbar, können aber im Gegensatz zu den Kronblätt. zu einer Röhre verwachsen sein (z. B. bei Caryophyllaceae). Sind die Kelchblätt. gefärbt, so unterscheiden sie sich in Form u./od. Größe deutl. von den Kronblätt. Man beachte, dass die Kelchblätt. beim Aufblühen zuw. abfallen! – In dieser Tabelle finden sich auch jene Verwachsenblumenblättrigen, bei denen die Krone fast bis zum Grund in freie Zipfel gespalten ist.

Untergetaucht lebende od. m. Schwimmblätt. versehene Wasserpfl., die nur ihre Blüten über der Wasseroberfläche entfalten, sind nach Tabelle VII (S. 72) od. Tabelle XII (S. 117) zu bestimmen.

1. Krone radiär (*41/10*) od. disymmetr. (*41/11*) **18**
— Krone zygomorph (m. nur 1 Symmetrieebene, *69/4, 75/1, 75/2, 327/3, 367/1, 515/2*) **2**
2. Blüten m. Sporn (*75/2, 327/3*) od. am Grund deutl. ausgesackt (*75/1, 328/5–328/6, 328/8*) **14**
— Blüten ohne Sporn od. Aussackung am Grund **3**
3. Blüten schmetterlingsf. (*367/1a*) od. ähnl. gestaltet (*69/4*); m. 2 seitl. Blütenhüllblätt. („Flügel"); — Staubblätt. 8 od. 10, (zumind. beim Aufblühen) in von Kronblätt. gebildetem Schiffchen eingeschlossen (*367/1a, b*, Sch) **13**
— Blüten nicht schmetterlingsf. **4**
4. Kelch 2- od. 3-blättr. **12**
— Kelch 4–6-blättr., 5-zähnig od. 4–8-teilig **5**
5. Frkn. oberst. **7**
— Frkn. unterst. **6**
6. Blüten in Trauben, schwach zygomorph; Kelch- u. Kronblätt. je 4; Staubblätt. meist 8 **Onagraceae** (*Epilobium*), 494
— Blüten in einfachen od. zus.gesetzten Dolden, nur die Randblüten zygomorph (*Taf. 12: 6*); Kronblätt. 5; Staubblätt. 5 .... **Apiaceae**, 715
7 (5). Kronblätt. 4 od. 6, zerschlitzt (*82/1a, 509/1*); — Staubblätt. meist zahlr.; Fr. an der Spitze offen (*82/1b, 509/2*) .... **Resedaceae**, 509
— Kronblätt. nicht zerschlitzt **8**
8. Staubblätt. zahlr., > 10; — Krone helmf. (*333/3*), blau, hellgelb, od. weißblau gescheckt; Blätt. handf. 5–7-spaltig (ähnl. *335/2–335/3*) .... **Ranunculaceae** (*Aconitum*), 335
— Staubblätt. ≤ 10 .... **9**
9. Fertile Staubblätt. 5, dazw. 5 sterile Staubblätt. ohne Staubbeutel; Stängelblätt. gegenst., gefied.; — Kronblätt. 5, hell rotviolett, die 2(–3) kleineren m. dk. Fleck am Grund; Fr. m. lg. Schnabel (*488/2*) .... **Geraniaceae** (*Erodium*), 488
— Fertile Staubblätt. 6–10 (aber zuw. Staubbeutel rasch abfallend); Stängelblätt wechselst. od. Blätt. grundst. **10**
10. Kelch u. Krone 4-zählig; Staubblätt. 6 .... **Brassicaceae**, 510
— Kelch u. Krone 5-zählig; Staubblätt. 10 .... **11**
11. Blätt. gefied.; Kronblätt. > 2 cm lg., rosa od. weiß, m. dk. Nerven (*501/3*) **Rutaceae** (*Dictamnus*), 501
— Blätt. ungeteilt; Blüten m. 3 kleinen rosa Kronblätt. m. dunkleren Flecken, am Grund m. gelbem Fleck, u. 2 weißen, bis 15 mm lg. Kronblätt. **Saxifragaceae** (*Saxifraga stolonifera*), 357
12 (4). Blüten disymmetr.; Kronblätt. 4, gelb, die beiden äuß. br. u. 3-lappig, die beiden inn. tief gespalten; Blätt. doppelt gefied. .... **Papaveraceae** (*Hypecoum pendulum*), 329
— Blüten ± radiär; Kronblätt. weiß, grünl. od. rosa überlaufen, ungeteilt; Blätt. ungeteilt **Polygonaceae**, 555
13 (3). Kelchblätt. frei, die 2 seitl. blumenblattart. u. Flügel vortäuschend, die 3 übrigen klein; das schiffchenf. Kronblatt meist m. gefranstem Anhängsel; Staubblätt. 8, zu oben offener Röhre verwachsen; Blätt. ungeteilt .... **Polygalaceae**, 396
— Kelchblätt. verwachsen, nicht blumenblattart.; Kelch meist 5-zipfelig, selten 2-spaltig; Schiffchenspitze nicht fransig; Staubblätt. 10, entw. alle zur den Frkn. umgebenden Röhre verwachsen od. 1 Staubblatt frei (*367/3, 371/1–371/2*); Blätt. meist gefied. od. gefing. **Fabaceae**, 367
14 (2). Kelchblätt. 5, entw. alle grün od. alle blumenblattart., zuw. etwas ungleich groß **16**
— Kelchblätt. 2 od. 3 .... **15**
15. Blätt. 3-zählig od. doppelt gefied.; Kelchblätt. 2, oft früh abfallend .... **Papaveraceae**, 326
— Blätt. einfach, ungeteilt, gesägt; 2 seitl. Kelchblätt. grün, das hint. gespornt (*75/2, Taf. 17: 5*) u. blumenblattart.; — Kronblätt. 5, die beiden seitl. jeweils paarweise verwachsen, das ob. frei .... **Balsaminaceae**, 614
16 (14). Blätt. schildf. (*37/9; Taf. 10: 6*); — Blüten einzeln, blattachselst., lg. gestielt; unt. Kronblätt. genagelt, am Grund der Platte gefranst; Gartenzierpfl. .... **Tropaeolaceae**, 509
— Blätt. nicht schildf. **17**

17. Alle Kelchblätt. grün, am Grund oft m. krautigen Anhängseln (*479/3*, A); Blätt. m. Nebenblätt, diese oft gefranst od. gefied. (*481/4–481/7*) .... **Violaceae,** 479

— Alle Kelchblätt. blumenblattart., blau (bei Gartenformen auch weiß od. rosa), das ob. lg. gespornt (*333/2*); Blätt. finger- bis handf. geteilt, ohne Nebenblätt. .... **Ranunculaceae,** 332

18 (1). Blüten m. tiefem Hypanthium, darin 1 od. mehrere Frkn. (Längsschnitt!; *399/2, 399/4, 399/5, 492/2*), oft m. Kelch u. Außenkelch (*82/4*, AK), daher Kelchblätt. od. -zipfel doppelt so viele wie Kronblätt., od. m. hakigen Stacheln (*400/1–400/3*; *Taf. 30: 7*) **78**

— Blüten ohne od. m. flacherem Hypanthium, Frkn. nicht eingeschlossen, od. Frkn. unterst. **19**

19. Staubblätt. ≤ 10 (od. nur Frkn. vorhanden) **30**

— Staubblätt. ≥ 12 .... **20**

20. Kelchblätt. od Kelchzipfel 2, od. Kelch ungeteilt u. beim Aufblühen als Haube abfallend, nur ein scheibenf. Rest bleibend **29**

— Kelchblätt. od. Kelchzipfel 3–10 .... **21**

21. Blätt. dick, saftig u. fleischig (z. B. ähnl. *Taf. 6: 4–5, Taf. 10: 17*); — Frkn. 4–20, frei od. nur am Grund verwachsen .... **Crassulaceae,** 359

— Blätt. krautig od. lederig, nicht dick u. saftig **22**

22. Blätt. quirl- od. gegenst. (zuw. nur die ob.) **27**

— Blätt. grund- od. wechselst., zuw. z.T. scheinbar gegenst., aber nicht ganz gleich u. am Grund meist überlappend **23**

23. Staubfäden zu den Gr. umgebender Röhre vereinigt (*82/2a*; *Taf. 19: 6, Taf. 21: 5*); — Frkn. vielblättr., bei Reife in Teilfr. zerfallend; Kelch häufig m. Außenkelch (*82/2b*, AK) **Malvaceae,** 502

— Staubfäden frei, bis zum Grund getrennt **24**

24. Kelch dem Rand einer verbreiterten, kegelf. od. ± vertieften Blütenachse ansitzend (*399/2*), daher im unt. Teil scheinbar verwachsen, 4–5-, seltener 7–9-blättr. (*Dryas*), meist m. Außenkelch (*82/4*, AK); Blätt am Grund m. Nebenblätt. (nur bei *Aruncus* fehlend) **Rosaceae,** 398

— Kelchblätt. (zuw. blumenblattart.) bis zum Grund getrennt (*82/5*), ohne Außenkelch; Blütenachse wenig verbreitert, nie eingesenkt; Blätt. ohne Nebenblätt. **25**

25. Blüten > 5 cm ∅; Kronblätt. rot, selten weiß od. gelb; äuß. Kelchblätt. oft m. laubigem Anhängsel bzw. Übergangsformen zw. Laub- u. Kelchblätt. vorhanden; Frkn. 2–5, frei, > 10 mm lg., filzig behaart, m. auffälligen roten Narben; — Blattfied. meist > 10 mm br.; Balgfr. m. großen, schwarz glzd. Samen; wild in den S-Alp., oft kult. .... **Paeoniaceae,** 351

— Blüten < 5 cm ∅, wenn größer, dann Kronblätt. gelb u. Blattfied. < 2 mm br.; Frkn. nicht m. roten Narben, oft ∞, meist kahl od. wenig behaart **26**

26. Kronblätt. an der Spitze eingeschnitten bis zerschlitzt (ähnl. *82/1, 509/1*); Frblätt. 3–6, meist verwachsen; Blüten ohne Nektarblätt. .... **Resedaceae,** 509

— Kronblätt. ungeteilt; Frblätt. oft > 6, meist frei; Blüten häufig m. Nektarblätt. (332/4), diese zuw. blumenblattart. (*332/2*) od. gespornt (*Aquilegia, 332/3, 333/1*) .... **Ranunculaceae,** 332

27 (22). Kelchblätt. 5, gleich groß; — Blüten gelb; Staubblätt. zahlr., in 3–5 Bündeln (*486/1* – nicht immer deutl.); Gr. 3–5; Blätt. gegenst. od. quirlst., oft durchscheinend punktiert **Hypericaceae,** 485

82/1

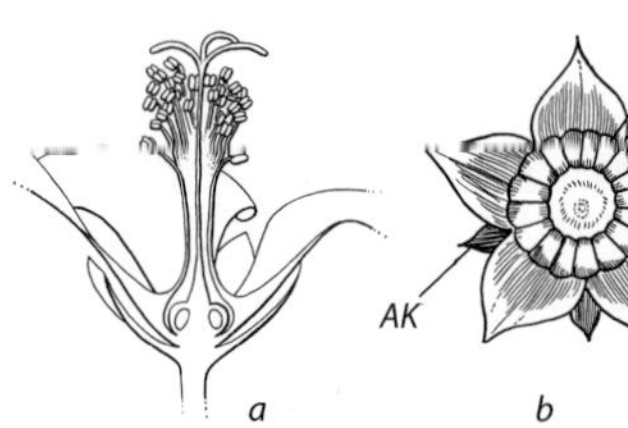

82/2

82/3

82/4

82/5

— Kelchblätt. 5, ungleich groß (meist 2 kleiner) od. < 5 (meist 3) … **28**

28. Kelchblätt. 5, inn. u. äuß. deutl. verschieden; Fr.Blätt. zu einem Frkn. m. nur 1 Gr. verwachsen; Blüten in traubenart. Wickeln; Kronblätt. gelb od. weiß, am Grund ohne Nektardrüse, in der Knospe gedreht … **Cistaceae**, 507

— Kelchblätt. 3, gleich groß, zuw. abfallend (*82/5*); Fr.Blätt. zahlr., frei, Gr. daher zahlr.; Blüten einzeln, endst., m. (6–)8(–14) schmal eif., goldgelben, fettig glzd. Kronblätt. (= Nektarblätt.), diese am Grund m. Nektardrüse (Lupe!) … **Ranunculaceae** (*Ficaria verna*), 339

29 (20). Kronblätt. > 4; Blätt. ungeteilt, ganzrandig, ± fleischig; Pfl. ohne Milchsaft, meist niederlgd. … **Portulacaceae**, 612

— Kronblätt. 4 (selten 6); Blätt. gefied., fiederspaltig od. gezähnt, nicht fleischig; Pfl. meist m. Milchsaft … **Papaveraceae**, 326

30 (19). Blattspr. ungeteilt; — ganzrandig od. Rand gesägt, gekerbt od. gezähnt … **46**

— Blattspr. gefied., gefing. od. tief geteilt … **31**

31. Kronblätt. 4 … **42**

— Kronblätt. 5 … **32**

32. Blätt. gefied. od. gefing., aber nicht 3-zählig … **36**

— Blätt. 3-zählig gefing. (*39/7*) od. 3-zählig gefied. (*39/2*) … **33**

33. Staubblätt. 5 … **35**

— Staubblätt. 10; — Blüten > 5 mm ∅ … **34**

34. Fiedern der Blätt. verkehrt herzf., ganzrandig; Blüten weiß bis rosa (m. dk. Nerven) od. gelb … **Oxalidaceae**, 454

— Fiedern der Blätt. nicht herzf., Rand gesägt, gezähnt od. gelappt; Blüten rosa, rot, rötl., blauviolett od. rotbraun bis schwarzviolett; — Fr. lg. geschnäbelt (*84/2*), in 5 einsamige Teilfr. zerfallend, Fr.Schnabel sich dabei aufw. biegend (*488/1*; *Taf. 30: 10*) **Geraniaceae** (*Geranium*), 488

35 (33). Kronblätt. gelbgrün, 1–2 mm lg.; Blüten nicht in Köpfchen; — Blattfiedern an der Spitze 3-zähnig; niederlgd. Pfl. der Geb. (Schneetälchen) … **Rosaceae** (*Sibbaldia*), 435

— Kronblätt. weiß; Blüten in Dolden (meist Doppeldolden) od. Köpfchen … **Apiaceae**, 715

36 (32). Viele kleine Blüten in walzenf. od. kugeligem Köpfchen (*75/3–75/4*), Doppeldolden (*47/5*; zuw. m. vergrößerten, zygomorphen Randblüten, *717/5*) od. in (fast) kugeligen Dolden, die in Trauben, Rispen od. Pleiochasien (*48/2*) stehen; — Frkn. unterst. … **41**

— Blüten weder in Köpfchen noch in Doppeldolden noch in (fast) kugeligen, in Trauben, Rispen od. Pleiochasien sthd. Dolden … **37**

37. Blätt. von Öldrüsen durchscheinend punktiert, doppelt gefied., graugrün, etwas fleischig; — Blüten in Schirmrispen; Kronblätt. 4–5, löffelf. (*501/1*), gelb; Staubblätt. 8–10; Pfl. aromat. duftend … **Rutaceae** (*Ruta*), 502

— Blätt. nicht durchscheinend punktiert … **38**

38. Blüten in einfacher, von auffälligen Hochblätt. umgebener Dolde (*84/1, 84/4*; *Taf. 12: 5*), eine einzelne Blüte vortäuschend … **Apiaceae**, 715

— Blüten anders geordnet … **39**

39. Blätt. paarig gefied.; — Blüten gelb … **Zygophyllaceae**, 367

— Blätt. nicht paarig gefied. … **40**

40. Fr.Blätt. 5, m. 1 gemeinsamen Gr.; Fr. m. lg. Schnabel (*84/2*), bei Reife in 3–5 einsamige Teilfr. zerfallend (*488/1–488/2*; *Taf. 30: 10*) … **Geraniaceae**, 488

— Fr.Blätt. u. Gr. 2, zumind. oben deutl. getrennt; Fr. 2-hörnige, bei Reife nicht zerfallende Kapsel (*353/2*) … **Saxifragaceae**, 353

41 (36). Frkn. m. 2 Gr., Spaltfr. bei Reife in 2 Teilfr. zerfallend (*717/1–717/4*; *Taf. 28: 5–10*); Blüten meist in Doppeldolden (*47/5*; *Taf. 24: 8*; zuw. m. vergrößerten, zygomorphen Randblüten, *717/5*; *Taf. 12: 6*), seltener in walzenf. od. kugeligem Köpfchen (*75/3–75/4*) od. einfachen, in Pleiochasien sthd. Dolden … **Apiaceae**, 715

— Frkn. m. (3–)5(–6) Gr., Steinfr. kugelig, bei Reife blauschwarz, 3–5 mm ∅; Blüten in kugeligen Dolden, die in Trauben od. Rispen stehen … **Araliaceae** (*Aralia*), 714

42 (31). Blüten ausgeprägt disymmetr., rot u. herzf. (*41/11*) od. gelb u. äuß. Kronblätt. br. 3-lappig, inn. tief 2-lappig … **Papaveraceae**, 326

— Blüten radiär bis schwach disymmetr., weder herzf. noch m. 2 dreilappigen u. 2 zweilappigen Kronblätt. ... **43**

43. Blüten m. gelben od. rötl.braunen, schuhf. Nektarblätt. (*84/3*) auf roten od. gelben Kronblätt.; — Kelchblätt. hinfällig ... **Berberidaceae** (*Epimedium*), 332

— Blüten ohne schuhf. Nektarblätt. ... **44**

44. Staubblätt. 8–10, Blüten 4- od. 5-zählig, gelb (*501/1*); Pfl. m. durchscheinenden od. hervortretenden Öldrüsen, stark duftend (s. Nr. **37**) ... **Rutaceae** (*Ruta*), 502

— Staubblätt. 1–6; Blüten stets 4-zählig; Pfl. ohne Öldrüsen ... **45**

45. Blüten in Rispen od. geknäult in den Blattachseln; Staubblätt. 1–4; Blütenhüllblätt. (= Kelch u. Außenkelch, Krone fehlt) am Rand eines Blütenbechers sitzend, bleibend; — einander sehr ähnl., < 3 mm lg., grünl.gelb od. grünl.weiß ... **Rosaceae** (*Alchemilla*), 401

— Blüten in Trauben; Staubblätt. 6 (4 lg. u. 2 kurze, *84/5*), selten 4; Kelch- u. Kronblätt. 4, nicht am Rand eines Bechers sitzend, z. Frzt. abgefallen; — meist deutl. verschieden u. oft > 3 mm lg.; Fr. Schote (*49/3, 511/4–511/5*) od. Schötchen (*511/6, 515/3–515/8, 518/5–518/10* u. weitere) ... **Brassicaceae**, 510

46 (30). Stg. m. Laubblätt., (fast) bis zur Infl., zuw. nur m. 1 stg.umfassenden Blatt ... **52**

— Blätt. alle in grundst. Rosette; Blüten- od. Infl.Stiel höchstens m. einigen Schuppenblätt. **47**

47. Blätt. m. roten, ein klebriges Sekret absondernden Drüsenhaaren (*566/1–566/3; Taf. 11: 7*); — Blüten weiß, in Wickeln ... **Droseraceae** (*Drosera*), 566

— Blätt. ohne rote, klebrige Drüsenhaare ... **48**

48. Unterh. der traubenähnl. Infl. 1 Paar auffallender Hochblätt., die getrennt od. trichterf. miteinander verwachsen sind (*Taf. 12: 8*) ... **Montiaceae** (*Claytonia*), 611

— Blütenstg. ohne Hochblätt. od. Infl. ein Köpfchen ... **49**

49. Kelch- u. Kronblätt. 4; — Staubblätt. 6 (*84/5*) (s. Nr. **45**—) ... **Brassicaceae**, 510

— Kelch u. Krone 5-zählig ... **50**

50. Staubblätt. 5; Blüten in Köpfchen od. in reich verzweigten, einseitswendigen, rispenart. Infl. (*84/6*); — Kelch meist trockenhäutig ... **Plumbaginaceae**, 553

— Staubblätt. 10; Blüten einzeln, in Dolden, Trauben od. allseitswendigen Rispen; — Blätt. meist grün überwinternd ... **51**

51. Frkn. 2 od. m. 2 Gr. (*353/1*); Blüten ± aufr. ... **Saxifragaceae**, 353

— Frkn. 1, m. 1 Gr.; Blüten oft nickend ... **Ericaceae**, 622

52 (46). Blätt. gegen- od. quirlst. ... **67**

— Blätt. wechselst., zuw. rosettig gehäuft od. nur 1 Stg.Blatt od. Blattpaar vorhanden ... **53**

53. Blüten in Köpfchen od. walzenf. Ähren, blau, violett, gelbl. od. weiß; — Kronblätt. linealisch (*Taf. 21: 4*), zuw. anfangs an der Spitze noch verbunden u. am Grund schon auseinanderweichend, später sich fast bis zum Grund trennend (*92/1*) ... **Campanulaceae**, 741

— Blüten nicht in Köpfchen od. walzenf. Ähren ... **54**

54. Blüten 1–2 mm ∅ (*568/3*), zu end- u. seitenst. gestauchten Infl. gehäuft; — Kronblätt. weiß; Stg. niederlgd. ... **Caryophyllaceae** (*Corrigiola*), 576

— Blüten größer od. anders angeordnet ... **55**

55. Kronblätt. 4 ... **65**

— Kronblätt. 5–20 ... **56**

56. Blütenstg. m. mehreren Blätt. ... **58**

84/1

84/2

84/3

84/4

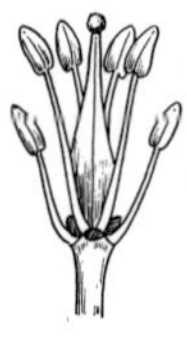

84/5

84/6

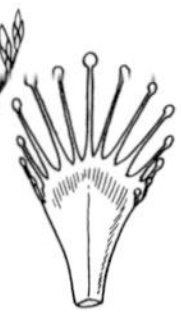

84/7

— Blütenstg. außer den lg. gestielten Grundblätt. m. nur 1 stg.umfassendem Blatt od. 1 unterh. der Infl. sthd. Blattpaar, das frei od. verwachsen ist **57**

57. Blüten 2–3 cm ∅, einzeln endst., m. 5 gelben Staminodien m. tröpfchenart. Zipfeln (*454/1b*); Stg. nur m. 1 sitzenden, herzf. Blatt .... **Celastraceae** (*Parnassia*), 454

— Blüten kleiner, in mehrblütigen Infl., ohne Staminodien; Stg. m. 1 Paar freier od. miteinander verwachsener Hochblätt. (*Taf. 12: 8*) .... **Montiaceae** (*Claytonia*), 611

58 (56). Gr. 2 — Blüten 5-zählig; Fr.Blätt. nur am Grund verbunden (*353/1*) od. Frkn. unterst. **Saxifragaceae**, 353

— Gr. 1 od. 3–∞ (ca. 20) od. Blüten ohne Frkn., nur m. 8 Staubblätt. **59**

59. Frkn. 3–∞, frei od. nur am Grund verbunden, od. Frkn. fehlend, (Blüten nur m. 8 Staubblätt.); — Blätt. dickfleischig .... **Crassulaceae**, 359

— Frkn. 1, m. 1 od. 3–5 Gr., Fr.Blätt. vollst. verwachsen **60**

60. Kronblätt 7, weiß; — unt. Stg.Blätt. klein, ob. bis 9 cm lg., rosettig gehäuft (*85/1*) **Primulaceae** (*Trientalis*), 622

— Kronblätt. 5 .... **61**

61. Frkn. unterst. od. halbunterst.; — Blüten gelb **64**

— Frkn. oberst. **62**

62. Gr. 5 (zuw. aneinander gepresst); Staubfäden am Grund ± hoch zu einer Röhre vereinigt; oft nur 5 der 10 Staubblätt. fertil, die 5 sterilen zuw. nur als Zipfel an der Staubfadenröhre erkennbar; — Kronblätt. meist m. deutl. Nerven .... **Linaceae** (*Linum*), 484

— Gr. 1 od. 3; Staubfäden bis zum Grund frei **63**

63. Staubblätt. 10; Gr. 1; Blüten lg. gestielt, oft nickend, in Trauben, Dolden od. einzeln; Pfl. aufr. .... **Ericaceae**, 622

— Staubblätt. 5; Gr. 3; Blüten kurz gestielt, in dicht gedrängter, knäueliger Infl.; Stg. niederlgd. od. aufstgd. .... **Caryophyllaceae** (*Telephium*), 594

64 (61). Kelchblätt. 2; Kronblätt. 6–10 mm lg.; Blätt. bis 30 mm lg., spatelf., etwas fleischig; meist niederlgd. Landpfl.; Staubblätt. 8–15 .... **Portulacaceae**, 612

— Kelchblätt. 5; Kronblätt. 12–30 mm lg.; Blätt. meist > 30 mm lg., krautig; Wasser od. Sumpfpfl., Luftsprosse meist aufr.; Staubblätt. 10 .... **Onagraceae** (*Ludwigia*), 496

65 (55). Stg. fädig dünn, verholzt, zw. Torfmoos kriechend; Kronblätt. blass rosa bis rot, zurückgeschlagen; Staubblätt. zu Streukegel verbunden; — Fr. rote Beere **Ericaceae** (*Vaccinium oxycoccos*), 627

— Stg. nicht fädig, meist aufr.; Kronblätt. nicht zurückgeschlagen; Staubblätt. frei **66**

66. Frkn. unterst. (*85/2*); Staubblätt. 8; Blüten zuw. m. röhren- od. becherf. Hypanthium (*85/3*, H; Längsschnitt!), Kelch-, Kron- u. Staubblätt. dem ob. Rand des Hypanthiums eingefügt **Onagraceae**, 493

— Frkn. oberst.; Staubblätt. 6 [4 lg. u. 2 kurze (*511/2*)]; Blüten ohne Hypanthium **Brassicaceae**, 510

67 (52). Blüten in von 4 weißen Hochblätt. umgebener Scheindolde (*78/2*), klein, zumind. im Zentrum rotbraun .... **Cornaceae** (*Cornus*), 613

— Infl. ohne weiße Hochblätt. **68**

85/1

85/2

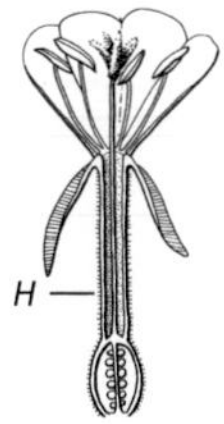

85/3

85/4

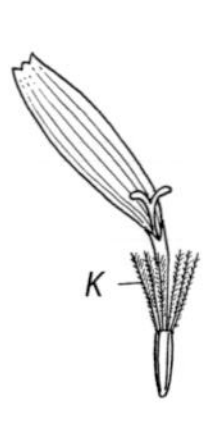

85/5

68. Blüten m. mehreren (> 2), freien, oberst. Frkn.; Blüten ⚥; Blätt. saftig-fleischig, oft stielrund .... **Crassulaceae,** 359

— Blüten m. 1 Frkn. (m. 1 od. mehreren Gr.) od. m. 2 nur am Grund verwachsenen Fr.Blätt., od. Blüten ♂; Blätt. krautig bis etwas dickl., aber nicht saftig-fleischig **69**

69. Frkn. m. 2 getrennten Gr.; Fr.Blätt. nur am Grund verbunden (*353/1*) od. Frkn. unterst.; Blüten ⚥ .... **Saxifragaceae,** 353

— Frkn. m. 1 od. mehreren Gr.; wenn 2 getrennte Gr., dann Frkn. oberst. u. Fr.Blätt. vollst. verwachsen; od. Blüten ♂, ohne Frkn. **70**

70. Frkn. unterst. (*85/2*); Staubblätt. 2 od. 8 .... **Onagraceae,** 493

— Frkn. oberst. od. Blüten ♂ **71**

71. Blüten nicht leuchtend gelb (allenfalls gelbl.grün od. gelbl.weiß); wenn Blüten gelbl., dann Blätt. < 5 mm br. **73**

— Blüten leuchtend gelb; Blätt. > 15 mm br. **72**

71. Blattspr. bogennervig, bis 30 cm lg. u. bis 15 cm br. **Gentianaceae** (*Gentiana lutea*), 635

— Blattspr. fiedernervig, kleiner .... **Primulaceae** (*Lysimachia*), 619

73 (71). Kelchblätt. zu Röhre od. Becher verwachsen (*567/1*, K); — Kronblätt. 4–5, zuw. tief gespalten (Krone deshalb scheinbar 10-blättr.), häufig genagelt u. m. Nebenkrone (*567/2*, Nkr; *Taf. 13: 4*) .... **Caryophyllaceae,** 567

— Kelchblätt. (fast) bis zum Grund getrennt **74**

74. Blattspr. gezähnt, zumind. die unt. herzf. u. > 5 cm br.; Blüten 4-zählig, m. 6 Staubblätt. **Brassicaceae** (*Lunaria*), 543

— Blattspr. ganzrandig, nicht herzf., meist schmaler; Blüten 3–5-zählig, wenn 4-zählig, dann m. 4 od. 8 Staubblätt. **75**

75. Frkn. flach, ≈ 2-mal so br. wie lg.; Blüten sitzend od. kaum gestielt; Kelch 2–4-spaltig; Kronblätt. 3–4 (*460/1–460/2*); — Stg. glasig durchscheinend; Wasser- u. Uferpfl. **Elatinaceae,** 460

— Frkn. kugelig od. längl., zuw. fehlend; Blüten meist deutl. gestielt; Kelch- u. Kronblätt. 4–5(–6) **76**

76. Frkn. u. Fr. gefächert; Staubblätt. u. Gr. so viele wie Kelch- u. Kronblätt., 4 od. 5; Kronblätt. weiß, wenn 5, dann im unt., vom Kelch umgebenen Teil gelb (*Linum catharticum*), wenn 4, dann Kelchblätt. 3-spitzig u. Stg. dünn, gabelästig (*Linum radiola*) .... **Linaceae,** 484

— Frkn. u. Fr. 1-fächerig, m. zentraler Plazenta; Staubblätt. u./od. Gr. oft in and. Anzahl als Kelch- u. Kronblätt.; Kelchblätt. m. 1 Spitze od. gerundet; Kronblätt. nicht im unt. Teil gelb (allenfalls ganz am Grund grünl.gelb) **77**

77. Staubblätt. 5, vor den Kronblätt. sthd., Staubfäden am Grund zu ± br. Röhre verwachsen, zus. m. den Kronblätt. abfallend; Blüten einzeln in den Blattachseln, blau, rot od. rosa; Kapsel m. Deckel aufspringend (*49/7*) .... **Primulaceae** (*Anagallis*), 616

— Staubblätt. (1–)5, auf Lücke zu den Kronblätt. sthd., od. 10, Staubfäden bis zum Grund frei od. nur Frkn. vorhanden; Staubblätt. u. Kronblätt. getrennt abfallend; Fr. sich m. Zähnen öffnende Kapsel (*49/5*; *Taf. 27: 7*), seltener geschlossen bleibend .... **Caryophyllaceae,** 567

78 (18). Stängelblätt. ohne (deutl.) Nebenblätt., meist gegenst., Spr. ungeteilt; Kronblätt. rotviolett bis blass rosa; Frkn. u. Gr. 1 .... **Lythraceae** (*Lythrum*), 492

— Stängelblätt. m. deutl. Nebenblätt., wechselst., Spr. meist gefied. od. gefing., selten ungeteilt, m. handf. Nervatur; Kronblätt. gelb; Frkn. u. Gr. meist > 1 .... **Rosaceae,** 398

Tabelle X
Dikotyle Kräuter und Stauden. Blüten mit doppelter, in Kelch und verwachsenblättrige Krone gegliederter Blütenhülle

Siehe auch die Vorbemerkung zu Tabelle IX, S. 81.

Die Krone fällt nach der Bltzt. als Ganzes ab od. bleibt insges. als trockene Hülle erhalten.

1. Stg. nicht windend od. rankend; Pfl. aufr., aufstgd. od. niederlgd. **4**
— Stg. windend od. rankend; Pfl. meist an Stützen emporkletternd **2**
2. Stg. m. spiralig sich einrollenden Ranken; — Blüten gelb od. grünl., eingeschl., 1- od. 2-häusig; Krone 5-, selten 6-zipfelig; Frkn. unterst. .... **Cucurbitaceae**, 451
— Stg. ohne Ranken, in seiner Gesamtheit windend **3**
3. Frkn. unterst.; Krone stark 2-lippig (*838/1, 838/2*) .... **Caprifoliaceae** (*Lonicera*), 838
— Frkn. oberst.; Krone radiär (*92/2*) .... **Convolvulaceae**, 651
4 (1). Blüten radiär (selten m. etwas gekrümmter Röhre, *92/1a*, od. nur Androeceum zygomorph); — Randblüten der Infl. zuw. vergrößert **36**
— Blüten zygomorph (Kronzipfel von verschiedener Größe u. Gestalt od. Kronröhre stets deutl. gekrümmt); Krone zuw. undeutl. zygomorph **5**
5. Blüten nicht gespornt **9**
— Blüten gespornt (*41/13*, Sp, *75/2, 78/6*) **6**
6. Staubblätt. 5; das hint. der 3 Kelchblätt. vergrößert u. m. geradem od. gekrümmtem Sporn (*75/2; Taf. 17: 5*); — Fr. bei Berührung aufspringende, saftige Kapsel (*Taf. 30: 6*); Stg. meist glasig-durchscheinend .... **Balsaminaceae**, 614
— Staubblätt. 1, 2 od. 4; Kelchblätt. 4 od. 5; Sporn von der Kronröhre gebildet **7**
7. Frkn. unterst.; Staubblatt 1 (*78/6*) .... **Caprifoliaceae** (*Centranthus*), 834
— Frkn. oberst.; Staubblätt. 2 od. 4 .... **8**
8. Tierfangende Pfl., entw. m. fein zerteilten Blätt. u. Fangblasen (*72/4*), meist im Wasser, od. Blätt. in grundst. Rosette, gelbl. bis blassgrün, klebrig, Rand nach oben umgerollt **Lentibulariaceae**, 711
— Pfl. ohne Einrichtungen zum Fang von Tieren; Blätt. ungeteilt u. am Stg. verteilt, nicht (nur) in grundst. Rosette .... **Plantaginaceae**, 660
9 (5). Blätt. 3-zählig; Staubblätt. 10, davon 9 zu den Gr. umgebender Röhre verwachsen; Blüten schmetterlingsf. (*367/1*), in teilw. längl. gestreckten Köpfchen od. köpfchenart. Doldentrauben .... **Fabaceae** (*Trifolium*), 388
— Blätt. ungeteilt bis gefied., aber nicht 3-zählig; Staubblätt. 2–8; Blüten nicht schmetterlingsf. **10**
10. Staubbeutel der 5 Staubblätt. permanent zu einer den Gr. umschließenden Röhre vereinigt (auch beim Öffnen der Kronröhre zusammenbleibend) **35**
— Staubbeutel nicht zu einer Röhre verbunden od. Staubblattanzahl nicht 5 .... **11**
11. Blätt. (fast) gegenst. (zumind. die unt.) od. quirlst. **21**
— Blätt. alle wechselst., grundst. od. schuppenf. bis fast fehlend **12**
12. Frkn. älterer Blüten tief 4-teilig, bei Reife in 4 Teilfr. zerfallend (*88/1*); — Krone m. schief 5-lappigem Saum (*88/2*) od. Kronröhre gekrümmt (*640/2*); Pfl. meist rau bis stechend behaart .... **Boraginaceae**, 640
— Frkn. nicht tief 4-teilig u. nicht in 4 Teilfr. zerfallend **13**
13. Staubblätt. 2 od. 4 .... **16**
— Staubblätt. 5 od. 8 .... **14**
14. Frkn. unterst.; Staubblätt. meist 8; — Kelch- u. Kronblätt. je 4 **Onagraceae** (*Epilobium*), 494
— Frkn. oberst.; Staubblätt. 5; Staubfäden entw. alle od. nur 3 wollig od. fein behaart **15**
15. Stg. klebrig-drüsig; Krone schmutzig gelb, m. violetten Nerven u. dk. Zentrum; Fr. Deckelkapsel, vom erhärteten Kelch umgeben (*653/1*) .... **Solanaceae** (*Hyoscyamus*), 655
— Stg. nicht klebrig-drüsig, aber z.T. dicht wollig; Blüten undeutl. zygomorph (*88/4*), weiß, gelb od. violett; Staubfäden alle od. nur 3 weiß- od. violett-wollig; Fr. 2-klappige Kapsel **Scrophulariaceae** (*Verbascum*), 675

16 **(13).** Pfl. ohne grüne Blätt. **Orobanchaceae**, 698
— Pfl. m. grünen Blätt. **17**
17. Blüten in Köpfchen **od.** maskiert (= durch Aufwölbung der Unterlippe verschlossen, *660/3*) **od.** Staubblätt. 2 **od.** Kronzipfel 4, trockenhäutig **Plantaginaceae**, 660
— Blüten nicht in Köpfchen; Kronröhre offen od. durch zus.neigende Zipfel verschlossen; Staubblätt. 4; Kronzipfel 5 (bei stark zygomorphen Blüten manchmal schwer erkennbar), ± farbig, nicht trockenhäutig **18**
18. Blätt. fiederspaltig od. gefied.; Oberlippe fast röhrenf. (*708/1–708/3*) **Orobanchaceae** (*Pedicularis*), 707
— Blätt. ungeteilt; zuw. tief gezähnt; Oberlippe ausgebr., aufgerichtet od. etwas zus.neigend **19**
19. Kronröhre nur am Grund von den freien Kelchblätt. umgeben; Blüten hgd. od. nickend, in lg.gestreckter Traube; Pfl. 40–160 cm hoch **Plantaginaceae** (*Digitalis*), 663
— Kronröhre mind. zur Hälfte von den Kelchzipfeln umgeben; Blüten aufr. od. waagr.; Pfl. selten bis 40 cm hoch **20**
20. Alle 5 Kronzipfel ausgerandet (*698/3*); Blüten weiß, blass violett od. rötl. m. gelbem Schlundfleck auf der Unterlippe, od. insges. kräftig gelb, stark zygomorph **Orobanchaceae** (*Euphrasia*), 699
— Nur unt. 3 Kronzipfel ausgerandet; Blüten hell rotviolett, im Schlund oft gelbl., aber ohne abgegrenzten Schlundfleck, schwach zygomorph, die ob. Kronzipfel etwas schmaler als die unt. **Plantaginaceae** (*Erinus*), 664
21 **(11).** Zarte Sumpfpfl.; Kelchblätt. 2; Krone weiß, 1-seitig gespalten, 2 mm lg. **Montiaceae** (*Montia*), 611
— Kräftigere Landpfl.; Kelchblätt. od -zipfel 4–5; Krone nicht 1-seitig gespalten **22**
22. Frkn. unterst. **Caprifoliaceae**, 834
— Frkn. oberst. **23**
23. Staubblätt. 5, alle od. 3 von 5 wollig behaart (*88/4; Taf. 18: 2*) **Scrophulariaceae** (*Verbascum*), 675
— Staubblätt. 2–4 **24**
24. Blüten klein, 3–5 mm lg., in vielblütigen, rutenf. Ähren (*88/6*) m. winzigen Tragblätt.; Krone blass lila, undeutl. 2-lippig; Staubblätt. 4; Fr. in 4 Teilfr. zerfallend; (unt.) Blätt. fiederspaltig (vgl. Nr. **59**) **Verbenaceae**, 713
— Blüten nicht in rutenf. Ähren, meist auffälliger; Blätt. meist ungeteilt **25**
25. Frkn. bereits z. Bltzt. deutl. 4-teilig (*88/1*), spätestens bei jungen Fr. gut erkennbar (Lupe!); — Blüten meist deutl. 2-lippig (*41/12, 678/1–678/5*), oft zu mehreren in Scheinquirlen in den Achseln laubiger Hochblätt.; Stg. ± deutl. 4-kantig **Lamiaceae**, 677
— Frkn. u. Fr. nicht 4-teilig **26**
26. Blüten in endst. Rispen od. achselst. Dichasien od. Wickeln; — Mittellappen der Unterlippe zurückgeschlagen (*675/1*) **Scrophulariaceae** (*Scrophularia*), 675
— Blüten in Ähren, Trauben od. einzeln blattachselst. **27**
27. Alle 4 Staubblätt. m. Staubbeuteln **30**
— Nur 2 Staubblätt. m. Staubbeuteln vorhanden (auch in der Knospe) **28**

88/1

88/2

88/3

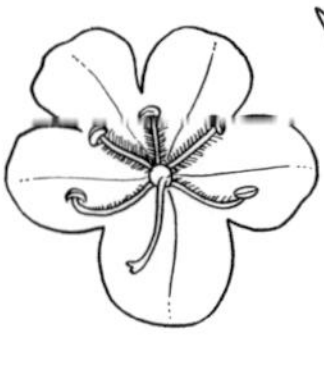
88/4

88/5

88/6

28. Nur 2 Staubblätt., beide m. Staubbeuteln .... **Plantaginaceae**, 660
— Neben 2 Staubblätt. m. Staubbeuteln auch 2 ohne Staubbeutel **29**
29. Krone 10–18 mm lg., viel länger als der Kelch, unmittelbar unter dem Kelch noch 2 Vorblätt. .... **Plantaginaceae** (*Gratiola*), 664
— Krone 3–8 mm lg., nur wenig länger als der Kelch; Blütenstiele ohne Vorblätt. **Linderniaceae** (*Lindernia dubia*), 677
30 (27). Schlund der Krone durch Ausstülpung der Unterlippe geschlossen („maskiert", *660/3*), Kronröhre am Grund sackf. ausgestülpt .... **Plantaginaceae**, 660
— Schlund der Krone offen, od. wenn z.T. verschlossen, dann Kronröhre am Grund schmal, nicht ausgestülpt **31**
31. Blätt. fiederspaltig od. gefied. .... **Orobanchaceae** (*Pedicularis*), 707
— Blätt. ungeteilt, höchstens tief gezähnt **32**
32. Oberlippe helmf. gewölbt .... **Orobanchaceae**, 698
— Oberlippe flach u. meist aufw. gebogen, kleiner als die Unterlippe **33**
33. Krone weiß bis blass rotviolett, ohne gelben Schlundfleck .... **Linderniaceae**, 677
— Krone weiß, blass violett od. rötl. m. gelbem Schlundfleck auf der Unterlippe, od. insges. gelb, zuw. m. rötl. Punkten od. Strichen **34**
34. Krone 14–40 mm lg., gelb, m. 2 längs in den Schlund lfd., behaarten Aufwölbungen auf der Unterlippe .... **Phrymaceae**, 698
— Krone 4–15 mm lg., ohne solche Aufwölbungen der Unterlippe .... **Orobanchaceae**, 698
35 (10). Blüten gestielt, in Trauben od. Rispen .... **Campanulaceae** (*Lobelia*), 748
— Blüten zu mehreren in einem von meist grünen Hüllblätt. umgebenen Köpfchen sitzend (*752/1, Taf. 24/9*) .... **Asteraceae**, 751
36 (4). Beutel der Staubblätt. permanent zu Röhre, Kegel od. Kranz vereinigt (auch beim Öffnen der Kronröhre zusammen bleibend) **89**
— Beutel der Staubblätt. frei, nicht zu einem Kegel od. Kranz vereinigt **37**
37. Staubfäden wenigstens bis zur Mitte zu einer Röhre verwachsen (Filamentröhre zusätzl. zur Kronröhre, z.B. *Taf. 19: 6, Taf. 21: 5*, rechts) **88**
— Staubfäden getrennt od. nur am Grund verwachsen (aber oft m. Kronröhre verwachsen) **38**
38. Blätt. grund- od. wechselst. **60**
— Blätt. gegen- od. quirlst., zuw. gegen die Triebspitze gehäuft **39**
39. Blüten zu 5 in fast würfelf. Köpfchen, blass grünl., die ob. 4-zählig, die seitl. 5-zählig; — Staubblätt. 4 od. 5, gespalten (daher scheinbar 8 od. 10); Blätt. 3-zählig od. doppelt 3-zählig gefied. (*77/4*); Pfl. 5–15 cm hoch .... **Viburnaceae** (*Adoxa*), 833
— Blüten nicht in würfelf. Köpfchen **40**
40. Kelchblätt. 2; — Kronblätt. weiß; Staubblätt. 3 u. Narbenäste 3 .... **Montiaceae**, 611
— Kelchblätt. (3–)4–5, frei od. verwachsen **41**
41. Staubblätt. 1–4 .... **53**
— Staubblätt. 5–10 .... **42**
42. Frkn. deutl. u. gleichm. 4-teilig (*88/1*), in 4 einsamige Nüsschen zerfallend; — Pfl. rauhaarig; Krone violett, m. weißl. Schlundschuppen .... **Boraginaceae** (*Asperugo*), 643
— Frkn. nicht deutl. tief 4-teilig (aber bei Apocynaceae, s. Nr. **44**, 2 Frkn. u. 2 zuw. fast gleich große Nektarien) **43**
43. Blattspr. gefied. od. fiederteilig **52**
— Blattspr. ungeteilt, am Rand aber zuw. gesägt od. gekerbt **44**
44. Blüten m. Nebenkrone, d. h. m. höckerart. od. tütenf., auf Lücke zu den Kronblätt sthd. Gebilden; — Staubblätt. u. Narbe zu kegelf. Struktur verbunden (*Taf. 18: 7*); Fr. schotenf. Bälge, 2 aus einer Blüte; Samen m. Haarschopf .... **Apocynaceae**, 639
— Blüten ohne Nebenkrone, aber zuw. m. Zipfeln od. Fransen auf Lücke zu den Kronblätt.... **45**
45. Staubblätt. doppelt so viele wie Kronblätt., 8 od. 10 .... **Ericaceae**, 622
— Staubblätt. so viele wie Kronblätt. **46**
46. Blüten gelb m. purpurschwarzen Schlundflecken od. weiß; — Blüten achselst., einzeln; Kronröhre kurz, im Kelch verborgen; Blätt. nicht echt gegenst., ± einseitswendig, meist ungleich, > 4 cm br.; Fr. Beere, z. Reifezt. vollständig vom aufgeblasenen, orangeroten od. trockenen Kelch eingeschlossen (*Taf. 23: 2*) .... **Solanaceae** 653

— Blüten rot, rosa, violett, blau, rein gelb od. mehrfarbig, aber ohne schwarze Flecke; wenn rein weiß, dann Kronröhre viel länger als der Kelch od. Blätt. viel schmaler **47**

47. Gr. am Ende zu einer Scheibe verbreitert, diese oberseits stark behaart (*Taf. 21: 6*); Staubbeutel in der Kronröhre in das Haarpolster der Gr.Scheibe gedrückt; — Krone blauviolett, stieltellerf. u. windradf. *(69/1a)*, in der Knospe m. gedrehten Zipfeln (*69/1b*); Fr.Blätt. 2 **Apocynaceae** (*Vinca*), 640

— Gr. m. punktf., kopfiger od. 2-spaltiger Narbe; wenn kopfig, dann oberseits ohne Haarpolster **48**

48. Spalierstrauch, Stg. ganz verholzt; — Blätt. < 3 mm br.; Blüten rosa od. rosaviolett **Ericaceae** (*Kalmia procumbens*), 625

— Krautige Pfl.; Stg. auch an der Basis krautig od. Pfl. > 50 cm hoch **49**

49. Frkn. m. 1 Samenanlage (Lupe!), — scheinbare Krone (= kronart. einfache Blütenhülle, umgeben von 5 verwachsenen Hochblätt. als scheinbarem Kelch) ohne Anhängsel, Schlundschuppen od. Saftmale an der Mündung der Röhre; Staubblätt. u. Gr. weit aus der Blüte ragend, oft etwas einseitig od. gekrümmt; Fr. nussart. rundl. od. verkehrt eif., m. 5 knotigen Rippen .... **Nyctaginaceae,** 610

— Frkn. m. mehreren Samenanlagen (Lupe!), — Krone oft m. Anhängseln, Schlundschuppen od. Saftmalen an der Mündung der Kronröhre; Kapselfr. **50**

50. Staubblätt. vor den Kronzipfeln sthd.; Gr. m. kopfiger od. punktf. Narbe; Frkn. m. Zentralplazenta (*Taf. 21: 3*) .... **Primulaceae,** 615

— Staubblätt. auf Lücke zu den Kronzipfeln sthd.; Gr. m. 2- od. 3-spaltiger Narbe (auseinanderbiegen!); wenn Narbe kopfig erscheint, dann Blüten intensiv blau **51**

51. Narbe m. 3 Narbenästen; Frkn. m. 3 zentralwinkelständigen Plazenten; — Zierpfl., 50–120 cm hoch; Blüten zahlr., in terminalen Rispen; Krone stieltellerf., rosa, rot, violett od. blass lila, selten weiß, meist m. dunklerem (zuw. hellerem) Ring um die Mündung der Röhre; Kronzipfel oberh. der Mitte am breitesten, meist überlappend, dadurch Krone in Aufsicht 5-eckig bis fast kreisrund; Kronröhre eng, < 3 mm ∅ .... **Polemoniaceae** (*Phlox*), 615

— Narbe 2-lappig od.2-spaltig (auseinanderbiegen!); Frkn. m. 2 parietalen Plazenten; — meist Pfl. naturnaher StO (Gebirge, Moore, Heiden, Dünen), meist < 50 cm hoch; Krone oft m. Anhängseln, Zwischenzipfeln, Schlundschuppen od. Fransen; wenn Krone stieltellerf., dann in Aufsicht sternf., Zipfel nicht od. nur am Grund überlappend .... **Gentianaceae,** 633

52 **(43).** Wasserpfl., seltener Sumpfpfl.; Blätt. kammf. gefied. (*38/9*); Blüten rosa od. weiß m. gelbem Zentrum, in aufr. Trauben m. etagenf. Blütenquirlen .... **Primulaceae** (*Hottonia*), 619

— Landpfl.; Blätt. gefied., jedoch nicht kammf.; Blüten weiß, in dichten schirmf. Infl.; — Fr. purpurschwarz .... **Viburnaceae** (*Sambucus*), 833

53 **(41).** Frkn. oberst. **55**

— Frkn. unterst. **54**

54. Blätt. quirlst. (*35/6, Taf. 5: 8*); — Fr. in 2 Teilfr. zerfallend (*629/1*) .... **Rubiaceae,** 628

— Blätt. gegenst. .... **Caprifoliaceae,** 834

55 **(53).** Blüten m. trockenhäutiger Krone; — Staubblätt. 4, aus der Blüte ragend; Blüten in dichten kugeligen od. kurz walzl. Ähren .... **Plantaginaceae** (*Plantago arenaria*), 667

— Krone nicht trockenhäutig **56**

56. Blattspr. bogennervig, ganzrandig; Staubblätt. 4; — Krone gelb, blau, violett od. rötl., 4-zipfelig (selten 8-zipfelig), trichter-, stielteller- od. glockenf. .... **Gentianaceae,** 633

— Blattspr. fiedernervig, am Rand zuw. gekerbt od. gelappt bis fiederteilig; Staubblätt. 2 od. 4 .... **57**

57. Frkn. deutl. 4-teilig (*88/1*), meist bereits z. Bltzt., spätestens bei jungen Fr. gut erkennbar (Lupe!); — Blüten klein, 3–6 mm ∅, schwach zygomorph (*678/6*), in Ähren (*88/6*), Thyrsen m. am Ende lg. Seitenzweige gehäuften Blüten od. in Scheinquirlen, zuw. köpfchen- od. ährenart. zusammengedrängt (*679/1, 679/2*); — Stg. meist 4-kantig; Krone kräftig violett bis blass lila od. weiß **59**

— Frkn. u. Fr. nicht 4-teilig **58**

58. Blüten in knäueligen Wickeln, grünl.gelb ..... **Scrophulariaceae** (*Scrophularia vernalis*), 675

— Blüten in Ähren, Köpfchen od. einzeln .... **Plantaginaceae,** 660

59 (57). Blüten blass lila, in rutenf. Ähren (*88/6*), im unt. Teil m. deutl. Abständen zw. den jungen Fr., od. hell violett, in 40–120 cm lg., endst. Thyrsen m. 5–30 cm lg. Zweigen 1. Ordn., die am Ende scheindoldig gehäufte, ährenart. Wickel tragen (*713/1, 713/2*); Tragblätt. der ob. Teilinfl. schuppenf., ohne Blattspr.; Teilung des Frkn. z. Bltzt. noch undeutl.; Teilfr. länger als br.; — Blätt. grob gekerbt-gesägt bis fiederteilig … **Verbenaceae**, 713

— Blüten unterschiedl. gefärbt, in Scheinquirlen, meist m. laubigen Tragblätt., oft (z.T.) köpfchen- od. ährenart. zus.gedrängt (*679/1, 679/2*) od. Infl. insges. dicht ährenart., auch z. Frzt.; wenn Blüten in Thyrsen, dann diese < 20 cm lg., m. ganzrandigen, laubigen Tragblätt.; Teilung des Frkn. meist bereits z. Bltzt. deutl., Teilfr. so br. wie lg. od. breiter; — Blätt. ganzrandig, gesägt od. gekerbt, wenn grob gesägt bis fiederspaltig, dann Blüten nur in Scheinquirlen … **Lamiaceae**, 677

60 (38). Stg. beblätt., aufr. od. kriechend; Blätt. wechselst. … **68**

— Blätt. alle grundst., höchstens am Blütenstg. od. unterh. der Infl. einige kleine Hochblätt. **61**

61. Krone 4-zipfelig; — Staubblätt. 4, weit aus der Blüte ragend; Blüten in walzl. od. kugeligen Ähren; Blätt. bogennervig … **Plantaginaceae** (*Plantago*), 667

— Krone 5-zipfelig od. m. zerschlitztem Saum (*617/6, 617/7*) … **62**

62. Staubblätt. 4; — Blätt. lg. gestielt, spatelf.; kleine, Schlamm bewohnende Pfl. (*73/3*) **Scrophulariaceae** (*Limosella*), 674

— Staubblätt. 5–10 … **63**

63. Blüten in dichten Köpfchen od. einseitswendigen, rispigen Infl. (*84/6*), rosa od. violett; — jede Blüte m. 1–2 trockenhäutigen Vorblätt. … **Plumbaginaceae**, 553

— Blüten einzeln, in Dolden od. Trauben … **64**

64. Blattspr. bogennervig, sitzend od. undeutl. gestielt; Blüten einzeln, leuchtend blau **Gentianaceae**, 633

— Blattspr. fieder- od. netznervig, meist deutl. gestielt; Blüten einzeln, in Trauben, Rispen od. Dolden, niemals leuchtend blau … **65**

65. Blätt. 3-zählig; Krone weiß, ihre Zipfel oberseits fransig behaart; — Sumpfpfl. m. kriechendem Rhizom … **Menyanthaceae** (*Menyanthes*), 751

— Blätt. ungeteilt; Krone nicht gleichzeitig weiß u. m. oberseits fransigen Zipfeln … **66**

66. Blätt. schildf., fleischig, nabelf. vertieft; Staubblätt. 10 … **Crassulaceae** (*Umbilicus*), 364

— Blätt. weder schildf. noch fleischig; Staubblätt. 5, 7, 8 od. 10 … **67**

67. Fruchtbare Staubblätt. doppelt so viele wie Kronblätt.; — Staubbeutel meist umgewendet, m. Poren öffnend (ähnl. *623/1, 623/6*) … **Ericaceae**, 622

— Fruchtbare Staubblätt. so viele wie Kronblätt. u. vor den Kronblätt. sthd. **Primulaceae**, 615

68 (60). Krone 5-spaltig, 5-zipfelig od. 5-lappig, zuw. 6–8-teilig … **72**

— Krone 4-spaltig od. 4-zipfelig … **69**

69. Staubblätt. 2 od. 4 … **71**

— Staubblätt 8 … **70**

70. Blätt. lederig, oft grün überwinternd, nadelf.; Frkn. ober- od. unterst., meist kugelig bis eif.; Zwergsträucher … **Ericaceae**, 622

— Blätt. u. Stg. krautig; Frkn. unterst., lg.gestreckt (*85/2*) … **Onagraceae**, 493

71 (69). Staubblätt. 2; Blüten meist blau od blauviolett, zuw. rosa od. weiß; Fr. 2-klappige Kapsel m. längs verlfd. Scheidewand (*673/1–673/8*) … **Plantaginaceae** (*Veronica*), 668

— Staubblätt. 4; Blüten weiß od. rötl., < 3 mm ∅ (*88/5*), Kronblätt. kürzer als der Kelch; Fr. Deckelkapsel, ohne Scheidewand (ähnl. *49/7*) … **Primulaceae** (*Anagallis minima*), 616

72 (68). Staubblätt. 3–5 od. Blüten nur m. Frkn. … **74**

— Staubblätt. 8–10; Blüten ⚥ … **73**

73. Blätt. schildf., dickl.; Stg. nicht verholzt … **Crassulaceae** (*Umbilicus*), 364

— Blätt. nicht schildf.; meist Zwergsträucher … **Ericaceae**, 622

74 (72). Hochalp. Polsterpfl.; Blätt. klein, 2–12 mm lg.; — Krone (stiel)tellerf., weiß od. rosa, **od.** röhrig u. gelb … **Primulaceae**, 615

— Pfl. nicht polsterf.; Blätt. meist größer … **75**

75. Frkn. unterst. od. fehlend (Blüten ♂) … **84**

— Frkn. oberst.; Blüten ⚥ … **76**

76. Frkn. schon z. Bltzt. deutl. 4-teilig (*88/1*) (nicht immer alle Teile entwickelt!), meist in 4 Teilfr. zerfallend; — Blüten meist in Wickeln; Pfl. meist rauhaarig .... **Boraginaceae**, 640
— Frkn. nicht tief 4-teilig **77**
77. Staubfäden alle od. nur die ob. 3 dicht weiß- od. violett-wollig behaart (*88/4*; *Taf. 18: 2*) **Scrophulariaceae** (*Verbascum*), 675
— Staubfäden nicht wollig, höchstens am Grund behaart **78**
78. Blattspr. gefied., fiederspaltig od. 3-zählig; Fiedern bzw. Fiederabschnitte zuw. gebuchtet od. gelappt **85**
— Blattspr. nicht gefied. u. nicht 3-zählig **79**
79. Wasserpfl. m. kreisrunden, am Spr.Grund herzf. Schwimmblätt. (*121/2*); — Blüten goldgelb .... **Menyanthaceae** (*Nymphoides*), 751
— Landpfl.; Blätt. nicht kreisrund **80**
80. Blüten in von Hüllblätt. umgebenen Köpfchen, erst blassgelb, später fleischfarben **Polemoniaceae** (*Collomia*), 615
— Blüten nicht in Köpfchen **81**
81. Staubblätt. vor den Kronblätt. sthd.; Blüten rein weiß, 2–3 mm ∅, in Trauben, m. winzigen Zipfeln (= Staminodien) auf Lücke zu den Kronblätt. .... **Primulaceae** (*Samolus*), 621
— Staubblätt. auf Lücke zu den Kronblätt. sthd.; Blüten meist größer **82**
82. Blüten in Wickeln, entw. weiß m. grünl. gelbem Zentrum u. < 6 mm ∅ od. tief blau m. weißem, violett gemustertem Zentrum; Pfl. dicht behaart .... **Boraginaceae**, 640
— Blüten einzeln, in Trauben od. Rispen (zuw. m. wickeligen Teil-Infl.); Blüten meist > 6 mm ∅, nicht tief blau **83**
83. Krone trichterf., m. seicht gebuchtetem Saum (*92/2*), weiß od. rosa, innen am Grund m. 5 deutl. erkennbaren röhrenf. Öffnungen (Nektarien) zw. den Basen der Staubblätt. **Convolvulaceae**, 651
— Krone meist m. tiefer geteiltem Saum od. längeren Zipfeln, ohne röhrenf. Öffnungen zw. den Basen der Staubblätt. .... **Solanaceae**, 653
84 (75). Blüten eingeschl., kräftig gelb bis orangegelb, > 3 cm ∅ .... **Cucurbitaceae**, 451
— Blüten stets ⚥, meist blau bis violett, seltener rosa, weiß od. gelbl.weiß, oft kleiner **Campanulaceae**, 741
85 (78). Blätt. 3-zählig; — Kronblattzipfel oberseits bärtig behaart, weiß; Sumpfpfl. m. kriechendem Stg. .... **Menyanthaceae** (*Menyanthes*), 751
— Blattspr. mehrzählig gefied., fiederspaltig od. gekerbt **86**
86. Wasserpfl. (zuw. auch Landformen bildend); Blätt. kammf. gefied. (*38/9*); — Blüten zu 3–6 in etagenf. übereinander sthd. Quirlen, blassrosa od. weiß, im Zentrum gelb **Primulaceae** (*Hottonia*), 619
— Landpfl.; Blätt. nicht kammf. gefied. **87**
87. Blüten in schneckenf. eingerollten Wickeln (*Taf. 25: 7*), blauviolett (od. rosa); Blätt. gefied., Fiedern fiederspaltig; — Kelch frei, mitsamt Blütenstiel u. Rhachis borstig u. drüsig behaart .... **Boraginaceae** (*Phacelia*), 648

92/1

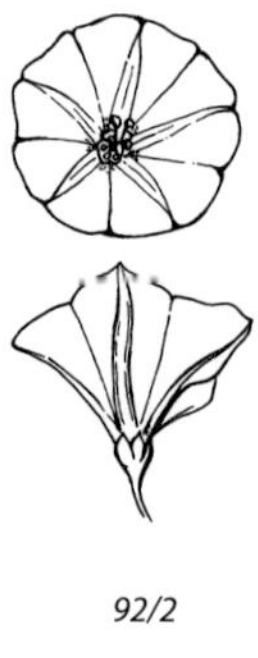
92/2

92/3

— Blüten in Rispen, himmelblau (seltener weiß); Blätt. regelm. (leiterart.) gefied.; Fiedern ganzrandig .... **Polemoniaceae** (*Polemonium*), 615

88 (37). Staubblätt. zahlr. (*Taf. 19: 6; Taf. 21: 5*); Kelch meist m. Außenkelch; Frkn. bei Reife in zahlr., 1-samige Teilfr. zerfallend (*82/2b*, Teilfr.) .... **Malvaceae**, 502

— Staubblätt. 5; Kelch ohne Außenkelch; Frkn. bei Reife nicht zerfallend ..... **Primulaceae**, 615

89 (36). Zahlr. Blüten in von Hüllblätt. umgebenem Köpfchen; die Randblüten des Köpfchens zuw. zygomorph, ♀ od. steril **93**

— Blüten nicht in von Hüllblätt. umgebenen Köpfchen **90**

90. Frkn. unterst. .... **Campanulaceae**, 741

— Frkn. oberst. **91**

91. Blätt. gegenst.; Staubblätt. m. dem Narbenkopf zu einem Säulchen vereinigt (*Taf. 18: 7*); — Krone m. Nebenkrone (= höckerart. od. tütenf. Auswüchsen auf Lücke zu den Kronzipfeln) .... **Apocynaceae**, 639

— Blätt. wechselst. (aber zuw. 2 unterschiedl. große auf einer Seite des Stg.); Staubblätt. nicht m. Narbe verbunden **92**

92. Frkn. schon z. Bltzt. deutl. 4-teilig (*88/1*), in Klausen zerfallend; Krone himmelblau bis blauviolett, m. Auswüchsen (Schlundschuppen) um die Staubblätt.; — Pfl. rauhaarig
Boraginaceae (*Borago*), 643

— Frkn. nicht 4-teilig; Beerenfr.; Krone weiß, gelb, violett od. rosa, ohne Schlundschuppen
Solanaceae (*Solanum*), 656

93 (89). Blüten kurz gestielt, blau; Staubbeutel nur am Grund verbunden (*Taf. 21: 4*)
Campanulaceae (*Jasione*), 748

— Blüten sitzend; Staubbeutel fast vollst. zu einer Röhre verbunden .... **Asteraceae**, 751

Tabellen zum Bestimmen der Familien und Gattungen in erster Linie nach vegetativen Merkmalen

Tabelle XI
Holzgewächse (Bäume, Sträucher, Zwerg- u. Halbsträucher, Lianen)

Die in den Tabellen angegebenen Merkmale für Zweige, Blätt. u. Knospen (Winterknospen) beziehen sich auf „normal" entwickelte Sprosse. Bei Laubgehölzen können an Schösslingen, Wasserreisern od. jungen Wurzelsprossen Blattmerkmale (Größe, Gestalt od. Behaarung) z.T. deutl. abweichen, so dass sie für die Bestimmung nur bedingt od. nicht geeignet sind. Bei Nadelgehölzen können Merkmale wie Nadelstellung, Form der Nadelspitze u. Nadel-∅ in der Lichtkrone bzw. an zapfentragenden Zweigen abweichen (siehe Ordn. Pinales, S. 143).

Für die Bestimmung wichtige Merkmale von Fr. u. Blüten sind z. T. ergänzend berücksichtigt, dann aber meist nach den vegetativen Merkmalen aufgeführt.

Kernäpfel sind Apfelfr. m. pergamentart. Kerngehäuse (*399/8*), bei Steinäpfeln (*399/9*) ist das Kerngehäuse verholzt.

1. Blätt. entw. nadel- od. schuppenf. bis pfrieml. (*37/1, 58/1–58/5, 95/1–95/4, 149/3*) od. fehlend bzw. scheinbar fehlend, da kurzlebig u. bald abfallend („hinfällig") od. zu Dornen umgewandelt, selten Sprossachse (*Taf. 3: 8*) od. Sprossteile (*Taf. 4: 4*) blattf. verbreitert u. breitlaubige Blätt. vortäuschend .... Tab. **XIa**, 94
— Blätt. weder nadelf. noch schuppenf. od. pfrieml., wenn schuppenf. od. scheinbar fehlend, dann, wenn auch z. T. nur anfangs, laubige Blätt. ebenfalls vorhanden **2**
2. Blätt. gegenst., fast („schief") gegenst. od. quirlig .... Tab. **XIb**, 96
— Blätt. wechselst. (zerstreut od. 2-zeilig), zuw. an Triebenden od. Kurztrieben, selten am Grund der Pfl., rosettig genähert („büschelig") **3**
3. Blätt. entw. zus.gesetzt (gefied. od. gefing.) od. einfach m. tief gebuchteter, gelappter od. fiederspaltiger Spr. .... Tab. **XIe**, 113
— Blätt. einfach m. ungeteilter Spr., ganzrandig od. m. gesägtem, gezähntem, gekerbtem od. gewelltem Rand **4**
4. Blattspr. ganzrandig (*38/1; Taf. 9: 1*) .... Tab. **XIc**, 101
— Blattrand gezähnt (*38/5; Taf. 9: 5*), gesägt (*38/2; Taf. 9: 7*) od. gekerbt (*38/6; Taf. 9: 3*) Tab. **XId**, 106

XIa. Blätter entweder nadel- oder schuppenförmig bis pfriemlich oder (scheinbar) fehlend

1. Pfl. entw. kaktusart. m. dickfleischigen flachen od. zylindr. Sprossabschnitten (*Taf. 4: 4*), od. Sprossachse blattart. verbreitert (*Taf. 3: 8*) u. auf der Fläche dieser „Scheinblätt." (Flachsprosse od. Phyllokladien) in der Achsel schuppenf. Blätt. (eigentl. Laubblätt.!) die Blüten entspringend **18**
— Pfl. weder kaktusart. noch m. blattart. verbreiterten Sprossachsen **2**
2. Nur an Keimpfl. 3-zählige Blätt., sonst Blätt. zu stechenden Dornen od. Schuppenblätt. umgewandelt; Zweigenden ebenfalls verdornt; — sparriger, stark dorniger Strauch (*Taf. 4: 2*) m. grünen, anfangs gefurchten Zweigen .... ***Ulex***, 392
— Pfl. dornenlos, wenn selten m. Dornen, dann nur Kurztriebe verdornt **3**
3. Blätt. stets vorhanden, nadelf. od. schuppenf., zuw. pfrieml. **8**
— Blätt. scheinbar fehlend, da kurzlebig u. bald abfallend („hinfällig") **4**
4. Zweige u. Blätt. gegenst.; — Blätt. 3-zählig, unterseits wie Fr. seidig behaart; bis 1 m hoher, strahlig verzweigter Rutenstrauch .... ***Genista radiata***, 378
— Zweige u. Blätt. wechselst. **5**
5. Zweige br. 2-schneidig geflüg., — Spross geglied., da Flügel an den Knoten unterbrochen; Blätt. einfach, 2-zeilig, unterseits behaart; Zwergstrauch .... ***Genista sagittalis***, 378
— Zweige ungeflüg. **6**
6. Zwergstrauch m. Sprossdornen; — Pfl. kahl; Blätt. blaugrün .... ***Genista anglica***, 378
— Rutenstrauch, bis 2,5 m hoch, selten niederlgd. u. < 0,5 m hoch, ohne Dornen **7**

7. Zweige m. 5 flügelf. Kanten, grün; — Blätt. 3-zählig u. einfach; Hülse 4–5 cm lg., am Rand behaart .... ***Cytisus scoparius,*** 377
— Zweige im ∅ rund, sehr fein gestreift, graugrün; — Blätt. einfach; Hülse 5–10 cm lg., weißl. behaart .... ***Spartium junceum,*** 388
8 (3). Blätt. schuppenf., weißl. bis bräunl., nur in der Mitte grün, — gegenst., bis zu zwei Drittel ihrer Länge miteinander verwachsen u. den Stg. scheidenf. umfassend (*149/3*); Rutenstrauch von schachtelhalmart. Aussehen m. roten beerenart. Samenständen (*149/4*) .. ***Ephedra,*** 149
— Blätt. nadelf. bzw. nadelf. erscheinend od. schuppenf., zuw. an einer Pfl. sowohl nadel- als auch schuppenf., grün od. blau- bis graugrün, — gegenst., wechselst., quirlig od. büschelig **9**
9. Blätt. nadelf. (*37/1*) od. nadelf. erscheinend **12**
— Blätt. schuppenf. od. wenigstens z.T. schuppenf., linealisch dickl., eif. lanzettl. od. eif. rautenf., lanzettl. bis pfrieml. **10**
10. Blätt. am Grund durch 2 abw. gerichtete pfrieml. Anhängsel geöhrt (Lupe!) (*95/3*), — 1–3 mm lg., gegenst., dicht 4-zeilig angeordnet, sich dachziegelig überdeckend .... ***Calluna,*** 624
— Blätt. am Grund ohne abw. gerichtete Anhängsel, nicht geöhrt **11**
11. Blätt. wechselst.; kleinere rutenf. Seitenzweige m. den Schuppenblätt. im Herbst abfallend; — Schuppenblätt. linealisch, dickl., blau- bis graugrün, sich dachziegelig deckend (*95/4*); 1–2 m hoher Strauch m. Kapselfr. .... ***Myricaria,*** 553
— Blätt. gegenst, die Zweige dicht bedeckend (ähnl. *58/1*); Seitenzweige weder rutenf. noch im Herbst abfallend; — Strauch od. Baum m. holzigen, lederigen od. beerenart. Zapfen (*147/1–147/2*) .... **Cupressaceae,** 147
12 (9). Baum od. > 1 m hoher Strauch; — Nadelblätt. entw. einzeln u. wechsel-, gegen- od. quirlst. (*58/2–58/4, 143/1–143/2, Taf. 31: 2a, 3a*), od. in Bündeln zu 2–5 (*143/3, Taf. 31: 1a*) od. in Büscheln zu > 10 an Kurztrieben (*58/5*); Samen in holzigen (*Taf. 31: 1e, i; 2d*), lederigen od. beerenart. (*58/2b*) Zapfen od. einzeln von fleischiger Samenhülle (*58/4, Taf. 31: 3f*) umgeben (Nadelgehölze) .... **Nacktsamige Pflanzen, Coniferophytina, Tab. II,** 58
— Zwerg-, Spalier- od. Kleinstrauch, selten bis 1 m hoch **13**
13. Nadeln oberseits m. weißen od. bläul.- bis grünl.weißen Bändern aus Stomatalinien (in Reihen angeordnete Spaltöffnungen, s. S. 143), Spitze meist stechend; — Nadelgehölz; Blätt. gegenst. od. in 3-zähligen Quirlen (*58/2a*) .... ***Juniperus,*** 148
— Nadelf. Blätt. oberseits ohne weiße od. weißl. Bänder, stumpf od. spitz, aber nicht stechend; — Laubgehölz; Blätt. gegen-, wechsel- od. quirlst. **14**
14. Blätt. gegenst. od. quirlig; — Kapselfr. **16**
— Blätt. wechselst., nur zuw. einige auch gegenst. od. Blätt. scheinquirlig genähert; — beerenart. Steinfr. od. Kapselfr. **15**
15. Blätt. flach, Rand nicht umgerollt, — drüsig, z.T. bewimpert; Fr. 3-kantige Kapsel; Krone goldgelb .... ***Fumana,*** 507
— Blattrand stark umgerollt, Blatt dadurch röhrig u. im ∅ hohl erscheinend, — unterseits m. weißer Furche (Lupe!; *95/1–95/2*); Fr. schwarze beerenart. Steinfr.; Blüten unauffällig, Krone u. Staubblätt. rötl. .... ***Empetrum,*** 624

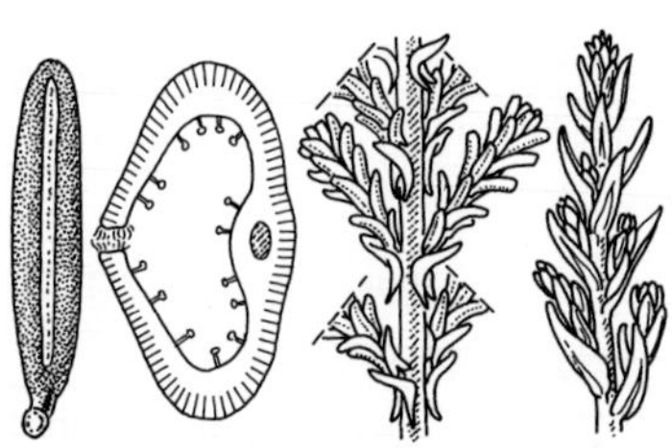

95/1 *95/2* *95/3* *95/4*

16 (14). Blätt. gegenst.; — Spr. längl. eif., aber durch stark umgerollten Rand (z.T. bis zur Mittelrippe) oft nadelf. erscheinend, lederig, oberseits m. vertiefter Mittelrippe; Kapselfr. ***Kalmia procumbens***, 625
— Blätt. quirlig zu 3–6 .... **17**
17. Blätt. 0,3–0,8(–1) cm lg., zu 3–4(–5) quirlig, m. kleinem kugelf. Sockel dem Zweig aufsitzend u./od. am Rand drüsig behaart; Krone rosa, rötl., hellpurpurn od. weiß .... ***Erica***, 624
— Blätt. (0,5–)1–2 cm lg., zu 4–6 quirlig, weder m. kleinem kugelf. Sockel dem Zweig aufsitzend noch am Rand drüsig behaart, aber durchscheinend punktiert; Krone gelb ***Hypericum coris***, 486
18 (1). Pfl. nicht kaktusart.; Seitenzweige zu blattart. Flachsprossen verbreitert, blattähnl. Sprossglieder dünn, ohne Borstenhöcker u. Dornen, auf der Fläche Blüten bzw. Fr. in der Achsel schuppenf. Blätt. entspringend (*Taf. 3: 8*) .... ***Ruscus***, 216
— Pfl. kaktusart.; Sprossglieder sukkulent, abgeflacht od. zylindr., m. Höckern von borstl. Haaren od. m. Dornen (*Taf. 4: 4*) .... ***Opuntia***, 612

XIb. Blätter gegenständig, fast („schief") gegenständig oder quirlig

1. Blätt. alle gegenst., schief gegenst. od. quirlst. **4**
— An einer Pfl. neben gegenst. auch wechselst. Blätt. **2**
2. Nur im Bereich der Infl. wechselst. Blätt. (Deckblätt.), sonst alle gegenst.; — Zwerghalbsträucher, Blätt. ganzrandig od. Rand leicht kerbig gesägt, 8–20 mm lg., 2–7 mm br. ***Veronica*** (*V. fruticulosa, V. fruticans*), 671, 672
— Auftreten wechselst. Blätt. nicht an Infl. gebunden **3**
3. Blätt. ganzrandig .... **Tab. XIc**, Nr. **1**—, 101
— Blätt. am Rand gesägt, gezähnt od. gekerbt .... **Tab. XId**, Nr. **3**—, 106
4 (1). Blätt. zus.gesetzt, entw. gefied. od. gefing. (*39/1, 39/6*) **45**
— Blattspr. einfach, entw. ungeteilt u. ganzrandig od. m. gesägtem, gezähntem od. gekerbtem Rand od. einfach, aber m. tief gebuchteter, gelappter od. fiederspaltiger Spr. (*Taf. 9*) **5**
5. Kletterpfl. m. windenden Sprossen; — Zweige hohl; Fr. meist bis in den Winter bleibend, wie die Blüten entw. zu 2 auf gemeinsamem Stiel (*838/2a*) od. kopfig gehäuft in Scheinquirlen (*838/1*) .... ***Lonicera***, 838
— Pfl. nicht windend, zuw. aber niederlgd. **6**
6. Blattspr. ungeteilt, — ganzrandig od. am Rand gesägt, gezähnt od. gekerbt **9**
— Blattspr. gebuchtet, gelappt od. tiefer geteilt **7**
7. Blattstiel am Spr.Grund m. napff. Drüsen; — Spr. br. eif., 3–5-lappig, m. borstenf., später abfallenden Nebenblätt. (*97/1*) .... ***Viburnum opulus***, 833
— Blattstiel ohne napff. Drüsen **8**
8. Blattspr. stets 3–5-lappig, Rand doppelt gesägt, buchtig gezähnt od. ganzrandig (*500/1–500/4*); Fr. in 2 einsamige, geflüg. Nüsschen zerfallende Spaltfr. (*499/2, Taf. 29: 10*); Baum, selten Strauch .... ***Acer***, 499
— Blätt. an einer Pfl. von verschiedener Form, Spr. entw. (bes. bei kräftigen Langtrieben) gelappt (*97/2*) od. ungeteilt u. ganzrandig (*97/3*), eif. bis ellipt. od. rundl. (*Taf. 6: 6*); Fr. Beere; bis 1,5 m hoher Strauch .... ***Symphoricarpos***, 840
9 (6). Blattspr. am Rand gesägt (*38/2*), gekerbt (*38/6*), gezähnt (*38/5*), zuw. daneben auch ganzrandige Blätt. (s. Nr. 30) **27**
— Blattspr. ganzrandig (*97/3–5*) **10**
10. Auf Bäumen u. Sträuchern wachsende Halbparasiten; — Sprosssystem gabelig verzweigt (*551/5*) **52**
— Pfl. im Erdboden wurzelnd **11**
11. Blätt. nadelf. od. linealisch, z.T. auch durch umgerollte Blattränder so schmal u. nadelf. erscheinend .... **Tab. XIa**, Nr. **14**, 95
— Blätt. weder nadelf. noch nadelf. erscheinend **12**
12. Blätt. gegenst. u. quirlig zu 3, — längl. eif. bis lanzettl., Spitze stumpf bis abgerundet; Pfl. immergrün; Blütenkrone schüsself., rosarot bis rot; Kapselfr. .... ***Kalmia angustifolia***, 625

— Blätt. stets gegenst. **13**

13. Blätt. m. punktf., gegen das Licht durchscheinenden Drüsen; — Pfl. immergrün; Zweige m. 2 od. 4 Längsleisten; Blütenkrone gelb; Beeren- od. Kapselfr. .... ***Hypericum***, 486

— Blätt. nicht durchscheinend punktiert **14**

14. Halbstrauch od. niedriger, meist < 1 m hoher Strauch (Klein-, Zwerg- od. Spalierstrauch) **23**

— Höherer Strauch, ≥ 2 m hoch **15**

15. Junge Zweige hohl od. bald hohl werdend **22**

— Zweige m. vollem Mark **16**

16. Zweige 4-kantig u. schmal geflüg., z.T. dornig endend; — Blätt. längl. eif. bis lanzettl., 2–8 cm lg., zugespitzt, wie die Zweige kahl; — Kronblätt. 2–3 cm lg., rot, geknittert; Fr. 6–8 cm ∅, rötl.gelb bis bräunl. .... ***Punica***, 492

— Zweige nicht flügelkantig, zuw. etwas 4-kantig, aber weder geflüg. noch dornig; — Blüten u. Fr. deutl. kleiner **17**

17. Blätt. unterseits dicht m. silbrigen Schuppenhaaren besetzt, weißfilzig erscheinend; — Spr. bis 8 cm lg., lanzettl. bis ellipt., derb lederig; Pfl. immergrün; gelbgrüne bis dk.blaue od. schwarze ellipsoidische Steinfr. (Olive) .... ***Olea***, 659

— Blätt. unterseits weder m. silbrigen Schuppenhaaren noch weißfilzig erscheinend **18**

18. Blätt. 1,2–2,5 cm lg., jederseits der Mittelrippe m. zahlr. undeutl. Seitennerven; — Spr. längl. ellipt., oberseits dk.-, unterseits heller grün, derb lederig; Pfl. immergrün; Fr. 3-hörnige Kapsel (*351/1*) .... ***Buxus***, 351

— Blätt. 2–12 cm lg., zumind. ein Teil > 2,5 cm lg., Seitennerven deutl. sichtbar **19**

19. Stärkste Seitennerven bogenf. zur Spitze hin verlfd. (*97/4*); — Fr. weiße, rote, bläul. od. schwarze Steinfr. .... ***Cornus***, 613

— Stärkste Seitennerven zum Blattrand hin lfd. u. allmähl. aufhörend (*97/5a*) od. sich bogenf. m. dem nächstob. Nerv vereinigend (*97/5b*) **20**

20. Stielgrund der Blätt. eines Blattpaars am Zweig durch eine Querlinie verbunden (*97/6*); — Fr. Beere od. weiße beerenart. Steinfr.; Blätt. kahl od. behaart. **22**

— Stielgrund der Blätt. nicht durch Querlinie verbunden; — Fr. Kapsel od. schwarze beerenart. Steinfr.; Blätt. kahl **21**

21. Knospen 2–4 mm lg.; Blattstiel bis 5 mm lg.; Spr. schmal eif. bis lanzettl. od. eif. ellipt., am Grund schmal od. br. keilf., 2,5–6(–8) cm lg., oft ≥ 3-mal so lg. wie br.; Fr. schwarze beerenart. Steinfr.; — Pfl. sommer- bis wintergrün; Blütenkrone weiß .... ***Ligustrum***, 659

— Knospen > 5 mm lg.; Blattstiel 10–30 mm lg.; Spr. eif. bis br. eif., am Grund ± herzf. (*37/12*) od. gestutzt bis br. keilf., 3–10 cm lg., < 3-mal so lg. wie br.; Fr. Kapseln; — Pfl. sommergrün; Krone lila, violett, rot od. weiß. .... ***Syringa***, 660

22 (15, 20). Knospen 1–2 mm lg.; Blattspr. rundl. od. eif. bis ellipt. (*97/3*), 2–6 cm lg., an Langtrieben auch größer u. oft gelappt (*97/2, Taf. 6: 6*), an der Spitze stumpf bis abgerundet, selten m. kleinem Spitzchen, an der Basis abgerundet, kahl, selten fein behaart; beerenart. Steinfr. weiß, zuw. 1 seitig gerötet od. m. roten Punkten, oft bis zum Winter bleibend ***Symphoricarpos***, 840

— Knospen > 3 mm lg.; Blattspr. ellipt. bis längl., eif. bis eif. lanzettl., rundl. eif. od. verkehrt eif., 2–12 cm lg., nie gelappt, an der Spitze stumpf, spitz od. zugespitzt, Basis br. keilf., ab-

97/1

97/2

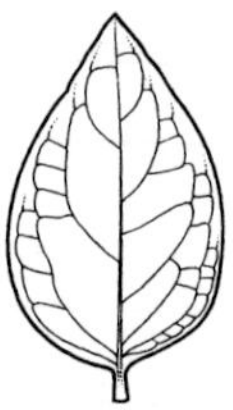

97/3

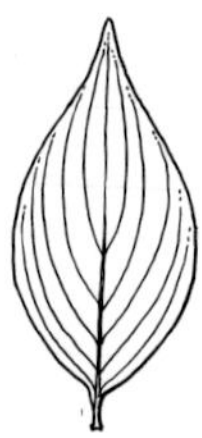

97/4

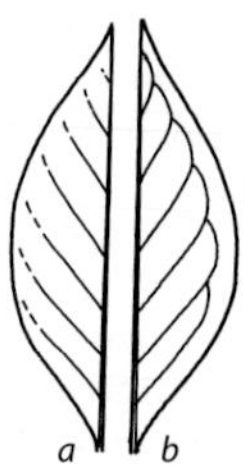

97/5

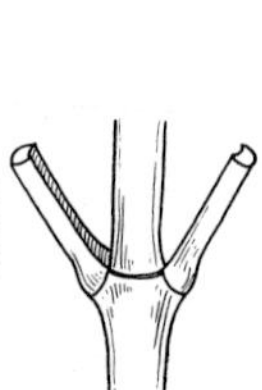

97/6

gerundet od. fast herzf., beiderseits behaart, nur unterseits auf den Nerven behaart od. kahl; Fr. rote, gelbe od. schwarze u. blaubereifte Beeren, paarweise an achselst. Stielen, z.T. zu Doppelbeeren verwachsen .... ***Lonicera***, 838

23 (14). Stielgrund der Blätt. eines Blattpaars weder zus.stoßend noch am Zweig durch eine Querlinie verbunden **25**

— Stielgrund der Blätt. eines Blattpaars am Zweig durch eine Querlinie verbunden (*97/6*) od. zus.stoßend **24**

24. Klein-, Zwerg- od. Halbstrauch m. aufr., erst niederlgd. u. dann aufstgd. od. m. kriechenden Sprossachsen, ohne flach bogenf. Sprosse; junge Zweige ± 4-kantig; Blätt. beim Zerreiben meist m. aromat. Geruch; — Blüten in scheinquirlig sthd. Zymen, Krone meist zygomorph, 2- od. 1-lippig (*678/1, 2* u. *5*), wenn fast radiär (*678/6*), dann Blätt. lineal-lanzettl. u. graufilzig (*Taf. 6: 7*); Fr. bei der Reife in 4 einsamige Klausen zerfallend
Lamiaceae (*Hyssopus, Lavandula, Rosmarinus, Satureja, Teucrium, Thymus*), 677

— Halbstrauch m. flach bogenf. bis niederlgd. Sprossachse; Zweige im ∅ rundl.; Blätt. ohne aromat. Geruch; — Spr. lederig, glzd.; Blüten einzeln, Krone radf. ausgebr. (*69/1a*); Balgfr.
Vinca, 640

25 (23). Blattspr. 1,5–2 mm br., 3–8 mm lg., Rand nach unten bis fast zur Mittelrippe umgerollt, — lederig, unterseits bläul.weiß; ohne Nebenblätt.; winter- bis immergrüner Spalierstrauch der Hochalp. .... ***Kalmia procumbens***, 625

— Blattspr. 2–20 mm br., 5–50 mm lg., flach od. wenn Rand umgerollt, dann weniger stark u. Spr. größer od. unterseits grün od. Nebenblätt. vorhanden **26**

26. Bis 1 m hoher Kleinstrauch; Blätt. runzelig, stets gegenst., ohne Nebenblätt.; äuß. Kelchblätt. größer als inn.; — Krone 3–5 cm ∅ .... ***Cistus***, 507

— 0,03–0,3 m hoher Zwerg- od. Halbstrauch; Blätt. nicht runzelig, neben gegenst. zuw. auch wechselst. Blätt., m. od. ohne Nebenblätt.; äuß. Kelchblätt. kleiner als inn.; — Krone 2–3 cm ∅ .... ***Helianthemum***, 507

27 (9). Baum; — Blätt. 12–18 cm lg.; Knospen schwarz, zuw. schwarzbraun, m. fein filzig behaarten Schuppen (Einblatt-Esche) .... ***Fraxinus***, 658

— Sträucher, Halb- od. Zwergsträucher, wenn Baum, dann Blätt. höchstens 10 cm lg. u. Knospen rotbraun od. dkl.braun m. nur am Rand bewimperten Schuppen **28**

28. > 1 m hoher Strauch, nicht aromat. duftend **32**

— ≤ 0,3 m hoher Zwerghalbstrauch od. ≤ 1,5 m hoher u. stark aromat. duftender Strauch od. Halbstrauch **29**

29. Nicht duftender, ≤ 0,3 m hoher Zwerghalbstrauch; Blattspr. 0,3–2,5 cm lg.; Blatt sitzend od. 1–7 mm lg. gestielt **31**

— ≤ 1,5 m hoher, stark duftender Strauch od. Halbstrauch; Blattspr. 2,5–8 cm lg.; Blattstiel bis 3 cm lg. **30**

30. Blattspr. schmal ellipt., lanzettl. od. eilanzettl., oberseits Nerven eingesenkt, dadurch netzart. strukturiert, runzelig, ganzrandig od. Rand schwach gekerbt, zuw. an der Basis 2 sehr schmale Lappen; 0,2–0,8 m hoher sommer- bis wintergrüner Halbstrauch; — Spr. jung dicht grauweiß filzig, später ± verkahlend .... ***Salvia officinalis***, 691

— Blattspr. längl. eilanzettl. bis eif., oberseits nicht runzelig, ganzrandig od. Rand jederseits m. 1–8 groben Zähnen, entw. nur oberh. der Spr.mitte od. am ganzen Rand; 0,5–1,5 m hoher sommergrüner Strauch; — junge Zweige u. Blätt. unterseits kurz grau behaart; Knospen nackt, dicht anlgd. grau behaart; glockige, 5-lappige pergamentart. Fr.kelche bis über den Winter an der Pfl. .... ***Caryopteris***, 684

31 (29). Pfl. m. oberird. lg. kriechenden fädl. Sprossachsen, nur 5–12 cm hoch (Blütentriebe); Blattspr. < 1,5 cm lg., nur in ob. Hälfte m. 2–4 stumpfen Zähnen, — eif.-rundl., schwach behaart; Blattstiel 1–3 mm lg., bewimpert .... ***Linnaea***, 838

— Pfl. bis 30 cm hoch, sich m. unterird. Ausläufern ausbreitend; Blattspr. 0,8–2,5 cm lg., Rand tief gekerbt bis fiederlappig, — unterseits flaumig behaart, grün od. graugrün; Blatt sitzend od. bis 7 mm lg. gestielt .... ***Teucrium chamaedrys***, 695

32 (28). Blattrand ringsum gesägt, gezähnt od. gekerbt, zumind. einzelne Zähne im unt. Drittel der Spr. **34**

— Blattrand im unt. Drittel der Spr. ganzrandig (*99/4*) **33**

33. Zweige zw. den Knoten hohl od. m. gefächertem Mark; Grund des Blattstiels bzw. Ränder der Blattnarben am Zweig herablfd., dadurch Sprossachse kantig (*99/5*); Blätt. grob gesägt (*99/4*) .... ***Forsythia***, 658

— Zweige m. vollem Mark, im ∅ ± rundl., Stielgrund nicht herablfd.; Blätt. schmal verkehrt eilanzettl., fein gesägt, — unterseits blaugrün, nur z.T. gegenst., überwgd. wechselst.; Blüten in Kätzchen .... ***Salix purpurea***, 463

34 (32). Von der Basis der Blattspr. neben der Mittelrippe 2 (*99/6*) od. 4 stärkere Nerven ausghd. (angedeutet handnervig); — achselst. Knospen meist nicht sichtbar, von der Blattstielbasis umschlossen bzw. unter den Blattnarben verborgen .... ***Philadelphus***, 614

— Von der Basis der Blattspr. nur 1 starker Hauptnerv (Mittelrippe) ausghd., von diesem die Seitennerven abzweigend (fiedernervig) **35**

35. Junge Zweige, zumind. die meisten (mehrere prüfen!), m. 2 Haarleisten (längs am Zweig verlfd. Reihen kurzer Haare); — Blätt. ellipt. bis längl. eif., lg. zugespitzt, unterseits ± dicht weich behaart; schmal zylindr. Kapselfr. trocken lange am Strauch bleibend .... ***Weigela***, 844

— Junge Zweige ohne 2 Haarleisten **36**

36. Seitennerven entw. vor dem Blattrand bogig nach oben umbiegend u. bogenf. m. den nächsten Seitennerven verbunden od. vor Erreichen des Blattrandes sich in feinere Nerven auflösend, die z.T. in die Blattzähne verlaufen (*99/1, 99/3, 99/4, 99/6*) **38**

— Seitennerven bis in die Blattzähne verlfd. (*99/2*).. **37**

37. Junge Zweige u. die nackten Knospen dicht sternhaarig filzig; Blätt. stets ungelappt, ihr Rand fein u. dicht gezähnt (*99/2*); Fr. reifend rote, reif schwarze Steinfr. ***Viburnum lantana***, 833

— Zweige kahl; Knospen von Knospenschuppen bedeckt, diese nur am Rand bewimpert; Blätt. zT. gelappt m. 1–2 Seitenlappen, doppelt gesägt; Fr. in 2 einsamige, geflüg. Nüsschen zerfallende Spaltfr. (*499/2*) .... ***Acer tataricum***, 499

38 (36). Blattstielgrund der gegenst. Blätt. am Knoten durch eine Querlinie am Zweig verbunden (*97/6*) od. ihre Ansatzstellen (bzw. Blattnarben) winkelig zus.stoßend **42**

— Blattstielgrund der gegenst. Blätt. am Knoten weder durch eine Querlinie am Zweig verbunden noch sich berührend **39**

39. Jederseits der Mittelrippe 3 kräftige, bogenf. Richtung Blattspitze verlfd. Seitennerven (*99/1*); — Zweigenden oft verdornend; an einer Pfl. neben (fast) gegenst. auch wechselst. Blätt. .... ***Rhamnus***, 441

— Jederseits der Mittelrippe > 3 Seitennerven, ± Richtung Blattrand verlfd., z.T. undeutl. ... **40**

40. Blattspr. meist verkehrt eilanzettl., oberh. der Mitte od. im ob. Drittel am breitesten, unterseits blaugrün bis weißl.; Knospen nur von 1 Knospenschuppe umhüllt; Blüten u. Fr. in Kätzchen .... ***Salix purpurea***, 463

— Blattspr. in od. unterh. der Mitte am breitesten, unterseits grün; Knospen von mehreren Knospenschuppen bedeckt; Blüten nicht in Kätzchen **41**

41. Zweige nur an den Knoten m. vollem Mark, zw. den Knoten hohl od. m. gefächertem Mark, zumindest anfangs im ∅ kantig (*99/5*); Blätt. grob gesägt (*99/4*); Fr. 2-klappige Kapsel ***Forsythia***, 658

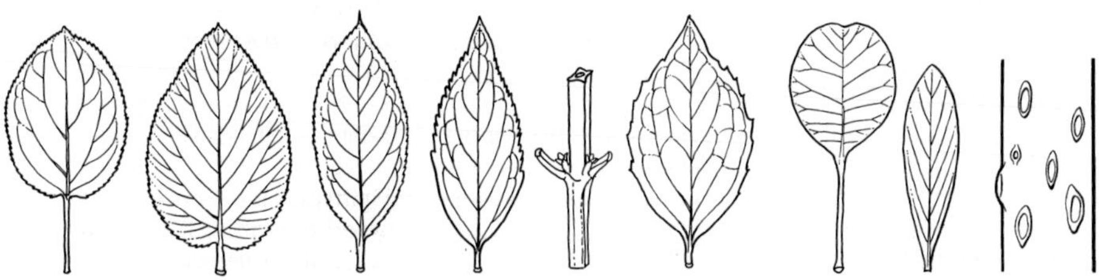

99/1 *99/2* *99/3* *99/4* *99/5* *99/6* *99/7* *99/8* *99/9*

— Zweige m. vollem Mark, im ∅ rund od. 4-kantig, zuw. warzig od. m. Korkleisten; Blätt. fein gesägt (*99/3*); Fr. 4–5-lappige, -kantige od. -flügelige, zur Reife rote Kapsel m. Samen, die von orangefarbigem Arillus umgeben sind (*Taf. 27: 4*) .... ***Euonymus***, 453

42 (38). Blattrand jederseits m. < 10 zieml. weit voneinander entfernten deutl. Zähnen (*99/6*); achselst. Knospen meist nicht sichtbar, von der Blattstielbasis umschlossen bzw. unter den Blattnarben verborgen .... ***Philadelphus***, 614

— Blattrand jederseits m. > 10 Zähnen, meist dicht u. fein gesägt od. gezähnt (vgl. *99/2*), zuw. undeutl.; achselst. Knospen sichtbar **43**

43. Zweige nur in den Knoten m. Mark, zw. den Knoten hohl; Knospen von Knospenschuppen bedeckt; — Blattspr. 3–8 cm lg., zugespitzt, fein kerbig gesägt, wie die Zweige m. anlgd. Sternhaaren (*41/5*) .... ***Deutzia***, 614

— Zweige m. Mark; Knospen nackt, zuw. von kleinen Blätt. umhüllt od. nicht ausgebildet, da gleich kurze Seitentriebe austreibend; — junge Zweige sternhaarig filzig **44**

44. Blattstiel 1–3 cm lg.; Blattspr. 5–12 cm lg., an der Spitze spitz bis stumpf, Basis herzf. od. abgerundet, Rand fein u. dicht gezähnt, — oberseits runzelig, unterseits dicht behaart; Seitennerven stark hervortretend, sich zum Blattrand hin mehrmals gabelnd (*99/2*); Steinfr. reifend rot, reif schwarz .... ***Viburnum lantana***, 833

— Blattstiel bis 0,5 cm lg.; Blattspr. (4–)10–20(–25) cm lg., zugespitzt, Basis keilf., Rand schwach od. kerbig gesägt bis wellenf., — anfangs beiderseits sternhaarig, später oberseits verkahlend, unterseits dicht weiß- bis grünl.-filzig; Fr. 2-klappig sich öffnende Kapsel ***Buddleja***, 674

45 (4). Kletterpfl., m. Blätt. (Rhachis u. lg. Fiederstiele) klimmend (*Taf. 5: 2*); — Blätt. unpaarig gefied., einfach od. doppelt 3-zählig .... ***Clematis***, 338

— Pfl. nicht kletternd, selten klimmend, aber dann m. Seitenzweigen **46**

46. Blätt. 5–7-zählig gefing. (*39/6*); — Fr. kugelige, 3-klappig zerfallende Kapsel m. wenigen großen glzd. braunen Samen .... ***Aesculus***, 501

— Blätt. gefied. od. 3-zählig **47**

47. Zweige 4-kantig, grün; — Blätt. 3-zählig, Fiedern 1–3 cm lg.; Spreizklimmer ***Jasminum***, 659

— Zweige nicht 4-kantig **48**

48. Fiedern der 3-zähligen Blätt. nur 1–4 mm br. u. ganzrandig; Blätt. kurzlebig, meist bald abfallend; — m. kurzen gegenst. Trieben strahlig verzweigter Kleinstrauch
Genista radiata, 378

— Fiedern der gefied. od. 3-zähligen Blätt. breiter u. gesägt od. gezähnt; Blätt. nicht hinfällig; — Strauch od. Baum **49**

49. Junge Zweige meist bläul. bereift; die 3–7 Fiedern eines Blatts unregelm. grob, z.T. doppelt, gesägt, zuw. fast ganzrandig od. gelappt; — Blüten eingeschl., Blütenhülle unscheinbar, Kelch gelbl., Krone fehlend, meist vor den Blätt. erscheinend; 2-häusiger Baum; Fr. in 2 einsamige, geflüg. Nüsschen zerfallende Spaltfr. (*499/2*) .... ***Acer negundo***, 499

— Junge Zweige nicht bläul. bereift; Fiedern feiner u. regelm. gesägt **50**

50. Blätt. m. 7–13 Fiedern, ohne Nebenblätt.; jg. Zweige m. engem Mark; — Knospen grau, braun od. schwarz; Blüten eingeschl. od. ⚥ (*65/7a–b*; *Taf. 19: 13*), m. od. ohne Kelch u. Krone; Fr. geflüg. Nuss; Baum .... ***Fraxinus***, 658

— Blätt. m. 5–7 Fiedern, m. kleinen hinfälligen Nebenblätt., wenn abgefallen, dann Narben sichtbar; junge Zweige m. sehr weitem Mark, nur von dünnem Holzzylinder umgeben ... **51**

51. Junge Zweige glatt u. glzd.; Knospen von 2, z.T. verwachsenen, Knospenschuppen umhüllt, gekielt; Fiedern unterseits bläul.grün u. kahl; Fr. blasige trockenhäutige Kapsel
Staphylea, 498

— Junge Zweige rau durch warzig-höckerige Lentizellen (*99/9*); Knospen m. > 4 Knospenschuppen, z.T. halboffen od. nackt erscheinend; Fiedern unterseits grün (heller als oberseits) u. zumind. anfangs behaart; Fr. schwarze od. rote beerenähnl. Steinfr. ...... ***Sambucus***, 833

52 (10). Pfl. sommergrün, auf *Quercus* od. *Castanea* wachsend; mehrj. Zweige schwarzbraun; Blätt. relativ dünn; Fr. gelb .... ***Loranthus***, 553

— Pfl. immergrün, auf verschiedenen Baum- u. Straucharten, fast nie auf *Quercus* od. *Castanea* wachsend; mehrj. Zweige gelbgrün; Blätt. derber, etwas lederig; Fr. weiß bis grünl.weiß od. gelbl.weiß .... ***Viscum***, 552

XIc. Blätter wechselständig (zerstreut oder zweizeilig, zuweilen rosettig genähert bzw. büschelig), einfach; Spreite ungeteilt und ganzrandig

1. Blätt. alle wechselst., zuw. genähert u. an Triebenden od. Kurztrieben, selten am Grund der Pfl., rosettig gehäuft **3**
— Blätt. an einer Pfl. sowohl wechselst. als auch gegenst. **2**
2. Immergrüner Zwergstrauch, — ≤ 0,3 m hoch; Blätt. meist gegenst., nur ob. Blätt. wechselst.; Spr. beider- od. unterseits grau- bis weißfilzig, striegelhaarig od. kahl ... ***Helianthemum***, 507
— Sommergrüner Zwerg- od. Kleinstrauch, — 0,2–1,3(–2) m hoch; Blätt. meist wechselst., nur unt. Blätt. auch ± gegenst.; Spr. beider- od. unterseits seidig weiß behaart ***Salix repens*** agg., 465
3 (1). Blätt. am Grund der Pfl. rosettig, darüber nur wenige wechselst. schuppenf. Blätt. ***Globularia***, 664
— Blätt. alle wechselst., wenn zuw. rosettig od. scheinquirlig genähert, dann an Triebenden od. Kurztrieben **4**
4. Scheinbare Blätt. sind blattart. verbreiterte Sprosse (Flachsprosse), eigentl. Laubblätt. schuppenf. (*Taf. 3: 8;* s. auch **Tab. XIa**, Nr. **18**, S. 96) .... ***Ruscus***, 216
— Normale Laubblätt. vorhanden, keine blattart. Flachsprosse **5**
5. Blätt. unterseits grün bis bläul. od. grau bis weiß, weder flächig rostbraun noch dicht m. rostbraunen Schuppen besetzt, nur zuw. einzelne braune Schuppen od. Haare vorkommend; junge Zweige weder rostbraun beschuppt noch rostbraun filzig **7**
— Blätt. unterseits entw. durch aneinanderlgd. Schuppen (Schülfer- od. Schildhaare) od. filzige Behaarung flächig rostbraun od. ± dicht m. rostbraunen Schuppen besetzt; junge Zweige m. rostbraunen Schuppen od. rostbraun filzig; — Blätt. 1–5 cm lg.; Spr.Rand ± stark umgerollt; Pfl. immergrün **6**
6. Blätt. unterseits flächig rostbraun, entw. durch dicht lgd. rostbraune Schuppen od. durch filzige rostbraune Behaarung, ganzrandig; — junge Zweige m. rostbraunen Schuppen od. rostbraun filzig; Kronblätt. verwachsen u. purpurrosa od. frei u. weiß .... ***Rhododendron***, 626
— Blätt. unterseits weißl.grün, aber dicht m. rostbraunen Schuppen besetzt, Rand, bes. in ob. Spr.Hälfte, meist schwach kerbig gezähnt; — junge Zweige m. rostbraunen Schuppen; Krone urnen- bis krugf. u. weiß .... ***Chamaedaphne***, 624
7 (5). Blattspr. ≤ 3 cm lg., nur die größ. zuw. bis ≈ 3,5 cm lg., im Mittel stets < 3 cm lg. **43**
— Blattspr. > 3 cm lg., wenn z.T. < 3 cm lg., dann zumind. die längeren Blätt. bis 5 cm od. Spr. im Mittel > 3 cm lg. **8**
8. Blattspr. unterseits weiß od. grauweiß, entw. durch Blattfarbe od. durch samtart., filzige, sternhaarige od. schülferige (Schildhaar-Schuppen) Behaarung, z.T. weicher wolliger Filz abreibbar, nie rein grün od. bläul.grün **34**
— Blattspr. beiderseits grün, unterseits oft heller grün, auch blaugrün od. bläul., anfangs zuw. durch etwas dichtere Behaarung weißl., aber nie filzig, sternhaarig od. schülferig **9**
9. Sprossknoten von trockenhäutiger Scheide (Ochrea, *35/7*) röhrig umschlossen; — windende Kletterpfl.; Blätt. 4–10 cm lg., ganzrandig od. Rand schwach gezähnt, Spr.Basis spießf. od. herzf. .... ***Fallopia baldschuanica***, 557
— Sprossknoten ohne Ochrea **10**
10. Von der Basis der Blattspr. nur 1 starker Nerv abghd. (Mittelrippe), Seitennerven schwächer (fiedernervig) **13**
— Von der Basis der Blattspr. ≥ 3 ± gleichstarke Nerven abghd., entw. handnervig od. neben der Mittelrippe ≥ 2 kräftigere Seitennerven........ **11**
11. Aufr. Strauch od. Kleinbaum; — Blattstiel an beiden Enden verdickt; Spr. fast rundl. m. tief herzf. Basis, 7-nervig, kahl .... ***Cercis***, 375
— Pfl. kletternd od. auch am Boden kriechend **12**
12. Immergrüne Pfl., Sprosse m. Haftwurzeln (*Taf. 5: 4*) kletternd od. am Boden kriechend; Blätt. 4–10(–15) cm lg., an blhd. Trieben rautenf. (*102/1b*), an nichtblhd. Trieben 3–5-lappig (*102/1a*); Fr. Steinfr., erst im nächsten Frühjahr reifend u. dann blauschwarz ..... ***Hedera***, 714
— Sommergrüne windende Liane; Blätt. 10–30 cm lg., herz- bis nierenf., ungelappt (*102/2a*); Fr. hgd. Kapsel (*102/2b*) .... ***Aristolochia macrophylla***, 152

13 (10). Zweige ohne Mark, hohl; — Blätt. eif. lanzettl., am Grund oft herzf.; ob. Stg.Blätt. zuw. spießf., 3-teilig od. 3-zählig; sommergrüner, kletternder od. niederlgd. Halbstrauch; Fr. scharlachrote Beeren .... ***Solanum dulcamara***, 656
— Zweige m. Mark; sommer- od. immergrüne Sträucher od. Bäume **14**
14. Blattspr. < 10 cm lg., auch bei den größ. Blätt. nur ausnahmsweise bis 10 cm **21**
— Blattspr. 5–15(–25) cm lg., zumind. bei den größ. Blätt. > 10 cm **15**
15. Pfl. sommergrün; Blätt. weich, unterseits fein filzig; Zweige zuw. m. verdornten Kurztrieben; — Blätt. br. längl. bis längl. lanzettl., ganzrandig od. Rand fein gezähnt; Fr. Steinapfel m. zur Frzt. bleibenden aufr. Kelchblätt. .... ***Mespilus***, 418
— Pfl. immergrün; Blätt. lederig, meist derb; Zweige ohne Kurztriebdornen **16**
16. Blattspr. oberseits durch eingesenkte Nerven runzelig, zuw. am Rand etwas wellig ***Cotoneaster***, 411
— Blattspr. oberseits ± glatt, nicht runzelig, Rand flach od. deutl. wellig **17**
17. Blattspr. am Rand auffällig wellig **20**
— Blattspr. am Rand flach, nicht wellig **18**
18. Blätt. beim Zerreiben m. *Citrus*-art. Geruch, Rinde m. Kampferduft; — Blattstiel bis 3 cm lg.; Spr. 6–15 cm lg., 4–6,5 cm br. .... ***Camphora***, 152
— Blätt. weder beim Zerreiben m. *Citrus*-art. Geruch noch Rinde m. Kampferduft; — Blattstiel 0,5–2 cm lg. **19**
19. Blätt. an den Zweigenden scheinquirlig genähert, an 2-j. Trieben unterh. des Fr.Stands oft scheinquirlig genäherte 1-j. Triebe; Blattstiel 1–2 cm lg., Spr. stets ganzrandig, Rand nicht umgebogen, — verkehrt eif. lanzettl. bis br. ellipt., 8–25 cm lg.; Kapselfr. ***Rhododendron ponticum***, 626
— Blätt. an den Trieben ± gleichm. verteilt, weder Blätt. noch 1-j. Triebe scheinquirlig genähert; Blattstiel 0,5–1,2 cm lg., Spr. ganzrandig od. Rand schwach gezähnt, oft Rand etwas umgebogen, — längl. bis verkehrt eif., 5–15(–25) cm lg.; Steinfr. ... ***Prunus laurocerasus***, 422
20 (17). Blätt. lederig dünn, Rand wellig, aber nie m. dornigen Zähnen, zerrieben aromat. riechend; Nervennetz unterseits deutl. kleinfelderig; 1-samige schwarze Steinfr. ***Laurus***, 152
— Blattspr. lederig dick u. hart, oft dornig gezähnt (*102/3*; *Taf. 9: 2*), ohne aromat. Geruch; Nervennetz unterseits undeutl. gefeldert; mehrsamige rote Steinfr. .... ***Ilex***, 713
21 (14). Blätt. lg. gestielt, Stiel bei größ. Blätt. 4–5 cm lg. **33**
— Blattstiel deutl. kürzer, auch bei größ. Blätt. < 4 cm lg. **22**
22. Blattspr. oberh. der Mitte am breitesten, verkehrt eilanzettl. bis längl. lanzettl. u. zur Basis verschmälert; — Blätt. oft an den Zweigenden gehäuft .... ***Daphne***, 506
— Blattspr. in od. unterh. der Mitte am breitesten **23**
23. Blätt. ohne goldgelbe Harzdrüsen **25**
— Blätt. m. goldgelben Harzdrüsen, — aromat. duftend; Spr. zur Spitze hin kerbig gesägt ... **24**
24. Zweige m. Endknospe; Blätt. beiderseits behaart; Blüten an diesj. Zweigen; Fr. m. weißl. Wachs überzogen .... ***Morella***, 447
— Zweigspitze absterbend, ohne Endknospe; Blätt. nur unterseits behaart; Blüten an vorj. Zweigen; Fr. ohne Harzüberzug, m. goldgelben Drüsen .... ***Myrica***, 447
25 (23). Strauch m. meist überhgd., zuw. niederlgd., lg. u. dünnen Zweigen, oft m. Sprossdornen; — Fr. rote od. rot- bis gelborange Beere .... ***Lycium***, 655

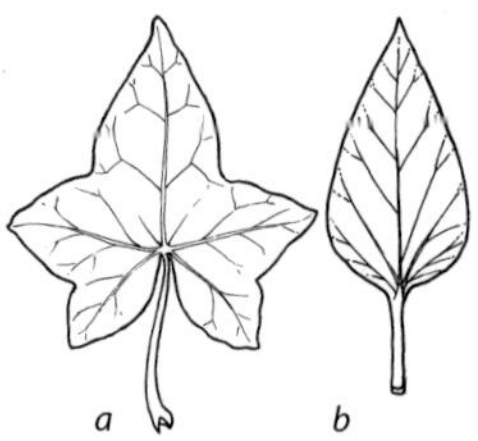

102/1

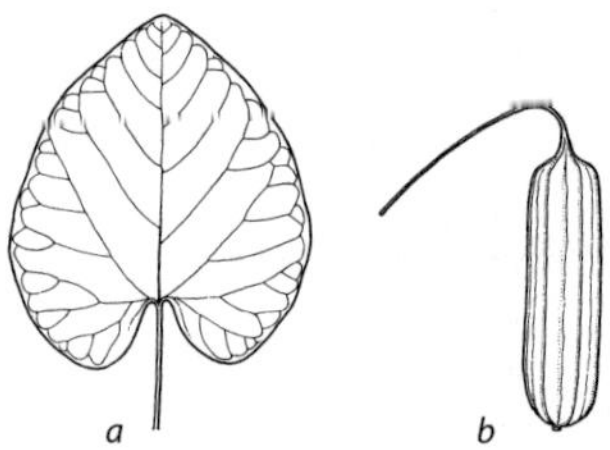

102/2

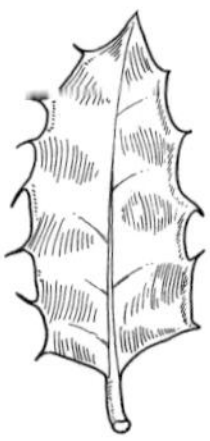

102/3

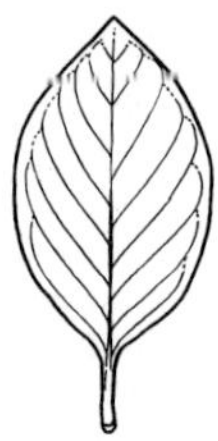

102/4

— Baum od. Strauch m. aufr. od. abstd. Zweigen, ohne Dornen **26**
26. Seitennerven der Blätt. entw. deutl. verzweigt od. nur schwach hervortretend **28**
— Seitennerven kaum od. nur ausnahmsweise verzweigt (aber durch feine Quernerven verbunden), stark hervortretend, dicht vor dem Blattrand umbiegend od. in Richtung Blattspitze gebogen **27**
27. Seitennerven etwas bogig, vor dem Spr.Rand deutl. nach oben biegend (*102/4*); Fr. anfangs grüne, dann rote, später schwarze, mehrsamige Steinfr.; Strauch, selten baumf. ***Frangula***, 441
— Seitennerven ± gerade zum Spr.Rand verlfd., erst unmittelbar vor dem oft leicht gebuchteten bis gewellten Spr.Rand nach oben umbiegend (*111/6*); Fr. Nuss (Buchecker), in einem sich klappig öffnenden Fr.Becher; Baum .... ***Fagus***, 446
28 (26). Zweige meist überhgd., zuw. niederlgd., lg. u. dünn, z.T. m. Sprossdornen; — rote od. rot- bis gelborange Beerenfr. .... ***Lycium***, 655
— Zweige nicht überhgd. u. zugleich lg. u. dünn **29**
29. Blattstiel 1–5 cm lg. **33**
— Blattstiel meist nur bis 1,5 cm lg. **30**
30. Knospen kapuzenf. von 1 Knospenschuppe umhüllt; — Blattunterseite m. deutl. Nervennetz; Blüten in Kätzchen .... ***Salix***, 462
— Knospen nackt od. von mehreren Knospenschuppen bedeckt **31**
31. Blattspr. allmähl. in den Blattstiel überghd.; — Blätt. oft an den Zweigenden gehäuft ***Daphne***, 506
— Blattstiel deutl. abgesetzt **32**
32. Spitze der Blattspr. stets scharf stechend; — Blattspr. z.T. ganzrandig, z.T. stark dornig gezähnt (*102/3*; *Taf. 9: 2*), Randbereich meist deutl. gewellt; Pfl. immergrün; Blattspr. stets steif u. lederig, — eif. bis ellipt., kahl, Nervennetz unterseits kaum sichtbar .... ***Ilex***, 713
— Spitze der Blattspr. nicht stechend; — Blattspr. stets ganzrandig, zuw. runzelig u. Rand leicht wellig-buchtig; Pfl. sommer- od. immergrün; Spr. derb lederig od. dünn, — lanzettl., ellipt., eif., rautenf. od. rundl., unterseits meist behaart .... ***Cotoneaster***, 411
33 (21, 29). Seitennerven deutl., fast rechtwinklig vom Mittelnerv abzweigend, gegabelt (*99/7*); Blütenstiele z. Frzt. sich verlängernd u. federig behaart; Fr. abgeflachte trockene Steinfr., 3–4 mm lg. .... ***Cotinus***, 498
— Seitennerven sehr fein, kaum fühlbar; Blütenstiele z. Frzt. weder veräng. noch federig behaart; Fr. kugel- od. birnf. Kernapfel, > 10 mm lg. .... ***Pyrus***, 424
34 (8). Blätt. unterseits sternhaarig-filzig u./od. durch Schildhaar-Schuppen schülferig **39**
— Blätt. unterseits (fast) kahl, ± behaart bis filzig, aber durch einfache Haare, weder sternhaarig noch schülferig **35**
35. Knospen von 1 Knospenschuppe kapuzenf. umhüllt; Blüten in Kätzchen, ohne Kelch- u. Kronblätt.; Fr. kleine Kapsel m. zahlr. Samen m. Haarschopf; — Blattspr. zuw. am Rand ± umgerollt od. Spitze zurückgekrümmt .... ***Salix***, 462
— Knospen nackt od. von mind. 2 Knospenschuppen bedeckt; Blüten nicht in Kätzchen, m. Kelch u. Krone; Fr. Apfelfr. (Kern- od. Steinapfel) **36**
36. Blattstiel meist > 1,5 cm, z.T. bis 3 cm lg., Seitennerven unterseits nur schwach hervortretend, kaum fühlbar; — Zweige m. Endknospe, zuw. m. verdornenden Kurztrieben; Fr. Kernapfel .... ***Pyrus***, 424
— Blattstiel meist < 1,5 cm lg.; Seitennerven unterseits hervortretend, wenn auch z.T. durch filzige Behaarung verdeckt **37**
37. Zwerg-, Klein- od. Großstrauch, immergrün m. derb lederigen Blätt. od. sommergrün m. dünnen Blätt.; Nebenblätt. pfrieml., klein u. hinfällig; — Spr. meist < 8 cm lg., wenn bis 12 cm, dann < 4 cm br. od. Oberseite m. eingesenkten Nerven u. ± runzelig, lanzettl., ellipt., eif., rautenf. od. rundl.; Fr. roter bis schwarzer Steinapfel, < 1 cm ∅; Zweige ohne Endknospe u. dornenlos .... ***Cotoneaster***, 411
— Stets sommergrüner Großstrauch od. Kleinbaum, Blätt. dünn u. weich od. etwas derb; Nebenblätt. auffällig, lanzettl. od. verkehrt eif. längl., bis > 1 cm lg.; — Spr. 5–12 cm lg., 4–7,5 cm br., oberseits nicht runzelig, längl. bis lanzettl. od. eif.; Fr. gelber od. brauner Kern- od. Steinapfel, > 2 cm ∅ **38**

38. Zweige m. Endknospe, oft m. verdornenden Kurztrieben (bei Kulturpfl. meist fehlend); — Blätt. 8–12 cm lg. u. 2–4 cm br., längl. od. längl. lanzettl., ganzrandig od. Rand fein gesägt, unterseits feinfilzig; Fr. rau behaarter, birn- bis apfelf. od. br. kreiself. Steinapfel, reif braun, 2–4 (in Kultur bis 7) cm ∅ … ***Mespilus***, 418

— Zweige ohne Endknospe, dornenlos; — Blätt. 5–10 cm lg. u. 3–7,5 cm br., längl. bis br. eif., stets ganzrandig, unterseits dichtfilzig; Fr. birn- od. apfelf., ± filzig behaarter Kernapfel, reif gelb u. duftend, 4–12 cm lg. … ***Cydonia***, 415

39 (34). Blätt. unterseits sternhaarig-filzig, ohne schuppenf. Schildhaare; — Pfl. ohne dornige Zweige … **41**

— Blätt. unterseits weiß- bis grauschülferig, d. h. m. schuppenf. Schildhaaren (*107/2*) besetzt, z.T. zusätzl. m. Sternhaaren; — Pfl. oft m. dornigen Zweigen … **40**

40. Blätt. schmal lanzettl., 5–7 mm br., auch unterseits Seitennerven undeutl., — beider- od. unterseits m. silbrigen u. z.T. bronzefarbenen Schildhaaren; sommergrüner dorniger Strauch od. Kleinbaum; beerenart. Steinfr. orangerot bis gelb … ***Hippophaë***, 441

— Blätt. lanzettl., längl., ellipt. od. eif., 8–25 mm od. bis 45 mm br., unterseits Seitennerven deutl.; — beider- od. nur unterseits m. silbrigen, z.T. untermischt m. braunen Schildhaaren; sommer- od. immergrüner, dorniger od. dornenloser Strauch od. Kleinbaum; Steinfr. hellgelb, silbrig, braun od. rot … ***Elaeagnus***, 441

41 (39). 0,2–0,4 m hoher Halbstrauch, Sprosse niederlgd.-aufstgd. an den Enden m. rosettig genäherten Blätt.; Blätt. lanzettl. spatelf., ganzrandig od. entfernt buchtig gezähnt, — hellgrau sternhaarig filzig … ***Aurinia***, 524

— Aufr., bis > 0,5 m hoher Strauch od. Baum; Blätt. an den Zweigenden nicht rosettig genähert, ganzrandig od. stachelspitzig gezähnt … **42**

42. Bis 1 m hoher, ästiger Strauch m. lg., meist bogig überhgd. bis herabhgd., selten vom Boden aufstgd. Zweigen; Blätt. schmal eilanzettl., 0,3–1,6 cm br., ganzrandig, dicht u. fein sternhaarig … ***Krascheninnikovia***, 604

— Strauch > 1 m hoch od. Baum, Zweige weder über- noch herabhgd. od. aufstgd.; Blätt. lanzettl. bis ellipt. od. fast rundl., 1–3 cm br., ganzrandig od. am Rand stachelspitzig gezähnt, nur unterseits grauweiß filzig … ***Quercus ilex***, 446

43 (7). Blätt. an einer Pfl. einfach u. 3-zählig, — kurzlebig u. bald abfallend; Zweige rutenf., grün, stark kantig … ***Cytisus***, 376

— Blätt. alle einfach … **44**

44. Blattrand kahl od. behaart, aber nicht abstd., weder borstig noch bewimpert … **46**

— Blattrand lg. abstd. behaart, bewimpert od. borstig; — immergrüner Zwerg- od. Kleinstrauch … **45**

45. Blätt. 1–3 cm lg., Blattrand lg. bewimpert, aber Spr. sonst nicht behaart, oberseits etwas runzelig, unterseits wie Zweige m. einigen anfangs gelben, später dk.braunen Schuppen ***Rhododendron hirsutum***, 626

— Blätt. 0,8–1,2 cm lg., am Rand m. weißen borstenf. Haaren, auch oberseits spärl. borstig, unterseits wie Zweige ohne Schuppen … ***Rhodothamnus***, 626

46 (44). Pfl. dornenlos, ohne Blatt- od. Sprossdornen … **48**

— Zweige entw. m. verdornten Langtriebblätt. od. verdornten Sprossachsen … **47**

47. Langtriebe m. einfachen od. 3-teiligen Blattdornen, in deren Achseln Kurztriebe m. büschelig genäherten Blätt. sthd. (*331/1*); 0,5–3 m hoher Strauch m. roten Beerenfr. … ***Berberis***, 332

— An Langtrieben, bes. im unt. Teil der Pfl., seitl. entspringende, bis 2 cm lg. Sprossdornen (Kurztriebdornen); Zwerg- od. Kleinstrauch m. Hülsenfr. … ***Genista***, 378

48 (46). Blätt. weder stark zus.gedrängt noch büschelig gehäuft … **51**

— Blätt. stark zus.gedrängt, entw. sehr dicht sthd. od. im unt. Teil der Pfl. od. an den Zweigenden büschelig gehäuft … **49**

49. Zweige deutl. kantig bis geflüg. od. gefurcht; — Blätt. im unt. Teil der Pfl. büschelig gehäuft, 0,8–2 cm lg., bis 4 mm br.; Zwergstrauch m. niederlgd. u. aufstgd. Sprossen; Hülsenfr. ***Cytisus***, 376

— Zweige im ∅ ± rundl., weder deutl. kantig od. geflüg. noch gefurcht … **50**

50. Immergrüner aufr. od. niederlgd. Zwerg- od. Kleinstrauch; Blätt. an den Zweigenden büschelig gehäuft; Spr. längl. bis verkehrt eif., lanzettl. od. verkehrt eilanzettl. bis spatelig, 0,5–5 cm lg. .... ***Daphne***, 506

— Sommergrüner, dem Boden angedrückter Spalierstrauch m. sehr dicht sthd. Blätt.; Spr. verkehrt eif. bis spatelig, 0,4–1 cm lg. .... ***Salix serpillifolia***, 471

51 (48). Blätt. > 2 mm br. **53**

— Blätt. 1–2 mm br. **52**

52. Blätt. nadelf., — in den Achseln oft Büschel sehr kleiner Blätt.; Zwergstrauch m. gelber Blütenkrone u. 3-kantiger Kapselfr. .... ***Fumana***, 507

— Blätt. linealisch, z.T., bes. an nichtblhd. Trieben, etwas fleischig; — Zwerghalbstrauch m. weißer Blütenkrone u. abgeflachter Schotenfr. .... ***Iberis***, 540

53 (51). Blätt. unterseits m. eingedrückten bräunl. Punkten, — 1–2,5 cm lg., Rand etwas umgerollt, ganzrandig (*627/1*) od. schwach gekerbt; immergrüner Zwergstrauch ***Vaccinium vitis-idaea***, 627

— Blätt. unterseits ohne bräunl. Punkte **54**

54. Bis 2,5 m hoher Rutenstrauch m. binsenf. Zweigen u. hinfälligen Blätt.; Zweige graugrün, im ∅ rundl., sehr fein gestreift; — Blätt. 1–2,5 cm lg., 2–5 mm br., blaugrün, meist bald abfallend .... ***Spartium***, 388

— Kein Rutenstrauch m. binsenf. Zweigen, wenn Zweige grün u. rutenf., dann Pfl. < 1 m hoch u. Zweige kantig od. gefurcht; Blätt. nicht hinfällig **55**

55. Zweige fadenf. dünn, ≈ 1 mm ∅; Blüten bzw. Fr. an lg. fadenf. Stielen; immergrüner Zwergstrauch m. niederlgd. bis kriechenden Sprossen; — Blätt. 3–17 mm lg., Rand ± umgerollt; kugelige Beerenfr. .... ***Vaccinium***, 627

— Zweige stärker, nicht fadenf. dünn, od. wenn sehr dünn, dann kantig; Blüten- u. Fr.Stiele nicht lg. fadenf.; sommer- od. immergrüner Strauch od. Zwergstrauch m. aufr., aufstgd. od. niederlgd. Sprossen **56**

56. Zweige br. 2 schneidig geflüg., Flügel an den Knoten unterbrochen u. den Spross auffällig gliedernd; — Blätt. 2-zeilig, unterseits behaart; Zwergstrauch .... ***Genista sagittalis***, 378

— Zweige im ∅ rundl., gefurcht od. kantig, zuw. schwach geflüg., aber Flügel nicht br. 2-schneidig **57**

57. Blätt. > 3 mm br. **60**

— Blätt. alle od. doch die meisten ≤ 3 mm br. **58**

58. Blätt. unterseits kahl; 1-samige Steinfr.; — Spr. derb lederig; junge Zweige behaart; aufr. od. niederlgd. Zwerg- od. Kleinstrauch .... ***Daphne***, 506

— Blätt. unterseits behaart; Fr. 1- bis mehrsamige Hülsen; — Zwergstrauch m. niederlgd. u. aufstgd. Sprossen **59**

59. Zweige nur leicht kantig u. ± gerieft, durch verdickte, deutl. absthd. Blattkissen knotig; — Blätt. unterseits wie junge Zweige anlgd. seidig behaart; Spr. 0,3–1 cm lg. ***Genista pilosa***, 378

— Zweige deutl. 5-kantig od. gefurcht zw. 8–10 T-f. Leisten, nicht knotig; — Blätt. u. junge Zweige anlgd. od. absthd. behaart; Spr. 0,8–2 cm lg. .... ***Cytisus***, 376

60 (57). Junge Zweige kahl od. nur schwach behaart **63**

— Junge Zweige ± stark behaart **61**

61. Blätt. m. Sternhaaren (*41/5*; Lupe!), — lanzettl. bis spatelf., oberseits graugrün, unterseits weißfilzig .... ***Odontarrhena muralis***, 546

— Blätt. ohne Sternhaare **62**

62. Knospen m. > 2 Knospenschuppen; Zweige stets ohne Lentizellen; Blätt. ≈ 2-mal so lg. wie br., meist ≈ 2 cm lg., unterseits graufilzig .... ***Spiraea***, 438

— Knospen nackt od. m. 2 Knospenschuppen; Zweige meist m. Lentizellen (*99/9*); Blätt. nicht bis 2-mal so lg. wie br. od. sonst kleiner od. unterseits weißfilzig .... ***Cotoneaster***, 411

63 (60). Blätt. am Rand umgerollt, unterseits bläul.weiß bereift, — kahl .... ***Andromeda***, 623

— Blattrand flach od. wenn umgerollt, dann Blätt. unterseits nicht weißl. **64**

64. Blätt. an der Spitze abgerundet od. stumpf, — Spr. oft oberh. der Mitte am breitesten ... **67**

— Blätt. zugespitzt, spitz od. m. kurzer Stachelspitze, — Spr. selten oberh. der Mitte am breitesten **65**

65. Immergrüner Zwerghalbstrauch; Blätt. derb lederig, m. aufgesetzter kurzer Stachelspitze (*107/1*), — 1–2,5 cm lg., lanzettl. bis verkehrt eif., Rand umgerollt; Pfl. niederlgd., Ausläufer bildend .... ***Polygaloides***, 397
— Sommergrüner Zwergstrauch od. Strauch; Blätt. nicht derb lederig u. nicht stachelspitzig **66**
66. Zweige kantig, m. mehreren flachen Furchen; Knospen m. mehreren Schuppen, aber klein u. größtenteils vom Blattgrund verdeckt; — Zwerg- bis Kleinstrauch m. grünen Zweigen; Blätt. 1–5 cm lg., 0,3–1,5 cm br. .... ***Genista tinctoria***, 378
— Zweige weder kantig noch gefurcht; Knospen nur m. 1 Knospenschuppe, frei, auch nicht z.T. vom Blattgrund verdeckt; — Blüten u. Fr. in Kätzchen .... ***Salix***, 462
67 (64). Niederlgd. Halbstrauch od. Spalierstrauch, bis 0,3 m hoch **69**
— Aufr. Zwergstrauch od. Strauch, 0,2–2 m hoch **68**
68. Blätt. hell blaugrün, unterseits auffallend netznervig (*627/3*), kahl; Beerenfr.; — Spr. eif. bis verkehrt eif., 1–3 cm lg., kahl; Zweige im ∅ rundl., nur anfangs fein behaart ***Vaccinium uliginosum***, 627
— Blätt. hell- bis dk-grün, blau- od. graugrün, unterseits nicht auffallend netznervig, kahl od. ± behaart; Balgfr.; — Zweige im ∅ rundl. od. ± 5-kantig, kahl od. schwach bis dicht behaart ***Spiraea***, 438
69 (67). Sommergrüner Spalierstrauch; Blätt. derb, aber nicht lederig, oberseits durch eingesenkte Nerven runzelig, anfangs beiderseits dicht behaart, später oberseits kahl ***Salix reticulata***, 471
— Immergrüner Halb- od. Spalierstrauch; Blätt. derb lederig, oberseits nicht runzelig, höchstens unterseits vertieft netzaderig, kahl od. nur am Rand fein bewimpert **70**
70. Halbstrauch m. ausgebr. Sprossen; Blätt. lanzettl., längl. od. eif., 2,5–5 mm br., kahl, vorn stumpf; Fr. abgeflachte Schote .... ***Iberis sempervirens***, 541
— Spalierstrauch, sich teppichart. bis 1 m ausbreitend; Blätt. verkehrt eif., 5–10 mm br., Rand fein kurz bewimpert, sonst kahl, vorn abgerundet od. schwach ausgerandet, unterseits vertieft netzaderig; Fr. rote beerenart. Steinfr. .... ***Arctostaphylos***, 624

XId. Blätter wechselständig (zerstreut oder zweizeilig, zuweilen rosettig genähert bzw. büschelig), einfach; Spreite ungeteilt, Rand gesägt, gezähnt, gekerbt oder gewellt

1. Pfl. m. riesigen Rosetten; Rosettenblätt. 1–2 m lg., > 1 cm dick, — am Rand stachelig gezähnt, an der Spitze m. 1–2 cm lg. Dorn .... ***Agave***, 210
— Blätt. < 1 m lg., weniger dick od. nicht in Rosetten, — nur wechselst. od. auch gegenst., zuw. rosettig genähert od. büschelig **2**
2. Blätt. der Langtriebe zu 3-teiligen (*39/10*; *Taf. 4: 3*) od. einfachen Dornen umgebildet, — in ihren Achseln Kurztriebe m. rosettig genäherten Blätt. (*331/1a*); diese derb u. am Rand stachelig gezähnt .... ***Berberis***, 332
— Blätt. der Langtriebe nicht zu Dornen umgebildet **3**
3. Blätt. alle wechselst., zuw. rosettig genähert od. büschelig **6**
— Neben wechselst. u. rosettig genäherten auch (fast) gegenst. Blätt. **4**
4. Blätt. an Langtrieben stets wechselst., nur an Kurztrieben scheinbar gegenst., — Spr. eif., deltoid (*450/1*) od. rundl., Rand gesägt od. gekerbt; Blüten in Kätzchen .... ***Betula***, 449
— Blätt. an Langtrieben z.T., v.a. im unt. Bereich, od. überwgd. (fast) gegenst. **5**
5. Knospen nur von 1 Knospenschuppe bedeckt; Blattrand nur im vord. Teil gesägt; Seitennerven nicht bogenf. zur Blattspitze gerichtet; Zweige nie dornig; — Blattspr. schmal verkehrt eilanzettl.; Blüten in Kätzchen .... ***Salix purpurea***, 463
— Knospen m. mehreren Knospenschuppen; Blattrand ringsum gesägt; Seitennerven auffällig bogig zur Blattspitze gerichtet; Zweige oft dornig .... ***Rhamnus***, 441
6 (3). Blattrand gesägt, gezähnt, gekerbt od. wellenf. gebuchtet, aber Spr. im Randbereich nicht gewellt **12**
— Blattspr. im Randbereich ± deutl. gewellt **7**
7. Windende Kletterpfl.; — an den Knoten m. die Sprossachse umfassender Scheide (Ochrea, *35/7*), Blattspr. an der Basis herz- od. spießf., ganzrandig od. Rand gezähnt ..... ***Fallopia***, 557

— Pfl. weder windend noch auf and. Weise kletternd **8**
8. Aufr. Strauch od. Baum **10**
— < 0,5 m hoher Halb- od. Spalierstrauch, Sprosse niederlgd. od. aufstgd. **9**
9. Halbstrauch m. unterird. Ausläufern; Blätt. 2,5–9 cm lg., 1,5–3(–6) cm br., lederig, Spr. längl. rautenf. bis verkehrt eif., Basis schmal keilf., Blattrand oberh. Spr.Mitte m. wenigen groben Zähnen .... ***Pachysandra***, 351
— Dicht verzweigter Spalierstrauch; Blätt. 1–3 cm lg., bis 1 cm br., Spr. ellipt. bis eif., Basis abgerundet bis schwach herzf., Blattrand ringsum gekerbt; — Spr. oft runzelig u. Rand umgebogen, unterseits weißfilzig .... ***Dryas***, 415
10 (8). Sommergrüner Baum; Fr. 3-kantige Nuss (Buchecker), von Fr.Becher umgeben; — Blattrand seicht wellenf. bis buchtig gezähnt od. ganzrandig, oft wie Nerven an Blattunterseite seidig behaart .... ***Fagus***, 446
— Immergrüner Strauch od. Kleinbaum; Fr. beerenart. Steinfr.; — Blätt. lederig **11**
11. Blattspr. im Randbereich auffällig gewellt, aber sonst ganzrandig, dünn lederig, oberseits glzd. grün, unterseits matt, — längl. ellipt.; Fr. schwarz .... ***Laurus***, 152
— Blattspr. im Randbereich ± stark gewellt, entw. dornig gezähnt m. ungleich großen Zähnen (*102/3*; *Taf. 9: 2*) od. ganzrandig, dick u. derb lederig, beiderseits glzd., — eif. od. ellipt. bis lanzettl.; Fr. rot .... ***Ilex***, 713
12 (6). Pfl. ohne Sprossdornen **20**
— Pfl. m. Sprossdornen, entw. verdornte Langtriebspitzen od. dornige Kurztriebe **13**
13. Seitennerven vor Erreichen des Blattrands zur Blattspitze umbiegend, dadurch bogenf. spitzenw. gerichtet (*99/1*); Blätt. z.T. od. überwgd. gegenst.; — sparrig verzweigter aufr. Strauch od. niederlgd. u. aufstgd. Kleinstrauch .... ***Rhamnus***, 441
— Seitennerven nicht bogenf. in Richtung Blattspitze verlfd.; keine gegenst. Blätt. vorhanden **14**
14. Blattspr. unterseits bleibend feinfilzig, — 6–12 cm lg., br. längl. bis längl. lanzettl., ganzrandig od. Rand fein gezähnt; Fr. Steinapfel m. z. Frzt. bleibenden aufr. Kelchblätt. .... ***Mespilus***, 418
— Blattspr. unterseits kahl od. ± behaart, aber nicht bleibend feinfilzig **15**
15. Blattstiel kürzer als die halbe Spr.Länge, meist < 1,5 cm lg.; — oft sparrig verzweigter u. stark dorniger Strauch **17**
— Blattstiel so lg. wie od. länger als die halbe Spr.Länge, 1,5–5 cm lg.; — kleiner bis mittelhoher Baum m. weniger auffälligen Dornen **16**
16. Blätt. unterseits m. zahlr. feinen, wenig hervortretenden, kaum fühlbaren Seitennerven, bläul.grün, kahl; Spr. br. eif. bis rundl.; Staubblätt. m. roten Staubbeuteln .... ***Pyrus***, 424
— Blätt. unterseits jederseits der Mittelrippe m. 3–7 stärker hervortretenden Nerven, grün, anfangs dicht, später nur noch auf den Nerven behaart; Spr. eif., kurz zugespitzt; Staubblätt. m. gelben Staubbeuteln .... ***Malus***, 417
17 (15). Blattspr., zumind. bei groß. Blätt., > 2 cm br. u./od. > 5 cm lg., wenn zuw. kleiner, dann Nebenblätt. groß (bis 2 cm br.) u. bleibend **19**
— Blattspr. 1–2 cm br., 2–5 cm lg., Nebenblätt. klein u. hinfällig **18**
18. Sommergrüne Pfl.; Blattspr. verkehrt eif. bis ellipt., kerbig gesägt, an der Spitze meist stumpf, selten zugespitzt, gegen den Grund verschmälert (*107/5*), oberseits dk.grün, nicht glzd.; Fr. einzeln od. zu 2, Steinfr., schwärzl., blau bereift .... ***Prunus spinosa***, 422

107/1 *107/2* *107/3* *107/4* *107/5*

— Immergrüne Pfl.; Blattspr. ellipt. bis lanzettl., dicht kerbig gesägt, ± spitz, Basis keilf., oberseits dk.grün u. glzd.; Fr. zahlr. in Schirmrispen, Steinapfel, meist orangerot u. lange haftend **_Pyracantha_**, 424

19 **(17).** Blattspr. sehr fein u. gleichm. kerbig od. scharf gesägt; Nebenblätt., bes. an Langtrieben, auffällig groß, bis 2 od. 4 cm br., nierenf. od. eirundl., ihr Rand gesägt (*112/3*); Fr. Kernapfel > 4 cm ∅, reif gelb bis olivbraun, ohne Kelch; Strauch bis 1 m hoch m. im 2. Jahr warzigen Zweigen od. bis 2 m hoch m. glatten Zweigen .... **_Chaenomeles_**, 410

— Blattspr. fein od. grob, oft ungleichm. od. doppelt, gesägt, zuw. zumind. im ob. Drittel ± gelappt (*415/1, 415/5*); Nebenblätt. kleiner u. weniger auffällig, ganzrandig od. Rand gesägt; Fr. Steinapfel < 3 cm ∅, reif rot, m. Kelchblätt.; Strauch od. Kleinbaum, 2–8 m hoch **_Crataegus_**, 414

20 **(12).** Blattspr. > 4 cm lg. **34**

— Blattspr. 0,5–4 cm lg., wenn z.T. länger, dann aber bei den meisten Blätt. ≤ 4 cm lg. **21**

21. Zweige scharfkantig (*107/3b*), — bleibend grün; Blätt. eif., fein gesägt (*107/3a*); Fr. blauschwarze, bereifte Beeren; sommergrüner Zwergstrauch m. unterird. Ausläufern **_Vaccinium myrtillus_**, 627

— Zweige nicht scharfkantig **22**

22. Zwerg- bis Kleinstrauch od. größ. Strauch m. ± aufr. Sprossen **26**

— Zwerg- od. Spalierstrauch m. niederlgd. od. kriechenden Sprossen **23**

23. Verholzte Sprossachsen unterird. kriechend, nur 2–8 cm hohe Jungtriebe über der Erde; jeder Jahrestrieb nur m. 2 Blätt.; Spr. rundl. (*109/2, 470/3*), 0,8–2 cm lg. u. br., — Rand kerbig gesägt, unterseits glzd. grün, netznervig .... **_Salix herbacea_**, 471

— Sprosssystem oberird., niederlgd. u. kriechende Sprossachsen dem Boden auflgd.; Jahrestriebe m. > 2 Blätt.; Spr. länger als br., 1–4 cm lg. **24**

24. Blattspr. in unt. Hälfte am Rand lg. bewimpert, im Herbst sich rot verfärbend, aber erst im folg. Frühjahr abfallend, — verkehrt eilanzettl., beiderseits netznervig, Rand scharf gesägt; Fr. beerenart. Steinfr., reifend rot, reif blauschwarz .... **_Arctostaphylos alpinus_**, 624

— Blattspr. nicht lg. bewimpert; Pfl. entw. sommergrün m. im Herbst abfallenden Blätt. od. immergrün **25**

25. Blattspr. unterseits grün, anfangs kurz flaumig, später nur an den Nerven behaart, Basis br. keilf., Rand kerbig gesägt, Spr. weder runzelig noch am Rand umgebogen; Pfl. sommergrün; — Zweige m. zahlr. hellen Korkwarzen .... **_Rhamnus pumila_**, 442

— Blattspr. unterseits weißfilzig, Basis schwach herzf., Rand ringsum gekerbt, Spr. oft runzelig u. ihr Rand umgebogen; Pfl. immergrün; — Nebenblätt. am Blattstiel angewachsen **_Dryas_**, 415

26 **(22).** Blattspr. nur an der Spitze gesägt, — zur ganzrandigen Basis hin verschmälert (*107/4*), m. goldgelben Harzdrüsen, stark duftend .... **_Myrica_**, 447

— Blattspr. am ganzen Rand gezähnt, gesägt od. (seicht) gekerbt **27**

27. Blattspr. unterseits durch bleichgelbe Drüsenschuppen punktiert erscheinend, — Rand schwach umgebogen, seicht gekerbt, m. lg., weißen Borstenhaaren **_Rhododendron hirsutum_**, 626

— Blattspr. unterseits nicht gelb punktiert **28**

28. Blattspr. zugespitzt **31**

— Blattspr. an der Spitze stumpf od. abgerundet **29**

29. Blattstiel 1–2 cm lg.; Spr. unterseits anfangs (meist bis z. Bltzt.) wollig-flockig- od. seidigfilzig, später kahl, — am Rand fein gekerbt, am Grund seicht herzf. (*109/3*); Fr. blauschwarzer Kernapfel; bis 3 m hoher Strauch .... **_Amelanchier_**, 409

— Blattstiel kürzer; Spr. unterseits auch anfangs nicht filzig **30**

30. Blätt. rundl. (*109/1a*) od. eif. bis ellipt. (*109/1b*), stumpf gekerbt od. ungleich grob gesägt; Seitennerven fast geradlinig in die Zähne verlfd.; Blattstiel 1–7 mm lg.; Blüten in Kätzchen (*Taf. 26*); Fr. geflüg., bis ≈ 2 mm lg. Nuss; Pfl. keine Wurzelsprosse bildend .... **_Betula_**, 449

— Blätt. verkehrt eif. bis ellipt., fein gesägt (*109/4*); Seitennerven vor dem Blattrand endend; Blattstiel 5–12 mm lg.; Blüten in Dolden zu 2–4; Fr. dk.rote Steinfr.; Pfl. sich durch Wurzelsprosse ausbreitend .... **_Prunus fruticosa_**, 423

31 (28). Knospen nur von 1 Knospenschuppe bedeckt; Blüten in Kätzchen; Fr. kleine, 2-klappig sich öffnende Kapsel, — Samen m. Haarschopf .... ***Salix,*** 462
— Knospen m. mehreren Knospenschuppen; Blüten nicht in Kätzchen; Fr. Steinfr. od. Kernapfel **32**
32. Blattspr. an der Basis abgerundet bis schwach herzf., unterseits an den Nerven behaart; Blattstiel 1–2 cm lg.; — Spr. am Stielansatz oft m. einigen Drüsen, br. eif. bis rundl., fein kerbig gesägt; Blüten zu 4–12 in Schirmtrauben (*422/1*); Krone weiß; Fr. schwarze Steinfr. ***Prunus mahaleb***, 422
— Blattspr. zur Basis sich verschmälernd, br. od. schmal keilf., kahl; Blattstiel < 1 cm lg.; — Blüten zu 1–3 od. in Schirmrispen; Krone rosa **33**
33. Blattspr. etwas lederig, ellipt. od. eif. bis längl., oberseits glzd. grün, unterseits blaugrün, Basis br. keilf., Rand gleichm. dicht u. fein gesägt; Knospen bis 10 mm lg., Endknospe > 10 mm lg.; Blüten in Schirmrispen; Fr. roter bis braunroter Kernapfel ... ***Sorbus chamaemespilus***, 436
— Blattspr. nicht lederig, lanzettl. bis schmal verkehrt eif., hellgrün, Basis schmal keilf., Rand scharf gesägt; Knospen ≤ 3 mm lg.; Blüten zu 1–3 entlang vorj. Zweige; Fr. seitl. abgeflachte, filzige Steinfr.; — Pfl. Wurzelsprosse bildend .... ***Prunus tenella***, 423
34 (20). Erste kräftige Seitennerven etwas oberh. der Spr.Basis von der Mittelrippe abgehend (*109/4, 110/2–110/3, 112/1*), Spr. fiedernervig **41**
— 2–5 kräftige (bei *Carpinus* auch schwächere) Seitennerven unmittelbar an der Spr.Basis bzw. der Mittelrippe entspringend (*109/6, 110/1, 112/6*), Spr. handnervig od. zumindest außer der Mittelrippe m. mehreren stärkeren Nerven **35**
35. Blattstiel stets od. zumind. bei einem Teil der Blätt. > 2 cm lg. **39**
— Blattstiel < 2 cm lg. **36**
36. Blattspr. deutl. asymmetr., Spr.Hälften ungleich groß, die 2 untersten Seitennerven 1. Ord. ähnl. stark wie Mittelrippe, so dass von der Basis der Spr. 3 kräftige Nerven ausgehen, Spitze abrupt kurz od. lg. zugespitzt (*111/3*); Fr. 1-samige Steinfr. (*111/4*) .... ***Celtis***, 443
— Blattspr. nicht od. kaum asymmetr., Spr.Hälften ± gleichgroß, unterste Seitennerven mehr der Mittelrippe untergeordnet; Fr. Nuss **37**
37. Knospen stumpf eif., sichtbare Knospenschuppen ≤ 8; Blattspr. ± rundl. od. br. eif. bis verkehrt eif., zugespitzt (*109/5*), gesägt od. doppelt gesägt, zuw. etwas gelappt, jederseits der Mittelrippe meist < 8 Seitennerven; Fr. > 8 mm lg., — hartschalige Nuss, von oben offener Fr.Hülle umgeben .... ***Corylus***, 451
— Knospen zugespitzt, sichtbare Knospenschuppen > 8; Blattspr. ellipt. bis eif. od. längl. eif., Rand doppelt scharf gesägt (*Taf. 9: 9*), nie gelappt, jederseits der Mittelrippe 9–15 Seitennerven; Fr. 3–6 mm lg. **38**
38. Nerven oberseits vertieft lgd., dadurch Spr. etwas faltig, anfangs auf Mittelnerv behaart, später kahl; Blattrand deutl. doppelt gesägt (*111/7*); Knospen m. bis > 20 Knospenschuppen; Fr.Stand. locker; Fr.Hülle offen, flach, 3-teilig, die Nuss frei lgd. .... ***Carpinus***, 451

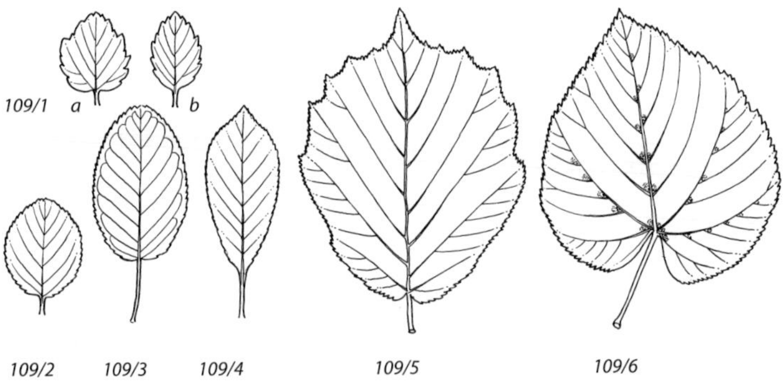

109/1 a b, *109/2*, *109/3*, *109/4*, *109/5*, *109/6*

— Nerven nicht vertieft lgd., Oberseite der Blattspr. gleichm. flach, zw. den Nerven anlgd. behaart, sonst kahl; Blattrand weniger deutl. doppelt gesägt; Knospen m. ≈ 10 sichtbaren Knospenschuppen; Fr.Stand dicht, Nuss von sackart. Fr.Hülle umschlossen ...... ***Ostrya***, 451

39 (35). Blattspr. unterseits in den Nervenwinkeln m. Achselbärten (weißl., gelbl., bräunl. od. rostfarbene Haarbüschel) od. flächig weiß durch sternhaarig-filzige Behaarung; — Spr. am Grund tief herzf., ± ungleichhälftig (asymmetr., *109/6*); Infl. 3–10-blütig, ihre Achse m. z.T. flügelart., z.T. abgespreiztem Hochblatt; Fr. Nuss ...... ***Tilia***, 505

— Blattspr. unterseits in den Nervenwinkeln ohne Achselbärte, wenn Unterseite weiß od. grau, dann entw. nicht filzig od. wenn filzig, dann nicht sternhaarig; — Spr. am Grund keilf., gestutzt, abgerundet od. herzf. **40**

40. Pfl. ohne Milchsaft; Zweige ± kantig od. im ∅ rundl., m. Endknospe; Spr. eif. bis rautenf., 3-eckig od. deltoid, rundl. od. ellipt., am Grund keilf., gestutzt, abgerundet od. herzf., unterseits grün od. weißl., wenn zuw. gelappt, dann unterseits weiß- od. graufilzig, oberseits glatt, Rand fein od. grob, buchtig od. kerbig gesägt; Blattstiel seitl. zus.gedrückt od. im ∅ rundl.; Knospen von 3–10 Schuppen bedeckt, diese zuw. weißfilzig, zuw. harzreich u. klebrig; Fr. Kapsel; Samen m. Haarschopf ...... ***Populus***, 460

— Pfl. m. (farblosem, wässrigem) Milchsaft; Zweige nicht kantig, ohne Endknospe; Spr. eif. bis eif. rundl., an der Basis abgerundet bis tief herzf., zuw. buchtig gelappt (*110/1a–b*), unterseits grün, oberseits glatt od. sehr rau, Rand grob gezähnt od. gesägt; Blattstiel nicht seitl. zus.-gedrückt; Knospen m. 4–5 Knospenschuppen; Fr. Nuss, von fleischig werdendem Perigon umhüllt u. m. and. Fr. einen brombeerähnl. Fr.Verband bildend (*Taf. 30: 4*) ...... ***Morus***, 444

41 (34). Pfl. sommergrün; Blätt. nicht lederig **44**

— Pfl. immergrün; Blätt. lederig **42**

42. Blätt. unterseits von Sternhaaren graufilzig ...... ***Quercus ilex***, 446

— Blätt. unterseits kahl **43**

43. Blattspr. am Rand stark dornig gezähnt (*102/3*; *Taf. 9: 2*), z.T. auch ganzrandig; Fr. mehrsamige rote Steinfr. ...... ***Ilex***, 713

— Blattspr. am Rand nur entfernt klein gesägt bis ganzrandig; Fr. 1-samige schwarze Steinfr. ***Prunus laurocerasus***, 422

44 (41). Seitennerven 1. Ordn. den Blattrand nicht erreichend, sich vorher entw. bogenf. vereinigend od. sich in dünnere Seitennerven gabelnd (*99/2–99/3*) **56**

— Seitennerven 1. Ordn. meist geradlinig fast ganz bis zum Blattrand verlfd. **45**

45. Stamm m. weißer od. grauweißer Rinde, glatt (Glattrinde) od. in Streifen abrollend (Ringelkork), nur unt. Stammbereich älterer Bäume m. grober schwärzl. Borke; Blattspr. entw. 3-eckig od. deltoid bis rautenf. od. br. eif., — Rand 1-fach od. doppelt gesägt, 1–2 cm lg. gestielt (*110/2*, *450/1*, *450/2*); Zweige dicht u. kurz weich behaart od. kahl u. m. Warzen ***Betula***, 449

— Stämme nicht m. weißer od. grauweißer Rinde; Blattspr. nicht 3-eckig od. deltoid bis rautenf. **46**

46. Blattspr. rundl. bis br. verkehrt eif., 4–10 cm lg., 3–7 cm br., an der Spitze stumpf, abgerundet od. oft ausgerandet, — an der Basis br. keilf. (*110/3*), oberseits kahl, anfangs klebrig, unterseits bis auf Achselbärte kahl; Fr.Kätzchen verholzt, zapfenart. ...... ***Alnus glutinosa***, 449

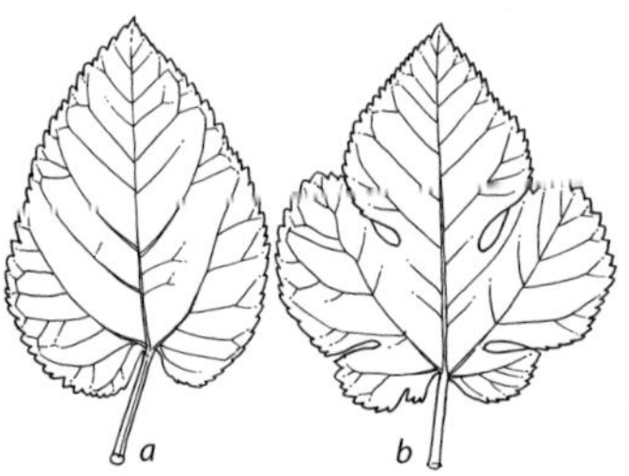

110/1

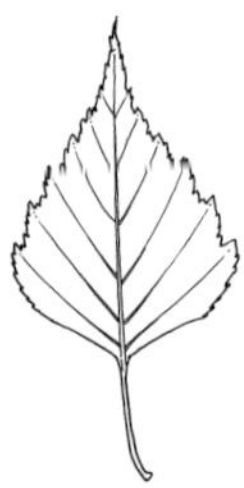

110/2

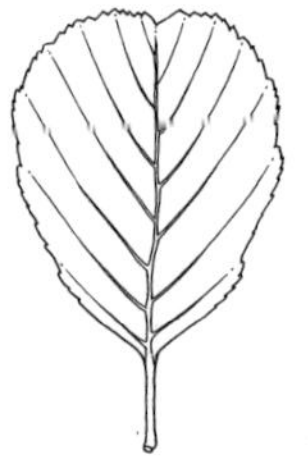

110/3

— Blattspr. nicht rundl. bis br. verkehrt eif., deutl. länger als br., Spitze nicht ausgerandet ... **47**

47. Blattspr. 12–25 cm lg., am Rand grob gezähnt, Spitze der Zähne (*111/1*) grannig verläng., Granne bis > 2 mm lg.; — Fr. Nuss (Marone), von stacheligem Fr.Becher umschlossen ***Castanea***, 446

— Blattspr. < 10 cm lg., Zähne des Blattrands nicht in Granne verläng. **48**

48. Blattspr. nicht od. kaum asymmetr., beide Spr.Hälften ± gleich groß **50**

— Blattspr. deutl. asymmetr., Spr.Hälften ungleich groß (*111/2*) **49**

49. Blatt fiedernervig; Spr. ellipt. bis verkehrt eif., Rand ringsum doppelt gesägt (*111/2*), kurz zugespitzt, zuw. mehrspitzig; Knospen ± schief über der Blattnarbe sitzend; Fr. ringsum br. geflüg. Nuss (*442/4, 442/5, Taf. 30: 8*); — Zweige zuw. m. Korkleisten; Stämme zuw. m. Wasserreisern od. brettwurzelart. Stammfuß; Pfl. zuw. Wurzelsprosse bildend .... ***Ulmus***, 442

— Von der Basis der Spr. neben Mittelrippe 2 starke Seitennerven ausghd., unt. Spr.Drittel daher ± 3-nervig (*111/3*); Spr. längl. ellipt., eilanzettl. bis br. eif., Rand 1-fach gesägt, entw. ringsum od. nur oberh. der ganzrandigen unt. Blatthälfte, Spitze abrupt kurz od. lg. zugespitzt; Knospen gerade über der Blattnarbe; Fr. 1-samige Steinfr. (*111/4*) .... ***Celtis***, 443

50 (48). Nebenblätt. lg. u. fädig, bis zum Winter bleibend; Blattspr. kurz od. lg. zugespitzt (*111/5*), oft an der Spitze 3-lappig, — br. verkehrt eif., grob doppelt bis eingeschnitten gesägt, unterseits behaart .... ***Prunus triloba***, 423

— Nebenblätt. nicht bleibend lg. u. fädig; Spr. spitz od. kurz zugespitzt, Spitze nicht 3-lappig **51**

51. Blattspr. unterseits weiß od. grau **55**

— Blattspr. unterseits grün **52**

52. Winterknospen klebrig-glzd., Zweige u. Blätt. der Jungtriebe zumind. anfangs ebenfalls drüsig-klebrig; Fr.Kätzchen verholzt, zapfenart.; — Blattspr. ellipt. bis br. eif., beiderseits kahl od. unterseits an Nerven behaart, Rand doppelt scharf gesägt; Strauch der Alp. (bes. in Krummholzstufe; „Laublatsche") u. höh. Mittelgeb.; ♂ Blüten in Kätzchen (*Taf. 26*), erst m. od. nach den herb riechenden Blätt. erscheinend .... ***Alnus alnobetula***, 449

— Weder Knospen noch junge Zweige u. Blätt. drüsig-klebrig; — Baum od. Strauch **53**

53. Seitennerven bogig verlfd., die unt. den Blattrand meist nicht erreichend; — Blattrand bis über die Mitte grob gezähnt .... ***Spiraea***, 438

— Seitennerven geradlinig bis zum Blattrand verlfd. **54**

54. Blattrand nur seicht wellenf. bis buchtig gezähnt od. ganzrandig, jederseits der Mittelrippe m. 5–8 Seitennerven (*111/6*); Fr. 3-kantige Nuss (Buchecker), von Fr.Becher umgeben ***Fagus***, 446

— Blattrand scharf doppelt gesägt, jederseits der Mittelrippe m. 9–15 Seitennerven (*111/7*); Fr. m. 3-teiliger, die Nuss nicht umschließender (*Carpinus*) od. m. sackf., sie einschließender Fr.Hülle (*Ostrya*) .... **Betulaceae**, 448

55 (51). Seitenknospen deutl. gestielt, Knospenschuppen schwarzviolett; Blattspr. eif. bis ellipt., zugespitzt (*112/1*), Rand doppelt gesägt, zuw. schwach bis deutl. gelappt, unterseits blaugrau bis graugrün, filzig, später verkahlend; junge Zweige anfangs weißl. behaart, später nur noch unterh. der Triebspitze, sonst ± kahl, grau bis olivbraun; Fr. Nuss, in zapfenart., verholzten Kätzchen .... ***Alnus incana***, 449

— Knospen sitzend, Knospenschuppen gelbgrün bis grün od. rot bis rotbraun; Blattspr. unterseits bleibend weiß- od. graufilzig, an der Spitze stumpf od. kurz zugespitzt, Rand gesägt

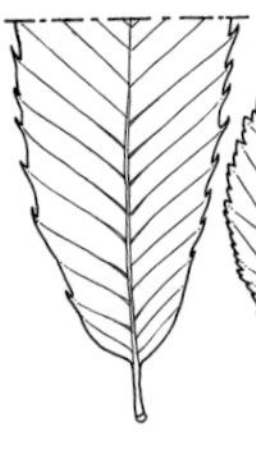
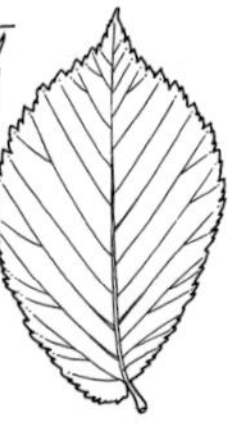

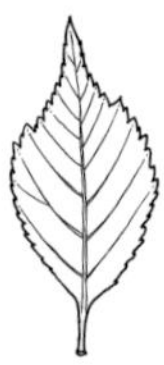
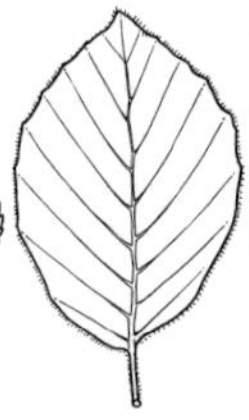
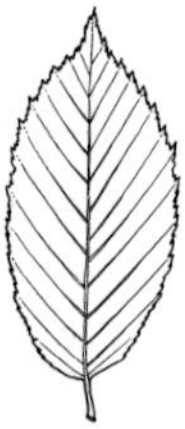

111/1 *111/2* *111/3* *111/4* *111/5* *111/6* *111/7*

(*112/2*), zuw. in ob. Hälfte angedeutet gelappt; junge Zweige anfangs grau- bis weißfilzig, verkahlend, dann oliv u. rotbraun; Fr. Kernapfel .... ***Sorbus aria*** agg., 436

56 (44). Blattspr. am ganzen Rand gesägt, gezähnt od. gekerbt **60**

— Blattspr. wenigstens im unt. Drittel ganzrandig, oberh. gesägt, gezähnt od. gekerbt **57**

57. Blattspr. bis 12 cm lg. u. 4 cm br., — br. längl. bis längl. lanzettl., unterseits bleibend feinfilzig; Fr. Steinapfel m. zur Frzt. bleibenden aufr. Kelchblätt. .... ***Mespilus***, 418

— Blattspr. schmaler u. kürzer **58**

58. Ganze Pfl. stark duftend, m. goldgelben Harzdrüsen; — Blätt. zur ganzrandigen Basis hin verschmälert, am Rand oberh. der Mitte grob gesägt (*107/4*) .... ***Myrica***, 447

— Pfl. geruchlos, ohne goldgelbe Harzdrüsen **59**

59. Knospen m. mehreren Knospenschuppen; Blattspr. etwas lederig; — Blüten in Schirmrispen; Fr. roter bis braunroter Kernapfel; 1–3 m hoher Strauch .... ***Sorbus chamaemespilus***, 436

— Knospen nur von 1 Knospenschuppe bedeckt; Blattspr. nicht lederig; — Blüten in Kätzchen (*Taf. 26*); Fr. kleine, sich 2-klappig öffnende Kapsel, Samen m. Haarschopf; Strauch od. Baum .... ***Salix***, 462

60 (56). Blattstiel seitl. zus.gedrückt, Spr. bis > 8 cm br., — 3-eckig od. deltoid bis rautenf. od. eif., Rand kerbig gesägt; Fr. Kapsel, Samen m. Haarschopf .... ***Populus***, 460

— Blattstiel seitl. nicht zus.gedrückt; Spr. selten bis 8 cm br. **61**

61. Blattstiel kürzer als die halbe Spr.Länge **65**

— Blattstiel so lg. wie od. länger als die halbe Spr.Länge **62**

62. Blattspr. 3–6(–8) cm, im Mittel 4,5 cm lg., — an der Basis abgerundet bis schwach herzf., am Stielansatz oft m. einigen Drüsen, br. eif. bis rundl., fein kerbig gesägt; Blüten zu 4–12 in Schirmtrauben (*422/1*); Steinfr. < 1 cm ∅ .... ***Prunus mahaleb***, 422

— Blattspr. 3–10 cm, im Mittel > 5 cm lg.; — Steinfr. > 2,5 cm ∅ od. Kernapfel **63**

63. Jederseits der Mittelrippe zahlr. wenig hervortretende, kaum fühlbare Seitennerven; Blattstiel ≈ so lg. wie die unterseits bläul.grüne Spr. .... ***Pyrus***, 424

— Jederseits der Mittelrippe 3–7 stärker hervortretende Seitennerven; Blattstiel kürzer als die Spr. **64**

64. Zweige kahl; Blattstiel m. 2 großen Drüsen; Blattspr. rundl. eif., kahl, Basis abgerundet bis herzf.; Zweige nur m. Seitenknospen, Knospenschuppen bewimpert, sonst kahl; Steinfr. ***Prunus armeniaca***, 423

— Junge Zweige ± behaart, zumind. zur Triebspitze hin; Blattstiel ohne Drüsen; Blattspr. eif. bis ellipt., beiderseits od. zumind. unterseits Nerven behaart; Langtriebe m. Endknospe, Knospenschuppen behaart, wenn überwgd. nur bewimpert, dann zumind. oberste Knospen der Langtriebe behaart; Fr. Kernapfel .... ***Malus***, 417

65 (61). Blätt. unterseits weiß od. grauweiß .... ***Salix***, 462

— Blätt. unterseits grün **66**

66. Knospen nur von 1 Knospenschuppe bedeckt (*112/4a*); — Blattrand fein u. gleichm. gesägt (*112/4b*); junge Zweige glatt, hellgrün, rot od. rotbraun; Fr. Kapsel, in Kätzchen, Samen m. Haarschopf .... ***Salix***, 462

— Knospen m. mehreren Knospenschuppen (*112/5a*); — Steinfr. **67**

67. Seitennerven erst dicht am Blattrand umbiegend, bis dahin auffallend geradlinig u. so gut wie unverzweigt, — Blätt. an der Spitze ± stumpf od. kurz zugespitzt; beerenart. Steinfr. m. 2–4 Steinkernen .... ***Rhamnus***, 441

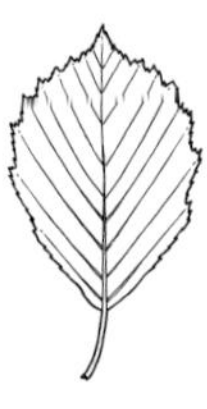

112/1

112/2

112/3

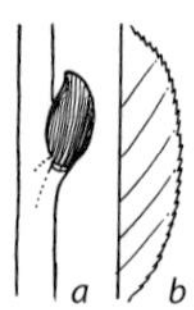

112/4

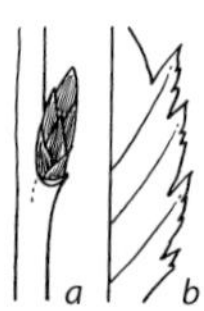

112/5

112/6

— Seitennerven nicht auffallend geradlinig, sich schon ab der Mitte verästelnd, — Blätt. spitz od. zugespitzt, Blattrand oft ungleichm. gesägt (*112/5b*); Steinfr. m. 1 Steinkern ***Prunus***, 422

XIe. Blätter wechselständig (zerstreut oder zweizeilig), entweder zusammengesetzt (gefiedert oder gefingert) oder einfach und mit ± tief gebuchteter, gelappter oder fiederspaltiger Spreite

1. Blätt. zus.gesetzt, entw. gefied., gefing. od. tief handf. geteilt (*39/1–39/4, 39/6–39/7*) **17**
— Blätt. einfach, Spr. gelappt, gebuchtet od. fiederspaltig (*38/11, 38/7*) **2**
2. Kletterpfl., m. Sprossranken od. Haftwurzeln kletternd, zuw. sich auch auf dem Boden ausbreitend **15**
— Keine Kletterpfl., Sprosse aufr. od. niederlgd., weder rankend noch anders kletternd **3**
3. Pfl. m. Kurztriebdornen (*31/7*, D) od. Stacheln (*31/8*, Sta) **14**
— Pfl. unbewehrt, weder m. Dornen noch Stacheln **4**
4. Blattspr. m. 3–5 ± kräftigen, von der Spr.Basis ausgehenden Nerven, entw. handnervig od. die an der Basis der Mittelrippe entspringenden Seitennerven ähnl. stark wie Mittelrippe (*112/6, 350/2, 350/3*) **8**
— Blattspr. fiedernervig, erste Seitennerven von der Mittelrippe erst einige mm oberh. der Spr.Basis entspringend **5**
5. Blattspr. im ob. Teil ± 3-lappig, z.T. ungelappt, doppelt bis eingeschnitten gesägt, 3–6 cm lg.; bis 2–3 m hoher Strauch; Steinfr. .... ***Prunus triloba***, 423
— Blätt. nicht 3-lappig, entw. fiederlappig, -spaltig bis -teilig od. schwach mehrlappig; höh. Strauch od. Baum; Fr. Nuss m. Fr.Becher od. Kernapfel **6**
6. Zweige ohne Endknospe, wenn selten m. Endknospe, dann Zweige anfangs drüsenhaarig u. Rinde bald rau u. korkig; Blattrand ungleichm. u. meist doppelt gesägt, oft schwach gelappt; — Nussfr. in krautiger becherf. Hülle .... ***Corylus***, 451
— Zweige m. Endknospe, junge Zweige weder drüsenhaarig noch m. korkiger Rinde; Blätt. fiederlappig, -spaltig bis -teilig **7**
7. Blätt. m. Buchten, die meist gerundet sind (*446/1–446/6, Taf. 9: 6*), Lappen abgerundet, zugespitzt od. ihre Zähne m. haarf. Grannen, unterseits kahl od. behaart, z.T. nur in den Nervenwinkeln, selten graugrün filzig; Nussfr. (Eichel) m. verholztem Fr.Becher ***Quercus***, 446
— Blätt. m. spitzen u. meist engen Buchten (*436/3, 437/3*), Lappen spitz od. stumpf bis abgrundet, unterseits weiß-, grau- od. gelbgraufilzig, wenn grün, dann unt. spitze Buchten bis zu einem Drittel der Spr.Hälfte reichend (*436/3*); Fr. Kernapfel .... ***Sorbus***, 435
8 (4). Blätt. unterseits wie junge Zweige u. Knospen dicht weiß- bis schwach graufilzig, — Langtriebblätt. 3–5-lappig, Kurztriebblätt. kaum od. nicht gelappt, grob gezähnt ***Populus***, 460
— Blätt. unterseits grün, kahl od. behaart, aber nicht weiß- od. graufilzig.................. **9**
9. Pfl. ohne Milchsaft **11**
— Pfl. m. (teils farblosem, wässrigem) Milchsaft **10**
10. Blattlappen kurz bis lg. zugespitzt, zuw. geschwänzt, Blätt. 2–5-lappig (*110/1b*) od. oft ungeteilt (*110/1a*), oberseits rau od. glatt, unterseits kahl od. weich behaart, zuw. nur an den Nerven od. in den Nervenwinkeln, Rand grob bis dicht u. fein gesägt od. gekerbt; Spr. 6–12(–20) mm lg., Stiel 1–5 cm lg.; Zw. ohne Endknospe, zum Triebende hin 2–3 mm ∅ ***Morus***, 444
— Blattlappen stumpf bis fast abgerundet, Spr. 3–5-lappig bis eingeschnitten (*442/6*), selten ungeteilt od. nur flach gebuchtet, beiderseits rau, Rand unregelm. gezähnt, Spr. 10–20 cm lg., Stiel 2,5–12 cm lg.; Zweige m. Endknospe, dick, zum Triebende hin > 5 mm ∅ ***Ficus***, 443
11 (9). Baum; Zweige an der Ansatzstelle des Blattstiels m. zweigumfassender Linie, einer Narbe der verwachsenen, den Zweig kragenart. umgebenden Nebenblätt.; Blattspr. 10–30 cm br., 3–7-lappig (*350/2–350/3*); — Knospen von 1 Knospenschuppe umhüllt, im kapuzenf. erweiterten Blattstielgrund verborgen, bis 1 cm lg.; Stämme auffällig gefleckt, da Rinde sich in unregelm. Platten ablösend; Fr. lg. behaarte Nüsschen (*350/4*) in dichten kugelf. Teilfr.Ständen, die bis in den Winter am Baum verbleiben .... ***Platanus***, 350

— Strauch; Zweige am Knoten ohne zweigumfassende Linie, Nebenblätt. fehlend od. nicht verwachsen; Blätt. kleiner, Spr. 2–10 cm br., 3-lappig od. 3–5-lappig; — Knospen von mehreren Schuppen bedeckt, entw. sichtbar achselst. od. wenn verborgen, dann nur 1–2 mm lg. **12**

12. Rinde der Zweige im 2. Jahr nicht fein längsrissig, weder in längl. Fetzen abblätternd noch sich in Streifen ablösend; Kn. sehr klein, 1–2 mm lg., vom Blattgrund u. Nebenblätt. verdeckt; Fr. 5-klappige Kapseln; — Blätt. ± 3-lappig, 5–10 cm lg., Lappen grob gezähnt, Spr.basis keilf. bis abgerundet, anfangs behaart, verkahlend, unterseits m. einzelnen Sternhaaren, Nebenblätt. 4 mm lg., fädig bis pfrieml. .... ***Hibiscus***, 503

— Rinde der Zweige im 2. Jahr fein längsrissig, dann in längl. Fetzen abblätternd od. sich in Streifen ablösend; Knospen > 2 mm lg., sichtbar achselst.; Fr. Balgfr. od. Beeren; — Blätt. 3- od. 5-lappig **13**

13. Zweige orange- bis rotbraun, ± kahl, ohne aromat. Geruch; Mittellappen der Spr. meist länger als die seitl. Lappen; Nebenblätt. anfangs auffällig, bis halb so lg. wie Blattstiel, aber bald abfallend; Fr. Sammelbalgfr., Balgfr. aufgeblasen u. bei Druck knackend; — Spr. rundl. eif., 3–7(–10) cm lg., Lappen kerbig gesägt, unterseits ± kahl, höchstens anfangs m. einigen Drüsenhaaren, ohne Drüsenpunkte, nicht aromat. riechend .... ***Physocarpus***, 418

— Zweige weißl. bis grau od. graubraun, kahl od. behaart, wenn orange- bis rotbraun od. dk.braun, dann samtig od. flaumig behaart u./od. m. aromat. Geruch; Mittellappen der Spr. meist nicht od. kaum länger als die seitl. (*112/6, 352/1* u. *2*); Nebenblätt. unauffällig u. hinfällig; Beerenfr.; — Spr. von unterschiedl. Form u. Größe, Lappen spitz, zugespitzt, stumpf od. abgerundet, ganzrandig od. grob bis kerbig gesägt, unterseits kahl od. behaart, z.T. drüsig od. filzig, zuw. m. Harzdrüsen u. aromat. Geruch .... ***Ribes***, 352

14 (3). Stacheliger Kleinstrauch; an den Knoten unterh. der Blätt. einfache od. 3-teilige kräftige Stacheln, zuw. weitere, dünnere Stacheln an den Internodien; Beerenfr. .... ***Ribes***, 352

— Großstrauch m. Dornen; Kurztriebdornen in den Achseln von Blätt. sthd., stets einfach (*31/7*); Fr. Steinapfel .... ***Crataegus***, 414

15 (2). Pfl. immergrün, m. sprossbürtigen Wurzeln (Haftwurzeln, *Taf. 5: 4*) an Bäumen od. Mauern kletternd (Wurzelklimmer) od. sich auf dem Boden ausbreitend; — Blätt. an einer Pfl. verschieden gestaltet, an nicht blhd. Sprossen 3–5-lappig (*102/1a*), an fertilen eif. (*102/1b*), ungeteilt, ganzrandig, Nervennetz weißl. hervortretend; Blüten in Dolden; Fr. beerenart. Steinfr. .... ***Hedera***, 714

— Pfl. sommergrün, m. Sprossranken (*Taf. 3: 7*) kletternd (Rankenklimmer); — Beerenfr. **16**

16. Mark vorj. Zweige braun, Zweige ohne Lentizellen; Ranken ohne Haftscheiben; Blätt. seicht bis tief 3–5-lappig od. eingeschnitten .... ***Vitis***, 366

— Zweige m. weiß bleibendem Mark u. m. Lentizellen (*99/9*); Ranken m. Haftscheiben (*116/5*, *Taf. 5: 3*); Blätt. 3-lappig, z.T. auch 3-zählig od. ungelappt ***Parthenocissus tricuspidata***, 366

17 (1). Blätt. 3-zählig, zuw. neben 3-zähligen auch 5-zählige Blätt. **41**

— Blätt. > 3-zählig gefied. od. gefing. od. tief handf. geteilt **18**

18. Blätt. tief handf. geteilt (fächerf. Palmenblatt), Spr. bis fast 1 m br., m. bis >30 schmalen, V-f. gefalteten Segmenten u. 0,5 m lg. Stiel (*Taf. 10: 14*); — am Stammende Schopf m. ≈ 30 Blätt.; Blattstiel dornig gezähnt .... ***Trachycarpus***, 218

— Blätt. gefied. od. gefing., wenn nur handf. geteilt, dann Spr. u. Stiel viel kleiner **19**

19. Pfl. nicht kletternd, sondern aufr. od. aufstgd, auch m. zunächst niederlgd. u. dann sich aufrichtenden Sprossen od. kurz kriechend **23**

— Kletterpfl. (Ranken-, Winde- od. Hakenklimmer), zuw. ihre Sprosse auch meterlg. flach dem Boden auflgd. **20**

20. Blätt. gefied. **22**

— Blätt. (3–)5–7-zählig gefing. **21**

21. Pfl. m. Ranken kletternd, Enden der Ranken m. tellerf. Haftscheiben, diese zuw. auch schwach entwickelt od. fehlend (*366/3–366/4*), bei Bodenkontakt Sprosse sich auch dem Boden auflgd. ausbreitend; Sprossachsen ohne Stacheln .... ***Parthenocissus***, 366

— Pfl. ohne Ranken; Sprossachsen meist m. Stacheln (Hakenklimmer) (*Taf. 4: 6*) ..... ***Rubus***, 432

22 (20). Windende Liane ohne Stacheln; Fiedern 7–13, ganzrandig; Nebenblätt. hinfällig ***Wisteria***, 396

— Strauch m. kletternden bestachelten Sprossachsen klimmend, nicht windend (*Taf. 4: 5*); Fiedern 5–9, meist gesägt; Nebenblätt. vorhanden, z.T. m. dem Blattstiel verwachsen (*116/3*) .... ***Rosa***, 424

23 (19). Fiedern gesägt od. gezähnt **36**

— Fiedern ganzrandig od. nur am Grund m. wenigen Zähnen **24**

24. Blätt. unpaarig gefied., m. laubiger Endfieder (*39/1, 116/2*) **27**

— Blätt. paarig gefied., ohne laubige Endfieder, diese fehlend, verkümmert od. verdornt (*39/3*) **25**

25. Blätt. 1-fach gefied. m. 20–30 Fiedern od. doppelt gefied. m. 8–14 Fiedern an den Seitenspindeln; Baum, meist m. einfachen od. verzweigten Sprossdornen an Stamm u. Ästen; — Fr. > 30 cm lg., stark abgeflachte, lederige, meist etwas sichelf. u. längs verdrehte Hülse (*116/6*), die sich zur Reife nicht öffnet u. lange am Baum verbleibt .... ***Gleditsia***, 379

— Blätt. stets 1-fach gefied. m. 6–16 Fiedern; entw. Strauch bis kleiner Baum ohne Dornen od. selten m. verdornten Nebenblätt. od. Zwerghalbstrauch m. verdornten Blattspindeln u. Endfiedern **26**

26. Strauch od. bis 7 m hoher Baum, ohne Dornen od. selten m. verdornten Nebenblätt.; Fiedern 5–13 mm br. .... ***Caragana***, 375

— Bis 0,2 m hoher Halbstrauch, an der Basis m. zahlr. lg. Dornen (verdornte Blattspindeln); Fiedern < 2 mm br., Endfieder verdornt .... ***Astragalus sempervirens***, 373

27 (24). Fiedern 6–15 cm lg., im Mittel > 8 cm lg.; — Blätt. 20–60 cm lg. **35**

— Fiedern 1,5–7 cm lg. **28**

28. Endfieder sitzend od. kurz gestielt (*116/1–116/2*) **33**

— Endfieder länger gestielt als Seitenfiedern **29**

29. Fiedern (5–)7–9(–11); Zweige u. Blätt. m. Harzgängen; Steinfr. .... ***Pistacia***, 498

— Fiedern 7–25; Pfl. ohne Harzgänge; Fr. Hülsen **30**

30. Baum; Fiedern 2,5–7 cm lg. **32**

— Strauch; Fiedern 1,5–4 cm lg. **31**

31. Blätt. m. 9–13 Fiedern, diese br. ellipt. bis verkehrt eif., an der Spitze schwach ausgerandet u. m. feinem Stachelspitzchen; Fr. blasig aufgetriebene, 6–8 cm lg. mehrsamige Hülse; Blüten in 6–8-blütigen Trauben, Krone schmetterlingsf. (*367/1*), gelb .... ***Colutea***, 375

— Blätt. m. 11–25 Fiedern, diese eif. bis ellipt., stachelspitzig, aber nicht ausgerandet; Fr. < 1 cm lange, leicht gekrümmte 1-samige Hülse (Nuss); Blüten in > 20 cm lg. Doppeltrauben, m. nur 1 purpurblauem bis braunviolettem Kronblatt .... ***Amorpha***, 372

32 (30). Zweige mehrere Jahre glzd. dk.grün, kahl, ohne Nebenblattdornen; Knospen sichtbar, nackt, schwärzl. behaart, vom Blattgrund des Tragblatts umgriffen, nach Blattfall von U-f. Blattnarbe; Hülse zw. den Samen eingeschnürt; Blüten in mehrfach verzweigten Trauben; Krone gelbl.weiß .... ***Styphnolobium***, 388

— Junge Zweige olivgrün bis dk.- od. rotbraun, kahl, Nebenblätt. als kräftige Dornen ausgebildet (*35/5*) od. wenn Nebenblattdornen schwach od. fehlend, dann Zweige kurz drüsig behaart; Knospen nicht sichtbar, unter dem Blattgrund, nach Laubfall unter Blattnarbe verborgen; Hülse nicht eingeschnürt; Blüten (*367/1*) in einfachen Trauben; Krone weiß, selten rosa .... ***Robinia***, 388

33 (28). Oberste Seitenfiedern der Blattspindel br. angewachsen, m. herablfd. grünem Saum (*116/1*); — Fiedern unterseits stark behaart .... ***Dasiphora***, 415

— Oberste Seitenfiedern nicht an der Blattspindel herablfd. (*116/2*) **34**

34. Blätt. m. 5–9 Fiedern, diese oberseits kahl, unterseits locker behaart; Nebenblätt. scheidig, m. verdicktem Blattgrund verwachsen .... ***Hippocrepis emerus***, 379

— Blätt. m. 9–21 Fiedern, diese beiderseits behaart; Nebenblätt. hinfällig ***Anthyllis montana***, 372

35 (27). Fiedern nahe der Basis m. 1–2(–4) groben Zähnen, diese m. je 1 Drüse unterseits, oberh. der Zähne ganzrandig; Zweige m. vollem Mark, ohne Endknospe; — Blätt. m. 9–21 Fiedern .... ***Ailanthus***, 502

— Fiedern ohne Zähne, ganzrandig; Zweige m. gefächertem Mark, m. Endknospen; — Blätt. m. 5–9 od. 13–23 Fiedern .... ***Juglans***, 448

36 (23). Blätt. paarig gefied., 1-fach gefied. m. 20–30 Fiedern od. doppelt gefied. m. 8–14 Fiedern an den Seitenspindeln; Fiedern am Rand nur fein gekerbt; — Stamm u. Äste meist m. einfachen od. verzweigten Sprossdornen; Fr. > 30 cm lg., stark abgeflachte, lederige, meist etwas sichelf. u. längs verdrehte Hülse (*116/6*) .... ***Gleditsia***, 379

— Blätt. unpaarig u. stets 1-fach gefied. od. gefing.; Fiedern am Rand deutl. gesägt od. gezähnt **37**

37. Fiedern jederseits m. 6–9 stacheligen Zähnen, — glzd., steif, grün überwinternd ***Mahonia***, 332

— Fiedern ohne stachelige Zähne **38**

38. Blätt. gefied. m. meist ≥ 11 Fiedern; Zweige ohne Stacheln **40**

— Blätt. entw. gefied. u. in der Regel m. < 11 Fiedern od. mehrzählig gefing.; Zweige meist m. Stacheln **39**

39. Nebenblätt. zumeist hoch m. dem Blattstiel verwachsen (*116/3*); Blätt. gefied. (*Taf. 7: 3*); Blütenachse vertieft, z. Frzt. fleischig (Hagebutte) u. die Fr. (Nüsschen) einschließend (*51/2a, b; Taf. 30: 2*) .... ***Rosa***, 424

— Nebenblätt. frei, fädl. (*116/4*); Blätt. gefied. od. gefing.; Blütenachse kegelf. aufgewölbt, z. Frzt. sitzen ihr die Steinfrch. auf (Sammelsteinfr.) (*51/3a, b; Taf. 30: 3*) .... ***Rubus***, 432

40 (38). Zweige ohne Endnospe, dicht u. fein zottig bis samtig behaart; Knospen nackt, braun behaart; Pfl. m. Milchsaft .... ***Rhus***, 499

— Zweige m. Endknospe, anfangs grau- bis weißfilzig, m. Ausnahme der Triebspitze meist ± verkahlend; Knospen von dk.braunen bis grauschwarzen Schuppen bedeckt, diese weiß behaart, zuw. verkahlend; Pfl. ohne Milchsaft .... ***Sorbus***, 435

41 (17). Fiedern durchscheinend punktiert (gegen das Licht halten!), — ganzrandig od. Rand undeutl. gekerbt .... ***Ptelea***, 502

— Fiedern nicht durchscheinend punktiert **42**

42. Rand der Fiedern wellenf. gebuchtet, gesägt, gezähnt od. gekerbt **50**

— Fiedern ganzrandig od. selten u. nur spärl. buchtig gesägt od. schwach gekerbt **43**

43. Zweige kantig bis fast geflüg. od. deutl. gefurcht u. dadurch gestreift, — meist rutenf. u. lange grün, ohne Endknospe; neben 3-zähligen zuw. auch einfache Blätt. **49**

— Zweige im ∅ rundl., nicht od. höchstens schwach kantig u. nicht od. nur sehr fein gefurcht **44**

44. Mittelfieder ≈ 2–3-mal so groß wie Seitenfiedern; — neben 3-zähligen auch einfache, tief 3-teilige od. ungeteilte Blätt., z. T. m. spießf. bis geöhrter Spr.; Halbstrauch m. kletternden, z. T. auch niederlgd. Sprossen .... ***Solanum dulcamara***, 656

— Mittelfieder nicht od. nur wenig größer als Seitenfiedern; — alle Blätt. 3-zählig od. zuw. einige einfach, aber dann Spr. ungeteilt u. weder spießf. noch geöhrt **45**

45. Fiedern deutl. gestielt od. wenn fast sitzend, dann entw. bis 7 m hoher Strauch bzw. mehrstämmiger Kleinbaum od. Zwerghalbstrauch m. scheinbar 3-, aber eigentl. 5-zähligen Blätt. **47**

— Fiedern sitzend; Zwergstrauch od. bis 2 m hoher Kleinstrauch m. 3-zähligen u. zuw. einfachen Blätt. **46**

46. Zweige ohne Endknospe, oberste Knospe eine Seitenknospe; — Kelch glockenf., 2-lippig, der röhrige Teil nicht od. nur wenig länger als die Lippen; Blütenstiele so lg. wie od. länger als der Kelch .... ***Cytisus***, 376

116/1

116/2

116/3

116/4

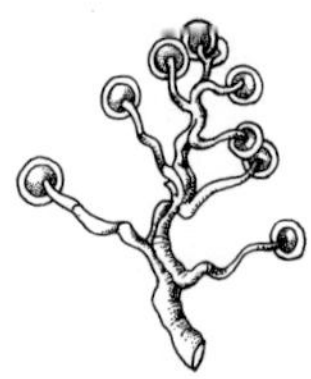
116/5

116/6

— Zweige m. Endknospe; — Kelch röhrenf., 2-lippig, der röhrige Teil länger als die Lippen; Blütenstiele kürzer als der Kelch .... ***Cytisus*** (*Chamaecytisus*), 376

47 (45). Mittelfieder deutl. länger gestielt als Seitenfiedern; — Fiedern ganzrandig od. spärl. buchtig gesägt od. schwach gekerbt; aufr. od. am Boden kriechender Kleinstrauch od. m. Luftwurzeln kletternde Liane .... ***Toxicodendron***, 499

— Fiedern ± gleich lg. gestielt bzw. fast sitzend **48**

48. Großstrauch od. Kleinbaum; Blätt. 3-zählig; Fiedern 4–8 cm lg. .... ***Laburnum***, 379

— Zwerghalbstrauch; Blätt. 5-zählig, aber unt. Fiederpaar abgerückt u. wie Nebenblätt. erscheinend, dadurch 3 ob. Fiedern endst. genähert; Fiedern ≤ 2,5 cm lg. ..... ***Dorycnium***, 377

49 (43). Fiedern längl. bis spatelf., nur Rand fein bewimpert; winter- bis immergrüner, ≤ 1,5 m hoher Strauch; Blätt. etwas lederig; Beerenfr. .... ***Chrysojasminum***, 658

— Fiedern linealisch bis längl., eilanzettl. bis ellipt., unterseits zumind. anfangs seidig behaart; sommergrüner od. durch die grünen Zweige immergrüner, 1–3 m hoher Strauch; Blätt. weich u. oft hinfällig; Hülsenfr. .... ***Cytisus***, 376

50 (42). Zweige m. Stacheln od. stacheligen Borsten (*Taf. 4: 6* u. *7*); — Blätt. 3–5-zählig ***Rubus***, 432

— Zweige weder m. Stacheln noch m. stacheligen Borsten **51**

51. Blätt. m. stechenden Zähnen .... ***Mahonia***, 332

— Blätt. ohne stechende Zähne **52**

52. Fiedern > 3 cm lg.; Klein- od. Kletterstrauch **54**

— Fiedern ≤ 2,5 cm lg.; nur an der Basis schwach verholzende Pfl., eher Staude als Halbstrauch **53**

53. Fiedern nur an der Spitze m. Zähnen; Kelch m. Außenkelch (*82/4, AK*) .... ***Dasiphora***, 415

— Fiedern am ganzen Rand unregelm. scharf gesägt; Kelch ohne Außenkelch .... ***Ononis***, 385

54 (52). Aufr. od. am Boden kriechender Kleinstrauch od. m. Luftwurzeln kletternd, ohne Ranken .... ***Toxicodendron***, 499

— Kletterstrauch, m. Ranken kletternd, Enden der Ranken meist m. tellerf. Haftscheiben (*116/5*; *Taf. 5: 3*; bei *P. vitacea* nur schwach entwickelt od. fehlend) .... ***Parthenocissus***, 366

Tabelle XII
Größtenteils untergetauchte Wasserpflanzen, Schwimmblattpflanzen und freischwimmende Pflanzen (Blüten- und Sporenpflanzen), zu bestimmen nach vegetativen Merkmalen

1. Pfl. frei schwimmend, auf od. kurz unter der Wasseroberfläche; Sprosse meist nicht od. kaum erkennbar; Blätt. in Rosetten od. dicht gedrängt an kurzen, horizontal (fast) an der Oberfläche lgd. Sprossen; längere Sprosse allenfalls als Ausläufer zw. Rosetten erkennbar **50**

— Pfl. im Boden wurzelnd od. frei im Wasserkörper, dann m. lg., auch tiefer im Wasser lgd. Sprossen **2**

2. Untergetauchte Blätt. ungeteilt od. fehlend; Schwimmblätt., wenn vorhanden, ganzrandig, gezähnt, gekerbt, gelappt od. 4-zählig **11**

— Untergetauchte Blätt. stets vorhanden, in viele linealische, oft fadenf. Zipfel zerschlitzt (*72/2–72/4*) od. m. lg. Borsten versehen (*72/1*); Schwimmblätt., wenn vorhanden, gelappt od. unpaarig gefied. **3**

3. Blattspr. rundl.-nierenf., 5–7 mm lg., ihre Hälften auf einen Reiz hin zus.klappend; Blattstiel keilf. verbreitert, unter der Blattspr. m. lg. borstenart. Fortsätzen (*72/1*); — Pfl. wurzellos, frei schwimmend .... **Droseraceae** (*Aldrovanda*), 566

— Blattspr. nicht rundl.-nierenf.; Blattstiel weder keilf. noch m. borstenart. Fortsätzen **4**

4. Blätt. wenigstens z.T. m. kleinen, tierfangenden Blasen (*72/4*); — Blüten gelb, gespornt, auf lg. Schaft .... **Lentibulariaceae** (*Utricularia*), 712

— Wasserblätt. ohne Blasen; — Blüten weiß, gelb, rosa m. gelbem Zentrum od. unscheinbar **5**

5. Blätt. wechselst., nur die ob. zuw. dicht gedrängt, scheinbar quirlst. **9**
— Blätt. (zumind. Unterwasserblätt.) gegenst. od. quirlst. **6**
6. Blattspr. mehrfach gabelteilig (*72/2*), nur die erste Teilung zuw. handf. **8**
— Blattspr. kammf. gefied. (*38/9, 72/3*) **7**
7. Alle Blätt. quirlst.; Blattzipfel haarfein, meist < 1 mm br., nicht od. kaum abgeflacht; — Blüten unscheinbar, 1–3 mm ∅, in 3–5 cm lg., aus dem Wasser ragenden Ähren **Haloragaceae** (*Myriophyllum*), 365
— Unt. Blätt. wechselst.; Blattzipfel flach, 1–2 mm br.; — Blüten auffällig, 15–25 mm ∅, in etagenf. Quirlen an bis 30 cm aus dem Wasser ragenden Trauben **Primulaceae** (*Hottonia*), 619
8 (6). Wasserblätt. gegenst., deutl. gestielt, Blattspr. am Grund handf. in meist 5 Teile geteilt, diese gabelteilig; Schwimmblätt. (selten!) lineal-lanzettl. m. in der Mitte ansetzendem Stiel bis schildf.-ellipt.; Pfl. im Boden wurzelnd .... **Cabombaceae,** 150
— Wasserblätt. quirlst., undeutl. gestielt bis sitzend, Blattspr. vom Grund an gabelteilig; Schwimmblätt. fehlend; Pfl. wurzellos, frei schwimmend .... **Ceratophyllaceae,** 326
9 (5). Blätt. (mehrfach) handf. geteilt (*343/2, 343/3a*); Schwimmblätt. rundl., m. ± tiefen Einschnitten (*72/5, 343/3b*); — Blüten einzeln, den Blätt. gegenübersthd.; Staubblätt. zahlr. **Ranunculaceae** (*Ranunculus*), 342
— Blätt. 1–4-fach gefied. bzw. fiederteilig; — Blüten in Trauben od. Dolden; Staubblätt. 5 ... **10**
10. Blätt. m. deutl. Blattscheiden; Wasserblätt. 2–4-fach fiederteilig, m. linealischen Zipfeln; Luftblätt. 1-fach gefied., meist m. eingeschnittenen Zipfeln; — Blüten < 3 mm im ∅, in 2–12-blütigen Dolden; Kronblätt. frei .... **Apiaceae** (*Helosciadium*), 730
— Blätt. ohne deutl. Blattscheiden, 1-fach kammf. gefied. (*38/9, 72/3; Taf. 7: 6*), m. flachen, 1–2 mm br. Zipfeln; oft Landformen bildend; — Blüten 15–25 mm ∅, in etagenf. Trauben; Kronblätt. verwachsen .... **Primulaceae** (*Hottonia*), 619
11 (2). Blätt. 4-zählig gefing. (*55/7*) .... **Marsileaceae** (*Marsilea*), 132
— Blätt. ungeteilt od. gelappt., nicht 4-zählig **12**
12. Pfl. m. fast kreisrunden, am Grund tief (ein Drittel bis die Hälfte des ∅) eingeschnittenen Schwimmblätt. (*150/1, 150/3, 343/1, 344/3*) **45**
— Pfl. nur m. Unterwasserblätt. od. (auch) m. linealischen, lanzettl. od. ellipt. Schwimmblätt., wenn rundl., dann am Grund nicht od. weniger als ein Drittel ihrer Länge eingeschnitten **13**
13. Blätt. grundst. od. bandf. u. viel länger als die meist nur z. Bltzt. gestreckten Stg. **33**
— Blätt. am meist lg. Stg. verteilt, zuw. dicht gedrängt, dennoch Stg. deutl. erkennbar **14**
14. Blätt. wechselst. **25**
— Blätt. (fast) gegenst. od. quirlst. **15**
15. Blätt. (z.T.) > 10 mm br., deutl. fiedernervig .... **Onagraceae** (*Ludwigia*), 496
— Blätt. 0,5–6 mm br.; Nervatur undeutl. od. nur Mittelnerv deutl. **16**
16. Blätt. m. Blattscheide od. Ochrea **24**
— Blätt. ohne Blattscheide od. Ochrea **17**
17. Blätt. alle (fast) gegenst. **20**
— Blätt. in 3–16-zähligen Quirlen, zuw. die unt. gegenst. **18**
18. Stg. nicht selbsttragend, nicht aus dem Wasser ragend; Blattquirle meist 3–4-zählig, selten (*Hydrilla*) bis 8-zählig .... **Hydrocharitaceae,** 160
— Stg. selbsttragend, zumind. z.T. aus dem Wasser ragend; Blattquirle zumind. unter Wasser (6–)8–16-zählig (wenn vorhanden), zuw. über Wasser nur 3-zählig **19**
19. Blätt. über Wasser eif. od. lanzettl., meist in 3-zähligen Quirlen (*119/2*), unter Wasser linealisch, in 8–16-zähligen Quirlen; — Blüten ⚥, m. je 4 Kelch- u. Kronblätt. **Elatinaceae** (*Elatine alsinastrum*), 460
— Blätt. über u. unter Wasser ± linealisch, in (6–)8–12(–16)-zähligen Quirlen (*119/1; Taf. 6: 8*); — Blüten unscheinbar, oft eingeschl.; Krone fehlend; Staubblätt. 1 (*664/1*) **Plantaginaceae** (*Hippuris*), 664
20 (17). Blätt. dick, etwas fleischig, 3–6 mm lg., linealisch bis lanzettl., sitzend, zumind. Überwasserblätt. beiderseits konvex .... **Crassulaceae** (*Crassula aquatica*), 359
— Blätt. dünn, meist > 6 mm lg. u. flach, od. wenn klein u. etwas dickl., dann ellipt. od. spatelf. u. gestielt **21**

21. Blätt. sitzend, einander am Blattgrund überlappend (= nicht echt gegenst.), m. kräftigem Mittelnerv u. schwächeren, bogenläufigen Seitennerven (*164/2*)
Potamogetonaceae (*Groenlandia*), 165
— Blätt. sitzend od. gestielt, einander am Blattgrund nicht überlappend; Seitennerven meist nicht od. kaum erkennbar, nicht bogenläufig **22**
22. Stg. bis >30 cm lg., dünn u. flexibel, fast immer grün, aufr. bis horizontal im Wasser od. auf feuchtem Schlamm lgd., nicht od. kaum aus dem Wasser ragend, an der Spitze oft m. Schwimmblattrosette; — Blüten ohne Blütenhülle, eingeschl., am Grund häufig m. 2 sichelf. Vorblätt. (*73/5, 662/1, 662/6*); Fr. m. 4 scharfen Kanten (*662/2*)
Plantaginaceae (*Callitriche*), 661
— Stg. meist < 20 cm frei im Wasser, wenn länger, dann auf dem Grund kriechend od. m. der Spitze aus dem Wasser ragend, oft rötl. überlaufen, ohne Schwimmblattrosette; auf feuchtem Schlamm meist wenigstens z.T. aufstgd. bis aufr.; — Blüten m. Blütenhülle, am Grund ohne sichelf. Vorblätt.; Fr. ohne scharfe Kanten **23**
23. Blätt. m. häutigen Nebenblätt., je 2 beiderseits am Stg. zw. den Blattbasen (Lupe!); — Kronblätt. 3–4 (*460/1–460/2*), abfallend; Blüten breiter als lg.; Frkn. auffällig, frei sichtbar; Stg. glasig durchscheinend; Fr. fast kugelige Kapsel (*460/3b, 460/4b*) .... **Elatinaceae**, 460
— Blätt. ohne Nebenblätt. od. m. 1 häutigen Schüppchen zw. den Blattbasen (Lupe!); — Kronblätt. 5, am Grund zu 1-seitig gespaltener Röhre verwachsen; Blüten länger als br.; Frkn. eingeschlossen, unauffällig; Stg. nicht glasig durchscheinend; Fr. birnen- od. trichterf.
Montiaceae (*Montia*), 611
24 (16). Blätt. m. Blattscheide; Blattspr. vom ob. Rand der Blattscheide abzweigend; Blattrand grob od. fein gezähnt (*161/4, 161/5*) .... **Hydrocharitaceae** (*Najas*), 162
— Blätt. m. Ochrea; Blattspr. vom unt. Rand der Röhre abzweigend; Blattrand ungeteilt
Potamogetonaceae (*Zannichellia*), 168
25 (14). Blätt. bogenf. zurückgekrümmt, 1–3 cm lg., 1–3 mm br.
Hydrocharitaceae (*Lagarosiphon*), 162
— Blätt. nicht zurückgekrümmt, meist länger **26**
26. Blätt. (= Schwimmblätt. od. Luftblätt.) deutl. fiedernervig, >12 mm br., am Grund m. röhrenf. Nebenblattscheide (Ochrea, *555/5*); — Blüten rötl., in Ähren über der Wasseroberfläche
Polygonaceae (*Persicaria amphibia*), 559
— Blätt. parallelnervig od. Nervatur kaum erkennbar **27**
27. Blätt. m. häutigen Nebenblätt. od. Lig. in der Blattachsel, zuw. zu einer Ochrea verbunden, bei Unterwasserblätt. zuw. m. Blattgrund verwachsen; Blätt. zuw. deutl. gestielt
Potamogetonaceae (*Potamogeton*), 165
— Blätt. m. Blattscheide, ohne achselst. Nebenblätt. od. Ochrea, stets sitzend; wenn m. Lig., dann am Übergang von Blattscheide zu Blattspr., nicht in der Blattachsel **28**
28. Blätt. ± borstenf., allmähl. zugespitzt, < 2 mm br., oft büschelart. gehäuft **31**
— Blätt. bandf., flach, m. parallelen Seiten, erst am Ende zugespitzt od. gerundet, meist > 2 mm br. **29**
29. Pfl. im Meer; Blüten in Ähren unter der Wasseroberfläche, im zusammengefalteten Spr.-Grund eingeschlossen .... **Zosteraceae**, 164
— Pfl. im Süßwasser; Blüten in Ährch. od. Köpfchen über der Wasseroberfläche **30**

119/1 *119/2* *119/3* *119/4* *119/5* *119/6* *119/7*

30. Blattscheiden ganz stg.umfassend, dem Stg. anlgd. u. ihre Ränder überlappend, m. Lig. (*35/3,* Lig) am Übergang von Blattscheide zu Blattspr. .... **Poaceae** (*Glyceria fluitans*), 300
— Blattscheiden nicht ganz stg.umfassend, offen, vom Stg. abstd., ihre Ränder allmähl. auslfd., ohne Lig. am Übergang von Blattscheide zu Blattspr. .... **Typhaceae** (*Sparganium*), 219
31 (28). Blattscheide mehrfach breiter als Blätt. u. Stg., beiderseits neben dem Spr.Grund kurz fortgesetzt; Pfl. meist im Salz- od. Brackwasser; — Blüten unter od. an der Wasseroberfläche .... **Ruppiaceae**, 169
— Blattscheide kaum breiter als Blätt. u. Stg., neben dem Spr.Grund nicht fortgesetzt; Pfl. im Süßwasser; — Blüten in Ährch. od. köpfchenart. Büscheln oberh. der Wasseroberfläche **32**
32. Blätt. im ∅ fast drehrund, oberseits allenfalls undeutl. rinnig, hohl, undeutl. gefächert **Juncaceae** (*Juncus bulbosus*), 223
— Blätt. abgeflacht, oberseits flach bis deutl. rinnig, nicht gefächert **Cyperaceae** (*Isolepis fluitans*), 251
33 (13). Blätt. wenigstens z.T. im ob. Teil deutl. breiter als am Grund; Schwimmblätt. u. Luftblätt. in Stiel u. Spr. geglied., Spr. lanzettl., spatelf., herzf., eif. od. ellipt. **42**
— Blätt. fast auf ganzer Länge gleich br. od. am Grund am breitesten u. allmähl. zugespitzt, bandf., lineal od. im ∅ fast drehrund, pfrieml., nie in Stiel u. Spr. geglied. **34**
34. Pfl. im Meer; — Blüten in achselst. Ähren unter der Wasseroberfläche ...... **Zosteraceae**, 164
— Pfl. im Süßwasser **35**
35. Pfl. m. knollig verdickter Achse (*55/5a*); Blätt. im ∅ gerundet 3–4-kantig, am verbreiterten Grund m. unscheinbarer, 3-eckiger Lig. (*55/5b*, Lig) u. oft m. Sporangiengrube (*55/5b*, S) **Isoetaceae**, 126
— Pfl. ohne knollige Achse; Blätt. drehrund od. abgeflacht, am Grund ohne Sporangiengrube, ohne Lig. od. m. Lig. am ob. Ende der Blattscheide **36**
36. Unterwasserblätt. 1–12(–15) cm lg., 0,5–4(–5) mm br., alle grundst., meist etwas dickl. u. relativ steif aufr., Blattspitzen bei Erreichen der Oberfläche meist z.T. aus dem Wasser ragend; nährstoffarme, sthd. Gewässer; — Infl. blattlos od. m. sehr kleinen Blätt., aus dem Wasser ragend **40**
— Unterwasserblätt. 20–60(–180) cm lg. (wenigstens die längeren), 2–15 mm br., grundst. od. an flutenden Stg., flach, höchstens am Grund etwas gekielt, flexibel, Blattspitzen bei Erreichen der Oberfläche schwimmend; sthd. od. fließ. Gewässer **37**
37. Blätt. alle grundst., beiderseits des Mittelnervs m. 1 stärkeren, parallel lfd. Seitennerv; längere Sprosse nur als Ausläufer im Grund entwickelt; — Blüten einzeln, im Gebiet nur ♂, unter Wasser gebildet, dann abgelöst u. frei an der Oberfläche schwimmend (♀ an lg. spiraligen Stielen an die Oberfläche reichend) ... **Hydrocharitaceae** (*Vallisneria spiralis*), 163
— Blätt. oft auch an flutenden Sprossen, m. mehreren gleich starken parallel lfd. (Seiten-) Nerven, m. od. ohne deutl. Mittelnerv; — Blüten in Ährch. od. Köpfchen, an Luftsprossen m. gut entwickelten Blätt. od. in blattlosen, scheinwirtelig verzweigten Rispen **38**
38. Blattscheiden ganz stg.umfassend, dem Stg. anlgd. u. ihre Ränder überlappend, m. Lig. (*35/3,* Lig) am Übergang von Blattscheide zu Blattspr. .... **Poaceae** (*Glyceria fluitans*), 300
— Blattscheiden nicht ganz stg.umfassend, vom Stg. abstd., ihre Ränder allmähl. auslfd., ohne Lig. am Übergang von Blattscheide zu Blattspr. **39**
39. Pfl. ohne Ausläufer u. ohne flutende Stg., zuw. m. untergetauchten Infl. **Alismataceae** (*Alisma gramineum*), 158
— Pfl. m. Ausläufern (meist im Grund verborgen), meist auch m. flutenden Stg. **Typhaceae** (*Sparganium*), 219
40 (36). Blätt. linealisch, gleichm. br., am Ende gerundet (*73/2*) **Campanulaceae** (*Lobelia dortmanna*), 748
— Blätt. allmähl. zugespitzt **41**
41. Rosetten meist durch Ausläufer verbunden (*73/1*); Blätt. m. unscheinbarer Blattscheide; Blüten eingeschl.; — ♂ Blüte 1, m. 4 lg. heraushgd. Staubblätt.; an der Basis ihres lg. Stiels 2–3 ♀ Blüten (*73/1b*) .... **Plantaginaceae** (*Littorella uniflora*), 666
— Rosetten nicht durch Ausläufer verbunden; Blätt. ohne Blattscheide; Blüten ⚥, — in 2–8-blütiger Traube (*73/4*); Staubblätt. kürzer als Kronblätt. ... **Brassicaceae** (*Subularia*), 550

42 (33). Blattspr. schmal spatelf., bis 3 cm lg. u. 8 mm br., am Ende gerundet; Blattstiel bis zu 15 cm lg. .... **Scrophulariaceae** (*Limosella aquatica*), 674

— Blattspr. lanzettl., herzf., eif. od. ellipt., meist > 5 cm lg. u. > 12 mm br., wenn schmal, dann am Ende zugespitzt; Blätt. inkl. Blattstiel meist > 20 cm lg. (Alismataceae, S. 158) **43**

43. Schwimmblätt. (u. Luftblätt., wenn vorhanden) lanzettl. **Alismataceae** (*Alisma gramineum, Baldellia*), 158, 159

— Schwimmblätt. (u. Luftblätt., wenn vorhanden) ellipt., eif. od. rundl.-herzf. **44**

44. Grund der Blattspr. deutl. herzf., ein Zehntel bis ein Drittel der Blattlänge eingeschnitten; Blätt. m. mehreren ± gleich starken Nerven .... **Alismataceae** (*Caldesia*), 159

— Grund der Blattspr. stumpf, gerundet od. gestutzt, selten angedeutet herzf.; Blätt. m. Mittelnerv u. 2 Haupt-Seitennerven .... **Alismataceae** (*Luronium*), 159

45 (12). Schwimmblätt. (u. Luftblätt., wenn vorhanden) ganzrandig od. seicht wellig gebuchtet **47**

— Schwimmblätt. (u. Luftblätt., wenn vorhanden) gekerbt od. gelappt **46**

46. Blätt. m. 3 od. 5 handf. vom Grund entspringenden, oft undeutl. Hauptnerven; Spr. 3- od. 5-lappig; zuw. auch stärker zerteilte (Unterwasser-)Blätt. vorhanden; — Blüten 8–40 mm ∅, einzeln od. in wenigblütigen Infl., lg. gestielt .... **Ranunculaceae** (*Ranunculus*), 342

— Blätt. m. > 5 ± gleich starken, handf. vom Grund entspringenden Nerven; Spr. zuw. nur undeutl. gelappt; untergetauchte Blätt. selten, nicht stärker zerteilt; — Blüten < 3 mm ∅, in Dolden .... **Araliaceae** (*Hydrocotyle ranunculoides*), 715

47 (45). Seitennerven der Blätt. stark gekrümmt, die unt. am Grund Richtung Basis ziehend, dann bogig aufw. gekrümmt (*121/1*) **49**

— Seitennerven der Blätt. gerade od. wenig gekrümmt, ± gabelig verzweigt (*150/1, 150/3*) od. vernetzt (*121/2*) **48**

48. Blätt. sehr groß, (7–)10–30 cm ∅, ganzrandig; Seitennerven überwgd. gerade, erst zum Rand hin stärker vernetzt (*150/1, 150/3*); — Blüten weiß od. gelb; Staubblätt. zahlr. **Nymphaeaceae**, 150

— Blätt. kleiner, 3–10(–16) cm ∅, Rand meist seicht wellig gebuchtet; Seitennerven grobmaschig vernetzt (*121/2*); — Blüten gelb; Staubblätt. 5 **Menyanthaceae** (*Nymphoides*), 751

49 (47). Seitennerven der Blätt. 2–3 pro Seite, Abstand des 1. Seitennervs von der Mittelrippe viel größer als die Abstände der äuß. Nerven (*161/1*); Pfl. meist freischwimmend, nur in sehr flachem Wasser den Grund erreichend .... **Hydrocharitaceae** (*Hydrocharis*), 162

— Seitennerven der Blätt. 4–7 pro Seite, ihre Abstände fast gleichm., nach außen nur wenig abnehmend; Pfl. im Grund wurzelnd .... **Alismataceae** (*Caldesia*), 159

50 (1). Pfl. nicht in Stg. u. Blätt geglied., entw. eif. od. linsenf. (*60/1, 60/3, 60/4*), kahl, glatt, 1–10 mm groß, auf dem Wasser schwimmend, od. untergetaucht, dann flügelart., m. kreuzweise verbundenen Gliedern (*60/2*) .... **Araceae**, 153

— Pfl. in Stg. u. Blätt. geglied.; Stg. zuw. kaum erkennbar, wenn Blätt. dicht überlappend; Pfl. meist größer; wenn < 10 mm, dann rau od. behaart **51**

51. Blätt. < 3 mm lg., einander schuppenart. überlappend (*55/3*), papillös-rau, scheinbar hautrandig (Lupe!) .... **Salviniaceae** (*Azolla*), 131

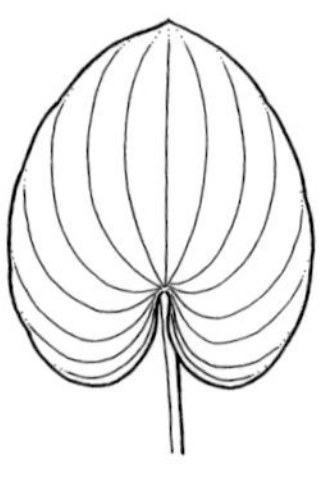

121/1

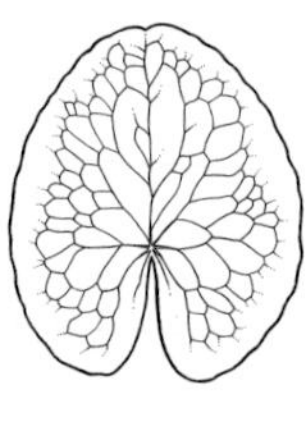

121/2

— Blätt. > 8 mm lg., nicht schuppenart. überlappend, kahl od. behaart, nicht hautrandig ... **52**
52. Blätt. stark behaart **56**
— Blätt. kahl **53**
53. Blattrand gesägt od. gezähnt, zuw. stachelig **55**
— Blattrand ungeteilt **54**
54. Grund der Blattspr. deutl. herzf., meist ≈ ein Drittel der Spr.Länge eingekerbt (*161/1*); Pfl. meist freischwimmend, nur in sehr flachem Wasser den Grund erreichend **Hydrocharitaceae** (*Hydrocharis*), 162
— Grund der Blattspr. stumpf, gerundet od. gestutzt, selten angedeutet herzf.; Pfl. meist wurzelnd .... **Alismataceae** (*Luronium*), 159
55 (53). Blätt. sitzend, (fast) lineal-lg.gestreckt, zugespitzt, am ganzen Rand stachelig gezähnt; im Winter ganz untergetaucht, im Sommer Blattspitzen aus dem Wasser ragend **Hydrocharitaceae** (*Stratiotes*), 162
— Blätt. gestielt, rautenf. bis fast 3-eckig, die nach vorn weisenden Kanten gesägt-gezähnt, nicht stechend (*73/6*); Blätt. m. der ganzen Fläche schwimmend .... **Lythraceae** (*Trapa*), 493
56 (52). Blätt. in Rosetten, meist über der Wasseroberfläche, m. mehreren deutl. Längsrippen; Sprossachse sehr kurz, kaum erkennbar (außer bei Ausläufern); Pfl. m. echten Wurzeln, ohne wurzelähnl. Blätt. .... **Araceae** (*Pistia*), 156
— Blätt. paarweise gegenübersthd., schwimmend, ohne Längsrippen, an bis zu 15 cm lg., horizontal an der Oberfläche verlfd. Sprossen (*55/4*); je Knoten ein 3. Blatt untergetaucht, fein zerteilt, wurzelähnl. (*55/4b*, WB) .... **Salviniaceae** (*Salvinia*), 132

Tabellen zum Bestimmen der Gattungen und Arten

Pteridophyten, Gefäßsporenpflanzen

In Wurzel, Stamm u. Blätt. geglied., blütenlose Pfl.; Vermehrung durch 1-zellige, oft braune Sporen (*27/2e*, Spo), die in besonderen Behältern, den Sporangien (*27/2d*, Sp), entstehen; Sporangien u. Sporen entw. gleich od. verschieden gestaltet, wenn verschieden, dann ♂ Sporen (= Mikrosporen) kleiner, ♀ Sporen (= Makrosporen) größer; Sporangien entw. einzeln, oft an besonderen Blätt. (= Sporophyllen) od. zu ährenf. Sporangien- od. Sporophyllständen (*123/2b, 123/5, 127/1a, 127/2a*) od. gruppenweise zu Sori (*27/2b–c*, S) vereinigt: letztere oft von zartem Häutchen, dem Schleier (= Indusium, *27/2c–d*, I), überdeckt. Die römischen Ziffern geben die Reifezt. der Sporen an.

Die Systematik orientiert sich an PPG I (2016).

Unterabteilung: Lycopodiophytina, Bärlappe

Ordnung: Lycopodiales, Bärlappartige

Familie: Lycopodiaceae, Bärlappgewächse Ⓖ (Bearbeiter: Michael Koltzenburg)

Ausd. Pfl., m. spärl. bis reich gabelig verzweigten Sprossen u. dichtgedrängten, spiralig od. wirtelig gestellten, sehr kleinen Blätt.; Sporangien einzeln in der Achsel gewöhnl. Laubblätt. (*123/1a*) od. an abweichend gestalteten, zu endst. Ähren vereinigten Sporophyllen (*123/2a, 123/4, 123/5*); Sporangien rundl. nierenf. od. quer eif. (*123/3b*); Sporen gleich gestaltet.

1. Sporangien nicht in einem endst., ± abgegrenzten Teil des Sprosses, in den Blattachseln; — Stg. aufstgd., gabelästig (*123/1a*), 5–15 cm lg. .... ***Huperzia***, 125
— Sporangien in endst. Ähren, ± deutl. vom sterilen Teil des Sprosses abgesetzt (*55/8a, 123/2, 123/3a, 123/4–123/5*) 2
2. Blätt. gekreuzt gegenst. (in 4 Reihen), schuppenf., der Sprossachse angedrückt (*123/2, 123/4*); — Pfl. m. ober- od. unterird. Ausläufern .... ***Diphasiastrum***, 123
— Blätt. spiralig angeordnet, von der Sprossachse absthd. (*123/3a, 123/5*) 3
3. Stg. 2–10 cm lg. kriechend, meist m. 1 aufstgd. Ast; Sporangienähre weniger deutl. vom sterilen Sprossteil abgesetzt (*123/3a*) .... ***Lycopodiella***, 125
— Stg. > 20 cm lg. kriechend, wiederholt gabelästig; Sporangienähren deutl. vom sterilen Sprossteil abgesetzt (*55/8a, 123/5*) .... ***Lycopodium***, 125

Diphasiastrum Holub [*Diphasium* Rothm.; *Lycopodium* L. p. p.], Flachbärlapp Ⓖ

1. Sporangienähren kurz gestielt (*123/4*); Grundachse meist oberird. kriechend 4
— Sporangienähren lg. gestielt (*123/2*); Grundachse meist unterird. kriechend 2

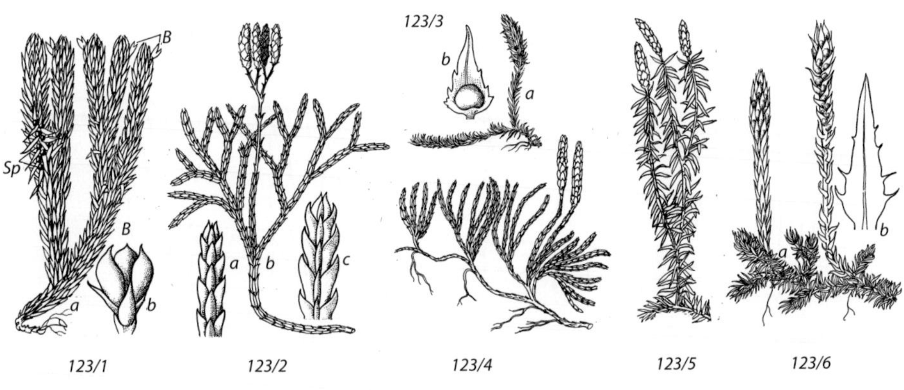

123/1 *123/2* *123/4* *123/5* *123/6*

2. Sterile Äste ± niederlgd., flach; Bauchblätt. viel kleiner als die Flankenblätt., der Achse angedrückt (*123/2c, 124/3*); Mitteltrieb meist unfruchtbar, nur die Seitenäste Sporangienähren tragend; Sporophyll br. eif., plötzl. in kurze Spitze zus.gezogen; ↕ 10–35 cm; ♃. VIII–IX. – Trockene Nadelwälder, Heiden, Störstellen; kalkmeidend. – *z* D: Harz, Thw.; A; CH: Gr; CZ; DK; F: Els; PL; ausgest. B; NL; sonst *s*, zurückghd. FFH5; ⓖ. [*Diphasium complanatum* (L.) Rothm.; *L. complanatum* L.; *L. anceps* Wallr.] Gewöhnlicher F., ***D. complanatum*** (L.) Holub

— Sterile Äste ± aufr.; Bauchblätt. so groß wie od. nur wenig kleiner als die Flankenblätt. (*123/2a*), nicht od. kaum angedrückt; Mitteltrieb Ähren tragend (*123/2b*), Seitentriebe meist unfruchtbar; Sporophyll eif., in deutl. Spitze auslfd. **3**

3. Sprosse dicht gebüschelt; Bauchblätt. den Flankenblätt. gleich gestaltet (*123/2b, 124/1*); Sporophylle in lg. Spitze ausgezogen; ↕ 10–25 cm; ♃. VIII–IX. – Zwergstrauchheiden, Störstellen; kalkmeidend. – *s*, zurückghd., D; A: OÖ; B; CH: Gr, Ts; CZ; DK; F: Els; NL; PL. FFH5; ⓖ. [*Diphasium tristachyum* (Pursh) Rothm., *L. chamaecyparissus* Mutel; *L. tristachyum* Pursh; *L. complanatum* subsp. *chamaecyparissus* (Mutel) Milde]
Zypressen-F., ***D. tristachyum*** (Pursh) Holub

— Sprosse locker u. länger; Bauchblätt. kürzer als die Flankenblätt. (*123/2*); Sporophylle m. kurzer Spitze; ↕ 10–25 cm; ♃. VIII–IX. – Trockene Nadelwälder, Störstellen; kalkmeidend. – *s*, zurückghd.; D; A: OÖ; CH; CZ; F: Els; NL, PL. FFH5; ⓖ. [*D. tristachyum* × *D. complanatum*; *Diphasium zeilleri* (Rouy) Damboldt; *L. zeilleri* (Rouy) Greuter & Burdet; *L. complanatum* var. *zeilleri* Rouy] Zeiller-F., ***D. zeilleri*** (Rouy) Holub

4 (1). Sterile Zweigenden nicht abgeflacht, 4-kantig (*123/4*); Bauchblätt. der sterilen Äste 0,5 mm br., kellenart., kurz gestielt (*124/5*); — Sporophylle lanzettl., zugespitzt; ↕ 3–10 cm; ♃. VIII–IX. – Borstgrasrasen , Störstellen; kalkmeidend; subalp. bis alp. – *s*, Rothaargeb., Schw., Harz, Rhön, Thw., Böhmw., Erzgeb., Riesengeb., Altvatergeb., Alp.; D: RP; F: Els. FFH5; ⓖ. [*Diphasium alpinum* (L.) Rothm.; *L. alpinum* L.] Alpen-F., ***D. alpinum*** (L.) Holub

— Sterile Zweigenden deutl. abgeflacht, 2–2,5 mm br.; Bauchblätt. der sterilen Äste sitzend, linealisch **5**

5. Sterile Zweige m. taillenart. Einschnürungen, 2–2,5 mm br.; Bauchblätt. m. der Spitze die Basis des nächstob. nicht erreichend; — Seitenblätt. absthd., m. Spr. ≈ halb so lg. wie ihr schmal herablfd. Flügel (*124/4*); Sporophylle eif., plötzl. zugespitzt; ↕ 5–20 cm; ♃. VIII–IX. – Magerrasen; kalkmeidend. – *s*, Rothaargeb., Harz, Rhön, Thw., Böhmw., Erzgeb., Riesengeb., Altvatergeb., Schw., Alp.; F: Els. FFH5; ⓖ. [*Diphasium issleri* (Rouy) Holub; *D. alpinum* × *D. complanatum*; *L. issleri* (Rouy) Domin; *L. alpinum* subsp. *issleri* (Rouy) Domin]
Issler-F., ***D. issleri*** (Rouy) Holub

— Sterile Zweige fast gleichm. br., nur m. geringen Einschnürungen, 2 mm br., blaugrün (*124/6*); Bauchblätt. m. der Spitze die Basis des nächstob. erreichend od. fast erreichend, — ein Drittel so br. wie der Zweig; ↕ 5–15 cm; ♃. VIII–IX. – Zwergstrauchheiden der Mittelgeb., Störstellen; kalkmeidend. – *s*, D: Bayrw., Odenwald, Eder, Harz, Thw.; A: OÖ, Ti; DK; F: Els; I: Bz; Böhmw., Riesengeb., Altvatergeb. FFH5; ⓖ. [*D. alpinum* × *D. tristachyum*; *L. oellgaardii* (Stoor et al.) B. Bock] Oellgaard-F., ***D. oellgaardii*** Stoor et al.

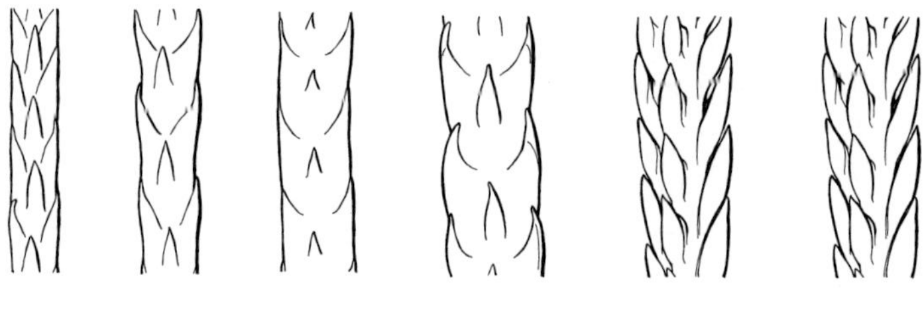

124/1 *124/2* *124/3* *124/4* *124/5* *124/6*

Huperzia Bernh., Teufelsklaue Ⓖ

Sprosse aufr., regelm. gabelig verzweigt (*123/1a*); Blätt. aufr., meist in 8 Zeilen; an der Spitze der Triebe bei Berührung leicht abfallende Brutsprosse (*123/1a–b*, B). – ♃. VII–X. – Feuchte Wälder, sandige Heiden; kalkmeidend. ***H. selago*** (L.) Schrank & Mart.

a. Blätt. dk.grün, ob. 4–8 mm lg., absthd., linear-lanzettl.; Sporangien meist gut entwickelt; ↕ 5–25 cm. – Überwgd. montane Stufe. – z, im N s, in tieferen Lagen oft verschwunden. FFH5; Ⓖ.– Stark giftig! [*Lycopodium selago* L.] Tannenbärlapp, Tannen-T., subsp. ***selago***

b. Blätt. gelbgrün, ob. 2–2,5 mm lg., angedrückt, oval-lanzettl.; Sporangien selten entwickelt; ↕ 5–10 cm. – *s* DK. [*H. arctica* (Tolm.) Sipliv.; incl. *H. appressa* (Desv.) A. & D. Löve; subsp. *appressa* (Desv.) D. Löve; *Lycopodium appressum* (Desv.) Petrov] Arktische T., subsp. ***arctica*** (Tolm.) Á. Löve & D. Löve

Zuw. als eigene Familie Huperziaceae [Urostachydaceae], Teufelsklauengewächse, betrachtet.

Lycopodiella Holub, Sumpfbärlapp Ⓖ

Kriechspross 2–10 cm lg., sich dann aufrichtend u. einschließl. Sporangienähre 4–8 cm lg. (*123/3a*); Blätt. aufw. gebogen; Sporophylle am Grund br. eif., gesägt (*123/3b*); ♃. VIII–X. – Nackte Hochmoorböden. – *z* im NW, MV bis SN, Pf; Alp. u. Vorland; CZ; PL; sonst *s*, oft verschwunden. FFH5; Ⓖ. [*Lycopodium inundatum* L.; *Lepidotis inundata* (L.) Börner]

Gewöhnlicher S., Moorbärlapp, ***L. inundata*** (L.) Holub

Lycopodium L. [incl. *Spinulum* A. Haines], Bärlapp Ⓖ

1. Blattspitze nicht haarf. zugespitzt; Blätt. sparrig absthd.; Sporangienähre kurz gestielt, unverzweigt (*123/5*); — fertile Äste aufr., bis 30 cm hoch, Sprosse bis 3 m weit kriechend; ♃. VIII–IX. – Nadelwälder; kalkmeidend. – *v* Alp. u. Alp.Vorland, sonst *z*, im NW oft verschwunden; gesellig. FFH5; Ⓖ. [*S. annotinum* (L.) A. Haines] Sprossender B., Wald-B., ***L. annotinum*** L.

— Blätt. m. lg., weißer Haarspitze; Blätt. wenig. absthd.; Sporangienähren zu 1–3 auf lg., locker beblätt. bis 30 cm hohem Stiel (*55/8a*), Sprosse bis 4 m weit kriechend; ♃. VII–VIII. – Heiden, Nadelwälder; kalkmeidend. – FFH5; Ⓖ. – Giftig! Keulen-B., ***L. clavatum*** L.

a. Sporangienähren meist zu 2–3, auf lg. Stielen; ♃. – *z–v*, oft verschwunden. Keulen-B. (i. e. S.), subsp. ***clavatum***

b. Sporangienähren einzeln, sitzend od. kurz gestielt; ♃. – Alp. Heiden, Blockhalden. – *s*, A: Kt, Sb, Stm, Ti; CH: Gr, Vs. [*L. lagopus* (Hartm.) Kuzen.] Schneehuhn-Keulen-B., subsp. ***monostachyon*** (Grev. & Hook.) Selander

Ordnung: Selaginellales, Moosfarnartige

Familie: Selaginellaceae, Moosfarngewächse (Bearbeiter: Michael Koltzenburg)

Ausd. Pfl. von moosähnl. Habitus (*55/9, 123/6*), m. dünnen, meist gabelig verzweigten Sprossen u. kleinen Blätt. (*123/6b*); Sporangien in Ähren (*123/6a*); m. Makro- u. Mikrosporen.

Selaginella P. Beauv., Moosfarn

1. Blätt. spiralig angeordnet, wimperig gezähnt (*123/6b*), alle gleich gestaltet; Sprosse aufstgd.-aufr., ↔ 2–5 cm (*123/6a*); ♃. VII–VIII. – Weiden, Rasen der subalp. u. alp. Stufe. – *v* Alp.; *s* Alp.-Vorland (Lech-, Isargebiet), Schw. (Feldberg), Riesengeb., Altvatergeb.; DK; früher D: Harz (Brocken). Dorniger M., Gezähnter M., ***S. selaginoides*** (L.) Schrank & Mart.

— Blätt. 4-reihig, ganzrandig, paarweise ungleich groß, die seitl. waagr. absthd., die oberseitigen kleiner, anlgd. (*119/3*); Sprosse niederlgd. (*55/9*); ↔ bis 20 cm; ♃. VI–VIII. – Feuchte Felsen u. Mauern, Tonböden. – *v* in Alp., *s* Alp.Vorland (Lech-, Isar-, Inntal), Erzgeb. (?), SN, TH; CZ (Elbsandsteingeb., Riesengeb., ob noch?). Schweizer M., ***S. helvetica*** (L.) Spring

Stängelloser M., ***S. apoda*** (L.) Spring): ↔ bis 10 cm; seitl. Blätt. oval-ellipt. – Ne. (Heimat: SE-N-, M-Am.); *s*, D: BB, MV.

Douglas-M., ***S. douglasii*** (Hook. & Grev.) Spring: ↔ bis 30 cm; seitl. Blätt. am Grund bewimpert. – Adventiv (Heimat: N-Am.); *s* unbest. D: TH.

Krauss-M., ***S. kraussiana*** (Kunze) A. Braun: ↔ ≤ 100 cm, an den Verzweigungen verdickt; seitl. Blätt. fein gesägt; 1 Megasporangium. – Adventiv (Heimat: Makaronesien, Afrika); *s* unbest. D: NRW.

Noch weitere Arten aus Gewächshäusern verwildernd.

Ordnung: Isoëtales, Brachsenkräuter

Familie: Isoëtaceae, Brachsenkrautgewächse (Bearbeiter: Michael Koltzenburg)

Pfl. submers lebend in Kaltwasserseen m. sandigem od. kiesigem Grund; Blätt. grasart., am Grund zwiebelf. verdickt auf einer kurzen Achse sitzend (*55/5a*); Sporangien (*55/5b*, S) in Grube am Grund der scheidig erweiterten Blätt.; Makro- u. Mikrosporophylle gleich gestaltet; erstere außen, letztere im Inneren der Rosette sthd.

Isoëtes L., Brachsenkraut

1. Blätt. dk.grün, steif, kurz zugespitzt; Makrosporen dicht netzart.-kleinhöckerig; ↕ 5–25 cm; ♃. VII–IX. – Sandiger Grund von Seen u. Teichen. – D: *s* BY, S-Schw., MV, NI, SH, früher auch MV; *s* CH: Gr, Vs; CZ (Böhmw.); DK; F: Vog; NL; N-PL. ⓖ. Gewöhnliches B., ***I. lacustris*** L.

— Blätt. hellgrün, durchscheinend, biegsam, allmähl. fein zugespitzt; Makrosporen m. zerbrechl. Stacheln; ↕ 5–15 cm; ♃. VII–IX. – Sandiger Grund von Seen. – D: *s* S-Schw., früher auch SH; *s* B; CH: N-Ts; CZ (Böhmw.); DK; F: Vog.; NL; N-PL. [*I. tenella* Desv.; *I. setacea* auct. non Lam.] Igelsporiges B., ***I. echinospora*** Durieu

Unterabteilung: Equisetophytina, Schachtelhalme

Ordnung: Equisetales, Schachtelhalmartige

Familie: Equisetaceae, Schachtelhalmgewächse (Bearbeiter: Michael Koltzenburg)

Ausd. Pfl., m. geglied., hohlen, meist gefurchten Sprossen; Blätt. schuppenf., in Quirlen angeordnet, zu einer die Knoten umgebender Scheide verwachsen (*127/1c–127/11*); Sporangien auf der Unterseite schildf. Blätt. in endst. Ähre (*127/1a*, B); fertile u. sterile Sprosse zuw. verschieden gestaltet (*127/1a–b*). Stg. = Hauptspross; Seitenäste sind die Auszweigungen des Stg.

Equisetum L., Schachtelhalm

1. Fertile u. sterile Stg. gleich gestaltet, stets grün; — zu gleicher Zeit erscheinend **5**

— Fertile u. sterile Stg. verschieden gestaltet; erstere (*127/1a*) wenigstens anfangs weißl. od. gelbl.bräunl. (Untergattung ***Equisetum*** p.p.) **2**

2. Fertile Stg. unverzweigt (*127/1a*), sich stets vor den grünen, reich verzweigten, sterilen entwickelnd (*127/1b*) u. nach der Sporenreife absterbend **4**

— Fertile Stg. sich gleichzeitig m. den sterilen entwickelnd; erstere anfangs gelbl.braun u. unverzweigt, später ergrünend u. sich verzweigend **3**

3. Seitenäste 2-mal quirlig verzweigt u. bogig überhgd. (*127/2a*); Zähne der bis 2,5 cm lg. Blattscheiden zu 3–5 häutigen Lappen vereinigt (*127/2b*); — Stg.Rippen 8–18; ↕ 15–60 cm; ♃. IV–VI. – Feuchte, schattige Wälder, Bergwiesen, kalkmeidend. – *v*, im N *v–z*. Wald-S., ***E. sylvaticum*** L.

— Seitenäste meist nur 1-fach verzweigt; Zähne der trichterf., bläul.grünen Blattscheiden frei u. gleich der Anzahl der Stg.Rippen (*127/3*); — Stg.Rippen 12–20; ↕ 15–60 cm; ♃. V–VI. – Feuchte Wälder u. Gebüsche. – *z–v* in NO- u. O-D, Emsgebiet, Harz, Rhön, Alp.; CZ; PL; *v* I: Bz; sonst *s* od. verschwunden. Wiesen-S., ***E. pratense*** Ehrh.

4 (2). Blattscheiden der gelbbraunen fertilen Stg. genähert, m. 20–40 haarfeinen Zähnen (*127/4a*); sterile Stg. weißl., bis 150 cm hoch, im ob. Teil reich verzweigt, m. anlgd. Scheiden (*127/4b*); — fertile Stg. bis 1,5 cm ∅, ≤ 50 cm hoch; Sporangienähren 4–8 cm lg., m. hohler Achse, nach der Sporenreife absterbend; ♃. III–V. – Feuchte, quellige Waldstellen; auf Kalk. – *v* im S, sonst *z–s*. [*E. maximum* Lam.] Riesen-S., ***E. telmateia*** Ehrh.

— Blattscheiden der gelbl.braunen, schwach gefurchten, fertilen Stg. stets entfernt, m. 6–16 zugespitzten, schmutzig braunen Zähnen (*127/1a, 127/5a*); sterile Stg. grün, ≤ 50 cm hoch u. bis 0,5 cm ∅, verzweigt (*127/1b*), gefurcht; — Zähne der Blattscheiden 3-eckig-lanzettl.,

halb so lg. wie die Scheidenröhre (*127/5b*); ♃. III–IV. – Äcker, Dämme, Wege.
Acker-S., Zinnkraut, ***E. arvense*** L.

a. Meist 20–60 cm lg.; Spross meist aufr.; unverzweigter Teil des Stg. meist < ein Fünftel der gesamten Länge des Stg. – *v*. Acker-S. (i. e. S.), subsp. ***arvense***
— < 15 cm lg.; Spross niederlgd. bis aufstgd., unverzweigter Teil des Stg. meist > ein Viertel der gesamten Länge des Stg. – Quellfluren, Gletscherbäche der Alp. – *s*, A: Ti, Vb; I: Bz. subsp. ***alpestre*** (Wahlenb.) Schönsw. & Elven

5 (1). Sporangienähre bespitzt; Stg. meist rau u. hart (Untergattung ***Hippochaete***) **8**
— Sporangienähre stumpf; Stg. glatt od. etwas rau (Untergattung ***Equisetum*** p. p.) **6**

6. Zentralhöhle weniger als zwei Drittel des Stg.-∅ einnehmend; — Stg. deutl. gerippt, bis 0,4 cm dick, meist verzweigt (*55/1*); Blattscheiden m. 4–12 br. weißhäutig berandeten Zähnen (*127/6*); ↕ 60(–100) cm. ♃. V–VII. – Nasse Wiesen, Flachmoore, Ufer. – *v*. – Giftig!
Sumpf-S., Duwock, ***E. palustre*** L.
— Zentralhöhle ≈ zwei Drittel bis drei Viertel des Stg.-∅ einnehmend **7**

7. Stg. nur gerillt, ohne vorspringende Rippen, bis 0,8 cm ∅; Blattscheiden eng anlgd., m. 10–30 schwarzen, sehr schmalhäutig weiß berandeten Zähnen (*127/7*); — Stg. einfach od. nur unregelm. quirlig verzweigt; ↕ 30–120 cm; ♃. V–VI. – Röhrichte, Ufer. – *v*. [*E. limosum* L.; *E. heleocharis* Ehrh., nom. illeg.] Teich-S., ***E. fluviatile*** L.
— Stg. deutl. gerippt, 0,4–0,5 cm ∅, etwas rau; Blattscheiden glockig erweitert, bis 1,2 cm lg., m. ca. 12 Zähnen; ↕ ≤ 100 cm; ♃. VI–VII. – Nasse Wiesen, Gräben, Ufer. – *z*. [*E. arvense* L. × *E. fluviatile* L.] Ufer-S., ***E.*** × ***litorale*** Kühlew.

8 (5). Stg. sommergrün, grau- bis blaugrün, meist ästig, m. 6–16 gewölbten (nicht kantigen) Rippen, diese m. Querbändern; — ↕ ≤ 80 cm; Blattscheiden bis 2,2 cm lg., grün, m. hinfälligen Zähnen (*127/8*); Seitenäste 4–9-kantig; ♃. V–VII. – Kiesufer. – *s*, meist nur im Bereich der Hauptströme, D: Rhein, Lech, Isar, Inn, Donau, MV, SN; ST, TH; *s* A; B; CH; NW-CZ; I: Bz; NL; PL. Ästiger S., ***E. ramosissimum*** Desf.
— Stg. wintergrün, nur am Grund zuw. verzweigt, sonst unverzweigt (*127/1c*); Rippen gefurcht **9**

9. Rippen flach od. m. wenig vertiefter Längsrinne, zu 15–25; Zähne schwarzbraun, weiß berandet, früh abfallend u. stumpf gekerbten Rand zurücklassend (*127/1c*); Stg. aufr., sehr rau; — Blattscheiden eng anlgd., am Grund u. am Saum m. schwarzer Querbinde (*127/9*); ♃. VI–VIII. – Auenwälder. – *z*, regional *v* (D: S-BY, MV, NI, NRW, SH); A; CH; PL; *z* CZ.
Winter-S., ***E. hyemale*** L.

a. Scheidenzähne an den unt. Blattscheiden früh abfallend; ↕ 80–100 cm. Gewöhnlicher Winter-S., subsp. ***hyemale***
— Scheidenzähne an den unt. Blattscheiden oft bleibend; ↕ 100–200 cm. – Gartenflüchtling (Heimat: N-Am, O-As) D: NRW; B; NL. Verwandter Winter-S., subsp. ***affine*** (Engelm.) Calder & Roy L. Taylor

— Rippen m. deutl. Längsrinne; Blattzähne bleibend od. nur deren Spitze abfallend; Stg. häufig niederlgd., dünn **10**

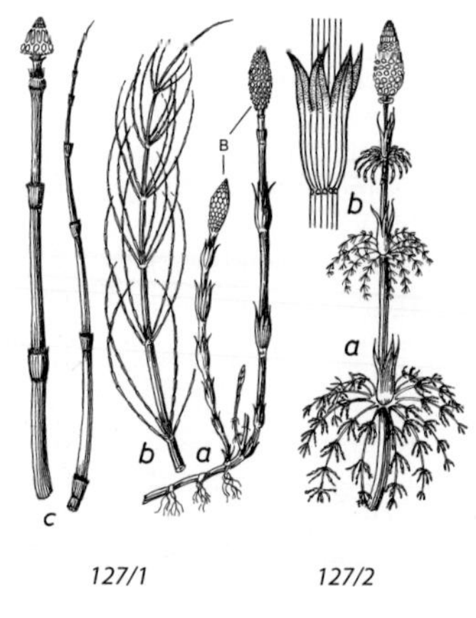

127/1 *127/2*

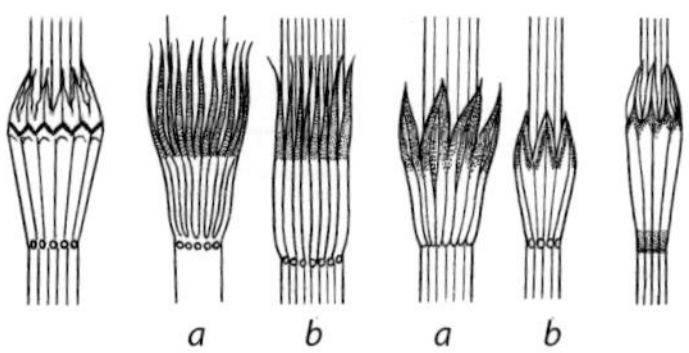

127/3 *127/4* *127/5* *127/6*

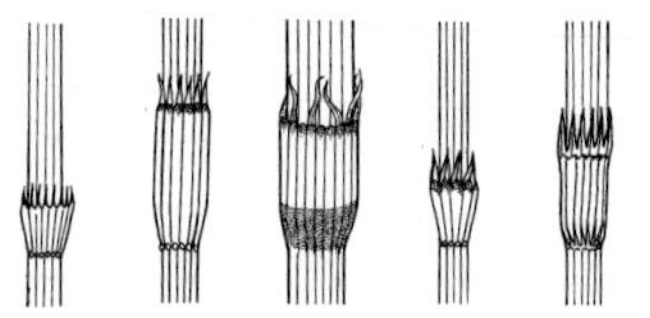

127/7 *127/8* *127/9* *127/10* *127/11*

10. Blattscheiden oberw. glockig, absthd.; Blattzähne häutig, längl. eif., m. später abfallender, aufgesetzter, grannenart. Spitze (*127/10*); Stg. an der Basis unverzweigt, — m. 4–12 Rippen, bis 0,2 cm ∅; ↕ 20–50 cm; ♃. VI–VIII. – Ufer u. Graben, kalkhaltige Flachmoore. – Alp. u. Vorland, Oberrhein *z*, *s* D: BY, TH, SN bis SH; CZ (Erzgeb.); CZ/PL (Riesengeb.); NL.
Bunter S., ***E. variegatum*** F. Weber & D. Mohr

— Blattscheiden walzl., eng anlgd., unt. meist ganz schwarz, ob. am Saum m. schwarzer Querbinde; Blattzähne bleibend, rau, lanzettl.-pfrieml., ≈ so lg. wie die Röhre (*127/11*); Stg. an der Basis verzweigt, — m. 7–14 Rippen, bis 0,3 cm ∅, sehr rau; ↕ ≤ 50 cm; ♃. VII–VIII. – Nasse Wiesen. – *s*, D: am Rhein zw. Konstanz u. Mainz, BY; CH; F: Els. [*E. hyemale* × *E. variegatum*]
Rauzähniger S., Rauer S., ***E.*** × ***trachyodon*** A. Braun

Weitere Hybriden von Arten der Untergattung *Hippochaete*:

Aufsteigender S., ***E.*** × ***ascendens*** Lubienski & Bennert [*E.* × *moorei* × *E. hyemale;* triploid]: Hochwüchsig, stark verzweigt, Spreizklimmer od. lgd. Matten. – *s*, D: NRW, Oberrheinebene; wo noch?

Geissert-S., ***E.*** × ***geissertii*** Lubienski & Bennert [*E. ramosissimum* × *E. hyemale* × *E. variegatum*; triploid]: Kaum verzweigt; Blattscheiden so lg. wie br., Scheidenzähne lg., m. weißem Hautrand. – *s*, D: Oberrheingebiet; wo noch?

Elsässer S., ***E.*** × ***alsaticum*** (H. P. Fuchs & Geissert) G. Phil. [*E. hyemale* × *E.* × *trachyodon*; triploid]: Blattscheiden hell, Scheidenzähne vorhanden, ohne weißen Hautrand; wintergrün. – *s*, D: Oberrheinebene; F: Els; wo noch?

Weitere Hybriden von Arten der Untergattung *Equisetum*:

Dyce-S., ***E.*** × ***dycei*** C. N. Page [= *E. fluviatile* × *E. palustre*]: Stg. niederlgd. bis aufstgd., unregelm. verzweigt; ↕ 15–45 cm. – *s*, D (ob?): Odenwald, NRW.

Font-Quer-S., ***E.*** × ***font-queri*** Rothm. [= *E. telmateia* × *E. palustre* Rothm.]: Stg. regelm. verzweigt; Blattscheiden m. lg., dk. u. weißrandigen Zähnen. – *s*, D: Rügen.

Südlicher S., ***E.*** × ***meridionale*** (Milde) Chiov. [= *E. ramosissimum* × *E. variegatum*]: Kaum verzweigt. – *z*, D: Bodensee, Lech, Karlsruhe; CH; s NW-CZ (ob noch?).

Mildes S., ***E.*** × ***mildeanum*** Rothm. [= *E. pratense* × E. *sylvaticum*]: Ob im Gebiet?

Moore-S., ***E.*** × ***moorei*** Newman [= *E. hyemale* × *E. ramosissimum*]: Stg.scheiden anlgd., Scheidenzähne oft hinfällig. – *z*, D: Hoch- bis Niederrhein, Berlin, Regensburg; CH; CZ (Erzgeb.).

Rothmaler-S., ***E.*** × ***rothmaleri*** C. N. Page [= *E. arvense* × *E. palustre*]: Vermutl. nicht im Gebiet.

Tabelle zum Bestimmen von *Equisetum* nach vegetativen, ährenlosen Sprossen

Verbr.Angaben s. voriger Schlüssel

1. Stg. sich reich quirlig verzweigend, an fertilen Stg. (z. B. *E. sylvaticum* u. *E. pratense*) erst nach der Sporenreife **5**

— Stg. unverzweigt, wenig od. nur an der Basis verzweigt, — häufig überwinternd **2**

2. Stg. ohne hervortretende Rippen, nur weißl. gestreift; Zentralhöhle des Stg. sehr weit, ≈ vier Fünftel des Stg.-∅ von ≈ 0,8 cm einnehmend; — Stg.Scheiden eng anlgd., glzd. grün, m. 10–30 schwarzen, sehr schmal weißhäutig berandeten Zähnen; fertile u. sterile Stg. gleich gestaltet, gleichzeitig erscheinend, ≤ 150 cm lg., unverzweigt od. oberw. m. wenigen, unverzweigten Seitenästen. – Sommergrüne Sumpfpfl. der Verlandungszone ***E. fluviatile***, 127

— Stg. m. deutl. erhabenen, sehr rauen Rippen; Zentralhöhle enger, nur ein Viertel bis zwei Drittel des Stg.-∅ einnehmend; — Stg. meist grün überwinternd **3**

3. Stg. meist astlos, selten am Grund m. einigen Seitenästen, ≤ 150 cm lg.; — Stg. überwinternd; Rippen 15–25, flach, sehr rau; Stg.Scheiden dem Stg. eng anlgd., am Grund m. schwarzer Querbinde (*127/9*); Zähne schwarzbraun, weiß berandet, früh abfallend od. bleibend; fertile u. sterile Stg. gleich gestaltet. — Auenwälder .... ***E. hyemale***, 127

— Stg. meist nur am Grund ästig., viel kürzer **4**

4. Stg.Scheiden spitzenw. absthd., kurz glockenf. am Grund m. schwarzer Querbinde, ihre Zähne häutig, längl. eif., m. später abfallender Spitze (*127/10*); — Internodien 1–3 cm lg., m. 4–12 Rippen, 0,2–0,3 cm ∅; ↕ 10–30 cm, niederlgd.-aufstgd. – Ufer, Gräben, kalkhaltige Flachmoore .... ***E. variegatum***, 128

— Stg.Scheiden walzl., eng anlgd., ihre Zähne lg. pfrieml., m. schmalem Hautrand; — H ≤ 50 cm; Internodien 2–5 cm lg., m. 7–14 deutl. Rippen, 0,1–0,2 cm ∅; Stg. bleich- bis graugrün; Pfl. meist überwinternd. – Nasse Wiesen .... ***E.*** × ***trachyodon***, 128

5 (1). Zentrale Stg.Höhle > zwei Drittel des Stg.-∅ einnehmend **11**

— Zentrale Stg.Höhle höchstens zwei Drittel des Stg.-∅ einnehmend **6**

6. Stg. bis zur Spitze elfenbeinweiß; — ≤150 cm lg. u. ≤ 2 cm ∅, im ob. Teil reich ästig verzweigt; fertile u. sterile Stg. verschieden gestaltet u. nicht gleichzeitig erscheinend. – Quellige Waldstellen .... ***E. telmateia***, 126

— Stg. grün od. grau- bis blaugrün **7**

7. Seitenäste sich regelm. reich quirlig verzweigend u. bogig abw. gekrümmt (*127/2a*), sehr dünn; Stg.Scheidenzähne zu 5–18, diese gruppenweise zu 3–4(–6) zu stumpfen Lappen verwachsen (*127/2b*); — fertile u. sterile Stg. verschieden gestaltet; die ersteren nach der Sporenreife ergrünend, sich verzweigend u. dadurch den sterilen gleich werdend; ↕ 15–60 cm. – Feuchte, schattige Wälder, Bergwiesen .... ***E. sylvaticum***, 126

— Seitenäste nicht reich u. fein quirlig verzweigt u. abw. gebogen; Stg.Scheidenzähne nicht gruppenweise verwachsen **8**

8. Stg.Scheiden zur Spitze hin deutl. glockig erweitert, m. schwarzbraunen, abfallenden Zähnen (*127/8*); Stg. grau bis blaugrau, — bis 0,9 cm ∅, m. 6–26 Rippen; Internodien 3–10 cm lg.; Seitenäste hohl, 5–9-rippig; ↕ ≤ 80 cm. – Kiesufer .... ***E. ramosissimum***, 127

— Stg.Scheiden spitzenw. nicht od. kaum erweitert; Zähne bleibend; Stg. grasgrün **9**

9. Seitenäste < 0,2 cm ∅, meist nur 1-fach verzweigt, 3(–5)-rippig, nicht hohl; Stg.Scheiden m. 10–20 Zähnen, diese so lg. wie die Scheide selbst; — fertile u. sterile Stg. verschieden gestaltet, aber gleichzeitig erscheinend, die ersteren nach der Sporenreife ergrünend u. sich verzweigend u. dadurch den sterilen gleich werdend; ↕ 15–60 cm. – Feuchte Wälder u. Gebüsche .... ***E. pratense***, 126

— Seitenäste kräftiger, 4–5(–7)-rippig; Stg.Scheiden m. 4–12(–18) Zähnen, diese kürzer als die Scheidenröhre **10**

10. Unterstes Internodium der Seitenäste so lg. wie od. länger als die Stg.Scheide (ein umgekehrtes „A" bildend); Zähne der Stg.Scheiden (6–)10–12(–18); fertile u. sterile Stg. verschieden gestaltet (*127/1a* u. *b*) u. nicht gleichzeitig erscheinend; ↕ ≤ 50 cm. – Äcker, Dämme, Wege.. ***E. arvense***, 127

— Unterstes Internodium der Seitenäste deutl. kürzer als die Stg.Scheide; Zähne der Stg. Scheiden (4–)7–8(–10), m. hellem Hautrand; fertile u. sterile Stg. gleich gestaltet u. gleichzeitig erscheinend; ↕ 60(–100) cm. – Nasse Wiesen, Ufer .... ***E. palustre***, 127

11 (5). Blattscheiden eng anlgd., m. 10–30 Zähnen (*127/7*); Stg. ohne hervortretende Rippen (s. auch Nr. **2**) .... ***E. fluviatile***, 127

— Blattscheiden glockig erweitert, m. ca. 12 Zähnen; Stg. deutl. gerippt, — 0,4–0,5 cm ∅, etwas rau; ↕ ≤ 100 cm .... ***E. × litorale***, 127

Unterabteilung: Psilophytina, Gabelblätter, Nacktfarne

Ordnung: Ophioglossales, Natternzungenartige

Familie: Ophioglossaceae, Natternzungengewächse (Bearbeiter: Michael Koltzenburg)

Ausd. Pfl.; Spross kurz, unterird., alljährl. nur 1 Blatt hervorbringend, das in einen unfruchtbaren sterilen, ganzrandigen (*56/3*) od. gefied. (*130/1–130/5*) u. einen sporangientragenden, fertilen Abschnitt geglied. ist; Sporangien m. mehrschichtiger Wand, groß, ährenf. (*56/3*) od. rispenf. angeordnet (*130/1–130/5*). Alle Sporen gleichart.

1. Steriler Blattabschnitt ungeteilt, eif., ganzrandig; Sporangienstand ährenf. (*56/3*) ***Ophioglossum***, 130

— Steriler Abschnitt fiederspaltig od. gefied.; Sporangienstand rispenf. (*130/1–130/5*) ***Botrychium***, 130

Botrychium Sw., Rautenfarn ⓖ

1. Steriler Spr.Abschnitt br. 3-eckig, breiter als lg. (*130/3–130/4*), wenigstens in der Jugend behaart **5**
— Steriler Spr.Abschnitt länger als br. (*130/1–130/2, 130/5*), kahl **2**
2. Fertiler Abschnitt in der unt. Hälfte der Blattlänge abzweigend; — steriler Abschnitt rundl. bis verkehrt eif., fieder- od. 3-teilig (*130/5*) (nicht m. kleinen Individuen von *B. lunaria* verwechseln!); ↕ 1–8 cm; ♃. V–VI. – Magerrasen; kalkmeidend. – Sehr *s* im NO, D: NRW (Paderborn); *s*, A: Stm; CH: Gr (Oberengadin); früher D: BB, BW (Schw.), MV, NI (Oldenburg), ST, TH; sehr *s* A: Stm, OTi, Sb, Ti, Vb; CH: Gr (Misox, Bergell), Vs; CZ (Böhmw.); DK; I: Bz; PL. FFH24; ⓖ! Einfacher R., ***B. simplex*** E. Hitchc.

Noch incl. Dunkle M., ***B. tenebrosum*** A. A. Eaton: Blattspr. gestielt, fiederschnittg., steriler u. fertiler Abschnitt m. gemeinsamem Stiel. – CH: Gr.

— Fertiler Abschnitt in der Mitte od. in der ob. Hälfte der Blattlänge abzweigend **3**
3. Steriler Blattabschnitt 1-fach gefied., m. deutl. halbmondf., sich meist deckenden Fiedern (*130/1*); ↕ 3–30 cm; ♃. V–VII. – Magerrasen, Bergwiesen. – *z*, bes. im Tiefland zurückghd., bis in die alp. Stufe aufstgd., Alp. *v*. ⓖ. Mond-R., ***B. lunaria*** (L.) Sw.
— Steriler Blattabschnitt doppelt fiederteilig; Fiedern 1. Ordn. jederseits 2–6, entfernt sthd. .. **4**
4. Blattabschnitte u. -zähne abgerundet, gestutzt od. ausgerandet (*130/2*); ↕ 10–20 cm; ♃. VI–VII. – Magerrasen, Heiden, lichte Wälder; kalkmeidend. –Sehr *s*, zurückghd., D: O-D, BY (Rhön, Bayrw.), BW (Schw.), Pf.; sehr *s*, A; CH; CZ; I: Bz; PL. ⓖ! [*B. ramosum* Asch.; *B. rutaceum* Willd. non Sw.] Ästiger R., ***B. matricariifolium*** W. D. J. Koch
— Blattabschnitte u. -zähne spitz; ↕ 5–15 cm; ♃. VII–VIII. – Magerrasen der Alp. – Sehr *s*, A: Kt, OTi, Sb, früher auch Ti; *s* CH: Gr; I: Bz. ⓖ. Lanzettlicher R., ***B. lanceolatum*** (S. G. Gmel.) Ångstr.
5 (1). Steriler Abschnitt bis 6 cm lg. gestielt, dick, fleischig, gelbgrün, 2–3-fach gefied., basisnah abzweigend; Fiedern rundl. bis eif., ganzrandig od. gekerbt (*130/3*); ↕ 5–25 cm; ♃. VII–IX. – Magerrasen, Weiden, lichte Wälder; kalkmeidend. – D: sehr *s* BB, BY, TH; CZ; PL; *s* A, CH: Gr, Ts; DK; F: Els, I: Bz; früher D: BW, MV, NI, SN. ⓖ! [*B. rutaceum* (Lilj.) Sw. non Willd.; *B. rutaefolium* A. Braun; *Sceptridium multifidum* (S. G. Gmel.) Tagawa]
Vielteiliger R., ***B. multifidum*** (S. G. Gmel.) Rupr.
— Steriler Abschnitt fast sitzend, zart, 2–4-fach gefied., ± in der Mitte der Pfl. abzweigend; Fiedern längl., eingeschnitten bis fiederspaltig (*130/4*); ↕ 10–40 cm; ♃. VII–VIII. – Bergwaldwiesen; kalkmeidend. – Sehr *s*, D: Ramsau b. Berchtesgaden, am Eibsee b. Garmisch; A: Kt, NÖ, OÖ, Sb, Stm, Ti; CH: Berner Oberland, Gr. ⓖ. [*Botrypus virginianus* (L.) Michx.]
Virginischer R., ***B. virginianum*** (L.) Sw. subsp. ***europaeum*** (Angstr.) Jav.

Ophioglossum L., Natternzunge

Pfl. gelbgrün, ↕ 10–30 cm (*56/3*); ♃. VI–VIII. – Kalkhaltige Magerwiesen, feuchte Wiesen, Flachmoore. – *z–s*, zurückghd. Gewöhnliche N., ***O. vulgatum*** L.

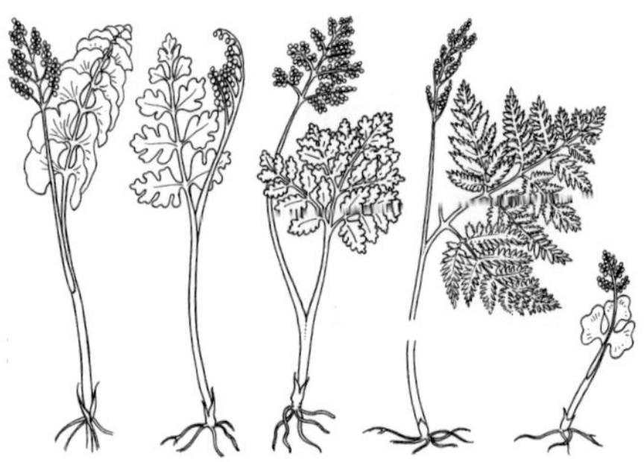

130/1 130/2 130/3 130/4 130/5

Unterabteilung: Polypodiophytina, Leptosporangiate Farne

Blätt. („Wedel", nicht bei Salviniales) einfach od. stark gefied., einzeln od. in Vielzahl auftretend, der (basale) Stiel nach oben im Bereich der abzweigenden Fiedern in die Rhachis überghd., Fiedern ggf. weiter in Fiederchen verzweigt; Sporangien ∞, an gesonderten Blattabschnitten od. Blätt. od. auf der Unterseite der Blätt., oft zu Häufchen (Sori) vereinigt, Sporangienwand 1-schichtig. Farnhybriden sind an den oft verklumpten Sporen u. den häufig unentwickelten Sporangien zu erkennen.

Ordnung: Osmundales, Königsfarnartige

Familie: Osmundaceae, Königsfarngewächse (Bearbeiter: Michael Koltzenburg)

Ausd. Farne m. spreuschuppenlosen, gefied. Wedeln; Sporangien an besonderen Wedelabschnitten (*56/4*) knäuelig gehäuft.

Osmunda L., Königsfarn

Wedel m. längl. abgerundeten Fiedern; Sporangien an reich verzweigten rispenf. Wedelabschnitten (*56/4*); ↕ 50–160 cm; ♃. VI–VII. – Erlenbrüche, feucht-schattige Wälder des Tieflands. – Im N u. W *z*, im S u. O *s–f.* CH: Ts, verwild. Zürich (ob noch?). ⓢ. – Auch angepfl. Königs-Rispenfarn, ***O. regalis*** L.

Ordnung: Hymenophyllales, Hautfarnartige

Familie: Hymenophyllaceae, Hautfarngewächse (Bearbeiter: Michael Koltzenburg)

Ausd., aber zarte, kleine Farne überwgd. trop.-subtrop. Verbr.; Sori am Rand des Wedels (*56/5*).

Hymenophyllum Sm., Hautfarn

Wedel fein zerteilt, zart, m. linealischen, gesägten Zipfeln (*56/1*); Pfl. moosart., ↕ 2–8 cm; ♃. VII–VIII. – Feuchte Sandsteinschluchten. – Sehr *s*, D: RP (Bollendorf östl. der Sauer), früher SN (Elbsandsteingeb.); *s* F: N-Vog.; L. ⓢ! Englischer H., ***H. tunbrigense*** (L.) Sm.

Hierher auch: Prächtiger Dünnfarn, ***Vandenboschia speciosa*** (Willd.) G. Kunkel [*Trichomanes speciosum* Willd.]: Seine Prothallien wurden gefunden v. a. auf Sandstein in Höhlen in D: BW, BY, HE, NI, NRW, RP, SN; CZ; F: Vog.; L; SW-PL. Sporophyt im Gebiet nur aus Vog. (Saverne) bekannt, dort aber ca. 1997 verschwunden. FFH24; ⓢ!

Ordnung: Salviniales, Schwimmfarnartige

Familie: Salviniaceae [incl. Azollaceae, Algenfarngewächse], Schwimmfarngewächse (Bearbeiter: Michael Koltzenburg)

Schwimmpfl., entw. m. Schwimmblätt., wurzelähnl. Wasserblätt., u. kugeligen Sporenbehältern (*55/4b*, S) od. moosähnl., gabelig verzweigt (*55/3*), Blätt. in 2 Zeilen, 2-lappig, m. Wurzeln. ♀ Sporen größer als ♂ Sporen.

1. Pfl. moosähnl., klein; Blätt. sich dachziegelig deckend (*55/3*) .... ***Azolla***, 131
— Pfl. nicht moosähnl., m. verläng. Achse; Laubblätt. zu 2 in Quirlen, ganzrandig u. schwimmend (*55/4b*, LB), ein 3. Blatt untergetaucht, fein zerteilt u. wurzelähnl. (*55/4b*, WB), m. kugeligen Sporokarpien (S) .... ***Salvinia***, 132

Azolla Lam., Algenfarn

1. Ob. Blattlappen stumpf, m. br., membranösem Rand, glzd., oft rotbraun; — ↕ 1–3(–19) cm; ♃. VIII–X. – Langsam fließ. Gewässer. – Adventiv (Heimat: Am.); *s*, D: BB, BW, BY, HE (Rhein), MV, NRW, RP, SN, SH, ST; A: Stm; B; N-CH; CZ; NL; SW-PL. Großer A., ***A. filiculoides*** Lam.
— Ob. Blattlappen spitzl., m. sehr schmalem Hautrand; — Pfl. bleich-grün; ↕ 0,7–1,5 cm; ♃. VIII–X. – Sthd. Gewässer. – Adventiv (Heimat: Am.); *s*, NL. [*A. mexicana* C. Presl] Kleiner A., ***A. cristata*** Kaulf.

Salvinia Adans., Schwimmfarn

Achse waagr., 5–10 cm lg. (*55/4a*); Blätt. in 3-zähligen Quirlen, 2 davon als laubige, m. einfachen Haaren bedeckten Schwimmblätt. (*55/4b*, LB), das 3. untergetauchte fein zerschlitzt (*55/4b*, WB); Sporangienbehälter erbsengroß; ♃. VI–VIII. – Langsam fließ. Gewässer. – *s*, D: Oberrhein, Oder (auch PL), Elbe, Havel, b. Berlin u. Hamburg, oft verschwunden, zuw. synanthrop; *s* I: Bz; früher CH: Genf. ©.
Gewöhnlicher S., ***S. natans*** (L.) All.

Weitere Art:
Lästiger S., ***S. molesta*** D. S. Mitch., m. „Schneebesen"-Haaren (= an der Spitze miteinander verwachsen). – Adventiv (Heimat: Brasilien); *s* D: RP; A: Stm; CH: Ts; NL. INV.

Familie: Marsileaceae, Kleefarngewächse (Bearbeiter: Michael Koltzenburg)

Ausd., im Boden wurzelnde Sumpfpfl. m. kleeblattähnl. od. stielrunden Blätt.; Sporokarpien am Grund der Blätt. kugelig od längl. bohnenf. (*55/6–55/8*).

1. Blätt. lg. gestielt, einem „Glücksklee" ähnl. (*55/7*) .... ***Marsilea***, 132
— Blätt. stielrund, fädl., jung spiralig eingerollt (*55/6*) .... ***Pilularia***, 132

Marsilea L., Kleefarn

Fiedern br. keilf.; Sporokarpien bohnenf. (*55/7*, S), zu 2–4 am Grund des Blattstiels; ♃. VIII–X. – Sthd. Gewässer. – D: nur noch Oberrhein (zurückghd.), früher Bodensee, Inn (Rott); A: Bgl, Kt, OÖ, Stm; CH: Jura; PL; *s* angesalbt; ob noch I: Bz? FFH24; ©! Vierblättriger K., ***M. quadrifolia*** L.

Pilularia L., Pillenfarn

Rhizom m. stielrunden Blätt., am Grund m. erbsengroßen, kugeligen Sporokarpien (*55/6*, S); ↕ 5–20 cm; ♃. VII–IX. – Gräben, Teichufer. – *z*, im N u. NW (D: BB, NI, NRW, SN, Oberrhein, Main); *s*, CH: Jura; PL (Neisse); oft verschwunden. Gewöhnlicher P., ***P. globulifera*** L.

Ordnung: Polypodiales, Tüpfelfarnartige

Familie: Pteridaceae [incl. Adiantaceae, Frauenhaarfarngewächse, Sinopteridaceae, Schuppenfarngewächse, u. Cryptogrammaceae, Rollfarngewächse], Saumfarngewächse (Bearbeiter: Michael Koltzenburg)

Sori ohne Schleier, meist am Blattrand; Wedel 1–4-fach gefied.

1. Wedel 1-fach gefied. od. unterstes Fiederpaar jeweils 2-teilig; — Fiedern schmal lanzettl., bis 40 cm lg.; Wedel 50–70 cm lg. .... ***Pteris***, 133
— Wedel 2–4-fach gefied. **2**
2. Wedel unterseits m. zahlr. Schuppen .... ***Paragymnopteris***, 133
— Wedel unterseits ohne Schuppen 3
3. Fiedern letzter Ordn. m. dünnen schwarzen Stielen, > 5 mm br.; fertile u. sterile Wedel gleich gestaltet, — 2-zeilig, Wedel 10–60 cm lg .... ***Adiantum***, 133
Fiedern letzter Ordn. m. grünen Stielen; fertile u. sterile Wedel verschieden gestaltet (*57/6a, b*) **4**
4. Fertile Fiedern letzter Ordn. am Rand umgerollt (*57/6b, c*), schmal linealisch, 1–2 mm br.; Sori am Blattrand .... ***Cryptogramma***, 133
— Fertile Fiedern letzter Ordn. flach, am Rand nicht umgerollt, z.T. > 2 mm br., keilf. eif., gebuchtet; Sori auch auf der Blattfläche .... ***Anogramma***, 133

Adiantum L., Frauenhaarfarn

1. Leitbündel der sterilen Fiederabschnitte enden in den Spitzen der Fiederzähne; Sori längl.; — Fiedern letzter Ordn. keilf. verkehrt eif., vorn kerbig gezähnt; Wedel 15–35(–70) cm lg., nicht benetzbar; ♃. VI–IX. – Überrieselte Felsen, Brunnen. – *s*, I: Bz; z CH: Gr, Ts, Neuchatel, Lausanne; *s* verwild. D: BW, NI, NRW, TH; B; NL. Echter F., Venushaar, ***A. capillus-veneris*** L.
— Leitbündel der sterilen Fiederabschnitte enden in den Buchten der Fiederzähne; Sori rundl. m. Einbuchtung; Wedel 20–60 cm lg.; ♃. – Adventiv (Heimat: M- u. S-Am.); *s* unbest. D: NI, NRW; B; NL. Dreieckiger F., Radde-F., ***A. raddianum*** C. Presl.

Zarter F., ***A. diaphanum*** Blume: Wedel bis 20 cm lg., m. dk.grünen, borstig behaarten Fiedern. – *s* synanthrop B, NL (Heimat: pazif. Raum).

Anogramma Link, Nacktfarn

Wedel bis 25 cm lg., Stiel unten dk.braun; fertile Wedel aufr.; Spr. dünn, 3-fach gefied.; ⊙–⊙. V–VI. – Feuchte beschattete Felsen. – Sehr *s*, CH: Ts, Vs; I: Bz. Nacktfarn, ***A. leptophylla*** (L.) Link

Cryptogramma R. Br., Rollfarn

Pfl. rasig; sterile Wedel gelbgrün, zart, ihre Spr. im Umriss 3-eckig eif. (*57/6a*), 15–30 cm lg.; ♃. VI–IX. – Steinschutthalden; auf Silikatgestein; bis 2800 m. – *s*, Alp., Schw., Vog., Bayrw., Hohes Venn, B, L, Böhmw., Iser- u. Riesengeb., früher Harz. ⊚. [*Allosorus crispus* (L.) Röhl.]
Krauser R., ***C. crispa*** (L.) Hook.

Paragymnopteris K. H. Shing [*Cheilanthes* Sw.; *Notholaena* R. Br.], Pelzfarn

Wedel 10–20 cm lg. u. 3–6 cm br., Stiel dk. rotbraun, zerstreut schuppig; Spr. 2-fach gefied., dk.grün, oberseits kahl, unterseits dicht m. hellbraunen od. farblosen Spreuschuppen besetzt; ♃. VI–VII. – Felsen; bes. auf Serpentin, auch auf Porphyr. – *s*, A: NÖ, Stm (Murtal); CH: Ts; I: Bz. [*C. marantae* (L.) Domin; *N. marantae* (L.) Desv.] Europäischer P., ***P. marantae*** (L.) K. H. Shing

Pteris L., Saumfarn

Wedel 50–70 cm lg., m. bis zu 7 br.lanzettl., gesägt. (im Bereich der Sori ganzrandg.) Fiederpaaren, basale Fieder oft geteilt; Stiel 2–3 mm ∅, hellbraun; Sori am Blattrand im unt. u. mittl. Teil der Fiedern; ♃. VI–VII. – Beschattete Felsen, nahe an Wasserfällen. – Sehr *s*, CH: Ts; *s* synanthrop D: BW, NRW; B; NL. Kretischer S., ***P. cretica*** L.

Feingesägter S., ***P. multifida*** Poir.: Fied. schmal lanzettl., gesägt, am vord. Ende des Wedels an der Rhachis herablfd. – Adventiv (Heimat: SO-As.); *s*, D: in Einbürg. BW, unbest. BB, NRW.

Gebänderter S., ***P. vittata*** L.: Ähnlich *P. cretica*, Wedel lanzettl., m. 10–20 Fiederpaaren, Wedelstiellänge < Spr.Länge, Fiedern nie geteilt. – Adventiv (Heimat: Paläotrop.); *s* verwild. CH: Ts.

Familie: Dennstaedtiaceae [incl. Hypolepidaceae], Adlerfarngewächse

(Bearbeiter: Michael Koltzenburg)

Pfl. ausd.; Rhizom von dünnen Schuppen bedeckt; Sori zu linienart. Randsaum vereinigt u. vom umgebogenen Blattrand bedeckt, dieser einen falschen Schleier bildend (*56/8*).

Pteridium Kuhn, Adlerfarn

Wedel 2–4-fach gefied., 60–200 cm lg., übergebogen, m. lg. gelbl. Stielen, diese auf dem ∅ m. adlerähnl. Figuren; ♃. VII–X. – Wälder, Waldlichtungen, Weiden; kalkmeidend. – Giftig für Vieh.
Adlerfarn, ***P. aquilinum*** (L.) Kuhn

a. Rhachis behaart, Blätt. 3–4-fach gefied., matt, dk.grün. – *v*. Adlerfarn (i. e. S.) subsp. ***aquilinum***

— Rhachis kahl, Blätt. 2–3-fach gefied., glzd., hellgrün, Fiedern unbewimpert. – Kiefernwälder u. -forsten. – *z–v* D: Berlin, BY, MV, NI, SN, ST. – Bislang ungenügend von voriger subsp. unterschieden.
Kiefernwald-A., subsp. ***pinetorum*** (C. N. Page & R. R. Mill) J. A. Thomson

Familie: Cystopteridaceae, Blasenfarngewächse (Bearbeiter: Michael Koltzenburg)

Pfl. ausd.; Rhizom m. Spreuschuppen; Wedel 3–4-fach gefied., Stiel m. 2 Leitbündeln, diese oberw. U-f. vereinigt; Sori frei, linear, eif. od. rundl.

1. Schleier vorhanden .... ***Cystopteris***, 134
— Schleier fehlend od. hinfällig .... ***Gymnocarpium***, 134

Cystopteris Bernh., Blasenfarn

1. Rhizom lg. kriechend; Wedel deshalb entfernt sthd., 2–4-fach gefied.; Spr. kürzer als der Stiel, 3-eckig bis br. eif. **4**
— Rhizom kurz; Wedel deshalb rosettig, meist 2-fach gefied.; Spr. im Umriss längl. lanzettl., meist länger als der Stiel; — Wedel zart, durchscheinend; unterstes Fiederpaar kürzer als die folg. (Artengruppe Zerbrechlicher B., ***C. fragilis*** agg.) **2**
2. Fiederchen aus keilf. Grund schmal längl., an der Spitze ausgerandet bis eingeschnitten; die letzten Nervenäste in die Buchten lfd. (*139/2*); Wedel 10–40 cm lg.; ♃. VII–VIII. – Felsspalten u. Steinschutt; auf Kalk. – *z* Alp.; *s* Bayrw. (Arber), CH: Jura. [*C. fragilis* subsp. *alpina* (Lam.) Hartm.; *C. fragilis* subsp. *regia* auct.; *C. regia* auct.] Alpen-B., ***C. alpina*** (Lam.) Desv.
— Fiederchen eif. bis lanzettl. zugespitzt, kurz gestielt; die letzten Nervenäste in die Spitzen auslfd. (*139/3*) **3**
3. Sporenoberfläche stachelig; Wedel 10–40 cm lg.; ♃. VII–IX. – Felsen, Mauern. – *v*, im N *s*.
Zerbrechlicher B., ***C. fragilis*** (L.) Bernh.
— Sporenoberfläche runzelig; Wedel 10–40 cm lg.; ♃. VII–IX. – Felsen, Mauern. – *s*, D: BW (Schw., ob noch?), BY, RP; A: Sb; CH: Vs; I: Bz. [*C. fragilis* subsp. *dickieana* (R. Sim) Hyl.; auch zu *C. fragilis* gestellt] Runzelsporiger B., ***C. dickieana*** R. Sim
4 (1). Spreuschuppen am Rand drüsig; Blätt. im Umriss 3-eckig eif.; Schleier fast kahl; Rhachis feindrüsig; Wedel 10–45 cm lg.; ♃. VII–VIII. – Feuchter Kalkschutt in Bergwäldern. – *z* Alp., *s* SchwAlb, CH: Jura. ⓖ. Berg-B., ***C. montana*** (Lam.) Desv.
— Spreuschuppen meist drüsenlos; Blätt. im Umriss br. eif.; Schleier dicht drüsig; Rhachis kahl; Wedel 10–45 cm lg.; ♃. VII–VIII. – Montan, feuchte Wälder, auf Kalk. – *s*, D: BY (Berchtesgadener Alp.); CZ (Altvatergeb.). ⓖ. Sudeten-B., ***C. sudetica*** A. Braun & Milde

Hierher auch: ***C. bulbifera*** (L.) Bernh. m. Brutknollen an der Fiederbasis. – *s* unbest. (Heimat: N-Am.).

Gymnocarpium Newman, Eichenfarn, Ruprechtsfarn

1. Wedel kahl; Stiel 2–3-mal so lg. wie die fast waagr. übergebogene Spr.; basales Fiederpaar fast so groß wie die restl. Spr.; Wedel 10–45 cm lg.; ♃. VII–VIII. – Laub- u. Mischwälder; bes. montane Stufe. – *v*. [*Lastrea dryopteris* (L.) Bory; *Phegopteris dryopteris* (L.) Fée; *Dryopteris linnaeana* C. Chr.] Eichenfarn, ***G. dryopteris*** (L.) Newman
— Wedel unterseits dicht kurzdrüsig; Stiel nur 1,5-mal so lg. wie die aufr. Spr.; basales Fiederpaar kleiner als die übrige Spr.; — Wedel gelbgrün; Sori später meist zus.fließ.; Wedel 10–55 cm lg.; ♃. VII–VIII. – Kalkschutthalden, Mauern. – Alp. *v*, im S *z*, im N *s*. [*Lastrea calcaria* (Sm.) Bory; *Phegopteris robertiana* (Hoffm.) Asch.; *Dryopteris robertiana* (Hoffm.) C. Chr.]
Ruprechtsfarn, ***G. robertianum*** (Hoffm.) Newman

Familie: Aspleniaceae, Streifenfarngewächse (Bearbeiter: Michael Koltzenburg)

Pfl. ausd.; Stiel m. 2 Leitbündeln, die sich häufig zu einem X-f. gestalteten Bündel vereinigen; Sori m. Schleier (Indusium) auf der Blattfläche.

Asplenium L. [incl. *Ceterach* Willd., Milzfarn, u. *Phyllitis* Hill, Hirschzunge], Streifenfarn

1. Wedel ungeteilt, — lanzettl.-zungenf., kurz gestielt, m. herzf. Grund u. oft welligem Rand, 15–45 (selten > 60) cm lg.; Sori linealisch (*57/7*); ♃. VII–IX. – Felsige Schluchtwälder, Mauern; auf Kalk. – Im S, W u. Alp. *z*, sonst *s*, zunehmend synanthrop, im NO *f*. ⓖ. [*Scolopendrium vulgare* Sm.; *P. scolopendrium* (L.) Newman] Hirschzunge, ***A. scolopendrium*** L.

— Wedel gefied. od. fiederteilig **2**

2. Wedel unterseits dicht schuppig (*56/5*), fiederteilig (*57/10*); — Wedelabschnitte längl. bis rundl., ganzrandig; Sori längl., erst nach Entfernung der Spreuschuppendecke sichtbar (*56/6*, linke Fieder); Wedel 5–20 cm lg.; ♃. VII–IX. – Mauern, Felsen. – *s* im mittl. Teil des Gebiets u. CZ; *z* im S u. W; A; CH; I: Bz; NL. ⓖ. [*C. officinarum* Willd.] Schriftfarn, Milzfarn, ***A. ceterach*** L.

— Wedel unterseits nicht dicht schuppig, 1- bis mehrfach gefied. od. schmal gabelf. (*135/2*) .. **3**

3. Wedel 1-fach od. deutl. doppelt bis mehrfach gefied. (*57/11, 136/4*) **5**

— Wedel unregelm. gabelteilig (*135/2*), 3-spaltig od. 3-zählig gefing. (*135/3*), lg. gestielt; — Sori zus.fließend **4**

4. Spr. kahl, ungleich gabelteilig, m. 2–4 schmal linealischen, 1–2 mm br., lederigen Fiedern (*135/2*); Soristreifen sich lg. über die Spr.Unterseite erstreckend (*57/2*); Wedel 5–15 cm lg.; ♃. VII–VIII. – Trockene Felsen, Mauern; kalkmeidend. – *v* Mittelgeb. im S u. M-D; A; CH; I: Bz; CZ; PL; im N *s*. Nördlicher S., Gabel-S., ***A. septentrionale*** (L.) Hoffm. (subsp. ***septentrionale***)

— Spr. beiderseits weißfilzig, fingerf. 3-teilig, m. keilf. od. am Grund verläng.-keilf. Abschnitten (*135/3*); Sori 2-reihig; — Schleier am Rand ausgefressen gezähnt; Wedelstiel 1–10 cm lg., Blattabschnitte bis 1 cm lg.; ♃. VII–IX. – Trockene Kalk- u. Dolomitfelswände. – *s*, D: BY (Bad Reichenhall); A: Kt, NÖ, OÖ, OTi, Stm; CH: Ts; I: Bz; im SO *z*. Dolomit-S., ***A. seelosii*** Leyb.

5 (3). Stiel so lg. wie od. länger als die Spr. **11**

— Stiel kürzer als die Spr. **6**

6. Wedel doppelt bis 3-fach gefied., — im Umriss lineal-lanzettl. **9**

— Wedel 1-fach gefied. (*57/11*) **7**

7. Stiel u. Rhachis schmalhäutig braun geflüg. (Lupe!), bis zur Spitze glzd. rot- bis schwarzbraun; — unt. Fiedern voneinander entfernt, die ob. genähert, später von der bleibenden Rhachis abfallend, m. borstenf. zugespitzten u. bewimperten Spreuschuppen; ♃. VII–IX. – Felsen, Mauern. – Im S *v*, sonst *z;* an Sekundärwuchsorten oft neophyt.
Braunstieliger S., Brauner S., ***A. trichomanes*** L.

a. Fiedern unterseits dicht drüsig behaart, meist symmetr. angeordnet; Sporangien bei Reife geschlossen bleibend; — Wedel 2–20 cm lg.; auf Kalk .... **d**

— Fiedern unterseits locker behaart, (fast) drüsenlos, ± asymmetr. angeordnet; Sporangien sich bei Reife öffnend; — Wedel 2,5-20 cm lg. .... **b**

b. Wedel der Unterlage anlgd.; Fiedern über die Wedellänge ähnl. lg. bleibend; — Wedel 4–20 cm lg.; Rhizomschuppen ≤ 3,5 mm lg.; Fiedern waagr. absthd., längl. eif., m. parallelen Seiten, zart, 4–8 mm lg.; 2n = 72. – Auf Kalk. – *s*, A: Kt, NÖ, Stm; I: Bz. Unerwarteter Braunstieliger S., subsp. ***inexpectans*** Lovis

135/1

135/2

135/3

— Wedel von der Unterlage absthd.; Fiedern zur Wedelspitze hin kürzer werdend............................ **c**

c. Rhachis u. Rhizomschuppen rotbraun; — Wedel 2,5–7,5 cm lg., m. 14–34 Fiederpaaren; Fiedern längl.-rundl.; Rhizomschuppen ≤ 3,5 mm lg.; Sporen hellbraun; 2n = 72. – Kalkmeidend. – *z*, D: z. B. Eifel, Sauerland, RP, Bayrw., Frw., Elbsandsteingeb.; A; CH. [subsp. *bivalens* D. E. Mey.] Braunstieliger S. (i. e. S.), subsp. ***trichomanes***

— Rhachis u. Rhizomschuppen dkl.- bis schwarzbraun; — Wedel 6–12 cm lg., aufr. od. überhgd., m. 16–48 getrennten, sich selten berührenden Fiederpaaren; Rhizomschuppen ≤ 5 mm lg.; Fiedern eif. bis längl., 4–12 mm lg., dichter als bei voriger Unterart; Sporen dk.braun, selten hellbraun; 2n = 144. – Auf Kalk u. basenreichem Silikatgestein. – *v*, D: z. B. BW, BY, NRW, RP, SN; A; CH; CZ. Tetraploider Braunstieliger S., subsp. ***quadrivalens*** D. E. Mey.

d **(a).** Wedel der Unterlage anlgd.; Sporen bernsteinfarbig, ± durchscheinend; Fiedern oft überlappend, — m. keilf. Grund spießf., gesägt; Wedel 2–12 cm lg., meist seesternart. dem Fels angeschmiegt; Fiedern unterseits m. kurzen Drüsenhaaren. 2n = 144. – Kalkhaltige Felsen. – *s*, D: z. B. BW, BY, NI, SN, TH; A: Kt, NÖ, OTi, Sb, Stm; CH: Jura, Ts, Vs; CZ; I: Bz. Dickstieliger Braunstieliger S., subsp. ***pachyrachis*** (H. Christ) Lovis & Reichst.

— Wedel von der Unterlage absthd.; vollreife Sporen dk.braun bis gelbbraun; Fiedern sich nicht überlappend, — unt. bis mittl. oft spießf., beiderseits geöhrt, gelbgrün bis dk.grün; Wedel 6–20 cm lg.; Fiedern gelbgrün bis dk.grün; 2n = 144. – Senkr. Kalk- od. Dolomitfelsen. – *s*, D: z. B. BW, BY, RP, SN, TH; A: Kt, NÖ, Stm, Vb; CH: Jura, Vs; F: Els; I: Bz. Spießfiederiger Braunstieliger S., subsp. ***hastatum*** (H. Christ) S. Jess

Auch Hybride zw. den subsp. wie z. B. Lausitzer S., ***A. trichomanes*** nothosubsp. ***lusaticum*** (D. E. Mey.) Lawalrée [*A. trichomanes* subsp. *trichomanes* × subsp. *quadrivalens*]. – *s*, D: NRW, RP; CZ..

— Stiel u. Rhachis nicht geflüg., letztere wenigstens oben grün............................ **8**

8. Stiel nur am Grund braun, sonst gleich der Rhachis grün; — Fiedern gekerbt, grün, weich, in einer Ebene ausgebr. (*57/11*), an der Rhachis welkend; Wedel 10–20(-30) cm lg.; ♃. VII–VIII. – Feuchte, beschattete Kalkfelsen. – *v* Alp.; D: *v*–*z* SchwAlb, FrAlb, TH, SN, Harz, im N *s*–*f*; s B; NL; *v* CH; F: Els; *z*–*s* CZ. Grünstieliger S., Grüner S., ***A. viride*** Huds.

— Gesamter Stiel u. Basis der Rhachis rotbraun, sonst grün; Wedel 5–15(-20) cm lg.; ♃. VII–VIII. – Serpentinfelsen. – *s*, D: Fichtelgeb., Frw., SN; A; CH: Gr; CZ (Cheb, Böhmw., Altvatergeb.); PL: Riesengeb. FFH24; ⓢ! [*A. trichomanes* subsp. *trichomanes* × *A. viride*] Braungrüner S., ***A. adulterinum*** Milde (subsp. ***adulterinum***)

9 **(6).** Stiel nur am Grund schwarzbraun, sonst grün; Wedel zum Grund hin stark verschmälert; — Sori dem Mittelnerv der Fiedern genähert (*136/1*); Wedel 5–20 cm lg. u. 3 cm br.; ♃. VI–IX. – Beschattete Kalkfelsen. – *s*, D: BW (Geislingen, Isteiner Klotz, früher unbest. Höllental), TH (Kyffhäuser, fragl.), früher BY, HE (Marburg), NRW (Wuppertal), synanthrop RP; *s* A: Stm, Vb; CH. ⓢ. Jura-S., ***A. fontanum*** (L.) Bernh.

— Stiel bis zur Rhachis od. weiter braun; Wedel zum Grund wenig od. nicht verschmälert **10**

10. Stiel braun; Rhachis grün; unterstes Fiederpaar oft abw. zurück gerichtet; Fiederchen eckig gezähnt; Sori vom Rand entfernt; Wedel 5–20 cm lg. u. 3 cm br.; ♃. VII–IX. – Silikatfelsen, Mauern. – D: nur RP (Bad Ems); CH: Ts. ⓢ. Französischer S., ***A. foreziense*** Magnier

— Stiel u. Teil der Rhachis unterseits braun; unterstes Fiederpaar meist rechtwinklig absthd., meist etwas kürzer als das folg.; Fiederchen gesägt; Sori dem Rand genähert (*136/2*); Wedel 10–40 cm lg.; ♃. VII–IX. – Feuchte, beschattete Sandsteinfelsen. – *s*, D: Schw. (Battert), S-Pfalz; CH: Ts; F: N-Els; L; eingebürg. NL. ⓢ. [*A. lanceolatum* Huds. non Forssk.; *A. billotii* F. W. Schultz] Lanzettlicher S., ***A. obovatum*** subsp. ***billotii*** (F. W. Schultz) O. Bolòs et al.

11 **(5).** Wedel 1-fach (am Grund oft doppelt) gefied.; — Wedel m. 5–11 schief keilf. Fiedern (*136/3*), die unt. sehr entfernt u. gestielt, die obersten zu fiederspaltiger Endfieder vereinigt, 2–20 cm lg.; ♃. VII–IX. – Trockene Mauer- u. Felsspalten, kalkmeidend. – *z*, Mittelgeb. im S u. M-D; A; CH; CZ; I: Bz; sonst *s*, zurückghd. [*A. septentrionale* × *A. trichomanes* subsp. *trichomanes*; *A. germanicum* auct.; *A. breynii* Retz.] Deutscher S., ***A.* × *alternifolium*** Wulfen

Hierher auch Heuflers Streifenfarn, *A. septentrionale* × *A. trichomanes* subsp. *quadrivalens*.

136/1 *136/2* *136/3* *136/4* *136/5* *136/6* *136/7*

— Wedel 2–4-fach gefied.; — Stiel braun od. grün **12**

12. Stiel braun, ≈ 2 mm ∅; Spr. lg. zugespitzt (Artengruppe Schwarzstieliger S., ***A. adiantum-nigrum*** agg.) **15**

— Stiel grün, nur am Grund braun, 1 mm ∅; Spr. an der Spitze meist stumpf **13**

13. Wedel 3-fach gefied., letzte Abschnitte lineal-keilf. (*136/5*), meist ≤ 0,5 mm br.; Wedel 5–15 cm lg.; ♃. VII–VIII. – Felsspalten, Steinschutt, auf Kalk; 800–2400 m. – *s*, D: BY (Ruhpolding); A: NÖ, OÖ, Stm. Ⓖ. Zerschlitzter S., Zerteilter S., ***A. fissum*** Willd.

— Wedel 2–3-fach gefied. (*136/4a*), letzte Abschnitte > 2 mm br. **14**

14. Fiedern beidsts. m. zahlr. kurzen gestielten Drüsen, lichtgrün, zart; Sporangien z. Reifezt. die Unterseite nicht bis zur Spitze deckend; Wedel 4–10 cm lg.; ♃. VII–IX. – Nischen von Kalkfelsen. – *s*, nur A: NÖ, Stm. Zarter S., ***A. lepidum*** C. Presl

— Fiedern drüsenlos od. nur m. vereinzelten Drüsen, dk.grün, etwas lederig (*136/4a*); Sporangien z. Reifezt. die Fiederunterseite oft ganz bedeckend; Wedel 3–15 cm lg.; ♃. VI–VII. – Fels- u. Mauerspalten; auf Kalk; bes. montane Stufe. – *v*, im NO *z*; an Sekundärwuchsorten oft neophyt. – Formenreich. Mauerraute, Mauer-S., ***A. ruta-muraria*** L.

a. Sporen 42–51 µm lg. – *v*. Mauerraute (i. e. S.), subsp. ***ruta-muraria***

— Sporen 31–41 µm lg. — Fiederchen m. Knorpelrand. – *s*, A: Kt, OTi; I: Bz. Dolomiten-Mauer-S., subsp. ***dolomiticum*** Lovis & Reichst.

15 (12). Wedel weich, nicht glzd., nicht überwinternd; — Fiedern meist gerade absthd., nicht aufw. gebogen, letzte Abschnitte rautenf. bis keilf., vorn gestutzt (*136/6*); Wedel 15–45 cm lg.; ♃; 2n = 72. VII–VIII. – Felsen, Steinschutt; nur auf Serpentin. – *s*, D: Fichtelgeb., Frw., Erzgeb.; A: Bgl, NÖ, Sb, Stm; CH: Gr, Ts, Vs; CZ (Böhmw.); PL (Riesengeb.). Ⓖ. [*A. serpentini* Tausch; *A. forsteri* Sadler] Serpentin-S., Keilblättriger S., ***A. cuneifolium*** Viv.

— Wedel lederig od. silbrig glzd., überwinternd **16**

16. Fiedern gerade absthd., selten aufw. gekrümmt, m. eif. bis längl., aufr. absthd. Abschnitten; Wedel 15–45 cm lg.; ♃; 2n = 144. VII–VIII. – Felsen, Mauern, Steinschutt; kalkmeidend. – Im SW *z*, sonst *s*. Schwarzstieliger S., Schwarzer S., ***A. adiantum-nigrum*** L.

— Fiedern aufw. gekrümmt u. zus.neigend, wie die Spr. lg. zugespitzt, m. meist schmal längl., stachelspitzig gezähnten Abschnitten (*136/7*); Wedel 10–50 cm lg.; ♃; 2n = 72. V–VIII. – Felsen, Wälder; kalkmeidend. – *s*, CH: Gr, Ts; PL (Riesengeb.); *s* verwild. D: Pfronten, Ruhrtal. [*A. adiantum-nigrum* subsp. *onopteris* (L.) Luerssen] Spitzer S., Spitziger S., ***A. onopteris*** L.

Weitere *Asplenium*-Hybriden z. B.:

A.* × *clermontae Syme [*A. ruta-muraria* × *A. trichomanes* subsp. *quadrivalens*]: *s*, D: BY, RP, TH; CZ (Burg Litice nad Orlicí).

A.* × *poscharskyanum (H. Hoffm.) Preissm. [*A. adulterinum* × *A. viride*]: *s*, D: BY, SN; CZ (Mnichov).

A.* × *woynarianum Asch. & Graebn. [*A. cuneifolium* × *A. viride*]: *s*, D: SN; CZ (Böhmw.).

A. adulterinum* × *A. trichomanes: *s*, D: BY.

A.* × *trichomaniforme Woynar nothosubsp. ***praetermissum*** [*A. adulterinum* × *A. trichomanes* subsp. *quadrivalens*].: *s*, D: BY.

Familie: Woodsiaceae, Wimperfarngewächse (Bearbeiter: Michael Koltzenburg)

Pfl. ausd.; Rhizom m. Spreuschuppen; Stiel m. 2 Leitbündeln, diese oberw. U-f. vereinigt; Sori frei, unsymmetr., Schleier fransig zerschlitzt u. in haarf. Zipfel aufgelöst (*56/9*); Blattunterseite dadurch behaart erscheinend.

Woodsia R. Br., Wimperfarn Ⓖ

1. Wedel in allen Teilen m. Spreuschuppen (*56/9*) u. Gliederhaaren; — Stiel rotbraun; Fiedern eif. längl., m. 5–8 Fiederchen; Wedel 10–20 cm lg., bis 5 cm br.; ♃. VII–VIII. – Besonnte Felsen; kalkmeidend. – D: *s* BW (S-Schw.), BY (Burglengenfeld), N-HE (Wolfhagen), Rhön, NI (Harz), Thüringer Schiefergeb., früher SN; A: *s* Kt, Stm, Ti, früher Sb; *s* CH: Gr; CZ; PL. Ⓖ. Südlicher W., ***W. ilvensis*** (L.) R. Br.

— Wedel in allen Teilen nur m. wenigen Spreuschuppen od. Haaren bzw. völlig kahl **2**

2. Wedel unterseits m. wenigen Spreuschuppen u. Haaren; Stiel oberh. des schwarzen Grunds bräunl.; — Fiedern beiderseits m. 1–4 stumpfen Lappen; Wedel 3–12 cm lg., bis 2 cm br.; ♃. VII–VIII. – Silikatfelsspalten. – *s*, D: Allgäuer Alp. (Höfats); *s* Alp. von A, CH, I: Bz; Altvatergeb.

◎. – Aus *W. ilvensis* × *W. pulchella* entstanden. [*W. ilvensis* subsp. *hyperborea* (Lilj.) Hartm.; *W. ilvensis* subsp. *alpina* (Bolton) Asch.] Alpen-W., ***W. alpina*** (Bolton) Gray

— Wedel unterseits völlig kahl; Stiel nur am Grund schwarz, sonst grün bis gelb; — Fiedern beiderseits m. 2–7 stumpfl., gelbl. Lappen; Wedel 2–10 cm lg.; ♃. VII–VIII. – Beschattete Kalkfelsen. – *s*, D: Allgäuer u. Berchtesgadener Alp.; A: Kt, Stm, Ti; CH; I: Bz. ◎. [*W. glabella* subsp. *pulchella* (Bertol.) A. Löve & D. Löve] Zierlicher W., ***W. pulchella*** Bertol.

Familie: Onocleaceae, Perlfarngewächse (Bearbeiter: Michael Koltzenburg)

Pfl. ausd.; Rhizom kräftig, m. Spreuschuppen; fertile u. sterile Wedel unterschied, gestaltet; Sori rundl., m. Schleier

Matteuccia Tod. [*Struthiopteris* Willd.], Straußfarn

Fertile Wedel m. straußenfederart. eingerollten, später dk.braunen Fiedern (*57/9b*), von den längeren, sterilen Wedeln (*57/9a*) trichterf. umgeben, diese 50–150 cm lg.; ♃. VI–VII. – Entlang von Wald- u. Gebirgsbächen, in Auenwäldern; kalkmeidend. – *z* Alp.; *s* D: Bayrw., Rheinl. bis Sauerland, Harz, TH; B; CZ; DK; PL; *v* als Zierpfl. (bes. im NW), eingebürg. D: SH, SN. ◎. [*S. germanica* Willd., nom. illeg.; *S. filicastrum* All.; *Onoclea struthiopteris* (L.) Roth] Straußfarn, ***M. struthiopteris*** (L.) Tod.

Perlfarn, ***Onoclea sensibilis*** L.: Wedel 30–90 cm lg.; sterile Wedel hellgrün, einzeln std., lg. gestielt, überhgd.; fertile Wedel aufr., 2-fach gefied., Fiederchen sich kugelig um die Sori einrollend; lg. kriechendes Rhizom; ♃. VIII–X. – Erlenbruchwälder, Parks. – Adventiv (Heimat: O-As., N-Am.); *s* unbest. verwild. D: BB, MV, NRW, NI.

Familie: Blechnaceae, Rippenfarngewächse (Bearbeiter: Michael Koltzenburg)

Pfl. ausd.; Rhizom m. Spreuschuppen; Stiel m. 2 Leitbündeln; sterile u. fertile Blätt. verschieden gestaltet (*57/8a–b*); Sori einer jeden Fieder sich zu einem Coenosorus vereinigend; Schleier vorhanden, sich zur Mittelrippe hin öffnend.

Struthiopteris Scop. [*Blechnum* L.], Rippenfarn

Sterile Wedel rosettig, längl. lanzettl., kammf. gefied. (*57/8a*), niederlgd., 15–50 cm lg.; fertile Wedel m. sehr viel schmaleren Fiedern (*57/8b*), im Inneren der Wedelrosette steif aufr.; ♃. VII–IX. – Fichtenwälder, Erlenbrüche; kalkmeidend. – Im Bergland *v*, sonst *z*, im NO *s*. [*B. spicant* (L.) Roth] Rippenfarn, ***S. spicant*** (L.) Weis

Familie: Athyriaceae, Frauenfarngewächse (Bearbeiter: Michael Koltzenburg)

Pfl. ausd.; Rhizom m. Spreuschuppen; Stiel m. 2 Leitbündeln, diese oberw. U-f. vereinigt; Sori frei.

Athyrium Roth, Frauenfarn

1. Schleier bleibend, bewimpert; Sori längl. od. hakig, von den Buchten etwas entfernt (*56/10*); Wedel 1–2-fach gefied., kurz gestielt (Fiedern 2. Ordn. durch schmalen Hautsaum verbunden); Fiederchen 1- bis mehrfach gesägt, 2,5–3-mal so lg. wie br., am Grund ungleichhälftig; Stiel m. schmal lanzettl. Spreuschuppen; Wedel 30–120 cm lg.; ♃. VII–IX. – Wälder, Bergweiden. – *v*. Wald-F., ***A. filix-femina*** (L.) Roth

— Schleier verkümmernd, sehr vergängl.; Sori (später) kreisrund, kurz gestielt; Wedel 2-fach gefied.; Fiederchen br. lanzettl., 1,5–2-mal so lg. wie br., m. gesägten Abschnitten (*139/1*); Stiel m. br. lanzettl. Spreuschuppen; Wedel 30–160 cm lg.; ♃. VII–VIII. – Bergwälder, Grünerlengebüsche; subalp. bis alp. – *v* Alp.; *v–z* Vog., Schw., Harz, Thw., Bayrw., Böhmw., Erzgeb., Riesengeb., Altvatergeb. [*A. alpestre* (Hoppe) T. Moore; *Pseudathyrium alpestre* (Hoppe) Newm.] Gebirgs-F., ***A. distentifolium*** Opiz

A.* × *reichsteinii Rasbach & Schneller [*A. distentifolium* × *A. filix-femina*]: Merkm. intermediär; Sori rundl., Sporen abortiert. – *s*, D: Allgäu, Schwarzw., ThW, Erzgeb.

Familie: Thelypteridaceae, Sumpffarngewächse (Bearbeiter: Michael Koltzenburg)

Pfl. ausd.; Rhizom behaart od. m. behaarten Spreuschuppen; Stiele m. 3–7 Leitbündeln; Wedel 1-fach gefied.; Sori randnah (*139/4–139/5*).

1. Unterste Fiedern kleiner als die folg.; Wedel beim Zerreiben nach Zitrone duftend; Rhizom kurz, Wedel daher in dichter Rosette; — Blattunterseite m. goldgelben Drüsen; Wedel 30–100 cm lg. .... ***Oreopteris***, 139

— Unterste Fiedern kaum größer als die folg. (*135/1*); Wedel beim Zerreiben nicht nach Zitrone duftend; Rhizom verläng., Wedel daher nicht in Trichterrosette **2**

2. Unterstes Fiederpaar oft rückw. gerichtet (*135/1*); Wedel unterseits kurzhaarig, oberseits zerstreut lg.haarig; Sori ohne Schleier; — gegenübersthd. Fiedern an der Rhachis miteinander verbunden .... ***Phegopteris***, 139

— Unterstes Fiederpaar nach der Seite od. leicht vorw. gerichtet; Wedel nurjung unterseits spärl. behaart u. m. gelbl. Drüsen; Sori m. hinfälligem Schleier .... ***Thelypteris***, 139

Oreopteris Holub, Lappenfarn

Wedel 50–100 cm lg.; Fiederchen ganzrandig od. leicht geschweift, am Rand herabgekrümmt (*139/4*); Sori dem Rand genähert, nicht zus.fließend; ♃. VII–IX. – Laubwälder, Weideflächen, Böschungen; auf kalkarmen Böden; v. a. montane u. subalp. Stufe. – Im S *v*, im N *z* u. zurückghd. [*Dryopteris montana* Kuntze, nom. illeg.; *D. oreopteris* (Ehrh.) Maxon; *Lastrea oreopteris* (Ehrh.) Bory; *L. limbosperma* (All.) Holub & Pouzar; *Thelypteris limbosperma* (All.) H. P. Fuchs] Berg-L., ***O. limbosperma*** (All.) Holub

Phegopteris (C. Presl.) Fée, Buchenfarn

Wedel 15–30 cm lg., 3-eckig-eif. (*135/1*); ♃. VI–VIII. – Wälder; kalkmeidend. – Gesellig u. *v*, im NO u. NW *z*. [*Dryopteris phegopteris* (L.) C. Chr.; *Gymnocarpium phegopteris* (L.) Newman; *Aspidium phegopteris* (L.) Baumg.; *Thelypteris phegopteris* (L.) Sloss.] Buchenfarn, ***P. connectilis*** (Michx.) Watt

Thelypteris Schmiedel, Lappenfarn

Wedel 30–80 cm lg., aufr.; Fiederchen der fertilen Wedel m. zurückgerolltem Rand, schmal linealisch; ♃. VI–IX. – Moore, Erlenbrüche, Röhrichte. – Im N *v*, im S *z–s*. [*Lastrea thelypteris* (L.) C. Presl; *Dryopteris thelypteris* (L.) A. Gray] Sumpf-L., ***T. palustris*** Schott

Familie: Dryopteridaceae, Wurmfarngewächse (Bearbeiter: Michael Koltzenburg)

Pfl. ausd.; Rhizom m. kahlen, durchsichtigen Schuppen; Stiel m. 3–7 Leitbündeln; Rhachis rinnig; Blatthaare mehrzellig. Zur Bestimmung von *Dryopteris* sp. ganze Wedel u. reife Sporen (VII–IX) verwenden.

1. Schleier schildf., in seiner Mitte angeheftet (*57/4*); Fiedern an der Basis deutl. asymmetr. (*140/4–140/6*) .... ***Polystichum***, 140

— Schleier nierenf., seitl. angeheftet; Basis der Fiedern wenig od. nicht asymmetr. ***Dryopteris***, 140

•

139/1

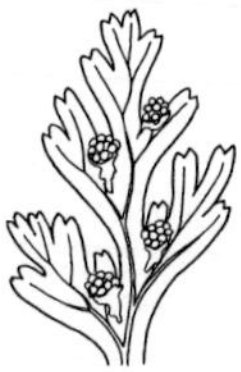

139/2

139/3

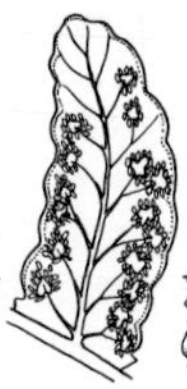

139/4

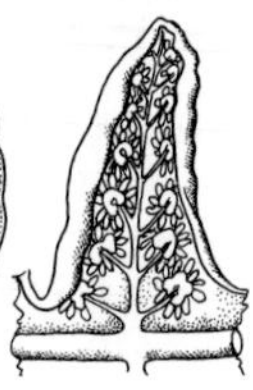

139/5

139/6

139/7

Dryopteris Adans., Wurmfarn, Dornfarn

1. Wedel 2-fach gefied. m. fiederspaltigen Fiederchen od. 3–4-fach gefied. **9**
— Wedel 1-fach gefied. m. fiederspaltigen Fiederchen od. 2-fach gefied. **2**
2. Fertile Wedel am Grund wenig verschmälert, aufr.; Fiedern jederseits 17–20, die untersten aus herzf. Grund 3-eckig (*140/1*); Stiel 1,5–2 mm ∅, spärl. spreuschuppig; Wedel 30–100 cm lg.; ♃. VII–IX. – Torfmoore, Erlenbrüche; kalkmeidend. – Im N, O u. Alp.Vorland *z–v*, im S *s*. ⑥. [*Aspidium cristatum* (L.) Sw.] Kamm-W., Kammfarn, ***D. cristata*** (L.) A. Gray
— Wedel am Grund meist verschmälert; jederseits m. 20–35 Fiedern; Stiel 3–4 mm ∅, dicht spreuschuppig **3**
3. Wedel weich, meist sommergrün, zuw. m. Drüsen; Stielbasis dicht, Rhachis zerstreut m. hellen Spreuschuppen besetzt; Fiederansatz nicht violett; Fiederchen ringsum gezähnt, gelappt, abgerundet od. zugespitzt; Sporen gleichm. rund (***D. filix-mas*** agg.) **8**
— Wedel lederig, dk.grün, meist überwinternd, ohne Drüsen; Stielbasis u. Rhachis dicht m. lg., an der Basis dk. Spreuschuppen besetzt; Fiederansatz frisch dk.violett-schwarz; Fiederchen schief gestutzt, m. parallelen, ganzrandigen, kaum gezähnten Seiten (*140/2*); Sporen oft abortiert (***D. affinis*** agg.; nach Fraser-Jenkins (2007)) **4**
4. Schleier z. Reifezt. ganzrandig, oft abfallend, Spreuschuppen ± matt, hellbraun **6**
— Schleier z. Reifezt. oft rissig., Spreuschuppen hell- bis dk.braun, glzd. od. rötl.braun **5**
5. Spreuschuppen hell- bis dk.braun, glzd., schmal; Fiedern u. Fiederchen lückig bis gedrängt sthd.; basale Fiedern absthd.; Wedel 100–150 cm lg.; ♃; 2n = 82. VI–IX. – Feuchte, schattige Laub- u. Nadelwälder. Spreuschuppiger W., ***D. affinis*** (Lowe) Fraser-Jenk.
a. Fiederchen rechteckig bis abgerundet, oberseits ohne Mulden über den Sori. – *s,* D: RP, Harz, SN, Voralp.; A: Ti, OTi, Stm; CH; B; F: Els; NL. Spreuschuppiger W. (i. e. S.), subsp. ***affinis***
— Fiederchen oft abgerundet, bespitzt, oberseits m. Mulden über den Sori. – *s,* D: Voralp.; A; CH; F: Els. Punktierter Spreuschuppiger W., subsp. ***punctata*** Fraser-Jenk.
— Spreuschuppen rötl.braun, oft in sich gedreht; Fiedern u. Fiederchen dicht u. gedrängt sthd.; basale Fiederchen abw. gerichtet; Wedel 80–120 cm lg.; ♃; 2n = 123. VII–VII. – Schluchtwälder, Schutthalden. Walisischer Schuppen-W., ***D. cambrensis*** (Fraser-Jenk.) Beitel & W. R. Buck
a. Wedel trichterf. sthd., oberseits glzd., 100–120 cm lg. – Schluchtwälder. – *s,* D: TH, früher O-SN. Walisischer Schuppen-W. (i. e. S.), subsp. ***cambrensis***
— Wedel zerstreut sthd., oberseits ± matt, zerstreut drüsig. 80–100 cm lg. – Schutthalden, lichte Wälder, Felsen. – *s,* D: BW, BY, TH, Harz, Erzgeb.; A: Kt, OÖ, Sb, Stm, Ti, Vb; B; CH; CZ (Böhmw., Altvatergeb.); CZ/PL (Riesengeb.); DK; F: Els; I: Bz; L; NL. Insubrischer Schuppen-W., Insubrischer W., subsp. ***insubrica*** (Oberholzer& Tavel) Fraser-Jenk.
6 (4). Fiederchen lückig sthd., m. V-f. Zwischenräumen, vorn abgerundet, m. höchstens kleinen lateralen Zähnen, basales abw. gerichtetes Fiederchen klein; — Wedel auffallend plan, im Winter früh absterbend, 80–150 cm lg.; ♃; 2n = 123. – Luftfeuchte Wälder; auf Kalk. – D: *s* NRW, HE, *z* Voralp.; A; B; CH; L.
Eleganter Schuppen-W., ***D. pseudodisjuncta*** (Fraser-Jenk.) Fraser-Jenk.
— Fiederchen dicht gedrängt od. lückig sthd., parallelrandig, ± gezähnt, basales abw. gerichtetes Fiederchen groß **7**
7. Fiederchen gedrängt sthd., ungleich lg., Rhachis oft von Fiederchen überdeckt; Wedel 50–80 cm lg.; ♃; 2n = 123. – Luftfeuchte Wälder. – D: z Mittelgeb., *z–v* Voralp.; A; B; CH; CZ; I: Bz; L; NL. – Varietäten. Borrer-Schuppen-W., ***D. borreri*** (Newman) Oberh. & Tavel

140/1

140/2

140/3

140/4

140/5

140/6

— Fiederchen lückig sthd., gerade abgeschnitten, gezähnt, Blattnerven oberseits eingesenkt, Rhachis gut sichtbar; Wedel 60–100 cm lg.; ♃; 2n = 123. – Luftfeuchte Wälder über basenarmem bis basenreichem Gestein. – *s*, D: RP, BW, BY, NRW; A: OÖ, Stm, Vb; CH.
Lückiger Schuppen-W., Lückiger W., ***D. lacunosa*** S. Jess. et al.

8. Stiel u. Rhachis m. bleichen Schuppen besetzt; Wedelfläche ohne Drüsenhaare; Schleier dünn, meist drüsenlos; Wedel 30–120 cm lg.; ♃; 2n = 164. VI–IX. – Wälder, Gebüsche, Mauern. – *v*. – Entstanden aus *D. oreades* u. *D. caucasica*; giftig! [*Aspidium filix-mas* (L.) Sw.]
Gewöhnlicher W., Männlicher W., ***D. filix-mas*** (L.) Schott

— Stiel u. Rhachis m. rötl.braunen Schuppen besetzt; Wedelfläche oft m. Drüsenhaaren; Schleier lederig, am Rand oft drüsig; Wedel 30–50 cm lg.; ♃. VI–IX. – Felsspalten, Steinschutt; kalkmeidend. – *s*; Art aus W-Eur., nur D: NRW (Olpe). [*D. abbreviata* auct.]
Geröll-W., Geröll-D., ***D. oreades*** Fomin

9 (1). Wedel 3–4-fach gefied.; — Fiedergrund grün **12**

— Wedel 2-fach gefied. m. fiederspaltigen Fiederchen (*139/6, 139/7*); — Fiedergrund grün, braun od. violett bis schwarz **10**

10. Wedel hellgrün; Stiel höchstens halb so lg. wie die Spr., — diese wenigstens unterseits u. auf der Rhachis dicht gelb-drüsig; Schleier drüsig; Wedel 15–45 cm lg.; ♃. VII–VIII. – Steinschutt, Felsen; kalkstet; 900–2500 m. – *v*, Alp. [*D. rigida* (Hoffm.) Underw.; *Aspidium rigidum* Sw.; *Polystichum rigidum* (Sw.) DC.] Starrer W., ***D. villarii*** (Bellardi) Schinz & Thell.

— Wedel dk.grün; Stiel ≈ so lg. wie die Spr. **11**

11. Stiel u. Rhachis m. 2-farbigen Schuppen besetzt, diese an der Basis dk.braun, am Rand hellbraun; Rhachis am Grund auf 2–8 mm violettschwarz; — Fiederchen leicht gelappt; Schleier m. wenigen Drüsen am Rand u. auf der Fläche; Wedel 20–90 cm lg.; ♃. VII–IX. – Wälder; kalkmeidend; montane Stufe. – *z–s*, Alp. u. Alp.Vorland, Schw.; *s* CZ (Böhmw.)
Entferntfiedriger W., Entferntfiedriger D., ***D. remota*** (Döll) Druce

— Stiel u. Rhachis m. blassen, 1-farbigen Schuppen besetzt (Gegensatz: *D. dilatata*); Rhachis am Grund nicht violettschwarz; — Segmente der Fiederchen nahesthd., lg. stachelspitzig gezähnelt, drüsenlos; Wedel 20–90 cm lg.; ♃. VI–IX. – Feuchte Wälder, Moore, Erlenbrüche. – *v*. [*Aspidium spinulosum* Sw.; *D. austriaca* subsp. *spinulosa* (Sw.) Schinz & Thell.; *D. spinulosa* Kuntze] Dorniger W., Gewöhnlicher D., ***D. carthusiana*** (Vill.) H. P. Fuchs

12 (9). Wedel bis in den Winter dk.grün; unterstes nach unten gerichtetes Fiederchen des untersten Fiederpaars meist kürzer als die Hälfte dieser Fiedern; Sporen dk.braun; — Rand der Fiederchen oft deutl. umgerollt; Schuppen m. dk. Mittelstreifen [Gegensatz: *D. carthusiana*]; Wedel 40–120 cm lg.; ♃. VI–IX. – Schattige Laub- u. Nadelwälder; kalkmeidend. – *v*, im NO *z*. [*D. austriaca* auct.; *D. austriaca* subsp. *dilatata* (Hoffm.) Schinz & Thell.]
Breitblättriger W., Breitblättriger D., ***D. dilatata*** (Hoffm.) A. Gray

— Wedel hellgrün, schon im Herbst absterbend; unterstes Fiederchen oft länger als die Hälfte seiner Fiedern; Sporen hellbraun; — Wedel 40–150 cm lg.; ♃. VII–VIII. – Feuchte Nadelwälder. – D: *z–s* Alp.Vorland, Bayrw., TH, SN, Harz, *s* bis MV; *z* A; CH; CZ (Böhmw., Erzgeb., Riesengeb., Altvatergeb.); *s* F: Els; I: Bz; PL. [*D. assimilis* S. Walker]
Feingliedriger W., ***D. expansa*** (C. Presl) Fraser-Jenk. & Jermy

Hybridbildungen z. B.:

D.* × *alpirsbachensis Freigang, Zenner, Bujnoch, S. Jess. & Magauer [*D. carthusiana* × *D. remota*]: *s*, D: BW, BY; A.

D.* × *ambroseae Fraser-Jenk. et Jermy [*D. dilatata* × *D. expansa*]: *z*, Voralp., Alp., *s*, Mittelgeb. zwischen RP u. SN, Böhmw., Erzgeb., Riesengeb., Altvatergeb.

D.* × *brathaica Fraser-Jenk. & Reichst. [*D. carthusiana* × *D. filix*-mas]: *s*, D: Oberschwaben, Allgäu, Eifel.

D.* × *complexa Fraser-Jenk. [*D. affinis* × *D. filix-mas*]. – *s*, Voralp., Alp., Mittelgeb. zwischen RP u. TH, Böhm. Randgeb.; NL

D.* × *critica (Fraser-Jenk.) Fraser-Jenk. [*D. borreri* × *D. filix-mas*]: *s*, Mittelgeb. zwischen NRW u. SN, Böhmw., Riesengeb.; NL.

D.* × *deweveri (Jansen) Jansen et Wacht. [*D. carthusiana* × *D. dilatata*]: *s*, Voralp., Mittelgeb. zwischen RP u. SN, BB, Böhmw., Erzgeb., Riesengeb.

D.* × *sarvelae (Fraser-Jenk. & Jermy [*D. carthusiana* × *D. expansa*]: *s*, D: Rügen.

D.* × *uliginosa (A. Braun) Druce [*D. carthusiana* × *D. cristata*]: *s*, tiefere Lagen in D.

Polystichum Roth, Schildfarn ⓖ

1. Wedel 1-fach gefied.; — Wedel 10–30(–50) cm lg., kurz gestielt, derb, überwinternd, jederseits m. 30–50 sichelf., aufw. gekrümmten, doppelt gesägten bis stachelig gezähnten Fiedern (*140/4*); ♃. VII–IX. – Kalkschutt, Felsspalten. – *v,* Alp.; *s,* S- u. M-D; A; B; CH; CZ; L; S-PL; eingebürg. NL. ⓖ. [*Aspidium lonchitis* (L.) Sw.] Lanzen-S., ***P. lonchitis*** (L.) Roth

— Wedel 2–3-fach gefied. **2**

2. Wedel weich, beiderseits spreuhaarig; unt. Fiedern stumpfl.; — Fiederchen kerbig bis weichstachelig gesägt; Wedel 20–80(–100) cm lg., hell sommergrün; Sori groß, m. hinfälligem Schleier; ♃. VII–IX. – Schluchtwälder. – *z,* Alp., *s,* Mittelgeb. (D: Schw., Bayrw., HE: Hoher Meißner; CZ (Elbsandsteingeb., Riesengeb., Altvatergeb.); S-PL), früher D: SN. ⓖ. [*Aspidium braunii* Spenn.] Weicher S., ***P. braunii*** (Spenn.) Fée

— Wedel derb, lederig, auf der Oberseite nicht od. kaum behaart; Fiedern zugespitzt **3**

3. Unterstes, der Spitze zu gerichtetes Fiederchen aller Fiedern deutl. größer als die folg.; Sori m. derbem, bleibendem Schleier; — Fiederchen sitzend od. undeutl. kurz gestielt, ob. herablfd. (*140/6*); Wedel 30–90 cm lg., überwinternd; ♃. VII–IX. – Schattige Wälder; v. a. montane Stufe. – *z,* im N *s–f.* ⓖ. [aus *P. lonchitis* × *P. setiferum* entstanden; *Aspidium lobatum* (Huds.) Sw.] Gelappter S., Dorniger S., ***P. aculeatum*** (L.) Roth

— Unterstes Fiederchen der unt. Fiedern. kaum größer als die folg.; Sori m. zartem Schleier; — Fiederchen ≈ 1 mm gestielt (*140/5*); Wedel 30–100 cm lg., meist nicht überwinternd; Rhachis dicht spreuschuppig; ♃. VI–IX. – Feuchte Hangwälder. – *s* in den Flusstälern des W-Schw., S-HE, vom Saartal bis B u. NL; A: Kt, Stm; CH; auch angepfl. ⓖ. [*P. angulare* (Willd.) C. Presl; *P. aculeatum* auct. non (L.) Roth] Borstiger S., Grannen-S., ***P. setiferum*** (Forssk.) Woyn.

Hybridbildungen:

P. × ***bicknellii*** (Christ) Hahne [*P. aculeatum* × *P. setiferum*]. – *s,* D: NRW; A: Stm; W-CH.

P. × ***luerssenii*** (Dörfl.) Hahne [*P. aculeatum* × *P. braunii*]. – *s,* D: S-Schw.; CZ (Böhmw.).

P. × ***illyricum*** (Borbás) Hahne [*P. aculeatum* × *P. lonchitis*]. – *s,* D: BW, BY; A: OÖ; CH.

P. × ***meyeri*** Sleep & Reichstein [*P. braunii* × *P. lonchitis*]. – *s,* A: Ti.

P. × ***wirtgenii*** Hahne [*P. setiferum* × *P. braunii*]. – *s,* A: Stm.

P. × ***lonchitiforme*** (Halácsy) Becherer [*P. setiferum* × *P. lonchitis*]. – *s,* A.

Westamerikanischer Schwertfarn, ***P. munitum*** (Kaulfuss) C. Presl.: Wedel bis 100(–180) cm lg., überwinternd; Schleier fransig. – Heimat: N-Am.; *s* verwild. D: NRW.

Ähnlich: Fortunes Sichelfarn, ***Cyrtomium fortunei*** J. Sm.: immergrün; Fiedern ± gleich groß, asymmetr.; Sori zerstreut in 2 od. mehr Reihen. – Heimat: O-As; verwild. D, B, CH, NL.

Familie: Polypodiaceae, Tüpfelfarngewächse (Bearbeiter: Michael Koltzenburg)

Pfl. ausd., m. kriechendem, dorsiventralem (unterseits abgeflachtem, oberseits gewölbtem) Rhizom; dieses m. schildf. Schuppen; Blätt. in 2 Reihen der Rhizomoberseite entspringend, 1-fach gefied. od. fiederteilig, kahl, ohne Schuppen, im Umriss längl. lanzettl.; Fiedern ganzrandig od. gezähnt; Stiel m. 1–3 Leitbündeln; Sori ohne Indusium. Zur Bestimmung ist ein Mikroskop zu empfehlen (Sporangien, Paraphysen = verzweigte Haare zw. den Sporangien, Sporen).

Polypodium L., Tüpfelfarn, Engelsüß

Wedel meist wintergrün, bis 60 cm lg.; giftig, aber Rhizom lakritz-süßl. schmeckend; ♃. VII–X. – Felsen, Mauern, Dünen, Eichenwälder; kalkmeidend. Artengruppe Gewöhnlicher T., ***P. vulgare*** agg.

a. Spr. 3,5–5-mal so lg. wie br.; Sekundärnerven der untersten Fiedern 1–2-, selten 3-fach gegabelt (Lupe!); Rhizomschuppen < 4 mm lg.; — Sori rund; Sporangien m. Ring (Anulus) von 10–15 dickwandigen Zellen, ohne Paraphysen (verzweigte, an Pilzhyphen erinnernde Haare zw. den Sporangien); ♃. VII–IX. – Kalkmeidend; auch epiphytisch. – *v.* – Giftig! Gewöhnlicher T. (i. e. S.), ***P. vulgare*** L. s. str.

— Spr. 1,5–3-mal so lg. wie br.; Sekundärnerven der untersten Fiedern 3–6-fach gegabelt (Lupe!); Rhizomschuppen > 4 mm lg. .... **b**

b. Sporangien m. Ring (Anulus) von 6–10 dickwandigen Zellen; — Sori oft eif.; ohne Paraphysen; ♃. IX–X. – Lokal *v–z* (D: RP, NRW, FrAlb, TH, Ostseeküste), sonst *z–s.* [*P. vulgare* subsp. *prionodes* Rothm.] Gesägter T., ***P. interjectum*** Shivas

— Sporangien m. Ring (Anulus) von 4–7 dickwandigen Zellen; — Sori längl. ellipt., m. Paraphysen; ♃. XII–III. – *s,* CH: Ts, Vs, Vd; I: Bz. [*P. australe* Fée] Südlicher T., ***P. cambricum*** L.

Hybridbildungen, u. a. Hybrid-T., ***P.*** × ***mantoniae*** Rothm. & U. Schneid. [*P. interjectum* × *P. vulgare*]: *s,* z. B. D: NRW, RP, SN, TH, Harz; CZ.

Unterabteilung: Spermatophytina, Samenpflanzen

Pfl. m. Samen als Ausbreitungseinheit.

Gymnospermen, Nacktsamer

Meist immergrüne Bäume u. Sträucher m. nadel- od. schuppenf. Blätt.; Blüten eingeschl., ohne Blütenhülle, oft in Zapfen; Samenanlagen nicht in einem Frkn. eingeschlossen, frei, entw. auf der Oberseite von Samenschuppen, die in der Achsel von Deckschuppen stehen (*45/4*, Sa, Ss, Ds), od. auf der Oberseite miteinander verwachsener Deck- u. Samenschuppen („Zapfenschuppen"), selten einzeln u. von fleischiger Samenhülle teils od. ganz umgeben; reife Samenstände meist holzige Zapfen, selten Zapfenschuppen derbfleischig („Beerenzapfen") od. lederig.

Klasse: Coniferopsida, Nadelgehölze und Gnetumähnliche

Ordnung: Pinales, Nadelgehölze

Zweig- u. Blattmerkmale in den Bestimmungsschlüsseln beziehen sich, sofern nicht anders angegeben, auf junge Seitenzweige, bei älteren Pfl. aus der Unterkrone. An aufr. u. zapfentragenden Sprossen weichen Blattstellung u. Ausformung der Nadelspitze oft ab. Die als weiße Wachspunkte erkennbaren Spaltöffnungen sind meist in Reihen angeordnet (Stomatareihen), bei hoher Zahl u. Dichte u. teils zusätzl. Wachsauflage auffällige weiße Streifen bildend (Stomatabänder).

Zahlr. im Gebiet vorliegender Flora nicht natürl. vorkommende Nadelgehölze folg. 3 Familien wurden in Kultur eingeführt u. werden als Ziergehölze gepfl., sie bleiben weitghd. unberücksichtigt, ihre Bestimmung ist m. „Fitschen – Gehölzflora", 14. Aufl. (Schmidt & Schulz 2023), möglich. Einige Arten werden aber bei den jeweiligen Gattungen zusätzl. zu den verschlüsselten Arten erwähnt, wenn sie in Wäldern auftreten, da zuw. als Forstbäume gepfl.

Familie: Pinaceae, Kieferngewächse (Bearbeiter: Peter A. Schmidt)

Immergrüne, selten sommergrüne Bäume, zuw. strauchf. od. spalierart.; Blätt. nadelf., an Langtrieben einzeln u./od. an Kurztrieben in Bündeln zu 2–5 od. in Büscheln zu > 10; ♂ Blüten (Pollenzapfen) kätzchenart.; ♀ Blütenzapfen (Samenzapfen) m. an einer Zapfenspindel spiralig sthd. Deckschuppen (*45/4*, Ds), in deren Achseln Samenschuppen (*45/4*, Ss, m. Samenlagen, Sa), zur Reife verholzend („Zapfen"), Deckschuppen teils klein bleibend od. verkümmernd, teils weiter wachsend u. Spitzen aus den Zapfen herausragend; Samen nussart., gewöhnl. 1-seitig geflüg., z.T. essbar.

1. Nadeln an Kurztrieben in Büscheln zu 15–30 (*58/5*), nur an Langtrieben einzeln, weich, alle im Herbst abfallend; sommergrüner Baum .... ***Larix***, 144

— Nadeln entw. stets einzeln stehend (*143/1–143/2*) od. in Bündeln zu 2, 3 od. 5 (*143/3*, *Taf. 31: 1*), derb, > 2 Jahre am Zweig bleibend; immergrüner Baum od. Strauch 2

2. Nadeln in Bündeln zu 2, 3 od. 5 an Kurztrieben, am Grund anfangs od. dauerhaft m. kurzer gemeinsamer Scheide aus häutigen Schuppenblätt. (*Taf. 10: 1*) .... ***Pinus***, 145

— Nadeln einzeln an Langtrieben 3

3. Nadeln m. scheibenf. verbreitertem Grund dem Zweig aufsitzend (*143/1a*); Zapfen aufr., bei der Reife am Baum zerfallend, Zapfenspindel verbleibt am Zweig; — Nadeln flach, unterseits m. 2 weißen Stomatabändern (*143/1b*); entnadelte Zweige meist glatt, m. runden, von den abgefallenen Nadeln hinterlassenen Narben .... ***Abies***, 144

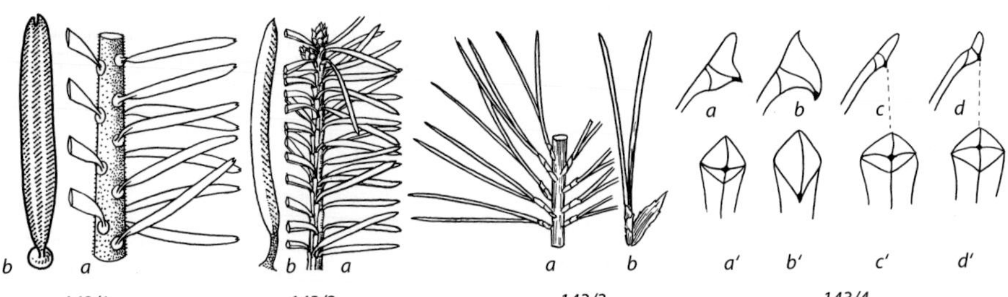

143/1 *143/2* *143/3* *143/4*

— Nadeln am Grund nicht scheibenf. verbreitert; Zapfen aufr., absthd. od. hgd., als Ganzes abfallend 4

4. Nadeln an der Basis nicht stielart. verschmälert, sondern einem holzigen, rindenfarbigen, am Zweig herablfd. Stielchen (Blattkissen, „Nadelpolster") aufsitzend, das beim Nadelabfall zurückbleibt, dadurch Zweige gefurcht u. raspelart. rau; Nadeln 4-kantig od. abgeflacht; Zapfen > 3 cm lg., Deckschuppen im Zapfen verborgen .... ***Picea***, 145

— Nadeln an der Basis in deutl. grünes Stielchen verschmälert, das einem kaum erhabenem od. einem kleinen höcker- bis stielf. Blattkissen aufsitzt, aber dadurch Zweig weder gefurcht noch raspelart., höchstens schwach rau; Nadeln stets flach; Zapfen < 3 cm lg. od. wenn länger, dann Deckschuppen herausragend 5

5. Grüner Nadelstiel dem Zweig anlgd. od. parallel zu ihm, Nadeln 0,5–2 cm lg., zur Spitze hin meist schmaler werdend, am Rand sehr fein gezähnt (Lupe!), oberseits glzd. dk.grün, unterseits m. 2 deutl. abgesetzten grauweißen Stomatabändern; Zapfen 1,5–2,5 cm lg., Deckschuppen im Zapfen verborgen .... ***Tsuga***, 146

— Grüner Nadelstiel in spitzem Winkel vom Zweig abghd., Nadeln 1,8–3 cm lg., sich spitzenw. nicht verschmälernd, Rand glatt, oberseits grün od. graugrün, unterseits matt graugrün, weißl. Stomatabänder schmal u. weniger auffällig; Zapfen bis 10 cm lg., Deckschuppen herausragend, 2-spaltig m. grannig verläng. Mittelrippe .... ***Pseudotsuga***, 146

Abies Mill., Tanne

Stammrinde weißgrau, im Alter dünne helle Schuppenborke; Knospen nicht harzig; Nadeln stets dorsiventral abgeflacht, 1,2–3(–3,5) cm lg., an der Spitze stumpf bis deutl. ausgerandet, an Seitenzweigen gescheitelt, ± in einer Ebene sthd. (*143/1*); Jungtriebe fein behaart; Zapfen 10–16 cm lg., Spitzen der Deckschuppen herausragend; Krone im Alter oben meist abgeplattet („storchennestart."); ↕ bis 50(–65) m; ♄. V–VI. – Bergwälder von M-Eur. – Alp. u. Mittelgeb. *v–z,* Harz *f,* im Tiefl. *s:* Lausitz.
Weiß-T., Edel-T., ***A. alba*** Mill.

In Wäldern zuw. weitere Tannen-Arten forstl. angebaut, z. B. Küsten-T., ***A. grandis*** (D. Don) Lindl. (Heimat: N-Am.), m. ebenfalls deutl. gescheitelt sthd., aber längeren (mind. einige stets > 4 cm lg.) u. beim Zerreiben aromat. (meist nach Orangen) duftenden Nadeln, harzigen Knospen u. im Zapfen verborgenen Deckschuppen; Nordmann-T., ***A. nordmanniana*** (Steven) Spach (Heimat: Kaukasus, N-Anatolien), m. auch auf der Zweig-Oberseite sthd. Nadeln, erst im Alter schwach od. V-f. gescheitelt, Knospen nicht harzig; Veitch-T., ***A. veitchii*** Lindl. (Heimat: Japan), m. ebenfalls nicht gescheitelt sthd., aber aufw. gebogenen, unterseits auffällig kreideweißen Nadeln u. stark harzigen Knospen; Nikko-T., ***A. homolepis*** Siebold & Zucc. (Heimat: Japan), abweichend durch auffällig gefurchte Zweige u. deutl. V-f. Rinne zw. den auf der Zweigoberseite schräg aufw. sthd., zieml. steifen Nadeln.

Larix Mill., Lärche

1. Nadeln hellgrün; reife Zapfen 2–4(–4,5) cm lg., ei- od. kegelf., m. ± anlgd. bis gerade vorgestreckten, am Rand nicht umgebogenen Samenschuppen; Rinde der Jungtriebe grau- bis braungelb, nicht bereift; ↕ bis 40(–55) m; ♄. IV–VI. – Alp. *v,* Sudeten (Gesenke) *s,* sonst als Forst- u. Zierbaum häufig gepfl., in Wäldern *z,* im N *s,* eingebürg. [*L. europaea* DC.]
Europäische L., ***L. decidua*** Mill.

— Nadeln bläul.grün bis graugrün; reife Zapfen 1,5–3,5 cm lg., abgeflacht kugelig, m. am Rand nach außen umgebogenen Samenschuppen; Rinde der Jungtriebe meist ± rötl., blauweiß bereift; ↕ bis 30 m; ♄. IV–V. – Zier- u. Forstbaum (Heimat: Japan), *s* verwild. [*L. leptolepis* (Siebold & Zucc.) Endl.] Japanische L., ***L. kaempferi*** (Lamb.) Carrière

Als Forstbaum häufiger gepfl. als die Japanische L. ist ihre Hybride m. der Europäischen L., die Hybrid-L., ***L. × eurolepis*** Henry [*L. × marschlinsii* auct. non Coaz], in den Merkmalen zw. den Eltern sthd.

Picea A. Dietr., Fichte (*Taf. 31: 2*)

Nadeln ± deutl. 4-kantig (*143/2*), z.T. seitl. stark zus.gedrückt, 1–2,5 cm lg., 1 mm br., zugespitzt (*143/2*), allseits m. Stomatalinien u. ± gleichfarbig grün, an Seitenzweigen unterseits gescheitelt sthd.; Zapfen (3–)6–15(–20) cm lg.; Borke meist rotbraun („Rottanne"), zuw. grau(braun); Jungtriebe kahl od. behaart; Baum m. spitz kegelf. Krone, ↕ bis 40(–60) m; ♄. IV–VI. – Nadelwälder, Moorwälder, Bergmischwälder. – Ursprüngl. nur Alp. u. Mittelgeb., *s* bis ins Tiefl.: Lausitz, aber durch forstl. Anbau *v* eingebürg. [*P. excelsa* (Lam.) Link]

Europäische F., Gewöhnliche F., Rottanne, ***P. abies*** (L.) H. Karst.

In Wäldern zuw. weitere Fichten-Arten forstl. angebaut, z.B. Sitka-F., ***P. sitchensis*** (Bong.) Carrière (Heimat: N-Am.) m. dorsiventral abgeflachten, aber oberseits gekielten, unterseits 2 Stomatabänder aufweisenden, lg. zugespitzten u. scharf stechenden, 1 mm br. Nadeln u. kahlen Zweigen; Serbische od. Omorika-F., ***P. omorika*** (Pančić) Purk. (Heimat: Serbien) m. stark abgeflachten, unterseits 2 auffällige weiße Stomatabänder aufweisenden, spitzen bis stumpfl., 1,5–2,2 mm br. Nadeln, behaarten Jungtrieben u. pfrieml. veräng. Spitzen der Knospenschuppen; früher in Wäldern der Rauchschadgebiete auch gepfl. der häufige Zierbaum Stech-F., ***P. pungens*** Engelm. (Heimat: N-Am.) m. 4-kantigen, allseits gleichfarbigen, matt dk.grünen od. (Blau-F.) grau- bis blaugrünen od. -weißen, stechend spitzen, 1–1,5 mm br. Nadeln.

Pinus L., Kiefer, Föhre, Spirke, Zirbe, Strobe (*Taf. 31: 1*)

1. Nadeln im Bündel zu 5, selten zu 3, im ∅ 3-eckig, — am Grund nur anfangs m. kurzer gemeinsamer Scheide aus häutigen Schuppenblätt. (Nadelscheide) od. wenn Nadeln zu 3, dann Nadelscheide bleibend, nicht hinfällig **4**

— Nadeln zu 2 (*143/3*; *Taf. 10: 1*), im ∅ halbkreisf., — am Grund dauerhaft m. Nadelscheide ... **2**

2. Nadeln (4–)8–13(–18) cm, Mehrzahl > 7 cm, lg., — dk.grün, meist steif u. dem Zweig zu gebogen; Zapfen (fast) sitzend, glzd. hellbraun, graubraun od. gelbl.braun; Stamm in ganzer Länge m. dk.grauer bis schwarzbrauner Borke; ↕ 10–30(–45) m; ♄. V–VI. – Lichte Wälder an Kalk- u. Dolomitfelshängen. – *s*, A: Bgl, Kt, NÖ (hier subsp. *nigra*, Österreichische Schwarz-K.); *v* als Forst- u. Zierbaum gepfl. u. stellenw. eingebürg. [*P. austriaca* Höss; *P. nigricans* Host]

Europäische Schwarz-K., Schwarz-F., ***P. nigra*** J. F. Arnold

— Nadeln 2–7(–8) cm lg., — dk.- od. hellgrün, blau- od. graugrün, entw. gerade, dem Zweig zu gebogen od. um ihre Längsachse gedreht; Zapfen sitzend od. bis 12 mm lg. gestielt, glzd. od. matt **3**

3. Nadeln blau- bis graugrün, um ihre Längsachse gedreht, oft hin u. her gekrümmt; Zapfen deutl. gestielt, Stiel (3–)6–12 mm lg., bald nach der Bltzt. herabgekrümmt, reif graubraun, meist matt; Stamm im ob. Bereich (bes. Krone) m. fuchsroter bis rötl. gelber, abblätternder Rinde, nur im unt. Bereich m. grauschwarzer bis dk.brauner Borke; ↕ (10–)15–30(–40) m; ♄. V–VI. – Wälder, Felsen, Dünen. – *v* vom Tiefland bis in die subalp. Stufe, aber oft gepfl. u. eingebürg. Gewöhnliche K., Rot-F., Wald-K., ***P. sylvestris*** L. (subsp. ***sylvestris***)

Formenreich, es wurden mehr als 150 infraspezifische Sippen beschrieben, einige davon als Unterarten, so aus den Alp. subsp. ***engadinensis*** (Heer) Asch. & Graebn., von der vermutet wird, dass sie aus *P. mugo* agg. × *P. sylvestris* od. einer Rückkreuzung dieser Hybride m. *P. sylvestris* hervorging.

— Nadeln hell- od. dk.grün, kaum gedreht, gerade od. dem Zweig zu gebogen; Zapfen sitzend od. bis 4(–6) mm lg. gestielt, waagr. od. schief absthd., reif schwarz-, rot- od. gelbbraun, glzd.; Stamm in ganzer Länge m. grauer bis schwärzl. Rinde u. Borke; Wuchs strauchf., mehrstämmig baumf. od. wenn 1-stämmiger Baum, dann ↕ 10–12(–25) m; ħ, ♄. V–VI. (*P. montana* agg.)

Artengruppe Berg-K. od. Berg-F., ***P. mugo*** agg.

a. Zapfen symmetr., am Grund gleichm. abgerundet; Schuppenschilde flach (*143/4c–d*); 1–3(–5) m hoch, strauchig bzw. als Krummholz wachsend, Stämme u. Äste niederlgd. bis aufstgd. od. mehrstämmig aufr. – Subalp. Gebüsche, auch auf Felsen. – *v* Alp. u. Voralp., Bayrw., Böhmw., Riesengeb., auch gepfl. u. stellenw. eingebürg. [*P. mugo* subsp. *mugo*, subsp. *pumilio* (Haenke) Franco] Latschen-K., Leg-F., Krummholz-K., ***P. mugo*** Turra

— Zapfen schwach od. stark asymmetr., zumind. durch stärker aufgewölbte Schuppenschilde an der dem Zweig abgewandten Seite Zapfen am Grund etwas schief; Schuppenschilde etwas aufgewölbt, buckelig bis. kegelf. (*143/4a*) od. auffällig hakig (*143/4b*); 1–12(–25) m hoch, entw. strauchf. als Krummholz wachsend od. mehrstämmiger od. 1-stämmiger Baum .... **b**

b. Zapfen stark asymmetr., meist in der ganzen Länge schief; Schuppenschilde basaler Samenschuppen deutl. hakenf. umgebogen (*143/4b*); meist 1-stämmiger, 10–12(–25) m hoher Baum. – Subalp. Wälder, v.a. an Steilhängen u. auf Schotterböden. – *z* Alp., bes. S- u. W-Alp. [*P. mugo* subsp. *uncinata* (DC.) Domin; *P. mugo* var. *rostrata* (Antoine) Hoopes] Haken-K., Berg-Spirke, ***P. uncinata*** DC.

— Zapfen meist nur im unt. Drittel asymmetr., Schuppenschilde basaler Samenschuppen buckelig bis kegelf. aufgewölbt (*143/4a*); entw. strauchf. als Krummholz (Moor-Latsche), mehrstämmig aufstgd. bis aufr. baumf. od. bis 10(–18) m hoher 1-stämmiger Baum (Moor-Spirke). – Hochmoore, Moorgebüsche u. -wälder der Alp. u. Mittelgeb. – *z* Alp. u. Vorland, Schw., Vog., Bayrw., Erzgeb., CZ, SW-PL; früher D: *s* O-TH. [*P. pseudopumilio* (Willk.) Beck; *P. mugo* subsp. *rotundata* (Link) Janch. & H. Neumayer; *P. uncinata* subsp. *uliginosa* (G. E. Neumann) Businský] Moor-K., ***P. rotundata*** Link

4 **(1).** Nadeln im Bündel zu 3, am Grund dauerhaft m. Nadelscheide; am Stamm oft büschelart. Jungtriebe entspringend, Stockausschlag bildend; — Nadeln 6–14 cm lg.; Zapfen 3–8 cm lg., mehrere Jahre am Baum verbleibend; ↕ 10–15 m; ♄. V–VI. – Zierbaum, früher auch Forstbaum (Heimat: N-Am.), *s* verwild. (z. B. D: BB) Pech-K., ***P. rigida*** Mill.

— Nadeln zu 5, nur anfangs am Grund m. Nadelscheide, diese hinfällig; weder am Stamm büschelart. Jungtriebe entspringend noch Stockausschlag bildend **5**

5. Junge Zweige filzig behaart, anfangs rostgelb bis -rot, im 2. Jahr grau-schwarz; Nadelbündel dicht sthd.; Nadeln zieml. steif, 5–10 cm lg.; Zapfen 5–10 cm lg., ei- bis tonnenf., dickschuppig; am Baum geschlossen bleibend, bei Reife m. den eingeschlossenen Samen abfallend, Samen flügellos, essbar („Zirbelnüsse"); ↕ bis 25 m; ♄. VI–VII. – Subalp. Nadelwälder. – Alp. *z;* sonst gepfl. (Europäische) Zirbel-K., (Alpen-)Zirbe, Arve, ***P. cembra*** L. (subsp. ***cembra***)

— Junge Zweige fein grauhaarig, im 2. Jahr bis auf Härchen unter der Ansatzstelle der Nadelbündel verkahlend; Nadelbündel locker sthd.; Nadeln dünn u. biegsam, 6–12 cm lg.; Zapfen 8–20 cm lg., schlank zylindr., meist etwas gebogen, sich am Baum öffnend; Samen geflüg.; ↕ 20–40 m; ♄. V. – Forst- u. Zierbaum (Heimat: N-Am.); *z* verwild., *s* eingebürg. Weymouths-K., Ostamerikanische Strobe, ***P. strobus*** L.

In Wäldern zuw. weitere Kiefern-Arten forstl. angebaut, z. B. Rumelische Strobe od. Mazedonische K., ***P. peuce*** Griseb. (Heimat: Balkan), ähnl. *P. strobus*, aber Nadeln derber u. junge Zweige dicker u. stets völlig kahl; Dreh- od. Murray-K., ***P. contorta*** Loudon (Heimat: N-Am.) m. 2 Nadeln im Bündel, zumind. teilw. mehrgliedrigen (zusätzl. durch seitl. sthd. Langtriebe od. Zapfen verzweigten) Jahrestrieben u. meist mehrere Jahre geschlossenen od. nach Samenausfall am Baum verbleibenden Zapfen.

Pseudotsuga Carrière, Douglasie

Knospen 5–12 mm lg., ± spindelf., lg. zugespitzt; Nadeln 2–3,5 cm lg., 1–1,5 mm br., zerrieben aromat. duftend (meist nach Orangen), entw. ± gescheitelt stehend, oberseits lebhaft grün u. die aus dem Zapfen herausragenden 3-teiligen Deckschuppen diesem anlgd. [Küsten-D., Grüne D., subsp. ***menziesii***] od. Nadeln nicht od. kaum gescheitelt, grau- bis blaugrün u. die herausragenden Spitzen der Deckschuppen vom Zapfen absthd. od. zurückgebogen [Gebirgs-D., Blaue u. Graue D., subsp. ***glaucescens*** (Carrière) P. D. Sell [subsp. *glauca* (Beissn.) A. E. Murray, subsp. *caesia* (Schwer.) Silba]]; ↕ 20–40(–60) m; ♄. IV–V. – Forst- u. Parkbaum (Heimat: N-Am.); *z* verwild., subsp. *menziesii* eingebürg. [*P. taxifolia* (Poir.) Britton; *P. douglasii* (D. Don) Carrière]
Gewöhnliche D., Douglastanne, Douglasfichte, ***P. menziesii*** (Mirb.) Franco

Tsuga (Ant.) Carrière, Hemlock, Hemlocktanne, Schierlingstanne

Knospen 1–4 mm lg., ei- bis kegelf., spitz; Nadeln 5–18 mm lg., 1,5–2,2 mm br., von der Basis zur Nadelspitze hin allmähl. schmaler werdend, an Seitenzweigen gescheitelt, fast 2-zeilig sthd., oft zusätzl. zu seitw. absthd. Nadeln der Zweigoberseite anlgd. vorw. gerichtete kleinere Nadeln, oberseits dk.grün, unterseits m. 2 grauweißen Stomatabändern u. deutl. abgesetztem grünem Rand; ↕ 10–30 m; ♄. IV–V. – Zierbaum (Heimat: N-Am.). Kanadische H., ***T. canadensis*** (L.) Carrière

Als Forstbaum in Wäldern zuw. gepfl. die Westamerikanische H., ***T. heterophylla*** (Raf.) Sarg., Nadeln ± parallelrandig, nicht spitzenw. schmaler werdend, unterseits m. breiteren, weniger auffälligen Stomatabändern u. schmälerem grünen Rand; Stamm im Gegensatz zu dem meist unregelm. geformten, oft gekrümmten Stamm von *T. canadensis* gerade u. gleichm.

Familie: Cupressaceae, Zypressengewächse (Bearbeiter: Peter A. Schmidt)

Immergrüne Bäume od. Sträucher, selten sommergrüne Bäume; Blätt. gegenst., wechselst. od. quirlig angeordnet, schuppenf. (*58/1*), pfrieml. od. nadelf. (*58/2a*); ♀ Blütenzapfen (Samenzapfen) m. verwachsenen Deck- u. Samenschuppen (=„Zapfenschuppen"), reife Zapfen m. holzigen (*147/1*) od. lederigen Zapfenschuppen od. diese derbfleischig u. Zapfen beerenart. („Beerenzapfen") (*58/2b*).

Arten, die durch Schuppenblätt. charakterisiert sind, besitzen als junge Sämlingspfl. nadelf. Blätt., zuw. bleiben diese bis ins Alter erhalten u. wurden als Sorten in Kultur genommen. Diese wie auch zahlr. and. kult. Sorten können z.T. von den im Schlüssel angegebenen Merkmalen so stark abweichen, dass die entsprechende Art, zu der die Sorte gehört, nicht bestimmt werden kann.

Fast alle Gattungen der ehemaligen Familie Sumpfzypressengewächse (Taxodiaceae) werden heute in die Zypressengewächse eingegliedert. Dazu gehören auch sommergrüne Bäume, deren Nadeln u. langtriebart. Kurztriebe im Herbst abfallen, wie Sumpfzypresse, ***Taxodium distichum*** (L.) Rich. (Nadeln u. Kurztriebe wechselst.), u. Urweltmammutbaum, ***Metasequoia glyptostroboides*** Hu & W. C. Cheng (Nadeln u. Kurztriebe ± gegenst.), die zwar häufig kult. werden, aber bisher nicht verwild. auftraten, weshalb sie nicht berücksichtigt werden. In Wäldern wird sehr *s* der immergrüne Berg- od. Riesenmammutbaum, ***Sequoiadendron giganteum*** (Lindl.) J. Buchholz (Heimat: N-Am.), gepfl., Blätt. nadel- bis pfriemf., spiralig in 3 Reihen um den Zweig sthd., Basis am Zweig herablfd., Spitze absthd. u. stechend.

1. Blätt. alle nadelf. (*58/2a*); reife Zapfenschuppen derbfleischig, dadurch Zapfen beerenart. (*58/2b*) . . . . ***Juniperus communis***, 148

— Blätt. zumind. teilw. od., abgesehen von wenigj. Jungpfl., alle schuppenf. od. pfrieml.; reife Zapfen entw. m. holzigen (*147/1–147/2*) od. lederart. Zapfenschuppen od. beerenart. . . . **2**

2. Jungtriebe m. Schuppenblätt. im ∅ rundl. od. 4-kantig; Schuppenblätt. ringsum gleichart. **5**

— Jungtriebe m. Blätt. abgeflacht; flächenst. Schuppenblätt. anders geformt als die kantenst. (*58/1*) **3**

3. Zapfen kugelig, m. schildf. Zapfenschuppen, deren Ränder anfangs aneinanderlgd. (*147/1*), bei der Reife auseinander klaffend; Gipfeltrieb meist überhgd. . . . . ***Chamaecyparis***, 148

— Zapfen längl. od. eif., m. Zapfenschuppen, deren Ränder sich dachziegelig überlappen; Gipfeltrieb meist aufr. **4**

4. Zweige in senkr. Ebenen sthd.; beblätt. Triebe beiderseits gleichfarbig frisch od. gelbgrün; Zapfen z. Reifezt. holzig, m. 6–8 bereiften Schuppen, die auf dem Rücken je einen hornart. Fortsatz tragen (*147/2*); Samen ungeflüg. . . . . ***Platycladus***, 148

— Zweige in verschiedene Richtungen orientiert, aufr., schräg od. waagr. absthd.; beblätt. Triebe oberseits dk.grün, unterseits blassgrün bis gelbl.grün od. m. undeutl. grauweißen Flecken; Zapfen auch z. Reifezt. nur schwach verholzt, m. 8–12 lederart., unbereiften Schuppen, auf dem Rücken ohne hornart. Fortsatz, zuw. aber m. winzigem Dorn; Samen geflüg. . . . . ***Thuja***, 149

5 (2). Pfl. strauchart. od. spalierart. wachsend, Stamm niederlgd. od. aufstgd.; Blätt. nur schuppenf. od. auch pfrieml. bis nadelf., zerrieben stark u. streng aromat. od. unangenehm riechend; Zapfenschuppen zu Beerenzapfen verwachsen, diese 3–8 mm ∅ ***Juniperus sabina***, 148

— Aufr. Baum; Blätt. stets schuppenf., zerrieben weder stark noch unangenehm riechend; reife Zapfen holzig, eif. bis kugelf., > 15 mm ∅ . . . . ***Cupressus***, 148

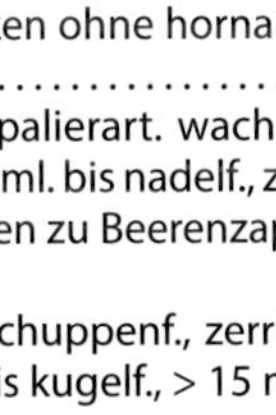

147/1

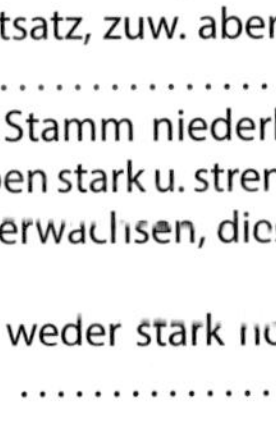

147/2

Chamaecyparis Spach, Scheinzypresse

Schuppenblätt. an Triebunterseite m. weißl., z.T. verschwommenen od. undeutl. Linien, die Form eines X bildend; Zapfen 7–11 mm ∅, m. 8–10 Zapfenschuppen; ↕ bis 20(–50) m; ♄. III–IV. – Zierbaum (Heimat: N-Am.), zuw. als Forstbaum gepfl. u. verwild., *s* eingebürg. (z.B. D: SN)

Lawson-S., ***C. lawsoniana*** (A. Murray) Parl.

Als Zierbaum oft gepfl., aber bisher nicht verwild., Sawara-Sch., ***C. pisifera*** (Siebold & Zucc.) Endl. (Heimat: Japan; Schuppenblätt. unterseits m. deutl. längl. weißen Flecken; Zapfenschuppen meist 8); u. Nutka-Sch. od. Nutka-Zypresse, ***C. nootkatensis*** (D. Don) Spach (Heimat: N-Am.; Schuppenblätt. beiderseits grün; Zapfenschuppen 4–6), wobei letztere Art heute aus der Gattung ausgegliedert u. entw. *Xanthocyparis, Callitropsis* od. *Cupressus* (s. dort) zugeordnet wird.

Cupressus L., Zypresse

Beblätt. Jungtriebe im ∅ rundl.; Schuppenblätt. 1–1,8 mm lg., dicht anlgd., höchstens Spitze frei, grün bis dk. stumpfgrün; Zapfen eif. bis fast kugelig, meist 2–3,5 cm lg. u. 2–2,5 cm ∅; Baum m. oft schmal kegelf. bis streng säulenf. Krone (Stricta-Sortengruppe, Säulen-Z.); ↕ bis 20 m; ♄. II–IV. – Heimat: MMG; in CH: Ts u. I: Bz oft gepfl., bes. auf Friedhöfen.

Echte Z., Mittelmeer-Z., ***C. sempervirens*** L.

Als Ziergehölze sonst meist and., weniger frostempfindl. Arten kult., z.B. Arizona-Z., ***C. arizonica*** Greene. Neuerdings wird zur Gattung *Cupressus* auch die bisher als *Chamaecyparis nootkatensis* (s. dort) od. *Xanthocyparis nootkatensis* eingeordnete Art gestellt: *C. nootkatensis* D. Don, sie weicht morpholog. durch stark abgeflachte Jungtriebe m. deutl. differenzierten Flächen- u. Kantenblätt., kleinere Zapfen (nur bis 1 cm ∅) u. weniger Zapfenschuppen (nur 4–6) stark ab.

Juniperus L., Wacholder

1. Blätt. alle nadelf. u. stets quirlig zu 3 (*58/2a*), oberseits m. 1 ungeteilten weißen Stomataband u. grünen Randstreifen; Beerenzapfen blattachselst., kugelig bis br. eif., 4–13 mm ∅, schwarzblau, blauweiß bereift; ♄, selten ♄. IV–VI. – Heiden, lichte Wälder, Hochgebirgsmatten.

Gewöhnlicher W., ***J. communis*** L.

a. Aufr., oft säulenf. Strauch od. kleiner Baum, 1–8(–15) m hoch; Nadeln (7–)10–20(–25) mm lg., 0,7–1,5 mm br., absthd., starr u. stechend (*58/2*), Nadelquirle entfernt sthd., Abstand 5–10 mm; Beerenzapfen von der bis > 2-mal so langen Nadel deutl. überragt. – Beweidete Halbtrockenrasen, Magerrasen, Heiden, lichte Wälder. – *v–z*, seltener werdend; auch als Ziergehölz gepfl. Heide-W., subsp. ***communis***

— Niederlgd. Spalierstrauch od. ≤ 1 m hoher Strauch m. aufstgd. Ästen; Nadeln 4–12 mm lg., 1–2,5 mm br., zum Zweig hin aufw. gebogen bis fast anlgd., plötzl. zugespitzt, aber kaum stechend, Nadelquirle genähert, Abstand 2–4 mm; Beerenzapfen von der Nadel nicht od. kaum überragt. – In der subalp. u. alp. Stufe (bis 3800 m). – *v* Alp., *s* Riesengeb. [var. *saxatilis* Pall.; subsp. *alpina* (Suter) Čelak.; *J. sibirica* Burgsd.]

Sibirischer Zwerg-W., Alpen-W., subsp. ***nana*** (Willd.) Syme

— Blätt. alle od. z.T. schuppenf.; Schuppenblätt. gegenst., 1–3 mm lg., dem Zweig dicht anlgd.; Nadelblätt. gegenst. od. zu 3 quirlig, 4–10 mm lg., oberseits m. 1 od. 2 Stomatabändern; Beerenzapfen endst. an kurzen stielart., hakenf. zurückgebogenen Seitenzweigen, unregelm. kugelig, (3–)5–7(–8) mm ∅, purpurbraun bis schwarzblau; — 0,2–2 m hoher Strauch m. niederlgd. od. schräg aufstgd. Ästen, br. ausladend, selten mehr aufr. u. ↕ bis 4 m; ♄. IV–V. – Trockene Hänge, Felsfluren, Gebüsche der subalp. u. alp. Stufe. – *z* Alp., *s* Voralp. D: BY; sonst gepfl., zuw. verwild. – Giftig! Stink-W., Sadebaum, ***J. sabina*** L.

Platycladus Spach, Orientlebensbaum, Chinalebensbaum, Fächerlebensbaum

Triebe fächerf. verzweigt, in senkr. sthd., parallelen Ebenen, Blätt. beiderseits gleichfarbig; Zapfen eif. bis fast kugelig, 1–2,5 cm lg., 1–1,8 cm ∅, anfangs fleischig, bläul. od. purpurn, bereift, später holzig u. braun, jede Zapfenschuppe m. zurückgekrümmtem, hornart. Fortsatz; ↕ bis 15(–20) m; ♄. IV–V. – Ziergehölz (Heimat: O-As.), *s* verwild. u. eingebürg. – Giftig! [*Thuja orientalis* L.; *Biota orientalis* (L.) Endl.]

Orientlebensbaum, ***P. orientalis*** (L.) Franco

Thuja L., Lebensbaum

1. Beblätt. Jungtriebe oberseits matt dk.grün, unterseits heller, blassgrün bis gelbl.grün, aber ohne grauweiße Flecken, zerrieben nach Apfelmus m. Gewürznelken riechend; Flächenblätt. auf dem Rücken meist m. deutl. Drüse; Zapfen reif 7–12 mm lg., 4–6 mm ∅, m. (6–)8(–10) Schuppen, deren Rücken flach; ↕ bis 20 m; ♄. III–V. – Ziergehölz (Heimat: N-Am.) in zahlr. Sorten, bes. auf Friedhöfen gepfl., zuw. verwild., *s* eingebürg. – Giftig!
Abendländischer L., ***T. occidentalis*** L.

— Beblätt. Triebe oberseits glzd. dk.grün, unterseits m. undeutl. grauweißen Flecken, zerrieben stark aromat. (meist nach Ananas) riechend, Flächenblätt. meist ohne od. m. undeutl. Drüse; Zapfen 10–14(–18) mm lg., 6–8 mm ∅, m. 8–12(–14) Schuppen, auf deren Rücken unterh. der Spitze bis 1 mm lg. Dorn (*149/1*); ↕ bis 40 m; ♄. IV. – Zier- u. Forstbaum (Heimat: N-Am.); zuw. verwild. [*T. gigantea* Nutt.] Riesen-L., ***T. plicata*** D. Don

Familie: Taxaceae, Eibengewächse (Bearbeiter: Peter A. Schmidt)

Immergrüne, meist 2-häusige Bäume u. Sträucher; Nadeln dorsiventral abgeflacht, meist ohne Harzgänge, schraubig angeordnet, an Seitenzweigen meist gescheitelt; ♂ Blüten in den Achseln der Nadeln in kleinen gelbl. ährenf. Infl. (*Taf. 31: 3*), ♀ Blüten einzeln endst. an kurzen Seitenzweigen; Samen von einem meist roten, fleischig-schleimigen Samenmantel (Arillus) becherf. umgeben (*58/4; Taf. 31: 3*).

Taxus L., Eibe

Nadeln 1–4 cm lg., 2–2,5 mm br., oberseits glzd. dk.grün, im unt. Teil m. erhabener Mittelrippe, unterseits blassgrün, ohne weiße Stomatabänder (*58/3–58/4*; *Taf. 31: 3*); Samen br. eif. od. ellipsoidisch (*149/2b*), Samenmantel rot (bei Sorten auch gelb), 9–12 mm hoch, 7–9 mm ∅ (*149/2a*); ↕ bis 18(–25) m; ♄. III–V. – Schattige, luftfeuchte Laubwälder, meist Hangwälder. – Alp. u. Vorland *v*, sonst *s*; häufig gepfl. u. oft verwild. ⓖ. – Giftig (außer fleischiger Samenmantel)!
Gewöhnliche E., Europäische E., ***T. baccata*** L.

Gnetaten, Gnetumähnliche

Familie: Ephedraceae, Meerträubelgewächse (Bearbeiter: Peter A. Schmidt)

Meist 2-häusige Rutensträucher; Blätt. gegenst. od. zu 3 quirlig, schuppenf., meist ± scheidenart. miteinander verwachsen, dadurch schachtelhalmart. Aussehen; Samenstand beerenart., leuchtend rot.

Ephedra L., Meerträubel

(10–)20–30(–50) cm hoher Strauch m. kriechenden Sprossen u. zahlr. aufr., graugrünen, fein gefurchten Zweigen; Schuppenblätt. 2–3 mm lg., ringsum trockenhäutig, weißl. bis bräunl., nur in der Mitte grün, den Stg. scheidenf. umfassend (*149/3*); beerenart. Samenstand (*149/4*) eif. bis kugelig, rot, 6–7 mm ∅, m. 2 Samen; ♄. III–V. – Trockene u. warme Felsfluren. – Sehr *s*, CH: Vs; I: Bz. [incl. *E. helvetica* C. A. Mey.] Gewöhnliches M., ***E. distachya*** L.

Die taxonom. Gliederung von ***E. distachya*** s. l. (S-Eur. bis M-As. u. S-Sibirien) bedarf weiterer Klärung. Die Alp.-Populationen können als Schweizer M. abgetrennt u. entw. als Unterart, subsp. ***helvetica*** (C. A. Mey.) Asch. & Graebn., od. als eigene Art, ***E. helvetica*** C. A. Mey., aufgefasst werden.

149/1

149/2

149/3

149/4

Angiospermen, Bedecktsamer

Pfl. holzig od. krautig; Blüten meist m. Blütenhülle; Samen in einen Frkn. eingeschlossen (*44/1–44/5*).

Ordnung: Nymphaeales, Seerosenartige

Familie: Cabombaceae, Haarnixengewächse (Bearbeiter: Jens G. Rohwer)

Wasserpfl.; Unterwasserblätt. gegenst., in feine Zipfel zerteilt; Schwimmblätt. (selten vorhanden) wechselst., fast linear-lanzettl. bis schmal schildf.-ellipt. od. pfeilf.; Blütenhüllblätt. 6, fast gleich, weiß, seltener gelb od. violett überlaufen, die 3 inn. (= Kronblätt.) am Grund m. auffälligen gelben Nektarien; Staubblätt. (3–)6; Fr.Blätt. (2–)3(–4).

Cabomba Aubl., Haarnixe

Unterwasserblätt. 5–15(–40) mm lg. gestielt, Blattspr. am Grund handf. in (3–)5 Teile geteilt, diese mehrfach gabelteilig, meist 20–80(–200) Zipfel/Blatt, 1–1,5 mm br.; Schwimmblätt. nur z. Bltzt. vorhanden, 6–35 mm lg., 1–5 mm br.; Blüten 8–15 mm ⌀; ♃. V–IX. – Sthd. u. langsam fließ. Gewässer. – (Heimat: N u. S-Amerika). *s*, D: NRW, BY; B; CH; NL. INV. Karolina-H., ***C. caroliniana*** A. Gray

Selten blhd.; Vermehrung überwgd. durch Bruchstücke.

Familie: Nymphaeaceae, Seerosengewächse (Bearbeiter: Jens G. Rohwer)

Wasserpfl. m. großen Schwimmblätt. u. dicken, stärkereichen Rhizomen; Blütenorgane spiralig angeordnet, Blütenhülle einfach od. doppelt; Kron- u. Staubblätt. zahlr., zuw. durch Übergänge miteinander verbunden (*42/2a–e*; *Taf. 18: 5*); Frkn. zahlr., frei (chorikarp), jedoch von der becherf. Achse umwachsen (*44/5a–b*), die sich bei Reife wieder ablöst; Samen auf der Fläche der Frkn.Wand (*Taf. 20: 5*).

1. Kronblätt. größer als Kelchblätt.; Kelchblätt. 4, grün od. braun; Kronblätt. 15–25, weiß (bei Zierformen auch andersfarbig); Seitennerven der Blätt. gegen den Rand rechtwinklig verzweigt u. miteinander verbunden (*150/1*) .... ***Nymphaea***, 151

— Kronblätt. viel kleiner als Kelchblätt.; Kelchblätt. 5, gelb, blumenblattart.; Kronblätt. ≈ 13, gelb, m. Nektardrüse; Seitennerven der Blätt. 3-mal gabelig verzweigt u. strahlig zum Blattrand verldf., nicht miteinander verbunden (*150/3*) .... ***Nuphar***, 150

Nuphar Sm., Teichrose, Mummel Ⓖ

1. Blüten 4–5 cm ⌀, intensiv riechend; Narbenscheibe in der Mitte trichterig vertieft, (fast) ganzrandig, ihre Strahlen vor dem Rand endend; Schwimmblätt. 16–30 cm ⌀; ♃. IV–IX. – Sthd. u. langsam fließ. Gewässer. – *v*. Ⓖ. – Giftig! Gelbe T., ***N. lutea*** (L.) Sm.

— Blüten 2–3 cm ⌀, wenig riechend; Narbenscheibe in der Mitte flach, sternf. gezackt, m. 8–12, in den Rand auslfd. Strahlen; Schwimmblätt. 7–16 cm ⌀; ♃. VI–IX. – Moorseen. – *s* im N u. S von D; A; B; CH; DK; F: Els; PL. Ⓖ! Kleine T., ***N. pumila*** (Timm) DC.

Hybride: ***N. lutea*** × ***N. pumila*** = *N. intermedia* Ledeb.

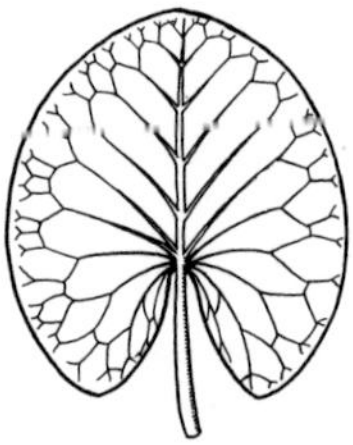

150/1

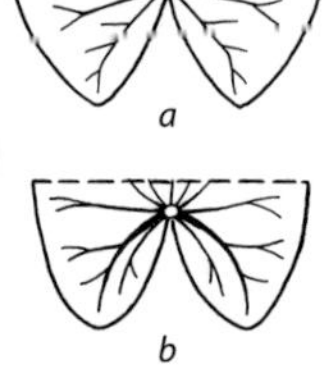

150/2

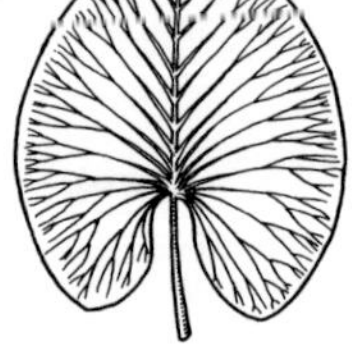

150/3

Nymphaea L., Seerose Ⓖ

1. Schwimmblätt. m. weit auseinander sthd. Basallappen, deren Hauptnerven fast gerade, kaum gebogen (*150/1, 150/2a*); Blüten weit geöffnet, 9–12 cm ∅, ihre Basis abgerundet; Kelch- u. Kronblätt. fast gleich lg.; Filamente der innersten Staubblätt. höchstens so br. wie die Staubbeutel; Narbenstrahlen 11–22; ♃. VI–X. – Sthd. u. sehr langsam fließ. Gewässer. – *v*. Ⓖ. Weiße S., ***N. alba*** L.

— Schwimmblätt. m. genäherten Basallappen, deren Hauptnerven stark gebogen (*150/2b*); Blüten nur halb geöffnet, 4–9 cm ∅, ihre Basis ± 4-kantig; Kronblätt. deutl. kürzer als die Kelchblätt.; Filamente der innersten Staubblätt. breiter als die Staubbeutel; Narbenstrahlen 6–14; ♃. VI–IX. – Sthd. u. sehr langsam fließ. Gewässer. – *s*; in CZ *z* u. z.T. häufiger als *N. alba*. Ⓖ. Glänzende S., ***N. candida*** J. Presl & C. Presl

Magnoliide, Magnolienähnliche

Ordnung: Piperales, Pfefferartige

Familie: Saururaceae, Molchschwanzgewächse (Bearbeiter: Jens G. Rohwer)

Rhizomstauden; Blätt. wechselst., ungeteilt, ganzrandig, m. Nebenblätt.; Blüten weiß, in lg. Trauben; Blütenhülle fehlend; Staubblätt. (3–) 6 (–8); Fr.Blätt. (3–) 4–5 (–7), nur am Grund verwachsen.

Saururus L., Molchschwanz

Blätt. 1–10 cm lg. gestielt, Nebenblätt. am Blattstiel angewachsen; Blattspr. herzf., 3–17 cm lg., ganzrandig; Seitennerven handf. fast vom Spr.Grund ausghd.; Infl. 5–35 cm lg., an der Spitze überhgd.; Tragblätt. m. Blütenstiel verwachsen; ♃. VI–VII. – Teichufer. – Ne. (Heimat: N-Am.); *s*, D: NRW; B; CH; NL. Amerikanischer Molchschwanz, ***S. cernuus*** L.

Familie: Aristolochiaceae, Osterluzeigewächse (Bearbeiter: Jens G. Rohwer)

Stauden od. windende Holzpfl. m. 2-zeilig gestellten, ganzrandigen Blätt.; Blüten ⚥, radiär od. zygomorph; Blütenhülle einfach, blumenblattart., verwachsen, röhrig od. glockig; Staubblätt. 6 od. 12, m. dem Gr. zu einem Säulchen (Gynostemium) verwachsen (*151/2*, Gst; *Taf. 19: 2*); Frkn. unterst., 4–6-fächerig; Narbe 6-strahlig.

1. Pfl. < 10 cm hoch, Stg. m. 2 nierenf., meist immergrünen Blätt. (*151/1*); Blütenhülle radiär (glockig) .... ***Asarum***, 152

— Pfl. meist > 20 cm hoch, Stg. m. > 2 Blätt., Blätt. herzf., sommergrün; Blütenhülle zygomorph, röhrig od. U-f. gekrümmt (*151/2–151/3*) .... ***Aristolochia***, 152

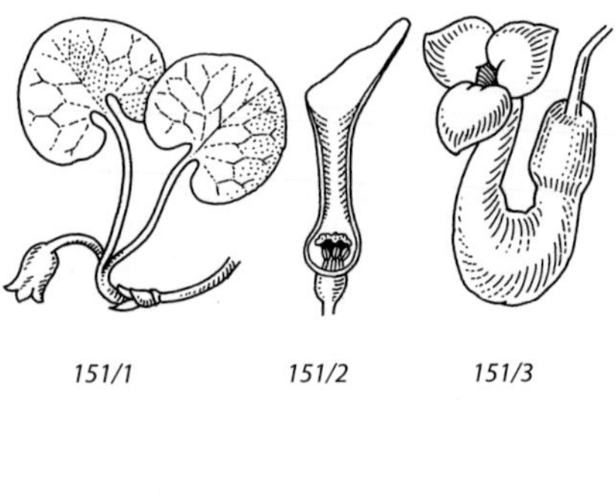

151/1 *151/2* *151/3*

Aristolochia L., Osterluzei, Pfeifenwinde

1. Stg. windend, verholzend, 3–6 m lg., — Blüten gelbgrün bis bräunl., m. U-f. gekrümmter Röhre u. 3-lappigem Saum (*151/3*; *Taf. 14: 3*); ♃. VII–VIII. – Angepfl. (Heimat: östl. N-Am.), *s* verwild. [*A. sipho* L'Hér.; *A. durior* auct.] Pfeifenwinde, ***A. macrophylla*** Lam.
— Stg. krautig, nicht windend, 0,1–0,8 m hoch **2**
2. Blüten in Büscheln, achselst., grüngelb, m. am Grund bauchig erweiterter u. oben in eine eif. Zunge verbreiterter Röhre (*151/2*; *Taf. 20: 6*); Blätt. gestielt; ↕ 30–80 cm; ♃. V–VI. – Weinberge, Böschungen, Hecken. – Verwild., bes. in Gegenden m. Weinbau (Heimat: MMG); *z*, in N u. SO-D *s*, *f* DK. – Ehemalige Arzneipfl.; giftig! Gewöhnliche O., ***A. clematitis*** L.
— Blüten einzeln, achselst.; Röhre m. brauner od. schwarzbrauner Zunge; Blätt. fast sitzend; ↕ 10–40 cm; ♃. V. – Hecken, Magerwiesen. – *s*, CH: südl. Ts. – Giftig! Rundknollige O., ***A. rotunda*** L.

Asarum L., Haselwurz

Grundachse kriechend, m. 2–3 bräunl.grünen, 2-zeilig gestellten Niederblätt. u. 2 lg. gestielten, nierenf., Laubblätt. (*151/1*) von pfefferart. Geruch u. Geschmack; Blüten einzeln, endst., nickend, m. 3 außen bräunl., innen dk.purpurnen Zipfeln; Staubblätt. 12; ↕ 5–15 cm; ♃. III–V. – Laubwälder; überwgd. auf Kalk. – *v*, im N *s*, im NW *f*. – Giftig! Europäische H., ***A. europaeum*** L.

a. Blätt. immergrün, unterseits behaart, oberseits meist glzd., abgerundet. – *v*. Europäische H. (i. e. S.), subsp. ***europaeum***
— Blätt. sommergrün, unterseits kahl od. höchstens auf den Nerven behaart, oberseits matt, oft zugespitzt. – *s* im S (D: BY; A; CH). [*A. ibericum* Woronov] Kaukasische H., subsp. ***caucasicum*** (Duch.) Soó

Ordnung: Laurales, Lorbeerartige

Familie: Lauraceae, Lorbeergewächse (Bearbeiter: Jens G. Rohwer)

Holzpfl. m. immergrünen, wechselst. Blätt.; Blüten ⚥ od. eingeschl., 2-häusig, in Rispen od. von 4 Hochblätt. umgebenen Dolden; Blütenhüllblätt. 4 od. 6; Staubblätt. (6–)8–12(–16), m. Klappen öffnend u. z.T. m. Nektardrüsen am Filament (*Taf. 22: 9*), auch die 4–6 sterilen Staubblätt. in ♀ Blüten; Fr. Beere.

1. Blüten in Rispen, ⚥; Blütenhüllblätt. 6; Staubblätt. 9, m. je 4 Klappen .... ***Camphora***, 152
— Blüten in kleinen Dolden, diese in Knospe von 4 Hochblätt. umgeben, 2-häusig; Blütenhüllblätt. 4; Staubblätt. in ♂ Blüten (6–)8–12(–16), m. je 2 Klappen .... ***Laurus***, 152

Camphora Fabr. [*Cinnamomum* Schaeff. p. p., Zimt z. T.] , Kampfer

Baum od. Strauch, 2–15 m hoch; Blätt. etwas lederig, ganzrandig, am Grund meist m. 3 stärkeren Seitennerven, zerrieben m. Zitronenduft; Infl. rispenart., 4–10 cm lg.; Blütenhüllblätt. gelbl.weiß; Fr. schwarze Beere auf rötl., stark kegelf. verdicktem Stiel; ↕ 2–15 m; ♄. IV–V. – Laubwälder. – Verwild. (Heimat: O-As.); *s*, CH: Ts. [*Cinnamomum glanduliferum* (Wall.) Meisn.]
Drüsiger Kampferbaum, ***C. glandulifera*** (Wall.) Nees

Laurus L., Lorbeer

Baum od. Strauch, 2–5 m hoch; Blätt. lederig, ganzrandig, fiedernervig, am Rand etwas wellig, zerrieben aromat. riechend; Infl. < 3 cm lg., einzeln od. zu mehreren in den Blattachseln; Blütenhüllblätt. gelbl.weiß; Fr. schwarze Beere; ↕ 2–18 m; ♄. IV. – Gebüsch an Felsen. – Verwild. od. eingebürg. (Heimat: MMG); *s*, CH: Gr, Ts; I: Bz. Gewürz-L., ***L. nobilis*** L.

Monokotyle, Einkeimblättrige Pflanzen

Ordnung: Acorales, Kalmusartige

Familie: Acoraceae, Kalmusgewächse (Bearbeiter: Gerald Parolly)

Rhizomstauden; Blätt. schwertf. bis grasähnl.; Spatha die Fortsetzung des Stg. bildend (*61/2, Spa*); Perigonblätt. 6; Staubblätt. 6; Frkn. oberst. – Ursprünglichste Familie der Monokotylen.

Acorus L., Kalmus

Rhizom aromat. riechend; Blätt. aufr., 50–125 cm lg., m. auffallender Mittelrippe, am Rand oft wellig; Kolben grünl., scheinbar seitenst. (*61/2*), dicht m. ⚥ Blüten; Perigonblätt. < 1 mm lg.; ↕ 50–150 cm; ♃. VI–VII. – Gräben, Teiche, Ufer; kollin bis montan. – Ne. (Heimat: O-As.); im 16. Jh. eingeführt u. im ganzen Gebiet vollst. eingebürg.; *v–z.* ⓖ. – Alte Heilpfl.; giftig! Kalmus, ***A. calamus*** L.

Ordnung: Alismatales, Froschlöffelartige

Familie: Araceae [incl. Lemnaceae, Wasserlinsengewächse], Aronstabgewächse
(Bearbeiter: Gerald Parolly)

a) Landpfl. als Rhizom- od. Knollenstauden; Blätt. häufig netznervig (*Arum, 36/5*); Blüten eingeschl. od. ⚥, in vielblütigen Kolben, am Grund von oft auffälligem Hochblatt (= Spatha; *61/1*, Spa) umgeben; m. Beerenfr.
b) Frei schwimmende Wasserpfl., entw. m. Blattrosette (*Pistia*) od. aus grünen, anfangs miteinander verketteten Gliedern besthd. (*60/1, 60/2*), die sich fast ausschließl. vegetativ vermehren; Blüten (selten ausgebildet) eingeschl., ohne Blütenhülle, in unscheinbaren, von einer Spatha (*153/1*, Spa) umgebenen Kolben; ♂ Blüten aus 1 Staubblatt (*153/1*, ♂), ♀ aus 1 flaschenf. Frkn. besthd. (*153/1*, ♀).

1. Wasserpfl. (Pfl. im Wasser schwimmend od. auf Schlamm aufsitzend) **5**
— Landpfl., seltener (*Calla*) Sumpfpfl. **2**
2. Blätt. 3-zählig od. fußf. geteilt **8**
— Blätt. ungeteilt **3**
3. Blätt. verkehrt spatelf., am Grund gestutzt, kurz gestielt; Spr. 50–125 × 25–80 cm; Spatha gelb; — Blätt. rosettig gehäuft .... ***Lysichiton***, 156
— Blätt. spießf., pfeilf. od. rundl. herzf., lg. gestielt; Spr. < 50 × 20 cm; Spatha weiß, grünl. od. rötl.weiß **4**
4. Blätt. spießf. bis pfeilf., in Rosette (*154/1–154/2*); Spatha tütenf. eingerollt, ≈ 2–2,5-mal so lg. wie br. (*61/1*, Spa); Kolbenende nackt (ohne Blüten), meist violett, selten gelb; Blüten eingeschl., an der Basis des Kolbens ♀, darüber ♂ u. über diesen geschlechtslos (zu Sperrhaaren umgewandelt); Landpfl.; — Spatha weiß, grünl. od. rötl.weiß; Blätt. oft weißnervig od. hell- od. dk.fleckig .... ***Arum***, 154
— Blätt. rundl. herzf. (*154/3*), 2-zeilig am kriechenden Stg.; Spatha fast flach, eif., an der Spitze zugespitzt, innen weiß, auß. grünl.; Kolben bis zur Spitze m. Blüten besetzt; Blüten meist ⚥, ob. oft ♂; Sumpfpfl.; — Spatha innen weiß, auß. grünl. .... ***Calla***, 155

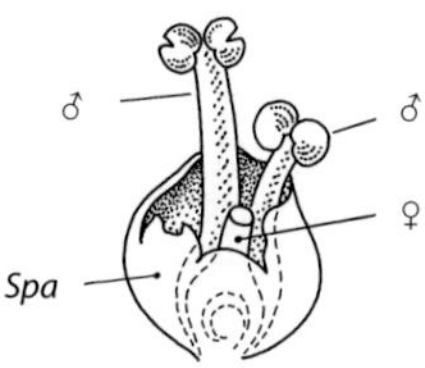

153/1

5 (1). Pfl. m. bis 6 cm br. Blätt., diese in Rosetten, — samtig hellgrün; Schwimmpfl. m. zahlr. Ausläufern .... ***Pistia***, 156
— Pfl. ohne Blattrosetten, — eif., linsenf. od. aus bis 10 mm lg. verketteten blattart. Sprossgliedern besthd. (Wasserlinsen) **6**
6. Pfl. wurzellos; blattart. Sprossglieder < 1,5 mm lg. (kleinste Blütenpfl.!), immer nur 2 zus.-hgd. (*60/4*) .... ***Wolffia***, 156
— Pfl. m. Wurzeln; Sprossglieder > 1,5 mm lg. **7**
7. Jedes blattart. Sprossglied m. einem Büschel von Wurzeln (*60/1, 154/4*) ...... ***Spirodela***, 156
— Jedes blattart. Sprossglied nur m. 1 Wurzel (*155/1–3*) .... ***Lemna***, 155
8 (2). Blätt. 3-zählig; Spatha 5–7 cm lg., grün .... ***Pinellia***, 156
— Blätt. fußf. geteilt; Spatha 20–55 cm lg., dk.purpurn .... ***Dracunculus***, 155

Arum L., Aronstab

1. Blätt. im Herbst erscheinend, hellgrün; Blattnerven der Oberseite meist weißl.; — Blattspr. 9–40 × 2–30 cm; steriler Kolbenteil meist gelb; ↕ 25–60(–100) cm; ♃. IV–V. – Hecken, lichte Wälder, Parkanlagen; nährstoffreiche StO. – Hauptverbr.: S- u. W-Eur.; *s*, wild nur CH: Genf, Ts u. vielleicht auch teilw. in B; andernorts verwild., z. B. D: BW, S-BY, MV, NRW, RP, SN; CH; DK; NL. – Zierpfl.; giftig! Italienischer A., ***A. italicum*** Mill.

a. Blattnerven deutl. weißl., niemals m. dunkleren Flecken; seitl. Blattlappen spreitzend (*154/1*), nicht überlappend; — Fr. m. 2–4 Samen. – Wie Art. Eigentlicher Italienischer A., subsp. ***italicum***
— Blattnerven kaum heller als Blattspr., manchmal m. dunkleren Flecken; seitl. Blattlappen leicht zus.neigend (*154/2*), oft überlappend; — Fr. m. 1–2 Samen. – Wie Art; *z* verwild. (od. heim.?), B (wo noch?). Übersehener A., subsp. ***neglectum*** (F. Towns.) Prime

Auch intermediäre Populationen.

— Blätt. im Frühjahr erscheinend, grün, manchmal dk. gefleckt; Blattnerven nicht weißl.; — Blattspr. 15–25 cm lg.; steriler Kolbenteil meist purpurn, violett, bräunl. od. [bei *A. maculatum*] auch gelbl.; Pfl. 15–40 cm hoch **2**
2. Oberird. Stg. halb bis drei Viertel so lg. wie der Blattstiel; Spatha 12–25(–30) cm lg., 2–2,75-mal so lg. wie der Kolben, ihr ob., ausgebreiteter Teil 3,5–5(–6)-mal so lg. wie der geschlossene unt., blassgrün bis trübviolett; Knolle deutl. länger als br., rhizomart., bis 25 mm ∅, horizontal im Boden; — Blätt. ungefleckt od. m. schwärzl. Flecken; Fr. fast kugelige, apfelf., rote, giftige Beeren (etwas breiter als lg.); ↕ 15–40 cm; ♃. IV–V. – Frische bis feuchte Laubwälder, bes. Auenwälder, alte Parkanlagen. – *v* im S u. im mittl. Teil des Gebiets, sonst *z–s* (lokal auch als Kulturrelikt?). – Giftig! Gefleckter A., ***A. maculatum*** L.
— Oberird. Stg. fast so lg. wie der Blattstiel od. länger; Spatha (8–)9–15(–18) cm lg., 1,5–2-mal so lg. wie der Kolben, ihr ob., ausgebreiteter Teil (1–)1,5–3-mal so lg. wie der geschlossene unt., meist blassgrün m. trübpurpurnem Saum; Knolle ± rundl., bis 50 mm ∅, aufr. od. horizontal im Boden; — Blätt. stets ungefleckt; Fr. eif., birnenf., rote, giftige Beeren (meist deutl. länger als br.); ↕ 15–40 cm; ♃. IV–VI. – Frische bis feuchte Laubwälder. – *s*, D (aber Verbr. vielleicht aufgrund von Verwechslungen m. voriger Art nur schlecht bekannt?): SH (Hamburg, Ratzeburg), SN (Chemnitz, Oberlausitz: Landeskrone); *s–z*, A: Bgl, Kt, NÖ; CH; CZ; O-DK; PL. – Giftig! [*A. alpinum* Schott & Kotschy; *A. orientale* M. Bieb. subsp. *danicum* (Prime) Prime]
Südöstlicher A., ***A. cylindraceum*** Gasp. (subsp. ***cylindraceum***)

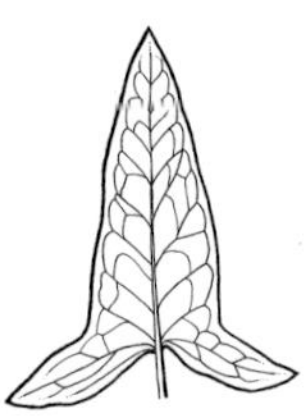
154/1

154/2

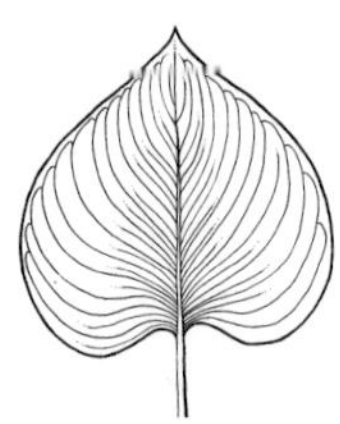
154/3

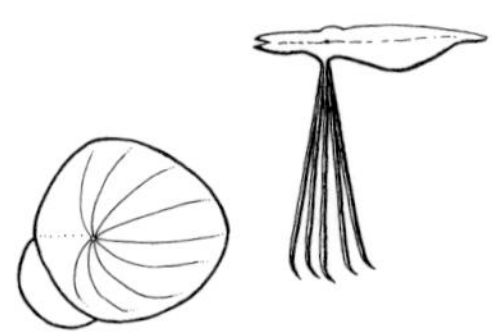
154/4

Calla L., Schlangenwurz

Die „Calla" des Blumenhandels ist die südafrikan. Gattung *Zantedeschia*.

Grundachse walzl., grün, lg. kriechend; Blätt. rundl. herzf. (*154/3*), fast lederig; Fr. scharlachrot; ↕ 14–40 cm; ♃. V–VII. – Waldsümpfe, Bruchwälder, Flachmoore, Teichufer. – Im N stellenw. *v*, sonst *z–s*. Ⓖ. – Giftig! Sumpf-S., ***C. palustris*** L.

Dracunculus Mill., Drachenwurz

Infl. die Blätt. überragend; Blätt. lg. gestielt, fußf. geteilt; Blattstiel tigerart. gefleckt, m. lg. Blattscheide; Spatha innen dk.braunrot; Kolben bis 30 cm lg.; ↕ 70–100 cm; ♃. V. – Gebüsche. – Hauptverbr.: MMG; früher CH: S-Ts, gelegentl. aus Sammlungen verwild.? – Giftig! Gewöhnliche D., ***D. vulgaris*** Schott

Lemna L., Wasserlinse

1. Sprossglieder untergetaucht (dicht unter der Oberfläche des Wassers schwebend), nur z. Bltzt. an die Oberfläche kommend (u. dann eif.), lanzettl., am Grund deutl. gestielt, 7–10(–15) mm lg., meist viele Glieder (bis 35) kettenart. kreuzweise zus.hgd., teilw. transparent (*60/2*); ♃. VI. – Gräben, Teiche. – *z*, im N häufiger. Untergetauchte W., Dreifurchige W., ***L. trisulca*** L.

— Sprossglieder an der Wasseroberfläche schwimmend, rundl., nicht gestielt, 1,5–5(–6) mm lg., meist nur 2–10 Glieder zus.hgd., nicht transparent **2**

2. Sprossglieder unterseits meist stark schwammig-bauchig aufgetrieben (*60/3, 155/1*), selten flach, (3–)5(–7)-nervig; netzart. Strukturen auf der Unterseite m. 40–50 Maschen; die meisten Luftkammern > 0,3 mm lg.; Fr. geflüg., — meist mehrsamig; Sprossglieder (2–)3–5(–6) mm lg., graugrün, selten rotbraun; ♃. IV–VI. – Sthd. nährstoffreiche Gewässer. – *v* im NO, *z* im N, *s* im S. Buckel-W., ***L. gibba*** L.

Flache Formen von *L. gibba* sind leicht m. *L. minor* zu verwechseln, diese aber m. Luftkammern < 0,3 mm lg. Etwaige weitere Nerven zweigen bei *L. minor* von den Seitennerven ab (bei *L. gibba* laufen die Nerven in einem Punkt zus.).

— Sprossglieder stets beiderseits flach, 1–3(–5)-nervig; netzart. Strukturen auf der Unterseite m. 15–20 Maschen; die meisten Luftkammern < 0,3 mm lg.; Fr. ungeflüg. **3**

3. Sprossglieder stets nur 1-nervig (schwer zu sehen; Durchlicht!), — m. angedeuteter Spitze, 1,5–2(–3) mm lg., oft ± stark asymmetr., oberseits glzd. dk.grün; ♃. VI–VII. – Sthd. u. langsam fließ., wärmere Fließgewässer, gemeinsam m. *L. minor*. – Ne. (Heimat: N- u. S-Am.), vermutl. durch Vögel eingeschleppt; *s*, z. B. D: Bodensee, Oberrhein, Erfttal (Rheinl.), NRW (N-Westf.), ST?; B; CH; F: Els; NL; A? [*L. minima* Phil.; *L. minuscula* Herter] Winzige W., ***L. minuta*** Kunth

— Sprossglieder 3(–5)-nervig, — kräftiger, zuw. bis 6 mm lg. **4**

4. Sprossglieder schmal ellipt., deutl. asymmetr.; Wurzelscheide geflüg.; Wurzelende spitz (Lupe!); — Samen 8–26-rippig (zum Zählen der Rippen das membranöse Perikarp entfernen); ⊙(?). V–VIII. – Thermisch begünstigte, langsam fließ. Gewässer. – Ne. (Heimat: Am., Afr., As.), vermutl. durch Vögel vorüberghd. eingeschleppt; *s*, z. B. D: Rheinl. [*L. perpusilla* auct.] Schiefe W., ***L. aequinoctialis*** Welw.

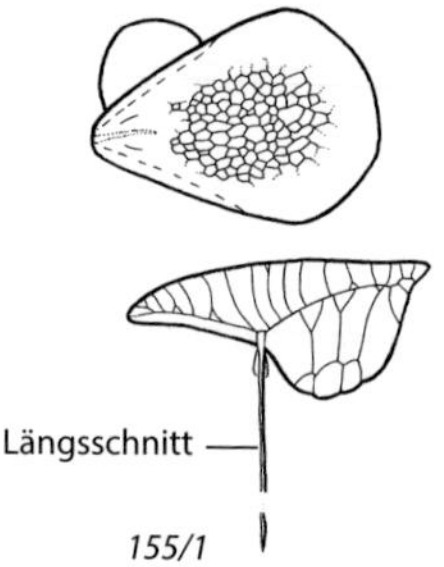

155/1

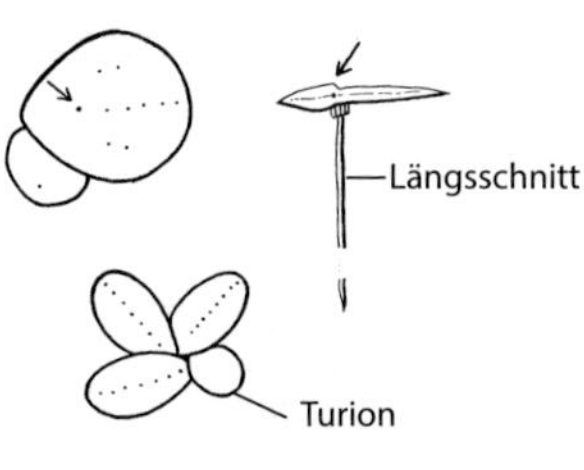

155/2

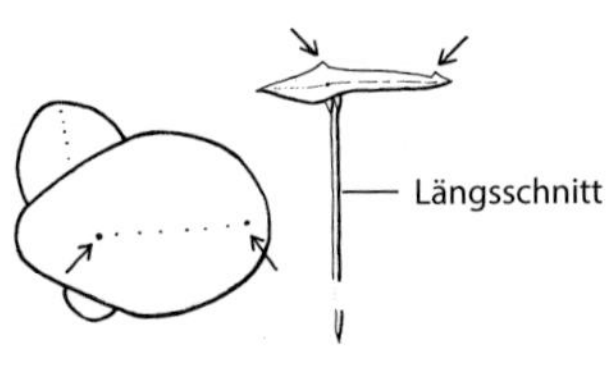

155/3

— Sprossglieder br. eif., symmetr. bis mäßig asymmetr.; Wurzelscheide ungeflüg.; Wurzelende meist gerundet, selten zugespitzt (Lupe!) 5

5. Überwinterungsorgane (Turionen, *155/2*) ab Frühherbst bis Mai vorhanden, ≈ 1 mm groß, scheibchenf., eif. od. kugelig, dunkler als die Sprossglieder; Sprossglieder ± symmetr., Oberseite im Sommer olivgrün-purpurn (schmutzigviolett), Unterseite fast stets rot, zumind. am Wurzelansatz purpurn; Samen undeutl. 30–60-rippig; — Sprossglieder fast so br. wie lg., etwas zierlicher als bei folg. Art, (1,5–)2–3(–4) mm lg.; ♃. VI–VIII. – Kleinere, leicht erwärmbare, saubere Gewässer. – Ne. (Heimat: hauptsächl. N-Am., As.), eingeschleppt, seit 1965 nachgewiesen u. 1984 erkannt; D: Rhein-, Donau-, Maintal, N- u. O-D; A: NÖ, OÖ, Vb; B; CZ; F: Els; NL. Rote W., ***L. turionifera*** Landolt

— Überwinterungsorgane (Turionen) stets fehlend; Sprossglieder asymmetr., Oberseite im Sommer hell graugrün, manchmal rötl., Unterseite nie rot; Samen 10–16-rippig; — Sprossglieder 1,5–2-mal so lg. wie br., (1,5–)2–4(–6) mm lg., 3(–5)-nervig; ♃. V–VIII(–IX). – Nährstoffreiche Tümpel, Gräben, Weiher. – *v*. Kleine W., ***L. minor*** L.

Ein weiteres Merkmal zur Unterscheidung der beiden Arten von Schlüsselpaar Nr. 5 liefern die Papillen, die eine Längsreihe auf der Mittellinie der Sprossoberseite bilden: Bei *L. turionifera* (*155/2*) ist nur die Papille über dem Wurzelansatz vergrößert, bei *L. minor* (*155/3*) eine weitere nahe dem Vorderrand (vgl. Pfeile).

Lysichiton L., Scheinkalla

Spatha leuchtend gelb, vor den Blätt. erscheinend; Kolben 4–15 cm lg.; Fr. grün bis braun, 2-samig; ↕ 60–140 cm; ♃. (III–)IV–V. – Waldsümpfe, feuchte Wälder, entlang von Bächen. – Ne. (Heimat: Pazif. N-Am.), stellenw. verwild.; *s*, z. B. D: HE (Taunus), NRW (Ruhrgebiet), ST (Bodetal); CH. – Gartenzierpfl.; INV; giftig! Gelbe S., Riesenaronstab, ***L. americanus*** Hultén & H. St. John

Pinellia Ten., Pinellie

Blätt. lg. gestielt, 3-zählig; Infl. länger als die Blätt.; Spatha grün, am Grund offen, weiter oben geschlossen, ganz oben tütenf. geöffnet, m. lg. pfrieml. Spitze; ↕ 15–35 cm; ♃. V–VII. – Kulturland, Friedhöfe, lichte Gehölze. – Ne. (Heimat: O-As.), im Gebiet mehrfach aus Botan. Gärten verwild., z. B. in BB, BW, BY, RP, SN, TH; *s*. – Zierpfl., Heilpfl., Nutzpfl.; giftig! Dreizählige P., ***P. ternata*** (Murray) Makino

Pistia L., Wassersalat, Muschelblume

Infl. reduziert, in der nur bis 1,5 cm lg. hellgrünen Spatha versteckt; ↕ 5–20 cm; ⊙–♃. VII–X. – Langsam fließ., thermisch begünstigte Gewässer. – Ne. (Heimat: Tropen), als Aquarien-Adventivpfl. zuw. eingeschleppt, sehr *s* eingebürg., z. B. D: Erfttal (Rheinl.); A: Kt (Warmbad Villach), NÖ (unt. Thayatal, dort unbest.?), Stm (unbest.?); NL; in D andernorts unbest. Potenziell invasiv.
Wassersalat, ***P. stratiotes*** L.

Spirodela Schleid., Teichlinse

Glieder 3–10 mm groß, rundl. verkehrt-eif., flach, nur zu wenigen zus.hgd. (*60/1, 154/4*), unterseits rot; ♃. V–VI. – Sthd. Gewässer. – *z*, im N häufiger. Vielwurzlige T., ***S. polyrhiza*** (L.) Schleid.

Wolffia Schleid., Zwerglinse, Zwergwasserlinse

Möglichst die Bestimmung gealterter Pflanzen vermeiden (bei *W. arrhiza* runden sich im Herbst die Sprosse oft ab u. blähen sich auf, wodurch sie makroskop. habituell stark *W. columbiana* ähneln können). Herbarmaterial lässt sich kaum bestimmen. – Die Spaltöffnungen (als helle Pünktchen sichtbar) bei 16–40-facher Vergrößerung (binokulare Stereolupe!) zählen. Längenangaben beziehen sich auf den Mutterspross ohne Tochterspross. – Schlüssel u. a. nach Merkmalen u. Angaben von Frank et al. (2020) u. Bog et al. (2020).

1. Spross-Oberseite abgerundet, nicht glzd., (durchscheinend) hellgrün; größte Breite der Sprossglieder deutl. unterh. der Wasseroberfläche lgd.; Spaltöffnungen kaum sichtbar, — (fast stets) < 15(–30) pro Spross; die Sprossoberfläche m. Luftkontakt eine kleine od. mittelgroße Fläche bildend **2**

— Spross-Oberseite abgeflacht, glzd., kräftig grün (bis dk.grün); größte Breite der Sprossglieder knapp unterh. der Wasseroberfläche lgd.; Spaltöffnungen relativ gut sichtbar, — (10–)15–100 pro Spross; die Sprossoberfläche m. Luftkontakt eine relativ große Fläche bildend; Spross ≈ (0,7–)1(–1,2) mm lg.; Sprosse von oben rundl., einige m. zugespitztem Ende der Oberseite; in M-Eur. nur sehr selten blhd.; ♃. IX. – Sthd. Gewässer. – D: *s* BB, MV, NI, NRW (Moers), O-SN, ST (Leipziger Land, Elbetal), oft auch unbest., z. B. BY (Nürnberg) u. SH, früher BW, HE (Untermaingebiet); A: früher NÖ; *s* B; CZ (Mähren); F: Els; NL; PL.
Wurzellose Z., ***W. arrhiza*** (L.) Wimm.

2. Spross ≈ (0,7–)1(–1,1) mm lg.; Sprosse von oben rundl.; — Sprossoberfläche m. Luftkontakt eine kleine Fläche bildend; Spaltöffnungen 1–15(–30) pro Spross; Pfl. in M-Eur. häufig blhd. VI–VIII(–IX)? – Gräben u. a. sthd., warme Gewässer; ♃. VI–XI? – Ne. (Heimat: Am.), m. Aquariumpfl. eingeschleppt u. in Einbürg.; *s*, aber wohl lange nur m. *W. arrhiza* verwechselt u. übersehen, D: BY, HE, NI, NRW, RP, ST (Elbetal); A: NÖ (Wien); B; NL; wo noch?
Kolumbianische Z., ***W. columbiana*** H. Karst.

— Spross auffällig klein, ≈ (0,45–)0,5(–0,65) mm lg.; Sprosse von oben deutl. längl.-ellipsoid; — Sprossoberfläche m. Luftkontakt eine mittelgroße Fläche bildend; Spaltöffnungen meist < 15 pro Spross; in M-Eur. nur wenige Funde, diese nicht blhd.; ♃. – Gräben u. a. sthd., warme Gewässer, Klärteiche. – Ne. (Heimat: warm-temperates bis trop. As.), m. Aquariumpfl. eingeschleppt; sehr *s*, D: BY (M-Franken), SN, ST (Elbetal); NL?; wo noch?
Kugel-Z., ***W. globosa*** (Roxb.) Hartog & Plas

Außerdem: Pfl. m. schmalen u. tiefen, meist > 0,9 mm lg. Sprossgliedern, diese 1,3–2,5-mal so lg. wie br. u. 1,5–3-mal so tief wie br. (bei den oben ausgeschlüsselten Arten 1,0–1,7-mal so lg. wie br. u. 0,75–1,5-mal so tief wie br.); Spaltöffnungen 60–120 pro Spross; größte Breite der Sprossglieder auf der Wasseroberfläche, sodass von oben so gut wie kein durchscheinender Rand sichtbar ist (vs. größte Breite der Sprossglieder knapp od. deutl. unterh. der Wasseroberfläche lgd., von oben zumind. seitl. ein durchscheinender Rand sichtbar); Narbe m. Pigmentzellen (vs. Narbe ohne Pigmentzellen); ♃. IX? – Sthd., warme Gewässer. – Ne. (Heimat: temperates Australien, Neuseeland), m. Aquariumpfl. eingeschleppt; sehr *s*, bislang nur NL.
Australische Z., ***W. australiana*** (Benth.) Hartog & Plas

Familie: Tofieldiaceae, Simsenliliengewächse (Bearbeiter: Gerald Parolly)

Rhizomstauden; Pfl. m. schwertf., wie bei *Iris* reitenden, 2-zeilig gestellten Blätt.; Blüten in Trauben, radiär, doppelt 3-zählig (*62/5, 62/6*); Staubblätt. 6; Fr.Blätt. 3; Frkn. oberst.; Kapselfr.

Tofieldia Huds., Simsenlilie

1. Blüten in der Achsel eines lanzettl. Tragblatts (*62/5*, Tr), unterh. des Perigons ein kleiner, 2-lappiger Außenkelch (*62/5*, Ak); Infl. > 3 cm lg.; Perigon hell grünl.gelb; — Blätt. (2–)5–10(–15) cm lg., 4–10-nervig; Infl. meist walzl.; ↕ (10–)15–30(–50) cm; ♃. VI–VIII. – Flachmoore, quellige Stellen, frische Rasen; auf Kalk; bis 2200 m. – Alp. u. Vorland *v*, sonst *s*; auch CZ; F: Els u. PL; *f* B; DK; NL.
Kelch-S., ***T. calyculata*** (L.) Wahlenb.

— Blüten in der Achsel eines 3-lappigen Tragblättchens (*62/6*, Tr), ohne Außenkelch; Infl. < 3 cm lg.; Perigon weißl.; — Blätt. 1–5 cm lg., 3–4-nervig; Infl. meist kopfig; ↕ (2–)5–10(–15) cm; ♃. VII. – Moorige Stellen, Schneetälchen der Alp.; oberh. 1600 m. – *z*, D: nur BY (Wettersteingeb. u. Berchtesgadener Alp.); A; CH; I: Bz. [*T. palustris* Huds.]
Zwerg-S., Kleine S., ***T. pusilla*** (Michx.) Pers.

T. × hybrida A. Kern. [*T. calyculata* × *T. pusilla*; *T. pusilla* subsp. *austriaca* Kunz]: Habituell ähnl. einer schmächtigen *T. calyculata* m. blassen Blüten u. sehr kleinen Tragblätt. (höchstens ein Viertel so lg. wie das Perigon); Blätt. relativ groß, meist > 4-nervig; Infl. walzl.; sonst intermediär. – Alp., *s*, A: OTi, Stm, Ti, Vb; CH; FL.

Familie: Alismataceae, Froschlöffelgewächse (Gerald Parolly)

Sumpf- u. Wasserpfl. m. grundst., oft flutenden od. schwimmenden Blätt.; Blüten radiär, in doldenart. od. quirligen Infl., ⚥, selten eingeschl. (*Sagittaria*); Perigon doppelt, die 3 äuß. grün u. kelchblattart., die 3 inn. weiß od. rosa u. kronblattart. (hier vereinfachend als Kelch- u. Kronblätt. bezeichnet); Staubblätt. 6–∞; Fr.Blätt. 3–∞, frei (apokarp), höchstens am Grund verwachsen (bei *Damasonium*); Samen wandst. (laminal).

1. Blüten eingeschl., Pfl. 1-häusig, die ob. Blüten ♂, die unt. ♀; Staubblätt. 7–30; Überwasserblätt. gestielt, pfeilf. (*37/13, 158/1–158/2*); — Wasserblätt. linealisch bis bandf., sitzend **_Sagittaria_**, 160

— Blüten ⚥; Staubblätt. 6; Überwasserblätt. variabel, aber nie pfeilf. **2**

2. Frch. der kugelig gewölbten Blütenachse aufsitzend (*159/1*, ähnl. *Ranunculus* u. *Sagittaria*); Infl. doldig, — m. 3–12 Blüten .... **_Baldellia_**, 159

— Frch. ± kreisf. angeordnet, einer flachen Blütenachse aufsitzend; Infl. rispig od. traubig od. Blüten achselst. **3**

3. Frch. 6(–8), balgfr.-ähnl., am Grund verwachsen, (in Aufsicht) auffällig sternf. spreizend (*158/3*), kegelf., plötzl. zugespitzt, 6–8 mm lg. .... **_Damasonium_**, 159

— Frch. > 8, Nüsschen, auch am Grund frei, nicht sternf. angeordnet, nicht kegelf. u. nicht spitz, ≈ 2–3 mm lg. **4**

4. Stg. flutend, beblätt., am Grund m. lg. bandf. bis kürzeren, linealischen, flutenden, oberw. m. lg. gestielten, (herzf. bis) längl. ellipt. Schwimmblätt., zuw. m. nur einer Blattform; Blüten achselst., einzeln; — Krone weiß .... **_Luronium_**, 159

— Stg. aufr., nur am Grund beblätt.; Blüten in endst., quirligen Rispen od. Trauben **5**

5. Blattspr. am Grund tief herzf., stumpf; reife Frch. aufgeblasen, m. deutl. Längswülsten; — Krone weiß .... **_Caldesia_**, 159

— Blattspr. in den Stiel verschmälert od. abgerundet, zugespitzt (zuw. nur m. lg. bandf., flutenden Blätt.); reife Frch. m. flachen Seiten; — Krone rötl. od. weiß .... **_Alisma_**, 158

Alisma L., Froschlöffel

Teilw. auch als Gesamtart *A. plantago-aquatica* m. 3 Unterarten angesehen.

Landformen von *A. gramineum* können wg. der Blattform leicht m. *A. lanceolatum* verwechselt werden; zur sicheren Bestimmung Narben in den Blüten (u. nicht an den Frch.) beachten!

1. Gr. kürzer als der Frkn., hakig, ausw. gekrümmt (*158/4*); reife Frch. meist m. 2 Rückenfurchen; Staubbeutel rundl.; Blätt. fast ausschließl. flutend, lg. bandf.; ↕ 10–30(–70) cm; ♃. VI–IX. – Seen, Ufer. – Im ganzen Gebiet sehr *s*, z. B. entlang von Donau, Elbe, Oder u. Rhein. – Schwach giftig! [*A. loeselii* Gorski] Grasblättriger F., ***A. gramineum*** Lej. (subsp. ***gramineum***)

— Gr. so lg. wie od. länger als der Frkn., fast gerade (*158/5–158/6*); reife Frch. m. 1 Rückenfurche; Staubbeutel ellipt.; Blätt. auch bei untergetauchten Pfl. lanzettl. bis eif. **2**

2. Blüten vormittags geöffnet, Kronblätt. ab Mittag welkend; Überwasserblätt. eif.-zugespitzt bis fast herzf. (*158/7*); — Kronblätt. intensiv rosa; Gr. 0,7–1,4 mm lg., meist deutl. länger als der Frkn. (*158/5*); ↕ 30–100 cm; ♃. VI–IX. – Ufer, Teiche, Gräben. – *v*. – Schwach giftig! Gewöhnlicher F., ***A. plantago-aquatica*** L.

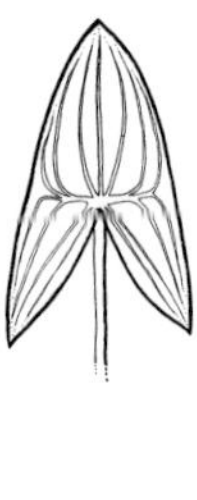

158/1

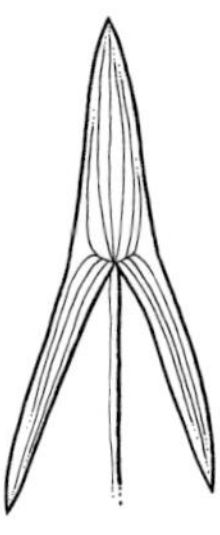

158/2

158/3

158/4

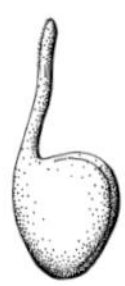

158/5

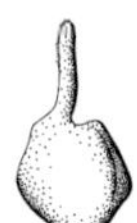

158/6

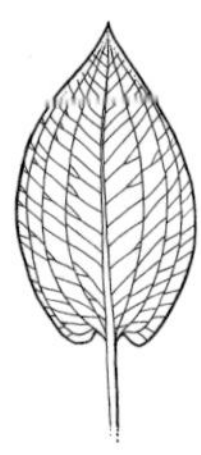

158/7

158/8

— Blüten nachmittags geöffnet; Überwasserblätt. lanzettl.-zugespitzt, am Grund gleichm. verschmälert (*158/8*); — Kronblätt. weißl. bis rosa; Gr. 0,3–0,8 mm lg., höchstens so lg. wie der Frkn. (*158/6*); ↕ 20–60 cm; ♃. VI–VII(–IX). – Seen, Teiche, Ufer. – Sehr *z*, häufiger nur entlang der Stromtäler. – Schwach giftig! Lanzen-F., Lanzettblättriger F., ***A. lanceolatum*** With.

Sehr *s* Hybride ***A. lanceolatum*** × ***A. plantago-aquatica*** [*A.* × *bjoerkqvistii* Tzvelev], z. B. in PL. – Schwach giftig!

Baldellia Parl., Igelschlauch

Blätt. lg. gestielt, lanzettl., 3–5-nervig; Kronblätt. weiß bis schwach rosa (ähnl. *Alisma*), innen am Grund gelb; Frch. zahlr., 2–2,5 mm lg., spindelf., 5-kantig, m. hakigem Gr. (*159/1*), eine köpfchenart. Sammelfr. bildend; ↕ 5–30(–60) cm; ♃. VI–VIII(–XI). – Ufer, Gräben, Seen; salztolerant. – D: *z* NW-D, *s* BB, MV, RP, ST; *z–s* B; DK; NL; N-PL; *s* W-CH; Hauptverbr.: W-Eur. [*Echinodorus ranunculoides* (L.) Engelm.] Igelschlauch, ***B. ranunculoides*** (L.) Parl.

a. Pfl. ohne Ausläufer (nicht kriechend); Frch. glatt, deutl. geschnäbelt, ≈ 2,5 mm lg.; — Quirle 6–27-blütig; Kronblätt. 6–7(–9) mm lg., meist weiß; ↕ 5–60 cm; ♃. VI–VII(–VIII). – Mesotrophe Gewässer, auch leicht kalkhaltig. – *z–s* im ganzen Gebiet. Eigentlicher I., subsp. ***ranunculoides***

— Pfl. m. Ausläufern kriechend (Stg. an den Knoten wurzelnd); Frch. papillös, kaum geschnäbelt, ≈ 2 mm lg.; — Quirle (0–)2–4(–15)-blütig; Kronblätt. 9–12 mm lg., schwach rosa, selten weiß; ↕ 5–20 cm; ♃. VI–X(–XI). – StO ähnl. wie a., aber Tendenz zu flachen, nährstoffarmen u. sauren Küstengewässern. – *s*, D: MV (Rügen), SH, N-ST; sehr *s*, B; NL; PL. Kriechender I., subsp. ***repens*** (Lam.) Á. & D. Löve

Caldesia Parl., Herzlöffel, Caldesie

Kronblätt. weiß; Frch. 8–15, auf dem Rücken m. 3 scharf vorspringenden Nerven; ↕ 10–30(–60) cm; ⊙(–♃). VII–IX. – Seen, Tümpel, Gräben. – D: sehr *s* u. autochthon nur D: BY (Charlottenhofer Weihergebiet, dort in extensiv bewirtschafteten Fischteichen), früher Lindau, HE, NI, O-D; früher A; *s* CH: Zürichsee; F: Els. FFH24; ©! Herzlöffel, ***C. parnassiifolia*** (L.) Parl.

Damasonium Mill., Sternfroschlöffel

Landformen meist ohne bandf. Primärblätt.; Folgeblätt. lg. gestielt, 15–30(–60) cm lg., ihre Spr. eif., bis 11 cm lg. u. bis 3 cm br.; Infl. m. mehreren Dolden; Kronblätt. weiß, am Grund gelb, ≈ doppelt so lg. wie Kelchblätt.; Fr. sternanisart. (*158/3*), 1–2-samig; Samen 1–2 mm lg.; ↕ 20–60 cm; ⊙–⊙. VI–IX. – Kalkarme Gräben, Flutrasen, trockenfallende Ufer von Teichen u. Tümpel. – Ehem. B; NL; Hauptverbr.: SW-Eur., MMG, SO-Eur. bis Kasachstan. [*D. stellatum* Thuill.] Sternfroschlöffel, ***D. alisma*** Mill.

Luronium Raf. [*Elisma* Buchenau], Froschkraut

Pfl. flutend; Blätt. lineallich; Infl. m. laubigen Tragblätt., 1- bis wenigblütig, schwimmend; Kronblätt. weiß; Frch. 6–9(–12), 12–15-rippig, durch den Gr. bespitzt; ↕ 10–45 cm; ♃. V–IX. – Sthd. Gewässer. – D: *z* NW-D, *s* BB, MV, SH, SN, TH, Hohes Venn, Taunus, Fichtelgeb.; *z* B; *s* CZ; DK; F: Els; *z* NL; *f* Alp./Voralp. FFH24; ©! Schwimmendes F., ***L. natans*** (L.) Raf.

159/1

159/2

Sagittaria L., Pfeilkraut

Zur sicheren Unterscheidung bezügl. der Blattmerkmale müssen die jüngsten Blätt. über der Wasseroberfläche untersucht werden. – Schlüssel in Anlehnung an Jäger (2017).

1. Infl. schräg bis aufr. aus dem Wasser ragend, nicht flutend; Unterwasserblätt. (wenn vorhanden) br. bandf., ≤ 2 cm br., am Ende zungenf., — Blätt. nicht rot gefleckt, an blhd. Pfl. stets vorhanden; Schwimmblätt. oft ellipt.; Überwasserblätt. pfeilf.; Infl. m. 3–5 meist 3-blütigen Quirlen u. meist 3 ♀ Blüten im untersten Quirl **2**

— Infl. zur Gänze flutend, gebogen; Unterwasserblätt. schmal linealisch bis bandf., grasart., 0,2–1 cm br., lg. zugespitzt, — (Schwimm)Blätt. oft rot gefleckt; Schwimmblätt. fehlend od. längl. bis ellipt., ihre Spr. 3–7 x 0,5–2,5 cm; Infl. bis 1 m lg., m. 4–6(–10) jeweils 3-blütigen Quirlen u. nur 1–2 ♀ Blüten im untersten Quirl; ↔ 30–110 cm; ♃. V–X. – Warme Klärwassergräben. – Ne. (1984; Heimat: USA bis S-Am.); sehr *s*, bislang nur D: BB (Berlin: Warme Wuhle). – Nur jeweils 1 geöffnete Blüte für ≈ 8 Stunden aus dem Wasser ragend; Aquarienpfl. [*Alisma subulatum* L.; *S. natans* Michx.]
Pfriemenblättriges P., Flutendes P., ***S. subulata*** (L.) Buchenau

2. Überwasserblätt. tief pfeilf., die 3 Blattlappen bis > 10-mal so lg. wie br.; Mittellappen („Pfeilspitze") 1–3 cm br., am Übergang zu den nach auß. spreizenden Seitenlappen meist deutl. abgeknickt; Lappen stumpfl. bis zugespitzt; Stg. unten nicht rotfleckig; Kronblätt. weiß, fast stets m. Purpurfleck an der Basis; Staubbeutel purpurn; Frch. m. kurzem, aufr. Schnabel an der Spitze; — Ausläuferknollen 10–15 mm ∅; Blüten 1,5–2,5(–3,5) cm ∅; Kronblätt. 10–15 mm lg.; Staubbeutel meist kürzer als Staubfäden; ↕ 20–100 cm; ♃. VI–VIII. – Sthd. u. langsam fließ. Gewässer. – *v–z*, D: N-BY, N- u. O-D; B; DK; NL; sonst *z–s*. Gewöhnliches P., ***S. sagittifolia*** L.

— Überwasserblätt. stumpf pfeilf., die 3 Blattlappen bis ≈ 3-mal so lg. wie br.; Mittellappen („Pfeilspitze") 4–12(–20) cm br., von den oft kaum abgespreizten Seitenlappen nur durch eine kleine Einschnürung abgesetzt; Lappen stumpf, kaum zugespitzt; Stg. unten rotfleckig; Kronblätt. ganz weiß, ohne Purpurfleck; Staubbeutel gelb; Frch. m. verläng., rechtwinklig nach auß. absthd. Schnabel auf dem Rücken; — Ausläuferknollen bis 30 mm ∅; Blüten 2,5–4 cm ∅; Kronblätt. (10–)15–25 mm lg.; Staubbeutel meist (fast) so lg. wie die Staubfäden; ↕ 30–150 cm; ♃. VI–VIII. – StO wie vorige, doch mehr Trockenheit vertragend. – Ne. (Heimat: Am.); öfters eingeschleppt u. regional eingebürg., *s*, in D: BB, BW, BY, HE, MV, NI, ST, bes. Hoch- u. Oberrhein; CH; F: Els; NL. – Überall als Zierpfl. in Gartenteichen.
Breitblättriges P., ***S. latifolia*** Willd.

Familie: Butomaceae, Schwanenblumengewächse (Bearbeiter: Gerald Parolly)

Sumpf- u. Wasserpfl.; Blüten radiär; Perigonblätt. 3 + 3; Staubblätt. 6 + 3; Fr.Blätt. 6, apokarp, m. laminaler Plazentation.

Butomus L., Schwanenblume

Blätt. in grundst. Rosette, bis 1 m lg., 10 mm br.; Infl.Stiel rund, bis 1,5 m hoch; Blüten in Scheindolden (*159/2*), rosa, m. dk. Nerven; ↕ 50–150 cm; ♃. VI–VIII. – Sthd. u. langsam fließ. Gewässer; wärmeliebend, planar bis kollin, selten bis 1000 m. – *v–s*. Schwanenblume, ***B. umbellatus*** L.

Familie: Hydrocharitaceae [incl. Najadaceae, Nixkrautgewächse], Froschbissgewächse
(Bearbeiter: Gerald Parolly)

Untergetauchte od. schwimmende, oft 2-häusige Wasserpfl.; Blätt. grundst., wechselst. od. quirlst.; Blüten 3-zählig, oft eingeschl., entw. radiär, groß u. auffällig od. klein u. reduziert; Staubblätt. 3–15, bei *Najas* nur 1 Staubblatt, von 2 becherf. Hüllen umgeben (*160/1a*); Fr.Blätt. 2–15, frei od. durch becherf. vertiefte Blütenachse vereinigt, bei *Najas* nur 1 Fr.Blatt (*160/1b*); Fr. eine Nuss od. beerenart., unter Wasser reifend. Nach neueren Erkenntnissen ist die Familie der Najadaceae in die Hydrocharitaceae einzugliedern.

160/1

1. Blätt. schwimmend, lg. gestielt, kreisrund, am Grund tief herzf., — m. Nebenblätt. (*161/1*) [im Gegensatz zur vegetativ ähnl. *Nymphoides*, S. 751] .... ***Hydrocharis***, 162
— Blätt. halb od. ganz untergetaucht, sitzend, längl. od. linealisch, nicht herzf. **2**
2. Blätt. in Rosetten; Pfl. m. Ausläufern; — Blätt. bis 40 cm lg. **6**
— Blätt. quirlst. od. wechselst., nicht alle in Rosetten; Pfl. ohne Ausläufer **3**
3. Blätt. wechselst., aber dicht sthd., gezähnelt, weit zurückgebogen .... ***Lagarosiphon***, 162
— Blätt. gegenst. od. quirlst., gezähnt od. gesägt, gerade od. wenig zurückgebogen **4**
4. Blätt. m. kurzer Blattscheide, — ausgeschweift stachelig gezähnt, gegenst. od. quirlst.; Stg. meist zerbrechl. .... ***Najas***, 162
— Blätt. ohne Blattscheide, — quirlst. **5**
5. Internodien 10–30 mm lg.; — Blätt. in 4–6-zähligen Quirlen; Pfl. 1- od. 2-häusig ***Hydrilla***, 162
— Internodien ≈ 3–5(–7) mm lg.; — Blätt. in 3–4-zähligen Quirlen; Pfl. 2-häusig .... ***Elodea***, 161
6 (2). Pfl. (zur Vegetationszeit) frei schwimmend, im Winter untergetaucht; Blätt. 3-kantig, br. linealisch, steif, stachelig gezähnt, z. Bltzt. teilw. aus dem Wasser ragend ..... ***Stratiotes***, 162
— Pfl. im Schlamm wurzelnd; Blätt. lg. bandf., weich, flutend, nur an der Spitze gezähnelt ***Vallisneria***, 163

Elodea Michx. [incl. *Egeria* Planch. u. *Anacharis* Rich.], Wasserpest

1. Mittl. u. ob. Blätt. in (3–)4–5(–8)-zähligen Quirlen, ≈ 20 mm lg.; Blätt. ohne randl. Faserzellen; — Kronblätt. weiß, viel länger u. breiter als die Kelchblätt.; ⚥ Blüten zu 2–3, 10–20 mm ∅; Pfl. kräftiger als die folg. Arten; ↔ 30–60 cm; ♃. VII–IX. – Kanäle, Abwässer. – Ne. (Heimat: südl. S-Am.), eingeschleppt u. eingebürg.; *s*, z. B. D: MV, NRW, SN (in Einbürg. in BW, RP); A: Kt, NÖ, Stm; CH: Ts; NL. – Bisher nur ♂ Pfl. [*Egeria densa* Planch.]
Dichtblättrige W., ***E. densa*** (Planch.) Casp.
— Mittl. u. ob. Blätt. in meist 3-zähligen Quirlen (die unt. nur gegenst.), 5–15 mm lg.; Blätt. m. 1–6 Reihen von Faserzellen; — Pfl. zarter **2**
2. Blätt. eilängl., vorn gerundet, fast gerade, in sich nicht gedreht, 2–3 mm br., steif, sattgrün (*161/2*); — Stiel der ♂ Blüte 10–20 cm lg., ♀ kürzer; Blüten bis 5 mm ∅; ↔ 30–60(–200) cm; ♃. VII–VIII. – Klare u. kühle, nicht zu tiefe, sthd. u. langsam fließ. Gewässer. – Ne. (Heimat: N-Am.); eingebürg., *v–z*. – Fast nur ♀ Pfl. u. fast nur vegetative Vermehrung. [*A. canadensis* Planch.]
Kanadische W., ***E. canadensis*** Michx.
— Blätt. ± linealisch, vorn spitz od. zugespitzt, ≤ 2 mm br., schlaff (bes. bei *E. callitrichoides*), blassgrün; Stiel der ♂ Blüten bis 11 cm lg. **3**
3. Kelchblätt. 2 mm lg., Kronblätt. unauffällig od. meist fehlend; Stiel der ♂ Blüte sehr kurz, zuletzt abreißend u. Blüte frei schwimmend; — Blätt. aus breiterem Grund allmähl. zur Spitze hin verschmalert u. zugespitzt, 0,3–1,5(–2) mm br., 3–10-mal so lg. wie br. (*161/3*), ↔ 30–60 cm; ♃. VII–IX. – Sthd. Gewässer, Süßwasserseen u. Brackwasser, auch verschmutzt. – Ne. (Heimat: N-Am); eingebürg., nicht immer dauerhaft, z. B. D: BW, BY, HE, MV, NI, NRW, RP, SH, SN; A: Kt, NÖ; CH: Zürichsee, Vs; I: Bz; NL. – Bisher nur ♂ Pfl.; INV. [*E. occidentalis* (Pursh) H. St. John]
Amerikanische W., Nutall-W., ***E. nuttallii*** (Planch.) H. St. John

161/1

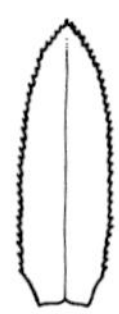
161/2

161/3

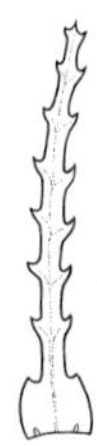
161/4

161/5

— Blütenhüllblätt. alle > 5 mm lg.; Stiel der ♂ Blüte bis 11 cm lg.; — Blätt. 0,7–1,9 mm br., 7–15-mal so lg. wie br.; ↔ 10–200 cm; ♃. VII–IX. – Seen, Gräben, langsam fließ. Gewässer. – Ne. (Heimat: Argentinien), eingeschleppt; *s*, D: nur b. Darmstadt, Rastatt u. Köln, SH u. in ST; F: Els (um Strasbourg). – Bisher nur ♂ Pfl. [*E. ernstiae* H. St. John]
Argentinische W., ***E. callitrichoides*** (Rich.) Casp.

Hydrilla Rich., Grundnessel

Stg. meist sehr lg.; Stg.Glieder 1–3 cm lg.; Blüten einzeln, eingeschl., lg. gestielt, 5 mm ∅; Kronblätt. weiß; Pfl. 1- od. 2-häusig; ↔ 15–300 cm; ♃. VII–VIII. – Sthd. Gewässer. – *s*, D: BB (Müggelsee); A: Kt; PL. [*H. lithuanica* (Besser) Dandy] Quirlblättrige G., ***H. verticillata*** (L. f.) Royle

Hydrocharis L., Froschbiss

Blüten eingeschl.; ♂ Infl. 1–6 cm lg. gestielt; ♀ Infl. sitzend; Einzelblüten über der Spatha 3–8 cm lg. gestielt; ♂ Blüten m. 12 Staubblätt., ♀ m. 3–6 Staminodien; ↕ 15–30 cm; ♃. V–VIII. – Teiche, langsam fließ. Gewässer. – Zieml. *v* im N, *z* im S; in A, CH u. CZ *s*. Europäischer F., ***H. morsus-ranae*** L.

Lagarosiphon Harv., Scheinwasserpest

Pfl. untergetaucht, wurzelnd; Blätt. wechselst., die ob. dicht genähert, alle stark zurückgekrümmt, starr, dk.grün m. hellerem Mittelnerv; Pfl. 2-häusig. ↔ 60–180 cm; ♃. – Sthd., kalkarme, warme Gewässer. – Ne. (Heimat: S-Afr.), vermutl. durch Wasservögel eingeschleppt; überwgd. eingebürg., *s*, D: BW, BY (Füssen, Starnberg), HE, NRW, RP; A: Kt; B; CH: Ts, Zürich. – In D keine Blütenbildung; Aquarienpfl.; INV. Große S., ***L. major*** (Ridl.) Moss

Najas L., Nixenkraut, Nixkraut

1. Stg. u. Blattrücken meist bestachelt; Blattscheiden ganzrandig (*161/4*); Frkn. m. 3 Narben (*160/1b*); Pfl. 2-häusig; ↔ 5–50 cm; ⊙. VI–IX. – Langsam fließ. u. sthd. Gewässer. – *s*, D: ab SH östl., Mosel, Ober- u. Mittelrhein, Bodensee, BY; A: Bgl, Kt, NÖ, Sb, Stm; B; CH; CZ; DK; I: Bz; NL. [*N. major* All.; incl. *N. intermedia* Górski; *N. marina* subsp. *intermedia* (Górski) Casper]
Großes N., ***N. marina*** L.

— Stg. u. Blattrücken ohne Stacheln; Blattscheiden wimperig gezähnt (*161/5*); Frkn. m. 2 Narben; Pfl. 1-häusig **2**

2. Blätt. ausgeschweift gezähnt, zurückgekrümmt; Blattscheiden scharf vom Spr.Grund abgesetzt (*161/4*); Stg. dünn, reichl. gabelästig verzweigt, zerbrechl.; ↔ 5–20(–40) cm; ⊙. VI–IX. – Seen, Altwasser. – *s*, D: BB, BY, MV, ST, Oberrhein; A; B; CH; CZ; NL; früher I: Bz.
Kleines N., ***N. minor*** All.

— Blätt. fein stachelspitzig gezähnt; Blattscheiden allmähl. in den Spr.Grund überghd.; Stg. dünn, fast fadenf., biegsam; ↔ 10–30 cm; ⊙. VII–VIII. – Mesotrophe Seebuchten, bis in 2 m Tiefe. – *s*, D: Bodensee, SO-BB, RP?; A: Kt (Millstätter See); DK; PL. FFH24; ⓢ!
Biegsames N., ***N. flexilis*** (Willd.) Rostk. & W. L. E. Schmidt

Stratiotes L., Krebsschere

Blätt. in großen Rosetten, z. Bltzt. aus dem Wasser ragend; Blüten m. derber, bleibender Spatha (*60/6*); ↔ 15–45 cm; ♃. V–VII. – Sthd. u. langsam fließ. Gewässer, bis 2 m Tiefe. – *v–z* im N u. O, sonst *s*. ⓢ. – Oft nur ♂ Pfl.; früher Futterpfl. (Schweine). Krebsschere, Wasseraloe, ***S. aloides*** L.

Vallisneria L., Wasserschraube

Blätt. grundst., bandart., flutend; 2-häusig, im Gebiet überwgd. ♂ Pfl. (seit 2016 mehrere Nachweise von ♀ Pfl.), deren Blüten kurz gestielt u. geknäuelt; ↔ 20–100 cm; ♃. VI–IX. – Fließgewässer. – Wohl im ganzen Gebiet Ne. (Heimat: Tropen u. Subtropen); unbest., sehr *s* eingebürg., z. B. D: BB (Beetzsee, Heiliger See), BY, BW (Karlsruhe), HE (Rhein), MV, NRW (Lippe, Erft), RP (Mosel), ST; A: Kt, NÖ; B; CH: Ts; L; NL (Maastricht); PL. – Aquarienpfl. Gewöhnliche W., ***V. spiralis*** L.

Familie: Scheuchzeriaceae, Blumenbinsengewächse (Bearbeiter: Gerald Parolly)

Krautige Pfl. in Mooren m. grasart. Blätt., diese m. scheidig entwickeltem Blattgrund u. Blatthäutchen (Lig.); Blüten ⚥ (*163/1*), in Trauben m. Tragblätt.; Perigonblätt. 6; Staubblätt. 6; Fr.Blätt. 3(–6), nur am Grund verwachsen; Frkn. oberst.; Balgfr.

Scheuchzeria L., Blumenbinse, Blasenbinse

Blätt. schnittlauchähnl.; Perigonblätt. 6, gelbl.grün, hinfällig (*163/1*); Fr. (2–)3(–4), getrennt, aufgeblasen, schief eif.; ↔ 10–25 cm; ♃. V–VII. – Hochmoore. – *v–z* Alp. u. Vorland, *s* Mittelgeb., sehr *z* im N. Ⓖ. Blumenbinse, ***S. palustris*** L.

Familie: Juncaginaceae, Dreizackgewächse (Bearbeiter: Gerald Parolly)

Krautige Pfl. nasser StO; Blätt. grasart., grundst., m. Blatthäutchen (Lig.); Blüten ⚥, in Ähren od. Trauben, ohne Tragblätt.; Perigonblätt. 6; Staubblätt. 6; Fr.Blätt. 3 od. 6, oft verwachsen; Frkn. oberst.

Triglochin L., Dreizack

1. Narben 3 (*163/2*); Fr. schmal keulenf., 7–9 mm lg., am Grund spitz, in 3 Teilfr. zerfallend, diese unten dreizackart. spreizend (*163/3*); Blatt fast bis zur Spitze rinnig, im ⌀ halbkreisf.; Lig. nur wenig länger als br., ≈ eif.-3-eckig (*163/5*); Blütentraube locker; ↕ 15–40 cm; ♃. VI–IX. – Ufer, Teiche, Sumpfwiesen, Quellmoore. – Im ganzen Gebiet *z*, in M-D *s*, vielfach verschwunden. – Schwach giftig! Sumpf-D., ***T. palustris*** L.

— Narben 6; Fr. ellipsoidisch, 4–6 mm lg., am Grund abgerundet, in 6 Teilfr. zerfallend, diese unten nicht dreizackart. spreizend (*163/4*); Blatt fast bis zur Spitze abgeflacht; Lig. deutl. länger als br., ≈ verläng. eif.-lanzettl. (*163/6*); Blütentraube dicht; ↕ 15–75 cm; ♃. V–VIII. – Nur Salz-StO. – Strandwiesen der Meeresküsten *v*, im Binnenland *s*. – Schwach giftig! Strand-D., ***T. maritima*** L.

163/1

163/2

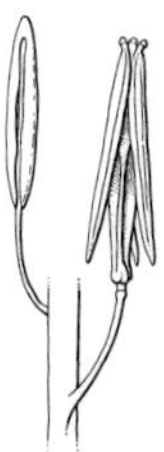

163/3

163/4

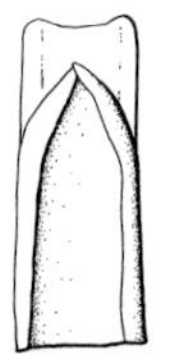

163/5

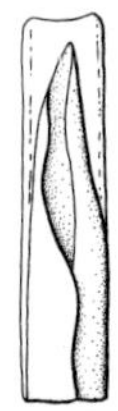

163/6

Familie: Zosteraceae, Seegrasgewächse (Bearbeiter: Gerald Parolly)

Untergetauchte Wasserpfl. des Meeres; Blätt. bandf. grasart.; Blüten ⚥, ohne Blütenhülle, 2-reihig auf flacher Ährenachse angeordnet; Infl. in die Scheide des obersten Laubblatts eingeschlossen; Staubblätt. 1; Fr.Blätt. 1; Nussfr.

Zostera L. [incl. *Nanozostera* Toml. & Posl., Zwergseegras], Seegras

Die Gliederung der Zosteraceae wird nach wie vor kontrovers gehandhabt (Kadereit et al. 2016), sodass *Nanozostera* derzeit nicht getrennt geschlüsselt wird.

1. Blätt. 4–9 mm br., meist 5-nervig, — bis 1 m lg.; Blütensprosse verzweigt; Samen längs gerunzelt; Konnektiv ohne Anhängsel; Narben doppelt so lg. wie der Gr.; Pfl. hellgrün, glzd.; ↔ 30–100 cm; ♃. VI–X. – Schlammige, sandige Meeresböden, unter Wasser oft große „Wiesen" bildend; bis 10 m Tiefe. – Küste u. Mündungsgebiete der Flüsse, *v*. Gewöhnliches S., Echtes S., ***Z. marina*** L.

— Blätt. schmaler, 1–3-nervig, — bis 60 cm lg. **2**

2. Blätt. 2–3 mm br., meist 3-nervig; Blütensprosse verzweigt; Samen schwach längs gerunzelt; Pfl. hellgrün, glzd.; Konnektiv ohne Anhängsel; — Narbe so lg. wie der Gr.; ↔ 20–60 cm; ♃. VI–VIII. – Wie vorige, doch nur bis 4 m Tiefe u. lockerer wachsend. – *v* DK; ob in D? [*Z. marina* L. var. *angustifolia* Hornem.] Schmalblättriges S., ***Z. angustifolia*** (Hornem.) Rchb.

Die Taxonomie der disjunkt verbreiteten Sippe ist unklar, möglicherweise besser als schmalblättr. Varietät von *Z. marina* zu werten.

— Blätt. 1 mm br., 1-nervig; Blütensprosse unverzweigt; Samen glatt; Pfl. graugrün (dk.grün), glanzlos; Konnektiv m. Anhängsel; ↔ 20–40 cm; ♃. VI–VIII. – Wie vorige Art, bis 1 m Tiefe, Bestände bei Niederwasser oft trockenfallend. – *v* Nordsee, DK, *z* Ostsee bis Rügen. [*Z. minor* Rchb.; *Z. nana* auct.; *N. noltii* (Hornem.) Toml. & Posl.] Zwerg-S., ***Z. noltii*** Hornem.

Familie: Potamogetonaceae [incl. Zannichelliaceae, Teichfadengewächse], Laichkrautgewächse (Bearbeiter: Gerald Parolly)

Mit Wasser- u./od.Schwimmblätt. versehene Wasserpfl.; Stg. 2-zeilig beblätt.; Blätt. wechselst. od. nahezu gegenst.; Nebenblätt. (Blatthäutchen) fast immer vorhanden u. manchmal länger als der Blattstiel, eine Blattscheide um den Stg. (Ochrea) bildend, diese bei *Groenlandia* weitghd. fehlend; Infl. ährig, Tragblätt. fehlend od. stark reduziert (*Zannichellia*). Bei *Potamogeton* u. *Groenlandia*: Blüten ⚥; Blütenhülle 4-blättr. (eigentl. 4 blütenblattähnl. Anhängsel der Staubblätt., *60/5* K); Staubblätt. 4; Fr.Blätt. 4, frei, selten am Grund verwachsen. Bei *Zannichellia*: Blüten eingeschl., ♂ Blüten m. 1 od. 2 Staubblätt., ohne Perigon, ♀ Blüten m. häutiger Hülle (= Perigon, *164/1*) u. meist 4 gestielten Fr.Blätt. m. trichterf. Narbe. Vegetative Vermehrung durch Winterknospen (Turionen). Nach neueren Erkenntnissen sind die Zannichelliaceae in die Potamogetonaceae einzugliedern.

1. Blätt. wechselst., höchstens im Bereich der Infl. fast gegenst.; Blattscheide frei od. m. dem Blattgrund verwachsen; Infl. seitl. od. endst.; Frch. stumpf od. m. geradem Schnabel, — Steinfrch. .... ***Potamogeton***, 165

— Blätt. an fertilen Sprossen nahezu gegenst., selten in Quirlen zu 3; Frch. gekrümmt od. m. hakigem Schnabel, — Steinfrch. od. Nüsschen **2**

2. Blätt. eif. bis längl. lanzettl., 10–40 × 3–15 mm, spitz, br. halbstg.umfassend (*164/2*); Nebenblätt. u. Nebenblattscheide fehlend od. stark reduziert; Blüten in scheinbar seitl. Infl. über dem Wasser; Staubblätt. 4; Nüsschen; — Infl. 1–6-blütig .... ***Groenlandia***, 165

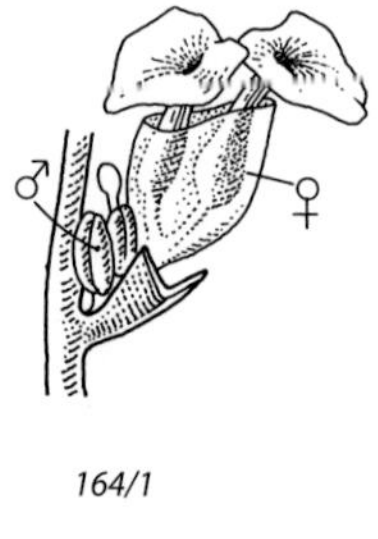

164/1

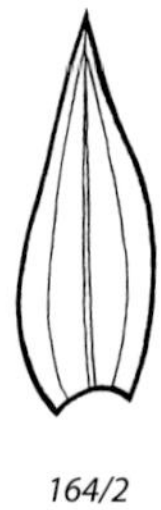

164/2

— Blätt. fadenf., 10–100 × 0,5–2 mm, zuspitzt; Nebenblattscheide stg.umfassend; Blüten zu wenigen in den Blattachseln, unter Wasser (*164/1*); Staubblätt. 1(–2); Steinfrch. m. hakigem Schnabel; — Infl. aus 1 ♀ Blüte m. becherart. Hülle u. 1 ♂ Blüte ohne Hülle ***Zannichellia***, 168

Groenlandia J. Gay [*Potamogeton* L. p. p.], Fischkraut, Dichtlaichkraut

Blätt. paarweise (zuw. zu dritt) einander genähert, fast gegenst., lanzettl. eif., zugespitzt, fast ohne Scheide; Ähren wenigblütig, zuletzt zurückgekrümmt; ↔ 30–50 cm; ♃. VI–IX. – Langsam fließ. od. sthd. Gewässer. – *z–s*, im S etwas häufiger. [*Potamogeton densus* L.] Dichtes F., ***G. densa*** (L.) Fourr.

Potamogeton L. [incl. *Stuckenia* Börner, Grasnixe, Röhrenlaichkraut; excl. *Groenlandia*], Laichkraut

Bei zahlr. Arten starke, oft standortbedingte Variabilität (Sprosslänge, Blattgröße u. -form, Verzweigung), außerdem häufige Hybridbildung. Bes. abweichende Formen im sehr flachen (hier oft nur Schwimmblätt. ausgebildet) u. sehr tiefen (> 2 m, dort atypischen Verlängerungen) Wasser. Laichkräuter sollten m. weitghd. reifen Frch. (bes. VII–IX) gesammelt werden, da diese für die sichere Bestimmung relevant sind u. sich zudem aus der Fertilität Hinweise auf Hybridisierung ergeben können.

Die Argumente für die Einbeziehung bzw. Ausgliederung der Arten der monophylet. Untergattung *Potamogeton* subgen. *Coleogeton* (Rchb.) Raunk. als eigene Gattung *Stuckenia* halten sich die Waage (vgl. Kadereit in Kadereit et al. 2016), sodass wir vorläufig bei der weiten Fassung der Gattung bleiben.

1. Blattscheide (Nebenblätt.) vom Blattgrund frei od. fast frei, d. h. Blattspr. (wenigstens die der ob. Blätt.) am Grund der meist häutigen, durchscheinenden u. meist etwas absthd. Blattscheide abghd.; — Blätt. vielgestaltig (rundl. bis linealisch od. haarf.); Pfl. m. Überwinterungsorganen (Turionen), wintergrünen Tauchsprossen u./od. mehrj. Ausläufern (***Potamogeton*** s. str.) **4**

— Blattscheide aus Nebenblätt. m. dem Blattgrund verwachsen, d. h. Blattspr. am ob. Ende der meist engen Blattscheide abghd.; — Blätt. schmal-linealisch bis fast haarf., ganzrandig, untergetaucht; Pfl. meist m. Ausläuferknollen; Ähren locker unterbrochen-quirlig (***Potamogeton*** subgen. ***Coleogeton***) **2**

2. Unt. Blattscheiden aufgeblasen, ≤ 60 mm lg.; — Pfl. nicht fruchtend, wintergrün; ↔ 30–300 cm; ♃. VI–IX. – Ufer. – *s* D vom südl. Oberrheintal bis Bodensee; CH. [*P. pectinatus* var. *helveticus* (G. Fisch.) Glück; *S. helvetica* (G. Fisch.) Holub]
Schweizer L., ***P. helveticus*** (G. Fisch.) W. Koch

Einstufung umstritten: Hybridogen m. eigenst. Areal am Alpennordrand od. nur mehrfach entstandener lokaler Ökotyp von *P. pectinatus*.

— Blattscheiden nicht od. kaum aufgeblasen **3**

3. Blätt. 0,5–4 mm br., spitz od. m. Stachelspitzchen, selten stumpfl. (*165/1*); Blattscheiden offen, eingerollt; Stg. reich gabelästig verzweigt; Frch. 4 mm lg., fast kugelig, auf dem Rücken meist gekielt, gelbbraun; ↔ 30–400 cm; ♃. VI–VIII. – Gräben, Flüsse, Seen, Brackwasser. – *z*, oft bestandsbildend. [*S. pectinata* (L.) Börner] Kamm-L., ***P. pectinatus*** L.

a. Rhizom 1–1,5 mm ∅; unt. Blattscheiden nicht erweitert; ↔ 30–300 cm. – *z* im ganzen Gebiet.
Kamm-L. (i. e. S.), subsp. ***pectinatus***

— Rhizom 2–8 mm ∅; unt. Blattscheiden erweitert; ↔ 100–400 cm. – *z*, A: Bgl (Neusiedler See).
Balaton-Kamm-L., subsp. ***balatonicus*** (Gams) Soó

165/1

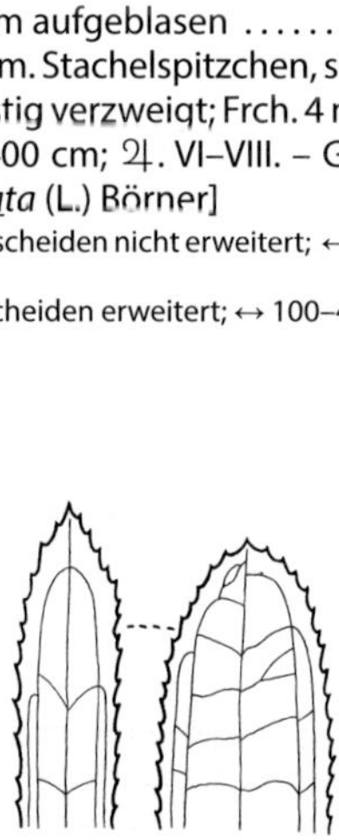
165/2

165/3

165/4

— Blätt. 0,2–1,2 mm br., fast haarf., stumpf; Blattscheiden in unt. Hälfte röhrig verwachsen, wenn jung, später aufreißend; Stg. nur am Grund gabelästig; Frch. 2 mm lg., ellipt., ungekielt, grünl.; ↔ 10–60 cm; ♃. VI–VIII. – Seen u. Bäche. – *s* Alp. u. Vorland, auch östl. der Elbe. [*S. filiformis* (Pers.) Börner] Fadenblättriges L., ***P. filiformis*** Pers.

4 (1). Blattspr. schmal linealisch, ≤ 5 mm br. **16**

— Blattspr. rundl. bis schmal lanzettl., aber nicht linealisch **5**

5. Stg. 4-kantig bis abgeflacht; Frch. am Grund miteinander verwachsen, 2 mm lg., lg. hakig geschnäbelt, Schnabel so lg. wie der Frkn.; — Wasserblätt. längl. od. schmal lanzettl. (≤ 12 mm br.), deutl. (ohne Lupe sichtbar!) gezähnt (*165/2*), oft stark wellig-kraus, sitzend; ↔ 30–200 cm; ♃. V–IX. – Sthd. u. langsam fließ. Gewässer. – *v*. Krauses L., ***P. crispus*** L.

— Stg. stielrund; Frch. am Grund frei, kurz geschnäbelt, Schnabel viel kürzer als der Frkn.; Wasserblätt. ganzrandig od. undeutl. gezähnt, gestielt od. sitzend **6**

6. Wasserblätt. sitzend od. in einen sehr kurzen, ≤ 15 mm lg. u. oft geflüg. Stiel verschmälert; — Schwimmblätt., wenn auftretend, kurz od. lg. gestielt **10**

— Alle Blätt. deutl. u. > 15 mm lg. gestielt; — Spr. ganzrandig, die ob. schwimmend; Wasserblätt. z. Bltzt. oft hinfällig **7**

7. Schwimmblattspr. meist mehrmals länger als ihr Stiel; Frch. 1,5–1,8 mm lg., — stumpf gekielt; Schwimmblattspr. durchscheinend häutig, meist rötl., eif. bis lanzettl., bis 100 × 50 mm; ↔ 30–150 cm; ♃. VI–IX. – Sthd. Gewässer. – *s*, D: Rhein-, Isar-, Lechgebiet, S-BY, SO-NI, NRW (O-Westf.), ST; A: NÖ, OÖ, Vb; B; CH; CZ; F: Els; NL; früher I: Bz. [*P. plantagineus* Roem. & Schult.] Gefärbtes L., ***P. coloratus*** Hornem.

— Schwimmblattspr. meist deutl. kürzer, selten wenig länger als der Stiel; Frch. ≥ 2 mm lg.; — Wasserblätt. oft hinfällig **8**

8. Ährenstiele spitzenw. verdickt; Spr. der Wasserblätt. zumind. jung gezähnelt; Frch. scharf gekielt, 3–4 mm lg.; — Pfl. z. Bltzt. noch m. zahlr. längl. lanzettl. Wasserblätt.; Schwimmblattspr. längl. ellipt., keilf. in den Stiel verschmälert, grün od. rötl., bis 150 × 60 mm; Nebenblätt. derb, dichtnervig, 30–80 mm lg.; ↔ 150–300 cm; ♃. VI–IX. – Flüsse, Seen. – *z–s*. [*P. fluitans* auct.] Knoten-L., Flutendes L., ***P. nodosus*** Poir.

— Ährenstiele spitzenw. nicht verdickt; Spr. der Wasserblätt. auch jung ganzrandig; Frch. stumpf gekielt od. ungekielt **9**

9. Schwimmblattspr. lanzettl. bis lineal-lanzettl., keilf. in den Stiel verschmälert; Blattstiel oberseits flach, ohne biegsames Gelenk; Wasserblätt. z. Bltzt. noch vorhanden; Frch. 2,5–2,5 (–3,0) mm lg., stumpf gekielt, rötl.; — Schwimmblattspr. bis 90 × 40 mm; Nebenblätt. häutig, lockernervig, 20–40(–65) mm lg.; ↔ 10–100 cm; ♃. VI–VII. – Heideseen. – *v* im NW, sonst *s*. [*P. oblongus* Viv.] Knöterich-L., ***P. polygonifolius*** Pourr.

— Schwimmblattspr. eif. bis längl., am Grund herzf., selten schmal u. m. keilf. Grund (dann submerse Blätt. stets spr.los); Blattstiel oberseits rinnig, länger als die Spr., an der Spitze m. biegsamem, andersfarbigem Gelenk; Wasserblätt. z. Bltzt. auf den Blattstiel reduziert, ohne Spr.; Frch. 3–4(–5) mm lg., kaum gekielt; — Schwimmblattspr. bis 120 × 70 mm; ↔ 60–150 cm; ♃. V–VIII. – Seen, Teiche, Altwasser, Bäche. – *v*. Schwimmendes L., ***P. natans*** L.

10 (6). Ährenstiele oberw. verdickt, dicker als der Stg.; Frch. auf dem Rücken stumpf; Blattspr. spitz auslfd. **13**

— Ährenstiele oberw. nicht verdickt, kaum dicker als der Stg.; Frch. auf dem Rücken scharf gekielt; Blattspr. stumpfl. auslfd. **11**

11. Stg. unterh. der Infl. unverzweigt; Wasserblätt. nicht stg.umfassend, — sitzend, stumpf, glattrandig, lanzettl. bis ellipt., rötl.grün; Schwimmblätt., wenn vorhanden, lederig, längl. bis verkehrt eif., keilf. in den kurzen Stiel verschmälert, graugrün od. rötl. überlaufen; Frch. 2–3 mm lg.; ↔ 30–70(–300) cm; ♃. VI–VIII. – Klarwasserseen, langsam fließ. Gewässer. – *z*, in den Alp. u. Voralp. häufiger. [*P. rufescens* Schrad.] Alpen-L., ***P. alpinus*** Balb.

— Stg. bis zur Spitze ± stark verzweigt; Blätt. herzf. stg.umfassend **12**

12. Blätt. rundl. od. eif., seltener bis längl. ellipt., am Grund deutl. tief herzf. stg.umfassend, am Rand entfernt gezähnelt u. wellig; Nebenblätt. klein, häutig, hinfällig; Stg. gestreckt; Ährenstiele meist < 100 mm lg.; Frch. 3–3,5 mm lg., abgerundet, kaum gekielt; ↔ 30–100(–600) cm; ♃. VI–VIII. – Flüsse, Teiche, Seen, bis 1900 m. – *z–s*. Durchwachsenblättriges L., ***P. perfoliatus*** L.

— Blätt. längl. lanzettl., am Grund abgerundet, seicht herzf., am Rand glatt, zuw. gekräuselt; Nebenblätt. ≤ 60 mm lg., derb u. ± ausd.; Stg. knickig hin- u. hergebogen; Ährenstiele 200–400 mm lg., Frch. 4–5 mm lg., auf dem Rücken scharf gekielt; ↔ 80–300 cm; ♃. VI–VII. – Nährstoffarme Bergseen, Seen, Flüsse. – *s*, D: BB, BW, BY, MV, NI, NRW, SH, ST, TH; A; B; CH; CZ; NL u. DK bis PL. Gestrecktes L., Langblättriges L., ***P. praelongus*** Wulfen

13 (10). Ähren 50–60 mm lg.; Ährenstiele 150–300 mm lg. u. stark verdickt (bis 8 mm ∅); — Schwimmblätt. fehlend, Wasserblätt. 80–300 × 20–50 mm, längl. lanzettl. bis längl. eif., m. aufgesetzter Spitze, am Rand fein gesägt, glzd. hellgrün, stark wellig (können nicht flach ausgebr. werden); Nebenblätt. ≤ 80 mm lg.; Blattstiel ± rund, nicht abgeflacht; Frch. fast kreisrund, 3,5–4,5 mm lg.; ↔ 60–600 cm; ♃. VI–VIII. – Flüsse, Seen, Teiche. – *v–z*, zuw. submerse Wiesen bildend. Spiegelndes L., ***P. lucens*** L.

Ähnl. ist das Weidenblättrige L., ***P.* × *salicifolius*** Wolfg. [*P. lucens* × *P. perfoliatus*; *P.* × *decipiens* Nolte]: Blätt. halbstg.-umfassend, zugespitzt, 10–35 mm br., oft eingerollt; Nebenblätt. m. 2 herausragenden Rippen, 20–70 mm lg.; keine reifen Frch. entwickelnd; ↔ 50–500 cm; ♃. VI–VII. – Sthd. od. langsam fließ. Gewässer, Seen, Gräben. – *s*, D: z. B. BB, BW, BY, NRW, MV.

— Ähren ≤ 30 mm lg.; Ährenstiele ≤ 100 mm lg. u. < 4 mm ∅; — Schwimmblätt. zuw. vorhanden, Wasserblätt. meist deutl. kleiner, bis 30 mm br. **14**

14. Wasserblätt. ≤ 180 mm lg. u. > 15 mm br., kurz gestielt (ob. länger als unt.) od. sitzend, stachelspitzig, ellipt. bis verkehrt eif. od. lanzettl., am Rand gezähnelt; — Blattstiel abgeflacht, oft 1-seitig geflüg.; Schwimmblätt., wenn vorhanden, länger gestielt; Spr. bis 100 × 30 mm; Frch. halbkreisf., 2,5–3 mm lg.; ↔ 30–150 cm; ♃. VI–VIII. – Sthd. od. langsam fließ. Gewässer, Seen, Altwasser. – *z–s*, D: BB, BW, BY, HE, MV, NI, NRW, RP, SH, SN, ST, TH; A, B; CH; DK; F: Els. [*P.* × *zizii* Roth; *P. gramineus* × *P. lucens*] Schmalblättriges L., ***P.* × *angustifolius*** J. Presl

— Wasserblätt. ≤ 70 mm lg. u. < 15 mm br., sitzend, nicht stachelspitzig, lineal-lanzettl. bis schmal ellipt.-längl.; — Schwimmblätt. derb, sitzend od. gestielt **15**

15. Wasserblätt. kurz gestielt, am Grund verschmälert, längl. lanzettl. bis lineal-lanzettl., ≤ 8 mm br., durchscheinend, am Rand gezähnelt; Nebenblattscheide linealisch bis lanzettl.; Schwimmblätt. selten vorhanden, kurz eif. ellipt., gut halb so lg. wie ihr Stiel; — Frch. 2–3 mm lg., ungekielt, sehr kurz geschnäbelt; ↔ 30–120 cm; ♃. VI–VIII. – Sthd., seltener langsam fließ. Gewässer. – Sehr *z*, vielfach erloschen. Gras-L., ***P. gramineus*** L.

— Wasserblätt. sitzend, am Grund abgerundet u. halb stg.umfassend, längl. eif. bis längl.; 5–14 mm br.; Nebenblattscheide längl. 3-eckig; Schwimmblätt. selten vorhanden, längl., ≈ so lg. wie ihr Stiel; — nicht fruchtend; ↔ 30–120 cm; ♃. VI–VII. – Seen, langsam fließ. Gewässer. – *z–s*, D: BB, BY, MV, NI, RP, SH, SN, ST, TH; A: NÖ, Stm; CH; PL (Schlesien). [*P. perfoliatus* × *P. gramineus*] Schimmerndes L., Glanz-L., ***P.* × *nitens*** Weber

16 (4). Stg. wenig abgeflacht, m. abgerundeten Kanten od. fast stielrund; Blätt. meist < 2 mm br., wenignervig, m. 3–5(–7) Hauptnerven (Mittelnerv u. Seitennerven), dünne längslfd. Zwischennerven fehlend; Seitennerven zuw. undeutl. **18**

— Stg. flach zus.gedrückt, fast schmal geflüg.; Blätt. meist 2–4 mm br., vielnervig, m. 3–5 Hauptnerven, daneben 16–32 dünne, längslfd., teilw. undeutl. Zwischennerven **17**

17. Ähre 20–70 mm lg. gestielt, (8–)10–15-blütig, viel kürzer als ihr Stiel; Blätt. (3–)5-nervig, an der Spitze stumpf abgerundet, m. Stachelspitze; Blattgrunddrüsen fehlend; Frch. ohne Bauchhöcker, kurz u. krumm geschnäbelt; Nebenblätt. 25–40 mm lg.; Stg. fast geflüg.; ↔ 50–150 cm; ♃. VII–VIII. – Seen, Altwasser. – *z* im N, *s* im mittl. Teil des Gebiets u. im S. Flachstängeliges L., ***P. compressus*** L.

— Ähre 3–15 mm lg. gestielt, (3–)5–6(–8)-blütig, so lg. wie ihr Stiel (selten deutl. kürzer); Blätt. 3-nervig, zugespitzt, am Grund m. 1–2 schwärzl. Höckern; Blattgrunddrüsen vorhanden; Frch. m. Bauchhöcker, deutl. u. fast gerade geschnäbelt; Nebenblätt. bis 20 mm lg.; Stg. flach; ↔ 30–60 cm; ♃. VI–VIII. – Gräben, Teiche. – Sehr *z*. Spitzblättriges L., ***P. acutifolius*** Link

18 (16). Nebenblätt. oft weißl., stark faserig, m. deutl. hervortretenden Nerven, in der unt. Hälfte stets röhrig verwachsen, später aufreißend, nur die Fasern bleibend; Turionen am Grund stark gerippt; — Ähren 10 mm lg., locker; Ährenstiel oberw. kaum verdickt **22**

— Nebenblätt. grünl., nicht faserig, ohne hervortretende Nerven, in der unt. Hälfte offen od. verwachsen, bleibend od. sich faserfrei zersetzend; Turionen am Grund nicht gerippt **19**

19. Blüten m. 1(–3) Frkn.; Blätt. 0,3–1,0 mm br., borstenf. u. lg. zugespitzt, — 3-nervig; Breite des Mittelnervs > ein Drittel des Blattgrunds; Nebenblätt. offen, eingerollt; Stg. dünn, fadenf., brüchig; Ähre 4–8-blütig; Frch. ≈ 3 mm lg., halbkreisf., auf dem Rücken höckerig, m. kaum sichtbarem, kurzem Schnabel; ↔ 30–250 cm; ♃. V–VIII. – Gräben, Teiche, Torfstiche. – Sehr *z.* Haarblättriges L., ***P. trichoides*** Cham. & Schltdl.

— Blüten m. 4(–7) Frkn.; Blätt. bis 3,5 mm br., parallelrandig, — 3–5(–7)-nervig **20**

20. Turionen 3–5 mm br.; Blätt. meist 2–3,5 mm br., stumpf, kurz od. kaum bespitzt, oft bräunl. u. kaum durchsichtig, 3(–5)-nervig; Ähren dicht 6–8-blütig; Frch. 3–4 mm lg., auf dem Rücken scharf gekielt, ihr Schnabel br. u. sehr kurz; — Blatthäutchen offen, eingerollt; Ährenstiele so lg. wie die Ähre; ↔ 30–90 cm; ♃. VI–IX. – Seen, Teiche, Altwasser, Gräben. – Sehr *z*, im S *s.* Stumpfblättriges L., ***P. obtusifolius*** Mert. & W. D. J. Koch

— Turionen 0,5–3 mm br.; Blätt. 0,5–2,5 mm br.; Ähren ± locker 2–6-blütig; Frch. 2–2,5 mm lg., auf dem Rücken abgerundet, kaum gekielt (Artengruppe Zwerg-L., ***P. pusillus*** agg.) **21**

21. Nebenblätt. in der unt. Hälfte verwachsen, sehr zart, später aufreißend; Blattgrund ohne Drüsenhöcker; Seitennerven der Blätt. in ≈ doppeltem Spr.breitenabstand unterh. der Spitze spitzwinklig in den Mittelnerv einmündend (*165/3*); Saum aus lg.gestreckten, hyalinen Zellen entlang des Mittelnervs fehlend; — Blätt. 3-nervig, biegsam; Frch. eif., 2–2,5 mm lg., m. stumpfem Kiel, sehr kurz geschnäbelt; ↔ 20–100 cm; ♃. V–IX. – Gräben, Tümpel. – *z.* [incl. *P. panormitanus* Biv.] Zwerg-L., ***P. pusillus*** L.

— Nebenblätt. in der unt. Hälfte nicht verwachsen; Blattgrund m. Drüsenhöcker; Seitennerven der Blätt. kurz vor der Spitze rechtwinklig in den Mittelnerv einmündend (*165/4*); Saum aus lg.gestreckten, hyalinen Zellen entlang des Mittelnervs zumind. in der unt. Blatthälfte vorhanden; — Blätt. 3–5(–7)-nervig; Frch. eif. od. halb eif., auf der Bauchseite deutl. konvex, (1,5–)2–2,5 mm lg., m. stumpfem Kiel, kurz hakig geschnäbelt; ↔ 10–100 cm; ⊙. VI–IX. – Sthd. u. langsam fließ. Gewässer. – *z.* [*P. pusillus* auct. p. p.] Berchtold-L., ***P. berchtoldii*** Fieber

22. Blätt. 3-nervig, 0,4–1,4(–1,9) mm br., starr, langsam lg. zugespitzt od. spitz, m. borstl. Spitze, hellgrün od. unterseits rötl.; Nebenblätt. nur an der Spitze faserspaltig; Stg. rundl., meist rotbraun; freie Blätt. der Turionen anlgd.; Frch. 1–2 mm lg., rotbraun, halb eif., glzd., auf dem Rücken abgerundet, ungekielt, kurz u. dick geschnäbelt; — Seitennerven der Blätt. ≈ 5 mm vor der Spitze verschwindend od. in Mittelnerv einmündend; ↔ 30–50 cm; ♃. VII–VIII. – Flüsse, Gräben. – *s*, D: BB, SH (Kiel), N-ST; DK; PL. Rötliches L., ***P. rutilus*** Wolfg.

— Blätt. (3–)5(–7)-nervig, 1,5–4 mm br., relativ weich, bis fast zur Spitze parallelrandig, abgerundet, dann fein zugespitzt, dk.grün bis graugrün; Nebenblätt. oft bis zum Grund 2-spaltig; Stg. deutl. zus.gedrückt; freie Blätt. der Turionen absthd.; Frch. 1,5–2 mm lg., auf dem Rücken höckerig gekielt, schief eif.; fast ungeschnäbelt; — äuß. Seitennerven der Blätt. oft blind endend; Stg. m. zahlr. achselst. Kurztrieben; ↔ 30–120 cm; ♃. VI–VIII. – Flüsse, Seen, Gräben. – Sehr *z*, im N etwas häufiger. [*P. mucronatus* Sond.] Stachelspitziges L., ***P. friesii*** Rupr.

Zannichellia L., Teichfaden

Stg. an den Knoten wurzelnd; Blätt. 1–10 cm lg., fadenf., m. großem, stg.umfassendem Blatthäutchen; Infl. aus 1 ♀ Blüte m. becherart. Hülle u. 1 ♂ Blüte ohne Hülle; Fr.Blätt. 1–4(–6); Narbe trichterf.; Pfl. 1-häusig; ↔ 10–50 cm; ♃. V–IX. – Süßwasser u. Mündungsgebiet der Flüsse, bis 2,5 m Wassertiefe. – Im Tiefland *z–v*, *s* in den Geb. – Sehr variable Art. Sumpf-T., ***Z. palustris*** L.

Im Habitus an schmalblättr. *Potamogeton*-Arten erinnerend, aber Blüten u. Frch. nie in Ähren, sondern scheinbar achselst.

a. Frch. 0,8–2 mm lg. gestielt, — 2,3–3,5 mm lg., zu 2–4; Gr. 1,5–2,5 mm lg., mehr als halb so lg. bis gleich lg. wie die Frch.; Blätt. 0,3–1,2 mm br. – *v* Brackwasser, *s* im Binnenland, z. B. A: Bgl, NÖ, OÖ, Stm; CZ; I: Bz. [*Z. pedunculata* Rchb.] Salz-T., Stielfrüchtiger T., subsp. ***pedicellata*** (Wahlenb. & Rosén) Syme

— Frch. bis 0,5 mm lg. gestielt .... **b**

b. Frch. bis 0,5 mm lg. gestielt, meist zu 2–4, 2–3 mm lg.; Gr. 0,5 mm lg., höchstens ein Drittel so lg. wie die Frch.; Blätt. 0,5 mm br. – Süßwasser m. flachen Ufern. – *v*, Verbr. wie Art. Sumpf-T. (i. e. S.), subsp. ***palustris***

— Frch. fast sitzend, zu 4–6, 3,5–4,5 mm lg.; Gr. 1–2 mm lg., höchstens halb so lg. wie die Frch.; Blätt. 1–2 mm br. – Küsten, Brackwasser, salztolerant. – *z*, bes. im N des Verbr.Gebiets? [*Z. major* (Hartm.) Rchb.] Vielfrüchtiger Sumpf-T., subsp. ***polycarpa*** (Rchb.) K. Richt.

Familie: Ruppiaceae, Saldengewächse (Bearbeiter: Gerald Parolly)

Untergetauchte Wasserpfl.; Stg. fadenf. an den Knoten wurzelnd; Blätt. 2-zeilig, am Grund m. Blattscheide; Blüten ⚥, in 2-blütigen Ähren; Staubblätt. 2 (*169/1*); Fr.Blätt. 4; Frch. steinfr.art., lg. doldenart. gestielt (*169/2*).

169/1 *169/2*

Ruppia L., Salde

1. Infl.Stiel ≈ 10 cm lg., nach Bestäubung spiralig eingerollt; Blätt. abgerundet od. stumpf; Frch. fast symmetr.; ↔ 15–40 cm; ♃. VI–X. – Flach- u. Brackwasser der Meeresküsten, unterseeische Wiesen. – *z.* [*R. cirrhosa* auct.] Spiralige S., ***R. spiralis*** Dumort.

— Infl.Stiel nie > 4 cm lg., nicht spiralig; Blätt. zugespitzt; Frch. stark asymmetr.; ↔ 15–20 cm; ♃. VI–X. – Wie vorige, außerdem an Salzstellen des Binnenlands. – Küsten *v, s* D: NI, ST, TH; F: Els; vielfach verschollen (z.B. D: N-HE). [*R. cirrhosa* (Petagna) Grande] Geschnäbelte S., ***R. maritima*** L.

Ordnung: Dioscoreales, Schmerwurzartige

Familie: Nartheciaceae, Beinbrechgewächse (Bearbeiter: Gerald Parolly)

Rhizomstauden; Blätt. schwertf., 2-zeilig, reitend; Blüten radiär, doppelt 3-zählig; Perigon frei, nicht verwachsen; Staubblätt. 6, Staubfäden behaart; Gr. 1; Frkn. oberst.; Kapselfr.

Narthecium Huds., Beinbrech, Ährenlilie

Blätt. meist kürzer als der Blütenstg.; Blüten lg. gestielt; Perigonblätt. außen grün, innen gelb; ↕ 10–30 cm; ♃. VII–VIII. – Hochmoore, Heidemoore. – D: *z* NI, NRW, NW-RP, SH, früher ST; *z* B; CZ; DK; NL. ⓖ. – Giftig! Moor-B., ***N. ossifragum*** (L.) Huds.

Familie: Dioscoreaceae, Schmerwurzgewächse (Bearbeiter: Gerald Parolly)

Windestauden m. knolligem Rhizom; Blätt. herzf. m. fingerart. Nervatur; Blüten klein, radiär, m. 3-zähligem Perigon, in kurztraubiger Infl.; Frkn. unterst.; Fr. Kapsel od. Beere.

Dioscorea L. [incl. *Tamus* L.], Schmerwurz

Blätt. unterseits glzd., bogennervig; Blüten unscheinbar, in achselst. Trauben, eingeschl., ♂ m. glockigem, ♀ m. fast freiblättr. Perigon; Frkn. unterst.; Fr. scharlachrote Beere; ↔/↕ 150–300 cm; ♃. V–VI. – Lichte Wälder, Wald- u. Gebüschsaume. – *s*, D: W-Bodensee, Hegau, Oberrhein (nördl. bis Rastatt), RP (auch Saarland); A: S-Stm, Vb; B; *z* CH; *s* F: Els. – Giftig! [*Tamus communis* L.] Gewöhnliche S., ***D. communis*** (L.) Caddick & Wilken

Ordnung: Liliales, Lilienartige

Familie: Melanthiaceae [incl. Trilliaceae, Einbeerengewächse], Germergewächse

(Bearbeiter: Gerald Parolly)

Rhizomstauden; Blüten radiär; Staubblätt. 6 od. 8; Frkn. oberst.; Kapselfr. od. Beere. Nach neueren Erkenntnissen ist die Familie der Trilliaceae in die Melanthiaceae einzugliedern.

1. Blätt. parallelnervig, wechselst. (schraubig), längs gefaltet; Infl. reichblütig, einfache od. zus.-gesetzte Trauben od. Rispen bildend; > 50 cm hohe Kräuter m. dickem Rhizom; Kapselfr. ***Veratrum***, 170

— Blätt. netznervig (*170/1*), in 4–5-zähligem Quirl; Blüten einzeln, grünl.; < 45 cm hohe Kräuter m. dünnem Rhizom; Beerenfr. .... ***Paris***, 170

Paris L., Einbeere

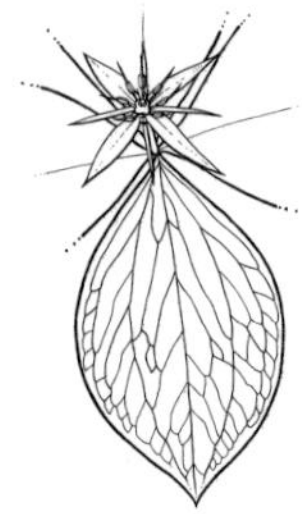

170/1

Perigon 8(–10)-blättr. (*170/1*); Staubblätt. 8; Staubbeutel so lg. wie der Staubfaden, m. verläng. Konnektiv; Fr. schwarze, giftige Beere, z. Fr.Reife eintrocknend u. aufspringend; ↕ 10–40 cm; ♃. IV–VI. – Nährstoffreiche Laubwälder, bes. Auenwälder, Nadelmischwälder. – *v* im ganzen Gebiet, im N *z*, stellenw. *f*. – Giftig!
Vierblättrige E., ***P. quadrifolia*** L.

Veratrum L., Germer

1. Perigonblätt. außen grünl., innen weiß od. grünl.; Blütenstiele viel kürzer als die Perigonblätt. u. kürzer als die Tragblätt.; Blätt. wechselst. [schraubig angeordnet; Unterschied zu *Gentiana lutea*!]; ↕ 60–150 cm; ♃. VI–VIII. – Feuchte Wiesen, Gebirgsrasen, Viehläger, bis 2600 m. – *v*, Alp., Voralp., höh. Mittelgeb. – Sehr giftig! Weißer G., ***V. album*** L.
a. Perigonblätt. innen weiß (m. grünl. Nerven), außen grünl. – *v* Alp.; *s* CZ. Weißer G. (i. e. S.), subsp. ***album***
— Perigonblätt. beiderseits grünl. – *v* Alp., *z* Voralp., *s* SchwAlb, Schw., Vog., Bayrw.; CZ; PL? Grüner G., subsp. ***lobelianum*** (Bernh.) Schübl. & G. Martens
— Perigonblätt. rotbraun od. schwarzpurpurn; Blütenstiele so lg. wie od. länger als die Perigonblätt. u. länger als die Tragblätt.; ↕ 60–150 cm; ♃. VII–VIII. – Bergwiesen u. -wälder. – *s*, A: Bgl, NÖ, Stm; CH: Ts; CZ. – Giftig! Schwarzer G., ***V. nigrum*** L.

Familie: Colchicaceae, Zeitlosengewächse (Bearbeiter: Gerald Parolly)

Stauden m. Knollen; Blüten radiär, Perigon 6-blättr., verwachsen od. getrennt; Staubblätt. 6; Gr. 1 od. 3; Frkn. 3-blättr., oberst.; Kapselfr.

Colchicum L. [incl. *Bulbocodium* L., Lichtblume], Zeitlose, Herbstzeitlose

1. Pfl. z. Bltzt. im Frühjahr m. grünen Blätt.; Perigonblätt. über dem Grund nicht verwachsen; Gr. nur 1, dieser oben 3-spaltig, bis 5 mm lg.; ↕ 5–15 cm; ♃. II–III. – Grasige Südhänge. – *s*, A: Kt; CH: Luzern (Marbach), Vs; gebietsweise, auch in D (Augsburg), unbest. od. in Einbürg. – Giftig! [*B. vernum* L.] Lichtblume, ***C. bulbocodium*** Ker Gawl.
— Pfl. z. Bltzt. im Sommer od. Herbst ohne grüne Blätt.; Perigonblätt. zu lg., über dem Grund sichtbarer weißer Röhre verwachsen; Gr. 3 .... **2**
2. Perigonzipfel 40–60 mm lg. u. 10–15 mm br.; Narben lg. herablfd.; — Perigon blassrosa; ↕ 5–40 cm; ♃. VIII–X. – Wiesen, Auenwälder. – *v* im S, *z–s* im N. – Giftig! Gewöhnliche H., ***C. autumnale*** L.
— Perigonzipfel 17–30 mm lg. u. 4–6(–10) mm br.; Narben kopfig; ↕ 5–20 cm; ♃. VII–IX. – Bergwiesen. – *s*, nur CH: Ts (Maggiagebiet), Vs. – Giftig! Alpen-Z., ***C. alpinum*** DC.

Familie: Liliaceae, Liliengewächse (Bearbeiter: Gerald Parolly)

Stauden m. Zwiebeln zum Überwintern; Blüten in Trauben, Scheindolden od. einzeln; Blüten radiär, auffällig gefärbt; Blütenhülle 6-blättr., frei, in 2 gleichgestalteten Kreisen (Perigon); Staubblätt. 6; Fr.Blätt. 3; Frkn. oberst.; Kapselfr. Früher umfasste diese Familie auch die Asparagaceae u. weitere kleinere Familien, heute rechnet man nur noch wenige Gattungen dazu.

1. Blätt. herzf., stg.umfassend, unt. 3–6 cm br.; — Blüten grünl.weiß, unter den Blätt. sthd.; Perigonblätt. bis 10 mm lg. .... ***Streptopus***, 173
— Blätt. am Grund nicht herzf., meist schmaler **2**
2. Perigonblätt. weiß, innen m. 13 Längsstreifen, 9–15 mm lg.; Pfl. des Hochgeb., 5–15 cm hoch; — Grundblätt. 2, fädl. .... ***Gagea serotina***, 171
— Perigonblätt. gelb, rot od. andersfarbig, falls weiß, dann > 30 mm lg.; Pfl. meist tieferer Lagen **3**

3. Blüten einzeln an der Stg.Spitze, — groß, Perigonblätt. > 18 mm lg. **5**
— Blüten in Trauben od. Scheindolden **4**
4. Perigonblätt. > 30 mm lg.; Blüten in Trauben .... ***Lilium***, 173
— Perigonblätt. < 25 mm lg., gelb od. gelbgrün; Blüten in Scheindolden .... ***Gagea***, 171
5 (3). Blätt. gefleckt; Perigonblätt. zurückgeschlagen, rosa .... ***Erythronium***, 171
— Blätt. nicht gefleckt; Perigonblätt. nicht zurückgeschlagen **6**
6. Blüten nickend, schachbrettart. trübpurpurn u. weiß gefleckt od. weiß; Stg.Blätt ≤ 12 mm br. .... ***Fritillaria***, 171
— Blüten aufr., höchstens als Knospe nickend, gelb (bei Zierpfl. auch rot, violett, orange, weiß); Stg.Blätt. auch > 12 mm br. .... ***Tulipa***, 174

Erythronium L., Hundszahn, Zahnlilie

Laubblätt. 2, fast gegenst.; Blüten ≈ 4 cm ∅; Frkn. m. 3-mal längerem Gr.; Perigonblätt. zurückgeschlagen, rosa; ↕ 10–30 cm; ♃. II–IV. – Frische Laubwälder, Wiesen; kollin bis montan. – D: eingebürg. BY (Bamberg); A: *z*–*s* Bgl, Stm, *s* O-Kt; *s* CH: Genf, Ts; S-CZ. [*E. maculatum* DC.; *E. maculosum* Lam.]
Europäischer H., Hunds-Z., ***E. dens-canis*** L.

Fritillaria L., Schachbrettblume, Schachblume

Laubblätt. meist 4–5, lineal-rinnig, graugrün; Blüten bräunl.purpurn, schachbrettart. gefleckt od. weiß; ↕ 15–25(–30) cm; ♃. IV–V. – Feuchte Wiesen. – Sehr *z* bis *s* (wohl Nordrand der natürl. Verbr. in A: S-Bgl, NÖ, O-Stm, sonst Ansalbungen u. Verwilderungen), *f* B; DK; F: Els; PL. Ⓖ. – Auch Zierpfl. u. verwild.; giftig!
Schachblume, ***F. meleagris*** L.

Gagea Salisb. [incl. *Lloydia* Rchb., Faltenlilie], Gelbstern, Goldstern

Unter Verwendung der Bestimmungsschlüssel von Fischer et al. (2008), Henker in Jäger (2017) u. Henker et al. (2012). Merkmale der Untergrundorgane sind bei einigen Verwandtschaftskreisen bestimmungsrelevant (Pfl. vorsichtig ausgraben u. nach dem Bestimmen wieder eingraben!). Es kommen vor: Hauptzwiebeln (Mutterzwiebeln), Nebenzwiebeln (Ersatzzwiebeln), dazu bei vielen Sippen u. Populationen oft noch kugelige, helle u. 1–2 mm große Brutknollen (Brutzwiebeln, Bulbillen), die in diesem Schlüssel jedoch nur ausnahmsweise speziell genannt werden. Stg.Blätt. differenziert in „eigentl." Stg.Blätt. u. Hochblätt. der Infl. (dann unterste/s Stg.Blätt./Blatt = Tragblätt. der Infl.). Bei einigen Sippen fehlen die „eigentl." Stg.Blätt.; im *G. pratensis-G. pomeranica*-Komplex bezieht sich „Stg.Blätt." auf alle Blätt. im Bereich der Infl., inkl. Tragblätt. der Blüten. Infl. eine Scheindolde. Äuß. Perigonblätt. (oft undeutl.) breiter als inn. Herbarmaterial ist z. T. nur schwer zu bestimmen.

1. Perigonblätt. weiß, innen m. braunroten Längsstreifen; — Stg.Blätt. lineal-lanzettl.; ↕ 5–15 cm; ♃. VII-VIII. – (Hoch)Alp. Rasen; kalkmeidend; 1600–3000 m. – *z* Alp., in D nur Allgäuer u. Berchtesgadener Alp. Ⓖ. [*L. serotina* (L.) Rchb.] Faltenlilie, Späte F., ***G. serotina*** (L.) Ker Gawl.
— Perigonblätt. gelb od. grüngelb **2**
2. Blütenstiele kahl; — Perigonblätt. außen kahl; Zwiebeln 1–3(–5) **5**
— Blütenstiele behaart; — Perigonblätt. außen ± behaart od. kahl; Zwiebeln 2 .... **3**
3. Perigonblätt. außen kahl, stumpf; Grundblätt. linealisch, halbstielrund, röhrig-hohl, nur am Grund rinnig, 2–3 mm br.; — Grundblätt. 1–2; Stg. m. 2 fast gegenst. Blätt.; Blütenstiele ± zottig behaart; ↕ 5–15 cm; ♃. VI–VII. – Lägerfluren, Fettwiesen, frische steinige Rasen der Silikat-Alp.; oberh. 1200 m. – In D nur sehr *s* an der Grenze zu A (Allgäuer Alp.); *z* A; CH; I: Bz. [*G. liottardii* (Sternb.) Schult. & Schult. f., nom. illeg.; *G. fistulosa* auct.]
Röhren-G., Alpen-G., ***G. fragifera*** (Vill.) Ehr. Bayer & G. López
— Perigonblätt. außen (±) behaart; Grundblätt. fadenf. od. im ∅ rundl. bis ellipt.; — Grundblätt. 2 **4**
4. Grundblätt. linealisch, zumind. oberseits stets flachrinnig, (1–)1,5–2(–5) mm br., am Grund rötl.; Stg.Blätt. 2–3, fast gegenst. bis quirlst., einander u. den Hochblätt. der Infl. stark genähert, fein gewimpert, sonst kahl; Infl. (4–)5–12(–14)-blütig; Perigonblätt. spitzl., 10–20 mm lg.; Gr. kurz behaart; Pfl. ≥ 10 cm hoch; — Stg. purpurn, meist dicht feinflaumig behaart; Blütenstiele (10–)20–40 mm lg., dicht feinflaumig behaart; ↕ 10–15 cm; ♃. III–V. – Äcker, Weinberge, Wegränder. – Im ganzen Gebiet, meist *z*, *s* im N; in A nur Bgl, NÖ, Stm, Kt?, früher OÖ. [*G. arvensis* (Pers.) Dumort.]
Acker-G., ***G. villosa*** (M. Bieb.) Sweet

— Grundblätt. fast fadenf., schwach rinnig bis stielrund, locker gedreht, meist ≤ 1 mm br.; am Grund weißl.; Stg.Blätt. 2, von einander u. den Hochblätt. der Infl. ± entfernt, kahl bis dicht behaart; Infl. 1–3-blütig; Perigonblätt. stumpf, 11–14(–17) mm lg.; Gr. kahl; Pfl. < 9 cm hoch; — Stg. kahl bis dicht behaart; Blütenstiele (2–)5–20 mm lg., locker behaart bis fast kahl; ↕ 2–8 cm; ♃. (II–)III–IV. – Sandtrockenrasen, steinige Hügel. – *s*, fast im ganzen Gebiet (*f* NL); in D bes. in BB, RP, ST, TH; A: Bgl, NÖ. [*G. saxatilis* (Mert. & W. D. J. Koch) Schult. & Schult. f.; *G. bohemica* subsp. *saxatilis* (Mert. &. W. D. J. Koch) Asch. & Graebn.]
Böhmischer G., Felsen-G., ***G. bohemica*** (Zauschn.) Schult. & Schult. f.

5 (2). Grundblätt. 2, röhrig-hohl, anfangs in der Mitte m. farblosem Mark, — stielrund, 0,8–1,5 mm br.; Zwiebeln 2, m. gemeinsamer Hüllhaut; Stg.Blätt. 1, an der Spitze kapuzenf. zus.-gezogen (ähnl. *181/4*), vom Tragblatt deutl. verschieden; Infl. 2–5-blütig; Perigonblätt. stumpf; ↕ 10–20 cm; ♃. IV–V. – Feuchte Laubwälder, Parks. – *v* im N, *s* im mittl. Teil des Gebiets u. in PL; *f* CH. Scheiden-G., ***G. spathacea*** (Hayne) Salisb.

— Grundblätt. nur 1(–2), nicht hohl; — (halb)stielrund, rinnenf. od. flach **6**

6. Grundblätt. (2–)6–15(–18) mm br. (wenn Grundblätt. < 4 mm br., vgl. *G. pratensis*), br. linealisch bis/od. schmal lanzettl., an der Spitze meist deutl. kapuzenf. zus.gezogen, — gekielt, bewimpert, am Grund rötl.; Perigonblätt. (10–)13–20 mm lg., an den Enden fast stets stumpf **8**

— Grundblätt. 1–3 mm br., schmal linealisch, an der Spitze nicht od. kaum kapuzenf. zus.gezogen, — kahl od. fast kahl; Perigonblätt. 10–15 mm lg., an den Enden spitz od. stumpf ... **7**

7. Perigonblätt. am Ende spitz; Zwiebeln stets 2, eine davon viel kleiner, von gemeinsamer Haut umschlossen (von außen daher wie eine einzelne erscheinend), mind. so hoch wie br.; Stg.-Blätt. deutl. voneinander entfernt, aber nahe der Infl.; Staubblätt. ein Drittel bis halb so lg. wie die Perigonblätt.; — Grundblätt. 1–2(–3) mm br., auffallend schmaler als das breiteste (unt.) Stg.Blatt (od. Hochblatt); Perigonblätt. 10–15 mm lg., 1–2(–3) mm br.; Jugendblätt. stielrund, am Grund kräftig purpurn; ↕ 8–15 cm; ♃. III–V. – Laubwälder, Waldränder, Lägerfluren; auf Kalk; kollin bis (sub)alp. – *s–z*, D: BB, BY, HE, MV, NI, SH, SN, ST, TH; A: Bgl, Kt, NÖ, Sb, Stm, N-Ti; CH; CZ; F: Els; PL. Kleiner G., ***G. minima*** (L.) Ker Gawl.

— Perigonblätt. am Ende stumpfl.; Zwiebeln meist 1 (sehr selten 2), höher als br.; Stg.Blätt. (1–)2–3, fast gegenst., direkt unter der Infl., kahl od. bewimpert; Staubblätt. zwei Drittel so lg. wie die Perigonblätt.; — Grundblätt. 1,5–3 mm br.; Perigonblätt. ≈ 13 mm lg.; Blütenstiele ± kahl; ↕ 3–10 cm; ♃. III–IV. – Halbtrockenrasen, Gebüschsäume, extensives Kulturland, Äcker; kollin bis submontan. – Im Gebiet nur A: *s* Bgl, NÖ, Kt?, früher Stm; *s* CZ.
Zwerg-G., ***G. pusilla*** (F. W. Schmidt) Sweet

8 (6). Zwiebeln 1, kugelig, m. brauner Hüllhaut, Nebenzwiebeln fehlend; Ersatzzwiebel sich innerh. der Hüllhaut bildend u. diese meist nicht durchbrechend; Blütenspross u. Grundblatt an der Spitze der Hauptzwiebel, unmittelbar neben den Resten des vorj. Triebs; erstes Grundblatt blhd. Pfl. kurz zugegespitzt, m. sehr deutl. kapuzenf. zus.gezogener Spitze, br. linealisch, — flach, (4–)6–15(–18) mm br., die Infl. deutl. überragend; Stg.Blätt. (Hochblätt.) 2–3, länger als od. so lg. wie die Infl.; Infl. (2–)5–8(–15)-blütig; äuß. Perigonblätt. ≈ 3-mal so lg. wie br., ihre Enden fast stets stumpf od. abgerundet, 15–18 mm lg., gelbgrün; Jugendblätt. 5-kantig; ↕ 10–30 cm; ♃. III–V. – Auenwälder, Obstgärten, Wiesen. – *v*, im NW seltener. [*G. sylvatica* (Pers.) Loudon] Gewöhnlicher G., Wald-G., ***G. lutea*** (L.) Ker Gawl.

Formenreich, z. B.:

var. ***lutea:*** Pfl. frischgrün. – Stickstoffreiche StO. – *v*.

var. ***glauca*** (Blocki) Klein: Pfl. kräftig, dk. graugrün bis blaugrün bereift. – *z*.

— Zwiebeln meist zu 2–3, außer der behäuteten, birnenf. bis eif. (kartoffelf.) u. stg.tragenden Hauptzwiebel noch 1–3 unbehäutete („nackte"), keulenf. Nebenzwiebeln (Ersatzzwiebeln), welche die Hüllhaut durchbrochen haben; Blütenspross seitl. (im ob. Drittel) aus der Hauptzwiebel wachsend, in deutl. Abstand zu den Resten des vorj. Triebs; erstes Grundblatt blhd. Pfl. allmähl. in eine undeutl. kapuzenf. Spitze zus.gezogen, — flach bis rinnig (od. stark gekielt), 2–15 mm br.; Stg.Blätt. (Hochblätt.) 2–12; Infl. 1–12-blütig; äuß. Perigonblätt. vorn stumpf, abgerundet od. spitz, 3-5-mal so lg. wie br. **9**

9. Zwiebeln meist 3, außer der behäuteten, birnenf. u. stg.tragenden Hauptzwiebel noch 2 meist waagr. lgd. unbehäutete („nackte"), keulenf. Nebenzwiebeln (Ersatzzwiebeln); Grundblätt. scharf gekielt, bes. anfangs im ∅ V-f.; unterstes Stg.Blatt (Hochblatt am Grund der Infl.) schmal linealisch, meist viel länger, zuw. aber auch so lg. wie od. selten kürzer als die Infl.; — Grundblätt. (2–)4–6(–8) mm br., meist graugrün bis dk.grün, am Grund weinrot, bogig bis schlaff niederlgd.; Stg.Blätt. (2–)3–6(–7); Infl. 1–3(–5)-blütig; äuß. Perigonblätt. vorn stumpfl. bis spitz, meist auffällig schmal u. 4–6-mal so lg. wie br.; ↕ 8–30 cm; ♃. III–IV. – Äcker, Trockenrasen, Wiesen, bes. auf sandigen Böden. – *z*, im S u. NW *s*. [*G. stenopetala* (Fr.) Rchb.]
Wiesen-G., ***G. pratensis*** (Pers.) Dumort.

— Zwiebeln 2(–5), außer der Hauptzwiebel nur 1 nackte, die Hüllhaut seitl. durchbrechende, meist schräg od. fast senkr. (selten waagr.) im Boden lgd. eif. (kartoffelf.), ungestielte Ersatzzwiebel; Grundblätt. im ∅ flach bis schwach V-f.; unterstes Stg.Blatt (Hochblatt am Grund der Infl.) schmal lanzettl., meist verbreitert u. das folg. Stg.Blatt u. die Blütenstiele scheidig umfassend, meist so lg. wie die Infl. od. auffällig kürzer; — Grundblätt. 5–15 mm br., hellgrün, dk.grün od. graugrün; Stg.Blätt. 2–12; Infl. 1–12-blütig; äuß. Perigonblätt. vorn stumpfl., abgerundet od. spitz, nicht auffällig schmal, meist 2–4-mal so lg. wie br.; ↕ 10–30 cm; ♃. III–V. – Sandige bis lehmige, nährstoffreiche Böden in ländl. Grünanlagen, Alleen, Äcker, Trockenrasen, Parkanlagen, Friedhöfe. – *s*, D: BB, BW, BY, HE, MV, ST, TH; CZ; PL? [*G. marchica* Henker et al.; *G. megapolitana* Henker]
Pommern-G., ***G.* × *pomeranica*** R. Ruthe

G. megapolitana u. *G. marchica* werden hier in den Hybridkomplex von *G.* × *pomeranica* inkludiert, der aus den Elternarten *G. lutea* u. *G. pratensis* entstanden ist. Zu *G.* × *pomeranica* werden alle Individuen gestellt, die zw. den Elternarten stehen u. morpholog. keiner der beiden Elternarten entsprechen.

Lilium L., Lilie Ⓖ

1. Perigonblätt. zurückgerollt, hell braunrot, dk. gefleckt; Blüten nickend, in Trauben; mittl. Blätt. quirlig; ↕ 40–100(–150) cm; ♃. VII–VIII. – Bergwiesen, Hochstaudenfluren, Wälder; auf Kalk. – Fast im ganzen Gebiet (in B u. DK eingebürg.), *f* NL?; *v* im S; *z* M-D, CZ, *s–f* im N. Ⓖ.
Türkenbund-L., ***L. martagon*** L.

— Blütenhülle glockig-trichterf., orangefarben bis rot, innen warzig-rau; Blätt. wechselst. **2**

2. Blüten hgd., einzeln; Perigonblätt. zinnoberrot, am Grund m. schwarzen Punkten; Staubbeutel gelb bis orange; ↕ 30–80(–90) cm; ♃. VI. – Wiesen, Hochstaudenfluren; auf Kalk; montane u. subalp. Stufe. – Nur A: S-Kt (Karawanken, Dobratsch).
Berg-L., Krainer L., ***L. carniolicum*** W. D. J. Koch

— Blüten aufr., einzeln od. wenige; Perigonblätt. rot bis orangefarben; Staubbeutel rot; ↕ 40–60(–120) cm; ♃. VI–VII. – Bergwiesen, Waldränder, Trockenrasen, extensive Äcker; basenreiche StO. – *z*, Alp., *s* Voralp., S-Schw.; auch verwild. Ⓖ. Feuer-L., ***L. bulbiferum*** L.

a. Ob. Blattachseln fast stets m. Brutzwiebeln; alle Blüten ⚥; Perigonblätt. orangefarben. – *z*, Alp., *s* Voralp., S-Schw. (Feldberg); sonst auch als Zierpfl. verwild. Feuer-L. (i. e. S.), subsp. ***bulbiferum***

— Ob. Blattachseln ohne (nur sehr selten m. wenigen) Brutzwiebeln; außer ⚥ Blüten auch ♂ Blüten od. Pfl. nur ♂; Perigonblätt. dk.orange bis rot, m. auffälligen schwarzen Flecken. – *z*, CH, FL; I: Bz; *s* im NO u. O; *f* A(?); lokal, auch in D (NW-NI, ST), im ganzen Gebiet verwild. Rote Feuer-L., subsp. ***croceum*** (Chaix) Baker

Streptopus Michx., Knotenfuß

Stg. oben verzweigt; Blatt längl. eif., stg.umfassend; Blüten grünl.weiß, unter den Blätt. sthd., ihr dünner Stiel in der Mitte gekniet; Fr. leuchtend rote Beere; ↕ 30–100 cm; ♃. V–VII. – Schattige, feuchte Bergwälder. – *z* Alp. u. Voralp., *s* Schweizer Jura, S-Schw., Bayrw./Böhmw., Thw., Erzgeb., Elbsandsteingeb.; CZ; F: Els (Vog.); PL. Stängelumfassender K., ***S. amplexifolius*** (L.) DC.

Tulipa L., Tulpe

1. Perigonblätt. meist stumpf od. m. aufgesetzter kurzer Spitze; Staubfäden kahl; Blätt. br. lanzettl., meist > 2 cm br.; — Blüten auch als Knospe aufr.; Perigon rot, gelb, weiß od. bunt; ↕ 30–60 cm; ♃. IV–V. – Alte Parkanlagen, Gebüsche, Grünflächen. – Alte Zierpfl. (Heimat: SW-As., Z-As.), häufig in Gärten gepfl.; *s* verwild., z. B. D: MV, NI, SN; A: Bgl, OÖ, NÖ, Sb, Stm; CH: Vs. – Schwach giftig! [incl. *T. didieri* Jord.; *T. grengiolensis* Thommen]

Garten-T., ***T. gesneriana*** L.

— Perigonblätt. zugespitzt; Staubfäden am Grund behaart; Blätt. linealisch, < 2 cm br.; — Perigonblätt. gelb, äuß. manchmal rot überlaufen; Pfl. m. Ausläufern; ↕ (15–)20–40(–60) cm; ♃. IV–VI. – Alte Parkanlagen, Auen, Bergwiesen, trockenwarmes Kulturland; kollin bis montan. – *z–s*, im Gebiet (bis auf CH: Vs) wohl nur eingebürg. (Heimat: MMG, W-Eur.). Ⓖ.

Wild-T., Weinberg-T., ***T. sylvestris*** L.

a. Blüten vor dem Aufblühen nickend; alle Perigonblätt. rein gelb. IV–V. – Weinberge, Obstgärten, Böschungen. – Alte Zierpfl., vielfach verwild. u. eingebürg.; *z*. Wild-T. (i. e. S.), Weinberg-T. (i. e. S.), subsp. ***sylvestris***

— Blüten vor dem Aufblühen aufr.; äuß. Perigonblätt. außen rot überlaufen. V–VI. – Bergwiesen. – *s*, CH: Vs.

Südliche Weinberg-T., subsp. ***australis*** (Link) Pamp.

Im ganzen Gebiet auch weitere verwild. (meist unbest.) Arten u. Kultivare. Weiterführende Literatur wie Jäger et al. (2008) verwenden.

Ordnung: Asparagales, Spargelartige

Familie: Orchidaceae, Orchideen, Knabenkrautgewächse (Bearbeiter: Gerald Parolly)

Stauden m. Rhizomen od. oft kugeligen od. handf. geteilten Wurzelknollen; Blüten zygomorph (*174/1*; vgl. dort am Beispiel von *Orchis* die Morphologie u. dazugehörige Abkürzungen), ⚥, in den Achseln zuw. laubiger u. gefärbter Hochblätt., in ährigen od. traubigen Infl.; Blütenhülle (Perigon) aus zwei 3-zähligen Kreisen besthd.; das mittl. Blatt des inn. Kreises zu einer meist in Form u. Farbe abweichenden, häufig gespornten (Sp = Sporn, Spe = Sporneingang) Lippe (Labellum, L), umgestaltet – durch Drehung des unterst. Frkn. (F) zeigt diese in der entfalteten Blüte nach abw. u. unten (Ausnahmen: *Nigritella, Epipogium, Malaxis* u. *Liparis*); auch die anderen Perigonblätt. können unterschiedl. differenziert sein u. teilw. kelch- (P1) bzw. kronblattart. (P2) erscheinen (in der Literatur daher oft: Kelchblätt. u. Kronblätt.); Staubblätt. (St) 2 (*Cypripedium, 174/2c*), sonst stets nur 1 (*174/1* u. *2b*), das m. dem Gr. u. den Narben (N) zu einem Säulchen, dem Gynostemium, verwachsen ist; Pollenmasse eines Staubbeutels zu einem Pollinium vereinigt (Po, auch *174/2a + c*) u. häufig gestielt (m. Stipes) u. m. Klebscheibe (*174/1* K) an der Basis (Viscidium) versehen (dann sog. Pollinarium, *174/2c*); Kapselfr.

Ⓖ Sämtl. Orchideen sind in D u. allen anderen Ländern des Gebiets geschützt!

Aus diesem Grund wird in den Schlüsseln die für die meisten Gattungen u. Arten charakteristische Form der unterird. (Speicher-)Organe nicht verwendet; die Bestimmung ist dadurch an einigen Stellen schwieriger.

1. Lippe schuhf. (*175/1*), 30–40 mm lg.; Staubblätt. 2 (*174/2a*, St); — Blüten meist einzeln; Lippe gelb .... ***Cypripedium***, 179

— Lippe nicht schuhf., oft kleiner; Staubblätt. 1, aber m. 2 Pollenfächern (*174/1* u. *2b* od. ähnl.) **2**

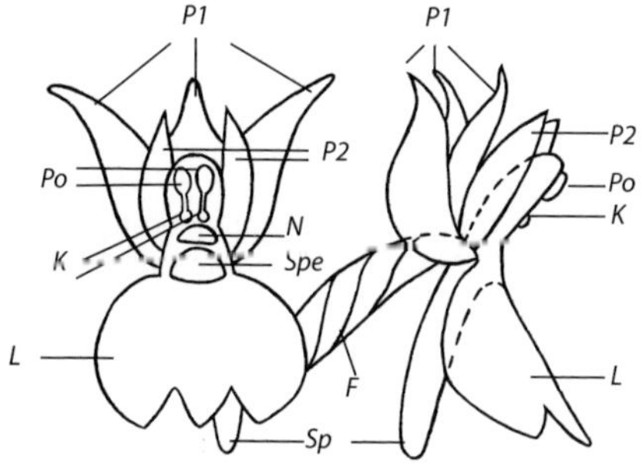

174/1

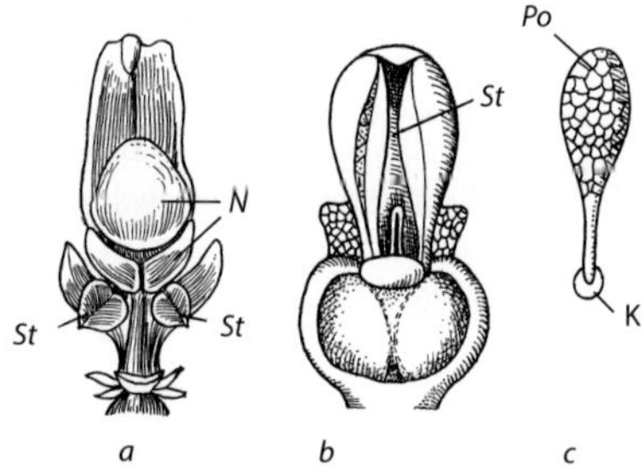

174/2

2. Pfl. m. grünen Blätt. **6**
— Pfl. ohne grüne Blätt. (Stg. nur m. gelbl., bräunl., violetten od. weißl. Schuppenblätt.) **3**
3. Stg. dk.violett; Lippe ungeteilt, aber 2-gliedrig (Vorder- u. Hinterlippe; *175/2*); — Perigon hellviolett; Sporn pfrieml. .... ***Limodorum***, 190
— Stg. bräunl., gelbl.grün od. weißl.; Lippe geteilt, aber nicht 2-gliedrig **4**
4. Stg. bräunl., dick; Blüten in dichter, reichblütiger Traube; — Lippe 2-spaltig (*191/3, 191/4*) ***Neottia nidus-avis***, 191
— Stg. gelbl.grün od. weißl.; Blüten entfernt, hgd., in wenigblütiger Traube **5**
5. Stg. weißl.; Lippe nach oben zeigend; Blüten m. kurzem, dickem Sporn (*175/3*), gelbl.weiß, rot überlaufen .... ***Epipogium***, 188
— Stg. grünl.gelb; Lippe nach unten zeigend; Blüten ungespornt, gelbl.grün m. weißl.rot punktierter Lippe (*175/4*) .... ***Corallorhiza***, 179
6 (2). Stg. m. nur 1 (selten 2) grundst. Laubblatt; — Blüten grünl.gelb, in lockerer, reichblütiger Traube .... ***Malaxis***, 190
— Stg. m. 2 od. mehr Laubblätt. **7**
7. Stg. m. 2, zuw. fast in dessen Mitte sitzenden, gegenst. Blätt.; — Lippe schmal, tief 2-spaltig (*191/5, 191/6*) .... ***Neottia***, 191
— Blätt. > 2 (wenn nur 2, dann am Grund des Stg.), wechselst., zuw. in grundst. Rosette **8**
8. Lippe ungespornt od. nur undeutl. sackf. vertieft **24**
— Lippe deutl. gespornt, zuw. kurz sackf. **9**
9. Mittellappen der Lippe die Seitenlappen weit überragend u. spiralig od. schraubig gedreht, 30–60 mm lg., mind. doppelt so lg. wie die Seitenlappen (*190/2*) ..... ***Himantoglossum***, 189
— Lippe ungeteilt od. Mittellappen höchstens doppelt so lg. wie die Seitenlappen, nicht gedreht **10**
10. Mittellappen der Lippe 2-spaltig; Seitenlappen br. u. m. welligem äuß. Rand (*190/1*); — Lippe 13–20 mm lg. .... ***Himantoglossum robertianum***, 189
— Lippe ungeteilt od. Seitenlappen am Rand nicht wellig gerollt **11**
11. Lippe nach oben weisend (da Frkn. nicht gedreht), ungeteilt, — spitzl. zulfd. (*192/1–8*); Perigon schwarzpurpurn od. rosa (selten weißl. od. gelbl.); Blüte nach Vanille od. Kakao duftend; Infl. kugelig od. eif. längl., dichtblütig; Gebirgspfl. .... ***Nigritella***, 192
— Lippe herabhgd. (da Frkn. um ± 180° gedreht), meist geteilt **12**
12. Sporn kurz- bis längl.-walzl., ± sackf. **15**
— Sporn lg. fadenf. (10–40 mm lg.) **13**
13. Lippe am Grund m. 2 Lamellen (*177/1, 177/2*), breiter als lg.; Infl. gedrängt kegelf. („pyramidenf.") bis eif., — bis 60 mm lg.; Perigon fleischfarben bis purpurrot ***Anacamptis pyramidalis***, 178
— Lippe am Grund ohne Lamellen; Infl. ährig verläng. **14**
14. Lippe ungeteilt, schmal lanzettl., viel länger als br., weißl. (*197/1, 197/2*); Laubblätt. 2 (selten 1 od. 3), grundst. .... ***Platanthera***, 196
— Lippe ± deutl. gelappt, im Umriss stumpf 3-eckig, vorn am breitesten, nur ≈ so lg. wie br. (*189/1, 189/2*), ± rosa bis hell purpurn; Stg.Blätt. mehrere .... ***Gymnadenia***, 188

175/1

175/2

175/3

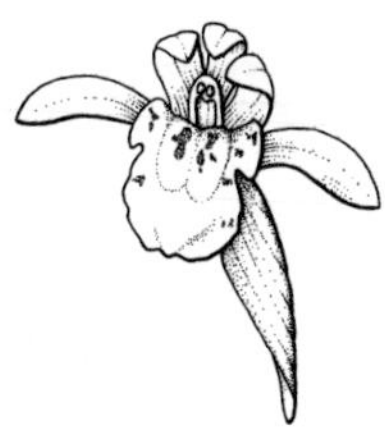
175/4

15 **(12).** Sporn kurz sackf., nach vorw. gerichtet, der an der Spitze 3-zähnigen Lippe (*180/2*) anlgd.; Perigon grünl., zuw. rötl., ± 10 mm groß .... ***Dactylorhiza viridis***, 179
— Sporn walzl., meist deutl. nach rückw. gerichtet; Perigon nicht grünl. **16**
16. Infl. allseitswendig; Perigonblätt. meist > 7 mm lg. **18**
— Infl. schwach einseitswendig; Perigonblätt. kaum 4 mm lg. **17**
17. Perigon weißl.; Stg. m. 4–6, z. T. grundst. Laubblätt.; — Perigonblätt. ± helmf., nur die Spitzen der seitl. äuß. etwas ausw. neigend (*197/3*) .... ***Pseudorchis***, 197
— Perigon fleischfarben od. rosa; Laubblätt. 2, grundst.; Stg.Blätt. 2, entfernt sthd. od. ± genähert-gegenst., klein, tragblattähnl.; — Perigonblätt. helmf. zus.neigend; Lippe fast waagr. vom Perigon absthd. (*176/1*) .... ***Ponerorchis***, 197
18 **(16).** Blüten intensiv duftend; Perigonblätt. ≈ 5 mm lg., — ± rosa; Lippe ungefleckt, m. 3 fast gleich großen Lappen .... ***Gymnadenia***, 188
— Blüten nicht od. kaum duftend; Perigonblätt. > 5 mm lg. **19**
19. Infl. im Umriss halbkugelig bis fast kugelig, höchstens kurz kegelf., dichtblütig; — Tragblätt. häutig; Perigon rosa bis hellpurpurn, selten weißl.; Perigonblätt. lg. zugespitzt, die 3 mittl. helmf. zus.neigend; die beiden seitl. ± absthd. bis zurückgeschlagen (*197/4*) ***Traunsteinera***, 198
— Infl. verläng., im Umriss längl., höchstens kurz walzl., selten ± kugelig, meist lockerblütig; Tragblätt. häutig od. krautig **20**
20. Alle Perigonblätt. helmf. zus.neigend (*177/5, 177/6*) **35**
— Die beiden seitl. Perigonblätt. absthd. od. zurückgeschlagen, die 3 mittl. helmf. zus.neigend (*176/4*) **21**
21. Tragblätt. krautig, nicht häutig, meist netznervig u. länger als der Frkn.; Sporn abw. gerichtet (*180/1*); Stg. beblätt. .... ***Dactylorhiza***, 179
— Tragblätt. häutig, oft gefärbt, ± so lg. wie der Frkn.; Sporn waagr. absthd. od. aufstgd. (*176/4*); Stg. nur m. 1 meist scheidigen Blatt **22**
22. Perigon gelb .... ***Orchis***, 195
— Perigon rot, rosa od. purpurn, selten weißl. **23**
23. Blätt. locker am Stg. verteilt, linealisch, vom Grund zur Spitze allmähl. verschmälert ***Anacamptis***, 178
— Blätt. am Grund des Stg. gehäuft, zungenf. bis br. längl., in od. über der Mitte am breitesten; — Lippe 3-teilig; Tragblätt. meist rotviolett überlaufen .... ***Orchis***, 195
24 **(8).** Lippe in der Mitte nicht eingeschnürt (aber manchmal gehöckert) **27**
— Lippe in der Mitte eingeschnürt, dadurch in einen vord. Teil (Epichil) u. hint. Teil (Hypochil) geglied. **25**
25. Perigonblätt. zus.neigend, einen spitzen Helm bildend (*176/2*), rotbraun bis violett; Tragblätt. häutig, braun .... ***Serapias***, 198
— Die beiden seitl. Perigonblätt. meist absthd.; Tragblätt. krautig, grün **26**
26. Perigonblätt. meist zus.neigend (*176/5*; nur bei der rosa- bis rotlila blhd. *C. rubra* z. Bltzt. absthd.); Blüten aufr.; Frkn. sitzend u. gedreht; Stg. oberw. meist kahl .... ***Cephalanthera***, 178
— Perigonblätt. meist absthd. (*185/1*); Blüten meist leicht hgd.; Frkn. kurz gestielt; Stg. oberw. meist behaart .... ***Epipactis***, 184

176/1

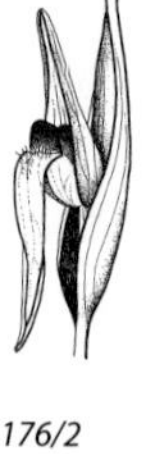
176/2

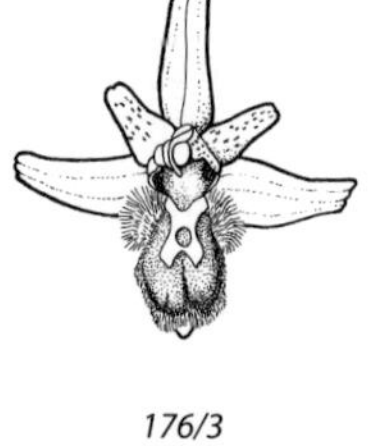
176/3

176/4

176/5

27 (24). Lippe samtig behaart; — Perigon bunt, niemals 1-farbig; Lippe wenig gespalten, aber teilw. gehöckert, einen Insektenkörper nachahmend (*176/3*) .... ***Ophrys***, 194

— Lippe kahl; — Perigon häufig 1-farbig weiß, gelbl. od. grünl., selten rot überlaufen **28**

28. Lippe 4-teilig, — gelbgrün bis hellbraun, viel länger als die helmart. zus.neigenden, grünl. gelben, rot überlaufenen od. gestreiften Perigonblätt. .... ***Orchis anthropophora***, 195

— Lippe ungeteilt od. 3-lappig **29**

29. Blätt. linealisch, grasart.; — Perigon gelbl.grün; Lippe eif. bis ± rautenf., zuw. seitl. schwach gelappt; Blüten sehr klein, 3–5 mm lg.; 5–10 cm hohe Alpenpfl. .... ***Chamorchis***, 179

— Blätt. breiter, nicht grasart. **30**

30. Lippe deutl. 3-lappig, seitl. Lappen kleiner als der mittl. u. spießf. (*189/4*); — Blüten klein, gelbl.weiß, in verläng., reichblütiger, zuw. einseitswendiger Ähre; Lippe 3,5–4,5 mm lg., nur wenig länger als die Perigonblätt. .... ***Herminium***, 189

— Lippe ungeteilt, nur an der Spitze zuw. schwach gezähnelt, gekerbt od. gefranst **31**

31. Perigon reinweiß, nur die Nerven grün od. die äuß. Perigonblätt. grünl. überlaufen; Blüten spiralig angeordnet **34**

— Perigon gelbl. od. gelbl.grün; Infl. nicht spiralig **32**

32. Infl. 2–12-blütig, kaum länger als die Blätt.; alle Perigonblätt. 5–8 mm lg., — die inn. fast fadenf., viel schmaler als die am Rand nach unten eingerollten äuß. (*190/3*); Laubblätt. 2(–3), grundst. .... ***Liparis***, 190

— Infl. > 15-blütig, viel länger als die Blätt.; Blüten kleiner, äuß. Perigonblätt. < 4 mm lg. ... **33**

33. Blätt. 3–4, eif., bis 3 cm lg., am Rand u. an den Scheiden häufig m. winzigen Brutknospen (Lupe!); das oberste Blatt in der Achsel eine kleine Sprossknolle tragend ... ***Hammarbya***, 189

— Blätt. 1, selten 2(–3), ≈ 4–6 cm lg. (s. Nr. **6**) .... ***Malaxis***, 190

34 (31). Blätt. schmal lanzettl. od. breiter, dann aber schwach bogennervig; Lippe nicht ausgesackt; Magerrasen- od. Moorpfl. .... ***Spiranthes***, 198

— Blätt. zugespitzt, ellipt., br. bogen- u. netznervig, oft gescheckt od. Nerven silbrig glzd.; Lippe am Grund kurz, aber deutl. ausgesackt; Waldpfl. .... ***Goodyera***, 188

35 (20). Lippe so br. wie od. breiter als lg. (*177/5*); Sporn waagr. absthd. od. aufstgd.; Perigonblätt. rotviolett, grün gestreift .... ***Anacamptis morio***, 178

— Lippe länger als br.; Sporn abw. gerichtet **36**

36. Lippe ungeteilt, — m. fächerf. verlfd. dk. Nerven u. nach oben gebogenen Seiten ***Anacamptis papilionacea***, 178

— Lippe (mind. seicht) 3-teilig **37**

37. Mittellappen der Lippe ungeteilt (*177/6*); — Perigon schmutzig grünl.purpurn ***Anacamptis coriophora***, 178

— Mittellappen der Lippe geteilt **38**

38. Tragblätt. höchstens ein Drittel so lg. wie der Frkn.; — Mittellappen der Lippe 2-lappig, zw. beiden Lappen stets deutl. ein kleines Spitzchen (*195/1, 195/2, 195/3*) .... ***Orchis***, 195

— Tragblatt. so lg. wie od. länger als der Frkn., mind. halb so lg. wie dieser; — Mittellappen der Lippe 2-lappig, zw. den beiden Lappen nur zuw. ein kleines Spitzchen ... ***Neotinea***, 191

177/1

177/2

177/3

177/4

177/5

177/6

Anacamptis Rich. s.l. [*Orchis* L. p.p., Knabenkraut z.T.], Hundswurz, Spitzorchis ⓖ

1. Sporn lg., fadenf., am Ende spitz auslfd.; Lippe am Grund m. 2 parallelen Lamellen (*177/2*), breiter als lg. (*177/1*); — Infl. kegelf. („pyramidenf."), später auch eif., bis 6 cm lg.; Blüten fleischfarben bis purpurrot; Blätt. linealisch; ↕ 20–60 cm; ♃. VI–VII. – Halbtrockenrasen; auf Kalk. – *z* im S, *s* im mittl. Teil des Gebiets u. im N. ⓖ. [*O. pyramidalis* L.]
Gewöhnliche Hundswurz, Pyramiden-Spitzorchis, ***A. pyramidalis*** (L.) Rich.

— Sporn zylindr., walzl. od. kegelf., am Ende manchmal verdickt; Lippe am Grund ohne parallele Lamellen 2

2. Alle Perigonblätt. (außer der Lippe) helmf. zus.neigend 4

— Seitl. Perigonblätt. absthd. od. zurückgeschlagen 3

3. Lippe breiter als lg., ihr Mittellappen von den seitl. überragt od. höchstens so lg. wie diese (*177/3*); Sporn am Ende etwas verdickt, höchstens zwei Drittel so lg. wie der Frkn.; ↕ (20–) 30–60(–70) cm; ♃. IV–V. – Sumpfwiesen. – Sehr *s*, B: Hainaut (ehem.?); CH: Ts. [*O. laxiflora* Lam.] Lockerblütige H., Lockerblütiges K., ***A. laxiflora*** (Lam.) R. M. Bateman et al.

— Lippe ± länger als br., ihr Mittellappen die seitl. überragend (*177/4*); Sporn am Ende nicht verdickt, ± so lg. wie der Frkn.; ↕ 20–60(–70) cm; ♃. V–VI. – Flachmoorwiesen; auf kalkhaltigem Boden. – D: *z* BB, *s* BW, BY, ST, TH; *s* A: Bgl; CH; CZ; PL; ehem. B u. L. ⓖ. [*O. palustris* Jacq.]
Sumpf-H., Sumpf-K., ***A. palustris*** (Jacq.) R. M. Bateman et al. (subsp. ***palustris***)

4 (2). Lippe ungeteilt, höchstens leicht gekerbt, m. nach oben gebogenen Seiten, — rosa bis purpurn, m. dk., fächerf. verlfd. Nerven; Sporn abw. gerichtet; Infl. 4–14-blütig; ↕ 15–40 cm; ♃. IV–V. – Trockenrasen. – Sehr *s*, CH: S-Ts; Hauptverbr.: MMG. [*O. papilionacea* L.]
Schmetterlings-H., Schmetterlings-K., ***A. papilionacea*** (L.) R. M. Bateman et al. (subsp. ***papilionacea***)

— Lippe (mind. seicht) 3-lappig, Seitenlappen nach unten geschlagen 5

5. Lippe breiter als lg. od. so br. wie lg., schräg nach unten sthd., ausgebr. quer-eif. od. br. nierenf., m. br., nach unten geschlagenen Seitenlappen u. kurzem, geradem od. aufw. gebogenem Mittellappen (*177/5*), rosa bis rotviolett, m. hellerem, purpurn gepunktetem Zentrum; Helm schräg nach oben sthd. u. nach vorn gerundet; Sporn waagr. od. aufw. gerichtet, zylindr.; Perigon rot bis rotviolett, Innenseite des Helms intensiv grün gestreift; — Pfl. stämmig, ↕ 10–25(–40) cm; ♃. IV–VII. – Basenreiche Magerwiesen. – Heute *z–s* im S, *s–f* im N (ehem. im ganzen Gebiet *v–z*). ⓖ. [*O. morio* L.]
Kleine H., Kleines K., ***A. morio*** (L.) R. M. Bateman et al. (subsp. ***morio***)

— Lippe länger als br., stark 3-lappig, meist stark nach rückw. gebogen, ihr Mittellappen zugespitzt, länger als die Seitenlappen, braunrot od. grünl., m. roten Flecken (*177/6*); Helm fast waagr. sthd. u. auffällig nach vorn zugespitzt; Sporn nach unten gebogen, kegelf. sich verjüngend; Perigon schmutzig grünl.-purpurn, Innenseite des Helms nicht deutl. gestreift; — Blüten nach Wanzen riechend; Pfl. zierl., ↕ 20–30(–50) cm; ♃. V–VIII. – Magerwiesen, kollin bis submontan. – Heute sehr *s*, vielfach verschwunden, noch in D: BB, BW, BY, NRW, RP, ST, TH; A: Bgl, Kt, NÖ, Stm; CZ; F. Els; PL. ⓖ. [*O. coriophora* L.]
Wanzen-H., Wanzen-K., ***A. coriophora*** (L.) R. M. Bateman et al. (subsp. ***coriophora***)

Cephalanthera Rich., Waldvögelein ⓖ

1. Perigonblätt. z. Bltzt. absthd.; Stg. oberw. samt den Frkn. kurzhaarig; — Perigonblätt. rot od. kräftig rosa; ↕ bis 70 cm; ♃. VI–VII. – Lichte Wälder; auf Kalk. – *z* im S u. im mittl. Teil des Gebiets, sonst *s*. ⓖ. Rotes W., ***C. rubra*** (L.) Rich.

— Perigonblätt. z. Bltzt. zus.neigend (*176/5*; hier: *C. damasonium*); Stg. kahl; — Perigonblätt. weiß od. gelbl.weiß od. (sehr selten) hell rosa 2

2. Perigon gelbl.weiß; äuß. Perigonblätt. 15–20 mm lg.; Blätt. längl. eif., max. 4-mal so lg. wie br.; ↕ bis 60 cm; ♃. V–VI. – Schattige Laubwälder; auf Kalk. – *v–z*, im N *s*. ⓖ. [*C. alba* (Crantz) Simonk.; *C. grandiflora* S. F. Gray] Bleiches W., Weißes W., ***C. damasonium*** (Mill.) Druce

— Perigon reinweiß (sehr selten rosa, var. *rosea* Perko); äuß. Perigonblätt. 10–15 mm lg.; Blätt. lanzettl. od. schmal lanzettl., >10-mal so lg. wie br.; ↕ bis 45 cm; ♃. V–VI. – Waldränder, Wälder.

– *v–z* Alp., *z–s* im S u. im mittl. Teil des Gebiets, NW-Grenze: SO-NL/Münster/Braunschweig/MV. Ⓖ. [*C. ensifolia* (Murray) Rich.]
Langblättriges W., Schwertblättriges W., ***C. longifolia*** (L.) Fritsch

Chamorchis Rich., Zwergorchis Ⓖ

Laubblätt. 4–8, rinnig-linealisch, fast so lg. wie der 5–10 cm hohe Blütenstg.; Ähre (3–)5–15-blütig; ♃. VII–VIII. – Steinige Magerrasen; auf Kalk; 1600–2700 m. – *z* Alp. Ⓖ.
Zwergorchis, ***C. alpina*** (L.) Rich.

Corallorhiza Gagnebin, Korallenwurz (*175/4*) Ⓖ

Infl. locker, 4–9-blütig; Fr. groß, hgd.; ↕ 6–18(–25) cm; ♃. V–VII. – Schattige Nadel- u. Laubwälder; v. a. montane Stufe. – Sehr *z* im S u. im mittl. Teil des Gebiets, sonst *s*, im N oft *f*, früher NL. Ⓖ. [*C. innata* R. Br.]
Korallenwurz, ***C. trifida*** Châtel.

Cypripedium L., Frauenschuh (*175/1*) Ⓖ

Blätt. bis 6, br. ellipt., stg.umfassend; Infl. m. 1–2 großen Blüten; äuß. Perigonblätt. schokoladenbraun, etwas gedreht; Schuh (= Lippe) 3–4 cm groß; ↕ bis 60 cm; ♃. V–VII. – Lichte Wälder, Waldränder; auf Kalk. – *z* im S. u. im mittl. Teil des Gebiets, sonst *s*. FFH24; Ⓖ! Frauenschuh, ***C. calceolus*** L.

Dactylorhiza Nevski [incl. *Coeloglossum* Hartm., Hohlzunge; *Dactylorchis* (Klinge) Verm.; *Orchis* L. p. p., Knabenkraut z. T.], Fingerwurz, Kuckucksblume Ⓖ

Die Gliederung der Gattung ist immer noch teilw. unbefriedigend u. widersprüchl. Viele Sippen sind sehr nahe verwandt, m. wenigen „reinerbigen" Arten (wie *D. fuchsii*, *D. incarnata*, *D. maculata*, *D. sambucina*, *D. viridis*) u. zahlr. allotetraploiden Sippen (Kretschmar 2018). Die Verbr. ihrer Arten u. Unterarten ist z.T. noch ungenügend bekannt. Die Artkonzepte der vorlgd. Bearbeitung folgen weitghd. Eccarius (2016). – Hybridbildung ist stellenw. sehr häufig. Dadurch ist die Bestimmung oft schwierig u. sie setzt viel Erfahrung voraus. Der Schlüssel ist meist nur auf Populationen, nicht auf Einzelpfl. anwendbar!

1. Perigon grün od. bräunl.grün; Sporn nur 2–3 mm lg., sackf., nach vorw. gerichtet, der Lippe anlgd.; — Blüten in lockerer, 5–25-blütiger Ähre; Lippe zungenf., 5–9 mm lg., m. parallelen Seitenlappen u. zahnf. Mittelappen (*180/2*), rötl.grün bis ziegelrot; ↕ 6–25 cm; ♃. V–VIII. – Kurzgraswiesen bes. der Alp. u. Mittelgeb., Magerrasen; bis 2900 m. – Alp. *z*, sonst *s*, im N nur in DK. Ⓖ. [*C. viride* (L.) Hartm.] Grüne H., Hohlzungen-F., ***D. viridis*** (L.) R. M. Bateman et al.

— Perigon nicht grün od. bräunl.grün; Sporn > 3 mm lg. 2

2. Perigon rosa bis purpurn od. weiß, nie gelb 4

— Perigon gelb, m. od. ohne ziegelroter Lippenzeichnung od. trübrot m. gelber Lippenzeichnung (selten auch m. gelben Farbanteilen auf den anderen Perigonblätt.); — Stg. hohl; Blätt. ungefleckt 3

3. Perigon gelb, m. ziegelroter Lippenzeichnung; Pfl. frischer bis mäßig trockener Magerrasen, Wiesen u. Gebüschsäume; < 30 cm hoch . . . . ***D. sambucina***, s. Nr. **4**

— Perigon rein gelb; kräftige Sumpfpfl.; > 30 cm hoch . . . . ***D. incarnata*** agg., s. Nr. **10**

4 (2). Perigon trübrot, aber Lippe am Grund gelbl. m. purpurnen Punkten; Lippe fast ungeteilt, aber Rand wellenf. gekerbt (*180/3*), ≈ so lg. wie br.; Sporn so lg. wie (zuw. länger als) der Frkn.; — Blätt. ungefleckt; Pfl. häufig gemeinsam m. gelbblhd. Exemplaren wachsend; ↕ bis 25 cm; ♃. IV–VI. – Frische bis mäßig trockene Magerrasen, (Berg-)Wiesen u. Gebüschsäume. – *s*, S- u. M-D; *z* A; CH; *s* CZ; DK; F: Els; *z* I: Bz. Ⓖ. [*O. sambucina* L.; *D. latifolia* (L.) H. Baumann & Künkele, nom. illeg.] Holunder-F., ***D. sambucina*** (L.) Soó

— Perigon andersfarbig (Grundfarbe weißl. rosa-violett bis/od. purpurn m. dunklerer Schleifen- u. Strichzeichnung, selten rein weiß od. weißl.); Lippe meist deutl. 3-teilig; Sporn kürzer als der Frkn. 5

5. Stg. hohl (± leicht zus.drückbar); Stg.Blätt. 3–6; tragblattähnl. Blätt. unterh. der Infl. 0–2; alle Blätt. am Grund od. in der Mitte am breitesten; oberstes Blatt die Infl. oft erreichend; unt. Tragblätt. > 3 mm br.; — Sporn kürzer als der Frkn., meist > 2 mm ∅ **7**

— Stg. markig (nicht zus.drückbar); Stg.Blätt. 6–10 (seltener nur 3–5); tragblattähnl. Blätt. unterh. der Infl. > 2; unt. Laubblätt. oberh. der Mitte (zuw. in der Mitte u. selten in der unt. Hälfte) am breitesten; oberstes Blatt die Infl. nicht erreichend; unt. Tragblätt. < 3 mm br.; — Sporn meist ± so lg. wie der Frkn. (selten deutl. kürzer), zylindr., ≤ 3 mm ∅; Lippe flach **6**

6. Lippe seicht 3-teilig, Mittellappen nicht vorgezogen u. meist viel kleiner als die br. abgerundeten u. oft etwas gezähnelten Seitenlappen, Zeichnung selten fehlend, meist ausgeprägt schleifenf. (*180/4*); unterstes Blatt zugespitzt, selten stumpfl.; — Sporn fast so lg. wie der Frkn.; Infl. voll erblüht kegelf., eif. od. zylindr., meist bis 35-blütig (selten 40–60-blütig); ↕ 5–50(–60) cm; ♃; 2n = 80. (V–)VI–VII. – Feuchte Magerrasen, Nieder- u. Quellmoore, lichte Wälder. – *s–z,* D; A; B; CH; DK; F: Els; FL; L; NL; PL. ⓖ. [*O. maculata* L.; incl. *D. maculata* subsp. *elodes* (Griseb.) Soó u. subsp. *ericetorum* (E. F. Linton) Verm.]

Gefleckte F., Gefleckte K., ***D. maculata*** (L.) Soó

a. Pfl. gedrungen, 5–15(–25) cm hoch; Stg. dick u. kurz; Infl. sehr dicht, 40–60-blütig, — erst kegelf., dann kurz zylindr.; Blätt. 5–7, br. lanzettl., am Grund gehäuft u. sehr kräftig u. groß gefleckt; Sporn dünn u. leicht nach unten gerichtet; ♃. V–VI. – Feuchte Dünentäler, Nasswiesen, entlang von Meeresbuchten; 0–20 m. – Bislang nur NL: Fries. Insel Terschelling (dort in individuenreichen Beständen). Terschelling-F., subsp. ***podesta*** (Landwehr) Kreutz

— Pfl. schlank, 25–50(–60) cm hoch; Stg. zierl. od. kräftiger; Infl. locker od. dicht, bis 35-blütig .... **b**

b. Grundfarbe des Perigons weiß bis weißl.; Lippe ohne Zeichnung; Blätt. ungefleckt od. sehr schwach gefleckt; Infl. zylindr., 5–10 cm lg., — 10–30-blütig; oberstes Stg.Blatt. deutl. von der Infl. entfernt; Sporn dickl., 8–11 mm lg. u. 1,5–3 mm ∅, gerade nach unten gerichtet; Blüten angenehm duftend; ↕ 30–50(–60) cm; ♃. VI–VII. – Moor- u. Bergwiesen, Waldränder. – *s,* CZ; Hauptverbr.: Karpaten u. NW-Balkan. [*O. transsilvanica* Schur; *D. fuchsii* subsp. *transsilvanica* (Schur) S. E. Fröhner] Karpaten-F., subsp. ***transsilvanica*** (Schur) Soó

— Grundfarbe des Perigons hell rosa bis rosa-violett.; Lippe m. purpurner Zeichnung; Blätt. deutl. gefleckt; Infl. voll erblüht eif., meist bis 5 cm lg.; — Sporn 4,5–8 mm lg. u. 0,8–2 mm ∅; Blüten ± duftlos .... **c**

c. Stg. ± kräftig, 20–40 cm hoch; Blätt. 3–5, oberstes Stg.Blatt. die Infl. fast erreichend; Sporn zylindr., dünn, — 5,5–8 mm lg. u. 0,8–1,5 mm ∅, leicht abw. gebogen; Infl. dicht, bis 5 cm lg., bis 25-blütig; ♃. (V–)VI–VII. – Feuchte Magerrasen, Nieder- u. Quellmoore, atlant. Feuchtheiden, bes. auf sauren Böden. – *s–z,* v. a. im atlant. Bereich, bes. N-D; B; CH; CZ; DK; F: Els; L; NL; PL. ⓖ. Gefleckte F. (i. e. S.), subsp. ***maculata***

— Stg. zierl., schmächtiger als ob. Unterart, 15–30(–50) cm hoch; Blätt. 4–7, oberstes Stg.Blatt. deutl. von der Infl. entfernt; Sporn schwach kegelf., — 4,5–7 mm lg. u. 1,5–2 mm ∅, abw. gebogen; Infl. relativ locker, bis 2,5 cm lg.,13–35-blütig (meist < 20 Blüten); ♃. VI–VII(–VIII). – Flach- u. Hochmoore; 700–1800 m. – *z* Alp. u. Vorland, Mittelgeb.; D: Bayrw., Erzgeb., Harz, Schw., Thw; A: Kt, OÖ, NÖ, Sb, Stm; Ti; CZ; F: Jura. ⓖ. [*D. fuchsii* subsp. *sudetica* (Rchb. f.) Verm.; *D. fuchsii* subsp. *psychrophila* auct. non (Schltr.) Holub] Sudeten-F., subsp. ***sudetica*** (Rchb. f.) Vöth

— Lippe tief 3-teilig, Mittellappen zugespitzt-vorgezogen, länger als Seitenlappen, fast so groß wie od. etwas größer als diese, Zeichnung meist mehr punktiert od. in Strichen (*180/5*); unterstes Blatt stumpfl.; — Sporn drei Viertel so lg. wie der Frkn., bis 10 mm lg. u. 1,5–3 mm ∅; Infl. voll erblüht zylindr., 4–15 cm lg., 14–60-blütig; ↕ 25–80 cm; ♃; 2n = 40. VI–VII. – Sumpf- u. trockene Wiesen, Waldlichtungen; bis 2100 m. – *v–z* D (bes. M-, O-D, BW, BY); A; B; CH; CZ; DK; F: Els; FL; I: Bz; L; NL; PL. ⓖ. [*O. fuchsii* Druce]

Fuchs-F., Fuchs-K., ***D. fuchsii*** (Druce) Soó (subsp. ***fuchsii***)

7 (5). Blätt. ≈ in der Mitte am breitesten, meist 3–4-mal so lg. wie br. [wenn länger, dann > 2 cm br.; wenn > 4-mal so lg. wie br., s. auch *D. majalis* subsp. *brevifolia* u. subsp. *baltica,* Nr. **15—a/b**]; — Stg. hohl, oben oft purpurn überlaufen; Infl. br., aus zahlr. mittelgroßen bis großen Blüten m. kräftig dk. magentafarbenem bis purpurnem Perigon; Sporn 7–10 mm lg. u. 2–3,5 mm ∅, stumpf u. abw. gerichtet **14**

180/1

180/2

180/3

180/4

180/5

— Blätt. vom Grund an sich allmähl. verschmälernd, zuw. riemenf. u. fast über die ganze Länge gleich br. (linealisch), (2,5–)4–8(–10)-mal so lg. wie br., bis 1,5(–2,5) cm br. **8**

8. Blätt. fast stets beiderseits dicht dk.braun bis schwärzl.violett gefleckt (in den Alp. sehr selten auch ungefleckt), schräg absthd. (nicht steif aufr.), an der Spitze nicht kapuzenf. zus.gezogen; — Stg. hohl; Blattfleckung oft ineinanderlfd., Blätt. daher einheitl. dk.farbig erscheinend; Blätt. 2,5–6-mal so lg. wie br., das größte ≈ 4-mal so lg. wie br., 5–10 cm lg. u. 1,5–2,5 cm br.; oberstes Blatt die Infl. erreichend od. länger; Infl. 4–8 cm lg.; Blüten purpurn, klein, Lippe 5,5–7 mm lg. u. 6–7,5 mm br., rautenf. (*181/1*) m. gekerbt-gezähneltem Rand; Sporn kegelf., 6–6,5 mm lg. u. 2,5–3 mm ∅, kaum halb so lg. wie der Frkn. u. ≈ so lg. wie die Lippe; ↕ 15–30 cm; ♃. VI(–VII). – Feuchte Rasen, Flachmoore. – *f* D; *s* Alp., A: N-Ti, OTi, Sb, Ti; CH; I: Bz; wohl nicht: strandnahe Sumpfwiesen in DK. – Oft zu *D. incarnata* agg. gestellt. [*D. incarnata* subsp. *cruenta* (O. F. Müll.) P. D. Sell] Blutrote F., ***D. cruenta*** (O. F. Müll.) Soó

— Blätt. nicht od. nur oberseits schwach gefleckt, selten punktiert (s. *D. incarnata,* Nr. **10**) od. kräftig gefleckt (s. *D. lapponica*, Nr. **12**), wenn beiderseits ineinanderlfd. gefleckt, dann Blätt. steif aufr. u. an der Spitze kapuzenf. zus.gezogen (s. *D. incarnata,* Nr. **10**, *181/2*); — Blüten meist größer; Perigon rot, rotviolett, rosa, weißl. od. hellgelb, m. Ausnahme der Sippen m. weißl. u. gelben Perigonen auf der Lippe meist eine deutl. dunklere Schleifen-, Strich- od. Punktzeichnung **9**

9. Blätt. grün, weniger aufr. (Winkel zw. Stg. u. längstem Blatt < 40°), meist schräg sthd., oberseits gefleckt od. beiderseits ungefleckt, an der Spitze (meist) nicht kapuzenf. zus.gezogen; — Tragblätt. nie bogenf. einw. gekrümmt (sonst vermutl. Hybriden m. *D. incarnata*!); Stg. markig od. hohl; Perigon fast stets rot, rotviolett, rosa, weißl. od. sehr selten rein weiß [bei weißblhd. u. kurzspornigen Populationen m. ungefleckten od. kaum gefleckten Blätt. in N-DK: *D. sphagnicola*, s. Nr. 13—] **11**

— Blätt. gelbl.grün, steif aufr. (Winkel zw. Stg. u. längstem Blatt < 40°), meist ungefleckt (selten oberseits gefleckt od. beiderseits ineinanderlfd. gestrichelt od. gefleckt), an der Spitze zumind. leicht kapuzenf. zus.gezogen; — Tragblätt. deutl. länger als die Blüten, oft bogenf. einw. gekrümmt; Stg. hohl; oberstes Stg.Blatt den Grund der Infl. erreichend od. überragend; Perigon rosenrot, rotviolett, violettpurpurn, rosa, weißl. od. hellgelb **10**

10. Perigon rot, rotviolett, rosa, weißl. od. hellgelb; Lippe 4,5–8 × 5–9 mm, ungeteilt od. seicht 3-lappig, ihre Seiten(lappen) ± herabgeschlagen, m. deutl. Schleifenmuster (*181/3*, bei gelben u. weißl. Blüten fehlend); Blätt. gekielt bis gefaltet, m. deutl. Kapuzenspitze (*181/2*), nahe dem Grund am breitesten; — oberstes Stg.Blatt den Grund der Infl. erreichend od. überragend; Tragblätt. länger als die Blüten, einw. gekrümmt, grün od. ± purpurn überlaufen; Infl. (4–)5–12(–20) cm lg.; Stg. steif aufr., hellgrün, kantig, m. großer Höhlung (stark zus.-drückbar); ↕ (15–)20–100 cm; ♃. V–VII. – Flachmoore u. Feuchtwiesen, Moorgebüsche; auf basenreichen, selten auf kalkarmen Böden. – *z*, im ganzen Gebiet. ©.

Artengruppe Steifblättrige F., ***D. incarnata*** agg.

a. Perigon hellgelb (od. gelbweiß), in Blütenmitte dunkler; — Lippe stets 3-teilig; Seitenlappen der Lippe gezähnelt; Blätt. dem Stg. eng anlgd., nur 1,2–2,5 cm br.; Pfl. kräftig, ↕ 50–100 cm; ♃. VI. – Flachmoore, Röhrichtgürtel; auf Kalk. – Sehr lokal u. *s*, bes. Alp. u. Alp.Vorland; D: N-BB, BW, BY, MV, SN, SH, ehem. NI; *s* A: OÖ, NÖ, Sb, Vb; CH: Vd; DK; FL; PL; ob F: Els?. ©. [*D. incarnata* subsp. *ochroleuca* (Boll) P. F. Hunt & Summerh.]

Hellgelbe F., Hellgelbe K., ***D. ochroleuca*** (Boll) Holub

— Perigon fleischfarben, zuw. kräftiger u. rosenrot bis rotviolett od. selten weißl.; — 3-Teiligkeit der Lippe unterschiedl. ausgeprägt; Blätt. dem Stg. weniger eng anlgd., z. T. leicht schräg sthd., bis 3(–3,5) cm br.; Pfl. meist kleiner, 15–60(–80) cm hoch .... **b**

181/1

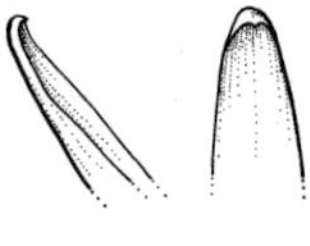
181/2

181/3

181/4

181/5

b. Perigon fleischfarben od. selten weißl. (fo. ***ochrantha*** Landwehr); Blätt. steif aufr., br., — meist ungefleckt (var. ***incarnata***), selten oberseits gefleckt (var. ***reichenbachii*** Gathoye & Tyteca [var. ***haematodes*** (Rchb. f.) Soó]) od. beiderseits fein punktiert od. strichelfleckig (var. ***hyphaematodes*** (Neuman) Landwehr); Tragblätt. meist grün, selten violett überlaufen; Infl. ellipt. bis zylindr.; Pfl. kräftig, ↕ 25–60(–80) cm; ♃. VI–VII. – StO u. Verbr. wie Artengruppe. – *z*. ⊚. [*O. incarnata* L.]

Steifblättrige F., Fleischfarbene F., ***D. incarnata*** (L.) Soó subsp. ***incarnata***

In küstennahen Dünentälern bes. in B u. NL auch Pfl. m. ganz kurzem Stg. (var. ***dunensis*** Soó, var. ***lobelii*** (Verm.) Soó).

— Perigon kräftig rosenrot bis rotviolett; Blätt. steif schräg aufw. gerichtet, schmal, — gelegentl. kurz, ungefleckt; Tragblätt. violett überlaufen; Infl. kurz eif.; Pfl. schlank u. zierl., ↕ 15–30 cm; ♃. VI–VII (2–3[–4] Wochen später blhd. als subsp. *incarnata*). – *s*, bes. Alp. u. Alp.Vorland; D: BW, BY, MV, TH, ob BB?, ehem. HE; A: Kt, Sb, Stm, O- u. N-Ti; B; CH; CZ; I: Bz (Verbr. insges. wenig bekannt). – Taxonom. Wert der Sippe unklar. ⊚. [subsp. *pulchella* auct. non (Druce) Soó] Späte F., Spätblühende F., ***D. incarnata*** subsp. ***serotina*** (Hausskn.) Soó & D. M. Moore

Von manchen Autoren werden alle folg. Sippen zu einer sehr weit gefassten ***D. majalis*** (s. ampl.) m. im Gebiet 6–9 Unterarten gestellt.

— Perigon violettpurpurn; Lippe 8–10 × 10–12 mm, deutl. 3-lappig, ihre Seitenlappen etwas abw. gebogen, m. spärl. u. undeutl. Pünktchen- od. Strichmustern od. oft ganz ohne Zeichnung; Blätt. gekielt, (fast) keine Kapuzenspitze, in od. oberh. der Mitte am breitesten; — oberstes Stg.Blatt den Grund der Infl. erreichend; Tragblätt. länger als die Blüten, ± einw. gekrümmt, ± purpurn überlaufen; Infl. 4–7(–8) cm lg.; ↕ 25–50 cm; ♃; 2n = 80. (V–)VI. – Küstennahe Sumpf- u. Schilfwiesen; auf Kalk; 0–20 m. – Sehr lokal u. *s*, D/PL: Usedom. ⊚. [*O. ruthei* Ruthe; *D. majalis* subsp. *ruthei* (Ruthe) H. Kretzschmar; *D. pomeranica* Wucherpf.]

Ruthe-F., ***D. ruthei*** (Ruthe) Soó

11 **(9).** Stg. dick, > 5 mm ∅; Laubblätt. aufw. weisend; Lippe fast ganzflächig m. einer Punktzeichnung od. Andeutung eines Schleifenmusters; — Pfl. kräftig, ↕ (20–)30–60(–70) cm; Stg. hohl (deutl. zus.drückbar); Laubblätt. 4–9; Infl. dicht- u. vielblütig (meist deutl. > 25 Blüten) **13**

— Stg. dünn, < 5 mm ∅; Laubbätt. meist ausw. weisend od. sogar etwas zurückgebogen; Lippe m. deutl.Schleifenzeichnung; — Pfl. schlank, ↕ 10–40(–55) cm; Stg. markig od. hohl; Laubblätt. 2–5; Infl. locker- u. wenigblütig (meist 5–20, selten bis 32 Blüten) **12**

12. Blätt. m. dichter, auffälliger, braunroter Fleckung, meist 2–4-mal so lg. wie br., nicht rinnig u. nicht gekielt; längstes Blatt ≈ 5-mal so lg. wie br.; Lippe 4,5–8 × 6–11 mm, fast flach od. nur wenig konvex, oft nur schwach 3-teilig, m. nur wenig abgesetztem Mittellappen, im Umriss eif. wirkend; — Stg. hohl, dünn, oben nur 3 mm ∅ u. rotbraun bis violett überlaufen; Laubblätt. meist (2–)3(–5), kurz, lanzettl., 2,5–8 × 0,8–1,5(–2) cm; Infl. locker, 5–16-blütig; Perigonblätt. dk.rot bis rotviolett; Schleifenzeichnung der Lippe häufig unterbrochen, in Striche überghd.; Sporn kegelf., kürzer als Frkn., bis 3,3 mm ∅; ↕ 10–30 cm; ♃; 2n = 80. VI–VII. – Hang-Quellfluren; auf Kalk. – *s*, Alp. von D: BY; A; CH; I: Bz. ⊚. [*D. pseudocordigera* (Neuman) Soó; *D. traunsteineri* subsp. *lapponica* (Hartm.) Soó; *D. majalis* subsp. *lapponica* (Hartm.) H. Sund.]

Lappland-F., ***D. lapponica*** (Hartm.) Soó (subsp. ***lapponica***)

Das Vorkommen von *D. lapponica* im Gebiet ist nicht unumstritten: teilw. werden die Pfl. der Alp. als *D. traunsteineri* subsp. *rhaetica* (H. Baumann & Lorenz) F. Benoit bezeichnet. *D. lapponica* wäre in diesem Konzept ein rein boreales Taxon.

— Blätt. ungefleckt od. locker u. wenig markant gefleckt, meist 5–10-mal so lg. wie br., (schwach) rinnig bis gekielt; längstes Blatt 8–10-mal so lg. wie br.; Lippe 7–10,5 × 7,5–13 mm, stark konvex, m. deutl. abgesetztem Mittellappen *(181/4)*; — Stg. markig od. hohl, oben oft violett überlaufen; Laubblätt. 3–5, bis 14 × 1,5 cm; Infl. 3–10 cm lg., locker, 8–20(–32)-blütig; Perigonblätt. rotviolett; Sporn kegelf., höchstens etwas kürzer als der Frkn., 5,5–14 mm lg. u. 1,5–3,5 mm ∅; ↕ 15–40 cm; ♃; 2n = 80. VI–VIII. – Feuchtwiesen u. Moore; Unterarten oft substratspezifisch. – *z* Alp., *s* Schw., Schweizer Jura, Vog.; CZ; PL. ⊚. [*O. traunsteineri* Rchb.]

Traunsteiner-F., ***D. traunsteineri*** (Rchb.) Soó (s. l.)

Der Verwandtschaftskreis von *D. traunsteineri* ist noch immer wenig verstanden u. kaum sinnvoll zu gliedern, da viele Populationen ungewöhnl. variabel sind (allotetraploid, offenbar mehrfach aus *D. fuchsii* u. *D. incarnata* entstanden). Die hier als Unterarten aufgefassten Sippen werden in der Literatur oft auch (zus. m. weiteren Taxa) im Artrang geführt, als Unterarten anderer Arten od. umgekehrt in ein sehr breit gefasstes Taxon *D. traunsteineri* eingegliedert, zu der auch noch *D. lapponica* s. str. gestellt werden könnte. V. a. die Abgrenzung zu *D. majalis* scheint problemat. – Pfl. aus den oben od. bei den Unterarten nicht angegebenen Gebieten (W- u. N-D, TH; DK; NL) sind sehr wahrscheinl. Hybriden, die nicht zur alpischen *D. traunsteineri* od. einer hier akzeptierten Sippe gehören.

Zu diesen Hybriden gehört wohl auch: Wirtgen-F., ***D. wirtgenii*** (Höppner) Soó: Erinnert stark an eine robuste *D. traunsteineri*, hat aber zus.drückbare (hohle) Stg.; Infl. m. 10–30(–40) Blüten; ↕ (20–)30–50(–60) cm; ♃; 2n = 80.

VI(–VII). – Basische bis saure Feuchtwiesen, ca. 250–900 m. – Sehr *s*, D: NRW (mittl. Rheintal, u. a. Köln); B?; F: Els? u. angrenzende Gebiete. Ⓖ. – Wird teilw. auch in die Synonymie von *D. lapponica* u. *D. praetermissa* gestellt.

a. Populationen des weiteren Ostseeraums (0–100 m), — auf Kalk-StO; Stg. kräftig, hohl (zus.drückbar); Blätt. m. größter Breite in der Mitte, fast rinnig gefaltet u. gelegentl. sichelig nach außen gebogen, schwach gefleckt; Infl. nur ≈ 3 cm lg., dicht 6–20-blütig; Lippe ≈ 8 × 11 mm groß; Sporn nur wenig kürzer als der Frkn.; ↕ 10–40 cm; ♃. VI. – Sumpfwiesen; auf Kalk. – *s* D: O-MV (Peenewiesen b. Gützkow, Usedom), ob noch in M-BB?; PL. Ⓖ. [*D. curvifolia* (F. Nyl.) Czerep.; *D. russowii* (Klinge) Holub] Ostsee-F., Sichelblättrige F., subsp. ***curvifolia*** (F. Nyl.) Soó

— Populationen der Mittelgeb., Alp. u. Voralp. (auch in tieferen Lagen, 200–2150 m), — auf bodensauren StO od. über Kalk; Stg. oft weniger kräftig als bei subsp. *curvifolia* .... **b**

b. Stg. markig od. m. feiner Höhlung (nicht od. kaum zus.drückbar), — oben kantig, oft violett überlaufen; Laubblätt. 3–5, wenig gefaltet, nicht kapuzenspitzig, schwach gefleckt od. seltener ungefleckt, bis 14 × 1,5 cm; Infl. 3–10 cm lg., locker, 8–12(–25)-blütig; Perigonblätt. rotviolett; Sporn kegelf., höchstens etwas kürzer als der Frkn., 8–14 mm lg. u. 2–3,5 mm ∅; ↕ 15–40 cm; ♃; 2n = 80. VII–VIII. – Gebirgsmoore; kalkmeidend; bis 2150 m. – *z* Alp., *s* Schw., Schweizer Jura (ob dort eine andere Sippe?). Ⓖ. [*O. traunsteineri* Rchb.; *D. majalis* subsp. *traunsteineri* (Rchb.) H. Sund.] Traunsteiner-F. (i. e. S.), subsp. ***traunsteineri***

Populationen aus D: SW-Pfalz u. F: N-Vog., die morpholog. zw. *D. traunsteineri* u. *D. sphagnicola* stehen, werden neuerdings als Ⓖ Wasgau-F., ***D. traunsteineri*** subsp. ***vosagiaca*** Kreutz & P. Wolff [*D. vosagiaca* (Kreutz & P. Wolff) Herr-Heidtke & Heidtke], abgetrennt u. oft im Artrang geführt.

— Stg. hohl (zus.drückbar); — Blätt. teilw. schwach kapuzenspitzig; im Gebiet nur in CZ .... **c**

c. Größte Blattbreite in der ob. Hälfte; Spitze des größten Blattes stumpfl. gerundet; — Blätt. 3–4, undeutl. gefleckt od. ungefleckt, schräg aufr., 7–21 × 0,9–2 cm; Infl. (7–)10–15(–20)-blütig, (3,5–)4,5–6(–8) cm lg.; Lippe br. verkehrt-eif., stark konvex, (5,8–)6,7–7,8(–8,7) × 9,4–12,4 mm; Sporn kegelf., (1,5–)2–2,5 mm ∅; ↕ 20–50 cm; ♃. VI–VII. – Magere Sumpfwiesen; auf schwach kalkhaltigen Nassböden; 200–270 m. – *s*, CZ: nur Böhmw. (N-Böhmen). [*D. bohemica* Businský] Böhmische F., subsp. ***bohemica*** (Businský) Kreutz & Szep.

— Größte Blattbreite in der unt. Hälfte; Spitze des größten Blattes zugespitzt .... **d**

d. Pfl. meist > 30 cm hoch; Blätt. 3–5, kräftig purpurn gefleckt, 8,5–16,5 × 1–1,9 cm; Infl. 6–10 cm lg., relativ dicht; — Sporn zylindr., 5,6–8,1 mm lg. u. 1,5–2,1 mm ∅; Lippe am Grund keilf., 5,8–7,5 × 6,3–10,6 mm; ↕ 30–55 cm; ♃. V–VI. – Kalkhangmoore; 500–1000 m. – *s*, CZ (nur Weiße Karpaten). [*D. fuchsii* subsp. *carpatica* (Batoušek & Kreutz) Kreutz; *D. carpatica* (Batoušek & Kreutz) P. Delforge] Karpaten-F., subsp. ***carpatica*** Batoušek & Kreutz

— Pfl. meist < 25 cm hoch; Blätt. 3–4, ungefleckt od. undeutl. gefleckt, (6–)7–9(–12) × (0,7–)1,1–1,3(–1,6) cm; Infl. (3–)4–5(–6,5) cm lg.; — Sporn zylindr. bis kegelf., 7,5–10 mm lg. u. 2–3,5 mm ∅; ↕ (12–)14–20(–26) cm; ♃. VI–VII. – Bodensaure Moore u. Sümpfe; 900–1100 m; – *s*, SO-CZ: Böhmw. (ob D: Erzgeb.?). – Vgl. auch *D. majalis* subsp. *brevifolia*, s. Nr. **15**—b. [*D. majalis* subsp. *turfosa* F. Proch.] Torfmoor-F., subsp. ***turfosa*** (F. Proch.) Kreutz

13 (11). Größtes Laubblatt 3,5–6(–7)-mal so lg. wie br.; Sporn wenig kürzer als die Lippe (selten wenig länger), 5–9,5 mm lg.; Lippe bis 9,5 × 11,5 mm, schmal trapezf., ± flach, Ränder etwas aufw. geschlagen; — Blätt. ungefleckt [var. ***praetermissa***] od. m. ringf. Flecken [var. ***junialis*** (Verm.) Senghas [*O. pardalina* Pugsley]]; Infl. 6–11 cm lg., 25–70-blütig; Grundfarbe des Perigons (kräftig) rosalila; Lippe m. reicher, blassvioletter Punktzeichnung, die auf die dunkler gefärbten Ränder ausstrahlt; ↕ (20–)40–70 cm; ♃; 2n = 80. VI–VII. – Sumpfwiesen; auf Kalk; kollin. – *s*, D: NRW (nördl. Rheinl.), NI (im S angesalbt), RP (Saarland), SH; in Ausbr. begriffen; *z*, B; N-DK; L; NL. Ⓖ. [*D. majalis* subsp. *praetermissa* (Druce) D. Moore & Soó; *D. majalis* subsp. *integrata* (E. G. Camus) H. A. Pedersen]
Übersehene F., ***D. praetermissa*** (Druce) Soó (subsp. ***praetermissa***)

— Größtes Laubblatt (6–)7–14-mal so lg. wie br.; Sporn 1,2–1,4-mal so lg. wie die Lippe, 8–14 mm lg.; Lippe bis 9 × 12,5 mm, rautenf. bis kreisf., in der Mitte schwach nach unten gefaltet, Mittellappen schwach vorgezogen; — Blätt. ungefleckt; Infl. 4–8(–10) cm lg., (13–)25–40(–100)-blütig; Grundfarbe des Perigons rosalila od. viel blasser; Lippenzeichnung fehlend od. verschwommen punkiert, selten m. schleifenf. Strichelung; ↕ (20–)30–60 cm; ♃. VI–VII. – Hoch- u. Zwischenmoore, Moorheiden u. -brachen, meist m. *Sphagnum* (Torfmoos); kalkmeidend; kollin. – NW-D: *s* NI (Lüneburger Heide, Ostfriesland,) NRW (Nordeifel, N Paderborn: „*D. sennia*", Wahner Heide S Köln, Niederheinische Bucht/Elmter Bruch: „*D. hoeppneri*"), SH (u. a. b. Hamburg); *s* B; DK; NL; Verbr. noch ungenau bekannt; vermutl. hybridogene Entstehung. Ⓖ. [*O. sphagnicola* Höppner; *D. incarnata* subsp. *sphagnicola* (Höppner) H. Sund.; *D. majalis* subsp. *sphagnicola* (Höppner) H. A. Pedersen & Hedrén; incl. subsp. *hoeppneri* (A. Fuchs) P. Dalkowski et al., nom. inval.; *D. sennia* Vollmar] Torf-F., ***D. sphagnicola*** (Höppner) Soó

Hierher wohl auch folg. Sippe (sehr wahrscheinl. konspezifsch u. nur lokaler Ökotyp?): Kalkfliehende F., ***D. majalis*** subsp. ***calcifugiens*** H. A. Pedersen: Perigon rein weiß, Lippe ohne Zeichnung; Sporn meist < 9 mm lg.; Blätt. weniger steil gestellt (Winkel zw. Stg. u. längstem Blatt > 40°); ♃. VI–VII. – Sonnige, feuchte bis nasse u. bodensaure Dünentälchen. – *s*, NW-DK (Nordjylland).

14 (7). Blätt. meist beiderseits violett gefleckt (selten nur oberseits gefleckt od. ungefleckt), — ≤ 2,5 cm br., 2,5–6-mal so lg. wie br., das größte ≈ 4-mal so lg. wie br. ...... ***D. cruenta***, s. Nr. **8**

— Blätt. nur oberseits violett gefleckt od. ganz ungefleckt **15**

15. Blätt. meist ungefleckt od. gegen die Spitze zu schwach punktf. gefleckt („*D. majaliformis*"); Lippe ungeteilt od. schwach 3-teilig, im Umriss ± rautenf., flach od. ihre Seitenlappen leicht aufgebogen (selten leicht herabgeschlagen); Sporn schmal zylindr., 7–9 mm lg. u. 2–2,5 mm ∅; — Blätt. 5–7; Perigon intensiv purpurn; Lippe 5–8 × 6,5–12 mm, m. dunkleren Punkten u. kräftigen Linien gezeichnet, aber ohne markantes Schleifenmuster; ↕ 10–30(–40) cm; ♃. VI. – Sumpfwiesen, Dünensenken. – *s*, N-Jütland (DK); wohl nicht in D. [*O. purpurella* T. Stephenson & T. A. Stephenson; *D. majalis* subsp. *purpurella* (T. Stephenson & T. A. Stephenson) D. M. Moore & Soó; *D. purpurella* subsp. *majaliformis* Løjtnant]

Purpurblütige F., Purpurblütige K., ***D. purpurella*** (T. Stephenson & T. A. Stephenson) Soó

— Blätt. oberseits fast stets kräftig gefleckt; Lippe deutl. 3-teilig, am Rand meist gezähnelt, ihre Seitenlappen ausgebr. od. herabgeschlagen; Sporn schwach kegelf., (6–)7,5–10 mm lg. u. 2–3,5 mm ∅; — Blätt. 4–7; Perigon hell bis kräftig purpurn od. weiß; Lippe 5–10 × 7–15 mm, meist m. dunklerer schleifenf., sich ± schließender Linienzeichnung (*181/5*); Stg. oben kantig; ↕ 10–70 cm; ♃. V–VII. – Offene, feuchte bis nasse StO. – *z* im ganzen Gebiet. Ⓖ. [*O. majalis* Rchb.; *O. latifolia* auct.; *D. fistulosa* (Moench) H. Baumann & Künkele]

Breitblättrige F., Breitblättrige K., ***D. majalis*** (Rchb.) P. F. Hunt & Summerh.

Die taxonom. Bewertung der Populationen aus den Hochlagen der Alp. (subsp. ***alpestris***; var. ***pumila***) ist nach wie vor umstritten. Sie stehen der Nominatunterart nahe. Die Eigenständigkeit der subsp. ***baltica*** ist dagegen weitestghd. akzeptiert.

a. Stg. schlank, bis 60 cm lg. u. am Grund bis 1 cm ∅; Blätt. ± aufr. absthd., schmaler als bei folg. Sippen, 10–30 × 1,5–2,7(–3,5) cm, — schwach bis kräftig gefleckt; Infl. 4–11 cm lg.; Perigon oft heller als bei folg. Sippen; Lippe deutl. 3-teilig, 6,5–9 × 8–13 mm; Seitenlappen gekerbt; Mittellappen klein; ↕ 25–70 cm; ♃. VI–VII. Spätblhd. Tieflandsippe (ab Ende VI). – Strandwiesen, an Salz-StO. – Verbr. Baltikum bis Z-As.; *s*, Angaben im Gebiet für D: O-MV (östl. Ostseeküste) zweifelhaft; O-PL. Ⓖ. [*O. baltica* Klinge]

Baltische F., Baltische K., subsp. ***baltica*** (Klinge) Senghas

— Stg. kräftig, 10–55 cm lg., am Grund bis 1,2 cm ∅; Blätt. schräg absthd., deutl. breiter als bei subsp. *baltica*, bis 18 × 3,5 cm .... **b**

b. Blätt. meist nur 4, die unt. eif. lanzettl. bis ellipt., oberseits dicht u. groß gefleckt; Infl. 10–23-blütig, bis 5 cm lg.; Lippe undeutl. 3-teilig bis ungeteilt (m. vorgezogener Spitze), m. wellig gekerbtem Rand, bis 15 mm br.; ↕ 10–25(–30) cm; ♃. VI–VII. – Moore u. Gebirgsrasen der Alp.; bis 2000 m. – *z*. Ⓖ. [*O. alpestris* Pugsley; *D. majalis* var. *pumila* (M. Schulze) Landwehr] Alpen-F., subsp. ***alpestris*** (Pugsley) Senghas

— Blätt. meist 5–6(–7), die unt. br. lanzettl., allmähl. zugespitzt, meist kräftig gefleckt; Infl. 20–50-blütig, bis 10 cm lg.; Lippe fast stets deutl. 3-teilig m. vorgezogenem Mittellappen, bis 13 mm br.; ↕ 15–40(–60) cm; ♃. V (frühblhd.). – Flachmoore, Nasswiesen. – *v–z*. Ⓖ. Breitblättrige F. (i. e. S.), Breitblättrige K. (i. e. S.), subsp. ***majalis***

Unklar ist die Stellung der (heterogenen) Populationen, die als Kurzblättrige F., subsp. ***brevifolia*** (Bisse) Senghas, zus.gefasst werden: ↕ 15–20 cm; Blätt. schmal, rinnig gefaltet, > 5-mal so lg. wie br.; Blüten u. ob. Stg.Teil violett überlaufen; spätblhd.; ♃. VI–VII. – Flachmoore; auf Kalk. – *s*, D: BB, MV, TH. Zumind. einzelne Aufsammlungen u. Bestände (z. B. in TH) lassen sich entw. der subsp. *majalis* zuordnen od. repräsentieren morpholog. eher *D. traunsteineri*-ähnl. Hybriden (MV).

Ähnl. u. vielleicht zum o. g. Komplex gehörig sind Pfl., die morpholog. zw. *D. majalis* (subsp. *alpestris*) u. *D. lapponica* vermitteln u. als Kleine F., ***D. parvimajalis*** D. Tyteca & Gathoye, beschrieben wurden: Stg. mäßig kräftig, ± zus.drückbar; Blätt. meist 3–5, oberseits gefleckt; Infl. 7–35-blütig, 4–7(–10) cm lg.; Lippe undeutl. 3-teilig, (6–)7–9(–10) × (7,5–)9–12,2(–14,7) mm; am Rand gelegentl. schwach gezähnelt; Sporn zylindr., (8–)9–13(–15) mm lg. u. 2–3,5 mm ∅; ↕ (12–)20–35 cm; ♃. VI–VII. – Bodensaure Feuchtwiesen; 1000–2000 m. – *z–s*, F: Alp., Hoch-Vog.; ob D?

Im Habitus u. Blütenbau ähnl. *D. fuchsii* × *D. viridis* (Verwandtschaft aber unklar, von Perko in Fischer et al. 2008 als mutative Varietät von *D. majalis* aufgefasst) ist die Ischl-F., ***D. isculana*** Seiser: Stg. nie purpurn überlaufen; Blätt. 4–5, schmal lanzettl., gekielt, 5–12 × 0,4–1,5 cm, kräftig kleinfleckig; Infl. 13–30-blütig; Lippe flach rosa, m. 2 purpurnen, fast parallelen Balken od. Strichreihen; Sporn gerade bis abw. gebogen; ≈ 6 mm lg. u. 3 mm ∅; Pfl. zierl., ↕ 15–30 cm; ♃. VI. – Feuchtwiesen; auf Kalk; 550 m. – Sehr *s* u. nur an einem FO, A: OÖ (b. Bad Ischl).

Im Gebiet angesalbt (wohl erloschen?): Hohe F., ***D. elata*** (Poir.) Soó [*D. sesquipedalis* (Willd.) M. Laínz; *D. majalis* subsp. *sesquipedalis* (Willd.) H. A. Pedersen & Hedrén]: Pfl. sehr kräftig, ↕ 50–80(–110) cm; Blätt. 5–10, bis 25 cm lg., ≈ 5-mal so lg. wie br., unterh. der Mitte od. sogar am Grund am breitesten; Tragblätt. länger als die Blüten; Perigon dk.purpurn bis rosalila; Lippe kaum geteilt bis ungeteilt, 8–9 × 10–12 mm, m. Schleifenzeichnung; Sporn bis 15 mm lg.; ♃. – VI. Wiesenmoore. – W-MMG, nur 2 (ehem. ?) Fundstellen in SW-NL: Zeeland.

Epipactis Zinn, Ständelwurz, Sumpfwurz, Sitter Ⓖ

Bei Arten dieser Gattung ist die Lippe 2-geteilt in ein flaches, oft m. krausen od. glatten Höckern versehenes Lippenvorderglied (Epichil, *185/1*, E) u. ein schüsself. u. nektarführendes Lippenhinterglied (Hypochil, *185/1*, H); die Verbindung ist meist starr, seltener über ein Gelenk bewegl. (im Gebiet nur bei *E. palustris*). Der Übergang zw. Epi- u. Hypochil ist diagnost. wichtig (*185/5–11*). Die Rostelldrüse ist entw. ausgebildet, deutl. abgesetzt, kugelf., weiß (*185/2*, R) od. fehlend od. rasch unwirksam werdend (*185/3*); daher Allogamie (Fremdbestäubung) od. Autogamie (Selbstbestäubung) od. fakultative Autogamie. Alle Arten sind Rhizomgeophyten. Einige Arten sind extrem variabel; bes. die Artengruppe um *E. helleborine* ist schwer bestimmbar u. manche Populationen lassen sich kaum zuordnen. In den Randbereichen des Gebiets u. angrenzend (Ungarn, F) noch weitere seltene, z.T. kürzl. beschriebene Sippen in dieser Gattung (z.B. ***E. exilis*** P. Delforge im österr.-ungar. Grenzgebiet; zierl. Formen von ***E. helleborine*** wie subsp. ***minor*** (R. Engel) R. Engel in F: Els [N-Vog., spätblhd., VIII–IX] u. subsp. ***moratoria*** A. Riechelmann & A. Zirnsack in D: BW u. S-BY), deren Bedeutung sich erst noch bestätigen sollte u. m. E. sich kaum von der subsp. *helleborine* unterscheiden lassen. Hybridbildung ist häufig. – Schlüssel teilw. in Anlehnung an Griebl (2013).

1. Hypochil weiß/gelb m. roten Nerven, schmal, fast rinnenf., beiderseits auffallend geöhrt; Epichil durch tiefen Einschnitt vom Hypochil getrennt, bewegl. m. diesem verbunden, rundl., — weiß m. gelbl. u. rötl. Zeichnungen u. Höckern; allogam; ↕ 30–50 cm; ♃. VI–VIII. – Sumpfwiesen, Wiesenmoore; auf Kalk. – *v–z* im S, *z–s* m mittl. Teil des Gebiets u. im N, oft erloschen. ⓖ. Sumpfwurz, Sumpfsitter, Sumpf-S., ***E. palustris*** (L.) Crantz

— Hypochil 1-farbig (dk.braun, selten rötl. od. grünl.), rundl.-schüsself. od. napff.; Epichil dem Hypochil br. aufsitzend, unbewegl., kurz zugespitzt (*195/1*) **2**

2. Epichil m. glatten Höckern; — Blattränder u. Nerven meist m. Papillen; Stg.Blätt. so lg. wie od. länger als die Internodien; äuß. Perigonblätt. ± grünl.; Blüten duftlos, Frkn. ± kahl, allmähl. in seinen Stiel verschmälert **4**

— Epichil m. krausen Höckern; — Stg. im Infl.Bereich od. der ob. Hälfte stark, teilw. graufilzig, behaart **3**

3. Perigon grünl.weiß, rötl. überlaufen; Stg.Blätt. kürzer als die Internodien, sehr klein, 2–3(–4) cm lg., — eilanzettl., graugrün, oft violett überlaufen; Infl. wenig- u. lockerblütig; unt. Tragblätt. nicht länger als die Blüten, mittl. nur so lg. wie der weichhaarige Frkn.; meist Pfl. meist ganz grau-grün behaart; autogam; ↕ 30–50 cm; ♃. VI–VII. – Schattige Bergwälder; auf Kalk. – Sehr *z* im S u. im mittl. Teil des Gebiets, nördl. bis Aachen, Osnabrück, Braunschweig, Oranienburg; B; S-PL. ⓖ. Kleinblättrige S., ***E. microphylla*** (Ehrh.) Sw.

— Perigon überwgd. 1-farbig bräunl.rot bis purpurn (selten grünl.); Stg.Blätt. so lg. wie od. länger als die Internodien, 4–9 cm lg., — steifl., br. eif. bis lanzettl., zugespitzt, fast 2-zeilig angeordnet; Blattunterseiten u. Stg. oft purpurn überlaufen; Blüten nach Vanille duftend; Frkn. wie Stg. flaumig-filzig behaart, deutl. vom Stiel abgesetzt; Epichil m. ± 2-geteilter, höckeriger, runzeliger Schwiele; allogam od. fakultativ autogam; ↕ 15–70 cm; ♃. VI–VII. – Lichte Wälder, sonnige, buschige Hänge, Dünenwälder; auf Kalk. – *v–z* im S u. im mittl. Teil des Gebiets, sonst *s*. ⓖ. [*E. atropurpurea* auct.; *E. rubiginosa* (Crantz) W. D. J. Koch] Braunrote S., ***E. atrorubens*** (Hoffm.) Besser

4 (2). Stg. (auch) im Bereich der Infl. ± kahl; — Pfl. meist kleinwüchsig, ↕ bis 45 cm; unt. Tragblätt. br. eif. bis lanzettl., die Blüten weit überragend; Stg.Grund unbeblätt.; Blätt. 3–6,

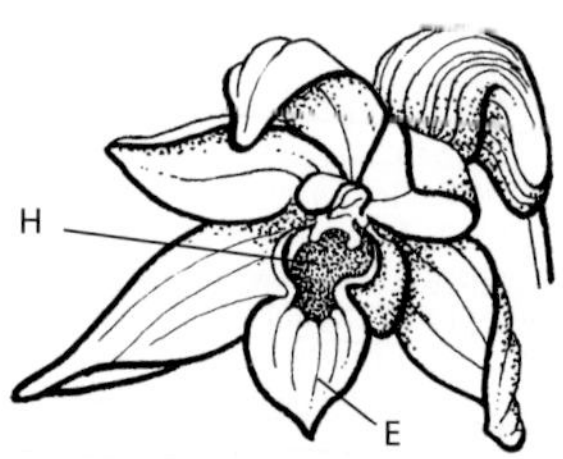

185/1

Zu *185/2–4*: N Narbe, Po Pollinien, Ps Pollenschüssel (Klinandrium), R Rostellum, S Stiel des Staubbeutels, Sb Staubbeutel

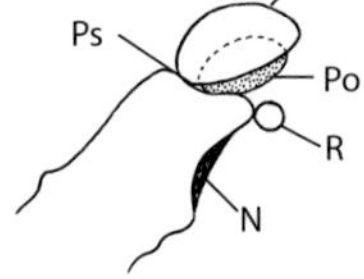

185/2

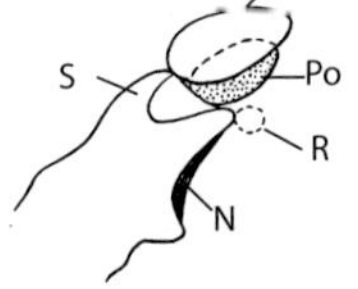

185/3

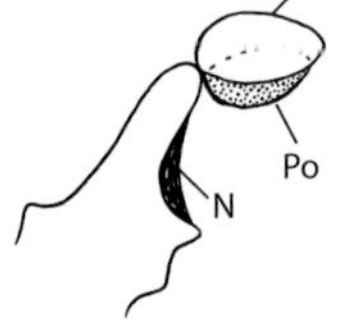

185/4

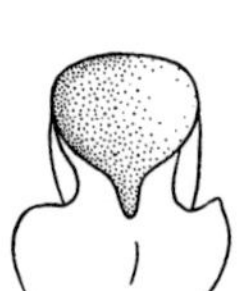

185/5

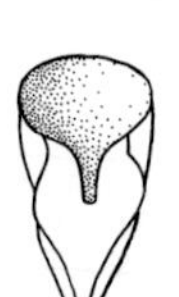

185/6

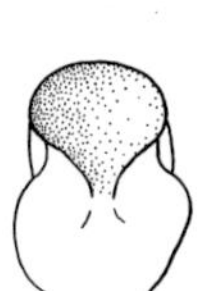

185/7

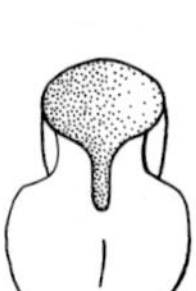

185/8

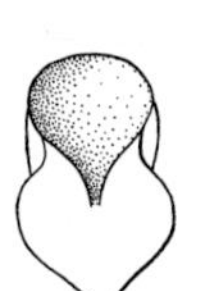

185/9

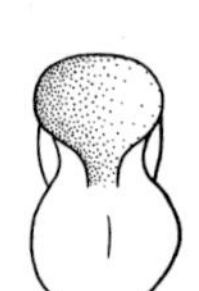

185/10

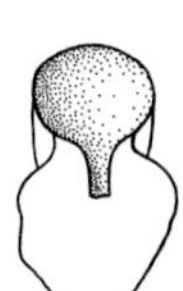

185/11

nach unten gebogen, in der Stg.Mitte konzentriert; Blattrand unregelm. m. büscheligen Papillen; Infl. locker, 3–6-blütig, einseitswendig; Blüten waagr. bis (meist) hgd., glockig, oft geschlossen; Hypochil weißl.grün; Epichil weißl.rosa, an der Spitze grünl.; Frkn. bereits z. Bltzt. angeschwollen; Pfl. kahl od. nur spärl. behaart; autogam; ♃. VII–VIII. – Laubwälder, Dünen; auf Kalk; Flachland u. Küste. – *s*, D: MV (Rügen, Usedom?), NRW (z. B. Minden-Lübbecke), SH (Hamburg, Rendsburg-Eckernförde); B; O-DK. ©. [*E. confusa* D. P. Young]
Grünblütige S., Englische S., ***E. phyllanthes*** G. E. Sm.

— Stg. zumind. im Bereich der Infl. deutl. behaart; — Pfl. häufig hochwüchsig, oft stattl., m. kräftigen, behaarten Stg., bis 80(–100) cm hoch; ob. Blätt. in Tragblätt. überghd.; Stg.Grund meist beblätt. **5**

5. Frisch geöffnete Blüten ohne (*185/4*) od. m. verkümmerter bräunl. Rostelldrüse (*185/3*; autogam) **11**

— Frisch geöffnete Blüten m. deutl. abgesetzter kugelf. weißer Rostelldrüse (*185/2*, R; allogam bis fakultativ autogam) **6**

6. Blätt. zumind. unterseits violett überlaufen; Perigonblätt. seidig glzd.; — grünl.weiß; Stg. oft büschelweise wachsend; Blätt. lanzettl., < 2-mal so lg. wie die Stg.Glieder; Infl. dicht- u. reichblütig; Rostelldrüse funktionsfähig, aber bald vertrocknend; ↕ 20–70 cm; ♃. VIII–X. – Schattige Wälder. – *z* im SW, sonst sehr *z* bis *s*. ©. [*E. violacea* (Dur.-Duq.) Boreau; *E. sessilifolia* Peterm.; *E. viridiflora* (Hoffm.) Krock.] Violette S., ***E. purpurata*** Sm.

— Blätt. beiderseits grün od. höchstens am Grund violett überlaufen; Perigonblätt. nicht glzd. **7**

7. Rostelldrüse zumind. anfangs klebrig (funktionsfähig); ↕ 10–100 cm; ♃. VII–VIII. – Laubwälder u. Gebüsche. Im ganzen Gebiet, meist *v*, im N u. im mittl. Teil des Gebiets stellenw. *z*. ©. – Formenreich. Artengruppe Breitblatt-S., ***E. helleborine***

a. Dünenpfl. der Küste; — Stg. kräftig, sehr dicht behaart, oft nur bis 30 cm; Pfl. kompakt; Laubblätt. am Stg.-Grund gedrängt; Infl. oft dichtblütig; unt. Tragblätt. kürzer als ihre Blüten, diese meist nicht voll geöffnet; ↕ 15–35(–50) cm; ♃. VI–VII. – Dünenkomplexe, meist in Kriechweidengebüschen, seltener in Gehölzen u. Wäldern. – Nord- u. Ostseeküste: *z*, D: NI (z. B. Borkum), SH, ob MV (Usedom)?; W-B; DK; NL. ©. [*E. renzii* Robatsch] Holländische Breitblatt-S., ***E. helleborine*** subsp. ***neerlandica*** (Verm.) Buttler

— Waldpfl. des Binnenlands; — Stg. nur selten auffallend kräftig u. sehr dicht behaart, meist > 25 cm; Laubblätt. meist am Stg. verteilt; Infl. lockerblütig od. dichtblütig; unt. Tragblätt. meist länger als ihre Blüten .... **b**

b. Größte Blätt. 1,5–3,5 cm br., — bogig gekrümmt; Stg. unt. schwach behaart, dünn, leicht hin u. her gebogen; Infl. locker 5–12(–30)-blütig, ihre Achse dicht flaumig behaart; äuß. u. inn. Perigonblätt. weißl.grün, am Rand rötl.; Epichil herzf., so lg. wie br., weißl., rosa überlaufen; Hypochil innen hellbraun od. oliv; Rostelldrüse später funktionslos werdend; ↕ 15–45 cm; ♃. VII. – Eichen-Hainbuchenwälder; 300–450 m. – Sehr *s*, A: Bgl, NÖ; CZ. – Teilw. auch als Syn. od. var. von *E. leptochila* subsp. *neglecta* aufgefasst. Vöth-S., ***E. voethii*** K. Robatsch

— Größte Blätt. ≥ 3,5 cm br. .... **c**

c. Stg. auf ganzer Länge kurzhaarig; Blütenstiel am Grund grünl.; — Stg. dick; Blätt. 4–8, bis 6 cm lg., rundl., am Rand oft gewellt, 1,5–2-mal so lg. wie die Internodien; Infl. 10–25-blütig; Blüten auffällig hell, weitglockig, nickend bis hgd.; Übergang Epichil/Hypochil sehr br.; Rostelldrüse entwickelt, aber funktionslos; ♃. VI–VII. – Schwarzkiefernforst; ≈ 300 m. – Sehr *s*, bisher nur A: NÖ (Weikersdorf im Steinfeld).
Steinfeld-S., ***E. lapidocampi*** E. Klein & M. Laminger

— Stg. unten kahl, sonst kurzhaarig; Blütenstiel am oft Grund purpurn od. bronzefarben .... **d**

d. Blätt. ≈ so lg. wie die Internodien; Bltzt. zeitgleich m. *E. atrorubens* (oft am gleichen StO wachsend); — Stg. auffällig dick, oft büschelig wachsend; Blätt. 3–6, gelbgrün, derb, das unterste 2–4,5 cm lg., rund, tütenf., aufw. gerichtet bis stg.anlgd., die ob. 4–7 cm lg., kreisf. bis eif.-lanzettl., aufw. gerichtet bis schräg absthd; Infl. 10–40-blütig, br. ausladend, ≈ ein Drittel der Pfl.Höhe einnehmend; Blüten relativ groß (Perigonblätt. 7–13 mm lg.), weit geöffnet, waagr. absthd. bis leicht nickend; hellgrün bis rötl.; Übergang Epichil/Hypochil U-f., eng; Rostelldrüse funktionsfähig (allogam); ↕ 25–60 cm; ♃. VII–VIII. – Lichte Kiefernwälder, Gebüsche; meist über Kalk; bis in die subalp. Stufe. – *s*, D: BB, BW, S- u. N-BY, MV, RP, TH; A: Bgl, Kt, NÖ, Stm, Ti; CH; I: Bz; NL; PL; ob F: Els?. ©. [*E. helleborine* subsp. *distans* (Arv.-Touv.) R. Engel & Quentin; *E. helleborine* subsp. *orbicularis* (K. Richt.) E. Klein] Kurzblatt-S., ***E. distans*** Arv.-Touv.

— Blätt. ≈ 2–3-mal so lg. wie die Internodien; Bltzt. Anfang Juli/Ende August (≈ 2 Wochen später als *E. atrorubens*); — Blätt. 4–12, 6–17 cm lg., nach oben zu kleiner werdend; Infl. vielblütig; Blüten grünl., meist rot überlaufen; Rostelldrüse gut entwickelt u. funktionstüchtig (allogam, *185/2*); 20–100 cm; ♃. VII–VIII. – Wälder u. Gebüsche, Parkanlagen, hochrasige Wiesen, Wegränder. – *v*. ©. [*E. latifolia* (L.) All.]
Breitblatt-S., ***E. helleborine*** (L.) Crantz **e**

e. Epichil so lg. wie br. bis breiter als lg.; Übergang zw. Epichil u. Hypochil weder sehr eng noch verkehrt schlüssellochf. (*185/5*); Stg. unten meist grün. – StO u. Verbr. wie Art. ©. Breitblatt-S. (i. e. S.), subsp. ***helleborine***

— Epichil etwas länger als br.; Übergang Epichil/Hypochil sehr eng, verkehrt schlüssellochf.; Stg. unten kräftig purpurn. – Luftfeuchte Fichten-Tannenwälder; auf Kalk. – Sehr *s*, nur A: SO-Kt (Kleiner Obir), sonst Slowenien (Triglav). – Vermittelt zu *E. leptochila* subsp. *neglecta*? [*E. leutei* Robatsch]
Leute-Breitblatt-S., subsp. ***leutei*** (Robatsch) Kreutz

— Rostelldrüse nicht klebrig (funktionslos); Pfl. selbstbestäubend **8**

8. Pfl. 30–70 cm hoch; Staubbeutelfächer deutl. gestielt (*185/3*, S); Epichil länger als br., herzf., ± lg. zugespitzt u. vorgestreckt (*185/6*), — rosa bis grünl., m. hellem Rand; Blätt. gelbgrün bis dk.grün, vielnervig, waagr. absthd. od. leicht nach unten gebogen; Infl. m. 7–35 Blüten, locker einseitswendig; Blüten auffallend groß, nickend, äuß. Perigonblätt. kahnf. u. gekielt, grünl. bis grün; autogam; ♃. VII–VIII. – Buchenwälder; auf Kalk. – *s*, gebietsweise *f*, nördl. bis B, Hannover/O-DK, ST, TH. ⓢ. Schmallippige S., ***E. leptochila*** (Godfery) Godfery

a. Staubbeutelfächer lg. gestielt (*185/6*); Hypochil halbkugelig; Epichil vorn lg. zugespitzt, vorgestreckt; Übergang Hypochil/Epichil V-f. (*185/6*); — Blätt. gelbgrün. – Luftfeuchte Buchenwälder. – *s*, D: BW, BY, HE, S-NI, NRW, W-RP, SN, TH; A: Kt, NÖ, OÖ, Sb, Stm, Ti; B; CH; CZ; DK; F: Els; FL; L. ⓢ. [*E. peitzii* H. Neumann & Wucherpf.; *E. leptochila* var. *peitzii* (H. Neumann & Wucherpf.) P. Delforge] Schmallippige S. (i. e. S.), subsp. ***leptochila***

— Staubbeutelfächer sehr kurz gestielt; Hypochil flach, pfannenf.; Epichil vorn weniger lg. zugespitzt, zurückgeschlagen; Übergang Hypochil/Epichil sehr eng; — Blätt. dk.grün. – Eher trockenere StO als die Nominatsippe. – *s* bis sehr *s*, D: BW, BY (bes. Alp., Jura, Frw.), HE, SO-NI, W-RP, W-TH; A: Kt, NÖ, Stm; I: Bz. ⓢ. [*E. neglecta* (Kümpel) Kümpel; *E. leptochila* var. *neglecta* (Kümpel) A. Gévaudan] Übersehene S., subsp. ***neglecta*** Kümpel

— Pfl. klein (bis 30 cm hoch); Staubbeutelfächer sitzend; Epichil so lg. wie br., stumpfl., zurückgeschlagen **9**

9. Stg.Blätt. höchstens so lg. wie das zugehörige Internodium; Infl. locker, einseitswendig, dicht u. fein behaart; Hypochil weiß berandet; Epichil weiß-rosa; Frkn. flaumhaarig; Pfl. häufig in Gruppen wachsend, ↕ 15–65 cm; ♃. VI–VII. – Auenwälder. – Sehr *s*, D: SO-BY (Donau- u. deren südl. Nebenflüsse, bes. Oberaudorf, Wasserburg, Gars bis Passau); A: NÖ (Wien), OÖ (Obernberg), Ti; CH; I: Bz. ⓢ. [incl. *E. rhodanensis* Gévaudan & Robatsch; *E. bugacensis* subsp. *rhodanensis* (Gévaudan & Robatsch) Wucherpf.; *E. dunensis* auct. non (T. & T. A. Stephenson) Godfery] Bugacz-S., ***E. bugacensis*** Robatsch

— Stg.Blätt. länger als ihre Internodien **10**

10. Laubblätt. br. eif., höchstens 2-mal so lg. wie br., flach, waagr. absthd.; Blüten waagr.; Epichil weiß-rosa .... ***E. helleborine***, s. Nr. **7**

— Laubblätt. lanzettl., mind. 2,5-mal so lg. wie br., etwas überhgd.; Blüten hgd.; inn. Perigonblätt. u. Epichil weißl.-blassgrün, fast stets ohne jede Rosatönung; — Stg. zierl.; Laubblätt. 3–6, in der Mitte des Stg. gehäuft; Infl. 7–20(–40)-blütig; Epichil eif. bis rundl. stumpf, oft zurückgeschlagen; Übergang Hypochil/Epichil br. (*185/7*); Rostelldrüse vorhanden, aber meist nicht funktionsfähig (autogam); ↕ 10–35 cm; ♃. VII–IX. – Laubwälder; auf Kalk; bis 400 m. – *s*, A: Bgl, NÖ, Stm; CZ (Mähren). [*E. persica* (Soó) Nannf. subsp. *pontica* (Taubenheim) H. Baumann & R. Lorenz] Pontische S., ***E. pontica*** Taubenheim

Ähnl. ist Norden-S., ***E. nordeniorum*** Robatsch: Blüten fast waagr. absthd; Epichil br. herzf., weißl., kräftig violett überlaufen; Perigon rosa getönt; Stg. kräftig; Infl. (1–)3–8(–15)-blütig; Übergang Epichil/Hypochil sehr eng (*185/8*); Blütenstiel bronzefarben bis violett; unterstes Tragblatt schmal lanzettl.; Rostelldrüse vorhanden, aber meist nicht funktionsfähig (autogam); ↕ 10–40(–51) cm; ♃. VII–IX. – Laubwälder, bes. Auenwälder; 200–550 m. – Sehr *s*, A: Bgl, Stm; Hauptverbr.: SO-Eur.

11 (5). Dünenpfl. von Jütland; äuß. Perigonblätt. rot überlaufen; — Epichil rosa; Hypochil innen dk.rot bis dk.braun; Übergang Hypochil/Epichil zieml. br.; Pollenschüssel reduziert, m. kaum erkennbarer Mittelleiste; ↕ 10–40 cm .... ***E. helleborine*** subsp. ***neerlandica***, s. Nr. **7a**

— Pfl. des Binnenlandes; Perigonblätt. blass grün, hell gelbgrün bis rosa **12**

12. Pollenschüssel fehlend (*185/4*, Ps); Pollinien die Narben gänzl. überragend od. auf der Narbe sitzend; Epichil zurückgeschlagen **14**

— Pollenschüssel vorhanden , gelegentl. nur als kerbf. Vertiefung ausgebildet (*185/3*, Ps); Pollinien die Narbe nur wenig überragend; Epichil spitz, gerade vorgestreckt **13**

13. Pfl. klein, meist < 25 cm hoch; Infl. einseitswendig, m. wenigen (3–15) waagr. sthd., kleinen (Lippe ≤ 8 mm lg.), glockenf. Blüten (*185/9*); unt. Tragblätt. ≈ so lg. wie die Blüten; — Rostelldrüse fehlend; autogam; ↕ 10–40(–48) cm; ♃. VIII–IX. – Auenwälder, Bruchwälder. – *s*, D: BB, SH, O-SN; A: NÖ (March); CZ. ⓢ. [incl. subsp. *lusatia* Hennings; *E. latifolia* (L.) All. fo. *gracilis* Dageförde; *E. persica* (Soó) Nannf. subsp. *moravica* (Batoušek) H. Baumann & R. Lorenz] Elbe-S., ***E. albensis*** Nováková & Rydlo

— Pfl. groß, bis 70 cm hoch; Blüten zahlreicher, groß, hgd., wenigstens einzelne weit geöffnet; unt. Tragblätt. viel länger als die Blüten .... ***E. leptochila***, s. Nr. **8**

14 (12). Blätt. gelbgrün, lanzettl., im ∅ U-f., sichelf., rinnenf. gefaltet, am Rand leicht gewellt; Staubbeutelfächer m. gebogener Spitze (*185/4*); Pfl. sonniger bis halbschattiger StO; — Stg.-

Blätt. 5–10; Blüten zu 10–40, recht groß, sehr hell, hgd.; Hypochil innen hellrot, Epichil weiß; Übergang Hypochil/Epichil sehr br. (*185/10*); Stg. am Grund rötl. überlaufen; Stg. 1–2, seltener in Gruppen; ↕ (20–)30–70(–90) cm; ♃. VI–VIII. – Waldränder, Gebüsche, Halbtrockenrasen; auf Kalk. – *z* im S, sonst *s*, nördl. bis B, NL, Eifel, Gießen/Hannover/SN, O-BB, CZ. ⓖ.
Müller-S., ***E. muelleri*** Godfery

Ähnl. ist auch die folg. Art, aber: Stg. einzeln u. schmächtiger; Stg.Blätt. meist 3–5, kaum sichelf. gebogen; Hypochil außen rosa, innen purpurn bis rotbraun; Epichil rosa bis dk.magenta, 3-eckig zugespitzt; — Blätt. viel länger als ihre Internodien; Infl. m. 8–32 Blüten; Blüten nickend, häufig zieml. geschlossen; Lippe klein, 6–8 mm lg.; ↕ 16–40(–50) cm; ♃. VII–VIII. – Schattige Wälder; meist auf Silikat. – *s*, CH.
Piacenza-S., ***E. placentina*** Bongiorni & P. Grünanger

— Blätt. dk.grün, im ∅ flach, nicht rinnenf. gefaltet; Staubbeutelfächer meist stumpf; Pfl. schattiger Wälder **15**

15. Laubblätt. br. eif., schräg aufgerichtet; Tragblätt. u. Blüten waagr.; Hypochil innen braun; Epichil blassrosa; Übergang Hypochil/Epichil schmal U-f. (*185/6*) .... ***E. leptochila***, s. Nr. **8**

— Laubblätt. lanzettl.-eif., waagr.; unt. Tragblätt. sehr lg., wie die Blüten hgd.; Hypochil innen hellgrün; Epichil weiß; Übergang Hypochil/Epichil br. U-f. (*185/11*); — Blüten m. 3–10 mm lg. Stiel u. dünnem Frkn.; ↕ 20–60 cm; ♃. VII–VIII. – Feuchte Bergwälder; auf Kalk. – *s*, D: TH; A: Bgl, NÖ; CZ. ⓖ. Greuter-S., ***E. greuteri*** H. Baumann & Künkele

a. Rostelldrüse in der Blütenknopse u. frisch geöffneten Blüte vorhanden, aber nicht funktionsfähig; Blätt. 5–8 × 2–3 cm, ≈ so lg. wie Internodien; Infl. 5–25-blütig; Fr.Stiel 5–10 mm lg.; Pfl. meist einzeln wachsend; ♃. VII–VIII. – Luftfeuchte Berg- u. Schluchtwälder. – *s*, D: TH; A: Bgl (b. Redlschlag), NÖ (Schneeberggebiet); CZ. ⓖ.
Greuter-S. (i. e. S.), subsp. ***greuteri***

— Rostelldrüse bereits in der Blütenknopse fehlend; Blätt. 6–7 × 2 cm, etwas länger als Internodien; Infl. 15–60-blütig; Fr.Stiel 3–6 mm lg.; Pfl. meist truppweise wachsend; ♃. VII–VIII. – Berg- u. Schluchtwälder; auf Grauwacke u. Schiefer; 850 m. – Sehr *s*, bisher nur A: NÖ (Raxgebiet b. Prein). [*E. greuteri* var. *preinensis* (K. Seiser) P. Delforge] Preiner Greuter-S., subsp. ***preinensis*** K. Seiser

Epipogium Borkh., Widerbart ⓖ

Blüten blassgelb, rötl. gestreift; Lippe nach oben weisend, da Frkn. nicht gedreht (*175/3*); ↕ 10–20 (–30) cm; ♃. VII–VIII. – Schattige, humusreiche Wälder. – *s*, nördl. bis B/Eifel/Harz/TH/CZ, außerdem Rügen. ⓖ. Blattloser W., ***E. aphyllum*** Sw.

Goodyera R. Br., Netzblatt ⓖ

Stg. oberw. drüsig kurzhaarig; Blätt. netznervig; Infl. dichtblütig, schwach gedreht; ↕ bis 25 cm; ♃. VII–VIII. – Moosige Nadel- u. Mischwälder; bis 2100 m. – Sehr *z*, gebietsweise *f*. ⓖ.
Kriechendes N., ***G. repens*** (L.) R. Br.

Gymnadenia R. Br. [excl. *Nigritella* Rich. u. *Pseudorchis* Ség.], Händelwurz ⓖ

Im Verwandtschaftskreis von *G. conopsea* s. l. werden v. a. in den Alp. teilw. weitere Taxa im Art-, Unterart- od. Varietätrang unterschieden (Dworschak 2002; Vöth & Sontag 2006), die bezügl. ihrer StO, ihrer Bltzt. u. ihres Duftes gut charakterisiert sind, aber kaum diagnost. morpholog. Merkmale aufweisen. Sie sind hier vorläufig in der Synonymie aufgeführt. Weitere Untersuchungen sind nötig. Selbst die Unterscheidung der beiden hier akzeptierten (u. molekular klar differenzierten) Kleinarten kann lokal manchmal schwierig sein, sodass zahlr. Pfl. untersucht werden sollten.

1. Sporn 10–20 mm lg., 1,5–2-mal so lg. wie der Frkn., abw. gebogen; Blüten ± duftend (aber nie intensiv vanilleart.); Lippe m. 3 eif., meist gleichlg. Zipfeln; — Blätt. linealisch bis lanzettl.; Infl. 7–30 cm lg., 25–140-blütig; ↕ 15–100 cm; ♃. V–VIII. – Magerrasen, Flachmoore; bis 2400 m. – *v* im S, *z* im mittl. Teil des Gebiets, *s* im N. ⓖ. Artengruppe Mücken-H., ***G. conopsea*** agg.

a. Blätt. linealisch, vorn abgerundet; zweitunterstes Blatt meist deutl. < 1(–2) cm br.; Infl. 4–12 cm lg.; Sporn 2-mal so lg. wie der Frkn.; seitl. Perigonblätt. um ≈ 30° abw. geneigt, meist spitzl. (*189/1*); — Infl. walzl., dicht- bis lockerblütig; Perigon purpurrosa, m. stark variierendem Duft (von duftlos bis stark gewürznelkenart. duftend); Lippe ≈ so lg. wie br., selten etwas länger od. breiter, nur selten m. „Schultern" (*189/1*); ↕ (15–)30–50(–70) cm; ♃. VI–VII(–VIII). – Magerrasen, lichte Wälder, Feucht- u. Nasswiesen, Bergwiesen u. Gebirgsrasen; bis in die subalp./alp. Stufe. – Im ganzen Gebiet, *v–z* Alp., sonst *z*. ⓖ. [*G. alpina* (Rchb.) Czerep.; *G. conopsea* var. *montana* (Bisse) Soó; *G. conopsea* var. *neglecta* Vöth; *G. conopsea* subsp. *serotina* (Schönh.) Dworschak; *G. graminea* Dworschak;

189/1

189/2

189/3

189/4

G. splendida subsp. *odorata* Dworschak; *G. vernalis* Dworschak; ?*G. borealis* auct. non (Druce) R. M. Bateman et al.]
Mücken-H., Große H., ***G. conopsea*** (L.) R. Br.

— Blätt. schmal lanzettl., vorn spitz; zweitunterstes Blatt (1–)2–4(–5) cm br.; Infl. 11–20 cm lg.; Sporn 1,5-mal so lg. wie der Frkn.; seitl. Perigonblätt. waagr. absthd., an der Spitze meist abgerundet (*189/2*); — Infl. lg. kegelf., sehr dichtblütig; Perigon kräftig purpurn, deutl. gewürznelkenart. od. fliederart. duftend; Lippe oft viel breiter als lg., oft m. „Schultern" (*189/2*); ↕ 40–80(–100) cm; ♃. (VII–)VIII(–IX; ≈ 3 Wochen später blhd. als *G. conopsea*). – Nieder- u. Quellmoore, Nasswiesen, feuchte Bergwiesen; bis in die montane Stufe. – *s*, bes. Alp., Mittelgeb., aber auch im Tiefland; D: BW, BY, MV, NI, NRW, SH, SN (Erzgeb.), ST, TH; A: OÖ, Sb, Stm, N-Ti; Vb; CZ; F: Els; I: Bz; PL; Verbr. nicht genau bekannt. ⓖ. [*G. conopsea* var. *densiflora* Wahlenb.; ?*G. splendida* Dworschak]
Dichtblütige H., ***G. densiflora*** (Wahlenb.) A. Dietr.

— Sporn 3,5–6 mm lg., höchstens so lg. wie der Frkn., waagr. bis schwach abw. gebogen; Blüten intensiv vanilleart. duftend; Perigon rosa bis weiß; Lippe 3-spaltig; — Blätt. linealisch, bis 8 mm br.; ↕ 15–40(–50) cm; ♃. (V–)VI(–VIII). – Magerrasen, Kiefernwälder, Flachmoore; auf Kalk; bis in die alp. Stufe. – *z* in den Alp., im S u. im mittl. Teil des Gebiets, sonst *s*. ⓖ.
Wohlriechende H., Duft-H., ***G. odoratissima*** (L.) Rich.

Hammarbya Kuntze [*Malaxis* Sw. p. p.], Weichwurz ⓖ

In letzter Zeit wurde *Hammarbya* wieder vermehrt in *Malaxis* eingegliedert. Die phylogenet. Datenlage ist aber nicht eindeutig, so dass *H. paludosa* in Übereinstimmung m. M. Kropf in Kadereit et al. (2016) in einer monospezifischen Gattung klassifiziert wird.

Blätt. (2–)3–4, eif., vorne stumpf, 0,5–3 cm lg., 0,3–1,1 cm br.; Infl. lg. u. locker, bis 35-blütig; Blüten (*189/3*) unscheinbar, Lippe nach oben weisend (Drehung um 360°), sehr klein, bis 2 mm lg., kürzer als Perigonhülle; ↕ 5–20 cm; ♃. VII–VIII. – Hoch- u. Zwischenmoore, Torfstiche, m. Torfmoos. – *s*, im N sehr *s*, vielfach verschwunden. ⓖ. [*M. paludosa* (L.) Sw.] Sumpf-W., ***H. paludosa*** (L.) Kuntze

Herminium L., Einknolle, Honigorchis ⓖ (*189/4*)

Grundblätt. 2, einander genähert; Infl. m. 10–70 kleinen Blüten m. Honigduft, ↕ (7–)10–30 cm; ♃. V–VII. – Trockene Magerwiesen; auf Kalk; bis 1800 m. – *z* Alp., sonst *s*, gebietsweise *f* (vielfach verschwunden). ⓖ. Einknollige H., ***H. monorchis*** (L.) R. Br.

Himantoglossum Spreng. [incl. *Barlia* Parl., Mastorchis], Riemenzunge, Bocksorchis ⓖ

Der Einschluss von *Barlia* in *Himantoglossum* bleibt weiterhin umstritten.

1. Mittellappen der Lippe < 3 cm lg., 2-lappig (*190/1*); — Stg. kräftig; Blätt. 5–10, eif. od. ellipt., fleischig, glzd., unt. 8–25 cm lg. u. 4–10 cm br.; Infl. dicht, reichblütig; Lippe am Rand wellig, rosa-violett, grünl., od. weiß, in der Mitte m. purpurnen Flecken; ↕ 25–80 cm; ♃. (II–)III–IV. – Halbtrockenrasen, Gebüsche. – Sehr *s*, D: BW (ob angesalbt od. Arealerweiterung?; z. B. Isteiner Klotz b. Lörrach; Kaiserstuhl); auch Ne. B; CH: Genf; F: Els; NL; Hauptverbr.: MMG. ⓖ. [*B. robertiana* (Loisel.) Greuter; *B. longibracteata* (Biv.) Parl.]
Mastorchis, ***H. robertianum*** (Loisel.) P. Delforge

— Mittellappen der Lippe > 3 cm lg., gedreht; — äuß. Perigonblätt. helmf. zus.neigend **2**

2. Mittellappen der Lippe vorn bis 3,5 mm tief gespalten (*190/2*); Tragblätt. doppelt so lg. wie der Frkn.; Infl. dicht, m. 40–120 stark riechenden Blüten; ↕ (20–)40–80(–100) cm; ♃. V–VII. – Halbtrockenrasen, lichte Gebüsche; auf Kalk. – *z–s*, D: BW, BY, HE, RP, ST, TH; S-B; F: Els; NL. ⓖ. Bocks-R., ***H. hircinum*** (L.) Spreng.

— Mittellappen der Lippe vorn 5–18 mm tief gespalten; Tragblätt. etwas länger als der Frkn.; Infl. locker, m. 15–50 kaum riechenden Blüten; ↕ 30–95 cm; ♃. V–VII. – Halbtrockenrasen. – *s*, A: Bgl, NÖ; Stm; CZ (Mähren); I: Bz; in D mehrere Ansalbungen (BY?). FFH24. Adriatische R., ***H. adriaticum*** H. Baumann

Limodorum Boehm., Dingel, Dingelorchis ⓖ (*175/2*)

Infl. locker, > 4-blütig; Blüte (geöffnet) bis 4 cm br.; Lippe 2-gliedrig, Vorder- u. Hinterlippe gegeneinander bewegl.; Sporn bis 2 cm lg.; ↕ bis 75 cm; ♃. V–VII. – Lichte Kiefernwälder; auf Kalk. – *s*, D: BW (Kaiserstuhl, Istein/Rheinebene), RP (Saarland, ob. Moseltal, S-Eifel: Sauertal), ehem. Kasbachtal nahe Linz am Rhein; *s* A; S-B; CH; CZ (Mähren); F: Els; I: Bz; L. ⓖ. Violetter D., ***L. abortivum*** (L.) Sw.

Liparis Rich., Glanzkraut, Glanzständel ⓖ

1. Blätt. kurz gestielt, schräg aufr., fast nie gebogen, Spitze stumpf kapuzenf.; Spr. am Rand nicht wellig-gekräuselt; Lippe zungenf., zur Spitze breiter werdend (schmal eif.)., fast bis zur Spitze rinnig u. sichelf. nach unten gebogen (*190/3*); äuß. Perigonblätt. aufr. absthd. bis waagr. spreizend; Moor-StO; — Infl. locker, (2–)3–10(–18)-blütig; Stg. oben kantig; ↕ 5–25 cm; ♃. V–VII. – Torfsümpfe, Kalkflachmoore zw. Moos. – *s*, im N sehr *s*, vielfach verschwunden. FFH24; ⓖ. Sumpf-G., ***L. loeselii*** (L.) Rich. (subsp. ***loeselii***)

— Blätt. lg. gestielt, außen oft nach unten gebogen, stumpf od. leicht zugespitzt; Spr. am Rand oft wellig-gekräuselt; Lippe verkehrt br. eif., nur bis zur Mitte rinnig, vord. Abschnitt flach u. nach unten zurückgeschlagen; äuß. Perigonblätt. in einem Winkel von mind. 120(–180)° auseinander sthd. (u. nicht angenähert u./od. parallel unter der Lippe sthd.); Wald-StO; — Infl. dicht(er), 3–12-blütig; Stg. (bes. oben) gefurcht bis geflüg.; ↕ 5–10 cm; ♃. (VI–)VII. – Luftfeuchte submontane Laubmisch- u. Kiefernwälder; auf Kalk. – Sehr *s*, A: OTi (b. Lienz); sonst nur lokal in N-I. [*L. loeselii* subsp. *nemoralis* Perazza et al.; *L. kumokiri* subsp. *nemoralis* (Perazza et al.) Perrazza & Tsutsumi] Hain-G., ***L. nemoralis*** (Perazza et al.) Bartolocci & Galasso

Malaxis Sw. [excl. *Hammarbya* Kuntze], Einblatt, Einblattorchis ⓖ

Blätt. 1(–2), eif., vorne spitz, 3–10 cm lg., 1,5–4,5 cm br.; Infl. lg. zylindr., 40–100-blütig; Blüten unscheinbar, Lippe 1,5–2,5 mm lg., nach oben weisend (*190/4*); ↕ 10–30 cm; ♃. VI–VII. – Moorige Stellen, feuchte, lichte Wälder, Bergwiesen. – *v*, Alp., *s*, D: BB, BW, BY, SN, TH (anderswo vielfach erloschen); CZ; PL. ⓖ. [*Microstylis monophyllos* (L.) Lindl.] Kleinblütiges E., ***M. monophyllos*** (L.) Sw.

190/1

190/2

190/3

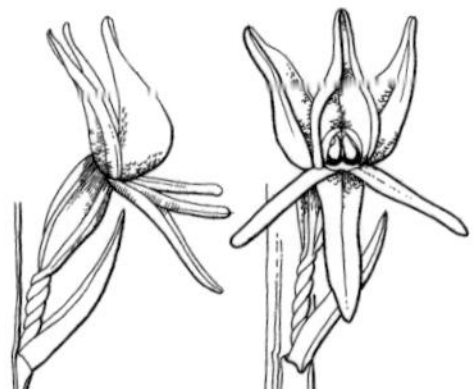

190/4

191/1

191/2

191/3

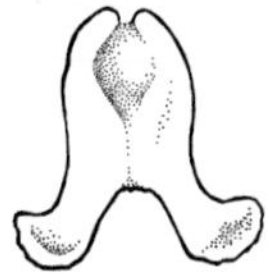

191/4

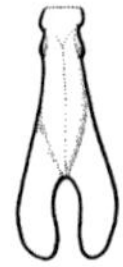

191/5

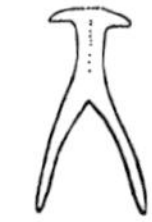

191/6

Neotinea Rchb. f. [*Orchis* L. p. p., Knabenkraut z.T.], Keuschorchis, Keuschständel ⓖ

1. Infl. anfangs eif., später walzl.-längl, dichtblütig, an der Spitze schwärzl.; äuß. Perigonblätt. im Knospenzustand schwarzrot, später oft heller, nicht deutl. gestreift; Sporn ein Drittel bis ein Viertel so lg. wie der Frkn.; Lippe weiß, spärl. rot punktiert, ihre Lappen gerundet (*191/1*); ↕ 10–50(–80) cm; ♃. V–VIII(–IX). – Halbtrockenrasen, magere feuchte od. wechselfeuchte Wiesen, Sumpfwiesen, lichte Gebüsche; auf Kalk. – *z–s* im ganzen Gebiet, bes. im südl. u. mittl. Teil, in FL u. NL verschollen. ⓖ. [*O. ustulata* L.]
Brand-K., ***N. ustulata*** (L.) R. M. Bateman et al.

a. Blattrosette vorhanden, Blätt. bläul.grün, die unt. ± waagr. absthd. u. unterseits nicht gekielt; Spitzen der paarigen äuß. Perigonblätt. nicht nach auß. gebogen; ↕ 10–25 cm; ♃. (IV–)V–VI. – Halbtrockenrasen. – *z–s* im ganzen Gebiet. ⓖ. Gewöhnliches Brand-K., subsp. ***ustulata***

— Blattrosette undeutl., Blätt. grasgrün, die unt. aufr. u. unterseits meist gekielt; Spitzen der paarigen äuß. Perigonblätt. nach auß. gebogen; ↕ 30–50(–80) cm; ♃. (VI–)VII–VIII(–IX). – Wechselfeuchte Wiesen, frischere Pfeifengraswiesen, Sumpfwiesen. – *s*, D: S-BW (Kaiserstuhl, Jura), S-BY (Alp. u. Vorland), N-TH; A: Bgl, Kt, OÖ, NÖ, Sb, Stm, Ti; CH; CZ; F: Els; I: Bz; PL. ⓖ. – Verbr. unklar, da taxonom. Wert umstritten; oft übersehen. [*O. ustulata* subsp. *aestivalis* (Kümpel) M. Kolník et al.; *N. ustulata* var. *aestivalis* (Kümpel) Tali et al.]
Sommer-Brand-K., subsp. ***aestivalis*** (Kümpel) P. Jacquet & Scappaticci

Regional auch Übergänge zw. den Unterarten, z. B. D: BW.

— Infl. kugelig bis kegelf., an der Spitze hellpurpurn, auch die Knospen; äuß. Perigonblätt. hellrosa, dk. gestreift; Sporn wenigstens halb so lg. wie der Frkn.; Lippe weißl., reichl. dk.violett punktiert, ihre Seiten- u. Mittellappen gezähnt (*191/2*); ↕ 15–30(–45) cm; ♃. V–VI. – Halbtrockenrasen, Waldränder; auf Kalk. – *z*, M-D u. entlang der Oder; A; S-CH; *s* CZ; *z* I: Bz; *s* PL. ⓖ. [*O. tridentata* Scop.] Dreizähnige K., ***N. tridentata*** (L.) R. M. Bateman et al.

Bei gemeinsamen Vorkommen auch intermediäre Dietrich-K., ***N.* × *dietrichiana*** (Bogenh.) H. Kretzschmar et al. [*O. dietrichiana* Bogenh.]

Neottia Guett. [incl. *Listera* R. Br., Zweiblatt], Nestwurz ⓖ

Die Vereinigung der beiden Gattungen *Neottia* u. *Listera* wird nach wie vor kontrovers diskutiert.

1. Pfl. ohne grüne Blätt., nur m. bleichen scheidigen Blätt.; — Blüten hellbraun; Endteil der Lippe 2-lappig, ausw. spreizend (*191/3, 191/4*); ↕ 20–35(–60) cm; ♃. V–VI. – Schattige Buchen- u. Nadelwälder. – *v* im S, *v–z* im mittl. Teil des Gebiets, *s* im N. ⓖ.
Vogel-N., ***N. nidus-avis*** (L.) Rich.

— Pfl. m. 2 grünen Blätt. **2**

2. Blätt. br. eif., derb, 4–13 cm lg.; Lippe am Grund ohne Seitenlappen (*191/5*); ↕ 20–65 cm; ♃. V–VII. – Wälder, Gebüschränder, Halbtrockenrasen. – *v*, im N *z*. ⓖ. [*L. ovata* (L.) R. Br.]
Großes Z., ***N. ovata*** (L.) Bluff & Fingerh.

— Blätt. am Grund herzf., dünn, 1–3 cm lg., oberseits glzd.; Lippe am Grund m. deutl. Seitenlappen (*191/6*); ↕ 4–20 cm; ♃. V–VIII. – Feuchte Nadelwälder, Moore; bes. montane Stufe. – Sehr *z* Alp. u. südl. Mittelgeb., sonst *s*, im N oft verschwunden. ⓖ. [*L. cordata* (L.) R. Br.]
Kleines Z., ***N. cordata*** (L.) Rich.

Nigritella Rich. [*Gymnadenia* R. Br. p. p.], Kohlröschen ⓖ

Die Arten der morpholog. gut charakterisierten Gattungen *Gymnadenia*, *Nigritella* u. *Pseudorchis* bilden untereinander charakteristische Hybriden u. werden häufig zur (Groß-)Gattung *Gymnadenia* vereinigt. Solange keine umfassenden molekularsystemat. Studien vorliegen, können die bisherigen Gattungskonzepte beibehalten werden (M. Kropf in Kadereit et al. 2016). Für alle, die eine weite Fassung von *Gymnadenia* bevorzugen, wird die entsprechende Synonymie angeboten. Soweit nicht anders angeben, erfolgt die Fortpflanzung der Sippen apomiktisch. Der Schlüssel folgt in der Anordnung der Sippen Griebl (2013), wenn auch m. veränderter Bewertung der Merkmale u. z. T. auch der Sippen. Lippenlänge ohne Sporn.

1. Perigon rot od. rosa, im Knospenzustand nicht nahezu schwarz erscheinend; Lippe konkav, oberh. der Basis meist sattelf. verengt (*193/3–8*); inn. Perigonblätt. kaum schmaler als äuß.; — Infl. im Umriss längl. (meist deutl. länger als br.) **3**

— Perigon rot- bis schwarzbraun, sehr selten gelbl., orangefarben od. rosa, im Knospenzustand nahezu schwarz erscheinend; Lippe konkav, an der Basis nicht sattelf. verengt (*192/1, 192/2*); inn. Perigonblätt. kaum > halb so br. wie die äuß.; — Infl. im Umriss oft ± kugelig (***N. nigra*** agg.) **2**

2. Mind. 1 der untersten Tragblätt. (selten auch ob.) mind. in der vord. Hälfte ± dicht lg. papillös gesäumt („Stiftchensaum"; Papillen bis 0,1 mm lg.; starke Lupe!); Infl. höher als br.; Blüten klein, Lippe der unt. Blüten (*192/1*) der Infl. nur 5–7 mm lg., ≈ 4-mal so lg. wie der 1,5 mm lg. Sporn; — Perigon schokoladenbraun bis dk. rotbraun, hellere Blütenfarben nicht selten; ↕ 5–25 cm; ♃; 2n = 40 (Fortpfl. geschlechtl.). VI–VIII. – Gebirgsrasen; auf kalkreichen u. -armen Böden; 1000–2700 m. – *z–v*, Alp., Jura; D: BY, ob BW?; A: Kt, OÖ, Sb, Stm, Ti, Vb; CH; F: Els (Vog.); FL. ⓖ. [*N. nigra* subsp. *rhellicani* (Teppner & E. Klein) H. Baumann et al.; *G. rhellicani* (Teppner & E. Klein) Teppner & E. Klein] Rhellicanus-K., ***N. rhellicani*** Teppner & E. Klein

— Alle Tragblätt. glatt od. höchstens die untersten in der Mitte schwach kurz u. br. papillös gesäumt (Papillen breiter als lg., bis 0,05 mm lg.; starke Lupe!); Infl. bes. zu Blühbeginn breiter als hoch; Blüten größer, Lippe der unt. Blüten (*192/2*) der Infl. 6,8–10 mm lg., ≈ 5–6-mal so lg. wie der 1,5 mm lg. Sporn; — Perigon dk. rotpurpurn bis rotbraun, hellere Blütenfarben sehr selten; ↕ 8–20 cm; ♃; 2n = 80 (Fortpfl. ungeschlechtl.). VI–VIII (am gleichen FO 1–2 Wochen später blhd. als *N. rhellicani*). – Kalkmagerrasen; 1100–2200 m. – Sehr *s*, D: BY (Allgäuer bis Berchtesgadener Alp.); *z*, A: Kt, OÖ, NÖ, Sb, Stm, Ti; CH; I: Bz. ⓖ. [*N. austriaca* Teppner & E. Klein; *G. austriaca* (Teppner & E. Klein) P. Delforge]
Österreichisches K., ***N. nigra*** (L.) Rchb. f. subsp. ***austriaca*** Teppner & E. Klein

3. Perigon rot, fleischfarben od. auffällig 2-farbig rot u. weiß **6**

— Perigon rosa od. hellrosa bis weißl.; — Blütenknospen intensiver gefärbt als die offenen Blüten; unt. Blüten der Infl. heller als die ob.; Blüten weit geöffnet **4**

4. Hinterabschnitt der Lippe stark bauchig erweitert, ≈ 3 mm br., so br. wie bis etwas breiter als im Vorderabschnitt; sattelf. Verengung der Lippe ≈ in der Mitte (*192/3*); — Perigon hellrosa bis weißl.; Lippe bis 9 mm lg., zur Spitze hin eingerollt; Rostellumfalte des Säulchens in Seitenansicht deutl. zw. den Antherenhälften in Richtung Sporneingang hervorragend (Lupe!); ↕ 5–17 cm; ♃. VI–VIII. – Bergwiesen u. subalp. Kalkmagerasen; oberh. 1400 m. – Überwgd. NO-Alp. u. Apennin; *s*, D: Chiemgauer Alp., Ammergeb., Karwendel, ob Allgäuer Alp.?; A: OÖ, NÖ, N-Stm, Ti; CH. ⓖ. [*N. rubra* subsp. *widderi* (Teppner & E. Klein) H. Baumann & R. Lorenz; *G. widderi* (Teppner & E. Klein) Teppner & E. Klein] Widder-K., ***N. widderi*** Teppner & E. Klein

— Hinterabschnitt der Lippe schwach bauchig erweitert, ≈ 2 mm br., deutl. schmaler als der Vorderabschnitt; Verengung der Lippe nahe dem Lippengrund od. ein Drittel vom Lippengrund entfernt **5**

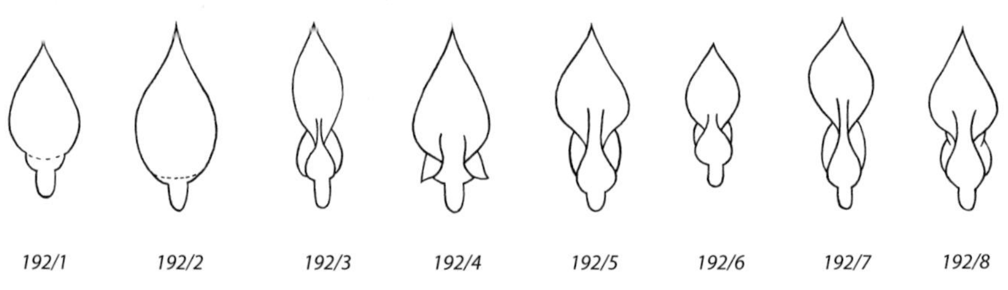

192/1 *192/2* *192/3* *192/4* *192/5* *192/6* *192/7* *192/8*

5. Sattelf. Verengung der Lippe ≈ ein Drittel vom Lippengrund entfernt (*192/4*); Perigon rosarot (warmer Rotton); Lippe 8,5–9,5 mm lg.; — Blüten am Grund der Infl. blasser; ↕ 10–30 cm; ♃; 2n = 40 (Fortpfl. geschlechtl.). (VI–)VII–VIII. – Kalkmagerrasen; oberh. 1500 m. – *s*, SW-Alp., W-CH (außerh. des Gebiets). [*N. nigra* subsp. *corneliana* Beauverd; *G. corneliana* (Beauverd) Teppner & E. Klein] Cornelia-K., ***N. corneliana*** (Beauverd) Gölz & H. R. Reinhard

— Sattelf. Verengung der Lippe nahe dem Lippengrund (*192/5*); Perigon hellrosa bis lilarosa (kalter Rotton); Lippe 6,5–8,5 mm lg.; — Rostellumfalte des Säulchens in Seitenansicht nicht od. kaum wahrnehmbar (Lupe!); ↕ 8–22 cm; ♃; 2n = 40 (Fortpfl. geschlechtl.). VI–VIII. – Bergwiesen, Kalkmagerrasen; 1500–2100 m. – Überwgd. SO-Alp.; sehr *s*, A: Kt (Karawanken zw. Bärentaler Kotschna u. Petzen), Stm (Koralpe), sonst Slowenien (Steiner Alp.); CH. [*N. nigra* subsp. *lithopolitanica* (Ravnik) H. Baumann & R. Lorenz; *G. lithopolitanica* (Ravnik) Teppner & E. Klein] Steineralpen-K., ***N. lithopolitanica*** Ravnik

6 (3). Spitze der Perigonblätt. weißl. (weiß bis blasslila), deutl. heller als der rosalila Perigongrund, damit jede Blüte auffällig 2-farbig; — Tragblätt. rot gerändert bis purpurn; Lippe deutl. oberh. ihres Grunds sattelf. verengt, relativ br. (*192/6*), ≈ 6 mm lg., fast 4 mm br.; ↕ 7–20 cm; ♃; 2n = 80. VI–VI(–VIII). – Kalkmagerrasen; 1250–1900 m. – *s*, A: OÖ, Sb, NW-Stm. [*G. rubra* var. *stiriaca* Rech.; *N. rubra* subsp. *stiriaca* (Rech.) H. Baumann & R. Lorenz; *G. stiriaca* (Rech.) Teppner & E. Klein] Steirisches K., ***N. stiriaca*** (Rech.) Teppner & E. Klein

— Spitze der Perigonblätt. gleichfarbig od. dunkler als der Perigongrund; — Perigon rot od. fleischfarben **7**

7. Infl. etwas bis deutl. länger, kurz kegelf. bis eif. od. zylindr., ± rot; Spitzen der Perigonblätt. nicht heller als der Perigongrund **9**

— Infl. kurz, halbkugelig od. kugelig bis kurz eif., ± rosarot, hellrot od. rot; — unt. Tragblätt. deutl. papillös gesäumt **8**

8. Blüten halb geschlossen bleibend, nur die seitl. äuß. Perigonblätt. meist abspreizend, inn. Perigonblätt. u. oft auch mittl. äuß. Perigonblatt der Lippe ± anlgd.; Lippe groß u. schmal wirkend, ≈ 8 mm lg., (2–)3–4 mm br., stark rinnenf. eingerollt, m. den inn. Perigonblätt. eine Röhre bildend, ihre Ränder wellig, vord. Abschnitt vorw. od. aufw. gerichtet (*192/6*); — Perigon 1-farbig dk.rosa bis fleischfarben, beim Altern verblassend; Knospen nicht od. kaum dunkler; Blüten m. leichtem Vanilleduft; ↕ 5–20 cm; ♃; 2n = 80. VII–VIII. – Kalkmagerrasen u. Almwiesen; 1800–2000 m. – Sehr *s*, A: Kt (Hochobir), Sb (Gosaukamm), Stm (Totes Geb., Eisenerzer Alp.). [*N. rubra* subsp. *archiducis-joannis* (Teppner & E. Klein) H. Baumann & R. Lorenz; *G. archiducis-joannis* (Teppner & E. Klein) Teppner & E. Klein]
Erzherzog-Johann-K., ***N. archiducis-joannis*** Teppner & E. Klein

— Blüten relativ weit geöffnet; Lippe kleiner, 5,9–7,7 mm lg., 2,5–3,8 mm br., Hinterabschnitt der Lippe stark bauchig erweitert, sattelf., ihre Ränder wellig, im mittl. Bereich zus.neigend, an der Spitze flach, zugespitzt; — Stg. kantig, sehr dick; Tragblätt. kräftig papillös gesäumt; Perigon oft leuchtend fleischfarben bis rot, m. violettem Stich, selten rosa, beim Altern etwas bis stark verblassend; Blüten m. leichtem Zimtgeruch; ↕ 5–14 cm; ♃; 2n = 100. VII–VIII. – Steinige Kalkrasen; 2300–2400 m. – *s*, bislang nur I: Trento (Brenta-Gruppe). [*G. buschmanniae* (Teppner & Ster.) Teppner & E. Klein] Buschmann-K., ***N. buschmanniae*** Teppner & Ster.

9 (7). Lippe weit geöffnet, im unt. Viertel bauchig; Lippen-∅ an der sattelf. Verengung relativ weit, halbkreisf. od. weiter; — Infl. rot, am Grund nur selten heller; Perigon < 7 mm br., rotviolett, später etwas heller werdend; Lippe 6,8–8 mm lg., 3–4 mm br., ↕ 5–20 cm; ♃; 2n = 80. VII. – Alp. Kalkrasen; 2150–2500 m. – Sehr *s*, I: Bz (Dolomiten u. angrenzende Gebiete); D: BY (zw. Ammergeb. u. Chiemgauer Alp. [die Pfl. hier wohl zu *N. miniata*])?; A? ⓢ. [*G. dolomitensis* Teppner & E. Klein; *N. rubra* var. *dolomitensis* (Teppner & E. Klein) R. Lorenz & Perazza]
Dolomiten-K., ***N. dolomitensis*** (Teppner & E. Klein) Hédren et al.

— Lippe schmal, ± eingerollt; Lippen-∅ an der sattelf. Verengung schmal, hufeisenf. bis ringf. **10**

10. Infl. meist groß bis sehr groß, ± abgestuft 2-farbig, manchmal nur am Grund ein wenig aufgehellt, oft aber bis zur Mitte weißl. od. hellrosa; — Tragblätt. rot gesäumt od. ganz rot; Perigon rosarot, am Grund aufgehellt; äuß. Perigonblätt. 1,5–2,6 mm br. (breiter als bei *N. miniata*), oft spreizend, das mittl. der unt. Blüten oft herabgebogen; inn. Perigonblätt. deutl. schmaler als die äuß. od. schmal erscheinend, 1–1,5 mm br.; Lippe 6,2–7,6 mm lg., 4–5 mm br.; ↕ 7–25 cm; ♃. VI–VII. – Kalkmagerrasen u. Almwiesen; 950–2200 m. – Alp., Dinariden,

Karpaten; *z* A: Kt, OÖ, NÖ, Sb, Stm, N-Ti, OTi, Vb; I: Bz. [*G. bicolor* (W. Foelsche) W. Foelsche & O. Gerbaud; *N. miniata* (Wettst.) K. Richt. p. p.] Zweifarben-K., ***N. bicolor*** W. Foelsche

— Infl. klein bis mittelgroß, ± 1-farbig, am Grund nicht od. nur ein wenig aufgehellt **11**

11. Tragblätt. (u. Hochblätt.) blass gelbgrün, oft rosa überlaufen, meist ohne rote Spitzen; Perigon sehr klein; äuß. Perigonblätt. 3,8–5,2 mm lg., 1,4–2,2 mm br.; inn. Perigonblätt. 2,9–4,6 mm lg., 0,6–1,2 mm br.; Lippe höchstens 5,4 mm lg., *N. widderi*-ähnl., ± geschlossen; Infl. sehr klein u. schmal, 14–23 mm lg., 14–17 mm br., — rosarot, der Grund manchmal etwas aufgehellt; Perigon wenig geöffnet, 1-farbig rosarot; ↕ 5–17(–20) cm; ♃. VI–VII. – Subalp. Kalkmagerrasen; 1700–1900 m. – Sehr *s*, NO-Kalk-Alp., bisher nur A: Stm (Trenchtling/Hochschwabgruppe). [*G. minor* (W. Foelsche & Zernig) W. Foelsche & Zernig] Zwerg-K., ***N. minor*** W. Foelsche & Zernig

— Tragblätt. grün, stets rot gerändert bis dk.rot; Blüte u. Infl. in allen Abmessungen größer als bei *N. minor*; — Perigon rot **12**

12. Infl. meist ≈ so br. wie hoch, kurz kegelf. bis kurz eif. u. zugespitzt (od. selten verläng. eif.); äuß. Perigonblätt. relativ br., ≈ 2 mm br.; inn. Perigonblätt. deutl. schmaler als äuß.; Lippe tailliert, oberh. der sattelf. Verengung relativ weit geöffnet; — Infl. klein bis mittelgroß; Perigon meist 1-farbig (dk.)rot; Pfl. zart, ↕ 8–25 cm; ♃. VII. – Wechselfeuchte, subalp.–alp. Rasen, dichte, trockenere Polsterseggenrasen; auf Kalk; 1800–2200 m. – Im Gebiet sehr *s*, I: Bz (Pordoipass), wohl auch A: Stm (Tauplitzalm/Totes Geb.); Verbr. noch unklar (Hauptverbr.: N-I.) [*G. hygrophila* (W. Foelsche & Heidtke) W. Foelsche et al.] Podoi-K., ***N. hygrophila*** W. Foelsche & Heidtke

— Infl. meist länger als br., pyramidenf., kegelf. bis walzl. od. zylindr.; äuß. Perigonblätt. relativ schmal, 1,3–1,6 mm br.; inn. Perigonblätt. etwas schmaler als bis ≈ gleich br. wie äuß.; Lippe meist stark sattelf. verengt u. eingerollt, schmal erscheinend (*192/8*); — purpurne Tragblattränder u. -spitzen dunkler als die Blüten; Infl. mittelgroß, ≈ 20 mm br.; Perigon 1-farbig leuchtend karmin- od. rubinrot; ↕ 7–25 cm; ♃; 2n = 80. VI–VIII. – Kalkrasen u. Almwiesen; 1200–2600 m. – Sehr *s*, D: BY (Grenznähe); A: Kt, NÖ, Stm, Sb?; CH; FL; I: Bz. – Verbr. nach Abtrennung von Kleinarten, bes. *N. bicolor*, teilw. unklar. Ⓖ. [*Orchis miniata* Crantz; *G. rubra* Wettst.; *N. rubra* (Wettst.) K. Richt.; *G. miniata* (Crantz) Hayek] Rotes K., ***N. miniata*** (Crantz) Janch.

Ophrys L., Ragwurz Ⓖ

Ophrys-Arten sind sehr formenreich u. neigen außerdem zur Hybridbildung. Starke Veränderlichkeit in der Zeichnung der Lippe!

1. Lippe an der Spitze m. auffälligem, kahlem u. gebogenem Anhängsel; äuß. Perigonblätt. weiß od. rötl. **3**

— Lippe an der Spitze ohne od. m. winzigem 3-eckigem u. geradem Anhängsel; äuß. Perigonblätt. grünl. **2**

2. Lippe 3-spaltig, m. tief 2-lappigem Mittelzipfel, flach, schmal, ≈ 1,5–2-mal so lg. wie br. u. fast 2-mal so lg. wie die übrigen Perigonblätt., braunrot, m. kahlem, fast 4-eckigem Fleck; inn. Perigonblätt. fädl., insektenfühlerähnl., braun od. grünl. (*194/1*); — Anhängsel stets fehlend; ↕ 15–50 cm; ♃. V–VI. – Halbtrockenrasen u. -gebüsche, lichte Wälder. – *z* im S u. im mittl. Teil des Gebiets, sonst *s*. Ⓖ. [*O. muscifera* Huds.] Fliegen-R., ***O. insectifera*** L.

194/1

194/2

194/3

194/4

— Lippe ungeteilt od. seicht 3-lappig, an der Spitze ausgerandet, gewölbt, ≈ so lg. wie br., m. 2(–4) kahlen, am Grund quer verbundenen Längslinien (*194/2*); inn. Perigonblätt. am Grund breiter, verläng. eif. bis trapezf., am Ende stumpfl. bis ausgerandet, am Rand oft gewellt, meist dunkler als die äuß.; — Anhängsel fehlend od. 3-eckig, gerade; ↕ 10–50 cm; ♃. (III–) IV–V. – Trockenrasen u. -gebüsche, meist über Kalk. – Sehr *z* u. lückenhaft, im N vielfach verschwunden. ⓖ. Artengruppe Spinnen-R., ***O. sphegodes*** agg.

a. Blüten klein, Lippe 5–7 mm lg., fast flach u. rund, schwarzbraun od. schwarzgrün, ± deutl. gelb umrandet; ↕ 10–30 cm; ♃. (III–)IV–V (2 Wochen früher blhd. als *O. sphegodes*). – Trockenrasen, steinige, buschige Hänge. – *s*, D: BW, NW-BY (bes. Unterfranken), RP, TH (b. Mühlhausen); B; F: Els; *f* L; Verbr. ungenügend bekannt. ⓖ. [*O. litigiosa* E. ⓖ. Cam.; *O. sphegodes* subsp. *litigiosa* (E. G. Cam.) Bech.] Kleine Spinnen-R., ***O. araneola*** Rchb.

— Blüten größer, Lippe ≈ 10(–12) mm lg., längl. eif., gewölbt, meist deutl. gehöckert, rotbraun, höchstens m. ganz schmalem gelben Saum; ↕ 20–50 cm; ♃. IV–V. – Trockenrasen, Gebüsche. – Wie Art: A: Bgl, Kt, NÖ, Ti, Vb; B; F: Els; FL; I: Bz; L. ⓖ. [*O. aranifera* Huds.] Große Spinnen-R., ***O. sphegodes*** Mill. (subsp. ***sphegodes***)

3 (1). Lippe so lg. wie br., ungeteilt; Lippenanhängsel aufw. gebogen (*194/3*); Gr.Säule kurz, fast stumpf; ↕ 10–90 cm; ♃. V–VIII. – Halbtrockenrasen; auf Kalk. – *s*, im N sehr s; *f DK*; PL. ⓖ. [*O. arachnites* (L.) Reichard; *O. fuciflora* (F. W. Schmidt) Moench]
Hummel-R., ***O. holosericea*** (Burm. f.) Greuter

a. Rosettenentwicklung im Herbst bis Frühjahr; Bltzt. V–VI; Stg. z. Bltzt. bis 30 cm hoch, grün, > 4 mm ∅; — Infl. relativ dicht; Blüten bis 25 mm ∅, äuß. Perigonblätt. bis 13 mm lg.; Lippe bis 13 mm lg. u. 17 mm br., ± flach ausgebr., trapezf.; Perigonblätt. meist weißl. bis hell rosenrot. – Wie Art. Hummel-R. (i. e. S.), subsp. ***holosericea***

— Rosettenentwicklung im Sommer; Bltzt. VII–VIII(–IX) (mind. 4 Wochen später als subsp. *holosericea*); Stg. z. Bltzt. bis 90 cm hoch, schwärzl., 2–4 mm ∅; — Infl. stark verläng. u. locker; Blüten kleiner, nur bis 20 mm ∅, äuß. Perigonblätt. bis 10 mm lg.; Lippe bis 10 mm lg., stärker gewölbt, ihre Ränder ± stark nach hinten umgeschlagen; Perigonblätt. intensiv rosenrot. – Sehr *s* Oberrhein zw. Strasbourg u. Basel. [*O. tetraloniae* W. P. Teschner var. *elatior* (R. Engel & Quentin) Hennecke] Hohe Hummel-R., subsp. ***elatior*** (Paulus) H. Baumann & Künkele

— Lippe deutl. länger als br., gelappt, m. kleinen, seitl. Zipfeln; Lippenanhängsel abw. bis rückw. gebogen (*194/4*); Gr.Säule gerade bis S-f. verläng., spitz; ↕ bis 50 cm; ♃. V–VII. – Halbtrockenrasen, Gebüsche. – *z* im S, sonst *s*, im N *f*. ⓖ. – Formenreich. [z. B. var. ***friburgensis*** Freyhold: inn. Perigonblätt. zwei Drittel so lg. wie die äuß., Seitenlappen reduziert, Malzeichnung aufgelöst; var. ***trollii*** (Hegetschw.) Rchb. f.: Lippe flach, Seitenlappen reduziert]
Bienen-R., ***O. apifera*** Huds.

Orchis L. [incl. *Aceras* R. Br., Ohnhorn; excl. *Anacamptis* Rich., *Dactylorhiza* Nevski u. *Neotinea* Rchb. f.], Knabenkraut ⓖ

1. Lippe ohne Sporn, — 4-teilig, gelbgrün bis hellbraun, viel länger als die helmart. zus.neigenden, grünl.gelben, rot überlaufenen od. gestreiften Perigonblätt; ↕ 10–40 cm; ♃. V–VI. – Halbtrockenrasen, Gebüsche; auf Kalk. – *s* im SW u. W, TH, ST; A: Kt. ⓖ. [*A. anthropophorum* (L.) W. T. Aiton] Ohnhorn, Puppenorchis, ***O. anthropophora*** (L.) All.

— Lippe m. Sporn **2**

2. Beide seitl. Perigonblätt. absthd. od. zurückgeschlagen, die 3 übrigen zus.neigend (*176/4*) **6**

— Alle Perigonblätt. (ohne die Lippe) helmf., zus.neigend **3**

3. Spitzen der Perigonblätt. verläng., am Ende keulig verdickt (*197/4*) ..... ***Traunsteinera***, S. 198

— Spitzen der Perigonblätt. nicht auffallend verläng., ohne keulige Spitzen **4**

4. Mittellappen der Lippe in 2 lg., linealische Zipfel gespalten, die in Länge, Form u. Farbe den beiden seitl. Zipfeln gleichen (*195/1*); Infl. von oben nach unten aufblhd.; ↕ 20–45 cm; ♃. V–VI. – Halbtrockenrasen; auf Kalk. – *s*, SW-D; B; W- u. N-CH; F: Els; I: Bz; L (ob noch?); NL; in A (NÖ, Stm) nur 2 FO durch Ansalbung. ⓖ. Affen-K., ***O. simia*** Lam. (subsp. ***simia***)

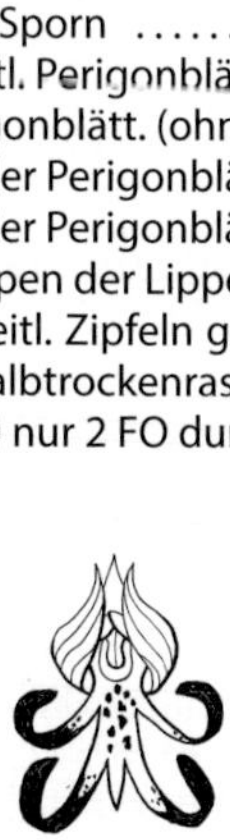
195/1

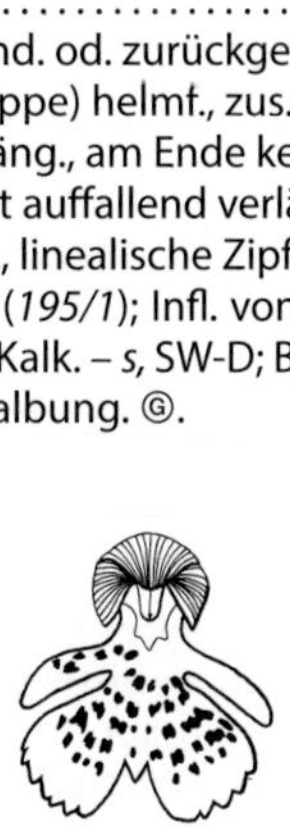
195/2

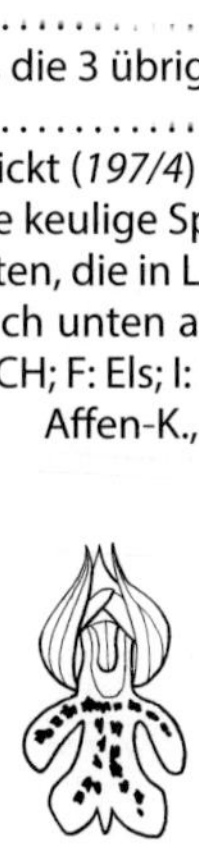
195/3

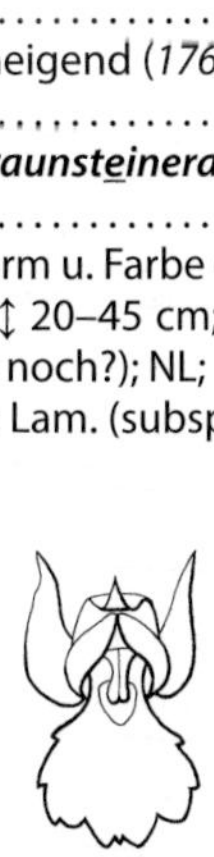
195/4

— Lippe nicht in 4 sich gleichende linealische Zipfel gespalten; Infl. von unten nach oben aufblhd. **5**

5. Helm außen braunrot, kugelig eif., dunkler als die Lippe; Mittellappen der Lippe am Grund 3–4-mal so br. wie die Seitenlappen, nach vorn sich allmähl. verbreiternd, weißl.-hellrosa, dk.rot gefleckt (*195/2*); ↕ 30–90 cm; ♃. V–VI. – Halbtrockenrasen, Waldränder; auf Kalk. – *z–s* im S u. im mittl. Teil des Gebiets, sonst *s*. Ⓖ. [*O. fusca* Jacq.]
Purpur-K., ***O. purpurea*** Huds. (subsp. ***purpurea***)

— Helm außen blassrosa, längl. eif.; Mittellappen der Lippe am Grund 1–2-mal so br. wie die Seitenzipfel, nach vorn sich plötzl. verbreiternd, tief geteilt, hellrot, dk.rot punktiert (*195/3*); ↕ 20–60 cm; ♃. V–VI. – Halbtrockenrasen, lichte Wälder, moorige Wiesen; auf Kalk. – *z* im S u. im mittl. Teil des Gebiets, seltener im N. Ⓖ. Helm-K., ***O. militaris*** L. (subsp. ***militaris***)

6 (2). Perigon rosa, rot od. purpurn **9**

— Perigon gelb **7**

7. Lippe nicht deutl. gelappt, aber m. wellig-gekerbtem Rand (*180/3*), meist m. kleinen purpurnen Flecken; Sporn abw. gerichtet, — dick, so lg. wie der Frkn.; Blätt. ungefleckt
Dactylorhiza sambucina, S. 180

Blassgelbe Blüten m. abw. gerichtetem Sporn besitzt auch ***D. ochroleuca*** s. S. 181, Nr. **10a**.

— Lippe ± deutl. gelappt (ähnl. *195/4*); Sporn aufw. gebogen **8**

8. Blätt. alle ungefleckt, 2–4-mal so lg. wie br.; Lippe ohne rote Punkte (*195/4*); Infl. dicht, reichblütig; Sporn 7–14 mm lg., — aufw. gebogen; ↕ 15–40 cm; ♃. IV–VI. – Lichte Laubwälder, Gebüsche, Bergwiesen; auf Kalk. – *z–s* im S, *s* M-D; A (*f* Kt u. OTi); CZ; F: Els; FL; PL. Ⓖ.
Bleiches K., Blasses K., ***O. pallens*** L.

— Grundst. Blätt. oberseits gefleckt, 6–10-mal so lg. wie br.; Lippe am Grund rot punktiert, schafsnasenf. (Mittellappen nach unten geknickt); Infl. locker, 5–20-blütig; Sporn 13–19 mm lg., — aufw. gebogen; ↕ 15–30 cm; ♃. IV–V. – Halbtrockenrasen, Kastanienhaine. – *s*, CH: Gr (Misox), Ts. Provence-K., ***O. provincialis*** Lam. & DC.

9 (6). Seitl. Perigonblätt. seitl. absthd. bis nach vorn-ausw. gebogen, grünl. m. feiner rötl. Fleckung; Sporn abw. weisend, kegelf., nur bis 10 mm lg. u. 3–4 mm ∅; — Tragblätt. 5–7-nervig; ↕ 20–40 cm; ♃. V–VI. – Bergwiesen der Krummholzstufe. – D: früher BW; A: sehr *s* Sb, früher Kt, NÖ, OÖ; *s* CH: Vs (Simplongebiet); I: Bz. Spitzel-K., ***O. spitzelii*** W. D. J. Koch (subsp. ***spitzelii***)

— Seitl. Perigonblätt. zurückgeschlagen (*176/4*), in roten Farbtönen, ohne Grün; Sporn waagr. bis aufw. weisend, zylindr., 11–21 mm lg. u. ≈ 1,5–2 mm ∅; ↕ 20–60 cm; ♃. V–VI(–VII). – Magerrasen, lichte Laubwälder, Bergwiesen; auf Kalk u. leicht sauren Substraten. – *z–s*, im ganzen Gebiet. Ⓖ. Manns-K., Stattliches K., ***O. mascula*** (L.) L.

a. Lippe ungezähnt, im vord. Drittel 3-lappig, meist kürzer als der Sporn; Mittellappen der Lippe kaum länger als die Seitenlappen; Perigonblätt. stumpfl. bis kurz bespitzt, seitl. Perigonblätt. 7–10(–15) mm lg., aufr., nach außen gedreht; — Blätt. gefleckt od. ungefleckt. – *z* im S u. im mittl. Teil des Gebiets, sonst *s*; D; A: nur Ti (Tannheimer Berge); B; CH; DK; F: Els; FL; L; NL; PL. Manns-K. (i. e. S.), Stattliches K. (i. e. S.), subsp. ***mascula***

— Lippe unregelm. gezähnt, ab ≈ der Mitte 3-lappig, länger als der Sporn; Mittellappen der Lippe 1,5–2-mal so lg. wie die Seitenlappen; Perigonblätt. in lg., unregelm. gekrümmte u. zurückgebogene Spitzen ausgezogen, seitl. Perigonblätt. 12–15(–20) mm lg., seitl. abstd. u. nicht nach auß. gedreht; — Blätt. braunpurpurn gestrichelt od. fein gepunktet. – Lichte Wälder, Bergwiesen. – *z* Alp., *s* Vorland, D: BY, HE, SH, SN, TH; A; CH; CZ; I: Bz; PL; Verbr. nicht genau bekannt. [*O. speciosa* Host; *O. ovalis* Mayer; subsp. *signifera* (Vest) Soó]
Prächtiges Manns-K., subsp. ***speciosa*** (W. D. J. Koch) Hegi

Die beiden Sippen sind geograph. differenziert, m. zahlr. Übergängen, z. B. in D: BY u. W-A.

Platanthera Rich., Waldhyazinthe, Kuckucksblume Ⓖ

Der Bestimmungsschlüssel für *P. bifolia* s. l. folgt Buttler (2011); allerdings wird hier für die Sippen Unterartrang bevorzugt. Bei der Abgrenzung u. Benennung der zw. *P. bifolia* u. *P. chlorantha* sthd. Sippen (s. 2—) besteht weiterer Forschungsbedarf.

1. Staubbeutelfächer eng sthd., bis 1,5 mm voneinander entfernt, parallel (*197/1*) od. nach unten leicht zus.neigend; — Infl. ± zylindr.; Perigon weiß bis schwach grünl.weiß, 11–18 mm br.; Lippe 6–16 mm lg., zur Spitze hin oft gelbl.grün; Sporn fadenf., 12–41 mm lg., stielrund, 0,7–1,4 mm ∅, spitz; Blüten stark duftend; ↕ 10–60(–80) cm; ♃. V–VII. – Laubwälder, Gebüsch, Magerrasen. – Im S *v* od. *z*, nördl. seltener, vielfach verschwunden. Ⓖ.
Weiße W., Zweiblättrige K., ***P. bifolia*** (L.) Rich.

a. Kleinblütig, Sporn 12–20(–23) mm lg.; Lippe 6–10,5(–12) mm lg.; Staubbeutelfächer < 1 mm voneinander entfernt, parallel od. nach unten leicht zus.neigend; Pollinienstiele (Kaudikel) sehr kurz, < 0,5 mm lg.; — Infl. meist dicht (in Seitenansicht ohne Lücken zw. den Blüten); ↕ 10–25(–35) cm; ♃. (V–)VI–VII (im selben Gebiet 2–3 Wochen später blhd. als subsp. *latifolia*). – Silikatmagerrasen, feuchte (Berg-)Wiesen, Niedermoore, feuchte Zwergstrauchheiden; Offenlandsippe. – *z* norddeutsche Tiefebene u. Mittelgeb., *s–z* Alp.; D: BB, BY, HE, MV, NI, NRW, RP, SN, ST; A: Kt, Sb, Stm, Ti; B; CH; DK; NL?; Verbr. ungenügend bekannt. ©. [*P. bifolia* s. str.; subsp. *graciliflora* Bisse; var. *subalpina* Brügger] Kleinblütige Weiße W., subsp. ***bifolia***

— Großblütig, Sporn (20–)25–41 mm lg.; Lippe (9,5–)11–16 mm lg.; Staubbeutelfächer 1–1,5 mm voneinander entfernt, parallel; Pollinienstiele (Kaudikel) deutl., > 1 mm lg.; — Infl. oft locker (in Seitenansicht m. großen Lücken zw. den Blüten); ↕ (25–)30–60(–80) cm; ♃. V–VI(–VII). – Lichte, mäßig trockene bis wechselfrische Laub- u. Nadelmischwälder, Waldsäume u. Gebüsche; Waldsippe. – *v–z*, im ganzen Gebiet. ©. [*P. bifolia* auct.; *P. fornicata* (Bab.) Buttler subsp. *fornicata*] Großblütige Weiße W., subsp. ***latifolia*** (Drejer) Løjtnant

— Staubbeutelfächer entfernter sthd., oben 1,5–2,5 mm, unten (2–)3–4,5 mm voneinander entfernt, nach unten spreizend (*197/2*), selten ± parallel **2**

2. Staubbeutelfächer zur Infl.Achse > 20° geneigt, unten 3–4,5 mm (≈ Antherenlänge) voneinander entfernt; — Infl. ± pyramidenf.; Perigon grünl.- bis gelbl.weiß, 18–23 mm br., Lippe 10–16 mm lg., zur Spitze hin oft dunkler; Sporn fadenf., 20–40 mm lg., etwas keulig, gegen das Ende zu abgeflacht u. verbreitert, 1,3–2 mm ∅, stumpf; Blüten kaum duftend (?); Pfl. kräftiger u. großblütiger als vorige, ↕ 20–60 cm; ♃. V–VII. – Laubwälder, Waldränder, Magerrasen; basenhold. – *z–s*, im N seltener. ©. [*P. montana* (F. W. Schmidt) Rchb. f.] Grünliche W., Berg-K., ***P. chlorantha*** (Custer) Rchb.

— Staubbeutelfächer zur Infl.Achse < 20° geneigt, unten < 3 mm u. damit deutl. weniger als eine Antherenlänge voneinander entfernt; — intermediär u. aus 1 × 2 entstanden. – Auch auf relativ fetten Wiesen. – Im Gebiet *z–s*, teilw. auch ohne die Elternarten m. eigenst. Populationen (Sippen?), z. B. D: BW, NRW, TH; A: Kt (Lavanttal), Stm (St. Jakob im Walde); B; CH; S-NL. ©. [*P. bifolia* × *P. chlorantha*; ? *P. muelleri* A. Baum & H. Baum p. max. p.] Bastard-W., ***P.*** × ***hybrida*** Brügger

Ponerorchis Rchb. fil. [incl. *Neottianthe* Schltr.], Kapuzenorchis

Lippe tief 3-teilig, m. kurzem, nach vorn gebogenem Sporn (*176/1*); ↕ 10–30 cm; ♃. VII–VIII. – Moorige Nadelwälder. – *s*, NO-PL (bis O-As.), heim. nur außerh. des Gebiets, aber in W-PL lokal eingebürg., ob noch? [*Orchis cucullata* L.; *Gymnadenia cucullata* (L.) Rich.; *N. cucullata* (L.) Schltr.] Kapuzenorchis, ***P. cucullata*** (L.) X. H. Jin et al.

Pseudorchis Ség. [*Leucorchis* E. Mey.; *Gymnadenia* R. Br. p. p.], Weißzüngel, Weißzunge (*197/3*) ©

Das in Floren häufig verwendete Merkmalspaar: Seitenlappen der Lippe ≈ 0,7 mm lg., deutl. kürzer als der ≈ 1,3 mm lg. Mittellappen (subsp. *albida*) vs. Seitenlappen der Lippe ≈ 1,4 mm lg., fast so lg. wie der ≈ 1,5 mm lg. Mittellappen (subsp. *tricuspis*) scheint regional einen unterschiedl. hohen diagnostischen Wert zu besitzen u. z. B. in A kaum anwendbar zu sein. – Die Arten der Gattungen *Gymnadenia*, *Nigritella* u. *Pseudorchis* bilden nicht selten untereinander charakteristische Hybriden.

Blätt. 3–7; Infl. schmal-walzl.; Blüten nickend; Perigonblätt. helmf. zus.neigend (*197/3a*); Lippe ± tief 3-lappig, ihr Mittellappen zungenf., bis fast 2-mal so lg. wie die Seitenlappen u. meist breiter als diese (*197/3b*); Sporn 2–2,5 mm lg.; ↕ 5–60 cm; ♃. (V–)VI–VII(–VIII). – Magerrasen u. Zwergstrauchheiden.

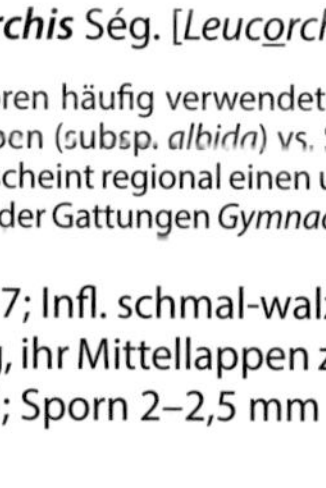

197/1

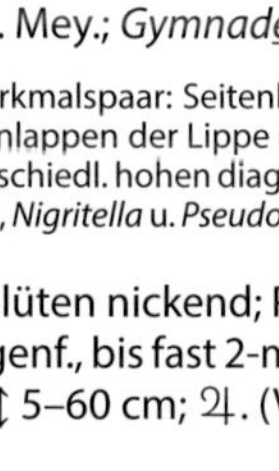

197/2

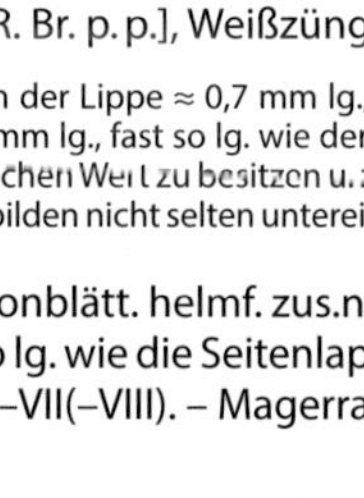

197/3

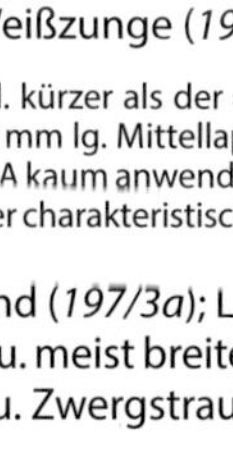

197/4

– *v–z* Alp., *s* Mittelgeb.; auch DK; früher B; NL. ©. [*G. albida* (L.) Rich.; *L. albida* (L.) E. Mey.]
Gewöhnliches W., ***P. albida*** (L.) Á. Löve & D. Löve

a. Infl. 30–100-blütig; Tragblätt. am Rand fein 3-eckig gezähnelt, ≈ so lg. wie der Frkn.; Blüten nickend; — Blätt. 4–7, am Stg. verteilt, schräg aufw. gerichtet; Infl. 5–10(–25) cm lg.; Perigon weiß bis blassgelbl.; Sporn weiß; ↕ 10–35(–60) cm; ♃. – Bodensaure Magerrasen u. Zwergstrauchheiden; kalkmeidend. – *z* Alp., *s* Mittelgeb.; D: BW (Schwarzw., Irndorfer Hardt, Obersteinbach), BY (Bayrw., Fichtelgeb., Rhön), HE, SO-NI (Harz), S-NRW (Eifel, Siegerland), RP, S-SN (Erzgeb.), S-TH; A (*f* Bgl u. NÖ: Wien); CH; CZ; F: Vog.; FL; PL.
Gewöhnliches W. (i. e. S.), subsp. ***albida***

— Infl. 20–30-blütig; Tragblätt. am Rand glatt bis fein gekerbt, meist etwas länger als der Frkn.; Blüten ± waagr.; — Blätt. 3–4, am Stg.Grund gehäuft, ± bogig-waagr.; Infl. 3–7 cm lg.; Perigon blassgelbl.; Sporn gelb; ↕ 5–20 cm; ♃. – Subalp. Magerrasen auf Kalk- u. Dolomitböden; kalkstet. – *z* Alp.; D: BY (Allgäuer bis Berchtesgadener Alp.); A: Kt, NÖ, Stm, Ti, Vb; CH; F: Vog. (Verbr. nicht genau bekannt). [*P. albida* subsp. *straminea* auct. non (Fernald) Á. Löve & D. Löve] Dreizackiges W., subsp. ***tricuspis*** (Beck) E. Klein

Serapias L., Zungenstendel

Blätt. schmal lanzettl.; Infl. 3–8-blütig; vord. Teil der Lippe abw. geknickt (*176/2*), 20–28 mm lg., lg. zugespitzt, behaart; ↕ 20–40 cm; ♃. V–VI. – Halbtrockenrasen. – *s*, CH: Gr (Misox), Ts; Hauptverbr.: MMG. Pflugschar-Z., ***S. vomeracea*** (Burm. f.) Briq. (subsp. ***vomeracea***)

Spiranthes Rich., Drehwurz, Drehstendel, Wendelorchis ©

1. Stg. beblätt.; Grundblätt. linealisch; Blätt. m. der Infl. erscheinend, z. Bltzt. grün; — Ähre locker; ↕ 10–40 cm; ♃. VII. – Flachmoore. – Sehr *s*, Alp. u. Vorland, südl. Oberrhein bis Strasbourg; früher auch B; NL. FFH4; ©! Sommer-W., Sommer-D., ***S. aestivalis*** (Poir.) Rich.

— Stg. (bis auf ≈ 4 drüsig behaarte Hochblätt.) blattlos; Grundblätt. längl.-eif.-spitzl.; Blätt. z. Bltzt. bereits vertrocknet, — an der Seite der Infl. neue Rosette bildend; Ähre dichtblütig; ↕ 6–30 cm; ♃. VIII–X. – Magere Wacholderheiden, Schafweiden. – Sehr *z* od. *s;* sehr stark zurückgegangen. © [*S. autumnalis* Rich.] Herbst-W., Herbst-D., ***S. spiralis*** (L.) Chevall.

Traunsteinera Rchb., Kugelknabenkraut, Kugelorchis ©

Perigonblätt. zipfelig auslfd. am Ende keulig verdickt; Lippe spärl. dk. punktiert, br. keilf., zur Hälfte 3-lappig, Lappen 3-eckig bis rhomb. (*197/4*); ↕ 20–60 cm; ♃. V–VIII. – Gebirgswiesen; bis 2500 m. – *z* Alp., *s* Schw., SchwAlb, Schweizer Jura, Vog., CZ, PL. ©. Rote K., ***T. globosa*** (L.) Rchb.

Familie: Iridaceae, Schwertliliengewächse (Bearbeiter: Gerald Parolly)

Knollen- od. Rhizomstauden; Blätt. linealisch grasart. (*Crocus*) od. schwertf. reitend (*35/8*) (*Iris, Gladiolus*); Blüten radiär od. zygomorph (*Gladiolus*); Staubblätt. 3; Gr. m. 3, oft blumenblattart. Ästen (*Iris*); Frkn. unterst.; Kapselfr. (*49/4*).

1. Blüten zygomorph, fast 2-lippig, purpurrot, — in einseitswendigen (selten 2-zeiligen), ährigen Infl. .... ***Gladiolus***, 201

— Blüten radiär, nicht purpurrot **2**

2. Perigonblätt. sehr verschieden gestaltet, äuß. zurückgebogen, inn. aufr.; — Gr.Äste blumenblattart., unterseits m. quer verlfd. Häutchen (= Narbe) .... ***Iris***, 202

— Perigonblätt. fast gleichgestaltet (bei einer *Crocus*-Art die äuß. ausgebr., inn. aufr.) **3**

3. Perigonblätt. zu lg., im Boden steckender Röhre verwachsen; Blüten meist einzeln, — in verschied. Farben; Narben zerschlitzt .... ***Crocus***, 199

— Perigonblätt. nur m. sehr kurzer Röhre; Blüten meist zu mehreren, — blau; Blätt. 2–5 mm br. u. 15 cm lg. .... ***Sisyrinchium***, 203

Crocus L., Krokus ⓖ

Geophyten m. Sprossknollen in charakteristischer mehrschichtiger Hülle. Die Beschaffenheit der äuß. Knollenhülle – faserig, häutig od. lederig – ist zur sicheren Bestimmung relevant (d. h. vorsichtiges Ausgraben u. Wiedereinpflanzen der Pfl. nötig. Achtung bei Funden auf Bergwiesen: Die einzige im Gebiet heim. Art, *C. vernus* s. l., ist geschützt!). Wichtig auch die meist weißen, häutigen Blattstrukturen innerh. (Hochblätt.; Brakteen u. Brakteolen) od. außerh. (Niederblätt.) des Laubblattkreises; Blüten 1 od. mehrere in stg.loser Infl. m. Hochblätt.; Blütenstiel kurz, unterird., manchmal am Grund von einem häutigem Vorblatt (basales Vorblatt, Prophyll) scheidig umhüllt; Fr.Knoten unterird.

Die Zuordnung der zahlr. im Gebiet kult. u. verwild. Krokusse ist oft problemat., da es sich vielfach um Zuchtauslesen u. Kulturhybriden handelt, die in ihrer Merkmalskombination ± stark von den ursprüngl. Wildpfl. abweichen können. Im Schlüssel sind nur die Arten erfasst, die in D m. einer gewissen Häufigkeit verwildern. In den Nachbarländern (u. kult. in D) noch weitere Arten.

1. Bltzt. im Frühjahr; Grundblätt. z. Bltzt. vorhanden, aber nicht immer voll entwickelt 5

— Bltzt. im Herbst; Grundblätt. erst nach der Blüte erscheinend; — Blüten (bei den Arten des Schlüssels) nie ganz gelb, aber Schlund der Perigonröhre gelegentl. m. gelben Flecken ... 2

2. Perigonzipfel auffällig ungleich, äuß. ausgebr., inn. aufr. (Blüte damit ± an eine *Iris* erinnernd); Staubbeutel sich nach innen (Richtung Gr.) öffnend; — Knollenhülle feinfaserig, am Grund parallelfaserig, weiter oben netzfaserig; basales Vorblatt (Prophyll) vorhanden; Grundblätt. 1–3, 5–7(–10) mm br.; Perigon lila, am Grund weißl., äuß. Perigonzipfel 37–50 × 13–25 mm, inn. 23–30 × 12–13 mm; Staubbeutel gelb; Gr. lila, in feine Äste zerteilt; ↕ 6–12 cm; ♃. (IX–) X. – Friedhöfe, Grünanlagen, lichte Gehölze. – Ne. (Heimat: SO-Eur.); verwild. u. regional in Einbürg., *s*, u. a. D: BW, MV, SN; A: Bgl. – Zierpfl.

Banat-K., Siebenbürger Herbst-K., ***C. banaticus*** J. Gay

— Perigonzipfel ± gleich, je nach Besonnung zus.neigend od. ausgebr.; Staubbeutel sich nach außen (vom Gr. weg) öffnend 3

3. Staubbeutel weiß od. gelbl.; Gr. (hell)gelb; — Knollenhülle häutig, am Grund parallelfaserig, oben netzfaserig; basales Vorblatt (Prophyll) vorhanden; Grundblätt. 4–6, 1,5–4 mm br.; Perigon helllila, Schlund m. einem Ring gelber Flecken, selten ganz weiß; Perigonzipfel 25–45 × 5–18 mm; Gr. in ≥ 3 feine Äste zerteilt; ↕ 8–15 cm; ♃. (IX–)X. – Friedhöfe, Grünanlagen, lichte Gehölze. – Ne. (Heimat: S-Anatolien); sehr *s* unbest. verwild., z. B: D: BB, MV, NRW, SH, SN; A: NÖ (Wien), Stm (Graz). – Zierpfl.

Kotschy-K., Ring-Herbst-K., ***C. kotschyanus*** Herb. (subsp. ***kotschyanus***)

— Staubbeutel kräftig gelb; Gr. dottergelb od. orange; — Knollenhülle häutig, papierart. dünn bis leicht lederig; Grundblätt. 3–4 4

4. Knollenhülle am Grund m. deutl. nicht-faserigen Ringen, oben niemals faserig; basales Vorblatt (Prophyll) fehlend; — Perigonzipfel blaulila m. dunkleren Nerven, 25–60 × 8–22 mm; Schlund oft m. dunkleren Flecken; Gr. dottergelb od. orange, die Staubblätt. deutl. überragend; Grundblätt. 4–5 mm br.; ↕ 8–15 cm; ♃. (IX–)X(–XI). – Friedhöfe, Grünanlagen, lichte Gehölze. – Ne. (Heimat: Kaukasusgebiet); *s* in Einbürg., z. B: D: BB (Berlin); SH; A: NÖ. – Zierpfl.

Pracht-K., Pracht-Herbst-K., ***C. speciosus*** M. Bieb. (subsp. ***speciosus***)

— Knollenhülle ohne Ringe am Grund, parallelfaserig; basales Vorblatt (Prophyll) vorhanden; — Perigonzipfel blaulila, 30–60 × 9–20 mm; Schlund weiß od. lila; Gr. orange, so lg. wie die Staubblätt. od. diese überragend; Grundblätt. 2–4 mm br.; ↕ 5–12 cm; ♃. IX(–X). – Friedhöfe, Grünanlagen, lichte Gehölze. – Ne. (Heimat: SW-F, O- u. Z-Spanien); *s* in Einbürg., z. B: D: RP. – Zierpfl. Pyrenäen-K., Pyrenäen-Herbst-K., ***C. nudiflorus*** Sm.

5 (1). Blüten nicht zur Gänze gelb, meist weiß, violett, auch dk.violett längs gestreift, ihr Schlund oft weiß bis dk.violett, selten gelb 9

— Blüten ganz gelb, goldgelb od. orange, zuw. außen braun bis purpurn od. überlaufen 6

6. Knollenhülle häutig od. parallelfaserig 8

— Knollenhülle derb, grob netzfaserig; — Blätt. 2–6, 0,5–1,5(–2) mm br.; Staubbeutel gelb, nicht pfeilf.; Gr. dottergelb bis orange, 3-ästig; basales Vorblatt (Prophyll) fehlend 7

7. Perigonzipfel u. Schlund einfarbig gelborange, — (13–)15–30 × (7–)9–13 mm, stumpf od. gerundet; Grundblätt. (2–)3–6, 0,5–1(–2) mm br., grün; Staubfäden 2–4 mm, kahl; ↕ 4–10 cm; ♃. (II–)III(–IV). – Friedhöfe, Grünanlagen, lichte Gehölze. – Ne. (Heimat: N- u. Z-Anatolien); *s* in Einbürg., z. B: D: NI (Göttingen), SN (Freiberg). – Zierpfl.

Ankara-K., Anatolischer Gold-K., ***C. ancyrensis*** (Herb.) Maw

— Perigonzipfel gelb, außen oft m. braun-purpurner Zeichnung (Längsstreifen od. Flecken); — 17–34 × 6–13 mm, stumpf od. spitzl., meist zurückgebogen; Grundblätt. 3–6, 0,5–1,5 mm br., graugrün; ↕ 5–12 cm; ♃. (II–)III. – Friedhöfe, Grünanlagen, lichte Gehölze. – Ne. (Heimat: Krim, S-Ukraine, Kaukasus?); *s* in Einbürg., z. B: D: BW?, BY, NI. – Zierpfl.
Schmalblatt-K., Goldbrokat-K., Goldlack-K., ***C. angustifolius*** Weston

8 (6). Staubbeutel pfeilf.; Knollenhülle parallelfaserig, ohne geschlossene Ringe am Grund; Grundblätt. 2,5–4 mm br., — 4–8, zur Bltzt. kürzer als die gelben od. goldgelben Blüten; ↕ 8–12 cm; ♃. II–IV. – Friedhöfe, Grünanlagen, lichte Gehölze. – Ne. (Heimat: O-Eur., W-Anatolien); *s* in Einbürg., z. B: D: BB, BW?, BY, HE, NI, RP, SN; A: Bgl, OÖ, Stm, Ti; B; CH; sonst auch unbest. – Zierpfl. [*C. aureus* Sm.] Gold-K., ***C. flavus*** Weston

Im Gebiet selten als reine botan. Art im Handel. Viel häufiger kult. u. *s* verwild. (in Einbürg.) wohl meist die sterile Hybride Gelb-K., *C. angustifolius* × *C. flavus* [*C.* × *luteus* Lam.], so in D: BY, NI, SN u. *z*, unbest.

— Staubbeutel nicht pfeilf.; Knollenhülle häutig, am Grund in ganzrandige od. gezähnte Ringe gespalten; Grundblätt. 0,5–2 mm br.; — basales Vorblatt (Prophyll) fehlend; Blüten blassgelb bis orangegelb, selten cremefarben, zuw. außen braun gestreift; ↕ 4–10 cm; ♃. (II–)III(–IV). – Grünflächen, Parkgehölze. – Ne. (Heimat: SO-Eur., Balkan-HI, Anatolien); *s* verwild. u. in Einbürg. in D: BW?, BY, HE, NRW; A: Sb, Stm; B; CH (Basel); in D: MV, NI, SN unbest. – Zierpfl.
Gold-K., Kleiner K., Balkan-K., ***C. chrysanthus*** (Herb.) Herb.

9 (5). Hochblatt nur 1 (nur das äuß.), wenn Hochblätt. 2 (Braktee u. Brakteole), Brakteole sehr viel kürzer u./od. viel schmaler als Braktee u. manchmal unter ihr verborgen; basales Vorblatt (Prophyll) vorhanden **11**

— Hochblätt. 2 (Braktee u. Brakteole), beide gleich od. ± gleich groß (Brakteole kürzer als äuß.); basales Vorblatt (Prophyll) fehlend; — Staubblätt. gelb **10**

10. Knollenhülle häutig bis lederig, am Grund m. auffälligen, nicht faserigen Ringen; — Grundblätt. 3–5(–6), 0,5–2,5 mm br.; Perigon außen weiß od. lila, oft purpurn gestreift od. dk. blauviolett gefleckt od. m. 3–5 violetten Nerven; Schlund weiß, lila od. gelb; Perigonzipfel 15–45 × 4–18 mm; ↕ 5–10 cm; ♃. II–III(–IV). – Friedhöfe, Parkrasen u. -gehölze. – Ne. (Heimat: SO-Eur., Balkan-HI, S-MMG, W-Anatolien); *s* verwild. u. in Einbürg. in D: BY; A: Stm; CH; unbest. D: TH. – Zierpfl. Zweiblütiger K., ***C. biflorus*** Mill. (subsp. ***biflorus***)

— Knollenhülle netzfaserig, am Grund ohne derart. Ringe; — Grundblätt. 2–7(–10), 1,5–6 mm br.; Perigon außen weiß od. lila, manchmal purpurn gestreift od. gefleckt, inn. weiß; Perigonschlund gelb, kahl; Perigonzipfel 15–45 × 7–18 mm; ↕ 4–10 cm; ♃. (I–)II–IV(–V). – Parkrasen u. -gehölze, Friedhöfe. – Ne. (Heimat: SO-Eur. bis W-Anatolien); *s* verwild. u. unbest., in D: BY, NRW, SN. – Zierpfl. Sieber-K., ***C. sieberi*** J. Gay

Crocus sieberi umfasst mehrere geograph. getrennte (SO-Eur., Balkan-HI, S-MMG, Kreta, W-Anatolien) Klein- od. Unterarten, darunter den im Gebiet kult. u. verwild. Erhabenen K., ***C. sublimis*** Herb. [*C. sieberi* subsp. *sublimis* (Herb.) B. Mathew; *C. nivalis* Bory & Chaub.]: Perigon blaulila, innen m. weißer Zone um den gelben, behaarten Perigonschlund. – Ne. (Heimat: S-Albanien, Griechenland); sehr *s*, lokal in Einbürg. in D: BY. – Seltene Zierpfl.

11 (9). Brakteole vorhanden u. gut sichtbar, wenn auch viel schmaler als Braktee, — oft braun- od. grünfleckig; Grundblätt. 0,5–1 mm br., grün; Perigonzipfel außen m. dk. Nervatur u. Streifung; Schlund weiß; ↕ 2–6(–8) cm; ♃. II–IV. – Grünflächen, Parkgehölze. – Ne. (Heimat: Korsika, Sardinien); *s* verwild. u. in Einbürg. in D: RP. – Seltene Zierpfl.
Kleinster K., Zwerg-K., ***C. minimus*** DC.

— Brakteole fehlend od. vollst. von Braktee verborgen **12**

12. Grundblätt. 2–3 mm br., z. Bltzt. kaum länger als die 1–2 Blüten; — Perigonröhre weißl., Schlund weiß, zerstreut behaart; Perigonzipfel 25–45 × 8–20 mm, einheitl. hellviolett bis violett, außen oft heller, nicht dunkler gestreift; ↕ 7–17. cm; ♃. II–III. – Parkanlagen, Friedhöfe, feuchte Wälder. – Ne. (Heimat: SO-Eur.); fast überall verwild. u. gebietsweise eingebürg. od. in Einbürg., u. a. D: BB (Berlin), BW, BY, HE, MV, NI, NRW, RP (Saarland), SH, SN; A: OÖ; NÖ, Sb, Ti; B; CH; NL; sonst unbest. – Zierpfl.
Tommasini-K., Dalmatiner K., Elfen-K., ***C. tommasinianus*** Herb.

— Grundblätt. (2–)4–8 mm br., z. Bltzt. ≈ so lg. wie die Blüte **13**

13. Perigonzipfel 17–25(–30) lg.; Gr. meist kürzer als die Staubblätt.; — Perigonzipfel 5–10 mm br.; Perigon weiß, seltener hellviolett od. purpurn gestreift; Gr. intensiv gelb bis orangefarben, selten weißl.; Knollenhülle fein parallelfasrig, ohne Querringe; ↕ 5–15 (–20) cm; ♃.

(II–)III–IV(–VI). – Frische bis feuchte Bergwiesen u. -weiden, kalkmeidend. – *z*, Alp., -vorland u. höh. Mittelgeb.; *z–s* außerh. des Verbr.Gebiets auch verwild. u. eingebürg., z. B. D: BW, BY, HE, MV, NRW, RP, SH, SN, ST, TH; B. ⓖ. – Auch Zierpfl. Frühlings-K., ***C. vernus*** (L.) Hill s. l.

Die Taxonomie der klassischerweise zu *C. vernus* s. l. gestellten Sippen u. br. gefassten Unterarten wird in der Literatur kontrovers gehandhabt.

a. Gr. so lg. wie od. länger als Staubblätt.; Perigonblätt. meist purpurn, lila od. gestreift, groß (durchschnittl. 45 × 15 mm). – *s*, A: z. B. Bgl; PL. [*C. vernus* (L.) Hill; incl. *C. heuffelianus* Herb. u. *C. exiguus* Schur] Frühlings-K. (i. e.S.), subsp. ***vernus***

Bei enger Fassung der Sippen werden unterschieden:

Pontischer K., ***C. exiguus*** Schur [*C. vittatus* Schloss. & Vuk., nom. illeg.; *C. veluchensis* auct.; *C. napolitanus* auct.]: Perigon violett, groß; Perigonzipfel spitzenw. meist m. dk., oft schwacher, V-f. Zeichnung; Schlund kahl; Blätt. 2–7 mm br.; ↕ 10–20 cm; ♃. III–V. – Frische bis feuchte Wiesen, Auenwälder; submontan bis montan. – *z–v*, A: Kt, Stm; Hauptverbr.: O-Karpaten über Balkan-HI bis SO-Alp. – Hybridogen entstanden aus *C. vernus* subsp. *albiflorus* × *C. heuffelianus* u. karyolog. sehr variabel.

Purpur-K., ***C. purpureus*** Weston [*C. napolitanus* auct.]: Perigon violett; Perigonzipfel ohne Spitzenzeichnung, aber oft m. dunkleren Nerven, 25–40 × 7–13 mm; Schlund behaart; ↕ 10–20 cm; ♃. II–IV. – Frische bis feuchte Wiesen, Gebüschränder; kollin bis montan. – Ne. (Heimat: O-I, Balkan-HI); eingebürg. in A: NÖ. – Zierpfl.

C. vernus s. str.: Perigon violett od. weiß, einfarbig od. m. andersfarbigen Nerven, Perigonzipfel ohne Spitzenzeichnung, 35–60 mm lg.; Schlund kahl, außen m. dk. Zeichnung; ↕ 10–20 cm; ♃. (III–)IV(–V). – Friedhöfe, Grünanlagen, Gebüschränder; kollin bis montan. – *s*, D; A: OÖ, Sb, Ti; NL. – Zierpfl.

— Gr. meist deutl. kürzer als Staubblätt.; Perigonblätt. meist weiß, am Grund oft hellviolett, kleiner (durchschnittl. 25 × 8 mm). – *v* Alp. (bis 2300 m), *z* Voralp., *s* D: Schw., SchwAlb; CZ; F: Vog.; PL. ⓖ. [*C. albiflorus* Schult.] Weißer Frühlings-K., Weißer K., Alpen-K., subsp. ***albiflorus*** (Schult.) Ces.

— Perigonzipfel 30–55 mm lg.; Gr. meist so lg. wie die Staubblätt. od. länger; — Perigon weiß bis dk.violett, manchmal dk. gestreift; ↕ 8–15 cm; ♃. II–IV. – Frische bis wechselfeuchte siedlungsnahe Wiesen. – Ne. (Heimat: Italien); sehr *s*, regional eingebürg.; D: BW (Zavelstein, ob wirkl. diese Art?), BY, MV, NRW (Bonn), SN (Drebach?), ST, SH (Husum). – Zierpfl. Vernachlässigter-K., ***C. neglectus*** Peruzzi & Carta

Gladiolus L., Gladiole, Siegwurz

1. Staubbeutel etw. länger als die Staubfäden; Samen ungeflüg.; — unterste Blätt. bis 16 mm br., die Stg.Blätt. 5–10 mm br.; Ähre 6–16-blütig, 2-zeilig; Blüten rosa, bis 6 cm lg.; ↕ 50–100 cm; ♃. IV–VI. – Äcker, Wiesen. – *s*, früher CH: Ts; Hauptverbr.: MMG. – Auch Gartenzierpfl. [*G. segetum* Ker Gawl.] Italienische G., ***G. italicus*** Mill.

— Staubbeutel so lg. wie od. kürzer als die Staubfäden; Samen geflüg. **2**

2. Ähre dichtblütig; Perigonröhre stark gekrümmt; — unt. Laubblätt. stumpfl.; Blätt. bis 15 mm br.; Ähre 5–10-blütig, einseitswendig; Narbenlappen stumpf; ↕ 30–80 cm; ♃. VII. – Feuchte Wiesen. – *s* im O, D: O-SN (Lausitz), TH (Erfurt); A: Bgl, NÖ, Stm; CH: Ts; CZ; PL. ⓖ. Wiesen-G., Dachzieglige S., ***G. imbricatus*** L.

— Ähre lockerblütig; Perigonröhre nur schwach gebogen **3**

3. Ähre einseitswendig, — bis 6-blütig; Blätt. 4–10 mm br.; Perigonzipfel 6–16 mm br.; Knollenhaut (vorj. Blätt.) grob netzart. zerfasernd; ↕ 30–50 cm; ♃. V–VII. – Flachmoore, Moorwälder. – *s* bis sehr *s*, Alp., Voralp. u. Oberrheintal, vielerorts bereits verschwunden; D: BB, BW, BY, RP, ST; A: Bgl, OÖ, NÖ, Sb, N-Ti, Vb; CH; CZ; F: Els; FL; PL; früher O-D, I: Bz. FFH24; ⓖ! Sumpf-G., Sumpf-S., ***G. palustris*** Gaudin

— Ähre 2-zeilig, — 3–20-blütig **4**

4. Pfl. 25–50 cm hoch; Ähre 3–10-blütig, unverzweigt; — Blätt. 10–40 cm lg. u. 4–10 mm br.; Perigonzipfel 6–16 mm br.; Knollenhaut nur dünn u. sehr eng zerfasernd; ↕ 25–60 cm; ♃. V. – Feuchte Wiesen; kollin. – *s*, nur A: S-Kt (Gailtal). Illyrische G., Illyrische S., ***G. illyricus*** W. D. J. Koch

— Pfl. 50–100 cm hoch; Ähre 10–20-blütig, öfter verzweigt; — Blätt. 30–50 cm lg. u. 5–22 mm br.; Perigonzipfel 10–20 mm br.; ↕ 30–90 cm; ♃. VI–VIII. – Ne. (Heimat: MMG); zuw. verwild., z. B. D: *s* SO-BW, S-BY; CH. – Gartenzierpfl. Gewöhnliche G., ***G. communis*** L.

Hierher auch die Garten-G., ***G. × hortulanus*** L. H. Bailey: Ähren 10–28-blütig; Perigon verschiedenfarbig, oft > 5 cm lg.; Blätt. > 2 cm br. – Häufige Zierpfl.; stammt von mehreren afrikan. *Gladiolus*-Arten ab.

Iris L., Schwertlilie ⓖ

1. Äuß. Perigonblätt. oberseits m. einem Längsstreifen aus lg., stumpfen Haaren (Bart) auf dem Nagel u. am Grund der Platte; Haare mehrzellig **7**

— Äuß. Perigonblätt. bartlos, höchstens schwach flaumig; Haare, wenn vorhanden, 1-zellig .. **2**

2. Blätt. grasart. schmal, 2–10 mm, selten bis 15 mm br. u. dann Platte der äuß. Perigonblätt. (etwas) kürzer als der Nagel; — Perigonblätt. überwgd. violett **5**

— Blätt. schwertf., 10–30 mm br.; Platte der äuß. Perigonblätt. so lg. wie der Nagel od. länger; — Perigonblätt. überwgd. gelb, violett od. mehrfarbig **3**

3. Pfl. trockener StO; Stg. etwas zus.gedrückt, m. 1 Kante; Samen orangerot, in der Kapsel bleibend; Blätt. immergrün, — dk.grün, zerrieben stinkend, 10–25 mm br.; äuß. Perigonblätt. trüblila od. gelbl.braun, 1–2 cm br.; ↕ 30–80 cm; ♃. V–VI(–VII). – Lichte Wälder, Gebüschsäume. – Ne. (Heimat: W-MMG, SW-Eur.); kult., *s* in wintermilden Gebieten verwild., z. B. B; S-CH. – Zierpfl. Stinkende S., ***I. foetidissima*** L.

— Pfl. feuchter bis nasser StO; Stg. (fast) stielrund; Samen braun, die Kapsel verlassend; Blätt. sommergrün **4**

4. Perigonblätt. leuchtend gelb, die äuß. br. eirund, länger als Nagel, m. orangefarbener Zeichnung, 2–3(–4) cm br., die inn. sehr klein, linealisch, kürzer u. schmaler als die Gr.Äste; Blätt. fast so lg. wie der Stg., m. kielart. Mittelrippe; ↕ 50–120 cm; ♃. V–VI. – Ufer nährstoffreicher Gewässer, Gräben, Erlenbrüche. – *v*. Wasser-S., ***I. pseudacorus*** L.

— Perigonblätt. blau- od. rotviolett, die äuß. so lg. wie der Nagel, m. flaumigem, grün-gelbl. Zentrum, 1,8–4 cm br., die inn. spatelf., etwas länger als die Gr.Äste; Blätt. kürzer als der Stg., ohne kielart. Mittelrippe; ↕ 50–100 cm; ♃. VI–VII. – Großseggenriede, Moorwiesen, Gräben, Erlenbrüche. – Ne. (Heimat: Atlant. N-Am.); kult., *s* verwild., z. B. D: NO-BY (Arzberg), HE, NI, SW-SN (Reichenbach, Lengenfeld). – Zierpfl. Verschiedenfarbige S., ***I. versicolor*** L.

5 (2). Stg. 2-schneidig zus.gedrückt, viel kürzer als die Blätt.; — Blätt. linealisch, grasart., 5–15 mm br., nach der Bltzt. auffallend niederlgd.; Stg. 1–2-blütig; ↕ 15–30 cm; ♃. V–VI. – Trockenrasen, lichte Gebüsche; kollin bis submontan. – D: *s* BW, BY, RP, unbest. SN, TH (in D als Ne; Hauptverbr.: S-Eur.); A: *s* Bgl, Kt, NÖ, Stm, früher OÖ; *s* CH: Ts; CZ (Eger). ⓖ. Grasblättrige S., ***I. graminea*** L.

— Stg. (fast) stielrund, z. Bltzt. länger als die Blätt. **6**

6. Stg. hohl; Blätt. schmal linealisch, 2–6(–10) mm br.; äuß. Perigonblätt. gegen den Grund m. weißl.blauen Nerven, plötzl. in den braungelben Nagel m. purpurnen Nerven verschmälert; ↕ 50–90 cm; ♃. V–VI. – Moorwiesen, Flachmoore. – *z*, im N *s* od. *f*. ⓖ. – Auch Zierpfl. Sibirische S., ***I. sibirica*** L.

— Stg. markig; Blätt. 5–12 mm br.; äuß. Perigonblätt. rundl., m. weißl. Nagel, dieser m. purpurnen Nerven u. gelbem Mittelstreifen; ↕ 30–60 cm; ♃. V–VI. – Wechselfeuchte u. -trockene Wiesen; auch auf leicht salzhaltigen Böden. – Sehr *s*, D: HE, RP; A: Bgl (Neusiedler See), NÖ; CZ; DK. ⓖ! – Auch Zierpfl. Wiesen-S., ***I. spuria*** L. (subsp. ***spuria***)

7 (1). Stg. (Infl.) 1(–2)-blütig, unverzweigt, 5–20(–30) cm hoch **12**

— Stg. (Infl.) 2–6(–8)-blütig, meist verzweigt, (5–)20–100 cm hoch **8**

8. Hochblätt. z. Bltzt. trockenhäutig; — Blüten blasslila bis violett, wohlriechend; ↕ 30–100 cm; ♃. V–VI. – Steinige Hänge, Felsen, Trockenrasen. – Ne. (Heimat: I bis W-Balkan); zuw. verwild. u. in Einbürg.; *s*, D: BW, BY, TH; A: NÖ; CH; CZ. – Kultur- u. Gartenzierpfl. Bleiche S., ***I. pallida*** Lam. s. l.

— Hochblätt. z. Bltzt. wenigstens in der unt. Hälfte krautig **9**

9. Blüten mehrfarbig, äuß. Perigonblätt. weißl.gelb, braunrot od. m. violetten Nerven, gelbbärtig, inn. goldgelb; — Hochblätt. krautig, aufgeblasen; Stg. oberw. meist verzweigt; ↕ (10–)20–40 cm; ♃. V–VI. – Trockenrasen, buschige Abhänge. – Kult. u. Ne. (?; Hauptverbr.: SO-Eur.); *s*, D: BY (Garching), BW (SchwAlb); sonst A: Bgl, Kt, NÖ, OÖ?; CZ; *s* verwild. ⓖ! – Zierpfl. Bunte S., ***I. variegata*** L.

— Blüten violett (wenigstens äuß. Perigonblätt.) **10**

10. Hochblätt. nur am Rand od. an der Spitze trockenhäutig; — grundst. Blätt. zuletzt länger als die Infl.; Perigon violett, weißl. bis hellviolett bärtig; ↕ 5–25 cm; ♃. IV–V. – Trockenrasen,

Bergwiesen. – *s*, D: ST; CZ. ©. [*I. nudicaulis* Lam.; incl. subsp. *novakii* Soó u. subsp. *fieberi* (Seidl) Dostál] Nacktstängelige S., ***I. aphylla*** L.

— Hochblätt. in ob. Hälfte trockenhäutig 11

11. Staubfäden so lg. wie Staubbeutel; Gr.Äste an der Spitze auseinanderghd., — blassblau; äuß. Perigonblätt. meist dk.violett [selten weißl.: cv. *florentina*], gelbbärtig, inn. heller; ↕ 50–100 cm; ♃. V–VI. – Mauern, felsige Hänge. – Kult. (Heimat: O-MMG od. Kulturpfl.?), *z* verwild. u. eingebürg. (in M-Eur. wohl Archäophyt). ©. – Zierpfl. Deutsche S., ***I. germanica*** L.

— Staubfäden länger als Staubbeutel; Gr.Äste zus.neigend, dadurch Gr.Lappen in der Mitte am breitesten; ↕ 40–90 cm; ♃. V–VI. – Gebüschsäume, trockene Hänge. – Gebietsweise eingebürg.; *s*, z. B. D: Donau, Neckar, Mittelrhein, Mosel. – Zierpfl. [*I.* × *lurida* W. T. Aiton] ***I. germanica*** × ***I. pallida***

Hierher mehrere konstant gewordene Hybriden, häufig kult. u. zuw. verwild., z. B.:

a. Inn. Perigonblätt. bleichgelb; Bart der äuß. Perigonblätt. gelb; Hochblätt. br.-eif.-zugespitzt, kahnf.; ↕ 40–80 cm; ♃. VI. – Steinige Hänge, Felsen. – *s*, A; CH; I: Bz. Gelbliche S., ***I. squalens*** L.

— Inn. Perigonblätt. violett; Bart der äuß. Perigonblätt. weißl.gelb; Hochblätt. schmaler, weniger gewölbt; ↕ 40–80 cm; ♃. V–VI. – Trockenrasen, Felsen. – *s*, S-D; A: Vb; CH; I: Bz. ©. [*I. pallida* × *variegata*] Holunder-S., ***I.*** × ***sambucina*** L.

12 (7). Perigonröhre 25–90 mm lg.; Perigon blauviolett od. gelbl.weiß; äuß. Perigonzipfel zurückgeschlagen; Rhizom ohne Ausläufer; — Stg. kürzer als die 6–20 mm br. Blätt.; Hochblätt. m. br. Hautrand; ↕ 10–15 cm; ♃. IV–V. – Trockenrasen. – Wild nur A: *z–s* Bgl, NÖ, früher OÖ; *z–s* CZ; außerh. in Einbürg. in D: BW, BY, SN, ST, unbest. HE, RP, TH; B; F: Els. ©. – Auch Zierpfl. Zwerg-S., ***I. pumila*** L.

— Perigonröhre 5–12 mm lg.; Perigonzipfel gelb, am Grund braun gestreift; äuß. Perigonzipfel absthd.; Rhizom m. dünnen Ausläufern; — Blätt. 2–8 mm br.; Stg. meist 2-blütig; Hochblätt. m. häutigen Rand; ↕ 10–20 cm; ♃. IV–V. – Trockenrasen. – Sehr *s*, A: NÖ (Weinviertel); CZ (Mähren). ©. [*I. arenaria* Waldst. & Kit.] Sand-S., ***I. humilis*** Georgi subsp. ***arenaria*** (Waldst. & Kit.) Á. Löve & D. Löve

Ähnl. die Gelbliche S., ***I. lutescens*** Lam.: Stg. 1–2-blütig; Perigonblätt. gelbl.weiß, m. roten od. grünen Nerven; Hochblätt. krautig; ↕ 25–30 cm; ♃. IV–V. – Steinige Hänge, Trockenrasen. – Ne. (Heimat: SW-MMG); kult. u. verwild. z. B. in D: BY, RP; CH: Vs u. Vd. – Zierpfl.

Sisyrinchium L., Grasschwertel, Binsenlilie

Blätt. grasart., bis 5 mm br.; Blüten zu 1–4 büschelig angeordnet, bis 2 cm groß, von lg., spitzem Hüllblatt überragt; ↕ 15–30 cm; ♃. VI–VII. – Ne. (Heimat: östl. N-Am.); aus Gärten gelegentl. verwild., z. B. D: BB, Oberrhein, Bodenseegebiet, HE, MV; A; CH; I: Bz. – Zierpfl. [*S. angustifolium* auct. non Mill.; *S. montanum* Greene] Schmalblättriges G., ***S. bermudiana*** L.

Vermutl. weitere (Klein)Arten aus diesem Verwandschaftskreis im Gebiet verwild.

Familie: Asphodelaceae [incl. Hemerocallidaceae, Taglilingewächse; Xanthorrhoeaceae, Grasbaumgewächse], Affodillgewächse

(Bearbeiter: Gerald Parolly)

Bäume od. Stauden; Perigon 6-teilig; Staubblätt. 6; Fr.Blätt. 3, Frkn. oberst.; Fr. Kapsel od. Nuss. Nach neueren Erkenntnissen sind die Familien Asphodelaceae, Hemerocallidaceae u. Xanthorrhoeaceae zu vereinigen. (Vertreter der letztgenannten Gruppe – Grasbäume der jetzigen Unterfamilie Xanthorrhoeoideae – sind in M-Eur. nur in Gewächshäusern zu finden.)

1. Blüten hellgelb od. ziegelrot .... ***Hemerocallis***, 204

— Blüten weiß .... ***Asphodelus***, 204

Asphodelus L., Affodill

Stg. meist unverzweigt; Blätt. grundst., 15–60 cm lg. u. 0,5–3 cm br.; Infl. eine dichtblütige Traube; Tragblätt. braun; Perigonblätt. 15–30 mm lg., weiß, m. braunem Mittelnerv; Fr. eine Kapsel; ↕ 30–150 cm; ♃. V–VII. – Gebirgswiesen, Felsfluren; 1000–2100 m. – *s*, nur CH: Ts, Vs; in I nördl. bis Trentino an der Grenze zu Bz; Hauptverbr.: W-MMG, SW-Alp. – Auch Zierpfl. [*A. pyrenaicus* Jordan; *A. albus* subsp. *delphinensis* (Gren. & Godr.) Z. Díaz & Valdés, nom. illeg. superfl.; *A. macrocarpus* auct.] Voralpen-A., ***A. albus*** Mill. subsp. ***subalpinus*** Nyman

Hemerocallis L., Taglilie

1. Blüten hellgelb; Perigonzipfel spitz, flach; ↕ 50–100 cm; ♃. VI. – Feuchtwiesen, feuchte bis nasse lichte Wälder; kollin. – *s*, ob in A: S-Bgl, Kt, Stm, Vb; I: Bz heim. od. eingebürg.? (sonst. Verbr.: I?, Slowenien?, O-As.); *s* verwild., stellenw. eingebürg. od. in Einbürg., z. B. D: BB, BW, BY, HE, MV, SN; B; CH. – Gartenzierpfl. [*H. flava* (L.) L.] Gelbe T., ***H. lilioasphodelus*** L.
— Blüten blass ziegelrot; Perigonzipfel stumpf, die inn. am Rand wellig; ♃. VII–VIII. – Feuchte Wälder u. -wiesen. – Kult. u. Ne. (Heimat: China, Korea); verwild., *s* stellenw. eingebürg. od. in Einbürg., z. B. D: BW, BY, HE, MV, Ni, RP (Saarland), SN; A: OTi, Ti, Vb; CH; I: Bz; CH; CZ; F: Els. – Gartenzierpfl. Gelbrote T., ***H. fulva*** (L.) L.

Familie: Amaryllidaceae [incl. Alliaceae, Lauchgewächse], Narzissengewächse

(Bearbeiter: Gerald Parolly)

Stauden m. Zwiebeln od. Knollen; Blüten in Scheindolden od. einzeln; Perigonblätt. 6, frei od. zu einer Röhre verwachsen; Staubblätt. 6; Fr.Blätt. 3; Frkn. oberst. od. unterst.; Fr. Kapsel od. Beere.

1. Frkn. oberst.; Pfl. nach Lauch riechend; — Blüten in doldenähnl. Infl. .... ***Allium***, 204
— Frkn. unterst.; Pfl. nicht nach Lauch riechend 2
2. Perigonblätt. ausgebr., m. lg. röhriger od. kurz schüsself. Nebenkrone; Blüten ± aufr. bis absthd. .... ***Narcissus***, 208
— Perigonblätt. glockenf. zus.neigend, ohne Nebenkrone; Blüten nickend 3
3. Alle Perigonblätt. an der Spitze gelbl. od. grünl. gefleckt u. fast gleich lg. .... ***Leucojum***, 207
— Äuß. Perigonblätt. ungefleckt, fast doppelt so lg. wie die an der Spitze grün gefleckten inn. .... ***Galanthus***, 207

Allium L., Lauch

Doldenhülle bezieht sich auf die Blätt. unter der Infl. (nicht zu verwechseln m. Blütenhüllblätt. = Perigonblätt.). Die Infl. ist eine Scheindolde (Trugdolde), die hier vereinfacht als Dolde bezeichnet wird.

1. Blätt. röhrig, rinnig od. längl. linealisch, meist < 12 mm br. 6
— Blätt. lanzettl. bis ellipt. (20–50 mm br.) od. linealisch u. ≥ 15 mm br. 2
2. Blätt. nicht grundst., sondern unterh. der Mitte des Stg. angeordnet; — Stg. rund; Blätt. (1–)2–3, schmal eif., kurz gestielt; Dolde kugelig; Staubfäden länger als das grünl.gelbe Perigon; Zwiebel rhizomähnl., von einem dichten Fasernetz umhüllt; ↕ 30–70 cm; ♃. VII–VIII. – Felsige Orte, steinige Gebirgsrasen; 800–2300 m. – *v–z* Alp. u. Voralp., *s* Schw. (Feldberg), Vog., Riesengeb., Gesenke. – Auch Zierpfl. Allermannsharnisch, ***A. victorialis*** L.
— Blätt. alle grundst. 3
3. Blätt. lg. gestielt; — Stg. 3-kantig; Blüten schneeweiß, in flacher bis halbkugeliger Dolde, stark nach Knoblauch riechend; ↕ 20–50 cm; ♃. IV–VI. – Feuchte Laubwälder. – *z*, oft in Massenbeständen, im N *s*, od. verwild. Bärlauch, ***A. ursinum*** L.
— Blätt. ungestielt, höchstens am Grund verschmälert 4
4. Perigon dk. weinrot; — Stg. rund, bereift; Infl. bis > 50-blütig; Grundblätt. 2–3, bis 40 cm lg. u. bis 20 mm br.; Blüten wohlriechend; ↕ 40–90 cm; ♃. VI. – Sandböden. – Ne. (Heimat: Ungarn

bis Sibirien); eingebürg. in D: BW (b. Mannheim), zunehmend auch in SN u. TH; A: Bgl, früher NÖ; L (Sauer); NL. – Zierpfl. Schwarzpurpurner L., ***A. atropurpureum*** Waldst. & Kit.

— Perigon weiß bis grünl.weiß **5**

5. Blätt. 3–4, br. lanzettl.; Stg. rund; Infl. reichblütig; Perigon grünl.weiß od. m. rötl. Mittelstreif; ↕ 30–80(–100) cm. ♃. V–VI. – Ne. (Heimat: MMG); gelegentl. verwild.; *s*, D: BW (Heidenheim), NRW; A: OÖ, NÖ, Ti; F: S-Els. – Zierpfl. [*A. multibulbosum* Jacq.] Schwarzer L., ***A. nigrum*** L.

— Blätt. 1(–2), schmal linealisch; Stg. 3-kantig; Infl. 1–3-blütig, m. Brutzwiebeln; Perigon weiß; — Blüten lg. gestielt; ↕ 20–35 cm; ♃. IV–V. – Feuchte, nährstoffreiche Wald-StO, bes. Auenwälder, Parks. – Ne. (Heimat: Kaukasus bis Turkmenistan), vereinzelt aus Kultur verwild.; fast im ganzen Gebiet eingebürg. od. in Einbürg.; *z*, D; A; B; CZ; DK; F: Els, NL. – Zierpfl. Seltsamer L., Wunder-L., ***A. paradoxum*** (M. Bieb.) G. Don

6 (1). Perigonblätt. ± glockig, zus.neigend; Blätt. flach od. rinnig, selten hohl **10**

— Perigonblätt. ± sternf. ausgebr.; Blätt. röhrig-hohl **7**

7. Stg. u. Blätt. unterh. der Mitte weit bauchig aufgeblasen; Perigon weißl.-grün **9**

— Stg. u. Blätt. walzl., nicht bauchig aufgeblasen; Perigon rosa **8**

8. Staubblätt. nur zwei Drittel bis drei Viertel so lg. wie die hellrosa Perigonblätt.; Staubfäden ohne Zähne; regelm. blhd., nie m. Brutzwiebeln; ↕ 10–40 cm; ♃. VII–VIII. – Geröllfluren, Bachufer, Quellfluren, auch Ruderalstellen. – *z* Alp. u. Voralp., Schweizer Jura, Täler von Elbe, Saale, Rhein, Mosel; CZ; DK (Bornholm). – Vielfach in Gärten kult., auch verwild. u. eingebürg. – Formenreiche Gemüsepfl. [incl. subsp. *alpinum* (DC.) Nyman; subsp. *sibiricum* (L.) Syme] Schnittlauch, ***A. schoenoprasum*** L.

— Staubblätt. ≈ so lg. wie die Perigonblätt.; inn. Staubfäden am Grund verbreitert, beiderseits m. 1 Zahn (*205/1*); nur selten blhd., an Stelle der Blüten Brutzwiebeln sthd. – Kulturpfl., auch verwild., Kultur-Sorte von *A. cepa*. [*A. ascalonicum* auct. non L.] ... Schalotte, ***A. cepa*** L., s. Nr. **9**

9 (7). Blütenstiele ≈ 8-mal so lg. wie die grünl.weißen Blüten; inn. Staubfäden am Grund verbreitert u. kurz 2-zähnig; ↕ (20–)60–120 cm; ♃. VI–VIII. – Kulturpfl. (Heimat: Iran bis Altai?, wild nicht bekannt); zuw. verwild. Küchenzwiebel, Sommerzwiebel, ***A. cepa*** L.

— Blütenstiele ≈ 3–4-mal so lg. wie die weißen, zuw. purpurrot gestreiften Blüten; inn. Staubfäden am Grund nur wenig verbreitert u. ungezähnt; ↕ 30–100 cm; ♃. VII–VIII. – Kulturpfl.; zuw. verwild. (wild nicht bekannt; Stammart: *A. altaicum* Pall. aus S-Sibirien) Winterzwiebel, ***A. fistulosum*** L.

Zur Hybride Etagenzwiebel, ***A.*** × ***proliferum*** (Moench) Schrad. [*A. cepa* × *A. fistulosum*], gehört vielleicht auch der Eschlauch, eine nur selten Infl. bildende Sippe, die als Kulturrelikt noch in Weinbergen in D: BW (Enztal bei Vaihingen) vorkommt.

10 (6). Staubfäden alle zahnlos; — Blätt. nur bis 5 mm br. **17**

— Inn. Staubfäden am Grund kurz od. lg. gezähnt (*205/2, 205/3*) **11**

11. Dolde ohne Brutzwiebeln, nur m. Blüten **14**

Einige der hierher zu stellenden Arten bilden zuw. – aber nicht regelm. – Dolden m. wenigen od. reichl. Brutzwiebeln aus.

— Dolde m. Blüten u. Brutzwiebeln **12**

12. Äuß. Staubfäden beiderseits m. kurzen Zähnchen (ähnl. *205/2*), — kürzer als die Perigonblätt.; Doldenhüllblätt. m. lg., runder Spitze; Blätt. bis 15 mm br., flach; Zwiebel aus zahlr. Nebenzwiebeln („Zehen") zus.gesetzt; ↕ 25–70 cm; ♃. VI–VIII. – Kulturpfl. (Heimat: As.), zuw. verwild. Knoblauch, ***A. sativum*** L.

a. Blätt. am Rand rau; Nebenzwiebeln längl. eif. Knoblauch (i. e. S.), subsp. ***sativum***

— Blätt. am Rand glatt; Nebenzwiebeln kugelf. eif.; — Stg. vor dem Aufblühen schlangenart. gebogen Perlzwiebel, subsp. ***ophioscorodon*** (Link) Schübl. & G. Martens

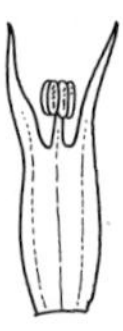
205/1

205/2

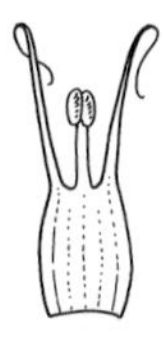
205/3

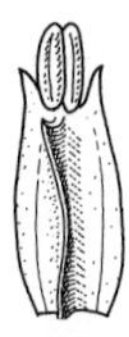
205/4

— Äuß. Staubfäden schmal bandf. od. br. bandf., zahnlos **13**

13. Blätt. flach, 8–15 mm br.; Perigonblätt. purpurn, länger als die Staubblätt.; — Blätt. am Rand rau bewimpert; Doldenhülle der Infl. 2-lappig, kürzer als die Dolde; Zwiebel von zahlr., von Häuten eingeschlossenen Nebenzwiebelchen umgeben; ↕ 30–100 cm; ♃. VI–VII. – Gebüsch, Wiesen, Ruderalstellen. – D: *v* ST, TH, sonst *z* (bes. Stromtäler); *s*, A; B; CH; CZ; DK; PL. Schlangen-L., ***A. scorodoprasum*** L.

— Blätt. fast stielrund, < 6 mm br.; Staubblätt. stets viel länger als die stumpfen, hell- bis dk.purpurnen Perigonblätt.; — Dolde wenigblütig, zuw. nur m. Brutzwiebeln; ↕ 30–70 cm; ♃. VI–VIII. – Weinberge, Wegränder, Parkrasen, Dünen. – *v* im S, *z* im N, *s* Alp. [incl. *A. kochii* Lange] Weinberg-L., ***A. vineale*** L.

14 (11). Zähne der Staubfäden kurz u. stumpf (*205/2*); — Blätt. linealisch, oberseits etwas rinnig; Staubblätt. etwas länger als die Perigonblätt.; Perigon hellpurpurn; ↕ 25–70 cm; ♃. VI–VIII. – Felsen. – Sehr *s*, D: N-HE; A: Sb, Stm, Ti (Ötztal u. Zillertal); CH: Gr, Vs; CZ. ⓢ. [*A. lineare* auct.] Steifer L., ***A. strictum*** Schrad.

— Zähne der Staubfäden lg. haarspitzig (*205/3*) **15**

15. Blätt. halbstielrund, br. rinnig, — kürzer als der Stg.; Perigon lebhaft purpurrot, kürzer als die Staubblätt.; ↕ 30–60 cm; ♃. VI–VIII. – Sandige u. felsige Orte. – D: *z* Rhein-, Mosel-, Maingebiet, *s* NW-BY, Rheinl., TH (eingeschleppt); A: *s* Bgl, NÖ, früher OÖ, Vb; *s* B; *z* CH; *s* CZ; *z* I: Bz. – Auch Zierpfl. Kugel-L., Kugelköpfiger L., ***A. sphaerocephalon*** L. (subsp. ***sphaerocephalon***)

— Blätt. flach **16**

16. Blätt. 12–20(–30) mm br.; Perigon rosa od. weiß; Perigonblätt. etwas kürzer als die Staubblätt.; — Blätt. stark längsnervig, blaugrün; Blattscheiden einen verläng. Scheinspross bildend; ↕ 50–100 cm; ⊙–♃. VI–VII. – Kulturpfl. (Heimat: MMG; aus *A. ampeloprasum* L. entstanden), zuw. verwild. u. eingebürg., *s*. Winter-L., Porree, ***A. porrum*** L.

— Blätt. 4–8 mm br.; Perigon purpurrot; Perigonblätt. länger als od. ≈ so lg. wie die Staubblätt.; — Blätt. schmal linealisch; Zwiebel von mehreren dk.roten bis violettbraunen Nebenzwiebelchen umgeben; Perigonblätt. warzig, matt; Spitze der Doldenhülle bis 1 cm lg.; ↕ 50–100 cm; ♃. VI–VIII. – Äcker, Weinberge, buschige Hügel. – *s* im S u. im mittl. Teil des Gebiets, *f* N-D, eingebürg. B; DK. [*A. scorodoprasum* subsp. *rotundum* (L.) Stearn] Runder L., ***A. rotundum*** L.

Wenn: Perigonblätt. kürzer als die Staubblätt.; Nebenzwiebelchen gelb bis gelbbraun; Perigonblätt. glatt, glzd.; Spitze der Doldenhülle > 1 cm lg.; ↕ 50–120 m; ♃. VII. – Äcker, Weinberge; kollin. – Sehr *s* A: Bgl (Mattersberg); CZ; Hauptverbr.: SO-Eur. bis Z-As. Schwarzvioletter L., ***A. atroviolaceum*** Boiss.

17 (10). Ganzer Stg. im ∅ rundl. **19**

— Stg. oberw. kantig; — Perigonblätt. rosarot, zuw. weißl.; Blätt. schmal linealisch **18**

18. Staubblätt. ≈ so lg. wie die Perigonblätt.; Blätt. unterseits scharf gekielt; Dolde im Umriss flach; ↕ 30–70 cm; ♃. VII–IX. – Nasse Wiesen. – D: *v* Mittel- u. Oberrhein, *z* Bodenseegebiet, Donau m. Nebenflüssen, O-D (bes. Elbe, Oder), SH (Hamburg); *z* A; CH; CZ; I: Bz; *s* im O. ⓢ. [*A. acutangulum* Schrad.] Kanten-L., Kantiger L., ***A. angulosum*** L.

— Staubblätt. deutl. länger als die Perigonblätt.; Blätt. unterseits nicht gekielt; Dolde im Umriss kugelig; ↕ 30–50(–70) cm; ♃. VII–VIII. – Trockenrasen, Felsspalten; substratvag, oft auf Silikatgesteinen wie Gneis, Basalt, Schiefer, aber auch auf Kalk u. Gipskeuper. – *z*, S-D; A; CH; CZ; F: Els; I: Bz; *s* im O u. N, *f* im W. ⓢ. [*A. fallax* Schult. & Schult. f.; *A. senescens* L. subsp. *montanum* (Pohl) Holub; *A. montanum* F. W. Schmidt, nom. illeg.] Berg-L., ***A. lusitanicum*** Lam.

19 (17). Perigonblätt. gelb od. gelbl. bis weißl.; — Doldenhüllblätt. ungleich **22**

— Perigonblätt. m. Rottönen, selten weißl.grün **20**

20. Doldenhülle kürzer als die Dolde; — Staubblätt. deutl. länger als das Perigon **23**

— Doldenhülle so lg. wie od. länger als die Dolde; — Staubblätt. ≈ gleich lg. wie od. deutl. länger als das Perigon **21**

21. Staubblätt. ≈ so lg. wie die weißl.grünen od. schmutzig rötl. Perigonblätt.; Doldenhüllblätt. am Grund eif., verbreitert; Blätt. halbstielrund, oberseits deutl. rinnig, unterseits meist rau; Zwiebelhäute nicht (od. kaum) in Fasern zerfallend; — Infl. m. Brutzwiebeln; ↕ 30–80 cm; ♃. VI–VIII. – Gebüschränder, Halbtrockenrasen, Weinberge. – *v–z*, im NW *z*. Gemüse-L., ***A. oleraceum*** L.

— Staubblätt. deutl. länger als die rosa bis dk.violetten Perigonblätt.; Doldenhüllblätt. am Grund nur wenig verbreitert; Blätt. fast flach, nur schwach rinnig, gerippt, unterseits glatt;

Zwiebelhäute in Fasern zerfallend; — Infl. m. od. ohne Brutzwiebeln; ↕ 20–60 cm; ♃. VI–VIII. – Halbtrockenrasen, wechselfeuchte Magerwiesen, alte Parkanlagen, lichte Laub- u. Kiefernwälder, bes. in Stromtalauen u. auf Kalk; kollin bis montan. – *z*, S-D; A; CH; F: Els; FL; I: Bz; sonst *s*, z. B. CZ; DK; PL; auch *s* u. lokal verwild., z. B. in M- u. N-D; B; NL.
Artengruppe Gekielter L., ***A. carinatum*** agg.

a. Dolde m. Brutzwiebeln; — Blütenstiele 4–6-mal so lg. wie das Perigon; Blüten 0–20(–30), wenn vorhanden, meist unfruchtbar; Fr. selten u. wenige; ↕ (30–)40–60 cm; ♃. VI–VII(–VIII). – Verbr. u. StO wie Artengruppe.
Gekielter L., ***A. carinatum*** L.

— Dolde ohne Brutzwiebeln; — Blütenstiele 2–4-mal so lg. wie das Perigon; Blüten zahlr. (> 25?), meist fruchtbar; Fr. häufig u. ∞; ↕ 20–60 cm; ♃. VII–VIII. – Trockenrasen, trockene Hänge, auf Wärme-StO u. über Kalk; kollin bis submontan. – *s*, D: BY (Dingolfing, Freising); A: Vb?; CH: Ts; I: Bz. [*A. pulchellum* G. Don; *A. carinatum* subsp. *pulchellum* (G. Don) Bonnier & Layens] Schöner L., ***A. cirrhosum*** Vand.

22 (19). Perigonblätt. gelb, 4,5–5 mm lg., glockig; Blütenstiele ungleich lg., 3–25 mm lg., zart, fast fadenf.; Staubbeutel gelb bis violett; Doldenhülle länger als die lockerblütige Dolde, Staubblätt. bis zu ein Drittel länger als die Perigonblätt.; Staubfäden am Grund untereinander u. m. dem Perigon verbunden; Blüten z. Bltzt. teilw. hgd.; — Doldenhülle in 1 bis zu 11 cm lg. Anhängsel verschmälert; ↕ 10–60 cm; ♃. VII–VIII. – Trockenrasen. – *s*, D: BW (Badberg/Kaiserstuhl; angesalbt), BY (Frw.); A: Bgl, NÖ; CZ. Gelber L., ***A. flavum*** L. (subsp. ***flavum***)

— Perigonblätt. gelbl. bis weißl., 3,5–4 mm lg., becherf.; Blütenstiele ± gleich lg., 4–10 mm lg.; Staubbeutel braun; Doldenhülle kürzer als die dichtblütige Dolde; Staubblätt. ≈ 2-mal so lg. wie die Perigonblätt.; Staubfäden am Grund nicht untereinander verbunden; Blüten z. Bltzt. abstd.; ↕ 10–40 cm; ♃. VII–VIII. – Felsige Abhänge; auf Kalk. – *s*, A: S-Kt (Karawanken). [*A. ericetorum* Thore p. p.] Gelblichweißer L., ***A. ochroleucum*** Waldst. & Kit.

23 (20). Dolde 20–35 mm ∅; Stg. mind. zu einem Viertel seiner Länge von Blattscheiden umhüllt; Blütenstiel 8–20 mm lg.; — Perigonblätt. (± hell) purpurrosa, m. etwas dunklerem Mittelstreifen; Staubblätt. bis 2-mal so lg. wie die Perigonblätt.; ↕ 20–50 cm; ♃. VII–IX. – Flachmoore, meist über Kalk. – *s*, S-D; A: Bgl, NÖ, Vb; CH: SG; F: Els; FL.
Wohlriechender L., Duft-L., ***A. suaveolens*** Jacq.

— Dolde 15–20 mm ∅; Blattspr. alle am Stg.Grund sitzend, daher unt. Viertel des Stg. nicht von Blattscheiden umhüllt; Blütenstiel 5–7 mm lg.; — Perigonblätt. purpurrot; Staubblätt. kaum 2-mal so lg. wie die Perigonblätt.; ↕ 15–30 cm; ♃. VII–IX. – Magerrasen, Steinschuttfluren; auf Kalk; 1700–2200 m. – Sehr *s*, im Gebiet nur A: S-Kt (Steiner Alp.; sonst Slowenien).
Rotvioletter L., ***A. kermesinum*** Rchb.

Unverwechselbar durch folg. Merkmalskombination ist der Rosen-L., ***A. roseum*** L.: Blätt. grundst., linealisch, 5–12 mm br.; Doldenhülle 1-blättrig, 3–4 lappig; Blütenstiele 20-45 mm lg., länger als Doldenhülle; Dolde vielblütig, 50–70 mm ∅, oft m. Brutzwiebeln; Perigonblätt. 7–15 mm lg., rosa od. weißl.; Staubblätt. in Perigon eingeschlossen; Staubfäden ungezähnt; Antheren gelb; ↕ 20–70 cm; ♃. IV–V. – Aufgelassene Gärten, Parkanlagen, Felsfluren. – Kult. u. Ne. (Heimat: MMG); *s* dauerhaft verwild., D: SN (Leipzig), ST (Halle); B (Brügge); CZ; wo noch? – Zierpfl.

Galanthus L., Schneeglöckchen

Blätt. oberseits zur Gänze blaugrün bereift, linealisch, am Rand flach, z. Bltzt. 10(–14) mm br.; Blüten einzeln; ↕ 10–20 cm; ♃. II–IV. – Laubwälder, Gebüsche. – Ursprüngl. u. *s* D nur BW, S-BY; A (*f* Ti); CH; CZ; PL; sonst *v* angepfl. u. häufig verwild. FFH5; Ⓖ. – Auch Zierpfl.; giftig!
Gewöhnliches S., ***G. nivalis*** L. (subsp. ***nivalis***)

Mehrere ähnl. Arten SO-europ. bis kaukas. Herkunft als Zierpfl. im Gebiet kult. u. lokal verwild., z. B. Grünes S., ***G. woronowii*** Losinsk. (Blätt. rein grün, lineal-lanzettl., am Rand eingerollt, Spitze kapuzenf.); Großes S., ***G. elwesii*** Hook. f. (Blätt. oberseits blaugrün, verkehrt-lanzettl., am Rand eingerollt, Spitze kapuzenf., mind. 1 Blatt > 15 mm br.); Faltblatt-S., ***G. plicatus*** M. Bieb. s. l. (Blätt. oberseits blaugrün m. einem helleren zentralen Streifen, linealisch bis verkehrt-lanzettl., Rand fast der ganzen Länge nach eingefaltet). – Alle Arten giftig!

Leucojum L., Knotenblume Ⓖ

1. Infl.Stiel 1-, selten 2-blütig; ↕ 10–35 cm; ♃. II–IV. – Feuchte Laubwälder, Bergwiesen. – *z*, stellenw. *v*, nördl. bis D: BB; B; PL. Ⓖ. – Zierpfl.; giftig! Frühlings-K., Märzenbecher, ***L. vernum*** L.

— Infl.Stiel 3–7-blütig; ↕ 35–60 cm; ♃. IV–V. – Feuchte bis nasse Wiesen. – Im ganzen Gebiet, aber einheim. wohl nur A: Bgl, NÖ; CZ; sonst *s* verwild. (D: Oberrhein; CH: Meienried; DK; F: Els); B; NL. Ⓖ. – Auch Zierpfl.; giftig! Sommer-K., ***L. aestivum*** L. (subsp. ***aestivum***)

Narcissus L., Narzisse Ⓖ

1. Perigon gelb; Nebenkrone 13–45 mm lg., gelb 3
— Perigon weiß; Nebenkrone < 13 mm lg., weißl. od. rot-orange, — becherf. 2
2. Stg. meist 2-blütig; Rand der Nebenkrone weißl.; ↕ 20–60 cm; ♃. IV. – Trockene bis frische Wiesen, Waldränder. – Kult. u. Ne. (Heimat: S-F); *s* eingebürg. in CH: Ts; I: Bz. – Zierpfl.; giftig! [*N. poeticus* × *tazetta*] Zweiblütige N., ***N.*** × ***medioluteus*** Mill.
— Stg. 1-blütig; Rand der Nebenkrone rot-orange; ↕ 20–50 cm; ♃. (III–)IV–V. – Feuchte Wiesen, Parkanlagen. Ⓖ. – Zierpfl.; giftig! Weiße N., ***N. poeticus*** L.
a. Blätt. 6–12 mm br.; Perigonblätt. 20–25 mm lg., sich deutl. überdeckend, ungenagelt; Nebenkrone ≈ 15 mm ∅, unt. Staubblattquirl von ihr eingeschlossen; ↕ 30–50 cm; ♃. (III–)IV–V. – Waldränder, Wiesen, alte Parkanlagen. – Oft angepfl. (Heimat: SW-Eur.), *s* verwild. – Zierpfl. Weiße N. (i. e. S.), Dichter-N., subsp. ***poeticus***
— Blätt. 5–8 mm br.; Perigonblätt. 22–30 mm lg., sich nicht od. kaum überdeckend, an der Basis m. kurzem, aber deutl. Nagel; Nebenkrone 8–10 mm ∅, alle Staubblätt. aus ihr herausragend; ↕ 20–40 cm; ♃. IV–V. – Feuchte Bergwiesen. – *s* D: BW; *z* A: Kt, NÖ, OÖ, Stm; CH; *s* F: Vog.; sonst nur verwild. Ⓖ. [*N. radiiflorus* Salisb.; *N. angustifolius* Haw.; *N. stellaris* Haw.; *N. exsertus* (Haw.) Pugsley] Stern-N., subsp. ***radiiflorus*** (Salisb.) Baker
3 (1). Nebenkrone nur halb so lg. wie die Perigonblätt.; ♃. III–IV. – Waldränder, alte Parkanlagen. – Ne. (Heimat: S-F); verwild. D: BY, MV, SN; A: OÖ, NÖ, Sb, Stm; CH. – Zierpfl.; giftig! [*N. poeticus* × *N. pseudonarcissus*] Unvergleichliche N., ***N.*** × ***incomparabilis*** Mill.
— Nebenkrone so lg. wie die Perigonblätt.; ↕ 15–40 cm; ♃. III–IV. – Feuchte Wiesen, lichte Wälder. – Einheim. nur D: Eifel, Hunsrück, Venn; B; CH; F: Vog.; NL; I: Bz; sonst zuw. verwild., auch eingebürg. (bes. A). Ⓖ. – Zierpfl.; giftig! Osterglocke, Gelbe N., Märzenbecher, ***N. pseudonarcissus*** L.

Familie: Asparagaceae [incl. Agavaceae, Agavengewächse; Anthericaceae, GraslIliengewächse; Hyacinthaceae, Hyazinthengewächse; Ruscaceae, Mäusedorngewächse], Spargelgewächse (Bearbeiter: Gerald Parolly)

Stauden m. Rhizomen od. Zwiebeln; Blüten (meist) 6-zählig; Perigonblätt. frei od. verwachsen; Staubblätt. (4–)6; Fr.Blätt. (2–)3; Frkn. oberst.; Fr. Kapsel od. Beere.

1. Pfl. m. riesigen Blattrosetten; Blätt. > 1 m lg., > 1 cm dick, am Rand stachelig gezähnt; Infl. 4–10 m hoch (Agavaceae s. str.) .... ***Agave***, 210
— Blätt. < 1 m lg., < 1 cm dick; Infl. < 2 m hoch 2
2. Stg. m. kleinen, häutigen u. durchscheinenden Schuppenblätt., in den Achseln Büschel von nadelart. Flachsprossen (Phyllokladien) tragend (*62/2*); — Blüten einzeln (Asparagaceae s. str.) .... ***Asparagus***, 210
— Stg. ohne Nadelbüschel 3
3. Blüten einzeln od. zu wenigen auf der Fläche blattart. verbreiterter Sprossachsen (Phyllokladien) sthd. (*Taf. 3: 8*) (Ruscaceae s. str.) .... ***Ruscus***, 216
— Blüten in Trauben (selten ährenf.) od. Rispen od. einzeln, nicht auf blattart. verbreiterten Sprossachsen sthd. 4
4. Eine od. mehrere Zwiebeln vorhanden, — diese m. meist schmalen, ± parallelrandigen, teilw. grasart. Blätt. u. 1 bis mehreren unverzweigten, blhd. Stg. ohne Laubblätt. (Schäften); Infl. eine Traube (selten ährenf.); Perigonblätt. weiß, gelbl., braungrün, oft violett od. blau, selten rosa, häufig m. andersfarbigen Streifen od. helleren Bereichen; Perigonblätt. < 2,5(–4) cm lg.; Fr. eine Spaltkapsel (Hyacinthaceae s. str.) 9
— Keine Zwiebel, dafür ein ± lg., dickes od. dünnes Rhizom vorhanden, — wenn Rhizom kurz gestaucht (*Paradisea*, *Anthericum*), dann Wurzeln büschelig; Stg. beblätt. od. Blätt. grundst. (wenn Blätt. alle grundst., dann Blätt. eif. [*Convallaria*] od. Blüten > 3 cm lg. [*Paradisea*] od. Blütenstiele durch knotige Verdickung geglied. [*Anthericum*]); Infl. eine Traube od. Rispe, selten Blüten einzeln; Perigonblätt. weiß, gelb od. grünl., selten rötl. überlaufen, nie blau od. violett; Perigonblätt. 0,2–6 cm lg.; Fr. eine Kapsel od. Beere 5
5. Blätt. grasähnl., fleischig; Perigonblätt. beiderseits rein weiß; Fr. eine Kapsel (Anthericaceae s. str.) 8

— Blätt. eif., herzf. od. lanzettl., nie grasart.; Perigonblätt. weißl. od. grünl.; Fr. eine Beere (Convallariaceae s. str.) … **6**

6. Blüten 4-zählig; Perigonblätt. 4, frei; Staubblätt. 4; — Blätt. herzf., gestielt; Blüten weißl. ***Maianthemum***, 212

— Blüten 6-zählig; Perigonblätt. 6, zu einer Röhre verwachsen, m. kleinen freien Perigonzipfeln; Staubblätt. 6 … **7**

7. Blüten rundl.-glockig, hgd.; Blätt. 2, grundst.; BlütenStg. ohne Blätt. … ***Convallaria***, 211

— Blüten längl.; Stg. beblätt. … ***Polygonatum***, 215

8 (5). Infl. eine einseitswendige, 3–10-blütige Traube; Blütenstiele nicht geglied.; Perigonblätt. 3–6 cm lg., trichterf. … ***Paradisea***, 215

— Infl. eine allseitswendige, vielblütige, oft verzweigte Traube od. Rispe; Blütenstiele knotig geglied.; Perigonblätt. < 3 cm lg., absthd. … ***Anthericum***, 210

9 (4). Tragblätt. bis 3(–5) mm lg. od. fehlend … **12**

— Tragblätt. > 10 mm lg. … **10**

10. Perigonblätt. am Grund zu einem deutl. Becher od. einer Röhre verwachsen ***Brimeura***, 210

— Perigonblätt. am Grund frei, sternf. od. ± glockenf. … **11**

11. Blüten m. Tragblatt u. deutl. kleinerem Vorblatt (seitl. des Tragblatts am Grund des Blütenstiels sitzend); Perigonblätt. blau od. violett, nur selten weiß; Blattgrund von scheidenf. Niederblätt. umschlossen … ***Hyacinthoides***, 211

— Blüten m. Tragblatt, Vorblatt. fehlend; Perigonblätt. innen weiß, grünl.weiß od. gelbl., außen meist m. grünem Mittelstreifen; Blattgrund nicht von scheidenf. Niederblätt. umschlossen … ***Ornithogalum*** s. l., 213

12 (9). Perigonblätt. am Grund zu > 15 % u. damit meist zu einer deutl. Perigonröhre od. fast zu ihrer Gesamtlänge verwachsen; Staubfäden m. den Perigonblätt. verwachsen … **16**

— Perigonblätt. frei od. zu < 15 % ihrer Gesamtlänge miteinander verwachsen; Staubfäden nicht m. den Perigonblätt. verwachsen (***Scilla*** s. l., p. p.) … **13**

13. Perigonblätt. 4–5 mm lg.; Schaft steif, auch z. Frzt. aufr.; Infl. dicht; Samenanlagen pro Fach 2, Seite an Seite; Bltzt. im späteren Frühling od. Herbst … **15**

— Perigonblätt. mind. 6 mm lg., oft deutl. länger; Schaft weich, z. Frzt. sich zum Boden biegend od. auf dem Boden lgd. (Ameisenausbr.); Infl. locker; Samenanlagen pro Fach 2–29, alternierend in 2 Reihen übereinander; Bltzt. im Frühling … **14**

14. Gr. allmähl. in den Frkn. überghd., 0,7–4(–5,5) mm lg.; Tragblätt. fehlend od. winzig; Vorblatt. stets fehlend; Perigon an der Fr. vertrocknend; Samenschale glatt; alle, auch die inn., abgestorbenen Zwiebelschuppen braun; — Schaft je Zwiebel 1, stielrund; Blätt. je Zwiebel meist 2, seltener 3(–4); Samen stets m. deutl. Elaiosom (aus dem Exostom gebildet) ***Scilla*** (sect. ***Scilla***), 216

— Gr. deutl. vom Frkn. abgesetzt, 4–8 mm lg.; Tragblätt. kragenf., unregelm. gestaltet u. teilw. gespornt, m. dem Vorblatt ± verwachsen; Perigon nach der Bltzt. abfallend; Samenschale papillös; äuß. abgestorbene Zwiebelschuppen braun, inn. ± purpurn; — Schaft je Zwiebel 1–8, ± halbstielrund; Blätt. je Zwiebel meist 2–6(–8); Samen ohne od. m. Elaiosom (aus der ganzen Raphe od. dem Exostom u. angrenzendem Raphenabschnitt gebildet) ***Othocallis***, 214

15 (13). Bltzt. im Herbst (August bis Oktober); Blätt. im Frühjahr erscheinend u. z. Bltzt. abgestorben; Tragblätt. u. Vorblätt. fehlend; Perigonblätt. rotviolett m. dk. Mittelnerv; — Infl. meist 10–20(–30)-blütig; Schaft 10–20 cm hoch … ***Prospero***, 215

— Bltzt. im späten Frühling; Blätt. z. Bltzt. vorhanden; Tragblätt. u. Vorblätt. vorhanden; Perigonblätt. himmelblau; — Infl. meist (15–)20–70-blütig; Schaft 15–45 cm hoch ***Nectaroscilla***, 212

16 (12). Perigonblätt. zu zwei Drittel bis fast zur Gänze ihrer Gesamtlänge verwachsen; Staubfäden in 2 Kreisen angeordnet (= biseriat); — Blüte kugelf. bis walzl. … **17**

— Perigonblätt. < zwei Drittel ihrer Gesamtlänge verwachsen; Staubfäden in einem Kreis angeordnet (= uniseriat) … **18**

17. Blüte vorne krugf. verengt; Perigonblätt. fast zur Gänze verwachsen … ***Muscari***, 212

— Blüte vorne nicht verengt; Perigonblätt. zu ≈ zwei Drittel verwachsen … ***Pseudomuscari***, 215

Vgl. ***Bellevalia*** Lapeyr. u. Spezialliteratur, wenn Perigonblätt. deutl. > zwei Drittel verwachsen; Perigon vorne nicht krugf. verengt, weißl. od. blau; aber Staubfäden in nur 1 Kreis angeordnet. – Zierpfl. aus S-Eur. in Parkanlagen, vielleicht lokal verwild.

18. Perigonblätt. zu > 50 % ihrer Gesamtlänge verwachsen; Stg. ≈ 5 mm ∅ ..... ***Hyacinthus***, 211
— Blüte zu < 50 % ihrer Gesamtlänge verwachsen, Stg. ≤ 3 mm ∅ **19**
19. Blüten m. Nebenkrone; freier Teil der Staubfäden 0,7 mm lg., schmal, spitz; Staubbeutel geschlossen ≈ 3 mm lg.; Samen längl. m. fleischiger Samenschale .... ***Puschkinia***, 216
— Blüten ohne Nebenkrone, aber m. einer „Miniaturkrone" aus zus.gewachsenen Staubfäden; freier Teil der Staubfäden 3–10 mm lg., 2–3 mm br., stumpf; Staubbeutel geschlossen ≈ 5 mm lg.; Samen kugelig m. deutl. Elaiosom; — Perigonblätt. zu 15–40 % verwachsen ***Scilla*** (sect. ***Chionodoxa***), 217

Agave L., Agave

Rosettenblätt. 1–2 m lg. u. 15–25 cm br., an der Spitze m. 2–3 cm lg. Dorn; Infl. m. 3-eckigen Blätt., kandelaberart.; Blüten aufr., 7–9 cm lg., grünl.gelb; Pfl. nach der Blüte absterbend; ↕ 4–10 m; ♃. VII–VIII. – Mauern, Felsen. – Ne. (Heimat: Mexiko); eingebürg. in CH: S-Ts; adventiv lokal in B. Amerikanische A., ***A. americana*** L.

Anthericum L., Graslilie Ⓖ

1. Blüten in Rispen; Gr. gerade; Perigonblätt. 10–15 mm lg., die Staubblätt. nur um 2 mm überragend; Kapsel rundl.-stumpf; ↕ 40–90 cm; ♃. VI–VIII. – Trockenrasen, Steppenheidewälder; meist auf Kalk. – *v–z* im S u. M-D, *s–f* im N. Ⓖ. Ästige G., ***A. ramosum*** L.
— Blüten in Trauben; Gr. an der Spitze zurückgekrümmt; Perigonblätt. 15–22 mm lg., > 6 mm länger als die Staubblätt.; Kapsel eif., spitz; ↕ 30–60 cm; ♃. V–VII. – Lichte Steppenheidewälder, Trockenrasen, Felshänge. – *z* im S u. im mittl. Teil des Gebiets, sonst *s*. Ⓖ. Astlose G., Trauben-G., ***A. liliago*** L.

Asparagus L., Spargel

1. Nadelart. Flachsprosse (Phyllokladien) borstig; häutige Schuppenblätt. der Langtriebe etwas ausgesackt, in ihren Achseln 3–8 Phyllokladien; Staubbeutel längl., der freie Teil der Staubfäden ≈ so lg. (selten kaum doppelt so lg.) wie diese; Fr. 6–10 mm ∅, rot; ↕ 10–200 cm; ♃. V–VI. – Küstendünen od. angebaut u. *z* in sandigen u. ruderalen Trockenrasen verwild. u. eingebürg. – Fr. giftig! Gemüse-S., Gebräuchlicher S., ***A. officinalis*** L.
a. Spross ± dem Boden auflgd. od. aufstgd., nur selten > 40 cm lg.; Phyllokladien dick u. starr, — 3–10(–15) mm lg.; ↕ 10–40(–60) cm. – Stabilisierte Küstendünen. – *s*, D; B; DK; *f* NL. Niederliegender S., subsp. ***prostratus*** (Dumort.) Corb.
— Spross aufr., 60–150(–200) cm lg.; Phyllokladien dünn u. biegsam, — (5–)10–25(–30) mm lg.; ↕ 60–150(–200) cm. V–VI. – Angebaut (Heimat: SW-As.?) u. *z* in sandigen u. ruderalen Trockenrasen verwild. u. eingebürg. Gemüse S. (i. e. S.), subsp. ***officinalis***
— Nadelart. Flachsprosse (Phyllokladien) haarf.; häutige Schuppenblätt. der Langtriebe glatt, in ihren Achseln 10–25 Phyllokladien; Staubbeutel fast rundl., der freie Teil der Staubfäden (zumind. der längeren) ≈ 4-mal so lg. wie diese; Fr. 10–16 mm ∅, rot; ↕ 30–80 cm; ♃. V–VI. – Buschig-felsige Hänge. – *s*, A: Kt, Ti; CH: Gr, Ts; I: Bz. Zartblättriger S., ***A. tenuifolius*** Lam.

Wenn: Spreizklimmer m. 3-kantigen Phyllokladien (flach bei *A. officinalis*); Perigon ≤ 4 mm lg. (bei den anderen beiden Arten ≥ 4,5–10 mm lg.); Fr. 5,5–8 mm ∅, schwarz; ↕ 50–150(–250) cm, ♃. V–VI. – Ruderalfluren, Weinberge. – Ne. (Heimat: Balkan I II, SW-As.); *s* u. lokal verwild., z. B. D: BW, NW-BY (Karlstadt), ST; A: NÖ (Wien); B; wo noch? Wirtel-S., Quirliger S., ***A. verticillatus*** L.

Brimeura Salisb. [*Hyacinthus* L. p. p.], Wildhyazinthe

Infl. 6–12-blütig, einseitswendig; Blätt. aufr., meist die Infl. überragend, am Grund m. Niederblattscheide; Perigon röhrenf. bis glockenf., ≈ 10–11 × 6–7 mm, blau bis violett, bei Kultivaren auch weiß;

Perigonzipfel kürzer als die Perigonröhre; ↕ 10–30 cm; ♃. IV–V. – Ne. (Heimat: S-Eur.), gelegentl. kult. u. verwild.; z. B. *s*, A; CZ. – Gartenzierpfl. [*H. amethystinus* L.]
Amethyst-W., ***B. amethystina*** (L.) Chouard

Convallaria L., Maiglöckchen, Maiblume

Blütenstg. blattlos; Blüten nickend, einseitswendig; Fr. rote Beere; ↕ 10–20(–30) cm; ♃. V–VI. – Lichte Laubwälder; oft auf ± sauren, lehmigen, sandigen od. steinigen Böden in wärmebegünstigten Lagen. – *v*. – Auch Zierpfl.; giftig! Maiglöckchen, ***C. majalis*** L.

Hyacinthoides Fabr. [*Endymion* Dumort.; *Scilla* L. p. p.], Hasenglöckchen

Schlüssel teilw. nach Stolley (2010) u. Speta in Fischer et al. (1994).

1. Perigonblätt. (5–)7–8 mm lg., waagr., sternf. ausgebr.; alle Staubfäden am Perigongrund entspringend; — Blätt. 10–25 cm lg., 3–10(–14 mm) br.; Staubbeutel blau; ↕ 10–20(–30) cm; ♃. IV–V. – Kult. u. Ne. (Heimat: I, S-F); sehr *s*, nur sehr lokal u. kaum dauerhaft verwild., z. B. D: BW, MV (wo noch?); A: NÖ. – Eher seltene Gartenzierpfl.
Italienisches H., ***H. italica*** (L.) Rothm.

— Perigonblätt. (12–)14–20 mm lg., aufr. bis schräg absthd., in der unt. Hälfte röhrenf., becherf. od. glockenf. zus.neigend; wenigstens die 3 äuß. Staubfäden mind. ein Viertel über dem Perigongrund entspringend; — Blätt. 20–50 cm lg. 2

2. Traube an der Spitze nickend, einseitswendig; Blüten nickend, röhrenf., dk.blau, stark duftend; Perigonblattzipfel stark zurückgekrümmt bis zurückgerollt; Staubblätt. verschieden, äuß. Staubfäden (weit) oberh. der Mitte des Perigons entspringend; Staubbeutel weiß bis cremefarben; — Blätt. 7–15 mm br.; ↕ 15–40 cm; ♃. III–V. – Laubwälder, schattige Haine. – B; NL; sonst kult. u. nur lokal verwild., *s*, z. B. D: Rheinl., MV, NI, SH (Raisdorf b. Kiel), ST (Zerbst); A: Vb; I: Bz. ⓢ. – Gartenzierpfl. [*S. non-scripta* (L.) Hoffmanns. & Link]
Eigentliches H., Englisches H., Atlantisches H., ***H. non-scripta*** (L.) Rothm.

— Traube aufr., an der Spitze nicht nickend, allseitswendig; Blüten aufr., m. ihrer Öffnung aufw. gerichtet, glockenf., himmelblau, schwach duftend bis duftlos; Perigonblattzipfel nur flach zurückgebogen; Staubblätt. alle gleich, Staubfäden in der Mitte des Perigons od. im unt. Drittel entspringend; Staubbeutel blau; — Blätt. 15–35 mm br.; ↕ 15–40 cm; ♃. IV–V. – Laubwälder, Haine, Parkanlagen. – Ne. (Heimat: W-MMG); in B u. NL verwild.; kult.; kaum winterhart u. in N- u. M-Eur. wohl auch nicht mehr im Handel). – Ehem. (?) Zierpfl., in D außerh. botan. Sammlungen wohl nicht mehr existent (im Hybridschwarm von *H.* × *massartiana* aufgegangen. [*S. hispanica* Mill.] Spanisches H., ***H. hispanica*** (Mill.) Rothm.

Die meisten Literaturangaben für die unter Punkt 2 aufgeschlüsselten Arten (bes. *H. hispanica*) beziehen sich auf deren Hybride. Dies gilt offensichtl. auch für die Gartenzierpfl., die im Handel unter dem Namen „*H. hispanica*" in zahlr. Kultivaren angeboten wird. – Im Habitus zw. den Eltern, Blüten oft m. Merkmalen beider Eltern, häufig aber die *H. hispanica*-Merkmale dominierend: Traube meist gerade, undeutl. allseitswendig; Perigon zumind. schwach glockenf., nickend, m. der Öffnung nach unten zeigend, häufig himmelblau, seltener rosa od. weiß, schwach duftend; Perigonblattzipfel intermediär, ≈ 90°–180° zurückgebogen; Staubbeutel meist bläul.-cremefarben; Blätt. (10–)15–35 mm br.; ↕ 15–40 cm; ♃. IV–V. – Wälder, Wiesen, Parkanlagen. – Gartenzierpfl. (in Kultur entstanden), häufig u. verwild., *z*, D: NI, SH, SN; A; B; F: Els; NL; wo noch? [*H. hispanica* × *H. non-scripta*]
Bastard-H., ***H. × massartiana*** Geerinck

Hyacinthus L., Hyazinthe

Blätt. br. linealisch, kürzer als der Stg.; Blüten duftend; Perigon blau, violett, rosa, gelbl. od. weiß; ↕ 30–50 cm; ♃. IV–V. – Häufig (Sorten) kult. u. Ne. (Heimat: O-MMG); sehr *s* u. nur lokal (bes. in den wintermilden Gebieten) verwild., meist unbest., z. B. D: Rhein-Main-Gebiet; A; B; NL. – Gartenzierpfl.
Garten-H., ***H. orientalis*** L.

Maianthemum F. H. Wigg., Schattenblume

Blätt. 2(–3), an nichtblhd. Pfl. nur 1 Blatt; Blüten in endst. Traube; Fr. gelbe bis kirschrote Beere; ↕ 5–20 cm; ♃. IV–VI. – Schattige, humusreiche Wälder. – *v.* – Giftig!
Zweiblättrige S., ***M. bifolium*** (L.) F. W. Schmidt (subsp. ***bifolium***)

Muscari Mill. [incl. *Leopoldia* Parl., Schopftraubenhyazinthe; excl. *Pseudomuscari* Garbari & Greuter], Traubenhyazinthe, Träubelhyazinthe, Träubel Ⓖ

1. Traube kurz, gedrungen, eif. bis längl., 2–6 cm lg., an der Spitze m. wenigen kurz gestielten, unfruchtbaren hellblauen Blüten (***Muscari*** s. str.) **3**

— Traube verläng., locker, 8–20 cm lg., an der Spitze m. zahlr. (> 10) lg.gestielten, unfruchtbaren violetten Blüten, einen Schopf bildend (***Leopoldia***) **2**

2. Stiele der unfruchtbaren Blüten 3–6-mal so lg. wie das Perigon; fertile Blüten grünbraun, m. weißgrünen Zähnen; — Blätt. 5–25 mm br.; ↕ (20–)30–70 cm; ♃. V–VI. – Trockene Wiesen, Weinberge. – *z,* im N *s.* Ⓖ. – Auch Gartenzierpfl. [*L. comosa* (L.) Parl.]
Schopfige T., Schopf-Träubel, ***M. comosum*** (L.) Mill.

— Stiele der unfruchtbaren Blüten 1–3-mal so lg. wie ihr Perigon; fertile Blüten weißgrün, m. schwarzbraunen Zähnen; — Blätt. 8–20 mm br.; ↕ 15–40 cm; ♃. V–VI. – Trockenrasen. – *s,* D: S-ST, N-TH; A: Bgl, NÖ; CZ. Ⓖ. [*L. tenuiflora* (Tausch) Heldr.]
Schmalblütige S., Schmalblütiges Träubel, ***M. tenuiflorum*** Tausch

3 (1). Blätt. 2–3, br. lanzettl., unter der Spitze am breitesten, nach unten verschmälert, abrupt in eine kurze kapuzenf. Spitze zus.gezogen (ähnl. *181/4*), — 5–10 mm br., steif aufr., ≈ so lg. wie der Stg., frühjahrsgrün; Perigon kugelig bis verkehrt eif., himmelblau, weiß gesäumt; Blüten geruchlos; Infl. locker werdend; ↕ 10–20 cm; ♃. IV–V. – Trockene Hänge, montane Frischwiesen, Eichenmischwälder. – Im ganzen Gebiet *z,* doch stellenw. massenhaft, bes. im S (CH; SchwAlb), nördl. bis Mittelrhein/Sauerland/TH/S-ST/S-PL; in B; DK; NL nur eingebürg. Ⓖ. Kleine T., Kleines Träubel, ***M. botryoides*** (L.) Mill.

— Blätt. 3–7, schmal linealisch, halbstielrund, oberseits rinnig, gleichm. in eine lg. Spitze auslfd., — 1–6(–10) mm br., herbst-frühjahrsgrün; Perigon eif. bis krugf., azurblau od. dk.blau, z.T. purpurn od. schwärzl. getönt u. weiß gesäumt **4**

4. Perigon dk.- bis schwarzblau, längl. eif.; Blüten stark duftend, unt. nickend; Blätt. (hell)grün, am Grund zuw. rötl.; ↕ 20–40 cm; ♃. III–V. – Weinberge, Halbtrockenrasen, Äcker, Parks; kalkstet. – *s–z,* S- u. M-D; A; CH; CZ; F: Els; FL; I: Bz; *s* im N u. überwgd. verwild. Ⓖ. – Auch Zierpfl. [*M. atlanticum* Boiss. & Reut.; *M. racemosum* (L.) Mill.]
Übersehene T., Weinbergs-Träubel, ***M. neglectum*** Ten.

— Perigon azurblau, zuw. purpurn getönt, kugelig; Blüten nicht od. kaum duftend, unt. waagr. absthd.; Blätt. oberseits meist m. blaugrünem Glanz; ↕ 10–40 cm; ♃. III–V. – Parkanlagen, Wiesen, Gebüsche. – Häufig kult., Ne. (Heimat: Balkan bis SW-As.); zuw. verwild. u. eingebürg., z. B. D: BW, BY, HE, MV, NRW (Ruhrgebiet), RP, SN, ST; A: NÖ (Wien); B; CZ; NL. – Zierpfl., öfter m. voriger Art verwechselt. Armenische T., Balkan-T., ***M. armeniacum*** Baker

Nectaroscilla Parl. [incl. *Chouardia* Speta; *Scilla* L. p. p.], Wiesenblaustern, Amethystblaustern

Zwiebel m. (2–)3–5(–9) Blätt., diese schmal, 15–40 cm lg. u. 3–15 mm br.; Schaft steif, ± stielrund, nach dem Blühen aufr. bleibend; Tragblätt. u. Vorblätt. vorhanden, ungespornt, weißl. bis bläul., < 1 mm lg.; Infl. 15–70-blütig, pyramidenf., dicht, Blütenstiele 6–25 mm lg.; Perigonblätt. 4–5 mm lg., 1,3–1,8 mm br., himmelblau; Staubbeutel dk.violett; Samen ≈ 3 mm lg., 1–2 mm br., braunschwarz, 3-kantig; ↕ 15–45 cm; ♃. (IV–)V(–VI). – Parkanlagen. – Ne. (Heimat: SO-Eur.); verwild., sehr *s,* D; A; CZ; F: Els; PL. – Gartenzierpfl. [*S. litardierei* Breistr.; *C. litardierei* (Breistr.) Speta; *S. pratensis* Waldst. & Kit., nom. illeg; *S. amethystina* Vis., nom. illeg.] Litardière-W., ***N. litardierei*** (Breistr.) Trávn.

Ornithogalum L. s. l. [incl. *Honorius* Gray, Honoriusmilchstern, u. *Loncomelos* Raf., Schaftmilchstern], Milchstern i. w. S.

Schlüssel teilw. nach Stolley (2010) u. Speta in Fischer et al. (1994).

1. Infl. schirmtraubig bis schopfig-traubig; Zwiebelblätt. ± miteinander verwachsen; — ältere Wurzeln schwefelgelb od. weißl.; Schaft 5–30 cm lg.; Infl. 2–15(–25)-blütig; Fr.stiele ± absthd., der Infl.achse nicht anlgd. (*O.* subgen. ***Ornithogalum***) 3

— Infl. lg. traubig; Zwiebelblätt. schuppenf., frei; — ältere Wurzeln weißl.; alle Blütenstiele ≈ gleich lg.; Frkn. ohne Längsleisten 2

2. Traube 3–12(–16)-blütig; Blütenstiele < halb so lg. wie ihr Tragblatt, zur Fr.reife hgd.; Blätt. m. weißl. Mittelstreifen, sattgrün; Perigon glockenf.; Staubfäden perigonblattart. verbreitert, zumind. die inn. neben dem Staubbeutel jederseits m. einem Zahn (*205/4*); Fr.wand fleischig, Spalten über den Scheidewänden u. über dem Rückenmittelnerv; Samen rundl. bis ellipt.; — Schaft 5–30 cm lg.; Fr. kugelig bis ellipt., 1–2,5 cm lg., ohne Längsleisten (***O.*** subgen. ***Myogalum; Honorius***) 4

— Traube 20–80-blütig; Blütenstiele länger als ihr Tragblatt, zur Fr.reife der Infl.achse aufr. anlgd. od. aufw. gebogen; Blätt. ohne weißl. Mittelstreifen, graugrün; Perigon sternf.; Staubfäden alle stets ohne Zahn; Fr.wand dünn, Spalten nur über den Scheidewänden; Samen unregelm. kantig; — Schaft 20–50 cm lg. (***O.*** subgen. ***Beryllis; Loncomelos***) 5

3 (1). Blätt. schwach rinnenf., graugrün, weißl. Mittelstreifen fehlend, sehr kurz bewimpert (Blätt. z. Bltzt. allerdings oft schon verwelkt); Tragblätt. der untersten Blüten meist so lg. wie od. etwas kürzer (selten länger) als der Blütenstiel; Frkn. ohne Längsleisten; ältere Wurzeln weißl.; — Zwiebeln längl., ohne Nebenzwiebeln; Frkn. gelb; ↕ 10–40 cm; ♃. V–VI. – Trockenrasen u. Felssteppen der tieferen Lagen. – *s*, im Gebiet wohl nur A: Bgl, NÖ (sonst SO-Eur.). [*O. comosum* auct.] Schopf-M., ***O. pannonicum*** Vill.

— Blätt. deutl. rinnenf., ± grasgrün, weißl. Mittelstreifen auf der Oberseite vorhanden, ganz kahl (Blätt. z. Bltzt. allerdings manchmal schon verwelkt); Tragblätt. der untersten Blüten stets deutl. kürzer als der Blütenstiel; Frkn. u. Fr. m. 6 Längsleisten; ältere Wurzeln schwefelgelb; — Zwiebeln längl. od. kugelig, m. od. ohne Nebenzwiebeln; ↕ 5–30 cm; ♃. – Wiesen, Wald, Gebüsche, Parkanlagen. – *z*, fast im ganzen Gebiet; auch Zierpfl. u. vielfach verwild.; giftig! Artengruppe Dolden-M., ***O. umbellatum*** agg. s. l. p. p.

Die Artengruppe gilt als taxonom. schwierig u. es besteht noch erhebl. Forschungsbedarf. Die morpholog. oft nur schwach differenzierten Kleinarten unterscheiden sich karyolog. u. bezügl. ihrer Inhaltsstoffe. Die Verbr. der einzelnen Sippen ist unzureichend geklärt. Wegen abweichender Sippenabgrenzungen in den verschiedenen Floren wurden nur ausgewählte Verbr.Angaben übernommen.

a. Zwiebeln regelm. m. Nebenzwiebeln, die zur Bltzt. aber häufig leicht abfallen; Gr. länger als die an der Spitze gestutzte Kapsel; — Blütenstiele meist länger als 5 cm, absthd., Infl. daher locker wirkend c

— Zwiebeln ohne (od. selten höchstens m. 1–3) Nebenzwiebeln, seicht im Boden lgd.; Gr. kürzer als die an der Spitze vertiefte Kapsel; — Zwiebeln annähernd kugelig .... b

b. Frkn. oben gelbl.grün bis grün; unterste Blütenstiele meist nicht länger als 5 cm, aufr.-absthd., Infl. daher dicht wirkend; — Blätt. 1–3 mm br.; Perigonblätt. 3–4 mm br.; ↕ 5–20 cm; ♃. (IV–)V(–VI). – Trockenwiesen u. -rasen u. lichte Gebüsche der Hügelstufe. – *s–z*, D: *z* Elbtal von NW-BB, W-MV, NO-NI, SH, SN u. ST; A: Bgl, NÖ, Kt; B?; CZ; F: Els (b. Rüstenhart)?; I: Bz; PL. – Giftig! [*O. collinum* Guss.; *O. gussonei* auct.; *O. tenuifolium* auct.; *O. orthophyllum* auct.] Schmalblättriger Dolden-M., Koch-Dolden-M. (i. w. S.), ***O. kochii*** Parl. s. l.

— Frkn. oben grünl.gelb; unterste Blütenstiele oft länger als 5 cm, Infl. etwas lockerer wirkend (als bei vorsthd. Art); — geflüg. Leisten des Frkn. sehr deutl.; ↕ 5–15 cm; ♃. V. – Auenwälder u. Gebüschsäume der Hügelstufe. – *s*, im Gebiet nur A: Stm (sonst SO-Eur.). Steirischer Dolden-M., ***O. orbelicum*** Velen.

c (a). Nur ≈ 4–5 große Nebenzwiebeln, die bereits im 1. Jahr Blätt. tragen, oben auffallend spitz; — Frkn.spitze gelb, Leisten wenig prominent; Blätt. 2–6 mm br.; Perigonblätt. 4–8 mm br.; ↕ 10–30 cm; ♃. IV–V. – Feuchte Wiesen, Gebüsche, bes. in Auen, auch in Obstgärten u. auf Äckern; bis in die montane Stufe. – *z–s*, D: BY; A: Stm, Vb; B; CZ; FL; I: Bz; NL. Verbr. noch ungenügend bekannt. – Giftig! [*O. angustifolium* Boreau] Dolden-M. (i. e. S.), ***O. umbellatum*** L. s. str.

— Mehr als 20 kleine Nebenzwiebeln, die im 1. Jahr keine Blätt. tragen, annähernd kugelig .... d

d. Frkn.leisten abgerundet; — Zwiebeln tief im Boden lgd.; unt. Blütenstiele waagr.; ↕ 10–20 cm; ♃. IV–V. – Gebüsche, Parkanlagen u. Grünflächen (wo noch?). – *z–s*, als Zierpfl. kult. u. verwild., z. B. D: BY (wo noch?); A: Bgl, NÖ, OÖ; B?; CZ. – Giftig! [*O. umbellatum* auct.] Spreizender Dolden-Milchstern, ***O. divergens*** Boreau

— Frkn.leisten prominent, scharfkantig; ↕ 12–25 cm; ♃. IV–V? – Auenwaldränder, Wiesen, Dämme, Wegränder, Gärten; bis ≈ 800 m. – *z–s*, D: BY (wo noch?); A: Kt, NÖ, OÖ, Sb, Stm, OTi; wo noch? – Giftig! Gewöhnlicher Dolden-M., ***O. vulgare*** Sailer

4 (2). Zumind. die inn. Staubfäden auf der Innenseite m. einer wellenf. Leiste, die dicht unterh. des Staubbeutels in einem nach oben gerichteten (3.) Zahn endet (*205/4*); Blätt. z. Bltzt. welkend od. abgestorben; Perigonblätt. längl. lanzettl., am Rand wellig, auf der Unterseite m. breitem, dk.grünem Mittelstreifen; Frkn. längl. (kegelig-eif.), ≈ so lg. wie der Gr.; Infl. dichtblütig; ↕ 15–50 cm; ♃. IV–V. – Auen, alte Park- u. Gartenanlagen, Gebüsche, Äcker, Weinberge; bis submontan. – *z*, nur in CZ u. Wiener Becken einheim. (Hauptverbr.: SO-Eur.); auch eingeschleppt u. eingebürg., z. B. D; A: Bgl, Kt, OÖ, NÖ, Stm, Ti; B; CZ; I: Bz; PL. – Früher Zierpfl. [*H. boucheanus* (Kunth) Holub] Garten-M., Bouché-H., ***O. boucheanum*** (Kunth) Asch.

Ähnl. ist der Vigener-M., ***O.*** × ***vigeneri*** Cif. & Giacom. [*O. boucheanum* × *O. nutans*], aber auf der Innenseite zumind. der inn. Staubfäden eine Leiste, die dicht unterh. des Staubbeutels eine seitw. gerichtete, zu einem kleinen Dreieck ausgezogene Spitze aufweist; ↕ 20–50 cm; ♃. IV–V. – Parkanlagen, Gebüsche. – Ne.; *s–z*, D; A (wo sonst?).

— Staubfäden neben dem Staubbeutel m. einer derart. Leiste, aber ohne 3. Zahn; Blätt. z. Bltzt. noch frisch, aufr.; Perigonblätt. längl.-stumpf, auf der Unterseite m. silbrig-grünem Mittelstreifen; Frkn. rundl. (verkehrt eif.), etwas kürzer als der Gr.; Infl. lockerblütig; ↕ 20–60 cm; ♃. IV–V. – Alte Park- u. Gartenanlagen, Gebüsche, Äcker, Weinberge; bis submontan. – Ne. (Heimat: S-Eur-, O-MMG, SW-As.); *s–z*, vielfach verwild., z. B. D; A: Bgl, Kt, OÖ, NÖ, Stm, Ti; B; CZ; I: Bz; NL. – Zierpfl.; giftig! [*H. nutans* (L.) Gray] Nickender H., Nickender M., ***O. nutans*** L.

5 (2—). Gr. (1,2–)2(–2,3) mm lg.; Perigonblätt. z. Bltzt. flach, nach der Bltzt. (vertrocknet) sich fest um den Frkn. schließend u. dann einzeln nicht mehr erkennbar; Frkn. z. Bltzt. leuchtend gelb, ± kugelig; Blüten nachts geschlossen; — Blätt. z. Bltzt. noch frisch; Perigonblätt. innen milchweiß, an der Außenseite m. grünem Mittelstreifen; ↕ 30–100(–120) cm; ♃. VI–VII. – Halbtrockenrasen, Getreideäcker, Brachen, Gebüschsäume, Ruderalfluren; kollin. – *s* bis sehr *s*, D: BW (Weinheim), BY (Coburg), SW-RP; A: Bgl, NÖ, ehem. Stm; CZ; F: Els (Colmar); NL. [*L. brevistylum* (Wolfner) Dostál; *O. pyramidale* auct. non L.]
Kurzgriffliger S., Pyramiden-S., ***O. brevistylum*** Wolfner

— Gr. 3 mm lg.; Perigonblätt schon z. Bltzt. eine Längsrinne bildend, absterbend, aber an der Fr. erhalten bleibend; Frkn. z. Bltzt. grün, ± eif.; Blüten auch nachts geöffnet; — Blätt. z. Bltzt. meist vertrocknet; Perigonblätt. grünl.gelb, ohne grünen Mittelstreifen; ↕ 30–80(–100) cm; ♃. VI(–VII). – Bachauen, Wiesen, Äcker, Ruderalstellen; bis in die montane Stufe. – *s*, D; A; B; CH; CZ; F: Els; I: Bz; L. – Giftig! [*L. pyrenaicum* (L.) Holub] Pyrenäen-S., ***O. pyrenaicum*** L. s. l.

a. Perigon innen durchscheinend weiß bis grünl.weiß; Frkn. ± kugelig. – Bachauen, Wiesen, Äcker, Ruderalfluren; bis in die montane Stufe. – *s*, A: Bgl, OÖ, NÖ; Stm; CH: SG; CZ; in D: BW lokal verwild. [*O. sphaerocarpum* A. Kern.; *L. pallidum* (Salisb.) Speta] Kugelfrüchtiger Pyrenäen-S., subsp. ***sphaerocarpum*** (A. Kern.) Nyman

— Perigon innen gelbgrün; Frkn. ± eif. – Lichte, frische Laubwälder, Wiesen, Gebüsche, Ruderalfluren; kalkmeidend; kollin bis submontan. – Sehr *s*, D: BW (Schrozberg), NW-BY, RP (Saarland; S-Eifel); A: OÖ, Kt, B; CH; F: Els; I: Bz; L. [*O. flavescens* Lam.; *O. pyrenaicum* subsp. *flavescens* (Lam.) K. Richt.] Gelber Pyrenäen-S., subsp. ***pyrenaicum***

In A: Kt u. Stm. z. T. Übergänge zw. den beiden Unterarten.

Auch weitere verwild. Zierpfl. wie ***O. oligophyllum*** E. D. Clarke (Heimat: O-MMG) in A: NÖ.

Othocallis Salisb. [*Scilla* L. p. p.], Schmuckblaustern

1. Perigonblätt. weiß bis weißl.blau m. blauem Mittelstreifen, 15–20 mm lg., — 7 mm br.; Blätt. 3–5, aufr. bis halb aufr., ≈ 12 cm lg., 1,4 cm br., m. spitzer, kapuzenf. Spitze; Schäfte je Zwiebel 2–8; Infl. 2–6(–7)-blütig; Blütenstiele gerade, (5–)15–19(–25) mm lg.; Gr. 6–8 mm lg.; Samen 2,5–3 mm ∅, dk.braun, m. sehr großem, weißem Elaiosom; ↕ 10–20 cm; ♃. III–IV. – Park- u. Grünanlagen, Friedhöfe. – Ne. (Heimat: S-Kaukasus, NW-Iran); lokal verwild.; *s*, D: BB (Berlin), N-BY, MV, SH, W-SN, ST; A: NÖ, Stm; CZ; PL. – Gartenzierpfl. [*S. mischtschenkoana* Grossh.]
Mischtschenko-S., ***O. mischtschenkoana*** (Grossh.) Speta

— Perigonblätt. einheitl. blau od. blau m. helleren u. dunkleren Flächen (selten rein weiß), bis zu 16 mm lg.; — Gr. 4–6 mm lg. **2**

2. Perigonblätt. porzellanblau, innen dunkler als außen; Blätt. lange vor den Blüten erscheinend, hellgrün, zur Bltzt. 20–40(–45) cm lg., (15–)20–25(–30) mm br.; Bltzt. Ende April/Mai; — Schäfte je Zwiebel 1–3; Infl. (1–)4–6(–15)-blütig; Blüten wenig nickend; Perigonblätt. 9–12 mm lg.; Samen ohne Elaiosom; Blätt. (3–)4–5(–7); ↕ (15–)20(–30) cm; ♃. (IV–)V. – Grünanlagen, Friedhöfe. – Ne. (Heimat: Kastamonu/Anatolien; ob noch?); lokal verwild., altes Kulturrelikt,

z. B. sehr *s*, D: BB (Berlin, M-, NO-, S-BB), NW-BY (Würzburg), MV (bes. Rügen), SH (Plön), SN, ST; A; CZ, PL. – Gartenzierpfl. [*S. amoena* L.] Schöner S., ***O. amoena*** (L.) Speta

— Perigonblätt. azur- od. lavendelblau, innen heller als außen; Blätt. kurz vor od. m. den Blüten erscheinend, kräftig grasgrün, z. Bltzt. bis 15(–35) cm lg. u. 5–15(–22) mm br.; Bltzt. März/April; — Schäfte je Zwiebel 1–6; Infl. 1–5-blütig; Samen m. od. ohne Elaiosom **3**

3. Blütenstiele 2–4(–10) mm lg.; Blüten nickend; Perigon azurblau (in der Knospe grünl.blau); Samen hellgelb, m. weißem Elaiosom; — Schäfte je Zwiebel 1–3(–5); Blätt. 2–3, Infl. 1–2(–5)-blütig; Perigonblätt. 12–15(–17) mm lg.; ↕ 5–20 cm; ♃. III–IV. – Friedhöfe, Parkanlagen, städtische Rasenflächen. – Ne. (Heimat: Ukraine, Kaukasus); häufig verwild., *z–s*, D: BB, BW, BY, HE, MV, NI, NRW, RP, SH, SN, ST; A: Kt, OÖ, NÖ, Sb, Stm, OTi; B; CH; CZ; I: Bz; NL; PL. – Gartenzierpfl. [*S. siberica* Haw.] Sibirischer S., ***O. siberica*** (Haw.) Speta s. l.

Sehr formenreich. Im Gebiet vielleicht mehrere Taxa [subsp. ***armena*** (Grossh.) Trávn.; subsp. ***caucasica*** (Miscz.) Trávn.; subsp. ***otschiauriae*** (Mordak) Trávn.] verwild., die wegen z.T. unklarer Abgrenzung bislang nur selten unterschieden wurden.

— Blütenstiele 6–24 mm lg.; Blüten seitl. absthd.; Perigon lavendelblau (in Knospe himmelblau); Samen hellbraun, ohne Elaiosom; — Schäfte je Zwiebel (1–)2–5(–6); Blätt. 3–4; Infl. 1–5-blütig; Perigonblätt. 11–13 mm lg.; ↕ 10–20 cm; ♃. III–IV. – Gartenanlagen, Parks. – Ne. (Heimat: Anatolien); gelegentl. verwild.; *z*, D: BY, SN, ST; A; CZ; PL. – Gartenzierpfl. [*S. ingridae* Speta] Ingrid-S., ***O. ingridae*** (Speta) Speta

Paradisea Mazzuc., Trichterlilie

Blätt. zahlr., grasart., bis 5 mm br.; Stg. 2–10-blütig, in einseitswendiger Traube; ↕ 30–50 cm; ♃. VI–VII. – Bergwiesen. – *s*, A: S-Kt (Karnische u. Gailtaler Alp.); CH; I: Bz. Trichterlilie, ***P. liliastrum*** (L.) Bertol.

Polygonatum Mill., Weißwurz, Salomonssiegel

1. Blätt. schmal lanzettl., 5–12 cm lg., in Scheinquirlen zu 3–8; Stg. aufr.; ↕ 30–80 cm; ♃. V–VI. – Schattige Wälder; v. a. montan. – Stellenw. *v*, sonst sehr *z*, nördl. bis Harz, *f* N-D. – Giftig! Quirlblättrige W., Quirl-W., ***P. verticillatum*** (L.) All.

— Blätt. br. ellipt., 2-zeilig; Stg. meist überhgd. **2**

2. Stg. rund; Blätt. ausgebr.; Blüten zu 2–5; Staubfäden behaart; ↕ 20–80 cm; ♃. V–VI. – Schattige Laubwälder; bodenvag. – *v*. – Giftig! Vielblütige W., ***P. multiflorum*** (L.) All.

— Stg. kantig; Staubfäden kahl **3**

3. Blätt. u. Blütenstiele kahl; Blüten zu 1–2, duftend; ↕ 20–50 cm; ♃. V–VI. – Steinige, buschige Hänge, lichte Laub- u. Kiefernwälder. – *v–z* im S, im N seltener; *f* NW-D. – Giftig! [*P. officinale* All.] Wohlriechende W., Duftende W., Echtes S., ***P. odoratum*** (Mill.) Druce

— Blätt. unterseits u. Blütenstiele kurzhaarig; Blüten zu 1–5, geruchlos; Staubfäden mitunter schwach drüsig; ↕ 30–80 cm; ♃. V–VII. – Laubwälder, Auenwälder. – *s*, A: Stm; CZ. – Giftig! [*Convallaria latifolia* Jacq., nom. inval.; *P. latifolium* (Jacq.) Desf.] Rauhaarige W., Auen-W., ***P. hirtum*** (Poir.) Pursh

Prospero Salisb. [*Scilla* L. p. p.], Herbstblaustern

Blätt. grasart., fleischig, neben dem Schaft sthd.; Perigonblätt. sternf. absthd.; ↕ 5–20(–25) cm; ♃. VIII–X. – Trockenrasen, gelegentl. in Weinbergen, bes. auf steinigen, kalkhaltigen Böden. – *s*, F: S-Els; I: Bz (Hauptverbr.: MMG, S-Eur.); gelegentl. auch Gartenzierpfl. u. verwild. od. angesalbt, *s*, D: BW (Kaiserstuhl). Ⓖ. [*S. autumnalis*] Gewöhnlicher H., ***P. autumnale*** (L.) Speta (subsp. ***autumnale***)

Pseudomuscari Garbari & Greuter [*Muscari* L. p. p.], Scheintraubenhyazinthe

Schäfte je Zwiebel 1–3; Blätt. je Zwiebel 2–5, ≈ 60–100 mm lg., 8–15 mm br., leicht rinnenf.; Infl. dicht, eif., 1,5–3 cm lg., 30–60-blütig; Blüten nickend bis fast absthd., die obersten unfruchtbar, kleiner u.

heller; Perigonblätt. himmelblau, m. dk. Mittelstreifen; Perigonröhre zylindr., an der Spitze nicht od. kaum verengt, ≈ 5 mm lg.; Perigonzipfel 2–2,5 × 1–1,5 mm, nur wenig zurückgebogen; Pfl. schwach bereift, ↕ 5–10(–20) cm; ♃. (II–)III–IV. – Ne. (Heimat: Anatolien); *s* kult. u. lokal verwild., z. B. in Halbtrockenrasen in D: BB, BY, SH, ST, TH; A: NÖ (Pfaffstätten); B. – Gartenzierpfl. [*M. azureum* Fenzl; *Bellevalia azurea* (Fenzl) Boiss.; *Hyacinthella azurea* (Fenzl) Chouard]

Himmelblaue S., ***P. azureum*** (Fenzl) Garbari & Greuter

Puschkinia Adams, Kegelblume, Puschkinie

Infl. locker, 3–7-blütig; unterste Blütenstiele ≈ 6 mm lg.; Tragblätt. sehr kurz; Perigonblätt. 10–15 mm lg., ein Viertel bis fast zur Hälfte ihrer Länge verwachsen, blassblau m. dunklerem Mittelstreifen; Nebenkrone 2–3 mm hoch; Staubfäden sehr kurz u. dünn; Gr. ≈ 2 mm lg.; ↕ 10–20 cm; ♃. III–IV. – Park- u. Grünanlagen, Friedhöfe. – Ne. (Heimat: SW-As., Kaukasus); lokal verwild.; *s*, D: BB (Berlin), BY, HE, MV, NI, SH, SN; A: u. a. NÖ; B; CZ; NL. – Gartenzierpfl. Blaustern-K., ***P. scilloides*** Adams

Formenreich, u. a. var. ***libanotica*** (Zucc.) Boiss.: Perigonröhre röhrig-glockenf., zu ein Viertel bis ein Drittel verwachsen; Blätt. bis 15 mm br.; ↕ 15–20 cm; var. ***scilloides***: Perigonröhre röhrig-trichterf., fast bis zur Hälfte verwachsen; Blätt. ≈ 7 mm br.; ↕ ≈ 10 cm. – Vielleicht sind auch weitere nah verwandte Arten in Kultur.

Ruscus L., Mäusedorn

1. Blattart. verbreiterte Triebe stechend, < 4 cm lg.; Stg. zumind. oben stark verzweigt; — Beeren rot; ↕ 30–90 cm; ♄. IV. – Trocken-warme Wälder, Gebüsche. – *s*, CH; F: Lothringen; I: Bz; in D: BW, HE, SH; B; NL unbest.; Hauptverbr.: S-Eur., MMG); FFH5. – Auch kult.

Stechender M., ***R. aculeatus*** L.

— Blattart. verbreiterte Triebe nicht stechend, 3–10 cm lg.; Stg. nicht od. kaum verzweigt; — Beeren scharlachrot; ↕ 20–40 cm; ♄. IV–V. – Laubwälder. – Sehr *s*, A: NÖ, OÖ, früher Bgl.

Zungen-M., ***R. hypoglossum*** L.

Scilla L. sensu Speta [incl. *Chionodoxa* Boiss., Schneeglanz, Schneeruhm, Schneestolz, Sternhyazinthe; excl. *Nectaroscilla* Parl., *Othocallis* Salisb. u. *Prospero* Salisb.], Blaustern Ⓖ

1. Perigonblätt. frei od. < 15 % ihrer Gesamtlänge verwachsen, sternf. ausgebr.; Staubfäden absthd., von gleicher Farbe wie das Perigon; Staubbeutel u. Pollen weinrot bis blauviolett; ↕ 5–20 cm; ♃. III–IV. – Auenwälder, frische Gehölzbestände, Waldwiesen. – Auch Zierpfl. u. vielfach außerh. des Verbr.Gebiets verwild., bes. in Parkanlagen, städtischen Gehölzen u. auf Friedhöfen; giftig! (sect. ***Scilla***), Artengruppe Zweiblättriger B., ***S. bifolia*** agg. s. l.

a. Trockene Samen dk.braun od. schwarz c

— Trockene Samen hellgelb bis hellbraun .... b

b. Junge Blütenknospen hellviolett; Samen 1–3(–4) pro Fach, frisch 2,3–2,8 mm ∅, bräunl.-weiß bis hellbraun, trocken graubraun; Infl. z. Bltzt. allseitswendig, ± pyramidenf., (1–)3–10(–15)-blütig, meist bis zu ein Drittel des oberird. Stg. einnehmend; Perigonblätt. (7,0–)7,5–9,5(–10,5) mm lg., hell violett-blau, auf beiden Seiten 1-farbig, ohne deutl. abgesetztem, weißem Grund; Blätt. 2–3(–4), während der Bltzt. im ob. Teil nur leicht rinnig bis flach, kapuzenf. Spitze 0,5–1,5 mm lg.; Blattscheiden am Rand meist gelbgrün; — reifende Fr. hellgrün, nicht aufgeblasen; ↕ 5–20 cm; ♃; 2n = 18, 2×. III–IV. – Auenwälder, frische Laubwälder; 200–350 m. – *z–s*, nur CZ (Mähren). [*S. bifolia* L. p. p.; *S. subtriphylla* Schur; *S. praecox* auct. non Willd.]

Karpaten-B., Kladno-B., ***S. kladnii*** Schur

— Junge Blütenknospen hellgrün (bis grünl. aschgrau); Samen (2–)5–8(–10) pro Fach, frisch 2 mm ∅, hellgelb, trocken hellbraun; Infl. z. Bltzt. ± einseitswendig, (3–)5–9(–20)-blütig, bei vielblütigen Individuen ein Drittel bis zwei Drittel des oberird. Stg. einnehmend; Perigonblätt. 6–8(–9) mm lg., 2–2,5 mm br., oberseits (innen) kräftig blau m. deutl. abgesetztem, ≈ 1 mm br., weißem Grund, außen bis zum Öffnen der Blüten m. hellgrünem Mittelstreifen; Blätt. 2(–3), während der Bltzt. zumind. im ob. Teil deutl. rinnig, kapuzenf. Spitze (1,5–)2–3 mm lg.; Blattscheiden am Rand meist rötl.; — Stg. oft purpurbraun; reifende Fr. dk.grün, unterschiedl. stark aufgeblasen; ↕ 5–20 cm; ♃; 2n = 18, 2×. III–IV. – Hartholzauenwälder, frische Laubmischwälder; bis in die montane Stufe. – *z*, D: SN (Elbtal), ST (Elbtal); A: Bgl, NÖ; CZ. [*S. bifolia* L. p. p.]

Wiener B., ***S. vindobonensis*** Speta (subsp. ***vindobonensis***)

c (a). Junge Blütenknospen hell weinrot; frische Samen 1,3 mm ∅, dk.olivgrün, trocken schwarz; Frkn. blauschwarz; Blätt. braungrün, — schmal, bis zu 4(–9) mm br., rinnig, Infl. 1–6(–18)-blütig; Perigonblätt. 7–8 mm lg., 1,5–2 mm br., dk.himmelblau; Staubfäden fadenf.; Gr. 3 mm lg.; ↕ 5–15 cm; ♃. III. – Gartenzierpfl. (Heimat: Anatolien); *s* u. nur lokal verwild. [*S. bifolia* subsp. *nivalis* (Boiss.) K. Richt.] Schnee-B., ***S. nivalis*** Boiss.

Wahrscheinl. noch weitere nah verwandte Arten im Handel u. verwild.

— Junge Blütenknospen graublau bis blau od. etwas violett; Samen 2,5–3,5 mm ∅, dk.braun (bei böhmischen Populationen heller); Frkn. blau; Blätt. 2(–3), grasgrün; ↕ 5–30 cm; ♃. III–IV. – *s–z*, fast im ganzen Gebiet, zumind. regional, auch als Zierpfl. verwild.; *f* NL. Zweiblatt-B., Zweiblättriger-B. (i. e.S.), ***S. bifolia*** L. (s. str.)

A. Perigonblätt. (10–)12–15(–17) mm lg.; Gr. (3,2–)3,6–4,7(–5,3) mm lg.; Infl. annähernd schirmf.; frische Samen 3,5 mm ∅; — Blütenknospen (auch ganz jung) blau; Perigonblätt. 3–4 mm br., leuchtend hellblau bis tief kornblumenblau; Stg. grün, gelegentl leicht purpurn überlaufen; ↕ (5–)10–20 cm; ♃; 2n = 54, 6×. III–IV. – Auenwälder der Tieflagen. – Sehr *s*, im Gebiet nur A: NÖ (Weinviertel: Kreuttal); SO-CZ (S-Mähren). [*S. bifolia* L. p. p.; *S. spetana* Kereszty] Speta-B., subsp. ***spetana*** (Kereszty) Trávn.

— Perigonblätt. höchstens 10(–11) mm lg.; Gr. (2,2–)2,4–3,8(–4,4) mm lg.; Infl. nicht schirmf.; frische Samen 2,5–3 mm ∅, — Blütenknospen (grau)blau bis violett; Stg. grün; Samen frisch olivbraun, trocken dk.braun **B**

B. Perigonblätt. (7–)8–9 mm lg., 3–3,5 mm br., hellblau, am Grund ohne deutl. abgesetzten, weißen Querstreifen; Stg. grün; frische Samen 2,5 mm ∅; — Blütenknospen (grau)blau; Blätt. (fast immer) 2; Infl. (3–)4–7(–12)-blütig; unreife Fr. hellgrün; ↕ (5–)15–20 cm; ♃. III–IV. – Hartholzauenwälder, Streuobstwiesen, gehäuft entlang großer Flüsse; bis in die submontane Stufe. – *z–s*, D: BW, BY, HE, NI, MV, S-NRW, RP, SN, S-ST, TH; B; A: Bgl, Kt, OÖ, NÖ, Stm; CZ; F: Els; I: Bz; PL; auch als Zierpfl. kult. u. verwild., z. B. NL. [*S. bifolia* L. (s. str.)] Zweiblatt-B. (i. e. S.), subsp. ***bifolia***

Die Maße für subsp. *bifolia* beziehen sich auf diploide Herkünfte (var. *bifolia*, 2n = 18, 2×), nicht auf die tetraploiden Populationen m. teilw. größ. Blüten aus der CZ u. damit auf die breitere Fassung der Unterart durch Trávníček et al. (2009). Diese Autoren ziehen alle randalp. Vorkommen von *S. drunensis* als Varietät zu subsp. *bifolia* u. klassifizieren die böhmischen Populationen als var. *bohemica* Trávn. (2n = 36, 4×), welche sich von var. *bifolia* u. subsp. [var.] *drunensis* (2n = 36, 4×) durch hellere Perigonblätt. u. bes. hellere Samen (frisch gelbl.braun, trocken braun vs. dk.braun) unterscheidet.

— Perigonblätt. 9–10 mm lg., hell graublau-violett; Stg. hellgrün; frische Samen 3 mm ∅; — Blütenknospen graublau bis violett; ↕ 5–20 cm; ♃; 2n = 36, 4×. III–IV. – Auenwälder u. a. feuchte bis frische Laubwälder, Wiesen, Obstgärten; bis in die submontane Stufe. – *z–s*, A: OÖ, NÖ, NÖ, Stm. [*S. bifolia* L. p. p.; *S. drunensis* (Speta) Speta; *S. bifolia* var. *drunensis* (Speta) Trávn.] Traun-B., subsp. ***drunensis*** Speta

In CZ (Mähren) noch 2 weitere, eher bestimmungskrit. Unterarten von *S. bifolia* m. braunpurpurnen Stg. u. rötl. Blattscheiden:

subsp. ***rara*** Trávn.: Infl. zwei Drittel des oberird. Stg. einnehmend; Perigonblätt. nur (7,8–)8,3–10,2(–10,7) mm lg., (2,2–)2,4–3,2(–3,5) mm br., oberseits (innen) lebhaft (dk.)violett-blau, am Grund m. undeutl. abgesetztem hellem Bereich, außen meist deutl. heller; Staubfäden meist 0,8–1,0 mm br. (nur ein FO b. Znojmo in SW-Mähren).

subsp. ***buekkensis*** (Speta) Soó [*S. laxa* Schur]: Infl. ≈ die Hälfte des oberird. Stg. einnehmend; Perigonblätt. (8,5–)9,0–13 mm lg., (3,0–)3,2–4,3(–4,8) mm br., auf beiden Seiten gleichm. violett-blau, selten unterseits (außen) heller, am Grund gelegentl. ein undeutl. hellerer Saum; Staubfäden meist 1–1,4 mm br. (SO-Mähren).

— Perigonblätt. zu 15–40 % ihrer Gesamtlänge verwachsen; Staubfäden aufr., weiß; Staubbeutel u. Pollen gelb; — Staubfäden m. Perigonröhre verwachsen, freier Teil 3–10 mm lg., 2–3 mm br., abgeflacht, einen zentralen Kegel („Miniaturkrone") um Gr. u. Frkn. bildend; Staubbeutel geschlossen ≈ 5 mm lg.; ♃; III–IV. Zierpfl. (Heimat: Anatolien, O-MMG), verwild. (sect. ***Chionodoxa***) **2**

2. Blüten im Inneren ohne weißes od. weißl. Zentrum („Auge"; höchstens ein sehr schmaler, undeutl. Ring vorhanden), aufr., blau; Perigonblätt. zu 30–40 % ihrer Gesamtlänge verwachsen; Perigonzipfel z. Bltzt. sternf. absthd.; Gr. 2–3 mm lg.; — Blätt. 2–3; Perigonblätt. 8–10(–17) mm lg.; Staubfäden violett-blau; Samen 2–3 mm ∅; ↕ 5–10(–25) cm; ♃. II–III(–IV). – Parkanlagen, Friedhöfe. – Ne. (Heimat: SW-Anatolien); verwild.; *z–s*, z. B.: D: BB, BW, BY, MV, RP, SH, SN, TH; A: NÖ, OÖ, Sb, Stm; CH; CZ; NL. – Gartenzierpfl. [*C. sardensis* Whittall ex Barr & Sugden] Dunkler S., Sardes-S., ***S. sardensis*** (Whittall ex Barr & Sugden) Speta

— Blüten stets m. weißem od. weißl. Zentrum („Auge"), leicht nickend; Perigonblätt. zu 15–25 % ihrer Gesamtlänge verwachsen; Perigonzipfel z. Bltzt. aufr. absthd.; Gr. 0,7–1,5 mm lg. **3**

3. Blüten pro Schaft 4–12(–15), ± hgd.; — Blüten violett; „Auge" weiß, deutl. von den violetten Teilen der Blüte abgesetzt (zu *S. forbesii* agg.) **7**

— Blüte(n) pro Schaft 1–3(–5), aufr. sthd., selten hgd.; — Blüten violett od. blau; „Auge" weiß od. weißl., undeutl. od. deutl. von den violetten od. blauen Teilen der Blüte abgesetzt **4**

4. „Auge" deutl. von den violetten od. blauen Teilen der Blüte abgesetzt; — Perigonblätt. 9–19 mm lg.; Fr. ∅ kreisrund od. etwas 3-lappig; Theken der Staubbeutel hellgelb **6**

— „Auge" undeutl. von den violetten od. blauen Teilen der Blüte abgesetzt; — Perigonblätt. 15–27 mm lg.; Fr. meist 3-lappig **5**

5. Blüten pro Schaft 1–2(–4), aufr. sthd.; „Auge" ≈ 30 % des Blüten-∅ einnehmend, verwaschen, nicht reinweiß; — Blätt. 2, dk.grün, rinnig, spitzenw. schmal; Blüten 28–34 mm ∅; Perigonblätt. zu 20–25 % ihrer Gesamtlänge verwachsen, 16–27 mm lg.; Theken der Staubeutel hellgelb;

Gr. 1 mm lg., Fr. 3-lappig; Samen ≈ 2,3 mm ∅; ↕ 3–10 cm; ♃. (II–)III–IV. – Parkanlagen, Friedhöfe. – Ne. (Heimat: SW-Anatolien); verwild.; *z*, D: z. B. N-BY, MV, NI, NRW, SH, SN, ST; A: OÖ, Sb; CH; CZ; I: Bz; PL. – Gartenzierpfl., sortenreich. [*C. luciliae* Boiss.]

Lucile-S., Luzilien-S., ***S. luciliae*** (Boiss.) Speta

— Blüten pro Schaft 2–3(–5), aufr. sthd. bis hgd.; „Auge" ≈ 40 % des Blüten-∅ einnehmend, meist nur undeutl. abgesetzt; — Perigonblätt. meist 15–22 mm lg.; auch sonst in den Merkmalen zw. den Eltern sthd.; ↕ 10–15 cm; ♃. (II–)III–IV. – Parkanlagen, städt. Grünanlagen, Friedhöfe. – Kult. u. Ne. (in Kultur entstanden?); verwild., gebietsweise häufiger als die Eltern; *z*, z. B.: D: BB (Berlin), SH (auch Hamburg); A; I: Bz; wo noch? – Gartenzierpfl. [*C. siehei* × *C. luciliae*]

Bastard-S., ***S. siehei* × *S. luciliae***

6 (4). Blüten 20–25 mm ∅, tiefblau, aufw. gerichtet; „Auge" ≈ 20 % des Blüten-∅ einnehmend; Perigonblätt. zu ≈ 20–25 % ihrer Gesamtlänge verwachsen, 11–15(–19) mm lg., 4–5 mm br.; ↕ 10–30 cm; ♃. III–IV. – Gartenzierpfl. (Heimat: SW- u. S.-Anatolien), in M-Eur. außerh. botan. Sammlungen wohl nicht kult. u. deshalb nicht verwild. (im Handel wird *S. siehei* üblicherweise unter dem falschen Namen *S. forbesii* angeboten). [*C. forbesii* Baker]

Forbes-S., Große St., ***S. forbesii*** (Baker) Speta s. str.

— Blüten 13–19(–24) mm ∅, violett-blau, „Auge" ≈ 30 % des Blüten-∅ einnehmend; Perigonblätt. zu ≈ 30 % ihrer Gesamtlänge verwachsen, 9–15,5 mm lg., ≈ 3 mm br.; — Blätt. unterseits u. am Rand (etwas) rötl.; ↕ 3–10 cm; ♃. III–IV. – Grünanlagen, Gehölze, Parkwiesen. – Ne. (Heimat: Kreta), verwild.; *s*, ob in D? – Gartenzierpfl. [*C. nana* (Schult. & Schult. f.) Boiss. & Heldr.]

Zwerg-S., Kleine St., ***S. nana*** (Schult. & Schult. f.) Speta

7 (3). Gr. 1–1,5 mm lg.; Fr. ellipsoidisch; Samen 2–3 mm ∅; Perigonblätt. zu 20–25 % ihrer Gesamtlänge verwachsen; „Auge" bis fast 50 % des Blüten-∅ einnehmend; Blätt. 2, fast bis zur Spitze parallelrandig od. im unt. Drittel am breitesten; — Perigonblätt. 12–15(–19) mm lg.; Blüten ≈ 23–30 mm ∅, deutl. hgd., violett; ↕ 10–30 cm; ♃. (II–)III–IV. – Parkanlagen, Gebüsche, Grünstreifen. – Kult., Ne. (Heimat: SW-Anatolien); vielfach verwild.; *z*, D: BB (auch Berlin), BW, N-BY, HE, MV, NRW, RP, SH, SN, S-ST, TH; A: NÖ, OÖ, Sb; N-Ti; B (Eifel); wo noch? – Gartenzierpfl. [*C. siehei* Stapf; *S. forbesii* auct. mult. non (Baker) Speta]

Siehe-S., ***S. siehei*** (Stapf) Speta

— Gr. 0,7(–1) mm lg.; Fr. 3-kantig; Samen 1–1,5 mm ∅; Perigonblätt. zu 15–20 % ihrer Gesamtlänge verwachsen; „Auge" 50–60(–70) % des Blüten-∅ einnehmend, deswegen gelegentl. nur die Spitzen der Perigonblätt. blau; Blätt. lg. keilf., spitzenw. breiter werdend (bis zu 35 mm br.); — Perigonblätt. 14–27 mm lg.; Zwiebeln fast immer weißl., da Tunika sehr hinfällig; sonst ähnl. *S. siehei*; ↕ ≈ 10 cm; ♃. IV. – Grünanlagen, Friedhöfe. – Ne. (Heimat: SW-Anatolien); verwild.; *s*, z. B.: D: SH?; A: OÖ; wo noch? – Gartenzierpfl. [*C. tmoli* Whittall]

Tmolus-S., ***S. tmoli*** (Whittall) Speta

Die letzten beiden Arten werden gelegentl. m. *S. forbesii* s. str. zu einer Artengruppe *S. forbesii* agg. zus.gefasst, deren Taxa weitghd. aus dem Gebiet der Boz Dağları in der SW-Türkei stammen. Auf einem Zus.ziehen der wenigblütigen *S. forbesii* s. str. m. der damals praktisch unbekannten, vielblütigen *S. tmoli* in der „Flora of Turkey" (Mordak in Davis 1985) beruhen wohl auch die stark abweichenden Blütenzahlenangaben in einigen Bestimmungsbüchern. – Auch Kultivare m. rosa od. weißen Blüten.

Ordnung: Arecales, Palmenartige

Familie: Arecaceae [Palmae], Palmen (Bearbeiter: Gerald Parolly)

Bäume od. Sträucher m. meist ungeteiltem Stamm; Blätt. groß, immergrün, an der Stammspitze gehäuft, Blüten in dichten Rispen.

Trachycarpus H. Wendl., Hanfpalme

Stamm 2–3(–12) m hoch, im ob. Teil von braunen Fasern eingehüllt; Blattspr. bis 90 cm ∅, fingerf. geteilt, oberseits glzd. (*Taf. 10: 14*); Zipfel 2-spaltig; Blüten weiß; ↕ 3–10 m; ♄. IV–VI. – In Gärten u. Parks gepfl. (Heimat: O-As.), zuw. als Ne. verwild. u. eingebürg. (Jungpfl.!) in CH: Ts u. I: Bz; (noch?) unbest. in D: BW, HE, NRW u. andernorts m. wintermildem Klima. – Zierpfl.

Chinesische H., ***T. fortunei*** (Hook.) H. Wendl.

Ordnung: Commelinales, Commelinenartige

Familie: Commelinaceae, Commelinengewächse (Bearbeiter: Michael Koltzenburg)

Krautige Pfl.; Blätt. oft 2-zeilig; Blüten m. doppelter Blütenhülle u. grünem Kelch; Staubblätt. 6; Frkn. oberst.

Commelina L., Commeline, Tagblume

Pfl. niederlgd. bis aufstgd.; Blätt. 5–10 cm lg. u. 1–3 cm br.; inn. 2 Blütenhüllblätt. blau, das 3., kleinere weiß; ↕ 30–70 cm; ♃. VII–IX. – Ruderalstellen, Hecken, Äcker, Parks. – Ne. (Heimat: O-As.), unbest. od. eingebürg.; *s–z*, D: z. B. Main- u. nördl. Oberrheingebiet, BB, NI, NRW, SN; *s* A; CH: Basel, Vd, Zürich, eingebürg. S-Ts; eingebürg. I: Bz. – Auch Zierpfl. Gewöhnliche C., ***C. communis*** L.

Himmelblaue T., ***C. coelestis*** Willd.: Ganze Pfl. behaart. – Heimat: M-Am.; *s* verwild., z. B. D: Hamburg; A.

Tradescantia L.: m. 3 gleichen Kronblätt.; *T. virginiana* L. u. Hybriden (Heimat der Elternarten: N-Am) sich zunehmend etablierend.

Ordnung: Poales, Süßgrasartige

Familie: Typhaceae [incl. Sparganiaceae, Igelkolbengewächse], Rohrkolbengewächse

(Bearbeiter: Michael Koltzenburg)

Wasserpfl. od. Sumpfpfl.; Blätt. 2-zeilig; Blüten eingeschl., 1-häusig, in kugeligen Köpfchen od. walzenf. Kolben, die unt. ♀, die ob. ♂ (*81/3, 81/4*); Staubblätt. 3–6; Frkn. 1- od. 2-blättr.; Steinfr. od. Nussfr.

1. Blüten in kugeligen Köpfchen, m. Hochblätt. (*81/4*) .... ***Sparganium***, 219

— Blüten in walzenf., übereinander sthd., schwarzbraunen Kolben, ohne Hochblätt. (*81/3*) ***Typha***, 220

Sparganium L., Igelkolben

1. Blütenstg. ästig, auch an den Seitenästen unten m. ♀, oben m. ♂ Köpfchen; — Blätt. 5–15 mm br., derb, an der Basis 3-kantig, bis zur Spitze gekielt, allmähl. zugespitzt; Fr. m. deutl. Schnabel (*219/3–219/5*); Narbe unauffällig gekrümmt; ↕ 30–80 cm; ♃. VI–VIII. – Teiche, Seen, Gräben, Röhricht. [*S. ramosum* Huds.] Ästiger I., Aufrechter I., ***S. erectum*** L.

a. Fr. spindelf. (*219/5*); Schnabel > 2,5 mm lg.; — Fr. 7–10 mm lg., sehr kurz gestielt, rundl., glzd. gelbbraun; Steinkern m. schwachen Längsfurchen, den Gr.Ansatz nicht erreichend, vom umgebenden Gewebe von oben her leicht zu lösen. – Kalkarme Röhrichte. – *v* (im S häufiger). Unbeachteter I., subsp. ***neglectum*** (Beeby) K. Richt.

— Fr. im ob. Drittel bis Viertel am breitesten; Schnabel < 2 mm lg. .... **b**

b. Fr. oben flach gewölbt, — plötzl. in Schnabel auslfd., 5–10 mm lg., ungestielt, 4–6-kantig, matt schwarzbraun, Form wie *219/3*; Steinkern tief gefurcht, den Gr.Ansatz erreichend, vom umgebenden Gewebe schwierig zu lösen. – Kalkreiche Röhrichte. – *v*. [*S. polyedrum* (Asch. & Graebn.) Juzepczuk] Ästiger I. (i. e. S.), subsp. ***erectum*** L.

— Fr. oben kuppelf. aufgewölbt .... **c**

c. Fr. in der Mitte schwach eingeschnürt, — 6–8 mm lg., Form wie *219/4*; Steinkern m. deutl. Längskanten. – Kalkarme Röhrichte. – *s* od. sehr *z*: D: BW, BY, HE, MV, NI, NRW, SH, SN, ST; A: Sb, Kt, Stm, Ti; CH; CZ; F: Els; I: Bz; NL. Kleinfrüchtiger I., subsp. ***microcarpum*** (L. M. Neuman) Domin.

— Fr. zur Basis hin allmähl. verschmälert (*219/6*), — 5-8 mm lg., in jedem Köpfchen entwickeln sich nur wenige Fr. (Hybride zw. subsp. *erectum* u. subsp. *neglectum*). – Röhrichte. – *s*, D: z. B. BW, BY, HE, SH, SN; A: OÖ; CH; CZ. Eifrüchtiger I., subsp. ***oocarpum*** (Čelak.) Domin

— Blütenstg. unverzweigt (wenn verzweigt, dann Seitenäste nur m. ♀ Köpfchen); — Blätt. ≤ 8 mm br. **2**

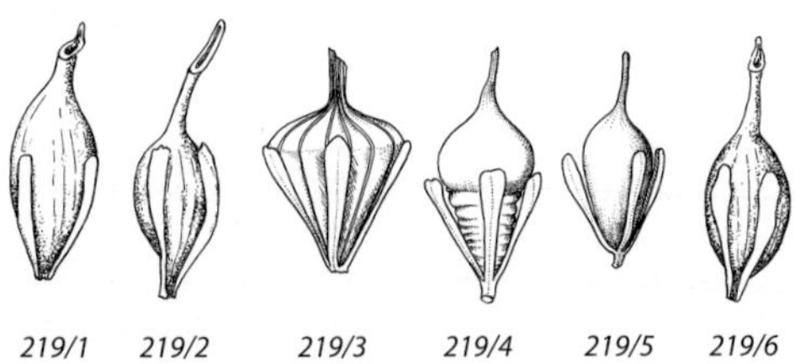

219/1 219/2 219/3 219/4 219/5 219/6

2. ♂ Blütenköpfe 3–10, voneinander entfernt; Blätt. am Grund im ∅ 3-eckig, gekielt; ♀ Köpfchen 3–6, — die unt. meist gestielt; Stg. u. Blätt. steif aufr., selten flutend; Blätt. 4–10 mm br., flutende wenigstens m. vorspringendem Mittelnerv; Gr. an der Fr. 2 mm lg.; Narbe 5-mal so lg. wie br. (*219/2*); ↕ 20–60 cm, flutend auch länger; ♃. VI–VII. – Teiche, Seen. – *v–z*, im N häufiger. [*S. simplex* Huds.] Einfacher I., ***S. emersum*** Rehmann

— ♂ Blütenköpfe 1–2, einander genähert; Blätt. am Grund im ∅ nicht 3-eckig; ♀ Köpfchen 2–3 .... **3**

3. Gr. an der Fr. ≤ 0,3 mm lg. od. fehlend; — Tragblatt des untersten ♀ Köpfchens deutl. länger als die Infl.; die unt. ♀ Köpfchen meist gestielt u. entfernt sthd., die ob. sitzend u. genähert; ♂ Köpfchen von den ♀ entfernt; Fr. br. eif.; Blätt. am Grund schwach aufgeblasen; ↕ 10–60 cm, m. ≤ 5 Internodien; ♃. VII–VIII. – Alp. Tümpel. – Sehr *s*, I: Bz (Sarntaler Alp.). Nordischer I., ***S. hyperboreum*** Beurl.

— Gr. an der Fr. 2 mm lg., schnabelart. **4**

4. Tragblatt des untersten ♀ Köpfchens 10–60 cm lg., mind. doppelt so lg. wie die Infl.; ♂ Blütenköpfe 3–6, dicht beisammen sthd., zuw. wie ein verläng. Köpfchen erscheinend; Gr. fast so lg. wie der Frkn.; Narbe kaum länger als br. (*219/6*); — Blätt. 2–5 mm br., schlaff aufr., allmähl. lg. zugespitzt, am Grund stark aufgeblasen, flutende nicht gekielt; Pfl. meist flutend, ↔ 10–180 cm; ♃. VI–IX. – Nährstoffarme Gebirgsseen, Moortümpel u. -gräben; kalkmeidend. – D: *s* BB, NI (früher häufiger), NRW, SN, Fichtelgeb., S-Schw., Allgäu, früher auch SH; *z* Alp. (A; CH; I: Bz); *z–s* B; NL; *s* CZ (Böhmw.); PL. [*S. affine* Schnizl.] Schmalblättriger I., ***S. angustifolium*** Michx.

— Tragblätt. des untersten ♀ Köpfchens 1–8 cm lg., die Infl. kaum überragend; ♂ Blütenköpfe einzeln, kugelig; Gr. sehr kurz; Narbe eif. bis kopfig-kugelig, bis 3-mal so lg. wie br. (*219/1*); — Blätt. 3–7 mm br., zart, ungekielt, gleichm. br., kurz spitzl., am Grund schwach aufgeblasen; Blütenstg. aufr., ↕ 10–30 cm, od. flutend, ↔ 60–80 cm; ♃. VI–VIII. – Moortümpel, Torfstiche; kalkmeidend. – *s*, Alp.Vorland; *s* D, im N u. O *z*: BB, BW, BY, MV, NI, NRW, RP, SH, SN, ST, TH; B; CH: Vs; CZ; NL; PL; vielfach verschwunden. [*S. minimum* Wallr.] Zwerg-I., ***S. natans*** L.

Hybridbildungen.

Typha L., Rohrkolben

1. ♀ Kolben ≤ 3 cm lg., kurz walzenf.; Blätt. < 2 mm br.; Pfl. 0,3–0,75 m hoch; — ♂ Infl. 1–2-mal so lg. wie der ♀ Teil; beide ≈ 7 mm voneinander getrennt; ♃. V–VI. – An Feinsandstellen von Wildflüssen. – *s*, D: BW (Lahr); A: Alpentäler von Ti, Vb; CH: Mittelland, Alpentäler; NL; früher auch CZ; I: Bz; oft verschwunden, ausgest. D: BY (Lech, Inn). [incl. *T. lugdunensis* P. Chabert; *T. martinii* Jord.; *T. gracilis* Jord.] Zwerg-R., ***T. minima*** Hoppe

— ♀ Kolben > 3 cm lg., längl. walzl.; Blätt. > 5 mm br.; Pfl. meist > 1 m hoch **2**

2. ♂ Kolben vom ♀ deutl. getrennt (> 2 cm Abstand) **4**

— ♂ Kolben dem ♀ ± unmittelbar aufsitzend **3**

3. ♂ Kolben viel kürzer als der z. Frzt. silbriggrau behaarte ♀; Samen < 0,9 mm lg.; Blätt. hell- bis gelbgrün, 5–10 mm br.; ↕ 0,5–1(–1,5) m; ♃. VI–VIII. – Langsam fließ., nährstoffreiche Gewässer. – *s*, D: BW, BY; A; CH; FL. Grauer R., Shuttleworth-R., ***T. shuttleworthii*** W. D. J. Koch & Sond.

— ♂ Kolben mind. so lg. wie der z. Frzt. schwarzbraune ♀; Samen (0,9–)1,2–1,6 mm lg.; Blätt. blaugrün, 10–20 mm br.; ↕ 1–2(–2,5) m; ♃. VI–VII. – Verlandungszone sthd. Gewässer. – *v*. Breitblättriger R., ***T. latifolia*** L.

4 (2). ♂ Kolben ≈ so lg. wie der ♀; Blätt. 5–8 mm br., — Blütenstg. m. bis 8 Laubblätt., ↕ 1–2 m; ♃. VI–VIII. – Röhrichtzone langsam fließ. u. sthd. Gewässer. – Im N *v*, sonst *z–s*. Schmalblättriger R., ***T. angustifolia*** L.

— ♂ Kolben 2–4-mal so lg. wie der ♀; Blätt. 2–5 mm br., — nur an sterilen Trieben; Blütenstg. nur m. lg.scheidigen Niederblätt.; ↕ 0,7–1,2 m; ♃. VI–VIII. – Kiesgruben, Tümpel. – Wohl aus dem MMG eingeschleppt; *s*, D: S-BB, BW, BY, NRW, RP, SN, ST, sonst stellenw. unbest.; A: Bgl, NÖ; B; CZ; NL. Laxmann-R., ***T. laxmannii*** Lepech.

Hybride ***T.*** × ***elata*** Boreau [*T. glauca* Godron; *T. angustifolia* × *T. latifolia*], stabil, auch ohne die Elternarten vorkommend. – *z*. Weitere Arten aus Gärten verwildernd.

Familie: Juncaceae, Binsengewächse (Bearbeiter: Michael Koltzenburg)

Kräuter od. Stauden von grasähnl. Habitus; Stg. meist knotenlos; Blätt. entw. grasart. od. stielrund, stg.ähnl. (*37/3*), m. offenen od. verwachsenen Blattscheiden; Infl. von sympodialem Aufbau, köpfchenf. (*60/9*), doldig od. rispenart. (= Spirre, *60/8, 47/4*), an der Basis m. 1 od. mehreren Tragblätt. (= Hüllblätt.); Blüten unscheinbar; Perigonblätt. 6, meist grünl. od. braun, meist trockenhäutig, spelzenart.; Staubblätt. 6 od. 3; Frkn. oberst., 3-blättr.; Kapselfr.

1. Blätt. flach, grasart., am Rand meist lg.haarig; Fr. 3-samig .... ***Luzula***, 225
— Blätt. stg.ähnl. od. borstenf., selten schwertf., kahl; Fr. vielsamig; — Pfl. oft m. kräftigem, kriechendem Rhizom 2
2. Blätt. am Grund m. lg. gefransten Öhrchen (*223/7*); — Spirre wenigblütig (2–4 Blüten), von 2–3 laubblattart., schmal linealischen, oberseits rinnigen Hüllblätt. überragt; Perigonblätt. kastanienbraun .... ***Oreojuncus*** 228
— Blätt. am Grund m. ganzrandigen Öhrchen od. Öhrchen fehlend .... ***Juncus***, 221

Juncus L. [excl. *Oreojuncus* Záv. Drábk. & Kirschner, Bergbinse], Binse

Zum Bestimmen sind oft reife Fr. nötig.

1. Blätt. seitl. zus.gedrückt, schwertf. 2-schneidig, 2–6 mm br.; — Spirre 2–6-köpfig; Köpfe dicht- u. reichblütig, ≈ 10 mm ∅; Perigonblätt. spitz; Sprosse entfernt, m. lg. Ausläufern; ↕ 20–60(–80) cm; ♃. VI–VIII. – An Stillgewässern. – Ne. (Heimat: N-Am., O-As.); *s–z* verwild. od. eingebürg. D; A: OÖ, Sb, Vb; B; L; NL. Schwertblättrige B., ***J. ensifolius*** Wikstr.
— Blätt. nicht schwertf., sondern stg.ähnl., röhrig od. borstenf. 2
2. Spirre deutl. endst. (*60/8*), zuw. von den laubblattart. Hüllblätt. überragt 10
— Spirre scheinbar seitenst., das stg.ähnl. Hüllblatt bildet die Fortsetzung des Stg. (*60/9*) 3
Die Spirre ist in Wirklichkeit endst., wird aber durch das Hüllblatt zur Seite gedrängt.
3. Spirre 3–7-blütig, ≈ in der Mitte des Stg., Hüllblätt. daher ≈ so lg. wie dieser; — Perigonblätt. weißl., äuß. fein zugespitzt, inn. nur spitzl.; basale Blattscheiden strohgelb; ↕ 10–60 cm; ♃. VI–VIII. – Quellmoore, nasse Wiesen, Dünentälchen der Küsten; kalkmeidend. – *v–z* im N, SO, Alp., *z* im mittl. u. südl. Gebiet, *s* im W. Faden-B., ***J. filiformis*** L.
— Spirre reichblütig, in der ob. Hälfte des Stg. 4
4. Spirre 1–3 cm lg. gestielt, dichtkopfig, Hüllblatt daher von dieser entfernt; — Perigonblätt. glzd. schwarzbraun, alle kurz zugespitzt; Samen m. 2 lg. weißen Anhängseln; Pfl. dichtrasig; ↕ 10–50 cm; ♃. VII–X. – Feuchte, quellige Orte; auf Silikat; 1600–3000 m. – *z*, in D *s*. Jacquin-B., Gämsen-B., ***J. jacquinii*** L.
— Spirre nicht gestielt, Hüllblätt. daher unmittelbar unter dieser ansetzend 5
5. Unt. Hüllblatt (starr u. stechend) die stark verzweigte u. verläng. Spirre nur wenig überragend; — Perigonblätt. strohgelb, die äuß. stachelspitzig, Niederblätt. braun, m. kurzer, stechender Spitze; ↕ 50–100 cm; ♃. VII–VIII. – Strandwiesen der Meeresküsten, Schlickböden. – *v* Ostfries. Inseln, Ostsee-, *s* Nordseeküste; auch A: Bgl (Seewinkel). Strand-B., ***J. maritimus*** Lam.
— Unt., den Stg. fortsetzendes Hüllblatt die Spirre weit überragend 6
6. Stg. glatt, glzd. (nur trocken fein gestreift) 8
— Stg. deutl. gestreift od. gefurcht, nicht glzd.; — Pfl. horstf., m. kurzem Rhizom 7
7. Mark der graugrünen Stg. fächerig unterbrochen (*223/1*); Niederblätt. schwarzbraun glzd.; Spirre locker; Staubblätt. 6; Fr. zugespitzt; Perigonblätt. rotbraun m. grünem Mittelstreif; ↕ 50–80(–120) cm; ♃. VI–VIII. – Feuchte Weiden, Gräben, Ufer; salztolerant. – *v*, im NW nur *z*. [*J. glaucus* Sibth.] Blaugrüne B., Graugrüne B., ***J. inflexus*** L.
— Mark der mattgrünen Stg. nicht unterbrochen; Niederblätt. gelb bis rotbraun, nicht glzd.; Spirre meist kugelig-geknäuelt; Staubblätt. 3; Fr. an der Spitze gestutzt u. vertieft, hier Gr.Rest auf einem Höcker sitzend; Perigonblätt. rotbraun bis rostfarben; — Hüllblatt 5–15 cm lg., m. stark erweiterter bis aufgeblasener Scheide; Staubbeutel länger als ihre Filamente; Gr. ein Drittel so lg. wie der Frkn. (wenn blhd.!); ↕ 30–100 cm; ♃. V–VII. – Moorige Wiesen. – *v*. [*J. leersii* T. Marsson] Knäuel-B., ***J. conglomeratus*** L.
8 (6). Pfl. horstf., m. kurzem Rhizom; Perigonblätt. grünl.bräunl., br. hautrandig, alle zugespitzt; Staubblätt. 3; Fr. an der Spitze gestutzt u. etwas vertieft, hier Gr.Rest nicht auf einem Höcker

sitzend; — Stg. gelbgrün, glzd., Mark nicht unterbrochen (*Taf. 32: 7*); Niederblätt. nicht glzd.; Hüllblätt. 15–30 cm lg., m. nicht od. kaum erweiterter Scheide; Staubbeutel kürzer als ihre Filamente; Gr. (wenn blhd.) nahezu fehlend; ↕ 30–120 cm; ♃. VI–VII. – Nasse Wiesen, feuchte Waldstellen, Quellmoore. – *v*. Flatter-B., ***J. effusus*** L.

— Pfl. lockerrasig; Perigonblätt. rot- bis kastanienbraun m. grünem Mittelstreif, weiß hautrandig, äuß. fein zugespitzt, inn. nur spitzl.; Staubblätt. 6; Fr. zugespitzt 9

9. Strandpfl.; Stg. deutl. voneinander entfernt, da Rhizomabschnitte verläng.; Infl. locker trichterrispig, reichblütig; Niederblätt. glzd.; Stg.Mark unterbrochen; ↕ 25-80 cm; ♃. VI–VIII. – Strandwiesen, Dünentälchen der Küsten. – D: *z* Ostseeküste, *s* Borkum; *s* B; *z* DK; *s* NL: Westfries. Inseln; *z* PL. Baltische B., ***J. balticus*** Willd.

— Alpenpfl.; Stg. wenig voneinander entfernt; Infl. dichtblütig, kopfart.; Niederblätt. nicht od. matt glzd.; Stg.Mark nicht unterbrochen; ↕ 15-40 cm; ♃. VII–VIII. – Nasse, sandig-kiesige Stellen; auf Silikat; 1600–2600 m. – *s*, A: Ti, Vb; CH; I: Bz. Arktische B., ***J. arcticus*** Willd.

10 (2). Blüten zu mehreren kopfig gehäuft, ohne Vorblätt.; Köpfe in geknäuelten bzw. lockeren Spirren (*223/2*) od. einzeln (*223/3*) **21**

— Blüten einzeln (*223/4*), am Grund m. 2 Vorblätt. (*223/6*, V), letzte Blüten der Spirre oft einander genähert; — Staubblätt. 6 .... **11**

11. Spirre m. 1–3 Blüten, von 2–3 laubblattart. Hüllblätt. weit überragt .... ***Oreojuncus***, S. 228

— Spirre reichblütig (wenn wenigblütig, dann Perigonblätt. grünl.) **12**

12. Stg. bis zur Mitte 1–2 Blätt. tragend (außer dem Hüllblatt!) **14**

— Stg. nur am Grund m. Blätt. (ihre Scheiden aber zuw. den Stg. bis zu einem Drittel seiner Länge umschließend; das unt. Hüllblatt zählt nicht!) **13**

13. Spirre von den Hüllblätt. nicht od. kaum überragt, starr aufr., ± zus.gezogen; Perigonblätt. stumpfl., so lg. wie die reife Fr.; Blätt. matt, starr-borstl., in größ. Zahl pro Trieb; ↕ 10–35 cm; ♃. VI–VIII. – Moorige Waldstellen, Heiden; kalkmeidend. – *v* im NW, N-BY, Schw., Thw. bis Böhmw., Erzgeb., Riesengeb., Altvatergeb., sonst *z*. Sparrige B., ***J. squarrosus*** L.

— Spirre vom untersten Hüllblatt weit überragt, meist locker; Perigonblätt. zugespitzt, länger als die reife Fr.; Blätt. grasart., aufr., saftig glzd., 1–3(–4) pro Trieb, daher derbe, feste Horste bildend **14**

14. Blattscheiden am Ende m. deutl. (1–3 mm lg.), stumpfl., zarten, trocken-weißl. Öhrchen; Spirre ≤ 8 cm lg.; ↕ 15-50 cm; ♃. VI–IX. – Nasse Waldwege, Heiden; kalkmeidend. – Ne. (Heimat: N-Am.); *v–z* eingebürg. [*J. macer* Gray; incl. *J. athelatus* (Wiegand) R. E. Brooks]
Zarte B., ***J. tenuis*** Willd.

— Blattscheiden am Ende m. wenig abgesetzten, zieml. stumpfen, derben, trocken gelbl. Öhrchen; Spirre ≤ 5 cm lg., wenigblütig; — Perigonblätt. anlgd.; ↕ 25–75 cm; ♃. VI–VIII. – Nasse Waldwege, Heiden; kalkmeidend. – Ne. (Heimat: N-Am.); *s* eingebürg., bisher D: BY; A: Vb; B; NL. Gabelige B., Dichtom-B., ***J. dichotomus*** Elliot

Hierher auch Dudley-B., ***J. dudleyi*** Wiegand: Perigonblätt. abspreizend.

15 (12). Pfl. 1-j.; Stg. vom Grund an verzweigt; Perigonblätt. zugespitzt **17**

— Pfl. ausd., m. kriechendem Rhizom; Perigonblätt. stumpf, zumind. die äuß.; — Spirrenäste aufr. (Artengruppe Zusammengedrückte B., ***J. compressus*** agg.) **16**

16. Stg. zus.gedrückt; Perigonblätt. rötl.braun m. grünem Mittelstreif, zur Hälfte bis ein Drittel kürzer als die kugelig-eif. Fr.; Staubbeutel < doppelt so lg. wie ihr Filament; Hüllblatt so lg. wie od. länger als die Infl.; ↕ 15–35(–50) cm; ♃. VI–IX. – Flutrasen, Feuchtwiesen, Wege auf tonigen Böden, quellige Stellen auf Wegen an Abhängen; salztolerant. – *v–z*.
Zusammengedrückte B., Platthalm-B., ***J. compressus*** Jacq.

— Stg. fast stielrund, aufr.; Perigonblätt. rot bis schwarzbraun, wenig kürzer als die ellipt. Fr. (*223/6*); Staubbeutel 2–6-mal so lg. wie ihr Filament; Hüllblatt kürzer als die Infl.; ↕ 10–30 cm; ♃. VI–VII. – Feuchte, salzhaltige Wiesen. – *v* Küstengebiete; *s* Binnenland (tiefere Lagen.)
Salz-B., Bodden-B., ***J. gerardi*** Loisel. (subsp. ***gerardi***)

17 (15). Blattscheiden an der Spitze m. seitl. hochgezogenen Öhrchen (*223/8*); Perigonblätt. braun, m. grünem Mittelstreif, — am Rand häutig, ≈ so lg. wie die Fr.; Spirre reich u. locker verzweigt (*223/4*); ↕ 5–30 cm; ⊙. VI–VIII. – Feuchte Lehm- u. Sandböden, Heiden; kalkmeidend. – D: *z* NI, NRW, MV, sonst *s*, oft verschwunden; *s* A: NÖ, sonst verschwunden; *s* CH: Ts; CZ (Böhmw., Erzgeb.); O-NL; PL. Sand-B., ***J. tenageia*** L. f.

— Blattscheiden ohne Öhrchen; Perigonblätt grünl. **18**

18. Stg. schlaff niederlgd.; Fr. bräunl., fast kugelig; Perigonblätt. von der Fr. absthd., — bleichgrün, weiß berandet, viel länger als diese; Spirre reich u. locker verzweigt; ↕ ≤ 20 cm; ⊙. VI–IX. – Ufer, lehmige Äcker. – Sehr *z* u. *s*, D: Rheintal Karlsruhe bis Mainz, mittl. Donau, Unterfr., TH; A: Bgl, NÖ, OÖ; CH: Vs; CZ; F: Els; I: Bz; W-PL. Kugelfrüchtige B., ***J. sphaerocarpus*** Nees

— Blütentragende Triebe ± steif aufr.; Fr. gelbl., grün od. rötl., längl.; Perigonblätt. der Fr. angedrückt; — Niederblätt. gelbl.-, gräul.- bis rötl.braun **19**

19. Blätt. 1,5-3 mm br., fleischig, beim Zerreiben nach Gurke duftend; Staubbeutel > 1 mm, ≥ 2-mal so lg. wie Staubfäden; Samen m. netzart. Oberfläche; Perigonbl. grün, dk.randig; ↕ 15–50 cm; ⊙. V-VII. — Schlammige Ufer, Fischteiche. – Adventiv (Heimat: S-, O-Eur.); *s*, D: BY (Bamberg, ob noch?); B; NL; DK. Netzsamige B., Streifen-B., ***J. foliosus*** **Desf.**

— Blätt. < 1,5 mm br.; Staubbeutel < 1 mm, höchstens so lg. wie Staubfäden: Samen m. glatter Oberfläche; Perigonbl. grün.......... **20**

20. Inn. Perigonblätt. lanzettl., stumpf bis spitzl., ± häutig, die äuß. schmal eif., 3,5–6 mm lg., die inn. kürzer, aber so lg. wie die 3,5–5 mm lg., umgekehrt eif. Fr.; — Staubblätt. 6; Staubbeutel halb so lg. wie ihre Filamente; Niederblätt. dk.rot; ↕ 5–20 cm; ⊙. VI–IX. – Nasse Wiesen, lehmige Äcker; salztolerant. – D: *z* Meeresküsten, Maingebiet, TH, ST, sonst *s*; *s* A: Bgl, NÖ; CZ; PL. Frosch-B., ***J. ranarius*** Songeon & E. P. Perrier

— Inn. Perigonblätt. spitz od. zugespitzt, 4–8 mm lg., schmal eif., die äuß. krautig u. ± hautrandig, die inn. spitz od. m. einem feinen Spitzchen, ± häutig, länger als die eif. bis ellipt. 2,5–5 mm lg. Fr.; — Staubblätt. 3 od. 6; Staubbeutel ≤ ein Drittel bis halb so lg. wie ihre Filamente; ↕ 3–30 cm; ⊙. VI–IX. – Gräben, Waldwege, nasse Äcker. – *v*. [incl. der morpholog. nicht davon trennbaren Chromosomenrasse Kleinste B., *J. minutulus* (Albert & Jahand.) Prain] Kröten-B., ***J. bufonius*** L.

21 (10). Spirre vielköpfig; Blätt. stielrund od. zus.gedrückt, derb, m. Querwänden; — Fr. spitz; Staubblätt. 6 .... **28**

— Spirre 1- bis wenigköpfig; Blätt. oft borstl., ohne od. m. undeutl. Querwänden; — Pfl. ≤ 30 cm hoch **22**

22. Stg. schlaff, oft niederlgd., an den Knoten wurzelnd od. im Wasser flutend (var. ***fluitans*** Fr.); Infl. verzweigt, m. 2–10-blütigen Köpfchen, — diese nicht selten m. Laubtrieben (Viviparie); Blätt. borstl. bis fadenf., wie der Stg. oft rötl.; Perigonblätt. (hell)braun, gleich lg., die äuß. spitzer als die inn.; Staubblätt. 3 od. 6; Fr. stachelspitzig; Wuchsform je nach Wuchsort (Lebensweise) sehr veränderl.; ♃. VII–X. – Moore, Wiesen, Tümpel; kalkmeidend. [*J. supinus* Moench] Rasen-B., Zwiebel-B., ***J. bulbosus*** L.

a. Staubblätt. meist 3, Staubbeutel so lg. wie die Staubfäden; Perigonblätt. grünl. bis rötl., stumpf, äuß. meist kürzer als inn.; Fr. 2 mm lg., längl.; Stg. aufr., aufstgd. bis flutend; ↕ (wenn nicht flutend) bis 15 cm; oft vivipar. – *v* im N, sonst *z*, in D südl. der Donau u. im NO *s*; *s* A (ob Sb?); CH; CZ; PL. Rasen-B. (i. e. S.), Zwiebel-B. (i. e. S.), subsp. ***bulbosus***

— Staubblätt. meist 6, Staubbeutel halb so lg. wie die Staubfäden; Perigonblätt. hell- bis kastanienbraun, die inn. spitzl., äuß. meist länger als inn.; Fr. 3 mm lg., kugelig; Stg. aufr. bis aufstgd. (ob flutend?); Pfl. insges. kräftiger, höher u. reichblütiger als vorige, selten vivipar. – *s* im N (DK?), südl. bis B, D. RP, MV, SN. Koch-Zwiebel-B., subsp. ***kochii*** (F. W. Schultz) Reichg.

— Stg. steif aufr.; Infl. 1–3(–4)-köpfig **23**

23. Äuß. Perigonblätt. nicht zugespitzt (*J. pygmaeus:* stumpfl., aber m. aufgesetztem Spitzchen) **25**

— Äuß. Perigonblätt. fein zugespitzt, — meist deutl. hautrandig, inn. an der Spitze abgerundet **24**

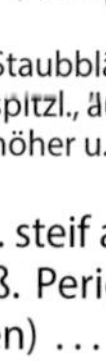
223/1
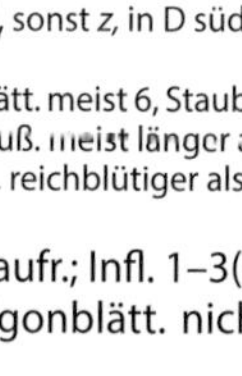
223/2
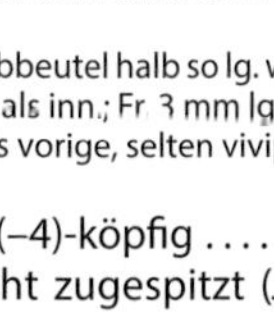
223/3
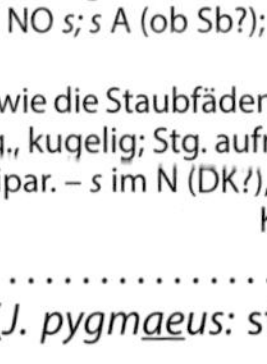
223/4
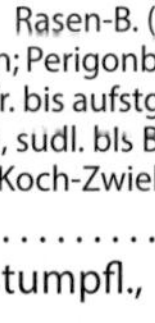
223/5
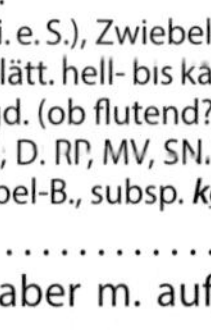

223/6
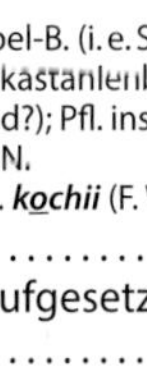
223/7
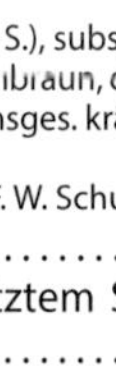
223/8

24. Pfl. 1-j., m. kurzem Wurzelwerk; Staubblätt. 3; Fr. kürzer als das Perigon; Samen ≤ 0,5 mm lg., rotbraun, ohne Anhängsel; — Köpfchen einzeln, endst. od. entfernt daneben noch 1–3 deutl. gestielte, meist 4–8-blütige Köpfchen; ↕ 3–15 cm; ⊙. VI–IX. – Feuchte Äcker, sandige Orte. – D: *v* SN, *z* im NO, N-BY, sonst *s* od. verschwunden; *s*, A: NÖ, Stm; B; CH: N-Jura, Vs; CZ (Erzgeb.; ob noch?); NL; PL. Kopf-B., ***J. capitatus*** Weigel

— Pfl. ausd., m. zartem Rhizom u. bis 10 cm lg. Ausläufern; Staubblätt. 6; Fr. fast doppelt so lg. wie das Perigon; Samen 2–3 mm lg., weißl., m. doppeltem Anhängsel; — Köpfchen einzeln, endst. od. dicht daneben noch 1–2 nur kurz gestielte, meist 2–3-blütige Köpfchen; ↕ 10–40 cm; ♃. VII–VIII. – Quellfluren; ab 1700 m. – *s*, A: Sb, Kt, Stm, Ti; CH: Gr, Vs; FL. Kastanienbraune B., ***J. castaneus*** Sm.

25 (23). Blattscheiden m. 2 spitzl. Öhrchen; Perigonblätt. etwas länger als die Fr., spitz; — Fr. strohgelb, glzd., zugespitzt; Köpfchen je Trieb zu 1–4, das unterste sitzend, die übrigen lg. gestielt; Staubblätt. 3–6; Pfl. büschelig, oft rötl., ↕ 2–10 cm; ⊙. V–IX. – Feuchte Sandböden. – D: nur Nordfries. Inseln u. Helgoland; DK; NL; B ausgestorben. [*J. mutabilis* auct.] Zwerg-B., ***J. pygmaeus*** Thuill.

— Blattscheiden in 2 stumpfe Öhrchen vorgezogen (ähnl. *223/8*); Perigonblätt. kürzer als die Fr., nicht fein zugespitzt; — Staubblätt. 6; Pfl. 5–25 cm hoch **26**

26. Stg. m. 2–3 Laubblätt.; Köpfchen zuw. einzeln, endst., meist aber daneben m. 1–2 weiteren, deutl. gestielten, (1–) 2–3(–5)-blütigen Köpfchen; unterstes Hüllblatt laubblattart., 2–4-mal so lg. wie das Köpfchen; — Perigonblätt. grünl. bis rötl.; ↕ 10–20 cm; ♃. VII–IX. – Zwischenmoore, Moorschlenken. – *s* D: S-BW, S-BY; CH: Luzern; FL. ⊚! Moor-B., ***J. stygius*** L.

— Alle Blätt. grundst.; Köpfchen (fast stets) einzeln, endst., ungestielt; Hüllblatt (= unterstes Tragblatt) höchstens wenig länger als das Köpfchen; — zierl. Pfl. **27**

27. Hüllblätt. meist etwas kürzer als das (1–)3–5-blütige Köpfchen; alle Blüten ± gleich kurz gestielt bis sitzend; Perigonblätt. rotbraun; Fr. spitzl.; Samen einschl. ihres Anhängsels 2–3 mm lg.; ↕ 5–25 cm; ♃. VII–IX. – Quellige Orte; kalkmeidend; 1400–2800 m. – *s*, Alp. Dreiblütige B., ***J. triglumis*** L.

— Unterstes Hüllblatt meist so lg. wie od. etwas länger als das 1–2(–4)-blütige Köpfchen; unterste Blüte sitzend, die übrigen deutl. gestielt; Perigonblätt. schwarzpurpurn; Fr. oben ausgerandet; Samen einschl. ihres Anhängsels 1–2 mm lg.; ↕ 5–20 cm; ♃. VII–IX. – Quellige Orte. – Im Gebiet nur A: Sb (Radstädter Tauern, um 2000 m). Zweiblütige B., ***J. biglumis*** L.

28 (21). Alle Perigonblätt. stumpf, gleich lg., bleich, br. hautrandig; Spirrenäste locker absthd. bis zurückgebogen; sterile Triebe m. 1 stg.ähnl. Blatt; Fr. braun od. gelb, 3-fächerig,— etwas länger als die Perigonblätt.; Einzelköpfchen 5–10(–12)-blütig; Pfl. m. sehr kräftigem Rhizom; ↕ 40–100 cm; ♃. VI–VII. – Flachmoore, nasse Wiesen; auf Kalk, salztolerant. – *z* im NO, S-BW, S-BY, Oberrheingebiet, TH, SN, im NW *z–s; z* O-A, sonst *s; z* CH; *s* CZ; *z* NL; PL. [*J. obtusiflorus* Hoffm.] Stumpfblütige B., Knoten-B., ***J. subnodulosus*** Schrank

— Perigonblätt. spitzl., spitz od. stachelspitzig, hierbei die äuß. von den inn. verschieden od. beide gleich gestaltet, dk.braun; Spirrenäste aufr. orientiert, nur selten zurückgebogen; sterile Triebe am Grund beblätt.; Fr. rot- bis schwarzbraun, 1-fächerig **29**

29. Fr. lg. zugespitzt (*223/5*); alle Perigonblätt. zugespitzt bis stachelspitzig **31**

— Fr. im Umriss ellipt., m. stumpfer Spitze, dort allenfalls m. einem winzigen Spitzchen (ähnl. *223/6*); inn. Perigonblätt. etwas stumpfl., die äuß. zugespitzt bis stachelspitzig **30**

30. Stg. u. Blätt. rund; äuß. Perigonblätt. unterh. der Spitze kurz stachelspitzig, die inn. deutl. hautrandig, kürzer als die Fr.; Fr. oberw. schwarz glzd.; Rhizom kurz; ↕ 10–40(–70) cm; ♃. VI–VIII. – Flachmoore, nasse Wiesen. – *v* Alp., Oberrheingebiet, NRW, *z* im O u. Alp.Vorland, im N vielfach verschwunden; *s* B; *s* CZ; *v* NL: v. a. Küste, Overijssel, Gelderland; *z* PL. – Formenreich. [*J. alpinus* Vill.] Alpen-B., Gebirgs-B., ***J. alpinoarticulatus*** Chaix

— Stg. u. Blätt. stark zus.gedrückt; Perigonblätt. stumpf (aber zuw. m. einem feinen Spitzchen), hautrandig, der Fr. angedrückt u. nicht od. kaum kürzer als diese; Fr. glzd. kastanienbraun; Rhizom verläng.; ↕ 20–50 cm; ♃. VI–VIII. – Küstendünen. – Sehr *z* u. zurückghd., D: *s* Nord- u. Ostfries. Inseln, W-SH, unbest. MV (b. Stralsund); *s* B; W-DK; NL. [*J. atricapillus* Lange; *J. alpinoarticulatus* subsp. *atricapillus* (Lange) Reichg.] Zweischneidige B., ***J. anceps*** Laharpe

31 (29). Blätt. im frischen Zustand längsriefig, daher im ∅ kantig, m. undeutl. Querwänden; Fr.Spitze meist etwas schief u. nur wenig länger als die glzd. schwarzen Perigonblätt.; ↕ 30–

100 cm; ♃. VII–VIII. – Sumpfwiesen, kiesige u. lehmige Orte. – D: im O (Elbe, Havel), westl. bis BB u. O-NI, früher RP (Schifferstadt), BY (Unterfr.: Gochsheim); *s* A: NÖ (March); CZ (Erzgeb.; ob noch?); *z* PL Schwarze B., Schwarzblütige B., ***J. atratus*** Krock.

— Blätt. auch im frischen Zustand glatt, daher im ∅ rundl., Querfächer deutl. u. fühlbar; Fr.Spitze nicht schief, das Perigon deutl. überragend **32**

32. Samen m. 2 verläng. Anhängseln; — Fr. etwas länger als die inn. Perigonblätt., diese etwas länger als die äuß.; ↕ 30–100 cm; ♃. VI–VIII. – Feuchte Wiesenränder. – Adventiv (Heimat: NO-Am.); *s* eingebürg. B; NL. Kanadische B., ***J. canadensis*** Laharpe

— Samen ohne Anhängsel **33**

33. Alle Perigonblätt. ± gleich lg., alle stachelspitzig (*223/5*), farbl. variabel (von grün bis dk.braun); Fr. in kurze Spitze auslfd.; Blattkammern innen m. zerstreutem Flaum; ↕ 20–50 cm; ♃. VII–X. – Feuchte Wiesen, Gräben, Wege, Strandwiesen. – *v*. – Formenreich. [*J. lampocarpus* Hoffm.] Glieder-B., Glanzfrüchtige B., ***J. articulatus*** L.

— Inn. Perigonblätt. länger als die äuß., inn. stachelspitzig, äuß. nur zugespitzt, kastanienbraun, schmal hautrandig; Fr. auffällig schnabelart. verläng. (wenn reif!); Blattkammern innen glatt; ↕ 30–100 cm; ♃. VI–VIII. – Wälder, Gräben, Moorwiesen; kalkmeidend. – *v–z*. [*J. sylvaticus* auct.] Spitzblütige B., ***J. acutiflorus*** Hoffm.

Weitere Arten unbest. eingeschleppt. Hybridbildung nicht selten.

Luzula DC., Hainsimse

Zum Bestimmen sind oft reife Fr. u. genaue Messungen nötig.

1. Die einzelnen Blüten sitzend u. zu 2–10 in Ährch. od. Köpfchen vereinigt, — diese in Spirren **11**

— Blüten kurz gestielt, einzeln od. zu wenigen gebüschelt (aber nicht in Ährch. od. Köpfchen); — Infl. Schirmrispe od. Spirre **2**

2. Blüten gruppenweise genähert; Samen an der Spitze oft m. kleinem Anhängsel **6**

— Blüten einzeln, entfernt; Samen m. deutl. Anhängsel (*225/1, 225/2*); — Pfl. 15–30 cm hoch .. **3**

3. Blätt. nur an der Mündung der Blattscheiden bewimpert (od. am Rand spärl. behaart); Samen m. kleinem, basalem Anhängsel (s. Nr. **10**) Artengruppe Kahle H., ***L. glabrata*** agg.

— Blätt. am Rand stets deutl. weißhaarig; Samen m. lg., spitzenst. Anhängsel........ **4**

4. Perigonblätt. strohgelb, — meist hautrandig; Blattspr. 1,5–3 mm br., flach; unt. Blattscheiden braun bis gelbl.; Pfl. m. 3–10 cm lg. Ausläufern, Wuchs locker; ↕ 10–30 cm; ♃. V–VI. – Nadelwälder u. Zwergstrauchstufe der Alp. u. Voralp.; kalkmeidend; 800–2000 m. – *z–s*. [*L. flavescens* (Host) Gaudin] Gelbliche H., ***L. luzulina*** (Vill.) Racib.

— Perigonblätt. braun od. rötl. **5**

5. Samenanhängsel gerade (*225/2*); Spirrenäste aufr.; Perigonblätt. grannig zugespitzt; Pfl. dichtrasig, ohne verläng. Ausläufer; Grundblätt. 1,5–3 mm br., — lineal-lanzettl., flach; Blattscheiden purpurrot bis violett; ↕ 15–40 cm; ♃. IV–V. – Lichte Wälder trocken-warmer StO auf sauren Gesteins-, Lehm- od. Kiesböden, Gebüsche. – *s*, D: BW (Oberrheingebiet), HE (Taunus, Rheintal), NRW (bei Bonn, ob noch?), RP (Flusstäler, Rheinhessen, S-Eifel); *s*, A: Bgl, NÖ; CH: Jura, S-Ts, Vd, Vs; F: Vog., Rheinebene; I: Bz.
Forster-H., ***L. forsteri*** (Sm.) DC. subsp. ***forsteri***

— Samenanhängsel sichelf. (*225/1*); Spirrenäste nach der Blüte herabgeschlagen; Perigonblätt. kurz zugespitzt; Pfl. lockerrasig, m. verläng. Ausläufern; Grundblätt. 5–10 mm br., — dicht weiß bewimpert; Blattscheiden dk.rot; ↕ 15–40 cm; ♃. III–V. – Wälder, Gebüsche, Waldwiesen; bis in die subalp. Stufe. – *v*. Behaarte H., Haar-H., ***L. pilosa*** (L.) Willd.

225/1

225/2

6 (2). Perigonblätt. gelb; — Blätt. lineal-lanzettl., fast kahl od. am Rand nur spärl. bewimpert, bläul.grün, ihre Scheiden graubraun bis rot; Infl. aus geknäuelten, zieml. dicht sthd. Teilinfl.; ↕ 10–20 cm; ♃. VII–VIII. – Humose Weiden, Felsspalten der Silikat-Alp.; 1500–3000 m. – *z*, A: Ti, Vb; CH; I: Bz. Gelbe H., ***L. lutea*** (All.) DC.

— Perigonblätt. weiß, rötl. od. braun **7**

7. Blätt. fast kahl od. nur am Grund bärtig; — Hüllblätt. kürzer als die Infl.; Blüten braun **10**

— Blätt. am Rand u. an der Scheidenmündung ± stark lg.haarig bewimpert **8**

8. Unt. Hüllblätt. deutl. kürzer als die Infl., nicht laubig; — Blätt. starr, glzd. dk.grün, 4–20 mm br.; Perigonblätt. braun; ↕ 30–90 cm; ♃. IV–VI. [*L. maxima* (Reichard) DC.] Wald-H., ***L. sylvatica*** (Huds.) Gaudin

a. Blätt. 10–20 mm br.; Infl. reich verzweigt; Pfl. kräftig, ↕ bis 90 cm. – Humusreiche Wälder, bes. der Bergwaldstufe; bis 2400 m. – D: *v* Harz, Pfalz, Schw., Bayrw., Rhön, im N *z–s* (Weserbergland, Oldenburg), auch verschleppt; sonst *v–z*. Wald-H. (i. e. S.), subsp. ***sylvatica***

— Blätt. 4–6 mm br.; Infl. wenig verzweigt; Pfl. zierl., ↕ bis 50 cm. – Humusreiche Nadelwälder u. Zwergstrauchstufe der Alp. – *z*, D: BY; A; CH; I: Bz. [*L. sieberi* Tausch] Sieber-Wald-H., subsp. ***sieberi*** (Tausch) K. Richt.

— Hüllblätt. so lg. wie od. länger als die jeweilige Infl., laubig **9**

9. Perigonblätt. schneeweiß, 4–6 mm lg.; Blüten in bis 20-blütigen Gruppen vereinigt, in dichten, aufr., schirmrispig zus.gezogenen Infl.; Fr. halb so lg. wie die Perigonblätt.; — Blätt. 3–4 mm br.; Pfl. m. bis 10 cm lg. Ausläufern; ↕ 30–90 cm; ♃. VI–VIII. – Buschige Hänge, Bergwälder, Zwergstrauchstufe; kalkmeidend. – *z* Alp. u. Voralp., D: BY; A: W-Kt, OTi, Ti, Vb; CH; I: Bz; *s* verschleppt, in D: SN; NL in Einbürg. Schneeweiße H., ***L. nivea*** (L.) DC.

— Perigonblätt. weißl. bis rötl., 2–4 mm lg.; Blüten zu 2–8(–10) genähert, in locker zus.gesetzten Infl.; Fr. ≈ so lg. wie die Perigonblätt.; — Blätt. 3–4(–6) mm br.; ↕ 30–70 cm; ♃. V–VII. – Lichte, trockene Wälder auf sauren Böden. – Formenreich. [*L. nemorosa* (Pollich) E. Mey.; *L. albida* (Hoffm.) DC.] Weiße H., Schmalblättrige H., ***L. luzuloides*** (Lam.) Dandy & Wilmott

a. Infl. locker; Perigonblätt. weiß od. weißl. – *v*, im N *s* od. verschleppt. Schmalblättrige H. (i. e. S.), subsp. ***luzuloides***

— Infl. dicht zus.gezogen; Perigonblätt. rötl. – D: *v* Alp., *s* Schw., Rhön, Harz; *v–z* Alp. von A; CH; I: Bz; *s* Böhmw., Erzgeb., Riesengeb., Altvatergeb.; genaue Verbr. noch unbekannt. Kupferfarbene H., subsp. ***rubella*** (Mert. & W. D. J. Koch) Holub

10 (7). Pfl. stets m. (meist verläng.) Ausläufern; Infl. aufr.; Fr. 3-seitig-kugelig, deutl. zugespitzt, rötl.gelb; — unt. Stg.Blätt. 2–12 mm br.; Blüten 2–3,5 mm lg.; Perigonblätt. dk.braun, die inn. heller, gleich lg. od. die äuß. etwas kürzer, alle fein u. allmähl. zugespitzt u. an der Spitze fein gesägt; ♃. VI–VII. Artengruppe Kahle H., ***L. glabrata*** agg.

a. Pfl. bis 40 cm hoch; Grundblätt. 6–12 mm br.; Perigonblätt. 2,5–3,5 mm lg.; Samen bis 1,8 mm lg. u. m. winzigem Anhängsel (0,1 mm). – Steinige Rasen, Krummholzstufe; auf Kalk; 1700–2400 m. – *s*, D: BY (Berchtesgadener Alp.); *z* Alp: A; CH. Kahle H., ***L. glabrata*** (Hoppe) Desv. (s. str.)

— Pfl. bis 70 cm hoch; Grundblätt. 2,5–6 mm br.; Perigonblätt. 2–2,5 mm lg.; Samen ≤ 1,2 mm lg., m. Anhängsel (0,2 mm). – Quellfluren, Runsen der Bergwaldstufe; kalkmeidend. – D: Schw. (Belchen); CH; F: Vog. [*L. glabrata* var. *desvauxii* (Kunth) Buchenau] Pyrenäen-H., ***L. desvauxii*** Kunth

— Pfl. selten m. Ausläufern, diese meist kurz; Infl. oft überhgd. bis nickend; Fr. 3-seitig-eif., nur kurz zugespitzt, kastanienbraun (auch bis rötl.braun od. schwarzbraun); — unt. Stg.Blätt. 1–8 mm br.; Blüten 2–2,5 mm lg.; Perigonblätt. dk.braun, gleich lg., ganzrandig, die äuß. allmähl. fein zugespitzt, die inn. blasser u. zieml. plötzl. stachelig zugespitzt; ↕ 20–40 cm; ♃. VI–VIII. – Schutthalden, feuchte Matten, Schneetälchen, Quellfluren; kalkmeidend; 1000–3100 m. [*L. spadicea* DC.] Braune H., Braunblütige H., ***L. alpinopilosa*** (Chaix) Breistr.

a. Stg. schlaff bis aufstgd., ≤ 20 cm lg.; Infl. überhgd.; Fr. kastanienbraun. – *v* Alp. Braune H. (i. e. S.), subsp. ***alpinopilosa***

— Stg. straff, > 20 cm lg.; Infl. aufr., zus.gezogen, später spreizend, aber nicht insges. überhgd.; Fr. fast schwarz. – *s*, A: Ti; I: Bz. – Auch m. voriger subsp. zus.gefasst. Candolle-H., subsp. ***candollei*** (E. Mey.) Rothm.

11 (1). Blätt. rinnig, 1–3 mm br., am Rand kaum, hingegen an der Scheidenmündung deutl. bewimpert; Samen m. sehr kleinem Anhängsel; — Infl. dichte, bis 2,5 cm lg. Scheinähre; ↕ 10–30 cm; ♃. VI–VII. – Humose Rasen, Felsen, Steinschutt; kalkmeidend; 1500–3500 m. Ähren-H., ***L. spicata*** (L.) DC.

a. Pfl. 15–30 cm hoch; reife Fr. 2,0–2,5 mm lg.; Staubfäden 0,5–0,7 mm lg., — so lg. wie od. kürzer als die Staubbeutel. – D: BY; A: Ti; I: Bz; Riesengeb. – Genaue Verbr. nicht bekannt, vermutl. seltener als nachfolg. Sippe. Ähren-H. (i. e. S.), subsp. ***spicata***

— Pfl. < 15 cm hoch; Fr. 1,7–2,0 mm lg.; Staubfäden 0,3–0,6 mm lg. – *v*, Alp. von D, A, S-CH u. wohl auch I: Bz. [subsp. *mutabilis* Chrtek & Křísa] Geknäuelte Ähren-H., subsp. ***conglomerata*** (W. D. J. Koch) Murr

— Blätt. flach, > 3 mm br.; Samen m. deutl. Anhängsel; — geknäuelte Ährch. gestielt **12**

12. Perigonblätt. ungleich lg.; die inn. etwas kürzer, breiter u. weniger deutl. zugespitzt als die äuß.; Gr. deutl. kürzer als der Frkn.; — Pfl. ohne Ausläufer, 10–40 cm hoch **19**

— Perigonblätt. gleich lg. od. die äuß. wenig kürzer; Gr. so lg. wie od. länger als der Frkn.; — kalkmeidend (Artengruppe ***L. campestris*** agg.) **13**

13. Ausläufer deutl., Pfl. lockerrasig; — Ährch. (Köpfchen) zu 3–6, kugelig-eif., je 6–10-blütig; Staubbeutel 2–6-mal so lg. wie die Staubfäden; ↕ 10–15 cm; ♃. III–V. – Wald- u. Wegränder, magere Wiesen; kalkmeidend. – *v.*
Gewöhnliche H., Hasenbrot, ***L. campestris*** (L.) DC. (subsp. ***campestris***)

— Ausläufer fehlend od. sehr kurz, Pfl. ± horstf. **14**

14. Ährch. 3–5; Staubbeutel 3–6-mal so lg. wie die Staubfäden; — Perigonblätt. > 4 mm lg.; Stg.Blätt. dem Stg. eng anlgd., dadurch Pfl. schlank erscheinend; Samen ± kugelig; ↕ 15–40 cm; ♃. III–V. – Magere, trockene, ± bodensaure Laubwälder, Trockenrasen. – *s,* D: BY (Donaugebiet bei Regensburg), O-SN, ST, TH; A: Bgl, NÖ; CZ. – Verbr. wenig bekannt, da bisher nicht genügend von nachfolg. Arten unterschieden.
Schlanke H., Trockenwald-H., ***L. divulgata*** Kirschner

— Ährch. 5–10; Stb.Beutel ≤ 3-mal so lg. wie die Staubfäden **15**

15. Perigonblätt. allmähl. lg. zugespitzt, 3–3,5 mm lg.; Ährch. knäuelig dicht, meist nur (sehr) kurz gestielt; — Infl. m. ≤ 8 Ährch. **17**

— Perigonblätt., zumind. die inn., m. kurzer Spitze, 2–3 mm lg.; Ährch. nicht gedrängt sthd., deutl. gestielt (zuw. 1 Ährch. ungestielt), ihre Stiele z.T. > 3 cm lg. **16**

16. Gr ≤ 0,9 mm lg., Narbe (1,1–)1,4–2,5 mm lg.; Antheren 1,0–3,0-mal so lg. wie ihr Staubfaden; Ährch. zu 4–17, 6–18-blütig; — Blätt. 1–4 mm br.; ↕ 20–40 cm; ♃. III–V. – Lichte Wälder, Gebüsche, trockene Wiesen; kalkmeidend. – *v.*
Vielblütige H., ***L. multiflora*** (Ehrh.) Lej. (subsp. ***multiflora***)

— Gr. bis > 1mm lg., Narbe 1,8–3,0(-3,3) mm lg.; Antheren 1,6–3,5-mal so lg. wie ihr Staubfaden; Ährch. zu (3–)4–6(–8), 4–8-blütig; — ↕ 20–40 cm; ♃. III–V – Wälder u. Gebüsche trockenwarmer StO; auf Kalk; kollin. – SE-Alp.: A. – Verbr noch ungenügend bekannt.
Karst-H., ***L. divulgatiformis*** Bačič & Jogan

17 (15). Perigonblätt. kürzer als die 2,5–2,8 mm lg. Fr., — dk. schwärzl.braun; Ährch. ≤ 10-blütig; ↕ 20–60 cm; ♃. III–V. – Feuchte Heiden, torfige Wiesen, Pfeifengraswiesen; kalkmeidend. – *z,* D: BB, BW, BY, HE, MV, NI, NRW, RP, SN, ST, TH; B; DK; F: Els.; NL; PL. [*L. multiflora* subsp. *congesta* (Thuill.) Arcang.] Kopfige H., Gedrängte H., ***L. congesta*** (Thuill.) Lej.

— Perigonblätt. etwas länger als die reife Fr., — dk. schwärzl.braun bis hellbraun, auch bleich; Infl. zus.gesetzt aus 3–8 Köpfchen **18**

18. Äuß. Perigonblätt. ± gleich lg. wie die inn.; — Ährch. 7–10-blütig; Blätt. 3–5(–7) mm br.; ↕ 10–35 cm; ♃. III–V. – Alp. Magerrasen u. Wiesen; kalkmeidend; 1300–2300 m. – *z,* D: BY; A; CH; FL; I: Bz. [*L. multiflora* var. *alpina* (Hoppe) Willk.; *L. multiflora* var. *alpestris* Beyer]
Alpen-H., ***L. alpina*** Hoppe

— Äuß. Perigonblätt. bis 0,6 mm länger als die inn.; — Ährch. 5–16-blütig, (9–)11–18(–32) mm lg., mittl. Stiellänge (1–)3–14(25) mm; Verhältnis der Länge Staubbeutel/Staubfaden (0,6–) 1,0–1,9(–3.0); Gr. < 1 mm lg.; ↕ 15–50 cm; ♃. V–VIII. – Magerrasen u. Wiesen der Hochlagen; auf Kalk. – D: BY (Allgäuer Alp.); A. Breitsamige H., Erwartete H., ***L. exspectata*** Bačič & Jogan

19 (12). Perigonblätt. dk.purpurn bis schwarzbraun; Köpfchen meist zu 3–5, oft dicht gedrängt, ihre Stiele glatt; Samen > 0,9 mm lg. u. ≤ 0,6 mm br., Anhängsel ein Fünftel bis ein Zehntel so lg. wie der Samen; ↕ 10–40 cm; ♃. VI–VIII. – Magerrasen, Heiden; kalkmeidend. – *v* Alp., *z* Bayrw./Böhmw., Erzgeb., Riesengeb., Altvatergeb., *s* S-Schw., Harz, Thw., F: Vog.
Sudeten-H., ***L. sudetica*** (Willd.) Schult. (s. str.)

— Perigonblatt. gelbl.braun bis gelbl.weiß; Köpfchen meist zu 5–10, locker sthd., ihre Stiele rau-papillös (Lupe!); Samen ≤ 0,8 mm lg., Anhängsel ein Drittel bis halb so lg. wie der Samen; ↕ 10–30 cm; ♃. VI–VIII. – Lichte Wälder, Wegränder; kalkmeidend. – *z* im NO (westl. bis BB/SN, ST/TH), BY (b. Gunzenhausen); *z* A: Bgl, Kt, NÖ, Stm, Ti; CZ; PL. [*L. pallidula* Kirschner]
Bleiche H., ***L. pallescens*** Sw.

Zahlr. Hybriden, wohl häufig übersehen u. schwierig zu erkennen.

Oreojuncus Záv. Drábk. & Kirschner, Bergbinse

1. Spr. an den Grundblätt. fehlend; Hüllblätt. viel länger als die mehrblütige Spirre; Stg.Blätt. dem Hüllblatt genähert; Fr. plötzl. zugespitzt. ↕ 10–30 cm; ♃. VI–VIII. – Trockene Matten, Felsspalten; auf Silikat.; oberh. 1200 m. – *v* Alp., in D *s,* auch Bayrw., Böhmw., Riesengeb., Altvatergeb. [*J. trifidus* L.] Dreispaltige B., Gewöhnliche B., ***O. trifidus*** (L.) Záv. Drábk. & Kirschner

— Grundblätt. m. deutl., meist borstl. Spr.; Hüllblätt. kurz, allenfalls ob. Stg.Blatt dem Hüllblatt genähert; Spirre 1–3-blütig; Fr. allmähl. zugespitzt. ↕ 10–30 cm; ♃. VI–VIII. – Wie vorige; aber auf Kalk; oberh. 1600 m. – *v–z* Alp., in D *s.* [*J. monanthos* Jacq.; *J. trifidus* subsp. *monanthos* (Jacq.) Asch. & Graebn.; *J. hostii* Tausch]
Wenigblütige B., ***O. monanthos*** (Jacq.) Záv. Drábk. & Kirschner

Familie: Cyperaceae, Sauergräser, Riedgräser (Bearbeiter: Michael Koltzenburg)

Oft, nicht immer, feuchte StO besiedelnde Kräuter od. Stauden, m. oft 3-kantigem, selten knotig geglied. markigem Stg.; Blätt. 3-zeilig gestellt, m. geschlossener, selten offener Scheide; Blüten unscheinbar, ⚥ od. eingeschl., stets in der Achsel trockenhäutiger Tragblätt. (= Spelzen), in 1- bis mehrblütigen Ährch., diese einzeln od. zu Ähren, Köpfchen od. Spirren vereinigt u. aus der Achsel von Hüllblätt. entspringend; Perigon in Form von Borsten (oft 6) od. Haaren, meist ganz fehlend; Staubblätt. 2–3; Frkn. oberst., 1-fächerig, Narben 2–3; Nussfr.

Zur Bestimmung ist unbedingt eine gute Lupe erforderl.!

Die Angaben der Bltzt. beziehen sich in der Regel auf das Frühstadium der Fr.Reife. Zahlr. Cyperaceae (z. B. *Carex*) lassen sich am besten mittels reifer Fr. bestimmen.

1. Blüten ⚥ (in der Achsel eines Tragblatts stehen Staubblätt. u. der Frkn., *228/4*; bei *Carex myosuroides, 228/2*, stehen je eine ♀ u. ♂ Blüte dicht beisammen) **3**

— Blüten eingeschl. (Tragblätt. nur m. Staubblätt. od. Frkn., *228/1, 60/11*); ♀ u. ♂ Blüten aber oft in gleicher Infl., selten Pfl. 2-häusig; — Blütenhülle fehlend **2**

2. Frkn. (= ♀ Blüte) von krugf. geschlossener, oft geschnäbelter Hülle (= Utriculus, *228/1* U; *Taf. 32: 13*) umschlossen .... ***Carex*** (Seggen m. Utriculus), 231

— Frkn. frei, ohne Utriculus; — Pfl. horstf., 5–20 cm hoch
Carex (Seggen m. freien Fruchtknoten), 231

3 (1). Infl. nach der Bltzt. ohne Wollschopf **5**

— Infl. nach der Bltzt. m. dichtem od. lockerem weißem Wollschopf, der aus den veräng. Perigonborsten hervorgeht (*228/4, 228/5*) **4**

4. Wollschopf dicht, glatt (*228/4*) .... ***Eriophorum***, 251

— Wollschopf locker, gekräuselt (*228/5*), m. ≈ 6 Wollhaaren pro Blüte
Trichophorum alpinum, 254

5 (3). Tragblätt. der Blüten dicht u. 2-zeilig, gekielt (*229/1*) (nur bei *Cyperus michelianus* 3-zeilig, Infl. u. Hüllblätt. aber wie *229/2*); — Infl. aus flachen reichblütigen Ährch. zus.gesetzt, diese ungestielt u. büschelig (*229/2*) od. gestielt u. in Spirren angeordnet .... ***Cyperus***, 248

— Tragblätt. der Blüten nicht 2-zeilig angeordnet (wenn 2-zeilig, dann locker u. in der Achsel jedes Tragblatts > 1 Blüte) **6**

6. Alle Blätt. spr.los, basale Blätt. nur als Blattscheiden; Stg. m. 1 endst., köpfchenart. Ähre, diese < 1 cm lg. (*229/3*) .... ***Eleocharis***, 249

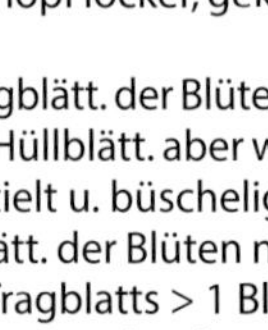

228/1

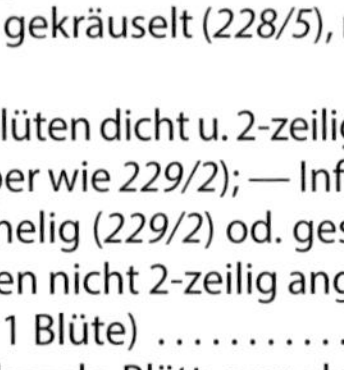

228/2

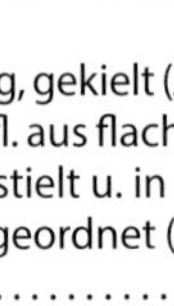

228/3

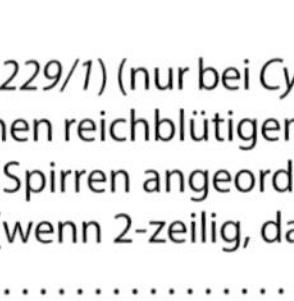

228/4

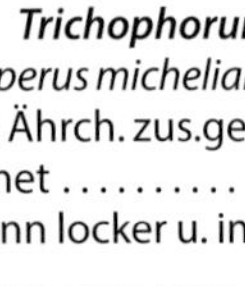

228/5

— Blätt. m. deutl. Spr., diese flächig, zuw. schmal, borstl. od. rinnig; mind. das oberste Blatt m. kleiner, flächiger Spr.; Infl. mehr- bis reichährig; Ährch. zuw. kopfart. zus.gezogen, selten Pfl. nur m. 1 Ährch. **7**

7. Ährch. 2–3-blütig; Spelzen 2-zeilig sthd., — die beiden unt. Spelzen steril; Infl. m. 2–12 kopfart. zus.gezogenen Ährch. .... ***Schoenus***, 253

— Ährch. reichblütig, wenn wenigblütig, dann Spelzen allseits sthd. **8**

8. Ährch. vielblütig, alle Spelzen fertil (zuw. unt. 1–2 steril) od. wenigblütig u. unt. Spelzen nicht kleiner **10**

— Ährch. wenig-, meist nur 2–3-blütig, die basalen Spelzen steril („leer") u. kleiner als die ob. fertilen **9**

9. Pfl. 80–200 cm hoch; Blattspr. am Grund 10–15 mm br., entlang des Rands schneidend scharf vorw. gesägt, starr, graugrün; Infl. reichährige, lg. verzweigte Rispe; — Hüllblätt. kürzer als die Ährch. .... ***Cladium***, 248

— Pfl. 10–40 cm hoch; Blattspr. 1–2 mm br., m. glattem Rand; Infl. nur aus 1–3 kopfig zus.gezogenen Ährch. besthd. .... ***Rhynchospora***, 252

10 (8). Ährch. in einer 2-reihigen, endst. Ähre angeordnet .... ***Blysmus***, 230

— Ährch. nicht in einer 2-reihigen Ähre angeordnet **11**

11. Ährch. in kugelrunden Köpfchen (*61/5*), — meist 1 sitzend, die übrigen lg. gestielt ***Scirpoides***, 253

— Ährch. nicht in kugelrunden Köpfchen (Köpfchen von *Scirpus georgianus* zuw. ähnl. zu voriger, aber sparriger) **12**

12. Stg. verzweigt (*229/4*), im Wasser schwimmend od. auf Schlamm niederlgd. ***Isolepis fluitans***, 251

— Stg. einfach, unverzweigt, aufr. **13**

13. Ährch. einzeln an der Stg.Spitze .... ***Trichophorum***, 254

— Ährch. zu mehreren in einer endst. od. seitenst. Infl. **14**

14. Infl. scheinbar seitenst.; 1 stängelart. Hüllblatt geradlinig in Fortsetzung des Stg. sthd. (ähnl. *229/5a*), weitere Hüllblätt. klein u. kaum länger als die Ährch. **17**

— Infl. endst., falls 1 Hüllblatt zuw. in Fortsetzung des Stg., dann weiteres Hüllblatt abgespreizt u. mehrfach länger als die Ährch. **15**

15. Infl. einfache od. kopfig zus.gezogene Spirre; Ährch. 10–20 mm lg., — braun ***Bolboschoenus***, 230

— Infl. stark verzweigte, lockere Spirre; Ährch. 2–8 mm lg. **16**

16. Pfl. 1-j., 5–20 cm hoch; Gr. m. lg. absthd. Haaren; — Pfl. der S-Alp. .... ***Fimbristylis***, 251

— Pfl. ausd., meist > 20 cm hoch; Gr. ohne lg. absthd. Haare .... ***Scirpus***, 253

17 (14). Stg. 0,3–0,5 mm ∅; Ährch. 2–5 mm lg.; — Infl. verzweigt od. unverzweigt ***Isolepis setacea***, 251

— Stg. > 0,5 mm ∅; Ährch. 5–10 mm lg.; — Pfl. meist > 30 cm hoch .... ***Schoenoplectus***, 252

229/1

229/2

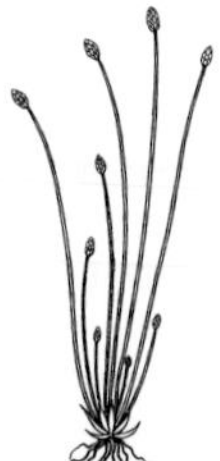

229/3

229/4

229/5

229/6

229/7

Blysmus Panz. [incl. *Scirpus* L. p. p., Simse z. T.], Quellried

1. Pfl. grasgrün; Stg. oberw. stumpf 3-kantig; Hüllblätt. so lg. wie od. länger als die Ähre; Blattspr. unterseits gekielt; Spelzen braun m. grünem Mittelstreif; Ährch. 6–8-blütig, zu 5–12 eine bis 3 cm lg. Ähre bildend; Perigonborsten 3–6, rückw. rau; ↕ 10–40 cm; ♃. VI–VIII. – Nasse Weiden, Moore, feuchte Wege; auf Kalk, salztolerant. – *v* Alp. u. Alp.Vorland, *z* D: BB, MV, SH, sonst *z–s*, zurückghd. [*S. planifolius* Grimm; *S. caricinus* Schrad.]
Zusammengedrücktes Q., ***B. compressus*** (L.) Link

— Pfl. graugrün; Stg. stielrund; Hüllblätt. viel kürzer als die Ähre; Blattspr. nicht gekielt, flach; Spelzen 1-farbig braun; Ährch. meist 3-blütig, zu 3–7 eine kurze Ähre (*229/6*) bildend; Perigonborsten 0–2, weichhaarig; ↕ 10–25 cm; ♃. V–VII. – Salzwiesen, Binnensalzstellen. – *z*, Küsten von B bis PL, *s* im Binnenland (D: BB, SH; in ST ausgestorben). [*S. rufus* (Huds.) Schrad.]
Fuchsrotes Q., ***B. rufus*** (Huds.) Link

Bolboschoenus (Asch.) Palla [*Scirpus* L. p. p., Simse z. T.], Strandsimse

Nach Hroudová et al. (2009)

1. Äste der Infl. (meist) > 2-mal so lg. wie die sitzenden Ährch.; Zahl der Ährch. an den Ästen ≥ Zahl der sitzenden Ährch.; Fr.-∅ 3-eckig od. schwach konvex; Fr.Oberfläche glatt od. m. undeutl. Wabenmuster (Lupe!); Perigonborsten meist an der reifen Fr. vorhanden; — Infl. verzweigt m. einer zentralen Gruppe sitzender Ährch. u. (1–)2–7(–12) Ästen, die einzelne Ährch. od. Büschel mehrerer Ährch. tragen **3**

— Äste der Infl. (meist) < 2-mal so lg. wie die sitzenden Ährch.; Zahl der Ährch. an den Ästen < als die Zahl der sitzenden Ährch.; Fr.-∅ konkav od. konvex bis schwach 3-eckig; Fr.Oberfläche m. deutl. Wabenmuster (Lupe!); Perigonborsten hinfällig; — Infl. einfach kopfig od. verzweigt m. einer zentralen Gruppe von sitzenden Ährch. u. 1–2(–4) Ästen, die einzelne Ährch. od. Büschel mehrerer Ährch. tragen **2**

2. Narben (2–)3; Fr. abgeflacht bis schwach 3-kantig; äuß. Fr.Wand ≈ doppelt so dick wie die mittl.; Spelzen dk.rotbraun bis dk.braun, — an der Spitze ausgerandet, m. Stachelspitze (*229/7*); ↕ 30–100 cm; ♃. VI–VIII. – Röhrichte im Salz- od. Brackwasser, seltener Süßwasser. – *v–z* Küsten; Salzstellen im Binnenland: *s* D; *v* A: Bgl, NÖ, Kt, Ti, OÖ?; *s* NW-CH; CZ. [*S. maritimus* L.]
Gewöhnliche S., ***B. maritimus*** (L.) Palla

— Narben meist 2; Fr. abgeflacht; äuß. Fr.Wand ≈ so dick wie die mittl.; Spelzen hellbraun; ↕ 30–50(–90) cm; ♃. VI–VIII. – Röhrichte an nassen bis schwach salzigen StO. – *s*, D: BB (SW Cottbus), BW, BY, RP, ST (Salzwedel); *z–s* A: NÖ, Kt?; CH: Lac de Neuchâtel; CZ; I: Bz (Salurn); S-NL. Verbr. ungenügend bekannt. [*S. planiculmis* F. W. Schmidt]
Platthalm-S., Flachfrüchtige S., ***B. planiculmis*** (F. W. Schmidt) T. V. Egorova

3 (1). Fr.-∅ flach bis konvex bis 3-eckig, abaxial („außen") m. undeutl. Kante; Exokarp undeutl.; Tragblätt. oft rotbraun od. purpurrot; ↕ 30–150 cm; ♃. V–IX. – Süßwasserröhricht, Bachufer, Feuchtstellen. – (Heimat: MMG, Afrika, As.); *s* unbest., D: SN. – Pfl. frostempfindl. [*S. glaucus* Lam.]
Blaugrüne S., ***B. glaucus*** (Lam.) S. G. Sm.

— Fr.-∅ 3-eckig, abaxial m. deutl. Kante; Exokarp deutl.; Tragblätt. nie rotbraun od. purpurrot **4**

4. Fr. > 2 mm br., im ∅ 3-eckig m. längerer Grundseite; Verhältnis äuß. zur mittl. Fr.Wand 1:2–1:4; ↕ 50–120 cm; ♃. VII–X. – Flusstäler, binnenländische Salzstellen. – *s*, D: Elbe-, Weser-, Ems-, Rhein-, Mosel-, Maintal; A: NÖ, OÖ; SW-CH; CZ; DK; NL. [*B. maritimus* × *yagara*]
Breitfrüchtige S., ***B. laticarpus*** Marhold et al.

— Fr. < 2 mm br., im ∅ gleichseitig 3-eckig; Verhältnis äuß. Fr.Wand zur mittl. 1:10; ↕ 70–150 cm; ♃. VII–X. – Süßwasserröhrichte. – *s*, D: BB, BW (Oberschwaben, Oberrhein), RP, SN, TH; A: NÖ, Stm, Kt; CZ. Verbr. ungenügend bekannt. [*S. yagara* Ohwi]
Verkannte S., Yagara-S., ***B. yagara*** (Ohwi) A. E. Kozhevn.

Carex L. [incl. *Kobresia* Willd., Schuppenried, u. *Elyna* Schrad., Nacktried], Segge

Jede in der Achsel eines Tragblatts sthd. ♀ Blüte (*228/1*) stellt ein 1-blütiges Ährch. dar (wenn in der Tabelle von Tragblätt. die Rede ist, sind immer die der ♀ Blüten gemeint). Die sehr kurze Ährch.Achse, die an der Spitze einen nackten Frkn. trägt, ist meist vom Utriculus (dt.: Schlauch; *Taf. 32: 13*), der dem an seinen Rändern verwachsenen Vorblatt entspricht, eingeschlossen. Fr. zus. m. dem Utriculus abfallend (in der Tabelle als Fr. bezeichnet). Die Fr. (bzw. der Utriculus) ist spitzenw. entw. ohne Verlängerung (z. B. *232/5*) od. der Spitzenteil ist flaschenhalsf. veräng. („geschnäbelt"). Im letzteren Fall kann der Schnabel entw. gestutzt (z. B. *237/6*) od. gezähnt (z. B. *237/4*) sein. Ährch. zu Ähren zus.tretend. Die Fr. sind zuw. adaxial („innen") u. abaxial („außen") unterschiedl. stark gewölbt.

Der Einfachheit halber werden in der Tabelle der Gattung *Carex* das 1-blütige ♀ Ährch. als ♀ Blüte u. die meist aus zahlr. 1-blütigen Ährch. zus.gesetzte ♂ u. ♀ Infl. als Ähre bezeichnet.
Bei (scheinbar) 1-j. *Carex*-Arten vergewissere man sich sorgfältig, ob wirkl. alle Tragblätt. (Tr) an der Hauptachse stehen (*231/5*) od. ob nicht die Gesamtinfl. in Wirklichkeit verzweigt ist u. nur die meist kurzen Seitenzweige dem EndÄhrch. genähert sind u. dadurch ein kopfiges EinzelÄhrch. vortäuschen (*232/6*, im Umriss). Solche Infl. (= Ähren) sind „nicht unterbrochen"; bei den meisten gleichährigen Seggen sind die Ährch. – zumind. die unt. – deutl. voneinander entfernt, d. h. die Infl. ist „unterbrochen".

Die meisten Arten lassen sich m. Sicherheit nur m. bereits ausgereiften Fr. bestimmen. Außerdem sind in zahlr. Fällen für die Bestimmung auch die noch blhd. Pfl. (Anzahl der Narben!) u. ihre unterird. Organe (Ausläufer) erforderl. Spaltöffnungen meist auf der Blattunterseite (weißl. Flecken, Lupe!).

In der Praxis besteht auch ein Bedürfnis nach Bestimmungsmöglichkeiten anhand vegetativer Merkmale, vgl. hierzu z. B. Foerster (1982).

Die Gattung *Carex* ist neben *Festuca, Rubus, Hieracium* u. *Taraxacum* eine der formenreichsten der heim. Flora. Von den insges. ≈ 130 Arten, die im Gebiet vorkommen, sind zahlr. ihrerseits wieder außerordentl. formenreich; außerdem wurden bisher > 100 Hybriden beobachtet, vgl. hierzu z. B. Koopmann (2022).

Nach Gehrke in Kadereit et al. (2016) sprechen die molekularphylogenet. Befunde eindeutig dafür, *Kobresia* incl. *Elyna* zu *Carex* zu stellen.

1. Frkn. (= ♀ Blüte) von krugf. geschlossener, oft geschnäbelter Hülle (= Utriculus, *228/1* U; *Taf. 32: 13*) umschlossen .... Seggen m. Utriculus, 231
— Frkn. frei, ohne Utriculus; — Pfl. horstf., 5–20 cm hoch .... Seggen m. freien Frkn., 231

Seggen m. freien Frkn.

1. Infl. eine linealische, endst., 10–25 mm lg., von den Blätt. meist überragte Ähre aus 10–20 Ährch.; Ährch. 2-blütig, aus je einer ♀ u. ♂ Blüte besthd. (*228/2*); Tragblatt. der ♀ Blüte beide Blüten umschließend; Blätt. borstl., steif; ↕ 10–20 cm; ♃. VI–VIII. – Windexponierte Steinrasen; auf Kalk; 1800–3100 m. – *z*, Alp. [*K. myosuroides* (Vill.) Fiori; *E. myosuroides* (Vill.) Janch.; *E. bellardii* (All.) K. Koch] Nacktried, Ähren-Schuppenried, ***C. myosuroides*** Vill.
— Infl. aus 4–10 dicht gedrängten Ähren zu einer endst., spitz 3-eckigen, 10–30 mm lg. Synfl. zus.gesetzt; Ährch. 1-blütig, zu 4–5 zu einer unten ♀, oben ♂ Ähre zus.gesetzt (*228/3*); Tragblatt der Ähre so lg. wie od. wenig länger als diese (*228/3*); Blätt. rinnig gefaltet, etwas absthd., deutl. kürzer als die Synfl.; ↕ 5–20 cm; ♃. VII–VIII. – Quellmoore; auf Kalk; 1700–2800 m. – *s*, D (Berchtesgadener Alp.); *z* A; CH; I: Bz. [*K. simpliciuscula* (Wahlenb.) Mack.; *K. caricina* Willd.] Schuppensegge, Seggen-Schuppenried, ***C. simpliciuscula*** Wahlenb. (subsp. ***simpliciuscula***)

Seggen m. Utriculus

1. Stg. m. 1 endst., entw. ♂ od. ♀ (*231/1a, b*) od. gemischtgeschl. (*231/3*) Ähre Einährige Seggen, 232
— Stg. m. mehreren kopfig, knäuelig, traubig, ährig od. rispig angeordneten Ähren 2
2. Alle Ähren (bei den meisten Arten) m. ♀ u. ♂ Blüten (*231/3* ♀, ♂) Gleichährige Seggen, 233
Bei Arten aus der Verwandtschaft von *C. arenaria* (bes. *C. arenaria, C. ligerica, C. pseudobrizoides* u. *C. repens*) sind häufig die ob. Ährch. rein ♂, die unt. ♀. Bei *C. disticha* sind häufig die mittl. Ährch. ♂.

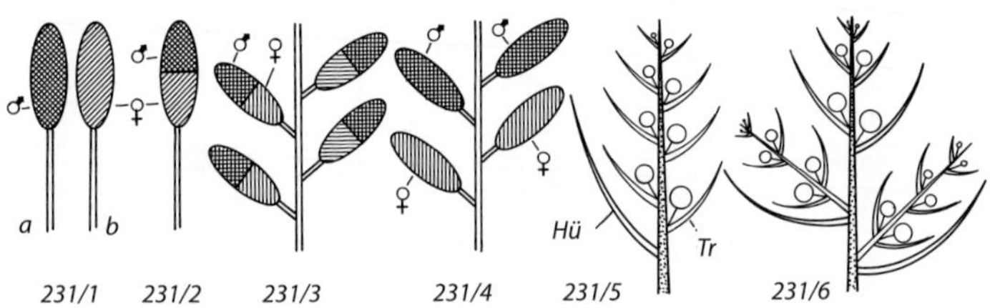

231/1 *231/2* *231/3* *231/4* *231/5* *231/6*

— Ähren getrenntgeschl.; ob. m. ♂, unt. m. ♀ Blüten (*231/4*) (einige Ähren zuw. ♀ u. ♂ Blüten enthaltend) .... Verschiedenährige Seggen, 237

Einährige Seggen

1. Pfl. 1-häusig; Ähren an der Spitze m. ♂, an der Basis m. ♀ Blüten (*231/2*) **3**

— Pfl. 2-häusig; Ähren nur m. ♂ (*231/1a*) od. ♀ Blüten (*231/1b*), — 1–2 cm lg.; Fr. zuletzt oft ± waagr. absthd. **2**

2. Stg. glatt; Ähren dichtfrüchtig; Fr. kurz geschnäbelt, 3 mm lg.; Pfl. lockerrasig, m. Ausläufern; ↕ 10–20 cm; ♃. IV–V. – Flach- u. Quellmoore, Sumpfwiesen. – *z* Alp., NO, sonst *s* u. in größ. Gebieten fehlend, vielfach erloschen. Zweihäusige S., ***C. dioica*** L.

— Stg. oberw. meist rau; Ähren lockerfrüchtig; Fr. lg. geschnäbelt, 4 mm lg.; Pfl. horstf., ohne Ausläufer; ↕ 10–25 cm; ♃. IV–VI. – Flachmoore; auf Kalk. – D: *z* S-D, sonst *s*, nördl. bis Eifel, HE, SN, TH; *z* A; CH; *z–s* CZ; *s* FL; *z–s* I: Bz; *s* L; NL; PL: *z* im S, *s* im NW; *f* B. Davall-S., Torf-S., ***C. davalliana*** Sm.

3 (1). Narben 3; — Pfl. Ausläufer bildend **5**

— Narben 2; — Blätt. borstl., rinnig **4**

4. Ähren fast kugelig, bis 8 mm lg. (*232/1*), m. > 10 ♀ Blüten; Tragblätt. hellbraun, weiß hautrandig, bleibend; Fr. 2–3,5 mm lg., flach zus.gedrückt, aufr. absthd., länger als die Tragblätt.; Pfl. dichtrasig; ↕ 15–20 cm; ♃. V–VI. – Moore. – Sehr *s*, A: Ti; I: Bz; in D ausgestorben (früher BW, BY). Kopf-S., ***C. capitata*** L.

— Ähren verläng., 1–2 cm lg., m. 5–10 ♀ Blüten (*232/2*); Tragblätt. rostrot, m. grünen Mittelnerven, vor den Fr. abfallend; Fr. 4–5 mm lg., zuletzt herabgeschlagen; Pfl. lockerrasig; ↕ 5–25 cm; ♃. V–VI. – Basenreiche Sumpfwiesen, Flachmoore; kollin bis subalp. – *z* Alp.; CZ; PL; sonst sehr *z* bis *s*; vielfach verschwunden. Floh-S., ***C. pulicaris*** L.

5 (3). Grannenart. Achsenspitze aus dem Utriculus herausragend; — Fr. schmal kegelf., herabgeschlagen (*232/3*); Ähren ≈ 1 cm lg.; Tragblätt. spitz, dk.braun m. grünen Mittelnerven, vor den Fr. abfallend; ↕ 7–15 cm; ♃. V–VII. – Basenreiche Flachmoore. – A: sehr *s* OÖ?, Stm, W-Ti, früher Sb; sehr *s* CH: Gr, Ts, Vs; I: Bz; in PL u. D ausgestorben (früher D: BW, BY). Kleingrannige S., Kleine Grannen-S., ***C. microglochin*** Wahlenb.

— Fr. ohne grannenart. Achsenspitze (z. T. aber m. verläng. Gr.) **6**

6. Ähren wenigblütig, m. 2–4 ♀ u. 1–2 ♂ Blüten (letztere z. Frzt.vertrocknet); Tragblätt. vor den Fr. abfallend; — Ähren 10–15 mm lg.; Fr. spindelf., zugespitzt, strohgelb, zuletzt zurückgeschlagen (*232/4*); ↕ 5–20 cm; ♃. V–VII. – Heide- u. Hochmoore; kalkmeidend. – *v–z* Alp. (nördl. bis München), D: S-Schw., Hunsrück, Harz, Thw., BayrW./Böhmw., Erzgeb., Riesengeb., Altvatergeb.; *z* DK; F: Vog.; L; *v–z* PL. Armblütige S., Wenigblütige S., ***C. pauciflora*** Lightf.

— Ähren reichblütig; Tragblätt. bleibend; Fr. aufr. **7**

7. Fr. verkehrt eif., kurz gestutzt (*232/5*), glanzlos, kürzer als die Tragblätt.; — Ähren 10–15 mm lg., an der Basis m. 3–6 ♀ Blüten; Stg. stumpf 3-kantig, unter den Ähren etwas rau; ↕ 5–15 cm; ♃. VI–VII. – Felsige Matten, Steinschutt; auf Kalk; bis 3000 m. – *s*, D: Allgäuer Alp.; A; CH; CZ (Altvatergeb., Riesengeb.); I: Bz. Felsen-S., ***C. rupestris*** All.

— Fr. stumpf 3-kantig, kurz geschnäbelt, Schnabel gezähnt (*232/6*), glzd. braungelb, ≈ doppelt so lg. wie die Tragblätt.; — Ähren 5–15 mm lg., an der Basis m. 5–10 ♀ Blüten; Stg. am Grund m. purpurbraunen Niederblätt.; ↕ 5–25 cm; ♃. IV–V. – Trockene Sandböden. – Eiszeitrelikt, nur D: BB (b. Rathenow), früher auch SN. Stumpfe S., ***C. obtusata*** Lilj.

232/1

232/2

232/3

232/4

232/5

232/6

Gleichährige Seggen

1. Ähren nicht in kopfigen Infl.; wenn kopfig genähert, dann nicht von lg., laubigen Hüllblätt. überragt **3**

— Ähren in kopfigen, von meist laubigen Hüllblätt. umgebenen Infl. (*233/2*) **2**

2. Köpfchen z. Bltzt. gelbgrün, reif hellbraun; Fr. länger als die Tragblätt., lg. geschnäbelt, sehr schlank; ♀ Blüten an der Spitze der Ähre; Narben 2 (*233/1*); Pfl. nasser StO; ↕ 10–30(–60) cm; ⊙–♃. VI–X. – Teichböden m. Sand od. Schlamm. – D: *z* BB, BW, BY, SN, TH, sonst *s;* auch A; CH: Jura; CZ; PL; oft unbest. [*C. cyperoides* Murray] Zypergras-S., ***C. bohemica*** Schreb.

— Köpfchen (*233/2*) z. Bltzt. weiß; Fr. kürzer als die Tragblätt. (*233/3*), ohne Schnabel; ♀ Blüten an der Basis der Ähre; Narben 3; Pfl. trockener StO; ↕ 10–40 cm; ♃. VI–VII. – Steinige Rasen, Steinschutt; kalkstet. – *s,* D: BY (Ammergeb.); A: Ti (Ammergeb.); CH: Gr; *f* I: Bz. ©. Monte-Baldo-S., ***C. baldensis*** L.

3 (1). Pfl. ohne od. m. sehr kurzen Ausläufern, Wuchs daher dicht rasenf. od. horstf.; — Blätt. am Rand rau; Narben 2 od. 3 .... **13**

— Pfl. m. weithin kriechender Grundachse u. Ausläufern; Wuchs lockerrasig; — Stg. meist nur am Grund beblätt.; Narben 2 .... **4**

4. Ähren zahlr., in verläng. Infl., diese mehrmals so lg. wie br. **7**

— Ähren wenig zahlr., kopfig genähert; Infl. ≤ doppelt so lg. wie br. (8–12 mm lg.), — ohne laubige Hüllblätt. **5**

5. Pfl. m. (mehreren dm lg.) oberird. Ausläufern, — diese peitschenf., an jedem Knoten einen meist kurz bleibenden, nichtblhd. Spross treibend; Infl. im Umriss längl. eif.; Fr. eif., kurz geschnäbelt, ihr Schnabel tief gezähnt (*233/4*); ↕ 5–15 cm; ♃. V–VI. – Hochmoore. – Sehr *s*, D: BB, BW, BY; A; CH; CZ; DK; I: Bz; PL; vielfach erloschen (D: HE, MV, NI, RP, SH). Strick-S., Fadenwurzlige S., ***C. chordorrhiza*** L. f.

— Pfl. m. unterird. Ausläufern **6**

6. Blattspr. meist flach, 2 mm br.; Infl. ≈ 20 mm lg., im Umriss längl. eif.; Tragblätt. grannig zugespitzt, m. hellem Mittelnerv u. weißl. Rändern, so lg. wie die Fr.; Fr. eif., m. kurzem, aber deutl. u. tief gespaltenem Schnabel, (hell)braun; ↕ 10–40 cm; ♃. IV–VII. – Feuchte sandige Orte; salzertragend. – *s,* A: Bgl, NÖ; B; NL; in D: RP in Einbürg. Geteilte S., ***C. divisa*** Huds.

— Blattspr. rinnig, borstenf., ≈ 1 mm br.; Infl. ≈ 10 mm lg., im Umriss kugelig bis eif.; Tragblätt. stumpf, aber stachelspitzig, grau, m. grünem Mittelnerv u. br. weißhäutigem Rand, etwas kürzer als die Fr.; Fr. schmal eif. zugespitzt, ohne Schnabel, an der Spitze schief abgeschnitten (*233/5*), (schwarz)braun; — Infl. kaum länger als die Blätt.; ↕ 5–12 cm; ♃. VI–VIII. – Steinschutt; 1800–3000 m. – *s,* A: OÖ, Stm, ob noch Ti?; *s* CH: Gr, Vs; I: Bz; auch Strand von DK. [*C. incurva* Lightf.; *C. juncifolia* All.] Binsenblättrige S., Simsen-S., ***C. maritima*** Gunnerus

Ähnl.: Schmalblättrige S., ***C. stenophylla*** Wahlenb. subsp. ***stenophylla***: Fr. kurz, aber deutl. 2-spaltig, kastanienbraun; Tragblätt. braun, weiß hautrandig m. gelbl. Mittelstreif; Infl. deutl. länger als die Blätt.; ↕ ≤ 25 cm; ♃. IV–VIII. – Trockenrasen. – *s,* A: Bgl, Kt (Pörtschach), NÖ, OÖ, Stm (früher), CZ (Erzgeb.); I: Bz (Vinschgau); *s* unbest. D: Aachen.

7 (4). Fr. nicht (od. nur sehr schmal) geflüg., nur m. scharf vorspringendem, rauem Rand (*233/4*); Tragblätt. rotbraun, weiß hautrandig; — Ähren bis 40-blütig, eine längl. pyramidenf., 3–5 cm lg. Infl. bildend; ob. u. unt. Ähren ♀, mittl. ♂, Infl. daher z. Frzt. in der Mitte dünner; Stg. bis zur Mitte beblätt.; ↕ 30–70 cm; ♃. V–VII. – Großseggenriede, Fluss- u. Seeufer. – *v–z,* seltener oberh. 1300 m. [*C. intermedia* Gooden.] Zweizeilige S., Kamm-S., ***C. disticha*** Huds.

— Fr. am Rand geflüg., Flügel rau (*233/7, 233/8*); Tragblätt. grün gekielt **8**

8. Tragblätt. rotbraun, weiß hautrandig od. weißl.; Fr. fast in ganzer Länge gleich br. geflüg. (*233/7*); — Ähren am Grund ♂, oben ♀ **11**

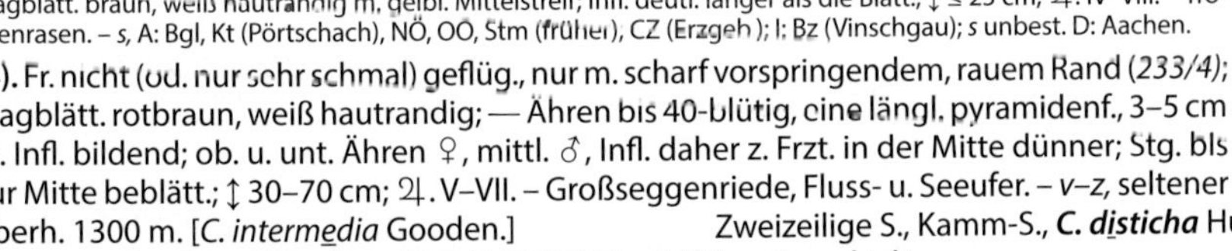

233/1 *233/2* *233/3* *233/4* *233/5* *233/6* *233/7* *233/8* *233/9*

— Tragblätt. rostfarben bis kastanienbraun; Flügel der Fr. oberw. breiter (*233/8*); — Sand- u. Dünenpfl. (Artengruppe Sand-S., ***C. arenaria*** agg.) **9**

9. Stg. u. Rhizom kräftig; Blätt. 2–3(–4) mm br., rau; unt. Ähren ♀, mittl. gemischtgeschl., ob. ♂, — zu 6–16 in dichter, bis 6 cm lg., meist etwas überhgd. ährenart. Rispe; Tragblätt. länger als die Fr.; Pfl. m. weithin kriechenden Ausläufern, oberird. Triebe kettenart. miteinander verbunden; ↕ 15–30(–100) cm; ♃. VI. – Dünen, Heiden, Kiefernwälder; kalkmeidend. – Küstennahe Sandgebiete *v*, sonst *z* südl. bis D: Rheinl./Westf./ST/BB/SN u. PL. – Früher Arzneipfl., zuw. verwild., z. B. D: Oberrheintal, Nürnberg. Sand-S., ***C. arenaria*** L.

— Stg. zierl., oft schlaff; Blätt. ≤ 2 mm br.; Ähren fast stets am Grund ♂, an der Spitze ♀ **10**

10. Fr. längl. lanzettl., reif strohfarben hellbraun; Tragblätt. lanzettl., strohfarben bleich-rostbraun; Ähren verkehrt eif., — zu 6–12, z. T. ausw. gekrümmt; ↕ 30–70 cm; ♃. V–VI. – Sandige Orte, lichte Kiefernwälder. – D: *z–s* Elbetal (BB, SN, ST, NI), *s* NRW, SH; *s* B; CZ (Erzgeb.); NL; *z–s* PL: Neissetal. [*C. reichenbachii* Bonnet] Reichenbach-S., ***C. pseudobrizoides*** Clavaud

— Fr. (ohne die Flügel) eif., dk.braun (*233/8*); Tragblätt. eif., dk. kastanienbraun; Ähren ellipt., — zu 4–7; ↕ 15–50 cm; ♃. V–VI. – Dünen der Meeresküsten, Binnendünen, trockene Ruderal-StO. – *s* (*f* B), *z* Unterlauf von Rhein, Weser, Elbe, Oder/Neiße, sehr *s* im Binnenland (z. B. D: BB, ST). [*C. ligerica* J. Gay] Kolchische S., Französische S., ***C. colchica*** J. Gay

11 (8). Ähren meist abw. bzw. ausw. gekrümmt, Tragblätt. rotbraun, weißhäutig, glzd., zuletzt strohgelb, stumpfl.; — Ähren zu 6–8, blassgelb, schmal lanzettl., 8–10 mm lg.; Infl. locker; Blätt. schlaff, oft bogig überhgd.; Lig. als häutiger Ring den Stg. umfassend; Stg. scharf 3-kantig, ↕ bis > 60 cm; ♃. V–VI. – Wälder bis in die Bergwaldstufe, waldnahe feuchte Wiesen u. Brachen. – *v* (oft bestandsbildend) S-D; F: Els; z A; CH; CZ; FL; I: Bz; PL; sehr *z* bis *s* im mittl. Teil des Gebiets u. im N, im Tiefland wohl eingeschleppt. Zittergras-S., Seegras-S., ***C. brizoides*** L.

— Ähren nicht gekrümmt; Tragblätt. braun **12**

12. Blätt. 1–2 mm br.; Infl. 1,5–2 cm lg., m. 3–5 Ähren; Fr. 3 mm lg., m. gleichm. schmalen Flügeln (*233/7*); Rhizom 1 mm ∅; ↕ 10–30 cm; ♃. V–VI. Frühe S., ***C. praecox*** Schreb. s. l.

a. Stg. stets aufr.; Ähren stets gerade; Tragblätt. dk.braun; Fr. plötzl. in den Schnabel überghd. – Sandige, ruderale Trockenrasen. – *z–v* Rhein-, Main-, Donau-, Elbe- (bis CZ), Havel-, Odertal, TH; *s* A: Kt, NÖ, OÖ; *z–v* B; *s* CH; I: Bz; *z–v* NL. Frühe S., ***C. praecox*** s. str.

— Stg. nur z. Bltzt. aufr., später bogig abw. gekrümmt; Ähren meist schwach gebogen (ähnl. *C. brizoides*!); Tragblätt. hellbraun; Fr. allmähl. in den Schnabel überghd. – Warme Eichenwälder, Halbtrockenrasen. – *s*, D: Baden, BB, Fr, SN, TH; A: NÖ, OÖ; CZ; F: Els; PL. PL; in B nur eingeschleppt. – Taxonom. Wert umstritten. [*C. praecox* subsp. *curvata* (Knaf) Vollm.; *C. praecox* subsp. *intermedia* (Celak.) W. Schultze-Motel] Gekrümmte S., ***C. curvata*** Knaf

— Blätt. 2–4 mm br.; Infl. 3–7 cm lg., m. > 6 Ähren, die ob. meist rein ♂, die mittl. oben ♂, an der Basis ♀, die unt. meist rein ♀; Fr. 5 mm lg. u. 1–1,5 mm br., br. geflüg.; Rhizom 2–2,5 mm ∅, — von schwarzbraunen, stark borstig zerfallenden Niederblätt. bedeckt; unt. ♀ Ähren deutl. schlanker als die von *C. disticha*, 1–1,8 cm lg. u. bis 5 mm br.; ↕ 30–80 cm; ♃. V–VI. – Kiefernwälder. – *s*, A: Bgl, Kt, Stm. Kriechende S., Kriech-S., ***C. repens*** Bellardi

13 (3). Ähren am Grund ♂ (z. Frzt. an der Basis daher m. leeren Tragblätt.) **23**

— Ähren an der Spitze ♂ (z. Frzt. oben m. leeren Tragblätt.); — Fr. in 2-zähnigen, am Rand rauen Schnabel zugespitzt (*233/9*) **14**

14. Narben 3; Pfl. 5–10 cm hoch; — 5–6 Ähren kopfig genähert; Sprossbasis m. zerfaserten Resten der vorj. Blätt.; ♃. VII–VIII. – Zuw. bestandsprägend, alp. „Krummseggenrasen". Krumm-S., ***C. curvula*** All.

a. Stg. u. Blätt. gekrümmt, wg. Pilzbefalls (*Pleospora elynae*) von der Spitze her frühzeitig vergilbend Blätt. im ∅ flach V-f.; Tragblätt. braun; Wurzeln hellbraun bis gelbl. – Auf Silikatgestein; 1800–3000 m. – *v*, A; CH; FL; I: Bz; bestandsbildend. Krumm-S. (i. e. S.), subsp. ***curvula***

— Stg. gerade, Blätt. kaum gekrümmt; Blätt. im ∅ flach U-f.; Tragblätt. bräunl.gelb bis hellbraun; Wurzeln braun. – Auf Kalkböden (Schiefer). – *s*, A: Kt, OTi, Ti; CH; I: Bz. Rosa-Krumm S., Kalk-Krumm-S., subsp. ***rosae*** Gilomen

— Narben 2; Pfl. > 10 cm hoch **15**

15. Blätt. 1–3 mm br., wenn breiter, dann Infl. rispig; Stg. m. ebenen od. gewölbten Seitenflächen, nur oberw. rau **18**

— Blätt. meist 4–8 mm br., Infl. dicht gedrängt; Stg. an den Kanten ± deutl. geflüg., sehr rau; — Fr. innen flach, außen gewölbt (plankonvex) **16**

16. Tragblätt. der Blüten plötzl. in sehr lg. pfrieml. Spitze verschmälert; — Fr.Schnabel so lg. wie od. länger als der Körper der Fr.; Fr. 2–2,7 mm lg., reif strohgelb, innen nervenlos, außen

3-nervig; Infl. meist etwas verzweigt, bis 15 cm lg.; Rand der Blattscheiden quer gefältelt; ↕ 30–100 cm; ♃. V–VI. – Feuchte Wiesen. – Ne. (Heimat: N-Am.), mehrmals eingeschleppt; in Einbürg., D: BW, BY, NRW, NI, SH, sonst unbest.; *s*, A: Kt, OÖ, Stm, Sb; B; CH; FL; NL; PL; wo noch eingebürg.? Fuchsseggenartige S., Nordamerikanische Fuchs-S., ***C. vulpinoidea*** Michx.

— Tragblätt. der Blüten eif. zugespitzt, nicht pfrieml. verläng. **17**

17. Hüllblätt. der Ähren meist kurz u. borstenf.; Fr. matt, innen nervenlos (bzw. sehr undeutl. nervig), auf der Außenseite deutl. nervig; Epidermis der Fr. papillös (sehr starke Lupe!); Schnabel auf der Außenseite der Fr. viel tiefer gespalten als auf der Innenseite; Bogen der Lig. einen stumpfen Winkel bildend, breiter als hoch; ↕ 30–100 cm; ♃. V–VI. – Riedwiesen, Gräben, Seggenriede. – *z*, im N Stromtalpfl., insges. weniger verbr. als folg. Art. Fuchs-S., Echte Fuchs-S., ***C. vulpina*** L.

— Hüllblätt. der Ähren meist länger, das unterste häufig wesentl. länger als die dazugehörende Ähre; Fr. meist glzd., beidseitig deutl. nervig, Epidermis der Fr. glatt; Fr.Schnabel auf beiden Seiten gleich tief gespalten; Bogen der Lig. einen spitzen Winkel bildend, höher als br.; ↕ 30–60 cm; ♃. V–VI. – Nasse Waldstellen, Gräben, salzhaltige Orte. – *v*, häufiger als vorige Art. [*C. nemorosa* auct] Hain-S., Falsche Fuchs-S., ***C. otrubae*** Podp.

18 (15). Infl. köpfchenart., im Umriss eif., 10–15 mm lg., aus 8–12 dicht beisammen sthd. Ähren; — Fr. 3–4 mm lg., m. gelbl. Basis u. dk.brauner Spitze, tief geschnäbelt; ↕ 10–30 cm; ♃. VII–IX. – Magerrasen, Schneetälchen; oberh. 2000 m. – *s*, A: Stm (Seetaler Alp.), Niedere Tauern; *z* CH; I: Bz. Schneetälchen-S., Stink-S., ***C. foetida*** All.

— Infl. lg.gestreckt, deutl. ährig od. rispig **19**

19. Infl. meist verzweigt; Fr. innen schwach gewölbt, — außen stark gewölbt, dk.braun; Pfl. nasser StO **21**

— Infl. unverzweigt, z.T. am Grund m. kurzen Seitenachsen; Fr. innen flach, — außen gewölbt (Artengruppe Sparrige S., ***C. muricata*** agg.) **20**

20. Reife Fr. im unt. Drittel abgesetzt, schwammig-korkig, grün bis gelbbraun; unt. Blattscheiden violettrot od. nur m. dk.violetten Flecken; Rinde älterer Wurzeln dk.violett (Wurzeln ankratzen!); — Fr. bis 4,5–5,5(–6) mm lg.; Infl. meist unverzweigt, 2–3,5(–5) cm lg.; Stg. steif aufr. (ausgenommen Schattenformen!); ↕ 20–60 cm; ♃. V–VIII. – Wegränder, Grünland, Parkanlagen. – *v*. [*C. contigua* Hoppe] Dichtährige S., ***C. spicata*** Huds. (subsp. ***spicata***)

— Reife Fr. im unt. Drittel nicht abgesetzt, nicht schwammig-korkig, kastanienbraun; unt. Blattscheiden strohfarben bis schwarzbraun (jedoch ohne rote bzw. violette Töne); Rinde älterer Wurzeln braun bis braunschwarz; — Fr. bis 3–5(–5,5) mm lg. Sparrige S., ***C. muricata*** L. s. l.

a. Infl. 4–10(–20) cm lg., am Grund aufgelockert, unterste Knäuel etwas entfernt; Bogen an der Ansatzstelle der Lig. so br. wie od. breiter als hoch c

— Infl. 2–3 cm lg., dicht, die untersten Knäuel ≤ 1 cm voneinander entfernt; Bogen an der Ansatzstelle der Lig. höher als br. .... b

b. Fr. deutl. geflüg., plötzl. in einen kurzen Schnabel verschmälert, reif grünl. bis bräunl., 3,5–4,5 mm lg.; ↕ 30–60 cm; ♃. V–VII. – Basenreiche Böden, Wälder, Ruderalstellen. – *z*, im N seltener. Sparrige S. (i. e. S.), ***C. muricata*** L. s. str.

— Fr. undeutl. geflüg., allmähl. in den Schnabel verschmälert, reif braun, 3–3,5 mm lg.; ↕ 30–80 cm; ♃. V–VII. – Basenarme Böden, Wälder. – *z–s*, im NW seltener. [*C. muricata* subsp. *pairae* (F. W. Schultz) Čelak.; *C. pairaei* auct.] Paira-S., ***C. pairae*** F. W. Schultz

c (a). Infl. 5–10(–20) cm lg.; Fr. 3,5–4,5 mm lg. (*233/9*), hellbraun; Blätt. 2–3 mm br.; ↕ 20–60 cm; ♃. V–VIII. – Wälder, Gebüsche, Wegränder. – *s*, z. B. D: nördl. Oberrheingebiet, Isteiner Klotz, Stuttgart; B; CZ: Böhmw.; CH; I: Bz; NL; vielfach verschwunden. [*C. muricata* subsp. *divulsa* (Stokes) Čelak.] Unterbrochenährige S., ***C. divulsa*** Stokes subsp. ***divulsa***

— Infl. 4–8 cm lg.; Fr. 4,5–5 mm lg., dk.braun; ↕ 30–100 cm; ♃. V–VI. – Wälder. – *z–s*, bes. im S u. im mittl. Teil des Gebiets. [*C. polyphylla* Kar. & Kir.; *C. leersii* F. W. Schultz; incl. *C. chabertii* F. W. Schultz u. *C. otomana* A. M. Molina et al.] Leers-S., ***C. divulsa*** subsp. ***leersii*** (Kneuck.) W. Koch

21 (19). Infl. ährenrispig, sehr dicht, 1,5–3 cm lg.; Blätt. ≤ 2 mm br., rinnig gefaltet; Pfl. lockerrasig wachsend; Stg. an der Basis stielrund, oben 3-kantig; Hüllblätt. der Ähren m. als Granne austretendem Mittelnerv; — Fr. stark glzd., nervenlos, kastanienbraun; Blätt., graugrün; Tragblätt. rotbraun, m. br. Hautrand; Schläuche glzd., nervenlos; ↕ 20–60 cm; ♃. V–VI. – Flach- u. Zwischenmoore, Erlenbrüche, Sumpfwiesen. – *v–z* Alp., Alp.Vorland, NO, sonst *z–s*, vielfach verschwunden. [*C. teretiuscula* Gooden.] Draht-S., ***C. diandra*** Schrank

— Infl. ± deutl. rispig, Ähren ± lg. gestielt; Blätt. > 2 mm br., flach; Pfl. dicht horstf.; Stg. 3-kantig; Hüllblätt. grannenlos **22**

22. Fr. schwachnervig, glzd., allmähl. in Schnabel verschmälert; Blätt. 3–7 mm br., graugrün; Scheiden bleich dk.braun, sich nicht in Fasern auflösend; Seitenflächen des 3-eckigen Stg. eben; Infl. deutl. rispig, Seitenzweige abgespreizt; Tragblätt. hellbraun, m. br. Hautrand; ↕ 40–150 cm; ♃. V–VI. – Flachmoore, Riedwiesen, Ufer. – *v*, im mittl. Teil des Gebiets *v–z*.
Rispen-S., ***C. paniculata*** L. (subsp. ***paniculata***)

— Fr. beiderseits stark nervig, matt, plötzl. in Schnabel verschmälert; Blätt. ≤ 3 mm br., gelbgrün; Scheiden schwarz, sich in lg. Fasern auflösend; Seitenflächen des 3-eckigen Stg. etwas konvex; Infl. nur undeutl. rispig, Seitenzweige kurz u. der Achse fast anlgd.; Tragblätt. rotbraun, m. schmalem Hautrand; ↕ 30–70 cm; ♃. V–VI. – Flachmoore, Sumpfwiesen. – *z* im S u. NO, sonst sehr *z* bis *s*, im N u. im mittl. Teil des Gebiets vielfach verschwunden; weniger häufig als vorige Art. [*C. paradoxa* Willd.] Wunder-S., Schwarzschopf-S., ***C. appropinquata*** Schumach.

23 (13). Unt. Ähren weit (bis 7 cm) voneinander entfernt, ihre blattart. Hüllblätt. den schlaffen Stg. weit überragend; — Tragblätt. weißl.; Ähren 4–10 mm lg.; Lig. 1–3 mm lg., stumpf; Pfl. horstf., ↕ 20–60(–100) cm; ♃. V–VII. – Feucht-schattige Stellen in Laubwäldern, an Waldwegen; bis in die Bergwaldstufe. – *v*, *z* im O.
Winkel-S., Entferntährige Wald-S., ***C. remota*** L. (subsp. ***remota***)

— Ähren ± genähert, höchstens die unt. etwas entfernt; unt. Ähren ohne od. m. kurzem, laubigem Hüllblatt. **24**

24. Fr. ungeflüg. **27**

— Fr. geflüg., — lg. geschnäbelt **25**

25. Schnäbel der reifen Fr. die Tragblätt. nicht überragend, Ähren daher nicht auffällig „stachelig" aussehend, meist längl. u. locker, ob. Fr. daher von der Seite meist vollst. sichtbar; ↕ 10–60 cm; ♃. V–VIII. – Magerrasen, Wegränder, Wiesen. – *v*. [*C. ovalis* Gooden.]
Hasenpfoten-S., Hasen-S., ***C. leporina*** L.

— Schnäbel der reifen Fr. die Tragblätt. überragend, Ähren daher „stachelig" aussehend, meist sehr kompakt u. gedrungen, ob. Fr. daher von der Seite nicht vollst. sichtbar **26**

26. Fr. pfrieml., m. spitzer Basis, 4–5-mal so lg. wie br., gering geflüg.; ↕ 10–40 cm; ♃. VI–VIII (–X). – Flache, episodisch überstaute sandige Seeufer. – Ne. (Heimat: N-Am.); *s* eingebürg. D an Talsperren östl. Remscheid (S-Westf.); B; F: Els; NL.
Crawford-S., Falsche Hasenfuß-S., ***C. crawfordii*** Fernald

— Fr. br. lanzettl., m. rundl. Basis, 2–2,5-mal so lg. wie br., deutl. (von der Basis bis zur Spitze) geflüg.; — Pfl. gleichzeitig blhd. u. fruchtend; ↕ 40–80 cm; ♃. V–IX. – Feuchte bis nasse Wiesen. – Adventiv (Heimat: N-Am.); *s*, A: Ti (b. Seefeld); NL. Bebb-S., ***C. bebbii*** Britton

Hierher auch weitere Arten aus dem *C. leporina* agg.; *s* adventiv (Heimat: N-Am.).

27 (24). Fr. an der Spitze abgestumpft, kurz geschnäbelt od. ungeschnäbelt **29**

— Fr. geschnäbelt, Schnabel an der Spitze ± deutl. 2-zähnig; — Fr. waagr. absthd. od. etwas zurückgekrümmt; Ähren in einfacher, unterbrochen-ähriger Infl. **28**

28. Ähren längl., zu 8–12; Tragblätt. bräunl.; Fr. kurz 2-zähnig geschnäbelt, vielnervig; Blätt. schlaff, 3–5(–10) mm br., rau, — Blattscheiden schwach rötl. bis bräunl.; Lig. 4–8 mm lg., spitz; Ähren 5–12 mm lg., vielblütig; horstf., oft bultig; ↕ 30–60 cm; ♃. V–VI. – Erlenbrüche, Waldsümpfe; bis in die Bergwaldstufe. – *z*, im S seltener.
Langährige S., Walzen-S., Verlängerte S., ***C. elongata*** L.

— Ähren kugelig, zu 3–5 (*237/1*); Tragblätt. hellbraun, weiß hautrandig u. m. grünem Mittelnerv; Fr.Schnabel oft gekrümmt, rau 2-zähnig, Fr. nur auf gewölbter Außenseite nervig; Blätt. starr, 1–2 mm br.; — Ähren 4–6 mm lg.; Fr. reif morgensternf. spreizend; ↕ 10–30 cm; ♃. V–VII. – Sumpfwiesen, Flachmoore; kalkmeidend. – *v–z*. [*C. stellulata* Gooden.]
Stern-S., Igel-S., ***C. echinata*** Murray subsp. ***echinata***

29 (27). Fr. ungeschnäbelt, stark zus.gedrückt; Pfl. dk.grün; — Blätt. kürzer als der oberw. schwach raue Stg.; unt. Hüllblatt seine Ähre deutl. überragend, pfrieml.; Ähren fast kugelig, wenigblütig, m. (2–)6 ♀ Blüten an der Spitze u. 1–4 ♂ Blüten an der Basis, zu 3–5 in lockerer Infl.; ↕ 20–40 cm; ♃. VI–VII. – Heidemoore; kalkmeidend. – Asiatisch-skandinavisch-nordamerikanische Art; früher D: NI (Rhede); wohl nicht mehr im Gebiet. Lolchartige S., ***C. loliacea*** L.

— Fr. geschnäbelt, eif.; Pfl. graugrün **30**

30. Ähren meist zu 4–6(–10); Infl. unterbrochen, die unt. Ähren deutl. voneinander entfernt, insges. > 4 cm lg.; — Fr. eif. (Artengruppe Graue S., ***C. canescens*** agg.) **32**
— Ähren nur zu 3–4, sehr genähert; Infl. < 2 cm lg.; — Fr. eif. bis ellipt. **31**
31. Stg. oben sehr rau, scharf 3-kantig; Fr. graubraun, plötzl. kurz stachelig geschnäbelt; — Blätt. 2–2,5 mm br.; Ähren kugelig; ↕ 15–30 cm; ♃. V–VI. – Hochmoore. – D: *s* BY, früher BW, NI, SH; *s* A: NÖ, OÖ, Stm, Ti; CH; I: Bz; PL. Schlenken-S., Torf-S., ***C. heleonastes*** L. f. (subsp. ***heleonastes***)
— Stg. glatt od. nur unter der Infl. etwas rau, stumpf 3-kantig; Fr. gelbbraun m. dk.braunem, glattem Schnabel; — Blätt. 1–2 mm br., starr; ↕ 5–20 cm; ♃. VI–VII. – Steinschutthalden, quellige Stellen, Schneetälchen; 2000–2600 m. – *z* Silikat-Alp. von A; CH; I: Bz. [*C. lagopina* Wahlenb.] Schneehuhn-S., Lachenal-S., ***C. lachenalii*** Schkuhr (subsp. ***lachenalii***)
32 (30). Ähren kugelig, 3–5 mm lg.; Tragblätt. braun, weiß hautrandig; Schnabel auf der Außenseite aufgeschlitzt (*237/2*); Pfl. grasgrün; — Blätt. 1,5–2 mm br.; ↕ 15–70 cm; ♃. VII.
Bräunliche S., ***C. brunnescens*** (Pers.) Poir.

a. Dichtrasig; Pfl. kräftig; ↕ 15–40 cm; Stg. gerade; Blätt. kurz u. steif; Ähren eif. bis längl. eif., dichtblütig; Fr. 2–2,5 mm lg.; Fr.Wand selten aufreißend, nur schwach nervig, gelb- bis dk.braun. – Magerrasen, Flachmoore, humose Matten; kalkmeidend; überwgd. alp. Stufe (1000–2500 m). – *v–z* Alp., *s* Erzgeb.; Feldberg (Schw.) ausgestorben. Bräunliche S. (i. e. S.), subsp. ***brunnescens***
— Lockerrasig; Pfl. zart, ↕ 30–70 cm; Stg. etwas geschlängelt; Blätt. lg., weich, schlaff; Ähren br. eif. bis längl., lockerblütig; Fr. 2,5–3,5 mm lg.; Fr.Wand oft aufreißend, deutl. nervig (bes. die Außenseite), olivgrün m. violettbraunen Flecken. – Schattige, feuchte Waldstellen m. beginnender Vermoorung; kalkmeidend. – *s*, A: Sb; früher D: BY (Allmannshausen). – Taxonom. Wert umstritten. [*C. vitilis* Fr.] Flecht-S., subsp. ***vitilis*** (Fr.) Kalela

— Ähren längl. ellipt., 5–10 mm lg.; Tragblätt. bleich, grün gekielt; Schnabel nicht 1-seitig aufgeschlitzt; Pfl. graugrün; — Blätt. 2–3 mm br., schlaff, Spaltöffnungen auf der Blattober- u. Unterseite; ↕ 20–60 cm; ♃. V–VIII. – Hochmoore, Torfstiche, nasse Wiesen; kalkmeidend. – *v*. [*C. curta* Gooden.] Graue S., Grau-S., ***C. canescens*** L. (subsp. ***canescens***)

Verschiedenährige Seggen

Vorbemerkung: Die Entscheidung, ob Fr. geschnäbelt sind od. nicht, ist wegen zahlr. – auch standörtl. bedingter – Übergangsformen oft schwierig u. nicht immer sicher. Bleibt ein Bestimmungsergebnis fragl., so verfolge man m. der 2. Schnabel-Alternative auch den and. Bestimmungsgang.

1. Fr. m. kürzerem od. längerem, 2-zähnigem od. 2-spaltigem Schnabel (*237/3, 237/4*); — Narben meist 3 .... **46**
— Fr. ungeschnäbelt (zuw. aber zur Spitze hin lg. verschmälert *237/5*) od. m. sehr kurzem, stielrundem, gestutztem (*237/6*), selten sehr kurz 2-zähnigem Schnabel; — Narben 2–3 ... **2**
2. Fr. behaart; — Narben stets 3 .... **32**
— Fr. kahl (höchstens etwas rau) **3**
3. Narben 3 .... **14**
— Narben 2 .... **4**
4. Ähren alle einander sehr ähnl., fast gebüschelt, – zu 3–5, insges. nur bis 1,5 cm lg. u. etwas nickend; Endähren ganz od. nur an der Basis ♂; Hüllblatt. der untersten Ähre oft lg., laubblattart., m. bis 1 cm lg. Scheide; Tragblätt. eif. stumpf, schwarzrot m. grünem Mittelstreifen u. weißl. Rand; Fr. fast nervenlos, grauweiß bis hellgrün, dicht warzig; Pfl. m. kurzen Ausläufern, ↕ 5–20 cm; ♃. VII. – Feuchte bis schlammige Wiesen entlang von Gewässern; 1600–3000 m. – *s*, A: Kt, Sb, OTi, Ti; CH; I: Bz. Zweifarbige S., ***C. bicolor*** All.
— ♂ u. ♀ Ähren verschieden; Ähren, bes. die unt., voneinander entfernt **5**

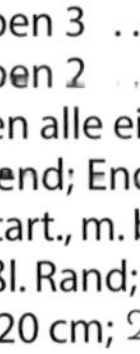
237/1

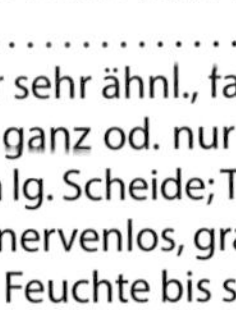
237/2

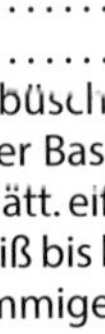
237/3

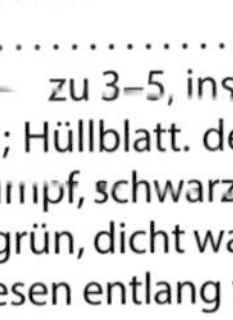
237/4

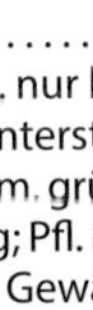
237/5

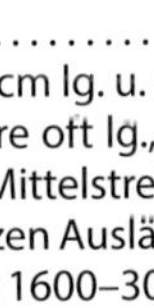
237/6

5. ♀ Ähren gestielt, ihr Stiel länger als die überhgd. Ähren; Tragblätt. der ♀ Blüten m. aufgesetzter Granne, die bis 5-mal so lg. wie die Spelzenfläche ist, — gelbl.-blassrotbraun; ↕ 30–60 cm; ♃. VI. – Anmoorige, offene Dünentäler. – *s*, DK: N-Jütland (erst 1990 b. Skagen entdeckt, Wuchsort inzw. vernichtet; sonst NO-Eur./Russl./N-Amer.).
Spreuschuppen-S., ***C. paleacea*** Wahlenb.

— ♀ Ähren (fast) ungestielt, aufr.; Tragblätt. der ♀ Blüten allenfalls zugespitzt, niemals grannig **6**

6. Pfl. m. verläng. Ausläufern; grundst. Blattscheiden m. Spr. (außer *C. buekii*), netzart. zerfasernd od. erhalten bleibend **8**

— Pfl. ohne verläng. Ausläufer, dichte Horste bildend; grundst. Blattscheiden ohne Spr., netzart. zerfasernd **7**

7. Blätt. grau-grün, scharf rau; Blattscheiden gelbbraun, grobmaschig-netzfaserig; Tragblätt. schwarzbraun m. grünem Mittelstreifen; Bogen der Lig. in Aufsicht (beim Abspreizen des Blatts) deutl. breiter als hoch; Stg. oberw. rau, — steif aufr., scharf 3-kantig; Blätt. 2–5(–6) mm br., Spaltöffnungen nur auf der Blattunterseite; Pfl. feste, große, oft stockwerkart. aufgebaute Horste („Bulte") bildend, ↕ 20–120 cm; ♃. IV–V. [*C. stricta* Gooden.; *C. reticulosa* Peterm.]
Steife S., Steif-S., ***C. elata*** All.

a. Fr. m. 5–7 deutl. Nerven; Tragblätt. abgerundet; — Blätt. 4–5(–6) mm br.; ↕ ≤ 120 cm. – Nährstoffreiche Wuchsorte, Flachmoore, Erlenbrüche, Altwasserufer. – *v–z* im NO u. S, *z–s* im mittl. Teil des Gebiets.
Steif-S. (i. e. S.), subsp. ***elata***

— Fr. nervenlos od. m. undeutl. Nerven; Tragblätt. deutl. zugespitzt; — Blätt. 2–3,5(–5) mm br.; ↕ ≤ 80 cm. – Nährstoffarme Wuchsorte. – *s*, erst 1997 in D: BB u. MV entdeckt (westlichste bekannte Vorkommen), in D: SN verschollen; W-PL. Omsker Steif-S., subsp. ***omskiana*** (Meinsh.) Jalas

— Blätt. hellgrün, fein rau; Blattscheiden dk.purpurrot, feinmaschig-netzfaserig; Tragblätt. schwarz m. rotbraunem Mittelstreifen; Bogen der Lig. in Aufsicht deutl. höher als br.; Stg. bis zum Grund rau, — schlank, scharf 3-kantig; Blätt. 3 mm br., starr; Fr. nervenlos; Pfl. dichte Horste bildend, ↕ 15–60 cm; ♃. IV–V. – Sumpfwiesen, Flachmoore. – *z–s*, D (im NW *s*, rückläufig); *s*, A: Bgl, Kt, Sb, Stm; B; CH; CZ; NL; PL. Rasen-S., ***C. cespitosa*** L. subsp. ***cespitosa***

♂. rotbraunen Blattscheiden, 2–3 mm br. Blätt. u. ≤ 60 cm hohen Stg. vgl. auch die Binsenartige S., ***C. nigra*** (L.) Reichard subsp. ***juncea***, s. Nr. **12**.

8 (6). Grundst. Blattscheiden spr.los, rotbraun, stark netzfaserig; — Fr. nervenlos, innen flach, außen gewölbt; unterstes Hüllblatt laubblattart.; Stg. scharf 3-kantig, oben sehr rau; ↕ 45–90 cm; ♃. IV–V. – Wiesen, Gebüsch der Flussufer. – *s*, D: Ober-, Mittel- (SN, ST), Unterelbtal (Hamburg), Maintal, b. Regensburg (Donau-, Naab-, Regental); A: Bgl, Kt, NÖ, OÖ, Stm; CZ; PL. [*C. banatica* Heuff.] Banater S., Banat-S., ***C. buekii*** Wimm.

— Grundst. Blattscheiden m. Spr., meist nicht netzig zerfasernd **9**

9. Laubblätt. meist kürzer als der Stg. (Infl.); Tragblätt. der untersten Ähre meist kürzer als die Infl.; Ähren ± aufr.; — ♀ Ähren bis 10 cm lg.; ♂ Ähren 1(–2), 1–3 cm lg. **11**

— Laubblätt. so lg. wie od. länger als der Stg. (Infl.); Tragblätt. der untersten Ähre meist länger als die Infl.; Ähren ± überhgd.; — ♀ Ähren bis 20 cm lg.; ♂ Ähren 2–4, die ob. 4–6 cm lg. (Artengruppe Schlanke S., ***C. acuta*** agg.) **10**

10. Stg. oberw. schwach 3-kantig, m. nur wenig eingesenkten Seitenflächen; dickste Wurzel (lebend!) 2 mm ∅; — unt. Blattscheiden an kräftigen vegetativen Trieben bis 10 mm br., nur zuw. rötl. überlaufen; Spaltöffnungen nur auf der Blattunterseite; ↕ 30–150 cm; ♃. IV–V. – Ufer, Großseggenriede. – *v*. [*C. gracilis* Curtis; incl. *C. acuta* subsp. *intermedia* Čelak.]
Schlanke S., Schlank-S., ***C. acuta*** L.

— Stg. oberw. sehr scharf 3-kantig, m. deutl. eingesenkten Seitenflächen; dickste Wurzeln (lebend!) 4 mm ∅; — unt. Blattscheiden an kräftigen vegetativen Trieben bis 15 mm br., rotbraun bis braunviolett überlaufen; ↕ 60–100 cm; ♃. IV–V. – Ufer, Großseggengesellschaften, Bäche. – *z* (von voriger Art oft nicht unterschieden), D: BY (Inn, Isar, Donau); A: NÖ, OÖ, Sb, Ti. [*C. oenensis* auct.] Inn-S., ***C. randalpina*** B. Walln.

Hybride (auch ohne die Eltern): ***C. × oenensis*** B. Walln. [*C. acuta × C. randalpina*].

11 (9). Unterstes Hüllblatt kurz, nur ≈ so lg. wie seine Ähre, die ob. Hüllblätt. spelzenart.; Blätt. oft zurückgekrümmt, — bis 7 mm br., rau; Infl. kurz, m. 2–3 aufr. ♀ Ähren u. 1 ♂; Fr. eif., nervenlos, fast 3-seitig; ↕ 10–50 cm; ♃. V–VIII. – Magerrasen, Zwergstrauchheiden; kalkmeidend; subalp.

Stufe. – *s*, D: Harz; A: Kt, Sb, Stm; *z* Erzgeb., Riesengeb., Altvatergeb. [*C. rigida* Gooden.]
Starre S., Bigelow-S., ***C. bigelowii*** Schwein. subsp. ***dacica*** (Heuff.) T. V. Egorova

— Unterstes Hüllblatt so lg. wie die Infl., auch die ob. wenigstens m. kurzer Spr.; Blätt. nicht zurückgekrümmt **12**

12. Stg. scharf 3-kantig, oberw. rau; ♂ Ähren 1 (selten 2); — Stg. gleich den Blätt. graugrün, Spaltöffnungen v. a. auf der Blattoberseite; Fr. bikonvex, grün, länger als die schwarzen, grün gestreiften Tragblätt.; Ähren kurz, aufr.; unt. Hüllblatt die Infl. nicht selten überragend; ↕ 10–50(–90) cm; ♃. V–VII. – Flachmoore, Gräben. – *v*. – Formenreich. [*C. goodenowii* Asch. & Graebn.; *C. fusca* All.; incl. subsp. *alpina* (Gaudin) Lemke]
Wiesen-S., Braune S., ***C. nigra*** (L.) Reichard subsp. ***nigra***

Hierher auch die nordische Binsenartige S., subsp. ***juncea*** [*C. juncella* (Fr.) Th. Fr.]: Pfl. ähnl. *C. elata*, horstf., ↕ ≤ 60 cm; Blattscheiden rotbraun, glzd., nicht gekielt; Blätt. 2–3 mm br. – Sehr *s*, CH: Gr (Oberengadin); NL; ob DK?

Bastard-Schlank-S., ***C. elytroides*** E. M. Fries [*C. nigra* × *C. acuta*]: ↕ 40–100 cm; ♂ Ähren 1–3; Blätt. 3–7 mm br., Spaltöffnungen auf Blattober- u. -unterseite. – Großseggenriede. – *z*. Oft auch ohne die Eltern.

— Stg. stumpf 3-kantig, glatt od. nur unterh. der Infl. etwas rau; ♂ Ähren (1–)2–4 .... **13**

13. Stg. völlig glatt; Blätt. 2–3 mm br., Spaltöffnungen auf der Blattober- u. unterseite; Fr. 3,5–5 mm lg., deutl. längsnervig (oft m. 3 stark hervortretenden Nerven), so lg. wie die Tragblätt. od. etwas länger als diese; Tragblätt. braun m. 3-nervigem, grünem Kiel u. schmalen Hauträndern; ♀ Ähren 1–4 cm lg., — zu 2–3, fast sitzend, aufr.; Fr. plankonvex; ↕ 10–40 cm; ♃. VI–VII. – Feuchte Röhrichte u. Kleinseggenriede in Dünentälern; kalkmeidend. – *s*, Nordseeküste u. Inseln von B, NL, D (NI; in SH ausgestorben) bis DK (Küste S- u. M-Jütland, Inseln Rømø u. Fanø).
Dreinervige S., ***C. trinervis*** Degl.

— Stg. wenigstens oberw. etwas rau; Blätt. 3–7 mm br., Spaltöffnungen v. a. auf der Blattoberseite; Fr. 2–3 mm lg., fast nervenlos, aber m. etwas vorspringenden Randkanten, breiter als die Tragblätt.; Tragblätt. purpurn bis kupferfarben, hell gekielt, weiß hautrandig; ♀ Ähren 4–6 cm lg.; — Fr. meist steril; Stg. m. ebenen Seitenflächen (Gegensatz zu *C. acuta*, s. Nr. **10**); ↕ 30–90 cm; ♃. V–VII (aber später als *C. acuta*). – Ufer, Sumpfwiesen, Moorbäche, Erlenbrüche. – *z*, D: NI (zw. Leer u. Rotenburg östl. Bremen, südl. bis Meppen); B; NL. (Ob weiter verbr? Früher m. *C. acuta* verwechselt.)
Wasser-S., ***C. aquatilis*** Wahlenb. var. ***aquatilis***

14 (3). Endst. Ähre ♂ (zuw. am Grund m. wenigen ♀ Blüten) **20**

— Endst. Ähre an der Spitze m. ♀, am Grund m. ♂ Blüten **15**

15. Grundst. Blattscheiden dk.braun, nicht netzfaserig; Fr. nervenlos, nur zuw. undeutl. nervig, etwas zus.gedrückt, braun od. schwarz; Grundfarbe der Tragblätt. schwarz; Pfl. horstf. bzw. m. kurzen Ausläufern **17**

— Grundst. Blattscheiden schwarzrot, fein netzfaserig; Fr. nervig, fast 3-kantig, graugrün; Grundfarbe der Tragblätt. dk.braun; Pfl. lockerrasig, m. längeren Ausläufern (Artengruppe Buxbaum-S., ***C. buxbaumii*** agg.) **16**

16. Endst. Ähren keulenf., meist nur oberw. ♂; Fr. dicht m. auffälligen Papillen bedeckt, undeutl. nervig, 3–4 mm lg., Grannenspitze des Tragblatts die Fr. überragend; Blätt. graugrün; — endst. Ähren ≤ 25 mm lg. u. 5–10 mm br.; ↕ 20–70 cm; ♃. V–VI. – Pfeifengraswiesen, Bachränder; bes. Bergwaldstufe. – *z–s* Alp.Vorland von D: BW u. BY; *s* D: BB, MV, RP, ST, TH; A; B; CH; CZ (Böhmw., Altvatergeb.); DK; F: Els; NL; PL.
Buxbaum-S., ***C. buxbaumii*** Wahlenb.

— Endst. Ähren zylindr., größtenteils ♀, nur am Grund m. wenigen ♂ Blüten (selten rein ♂ od. rein ♀); Fr. sehr fein papillös, bikonvex, 2–3 mm lg., ≈ so lg. wie die Tragblätt.; Blätt. grasgrün; — endst. Ähren ≤ 35 mm lg. u. ≤ 5 mm br.; ↕ 30–70 cm; ♃. V–VI. – Moorwiesen, Bachränder. – Sehr *z*, D: BB, BW, BY, HE, NI (b. Hannover), RP (Vorderpfalz), SN, ST, TH; A; B; CH: Mittelland, Rhonetal; CZ; DK; F: Els; I: Bz; NL; PL. [*C. buxbaumii* subsp. *hartmanii* (A. Cajander) Domin; *C. hartmanii* A. Cajander
Hartman-S., ***C. hartmaniorum*** A. Cajander

17 (15). Ähren rundl. eif., sitzend od. sehr kurz gestielt, kopfig zus.gezogen, — zu 2–4 .... **19**

— Ähren längl. eif., gestielt, alle od. wenigstens die unt. entfernt u. länger gestielt, — zu 2–6 **18**

18. ♀ Ähren ≤ 5 cm lg. haarfein gestielt, überhgd.; Fr. schlank, zur Spitze hin allmähl. verschmälert (ähnl. *233/5*), meist kurz 2-zähnig, länger, aber schmaler als ihr Tragblatt, — 4–6 mm lg.
C. fuliginosa, s. Nr. **63**

— ♀ Ähren kurz gestielt, ± aufr.; Fr. eif. bis verkehrt eif., kürzer, aber breiter als ihr Tragblätt, — 3,5–5 mm lg.; Blätt. > halb so lg. wie der Stg. Schwarze S., Trauer-S., ***C. atrata*** L. s. l.

a. Stg. schlank, glatt; Fr. 3,5 mm lg., gelbbraun; Ähren 1–2 cm lg.; Blätt. 3–4 mm br.; ↕ 15–30 cm; ♃. VI–VIII. – Steinige Rasen, Steinschutt. – *z* Alp. von D: BY (and. Angaben aus D waren falsch); A; CH; I: Bz; *s* Riesengeb., Altvatergeb.; 1500–3100 m. Schwarze S. (i. e. S.), Trauer-S. (i. e. S.), subsp. ***atrata***

— Stg. dick, an den Kanten rau; Fr. 4–5 mm lg., schwarz; Ähren bis 3,5 cm lg.; Blätt. 5–9 mm br.; ↕ 30–60 cm. ♃. VII–VIII. – Feuchtere StO, z. B. Hochstaudenfluren; 1500–3100 m. – *z–s* Alp. von D: BY; A; CH; I: Bz; *s* Riesengeb., Gesenke. Kohlschwarze S., ***C. aterrima*** subsp. ***aterrima*** (Hoppe) Hartm.

19 (17). Stg. glatt; Ähren eirund, sitzend (zuw. das unterste kurz gestielt); Tragblätt. schwarzbraun, weißl. berandet; Fr. braunschwarz, 3–4 mm lg.; — Blätt. 2–4 mm br.; ↕ 5–30 cm; ♃. VII–VIII. – Humose, steinige Rasen, Felsspalten, Steinschutt; 2300–3200 m. – *s*, Alp. von D: BY, A, CH, I: Bz. [*C. atrata* subsp. *nigra* Hartm.; *C. nigra* All.] Kleinblütige S., ***C. parviflora*** Host

— Stg. unterh. der Infl. stark rau; Ähren fast kugelig, kurz gestielt; Tragblätt. ohne od. selten m. sehr schmalem, weißhäutigem Rand; Fr. zuletzt gelbgrün bis braungrün, 1,8–3,5 mm lg.; — Blätt. 2,5–5 mm br.; ↕ 5–40 cm; ♃. – Feuchte Magerrasen u. Gesteinsfluren, Flachmoore. Norwegische S., ***C. norvegica*** Retz.

a. Fr. 1,8–2,5 mm lg., an der Spitze plötzl. in den Schnabel verschmälert; Tragblätt. drei Viertel so lg. wie die Fr.; ↕ 5–30 cm. VII–VIII. – *s*, A: Ti; CH: Gr; I: Bz. Norwegische S. (i. e. S.), subsp. ***norvegica***

— Fr. 2,5–3,5 mm lg. allmähl. in den Schnabel verschmälert; Tragblätt. halb so lg. wie die Fr.; ↕ 10–40 cm. VI–VIII. – *s*, A: OTi, Stm; I: Bz. – Taxonom. Wert umstritten. [*C. media* subsp. *pusteriana* (Kalela) W. Schultze-Motel] Pustertaler S., subsp. ***pusteriana*** (Kalela) Chater

20 (14). Blätt. (bes. am Rand od. wenigstens jung) behaart; — ♀ Ähren gestielt; Lig. in ihrem Verlauf doppelt so hoch wie br. **31**

— Blätt. kahl **21**

21. Hüllblätt. (bes. der unt. Ähre) m. längerer, stg.umfassender Scheide **25**

— Hüllblätt. ohne od. m. sehr kurzer Scheide; — Pfl. m. längeren Ausläufern **22**

22. ♀ Ähren sitzend, (1–)3–5-blütig, — zu 1–3, genähert; Hüllblätt. am Grund trockenhäutig; Fr. groß, glzd. gelbbraun, aufgeblasen; Blätt. flach, ≤ 1,5 mm br.; Stg. stumpfkantig, oberw. rau; ↕ 8–20 cm; ♃. IV–V. – Steppenrasen an Felshängen u. auf Sandböden, Trockenwälder; kalkmeidend. – D: *z* im O: BB, ST, TH, *s* BW/RP (nördl. Oberrheingebiet); *s* A: Bgl, NÖ, früher Stm; *s* CH: Vs; CZ; *z* I: Bz (Vinschgau); *s* PL. Niedrige S., Steppen-S., ***C. supina*** Wahlenb. var. ***supina***

— ♀ Ähren deutl. gestielt, zuletzt hgd., reichblütig **23**

23. ♂ Ähren (1–)2(–3); grundst. Blattscheiden m. Spr.; — Fr. nervenlos, purpurschwarz, rau punktiert; Blätt. flach, 2–6 mm br., am Rand rau, grasgrün bis blaugrün; Stg. stumpf 3-kantig, ↕ 20–50(–80) cm; ♃. IV–VI. – Wiesen, Flachmoore, Gebüsch, Halbtrockenrasen; auf Kalk. – *v*, im N stellenw. seltener. [*C. glauca* Scop.] Blaugrüne S., ***C. flacca*** Schreb. (subsp. ***flacca***)

— ♂ Ähren einzeln; grundst. Blattscheiden ohne Spr.; — Moorpfl. **24**

24. Fr. stark 5-nervig, gelbl.grün bis bräunl.; Tragblätt. rotbraun, m. grünen Mittelnerven; ♀ Ähren zu 1–2; Blätt. borstenf. zus.gefaltet, ≈ 1 mm br., graugrün; ↕ 15–50 cm; ♃. IV–VII. – Heide- u. Hochmoore, bes. in Schlenken; kalkmeidend. – *z* Alp. u. Alp.Vorland; D: Schw., Harz, BB, MV, SH, sonst *s*, oft verschwunden; *s* A (*f* Bgl); *z* CH; *s* CZ; *z* I: Bz; PL. Schlamm-S., ***C. limosa*** L.

— Fr. nervenlos, grasgrün; Tragblätt. dk. kastanienbraun, m. grünen Mittelnerven; ♀ Ähren zu 2–3; Blätt. flach, ≈ 4 mm br., grasgrün, schlaff; ↕ 10–40 cm; ♃. V–VIII. – Quellmoore; kalkmeidend. – *z* D: BY (Bayrw., Ammergeb., Berchtesgadener Alp.); Alp. von A; CH; I: Bz; Böhmw., Erzgeb., Riesengeb. [*C. irrigua* (Wahlenb.) Hoppe; *C. paupercula* Michx.] Riesel-S., Magellan-S., ***C. magellanica*** subsp. ***irrigua*** (Wahlenb.) Hiitonen

25 (21). ♀ Ähren auch z. Frzt. aufr.; Fr. kugelig bis eif.; — Pfl. m. längeren Ausläufern **28**

— ♀ Ähren v. a. z. Frzt. hgd. (bei *C. strigosa* oft aufr.); Fr. lanzettl. ellipt. **26**

26. Pfl. ≤ 20 cm hoch; Blätt. rinnig, ≤ 2 mm br.; — ♀ Ähren lockerblütig, an haarfeinen, > 1,5 cm lg. Stielen, Fr. zugespitzt (*237/5*), nervenlos, glzd. braun, 2–3,5 mm lg.; Tragblätt. braun, weiß hautrandig; Pfl. dichtrasig, ohne Ausläufer; ↕ 5–25 cm; ♃. V–VII. – Quellmoore; auf Kalk. – *v* Alp. (800–2900 m); *s* Riesengeb., Altvatergeb. Haarstielige S., Haarstiel-S., ***C. capillaris*** L.

— Pfl. 60–150 cm hoch; Blätt. flach, > 2 mm br.; — Waldpfl. **27**

27 (26, 76). ♀ Ähren dichtblütig, schlank-zylindr., überhgd., die unt. bis 10 cm lg. gestielt, bis 15 cm lg. u. 0,5 cm br.; Blätt. dk.grün, 1–2 cm br., unterseits gekielt; Tragblätt. rotbraun m. grünem Mittelstreifen, kürzer als die undeutl. nervigen, bleichgrünen, etwas aufgeblasenen,

fast schnabellosen Fr.; Pfl. dichtrasig, ohne Ausläufer; ↕ bis ≥ 200 cm; ♃. V–VI. – Feuchte Waldstellen, Eschenwälder; kalkmeidend; bis unt. Bergwaldstufe. – Die beiden Unterarten werden auch als Arten interpretiert; ihre genaue Verbr. ist noch zu ermitteln.
Hängende S., Hänge-S., ***C. pendula*** Huds.

a. Samen (nicht Schläuche!) ellipt., in od. wenig oberh. der Mitte am breitesten; Stiel der untersten Ähre u. Internodium zw. den beiden oberst. ♀ Ähren glatt bis schwach rau; Lig. weißl., beim Trocknen bräunl. werdend. – Noch zu trennen von folg. subsp.; stellenw. *v* im S, nördl. *v–z* bis NL/Harz/SN, SH, *s* MV b. Rostock, Rügen; *s* CH; DK; *z* Böhmw., Riesengeb., Altvatergeb.; auch Zierpfl., in Einbürg. v. a. D: zw. Niederrhein u. SH.
Westliche Hänge-S., subsp. ***pendula***

— Samen (nicht Schläuche!) verkehrt-eif., nahe der Spitze am breitesten; Stiel der untersten Ähre u. Internodium zw. den beiden oberst. ♀ Ähren deutl. rau; unt. Lig. deutl. rötl.-purpurn. – Wohl kontinentalere Verbr. als vorige: *z–s* BW, BY; A; CH: Mittelland; DK; wo noch? – Taxonom. Wert umstritten. [*C. mutabilis* Willd.].
Östliche Hänge-S., subsp. ***agastachys*** (L. fil.) Ljungstrand

— ♀ Ähren lockerblütig, schlank, fast aufr., kurz gestielt, bis 7 cm lg. u. 0,2–0,3 cm br.; Blätt. frischgrün, 0,5–1 cm br., höchstens undeutl. gekielt; Tragblätt. grünl., kürzer als die grünen, längsnervigen, kurz geschnäbelten Fr.; Pfl. m. Ausläufern (ist *C. sylvatica*, Nr. **76**, ähnl.); ↕ 40–100 cm; ♃. IV–VI. – Feuchte Laubwälder, Waldwege; kalkmeidend; bis unt. Bergwaldstufe. – *z–s*, D: BW, NI, NRW, MV, SH, *s* im NW u. O; *z* N-CH; F: Els.; *s* A: NÖ, OÖ, Stm, Sb, Vb; B; CH; CZ; NL; PL. Dünnährige S., ***C. strigosa*** Huds.

28 (25, 61). Tragblätt. weiß glzd., m. grünem Mittelstreif, viel kürzer als die häutig geschnäbelten, nervigen, zuletzt glzd. dk.braunen Fr.; Hüllblätt. ohne Spr.; — ♀ Ähren arm- u. lockerblütig; Blätt. 1–2 mm br., borstl. gefaltet, an den Rändern scharf rau; Lig. fast eben verlfd.; Pfl. m. Ausläufern, ↕ 10–40 cm; ♃. IV–V(–VI). – Trockene Wälder; kalkstet. – *v* Alp.; *z* im S (Donau-, Iller-, Lech-, Isar-, Inn-, Oberrheintal), A, CH auch Mitteland u. Jura; *s* D: N-BY (FrAlb), HE; CZ (Böhmw.); *z* F: S-Els; DK wohl nur verschleppt. Weiße S., ***C. alba*** Scop.

— Tragblätt. braun od. schwärzl., oft weiß berandet u. m. grünen Mittelnerven; Hüllblätt. laubblattart. **29**

29. Blätt. kaum kürzer als die Infl.; unterstes Hüllblatt kurzscheidig; ♀ Ähren dicht- u. bis 12-blütig, — kurz walzl., 6–12 mm lg. u. ≈ 5 mm br.; Tragblätt. rotbraun, br. weiß hautrandig, m. grünem Mittelstreif; Fr. länger als ihr Tragblatt, kurz geschnäbelt, glzd. hellbraun; ↕ 10–30 cm; ♃. IV–V. – Trockenrasen. – *s*, A: Bgl, Kt, NÖ, Ti; CH: Gr, Ts, Vs, Vd; I: Bz; verschleppt: D: Mainz. [*C. nitida* Host] Glanz-S., ***C. liparocarpos*** Gaudin (subsp. ***liparocarpos***)

— Blätt. viel kürzer als die Infl.; unterstes Hüllblatt m. deutl. Scheide; ♀ Ähren lockerblütig **30**

30. Pfl. graugrün; Fr. kurz geschnäbelt, kugelig-eif., graugrün, viel länger als die schwärzl., grün gestreiften Tragblätt.; Hüllblattscheide anlgd., glatt; — ♀ Ähren 2–3 cm lg., ♂ 1,5–2 cm lg.; ↕ 15–40 cm; ♃. IV–VI. – Riedwiesen, Wiesenmoore, Bachränder, feuchte alp. Rasen. – *v*.
Hirsen-S., ***C. panicea*** L.

— Pfl. grasgrün; Fr. m. ausgerandetem Schnabel (*237/6*), hellbraun, so lg. wie die rostroten, grün gestreiften Tragblätt.; Hüllblätt. m. ± aufgeblasener Scheide; — ♀ Ähren 1–2 cm lg., ♂ 1–1,5 cm lg.; ↕ 10–30 cm; ♃. VII–VIII. – Flachmoore, Hochmoore. – *s*, D: ST (Harz); A: Stm (Niedere Tauern), Ti; CH: Gr, Berner Oberland; CZ (Altvatergeb., Riesengeb.); I: Bz (Reschenpass). [*C. sparsiflora* (Wahl.) Steud.] Scheiden-S., ***C. vaginata*** Tausch (subsp. ***vaginata***)

31 (20). Blätt. 2–3 mm br., schlaff, nur zerstreut u. bes. die unt. bewimpert; Tragblätt. bleich, kürzer als die glzd., schnabellosen Fr.; ♀ Ähren kurz zylindr., wenig entfernt, dichtblütig, — 2–3, bis 2 cm lg., glzd., an Eigelege von Fliegen erinnernd; Pfl. ohne Ausläufer, ↕ 20–40 cm; ♃. IV–VII. – Lichte Wälder, frische Wiesen; kalkmeidend. – *v*, im N m. Verbr.Lücken.
Bleiche S., ***C. pallescens*** L.

— Blätt. bis 10 mm br., weich, entlang der Ränder u. unterseits absthd. bewimpert; Tragblätt. braun, so lg. wie die mattgrünen, deutl. kurz 2-zähnig geschnäbelten Fr.; ♀ Ähren lg.gestreckt, weit entfernt, lockerblütig, — 2–4, ≤ 3 cm lg.; Pfl. m. lg. Ausläufern, ↕ 20–40(–60) cm; ♃. IV–V. – Laubwälder, Lichtungen; bis unt. Bergwaldstufe. – D: *z* S-BW, S-BY, S-HE, *s* Oberrhein (m. F: Els), b. Göttingen (S-NI), RP, ST, TH; *z* A; CH; *s* CZ; L; *z* PL; NL verschleppt.
Wimper-S., ***C. pilosa*** Scop.

32 (2). Unterste Ähre grundst., 10–20 cm lg. gestielt, die übrigen einander genähert, — 2–5-blütig **83**

— Alle Ähren in ob. Stg.Hälfte (wenn grundst., dann kurz gestielt) **33**

33. ♀ Ähren lockerblütig, zumind. die unt. deutl. gestielt **41**
— ♀ Ähren dichtblütig, sitzend u. aufr.; — ♂ Ähre 1 .... **34**
34. Unterstes Hüllblatt trockenhäutig, am Grund deut. verbreitert, die dazugehörige Ähre meist nicht überragend **37**
— Unterstes Hüllblatt laubblattart., am Grund wenig od. nicht verbreitert, die dazugehörige Ähre meist weit überragend **35**
35. ♂ Ähren (meist) 2; unt. Hüllblatt länger als Infl.; Fr. sehr kurz borstig; Blätt. blaugrün; — Pfl. m. längeren Ausläufern; ♀ Ähren deutl. voneinander entfernt; Tragblätt. schwarzbraun; Fr. grün od. schwarz .... ***C. flacca*** subsp. ***flacca,*** s. Nr. **23**
— ♂ Ähren nur 1; unt. Hüllblatt kürzer als Infl.; Fr. dicht behaart; Blätt. grasgrün bis graugrün; Fr. kurz behaart **36**
36. Pfl. horstf., ohne Ausläufer; ♀ Ähren 2–4, nah beieinander, kugelig (≤ 7 mm lg.); Fr. grauweißhaarig, kugelig; Infl. gedrungen, unt. Hüllblatt aufr. absthd.; — Tragblätt. grau- bis dk.braun, meist kürzer als die Fr.; frische Wurzeln m. Harzgeruch; Stg. z. Frzt. niederlgd.; ↕ 15–50 cm; ♃. IV–V. – Kiefernwälder, Waldränder, Heiden, kalkmeidend. – *v*.
Pillen-S., ***C. pilulifera*** L. (subsp. ***pilulifera***)
— Pfl. lockerrasig, m. Ausläufern; ♀ Ähren 1–2, deutl. voneinander entfernt, längl.; Fr. dicht weißhaarig, nervenlos, eif. kugelig, kurz 2-zähnig; Infl. aufgelockert, unt. Hüllblatt zuw. fast waagr. absthd.; — Tragblätt. rotbraun, m. grünen Nerven, fast so lg. wie die Fr., eif.-zugespitzt; ♂ Ähren meist gestielt; ↕ 20–40 cm; ♃. IV–V. – Basenreiche Halbtrockenrasen, Moorwiesen. – *z* im S, nördl. *s–f*, bis Linie NL/Eifel/Paderborn/Höxter/Hannover/MV (nur b. Demmin).
Filzige S., Filz-S., ***C. tomentosa*** L.
37 (34). Tragblätt. stumpf, br. verkehrt-eif., weiß-trockenhautrandig, vorn oft fransig bewimpert; — Fr. verkehrt eif., m. gestutztem, kurzem Schnabel; Pfl. m. Ausläufern, ↕ 10–30 cm; Blattscheiden gelbbraun, zuw. purpurn überlaufen; ♃. III–V. – Basenreiche Heidewiesen, lichte Kiefernwälder, Dünentäler. – *z* im S u. O, sonst *s* od. verschwunden.
Heide-S., ***C. ericetorum*** Pollich
— Tragblätt. ± spitz, nicht fransig bewimpert **38**
38. Unterstes Hüllblatt m. kurzer Scheide u. blattart. Spr., zugehörige ♀ Ähre kurz gestielt; Blätt. 2–3 mm br., steif.; — Blattscheiden braun **40**
— Unterstes Hüllblatt ohne od. m. sehr kurzer Scheide, zugehörige ♀ Ähre sitzend; Blätt. 1–2(–3) mm br., — fast stets weichhaarig **39**
39. Pfl. ohne Ausläufer; Blattscheiden blutrot; Tragblätt. schwarzviolett bis schwarzbraun, spitz; Blätt. oberseits schwach behaart, weich; Scheiden der Grundblätt. wenig zerfasernd; Fr. dicht zottig behaart, schmal eif.; unt. Hüllblatt oft ohne Spr. od. diese br. hautrandig; Blattrand rau (sehr fein gesägt); ↕ 10–25 cm; ♃. IV–VI. – Laubwälder, Bergwiesen, Gebüsche; auf Kalk u. basenr. Silikatgestein. – *v, s* im N (*f* NW-D; NL). Berg-S., ***C. montana*** L.
— Pfl. m. kurzen Ausläufern; Blattscheiden blassbraun bis -grau; Tragblätt. braun m. blassem Rand, stachelspitzig; Blätt. kahl, oberseits nur rau, steif; Scheiden der Grundblätt. stark faserschopfig werdend; Fr. kurz u. locker flaumig, verkehrt eif.; unt. Hüllblatt laubart.; Blattrand (fast) glatt; ↕ 40–60 cm; ♃. IV–VI. – Magerwiesen, lichte Laubwälder; kalkmeidend. – *s*, A: Bgl, Kt; CH: Ts; F: Els (östl. Rixheim). Fritsch-S., ***C. fritschii*** Waisb.
40 (38). Pfl. horstf., am Grund m. dichtem Faserschopf; Vorjahresblätt. länger als der Blütenstg.; — ♀ Ähren 1–3; Tragblätt. rostbraun, grün gestreift; unt. Hüllblatt zuw. laubig; ↕ 15–45 cm; ♃. IV–VI. – Wälder, Magerrasen. – *z*, nördl. seltener, bis SO-B/Köln/Teutoburger Wald/Hannover/Harz/SN/S-PL. Schatten-S., ***C. umbrosa*** Host (subsp. ***umbrosa***)
— Pfl. rasig, m. kurzen Ausläufern; Blätt. kürzer als der Blütenstg., meist zurückgekrümmt; — ♀ Ähren 2–3; Tragblätt. rostbraun bis gelbl.braun, grün gestreift; ↕ 5–30 cm; ♃. III–V. – Basenreiche Halbtrockenrasen, Magerrasen. – *v*, im N *z–s*. [*C. verna* Chaix nom. illeg.; *C. praecox* Jacq., nom. illeg.] Frühlings-S., ***C. caryophyllea*** Latourr. var. ***caryophyllea***
41 (33). Stiele der ♀ Ähren fast ganz von scheidenf. Hüllblätt. eingeschlossen; — 3 ♀ Ähren, jeweils meist 3-blütig; Tragblätt. braun, br. trockenhäutig, m. weißem, glzd. Hautrand; Blätt. borstenf., eingerollt, graugrün, starr, rau, z. Frzt. den Stg. überragend; Pfl. dicht horstf., ↕ 3–10 cm; ♃. III–IV. – Steppenrasen, Kiefernwälder; auf Kalk u. basenr. Silikatgestein. – *z* im

S, sonst *s* (nördl. bis Linie SO-B/Eifel/Lahntal/Hannover/Braunschweig/nördl. Berlin/PL).
Erd-S., Zwerg-S., ***C. humilis*** Leyss. var. ***humilis***

— ♀ Ähren m. ihren Stielen aus den Hüllblätt. herausragend **42**

42. Pfl. ohne zentrale, sterile Blattrosette; ♀ Ähren weit voneinander entfernt, lg. gestielt; Stg. stumpf 3-kantig, — rau; ♀ Ähren zu 2–3; Blütenstg. endst.; Tragblätt. stachelspitzig, glzd. rotbraun, weißhäutig, m. grünem Mittelstreifen; ↕ 10–15 cm; ♃. V–VI. – Schattige Schluchten, Felsblöcke. – *s*, A: NÖ (Thayatal); CZ. – Taxonomie umstritten. [*C. rhizina* Lindblom]
Fuß-S., ***C. pediformis*** C. A. Mey. subsp. ***rhizodes*** (Meinsh.) H. Lindb.

— Pfl. m. zentraler, steriler Blattrosette; ♀ Ähren einander fingerf. genähert; Stg. fast stielrund **43**

43. ♀ Ähren fingerf. genähert, bis 1 cm lg., ± dicht 2–5-blütig; Tragblätt. halb bis ein Drittel so lg. wie der Utriculus, — fast stets schmal hautrandig, nicht gezähnelt; Infl. 1–2,5 cm lg. (Artengruppe Vogelfuß-Segge, ***C. ornithopoda*** agg.) **45**

— ♀ Ähren (bes. das unt.) etwas voneinander entfernt, 1,5–3 cm lg., locker 4–10-blütig; Tragblätt. ≈ so lg. wie der Utriculus, — m. grünem Mittelnerv, weiß hautrandig, etwas fein gezähnelt **44**

44. Schnabel so lg. wie br., br. kegelf.; Tragblätt. blassbraun; Scheide des unt. Hüllblatts blassgrün; — Infl. meist die Blätt. überragend; ↕ 10–30 cm; ♃. IV–VI. – Laubwälder, trockenwarme Wuchsorte; auf Kalk. – Wohl nicht *s*, noch oft übersehen; D: BY (Isartal); A: Kt, NÖ, OÖ, Sb, Stm; CH; *z* CZ; wo noch? [*C. digitata* var. *pallens* Fristedt; *C. digitata* subsp. *pallens* (Fristedt) Tzvel.] Blasse S., ***C. pallidula*** Harmaja

— Schnabel deutl. länger als br., schmal kegelf.; Tragblätt. rötl. braun; Scheide des unt. Hüllblatts rotbraun; — Infl. meist die Blätt. nicht überragend; ↕ 10–30 cm; ♃. IV–V. – Laubwälder, Wegränder; auf Kalk u. basenreichem Silikatgestein. – *v–z*, im NW *s–f*. Finger-S., ***C. digitata*** L.

45. Stg. aufr. (später wenig gekrümmt); Blattrand rau; Fr. behaart, 2,5–3 mm lg.; Tragblätt. rot- bis gelbbraun od. kastanienbraun; ♀ Ähren 6–10 mm lg., lockerblütig, — zu 2–4; ↕ 7–15 cm; ♃. IV–VI. Vogelfuß-S., ***C. ornithopoda*** Willd.

a. Stg. oberw. rau; Tragblatt. rot- bis gelbbraun; Fr. dicht behaart, matt. – Laubwälder, Gebüsche, Halbtrockenrasen; auf Kalk. – *z–v*, Alp., Alp.Vorland; D: SchwAlb, FrAlb, Oberrheintal, Eifel, HE, RP, ST, TH, *v–z* A: NÖ, OÖ, Bgl; F: Els; *s* CZ; PL. Vogelfuß-S. (i. e. S.), subsp. ***ornithopoda***

— Stg. glatt; Tragblätt. kastanienbraun; Fr. locker behaart, glzd. – Steinige Rasen. – *z–s*, Alp. – Taxonom. Wert umstritten. [var. *castanea* Murb.] Braune Vogelfuß-S., subsp. ***elongata*** (Leyb.) Vierh.

— Stg. bogig überhgd.; Blätt. glatt; Fr. fast kahl bis glzd., ≈ 2 mm lg.; Tragblätt. dk.rot bis schwärzl.; ♀ Ähren bis 5 mm lg., dichtblütig, — zu 2(–3); ↕ 5–10 cm; ♃. VII–VIII. – Steinige Rasen, Steinschutt, Felsspalten, Schneeböden; kalkstet; 1500–2500 m. – *z–s*, Alp. [*C. ornithopoda* subsp. *ornithopodioides* (Hausm.) Nyman]
Vogelfußähnliche S., Alpen-Vogelfuß-S., ***C. ornithopodioides*** Hausm.

46 (1). Fr. kahl (bei *C. ferruginea* u. *frigida*, s. Nr. **68** u. **68**—, *C. flava* agg., s. Nr. **55**—, *C. sempervirens*, s. Nr. **65**, zuw. etwas behaart od. borstig-rau) **52**

— Fr. behaart (bei *C. atherodes*, s. Nr. **50**—, zuw. kahl) **47**

47. Narben 2; — ♀ Ähren 1–2, wenigblütig, ungestielt; Fr. braun, später verkahlend; Blätt. schmal, borstenf., meist gekrümmt; unterstes Hüllblatt kürzer als die Infl., aber länger als seine Ähre, deutl. rau; Pfl. horstf., ↕ 7–30 cm; ♃. V–VIII. – Besonnte Felshänge, Geröll; kalkstet; 600–2700 m. – *z* Alp., *s* an Flüssen im Alp.Vorland. Stachelspitzige S., ***C. mucronata*** All.

— Narben 3 .... **48**

48. Blätt. sehr schmal, 1–1,5 mm br., rinnig, — kahl, graugrün; ♀ Ähren 2, entfernt; Fr. 3,5–5 mm lg., dicht filzig behaart; ♂ Ähren 1–3; Tragblätt. dk.braun, zugespitzt, m. hellem Mittelnerv, so lg. wie od. kürzer als die längl. eif., etwas aufgeblasenen Fr.; ↕ 30–100 cm; ♃. V–VI. – Moore, Waldsümpfe; bis in die Bergwaldstufe. – *z* im S u. N, *s–f* im mittl. Teil des Gebiets, dort auch zurückghd. [*C. filiformis* auct.] Faden-S., ***C. lasiocarpa*** Ehrh.

— Blätt. > 1,5 mm br., flach; — ♀ Ähren meist 2–4 .... **49**

49. Fr. < 5 mm lg., nur schwach behaart **51**

— Fr. > 5 mm lg. **50**

50. Unterste Blattscheiden schwach netzfaserig; unt. Hüllblätt. lg. scheidig; — ♀ Ähren 2–4, entfernt; Fr. ei-kegelf., gleichm. dicht behaart, m. lg., dicken u. innen rauen Zähnen; ↕ 10–30 (–70) cm; ♃. IV–VI. – Feuchte Wegränder, Wiesen, Ruderalstellen. – *v*. Behaarte S., ***C. hirta*** L.

— Unterste Blattscheiden stark netzfaserig; unt. Hüllblätt. m. kurzen, behaarten Scheiden (Scheide des unt. zuw. bis 1 cm lg.); — ♀ Ähren 3–4, etwas genähert, bis 7 cm lg.; Fr. ei-kegelf., ungleichm. behaart, oft verkahlend, m. lg., ausw. gekrümmten, rauen Schnabelzähnen (*245/1*); ↕ 60–90(–120) cm; ♃. V–VI. – Nasse Wiesen. – *s*, D: b. Hamburg, b. Nauen (BB); NW-PL. [*C. aristata* R. Br., nom. illeg.; *C. orthostachys* C. A. Mey.; *C. siegertiana* Garcke] Große Grannen-S., ***C. atherodes*** Spreng.

51 **(49).** Unterste ♀ Ähre aufr. .... ***C. fimbriata***, s. Nr. **67**

— Unterste ♀ Ähre hgd. .... ***C. ferruginea*** subsp. ***austroalpina***, s. Nr. **68a**—

52 **(46).** Infl. m. meist mehreren ♂ Ähren **77**

— Infl. m. nur 1 ♂ Ähre (selten 2) **53**

53. ♀ Ähren ≈ 7–10-mal so lg. wie br., z. Frzt. nickend bzw. hgd. od. Stg. nickend **74**

— ♀ Ähren ≤ 5-mal so lg. wie br., aufr. od. nickend **54**

54. Hüllblätt. m. lg. Scheide **58**

— Scheiden der untersten Hüllblätt. meist 2–3(–10) mm lg.; — Ähren rundl. bis höchstens kurz zylindr. (Artengruppe Gelbe S., ***C. flava*** agg.) **55**

55. Fr. 4–7 mm lg., ihr Schnabel ± so lg. wie der übrige Fr.Teil, wenigstens im unt. Ährenteil herabgekrümmt; ♀ Ähren rundl. bis br. ellipt. **57**

— Fr. 2–4 mm lg., ihr Schnabel deutl. kürzer als der übrige Fr.Teil, gerade; ♀ Ähren längl. ellipt. bis zylindr. **56**

56. Stg. meist bogig aufstgd.; Fr. 3–4 mm, ihr Schnabel 1–1,5 mm lg.; Blätt. hellgrün, flach, — 2–4 mm br.; ♂ Ähren gestielt bis sitzend; ♀ Ähren zu 2–3 dichter beisammen sthd., 1 weiteres davon deutl. entfernt (zuw. am Stg.Grund) u. lg. gestielt; ↕ 10–25(–40) cm; ♃. V–VII. – Wegränder, Flachmoore; kalkmeidend. – *z.* [*C. oederi* subsp. *demissa* (Hornem.) C. Vicioso; *C. oederi* subsp. *oedocarpa* Andersson; *C. flava* subsp. *demissa* (Hornem.) O. Bolòs] Grünliche Gelb-S., Grüne S., Aufsteigende S., ***C. demissa*** Hornem. (subsp. ***demissa***)

— Stg. meist starr; Fr. 2,5–3 mm, ihr Schnabel 0,5–1 mm lg.; Blätt. dk.grün, gekielt, — 1,5–3 mm br.; ♂ Ähren sitzend; ♀ Ähren zu 2–8 dicht beisammen sthd., unterste zuw. etwas entfernt; ♀ Tragblätt. kürzer als die ± aufgeblasenen Fr.; ↕ 10–20 cm; ♃. VI–X. – Flachmoore, Ufer. – *z–s*. [*C. viridula* Michx.; *C. oederi* subsp. *pulchella* Lönnr.; *C. serotina* Mérat] Späte Gelb-S., ***C. oederi*** Retz. var. ***oederi***

Hierher auch: Vernachlässigte S., ***C. derelicta*** Štěpánková: Fr. < 2,5 mm, nicht aufgeblasen; ♀ Tragblätt. so lg. wie od. länger als Fr. – *s*, CZ (Riesengeb.)

57 **(55).** ♂ Ähren 5–30 mm lg. gestielt; ♀ Ähren 2–3, voneinander entfernt (aber nicht unterh. der Mitte entspringend); mittl. Stg.Blatt ≤ 3 mm br., meist kürzer als die Stg.Hälfte, m. ≤ 0,3 mm lg. Lig. (*35/3*, L); Stg. oberw. rau; — Fr. 4–5 mm lg., plötzl. in den geraden bis gekrümmten, 1,5–2 mm lg. Schnabel überghd., absthd. od. herabgeschlagen; ↕ 20–50 cm; ♃. VI–VII. – Flach- u. Quellmoore; auf Kalk. – Im S *v–z*, im NO *z*, sonst *s*. [*C. viridula* subsp. *brachyrrhyncha* (Čelak.) B. Schmid; *C. flava* subsp. *brachyrrhyncha* Čelak.] Schuppenfrüchtige S., ***C. lepidocarpa*** Tausch (subsp. ***lepidocarpa***)

— ♂ Ähren sitzend; 2 ♀ Ähren der ♂ benachbart u. dicht beisammen sthd., eine weitere ♀ deutl. entfernt u. zuw. sogar unterh. der Stg.Mitte entspringend; mittl. Stg.Blatt 3–5 mm br., m. 0,5–1,5 mm lg. Lig.; Stg. glatt; — Fr. 4–7 mm lg., allmähl. in den 2–3 mm lg. Schnabel verschmälert (*245/2*); ↕ 20–50 cm; ♃. VI–VII. – Flachmoore, feuchte Wiesen, Waldwege. – Im S, M u. O *z*, sonst *s*. [incl. var. *alpina* Kneuck.; *C. flavella* V. I. Krecz.] Gelbe S., ***C. flava*** L.

58 **(54).** Blattscheiden an ihrer Mündung (also gegenüber der Blattspr.) m. trockenhäutigem Anhängsel (*245/3*, A); ♀ Ähren meist voneinander entfernt **69**

— Blattscheiden an ihrer Mündung ohne ein solches Anhängsel; ♀ Ähren meist einander genähert **59**

59. Blätt. am Rand behaart .... ***C. pilosa***, s. Nr. **31**—

— Blätt. kahl **60**

60. Blütenstg. ≥ 3-mal so lg. wie die grundst., starren, absthd., 2–3(–4) mm br. Blätt.; — ♀ Ähren meist 2, gedrungen, 3–6-blütig; Tragblätt. rotbraun; Fr.Kanten rau; Pfl. feste Polster bildend, ↕ 10–15 cm; ♃. VI–VIII. – Steinige Rasen, Felshänge; kalkstet; 1100–2900 m, zuw. tiefer (Flusskies). – Kalk-Alp., *v* u. meist bestandsbildend. Polster-S., ***C. firma*** Host

— Blütenstg. < 3-mal so lg. wie die Blätt. **61**
61. Schnabel der Fr. gestutzt, höchstens schwach ausgerandet **28**
— Schnabel verläng., deutl. 2-spaltig **62**
62. Tragblätt. der ♀ Ähren rotbraun od. schwarzbraun, oft m. grünem Mittelstreifen; — Gebirgspfl. **64**
— Tragblätt. der ♀ Ähren grünl. bis blassgelb **63**
63. ♀ Ähren 2–3, 5–6-blütig, dickl. gestielt, entfernt, aufr.; Fr. silbergrau, stark- u. vielnervig, lg. geschnäbelt u. kurz 2-zähnig; — unt. Hüllblatt die Infl. zuw. überragend; Fr. bis 10 mm lg.; ↕ 30–60(–100) cm; ♃. IV–V. – Steinige Wälder. – Sehr *s*, D: RP (Echternacherbrück; ob noch?); CH: Vs; F: Els (Colmar); L. [*C. ventricosa* Curtis] Verarmte S., ***C. depauperata*** With.
— ♀ Ähren 1–2, 6–20-blütig, entfernt, aufr.; Fr. braun, fast nervenlos, in an der Spitze in 2 scharfe Zacken geteilten Schnabel verschmälert; — unt. Hüllblatt kurz, kaum zugehörige Ähre überragend; Fr. 6–7,5 mm lg.; ↕ 20–40 cm; ♃. IV–V. – Halbtrockenrasen, Laubwälder. – *s*, D: BY (b. Passau); A: Bgl, Kt, NÖ, OÖ, Stm; CZ; I: Bz. Micheli-S., ***C. michelii*** Host
64 (62). Endst. Ähren am Grund ♂, an der Spitze ♀; — Tragblätt. schwarz-violett, weiß hautrandig; Fr.Schnabel fein gesägt, allmähl. verschmälert; Pfl. dicht horstf., ↕ 10–30 cm, Stg. 2–3-mal länger als die Blätt.; ♃. VI–VIII. – Felsspalten, steinige Rasen; 1700–2600 m. – Alp., *s* D (Berchtesgadener Alp.); *z* A; I: Bz; *f* CH. Ruß-S., ***C. fuliginosa*** Schkuhr (subsp. ***fuliginosa***)
— Endst. Ähren rein ♂ od. am Grund m. ♀ Blüten **65**
65. Pfl. m. verläng. Ausläufern **67**
— Pfl. ohne od. m. kurzen Ausläufern **66**
66. Pfl. dicht horstf.; ♀ Ähren bis 20 mm lg. gestielt, ± aufr., zieml. gedrungen (auch z. Frzt.); Blätt. 2–3 mm br., steif; Tragblätt. dk.braun, weiß hautrandig, kürzer als die scharf 3-kantigen, oberw. borstig bewimperten Fr.; Stg. am Grund m. dk. braunroten, glzd., faserigen Scheidenresten, nur wenig länger als die Blätt.; — ♀ Ähren zu 2–3; unt. Hüllblatt deutl. länger als seine Ähre; ↕ 20–40 cm; ♃. VI–VIII. – Magerwiesen; auf Kalk; bis 3100 m. – *v* u. oft bestandsbildend Alp., *z* Alp.Vorland, bes. Lech- u. Isartal, SW SchwAlb.
Immergrüne S., Horst-S., ***C. sempervirens*** Vill. (subsp. ***sempervirens***)
— Pfl. lockerrasig; ♀ Ähren fadenf. gestielt, aufr. bis überhgd., im Umriss eif.; Blätt. 3–4 mm br.; Tragblätt. rötl.- bis schwarzbraun, m. grünem Mittelstreifen, kürzer als gleichfarbige, flachgedrückte, nur am kurzen Schnabel raue Fr.; Stg. am Grund ohne Scheidenreste; — ♀ Ähren zu 2–4, 8–15 mm lg.; ↕ 10–25 cm; ♃. VII–VIII. – Feuchte Rasen der Alp. – A: *s* Kt, OTi, Sb, Ti, früher Stm; *s* CH: Berner Oberland, Gr, Vs. [*C. ustulata* Wahlenb., nom. illeg.]
Schwarzrote S., ***C. atrofusca*** Schkuhr (subsp. ***atrofusca***)
67 (65). Blätt. 2,5–4 mm br.; ♀ Ähren aufr., — 10–25 mm lg. u. 3-4 mm br., nur unterste 10–35 mm lg. gestielt; Fr. 3–4 mm lg., kahl od. schwach behaart, allmähl. in den 2-spaltigen Schnabel zugespitzt; unt. Hüllblatt m. 5–15 mm lg. Scheide; Tragblätt. dk.rotbraun, schmal hautrandig; Stg. scharf 3-kantig; ↕ 10–40 cm; grundst. Scheiden rotbraun; ♃. VII–VIII. – Feuchte Felsspalten. – *s*, nur CH: Vs (Zermatt), Gr (Misox, Puschlav). [*C. ferruginea* var. *fimbriata* (Schkuhr) Fiori] Fransen-S., ***C. fimbriata*** Schkuhr
— Blätt ≤ 2 mm br.; ♀ Ähren zuletzt hgd. **68**
68. Stg. glatt; grundst. Scheiden purpurn; ♀ Ähren lockerblütig u. lockerfrüchtig (m. sichtbarer Achse), — zu 2–4, die unt. bis 5 cm lg. gestielt, überhgd., 10–30 mm lg., sehr schlank, 2,5–4,5 mm br.; Tragblätt. schwarzbraun, ohne od. m. schmalem Hautrand, wenig kürzer als die gleichfarbenen, 3–4,5 mm lg., an den Kielen borstig-rauen, spindelf. (4-mal so lg. wie br.)

245/1

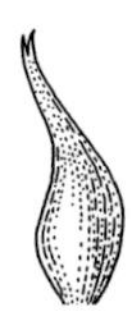
245/2

245/3

245/4

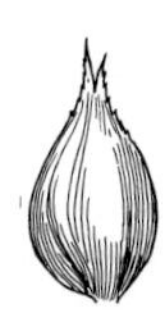
245/5

245/6

Fr.; Stg. meist länger als die 1,5–3 mm br. Blätt.; unt. Hüllblatt meist kürzer als seine Ähre; ♃. VI–IX. – Feuchte Kalk-Magerrasen; 1000–2500 m. Rost-S., Rostrote S., ***C. ferruginea*** Scop.

a. Pfl. m. Ausläufern; Tragblätt. ohne Hautrand; Fr. meist kahl; — ♂ Ähren 12–25 mm lg.; ♀ Ähren 10–20 mm lg.; Fr. 3–4 mm lg.; ↕ 30–50 cm. – „Rostseggenrasen". – *v* Alp. Rost-S. (i. e. S.), subsp. ***ferruginea***

— Pfl. ohne Ausläufer; Tragblätt. m. schmalem Hautrand; Fr. behaart; — ♂ Ähren 25–50 mm lg.; ♀ Ähren 20–30 mm lg.; Fr. 3,5–4,5 mm lg., plötzl. in den Schnabel verschmälert; ↕ ≤ 90 cm. – *z*, CH: Ts; I: S-, SO-Bz. [*C. ferruginea* subsp. *austroalpina* (Bech.) W. Dietr.] Südalpen-S., ***C. austroalpina*** Bech.

— Stg. oben rau; grundst. Blattscheiden gelbbraun; ♀ Ähren dichtblütig (ohne sichtbare Achse), — zu 3–4; Tragblätt. schwarzbraun, wenig kürzer als die gleichfarbigen, 5–7 mm lg., an den Kielen borstig-rauen, spindelf. (4-mal so lg. wie br.) Fr.; ↕ 10–40 cm; ♃. VI–VIII. – Quellige Orte. – *z* Alp., in D nur Allgäuer Alp. (1300–2600 m); *s* D: Schw. (Feldberg); F: Vog. (Hohneck). Eis-S., Kälteliebende S., ***C. frigida*** All.

69 (58). Fr.Schnabel am Rand von feinen Zähnen rau (*245/5*, *245/6*), — ♀ Ähren zu 2–3, entfernt sthd.; Hüllblätt. lg. scheidig u. meist viel länger als die Ähren; Pfl. m. kurzen Ausläufern **72**

— Fr.Schnabel an den Rändern glatt u. kahl; — ♀ Ähren zu 2–4; Tragblätt. bräunl., grün gestreift, m. Stachelspitze **70**

70. ♀ Ähren zu 2–4, aufr., die ob. genähert, die unterste zuw. entfernt u. ihr Stiel von der Scheide des bis 10 cm lg. laubigen Hüllblatts umschlossen; Pfl. ohne Ausläufer; — Blätt. schmal, borstl. gefaltet, graugrün; Fr. deutl. 2–3-kantig, 3–4 mm lg., graugrün; beide unt. Hüllblätt. viel länger als die Infl.; ↕ 10–30(–50) cm; ♃. VI–VIII. – Feuchte Orte u. Salzsümpfe. – *z* Küsten von Nord- u. Ostsee (östl. bis Köslin/PL). Strand-S., ***C. extensa*** Gooden.

— Alle Ähren entfernt sthd., ihre Stiele nicht von den Hüllblätt. umschlossen; Pfl. m. kurzen Ausläufern **71**

71. Pfl. 50–90 cm hoch; Blätt. bis 10 mm br.; Fr.Schnabel verläng., m. 2 borstl. Spitzen, außen sehr fein gesägt (*245/4*); Fr. deutl. mehrnervig; — ♀ Ähren zu 3–4, aufr., die unt. nickend; ↕ 50–90 cm; ♃. IV–V. – Feuchte, schattige Waldwiesen. – *s* im W, D: W-Eifel bis Aachen/Schnee-Eifel/Venn, Hunsr., b. Düsseldorf; B; SO-NL. Glatte S., ***C. laevigata*** Sm.

— Pfl. 15–40 cm hoch; Blätt. ≤ 5 mm br.; Fr.Schnabel kurz, aber deutl. 2-zähnig; Fr. nur m. 2 deutl. Randnerven, — zuletzt waagr. absthd., glzd., aufgeblasen; ♀ Ähren zu 3–4, aufr.; ↕ 10–40 cm; ♃. V–VII. – Dünentäler, Strandwiesen, Feuchtwiesen, Bachufer; etwas salztolerant. – *s*, D: Ostfries. Inseln; A: Kt, Stm, Vb, früher OÖ; *s* B; CH: Gr, SG, Ts, Vs; I: Bz (Meran); NL (Schiermonnikoog, b. Amsterdam, Wester-Schelde); PL. Punktierte S., ***C. punctata*** Gaudin var. ***punctata***

72 (69). Tragblätt. eif. stumpf bis spitz, aber nicht stachelspitzig, rot- bis dk.braun, schmal weiß hautrandig; Fr.Schnabel tief 2-zähnig, innen glatt, außen rauzähnig (*245/5*); — Fr. gelbgrün, kugelig eif., 3–5 mm lg.; unt. Hüllblatt so lg. wie seine Ähre, lg.scheidig; Pfl. graugrün, ↕ 25–45 cm; ♃. V–VI. – Basenreiche moorige Wiesen, feuchte Heiden. – *v*–*z* im S: Alp., Voralp., Oberrheingebiet, sonst *z*–*s* m. großen Verbr.lücken; vielfach verschwunden. [*C. hornschuchiana* Hoppe] Saum-S., ***C. hostiana*** DC.

— Tragblätt. eif. stachelspitzig; Fr.Schnabel innen u. außen rau gezähnt (*245/6*) **73**

73. Fr. purpurn, m. 2 starken, hervortretenden, grünen Randnerven, 3-kantig; Tragblätt. rotbraun; Pfl. m. kurzen Ausläufern, ↕ 30–100 cm; ♃. V–VI. – Trockene Heiden. – *s*, D: b. Millscheid (Westerw.), Hunsr., Eifel/Schnee-Eifel/B: Venn; NL verschleppt. Zweinervige S., ***C. binervis*** Sm.

— Fr. gelbgrün, braun gefleckt bis braunspitzig, außer den Randnerven noch mehrere Nerven; Tragblätt. rostrot, grünnervig; Pfl. ohne Ausläufer, ↕ 20–60(–100) cm; ♃. V–VI. – Strandwiesen der Küsten, im Binnenland Sumpfwiesen, Flachmoore; salzertragend. – *z*, im S u. N häufiger. Entferntährige S., Lücken-S., ***C. distans*** L. (subsp. ***distans***)

74 (53). ♀ Ähren 10 mm ⌀, hgd., lg. gestielt; Tragblätt. fein gesägt, lg. zugespitzt (*247/1*), — hellgrün od. braun, oberw. fein wimperig; ♀ Ähren zu 3–6, oft fast doldig genähert, zylindr., > 4 cm lg.; Fr. spindelf., gelbgrün, glzd., absthd., Schnabelzähne spreizend; Stg. scharf 3-kantig, rau; Pfl. ohne Ausläufer, locker horstf., ↕ 40–100 cm; ♃. V–VI. – Ufer, Flachmoore, Erlenbrüche, nasse Gräben; bis unt. Bergwaldstufe. – *v* im N, sonst *z*–*s*. – Auch gepfl. Scheinzypergras-S., ***C. pseudocyperus*** L. var. ***pseudocyperus***

— ♀ Ähren < 10 mm ⌀; Tragblätt. ganzrandig, zuw. an der Spitze etwas gesägt, nicht lg. zugespitzt **75**

75. Blätt. fein borstl., 1 mm br., Spaltöffnungen auf der Blattober- u. Unterseite; ♂ Ähren hell rostbraun; — ♀ Ähren zu 2–3, lg. u. dünn gestielt, zuletzt hgd., m. purpurbraunen Tragblätt.;

Fr. feinnervig, schlank, 3–4-mal so lg. wie dick; Stg. nur an der Basis beblätt.; Pfl. dichthorstf., ↕ 15–40 cm; ♃. VI–VIII. – Feuchte Felsen, Steinschutt; kalkstet; bis 2200 m. – *z* Alp. (selten tiefer: Flussufer); D: BW (Wehratal); Schweizer Jura. [*C. tenuis* Host]
Kurzährige S., ***C. brachystachys*** Schrank

— Blätt. flach u. breiter; ♂ Ähren gelbgrün **76**

76. Schnabel 2-zähnig, 2 mm lg. (*247/2*); — Fr. 3-kantig; ♂ Ähren gelbl.grün; ♀ Ähren zu 2–6, sehr schlank, lockerblütig, voneinander entfernt, lg. gestielt, zuletzt hgd.; Tragblätt. dk.grün od. bräunl., weiß hautrandig; Blätt. 3–6(–8) mm br.; Stg. schlaff, oft überhgd., horstf. (vgl. *C. strigosa*, s. Nr. **27**—, m. Ausläufern); ↕ 20–80 cm; ♃. IV–V. – Laubwälder, Waldwege, feuchte Wiesen; bis in die Bergwaldstufe. – *v*, *z* im NW. Wald-S., ***C. sylvatica*** Huds. (subsp. ***sylvatica***)

— Schnabel ohne Zähne, kurz, gestutzt; — Blätt. > 5 mm br. **27**

77 (52). Hüllblätt. nicht od. kurzscheidig **79**

— Hüllblätt. lg.scheidig, — den Stg. überragend; Pfl. 10–30 cm hoch **78**

78. Fr. deutl. 4–5-zeilig, glzd., strohgelb, bis 1 cm lg. (*237/4*); ♀ Ähren dichtblütig; — Fr. am Rand fein rau gesägt; ♀ Ähren zu 3–4, 8–10 mm ∅, entfernt sthd.; ↕ 10–30(-50) cm; ♃. V–VII. – Feuchte Wiesen; salztolerant. – Sehr *s*, D: RP (Rheinhessen), ST, TH, HE (Wetterau) erloschen; sehr *s* A: Bgl, NÖ; CZ (Klatovy). Gersten-S., ***C. hordeistichos*** Vill.

— Fr. nicht in Zeilen, glanzlos, ≤ 7 mm lg.; ♀ Ähren lockerblütig; — Fr. am Rand fein rau; ♀ Ähren zu 2–5, schlank-zylindr. (6–7 mm ∅), entfernt sthd.; ↕ 10–30 cm; ♃. V–VI. – Nasse Salzwiesen. – *s*, D: W-ST, andernorts unbest., TH ausgestorben; *s*, A: Bgl, NÖ; CZ.
Roggen-S., ***C. secalina*** Wahlenb. var ***secalina***

79 (77). Fr. olivgrün, kaum länger als die meist zugespitzten Tragblätt.; ♂ Ähren dk.braun **81**

— Fr. hellgrün-gelbl., aufgeblasen, viel länger als die relativ stumpfl. Tragblätt.; ♂ Ähren hellbraun, — zu 1–4 .... **80**

80. Fr. ei-kegelf., allmähl. in gerade gezähnten Schnabel überghd. (*247/3*), reif schief-aufr. weisend; Stg. scharf 3-kantig, oben rau; Blätt. scharf gekielt; Lig. flachbogig; — ♀ Ähren 2–4 cm lg., zu 1–3; Blätt. 4–7 mm br., rau; Pfl. grasgrün, m. Ausläufern, ↕ 30–80 cm; ♃. V–VI. – Gräben, Ufer, nasse Wiesen, Torfmoore, Großseggenriede. – *v*.
Blasen-S., Schmalblättrige Blasen-S., ***C. vesicaria*** L.

— Fr. fast kugelig, plötzl. in lg. Schnabel verschmälert, Zähne spreizend (*247/4*), reif fast waagr. absthd.; Stg. stumpf 3-kantig, glatt; Blätt. oft eingerollt; Lig. hochbogig; — ♀ Ähren 4–7 cm lg., zu 2–5; Blätt. 3–5 mm br., Spaltöffnungen v. a. auf der Blattoberseite; Pfl. graugrün, horstf., ↕ 30–80 cm; ♃. V–VI. – Röhrichte, Moore. – *v*. [*C. inflata* W. Huds.]
Schnabel-S., ***C. rostrata*** Stokes var. ***rostrata***

81 (79). Fr. längsfurchig; ♂ Ähren 2–3 mm br.; Blätt. 2–3 mm br.; Stg. 3-kantig, glatt; — Fr. ei-kegelf., allmähl. in 2-zähnigen Schnabel zugespitzt; ♀ Ähren zu 2–3, 5–7 mm br., entfernt, aufr., nur die unt. oft gestielt u. nickend; Tragblätt. dk.purpurn; grundst. Blattscheiden purpurn; Pfl. m. Ausläufern, ↕ 30–50 cm; ♃. V–VI. – Gräben, Wiesen. – *s*, D: Elbetal (Magdeburg); A: Bgl, NÖ; CZ. [*C. nutans* Host] Schwarzährige S., ***C. melanostachya*** Willd.

— Fr. nicht längsfurchig, aber vielnervig; ♂ Ähren > 3 mm br., dichtblütig; Blätt. 5–15 mm br.; Stg. scharfkantig, oben rau; — Pfl. m. Ausläufern, 40–120 cm hoch **82**

82. Blätt. (5–)12–20(–30) mm br., oberseits graugrün; grundst. Blattscheiden häutig zerreißend, nicht netzfaserig verwitternd, braun; Fr.Ähre reif im Mittelteil am dicksten, 8–10 mm ∅, unt. oft hgd.; Fr. undeutl. nervig, graubraun (*237/3*); Tragblätt. der ♀ Blüten m. lg. Grannenspitze (*247/5*); ↕ 60–150 cm; ♃. V–VI. – Großseggenriede, Ufer, Verlandungsbereiche, Gräben. – *z*, im N *v*, im S u. W gebietsweise seltener. Ufer-S., ***C. riparia*** Curtis

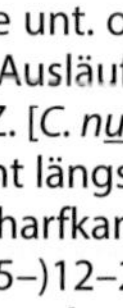

247/1

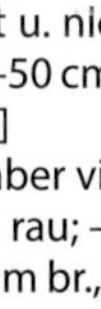

247/2

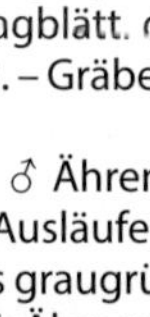

247/3

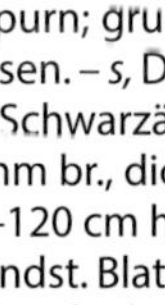

247/4

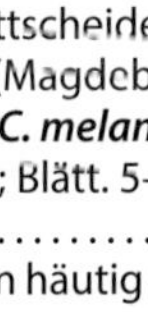

247/5

— Blätt. 5–8(–10) mm br., oberseits dk.grün; grundst. Blattscheiden stark netzfaserig verwitternd, braunrot, Fr.Ähre reif gleichm. walzl., 6–7 mm ∅, meist aufr.; Fr. deutl. nervig, dk.grün; Tragblätt. der ♀ Blüten m. kurzer Stachelspitze; ↕ 30–120 cm; ♃. V–VI. – Großseggenriede, Röhrichte, nasse Wiesen, Bruchwälder, Ufer. – *v.* [*C. paludosa* Gooden.]
Sumpf-S., ***C. acutiformis*** Ehrh.

83 (32). Fr. so lg. wie od. etwas länger als die Spelzen, plötzl. in kurzen Schnabel verschmälert; „echte" Fr. (nach Entfernung des Utriculus) an der Spitze ohne Wulst; — Blätt. bis 2,5 mm br.; ♀ Ähren bis 10 mm lg.; Fr. 4–5 mm lg., locker behaart; ↕ 10–40 cm; ♃. IV–V. – Trockenrasen, trockenwarme Wälder. – D: nur BW b. Istein (S-Baden), RP (Nahegebiet: Münster-Sarmsheim, Idar-Oberstein); A: NÖ, OÖ; CH: Jura, S-Ts, Vd, Vs; F: S-Els; I: Bz (S Bozen). [*C. alpestris* All.]
Grundstielige S., Grundblütige S., Haller-S., ***C. halleriana*** Asso

— Fr. kürzer als die Spelzen, allmähl. in sehr kurzen Schnabel verschmälert; „echte" Fr. an der Spitze m. einem ringf. Wulst; — Blätt. bis 4 mm br.; ♀ Ähren bis 20 mm lg.; Fr. 2–4 mm lg., dichter behaart als bei voriger Art; Halme nach der Blüte bogig zum Boden herabhgd.; ↕ 10–35 cm; ♃. V–VI. – Wald- u. Wiesenränder, Böschungen, Magerrasen. – *z,* A: Bgl, Stm. [*C transsilvanica* Schur] Siebenbürger S., ***C. depressa*** Link subsp. ***transsilvanica*** (Schur) K. Richt.

Weitere Arten unbest. auftretend od. sich etablierend. Zahlr. Hybriden.

Cladium P. Browne, Schneide

Pfl. m. Ausläufern; Stg. stielrund od. stumpf 3-kantig; Ährch. zu 3–10 in lg. gestielten Köpfchen, diese in endst., zus.gesetzter Spirre angeordnet; Blattränder schneidend rau; ↕ 80–200 cm; ♃. VI–VII. – Uferröhrichte, Niedermoorschlenken; auf Kalk. – *z* Alp.Vorland, O-D, sonst *s; verschleppt* A: NÖ.
Schneidried, Binsen-S., ***C. mariscus*** (L.) Pohl

Cyperus L. [incl. *Dichostylis* P. Beauv., Zwerg-Cypergras; *Scirpus* L. p. p., Simse z. T.], Zypergras

1. Pfl. 1-j., ≤ 30 cm hoch, ohne Ausläufer **7**

— Pfl. ausd., meist > 30 cm hoch (Ausnahme: *C. pannonicus:* ≤ 30 cm hoch) **2**

2. Blattspr. borstl. od. fehlend; Narben 2; Infl. scheinbar seitenst., — kopff., m. 2–8 Ährch.; Ährch. br. lanzettl. bis eif., 2–4 mm br. u. 5–10 mm lg.; Hüllblätt. borstenf., am Grund auffallend verbreitert, das unt. aufr., viel länger als die Infl.; Spelzen rötl. m. bleichgrünem Streifen; ↕ 4–30 cm; ♃. VII–IX. – Feuchte Salzstellen. – Sehr *s,* A: Bgl (Seewinkel), früher NÖ.
Salz-Z., ***C. pannonicus*** Jacq.

— Blattspr. 2–10 mm br.; Narben 3; Infl. endst. **3**

3. Staubblatt 1; Spelzen lanzettl., zugespitzt, — gelbl. bis strohfarben; Blattspr. 4–8 mm br., frischgrün; Ährch. in Knäueln kopfig gedrängt, von 7–10 Hüllblätt. umgeben, 8–13 mm lg. u. 1,8–3 mm br., m. 14–30 Blüten; Fr. stumpf 3-kantig, grau; ↕ 25–90 cm; ♃. VI–X. – Feuchte Ruderalstellen, schlammige Ufer. – Vermutl. Ölfruchtbegleiter (Heimat: S-Am.). – *s,* D: eingebürg. z. B. bei Hamburg u. in NRW, sonst unbest.; *s* A; CH; CZ; *z* NL.
Frischgrünes Z., ***C. eragrostis*** Lam.

— Staubblätt. 3; Spelzen eif., stumpfl. **4**

4. Ährch. in kopfigen Knäueln; — Blätt. 2–10 mm br.; Infl. m. 3–9 Ästen, diese 1–8 cm lg., an der Spitze die sehr dichten, rundl. bis eif., 1–2 cm lg., rotbraunen Ährch.köpfe tragend; Ährch. 5–12 mm lg. u. 1–1,5 mm br., m. 8–20 Blüten, hell rotbraun, m. grünem Kiel; Fr. 3-kantig, graubraun; ↕ 30–150 cm; ♃. VI–IX. – Ufer, Sumpfwiesen, Maisäcker, schlammige Gräben. – *s,* CH: Ts; I: Bz (Etschtal), unbest. D: BW, SN. Knäuel-Z., ***C. glomeratus*** L.

— Ährch. in lockerer Infl. **5**

5. Ährch. blassgelb bis gelbl.braun; Spelzen konkav, m. erhabenen Nerven; — Spirrenäste 4–10, bis 10 cm lg.; Fr. rötl. bis dk.grau; Rhizom m. essbaren, bis 15 mm lg., kugeligen bis längl. Knollen; ↕ 10–70 cm; ♃. VII–IX. – Maisfelder, Gräben, Teiche. – Kosmopolit warm-gemäßigter Gebiete; kult. u. zuw. verwild., sich ausbreitend, z. B. D: BW, HE, NI, RP, SN, ST; A: Kt, OÖ, Stm, Ti; B; CH: Mittelland, Ts; NL. Erdmandel, ***C. esculentus*** L.

— Ährch. braun od. rötl.; Spelzen gekielt, m. wenig auffälligen Nerven; — Spirrenäste zu 2–10 .... **6**

6. Rhizom 3–10 mm ∅, dicht m. br. Schuppen besetzt, ohne Knollen; Fr. rotbraun bis schwarz, scharf 3-kantig; — Spirrenäste oft > 10 (bis 30) cm lg.; Ährch. 4–13(–60) mm lg. u. 1–2 mm br., m. 6–32 Blüten; Spelzen dk.braun bis rötl.; ↕ 50–120 cm; ♃. V–X. – Flussufer, Gräben. Langes Z., Hohes Z., ***C. longus*** L.

a. Spelzen dk.braun, hell hautrandig. – D: *s* BY (Lindau), in BW, NI, NRW; BB, SN verwild.; A: *s* NÖ (Bad Vöslau), in OÖ, Sb verwild.; *s* CH: Mitteland, Ts; NL. Langes Z. (i. e. S.), subsp. ***longus***

— Spelzen schwarzrot, fast ohne Hautrand. – D: *s* unbest. BW, früher NRW (Aachen). Kastanienbraunes Z., subsp. ***badius*** (Desf.) Bonnier & Layens

— Rhizom ≈ 1 mm ∅, locker m. schmalen Schuppen besetzt, zuw. auch m. Knollen; Fr. graubraun bis braun; — Spirrenäste < 10 cm lg.; ↕ bis 40(–60) cm; ♃. VI–X. – Ufer, feuchte Wegränder. – *s* u. unbest. D: BW, NRW, RP, SN; A: Kt, Stm; *s* CH: Ts. Knollen-Z., Rundes Z., ***C. rotundus*** L.

7 (1). Spelzen schwarz od. grünl.braun, grün gekielt; Narben 3; Fr. 3-kantig; Stg. scharf 3-kantig; ↕ 5–30 cm; ⊙. VII–IX. – Ufer, Moorböden, schlammige Sand- u. Tonböden, kalkmeidend. – *z–s*, Flusstäler (Elbe, Rhein, Donau, Aare, Etsch, Rhône) u. Niederungen. Braunes Z., ***C. fuscus*** L.

— Spelzen hellgelb bis weißl., m. grünem Kiel; Narben 2; Fr. linsenf.; Stg. stumpf 3-kantig **8**

8. Spelzen 2-zeilig gestellt, eif. bis br. eif., spitzl., gelbl.; Staubblätt. meist 3; Hüllblätt. 2–3 (*229/2*); Fr. dk.braun; ↕ 7–10 cm; ⊙. VII–X. –Sumpfwiesen, Flachmoore, Sandböden. – *s*, D: Alp.Vorland, Oberrheingebiet, BB, HE, NRW, RP, ST, TH, vielfach verschwunden; *s* A; *z* CH: Mittelland, Ts, sonst *s*; *s* B; CZ; NL; PL. Gelbliches Z., ***C. flavescens*** L.

— Spelzen nicht 2-zeilig, ringsum angeordnet, längl. zugespitzt, weißl.; Staubblätt. meist 2; Hüllblätt. 3–5; Fr. hellbraun; ↕ 2–10(–15) cm; ⊙. VII–IX. – Schlammig-sandige Ufer. – D: *s* ST (mittl. Elbe: Wittenberg–Coswig), unbest. BY, NI; *s* A: Bgl, Kt, NÖ, Stm; CH: Ts (ausgestorben); CZ (Erzgeb.); PL (wohl erloschen). [*S. michelianus* L.; *D. micheliana* (L.) Nees] Micheli-Z., Zwerg-Z., ***C. michelianus*** (L.) Link

Adventiv noch weitere Arten.

Eleocharis R. Br. [*Heleocharis* auct.], Sumpfsimse

1. Stg. 4-kantig, gefurcht, fadendünn; — Narben 3; Ährch. 4 mm lg., spitz; Fr. längsrippig; Pfl. rasenf., m. kriechendem, auch verzweigtem Rhizom; ↕ 2–15 cm (untergetaucht auch länger); ♃. VI–X. – Ufer, Gräben, feuchte Wiesen, wechseltrockene Teiche. – *z*. Nadel-S., ***E. acicularis*** (L.) Roem. & Schult.

— Stg. rundl. od. zus.gedrückt; — Narben 2–3 .... **2**

2. Ährch. 3–7-blütig; Gr. am Grund nicht verdickt; — Narben 3 .... **9**

— Ährch. (10–)20–30-blütig; Gr. am Grund verdickt (*250/1*); — Narben 2–3; Stg. (v. a. trocken) meist fein gerillt **3**

3. Narben 3 (*250/1*); Fr. scharf 3-kantig; — Ährch. bis 13 mm lg.; Tragblätt. stumpf, braun, m. grünem Mittelstreif, weiß hautrandig; Stg. oft lgd. u. an der Spitze wurzelnd; Pfl. ohne Ausläufer, ↕ 10–50 cm; ♃. VI–VIII. – Heidemoore. – D: *z* NI, NRW, W-SH, SN (Lausitz bis SW-PL), *s* BB, RP (Pfalz); *z* B; W-DK; NL. Vielstängelige S., ***E. multicaulis*** (Sm.) Desv.

— Narben 2 (seltener 3); Fr. bikonvex, zus.gedrückt **4**

4. Stg. fadendünn; Staubblätt. 2; Basis des Gr. kaum breiter als ein Viertel der Fr.; — Tragblätt. eif. zugespitzt, gelbbraun m. hellerem Rand, Mittelnerv grün; ↕ 5–30 cm; ♃. VII–IX. – Feuchte Äcker, Teichufer. – A: *s* Stm, früher Kt. ⓖ. Krainer S., ***E. carniolica*** W. D. J. Koch

— Stg. kräftiger; Staubblätt. 3; Basis des Gr. breiter als ein Drittel der Fr. **5**

5. Ährch. im Umriss längl.-spitz; ob. Tragblätt. spitzl.; Fr. am Rand abgerundet, > 1 mm lg.; Pfl. m. unterird. Ausläufern, ausd.; — Ährch. 5–20 mm lg. (selten kürzer) (Artengruppe Echte S., ***E. palustris*** agg.) **7**

— Ährch. im Umriss eif.; Tragblätt. stumpf, eif. bis abgerundet rautenf.; Fr. scharfrandig, 1 mm lg.; Pfl. dichtrasig, ohne Ausläufer, 1-j. **6**

6. Wuchs ± br. ausladend; Gr.Basis ≤ zwei Drittel so br. wie die Fr.; — Ährch. 3–5 mm lg., Tragblätt. ellipt. bis eif., m. schmalem Hautrand, hypogyne Borsten meist länger als die Fr.; keine Aus-

läufer; Pfl. gelbl.grün, ↕ 5–30 cm; ⊙. VI–X. – Schlammige Ufer. – *s–f* im N des Gebiets; D: *z–s* BY, SN, ST, TH, andernorts *s* u. zurückghd.; *s* CH; CZ; *z* S-PL. [*E. soloniensis* (Dubois) H. Hara]
Eiförmige S., ***E. ovata*** (Roth) Roem. & Schult.

— Wuchs büschelig, m. straff aufr. Stg.; Gr.Basis so br. wie die Fr.; — Stg. bis 1,5 mm ∅; Ährch. bis 10 mm lg., Tragblätt. ellipt. bis verkehrt eif., m. br. Hautrand, hypogyne Borsten ≤ so lg. wie die Fr.; ↕ 5–40 cm; ⊙. VI–VII. – Schlammige Ufer, Tümpel. – Adventiv (Heimat: N-Am), *s* D: BW (Heilbronn), BY (Waldbrunn); B (Gent); S-NL; wo noch?
Engelmanns S., ***E. engelmannii*** Steudel

Stumpfköpfige S., ***E. obtusa*** (Willd.) Schult.: Stg. ∅ ≤1,5 mm, Ähre 8–16 mm lg.; 3 Staubblätt.; Basis des Gr. drei Viertel so br. wie Fr.; kurze Ausläufer; morpholog. zw. *E. ovata* u. *E. engelmannii* sthd. – Adventiv (Heimat: N-Am.); *s* D: BW, NRW; B; CH; NL.

7. Unterstes Tragblatt blütenlos, am Grund fast das gesamte, bis 12 mm lg., schlanke Ährch. umfassend; — Perigonborsten meist 4, zuw. schwach entwickelt (mehrere Blüten untersuchen!), nicht länger als der der Fr. aufsitzende verdickte Gr.Teil; Pfl. grasgrün, Stg. glzd., ↕ 10–40 cm; ♃. V–VIII. – Flachmoore, Seggenriede, Gräben. – *z*. [incl. subsp. *sterneri* Strandh.]
Einspelzige S., ***E. uniglumis*** (Link) Schult.

— Unterstes Tragblatt am Grund Ährch. zur Hälfte umfassend, hierdurch das nächsthöh. fast gegenst. erscheinend, beide blütenlos **8**

8. Stg. ± starr, matt- bis graugrün, trocken kaum gefurcht, m. > 20 Leitbündeln; Tragblätt. z. Frzt. bleibend; — Perigonborsten 3–4, zuw. schwach entwickelt, nicht länger als die Fr. (*250/1*); ♃. V–VIII. – Verlandungszonen, Flachmoore, Seggenriede, nasse Wiesen.
Echte S., ***E. palustris*** (L.) R. Br.

a. Stg. graugrün, etwas gerieft; pro cm Ähre ≈ 40 Blüten; Spelzen bleich bis hellbraun, < 3,5 mm lg.; — Fr. (ohne Gr.) ≤ 1,4 mm lg.; ↕ 5–40 cm; 2n = 16. – Verbr. noch unsicher, aber seltener als folg. Unterart, wohl häufiger im N u. O. Kleinfrüchtige S., subsp. ***palustris***

— Stg. grün, glatt; pro cm Ähre ≈ 20 Blüten; Spelzen dk.braun m. grünem Mittelstreif, > 3,5 mm lg.; — Fr. (ohne Gr.) bis 2,0 mm lg.; ↕ 10–40 cm; 2n = 38. – *v*. [*E. vulgaris* (Walters) Á. Löve & D. Löve]
Großfrüchtige S., Gewöhnliche S., subsp. ***waltersii*** Bureš & Danihelka

— Stg. ± weich, hellgrün, trocken deutl. gefurcht, m. 8–16 Leitbündeln; Tragblätt. z. Frzt. abfallend; — Pfl. lockerrasig. Warzenfrüchtige S., ***E. mamillata*** (H. Lindb.) H. Lindb.

a. Verdickter Gr.Teil breiter als lg.; — Stg. m. 8–12 Leitbündeln; Perigonborsten meist 6 (5–8), länger als die Fr. m. dem verdickten Gr.Teil (*250/2*); ↕ 10–40 cm; ♃. V–VIII. – Flach- u. Zwischenmoore, Schlammböden. – Wohl *s*, mehr im O: sehr *z* D: BY (Oberpfalz), BW, Fr, HE, NI (b. Leer u. Celle), NRW, RP, SH, O-D; *s* A: NÖ, OÖ, Sb, Stm, Vb; CH; CZ; F: Els; PL. Zitzen-S., subsp. ***mamillata***

— Verdickter Gr.Teil länger als br.; — Stg. m. 12–16 Leitbündeln; Perigonborsten meist 5 (4–6), so lg. wie die Fr. ohne Gr. (*250/3*); ↕ 10–40 cm; ♃. V–VIII. – Schlammböden. – Sehr *z*, im S wohl weiter verbr., z. B. S-D; A; CH; CZ; I: Bz. Österreichische S., subsp. ***austriaca*** (Hayek) Strandh.

9 (2). Stg. zart, oft durchscheinend, am Grund ohne od. m. zarthäutigen Blattscheiden; m. haardünnen Ausläufern, diese am Ende m. weißl. Knöllchen (Knospen); unt. Tragblätt. drei Viertel so lg. wie das Ährch.; Perigonborsten etwas länger als die Fr.; Ährch. 3–5-blütig; ↕ 3–8 cm; ♃. V–IX. – Salzhaltige Stellen der Küsten. – *z* Ostseeküste, D: MV, b. Schleswig (SH); PL; *s* Nordseeküste DK. Kleine S., ***E. parvula*** (Roem. & Schult) Bluff et al.

— Stg. kräftig, am Grund m. derben braunroten Blattscheiden; Ausläufer am Ende ohne auffällige Knospen; unterstes Tragblatt so lg. wie das Ährch. u. dieses umfassend; Perigonborsten meist etwas kürzer als die Fr.; Ährch. 3–7-blütig; ↕ 5–25 cm; ♃. V–VI. – Nasse Wiesen, Ufer. – *v–z* Alp., *z* im N an den Küsten, sonst *s;* vielfach verschwunden. [*E. pauciflora* (Lightf.) Link]
Wenigblütige S., Armblütige S., ***E. quinqueflora*** (Hartmann) O. Schwarz

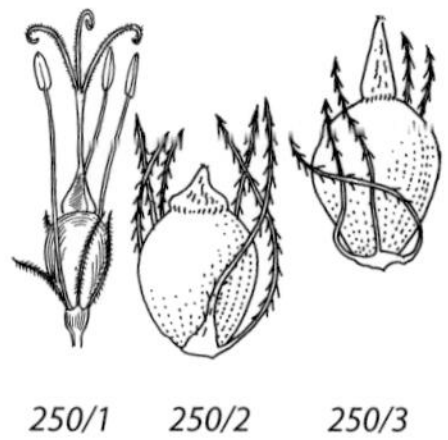

250/1 250/2 250/3

Adventiv noch weitere Arten, z. B. Zarte S., ***E. tenuis*** var. ***pseudoptera*** (Weatherby) Svenson: kräftiges Rhizom; dk.rote Blattscheiden, Stg. 4-kantig-flach; unt. Infl.Spelze stg.-umfassend; Fr. ohne Basalborsten; ↕ 5-90 cm; ♃. V–VII. – Adventiv (Heimat: N-Am.); *s*, D: BY (nördl. Chiemsee).

Eriophorum L., Wollgras

1. Ährch. zu mehreren, z. Frzt. überhgd. **3**
— Ährch. einzeln, endst., aufr. **2**
2. Pfl. ohne Ausläufer, dichtrasig; Stg. oben 3-kantig; oberste Blattscheide aufgeblasen, m. verkümmerter Spr.; Blätt. am Rand schwach rau; ↕ 30–70 cm; ♃. III–IV. – Hochmoore, Waldsümpfe, Zwergstrauchheiden; kalkmeidend. – Im N u. S *v*, im mittl. Teil des Gebiets *z–f*. Scheiden-W., ***E. vaginatum*** L.
— Pfl. m. Ausläufern, lockerrasig; Stg. rund; oberste Blattscheide wenig aufgeblasen, m. kurzer, breiter Spr.; Blattränder glatt; ↕ 15–30 cm; ♃. VII–VIII. – Niedermoore, Nasswiesen, Tümpel, Wasserläufe; kalkmeidend; 1500–2600 m. – *z* Alp. Scheuchzer-W., ***E. scheuchzeri*** Hoppe
3 (1). Pfl. ohne Ausläufer; oberste Blattscheide dem stumpf 3-kantigen Stg. dicht anlgd.; — Ährch. 4–12; Ährch.Stiele rau; Fr. rotbraun, 3 mm lg.; Blätt. flach, 3–8 mm br.; Tragblätt. 1-nervig; ↕ 30–70 cm; ♃. IV–V. – Sumpfwiesen, Flachmoore; auf Kalk. – *v* Alp., Alp.Vorland; D: *z* BB, BW, MV, RP, SN bis TH, *s* HE, NI, NRW; CZ; F: Els; PL; v. a. im NW des Gebiets vielfach verschwunden. Breitblättriges W., ***E. latifolium*** Hoppe
— Pfl. m. Ausläufern; oberste Blattscheide meist aufgetrieben; — Ährch. 2–5 .... **4**
4. Stg. stielrund od. nur im ob. Teil stumpf 3-kantig; Ährch.Stiele glatt, abgeplattet, 2-kantig; Fr. 3 mm lg.; Tragblätt. 1-nervig; Blätt. (1–)3–4(–6) mm br., oberste Blattscheide etwas aufgeblasen; ↕ 20–70 cm; ♃. IV–VI. – Flach-, Zwischen- u. Hochmoore. – *v* im N u. S, *z* im mittl. Teil des Gebiets. Häufiger als *E. latifolium*. – Formenreich. [*E. polystachion* L.] Schmalblättriges W., ***E. angustifolium*** Honck.
— Stg. 3-kantig, schlank, oft übergebogen; Ährch.Stiele kurz rauhaarig; Fr. 2 mm lg., gelbbraun; Tragblätt. am Grund vielnervig; Blätt. 1–2 mm br.; ↕ 10–40 cm; ♃. V–VI. – Flach- u. Zwischenmoore, Verlandungsbereiche; kalkmeidend. – *s*, D: Alp.Vorland (BW, BY), BB, NI, NRW, SH, ST, SH, früher *s* ganz D, vielfach verschwunden; *s* A; B; CH; CZ; I: Bz (Salten); NL; PL. Zierliches W., Schlankes W., ***E. gracile*** Roth

Hybride: ***E.*** × ***intermedium*** Cham. [*E. angustifolium* × *latifolium*; *E. chamissonis* C. A. Mey.]: *s*, D: BY

Fimbristylis Vahl, Fransenbinse

Stg. beblätt.; Infl. eine Spirre m. (1–)4–6(–10) Ährch.; Ährch. 4–8 mm lg. u. 2–4 mm br.; Spelzen stachelspitzig; Perigonborsten meist fehlend; Gr. unter der Narbe fransig; ↕ 5–20 cm; ⊙. VI–VII. – Sandige Seeufer. – Früher CH: Ts; I: Bz. [*F. annua* (All.) Roem. & Schult.] Fransenbinse, ***F. dichotoma*** (L.) Vahl

Isolepis R. Br. [*Eleogiton* Link, Moorbinse; *Scirpidiella* Rauschert, Schuppensimse; *Scirpus* L. p. p., Simse z. T.], Schuppensimse, Moorbinse

1. Stg. verzweigt, im Wasser schwimmend od. auf Schlamm niederlgd. (*229/4*); Staubblätt. 3; Narben 2; — Ährch. 3–5 mm lg. u. 1,5–2 mm br., einzeln am Ende der Zweige; ↕ 10–30 cm; ♃. VII–IX. – Heidetümpel, Gräben. – D: *z* NI, NRW, *s* BB, SH, ST, früher MV, RP, SN; *z* B; DK; NL; vielfach verschwunden. [*Scirpus fluitans* L.; *E. fluitans* L.; *Scirpidiella fluitans* (L.) Rauschert] Flutende S., Flutende M., ***I. fluitans*** (L.) R. Br.
— Stg. einfach, unverzweigt, aufr.; Staubblätt. 2; Narben 3; — Ährch. eif., 2–5 mm lg., zu 1–4(–10); Hüllblätt. kürzer als der Stg.; Fr. längs gerippt; Stg. 0,3–0,5 mm ∅; ↕ 3–30 cm; ⊙–♃. VI–X. – Feuchte Sandböden, Teichufer. – *z*, oft unbest. [*Scirpus setaceus* L.] Borstige S., Borstige M., ***I. setacea*** (L.) R. Br.

Frauenhaargras, ***I. cernua*** (Vahl) Roem. & Schult.: m. dichten Büscheln frischgrüner, borstiger, bis 35 cm lg. Blätt. – Zierpfl. (Heimat: S-Eur., Afr. u. a.); *s* unbest. verwild.

Rhynchospora Vahl, Schnabelried (*252/1*)

1. Ährch. weiß; Infl. nur wenig kürzer als ihr unt. Hüllblatt; Staubblätt. 2; Pfl. ohne Ausläufer; — Infl. ≤ 1 cm lg.; ↕ 10–30(–50) cm; ♃. VII–VIII. – Hoch- u. Zwischenmoorschlenken, feuchte Zwergstrauchheiden, nasse Torfstiche; kalkmeidend. – *v–z* im N, Alp. u. Alp.Vorland, BB, SN, sonst sehr *z* bis *s* (vielfach verschwunden). Weißes S., ***R. alba*** (L.) Vahl

— Ährch. gelb- bis rotbraun; Infl. viel kürzer als ihr unt. Hüllblatt; Staubblätt. 3; Pfl. m. unterird. Ausläufern; — Infl. ≤ 2,5 cm lg., viel kürzer als ihr unt. Hüllblatt; ↕ 10–30(–50) cm; ♃. V–VII. – Hoch- u. Zwischenmoorschlenken, feuchte Zwergstrauchheiden, nasse Torfstiche; kalkmeidend. – *z* im NW u. N, aber stark zurückgegangen; sonst *s*; seltener als *R. alba*. Braunes S., ***R. fusca*** (L.) W. T. Aiton

Schoenoplectus (Rchb.) Palla [*Isolepis* R. Br. p. p., Moorbinse z. T.; *Schoenoplectiella* Lye p. p., Kleine Teichsimse z. T.; *Scirpus* L. p. p., Simse z. T.], Teichsimse

Wegen der unverzweigten Infl. u. and. Merkmale werden *S. supinus* u. *S. mucronatus* auch von *Schoenoplectus* (Rchb.) Palla abgetrennt u. zu *Schoenoplectiella* Lye gestellt.

1. Stg. lgd., ≤ 20 cm hoch; 1-j.; — Infl. unverzweigt; Ährch. längl., 5–10 mm lg., zu 3–5(–10); Hüllblätt. straff aufr., so lg. wie od. länger als der Stg. (*229/5a, b*); Staubblätt. 3; Fr. querrunzelig; ⊙. VI–X. – Schlammböden, Ufer. – D: *s* BB, BW, MV, NI, RP, ST, zurückghd., früher auch BY, HE; *s* A: Bgl, NÖ; CH: Ts (ob noch?); *s* F: Els. [*Schoenoplectiella supina* (L.) Lye; *Scirpus supinus* L.; *I. supina* (L.) R. Br.] Niederliegende T., ***S. supinus*** (L.) Palla

— Stg. aufr., 30–300 cm hoch; ausd. **2**

2. Stg. auf ganzer Länge rund **3**

— Stg. mind. oben 3-kantig **4**

3. Narben 3; Spelzen glatt od. über dem Mittelnerv punktiert; Fr. undeutl. 3-kantig; ob. Konnektivanhängsel deutl. behaart; — Stg. grün, bis 15 mm ⌀, ↕ 100–300 cm; ♃. VI–VII. – Seen, Teiche, röhrichtbildend. – *v*, im W-Gebiet nur *z*, auch angepfl. [*Scirpus lacustris* L.] Gewöhnliche T. (i. e. S.), ***S. lacustris*** (L.) Palla subsp. ***lacustris***

— Narben 2; Spelzen rau punktiert; Fr. 2-kantig; ob. Konnektivanhängsel fast kahl; — Stg. blaugrün, bis 10 mm ⌀, ↕ 50–150 cm; ♃. VI–VII. – Röhrichte ± nährstoffreicher sthd. od. langsam fließ. Gewässer; salztolerant. – *z–s*, im N häufiger. [*S. tabernaemontani* (C. G. Gmel.) Palla; *Scirpus tabernaemontani* C. G. Gmel.] Blaugrüne T., ***S. lacustris*** subsp. ***glaucus*** (Sm.) Bech.

4 (2). Stg. nur oberw. 3-kantig, — bis 4 mm ⌀; Spr. der grundst. Blätt. zuw. bis 5 cm lg.; Perigonborsten ≈ doppelt so lg. wie die Fr.; Ährch. sitzend; ↕ 30–100 cm; ♃. VII–VIII. – Brackwasserröhrichte, Strandseen. – *s* Ostseeküste: NW-PL; eine alte Angabe von Rügen war falsch. [*S. pungens* × *tabernaemontani; Scirpus kalmussii* Asch. et al.] Ostsee-T., ***S. kalmussii*** (Asch. et al.) Palla

— Stg. in voller Länge 3-kantig **5**

5. Spelzen vorn nicht ausgerandet, stachelspitzig; Narben 3; Fr. fast kugelig, 1,5–2 mm lg., querrunzelig; Pfl. ohne Ausläufer, — in Horsten; Stg. > 2 mm ⌀; Infl. unverzweigt; Perigonborsten 6; ↕ 40–100 cm; ♃. VIII–X. – Teichufer. – *s*, D: BW (unbest., Marbach, Osterburken, Hochrhein), BY (Fr., Isar, Regen); A: Kt, Stm, Vb, unbest. NÖ; *s* CH: Mittelland, Ts, Vd; F: Els; NL; PL, I: Bz verschwunden. [*Schoenoplectiella mucronata* (L.) J. Jung & H. K. Choi; *Scirpus mucronatus* L.] Stachelspitzige T., ***S. mucronatus*** (L.) Palla

252/1

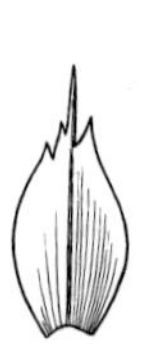

252/2

252/3

252/4

— Spelzen vorn ausgerandet, m. Granne; Narben 2; Fr. glatt od. undeutl. runzelig; Pfl. m. Ausläufern 6

6. Stg. m. 2–3 Blätt., beide oberste Blätt. m. bis 20 cm lg. Spr.; Perigonborsten fehlend od. schwach entwickelt; — Pfl. m. weithin kriechender Achse u. Ausläufern; Spelzen an der Spitze eingeschnitten u. stachelspitzig (*252/2*), rotbraun, m. hellerem Mittelstreif u. graublau berandet; Narben 2; Fr. eif., 2,5–3 mm lg.; ↕ 20–60(–100) cm; ♃. VII–VIII. – Ufer von Flüssen u. Seen. – *s*, D: MV (Usedom, Müritz), NI, SH, oft verschwunden; *s*, A: Bgl, unbest. NÖ, früher Ti; *s* B; W-CH: Lac de Neuchâtel, früher auch Lac de Bienne u. Vs (Martigny); *s* F: Els; NL. – Wohl zuw. m. *S. americanus* (Pers.) Volkart verwechselt. [*Scirpus pungens* Vahl; *Scirpus triqueter* var. *triangularis* Pers.] Kleine Dreikant-T., ***S. pungens*** (Vahl) Palla

— Stg. 0–1-blättrig; Perigonborsten gut entwickelt 7

7. Perigonborsten an der Spitze spatelig verbreitert, länger als die Fr.; — Fr. 1–2(–3) mm lg.; ↕ 30–150 cm; ♃. VI–VIII.– Seen. – Ne. (Heimat: MMG, As.); *s*, D: RP in Einbürg.; A: Bgl (Neusiedler See). [*Scirpus litoralis* Schrad.] Strand-T., ***S. litoralis*** (Schrad.) Palla

— Perigonborsten linealisch, nicht verbreitert, ≈ so lg. wie die Fr.; —Stg. meist > 4 mm ∅, in seiner ganzen Länge 3-kantig; Spr. der grundst. Blätt. ≤ 1 cm lg.; Fr. 2,5–3 mm lg.; Ährch. gestielt; ↕ 50–150 cm; ♃. VI–VII. – Röhrichte. – *z*, D: Ems, Weser, Elbe, *s* in BW/RP/NRW (Rheintal), BY (Donau), TH, früher HE; *s* B; A: NÖ, Vb; CH: Mittelland, Ts, Vs; *z* NL (Unterläufe des Rheins). [*Scirpus triqueter* L.] Dreikantige T., ***S. triqueter*** (L.) Palla

Hybriden selten.

Schoenus L., Kopfried

1. Grundst. Blattscheiden schwarzbraun; Grundblätt. halb so lg. wie der Stg.; Köpfchen m. 5–10 Ährch., vom Hüllblatt weit überragt (*252/3*); Perigonborsten kürzer als die Fr.; ↕ 20–80 cm; ♃. VI–VII. – Niedermoore, Täler der Küstendünen, überrieselte Felsen; auf Kalk, schwach salztolerant. – D: *s* S-BW, BY u. Ostfries. Inseln, sehr *s* NRW, sonst BB, MV, NI, RP, SH, ST, TH, früher HE; *s* A; B; CH; CZ; F: Els; FL; I: Bz; *z* NL Inseln u. Küste; oft verschwunden. Schwarzes K., ***S. nigricans*** L.

— Grundst. Blattscheiden dk. braunrot; Grundblätt. ≤ ein Drittel so lg. wie der Stg.; Köpfchen m. 2–3 Ährch., vom unt. Hüllblatt kaum überragt (*252/4*); Perigonborsten länger als die Fr.; ↕ 15–30 cm; ♃. IV–VII. – Basenreiche Quell- u. Flachmoore. – D: *z* SO-BW, BY südl. der Donau, *s* BB, O-MV, ST, TH, früher SN; *z* A; CH; *s* CZ; *z* DK; FL; I: Bz; *s* PL. Rostrotes K., ***S. ferrugineus*** L.

Hybride: Bastard-Kopfried, ***S. intermedius*** Brügger: Tragbl. die Infl. überragend. – D: lokal häufig BW, BY, *s* MV.

Scirpoides Ség. [*Holoschoenus* Link, Kugelbinse; *Scirpus* L. p. p., Simse z. T.], Kugelsimse

Ährch. in kugeligen Köpfchen (*61/5*), meist 1 sitzend, die übrigen lg. gestielt; Tragblätt. schwarzrot, kurz bewimpert; ob. Blattscheiden fadenf., rinnig; ♃. VI–IX. – Sandige Ufer, nasse Wiesen. – Unterarten bislang unzureichend unterschieden. [*Scirpus holoschoenus* L.; *H. vulgaris* Link; *H. romanus* (L.) Fritsch] Gewöhnliche K., ***S. holoschoenus*** (L.) Soják

a. Tragblätt. der Infl. > 15 cm lg., am Grund > 1 mm br., stechend; Stg. < 2,5 mm ∅; — Infl. aus bis zu 20 Köpfen m. 7–15 mm ∅ besthd.; ↕ 100–150 cm. – D: *s* BB, ST (Mittelelbe), unbest. NI, NRW; *s* A: Bgl, Kt, NÖ, OÖ, früher Stm; *s* B; CH: Ts, Vs; NL; PL; früher I: BZ; *s* verschleppt CZ. – Nicht m. Jungpfl. von subsp. *holoschoenus* verwechseln! Südliche K., subsp. ***australis*** (L.) Soják.

— Tragblätt. der Infl. < 15 cm lg., am Grund. ≤ 1 mm br., nicht stechend; Stg. > 2,5 mm ∅; — Infl. aus 2–3(–10) Köpfen m. 6–10 mm ∅ besthd.; ↕ 50–70 cm. – *s* unbest. D: BW, HE, RP. Immergrüne K., subsp. ***holoschoenus***

Scirpus L., Simse

1. Perigonborsten höchstens so lg. wie die Fr., gerade, durch rückw. gerichtete Zähnchen rau, selten Borsten fehlend 3

— Perigonborsten mehr als 2-mal länger als die Fr., geschlängelt, glatt od. fast glatt 2

2. Ährch. meist einzeln, seltener zu 2–3, gestielt, längl., zugespitzt, 4–8 mm lg.; Stg. scharf 3-kantig; Spelzen nicht gekielt, braungrün m. grünem Mittelstreif; — Pfl. m. bogenf., an der

Spitze wurzelnden Ausläufern, ↕ 40–100 cm; ♃. V–VII. – Fluss- u. Teichufer. – D: *z* im O (BB, NO-BY, Mittelelbe, SH, SN), sonst *s* od. verschwunden; *s* CZ, PL.
Wurzelnde S., ***S. radicans*** Schkuhr

— Ährch. meist gebüschelt, sitzend, nur wenige einzeln; Stg. stumpf 3-kantig; Spelzen schmal eif., rötl.schwärzl., m. grünem Mittelstreif; — Pfl., in Horsten, ↕ 60–150(–200) cm; Hüllblätt. die Spirre weit überragend, aber nur bis 5 mm br.; ♃. VI–VII. – Teichränder. – Ne. (Heimat: östl. N-Am.); in Einbürg. in D: BB, NI (Bad Bentheim), unbest. SN; *s* S-NL.
Zypergras-S., ***S. cyperinus*** (L.) Kunth

3 **(1).** Ährch. zu 3–8 köpfchenart. gehäuft am Ende der Spirrenäste, eif., oben stumpf, 3–4 mm lg.; Spelzen braungrün m. hellerem Mittelstreif, schwach gekielt, m. feinem Spitzchen; Perigonborsten 6, gerade, rau, so lg. wie die Fr.; Blätt. gelbl.grün; — Stg. stumpf 3-kantig; ↕ 30–100 cm; ♃. VI–VII. – Auenwälder, Gräben, nasse Wiesen. – *v*. Wald-S., ***S. sylvaticus*** L.

— Ährch. zu 8–20 kopfig gehäuft; Spelzen rotbraun; Perigonborsten 1–3, in der unt. Hälfte glatt; Blätt. dk.grün; ↕ 30–100 cm; ♃. V–VII. – Feuchte Rasen. – Ne. (Heimat: N-Am.); D: *s* eingebürg. BY, HE, NRW, RP, *s* u. unbest. NI; *s* A: Ti, Kt; B; NO-CH; I: Bz; PL. [*S. atrovirens* subsp. *georgianus* (R. M. Harper) Verloove & Lambinon; hierher auch weitere Arten aus der *S. atrovirens*-Gruppe] Dunkelgrüne S., Georgia-S., ***S. georgianus*** R. M. Harper

Hybride ***S.*** × ***celakovskyanus*** Holub [*S. radicans* × *S. sylvaticus*] – *s*, D: RP, SN, BB, SH.
Weitere adventive Arten unbest. auftretend.

Trichophorum Pers. [*Baeothryon* auct.; *Eriophorum* L. p. p., Wollgras z. T.; *Scirpus* L. p. p., Simse z. T.], Haarsimse, Rasenbinse

1. Pfl. m. Ausläufern; Ährch. 2–4 mm lg.; — Perigonborsten sehr kurz od. fehlend; ↕ 5–12 cm; ♃. VI–VIII. – Quellige Stellen; kalkmeidend; 900–2800 m. – *s*, CH: Gr, Vs; I: Bz (W-Vinschgau). [*S. pumilus* Vahl] Zwerg-H., ***T. pumilum*** (Vahl) Schinz & Thell.

— Pfl. ohne Ausläufer; Ährch. > 4 mm lg. **2**

2. Stg. 3-kantig, rau; Pfl. m. kurzen Ausläufern rasenbildend; Ährch. 8–12-blütig, m. wenigen verläng., die Spelzen überragenden Wollhaaren (Perigonborsten, *228/5*), z. Bltzt. also m. lockerem Wollschopf; ↕ 10–40 cm; ♃. IV–V. – Hochmoore; kalkmeidend; bes. Bergwaldstufe. – *z* Alp. u. Alp.Vorland, *s* D: S-Schw., Bayrw., vereinzelt BB, MV, ST, oft verschwunden; *s* DK; *z* Böhmw., Riesengeb. [*S. hudsonianus* (Michx.) Fernald; *E. alpinum* L.; *B. alpinum* (L.) T. V. Egorova] Alpen-H., ***T. alpinum*** (L.) Pers.

— Stg. stielrund, glatt; Pfl. kompakte Horste bildend; Ährch. 3–6-blütig; Perigonborsten nicht verläng., die Spelzen nicht überragend, z. Bltzt. Pfl. also ohne Wollschopf; ↕ 5–35–50) cm. – Basenarme Flach- u. Hochmoore, bestandsbildend. [*S. cespitosus* L.; *B. cespitosum* (L.) A. Dietr.] (Artengruppe Rasen-H., ***T. cespitosum*** agg.) **3**

3. Perigonborsten glatt; oberste Blattscheide m. nur ≈ 1 mm hoher Scheidenöffnung, diese m. gelbl.weißem Hautrand; ♃. V–VI. – *v–z* Alp. u. Alp.Vorland; D: *v* SH, *z–s* S-Schw., Bayrw., Harz, sonst *s*; *s* B; CZ; DK; NL; PL. [*T. cespitosum* (L.) Hartm. subsp. *cespitosum*; *T. austriacum* Palla]
Rasen-H., Gewöhnliche H., ***T. cespitosum*** (L.) Hartm.

— Perigonborsten deutl. papillös; oberste Blattscheide m. Blattrest u. ≈ 3 mm hoher, schiefer Scheidenöffnung, diese m. rötl. punktiertem Hautrand; ♃. V–VI. – D: *z–s* HE, TH, N-D, *s* Voralp., N-Schw.; *z–s* B; DK; *s* CH: Alp (ob?); F: Vog.; *z–s* NL; PL; zurückghd. [*T. cespitosum* (L.) Hartm. subsp. *germanicum* (Palla) Hegi] Deutsche H., ***T. germanicum*** Palla

Hybride: ***T.*** × ***foersteri*** (G. A. Swan) D. A. Simpson [*T. cespitosum* × *T. germanicum*] – *s*, D: NI, NRW

Familie: Poaceae [Gramineae], Süßgräser

(Bearbeiter: Michael Koltzenburg; mit Beiträgen von Peter F. J. Englmaier)

Stg. (= Halm) rundl. (niemals 3-kantig!), an den Knoten verdickt, hohl (Ausnahme: *Zea mays*); Blätt. 2-zeilig, m. lg., stg.umfassender, meist offener, selten verwachsener (*Bromus* s. l., *Glyceria, Melica*) Scheide, an deren ob. Ende zartes, zuw. nur in Form von Haaren ausgebildetes Blatthäutchen (= Lig., *35/3*, Lig, vgl. *256/1–256/4*); Blüten unscheinbar, meist ⚥, ohne Blütenhülle, aber von trockenhäutigen Hochblätt. (= Spelzen) eingehüllt, immer in Ährch. (*255/1*: 3-blütig im schemat. Längsschnitt). Jedes Ährchen (Ährch.) beginnt m. meist 2 Hüllspelzen (Hüllsp.), der äuß. od. unt. Hüllsp. (aH) u. der inn. od. ob. Hüllsp. (iH), selten m. Granne (bei scheinbar 3 od. 4 Hüllsp. handelt es sich in Wirklichkeit um die Deckspelze (Decksp.) einer od. zweier steriler, unt. Blüten). Darauf folgen in 2-zeiliger Anordnung die Decksp. (D, = Tragblatt), die oft auf dem Rücken od. an der Spitze eine steife, vielfach gekniete Borste, die Granne (G), u. in ihrer Achsel die ⚥ Blüten tragen; jede von ihnen beginnt m. einer 2-kieligen Vorspelze (Vorsp.; V = Vorblatt) u. besteht aus 2 kleinen Schüppchen, den Schwellkörpern (S) od. Lodiculae, 3 m. lg., haarfeinen Staubfäden versehenen Staubblätt. u. 1 Frkn. (F) m. 2 federigen Narben. Jedes Ährch. enthält meist mehrere, bis zu 15, aber zuw. auch nur 1 Blüte. Die Ährch. selbst treten wieder zu ähren-, trauben- od. rispenf. Infl. (*255/2–255/6*) zus. Fr. 1-samige Schließfr. (= Karyopse; *Taf. 29: 9*), bei der Fr.- u. Samenschale meist scheinbar miteinander verwachsen sind.

Aufgrund neuer Erkenntnisse wurden die Gattungen *Festuca, Lolium, Drymochloa* einerseits u. *Bromus* s. l. (*Anisantha, Bromopsis, Bromus* L. s. str., *Ceratochloa*) andererseits neu bearbeitet. Den Zugang zu den veränderten Gattungskonzepten erleichtern Vorschlüssel: zu den Gattungen der core-Loliinae, S. 265, bzw. zu *Bromus* s. l., S. 265.

1. Blüten eingeschl., ♂ Blüten in endst. Rispe; ♀ Blüten in dicken, von scheidigen Hüllblätt. umschlossenen, achselst. Kolben (*Taf. 32: 1*); Pfl. 1-häusig; Spross-∅ an der Basis bis 4 cm (Mais!) .... ***Zea***, 325
— Blüten ⚥, in gemeinsamer Infl. (selten einzelne Blüten eingeschl., diese dann aber nicht von den ⚥ getrennt sthd.) **2**
2. Ährch. sitzend od. auf ganz kurzen, unverzweigten Stielen zu einer Ähre bzw. Traube angeordnet; Ähren einzeln an der Spitze des Halms (einfache Ähre, *255/2a, b*) od. zu mehreren u. dann entw. einander am Halmende ± fingerf. genähert (*255/3*) od. deutl. voneinander entfernt (*255/1*, zus.gesetzte Ähre) .... **Ähren- u. Fingergräser**, 225
— Ährch. auf längeren, zuw. unverzweigten, od. kürzeren, verzweigten Stielen (diese dann erst beim Umbiegen der Infl. zu erkennen!) **3**
3. Ährch.Stiele sehr kurz, dicht gedrängt; Rispe deshalb zus.gezogen u. im Umriss ± walzenf. (*255/4*) .... **Ährenrispengräser**, 258
— Rispe locker, ± stark ausgebr.; Ährch. einzeln, aber lg. gestielt (Traubengräser, *255/5*), sonst m. veräng. u. verzweigten Ästen (Rispengräser, *255/6*); Ährch. zuw. am Ende der verläng. Rispenäste gebüschelt .... **Trauben- u. Rispengräser**, 260

1. Ähren- u. Fingergräser

1. Ähren einzeln an der Spitze des Halms (ähnl. *255/2*) **11**
— Ähren zu mehreren an der Halmspitze ± fingerf. (*255/3*) od. traubig angeordnet **2**
2. Ähren fingerf. angeordnet **6**
— Ähren ährig, traubig od. rispig angeordnet **3**
3. Ährch. ringsum an der Achse angeordnet; — Ähren walzl., ± unterbrochen u. bis 1 cm ∅, am Halm voneinander entfernt; Decksp. z. T. lg. begrannt (*257/1*) .... ***Echinochloa***, 283
— Ährch. an der Achse 2-zeilig u. einseitswendig angeordnet **4**
4. Ährch. rundl., ≈ so lg. wie br. .... ***Beckmannia***, 272
— Ährch. länger als br. **5**

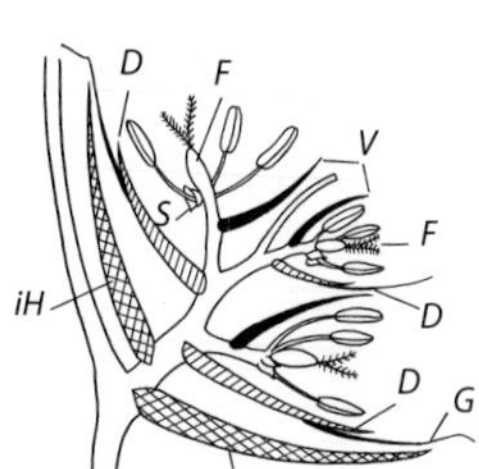

255/1

255/2

255/3

255/4

255/5

255/6

5. Ährch. 1–2-blütig; Strandpfl. der Nordsee .... ***Sporobolus*** (*Spartina*), 320
— Ährch. 3–5-blütig; Pfl. trockener StO .... ***Cleistogenes***, 279
6 (**2**). Ährch. einzeln an der Achse angeordnet.. **9**
— Ährch. paarweise an der Achse angeordnet **7**
7. Ährch. kahl od. kurzhaarig, ohne Granne; Lig. häutig, kurz, gestutzt; Pfl. 1-j. ... ***Digitaria***, 282
— Ährch. am Grund rauhaarig **8**
8. Je ein Ährch. ♂, gestielt u. unbegrannt, das and. ♀, sitzend u. begrannt; — Lig. als Haarreihe ausgebildet; Pfl. ausd. .... ***Bothriochloa***, 272
— Alle Ährch. ⚥, kurz gestielt; — Pfl. 1–4 m hoch, schilfähnl.; Ähren bis 30 cm lg. ***Miscanthus***, 309
9 (**6**). Inn. Hüllsp. so lg. wie das Ährch. .... ***Sporobolus*** (*Spartina*), 320
— Beide Hüllsp. kürzer als das Ährch. **10**
10. Ährch. 2–9-blütig; Hüllsp. ungleich lg.; Pfl. 1-j.; Ähren teilw. versetzt zueinander ansetzend; — Stg. m. seitl. stark zus.gedrückten Blattscheiden, an ihrer Öffnung wimperig behaart ***Eleusine***, 283
— Ährch. 1-blütig; Hüllsp. fast gleich lg.; Pfl. ausd.; Ähren fingerf. fast von einem Punkt ausghd. (*255/3*); — Pfl. m. Ausläufern .... ***Cynodon***, 280
11 (**1**). Ährch. in Büscheln; Grannen 5–20 mm lg., klebrig; — Ährch. 1-blütig; Infl. einseitswendig, unterbrochen; Blattspr. längl. eif., 4–8 cm lg. u. 8–15 mm br., oft wellig; Pfl. niederlgd.-aufstgd. .... ***Oplismenus***, 310
— Ährch. einzeln od. zu 2–3; Grannen fehlend od. nicht klebrig **12**
12. Unt. Ährch. steril od. ♂, anders als die ob.; — Lig. ein Wimpernkranz; Grannen braun, im unt. Teil dicht behaart .... ***Heteropogon***, 301
— Ährch. im unt. Teil der Ähre wie die im ob. Teil ausgebildet **13**
13. Ähren stets zwei- od. allseitswendig (d. h., Ährch. an 2 Seiten der Ährenachse (*255/2a*) od. rings um diese angeordnet) **17**
— Ähren einseitswendig (Ährch. nur auf 1 Seite der Ährenachse, *255/2b*) **14**
14. Hüllsp. verkümmert bis fehlend; — Frkn. m. 1 Narbe; Ährch. linealisch, 7–15 mm lg. (*255/2*); Blätt. borstl. pfrieml., am Grund von alten Blattresten umgeben .... ***Nardus***, 310
— Hüllsp. vorhanden **15**
15. Ährch. lineal-pfrieml., 1-blütig, — unbegrannt; beide Hüllsp. 1-nervig; Pfl. ≤ 10 cm hoch; 1-j. .... ***Mibora***, 309
— Ährch. längl. ellipt., mehrblütig, — unbegrannt od. kurz begrannt **16**
16. Ähre eif., dicht, nur wenig länger als br.; Pfl. < 20 cm hoch; ausd.; im Geb. oberh. 1900 m wachsend .... ***Oreochloa***, 310
— Ähre mehrmals länger als br., locker; Pfl. 20–40 cm hoch; 1-j.; in tieferen Lagen wachsend ***Festuca*** ab **2.**, 287
17 (**13**). Ährch. unterh. der Hüllsp. m. mehreren, das Ährch. überragenden, rauen Borsten; — Lig. als schmaler Hautsaum, aufgelöst als Wimpernkranz .... ***Setaria***, 319
— Ährch. unterh. der Hüllsp. ohne Borsten **18**
18. Ährch. ganz in die Aushöhlung der Ährenachse eingesenkt (*257/2*), Ähre daher kaum dicker als der Halm **36**
— Ährch. nicht in die Ährenachse eingesenkt, zuw. kurz gestielt, einzeln od. zu 2–6 nebeneinander auf den Absätzen der Ährenachse, Ähre stets dicker als der Halm **19**

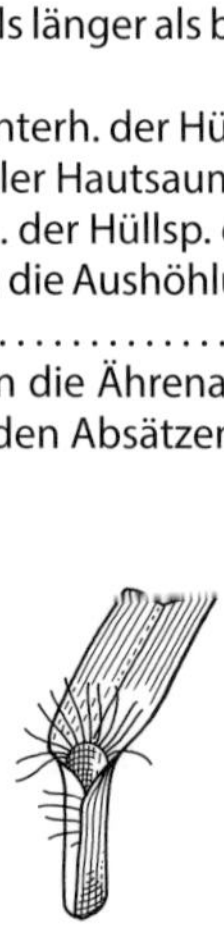
256/1

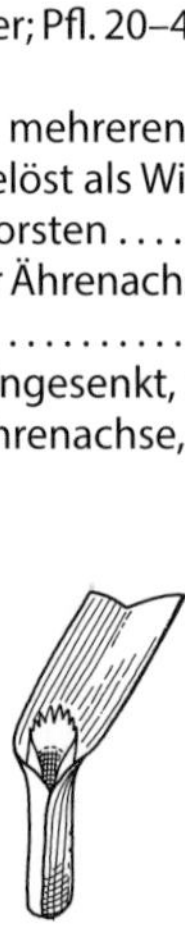
256/2

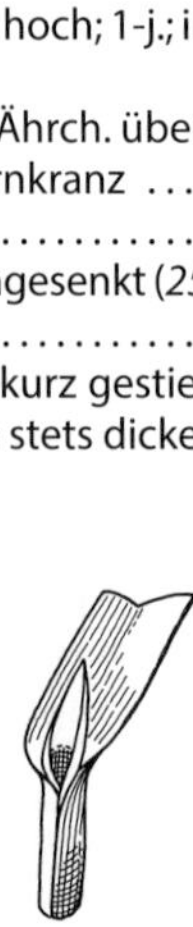
256/3

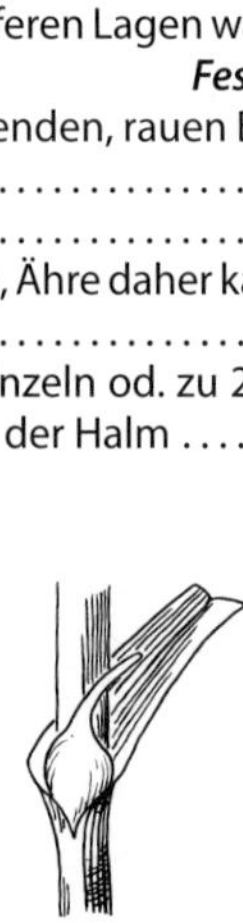
256/4

19. Auf jedem Absatz der Ährenachse nur 1 gestieltes od. ungestieltes Ährch. **22**
— Ährch. deutl. nebeneinander auf einer Seite der Ährenachse **20**
20. Ährch. ungestielt od. nur die seitl. gestielt; Gipfelährch. verkümmert; Pfl. 1–2-j.; — Ährch. 1(–2)-blütig, m. lg. Grannen .... ***Hordeum***, 303
— Ährch. innerh. der Hüllsp. deutl. gestielt; Gipfelährch. entwickelt; Pfl. ausd. **21**
21. Stg. u. Blätt. blaugrün, m. Ausläufern; Hüll- u. Decksp. nicht begrannt, höchstens deutl. zugespitzt; Ährch. 3(–4)-blütig; Strandpfl. .... ***Leymus***, 305
— Stg. u. Blätt. grasgrün, ohne Ausläufer; Hüll- u. Decksp. begrannt, letztere bis zu 25 mm lg.; Ährch. 1(–2)-blütig; Waldpfl. .... ***Hordelymus***, 302
22 (19). Ährch. mehrblütig **24**
— Ährch. 1-blütig **23**
22. Hüllsp. am Grund verwachsen, unbegrannt; Decksp. begrannt (*257/6*) ..... ***Alopecurus***, 268
— Hüllsp. frei, stachelspitzig od. begrannt; Decksp. nicht begrannt (*260/1*) .... ***Phleum***, 311
24 (22). Decksp. auf dem Rücken m. knief. gebogener Granne; — Ährch. 4–7-blütig; Pfl. 1-j. ***Gaudinia***, 299
— Decksp. m. geraden Grannen od. grannenlos **25**
25. Ährch. m. der Schmalseite der Ährenachse zugekehrt (*255/2a*), meist m. nur 1 Hüllsp. **Vorschlüssel core-Loliinae**, 265
— Ährch. die br. Seite der Ährenachse zukehrend (*257/4*), m. 2 Hüllsp. **26**
26. Ährch. kurz gestielt **33**
— Ährch. sitzend **27**
27. Hüllsp. m. mehreren Grannen, m. 1–2 Zähnen od. m. 1 Zahn u. 1 Granne **32**
— Hüllsp. m. nur 1 Granne od. m. 1 Spitze, aber ohne Zahn **28**
28. Hüllsp. mehrnervig; — Wildpfl. od. Kulturpfl. **30**
— Hüllsp. 1-nervig; — Kulturpfl. **29**
29. Decksp. 5-nervig, 8–15 mm lg., gekielt, oben am Rand bewimpert u. auf dem Kiel m. einer Reihe steifer, kammf. angeordneter Haare, in bis 10 cm lg. Granne auslfd. .... ***Secale***, 318
— Decksp. 7-nervig, ≈ 15 mm lg., im ob. Teil dicht behaart, die beiden ob. kurz begrannt od. ohne Granne .... × ***Triticosecale***, 324
30 (28). Ähre 1,5–5 cm lg. u. bis 1–2,5 cm br., m. 2-zeilig u. kammf. angeordneten Ährch. ***Agropyron***, 266
— Ähre 4–20(–35) cm lg., vielfach länger als br. **31**
31. Länge der Decksp.granne ≥ Decksp.länge (bis 25 mm); — Pfl. ohne Ausläufer; Blätt. oberseits matt graugrün, unterseits glzd. dk.grün .... ***Elymus***, 283
— Länge der Decksp.granne ≤ Decksp.länge od. Granne fehlend; — Pfl. m. ± lg. unterird. Ausläufern (außer bei *Elytrigia obtusiflora*) .... ***Elytrigia***, 284
32 (27). Hüllsp. an der Spitze m. 1 Zahn, — 5–7-nervig; Decksp. ohne eine Reihe kammf. angeordneter Haare; Kulturpfl. .... ***Triticum***, 324
— Hüllsp. m. 1–2 Zähnen — u. 1–4 Grannen; Ruderalpfl. .... ***Aegilops***, 266
33 (26). Pfl. ausd., 30–120 cm hoch; Blätt. > 3 mm br. .... ***Brachypodium***, 273
— Pfl. 1-j., ≤ 50 cm hoch **34**
34. Hüllsp. deutl. ungleich lg. .... ***Festuca maritima***, 287
— Hüllsp. fast gleich lg. **35**

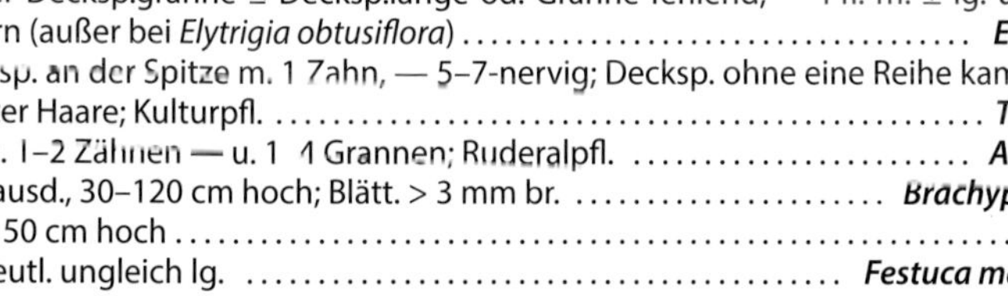

257/1 *257/2* *257/3* *257/4* *257/5* *257/6* *257/7*

35. Ährch. viel länger als die Abschnitte zw. den Ährch.; Infl. steif; Achse des Ährch. z. Reifezt. nicht sichtbar; — Staubbeutel 0,4–0,6 mm lg.; Decksp. stumpf bis abgerundet; Stg. niederlgd.-aufstgd.; Pfl. der Küste, 5–20 cm hoch .... ***Catapodium marinum***, 278
— Ährch. etw. kürzer od. etw. länger als die Abschnitte zw. den Ährch.; Infl. weich; Achse des Ährch. z. Reifezt. sichtbar; — Staubbeutel 0,5–1,2 mm lg.; Pfl. des Binnenlands, 10–50 cm hoch .... ***Festuca lachenalii***, 287
36 (18). Lig. 0,5 mm lg., gestutzt; Ährch. 1-blütig .... ***Parapholis***, 311
— Lig. 3–4 mm lg., spitz; Ährch. 2-blütig .... ***Pholiurus***, 312

2. Ährenrispengräser

1. Ährch. am Grund m. 1 bis mehreren lg. Borsten (*257/3*) bzw. kammf. od. fächerf. Blättchen (*260/2*) **23**
— Ährch. am Grund ohne eine solche Hülle (nur bei *Ammophila*, Nr. **22**, am Grund der Decksp. kürzere Haare) **2**
2. Ährch. 2–∞-blütig **13**
— Ährch. 1-blütig, zuw. aber m. einem pfrieml. od. keulenf. Ansatz zu 1 ob. u. 2 unt. Blüten .. **3**
3. Decksp. am Rand bis zur Spitze dicht zottig bewimpert (*257/5*), selten kahl (Ausnahme *M. altissima*: 60–200 cm hoch, sehr *s* in A: NÖ); — Ährch. m. 1 fertilen u. 1 sterilen Blüte ***Melica***, 308
— Decksp. nicht lg.zottig bewimpert **4**
4. Äuß. Hüllsp. dicht m. hakigen Stacheln, inn. Hüllsp. verkümmert; — Ährch. 4–5 mm lg., zu 3–5 in kurz verzweigtem, als Ganzes abfallendem Büschel .... ***Tragus***, 323
— Äuß. Hüllsp. ohne hakige Stacheln, zuw. m. Borsten, dann aber Hüllsp. ± gleich **5**
5. Hüllsp. am Grund od. bis über die Mitte deutl. miteinander verwachsen (*257/6*), — gekielt, bewimpert; Decksp. oft m. knief. gebogener Granne, schlauchart. die Blüte einschließend (*257/6*) .... ***Alopecurus***, 268
— Hüllsp. bis zum Grund getrennt **6**
6. Hüllsp. auf dem Rücken gekielt., die äuß. viel länger als die Blüte, inn. nur so groß wie Deck- u. Vorsp. (*257/7*), neben der Decksp. beidseits noch je eine 1–1,5 mm lg. sterile Spelze; Ährenrispe eif.-kugelig, — weißl.grün gestreift .... ***Phalaris***, 311
Die beiden ob. der zuw. scheinbar 4 Hüllsp. sind in Wirklichkeit die Decksp. der beiden sterilen, unt. Blütchen.
— Hüllsp. nicht geflüg., oft ungleich lg. od. verkümmert; Ährenrispe nicht eif.-kugelig **7**
7. Hüllsp. scheinbar 4, die beiden äuß. ungleich, die inn. kleiner, dk.braun behaart u. begrannt; Staubblätt. 2; — Ährenrispe lockerblütig, beim Welken nach Waldmeister duftend ***Anthoxanthum***, 270
Die beiden inn. Hüllsp. sind in Wirklichkeit die Decksp. der beiden sterilen, unt. Blütchen.
— Hüllsp. stets 2; Staubblätt. 3 .... **8**
8. Ährch.Achse an der Spitze pinself. behaart, — über die Blüte hinaus veräng.; Ährenrispe zylindr. walzenf., im Umriss etwas gelappt, beidendig zugespitzt; Hüllsp. etwas ungleich lg., spitz; Decksp. am Grund m. Haaren, ohne Grannen **25**
— Ährch.Achse kahl; — Ährenrispe zylindr. walzenf., zuw. auch kopfig, im Umriss ± glatt, nicht gelappt **9**
9. Lig. als häutiger Saum ausgebildet od. fehlend **12**
— Lig. als Haarkranz ausgebildet **10**
10. Rispe im unt. Teil von verbreiterten Blattscheiden eingehüllt, — dicht ***Sporobolus*** (*Crypsis*), 320
— Rispe nicht von Blattscheiden eingehüllt **11**
11. Decksp. 2,5–5 mm lg., grannenlos; Hüllsp. 1,5–5 mm lg. .... ***Sporobolus***, 320
— Decksp. (ohne Granne) 1,5–2 mm lg., m. 2–5 mm lg. Granne; Hüllsp. 0,1–0,5 mm lg. ***Muhlenbergia***, 309
12 (9). Hüllsp. stachelig bis kurz begrannt (*275/6, 312/2*), an „Stiefelknecht" od. „Batman" erinnernd; Decksp. stumpf, unbegrannt .... ***Phleum***, 311

— Hüllsp. m. rückenst. Granne, diese mehrmals länger als der Spelzenteil; Decksp. am ob. Ende gezähnelt, ihre endst. Granne länger als die Spelzenfläche; — Rispe an der Basis ± lappig, durchbrochen .... ***Polypogon***, 316
13 (2). Ährenrispe verläng., nicht rundl. eif. **17**
— Ährenrispe rundl. eif., < 3 cm lg. **14**
14. Halme niederlgd.; Pfl. nicht horstf. (1-j.), aber vom Grund an büschelig verzweigt; Decksp. stumpfl.; — Infl. einseitswendig, vom obersten Halmblatt überragt; Pfl. ≤ 20 cm hoch ***Sclerochloa***, 317
— Halme aufr.; Pfl. dicht horstf., ausd.; Decksp. m. 1, 3 od. 5 grannigen Spitzen; Ährenrispe schiefergrau, — unt. Rispenäste m. od. ohne schuppenf. Tragblätt. **15**
15. Decksp. m. 1 mittl., längeren u. 4 kürzeren, aber rauen Grannen (*316/1*), entlang der Ränder u. auf den Nerven kurz behaart; Vorsp. tief 2-spitzig, m. 2 lg., rauen Grannen; — Ährch. 2- bis 3-blütig; Lig. > 0,5 mm; Pfl. ≤ 15 cm hoch; diploid .... ***Psilathera***, 316
— Decksp. nicht 5-grannig, allenfalls 5-zähnig m. kurzer Mittelgranne; Vorsp. ohne lg. Grannen **16**
16. Blätt. ≤ 10 cm lg., meist gefaltet, bis 1,5 mm br.; Decksp. an der Spitze br. gestutzt, nur m. kurzem Mittelspitzchen/Granne, allenfalls m. sehr kurzen Zähnchen; — Ährch. oft 4-blütig; Lig. > 0,5 mm; Pfl. ≤ 15 cm hoch; diploid .... ***Sesleriella***, 318
— Blätt. 10–30 cm lg., flach, 2–5 mm br.; Lig. < 0,5 mm; Decksp. von and. Form; — Infl. bis 25 mm lg.; Pfl. 10–60 cm hoch; polyploid .... ***Sesleria***, 318
17 (13). Hüllsp. beide m. lg. Granne, diese glatt, klebrig; Blätt. lanzettl., 8–15 mm br. ***Oplismenus***, 310
— Hüllsp. unbegrannt od. begrannt, dann aber Granne nicht klebrig; Blätt. linealisch **18**
18. Hüllsp. kürzer als das Ährch., die eine mind. doppelt so lg. wie die and. **22**
— Hüllsp. so lg. od. fast so lg. wie das Ährch. **19**
19. Decksp. an der Spitze kurz begrannt od. nur stachelspitzig bis stumpf, auf dem Rücken gekielt u. hier oft bewimpert **21**
— Decksp. auf dem Rücken lg. absthd. begrannt **20**
20. Decksp. gekielt, Granne in ihrer ob. Hälfte entspringend .... ***Trisetum***, 323
— Decksp. auf dem Rücken abgerundet, Granne an ihrem Grund od. zumind. unterh. der Mitte entspringend .... ***Aira praecox***, 268
21 (19). Pfl. 1-j.; — Hüllsp. ungleich lg. .... ***Rostraria***, 317
— Pfl. ausd. .... ***Koeleria***, 303
22 (18). Blätt. borstenf.; Decksp. an der Spitze lg. begrannt; Ährenrispe lockerblütig, zuw. bis 20 cm lg.; — Staubblätt. 1–3 .... ***Festuca*** (*Vulpia*), 286
— Blätt. flach, bis 4 mm br.; Decksp. nicht begrannt; Ährenrispe dichtblütig (oberw. reine Ähre), schwach einseitswendig, 1–3 cm lg. (s. auch Nr. **14**—); — Staubblätt. 3 ..... ***Sclerochloa***, 317
23 (1). Ährenrispe einseitswendig; unter jedem Ährch. eine kammf. Hülle (= steriles Ährch. m. leeren Spelzen, *260/2*); — Ährch. 3–4-blütig; Decksp. kurz stachelspitzig od. begrannt ***Cynosurus***, 280
— Ährenrispe allseitswendig; Ährch.(-bündel) am Grund m. lg., borstenf. Haaren (*257/3*) (= verkümmerte Seitenzweige u. zuw. m. reduzierten Ährch.) **24**
24. Borsten bei Reife m. dem Ährch.bündel abfallend; unt. Hüllsp. weniger als ein Fünftel der Decksp.Länge; Ährch. 2-blütig; — Lig. oft als Haarkranz .... ***Cenchrus***, 278
— Borsten bei Reife bleibend, nicht m. dem Ährch. abfallend; unt. Hüllsp. über ein Viertel der Decksp.Länge; Ährch. 1-blütig; — Hüllsp. scheinbar 3, Decksp. unbegrannt; Lig. als schmaler Hautsaum, aufgelöst als Wimpernkranz .... ***Setaria***, 319
25 (8). Rispe dicht, 7–15 cm lg.; — Knoten am Stg. bis 2-mal so lg. wie br.; Lig. 10–30 mm lg.; Pfl. 60–100 cm hoch .... ***Ammophila***, 269
— Rispe gelappt, 1,3–2,5 cm lg.; — Knoten am Stg. so lg. wie br.; Lig. 5–15 mm lg.; Pfl. 60–130 cm hoch .... × ***Calammophila***, 278

3. Trauben- und Rispengräser

Von zahlr. Gräsern sind als Seltenheit abweichende Formen m. nur 1-blütigen Ährch. bekannt. Gelingt die Bestimmung über Nr. 3ff. nicht, dann bestimme man weiter nach Nr. 21.

1. Ährch. 2- bis mehrblütig, mind. m. 2 ⚥ Blüten od. m. 1 ⚥ Blüte u. mehreren ♂ od. geschlechtslosen Blüten **21**
— Ährch. 1-blütig, zuw. m. Ansatz einer 2. verkümmerten od. einer 2. ♂ Blüte **2**
2. Stiel unterh. des Ährch. m. gelb bis rotgelb glzd. Haarschopf — u. dort verdickt **Chrysopogon**, 279
— Stiel unterh. des Ährch. ohne gelbe Behaarung **3**
3. Ährch. nur m. 1 ⚥ Blüte **6**
— Ährch. außer der ⚥ Blüte noch m. 1 ♂ Blüte **4**
4. Ährch. paarweise an den traubigen Seitenzweigen der Infl.Achse, — die unt. sitzend, die ob. gestielt, 2-blütig, nur 1 Blüte begrannt, nur die unt. Ährch. fertil (⚥) ...... **Sorghum**, 319
— Ährch. nicht paarweise an traubigen Seitenzweigen der Rispenachse angeordnet **5**
5. Ährch. 7–11 mm lg., Granne lg., gekniet .... **Arrhenatherum**, 270
— Ährch. ≤ 5 mm lg., Granne fehlend od. sehr kurz (*260/3*) .... **Holcus**, 302
6 (3). Ährch. am Grund der Decksp. m. längeren Haaren (*260/4*); — Hüllsp. ± ungleich; Rispe reich verzweigt .... **Calamagrostis**, 276
— Ährch.Achse kahl od. am Grund der Decksp. m. Haaren, diese ≤ halb so lg. wie die Decksp., zuw. aber Decksp. selbst behaart **7**
7. Hüllsp. vorhanden **9**
— Hüllsp. fehlend **8**
8. Pfl. 2–8 cm hoch; Ährch. ≤ 1,2 mm lg., in doldenf. od. quirlf. Büscheln ...... **Coleanthus**, 279
— Pfl. 50–100 cm hoch; Ährch. 4–5 mm lg., einzeln an Rispenästen, z. Bltzt. tritt höchstens der ob. Teil der Rispe aus der sie umschließenden Blattscheide heraus .... **Leersia**, 305
9 (7). Hüllsp. scheinbar 3; Blattscheiden oft absthd. behaart; — Ährch. vom Rücken her zus. gedrückt u. daher nicht gekielt; Rispe reichblütig, zuletzt oft überhgd. .... **Panicum**, 310
— Hüllsp. 2 od. scheinbar 4; Blattscheiden kahl **10**
10. Decksp. unbegrannt od. m. einer Granne, die ≤ doppelt so lg. ist wie ihre Spelze **14**
— Decksp. lg. begrannt, Grannen ≥ 3-mal so lg. wie ihre Spelzen; — Hüllsp. 2 .... **11**
11. Granne 5–30 cm lg.; Blätt. borstl., in der Knospenlage gefaltet; — Ährch. vom Rücken her zus.gedrückt .... **Stipa**, 321
— Granne ≤ 2 cm lg.; Blätt. 1–5 mm br., flach, trocken, meist borstl. zus.gerollt **12**
12. Decksp. auf dem Rücken lg. behaart; — äuß. Hüllsp. ≈ 9 mm, inn. ≈ 7 mm lg.; Blätt. in der Knospenlage gerollt; Decksp.granne glatt; Pfl. ausd., dichte Horste bildend **Achnatherum calamagrostis**, 265
— Decksp. nicht lg. behaart, höchstens kurz rauhaarig **13**
13. Pfl. ausd., m. zahlr. Erneuerungstrieben; Granne geschlängelt, bis 15 mm lg.; Hüllsp. fast gleich lg. (3–4,5 mm); — Lig. 0,5–2 mm lg., kurz behaart .... **Achnatherum virescens**, 266
— Pfl. 1-j., büschelig wachsend; Granne ± gerade, bis 10 mm lg.; Hüllsp. ungleich lg. (1,5 bzw. 2,5 mm); — Lig. 2–6 mm lg., kurz behaart od. zerschlitzt .... **Apera**, 270
14 (10). Halm ohne Knoten, — blattlos (aber zuw. bis über die Mitte von Blattscheiden umgeben!); Knoten am Grund des Halms gehäuft, knollig verdickt u. ganz von den Scheiden bedeckt; Lig. als Haarkranz .... **Molinia**, 309

260/1

260/2

260/3

260/4

260/5

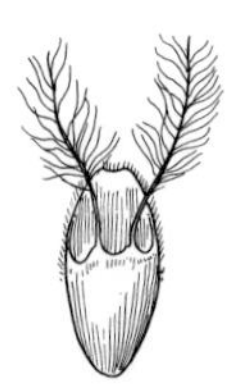
260/6

— Halm m. Knoten **15**

15. Ährch. von der Seite her ± stark zus.gedrückt, Hüllsp. deshalb am Rücken ± stark gekielt (*261/2*) **18**

— Ährch. stielrund od. vom Rücken her zus.gedrückt, Hüllsp. daher auf dem Rücken abgerundet (*261/1*) **16**

16. Infl.Äste steif aufr.; Infl. insges. nur m. ≈ 25 Ährch., diese 5 mm lg.; Blattscheiden geschlossen, — an ihren Enden m. häutiger Spitze (*256/4*), aber fast ohne Lig.; Infl. rotbraun u. an den Enden der lg. gestielten Rispenäste .... ***Melica***, 308

— Infl.Äste allseitswendig abspreizend bis waagr. absthd., später sogar ± zurückgeschlagen; Infl. feingliedrig, insges. m. 50–200 Ährch., diese ≤ 2 mm lg.; Blattscheiden offen **17**

17. Rispenäste büschelig zu je 5–7 in 2 Zeilen, leicht herabhgd.; Ährch. fast 3 mm lg.; Lig. ≥ 6 mm lg.; Blattspr. bis 15 mm br.; Hüllsp. 3-nervig, — grün(l.) .... ***Milium***, 309

— Rispenäste zwar in 2 Zeilen büschelig angeordnet, aber Rispe insges. allseitswendig erscheinend; Ährch. 1–2 mm lg.; Lig. meist ≤ 6 mm lg.; Blattspr. ≤ 10, meist nur wenige mm br.; Hüllsp. 1-nervig, — weißl., grünl. od. rötl. .... ***Agrostis***, 266

18 (15). Auf die Hüllsp. u. nach innen folgend 2 ≈ 1 mm lg. weißl. schuppenf. sterile Decksp.; — schilfart. Ufergras m. vor u. nach der Blüte zus.gezogener, gelappter, oft rötl. überlaufener Rispe; Decksp. unbegrannt; Ährch. geknäuelt; Lig. häutig (vgl. *Phragmites*: Lig. als Haarkranz) .... ***Phalaris***, 311

— Auf die Hüllsp. keine sterilen Decksp. nach innen folgend **19**

19. Ährch. sehr dicht 2-zeilig sthd.; Gras schilfart., — bis 1 m hoch; Decksp. unbegrannt; Infl. veräng., m. dichten, kurzen, steif aufw. weisenden Rispenästen ***Beckmannia syzigachne***, 272

— Ährch. nicht dicht od. 2-zeilig sthd.; Pfl. nicht schilfart. **20**

20. Hüllsp. unscheinbar, < 0,5 mm lg.; Infl. schmal; Lig. ein bewimperter Saum; — Decksp. m. gerader Granne, diese an der Spitze angeheftet .... ***Muhlenbergia***, 309

— Hüllsp. > 1 mm lg.; Infl. fein verästelte Rispe; Lig. häutig, unbewimpert od. fehlend; — Decksp. unbegrannt od. begrannt, dann diese am Grund od. in der Mitte angeheftet ... ***Agrostis***, 266

21 (1). Hüllsp. (ohne Granne) viel kürzer als das Ährch. u. meist auch kürzer als die Decksp. ohne ihre Granne **50**

— Längere Hüllsp. (ohne Granne) mind. halbe Ährch.länge erreichend **22**

22. Decksp. (wenigstens einer Blüte) begrannt; Granne zuw. zw. den Spelzen verborgen **30**

— Decksp. unbegrannt, zuw. stachelspitzig (Decksp. von *Dactylis* kann kurz begrannt sein bis ein Viertel der Spelzenlänge) **23**

23. Ährch. nickend od. hgd. **29**

— Ährch. aufr. (aber z. T. m. abgespreizten Rispenästen) **24**

24. Rispe schmal zus.gezogen, m. 4–16 Ährch.; anstelle Lig. eine Haarreihe; — Ährch. grün bis violett überlaufen, 3–5-blütig; Decksp. derb, m. kurz 3-zähniger Spitze (*281/1*); Blätt. u. Blattscheiden wimperig behaart .... ***Danthonia decumbens***, 281

— Rispenäste z. Blzt. absthd., Ährch. ∞; Lig. häutig od. bis 5 mm lg. **25**

25. Halm oberw. knotenlos; Ährch. meist 3-blütig, Mittelblüte des Ährch. ⚥, m. 2 Staubblätt., die beiden seitl. ♂ m. je 3 Staubblätt. (*302/1, 302/2*), bräunl., — an den weit ausgebr. Rispenästen ± gleichm. verteilt; Hüllsp. fast so lg. wie das Ährch.; nach Waldmeister duftend ***Hierochloë***, 302

— Halm oberw. m. Knoten; Ährch. nur m. ⚥ Blüten, gelbl., grünl. od. violett überlaufen **26**

26. Ährch. am Ende der Rispenäste knäuelig gehäuft, Infl. daher gelappt u. ausgebr. oft > 10 cm br. .... ***Dactylis***, 280

— Ährch. nicht knäuelig gehäuft, ± gleichm. innerh. der Infl. verteilt **27**

261/1

261/2

27. Decksp. kurz 3-spitzig, am Grund m. kurzem Haarbüschel, 7-nervig; schilfart. Ufergras, 1–2 m hoch, m. raurandigen Blätt. u. fingerdickem Rhizom ………………… ***Scolochloa***, 318

— Decksp. stumpfl. bis zugespitzt; Pfl. kleiner, zierlicher ………………… **28**

28. Rispenäste nur z. Bltzt. ausgebr. u. dann Infl. bis 4 cm br. (sonst ährenrispig zus.gezogen); Ährch. 4–8 mm lg. ………………… ***Koeleria***, 303

— Rispenäste auch nach der Bltzt. nicht zus.gezogen; Ährch. 2–3 mm lg. ………………… ***Poa***, 313

29 (23). Ährch. grün, bis 2,5 cm lg.; Decksp. der ob. Blüte zuw. begrannt; Rispenäste z. Bltzt. waagr. absthd.; — Ährch. 2–5-blütig; Kulturpfl. ………………… ***Avena***, 271

— Ährch. ± braunrot, ≤ 1 cm lg., 2-blütig; Decksp. knorpelig; Rispe einseitswendig od. überhgd.; — Ährch. 2-blütig, die ob. Blüte häufig verkümmert ………………… ***Melica***, 308

30 (22). Grannen kurz, zw. den Spelzen versteckt (*260/3*, Hüllsp. wegbiegen!) od. diese nur wenig überragend ………………… **48**

— Grannen aus den Spelzen herausragend ………………… **31**

31. Ährch. am Ende der Rispenäste geknäuelt-gehäuft, Infl. daher gelappt, etwas einseitswendig ………………… ***Dactylis***, 280

— Ährch. nicht geknäuelt-gehäuft, Infl. nicht gelappt ………………… **32**

32. Der aus den Spelzen herausragende Teil der Grannen so lg. wie od. länger als das Ährch.; — Ährch. 4–20 mm lg. ………………… **37**

— Grannen kürzer als das Ährch.; — Ährch. 2–6 mm lg. ………………… **33**

33 (32, 49). Ährch. paarweise an den traubigen Seitenzweigen der Infl.Achse, — die unt. sitzend, die ob. gestielt, 2-blütig, nur 1 Blüte begrannt, nur unt. Ährch. fertil (⚥) ***Sorghum***, 319

— Ährch. nicht paarweise an traubigen Seitenzweigen der Infl.Achse angeordnet ………………… **34**

34. Unt. Blüte des Ährch. ⚥; Halm an den Knoten weichhaarig; — ⚥ Blüte unbegrannt, Decksp. der ob., ♂ Blüte am Rücken begrannt (*260/3*); Blätt. flach, graugrün ………………… ***Holcus***, 302

— Alle Blüten des Ährch. ⚥; Halm an den Knoten kahl ………………… **35**

35. Decksp. an ihrer Spitze grannig verläng.; — Ährch. 2–4-blütig; Blätt. flach od. zus.gerollt ***Koeleria***, 303

— Decksp. 2-spitzig od. 4-zähnig, vom Rücken od. nahe dem Grund m. Granne; — Ährch. 2-blütig; Blätt. oft borstl. ………………… **36**

36. Decksp. meist 2-spitzig; — Pfl. zart, 5–30(–50) cm hoch; Ährch. 1,5–3 mm lg.; Hüllsp. zarthäutig ………………… ***Aira***, 267

— Decksp. an gestutzter Spitze fein gezähnelt; — Pfl. 30–120 cm hoch; Ährch. 2–5 mm lg. … **37**

37. Zähne der Decksp. 4, ± gleich lg.; Blattspr. bis 5 mm br., flach (sich nur bei Trockenheit einrollend), obersts. gerieft, Lig. meist > 6 mm lg.; Grannen ± im Ährch. verborgen (bei *D. setacea* herausragend, deutl. gedreht u. gekniet) ………………… ***Deschampsia***, 281

— Mittl. 2 Zähne der Decksp. länger als die 2 äuß.; Blattspr. <1 mm br., fadenf., sich „fettig" glatt anfühlend (daher kaum m. *Festuca ovina* agg. zu verwechseln); Lig. < 3 mm lg.; Grannen aus dem Ährch. herausragend ………………… ***Avenella***, 272

38 (32). Unt. Blüte des 2-blütigen Ährch. ♂, ihre Decksp. auf dem Rücken m. geknieter od. gedrehter, 10–15 mm lg. Granne; Decksp. der ob. ⚥ Blüte unbegrannt od. an der Spitze kurz begrannt; — äuß. Hüllsp. kürzer, 1-nervig, ob. länger, 3-nervig …. ***Arrhenatherum***, 270

— Alle Blüten des Ährch. ⚥, ihre Decksp. begrannt ………………… **39**

39. Fr. locker von den Spelzen umhüllt; Ährch. < 1 cm lg. ………………… **45**

— Fr. von den Spelzen fest umhüllt; Ährch. > 1 cm lg. (zuw. etwas kürzer, dann aber Granne nicht rückenst., sondern an der Spitze zw. 2 lg. Zähnen entspringend) ………………… **40**

40. Decksp. an der Spitze lg. 2-zähnig, Zähne ≈ halb so lg. wie die ganze Spelze, — dazw. lg., gedrehte u. gekniete, am Grund dk.braune Granne entspringend; Hüllsp. 5–7-nervig; Decksp. am Rand lg.zottig behaart ………………… ***Danthonia alpina***, 281

— Decksp. an der Spitze höchstens kurz 2-zähnig ………………… **41**

41. Decksp. an ihrer Spitze in eine Granne auslfd., — diese länger als die Spelze; Blüten häufig nur m. 1 Staubblatt ………………… ***Festuca***, ab **2.**, 287

— Decksp.granne rückenst., in der Mitte, etwas oberh. od. unterh. der Mitte entspringend .. **42**

42. Pfl. 1-j.; Ährch. lg. gestielt, meist hgd., bis 2,5 cm lg.; Hüllsp. 7–11-nervig, m. br., durchsichtigen Rändern ………………… ***Avena***, 271

— Pfl. ausd.; Ährch. kurz gestielt, ± aufr.; Hüllsp. 1–5-nervig **43**
43. Blätt. der Erneuerungstriebe borstl. gerollt, oberseits stark gerippt, im ∅ U-f.; — Ährch. 2–4-blütig .... ***Helictotrichon***, 301
— Blätt. der Erneuerungstriebe flach ausgebr., beiderseits glatt, nicht gerippt, im ∅ V-f. ... **44**
44. Ährch.Achse zw. den Blüten m. bis 6 mm lg. Haaren; — Blattscheiden der Erneuerungstriebe weichhaarig bis fast kahl; Ährch. 2–4-blütig .... ***Avenula***, 272
— Ährch.Achse zw. den Blüten kahl od. nur m. deutl. kürzeren Härchen; — Blattscheiden kahl, glatt od. rau; Ährch. 3–8-blütig .... ***Helictochloa***, 300
45 (39). Hüllsp. 6–9-nervig; Decksp. der ob. Blüte des Ährch. m. rückenst., gedrehter u. geknieter Granne, die der unt. in gerade Granne auslfd.; — Ährch. bis 1 cm lg.; Lig. 3 mm lg., zerschlitzt, am Rand herablfd. .... ***Ventenata***, 325
— Hüllsp. 1–3-nervig; Decksp. m. gedrehter od. geknieter Granne **46**
46. Decksp. zugespitzt, ihre Granne rückenst.; Ährch. 3–4-blütig, bei Gebirgspfl. oft 1–2-blütig .... ***Trisetum***, 323
— Decksp. an gestutzter Spitze fein gezähnelt, ihre Granne fast od. ganz grundst.; Ährch. 2-blütig **47**
47. Zähne der Decksp. 4, ± gleich lg.; Blattspr. bis 5 mm br., flach (sich nur bei Trockenheit einrollend), oberseits gerieft, Lig. meist > 6 mm lg.; Grannen ± im Ährch. verborgen (bei *D. setacea* herausragend, deutl. gedreht u. gekniet) .... ***Deschampsia***, 281
— Mittl. 2 Zähne der Decksp. länger als die 2 äuß.; Blattspr. <1 mm br., fadenf., sich „fettig" glatt anfühlend (daher kaum m. *Festuca ovina* agg. zu verwechseln); Lig. < 3 mm lg.; Grannen aus dem Ährch. herausragend .... ***Avenella***, 272
48 (30). Granne in der Mitte m. behaartem Knoten, an der Spitze keulig verdickt (*260/5*); — Ährch. weiß od. rot überlaufen; Blätt. borstl. .... ***Corynephorus***, 280
— Granne in der Mitte nicht m. behaartem Knoten, an der Spitze nicht keulig verdickt **49**
49. Ährch. 3-blütig, nur die Mittelblüte ⚥, beide seitl. ♂; — Pfl. nach Waldmeister duftend (s. auch Nr. **25**) .... ***Hierochloë***, 302
— Ährch. 2-blütig (mehrere Ährch. untersuchen!) **33**
50 (21). Ährch.Achse lg.haarig, nur unter der unt. ♂ Blüte kahl, Haare ≈ so lg. wie die Spelzen; — Decksp. kahl; Ährch. bis 1 cm lg.; Lig. als Haarkranz (vgl. *Phalaris*: Lig. häutig); bis 5 m hoch; Blätt. bis 3 cm br. .... ***Phragmites***, 313
— Ährch.Achse kahl od. nur sehr kurz behaart **51**
51. Decksp. im unt. Teil lg. behaart; — Gras schilfart. hoch **71**
— Decksp. kahl od. nur ganz kurz behaart **52**
52. Halm ohne Knoten, — blattlos (aber zuw. bis über die Mitte von Blattscheiden umgeben!); Knoten am Grund des Halms gehäuft, knollig verdickt u. ganz von den Scheiden bedeckt; Lig. als Haarkranz .... ***Molinia***, 309
— Halm meist bis über die Mitte hinauf m. Knoten **53**
53. Lig. häutig, nicht als Haarkranz ausgebildet (zuw. randl. fein zerschlitzt), od. fehlend **55**
— Lig. nur als Haarkranz ausgebildet **54**
54. Stg. bis zur Infl. auffallend gleichm. u. starr absthd. beblätt., Blätt. hart u. zerbrechl., — in den ob. Blattscheiden oft noch versteckte Ährch.; Pfl. ausd. .... ***Cleistogenes***, 279
— Stg. nicht auffallend starr u. absthd. beblätt., Blätt. nicht hart u. zerbrechl.; — Pfl. meist 1-j. .... ***Eragrostis***, 285
55 (53). Ährch. am Ende der Rispenäste geknäuelt-gehäuft, Infl. daher gelappt, etwas einseitswendig .... ***Dactylis***, 280
— Ährch. nicht geknäuelt-gehäuft, Infl. nicht gelappt **56**
56. Ährch. im Umriss rundl., br. eif. od. herzf., seitl. zus.gedrückt, — 4–7 mm lg., glzd., an dünnen Stielchen hgd.; Ährch.Stiele meist geschlängelt .... ***Briza***, 272
— Ährch. im Umriss schmal eif., längl., lanzettl. od. linealisch **57**
57. Decksp. kurz 3-spitzig, am Grund m. kurzem Haarbüschel, — 5–7-nervig; schilfart. Ufergras m. sehr rauen Blätt.; Blattscheiden offen (bei *Glyceria* geschlossen!) .... ***Scolochloa***, 318
— Decksp. an der Spitze nicht 3-spitzig, am Grund ohne Haarbüschel, zuw. aber kurz behaart **58**
58. Decksp. begrannt **69**

— Decksp. höchstens stachelspitzig (kurz begrannt: *Bellardiochloa variegata*) **59**

59. Decksp. am Rücken abgerundet; Hüllsp. gekielt od. abgerundet **61**

— Decksp. ± gekielt; Hüllsp. meist scharf gekielt, Ährch. daher ± seitl. zus.gedrückt (*261/2*) .. **60**

60. Ährch. bis > 2 cm lg.; Decksp. 1 cm lg. .... **Vorschlüssel *Bromus*** s. l., 265

— Ährch. ≤ 1 cm lg.; Decksp. ≤ 0,6 cm lg. .... ***Poa***, 313

61 (59). Ährch.Stiele dick, steif; — Infl. 2-zeilig, steif, ± gedrungen; Lig. lg. zerschlitzt; Pfl. 1-j. ***Catapodium***, 278

— Ährch.Stiele nicht dick u. steif; — Infl. nicht immer 2-zeilig **62**

62. Hüllsp. nicht gekielt (*261/1*); Decksp. eif., abgerundet od. gestutzt, m. br. trockenhäutigem Saum **66**

— Hüllsp. scharf gekielt (*261/2*); Decksp. lanzettl., meist stachelspitzig od. angedeutet 3-zähnig **63**

63. Ährch. > 15 mm; Narben der Seite des Frkn. ansitzend (*260/6*); Infl.Achse ± 4-kantig, Rispenäste 2-zeilig gestellt; Blattscheiden geschlossen; — Decksp. fast stets kurz 2-zähnig, ihre Granne (fast grannenlos: *Bromopsis inermis*) etwas unterh. der Spelzenspitze entsthd. **Vorschlüssel *Bromus*** s. l., 265

— Ährch. ≤ 14 mm lg.; Narben an der Spitze des Frkn. sthd.; Infl.Achse 3-kantig, meist nur an 2 Seiten m. Rispenästen, Infl. daher etwas einseitswendig; Blattscheiden meist offen **64**

64. Decksp. meist deutl. gekielt, im ∅ V-f. (*261/2*), — selten spitzl. (*P. alpina, P. badensis*), sonst stumpfl. bis abgerundet, unbegrannt, auf dem Rücken zottig behaart (wenn unbehaart, dann Blätt. stets flach); Ährch.Achse zw. den Blüten kahl .... ***Poa***, 313

— Decksp. nicht gekielt, im ∅ abgerundet (*261/1*) **65**

65 Ährch.Achse unterh. jeder Decksp. (m. Grannenspitze) m. 0,5 mm lg. Borstenhärchen ***Bellardiochloa***, 272

— Ährch.Achse ohne Borstenhärchen — Decksp. zugespitzt (Ausnahme: *F. pulchella*), oft sogar kurz begrannt .... ***Festuca***, 286

66 (62). Ährch. 1–3 mm lg., 2-blütig; — Decksp. braunviolett; Blattscheiden zur Hälfte geschlossen .... ***Catabrosa***, 278

— Ährch. > 4 mm, 3–11-blütig (Ausnahme: *Glyceria striata* m. 2 mm lg. Ährch.) **67**

67. Decksp. kurz begrannt, wenn unbegrannt, dann zugespitzt, nur selten deutl. hautrandig **Vorschlüssel core-Loliinae**, 265

— Decksp. niemals begrannt, an der Spitze abgerundet od. gestutzt, oft trockenhäutig **68**

68. Blattscheiden offen; Decksp. ≤ 5-nervig; — Blätt. 2–6 mm br.; salztolerante Pfl., bes. der Küsten .... ***Puccinellia***, 316

— Blattscheiden fast auf der ganzen Länge geschlossen; Decksp. 7–9-nervig; — Blätt. bis 10 mm br. .... ***Glyceria***, 299

69 (58). Blüten m. 1 Staubblatt; Decksp. aus der Spitze begrannt, Granne dann deutl. länger als der unbegrannte Teil; — Pfl. 1-j., bis 50(–60) cm .... ***Festuca***, ab **2.**, 287

— Blüten m. 3 Staubblätt.; Decksp. unterh. ihrer Spitze begrannt od. in Fortsetzung derselben, Granne aber kürzer als unbegrannter Teil **70**

70. Granne etwas unterh. des Endes der Decksp., oft zw. 2 Zähnen derselben entspringend; Narben an der Seite des Frkn. ansitzend (*260/6*); Pfl. meist 1-j. (s. auch Nr. **61**) **Vorschlüssel *Bromus*** s. l., 265

— Decksp. in Granne auslfd.; Narben an der Spitze des Frkn. ansitzend; Pfl. ausd. (s. auch Nr. **60**— u. **62**) .... **Vorschlüssel core-Loliinae**, 265

71 (51). Blätt. ≤ 40 cm lg. — u. 1,2 cm br.; Lig. ≤ 6 mm lg., häutig, gestutzt bis zerschlitzt; Pfl. ≤ 2 m hoch .... ***Scolochloa***, 310

— Blätt. 50–100 cm lg. u. 1–6 cm br.; Lig. ≈ 1 mm lg. als häutiger, oben bewimperter Saum; Pfl. 2–5 m hoch .... ***Arundo***, 271

Eine zunehmende Zahl von Arten aus einer Vielzahl von Gattungen werden als Zierpflanzen kult. od. synanthrop verschleppt, so dass sie unbest. zu beobachten sind od. sich etablieren. In den folg. Schlüsseln werden sie nur teilw. differenziert.

Vorschlüssel zu *Bromus* s. l. (Bromeae; *Anisantha*, Schmalährentrespe; *Bromopsis*, Schwingeltrespe; *Bromus* s. str., Trespe, u. *Ceratochloa*, Plattährentrespe), Trespen i. w. S. (Bearbeiter: Michael Koltzenburg)

1. Äuß. Hüllsp. 1-, inn. 3-nervig, beide ungleich lg., schmal lanzettl. **3**
— Äuß. Hüllsp. 3–5-, inn. 5–9-nervig, beide oft gleich lg., ellipt. **2**
2. Ährch. nicht flachgedrückt; Spelzen höchstens am Grund schwach gekielt; — 1-j. (bis 2-j.) .... ***Bromus*** s. str., 274
— Ährch. 2-schneidig-flachgedrückt, da Spelzen deutl. gekielt (ähnl. *261/2*); — Decksp. stachelspitzig od. begrannt; 1-j. bis ausd. .... ***Ceratochloa***, 279
3 **(1.)** Pfl. ausd. , — m. Ausläufern od. Horstbildung, m. abgestorbenen Trieben des Vorjahres .... ***Bromopsis***, 273
— Pfl. 1-j. .... ***Anisantha***, 269

Vorschlüssel zu den Gattungen der core-Loliinae (*Drymochloa*, *Lolium*, *Festuca*)
(Bearbeiter: Peter F. J. Englmaier)

Die im Zuge der vorliegenden Bearbeitung erforderlichen neuen Namenskombinationen werden zeitgleich in einem Annex zur 4. Auflage der Exkursionsflora für Österreich und die gesamten Ostalpen (Fischer et al. 2024) validiert.

1. Blattspr. borstl. (i. d. R. Faltblätt.), 0,4–1,5(–2) mm br., weich od. hart, manchmal stechend; Skl. nur an der Blattspr.-Außenseite, ausnahmsweise v. a. seitenst. Skl.-Stränge zur Innenseite durchlfd. (bei *F. laxa* u. *F. norica*) od. dünnere Skl.-Stränge auch auf den Rippen der Innenseite (*F. calva*, *F. rubra* subsp. *juncea*) **6**
— Blattspr. flach, offen-rinnig, 1 mm (z. B. bei *F. incurva*) bis > 10 mm br., manchmal seicht gefaltet od. randl. eingerollt, jedoch nicht borstl.; Skl. an den Gefäßbündeln in Strängen von der Blattspr.-Außenseite zur -Innenseite durchlfd. (auch u. v. a. am Gefäßbündel der Mittelrippe) od. Skl. in dünnen Strängen an beiden Spr.Seiten, überwgd aber an der Innenseite ausgebildet (bei *Lolium* s. str.) **2**
2. Ährch.Stand eine Rispe; — Pfl. ausd. **5**
— Ährch.Stand eine Ähre, ausnahmsweise m. 1-blütigen Ährch.; Pfl. 1- od. 2-j. **3**
3. Ährch.Stand eine lg.gestreckte, bis 20 cm lg., oft gekrümmte Ähre; Ährch. alle 1-blütig, der Ährenachse eng anlgd., teils in die Spindel eingesenkt.
Krumm-Federschwingel, ***Festuca incurva***, s. ***Festuca* 2.**, 287
— Ährch.Stand eine Ähre; Ährch. stets mehrblütig, von der Ährenachse abspreizend **4**
4. Beide Hüllsp. vorhanden, die ob. kürzer als die Decksp.; Decksp. lg. begrannt; Ährch.Achse z. Reifezt. zerfallend .... Strand-Federschwingel, ***Festuca maritima***, s. ***Festuca* 4—**, 287
— Oft nur die ob. Hüllsp. vorhanden (bei den unt. Ährch. der Infl.), diese deutl. länger als die Decksp.; Decksp. oft unbegrannt; Ährch.Achse z. Reifezt. oft nicht zerfallend
Lolch i. e. S., ***Lolium*** subg. ***Lolium***, s. ***Lolium*** ab **2.**, 305
5 **(2).** Lig. der Erneuerungstriebe fehlend od. nur als ein höchstens 1(–2) mm br. Saum [incl. *Festuca* s. l. p. p.] .... Weidelgras, Lolch i. w. S (incl. Flachschwingel), ***Lolium*** s. l., 305
— Lig. 2–3(–5) mm lg.; — Blattspr.ober- u. -unterseite unterschiedl. gefärbt, Unterseite grün, glzd., Oberseite blaugrün, matt .... Bergschwingel, ***Drymochloa***, 282
6 **(1).** Pfl. ausd.; — Rispe i. d. R. allseitswendig ... Schwingel i. e. S., ***Festuca***, s. ***Festuca*** ab **7.**, 288
— Pfl. 1-j.; — Rispe oft einseitswendig u. m. verkürzten Ästen
Federschwingel, ***Festuca***, s. ***Festuca*** ab **2.**, 287

Achnatherum P. Beauv. [incl. *Piptatherum* P. Beauv. p. p.], Raugras, Grannenreis

1. Decksp. auf dem Rücken lg. dicht weißl. behaart; Granne meist gekniet, glatt, 10–25 mm lg.; äuß. Hüllsp. 3-nervig, ≈ 9 mm, inn. ≈ 7 mm lg.; Lig. nur als schmaler Saum; Halme am Grund m. spr.losen Niederblätt., diese durch die Neutriebe durchbrochen; Blätt. in der Knospenlage gerollt, — 4-8 mm br.; Infl. 20–30 cm lg.; Ährch. meist goldgelb, glzd.; Staubbeutelspitzen pinself. (Lupe!); Pfl. dichte Horste bildend, ↕ 60–120 cm; ♃. VI–IX. – Steinschuttrasen; auf Kalk. – *z* Alp., Schweizer Jura, *s* Vorland; als Relikt D: BW (Ob. Donautal); A: OÖ, verwild. NÖ.

[*Stipa calamagrostis* (L.) Wahlenb.; *Lasiagrostis calamagrostis* (L.) Link]
Silber-Raugras, ***A. calamagrostis*** (L.) P. Beauv.

— Decksp. nicht lg. behaart, höchstens kurz rauhaarig; Granne geschlängelt, bis 15 mm lg.; Hüllsp. fast gleich lg. (3–4,5 mm); Lig. 0,5–2 mm lg., kurz behaart; Blattspr. bis 35 cm lg., — 4–8 mm br.; Infl. m. aufw. weisenden, traubigen Seitenzweigen; äuß. Hüllsp. 5-, inn. 3-nervig; Pfl. m. zahlr. Erneuerungstrieben, ↕ 70–120 cm; ♃. V–X. – Lichte Wälder, Gebüsche. – *s*, A: Bgl, NÖ, adventiv OÖ. [*P. virescens* (Trin.) Boiss.]
Grüner G., ***A. virescens*** (Trin.) Banfi, Galasso & Bartolucci

Glänzendes R., ***A. splendens*** (Trin.) Nevski: Lig. bis 12 mm lg.; äuß. Hüllsp. 1-nervig; Infl. 15–40 cm lg.; Blätt. flach, 2–4 mm br.; ↕ 30–200 cm; ♃. VII. – Zierpfl. (Heimat: As.); *s* verwild. D: ST (Quedlinburg).

Aegilops L., Walch

1. Ähre eif., < 2 cm lg. (ohne Grannen), m. 5–8 Ährch., die unt. 1–2 steril; Hüllsp. m. 4 spreizenden, 2–3 cm lg. Grannen; Pfl. in Büscheln wachsend, ↕ 10–30 cm; ⊙. V–VI. – Wegränder, Ruderalstellen. – Adventiv (Heimat: MMG); *s* D; A: Bgl; S-CH. [*Triticum vagans* (Jord. & Fourr.) Greuter]
Eiförmiger W., ***A. geniculata*** Roth

— Ähre längl., 6–11 cm lg. (ohne Grannen), m. 2–4 Ährch., die ob. 1–2 steril; endst. Ährch. m. bis 8 cm lg. Granne, die unt. m. kürzeren Grannen; Pfl. in Büscheln wachsend, ↕ 30–60 cm; ⊙. V–VII. – Wegränder, Ruderalstellen. – Adventiv (Heimat: O-MMG); *s*, D; CH: Basel, S-CH; CZ; I: Bz. [*Triticum cylindricum* (Host) Ces]
Zylindrischer W., ***A. cylindrica*** Host

s adventiv noch weitere Arten.

Agropyron Gaertn., Kammquecke

Ähre 15–50 mm lg. u. 10–15 mm br., im Umriss längl. eif.; Ährch.Achse kurz behaart, Ährch. 3–5-blütig, sparrig absthd. ohne Grannen bis 15 mm lg.; Hüll- u. Decksp. m. 2–3 mm lg. Granne; ↕ 20–60 cm; ♃. V–VII. – Trockenrasen, steinige Hänge. – Adventiv (Heimat: MMG, W-As.); *s* unbest. od. in Einbürg. in D, auch in Begrünungssaaten, z. B. Rheintal (Heidelberg bis Bonn), BB, MV; *s* A: Bgl, NÖ, Stm; CH: Vs; I: Bz. [*A. pectinatum* (M. Bieb.) P. Beauv.; *A. pectiniforme* Roem. & Schult.]
Unechte K., ***A. cristatum*** subsp. ***pectinatum*** (M. Bieb.) Tzvelev

Wüsten-K., ***A. desertorum*** (Link) Schult.: Ähren bis 9 mm br., aufr. absthd. – Adventiv (Heimat: As.); *s* unbest. D: BW, SN; eingebürg. I: Bz.

Agrostis L., Straußgras

1. Decksp. am Grund m. 2 seitl. Haarbüscheln, grannenlos; — Haare ein Drittel bis halb so lg. wie die Decksp.; Ährch. 2–2,5 mm lg., meist rotbraun bis violett; Vorsp. fast verkümmert; Rispe fast zus.gezogen; ↕ 30–70 cm; ♃. VII–VIII. – Steinschutthalden, Zwergstrauchgebüsche; kalkmeidend; 1400–3000 m. – *z* Alp. [*A. agrostiflora* (Beck) Rauschert; *Calamagrostis tenella* (Schrad.) Link]
Zartes S., Schilf-S., ***A. schraderiana*** Bech.

— Decksp. am Grund ohne od. m. sehr kurzen Haarbüscheln **2**

2. Blätt. (wenigstens die grundst.) borstl. gefaltet; Vorsp. ≤ ein Fünftel so lg. wie die Decksp.; — Lig. längl.; Decksp. begrannt **6**

— Blätt. flach, 2–12 mm br. (wenn borstl., dann graugrüne Strandpfl. od. Lig. fast fehlend); Vorsp. ≥ halb so lg. wie Decksp. **3**

3. Rispe auch z. Frzt. ausgebr.; Ährch. meist violett; Lig. der Erneuerungstriebe ≤ 1,5 mm lg.; Vorsp. ≤ halbso lg. wie die grannenlose Decksp.; Ährch.Stiele glatt; Pfl. aufstgd., ↕ 20–60 cm; ♃. VI–VIII. – Magerwiesen, Heiden, lichte Wälder. – *v*. – Formenreich. [*A. vulgaris* With.; *A. tenuis* Sibth.]
Rotes S., ***A. capillaris*** L.

— Rispe vor u. nach der Bltzt. zus.gezogen; Ährch. meist bleich; Lig. bis 6 mm lg.; Vorsp. halb bis drei Viertel so lg. wie die Decksp.; Ährch.Stiele rau **4**

4. Decksp. auf dem Rücken dicht, aber nur kurz behaart (gute Lupe!), nahe der Basis m. bis 5 mm lg. Granne, das 1. Seitennervenpaar bis 0,5 mm grannig aus der Spelzenfläche aus-

tretend (dies jedoch bei unbegrannten Blüten fehlend!); Infl. zus.gezogen; — Pfl. graugrün, ↕ 20–45(–80) cm; ♃. VI–VII. – Sandige Ruderalstellen, häufig in Rasensaaten. – Ne. (Heimat: S-Eur.); D: BB, BY, sonst unbest., stellenw. in Einbürg., so auch A: OÖ, Kt, Stm, Ti; I: Bz; NL.
Kastilisches S., ***A. castellana*** Boiss. & Reut.

— Decksp. auf dem Rücken kahl, grannenlos, ihr 1. Seitennervenpaar nicht grannig aus der Spelzenfläche heraustretend; Infl. ausgebr., z. Frzt. zus.gezogen (Artengruppe Weißes St., ***A. stolonifera*** agg.) **5**

5. Pfl. ohne oberird. kriechende Triebe, m. kurzen, derben, unterird. Ausläufern; — Rispe 8–36 cm lg.; Blätt. 2–12 mm br.; ↕ 40–120 cm; ♃. VI–VIII. – Wiesen, Auenwälder. – *v.* [*A. alba* auct. p. p.] Fioringras, Riesen-St., Großes S., ***A. gigantea*** Roth

— Pfl. m. oberird. kriechenden Trieben, aufr. od. niederlgd.; — Rispe 2–20(–30) cm lg.; Blätt. 1–6 mm br.; ↕ 10–50(–150) cm; ♃. VI–VIII. – Rasen, Ufer, Äcker, Wiesen. – *v.* – Formenreich. [*A. alba* auct. p. p.] Weißes S., ***A. stolonifera*** L.

6 (2). Rispenäste u. Ährch.Stiele glatt, kahl; — Rispe auch nach der Blüte ausgebr.; Decksp. häutig, 2-spitzig, m. deutl. geknieter, unterh. der Mitte abghd. Granne; Pfl. horstf., ↕ 5–20 cm; ♃. VII–VIII. – Weiden, felsige Abhänge; 1500–3100 m. – *v* Alp., *s* Bayrw., Riesengeb.
Felsen-S., ***A. rupestris*** All.

— Rispenäste u. Ährch.Stiele rau **7**

7. Decksp. am od. nahe dem Grund gedreht-gekniet begrannt, an der Spitze 2-borstig; unt. Rispenäste zu 1–3; — Stg.Blätt. 1–2, steif. (Artengruppe Alpen-S., ***A. alpina*** agg.) **10**

— Decksp. etwas unterh. der Mitte begrannt (selten ohne Granne); unt. Rispenäste zu 3–8 ... **8**

8. Rispe fast so lg. wie der Infl.Stiel, weit ausgebr., fast so br. wie lg. (bis 25 cm); Decksp. ohne od. m. sehr kurzer Granne, auf dem Rücken sehr rau durch zahlr. aufw. weisende Börstchen; ↕ 30–70 cm; ⊙ (♃?); VI–VII. – Brachland, feuchte Waldstellen, Sand- u. Kiesgruben. – Ne. (Heimat: As., N-Am.); eingebürg., in Ausbr. begriffen, z. B. D: BB, BY (Oberpfalz), Rheinl., SN; A: NÖ, OÖ; B; DK; NL. – Zuw. verwechselt m. *A. hyemalis* (Walter) Britton, Sterns & Poggenb., diese aber wohl nicht im Gebiet Raues S., ***A. scabra*** Willd.

— Rispe ≤ ein Drittel so lg. wie der Infl.Stiel, Rispenäste aufr.-abstehd., > doppelt so lg. wie br. (bis 15 cm); Decksp. m. geknieter Granne, mind. um die Hälfte länger als die Spelze, auf dem Rücken nur m. wenigen rauen Zähnchen (Artengruppe Hunds-S., ***A. canina*** agg.) **9**

9. Sumpfpfl.; Stg.Blätt. flach, weich, graugrün; Rispe nach der Blüte etwas zus.gezogen; unterird. Ausläufer fehlend; oberird. Kriechtriebe reichl., lg., dicht beblätt.; ↕ 20–60 cm; ♃. VII–VIII. – Sandige u. torfige Böden, verlandende Gewässer, Heidemoore. – *v.*
Hunds-S., Sumpf-S., ***A. canina*** L. (subsp. ***canina***)

— Sandpfl.; Stg.Blätt. zus.gerollt, starr, grün; Rispe nach der Blüte stark zus.gezogen; unterird. Ausläufer vorhanden, kurz; oberird. Kriechtriebe fehlend; ↕ 20–50 cm; ♃. VII–VIII. – Sandtrockenrasen, Felsfluren. – D: *z* im N u. NW, im S Oberrheingebiet, im mittl. Teil des Gebiets (BB, ST), sonst *s*; *z–s* A: Bgl, NÖ, Stm, Kt; B; *CZ*; I: Bz; *v* NL; Verbr. ungenügend bekannt. [*A. coarctata* Hoffm., *A. stricta* Curtis] Sand-S., Heide-S., ***A. vinealis*** Schreb. (subsp. ***vinealis***)

10 (7). Rispe z. Bltzt. u. danach ausgebr.; Ährch. dk.violett; Hüllsp. in Seitenansicht br. lanzettl.; — Spr. der Stg.Blätt. bis 1,5 mm br.; ↕ 10–35 cm; ♃. VII–IX. – Rasen, Felsfluren; 1500–3000 m. – Alp., *s* D: BY; *v* A; CH; *CZ; s* herabgeschwemmt. Alpen-S., ***A. alpina*** Scop.

— Rispe z. Bltzt. u. danach zus.gezogen; Ährch. gelbl. bis silbergrau, höchstens am Grund violett; Hüllsp. in der Seitenansicht lineal-lanzettl.; — Spr. der Stg.Blätt. bis 1 mm br.; ↕ 10–40 cm; ♃. VII–IX. – Steinrasen; 700–1700 m. – Alp., *s* D: BY; A; *z* CH. [*A. alpina* subsp. *schleicheri* (Jord. & Verl.) Nyman] Pyrenäen-S., Schleicher-S., ***A. schleicheri*** Jord. & Verl.

Weitere Arten unbest. eingeschleppt. Hybridbildungen.

Aira L., Schmielenhafer, Haferschmiele

1. Ährch.Stiele 2–5-mal so lg. wie die silberweißen, 1,5–2,5 mm lg. Ährch.; — Rispenäste dünn, geschlängelt; ↕ 6–30 cm; ⊙. V–VIII. – Trockenrasen, Waldränder. – Sehr *s*, A: Bgl, NÖ (Hainburger Berge), OÖ; CH: Ts, Vs; I: Bz (Castelfeder u. südl.); sonst kult. u. *s* verwild. [*A. capillaris* Host; *A. elegantissima* Schur] Haar-H., Haar-S., ***A. elegans*** Willd. ex Roem. & Schult.

— Ährch.Stiele der meisten Ährch. kaum so lg. wie die Ährch. 2

2. Rispe reichblütig.; Rispenäste locker ausgebr.; Rispe verläng., nur im ob. Teil m. Ährch.; Ährch.-Stiele etwas länger als die Ährch.; ⊙. V–VII. – Sandböden, bes. Wälder u. Heiden. Nelken-H., Nelkenhafer, ***A. caryophyllea*** L.

a. Stg. meist einzeln, ↕ 5–30 cm; Rispen äste absthd.; Ährch. ± purpurn überlaufen, 3 mm lg. – *v–z* M-, N-D, im S *s–f* od. erloschen; *s* A: Bgl, NÖ; *v–z* B; *s* CH: Ts, SW; *v–z* DK; F: Els; *s* I: Bz (Etschtal südl. Bozen); *v–z* CZ; NL; PL. Nelken-H. (i. e. S.), subsp. ***caryophyllea***

— Stg. zahlr., oft > 20, ↕ 30–50 cm; Rispenäste straff aufr.; Ährch. hellgrün, nur 2,5 mm lg. – *s,* D: BW (b. Karlsruhe), unbest. Berlin, BY, HE, Hamburg; *s* CH: Ts; F: Lothringen (Bitche, Grenze zu D: RP); sonst übersehen? [*A. caryophyllea* subsp. *multiculmis* (Dumort.) Bonnier & Layens] Vielblütige Nelken-H., subsp. ***plesiantha*** (Boreau) K. Richt.

— Ährenrispe wenigblütig; Rispenäste anlgd., kurz, wenige Ährch. tragend; Ährch.Stiele kürzer als die 2,5–3,5 mm lg. Ährch.; — Granne 3–4,5 mm lg.; ↕ ≤ 15 cm; ⊙. V–VI. – Sandböden, Heiden. – *v* im N, südl. seltener u. zurückghd; *z–s* CZ; PL; *f* südl. der Donau. Frühe H., ***A. praecox*** L.

Alopecurus L., Fuchsschwanz, Fuchsschwanzgras

1. Ährenrispe eif.; Hüllsp. lederig-knorpelig, — bis zur Mitte verwachsen, über der Mitte durch Querwulst geglied. u. plötzl. in plattgedrückte, weichere, grüne Spitze zus.gezogen (*269/1*), am Grund bewimpert; Granne gekniet, ≤ 15 mm lg.; oberste Blattscheiden stark aufgeblasen; ↕ 10–50 cm; ⊙. V–VI. – Feuchte, salzhaltige Wiesen. – In D an Saar u. Mosel, sonst *s* unbest.; *s* S-B; F: N-Els; L; ob CH? [*A. utriculatus* (L.) Sm., nom. illeg.] Aufgeblasener F., Aufgeblasenes F., ***A. rendlei*** Eig

— Ährenrispe walzl. längl.; Hüllsp. krautig 2

2. Stg. niederlgd., wurzelnd, bogig od. knickig aufstgd. 6

— Stg. meist aufr. 3

3. Hüllsp. kahl, nur in der unt. Hälfte kurz behaart, oberw. am Kiel geflüg. (*269/2*); Ährenrispe schmal, beidendig zugespitzt, bis 10 cm lg.; — Granne fast dem Grund der Decksp. eingefügt; ob. Blattscheiden etwas aufgeblasen; ↕ 20–80 cm; ⊙. VI–VII. – Lehmige Äcker, Brachland. – *v–z* im W, SW u. Nordseeküste, sonst *z–s* od. nur eingeschleppt? Acker-F., ***A. myosuroides*** Huds.

— Hüllsp. am nicht od. kaum geflüg. Kiel zottig bewimpert od. anlgd. behaart (*269/3, 269/4*); Ährenrispe zylindr., stumpf 4

4. Stg. am Grund knollig (bis 8 mm ∅) verdickt; Ährch. zu 1–2 an jedem Ästchen; — Hüllsp. nur am Grund verbunden; Granne gekniet, dem Grund der Decksp. entspringend; ↕ 30–50 cm: ♃. V–VI. – Salzhaltige Wiesen. – *s,* D: nur Wesermündung; NL; B ausgestorben. Knollen-F., ***A. bulbosus*** Gouan

— Stg. am Grund nicht knollig verdickt; Ährch. zu 4–6 an jedem Ästchen (Artengruppe Wiesen-F., ***A. pratensis*** agg.) 5

5. Grundachse wenig kriechend; Pfl. grasgrün; Ährenrispe 1 cm ∅; Hüllsp. fast bis zur Mitte verwachsen, an der Spitze aufr. od. zus.neigend (*269/3*); Granne dem Grund der zugespitzten Decksp. entspringend; Hüllsp. nur auf den Nerven behaart; Lig. 1–3 mm lg.; ↕ 30–120 (–150) cm; ♃. V–VII. – Wiesen. Auch kult. Wiesen-F., ***A. pratensis*** L.

a. Ährenrispe blassgrün bis grün, 3–10 cm lg. u. 7–10 mm br.; Ausläufer 2–4 cm lg. – Feuchte Wiesen. – *v.* Wiesen-F. (i. e. S.), subsp. ***pratensis***

— Ährenrispe schwärzl., 2–5 cm lg. u. 10–15 mm br.; Ausläufer bis 10 cm lg. – Trockenere StO. – *z* (?) D: HE, SH, SN; A; Verbr. ungenügend bekannt. Dunkler Wiesen-F., subsp. ***pseudonigricans*** O. Schwarz

— Grundachse weithin (bis 20 cm) kriechend; Pfl. graugrün; Ährenrispe 1,5 cm ∅; Hüllsp. oberw. auseinanderweichend; Granne der Mitte der gestutzten Decksp. od. etwas oberh. entspringend; Hüllsp. auf Nerven u. Flächen behaart; Lig. 3–5 mm lg.; ↕ 60–150 cm; ♃. V–VII. – Salzwiesen der Ostsee; verschleppt im Binnenland. – *s,* D: O-MV bis PL; DK (Bogø, Falster). [*A. ventricosus* Pers.] Rohr-F., ***A. arundinaceus*** Poir. subsp. ***exserens*** (R. Arndt) H. Scholz & Henker

6 (2). Decksp. unterh. der Mitte begrannt; Granne gekniet, viel länger als die Spelzen (*269/4*), aus dem Ährch. weit herausragend; Staubbeutel hellgelb, später kaffeebraun bis weiß-violett; Ährch. 3 mm lg.; Halm schlaff, knickig aufstgd.; ↕ 15–40 cm; ⊙–♃. V–X. – Ufer von Teichen u. Seen, Gräben, Nasswiesen. – *v,* im S *z.* Knick-F., ***A. geniculatus*** L.

— Decksp. in der Mitte begrannt; Granne nicht gekniet, kaum länger als die Spelzen, aus dem Ährch. kaum herausragend; Staubbeutel zuerst ziegelrot, später gelbl.weiß; Ährch. 2 mm lg.; Halm bogig aufstgd.; ↕ 10–25 cm; ⊙–♃. V–X. – Ufer, nasse Wiesen. – Im Osten *v*, sonst *z*. [*A. fulvus* Sm.] Gelbrotes F., ***A. aequalis*** Sobol.

Hybridbildungen.

Ammophila Host, Strandhafer

Es wird eine Integration der Gattung *Ammophila* Host in *Calamagrostis* Adans. diskutiert.

Lig. 10–30 mm lg.; Infl. dicht, weißl.gelbl., 7–15 cm lg.; Haare am Grund der Decksp. kaum ein Drittel so lg. wie die Spelze; ↕ 60–100 cm; ♃. VI–VII. – Dünen. – *v* an den Küsten von B bis PL, *s* im Binnenland, zuw. kult. (Dünenbefestigung) u. eingebürg., südl. bis Münsterland (Ems)/Paderborn/ST/BB (Elbe). [*Calamagrostis arenaria* (L.) Roth.] Gewöhnlicher S., ***A. arenaria*** (L.) Link

Anisantha K. Koch [*Bromus* L. p. p.], Schmalährentrespe

1. Rispenäste weit absthd., zuletzt überhgd.; Ährch. sehr locker angeordnet; — Ährch. zur Spitze hin verbreitert; Lig. 2–4 mm lg., zerschlitzt; Pfl. 10–80 cm hoch. 4

— Rispenäste aufr. bleibend, nur bei kräftigen, reichblhd. Exemplaren wenig überhgd.; Ährch. dicht bis sehr dicht sthd. 2

2. Decksp. 8–20 mm lg., Grannen bis 20 mm lg.; — Ährch.Stiele meist < 10 mm lg.; Decksp. > 3 mm br., 12–20 mm lg.; Ährch. zur Spitze hin verbreitert, 6–10-blütig, — 30–40 mm lg. (einschl. Grannen); Rispenäste zu 2–3 gemeinsam abzweigend, bis 3 cm lg.; Staubbeutel 1 mm lg.; ↕ 10–30(-50) cm; ⊙. VI–VII. – Bahnhöfe, Häfen u. a. – Im Gebiet immer wieder vorüberghd. eingeschleppt (Heimat: MMG); z. B. D: BW, um Lindau (BY), Rheinl.; A: Stm; CH; CZ; F: Els; I: Bz; NL. [*B. madritensis* L.] Mittelmeer-S., ***A. madritensis*** (L.) Nevski

— Decksp. > 20 mm lg., Grannen 30–50 mm lg.; — Staubblätt. oft nur 2; Pfl. 1-J. 3

3. Pfl. 40–90 cm hoch; Blattspr. zerstreut behaart; Rispenäste rau, meist nur m. 1 Ährch.; Ährch. 50–70 mm lg.; Vorsp. wenig kürzer als Decksp., deren Kallus (Narbe) rundl.; — Staubbeutel 1–4 mm lg.; ⊙. VI–VII. – Ruderalstellen, sandige Böschungen. – Ne. (Heimat: MMG); *s* eingebürg. D: BB, BW, BY, RP; B; sonst unbest. D; CH; I: Bz; NL. [*B. diandrus* Roth] Großährige S., Gussone-S., ***A. diandra*** (Roth) Tutin

— Pfl. 20–40 cm hoch; Blattspr. kurz u. dicht behaart; Rispenäste meist kurz behaart; Ährch. 25–35 mm lg.; Vorsp. deutl. kürzer als Decksp., deren Kallus (Narbe) spitzl.; — Granne bis 50 mm lg.; ⊙. VI–VII. – Wegränder; entlang der Küste. – Kulturbegleiter (Heimat: MMG); *s* B; adventiv D; A: Kt, Stm; CH; F: Els; NL. [*B. rigidus* Roth] Steife S., Zottige S., ***A. rigida*** (Roth) Hyl.

4. Stg. unterh. der Infl. kahl od. rau; Infl. traubig, Äste m. nur 1(–3) Ährch.; Ährch.Stiele viel länger als die Ährch., bis 100 mm lg.; Decksp. 14–20 mm lg.; Vorsp. fast so lg. wie Decksp.; Spelzen kahl od. m. nur 0,1 mm lg. borstigen Haaren; — Granne 15–30 mm lg.; Lig. 2–4 mm lg.; ↕ 20–80 cm; ⊙. V–VI. – Ruderalstellen, Äcker, Weinberge. – *v*. [*B. sterilis* L.] Taube T., ***A. sterilis*** (L.) Nevski

269/1 *269/2* *269/3* *269/4* *269/5* *269/6*

— Stg. unterh. der Infl. dicht u. fein behaart (Haare 0,1 mm lg.); Infl. rispig einseitswendig, Ährch.-Stiele meist kürzer als die Ährch., ≤ 50 mm lg.; Decksp. 9–13 mm lg.; Vorsp. deutl. kürzer als Decksp.; alle Spelzen absthd. u. weich behaart; — Granne 10–18 mm lg.; Lig. 1–4 mm lg.; ↕ 10–60 cm; ⊙. V–VI. – Ruderalstellen, Bahnanlagen. – V. a. im O *v*, sonst *v–z*. [*B. tectorum* L.] Dach-S., ***A. tectorum*** (L.) Nevski

Weitere Arten unbest. eingeschleppt.

Anthoxanthum L., Ruchgras

Eng verwandt m. *Hierochloë* R. Br.

1. Pfl. 1-j., ohne sterile Triebe; Ährenrispe locker, die beiden äuß. Hüllsp. m. deutl. Stachelspitze, die beiden ob. lg. begrannt (*269/6*); inn. Hüllsp. nur auf dem Rücken behaart; Stg. stark verzweigt; ↕ 4–40 cm; ⊙. V–VI. – Sandfelder, Äcker. – Ne. (Heimat; MMG); *z* eingebürg. im N von B bis PL, südl. bis Rheinl./Sauerland/TH, im S *s* eingeschleppt; A: Bgl, OÖ, Stm; CH. [*A. puelii* Lecoq & Lamotte] Begranntes R., ***A. aristatum*** Boiss.

Hierher auch: Eiförmiges R., ***A. ovatum*** Lag. [die Differenzierung zu *A. aristatum* ist durch Übergänge geprägt; vgl. Pimentel et al. 2010]: Infl. 5–6 cm lg., Hüllsp. ≤ 10 mm lg., behaart; Granne der ob. sterilen Decksp. ≥ so lg. wie die inn. Hüllsp.; ↕ ≤ 70 cm. IV–VI. – Saure sandige Böden. – Ne. (Heimat: MMG); *s* unbest. D: BW.

— Pfl. ausd., m. sterilen Trieben; Ährenrispe dicht; die beiden unt. der scheinbar 4 Hüllsp. zugespitzt, ohne aufgesetzte Stachelspitze, die beiden ob. m. Granne (*269/5*); inn. Hüllsp. am Rand u. am Rücken behaart; Stg. oberw. nicht verzweigt; ↕ 30–50 cm (Artengruppe Gewöhnliches R., ***A. odoratum*** agg.) **2**

2. Blattspr. flach ausgebr. (auch nach der Blüte), beiderseits graugrün, matt, Ränder ± behaart; Decksp. der beiden unt. Blüten dicht behaart, die der ob. Blüte glzd., kahl; ♃; 2n = 40, 4×. IV–VI. – Wiesen, Wälder. – *v*. Gewöhnliches R., ***A. odoratum*** L. (s. str.)

— Blattspr. röhrig gerollt, sichtbar ist nur die gelbgrüne, glzd. Unterseite, Ränder kahl; Decksp. der beiden unt. Blüten im ob. Teil kahl u. m. br., weißhäutigem Rand, die der ob. Blüte m. absthd. Haaren entlang der Ränder, oft auch entlang des Rückens; ♃; 2n = 10, 2×. IV–VII. – Alp. u. subalp. Rasen- u. Zwergstrauchgesellschaften; ≈ 1400–3100 m. – *v* Alp., *s* Mittelgeb. (z. B. Jura, Schw., Vog., Bayrw., Harz, Riesengeb.). [*A. nipponicum* sensu Lid & Lid 2005; Synonymie noch nicht zweifelsfrei geklärt] Alpen-R., ***A. alpinum*** Á. Löve & D. Löve

Apera Adans., Windhalm

1. Rispe z. Bltzt. bis 18 cm br., ausgebr., nicht unterbrochen; Staubbeutel 1–1,8 mm lg.; — Blätt. 1–8 mm br.; Lig. 4–6 mm lg.; ↕ 30–100 cm; ⊙. VI–VII. – Sandige od. lehmige Äcker, Ruderalstellen. – *v*, *s* Alp. Gewöhnlicher W., ***A. spica-venti*** (L.) P. Beauv.

— Rispe z. Bltzt. bis 2 cm br., eng zus.gezogen, unterbrochen; Staubbeutel 0,3–0,5 mm lg.; — Blätt. 1–3 mm br.; Lig. 2–5 mm lg.; Hüllsp. spitz, unbegrannt; Decksp. an der Basis kurz behaart; ↕ 20–30(–60) cm; ⊙. VI. – Industrie- u. Gleisbrachen. – Ne. (Heimat: S-Eur. bis As.); D: *s* eingebürg. BY, HE, NRW, RP, sonst *s* unbest.; *s* eingebürg. A: Bgl, NÖ; *s* B; CH: Mittelland, Vs; unbest. F: Els; *s* L; NL; früher CZ. Unterbrochener W., ***A. interrupta*** (L.) P. Beauv.

Mittlerer W., ***A. intermedia*** Hack.: Hüllsp. kurz begrannt; Decksp. an der Basis kahl. – Adventiv (Heimat: O-Med./W-As.); *s*, D: BW, MV; B; NL.

Arrhenatherum P. Beauv., Glatthafer

Rispe z. Bltzt. ausgebr.; Ährch. weißl.grün; unt. Blüte ♂, begrannt, ob. ⚥, unbegrannt; Granne gedreht, gekniet; ↕ 50–180 cm; ♃. VI–VII. – Wiesen, Böschungen, lichte Wälder. – *v*. – Wichtigste Wiesenpfl. („Glatthaferwiesen"), oft kult., gebietsweise neophyt., aber nicht trennbar. [incl. subsp. *bulbosum* (Willd.) Schübl. & Martens; = var. *bulbosum* (Willd.) Spenn., basale Knoten deutl. verdickt; taxonom. Wert unklar] Glatthafer, Aufrechter G., ***A. elatius*** (L.) J. Presl & C. Presl

Arundo L., Pfahlrohr

Hohe Horste bildend; Stg. am Grund verholzend, 1–3 cm ∅; Blätt. 50–100 cm lg., 1–6 cm br., aufr. od. vorn überhgd.; Rispe 20–60 cm lg.; Ährch. 2–6-blütig, 6–15 mm lg.; ↕ 2–5 m; ♃. IX–XI. – Ufer, Gräben. – Als Zierpfl. kult. (Heimat: As.); *s* verwild. D: BW, RP; A; CH. Pfahlrohr, ***A. donax*** L.

Avena L., Hafer

1. Decksp. in der unt. Hälfte dicht lg. behaart; Ährch.Achse z. Reifezt. über den Hüllsp. u. zw. den Blütchen zerfallend; — Ährch. 2–5-blütig **5**

— Decksp. kahl od. fast kahl; Ährch.Achse z. Reifezt. nicht zerfallend; — Ährch. meist 2-blütig **2**

2. Decksp. an der Spitze nur ausgerandet od. ganz kurz 2-zähnig, die unt. Blüte eines Ährch. meist begrannt (Granne 15–40 mm lg.), die ob. unbegrannt; — Decksp. 12–25 mm lg., kahl, Ährch. 2–3-blütig, bis 30 mm lg.; Hüllsp. 7–9-nervig; Lig. kurz, m. 3-eckig zugespitzten Zähnchen (*303/4b*), Spr.Grund ohne Öhrchen (*303/4a*); ↕ bis 150 cm; ⊙. VI–VII. – *v* angebaut u. häufig verwild.; Kulturart (hexaploid). – Zahlr. Sorten. [incl. *A. orientalis* Schreb.] Saat-H., ***A. sativa*** L.

— Decksp. tief 2-geteilt bis halbe Spelzenlänge, am Grund des Einschnitts sitzt die bis 35 mm lg. (Mittel-)Granne; — Ährch.Achse nicht geglied. (z. Reifezt. nicht auseinanderfallend). – Alte Kulturpfl., heute weitghd. verschwunden, Ackerunkraut, auf sandigen Böden; kollin **3**

3. Ährch. 3–4-blütig; — Hüllsp. kürzer als Decksp.; Spelzen Fr. nur locker umschließend; ↕ 40–80 cm; ⊙. VI–VIII. – Unbest. D: BB (Berlin), BY, HE, MV, SH (Hamburg), SN; B; CH; DK; *s* O-A; wo noch? Nackt-H., ***A. nuda*** L.

— Ährch. 2-blütig **4**

4. Ährch. (ohne Grannen) 10–15 mm lg.; ↕ 40–100 cm; ⊙. VI–VIII. – Unbest. D: MV, SH, SN; A: Bgl; B; NL. [*A. nuda* subsp. *brevis* (Roth) Mansf.] Silber-H., Kurz-H., ***A. brevis*** Roth

— Ährch. (ohne Grannen) 16–20 mm lg.; ↕ 40–120(–150) cm; ⊙. VI–VIII. – (Heimat: W-MMG); *s*, D: BY, MV; RP, SH, unbest. BB, BW, NI, NRW, SN, verschollen HE; *s* CH; CZ; NL; PL; sonst unbest., vielfach wieder verschwunden. [*A. nuda* subsp. *strigosa* (Schreb.) Mansf.] Sand-H., ***A. strigosa*** Schreb.

5 (1). Decksp. an der Spitze m. 2 Zähnen, diese 3–5 mm lg.; — Decksp. auf dem Rücken m. 3–6 cm lg. Granne, in der unt. Hälfte m. 2–6 mm lg., zuletzt braunen Haaren; Rispe einseitswendig; ↕ ≤ 100 cm; ⊙; 2n = 4× = 28. V–VI. – Ruderalflächen. – Ne. (Heimat: MMG bis SW-As.); *s*, D: BW in Einbürg., sonst *s* unbest.; *s* unbest. A: Stm; CH: am Genfer See; eingebürg. I: Bz. – Aus den diploiden subsp. *hirtula* (Lag.) Tab. Morais u. subsp. *wiestii* (Steud.) Mansf. entstanden. Bart-H., ***A. barbata*** Link

— Decksp. an der Spitze m. 2 Zähnen, diese ≤ 2 mm lg. **6**

6. Ährch. 16–25(–30) mm lg.; Rispe meist allseitswendig; Decksp. m. 2–4 mm lg. braunen (od. weißen) Haaren; — Granne 25–40 mm lg., gekniet; Ährch. 2–3-blütig; ↕ bis 120(–150) cm; ⊙. VI–VIII. – Ackerunkraut. – *v* im W, nach O u. S *z–s*. Wind-H., Flug-H., ***A. fatua*** L.

Hierher auch Nördlicher H., ***A. hybrida*** Peterm. [*A. vilis* Wallr.]: Decksp. höchstens kurz behaart od. kahl.

— Ährch. 25–50 mm lg.; Rispe meist einseitswendig; Decksp. m. bis 8 mm lg. Haaren; — Granne 30–90 mm lg.; Ährch. 2–5-blütig; Ährch.Achse nur über den Hüllsp. zerfallend, alle Blütchen gemeinsam abfallend; ↕ 20–60 (–150) cm; ⊙. VII–VIII. – Ruderalstellen. Wilder H., Tauber H., ***A. sterilis*** L.

a. Ährch. 35–50 mm lg., 3–5-blütig; unterste Decksp. 25–40 mm lg., m. 60–90 mm lg. Granne; Lig. 6–8 mm lg. – *s* eingeschleppt, D: BB, BW, BY, MV, NRW, SN; A; B; CH; I: Bz; CZ. – Stammform von *A. sativa* u. *A. fatua*. Wilder H. (i. e. S.), subsp. ***sterilis***

— Ährch. 25–30 mm lg., 2–3-blütig; unterste Decksp. 16–25 mm lg., m. 30–60 mm lg. Granne; Lig. 2–4 mm lg. – *s* eingeschleppt (Heimat: MMG, SW-As.), D: BW, NRW; A; B; CH: Basel, Ts; I: Bz. Persischer H., Winterflughafer, subsp. ***ludoviciana*** (Durieu) Gillet & Magne

Avenella Drejer, Drahtschmiele

Blätt. stielrund, fadenf.; Lig. 2 mm lg.; Rispenäste absthd., geschlängelt, meist purpurn; Ährch. bräunl. purpurn; Ährch.Achse zw. den beiden sehr dicht beieinandersthd. Blüten kurz; ↕ 30–70 cm; ♃. VI–VIII. – Trockene Nadelwälder, Heidewiesen; kalkmeidend. – *v*. [*Deschampsia flexuosa* (L.) Trin.; *Aira flexuosa* L.; *Lerchenfeldia flexuosa* (L.) Schur; incl. subsp. *corsica* (Tausch) Holub]
Gewöhnliche D., ***A. flexuosa*** (L.) Drejer

Avenula (Dumort.) Dumort [*Helictotrichon* Besser p. p.], Flaumhafer

Ährch.Achse zw. den Blüten m. bis 6 mm lg. Haaren; Blattscheiden der Erneuerungstriebe weichhaarig bis fast kahl, fast völlig geschlossen, die flache Blattspr. weichhaarig; Ährch. 2-4-blütig, grünl. violett u. bronzefarben bis silbrigweiß gescheckt; ↕ 30–90(–120) cm; ♃. V–VII. [*H. pubescens* (Huds.) Pilg.; *Avena pubescens* Huds.] Gewöhnlicher F., ***A. pubescens*** (Huds.) Dumort.

a. Blattscheiden u. -spr. weich behaart; Ährch. 2–3-blütig, 10–15 mm lg. – Trockene Wiesen, lichte Wälder; Ebene bis Bergwaldstufe. – *v*, in NW-D *z–s*. Gewöhnlicher F. (i. e. S.), subsp. ***pubescens***

— Blattscheiden (fast) kahl; Ährch. 3–4-blütig, 15–20 mm lg. – Matten; subalp. u. alp. Stufe. – *v* D; A; CH; I: Bz. [*H. pubescens* (Huds.) Pilg. subsp. *laevigatum* (Schur) Soó] Glatter F., subsp. ***laevigata*** (Schur) Holub

Beckmannia Host, Doppelährengras

1. Blhd. Stg. am Grund knollig verdickt; Hüllsp. stark aufgeblasen; Staubbeutel 1,2–1,8 mm lg.; Decksp. auf dem Rücken kurzhaarig, meist m. granniger Spitze; — Ährch. meist 2-blütig; ↕ 30–150 cm; ♃. VI–VIII. – Nasse Wiesen, Gräben, Teichufer. – Ne. (Heimat: W-As., O-Eur., O-MMG); *s* CZ (Mähren), hier wohl ursprüngl., sonst Futterpfl., *s* unbest., z. B. D: BB, SN; PL.
Westsibirisches D., Fischgras, ***B. eruciformis*** (L.) Host

— Blhd. Stg. am Grund nicht verdickt; Hüllsp. schwach aufgeblasen; Staubbeutel 0,4–1,0 mm lg.; Decksp. auf dem Rücken kahl, ohne Grannenspitze; — Ährch. m. 1 fertilen u. zuw. m. 1 sterilen Blüte; ↕ 30–120 cm; ⊙. VI–IX. – Ne. (Heimat: N-Am., NO-As.), Futterpfl.; eingeschleppt, in Einbürg. D: NRW (Münster), sonst unbest.; A: Bgl, NÖ, Ti; NL.
Amerikanisches D., ***B. syzigachne*** (Steud.) Fernald

Bellardiochloa Chiov., Violettrispengras

Blattspr. zus.gefaltet, blaugrün; Lig. bis 7 mm lg.; unt. Rispenast m. 2 bis vielen grundst. Zweigen; Ährch. 7 mm lg., 3–4-blütig, meist violett überlaufen, Ährch.Achse unterh. jeder Decksp. (m. Grannenspitze) m. 0,5 mm lg. Borstenhärchen; Decksp. schwach gekielt, auf dem Rücken kahl od. gegen den Grund undeutl. bewimpert; ↕ 20–50 cm; ♃. VII–VIII. – Felsen, Gebirgswiesen; kalkmeidend; 1500–2700 m. – *z*, A: Kt, OTi, Sb, W-Stm, Ti; S-CH; I: Bz. [*Poa variegata* Lam.; *Poa violacea* Bellardi; *B. violacea* (Bellardi) Chiov.] Buntes V., ***B. variegata*** (Lam.) Kerguélen

Bothriochloa Kuntze, Bartgras

Blätt. bis 4 mm br., gegen den Spr.Grund borstig bewimpert; Lig. als bis 5 mm lg. Haarkranz; Scheinähren zu 2–6, ihre Achsen lg.haarig, Grannen bis 15 mm lg.; ↕ 80–100 cm; ♃. VII–X. – Trockenrasen, sandige Orte. – Sehr *z* D: BW, BY, RP, SN, ST, TH, früher HE; sehr *z* A; CH; CZ; früher F: Els; sehr *z* FL; I: Bz. [*Andropogon ischaemum* L.; *Dichanthium ischaemum* (L.) Roberty]
Gewöhnliches B., ***B. ischaemum*** (L.) Keng

Rohr-B., ***B. barbinodis*** (Lag.) Herter: Grannen gedreht, bis 35 mm lg.; ↕ 60–120 cm. – *s* unbest. D: RP.

Brachypodium P. Beauv., Zwenke

1. Pfl. 1-j.; Staubblätt. < 1,5 mm lg.; — Infl. m. 3–15 Ährch., diese m. je 3–60 Blüten; Pfl. m. Ausläufern, ↕ 40–120 cm; ⊙. V–VI.; – Lichte Wälder, Wegränder. – Ne. (Heimat: O-MMG); *s* unbest., D: BW, BY, MV, NRW, RP, SH, SN; wo noch? ***B. distachyon*** (L.) P. Beauv.

— Pfl. ausd.; Staubblätt. > 1,5 mm lg. 2

2. Granne der ob. Blüten des Ährch. länger als ihre Decksp.; Infl. locker, schlaff überhgd.; Pfl. horstf.; — Blätt. überhgd., dk.grün, weichhaarig, Unterseite nach oben gedreht; Knoten stark behaart; Lig. 1–4 mm lg., behaart; ↕ 50–120 cm; ♃. VII–VIII. – Schattige Wälder, Gebüsch. – *v*, im NW *z–s*. Wald-Z., ***B. sylvaticum*** (Huds.) P. Beauv.

— Granne kürzer als die Decksp.; Infl. steif aufr.; Pfl. m. unterird. Ausläufern 3

3. Blattspr. oberseits stark gerippt; — Granne < 2 mm lg.; Blattscheiden meist kahl, zuw. behaart; Pfl. lockerrasig wachsend, ↕ 40–100 cm; ♃. VI–VII. – Trockenrasen, Ruderalstellen. – Ne. (Heimat: W-MMG); *s* eingebürg. D: BY (Oberbayern); W-CH. Rippen-Z., ***B. phoenicoides*** (L.) Roem. & Schult.

— Blattspr. oberseits nicht stark gerippt 4

4. Blätt. grasgrün, unterseits matt, nicht glzd., m. spitzenw. gerichteten Stachelhärchen, beim Darüberstreichen rau; — ↕ 50–100 cm; ♃. VI–VII. – Halbtrockenrasen, Böschungen, Waldränder; auf Kalk. – *v*, im N *s–f*. Fieder-Z., ***B. pinnatum*** (L.) P. Beauv.

— Blätt. blau- bis graugrün, unterseits glzd., fast ohne Stachelhärchen, glatt, — ≤ 7 mm br.; Rhizom weit kriechend; Lig. bis 2 mm lg., zugespitzt; Ährch. 10–20-blütig, ≥ 20 mm lg.; ↕ 50–100 cm; ♃. VI–VII. – Halbtrockenrasen, Kiefernwälder; auf Kalk. – D: *v* S-BY, *s* BW, HE, NRW, SN, TH; *v* A; S-CH; I: Bz. – Zuw. aus Ansaaten verwild. Felsen-Z., ***B. rupestre*** (Host) Roem. & Schult. subsp. ***rupestre***

Hierher auch: subsp. ***caespitosum*** (Host) H. Scholz: Rhizom kurz od. fehlend; Blätt. obersts. kahl od. dicht kurz behaart, ≤ 4 mm br.; Lig. ≤ 1 mm lg., stumpf; Ährch. 8–10-blütig, 16–20 mm lg., unt. 1–2 abortiert, ↕ 50–80 cm. – *s*, I: Bz.? Wo noch?

Briza L., Zittergras

1. Ährch. >15 mm lg., ≤ 12 je Rispe; Lig. 2–5 mm lg.; ↕ 10-60 cm; ⊙. V-VII. – Ruderalstellen. – Zierpfl. (Heimat: MMG, Makaronesien); *s* unbest. verwildernd. **Großes Z., *B. maxima*** L.

— Ährch. 3–7 mm lg., > 20 je Rispe 2

2. Lig. > 3 mm lg.; Decksp. < 3,5 mm lg.; Staubbeutel < 0,7 mm lg.; ↕ 10–60 cm; ⊙; VI-IX. – Ruderalstellen. – Zierpfl. (Heimat: MMG, Makaronesien); *s* unbest. verwildernd. Kleines Z., ***B. minor*** L.

— Lig. ≤ 2 mm lg.; Decksp. > 3,5 mm lg.; Staubbeutel > 2 mm lg.; ↕ 20–50 cm; ♃. V–IX. – Trockene Wiesen, Halbtrockenrasen. – *v*, im NW *z*, dort zurückghd. Gewöhnliches Z., ***B. media*** L.

Bromopsis Fourr. [*Bromus* L. p. p.], Schwingeltrespe

1. Decksp. deutl. begrannt 3

— Decksp. unbegrannt, stachelspitzig od. kurz begrannt; — Rispe groß, aufr. bis ausgebr. 2

2. Blätt. oberseits u. Blattscheiden behaart, Blattspr. geöhrt; Decksp. u. Ährch.Achse behaart; — Lig. bis 4 mm lg.; ↕ 50–140 cm; ♃. VI–X. – Ruderalstellen. – Adventiv (Heimat: N-Am.); *s*, D: BW, BY; A; N-CH; NL. [*Bromus pumpellianus* Scribn.] ***B. pumpelliana*** (Scribn.) Holub

— Blätt. kahl, Blattspr. nicht geöhrt; Blattscheiden kahl, unt. zuw. behaart; Decksp. u. Ährch.-Achse kahl; — Lig. nur als schmaler Saum; Pfl. m. Ausläufern; ↕ 30–150 cm; ♃. VI–VII. – Flussufer, trockene Hügel, Wegränder. – *v–z*, zuw. aus Aussaaten unbest. od. eingebürg. [*Bromus inermis* Leyss.; *Zerna inermis* (Leyss.) Lindm.] Unbegrannte S., Wehrlose S., ***B. inermis*** (Leyss.) Holub

3. Rispenäste weit absthd., zuletzt überhgd.; Ährch. sehr locker angeordnet; — Lig. 3–6 mm lg.; Rispe sehr groß, überhgd.; Rispenäste rau; Scheiden der unt. Blätt. rauhaarig; Spr. dünn, rau, 4–15 mm br., am Grund deutl. geöhrt; Pfl. horstf., ↕ 50–150 cm; ♃. VI–VIII. – Humusreiche Laubwälder, Gebüsche. Artengruppe Wald-S., ***B. ramosa*** agg.

a. Ob. Blattscheiden dicht u. lg. (3–4 mm) behaart; Decksp. 7-nervig; schuppenf. Tragblatt der untersten Rispenäste dicht bewimpert; unterste Rispenäste zu 2, jeder m. mehreren (bis 8) Ährch.; Rispe locker ausgebr., überhgd.; Blattöhrchen kahl; ↕ 80–150 cm. VII–VIII. – *v–z, s* im NW u. O. [*Bromus ramosus* Huds. (s. str.)]
Späte Wald-S., ***B. ramosa*** (Huds.) Holub

— Ob. Blattscheiden dicht u. kurz (kürzer als 0,5 mm) flaumig; Decksp. 5-nervig; schuppenf. Tragblatt der untersten Rispenäste kahl; unterste Rispenäste zu 3–5, hiervon 1 od. 2 nur m. einem einzigen Ährch., Rispe locker; Blattöhrchen behaart; ↕ 50–90 cm. VI–VII. – *v–z, s* im NW u. O. [*Bromus benekenii* (Lange) Trimen; *Bromus ramosus* subsp. *benekenii* (Lange) Schinz & Thell.] Frühe Wald-S., Beneken-Wald-S., ***B. benekenii*** (Lange) Holub

— Rispenäste aufr. bleibend, nur bei kräftigen, reichblhd. Exemplaren wenig überhgd.; Ährch. dicht bis sehr dicht sthd., — bis 12-blütig, 20–40 mm lg. (einschl. Grannen); Ährch.Stiele meist > 10 mm lg.; Decksp. 8–20 mm lg., < 3 mm br., Grannen bis 20 mm lg. 4

4. Pfl. m. Ausläufern; alle Blattspr. flach; Rispenäste meist nur m. 1 Ährch.; — Decksp. 8–10 mm lg., ihre Granne 7–8 mm lg.; Blattscheiden dicht zottig grauweiß behaart; Staubbeutel 3–4 mm lg.; ↕ 30–70 cm; ♃. VI–VII. – Trockenrasen, trockene Wiesen. – *s*, A: Bgl, NÖ, Stm (Grazer Bergland); CZ. [*Bromus pannonicus* Kumm. & Sendtn.]
Ungarische S., ***B. pannonica*** (Kumm. & Sendtn.) Holub

— Pfl. horstf., ohne Ausläufer, tief wurzelnd; unt. Blattspr. meist borstl. gefaltet; Rispenäste meist m. 2–3 Ährch.; —Decksp. 8–14 mm lg., ihre Granne 2–8 mm lg.; Staubbeutel 3–7 mm lg.; Ährch. nach der Bltzt. zuw. rötl. überlaufen; ↕ 40–120 cm; ♃. V–VII. – Trockenrasen, Magerwiesen; auf Kalk. – Formenreich. [*Bromus erectus* Huds.] Aufrechte S., ***B. erecta*** (Huds.) Fourr.

a. Blattrand m. absthd. steifen Haaren; Rispe 10–20 cm lg.; längere Ährch.Stiele oft so lg. wie die Ährch.; Decksp. 10–14 mm lg., Granne 2–8 mm lg. – Halbtrockenrasen. – *v* im S, im NO *z* eingebürg., *s* im N. [incl. subsp. *longiflorus* (Spreng.) Arcang.; *Bromus erectus* Huds. subsp. *erectus*]
Aufrechte S. (i. e. S.), ***B. erecta*** (Huds.) Fourr. subsp. ***erecta***

— Blattrand ohne absthd. steife Haare; Rispe auffallend dicht, 8–11 cm lg.; Ährch.Stiele meist kürzer als die Ährch.; Decksp. 8–9 mm lg., Granne 3–5 mm lg.; Staubbeutel 3–4 mm lg. – Trockenrasen. – *s*, CH: Ts; I: Bz südl. Bozen. [*Bromus erectus* Huds. subsp. *condensatus* (Hack.) Asch. & Graebn.] Dichtblütige S., ***B. condensata*** (Hack.) Holub

Weitere Arten unbest. eingeschleppt.

Bromus L. s. str. [excl. *Anisantha* K. Koch, Schmalährentrespe, *Bromopsis* Fourr., Schwingeltrespe u. *Ceratochloa* P. Beauv., Plattährentrespe], Trespe i. e. S.

Die Trespen s. l. sind eine taxonom. u. nomenklatorisch komplizierte Gruppe, von denen inzwischen diverse Arten zu and. Gattungen gestellt werden; s. Sonderschlüssel zu *Bromus* s. l., S. 265.

1. Decksp. unterh. der Mitte beiderseits m. 1 deutl. Zähnchen, — lg. begrannt (*275/1*); Ährch. 2,5–3 cm lg., eif.; ↕ 50–120 cm; ⊙. V–VII. – Getreidefelder. – Durch Rückgang der Dinkel-Kultur offenbar völlig ausgestorben (Bot. Gärten?); *s* NL (1 Fundort, ob noch?) u. früher S-B (hier endemisch). [*B. arduennensis* Dumort.] Ardennen-T., ***B. bromoideus*** (Lej.) Crép.

— Decksp. ohne Zähnchen unterh. der Mitte 2

2. Blattscheiden der unt. Blätt. behaart; Decksp. z. Frzt. nicht od. nur undeutl. eingerollt; Fr. schlank, ohne Furche 5

— Blattscheiden der unt. Blätt. kahl od. fast kahl (ausgenommen *B. pseudosecalinus*); Decksp. z. Frzt. m. stark eingerollten Rändern u. die Fr. einhüllend; Fr. dick, m. tiefer Rinne, dadurch eingerollt aussehend; — Ährch. nicht violett überlaufen; Ährch.Achse nach der Bltzt. erhalten bleibend (nicht in Einzelglieder zw. den Blüten zerfallend); Fr. 6–12 mm lg.; Infl. locker; Rispenäste 3–8 cm lg., z. Frzt. ± überhgd.; Pfl. bis 140 cm hoch (Artengruppe Roggen-T., ***B. secalinus*** agg.) 3

3. Scheiden der unt. Blätt. weich behaart; Ährch. 8–12 mm lg.; — Rispe zus.gezogen, 5–10 cm lg.; Decksp. nur 5–6 mm lg., m. 2–6 mm lg. Granne, länger als die Vorsp. u. länger als die Fr.; ↕ 60–140 cm; ⊙. VI–IX. – Heimat: England, Irland; früher nicht erkannt, aber ehem. in D (BB, BY, RP, TH) u. DK gesammelt; derzeit verschollen [incl. subsp. *fallacinus* H. Scholz, D: TH]
Falsche Roggen-T., Schein-Roggen-T., ***B. pseudosecalinus*** P. M. Sm.

— Scheiden der unt. Blätt kahl od. fast kahl; Ährch. > 12 mm lg. 4

4. Decksp. 6,5–9,5(–10) mm lg. m. 0–9(–10) mm lg. Granne, nicht länger als die Vorsp.; Ährch. (10–)13–25(–31) mm lg., 4–7(–11)-blütig; Staubbeutel 1,2–1,8 mm lg.; ↕ 50–100 cm; ⊙. VI–IX. – Getreidefelder. – *z–s* (seltener werdend). Roggen-T., ***B. secalinus*** L. (s. str.)

Hierher auch auf Äckern:

subsp. ***billotii*** (F. W. Schulz) Hegi m. behaarten unt. Blattscheiden. – *s*, D: BW, BY; A.

subsp. ***infestus*** H. Scholz m. Decksp. so lg. wie od. länger als Vorsp. – *s*, D: BW, BY, HE, NI, TH.

— Decksp. (9–)9,5–12(–14) mm lg. (*275/2*); Granne (10–)10,5–14 mm lg.; Decksp. ≈ 1,5 mm länger als die Vorsp.; Ährch. (15–)20–34(–50) mm lg., 8–15-blütig; Staubbeutel 1,7–2,6 mm lg.; ↕ 60–140 cm; ⊙. VI–IX. – Kulturbegleiter v. a. von Dinkel. – D: *z* BW, *s* BY, HE, RP, stellenw. verschwunden; *s* A; B; CH; NL; ob noch B, F: Els, L? FFH24; ◎! [*B. secalinus* subsp. *grossus* (DC.) K. Richt.; *B. secalinus* subsp. *velutinus* (Schrad.) Janch.; Artstatus?]
Spelz-T., Dicke T., Dinkel-T., ***B. grossus*** DC.

5 **(2).** Staubbeutel (vor dem Öffnen) ≤ 3 mm lg., ≤ halb so lg. wie die Decksp.; Ährch. meist grün 7

— Staubbeutel (vor dem Öffnen) 3,5–5 mm lg., ≈ ein Drittel so lg. wie die Decksp.; Ährch. meist rotviolett überlaufen; — Vorsp. ± so lg. wie die Decksp. (wie *275/5*) 6

6. Ährch. 13–25 mm lg.; Decksp. lanzettl., 5–10 mm lg., m. ebenso lg. Granne; Fr. kürzer als Decksp. (wenn reif!); Rispe vielährig, locker-ausgebr., m. dünnen Ästen, z. Frzt. etwas nickend; ↕ 25–100 cm; ⊙. V–VIII. – Äcker, Wegränder. Acker-T., ***B. arvensis*** L.

a. Ährch. 15–25 mm lg.; Decksp. 7–9 mm lg.; Staubbeutel 3–5 mm lg.; Rispe sehr locker, z. Frzt. ± nickend. – *z*.
Eigentliche Acker-T., subsp. ***arvensis***

— Ährch. 12–16 mm lg.; Decksp. 6–7 mm lg.; Staubbeutel 1–3 mm lg.; Rispe dichter, z. Frzt. ± aufr. – Wohl *s*.
Kleinblütige Acker-T., subsp. ***parviflorus*** (Desf.) H. Scholz

Hierher auch: subsp. ***segetalis*** H. Scholz: Samen im ∅ U-f. – Früher A: O-Ti.; ob D: NRW, TH?

— Ährch. 4–12 mm lg.; Decksp. rautenf. (ähnl. *260/3*), 4 mm lg., ihre Granne nur halb so lg. wie die Spelzenfläche, unterh. der Spitze ansitzend; Fr. länger als Decksp. (wenn reif!); Rispe im Vergleich wenigerblütig m. kurzen u. fast starren Ästen, auch zuletzt nicht überhgd.; ↕ 20–30 cm; ⊙ VI–VII. – Äcker, Wegränder. – Ne. (Heimat: W-As.); D: *s* früher BB, ST, unbest. BW, NRW, RP, ob noch? – Aus *B. arvensis* entstanden? Kurzährige T., ***B. brachystachys*** Hornung

7 **(5).** Granne < 1,5 mm unterh. der Spitze der Decksp. entspringend, gerade od. nur sehr schwach ausw. gebogen 9

— Granne ≥ 2 mm unterh. der Spitze der Decksp. entspringend, z. Frzt. stark ausw. spreizend, — an den ob. Blüten bis > 10 mm lg., an den unt. kürzer bis fehlend; Infl. locker; Ährch.Stiele meist länger als die Ährch. od. Infl. nur traubig 8

8. Rispenäste meist m. 3 (1–4) längl. lanzettl. Ährch., diese 2–3 cm lg., meist 7–10-blütig; Rispe deutl. verzweigt; Decksp. 3,5–4 mm br., ausgebr. ± ellipt. (ähnl. *275/4*); ↕ 20–60(–100) cm; ⊙. V–VII. – Äcker, Ruderalstellen, Wegränder – Ne. (Heimat: O-Eur., As.); *z*, D: zw. Rheinl., Unterfr., ST, TH, sonst *s*; unbest. bis *s* lokal eingebürg. A; CZ; DK; NL; *z* CH. [incl. subsp. *subsquarrosus* (Borbás) Pénzes] Japanische T., ***B. japonicus*** Thunb.

— Rispenäste nur m. 1 (selten 2–3) br. eilanzettl. Ährch., diese 3–5 cm lg., bis 20-blütig; Rispe wenig verzweigt, einseitswendig; Decksp. 5–7 mm br., ausgebr. fast (abgerundet) rautenf. (ähnl. *260/3*); ↕ 20–60 cm; ⊙–⊙. V–VI. – Äcker, Wiesen, Ruderalstellen. – Ne. (Heimat: S u. SO-Eur.); *s* eingeschleppt, im S zuw. eingebürg. Sparrige T., ***B. squarrosus*** L.

9 **(7).** Decksp. 4,5–6,5 mm lg., m. br. häutigem, scharf winkligem Rand; reife Fr. länger u. breiter als die Vorsp. (Fr. daher von innen sichtbar), diese im ob. Drittel am breitesten, nur in den unt. zwei Dritteln bewimpert, — fast so lg. wie die kahle Decksp. (*275/3*); Ährch. 8–15 mm lg.; Staubbeutel 0,5–2 mm lg.; ↕ 5–60 cm; ⊙–⊙. V–VIII. – Wiesen, Wegränder. – *z–s*, D: NI, MV

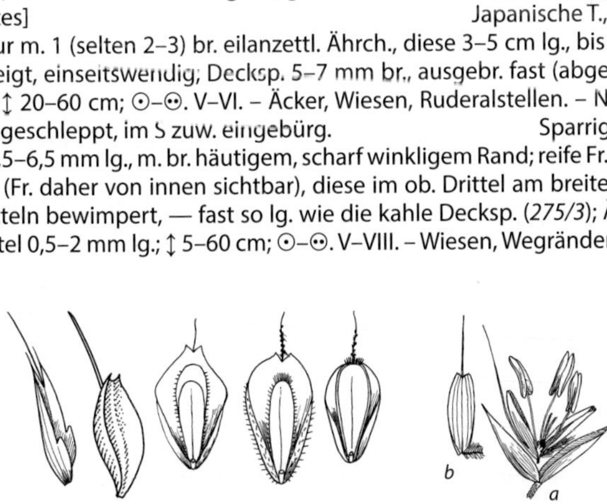

275/1 *275/2* *275/3* *275/4* *275/5* *275/6*

(Küste), SH, ST, TH, in BY u. SN in in Einbürg., sonst meist unbest.; B; A: Stm; CH; CZ; DK; I: Bz; NL. Zierliche T., Zarte T., ***B. lepidus*** Holmb.

Hierher auch: Kerb-Trespe, ***B. incisus*** R. Otto & H. Scholz: Granne am Grund der Decksp.kerbe; Decksp. 6,5–9,5 mm lg. – *s*, D: BB, N-BY; A: OÖ.

— Decksp. meist > 6,5 mm lg., m. schmal häutigem, rundem bis höchstens stumpfl. winkligem Rand; reife Fr. etwas kürzer als die Vorsp. (Fr. daher von innen nicht sichtbar, *275/4*), diese in ihrer Mitte am breitesten, bis zur Spitze bewimpert **10**

10. Decksp. häutig, dadurch Nerven auffällig; Rispe zieml. dicht; Ährch. oft länger als ihre Stiele; Staubbeutel meist deutl. < 1 mm lg.; ↕ bis 90 cm; ⊙–⊙. V–VIII. Weiche T., Flaum-T., ***B. hordeaceus*** L.

a. Ährch. kürzer als ihre Stiele c

— Ährch. länger als ihre Stiele .... b

b. Pfl. 3–15 cm hoch, ihre Stg. niederlgd. bis aufstgd., von oben gesehen sternf. angeordnet; Decksp. 6–7 mm lg., m. 3–7 mm lg. Granne, diese z. Frzt. etwas nach ausw. gebogen/gedreht; — Ährch. (m. Grannen) 10–14 mm lg. u. 2–3 mm br., meist kahl, 3–6-blütig; V–VI. – Strandsande. – Nord- u. Ostseeküste, D: MV, NI (auch im Binnenland: Emsland), SH; B; DK; NL; auch Salzfluren in A: Bgl. [*B. thominei* Hardouin] Thomine-Flaum-T., Strand-Flaum-T., subsp. ***thominei*** (Hardouin) Braun-Blanq.

— Pfl. >15 cm hoch, Stg. aufr., Decksp. < 6 mm lg., Granne z. Frzt. aufr. – Rasen, Wiesen. – *s*, D: BB, NRW, SN, unbest. BY, HE. Mediterrane Flaum-T., subsp. ***mediterraneus*** (H. Scholz & F. M. Vazquez) H. Scholz

Hierher auch: subsp. ***molliformis*** (Billot) Maire & Weiller: Grannen an der Basis 0,2 mm br., deutl. abgeflacht u. bei Fr.Reife spreizend. – *s* unbest. D: BB; I: Bz; wo noch?

c **(a).** Zahlr. Ährch.Stiele länger als ihr Ährch.; — Blattscheiden absthd. behaart. – Rasen, Ruderalstellen, Feuchtwiesen. – *s*, D: BW, BY, HE, NI, NRW, RP, SN; A; CH. Langstielige Flaum-T., subsp. ***longipedicillatus*** Spalton

— Höchstens 3 Ährch.Stiele länger als ihr Ährch. .... d

d. Hüll- u. Decksp. kahl od. nur kurzhaarig; Decksp. 6,5–8 mm lg.; Fr. so lg. wie die Vorsp.; Rispe locker. – Straßen- u. Wegränder, Bahngelände; aus Rasenansaaten verwild. – D: Rhein-, Mosel-, Main-, Elbe-, Havel-Gebiet; A: Ti; CH; DK; I: Bz; wo noch? Kleinere Flaum-T., subsp. ***pseudothominei*** (P. M. Sm.) H. Scholz

— Hüll- u. Decksp. behaart; Fr. kürzer als die Vorsp.; Decksp. 8–11 mm lg.; Rispe wenigstens z. Bltzt. etwas ausgebr.; — Kiele der Vorsp. m. aufr. absthd. Wimperhaaren. – Ruderalstellen, Rasen, lückige Wiesen. – *v*. Weichhaarige T. (i. e. S.), subsp. ***hordeaceus***

— Decksp. derb, nicht häutig, daher ihre Nerven nur undeutl. sichtbar, 4–11 mm lg.; Rispe locker; Ährch. meist deutl. kürzer als ihre Stiele; Staubbeutel > 1 mm lg. **11**

11. Staubbeutel 3–5 mm lg.; Vorsp. so lg. wie Decksp.; Rispe 10–30 cm lg. ...... ***B. arvensis,*** s. Nr. **9**

— Staubbeutel 1–3 mm lg.; Vorsp. so lg. wie od. kürzer als Decksp., diese pergamentart, dick, meist kahl; Rispe 3–20 cm lg.; ↕ 20–120 cm (Artengruppe Trauben-T., ***B. racemosus*** agg.) .. **12**

12. Decksp. 6,5–8 mm lg., ausgebr. entlang ihrer Ränder ± gleichm. gerundet, dadurch im Umriss ellipt.; unt. Glied der Ährch.Achse 0,5–1 mm lg.; Vorsp. ≈ so lg. wie Decksp.; Staubbeutel 2–3 mm lg.; Rispe 3–10 cm lg., meist nur traubig (zus.gezogen), aufr. bleibend; ↕ 25–60 (–100) cm; ⊙. V–VI. – Wiesen, Wegränder; bis in die Bergwaldstufe. – *z–v* im W, sonst *z–s*. [incl. subsp. *lusitanicus* (Sales & P. M. Sm.) H. Scholz & Spalton] Trauben-T., ***B. racemosus*** L.

— Decksp. 8–11,5 mm lg., ausgebr., in ihrer Mitte winklig abgerundet, dadurch im Umriss ± rautenf. erscheinend; unt. Glied der Ährch.Achse 1,5–1,8 mm lg.; Vorsp. deutl. kürzer als Decksp.; Staubbeutel 1–2 mm lg.; Rispe 7–20 cm lg., meist verzweigt, später nickend; ↕ 25–60(–100) cm; ⊙. V–VIII. – Feuchte Äcker, Wiesen. – M-D *v*, sonst *z*, im N seltener. [incl. subsp. *decipiens* (Bomble & H. Scholz) H. Scholz; *B. secalinus* subsp. *commutatus* (Schrad.) Lloret] Wiesen-T., Verwechselte T., ***B. commutatus*** Schrad.

Zittergras-Trespe, ***B. briziformis*** Fisch. & C. A. Mey.: Rispe einseitswendig überhgd., an Zittergras (*Briza* sp.) erinnernd; Ährch. Stiele so lg. wie od. länger als die 10–20-blütigen Ährch.; ↕ 30–80 cm. ⊙. VI–VIII. – Heimat: Kaukasus bis Iran; *s* unbest.

Weitere, meist 1-j. *Bromus*-Arten wurden bisher adventiv im Gebiet gefunden (Hafengebiete, Güterbahnhöfe, Spinnereien; Einschleppung durch Saatgut).

Calamagrostis Adans., Reitgras

Es wird eine Integration der Gattung *Ammophila* Host diskutiert.

1. Decksp. grünl., derb, länger als die Haare an ihrem Grund, wenig kürzer als die Hüllsp.; Granne in der unt. Decksp.Hälfte ansitzend (wenn ohne Granne, dann *Agrostis schraderiana*, s. S. 266); — Ährch. stets m. pinself. behaartem Achsenfortsatz; Decksp. 4–5-nervig; Pfl. m. lg. Ausläufern; Achsenfortsatz oberh. der Blüte sehr kurz bis fehlend **7**

— Decksp. durchscheinend, zarthäutig, kürzer als die Haare an ihrem Grund (*260/4*); Granne in der ob. Decksp.Hälfte od. in der Mitte ansitzend **2**

2. Decksp. meist 3-nervig; Hüllsp. lineal-pfrieml., an der Spitze von der Seite her zus.gedrückt; — Lig. 2–4 mm lg. **6**

— Decksp. meist 5-nervig (bei grundst. Granne 4-nervig); Hüllsp. lanzettl., zugespitzt **3**

3. Granne rückenst., kürzer als die Hüllsp., die Decksp. wenig überragend, zuw. ganz fehlend; Hüllsp. um die Hälfte länger als die Decksp.; — Stg. knickig aufstgd., am Grund m. lg. Ausläufern; am Spr.Grund jederseits 1 Haarbüschel; Lig. der ob. Halmblätt. 2–4 mm lg., gerundet, fein gezähnt bis eingerissen; Rispe schlaff; ↕ 60–150 cm; ♃. VII–VIII. – Gebüsch, Bergwälder; kalkmeidend. – *v* Alp., *z* östl. Mittelgeb., auch Lausitz, BB (Oder); *z* CZ; S-PL. [*C. hallerana* DC.] Wolliges R., ***C. villosa*** (Chaix) J. F. Gmel.

— Granne endst., unscheinbar, kurz (*260/4*), in der Ausrandung der Decksp.; Hüllsp. fast doppelt so lg. wie die Decksp.; Pfl. 60–200 cm hoch **4**

4. Lig. der ob. Halmblätt. 2–3 mm lg., kahl; Staubbeutel aus den Spelzen heraushgd., m. kugeligen, fertilen Pollen; Granne winzig, kaum länger als die Seitenspitzen der Decksp.; — Hüllsp. ungleich, doppelt so lg. wie die Decksp.; Blattspr. oberseits m. zerstreuten weißen Haaren; Rispe schlaff, zuw. überhgd.; Ährch. ohne Achsenfortsatz; ↕ 60–130 cm; ♃. VII–VIII. – Flachmoore, Ufer, Gebüsch; kalkmeidend. – *v* im O u. N, sonst *s*. [incl. subsp. *vilnensis* (Besser) H. Scholz; *C. lanceolata* Roth] Sumpf-R., ***C. canescens*** (Weber) Roth

— Lig. der ob. Halmblätt. 5–12 mm lg.; Staubbeutel in den Spelzen eingeschlossen bleibend, Pollen geschrumpft, steril (pollensterile Arten); Granne etwas länger als bei voriger Art, aber auch < 2 mm **5**

5. Hüllsp. 6–8 mm lg., schmal-lanzettl.-zugespitzt; Granne von der Spitze der Decksp. ausghd.; Lig. 4–6 mm lg.; Ährch.Fortsatz meist gänzl. fehlend; ↕ 100–200 cm; ♃. VII. – Flussufer, in Großseggenrieden. – *s*, aber bestandsbildend; D: S-ST/W-SN (Dessau bis Zwickau); CZ. [*C. pseudopurpurea* O. R. Heine] Sächsisches R., ***C. rivalis*** H. Scholz

— Hüllsp. 4–6 mm lg., br.-lanzettl.-zugespitzt, Granne rückenst., aber nahe dem Spelzenende ansitzend; Lig. 7–10 mm lg., m. Seitenzähnchen; Ährch.Fortsatz winzig, aber deutl. (0,5 mm); ↕ 100–200 cm; ♃. VI–VIII. – Feuchte Gebüsche, Sumpfwiesen; basenreiche Böden. – Sehr *z* u. *s* Mittelgeb. oberh. 700 m, D: N- u. S-Schw., Alp.Vorland, HE (Waldecker Bergland, Hoher Meißner, Vogelsberg, Rhön), NRW (Sauerland), Harz, S-TH; B: Hohes Venn; CH: SG, Vs; CZ; F: S-Vog. [*C. phragmitoides* Hartm.] Purpur-R., ***C. purpurea*** subsp. ***phragmitoides*** (Hartm.) Tzvelev

6 (2). Rispenachse steif aufr.; Rispe knäuelig gelappt, höchstens an der Spitze u. vor dem Aufblühen nickend; Decksp. auf dem Rücken begrannt; Granne die Decksp. um ein Drittel überragend, 3 mm lg.; — Pfl. graugrün bis blaugrün, am Grund m. lg., unterird., dünnen Ausläufern, ↕ 60–150 cm; ♃. V–VIII. – Wälder, Waldwiesen, Ufer, Dünen. – *v*. Gewöhnliches R., ***C. epigejos*** (L.) Roth (subsp. ***epigejos***)

— Rispenachse schlaff; Rispe überhgd., nicht gelappt; Decksp. etwas länger als ihre stets endst. (zw. 2 Zähnchen sthd.), 3 mm lg. Granne; — Pfl. graugrün, m. lg., unterird. Ausläufern; ↕ 60–150 cm; ♃. V–VI. – Sich umlagernde Schotterterrassen der Gebirgsflüsse, Weidengebüsche. – *s*, D: BW (ob noch?), BY, RP, ST; *z* A; CH; CZ; I: Bz; NL (ob noch?). Schilf-R., Ufer-R., ***C. pseudophragmites*** (Haller f.) Koeler (subsp. ***pseudophragmites***)

7 (1). Granne gerade, die Decksp. kaum überragend, wenig unterh. ihrer Mitte entspringend, kürzer als die Hüllsp.; Vorsp. ein Viertel bis ein Drittel kürzer als die Decksp.; Infl. schmal zus.gezogen, nicht ausgebr.; — Ährch. graubraun od. heller; Blätt. schmal, oberseits u. an den Rändern stark rau; ↕ 30–100 cm; ♃. VI–VII. – Flach- u. Heidemoore, Seeufer; kalkmeidend. – *z* von DK u. D: SH ostw., südl. bis Lausitz/PL/CZ (Böhmen), sonst *s* D: BW (Federsee), BY (München, Starnberg), früher W-Bodensee, Westerw. (Steimen); *z* N-NL. [*C. stricta* (Timm) Koeler] Moor-R., ***C. neglecta*** (Ehrh.) G. Gaertn. et al. (subsp. ***neglecta***)

— Granne gekniet od. gedreht, viel länger als die Decksp., deren Grund eingefügt; Vorsp. fast so lg. wie die Decksp.; Infl. während der Bltzt. ausgebr., danach zus.gezogen; Pfl. 60–120 cm hoch **8**

8. Haare am Grund der Decksp. reichl., halb so lg. bis gleich lg. wie diese; Granne ± so lg. wie die Hüllsp.; Blätt. beiderseits seegrün, matt; — Ährch. gelbl.grün, violett gescheckt;

↕ 60–120 cm; ♃. VII–IX. – Lichte Bergwälder, Gebüsche; auf Kalk. – *v* Alp., A; CH; I: Bz; *z* Vorland u. Donauzuflüsse, D: BW (SchwAlb), BY (FrAlb) bis Harz, Erzgeb.
Berg-R., ***C. varia*** (Schrad.) Host (subsp. ***varia***)

— Haare am Grund der Decksp. spärl. entwickelt, nur ein Viertel so lg. wie diese (*275/6*); Granne 2–4 mm länger als die Hüllsp.; Blätt. oberseits seegrün, matt, unterseits dk.grün, glzd.; — Ährch. bleichgelb, violett gescheckt; Blätt. am Spr.Grund jederseits m. 1 Haarbüschel; ↕ 60–120 cm; ♃. VI–VII. – Lichte Bergwälder, Hochstaudenfluren, Auenwälder u. Erlenbrüche; kalkmeidend. – *v–z*, im NW *f*. Rohr-R., Wald-R., ***C. arundinacea*** (L.) Roth

Hybridbildungen.

× ***Calammophila*** Brand [× *Ammocalamagrostis* P. Fourn.], Bastardstrandhafer

Es wird eine Integration der Gattung *Ammophila* Host in *Calamagrostis* Adans. diskutiert. Dann würde auch diese Hybridgattung obsolet.

Lig. 5–15 mm lg.; Infl. gelappt, bräunl. bis violett überlaufen, 13–25 cm lg.; Haare am Grund der Decksp. halb so lg. wie die Spelze; ↕ 60–130 cm; ♃. VI–VII. – Dünen. – Meeresküsten von B bis PL, D: unt. Elbetal, *z* zw. den Eltern (*Ammophila arenaria* × *Calamagrostis epigejos*). [× *A. baltica* (Schrad.) P. Fourn.] Baltischer B., × ***C. baltica*** (Schrad.) Brand

Catabrosa P. Beauv., Quellgras

Stg. schlaff, knickig aufstgd., an den Knoten wurzelnd, m. Ausläufern; Rispe locker ausgebr., m. 4 u. mehr grundst. Zweigen; Ährch. 3 mm lg., meist nur 2-blütig; Lig. eif., 4 mm lg.; ↕ 10–40(-80) cm; ♃. V–X. – Gräben, Tümpel, Quellfluren, Ufer. – *z*, N-D (Tiefland); DK; NL; PL; sonst sehr *z–s* im gesamten Gebiet, vielfach auch verschwunden (z. B. D: SN). Quellgras, ***C. aquatica*** (L.) P. Beauv.

Catapodium Link, Steifgras

1. Stg. aufstgd. bis starr aufr.; Infl. stets u. deutl. verzweigt; Ährch. kurz, aber deutl. gestielt, lockerblütig; äuß. Hüllsp. 1,3–2 mm, ob. 1,5–2,3 mm lg.; ↕ 5–30 cm; ⊙. V–VIII. – Adventiv (Heimat: MMG, W-Eur.). – Ruderalstellen. – Unbest. u. *s*, bes. in Großstädten, D; B; A: NÖ, Sb, Stm; CH; I: Bz; S-NL. [*Scleropoa rigida* (L.) Griseb.; *Desmazeria rigida* (L.) Tutin]
Aufrechtes S., ***C. rigidum*** (L.) C. E. Hubb. subsp. ***rigidum***

— Stg. niederlgd.-ausgebr.; Infl. unverzweigt (zuw. an der Basis wenig verzweigt); Ährch. sehr kurz gestielt bis sitzend, dichtblütig; äuß. Hüllsp. 2–3 mm, ob. 2,3–3,3 mm lg.; ↕ 5–30 cm; ⊙. IV–V. – Dünen. – *s* B; NL (Scheldegebiet, Westfries. Inseln); *s* eingeschleppt CH: am Genfer See. [*C. loliaceum* (Huds.) Link; *Scleropoa loliacea* (Huds.) Gren. & Godr.; *Desmazeria marina* (L.) Druce] Niederliegendes S., ***C. marinum*** (L.) C. E. Hubb.

Cenchrus L. [*Pennisetum* Pers.], Stachelgras, Lampenputzergras

1. Fr. ohne Dornen; – Rispenäste aufstgd. **3**
— Fr. m. zahlr. abgeflachten Dornen **2**
2. Fr.Dornen m. einem Kranz von Borsten umgeben; ↕ 15–75 cm. ⊙. V–VII. – Sandige Stellen. – Adventiv (Heimat: N-, S-Am.); *s* unbest. D. BW, BY; B; CZ. Igel-S., ***C. echinatus*** L.
— Fr.Dornen ohne Borstenkranz, — die größten an der Basis bis 1,5 mm br.; — ↕ 10–75 cm; ⊙. VII–X. – Sandige Stellen. – Adventiv (Heimat: südl. N-Am., Karibik); *s* unbest. D: BB, BW, MV, MRW, SN, ST. [*C. incertus* M. A. Curtis; *C. pauciflorus* Benth.] Dorniges S., ***C. spinifex*** Cav.
3 (1). Ährch. ohne Granne > 8 mm lg.; — Infl. anfangs blass grünl., später erbleichend; Borsten federig; Blätt. 7–15 cm lg. u. ≤ 6mm br.; ↕ 10–100 cm; ♃. V–X. – Ruderalstellen. – Adventiv (Heimat: O-Afr.); *s* unbest. D: BW, NI, NRW, RP; A: Ti, OÖ, Stm; B; CH; Els; NL; S-Alp. [*P. villosum* Fresen.] Wolliges L., ***C. longisetus*** M. C. Johnst.
— Ährch. < 8 mm lg. **4**

4. Infl.Achse kahl; Ährch.bündel fast sitzend; ↕ 50–120 cm; ♃. VI–IX. – Ruderalstellen. – Adventiv (Heimat: As.); *s*, in Einbürg. D: BW, HE, RP; unbest. B; NL; PL. [*P. flaccidum* Griseb.]
Schlankes L., ***C. flaccidus*** (Griseb.) Morrone

— Infl.Achse mind. im unt. Drittel behaart; Ährch.Bündel 1–3 mm lg. gestielt **5**

5. Borsten ± gleichlg. u. kahl; ↕ 30–150 cm; ♃. VIII–X. – Zierpfl. (Heimat: SO-As., Australien); *s* unbest. D: BW, BY, NI, RP; A: OÖ, NÖ, Stm; B; CH; CZ; I: Bz; NL. [*P. alopecuroides* (L.) Spreng.]
Japanisches L., ***C. purpurascens*** Thunb.

— Äuß. Borsten kurz, fein, kahl, inn. bis 40 mm lg., dicker, an der Basis federig; — Infl. bis 30 cm lg.; Blätt. 15–40 cm lg. u. ≤ 3 mm br.; ↕ 20–130 cm; ⊙. VI–IX. – Zierpfl. m. Sorten (Heimat: N-, O-Afr., W-As.); *s* verwildernd D: BW, BY; Els; NL. INV. [*P. setaceum* (Forssk.) Chiov.]
Afrikanisches L., ***C. setaceus*** (Forssk.) Morrone

Weitere unbest. Arten.

Ceratochloa P. Beauv. [*Bromus* L. p. p.], Plattährentrespe

1. Decksp. 7-nervig, m. 4–7 mm lg. Granne; — Vorsp. fast so lg. wie die Decksp.; ↕ 30–80 cm; ⊙–♃. VI–X. – Straßenböschungen, Bahndämme u. Ä. – Ne. (Heimat: westl. N-Am. bis Costa Rica); *z* im gesamten Gebiet verwild. auftretend aus Begrünungsansaaten, unbest. od. lokal eingebürg. D; A: Kt, Stm, Ti; B; CH; CZ; I: Bz; NL; PL. [*B. carinatus* Hook. & Arn.]
Gekielte P., ***C. carinata*** (Hook. & Arn.) Tutin

— Decksp. 9–13-nervig, m. 1(–2) mm lg. Granne **2**

2. Vorsp. < drei Viertel so lg. wie die Decksp.; Nerven der Vorsp. deutl.; ↕ 40–100 cm; ⊙–♃. VI–VII. – Ruderalstellen. – Ne. (Heimat: S-Am.); vielfach adventiv, *s*, D: Oberrheingebiet, Rheinl., BY, andernorts unbest.; *s* A; CH; CZ; z.T. wieder verschwunden. [*B. catharticus* Vahl; *Festuca unioloides* Willd.; *B. willdenowii* Kunth]
Pampas-P., Anden-P., Willdenow-T., ***C. cathartica*** (Vahl) Herter

— Vorsp. ≥ so lg. wie die Decksp.; Nerven der Vorsp. undeutl.; ↕ 30–100cm; ⊙ ♃. VI–VIII. – Ruderalstellen. – Ne. (Heimat: N-Am.); adventiv, aber zuw. von voriger Art nicht unterschieden; *s* D: tendenziell etabliert in HE, unbest. BY; *s* A: OÖ, B, W-CH, F: Els., NL, PL. [*B. sitchensis* Trin.]
Sitka-P., ***C. sitchensis*** P. Beauv.

Chrysopogon Trin., Goldbart

Pfl. horstf.; Rispe locker, 10–20 cm lg.; Decksp. des mittl. Ährch. m. 3–4 cm lg. Granne; ↕ 30–180 cm; ♃. V–VIII. – Trockenrasen. – Sehr *s*, A: Bgl, NÖ; CH: Gr, Ts, Vd; I: Bz (Meran); *s* unbest. D: Hamburg. [*Andropogon gryllus* L.] Gold-Bartgras, Goldbart, ***C. gryllus*** (L.) Trin.

Cleistogenes Keng, Steifhalm

Pfl. m. 10–14 starr absthd. Blätt.; Spr. 1–4(–10) cm lg., graugrün; Ährch. 6–10 mm lg., dk.purpurn; ↕ 30–90 cm; ♃. VII–X. – Trockenrasen; kalkmeidend. – *s*, A: Bgl (Leithageb.), NÖ; CH: Ts, Vs; I: Bz. [*Diplachne serotina* (L.) Link; *Kengia serotina* (L.) Packer; *Festuca serotina* L.]
Herbst-Steifhalm, ***C. serotina*** (L.) Keng

Coleanthus Seidl, Scheidenblütengras

Stg. meist niederlgd.; Scheiden der meist sichelf. zurückgebogenen u. gefalteten Blätt. aufgeblasen; Rispenachse knickig; Hüllsp. fehlend; ↕ 2–8 cm; ⊙. VIII–X. – Schlammböden, abgelassene Teiche. – Sehr *s*, D: RP (Westerw.), SN (Freiberg), ST (Wittenberg), unbest. BW; sehr *s* A: NÖ; CZ; PL; I: Bz verschollen. FFH24; Ⓖ! Scheidenblütengras, ***C. subtilis*** (Tratt.) Seidl

Corynephorus P. Beauv., Silbergras

Pfl. horstf., graugrün; Blattscheiden zuw. purpurn; Blätt. borstl., steif; Rispe silbergrau, vor u. nach der Blüte zus.gezogen; Granne vor der Spelzenbasis, an der Spitze keulig verdickt (*260/5*); ↕ 15–50 cm; ♃. VI–VIII. – Sandböden, Heiden, Kiefernwälder. – *v* im N, Oberrheingebiet, Saarland, N-BY, sonst *s* im S; in A nur NÖ (Marchtal); B; CZ; F: Els; NL; PL. [*Weingaertneria canescens* (L.) Bernh.]
Gewöhnliches S., ***C. canescens*** (L.) P. Beauv.

Cynodon Rich., Hundszahngras

Pfl. m. lg., oberird., dem Boden auflgd., wurzelnden Trieben; auf 2 kurze Stg.Glieder folgt jeweils 1 lg.; Blätt. schwach behaart, an der Scheidenmündung jederseits m. 1 Haarbüschel; Ähren zu 3–6; ↕ 10–40 cm; ⊙. V–VI. – Sandige Orte, Wegränder, Ruderalstellen. – Ne. (Heimat: MMG, subtrop. Afr. u. As.); *z–s* eingebürg. D: BB, BW, BY, HE, NRW, RP, SN, ST (sonst noch unbest.); A; B; CH; CZ; F: Els; I: Bz; NL. Gewöhnliches H., ***C. dactylon*** (L.) Pers.

Afrikanisches Bermudagras, ***C. nlemfuensis*** Vanderyst: Blattscheiden kahl; Ähren zu 4–13.– Adventiv (Heimat: Afr.); *s* unbest. D: BY (b. Regensburg.)

Cynosurus L., Kammgras

1. Ährenrispe einseitswendig, im Umriss längl. linealisch, 3–10 cm lg.; Grannen kürzer als ihre Spelzen; Lig. ≈ 1 mm lg.; ↕ 10–70(–90) cm; ♃. VI–VII. – Wiesen, Weiden. – *v*.
Wiesen-K., ***C. cristatus*** L.

— Ährenrispe im Umriss br. eif., 1–4 cm lg. u. (ohne Grannen) 1–2 cm br.; Grannen länger als ihre Spelzen (*260/2*); Lig. bis 10 mm lg.; ↕ 10–50 cm; ⊙. V–VII. – Ruderalstellen, bes. in Hafen- u. Industrieanlagen. – Ne. (Heimat: MMG); *s* eingeschleppt, D; A: Kt, NÖ, OÖ, Stm; in CH auf Äckern *z*; *s* unbest. I: Bz (b. Bozen); NL. Grannen-K., ***C. echinatus*** L.

Dactylis L., Knaulgras, Knäuelgras

1. Pfl. hellgrün; Rispe locker, schwach geknäuelt; Hüllsp. kahl od. höchstens auf dem Kiel sehr kurz bewimpert, beide (z.T. kurz) 3-nervig; Decksp. nur auf dem Kiel kurz bewimpert, in bis 1 mm lg. Grannenspitze auslfd.; — Blätt. 3–6 mm br.; Ährch. 2–4-blütig; ↕ 60–100 cm; ♃; 2n = 14. V–VIII(–IX). – Laubwälder. – *z*, *s–f* im NW; *z* A; CH; CZ; I: Bz in Tälern. – Oft m. subsp. *glomerata* verwechselt. [*D. aschersoniana* Graebn.; *D. glomerata* subsp. *polygama* (Horv.) Domin.] Wald-K., ***D. polygama*** Horv.

— Pfl. graugrün; ob. Teil der Rispe dicht geknäuelt, unt. Rispenäste weit absthd.; Hüllsp. grün (nicht durchscheinend!), behaart, auf dem Kiel lg. bewimpert, äuß. 1-, inn. 3-nervig; Decksp. dicht behaart, letztere m. 1–2 mm lg. Granne; — Blätt. 4–10 mm br.; Ährch. 3–5-blütig; Pfl. ohne Ausläufer, horstf. Gewöhnliches K., Wiesen-K., ***D. glomerata*** L. s. l.

a. Decksp. am ob. Rand deutl. eingekerbt, zw. den Seitenlappen kurz begrannt; Rispe schmal, m. wenigen kurz gestielten Knäueln von Ährch., zuw. beinahe ährenf.; ↕ 50–120 cm; ♃; 2n = 28. V–VII. – Ruderalstellen. – Ne. (Heimat: MMG, W-As.); *s*, D: BW, BY; CH. Spanisches K., subsp. ***hispanica*** (Roth) Nyman

— Decksp. am ob. Rand ganzrandig, aus der Spitze begrannt; Rispe m. lg. gestielten Knäueln von Ährch. ..... b

b. Rispe schmal, nur 1 kurzes Knäuel von Ährch. tragend; ↕ 20–75 cm; ♃; 2n = 14? V–VII. – Kiefernwälder, Trockenrasen. – *s*, A: Ti; CH; I: Bz. Reichenbach-K., subsp. ***reichenbachii*** (Dalla Torre & Sarnth.) Stebbins & D. Zohary

— Rispe br., m. mehreren Knäueln von Ährch.; Pfl. 40–150 cm hoch c

c. Stg. an der Basis nicht knollig verdickt; Spelzen rau, oft kurz behaart; ↕ 40–120 cm; ♃; 2n = 28. V–VII(–XI). – Wiesen, Weiden, Ruderalstellen, oft gesät. – *v*. Gewöhnliches K. (i. e. S.), subsp. ***glomerata***

— Stg. an der Basis knollig verdickt; Spelzen glatt, kahl; ↕ bis 150 cm; ♃; 2n = 28. VI. – Bergwiesen. – *s*, Alp., Bayrw., Frw., Erzgeb., Riesengeb. – Bislang wenig beachtet. Slowenisches K., subsp. ***slovenica*** (Domin) Domin

Hybride ***D.*** × ***pendula*** (Dumort) B. D. Jacks. [*D. glomerata* × *D. polygama*]. – *z*, D: BY, SN.

Danthonia DC., Traubenhafer, Dreizahn

1. Blattscheiden kahl; Decksp. 2-zähnig, tief eingeschnitten, m. lg., gedrehter u. geknieter Granne; ↕ 30–100 cm; ♃. V–VI. – Halbtrockenrasen. – *s*, D: BY (Garching, Dingolfing); A: Bgl, NÖ; CH: SG, Ts; verschwunden I: Bz. [*D. calycina* (Vill.) Rchb.; *D. provincialis* DC.]
Kelch-T., ***D. alpina*** Vest

— Blattscheiden bewimpert; Decksp. 3-zähnig (*281/1*), ohne Granne; ↕ 20–50 cm; ♃. VI–VII. – Magerrasen, Heiden, Kiefernwälder; kalkmeidend. – *v–z*. [*Sieglingia decumbens* (L.) Bernh.]
Gewöhnlicher D., ***D. decumbens*** (L.) DC.

a. Pfl. horstf. wachsend; — Stg. gedrungen; 2n = 36. – Auf kalkfreien Böden. – *v*.
Gewöhnlicher D. (i. e. S.), subsp. ***decumbens***,

— Pfl. lockerrasig; — 2n = 36 (24?). – Halbtrockenrasen auf schwach kalkhaltigen Böden. – Verbr. wenig bekannt (D: BY, HE, NRW, RP, TH; A: Sb, Stm). Täuschender D., subsp. ***decipiens*** O. Schwarz & Bässler

Hybride ***D. × breviaristata*** (Beck) Vierh. – A.

Weitere Arten unbest. eingeschleppt.

Deschampsia P. Beauv. [incl. *Aristavena* F. Albers & Butzin; excl. *Avenella* Drejer, Drahtschmiele], Schmiele

1. Granne das Ährch. bis 3 mm weit überragend, deutl. gedreht u. gekniet, am Grund bräunl., — fast an der Basis der Decksp. ansitzend; Blätt. borstl. gefaltet; Lig. 3–8 mm lg.; Ährch. grün-violett; Ährch.Achse zw. den beiden Blüten fast halb so lg. wie die ob. Blüte; ↕ 30–50 cm; ♃. VII–VIII. – Heidemoore, Teichufer, Küstendünen; kalkmeidend. – *s* im NW: NW-D (südl. bis Bonn/W-NI/W-SH, vielfach verschwunden), Lausitz, früher auch Oberpfalz, Rügen; *s* B; NL. [*Aristavena setacea* (Huds.) F. Albers & Butzin] Borsten-S., ***D. setacea*** (Huds.) Hack.

— Granne oft sehr kurz (Lupe!), kaum aus den Hüllsp. herausragend, schwach gedreht, undeutl. gekniet, weißl.; — Blätt. borstl. od. flach **2**

2. Blätt. borstl. gefaltet; — Rispe sehr locker; Decksp. m. ungleich lg. Zähnen; Granne in der Mitte der Decksp. entspringend, ≈ so lg. wie die die Blüte meist überragenden Hüllsp.; Lig. bis 8 mm lg., spitz; Pfl. dichte, *Nardus*-ähnl., graugrüne Horste bildend, ↕ 30–60 cm; ♃. VI–VII. – Feuchte Wiesen. – *s*, D: Rheintal (Karlsruhe bis Mannheim).
Binsen-S., ***D. media*** (Gouan) Roem. & Schult.

— Blätt. flach, — oberseits rau u. m. deutl. Nerven; Pfl. dicht horstf., bis 1,3 m hoch (Artengruppe Rasen-Schmiele, ***D. cespitosa*** agg.) **3**

3. Blätt. sehr rau u. schneidend, wellblechart. längsgerillt; Lig. bis 8 mm lg., oft zerschlitzt; inn. Hüllsp. 3–4 mm lg.; Granne meist in den Hüllsp. versteckt od. sie kaum überragend; — Ährch. 3–5 mm lg.; ↕ 30–100 cm; ♃. VII–IX. – Feuchte, quellige Orte, Flachmoore, Wiesen. – Formenreich. Rasen-S., ***D. cespitosa*** (L.) P. Beauv. s. l.

a. Infl. dicht, schmal, nicht ausgebr., Seitenäste aufr. bis wenig absthd., — Infl. 10–20 cm lg., Blattspr. der Erneuerungstriebe kurz, steif, fast gefaltet; Ährch. 2-blütig, 4–5 mm lg., bräunl., oft violett überlaufen. – Nur alp. Stufe?; Alp., Sudeten. Gaudin Rasen-S., subsp. ***gaudinii*** K. Richt.

— Infl. locker, ausgebr., Seitenäste weit absthd. .... **b**

b. Ährch. 1–2-blütig, < 3 mm lg.; Staubbeutel 1–1,2 mm lg.; — Blattspr. der Erneuerungstriebe 2–3 mm br., aufr., die Infl. erreichend od. sogar länger. – Schattige Stellen in feuchten Wäldern u. Gebüschen. – *z*? D: BY, MV; A. Genaue Verbr. unbekannt. Kleinblütige Rasen-S., subsp. ***parviflora*** (Thuill.) Dumort.

— Ährch. 2(–3)-blütig, 3–5 mm lg.; Staubbeutel 1,3–1,6 mm lg.; — Blattspr. der Erneuerungstriebe 2–7 mm br., flach ausgebr. od. zus.gerollt .... **c**

281/1

281/2

c. Blattspr. der Erneuerungstriebe zus.gerollt, < 3 mm br., ihre Lig. 1,5–3 mm lg.; — Ährch. 3,5–4 mm lg., violett überlaufen; V. – Trockenes Grasland. – *s*, S-CZ (Blatná); *s* synanthrop D: BW (Gundelsheim).
Südböhmische Rasen-S., subsp. ***austrobohemica*** (Deyl) Conert

— Blattspr. der Erneuerungstriebe flach ausgebr., > 3 mm br., die Infl. nicht erreichend, ihre Lig. 6–8 mm lg., — Ährch. 3–5 mm lg.; VI–VIII. – Feuchte StO. – *v*. Rasen-S. (i. e. S.), subsp. ***cespitosa***

— Blattspr. schwach rau; Lig. 2–5 mm lg.; inn. Hüllsp. 5–6 mm lg.; Granne 4 mm lg.
weitere Sippen aus ***D. cespitosa*** agg.

a. Blattspr. 6–12 cm lg.; Ährch. ≈ 7 mm lg., an Stelle der Blüten oft Jungpflänzchen (*281/2*); Granne die Decksp. wenig, aber deutl. überragend; ♃. VII–VIII. – Kiesige, überflutete Ufer. – *s*, D, A u. CH: Bodensee- u. östl. Hochrheingebiet. [*D. cespitosa* subsp. *rhenana* (Gremli) Kerguélen] Ufer-S., Bodensee-S., ***D. rhenana*** Gremli

Die ähnl. Strand-S., ***D. littoralis*** (Gaudin) Reut. [*D. cespitosa* subsp. *littoralis* (Gaudin) K. Richt.] unterscheidet sich genetisch von *D. rhenana*. – CH: *s* Lac de Joux, früher auch am Genfer See.

— Blattspr. 20–50 cm lg.; Ährch. 4–6 mm lg., ohne Jungpflänzchen, grün bis strohfarben; Granne die Decksp. nicht überragend; ♃. V. – Schlammige Ufer. – *s*, D: am Unterlauf der Elbe zw. Hamburg u. Mündung, SH, früher auch Bremerhaven. [*D. wibeliana* (Koch) Parl.) G. C. S. Clarke]
Wibel-S., Sumpf-S., ***D.*** subsp. ***paludosa*** (Schübl. & G. Martens

Digitaria Haller, Fingerhirse, Fingergras

1. Blätt. u. Scheiden kahl, nur am Spr.Grund einige Haare; Decksp. u. inn. Hüllsp. ± gleich lg.; — Ähren zu 2–4(–7); Ährch. ellipt., stumpf, 2 mm lg.; ↕ 10–45 cm; ⊙. VII–X. – Lehm- u. Sandböden, Äcker. – *v–z*. [*Panicum ischaemum* Schreb.]
Faden-F., Kahle F., ***D. ischaemum*** (Schreb.) Muhl.

— Blätt. u. Scheiden ± dicht behaart; Decksp. fast doppelt so lg. wie die ob. (längere) Hüllsp. .. **2**

2. Decksp. der unt. Blüte m. Borsten auf den distalen zwei Dritteln der Nerven; inn. Hüllsp. < halb so lg. wie das Ährch.; Blatt oberseits ± dicht behaart, Haare meist < 1 mm lg.; Lig. < 2 mm lg.; — Ähren zu 3–6; Ährch. lanzettl., spitz, 3 mm lg.; Pfl. oft ganz rot überlaufen, ↕ 10–30(–80) cm; ⊙. VII–X. – Häufiges Unkraut, bes. auf Sandböden. [*Panicum sanguinale* L.] Blutrote F., ***D. sanguinalis*** (L.) Scop.

a. Decksp. der unt. Blüte beiderseits zw. den Randnerven ohne auf Wärzchen sthd. Haare. – *z–v*.
Blut-F. (i. e. S.), subsp. ***sanguinalis***

— Decksp. der unt. Blüte beiderseits zw. den Randnerven m. lg., steifen, auf Wärzchen sthd. Haaren. – *z*, D: BW, BY, HE, NRW, RP, SN; A; CH; CZ; I: Bz. Kamm-F., subsp. ***pectiniformis*** Henrard

— Decksp. der unt. Blüte (fast) kahl; inn. Hüllsp. > halb so lg. wie das Ährch.; Blatt oberseits kahl, nur an der Basis 3–8 mm lg. Haare; Lig. > 2 mm lg.; ↕ bis 100 cm, meist kleiner; ⊙. VII–X. – Ruderalstellen. – Adventiv (Heimat: Tropen–Subtropen); *s* unbest. D: BW, BY, HE; A: Kt, Stm; B; CH; CZ; I: Bz; NL. Glattspelzen-Fingerhirse, Wimper-F., ***D. ciliaris*** (Retz.) Koeler

Weitere Arten unbest. eingeschleppt.

Drymochloa Holub [Schwingel p. p. — *Festuca* sect. *Montanae* Hackel; *F.* subgen. *Drymanthele* Krecz. & Bobrov], Bergschwingel (Bearbeiter: Peter F. J. Englmaier)

1. Pfl. m. Ausläufern; Blattscheiden-Mündung fransig bewimpert; Rispe überhgd.; grundst., spr.-lose Blattscheiden am Grund der Erneuerungstriebe noch in derselben Vegetationsperiode zerfasernd; — Blattspr.oberseite meist nach unten gedreht; ob. Hüllsp. 4 mm lg., wenig länger als die unt. (3,5 mm lg.) u. nur wenig kürzer als die Decksp.; Decksp. 4,5–5 mm lg., stumpf (gestutzt), 5-nervig; ↕ 70–110 cm; ♃; diploid. VI. – Feucht-schattige Edellaubholzwälder; submontan bis hochmontan. – *s*, A: Bgl, NÖ (im Wienerwald stellenweise häufig), Stm. [*F. montana* M. Bieb.; *F. drymeja* Mert. & Koch] Eigentlicher B., ***D. drymeja*** (Mert. & Koch) Holub

— Pfl. ohne Ausläufer; Blattscheiden-Mündung kahl; Rispe meist allseitswendig; grundst., spr.-lose Blattscheiden am Grund der Erneuerungstriebe dick, strohig u. nicht zerfasernd, — ob. Hüllsp. ≈ 4 mm lg., deutl. länger als die unt. Hüllsp. (diese 2,5–3 mm lg.) u. deutl. kürzer als die Decksp.; Decksp. 5–6 mm lg., 3(–5)-nervig; ↕ 50–120(200) cm; ♃; diploid. VI–VII. – Schattige, frische Edellaubwälder; montan bis subalp. – *z–s* (in der Agrarlandschaft der Norddt. Tiefebene). [*F. sylvatica* (Pollich) Vill., non Huds.; *F. altissima* All.]
Wald-B., Hoher Schwingel, ***D. sylvatica*** (Pollich) Holub

Echinochloa P. Beauv., Hühnerhirse

1. Rispe sehr kompakt, zur Reife zusammengezogen, Achsen kaum sichtbar; — Ährch. unbegrannt, reif nicht zerfallend **4**

— Rispe zur Reife aufgelockert, Achsen sichtbar; — Ährch. unbegrannt od. begrannt, reif zerfallend **2**

2. Rispe schmal längl., ihre Äste straff aufr.; Ährch. < 2,8 mm lg., grannenlos, oft regelm. angeordnet; Blätt. 3–6 mm br.; — Infl. nur bis 3 cm lg.; Fr. bräunl.; ↕ 15–60 cm; ⊙. VI–VIII. – Adventiv (Futtermittelbegleiter; Heimat: Tropen v. As. u. Afr.) u. nur gelegentl. auftretend, z. B. D; A: NÖ, Kt, Stm; CH: Lausanne (ob noch?); NL. Schamahirse, Kleine H., ***E. colonum*** (L.) Link

— Rispe br. eif. bis pyramidenf., ihre Äste aufr. bis fast waagr. absthd.; Ährch. 2,5–4,5 mm lg., begrannt (*257/1*), unregelm. angeordnet; Blätt. > 6 mm br. **3**

3. Decksp. der ob. Blüte m. weicher, biegsamer, sehr kurz behaarter Spitze, Granne der unt. Blüte > 1 cm lg.; Decksp. reihig m. Borstenhaaren; ↕ 30–100 cm; ⊙. VII–X. – Eingebürg. (Heimat: MMG, S-Afr., M. u. S-As.). [*Panicum crus-galli L.*] Gewöhnliche H., ***E. crus-galli*** (L.) P. Beauv.

a. Decksp. m. lg. Granne. – Äcker, Gärten, Ruderalstellen. – *v–z.* Gewöhnliche H. (i. e. S.), subsp. ***crus-galli***

— Decksp. ohne Granne. – Ruderalstellen. – *s* unbest., D; A: Bgl; B; wo noch? Spiralige H., subsp. ***spiralis*** (Wasinger) Tzvelev

— Decksp. der ob. Blüte m. harter, unbehaarter Spitze, Granne der unt. Blüte < 1 cm lg.; Decksp. m. geraden bis gekrümmten Haaren; ↕ 30–100 cm; ⊙. VII–IX. – Ruderalstellen, Äcker. – Ne. (Heimat: N-Am.); vielfach adventiv, auch eingebürg., aber zuw. von voriger Art nicht unterschieden; nachgewiesen in D: BB, MV, NI, NRW, RP, SN, ST, Elbe; A; B; CZ; DK; NL. Stachelige H., ***E. muricata*** (P. Beauv.) Fernald

4 (1). Infl. reif blass gelbl. bis grünl.; ↕ 100–150 cm. ⊙. VIII–X. – Adventiv (Futtermittelbegleiter; Heimat: Tropen v. As. u. Afr.), unbest. D; DK; I: Bz; NL. Getreide-H., Sawa-H., ***E. frumentacea*** Link

— Infl. reif purpurn bis schwarzbraun; ↕ 30–150 cm. ⊙. V–X. – Adventiv (Heimat: O-As., Australien); unbest. D; A; NL. Japan-H., ***E. esculenta*** (A. Braun) H. Scholz

Weitere Arten unbest. eingeschleppt od. sich etablierend.

Eleusine Gaertn., Korakan

1. Infl. aus 2–8(–12) Ähren, diese bis 15 cm lg.; Ährch. 2-reihig, 3–6-blütig, kahl, nur Kiele der Hüll- u. Decksp. rau, Decksp. am Rücken gekielt; ↕ 20–80 cm; ⊙. VII–IX. – Auf warmen, sandigen, sauren Böden. – Ne. (Heimat: Altwelt-Tropen u. -Subtropen); zuw. eingebürg., z. B. *s* in D; A: NÖ, Stm; CH: Basel, *z* Ts; *s* CZ; I: Bz; NL. Wilder Korakan, Indische Fingerhirse, ***E. indica*** (L.) Gaertn.

— Infl. aus 2–3 Ähren, diese bis 4 cm lg.; Ährch. 2-reihig, bis 10-blütig; Decksp. am Rücken abgerundet; ↕ 10–30 cm; ⊙. VI–X. – Adventiv (Heimat: S-Am.); *s* unbest. D; A; NL. Dreiähriger K., ***E. tristachya*** (Lam.) Lam.

Weitere Arten unbest. eingeschleppt.

Elymus L. [incl. *Roegneria* K. Koch, *Agropyron* Gaertn. p. p.], Hundsquecke

Die Verwandtschaft der Hundsquecken (*Elymus*), Quecken (*Elytrigia*) u. a. besteht aus taxonom. u. nomenklatorisch komplizierten Gruppen.

Decksp. begrannt; Granne so lg. wie od. länger als die Spelzen (bis 25 mm), geschlängelt, bes. an der Basis; Hüllsp. 3–5-nervig; Ährch.Achse kurzhaarig, brüchig; Blätt. oberseits matt graugrün, unterseits glzd. dk.grün; Pfl. horstf.; ↕ 50–150 cm; ♃. VI–VII. – Flusskies, Wälder, Gebüsche. – *v, z* im N. [*A. caninum* (L.) P. Beauv.; *R. canina* (L.) Nevski; *Triticum caninum* L.] Gewöhnliche H, ***E. caninus*** (L.) L.

Aufrechte H., ***E. × obtusiusculus*** (Lange) Melderis & D. C. McClint.: *s* D: Küsten von MV, NI, SH; B; NL.

Weitere nicht-heim. Arten, wohl v. a. an Ruderalstellen (wo noch?):

Kanadische H., ***E. canadensis*** L.: Blätter bis 30 cm lg.; Ähren 6–30 cm lg.; Hüllsp. bis 13 mm lg., Decksp. 8–15 mm lg., Granne 10–25 mm lg.; ↕ 50–150 cm; ♃. – Auf sandigen Böden. – Adventiv (Heimat: N-Am.); *s* unbest. D: BW, RP; SH, ST; A; CZ; NL.

Dahurische H., ***E. dahuricus*** Griseb.: Ähren bis 23 cm lg.; Hüllsp. 6–9 mm, gleichlg., Decksp. bis 11 mm lg., Granne 9–17 mm lg.; ↕ bis 130 cm; ♃. – Adventiv (Heimat: Sibirien, Mongolei, China); *s* unbest. D: SN

„Flaschenbürsten-Gras", ***E. hystrix*** L. [= *Hystrix patula* Moench]: Ähren „flaschenbürstenart." locker sthd., gespreizt, Granne 12–45 mm lg.; Lig. 1–3 mm lg.; ↕ 50–150 cm; ♃. – Auf sandigen bis tonigen Böden. – Adventiv (Heimat: N-Am.); *s* unbest. A.

Palermische H., Panormitanische Quecke, ***E. panormitanus*** (Parl.) Tzvelev: Hüllsp. mind. so lg. wie die unt. Decksp.; ♃. – Adventiv (Heimat: MMG bis Iran); *s* unbest. D: SH.

Sibirische H., ***E. sibiricus*** L.: Ähren bis 30 cm lg.; Hüllsp. 3–8 mm, ± gleichlg., Decksp. bis 13 mm lg., Granne bis 6 mm lg.; ↕ 50–150; ♃. – Adventiv (Heimat: O-Eur,-As-W Nam); *s* unbest. D: BW, SN

Violette H., ***E. violaceus*** (Hornem.) J. Feilberg [*E. trachycaulus* (Link) Shinners]: Ähren bis 12 cm lg.; Hüllsp. bis 12 mm lg., fast so lg. wie die Decksp., Granne bis 3 mm lg.; ↕ bis 75 cm; ♃. – Adventiv (Heimat: N-Am.); *s* unbest. D: BB; L.

Virginische H., ***E. virginicus*** L.: Ähren 4–16(–22) cm lg.; Hüllsp. 7–15 mm, ± gleichlg., Decksp. bis 6–10 mm lg., Granne bis 3–25 mm lg.; ↕ 30–130 cm; ♃. – Adventiv (Heimat: N-Am.); *s* unbest. D: BB.

Elytrigia Desv. [incl. *Agropyron* Gaertn. p. p.], Quecke, Kriechquecke

1. Pfl. ohne unterird. Ausläufer, dichte Horste bildend; — Blattspr. gefaltet, steif, m. 7–9 hervortretenden Rippen, am Grund m. schmalen, stg.umfassenden Öhrchen; ↕ 80–120(–150) cm; ♃. VII–VIII. – Ruderalstellen. – Ne. (Heimat: Balkan, nördl. bis Slowenien); sich zunehmend ausbreitend, z. B. D: *z* Karlsruhe-Mannheim, HE, RP, sonst *s*, z. B. BW, BY, HE, MV, SH, ST; *s* A: Kt, NÖ, OÖ; CH: Ts, Vs, Zug; I: Bz (Vinschgau). [*E. pontica* (Pod.) Holub; *Elymus obtusiflorus* (DC.) Conert] Stumpfblütige Q., Pontische Q., ***E. obtusiflora*** (DC.) Tzvelev

— Pfl. m. lg. unterird. Ausläufern, ausgedehnte Rasen bildend 2

2. Blattspr. am Grund ohne sichelf. Öhrchen; Blattrippen oberseits m. vielen Reihen kurzer Haare; — Spr. zuletzt eingerollt; Ährch.Achse sehr brüchig; Hüllsp. 9–11-nervig; Decksp. unbegrannt; ↕ 30–60 cm; ♃. VI–VIII. – Dünen der Küsten. – *v*, östl. der Oder *z–s*. [*Elymus farctus* (Viv.) Melderis; *A. junceum* (L.) P. Beauv.; incl. subsp. *boreoatlantica* (Simonet & Guin.) Hyl. = *Elymus junceiformis* (Á. Löve & D. Löve) Hand & Buttler]
Binsen-Q., Dünen-Q., ***E. juncea*** (L.) Nevski

— Blattspr. am Grund m. sichelf. Öhrchen; Blattrippen oberseits m. in einzelnen Reihen sthd. od. unregelm. angeordneten Haaren 3

3. Blattspr. schlaff, grün od. blau bereift, Nerven im durchfallenden Licht als weiße Linien erscheinend, aber nicht als Rippen hervortretend; — Blätt. 3–15 mm br., oberseits auf den Nerven m. je 1 Reihe von Stachelhaaren (selten kahl); Blattscheidenränder kahl; Ährch. 4–7-blütig, z. Reifezt. als Ganzes von der Ährenachse abfallend; Hüllsp. fast so lg. wie die anlgd. Decksp., diese m. (sehr) kurzer Granne (nicht m. *E. caninus* verwechseln!); Halm zuw. an der Basis gekniet, Knoten hell- bis dk.braun; ↕ 20–120 cm; ♃. VI–VII. – *v*. [*Elymus repens* (L.) Gould; *A. repens* (L.) P. Beauv.; *A. caesium* J. Presl & C. Presl]
Gewöhnliche Q., Kriech-Q., ***E. repens*** (L.) Nevski

a. Pfl. grün, zuw. abwischbar bereift; Infl. > 10 cm lg.; Pfl. aufr., ↕ > 60 cm. – Äcker, Weinberge, Ruderalstellen, Salzrasen. – *v*. Gewöhnliche Q. (i. e. S.), subsp. ***repens***

— Pfl. graublau; Infl. ≤ 5 cm lg.; Pfl. aufstg., ↕ ≤ 60 cm. – Salzwiesen der Küsten. – Taxonom. Wert unklar.
Strand-Kriech-Q., ***„E. littoralis"*** (Schumach.) Conert

— Blattspr. steif, blau bis weißgrün, m. stark hervortretenden Nerven, dadurch das übrige Gewebe fast verdeckend u. Blätt. oft fast weiß erscheinend 4

4. Hüllsp. viel kürzer als die anlgd. Decksp., stumpf bis gestutzt, br. hautrandig; — Blattspr. oberseits m. zahlr. kurzen unregelm. sthd. Stachelhaaren; ↕ 40–80 cm; ♃. V–VII. – Trockenrasen, Wegränder, steinige Böden. – D: *z* NRW, SH, ST, TH, *s* BW, unbest. Rheintal; *s* CH; CZ; F: Els; I: Bz. [*Elymus hispidus* (Opiz) Melderis subsp. *hispidus*; *A. hispidum* Opiz, *A. intermedium* (Host) P. Beauv.; *A. glaucum* Roem. & Schult.]
Graugrüne Q., Stumpfspelzige Q., ***E. intermedia*** (Host) Nevski

Incl. Stachelspelzige Q., subsp. ***mucronata*** (Bercht.) Valdés & H. Scholz [*E. intermedia* × *repens*; *Elymus mucronatus* (Opiz) Conert; *E. mucronata* (Opiz) Prokudin]: Hüllsp. stachelspitzig; Blattscheidenränder ± bewimpert. – *z*, D: Hamburg, SN, ST.

— Hüllsp. fast so lg. wie die benachbarten Decksp., spitz u. gekielt, schmal hautrandig 5

5. Ähren 4–8 cm lg., locker, die Ährch. einander nur am Grund überlappend; — Rippen der Blattspr. unregelm. kurz u. dicht behaart, dazw. zerstreut m. lg. Haaren; Ährch. bis 5-blütig,

z. Reifezt. zerfallend, Fr. einzeln ausfallend; ↕ 20–50(–120) cm; ♃. VI–VIII. – Dünen, Kalkflugsande. – *z,* Meeresküsten: DK; NL; Binnenland: *s,* D: RP zw. Mainz u. Ingelheim. [*Elymus arenosus* (Spenn.) Conert] Sand-Q., ***E. arenosa*** (Spenn.) H. Scholz

— Ähren 5–10(–20) cm lg., dicht, 4-kantig erscheinend, die Ährch. einander deutl. überlappend; — Rippen der Blattspr. m. je 1 Reihe von Stachelhaaren **6**

6. Ränder der Blattscheiden bewimpert; Blattrippen unterschiedl. ausgebildet; — Ährch. 5–10-blütig, z. Reifezt. als Ganzes von der Ährenachse abfallend; ↕ 30–120 cm; ♃. VI–VIII. – Meeresküsten, Dünen, Kiesbänke, Trockenrasen. – *z,* Nordseeküste von NL bis DK; A: NÖ, OÖ, Kt, Ti; I: Bz. [*Elymus athericus* (Link) Kerguélen; *A. pycnanthum* (Godr.) Gord. & Gren.; *A. pungens* subsp. *athericum* (Link) Henriq.] Strand-Q., ***E. atherica*** (Link) Kerguélen

Morpholog. ähnl. zu *E. repens* u. *E. atherica*, aber Hüllsp. lanzettl., allmähl. in bis 1 mm lg. Granne verschmälert:

a. Ähren < 15 cm lg., Ährch. < 16 mm lg., Ährch.Internodien < 6 mm lg. – *z,* D: BY; A. [*Elymus aenaeanus* (Hohla & H. Scholz) W. Lippert & Meierott] Inn-Q., ***E. aeneana*** Hohla & H. Scholz

— Ähren < 20 cm lg., Ährch. < 20 mm lg., Ährch.Internodien > 6 mm lg. – *z,* D: BY; A. [*Elymus laxulus* (Hohla & H. Scholz) W. Lippert & Meierott] Aufgelockerte Q., Langgliedrige Q., ***E. laxula*** Hohla & H. Scholz

— Ränder der Blattscheiden kahl; Blattrippen einander ähnl. ausgebildet; ↕ 30–120 cm; ♃. VI–VII. – Knoten hell- bis dk.violett. – Straßenränder, Ackerränder, Gräben. – *s,* D: westl. Hochrhein- bis Niederrheingebiet; A; CH; F: Els; I: Bz. [*Elymus campestris* (Gren. & Godr.) Kerguélen; *Elymus pungens* subsp. *campestris* (Godr. & Gren) Melderis] Feld-Q., ***E. campestris*** (Godr. & Gren.) Kerguélen

Weitere nicht heim. Art:

Verlängerte Q., ***E. elongata*** (Host) Nevski [*Elymus elongatus* (Host) Runemark]: ↕ 35-75 cm; ♃. – Adventiv (Heimat: S-Eur.); *s* unbest. D: BW, BY, SN.

Hybriden, z. B.:

Lockerährige Q., ***E. × drucei*** Stace [*E. atherica × repens*]: Blattscheidenränder teilw. bewimpert. – Salzwiesen, Spülsäume. – *s,* D: BW (Bodensee), BY, Nordseeküste.

Aufrechte Q., ***E. × acuta*** (DC.) Tzvelev [*E. atherica × juncea; Elymus acutus* (DC.) Thiebaud]: Decksp. kahl, tief ausgerandet; Blattscheidenränder ± bewimpert; Erneuerungstriebe extravaginal. – *z,* D: MV, NI, SH.

Geneigte Q., ***E. × laxa*** (Fr.) Kerguélen [*E. juncea × repens; Elymus laxus* (E. M. Fries) Melderis & D. C. McClint.]: Blattrippen einander ähnl., gewölbt; Erneuerungstriebe extravaginal. – *z,* D: MV, unbest. BW.

Tallon-Q., ***E. × tallonii*** (Simonet) B. Bock [*Elymus tallonii* (Simonet) NN]. – *s,* D: BW, BY, HE.

Eragrostis Wolf, Liebesgras

1. Unt. Blattscheiden dicht seidigweiß behaart; Pfl. ausd., — hohe Horste bildend; Blätt. schmal, 1–3 mm br., 20–50 cm lg., sichelig gebogen; Ährch. den Rispenästen anlgd., 4–10 mm lg., 4–13-blütig; ↕ 60–160 cm; ♃. VIII–IX. – Böschungen, Flussufer. – Ne. (Heimat: S-Afr.); *s,* D: BW, BY, HE, NI, NRW, RP; A: Wien; CH: am Genfer See; I: Bz, in Einbürg.; NL. Gekrümmtes L., ***E. curvula*** (Schrad.) Nees

— Blattscheiden kahl, Pfl. 1-j., meist < 70 cm hoch **2**

2. Blätt. am Rand m. einer Reihe 0,1 mm großer Drüsen **8**

— Blätt. entlang der Ränder ohne Drüsen (Lupe!) **3**

3. Unt. Rispenäste zu 3–6, quirlig; — Öffnung der Blattscheide m. lg. Haaren **5**

— Unt. Rispenäste zu 1–2 .... **4**

4. Unt. Stg.Blätt. an der Öffnung der Blattscheide m. lg. Haaren; — oberste Blattscheide meist kahl; Ährch.Stiele 1–3 mm lg.; Ährch. ≈ 3 mm lg., 4–7-blütig; unterste Hüllsp. < halb so lg. wie unterste Decksp.; ↕ 10–60 cm; ⊙. VIII–X. – Sandig-kiesige Ufer, Ruderalstellen. – *v* Elbegebiet, *z–s* Oder-, Weichsel-, Rheingebiet, SH; A: NÖ. – Eingebürg. (vermutl. aus einer m. *E. pilosa* verwandten Art entstanden od. *E. imberbis* (Franch.) Prob.). Elbe-L., ***E. albensis*** H. Scholz

— Unt. Stg.Blätt. an der Öffnung der Blattscheide ohne lg. Haare; — auch Achseln der Rispenäste ohne lg. Haare; Ährch. ≈ 1,5 mm gestielt, bis 8-blütig; Rispe dicht; Decksp. m. deutl. Seitennerven; ↕ 5–20 cm; ⊙. VII–X. – Kieswege, Friedhöfe, Pflasterfugen. – Ne. (Heimat: As.); in Einbürg. *s,* D: z. B. BB, BW, BY, NI, NRW; A: Kt, Stm; B; CH; I: Bz; NL. [*E. pilosa* subsp. *damiensiana* (Bonnet) Thell.; *E. pilosa* subsp. *multicaulis* (Steud.) Tzvelev] Japanisches L., ***E. multicaulis*** Steud.

5 (3). Inn. Hüllsp. ≈ so lg. wie die unt.; — Blattspr. kahl, höchstens am Grund etwas bewimpert; unt. Blattscheiden m. seitenst. Infl.; Ährch. 7–15 mm lg., 10–20-blütig; ↕ 20–40 cm; ⊙. VI–IX. Ruderalstellen, Wegränder, Weinberge. – Adventiv (Heimat: W-MMG); *s*, CH: Mittelland, Vs. Barrelier-L., ***E. barrelieri*** Daveau

— Inn. Hüllsp. 1,5–2-mal so lg. wie die unt. **6**

6. Unt. Rispenäste zu 1–2; — äuß. Hüllsp. 1 mm lg., die ob. 1,5 mm lg.; Decksp. m. deutl. hervortretenden Seitennerven; Ährch. 4–6 mm lg.; ↕ 15–30 cm; ⊙. VI–IX. – Ruderalstellen. – Adventiv (Heimat: N-Am.); *s* unbest. D; CH; I: Bz. Kamm-L., ***E. pectinacea*** (Michx.) Nees

— Unt. Rispenäste zu 3–6 .... **7**

7. Unt. Rispenäste zu 5–6, häufig noch in der obersten Blattscheide; äuß. Hüllsp. ≈ 1,2 mm lg., die ob. bis 2,5 mm lg.; — Rispe 10–30 cm lg., zuletzt zus.gezogen, schlaff, überhgd.; Ährch. 2,5 mm br., 3–7-blütig; ↕ 20–70 cm; ⊙. VIII–X. – Straßenränder, Ruderalstellen. – Ne. (Heimat: Äthiopien); *s* eingeschleppt; auch angesät. [*E. abyssinica* (Jacq.) Link] Äthiopisches L., Tefgras, ***E. tef*** (Zuccagni) Trotter

— Unt. Rispenäste meist zu 3–4, zuletzt rechtwinklig absthd.; äuß. Hüllsp. 0,5 mm lg., die ob. 1 mm lg.; — Rispe 4–16 cm lg. zuletzt sehr locker; Ährch. 1–1,5 mm br., 5–12-blütig; Decksp. spitz, m. undeutl. Seitennerven; ↕ 10–30 cm; ⊙. VII–X. – Pflasterfugen, Ruderalstellen. Ne. (Heimat: MMG); D: *s* eingebürg. in BW, ST, andernorts unbest.; unbest. A; B; CH; CZ; F: Els; I: Bz; *v* NL. Behaartes L., ***E. pilosa*** (L.) P. Beauv.

8 (2). Blattscheiden u. Blattränder lg. behaart; Decksp. 1,8–2 mm lg.; — Ährch. 4–11 mm lg., 5–12(–20)-blütig, meist schwarz-violett; ↕ (5–)15–50(–80) cm; ⊙. VII–IX. – Straßenpflaster, Wege, Bahngelände, Ruderalstellen. – Ne. (Heimat: MMG); *z* eingebürg. [*E. poaeoides* Beauv.] Kleines L., ***E. minor*** Host

— Blattscheiden kahl, nur an der Öffnung m. längeren Haaren; Decksp. 2–2,6 mm lg., — m. stark hervortretenden Seitennerven; Ährch. 4–25 mm lg., 15–40-blütig, grün, oft violett überlaufen; ↕ 10–60 cm; ⊙. V–VI. – Sandige Äcker, Ruderalstellen. – Ne. (Heimat: subtrop. Euras.); zuw. eingeschleppt, *s* eingebürg., D: BB, BW (Hoch- bis Oberrhein), ST, andernorts unbest.; *s* eingebürg. A; CH; I: Bz. [*E. major* Host; *E. megastachya* (Koeler) Link] Großähriges L., ***E. cilianensis*** (All.) Janch.

Weitere ≈ 15 *Eragrostis*-Arten *s* adventiv, doch bisher nicht eingebürg.

Festuca L. [incl. *Vulpia* C. C. Gmel., Federschwingel, *Psilurus* Trin., Borstenschwanzgras, u. *Micropyrum* (Gaudin) Link, Dünnschwingel; excl. *Drymochloa* Holub, *Schedonorus* P. Beauv., *Amphigenes* Janka (= *Leucopoa* Griseb. s. l. p. p.) u. *Patzkea* G. H. Loos], Schwingel (Bearbeiter: Peter F. J. Englmaier)

Die hier vorgenommene Umgrenzung der Gattung *Festuca* folgt aus dem molekularphylogenet. gut abgesicherten Konzept einer Teilung der zentralen Loliinae in 2 monophylet. Einheiten (clades), deren eine schmal- bzw. borstblättr. Arten (*Festuca* s. str. m. dem Gattungstypus *Festuca ovina* L. s. str.), deren and. breitblättr. Arten (*Lolium* s. l. m. dem Gattungstypus *Lolium perenne* L.) umfasst. In beiden Einheiten lassen sich basale Gruppen im Gattungsrang abgrenzen, für das abgedeckte Gebiet ist nur eine davon relevant (Gattung *Drymochloa* Holub = *Festuca* subgen. *Drymanthele* V. I. Krecz. & Bobrov = *Festuca* sect. *Montanae* Hack.).

Herkömml. Merkmale zur Gattungsgliederung haben sich vielfach als phylogenet. irrelevant erwiesen. Lebensformen wie Einjährigkeit (das Gattungsmerkmal von *Vulpia*) od. die Reduktion der Rispe auf eine Doppelähre (das Gattungsmerkmal von *Lolium* i. e. S. u. *Psilurus*) entwickelten sich demnach mehrfach unabhängig voneinander. Im Aufbau der Bestimmungstabellen finden sie natürl. nach wie vor prominente Berücksichtigung, was dem Benutzer die Orientierung erleichtern soll.

Festuca-Arten sind einander vielfach habituell sehr ähnl., in manchen sehr auffälligen, bestimmungstechnisch aber wenig relevanten Merkmalen (v. a. Blattfarbe u. Bereifung) variabel u. zudem äußerst merkmalsarm, sodass sich nur reichl. u. v. a. vollst. gesammeltes Material m. blhd. Sprossen u. nichtblhd. Erneuerungstrieben sowie allfälligen Ausläufern sicher bestimmen lässt. Stets sollten, wenn mögl., Maßzahlen an mehreren Individuen einer Population erhoben werden. Vergängliche Merkmale wie eine abwischbare Bereifung der Blätter sollten beim Sammeln notiert werden.

Die nichtblhd. Erneuerungstriebe entspringen am Grund der Blühsprosse u. können entw. innerh. deren abgestorbener Blattscheiden aufwachsen (intravaginal, führt zur Horstbildung – z. B. *F. rupicola*) od. diese am Grund durchbrechen (extravaginal) u. entw. unmittelbar neben den Blühsprossen aufwachsen (führt zu lockerhorstigem Wuchs – z. B. *F. nigrescens*) od. Ausläufer m. mehreren Knoten u. schuppiger Beblätterung entwickeln (führt zu rasigem Wuchs – z. B. *F. rubra*).

Die blattanatom. Details, v. a. die Anzahl der Gefäßbündel („Nerven"), Verteilung der Skl.-Elemente (Versteifungsgewebe aus dickwandigen Zellen), die Zahl der Rippen u. Behaarung an der Blattspr.-Innenseite (= blattanatom. Oberseite) werden an Querschnitten durch voll entwickelte Blattspr. von Erneuerungstrieben ≈ auf halber Länge erhoben. Am einfachsten lassen sich Handschnitte (höchstens 0,1 mm dick) im Durchlicht bei 100-facher Vergrößerung untersuchen. Dabei erscheinen die

Skl.-Elemente heller als das Mesophyll, in den halbschemat. Abb. *288/1–288/22* u. *289/1–289/14* werden sie jedoch, wie in einschlägiger Literatur übl., flächig schwarz dargestellt.

Auch die Merkmale der Blattscheide u. der Lig. werden, anders als bei den meisten and. Gräsergatt., an Erneuerungstrieben erhoben. Ob Blattscheiden geschlossen (also röhrenf. verwachsen) od. offen sind (an den Rändern überlappend, also m. einer Längsfurche), ist im Regelfall m. einer Handlupe gut zu sehen. In wenigen Fällen sind Blattscheiden bloß durch ein zartes Schließhäutchen geschlossen. Dies ist nur an Querschnitten im Mikroskop erkennbar (*288/19*), bei lediglich oberflächl. Betrachtung werden sie als offen wahrgenommen. Die Lig. ist nur bei *F. laxa*, *F. pumila* u. der *F. varia*-Artengruppe deutl. ausgebildet, sonst bloß ein kaum wahrnehmbarer Saum. Die vielfach so genannten „Öhrchen" sind keine Merkmale der Lig., sondern der seitl. Flanken der Blattscheiden-Mündung.

Hinweis: Die Ährch.Maße werden, um Vergleichbarkeit bei verschiedener Blütenzahl zu gewährleisten, stets vom Grund der unt. Hüllsp bis zur Spitze der 4. Decksp. ohne Granne gemessen. Die Länge der Decksp. wird immer an der längsten im Ährch. gemessen (das ist i. d. R. die zweitunterste). Grannenmerkmale sollen ebenfalls an der längsten Decksp. erhoben werden (i. d. R. sind nur die Decksp. begrannt, begrannte Hüllsp. finden sich ausnahmsweise bei 1-j. Sippen). Beim Abmessen der Grannenlänge beachte man, dass die betreffenden Grannen nicht abgebrochen sind (dies kann v. a. an älteren Herbarexemplaren der Fall sein).

Bei einigen verwechslungsträchtigen Sippen kann es hilfreich sein, ohne apparativen Aufwand die Ploidiestufe eruieren zu können. Durch Vermessen der Spaltöffnungslängen (ohne Nebenzellen!) gelingt dies hinreichend gut, während Decksp.- u. Staubblattlänge dafür ungeeignet sind. Einfachste Vorgehensweise: Das Falt- od. Borstblatt der Länge nach aufschneiden u. die Spaltöffnungen (befinden sich an der Blattspr.-Innenseite!) im Auflichtmikroskop bei 100–250-facher Vergrößerung vermessen. An mehreren unterschiedl. alten Blättern nichtblhd. Innovationssprosse wiederholen. Richtwerte: Diploide: (22–)25–30(–32) µm, Tetraploide: (28–)30–35(–40) µm, Hexaploide: (30–)35–40(–45) µm u. Oktoploide (35–)38–45(–50) µm.

Die haploide Chromosomengrundzahl (n) beträgt 7. Die Ploidiestufen der einzelnen Sippen werden in diesem Schlüssel im Format „2×", „4×" etc. angeführt. Eine 2×-Sippe weist somit eine somatischen Chromosomenzahl von 2n = 14 auf.

1. Pfl. ausd.; Ährch.Stand stets eine Rispe, meist allseitswendig, nur ausnahmsweise m. verkürzten Ästen [Eigentlicher Schwingel, umfasst *Festuca* s. str.] **9**

— Pfl. 1-j.; Ährch.Stand eine Ähre od. eine (mitunter einseitswendige) Traube bzw. Rispe m. verkürzten Ästen [Federschwingel, umfasst die 1-j. Sippen aus *Vulpia*, *Psilurus*, *Micropyrum*] .. **2**

2. Ährch.Stand eine lockere, lg.gestreckte, bis 20 cm lg., oft gekrümmte Ähre; Ährch. alle 1-blütig, der Ährenachse eng anlgd., teils in diese eingesenkt; — unt. Hüllsp. fehlend, ob. Hüllsp. schuppenf.; Decksp. 3,5–5 mm, Granne 3–6 mm lg.; Staubblätt. 1; ↕ 10–30(–40) cm; ⊙; 4×. IV–VI. – Trockene Ruderalflächen; kollin. – Ne. (Heimat: O-MMG, SW-As.); *s*, D: nach hist. Belegen unbest. in NRW (Düsseldorf) u. SH (Hamburg). [*P. incurvus* (Gouan) Schinz & Thell.; *Nardus aristata* L.] Krummer F., ***F. incurva*** (Gouan) W. Gutermann

— Ährch.Stand kürzer; Ährch. stets mehrblütig, von der Ährenachse abspreizend **3**

3. Ährch.Stand eine (manchmal einseitswendige) Rispe, stets mehrere sterile Blüten an der Spitze der Ährch.; Staubblätt. 1(–3), z. Bltzt. 0,5–1(–1,5) mm lg., in der Decksp. eingeschlossen **5**

— Ährch.Stand eine Traube (Ährch. 0,5–1,5 mm lg. gestielt), meist alle Blüten eines Ährch. fertil; Staubblätt. 3, z. Bltzt. 0,6–1,8 mm lg., aus der Decksp. ragend **4**

4. Ährch.Stand aufr., nicht einseitswendig; beide Hüllsp. gleich lg., ≈ so lg. wie die Decksp., diese kahl, randl. bewimpert, Nervatur stark hervortretend, Granne fehlend bis sehr kurz (höchstens 2 mm lg.); — Ährch. 3–10-blütig, seitl. zus.gedrückt, 5–10 mm lg.; ↕ 10-40 cm; ⊙; 2×. VI–VII. – Trockene Ruderalflächen auf mäßig sauren Sand- bis Kiesböden; kollin. – Ne. (Heimat: MMG); *s*, D: in BW ausgestorben, aber neu für BY (Nürnberg); F: Els; Angabe aus A: OÖ irrig. [*M. tenellum* (L.) Link] Kies-F., ***F. lachenalii*** (C. C. Gmel.) Spenn.

— Ährch.Stand nickend, oft einseitswendig; ob. Hüllsp. 1,5–2-mal so lg. wie die unt., die Decksp. nicht überragend; Decksp. oft an der Spitze behaart, Nervatur undeutl., Granne (1–)3–6 mm lg.; — Ährch. 2–5-blütig, 4–8 mm lg., an der Spitze meist 1 verkümmerte Blüte; ↕ 5–30–(40) cm; ⊙; 2×. V–VI. – Trockene Ruderalfluren auf basischen Böden; kollin. – Ne. (Heimat: W-Eur., MMG, SW- u. M-As); *s*, D: NRW (Düren, Dortmund), ST (Halberstadt); B; CH: Jura; F: Els. [*V. unilateralis* (L.) Stace] Strand-F., ***F. maritima*** L.

5 (**3**). Unt. Hüllsp. mind. ein Drittel so lg. wie die ob. Hüllsp.; Staubblätt. 1(–2) **7**

— Unt. Hüllsp. sehr kurz, höchstens ein Sechstel so lg. wie die ob. Hüllsp.; Staubblätt. meist 3 **6**

6. Scheitel des Frkn. deutl. behaart; Decksp. gekielt, m. ebenen Flanken; Staubblätt. meist 3, 0,8–1,2 mm lg.; ↕ 10–30(–40) cm; ⊙; 4×. (IV–)V–VII. – Sandige Ruderalstellen; kollin. – Ne. (Heimat: MMG); *s*, D: RP, SH. [*V. fasciculata* (Forssk.) Fritsch; *F. uniglumis* Aiton] Büscheliger F., ***F. fasciculata*** Forssk.

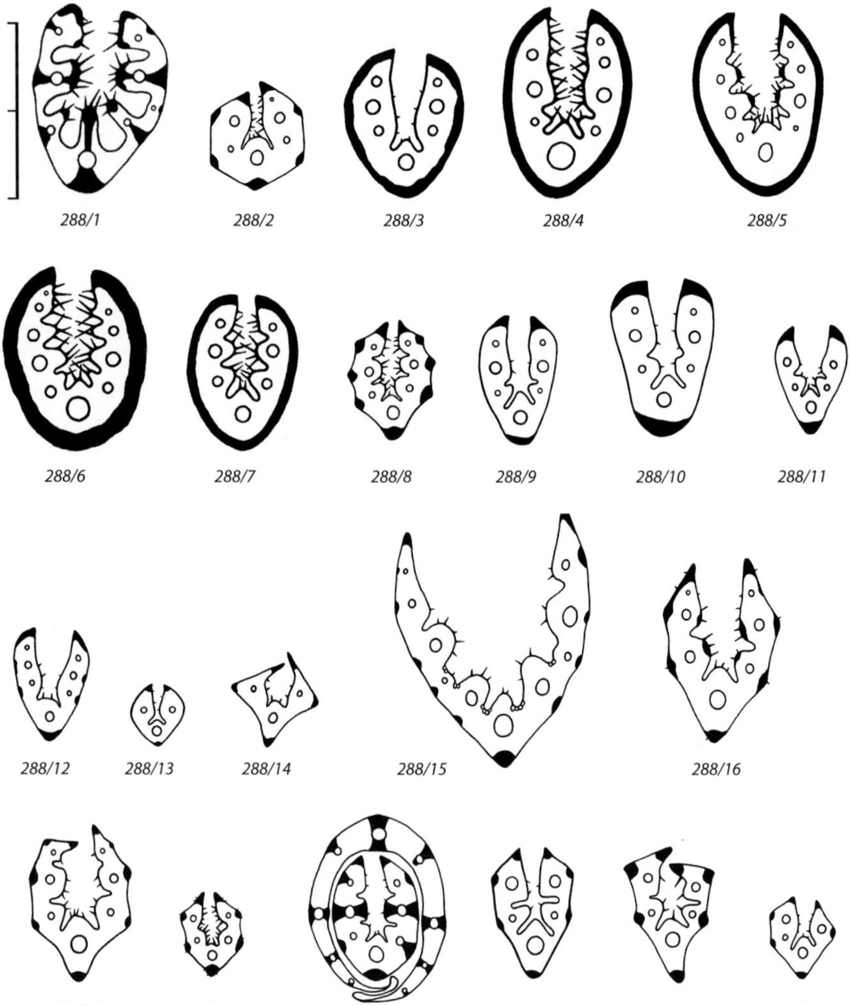

288/1 288/2 288/3 288/4 288/5

288/6 288/7 288/8 288/9 288/10 288/11

288/12 288/13 288/14 288/15 288/16

288/17 288/18 288/19 288/20 288/21 288/22

— Scheitel des Frkn. kahl; Decksp. ungekielt, gewölbt; Staubblätt. 1(–3), 0,6–0,9 mm lg.; ↕ 10–25(–35) cm ☉; 2×. (IV–)V–VI. – Sandige Ruderalstellen; kollin. – Ne. (Heimat: W-MMG, Atlantikküsten); *s*, D: NI, RP. [*V. membranacea* (L.) Dumort.; *F. pyramidata* Schrad.]
Dünnhäutiger F., ***F. membranacea*** (L.) Druce

(**5**). Ährch.Stand z. Bltzt. frei, nicht von der Blattscheide des obersten Stg.Blatts eingeschlossen; unt. Hüllsp. 2,5–5 mm lg., ≈ halb bis zwei Drittel so lg. wie die ob. Hüllsp.; Decksp. fertiler Blüten ausgebr. 1,3–2 mm br., rau, nie behaart; ↕ 10–30(50) cm; ☉; 2×. V–VII. – Trockene Stellen über saurem Substrat: sandige Ackerränder, Gleisbettschotter; kollin. – *s*, D: v. a. im Rheingebiet (BW, NRW, RP), SH, SN; A: Bgl, NÖ, Stm, Vb; F: Els. [*V. bromoides* (L.) Gray, *V. dertonensis* (All.) Gola]
Trespen-F., ***F. bromoides*** L.

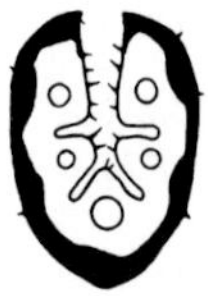
289/1

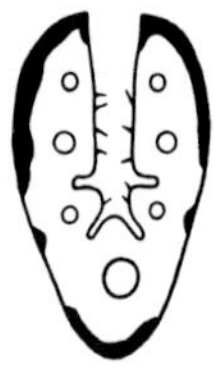
289/2

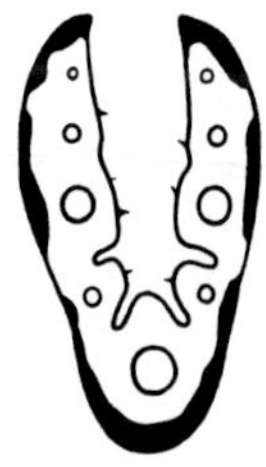
289/3

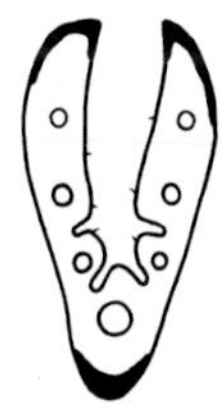
289/4

289/5

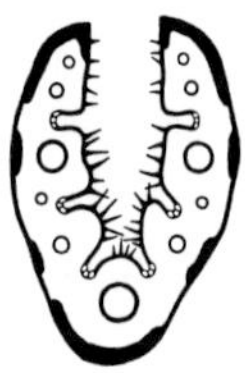
289/6

289/7

289/8

289/9

289/10

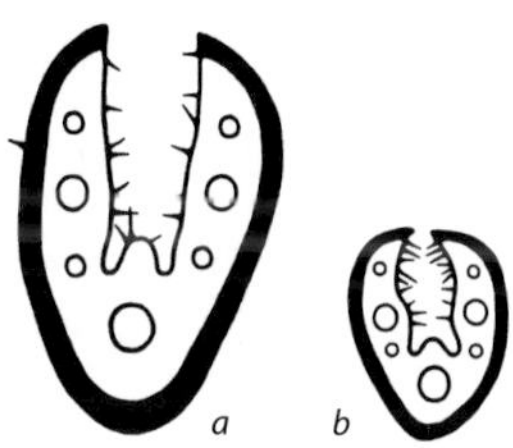

289/11

289/12

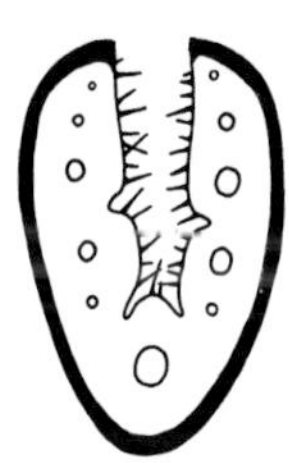
289/13

289/14

— Ährch.Stand z. Bltzt. von der Blattscheide des obersten Stg.Blatts teilw. eingeschlossen; unt. Hüllsp. 1,5–2,5 mm lg., ein Drittel bis halb so lg. wie die ob. Hüllsp.; Decksp. fertiler Blüten meist schmaler, ausgebr. höchstens 1,5 mm br. 8

8. Ährch. m. 3–7 sterilen Blüten an der Spitze u. 1–3 fertilen am Grund; unt. Hüllsp. 0,1–1 mm lg., oft zu einer häutigen Schuppe reduziert, ob. Hüllsp. 1,5–4 mm lg., spitz, aber niemals begrannt; Decksp. meist lg. bewimpert u. am Rücken lg.haarig, die der fertilen Blüten m. 3(–5) feinen Nerven; ↕ 10–30(–40) cm; ⊙; 4×. IV–VI. – Trockene Stellen über saurem Substrat, u. a. sandige Ackerränder, Gleisbettschotter, auch an trockenen Ruderalstellen; kollin. – *s*, D: BW; B; NL; F: Els; A: Bgl, NÖ, Sb; CH: Mittelland, Gr; I: Bz. [*V. ciliata* Dumort.]
Bewimperter F., ***F. danthonii*** Asch. & Graebn.

Im Gebiet kommt subsp. ***danthonii*** vor. Subsp. ***ambigua*** m. rauhaarigen, nicht bewimperten Decksp. vereinzelt in B (Hauptverbr.: Großbritannien).

— Ährch. m. 1–2 sterilen Blüten an der Spitze u. 2–5 fertilen am Grund; unt. Hüllsp. 1–2,5 mm lg., etwa ein Drittel (halb) so lg. wie die ob. Hüllsp., diese 2,5–6,5 mm lg., spitz od. begrannt; Decksp. meist rau, selten bewimpert od. dorsal behaart; ↕ 20–60 cm; ⊙; 6×. V–VII. – Trockene Stellen über saurem Substrat, bes. sandige Ackerränder, Ruderalflächen (Gleisbettschotter); kollin. – *z–s*, D; B; NL; SW-PL; A: Bgl, NÖ, OÖ, Stm, Kt, Sb, Ti, Vb; FL; CH: Mittelland, Gr; I: Bz. [*V. myuros* (L.) C. C. Gmel.] Mäuseschwanz-F., ***F. myuros*** L.

9 (**1**). Lig. fehlend od. nur ein schmaler Saum (< 0, 25 mm lg.) **17**

— Lig. stets > 0,5 mm lg., bis 7 mm lg. **10**

10. Pfl. rasig, m. Ausläufern, am Grund der Triebe stets spr.lose Blattscheiden vorh.; Erneuerungstriebe extravaginal, Skl.-Stränge von der Blattspr.-Außenseite zur -Innenseiten reichen u. an den innenseitigen Rippen auffallend ambossf. verbreitert (*288/1*); ↕ 30–60 cm; ♃; 4×. VI–VIII. – Felsschuttfluren; (montan bis) subalp. – *s*, A: Kt (Karawanken, Sanntaler Alp.). [*Leucopoa laxa* (Host) H. Scholz & Foggi] Schlaffer S., ***F. laxa*** Host

Die Zuordnung zu *Leucopoa* beruht auf irriger Interpretation molekularphylogenet. Befunde.

— Pfl. horstig, ohne Ausläufer, am Grund der Triebe keine spr.losen Blattscheiden; Erneuerungstriebe intravaginal, nur ausnahmsweise Skl.-Elemente an der Blattspr.-Innenseite (bei *F. calva*, *288/5*, s. Nr. **14**), diese nicht ambossf. auseinanderlfd. **11**

11. Lig. (0,5) 0,8–1(1,5) mm lg.; ohne erkennbare Nerven; Blätt. steif, nicht stechend, in der ob. Hälfte rau, Blattspr.-∅ (0,3–)0,4–0,7 mm, 6-kantig, je ein separater Skl.-Strang unter jedem Gefäßbündel (*288/2*), seltener ein ungleichm. dicker Skl.-Ring; — Ährch. rot, braun u. gelb gescheckt; ↕ 10–20 cm; ♃; 2×, 4×. VII–VIII. – Steinige, trockene, sonnige Stellen (Felsschuttrasen) m. kurzer Schneebedeckung; auf karbonathaltigen bis schwach sauren Böden; (subalp. bis) alp. – *v*, D: Alp; A (ohne Bgl); FL; CH; I: Bz. [*F. quadriflora* auct.] Zwerg-S., Niedriger S., ***F. pumila*** Chaix

Eine im Habitus zieml. variable Sippe m. starren, meist graugrünen Blätt. m. ungleich dickem Skl.-Ring, örtl. gehäuft im gesamten Areal eingestreut, ist als var. *rigidior* Mutel abgetrennt worden.

— Lig. stets deutl. >1 mm lg., zumind. m. deutl. erkennbarem Mittelnerv; Blattspr. hart, deutl. stechend, gänzl. glatt, ∅ 0,5–1,1 mm, ± eif. (*288/3–288/7*), stets ein ± gleichm. dicker, selten unterbrochener Skl.-Ring. (Artengruppe Buntschwingel, ***F. varia*** agg.) **12**

12. An den Blattspr. nur die Mittelrippe od. neben dieser höchstens je 1 seitl. Rippe ausgebildet. Blattspr.-Innenseite spärl. behaart, oft fast kahl, bei subsp. *luedii* oft fast kahl Rauhalm-Bunt-S., ***F. scabriculmis*** (Hack.) K. Richt.

a. Stets nur die Mittelrippe der Blattspr. ausgebildet (*288/3*); — Skl.-Ring manchmal ungleichm. dick, selten (an Schattexemplaren) unterbrochen; Blattspr.-Innenseite manchmal ganz kahl; ↕ 25–40 (50) cm; ♃; 6×. VII–VIII. – Vorwgd. sonnexponierte, steile alp. Rasen („Treppenrasen"); kalkmeidend; subalp. bis alp. – *s*, CH: Gr (Gesamtverbr.: von der Ortler- u. Adamello-Gruppe westw. bis zum Comer See sowie um das Aostatal, dazw. eine bislang ungeklärte Areallücke). – Endemit der Alp. [*F. luedii* (Markgr.-Dann.) Foggi et al.] Lüdi-Rauhalm-Bunt-S., subsp. ***luedii*** Markgr.-Dann.

— An den Blattspr. stets 3 Rippen (*288/4*); — Blattspr.-Innenseite behaart; Vorsp.-Kiele oft undeutl. bewimpert (im Unterschied zu *F. varia* subsp. *winnebachensis*); ↕ 30–60 cm; ♃; 6×. VII–VIII. – Steile alp. Rasen, Felsschrofengelände; kalkmeidend; subalp. bis alp. – *z*, I: Bz (Dolomiten). [*F. varia* var. *handel-mazzettii* Kraj., *F. pseudovaria* Vetter sensu typi, non sensu descr., „*F. varia* × *F. pumila*"] Dolomiten-Rauhalm-Bunt-S., subsp. ***handel-mazzettii*** (Kraj.) P. Englmaier

subsp. ***scabriculmis*** kommt in den französ.-italien. W-Alp. (Cottische Alp., Grajische Alp.) vor.

— An den Blattspr. 5(–7) deutl. Rippen (z. B. *288/7*); Blattspr.-Innenseite deutl. behaart; — Skl.-Ring meist gleichm. dick, selten unterbrochen (v. a. bei *F. brachystachys*, s. Nr. **16a**—) **13**

13. Lig. 3–7 mm lg., spitz, stets m. 3 deutl. erkennbaren Nerven; — Blattspr. starr, stechend, (0,7–)0,9–1,2 mm ∅; Ährch. gelbgrün, manchmal leicht gescheckt; Decksp. kurz zugespitzt, Granne meist gänzl. fehlend; ↕ 25–50 cm; ♃; 2×. VII–VIII. – Offene Treppenrasen an steilen, sonnigen Hängen; karbonatstet; hochmontan bis subalp. – *s*, A: OTi (Lienzer Dolomiten); *z*, I: Bz (Mendelzug); Hauptverbr.: S-Alp. – Endemit der Alp. Südalpen-Bunt-S., ***F. alpestris*** Roem. & Schult.

— Lig. höchstens 2 mm lg., gestutzt, m. nur 1 erkennbarem Nerv **14**

14. Blattspr.-Innenseite m. Skl.-Zellen an den Rippen, Skl.-Ring an den Blatträndern weit in die Innenseite reichend (*288/5*); das unterste (äußerste) Blatt der Erneuerungstriebe fast so lg. wie die Folgeblätt.; Rispe locker, unterster Rispenzweig meist stark verläng.; — Stg kahl; Ährch. zart violett gescheckt; Granne sehr kurz: (0–)0,2(–0,6) mm lg.; ↕ 30–50 cm; ♃; 2×. VII. – Offene Rasengesellschaften, Geröll, Felsen; karbonatstet; subalp. bis alp. – *z–s*, A: Kt (Gailtaler Alp, Karnische Alp, Karawanken, Sanntaler Alp. – Endemit der südöstl. Kalk-Alp. [*F. varia* var. *crassifolia* Koch] Glatter Bunt-S., ***F. calva*** (Hack.) K. Richt.

— Blattspr.-Innenseite ohne Skl.-Zellen (*288 7*); das unterste (äußerste) Blatt der Erneuerungstriebe deutl. kürzer als die Folgeblätt.; Rispe dicht m. kurzen Zweigen, am untersten Rispenzweig sitzen die Ährch. bis knapp an den Grund **15**

15. Unterstes (= äußerstes) Blatt der Erneuerungstriebe mind. ein Viertel so lg. wie die Folgeblätt.; Decksp. br. hautrandig; — Ährch. 2–4(–6)-blütig **16**

— Unterstes (= äußerstes) Blatt der Erneuerungstriebe ein Zehntel bis ein Fünftel so lg. wie die der Folgeblätt.; Decksp. nicht od. nur undeutl. hautrandig; — Ährch. 4–7-blütig, blaugrün, violett gescheckt; ↕ 20–60 cm; ♃. VII–VIII. – Offene, sonnige, steinige, trockene, bodensaure Rasengesellschaften auf steilen Hängen; karbonatmeidend.
Ostalpen-Bunt-S., Gescheckter Bunt-S., Schecken-Bunt-S., ***F. varia*** Haenke

a. Skl.-Ring kräftig, 4–6-zellreihig *(288/6)*; Ährch. (5–)7–8-blütig, — (9–)10–11 mm lg.; Blattspr. (bes. an Exemplaren von sonnigen StO) auffällig starr u. stark stechend; 7–9 Gefäßbündel; ↕ 30–50 cm; ♃; 6×. – Felsdurchsetzte bodensaure alp. Rasen, Schrofengelände; subalp. bis alp. – Lokal *v* A: OTi; I: Bz. – Lokalendemit im obersten Drau- u. Pustertal. Pustertaler Ostalpen-Bunt-S., Winnebacher Ostalpen-Bunt-S., subsp. ***winnebachensis*** (Wallossek & Markgr.-Dann.) P. Englmaier

— Skl.-Ring 2–3-zellreihig; Ährch. (4–)5–6-blütig, — 8,5–10,5 mm lg.; Blattspr. hart, stechend; 7 Gefäßbündel *(288/7)*; ↕ 25–40(50) cm; ♃; 4×. – Felsdurchsetzte bodensaure alp. Rasen, Schrofengelände, Grobschutthalden; subalp. bis alp. – *v–z*, A: Stm, Kt, Sb. – Endemit der Ostalp. Eigentlicher Ostalpen-Bunt-S., subsp. ***varia***

16. Vorsp. kahl, nur am Kiel spärl. bewimpert; ↕ 15–50 cm; ♃; 2×. VII–VIII. – Steinige Magerrasen, Schrofengelände; acidophil (auf Gneis u. Metabasiten). – *s*, CZ; PL (Riesengeb.); Hauptverbr.: Karpaten – Tatra. Verschiedenfarben-Bunt-S., ***F. versicolor*** Tausch

— Vorsp. dicht behaart; ↕ 15–50 cm; ♃; 2×. VII–VIII. – Steinige Magerrasen, Felsfluren; karbonatstet. Kurzrispen-Bunt-S., ***F. brachystachys*** (Hack.) K. Richt.

a. Rispenäste (flaumig) behaart; Decksp. kurz zugespitzt; Granne fehlend od. sehr kurz: 0–0,3(–0,5) mm lg.; Blattspr. 0,5–0,7(–0,8) mm ∅; Skl.-Ring (1–)2–3(–4) Zelllagen dick, geschlossen (sehr selten unterbrochen); Rispe steif aufr.; Ährch. meist fahl bläul.grün, manchmal blasslila gescheckt; ♃. – Trockene Felsfluren, sonnige, flachgründige Felsrasen; montan bis subalp. – *z–s*, A: nordöstl. Kalk.-Alp., Z-Alp.: NÖ, OÖ, Stm. – Endemit. [*F. versicolor* subsp. *pallidula* (Hack.) Markgr.-Dann.] Bleicher Kurzrispen-Bunt-S., subsp. ***pallidula*** (Hack.) K. Richt.

— Rispenäste kahl u. glatt (selten schwach papillös); Decksp. lg. zugespitzt; Granne deutl.: (0,2–)0,5–1,0(–1,3) mm lg.; Blattspr. (0,6–)0,7–0,9(–1,1) mm ∅; Skl.-Ring 1–2(–3) Zelllagen dick, oft mehrmals unterbrochen; Rispe häufig nickend; Ährch. meist deutl. violett gescheckt od. überlaufen; ♃. – Windgefegte Magerrasen; subalp. bis alp. – *v–z*, A: nordöstl. Kalk-Alp.: NÖ, OÖ, Stm. – Endemit. [*F. versicolor* subsp. *brachystachys* (Hack.) Markgr.-Dann.] Eigentlicher Kurzrispen-Bunt-S., subsp. ***brachystachys***

Zwischen den beiden subsp. gibt es schwer zuordenbare Übergangspopulationen.

17 (**9**). Verzweigungstyp extravaginal (daneben fakultativ intravaginal bei *F. heterophylla*, diese kenntl. an flachen Stgl.Blätt. u. unverwechselbarem Blattspr.-∅, *288/14*, s. Nr. **25**); Blattscheide an ihrem ob. Ende ohne seitl. „Öhrchen", abgestorbene Blattscheiden rasch zerfasernd (nur bei *F. norica*, s. Nr. **29**, etwas derber) **25**

— Verzweigungstyp intravaginal; Blattscheide an ihrem ob. Ende meist m. seitl. abgerundeteten „Öhrchen", abgestorbene Blattscheiden derb, über die Vegetationsperiode beständig u. nicht zerfasernd **18**

18. Blattscheide nur am Grund od. (fallweise, etwa bei *F. laevigata*, *F. supina*, *F. eggleri* u. *F. vivipara*) im unt. Drittel verwachsen (geschlossen, dort ohne Längsfurche, allenfalls durch Querschnitte zu überprüfen) (Artengruppe Schafschwingel i. w. S., ***F. ovina*** agg. s. latiss.) **34**

— Blattscheide wenigstens in ihrer unt. Hälfte, oft auch fast vollst. verwachsen (geschlossen) **19**

19. Decksp. unbegrannt; Blattscheide am Grund auffällig pinkfarben, wenigstens in der unt. Hälfte durch ein dünnes (einzellreihiges) Schließhäutchen geschlossen (von außen als Längsfurche sichtbar), abgestorbene Blattscheide derb, hell-strohfarbig; Blattspr.-∅ m. 5–7 Gefäßbündeln, Skl. in einzelnen Strängen unterh. derselben u. an den Blatträndern *(288/8)*; Frkn. oben behaart; — Blätt. schlaff, 0,5–0,6 mm ∅, hellgrün, rau; Halme auffällig dick; ↕ 50–80 cm; ♃; 2× u. 4×. V–VI. – Lichte Wälder (bes. *Pinus* u. *Quercus*), Waldränder; auf basenreichem Substrat; kollin bis montan. – *z*, D: BW, BY; A (*f* OTi); FL; CH (Voralp, Alp u. Jura); CZ; PL.; Gesamtverbr.: Eur., Anatolien, Kaukasus. [*F. austriaca* Hack.] Amethyst-S., ***F. amethystina*** L.

Formenreich. Eine in D (Nord-BY, TH, SN); CZ; PL verbr., ausschließl. tetraploide Sippe m. fakultativ extravaginalen Erneuerungstrieben, glatten Blätt. u. kurzen (bis 0,8 mm lg.) Grannen ist der Böhmische Amethyst-S. [*F. amethystina* var. *cechoslovenica* Kraj. = *F*. „*duriuscula*" subsp. *nemoralis* Ritschl = *F. amethystina* subsp. *ritschlii* (Spribille) Markgr-Dann.].

— Decksp. begrannt; Blattscheide grüngelb, fast gänzl. geschlossen (röhrenf. verwachsen, ohne Längsfurche), abgestorbene Blattscheiden braun, rasch zerfasernd; Blattspr.-∅ meist m. nur 3(–5) Skl.-Strängen (*288/9:* F. *stenantha* (s. Nr. **21**), *288/10*: *F. pseudodura* (s. Nr **21**—), *288/11*: *F. halleri* (s. Nr. **23**), *288/12*: *F. intercedens* (s. Nr. **23**—), *288/13*: *F. alpina* (s. Nr. **24**—)); Frkn kahl (Artengruppe Felsenschwingel i. w. S., ***F. halleri*** agg. s. l.) **20**

20. Unt. Rispenäste gering verzweigt, nur m. 1–3 Ährch.; Blattspr. m. 3–7 Skl.-Strängen **22**
— Unt. Rispenäste verzweigt, m. 4–8 Ährch.; Blattspr. m. 3 (oft kräftigen) Skl.-Strängen **21**
21. Hüllsp. u. Decksp. pfrieml., erstere fast gleich lg.; Ährch. gelbl.grün, ihre Stiele ± dicht u. kurz behaart; ↕ 15–30 cm; ♃; 2×. VI–VII. – Felsritzen, -schutt; nur auf Karbonatgestein; montan bis subalp. (bis alp.). – *z* (S-Alp.) bis *s*, A: Kt, NÖ, OÖ, Sb, Stm; CH: Gr; I: Bz.
Schmalblütiger S., ***F. stenantha*** (Hack.) K. Richt.
— Hüllsp. u. Decksp. lanzettl., erste deutl. ungleich lg.; Ährch. hellviolett überlaufen, ihre Stiele kahl bis zerstreut kurzhaarig; ↕ (10–)20–40 cm; ♃; 6×. VII–VIII. – Steinige Rasen, Felsspalten, Schutt; auf Silikat- u. Kalksilikatgesteinen; subalp. bis alp. – *z*, Alp. von A u. I: Bz. [*F. dura* Host] Harter S., ***F. pseudodura*** Steud.
22 (**20**). Blattspr. m. 3 meist sehr kleinen Skl.-Strängen u. m. 3–5 Gefäßbündeln **24**
— Blattspr. m. 3 großen od. m. 5–7 kleinen Skl.-Strängen u. m. (5–)7 Gefäßbündeln **23**
23. Blattscheide (fast) völlig geschlossen; Granne > halb so lg. wie die Decksp.; Staubblätt. 2–3 mm lg.; — Infl. 1–3 cm lg.; ↕ 10–25 cm; ♃; 2×. VI–VIII. – Magerrasen; kalkmeidend; alp. (bis subnival). – *z–s*, A: OTi, Ti, Vb; CH; I: Bz. Felsen-S., Haller-S., ***F. halleri*** All.
— Blattscheide nur zu einem Drittel geschlossen; Granne ≤ halb so lg. wie die Decksp.; Staubbätt. 1–1,5 mm lg.; — Infl. 2–5 cm lg.; ↕ 10–20(–25) cm; ♃; 4×. VI–VII. – Weiden, Felsen, Steinschutt; oft auf Karbonatmischgesteinen, jedoch nicht auf reinem Kalkgestein; alp. – *s*, A; CH; I: Bz. [*F. halleri* subsp. *intercedens* (Hack.) Markgr.-Dann.] Mittlerer Felsen-S., ***F. intercedens*** (Hack.) Bech.
24 (**22**). Granne < halb so lg. wie die Decksp.; Ährch. > 6 mm lg., bisweilen rotviolett bis schwärzl. überlaufen; Staubblätt. 2,0–2,5 mm lg.; ↕ 10–20 cm; ♃; 2×. VII. – Steinschuttfluren, Rasen, Felsen; auf Kalk; alp. – *v* nördl. Kalk-Alp., *s* Silikat-Alp. (nur kleinräumig auf lokal ansthd. Karbonatgesteinen); D: BY; A: NÖ, OÖ, Sb, Stm, N-Ti, Vb; CH.
Gämsen-S., ***F. rupicaprina*** (Hack.) A. Kern.
— Granne > halb so lg. wie die Decksp.; Ährch. < 6 mm lg., blassgrün; Staubblätt. 1–1,5 mm lg.; ↕ 5–15 cm; ♃; 2×. VII–VIII. – Rasen, Felsspalten; kalkstet; alp. (bis subnival). – *z* Kalk-Alp., *s* Silikat-Alp. (lokal auf Karbonat- u. Karbonatmischgesteinen); D: BY; A: fehlt Bgl; FL; CH; I: Bz. Gesamtverbr. Pyrenäen–Alpen–Tatra. Alpen-S., ***F. alpina*** Suter
25 (**17**). Blattspr. im ∅ auffallend rhomb. (*288/14*), m. meist 2 seitl. Skl.-Strängen, 0,3–0,5 mm dick, stark rau; Erneuerungstriebe oft intravaginal; Blattscheiden stets kahl; — Stg.Blätt. 2–3 mm br., flach, m. 7–11 Gefäßbündeln (von den Blätt. nichtblhd. Erneuerungstriebe daher auffallend verschieden – Artbeiname! –, ähnl., aber deutl. auffälliger als bei *F. rubra* agg.); Ährch. grün; ↕ 60–120 cm. ♃; 4×. VI–VIII. – Trockene, lehmreiche, lichte Wälder (Eichen- u. Eichen-Hainbuchen-Wälder), Waldränder, selten subruderal; auf schwach sauren Böden; kollin bis montan. – *z*, D: südl NRW, RP, HE, TH, SN, ST, BW, BY; F: Els; A: v. a. Kalk-Alp., Voralp.; FL; CH: Jura, Mittelland, Gr; I: Bz; CZ. Verschiedenblättriger S., ***F. heterophylla*** Lam.
— Blattspr.-∅ nicht rhomb. (jedoch kantig), m. 4–6 od. mehr seitl. Skl.-Strängen (ähnl. *288/17*); Erneuerungstriebe extravaginal; Blattscheiden meist behaart **26**
26. Pfl. ohne kriechende unterird. Ausläufer, scheinbar horstbildend **29**
— Pfl. m. kriechenden, unterird., unterschiedl. lg. Ausläufern m. Schuppenblätt. an den Knoten, rasenbildend **27**
27. Blattspr. borstl. od. gefaltet, Stg.Blätt. seicht rinnenf. – 6x Rot-S., ***F. rubra*** L.

F. duriuscula L. ist ein Synonym von *F. rubra*, wurde aber seit Pollich (1776) m. vielerlei *F. ovina*-Sippen in Verbindung gebracht, v. a. m. *F. trachyphylla* (Hack.) R. P. Murray, s. Nr. **38**.

a. Auch die Blätt. der Erneuerungstriebe nur seicht gefaltet, rinnenf.; Ährch. (7–)8–10(–12)-blütig, meist dk.grün; Decksp. (6–)7–7,5 mm lg.; — Blätt. der Erneuerungstriebe 0,8–1,5(–1,8) mm ∅, m. (7–)9(–11) Gefäßbündeln (*288/15*); Blattscheiden meist kurz u. dicht behaart, manchmal rötl. überlaufen; Rispe 8–15 cm lg., ↕ 30–100 cm; ♃ VI–VIII. – Staudenfluren, feuchte Wiesen, in höh. Lagen der Mittelgeb., in den Alp. v. a. in der Almregion, auch demontan in den Flusstälern; montan (bis subalp.). – *z*, D: v. a. Hochlagen der Mittelgeb.; D: BW, BY, HE, RP, SN, ST, TH; A; CH; I: Bz; Verbr. ungenügend bekannt. [*F. rubra* subsp. *fallax* (Thuill.) Nyman, *F. diffusa* Dumort., *F. heteromalla* Pourr., *F. multiflora* Hoffm. non Walter., nom. illeg., *F. rubra* var. *planifolia* Hack., nom. illeg., incl. var. *planifolia* Trautv.] Flachblättriger Rot-S., Vielblütiger Rot-S., subsp. ***megastachys*** Gaudin

Verwechslungsträchtig m. kräftigen, graugrünen, mitunter auch blaugrünen Kultursorten von *F. rubra* subsp. *rubra*, die vielfach als Einsaaten zur Grünlandverbesserung ausgebracht werden.

— Blätt. der Erneuerungstriebe eng gefaltet, borstl.; Ährch. (4–)5–6(–8)-blütig, grün od. graugrün, oft rötl. überlaufen; Decksp. (4,5–)5–6,5(–7) mm lg. — Blätt. der Erneuerungstriebe (0,4–)0,6–0,8(–1,2) mm ∅, m. 7(–9) Gefäßbündeln .... **b**

b. Blattscheiden dicht steifhaarig; Blattspr. derb, steif aufr., 0,8–1,2 mm ∅, kräftige, manchmal ungleich dicke Skl.-Stränge, Skl.-Zellen auch auf den Rippen der Blattspr.-Innenseite (*288/16*); ungleich lg. Ausläufer (kurze 1–2 cm lg., längere 10 cm u. länger), dadurch büscheliger Wuchs; — Decksp. 5–7 mm lg., kahl bis zerstreut kurzhaarig; ↕ (15–)25–40(–50) cm; ♃; 6×! V–VI. – Offene, sandige Stellen, Flussalluvionen; kollin bis montan. – *z*, D: BB, BY, MV, NI, NRW, RP, SH; A; CH: Mittelland; I: Bz. – Auch anthropogen, Verbr. ungenügend bekannt. [*F. unifaria* Dumort.] Binsen-Rot-S., subsp. ***juncea*** (Hack.) K. Richt.

— Blattscheiden kahl bis locker kurz-weichhaarig; Blattspr. weich, höchstens 1 mm ∅, Skl.-Stränge alle etwa gleich dick, kein Skl. an der Blattspr.-Innenseite; Wuchs rasig c

c. Pfl. 20–40(–50) cm hoch, frischgrün; dichtrasiger Wuchs durch stark verfilzte, 1–5(–10) cm lg. Ausläufer, Erneuerungstriebe teilw. direkt neben dem Altspross aufwachsend; Blattspr.-∅ (0,4–)0,5–0,7(–0,8) mm, meist 5 Gefäßbündel; Ährch. graugrün, manchmal leicht bereift, (3–)5–8-blütig, 8–10 mm lg.; ♃. V–VIII. – Salzwiesen der Meeresküsten einschl. Inseln, im Binnenland adventiv u. in Ausbr. begriffen. – D: *v* Nord- u. Ostsee, MV, NI, SH; B; DK; NL; PL; A: NÖ, Stm (synanthrop, nur wenige sichere Nachweise). [*F. salina* Natho & Stohr] Strand-Rot-S., subsp. ***litoralis*** (G. Meyer) Auquier

Wuchshöhe, Rispenlänge u. Ähch, Zahl sowie Größe u. Blütenzahl der Ährch. sind je nach Wasserverfügbarkeit u. Salzbelastung am natürl. StO äußerst variabel.

Diese Sippe ist inzwischen in zahlr. Kultivaren in Spezialrasenmischungen (dichte Zierrasen, Sport-, v.a. Golfrasen) vertreten u. kann gelegentl. verwildern, oft an salzbelasteten Straßen- u. Wegrändern. Kultivare sind meist auf dichten, feinblättrigen Wuchs selektiert, kommen sie zur Blüte, sind Ährch.Maße u. Blütenzahl je Ährch. meist an der unt. Grenze der Variationsbreite. Im Handel werden diese Kultursorten regelm. als „Kurzausläufer-Rotschwingel" unter der fälschlichen Bezeichnung „*Festuca rubra trichophylla*" angeboten.

— Pfl. (30–)60–80(–100) cm hoch; lockerrasiger Wuchs durch zahlr., 2–20(–50) cm lg. Ausläufer, die alle min. 1 Schuppenblatt aufweisen; Blattspr. 0,7–0,9 mm ∅., meist 7 Gefäßbündel (*288/17*); Ährch. grün, 5–7-blütig, 6–8 mm lg.; Decksp. manchmal randl. violett überlaufen; ♃. V–VII. – Wiesen, lichte Wälder, Straßenränder, Ruderalstellen; Ebene bis montan. – *v* in allen Teilgebieten, vielfach anthropogen, in zahlr. Kultivaren kommerziell vermehrt. Eigentlicher Rot-S., subsp. ***rubra***

Auch vom Eigentlichen Rot-Schwingel ist eine Vielzahl an Kultivaren zur Erosionssicherung, für Nutzrasen u. zur Grünlandverbesserung entwickelt worden. Diese sind durchwegs auf hohe Wüchsigkeit selektiert u. oft unbekannter, nicht heim. Herkunft. Allenfalls auftretende einzelne Skl.-Zellen an den Rippen der Blattspr.-Innenseite führen zu Verwechslungen m. subsp. *juncea*, allenfalls auftretende breite, seicht rinnenf. Innovationsblätter verleiten zur Ansprache als subsp. *megastachys*. Zudem sind alle heim. Rotschwingel-Unterarten hexaploid u. neigen zur Hybridisierung, wodurch die korrekte Ansprache von Einzelexemplaren erschwert sein kann.

— Stg.Blätt. u. Blätt. der Erneuerungstriebe gleichermaßen borstl. **28**

28. Blattspr. borstl., sehr steif, 0,8–1,2(–1,4) mm ∅, kürzer als die halbe Halmlänge, (7–)9–11 Gefäßbündel; Skl.-Stränge zus.lfd., mitunter (bei subsp. *oraria*) einen ungleichm. dicken Skl.-Ring ausbildend; Skl.-Zellen an den Rippen der Blattspr.-Innenseite; Decksp. dicht-wollig behaart; Staubblätt. (2,5–)3–4,5 mm; ↕ (10–)25–50(–70) cm; ♃; 8×. VII–VIII. – Pfl. küstennaher Sand-StO. Dünen-Rot-S., ***F. arenaria*** Osbeck

a. Skl.-Stränge einen (ungleichm. dicken) Ring bildend, der stets m. den kräftigsten seitl. Gefäßbündeln verbunden ist; Blattspr. meist stachelspitzig; ob. Hüllsp. (5–)6–8 (10) mm lg. – Auf Dünensand. – *z*, B; NL(?), in D *f*. Gesamtverbr. westl. Ärmelkanal-Küsten, französische Atlantikküste; westl. Vikariante von subsp. *arenaria*. [*F. juncifolia* Chaub. in St. Amans, *F. ammophila* Dumort.] Binsenblättriger Dünen-Rot-S., subsp. ***oraria*** (Dumort.) Dengler

— Skl. in einzelnen Strängen, meist von den Gefäßbündeln abgesetzt, mitunter zus.fließ., aber nur sehr selten einen unterbrochenen Ring vortäuschend; Blattspr. ohne stachelige Spitze; ob. Hüllsp. (3,5–)4–6(–7,5) mm lg. – Meist auf auf bereits festgesetzten Sanden od. Hinterdünen. – Nordsee- u. Ostseeküsten: *z*, D: MV, NI, SH; DK; PL. [*F. villosa* Schweigg. in Hagen; *F. lanuginosa* Scheele; *F. rubra* subsp. *arenaria* (Osbeck) F. Aresch oug] Eigentlicher Dünen-Rot-S., subsp. ***arenaria***

— Blattspr. zart, 0,3–0,5(–0,6) mm ∅, graugrün, eng gefaltet, relativ lg. (halb so lg. wie die Halme), 6-kantig, 5(–7) Gefäßbündel (*288/18*); Skl.-Stränge stets deutl. getrennt, keine Skl.-Zellen an den Rippen der Blattspr.-Innnseite; Decksp. kahl, 4,5 mm lg.; Staubblätt. 2–2,5 mm lg.; ↕ 20–50 cm; ♃; 6×. VI–VIII. – Feuchte bis moorige Wiesen. – *s*, D: BY (b. Murnau), RP (b. Mainz); A: Bgl, Kt, NÖ, Ti; CH: früher Vs, Zürich; *s* CZ; I: Bz. Durch StO-Verluste stellenw. vom Aussterben bedroht! [*F. rubra* subsp. *trichophylla* Gaudin, *F. uliginosa* (Schur) Fritsch] Haarblättriger Rot-S., ***F. trichophylla*** (Gaudin) K. Richt.

29 (**26**). Blattspr. m. 7–9 Gefäßbündeln; Skl. bei den stärksten seitl. Gefäßbündeln von der Blattspr.-Außen- zur -Innenseite durchlfd. (*288/19*); Blattscheide in ihrer unt. Hälfte durch ein zweizellreihiges Schließhäutchen geschlossen (*288/19*), als tiefe Längsfurche erscheinend, kahl; ältere Blattscheiden nur sehr langsam zerfasernd; ↕ 20–50 (60) cm; ♃; 2×, 4× u. 6×. VI–VII. – Magerrasen, Bergwiesen; kalkstet. – *z–s*, Alp.; D: BY (Karwendel, Berchtesgadener Alp.); A: Kt, OÖ, Sb, Stm, Ti; CH: Gr; I: Bz. [*F. violacea* subsp. *norica* (Hack.) Hegi] (zu ***F. violacea*** agg.) Norischer S., ***F. norica*** (Hack.) K. Richt.

— Blattspr. m. 5–7 Gefäßbündeln; Skl.-Stränge jeweils nur an der Blattspr.-Außenseite unterh. der Gefäßbündel; Blattscheide völlig geschlossen, rasch zerfasernd **30**

30. Frkn. kahl; Stg.Blätt. dk.grün, flach; Skl.-Stränge relativ flach, an der Blattspr.-Außenseite nur undeutl. als Rippen hervortretend (*288/20*); — Blattscheiden mitunter im ob. Teil behaart; Infl. bis 12 cm lg., m. relativ wenigen Ährch., diese stumpfgrün bis violett überlaufen, matt; ↕ (15–)20–50(–80) cm; ♃; 6×. VI–VIII. – Wiesen u. Weiden; bes. montan u. subalp. – *v,* D: Mittelgeb., Böhm. Randgeb., Alp., BW, BY, HE, NRW, RP, SN, ST, TH; A; B; CH; CZ; F: Vog.; I: Bz; PL; sonst synanthrop, in vielen Kultivaren kommerziell genutzt. [*F. rubra* subsp. *commutata* Gaudin, *F. fallax* auct. non Thuill.] (zu ***F. rubra*** agg.) Horst-Rot-S., ***F. nigrescens*** Lam.

Der Name *F. nigrescens* subsp. *microphylla* (St.-Yves) Markgr.-Dann. [*F. rubra* subsp. *microphylla* St.-Yves], mitunter für zarte *F. nigrescens*-Exemplare fehlgebraucht, bezeichnet eine Sippe des Massif Central u. der W-Alp., die im Gebiet nicht vorkommt.

— Frkn. (meist deutl.) behaart; Stg.Blätt. hellgrün, borstl.; Skl.-Stränge an der Blattspr.-Außenseite deutl. als Rippen hervortretend (*288/21, F. picturata*); — Ährch. meist zur Gänze violett (Ausnahme *F. nitida*, s. Nr. **33**) **31**

Generell unterscheiden sich *F. violacea*-Sippen von *F. rubra*-Sippen nicht nur durch den (wenigstens an der Spitze) dicht behaarten Frkn. (bei blhd. Exemplaren u. an Herbarbelegen oft schwer präparierbar), sondern auch durch die glzd.-hellgrünen Blätt (sichtbar v. a. an Lebendmaterial), die glzd., oft gänzl. violetten Decksp. u. die durch die kräftigen Skl.-Bündel deutl. stärker hervortretenden Rippen an der Blattspr.-Außenseite (*288/21, F. picturata* vs. *288/20, F. nigrescens*).

31. Blattscheiden entlang ihrer Verwachsungsnaht mitunter m. schwacher Längsfurche; ob. Hüllsp. lg. zugespitzt, 4–6 mm lg.; Decksp. 5,5–7 mm lg., — m. 2–4 mm lg. Granne; Stg. unterh. der Infl. kahl; ↕ 30–50 cm; ♃; 6×. VI–VII. – Gebirgswiesen, steinige Rasen; subalp. bis alp. – *z,* Alp.; D: BY (Allgäuer Alp., Wettersteingeb.); A: Sb, Ti, Vb; FL; CH: Gr, Ts, Vs; I: Bz. [*F. melanopsis* Foggi et al., nom. illeg.; *F. violacea* subsp. *nigricans* (Hack.) Hegi] Schwarzvioletter S., Schwärzlicher S., ***F. nigricans*** (Hack.) K. Richt.

— Blattscheiden ohne Längsfurche; ob. Hüllsp. stumpfl. bis kurz zugespitzt, 3–4 mm lg.; Decksp. 3,5–5,5 mm lg. **32**

32. Kiele der Vorsp. deutl. bewimpert; Blattspr. derb, bis 0,75 mm ∅; ↕ 20–40 cm; ♃; 2×. VII–VIII. – Steinige, feuchte Rasen/Rinnen; kalkmeidend; subalp. bis alp. – *z,* A: Stm, Sb, Kt; I: Bz. [*F. picta* Schult.] Gescheckter S., ***F. picturata*** Pils

— Kiele der Vorsp. kahl od. nur oben m. zerstreuten Haaren; Blattspr. sehr dünn, ≤ 0,5 mm ∅ (*288/22, F. nitida*) **33**

33. Stg. unterh. der Infl. flaumig behaart; Frkn. an der Spitze dicht behaart; Decksp. kahl, m. deutl., 1 mm lg. Granne; ↕ (10–)15–30 cm; ♃; 2×. VI–VIII. – Schuttflächen, Lawinenrinnen; kalkstet; subalp. bis alp. – *z–s,* A: Kt (Karnische Alp., Karawanken). [*F. violacea* subsp. *carnica* (Hack.) K. Richt.] Glanz-S., ***F. nitida*** Schult.

— Stg. unterh. der Infl. kahl, allenfalls rau; Frkn. an der Spitze (fast) kahl bis zerstreut behaart; Decksp. im ob. Teil u. auf dem Mittelnerv rau, spitz (bis sehr kurz begrannt); ↕ 15–30 cm; ♃; 2×. VI–VII(–VIII). – Steinige Rasen auf Silikat- u. Silikatmischgesteinen; subalp. bis alp. – *z,* W-Alp: CH. Violetter S., ***F. violacea*** Gaudin

34 (**18**). Skl. ein nahezu gleichm. dicker (nur selten unterbrochener) Ring an der Blattspr.-Außenseite; meist nur die Mittelrippe (*289/9*) od. mehr als 3 (oft seichte) Rippen (*289/14*) an der Blattspr.-Innenseite Artengruppe Schafschwingel i. e. S., ***F. ovina*** agg. s. str. **45**

— Skl. in 3(–5) einzelnen Strängen, allenfalls zus.fließ. (*289/2*); meist 3 Rippen an der Blattspr.-Innenseite (Ausnahmen: *F. albensis,* s. Nr. **39**, u. *F. patzkei,* s. Nr. **39**—) Artengruppe Furchenschwingel, ***F. valesiaca*** agg. **35**

Das sehr weit gefasste *F. ovina* agg. umfasst 2 Artengruppen: Schafschwingel, *F. ovina* agg., u. Furchenschwingel, *F. valesiaca* agg. Beide gehören zu den formenreichsten u. schwierigsten aller M-europ. Gräsergruppen. Für sie trifft Merkmalsarmut u. Variabilität in Habitus- u. Farbmerkmalen in besonderem Maß zu. Doch sind gerade die hierher gehörigen Sippen oft ausgezeichnete Indikatoren für StO-Eigenschaften u. natürl. Biodiversitätsverhältnisse, was das Interesse an einer sicheren Ansprache beträchtl. erhöht. Das Beiziehen von Fachpublikationen (z. B. Arndt 2011, Dengler 1996, Englmaier 2008, 2024, Kiem 1987, Wilkinson/Stace 1991) zur Absicherung der Bestimmungsergebnisse ist somit ratsam, ggf. sollte auch Hilfe von Spezialisten gesucht werden. Dazu ist es erforderl., Herbarbelege vorzulegen.

35. Skl.-Stränge 3–5, stets deutl. voneinander getrennt u. sich nicht zu einem Ring vereinigend **40**

— Skl.-Stränge zus.fließ. u. mitunter einen ungleichm. dicken Ring bildend **36**

36. Rispe stets dicht zus.gezogen, m. verkürzten Zweigen, blhd. nicht od. nur wenig spreizend, 4–6 cm lg.; Gefäßbündel 5; Pfl. grün bis graugrün, nicht bereift; Blattscheiden dicht behaart; Behaarung der Blattspr.-Innenseite dicht; — Blätt steif u. starr, (0,6–)0,7–0,8(–1,0) mm ∅ (*289/1*); ↕ 25–40 cm; ♃; 6×. V–VII. – Sonnige Karbonatfelsen, Schwarzkiefernwälder, Kalkschottersteppe; karbonatstet; kollin bis montan. – *s*, A: nördl. Alp.Ostrand (Bgl – Leithagebirge, NÖ). – Endemit. [*F. stricta* Host subsp. *stricta*] Steifer Furchen-S., ***F. stricta*** Host

— Rispe lockerer, blhd. spreizend, (3–)5–10(–13) cm lg.; Gefäßbündel (6–)7–9(–11); Pfl. häufig graugrün bis blaugrün, manchmal auch bereift; Blattscheiden kahl od. locker behaart; Blattspr.-Innenseite locker-kurzhaarig od. kahl **37**

37 (**36, 43, 46**). Blattspr.-∅ m. (7–)9(–11) Gefäßbündeln u. > 3 Rippen; Blattspr.-Innenseite deutl. steifhaarig **39**

— Blattspr.-∅ m. 7(–9) Gefäßbündeln u. 3 Rippen; Blattspr.-Innenseite meist nur spärl. kurz beborstet **38**

38 (**37, 48**). Blattscheiden gänzl. offen; Blattspr. graugrün, selten frischgrün, zumind. in der ob. Hälfte, bisw. aber zur Gänze rau, meist gerade-aufr., (0,6–)0,7–1 mm ∅; Gefäßbündel 7(–9), 3 Rippen, 3 Skl.-Stränge (*289/2*), oft zus.fließ., mitunter einen ungleichm. dicken, meist mehrfach unterbrochenen Ring vortäuschend; Blattscheiden meist schütter behaart; Rispe 5–10(–12) cm lg., z. Bltzt. stark spreizend; Ährch. (6,5–)7–7,5(–8) mm lg.; Decksp. 5–6 mm lg., meist randl. dicht bewimpert; Granne kürzer als die halbe Decksp.; ↕ (15–)30–60(–75) cm; ♃; 6×. V–VII. – Trockenrasen, Felsrasen; bodenvag; kollin bis montan. – *v–z*, D (indigene Lokalpopulationen in den Mittelgeb., nach N bis in manche Urstromtäler reichend, sonst synanthrop); A (indigene Lokalpopulationen in den Alp. u. dem Südböhm. Hochland, sonst synanthrop); B; CH; CZ; F; FL; I: Bz; L; NL; PL. [*F. stricta* Host subsp. *trachyphylla* (Hack.) J. Müll., incl. *F. brevipila* Tracey u. *F. pulveridolomiana* Höcker & T. Gregor]
Raublättriger Furchen-S., ***F. trachyphylla*** (Hack.) R. P. Murray

Diese sehr variable Sippe auf flachgründigen, humusarmen u. skelettreichen (auch felsigen) Böden umfasst Pfl., deren Blattspr.-∅ 7(–9) Gefäßbündel u. 3 Skl.-Stränge bis hin zu einem fast geschlossenen, ungleichm. dicken Skl.-Ring aufweisen. Lokalpopulationen zeigen oft extreme Merkmalskombinationen (z. B. *F. brevipila* aus A: NÖ m. sehr schwach ausgebildetem Skl. in 3 Strängen)

Die Einbeziehung von derber *F. rupicola* (als „var. *quinquenervis*", ined., m. 5 Gefäßbündeln) ist ebenso abzulehnen wie die Einbeziehung der tetraploiden *F. albensis* M. Toman [= *F. tomanii* Korneck & T. Gregor]. Durch die Ausbringung zahlr. Kultivare m. Begrünungssaaten im Landschaftsbau (im Handel oft fälschlich als „*F. ovina duriuscula*" bezeichnet) ist diese Sippe inzwischen fast flächendeckend verbr.

— Blattscheiden im unt. Drittel meist geschlossen; Blattspr. (0,7–)0,8–1,2(–1,4) mm ∅, in Hochlagen-Populationen grün u. glatt, oft eingekrümmt, in Tieflagen-Populationen graugrün, manchmal bereift, im ob. Drittel fallw. rau; Gefäßbündel 7–9, 3-rippig, (*289/3*: Hochlagenexemplare, *289/4*: Tieflagenexemplare); Blattscheiden kahl, nur bei Tieflagen-Populationen an der Mündung behaart; Ährch. (7,0–)7,3–8,2(–9) mm lg.; Decksp. 6–7,5 mm lg., randl. kahl od. an der Spitze kurzhaarig; Granne ≈ halb so lg. wie die Decksp., manchmal etwas länger; ↕ (25–)40–80(–90) cm; ♃; 8×. V–VII. – Trockene Magerrasen, Felsfluren, Ruhschutt; bodenvag, häufig auf schwach basischen Böden; montan (Tieflagen-Populationen) bis subalp. bis alp. (Hochlagen-Populationen). – *s*, D: Allgäu; A: Ti, Vb; FL; CH: Gr; I: Bz. [*F. curvula* Gaudin, incl. *F. bauzanina* subsp. *rhaetica* S. Arndt u. *F. guinochetii* (Bidault) S. Arndt]
Krummer Schaf-S., Krumm-S., „Glatter S.", ***F. laevigata*** Gaudin

Diese Sippe ist je nach Habitat u. Höhenlage äußerst variabel, bes. hinsichtl. der Blattmerkmale. Nur Hochlagen-Populationen zeigen die in manchen Floren als Differentialmerkmal ausgewiesenen gekrümmten, meist grünen Blätt. Hierher gehörige Populationen der Alp.täler m. aufr. od. überhgd., blaugrünen, manchmal bereiften Blätt. wurden als *F. bauzanina* subsp. *rhaetica* S. Arndt (im Gebiet v. a. CH: Gr), morpholog. fast identische dekaploide Populationen (im Gebiet v. a. I: Bz) als *F. guinochetii* (Bidault) S. Arndt bezeichnet. Verwechslungsmöglichkeit besteht m. hexaploider *F. trachyphylla* (Hack.) R. P. Murray, die in versch. indigenen Lokal-Populationen im O-Alp.-raum auftritt. Diese haben i. d. R .geringere Blattspr.-∅ u. kürzere Ährch. bzw. Decksp. Die eindeutige Zuordnung von Einzelexemplaren misslingt nicht selten.

39. Pfl. blaugrün, bereift; abgestorbene Blattspr. alsbald abfallend u. deren Blattscheiden als dichte Strohtuniken verbleibend; Blattspr. an der Spitze rau, — 5-rippig, (7–)9–11 Gefäßbündel; Skl. als unterbrochener bis ungleich dicker Ring (*289/5*); Rispen 5–10 cm lg., spreizend; Granne 1,5–2,5(–3) mm, kürzer als die halbe Decksp.; Staubblätt. 2–2,5 mm lg.; ↕ 30–50(–65) cm;

♃; 4×. V–VI. – Sandpfl.; kollin. – *z*, D: BW, BY, HE, RP; CZ; PL. [*F. duvalii* var. *multinervis* Stohr, *F. tomanii* Korneck & T. Gregor] Elbe-S., ***F. albensis*** M. Toman

Als ganz ähnl., diploide, etwas zartere Sippe (Blätt. m. 7(–9) Gefäßbündeln) kommt der Langblättrige Schwingel, ***F. longifolia*** Thuill. [*F. caesia* Sm.] auf sauren Sand- u. Kiesböden im Nordteil Frankreichs sowie in Süd-bis Mittelengland vor. Im Gebiet: B; sichere Nachweise aus D fehlen. Zu welcher der beiden Sippen die Population von den Wisseler Dünen bei Kalkar am Niederrhein gehört, ist unsicher.

— Pfl. grün-graugrün, mitunter bereift; Blattspr. kahl, glatt, — deutl. 5-rippig, in den Furchen oft auffällig bullate Zellen; Skl.-Stränge 3–5, zus.fließ., aber nur selten in einen dünnen, vielfach unterbrochenen Skl.-Ring überghd. (*289/6*); Rispen 5–7(–8) cm, dicht, nur z. Bltzt. spreizend; Granne 1–2,3 mm lg., deutl. kürzer als die halbe Decksp.; Staubblätt. 1,5–2,2 mm lg.; ↕ 25–40 cm; ♃; 2×. V–VI. – Kalk- u. Sandstein-Fels- u. Trockenrasen-StO. – *s*, D: RP (Saarburg, Tawern); B; L (Typlokalität bei Hamm, auf Hettinger Sandstein); F: Els, Jura. [*F. longifolia* Thuill. subsp. *pseudocostei* Auquier & Kerg.] Patzke-S., Lothringer S., ***F. patzkei*** Markgr.-Dann.

Diese u. weitere Sippen (v. a. *F. heteropachys* (St.-Yves) Auquier, s. Nr. **56**, u. *F. pallens* Host, s. Nr. **60**) sind vielfach m. „*F. longifolia*" (in ganz unterschiedl. Sinne) verwechselt worden. Alle ähneln einander durch ihre blaugrüne Färbung, oft auch Bereifung. Sie unterscheiden sich v. a. durch ihre Habitatpräferenzen u. ihre Blattspr.-∅. Auch die Umgrenzung der Sippen an sich ist noch wenig beforscht u. möglicherw. oft zu weit gezogen worden.

40 (**35**). Blattspr.-∅ 0,3–0,55 mm; Ährch. höchstens 6,5 mm lg.; — Blattscheide stets kahl; Decksp. meist kahl; 2× Walliser Furchen-S., ***F. valesiaca*** Gaudin

a. Decksp. schmal lanzettl., 3,5–4,5 mm lg., > 3,5-mal so lg. wie br.; Granne mehr als ein Drittel so lg. wie die Decksp.; Pfl. stark bereift, — blaugrün (Stg. zur Fr.Reife blaugrün); Ährch. stark bereift; ↕ 20–30 cm; ♃. V–VII. – Trockenrasen (Charakterart kontinentaler Trockenrasen); bes. auf basischen Böden; kollin bis montan. – *z*, D: BY, RP, ST, TH; B; A: Bgl, NÖ, Ti; CH: Gr; I: Bz; CZ; PL. [*F. pannonica* Host sensu typi] Eigentlicher Walliser Furchen-S., subsp. ***valesiaca***

— Decksp. br. lanzettl., 2,5–3,8 mm lg., < 3,2-mal so lg. wie br.; Granne ein Viertel bis ein Drittel so lg. wie die Decksp.; Pfl. nicht bis schwach bereift, — grün od. graugrün, manchmal auch blaugrün; Stg. bes. zur Fr.Reife auffallend purpurn überlaufen (daher die ostösterr. Lokalbezeichnung „Roter Schmöller"); Ährch. blaugrün, leicht violett überlaufen, manchmal auch bereift; ↕ 20–30(–40) cm; ♃. V–VII. – Schwach salzhaltige Trockenrasen, auch ruderale Trittrasen; kollin. – Im Pannonischen Raum häufig, sonst *s* (verschleppt); im Osten lokal *v*, sonst *z–s* D: NI, NRW, SN, ST, TH; A: Bgl, NÖ, OÖ; I: Bz; PL. [*F. pseudovina* Wiesb., *F. pulchra* Schur?] Salz-S., Kleinblütiger Furchen-S., Falscher Schaf-S., „Falscher Walliser Furchen-S.", subsp. ***parviflora*** (Hack.) Tracey

Bildet hybridogene Populationen m. subsp. *valesiaca*, Merkmale intermediär zw. den Elternsippen, im anthropogenen Umfeld über die angegebenen Vorkommen hinaus in Ausbr. begriffen.

— Blattspr.-∅ 0,5–0,9(–1,0) mm; Ährch. 6,3–9 mm lg. **41**

41. Gefäßbündel 7–9(–11); Blattspr. glatt od. in der ob. Hälfte rau **43**

— Gefäßbündel 5; Blattspr. zur Gänze rau **42**

42. Pfl. grasgrün (nur in manchen inneralp. Populationen blaugrün), selten gelbgrün; Blattscheiden meist dicht kurzhaarig, selten kahl; Blattspr. aufr., derb, 0,55–0,85 mm ∅, nur selten schwache seitl. Skl.-Stränge ausgebildet (*289/7*); Ährch. grün; — Rispe dicht u. starr, nur unmittelbar zur Anthese ausgebr.; Pfl. meist reichl. Blühtriebe entwickelnd; Decksp. stets bewimpert, häufig behaart; ↕ 20–60 cm; ♃; 6×. V–VII. – Trockenrasen, trockene Magerwiesen, Straßen- u. Bahnböschungen; kollin bis submontan. – *v*, D: BW, BY, HE, NI, NRW, SN, ST, TH; A; CH; CZ; I: Bz, PL. [*F. hirsuta* Host, *F. sulcata* (Hack.) Nyman, *F. stricta* Host subsp. *sulcata* (Hack.) J. Müll.] Eigentlicher Furchen-S., ***F. rupicola*** Heuff.

Die Art ist in ihrem geschlossenen Areal vom Tiefland O-D. u. O-Ö ostw. sehr merkmalskonstant. An Sonder-StO, im Alpenraum u. nahe der westl. Verbr.Grenze neigt sie zur Bildung von Lokal-Populationen, die in Habitus u. Färbung abweichen. Lokal treten tetraploide Hybriden u. kurzlebige hybridogene Populationen m. *F. valesiaca* auf, die m. *F. pseudodalmatica* verwechselt werden können. Gelegentl. sind auch Hybridpopulationen m. *F. trachyphylla* zu finden.

Gedrungene Pfl. aus der *F. valesiaca*-Gr., verwechslungsträchtig m. *F. rupicola* („var. *quinquenervis*"): ***F. makutrensis*** Zapal. Für D: MV zu streichen, aber in PL nachgewiesen.

— Pfl. graugrün od. blaugrün; Blattscheiden kahl od. schütter u. kurz behaart, häufig seitl. Skl.-Stränge ausgebildet; Rispe (zumind. zur Anthese) länger ausgebr.; Ährch. graugrün; — Decksp., meist auf der Fläche kahl, manchmal bewimpert **44**

43 (**41**). Gefäßbündel 7; Rippen 3; Skl.-Stränge 3(–5), stets getrennt (*289/8*); Rispen kurz-gedrungen, 3,5–5,5(–7) cm lg., — z. Bltzt. spreizend; Blattspr. blaugrün, stark bereift, im ob. Drittel rau, Blattspr.-Innenseite dicht-kurzhaarig; Blattscheiden kahl; Ährch. 5–7 mm lg.; Decksp. kahl, randl. bewimpert, 4–5 mm lg., Granne 1,5–2,2 mm lg., deutl, kürzer als die halbe Decksp.; ↕ (10–)15–25(–40) cm; ♃; 4×. (IV–)V–VI. – Felspfl. auf Karbonatgestein; kollin.

– *s*, D: RP (Vorderpfalz), BY (Schweinfurt), F: Els (Rouffach).

Duval-Furchen-S, ***F. duvalii*** (St.-Yves) Stohr

Der Name wurde vielfach für die Pfl. auf den Mainzer Sanden angewendet, dabei handelt es sich aber um *F. albensis*, s. Nr. **39**. Bekannt wurden auch Verwechslungen m. der nur äußerl. ähnl. *F. hervieri* (St.-Yves) Patzke [*F. marginata* (Hack.) K. Richt. subsp. *gallica* (Hack.) Ardenghi & Foggi] von Kalk- u. Kalksandsteinfelsen, kommt im Gebiet nicht vor. Angaben in Oberdorfer (3. Aufl 1970 u. 4. Aufl. 1979, Korneck) u. Haffner (in Delattinia), beziehen sich teils auf *F. duvalii* (vornehml. von Kalkfels-StO), teils auf *F. patzkei*, s. Nr. **39** (auch auf StO über Hettinger Sandstein u. über Taunusquarzit).

— Gefäßbündel 7–9(–11); Rippen 3–5; Skl.-Stränge 3, mitunter zus.lfd.; Rispen ausladend **37**

44. Blattspr. (0,45–)0,50–0,65 mm ∅, oft schlaff überhgd.; reife Fr. 2,4–2,8 mm lg.; — Blattspr. hell blaugrün („meergrün"), manchmal leicht bereift, Innenseite deutl. behaart; Ährch. blaugrün, oft bereift, (6,5–)7–7,5(–7,7) mm lg.; Pfl. oft nur spärl. blhd.; ↕ 25–60 cm; ♃; 4×. V–VI. – Lichte Trockenwälder; oft auf basischem Silikatgestein; kollin. – *s*, A: Mittel-Bgl, Stm (b. Klöch); Hauptverbr.: Ungarn, Slowakei. Unechter Dalmatiner Furchen-S., ***F. pseudodalmatica*** Kraj.

— Blattspr. 0,6–0,85 mm ∅, aufr.; reife Fr. 2,8–3,6 mm lg.; — Blattspr. lg., blaugrün; Ährch. oft grün, unbereift, (7–)7,5–8,5(–8,7) mm lg.; ↕ 30–70 cm; ♃; 8×. V–VI. – Lichte Trockenwälder, felsdurchsetzte Trockenrasen; vorwgd. auf Silikatgestein; kollin bis montan. – *z*, I: Bz. [*F. stricta* subsp. *bauzanina* Pils, *F. rupicola* subsp. *bauzanina* (Pils) Kiem, nom. inval.]

Bozner Furchen-S., ***F. bauzanina*** (Pils) S. Arndt

Die aufgrund der Chromosomenzahl hierher gestellte subsp. *rhaetica* S. Arndt m. höchstens in der ob. Hälfte rauen Blattspr. u. 7 Gefäßbündeln im ∅ ist an *F. laevigata*, s. Nr. **38**—, anzuschließen.

45 (**34**). Pfl. pseudovivipar (Ährch. statt Blüten Brutknospen bildend, aus denen sich bald Jungpfl. entwickeln); — Spr. 0,3–0,7 mm br.; ↕ 10–30 cm; ♃; 4×. VII–VIII. – Bodensaure lückige Rasen in Gratlagen, Ruhschutt, N-exponierte Gipfelfluren, selten auch Quellbäche u. Torfkörper (trockene Hochmoore); alp. bis subnival. – *s*, A: Z-Alp. u. Grauwackenzone: Kt, Sb, Stm, Ti, Vb; CH: Gr; I: Bz; Verbr.: Arkt.-alp.

Brutknospen-Schaf-S., Lebendgebärender S., ***F. vivipara*** (L.) Sm.

Der manchmal pseudovivipare Kleine Schaf-S., *F. supina* Schur (s. Nr. 49–), hat begrannte, *F. vivipara* hingegen i. d. R. nur zugespitzte Decksp.

— Ährch. m. Blüten, aus denen sich Fr. entwickeln **46**

46. Dicke des Skl.-Rings der Spr. stark schwankend, häufig unterbrochen (*289/3*) **37**

— Skl.-Ring der Spr. gleichf. dick, 1- od. mehrreihig, nur selten kurz unterbrochen (z. B. *289/9*) **47**

47. Blattscheiden vom Grund an offen **50**

— Blattscheiden zu ≈ ein Viertel bis zur Hälfte ihrer Länge geschlossen **48**

48. Blattspr. glatt u. dick, grün, 0,8–1,2 mm ∅; Skl. aus 3 Strängen zu einem Ring zus.fließend (*289/3*); Granne meist etwas länger als die halbe Decksp.; — Blattspr. bei hochalp. Populationen oft eingekrümmt .... ***F. laevigata*** s. Nr. **38**—

— Blattspr. zumind. an der Spitze, manchmal auch über die ganze Länge rau, < 0,8 mm ∅; Skl. als dünner, manchmal mehrfach unterbrochener Ring; Granne stets kürzer als die halbe Decksp. **49**

49. Pfl. auffallend hellgrün; Blattspr. schlaff, überhgd.; Rispe locker; Stg oberw. (fast) glatt; Ährch. hellgrün; — Decksp. meist kahl, selten bewimpert; ↕ 25–45 cm; ♃; 2× u. 4×. V VI. – Lichte, sonnige, trockene Rot-Kiefern-Wälder, Trockenrasen über serpentinisierten meta- od. ultrabasischen Silikatgesteinen; submontan bis montan. – *v* (aber StO sehr s!), A: Stm (im mittl. Murtal). – Österreichischer Endemit. [*F. supina* p. p.] Eggler-Schaf-S., ***F. eggleri*** Tracey

— Pfl. dk.grün; Blattspr. steif; Rispe dicht, m. kurzen Zweigen; Stg. ober. schwach rau, manchmal behaart; Ährch. blaugrün, violett überlaufen. — Decksp. meist kurzhaarig; ↕ 10–25 cm; ♃. VI–VII. – Trockene Magerrasen, Felsen; karbonatmeidend; (montan bis) subalp. bis alp. – *s*, D: BY (Allgäu); A: Kt, Stm, Ti, Vb; CH: Gr; FL; I: Bz. [incl. *F. supina* Schur = *F. ovina* var. *sudetica* Kittel, Sudeten-Schaf-S.] Kleiner Schaf-S., Kurzer Schaf-S., ***F. airoides*** Lam.

Bei *F. airoides* Lam. handelt es sich um die diploide westalpische Sippe, bei *F. supina* Schur um die tetraploide ostalpisch-karpatische Sippe. Ihr Überschneidungsgebiet liegt in A (Kt). Im Gelände sind die beiden Sippen nicht unterscheidbar.

Mitunter können auch bei niedrigwüchsigen *F. guestfalica*-Exemplaren von Extrem-StO die Blattscheiden am Grund geschlossen sein, was Verwechslungen möglich scheinen lässt.

Exemplare von *F. supina* können pseudovivipar sein, s. *F. vivipara* (s. Nr. **45**).

50 (**47**). Blattspr. glatt od. an der Spitze rau; Gefäßbündel 7–13, ∅ (zumind. der äuß. Blätt. der Erneuerungstriebe) > 0,8 mm (bis 1,4 mm); mehrere (u. U. seichte) Ripen an der Blattspr.-Innenseite **55**

— Blattspr. beim Streichen zur Spitze hin über die ganze Länge spürbar rau; Gefäßbündel selten > 7; Blattspr.-∅ < 0,9 mm; nur Mittelrippe vorhanden **51**

51. ∅ von inn. (ob.) Blätt. der Erneuerungstriebe deutl geringer als der von äuß. (unt.) Blätt.; — allenfalls mehrere seichte Rippen an den äuß., dickeren Blätt. ...... ***F. heteropachys*** s. Nr. **56**

— Alle Blätt. der Erneuerungstriebe etwa gleich dick **52**

52. Ährch. (3,8–)4,3–4,8(–5,3) mm lg.; Decksp. 2,5–3,0 mm lg.; Staubblätt. 1,2–1,5 mm lg.; Blattspr.-∅ 0,2–0,45 mm, m. 5 Gefäßbündeln (*289/10, F. ovina*); — Skl.-Ring 1-2-zellreihig, meist geschlossen, manchmal auch kurz unterbrochen; Ährch. 3–5-blütig **54**

— Ährch. 5,5–6,5(–7,0) mm lg.; Decksp. > 4 mm lg.; Staubblätt. 1,8–2,5 mm lg.; Blattspr.-∅ > 0,4 mm, m. (5–)7(–9) Gefäßbündeln **53**

53. Decksp. (3,6–)4–4,2(–4,5) mm lg.; — Blattspr. 0,45–0,7 mm ∅; Gefäßbündel überwgd. 7 (*289/9*); Blattspr. manchmal blaugrün überlaufen, aber nur ausnahmsweise bereift, über die ganze Länge rau; Skl.-Ring 2- bis mehrzellreihig, geschlossen; Ährch. 4–6(–8)-blütig; Staubblätt. (1,5–)1,8–2,5 mm lg.; Fr. 2–2,5(–2,8) mm lg.; ↕ (10–)20–40 cm; ♃; 4×. V–VI. – Lichte, bodensaure Wälder, Waldränder, Lichtungen, Halbtrockenrasen; über verschiedenen Silikatgesteinen; kollin bis montan. – *v–z*, D: BW, BY, HE, MV, NI, NRW, RP, SH, SN; A; Bgl, NÖ, OÖ, Stm; Ti, Vb; CH; CZ; FL; I: Bz. [*F. ovina* subsp. *guestfalica* (Rchb.) K. Richt.]
Harter Schaf-S., Westfälischer S., ***F. guestfalica*** Rchb.

Sehr vielgestaltige Sippe, die auch Ökotypen auf Sonder-StO bildet, darunter die Populationen von Kalkfelsen im Sauerland (woher der Holotypus stammt) sowie die als subsp. *calaminaria* (= *F. aquisgranensis*) bezeichneten Populationen auf Schwermetallhalden aufgelassener Bergbaubetriebe in B. Die in M-Eur. weit verbr. Sippe auf Silikat-StO entspricht der subvar. *firmula* in Hackel (1882). Bisweilen auftretende relativ kleinwüchsige Populationen (z. B. *F. ovina* var. *turfosa* Markgr.-Dann.) sind taxonom. wenig relevant.

Aus W-Eur. reicht der Behaarte Westfälische Schaf-S., ***F. guestfalica*** subsp. ***hirtula*** (Travis) Dengler [subsp. *kerguelenii* nom. illeg.] ins Gebiet (D: NRW, RP; B; F u. L). Die relativ zarte Pfl. (Maßzahlen im unt. Variabilitätsbereich) wird vielfach m. *F. ovina* s. str. verwechselt. Ihre Blattscheiden u. Decksp. sind meist dicht behaart, die Granne ist bes. kurz (< 0,8 mm lg.).

— Decksp. 4,5–5,5 mm lg.; —Blattspr. 0,6–0,8(–1,1) mm ∅ (Pfl. auch sonst in allen Teilen größer); Gefäßbündel 7(–9); Ährch. 6–7(–8,5) mm lg.; Staubblätt (2–)2,5–2,8 mm lg.; Fr 2,5 –3(–3,2) mm lg.; ↕ 25–50(–70) cm; ♃; 6×. VI–VII. – Lichte Trockenwälder; bodenvag. – Sehr *s*, D: NRW (um Aachen, and. Angaben aus D sind irrig); *z* B; F: Els. [*F. bastardii* Kerguélen & Plonka, nom. illeg.]
Leman-Schaf-S., Hoher Schaf-S., ***F. lemanii*** Bast.

54 (**52**). Decksp. ohne Granne, aber lg. zugespitzt; — Ährch. (3,8–)4–4,5(–4,8) mm lg.; Decksp. 2,7–3,2(–3,4) mm lg.; ↕ (10–)20–30(–40) cm; ♃; 2×. V–VII. – Bodensaure Eichenwälder, Magerrasen; karbonatmeidend; kollin bis montan. – *v–z*, D: BB, BW, BY, NI, NRW, RP, ST, TH (im N u. W häufiger); A ohne Vb; B; CH; CZ; F; L; I: Bz; NL. – Oft synanthrop; in Saatgutmischungen. [*F. capillata* Lam., nom. illeg., *F. tenuifolia* Sibth.] Haar(blatt)-Schaf-S., ***F. filiformis*** Pourr.

— Decksp. stets m. deutl. Granne; — Ährch. (4,2–)4,4–5,0(–5,6) mm lg.; Decksp. 3,0–3,6(–3,8) mm lg.; ↕ (10–)20–40(–60) cm; ♃; 2×. V–VIII. – Lichte Wälder, Magerwiesen, Trockenrasen; karbonatmeidend; kollin bis montan. – *s* (u. stark im Rückgang befindl.); D: in den Hochlagen der Mittelgeb., BW, BY, HE, SN, ST, TH; A: NÖ, OÖ; CZ. Echter Schaf-S., ***F. ovina*** L. s. str.

55 (50). ∅ aller Blätt der Erneuerungstriebe ähnl. groß **57**

— ∅ von inn. (ob.) Blätt der Erneuerungstriebe geringer als der von äuß. (unt.) Blätt. **56**

56. Blattspr. an den Erneuerungstrieben sehr verschieden, inn. (ob.) haarfein, nur 0,3–0,4 mm, äuß. (unt.) 0,7–1,1(–1,2) mm ∅ (*289/11a, b*); Blattspr.-Innenseite nur m. Mittelrippe (allenfalls mehrere seichte Rippen nur an den äuß. Blattspr.); — Blattspr. 30–50 cm lg., bis über die Mitte der Halme reichend, an der unt. Hälfte außen kurz behaart, an der ob. Hälfte rau, selten bis fast unter die Spitze glatt; 7(–9) Gefäßbündel; Pfl. sehr reich beblätt.; Rispe schmal-aufr.; Ährch. 6.5–8 mm lg.; Decksp. 4,5–6 mm lg.; Staubblätt. 2–2,8 mm lg.; ↕ (30–)50–70 cm; ♃; 4×. V–VI(–VII). – Lichte, trockene Wälder, Waldränder über sauren, skelettreichen Böden, oft in Steillagen. – *s*, D: RP, BY; B; F: Els. Derber Schaf-S., Schlaffer S., ***F. heteropachys*** (St.-Yves) Auquier

— Inn. (ob.) Blätt. der Erneuerungstriebe fallweise ein wenig dünner als äuß. (unt.); Blattspr.-Innenseite m. 5(–7) kräftigen Rippen .... ***F. rhenana*** s. Nr. **59**

57 (**55**). Blattspr. gerollt (*289/12*), stachelspitzig stechend, — 0,6–0,9(–1,2) mm ∅; (7–)9–11 Gefäßbündel, (5–)7–9 seichte Rippen, dicht u. lg. behaart; ↕ 20–50(–60) cm; ♃; 2×. V–VI. – Sandsippe. – *z*, D: im NO; DK; PL. [*F. sabulosa* (Andersson) H. Lindb., *F. beckeri* (Hack.) Trautv. subsp. *polesica* (Zapal.) Tzvelev] Dünen-S., Baltischer Dünen-S., ***F. polesica*** Zapał.

— Blattspr. eng gefaltet (*289/13–289/14*), nicht stechend **58**

58. Ährch. 4,5–5,2 mm lg.; Decksp. 3,0–4(–4,5) mm lg., stachelspitzig, unbegrannt od. < 1 mm lg. begrannt; — Rispe aufr., locker, m. vielen Ährch.; Stg. u. Blätt. kahl; Blattscheiden meist dicht behaart; ↕ (15–)25–60 cm; ♃; 2×. V–VI. Scheiden-Schaf-S., „Sand-S.", ***F. vaginata*** Willd.

a. Decksp. höchstens 3,5 mm lg., stachelspitzig, unbegrannt; Rispe br. ausladend; Blattscheiden oft stark bereift, violett überlaufen; Staubblätt. (1,5–)1,8–2,2 mm lg. – Sand-Trockenrasen; pH-indifferent; kollin. – *s*, A: NÖ (Hauptverbr.: Pann. Raum), durch StO-Verluste vom Aussterben bedroht! Eigentlicher Scheiden-Schaf-S., subsp. ***vaginata***

— Decksp. kurz (0,5–1 mm lg.) begrannt; Rispe oft zus.gezogen; Blattscheiden unbereift, strohfarben, mitunter kahl; Staubblätt. (2–)2,2–2,6 mm lg. – Sand-Trockenrasen; auf saurem Substrat; kollin. – *v*, D: ST, BB, MV; sehr *s*, A: NÖ; *v* CZ; PL. [*F. psammophila* (Čelak.) Fritsch, incl. *F. vaginata*, subsp. *mucronata* (Hack.) Schwarzová u. var. *margittai* (Kraj.) Schwarzová Begrannter Scheiden-Schaf-S., „Sand-S.", subsp. ***dominii*** (Kraj.) Soó

— Ährch. stets > 6 mm lg.; Decksp. stets > 4 mm lg., ihre Granne deutl. > 1 mm lg. **59**

59. Ährch. 7–10 mm lg.; Decksp. 5,5–6,5 (–7) mm lg., Staubblätt. 2,7–3,5 mm lg.; Blattspr. unbereift, grün, zumind. an der Spitze leicht rau, 0,7–1,3 mm ∅ (*289/14*), die inn. Blätt. der Erneuerungstriebe oft ein wenig dünner als die äuß., Skl.-Ring, 5 Rippen an der Blattspr.-Innenseite, 9–11 Gefäßbündel; ↕ 30–75(–90) cm; ♃; 6×. (IV–)VI – Felsspalten in schwach saurem bis schwach basischem Gestein. – *z*, D: HE (nur im äußersten W), RP. Rheinischer Schaf-S., ***F. rhenana*** Korneck & T. Gregor

— Ährch. 6–8 mm lg., Decksp. 4–5 mm lg., Staubblätt. 2–2,5(–3) mm lg.; Blätt. graugrün, bereift **60**

60. Blätt. glatt (*289/13*). Blattscheiden meist kahl; ↕ 30–40(–60) cm; ♃; 2× u. 4×. V–VI. – Felsige Hänge, Felssteppen, Kiefernwälder, Felsschutt; über Karbonat od. Silikat; kollin bis montan. – *z–s*, D: lückig zw. Hunsrück, Eifel, SchwAlb u. FrAlb, isoliert bei Burghausen, BW, BY, HE; A: Bgl, Kt, NÖ, OÖ, Sb, Stm; B; CH: Jura (am Bieler See); CZ [incl. *F. csikhegyensis* u. incl. *F. pannonica* auct. non Host] Bleicher S., ***F. pallens*** Host

Umfasst morpholog. kaum unterscheidbare di- u. tetraploide Populationen. Für tetraploide pannonische Populationen (die bis ins östliche NÖ – Hainburger Berge – reichen) ist im Artrang *F. csikhegyensis* Simonk. gebräuchl. (= „*F. pannonica*" auct. non Host, sensu Fl. Eur.). Tetraploide Populationen in A: Kt u. Stm wurden als var. *styriaca* Markgr.-Dann. bezeichnet. Zu tetraploiden deutschen Populationen (die zumind. an der Blattspitze rau sind) siehe *F. glaucina*. Eine eigenst. hexaploide Sippe des Rheinlands (D) ist *F. rhenana* Korneck & T. Gregor (s. **59**).

— Blätt. in der ob. Hälfte rau, Blattscheiden meist behaart; ↕ 30–40(–60) cm; ♃; 4×. V–VI. – Felsige Hänge, Felssteppen, Kiefernwälder, Felsschutt; über sauren u. ultrabasischen Silikatgesteinen; kollin bis montan. – *z*, D: BY, HE, TH, ST; CZ [*F. csikhegyensis* auct. non Simonk.; *F. cinerea* var. *lapidosa* Stohr, non *F. lapidosa* (Degen) Markgr.-Dann.; *F. pallens* var. *scabrifolia* (Rohlena) Janch.] Rauhblättrig-bleicher S., ***F. glaucina*** Stohr

Ähnl. ist auch die auftretende triploide Hybride *F. pallens* Host × *F. guestfalica* Rchb. = *F.* × *duernsteinensis* Vetter

Gaudinia P. Beauv., Ährenhafer

Scheiden der unt. Blätt. dicht lg.haarig; Lig. fast fehlend; Ährch. in brüchiger Ähre; Hüllsp. ungleich lg., unt. 3–4 mm u. undeutl. 2–4-nervig, ob. 9–12 mm m. 6–8 wulstigen Nerven; Decksp. m. ≈ 7 mm lg., gedreht-geknieter Granne; ↕ 20–60 cm; ⊙. V–VI. – Wegränder. – Ne. (Heimat: MMG); zuw. eingeschleppt, D: am Oberrhein, b. Köln, b. Bielefeld, *s* dauerhaft, z. B. D: b. Siegen; A: Stm; CH: Vd, Mittelland; F: Els; NL (Rhein); I: Bz wieder verschwunden. Zerbrechlicher Ä., ***G. fragilis*** (L.) P. Beauv.

Glyceria R. Br., Schwaden

1. Decksp. m. 3 kräftigen u. 4 damit abwechselnden, schwächeren u. kürzeren Nerven, — oben br. abgerundet; Ährch. meist 7-blütig, 9–13 mm lg.; Lig. der ob. Blätt. am Rand haarf. zerschlitzt, 1–2 mm lg.; ↕ 30–100 cm; ♃. VI–VII. – Schattige Laubwälder, Erlenbrüche. – *z*, D: MV, SH; CZ; PL. Hain-S., Wald-S., ***G. nemoralis*** (R. Uechtr.) R. Uechtr. & Körn.

— Decksp. m. 7 kräftigen u. fast gleich lg. Nerven 2

2. Ährch. 2–10 mm lg., vor dem Aufblühen zus.gedrückt; Lig. bis 3 mm lg.; — Ährch. 5–8-blütig 5

— Ährch. 10–30 mm lg., vor dem Aufblühen stielrund; Lig. 4–7 mm lg.; — Ährch. 7–11-blütig; Blattscheiden zus.gedrückt 3

3. Decksp. 5–8 mm lg., ± gleichm. zugespitzt; Fr. ≈ 3-mal so lg. wie br.; Staubbeutel 2–3 mm lg., — violett; Vorsp. in 2 lg., scharfe Spitzen auslfd., mind. so lg. wie die Decksp.; Rispe einseitswendig; ↕ 40–120 cm; ♃. V–IX. – Sthd. u. langsam fließ. Gewässer, Gräben, Bäche. – *v.*
Flutender S., Manna-S., ***G. fluitans*** (L.) R. Br.

— Decksp. 3–5 mm lg., stumpf od. gezähnt zugespitzt; Fr. ≤ 2-mal so lg. wie br.; Staubbeutel < 1,5 mm lg. 4

4. Rispe locker ausgebr., allseitswendig; Decksp. stumpf, abgestutzt od. gleichm. zugespitzt (*300/1*); Vorsp. an der Spitze höchstens schwach ausgerandet, die Decksp. nicht überragend; Lig. der jüngsten Blätt. der Blatttriebe gleichm. zugespitzt, 2–4 mm lg.; Blätt. grasgrün; Staubbeutel gelb; ↕ 40–80 cm; ♃. VI–VIII. – Gräben, quellige Orte. – *v* im S, *z* im N, sonst B; CZ; NL; PL; im NW-Tiefland (D; NL) oft verschwunden. [*G. plicata* (Fr.) Fr.]
Falt-S., ***G. notata*** Chevall.

Bastard-S., ***G. pedicellata*** F. Towns. [*G. fluitans* × *G. notata*]: Ährch. nach der Bltzt. erhalten bleibend (bei den Elternarten z. Frzt. zerfallend). – D: *z* BY, NRW, *s* BW, RP (Saarland), SH, ST, TH; CZ.

— Rispe nur wenig verzweigt, oft nur traubig; Decksp. an der Spitze kurz unregelm. 3–5-zähnig (*300/2*); Vorsp. tief in 2 etwas spreizende Spitzen gespalten, die Decksp. überragend; Lig. der jüngsten Blätt. der Blatttriebe m. (ungleichm.) abgesetzter Spitze, 4–8 mm lg.; Blätt. bläul.grün; Staubbeutel (schwarz-)violett überlaufen; ↕ 15–60 cm; ♃. VI–VIII. – Gräben, quellige Orte. – *z*, im S *s.*
Blaugrüner S., ***G. declinata*** Bréb.

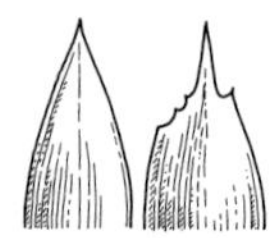

300/1 *300/2*

5 (2). Ährch. 2–4 mm lg.; Decksp. 1,4–2 mm lg.; äuß. Hüllsp. 0,6–1 mm, ob. 0,8–1,5 mm lg.; Blätt. 2–6 mm br., stark abgespreizt u. deutl. 2-zeilig; — Infl. locker, bis 20 cm lg., feingliedrig, an *Milium* erinnernd; Blattspr. leicht rau; ↕ 30–100 cm; ♃. VII–VIII. – Feuchte Waldwege, Wiesen, Bachränder. – Ne. (Heimat: N-Am.); eingebürg., z.T. nur unbest., D: z.B. BB, S-BY (Staffel-, Kochelsee), westl. Bielefeld, Rheinl., Westerw.; A: Kt, OÖ, Sb, Stm; CH; FL; I: Bz; NL.
Gestreifter S., ***G. striata*** (Lam.) Hitchc.

— Ährch. 5–10(–12) mm lg.; Decksp. 2,3–4 mm lg.; äuß. Hüllsp. 1–3 mm, ob. 1,4–4 mm lg.; Blätt. 10–15 mm br., nicht weit abgespreizt u. nicht auffällig 2-zeilig; — Rispe allseitswendig, dicht; Rispenäste starr, vielährig, zu 5–10 abghd.; Blattspr. oberseits u. am Rand, unterseits höchstens auf dem Mittelnerven rau; Staubblätt. 3; ↕ 90–130 cm; ♃. VII–VIII. – Verlandungszone von Seen, Gräben, Röhrichte. – *v,* im S stellenw. nur *z.* [*G. aquatica* (L.) Wahlenb.]
Wasser-S., Großer S., ***G. maxima*** (Hartm.) Holmb.

Hierher auch: subsp. ***micrantha*** H. Scholz: Ährch. u. Spelzen kleiner. – *s,* D: Elbegebiet.

Großer S., ***G. grandis*** S. Watson (Heimat: N-Am.): ähnl., aber m. deutl. Decksp.-Nervatur. – *s* unbest. D.

Weitere Arten aus N- u. S-Am. unbest. eingeschleppt.

Helictochloa Romero Zarco [*Helictotrichon* Besser p. p.; *Avena* L p. p.; *Avenula* (Dumort.) Dumort.], Wiesenhafer

1. Blattscheiden bis zur Hälfte geschlossen; Decksp. violett u. braungelb gescheckt; — Blattspr. kahl u. glatt, ihre Ränder weißl. u. knorpelig-rau; Ährch.Achse kurzhaarig; ↑ 15–30 cm; ♃. VII–VIII. – Kurzgrasige Alpenwiesen, Moore; 1800–3000 m. – *v* Silikat-Alp., sonst *s.* [*Helictotrichon versicolor* (Vill.) Pilg.; *Avena versicolor* Vill.] Bunter W., ***H. versicolor*** (Vill.) Romero Zarco

— Blattscheiden offen; Decksp. nicht bunt, meist grünl., allenfalls m. violett getöntem Grund; — Basis der Blattspr. nicht wimperig behaart; Lig. der Halmblätt. ≤ 4 mm lg. (wenn länger, dann zerrissen) 2

2. Pfl. lockerrasig, m. längeren, unterird. Ausläufern; unt. Blattscheiden u. unt. Teil des Halms seitl. zus.gedrückt; — Blattspr. der Erneuerungstriebe ausgebr. bis 9 mm br., ihre Ränder knorpelig u. stachelhaarig; Ährch. 3–5-blütig; Ährch.Achse kurzhaarig; Decksp. 5-nervig;

↕ 40–80(–100 cm; ♃. VI–VII. – Trockenrasen, Kiefernwälder. [*Helictotrichon adsurgens* (Simonk.) Conert; *Avena adsurgens* Simonk.; *Avenula adsurgens* (Simonk.) W. Sauer & Chmel.]
Mittlerer W., ***H. adsurgens*** (Simonk.) Romero Zarco

a. Ausläufer bis 30 cm lg.; Seitennerven der Decksp. vor durchsichtigem, weißl. Hautrand endend; Blattspr. der Erneuerungstriebe bis 9 mm br., m. 17–21 Leitbündeln. – Trockenrasen. – *s*, A: Bgl, Kt, Stm.
Serpentin-W., Mittlerer W. (i. e. S.), subsp. ***adsurgens***

— Ausläufer ≤ 10 cm lg.; Seitennerven der Decksp. bis zu ihrem Rand verlfd.; Blattspr. der Erneuerungstriebe 2–3 mm br., m. 15–17 Leitbündeln. – Zwergstrauchheiden, Felsen. – *s*, A: Kt, OTi, Sb, Stm, Ti; I: Bz.
Ausserdorf-W., subsp. ***ausserdorferi*** (Asch. & Graebn.) Romero Zarco

— Pfl. horstf., ohne od. nur m. sehr kurzen Ausläufern; unt. Blattscheiden u. Halme auch im unt. Teil rund; — Blattränder knorpelig rau **3**

3. Decksp.Granne bis 22 mm lg., oberh. der Mitte der Spelze abghd.; Ährch. 3–5(–8)-blütig; Erneuerungstriebe innerh. der untersten Blattscheide emporwachsend, Blattspr. beiderseits glatt; Lig. der Halmblätt. 3–5 mm lg., gezähnelt; ↕ 30–80 cm; ♃. V–VIII. – Trockenrasen, Magerwiesen, Dünen. – *v–z* im S, *z–s* im N. Formenreich. [*Helictotrichon pratense* (L.) Besser; *Avena pratensis* L.; *Avenula pratensis* (L.) Dumort.] Echter W., ***H. pratensis*** (L.) Romero Zarco

— Decksp.Granne ≤ 15 mm lg., in der Mitte der Spelze abghd.; Ährch. 4–6-blütig; Erneuerungstriebe ihre Blattscheiden bereits an deren Basis durchbrechend u. außerh. emporwachsend, Blattspr. oberseits rau, unterseits rau od. glatt; Lig. der Halmblätt. 3–7 mm lg., oft zerschlitzt; ↕ 25–70 cm; ♃. VI–VIII. – Rasengesellschaften der Alp. [*Helictotrichon praeustum* (Rchb.) Tzvelev; *Avena praeusta* Rchb.; *Avenula praeusta* (Rchb.) Holub]
Alpen-W., ***H. praeusta*** (Rchb.) Romero Zarco

a. Halme bis 70 cm hoch, steif aufr.; Rispe im Umriss bis 18 × 4 cm groß, längl. eif., m. 10–25 Ährch., diese 4–6-blütig; Blattspr. der Erneuerungstriebe 2–3 mm br., m. 13–15 Leitbündeln. – Rasen; auf Kalk; bes. Südlagen der Bergwaldstufe. – *z*, A: Kt (Gailtaler Alp.), OTi, Ti, Vb; CH; I: Bz. Alpen-W. (i. e. S.), subsp. ***praeusta***

— Halme ≤ 40 cm hoch, zart, überhgd.; Rispe im Umriss bis 9 × 2,5 cm groß, lanzettl., aus nur 5–8 Ährch. besthd., diese 4–5-blütig; Blattspr. der Erneuerungstriebe 1,5–2 mm br., m. 9–13 Leitbündeln. – Rasen der subalp. u. alp. Stufe; bis 2000 m. – *s*, A: Kt, Ti; CH; I: Bz. Violetter Alpen-W., subsp. ***pseudoviolacea*** (Dalla Torre) H. Scholz

Platthalmiger W., ***H. planiculmis*** (Schrad.) Romero Zarco [*Avena planiculmis* Schrad.]: Blattscheiden zus.gedrückt, 2-schneidig, oberw. stielrund; Blätt. kahl, am Rand rau; Ährch. (4–)6-blütig; Rispe 15–30 cm lg.; Hüllsp. 3-nervig; Decksp. m. lg. dk.brauner Granne; ↕ 70–120 cm. ♃. VII-VII. – Bodensaure, feuchte Bergwiesen. – *s*, CZ (Isergeb.).

Helictotrichon Besser, Staudenhafer

1. Lig. an den Halmblätt. u. den Erneuerungstrieben ≤ 1 mm lg., — m. häutigem, gezähneltem bis bewimpertem Saum; Ährch. 2-blütig; Ährch.Achse lg.haarig; Decksp. sehr kurz 2-spitzig, 7-nervig; ↕ 15–40 cm; ♃. VII. – Kalk- u. Dolomitfelsspalten; 1300–2000 m. – *s*, A: Karawanken (Kt), im Grenzgebiet zu Slowenien. – Lokalendemit. [*H. setaceum* subsp. *petzense* (H. Melzer) Röser] Karawanken-S., ***H. petzense*** H. Melzer

— Lig. wenigstens der Halmblätt. 1- bis > 3 mm lg **2**

2. Lig. der Halmblätt. u. der Erneuerungstriebe gleichlg. (3–6 mm); — Rispe aus 15–45 Ährch. zus.gesetzt; Ährch. meist bräunl., 2–3-blütig; ↕ 40–100 cm; ♃. VI–VIII. – Felsen, Steinschutt; auf Kalk; 1300–2400 m. – *s*, D: S-BY; *z* A; I: Bz. [*Avena parlatorei* Woods]
Staudenhafer, Parlatore-S., ***H. parlatorei*** (Woods) Pilg.

— Lig. der Halmblätt. 1–3 mm lg., die der Erneuerungstriebe 3–8 mm lg.; — Rispe aus 7–17 Ährch. zus.gesetzt; Ährch. 2–4-blütig; ↕ 30–60 cm; ♃. V–VI. – Steppenrasen; auf Kalk; 240–400 m. – Sehr *s*, A: NÖ; CZ. [*Avena desertorum* Less.]
Steppenhafer, ***H. desertorum*** (Less.) Nevski subsp. ***basalticum*** (Podp.) Holub

Heteropogon Pers., Gedrehtes Bartgras

Blätt. 3–8 mm br.; Ährch. 1-blütig, paarweise angeordnet, 1 sitzend, 1 gestielt, die unt. steril od. ♂, unbegrannt, bei den ob. das sitzende begrannt, ⚥ od. ♂; Grannen 5–12 cm lg., 1–2-mal gekniet, braun, behaart, im unt. Teil seilart. miteinander verdreht; ↕ 30–80(–150) cm; ♃. VII–X. – Trockenrasen, steinige Hänge. – *s*, CH: Ts; I: Bz. [*H. allionii* (DC.) Roem. & Schult.]
Gedrehtes Bartgras, ***H. contortus*** (L.) Roem. & Schult.

Hierochloë R. Br., Mariengras

Eng verwandt m. *Anthoxanthum* L.

1. Pfl. ohne Ausläufer; Stg. ohne sichtbare Knoten; oberste Blätt. ohne Spr.; Ährch.Stiele unterh. der Hüllsp. m. kurzem (bis 0,3 mm lg.) Haarbüschel; Decksp. der obersten ♂ Blüte m. 3 mm lg., etwas gedrehter, der Spelzenmitte ansitzender Granne (*302/1*); — Rispe gedrungen, m. aufr. bis aufr. absthd. Ästen; ↕ 20–60 cm; ♃. III–V. – Lichte Wälder, Kalkfelsen. – *z* im O (westl. bis PL; D: O-Thw., N-FrAlb, b. Nürnberg, Naab-, Altmühlgebiet); A: Bgl, Kt, NÖ, OÖ, Stm; CZ; I: Bz. Südliches M., ***H. australis*** (Schrad.) Roem. & Schult.

— Pfl. m. lg., unterird. Ausläufern; Stg. m. sichtbaren Knoten; oberstes Blatt m. kurzer, aber deutl. Spr.; Ährch.Stiele unterh. der Hüllsp. ohne Haarbüschel, höchstens m. vereinzelten Härchen; Decksp. zugespitzt od. m. ganz kurzer, ≤ 1 mm lg. Granne (*302/2*) **2**

2. Rispe dicht; Ährch. büschelweise zus.gedrängt; Blätt. beiderseits blaugrün; ↕ 40–80 cm; ♃. V–VI. – Kiefernwälder, sandige Orte. – *s*, A: Bgl, NÖ. [*H. odorata* subsp. *pannonica* Chrtek & Jirásek] Rasen-M., ***H. repens*** (Host) P. Beauv.

— Rispe locker, ausgebr.; Ährch. nicht büschelweise zus.gedrängt; Blätt. grün (Artengruppe Wohlriechendes M., ***H. odorata*** agg.) **3**

3. Decksp. der ♀ Blüte m. angedrückten Haaren; Decksp. der ♂ Blüte spärl. bewimpert, zugespitzt od. m. sehr kurzer u. sehr zierl. Granne; — Lig. 1,5–2,5 mm lg.; Rispe 4–10 cm lg.; ↕ 20–90 cm; ♃. IV–VI. – Moorwiesen, Ufer. – *z–s* im N von NL bis PL, südl. bis ST–BB–PL, BY (Lech, Iller), RP; A: Ti, OTi, Stm; CH: Sz, Vd, Vs; CZ; I: Bz. [weitere subsp.?] Wohlriechendes M., ***H. odorata*** (L.) P. Beauv. subsp. ***odorata***

— Decksp. der ♀ Blüte m. absthd. Haaren; Decksp. der ♂ Blüte dicht bewimpert, zugespitzt od. m. kurzer, aber dickl. Granne; — Lig. 2,5–5,5 mm lg.; Rispe 8–15 cm lg.; ↕ 40–110 cm; ♃. IV–VI. – Moorwiesen, Ufer, auf sandig-kiesigen Böden. – *s*, D: BB, BY (Isar- u. Ampertal), MV (ob noch?), ST; A: Stm; CZ; PL. – Formenreich. [incl. subsp. *arctica* (J. Presl) G. Weim. u. subsp. *praetermissa* G. Weim.] Raues M., ***H. hirta*** (Schrank) Borbás

Holcus L., Honiggras

1. Blattscheiden u. Knoten dicht weichhaarig; Granne der ob. ♂ Blüte zw. den Spelzen versteckt, zuletzt nach innen gekrümmt (*260/3*); Pfl. horstf.; ↕ 30–100 cm; ♃. VI–VIII. – Frische bis nasse Wiesen. – *v*, zuw. bestandsbildend („Honiggraswiesen"). Wolliges H., ***H. lanatus*** L.

— Halm nur an den Knoten behaart, Blattscheiden spärl. behaart od. kahl; Granne der ob. ♂ Blüte um ≈ ein Drittel aus den Spelzen hervorragend; Pfl. m. Ausläufern; ↕ 30–70 cm; ♃. VI–VII. – Wälder u. Waldränder; kalkmeidend. – *v*, aber weniger häufig als vorige. Weiches H., ***H. mollis*** L.

Steifes H., ***H. rigidus*** Seub., m. dk., unbehaarten Knoten; Grannen der Decksp. diese überragend. – Adventiv (Heimat: Azoren); *s*, D: N-BY.

Hordelymus (Jess.) Harz, Waldgerste

Pfl. grasgrün, ohne Ausläufer; Decksp. bis 2,5 cm lg. begrannt; Ährch. 1–2-blütig; Blattspr. flach, ihre Scheiden zottig behaart; ↕ 60–120 cm; ♃. VI–VIII. – Laub- u. Mischwälder. – *z*; *s–f* NW-D; *s* B; NL. [*Elymus europaeus* L.] Europäische W., ***H. europaeus*** (L.) Harz

302/1

302/2

302/3

Hordeum L., Gerste

1. Ährenachse nicht zerbrechl.; — Decksp. des mittl. Ährch. 60–120 mm lg. begrannt, br. ellipt.; Blattöhrchen lg. sichelf., kahl (*303/3a, b*); ↕ 70–120 cm; ⊙ od. winterannuell. V–VI. – Kulturpfl. Gerste, ***H. vulgare*** L.

a. Grannen in 4 od. 6 Reihen an der Ähre sthd. V. [*H. hexastichon* L.; *H. tetrastichon* Stokes] Mehrzeilige G., subsp. ***vulgare***

— Grannen in 2 Längsreihen sthd.; häufig als Braugerste angebaut. VI. [*H. distichon* L.] Zweizeilige G., Braugerste, subsp. ***distichon*** (L.) Körn.

— Ährenachse (reif!) zerbrechl.; — Decksp. des mittl. Ährch. ≤ 60 mm lg. begrannt 2

2. Ähren überhgd.-nickend, seidig glzd.; — Hüllsp. bis 60 mm lg. begrannt; Decksp.Granne bis 60 mm lg.; Pfl. hellgrün; ↕ 20–60 cm; ⊙. VI–VII. – Salzhaltige StO, Straßenränder. – Ne. (Heimat: N-Am., O-As.); *s* eingebürg., z. B. D: NI, NRW, ST, TH, sonst unbest.; auch A; B; CH; CZ; DK; I: Bz; NL. Mähnen-G., ***H. jubatum*** L.

— Ähren aufr.; — Hüllsp. bis 24 mm lg. begrannt; Decksp.Granne bis 50 mm lg., starr 3

3. Decksp.granne des mittl. Ährch. 6–10 mm lg. (*302/3*); — Pfl. graugrün; ↕ 30–70 cm; ♃. V–VIII. – Salzrasen der Nordseeküste, salzhaltige StO im Binnenland. – *v–z* Meeresküsten von B, NL, D, *s* Binnenland D: BY, NRW (Niederrhein), RP (Saarland), ST, TH; CH (ob noch?); *v* NL. [*H. nodosum* auct.] Roggen-G., ***H. secalinum*** Schreb.

— Decksp.granne des mittl. Ährch. 10–50 mm lg.; — Pfl. 1-j. 4

4. Blattscheiden kahl; Blattspr. am Grund m. 2 sichelf. Öhrchen; Hüllsp. des mittl. Ährch. an den Rändern absthd. bewimpert, — das Blütchen bestielt; Decksp. des mittl. Ährch. 20–50 mm lg. begrannt; Pfl. hellgrün; ↕ 15–40 cm; ⊙. VI–XI. – Ruderalstellen, Wegränder. Mäuse-G., ***H. murinum*** L.

a. Mittl. Ährch. der Dreiergruppe sitzend od. ≤ 0,5 mm lg. gestielt; seitl. Ährch. ≤ so lg. wie das mittl. – *v* vom Tiefland bis 400 m, sonst *z–s*. Mäuse-G. (i. e. S.), subsp. ***murinum***

— Mittl. Ährch. 1–2 mm lg. gestielt; seitl. Ährch. länger als das mittl. – *s*, *S*-CH; I: Bz; sonst auch eingeschleppt (Heimat: S-Eur., As.) Südliche Mäuse-G., subsp. ***leporinum*** (Link) Arcang.

— Unt. Blattscheiden behaart; Blattspr. am Grund ohne Öhrchen; Hüllsp. des mittl. Ährch. am Rand nicht bewimpert 5

5. Inn. Hüllsp. der seitl. Ährch. auf der einen Seite leicht geflüg., unten 0,6–1,4 mm br.; Pfl. blaugrau; ↕ 10–40 cm; ⊙. V–VIII. – Marschwiesen, Deiche. – D: ehem. Nordseeküste von SH; unbest. BW, MV, SN, ST; unbest. DK (Ribe); NL; ausgestorben in B. [*H. maritimum* Stokes] Strand-G., ***H. marinum*** Huds.

— Beide Hüllsp. der seitl. Ährch. grannenf., im unt. Teil nur 0,2–0,5 mm br.; Lig. fein bewimpert; Pfl. graugrün; ↕ 5–50 cm; ⊙. V–VIII. – Salzhaltige Ruderalstellen. – *s*, A: Bgl (Neusiedler See); *s* verschleppt. [*H. hystrix* Roth; subsp. *gussoneanum* (Parl.) Arcangel.] Salz-G., ***H. geniculatum*** All.

Weitere Arten unbest. eingeschleppt.

Koeleria Pers., Schillergras

1. Decksp. höchstens zugespitzt, nicht begrannt 3

— Decksp. oben eingekerbt, m. 2 kurzen spitzen Seitenlappen; — Halm ganz od. wenigstens oberw. kurz zottig behaart, an der Basis durch alte, nicht zerfasernde Blattscheiden verdickt; Blätt. kahl; Hüll- u. Decksp. behaart 2

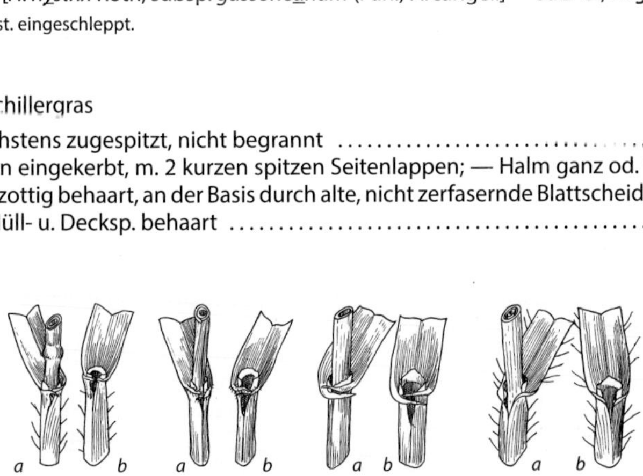

Roggen *303/1* | Weizen *303/2* | Gerste *303/3* | Hafer *303/4*

2. Granne 1,5–2 mm lg.; Hüllsp. dicht 0,3–10 mm lg. behaart; Lig. bis 2 mm lg. — Ährenrispe 2–5 cm lg. u. bis 1,5 cm br., an der Basis meist unterbrochen, meist violett überlaufen; Ährch. 2- bis 3-blütig, 4-5 mm lg.; Blätt. zus.gerollt; ↕ 10–30 cm; ♃. VI–VIII. – Trockene Alpenwiesen, steinige Rasen, Steinschuttfluren, Felsen; kalkmeidend; 1700–3000 m. – *z*, A: Kt, Ti; CH: Gr, Ts, Vs; I: Bz. Behaartes S., ***K. hirsuta*** (DC.) Gaudin

— Granne 3–6 mm lg., gekniet; Hüllsp. dicht 0,3–10 mm lg. behaart; Lig. 0,5–1 mm lg. — Ährenrispe 2–3 cm lg. u. 0,5–1 cm br., dicht, violett, grün od. gelbbraun gescheckt, zuw. 1-farbig goldgelb; Ährch. 2- bis 3-blütig, 4,5–6,5 mm lg. (ohne Grannen); Haare der Ährch.-Achse bis 0,5 mm lg.; Blattspr. der Laubsprosse 2–10 cm lg.; ↕ 10–20 cm; ♃, m. zahlr. sterilen Laubsprossen. VII–IX. – Felsen, Steinschuttrasen, windexponierte Grate; 2100–3400 m. – Alp., *s* D: BY; *z* A; CH; FL; I: Bz. – Systemat. Stellung noch umstritten. [*Trisetum spicatum* (L.) K. Richt. subsp. *ovatipaniculatum* Jonsell] Grannen-S., ***K. spicata*** (L.) Barberá et al. subsp. ***ovatipaniculata*** (Hultén) Barberá et al.

3 (1). Blätt. die Stg.Basis zwiebelart. verdickend, ihre abgestorbenen Scheiden in miteinander verflochtene u. geschlängelte Fasern aufgelöst; — Blätt. starr, meist zus.gerollt, seegrün; Decksp. spitz; Hüllsp. gleich lg.; ↕ 10–40 cm; ♃. V–VI. – Trockenrasen. – Sehr *s*, D: RP (Nackenheim); CH: Neuchâtel, Vd, Vs; F: Els (Rouffach). Walliser S., ***K. vallesiana*** (Honck.) Gaudin

— Alte Blätt. die Stg.Basis nicht od. wenig verdickend, ihre abgestorbenen Scheiden sich nicht od. nur in gerade Fasern auflösend **4**

4. Hüll- u. Decksp. stumpf; — Pfl. blaugrün; Stg.Basis durch vertrocknete Blattscheiden etwas verdickt; ↕ 30–50(–80) cm; ♃. V–VII. – Sanddünen, sandige Wälder u. Heiden. – *z*, D: im O, westl. bis Hamburg, NI (Verden, Uelzen), sonst Oberrheingebiet; A: NÖ (Marchfeld); CZ; PL. Blaugrünes S., ***K. glauca*** (Schrad.) DC.

— Hüll- u. Decksp. zugespitzt **5**

5. Wuchs locker rasenf., Grundachse kriechend; Stg.Basis etwas zwiebelart. verdickt; — Scheiden der Grundblätt. bleich weißl. u. samtig behaart; Infl. dicht, ungelappt; Blätt. deutl. eingerollt, scharf zugespitzt; Ährch. 2–3-blütig; Hüllsp. fast so lg. wie das Ährch.; ↕ 10–25 cm; ♃. V–VI. – Dünen der Nordseeküsten, sehr *s* noch küsteneinw. – *z*, D (nur Ostfries. Inseln, früher auch b. Cuxhaven); B; NL. [*K. albescens* auct. non DC.] Sand-S., ***K. arenaria*** (Dumort.) Conert

— Wuchs dicht, horstf., Grundachse nicht kriechend, Stg.Basis nicht verdickt **6**

6. Hüllsp. u. Decksp. behaart (ähnl. *K. hirsuta*), — aber beide zugespitzt, nicht grannig; äuß. Hüllsp. viel kürzer u. schmaler als die ob.; Wuchs dichtrasig, da Pfl. m. kurzen Ausläufern; Erneuerungstriebe wachsen innerh. der untersten Blattscheiden empor, nur diese sind kurz behaart, die höh. kahl; Ährch. 2–3-blütig, 6–8 mm lg.; Infl. 6–8 cm lg., dicht, an ihrer Basis meist etwas unterbrochen, violett überlaufen; ↕ 30–50(–80) cm; ♃. VII–VIII. – Trockene Rasen, Steinschuttfluren, Felsen; auf Kalk; 1600–2100 m. – *s*, A: Kt, OTi; CH; I: Bz. [*K. pyramidata* subsp. *eriostachya* (Pančić) Schinz & R. Keller; *K. carniolica* A. Kern.] Wolliges S., ***K. eriostachya*** Pančić

— Hüll- u. Decksp. kahl od. rau bis nur sehr kurz behaart, z. T. nur spitzenw. **7**

7. Wurzelstock kräftig, knollenf. verdickt; Erneuerungstriebe zu je 2–3 gemeinsam entsthd.; — nur die unt. Blattscheiden solcher Triebe kurz-zottig behaart; Blattspr. 1–3 mm br., flach od. gefaltet; Ährch. 2–3-blütig, 6–8 mm lg., grünl.weiß bis strohfarben; Ährenrispe im unt. Teil auffällig gelappt; ↕ 40-80 cm; ♃. V–VII. – Magerwiesen; auf Kalk. – *s*, I: Bz [*K. splendens* C. Presl p. p.] Insubrisches S., ***K. insubrica*** Brullo, Giusso & Minissale

— Wurzelstock nicht verdickt; Erneuerungstriebe einzeln entsthd. (Artengruppe Pyramiden-K., ***K. pyramidata*** agg.) **8**

8. Halm unterh. der Infl. kurzhaarig bis kahl; Rhachis u. Seitenäste zottig behaart; Blattspr. der Erneuerungstriebe fast flach, 2–3 mm br., beiderseits kahl od. fast kahl, am Grund m. ≤ 1,5 mm lg. steifen Härchen; Ährch. 2–3-blütig, 5,5–7 mm lg., glzd.; ↕ (25–)50–100 cm; ♃. V–VII. – Kalk-Magerrasen, Kiefernwälder, Lärchenwälder. – *v–z* im S, nach N seltener. – Formenreich. [incl. subsp. *montana* (Hausm.) Domin] Pyramiden-S., ***K. pyramidata*** (Lam.) P. Beauv.

Nahe verwandt: Polnisches S., Erhabenes S., ***K. grandis*** Gorski: Ährch. u. Decksp. 5–7 mm lg., Hüllsp. fast so lg. wie das Ährch.; Blattkanten behaart; Pfl. m. unterird. Ausläufern, ↕ 50–100 cm. – Verbr. noch nicht genauer bekannt; *s*, D: BB; MV; PL.

— Halm unterh. der Infl. (fast) kahl; Rhachis u. Seitenäste kurz behaart; Blattspr. der Erneuerungstriebe borstl. gerollt, ausgebr. ≤ 2 mm br., beiderseits gleichm. dicht behaart, randl.

am Grund ohne steife Härchen; Ährch. 2–4-blütig, 3,5–5 mm lg., gelbl.weiß bis grünl.weiß; ↕ 20–50 cm; ♃. V–VIII. – Trockene Wiesen, Heiden, Sandfluren; auf Kalk. – *z* im S (*f* A: Vb), stellenw. *f*, *s* im N, nördl. bis S-NL/Wesel/Sauerland/Bremen/Hamburg/MV/PL. – Formenreich [*K. gracilis* Pers.] Zierliches S., Kamm-S., ***K. macrantha*** (Ledeb.) Schult.

Leersia Sw., Reisquecke

Pfl. m. Ausläufern; Halme an den Knoten behaart; Spr. u. Scheiden rau; Rispenäste geschlängelt; Hüllsp. fehlend; Ährch. 1-blütig; Staubblätt. 3, aber auch bis 6!; ↕ 50–100 cm; ♃. VIII–IX. – Flussufer, Wassergräben. – Sehr *z* bis *s* D; A: NÖ; *z* B; CH; CZ; DK; NL; PL; vielfach verschwunden. [*Oryza oryzoides* (L.) Brand & W. D. J. Koch] Kleistogame R., ***L. oryzoides*** (L.) Sw.

Leymus Hochst., Strandroggen

Pfl. bläul. bereift, m. lg. Ausläufern; Spelzen nicht begrannt; Ährch. meist 3-blütig; Blattspr. steif, stechend, bei Trockenheit zus.gerollt; ↕ 60–120 cm; ♃. V–VII. – Dünen der Meeresküsten. – *v* angepfl. zur Dünenbefestigung; im Binnenland zuw. unbest. od. eingebürg. D: BB, BY, HE, MV, NI, RP, SH, SN, ST, u. a.; auch PL. [*Elymus arenarius* L.] Strandroggen, ***L. arenarius*** (L.) Hochst.

Lolium s. latiss., Weidelgras, Raygras, Lolch [incl. *Schedonorus* P. Beauv., *Amphigenes* Janka (= *Leucopoa* Griseb. s. l. p. p.) u. *Patzkea* G. H. Loos (vereinigt als „Flachschwingel")]
(Bearbeiter: Peter J. F. Englmaier)

1. Ährch.Stand eine Rispe; unt. Hüllsp. stets vorhanden
Lolium s. l.: Flachschwingel (herkömml. als breitblättrige *Festuca*-Arten geführt) **6**
Sind nur die unt. Ährch. kurz gestielt, s. *Lolium* × *elongatum* u. *L.* × *subnutans* (s. **3.**)

— Ährch.Stand eine Ähre; unt. Hüllsp. fehlt .... ***Lolium*** s. str.: Weidelgras, Lolch **2**

2. Pfl. nur m. Blühtrieben (Pfl. 1-j.); Hüllsp. mehr als drei Viertel so lg. wie die Ährch.; Decksp. derb, lederig, am Grund knorpelig, 3–4-mal so lg wie br. **4**

— Pfl. auch m. nichtblhd. Erneuerungstrieben (Pfl. kurzlebig); Hüllsp. ein Drittel bis drei Viertel so lg. wie die Ährch.; Decksp. dünn, krautig, 4–5-mal so lg wie br. **3**

3. Decksp. stets unbegrannt; Hüllsp. drei Viertel so lg. wie die Ährch. u. 1,5-mal so lg. wie die unterste Decksp.; Ährch. z. Bltzt aufr. absthd. bis anlgd., ihre Achse glatt; Stg. bis oben stets glatt; Blattscheiden glatt; Blattspr. 2–4(–6) mm br., dk.grün, in der Knospe der Länge nach gefaltet; Ährch. 10 mm lg., 6–10-blütig; Decksp. 6–7 mm lg.; ↕ 10–60 cm; ♃ (kurzlebig); diploid. V–X. – Parkrasen, Wegränder, Trittrasen (Wiesenwege), Fettweiden; trittresistent; kollin bis montan. – *v*, im gesamten Gebiet verbr. – Vielfach kult., wichtiger Bestandteil von Rasenansaaten.
Deutsches W., Ausdauerndes W., Dauer-L., Englisches Raygras, ***L. perenne*** L.
L. perenne bildet m. mehreren verwandten Arten Hybriden, vornehml. m. der Schwesterart *L. multiflorum* Lam.: ***L.*** × ***boucheanum*** Kunth [*L.* × *hybridum* Hausskn.], Bastard-Raygras, Bastard-W., Oldenburgisches W. Diese Nothospecies wird in zahlr. Sorten (Auslesen) kommerziell vermehrt u. zunehmend häufig für Grünlandverbesserungseinsaaten verwendet. Auch einige bislang als Gattungshybriden m. *Festuca* geführte Nothospecies fallen darunter. Die häufigste davon ist der Lolchschwingel, *L. perenne* × *L. pratense*/*Festuca pratensis*: ***L.*** × ***elongatum*** (Ehrh.) Banfi, Galasso, Foggi, Kopecký & Ardenghi [„*L.* × *loliaceum*" auct., × *Festulolium ascendens* (Retz) Asch. & Graebn.] Diese natürl. vorkommende Hybride, erkennbar an den gestielten, schräg zur Ährch.Achse sthd. unt. Ährch. der Infl., glatten Blattscheiden, Blattspr.-Unterseiten u. Halmen sowie stets 2 vorhandenen Hüllsp., tritt *s* überall auf, wo die Elternarten gemeinsam vorkommen, vorzugsweise auf lehmigen, feuchten Böden.

— Oberste Decksp. häufig begrannt; Hüllsp. höchstens halb so lg wie das Ährch., ≈ so lg wie die unterste Decksp.; Ährch. z. Bltzt. fast waagr. absthd., ihre Achse rau; Stg. oberw. fast stets rau; Blattscheiden meist etwas rau; Blattspr. 6–10 mm br., hellgrün, in der Knospe eingerollt; Ährch. > 10 mm lg., 10–20-blütig; Decksp. 7–8 mm lg.; ↕ 30–100 cm; ♃ (kurzlebig); diploid. VI–VIII(–XI). – Vornehml. als Futtergras kult., vielfach auch in Begrünungsansaaten; kollin bis montan. – *v*, im gesamten Gebiet verbr. –Tetraploide, nicht natürliche Kultursorten [*L. italicum* A. Braun] Italien-Raygras, Welsches W., Vielblüten-L., ***L. multiflorum*** Lam.
Die Hybride *L. multiflorum* × *L. pratense*/*Festuca pratensis*: Deutscher Bastardschwingel, Wiesen-Schweidel, ***L.*** × ***subnutans*** (Holmb.) Banfi, Galasso, Foggi, Kopecký & Ardenghi [*L.* × *braunii*/× *Festulolium braunii* auct. non

K. Richt.], ähnelt *L.* × *elongatum*, zeigt jedoch raue Blattscheiden, Blattspr.-Unterseiten u. Halme, tritt selten spontan im Kulturgrünland auf.

Das „Westerwoldische Raygras" ist hingegen keine Hybride, sondern eine (überwgd. annuelle) Kultursorte von *L. multiflorum*.

4 (2). Blattspr. 2–3(–4) mm br.; Ährch. 7–11 mm lg.; Hüllsp. 7–10 mm lg., glatt, — 5-nervig, die Spitze der obersten Decksp. nicht erreichend. Pfl. gelbgrün; Blattscheiden meist glatt; Decksp. meist unbegrannt, selten kurzgrannig; ↕ 30–60 cm; ☉; diploid. VI–VIII. – Hochspezialisiertes Beigras in Leinfeldern; kollin bis montan. – Ehedem weit verbr., heute fast überall ausgestorben od. wieder eingeschleppt u. unbest. Archäophyt (Heimat: SW-As); neuere Zufallsnachweise in D: BB, MV, ST. [*L. linicola* K. Koch] Lein-L., ***L. remotum*** Schrank

— Blattspr. 3–12 mm br.; Ährch. (10–)15–25 mm lg.; Hüllsp. 10–30 mm lg., rau; — Blattscheiden meist rau **5**

5. Alle Decksp. fast stets lg. begrannt; Hüllsp. 7–9-nervig, die Spitze der obersten Decksp. erreichend od. (meist) überragend; — Pfl. bläul.grün; Blattspr. 3–12 mm br.; Ährch. (10–)15–25 mm lg.; Hüllsp. 15–30 mm lg.; ↕ 30–90(–100) cm; ☉; diploid. VI–VIII. – Getreideäcker (häufig unter Hafer u. Gerste), Ruderalstellen; auf basischen Böden; kollin bis montan. – Ehedem weit verbr., heute fast überall ausgestorben od. wieder eingeschleppt u. unbest. Archäophyt (Heimat: SW-As.); neuere Zufallsnachweise in D: BB, BY, MV, ST. [incl. subsp. *arvense* (With.) Tzvelev] Taumel-L., ***L. temulentum*** L.

— V. a. die obersten Decksp. meist bis 10 mm lg. begrannt (mitunter aber völlig unbegrannt); Hüllsp. 5-nervig, die Spitze der obersten Decksp. nicht erreichend; — Blattspr. 5–8 mm br.; Ährenachse an den Kanten auffallend rau; Ährch. 15–25 mm lg.; Hüllsp. 10–20 mm lg.; Decksp. m. abgerundeter, br. hautrandiger, durchsichtiger Spitze; ↕ 30–80 cm; ☉; diploid. V–VII. –Sandige Äcker u. Ruderalstellen; kollin bis montan. – Ne. (Heimat: MMG); sehr *s*, unbest.; neuere Nachweise: D: BY, SN; A: Kt, NÖ, Stm; CH: Gr; I: Bz. Steif-L., ***L. rigidum*** Gaudin

6 (1). Blattscheiden bilden am Grund der Triebe eine zwiebelart. Verdickung; Erneuerungstriebe intravaginal; Pfl. dichthorstig, ohne Ausläufer;— Pfl. leicht blaugrün; Blattscheiden derb, nur langsam zerfallend; Rispe ± dicht, zus.gezogen, aufr., 8–12(–15) cm lg.; Ährch. 10–12 mm lg., goldgelb, im Reifestadium bräunl.; Frkn kahl; ↕ 50–120 cm; ♃; diploid. VII–VIII. – Sonnige Bergwiesen, steinige Weiderasen; v. a. auf schwach sauren Böden über Intermediärgestein (z. B. Bündner Schiefer); subalp. bis alp. – *z–s*, A: Kt, OTi, SB, Stm (Koralpe); I: Bz (Dolomiten). [*Festuca aurea* Lam.; *F. paniculata* (L.) Schinz & Thell.; *P. paniculata* (L.) G. H. Loos] Goldschwingel, Rispen-Schwingel, ***L. paniculatum*** (L). P. Englmaier

— Am Grund der Triebe keine zwiebelart. verdickten Blattscheiden.; Erneuerungstriebe extravaginal; Pfl. lockerhorstig od. rasig, Ausläufer bildend 7

7. Lig. nicht erkennbar od. nur ein sehr schmaler (< 0,5 mm hoher) Saum; Blattscheiden-Mündung m. Öhrchen; Decksp. hart, nur m. undeutl. Hautrand; Frkn kahl. (Subgen. *Schedonorus*) **9**

— Lig. deutl. (0,5–2 mm lg.), an den Stg.Blätt bis 2–3 mm lg., Blattscheiden-Mündung ohne Öhrchen; Decksp. weich, hautrandig; Frkn behaart (u. U. nur wenige apikale Haare) **8**

8. Lig. 1–2 mm lg., an den Stg.Blätt bis 3 mm lg., am Grund der Erneuerungstriebe kurze spr.-lose Blattscheiden (= Niederblätt.), diese dünn, filzig behaart u. bald vergänglich; — kräftige, horstige Pfl. m. aufr. Rispe; Blattspr. oberseits ± blaugrün; Ährch. 7–8,5 mm lg.; ob. Hüllsp. ≈ gleich lg. wie die Decksp., diese m. 5 Gefäßbündeln; Decksp. weich, hautrandig; Frkn steifhaarig. Blattspr. > 4 mm br., m. > 20 Gefäßbündeln; ↕ 50–120 cm; ♃; diploid. VI–VIII. – Basenreicher Ruhschutt, von Gebüsch od. lichtem Wald bewachsen; montan (bis subalp.). – *z*, I: Bz (Gesamtverbr.: S-Alp., Apennin). [*Festuca sieberi* Tausch; *F. spectabilis* Jan ex Bertol.; *Leucopoa spectabilis* (Jan ex Bertol.) H. Scholz & Foggi]
Pracht-Schwingel, Hain-S., Prächtiger Flachschwingel, ***L. spectabile*** (Jan ex Bertol.) P. Englmaier

— Lig. 0,5–1 mm lg., an Stg.Blätt bis 2 mm lg.; keine spr.losen Blattscheiden am Grund der Erneuerungstriebe; — zarte Pfl., oft m. einseitswendiger, hgd. Rispe; ganze Pfl. stumpfgrün; Blattspr. rinnenf. od. locker eingerollt; Blattscheiden dk.braun, nach dem Absterben rasch zerfallend; Ährch. 6–7 mm lg., rotbraun u. goldgelb gescheckt, — ± flachgedrückt u. gekielt, dadurch an *Poa* erinnernd; ♃; diploid. VII–VIII. – Frische, tiefgründige, steinige Rasenges., auch Schutthalden; über Karbonatgest.; subalp. bis alp. [*Festuca pulchella* Schrad.; *Leucopoa*

pulchella (Schrad.) H. Scholz & Foggi]
Zier-Schwingel, Schön-S., ***L. pulchellum*** (Schrad.) P. Englmaier

a. Pfl. durch lg. (1–10 cm lg.) Ausläufer lockerrasig; Blattspr. flach bis seicht rinnenf., 2–4 mm br. (ausgebr. gemessen); alle Skl.-Bündel von der Blattunterseite zur -oberseite durchlfd.; Rispe reichblütig, am untersten Rispenzweig 4–5(–6) Ährch., diese 5,5–7(–7,5) mm lg.; ↕ 30–60 cm. – Humusreiche, kalkhaltige, frische bis feuchte Rasengesellschaften (z. B. Rostseggenrasen). – *z*, endemisch in den Alp.: D: BY; A: Kt, NÖ, OÖ, Sb, Stm, Ti, Vb; FL; CH: Gr; I: Bz. Eigentlicher Zier-S., subsp. ***pulchellum***

— Pfl. m. kurzen (0,5–3 cm lg.) Ausläufern, dadurch im Wuchs dichtrasig; Blattspr. stets eingerollt, 0,8–1,5 mm ∅; nur die Skl.-Bündel an den kräftigeren Gefäßbündeln von der Blattunterseite zur -oberseite durchlfd-; Rispe locker, wenigblütig, am untersten Rispenzweig 3(–4) Ährch., diese (6,5–)7–8 mm lg.; ↕ 20–30 cm. – Ruhschuttfluren über kalkreichem Gestein. – *s*, endemisch in den Alp.: D: BY (Berchtesgadener Land) A: Kt, NÖ, OÖ, Sb, Stm, Ti; CH: Gr; I: Bz. [*Festuca jurana* Gren. ex Nym., *F. pulchella* subsp. *jurana* (Gren. ex Nym.) Markgr.-Dann., *Leucopoa pulchella* subsp. *jurana* (Gren. ex Nym.) H. Scholz & Foggi]
Rollblättriger Zier-S., „Faltblättriger" Zier-S., subsp. ***juranum*** (Gren.) P. Englmaier

9 **(7).** Decksp. m. 10–15 mm lg., geschlängelter Granne;— Rispe überhgd.; Spr. u. Blattscheide kahl (bei der im Habitus ähnl. Artengruppe Wald-Trespe, *Bromus ramosus* agg. dicht behaart!); Öhrchen an den Scheiden der unt. Stg.Blätt. den Stg. krallenf. umfassend, spitz; Spr. unterseits glzd.; Rispenzweige überhgd.; ↕ 50–150 cm; ♃; hexaploid. VII–VIII (–X). – Schattige, staufeuchte Edellaubhölzwälder, Auenwälder; kollin bis hochmontan – *v–z*, im gesamten Gebiet verbr. [*S. giganteus* (L.) Holub; *Festuca gigantea* (L.) Vill.]
Riesen-W., Riesenschwingel, ***L. giganteum*** (L.) Darbysh.

— Decksp. unbegrannt od. m. höchstens 3 mm lg., gerader Granne **10**

10. Öhrchen an der Blattscheiden-Mündung (auch der Stg.Blätt.!) m. einzelnen bis zahlr., ≈ 0,5 mm lg. Haaren bewimpert; Blattspr. oberseits deutl. gerippt; Grundblattscheiden weißl., nicht zerfasernd; unterste Rispenzweige 2–3, fast gleich kräftig, m. je 5–15(–20) Ährch.; — Blattspr. (10)–20–70 cm lg. u. (3–)5–10 mm br.; Rispe (12–)20–40 cm lg., meist auch nach der Bltzt. ausgebr.; Ährch. 10–12 mm lg.; Stg.Blätt. 5–10 mm br.; — Decksp. 5–6,5(–9) mm lg., grannenspitzig bis (1–)2–3 mm lg. begrannt; ↕ 60–180(–200) cm; ♃; hexaploid. VI–VII(–X). – Auch kult. [*Festuca elatior* sensu lectotypi, nom. rejic.; *F. arundinacea* Schreb.; *S. arundinaceus* (Schreb.) Dumort.] Rohr-W., Großer Schwingel, Hoher S., ***L. arundinaceum*** (Schreb.) Darbysh.

a. Halme u. Blattscheiden glatt; Decksp. scharf zugespitzt (stachelspitzig), unbegrannt, selten bis 0,5 mm lg. begrannt. – Feuchte Wiesen, Auenwälder, Ufer, Wegränder; kollin bis hochmontan. – *z*, D: N-BY, MV, NI, NRW, RP, SH, SN; A; FL, CH, I: Bz. [*S. arundinaceus* subsp. *arundinaceus*] Eigentlicher R.-Sch., subsp. ***arundinaceum***

— Halme unterh. der Rispe (aufw. gerichtet, daher von oben nach unten streichen!) u. Blattscheiden im ob. Teil (abw. gerichtet, daher von unten nach oben streichen!) rau; zumind. die ob. Decksp. jedes Ährch. 1,5–3 mm lg. begrannt. – Bes. anthropogene StO: offene Stellen, Straßenränder u. ä.; kollin bis submontan. – *z*, D; Nord-BY, SN; A. [*S. uechtritzianus* (Wiesb.) Holub; *Festuca arundinacea* subsp. *uechtritziana* (Wiesb.) Hegi]
Rauhalm-R.-S., subsp. ***uechtritzianum*** (Wiesb.) P. Englmaier

L. arundinaceum ist insges. äußerst variabel u. daher in verschiedene, mitunter schwer unterscheidbare Unterarten gegliedert worden, von denen folg. nichtheim. gelegentl. unbest. auftreten können: subsp. ***fenas*** (Lag.) Banfi, Bracchi & Galasso m. kleineren Ährch. u. nur 3–4 mm br. Blattspr. (in I: Bz; Verbr.: MMG, bis an den Alp.Südrand), subsp. ***mediterraneum*** (Hack.) Banfi, Bracchi & Galasso, die ebenso schmale Blattspr., aber ähnl. große Ährch. wie subsp. *arundinaceum* aufweist (Verbr. wie subsp. *fenas*) u. subsp. ***orientale*** (Hack.) G. H. Loos m. begrannten Decksp. (im äußersten Osten von A zu beachten; Verbr.: pontisch-ostmedit.)

— Öhrchen an der Blattscheiden-Mündung (auch der Stg.Blätt.!) kahl; Blattspr. oberseits nicht od. nur undeutl. gerippt, fast glatt; Grundblattscheiden braun, bald zerfasernd; unterste Rispenzweige 2, unterschiedl. kräftig, der schwächere m. 1–3, der stärkere m. 4–6 Ährch. .. **11**

11. Decksp. (5,0–)6,5–7,0(–7,5) mm lg., meist unbegrannt (sehr selten m. kurzer Granne, auch samt Granne stets < 8 mm lg.); Blattscheiden zur Gänze offen; Öhrchen der Blühtriebe weniger als 1,5 mm weit absthd.; Decksp. an der Spitze nicht 2-zähnig; — Blattspr. 3–6 mm br.; Ährch. 9–11 mm lg.; längster Rispenzweig 1–5 cm lg.; ↕ 30–80 cm; ♃; diploid. VI–VII. – Frische Fettwiesen, Weiderasen; kollin bis montan (u. subalp.). – *v*, im gesamten Gebiet verbr. [„*Festuca elatior*" sensu auct. mult.; *F. pratensis* Huds.; *S. pratensis* (Huds.) P. Beauv.]
Eigentlicher Wiesenschwingel, Gewöhnlicher Wiesen-S., ***L. pratense*** (Huds.) Darbysh.

— Decksp. (7,0–)7,5–9,0(–9,5) mm lg., stets begrannt (samt Granne stets > 8 mm lg.); Öhrchen der Blühtriebe > 1,5 mm weit absthd.; Blattscheiden zumind. im unt. Drittel, oft bis zur Mitte geschlossen; Decksp.an der Spitze 2-zähnig; — Blattspr. 4–10 mm br.; längster Rispenzweig 4–10 cm lg.; Ährch. 9–13(–15) mm lg.; ↕ 50–100 cm; ♃. tetraploid. VI–VII. – Hochstaudenfluren, Grünerlengebüsch, Wiesen, Weiderasen, Ufer, Geröll; bes. auf basischen Böden; montan

bis subalp. – *z–s*, Alp.: D: BY, A: Kt, NÖ, OÖ, Sb, Stm, Ti, Vb; CH: SG; I: Bz. [*Festuca apennina* De Not.; *F. pratensis* subsp. *apennina* (De Not.) Hegi; *S. pratensis* subsp. *apenninus* (De Not.) H. Scholz & Valdés; *L. pratense* subsp. *apenninum* (De Not.) Banfi, Bracchi & Galasso]
Apenninen-Wiesen-S., Begrannter Wiesen-S., ***L. apenninum*** (De Not.) Ardenghi & Foggi

Hybride gibt es in allen mögl. Kombinationen zw. *L. arundinaceum*, *L. giganteum* u. *L. pratense*. Diese sind von den Elternarten morpholog. kaum zu unterscheiden. Deren einzig wirkl. zuverlässiges Merkmal ist der sterile Pollen in den sich nicht öffnenden Antheren. Die verkümmerten Pollenkörner sind im Mikroskop gut erkennbar. Die häufigste Hybride ist diejenige zwischen *L. arundinaceum* u. *L. pratense* [*L.* × *aschersonianum* (Dörfler) Banfi, Galasso, Foggi, Kopecký & Ardenghi].

Das gelegentliche Auftreten triploider Hybriden zw. *L. pratense* u. *L. apenninum* wurde im Überschneidungsbereich ihrer Höhenverbr. cytolog. nachgewiesen. Auch sie sind steril, können sich aber erfolgreich asexuell ausbreiten.

Melica L., Perlgras

1. Decksp. kahl; Ährch. eif., in meist lockeren Rispen **3**

— Decksp. auf den Randnerven dicht u. lg. seidig bewimpert (*257/5*); Ährch. in Ährenrispen (Artengruppe Wimper-P., ***M. ciliata*** agg.) **2**

2. Ährenrispe locker, oft etwas einseitswendig, Achse sichtbar; inn. Hüllsp. höchstens um ein Viertel länger als die äuß.; äuß. Hüllsp. rau; Decksp. 6,5–8 mm lg.; Blätt. graugrün, borstl., eingerollt, unt. Blattscheiden kahl; Blattspr. nicht gekielt; unterh. der Infl. (0–)1–2 Knoten ohne Spr.; ↕ 30–60 cm; ♃. V–VI. – Trockenrasen, Steinriegel, Felsen; auf Kalk. – *z*, D: Donau bis nördl. Mittelgeb.; A; B; CH; *v* I: Bz; *s* CZ; NL. Wimper-P., ***M. ciliata*** L.

a. Unter der ± einseitswendigen Rispe ≤ 1 astlose Knoten; Ährch. ≥ 6,5 mm lg.; Blätt. ungekielt. – *z* D: Oberrheintal, SchwAlb, FrAlb, Mosel-, Nahe-, Maingebiet, ST, TH; A: Ti; I: Bz. [*M. nebrodensis* Parl.; subsp. *nebrodensis* (Parl.) Čelak.] Blaugrünes Wimper-P., subsp. ***glauca*** (F. W. Schultz) K. Richt.

— Unter der allseitswendigen Rispe 2 astlose Knoten; Ährch. ≤ 6,5 mm lg.; Blätt. gekielt. – *z* A: Bgl, NÖ; *s* CH; CZ: Erzgeb., Gesenke; *f* D. Wimper-P. (i. e. S.), subsp. ***ciliata***

— Ährenrispe dichtblütig, allseitswendig, Achse durch Ährch. weitghd. verdeckt; inn. Hüllsp. 1,5–2-mal so lg. wie die äuß.; äuß. Hüllsp. glatt; Decksp. 5–6,5 mm lg.; Blätt. grün, Blattspr. etwas gekielt, Blattscheiden meist behaart; unterh. der Infl. 2–3 Knoten ohne Blattspr.; ↕ 30–80 cm; ♃. VI. – Trockenrasen, Steinriegel. – *z–s* im südl. u. mittl. Teil des Gebiets (D: RP, SN, ST/TH, Neckar-Alb-Donau-Gebiet); A; CH: Gr, Vs, Zürich; CZ; I: Bz; PL (Riesengeb.). Siebenbürgisches P., ***M. transsilvanica*** Schur

3 (1). Ährch. überlappend, 7–12 mm lg.; Rispe m. > 20 Ährch.; — Blätt. 5–15 mm br.; ↕ 60–200 cm; ♃. VI. – Lichte Wälder. – Sehr *s*, A: NÖ (Thayatal); CZ; PL; auch gepfl. u. verwild., z. B. D: BB, BY, MV, ST. Hohes P., ***M. altissima*** L.

— Ährch. nicht od. kaum überlappend, meist kleiner; Rispe meist m. < 20 Ährch., — locker; Blätt. 1–7 mm br. **4**

4. Infl. locker, m. entfernt sthd. aufr. Ährch., m. nur 1 ⚥ (u. 1–2 sterilen Blüten); — Lig. ≤ 0,2 mm lg., der Blattspr. gegenüber in 1–2 mm lg. „Sporn" verläng. (*256/4*); ↕ 25–50 cm; ♃. V–VI. – Humose Laub- u. Mischwälder. – *v* D, aber *s* BB, NI, SN u. südl. der Donau, so auch A: Bgl, NÖ, Stm; *z* B; CH: Jura, Ts, Vd, Vs; CZ; NL; PL; ob noch I: Bz? Einblütiges P., ***M. uniflora*** Retz.

— Infl. einseitswendig, Ährch. nickend, m. 2(–3) ⚥ u. 1(–2) sterilen Blüten; (Artengruppe Nickendes P., ***M. nutans*** agg.) **5**

5. Grundachse kriechend, dünn, Pfl. lockerrasig; Lig. ≤ 0,5 mm lg., braun; Decksp. deutl. 7–9-nervig; Hüllsp. purpurbraun, oberw. weißhäutig; ↕ 25–50 cm; ♃. V–VI. – Laubwälder, Gebüsch. – D: *v* S-D; *z* MV, SH, *s* nordwestl. einer Linie Eifel/Teutoburger Wald/Hamburg; B; NL; *v* A; CH; CZ; I: Bz; PL. Nickendes P., ***M. nutans*** L.

— Grundachse nicht kriechend, Pfl. dichte Horst bildend; Lig. bis 2 mm lg., weißhäutig, spitz; Decksp. 7-nervig; Hüllsp. grün, weißhäutig, violett gestreift; ↕ 30–60 cm; ♃. V–VI. – Lichte Laubwälder, Gebüsche. – *s* im südl. u. mittl. Teil des Gebiets, D: BW (ob. Neckar, SchwAlb), BY (Donaugebiet bis Passau, N-BY), RP (Ingelheim), SN (Meißen; ob noch?), ST (Harz), TH; *s* A: Bgl, NÖ, Stm; CZ. Buntes P., ***M. picta*** K. Koch

Mibora Adans., Zwerggras

Pfl. nur am Grund beblätt.; Ähre 1 cm lg.; Ährch. 2-zeilig, aber einseitswendig; ↕ 3–10 cm; ⊙. III–V. – Feuchte Sandfelder, Brachäcker. – *s*, D: nur im Gebiet Mannheim/Bingen/Hanau/Miltenberg, b. Saarlouis (ob noch?); N-B; NL; zurückghd., vereinzelt synanthrop; z. B. D: ST. Sand-Z., ***M. minima*** (L.) Desv.

Milium L., Flattergras

1. Pfl. ausd.; Stg. u. Blattscheiden glatt; Blätt. 6–15 mm br.; Infl. 15–30 cm lg.; Hüllsp. glatt; Rispenäste absthd. bis schräg abw. weisend; Grundachse kriechend m. kurzen Ausläufern; ↕ 50–100 cm; ♃. V–VII. – Laubwälder, Hochstaudenfluren, Kahlschläge.
Wald-F., Weiches F., ***M. effusum*** L.

a. Rispen bis 30 cm lg., locker, ihre Äste zurückgeschlagen u. bis 15 cm lg. – *v*. Weiches F. (i. e. S.), subsp. ***effusum***

— Rispen 12–16 cm lg., dichter, ihre Äste nur 2–4 cm lg., ± aufr. – Alp. oberh. der Baumgrenze, auch Böhmw.; genaue Verbr. noch unbekannt. Alpen-F., subsp. ***alpicola*** Chrtek

— Pfl. 1-j.; Stg. u. Blattscheiden rau; Blätt. 1–4 mm br.; Infl. 3–10 cm lg.; Hüllsp. rau; Rispenäste aufr. bis aufr. absthd.; ↕ 10–20 cm; ⊙. IV–VI. – Dünen, küstennahe Laubwälder, Gebüsche. – *z*, B; NL. [*M. scabrum* Rich.] Frühlings-F., ***M. vernale*** M. Bieb.

Miscanthus Andersson, Stielblütengras

1. Pfl. 2–4 m hoch; Blätt. > 3 cm br.; — 30–50 unverzweigte, überhgd. Rispenäste; ♃.; VIII–X. – Angebaut (Heimat: Japan). [*M. sacchariflorus* × *M. sinensis*]
Riesen-S., Riesen-Chinaschilf, Elefantengras, ***M.*** × ***giganteus*** Hodkinson & Renvoize

— Pfl. 1–2 m hoch; Blätt. < 3 cm br. **2**

2. Ährch. ohne Granne; Hüllsp. behaart; Blätt. unterseits kahl; Knoten m. Blattachselknospen; Rhizom weit kriechend; — Rispenäste 20–40 cm lg.; ↕ 1–2(–4) m; ♃. VIII-X. – Zierpfl. (Heimat: O-As.); *s* unbest. od. in Einbürg. Großes S., Silberfahnengras, ***M. sacchariflorus*** (Maxim.) Hack.

— Ährch. m. geknieter, bis 15 mm lg. Granne; Hüllsp. kahl; Blätt. unterseits behaart; Knoten ohne Blattachselknospen; Rhizom kurz, Pfl. horstf.; — Rispenäste 15–30 cm lg.; ↕ 1–2(–2,5) m; ♃. VIII-X. – Zierpfl. (Heimat: O-As.); *s* unbest. verwild.
Japanisches S., Chinaschilf, ***M. sinensis*** (Thunb.) Andersson

Molinia Schrank, Pfeifengras

1. Decksp. der untersten Blüte 3–4 mm lg., am Ende rundl.; Ährch.Achse kahl od. m. nur sehr kurzen Haaren; — Ährch. 2–5-blütig, 4–6 mm lg.; ↕ 10–100(–150) cm; ♃; 2n = 36. VII–X. – Moorwiesen, gestörte Hochmoore, Heiden, Waldwiesen. – *v*, zuw. bestandsbildend („Pfeifengraswiesen"). – Auch Kultursorten. Formenreicher Polyploid-Komplex.
Blaues P., Besenried, ***M. caerulea*** (L.) Moench

— Decksp. der untersten Blüte 5–7 mm lg., zugespitzt; Ährch.Achse m. bis 0,3 mm lg. absthd. Haaren; — Ährch. 2–4-blütig, 6–9 mm lg.; ↕ 100–250 cm; ♃; 2n = 90. VII–IX. – Lichte Wälder, Moore, Auen, Streuwiesen, Schlickböden; bis 2000 m. – *v–z* D südl. Linie Eifel/Gütersloh/SN, *s* MV, BB, SH; *z* A; CH; I: Bz; Verbr. v. a. im N des Gebiets ungenügend bekannt. – Auch Kultursorten. [*M. altissima* Link; *M. coerulea* subsp. *arundinacea* (Schrank) H. K. G. Paul; *M. litoralis* Host] Rohr-P., ***M. arundinacea*** Schrank

Muhlenbergia Schreb., Tropfensame, Mühlenbergie

Stg. am Grund niederlgd. od. aufstgd.; Lig. als bewimperter Saum; Rispen 3–12 cm lg., schmal; Ährch. (ohne Granne) 2–2,5 mm lg.; Hüllsp. sehr klein, unscheinbar; Decksp. in 2–5 mm lg. Granne auslfd.; ↕ 10–30 cm; ♃. VI–VIII. – Wegränder, Gebüsche, Parks. – Adventiv (Heimat: N-Am.); *s*, CH: Ts; I: Bz.
Schreber-T., ***M. schreberi*** J. F. Gmel.

Weitere Art aus N-Am.: Wiesen-M., ***M. mexicana*** (L.) Trin.: Aufr., locker horstf. wachsend; ↕ bis 90 cm; Hüllsp. u. Decksplze ± gleich u. bis 3,5 mm lg. – Zierpfl., potenzieller Ne.; *s* unbest., z. B. M-D; A: OÖ; CH; NL.

Nardus L., Borstgras

Pfl. dichte Horste bildend, m. dickem, unterird. Rhizom u. dicht sthd., 1-seitig fortwachsenden Blüten- u. Blätt.Trieben; Blätt. borstl.; Ährch. 1-blütig, m. nur 1 verkümmerten Hüllsp.; ↕ 10–30 cm; ♃. V–VII. – Feuchte, moorige Wiesen, Heiden, Bergwiesen; kalkmeidend. – *v*, oft bestandsbildend („Borstgrasrasen"), lokal zurückghd. Borstgras, ***N. stricta*** L.

Oplismenus P. Beauv., Grannenhirse

Pfl. lg. kriechend-aufstgd.; Blattscheiden lg. behaart; Blätt. längl. eif., 4–8 cm lg. u. 8–15 mm br., oft wellig; Ährch. (ohne Granne) 3,5–4,5 mm lg.; Granne 8–10 mm lg., klebrig, gerade; ↔ 30–100 cm; ♃. VII–X. – Kastanienwälder, Erlenwälder, Waldränder. – *s*, CH: Gr, Ts; I: Bz. [*O. undulatifolius* (Ard.) Roem. & Schult.] Grannenhirse, ***O. hirtellus*** (L.) P. Beauv. subsp. ***undulatifolius*** (Ard.) U. Scholz

Oreochloa Link, Kopfgras

Pfl. horstf.; Blätt. borstl.; Infl. ährig-2-zeilig, im Umriss eif., bis 15 mm lg.; Hüllsp. zugespitzt, Decksp. stachelspitzig; Ährch. 3(–5)-blütig, 5 mm lg.; ↕ 16–30 cm; ♃. VII–IX. – Steinige Rasen, Felsspalten; kalkmeidend; 1900–3300 m. – Alp.; *s* D: Allgäuer Alp.; *z* A; CH; I: Bz. [*Sesleria disticha* (Wulfen) Pers.] Zweizeiliges K., ***O. disticha*** (Wulfen) Link (subsp. ***disticha***)

Panicum L., Hirse

Ergänzt nach Hügin (2010), Rosenbauer & Amarell (2011), Amarell et al. (2014).

1. Blattscheiden kahl; äuß. Hüllsp. nur bis ein Viertel so lg. wie das Ährch., stumpfl. bis spitzl. **5**

— Blattscheiden behaart; äuß. Hüllsp. halb so lg. wie das Ährch., spitz bis zugespitzt **2**

2. Ährch. 4–5 mm lg., bis 6 mm lg. gestielt; äuß. Hüllsp. zwei Drittel so lg. wie das Ährch.; Infl. aufr. od. nickend; — Fr. 3 mm lg., strohfarben bis rötl.braun; ↕ ≤ 100 cm; ⊙. VII–IX. – Maisäcker, Ruderalstellen. Echte H., ***P. miliaceum*** L.

a. Infl. aufr., steif sthd.; Fr. 1,5–2 mm br. – D: *s* BW, SN, unbest. BB, BY, HE, MV, SH, TH; unbest. A: Stm; CH; *s* CZ. Ruderale H., subsp. ***ruderale*** (Kitag.) Tzvelev

— Infl. nickend, Rispenzweige überhgd.; Fr. 2–2,3 mm br. .... **b**

b. Fr. olivbraun, schokoladenbraun bis schwärzl., z. Reifezt. leicht ausfallend. – D: *s* BW, NS, unbest. D: BB, BY, HE, RP; unbest. A: NÖ; *s* B; CZ. Bauern-H., subsp. ***agricola*** H. Scholz & Mikoláš

— Fr. hellgelb od. rötl., z. Reifezt. nicht ausfallend. – *z* angebaut, auch aus Vogelfutter angesamt (Heimat: Z-As.); *z–s* verwild., D: BW, SN, sonst unbest. Echte H. (i. e. S.), subsp. ***miliaceum***

— Ährch. 2–3 mm lg., bis 20 mm lg. gestielt; äuß. Hüllsp. ein Drittel bis halb so lg. wie das Ährch.; Infl. aufr.; Pfl. ≤ 70 cm hoch (***P. capillare*** agg.) **3**

3. Infl. schon vor der Reife deutl. aus oberster Scheide herausragend; Infl.Äste steif u. derb; abgefallene Fr. an ihrer Basis m. deutl. halbmondf. Narbe; — Ährch. 2,5–3,5 mm groß; ↕ 20–80 cm; ⊙. VII–IX. – Maisäcker, Ruderalstellen. – Adventiv (Heimat: W-USA), oft nicht beachtet, gemeinsam m. *P. capillare* verwildernd auftretend; *s*, D: BW, BY, HE; A: Bgl, Kt, NÖ, Stm; CH: Ts; ob weiter *v* verwild.? (Maisfelder!). Hillman-H., ***P. hillmanii*** Chase

— Infl. m. ihrer Basis bis z. Reife noch in oberster Scheide verbleibend; Infl.Äste zart u. dünn; abgefallene Fr. an ihrer Basis ohne sichtbare Narbe; — Ährch. 2–3 mm lg. **4**

4. Subterminale Ährch. deutl. gestielt u. abgespreizt, Ährch.Stiele haarfein, Ährch. 0,9–1,1 mm br. u. 2–8 mm lg. (Verhältnis Länge zu Breite 2,4–2,7), m. kurzer Spitze; inn. Hüllsp. u. unt. Decksp. 7–9 nervig; Ährch. z. Reifezt. schnell zerfallend; ↕ 20–80 cm; ⊙. VII–IX. – Maisäcker, Ruderalstellen. – Ziergras (Heimat: N-Am.); bes. im S, zuw. kult. u. verwild., eingebürg. z. B. in S-D; A; CH; CZ; I: Bz; NL. Haarästige H., ***P. capillare*** L.

— Subterminale Ährch. sehr kurz gestielt u. dem Stg. angedrückt, dadurch in 2er-Gruppen; Ährch. 0,7–0,8 mm br. u. 2–3 mm lg. (Verhältnis Länge zu Breite 3,1–3,4), m. lg. schwanzf. Spitze; inn. Hüllsp. u. unt. Decksp. 5–7-nervig; Ährch. z. Reifezt. lange erhalten bleibend; ↕ 30–100 cm; ⊙. VII–IX. – Äcker, Ruderalstellen. – Adventiv (Heimat: Westl. N-Am.); *s* eingebürg. D: Elbe-, Oder-, Werra-, Untermaintal; A: Bgl, OÖ; CH; NL. [*P. riparium* H. Scholz; *P. capillare* subsp. *barbipulvinatum* (Nash) Tzvelev] Ufer-H., Fluss-H., ***P. barbipulvinatum*** Nash

5 **(1).** Äuß. Hüllsp. 1-nervig, stumpfl.; unt. Blütchen steril; — Ährch. 2,4–3,2 mm lg., 1 mm br.; ↕ 30–100(–150) cm; ⊙. VII–IX. – Äcker, Ruderalstellen. – Ne. (Heimat: N- u. M-Am.); verwild. u. in Ausbr., D: *s–z* BW, BY, HE, NI, NRW, unbest. SH, SN; A: Bgl, Kt, ÖÖ, Stm, Ti, Vb; CH; I: Bz; NL. Spätblühende H., Gabelästige H., ***P. dichotomiflorum*** Michx.

— Äuß. Hüllsp. 3-nervig, spitzl.; unt. Blütchen ♂; — Ährch. 2–2,6 mm lg., 1,2 mm br.; ↕ 30–120 cm; ⊙. VIII–X. – Äcker, Ruderalstellen. – Adventiv (Heimat: S-Afr.); in Einbürg., *s* D; A: Bgl, OÖ, Kt, Stm; B; CZ; NL. [*P. laevifolium* Hack.] Schinz-H., Südafrikanische H., ***P. schinzii*** Hack.

Weitere adventive Arten aus N-Am., z. B.: Ruten-H., ***P. virgatum*** L.: Pfl. oft rötl., ↕ bis 2,5 m; Ährch. 4 mm lg. – Zierpfl.; *s* unbest., z. B. D: BB, BY, NI, NRW; A: NÖ, OÖ; B; CH; NL.

Mind. 3 Arten der nah verwandten 1-j. Gattung Signalgras, ***Brachiaria*** (Trin.) Griseb., m. sparrig verzweigten Rispen noch *s* unbest. D, B, CH, DK, NL.

Parapholis C. E. Hubb., Dünnschwanz

Stg. meist lgd.; Blätt. schmal, zuletzt borstl. gefaltet; Ähre dünn, schmal, z. Reifezt. zerbrechend; ↕ ≤ 20 cm; ⊙. V–VII. – Feuchte Salz- u. Strandwiesen. – *z*, Nordseeküste u. -inseln, Ostsee östl. bis Rügen. [*Lepturus incurvatus* Trin.; *Pholiurus incurvus* auct.]
Gekrümmter D., ***P. strigosa*** (Dumort.) C. E. Hubb.

Phalaris L. [incl. *Phalaroides* Wolf], Glanzgras

Bei den inn. Hüllsp. handelt es sich um „leere" Decksp. reduzierter, steriler Blüten.

1. Zentrales Ährch. ⚥, von 4–8 sterilen umgeben; — Hüllsp. bedornt; Decksp. der sterilen Blüten < 1 mm lg.; Ährenrispe 40–60 mm lg.; Ährch. gestielt zu 5–7, davon 1 fertil u. 6–8 mm lg.; ↕ 30–50(–100) cm; ⊙. IV-VI. – Ruderalstellen. – Adventiv (Heimat: MMG); *z*, D unbest.
Seltsames G., ***P. paradoxa*** L.

— Ährch. alle ⚥ **2**

2. Decksp. ungeflüg.; Ährch. in ausgebr. Rispe, diese 5–30 cm lg.; — die beiden unt. der scheinbar 4 Hüllsp. nicht geflüg.; Lig. 3–15 mm lg. (bei *Phragmites* ist die Lig. ein weißl. Haarkranz). ↕ 50–300 cm; ♃. VI–VIII. – Ufer, nasse Wiesen, Ruderalstellen. – *v*, auch bestandsbildend („Rohrglanzgras-Röhrichte"). – Auch Zierpfl., zuw. verwild. (var. *picta* m. panaschierten Blätt.). [*Phalaroides arundinacea* (L.) Rauschert; *Baldingera arundinacea* (L.) Dumort.; *Typhoides arundinacea* (L.) Moench] Rohr-G., ***P. arundinacea*** L.

— Decksp. ≥ 0,2 mm br. geflüg.; Ährch. in eif., bis 5 cm lg. Ährenrispe; die beiden äuß. Hüllsp. weiß geflüg.; — Infl. zumind. jung von den aufgeblasenen Blattscheiden der ob. Blätter umgeben **3**

3. Ährch. m. 1(–2) sterilen Blüten; Hüllsp. ≤ 6 mm lg., Rand zerschlitzt-gezähnt; Decksp. der sterilen Blüten ungleich; ↕ 20–100 cm; ⊙. IV-VI. – Adventiv (Heimat: MMG); *s* unbest.
Kleines G., ***P. minor*** Retz

— Ährch. m. 2 sterilen Blüten; Hüllsp. 6–10 mm lg., ganzrandig; Decksp. der sterilen Blüten gleichart. **4**

4. Decksp. der sterilen Blüten 3–4 mm lg.; Lig. 3–6 mm lg.; ↕ 20–50 cm; ⊙. V–X. – Ruderalstellen. – Kulturpfl. (Heimat: MMG); *z* verwild. Kanariengras, ***P. canariensis*** L.

— Decksp. der sterilen Blüten < 1 mm lg.; ↕ 30–60 cm; ⊙. IV-VI. – Adventiv (Heimat: MMG); *s* unbest. Kurzähriges G., ***P. brachstachys*** Link

Weitere unbest. Arten.

Phleum L., Lieschgras

1. Ährenrispe beim Umbiegen lappig; Ährch. m. der Vorsp. anlgd., bis 1 mm lg. Achsenfortsatz über die 1. Blüte hinaus **4**

— Ährenrispe auch beim Umbiegen gleichf. zylindr. bleibend; Ährch. ohne Achsenfortsatz über die 1. Blüte hinaus **2**

2. Oberste Blattscheide ± aufgeblasen; Ährenrispe dickl., ≤ 5 cm lg.; Blätt. nur am Rand rau; Lig. gestutzt, 1 mm lg.; ↕ 10–50 cm; ♃. VI–VII. Artengruppe Alpen-L., ***P. alpinum*** agg.

a. Hüllsp.Granne u. Spelzenkiel absthd. behaart; Granne halb so lg. wie die Spelze; Ährenrispe 3–4 cm lg., trübviolett; ↕ 20–50 cm; ♃; 2n = 14 (diploide Sippe). – Fettwiesen, Lägerfluren; subalp. u. alp. Stufe. – *v* Alp., *s* Schweizer Jura, Bayrw. Graubündener L., ***P. rhaeticum*** (Humphries) Rauschert

— Hüllsp.Granne nicht behaart; Granne fast so lg. wie die Spelze; Ährenrispe 1–3 cm lg., grün bis blassviolett; ↕ 10–25 cm; ♃; 2n = 14 (tetraploide Sippe). – Schneetälchen, Bachufer, Steinschutt. – *v* Alp., *z* Schweizer Jura, Bayrw./Böhmw., Riesen-, Isergeb. [incl. *P. commutatum* Gaudin] Alpen-L., ***P. alpinum*** L. (s. str.)

— Oberste Blattscheide nicht aufgeblasen; Ährenrispe schlank, 1–30 cm lg.; Blätt. beiderseits rau; Lig. spitz, (1–)5 mm lg. (Artengruppe Wiesen-L., ***P. pratense*** agg.) **3**

3. Ährenrispe 7–12 mm ∅, 8–30 cm lg.; Ährch. (m. Granne) 4,5–5,5 mm lg.; Stg. am Grund kaum verdickt; Lig. kahl; Blätt. 3–10 mm br.; ↕ 40–100 cm; ♃. VI–VIII. – Fettwiesen, Rasenflächen. – *v*; auch angesät. Wiesen-L., ***P. pratense*** L.

— Ährenrispe 4–6 mm ∅, 1–10 cm lg.; Ährch. (m. Granne) 2,5–3,5 mm lg.; Stg. am Grund meist verdickt; Lig. zuw. kurz absthd. behaart; Blätt. 1–6 mm br.; ↕ 10–80 cm; ♃. VI–VIII. – Wegränder, Ruderalstellen, Trockenrasen. – *z*, im N u. S *s*. [*P. bertolonii* DC.] Knolliges L., ***P. nodosum*** L.

4 (1). Hüllsp. auf dem Kiel lg. kammf. bewimpert, allmähl. grannig auslfd. (*312/1*) **6**

— Hüllsp. auf dem Kiel rau, allenfalls m. kurzen, borstl. Haaren, plötzl. zugespitzt, — wenig länger als die Decksp. **5**

5. Hüllsp. br. 3-eckig, nach oben verbreitert, aufgeblasen, plötzl. in zahnart. Granne zus.gezogen (*312/2*), ohne häutigen, durchsichtigen Rand; — Lig. bis 5 mm lg., stumpfl.; Blätt. 4–10 mm br.; Ährenrispe bis 8 cm lg., beim Umbiegen lappig; Pfl. büschelig verzweigt, ↕ 15–40 cm; ⊙–⊙. V–VII. – Äcker, Ruderalstellen; auf Kalk. – *s*, D: BW, BY, HE, NI, RP, TH; CH; F: Els; I: Bz; oft unbest. od. verschwunden. Raues L., ***P. paniculatum*** Huds.

— Hüllsp. lanzettl., schief abgestutzt (*312/3*), hautrandig; — Lig. 1 mm lg.; Blätt. 2–4 mm br.; Ährenrispe bis 18 cm lg., beim Umbiegen lappig; Pfl. horstf., Halme oft purpurrot, ↕ 30–60 cm; ♃. VI–VII. – Trockenrasen; auf Kalk. – *z* im S, nördl. *s*, bis Ardennen (B)/Eifel/Sauerland/ST/MV; A; S- u. W-CH; CZ; PL. [*P. boehmeri* Wibel] Glanz-L., ***P. phleoides*** (L.) H. Karst.

6 (4). Ob. Blattscheiden etwas aufgeblasen; Hüllsp. m. abgesetzter, granniger Spitze, 2,5 mm lg. m. 0,5 mm lg. Granne; Ährenrispe 15–55 mm lg. u. 3–7 mm ∅; Blattspr. bis 6 cm lg.; ↕ bis 25 cm; ⊙. V–VII. – Dünen, Binnendünen. – *z* Küsten: von B, NL bis Ostsee (östl. bis Hiddensee); *s* im Binnenland: N-Oberrheingebiet (zw. Ingelheim u. Darmstadt). Sand-L., ***P. arenarium*** L.

— Ob. Blattscheiden dem Stg. anlgd.; Hüllsp. allmähl. zugespitzt, 4,5 mm lg. m. 1,5 mm lg. Granne; Ährenrispe 2–16 cm lg. u. 4–16 mm br., beim Umbiegen lappig; Blattspr. bis > 20 cm lg.; ↕ 20–90 cm; ♃. VII–VIII. – Besonnte, steinige Wiesen, Wälder; kalkstet; 1100–2400 m. – *v* Alp., Schweizer Jura. [*P. michelii* All.] Matten-L., ***P. hirsutum*** Honck.

Weitere unbest. Arten.

312/1

312/2

312/3

Pholiurus Trin., Schuppenschwanz

Pfl. büschelig wachsend; Stg. gekniet; Ähre 5–9 cm lg.; ↕ 5–20 cm; ⊙. VI–VII. – Weideflächen auf Salzböden. – Sehr *s*, A: Bgl (Seewinkel), früher NÖ. [*Lepturus pannonicus* (Host) Kunth] Ungarischer S., ***P. pannonicus*** (Host) Trin.

Phragmites Adans., Schilf, Schilfrohr

Stg. steif aufr., am Grund dicke, bis 10 m lg. Ausläufer treibend (an trockeneren StO oberird. „Legehalme", deren Neutriebe niedrig); an Stelle der Lig. weißl. Haarkranz (bei *Phalaris* ist die Lig. häutig); ↕ bis 2–4 m; ♃. VII–IX. – Röhrichte von Flüssen u. Seen, Moorwiesen, bestandsbildend („Schilf-Röhrichte"), Auenwälder. – *v.* – Formenreich. [*P. communis* Trin.]

Gewöhnliches S., ***P. australis*** (Cav.) Steud. (subsp. ***australis***)

Riesen-S., subsp. ***pseudodonax*** (Rabenh.) S. Rauschert [var. *pseudodonax* (Rabenh.) Conert]: Stg. bis 2 cm ∅; Rispe bis 50 cm lg., z. Bltzt. ausgebr.; Ährch. bis 6-blütig; ↕ bis 10 m. – Nur D: BB (Luckau), Berlin, Dortmund-Ems-Kanal, Regensburg. – Taxonom. Wert unklar.

Poa L. [incl. *Ochlopoa* (Asch. & Graebn.) H. Scholz], Rispengras

1. Stg. u. Blattscheiden stielrund, wenn zus.gedrückt, dann niemals 2-schneidig-flach (s. *P. pratensis*, Nr. **6**—) **5**

— Stg. u. Blattscheiden flachgedrückt, 2-schneidig; unterster Rispenast m. 2–4 grundst. Zweigen **2**

2. Pfl. m. bis 30 cm lg. Ausläufern; Pfl. meist ohne nichtblhd. Triebe; Decksp. undeutl. 5-, meist 3-nervig, — Rückenhaare zuw. fehlend; Blätt. ≤ 5 mm br., schmal linealisch, oberseits rau; Halm knickig aufstgd.; Pfl. graugrün, ↕ 10–40 cm; ♃. VI–VII. – Ruderalstellen, Wegränder, Bahnhöfe, Felsen. – *v*, im NW *z.* Flaches R., ***P. compressa*** L.

Hierher auch Lang-R., ***P. langiana*** Rchb.: Ährch. 7–11-blütig;, Decksp. nicht behaart, m. 5 deutl. hervortretenden Nerven; ↕ 70–110 cm. – Früher D: BW (Isteiner Klotz).

— Pfl. ohne od. m. sehr kurzen Ausläufern, horstf.; Pfl. stets auch m. sterilen (Blatt-)Trieben; Decksp. deutl. 5-nervig; — Blätt. 4–15 mm br.; Rispe > 10 cm lg. **3**

3. Blattscheiden glatt; Blattspr. der nichtblhd. Triebe allmähl. in lg. Spitze verschmälert; Decksp. am Grund spärl. zottig, schmal, lg. zugespitzt, 5–6 mm lg.; Hüllsp. glatt; — Lig. der ob. Stg.-Blätt. ≈ 3–6 mm lg.; ↕ 50–100(–160) cm; ♃. VII–VIII. – Feuchte Bergwälder, Grünerlengebüsche, Bergwiesen; auf Kalk; 1000–2200 m. – *z*, Alp. Großes R., ***P. hybrida*** Gaudin

— Blattscheiden rau; Blattspr. der nichtblhd. Triebe in eine br., kapuzenf. Spitze zus.gezogen; Decksp. kahl, 3–4 mm lg.; Hüllsp. rau **4**

4. Lig. 0,5–2 mm lg., gestutzt, am Rand bewimpert; oberste Blattspr. kürzer als ihre Scheide; Rispe dicht u. schmal; — Decksp. am Grund ohne lg. Haare; Spr. des obersten Stg.Blatts 1–10 cm lg.; ↕ 70–120 cm; ♃. VI–VII. – Bergwälder, Bergwiesen; kalkmeidend. – *v–z*, Alp. u. Mittelgeb., sonst *z–s* (im N zuw. synanthrop). Wald-R., ***P. chaixii*** Vill.

— Lig. 2,5–4 mm lg., br. abgerundet, kahl; oberste Blattspr. so lg. wie ihre Scheide; Rispe sehr locker u. lg.ästig; — Decksp. zuw. am Grund m. wenigen lg., krausen Haaren; Spr. des obersten Stg.Blatts 10–20 cm lg.; ↕ 60–100 cm; ♃. VI–VII. – Schluchtwälder, Auenwälder. – Sehr *z*, D; A; B; CH; CZ; F: Els; NL; PL. Lockerblütiges R., ***P. remota*** Forselles

5 (1). Decksp. undeutl. 5-nervig **10**

— Decksp. deutl. 5-nervig, — wenigstens am Grund zottig behaart, die Haare so lg. wie (*P. pratensis*) od. länger als (*P. trivialis*) die Spelze selbst; oberste Scheide länger als die Spr.; unterster Rispenast m. 2–4 grundst. Zweigen **6**

6. Lig. (zumind. die der ob. Blätt.) oft > 5 mm (bis 10 mm) lg., spitz; Decksp. zarthäutig, zugespitzt; Pfl. m. oberird., niederlgd. Trieben; — Stg. u. Blattscheiden rau; Blattspr. unterseits glzd.; Rispe längl., bis 20 cm lg.; Ährch. 3–4-blütig; ↕ 50–90 cm; ♃. VI–VII.

Gewöhnliches R., ***P. trivialis*** L.

a. Internodien der Stg. u. Ausläufer nicht verdickt; Ährch. 3–4-blütig, ≈ 3,5 mm lg.; Pfl. hellgrün. – Wiesen, Gebüsche, Äcker. – *v.* Gewöhnliches R. (i. e. S.), subsp. ***trivialis***

— Internodien der Stg. u. Ausläufer perlschnurart. spindelf. verdickt; Ährch. meist 2-blütig, ≈ 2,5 mm lg.; Pfl. auffallend dk.grün. – Frische Laubwälder. – *s*, A. Kt; CH: Vd; I: Bz. [*P. sylvicola* Guss.]

Waldbewohnendes R., subsp. ***sylvicola*** (Guss.) H. Lindb.

— Lig. kurz, gestutzt, selten > 1 mm lg.; Decksp. stumpfl., derbhäutig; Pfl. m. lg. unterird. Ausläufern; — Stg. u. Blattscheiden nicht selten zus.gedrückt; ♃. V–VII. – Wiesen, Wegränder, alp. Rasen (Artengruppe Wiesen-R., ***P. pratensis*** agg.) **7**

7. Blätt. 0,2–0,3 mm ∅, eng eingerollt bis fadenf.; — Rispenäste sehr rau; Pfl. schwach bläul.; Blätt. zw. den Nerven auf der Oberseite kurzhaarig; Lig. 1–2 mm lg., abgerundet; Ährch. 3–5-blütig; ↕ 50–80 cm; ♃. VI–VII. – Felsen, Steinschutthalden, Waldränder. – *s*, A.
Steirisches R., ***P. stiriaca*** Dörfl.

— Blätt. > 0,5 mm ∅, gefaltet od. flach [***P. pratensis*** agg.] **8**

8. Pfl. blaugrün; Ährch. bereift; Hüllsp. ± gleich lg., beide 3-nervig (die unt. zuw. nur undeutl.); Halme meist einzeln, — nicht od. nur m. wenigen Erneuerungstrieben; unt. Rispenäste zu 2–3; Lig. als schmaler kragenf. Saum, auf der halmabgewandten Seite kurz u. dicht behaart; ↕ 10–30(–50) cm; ♃. VI–VII. – Feuchte Wiesen, Flussläufe, Waldwege, Kahlschläge, Kalksümpfe, Seggenmoore u. a. – *z–s*, N- u. W-D, Oberpfälzerwald, Fichtelgeb., SN, BB, *s* S-D; A: NÖ, OÖ; *z* CZ; NL. – Verbr. u. Systematik noch unvollst. bekannt. [*P. humilis* Hoffm.; *P. irrigata* Lindm.; *P. subcaerulea* Sm.; *P. athroostachya* Oett.; *P. pratensis* subsp. *jordanii* Portal]
Salzwiesen-R., Bläuliches R., ***P. pratensis*** subsp. ***irrigata*** (Lindm.) H. Lindb.

— Pfl. dk.grün; Ährch. nicht bereift, grün, zuw. gelbl.weiß od. violett überlaufen; Hüllsp. ungleich lg., die unt. nur 1-nervig; Triebe zahlr. beieinandersthd., — m. zahlr. Blattscheidenresten an ihrer Basis (Blütentrieb von ∞ sterilen Trieben umgeben); Rispe reichährig, unt. Äste zu 3–5; Pfl. bis 60(–100) cm hoch **9**

9. Wuchs locker; Grund- u. Stg.Blätt. flach, bis 5 mm br.; Lig. an der Blattscheide herablfd.; Rispe im Umriss pyramidal, wenig höher als br.; Decksp. 3–5 mm lg.; ↕ 25–60(–70) cm; ♃. V–VII. – Frischere bis feuchtere StO. – *v* u. kult. – Formenreich.
Wiesen-R., ***P. pratensis*** L. subsp. ***pratensis***

— Wuchs dicht, fast horstf.; Grundblätt. borstl., Stg.Blätt. flach (zuw. borstl.); Rispe schmal, wenigstens doppelt so hoch wie br.; Lig. an der Blattscheide nicht herablfd.; Decksp. 2–3 mm lg.; ↕ 20–50(–60) cm; ♃. V–VI. – Trockenere StO. – *v*. [*P. pratensis* subsp. *angustifolia* (L.) Dumort.] Schmalblättriges R., ***P. angustifolia*** L.

10 (5). Beide Hüllsp. 3-nervig, seitl. Nerven aber zuw. sehr kurz; Pfl. ausd.; Vorsp. auf ihren Kielen m. von ihrer Basis her dünner werdenden, 0,1 mm lg., steifen, absthd., oft gekrümmten Borstenhaaren (Lupe!) od. kahl **12**

— Äuß.Hüllsp. 1-, inn. 3-nervig; Vorsp. auf ihren Kielen m. zahlr., 0,1–0,3 mm lg., weichen, gebogenen bis krausigen, oft anlgd. Haaren od. kahl; — Stg. aus niederlgd. Grund aufstgd., büschelig verzweigt; ↕ 5–15(–30) cm; unt. Rispenäste nur zu 1–2 (selten 3) (Artengruppe Einjähriges R., ***P. annua*** agg.) **11**

Hierher auch: Frühlings-R., ***P. infirma*** Kunth. [*O. infirma* (Kunth) H. Scholz]: Ährch. 2–4-blütig; Blätt. dünn, weichhaarig, gelbgrün. – Adventiv (Heimat: MMG, W-Eur.); *s* unbest. z. B. D: BW; A: NÖ; *z* NL

11. Oberste Blätt., auch der sterilen Triebe, m. bogig 3-eckiger, 1–3 mm lg. Lig., die an der Blattscheide etwas herabläuft; Staubbeutel 0,8–1,2 mm lg., 3–4-mal so lg. wie br. (ungeöffnet!); unterste Rispenäste waagr. absthd., m. grundst. Zweig; inn. Hüllsp. oberh. od. in der Mitte am breitesten; Decksp. grün bis rotviolett; Ährch. am Ende der Äste nicht zus.gedrängt; ⊙. II–XI. – Äcker, Ruderalstellen, Weiden, Trittrasen. – *v*. [*O. annua* (L.) H. Scholz]
Einjähriges R., ***P. annua*** L.

Hierher auch: subsp. ***raniglumis*** (E. Fröhner) Chrtek [= *O. annua* subsp. *raniglumis* (E. Fröhner) H. Scholz & Valdés]: D, CH; u. subsp. ***pilantha*** (Ronniger) H. Scholz [= *O. annua* subsp. *pilantha* (Ronniger) H. Scholz & Valdés]: A.

— Oberste Blätt. der sterilen Triebe m. parallelrandiger, nur 1 mm br. Lig., diese nicht an ihren Blattscheiden herablfd.; Staubbeutel 1,5–2,0 mm lg., 5–8-mal so lg. wie br.; unterster Rispenast nach der Blüte abw. gerichtet; inn. Hüllsp. unterh. der Mitte am breitesten; Decksp. dk.braunviolett überlaufen; Ährch. am Ende der Äste dicht sthd.; ♃. V–VIII. – Wiesen, Ruderalstellen, Viehläger; 600–2500 m, im N auch tiefer. – *v*, Alp., *z* Voralp., O D Mittelgeb., NRW; CZ; DK (Bornholm), PL (Riesengeb.). [*P. annua* var. *varia* Gaudin; *O. supina* (Schrad.) H. Scholz & Valdés] Läger-R., ***P. supina*** Schrad.

Hybride ***P. × nannfeldtii*** V. Jirásek s. l. [*O. × nannfeldtii* (V. Jirásek) H. Scholz s. l.]: Merkmale intermediär. – *s*, D: BY, HE, NRW, SN; wo noch?

12 (10). Stg. am Grund durch Blattscheiden zwiebelart. verdickt **21**

— Stg. am Grund nicht deutl. zwiebelart. verdickt **13**

13. Rispe am Grund m. 3–5 vom selben Knoten abzweigenden Ästen; — Decksp. zottig; Pfl. locker horstf., 20–120 cm hoch **19**

— Rispe am Grund m. 1–2 (selten 3 bei *P. cenisia*) vom selben Knoten abzweigenden Ästen; — Pfl. 5–50 cm hoch **14**

14. Blätt. grasgrün; wenn Blätt. graugrünl., dann nicht m. knorpeligem Rand **16**

— Blätt. m. hellem, knorpeligem Rand, steif; — Lig. an den obersten Blätt. bis 6 mm lg., spitz; Hüllsp. m. feiner Grannenspitze; unt. Rispenäste aufr.-absthd.; Spr. des obersten Halmblatts viel kürzer als seine Scheide **15**

15. Blätt. flach bis schwach gefaltet, blaugrün, Knorpelrand br.; Lig. der unt. Blätt. bis 2 mm, die der ob. 2–6 mm lg.; Ährch. grünl., nur selten purpurscheckig; — Blätt. 2–4,5 mm br.; ↕ (10–)15–40 cm; ♃; V–VII. – Steppenrasen. – D: *s* BY, HE, RP, ST, TH, früher BW; *s* A: Bgl, NÖ; CH: Jura; früher FL; *s* I: Bz. Badener R., ***P. badensis*** Willd.

— Blätt. rinnenf. bis stark gefaltet, graugrün, Knorpelrand schmal; Lig. der unt. Blätt. bis 1 mm, die der ob. 1–2 mm lg.; Ährch. violettscheckig; — Blätt. 1,5–2,5 mm br.; ↕ 10–20 cm; ♃. VI–VIII. – Trockenrasen. – *z–s*, Alp. von A: Kt, OTi, Sb, Stm, Ti; CH: Gr, Vs; I: Bz. [*P. badensis* subsp. *xerophila* Braun-Blanq.] Trocken-R., ***P. molinerii*** Balb.

16 (14). Stg.Basis etwas durch Blattscheiden verdickt; Hüllsp. scharf zugespitzt, zuw. sogar stachelspitzig; Ährch. meist auswachsend: an Stelle der Blüten Jungpfl. sthd. (*281/2*); Lig. der unt. Blätt. gestutzt, 1–2 mm, die der ob. längl., 3–5 mm lg.; Ährch. am Ende der Äste gedrängt sthd.; — Blätt. 2–4 mm br.; Ährch. 4–6-blütig; Rispenäste z. Bltzt. weit absthd.; Seitensprosse innerh. der Blattscheiden emporwachsend (intravaginal); ↕ 10–40 cm; ♃. V–IX. – Alp. Rasen, Steinschutthalden; bis 4200 m. – *v* Alp. u. Vorland, Schweizer Jura; D: *s* Schw. (Feldberg, ob noch?), Adelegg (ob noch?) Iller, Lech, Isar, Harz; *s* CZ/PL (Riesengeb.); eingebürg. F: Vog. Alpen-R., ***P. alpina*** L.

— Stg.Basis nicht verdickt; Hüllsp. stumpfl., höchstens spitzl.; an Stelle der Blüten niemals Jungpfl. sthd.; Lig. auch der unt. Blätt. meist längl. (seltener sehr kurz u. gestutzt bis fehlend); Ährch. am Ende der Äste nicht knäuelig gedrängt **17**

17. Rispenäste durch kurze, borstige Haare rau; Blätt. 2–3 mm br.; Pfl. m. längeren Ausläufern, — diese sterilen Triebe 2-zeilig beblätt.; Lig. der unt. Blätt. sehr kurz bis fehlend, die der ob. 3–6 mm lg.; Ährch. 3–5-blütig; unt. Rispenäste zuw. > 2; ↕ 20–40 cm; ♃. VII–VIII. – Steinschutt, Felsspalten; auf Kalk; 1500–3200 m. – *v–z*, Alp. von D; A; CH; FL; I: Bz. Mont-Cenis-R., ***P. cenisia*** All.

— Rispenäste ± glatt; Blätt. 1–1,5(–2) mm br.; Pfl. höchstens m. kurzen Ausläufern **18**

18. Blattscheiden die Halmknoten bedeckend; Blätt. kräftig, bis 2,5 mm br.; Decksp. ≈ bis zu zwei Drittel der Länge der seitl. Nerven behaart; Rispenäste gefurcht; oberstes Halmblatt m. deutl. Scheide; — Ährch. meist 3–4-blütig; ↕ 10–20 cm; ♃. VII–VIII. – Steinschutt, feuchte, bodensaure Rasen; kalkmeidend; 2000–3500 m. – *v–z*, Alp. von A; CH; I: Bz; *s* Riesengeb. Schlaffes R., ***P. laxa*** Haenke (subsp. ***laxa***)

— Blattscheiden die Halmknoten nicht bedeckend; Blätt. zart, ≤ 1,5 mm br.; Decksp. nur ≈ bis zur Hälfte der Länge der seitl. Nerven behaart; Rispenäste rund; oberstes Halmblatt (fast) scheidenlos; — Ährch. meist 4–6-blütig, zuw. auch vivipar (S-Kt); ↕ 5–30 cm; ♃. VII–VIII. – Felsspalten, Steinschutt, steinige Matten; kalkstet; 1500–2600 m. – *v–z*, Alp. u. Voralp., D: Isartal bis München. [*P. laxa* subsp. *minor* (Gaudin) Hook.] Kleines R., ***P. minor*** Gaudin

19 (13). Lig. aller Blätt. sehr kurz bis fast ganz fehlend; — Stg.Blätt. steif nach oben bis fast waagr. absthd.; Rispe z. Bltzt. ausgebr.; Ährch. grünl., 1–5-blütig, Ährch.Achse behaart; Decksp. 3–4 mm lg.; Pfl. aufr., ↕ 20–90 cm; ♃. V–VII. – Lichte Laubwälder, Hecken. – *v*. – Formenreich. Hain-R., ***P. nemoralis*** L.

— Lig. wenigstens der ob. Blätt. 1–3 mm lg. **20**

20. Pfl. feuchter StO, auch an Waldrändern; Blätt. frischgrün, 1–2 mm (selten mehr) br.; — Rispe 8–20 cm lg., reichährig, viel lockerer als bei voriger Art; Ährch. gelbl., 3–4-blütig; Decksp. 2,5 mm lg.; Stg. u. Blattscheiden glatt; Stg.Blätt. unterseits matt, überhgd.; Pfl. aufstgd., ↕ 30–120 cm; ♃. VI–VII. – Feuchte Wiesen, Ufer, Ruderalstellen. – *v*. [incl. subsp. *xerotica* Chrtek & Jírásek] Sumpf-P., ***P. palustris*** L.

— Pfl. trockener, offener StO; Blätt. blaugrün bereift, 2,5–3 mm br.; — Rispe fast immer < 8 cm lg.; Ährch. oft violett, 2–4-blütig; alle Triebe m. Rispen, keine steril; ↕ 20–40 cm; ♃. VI–VIII. – Felsspalten, Gesteinsschutt; bis 3000 m. – In D nur bei Tölz (BY); *z* Alp. von A; CH; I: Bz. – Ver-

wechslungen m. *P. nemoralis* mögl. [*P. caesia* Sm.; incl. *P. riphaea* (Asch. & Graebn.) Fritsch]
Blaugrünes R., ***P. glauca*** Vahl

21 (12). Blüten am Grund lg. wollig behaart; Ährch. oft zu Laubsprossen auswachsend (vivipar); Lig. der ob. Stg.Blätt. 3–4 mm lg., — spitz; Ährch. 3–6 mm lg., 2–6-blütig, grün, oft violett überlaufen; Hüllsp. 2–3,5 mm lg.; grundst. Blätt. meist borstl., Stg.Blätt. flach, 2 mm br.; Blattspr. graugrün, früh welkend; ↕ 6–40 cm; ♃. III–V. – Trockenrasen. Knolliges R., ***P. bulbosa*** L.

a. Decksp. zw. den Nerven behaart. – *v*, D: BB, Oberrhein-, Maingebiet, RP, SN, ST, TH; sonst im Gebiet *v–z*, im N gebietsweise *f*, zuw. neophyt. in Parks. Knolliges R. (i. e. S.), subsp. ***bulbosa***

— Decksp. zw. den Nerven kahl. – *s*, A: Bgl, NÖ. Zierliches R., subsp. ***pseudoconcinna*** (Schur) Asch. & Graebn.

— Blüten am Grund nicht wollig behaart; Ährch. nicht zu Laubsprossen auswachsend; Lig. der ob. Stg.Blätt. 1–2,5 mm lg., — spitz; Ährch. 4–6 mm lg., 5–10-blütig, grün od. bräunl., oft violett überlaufen; Hüllsp. 1,6–2 mm lg.; ↕ 5–10(–15) cm; ♃. IV–VIII. – Trockenrasen. – *s*, CH: Vs. [*P. concinna* Gaudin] Niedliches R., ***P. perconcinna*** J. R. Edm.

Weitere unbest. Arten. Hybridbildungen.

Polypogon Desf. [*Agrostis* L. p. p], Bürstengras

1. Hüllsp. m. lg., die Infl. einhüllender Granne **2**

— Hüllsp. ohne Granne; — Pfl. m. sich bewurzelnden Ausläufern, Stg. knickig aufstgd.; ↕ 15–40(–80) cm; ♃. IV–IX. – Frische Ruderalstellen, Gärtnereien. – Adventiv (Heimat: MMG, As.); D: *s* in Einbürg. BW, *s* unbest. BY, MV, NRW, RP; *s* A: Stm; B; CH; I: Bz; *z* NL. – Leicht m. *Agrostis* zu verwechseln. [*P. semiverticillatus* (Forsk.) Hyl.; *A. verticillata* Vill.; *A. viridis* Gouan]
Grünes B., ***P. viridis*** (Gouan) Breistr.

2. Decksp. ohne Granne, — bewimpert; Infl. bis 5 cm lg., oft rötl. überlaufen; Lig. ≤ 6 mm lg.; ↕ bis 25 cm; ⊙. IV–VI. Bahnhöfe, Häfen, Ruderalstellen. – Adventiv (Heimat: MMG, As.); *s* unbest. D: BW, BY, MV, NRW, RP; B; NL. Mittelmeer-B., ***P. maritimus*** (L. Desf.)

— Decksp. m. 2 mm lg. Granne; — Infl. bis 16 cm lg.; Infl. walzl., ≈ 3-mal so lg. wie dick; Ährch. sehr dicht sthd., ihre Hüllsp. rau behaart, m. 4–7 mm lg., geknieter Granne; Lig. bis 10 mm lg.; Pfl. büschelig verzweigt, ↕ bis 90 cm; ⊙. VI–VIII. – Bahnhöfe, Häfen, Ruderalstellen. – Ne. (Heimat: MMG, As.), immer wieder eingeschleppt; unbest., D; *s* A; CH; CZ; I: Bz; *z* NL.
Gewöhnliches B., ***P. monspeliensis*** (L.) Desf.

Weitere unbest. Arten in Teilen von D.

Psilathera Link, Zwergblaugras

Die Abtrennung von *P. ovata* von der Gattung *Sesleria* ist noch nicht zweifelsfrei geklärt.

Blätt. borstl.; Infl. im Umriss kugelig-eif., bis 10 × 6 mm groß; Decksp. m. 1 mittl., längeren u. 4 kürzeren, aber rauen Grannen (*316/1*), entlang der Ränder u. auf den Nerven kurz behaart; Vorsp. tief 2-spitzig, m. 2 lg., rauen Grannen; ↕ bis 10 cm; ♃. VII–VIII; diploid. – Felsschuttfluren, Felsspalten; auf Kalk; 2200–3200 m. – *s*, D (nur BY: Berchtesgadener Alp.); *v–z* Alp. von A; I: Bz. [*Sesleria ovata* (Hoppe) A. Kern.]
Kleinköpfiges Z., ***P. ovata*** (Hoppe) Deyl

316/1

Puccinellia Parl. [*Atropis* Griseb.], Salzschwaden

1. Rispe dicht, zus.gezogen, Rispenäste oft bis zum Grund m. Ährch. besetzt; Ährch.Stiel sehr dick; Staubbeutel 2–2,8 mm lg.; Pfl. m. oberird. Kriechsprossen, — graugrün; ↕ 20–60 cm; ♃. VI–IX. – Strandwiesen; oft bestandsbildend („Andelrasen"). – *v* Küsten von D, B, DK, NL, PL. Andel, Strand-S., ***P. maritima*** (Huds.) Parl.

— Rispe locker, ausgebr., Rispenäste nur in der ob. Hälfte m. Ährch. besetzt; Ährch.Stiele dünn; Staubbeutel 0,4–2 mm lg.; Pfl. ohne oberird. Kriechsprosse **2**

2. Decksp. br. gestutzt; Infl. allseitswendig; — Ährch. bläul. od. violett überlaufen; Staubbeutel 0,7–1 mm lg.; Pfl. graugrün; Infl. locker **5**

— Decksp. zugespitzt od. spitzl., wenn nur abgerundet, dann Infl. einseitswendig **3**

3. Pfl. frisch- (od. gelbl.-)grün; Infl. allseitswendig, locker, ihre unt. Äste an der Basis ohne Ährch., nach der Blüte zurückgeschlagen; Decksp. br. hautrandig, Mittelnerv nicht bis zur Spitze verlfd., — 2,5–4 mm lg., zugespitzt; Blätt. meist gefaltet; Staubbeutel 0,5–0,8 mm lg.; ↕ 10–40 cm; ♃. VI–VII. – Strandwiesen. – *z*, Küste u. Inseln von D, B, DK, NL. [*P. retroflexa* auct.] Zurückgebogener S., Haar-S., ***P. capillaris*** (Lilj.) Jansen (subsp. ***capillaris***)

— Pfl. graugrün; Infl. einseitswendig, dicht, ihre unt. Äste m. Ährch. bis zur Basis, später nicht zurückgeschlagen; Decksp. ohne od. nur m. sehr schmalem Hautrand, Mittelnerv bis zur Spitze verlfd. **4**

4. Decksp. 3–5 mm lg.; Lig. abgerundet, 2,5–3 mm lg.; Infl. nicht unterbrochen; Ährch. längl., — bis 10 mm lg., 4–9-blütig; Stg.Blätt. bis 6 mm br.; ↕ 10–50 cm; ⊙–⊙; V–VI. – Strandwiesen der Küste. – *s*, B; NL; unbest. D: MV. [*Glyceria procumbens* (Curtis) Dumort.; *Pseudosclerochloa rupestris* (With.) Tzvelev] Dichtblütiger S., ***P. rupestris*** (With.) Fernald & Weath.

— Decksp. 1,5–2,5 mm lg.; Lig. br. gestutzt, 1–1,5 mm lg.; Infl. mehrmals unterbrochen; Ährch. eif., — bis 6 mm lg., 4–8-blütig; Stg.Blätt. 2–3 mm br.; ↕ 10–70 cm; ♃. VI–VII. – Strandwiesen. – *z*, B; NL. [*P. borreri* (Bab.) Hayek] Büscheliger S., ***P. fasciculata*** (Torr.) E. P. Bicknell

5 (2). Blattspr. eingerollt od. gefaltet; Epidermiszellen beider Blattseiten dicht m. Papillen besetzt (Mikroskop!); Rispenäste nach der Bltzt. aufr. od. waagr. absthd.; unterste Decksp. 2,2–2,6 mm lg.; unterster Rispenknoten m. 5–10 Ästen **7**

— Blattspr. flach od. rinnig; Epidermiszellen der Blattunterseite m. wenigen Papillen (Mikroskop!); Rispenäste nach der Bltzt. meist abw. gerichtet **6**

6. Decksp. 1,8–2,2 mm lg.; Staubblätt. 0,7–0,8 mm lg.; Pfl. ohne Ausläufer; — unterster Rispenknoten m. 4–6 Ästen; ↕ 10–60 cm; ♃. V–X. – Salzwiesen der Küsten von Nord- u. Ostsee, Salzstellen im Binnenland, auch an Straßenrändern u. Ruderalstellen. – D: *v* von N-HE bis MV u. im NW, sonst *v–z* synanthrop; *v–z* A; B; CH; CZ; NL; PL. [incl. subsp. *borealis* (Holmb.) W. E. Hughes] Gewöhnlicher S., ***P. distans*** (Jacq.) Parl. subsp. ***distans***

— Decksp. 2,3–2,6 mm lg.; Staubblätt. 1,2–1,5 mm lg.; Pfl. am Ende der Bltzt. m. Ausläufern; — ↕ 10-60 cm; ♃. V-X. – Salzstellen im Binnenland. – *s*, D: HE, RP; wo noch? [*P. distans* subsp. *fontana* Portal] Quell-S., ***P. fontana*** (Portal) Amarell & T. Gregor

7. Pfl. zart; Blattspr. dünn, meist eingerollt, ≤ 0,8 mm br.; ↕ 15–50 cm; ♃. VII–VIII. – Salzstellen. – D: sehr *s* NI (östl. Wolfenbüttel), ST (westl. Halle), TH (Kyffhäuser), ob HE (Münzenberg?); A: sehr *s* Bgl, früher NÖ. [*P. limosa* (Schur) Holmb.] (vielleicht Sippen aus D u. A unterschiedl. Herkunft) Sumpf-S., ***P. distans*** subsp. ***limosa*** (Schur) Soó & Jáv.

— Pfl. kräftig; Blattspr. dick, zus.gefaltet, ≈ 1 mm ∅; ↕ 15–50 cm; ♃. VI–VIII. – Salzstellen. – Nur A: Bgl (Seewinkel), dort häufig. [*P. distans* subsp. *peisonis* (Beck) Soó; *P. festuciformis* subsp. *intermedia* (Schur) W. E. Hughes] Neusiedlersee-S., Zickgras, ***P. peisonis*** (Beck) Jáv.

Weitere unbest. Arten. Hybridbildungen.

Rostraria Trin. [*Lophochloa* Rchb.], Büschelgras

Ährenrispe dicht, zylindr., nicht unterbrochen, bis > 10 mm br.; äuß. Hüllsp. 1-nervig, viel kürzer u. schmaler als die 3-nervige ob., beide kahl od. wenig behaart; Decksp. kurz 2-spitzig, m. bis 2 mm lg. Granne; Blattscheiden locker anlgd. behaart; ↕ 10–40 cm; ⊙.; IV–IX. – Ruderalstellen, Wegränder. – Adventiv (Heimat: MMG); *s* unbest. D; A: NÖ, Stm; B; CH: Basel, Ts, Vd, Zürich; I: Bz; NL. [*Trisetaria cristata* (L.) Kerguélen; *L. cristata* (L.) Hyl.; *Koeleria phleoides* (Vill.) Pers; *Koeleria cristata* (L.) Bertol.] Echtes B., ***R. cristata*** (L.) Tzvelev

Sclerochloa P. Beauv., Hartgras

Pfl. graugrün, niederlgd.; Ährch. 3–6-blütig, zus.gedrückt; Decksp. knorpelig, ebenso wie die Hüllsp. gekielt; Infl. im Umriss schmal eif., 2–3 cm lg., einseitswendig; ↕ 2–20 cm; ⊙. V–VII. – Festgetretene Wege, Ruderalstellen. – D: *s* BW, BY (Unterfr., Mittelfr.), RP (Rheinhessen, unt. Nahetal), Vorderpfalz, *v* ST, TH; *z* A: OÖ; CH: Vs; CZ; zurückghd. Hartgras, ***S. dura*** (L.) P. Beauv.

Scolochloa Link, Schwingelschilf

1. Blattspr. oberseits rau; Decksp. länger als Hüllsp., kurz 3-spitzig, kahl bis rau, am Grund m. kurzem Haarbüschel; Hüllsp. ungleich lg.; — Pfl. hellgrün, oberw. gabelästig; Blattscheiden offen; Lig. bis 6 mm lg., gestutzt bis zerschlitzt; Rispe groß, locker; Ährch. 3–4-blütig; Fr. lg. behaart; Pfl. an *Glyceria maxima* erinnernd, ↕ bis 180 cm; ♃. VI–VII. – Sthd. u. langsam fließ. Gewässer. – *z–s* im NO (D: BB, MV, ST); PL. [*Graphephorum festucaceum* (Willd.) A. Gray]
Gewöhnliches S., ***S. festucacea*** (Willd.) Link

— Blattspr. oberseits fast glatt; Decksp. kürzer als Hüllsp., ungleich gezähnt, dicht kurzhaarig, Haarbüschel am Grund bis 2 mm lg.; Hüllsp. ≈ gleich lg.; ↕ 100–200 cm; ♃. VI–VII. – Sthd. u. langsam fließ. Gewässer. – *s*, D: BB. Märkisches S., ***S. marchica*** Düvel et al.

Secale L., Roggen

Blätt. blau bereift; Lig. weiß, 2 mm lg. (*303/1a, b*); Ähre 4-kantig, überhgd.; Decksp. 4–8 cm lg. begrannt; ↕ 60–200 cm; ⊙ od. winterannuell; V–VI. – Nutzpfl. (Heimat: SW-As.); Äcker; *v* angebaut, zuw. verwild. Saat-R., ***S. cereale*** L.

Sesleria Scop. [excl. *Psilathera* Link; *Sesleriella* Deyl], Blaugras

Die Abtrennung von *Psilathera ovata* von der Gattung *Sesleria* ist noch nicht zweifelsfrei geklärt.

1. Decksp. 5-zähnig, Mittelzahn als kurze Granne, äuß. Zahnpaar etwas spitzer als inn., nur auf den Nerven behaart; Infl. im Umriss walzl., bis 30 × 10 mm groß; Vorsp. an der Spitze nur ausgerandet; — Blattspr. grün, nicht wachsig bereift, flach; ↕ 10–40 cm; ♃. IV–VI. – Trockenrasen, Felshänge, lichte Wälder; kalkstet. – *v* im S: Alp. u. Voralp., Schweizer Jura, SchwAlb, FrAlb; sonst *z–s*, nördl. bis NL/Eifel/Hannover/Harz/CZ. [*S. calcarea* (Pers.) Opiz; *S. albicans* Schult.; *S. varia* (Jacq.) Wettst.] Kalk-B., ***S. caerulea*** (L.) Ard. subsp. ***caerulea***

— Decksp. 5-zähnig, aber Mittelzahn entw. als 3-eckiger Zahn (nicht als Granne) od. die Seitenzähne als kurze Grannen; Infl. im Umriss kurz walzl.; Vorsp. 2-spitzig od. kurz 2-grannig **2**

2. Blätt. (bes. jung) wachsig bereift, trocken nach oben eingerollt; alle 5 Zähne der Decksp. 3-eckig, mittl. länger als übrige, auch zw. den Nerven behaart; Pfl. m. dichten Polstern, ältere Pfl. durch ihre Ausläufer ringf. wachsend („Hexenringe"); ↕ 10–45 cm; ♃. IV–VI. – Kalkniedermoore, nasse Wiesen. – *s*, A: Bgl, NÖ, OÖ, Stm; CZ; *f* D ; CH. [*S. caerulea* subsp. *uliginosa* (Opiz) Hay] Moor-B., ***S. uliginosa*** Opiz

— Blätt. nicht bereift, flach bis gefaltet; mittl. u. beide äuß. Zähne der Decksp. grannig verläng., Mittelgranne am längsten, zw. den Nerven kahl od. nur sehr kurz u. sehr locker behaart; Pfl. horstf.; ↕ 15–60 cm; ♃. III–V. – Trockenrasen; auf Kalk. – *s*, A: Kt (Karawanken, Dobratsch, Steiner Alp.), NÖ, Stm? (b. Graz); PL. [*S. budensis* Asch. & Graebn.]
Ungarisches B., ***S. sadlerana*** Janka

Weitere unbest. Arten.

Sesleriella Deyl, Kugelkopfblaugras

1. Ährch. ± kugelig, 5–7 mm im ∅; Spelzen silbrig bis grau-violett; Grannen 0,5–1 mm lg.; Vorsp. länger als Decksp.; — Blätt. ≤ 10 cm lg., meist gefaltet, bis 1,5 mm br.; ↕ 8–20 cm; ♃. VI–VII; diploid. – Felsschuttfluren, Felsspalten; auf Kalk; 1800–2800 m. – *s*, Alp. von A: Kt, OTi, Ti; CH: SO-Gr; I: Bz. [*Sesleria sphaerocephala* Ard.] Gewöhnliches K., ***S. sphaerocephala*** (Ard.) Deyl

— Ährch. ± oval, bis 13 mm lg. u. bis 12 mm br.; Spelzen gelbl. bis silbrig bleich; Vorsp. kürzer als Decksp.; — Blätt. ≤ 10 cm lg., meist gefaltet, bis 1,5 mm br.; ↕ 8–20 cm; ♃. VI–VII; diploid. – Felsschuttfluren, Felsspalten; auf Kalk; 1800–2800 m. – *s*, Alp von A: Kt, OTi; CH; I: Bz. [*Sesleria leucocephala* DC.] Weißliches K., ***S. leucocephala*** (DC.) Deyl

Setaria P. Beauv., Borstenhirse

319/1–2

1. Ährenrispe beim Aufwärtsstreichen sehr rau, da die grünl. Borsten m. nach rückw. gerichteten Zähnchen besetzt sind (*319/1*), — 3–10 cm lg., schmal-zylindr., am Grund unterbrochen; ↕ 10–100 cm; ⊙. VII–IX. – Gärten, Ruderalstellen, Maisfelder. – *z,* D; A; B; CH; CZ; I: Bz; eingeschleppt DK; NL.
Kletten-B., ***S. verticillata*** (L.) P. Beauv.

— Ährenrispe beim Aufwärtsstreichen nicht rau, da die Borstenzähne nach vorw. gerichtet sind (*319/2*) **2**

2. Ährengras: jedes Ährch. m. seiner Borstenhülle direkt der Ährenachse ansitzend; Borsten unterh. des Ährch. bis zu 12, zunächst gelb, später fuchsrot; Decksp. knorpelig, deutl. querrunzelig; ↕ bis 130 cm; ⊙. VII–X. – Äcker, Ruderalstellen, Wegränder. – *v–z* im S, *z* bis sehr *z* im N (dort adventiv) u. in höh. Lagen. [*S. lutescens* (Stuntz) F. T. Hubb.; *Panicum pumilum* Poir.]
Fuchsrote B., ***S. pumila*** (Poir.) Roem. & Schult.

— Ährenrispengras: die von der Infl.Achse abghd. Zweige sind nochmals verzweigt; Borsten unterh. des Ährch. wenige, selten > 4; Decksp. nicht querrunzelig, allenfalls papillös (Lupe!) . . **3**

3. Ährch. 3–3,5 mm lg.; Rispe 2–3 cm br.; z. Reifezt. nur die ob. Blüte ausfallend (Hüllsp. u. die unt. sterile Blüte bleibend); — Stg. bis 10 mm ∅; ↕ bis 120 cm; ⊙. VII–IX. – Ruderalstellen. – Alte Kulturpfl., zuw. noch als Vogelfutter angebaut u. verwild. (Heimat: vermutl. China; Stammform: *S. viridis*); sehr *z* bis *s*. [incl. subsp. *moharia* (Alef.) R. A. W. Herrm.]
Kolbenhirse, ***S. italica*** (L.) P. Beauv.

Hierher auch: Stg. 4–6 mm ∅; Blattspr. bis 25 mm br.; Rispe bis 20 cm lg.; ↕ ≈ 200 cm. – Maisfelder. – *s* A: Kt, S-Stm; I: Bz. Unkraut-B., subsp. ***pycnocoma*** (Steud.) de Wet

— Ährch. ≤ 2 mm lg.; Rispe ≤ 1,5 cm br.; z. Reifezt. gesamtes Ährch. abfallend; — Stg. ≤ 4 (–5) mm ∅ **4**

4. Borsten steif, 3–4 mm lg.; Infl. an der Basis unterbrochen; Infl.Achse kurzhaarig; — Stg. meist aufr.; ↕ bis 100 cm; ⊙. VII–X. – Ruderalstellen, Gärten, Äcker; kollin. – D: sehr *z* bis (im N) *s*; *s* od. unbest. A: Tl, Kt, NÖ, Stm; B; CH; CZ; I: Bz; NL. – Verbr. ungenügend bekannt. [*S. ambigua* (Guss.) Guss.; *S. decipiens* Schimp.; *S. verticillata* var. *ambigua* (Guss.) Parl.]
Täuschende B., ***S. verticilliformis*** Dumort.

— Borsten biegsam, bis 10 mm lg.; Infl. nicht unterbrochen; Infl.Achse weichhaarig (Haare 1 mm lg.), dazw. kurze Borstenhaare **5**

5. Infl. (auch schon jung) deutl. überhgd.; Ährch. 2,5–3 mm lg.; Borsten zu 3–6 unterh. des Ährch.; Fr. deutl. querrunzelig; ↕ bis 150 cm; ⊙. VII–IX. – Ruderalstellen, Maisäcker. – Adventiv (Heimat: China); m. Vogelfutter verschleppt, unbest. od. eingebürg.; *s* D: BB, BW, BY, MV, NI, NRW, SH, SN; A: Kt, Stm, Sb, Ti, Vb; CH: Basel, Bern, Vd, Zug, Ts; CZ; NL.
Faber-B., ***S. faberi*** R. A. W. Herrm.

— Infl. allenfalls später etwas überhgd.; Ährch. 1,8–2,2 mm lg.; Borsten zu 1–3 unterh. des Ährch.; Fr. etwas rau bis feinwarzig; Stg. 1–3 mm ∅; Blattspr. 5–10 mm br.; Rispe bis 10 cm lg.; ↕ 30–60 cm; ⊙. VII–IX. – Ruderalstellen, Gärten, Äcker. – *v*.
Grüne B., ***S. viridis*** (L.) P. Beauv. subsp. ***viridis***

Weitere unbest. Arten.

Sorghum Moench, Mohrenhirse

1. Rispenachse gut sichtbar, da Seitenzweige absthd. bis ausgebr.; unt. Ährch. der Ährch.Paare im Umriss längl., ≈ doppelt so lg. wie br.; Blätt. m. weißem Mittelstreifen; ↕ bis 1(–2) m; ♃. VI–VII. – Maisfelder. – Adventiv (Heimat: O-MMG?); m. Vogelfutter eingeschleppt, z. B. D: BW, BY, SN; A; B; CH; CZ; I: Bz; NL. Wilde M., Aleppohirse, ***S. halepense*** (L.) Pers.

— Rispenachse kaum sichtbar, da Infl. dicht, ihre Seitenzweige aufw. weisend; unt. Ährch. der Ährch.Paare im Umriss eif. bis ellipt., nur wenig länger als br.; Blätt. bis 8 cm br.; ↕ bis 5 m; ⊙. VII–IX. – Häfen, Bahnhöfe, Ruderalstellen. – Angebaut od. adventiv (Heimat: O-Afr); z. B. D: BW, RP, SN; A; CH; CZ; NL. [*S. vulgare* subsp. *bicolor* (L.) Maire & Weiller]
Gewöhnliche M., Durra, ***S. bicolor*** (L.) Moench

Potenziell invasiv: Columbusgras, ***S.* × *almum*** Parodi [*S. bicolor* × *S. halepense*; tauchte erstmals in Argentinien auf]: Blätt. bis 4 cm br., wachsig; Rispe pyramidenf., z. Reifez. überhgd.; ↕ bis 4,5 m; ♃.

Der Formenschwarm des Sudangrases, ***S.* × *drummondii*** (Steudel) Millspaugh & Chase (auch unter dem Synonym *S. sudanense* = *S. bicolor* × *S. arundinaceum*), wird als sog. Energiepfl. erprobt; Blätt. bis 3 cm br.; Rispe locker, bis 30 cm lg.; unt. Ährch. der Ährch.Paare im Umriss ellipt.bis verkehrt-eif. ellipt., 3,5–4,5 mm lg.; ↕ bis 2,5 m; ⊙.

Sporobolus R. Br., [incl. *Spartina* Schreb., Schlickgras, *Crypsis* Aiton, Dorngras, *Heleochloa* Host, Sumpfgras], Fallsamengras, Vilfagras

Molekularphylogenet. Daten sprechen für eine Vereinigung der Gattungen *Sporobolus*, *Crypsis* u. *Spartina* (Peterson et al. 2014). Von diesem Konzept abweichend wird bei Bortolus et. al. (2019) *Spartina* weiterhin im Gattungsrang geführt.

1. Ährch. an der Achse einzeln od. 2-zeilig u. einseitswendig angeordnet, länger als br., 1-2-blütig, inn. Hüllsp. so lg. wie das Ährch.; Strandpfl. der Nordsee (*Spartina*) **3**

— Ährenrispengräser **2**

2. Rispe im unt. Teil von verbreiterten Blattscheiden eingehüllt, dicht (*Crypsis*) **6**

— Rispe nicht von Blattscheiden eingehüllt; — Decksp. 2,5–5 mm lg., grannenlos; Hüllsp. 1,5–5 mm lg. (*Sporobolus*) **8**

3 (1). Ährch. zu 10–20(–25), 4–8 cm lg.; inn. Hüllsp. m. bis 7 mm lg. Granne, diese so lg. wie der flächige Spelzenteil (*320/1*); ↕ bis 200 cm; ♃. IX–X. – Flussböschungen. – Ne. (Heimat: O- u. S-USA); *s*, D: BB (Berlin, Oberspreewald), BY, HE (Frankfurt), NI (Braunschweig), SH (Hamburg), TH (Jena); NL. [*Spartina pectinata* Link] Prärie-S., Kamm-S., ***S. pectinatus*** Hack.

— Ährch. nur bis zu 10, kürzer; inn. Hüllsp. grannenlos **4**

4. Stg. an der Basis unbeblätt.; Blätt. bis 6 mm br.; Ährch. 12–14 mm lg.; — Infl. aus 1–5 Ähren besthd.; Lig.haare 0,5 mm lg.; ↕ 15–70 cm; ♃. VII–IX. – Marschen der Küsten. – *v–z* B; NL. [*Spartina maritima* (Curtis) Fernald; *Spartina stricta* (Aiton) Roth]
Niederes S., ***S. maritimus*** (Curtis) P. M. Peterson & Saarela

— Stg. bis zur Basis beblätt.; Blätt. 7–15 mm br.; Ährch. 16–20 mm lg. (*320/1*); — Infl. aus 3–6(–12) Ähren besthd. **5**

5. Haare der Lig. 2–3 mm lg.; Staubbeutel 8–13 mm lg.; Pollenkörner kugelig, fertil; Fr. 10 mm lg.; ↕ 30–130 cm; ♃; 2n = 122. VII–IX. – Schlammige, salzhaltige Böden der Nordseeküste. – Im Gebiet angepfl. (Heimat: Brit. Inseln) u. sich ausbreitend (B bis DK). – Durch Autopolyploidisierung aus *S.* × *townsendii* entstanden. [*Spartina anglica* C. E. Hubb.]
Englisches S., ***S. anglicus*** (C. E. Hubb.) P. M. Peterson & Saarela)

— Haare der Lig. 0,3–2 mm lg.; Staubbeutel 4–8 mm lg.; Pollenkörner geschrumpft, steril; ohne Fr.; ↕ 20–130 cm; ♃; 2n = 61. VII–X. – Marschen u. Salzwiesen der Nordseeküste. – Ne. (Heimat: engl.-franz. Atlantikküste bzw. Am.); in D, DK u. NL zur Landgewinnung angepfl. u. eingebürg. [*Spartina* × *townsendii* H. Groves & J. Groves; *Spartina maritima* × *alterniflora* Loisel.] Hohes S., ***S.* × *townsendii*** (H. Groves & J. Groves) P. M. Peterson & Saarela

Glattes Schlickgras, ***S. alterniflorus*** (Loisel.) P. M. Peterson & Saarela [*Spartina alterniflora* Loisel.]: Blätt. bis 60 cm lg. u. 1,5 cm br.; Ährch. gelbl.grün; ↕ bis 150 cm; ♃. – Potenziell invasiv (Heimat: Atlantikküste v. Am.; Marschen der Küsten).

6 (2). Ährenrispe kopff., 7 mm lg. u. 8–12 mm br.; Staubblätt. 2; Pfl. m. zahlr. niederlgd. Trieben, ↔ 3–30 cm; ⊙. VII–IX. – Salzfluren, Ränder von Lacken. – Unbest. D: MV; sehr *s* A: Bgl (Neusiedler See), früher NÖ. [*C. aculeata* (L.) Aiton]
Stechendes D., Starres D., ***S. aculeatus*** (L.) P. M. Peterson

— Ährenrispe walzenf., länger als br.; Staubblätt. 3 .... **7**

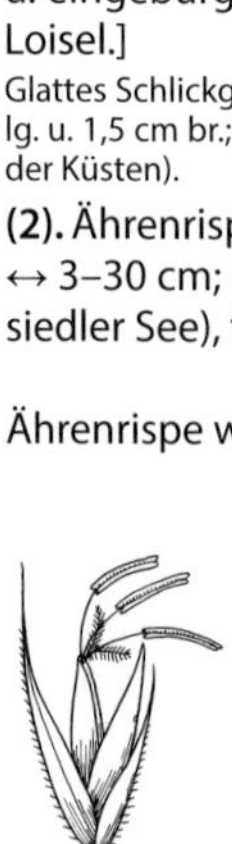

320/1

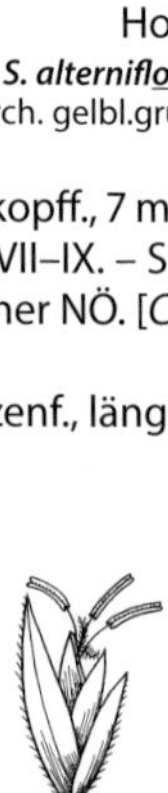

320/2

7. Infl. eif., bis 15 mm lg. u. 6–10 mm br.; oberste Laubblattscheide deutl. aufgeblasen, kürzer als die Spr.; — Pfl. niederlgd. u. knickig aufstgd., ↔ 2–20 cm; ☉. VII–IX. – Ufer, feuchte Salzfluren. – Sehr *s*, unbest. D: MV, SN; *s* A: Bgl, NÖ. [*C. schoenoides* (L.) Lam.; *H. schoenoides* (L.) Host] Kopf-S., Kopf-D., ***S. schoenoides*** (L.) P. M.P eterson

— Infl. walzl., bis 60 mm lg. u. 4–6 mm br.; oberste Laubblattscheide kaum aufgeblasen, länger als die Spr.; — Pfl. m. ∞ Stg. knickig aufstgd., ↕ 3–30 cm; ☉. VI–IX. – Feuchte, sandige Äcker. – Sehr *s*, sich etablierend in D: HE, unbest. BW, BY, MV; sehr *s* A: Bgl, NÖ. [*C. alopecuroides* (Piller & Mitterp.) Schrad.; *H. alopecuroides* (Piller & Mitterp.) Roem.] Fuchsschwanz-D., ***S. alopecuroides*** (Piller & Mitterp.) P. M. Peterson

8 (2). Endst. Rispe, meist von der Spr. des obersten Laubblatts überragt; Ährch. 2–3 mm lg., 1-blütig; Hüllsp. 1,5–2,5 mm lg.; Vorsp. so lg. wie Decksp.; ↕ 10–30 cm; ☉. VIII–IX. – Adventiv (Heimat: NE-Am.); sich entlang von Straßenrändern ausbreitend; *s*, D: BY; A: Ti, Kt, Sb, Stm; CH; I: Bz. Verkanntes F., ***S. neglectus*** Nash

— Blütenstg. m. mehreren, 2–5 cm lg. Rispen, die lange Zeit von ihrer Blattscheide umschlossen sind; endst. Rispe zuletzt das oberste Laubblatt überragend; Ährch. 3–7 mm lg., 1-blütig; Hüllsp. 3–5 mm lg.; Vorsp. länger als Decksp.; ↕ 20–40 cm; ☉. VIII–IX. – Ruderalstellen. – Adventiv (Heimat: NE-Am.); sich entlang von Straßenrändern ausbreitend; *s*, D: BY; A: Bgl, Kt, Sb, Stm, Ti; CH; I: Bz. Scheidenblütiges F., ***S. vaginiflorus*** (A. Gray) A. W. Wood

Vilfagras, ***S. cryptandrus*** (Torr.) A. Gray: Blätt. bis 25 cm lg., an den Rändern rau behaart, teilw. absthd.; Basis der Infl. oft vom ob. Blatt umhüllt; ↕ ≤ 100 cm; ♃. – Heimat: N-Am.; *s* unbest., D: BB, BY, SN; A.

Indisches Fallsamengras, ***S. indicus*** (L.) R. Br.: Blätt. bis 30 cm lg., rau, Lig. als 0,5 mm lg. Haarbüschel; Infl. bis 30 cm lg. u. ≤ 1 cm ∅, Rispenäste anlgd.; ↕ ≤ 100 cm; ♃. – Heimat: Neo[!]tropis; *s*, D: in Einbürg. BW, sonst noch unbest.; unbest. A, B, CH, CZ, NL.

Weitere unbest. Arten.

Stipa L., Federgras Ⓖ

Zur Bestimmung (insbes. Behaarungsmerkmale der Blätt. u. Decksp.) ist eine sehr gute Lupe nötig.

1. Granne nicht behaart, durch vorw. gerichtete Zähne rau, 10–25 cm lg.; — Blätt. graugrün, borstl.; Lig. 5–10 mm lg., zugespitzt; ↕ 40–80 cm; ♃. VII–VIII. – Trockenrasen, Sandböden; kalkstet. – D: *z* BB, ST, TH, *s* BW (Rhein), N-BY, S-HE (nördl. Oberrheingebiet; ehem. Vorkommen am Untermain zerstört), NI, MV, RP; A: *z* Ti, *s* Bgl, Kt, NÖ, Stm, früher OTi; *s* B; *z* CH: Gr, Vs; CZ; *s* DK; FL; PL. Ⓖ. Haar-F., ***S. capillata*** L.

— Granne m. weichen, bei Trockenheit federig absthd. Haaren, bis > 40 cm lg.; ♃. V–VII. – Trockenrasen, Felsfluren; kalkstet. – Formenreich, im Gebiet differenziert in schwierig unterscheidbare Kleinarten (Ⓖ Artengruppe Echtes F., ***S. pennata*** agg.) **2**

2. Grundblätt. eng eingerollt, ausgebr. 1–1,5 mm br., lg. u. fadenf. borstl. ausgezogen u. zugespitzt, ± kahl (oberseits dicht m. winzigen Härchen, unterseits ähnl., aber Härchen mehr anlgd.); Lig. der Blätt. der Erneuerungstriebe als sehr schmaler Saum, die der Halmblatt. bis 1,2 mm lg.; — Blattscheiden ± kahl, matt, graubraun; Halm unterh. der Knoten etwas behaart; randl. Haarreihen der Decksp. 1–4 mm unterh. des Grannenansatzes endend, die übrigen Haarreihen nur halb so lg. wie die Spelze; Granne bis 40 cm lg.; ↕ 30–80 cm; ♃. V–VII. – Trockenrasen, Felsfluren. – *s*, D: mittl. Nahetal, ST, TH; A: NÖ; *z* CZ. Ⓖ. [*S. stenophylla* (Lindem.) Trautv.] Rossschweif-F., ***S. tirsa*** Steven

— Grundblätt. meist deutl. eingerollt, seltener ± flach, ausgebr. bis 4 mm br., nicht fadenf. ausgezogen; Lig. der Blätt. der Erneuerungstriebe deutlicher ausgeprägt, die der Halmblätt. bis 7 mm lg. **3**

3. Decksp. im ob. Viertel (= 3–6 mm) kahl; — junge Blattspitzen pinself. bis 3 mm lg. behaart; die eingerollten Blätt. ausgebr. 1,5–2,5 mm br.; Blattscheiden ± kahl, matt u. graubraun; Lig. der Halmblätt. 3–5 mm lg., am Rand sehr fein bewimpert; Granne 25–30 cm lg.; ↕ 40–80 cm; ♃. V–VII. – Trockenrasen. – D: *z* BB, ST, TH, *s* BW (Kaiserstuhl, Dünen im nördl. Oberrheintal), BY (Donau, mittl. Maintal, Taubertal, Mittelfr., Unterfr.), Mittelrhein- bis Main-, Hochrheingebiet; *z* A: Bgl, Kt, NÖ; CH: Gr, Vs; *s* CZ; F: Els; *z* I: Bz; *s* PL. Ⓖ. [*S. joannis* Čelak.; incl. subsp. *puberula* (Podp. & Suza) F. M. Vázquez & M. Gut.] Grauscheidiges F., ***S. pennata*** L. (subsp. ***pennata***)

— Decksp. behaart, wenigstens die randl. Haarreihen bis (fast) zur Spitze der Spelzenfläche reichend **4**

4. Die mittl. der 7 Haarreihen der Decksp. kürzer als die beiden benachbarten; — unterste Blattscheiden glatt u. glzd., nicht faserig werdend; Blattspr. meist gerollt **7**

— Die mittl. der 7 Haarreihen der Decksp. länger als die beiden benachbarten **5**

5. Blattspr. an der Spitze nicht pinself. behaart, — auf der Unterseite von vielen großen Stachelhaaren rau, oft zusätzl. m. 0,3–0,6 mm lg. steifen anlgd. Borstenhaaren besetzt; beide Hüllsp. 5–7-nervig; ↕ 30–75 cm; ♃. IV–V. – Trockenrasen. – *s*, nur CZ. [*S. glabrata* P. A. Smirn.; *S. smirnovii* Holub] Rötliches F., ***S. zalesskii*** Wilensky (subsp. ***zalesskii***)

— Junge Blattspitzen pinself. bis 2 mm lg. behaart **6**

6. Blattscheiden der Halmblätt. im ob. Teil durch kurze Stachelhaare rau, unterste braun u. unregelm. zerfasernd; äuß. Hüllsp. 3-, ob. 5-nervig; Ansatzstelle des Blütchens wenig gebogen; — Blattspr. 30–75 cm lg., unterseits kahl u. glatt od. etwas rau; ↕ 50–70 cm; ♃. VI. – Sandtrockenrasen, Binnendünen. ⓖ. [*S. sabulosa* (Pacz.) Sljuss.] Sand-F., ***S. borysthenica*** Prokudin

a. Randl. Haarreihen der Decksp. 3–6 mm vor dem Grannenansatz endend. – *s*, D: BB, MV, früher ST; *s* A: NÖ (Thayatal); PL. Sand-F. (i. e S.), subsp. ***borysthenica***

— Randl. Haarreihen der Decksp. fast bis zum Grannenansatz verlfd. – *s*, D: BB (Gartz); PL? ⓖ. Deutsches Sand-F., subsp. ***germanica*** (Endtm.) Martinovský & Rauschert

— Blattscheiden der Halmblätt. oberw. dicht (bis filzig) behaart, unterste bräunl. u. glzd., später graubraun u. zerfasernd; beide Hüllsp. 5–7-nervig; Ansatzstelle des Blütchens krallenf. gebogen; — Blattspr. 60–120 cm lg., unterseits rau m. kurzen Stachelhaaren; ↕ 40–90 cm; ♃. V–VII. – Trockenrasen auf Glimmerschiefer; 800–1100 m. – *s*, aber bestandsbildend A: Kt, Stm (endemisch). FFH24. Steirisches F., ***S. styriaca*** Martinovský

7 (4). Unterste Blattscheiden oft rotviolett getönt, die darübersthd. bes. oberw. sehr dicht behaart, die obersten ± kahl; Blattspr. unterseits u. oberseits dicht u. weich m. absthd. Haaren; Lig. der Blätt. der Erneuerungstriebe oft 3-zipfelig, 1–3 mm lg., kurz behaart; Staubbeutel 9–10 mm lg.; — Blattspr 15–30 cm lg., ausgebr. 3 mm br., graugrün; randl. Haarreihen der Decksp. bis zur Granne verlfd. od. 1–2 mm zuvor endend, die 3 mittl. Reihen ± gleich; ↕ 30–100 cm; ♃. V–VII. – Trockenrasen, felsige Hänge. – Sehr *s*, D: ST (Nebra); A: NÖ; CZ. ⓖ! Weichhaariges F., ***S. dasyphylla*** (Lindem.) Trautv.

— Unterste Blattscheiden nicht rotviolett getönt, Halme unterh. der Infl. behaart; Blattspr. nicht beiderseits weichhaarig; Lig. der Blätt. der Erneuerungstriebe nicht 3-zipfelig; Staubbeutel ≤ 7 mm lg. **8**

8. Halme unterh. der Infl. längere Strecke dicht u. kurz behaart, 25–40 cm lg.; Ährch. (ohne Granne) 4–5 cm lg., Granne 20–28 cm lg.; Blattspr. bis 35 cm lg., ausgebr. 1,5–2 mm br., oberseits auf den Nerven rau, randl. davon kurz u. dicht behaart; Lig. der Blätt. der Erneuerungstriebe entlang des Rands bewimpert, 4 mm lg.; — Scheiden der ob. Blätt. kurz u. fein behaart od. wenigstens rau; Staubbeutel 5–6 mm lg.; ↕ 30–80 cm; ♃. V–VII. – Trockenrasen, felsige Hänge, Felsspalten (auch alp. Stufe). ⓖ. Zierliches F., ***S. eriocaulis*** Borbás

a. Randl. Haarreihen der Decksp. unterbrochen od. 3–4 mm vor dem Grannenansatz endend; Granne bis 28 cm lg. – *s*, D: S-Baden (Istein); CH: Gr (ob noch?); F: S-Els. ⓖ. [*S. pennata* var. *lutetiana* (H. Scholz) F. M. Vázquez & M. Gut.] Pariser Federgras, subsp. ***lutetiana*** H. Scholz

— Randl. Haarreihen der Decksp. bis zum Grannenansatz verlfd. .... **b**

b. Granne bis 22(–24) cm lg. – *s*, D: BW (Donautal), BY (Berchtesgadener Alp.); Alp. von A; CH; FL; I: Bz. ⓖ. [*S. pennata* subsp. *austriaca* (Beck) Martinovský & Skalický] Österreichisches F., subsp. ***austriaca*** (Beck) Martinovsk

— Granne bis 28(–30) cm lg. – *s*, A: NÖ, Kt; CH; I: Bz. ⓖ. [*S. pennata* subsp. *eriocaulis* (Borbás) Martinovský & Skalický] Zierliches F. (i. e. S.), subsp. ***eriocaulis***

Die Meldung der aus Mazedonien beschriebenen subsp. *dvorakii* (Martinovský & Moraldo) Moraldo & Ricceri [*S. pennata* subsp. *dvorakii* Martinovský & Moraldo] für D war falsch.

— Halme unterh. der Infl. nur kurze Strecke behaart, bis 100 cm lg.; Ährch. (ohne Granne) 6–8 cm lg., Granne 30–45 cm lg.; Blattspr. bis 80 cm lg., ausgebr. bis 3 mm br., oberseits entlang der Nerven kurz u. dicht behaart (od. nur papillös), auf den Nerven nur rau; Lig. der Blätt. der Erneuerungstriebe entlang des Rands nur sehr fein behaart, bis 8 mm lg.; — Staubbeutel 6–7 mm lg.; ↕ 50–120 cm; ♃. V–VII. – Trockenrasen, felsige Hänge. ⓖ. Großes F., Gelbscheidiges F., ***S. pulcherrima*** K. Koch

a. Blattspr. oberseits entlang der Nerven m. sehr kurzen Papillen besetzt; — unt. Blattscheiden der Erneuerungstriebe u. Halme kahl, nur an der Öffnung m. Wimperhaaren; mittl. Haarreihe der Decksp. so lg. wie die beiden benachbarten. – *s*, I: Bz. Weichhaariges F., subsp. ***epilosa*** (Martinovský) Tzvelev

— Blattspr. beiderseits entlang der Nerven kurz behaart .... **b**

b. Blattspr. beiderseits entlang der Nerven u. auf diesen kurz u. dicht behaart; — unt. Blattscheiden der Erneuerungstriebe u. der Halme kahl, oberw. dicht u. kurz behaart; mittl. Haarreihe der Decksp. länger als die beiden benachbarten. – Nur D: BY b. Neuburg/Donau (endemisch?); ob CZ? FFH24; ©!
Bayerisches F., subsp. ***bavarica*** (Martinovský & H. Scholz) Conert

— Blattspr. auf den Nerven nur rau; — unt. Blattscheiden der Erneuerungstriebe u. der Halme kahl od. rau, nur an der Öffnung m. Wimperhaaren .... **c**

c. Mittl. Haarreihe der Decksp. so lg. wie die beiden benachbarten. – *s*, D: BB, BW, BY, RP, ST, SH; A: Kt, NÖ; CH: Vs (ob noch?); CZ (N-Böhmen); PL (Odertal). ©. Großes F. (i. e. S.), subsp. ***pulcherrima***

— Mittl. Haarreihe der Decksp. kürzer als die jeweils benachbarte. – *s*, D: RP bei Bad Dürkheim. ©.
Pfälzer Federgras, subsp. ***palatina*** H. Scholz & Korneck

Mexikanisches F., ***S. tenuissima*** Trin. [*Nassella tenuissima* (Trin.) Barkworth]: Grannen 8 cm lg., im Herbst blassgelb, überwinternd. – Zierpfl. (Heimat: Texas, Mexiko, Patagonien); *s* verwild., z. B. D: BY, A: NÖ, Sb; CH; I: Bz.

Tragus Haller, Klettengras

Stg. am Grund büschelig verzweigt, niederlgd. bis aufstgd.; Blätt. am Rand borstig bewimpert; Blattscheiden bauchig aufgeblasen; Lig. als Haarkranz; Ährch. in traubiger Rispe; ↕ 10–30 cm; ⊙. VI–VIII. – Sandige, steinige Orte. – Ne. (Heimat: S-Eur.); zuw. eingeschleppt, *s* eingebürg., z. B. D: BW (Oberrhein), HE, unbest. BB, BY, HH, NI, NRW, RP, SN, ST; A: NÖ, Stm; *z* CH: Ts, Vd, Vs; CZ; I: Bz. [*Cenchrus racemosus* L.] Traubiges K., ***T. racemosus*** (L.) All.

Weitere *Tragus*-Arten in Teilen von D unbest.

Trisetum Pers., Grannenhafer, Goldhafer

1. Ährenrispe dicht, eif. bis walzl., bis 3(–4) cm lg.; längste Seitenäste (einschl. Ährch.) 1–1,5 cm lg.; Halm unterh. der Infl. behaart — Decksp. oben tief eingeschnitten, m. 2 schmalen, in je eine 2–3 mm lg. Granne auslfd. Seitenlappen; Ährch. gelb, 3 mm lg. (ohne Grannen), Granne 6–12 mm lg., gekniet; Ährch. 2-blütig; Ährenrispe dicht spindelf., 1,5–3 cm lg. u. 0,5–1,5 cm br.; Haare der Ährch.Achse z. T. 1,5–2 mm lg.; Blattspr. bis 4 cm lg.; ↕ 5–20 cm; ⊙. IV–V. – Felsgrusgesellschaften, Wege. – Sehr *s* CH: Vs. [*Trisetaria loeflingiana* (L.) Paunero]
Cavanilles G., ***T. cavanillesii*** Trin.

— Infl. wenigstens z. Bltzt. locker ausgebr.; längste Seitenäste (einschl. Ährch.) 2–3,5 cm lg.; Halm unterh. der Infl. kahl **2**

2. Pfl. ohne oberird. Ausläufer; Ährch.Achse sehr kurz behaart; — äuß. Hüllsp. 1-, ob. 3-nervig; Granne scharf geknickt; unt. Blattscheiden mind. m. einigen längeren Haaren **4**

— Pfl. m. längeren, oberird. Ausläufern; Ährch.Achse dicht bis 3 mm lg. behaart; — Rispe bis 6 cm lg.; Pfl. bis 30 cm hoch **3**

3. Haare der Ährch.Achse fast bis zur Ansatzstelle der Decksp. hinaufreichend; Rispe im Umriss eif.; Blattspr. starr, breiter (bis 3 mm); — Ährch. 6,5–9 mm lg.; Blätt. der nichtblhd. Triebe deutl. 2-zeilig; ↕ 10–20 cm; ♃. VII–VIII. – Schutthalden, Felsspalten; auf Kalk; 1000–3000 m. – Alp., *s*, D; *z* A; CH; FL; I: Bz. [*Acrospelion distichophyllum* (Vill.) Barberá]
Zweizeiliger Gr., ***T. distichophyllum*** (Vill.) P. Beauv.

— Haare der Ährch.Achse kaum die Hälfte bis zur Ansatzstelle der Decksp.Granne hinaufreichend; Rispe im Umriss schmaler, fast lanzettl.; Blattspr. schlaff, schmaler (bis 1,5 mm); — Ährch. ≤ 6,5 mm lg.; ↕ 25–35 cm; ♃. VII–VIII. – Steinschuttfluren, Felsen; kalkstet; oberh. 1600 m. – *s*, A: Kt, OTi; I: Bz. Silberhafer, ***T. argenteum*** (Willd.) Roem. & Schult.

4 (2). Stg.Knoten von den Blattscheiden nicht bedeckt; oberste Blätt. die bis 20 cm lg. Rispe erreichend; längste Rispenäste m. bis 12 Ährch. (Gebirgsformen oft weniger); inn. Hüllsp. verkehrt eif. (oberh. der Mitte am breitesten); Frkn. behaart; Ährch. meist goldgelb (bis grünl.); — Rispenäste rau; ↕ 30–80 cm; ♃. V–VI. – Wiesen ab der kollinen Stufe aufw., Bergwiesen. [*T. pratense* Pers.] Gold-Gr., Wiesen-G., Gewöhnlicher G., ***T. flavescens*** (L.) P. Beauv.

a. Blätt. < 5 mm br.; Infl. locker, ausgebr., (gold)gelb; Ährch. 2-blütig, 7,5 mm lg.; 2n = 28. – *v* im Geb. bis 2700 m („Goldhaferwiesen"), sonst *z*, im N nur verschleppt. Wiesen-G. (i. e. S.), subsp. ***flavescens***

— Blätt. 5–10 mm br.; Infl. dicht, purpurfarben; 3–4-blütig, Ährch. 7,5 mm lg.; 2n = 12. – Alp. von D, A: Ti, Vb; CH; I: Bz. Violetter Gold-G., subsp. ***purpurascens*** (DC.) Arcang.

— Stg.Knoten von den Blattscheiden bedeckt; oberste Blätt. die bis 6 cm lg. Rispe nicht erreichend; längste Rispenäste m. meist 3 (selten bis 6) Ährch.; inn. Hüllsp. eif. (in der Mitte am breitesten); Frkn. kahl; Ährch. ± violett überlaufen; ↕ bis 30 cm; ♃. V–VII. – Steinige Rasen u. Hänge; auf Kalk; bes. Krummholzstufe, 1000?–2000 m. – A: *z* Kt, NÖ, OÖ, Sb, Ti, *s* Stm; *s* CH; *z* F: Hohneck/Vog.; I: Bz. [*T. flavescens* subsp. *alpestre* (Host) Asch. & Graebn.]
Alpen-Gr., ***T. alpestre*** (Host) P. Beauv.

× ***Triticosecale*** A. Camus, Tritikale, Rimpauweizen

Pfl. je nach Sorte mehr dem Roggen od. Weizen ähnl.; Ährch. mehrblütig, meist 3 Körner ausbildend; Hüllsp. br., stumpf; Grannen 3-5 cm lg.; ⊙. VI–VII. – Äcker. – *z* angebaut. – Allotetraploide Hybride aus ♀ *Triticum turgidum* subsp. *durum* od. ♀ *T. aestivum* m. ♂ *Secale cereale*. [*Triticale* Tscherm.-Seys.]
Blaringhem-T., × ***T. blaringhemii*** A. Camus

Weitere Hybriden: × ***T. neoblaringhemii*** A. Camus, × ***T. schlanstedtensis*** Wittm., × ***T. semisecale*** (Mackey) K. Hammer & Filat.

Triticum L., Weizen

Blattspr. am Grund geöhrt u. deutl. bewimpert (*303/2a*); Lig. kurz, quer abgestutzt (*303/2b*). Wichtige Kulturpfl. Gelegentl. adventiv auftretend. Die Gattung *Aegilops* wird von einigen Autoren zu *Triticum* gestellt.

1. Fr. bei Reife lose von Spelzen umhüllt, ausfallend; Ährenachse nicht brüchig (Nacktweizen) **4**

— Fr. bei Reife von Spelzen fest umschlossen; Ährenachse z.T. brüchig; — Grannen bis 10 cm lg. (Spelzweizen) **2**

2. Ähre 4-kantig; Ährch. locker sthd., 3–5-blütig, meist m. 2 fertilen Blüten, m. dem über ihnen sthd. Achsenstück abfallend; Halm dünnwandig, hohl; ↕ 80–150 cm; ⊙; 2n = 42 (hexaploid). VI. – Nur kult. bekannt, vermutl. entstanden aus *T. turgidum* subsp. *dicoccon* × *T. aestivum* subsp. *compactum*; überwgd. als Winterfr. zur Grünkernherstellung; noch kult. D: BW, RP; A: OÖ, Sb; B; L. [*T. spelta* L.] Spelz, Dinkel, ***T. aestivum*** subsp. ***spelta*** (L.) Thell.

— Ähre abgeflacht; Ährch. dicht dachig sthd., m. dem unter ihnen sthd. Achsenstück abfallend; Halm markig od. starkwandig **3**

3. Hüllsp. fast geflüg., scharf gekielt, an der Spitze m. 1 scharfen Zahn; Ährenachse an den Ansatzstellen der Ährch. m. Haarbüscheln; Ährch. 3(–4)-blütig, m. meist 2 fertilen Blüten, daher Ährch. 2-grannig; Vorsp. auch z. Reifezt. ungeteilt; Halmknoten kahl; ↕ 80–120 cm; ⊙; 2n = 28 (tetraploid). VI–VII. – Nur kult. bekannt, kult. seit ≈ 7500 v. Chr.; angebaut D; A; CH; CZ. [*T. dicoccon* Schrank] Emmer, ***T. turgidum*** subsp. ***dicoccon*** (Schrank) Thell.

— Hüllsp. scharf gekielt, an der Spitze 2-zähnig; Ährenachse nur schwach behaart; Ährch. 2-blütig, m. nur 1 fertilen Blüte, daher Ährch. 1-grannig; Vorsp. z. Reifezt. tief 2-spaltig; Halmknoten behaart; ↕ ≤ 120 cm; ⊙; 2n = 28 (tetraploid). VI–VII. – Kult. seit ≈ 7500 v. Chr. (Heimat: Anatolien, Kaukasus, Transkaukasien), damals Hauptgetreide; angebaut D; A; CH.
Einkorn, ***T. monococcum*** L.

4 (1). Decksp. 25–40 mm lg., — z. Reifezt. papierart., 10-nervig; Achse an der Ansatzstelle des Ährch. m. Haarbüscheln; Hüllsp. scharf gekielt; ↕ 100–150 cm; ⊙; 2n = 28 (tretraploid). VI–VII. – Nur kult. bekannt; vermutl. entstanden aus *T. durum* subsp. *durum*; in M-Eur. kaum mehr kult. (B?); Ursprung: Spanien (nicht „Polnischer W.", da Galizien in Spanien, nicht in PL gemeint). [*T. polonicum* L.] Galizischer W., Gommer, ***T. turgidum*** subsp. ***polonicum*** (L.) Thell.

— Decksp. ≤ 12 mm lg. **5**

5. Hüllsp. scharf bis flügelart. gekielt; Achse an der Ansatzstelle der Ährch. m. Haarbüschel; Halm im ob. Teil dickwandig (bis markig) **7**

— Hüllsp. nur oberw. gekielt, im unt. Teil abgerundet; Achse an der Ansatzstelle der Ährch. ohne Haarbüschel; Halm in seiner ganzen Länge dünnwandig, hohl **6**

6. Ähre dicht, ≤ 3-mal so lg. wie br.; ob. Achsenabstände zw. den Ährch. 1–3 mm; — Decksp. unbegrannt (Binkel-W.) od. m. bis 9 cm lg. Grannen (Igel-W.); ↕ 90–140 cm; ⊙; 2n = 42 (hexaploid). VII. – Nur kult. bekannt (ältester kult. Nacktweizen); kult. noch in A: Kt, Sb, Ti, Vb. [*T. compactum* Host] Zwerg-W., ***T. aestivum*** subsp. ***compactum*** (Host) Mackey

— Ähre locker, > 3-mal so lg. wie br.; ob. Achsenabstände zw. den Ährch. 4–8 mm; — Decksp. unbegrannt od. m. bis 15 cm lg. Grannen; ↕ 80–150 cm; ⊙; 2n = 42 (hexaploid). VI–VII. – Weltweit wichtigste Getreideart, kult. seit 6. Jahrtausend v. Chr.; entstanden aus *T. urartu* × *Aegilops speltoides* × *A. tauschii*; in zahlr. Sorten *v* kult. [*T. hybernum* L.] Saat-W., ***T. aestivum*** L.

7 (5). Hüllsp. fast so lg. wie die unt. Blüte, fast flügelart. gekielt, außerdem noch m. schwach gezähntem Nebenkiel; Ähre schlank, seitl. zus.gedrückt; Blätt. fast kahl; Fr. längl.-spitz; — Ähre ohne Grannen 4–6 cm lg.; Granne bis 20 cm lg.; ↕ 60–130 cm; ⊙; 2n = 28 (tetraploid). VI–VII. – Wichtigste Weizen(unter)art nach *T. aestivum* subsp. *aestivum*; nur kult. bekannt; vermutl. entstanden aus *T. turgidum* subsp. *dicoccon*; kult. heute noch in A: Stm; ob noch in D? [*T. durum* Desf.]
Durum, Hart-W., Glas-W., Makkaroni-W., ***T. turgidum*** subsp. ***durum*** (Desf.) Husn.

— Hüllsp. nur zwei Drittel so lg. wie die unt. Blüte, scharf, aber nicht flügelart. gekielt, ohne Nebenkiele; Ähre kräftig, im ∅ (fast) quadrat.; Blätt. weichhaarig; Fr. dick bauchig; — Ähre ohne Grannen 6–18 cm lg.; ↕ 80–150 cm; ⊙; 2n = 42 (tetraploid). VI–VII. – Nur kult. bekannt; vermutl. entstanden aus *T. turgidum* subsp. *dicoccon*; kult. heute noch in A?
Rau-W., Englischer W., ***T. turgidum*** L.

Weitere Unterart: Chorasan-W., Kamut®, subsp. ***turanicum*** (Jakubz.) Á. Löve & D. Löve [„*T. turgidum* × *polonicum*"]: Ährch. 16–20 mm lg., 3–5-blütig, Fr. doppelt so groß wie bei Saat-W. – Heimat: Iran.

Ventenata Koeler, Schmielenhafer, Grannenhafer

Lig. bis 1 cm lg., da am Rand herablfd.; Blätt. oberseits rau; Rispe bis 20 cm lg.; Ährch. 2–3-blütig, grünl.; Hüll- u. Decksp. kurz begrannt, die ob. Decksp. auch 2-spitzig, außerdem m. geknieter rückenst. Granne; ↕ 30–70 cm; ⊙–⊙; VI–VII. – Ruderalstellen, Trockenrasen. – D: *s* BY, HE, NRW, RP, ST, TH, andernorts unbest.; A: *s* Bgl, NÖ, früher Stm; *s* CH: Vs; früher B; *s* CZ. [*V. avenacea* Koeler]
Schlanker S., Zweifelhafter G., ***V. dubia*** (Leers) Coss.

Zea L., Mais

Stg. markig, an der Basis bis 4 cm ∅; Blätt. 5–12 cm br.; ↕ bis 3 m; ⊙. VII–IX. – In zahlr. Sorten *v* kult., zuw. verwild., auch Zierpfl. (Heimat: M-Am.). – Durch jahrtausendelange Auslese und Züchtung aus der heute noch in S-Mexiko/Guatemala vorkommenden Teosinte (*Euchlaena mexicana*) entstanden.
Mais, ***Z. mays*** L.

Eudikotyle (Eudikotyledonen), Zweikeimblättrige Pflanzen

Ordnung: Ceratophyllales, Hornblattartige

Familie: Ceratophyllaceae, Hornblattgewächse (Bearbeiter: Jens G. Rohwer)

Submerse, wurzellose Pfl. m. quirlig angeordneten, gabelig geteilten, hornart. knorpeligen Blätt. u. eingeschl. Blüten; Blütenhülle 9–12-blättr.; Staubblätt. 10–20; Frkn. 1. Einzige Gattung:

Ceratophyllum L., Hornblatt

1. Blätt. 3–4-mal gabelspaltig, m. 6–13 haarfeinen, weichen, kaum stacheligen Zipfeln (*326/2a*); — Fr. ohne Stacheln, m. kurzem, gebogenem Gr.Rest (*326/2b*); ↔ 30–70 cm; ♃. VI–VII. – Sthd. Gewässer. – *z*, in D bes. im N u. O, Oberrhein, sonst *s; z* B; N-CH; CZ; DK; F; *s* I: Bz; *z* NL; PL. Zartes H., ***C. submersum*** L.

— Blätt. 1–2-mal gabelspaltig, starr, m. 2–4, dicht stachelig gezähnten Zipfeln (*326/1a*) 2

2. Fr.Stacheln so lg. wie od. etwas länger als die Fr., diese ellipsoidisch; Fr. m. endst. u. 2 basalen Stacheln (*326/1b*); ↔ 30–100 cm; ♃. VI–IX. – Langsam fließ. u. sthd. Gewässer. – *v*. Raues H., ***C. demersum*** L.

— Fr.Stacheln doppelt so lg. wie die 3-kantige Fr.; ↔ 30–70 cm; ♃. VII–IX. – Langsam fließ. u. sthd. Gewässer. – *s*, in D: BY; sonst ausgestorben? Breitstachliges H., ***C. platyacanthum*** Cham.

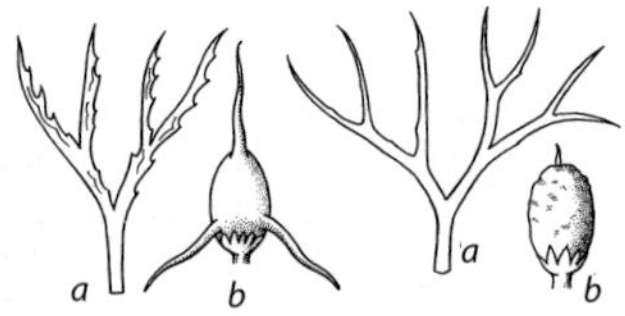

326/1 *326/2*

Ordnung: Ranunculales, Hahnenfußartige

Familie: Papaveraceae [incl. Fumariaceae, Erdrauchgewächse], Mohngewächse (Bearbeiter: Jens G. Rohwer)

Pfl. krautig, m. od. ohne Milchsaft; Blüten radiär (*327/2*), disymmetr. (*41/11*) od. zygomorph (*327/3, 328/5, 328/6, 328/8a*); Kelchblätt. 2 (*327/1*, K), oft beim Aufblühen abfallend; Kronblätt. 4(–6), selten fehlend; Frkn. oberst.; Fr. eine Kapsel (*328/1–328/4*), Schote (meist ohne Scheidewand, *327/5*) od. Nuss (*327/6*).

1. Blüten disymmetr. (*41/11*) od. zygomorph u. dann meist gespornt od. ausgesackt (*327/3, 328/5, 328/6, 328/8a*); Pfl. ohne Milchsaft 7

— Blüten radiär; Pfl. meist m. Milchsaft 2

2. Kronblätt. fehlend; Kelchblätt. beim Aufblühen abfallend, daher offene Blüte ohne Blütenhülle; — Blätt. blaugrün, ± handf. 7–9-lappig .... ***Macleaya***, 330

— Kronblätt. z. Bltzt. vorhanden 3

3. Kelchblätt. vollst. verwachsen, beim Aufblühen sich mützenf. abhebend, ihre Basis als kragenf. Ring bleibend; Blätt. gefied. u. Blattzipfel linealisch; Milchsaft farblos, wässrig; — Kronblätt. meist orange .... ***Eschscholzia***, 328

— Kelchblätt. 2, nicht verwachsen; Blätt. nicht gefied., od. wenn gefied., dann Zipfel breiter, nicht linealisch; Milchsaft meist weiß od. orange-gelb 4

4. Blüten in Dolden; Milchsaft orange; Fr. 2-klappige Schote ohne Scheidewand (*327/4a*); Samen schwarz, m. weißem Anhängsel (*327/4b*) .... ***Chelidonium***, 327

— Blüten einzeln; Milchsaft meist weiß, selten gelb; Fr. anders; Samen ohne Anhängsel **5**

5. Narbe scheibenf., sitzend, 4–20-strahlig (*49/6, 328/1–328/4*); Fr. eine Porenkapsel (*Taf. 27: 8*) .... ***Papaver***, 330

— Narbe 2–7-lappig, nicht scheibenf., auf Gr., od. Frkn. insges. stielf.; Fr. eine Schote od. Übergangsform zwischen Poren- u. Zähnchenkapsel **6**

6. Narbe 4–7-lappig; Fr. 4–7-klappige Kapsel (*328/9*), < 4 cm lg. .... ***Meconopsis***, 330

— Narbe 2-lappig; Fr. eine Schote m. Scheidewand, 10–22 cm lg. .... ***Glaucium***, 329

7 (1). Blüten zygomorph, m. Sporn (*327/3, 328/6*) od. tief ausgesackt (*328/5, 328/8a*) **9**

— Blüten disymmetr., ohne Sporn; Krone höchstens etwas ausgesackt **8**

8. Blüten herzf. (*41/11*), hgd., meist rosarot, selten weiß., in einseitswendigen, bogig überhgd. Trauben .... ***Lamprocapnos***, 329

— Blüten nicht herzf., gelb; Kronblätt. 4, die inn. tief 2-lappig, die äuß. seicht 3-lappig ***Hypecoum***, 329

9 (7). Fr. 1-samige, kugelige Nuss (*327/6, 328/7, 328/8b*); — Sporn kurz, nur sackf. (*328/5, 328/6, 328/8a*); Pfl. 1-j.; Kronblätt. (purpur-)rot, rosa od. weiß .... ***Fumaria***, 328

— Fr. schotenf., mehrsamig (*327/5*) **10**

10. Pfl. m. Blattranken kletternd, zart, 50–100 cm lg.; — Blüten klein, gelbl.weiß; Sporn kurz, sackf. .... ***Ceratocapnos***, 327

— Pfl. nicht rankend, meist kleiner **11**

11. Pfl. 1-stängelig (selten 2-stängelig), am Grund m. Knolle; Stg. meist 2-blättr., 10–70 cm lg.; Blüten hell (rot-)violett, rosa od. weiß .... ***Corydalis***, 328

— Pfl. mehrstängelig, ohne unterird. Knolle; Stg. stets mehrblättr.; Kronblätt. gelb, gelbl.weiß od. weiß **12**

12. Sporn 5–7 mm lg., ≈ zwei Drittel so lg. wie die Kronblätt. (*327/3*); Kronblätt. weiß m. (grünl.-)gelber Spitze; Blütentraube 2–8-blütig; unterstes Tragblatt der Blüten fiederteilig, den Laubblätt. ähnl., die ob. einfacher .... ***Corydalis capnoides***, 328

— Sporn 2–4 mm lg., sackf.; Kronblätt. gelb od. gelbl.weiß; Tragblätt. der Blüten alle ungeteilt, klein .... ***Pseudofumaria***, 331

Ceratocapnos Durieu [*Corydalis* p. p.], Rankenlerchensporn

Stg. m. Blattranken kletternd, zart, stark verzweigt, 50–100 cm lg.; Blüten klein, 5–6 mm lg., gelbl.-weiß; Sporn kurz, sackf.; ↔ 50–100 cm; ⊙. VI–IX. – Eichen- u. Kiefernwälder; kalkmeidend. – *v–z*, D: NI, NRW, SH; B; NL; DK, NL; sonst *z–s*. [*Corydalis claviculata* (L.) DC.]

Europäischer R., ***C. claviculata*** (L.) Lidén

Chelidonium L., Schöllkraut

Pfl. 30–70 cm hoch, oft wollig behaart; Blätt. gefied., unterseits blaugrün; Fiedern ungleich doppelt gekerbt od. gelappt; Blüten gelb, m. zahlr. Staubblätt.; Fr. bis 5 cm lg. (*327/4a*); ↕ 30–70 cm; ♃. V–IX. – Feuchte Ruderalstellen. – *v*. – Giftig!

Schöllkraut, ***C. majus*** L.

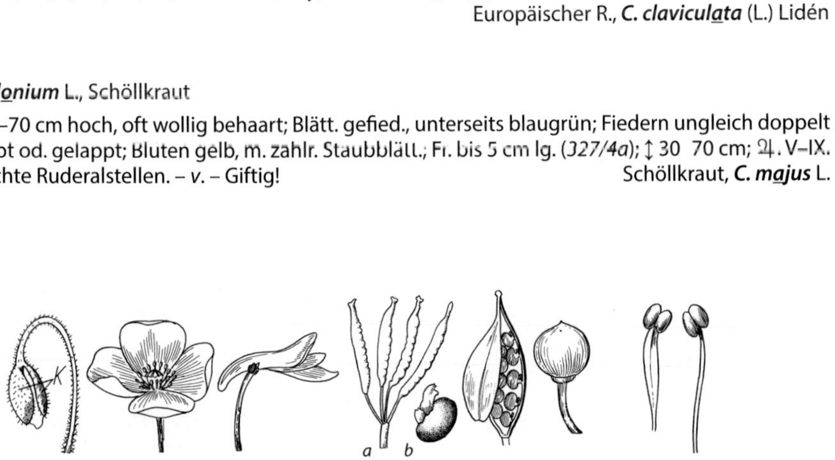

327/1 *327/2* *327/3* *327/4* *327/5* *327/6* *327/7* *327/8*

Corydalis Vent. [excl. *Ceratocapnos* Durieu u. *Pseudofumaria* Medik.], Lerchensporn

1. Pfl. mehrstängelig, ohne unterird. Knolle; Stg. verzweigt, m. > 2 Blätt. u. mehreren Blütentrauben; Krone weiß, Spitze gelb; ↕ 30–70 cm; ⊙. V–X. – Felsspalten, Mauern. – *s*, A: Stm; I: Bz; PL; auch eingeschleppt. Armblütiger L., ***C. capnoides*** (L.) Pers.

— Pfl. 1-stängelig (selten 2-stängelig), am Grund m. Knolle; Stg. meist unverzweigt; Krone hell (rot-)violett, rosa od. weiß, ohne gelb; Pfl. ausd.; Bltzt. März–Mai **2**

2. Tragblätt. der Blüten eif., ganzrandig **4**

— Tragblätt. der Blüten keilf., fingerf. eingeschnitten **3**

3. Blüten 12–15 mm lg., ihr Stiel höchstens ein Viertel so lg. wie der fast gerade Sporn; Traube 1–5(–10)-blütig, z. Frzt. nickend; ↕ 5–20 cm; ♃. III–IV. – Lichte Wälder, Gebüsch. – D: *z* in ST, sonst *s* in N- u. O-D; *z* A; CZ; DK; PL. Zwerg-L., ***C. pumila*** (Host) Rchb.

— Blüten 16–21 mm lg., ihr Stiel mind. halb so lg. wie der am Ende abw. gekrümmte Sporn; Traube 4–20-blütig, auch z. Frzt. aufr.; ↕ 10–25 cm; ♃. III–IV. – Lichte Wälder, Gebüsch. – *z*, *s* im N. [*C. bulbosa* (L.) DC.] Gefingerter L., ***C. solida*** (L.) Clairv.

4 (2). Blüten 10–15 mm lg., Traube 1–5(–8)-blütig, z. Frzt. nickend; Stg. am Grund m. 1 bleichen Niederblatt; Knolle kugelig, massiv; ↕ 5–20 cm; ♃. III–IV. – Lichte Wälder, Gebüsch. – *z*; *f* B; NL. [*C. fabacea* (Retz.) Pers.] Mittlerer L., ***C. intermedia*** (L.) Mérat

— Blüten 18–28 mm lg., Traube (4–)6–20-blütig, auch z. Frzt. aufr.; Stg. am Grund ohne Niederblatt; Knolle im Alter hohl; ↕ 10–35 cm; ♃. III–V. – Nährstoffreiche Laubwälder. – *v* im S, *z* im NO, *s* im NW. – Giftig! [*C. bulbosa* (L.) Pers. non (L.) DC.] Hohler L., ***C. cava*** (L.) Schweigg. & Körte

Eschscholzia Cham., Kappenmohn, Eschscholzie

Blätt. mehrfach gefied. m. blaugrünen, linealischen Zipfeln; Kronblätt. leuchtend orangegelb (selten rot od. weiß); ↕ 20–60 cm; ⊙. VI–X. – Ruderalstellen. – Zierpfl. (Heimat: Kalifornien); *s* verwild. – Giftig! Kalifornischer K., Schlafmützchen, ***E. californica*** Cham.

Fumaria L., Erdrauch

1. Stg. lg., schlaff, niederlgd. od. kletternd; — Blattstiele oft rankend; reife Fr. glatt **8**

— Stg. aufstgd. od. aufr., selten kletternd od. kriechend **2**

2. Kelchblätt. (leicht abfallend) sehr klein, 0,5–1 mm lg. (*328/5*), höchstens ein Viertel so lg. wie die Krone **6**

— Kelchblätt. 2–3 mm lg., ≈ ein Drittel bis halb so lg. wie die Krone ohne den Sporn (*328/6*) .. **3**

3. Kelchblätt. schmaler als die 5–8 mm lg. Kronröhre u. ≈ ein Drittel so lg. wie diese; Blüten purpurrot, an der Spitze dk.rot, m. grünem Kiel **5**

— Kelchblätt. so br. wie od. breiter als die Kronröhre (*328/6*), ≈ halb so lg. wie diese; Blüten rosa bis weiß, an der Spitze dk.purpurrot **4**

4. Äuß. Kronblätt. kurz geschnäbelt (*328/8a*); Fr. kurz bespitzt (*328/8b*), schwach runzelig; ↕ 20–50 cm; ⊙. VI–IX. – Äcker, Ruderalstellen. – *s*, D: SN, ST, TH; A; CZ; PL. Geschnäbelter E., ***F. rostellata*** Knaf

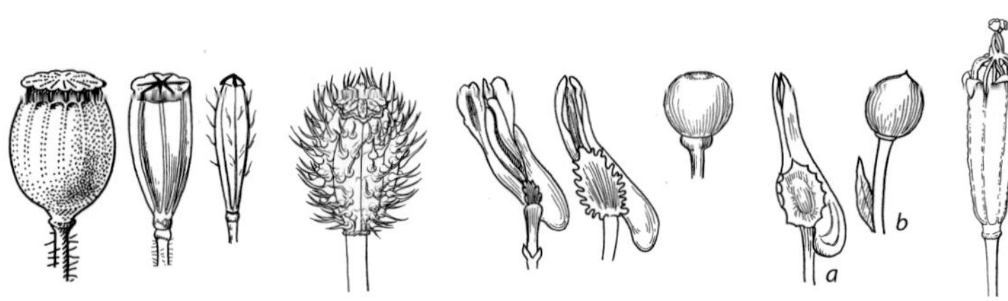

328/1 *328/2* *328/3* *328/4* *328/5* *328/6* *328/7* *328/8* *328/9*

— Äuß. Kronblätt. nicht geschnäbelt, rosarot bis weiß, an der Spitze dk.rot; Fr. kugelig, stumpf, an der Spitze m. 2 rundl. Grübchen, etwa so lg. wie der Fr.Stiel; — Blüten in anfangs gedrängten, sich später verlängernden Trauben; ↕ 15–45 cm; ⊙. V–VI. – Ruderalstellen – Nur vorüberghd. eingeschleppt (Heimat: W- u. S-Eur.). [*F. micrantha* Lag.]
Dichtblütiger E., ***F. densiflora*** DC.

5 **(3).** Traube meist 20–40-blütig; Blüten m. Sporn ≈ 8 mm lg.; Fr. breiter als hoch, oben eingedrückt; ↕ 15–30 cm; ⊙. IV–X. – Äcker, Ruderalstellen. – *v*. Gewöhnlicher E., ***F. officinalis*** L.

— Traube 10–20- blütig; Blüten m. Sporn 5–6 mm lg.; Fr. fast kugelig, oben nicht eingedrückt; ↕ 10–40 cm; ⊙. V–X. – Äcker, Ruderalstellen. – *z* in D: N-BY, S-HE, RP, sonst *s*.
Wenigblütiger E., ***F. wirtgenii*** W. D. J. Koch

6 **(2).** Tragblätt. der Blüten ≈ ein Drittel so lg. wie die aufr. absthd. Fr.Stiele; Blüten ≈ 5 mm lg., rosarot, an der Spitze dk.rot, m. grünem Kiel; — Fr. kugelig, kurz bespitzt; ↕ 15–30 cm; ⊙. V–X. – Äcker. – *s*, D: BW, BY, S-NRW, RP, SN, ST, TH; A; CZ; I: Bz; PL; im N *f*.
Dunkler E., ***F. schleicheri*** Soy.-Will.

— Tragblätt. der Blüten ≈ so lg. wie die Fr.Stiele; Blüten blassrot bis weiß, m. dunkler Spitze .. **7**

7. Fr. kugelig, stumpf [selten bespitzt, var. *schrammii* (Asch.) Hausskn.], glatt; Blüten blassrot; Blattfiedern lanzettl., flach; ↕ 15–30 cm; ⊙. V–X. – Äcker, Ruderalstellen, Weinberge. – *v* im S, *s* im N. Buschiger E., ***F. vaillantii*** Loisel.

— Fr. rundl. eif., bespitzt, runzelig-rau; Blüten weißl., an der Spitze dk.purpurrot; Blattfiedern linealisch, rinnig; ↕ 15–30 cm; ⊙. VI–IX. – Gemüseäcker, Weinberge. – *s*, in W-, SW- u. M-D, meist unbest., im N *f*; s CH; NL; sonst S-Eur. Kleinblütiger E., ***F. parviflora*** Lam.

8 **(1).** Blüten rosa bis weiß, m. dk.purpurroter Spitze 10–15 mm lg.; Fr. kugelig abgestutzt, oben m. 2 rundl. Gruben; Fr.Stiele stark herabgekrümmt; ↕ 30–80 cm; ⊙. V–IX. – Wegränder, Ruderalstellen. – *s*, D: NRW; B; CH; DK; F; NL; zuw. eingeschleppt.
Rankender E., ***F. capreolata*** L.

— Blüten purpurn, an der Spitze fast schwarz, 5–12 mm lg.; Fr. kugelig, nicht abgestutzt; Fr.Stiele absthd.; ↕ 30–60 cm; ⊙. VI–IX. – An Mauern. – *s*, D; B; DK; F; L; NL.
Mauer E., ***F. muralis*** W. D. J. Koch

Glaucium Mill., Hornmohn

1. Blüten gelb; Fr. 15–22 cm lg., linealisch, hornart. gebogen; Blätt. dickl., fiederteilig, m. gezähnten od. gelappten Fiedern, zerstreut behaart; ↕ 30–80 cm; ⊙–♃. VI–VII. – Schutt- u. Sandfelder, Dünen. – *s*, Küstengebiet (bes. Inseln) von D: NI, SH; B; DK; NL; sonst *s–z* eingeschleppt, bes. D: ST, TH. – Giftig! Gelber H., ***G. flavum*** Crantz

— Blüten rot od. orange, am Grund oft m. schwarzen Flecken; Fr. 10–20 cm lg., nur schwach gebogen; Blätt. buchtig fiederspaltig, m. ungleich gezähnten Fiedern; Pfl. steifborstig; ↕ 15–50 cm; ⊙–⊙. VI–VIII. – Äcker, Sandplätze. – *s*, D: BB, BW, BY, BY, HE, MV, NRW, RP, SN, ST, TH; A; CH; CZ; DK, F; auch eingeschleppt. – Giftig! Roter H., ***G. corniculatum*** (L.) Rudolph

Hypecoum L., Gelbäugelchen

Blüten gelb, disymmetr.; Blätt. gefied., m. doppelt fiederteiligen Fiedern; ↕ 10–30 cm; ⊙. VI–VII. – Schuttfluren, Getreidefelder. – *s*, aus S-Eur. eingeschleppt, D: RP.
Hängende Lappenblume, ***H. pendulum*** L.

Lamprocapnos Endl. [*Dicentra* Bernh.], Herzblume, Tränendes Herz

Blüten rosarot, disymmetr. (*41/11, Taf. 14: 1*), hgd., in lg. einseitswendigen Trauben; ↕ 40–80 cm; ♃. IV–V. – Zierpfl. (Heimat: O-As.). – Giftig! [*D. spectabilis* (L.) Lem.]
Zweifarbige H., ***L. spectabilis*** (L.) Fukuhara

Macleaya R. Br., Federmohn

1. Staubblätt. 8–12; Fr. rundl., 1-samig; Blattspr. bis 15 cm lg.; ↕ 120–200 cm; ♃. VI–IX. – Gartenpfl. (Heimat: O-As.); *s* verwild., D: HE, unbest. BB (Berlin), BY, SN; CH; NL. – Giftig!
Kleinfrüchtiger F., ***M. microcarpa*** (Maxim.) Fedde

— Staubblätt. 24–30; Fr. verkehrt eif. bis lanzettl., m. 4–6(–8) Samen; Blattspr. bis 30 cm lg.; ↕ 150–250 cm; ♃. VI–IX. – Gartenpfl. (Heimat: O As.); *s* verwild., teilw. unbest., D: BB, BW, BY, HE, MV, NRW, RP, SN; CH; F; NL. – Giftig! Weißer F., ***M. cordata*** (Willd.) R. Br.

Meconopsis Vig. [*Parameconopsis* Grey-Wilson], Scheinmohn

Blüten gelb od. orange; Kronblätt. 2–4 cm lg.; Kapsel längl. (*328/9*), 2–4 cm lg., kahl; Blätt. gefied. od. fiederspaltig; ↕ 30–60 cm; ♃. V–VI. – Hecken, Waldränder u. schattige Stellen. – Zierpfl. (Heimat: W-Eur.); *s* verwild., D: BW, BY, HE, NRW, SH, SN, TH; A; CH; DK; NL. [*Papaver cambricum* L.; *Parameconopsis cambrica* (L.) Grey-Wilson] Wald-S., ***M. cambrica*** (L.) Vig.

Kadereit et al. (2016) befürworten Einschluss dieser Art in *Papaver*.

Papaver L., Mohn

1. Blätt. in grundst. Rosette; Blütenstg. unverzweigt, 1-blütig; Blüten weiß, gelb od. orangerot **7**

— Blätt. (auch) am meist verzweigten Stg. verteilt; Blüten meist rot bis orangerot, bei Kulturpfl. weiß, rosa od. violett **2**

2. Blätt. wenig geteilt, stg.umfassend, blaugrün bereift, kahl; Blüten weiß, rosa od. violett, am Grund m. dk. Flecken; ↕ 50–150 cm; ⊙. VI–VIII. – Als Ölpfl. angebaut, stellenw. verwild. (Heimat: wahrscheinl. westl. MMG); *z*. – Giftig! Schlaf-M., ***P. somniferum*** L.

— Blätt. stark zerteilt, nicht stg.umfassend, behaart; Blüten meist rot **3**

3. Staubfäden zur Spitze keulenf. verbreitert (*327/7*); Kapsel borstig (*328/3, 328/4*), selten kahl **5**

— Staubfäden spitzenw. nicht verbreitert (*327/8*); Kapsel kahl **4**

4. Kapsel verkehrt eif., m. abgerundetem Grund (*328/1*), ≈ doppelt so lg. wie br. od. kürzer; Narbenstrahlen 18–14, sich gegenseitig m. den Rändern deckend; Blütenstiel, Stg. u. Blätt. absthd. od. anlgd. borstig behaart (Behaarung sehr variabel); ↕ 30–80 cm; ⊙. V–VII. – Äcker. – *v*. Formenreich. – Giftig! Klatsch-M., ***P. rhoeas*** L.

— Kapsel keulenf. walzl., allmähl. in den Stiel verschmälert, m. erhabenen Längslinien (*328/2*); Narbenstrahlen 4–9, sich meist nicht deckend; Blütenstiel angedrückt behaart, Stg. u. Blätt. absthd. behaart; ↕ 30–70 cm; ⊙. V–VI. – Sandige Äcker. – *v*. Saat-M., ***P. dubium*** L.

a. Kapsel am Grund fast stielart., konkav verschmälert; Milchsaft frisch farblos bis weiß, getrocknet dk.braun. – *v–z*. Saat-M. (i. e. S.), subsp. ***dubium***

— Kapsel am Grund konvex-bauchig bis gerade-keilf. .... **b**

b. Kronblätt. frisch weiß bis rosa od. violettrot, am Grund oft außen m. rötl.schwarzem Fleck; Milchsaft frisch gelb, getrocknet gelb bis rot. – *s*, O-A. [*P. albiflorum* (Elkan) Pacz.]
Weißer Saat-M., Südmährischer Saat-M., subsp. ***austromoravicum*** (Kubát) Hörandl

— Kronblätt. frisch orangerot, ohne dk. Fleck .... **c**

c. Milchsaft frisch gelb; Kapseln zylindr., am Grund plötzl. verengt. – *s*, sicher bisher nur CH; CZ. [*P. lecoqii* Lamotte] Lecoq-M., subsp. ***lecoqii*** (Lamotte) Syme

— Milchsaft frisch farblos bis weiß, trocken rot. – *z*, D: N-BY, NRW, RP; O-A; sonst *s* u. unbest. [*P. confine* Jord.; *P. lecoqii* auct. p. p.] Verkannter Saat-M., subsp. ***confine*** (Jord.) Hörandl

5 (3). Kapsel lg. keulenf., mehrmals länger als br., deutl. gerippt, spärl. borstig (*328/3*); Narbenstrahlen 4–6; Stg. u. Blätt. anlgd. borstig behaart; ↕ 15–30 cm; ⊙. V–VII. – Sandige Äcker. – *v*. [*Roemeria argemone* (L.) C. Morales et al.] Sand-M., ***P. argemone*** L.

— Kapsel eif. rundl., höchstens doppelt so lg. wie br., ± dicht borstig (*328/4*) **6**

6. Kapsel (bes. unreif) ± deutl. längsrippig, m. auf ganzer Länge absthd. Borsten; Kronblätt meist karminrot, m. scharf abgesetztem schwarzen Fleck am Grund; Narbenstrahlen 5–9; Stg. absthd. od. angedrückt steifhaarig; ↕ 15–50 cm; ⊙. V–VII. – Äcker u. Ruderalstellen. – *s* u. oft unbest., bes. D: ST, TH [*P. hispidum* Lam.] Krummborstiger M., ***P. hybridum*** L.

— Kapsel nicht längsrippig, aber zuw. Borsten ± in Längszeilen; Borsten am Grund der Kapsel ± angedrückt, ob. oft weiter absthd.; Kronblätt. meist orangerot, am Grund oft dunkler bis

dk.purpurn, aber ohne scharf abgesetzten schwarzen Fleck; Narbenstrahlen 4–6; Stg. u. Blätt. anlgd. borstig behaart; ↕ 15–30 cm; ⊙. V–VI. – Äcker, Ruderal-StO. – *s*, CH: Gl, südl. Ts.
Apulischer M., ***P. apulum*** Ten.

7 (1). Narbenstrahlen 4–5(–7); Blätt. doppelt bis mehrfach fiederteilig, meist behaart, Zipfel 0,5–5 mm br.; Haare am Blütenstg. angedrückt bis wenig absthd., bleich; ↕ 5–20 cm; ♃. VII–VIII. – Steinschuttfluren; alp. Stufe. – ⓖ. Alpen-M., ***P. alpinum*** L.

a. Blüten meist gelb .... **d**
— Blüten meist weiß .... **b**
b. Blattzipfel meist spitz, 0,7–2,5 mm br., oft behaart; Narbenstrahlen meist 5. – *z*, D: Harz (angesät?); BY; A; CH: Gr, Z-CH. [*P. sendtneri* Hayek]. ⓖ. Salzburger Alpen-M., subsp. ***sendtneri*** (Hayek) Schinz & R. Keller
— Blattzipfel meist stumpf; Narbenstrahlen meist 4 .... **c**
c. Alle Blätt. m. spreizenden Zipfeln; Zipfel schmal, 0,5–1,5 mm br. – *s*, A. [*P. burseri* Crantz]
Nordöstlicher Alpen-M., subsp. ***alpinum***
— Höchstens einzelne Blätt. m. spreizenden Zipfeln; Zipfel 2–3 mm br. – *s*, Z- u. W-CH. [*P. occidentale* (Markgr.) H. E. Hess & Landolt] Nordwestlicher Alpen-M., subsp. ***tatricum*** A. Nyár.
d (a). Blätt. meist behaart, asymmetr. 1–2-fach gefied.; Fiedern stumpf, 1–6 mm br.; Narbenstrahlen 5–7. – *z*, A; CH: Gr; I: Bz. [*P. rhaeticum* Leresche; *P. aurantiacum* Loisel.]
Rätischer Alpen-M., subsp. ***rhaeticum*** (Leresche) Nyman
— Blätt. meist kahl, doppelt gefied.; Fiedern ≈ 0,5 mm br.; Narbenstrahlen 5. – *s*, A: Kt. [*P. kerneri* Hayek]
Illyrischer Alpen-M., subsp. ***kerneri*** (Hayek) Fedde

— Narbenstrahlen 6–11; Blätt. meist 1-fach fiederteilig, selten doppelt, kahl, Zipfel zumind. z.T. > 7 mm br.; Haare am Blütenstg. fast senkr. abstd., meist braun, so lg. wie der ∅ des Stg.; ↕ 10–40 cm; ⊙–♃. VII–VIII. – Felsen, Schuttplätze. – Zierpfl.; *s* eingebürg., A; CH. [*P. croceum* Ledeb.] Island-Mohn, ***P. nudicaule*** L.

Phylogenet. Analysen sprechen für eine Neuordnung der Papaveraceae (Kadereit et al., 2016), u. a. für Ausschluss von *P. alpinum*, *P. argemone* u. *P. hybridum* aus *Papaver*. Zurzeit gibt es jedoch noch keinen Konsens über die neue Gattungsumgrenzung.

Pseudofumaria Medik. [*Corydalis* p. p.], Scheinerdrauch

1. Kronblätt. lebhaft gelb (*Taf. 17: 2*); Samen schwarz glzd.; ↕ 15–40 cm; ♃. V–IX. – Felsen, Felsschutt. – *z*, ursprüngl. CH: Ts; I: Bz. – Häufige Zierpfl., oft verwild. u. eingebürg. [*C. lutea* (L.) DC.] Gelber S., Gelber Lerchensporn, ***P. lutea*** (L.) Borkh.
— Kronblätt. weiß, die inn. an der Spitze gelb; Samen matt schwarz, fein gekörnelt; ↕ 15–40 cm; ♃. VI–X. – Waldränder, lichte Wälder, meist in Sieldungsnähe – Zierpfl. (Heimat: I u. W-Balkan); *s* verwild. u. eingebürg. [*C. alba* (Mill.) Mansf.; *C. ochroleuca* W. D. J. Koch]
Blassgelber S., Blassgelber Lerchensporn, ***P. alba*** (Mill.) Lidén

Familie: Berberidaceae, Berberitzengewächse (Bearbeiter: Jens G. Rohwer)

Sträucher od. Stauden; Blütenorgane wirtelig angeordnet; Blüten oft m. blumenblattart. Nektarblätt.; Staubblätt. 4 od. 6, m. Klappen öffnend (*Taf. 18: 9*), Fr.Blatt 1, Frkn. oberst.; Beeren od. Kapselfr.

1. Bis 30 cm hohe Stauden; Blätt. doppelt 3-zählig gefied.; Blüten 4-zählig (*84/3*); — Blattfiedern lg. gestielt, herzf., wimperig-gesägt; Blüten in überhgd. Traube od. Rispe; Kelchblätt. vor dem Aufblühen abfallend .... ***Epimedium***, 332
— 30–300 cm hohe Sträucher; Blätt. ungeteilt od. einfach unpaarig gefied.; Blüten 6-zählig **2**
2. Blätt. ungeteilt, ganzrandig, gesägt-gezähnt (*331/1a*) od. stachelig gezähnt; Blätt. der Langtriebe zu Dornen umgebildet (*331/1b*; *Taf. 4: 3*); Fr. rote od. blaue Beeren ***Berberis***, 332

331/1

— Blätt. unpaarig gefied., immergrün, lederig; Fiedern am Rand stachelig gezähnt; Blätt. der Langtriebe nicht verdornt; Fr. blauschwarze Beeren .... ***Mahonia***, 332

Berberis L., Sauerdorn, Berberitze [excl. *Mahonia* Nutt.]

1. Blätt. immergrün, stark lederig, br. lanzettl., > 3-mal länger als br.; Blattrand m. ≈ 2 mm lg. Stacheln; Fr. blau; ↕ 1–3 m; ♄. V–VI. – Zierstrauch (Heimat: O-As.); *s* an Waldrändern u. in Wäldern verwild., D: BB, BW, BY, HE, NRW, RP, SN, TH; A; CH.
Julianes B., ***B. julianae*** C. K. Schneid.

— Blätt. sommergrün, nicht lederig, verkehrt eif. bis ellipt.; Blattrand ungeteilt od. fein gesägt-gezähnt; Fr. rot **2**

2. Blüten zu 6 bis > 20 in hgd. Trauben; Blätt. 2–7 cm lg., Rand meist fein gesägt-gezähnt; Blattdornen überwgd. 3-strahlig; ↕ 0,3–3 m; ♄. V–VI. – Trockengebüsche, Waldränder. – *z*, im N *s*, auch angepfl. Gewöhnliche B., ***B. vulgaris*** L.

— Blüten zu 1–4 in den Blattachseln; Blätt. 1–3 cm lg., ganzrandig; Blattdornen überwgd. ungeteilt; ↕ 0,5–2 m; ♄. V–VI. – Waldränder, lichte Wälder. – Zierstrauch (Heimat: O-As.), *z* verwild. Thunberg-B., ***B. thunbergii*** DC.

Sowohl von *B. vulgaris* als auch von *B. thunbergii* gibt es eine Form 'Atropurpurea' m. tiefroten Blätt.

Epimedium L., Sockenblume

1. Kronblätt. rot, darüber noch 4 gelbe, sackf. Nektarblätt. (*84/3*); Blätt. auch am Stg.; ↕ 20–40 cm; ♃. III–V. – Feuchte Wälder. – *s*, D: BY, HE, SN; A: Kt (Arnoldstein, Mauthen); I: Bz; sonst angepfl. u. zuw. verwild. Alpen-S., ***E. alpinum*** L. (subsp. ***alpinum***)

— Kronblätt. (blass) gelb, Nektarblätt. kräftiger gelb bis rötl.braun; Blätt. alle grundst.; ↕ 20–40 cm; ♃. IV–V. – Zierpfl. (Heimat: Kaukasus), *s* verwild. Gefiederte S., ***E. pinnatum*** Fisch.

Mahonia Nutt., Mahonie

Blüten gelb, in ± aufr. Rispen od. Trauben; ↕ 50–200 cm; ♄. IV–V. – Zierstrauch (Heimat: Westl. N-Am.), *z* verwild. [*Berberis aquifolium* Pursh] Gewöhnliche M., ***M. aquifolium*** (Pursh) Nutt.

Mehrere weitere *Mahonia*-Arten werden in Parkanlagen kult. (siehe Schmidt & Schulz 2023). Phylogenet. Analysen legen entw. Einschluss von *Mahonia* in *Berberis* nahe (Kadereit et al. 2016) od. die Aufteilung von *Mahonia* in mehrere Gattungen.

Familie: Ranunculaceae, Hahnenfußgewächse (Bearbeiter: Jens G. Rohwer)

Pfl. krautig, seltener holzig (*Clematis*); Blätt. wechsel-, seltener gegen- od. grundst.; Blüten ⚥, radiär od. zygomorph; Blütenhülle einfach od. doppelt; zw. Blütenhüll- u. Staubblätt. oft bes. gestaltete (*332/1*, N; *332/3–332/5*), zuw. blumenblattart. Nektarblätt. (*332/2*); Frkn. meist mehrere bis ∞, frei, selten verwachsen, aber m. freien Gr. (*334/5*), od. nur 1; Balg- od. Nüsschenfr. (*332/6–332/7*), zuw. m. erhalten bleibendem, sich verlängerndem u. federig behaartem Gr. (*332/8*), selten Beeren (*Actaea*).

1. Blüten m. 1 Sporn (*333/2*) od. m. 5 Spornen (*333/1*) **25**

— Blüten nicht gespornt, ± radiar od. helmf. (*333/3*) **2**

2. Blüten helmf. (*333/3; Taf. 17: 4*), blassgelb, blau, violett od. gescheckt; — Nektarblätt. (*332/5, 335/4, 335/5b, 335/6b*) im Helm verborgen .... ***Aconitum***, 335

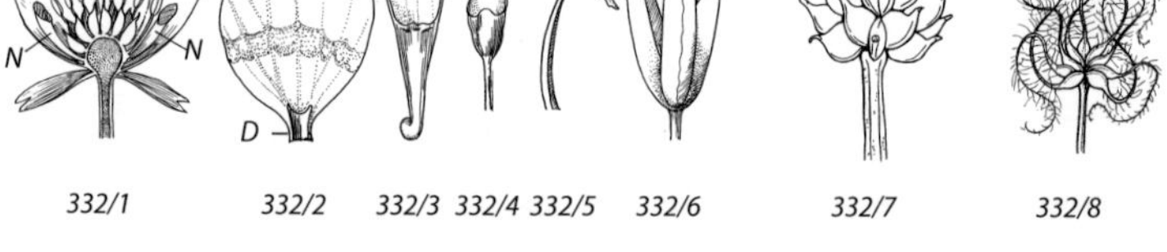

332/1 *332/2* *332/3* *332/4* *332/5* *332/6* *332/7* *332/8*

— Blüten ± radiär, nicht helmf.; Kronblätt. ± ausgebr. (*332/1, 334/6*) od zuw. zus.neigend (*334/4*) **3**

3. Wasserpfl. m. fein zerteilten, untergetauchten Blätt. (*343/2, 343/3a*) od. weniger zerteilten Schwimmblätt. (*343/1, 343/3b*) od. m. beiden Blattformen; — Blüten weiß ***Ranunculus***, 342

— Landpfl. od. Sumpfpfl. m. Blätt. über der Wasseroberfläche **4**

4. Blätt. gegenst., einfach od. gefied.; — Stg. zuw. verholzt u. klimmend; Blüten 4-zählig ***Clematis***, 338

— Blätt. wechselst., in Quirlen od. in grundst. Rosette, zuw. erst nach der Blüte erscheinend; — Pfl. krautig, nicht kletternd **5**

5. Blütenstg. auch über dem Grund beblätt. **10**

— Alle Blätt. in grundst. Rosette **6**

6. Blüten blau, selten weiß od. rötl., m. 3 kelchart. Hochblätt. direkt unter der Blüte (*333/4a*); Blätt. br. 3(–5)-lappig (*333/4b*) .... ***Hepatica***, 340

— Blüten gelb, weiß, rötl. od. grünl.; Blätt. nicht br. 3-lappig **7**

7. Blattspr. ungeteilt, linealisch; — Blütenachse später stark verläng. (*333/5*) .... ***Myosurus***, 341

— Blattspr. tief geteilt bis mehrfach gefied. **8**

8. Blattspr. fußf. gefied. (*39/8*); Frkn. u. Fr.Bälge zu wenigen, mehrsamig; — Blüten weiß, rötl. od. grünl., m. tütenf. Nektarblätt. (*332/4*; *Taf. 22: 8*) .... ***Helleborus***, 340

— Blattspr. tief geteilt bis mehrfach gefied., aber nicht fußf.; Frkn. u. Fr. zahlr., 1-samig **9**

9. Blattspr. in fast linealische Zipfel geteilt (*334/2a*); Blüten gelb; Fr. an kurz walzenf. Achse, lg. geschnäbelt (*334/2b*) .... ***Ceratocephala***, 338

— Blattspr. doppelt bis mehrfach gefied.; Blüten weiß od. rosa; Kronblätt. am Grund m. Nektargrube; Fr. köpfchenart. gehäuft, allenfalls kurz geschnäbelt .... ***Callianthemum***, 338

10 (5). Dicht unter der Blüte od. weiter davon entfernt am obersten Knoten 3 zuw. miteinander verwachsene quirlst. Stg.Blätt. (*334/6, 335/1, 342/2–342/3*), zuw. in zahlr. Zipfel geteilt (*342/4*), alle übrigen Blätt. grundst. **21**

— Blätt. am Stg. verteilt (zuw. ein sehr lg. Internodium) **11**

11. Staubblätt. kürzer als die normalen Blütenhüllblätt. (od. als die blumenblattart. Nektarblätt.) od. etwa gleich lg., dann Frkn. zahlr., sitzend (ähnl. *332/7*) u. Stg.Blätt. viel stärker geteilt als Grundblätt. **13**

— Staubblätt. länger als die zuw. früh abfallenden u. z. Bltzt. nicht mehr vorhandenen Blütenhüllblätt.; Frkn. < 10; Blätt. doppelt 3-zählig bis doppelt gefied. **12**

12. Blüten in meist vielblütigen Trauben; Frkn. 1 od. 4., nicht gestielt, Beeren- od. Balgfr.; Rand der Blattfiedern (doppelt) gesägt, m. zahlr. Zähnchen (*334/1*) .... ***Actaea***, 336

— Blüten in Rispen od. in kurzen, lockeren Trauben; Frkn. mehrere, z. Frzt. oft gestielt; Nüsschenfr.; Rand der Blattfiedern ungeteilt od. m. bis zu 7 Zähnen .... ***Thalictrum***, 349

13 (11). Blüten m. Nektarblätt., diese entw. klein (*332/4, 334/4b*) od. blumenblattart. u. dann am Grund kleine Nektardrüse tragend (Lupe!; *332/2, D*; *Taf. 22: 7*) **15**

— Blüten ohne Nektarblätt. **14**

14. Blattspr. herz- bis nierenf.; Blütenhülle einfach (nicht in Kelch u. Krone geglied.), 5–6-zählig, gelb; Fr. mehrsamige Bälge (*Taf. 27: 2*); — Sumpfpfl. .... ***Caltha***, 338

— Blattspr. 2–3-fach gefied., m. fadenf. Fiedern (*334/3*); Blütenhülle doppelt (in Kelch u. Krone geglied.), Kronblätt. 5–20, gelb od. rot; Fr. ellipsoidisch bis walzl., m. zahlr. Nüsschen (ähnl. *332/7*) .... ***Adonis***, 336

333/1 *333/2* *333/3* *333/4* *333/5*

15 (13). Nektarblätt. nicht blumenblattart., kleiner als die Blütenhüllblätt. (*332/4, 334/4b*; *Taf. 22: 8*) **18**

— Nektarblätt. kronblattart., weiß, gelb od. rötl., größer als die kelchart., äuß. Blütenhüllblätt., am Grund m. nackter od. von einer Schuppe überdeckter Nektardrüse (Lupe!; *332/2*, D; *Taf. 22: 7*) **16**

16. Nektarblätt. (= Kronblätt.) gelb **26**

— Nektarblätt. (= Kronblätt.) weiß, rötl. od. rötl.violett **17**

17. Blätt. mehrfach gefied.; Nektarblätt. 6–20, am Grund goldgelb; — Gebirgspfl. ***Callianthemum***, 338

— Blätt. ungeteilt od. handf. geteilt od. gefing.; Nektarblätt. 5, am Grund nicht gelb od. nur bei Wasserpfl. gelb ***Ranunculus***, 342

18 (15). Blütenhüllblätt. goldgelb, kugelig zus.neigend (*334/4a*); Nektarblätt. löffelart. (*334/4b*) ***Trollius***, 350

— Blütenhüllblätt. nicht goldgelb (allenfalls blass od. hell grünl.gelb) **19**

19. Grundst. Blätt. od. unt. Stg.Blätt. fußf. gefied. (*39/8*; *Taf. 11: 9*); Blütenhüllblätt. bleibend, — grünl., hell grünl.gelb, weiß, rosa od. purpurrot ***Helleborus***, 340

— Blätt. nicht fußf. gefied.; Blütenhüllblätt. nach der Bltzt. hinfällig **20**

20. Blätt. 2–3-fach gefied. m. schmal linealischen Zipfeln; Nektarblätt. becherf., grünl., violett od. fast schwarz, kurz 2-lippig (*332/4*); Fr.Blätt. 4–6(–8), miteinander verwachsen, nur Gr. frei (*334/5* G, *341/1a*, *341/2*); Pfl. 1-j. ***Nigella***, 341

— Blätt. doppelt 3-zählig gefied.; Fiedern br. eif.; Stg.Blätt. am Grund m. 2 zarten Nebenblätt.; Nektarblätt. muschelf., weiß; Fr.Blätt. 2, frei; Blütenhüllblätt. weiß; Pfl. ausd. .. ***Isopyrum***, 341

21 (10). Hochblattquirl dicht unter der gelben Blüte, kelchart. (*334/6*; *Taf. 12: 2*); mehrsamige Balgfr. ***Eranthis***, 339

— Hochblattquirl während u. nach der Blüte von dieser entfernt, blattart. (*335/1*) od. fein zerschlitzt (*342/2–342/4*; *Taf. 12: 1*); Fr. 1-samige Nüsschen **22**

22. Gr. schon z. Bltzt. > 2 mm lg., federig behaart, z. Frzt. stark verläng. (ähnl. *332/8*); Blüten violett, seltener weiß od. gelb ***Pulsatilla***, 341

— Gr. auch z. Fr.Reife < 2 mm lg. (*332/7*); Fr. kahl od. ± behaart; Blüten weiß, rötl., gelb od. blassblau **23**

23. Blüten einzeln oberh. des Hochblattquirls (selten 2–3, dann Blüten gelb); — Blütenhüllblätt. weiß, rötl. überlaufen, gelb od. blauviolett; Stg.Blätt. gestielt ***Anemone***, 337

— Blüten in 3–∞-blütigen Dolden od. Pleiochasien (selten einzeln, dann Stg.Blätt. sitzend); — Blütenhüllblätt. weiß od. rosa; Stg.Blätt. sitzend od. gestielt **24**

24. Stg.Blätt. u. Fied. der Grundblätt. sitzend, tief geteilt (> zwei Drittel); Blüten 2–3 cm ∅, weiß, zuw. außen rosa überlaufen ***Anemonastrum***, 336

— Stg.Blätt. u. Fied. der Grundblätt. gestielt, ungeteilt bis br. 3-lappig; Blüten 4–7 cm ∅, meist rosa, seltener weiß ***Eriocapitella*** 339

25 (1). Blüten m. 5 Spornen (*333/1*), blau, dk.violett od. braun (bei Gartenformen auch andersfarbig) ***Aquilegia***, 337

— Blüten nur m. 1 Sporn (*333/2*), blau (bei Gartenformen auch weiß, rosa od. rotviolett) ***Delphinium***, 339

26 (16). Kronblätt. (= Nektarblätt.) 6–14; kelchblattart. äuß. Blütenhüllblätt. 3 (*82/5*), selten bis 5 ***Ficaria***, 339

— Kronblätt. (= Nektarblätt.) u. Kelchblätt. je 5 od. weniger ***Ranunculus***, 342

334/1

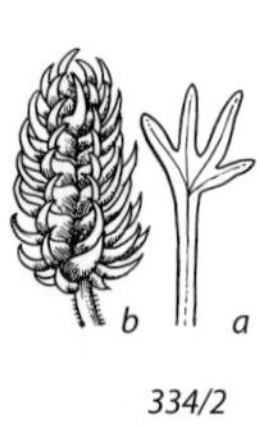

334/2

334/3

334/4

334/5

334/6

Aconitum L., Eisenhut Ⓖ

1. Blüten blau od. violett, manchmal weiß gescheckt 4
— Blüten blassgelb 2
2. Helm etwa so hoch wie br.; Blätt. m. sehr schmalen, linealischen Zipfeln; Fr.Blätt. 5; — Wurzel rübenf.; Pfl. dicht behaart; ↕ 20–90 cm; ♃. VII–IX. – Felsige Abhänge, Gebüsch. – *s*, A: NÖ, Stm; CH: Jura, Ts; CZ. – Giftig! Giftheil, ***A. anthora*** L.
— Helm viel höher als br.; Blätt. handf. 5–7-spaltig, m. breiteren Zipfeln (*335/2–335/3*); Fr.Blätt. 3; — Nektarblätt. m. eingerolltem Sporn (*332/5*) 3
3. Blattspr. ≤ vier Fünftel ihrer Länge eingeschnitten (*335/3*); Blattzipfel stumpf od. kurz zugespitzt; ↕ 50–160 cm; ♃. V–VIII. – Feuchte Bergwälder; submontane bis subalp. Stufe. – *v–z*, *f* im N u. NO. Ⓖ. – Giftig! [*A. vulparia* Rchb.] Wolfs-E., ***A. lycoctonum*** L.
— Blattspr. zu > vier Fünftel ihrer Länge eingeschnitten (335/2); Blattzipfel lg. zugespitzt; ↕ 50–200 cm; ♃. VII–IX. – Hochstaudenfluren, alte Blockhalden, Waldränder; montane bis subalp. Stufe. – *f* D; *v–z*, A: Kt, Stm,Ti, Vb; FL; I: Bz. Ⓖ. – Giftig! [*A. platanifolium* auct.; *A. lamarckii* auct.; *A. lycoctonum* subsp. *neapolitanum* (Ten.) Nyman] Hahnenfußblättriger E., ***A. lupicida*** Rchb.
4 (1). Helm höher als br. (*333/3*) od. etwa so hoch wie br.; Stiel der Nektarblätt. gerade od. gebogen; Samen braun; Stg.Blätt. unterseits deutl. netznervig 7
— Helm breiter als hoch; Stiel der Nektarblätt. bogig gekrümmt (*335/4, 335/5b, 335/6b*); Samen schwarz; Stg.Blätt. unterseits nicht deutl. netznervig 5
5. Blütenhüllblätt. außen kahl; Vorblätt. linealisch; — Infl. wenig ästig; Helm 12–20 mm lg.; ↕ 20–80 cm; ♃. VIII–X. – Hochstaudenfluren der Alp. – *v–z*, D: BY (Berchtesgadener Alp.); A; I: Bz. Ⓖ. [*A. napellus* subsp. *tauricum* (Wulfen) Gáyer] Tauern-E., ***A. tauricum*** Wulfen
— Blütenhüllblätt. außen behaart; Vorblätt. meist lanzettl. 6
6. Infl. einfach u. nur wenig verzweigt; Helm 11–24 mm lg. (*335/5a, 335/6a*); Vorblätt. 1–3 mm lg., kahl, linealisch bis 3-eckig; Fr.Blätt. meist 2; ↕ 30–150 cm; ♃. VII–IX. – Hochstaudenfluren, feuchte Bergwälder, Schluchtwälder. – *s*, D: BY (Bayrw., Berchtesgadener Alp.), SN (Erzgeb.); A: OÖ, Sb, Stm, Ti; CZ (Isergeb., Riesengeb.). Ⓖ. [*A. napellus* subsp. *formosum* (Rchb.) Gáyer; *A. hians* Rchb.] Sudeten-E., ***A. plicatum*** Rchb.
— Infl. meist stark verzweigt (in höh. Lagen auch unverzweigt); Helm 18–32 mm lg. (*336/1, 336/2*); Vorblätt. 3–10(–15) mm lg., behaart, linealisch; Fr.Blätt. meist 3; ↕ 50–160 cm; ♃. VI–X. – Hochstaudenfluren, Bachufer, Lägerfluren; montane bis alp. Stufe der Alp. u. Mittelgeb. – *v–z* W- u. S-D (Sauerland bis Eifel, Schw., Alp.), sonst *s*, im N u. O nur angepfl.; A; B; CH; CZ, F: Els; I: Bz; PL. – Auch Zierpfl.; formenreich. Ⓖ. – Giftig! Blauer E., ***A. napellus*** L.
7 (4). Helm etwa so hoch wie br.; Stiel der Nektarblätt. gebogen; Blütenstiel auf ganzer Länge drüsig behaart; ↕ 40–250 cm; ♃. VII–IX. – Hochstaudenfluren, feuchte Bergwälder, Schluchtwälder. – *z* Alp., in D nur Allgäu. Ⓖ. [*A. variegatum* subsp. *paniculatum* (Arcang.) Greuter & Burdet] Rispen-E., ***A. degenii*** Gáyer
— Helm deutl. höher als br. (*333/3*); Stiel der Nektarblatt. gerade; Blütenstiel kahl, kraus behaart od. nur knapp unter der Blüte drüsig 8
8. Blütenhüllblätt. außen drüsig behaart; Fr.Blätt. 3–5, zumind. an der Bauchnaht behaart; Blütenstiel kahl od. unter der Blüte drüsig behaart; ↕ 30–150 cm; ♃. VI–X. – Hochstaudenfluren. – Alp. *s*, D: S-BY; A. Ⓖ. Behaarter E., ***A. pilipes*** (Rchb.) Gáyer
— Blütenhüllblätt. außen kahl; Fr.Blätt. 3, kahl; Blütenstiele kahl od. kraus behaart; ↕ 50–180 cm; ♃. VII–IX. – Hochstaudenfluren, Bachufer. – *v* Alp., *z* Mittelgeb. (im W nur angepflanzt) u. CZ; *s* PL. Ⓖ. – Auch Zierpfl.; formenreich. – Giftig! Bunter E., ***A. variegatum*** L.

Hybride ***A. × cammarum*** L. [*A. napellus × variegatum*?]: Blüten violett od. weiß u. blau gescheckt; junge Fr.Blätt. zus.neigend. – Gartenpfl., auch verwild.

335/1

335/2

335/3

335/4

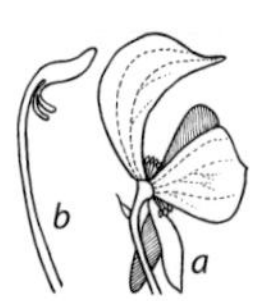

335/5

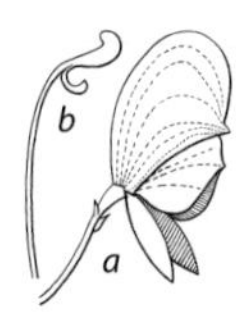

335/6

Actaea L. [incl. *Cimicifuga* L., Wanzenkraut], Christophskraut

1. Traube ≤ 8 cm lg.; jede Blüte m. 1 Fr.Blatt; Blütenhüllblätt. 4–6, weiß, hinfällig; reife Fr. glzd. schwarze Beere; ↕ 30–65 cm; ♃. V–VII. – Schattige Bergwälder; meist auf Kalk. – *v* Alp. u. Mittelgeb., sonst *z–s*. – Giftig! Christophskraut, ***A. spicata*** L.

— Traube oft > 10 cm lg.; jede Blüte m. 2–4 klebrig-drüsigen Fr.Blätt.; Blütenhüllblätt. 4, hellgrün bis gelbl., hinfällig; Balgfr.; Pfl. unangenehm riechend, ↕ 40–200 cm; ♃. VII–VIII. – Laubwälder. – *s*, CZ; *z* PL; früher A: NÖ. [*C. europaea* Schipcz.; *C. foetida* auct.] Wanzenkraut, ***A. europaea*** (Schipcz.) J. Compton

Adonis L., Adonisröschen, Teufelsauge

1. Blüten gelb, einzeln, endst., 3–7 cm ∅; Kronblätt. 10–20 (*334/3*); — Kelchblätt. br. eif., weichhaarig; Fr. dicht gedrängt auf walzl. Blütenboden, runzelig-netznervig, behaart, m. hakenf. Schnabel (*336/3*; *Taf. 20: 3*); ↕ 10–40 cm; ♃. IV–V. – Trockenrasen, Heidewiesen u. Kiefernwälder; überwgd. auf Kalk, aber auch auf Sand, – *z*, D: ST, TH; sonst *s*. Ⓖ. – Giftig! Frühlings-A., ***A. vernalis*** L.

— Blüten ± rot, am Grund oft schwarz; wenn gelb, dann < 3 cm ∅; Kronblätt. 5–8 .... **2**

2. Kelchblätt. ± weichhaarig, ≤ halb so lg. wie Kronblätt. — Kronblätt. schmal eif., scharlachrot, selten gelb, nicht überlappend; Fr. m. seitl., geradem, schwarzem Schnabel u. an der Spitze m. abgerundetem Zahn (*336/5*); ↕ 10–50 cm; ⊙. V–VIII. – Kalkäcker. – *s*, D: BW, BY, NRW, RP, ST, TH, stark zurückgegangen; A; CH; CZ; F; PL. – Giftig! Brennendes A., ***A. flammea*** Jacq.

— Kelchblätt. kahl od. spärl. kurzdrüsig, ca. zwei Drittel so lg. wie die Kronblätt. **3**

3. Kelchblätt. absthd. bis zurückgeschlagen, spärl. kurzdrüsig; Kronblätt. dk.blutrot, etwas überlappend; Fr. m. geradem Schnabel (*336/4*); ↕ 20–60 cm; ⊙. V–IX. – Kalkäcker. – *s*, D; CH; CZ; B; DK; F; NL. – Auch Gartenpfl. (Heimat: S-Eur.), zuw. verwild. – Giftig! [*A. autumnalis* L.] Herbst-A., ***A. annua*** L.

— Kelchblätt. den Kronblätt. angedrückt, kahl; Kronblätt. orangerot od. zitronengelb (var. *citrina* Hoffm.), meist kaum überlappend; Fr. kahl, runzelig, m. einer Längskante, die am ob. Rand in 1, vorn in 2 Zähne vorgezogen ist; Schnabel gerade, aufr., grün (*336/6*); ↕ 10–60 cm; ⊙. V–VII. – Äcker; auf Kalk; *z*, *s* im N. – Giftig! Sommer-A., ***A. aestivalis*** L.

Anemonastrum Holub [*Anemone* L. p. p.], Berghähnlein

Grundblätt. handf. 3–5-teilig, lg. zottig behaart, Fied. tief geteilt, Blattzipfel 3–10 mm br.; Stg.Blätt. sitzend, 3-teilig, tief gespalten; Blüten in 3–8-blütiger Dolde; Blütenhüllblätt. weiß, außen zuw. rot überlaufen; Fr. kahl, abgeflacht; ↕ 15–40 cm; ♃. V–VII. – Frische Rasen; meist auf Kalk; subalp. u. alp. Stufe. – *z* Alp., *s* D: BW; *z* CH; F: Vog.; CZ/PL: Riesengeb. Ⓖ. – Giftig! [*Anemone narcissiflora* L.] Alpen-B., ***A. narcissiflorum*** (L.) Holub (subsp. ***narcissiflorum***)

Kadereit et al. (2016) befürworten Einschluss von *Anemonastrum* in *Anemone*. Hier vorläufig getrennt gehalten, da die Gattungsgrenzen im *Anemone*-Komplex noch nicht endgültig geklärt sind.

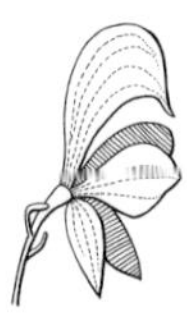
336/1

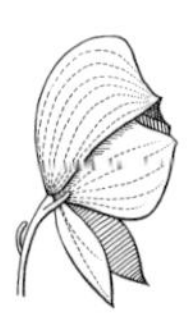
336/2

336/3

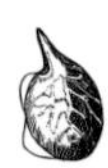
336/4

336/5

336/6

Anemone L. [excl. *Anemonastrum* Holub, *Hepatica* Mill., *Pulsatilla* Mill.], Windröschen

1. Blütenhüllblätt. gelb, unterseits schwach behaart; Blüten zu 1–2; Stg.Blätt. fingerf. geteilt; ↕ 10–25 cm; ♃. III–IV. – Auenwälder, Laubwälder; überwgd. auf Kalk u. Lehm. – *v*. – Giftig! Gelbes W., ***A. ranunculoides*** L.

Hybride ***A.*** × ***seemenii*** E. G. Camus [*A. ranunculoides* × *A. nemorosa*] m. blassgelben Blüten u. gestielten Stg.Blätt.

— Blütenhüllblätt. weiß, rötl. od. bläul. **2**

2. Blütenhüllblätt. 8–20, fast linealisch, ≈ 4–5-mal so lg. wie br., meist hell blau od. violett, zuw. blass (rot-)violett od. (fast) weiß **6**

— Blütenhüllblätt. 5–10, eif. bis längl. ellipt., ≤ 1,5–3-mal so lg. wie br., meist weiß, zuw. rosa od. purpurn überlaufen **3**

3. Blütenhüllblätt. unterseits weißfilzig behaart; grundst. Blätt. ± zahlr. **5**

— Blütenhüllblätt. unterseits kahl od. schwach behaart; Grundblätt. 1 od. fehlend, 3(–5)-zählig **4**

4. Blattfiedern ganzrandig od. gleichm. gesägt (*337/1*); Staubbeutel weiß; Rhizom weißl.; ↕ 15–30 cm; ♃. V–VI. – Steinige Wälder, Gebüsch. – *s*, A; I: Bz. Dreiblättriges W., ***A. trifolia*** L.

— Blattfiedern 2–3-spaltig, m. ungleich eingeschnittenen Zipfeln (*335/1, 337/2*); Staubbeutel gelb; Rhizom gelb bis dk.braun; ↕ 10–25 cm; ♃. III–IV. – Laubwälder, Gebüsch, Wiesen. – *v*. – Giftig! Buschwindröschen, Busch-W., ***A. nemorosa*** L.

5 (3). Grundblätt. hand- bis fußf. 5-teilig, m. 2–3-spaltigen Abschnitten; Blütenhüllblätt. meist 5; Blüten bis 6 cm ∅; ↕ 15–40 cm; — Fr. dicht weiß-wollig; ♃. IV–VI. – Sonnige, buschige Abhänge, lichte Wälder; auf Kalk. – D: *z* S- u. M-D, *s* BB, NI, NRW; *s* CH: Schaffhausen; *z* CZ; *s* DK; *z* F: Els; *s* PL. Ⓖ. – Giftig! Großes W., ***A. sylvestris*** L.

— Grundblätt. doppelt 3-zählig m. 3–5-teiligen Abschnitten; Blütenhüllblätt. 8–10; Blüten bis 4 cm ∅; ↕ 5–15 cm; ♃. VI–VIII. – Steinige Matten; auf Kalk; alp. Stufe. – In D nur Berchtesgadener Alp.; *s*, A; CH: Bern, Freiburg, Ts, Vd, Vs; I: Bz. Tiroler W., ***A. baldensis*** L.

6 (2). Blütenhüllblätt. u. Laubblätt. unterseits behaart; Blütenhüllblätt. 8–14; ↕ 10–30 cm; ♃. III–V. – Zierpfl. (Heimat: S-Eur.); *s* eingebürg., B; CH; DK (Bornholm); NL. Apennin-W., ***A. apennina*** L.

— Blütenhüllblätt. u. Laubblätt. unterseits kahl od. sehr spärl. behaart; Blütenhüllblätt. 12–20; ↕ 10–20 cm; ♃. III–IV. – Zierpfl. (Heimat: S-Eur., Anatolien); *s* eingebürg., D; A; B; *z* N u. W-CH; *s* DK; NL. Balkan-W., ***A. blanda*** Schott & Kotschy

Aquilegia L., Akelei Ⓖ

1. Sporne der Nektarblätt. hakenf. gebogen (*332/3, 333/1*); ↕ 40–90 cm; ♃. V–VII. – Laubwälder, Wiesen. – *z*. Ⓖ. – Giftig! Gewöhnliche A., ***A. vulgaris*** L. s. l.

a. Stg. oberw. überwgd. m. Drüsenhaaren; — Blüten dk. blauviolett; Blütenhüllblätt. 25–35 mm lg.; Staubblätt. 1–2 mm länger als die Kronblätt.; ♃. VI–VII. – Steinige Abhänge, Felsen; auf Kalk. – *s*, A: Kt, Stm. [*A. nigricans* Baumg.] Dunkle A., subsp. ***nigricans*** (Baumg.) Domin

— Stg. oberw. drüsenlos od. m. einzelnen Drüsenhaaren .... **b**

b. Blüten blauviolett (bei Gartenformen auch andersfarbig); Staubblätt. wenig aus der Blüte hervorragend; ♃. V–VII. – Lichte Laubwälder, Wiesen. – *z*, im N *s*. Ⓖ. – Auch Zierpfl. Gewöhnliche A. (i. e. S.), subsp. ***vulgaris***

— Blüten braunpurpurn; Staubblätt. weit aus der Blüte hervorragend; ♃. VI–VII. – Lichte Wälder (bes. Kiefernwälder), Hochstaudenfluren, Niedermoore – *z*, Kalk-Alp. u. Vorland, SchwAlb, *s*, SN, ST, TH. Ⓖ. [*A. atrata* W. D. J. Koch] Schwarze A., subsp. ***atrata*** (W. D. J. Koch) Gaudin

— Sporne der Nektarblätt. gerade od. nur schwach gebogen (*337/3*) **2**

337/1 *337/2* *337/3*

2. Blüten 5–8 cm ∅, intensiv blau; ↕ 20–70 cm; ♃. VI–VIII. – Steinige Abhänge; Hochalp. bis 2600 m. – *s,* A: Vb (Gamperdonatal); *z* CH. FFH4; Ⓖ. Alpen-A., ***A. alpina*** L.

— Blüten 2,5–4 cm ∅ (*337/3*), blauviolett; ↕ 20–40 cm; ♃. VI–VIII. – Felsige Abhänge, Schluchten; Kalk-Alp. – *s,* D: BY (Berchtesgadener Alp., Mangfallgeb.); A: Kt, OTi, Ti; CH: Ts; I: Bz. Ⓖ. [*A. bauhinii* Schott; *A. aquilegioides* H. P. Fuchs] Kleinblütige A., ***A. einseleana*** F. W. Schultz

Callianthemum C. A. Mey., Schmuckblume

1. Nektarblätt. (= Kronblätt.) br. eif.; Grundblätt. zur Bltzt. vorhanden; Fr. 3 mm lg.; ↕ 5–20 cm; ♃. VI–VIII. – Feuchtes Weideland der Alp.; meist auf Silikatgestein; bis 2800 m. – *s* A: Kt, OÖ, OTi, Sb, Stm, Ti; CH: Gr, SG, Vs; I: Bz. [*Ranunculus rutifolius* L. p. p.] Korianderblättrige S., ***C. coriandrifolium*** Rchb.

— Nektarblätt. (= Kronblätt.) linealisch od. eilängl.; Grundblätt. erst nach der Bltzt. erscheinend; Fr. 4,5–5 mm lg.; ↕ 10–25 cm; ♃. III–V. – Schattige Felsen, Steinschutt; meist auf Kalk; 700–1200 m. – *s,* A: NÖ, OÖ, Stm. Windröschen-S., ***C. anemonoides*** (Zahlbr.) Endl.

Caltha L., Dotterblume, Sumpfdotterblume

Stg. aufstgd. od. niederlgd., wurzelnd, mehrblütig; Grundblätt. lg. gestielt, m. herzf. bis rundl.-nierenf., am Rand gekerbter bis gezähnter Spr.; Blütenhüllblätt. 5, dottergelb, glzd.; Frkn. 5–8(–15); Balgfr. sternf. ausgebr.; ↕ 15–50 cm; ♃. III–VI. – Sumpfwiesen, Gräben, Bruchwälder; von der Ebene bis in die alp. Stufe. – *v.* – Formenreich; giftig! Sumpf-D., ***C. palustris*** L. (subsp. ***palustris***)

Ceratocephala Moench, Hornköpfchen

1. Fr.Schnabel sichelf., m. langer Spitze (*334/2b*); Blüten 10–15 mm ∅; Stg. grau behaart; Blätt. fast kahl, 3–5-teilig (*334/2a*); ↕ 3–10 cm; ⊙. III–V. – Lehmige Äcker. – Früher D: BW, BY, ST, TH; A: NÖ. [*Ranunculus falcatus* L.] Sichelfrüchtiges H., ***C. falcata*** (L.) Cramer

— Fr.Schnabel fast gerade, m. kurzer Spitze; Blüten 5–10 mm ∅; Stg. u. Blätt. spinnwebart. behaart; größere Blätt. oft 6–8-teilig; ↕ 3–10 cm; ⊙. III–V. – Ruderalstellen, Äcker, Weinberge. – Ne. (Heimat: SO-Eur., As.); *s* eingebürg., D: BW (Stuttgart); A: Bgl, NÖ; früher CZ. [*C. testiculata* Besser, nom. illeg.] Geradfrüchtiges H., ***C. orthoceras*** DC.

Clematis L., Waldrebe

1. Stg. kletternd, verholzend 3

— Stg. aufr., krautig, nicht kletternd 2

2. Blüten weiß; Blätt. gefied.; ↕ 0,5–1,5 m; ♃. VI–VII. – Gebüsche, wärmeliebend u. auf Kalk. – *s,* D: Donau u. Nebenflüsse, Main, mittl. Elbegebiet, TH, SN; A: Bgl, Kt, NÖ, OÖ, Stm; CH: Freiburg, Genf, Ts, Vd, Vs; CZ; I: Bz; CZ; PL. – Giftig! Aufrechte W., ***C. recta*** L.

— Blüten violett od. blau; Blätt. ungeteilt; ↕ 0,5–1,5 m; ♃. V–VI. – Feuchte Wiesen. – Sehr *s,* A: Bgl, NÖ, Stm; früher CZ. Ganzblättrige W., ***C. integrifolia*** L.

3 (1). Blüten weiß od. gelb; — Nektarblätt. fehlend; Gr. behaart, z. Frzt. verläng. *(332/8; Taf. 29: 8)* 5

— Blüten blau od. violett, einzeln, achselst. 4

4. Blüten m. 10–12 weißfilzigen, spatelf. Nektarblätt. u. 4 violett- bis hellblauen, filzig berandeten Blütenhüllblätt.; Blätt. 1-fach bis doppelt 3-zählig, Blättchen zugespitzt, grob gesägt; ↕ 0,5–2 m; ♄. V–VII. – Gebüsch u. felsige Hänge der Alp. u. Voralp.; 1000–2400 m. – *z.* Ⓖ. [*Atragene alpina* L.] Alpen-W., ***C. alpina*** (L.) Mill.

— Blüten ohne Nektarblätt., m. 4(–6) dk.violetten Blütenhüllblätt.; Blätt. meist 1-fach gefied., Blättchen meist stumpf, ganzrandig bis spärl. gekerbt; ♄. VI–VIII. – Zierpfl. (Heimat: S-Eur.); vereinzelt verwild. Italienische W., ***C. viticella*** L.

5 (3). Blüten in reichblütigen Rispen, lg. gestielt; Blütenhüllblätt. (creme-)weiß, ausgebr., ≈ 10 mm lg.; ↕ 1,5–10 m; ♄. VI–IX. – Auenwälder, Gebüsche. – *v*, im N *z*. – Giftig, Saft hautreizend! Gewöhnliche W., ***C. vitalba*** L.

— Blüten einzeln od. zu 2–3, achselst.; Blütenhüllblätt. gelb, oft glockig zus.neigend, selten ganz ausgebr., 20–40 mm lg.; ↕ 1,5–4 m; ♄. VII–IX. – Zierpfl. (Heimat: O-As.); *s* verwild. Tungusen-W., ***C. tangutica*** (Maxim.) Korsh.

Delphinium L., Rittersporn [incl. *Consolida* (DC.) Gray, Feldrittersporn]

1. Frkn. u. Balgfr. 3(–5), kahl od. zerstr. behaart (*Taf. 20: 1* u. *27: 1*); — Blüten stahlblau (bei Zierformen auch violett, rosa od. weiß), gespornt; Blätt. handf. geteilt, m. br., eingeschnitten-gesägten Abschnitten; ↕ 60–150 cm; ♃. VI–VII. – Lichte Gebirgswälder u. Hochstaudenfluren. – *z*, Alp., Riesengeb. ⓖ. – Auch als Gartenpfl. Hoher R., ***D. elatum*** L.

a. Nektarblätt. von gleicher Farbe wie Blütenhüllblätt., blau, höchstens die ob. blass od. gelbl. – *z*, A: Kt, Sb, Stm. Österreichischer Hoher R., subsp. ***austriacum*** Pawł.

— Nektarblätt. schwärzl. od. schwarzbraun .... **b**

b. Unt. Blütenhüllblätt. 1,5–2,5-mal so lg. wie br. – *z*, A: OTi, Sb, Stm, Ti, Vb; CH: Bern, Gr; FL; CZ/PL: Riesengeb. Hoher R. (i. e. S.), subsp. ***elatum***

— Unt. Blütenhüllblätt. 2,5–3,5-mal so lg. wie br. – *s*, A: Vb; CH. Schweizer Hoher R., subsp. ***helveticum*** Pawł.

— Frkn. u. Balgfr. 1 .... **2**

2. Blüten in wenigblütigen Trauben od. Rispen, blau, selten weiß; Sporn bis 22 mm lg., z. Bltzt. gerade od. schwach aufw. gebogen (*333/2*); Fr. kahl; ↕ 20–40 cm; ⊙. V–VIII. – Äcker; auf Kalk. – *z*, im NW *s*. [*C. arvensis* Opiz; *C. regalis* Gray] Feld-R., ***D. consolida*** L.

— Blüten in reichblütigen Trauben od. Rispen; Fr. weichhaarig **3**

3. Traube locker; Vorblätt. kürzer als der Blütenstiel; Fr. allmähl. in den kurzen Gr. zugespitzt; ↕ 30–90 cm; ⊙. VI–IX. – Zierpfl. (Heimat: MMG), zuw. verwild. [*C. ajacis* (L.) Schur; *C. ambigua* auct.; *D. ambiguum* auct.] Garten-R., ***D. ajacis*** L.

— Traube dicht; Vorblatt. länger als der Blütenstiel; Fr. am Grund drüsig, plötzl. in den kurzen Gr. zugespitzt; ↕ 20–80 cm; ⊙. VI–IX. – Zierpfl. (Heimat: SO-Eur.); *s* verwild. [*C. hispanica* (Costa) Greuter & Burdet; *C. orientalis* auct.] Orientalischer R., ***D. hispanicum*** Costa

Eranthis Salisb., Winterling

Stg. am Grund m. Niederblätt., 1-blütig; unterh. der Blüte ein Quirl von 3 handf. geteilten Hochblätt. (*334/6*; *Taf. 12: 2*); Grundblätt. lg. gestielt, rundl.-herzf., 5–7-teilig, erst nach der Blüte erscheinend; Blütenhüllblätt. 5–8, gelb; Nektarblätt. gestielt, becherf. (*332/4*); Frkn. 4–6; Balgfr.; ↕ 5–15 cm; ♃. II–III. – Halbschattige Grasflächen. – Zierpfl. (Heimat: SO-Eur.); *z* verwild. u. eingebürg. – Giftig! Winterling, ***E. hyemalis*** (L.) Salisb.

Eriocapitella Nakai, Herbstanemone

Grundblätt. 5–40 cm lg. gestielt, 3-zählig, Fied. 2–5 cm lg. gestielt, ungeteilt od. 3-lappig, Lappen > 3 cm br.; Stg.Blätt. 1–3 cm lg. gestielt, 3-lappig bis 3-zählig; Blüten in mehrblütigen Pleiochasien, 4–7 cm ∅, meist rosa, seltener weiß; Fr. wollig behaart; ↕ 30–90(–120) cm; ♃. VII–X. – Zierpfl. (Heimat: O-As.); *s* in Siedlungsnähe verwild., bes. CH [*Anemone hupehensis* (Lemoine) Lemoine] Chinesische H., ***E. hupehensis*** (Lemoine) Christenh. & Byng

Meist in *Anemone* eingeschlossen; muss ebenfalls abgetrennt werden, wenn *Hepatica* u. *Pulsatilla* getrennt gehalten werden.

Ficaria Huds., Scharbockskraut

Stg. niederlgd. bis aufstgd., im Alter oft m. blattachselst. Brutknöllchen; Grundblätt. herz-nierenf., fettig glzd., kahl; Wurzeln z. T. keulenf. verdickt (*Taf. 2: 6*); ↕ 5–20 cm (↔ bis 40 cm); ♃. III–V. –Wiesen, Gebüsche, lichte Laubwälder. – *v*. – Formenreich; giftig! [*Ranunculus ficaria* L.] Knöllchen-S., ***F. verna*** Huds.

a. Pfl. ohne mehrgliedrige Stg.; Blätt. alle grundst. od. am Ende 1–5 cm lg. Seitensprosse rosettig gehäuft, ohne Brutknöllchen; ♃. III–V. – Grasflächen, lichte, auch halbtrockene Laubwälder. – *s*, D: BB, BY, SN (oft übersehen?); A: Bgl, NÖ; CZ; PL. – Giftig! [*F. calthifolia* Rchb.]
Nacktstängeliges Knöllchen-S., subsp. ***calthifolia*** (Rchb.) Rchb. ex Nyman

— Pfl. meist m. verläng., mehrgliedrigen Stg., niederlgd. bis aufstgd., ob. Internodien länger als ob. Blattstiele; Stg.-Blätt. wechselst. od. die ob. scheinbar gegenst., nicht rosettig gehäuft, nach der Blüte meist m. Brutknöllchen; ♃. III–V. – Feuchte Wiesen, Gebüsche, lichte Laubwälder. – *v*. – Formenreich; giftig!
Knöllchen-S. (i. e. S.), subsp. ***verna***

In W-D möglicherweise auch *F. verna* subsp. *fertilis* (A. R. Clapham ex Laegaard) Stace [= *F. ambigua* Boreau], m. überwgd. aufr. Stg., ohne Brutknöllchen.

Helleborus L., Nieswurz Ⓖ

1. Blätt. alle stängelst., nach oben allmähl. (*40/2a–f*) in Hoch- u. Blütenhüllblätt. überghd.; Blüten unangenehm riechend; Blütenhüllblätt. zus.neigend, Staub- u. Fr.Blätt. einschließend, grün, oft rot berandet; ↕ 30–80 cm; ♃–♄. III–IV. – Bergwälder, steinige Abhänge. – *z* in SW-D; NW-CH u. Ts; F: Els; sonst *s*. Ⓖ. – Giftig! Stinkende N., ***H. foetidus*** L.

— Auch grundst. Blätt. vorhanden, zuw. erst nach der Blüte erscheinend, dann Stg.Blätt. nur an der Verzweigung; Blütenhüllblätt. ± ausgebr. od. schräg aufr., Staubblätt. u. Gr. frei sichtbar **2**

2. Blätt. des Blütenstg. ungeteilt; — Blüten weiß od. rötl.; ↕ 15–30 cm; ♃. (XII–)II–IV. – Wälder, Gebüsch. – *z* östl. Kalk-Alp. von D: BY (Berchtesgadener Alp.) u. A; CH: ursprüngl. Ts; sonst gepfl. u. *s* verwild. Ⓖ. – Giftig! Schneerose, Christrose, ***H. niger*** L.

— Blätt. des Blütenstg. geteilt **3**

3. Fr.Blätt. ganz frei; Grundblatt meist 1, grün überwinternd; Blattzipfel 5–11, meist doppelt gesägt, ≤ 3-mal so lg. wie br.; — Blütenhüllblätt. grünl.weiß, oft rötl. überlaufen bis purpurn; ↕ 20–60 cm; ♃. III–IV. – Zierpfl. (Heimat: Anatolien); *s* verwild. in SW-D u. A; *z* CH. – Giftig!
Östliche Nieswurz, ***H. orientalis*** Lam.

— Frkn. zu ≈ einem Viertel ihrer Länge verwachsen; Grundblätt. ≥ 2, nicht überwinternd; Blattzipfel 7–13, gesägt **4**

4. Blätt. sehr fein gesägt; Blütenhüllblätt. längl. eif., sich nur am Grund od. bis zur Hälfte ihrer Länge m. den Rändern deckend; Blüten meist blass grün, meist < 4 cm ∅; ↕ 15–40 cm; ♃. II–III. – Waldränder, Gebüsche. – *s*, A: Bgl, NÖ, Stm. – Giftig! Hecken-N., ***H. dumetorum*** Willd.

— Blätt. grob gesägt, Blattzipfel > 4-mal so lg. wie br.; Blütenhüllblätt. br. eif., sich m. den Rändern deckend; Blüten meist > 4 cm ∅; ↕ 15–50 cm; ♃. III–V. – Nährstoffreiche Wälder u. Gebüsche, Tiefland u. Mittelgeb., bes. auf kalkhaltigem Lehm. – *z*, D: S-NI, NRW, TH, sonst *s*, im N *f*; *z–s* A; B; CH; CZ. Ⓖ. – Auch angepfl. u. verwild. Giftig! Grüne N., ***H. viridis*** L.

a. Blätt. unterseits behaart; Blüten 4–7 cm ∅. – Nährstoffreiche Wälder. – *s*, D: BY; A; CH.
Grüne N. (i. e. S.), subsp. ***viridis***

— Blätt unterseits kahl; Blüten 3–5 cm ∅. – Nährstoffreiche Wälder. – D: *z* S-NI, NRW, *s* BY, TH; *s* B.
Westliche Grüne N., subsp. ***occidentalis*** (Reut.) Schiffn.

Hepatica Mill., Leberblümchen

Möglicherweise in *Anemone* einzuschließen (vgl. Kadereit et al. 2016).

1. Grundblätt. 3-lappig (*333/4b*); Blattlappen ganzrandig; Staubfäden fast weiß; — Blätt. überwinternd, die neuen erst nach der Blüte erscheinend; ↕ 5–15 cm; ♃. III–IV. – Laubwälder. – *v*, im N *z*, im W *s*. Ⓖ. [*Anemone hepatica* L.; *H. triloba* Chaix]
Gewöhnliches L., ***H. nobilis*** Schreb.

— Grundblätt. 3–5-lappig; Blattlappen eingeschnitten; Staubfäden violett; — ↕ 5–15 cm; ♃. III–IV. – Zierpfl. (Heimat: SO-Eur.); *s* eingebürg., D: BY, ST, TH.
Siebenbürgener L., ***H. transsilvanica*** Fuss

Isopyrum L., Muschelblümchen

Stg. am Grund m. br. Niederblätt.; Grundblätt. lg. gestielt, doppelt 3-zählig gefied., blaugrün; Blütenhüllblätt. 5, hinfällig; Balgfr. 2; ↕ 15–30 cm; ♃. IV–V. – Feuchte Laubwälder. – *s*, D: BY; A: Bgl, Kt, NÖ, OÖ, Stm; CH: Genf, Vd; CZ; F; PL. – Giftig! Wiesenrauten-M., ***I. thalictroides*** L.

Myosurus L., Mäuseschwänzchen

Blätt. grundst., schmal linealisch, grasart.; Kelchblätt. grünl.; Nektarblätt. staubblattart., spatelf.; Frkn. ∞, z. Frzt. an stark verläng. Achse (*333/5*); ↕ 2–15 cm; ⊙. IV–VI. – Feuchte, sandige u. lehmige Äcker; kalkmeidend. – *z*, *f* in Alp. Kleines M., ***M. minimus*** L.

Nigella L., Schwarzkümmel

1. Blüten u. Fr. von haarf. zerschlitzter Hochblatthülle umgeben (*334/5*); — Blütenhüllblätt. hellblau bis weiß; Frkn. völlig verwachsen, m. waagr. absthd. Gr. (*334/5*, G); ↕ 15–30 cm; ⊙. V–VII. – Schutt- u. Brachflächen – Zierpfl. (Heimat: MMG); *z* eingebürg., in D bes. im S. Jungfer im Grünen, ***N. damascena*** L.

— Blüten ohne Hochblatthülle **2**

2. Frkn. bis zur Mitte verwachsen (*341/1a*), glatt bis etwas rau; Staubbeutel stachelspitzig (*341/1b*); Blütenhüllblätt. hellblau, m. grünl. Nerven; ↕ 10–40 cm; ⊙. VII–IX. – Lehm- u. Kalkäcker. – *s*, stark zurückgegangen; *f* NW-D u. DK. Acker-S., ***N. arvensis*** L.

— Frkn. fast ganz verwachsen (*341/2*), drüsig-warzig; Staubbeutel ohne od. m. sehr kurzem Spitzchen; ↕ 15–40 cm; ⊙. VI–VII. – Zuw. als Gewürzpfl. angepfl. (Heimat: SO-Eur.); *s* verwild. Echter S., ***N. sativa*** L.

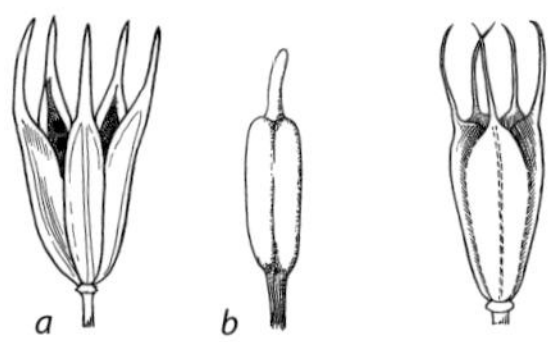

a *b*

341/1 *341/2*

Pulsatilla Mill., Küchenschelle, Kuhschelle ⓖ

Möglicherweise in *Anemone* einzuschließen (vgl. Kadereit et al. 2016).

1. Blätt. des Hochblattquirls kurz u. br. gestielt, den doppelt gefied. Grundblätt. ähnl.; — Blüten einzeln, fast aufr.; Blütenhüllblätt. ausgebr., außen zottig behaart, weiß od. gelb, häufig rot od. violett überlaufen, aber niemals rein violett; ↕ 20–50 cm; ♃. V–VII. – Alpenmatten, Magerrasen; bis 2800 m. – Alp. u. Mittelgeb. ⓖ. Alpen-K., ***P. alpina*** (L.) Delarbre

a. Blüten schwefelgelb. – Kalkmeidend; bis 2800 m. – *v–z*, Z-Alp., Allgäuer Alp., *f* O-Alp. ⓖ. [subsp. *sulphurea* (DC.) Arcang.] Gelbe Alpen-K., subsp. ***apiifolia*** (Scop.) Nyman

— Blüten weiß, außen zuw. rötl. od. bläul. .... **b**

b. Blätt. z. Frzt. am Rand behaart .... **d**

— Blätt. z. Frzt. am Rand kahl .... **c**

c. Endabschnitt der Grundblätt. bis zur Mittelrippe geteilt; Perigonblätt. 10–25 mm lg. V–VI. – Kalkmeidend; bis 2700 m. – *s*, D: Harz; F: Vog.; Alp. von A; CH: Gr; I: Bz; Sudeten. ⓖ! [*P. alba* Rchb.; *P. micrantha* (DC.) Sweet; subsp. *alpicola* H. Neumayer; subsp. *austriaca* Aichele & Schwegler] Brocken-K., subsp. ***alba*** Zämelis & Paegle

— Endabschnitt der Grundblätt. nicht bis zur Mittelrippe geteilt; Perigonblätt. 20–30 mm lg. V–VII. – Auf Kalk. – *v*, N-Alp. (1000–2800 m), Schweizer Jura. ⓖ. Alpen-K. (i. e. S.), subsp. ***alpina***

d (b). Blütenstiele 17–21 cm lg.; Endzipfel der Grundblätt. ≈ 2 cm lg. u. ≈ 1 cm br., m. 10–15 Zähnen; VII–VIII. – *s*, S-Alp.: A; CH; I: Bz. Südliche Alpen-K., subsp. ***austroalpina*** D. M. Moser

— Blütenstiele 5–8 cm lg.; Endzipfel der Grundblätt. ≈ 2,5–4 cm lg. u. 2–3 cm br., m. 4–8 Zähnen. VI–VII. – Auf Kalk od. Dolomit. – *s*, nur A: NÖ, OÖ, Stm. Schneeberger Alpen-K., subsp. ***schneebergensis*** D. M. Moser

— Blätt. des Hochblattquirls sitzend, am Grund verwachsen, von den Grundblätt. verschieden (*342/2–4; Taf. 12: 1*); — Blütenhüllblätt. glockig zus.neigend od. ausgebr. **2**

2. Ganze Pfl. einschließl. Blüten bronzefarbig behaart; — Blütenhüllblätt. innen gelbl.weiß, außen violett; Grundblätt. nach der Blüte erscheinend, aber überwinternd, 1-fach gefied., m. 3–5 eif., 3-spaltigen Fiedern (*342/1*); ↕ 5–30 cm; ♃. IV–VI. – Magerrasen, sandige Kiefernwälder. – Z-Alp. (bis 3000 m) *z*, D: Bayr. Hochebene, Berchtesgadener Alp., früher Pfalz, O-D; *s* F: Els; PL; sonst weitghd. verschwunden. ⓖ! Frühlings-K., ***P. vernalis*** (L.) Mill.

— Stg. u. Blütenhüllblätt. nicht bronzefarbig behaart **3**

3. Grundblätt. handf. 3-spaltig, m. 2–3-teiligen Fiedern (*342/5*), — in der Jugend weißzottig, im Alter verkahlend; Blütenhüllblätt. violett, sternf. ausgebr.; Blüten aufr.; ↕ 5–30 cm; ♃. III–IV. – Trockenrasen, Kiefernwälder. – D: *s*, BY, früher BB, MV; *s* CZ; PL. FFH4; ⓖ! Finger-K., Stern-K., ***P. patens*** (L.) Mill.

— Grundblätt. gefied. **4**

4. Blüten aufr. (*342/4*) **6**

— Blüten nickend (*342/2*) **5**

5. Blütenhüllblätt. nur wenig länger als die Staubblätt., an der Spitze nach außen gekrümmt (*342/2*); Gr. älterer Blüten länger als die Blütenhüllblätt.; ↕ 10–50 cm; ♃. IV–VI. – Trockenrasen, trockene Kiefernwälder. – *z–s* in O u. NO-D; O-A; CZ; DK; PL. ⓖ. – Giftig! Wiesen-K., ***P. pratensis*** (L.) Mill.

a. Blütenhüllblätt. innen hellviolett, außen m. lg. seidig glzd. Haaren; Hochblätt. in 3 stark gefied. Abschnitte geglied. (*342/3a*). – Auf Sand. – *s*, nur D: MV; DK. Wiesen-K. (i. e. S.), subsp. ***pratensis***

— Blütenhüllblätt. innen schwarzviolett, außen m. kurzen, nicht glzd. Haaren; Hochblätt. gleichm. in einfache, schmale Zipfel geteilt (*342/3b*). – Auf Kalk. – *z*, D: BB, MV, NI, SH, SN, ST, TH; A: Bgl, Kt, NÖ, OÖ, Stm; CZ; PL. [subsp. *bohemica* Skalický] Schwarze K., subsp. ***nigricans*** (Störck) Zämelis

— Blütenhüllblätt. doppelt so lg. wie die Staubblätt., an der Spitze kaum od. erst spät nach außen gekrümmt; Gr. auch in älteren Blüten kürzer als die Blütenhüllblätt.; ↕ 10–30 cm; ♃. III–V. – Trockenrasen. – *s*, CH: Gr, Ts, Vs; I: Bz. – Giftig! Berg-K., ***P. montana*** (Hoppe) Rchb.

6 (4). Blattzipfel meist 2–4 mm br.; Blütenhüllblätt. 3–4 cm lg., anfangs zus.neigend, später ausgebr. (*342/4; Taf. 12: 1*); ↕ 10–40 cm; ♃. II–V. – Trockenrasen; überwgd. auf Kalk. – Im S *z*, im N *s*. ⓖ. – Giftig! [*Anemone pulsatilla* L.] Gewöhnliche K., ***P. vulgaris*** Mill.

a. Grundblätt. vor od. m. den Blüten erscheinend, m. 100–150 Zipfeln; Blütenhüllblätt. schmal ellipt. – *z*, D; A: OÖ, früher Ti, Sb?; CH (bes. N u. W). Gewöhnliche K. (i. e. S.), subsp. ***vulgaris***

— Grundblätt. nach den Blüten erscheinend, m. 40–90 Zipfeln; Blütenhüllblätt. br. ellipt. – *s*, D: BY?, TH (Kyffhäuser); A: Bgl, NÖ; CH: Jura; CZ. FFH24, ⓖ! [*P. grandis* Wender.] Große K., subsp. ***grandis*** (Wender.) Zämelis

Die Innsbrucker K., ***P. oenipontana*** Dalla Torre & Sarnth., wird meist als Hybride zwischen subsp. *vulgaris* u. subsp. *grandis* angesehen. – *s*, D: Bayr. Hochebene?; A: Ti, b. Innsbruck.

— Blattzipfel z.T. > 4 mm br.; Endblättchen lg. gestielt; Blütenhüllblätt. 2–3 cm lg.; ↕ 10–25 cm; ♃. III–V. – Felsrasen, trockene Bergwiesen, Kiefernwälder; auf Kalk. – *s*, Z-Alp., A: Stm; CH: Vs. [*P. styriaca* (Pritz.) Simonk.] Hallers K., ***P. halleri*** (All.) Willd.

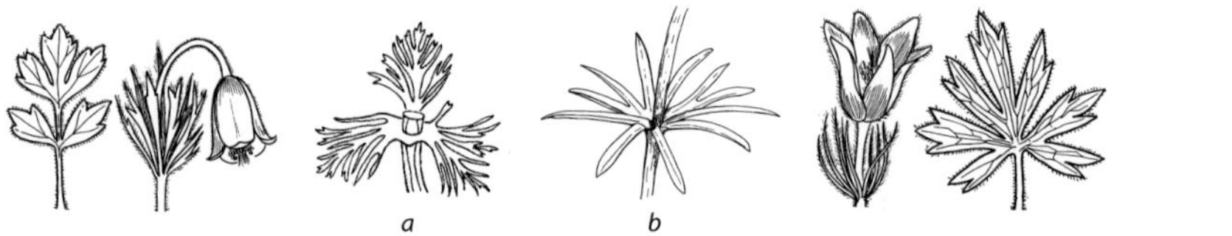

342/1 *342/2* *342/3* *342/4* *342/5*

Ranunculus L. [incl. *Batrachium* (DC.) Gray, Wasserhahnenfuß], Hahnenfuß

Die Kronblätt. sind blumenblattart. Nektarblätt. u. tragen an ihrer Basis eine Nektardrüse (*332/2, D; Taf. 22: 7*, N). Die äuß. Blütenhüllblätt. werden auch als Kelchblätt. bezeichnet. Der erhalten bleibende u. erhärtende Gr. wird als Fr.Schnabel bezeichnet. Viele Arten u. Unterarten, insbesondere in der Untergattung *Batrachium* (Wiegleb 2020) u. im *R. auricomus*-Aggregat, sind morpholog. nur schwach getrennt u./od. untereinander kreuzbar.

1. Kronblätt. (= Nektarblätt.) gelb **26**
— Kronblätt. (= Nektarblätt.) weiß, rötl. od. rotviolett, zuw. an der Basis gelb **2**
2. Wasserpfl. m. untergetauchten, zerteilten Wasserblätt. (*343/2*), zuw. nur m. ganzflächigen Schwimmblätt. (*343/1*) od. m. beiden (*343/3a, b*); Fr.Stiele zurückgekrümmt. [Untergattung *Batrachium* (DC.) Arcang., Wasserhahnenfuß] **10**
— Landpfl. od. Sumpfpfl. **3**
3. Grundblätt. tief geteilt od. gelappt **6**
— Grundblätt. ungeteilt **4**
4. Grundblätt. gekerbt od. gesägt, kreisf.; — Stg. 1–2-blütig; Blüten 2–2,5 cm ∅; ↕ 4–10(–15) cm; ♃. VI–VII. – Quellige Stellen, Felsspalten der Silikat-Alp. – *s*, A: Stm.
Gekerbter H., ***R. crenatus*** Waldst. & Kit.
— Grundblätt. ganzrandig **5**
5. Grundblätt. br. eif. bis herzf., am Rand behaart; Kelchblätt. zottig behaart; ↕ 5–15 cm; ♃. VI–VIII. – Feuchter Gesteinsschutt der Alp.; auf Kalk; bis 2900 m. – *s*, D: BY (Karwendel); A: Kt, OTi, Stm, Ti, Vb; CH: Gr, Vs; I: Bz. – Giftig!
Herzblättriger H., ***R. parnassiifolius*** subsp. ***heterocarpus*** P. Küpfer
— Grundblätt. linealisch, meist < 5 mm br.; Kelchblätt. kahl; ↕ 5–20 cm; ♃. V–VII. – Feuchte Weiden der Alp.; bis 3000 m. – *v–z*, Z-Alp., A: Kt, OTi, Ti, Vb; S-CH: Gr, Ts, Vs; I: Bz. [*R. plantagineus* All.; *R. pyrenaeus* subsp. *plantagineus* (All.) Rouy & Fouc.]
Kuepfer-H., ***R. kuepferi*** Greuter & Burdet
6 (3). Stg. niedrig, 5–20 cm hoch, 1–2-blütig; — Hochalpenpfl. **8**
— Stg. 20–130 cm hoch, reich verzweigt, vielblütig; — Blätt. fingerig gelappt **7**
7. Mittelabschnitt der Blätt. bis zum Grund frei (*344/1*), gestielt, 1-fach od. doppelt gesägt; Blütenstiele 1–3-mal so lg. wie die Tragblätt., ± behaart; Seitenäste spreizend; ↕ 20–100 cm; ♃. V–VII. – Hochstaudenfluren entlang von Bächen, Quellen. – *v* Alp. u. Vorland, Schw., Bayrw., *z* in S- u. W-D (Odenw., Sauerland, Rothaargeb.), *f* in N- u. O-D; *z* CZ: Böhmw.; F: Vog.; *s* NL – Giftig! [*R. aconitifolius* L. subsp. *aconitifolius*] Eisenhutblättriger H., ***R. aconitifolius*** L.
— Abschnitte der Blätt. am Grund miteinander verbunden (*344/2*); Blütenstiele 4–5-mal so lg. wie ihre Tragblätt., kahl; Seitenäste ± aufr.; ↕ 50–130 cm; ♃. V–VII. – Feuchte Bergwälder, Hochstaudenfluren. – *z* Alp., Voralp. u. Mittelgeb. – Giftig! [*R. aconitifolius* subsp. *platanifolius* (L.) Rikli] Platanenblättriger H., ***R. platanifolius*** L.
8 (6). Kelchblätt. unterseits dk. rostbraun, bis z. Fr.Reife bleibend, kürzer als die weißen, rosaroten od. rotvioletten, bleibenden Kronblätt.; Grundblätt. dick, dk.grün, 3-zählig, m. 3- bis vielfachspaltigen Fiedern; ↕ 5–20 cm; ♃. VII–VIII. – Durchfeuchteter Felsschutt u. Moränen der Silikat-Alp.; 1900–4300 m. – *v*. [*Oxygraphis gelidus* (Hoffmanns.) O. Schwarz]
Gletscher-H., ***R. glacialis*** L.
— Kelchblatt. grün bis fast weiß, selten rötl. überlaufen; Grundblätt. krautig **9**
9. Pfl. behaart, später verkahlend; Blätt. im Umriss eckig; Zipfel lanzettl.-zugespitzt, oft in der Mitte am breitesten, Fiedern am Grund keilf.; Blütenboden behaart; ↕ 5–15 cm; ♃. VI–VII. – Felsschutt der Kalk-Alp. – *s*, A: Kt, OÖ, O-Ti; CH: Bern, Unterwalden; I: Bz.
Seguier-H., ***R. seguieri*** Vill.
— Pfl. kahl; Blätt. im Umriss rundl., mehr od. weniger geteilt; Zipfel 3-eckig bis gerundet, am Grund am breitesten; Blütenboden kahl; ↕ 5–15 cm; ♃. VI–IX. – Feuchte Matten der Kalk-Alp., Schneetälchen; bis 2900 m. – *v*. Alpen-H., ***R. alpestris*** L.
10 (2). Pfl. m. fein zerteilten Wasserblätt. (*343/2, 343/3a* – selten auch als Luftblätt.: *R. baudotii*, s. Nr. **25**—), oft zusätzl. auch m. flächigen, ± tief gelappten Schwimm- od. Luftblätt. (*343/3b*) **15**

343/1

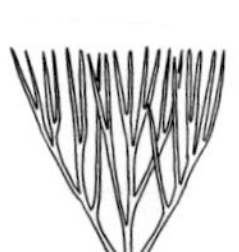

343/2

343/3

— Pfl. nur m. m. flächigen, 3–5-lappigen Schwimm- od. Luftblätt.; haarf. Wasserblätt. fehlend **11**

11. Blätt. fast bis zum Grund geteilt; Lappen meist m. keilf. Grund **13**

— Blätt. höchstens bis zur Mitte geteilt; Lappen br. rundl., zuw. gekerbt **12**

12. Blätt. m. 3(–5) seichten, halbkreisf. od. 3-eckigen, ganzrandigen Lappen, die am Grund am breitesten sind (*343/1*); Kronblätt. nicht od. kaum länger als die Kelchblätt.; ↕ 10–60 cm; ⊙–♃. V–IX. – Bäche, Gräben, Quellen. – *s* im W, NW; D: NI, NRW, RP, SH, ST, W-TH; B; DK; F; NL; *f* im O u. SO. [*B. hederaceum* (L.) Gray] Efeublättriger W., ***R. hederaceus*** L.

— Blätt. 5-lappig, Lappen am Grund schmaler; Einschnitte am Mittellappen bis zur Hälfte der Blattspr. (*344/3*); Kronblätt. 2–3-mal länger als die Kelchblätt.; ↕ 20–60 cm, auf Schlamm ↕ 5–10 cm; ♃. V–IX. – Bäche, Gräben. – Früher B, NL (im Gebiet ausgestorben?). [*B. omiophyllum* (Ten.) C. D. K. Cook; *R. lenormandii* F. W. Schultz] Lenormand-W., ***R. omiophyllus*** Ten.

13 (11). Kronblätt. bis 4,5 mm lg.; Staubblätt. u. Fr.Blätt. meist 5–10 .... ***R. tripartitus***, s. Nr. **21**

— Kronblätt. 5,5–15 mm lg.; Staubblätt. 10–25; Fr.Blätt. 16–40(–60) **14**

14. Kronblätt. rein weiß, allenfalls ganz am Grund (unter den Staubblätt.) etwas grünl.gelb ***R. ololeucos***, s. Nr. **22**

— Kronblätt. im unt. Viertel leuchtend gelb .... ***R. baudotii***, s. Nr. **25**—

15 (10). Wasserblätt. kürzer als die mittl. u. unt. Internodien (mind. 5 Internodien von der Spitze), meist m. abspreizend-ausgebr., nicht parallelen Zipfeln (*343/3a*), außerh. des Wassers spreizend od. kollabierend; sthd. bis langsam fließ. Gewässer **17**

— Wasserblätt. wenigstens z.T. länger als die Internodien, 10–55 cm lg., m. etwas ausgebr. od. fast parallelen Zipfeln (*343/2*), kräftig, dennoch außerh. des Wassers stets zus.fallend; meist Fließgewässer, auch schnell fließ.; — Blüten > 18 mm ∅ **16**

16. Wasserblätt. 10–55 cm lg., wenigstens z.T. mehrfach länger als die Internodien, daher Blätt. aufeinanderfolg. Knoten weit überlappend; Spr.Abschnitte 1. Ordn. ≈ so lg. wie die der höh. Ordn. zus.; Pfl. stets ohne Schwimmblätt.; Blütenboden kahl; ↕ 0,5–6 m; ♃. VI–VIII. – Fließgewässer. – *z.* – Giftig! [*B. fluitans* (Lam.) Wimm.] Flutender W., ***R. fluitans*** Lam.

— Wasserblätt. ≈ 10 cm lg., knapp kürzer als die Internodien bis knapp doppelt so lg., daher Blätt. aufeinanderfolg. Knoten kaum überlappend u. oft gehäuft erscheinend; Spr.Abschnitte 1. Ordn. kürzer als die der höh. Ordn. zus.; Pfl. zuw. m. Schwimmblätt.; Blütenboden behaart; ↕ 0,5–6 m; ⊙–♃. V–IX. – Fließgewässer. – *z.* – Formenreich. [*B. penicillatum* Dumort.] Pinsel-W., ***R. penicillatus*** (Dumort.) Bab.

17 (15). Wasserblätt. auch nach dem Herausnehmen aus dem Wasser spreizend, nicht zus.-fallend **25**

— Wasserblätt. außerh. des Wassers pinself. zus.fallend **18**

18. Pfl. m. Schwimmblätt. **21**

— Pfl. ohne Schwimmblätt. **19**

19. Fr.Blätt. 50–90, reife Nüsschen 0,8–1,3 mm lg., vorn stets violett fleckig, an etwas verläng. Achse; ↕ 10–200 cm; ⊙. V–VIII. – Teiche, Tümpel. – *s*, D: BY (Maintal), Oberrheingebiet, RP; A: NÖ, Ti (Inntal); CH: Schaffhausen, SG, Vs; CZ; F. [*B. rionii* (Lagger) Nyman] Rion-W., ***R. rionii*** Lagger

— Fr.Blätt. 15–40, reife Nüsschen 1,3–2 mm lg., selten fleckig **20**

20. Pfl. an fast allen Knoten wurzelnd, sehr zart, niederlgd.; Fr. kahl; ↕ 10–100(–200) cm; ⊙. VI–VIII. – Gebirgsseen. – *s*, Alp. [*B. eradicatum* (Laest.) Fr.; *R. trichophyllus* subsp. *eradicatus*

344/1

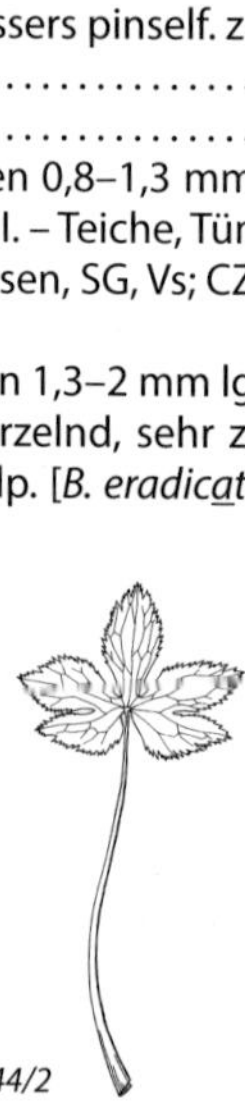

344/2

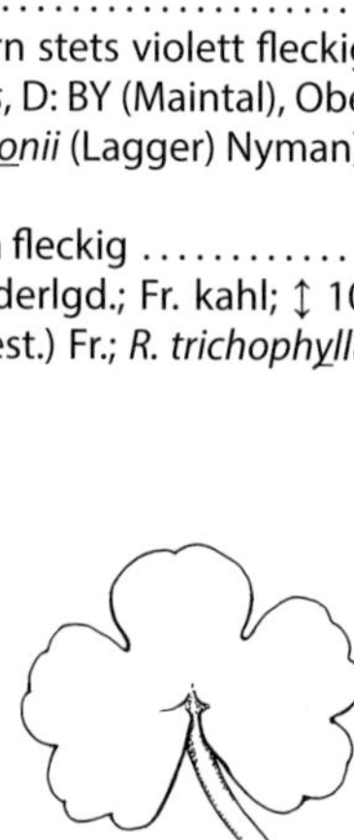

344/3

(Laest.) C. D. K. Cook; *R. lutulentus* Songeon & E. P. Perrier]
Wurzelnder W., ***R. confervoides*** (Fr.) Fr.

— Pfl. nur an den basalen Knoten wurzelnd, kräftig, aufr.; Fr. zerstreut borstenhaarig; ↕ 20–100 (–200) cm; ⊙–♃. V–VIII. – Sthd. od. langsam fließ. Gewässer. – *z.* [*B. trichophyllum* (Chaix) F. W. Schultz; *R. flaccidus* Pers.; *R. paucistamineus* Tausch]
Haarblättriger W., ***R. trichophyllus*** Chaix

21 (18). Blüten < 15 mm ∅; Kronblätt. 1–4,5 mm lg., Staubblätt. 5–10; Schwimmblätt. fast bis zum Grund geteilt; ↕ 10–80 cm; ⊙ od. mehrj. III–VI. – Gräben, nährstoffarme Tümpel, auch zeitweise trockenfallend. – *s*, stark zurückghd., *s* B; früher NL?; Angaben für D: SH, MV, NI sollen auf Verwechslungen m. *R. aquatilis, R. baudotii* u. *R. trichophyllus* beruhen. [*B. tripartitum* (DC.) Gray; *R. lutarius* (Revel) Bouvet] Dreiteiliger W., ***R. tripartitus*** DC.

— Blüten meist > 18 mm ∅; Kronblätt. (5–)7–15(–23) mm lg., Staubblätt. (5–)10–30; Schwimmblätt. oft weniger tief geteilt **22**

22. Kronblätt. rein weiß, 7–15 mm lg., allenfalls ganz am Grund (unter den Staubblätt.) etwas grünl.gelb; — Nektardrüse halbmondf.; Schwimmblätt. fast bis zum Grund 3–5-lappig; Wasserblätt. auffallend zart; Fr. kahl; ↕ 10–80 cm; ⊙–♃. III–VI. – Nährstoffarme Gräben u. Tümpel, auch zeitweise trockenfallend. – *s*, D: NI, NRW, SH; B; NL. [*B. ololeucos* (J. Lloyd) Bosch]
Reinweißer W., ***R. ololeucos*** Lloyd

— Kronblätt. im unt. Viertel leuchtend gelb; — Nektardrüse kreisrund, birnenf. od. halbmondf.; Schwimmblätt. kaum tiefer als zwei Drittel geteilt **23**

23. Nektardrüse kreisrund; Blütenstiele bis 4(–5) cm lg.; — Kronblätt. 5–12 mm lg.; ↕ 20–200 cm; ⊙–♃. IV–IX. – Sthd. u. langsam fließ. Gewässer. – *z.* [*B. aquatile* (L.) Dumort.; *R. radians* Revel] Gewöhnlicher W., ***R. aquatilis*** L. s. str.

— Nektardrüse halbmondf. od. länglich; Blütenstiele 5–12 cm lg. — Kronblätt. (5–)8–15(–23) mm lg. **24**

24. Schwimmblätt. ≤ 10 mm lg., ≤ 30 mm br., ≤ 40 mm lg. gestielt; Staubblätt. 5–16; Fr.Blätt. 10–25; ↕ 20–100 cm; ⊙–♃. III–VI. – Sthd. u. langsam fließ. Gewässer, auch Brackwasser. – *s*, meist unbest. (Heimat. S-Eur, N-Afr), D: BW, NI. Sanikelblättriger W., ***R. saniculifolius*** Viv.

— Schwimmblätt. z.T. größer, bis 25 mm lg. u. 40 mm br., 50–90 mm lg. gestielt; Staubblätt. 15–30; Fr.Blätt. (25–)30–60; ↕ 20–200 cm; ⊙–♃. V–VIII. – Sthd. u. langsam fließ. Gewässer. – *z.* [*B. peltatum* (Schrank) Presl] Schild-W., ***R. peltatus*** Schrank subsp. ***peltatus***

25 (17). Blattzipfel in einer Ebene, im Umriss fast kreisrund um den Stg. spreizend; Fr. nicht (deutl.) gekielt; ↕ 20–300 cm; ♃. V–IX. – Sthd. u. langsam fließ. Gewässer. – *z.* [*B. circinatum* (Sibth.) Spach] Spreizender W., ***R. circinatus*** Sibth.

— Blattzipfel nicht in einer Ebene; Blätt. unregelm. büschelf.; Fr. deutl. gekielt; ↕ 20–50 cm; ⊙–♃. V–IX. – Salz- u. Brackwasser der Küsten, im Binnenland nur an salzhaltigen Stellen. – *z*, D: MV, NI, SH; A: Bgl, NÖ, B; CZ; DK; NL; PL. [*B. marinum* Fr.; *R. peltatus* subsp. *baudotii* (Godr.) C. D. K. Cook] Brackwasser-W., ***R. baudotii*** Godr.

26 (1). Alle Blätt. od. zumind. die mittl. u. ob. Stg.Blätt. geteilt; nur Grundblätt. zuw. ungeteilt **30**

— Alle Blätt. ungeteilt; Stg.Blätt lanzettl.; Grundblätt. zuw. ellipt. **27**

27. Blüten 2,5–3 mm ∅, sitzend; Pfl. 1-j.; — Kronblätt. hellgelb; ↕ 5–20 cm; ⊙. V–VIII. – Feuchte Weideflächen. – Früher A: Bgl, NÖ. Seitenblütiger H., ***R. lateriflorus*** DC.

— Blüten 5–40 mm ∅, gestielt; Pfl. ausd. **28**

28. Stg. 50–150 cm hoch; Blüten 20–40 mm ∅, goldgelb; — Blätt. lanzettl., ganzrandig od. schwach gezähnt; die unt. meist gestielt; ♃. VI–VII. – Ufer, Röhricht, Sumpfwiesen. – *z.* Ⓖ. – Giftig! Zungen-H., Großer H., ***R. lingua*** L.

— Stg. 5–50(–70) cm hoch; Blüten 5–20 mm ∅ **29**

29. Pfl. feuchter StO, aufr. od. niederlgd.-kriechend; unt. Blätt. gestielt, ellipt.; Stg.Blätt. lanzettl., ganzrandig od. schwach gesägt; ↕ 10–50(–70) cm; ♃. VI–X. – Sandige Ufer, nasse Wiesen, Gräben. – *v.* Brennender H., ***R. flammula*** L.

a. Stg. aufr. od aufstgd., nur an den basalen Knoten wurzelnd; Blüten 8–20 mm ∅. – Nasse Wiesen, Gräben, zeitweise trockenfallende Tümpel. – *v.* Brennender H. (i. e. S.), subsp. ***flammula***

— Stg. fadenf., niederlgd.-kriechend, an allen Knoten wurzelnd u. dort Büschel von lineal-lanzettl. Blätt. tragend (*346/1*); Blüten 5–10 mm ∅, einzeln. – Sandig-kiesige Ufer. – *s*, D: BY, BW (Bodensee), MV, SH, früher BB, ST, TH; *s* A; CH; DK. [*R. reptans* L.] Ufer-H., subsp. ***reptans*** (L.) Syme

— Pfl. trockener StO, aufr., am Grund knollig, m. Faserschopf aus alten Blätt.; Grundblätt. grasähnl., schmal linealisch, fast sitzend; ↕ 5–30 cm; ♃. IV–V. – Trockenrasen. – *s*, nur CH: Vs (Rhônetal). Grasblättriger H., ***R. gramineus*** L.

30 (26). Alle Blätt. ± tief 3–5-spaltig od. -lappig, wenn Grundblätt. ungeteilt, dann nicht nierenf. od. kreisrund **35**

— Grundblätt. ungeteilt, quer-ellipt. bis nierenf. od. fast kreisrund, am Rand (*346/4a*) od. nur an der Spitze gekerbt bis gezähnt (*346/2*); wenn Grundblätt. z. Bltzt. fehlend, dann Stg.Blätt. kaum geteilt **31**

31. Stg.Blätt. überwgd. (fast) bis zum Grund fingerig geteilt **34**

— Stg.Blätt. ungeteilt od. ± eingeschnitten, höchstens drei Viertel der Spr., nur Tragblätt. der Blüten zuw. tiefer geteilt (dann Fr.Blätt. m. borstenbesetzten Höckern) **32**

32. Blüten 3–7 mm ∅, meist mehrere pro Stg., einzeln in den Blattachseln od. scheinbar blattgegenst.; Kronblätt ≤ 2 mm lg.; Stg. meist m. mehreren Blätt., nach oben allmählich kleiner u. tiefer geteilt; Fr.Blätt. m. borstenbesetzten Höckern; Pfl. des Tieflands; ↕ 5–30 cm; ⊙. V–VII. – Trockene od. wechselfeuchte gestörte StO. – Ne. (Heimat: N-Am); *s*, CH (Bodensee, Genfer See). Kleinblütiger H., ***R. parviflorus*** L.

— Blüten 12–20 mm ∅; Stg. m. 1–3 Blüten; Kronblätt. 6–10 mm lg.; unterstes Stg.Blatt auffallend viel größer als die ob. (wenn vorhanden); Fr. kahl; Alp. > 900 m **33**

33. Grundblätt. z. Bltzt. vorhanden; unterstes Stg.Blatt meist gestielt, Spr. breiter als lg., nur vorne eingeschnitten (*346/3*); ↕ 10–15 cm; ♃. V–VIII. – Felsschutt der Kalk-Alp. – *s*, D; A; CH: Gr; I: Bz. – Sehr giftig! Nierenblättriger H., ***R. hybridus*** Biria

— Grundblätt. z. Bltzt. fehlend; unterstes Stg.Blatt groß, nierenf., sitzend od. fast sitzend, fast am ganzen Rand gekerbt-gesägt; ↕ 10–30 cm; ♃. V–VII. – Alpenmatten. – *s*, nur A: Kt (Karawanken); CH: Gr, Ts, Vs; FL. – Sehr giftig! Schildblättriger H., ***R. thora*** L.

34 (31). Stg. am Grund m. 1–2 Niederblätt.; Grundblätt. 1–3, ungeteilt, m. einfach gekerbt-gesägtem Rand (*346/4a*); Stg.Blätt. 5–7-teilig; Fr. eif., 3–4 mm lg., weich behaart, m. kurzem, geradem, an der Spitze hakigem Gr. (*346/4b*); ↕ 20–60 cm; ♃. IV–V. – Laubwälder. – *s*, D: BY; A: OÖ, Sb; PL. – Formenreich. [*R. auricomus* subsp. *cassubicus* (L.) Čelak.]
Wenden-H., ***R. cassubicus*** L.

— Stg. am Grund ohne Niederblätt.; Grundblätt. lg. gestielt, Spr. ungeteilt, ringsum gekerbt-gezähnt (ähnl. *346/4a*) od. 3–5- (*346/5a*) u. mehrspaltig; Stg.-Blätt. sitzend, fingerig geteilt, m. linealischen Zipfeln (*346/5b*); Fr. eif., 3–4 mm lg., dicht behaart, m. kurzem, vom Grund an hakigem Schnabel (*346/5c*); ↕ 15–60 cm; ♃. IV–VI. – Feuchte Laubwälder, Wiesen; bis in die alp. Stufe. – *v*. – Formenreich (es sind mehr als 50 Kleinarten beschrieben!).
Artengruppe Gold-H., ***R. auricomus*** agg.

Die zahlr., noch wenig erforschten Kleinarten, die sich apomiktisch vermehren, sind nur m. Spezialliteratur bestimmbar.

35 (30). Blütenstiele deutl. gefurcht od. kantig **43**

— Blütenstiele rund, nicht od. nur undeutl. gefurcht **36**

36. Wurzeln knollig verdickt; ganze Pfl. seidig-wollig behaart; — Grundblätt. 3-teilig, m. lineal-lanzettl. Abschnitten, selten ungeteilt; Kelchblätt. zurückgeschlagen; Kronblätt. zitronengelb; Fr. auf verläng. Blütenachse, m. lg., geradem Schnabel u. ringsum geflüg. (*347/1*); ↕ 20–50 cm; ♃. V–VI. – Trockenrasen, Äcker. – *s*, Oder-, Elbe- u. unt. Saaletal; A: Bgl, NÖ, früher Ti; *s* CZ; PL. Illyrischer H., ***R. illyricus*** L.

— Wurzeln nicht knollig verdickt; Pfl. nicht seidig, aber z.T. absthd. od. anlgd. behaart **37**

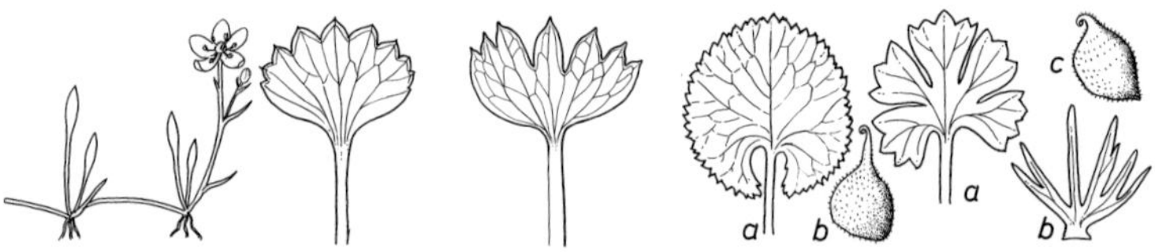

346/1 *346/2* *346/3* *346/4* *346/5*

37. Pfl. sehr klein, 1–4 cm groß; — Stg. 1-blütig, von den meist handf. gelappten (*347/3a*), kahlen Blätt. überragt; Kronblätt. kürzer als die Kelchblätt.; Fr. zahlr., eif., glatt, m. längerem, abw. gebogenem Schnabel (*347/3b*); ♃. VII–VIII. – Alp., auf Silikatgestein u. Schiefer; bis 2500 m. – *s*, A: Kt, OTi, Sb, Ti; CH: Gr; I: Bz. Zwerg-H., ***R. pygmaeus*** Wahlenb.

— Pfl. > 4 cm **38**

38. Nüsschen nicht bestachelt **40**

— Nüsschen bestachelt (*347/2c, d*) **39**

39. Kelchblätt. zurückgeschlagen; Pfl. kahl; Fr. m. 12–30 Nüsschen, diese bestachelt, m. relativ br. glattem Rand u. 2–3 mm lg. Schnabel; Blätt. gekerbt-gesägt, handf. gelappt; ↕ 5–40 cm; ⊙. IV–V. – Feuchte, zeitweise überschwemmte Flächen. – Ne. (Heimat: MMG); *s*, CH (Genfer See), sonst unbest. Stachelfrüchtiger H., ***R. muricatus*** L.

— Kelchblätt. nicht zurückgeschlagen; Pfl. etwas behaart; Fr. m. 4–8 Nüsschen, diese bestachelt, m. schmalem glattem Rand u. 3–4 mm lg. Schnabel (*347/2c, d*); Blüten hellgelb, 4–12 mm ∅; Grundblätt. spatelf., an der Spitze grob gezähnt, die folg. 3-teilig (*347/2a, b*); ↕ 20–70 cm; ⊙. V–VII. – Lehmäcker. – *z–s*, stark zurückgegangen. – Giftig! Acker-H., ***R. arvensis*** L.

40 (38). Blütenboden zumind. an der Spitze borstl. behaart; Blütenstg. 1–3-blütig, 5–40 cm hoch, angedrückt behaart; — Stg.Blätt. sitzend, tief 3–5-spaltig, m. lineal-lanzettl. Zipfeln; ↕ 5–40 cm; ♃. V–IX. – Wiesen u. Steinschutthalden. – *v–z*, Alp. u. Voralp., SchwAlb, Schw. Artengruppe Berg-H., ***R. montanus*** agg.

Im Gebiet werden folg. Kleinarten unterschieden:

a. Grundblätt. mäßig dicht bis dicht behaart .... **c**

— Grundblätt. kahl od. spärl. behaart .... **b**

b. Seitenlappen der Grundblätt. höchstens bis zur Hälfte eingeschnitten; Abschnitte der Stg.Blätt. 2–7-mal so lg. wie br.; Fr.Schnabel etwas absthd. – Auf Kalk. – *v* in Alp., Bayr. Hochebene, Schw. Berg-H., ***R. montanus*** Willd. s. str.

— Seitenlappen der Grundblätt. zu mehr als zwei Drittel eingeschnitten; Abschnitte der Stg.Blätt. linealisch, 6–15-mal so lg. wie br.; Fr.Schnabel sehr kurz, anlgd. – Auf Kalk. – *s*, D: SchwAlb; A; CH: Bern, Jura, Vd; I: Bz. Kärntner H., ***R. carinthiacus*** Hoppe

c (a). Spr. der Grundblätt. vor der Entfaltung nach unten gebogen; ob. Rhizomabschnitt u. gesamter Blütenboden behaart. – Auf Kalk. – *z*, Alp., Bayr. Hochebene u. SchwAlb; A; CH; I: Bz. [*R. hornschuchii* Hoppe; *R. oreophilus* M. Bieb.] Gebirgs-H., ***R. breyninus*** Crantz

— Spr. der Grundblätt. vor der Entfaltung nicht nach unten gebogen; ob. Rhizomabschnitt u. unt. Teil des Blütenbodens kahl. – Kalkmeidend. – *s*, D: Allgäu, BY; A: OTi, Ti, Vb; CH; I: Bz. [*R. grenierianus* Jord.] Grenier-H., ***R. villarsii*** DC.

— Blütenboden kahl; Stg. 15–80(–100) cm hoch **41**

41. Stg. u. Blätt. absthd. rauhaarig; — Grundblätt. 3–5-spaltig, m. br. eif., unregelm. gesägten Abschnitten (*347/4a*); Nüsschen eif., kahl, seitl. stark zus.gedrückt; Schnabel stark hakig gekrümmt (*347/4b*); ↕ 30–100 cm; ♃. V–VII. – Berg- u. Auenwälder. – *v*, *s* im NW u. W; A, CH, CZ, DK, PL. Wolliger H., ***R. lanuginosus*** L.

— Stg. u. Blätt. angedrückt behaart od. kahl **42**

42. Grundblätt. handf. 3–5-teilig, im Umriss eckig, m. zieml. schmalen, 3-spaltigen, eingeschnitten-gesägten Abschnitten (*347/5a*); Stg.Blätt. stärker geteilt, m. schmaleren Abschnitten; Nüsschen kahl, m. meist kurzem, fast geradem, nur wenig gekrümmtem Schnabel (*347/5b*); ↕ 30–100 cm; ♃. V–X. – Wiesen, Gebüsch; bis in die alp. Stufe. – *v*. – Giftig! [*R. acer* L.] Scharfer H., ***R. acris*** L.

a. Rhizom ≤ 1 cm lg., fast senkr.; Grundblätt. rosettig; Blattzipfel überwgd. lineal-lanzettl. – *v*. Scharfer H. (i. e. S.), subsp. ***acris***

— Rhizom 3–10 cm lg., horizontal umgebogen; Grundblätt. meist etwas verteilt; Blattzipfel breiter, ± eif., — dünn, weich, seidig. – *z*, in D bes. im SW; A: Ti, Vb; CH. [*R. stevenii* auct.] Fries-H., subsp. ***friesianus*** (Jord.) Syme

347/1

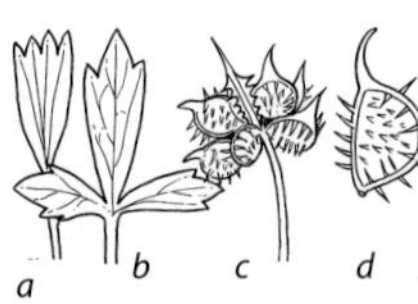

347/2

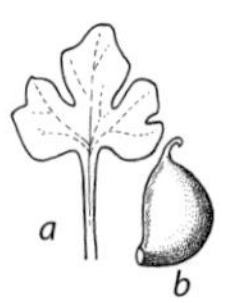

347/3

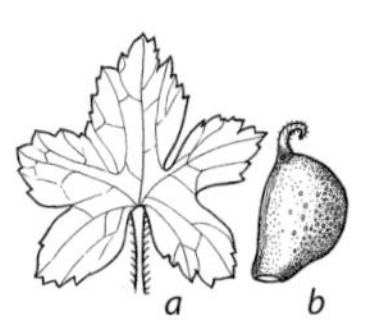

347/4

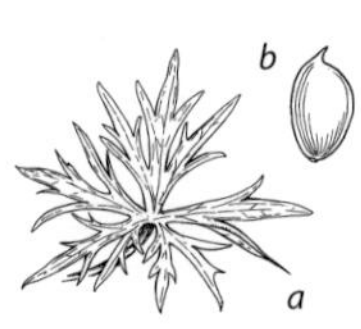

347/5

— Grundblätt. im Umriss rundl., durch tiefe Einschnitte 3–5- od. mehrteilig (*346/5a*), zuw. ungeteilt, nierenf., ringsum gekerbt (ähnl. *346/4a*); Nüsschen behaart; — Blüten oft unvollst. Artengruppe Gold-H., ***R. auricomus*** agg., s. Nr. **34—**

43 (35). Grundblätt. meist 5-lappig, im Umriss nierenf. bis br. herzf. (*347/3a*); 1–4 cm hohe Alpenpfl. Zwerg-H., ***R. pygmaeus*** Wahlenb., s. Nr. **37**

— Grundblätt. handf. 3–5-teilig, 3-zählig od. doppelt 3-zählig gefied. **44**

44. Grundblätt. handf. 3–5-teilig; Mittelabschnitt m. den seitl. ± verbunden (*348/4a, 348/5, 348/6*) **47**

— Grundblätt. 3-zählig od. doppelt 3-zählig gefied., m. deutl. gestielten Fiedern (zumind. Endfieder gestielt) (*348/1–348/3*) **45**

45. Pfl. m. oberird., wurzelnden Ausläufern; Kelchblätt. den Kronblätt. anlgd.; — Grundblätt. 3-zählig, m. gestielten, 3-spaltigen, unregelm. gezähnt-gelappten Fiedern (*348/1a*); Fr. rundl., seitl. zus.gedrückt, m. kurzem, geradem bis schwach gekrümmtem Schnabel (*332/7, 348/1b*); ↕ 10–50 cm; ♃. V–VIII. – Äcker, feuchte Wiesen, Ufer. – *v*. Kriechender H., ***R. repens*** L.

— Pfl. ohne Ausläufer; Kelchblätt. zurückgeschlagen **46**

46. Stg. am Grund knollig verdickt, an der Basis absthd., oben anlgd. behaart; Grundblätt. 3-zählig (*348/2a*); Fr. m. kurzem, schwach gekrümmtem Schnabel (*348/2b*); ↕ 10–50 cm; ♃. V–VIII. – Magere Wiesen, Weiden. – *v*, im NW *z*. – Giftig! Knolliger H., ***R. bulbosus*** L.

— Stg. am Grund nicht knollig verdickt, bis zur Spitze absthd. behaart; Grundblätt. 3-zählig (*348/3a*, die größ. ähnl. *348/1*); Kronblätt. doppelt so lg. wie die Kelchblätt.; Fr. rund, m. scharf abgesetztem, grünem Rand, auf der Innenfläche meist m. kleinen Höckern (*348/3b*); ↕ 10–30 cm; ⊙. V–IX. – Feuchte Lehmäcker. – *z*. Sardischer H., ***R. sardous*** Crantz

47 (44). Stg. kahl; Blätt. kahl, fettig glzd., etwas fleischig; Grundblätt. handf. 3–5-teilig, m. stumpfen, eingeschnitten-gelappten Abschnitten (*348/4a*); ob. Stg.Blätt. m. lg., fast linealischen Zipfeln; Blüten klein, ≤ 10 mm ∅, blassgelb; Kelchblätt. hinfällig; Fr. zahlr., auf walzl. Blütenboden, rundl. eif., querrunzelig, kurz geschnäbelt (*348/4b*) bis nahezu ungeschnäbelt; ↕ 10–90 cm; ⊙. VI–XI. – Schlammige Ufer, Gräben; N *v*, S *z*. – Giftig! Gift-H., ***R. sceleratus*** L.

— Stg. am Grund absthd., oben anlgd. behaart; Blätt. meist behaart, krautig; Grundblätt. handf. 3–5-teilig, m. spitzeren Abschnitten (*348/5a, 348/6a*); Blüten 15–25 mm ∅, kräftig gelb; Kelchblätt. erst spät abfallend; Fr. auf kugeligem Blütenboden; ↕ 10–100 cm; ♃. V–VII. – Wälder, Wiesen. – *z*, *s* in NW-D. Vielblütiger H., ***R. polyanthemos*** L. s. l.

a. Lappen der Grundblätt. tief geteilt, bis ca. vier Fünftel, Mittellappen am Grund stielart. verschmälert; Blattzipfel deutl. länger als br. (*348/5a*) .... **c**

— Lappen der Grundblätt. weniger tief geteilt, ca. ein Drittel bis zwei Drittel, Mittellappen am Grund flächig, nicht stielart.; Blattzipfel wenig länger als br. od. breiter als lg. (*348/6a*) .... **b**

b. Fr.Schnabel bis ein Fünftel so lg. wie die Fr., kaum gebogen (*348/5b*). – Lichte, trockene Wälder. – *z*, *s* od. *f* in NW-D; W-A; B; NL. Vielblütiger H. (i. e. S.), subsp. ***polyanthemos***

— Fr.Schnabel ein Drittel bis halb so lg. wie die Fr., gekrümmt, an der Spitze eingerollt (*348/6b*). – Halbtrockenrasen, Waldränder. – *s*, M- u. S-D; A; CH; I: Bz. [*R. polyanthemophyllus* W. Koch & H. E. Hess] Schlitzblättriger Wald-H., subsp. ***polyanthemophyllus*** (W. Koch & H. E. Hess) Baltisb.

c (a). Lappen der Grundblätt. einander z. T. überdeckend; Fr.Schnabel gerade bis etwas gebogen (*348/5b*). – Trockenrasen, lichte Wälder. – *z–s* D: BW, BY, HE, S-NI, NRW, RP, TH; A; B; CH: Luzern, Jura, Vs; CZ; F: Els; NL [*R. polyanthemoides* Boreau] Falscher Vielblütiger H., subsp. ***polyanthemoides*** (Boreau) Ahlfv.
Möglicherweise Hybride, subsp. *polyanthemos* × subsp. *nemorosus*

— Lappen der Grundblätt. einander nicht überdeckend; Fr.Schnabel eingerollt (*348/6b*) .... **d**

d. Stg. niederlgd.–aufstgd., an den Knoten wurzelnd u. oft neue Rosetten bildend, meist 10–30 cm hoch; Blüten goldgelb; — Grund- u. Stg.Blätt. tief 3-teilig, m. wenig zerteilten Abschnitten. – Bergwälder, auf feuchten Lehmböden ohne geschlossene Pflanzendecke. – *z*, Alp., Mittelgeb.; D: BW, BY, HE, NI, NRW, RP, TH; A: OÖ, Sb, Ti, Vb; CH; F. [*R. radicescens* Jord.; *R. serpens* Schr.] Wurzelnder Wald-H., subsp. ***serpens*** (Schrank) Baltisb.

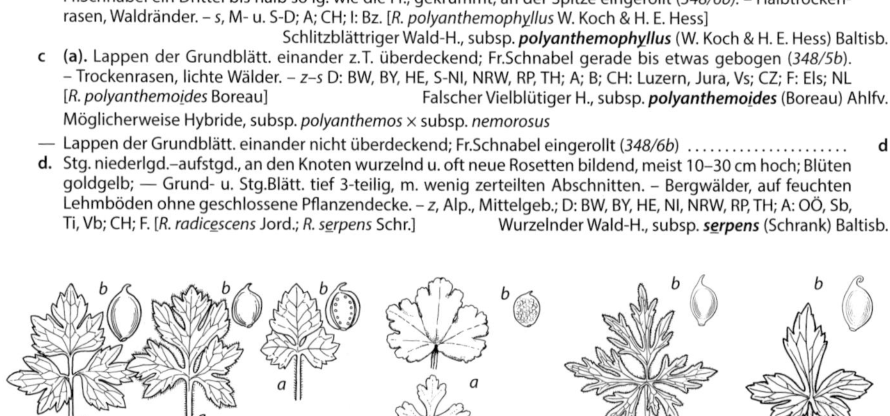

348/1 *348/2* *348/3* *348/4* *348/5* *348/6*

— Stg. aufr., nicht an den Knoten wurzelnd, meist 30–80 cm hoch; Blüten zitronengelb; — Grundblätt. tief 3-teilig, m. 2–3-lappigen, gezähnten Abschnitten. – Wälder, Bergwiesen. – *v* im S, *s* im N. [*R. nemorosus* DC.; *R. tuberosus* Lapeyr.] Wald-H., subsp. ***nemorosus*** (DC.) Schübl. & G. Martens

Thalictrum L., Wiesenraute

1. Blüten hell lila od. weiß, in reichblütigen Schirmrispen; Staubfäden unterh. der Staubbeutel keulig verdickt (*349/1a*), länger als die deutl. gestielten Frkn.; — Fr. glatt, hgd., 3-kantig geflüg. (*349/1b*); ↕ 40–140 cm; ♃. V–VII. – Feuchte Moor- u. Waldwiesen, Gebüsch; bes. montane u. subalp. Stufe. – *z*, im NW *f*; z, A; CH; CZ; F; PL. Akeleiblättrige W., ***T. aquilegiifolium*** L.

— Blüten gelbl. od. grünl., zuw. rötl. überlaufen; Staubfäden nicht od. kaum keulig verdickt ... **2**

2. Blüten in Trauben; meist alle Blätt. grundst.; Stg. 0- od. 1-blättr.; — Blätt. klein, Spr. nur 1–4 cm lg.; Pfl. klein, ↕ 5–20 cm; ♃. VII–VIII. – Matten der Alp.; bis 2700 m. – *s*, A: Kt, Sb, Stm, Ti; CH: Gr; I: Bz. Alpen-W., ***T. alpinum*** L.

— Blüten in Rispen; Stg. beblätt.; Pfl. meist > 20 cm hoch ... **3**

3. Blüten u. Staubblätt. aufr.-absthd., an den Spitzen der Rispenäste dicht gedrängt ... **6**

— Blüten u. Staubblätt. hgd., in lockeren Rispen ... **4**

4. Blattfiedern längl., mind. 1,5-mal so lg. wie br., bis linealisch, ganzrandig od. 3-spitzig; — Blüten blass grünl.; Blätt. im Umriss längl., doppelt gefied.; Fr. kantig gerillt, durch pfeilf. Narbe bespitzt (*349/2*); ↕ 30–70 cm; ♃. VI–VII. – Mager-, Heide- u. Sumpfwiesen. – *z–s*, *f* NW-D; B; NL. Formenreich. [*T. bauhini* Crantz] Schmalblättrige W., ***T. simplex*** L.

a. Fiedern der ob. Stg.Blätt. (fast) alle ganzrandig, linealisch, 0,5–1 mm br., am Rand nach unten eingerollt, oberseits glzd., unterseits matt durch feine Papillen; ↕ bis 50 cm. – D: *z* in BW, BY, *s* TH, früher HE, RP; *z* O-A; O-CH; CZ; F: Els. Labkraut-W., subsp. ***galioides*** (DC.) Korsh.

— Fiedern der ob. Stg.Blätt. zu weniger als der Hälfte ganzrandig, zuw. breiter ... **b**

b. Fiedern der ob. Stg.Blätt. ganz überwgd. 3-teilig u. > 1 mm br. – *s*, D: BW, BY, früher BB, O-SH; *s* S-A; CH: Genf, Gr, Vd, Vs; DK. Einfache W., subsp. ***simplex***

— Fiedern der ob. Stg.Blätt. meist geteilt, aber ein Viertel bis die Hälfte der Fiedern auch ganzrandig, < 1 mm br., unterseits nicht papillös-matt. – *s*, D: BW, BY, ST, TH, früher S-NI, RP; *s* W-A; CZ; PL. Mittlere W., subsp. ***tenuifolium*** (Hartm.) Sterner

— Blattfiedern rundl. bis tief gelappt, etwa so lg. wie br., einige auch breiter als lg. ... **5**

5. Blattfiedern 2–5 mm lg.; Pfl. meist reich drüsig, unangenehm riechend; Stg. rund od. nur schwach gerillt; Narbe am Rand fransig gezähnelt; Fr. drüsig, m. lg. Schnabel (fast so lg. wie das Nüsschen); ↕ 20–70 cm; ♃. VI–VIII. – Steinige Hänge der Alp.; auf Kalk. – *s*, A: NÖ, Stm, Ti; *z* CH; CZ; I: Bz. Stinkende W., ***T. foetidum*** L.

— Blattfiedern 5–30 mm lg.; Pfl. kahl, ohne auffälligen Geruch; Stg. gerillt bis kantig; Narbe nicht fransig; Fr. kahl, m. sehr kurzem Schnabel; ↕ 20–120 cm; ♃. V–VII. – Trockenrasen, Felsen, Magerwiesen, Küstendünen. – *z*. Kleine W., ***T. minus*** L.

a. Blätt. in od. unterh. der Mitte am steifen, zuw. zickzackf. Stg. gehäuft; Fiedern m. unterseits stark hervortretendem Nervennetz ... **c**

— Blätt. ± gleichm. am meist ± geraden Stg. verteilt; Fiedern unterseits m. kaum hervortretendem Nervennetz, allenfalls die Hauptnerven deutl. ... **b**

b. Blätt. m. Nebenblätt. (nebenblattart. Fiedern); Fiedern oberh. der Mitte am breitesten; ↕ 20–120 cm. VI–VII. – Lichte, trockene Wälder u. deren Randbereiche; auch auf Kalk. – *z* in O-D; O-A; CZ; PL; sonst *s*, z. B. D: RP (b. Mainz). Kleine W. (i. e. S.), subsp. ***minus***

— Blätt. ohne Nebenblätt.; Fiedern unterh. der Mitte am breitesten; ↕ 20–60 cm. V–VI. – Wiesen u. Dämme in Flusstälern; kalkmeidend. – *s*, Rhein-, Main-, Mosel- u. Donaugebiet, *f* in N- u. O-D; *s* CH. Frühe W., subsp. ***pratense*** (F. W. Schultz) Hand

c (a). Rhachis im Querschnitt scharfkantig u./od. gefurcht; Pfl. selten blaugrün bereift; ↕ 20–30 cm. VI–VII. – Trockenrasen, lichte Wälder, überwgd. auf Felsen. – *z–s*. [*T. saxatile* DC.] Stein-W. subsp. ***saxatile*** Ces.

— Rhachis im Querschnitt rundl. od. abgerundet; Pfl. stets blaugrün bereift; ↕ 10–40 cm. V–VI. – Kiefernwälder, Felsfluren. – *s*, D: BY; A. Pannonische W., subsp. ***majus*** (Crantz) Hook. f.

349/1 *349/2* *349/3* *349/4*

6 **(3).** Pfl. blaugrün bereift (zumind. Blattunterseite); Fiedern selten mehr als doppelt so lg. wie br., meist 3–5-spitzig; ↕ 100–180 cm; ♃. V–VII. – Hochstaudenfluren an Gewässern, feuchte Waldränder. – Ne. (Heimat: Spanien, Portugal); *s*, D: BW, BY, RP.
Blaugrüne W., ***T. speciosissimum*** L.

— Pfl. (dk.)grün, nicht bereift; Fiedern überwgd. mehr als doppelt so lg. wie br. **7**

7. Grundachse kurz, nicht kriechend, ohne Ausläufer; Blätt. ohne Nebenblätt., 2–3-fach gefied.; Fiedern lanzettl. od. längl. keilf. bis schmal linealisch, oft > 5-mal so lg. wie br., ungeteilt, nur vereinzelt 3-teilig; Fr. m. 8–10 Längsrippen u. kurzem Schnabel (*349/3, 349/4*); ↕ 60–190 cm; ♃. VI–VIII. – Feuchte Wiesen. – Im O häufiger, D: *z* SO-BY, SN, ST, *s* BB, MV, S-NI, TH; *z* A; CH: Ts; CZ; I: Bz; PL. – Formenreich. Glänzende W., ***T. lucidum*** L.

— Grundachse verläng., kriechend, zuw. Ausläufer treibend; Blätt. am Grund m. nebenblattart. Fiedern; normale Fiedern meist 2,5–4-mal so lg. wie br., vorn oft 3(–4)-spitzig (*350/1*); ↕ 50–120 cm; ♃. VI–VIII. – Stromtäler, feuchte Wiesen, Flussufer. – *z*. [*T. morisonii* C. C. Gmel.] Gelbe W., ***T. flavum*** L.

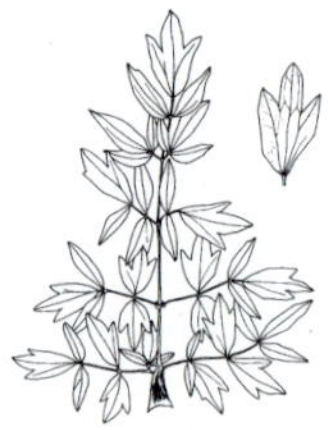

350/1

Trollius L., Trollblume

Stg. unverzweigt, 1-, selten mehrblütig; Blätt. handf. geteilt; Blütenhüllblätt. 10–15, goldgelb, kugelig zus.neigend (*334/4a*); Nektarblätt. 5–10, lg.gestreckt spatelf. (*334/4b*); Balgfr. zahlr.; ↕ 20–60 cm; ♃. V–VI. – Bergwiesen. – Im S *v*, sonst *z*, im NW *s*, fast überall stark zurückghd. ©. – Giftig!
Europäische T., ***T. europaeus*** L.

Ordnung: Proteales, Proteaartige, Silberbaumartige

Familie: Platanaceae, Platanengewächse (Bearbeiter: Peter A. Schmidt)

1-häusige, sommergrüne Bäume; Borke sich in unterschiedl. großen Platten od. Schuppen ablösend, Stamm dadurch grünl., gelbl. u. bräunl. gefleckt; Knospen nur m. 1 kappenf. Schuppe, anfangs in Blattstielbasis verborgen; Blätt. wechselst., groß, 10–30 cm br., handf. 3–7-lappig; Nebenblätt. groß, verwachsen, den Zweig umschließend; Blüten unscheinbar, in eingeschl. kugeligen, lg. gestielten, hgd. Infl.; ♂ Blüten m. 3–7 Staubblätt., ♀ m. 3–9 freien Frkn.; Fr. Nüsschen, am Grund lg. behaart (*350/4*); kugelige Fr.Stände den Winter über am Baum.

Platanus L., Platane

1. Kugelige Infl. bzw. Fr.Stände zu (2–)3–6(–7) in lockeren Ständen; Blätt. (*350/2*) tief (bis über die Mitte) 5–7-lappig, Lappen länger als am Grund br., — ganzrandig od. grob buchtig gezähnt, unterseits verkahlend; Borke sich in größ. Platten ablösend; ♄. IV–VI. – Parkbaum (Heimat: SO-Eur. bis W-As.). Morgenländische P., ***P. orientalis*** L.

— Kugelige Infl. bzw. Fr.Stände zu 1–2(–3); Blätt. seicht (nur bis zur Mitte) 3–5-lappig, Lappen ± br. 3-eckig, zumind. mittl. Lappen höchstens so lg. wie am Grund br. od. breiter als lg., — ganzrandig od. spärl. gezähnt **2**

350/2

350/3

350/4

350/5

2. Kugelige Infl. bzw. Fr.stände meist einzeln; Blätt. (*350/5*) unterseits stets behaart bleibend, zumind. an den Nerven; Borke sich kleinplattig bis schuppig ablösend; ♄. V. – Parkbaum (Heimat: N-Am.). Nordamerikanische P., ***P. occidentalis*** L.

— Kugelige Infl. bzw. Fr.Stände meist zu 2(–3); Blätt. (*350/3*) unterseits verkahlend; Borke sich großplattig ablösend; ♄. IV–VI. – Park- u. Allee-Baum; *s* verwild. od. eingebürg., bes. an Flussufern, z. B. D: BW, RP, HE, ST, BB; A. – Hybride zw. *P. orientalis* u. *P. occidentalis*. [*P. acerifolia* (Aiton) Willd., *P. hybrida* Brot.] Ahornblättrige P., Bastard-P., ***P.*** × ***hispanica*** Münchh.

Ordnung: Buxales, Buchsbaumartige

Familie: Buxaceae, Buchsbaumgewächse (Bearbeiter: Peter A. Schmidt)

1-häusige, meist immergrüne Sträucher od. Bäume, selten Halbsträucher od. Stauden; Blätt. meist gegenst., selten wechselst., lederig, einfach, meist ganzrandig, ohne Nebenblätt.; Blüten meist eingeschl., radiär; Kelchblätt. 4–6; Krone fehlend; Fr. Kapsel, Steinfr. od. Beere.

Buxus L., Buchsbaum, Buchs

Strauch od. kleiner Baum; Blätt. eif. bis ellipt. od. längl., glzd. grün, unterseits heller; Blüten gelbl.-weiß od. blassgrün, geknäuelt, in achselst. Köpfchen; Fr. 3-hörnige, fachspaltig aufklappende Kapsel (*351/1*); ♄–♄. III–IV. – Kalk- u. Porphyrfelsen. – *s*, D: S-BW (bei Grenzach), RP (nur Moselgebiet); A: OÖ (Steyr), Sb; B; CH; F: Els; FL; sonst gepfl. u. verwild., *s* eingebürg, D: NW-BY; A: Bgl, NÖ. ©. – Giftig! Immergrüner B., Gewöhnlicher B., ***B. sempervirens*** L.

Zu den Buxaceae auch ein kriechender, den Boden bedeckender Halbstrauch m. unterird. Ausläufern, wechselst., an den Triebenden gehäuft sthd., grob gezähnten Blätt. (*351/2*); häufig gepflanzt, *s* verwild.: Japanischer Ysander, ***Pachysandra terminalis*** Siebold & Zucc.

351/1

351/2

Ordnung: Saxifragales, Steinbrechartige

Familie: Paeoniaceae, Pfingstrosengewächse (Bearbeiter: Michael Koltzenburg)

Stauden od. Sträucher m. knollig verdickten Wurzeln; Blätt. gefied.; Blüten > 5 cm ∅, meist rot; Staubblätt. zahlr.; Balgfr.

Paeonia L., Pfingstrose

Stg. krautig, 1-blütig; Blätt. doppelt 3-zählig, unterseits hellgrün; Krone dk.rot (bei Zierpfl. auch weiß od. gelb); Staubblätt. am Grund zu Ring vereinigt; Frkn. 2–5, weißfilzig, m. br., roter Narbe; ↕ 60–100 cm; ♃. V–VI. – Lichte, felsige Berghänge. – Natürl. nur CH: Ts; sonst Zierpfl. (Heimat: W- u. S-Eur.); *s* unbest. verwild., D: BY (Main, Fränk. Saale, Regensburg), NI, NRW, RP, SN, ST (Kelbra, Saale), TH; A: Kt, NÖ, OÖ; N-CH; I: Bz. – Giftig! Garten-P., ***P. officinalis*** L. (subsp. ***officinalis***)

Familie: Grossulariaceae, Stachelbeergewächse (Bearbeiter: Michael Koltzenburg)

Sommergrüne Sträucher m. wechselst., gelappten Blätt. (*112/6, 352/2*); Nebenblätt. fehlend; Zweige zuw. m. einfachen od. geteilten Dornen; Blüten in wenig- bis vielblütigen, aufr. od. hgd. Trauben, radiär, 5-zählig (*352/3*); Kelchblätt. frei; Frkn. unterst.; Beerenfr. (*352/4*). Im Gebiet nur eine Gattung.

Ribes L., Johannisbeere, Stachelbeere

1. Blüten zu 1–3; Fr. > 10 mm ∅; Äste meist deutl. dornig; — Krone grünl.gelb; Fr. grün, gelb od. rot, glatt od. borstl. behaart, vom Kelch gekrönt; ↕ 60–150 cm; ♄. IV–V. – Lichte Wälder, Steinriegel. – *v*; auch Kulturpfl. u. verwild. [*R. grossularia* L.] Stachelbeere, ***R. uva-crispa*** L.

- **a.** Pfl. fast dornenlos, — kahl, höchstens Blattstiel, Blätt. u. Kelchzipfel bewimpert; Äste bogig; Beeren rot. – Kulturpfl. (Heimal: SO-Eur.). [*R. reclinatum* L.] subsp. ***reclinatum*** (L.) Rchb.
- — Äste stark bedornt .... **b**
- **b.** Frkn. weichhaarig, drüsenlos, Beeren kahl. – Wälder. – *v*. Garten-S., subsp. ***uva-crispa***
- — Frkn. u. Beeren drüsenborstig u. weichhaarig. – Wälder. – *s* im S; auch Kulturpfl. [subsp. *glandulososetosum* (W. D. J. Koch) O. Schwarz] Drüsenborsten-S., subsp. ***grossularia*** (L.) Schübl. & G. Martens

— Blüten in vielblütigen Trauben; Fr. < 10 mm ∅; Äste dornenlos **2**

2. Blüten unscheinbar, grünl. od. rötl. **4**

— Blüten auffällig, goldgelb od. rot; Kronblätt. weiß, rosa od. rötl.; — Zierpfl. **3**

3. Kelchblätt. goldgelb; Krone rötl.; Blätt. 3-spaltig, kahl; — Blüten duftend; ↕ 120–250 cm; ♄. IV–VI. – Zierstrauch (Heimat: N-Am.); *z* verwild. Gold-J., ***R. aureum*** Pursh

— Kelchblätt. purpurrot od. rosa; Krone rosa od. weiß; Blätt. 3–5-lappig, unterseits graufilzig-drüsig; — Pfl. auffallend riechend; ↕ 120–200 cm; ♄. IV–V. – Zierstrauch (Heimat: N-Am.); *z* verwild. Blutrote J., ***R. sanguineum*** Pursh

4 (2). Blütentrauben aufr.; Tragblätt. Blütenstiele u. Blüten überragend; — Blätt. unterseits glzd., 3–5-lappig (*352/1*); Beeren scharlachrot, fade schmeckend; ↕ 80–200 cm; ♄. IV–VI. – Hangwälder. – *z*; auch angepfl. u. stellenw. verwild. Alpen-J., ***R. alpinum*** L.

— Blütentrauben hgd.; Tragblätt. kürzer als Blütenstiele **5**

5. Blätt. unterseits m. gelbl. Harzdrüsen, auffallend riechend; Kelch behaart; Fr. schwarz, drüsig punktiert, von schwach wanzenart. Geschmack; — Blätt. 3–5-lappig; ↕ 80–150 cm; ♄. IV–V. – Auenwälder u. Erlengebüsch. – *v–z* im N, sonst *z–s* (Rheintal, Donau bis Alp.Vorland; CH; A; CZ); auch angepfl. u. verwild. Schwarze J., ***R. nigrum*** L.

— Blätt. unterseits ohne Drüsen; Kelch kahl od. nur am Rand bewimpert; Fr. rot od. gelb, säuerl. schmeckend **6**

6. Kelch am Rand bewimpert, glockig; Gr. am Grund verbreitert; Blätt. spitzlappig, — unterseits an den Nerven spärl. flaumig (*352/2*), Blattstiel länger als die Spr.; Tragblätt. u. Blütenstiele zottig behaart; ↕ 100–200 cm; ♄. V–VI. – Schattige Bergwälder, Blockhalden. – *z*, Alp., Voralp., Schw., Schweizer Jura, Vog., Riesengeb, Altvatergeb.; *s* Böhmw. Felsen-J., ***R. petraeum*** Wulfen

— Kelch am Rand nicht bewimpert; Gr. vom Grund an gleich dick; Blattlappen stumpf (*352/2*) **7**

7. Staubbeutelhälften voneinander getrennt; Kelchbecher flach, auf der Innenseite m. 5-eckigem Ringwall; ↕ 80–200 cm; ♄. IV–V. – Auenwälder. – *z;* auch angepfl. u. verwild. [*R. vulgare* Lam.; *R. sylvestre* (Lam.) Mert. & W. D. J. Koch; in Sorten kult.] Rote J., ***R. rubrum*** L.

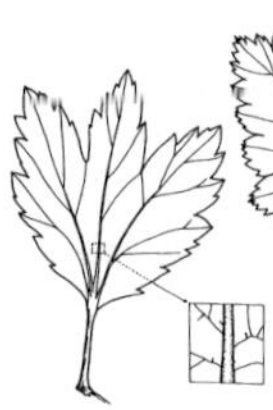

352/1

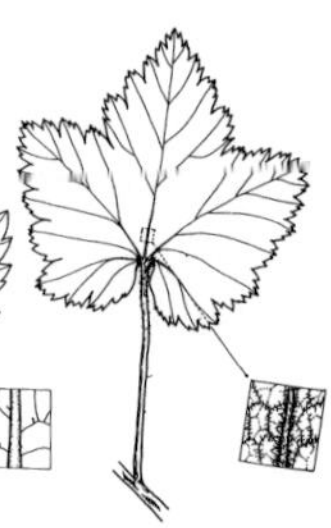

352/2

352/3

352/4

— Staubbeutelhälften miteinander vereinigt; Kelchbecher schüsself. vertieft, auf der Innenseite ohne Ringwall; ↕ 80–200 cm; ♄. IV–V. – Auenwälder. – Wild nur im NO; sonst angepfl. (Heimat: N-Eur., Sibirien) u. *s* verwild., z. B. D: Main-Neckar. [*R. schlechtendalii* Lange] Ährige J., ***R. spicatum*** E. Robson

Weitere Gartenflüchtlinge adventiv.

Familie: Saxifragaceae, Steinbrechgewächse (Bearbeiter: Michael Koltzenburg)

Kräuter od. Stauden m. wechsel-, selten gegenst., nebenblattlosen Blätt.; Blüten ⚥, radiär, meist 5-zählig, m. einfacher od. doppelter Blütenhülle; Krone weiß, rot, gelb od. grün; Frkn. meist 2, an der Basis verwachsen, oberw. frei (*353/1*); Kapselfr. (*353/2*).

1. Blütenhülle einfach, 4-zählig (*353/3b*); Blüten in von Hochblätt. umgebenen Infl. (*353/3a*); — Krone grünl.gelb; Blätt. nierenf. .... ***Chrysosplenium***, 353
— Blütenhülle doppelt, 5-zählig; Blüten in Trauben od. Rispen **2**
2. Krone anfangs grünl., später rosafarben, Kronblätt. fransig zerschlitzt .... ***Tellima***, 358
— Krone weiß, rot od. gelb, Kronblätt. nicht fransig zerschlitzt **3**
3. Blühende Stg. ohne Blätt., nur m. Tragblätt.; Samen gerippt .... ***Micranthes***, 353
— Blühende Stg. m. Blätt., Stg.Blätt. < Grundblätt.; Samen anders, nicht m. Rippen ***Saxifraga***, 354

Auch Arten der Gattungen *Astilbe, Bergenia, Heuchera, Rodgersia* u. a. zuw. verwildernd.

Chrysosplenium L., Milzkraut

1. Blätt. gegenst., rundl., schwach gekerbt; Stg. 4-kantig, kriechend, an der Basis behaart; — Blüten ≤ 4 mm ∅, in von gelben Hochblätt. umgebener Infl. (*353/3a*); Kelchblätt. 4; Kronblätt. fehlend (*353/3b*); ↕ 5–15 cm; ♃. V–VII. – Ufer von Waldbächen, Quellfluren; auf eher basenärmeren Böden; überwgd. submontan bis montan, aber im N auch Tiefland. – *v–z*, im NO u. NW; Vog., Schw., RP, NRW, NI, TH, Bayrw., Böhmw., Erzgeb., Riesengeb., Altvatergeb.; *s* CH: Jura, Mittelland; *f* A. Gegenblättriges M., ***C. oppositifolium*** L.

— Blätt. wechselst., herz-nierenf., grob gekerbt; Stg. 3-kantig, am Grund m. lg. Ausläufern, kahl; — Blüten ≤ 5 mm ∅; ↕ 10–20 cm; ♃. IV–VI. – Bachufer, Auen- u. Bergwälder; basenreichere StO. – *v*. Wechselblättriges M., Gold-M., ***C. alternifolium*** L.

Micranthes Haw. [*Saxifraga* L. p. p.], Sternsteinbrech. Fast alle Arten Ⓖ

1. Kronblätt. grünl. od. purpur-bräunl., — so lg. wie od. kürzer als die nach der Blüte herabgeschlagenen Kelchzipfel; Blüten in dichten Scheinähren m. kurzen, kopfig genäherten Seitenästen; Grundblätt. eif., fast ganzrandig, rosettig, in kurzen, geflüg. Stiel verschmälert, am Rand lg. bewimpert; Pfl. ohne Ausläufer, m. Drüsenhaaren; ↕ 10–30 cm; ♃. VII–VIII. – Feuchte Felsen u. Gesteinsfluren; kalkmeidend. – *s*, A: Kt, Sb (Lungau), Stm. [*S. hieraciifolia* Willd.] Habichtskraut-S., ***M. hieraciifolia*** (Willd.) Haw.

— Kronblätt. rein weiß od. rosa, am Grund zuw. aber m. gelben Punkten **2**

353/1

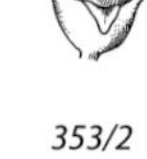

353/2

353/3

2. Kronblätt. am Grund m. 2 gelben Punkten; — Blätt. verkehrt-eif.-keilf., an der Spitze gezähnt, fleischig; ↕ 10–30 cm; ♃. VI–VIII. – Quellfluren, Bachufer, nasse Felsen. – Formenreich. [*S. stellaris* L.] Gewöhnlicher S., ***M. stellaris*** (L.) Galasso, Banfi & Soldano

a. Neben den od. anstelle der Blüten Brutknospen. – *z*, A: Kt, Sb, Stm (Gurktaler Alpen). [*S. stellaris* subsp. *prolifera* (Sternb.) Tem.] Brut-S., var. ***prolifera*** (Sternb.) Gornall

— Ohne Brutknospen. – *s* Schw., Vog., *v* Alp. Ⓢ. [*S. stellaris* subsp. *alpigena* Schönb.-Tem.; *M. stellaris* subp. *engleri* P. Fourn.] Alpen-S., subsp. ***robusta*** (Gremli) Gornall

Die nordische Nominatunterart fehlt in M-Eur.

— Kronblätt. ohne gelbe Punkte; — Blüten kopfig gehäuft; Blütenstg. spitzenw. dichtdrüsig; Grundblätt. rosettig, fleischig, verkehrt eif., stumpfzähnig, unterseits meist purpurn, in kurzen Blattstiel verschmälert; ↕ 10–20 cm; ♃. VI–VIII. – Feuchte Basaltfelsen. – Nur im Riesengeb. (Kleine Schneegrube) als Glazialrelikt; sonst nur N-Eur. [*S. nivalis* L.]. Schnee-S., ***M. nivalis*** (L.) Small

Saxifraga L. [excl. *Micranthes* Haw]., Steinbrech. Fast alle Arten Ⓢ

Auf Grundlage molekulargenet. Untersuchungen werden die ehemaligen *Saxifraga*-Arten *S. stellaris*, *S. nivalis* u. *S. hieraciifolia* in der Gattung *Micranthes* Haw. abgetrennt.

1. Blätt. grund- od. wechselst.; — Krone weiß, gelb, gelb.grün, grün, orange, rot od. purpurn **4**

— Blätt. gegenst.; — Krone rot bis violett od. purpurn **2**

2. Blütenstg. 2–6-blütig; — Krone dk.violett, schmal lanzettl. bis verkehrt eif., 3–5-nervig; Blätt. dickfleischig, fast kreisrund; Pfl. lockerrasig; ↕ 3–25 cm; ♃. VII–VIII. – Steinschuttfluren; alp. Stufe (bis 4200 m). Ⓢ. Zweiblütiger S., ***S. biflora*** All. s. l.

a. Kronblätt. schmal lanzettl., 3-nervig, oft nur wenig länger als die Staubblätt. – Kalk-Alp. – *z*, D: Allgäuer Alp.; A: Kt, Sb, Ti; CH; I: Bz. Zweiblütiger S. (i. e. S.), ***S. biflora*** All. s. str.

— Kronblätt. br. verkehrt-eif., stets länger als die Staubblätt. – Überwgd. auf Silikatgestein. – *z*, Alp., D: BY (Allgäuer Alp.); A: Kt, Sb, Ti, Vb; CH; I: Bz. Ⓢ. [*S. biflora* subsp. *macropetala* (Engl.) Rouy & Camus; *S. kochii* Hornung; *S. biflora* × *S. oppositifolia*] Großblütiger S., ***S. biflora*** var. ***kochii*** Kitt.

— Blütenstg. fast stets 1-, selten ≥ 2-blütig **3**

3. Blätt. längl., verkehrt eif., nur an der Spitze zurückgekrümmt, m. 1–3 Kalkdrüsen; Kelchblätt. meist drüsenlos bewimpert; — Kronblätt. rötl.lila bis weinrot; Pfl. meist in kompakten od. lockeren Polstern od. Rasen; ↕ ≤ 5 cm; ♃. IV–VII. – Steinschuttfluren u. Felsen; alp. Stufe (bis 3800 m). Ⓢ. Gegenblättriger S., Roter S., ***S. oppositifolia*** L.

a. Pfl. lockerrasig; Stg. veräng. .... **c**

— Pfl. dichtrasig bis kompakt-polsterf.; Stg. verkürzt u. dicht beblätt.; — Blätt. verkehrt eif. .... **b**

b. Blätt. ± spitz, selten stumpfl., > 2,5 mm lg., bis zur Spitze bewimpert, — m. 1 Kalkdrüse, Kronblätt. 7–12 mm lg. – Kalkmeidend. – *v* Alp., *s* Riesengeb. Roter S. (i. e. S.), subsp. ***oppositifolia***

— Blätt. stumpfl., ≤ 2 mm lg., die ob. drüsig bewimpert, — sehr dicht sthd.; Kronblätt. 5–7 mm lg.; Kelchblätt. z. T. drüsig bewimpert; Pfl. sehr dichte u. kompakte Polster bildend, in allen Teilen kleiner als vorige. – Felsen u. Steinschutt; überwgd. auf intermediärem Gestein; alp. Stufe. – *s*, Alp. von A: Kt, Sb, OTi, Stm; I: Bz. [*S. rudolphiana* Hornsch.] Rudolph-S., subsp. ***rudolphiana*** (Hornsch.) Nyman

c (a). Blätt. m. 3 Kalkdrüsen u. nur am Grund m. 5–6 Wimpern. – Geröll u. Kiesufer. – Früher am Ufer des Bodensees; ausgestorben. Bodensee-S., subsp. ***amphibia*** (Sünd.) Braun-Blanq.

— Blätt. m. 1 Kalkdrüse, ringsum lg. bewimpert, an der Spitze abgerundet. – Felsen u. Steinschuttfluren; alp. Stufe. – *s*, Silikat-Alp. von A: Kt, Sb, Stm. [*S. blepharophylla* Hay.] Wimper-S., subsp. ***blepharophylla*** (Hayek) Vollm.

— Blätt. lanzettl., von der Mitte an waagr. zurückgekrümmt, m. 4 Kalkdrüsen; Kelchblätt. kahl od. drüsig behaart, aber ohne Randwimpern; — Blätt. glatt, glzd.; Kronblätt. purpurn, 3-nervig; Blütenstg. lg.drüsig, 1–5-blütig; Pfl. kompakte Polster bildend; ↕ ≤ 1,5 cm; ♃. V–VIII. – Felsen der Silikat-Alp.; bis 3100 m. – *s*, A: Sb, Stm; CH: Vs. [*S. wulfeniana* Schott; incl. Aosta-S., subsp. *augustana* (Vacc.) P. Fourn.] Gestutzter S., ***S. retusa*** Gouan (subsp. ***retusa***)

4 (1). Blätt. am Rand ohne kalkabsondernde Grübchen, krautig, weich, seltener starr **14**

— Blätt. oberseits am Rand m. punktf., kalkabsondernden Grübchen, starr u. hart **5**

5. Stg. dicht dachig beblätt.; Stämmchen deshalb säulenf., zu kompakten Polstern zus.tretend; — Blätt. blaugrün **10**

— Stg. rosettig beblätt., nicht säulenf.; Pfl. häufig m. Ausläufern u. lockere Rasen bildend; — Blätt. meist flach ausgebr., knorpelig berandet, am Rand vielgrubig **6**

6. Krone zitronengelb bis tieforange; — Blüten in lockerer Rispe; Infl. spitzenw. dichtdrüsig; Rosetten ≤ 12 cm ∅, einzeln, nach der Blüte absterbend; Blätt. längl. eif., fleischig, knorpel-

randig, Grübchen undeutl.; ↕ 20–60 cm; ⊙. VI–VIII. – Felsspalten, bes. an Nagelfluhfelsen. – *v*, Alp. u. Vorland; früher Isar bis München u. Lech bis Augsburg. Ⓖ.
Kies-S., ***S. mutata*** L. (subsp. ***mutata***)

— Krone weiß od. milchweiß **7**

7. Blütenstg. vom Grund an verzweigt; — Rosettenblätt. br. linealisch, bis 15 mm br. u. 60 mm lg., bespitzt, regelm. fein gesägt; Rispe vielblütig; Kronblätt. 3-mal so lg. wie die Kelchzipfel, zuw. m. purpurnem Fleck; ↕ 20–80 cm hoch; ♃. VI–VIII. – Feuchte Felsspalten der Silikat-Alp.; 900–2700 m. – *s*, A: Vb (Montafon); CH: Gr, Unterwalden, Uri, Vs.
Pracht-S., ***S. cotyledon*** L.

— Blütenstg. nur im ob. Teil verzweigt; — Blätt. ≤ 10 mm br. **8**

8. Rosettenblätt. ≤ 3 mm br., ganzrandig od. schwach gekerbt, — im unt. Drittel lg.haarig bewimpert, oft völlig von Kalk eingehüllt; Infl. reichblütig; Krone 2,5–3-mal so lg. wie die Kelchzipfel; Pfl. m. zahlr. sterilen Rosetten; c 12–40 cm; ♃. VI–VIII. – Felsen der Kalk-Alp. – *z*, A: Kt, OTi, Stm; I: Bz. [*S. incrustata* auct.] Krusten-S., ***S. crustata*** Vest

— Rosettenblätt. > 3 mm br., am Rand deutl. gekerbt od. gesägt, — zungenf. **9**

9. Rosettenblätt. gekerbt, an der Spitze eher abw. gebogen, flache od. leicht konvexe Rosette bildend, — ≤ 10 mm br., am Grund rötl.violett u. steifborstig; Seitenzweige der Infl. m. 4–12 Blüten; ↕ 20–60 cm; ♃. V–VII. – Kalkfelsen; 500–2500 m. Host-S., ***S. hostii*** Tausch

a. Grundblätt. vorne abgerundet; Blattrosetten 4–15 cm ∅. – *z–s*, A: Kt, OTi, Stm; früher I: O-Bz.
Host-S. (i. e. S.), subsp. ***hostii***

— Grundblätt. vorne spitz; Blattrosetten 4–8 cm ∅. – *s*, CH: Ts, Gr (Umbrailpass); I: W-Bz.
Rätischer Host-S., subsp. ***rhaetica*** (A. Kern.) Braun-Blanq.

— Rosettenblätt. deutl. u. scharf gesägt, eher aufw. gebogen, konkave, fast halbkugelige Rosette bildend, — ≤ 6 mm br. u. 50 mm lg., am Grund steif bewimpert; Seitenzweige der Infl. m. 1–5 Blüten; ↕ 15–45 cm; ♃. V–VIII. – Felsen, Steinschutt, auf Kalk; bis 3400 m. – *v* in Alp.; *z* Schweizer Jura; *s* in Vog., S-Schw., SchwAlb, Nahetal; eingebürg. Pegnitz, sonst unbest. D: BY, SN; *s* CZ: Geb. Ⓖ. [*S. aizoon* Jacq.] Trauben-S., ***S. paniculata*** Mill. (subsp. ***paniculata***)

10 (5). Kronblätt. > 6 mm lg.; — Pfl. 3–8 cm hoch **12**

— Kronblätt. < 6 mm lg.; — Blätt. vom Grund an od. wenigstens an der Spitze zurückgekrümmt, dick, starr; Pfl. feste, kompakte Polster bildend **11**

11. Blätt. vom Grund an zurückgekrümmt, lanzettl., blaugrün, vorn stumpf, — am Rand m. 5–7 Kalkdrüsen; Infl. ± 8-blütig, spitzenw. zerstreut drüsig; Kronblätt. 3–4 mm lg.; ↕ 4–15 cm; ♃. VI–IX. – Felsspalten u. -schutt der Kalk-Alp. – *v*, bis ins Vorland herabgeschwemmt. Ⓖ.
Blaugrüner S., ***S. caesia*** L.

— Blätt. nur an der Spitze zurückgebogen, lineal-längl., graugrün, vorn spitz, — am Rand m. 1–5 Kalkdrüsen; Infl. kahl od. drüsig, 2–7-blütig; Kronblätt. 3,5–4 mm lg.; ↕ 3–8 cm; ♃. VII–VIII. – Felsen, Felsschutt; auf Kalk. – *s*, A: S-Kt, OTi; I: Bz. Sparriger S., ***S. squarrosa*** Sieber

12 (10). Blätt. meist > 6 mm lg.; Stg. 1-blütig; — Blätt. blaugrün, 3-kantig, dicht rotdrüsig; Grundblätt. aufgerichtet, allmähl. in eine lg., stechende Spitze verschmälert, oberselts m. 5–7 Kalkdrüsen; Kronblätt. 5–15 mm lg.; ↕ 3–8 cm; ♃. V–VI. – Kalkfelsen. – *z*, O-Alp., D: BY (Berchtesgadener Alp.); A; I: Bz. Ⓖ. Stachelblättriger S., ***S. burseriana*** L.

— Blätt. ≤ 6 mm lg.; Stg. meist mehrblütig **13**

13. Blätt. blaugrün; Grundblätt. stumpf, — 3–6 mm lg. u. 1–2 mm br., im ∅ 3-eckig, dicht dachziegelig angeordnet; Stg. 2–9-blütig, drüsig behaart; Kronblätt. 6–9 mm lg.; Pfl. dichte, feste Polster bildend; ↕ 3–8 cm; ♃. VI–VII. – Kalk- u. Dolomit-Felsen; 1800–2300 m. – *s*, im Gebiet nur CH: Vs. Polster-S., ***S. diapensioides*** Bellardi

— Blätt. grün; Grundblätt. m. aufgesetzter, nach innen gerichteter Spitze, — 2–3(–6) mm lg., oberseits m. 3–5 Kalkdrüsen; Stg. 1–6-blütig, dicht drüsig; Kronblätt. 8–14 mm lg.; ↕ 5–12 cm; ♃. V–VI. – Felsen; auf Kalk. – Sehr *s*, im Gebiet nur I: Bz (Mendel, Fennerjoch).
Tombea-S., ***S. tombeanensis*** Engl.

14 (4). Kronblätt. rein weiß od. rosa, am Grund zuw. aber m. gelben od. roten Punkten **27**

— Kronblätt. gelb, gelbl.weiß (rahmgelb), gelbgrün, selten rotbraun od. purpurn **15**

15. Kelchblätt. zurückgeschlagen, zuw. erst nach der Blüte; — Kronblätt. hellgelb, 2,5–3-mal so lg. wie der Kelch; Blüten einzeln od. zu 2–5; Stg. dicht beblätt.; Grundblätt. lanzettl., ganzrandig, in den lg. Stiel verschmälert, fast kahl; Pfl. m. kurzen Ausläufern; ↕ 10–40 cm; ♃.

VII–IX. – Moore, Moorwiesen. – *s*, CH: Vd; DK; PL; früher D: BB, BW, BY, MV, NI, SH; A: Sb; FL; I: Bz; NL. FFH24; ⓖ! Moor-S., Bocks-S., ***S. hirculus*** L.

— Kelchblätt. aufr. od. absthd. **16**

16. Blätt. 10–30 mm br., — nierenf., zart, 5–7-lappig; Kronblätt. linealisch, grünl.; ↕ 5–20 cm; ♃. VI–VIII. – Feuchte, schattige Felsen. – *s*, A: Kt, Stm. Glimmer-S., ***S. paradoxa*** Sternb.

— Blätt. < 6 mm br., — einfach od. ≥ 3-spaltig **17**

17. Kronblätt. gelb, orangegelb m. roten Punkten od. dk.rot; — Blätt. fleischig, linealisch; Stg. m. > 10 Blätt.; ↕ 5–30 cm; ♃. VI–IX. – Quellfluren, Bachufer, nasse Felsen; auf Kalk. – *v* Alp., *s* Vorland, Lech-, Isar-, Inntal. ⓖ. Fetthennen-S., Bach-S., ***S. aizoides*** L.

— Kronblätt. nicht orangegelb m. roten Punkten u. nicht dk.rot **18**

18. Blätt. nicht grannig zugespitzt, höchstens kurz bespitzt **21**

— Blätt. grannig zugespitzt, lineal-lanzettl., — starr, bewimpert **19**

19. Frkn. halbunterst.; Blätt. am Rand ohne od. m. vereinzelten winzigen Wimpern; Kronblätt. 2–4 mm lg., — gelbl.weiß; ↕ 5–10 cm; ♃. VI–VII. – Felsen. – *s*, A: Kt, Stm. ⓖ. Grannen-S., ***S. tenella*** Wulfen

— Frkn. oberst.; mind. einige Stg.Blätt. am Rand m. Wimpern von ≥ halbe Blattbreite; Kronblätt. 5–8 mm lg., — gelbl.weiß, am Grund gelb **20**

20. Pfl. dichtrasig, große Flachpolster bildend; Stämmchen m. kugeligen Blattknospen in den Blattachseln; Blätt. der nichtblhd. Triebe gekrümmt, kaum länger als die Blattknospen; Infl. meist 1-blütig; — Blätt. des Blütenstg. aufr., 2–6 mm lg.; ↕ 2–5 cm; ♃. VII–VIII. – Felsen u. Steinschutt; kalkmeidend; alp. Stufe bis 4000 m. – *v*, Z-Alp.; *s*, D: Allgäu, PL: Riesengeb. ⓖ. Moos-S., ***S. bryoides*** L.

— Pfl. lockerrasig m. verläng. Stämmchen; Blätt. der nichtblhd. Triebe gerade, viel länger als die Blattknospen; Infl. mehrblütig; — Blätt. des Blütenstg. absthd., 5–20 mm lg.; ↕ 8–20 cm; ♃. VII–VIII. – Schattige Felsen u. Steinschutt der Silikat-Alp.; bis 2800 m. – *z*, A; CH; I: Bz. [*S. aspera* subsp. *elongata* (L.) Gaudin] Rauer S., ***S. aspera*** L. (subsp. ***paniculata***)

21 (18). Grundblätt. stets einfach, ungeteilt **24**

— Grundblätt. an der Spitze geteilt (selten einfach, *S. moschata*) **22**

22. Blütenstg. m. 2–5 linealischen Blätt.; Kronblätt. so br. wie od. breiter als die Kelchblätt., — grünl.-gelb od. gelbl.weiß; Grundblätt. 2–7-spaltig; ↕ 3–12 cm; ♃. VII–VIII. – Felsen u. Steinschutt; alp. Stufe. – ⓖ. – Formenreich. Moschus-S., ***S. moschata*** Wulfen

a. Grundblätt. m. hervortretenden Nerven, — 2–7-spaltig; Kronblätt. gelbl.weiß, 4–6 mm lg., 1,5-mal so lg. wie br. – Kalkmeidend; 1800–3400 m. – *z*, A: Ti, Vb; CH; I: Bz. Gefurchter Moschus-S., subsp. ***pseudoexarata*** Braun-Blanq.

— Grundblätt. ohne hervortretende Nerven, — meist 3-spaltig od. ungeteilt; Kronblätt. grünl.gelb, 3–4 mm lg., 2-mal so lg. wie br. – Auf Kalk; 2500–3500 m. – *v* Alp; *s* CZ (Erzgeb.); PL (Riesengeb.). ⓖ. [*S. exarata* Vill. subsp. *moschata* (Wulfen) Cavill] Eigentlicher Moschus-S., subsp. ***moschata***

— Blütenstg. meist blattlos, selten m. 1 Stg.Blatt, — 1(–3)-blütig, Kronblätt. schmaler als die Kelchblätt. **23**

23. Kronblätt. 2,5 mm lg., 1–1,3-mal so lg. wie die Kelchblätt., blassgelb; Blätt. m. kopfigen Drüsenhaaren; — Blätt. in hellgrünen, zu lockeren Rasen zus.schließenden Rosetten, lanzettl., gegen die Spitze verbreitert, 3–5-spaltig, Mittellappen breiter u. länger als die seitl.; ↕ 2–4 cm; ♃. VII–IX. – Steinschutt der Kalk-Alp.; 1900–2900 m. – *v*. ⓖ. Blattloser S., Nacktstängel-S., ***S. aphylla*** Sternb.

— Kronblätt. 1–1,5 mm lg., halb bis drei Viertel so lg. wie die Kelchblätt., blassgrün; Pfl. m. mehrzelligen Haaren; — Rosetten dichte Polster bildend; ↕ bis 3 cm, Blütenstg. postfloral bis 9 cm verläng.; ♃. (IV–)V(–VI). – Windexponierte Rasen u. Schneetälchen; auf basenreichem Silikatgestein. – *z*, A: Stm (Niedere Tauern). Steirischer S., ***S. styriaca*** Köckinger

24 (21). Kronblätt. schmaler als die Kelchblätt.; Grundblätt. lanzettl. spatelf., allmähl. in den br. geflüg. Stiel verschmälert, drüsenhaarig **26**

— Kronblätt. so br. wie od. breiter als die Kelchblätt.; Grundblätt. lineal-lanzettl., am Rand kurzdrüsig; — Kronblätt. vorn gestutzt od. etw. ausgerandet; letztj. Grundblätt. an der Spitze silbergrau, 1–2 mm br. **25**

25. Kronblätt. blassgelb bis purpurn, kaum länger als die Kelchblätt.; — Grundblätt. selten vorn 3-spaltig, auch auf der Fläche kurzdrüsig, letztj. Grundblätt. 7–10 mm lg.; Blütenstg. 1–4-blütig, drüsig behaart; ↕ 1–4 cm; ♃. VII. – Felsspalten, Felsschutt; auf Kalk; 2000–3400 m. – *s*, nur I: Bz (Dolomiten). Facchini-S., ***S. facchinii*** W. D. J. Koch

— Kronblätt. blassgelb od. zitronengelb, nicht purpurn überlaufen, beim Trocknen verbleichend, 1,5–2-mal so lg. wie die Kelchblätt.; — Grundblätt. vorn nicht geteilt, letztj. Grundblätt. 3–7 mm lg.; Blütenstg. 1–3-blütig, dicht drüsig-zottig; Pfl. harzig riechend, ↕ 1–5 cm; ♃. VI–VIII. – Felsschutt; alp. Stufe (meist oberh. 2300 m). – *s*, A: Kt, Sb; CH. [*S. planifolia* Sternb.; *S. tenera* Suter] Flachblättriger S., ***S. muscoides*** All.

26 (24). Grundblätt. kurz stachelspitzig; Pfl. lockerrasig, kriechend; — Infl. 1–6-blütig; Kronblätt. blass grünl. bis zitronengelb, 1,5–3 mm lg. u. 0,3–0,5 mm br.; Kelchzipfel z. Bltzt. waagr. ausgebr.; Grundblätt. 6–12 mm lg. u. 2–4 mm br.; ↕ 2–7 cm, aufstgd.; ♃. VI–VIII. – Feuchter Felsschutt der Kalk-Alp. – *z*, O-Alp., auch I: Bz. Ⓖ. Mauerpfeffer-S., Fettkraut-S., ***S. sedoides*** L.

a. Stg. blattlos u. m. 1–3 Blüten; Staubbeutel gelb; längste Blatthaare um 1 mm lg. – *z*, Alp; *s* nordöstl. Kalk-Alp. Fettkraut-S. (i. e. S.), subsp. ***sedoides***

— Stg. m. 3–5 Blätt. u. 3–6 Blüten; Staubbeutel orange; längste Blatthaare ≤ 0,4 mm lg. – Nur A: S-Kt. [*S. hohenwartii* Vest] Hohenwart-S., subsp. ***hohenwartii*** (Vest) O. Schwarz

— Grundblätt. nicht stachelspitzig; Pfl. dichte Polster bildend; — Infl. meist 1-blütig, m. 1 Stg.-Blatt; Kronblätt. gelbl., ≈ so lg. wie die Kelchblätt.; letztj. Grundblätt. braun; Pfl. nicht harzig riechend; ↕ 2–8 cm; ♃. VII–VIII. – Feuchter Felsgrus u. Felsschutt; kalkmeidend; 1400–3300 m. – *s*, A: Ti, Vb; CH; I: Bz. Seguier-S., S. ***seguieri*** Spreng.

27 (14). Blüten zygomorph; — 3 kleine rosa Kronblätt. m. dunkleren Flecken, am Grund m. gelbem Fleck, u. 2 etwas längere weiße, bis 15 mm lg. Kronblätt.; Pfl. m. lg. fadenf. Ausläufern; Blätt. rundl., gestielt, unterseits dk.rot; ↕ 8–45 cm; ♃. V–VII. – Mauern, schattige Felsen. – Zierpfl. (Heimat: O-As.), stellenw. eingebürg.; *s*, A: Sb; CH: Ts. [*S. sarmentosa* L. f.] Kriechender S., ***S. stolonifera*** Meerb.

— Blüten radiär **28**

28. Kronblätt. ohne gelbe od. rötl. Punkte; — Blüten nicht kopfig gehäuft **31**

— Kronblätt. m. gelben od. roten Punkten **29**

29. Kelchblätt. aufr.-absthd.; Grundblatt. herzf.-nierenf., — ungleich grob gezähnt, weichhaarig; Kronblätt. am Grund gelb u. rot punktiert, 2–3-mal so lg. wie die Kelchblätt.; Stg. an der Spitze drüsen-, an der Basis weichhaarig; ↕ 15–60 cm; ♃. VI–X. – Feuchte, schattige Orte; subalp. Stufe. – *v* Alp., *s* Voralp. Ⓖ. Rundblättriger S., ***S. rotundifolia*** L. (subsp. ***rotundifolia***)

— Kelchblätt. z. Bltzt. herabgeschlagen; Grundblätt. nicht herzf.-nierenf.; — Kronblätt. meist m. zahlr. gelben od. roten Punkten; Blätt. unterseits purpurviolett **30**

30. Blattspr. fast bis zum Grund gesägt od. gekerbt, Blattstiel wollig-filzig, lg.; Kronblätt. meist m. roten Punkten; ↕ 20–40 cm; ♃. VI–VIII. – Als Zierpfl. kult. (Heimat: Pyrenäen); stellenw. verwild. Schatten-S., ***S. umbrosa*** L.

Hierher auch die Kulturhybride Porzellanblümchen, ***S. × urbium*** D. A. Webb. [*S. umbrosa × S. spathularis*]: Blattrosetten hell- bis dk.grün, 5–15 cm Ø; Blätt. weich, gezähnt; Blattstiel flach; Pfl. Ausläufer bildend; ↕ 20–40 cm; ♃. V–VI. – Zierpfl. (Heimat: Brit. Inseln); Steingärten; unbest. D: BY.

— Blattspr. im unt. Drittel meist ganzrandig, Blattstiel kahl; Kronblätt. ohne rote Punkte; ↕ 10–25 cm; ♃. V–VII. – Wälder, Felsen der Voralp.; kalkmeidend. – *s*, A: Kt, Sb, Ti, Vb; CH; I: Bz; *s* aus Gärten verwildernd D: BW, BY, HE. Ⓖ. Keilblättriger S., ***S. cuneifolia*** L.

31 (28). Blätt. ungeteilt, lanzettl. od. linealisch; — Krone gelbl.weiß od. weiß.................... **39**

— Blätt. gelappt od. tief gekerbt, nur die Grundblätt. zuw. ungeteilt; — Krone weiß **32**

32. Stg. 1-blütig, — m. Brutknöllchen in den Achseln der Stg.Blätt.; Infl. oft etwas nickend; Grundblätt. rundl. herzf. bis nierenf., 5–7-lappig, lg. gestielt; ↕ 3–35 cm; ♃. VII. – Feuchte Wiesen. – *s*, A: Kt, Stm, Ti (Nauders); CH: Gr, Vs; I: Bz. Nickender S., ***S. cernua*** L.

— Stg. mehrblütig **33**

33. Stg. am Grund m. Brutknöllchen **36**

— Stg. ohne Brutknöllchen **34**

34. Pfl. ausd., — große lockere od. dichte Rasen bildend **38**

— Pfl. 1-j. od. 2-j. **35**

35. Spr. der Grundblätt. 10–35 mm br. — u. 8–30 mm lg., handf. 3-lappig, am Grund nierenf., lg.drüsig behaart; unt. Stg.Blätt. lg. gestielt; Infl. weit verzweigt; Kronblätt. ausgerandet, 7–10 mm lg.; ↕ 10–25 cm; ⊙. VI–VII. – Schattige Felswände; auf Kalk. – *s*, im Gebiet nur A: Kt (Sattnitz). Felsen-S., ***S. petraea*** L.

— Grundblätt. schmaler **35**

35. Grundblätt. z. Bltzt. abgestorben, schwach 3-lappig; Stg.Blätt. tief 3–5-lappig; Kronblätt. 2,5–3 mm lg.; Fr.Stiele zuletzt 10–20 mm lg.; — Stg. meist rötl., dicht kurzhaarig-drüsig; ↕ 2–18 cm; ⊙. IV–VI. – Bahnhöfe, Kiesdächer, Sandfelder, Mauern. – *v–z*. Dreifinger-S., ***S. tridactylites*** L.

— Grundblätt. z. Bltzt. noch vorhanden, 3–5-zähnig; Stg.Blätt. lanzettl., ungezähnt; Kronblätt. 3,5–5 mm lg.; Fr.Stiele zuletzt ≤ 8 mm lg.; — Grundblätt. dicht kurzdrüsig; ↕ 4–25 cm; ⊙–⊙. VI–VII. – Feuchte Weiden; auf Kalk; alp. Stufe. – *z*, A; CH: Vs; I: Bz. [*S. tridactylites* subsp. *adscendens* (L.) A. Blytt] Aufsteigender S., ***S. adscendens*** L. (subsp. ***adscendens***)

36 (33). Pfl. ≤ 15 cm hoch, in feuchten Felsfluren wachsend; — Kronblätt. 5–7 mm lg. u. 2–3 mm br.; ♃. V–VI. – Felsfluren; kalkmeidend. – Im Gebiet nur A: Stm (Seckauer Alp.). Karpaten-S., ***S. carpatica*** Sternb.

— Pfl. > 15 cm hoch, nicht in feuchten Felsfluren wachsend; — Stg. drüsig-klebrig **37**

37. Stg. 10–16-blättr., Stg.Blätt. m. Brutzwiebeln; Kronblätt. an der Spitze schwach ausgerandet, — 7–10 mm lg.; Kelchzipfel 2,5–3,5 mm lg.; ↕ 15–40 cm; ♃. V–VII. – Trockenrasen, magere Wiesen. – *s*, A: Bgl, NÖ; CH: Vs; CZ: Gesenke. Zwiebel-S., ***S. bulbifera*** L.

— Stg. 2–6-blättr., nur am Grund m. zahlr. rundl. Brutzwiebeln; Kronblätt. an der Spitze abgerundet, — 9–16 mm lg.; Kelchzipfel 3–5 mm lg.; Grundblätt. tief gekerbt; ↕ 20–50 cm; ♃. V–VI. – Magere Wiesen, Wegraine. – *v*, im NW *s* u. zurückghd., in NL auch *z* verwild.; *s* im Alp.Vorland, A u. CH. ⊚. Knöllchen-S., ***S. granulata*** L.

Hierher auch m. „gefüllten" Blüten (umgewandelte Kr.Bl. u. Stb.Bl.), verwild. NL, sonst Zierpfl.: Haarlemsches Glockenspiel, ***S. granulata*** 'Plena'

38 (34). Nichtblhd.Triebe in den Blattachseln gestielte, spinnwebig behaarte Knospen tragend, vereinzelt m. ungeteilten Blätt.; Blätt. starr, bis zum Grund eingeschnitten 3-lappig, m. grannig bespitzten Abschnitten; Blütenknospen nickend; — Blütenstg. zahlr., 3–12-blütig; ↕ 10–30 cm; ♃. IV–VII. – Angepfl. u. zuw. verwild. (Heimat: NW-Eur.); D: unbest. BW, BY, RP; B; CH; F: Vog. ⊚. Astmoos-S., ***S. hypnoides*** L.

— Nichtblhd. Triebe ohne Knospen in den Blattachseln, ohne ungeteilte Blätt.; Blätt. weich, br. keilf., 3–9-spaltig, m. stumpfen, vorw. gerichteten Abschnitten; Blütenknospen aufr.; — Blütenstg. zahlr., 2–9-blütig; ↕ 5–20 cm; ♃. V–VII. – Felsblöcke, Steinschutt. – *s*, Mittelgeb. ⊚. [*S. decipiens* Ehrh.; *S. groenlandica* P. Fourn.] Rasen-S., ***S. rosacea*** Moench

a. Grundblätt. tief 3–9-spaltig, m. genäherten Lappen ohne Grannenspitze. – *s*, D: SchwAlb, FrAlb, FrSchweiz, Saale-, Bode-, Elster-, Edergebiet. ⊚. Rasen-S. (i. e. S.), subsp. ***rosacea***

— Grundblätt. 3–5-lappig .... **b**

b. Grundblätt. nur am, Rand etwas bewimpert, — m. auseinanderspreizenden, grannig bespitzten Lappen. – *s*, D: HE, RP; B; L; Erzgeb., Riesengeb. ⊚. [subsp. *sternbergii* (Willd.) Kerguélen & Lambinon] Rheinischer S., subsp. ***sponhemica*** (C. C. Gmel.) D. A. Webb

— Grundblätt. zottig behaart. – *s*, N-CZ. ⊚. [*S. steinmannii* Tausch] Steinmann-S., subsp. ***steinmannii*** (Tausch) Holub

39 (31). Blätt. grannig zugespitzt; — Infl. 2–9-blütig; Krone gelbl.weiß .... ***S. tenella***, s. Nr. **19**

— Blätt. nicht grannig zugespitzt, — 7–25 mm lg. u. 3–6 mm br., am Rand lg.drüsig; Infl. 1- od. 2(–5)-blütig, drüsig; Krone weiß; Pfl. rasig-polsterbildend, ↕ 1–6(–13) cm; ♃. V–I. – Schneetälchen, durchfeuchtete Rasen; auf Kalk; 1400–3100 m. – *v*, Alp. ⊚. Mannsschild-S., ***S. androsacea*** L.

Einige Steinbrech-Arten u. ihre Sorten sowie zahlr. Hybriden werden als Zierpflanzen angepfl., zuw. verwildernd.

Tellima R. Brown, Fransenbecher

Blüten glockig, in Trauben; Kronblätt. fransig zerschlitzt, unt. Blätt. gestielt, ob. ± sitzend; Stg. u. Blattstiele drüsig behaart; ↕ 40–90 cm; ♃. IV–VII. – Ruderalstellen, nährstoffreiche Säume. – Zierpfl. (Heimat: N-Am.), zuw. verwild.; *z* in Einbürg., D: BB, BW, NRW, TH; A; B; CH; NL; sonst *s* unbest. Fransenbecher, Falsche Alraunenwurzel, ***T. grandiflora*** (Pursh) Lindl.

Familie: Crassulaceae, Dickblattgewächse (Bearbeiter: Michael Koltzenburg)

Stauden od. Kräuter m. wechsel-, gegen- od. grundst., einfachen, flachen bis stielrunden, nebenblattlosen, saftigen Blätt.; Blüten eingeschl. od. ⚥, m. doppelter Blütenhülle, radiär, in Wickeln; Krone 3–20-zählig; Staubblätt. so viele od. doppelt so viele wie die freien od. verwachsenen Kronblätt. (*41/10*); Frkn. meist mehrere, oberst., frei od. am Grund verwachsen; Balgfr.

1. Unt. Blätt. schildf., lg. gestielt, rund, am Rand gekerbt, m. vertieftem Nabel; Kronblätt. zu einer Röhre verwachsen .... ***Umbilicus***, 365
— Blätt. nicht schildf.; Kronblätt. frei od. höchstens am Grund verwachsen **2**
2. Staubblätt. doppelt so viele wie Kronblätt. **4**
— Staubblätt. ebenso viele wie Kronblätt. (3–5) **3**
3. Blätt.gegenst.; Kronblätt. 3–4; Stg. ± niederlgd; — Krone weiß bis rosa; Pfl. feuchter StO ***Crassula***, 359
— Blätt. wechselst.; Kronblätt. u. Staubblätt. 5; Stg. aufr. .... ***Sedum rubens***, 362
4 (2). Kronblätt. 6–20; Blätt. in grundst., häufig kugeliger Rosette .... ***Sempervivum***, 363
— Kronblätt. meist 5, selten 4 od. 6; Blätt. am Stg. verteilt **5**
5. Blätt. flach u. > 8 mm, meist gekerbt od. gesägt **7**
— Blätt. stielrund (*Taf. 10:17*), halb stielrund od. flach, dann aber < 8 mm br. u. ganzrandig .. **6**
6. Blätt. kurz stachelspitzig, — am Grund gespornt (*362/1*); Infl. vor dem Aufblühen an der Spitze zurückgekrümmt, kahl .... ***Petrosedum***, 360
— Blätt. stumpf, ohne Stachelspitze........ ***Sedum***, 362
7 (5). Blüten eingeschl., 4-zählig; — Kronblätt. gelb, 3–4 mm lg. .... ***Rhodiola***, 362
— Blüten ⚥, 5-zählig **8**
8. Blätt. ganzrandig, vorn meist abgerundet; — Blüten in dichten, halbkugeligen Infl.; Krone trüb purpurrot, 4–5 mm lg. .... ***Hylotelephium anacampseros***, 360
— Blätt. wenigstens vorn gekerbt od. gezähnt **9**
9. Pfl. niederlgd.-aufstgd., rasenbildend, m. blhd. u. sterilen Trieben, sprossbürtige Wurzeln nicht verdickt; Kronblätt. 6–15 mm lg.; — Blätt. ≤ 4 cm lg. .... ***Phedimus***, 361
— Pfl. aufr., nicht rasenbildend, ohne kriechende (sterile od. blhd.) Triebe, m. verdickten Speicherwurzeln; Kronblätt. 3–5 mm lg., sternf. ausgebr.; — Blätt. ≤ 10 cm lg. ***Hylotelephium***, 359

Crassula L. [incl. *Tillaea* L., Moosblümchen], Dickblatt

1. Blüten zu 2–4, 3-zählig; Kelchblätt. länger als Kronblätt.; — Blätt. genähert, eif., sich oft deckend; ↕ 1–5 cm; ⊙. V–IX. – Feuchte Sandäcker. – D: *s* Karlsruhe, Baltrum, Fehmarn, früher BB, N-Westf., ST; *s* B; NL; adventiv CH. [*T. muscosa* L.; *C. muscosa* (L.) Roth] Moosblümchen, ***C. tillaea*** Lest.-Garl.
— Blüten einzeln, 4-zählig; Kelchblätt. kürzer als Kronblätt. **2**
2. Blüten bis 8 mm lg. gestielt; — Blätt. längl.-lanzettl., 5–20 mm lg.; ↕ 10–30 cm; ♃. VIII–IX. – Stillgewässer, Bäche, Quellbereiche. – Adventiv (Heimat: Australien–Neuseeland), zuw. eingebürg.; *s*, z. B. D: NI, NRW, RP, SH; B; NL. – INV. [*T. helmsii* Kirk; *C. recurva* (Hook f.) Ostenf.] Nadelkraut, ***C. helmsii*** (Kirk) Cockayne
— Blüten fast sitzend; — Blätt. linealisch, ≤ 7 mm lg.; ↕ ≤ 10 cm; ⊙. VII–IX. – Schlammige, überschwemmte Orte. – *s*, A: NÖ (Waldviertel); CZ; DK; früher D: BB, BW (Heidelberg), N-D, SN, ST; PL: Kolberg. [*T. aquatica* L.; *Bulliarda aquatica* (L.) DC.] Wasser-D., ***C. aquatica*** (L.) Schoenland

Hylotelephium H. Ohba [*Sedum* L. p. p.], Waldfetthenne

Ergänzungen nach Dickoré (2011).

1. Blätt. längl., am Grund verschmälert, wenigstens vorn gekerbt od. gesägt; Infl. ± kugelig od. rispig, > 4 cm ∅, gedrängt od. locker m. herausragenden Seitenzweigen; — Stg. aufr., m. dicken, rübenf. Wurzeln; Pfl. 20–70 cm hoch **3**

— Blätt. eif. bis rundl., ganzrandig bis schwach gezähnt; Infl. gedrängt, doldenart., halbkugelig, < 3 cm ∅; — nichtblhd. Triebe m. Blattrosette; Pfl. 10–30 cm hoch 2

2. Blätt. wechselst., eif.-rundl., kurz gestielt; Kronblätt. trüb purpurrot, — 4–5 mm lg.; ↕ 10–30 cm; ♃. VII–IX. – Felsen, Felsschutt; kalkmeidend; 1400–2500 m. – *s*, nur CH (Rhônegebiet); unbest. aus Steingärten verwild.; *s* D: BY, HE, SN, TH; A; B. [*S. anacampseros* L.] Rundblättrige W., ***H. anacampseros*** (L.) H. Ohba

— Blätt. gegenst., rundl., sitzend, am Grund herzf.; Kronblätt. rosa; — Staubblätt. purpurn; ↕ 10–20 cm; ♃. VII–VIII. – Zierpfl. (Heimat: As.), unbest. aus Steingärten verwild.; *s*, D: BY, SN. [*S. ewersii* Ledeb.] Ewers-W., ***H. ewersii*** (Ledeb.) H. Ohba

3 (1). Staubfäden länger als Kronblätt; Infl. > 10 cm ∅, — schirmrispig; Kronblätt. purpurn, rosa od. weißl.; Blätt. schwach gezähnt; ↕ 30–50 cm; ♃. VIII–X. – Ruderalstellen. – Zierpfl. (Heimat: As.), unbest. aus Gärten verwild.; *s*, D: BB, BW, BY, MV, NI, NRW, SN; CZ. [*S. spectabile* Boreau] Prächtige W., ***H. spectabile*** (Boreau) H. Ohba

— Staubfäden höchstens so lg. wie die 3–5 mm lg. Kronblätt.; Infl. < 10 cm ∅; — Kronblätt. gelbgrün, weißl.gelb, rosa od. purpurn .... Artengruppe Rote W., ***H. telephium*** agg. 4

4. Kronblätt. meist rot; ob. Stg.Blätt. nicht stg.umfassend, wechselst.; — Pfl. meist blaugrün bereift 6

— Kronblätt. meist gelbgrün od. weißl.gelb; ob. Stg.Blätt. eif., m. halb stg.umfassendem Grund, gegenst. od. quirlst. 5

5. Kronblätt. < 4 mm lg., Infl. flach; Pfl. meist grün; Wurzel spindelf.; Blätt. waagr. absthd., löffelf., meist gegenst.; ↕ 20–50(–70) cm; ♃. VI–IX. – Feldraine, Mauern, Schuttfluren, felsige Stellen. – *v–z*, im NW *s*. [*S. maximum* (L.) Suter; *H. telephium* subsp. *maximum* (L.) H. Ohba] Große W., ***H. maximum*** (L.) Holub subsp. ***maximum***

— Kronblätt. > 4mm lg., Infl. gewölbt; Pf. bereift; Wurzel rübenf.; Blätt. aufr. absthd., flach, zu 3 quirlst.; ↕ 40–100 cm; ♃. VIII-IX. – Wegränder, Feldraine, Waldränder. – *z* A: OÖ; CZ. – Verbr. ungenügend bekannt. [*S. jullianum* Boreau] Gebüsch-W., Dreiquirlige W., ***H. jullianum*** (Boreau) Grulich

6 (4). Ob. Stg.Blätt. längl. lanzettl. bis verkehrt eif., stumpf gesägt, am Grund keilf., aber br. sitzend; Kronblätt. rot, oberh. der Mitte zurückgekrümmt; ↕ 25–50 cm; ♃. VIII–X. – Trockene, teils felsige Wuchsorte. – *v–z*, im NW u. NO *s*. [*S. purpureum* (L.) Schult.; *S. telephium* L.; *S. purpurascens* W. D. J. Koch; *H. purpureum* (L.) Holub] Purpur-W., ***H. telephium*** (L.) H. Ohba

— Ob. Stg.Blätt. längl. lanzettl., spitz gesägt, am Grund keilf. u. fast stielart. verschmälert; Kronblätt. purpurn, gerade absthd.; ↕ 15–30 cm; ♃. IV-X. – Feuchte beschattete Felsen; kalkmeidend. – *s* in S- u. W-D; CH; CZ; PL. – Verbr. insges. ungenügend bekannt. [*S. fabaria* W. D. J. Koch; *S. vulgare* (Haw.) Link; *H. telephium* subsp. *fabaria* (W. D. J. Koch) H. Ohba] Berg-W., ***H. vulgare*** (Haw.) Holub

Weitere *s* unbest. verwild. Arten (beide Heimat: O-As.):

Japanische W., ***H. cauticola*** (Praeger) H. Ohba: Blätt. graugrün, ei- bis spatelf.; Stg. lila überhaucht; Kronblätt. anfangs rosapurpurfarben, später karminrot; ↕ ≤ 8 cm; ♃. VIII–IX. – Auf Kalk.

Siebold-W., Theresienkraut, ***H. sieboldii*** (E. A. von Regel) H. Ohba: Blätt. in 3(–4)-zähligen Quirlen, rundl. m. keilf. Grund, blaugrün m. rotem, wenigzähnigem Rand, 1,3–2,5 × 1,3–2 cm; Kronblätt. rosa; ↕ 15–20 cm; ♃. IX–X.

Petrosedum Grulich [*Sedum* L. p. p.], Steinfetthenne

1. Blätt. an der Spitze der sterilen Triebe zapfenf. gehäuft, oberseits flach; abgestorbene Blätt. lange erhalten bleibend; ↕ 10–30 cm; ♃. VI–VIII. – Besonnte Felsen. – *s*, D: NRW, RP, in BY, HE in Einbürg., sonst unbest.; *s* B; F: Els; L; NL. [*S. elegans* Lej.; *S. rupestre* subsp. *elegans* (Lej.) Hegi & Em. Schmid; *S. forsterianum* Sm.] Zierliche S., ***P. forsterianum*** (Sm.) Grulich

— Blätt. an der Spitze der sterilen Triebe nicht gehäuft; abgestorbene Stg.Blätt. bald abfallend 2

2. Kronblätt. blassgelb, grünl.weiß od. weiß 4

— Kronblätt. leuchtend gelb 3

3. Kelchblätt. 3–4 mm lg., kahl, spitz; Infl. zunächst nickend, z. Bltzt. aufgewölbt, z. Frzt. eingetieft; — Kronblätt. 6–7 mm lg.; ↕ 10–30 cm; ♃. VI–VII. – Felsköpfe, Dünen, Trockenrasen,

Böschungen, Mauerkronen; kalkmeidend. – *z*, im S u. N *s*; oft gepfl. [*P. rupestre* (L.) Velayos; *S. rupestre* L.; *S. reflexum* L.] Felsen-S., Tripmadam, ***P. reflexum*** (L.) Grulich

— Kelchblätt. 5–7 mm lg., etwas drüsig-flaumig, stumpf; Infl. aufr., z. Frzt. flach; — Kronblätt. 7–12 mm lg.; Staubfäden ganz kahl; ↕ 10–20 cm; ♃. VI–VIII. – Felsen, Trockenrasen, Mauern; kalkmeidend. – *s* unbest. A; CH; I: Bz. [*S. montanum* Songeon & E. P. Perrier; *S. ochroleucum* subsp. *montanum* (Songeon & E. P. Perrier) D. A. Webb] Berg-S., ***P. montanum*** {Song. et Perr.) Grulich

Unklar ist noch die Abgrenzung der Thart-S., ***P. thartii*** (L. P. Hébert) Niederle [*S. thartii* L. P. Hébert; *S. montanum* subsp. *orientale* 't Hart]: Kronblätt. 3–4 mm lg.; Staubfäden an der Basis dicht kurzhaarig. – *s*, D: BY unbest.; *s* A: Bgl, NÖ, Ti; CH; I: Bz.

4 **(2).** Kelchblätt. 5–7 mm lg., drüsig-weichhaarig; Kronblätt. ≥ 8 mm lg., beim Aufblühen aufr., blassgelb bis grünl.weiß; Blüten m. Tragblätt.; Infl. fast eben; ↕ 15–30 cm; ♃. VI–VII. – Kalkfelsfluren, Weinberge; auf Kalk. – *s* unbest. in D: SN, TH; CH. [*S. anopetalum* DC.; *S. ochroleucum* Chaix] Blassgelbe S., ***P. anopetalum*** (DC.) Grulich

— Kelchblätt. 1,5–2,5 mm lg., kahl; Kronblätt. ≤ 8 mm lg., seitl. absthd., blassgelb bis weiß; Blüten ohne Tragblätt.; Infl. m. zurückgekrümmten Ästen; ↕ 20–50 cm; ♃–♄. V–VII. – Felsige StO. – *s*, CH: Rhônetal (Vs, Vd); *s* adventiv (Heimat: S-Eur.); unbest. D: BY. [*S. nicaeense* All.; *S. sediforme* (Jacq.) Pau] Nizza-S., ***P. sediforme*** (Jacq.) Grulich

Weitere Arten aus Gärten verwildernd.

Phedimus Raf. [*Sedum* L. p. p.], Glanzfetthenne, Asienfetthenne

1. Krone rot, rosa od. weiß; — Kronblätt. 10–15 mm lg.; Blätt. gegenst., keilf. verschmälert, vorn kerbig gesägt, am Rand bewimpert; Stg. niederlgd. bis aufstgd.; Pfl. m. blhd. u. nichtblhd., überwinternden Trieben; ↕ 10–20 cm; ♃. VII–VIII. – Auf Mauern, an Wegrändern u. Böschungen. – Zierpfl. (Heimat: Kaukasus); *z*, unbest. od. eingebürg. [*S. spurium* M. Bieb.; *S. oppositifolium* Sims] Kaukasus-G., Kaukasus-A., ***P. spurius*** (M. Bieb.) 't Hart

— Krone gelb 2

2 Blattspr. randl. nach oben gebogen, gezähnt, bis 9 cm lg. u. 3 cm br., beiderseits kahl; — Stg. aufr., einfach; ↕ (20–)30–50 cm; ♃. VII–VIII. – Zierpfl. (Heimat: O-As.); *s* verwild. D: BW, BY, RP, SN, ST, TH. [*S. aizoon* L.] Deckblatt-A., ***P. aizoon*** (L.) 't Hart

— Blattspr. ± flach, stumpf gezähnt, spatelf., bis 5 cm lg. u. 1,5 cm br.; — Stg. einfach od. verzweigt; Pfl. 10–30 cm hoch 3

3. Teilfr. erhaben u. br., sternf. spreizend; — Stg. niederlgd.-aufstgd., Sommertriebe im Herbst absterbend, überwintert m. neu gebildeten Trieben; Blätt. stumpf 5

— Teilfr. flach u. schmal, aufw. weisend 4

4. Stg. niederlgd., verzweigt; Sommertriebe überwinternd; Blätt. verkehrt eif., stumpf u. wenig gezähnt, am Rand kahl, 2–5 cm lg. u. bis 2 cm br.; Kronblätt. 6–9 mm lg.; ↕ 15–20(–30) cm; ♃. V–VI. – Felsspalten, steinige Rasen, Ruderalstellen. – Zierpfl. (Heimat: Ural, N-As.); *s* verwild., z. B. D: BY, HE (Münden), MV, NI, NRW (Bochum), ST (Tangerhütte); A: Ti, NÖ; CZ; DK. [*S. hybridum* L.] Sibirische A., Bergsteppen-G., ***P. hybridus*** (L.) 't Hart

— Stg. aufstgd.; einfach, Sommertriebe im Herbst absterbend; Blätt. spatelf. m. vielen Zähnen; ↕ 15–30 cm; ♃. VII–VIII. – Zierpfl. (Heimat: O-As.); *s* verwild. D: NRW. [*S. middendorffianum* var. *diffusum* Praeger] Ausgebreitete A., Sägezahn-A., ***P. diffusus*** (Praeger) Bomble

5 **(3).** Blätt. m. wenigen Zähnen; Kelchblätt. mindest. m. rötl. Spitze; — Blätt. 3–5 cm lg.; ↕ 10–25 cm; ♃. VII–VIII. – Zierpfl. (Heimat: O-As.); *s* verwild., D: BW, BY, NRW, RP, SN. [incl. *P. middendorffianus* (Maxim.) 't Hart; *S. kamtschaticum* Fisch.] Kamtschatka-A., ***P. kamtschaticus*** (Fisch. et C. A Mey.) 't Hart

— Blätt. plötzl. verbreitert, m. vielen Zähnen; Kelchblätt. grün; ↕ 15–30 cm; ♃. VII–VIII. – Zierpfl. (Heimat: O-As.); *s* verwild., D: NRW. [*S. ellacombeanus* Praeger] Ellacombes A., Gelbgrüne A., ***P. ellacombeanus*** (Praeger) 't Hart

Weitere *s* unbest. verwild. Arten (alle Heimat: As.).

Rhodiola L., Rosenwurz

Stg. unverzweigt, dicht beblätt.; Blätt. wechselst., längl., vorn gesägt; Blüten eingeschl., 4-zählig, in endst., vielblütigen Schirmrispen; Kronblätt. gelb, rot überlaufen, die der ♀ Blüten verkümmert; ↕ 10–35 cm; ♃. VI–VIII. – Felsen, Blockhalden, Quellfluren. – *z* Alp.; *s* D: BY (Bodenmais); Vog., Riesengeb., Altvatergeb.; früher Schw. – Auch Zierpfl. [*Sedum roseum* (L.) Scop.]
Echte R., ***R. rosea*** L. (subsp. ***rosea***)

Sedum L. [excl. *Petrosedum* Grulich, *Hylotelephium* H. Ohba u. *Phedimus* Raf.], Mauerpfeffer, Fetthenne

1. Staubblätt. 5; — Kronblätt. 5, weiß od. rosa, m. dunklerem Mittelnerv; Blätt. wechselst., halbstielrund, oberseits leicht rinnig; Blüten sitzend, in meist 3-ästiger Scheindolde; ↕ 5–15 cm; ⊙. V–VII. – Sandige Trockenrasen, Brachäcker, Mauern, Weinberge. – *s*, D: RP (Rheintal u. Moseltal bei Trier), unbest. MV; *s* B; CH; Hoch- bis Oberrhein verschwunden. [*Crassula rubens* (L.) L.] Rötliche F., ***S. rubens*** L.

— Staubblätt. 10(–12) **2**

2. Blätt. stielrund od. halb stielrund; — Kronblätt. 5(–6) **4**

— Blätt. flach, ganzrandig; — Kronblätt. 5 .... **3**

3. Kronblätt. hellrosa, m. Grannenspitze, ≤ 5 mm lg.; Stg. aufstgd., — oberw. flaumig-drüsig; Blätt. gegenst., in 3-zähligen Quirlen od. wechselst., schmal längl.-linealisch, stumpf; Blüten in rispenart. Infl.; ↕ 10–30 cm; ⊙–♃. VI–VII. – Wälder, schattige Felsen, Mauern. – *s*, CH: Gr, F: Els; früher NL; *s* unbest. verwild. D: BY, TH; B. Rispen-F., ***S. cepaea*** L.

— Kronblätt. gelb, spitz, > 5 mm lg.; Stg. kriechend; — Blätt. alle zu 3 quirlst., 15–28 mm lg. u. 3–6 mm br., am Grund plötzl. verschmälert; ↕ 5–15 cm; ♃. V–VI. – Mauern, Ruderalstellen. – Gartenpfl. (Heimat: O-As.); *s* unbest. verwild. od. eingebürg.; D: eingebürg. RP, unbest. BB, BY, HE, NRW, SN; A; B; CH: Ts; CZ; I: Bz; NL. Kriechende F., ***S. sarmentosum*** Bunge

4 (2). Pfl. ausd., rasenbildend, m. kriechenden sterilen Stg. u. aufstgd. Blütenstg.; — Kronblätt. 5 .... **8**

— Pfl. 1–2-j., nicht rasenbildend, nur m. Blütensprossen **5**

5. Kronblätt. (5–)7(–9), ≈ 4-mal so lg. wie der Kelch, — weiß, m. rötl. Rückenstreifen; Blätt. 10–15 mm lg., blaugrün bereift, linealisch, halb stielrund, vereinzelt drüsenhaarig; ↕ 5–15 cm; ⊙. VI–VII. – Felsen, Mauern. – *z* A; CH; auch Zierpfl. u. verwild.; *z* eingebürg.
Blaugrüne F., Spanische F., ***S. hispanicum*** L.

— Kronblätt. 5, ≤ doppelt so lg. wie der Kelch **6**

6. Stg. drüsig behaart; — Blätt. oberseits fast flach, 3–5 mm lg.; Blüten in wenigblütigen Trauben; Krone rosarot, am Rücken m. dk. Mittelstreifen; ↕ 5–20 cm; ⊙(–♃). VI–VII. – Flachmoore, feuchte Felsen; montan bis alp. – Sehr *s*, D: S-Schw., Sauerland, Rhön, O- u. S-BY; Alp. u. Vorland; CZ; F: Vog.; SW-PL; stark zurückgegangen. Behaarte F., ***S. villosum*** L.

— Stg. völlig kahl **7**

7. Blätt. fast stielrund, keulig; Blüten in gedrängten, wenigblütigen Wickeln; Krone rötl. od. gelbgrün; ↕ 2–7(–10) cm; ⊙, überwinternd. VI–VIII. – Kalkfelsen, Schuttfluren; 1000–3000 m.
Dunkle F., Dunkler M., Schwärzliche F., ***S. atratum*** L.

a. Pfl. meist rötl. überlaufen; Krone rot. – *v* Alp., *s* Schweizer Jura. Schwärzliche F. (i. e. S.), subsp. ***atratum***

— Pfl. gelbgrün; Krone gelbgrün. – *s*, Alp. von D; A: Kt, Stm, früher OTi, Vb; I: Bz.
Kärntner F., subsp. ***carinthiacum*** (Pacher) D. A. Webb

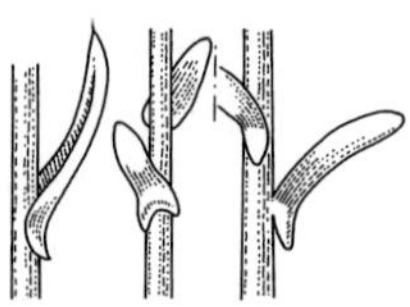

362/1 362/2 362/3

— Blätt. halb stielrund, linealisch; Blüten in reich verzweigten, lockeren Wickeln; Krone gelb; ↕ 5–15 cm; ☉. VI–VIII. – Kalkarme Felsen, Mauern; bis 2800 m. – *v* Alp., *s* D: Schw., früher Fichtelgeb.; *z* Vog. Einjährige F., ***S. annuum*** L.

8 **(4).** Kronblätt. gelb bis blassgelb **10**

— Kronblätt. weiß od. rosa bis blassviolett, unterseits zuw. m. purpurnem Mittelstreifen **9**

9. Ganze Pfl. blaugrün; Blätt. 3–7 mm lg., oberseits flach, unterseits stark gewölbt; Stg. im ob. Teil drüsig behaart; ↕ 5–15 cm; ♃. VI–VIII. – Felsspalten u. steinige Waldböden; bes. montane u. subalp. Stufe. – *z* in Alp., *s* in S-D (SchwAlb, S-Schw.), in M- u. N-D, NL nur verwild.; *s* B; CH: auch Jura; F: Vog. Buckel-F., Dickblättrige F., ***S. dasyphyllum*** L.

— Pfl. grasgrün od. gelbl.grün, oft rot überlaufen; Blätt. längl., beiderseits gewölbt bis fast stielrund, absthd.; Stg. kahl; ↕ 5–20 cm; ♃. VI–VII. – Felsen, Mauern, Ruderalstellen. – *v* im S, Mittelgeb. bis in die subalp. Stufe, *s* im N, oft gepfl. u. verwild. Weiße F., ***S. album*** L.

Hierher auch m. kleineren, stärker rötl. getönten Blüten: Kleinblütige Weiße Fetthenne, subsp. ***micranthum*** (Bast.) Syme [*S. micranthum* DC.]: Zierpfl. (Heimat: MMG); D: in Einbürg. BY, unbest. BW, RP, SN.

10 **(8).** Blätt. eif. bis 3-eckig lanzettl., dickl., oberseits flach (*363/2*), unterh. der Mitte am breitesten **12**

— Blätt. lineal-walzenf., in od. oberh. der Mitte am breitesten **11**

11. Kronblätt. stumpf, ≤ 4 mm lg., blassgelb, aufr.; Blätt. am Grund ohne Sporn, 4–6 mm lg., — oberseits stark abgeflacht; Blüten in kurzen Wickeln; ↕ 2–8 cm; ♃. VI–VIII. – Felsen, Felsschutt, Felsrasen; kalkmeidend; bis 3500 m. – *z* Alp.; F: Vog.; Riesengeb., Gesenke. Alpen-F., ***S. alpestre*** Vill.

— Kronblätt. spitz, ≥ 4 mm lg., zitronengelb; Blätt. am Grund m. kl. Sporn (*362/3*), 3–7 mm lg., — meist dicht 6-zeilig angeordnet, ohne scharfen Geschmack (vgl. *S. acre*, s. Nr. **12**); ↕ 5–15 cm; ♃. VII–VIII. – Felsen, Trockenrasen, Mauern. – *v*, *z* im NW u. NO; oft gepfl. [*S. mite* Gilib.; *S. boloniense* Loisel.] Milder M., ***S. sexangulare*** L.

12 **(10).** Abgestorbene Blätt. weiß, zart; Stg. in der unt. Hälfte meist ohne abgestorbene Blätt.; — Blätt. 3–6 mm lg., von scharfem Geschmack; Kronblätt. goldgelb, 5–9 mm lg., fast waagr. absthd., spitz; ↕ 3–15 cm; ♃. VI–VIII. – Trockenrasen, Felsen, Ruderalfluren. – *v*, oft gepfl. Scharfer M., ***S. acre*** L.

— Abgestorbene Blätt. an der Spitze grau od. schwarz, lederig; Stg. in der unt. Hälfte von abgestorbenen Blätt. bedeckt; — Kronblätt. blassgelb, ≈ 6 mm lg.; ↕ 5–20 cm; ♃. V–VII. – Trockenrasen; auf Kalk. – Früher A: Bgl (Neusiedler See). [*S. sartorianum* subsp. *hillebrandtii* (Fenzl) D. A. Webb] Ungarischer M., ***S. urvillei*** DC.

Weitere *s* unbest. verwild. Arten.

Sempervivum L. [incl. *Jovibarba* (DC.) Opiz, Donarsbart], Hauswurz ⓖ

1. Kronblätt. 6, am Rand gefranst, gelb; — Rosettenblätt. am Rand drüsig bewimpert, Pfl. m. Ausläufern; Kronblätt. 12–17 mm lg., blassgelb, fransig bewimpert, am Rücken gekielt; ↕ 8–35 cm; ♃. VII–IX. – Trockenrasen, Felsen. – ⓖ. – Formenreich. [*J. globifera* (L.) J. Parn.] Donarsbart, Sprossende Fransen-H., ***S. globiferum*** L.

a. Stg.Blätt. so br. wie od. breiter als die Rosettenblätt. .... **c**

— Stg.Blätt. schmaler als die Rosettenblätt. .... **b**

b. Blätt. m. 0,5–0,8 mm lg. Wimperhaaren; Kelchblätt. auf der Fläche kahl, ohne Drüsen; — Rosettenblätt. 14–20 mm lg.; ♃. – Kalkmeidend. – *s*, A: OTi; I: Bz. [*J. arenaria* subsp. *pseudohirta* (Leute) Holub & Pignatti] Mittlerer D., subsp. ***pseudohirtum*** Leute

— Blätt. m. 0,2–0,4 mm lg. Wimperhaaren; Kelchblätt. auf der Fläche m. Drüsenhaaren; — Rosettenblätt. 8–15 mm lg.; ♃. – Kalkmeidend. – *s*, D: NO-BY; Alp. von A: Kt, OTi, Stm, Sb; I: Bz. [*J. arenaria* (W. D. J. Koch) Opiz] Fels-D., subsp. ***arenarium*** (W. D. J. Koch) 't Hart & B. Bleij

c. **(a).** Rosettenblätt. in od. unterh. der Mitte am breitesten; Rosette offen, Blätt. gerade od. sternf. spreizend, — 3–7 cm ∅, Blätt. ohne rote Spitze; Stg.Blätt. 15–20 mm lg. u. 7–10 mm br.; ♃. – *z*, Alp., A: Bgl, Kt, NÖ, OÖ, OTi, Stm; in D: SN in Einbürg. [incl. *S. arenarium* subsp. *neilreichii* (Schott et al.) Janchen; *J. hirta* (L.) Opiz; *S. hirtum* L.] Kurzhaariger D., subsp. ***hirtum*** (L.) 't Hart & B. Bleij

— Rosettenblätt. oberh. der Mitte am breitesten; Rosette kugelig, geschlossen, — 2,5–4 cm ∅, Blätt. an der Spitze meist braunrot; Stg.Blätt. 20 mm lg. u. 10 mm br.; ♃. – *s*, D: BB, N-BY, SN, ST, in BW, HE, TH in Einbürg.; *s* A: NÖ; *z* CZ; PL. ⓖ. – Auch angepfl. u. verwild. [*J. sobolifera* (Sims) Opiz; *S. soboliferum* Sims] Sprossender D., Sprossende Fransen-H. (i. e. S.), subsp. ***globiferum***

— Kronblätt. 8–20(–30), am Rand glatt, rot. od. rötl., selten gelb bis gelbl.weiß **2**

2. Kronblätt. rot **5**

— Kronblätt. gelb bis gelbl.weiß **3**

3. Blätt. auf der Fläche kahl, am Rand bewimpert, blaugrün; — Blätt. plötzl. in eine starre Spitze zus.gezogen; Blüten 18–33 mm ∅; Staubfäden rot; ↕ 10–25 cm; ♃. VII–VIII. – Magerrasen, Steinschuttfluren der O-Alp.; kalkmeidend. – Unbest. D: BY; *s* A: Kt, Sb, Stm, Ti; CH: Gr; I: Bz. Wulfen-H., ***S. wulfenii*** Mert. & W. D. J. Koch

— Blätt. auf der Fläche beiderseits drüsig behaart, grün **4**

4. Staubfäden rotviolett; Pfl. m. 10–20 cm lg. Ausläufern, — stark harzig riechend; Blüten 12–14-zählig, 30–40 mm ∅; ↕ 10–25 cm; ♃. VI–VIII. – Felsen; kalkmeidend. – Im Gebiet nur CH: Vs, Ts. Großblütige H., ***S. grandiflorum*** Haw.

— Staubfäden weiß od. gelbl.; Pfl. m. 2–3 cm lg. Ausläufern; — Rosetten gehäuft; Blüten 9–12-zählig, 10–30 mm ∅; ↕ 5–15 cm; ♃. VII–VIII. – Serpentinfelsen. – Nur A: Stm (Kraubath). Serpentin-H., Pittoni-H., ***S. pittonii*** Schott, Nyman & Kotschy

5 (2). Rosetten 3–14 cm ∅, sternf. ausgebr.; — Rosettenblätt. verkehrt eif., grün, an der Spitze meist braunrot, am Rand dicht bewimpert; Kronblätt. sternf. ausgebr., blassrot; ↕ 20–60 cm; ♃. VII–IX. – Felsen, Dächer u. Mauern. – *v*, W-Alp., I: Bz; D: *z* Rhein- u. Moseltal (HE, RP), sonst *z–s* eingebürg. od. unbest; *v* Zierpfl. ⑥. – Formenreich. Dach-H., ***S. tectorum*** L.

— Rosetten ≤ 3 cm ∅, ± geschlossen **6**

6. Rosettenblätt. an der Spitze m. spinnwebigen Wollhaaren, — braunrot; Kronblätt. hellrot, m. dk. Mittelnerv; ↕ 8–20 cm; ♃. VII–IX. – Felsen u. Mauern; überwgd. auf Silikatgestein; bis 2900 m. – ⑥. Spinnweben-H., ***S. arachnoideum*** L.

a. Blattrosetten ≤ 15 mm ∅, ihre Blätt. zur Spitze hin wenig verbreitert. – *v* Alp. von A, CH, I: Bz; D: BY, HE, unbest. NI, TH; *v* Zierpfl., *s* verwild. Spinnweben-H. (i. e. S.), subsp. ***arachnoideum***

— Blattrosetten 15–30 mm ∅, ihre Blätt. zur Spitze hin deutl. verbreitert. – *z*, CH: Vs; I: Bz. Filzige Spinnweben-H., subsp. ***tomentosum*** (C. B. Lehm. & Schnittsp.) Schinz & Thell.

— Rosettenblätt. an der Spitze nicht m. spinnwebigen Wollhaaren, auf der Fläche dicht drüsig-kurzhaarig **7**

7. Haare am Rand der Rosettenblätt. > 2-mal so lg. wie die auf den Blattflächen; Rosettenblätt. allmähl. zugespitzt; Staubfäden ganz kahl; ↕ 5–15 cm; ♃. VII–IX. – Felsfluren. – *s*, I: Bz (Dolomiten). Dolomiten-H., ***S. dolomiticum*** Facchini

— Haare am Rand der Rosettenblätt. < 2-mal so lg. wie die auf den Blattflächen; Rosettenblätt. kurz zugespitzt; Staubfäden am Grund etwas drüsenhaarig; — Kronblätt. außen drüsig-zottig, innen violett bis purpurn; ↕ 5–20 cm; ♃. VII–IX. – Magerrasen, Steinschutt, nur auf Silikatgestein; 1100–3000 m. – Alp. ⑥. Berg-H., ***S. montanum*** L.

a. Haare am Rand der Rosettenblätt. wenig länger als die auf den Blattflächen; Blätt. grün, nicht spitz; — Kronblätt. 12–15 mm lg.; Rosetten > 2 cm ∅. – Alp. *v–z*, *s* D: eingebürg. Fichtelgeb. (Bad Berneck). Berg-H. (i. e. S.), subsp. ***montanum***

— Haare am Rand der Rosettenblätt. deutl. länger als die auf den Blattflächen; Blätt. m. rotbrauner Spitze; — Kronblätt. 16–20 mm lg.; Rosetten 2–4,5 cm ∅. – *v*, A: Kt, NÖ, Sb, Stm. Steirische Berg-H., subsp. ***stiriacum*** Hayek

Hybriden:

Bärtige H., ***S.* × *barbulatum*** Schott [*S. arachnoideum* × *S. montanum*]: *s*, D: Allgäu (Hochvogel), S-Schw. (Staufen).

Funk-H., ***S.* × *funckii*** W. D. J. Koch [*S. arachnoideum* × *S. montanum* × *S. tectorum*]: *s* verschleppt, D: N-BY, SN.

Der Status der Taxa ***S.* × *fauconnetii*** Reut. u. ***S.* × *piliferum*** Jord. ist noch umstritten [*S. arachnoideum* × *S. tectorum*].

Weitere Gartenflüchtlinge adventiv.

Umbilicus DC., Venusnabel

Unt. Blätt. schildf., m. Nabel, zahlr. Blüten in aufr. Traube, kurz gestielt, etwas hgd., Krone 5-zipfelig, grünl. od. gelbl.weiß; Staubblätt. 10; ↕ 10–40 cm; ♃. V–VII. – Mauern, Felsspalten. – *s*, CH: Ts; *s* unbest. aus Gärten verwild., z. B. D: BW, NI; NL. [*U. pendulinus* DC.]

Venusnabel, Felsen-Nabelkraut, ***U. rupestris*** (Salisb.) Dandy

Familie: Haloragaceae, Tausendblattgewächse (Bearbeiter: Michael Koltzenburg)

Wasserpfl.; Blüten klein, unscheinbar, 4-zählig, eingeschl. (*365/1a, b*) od. ⚥.

Myriophyllum L., Tausendblatt

Für die Blattmerkmale verwende man junge Blätt., um die Drüsen zu sehen. Die Angaben zur Wuchshöhe können im Flachwasser auch Angaben zur Sprosslänge sein.

1. Ob. Tragblätt. der Blüten ungeteilt; — Blattspr. m. od. ohne Drüsen **3**

— Tragblätt. der Blüten sämtl. fiederspaltig od. kammf. gefied. (*72/3*), — meist länger als die Blüten; Blattspr. m. Drüsen **2**

2. Blätt. u. Sprossachse grün; — Blätt. in 5–6-zähligen Quirlen; Endfiedern in der Mitte z. T. breiter als an der Basis; ↕ 10–150(–300) cm; ♃. VI–IX. – Sthd. u. langsam fließ., kalkarme Gewässer. – *z*. Quirlblättriges T., ***M. verticillatum*** L.

— Blätt. u. Sprossachse hell blaugrün; — Blätt. in 4–6-zähligen Quirlen; aus dem Wasser ragende Triebe dicht beblätt., scheinbar unbenetzbar, bis 2 m lg., submerse u. emerse Blätt. unterschiedl.; Pfl. 2-häusig; ↕ 50–200 cm; ♃. VI–VIII. – Sthd. u. langsam fließ. Gewässer. – Adventiv (Heimat: südl. S-Am.); D: *z* Main, Neckar, Lahn, Rhein, *s* Naab, Ems, BB; *s* B; CH; NL. – INV. Brasilianisches T., Papageienfeder, ***M. aquaticum*** (Vell.) Verdc.

3 (1). Tragblätt. länger als die Blüten; Staubblätt. 4; — Endfiedern der Blätt. vom Grund zur Spitze immer schmaler werdend; Blätt. viel länger als die Internodien, in 4–6-blättr. Quirlen od. wechselst.; Blattspr. m. Drüsen; Sprossachse oft rot; ↕ 40–250 cm; ♃; VI–IX. – Sthd. Gewässer. – Adventiv u. in Einbürg. (Heimat: N-Am.); *s*, D: BB, BW, MV, NI, NRW, RP, SN, ST, TH; CH; NL; früher A: Stm. – INV. Verschiedenblättriges T., ***M. heterophyllum*** Michx.

— Tragblätt. kürzer als die Blüten; Staubblätt. 8; — Blätt. meist in 4-zähligen Quirlen **4**

4. Infl. reichblütig, verläng., stets aufr.; Blüten rötl., alle in Quirlen; Blätt. m. ± gegenst. Fiedern (*365/2*); Fiedern nur an der Basis m. Drüsen; — Sprossachse bleich, rosa überlaufen; ↕ 40–200 cm; ♃. VI–IX. – Sthd. u. langsam fließ. Gewässer. – *v–s*. Ähriges T., ***M. spicatum*** L.

— Infl. wenigblütig, kurz, anfangs überhgd.; Blüten gelb, die ob. wechselst.; Blätt. m. meist wechselst. Fiedern (*365/3*); Fiedern ohne Drüsen; ↕ 50–200 cm; ♃. VII–IX. – Kalkarme Seen u. Tümpel. – *v* im NW, *z* im NO, sonst *s–f*. Wechselblütiges T., ***M. alterniflorum*** DC.

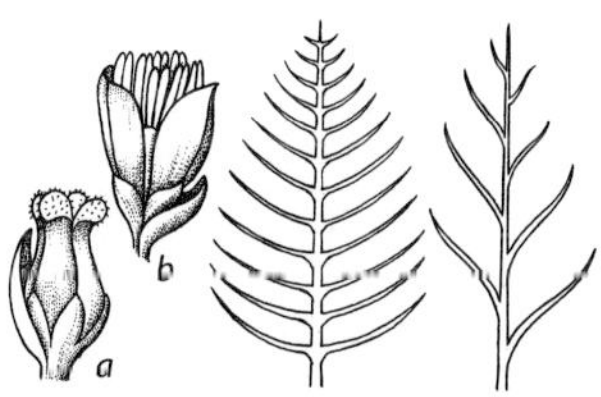

365/1 *365/2* *365/3*

Ordnung: Vitales, Weinrebenartige

Familie: Vitaceae, Weinrebengewächse (Bearbeiter: Peter A. Schmidt)

Meist m. Ranken kletternde Lianen od. Sträucher; Blätt. wechselst., einfach, handf. gelappt od. zus.gesetzt, meist gefing., m. meist hinfälligen Nebenblätt.; Infl. ± reich verzweigte Zymen, den Blätt. gegenüber sthd.; Blüten radiär, ⚥ (*366/1*) od. eingeschl., 4–5-teilig, m. meist deutl., ringf. od. gelappten Diskus; Fr. wenigsamige, saftreiche Beere.

1. Zweige ohne Lentizellen, Mark vorj. Zweige braun, Rinde älterer Zweige faserig, sich meist in lg. Streifen ablösend; Blüten in verläng. Zymen; Kronblätt. mützenart. verwachsen (*366/1a*), sich z. Bltzt. in ihrer Gesamtheit abhebend; — Ranken stets ohne Haftscheiben; Blätt. im Umriss rundl., 5-lappig (*366/5*), Ranken den Blätt. gegenübersthd., aber an jedem 3. Knoten fehlend .... ***Vitis***, 366

— Zweige m. Lentizellen, Mark weiß bleibend, Rinde sich nicht in Streifen ablösend; Blüten in doldenart. Zymen; Kronblätt. frei, einzeln abfallend; — Ranken m. (*366/4*; *Taf. 5: 3*) od. ohne Haftscheiben .... ***Parthenocissus***, 366

Parthenocissus Planch., Jungfernrebe, Wilder Wein

1. Blätt. meist 3-lappig, zuw. ungelappt od. 3-zählig (*366/2*), — glzd.; Ranken 2–3 cm lg., m. Haftscheiben, fest haftend; Fr. blauschwarz, bereift; ʃ. VI–VII. – Zierpfl. (Heimat: O-As.); zuw. verwild. Dreispitz-J., Dreilappige J., ***P. tricuspidata*** (Siebold & Zucc.) Planch.

— Blätt. 5(–7)-zählig gefing. **2**

2. Ranken m. 5–12 regelm. 2-reihig angeordneten Verzweigungen, stets m. Haftscheiben (*366/4*); Blätt. oberseits matt grün; junge Zweige u. Blütenknospen im Frühjahr hellrot; ʃ. VII–VIII. – Zierpfl. (Heimat: N-Am.); *s* verwild. Selbstkletternde J., ***P. quinquefolia*** (L.) Planch.

— Ranken m. 2–5 verläng. windenden Verzweigungen, ohne od. m. schwach entwickelten Haftscheiben (*366/3*); Blätt. oberseits glzd. grün; junge Zweige u. Blütenknospen im Frühjahr grün; ʃ. VI–VII. – Zierpfl. (Heimat: N-Am.); *z* eingebürg. [*P. inserta* auct.; *P. quinquefolia* auct.]
Gewöhnliche J., Wilder Wein, ***P. vitacea*** (Knerr) Hitchc.

Vitis L., Weinrebe

1. Blüten eingschl., Pfl. meist 2-häusig; Beeren ellipsoidisch, 5–7 mm lg., blauviolett bis -schwarz, saftarm, sauer; Samen fast kugelig, ungeschnäbelt od. m. kurzem abgestutztem Schnabel; ʃ. VI–VII. – Auenwälder. – *s*, D: Oberrhein; A: NÖ; CZ (Mähren). ©! [*V. vinifera* L. subsp. *sylvestris* (C. C. Gmel.) Hegi; *V. sylvestris* C. C. Gmel.]
Wilde W., Wilde Europäische W., ***V. gmelinii*** Buttler

— Bltn. ⚥ (*366/1b*); Beeren ellipsoidisch, kugelig od. längl., 6–22 mm lg. bzw. ∅, grün, gelb, grau, purpurrot od. blauviolett, saftreich, süß; Samen birnf., geschnäbelt; ʃ. VI–VII. – In zahlr. Sorten kult., auch verwild. u. eingebürg. [*V. vinifera* subsp. *vinifera*]
Kultur-W., Edle Europäische W., ***V. vinifera*** L.

In Kultur auch weitere Arten, meist als Pfropfunterlage, auch Zier- od. Obstgehölz, zuw. verwild., z. B.: Fuchs-W., ***V. labrusca*** L., u. Ufer-W., ***V. riparia*** Michx. (beide aus N-Am.).

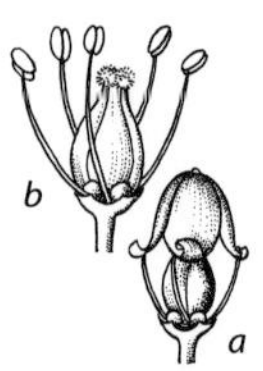

366/1

366/2

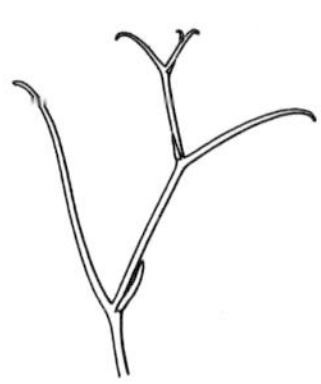
366/3

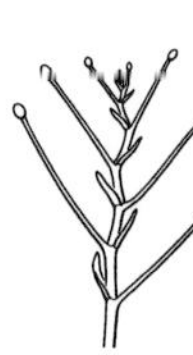
366/4

366/5

Ordnung: Zygophyllales, Jochblattartige

Familie: Zygophyllaceae, Jochblattgewächse (Bearbeiterin: Birgit Nordt)

Kräuter od. Sträucher; Blätt. gefied., m. Nebenblätt.; Blüten radiär, 4–5-zählig; Kronblätt. nicht verwachsen; Staubblätt. in ein bis zwei 4–5-zähligen Kreisen; Frkn. oberst.; Fr. teilw. in Teilfr. zerfallend.

Tribulus L., Burzeldorn

Stg. kriechend, 10–50 cm lg.; Blätt. gegenst., öfter ungleich groß, m. 10–16 Fiederblätt.; Blüten blattachselst.; Kronblätt. gelb, 4–5 mm lg.; Spaltfr., Teilfr. am Rücken stachelig; ⊙. V–X. – Sandflächen, Ruderalstellen. – *s*, D: BW (Stuttgart); B; S-CH; noch unbest. in D: BB, BY, NRW, SH (Hamburg), SN, TH; A; CZ; *f* im N. Erd-B., ***T. terrestris*** L. (subsp. ***terrestris***)

Ordnung: Fabales, Hülsenfrüchtige, Schmetterlingsblütenartige

Familie: Fabaceae [Leguminosae, Papilionaceae], Schmetterlingsblütler

(Bearbeiterin: Birgit Nordt)

Holzpfl., Halbsträucher, Stauden od. Kräuter; Blätt. wechselst., oft 2-zeilig, meist gefied. – unpaarig (*39/1–2, Taf. 7: 4*): m. laubig entwickelter Endfieder, od. paarig (*39/3, Taf. 5: 6–7, 7: 5*): Endfieder fehlend od. als Ranke entwickelt – od. gefing., stets m. Nebenblätt. (*Taf. 5: 6–7, 7: 4*); Blüten zygomorph (schmetterlingsf., *367/1a*; *Taf. 15: 2*), ⚥; Kelch 5-zählig, oft verwachsen (*367/1 K, 367/2*); Krone 5-blättrig; das nach oben weisende, vergrößerte Kronblatt ist die Fahne (*367/1, F*), die beiden seitl. sind die Flügel (Fl), die beiden vord., miteinander verwachsenen bilden das Schiffchen (Sch); Filamente der 10 Staubblätt. entw. alle zu geschlossener od. nur 9 zu oben offener, den Frkn. umgebender Röhre verwachsen (*367/3, 371/2, 371/3, Taf. 23: 8*); Fr.Blätt. 1; Fr. häufig klappig aufspringend (Hülse, *367/4, Taf. 27: 3*), seltener in 1-samige Teilfr. zerfallende Bruchfr. (Gliederhülse, Lomentum; *368/5–8*) od. 1-samige Schließfr. (Nuss), z.T. schneckenf. (*370/1, 370/2*) gewunden.

Bes. bei den artenreichen Gattungen (z.B. *Lathyrus, Medicago, Trifolium, Trigonella, Vicia*) sind in den letzten Jahren neben den hier ausgeschlüsselten noch weitere Arten (zumeist südeurop. Herkunft) dazugekommen, die derzeit unbest. in verschiedenen Gebieten auftauchen, aber (noch?) nicht eingebürg. sind. Solche, die sich zumind. in einzelnen (Bundes-)Ländern bereits in Einbürgerung befinden, wurden hier bereits ergänzt. Vermutl. werden in späteren Auflagen weitere hinzukommen.

Taxonom. legen molekulargenet. Untersuchungen Änderungen an den Gattungskonzepten von *Cytisus, Chamaecytisus, Ulex* u. *Genista* nahe. Diese zerfallen in nur 2 monophylet. Clades, was auch die Eingliederung von *Chamaecytisus* in *Cytisus* sowie eine Gattung *Genista* incl. *Ulex* zur Folge hätte (Kadereit et al. 2016, Fischer & Englmaier 2018). Die Eingliederung von *Chamaecytisus* in *Cytisus* wird hier nun umgesetzt, wie auch in der Mehrzahl aktuell erscheinender Floren und Checklisten. Für *Ulex* u. *Genista* wird jedoch (vorerst) das bisherige Gattungskonzept (entsprechend Buttler, Thieme u. Mitarbeiter 2021) beibehalten. Ebenso wird m. den Vicieen verfahren, deren bisherige Gattungsaufteilung die Phylogenie ebenfalls nicht korrekt widerspiegelt. Demnach geht *Pisum sativum* in *Lathyrus* sowie *Lens culinaris* in *Vicia* auf; die morpholog. ähnl. Arten *V. tetrasperma* u. *V. hirsuta* sollten als *Ervum tetraspermum* u. *Ervilia hirsuta* in separate Gattungen gestellt werden (Schaefer et al. 2012, Kadereit et al. 2016), was jedoch nicht in allen rezenten Abhandlungen gezeigt werden kann, zumind. nicht die Notwendigkeit der Ausgliederung in separate Gattungen (z.B. Wu 2020). Auch auf die formale Eingliederung von *Dorycnium* in *Lotus* wird vorerst abwartend verzichtet. Die jeweiligen Synonyme sind aufgeführt.

1. Bäume, Sträucher, Lianen, Zwerg- od. Halbsträucher m. deutl. holziger Stg.Basis **Tabelle A**, 368
— Krautige Pfl.; Stg. nicht od. nur an der Basis sehr schwach verholzend **2**
2. Blätt. nur aus fadenf. Ranke besthd., diese am Grund m. 2 laubigen Nebenblätt. (*39/12, 380/2*) .... ***Lathyrus aphaca***, 380
— Blätt. anders gestaltet **3**

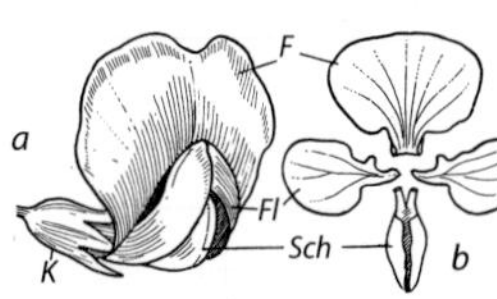

367/1

367/2

367/3

367/4

3. Alle Blätt. einfach, ungeteilt, 3-zählig gefied. (*39/2, 368/4*), 3- od. mehrzählig gefing. (*368/2, 39/9*) .... **Tabelle B**, 369
— Blätt. mehrzählig gefied. (*368/1*, 393/1, 393/2*), die ob. Fiedern zuw. zu Ranken umgebildet, aber mind. 1 Fiederpaar laubig; Grundblätt. zuw. ungeteilt (*Anthyllis*) **4**
4. Blätt. unpaarig gefied.: Endfieder laubig entwickelt, nicht als Ranke (*39/1*) .... **Tabelle C**, 370
— Blätt. paarig gefied.: Endfieder verkümmert (*39/3*) od. als Ranke entwickelt (*39/11*) **Tabelle D**, 371

Tabelle A: Holzgewächse (Bäume, Sträucher, holzige Lianen)

1. Windende Lianen .... ***Wisteria sinensis***, 396
— Bäume od. Sträucher **2**
2. Blätt. zus.gesetzt, gefing. od. gefied. (zumind. die basalen) **8**
— Blätt. ungeteilt, — zuw. fehlend, früh abfallend od. nadelf. u. stechend **3**
3. Blätt. rundl. nierenf., bis 12 cm ∅; — gestielt; Baum od. großer Strauch ***Cercis siliquastrum***, 375
— Blätt. ellipt. lanzettl., kleiner, — zuw. fehlend, früh abfallend od. nadelf. u. stechend **4**
4. Blätt. nadelf., gleich den Ästen stechend; — Kelch wollig-zottig, fast bis zum Grund geteilt; Kronblätt. gelb .... ***Ulex***, 392
— Blätt. nicht stechend u. nadelf. **5**
5. Sprossachse br. geflüg. .... ***Genista sagittalis***, 378
— Sprossachse nicht geflüg. **6**
6. Kelch 1-seitig bis zur Basis eingeschnitten, eine Unterlippe bildend; junge Zweige binsenf., im ∅ rund, grau-grün, fein gerieft; Blüten 2–2,5 cm lg., — duftend; Kronblätt. gelb; Blätt. hinfällig .... ***Spartium junceum***, 388
— Kelch gleichm. 5-zähnig; junge Zweige nicht binsenf., im ∅ oft kantig; Blüten < 2 cm lg. **7**
7. Blütenstiele so lg. wie od. länger als der Kelch (inkl. Kelchzähne) .... ***Cytisus***, 376
— Blütenstiele viel kürzer als der Kelch (inkl. Kelchzähne) .... ***Genista***, 378
8 (2). Strauch **12**
— Baum (bei Rückschnitt z.T. auch strauchart. Habitus möglich) **9**
9. Blüten gelb .... ***Laburnum***, 379
— Blüten weiß (z.T. m. gelbem Fleck), rosa od. violett **10**
10. Pfl. ohne Dornen; Fr. zw. den Samen eingeschnürt .... ***Styphnolobium japonicum***, 388
— Pfl. m. Dornen (falls diese unauffällig, dann junge Zweige drüsig-klebrig); Fr. nicht eingeschnürt **11**
11. Nebenblattdornen (selten fehlend); Blüten auffällig, alle ⚥; — Kronblätt. weiß od. rosa ***Robinia***, 388
— Einfache od. verzweigte Dornen an Stamm u. Ästen; Blüten unauffällig, neben ⚥ auch zahlr. eingeschl. Blüten, die ♂ ohne Krone; — Kronblätt. 3–5, gleichart., verwachsen, weißl. bis grünl. .... ***Gleditsia***, 379

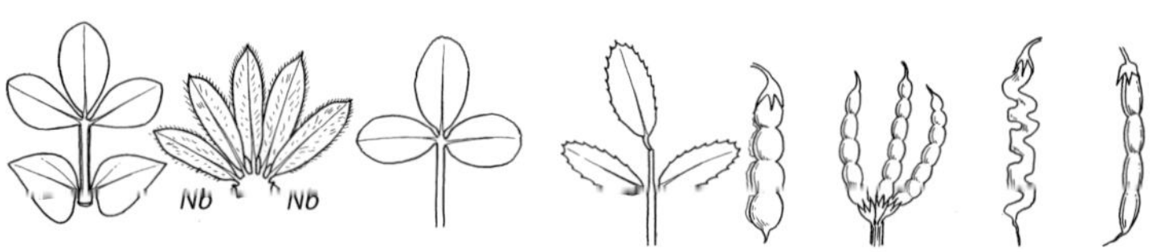

368/1 *368/2* *368/3* *368/4* *368/5* *368/6* *368/7* *368/8*

[1] Die nebenblattart. Gebilde in Abb. *368/1* sind keine Nebenblätt., sondern das basale, an den Blattgrund gerückte Fiederpaar des Blattes; sie werden deshalb auch als Pseudostipeln bezeichnet, weil sie echte Nebenblätt. vortäuschen, die selbst völlig verkümmert sind.

12 **(8).** Blätt. gesägt .... ***Ononis***, 385
— Blätt. ganzrandig **13**
13. Strauch m. grünen, kantigen Zweigen, ohne Dornen; Gr. kreisf. eingerollt; — z. Bltzt. meist blattlos .... ***Cytisus scoparius***, 377
— Strauch m. and. Merkmalskombination (falls Zweige grün u. kantig, dann entw. m. Dornen od. Gr. nicht eingerollt) **14**
14. Jede Blüte nur m. 1 Kronblatt; — Blätt. m. 11–25 Fiederblättchen; Blüten in mehreren dichten, ährenähnl. endst. Trauben; Kronblatt dk.violett bis braunviolett ..... ***Amorpha***, 372
— Blüten jeweils m. > 3 Kronblätt. **15**
15. Blätt. mehrzählig gefied. od. mehrzählig gefing. (*368/2*) **18**
— Blätt. 3-zählig gefied. (*368/4*; Endfieder gestielt!) od. 3-zählig gefing. (*368/3*), selten einfach **16**
16. Blüten in hgd. Trauben; — Strauch od. Baum bis 6 m hoch .... ***Laburnum***, 379
— Blüten nicht in hgd. Trauben; — Strauch meist < 2 m hoch **17**
17. Blätt. (nahezu) gegenst. .... ***Genista radiata***, 378
— Blätt. wechselst. .... ***Cytisus***, 376
18 **(15).** Kronblätt. gelb od. rot-gelb **22**
— Kronblätt. weiß od. rosa **19**
19. Endfiedern der Blätt. verdornt .... ***Astragalus sempervirens***, 373
— Endfiedern der Blätt. nicht verdornt **20**
20. Strauch (bis 3 m hoch); junge Zweige u. Blattspindeln borstig behaart; Blüten in 3-8-blütigen hgd. Trauben, — rosa(rot) .... ***Robinia hispida***, 388
— Halbstrauch (Triebe nur basal verholzt); Pfl. nicht borstig behaart; Blüten in Dolden od. Köpfchen **21**
21. Blätt. 5–7-zählig gefing. (*368/2*); — Blüten in köpfchenart. Dolden .... ***Dorycnium***, 377
— Blätt. 8–20-paarig gefied.; — Blüten in Köpfchen, (weiß bis) rosa-violett ***Anthyllis montana***, 372
22 **(18).** Blätt. paarig gefied.; — Blüten in wenigblütigen Dolden an Kurztrieben ***Caragana***, 375
— Blätt. unpaarig gefied. **23**
23. Kronblätt. lg. genagelt; Blüten in Dolden; reife Hülsen geglied., nicht aufgeblasen (*368/7, 368/8*) .... ***Hippocrepis***, 379
— Kronblätt. nicht genagelt; Blüten in wenigblütigen Trauben; reife Hülsen aufgeblasen; — 2(–3) m hoher Strauch .... ***Colutea***, 375

Tabelle B: Krautige Pflanzen m. einfachen, gefingerten od. 3-zählig gefiederten Blättern

1. Blätt. stets 3-zählig gefied., 3- od. mehrzählig gefing. **4**
— Blätt. einfach u. ungeteilt od. nur unt. Blätt. 3-zählig gefied. **2**
2. Nur unt. Blätt. 3-zählig gefied., Stängelblätt. oft ungeteilt .... ***Ononis***, 385
— Blätt. stets einfach u. ungeteilt, häufig im Sommer bereits fehlend **3**
3. Stg. br. geflüg.; Zwergstrauch; Blätt. eif.-längl., bis 2 cm lg., oft bereits im Frühsommer abfallend; Kronblätt. gelb .... ***Genista sagittalis***, 378
— Stg. ungeflüg., unverholzt; Blätt. grasart. (*380/3*), 4–13 cm lg., streifennervig; Kronblätt. purpurn .... ***Lathyrus nissolia***, 380
4. Blätt. 3-zählig gefied., d. h. Endfieder deutl. länger gestielt als die Seitenfiedern (*368/4*) .. **9**
— Blätt. 3- od. mehrzählig gefing., d. h. Endfieder nicht (od. kaum) länger gestielt als die Seitenfiedern (*368/2, 368/3*) **5**
5. Blätt. 3-zählig gefing. (*368/3*) **8**
— Blätt. 5- u. mehrzählig gefing. (*368/2, 39/9*) **6**
6. Blätt. 5-zählig gefing., sitzend; Nebenblätt. unscheinbar (*368/2* Nb); — Blüten in köpfchenf. Dolden; Kronblätt. weiß, Schiffchen m. violettem Schnabel od. violett überlaufen ***Dorycnium***, 377
— Blätt. 5- u. mehrzählig gefing., ± lg. gestielt (*39/9*); Nebenblätt. deutl. entwickelt 7

7. Nebenblätt. viel kürzer als der Blattstiel; Infl. verläng., Blüten in etagenf. Quirlen; Kronblätt. blau, weiß od. gelb; — Blätt. 5–15-zählig gefing. .... ***Lupinus***, 383
— Nebenblätt. so lg. wie od. länger als der Blattstiel; Infl. köpfchenart.; Kronblätt. purpurrot; — Blätt. 5–8-zählig gefing. .... ***Trifolium lupinaster***, 389
8 (5). Nebenblätt. viel kleiner als die Fiedern; Kronblätt. ± verwachsen, nach der Bltzt. nicht abfallend; Hülse nur wenig länger als der Kelch; — Blüten in meist vielblütigen Köpfchen od. Ähren .... ***Trifolium***, 388
— Nebenblätt. den übrigen 3 Fiedern ähnl. od. wenigstens ≈ halb so groß wie diese; Kronblätt. frei, nach der Bltzt. abfallend; Hülse viel länger als der Kelch .... ***Lotus***, 382
9 (4). Fiedern m. auffälligen Nebenblättchen (Stipellen), > 5 cm lg.; — Stg. meist windend ***Phaseolus***, 387
— Fiedern ohne Stipellen, < 5 cm lg. **10**
10. Blüten in meist reichblütigen u. deutl. gestielten Köpfchen, Trauben od. Ähren **13**
— Blüten einzeln od. bis zu 3(–5) blattachselst., zuw. an verdornenden Kurztrieben **11**
11. Fr. sichelf. gebogen od. schneckenf. gewunden (*370/2–370/6*); — Blüten ≤ 7 mm lg.; Kronblätt. gelb .... ***Medicago***, 383
— Fr. nicht schneckenf. gewunden u. nicht sichelf. gebogen **12**
12. Schiffchen geschnäbelt; — Blüten häufig an verdornten Kurztrieben, zuw. diese einander genähert u. zu locker traubiger Synfl. zus.tretend; Kronblätt. rosa, weiß od. gelb ***Ononis***, 385
— Schiffchen stumpf; — Blüten zu 1–2(–5); Kronblätt. blassgelb; Fr. bis 10 cm lg., gerade od. schwach gebogen; Pfl. stark herb aromat. riechend (Cumarin) ***Trigonella foenum-graecum***, 392
13 (10). Blüten hgd., in lg. Trauben; — Kronblätt. weiß od. gelb; Pfl. (v. a. getrocknet) nach Waldmeister (Cumarin) riechend .... ***Melilotus***, 384
— Blüten wenigstens anfangs aufr., in köpfchenf. Infl. od. dichten Ähren **14**
14. Nebenblätt. den 3 übrigen Fiedern ähnl. od. wenigstens halb so groß wie diese .. ***Lotus***, 382
— Nebenblätt. viel kleiner als die Fiedern **15**
15. Blütenblätt. basal miteinander verwachsen, nach der Bltzt. nicht abfallend .... ***Trifolium***, 388
— Blütenblätt. nicht verwachsen, nach der Bltzt. meist einzeln abfallend **16**
16. Fr. schneckenf. eingerollt (*370/1, 370/2, 370/6*), sichelf. od. nierenf. (*370/3–370/5*), ohne Schnabel; Kronblätt. gelb od. violett .... ***Medicago***, 383
— Fr. eif. od. längl., ± gerade, m. deutl. Schnabel (*371/1*); Kronblätt. blau, selten weiß; — Pfl. stark riechend .... ***Trigonella***, 392

Tabelle C: Krautige Pflanzen m. unpaarig gefiederten Blättern

1. Windende Liane, bis 3 m lg.; 1–8 cm lg. fleischige Knollen an kriechenden Rhizomen ***Apios americana***, 372
— Pfl. nicht windend; ohne auffällige Knollen **2**
2. Endfieder (zumind. bei unt. Blätt.) auffallend groß, — Grundblätt. zuw. ungeteilt ***Anthyllis vulneraria***, 372
— Endfieder nicht od. kaum größer als die Seitenfiedern, — alle Blätt. gefied. **3**
3. Fiedern ringsum gezähnt .... ***Cicer***, 375
— Fiedern höchstens an der Spitze m. einzelnen Zähnen **4**

370/1 *370/2* *370/3* *370/4* *370/5* *370/6*

4. Blätt. m. 5 Fiedern, basales Fiederpaar an den Stg. herangerückt u. deutl. von den übrigen 3 Fiedern entfernt (*368/1*); — Nebenblätt. verkümmert ... ***Lotus***, 382

— Blätt. m. ≥ 7 Fiedern, die einzelnen Fiederpaare gleichm. voneinander entfernt ... **5**

5. Blüten in Dolden od. Köpfchen ... **11**

— Blüten in verläng. Trauben od. Ähren ... **6**

6. Stg., Blätt. u. Kelch unterseits m. sitzenden, klebrigen Drüsenhaaren; — Fiedern eif. ellipt., stachelspitzig; Nebenblätt. hinfällig ... ***Glycyrrhiza***, 379

— Stg., Blätt. u. Kelch ohne Drüsenhaare ... **7**

7. Kronblätt. rosarot, Fahne m. dk. Nerven; Kelchzähne ≤ 2,5-mal so lg. wie die Kelchröhre; Fr. 1-samig ... ***Onobrychis***, 385

— Kronblätt. nicht rosarot (aber zuw. purpurn); Kelchzähne kaum länger als die Kelchröhre; Fr. mehrsamig ... 8

8. Schiffchen m. aufgesetzter, feiner Spitze ... ***Oxytropis***, 386

— Schiffchen m. breiter, stumpfer Spitze ... **9**

9. Alle Staubblätt. miteinander verwachsen (*371/2*); Pfl. 60–120 cm hoch, aufr., — kahl; Kronblätt. bläul.- od. rosaweiß bis weiß ... ***Galega***, 378

— Oberstes Staubblatt frei (*371/3*); Pfl. niedriger od. niederlgd. ... **10**

10. Hülse zw. den Samen eingeschnürt, bei der Reife in 1-samige Glieder zerfallend (Gliederhülse, *368/5*); — Kronblätt. purpurn; Nebenblätt. miteinander verwachsen ***Hedysarum***, 379

— Hülse nicht eingeschnürt; — Kronblätt. gelb, grünl.-gelb, violett, purpurn od. weißl.; Nebenblätt. frei od. verwachsen ... ***Astragalus***, 373

11 (5). Blüten 2–8 mm lg.; — Kronblätt. weißl., rosa od. gelb, Fahne teilw. m. roten Nerven; Fr.Stand vogelfußart. (*368/6*), am Grund m. gefied. Hochblätt. ... ***Ornithopus***, 386

— Blüten größer ... **12**

12. Hülse m. hufeisenf. gekrümmten Gliedern (*368/7*); — Kronblätt. gelb, Nagel der Fahne doppelt so lg. wie der Kelch ... ***Hippocrepis***, 379

— Hülse nicht m. hufeisenf. Gliedern, gerade od. leicht gekrümmt ... **13**

13. Blüten in Dolden, — oft sehr kurz gestielt ... **15**

— Blüten in (z.T. dicht gedrängten) Trauben od. Ähren, selten köpfchenart. (*Astragalus excapus*) ... **14**

14. Schiffchen m. aufgesetzter Spitze ... ***Oxytropis***, 386

— Schiffchen ohne Spitze ... ***Astragalus***, 373

15 (13). Kronblätt. gelb ... ***Coronilla***, 376

— Kronblätt. 2-farbig (Fahne rosa, Flügel u. Schiffchen ± weiß) ... ***Securigera***, 388

Tabelle D: Krautige Pflanzen m. paarig gefiederten Blättern

1. Stg. vollst. von derben Nebenblattresten u. bis 6 cm lg. verdornten Blattspindeln umhüllt, locker wollhaarig; — Endfiedern der Blätt. verdornt, stechend ***Astragalus sempervirens***, 373

— Stg. ohne verdornte Blattspindeln (nicht stechend) ... **2**

2. Staubblattröhre fast rechtwinklig abgeschnitten (*371/2*); — Seitenfiedern ≤ 5 Paare, meist parallelnervig, lanzettl.–eif., oft zugespitzt ... **4**

— Staubblattröhre schief abgeschnitten (*371/3*); — Seitenfiedern (2–)5–10 Paare, meist fiedernervig, lanzettl. (bis eif.), meist stumpf, oft m. aufgesetzter kurzer Stachelspitze ... **3**

a *b*

371/1

371/2

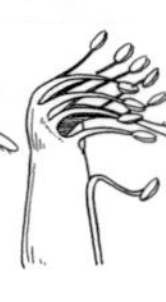

371/3

3. Kelchzähne mehrfach länger als die Kelchröhre; — Hülsen 1–2-samig .... ***Lens***, 382
— Kelchzähne höchstens so lg. wie die Kelchröhre; — Hülsen meist ≥ 2-samig .... ***Vicia***, 392
4 (2). Gr. zu nach unten offener Röhre gefaltet, auf der Innenseite bärtig; Nebenblätt. deutl. größer als die Fiedern (*39/11*); — Stg. nicht geflüg. .... ***Pisum***, 387
— Gr. flach, oft gedreht, oberseits u. an den Rändern behaart; Nebenblätt. kleiner als die Fiedern; — Stg. zuw. geflüg. .... ***Lathyrus***, 379

Apios Fabr., Erdbirne, Kartoffelbohne

Krautige, windende Liane; 1–8 cm lg. fleischige essbare Knollen an kriechenden Rhizomen; Blätt. m. (3–)5–7(–9) Fiederblättchen; Blüten ≈ 1 cm lg., süßl. duftend, in dicht gedrängten lg. gestielten blattachselst. Trauben; Kronblätt. bräunl.-rosa; Hülsen 6–12 cm lg.; ↔ 1–3(–8) m; ∫. VII–VIII. – Feuchte Gebüschsäume u. Grünland. – Ne. (Heimat: N-Am.); *s* verwild., in D: RP bereits in Einbürg., sonst unbest. – Kulturpfl. Erdbirne, ***A. americana*** **Medik.**

Amorpha L., Bastardindigo, Scheinindigo, Bleibusch

Blätt. m. 11–25 Fiederblättchen; Blüten in 2–6 lg., dichten, ährenähnl. Trauben, jede Blüte nur m. 1 dk.violetten od. braunvioletten Kronblatt; ↕ 1–4 m; ♄. VI–IX. – Ne. (Heimat: N-Am.); im gesamten Gebiet verwild. u. zuw. eingebürg., z. B. D: BW, HE, MV, RP, SN, ST, TH; A: N-Ti, Kt; CH: Ts; CZ; I: Bz. Gewöhnlicher B., ***A. fruticosa*** L.

Anthyllis L., Wundklee

1. Blätt. m. 17–41 Fiedern; Endfieder nicht größer als die Seitenfiedern; Kelchröhre nicht länger als die Kelchzähne; Kronblätt. (hell)rosa, meist m. purpurnen Nerven; ↕ 2–20 cm; ♄. V–VI. – Steinige Rasen, Felsen. – *s*, A; CH; I: Bz. Berg-W., ***A. montana*** L.

a. Blätt. beiderseits locker bis dicht behaart; Köpfchen ∅ > 2,5 cm; Kelchröhre u. Kelchzähne jeweils 4–5 mm lg.; Kronblätt. dk.rosa; ↕ 10–20 cm. VI. – *s*, CH (Jura). Berg-W. (i. e. S.), subsp. ***montana***
— Blätt. oberseits fast kahl, unterseits bes. auf dem Mittelnerv behaart; Köpfchen ∅ < 2,5 cm; Kelchröhre u. Kelchzähne jeweils 3–4 mm lg.; Kronblätt. hellrosa, dk. geadert; ↕ 2–10 cm. V–VI. – *s*, A: Kt (Arnoldstein), NÖ; CH; I: Bz; unbest. in D: BY. Dinarischer Berg-W., subsp. ***jacquinii*** (A. Kern.) Hayek

— Blätt. m. < 17 Fiedern; Endfieder größer als die Seitenfiedern od. Blätt. ungeteilt; Kelchröhre länger als die Kelchzähne, aufgeblasen; Kronblätt. meist (weißl.-)gelb bis orange-rot; ↕ 5–60 cm; ♃. V–IX. – Trockenrasen, Böschungen. – *v*, im NW *s*. – Formenreich, schwer abgrenzbare Unterarten. Gewöhnlicher W., ***A. vulneraria*** L.

a. Stg. niederlgd. u. stark verzweigt, — am Grund verholzt, dicht weiß seidig behaart; ↔ 20–60 cm. VI–VIII. – Dünen. – *z*, Küste u. vorgelagerte Inseln. Strand-W., subsp. ***maritima*** (Schweigg.) Corb.
— Stg. meist aufstgd. od. aufr., wenig od. gar nicht verzweigt .... **b**
b. Endfieder deutl. größer als die Seitenfiedern; Stg. meist unverzweigt; Stg.Blätt. überwgd. in der unt. Hälfte, — 0–6 .... **d**
— Endfieder nur wenig größer als die Seitenfiedern; Stg. meist verzweigt; Stg.Blätt. ± gleichm. verteilt, — 3–7 **c**
c. Kelchzipfel nicht rötl.; Fiedern der ob. Stg.Blätt. linealisch, 7–9-paarig; Stg. absthd. zottig behaart, z. T. verkahlend; ↕ 30–90 cm. VI–VIII. – Im Flachland die häufigste Unterart; *v*, D: BB, BW, BY, HE, MV, NW, RP; A; B; CH: Genf, Vs, Waadt; CZ; DK; I: Bz. Vielblättriger W., Steppen-W., subsp. ***polyphylla*** (DC.) Nyman
— Kelchzipfel rötl.; Fiedern der ob. Stg.Blätt. eif. lanzettl., 4–7-paarig; Stg. anlgd.behaart; ↕ 5–60 cm. V–VIII. – D: BY, NW, SH; B; CH; DK; NL. Gewöhnlicher W. (i. e. S.), subsp. ***vulneraria***
d (b). Grundblätt. nur aus Endfieder besthd.; — Stg.Blätt. 1–3; Hüllbl. nur bis zur Hälfte geteilt, oft m. stumpfen Zipfeln; Kronblätt. meist goldgelb, Schiffchenspitze teilw. rot überlaufen; Kelchhaare absthd.; ↕ 5–25 cm. VI–VIII. – *v*, Alpen, bis 2200 m. [*A. vulneraria* subsp. *alpestris* (Schult.) H. Lindb.] Alpen W., subsp. ***alpicola*** (Brügger) Gutermann
— Grundblätt gefied. .... **e**
e. Schiffchenspitze gleichfarbig wie die gelben bis weißl. od. selten purpurrosa Kronblätt.; Kelchhaare gelbl., — ± anlgd. .... **g**
— Schiffchenspitze dunkler als die gelben, selten rosa od. purpurnen Kronblätt.; Kelchhaare weiß, — anlgd. od. absthd., Kelchzipfel meist rötl.; Hüllblätt. tief geteilt, m. spitzen Zipfeln .... **f**
f. Kelchhaare ± absthd., Kelchzipfel oft rötl. V–IX. – *z*, W-/S-CH. Walliser W., subsp. ***valesiaca*** (Beck) Guyot
— Kelchhaare anlgd., Kelchzipfel auffällig purpurspitzig; — Blüten oft mehrfarbig. (V–)VI–VII. – Halbtrockenrasen, Trockenwiesen, thermophile Gebüschsäume. – *s*, I: Bz. Vielfarbiger W., subsp. ***versicolor*** (Sagorski) Gutermann

g (e). Kronblätt. blass- bis weißl.gelb; Kelch meist einheitl. weißl. bis blassgelb; Blätt. meist grundst.; ↕ 10–40 cm. VI–VII. – *z*, D: BY, BW, HE, RP; A; B; CH; CZ; DK; I: Bz. Karpaten-W., subsp. ***carpatica*** (Pant.) Nyman
— Kronblätt. goldgelb; Kelch meist rot gerandet; Blätt. in der unt. Stg.Hälfte ± gleichm. verteilt; ↕ 15–60 cm. VI–IX. – *v*. Unechter W., subsp. ***pseudovulneraria*** (Sagorski) J. Duvign.

In D: BW u. BY erscheinen vermehrt unbest. Vorkommen des vorwgd. mediterran verbreiteten Blasen-Wundklees (***Tripodion tetraphyllum*** (L.) Fourr., syn.: *Anthyllis tetraphylla* L.). Dieser unterscheidet sich von *Anthyllis* u. a. durch 2-samige behaarte Hülsen, die in der Mitte eingeschnürt sind. Dazu kommt eine sich nur allmähl. zum Knie hin verschmälernde Fahne. Die Blüten sind gewöhnl. 2-farbig (weiße Fahne, gelbe Flügel), der Stg. niederlgd., die Endfiedern der Blätt. rundl. bis eif.

Astragalus L. [incl. *Phaca* L., Berglinse], Tragant

1. Rhachis in einen Dorn auslfd.; Stg. m. zahlr., bis 6 cm lg. Dornen aus den Mittelrippen vorj. Blätt. (verdornte Blattspindeln), — am Grund verholzt; Blätt. paarig gefied., m. 6–10 Fiedern; Infl. kurz gestielt, m. 4–8 Blüten; Kelch absthd. weiß behaart; Krone rosa bis weiß; ↕ 5–20 cm; ♄. V–VII. – Schutthalden, Kalkfelsen; 500–2700 m. – *s*, CH: Bern, Fribourg, Ts, Vs; FL: Falknis. Dorniger T., A. ***sempervirens*** subsp. ***alpinus*** Pignatti
— Rhachis an der Spitze nicht dornig; Stg. ohne verdornte Blattspindeln **2**
2. Kronblätt. purpurn, blau, violett, rosa od. weißl. m. violett **11**
— Kronblätt. gelb, gelbl.grün od. gelbl.weiß **3**
3. Stg. beblätt. **5**
— Blätt. alle grundst. **4**
4. Stg. u. Blätt. absthd. behaart; Kronblätt. hellgelb; — Infl. 3–9-blütig, doldenähnl.; Blätt. m. 12–19 Fiederpaaren; ↕ 3–10 cm; ♃. V–VII. Trockenrasen; auf Kalk. – *s*, M-D [Saale-, Unstrut- u. Bodetal, ST (bis Magdeburg)]; A: Bgl, NÖ; CH: Vs; CZ; I: Bz. Stängelloser T., ***A. exscapus*** L.
— Stg. u. Blätt. anlgd. behaart; Kronblätt. weißl., hellrot überlaufen; — Infl. 6–14-blütig; Blätt. m. 9–12 Fiederpaaren; ↕ 2–4 cm; ♃. V–VII. – Trockene Abhänge; auf Kalk. – *s*, nur A: Ti (Nauders); CH: NW-Alp., Gr, Vs; I: Bz. Niederliegender T., ***A. depressus*** L.
5 (3). Blüten nickend **9**
— Blüten aufr., — (fast) sitzend; Hülsen 2 fächerig **6**
6. Hülsen kahl, — auf dem Rücken tief gefurcht, m. fast vollst. Scheidewand; Stg. niederlgd. od. aufstgd., 40–150 cm lg.; Blätt. 10–20 cm lg., m. 4–7 Fiederpaaren; Fiedern br. ellipt.; Krone grünl.gelb; ↕ 50–80(–150) cm; ♃. V–VI. – Lichte Wälder, Waldränder. – *v*, *s* im NW. Süß-T., Süßer T., Bärenschote, ***A. glycyphyllos*** L.
— Hülsen behaart; — Blätt. 4–13 cm lg. **7**
7. Blätt. m. einfachen Haaren (Lupe!); Fiedern eif. lanzettl.; — Blätt. m. 8–15 Fiederpaaren; Blüten in reichblütigen Köpfchen; Infl.Stiele nur halb bis zwei Drittel so lg. wie die Blätt.; Kelch 7–10 mm lg., auffällig schwarzborstig; Krone blassgelb; Hülsen kugelig aufgeblasen, m. schwarzen u. weißen Haaren, 10–15 mm lg. u. bis 10 mm ∅, m. 1–2 mm lg. Schnabel; ↕ 20–80 cm; ♃. V–VIII. – Trockenrasen, Gebüsche. – *z* in S- u. M-D; A; B; S-CH; CZ; F: Els; I: Bz; PL. Kicher-T., ***A. cicer*** L.
— Blätt. m. 2-spaltigen Haaren (Lupe!); Fiedern lineal-lanzettl. **8**
8. Stg. basal verholzt; Blüten in 3–10-blütigen Köpfchen; Kelch nach der Bltzt. blasig erweitert, 15–25 mm lg.; Fiedern 5–15 mm lg. .... ***A. vesicarius*** subsp. ***pastellianus***, s. Nr. **20**
— Stg. basal nicht verholzt; Blüten in langen reichblütigen Ähren; Kelch nach der Bltzt. nicht blasig erweitert, 8–14 mm lg.; Fiedern 15–25 mm lg.; — Infl. verläng.; Infl.Stiele 1–2-mal so lg. wie die Blätt.; Blätt. m. 8–15 Fiederpaaren; Hülsen 15–25 mm lg. u. 3 mm br.; ↕ 30–60 cm; ♃. V–VI. – Trockenrasen, trockene Wiesen. – *s*, A: Bgl (Seewinkel), NÖ; CZ. Rauer T., ***A. asper*** Jacq.
9 (5). Blüten u. Hülsen sitzend; Hülsen 2-fächerig, — hgd., auf dem Rücken tief gefurcht, sichelf. gebogen, 25 – 45 mm lg. u. 3 mm br., kahl; Blätt. m. > 15 Fiederpaaren, unterseits m. 2-spaltigen Haaren (Lupe!); Stg. meist wenig verzweigt; Krone gelbl.weiß bis grünl.weiß, 18–22 mm lg.; Blüten in lg. vielblütigen Trauben; ↕ 50–100 cm; ♃. VI–VII. – Ne. (Heimat: Russland, Kaukasus); teilw. verwild. u. zuw. in Einbürg. in D: BB, BW, HE, SN, TH. – Futterpfl. Sichel-T., ***A. falcatus*** Lam.
— Blüten kurz gestielt; Hülsen 1-fächerig, — im Kelch deutl. gestielt, hgd.; Alpenpfl. (*Phaca*) .. **10**

10. Blätt. m. 3–8 Fiederpaaren, Fiedern kahl, blaugrün, 7–18 mm br.; Nebenblätt. 4–8 mm br.; Stg. meist unverzweigt; Krone gelbl.weiß, 14–17 mm lg.; Blüten in 2–5 cm lg. Trauben; — Hülsen 20–30 mm lg. u. 6 mm br.; ↕ 10–35 cm; ♃. VII–VIII. – Magerrasen, Grate der Alp.; 1500–2800 m. – *z*. [*P. frigida* L.] Gletscher-T., Gletscherlinse, ***A. frigidus*** (L.) A. Gray

— Blätt. m. 9–15 Fiederpaaren, Fiedern weichhaarig, frischgrün, 3–6 mm br.; Nebenblätt. 1–3 mm br.; Stg. stark verzweigt; Krone gelb, 9–13 mm lg.; Blüten in kurzen Trauben; — Hülsen 20–30 mm lg. u. 10–15 mm br., aufgeblasen; ↕ 30–70 cm; ♃. VII–VIII. – Magerrasen, Felsschutt; 700–2600 m. – *z*, Alp. [*P. alpina* L.] Hängeblütiger T., Alpenlinse, ***A. penduliflorus*** Lam.

11 (2). Stg. u. Blätt. (wenigstens unterseits) m. 2-spaltigen Haaren (Lupe!) **16**

— Stg. u. Blätt. m. einfachen Haaren od. kahl **12**

12. Infl. nicht dicht kopfig; — Blüten 10–15 mm lg. **14**

— Infl. dicht kopfig; — Blüten 13–18 mm lg. **13**

13. Nebenblätt. 2,5–5 mm lg.; Kronblätt. blauviolett, am Grund gelbl.weiß; Kelchzähne ≈ halb so lg. wie die Kelchröhre; Hülsen 7–8 mm lg.; ↕ 8–25 cm; ♃. V–VI. – Steppenrasen. – *z*, D; *s* A: NÖ (Weinviertel), früher OÖ (Linz); *s* CZ; *z* DK; *s* F: Els; PL. [*A. hypoglottis* auct. non L.] Dänischer T., ***A. danicus*** Retz.

— Nebenblätt. 5–10 mm lg.; Kronblätt. purpurn; Kelchzähne ≈ zwei Drittel so lg. wie die Kelchröhre; Hülsen 10–15 mm lg.; ↕ 10–40 cm; ♃. VI–VII. – Magerwiesen. – *s*, nur A: W-Kt (Obergailtal); CH; I: Bz. [*A. purpureus* subsp. *gremlii* (Burnat) Asch. & Graebn.] Purpur-T., A. ***hypoglottis*** subsp. ***gremlii*** (Burnat) Greuter & Burdet

14 (12). Flügel ausgerandet, tief 2-lappig; — Kronblätt. weißl. m. violetter Schiffchenspitze, in gedrungenen, ± einseitswendigen Trauben; Hülsen absthd., aufgeblasen, glatt; ↕ 10–20(–30) cm; ♃. V–VI. – Magerwiesen der Alp.; 500–3100 m. – *s*. [*A. helveticus* (Hartmann) O. Schwarz; *P. australis* L.] Südlicher T., ***A. australis*** (L.) Lam.

— Flügel nicht od. schwach ausgerandet **15**

15. Fahne länger als das Schiffchen; Kronblätt. 1-farbig hellviolett; — Blüten in meist > 15-blütigen Trauben; Blätt. m. 6–7 Fiederpaaren, Fiedern eif. ellipt.; ↕ 20–40 cm; ♃. VII–VIII. – Kalkfelsen, Almwiesen. – *s*, nur A: NW-Kt, O-Ti (Kals-Tal), Sb, Stm. Nordischer T., ***A. norvegicus*** Grauer

— Fahne ≈ so lg. wie das Schiffchen; Kronblätt. unterschiedl. gefärbt: Fahne violett, m. blauen Nerven, Schiffchen weiß m. violetter Spitze, Flügel weiß; — Blüten in 5–15-blütigen Trauben; Blätt. m. 5–12 Fiederpaaren; ↕ 5–30 cm; ♃. VI–VIII. – Magerwiesen der Alp.; (500–)1200–3000 m. – *v*. Alpen-T., ***A. alpinus*** L.

16 (11). Blüten 5–8 mm lg. **21**

— Blüten 13–30 mm lg. **17**

17. Kelch 8–16 mm lg. **20**

— Kelch < 8 mm lg.; — Nebenblätt. z.T. miteinander verwachsen **18**

18. Fahne ≈ 6–8 mm länger als die Flügel, — 15–30 mm lg., fast linealisch; Blüten hellviolett, in Trauben; Kelch 6–8 mm lg.; Hülsen aufr., den Kelch kaum überragend, dicht weiß behaart; Blätt. m. 8–15 Fiederpaaren; Stg. ästig, behaart; ↕ 10–30 cm; ♃. VI–VII. – Steppenhänge. – *z–s*, Alp. von A: Bgl, Kt, NÖ, Ti; CH: Gr, Vs; CZ; I: Bz; in D teilw. unbest. Esparsetten-T., ***A. onobrychis*** L.

— Fahne ≤ 4 mm länger als die Flügel, — 13–18 mm lg. **19**

19. Blüten in 3–7-blütigen Trauben; Kronblätt. hellpurpurn; Hülsen 12–20 mm lg., grauhaarig, verkahlend; Kelch 4–5 mm lg.; Fiedern lanzettl. linealisch, beiderseits anlgd. behaart; — Blätt. m. 2–4(–9) Fiederpaaren; ↕ 10–30 cm; ♃. VI–VII. – Kiefernwälder, Heiden, auf Sand. – *s*, D: O-BB, BY (Fr), O-MV, O-SN/S-BB (Lausitz), unbest. BW; *s* CZ; PL. Ⓖ. Sand-T., ***A. arenarius*** L.

— Blüten in dichten, 10–20-blütigen Köpfchen; Kronblätt. blauviolett bis rosa; Hülsen 8–10 mm lg., weiß u. schwarz behaart; Kelch 5–8 mm lg.; Fiedern schmal ellipt., spärl. behaart; — Blätt. m. 5–10 Fiederpaaren; ↕ 10–30 cm; ♃. VII–VIII. – Trockenrasen, Kiefern- u. Lärchenwälder. – *s*, nur A: OTi, Ti; CH: Gr, Ts, Vs. Tiroler T., ***A. leontinus*** Wulfen

20 (17). Blätt. oberseits behaart; Hülsen 8–15 mm lg.; Kelch m. weißen u. schwarzen Haaren, sich nach der Bltzt. blasig erweiternd, — 8–14 mm lg.; Fahne 17–23 mm lg.; Blätt. m. 4–10 Fiederpaaren; ↕ 5–30 cm; ♃. V–VIII. Trockenrasen. – *s*. Blasen-T., ***A. vesicarius*** L.

a. Fahne purpurn, Flügel u. Schiffchen gelbl.; — Kelch 8–14 mm lg.; Fiedern beiderseits dicht anlgd. behaart. – Kalkliebend. – *s*, A: Bgl, NÖ; unbest. D: BW. Blasen-T. (i. e. S.), subsp. ***vesicarius***

— Fahne, Flügel u. Schiffchen gelb; — Kelch 10–11 mm lg.; Fiedern beiderseits locker anlgd. behaart. – Kalkmeidend. – *s*, nur CH; I: Bz. Gelber Blasen-T., Veroneser Blasen-T., subsp. ***pastellianus*** (Pollini) Arcang.

— Blätt. oberseits kahl; Hülsen 25–45 mm lg., viel länger als der Kelch; Kelch kahl od. fast kahl, sich nach der Bltzt. nicht blasig erweiternd, — 9–16 mm lg.; Fahne 20–30 mm lg.; Blätt. m. 7–20 Fiederpaaren; Rosettenstaude; ↕ 10–25 cm; ♃. V–VII. – Kiefern- u. Lärchenwälder. – *s*, CH: Gr, Vs, Waadt; I: Bz. Französischer T., ***A. monspessulanus*** L. (subsp. ***monspessulanus***)

21 (16). Kelchzähne halb bis drei Viertel so lg. wie die Kelchröhre, spitz; Pfl. aufr., wickenähnl., 25–80 cm hoch; Stg. tief gefurcht; — Fiedern 10–20 mm lg., 0,5–3 mm br.; Kronblätt. lila bis hellblau; ↕ 40–60(–80) cm; ♃. V–VII. – Halbtrockenrasen, Gebüsche. – *s*, A: Bgl, NÖ, Stm; unbest. D: BW. Ungarischer T., ***A. sulcatus*** L.

— Kelchzähne ein Viertel so lg. wie die Kelchröhre, stumpf; Pfl. niederlgd. od. aufstgd., 5–15 cm hoch; Stg. (rund bis) 4-kantig; — Fiedern 5–15 mm lg., 1–2 mm br.; Kronblätt. hellblau, Schiffchenspitze violett; ↕ 20–30(–50) cm; ♃. VI–VIII. – Halbtrockenrasen. – *z*, A: Bgl, NÖ; CZ; unbest. D: BW. Österreichischer T., ***A. austriacus*** Jacq.

Caragana Fabr., Erbsenstrauch

Blätt. an Kurztrieben, paarig gefied., m. 4–6 Paaren ellipt., stachelspitziger Fiedern; Kronblätt. goldgelb; ↕ bis 5 m; ♄. V–VI. – Zierstrauch (Heimat: östl. Sibirien); *z* verwild. – Giftig! Gewöhnlicher E., ***C. arborescens*** Lam.

Cercis L., Judasbaum

Blätt. einfach, rundl. nierenf.; Blüten in dichten Trauben, vor dem Blattaustrieb erscheinend; Kronblätt. rosa bis purpurn; kleiner Baum od. Strauch, ↕ 5–10 m; (♄–)♄. IV–V. – Zierstrauch (Heimat: MMG); *s* verwild. Gewöhnlicher J., ***C. siliquastrum*** L.

Cicer L., Kichererbse

Pfl. absthd. drüsig behaart; Blätt. m. 3–8 Fiederpaaren; Blüten einzeln in den Blattachseln, weißl. od. purpurn; Fr.Stiel gekniet herabgebogen; Hülsen 20–30 mm lg. u. 10–15 mm br., aufgeblasen, drüsig; ↕ 20–50 cm; ☉. V–VII. – Kulturpfl. (Heimat: MMG); *s* verwild. Kichererbse, ***C. arietinum*** L.

Colutea L., Blasenstrauch

1. Blüten gelb, zu 3–6; Kelch glockig m. ungleich lg. Zähnen; junge Triebe behaart; Hülse 6–7 cm lg., — blasig aufgetrieben, grünl., violett überlaufen, sich nicht öffnend; ↕ 2,5–5 m; ♄. VI–VII. – Trockene Hügel, Gebüsch. – *s*, wild nur in D: Oberrhein (Kaiserstuhl bis Müllheim); A (unklar, ob einheim.): Bgl, Kt, NÖ, Sb, Ti; CH; CZ; F: Els; FL; I: Bz; sonst als Ne. (Heimat: SO-Eur.); *z* verwild. – Zierstrauch. – Giftig! Gewöhnlicher B., ***C. arborescens*** L.

a. Fr. kahl od. höchstens an der Bauchnaht schwach flaumig behaart. – Verbr. u. StO wie Art; *z* verwild. Gewöhnlicher B. (i. e. S.), subsp. ***arborescens***

— Fr. überall schwach flaumig behaart. – *s*, CH: Ts, Vs; F: Els; I: Bz; in A unsicher: Bgl?, NÖ?, Ti? Französischer B., subsp. ***gallica*** Browicz

Im Gebiet treten außerdem Übergangsformen zwischen den beiden Unterarten auf.

— Blüten orange, zu 2–3, Fahne m. 2 gelben Flecken an der Basis; Kelch rundl. m. kurzen gleich lg. Zähnen; junge Triebe kahl; Hülse 3–5 cm lg., — blasig aufgetrieben, meist rötl.violett; ↕ 2–5 m; ♄. VI–VIII. – Ne. (Heimat: Kaukasus – Krim); *s* verwild. – Zierstrauch. – Giftig! Orientalischer B., ***C. orientalis*** Mill.

Als Zierstrauch außerdem ***C.* × *media*** Willd. (*C. arborescens* L. × *C. orientalis* Mill.): Blüten orange-braun; Schiffchen in einen kurzen Schnabel auslfd.; Hülse sich zumind. im ob. Abschnitt öffnend. – *s* verwild. (v. a. im W).

Coronilla L. [excl. *Securigera* DC. u. *Coronilla* sect. *Emerus* Desv.], Kronwicke

1. Blütenstiele 4–6 mm lg., 3-mal so lg. wie die Kelchröhre; — Dolden 12–20-blütig; Nebenblätt. 3–5 mm lg., häutig; Blätt. m. 4–6 Fiederpaaren; Fiedern m. knorpeligem Rand; Krone 7–11 mm lg., gelb; Stg. aufr.; ↕ 30–50 cm; ♃. V–VII. – Lichte Wälder, Magerrasen. – *s*, D: BW, BY, HE, NI, NRW, ST, TH; A; B; CH: Jura, Rheintal, Zürich; I: Bz; *f* im N u. NO. [*C. montana* Jacq.] Berg-K., ***C. coronata*** L.

— Blütenstiele ≤ 4 mm lg., höchstens wenig länger als die Kelchröhre; — Dolden 2–15-blütig **2**

2. Endfieder 1–4 mm lg., sehr viel größer als die Seitenfiedern; Blütenstiele halb so lg. wie die Kelchröhre; — Dolden 2–5-blütig; ↕ 5–40 cm; ☉. V–VII. – Ne. (Heimat: MMG); meist unbest., D; A: Kt, Stm; CH; CZ. Skorpions-K., ***C. scorpioides*** (L.) W. D. J. Koch

— Endfieder ≈ so groß wie die Seitenfiedern; Blütenstiele 2–4 mm lg., so lg. wie od. wenig länger als die Kelchröhre; — Dolden 4–15-blütig; 5–20 cm hoher Halbstrauch **3**

3. Blätt. 3–4-paarig gefied., sitzend; Nebenblätt. 1 mm lg., nicht verwachsen; Dolden 10–15-blütig, — lg. gestielt; Krone 5–8(–12) mm lg., gelb; ↕ 10–30 cm; ♄. VI–VII. – Trockenrasen. – *s*, B; CH: Vs; F: Els. Kleine K., ***C. minima*** L.

— Blätt. 4–6-paarig gefied., gestielt; Nebenblätt. 3–10 mm lg., zu einer Scheide verwachsen (*380/1*), krautig, m. häutiger Spitze; Dolden 4–8-blütig, — lg. gestielt; Krone 6–10 mm lg., gelb; Pfl. an *Hippocrepis comosa* erinnernd, ↕ 10–30 cm; ♄. V–VII. – Trockenrasen, Kiefernwälder. – *v* in Alp., deren Vorland u. Schweizer Jura, *s* in M- u. S-D; CZ; I: Bz. Scheiden-K., ***C. vaginalis*** Lam.

Cytisus Desf. [incl. *Chamaecytisus* L., Zwergginster; *Cytisophyllum* O. Lang, Südgeißklee; *Lembotropis* Griseb., Traubengeißklee; *Sarothamnus* Wimm., Besenginster], Geißklee, Zwergginster

1. Blütenstiele so lg. wie od. länger als der Kelch **6**

— Blütenstiele kürzer als der Kelch **2**

2. Blüten rosa bis purpurn, — an seitenst. Kurztrieben; Fahne 15–25 mm lg., in der Mitte m. dunklerem Fleck; Blätt. meist kahl, etwas blaugrün; Hülsen kahl; Pfl. niederlgd. bis aufstgd., ↕ 20–50(–100) cm; ♄. IV–VI. – Kiefernwälder, Felshänge; auf Kalk. – *s*, D: BB; A: Kt, NÖ; CZ; I: Bz. [*Chamaecytisus purpureus* (Scop.) Link] Purpur-Z., Roter Z., ***C. purpureus*** Scop.

— Blüten gelb od. weiß **3**

3. Blüten (creme-)weiß; — Zweige aufr. od. aufstgd., m. angedrückten u. m. zottig absthd. Haaren; Blätt. mind. unterseits angedrückt behaart; Infl. 2–8-blütig; Kelch zottig behaart, die 3 ob. Zähne 3-eckig lanzettl.; Fahne oberseits behaart; ↕ 20–60(–80) cm; ♄. V–VIII. – Trockenrasen. – *s*, nur CZ (Mähren). [*Chamaecytisus albus* (Hacq.) Rothm.] Weißer Z., ***C. albus*** Hacq.

— Blüten gelb **4**

4. Fahne meist einheitl. gelb, oberseits dicht seidig behaart; — Flügel oberseits in der Mitte u. Schiffchen am Rand bewimpert; Hülsen angedrückt bis zottig behaart; Stg. aus niederlgd. Grund steif aufr., dicht angedrückt silbergrau behaart; ↕ 30–50(–70) cm; ♄. V–VIII. – Steinige Hügel, Trockenrasen. – *s*, nur A: Bgl, NÖ, OÖ; CZ. [*Chamaecytisus austriacus* (L.) Link] Österreichischer Z., ***C. austriacus*** L. (subsp. ***austriacus***)

— Fahne (hell)gelb, meist m. rötl.braunem Fleck, kahl od. bewimpert, höchstens außen zerstreut behaart **5**

5. Kelch, Fr., Blätt. u. junge Äste anlgd. grauseidig behaart; — Blüten achselst. zu 1–3; Äste niederlgd. bis aufstgd.; ↕ 10–50 cm; ♄. IV–VI. – Trockene Magerwiesen, lichte Kiefernwälder. – *s*, D: S- u. M-BY, TH; A: Bgl, NÖ, OÖ; CZ; PL. [*Chamaecytisus ratisbonensis* (Schaeff.) Rothm.] Regensburger Z., ***C. ratisbonensis*** Schaeff.

— Kelch, Fr., Blätt. u. junge Äste zottig absthd. behaart; — Blüten im Frühjahr achselst. zu 1–3, später zu 2–6 in endst. kopfigen Trauben; Äste meist aufr. (od. aufstgd.); ↕ 30–100 cm; ♄. IV–VI. – Trockene Felshänge u. Wiesen, lichte Wälder. – *z*, D: O-BY (bes. Donaugebiet u. Bayrw.), sonst *s* u. lokal eingebürg. od. unbest., BB (Havel- u. Odertal), BW, HE, MV, RP, SN, TH; *z–s*, A: Bgl, Kt, NÖ, OÖ, Sb, Stm; CH: Ts; CZ; DK; *s* PL. [*Chamaecytisus hirsutus* (L.) Link; *Chamaecytisus supinus* (L.) Link; *C. capitatus* Scop.] Rauhaariger Z., ***C. hirsutus*** L.

6 **(1).** Blüten weiß; — Zweige kantig, verkahlend; unt. Blätt. 3-zählig, seidig behaart; Blüten 9–12 mm, zu 1–3 blattachselst.; Kelch seidig behaart; Hülsen (10–)15–25(–30) mm, anlgd. behaart; Pfl. stark verzweigt, ↕ 100–300 cm; ♄. V–VII. – Ruderalflächen, Straßenränder. – Zierpfl. (Heimat: Iberische HI), zuw. verwild.; *z*. [*Chamaecytisus albus* (Lam.) Link]
Vielblütiger G., ***C. multiflorus*** (L'Hér.) Sweet

— Blüten gelb **7**

7. Blätt. einfach, — unterseits behaart; Pfl. niederlgd. od. aufstgd. **12**

— Wenigstens unt. Blätt. 3-zählig **8**

8. Strauch ohne rutenf. Zweige; Blüten ≤ 15 mm lg.; Fahne 7–12 mm lg. **10**

— Strauch m. grünen, rutenf. Zweigen; Blüten groß, (10–)20–25 mm lg.; Fahne 16–24 mm lg.; — Blätt. klein, 3-zählig, an jungen Zweigen meist ungeteilt; Blüten zu 1–2 blattachselst. .. **9**

9. Junge Zweige kantig, m. 5 spitz zulfd. Rippen, die im ∅ ein V formen; Kelch kahl; Hülsen kahl od. nur an den Rändern bewimpert, bis zu 13 Samen; ↕ 20–250 cm; ♄. V–VI. – Heiden, Kiefernwälder; kalkmeidend. – *v*. – Giftig! [*S. scoparius* (L.) W. D. J. Koch]
Besenginster, ***C. scoparius*** (L.) Link

a. Sprosse aufr.; Blätt. u. junge Sprossachsen kahl od. dünn seidig behaart; ↕ 50–250 cm. V–VI. – *v*, in Alp. *f*; auch angepfl. (z. B. Straßenböschungen). Gewöhnlicher Besenginster, subsp. ***scoparius***

— Sprosse niederlgd.; Blätt. u. junge Sprossachsen dicht seidig behaart; ↕ 20–40 cm. V–VI. – Nur Nordseeküste; *z*, D; DK. [*Genista scoparia* (L.) Lam. var. *maritima* Rouy]
Strand-Besenginster, subsp. ***maritimus*** (Rouy) Heywood

— Zweige abgerundet, m. (7–)8(–9) Rippen, die im ∅ ein T formen, dadurch Zweige hell gestreift erscheinend; Kelch anlgd. behaart; Hülsen dicht abstхd. behaart, leicht aufgeblasen, (1–)2–8 Samen; ↕ 100–300 cm; ♄. V–VII. – Straßenböschungen. – Zierpfl. (Heimat: Iberische HI), zuw. verwild. od. in Einbürg.; *z*. Gestreifter G., ***C. striatus*** (Hill) Rothm.

10 (8). Ob. Blätt. sitzend; — Blättchen br. eif. bis ellipt., meergrün; Blüten zu 2–8 in endst. Trauben; Fahne ≈ 11 mm lg.; ↕ 30–150 cm; ♄. IV–VII. – Flaumeichenwälder, Gebüsche. – *s*, I: Bz; im N z. T. verwild., z. B. D: TH; B; CH. [*Cytisophyllum sessilifolium* (L.) O. Lang]
Meergrüner G., ***C. sessilifolius*** L.

— Alle Blätt. gestielt **11**

11. Blütentrauben blattlos, 20–100-blütig, endst.; Zweige rund; Pfl. beim Trocknen schwarz werdend; — Blätt. dk.grün; Fahne 7–10 mm lg.; Pfl. aufr., ↕ 30–200 cm; ♄. VI–VIII. – Waldränder, lichte Wälder. – *z* in S-, M- u. NO-D; A; CH; CZ; DK; I: Bz; PL. [*L. nigricans* (L.) Griseb.]
Traubengeißklee, Schwarzwerdender G., ***C. nigricans*** L. (subsp. ***nigricans***)

— Blüten zu 1–4, blattachselst; Zweige kantig; Pfl. beim Trocknen nicht schwarz werdend; — Blütenstiele ≈ so lg. wie die Blüten; Blättchen kurz bespitzt, lebhaft grün; Fahne 10–12 mm lg.; Pfl. aufstgd. bis aufr., ↕ 30–100 cm; ♄. V–VI. – Felshänge. – *s*, nur CH: Ts (Lokalendemit).
Bergamasker G., ***C. emeriflorus*** Rchb.

12 **(7).** Zweige 8–10-kantig, angedrückt behaart, jung geflüg.; Hülsen anlgd. behaart; — Blütenstiele 1,5–2-mal so lg. wie der Kelch; Blüten zu 1–3; ↕ 10–40 cm; ♄. IV–VII. – Trockenrasen, Kiefernwälder. – *s*, nur A: NÖ (Weinviertel); CZ (Mähren).
Niederliegender G., ***C. procumbens*** (Willd.) Spreng.

— Zweige 5-kantig, abstнd. behaart, jung nicht geflüg.; Kelch u. Hülsen abstнd. behaart; — Blütenstiele 2–4-mal so lg. wie der Kelch; Blüten zu 1–3; ↕ 10–50 cm; ♄. V–VI. – Magerweiden. – *s*, B; CH: S-Jura. Jura-G., ***C. decumbens*** (Durande) Spach

Dorycnium Mill. [*Lotus* L. p. p.], Backenklee

1. Blüten 10–20 mm lg.; Kelch 8–12 mm lg.; Flügel an der Spitze nicht verwachsen; Hülsen 6–12 mm lg.; — Infl. 4–10-blütig; Pfl. aufr., dicht abstнd. behaart; ↕ 20–50 cm; ♃. V–VI. – Felsige Abhänge; auf Kalk. – *s*, nur I: Bz; teilw. unbest. in D (BW, TH). [*Bonjeania hirsuta* (L.) Rchb.; *L. hirsutus* L.] Rauhaariger B., ***D. hirsutum*** (L.) Ser.

— Blüten 3–7 mm lg.; Kelch 1,5–3,5 mm lg.; Flügel an der Spitze verwachsen; Hülsen 3–5 mm lg.; — Pfl. niederlgd. od. aufstgd. **2**

2. Infl. 6–14-blütig; Blütenstiele so lg. wie od. nur wenig länger als die halbe Kelchröhre; Fahne 5–7 mm lg.; Fiedern 2–4 mm br., anlgd. seidig behaart bis verkahlend; ↕ 15–30 cm; ♄.

VII–VIII. – Trockene Kalkhänge u. Kiefernwälder. – *s*, D: BY; A; CH: Gr; CZ. [*D. sericeum* (Neilr.) Borbás; *D. pentaphyllum* Scop. subsp. *germanicum* (Gremli) Gams; *L. dorycnium* L.]
Seidenhaariger B., Seiden-B., ***D. germanicum*** (Gremli) Rikli

— Infl. 15–25-blütig; Blütenstiele so lg. wie od. länger als die Kelchröhre; Fahne 4–5 mm lg.; Fiedern 4–6 mm br., absthd. behaart bis verkahlend; ↕ 15–60 cm; ♄. VI–VIII. – Trockenhänge. – *s*, D: BB (Stolzenhagen, Oder), BW, BY, HE, NI, ST, TH; A: Bgl, NÖ, Stm; CH: Ts; CZ; I: Bz; PL (Bellinchen/Odertal). [*D. pentaphyllum* Scop. subsp. *herbaceum* (Vill.) Bonnier & Layens; *L. herbaceus* (Vil.) Jauzein] Krautiger B., Vielblütiger B., ***D. herbaceum*** Vill.

Galega L., Geißraute

Blätt. unpaarig gefied., m. (9–)13–17 lanzettl. Fiedern; Nebenblätt. spießf. (*380/4*), frei; Blüten in reichblütigen, achselst. Trauben, bläul.- bis rosaweiß; Stg. aufr., gerieft, hohl; ↕ 40–100 cm; ♃. VII–VIII. – Feuchte Wiesen, Bachufer, Gebüsche. – Ne. (Heimat: SO-Eur., O-MMG, SW-As., Kaukasus); *z* lokal u. *s* eingebürg. (wohl Kulturrelikt), D; A; B; CH; CZ; I: Bz; PL. – Zierpfl., früher auch Futter- u. Volksarzeipfl. Echte G., ***G. officinalis*** L.

Mit blauen Blüten, breiteren Blattfiedern u. eif. Nebenblätt., als Futterpflanze angebaut u. teilw. verwild. (Ruderalflächen) auch die Orientalische G., ***G. orientalis*** Lam.

Genista L. [incl. *Genistella* Moench; *Chamaespartium* Adans, Flügelginster; excl. *Ulex* L., Stechginster], Ginster

1. Stg. br. geflüg., — bis 30 cm lg., geglied.; Blätt. 2-zeilig, einfach, hinfällig, rauhaarig; Blüten hellgelb, in gedrungenen Trauben; ↕ 15–25 cm; ♃. V–VII. – Trockene Weiden, lichte Eichen- u. Kiefernwälder. – *z* im S u. W, sonst *s*. [*Genistella sagittalis* (L.) Gams; *C. sagittale* (L.) P. E. Gibbs] Flügelginster, ***G. sagittalis*** L.

— Stg. nicht geflüg. **2**

2. Stg. ohne Kurztriebdornen **4**

— Stg. zumind. an der Basis m. Kurztriebdornen **3**

3. Junge Triebe kahl; Blätt. blaugrün, hinfällig; Tragblätt. länger als die Blütenstiele; — Blüten in kurzen, dichten Trauben, goldgelb; Hülsen ± kahl; ↕ 30–100 cm; ♄. V–VI. – Heide-, Sand- u. Torfböden. – *v* im N, *s* in S-D, z. B. BW (Schw., eingeschleppt, teilw. eingebürg.).
Englischer G., ***G. anglica*** L.

— Junge Triebe spitzenw. behaart; Blätt. grasgrün; Tragblätt. halb so lg. wie die Blütenstiele; — Blüten in 3–5 cm lg. Trauben, gelb; Hülsen lg.haarig; ↕ 10–60 cm; ♄. V–VI. – Trockene Wälder, Magerwiesen, Heiden. – *z*, im NW u. N *s*. Deutscher G., ***G. germanica*** L.

4 (2). Zweige gegenst., rutenf.; Blüten in endst., 4–12-blütigen köpfchenart. Trauben; — Blätt. 3-teilig, gegenst.; ↕ 20–60(–100) cm; ♄. V–VIII. – Berghänge, Felsen. – *s*, A: Kt (Weißensee); CH: Gr, Vs; I: Bz. [*Cytisus radiatus* (L.) W. D. J. Koch] Strahlen-G., ***G. radiata*** (L.) Scop.

— Zweige wechselst.; Blüten nicht in köpfchenart. Trauben **5**

5. Niederlgd. Zwergstrauch; Zweige jung seidenhaarig; Blüten zu 1–3 an Kurztrieben; Fahne, Schiffchen u. Hülse seidenhaarig; — Blätt. 5–12 mm lg., jung seidenhaarig; ↕ 15–30 cm; ♄. IV–VII. Felshänge, Heiden. – *z*. Behaarter G., Haar-G., ***G. pilosa*** L.

— Strauch, Zweige aufr. od. niederlgd.; Zweige kahl od. spärl. behaart; Blüten in endst., veräng. Trauben; Fahne, Schiffchen u. Hülse kahl; — Äste rutenf., bis 60 cm lg.; ↕ 20–60(–150) cm; ♄. VI–VIII. – Trockene Magerwiesen, lichte Eichen- u. Kiefernwälder. – *v*, *s* im NW. – Giftig!
Färber-G., ***G. tinctoria*** L.

a. Blätt. lanzettl., bis 3 cm lg.; Zweige aufr.; Infl. 3–8 cm lg. – Verbr. u. StO wie Art; *v*.
Färber-G. (i. e. S.), subsp. ***tinctoria***

— Blätt. schmal linealisch, bis 1 cm lg.; Zweige niederlgd.; Infl. bis 3 cm lg. – Feuchte Heiden. – *z*, nur Nordseeküste u. Inseln. Strand-Färber-G., subsp. ***littoralis*** (Corb.) Rothm.

Gleditsia L., Gleditschie, Lederhülsenbaum

Bis 40 m hoher Baum; Stamm u. größ. Äste m. großen, büschelig angeordneten Dornen; Blätt. bis 30 cm lg., paarig gefied. m. 12–25 Fiederpaaren; Blüten eingeschl. od. ⚥, stark duftend; Hülsen (*116/6*) rotbraun, lederig, wellig od. unregelm. verdreht, 20–40 cm lg.; ♄. V(–VI). – Parkbaum (Heimat: N-Am.); *s* verwild. in D; A; CZ; F: Els; I: Bz. – Giftig! Amerikanische G., ***G. triacanthos*** L.

Seltener als Parkbäume außerdem Chinesische G., ***G. sinensis*** Lam. (Hülsen holzig), Kaspische G., ***G. caspica*** Desf. (Hülsen gebogen) u. Japanische G., ***G. japonica*** Miq. (Hülsen schwarzbraun, lederig, gedreht).

Glycyrrhiza L., Süßholz

Pfl. 50–100 cm hoch; Blätt. unpaarig gefied. m. 4–8 Fiederpaaren, stachelspitzig, unterseits m. klebrigen, sitzenden Drüsenhaaren; Blüten in vielblütigen achselst. Ähren; Hülsen 1–2,5 cm lg., oft drüsig-klebrig, 1–5-samig; ♃. VI–VII. – Kulturpfl.: Lakritze (Heimat: MMG, SW-As.); *s* verwild., bereits in Einbürg. in D: BB, MV. Echtes S., ***G. glabra*** L.

Hedysarum L., Süßklee

Stg. aufstgd., kantig, kahl; Blätt. m. 5–9 Paaren von zerstreut durchscheinend punktierten Seitenfiedern; Nebenblätt. verwachsen; Blüten nickend, in 10–20-blütigen, verläng. Trauben; Krone leuchtend purpurrot; Hülse in kreisrunde Glieder zerfallend (*368/5*); ↕ 10–40 cm; ♃. VII–VIII. – Magerwiesen. – *z*, Alp. bis 2800 m; *s* in den Sudeten. [*H. obscurum* L.]
Alpen-S., ***H. hedysaroides*** (L.) Schinz & Thell. (subsp. ***hedysaroides***)

Hippocrepis L. [incl. *Coronilla* sect. *Emerus* Desv.], Hufeisenklee

1. 50–150(–200) cm hoher, sparrig verzweigter Strauch; Dolden (1–)2–3-blütig; Blüten 15–20 mm lg.; Hülsen nur schwach eingeschnürt; Blätt. m. 2–4 Paaren Seitenfiedern (*116/2*); ♄. IV–V. – Lichte Laubwälder, Waldränder. – *s* D: S-BW, BY (FrAlb, Voralp.), teilw. verwild. in HE, RP, TH; A; B; CH; CZ; DK; F: Els; FL; I: Bz; L. [*C. emerus* L.]
Strauchiger H., Strauchkronwicke, Strauchwicke, ***H. emerus*** (L.) Lassen (subsp. ***emerus***)

— 8–25 cm hoher, niederlgd. od. aufstgd. Halbstrauch; Dolden 4–8(–12)-blütig; Blüten 7–12 mm lg.; Hülsenglieder in hufeisenf. Teilfr. zerfallend (*368/7*); Blätt. m. 5–7 Paaren Seitenfiedern, — lg. gestielt; Nebenblätt. frei (Unterschied zur habituell ähnl. *Coronilla vaginalis*); ħ. V–VII. – Kalkmagerrasen. – *z*, Alp., S- u. M-D; A; B; CH; CZ; F: Els; FL; I: Bz; L; NL.
Gewöhnlicher H., ***H. comosa*** L.

Laburnum Fabr., Goldregen

1. Junge Zweige angedrückt behaart; Blütenstiele dicht angedruckt seidenhaarig; Hülsen angedrückt behaart; ↕ (2–)3–6(–8) m; ♄(–♄). V–VI. – Lichte Wälder. – *s*, D; A: Bgl, Kt, NÖ, Stm; B; CH; CZ; DK. – Ziergehölz, oft angepfl. od. verwild. – Giftig! [*Cytisus laburnum* L.]
Gewöhnlicher G., ***L. anagyroides*** Medik. (subsp. ***anagyroides***)

— Alle Zweige kahl; Blütenstiele m. einzelnen längeren, etwas absthd. Haaren; Hülsen kahl; ↕ 0,5–5 m; ♄(–♄). V–VII. – Buchenwälder, felsige Abhänge. – *s*, M-/S-D; A: Kt, Stm; S-CH; CZ; I: Bz; in DK eingebürg. – Giftig! Alpen-G., ***L. alpinum*** (Mill.) Bercht. & J. Presl

Bastard-Goldregen, ***L.*** × ***watereri*** (A. C. Rosenthal & Bermann) Dippel [*L. alpinum* × *L. anagyroides*]: Zierpfl., *s* verwild.

Lathyrus L. [incl. *Orobus* L., Walderbse; excl. *Pisum* L., Erbse], Platterbse

1. Blätt. gefied., — m. od. ohne Ranken **3**
— Blätt. einfach (*380/2, 380/3*) **2**

2. Blattrhachis als 3–6 cm lg. Ranke ausgebildet; Nebenblätt. groß, eif., am Grund spießf. (*380/2*); Blüten gelb, — einzeln; ↕ 15–30 cm; ⊙. V–VII. – Ackerunkraut. – *z* in W- u. SW-D; CH; CZ; I: Bz; sonst *s*. – Samen giftig! Ranken-P., ***L. aphaca*** L.

— Blattrhachis u. Blattstiel blattart. verbreitert, deutl. längsgestreift, grasähnl. (*380/3*); Nebenblätt. sehr klein, zuw. fehlend; Blüten purpurn, — zu 1–2; ↕ 20–50 cm; ⊙. VI–VIII. – Äcker, Waldränder, Waldwiesen. – *z–s* im S, im N nur im Elbegebiet u. B; NL. Gras-P., ***L. nissolia*** L.

3 (1). Alle Blätt. ohne Ranken; — Trauben 3–30-blütig ... **16**

— Blätt. wenigstens z. T. m. Ranken ... **4**

4. Blüten gelb, — 10–18 mm lg.; Trauben 5–12-blütig; Nebenblätt. pfeil- bis spießf.; ↕ 30–120 cm; ♃. VI–VII. – Feuchte Wiesen, Gebüsche, Waldränder. – *v*. Wiesen-P., ***L. pratensis*** L.

— Blüten rötl., od. bläul., selten weiß ... **5**

5. Stg. deutl. geflüg. ... **8**

— Stg. nicht geflüg., aber kantig ... **6**

6. Blüten einzeln, — 6–10 mm lg., nickend, zinnoberrot; unt. Blätt. rankenlos, ob. meist m. einfacher Ranke; Blätt. m 1 Fiederpaar; Fiedern lineal-lanzettl., 2–6 cm lg.; ↕ 15–50 cm; ⊙. V–VII. – Weiden, Wiesen, Gebüsche. – *s*, CH: Genf, Jura, Ts, Vs; DK (einschließl. Bornholm); I: Bz; sonst zuw. eingeschleppt. Kugelige P., ***L. sphaericus*** Retz.

— Blüten zu 3–5(–8) in Trauben ... **7**

7. Blätt. m. 1 laubigen Fiederpaar; Nebenblätt. schmal, halb pfeilf.; Blüten wohlriechend, ziegelrot; Stg. m. unterird., Wurzelknollen tragenden Ausläufern; ↔ 30–100 cm; ♃. VI–VII. – Getreidefelder, Wegränder, Bahndämme. – *v*, im N u. Geb. *s*. Knollen-P., ***L. tuberosus*** L.

— Blätt. m. 2–5 laubigen Fiederpaaren; Nebenblätt. br. pfeilf.; Blüten purpurn–violett; Stg. m. unterird. Ausläufern ohne Knollen, graugrün; ↔ 50–80 cm; ♃. VI–VII. – Dünen der Nord- u. Ostseeküste. – *z*. ⊚. [*L. maritimus* (L.) Fr. non Bigelow]
Strand-P., ***L. japonicus*** subsp. ***maritimus*** (L.) P. W. Ball

8 (5). Blätt. m. ≥ 2 laubigen Fiederpaaren, nur basale Stg.Blätt. zuw. nur m. 1 Fiederpaar ... **14**

— Alle Blätt. m. 1 laubigen Fiederpaar ... **9**

9. Trauben > 3-blütig ... **13**

— Trauben 1–3-blütig ... **10**

10. Fiedern eif.-ellipt., ≈ 2-mal so lg. wie br., — 20–60 mm lg. u. 7–30 mm br.; Blüten groß, 20–40 mm lg., oft rot, weiß od. verschiedenfarbig, wohlriechend; ↕ 50–200 cm; ⊙. VI–VIII. – Zierpfl. (Heimat: S-I); häufig verwild. Gartenwicke, Wohlriechende P., ***L. odoratus*** L.

— Fiedern lineal-lanzettl. bis ellipt., mind. 3-mal so lg. wie br. ... **11**

11. Infl. länger als das Blatt; Hülsen dicht lg.haarig; — Blüten zu 1–3, 8–15 mm lg., blauviolett, später blau; Stg. m. Flügeln 2–4 mm br.; ↕ 30–100 cm; ⊙. VI–VIII. – Getreideäcker, auf Kalk. – *z* im S, sonst *s*. Behaartfrüchtige P., Behaarte P., ***L. hirsutus*** L.

— Infl. kürzer als das Blatt; Hülsen kahl ... **12**

12. Blüten weiß, selten rosa od bläul., 12–22 mm lg.; Blütenstiele 3–6 cm lg.; Hülsen m. 2-flügeliger Rückennaht, — kahl, 2–4 cm lg. u. 1,0–1,8 cm br.; Blattstiel br. geflüg.; Stg. m. Flügeln

380/1

380/2

380/3

380/4

4–6 mm br.; ↕ 10–60(–100) cm; ☉. V–VI. – Kulturpfl. (Heimat: SW-As.), häufig verwild.
Saat-P., ***L. sativus*** L.

— Blüten rot, 8–14 mm lg.; Blütenstiele 1–3 cm lg.; Hülsen ohne Flügel, — kahl; Blätt. m. 1 Fiederpaar; Fiedern schmal linealisch; ↕ 20–50 cm; ☉. V–VII. – Äcker, Ruderalstellen. – *s*, CH: Ts; CZ; teilw. unbest. in D. Kicher-P., ***L. cicera*** L.

13 **(9).** Blattstiel so br. wie od. breiter geflüg. als der Stg. (*Taf. 3: 13*); Fiedern 4–9 cm lg. u. 1,5–5 cm br., deutl. netznervig; — Trauben länger als die Tragblätt., steif aufr.; Kronblätt. purpurrot–violett; ↕ 100–300 cm; ♃. VI–VIII. – Magerwiesen, Gebüsche. – Wild in S-CH; sonst Gartenzierpfl.; häufig verwild. Breitblättrige P., ***L. latifolius*** L.

— Blattstiel nur halb od. fast so br. geflüg. wie der Stg.; Fiedern lanzettl. bis linealisch, 5–14 cm lg. u. (0,1–)0,3–4 cm br.; — Trauben die Tragblätt. kaum od. selten weit überragend; Kronblätt. blassrot, m. purpurroten Flügeln; ↕ 100–200 cm; ♃. VII–VIII. – Lichte Wälder, Gebüsch. – *v*. – Formenreich (subsp. *sylvestris* im Gebiet am verbreitetsten).
Wilde P., Wald-P., ***L. sylvestris*** L.

a. Seitenfiedern 1–3 mm br., — meist 1-nervig. – *s*, D: MV, SN. [*L. angustifolius* Medik.]
Schmalblättrige Wald-P., subsp. ***angustifolius*** (Medik.) Rothm.

— Seitenfiedern ≥ 5 mm br. .... **b**

b. Flügel des Blattstiels nur halb so br. wie die des Stg.; Fiedern 3-nervig, — 5–20 mm br. – *v*.
Eigentliche Wald-P., subsp. ***sylvestris***

— Flügel des Blattstiels fast so br. wie die des Stg.; Fiedern deutl. netznervig, — 15–40 mm br. – *z*, D: BB, BY, MV, SN. [*L. platyphyllus* Retz] Breitblättrige Wald-P., subsp. ***platyphyllos*** (Retz) C. J. Hartm.

14 **(8).** Unt. u. mittl. Stg.Blätt. m. 1, ob. Stg.Blätt. m. 2(–3) Fiederpaaren; — Fiedern schmal lanzettl., 5–10 cm lg. u. 1–3,5 cm br.; Blattstiele br. geflüg.; Kronblätt. purpurrot; ↕ 100–200 cm; ♃. VII–VIII. – Lichte Eichen-u. Haselgebüsche; nur auf Kalk. – *s*, D: BW, BY, ST (Harzrand), TH; A; CH; CZ. Verschiedenblättrige P., ***L. heterophyllus*** L.

— Alle Blätt. m. 2–5 Fiederpaaren **15**

15. Trauben 2–8-blütig, so lg. wie die Tragblätt.; Kronblätt. blauviolett bis lila; Blätt. m. 2–3 Fiederpaaren; Fiedern lanzettl., 0,3–0,8 cm br., — 3–6 cm lg.; Nebenblätt. halb pfeilf., ≈ so lg. wie der kaum geflüg. Stiel; Stg. schmal geflüg., niederlgd., m. dünnen Bodenausläufern; ↕ 30–100 cm; ♃. VI–VIII. – Röhricht, Sumpfwiesen. – *s*. Ⓖ. Sumpf-P., ***L. palustris*** L.

— Trauben 8–20-blütig, meist kürzer als die Tragblätt.; Kronblätt. trübrot; Blätt. m. 3–5 Fiederpaaren; Fiedern eif., 1–3 cm br., — 3–6 cm lg., abgerundet; Nebenblätt. fast so groß wie die Fiedern, halb spießf.; ↕ 100–200 cm; ♃. V–VI. – Laub- u. Mischwälder. – CZ; NO-PL; unbest. D: BB (Berlin). Erbsenartige P., ***L. pisiformis*** L.

16 **(3).** Blüten einzeln; — Kronblätt. ziegelrot .... ***L. sphaericus***, s. Nr. **6**

— Trauben 3–30-blütig **17**

17. Stg. schmal, aber deutl. geflüg., — m. knollig verdickten Bodenausläufern; Blätt. meist m. 2–3 Fiederpaaren, basale Blätt. zuw. nur m. 1 Paar; Fiedern längl. ellipt., unterseits bläul.-grün; Trauben 4–6-blütig, ≈ doppelt so lg. wie die Tragblätt.; Kronblätt. hellpurpurn, beim Verblühen hellblau; ↕ 15–30 cm; ♃. IV–VI. – Trockene Wälder; auf kalkarmen Boden. – *v*, *z–s* im NW u. SO (gebietsweise *f*). [*L. montanus* Bernh.; *O. tuberosus* L. p. p.]
Berg-P., ***L. linifolius*** (Reichard) Bässler

— Stg. flügellos od. nur oberw. schmal geflüg. **18**

18. Blüten purpurn od. blau **20**

— Blüten hell- bis orangegelb, weiß od. weißgelb **19**

19. Blattstiel u. Rhachis schmal geflüg.; Blätt. m. 2–3 Fiederpaaren; Fiedern schmal lanzettl., 0,2–0,3 cm br. — u. 2–7 cm lg.; Trauben 4–8-blütig; Kronblätt. gelbl.weiß, die Fahne oft rötl.; Wurzeln knollig verdickt; ↕ 15–55 cm; ♃. V–VI. – Lichtes Gebüsch, Kalktrockenrasen. – *s*, D: BW (Tübingen, Kayh), RP (Gau-Algesheim); A: Bgl, NÖ; B; CZ (Mähren). Ⓖ. – Formenreich, z. T. m. Übergängen. [incl. subsp. *asphodeloides* (Gouan) Bässler, subsp. *collinus* (J. Ortmann) Soó u. subsp. *pannonicus*] Hügel-P., Ungarische P., ***L. pannonicus*** (Jacq). Garcke

— Blattstiel u. Rhachis ungeflüg.; Blätt. m. 3–6 (meist 4) Fiederpaaren; Fiedern eif. ellipt., 1–3 cm br. — u. 3–7 cm lg., oberseits kahl, unterseits meist behaart; Trauben 3–12-blütig, einseitswendig; Kronblätt. hellgelb; ↕ 20–60 cm; ♃. VI–VIII. – Wiesen u. Hochstaudenfluren; bis 2000 m. Gelbe P., ***L. laevigatus*** (Waldst. & Kit.) Gren.

a. Alle Kelchzähne fast vollst. reduziert, wie die Kelchröhre meist kahl; Fiedern eif. ellipt.; Blüten meist < 20 mm lg. – *s*, A: Kt, Stm; CZ; NO-PL. Gelbe P. (i. e. S.), subsp. ***laevigatus***
— Alle Kelchzähne deutl. entwickelt; Fiedern lanzettl. eif.; Blüten oft > 20 mm lg. .... **b**
b. Unt. Kelchzähne so lg. wie die wollig behaarte Kelchröhre; ob. Kelchzähne fast ebenso lg.; Stg. ± behaart. – *z* Alp. von D: Allgäu; A; CH; *s* Schweizer Jura. [*L. occidentalis* (Fisch. & C. A. Mey.) Fritsch; *L. ochraceus* Kitt.] Westliche Gelbe P., subsp. ***occidentalis*** (Fisch. & C. A. Mey.) Breistr.
— Unt. Kelchzähne kürzer als die Kelchröhre; ob. Kelchzähne fast vollst. reduziert; Stg. (fast) kahl. – *s*, D: östl. Chiemgauer Alp.; A: Sb. Östliche Gelbe P., subsp. ***scopolii*** (Fritsch) Bässler

20 (18). Blätt. m. 4–6 Fiederpaaren; Fiedern beim Trocknen schwarz werdend, — ellipt. bis eif., 1–4 cm lg., 0,5–1,5 cm br., kahl, unterseits blaugrün; Trauben 3–10-blütig; Kronblätt. trübpurpurn, beim Verblühen violett; ↕ 30–80 cm; ♃. VI–VII. – Lichte Wälder. – *v*, im N *s*. [*O. niger* L.] Schwarzwerdende P., Schwarze P., ***L. niger*** (L.) Bernh.
— Blätt. m. 2–3(–4) Fiederpaaren; Fiedern beim Trocknen nicht schwarz werdend **21**

21. Fiedern 0,2–0,4 cm br.; Traube deutl. länger als das Tragblatt; Krone 20–27 mm lg., — lebhaft purpurn bis blauviolett; Fiedern lineal-lanzettl., 3–6 cm lg.; Nebenblätt. halb spießf., länger als der Blattstiel; Trauben 4–10-blütig; ↕ 20–50 cm; ♃. V–VII. – Kiefernwälder, Reitgrasfluren. – Sehr *s*, D: BW (SchwAlb); CH: Jura (Neuchâtel). ©. [*L. filiformis* auct.; *L. ensifolius* (Lapeyr.) J. Gay] Schwertblättrige P., Schwert-P., ***L. bauhini*** P. A. Genty
— Fiedern > 1 cm br.; Trauben ≈ so lg. wie das Tragblatt; Krone 10–20 mm lg. **22**

22. Krone 15–20 mm lg.; Hülsen kahl, glatt; Achse der Trauben gerade; Nebenblätt. eif.-lanzettl., halb spießf.; Fiedern m. aufgesetzter Spitze; — Fiedern 3–7(–14) cm lg., (0,2–)1–3 cm br., unterseits glzd.; Trauben 3–10-blütig; Kronblätt. rotviolett, beim Welken blau bis grünblau; Stg. an der Basis m. Niederblätt.; ↕ 20–30(–60) cm; ♃. IV–V. – Laubwälder. – *v*, *z* im NO, *f* im NW bis Kiel. [*O. vernus* L.] Frühlings-P., ***L. vernus*** (L.) Bernh.
a. Fiedern eif., 3–7 cm lg. u. 1–3 cm br. – *v*. Frühlings-P. (i. e. S.), subsp. ***vernus***
— Fiedern schmal lineal-lanzettl., 4–14 cm lg. u. 0,2–0,5 cm br. – Nur CH: Gr, Ts. Zierliche Frühlings-P., subsp. ***gracilis*** (Gaudin) Arcang.
— Krone 10–15 mm lg.; Hülsen drüsenhaarig; Achse der Trauben gekrümmt; Nebenblätt. eif.-rund; Fiedern in eine Spitze auslfd.; — Fiedern 4–5 cm lg., 2–2,5 cm br.; Trauben 6–30-blütig; Kronblätt. (hell)purpurn, Fahne m. dk. Nerven; ↕ 20–40 cm; ♃. V–VI. – Laubwälder. – Nur A: NÖ; CH: Gr (Puschlav); I: Bz. Bunte P., ***L. venetus*** (Mill.) Wohlf.

Lens Mill. [*Vicia* L. p. p.], Linse

Stg. weich behaart; ob. Stg.Blätt. m. 2–7 Paar Seitenfiedern u. meist m. Ranken; Trauben 1–3-blütig; Kronblätt. bläul.weiß, wenig länger als der Kelch; Hülsen trapezf., m. scharf abgesetztem Gr.Rest; ↕ 15–30 cm; ⊙. V–VII. – Kulturpfl. (Heimat: Himalaja/Hindukusch u. Äthiopien/Eritrea); *s* verwild. [*L. esculenta* Moench, *V. lens* Coss. & Germ.] Küchen-L., ***L. culinaris*** Medik.

Lotus L. [incl. *Tetragonolobus* Scop., Spargelbohne, Spargelerbse; excl. *Dorycnium* Mill., Backenklee], Hornklee

1. Blüten in kopfigen Dolden, gelb od. rötl.; Hülsen linealisch, stielrund (***Lotus*** s. str.) **3**
— Blüten achselst., lg. gestielt, einzeln u. blassgelb od. zu 2 u. dann dk.rot; Hülsen 4-kantig od. schmal geflüg. **2**

2. Blüten einzeln, hellgelb, 25–30 mm lg.; Blütenstiel mind. doppelt so lg. wie die Tragblätt.; Flügel der Fr. glatt; Stg. meist niederlgd.; ↕ 10–30 cm; ♃. V–VI. – Feuchtwiesen, Quellriede, Trockenrasen. – *z–s*, *f* im NW. [*T. maritimus* (L.) Roth; *T. siliquosus* (L.) Roth; *L. siliquosus* L., nom. illeg.] Gelbe S., ***L. maritimus*** L.
— Blüten zu 2, dk.rot, 15–22 mm lg.; Blütenstiel höchstens so lg. wie das Tragblatt; Flügel der Fr. wellig; Stg. aufr.; ↕ 10–25(–40) cm; ⊙. VII–VIII. – Zier- u. Gemüsepfl. (Heimat: MMG); *s* verwild., meist unbest. [*T. purpureus* Moench] Rote S., ***L. tetragonolobus*** L.

3 (1). Stg. hohl, rund; Pfl. m. Ausläufern; Kelchzähne vor dem Aufblühen zurückgekrümmt; Schiffchenunterseite stumpfwinklig abgebogen; — Kronblätt. goldgelb, vorne oft rot; Dolden 5–12-blütig; ↕ 20–50 cm; ♃. VI–VII. Nasse Wiesen, Gräben. – *v*. [*L. uliginosus* Schkuhr] Sumpf-H., ***L. pedunculatus*** Cav.

— Stg. markig od. engröhrig, kantig; Pfl. ohne Ausläufer; Kelchzähne vor dem Aufblühen zus.-neigend; Schiffchenunterseite rechtwinklig abgebogen; — Kronblätt. gelb, außen oft rot; Dolden (1–)3–8-blütig; ↕ 3–40(–80) cm; ♃. V–IX. – Wiesen, Magerrasen. – *v*.
Artengruppe Gewöhnlicher H., ***L. corniculatus*** agg.

a. Kelchzähne länger als die Kelchröhre; — Blüten 13–18 mm lg., zu 2–6; Kelch u. Blätt. dicht behaart; ↕ 15–40 cm. V–VII. – Trockenrasen. – *s*, A: Bgl, NÖ; CZ. Slowakischer H., ***L. borbasii*** Ujhelyi

— Kelchzähne kürzer als die Kelchröhre .... **b**

b. Fiedern der Stg.Blätt. 3–10-mal so lg. wie br.; Kelch 4–5 mm lg:, Kelchzähne pfrieml.; Blüten wohlriechend, — zu 1–4(–6), 7–12 mm lg.; ↕ 20–40(–80) cm. V. – Feuchte Wiesen; auf Salzböden. – In der Küstenregion *v*, sonst *z*. [*L. tenuifolius* (L.) Rchb.; *L. glaber* Mill., nom. rej.] Schmalblatt-H., Salz-H., ***L. tenuis*** Willd.

— Fiedern der Stg.Blätt. 1–3-mal so lg. wie br.; Kelch 5–7 mm lg.; Kelchzähne 3-eckig; Blüten geruchlos .... **c**

c. Schiffchenspitze braun bis schwarz; Blüten zu 1–3(–5), 14–18 mm lg.; Fiedern der Stg.Blätt. an der Spitze abgerundet od. ausgebuchtet, — verkehrt eif. bis rundl.; ↕ 3–5(–10) cm. V–VI. – Alpenmatten, Schneetälchen. – Alp.? Verbr. nicht gesichert, da Fundangaben möglicherweise auf Verwechslungen m. *L. corniculatus* var. *alpicola* Beck basieren. Alpen-H., ***L. alpinus*** (Ser.) Ramond

— Schiffchenspitze weißl. bis rot; Blüten zu 3–8, 6–14 mm lg.; Fiedern vorne stumpf od. m. Spitzchen, — verkehrt eif. bis eilanzettl.; ↕ 5–40(–80) cm. V–IX. – Trockene Wiesen, Böschungen. – *v*.
Gewöhnlicher H., ***L. corniculatus*** L. s. str.

Lupinus L., Lupine

1. Kronblätt. gelb; Blüten in zahlr. genäherten Quirlen, — von angenehmem Geruch; Blätt. 5–9(–12)-zählig gefing.; ↕ 30–60 cm; ⊙. VI–IX. – Kult. (Heimat: W-MMG); *z* verwild.
Gelbe L., ***L. luteus*** L.

— Kronblätt. blau od. weiß; Blüten in Trauben **2**

2. Blätt. 10–15-zählig gefing.; — Kronblätt. intensiv blau, selten weiß; ↕ 100–150 cm; ♃. VI–IX. – Häufig als Wildfutter angepfl. (Heimat: westl. N-Am.); *v* verwild. u. eingebürg.
Vielblättrige L., Stauden-L., ***L. polyphyllus*** Lindl.

— Blätt. 5–9-zählig gefing. **3**

3. Kronblätt. blau; Oberlippe des Kelchs 2-spaltig; Fiedern linealisch, 2–5 mm br.; ↕ 30–60 cm; ⊙. VI–IX. – Stellenw. kult. (Heimat: MMG) u. verwild.
Schmalblättrige L., ***L. angustifolius*** L. (subsp. ***angustifolius***)

— Kronblätt. weiß; Oberlippe des Kelchs ungeteilt; Fiedern verkehrt eif.; ↕ 30–100 cm; ⊙. VI–IX. – Seltener kult. (Heimat: MMG); in D teilw. verwild. Weiße L., ***L. albus*** L. (subsp. ***albus***)

Medicago L., Schneckenklee, Luzerne

1. Kronblätt. blau od. violett m. Farbübergängen zu grünl., gelbl. od. weißl. **2**

— Kronblätt. gelb **3**

2. Fr. m. höchstens 2 lockeren Windungen (*370/1*); Kronblätt. schmutzig blauviolett, m. Farbübergang zu grunl., gelbl. od. weißl.; — Stg. aufr., fast kahl; ↕ 30–80 cm; ♃. V–IX. – Kulturpfl.; verwild. [*M. sativa* × *M. falcata*] Bastard-L., ***M. varia*** Martyn

— Fr. flach, m. 2–4 engen Windungen (*370/2*); Kronblätt. kräftig violett, — Stg. locker bis dicht behaart; ↕ 30–90(–120) cm; ♃. VI–VIII. – Kulturpfl.; z verwild. Luzerne, ***M. sativa*** L.

3 (1). Trauben fast sitzend, — kopfig, 4–14-blütig; Fr. 7–17 mm lg., schwach sichelf., reif sternf. absthd. (*370/4*); Pfl. anlgd. behaart; ↕ 5–35 cm; ⊙. III–VI. – Trockenrasen, Bahndämme. – *s*, A: Bgl, NÖ; CH: Vs; CZ; I: Bz; unbest. D: NRW, RP. [*Trigonella monspeliaca* L.]
Französischer S., ***M. monspeliaca*** (L.) Trautv.

— Trauben deutl. gestielt **4**

4. Fr. stachelig, — schneckenf. eingerollt (*370/6*) **7**

— Fr. ohne Stacheln, glatt m. hervortretenden Nerven (*370/3, 370/5*) **5**

5. Blüten 8–11 mm lg.; — Trauben 3–35-blütig; Fr. sichelf. (*370/3*); ↕ 20–50 cm; ♃. V–IX. – Halbtrockenrasen, Raine, Wegränder; auf Kalk. – *z*, im N *s*. [*M. sativa* subsp. *falcata* (L.) Arcang.]
Sichelklee, Sichel-L., ***M. falcata*** L.

— Blüten 2–7 mm lg. **6**

6. Blüten 2–4,5 mm lg., in fast kugeligen, 10–50-blütigen Trauben; Blütenstiel kürzer als der Kelch; Fr. fast nierenf., m. 3–5 verästelten Längsnerven (*370/5*); — Fiedern an der Spitze

oft etwas ausgerandet, m. Spitzchen, wenigstens unterseits anlgd. behaart (vgl. *Trifolium dubium*); ↕/↔ 15–60 cm; ⊙–♃. V–IX. – Trockenrasen, trockene Wiesen. – *v.*
Hopfenklee, Hopfen-L., ***M. lupulina*** L.

— Blüten 5–7 mm lg.; Schirmtrauben 5–10-blütig; Blütenstiele z. Frzt. 2–2,5-mal so lg. wie der Kelch; Fr. spiralig m. 2–4 Windungen, hgd.; ↔ 10–40 cm; ♃. IV–VIII. – Trockenrasen. – *s*, A: NÖ; CH; CZ; teilw. unbest. in D: BW, ST. Niederliegender S., ***M. prostrata*** Jacq.

7 (4). Blätt. beiderseits behaart; — Nebenblätt. ganzrandig; Fr. (m. Stacheln) 5 mm br. (*370/6*); Stg. niederlgd. bis aufstgd.; ↕/↔ 10–30 cm; ⊙. IV–VII. – Magerrasen, Schafweiden. – D: *z* in M- u. S-D, *s* in SH; *z–s* in A; B; CH; CZ; DK; I: Bz; L; NL; PL. Zwerg-S., ***M. minima*** (L.) L.

— Blätt. wenigstens oberseits kahl **8**

8. Fiedern meist m. braunem Fleck, — herzf., 8–18 mm br., breiter als lg.; Blüten 5–7 mm lg.; Infl. 1–4-blütig; ↕ 15–50 cm; ⊙. IV–VI. – Ruderalstellen. – Ne. (Heimat: MMG); *z.*
Arabischer S., ***M. arabica*** (L.) Huds.

— Fiedern ohne auffälligen braunen Fleck **9**

9. Blüten 6–8 mm lg.; Nebenblätt. spitz zulfd., teilw. gezähnt, (fast) spießf.; — Trauben 5–20-blütig; Pfl. aufr., ↕ 30–60 cm; ♃. V–VI. – Magerwiesen, Waldränder. – *s*, nur A: Kt; teilw. unbest. in S-D; CH. Karst-S., ***M. carstiensis*** Wulfen

— Blüten 2,5–5 mm lg.; Nebenblätt. zerschlitzt (gezähnt) od. (tief) geteilt **10**

10. Fiedern (zumind. einige) in der ob. Hälfte zerschlitzt; Trauben 1–2-blütig; — Blüten 3–5 mm lg.; Hülsen ∅ 2,5–5 mm, 4–6 Windungen; Pfl. aufstgd. bis niederlgd., ↔ 7–30 cm; ⊙. IV–VI. – Ruderalstellen. – Ne. (Heimat: Afr.–SW-As.); *s* in Einbürg., D: BB, BW, BY, NRW, SH (Hamburg), SN; B; F. Zerteilter S., ***M. laciniata*** (L.) Mill.

— Fiedern fein gesägt; Trauben 3–8-blütig; — Blüten 2,5–4,5 mm lg.; Hülsen ∅ 4–9 mm, 2–6 Windungen; endst. Fiedern 2–4 mm lg. gestielt; Pfl. aufr. bis niederlgd., ↔ 10–30 cm; ⊙. V–VII. – Ruderalstellen. – Ne. (Heimat: MMG); *s.* [*M. hispida* Gaertn.] Rauer S., ***M. polymorpha*** L.

Dazu kommen weitere Arten vorwgd. mediterraner Herkunft, die im Gebiet immer wieder m. unbest. Populationen auftreten.

Melilotus Mill., Steinklee

1. Kronblätt. gelb **3**

— Kronblätt. weiß, teilw. m. rötl. Adern **2**

2. Blütenstiele ≥ so lg. wie die Krone, 2–4(–5) mm; Krone (1,5–)3–3,5 mm lg., m. rötl. Adern; Infl. locker; Fr. 4,5–5 mm, gelb-braun; — unt. Fiedern m. 16 ± deutl. Zähnen; ↕ 40–150 cm; ⚇. V–VII. – Ruderalstellen. – Ne. (Heimat: O-Eur.–As.); *z–s*, teilw. in Einbürg., D: BB, BW, BY, MV, NI, NRW, RP, SH, SN, ST; B; CZ; DK. Wolga-S., ***M. wolgicus*** Poir.

— Blütenstiele kürzer als die Krone, 1–1,5 mm; Krone 4–5 mm lg.; Infl. dichtblütig; Fr. ≤ 3,5 mm lg., schwärzl., — stumpf, m. kurzem Gr.Rest, netznervig; Fiedern m. 6–12 Paar Seitennerven u. ebenso vielen, oft undeutl. Zähnen; ↕ 30–120 cm; ⚇. V–VIII. – Wegränder, Bahndämme, Ruderalstellen. – *v.* Weißer S., ***M. albus*** Medik.

3 (1). Fiedern m. 18–22 Paar Seitennerven, — diese in die scharfen, dicht sthd. Zähne eintretend; Nebenblätt. meist deutl. unregelm. gezähnt; Kronblätt. blassgelb; Fr. meist 2-samig, netzig-runzelig; ↕ 15–80 cm; ⚇. V–IX. – An der Küste *z*, sonst an Salzstellen *s*, *f* im NW.
Gezähnter S., Salz-S., ***M. dentatus*** (Waldst. & Kit.) Desf.

— Fiedern m. < 18 Paar Seitennerven **4**

4. Frkn. u. Hülsen kahl **6**

— Frkn. u. junge(!) Hülsen zerstreut angedrückt behaart, später teilw. verkahlend; — Flügel u. Schiffchen ≈ gleich lg.; Nebenblätt. ganzrandig **5**

5. Blüten- u. Fr.stiel aufr.; Fr. kugelig m. aufgesetztem Schnabel, gelb-braun; Blüten 4–5 mm lg., in 1–2 cm lg., 6–15(–20)-blütigen Trauben; — Stg. ± aufr.; ↕ 15–40(–80) cm; ⊙. VII–IX. – Ruderalfluren, Waldsäume. – Ne. (Heimat: MMG); *s*, teilw. in Einbürg., D: NRW, RP, SN, TH; CH (Genf). [*M. spicatus* (Sm.) Breistr.] Neapolitanischer S., ***M. neapolitanus*** Ten.

— Blüten- u. Fr.stiel zurückgebogen; Fr. ellipt.-eif., schwarz; Blüten 5–8 mm lg., in 2–6 cm lg., 30–60-blütigen Trauben; — Fiedern m. 8–14 Paar Seitennerven; Stg. aufr.; ↕ 60–150 cm; ⚇. VII–IX. – Waldränder, Wegränder. – *z.* Sumpf-S., Hoher S., ***M. altissimus*** Thuill.

6 (4). Nebenblätt. ganzrandig; Blüten 5–8 mm lg., — in 4–10 cm lg. Trauben; Flügel länger als das Schiffchen; Fr. kahl, undeutl. querrunzelig, lederbraun; Fiedern m. 6–13 Paar Seitennerven; Stg. aufr.; ↕ 30–90 cm; ⊙. V–IX. – Ruderalfluren. – *v*. Echter S., ***M. officinalis*** (L.) Pall.

— Nebenblätt. zumind. am Grund m. Zähnen; Blüten 2–5 mm lg. 7

7. Nebenblätt. nur am Grund m. 1–2 Zähnen; Blüten 2–3 mm lg., — in 0,8–3 cm lg. Trauben; Fr. fast kugelig, leicht gefurcht, m. gabeligen Nerven; ↕ 10–70 cm; ⊙. VI–VIII. – Ruderalstellen, bes. in Großstädten. – Ne. (Heimat: MMG); *s*. Kleinblütiger S., ***M. indicus*** (L.) All.

— Nebenblätt. gezähnt; Blüten 3–4(–5) mm lg., — in 1–1,5 cm lg. Trauben; Fr. fast kugelig, konzentrisch gefurcht, 1-samig; ↕ 6–60 cm; ⊙. VI–VIII. – Ruderalstellen. – Ne. (Heimat: MMG); *s*, unbest. in D: BW, BY, NRW, SN; A; CH. Gefurchter S., ***M. sulcatus*** Desf.

Onobrychis Mill., Esparsette

1. Fahne (mind. 1 mm) kürzer als das Schiffchen; Flügel 4–6 mm lg., ± so lg. wie der Kelch; — Blätt. m. 3–7(–8) Paaren 5–20 mm lg. Fiedern; Kronblätt. (rosa)rot, rot gestreift; Hülse 6–8 mm lg., m. 1–2 mm lg. Zähnen; Stg. niederlgd., m. kurzen Internodien; ↔ 5–15 cm; ♃. VII–VIII. – Grashänge, Felsschutt. – *z*, Alp. (bis 2500 m) u. Voralp., *s* SchwAlb, Schweizer Jura. – Formenreich. Berg-E., ***O. montana*** DC. (subsp. ***montana***)

— Fahne ± gleich lg. wie od. länger als das Schiffchen; Flügel 2–3(–4,5) mm lg., kürzer als der Kelch; — Blätt. m. 5–14 Paaren 10–35 mm lg. Fiedern **2**

2. Stg. lgd. bis aufstgd.; Infl. von Beginn an längl., spindelf., z. Bltzt. bis 1,5 cm br.; Tragblätt. dicht behaart, viel kürzer als der Kelch; Krone 8–10(–11) mm lg., blassrosa bis weißl.; Hülse 4–6 mm lg., m. 0,5–2 mm lg. Zähnen; Fiedern 2–4 mm br.; ↕ 10–30(–50) cm; ♃. VI–VII. – Steppenrasen. – *s*, D: BW, BY, RP, ST, M- u. N-TH; A; CH; CZ; I: Bz. – Formenreich. Sand-E., ***O. arenaria*** (Kit.) DC.

a. Blüten 8–10 mm lg. Sand-E. (i. e. S.), subsp. ***arenaria***

— Blüten 10–12 mm lg., Fahne außen sehr blass rosa. – Nur A: Kt, O-Ti. Tauern-E., subsp. ***taurerica*** Hand.-Mazz.

— Stg. aufr., m. verläng. Internodien; Infl. anfangs eif., verdickt, erst später verläng., z. Bltzt. bis 2 cm br.; Tragblätt. schwach behaart, wenig kürzer als der Kelch; Krone (8–)10–14 mm lg., hell (rosa)rot, dk. gestreift; Hülse 6–8 mm lg., m. 0,5–1 mm lg. Zähnen; Fiedern 4–9 mm br.; ↕ 30–60(–100) cm; ♃. V–VII. – Trockene Wiesen, Trockenrasen. – *v*, im N *s*. – Auch Kulturpfl. [*O. sativa* Lam.] Futter-E., Saat-E., ***O. viciifolia*** Scop.

Ononis L., Hauhechel

1. Blüten rosa od. weiß **3**

— Blüten gelb **2**

2. Blüten 12–20 mm lg., länger als der Kelch; Hülsen hgd.; — Pfl. dicht drüsig-klebrig, ↕ 20–50 cm; ♄. V–VII. – Kalkmagerrasen, Raine. – *s*, D: früher BW (Kaiserstuhl), unbest. in NRW; B; CH: Vs, Waadt; F: Lothringen; I: Bz. Gelbe H., ***O. natrix*** L. (subsp. ***natrix***)

— Blüten 5–12 mm lg., kürzer als der Kelch; Hülsen aufr.; — Pfl. ± drüsenhaarig; ↕ 5–30 cm; ♃. VI. – Magerwiesen, lichte Wälder. – In D nur unbest. in BW; *s*, A: Bgl, NÖ; CH: Genf, Ts, Vs; B; I: Bz. Zwerg-H., ***O. pusilla*** L.

3 (1). Endfieder fast kreisrund, grob buchtig gezähnt; Hülsen hgd.; Blüten in lg. gestielten Trauben; Infl. oben in Granne auslfd.; — Blüten duftend; ↕ 20–50 cm; ♃. IV–IX. – Lichte Wälder. – *z*, A: W-Kt, Ti; CH: Gr, SG, Ts, Vs; I: Bz. Rundblättrige H., ***O. rotundifolia*** L.

— Endfieder schmal ellipt. od. eif., fein gezähnt; Hülsen aufr.; Blüten blattachselst., kurz gestielt; Infl. oben nicht in Granne auslfd.; ↕ 30–60(–100) cm; ♄–♃. VI–IX. – Trockenrasen, Schafweiden, Wegraine. – *v*. Gewöhnliche H., ***O. spinosa*** agg.

a. Hülsen kürzer als der Kelch .... **c**

— Hülsen so lg. wie od. länger als der Kelch; — Stg. 1- od. 2-reihig, oben oft ringsum behaart .... **b**

b. Kelchzipfel zurückgekrümmt; Pfl. meist ohne Dornen; ↕ 30–60(–100) cm. – Feuchte Wiesen von der Tiefebene bis in die Voralp. – *z*. [*O. spinosa* subsp. *austriaca* (Beck) Gams; *O. austriaca* Beck] Stinkende H., Österreichische H., ***O. foetens*** All.

— Kelchzipfel ausgebr.; Pfl. dornig; ↕ 30–60 cm. – (Schaf-)Weiden. –*v*. Dornige H., ***O. spinosa*** subsp. ***spinosa***

c. **(a).** Pfl. m. lgd., unterird. Ausläufern; Fiedern an der Spitze abgerundet bis ausgerandet; Blüten einzeln, voneinander entfernt; — Stg. niederlgd. bis aufstgd.; ↔ 30–60 cm. – Magerrasen, Böschungen. – *v.* [*O. spinosa* subsp. *maritima* (Dumort.) P. Fourn.; subsp. *procurrens* (Wallr.) Briq.]
Kriechende H., ***O. repens*** subsp. ***procurrens*** (Wallr.) Asch. & Graebn.

— Pfl. ohne kriechendes Rhizom od. Ausläufer; Fiedern zugespitzt; Blüten zu 2–3 an den Zweigenden in dichten verläng. Infl.; — Stg. aufr. od. aufstgd.; ↕ 40–60 cm. – Magerrasen, Wegränder. – *s,* D: BB, BY, MV, RP, SN, sonst unbest.; *s* A: Bgl, Kt, NÖ, Stm, Ti; CZ; DK; PL. [*O. spinosa* subsp. *arvensis* (L.) Greuter & Burdet L.; *O. hircina* Jacq.]
Bocks-H., ***O. arvensis*** L.

Ornithopus L., Vogelfuß, Mäusewicke, Krallenklee

1. Krone gelb; Fr. seitl. zusammengedrückt, zw. den Samen nur leicht eingeschnürt; fadenf. Schnabel 3–15 mm lg.; — Fr. 20–45 cm lg.; Kelchzähne lineal-lanzettl., ≤ halb so lg. wie die Kelchröhre; Krone 5–7 mm lg.; ↕ 10–50 cm; ⊙. V–VII. – Ruderalflächen, Sandäcker. – Ne. (Heimat: MMG, Kanaren); *s–z*, unbest., teilw. bereits in Einbürg., D: BB, BW, NI, NRW, SH (Hamburg), SN; B; NL.
Flachhülsiger V., ***O. compressus*** L.

— Krone weißl. bis rosa (höchstens das Schiffchen gelbl.); Fr. nicht zus.gedrückt, zw. den Samen deutlich eingeschnürt; Schnabel 1–3 mm lg. **2**

2. Kelchzähne eif. bis lanzettl., ein Drittel so lg. wie die Kelchröhre, Krone 3–4 mm lg., weißl.; Fahne violett gestreift; Schiffchen oft gelbl.; Stg. niederlgd., dünn, — wie die Blätt. dicht weichhaarig; Blätt. m. 7–12 Paar ellipt. Seitenfiedern; Hülsen leicht gebogen; ↕/↔ 5–30 cm; ⊙. V–VII. – Sandäcker, Heiden, Kiefernwälder. – *z–s*.
Kleiner V., ***O. perpusillus*** L.

— Kelchzähne pfrieml., mind. halb so lg. wie die Kelchröhre; Krone ≈ 8 mm lg., rosa; Stg. aufstgd.; — Blätt. m. 5–15 Paar großer, verkahlender Seitenfiedern; Hülsen fast gerade; ↕ 30–60 cm; ⊙–♃. VI–VIII. – Kulturpfl. (Heimat: SW-Eur., N-Afr.); *z* verwild., eingebürg. in D: NI.
Großer V., Serradella, ***O. sativus*** Brot.

Oxytropis DC. [*Astragalus* L. p. p.], Spitzkiel, Fahnenwicke

1. Stg. deutl. entwickelt, aber zuw. sehr kurz **7**

— Stg.lose Rosettenpfl. (nur die Stg. der Infl. entwickelt) **2**

2. Pfl. drüsig-klebrig, harzig riechend; — Blätt. m. 14–25 Fiederpaaren; Fiedern 3–8 mm lg., < 2 mm br., dickl., ihr Rand oft nach unten umgerollt; Infl. 3–7-blütig; Krone (gelbl.)weiß, teilw. violett überlaufen; Fahne 12–22 mm lg.; Hülse 20–30 mm lg. u. 5–6 mm br., blasig erweitert; ↕ 3–15 cm; ♃. VI–VIII. – Felsige Hänge; auf Kalk; 1800–2900 m. – *s*, CH: Gr (Engadin), Vs.
Drüsiger S., ***O. fetida*** (Vill.) DC.

— Pfl. drüsenlos; — Blätt. m. 8–20 Fiederpaaren **3**

3. Hülse durch die von der ob. Naht nach innen vorspringende Leiste halb 2-fächerig; Kronblätt. gelbl.weiß, seltener milchweiß, violett überlaufen; — Nebenblätt. m. Blattstiel verwachsen; ↕ 10–15(–18) cm; ♃. VII–VIII. – Magerrasen, Felsschutt der Alp.; auf Kalk; bis 3000 m. – *v–s*, Alp., *f* in D. [*A. campestris* L.]
Gewöhnlicher S., ***O. campestris*** (L.) DC.

a. Platte der Fahne schmal ellipt., > doppelt so lg. wie br.; Kronblätt. meist violett; Schiffchen beiderseits m. violettem Fleck. – *s*, A: Kt, OTi, Ti, Sb, Vb; CH: Gr, Vs; I: Bz.
Tiroler Alpen-S., subsp. ***tiroliensis*** (Fritsch) Leins & Merxm.

— Platte der Fahne ellipt., ≤ doppelt so lg. wie br.; Kronblätt. meist gelbl.weiß; Schiffchen ohne violetten Fleck. – *v–z*.
Feld-S., subsp. ***campestris***

— Hülse durch 2 vorspringende Nähte fast vollkommen 2-fächerig od. ganz ohne solche Leisten; Kronblätt. blau, blassblau od. purpurviolett **4**

4. Hülse durch die beiden nach innen vorspringenden Nähte fast vollkommen 2-fächerig; — Infl. zu 1–2 je Rosette, kopfig bis ährig, 6–16-blütig, ihr Stiel wie Blätt., Kelch u. Hülsen dicht anlgd. od. zottig seidenhaarig; Nebenblätt. am Grund m. Blattstiel verbunden; ↕ 5–15(–20) cm; ♃. VI–VIII. – Magerwiesen, Felsschutt; bis 2900 m. – *s*, Alp., *f* in D. [*A. sericeus* Lam.]
Seidenhaariger S., ***O. halleri*** agg.

a. Stiel der Infl. anlgd. bis aufr. absthd. behaart, 1–2 mm ∅; Krone violett od. purpurn. – Alp.
Haller-S., ***O. halleri*** W. D. J. Koch

— Stiel der Infl. dicht absthd. behaart, 2–3 mm ∅; Krone blasspurpurn. – Inneralp. Trockentäler; S-CH; I: Bz. [*O. halleri* subsp. *velutina* (Schur) O. Schwarz; *O. sericea* (DC.) Simonk.]
Vinschgauer S., Samtiger S., ***O. xerophila*** Gutermann

— Hülse 1-fächerig **5**

5. Kronblätt. blassblau bis blasspurpurn; — Blätt. m. 10–12 Fiederpaaren; Fiedern beiderseits dicht anlgd. behaart; Blattstiel meist rot überlaufen; ↕ 3–10 cm. ♃. VII–VIII. – Felsschutt; auf Kalk. – *s*, CH: Vs. [*O. gaudinii* Bunge] Schweizer S., ***O. helvetica*** Scheele

— Kronblätt. dk. purpurviolett **6**

6. Stg. m. angedrückten Haaren; Blätt. meist m. 10–12 Fiederpaaren; Infl. 3–5-blütig; ↕ 3–7 (–10) cm; ♃. VII–VIII. – Magerwiesen u. Steinschutthalden. – *z*, Alp. von A: Kt, Sb, Stm. [*A. triflorus* (Hoppe) Gams] Dreiblütiger S., ***O. triflora*** Hoppe

— Stg. m. absthd. Haaren; Blätt. m. 12–20 Fiederpaaren; Infl. 8–20-blütig; — Blattstiel meist grün; ↕ 5–35 cm; ♃. VII–VIII. – Alp. Rasen u. Steinschutthalden. – *z–s*, A: Kt, NÖ, Stm; CH: Ts; I: Bz. [*O. pyrenaica* Godr. & Gren.] Pyrenäen-S., ***O. neglecta*** Ten.

7 (1). Kronblätt. hellgelb; Stg., Blätt. u. Hülsen absthd. weiß behaart; Fr.Träger fehlend; — Blüten in reichblütigen, fast kugeligen Köpfchen; Schiffchen m. schmaler, lg. Spitze; Hülse ≈ 1,5 cm lg., schwach aufgeblasen; Nebenblätt. ganz frei; ↕ 10–30(–50) cm; ♃. VI–VIII. – Steppenhänge; auf Kalk. – *s*, D: O-BB, BW, BY, RP, ST, TH; A; CH; CZ; I: Bz; PL. ⓢ. [*A. pilosus* L.] Zottiger S., Steppen-S., ***O. pilosa*** (L.) DC.

— Kronblätt. blauviolett; Stg., Blätt. u. Hülsen anlgd. behaart od. kahl; Fr.Träger vorhanden (d. h., Fr. innerh. des Kelchs kurz gestielt) **8**

8. Nebenblätt. z. T. auf vier Fünftel ihrer Länge m. dem Blattstiel verbunden; Blüten u. Hülsen hgd.; Kelchzähne fast so lg. wie die Kelchröhre; Blattfiedern beiderseits dicht anlgd. behaart, — meist nur in 7–10 Paaren; ↕ 5–10(–30) cm; ♃. VII–VIII. – Steinschutt, Magerwiesen; auf Kalk; bis in die alp. Stufe (1200–3000 m). – *z*, Alp. von A; CH; I: Bz. [*A. lapponicus* (Wahlenb.) Burnat] Lappland-S., ***O. lapponica*** (Wahlenb.) J. Gay

— Nebenblätt. frei; Blüten u. Hülsen absthd.; Kelchzähne kürzer als die halbe Kelchröhre; Fiedern oberseits oft kahl, — meist in 8–14 Paaren; ↕ 5–20 cm; ♃. VII–VIII. – Magerrasen, Steinschuttfluren; auf Kalk u. Dolomit; bis 3000 m. – *z*, Alp. [*O. jacquinii* Bunge; *O. montana* (L). DC. subsp. *jacquinii* (Bunge) Hayek] Berg-S., ***O. montana*** (L). DC.

Phaseolus L., Gartenbohne

Fr. roh giftig!

1. Trauben länger als Tragblatt; Hülsen rau; — Kronblätt. weiß od. scharlachrot; Stg. stets windend; ↕/↔ 2–4(–7) m; ⊙. VI–IX. – Kulturpfl. (Heimat: trop. Am.). [*P. multiflorus* Willd.] Feuerbohne, ***P. coccineus*** L.

— Trauben kürzer als Tragblatt; Hülsen glatt; — Kronblätt. meist weiß; Stg. verläng., windend od. kurz, nicht windend; ↕ 0,4–0,6 m (windende Formen deutl. höher); ⊙. VI–IX. – Kulturpfl. (Heimat: westl. S-Am. bis Mexiko). Gartenbohne, ***P. vulgaris*** L.

a. Stg. windend. Stangenbohne, var. ***vulgaris***

— Stg. nicht windend. Buschbohne, var. ***nanus*** (L.) Asch.

Pisum L. [*Lathyrus* L. p. p., Platterbse z. T.], Erbse

Stg. kahl, bläul.grün; Blätt. m. 1–3 Paaren eif. bis br. ellipt. Fiedern u. verzweigter Ranke; Nebenblätt. groß, den Fiedern ähnl. (*39/11*); ↕/↔ 30–180 cm; ⊙. V–VI. – Kulturpfl. (Heimat: O-MMG bis Iran). – In zahlr. Sorten angepfl. [*L. oleraceus* Lam. subsp. *oleraceus*] Garten-E., ***P. sativum*** L.

a. Kronblätt. weiß, selten blassrosa; Hülsen > 14 mm br.; — Fiedern wellig ganzrandig. – Häufige Kulturpfl., vermutl. entstanden aus den beiden folg. Unterarten. Garten-E. (i. e. S.), subsp. ***sativum***

— Kronblätt. verschiedenfarbig, bunt; Hülsen ≤ 12 mm br. .... **b**

b. Stiel der Infl. 2–3-mal so lg. wie die Nebenblätt.; Nebenblätt. ohne Fleck; — Fiedern ganzrandig od. gezähnelt. – Ne (Heimat: S-Eur., W-As.), z. T. eingebürg.; CH: Vs. [subsp. *elatius* (M. Bieb.) Asch. & Graebn.] Wilde E., subsp. ***biflorum*** (Raf.) Soldano

— Stiel der Infl. max. 1,5-mal so lg. wie die Nebenblätt.; Nebenblätt. m. violettem Fleck; — Fiedern gezähnelt. – Seltene Kulturpfl. (Heimat: vermutl. MMG); *s* verwild., A: Kt, Vb; B; CH; I: Bz. Futter-E., subsp. ***arvense*** (L.) Asch. & Graebn.

Robinia L., Robinie, Scheinakazie

1. Junge Zweige drüsig-klebrig behaart; — Kronblätt. rosa; Blüten in meist hgd. Trauben; ↕ bis 12 m; ♄. V–VI. – Ziergehölz (Heimat: N-Am.); *s* verwild. Klebrige R., ***R. viscosa*** Vent.
— Junge Äste anfangs kurz, anlgd. behaart, kaum drüsig **2**
2. Baum (teilw. durch starken Rückschnitt strauchart.); 2-j. Äste verkahlend; Nebenblätt. zu bis 3 cm lg. Dornen umgebildet; Kronblätt. weiß; Kelch kahl; Blüten in 20–35-blütigen hgd. Trauben, stark nach Bergamotte duftend; Fr. glatt, ± kahl; ↕ bis 20 m; ♄. V–VI. – Ziergehölz (Heimat: N-Am.); *v* verwild. u. eingebürg. – Giftig (für Vieh)!!
Gewöhnliche R., ***R. pseudoacacia*** L.
— Strauch; 2-j. Äste dicht kurz borstig behaart; Nebenblätt. grannenart.; Kronblätt. rosa(rot); Kelch drüsenhaarig; Blüten in 3–8-blütigen hgd. Trauben; Fr. rau, drüsenhaarig; ↕ 1–3 m; ♄. V–VI. – Ne. (Heimat: N-Am.); *s* verwild., teilw. in Einbürg. in D: NI. – Ziergehölz. – Giftig!
Borstige R., ***R. hispida*** L.

Securigera DC. [*Coronilla* L. p. p., Kronwicke z.T.], Beilwicke

Stg. kantig gefurcht, niederlgd. bis aufstgd.; Blätt. m. 5–10(–12) Paaren von Seitenfiedern; Fahne rosa; Hülse aufw. gekrümmt; ↕ 30–60 cm; ♃. V–IX. – Halbtrockenrasen, Böschungen, Waldränder; auf Kalk. – *v*, M- u. S-D; A; CH; CZ; FL; sonst *z* (in B u. NL evtl. nicht einheim.). – Giftig! [*C. varia* L.]
Bunte B., Bunte Kronwicke, ***S. varia*** (L.) Lassen

Spartium L., Binsenginster, Spanischer Ginster

Strauch m. binsenf., grau-grünen Zweigen, fein gerieft, im ∅ rund, ältere Zweige grau-braun m. grünen Längsstreifen; Blätt. einfach, sitzend, früh hinfällig; Blüten 2,5–4 cm lg., gelb, duftend; Kelch oberseits bis zur Basis eingeschnitten, eine 5-zähnige Unterlippe formend; ↕ 1–3 m; ♄. V–VII. – Ne. (Heimat: MMG); *s* verwild., v. a. im W z.T. in Einbürg. – Zierstrauch.
Gewöhnlicher B., ***S. junceum L.***

Styphnolobium Schott, Schnurbaum

Sommergrüner Baum; Blätt. unpaarig gefied., bis 25 cm lg., Fiedern eif. bis eilanzettl.; Bl. weißl. gelb in lg. hgd. Doppeltrauben; Fr. kahl, auffällig eingeschnürt m. 1–6 Samen, sich nicht öffnend; ↕ 10–20(–30) m; ♄. VII–VIII. – Parkbaum (Heimat: O-As.); *s* verwild. – Giftig! [*Sophora japonica* L.]
Japanischer S., ***S. japonicum*** (L.) Schott

Trifolium L., Klee

1. Kronblätt. rot, rosa od. weiß, wenn gelbl., dann Köpfchen > 1,5 cm lg. **8**
— Kronblätt. lebhaft gelb, später braun werdend; Köpfchen < 1,5 cm lg. **2**
2. Oberste Stg.Blätt. fast gegenst.; ob. Infl. scheinbar endst.; Krone verblüht kastanienbraun; — Pfl. der montanen bis subalp. u. alp. Stufe; Fahne gefurcht, vom Grund an gewölbt **7**
— Alle Blätt. wechselst.; alle Infl. deutl. seitenst.; Krone verblüht hellbraun; — Pfl. der Ebene bis montanen Stufe **3**
3. Blüten > 0,4 cm lg.; Köpfchen meist > 20-blütig **5**
— Blüten 0,2–0,4 cm lg.; Köpfchen meist < 20-blütig (Artengruppe Zwerg-K., ***T. dubium*** agg.) **4**
4. Blütenstiele kürzer als die Kelchröhre; Nebenblätt. am Grund verbreitert; Endfieder länger gestielt als die Seitenfiedern; Stg. bis 35 cm lg.; — Blätt. bläul.grün, kahl, ohne Spitzchen (vgl. *Medicago lupulina*); Köpfchen 3–15(–25)-blütig; ↕/↔ 3–35 cm; ⊙–⊙. V–X. – Wiesen, Weiden. – *v*. [*T. minus* Sm.] Zwerg-K., Kleiner K., ***T. dubium*** Sibth.
— Blütenstiele länger als die Kelchröhre; Nebenblätt. am Grund nicht verbreitert; alle Fiedern fast sitzend; Stg. max. 10 cm lg., — sehr dünn, niederlgd.; Köpfchen locker (1–)2–6(–15)-blütig;

↕/↔ 5–10 cm; ⊙. V–VII. – Ufer, Teichränder, Küsten. – *z*, D: BW, NI, NRW, SH; B; DK; NL; *s* CH: Ts. (evtl. nur verschleppt) Armblütiger K., ***T. micranthum*** Viv.

5 **(3).** Blüten 0,4–0,5 cm lg.; — Köpfchen 20–30-blütig; Endfieder deutl. länger gestielt als die Seitenfiedern; ↕ 15–30 cm; ⊙–⚇. VI–IX. – Magerwiesen, Wegraine. – *v*. Feld-K., ***T. campestre*** Schreb.

— Blüten 0,5–0,7 cm lg. **6**

6. Nebenblätt. am Grund verschmälert; Endfieder nicht länger gestielt als die Seitenfiedern; — Köpfchen 20–40-blütig; ↕ (8–)12–60 cm; ⚇. V–VIII. – Magerwiesen, Waldränder; überwgd. montane Stufe. – *z*, im N *s*. Gold-K., ***T. aureum*** Pollich

— Nebenblätt. am Grund m. halbkreisf. Zipfeln; Endfieder länger gestielt als die Seitenfiedern, ihr Stielchen bis 3 mm lg.; — Köpfchen 12–25-blütig; ↕ 15–30(–65) cm; ⊙. VI–VII. – Feuchte Wiesen. – *s*, D: BW, unbest. RP, SN; *s* A; früher B; CH; CZ; F: Els; I: Bz. Spreiz-K., ***T. patens*** Schreb.

7 **(2).** Blütenstiele viel kürzer als die Kelchröhre; Fiedern nur in der ob. Hälfte gezähnt, — sitzend; Nebenblätt. längl. lanzettl.; Köpfchen anfangs eif., später walzl.; Stg. steif aufr.; ↕ 10–40 cm; ⊙. V–VIII. – Moorwiesen; kalkmeidend. – *s* in Mittelgeb., Alp. u. Vorland, sonst *z* in D; CH; CZ; F: Els; I: Bz; PL. Moor-K., ***T. spadiceum*** L.

— Blütenstiele so lg. wie die Kelchröhre; Fiedern ringsum fein gesägt, — sitzend; Nebenblätt. eif. lanzettl.; Köpfchen anfangs halbkugelig, später eif.; Stg. aufstgd. bis niederlgd.; ↔ 10–20 cm; ⊙–♃. VII–VIII. – Matten der Kalk-Alp.; 1300–2500 m. – *z*, *s* CH: Jura; CZ. Braun-K., ***T. badium*** Schreb.

8 **(1).** Blätt. meist 5–8-zählig gefing., — Nebenblätt. meist länger als der Blattstiel; Köpfchen bis 20-blütig; Blüten 1–2 cm lg.; Kronblätt. purpurrot, seltener weiß; ↕ 15–50 cm; ♃. VI–VII. – Trockene Kiefernwälder. – Unbest. in D: RP; NO-PL. Lupinen-K., ***T. lupinaster*** L.

— Blätt. 3-zählig gefing. **9**

9. Köpfchen m. ≤ 5 fertilen Blüten (m. Krone); — Stg. niederlgd. **34**

— Köpfchen m. > 5 fertilen Blüten **10**

10. Blüten (zumind. teilw.) deutl. gestielt; Kelch meist m. offenem, kahlem Schlund **25**

— Blüten sitzend od. sehr kurz gestielt; Kelch im Schlund häufig m. Haarkranz od. behaartem Wulst **11**

11. Kelch z. Frzt. nicht ballonart. aufgetrieben **13**

— Kelch z. Frzt. ballonart. aufgetrieben **12**

12. Fahne der Blüten (*389/1b*, F) abw. gerichtet, nur das Schiffchen nach oben zeigend; Köpfchen kugelig, kurz gestielt, die Blätt. nicht überragend, nach der Bltzt. zurückgebogen; — Kronblätt. rosa bis purpurviolett; ob. Kelchhälfte z. Frzt. helmf. aufgeblasen (*389/1a*), netznervig, zerstreut drüsig-zottig; Stg. niederlgd. bis aufstgd., nicht wurzelnd; ↔ (10–)20–30(–50) cm; ⊙. IV–VI. – Tonige, salzhaltige Böden. – Futterpfl., Begrünung von Böschungen (Heimat: MMG, Vorderas.); *s* verwild. Persischer K., ***T. resupinatum*** L.

— Fahne der Blüten nach oben gerichtet; Köpfchen eif. kugelig, lg. gestielt, die Blätt. meist überragend, auch nach der Bltzt. aufr.; — Kronblätt. hellrosa bis rot; unt. Blüten fast sitzend, die ob. kurz gestielt; ob. Kelchhälfte später stark aufgeblasen, trockenhäutig, netznervig, ± rötl.; Fr.Stand erdbeerähnl. (*389/2*); Stg. niederlgd., ausläuferart., an den Knoten wurzelnd; ↕/↔ 5–20 cm; ♃. VI–IX. – Feuchte Weiden, Trittrasen; vorwgd. auf salzhaltigem Boden. – *z*. Erdbeer-K., ***T. fragiferum*** L.

389/1

389/2

13 (11). Kelch deutl. kürzer als die Krone; Köpfchen > 1 cm br.; — Kelchröhre behaart od. kahl **17**
— Kelch ≈ so lg. wie od. länger als die Krone; Köpfchen nur bis ≈ 1 cm br.; — Kelchröhre behaart **14**
14. Köpfchen am Grund ohne Hochblätt., zu mehreren, walzl., — 1–2 cm lg.; Kelch ± dicht weich weißhaarig, länger als die anfangs weißl., später rötl. Krone; Nebenblätt. lanzettl. pfrieml., meist ± rot; ↕/↔ (5–)10–30 cm; ⊙. V–VII. – Heiden, Trockenwiesen, Sandfluren. – *v*.
Hasen-K., ***T. arvense*** L. (subsp. ***arvense***)
— Köpfchen am Grund m. Hochblätt., meist einzeln, eif. od. kugelig **15**
15. Blattfiedern m. undeutl. hervortretenden Seitennerven, 4–6(–10) mm lg., — beiderseits seidig behaart; Köpfchen sehr klein, bis 0,8 cm br., wenigblütig; Krone weiß bis rosa, höchstens so lg. wie der weiß seidig-filzige Kelch; Stg. niederlgd. bis aufstgd.; ↕/↔ 3–15 cm; ⊙–⊙. VII–VIII. – Felsen u. Steinschutt der Alp. – *s*, A: Ti (Stubai- u. Sellraintal); CH: Vs; I: Bz. FFH4; ⓢ.
Felsen-K., ***T. saxatile*** All.
— Blattfiedern m. deutl. hervortretenden Seitennerven, (8–)10–20 mm lg. **16**
16. Kronblätt. hellrosa, m. dunkleren Nerven; Kelch zuletzt bauchig; Kelchzähne gerade; Fiedern m. geraden Nerven; ↕/↔ 5–30 cm; ⊙–⊙. V–VIII. – Magerweiden, sandige Äcker, Wege; kalkmeidend. – *z*, D; A: Bgl, NÖ; B; CH; CZ; DK; F: Els; I: Bz; NL; PL; *f* in Alp.
Gestreifter K., Streifen-K., ***T. striatum*** L.
— Kronblätt. weißl.; Kelch walzl.; Kelchzähne nach außen gekrümmt; Fiedern m.gekrümmten, gegen den Rand zu deutl. verdickten Nerven; ↕/↔ 3–20 cm; ⊙. V–VII. – Kalk-Magerrasen, Felsköpfe, Wege. – *s*, D: Oberrheingebiet (anderorts unbest.); B; CH; F: Els; I: Bz; L; NL.
Rauer K., ***T. scabrum*** L.
17 (13). Krone rötl. bis purpurrot **21**
— Krone weiß od. gelbl.weiß **18**
18. Stg. locker anlgd. behaart, ästig; Krone 0,8–1 cm lg., — gelbl.weiß, ≈ doppelt so lg. wie der Kelch; Köpfchen > 2 cm lg. gestielt; ↕ 20–70 cm; ⊙. VI–IX. – Auf Äckern angebaut (Heimat: wohl O-MMG); *s* verwild. Alexandriner K., ***T. alexandrinum*** L.
— Stg. wenigstens im ob. Teil absthd. behaart, meist wenig verzweigt; Krone > 1,5 cm lg. **19**
19. Stg. 8–20 cm hoch; unterster Kelchzahn bis 1,5-mal so lg. wie die übrigen; Infl. kugelig, sich nicht verlängernd; Kronblätt. weiß, — ≈ 1,5 cm lg.; ↕/↔ 8–20 cm; ♃. VI–VIII. – Alpenmatten; auf Kalk. – *s*, A: SW-Kt. Norischer K., ***T. noricum*** Wulfen
— Stg. (meist) > 20 cm hoch; unterster Kelchzahn 2(–3)-mal so lg. wie die übrigen; Infl. erst (halb-)kugelig, später oval bis längl.; Kronblätt. gelbl.weiß, — 1,5–2,5 cm lg. **20**
20. Krone 1,5–2 cm lg., ≈ so lg. wie der unterste Kelchzahn, dieser zur Fr.Reife herabgebogen; Tragblätt. der Infl. angenähert (max. 2 cm unterh.); — Infl. kugelig, später eif. bis zylindrisch, 1,5–3 cm lg.; ↕ 20–50 cm; ♃. VI–VII. – Magerwiesen, Gebüsche. – *z* in M- bis S-D; A; B; CH; CZ; F: Els; I: Bz; L; *f* im N. Blassgelber K., ***T. ochroleucon*** Huds.
— Krone 2–2,5 cm lg., deutl. länger als der unterste Kelchzahn, dieser zur Fr.Reife aufr.; Tragblätt. mind. 3 cm unterh. der Infl., diese daher lg. gestielt; — Infl. halbkugelig, später eif. bis längl., 2–6 cm lg.; ↕ 20–70 cm; ♃. VI–VII. – Magerwiesen, Gebüsche. – Futter- u. Zierpfl. (Heimat: SO-Eur.); *s* verwild., in Einbürg. in D: BW, sonst meist unbest.
Ungarischer K., ***T. pannonicum*** Jacq.
21 (17). Kelchröhre außen behaart, Kelchzähne behaart **23**
— Kelchröhre außen kahl, nur Kelchzähne bewimpert **22**
22. Köpfchen walzl., 3–7 cm lg., am Grund m. Hülle, einzeln od. zu zweit, scheinbar endst.; Kelch 20-nervig; Nebenblätt. krautig, groß, oft länger als der Blattstiel, kahl; — Fiedern längl. lanzettl., 4–6,5 cm lg.; Stg. aufr.; ↕ 40–60 cm; ♃. VI–VII. – Lichte Laub- u. Kiefernwälder; v. a. montane Stufe. – D: *z* S-D, *s* M- u. O-D; *z* A; B; CH; I: Bz; *s* L (Oesling); *z* PL.
Purpur-K., Fuchsschwanz-K., ***T. rubens*** L.
— Köpfchen kugelig bis eif., 2–3 cm lg., am Grund ohne Hülle, meist einzeln; Kelch 10-nervig; Nebenblätt. borstig, lanzettl., deutl. kürzer als der Blattstiel, bewimpert; — Fiedern längl. ellipt., 1,5–5 cm lg., fein gezähnelt; Stg. aufstgd., meist zickzackf.; ↔ 20–45 cm; ♃. VI–VIII. – Lichte Wälder, Trockenwiesen. – *v*, *z* im N. Zickzack-K., Mittlerer K., ***T. medium*** L.

23 (21). Kelch 20-nervig; — Köpfchen einzeln od. zu zweit, achselst., kugelig; Kronblätt. rötl.-violett; Fiedern schmal ellipt., 2–5 cm lg., unterseits behaart; Nebenblätt. dem Stiel hoch angewachsen, schmal, behaart, m. pfrieml. Zipfeln; Stg. aufr., absthd. behaart; ↕ 15–40 cm; ♃. VI–VIII. – Trockenwiesen, lichtes Gebüsch, Wälder. – *z*, *f* im NW. Hügel-K., ***T. alpestre*** L.

— Kelch 10-nervig **24**

24. Köpfchen kugelig bis eif.; Kronblätt. hellpurpurn, untereinander u. m. den 9 unt. Staubfäden verwachsen; Nebenblätt. scharf zugespitzt u. an der Spitze pinself. behaart; ↕/↔ (2–)5–50(–80) cm; ♃. V–IX. – Fettwiesen, Felder, lichte Wälder. – *v*. – Formenreich; auch als Kulturpfl. Wiesen-K., Rot-K., ***T. pratense*** L.

— Köpfchen zylindr., bis 5 cm lg.; Kronblätt. lebhaft rot, nicht untereinander u. m. den Staubfäden verwachsen; Nebenblätt. groß, häutig, m. stumpfen, gezähnten, oft roten Spitzen; ↕ 10–50 cm; ⊙–⊙. IV–VII. – Kulturpfl. (Heimat: MMG); zuw. verwild. Inkarnat-K., ***T. incarnatum*** L.

25 (10). Kelch z. Frzt. stark blasig aufgetrieben; — Fr.Stand erdbeerähnl.; meist nur die ob. Blüten des Köpfchens deutl. gestielt, die unt. fast sitzend Erdbeer-K., ***T. fragiferum*** L., s. auch Nr. **12**—

— Kelch z. Frzt. nicht blasig aufgetrieben **26**

26. Kelch so lg. wie od. länger als die Krone; — Köpfchen 0,8–1,1 cm br., kugelig; Blütenstiele halb bis ein Drittel so lg. wie der Kelch, z. Frzt. herabgeschlagen; Blüten 0,4–0,5 cm lg.; Kronblätt. rosa bis weißl.; Fiedern verkehrt-eif. bis herzf., ringsum fein gezähnt; ↕ 5–30 cm; ⊙. V–VII. – Trockenwiesen u. Wegränder. – D: *s* ST, unbest. in BW, NRW, RP, SH, früher NI; *s* A: Bgl, NÖ; CZ. [*T. parviflorum* Ehrh.] Kleinblütiger K., ***T. retusum*** L.

— Kelch nur halb so lg. wie die Krone; — Köpfchen bei einigen Arten bis 4 cm br. **27**

27. Stg. seidig-wollig behaart; Blattfiedern unterseits dicht anlgd. behaart, — ringsum stachelspitzig gesägt; Kronblätt. weiß bis gelbl.weiß, selten rötl., beim Verblühen rötl.graubraun; Kelch m. gerade vorgestreckten Zähnen; ↕ 15–60 cm; ♃. V–VIII. – Trockene Wiesen, Gebüsche, Waldsäume; meist auf Kalk. – *v*, *z* im NO, *f* im NW. Berg-K., ***T. montanum*** L.

— Stg. kahl od. nur oberw. schwach behaart; Blattfiedern kahl **28**

28. Kelch 10-nervig (10 deutl. erkennbare Rippen) **30**

— Kelch 5-nervig (m. 5 deutl. erkennbaren Rippen, zuw. aber weiteren 5 undeutl. Rippen) ... **29**

29. Köpfchenstiele deutl. länger als als die Tragblätt., dünn; Kelchzähne so lg. wie die Röhre, zus. deutl. kürzer als die Krone; — Köpfchen 1–2,5 cm br.; Kronblätt. anfangs weiß, dann lebhaft rosa, später bräunl.; Fiedern verkehrt eif., m. parallelen, mehrfach gegabelten Seitennerven, ringsum stachelspitzig gezähnt; Stg. aufr.; ↕ 20–40 cm; ⊙–♃. V–IX. – Fettwiesen, Äcker. – Futterpfl. (Heimat: SW- bis O-Eur.); *v* verwild. u. eingebürg.
Bastard-K., Schweden-K., ***T. hybridum*** L.

a. Stg. aufr. od. aufstgd., hohl; Kronblätt. 0,7–1,2 cm lg. – Ne. (Heimat: W- bis SO-Eur.); *v*.
Schweden-K. (i. e. S.), subsp. ***hybridum***

— Stg. niederlgd., kreisf. ausgebr., markig; Kronblätt. 0,5–0,6 cm lg. – Ne. (Heimat: MMG, W-Eur.); *s*.
Schöner Schweden-K., subsp. ***elegans*** (Savi) Asch. & Graebn.

— Köpfchenstiele so lg. wie od. kürzer als die Tragblätt.; Kelchzähne 1–2-mal so lg. wie die Röhre, zus. fast so lg. wie die Krone; — Köpfchen 1–1,5 cm br.; Kronblätt. blassrosa; Fiedern verkehrt eif., fein gezähnt; Stg. aufstgd. bis aufr.; ↔ 10–40 cm; ⊙. VI–VII. – Steppenrasen, Salzsteppen. – *s*, D: BY; A: Bgl; CZ. Kanten-K., ***T. angulatum*** Waldst. & Kit.

30 (28). Pfl. 1-j.; Blattfiedern eif. bis fast 3-eckig, zur Spitze hin ungleichm. gesägt-gezähnt; Hülsen zw. den Samen eingeschnürt, — deutl. länger als die Kelchröhre; Kronblätt. hellrosa; 3,5–4 cm lg.; Stg. niederlgd. bis aufstgd.; ↔ 5–50 cm; ⊙. III–X. – Ne. (Heimat: MMG); *s*.
Schwarzwerdender K., ***T. nigrescens*** Viv.

— Pfl. ausd.; Blattfiedern lanzettl. bis eif., niemals m. stumpf abgeschnittener, gezähnter Spitze; Hülsen nicht eingeschnürt **31**

31. Blattfiedern lanzettl. linealisch, bis 7 cm lg.; — Nebenblätt. bis 4 cm lg., hoch m. dem lg. Blattstiel verwachsen; Kronblätt. fleischrot bis hell purpurn, 1,8–2,1 cm lg.; Blüten angenehm duftend, doldig genähert, anfangs aufr., später herabgeschlagen; ↕ 5–15 cm; ♃. VI–VIII. – Magerasen der Silikat-Alp.; 1700–2500 m. – *v*, *s* Schweizer Jura (Chasseron), *f* in D. Alpen-K., ***T. alpinum*** L.

— Blattfiedern br. ellipt. bis eif., nicht linealisch; — Kronblätt. weiß, rosa bis rot, nach dem Abblühen zuw. braun, < 1,5 cm lg.; Blüten in kugeligen, reichblütigen Köpfchen **32**

32. Stg. weit kriechend, an den Knoten wurzelnd; — Nebenblätt. trockenhäutig, m. rotvioletten od. grünen Nerven, plötzl. in grannenart. Spitze veräng.; Kronblätt. weiß, verblüht hgd. u. hellbraun; ↔ 5–20(–30) cm; ♃. V–IX. – Fettwiesen, Wegränder; Flachland bis alp. Stufe. – *v.* Weiß-K., ***T. repens*** L.

a. Blattstiel kahl; Köpfchen 2–2,4 cm br. – *v.* Weiß-K. (i. e. S.), subsp. ***repens***

— Blattstiel behaart; Köpfchen 1,4–1,8 cm br. – Ne. (Heimat: S- u. W-Eur.); *s,* D: BY, RP; CH. Niederliegender W.-K., subsp. ***prostratum*** (W. D. J. Koch) Nyman

— Stg. niederlgd.-kriechend, aber nicht wurzelnd; — Pfl. locker bis dichtrasig; Nebenblätt. zarthäutig **33**

33. Blätt. lg. gestielt; Fiedern m. 7–10 Paar Seitennerven; Blütenstiele ≈ drei Viertel so lg. bis gleich lg. wie die Kelchröhre, auch postfloral aufr.; Kronblätt. weißl., später rosa, verblüht bräunl., 1,5-mal so lg. wie der Kelch; Pfl. dichte Rasenpolster bildend; ↔ 4–10(–15) cm; ♃. VII–VIII. – Matten, Weiden der Kalk-Alp.; 1400–2400 m. – *v,* in O-Alp. *s,* auch Schweizer Jura. Rasiger K., ***T. thalii*** Vill.

— Blätt. kurz gestielt; Fiedern m. 10–20 Paar Seitennerven; Blütenstiele länger als die Kelchröhre, später zurückgekrümmt; Kronblätt. schmutzigweiß bis rosa, 3-mal so lg. wie der Kelch; Pfl. lockerrasig; ↔ 5–20 cm; ♃. VII–VIII. – Steinschuttpfl. der Alp.; kalkmeidend; 1800–3000 m. – *z,* A; CH; FL; I: Bz. Bleicher K., Geröll-K., ***T. pallescens*** Schreb.

34 (9). Blüten in lg. gestielten Köpfchen; Kronblätt. überwgd. weiß (nur Fahne rosa überlaufen), 0,8–1,4 cm lg.; mittl. Blüten des Köpfchens ohne Krone, steril, erst nach der Bltzt. erscheinend, zu dicken Stielen m. gekrümmten Stacheln auswachsend, ein rundl. Köpfchen bildend; Köpfchen z. Frzt. dem Boden anlgd.; ↔ 10–30 cm; ⊙. III–IX. – Ruderalstellen. – Ne. (Heimat: MMG); *s.* Bodenfrüchtiger K., ***T. subterraneum*** L.

— Infl. in Blattachseln, fast sitzend, ≤ 0,8 cm lg. gestielt; alle Kronblätt. rosa, 0,6–0,8 cm lg.; Blüten alle m. Krone u. fertil; — Hülsen längl., m. kurzem, hakigem Schnabel; ↔ 3–20 cm; ⊙. V–VI. – Sandtrockenrasen, Deiche. – *s,* Eiderstedt, früher auch auf Sylt; längs der W-europ. Küste bis NL u. DK. [*Trigonella ornithopodioides* (L.) DC.] Vogelfuß-K., ***T. ornithopodioides*** L.

Trigonella L., Bockshornklee, Schabziegerklee

1. Blüten blassgelb, zu 1–2, blattachselst.; Hülsen bis 100 mm lg., — linealisch, absthd., gerade od. gekrümmt, 20–30 mm lg. geschnäbelt (*371/1b*); ↕ 30–80 cm; ⊙. IV–VII. – Heilpfl. (Heimat: östl. MMG); zuw. verwild. Griechischer B., Gelblicher S., ***T. foenum-graecum*** L.

— Blüten blau, in Trauben od. kugeligen Trauben m. > 2 Blüten; Hülsen nur 4–5 mm lg. **2**

2. Trauben kugelig, sich später kaum verlängernd, fast sitzend; Hülsen plötzl. in den Schnabel verschmälert (*371/1a*); Stg. hohl; ↕ 30–60(–100) cm; ⊙. VI–VII. – Gewürz- u. Heilpfl. (Heimat: MMG); zuw. verwild. Blauer B., ***T. caerulea*** (L.) Ser. s. str.

— Trauben zunächst halbkugelig, sich später verlängernd; Hülsen allmähl. in den Schnabel verschmälert; Stg. markig; — Pfl. aufstgd. bis aufr., ↕ 30–40 cm; ⊙. VI–VII. – Trockenrasen, Ackerränder. – *s,* A: Bgl; sonst Ne. (Hauptverbr.: SO-Eur., SW-As.), in Einbürg. in D. [*Melilotus procumbens* Besser; *T. caerulea* subsp. *procumbens* (Besser) Thell.] Niederliegender B., ***T. procumbens*** (Besser) Rchb.

In jüngster Zeit werden vermehrt regionale, unbest. Vorkommen weiterer *Trigonella*-Arten beschrieben.

Ulex L., Stechginster

Sparriger, reich verzweigter Strauch m. Blatt- u. Kurztriebdornen; Blüten zu 1–3 an Kurztrieben; Kelch dicht braun behaart; Kronblätt. goldgelb; ↕ 1–2 m; ♄. IV–VII. – Gesellig auf Heiden, vorwgd. im W u. NW, sonst angepfl. u. verwild. – Giftig! Gewöhnlicher St., ***U. europaeus*** L. (subsp. ***europaeus***)

Vicia L. [incl. *Ervilia* Link; *Ervum* L.; excl. *Lens* Mill., Linse], Wicke

1. Blüten in lg. gestielten, 1–30-blütigen Trauben (*393/1*) **13**

— Blüten in kurz gestielten, 1–6-blütigen Trauben (*393/2*) od. sitzend in den Blattachseln **2**

2. Blätt. m. (3–)4–8(–15) Paaren laubiger Seitenfiedern; — Endfieder (u. ob. Seitenfiedern) zu Ranken umgebildet **6**

— Blätt. m. 1–4 Paaren laubiger Seitenfiedern, — m. od. ohne Ranken **3**

3. Blüten 5–8 mm lg., — einzeln; Kronblätt. hellviolett; Kelchzähne alle fast gleich lg.; Blätt. meist paarig gefied., selten m. einfacher Ranke; ↕/↔ 5–15(–25) cm; ⊙. IV–VI. – Magerwiesen, Brachäcker, Wegränder. – *z*. Platterbsen-W., ***V. lathyroides*** L.

— Blüten > 10 mm lg. **4**

4. Wenigstens die ob. Blätt. m. Ranken; — Kronblätt. schmutzig-lila od. bunt, meist einzeln; Kelchzähne ungleich lg.; Blätt. m. 1–3 Fiederpaaren; Fiedern 2–5 cm lg. u. 1–4 cm br.; Hülsen an den Nähten borstig behaart; ↕ 20–60 cm; ⊙. V–VI. – Lichte Wälder, Waldränder. – *s*, in A: NÖ u. Bgl vielleicht wild, sonst Ne. (Heimat: MMG), auch verwild. u. eingebürg., z. B. D: BW (Istein), RP; CH. – Kulturpfl. Maus-W., ***V. narbonensis*** agg.

a. Fiedern u. Nebenblätt. scharf gesägt (*393/3*). – D; A. [*V. narbonensis* subsp. *serratifolia* (Jacq.) Nyman] Gezähnte W., ***V. serratifolia*** Jacq.

— Alle Fiedern ganzrandig .... **b**

b. Kronblätt. (schmutzig-)violett, teilw. m. dk. Nerven, Flügel ohne dk. Fleck. – D: BW, RP; CH; CZ. Maus-W. (i. e. S.), V. ***narbonensis*** L. subsp. ***narbonensis***

— Kronblätt. weißl. bis gelbl, teilw. m. violetten Nerven, Flügel m. braunem od. dk.violettem Fleck. – D: BB (Berlin), BY, BW, RP. Johannes-W., ***V. johannis*** Tamamsch.

— Alle Blätt. ohne Ranken **5**

5. Kelchzähne gleich lg.; Kronblätt. blassgelb, 14–19 mm lg.; — Trauben 2–12-blütig, fast sitzend; Blätt. m. 1–4 Fiederpaaren; Fiedern 4–8 cm lg. u. 1,5–4,5 cm br.; Pfl. kahl bis schwach behaart; ↕ 20–50 cm; ♃. V–VII. – Montane Laubwälder u. subalp. Hochstaudenfluren. – *s*, D: BY (Chiemgau); *z*, A. Walderbsen-W., ***V. oroboides*** Wulfen

— Kelchzähne ungleich lg.; Kronblätt. weiß (Flügel m. schwarzviolettem Fleck), 20–30 mm lg.; — Trauben 2–7-blütig; Blätt. m. 1–3 Fiederpaaren; Fiedern 4–10 cm lg. u. 1–5 cm br.; Nebenblätt. groß, m. violettbraunen Nektardrüsen; Hülse fast stielrund, kurzflaumig; Samen sehr groß, braun; ↕ 40–150 cm; ⊙. V–VIII. – Ne. (Heimat: unbekannt, vielleicht SW-As. od. N-Afr.); in zahlr. Sorten angepfl. Pferdebohne, Saubohne, ***V. faba*** L.

6 (2). Fahne außen behaart **12**

— Fahne kahl **7**

7. Kronblätt. rot, purpurn, schmutzigviolett od. weiß; Stg. rund **10**

— Kronblätt. hellgelb bis grünl., zuw. violett, braun od. grün überlaufen; Stg. gerillt, kantig ... **8**

8. Kelchzähne fast gleich lg.; — Hülsen anfangs behaart, später kahl, 35–50 mm lg. u. 6–8 mm br.; Blüten 2–8 mm lg. gestielt, meist zu zweit, 25–35 mm lg.; Stg. rund, behaart bis kahl; ↕ 30–60 cm; ⊙. V–VI. – Äcker, Ruderalstellen. – Ne. (Heimat: östl. MMG, Vorderas.); *z* in D, zumeist bereits eingebürg.; *s*, A: Bgl, Kt, Stm; CH; CZ; I: Bz; PL. – Formenreich. [incl. *V. sordida* Waldst. & Kit.] Großblütige W., ***V. grandiflora*** Scop.

— Kelchzähne ungleich lg., die unt. 2–3-mal so lg. wie die ob. **9**

9. Blüten 2-farbig (Fahne grünl.gelb, Flügel braun); Stg. kantig, kurz borstig behaart; Blätt. anlgd. behaart; Hülsen kahl, nur randl. kurz behaart, — Blüten fast sitzend, zu 1–4, 15–22 mm lg.; ↔ 15–80 cm; ⊙. VI–VII. – Äcker, Ruderalstellen. – Ne. (Heimat: S-/SO-Eur.); *z* verwild., teilw. in Einbürg.: D: HE; sonst unbest. Grünblütige W., Schwarzkopf-W., ***V. melanops*** Sm.

— Blüten gelbl.weiß. bis weiß, selten bräunl. überlaufen; Stg. gerillt, meist einfach, wie die Blätt. absthd. behaart; Hülsen locker absthd. behaart, 25–30 mm lg. u. 8–14 mm br., flach;

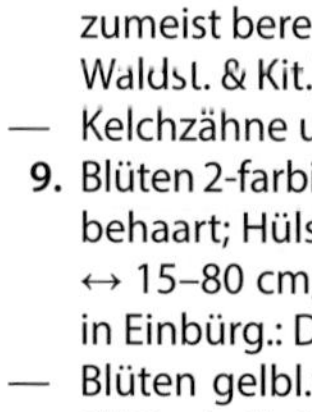

393/1

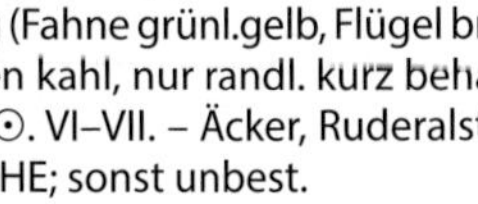

393/2

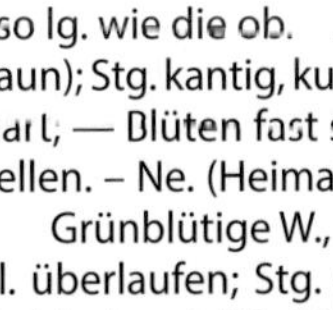

393/3

393/4

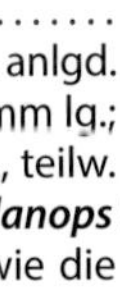

393/5

— Blüten sehr kurz gestielt, meist einzeln, 20–35 mm lg.; ↔/↕ 20–60 cm; ⊙. V–VI. – Äcker, Trockenrasen. – *s*, A: NÖ, Sb; CH; I: Bz; teilw. unbest. in D. Gelbe W., ***V. lutea*** L.

10 **(7).** Blüten zu 3–5 in kurz gestielten Trauben; Kronblätt. schmutzigviolett, selten weiß; — Kelchzähne ungleich lg.; Nebenblätt. m. schwarzem Fleck; Hülsen br. linealisch, anfangs kurzhaarig, später kahl, reif glzd. schwarz; ↔/↕ 30–60 cm; ♃. V–VI. – Fettwiesen, Weg-, Ackerränder. – *v*. Zaun-W., ***V. sepium*** L.

— Blüten zu 1–2 in den Blattachseln; Kronblätt. rot(violett) **11**

11. Kelchzähne ungleich lg., die ob. später aufw. gekrümmt, nur unterster Kelchzahn so lg. wie die Kelchröhre; Nebenblätt. ohne Fleck, ganzrandig; — Blätt. m. 3–5 Fiederpaaren; Fiedern schmal linealisch, 1–2 mm br., zugespitzt od. 3-spitzig; Krone 10–16 mm lg.; ↔/↕ 20–100 cm; ⊙. IV–VI. – Weinberge, Äcker. – Ne. (Heimat: MMG); *s*. Fremde W., ***V. peregrina*** L.

— Kelchzähne gleich lg., so lg. wie die Kelchröhre; Nebenblätt. meist m. schwarzem Fleck, gezähnt; — Blätt. m. 3–8 Fiederpaaren; Fiedern 1–6 mm br.; Krone 10–30 mm lg.; ↔/↕ 40–70(–100) cm; ⊙. V–VII. – Äcker, Halbtrockenrasen, Ruderalstellen. – *v*. – Formenreich. Saat-W., ***V. sativa*** L.

a. Ob. Fiedern deutl. schmaler als die unt., linealisch, 2–3 mm br.; — Fahne u. Flügel fast gleichfarbig; Hülse reif kahl u. schwarz, 28–40 mm lg.; ⊙. V–VII. – Wegraine, Sandfelder. – *v*. [*V. angustifolia* L.] Schmalblättrige W., subsp. ***nigra*** (L.) Ehrh.

— Ob. Fiedern kaum schmaler als die unt., ≥ 3 mm br.; — Hülse ≥ 2,8 cm lg. .... **b**

b. Hülse zw. den Samen deutl. eingeschnürt, — reif bräunl., kurzhaarig, oft samtig; Fahne u. Flügel verschieden gefärbt; Fiedern ≥ 5 mm br.; ⊙. V–VII. – Äcker, Ruderalstellen. – Kulturpfl. (Heimat: O-Eur.); *s*, in D in Einbürg. Futter-W., subsp. ***sativa***

— Hülse zw. den Samen nicht eingeschnürt, — reif dk.braun bis schwarz, schwach behaart od. kahl; Fiedern 3–6 mm br. .... **c**

c. Fiedern lineal-längl. bis verkehrt eif., kaum ausgerandet; Hülse reif schwarz, — kahl; Fahne meist hell rotviolett, außen oft etwas grünl. überlaufen, Flügel dunkler rotviolett; ⊙. V–VII. – Getreideäcker, Wegraine. – *v*. [*V. segetalis* Thuill.; *V. angustifolia* subsp. *segetalis* (Thuill.) Arcang.] Getreide-W., subsp. ***segetalis*** (Thuill.) Čelak.

— Fiedern meist deutl. ausgerandet; Hülse reif dk.braun, — schwach behaart bis kahl; Fahne rotviolett, Flügel dk.rot; ⊙. V–VII. – Ne. (Heimat: MMG); *s*, in Einbürg. in D: BY; A: N-Ti, Kt; CH; I: Bz. [*V. cordata* Hoppe] Herzblättrige W., subsp. ***cordata*** (Hoppe) Batt.

12 **(6).** Kelchzähne fast gleich lg.; — Krone 14–22 mm lg., weißl.gelb od. trübviolett; Blüten zu 1–4; Hülsen nickend, 20–35 mm lg., wie Stg. u. Blätt. anlgd. zottig behaart; Fiedern schmal ellipt., 8–30 mm lg.; ↔/↕ 20–60 cm; ⊙. IV–VI. – Äcker, Halbtrockenrasen. – *s*, nur in A: Bgl, NÖ; CZ wild (Heimat: SO-M-Eur. bis W-Sibirien); sonst eingeschleppt od. eingebürg., z. B. D; B; CH; DK. Pannonische W., Ungarische W., ***V. pannonica*** Crantz s. l.

a. Krone weißl.gelb; Samen schwarz. Ungarische W., ***V. pannonica*** Crantz s. str.

— Krone trübviolett; Samen marmoriert. [*V. pannonica* subsp. *striata* (M. Bieb.) Nyman] Gestreifte W., ***V. striata*** M. Bieb.

— Kelchzähne ungleich lg., die unt. länger als die Kelchröhre; — Krone 18–30 mm lg., blassgelb, Fahne zuw. rötl. überlaufen; Blüten einzeln; Pfl. behaart od. kahl; Fiedern schmal ellipt., 6–15 mm lg.; ↔/↕ 20–50 cm; ⊙. IV–VI. – Äcker, Ruderalstellen. – Ne. (Heimat: S-Eur., W- bis Z-As.); *s*, CH; unbest. in D: BW, RP, SH, SN. Bastard-W., Haarfahnen-W., ***V. hybrida*** L.

13 **(1).** Nebenblätt. eines Blatts (zumind. der ob.) ungleich gestaltet: das eine linealisch, ungeteilt, klein, sitzend, das and. gestielt, tief handf. in 3–9 pfrieml. Zipfel zerschlitzt (*393/4*); — Blüten meist einzeln, 8–10(–15) mm lg.; Kronblätt. lila; ↔/↕ 20–70 cm; ⊙. IV–VI. – Ne. (Heimat: MMG); *z* verwild. in D; A: NÖ; CZ. – Kulturpfl. [*V. monanthos* (L.) Desf.] Einblütige W., ***V. articulata*** Hornem.

— Beide Nebenblätt. eines Blatts gleich gestaltet **14**

14. Blüten klein, 3–8 mm lg.; — Trauben (1–)3–8-blütig; Kronblätt. blassviolett, bläul. od. weiß **23**

— Blüten ≥ 10 mm lg.; — Trauben 5- bis vielblütig **15**

15. Blätt. m. 6 bis vielen Paaren laubiger Fiedern, — m. od. ohne Ranken **17**

— Blätt. m. 3–5 Paaren laubiger Fiedern, — m. Ranken **16**

16. Kronblätt. hellgelb; Blüten in 10–30-blütigen einseitswendigen Trauben; Fiedern groß, das unt. Paar die halb pfeilf. Nebenblätt. (*393/1, Nb*) überdeckend u. große Nebenblätt. vortäuschend; — Stg. kantig, gerillt; ↔/↕ 100–200 cm; ♃. V–VIII. – Laubwälder. – *z*, *f* im NW u. N. [*Ervum pisiforme* (L.) Peterm.] Erbsen-W., ***V. pisiformis*** L.

— Kronblätt. trübpurpurn, verblüht bräunl.; Blüten zu 4–8; Fiedern eif. ellipt., kurz bespitzt, das unt. Fiederpaar die Nebenblätt. nicht verdeckend; — Stg. scharf 4-kantig bis schmal geflüg., an den Kanten meist kurz rauhaarig; ↔/↕ 100–150(–250) cm; ♃. VI–VIII. – Lichte Laubgehölze. – *z*, *f* im NW. Hecken-W., ***V. dumetorum*** L.

17 (15). Blätt. ohne Ranken, — paarig gefied., m. 10–12 Paaren eif. ellipt., kurz bespitzter Fiedern; Nebenblätt. groß, halb spießf.; Kronblätt. weiß, Fahne m. violetten Nerven; Stg. starr aufr., kantig, gerillt, ± dicht wollig behaart; ↔/↕ 15–50 cm lg.; ♃. V–VI. – Laubwälder, Magerwiesen, Heiden. – *s*, D: BY, HE, NRW, RP; B; CH: Jura; DK. Heide-W., ***V. orobus*** DC.

— Blätt. m. Ranken **18**

18. Krone 20–25 mm lg., — violett, m. bleichem Schiffchen; Trauben 4–12-blütig; Blätt. m. 4–11 Fiederpaaren; Fiedern schmal ellipt., nur 1–4 mm br.; Nebenblätt. meist gezähnt; Hülsen kahl; Pfl. kahl od. behaart, ↔/↕ 40–100 cm; ♃. V–VII. – Trockenrasen, Ackerränder. – *s*, nur CH: Vs; sonst eingeschleppt. Esparsetten-W., ***V. onobrychioides*** L.

— Krone ≤ 20 mm lg. **19**

19. Kronblätt. weiß, m. violetten Nerven; — Blätt. m. 6–8 Paaren Fiederpaaren; Fiedern eif.-ellipt.; Nebenblätt. zerschlitzt, gezähnt; Stg. schlaff, 4-kantig, gefurcht, kahl, unterird. Ausläufer treibend; ↔/↕ 100–200 cm; ♃. VI–VIII. – Feuchte Laub- u. Nadelwälder; vorwgd. montane Stufe. – *z*, im N nur in D: SH u. DK. Wald-W., ***V. sylvatica*** L.

— Kronblätt. rötl.- od. bläul.violett; — Pfl. meist behaart **20**

20. Platte der Fahne deutl. kürzer als ihr basaler Teil; — Blätt. m. 6–8(–12) Fiederpaaren; Stg. u. Blätt. meist zottig behaart; ↔/↕ 30–120 cm; ⊙. VI–VIII. – Äcker, Wiesen.
Zottige W., Zottel-W., ***V. villosa*** Roth

a. Pfl. zottig behaart; Krone 15–20 mm lg.; Kelch lg. bewimpert, Zähne länger als die Röhre; — Trauben 12–30-blütig. – Kulturpfl. (Heimat: O- u. SO-Eur.); zuw. verwild., häufig bereits eingebürg. Zottige W. (i. e. S.), subsp. ***villosa***

— Stg. u. Blätt. kahl od. spärl. anlgd. behaart; Krone 10–15 mm lg.; Kelchzähne kürzer als die Röhre; — Trauben 3–15-blütig. – Ne. (Heimat: MMG bis SW-As.); *z* eingeschleppt, häufig bereits eingebürg. [*V. glabrescens* (W. D. J. Koch) Heimerl; *V. dasycarpa* Ten.; *V. villosa* Roth subsp. *dasycarpa* (Ten.) Cavill.]
Bunte Zottige W., Kahle W., subsp. ***varia*** (Host) Corb.

— Platte der Fahne mind. so lg. wie ihr basaler Teil od. länger; — Blätt. m. 6–14 Fiederpaaren **21**

21. Hülse fast rautenf.; voll aufgeblühte Traube kürzer als ihr Tragblatt; — Kronblätt. purpurviolett; Fiedern ellipt. bis längl. lanzettl., m. zahlr. netzig verbundenen Seitennerven; Stg. aufr., kantig, gleich den Blätt. kurz weichhaarig, am Grund m. Bodenausläufern; ↔/↕ 30–60 cm; ♃. VI–VII. – Trockene Laub- u. Nadelwälder. – *v* im O, sonst *z*, im W *s*. [*Ervum cassubicum* (L.) Peterm.] Kaschuben-W., ***V. cassubica*** L.

— Hülsen lineal-längl.; voll aufgeblühteTraube meist mind. so lg. wie das Tragblatt (ohne seine Ranke) **22**

22. Platte der Fahne ≈ doppelt so lg. wie ihr basaler Teil, die Flügel weit überragend, — hellblauviolett; Blätt. m. 9–14 Fiederpaaren; Fiedern linealisch, dicht anlgd. behaart; ↔/↕ 60–150 cm; ♃. VI–VIII. – Lichte Wälder, Gebüsche. – *z*.
Schmalblättrige W., Feinblättrige W., ***V. tenuifolia*** Roth

a. Fiedern 2–6 mm br., linealisch. – *z*. Schmalblättrige W. (i. e. S.), subsp. ***tenuifolia***

— Fiedern 1–2 mm br., nadelf. – Eingeschleppt (Heimat: SO-Eur., Anatolien); *s*, D: BW, BY, HE, NI, NRW; CZ. – Verbr. im Gebiet unklar, da in zahlr. Floren nicht von der Nominatunterart unterschieden. [*V. dalmatica* A. Kern.]
Dalmatische W., subsp. ***dalmatica*** (A. Kern.) Greuter

— Platte der Fahne ≈ so lg. wie ihr basaler Teil, die Flügel wenig überragend, — blauviolett; ↔/↕ 5–150 cm; ♃. V–VIII. – Trockenrasen, trockene Wiesen, Gebüsch. – *v*.
Vogel-W., ***V. cracca*** L.

a. Stg. absthd. zottig behaart; unt. Kelchzähne 1,5-mal so lg. wie die Kelchröhre; ↔ 30–150 cm. VI–VII. – *s* im S; A; CH; I: Bz. [*V. galloprovincialis* Poir.; *V. incana* Gouan; *V. gerardi* Bonnier & Layens]
Graue Vogel-W., subsp. ***incana*** (Gouan) Rouy

— Stg. kahl od. anlgd. behaart; unt. Kelchzähne ≈ so lg. wie die Kelchröhre od. kürzer .... **b**

b. Trauben meist etwas länger als ihre Tragblätt.; Stg. schlaff; Blätt. m. 6–15 Fiederpaaren; Blüten 8–12 mm lg.; ↕ 20–130 cm. V–VIII. – *v*. Vogel-W. (i. e. S.), subsp. ***cracca***

— Trauben kürzer als ihre Tragblätt.; Stg. steif; Blätt. m. 6–10 Fiederpaaren; Blüten 10–13 mm lg., duftend; ↔ 5–30 cm. I–VII. – Subalp. Rasen. – *s*, A: N-Kt, Stm; CZ; I: Bz. [*V. oreophila* Chrtková]
Gebirgs-W., subsp. ***oreophila*** (Chrtková) Á. Löve & D. Löve

23 (14). Blätt m. 8–12 Fiederpaaren, ohne Ranken; — Blüten 7–8 mm lg., zu 2–4, hellrosa; Hülsen fast perlschnurart. eingeschnürt (*393/5*); Stg. aufr., kantig; ↔/↕ 20–60 cm; ⊙. VI–VII. – Kulturpfl. (Heimat: MMG, W-As.); verwild. in D; A: Kt; CZ. Linsen-W., ***V. ervilia*** (L.) Willd.

— Blätt. m. 2–8 Fiederpaaren u. Ranken **24**

24. Hülsen 2-samig, weichhaarig; Blätt. meist m. 6–8 Fiederpaaren; — Blüten 3–4 mm lg., in 3–5(–7)-blütigen Trauben; Kronblätt. bläul.weiß; Stg. schlaff, dünn, gerieft, 4-kantig, zerstreut anlgd. behaart bis kahl; ↔/↕ 20–60 cm; ⊙. V–IX. – Äcker, Wegraine. – *v*. [*Ervum hirsutum* L.; *Ervilia hirsuta* Opiz.] Rauhaarige W., Behaarte W., ***V. hirsuta*** (L.) Gray
— Hülsen meist 4–5(–8)-samig, kahl; Blätt. m. 2–4 Fiederpaaren; — Blüten in 1–3-blütigen Trauben **25**
25. Hülsen meist 4-samig; — Trauben 1–2-blütig, Spindel fast ohne Fortsatz; Blüten 4–7 mm lg.; Kronblätt. blassviolett; Fr.Stiele 2–4 cm lg.; Blätt. m. 3–8 Fiederpaaren; ↔/↕ 20–50 cm; ⊙. V–VII. – Äcker, Magerrasen; kalkmeidend. – *v*. [*Ervum tetraspermum* L.] Viersamige W., ***V. tetrasperma*** (L.) Schreb.
— Hülsen meist 5(–8)-samig; — Trauben 1–5-blütig, ihre Spindel in eine Granne auslfd.; Blüten 4–5 mm lg.; Kronblätt. blassblau; Fr.Stiele bis 8 cm lg.; Blätt. m. 2–4 Fiederpaaren; ↔/↕ 10–60 cm; ⊙. VI–VII. – Äcker, Ruderalstellen. – *s*, D: RP (sonst unbest.); B; CH; F: Els; NL. [*V. gracilis* Loisel.; *V. tenuissima* auct.] Zarte W., ***V. parviflora*** Cav.

Zusätzl. zu den ausgeschlüsselten Arten treten eine Reihe weiterer unbest. in verschiedenen Regionen auf, wobei einige gebietsweise das Potential zur Einbürgerung haben. Sie wurden überwgd. aus dem MMG u. SW-As., oft als Verunreinigungen von Saatgut (Zierpfl. u. Gründüngung) eingeschleppt.

Wisteria Nutt., Blauregen, Wisterie

Linkswindende, holzige Liane m. armdicken Stämmen; Blätt. unpaarig m. (3–)5–6 Fiederpaaren; Blüten 2 cm lg., in hgd. Trauben; Krone blau bis violett; Hülsen 10–15 cm lg., samtig grau behaart; ↔ 3–20 m; ʃ. VI–VIII. – Zierpfl. (Heimat: O-As.). – Giftig! Chinesischer B., ***W. sinensis*** (Sims) DC.

Familie: Polygalaceae, Kreuzblumengewächse (Bearbeiterin: Birgit Nordt)

Kräuter od. Halbsträucher; Blätt. wechselst., oft wintergrün; Blüten zygomorph, schmetterlingsf.; Kelchblätt. 5, davon 3 klein, unscheinbar u. 2 blumenblattart. (= Flügel, *69/4*); Kronblätt. 5 od. 3, das vord. rinnig, schiffchenart., m. fransigem Anhängsel; Staubblätt. 8, zu oben offener Röhre verwachsen; Frkn. oberst., 2-fächerig; Kapselfr.

1. Blüten zu 1–2 achselst. (*69/4*); Kronblätt. 13–15 mm lg., — weiß u. gelb od. rosa, meist 2-farbig; Blätt. immergrün m. aufgesetzter Stachelspitze (*107/1*) .... ***Polygaloides***, 397
— Blüten in endst. Trauben; Kronblätt. kleiner, — blau, rot od. weiß; Blätt. meist sommergrün .... ***Polygala***, 396

Polygala L. [excl. *Polygaloides* Haller], Kreuzblümchen, Kreuzblume

1. Kronröhre 9–14 mm lg., länger als zwei Drittel der Flügellänge; Flügel 9–15 mm lg.; — Trauben 10–60-blütig; Blüten rot bis blauviolett od. weiß; Fr.Stiel 3–4 mm lg.; Tragblätt. 3–6 mm lg.; Pfl. m. zahlr. Stg.; ↕ 10–60 cm; ♃. VI–VII. – Trockenrasen. – *s*, nur A: Bgl, NÖ; CZ. Großes K., ***P. major*** Jacq.
— Kronröhre kürzer als zwei Drittel der Flügellänge; Flügel meist < 9 mm lg. **2**
2. Unt. Stg.Blätt. rosettig gehäuft, bedeutend größer als die ob. **7**
— Unt. Stg.Blätt. nicht rosettig gehäuft, kürzer als die ob. **3**
3. Trauben 3–8-blütig; unt. Blätt. gegenst., klein, die übrigen wechselst.; Tragblätt. halb so lg. wie der Blütenstiel; — Kronblätt. blassblau, Flügel 5–6 mm lg., länger als die Kronröhre; Kelchblätt. weiß berandet; Stg. dünn, am Grund niederlgd.; ↕ 6–12 cm; ♃. V–IX. – Magerrasen; kalkmeidend. – *z* im NW u. im mittl. Teil des Gebiets, sonst *s*; auch A; B; CH; CZ; DK; NL; *f* im NO. [*P. serpyllacea* Weihe; *P. depressa* Wender.] Quendel-K., ***P. serpyllifolia*** Hosé
— Trauben meist > 8-blütig; Blätt. alle wechselst.; Tragblätt. so lg. wie od. länger als der Blütenstiel **4**
4. Grundblätt. kleiner als die ob. Stg.Blätt.; — Blütenstiele nach der Bltzt. zurückgekrümmt; Blüten 4–5 mm lg.; Kronblätt. blau od. weißl., Flügel 3-nervig; Mittelnerv m. den seitl. Nerven undeutl. verbunden; ↕ 7–15 cm; ♃. VI–VII. – Subalp. Magerrasen; bis 2700 m. – Alp. *v*, *z* Schweizer Jura. [*P. microcarpa* Gaudin] Berg-K., ***P. alpestris*** Rchb.

— Grundblätt. so groß wie die ob. Stg.Blätt. od. größer **5**

5. Tragblätt. höchstens so lg. wie der Blütenstiel, auch vor dem Aufblühen die Blütenknospen kaum überragend; — Kronblätt. meist blau; ↕ 5–40 cm; ♃. V–VIII. – Magerweiden, Bergwiesen, lichte Wälder. – *v*. Gewöhnliches K., ***P. vulgaris*** L.

a. Kronblätt. weißl..; Flügel am Grund keilf.; Gr. länger als der Frkn.; Pfl. zierl.; ob. Stg.Blätt. kaum größer als unt., 10–30 mm lg. .... **c**

— Kronblätt. blau od. violett.; Flügel am Grund genagelt; Gr. so lg. wie der Frkn.; Pfl. kräftig; ob. Stg.Blätt. deutl. größer als unt., 25–40 mm lg. .... **b**

b. Flügel 6,0–8,5 mm lg.; Kronröhre länger als die Flügel; Kronblätt. meist blau; — Kelchblätt. 2,8–4 mm lg. – *v*. Gewöhnliches K. (i. e. S.), subsp. ***vulgaris***

— Flügel 8–10,5 mm lg.; Kronröhre ≈ so lg. wie die Flügel; Kronblätt. meist rötl.violett; — Kelchblätt. 3,5–5 mm lg.; ↕ 20–40 cm. – *s*, F: Els. Schönflügliges K., subsp. ***calliptera*** (Le Grand) Rouy & Foucaud

c (a). Pfl. 15–25 cm hoch; Deckblatt ≈ so lg. wie der Blütenstiel; Infl. verläng., locker; Flügel 6–7,5 mm lg. – Heiden, Magerrasen. – *z*, im NW *f*. [*P. multicaulis* Tausch] Spitzflügliges K., subsp. ***oxyptera*** (Rchb.) Schübl. & G. Martens

— Pfl. 5–15 cm hoch; Deckblatt kürzer als der Blütenstiel; Infl. wenigblütig, dicht, kurz; Flügel 4–6 mm lg. – Küstendünen. – *s*, D: BW, HE, NI, NRW. Hügel-K., subsp. ***collina*** (Rchb.) Borbás.

— Tragblätt. vor u. während der Bltzt. länger als der Blütenstiel, vor dem Aufblühen die Blütenknospen überragend **6**

6. Flügel (6–)8–11 mm lg., m. 3–5 Nerven; Trauben meist locker, — m. 8–40 Blüten; Kronblätt. meist blau; ↕ (10–)15–40 cm; ♃. V–VI. – Trockenwiesen. – *s*, A: Kt?, Stm?; CH: Gr, Ts, Vs; I: Bz. [incl. subsp. *carniolica* (A. Kern.) P. Graebn.; *P. pedemontana* E. P. Perrier & B. Verl.] Nizza-K., ***P. nicaeensis*** W. D. J. Koch

— Flügel 4–6(–8) mm lg., m. 1–3 Nerven; Trauben dicht, — m. 15–50 Blüten; Kronblätt. meist rosa, selten blau od. weiß; ↕ 7–30 cm; ♃. V–VII. – Trockenwiesen, Gebüsch; meist auf Kalk. – *z* im S, *s* im N, *f* im NW bis MV. Schopf-K., Schopfiges K., ***P. comosa*** Schkuhr

7 (2). Infl. zu mehreren seitl. in den Achseln der Rosettenblätt.; Blätt. nicht bitter schmeckend **9**

— Infl. einzeln, der Mitte der Rosette entspringend; Blätt. bitter schmeckend; — Nerven der Flügel wenig verzweigt, an der Spitze nicht m. dem Mittelnerv verbunden **8**

8. Flügel 3–5 mm lg.; Kelchblätt. < 3 mm lg.; Samen 1,5–2,1 mm lg.; Stg.Blätt. im ob. Drittel am breitesten, stumpf; ↕ 5–20 cm; ♃. V–VI. – Flachmoore, Magerrasen. – *v*. [*P. amara* L. subsp. *amarella* (Crantz) Chodat; incl. *P. austriaca* Crantz] Sumpf-K., Moor-K., ***P. amarella*** Crantz

— Flügel 5–8,5 mm lg.; Kelchblätt. > 3 mm lg.; Samen 2,1–2,8 mm lg.; Stg.Blätt. in der Mitte am breitesten, zugespitzt; ↕ 5–20 cm; ♃. V–VIII. – Steinrasen, Felsfluren. – *z*, Alp. u. Karpaten. Bitteres K., ***P. amara*** L.

a. Kapsel viel kürzer als die Flügel; Kelchblätt. die Einschnürung weit überragend, — 3,8–5,6 mm lg.; Flügel z. Frzt. 6–8,5 mm lg. – *s*, A: Bgl, NÖ, Stm. Bitteres K. (i. e. S.), subsp. ***amara***

— Kapsel wenig kürzer als die Flügel; Kelchblätt. die Einschnürung wenig überragend, — 3,0–4,3 mm lg.; Flügel z. Frzt. 4,8–6,5 mm lg. – *z–s*, D: BY, HE, NI, NRW; CZ. Kurzflügliges Bitteres K., subsp. ***brachyptera*** (Chodat) Hayek

9 (7). Pfl. 2–5 cm hoch; Flügel nicht netznervig, 3,5–4,5 mm lg.; — Trauben kurz, 5–10-blütig; Kronblätt. hellblau od. weiß; Stg. niederlgd.; ↕ 2–8 cm; ♃. VI–VIII. – Alp. Weiden; 1700–3000 m. – *z*, nur A: Ti; CH: Gr, Ts, Vs; I: Bz. Alpen-K., ***P. alpina*** (DC.) Steud.

— Pfl. 5–20 cm hoch; Flügel deutl. netznervig m. stark verzweigten Nerven, 5–7 mm lg.; — Trauben 6–14-blütig; Kronblätt. blau od. rosa; Stg. am Grund ausläuferart. niederlgd., m. großblättr. Rosette abschließend, zw. Wurzel u. Rosette einige cm ohne Blätt.; ↔ 10–20 cm; ♃. IV–VI. – Kalkmagerrasen. – *s*, D: S-BW, RP; B; CH: Jura; F: Els; L. Kalk-K., ***P. calcarea*** F. W. Schultz

Polygaloides Haller [*Polygala* L. p. p.], Zwergbuchs

Blüten (*69/4*) 13–15 mm lg., zu 1–2 achselst., meist 2-farbig; Kronblätt. weiß u. gelb, später rotbraun bis violett, Schiffchen an der Spitze 4-lappig; Blätt. lederig, immergrün, am Rande umgerollt, m. aufgesetzter Stachelspitze (*107/1*); Pfl. basal verholzt, niederlgd., Ausläufer bildend; ↕ 5–15(–20) cm; ♄. III–VI. – Trockenrasen, Kiefernwälder. – *v* in den Alp., *z* in den Mittelgeb. [*Chamaebuxus alpestris* Spach; *Polygala chamaebuxus* L.] Alpen-Z., ***P. chamaebuxus*** (L.) O. Schwarz

Ordnung: Rosales, Rosenartige

Familie: Rosaceae, Rosengewächse (Bearbeiter: Jens G. Rohwer)

Pfl. krautig od. holzig; Blätt. wechselst., meist m. Nebenblätt; Blüten radiär, meist ⚥, m. meist doppelter Blütenhülle, bei krautigen Pfl. meist m. Außenkelch; Staubblätt. 2–4-mal so viele wie Kronblätt., selten nur 1–5; Frkn. 1 bis ∞, frei (chorikarp) u. dem kegelig erhöhten od. flächig verbreiterten Blütenboden aufsitzend (*399/1*) od. von schalen- bis krugf. vertiefter Blütenachse umgeben (*399/2, 399/4–399/5*) bzw. m. derselben verwachsen (*399/3, 399/8*), dadurch alle Übergänge von ober- zu unterst. Frkn.; Blütenachse, -boden od. -becher oft an der Fr.Bildung beteiligt; Fr. Kapsel (*399/6*), Balgfr. (*399/7*), Nuss od. Nüsschenfr. (*399/10, 399/11*), Sammelfr. (*51/1–51/3*), Beere bis Steinfr. (*399/8, 399/9; Taf. 29: 4*); viele Nutz- u. Zierpfl.

1. Blätt. doppelt (bis 3-fach) gefied., zumind. doppelt 3-zählig, ohne Nebenblätt.; Blüten eingeschl., in großen rispenart. Infl.; bis 1,8 m hohe Stauden … ***Aruncus***, 410

— Blätt. ungeteilt, gelappt, gefing. od. 1-fach gefied., meist m. Nebenblätt.; Fiedern zuw. fiederteilig; Blüten meist ⚥ … **2**

2. Kräuter, Stauden od. niederlgd. Zwergsträucher … **24**

— Bäume od. aufr. Sträucher … **3**

3. Frkn. unterst. (zuw. von oben z.T. sichtbar, aber zu mehr als der Hälfte m. dem Blütenbecher verwachsen – Längsschnitt!) (*399/3, Taf. 13: 3*); — Apfelfr. m. pergamentart. (Kernapfel, *399/8*) od. steinhartem Kerngehäuse (Steinapfel, *399/9*), m. Resten des Kelchs an der Spitze … **11**

— Frkn. ober- bis mittelst., Blütenboden aufgewölbt (*399/1*) bis krugf. eingesenkt (*399/4, 399/5*), aber nicht m. der Frkn.Wand verwachsen (Längsschnitt!) … **4**

4. Blüten m. nur 1 Fr.Blatt u. Gr., in Blütenbecher (*399/5; Taf. 13: 2*), der nach der Bltzt. abfällt ***Prunus***, 422

— Blüten m. 2 od. mehreren (bis ∞) Fr.Blätt. u. Gr. … **5**

5. Fr.Blätt. u. Gr. (2–)3–5(–8); Blütenboden schalen- bis becherf. eingesenkt (*399/2*) … **8**

— Fr.Blätt. u. Gr. zahlr. (meist >10); Blütenboden krugf. (*399/4*) od. aufgewölbt (*399/1*) … **6**

6. Blütenachse zu krugf. Becher vertieft, der zahlr. freie Frkn. bzw. Nüsschen enthält u. dem oben die Kelch-, Staub- u. Kronblätt. ansitzen (*51/2, 399/4*); Blütenbecher z. Frzt. fleischig (*Taf. 30: 2*); — Pfl. meist m. Stacheln (*Taf. 4: 5*); Blätt. gefied. (*Taf. 7: 3*) … ***Rosa***, 424

— Blütenachse halbkugelig bis kegelig aufgewölbt (*399/1*) … **7**

7. Pfl. meist m. Stacheln od. Borsten (*Taf. 4: 6* u. *7*); Blätt. gelappt, gefing. od. gefied., am Rand gesägt; Blüten weiß od. rötl.; Fr. saftig, Sammelfr. aus Steinfrch. (*51/3; Taf. 30: 3*) … ***Rubus***, 432

— Pfl. ohne Stacheln; Blätt. 3–7-zählig gefing. od. gefied., Fiedern ganzrandig (*116/1*), die ob. an der Rhachis herablfd.; Blüten gelb, selten weiß; Frch. trocken, Sammelfr. aus Nüsschen ***Dasiphora***, 415

8 (5). Blätt. gefied., meist m. ≈ 15 Fiedern … ***Sorbaria***, 435

— Blätt. ungeteilt bis gelappt … **9**

9. Blüten gelb, häufig gefüllt … ***Kerria***, 417

— Blüten weiß, rosa od. rot … **10**

10. Blätt. zumind. an jungen Langtrieben m. Nebenblätt. (hinfällig; später im Jahr oft nur noch strichf. Narben links u. rechts vom Blattstiel); Frkn. etwa bis zur Mitte verwachsen; Fr. aufgeblasen (*399/6*) … ***Physocarpus***, 418

— Blätt. auch an Langtrieben ohne Nebenblätt. (auch ohne Nebenblattnarben links u. rechts vom Blattstiel); Frkn. frei, selten am Grund verwachsen; Fr. nicht aufgeblasen (*399/7*) ***Spiraea***, 438

11 (3). Blätt. gefied. (*436/1*) … **14**

— Blätt. ungeteilt bis tief gelappt … **12**

12. Blätt. ungeteilt, ganzrandig od. 1-fach gesägt … **15**

— Blätt. ± tief gelappt od. ungeteilt, aber tief doppelt gesägt (*436/3, 437/2, 437/3*) … **13**

13. Pfl. m. Kurztriebdornen (*31/7*); Blätt. meist kahl, meist tief gelappt (*415/2–415/4*); Blattrand überwgd. einfach gesägt od. m. wenigen Zähnen; Kernhaus der Fr. steinhart (*399/9*) ***Crataegus***, 414

— Pfl. dornenlos; Blätt. unterseits zumind. auf den Nerven behaart, meist wenig geteilt (*437/2, 437/3*), selten tief gelappt (*436/3*); Blattrand doppelt gesägt; Kernhaus der Fr. m. pergamentart. Wand … ***Sorbus***, 435

14 (11). Blüten 15–18 mm ∅; Fr. birnenf., 20–40 mm lg.; Rinde am Stamm rau, schuppig **_Cormus_**, 410
— Blüten 8–12 mm ∅; Fr. kugelig, 8–10(–15) mm ∅; Rinde am Stamm glatt, m. quer lgd., korkigen Streifen ... **_Sorbus aucuparia_**, 435
15 (12). Blüten 4–12 mm ∅ ... **21**
— Blüten 15–50 mm ∅ ... **16**
16. Blüten leuchtend rot od. orangerot; Nebenblätt. (nur an Langtrieben) sehr groß, meist > 8 mm br., ± nierenf., meist breiter als lg., am Rand gezähnt-gesägt, bleibend (*112/3*); — Pfl. m. Kurztriebdornen; Zierstrauch ... **_Chaenomeles_**, 410
— Blüten weiß od. rosa; Nebenblätt. kleiner, längl.-ellipt. bis lineal, < 5 mm br., meist hinfällig ... **17**
17. Blüten zu mehreren, in ± reichblütigen Infl. od. gehäuft an einem Kurztrieb ... **19**
— Blüten einzeln blattachselst. ... **18**
18. Kelchblätt. die Kronblätt. weit überragend; Blüten endst.; Fr. oben br. abgestutzt (*399/8*) **_Mespilus_**, 418
— Kelchblätt. die Kronblätt. nicht überragend; Fr. oben fast geschlossen ... **_Cydonia_**, 415
19 (17). Kronblätt. längl. lanzettl., 2–5-mal so lg. wie br.; Blüten sich meist vor den Blätt. entfaltend, in traubig-rispigen Infl. an jungen Langtrieben; — Blattspr. eif., am Grund schwach herzf. (*109/3*), m. kurzem Stachelspitzchen; dornenlose Sträucher ... **_Amelanchier_**, 409
— Kronblätt. rund bis verkehrt eif., max. 2-mal so lg. wie br.; Blüten in Gruppen od. Doldentrauben an Kurztrieben ... **20**
20. Staubbeutel gelb; Gr. am Grund verwachsen (*Taf. 13: 3*) ... **_Malus_**, 417
— Staubbeutel rot; Gr. bis zum Grund frei (*399/3*) ... **_Pyrus_**, 424
21 (15). Blätt. ganzrandig ... **_Cotoneaster_**, 411
— Blätt. m. gesägtem od. gekerbtem Rand ... **22**
22. Pfl. m. Dornen; Blätt. grün überwinternd ... **_Pyracantha_**, 424
— Pfl. ohne Dornen, laubwerfend ... **23**
23. Staubbeutel rot; reife Fr. dk.purpurn bis schwarz ... **_Aronia_**, 409
— Staubbeutel gelb; reife Fr. hellrot bis orangerot ... **_Sorbus_** 435
24 (2). Blüten in lg. gestielten, dichten, kugeligen od. längl., grünl., braunen od. roten Köpfchen; — Staubblätt. 4 od. ∞ (*435/1, 435/2*); Blätt. gefied. (*435/5, 435/6*) **_Sanguisorba_**, 434
— Blüten nicht in Köpfchen ... **25**
25. Kronblätt. (6–)8(–10), weiß; Blätt. lederig, ungeteilt, am Rand gekerbt, unterseits weißfilzig; — Gr. z. Fr.Reife veräng. u. federig behaart (*399/11*); alp. Spalierstrauch ... **_Dryas_**, 415
— Kronblätt. 4 od. 5 od. fehlend; Blätt. krautig, gelappt, gefied. od. gefing. ... **26**
26. Blütenhülle einfach; Krone fehlend; Kelch jedoch m. Außenkelch; Blüten 4-zählig, < 5 mm ∅, grünl. bis gelbl., Kelch u. Außenkelch gleichfarbig; Staubblätt. 1–4 ... **_Alchemilla_**, 401

399/1

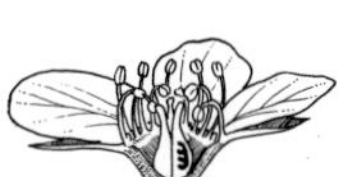
399/2

399/3

399/4

399/5

399/6

399/7

399/8

399/9

399/10

399/11

— Blütenhülle doppelt, m. Kelch u. ± auffälliger Krone (selten Kronblätt. früh abfallend); Kelch häufig m. Außenkelch (*82/4*; *Taf. 13: 7*); Blüten meist 5-zählig; wenn 4-zählig, dann m. grünem Kelch u. gelber Krone; Staubblätt. 5–∞ **27**

27. Blüten m. Kelch u. Außenkelch, deshalb 8–10 kelchart. Blätt. vorhanden; Außenkelchblätt. zuw. viel kleiner **30**

— Außenkelch fehlend, nur 4–5 Kelchblätt., zuw. aber noch Kranz von Hakenstacheln vorhanden (*400/2, 400/3*) **28**

28. Blüten gelb, in ährig-traubigen Infl.; Blütenbecher gefurcht, die Frkn. fest umschließend, am Rand m. hakigen Stacheln (*400/1–400/3*; *Taf. 30: 7*); — Blätt. unterbrochen gefied. (ähnl. *39/5, 415/6*) .... ***Agrimonia***, 400

— Blüten weiß od. gelbl.weiß; Blütenbecher ohne hakige Stacheln **29**

29. Blätt. 3-zählig od. m. 5–7-lappiger, am Rand gekerbter od. gesägter Spr.; Blüten einzeln od. zu wenigen; beerenart. Sammelfr. (*51/3*; *Taf. 30: 3*) .... ***Rubus***, 432

— Blätt. unterbrochen gefied. (*415/6*); Blüten zahlr., in reichblütigen Trichterrispen (*48/1*); Frch. balgart. Nüsschen, oft verdreht .... ***Filipendula***, 415

30 (27). Staubblätt. > 10 .... **32**

— Staubblätt. 5–10 .... **31**

31. Grundblätt. ≈ 10–30 cm lg., unterbrochen gefied.; Kronblätt. 4–7 mm lg. ..... ***Aremonia***, 409

— Grundblätt. 1,5–7 cm lg., 3-zählig; Kronblätt. ≈ 1,5 mm lg., kürzer als der Kelch, hinfällig; — Hochgebirgspfl. .... ***Sibbaldia***, 435

32 (30). Gr. sich zur Fr.Reife verlängernd, schon in älteren Blüten viel länger als in jüngeren, — federig behaart (*416/1*) od. hakig gekrümmt (*416/2–416/4*) .... ***Geum***, 416

— Gr. sich zur Fr.Reife nicht verlängernd **33**

33. Kronblätt. braunrot, bis zur Fr.Reife bleibend .... ***Comarum***, 410

— Kronblätt. gelb, rosa od. weiß **34**

34. Blüten weiß od. rosa **36**

— Blüten gelb **35**

35. Frkn. im Blütenbecher, 2–8; Gr. mind. doppelt so lg. wie die Frkn., am Grund eng aneinander lgd.; Blätt. 3-zählig od. handf. gelappt .... ***Waldsteinia***, 440

— Frkn. auf kuppelf. aufgewölbtem Blütenboden, meist zahlr.; Gr. kürzer od. wenig länger als die Frkn., deutl. getrennt; Blätt. 3–7-zählig gefing. od. mehrzählig gefied. .... ***Potentilla***, 418

36 (34). Grundblätt. 5–7-zählig gefied. .... ***Drymocallis***, 415

— Grundblätt. 3–5-zählig gefing. **37**

37. Kronblätt. sich meist berührend, vorn ± abgerundet bis minimal ausgerandet; Blütenboden kahl, zur Fr.Reife fleischig-saftig (*51/1*; *Taf. 30: 1*); Blätt. stets 3-zählig .... ***Fragaria***, 416

— Kronblätt. sich meist nicht berührend od. tief ausgerandet; Blütenboden stark behaart; Fr. trocken; Blätt. 3–5-zählig gefing. .... ***Potentilla***, 418

Agrimonia L., Odermennig

1. Blütenbecher der (jungen) Fr. ± glockenf., nur in der ob. Hälfte br. gefurcht od. ungefurcht (*400/2*); äuß. Hakenstacheln nach hinten zurückgeschlagen; — Stg. m. sitzenden Drüsen u. lg., nichtdrüsigen Haaren besetzt; ↕ 50–150 cm; ♃. VI–VIII. – Hecken, Waldränder. – *z.* [*A. odorata* auct.] Wohlriechender O., ***A. procera*** Wallr.

400/1

400/2

400/3

— Blütenbecher der (jungen) Fr. ± kegelf., fast auf ganzer Länge deutl. gefurcht (*400/1, 400/3*); Hakenstacheln zus.neigend od. ausgebr., aber nicht zurückgeschlagen **2**

2. Kronblätt. goldgelb; reife Fr. 7–11 mm lg.; äuß. Hakenstacheln absthd. (*400/3; Taf. 30: 7*); — Stg. m. Drüsen u. m. nichtdrüsigen lg. u. kurzen Haaren besetzt; ↕ 50–150 cm; ♃. VI–VIII. – Wegränder, Magerweiden. – *v*. Gewöhnlicher O., ***A. eupatoria*** L.

— Kronblätt. blassgelb; reife Fr. 4–7 mm lg.; Hakenstacheln an der Fr. zus.neigend (*400/1*); ↕ 30–120 cm; ♃. VI–VIII. – Waldränder. – *s*, PL. FFH24. Behaarter O., ***A. pilosa*** Ledeb.

Alchemilla L. [incl. *Aphanes* L., Ackerfrauenmantel, Ackersinau], Frauenmantel

(Bearbeiter: Rico Kaufmann)

Die Gattung *Alchemilla* umfasst in Europa mehr als 500 Sippen u. im Bearbeitungsgebiet des Schmeil-Fitschen ≈ 200 Sippen, die durch Hybridisierung entstanden u. hochgradig polyploid sind (8n bis 28n, Ausnahme: *A. arvensis*: 4n od. 6n u. *A. inexpectata*: 2n) u. sich ohne Befruchtung (asexuelle Samenbildung; Ausnahme: *A. arvensis* u. *A. inexpectata*) fortpflanzen. Da nach bisherigen Erkenntnissen zw. diesen Sippen keine Hybridisierung mehr stattfindet, werden sie von manchen Autoren als getrennte Arten aufgefasst, auch wenn sie sich morpholog. nur sehr geringfügig voneinander unterscheiden, manchmal nur zu bestimmten Zeiten des Jahres. Für eine sichere Bestimmung dieser Kleinarten ist daher eine Beobachtung der Pfl. über einen längeren Zeitraum od. sogar deren Kultur erforderl. Wenn nichts anderes vermerkt ist, gelten die im Schlüssel beschriebenen Blattmerkmale nur für voll entwickelte Sommerblätt., bei denen die Haare an den Blattstielen ihre endgültige Ausrichtung erreicht haben (Frühjahrsblätt. sind oft weniger behaart u. manchmal gerötet) u. auch nur für die Grundblätt., wobei bei den Blattstielen der mittl. Abschnitt (mittl. Drittel) zu betrachten ist. Die Merkmale setzen sich jedoch meist auch an Stg.Blätt. fort. Die Angaben zu Nebenblätt. beziehen sich auf die Grundblätt. Die im Schlüssel aufgeführten Zahlenwerte decken den gewöhnlichen Variationsbereich der jeweiligen Arten ab. Mutationen (z. B. tieferer Blatteinschnitt od. nicht eingeschnittene Blätt.), Pilz- u. Insektenbefall u. Standortfaktoren (Licht, Wasser, Nährstoffe) können zu einer abweichenden Morphologie, insbes. der Blätt. sowie der Behaarung der Pfl., führen. So sind Schattenblätt. größer, dunkler, weniger grau u. auch weniger behaart als Sonnenblätt. Ebenfalls können Tritt, Verbiss u. Mahd zu einer abweichenden Morphologie führen. Anstelle der Wuchshöhe wird die Länge des Sprosses (↔) angegeben, da der Wuchs der meisten Arten (eher niederlgd., aufstgd. od. aufr.) außer der Sprosslänge stark von Standortfaktoren abhängig ist. Eine Bestimmung ist an nassen Pfl. (z. B. nach Niederschlag od. morgens durch Tau) schwieriger, da viele Merkmale (insbes. Farbe u. Behaarung) nicht gut erkennbar sind. Viele Arten haben synanthrope Vorkommen an Böschungen u. Gräben entlang von Straßen u. Wegen (oft in Wäldern). Im Schlüssel sind die Arten m. größ. Areal im behandelten Gebiet aufgeführt bzw. die Arten, die zwar hier selten sind, jedoch außerh. ein größ. Areal einnehmen sowie einzelne Lokalendemiten, die in Deutschland vorkommen (insges. 53 Arten). Erwähnt werden weitere 20 Arten – sehr ähnl. Arten u. zur Komplettierung alle noch nicht genannten Lokalendemiten, die auch in Deutschland vorkommen. Damit sind alle Arten, die in Deutschland vorkommen, erfasst. Zur Bestimmung der zahlr. weiteren beschriebenen Lokalendemiten, insbes. der Schweizer Alp., ist Spezialliteratur erforderl. Eine bedeutende Grundlage liefert Fröhner 1995. Die darin enthaltenen Höhenverbr.angaben wurden z. T. übernommen. Ein günstiges Lokalklima ermöglicht auch ein Vorkommen in höh. bzw. tieferen Lagen. Als Bltzt. ist die Haupt-Bltzt. angegeben.

Für die Bestimmung erforderl. Messungen sind den Abb. *402/1* u. *402/2* zu entnehmen. Der Blatteinschnitt (Einschnitt zw. den einzelnen Blattlappen in %) wird aus dem Verhältnis der Länge des geteilten Abschnitts zw. zwei benachbarten Blattlappen u. dem Mittelwert der Länge zweier benachbarter Blattlappen gemessen vom Spr.mittelpunkt (*402/1a*) ermittelt. Die Länge des geteilten Abschnitts zw. den zwei Blattlappen ergibt sich aus der Differenz von dem Mittelwert der Länge zweier benachbarter Blattlappen gemessen vom Spr.mittelpunkt (*402/1a*) u. der Länge des ungeteilten Abschnitts zw. den zwei Blattlappen (*402/1b*). Die Länge eines Blattlappens (*402/1c*) wird von der Spitze des mittl. Zahns eines Blattlappens bis zur halben Strecke der Breite eines Blattlappens am Grund des Blattlappens (*402/1d*) gemessen. Bei der Messung der Länge (*402/2a*) u. Breite (*402/2b*) eines Blattlappenzahns wird genauso verfahren. Die Länge des ganzrandigen Abschnitts eines Blattlappens (*402/1e*) wird einschließl. des untersten Zahns eines Blattlappens an beiden Seiten des Blattlappens gemessen u. ins Verhältnis zur mittl. Blattlappenzahnlänge dieses Blattlappens gesetzt. Die Blattstielhaare (die Art der Behaarung setzt sich meist an der gesamten Pfl. fort) können fehlen, dem Blattstiel in Richtung der Blattspr. eher anliegen, einen deutl. spitzen Winkel (vorw. absthd. Haare), einen rechten Winkel (rechtwinklig absthd. Haare) od. einen eher stumpfen Winkel (rückw. absthd. Haare) m. dem Blattstiel bilden. Seidige Behaarung erscheint glzd. weiß bis silbrig. Alle Messungen sollten an mehreren Blätt., Blattteilen (Lappen, Zähne, Haare) u. Blüten erfolgen, um den Einfluss der im ersten Abschnitt genannten Effekte, die zu einer abweichenden Blattmorphologie führen können, zu minimieren. Die Länge der Haare wird bei den Messungen nicht berücksichtigt; es wird jeweils nur bis zur Spitze eines Blattlappenzahns gemessen.

1. Pfl. ausd., m. Blattrosette; Blätt. 5–13-teilig od. -lappig; Blütenstand gestielt u. endst.; Staubblätt. 4 .... **3**

— Pfl. 1-j., ohne Blattrosette; Blätt. 3-teilig, Blütenstand sitzend u. blattachselst.; Staubblatt 1 .. **2**

2. Blüten 1,8–2,7 mm lg.; Zipfel der umgebenden Nebenblätt. des Tragblatts der Infl. 1–2-mal so lg. wie br.; ↔ 5–20 cm; ⊙. V–IX. – Feuchte Sand- u. Lehmäcker, Magerrasen; bis 800 m. – *v*, *s* im O u. in den Geb.; früher FL. [*Aphanes arvensis* L.] Gewöhnlicher A., ***A. arvensis*** (L.) Scop.

— Blüten 1–1,8 mm lg., Zipfel der umgebenden Nebenblätt. des Tragblatts der Infl. 2–5-mal so lg. wie br.; ↔ 3–15 cm; ⊙. V–IX. – Feuchte Sandäcker, Magerrasen; bis 600 m. – *v* im NW, sonst *s*; *f* Alp. [*Aphanes australis* Rydb.] Südlicher A., ***A. inexpectata*** W. Lippert

402/1

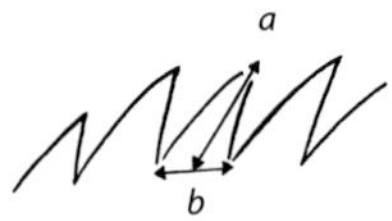

402/2

3 (1). Blatteinschnitt < 60 % (= Blätt. schwach bis tief handf. gelappt) **12**
— Blatteinschnitt 70–100 % (= Blätt. tief handf. gelappt bis gefing.) **4**
4. Blattlappenzähne bzw. Zähne der Blattfiedern < 1,5-mal so lg. wie br.; — Pfl. anlgd. seidig behaart **6**
— Blattlappenzähne bzw. Zähne der Blattfiedern 2–3-mal so lg. wie br. **5**
5. Blätt. meist 5-teilig (*403/1*); Blattstiele kahl; Blattspr. kahl od. schwach (jedoch nicht seidig) behaart, oberseits hell blaugrün u. matt; ↔ 2–15 cm; ♃. VII–VIII. – Schneetälchen; kalkmeidend; 2000–3000 m. – Alp., *z* A: Vb; *v* CH; *s* I: Bz; in D *f*. Schneetälchen-F., ***A. pentaphyllea*** L.
— Blätt. 5–7-teilig; Blattstiele u. Blattspr. anlgd. seidig behaart, Blattspr. oberseits dk.grün u. glzd.; ↔ 3–25 cm; ♃. VII-VIII. – Schutthalden, Weiden, Gebüsche; kalkmeidend; 2000–3000 m. – Alp., *s* A: OTi, Ti, Vb; *z* CH; in D *f*; Hauptverbr.: W-Alp. Schwachseidiger F., ***A. subsericea*** Reut.
In den Schweizer Alp. gibt es zahlr. Arten der Sektionen *Glaciales* u. *Alpinae* m. kleinem Areal, die durch ihre Merkmalskombination entw. eher *A. pentaphyllea* L. ähneln (dann jedoch behaarte Blattstiele haben) od. einer der folg. 7 Arten.
6 (4). Blatteinschnitt 70–100 %, Blattlappen bzw. -fiedern 7–11; Blattspr. oberseits matt od. schwach glzd.; reife Fr. zu < 70 % vom Kelchbecher bedeckt; Tragblätt. höchstens an wenigen Blüten vorhanden **8**
— Blatteinschnitt 100 %, Blattfiedern 5–7; Blattspr. oberseits stark glzd.; reife Fr. zu ≥ 80 % vom Kelchbecher bedeckt; Tragblätt. an fast allen Blüten vorhanden; — Blattspr. oberseits hellgrün, Blattfiedern m. größter Breite in der Mitte od. oberh. **7**
7. Blattfiedern 5, an der Spitze abgerundet; basale Fiedern einander über dem Blattstiel berührend bis im stumpfen Winkel spreizend; Blütenstiele bis 1,5 mm lg.; ↔ 15–25 cm; ♃. VI–X. – Felsfluren, Schutthalden, Zwergstrauchheiden, Magerrasen; kalkmeidend; 500–2000 m. – Alp., *s* A: OTi, Ti; *z* CH; *s* I: Bz; in D *f*; Hauptverbr.: Pyrenäen. Stein-F., ***A. saxatilis*** Buser
— Blattfiedern 5–7, an der Spitze abgerundet bis spitz, basale Fiedern im stumpfen Winkel spreizend; Blütenstiele bis 3 mm lg.; ↔ 5–20 cm; ♃. VI–X. – Zwergstrauchheiden, Magerrasen, Felsfluren; kalkmeidend; bis 2500 m. – Alp., sehr *s* D (Allgäuer Alp: Haldenwanger Kopf); *z* A; CH; FL; I: Bz. – Auch Zierpfl., gelegentl. verwild.; Hauptverbr.: NW-Eur. Alpen-F., ***A. alpina*** L.
8 (6). Frühjahrs- u. Herbstblätt. tief gelappt bis fast gefing., aber Blattlappen wenigstens z.T. am Grund verbunden; Blattspr. oberseits hell- od. graugrün u. unterseits graugrün silbrig **10**
— Frühjahrs- u. Herbstblätt. gefing. = Fiedern vollst. getrennt, oberseits dk.grün u. unterseits weiß od. graugrün silbrig **9**
9. Blattfiedern im ob. Drittel am breitesten; m. je 9–16 gleichen Zähnen, dicht gedrängt an der Blattlappenspitze; Blattspr. unterseits weiß silbrig; basale Fiedern überlappend; ↔ 7–25 cm; ♃. VI–X. – Felsfluren, Magerrasen, Schutthalden; auf Kalk; 1000–2000 m. – Alp., *z* D; A: OTi, Ti; *s* CH; *z* Schweizer Jura. [*A. plicatula* auct. non Gand.] Kalkalpen-F., ***A. alpigena*** Buser
— Blattfiedern in der Mitte am breitesten; m. je 6–11 verschiedenen Zähnen, weit entfernt sthd.; Blattspr. unterseits grau silbrig; basale Fiedern überlappend bis im stumpfen Winkel spreizend; ↔ 10–30 cm; ♃. VI–VIII. – Felsfluren, Magerrasen, Weiden, Gebüsche, Quellfluren;

1000–2000 m. – Alp., *s* D; *z* A: OTi, Sb, Ti, Vb; CH; FL; *s* Schw.; Schweizer Jura.
Glanz-F., ***A. nitida*** Buser

10 **(8).** Blattlappen bzw. -fiedern in der Mitte am breitesten, bis 3-mal so lg. wie br., ihre Zähne höchstens so lg. wie br.; basale Fiedern überlappend bis im stumpfen Winkel spreizend; — Blattlappenzähne 7–15; Blattspr. oberseits hellgrün; ↔ 7–25 cm; ♃. VI-X. – Magerrasen, Felsfluren, Quellfluren; Basenzeiger; 1000–2000 m. – Alp., *v* D; *z* A: OTi, Sb, Ti, Vb; CH; FL; *s* Schweizer Jura, Vog. Blassgrüner F., ***A. pallens*** Buser

— Blattlappen bzw. -fiedern an der Spitze am breitesten, bis 4- od. 5-mal so lg. wie br.; ihre Zähne bis 2-mal so lg. wie br.; basale Fiedern im spitzen bis stumpfen Winkel spreizend ... **11**

11. Blattlappen bzw. -fiedern bis 5-mal so lg. wie br.; Blattlappenzähne 5–9; Blattspr. oberseits blau- bis graugrün; ↔ 7–25 cm; ♃. VI–X. – Felsfluren, Magerrasen; Basenzeiger; 1000–1500 m. – Alp., *z* D; A: OÖ, OTi, Sb, Ti; *s* CH; *s* Schw., Schweizer Jura, Vog.
Hoppe-F., ***A. hoppeana*** (Rchb.) Dalla Torre

— Blattlappen bzw. -fiedern bis 4-mal so lg. wie br.; Blattlappenzähne 9–13; Blattspr. oberseits hellgrün; ↔ 6–20 cm; ♃. VI–X. – Magerrasen; auf Kalk; 1000–2000 m. – Alp., A: *z* NÖ, OÖ, Stm, *s* Sb; in D *f*. Ennstaler F., ***A. anisiaca*** Wettst.

12 **(3).** Blattstiele dicht anlgd. seidig behaart; mittl. Zahn eines Blattlappens < 0,75-mal so lg. wie die benachbarten u. meist deutl. tiefer als diese sthd.; — Blatteinschnitt 25–40 %, Blattlappen am Grund auf mind. der 2-fachen Blattlappenzahnlänge ganzrandig; Blattspr. unterseits schwach anlgd. seidig behaart; Blattstiele im ∅ meist rot; ↔ 10–30 cm; ♃. VI–X. – Magerrasen, Felsfluren; auf Kalk; 1000–2000 m. – Alp., *s* D (Allgäuer Alp., Wettersteingeb.); CH; fragl. A: Ti, Vb. [*A. kerneri* auct. non Rothm.] Schimmernder F., ***A. splendens*** H. Christ

Vermutl. entspricht *A. kerneri* Rothm. dieser Art. Ähnl. ist ***A. schmidelyana*** Buser, jedoch m. weniger tief eingeschnittenen Blätt., spitzeren Blattlappen u. Blattlappenzähnen, die höchstens so lg. wie br. sind. Verbr.: Alp., Schweizer Jura, Vog.

— Blattstiele nie seidig behaart, mittl. Zahn eines Blattlappens > 0,75-mal so lg. wie die benachbarten u. nicht deutl. tiefer als diese sthd. ... **13**

13. Blattstiele behaart (bei *A. demissa*, Nr. **20**, selten alle kahl) ... **18**

— Blattstiele kahl (bei A. *fissa* u. *A. trunciloba*, Nr. **15/15**—, höchstens einzelne anlgd. behaart) **14**

14. Blattlappen am Grund auf höchstens der 2-fachen Blattlappenzahnlänge ganzrandig; alle Blattstiele kahl ... **16**

— Blattlappen am Grund auf mind. der 2-fachen Blattlappenzahnlänge ganzrandig; die meisten Blattstiele kahl ... **15**

15. Blatteinschnitt 35–60 %; Blätt. wenigzähnig (≤ 11 Zähne je Blattlappen); Nervennetz durchscheinend (Blattspr. papierart.); Blattlappenzähne 1,0–2,5-mal so lg. wie br., — fast kahl, bis ein Viertel so lg. wie Blattlappen bis zum Blattspr.mittelpunkt u. deshalb Blätt. zerschlitzt wirkend, oft Doppelzähne vorhanden; ↔ 5–30 cm; ♃. VI–X. – Schneetälchen, Magerrasen, Weiden, Hochstaudenfluren; 1500–3000 m. – Alp., *v* D; A; CH; FL; *z* I: Bz; *s* Riesengeb.
Zerschlitzter F., ***A. fissa*** Gunther & Schummel

— Blatteinschnitt bis 35 %; Blätt. vielzähnig (> 11 Zähne je Blattlappen); Nervennetz nicht durchscheinend; Blattlappenzähne 0,5–1,5-mal so lg. wie br.; — Blattlappen gestutzt (Spitze im Umriss entfernt sechseckig (*403/2*)), mittl. Zähne einer Blattlappenseite meist deutl. vergrößert, Pfl. oft gerötet; ↔ 10–40 cm; ♃. VI–X. – Weiden, Gebüsche; auf Kalk; 1500–2500 m. – Alp., *s* CH; Schweizer Jura; in D *f*. Gestutztlappiger F., ***A. trunciloba*** Buser

403/1

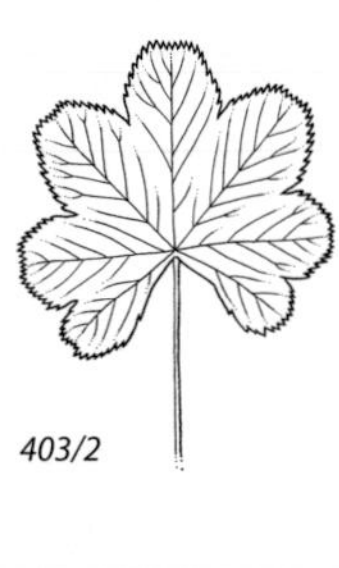

403/2

16 (14). Blatteinschnitt 25–40 %; Blattspr. oberseits hellgrün, Blattlappen spitz (Spitze im Umriss 3-eckig bis parabelf.), Blattlappenzähne spitz m. geraden bis konkaven Seiten (*404/3*); — Blattspr. beidseits nahezu kahl, Nebenblätt. am Grund manchmal rosa; ↔ 15–40 cm; ♃. V–X. – Quell- u. Hochstaudenfluren, Weiden, Magerrasen; 1000–2500 m. – *v* Alp., Schweizer Jura, *s* Alp.vorland, Bayrw., Böhmw., Schw., SchwAlb, Sudeten. Gelbstängel-F., ***A. straminea*** Buser

Ähnl. ist ***A. aggregata*** Buser, jedoch Blattspr.grund weit (bis im rechten Winkel) geöffnet u. Teilinf. kugelig geknäuelt. Verbr.: Alp.

— Blatteinschnitt 10–25 %; Blattspr. oberseits grün, graugrün od. blaugrün, Blattlappen rund (Spitze im Umriss halbkreis- bis parabelf.), Blattlappenzähne spitz m. konvexen Seiten (*404/2*) od. stumpf (*404/1*) **17**

17. Blattspr. oberseits behaart u. unterseits bis auf Zähne u. Nerven kahl, grün od. graugrün u. dünn, Blattlappenzähne stumpf bis spitz m. konvexen Seiten; ↔ 15–30 cm; ♃. V–X. – Nasswiesen, Quellfluren; bis 1000 m. – *s* Böhmw., sehr *s* Bayrw. (Finsterau); Hauptverbr.: NO-Eur. Kahlstängel-F., ***A. glabricaulis*** H. Lindb.

— Blattspr. beidseits bis auf Zähne u. Nerven kahl, blaugrün u. lederig/derb, Blattlappenzähne stumpf; ↔ 15–40 cm; ♃. V–X. – Quellfluren, Nasswiesen, Gebüsche, Weiden; Basenzeiger; 500–2000 m. – Alp., *s* D; A; *z* CH; *v* Schweizer Jura, *z* Schw., *s* Alp.vorland, Vog. Lederblatt-F., ***A. coriacea*** Buser

18 (13). Blattstiele > 20° absthd. behaart **32**

— Blattstiele anlgd. bis ≤ 20° absthd. behaart (bei *A. connivens* ≤ 45°, siehe Nr. **25**—) **19**

19. Blätt. vielzähnig (> 13 Zähne je Blattlappen) **21**

— Blätt. wenigzähnig (≤ 13 Zähne je Blattlappen) **20**

20. Blattspr.grund geschlossen bis überlappend; ≤ 11 Zähne je Blattlappen, keine Doppelzähne vorhanden; Teilinfl. nicht kugelig geknäuelt; ↔ 5–40 cm; ♃. VII–VIII. – Weiden, Schneetälchen; Basenzeiger; 1500–2500 m. – Alp., *z* CH; *s* Schweizer Jura, Vog.; in D *f*. Niedergedrückter F., ***A. demissa*** Buser

— Blattspr.grund geöffnet; ≤ 13 Zähne je Blattlappen, Doppelzähne vorhanden; Teilinfl. kugelig geknäuelt; — Blattstiele der Frühjahrsblätt. kahl, Nebenblätt. am Grund oft rosa; ↔ 10–30 cm; ♃. VI–X. – Schneetälchen, Quellfluren, Weiden; 2000–2500 m. – Alp., *z* CH; sehr *s* Schw. (Feldberg; ob noch?); *s* Schweizer Jura. Kälte-F., ***A. frigens*** Buser

Sehr ähnl. ist ***A. versipila*** Buser m. ähnl. Areal. Auch ähnl. ist ***A. semisecta*** Buser, jedoch wenigzähniger u. Blattstiele häufiger rot. Verbr.: sehr vereinzelt Alp., Jura.

21 (19). Blattlappen am Grund auf höchstens der 2-fachen Blattlappenzahnlänge ganzrandig **26**

— Blattlappen am Grund auf mind. der 2-fachen Blattlappenzahnlänge ganzrandig (bei *A. fallax*, Nr. **22**, manchmal weniger) **22**

22. Blatteinschnitt 10–25 %; Blattspr. schwach seidig behaart, oberseits dk.grün u. lederig/derb; Nebenblätt. am Grund rosa; — Blattnerven an getrockneten Blätt. meist auch oberseits hervortretend; Blattstiele rot (zumind. im ∅); Blattlappenzähne spitz m. geraden bis konkaven Seiten; Blüten 2,5–3,5 mm lg. u. 3–5 mm br.; Blattlappen meist gestutzt u. dann Pfl. ähnl. *A. trunciloba* (Nr. **15**—), jedoch Nebenblätt. am Grund rosa; ↔ 10–50 cm; ♃. VI–X. – Magerrasen, Felsfluren, Hochstaudenfluren, Gebüsche; Basenzeiger; 1500–2000 m. – Alp., *s* D; A; *z* CH; *s* I: Bz; *s* Vog.; Hauptverbr.: Alp., Pyrenäen. Täuschender F., ***A. fallax*** Buser

Sehr ähnl. ist ***A. sericoneura*** Buser, jedoch Blattstiele u. Nerven der Blattunterseite dicht seidig behaart. Verbr.: sehr vereinzelt Alp.

— Blatteinschnitt 10–60 %; Blattspr. nicht seidig behaart, oberseits grünl.weiß od. blaugrün u. dünn; Nebenblätt. am Grund meist grün **23**

23. Blatteinschnitt 10-40 %; Blattlappenzähne spitz m. geraden bis konkaven Seiten; Nebenblätt. am Grund grünl.weiß, manchmal jedoch rosa, Stg. auf 30–100 % der Länge behaart (oben selten kahl) **25**

404/1

404/2

404/3

— Blatteinschnitt 25–60 %; Blattlappenzähne spitz m. konvexen Seiten; Nebenblätt. am Grund grünl.weiß, Stg. auf 10–40 % der Länge behaart (oben immer kahl) **24**

24. Blatteinschnitt 25–60 %; Blattlappenzähne gleich; Blattstiele im ∅ u. außen (wenigstens am Grund) rot; Blattnerven an getrockneten Blätt. nicht oberseits hervortretend; Blüten bis 5 mm br.; ↔ 15–30 cm; ♃. VI–X. – Magerrasen, Weiden, Hochstaudenfluren; 1000–2000 m. – Alp., *z* D; A; CH; *s* FL; I: Bz; *s* Schweizer Jura. Eingeschnittener F., ***A. incisa*** Buser

— Blatteinschnitt 25–40 %; Blattlappenzähne meist ungleich; Blattstiele im ∅ grün; Blattnerven an getrockneten Blätt. meist auch oberseits hervortretend; Blüten bis 7 mm br.; ↔ 20–40 cm; ♃. VI–X. – Weiden, Zwergstrauchheiden, Hochstaudenfluren, Gebüsche; Basenzeiger; 1000–2000 m. – Alp., *z* D, A, CH; *s* FL; I: Bz. Othmar-F., ***A. othmarii*** Buser

Sehr ähnl. ist ***A. firma*** Buser m. Verbr. W-Alp. u. Jura.

25 (23) Blatteinschnitt 10–25 %; Blattstiele eng anlgd. behaart u. im ∅ oft rot; ↔ 15–50 cm; ♃. V–X. – Frischwiesen; bis 1000 m. – *s* Böhmw., Eifel, Isergeb.; PL; sehr *s* Erzgeb. (Rauschenbach); Rothaargeb. (Neuastenberg), Schw. (Belchen); vermutl. Ardennen: (Sourbrodt); Hauptverbr.: NO-Eur. Baltischer F., ***A. baltica*** Juz.

— Blatteinschnitt 10–40 %; Blattstiele bis 45° absthd. behaart u. im ∅ grün; — Blattlappenzähne oft sehr schmal (nur bis 1 mm br.); ↔ 10–40 cm; ♃. V–X. – Magerrasen, Weiden, Gebüsche, Hochstaudenfluren; Basenzeiger; 1000–2000 m. – Alp., *z* D; A; CH; FL; I: Bz; *z* SchwAlb, Schweizer Jura, *s* Schw., Thw., sehr *s* Knüllgeb. (Völkershain), Rothaargeb. (Kahler Pön), Taunus (Niedernhausen). [*A. cleistophylla* Rothm. & O. Schwarz] Schmalzahn-F., ***A. connivens*** Buser

26 (21). Teilinfl. kugelig geknäuelt; Kelchbecher oft u. Blütenstiele manchmal behaart; Blattspr. stark wellig u. dicht bis locker behaart; — Blattlappenzähne stumpf; ↔ 10–40 cm; ♃. V–X. – Schneetälchen, Magerrasen, Quell- u. Hochstaudenfluren; bis 2500 m. – *z* Schweizer Jura, *s* Alp. (*f* I: Bz), Alp.vorland (Adelegg), Rhön, sehr *s* Knüllgeb. (Völkershain), Rothaargeb. (Kahler Pön), Thw. (Oberschönau), vermutl. Ardennen (Winville); früher Vogelsberg (Hoherodskopf); Hauptverbr.: N-Eur. Knäuel-F., ***A. glomerulans*** Buser

Ähnl. ist ***A. racemulosa*** Buser m. sehr vereinzelter Verbr. in den Alp, jedoch Teilinfl. nicht kugelig geknäuelt, Blattspr. schwach wellig u. locker behaart u. Kelchbecher kahl.

— Teilinfl. nicht kugelig geknäuelt; Kelchbecher u. Blütenstiele kahl; Blattspr. flach bis schwach wellig u. locker behaart bis fast kahl bis auf Blattlappenzähne u. Blattnerven **27**

27. Haupt- u. insbes. Nebennervennetz erster Ordn. der Blattoberseite deutl. eingesenkt u. diese dadurch gestreift wirkend; Blattlappenzähne spitz m. geraden bis konkaven Seiten; — Blätt. bis 15 cm br.; Blatteinschnitt 10–25 %; Blattlappenzähne nur 1/100–1/25 so lg. wie Blattlappen bis zum Blattspr.mittelpunkt; ↔ 10–50 cm; ♃. V–X. – Weiden, Hochstauden- u. Ruderalfluren, Gebüsche, Frischwiesen; 1000–2000 m. – Alp., *z* D; A; CH; *s* I: Bz; *z* Schw., Schweizer Jura, sehr *s* Vog. (Hohneck). Streifen-F., ***A. lineata*** Buser

— Haupt- u. Nebennervennetz der Blattoberseite nicht deutl. eingesenkt; Blattlappenzähne spitz m. konvexen Seiten od. stumpf **28**

28. Blatteinschnitt 10–25 %; — Blattlappenzähne stumpf **30**

— Blatteinschnitt 25–40 % **29**

29. Blattspr. schwach wellig, oberseits grün u. mind. auf den Zähnen behaart; Blattlappen rund, ihre Spitze im Umriss halbkreis- bis parabelf.; Blattlappenzähne spitz m. konvexen Seiten; ↔ 10–60 cm; ♃. V–X. – Hochstauden- u. Quellfluren, Nasswiesen, Weiden, Ruderalfluren; bis 2500 m. – *v*. Kahler F., ***A. glabra*** Neygenf.

Ähnl. sind ***A. longituba*** S. E. Fröhner (jedoch Blattstiele dicht behaart), sehr vereinzelt Alp. u. Alp.vorland (Adelegg) u. ***A. compta*** Buser (jedoch Teilinf. kugelig geknäuelt), sehr vereinzelt Alp.

— Blattspr. flach, oberseits hell blaugrün u. meist vollst. kahl; Blattlappen spitz, ihre Spitze im Umriss 3-eckig bis parabelf.; Blattlappenzähne stumpf; — ähnl. sind *A. obtusa* (Nr. **30**), *A. impexa* (Nr. **31**) u. *A. reniformis* (Nr. **31**—), jedoch m. weniger tief eingeschnittenen Blätt.; ↔ 10–40 cm; ♃. V–X. – Quell- u. Hochstaudenfluren, Nasswiesen; 1000–2000 m. – *z* Alp., Alp.vorland, Schw., *s* Böhmw., Erzgeb., Schweizer Jura, sehr *s* Ostsudeten (Petersdorf/Petrovice ve Slezsku), Riesengeb. (Spindlermühle). Flachblatt-F., ***A. effusa*** Buser

30 (28). Blattspr. dünn u. flach; Blattstiele im ∅ bis 2 mm; — ähnl. ist *A. coriacea* (Nr. **17**—), jedoch Blätt. dicker u. m. kahlen Blattstielen; ↔ 10–40 cm; ♃. V–X. – Frisch- u. Nasswiesen,

Weiden, Quell- u. Hochstaudenfluren; bis 2000 m. – Alp., *s* D; A; *z* CH; *s* FL; I: Bz; *v* Schweizer Jura, *z* Böhmw., Schw., Sudeten, *s* Bayrw., SchwAlb; Hauptverbr.: NO-Eur.
Stumpfzahn-F., ***A. obtusa*** Buser

— Blattspr. lederig/derb u. flach bis schwach wellig; Blattstiele im ∅ bis 4,5 mm **31**

31. Blattlappen spitz, ihre Spitze im Umriss 3-eckig bis parabelf., Bucht zw. den Blattlappen fast rechtwinklig; Blattspr. so lg. wie br.; Haupt- u. Nebennervennetz der Blattoberseite nicht eingesenkt; Blattlappenzähne asymmetr.; Blüten selten rot; — Nebenblätt. am Grund oft rosa; ↔ 10–40 cm; ♃. V–X. – Magerrasen, Weiden, Hochstauden- u. Quellfluren, Frisch- u. Nasswiesen; 1000–2000 m. – Alp., *z* D; A; CH; *s* I: Bz; *z* Schw., *s* Thw., fragl. Vog.
Stumpfecken-F., ***A. impexa*** Buser

— Blattlappen rund, ihre Spitze im Umriss halbkreis- bis parabelf.; Blattspr. breiter als lg.; Haupt- u. Nebennervennetz der Blattoberseite schwach eingesenkt; Blattlappenzähne symmetr.; Blüten oft rot; — Pfl. oft gerötet; ↔ 10–40 cm; ♃. V–X. – Weiden, Magerrasen, Quellmoore, Hochstaudenfluren, 1000–2000 m. – Alp., *z* D; A; CH; FL; I: Bz; *v* Schweizer Jura, *z* Erzgeb., *s* SchwAlb (ob noch?), sehr *s* Schw. (Sägendobel, ob noch?), fragl. Böhmw., Sudeten.
Nierenblatt-F., ***A. reniformis*** Buser

32 (18). Blattstiele überwgd. rechtwinklig od. rückw. absthd. behaart (Ausnahmen: *A. lunaria* (Nr. **43**), *A. xanthochlora* (Nr. **44**) u. *A. tenuis* (Nr. **46**)) **37**

— Blattstiele vorw. absthd. behaart **33**

33. Blattlappen am Grund auf höchstens der 2-fachen Blattlappenzahnlänge ganzrandig **36**

— Blattlappen am Grund auf mind. der 2-fachen Blattlappenzahnlänge ganzrandig **34**

34. Blattlappen deutl. gestutzt, ihre Spitze im Umriss rechteckig bis trapezf. u. dadurch an einen Fächer erinnernd (*407/1*); Blattstiele gerötet; Kelchbecher u. Blütenstiele dicht behaart; — Blätt. klein (1,5–7 cm br.) u. wenigzähnig (≤ 11 Zähne je Blattlappen); ↔ 5–20 cm; ♃. VI–X. – Magerrasen (insbes. Borstgrasrasen), Weiden, Zwergstrauchheiden, Lägerfluren; 1500–3000 m. – Alp., *s* D; *z* A; CH; FL; I: Bz; *s* Vog., früher Böhmw. Fächerblatt-F., ***A. flabellata*** Buser

Sehr ähnl. ist ***A. carniolica*** (Paulin) Fritsch, jedoch Blattstiele nicht gerötet u. Kelchbecher u. Blütenstiele nur am Grund behaart. Vermutl. Lokalendemit der Julischen Alp.

— Blattlappen höchstens schwach gestutzt, ihre Spitze im Umriss halbkreis- bis parabelf. od. undeutl. trapezf.; Blattstiele nicht gerötet; Kelchbecher überwgd. dicht behaart, jedoch Blütenstiele kahl od. nur an wenigen Blüten etwas behaart **35**

35. Blatteinschnitt 25–40 %; Blätt. wenigzähnig (≤ 11 Zähne je Blattlappen); Teilinfl. nicht kugelig geknäuelt; ↔ 5–30 cm; ♃. V–X. – Magerrasen, Magerwiesen, Weiden; bis 2000 m. – *z* Alp., Böhmw., Fichtelgeb., Rhön, Schw., Schweizer Jura, Thüringer Schiefergeb.; *s* Bayrw., Erzgeb., Harz, Sudeten, PL, sehr *s* Habichtswald (Dörnberg), Rothaargeb. (Istenberg), SchwAlb (Hossingen), Werrabergl. (Hann. Münden); früher Norddt. Tiefland: Tegeler Fließ; Hauptverbr.: NO-Eur. Falten-F., ***A. plicata*** Buser

— Blatteinschnitt 10–25 %; Blätt. vielzähnig (> 11 Zähne je Blattlappen); Teilinfl. kugelig geknäuelt; — Blattspr. stark wellig; Pfl. großblütig (bis 5 mm lg. u. bis 6 mm br.); ↔ 10–30 cm; ♃. V–X. – Wiesen u. Weiden trockener bis frischer StO, Ruderalfluren; bis 1500 m. – *v* Harz, *z* Erzgeb., Sudeten, *s* Böhmw., Eifel, Norddt. Tiefland, Schw., Thüringer Schiefergeb., Thw., Vog., Westerw., sehr *s* Spessart (Neustadt a. M.); früher DK; Hauptverbr.: NO-Eur.
Schwachfilziger F., ***A. propinqua*** Juz.

36 (33). Blätt. wenigzähnig (≤ 11 Zähne je Blattlappen); Blattspr. oberseits graugrün u. matt; Blattstiele im ∅ grün; Nebenblätt. am Grund grünl.weiß; Teilinfl. kugelig geknäuelt; Kelchbecher u. Blütenstiele dicht behaart; — Blätt. klein (2–7 cm br.); ↔ 5–30 cm; ♃. V–X. – Magerrasen, Magerwiesen, Felsfluren; Basenzeiger; bis 2000 m. – *v*, *s* im W u. O; *f* L. [*A. hybrida* auct. sensu A. Kern] Filziger F., ***A. glaucescens*** Wallr

Sehr ähnl. ist ***A. lapeyrousii*** Buser [*A. hybrida* (L.) L.], jedoch m. deutl. längerem ganzrandigen Abschnitt am Blattlappengrund u. bislang nur einem Nachweis im Schweizer Jura u. weiterer Verbr. in den Pyrenäen u. im Zentralmassiv. Ähnl. ist auch ***A. erythropoda*** Juz., jedoch aufr. Wuchs, Blattstiele rechtwinklig bis rückw. absthd. behaart, rotstängelig u. langer ganzrandiger Abschnitt am Blattlappengrund. Seltene Zierpfl. (Heimat: Kaukasus).

— Blätt. vielzähnig (> 11 Zähne je Blattlappen); Blattspr. oberseits dk.grün u. glzd.; Blattstiele im ∅ rot, Nebenblätt. am Grund rosa; Teilinfl. nicht kugelig geknäuelt; Kelchbecher u. Blütenstiele wenig behaart bis kahl; — Pfl. hochwüchsig, jedoch Blütenstand schmal u. zierlich, ähnl. *A. tenuis* (Nr. **46**), jedoch Frühjahrsblätt. behaart u. meist mehr Blattlappenzähne (bis

21); ↔ 7–70 cm; ♃. V–X. – Frisch- u. Nasswiesen, Weiden, Gebüsche, Hochstauden- u. Ruderalfluren; bis 2000 m. – *v*. [*A. gracilis* Opiz] Zierlicher F., ***A. micans*** Buser

Ähnl. ist ***A. hirtipes*** Buser, jedoch langer ganzrandiger Abschnitt am Blattlappengrund u. Blattspr.grund im stumpfen Winkel geöffnet. Verbr.: sehr vereinzelt Alp.

37 **(32).** Blattlappen am Grund auf höchstens der 2-fachen Blattlappenzahnlänge ganzrandig; Blätt. vielzähnig (> 13 Zähne je Blattlappen) **42**

— Blattlappen am Grund auf mind. der 2-fachen Blattlappenzahnlänge ganzrandig; Blätt. wenigzähnig od. vielzähnig; — Blattstiele rückw. absthd. behaart **38**

38. Blattstiele der Frühjahrsblätt. behaart; Blattlappenzähne gleich; Kelchbecher meist dicht behaart **40**

— Blattstiele der Frühjahrsblätt. kahl; Blattlappenzähne oft ungleich od. doppelt; Kelchbecher meist kahl **39**

39. Blatteinschnitt bis 60 %; Blätt. wenigzähnig (≤ 13 Zähne je Blattlappen); Blattspr.grund im spitzen Winkel geöffnet; Blattspr. kaum wellig; — mittl. Zahn eines Blattlappens oft deutl. kürzer als benachbarte; Nervennetz durchscheinend (Blattspr. papierart.); manchmal nur einzelne Haare u. dann sehr ähnl. *A. fissa* (Nr. **15**), jedoch Blattlappenzähne meist dicht u. absthd. behaart; Kelchblätt. u. Blütenstiele aufr. u. Kelchblätt. kürzer als Kelchbecher; ↔ 5–30 cm; ♃. VI–X. – Schneetälchen, Magerrasen, Quellfluren, 1500–2500 m. – Alp., *z* D; A; CH; FL; *s* I: Bz; *z* Schw., *s* Schweizer Jura. Niederliegender F., ***A. decumbens*** Buser

— Blatteinschnitt bis 40 %; Blätt. vielzähnig (> 13 Zähne je Blattlappen); Blattspr.grund geschlossen; Blattspr. stark wellig u. oft propellerart. gedreht; ↔ 10–40 cm; ♃. VI–X. – Weiden, Magerrasen, Schneetälchen, Hochstaudenfluren; 1500–2000 m. – Alp., *z* D; A; *s* CH. Welliger F., ***A. undulata*** Buser

40 **(38).** Blätt. vielzähnig (> 13 Zähne je Blattlappen); Blattlappenzähne 1/40–1/20 so lg. wie Blattlappen bis zum Blattspr.mittelpunkt; Teilinfl. kugelig geknäuelt; Kelchbecher kahl bis wenig behaart; ↔ 10–50 cm; ♃. VII–IX. – Trockene Wiesen; im Tiefland. – *s* PL; fragl. D: Neiße bei Guben; Hauptverbr.: NO-Eur. Sarmatischer F., ***A. sarmatica*** Juz.

— Blätt. wenigzähnig (≤ 13 Zähne je Blattlappen); Blattlappenzähne 1/20–1/5 so lg. wie Blattlappen bis zum Blattspr.mittelpunkt; Teilinfl. nicht kugelig geknäuelt; Kelchbecher dicht behaart; — Blätt. klein (1,5–6 cm br.) **41**

41. Haupt- u. Nebennervennetz der Blattoberseite deutl. eingesenkt; Blütenstiele meist behaart; Pfl. oft deutl. gerötet; ↔ 5–20 cm; ♃. VI–X. – Weiden, Magerrasen, Zwergstrauchheiden; 2000–2500 m. – Alp., *z* D; A; CH; FL; I: Bz. Geröteter F., ***A. colorata*** Buser

— Haupt- u. Nebennervennetz der Blattoberseite nicht deutl. eingesenkt; Blütenstiele kahl; Pfl. nie deutl. gerötet; ↔ 3–15 cm; ♃. VI–X. – Magerrasen, Weiden; Basenzeiger; 1000–2500 m. – Alp., *z* D, A; I: Bz; *s* CH; *z* Schweizer Jura. Kleiner F., ***A. exigua*** Buser

42 **(37).** Blattstiele rückw. absthd. behaart **49**

— Blattstiele überwgd. rechtwinklig absthd. behaart **43**

43. Blatteinschnitt 10–25 %; Blattspr.grund im stumpfen Winkel geöffnet, Blattform daher manchmal an einen Halbmond erinnernd (*407/2*); — Blattstiele der Frühjahrsblätt. kahl, die der Sommerblätt. rechtwinklig bis vorw. absthd. behaart; Blattlappenzähne ungleich; ↔ 10–40 cm; ♃. VI–X. – Nasswiesen, Quellfluren; 1000–2000 m. – Alp., *z* D; A; CH; *s* I: Bz; *s*

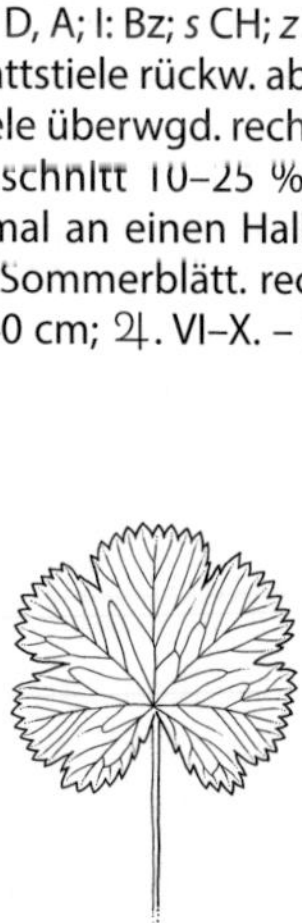

407/1

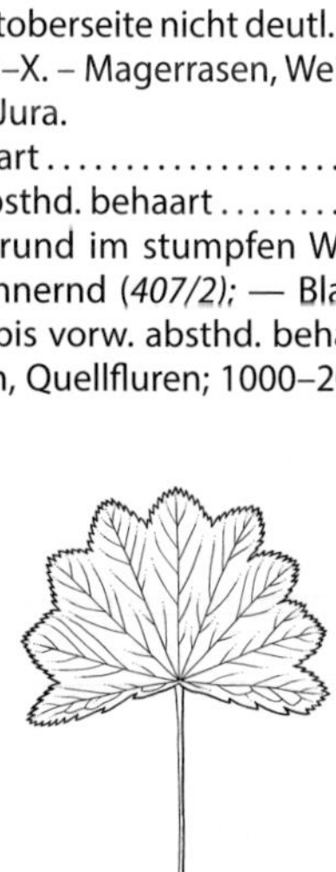

407/2

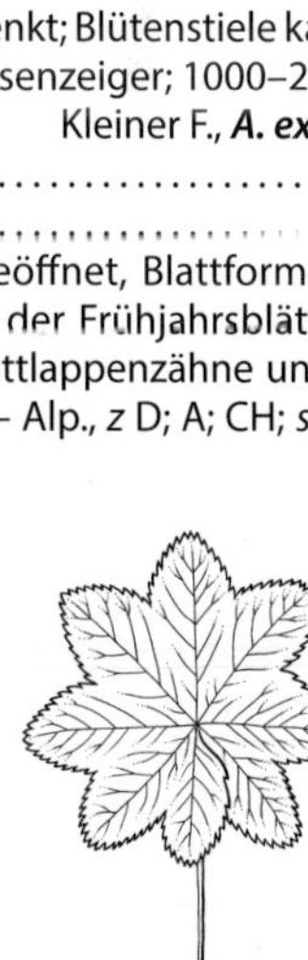

407/3

Alp.vorland (Adelegg), Eifel, Vog.; fragl. Schweizer Jura. [*A. heteropoda* auct. non Buser]
Halbmond-F., ***A. lunaria*** S. E. Fröhner

Sehr ähnl. ist ***A. semilunaris*** Alechin m. Verbr. in NO-Eur. südl. bis PL. Ähnl. ist auch ***A. tirolensis*** Buser, jedoch m. geschlossenem bis überlappenden Blattspr.grund. Verbr. Alp.

— Blatteinschnitt 25–40 %; Blattspr.grund im spitzen Winkel geöffnet **44**

44. Blattspr. oberseits fast kahl, deutl. weniger behaart als unterseits, hellgrün bis blaugrün; — Pfl. hochwüchsig, großblättr. (bis 20 cm br.) u. kleinblütig (bis 3 mm lg. u. 4 mm br.), Blätt. vielzähnig (17–27 Zähne je Blattlappen), Blattspr. oft stark trichterf., Blattstiele rechtwinklig bis schwach vorw. absthd. (60°) behaart; ↔ 15–70 cm; ♃. V–X. – Gebüsche, Frisch- u. Nasswiesen, Weiden, Ruderal- u. Hochstaudenfluren; bis 2500 m. – *v.* Kleinblütiger F., ***A. xanthochlora*** Rothm.

— Blattspr. oberseits behaart, nicht deutl. weniger behaart als unterseits, grün od. graugrün **45**

45. Blattlappen rund (Spitze im Umriss halbkreis- bis parabelf.) **47**

— Blattlappen spitz (Spitze im Umriss 3-eckig bis parabelf.) **46**

46. Blattlappenzähne 11–15; Blattspr. schwach wellig u. oberseits dk.grün u. glzd.; Blattstiele rechtwinklig bis schwach vorw. absthd. (70°) behaart, Blattstiele der Frühjahrsblätt. kahl, manchmal schwach behaart; Nebenblätt. am Grund rosa; Blattstiele u. Pfl. insges. oft gerötet; — Blütenstand schmal u. zierl.; ↔ 10–30 cm; ♃. VI–X. – Magerrasen, Weiden, Quell- u. Hochstaudenfluren; Basenzeiger; 1500–2000 m. – Alp., *s* D; *z* A; CH; FL; *s* I: Bz; *z* Schweizer Jura. Schlanker F., ***A. tenuis*** Buser

Ähnl. ist ***A. rubristipula*** Buser m. weniger tief eingeschnittenen Blätt. u. ähnl., jedoch kleineren Areal.

— Blattlappenzähne 15–29; Blattspr. flach u. oberseits grün, Blattstiele rechtwinklig absthd. behaart, Blattstiele der Frühjahrsblätt. behaart; Nebenblätt. am Grund grünl.weiß; Blattstiele u. Pfl. grün; — Pfl. hochwüchsig, ↔ 15–70 cm; ♃. V–X. – Frisch- u. Nasswiesen, Hochstauden- u. Ruderalfluren, Gebüsche, Weiden, bis 2000 m. – *v.* [*A. acutiloba* Opiz]
Spitzlappen-F., ***A. vulgaris*** L.

47 **(45).** Nebenblätt. am Grund rosa; Teilinfl. kugelig geknäuelt; — Stg. meist dünn (im ∅ bis 1,5 mm); Blattspr. stark wellig; Blattstiele manchmal schwach rückwärts absthd. (100°) behaart, die der Frühjahrsblätt. manchmal kahl; Kelchbecher meist behaart; ↔ 10–30 cm; ♃. V–X. – Weiden, Magerrasen, Nasswiesen, bis 2500 m. – *z,* D; NL; DK; *s* übrige Länder.
Fadenstängel-F., ***A. filicaulis*** Buser

— Nebenblätt. am Grund grünl.weiß; Teilinfl. nicht kugelig geknäuelt **48**

48. Blattlappenspitze im Umriss eher halbkreisf.; Blattspr. schwach wellig, oberseits graugrün u. meist dicht samtig behaart; Blattlappenzähne gleich, einwärts gekrümmt (Zähne in Richtung Blattlappenspitze gerichtet); ↔ 10–40 cm; ♃. V–X. – Wiesen u. Weiden trockener bis nasser StO, Ruderalfluren; bis 2500 m. – *v.* Bergwiesen-F., ***A. monticola*** Opiz

— Blattlappenspitze im Umriss eher parabelf.; Blattspr. stark wellig, oberseits grün u. meist locker behaart; Blattlappenzähne ungleich, nicht einwärts gekrümmt (Zähne gerade absthd.) u. relativ br. (bis 7 mm); — Blattstiele manchmal schwach rückw. absthd. behaart (110°) u. dann ähnl. *A. cymatophylla* (s. Nr. **52—**), jedoch Nebenblätt. nicht rosa; ↔ 10–50 cm; ♃. V–X. – Frisch- u. Nasswiesen, Weiden, Hochstauden-, Ruderal- u. Quellfluren; bis 2500 m. – *v*; *f* L.
Kerbzahn-F., ***A. subcrenata*** Buser

Ähnl., aber deutl. seltener ist ***A. obscura*** Buser, jedoch m. weniger tief eingeschnittenen Blätt. u. nur einem belegten Vorkommen in D (Schw.).

49 **(42).** Blatteinschnitt 25–40 %; Blattspr.grund deutl. überlappend (*407/3*) (bei Blättern m. überlappendem Blattlappengrund ist 1 Blattlappen häufig verdeckt); — Blattspr. oberseits graugrün; Blattstiele im ∅ rot; Nebenblätt. manchmal am Grund rosa; Kelchbecher kugelf. bis birnenf. u. kahl, Kelchblätt. spreizend bis aufr.; ↔ 10–50 cm; ♃. V–X. – Wiesen u. Weiden trockener bis frischer StO, Ruderalfluren; bis 2000 m. – Alp., *s* D; CH; I: Bz; *v* Harz, *z* Böhmw., Erzgeb., Schweizer Jura, *s* Rhön, SchwAlb, Thüringer Schiefergeb., sehr *s* Altvatergeb. (Großer Kessel), Vog. (Gerardmer); Hauptverbr.: Schweden. Kugelfrucht-F., ***A. subglobosa*** C. G. Westerl.

— Blatteinschnitt 10–25 %; Blattspr.grund geschlossen bis im spitzen Winkel geöffnet **50**

50. Pfl. aufr., vielblütig (bis 1500 Blüten) u. weich behaart; Blattspr.grund geschlossen; Kelchbecher behaart; — Pfl. hochwüchsig u. großblättrig (bis 22 cm br.), Blattspr. oberseits hellgrün bis blaugrün, Nebenblätt. am Grund rosa, Blütenstiele kahl; ↔ 30–80 cm; ♃. VI–VIII. – Grünflächen im Siedlungsbereich (Parks, Friedhöfe, Gärten); bis 1500 m – Häufige Zierpfl.

(Heimat: Eurasien), in den Geb. häufiger verwild., etabliert u. sich ausbreitend.
Weicher F., ***A. mollis*** (Buser) Rothm.

Ähnl. ist ***A. speciosa*** Buser, jedoch Blätt. tiefer eingeschnitten, lg. ganzrandiger Abschnitt am Blattlappengrund, Blattstiele vorw. absthd. behaart u. Blütenstiele dicht behaart. Seltene Zierpfl., z.T. verwild. u. etabliert (Heimat: Eurasien). Ähnl. ist auch ***A. tytthantha*** Juz., jedoch Pfl. kleinblütiger, Blätt. spitzlappig u. Kelchbecher u. Blütenstiele kahl. Seltene Zierpfl. (Heimat: Krim), z.T. verwild. u. etabliert.

— Pfl. aufstgd., wenigblütig (bis 500 Blüten) u. nicht weich behaart; Blattspr.grund im spitzen Winkel geöffnet; Kelchbecher kahl **51**

51. Nervennetz der Blattoberseite insges. deutl. eingesenkt (auch Quernerven, Nebennerven etwas weniger als Hauptnerven) u. dadurch runzelig wirkend; Blattspr. flach bis schwach wellig; — Blätter dicht behaart; ↔ 10–40 cm; ♃. V–X. – Weiden, Frisch- u. Nasswiesen, Magerrasen, Ruderal- u. Hochstaudenfluren; 500–2000 m. – *v* Alp., Schw., Schweizer Jura, *z* Alp.-vorland, Böhmw., Sudeten, Vog., *s* Bayrw., Erzgeb., Fichtelgeb., SchwAlb, sehr *s* Thw (Neustadt a. R.). Runzelblatt-F., ***A. crinita*** Buser

— Nervennetz der Blattoberseite nicht deutl. eingesenkt, Blattspr. schwach bis stark wellig .. **52**

52. Blattspr. schwach wellig, dicht behaart u. oberseits graugrün; Nebenblätt. am Grund grünl.-weiß; — im Gegensatz zum sehr ähnl. *A. subglobosa* (Nr. **49**) Blattstiele im ∅ grün, Blattlappen parabel- bis trapezf., Blattspr.grund nicht überlappend, Kelchbecher schmal u. Kelchblätt. aufr.; ↔ 10–40; ♃. V–X. – Magerwiesen trockener bis frischer StO; auf Kalk; 500–2000 m. – Alp., *s* D; *z* A; *s* CH; I: Bz; *v* SchwAlb, *z* FrAlb, Schweizer Jura, *s* Schw., Vog.
Gestriegelter F., ***A. strigosula*** Buser

— Blattspr. stark wellig, locker behaart u. oberseits grün od. blaugrün; Nebenblätt. am Grund rosa; — Pfl. hochwüchsig (↔ 15–70 cm); ♃. V–X. – Frischwiesen, Weiden, Ruderal- u. Hochstaudenfluren; bis 1000 m. – *z* Sudeten, *s* Böhmw., Eifel, Erzgeb., PL, sehr *s* Thüringer Schiefergeb. (Lichtentanne); Hauptverbr.: NO-Eur. Wellenblatt-F., ***A. cymatophylla*** Juz.

Amelanchier Medik., Felsenbirne

1. Gr. ganz getrennt; Kronblätt. außen behaart, — schmal, verkehrt eilanzettl., 9–20 mm lg., weiß, an der Spitze oft rötl.; Fr. kugelig, schwarz, bläul. bereift, essbar; Blattspr. eif., 4–5,5 cm lg., beidendig abgerundet, locker gesägt (*109/3*); ↕ 1–3 m; ♄. IV–VI. – Felsige Abhänge, Felsspalten, lichte Wälder; auf Kalk; von der Ebene bis in die subalp. Stufe. – *v* Alp.; *z* in S-, M-D; B; F; PL. [*A. embergeri* (Favarger & Stearn) Landolt; *A. vulgaris* Moench]
Gewöhnliche F., ***A. ovalis*** Medik. (subsp. ***embergeri*** Favarger & Stearn)

— Gr. zu ⅓–⅔ vereinigt; Kronblätt. außen kahl (aber zuw. am Rand bewimpert) **2**

2. Blätt. grob gesägt (Zähne 2–5 mm br.), z. Bltzt. voll entfaltet; ob. Seitennerven bis in die Blattzähne lfd.; ↕ 1–4(–12) m; ♄(–♄). IV–V. – Zierstrauch (Heimat: N-Am.); *s* in Laubgehölzen in O- u. M-D verwild. Erlenblättrige F., ***A. alnifolia*** (Nutt.) M. Roem.

— Blätt. fein gesägt (Zähne < 1 mm br.), z. Bltzt. austreibend od. noch nicht entfaltet; Seitennerven nicht bis in die Blattzähne lfd. **3**

3. Kronblätt. am Rand bewimpert, 6–10 mm lg.; junge Blätt. dicht weißfilzig behaart; Infl. aufr.; ↕ 0,5–2 m; ♄. IV–V. – Zierstrauch (Heimat: östl. N-Am.); *s* verwild., bes. im N u. O; D: BB, BY, MV, NI, SN, ST, TH; A; DK; F. Ährige F., ***A. spicata*** (Lam.) K. Koch

— Kronblätt. kahl, 9–14 mm lg.; junge Blätt. ± seidig behaart, rötl., später kahl; Infl. nickend; Fr. dk.purpurn; ↕ 1–10 m; ♄. IV–V. – Zierstrauch (Heimat: östl. N-Am.); in Laubgehölzen verwild., bes. im W u. NW; *z* D: BW/RP (Oberrhein), N-BY (Maingebiet), NI, NRW, SH; DK, NL; sonst *s*. [*A. laevis* auct.; *A. grandiflora* auct.; *A. canadensis* auct.] Kupfer-F., ***A. lamarckii*** F. G. Schroed.

Aremonia Nestl., Aremonie

Blütenstg. 5–30 cm lg., m. 1–3 Hochblätt.; Blüten zu 2–5; Kronblätt. 5, lebhaft gelb; Frkn. 2, vom Blütenbecher eingeschlossen; Außenkelch z. Frzt. vergrößert; ♃. V–VI. – Laubwälder. – *s*, D: BW (Oberrhein), BY (Planegg), unbest. Hamburg, NRW; *s* A: Kt, Stm; CH: eingebürg. Bern, Genf, Zürich; *s* CZ; I: Bz. Aremonie, ***A. agrimonoides*** (L.) DC.

Aronia Medik., Apfelbeere, Aronie (Bearbeiter: Peter A. Schmidt)

Blätt. ellipt. bis verkehrt eif., unterseits anfangs filzig, später schwach behaart od. verkahlend, am Rand fein kerbig gesägt, Mittelrippe oberseits m. dickl. schwarzroten Haaren; Blüten in Schirmrispen; Krone weiß od. blassrosa; Staubbeutel rot; Fr. ± kugelf. Kernapfel, dk.rot bis schwarzpurpurn od. fast schwarz; ↕ 1–2,5 m; ♄. V–VI. – Zier- u. Obststrauch (Heimat: N-Am.); *z* verwild. in N-D; B; DK.
Pflaumenblättrige A., Purpur-A., ***A. prunifolia*** (Marshall) Rehder

Offenbar stabilisierte Hybride zw. den nordamerikanischen Arten ***A. melanocarpa*** (Michx.) Elliott (Fr. glzd. schwarz, Blätt. kahl) u. ***A. arbutifolia*** (L.) Pers. (Fr. rot, Blätt. unterseits filzig bleibend); beide Elternarten werden ebenfalls kult., wobei die gepfl. u. verwild. groß- u. schwarzfrüchtigen Pfl. (z. B. häufig gepfl. Sorte 'Nero') früher *A. melanocarpa* od. *A. × mitschurinii* A. K. Skvorcov & Maitul. zugeordnet wurden. Nach molekulargenet. Studien, die frühere Einkreuzungen von *Sorbus aucuparia* belegen sollen, werden sie neuerdings auch als × *Sorbaronia* bezeichnet: × *S. mitschurinii* (A. K. Skvorcov & Maitul.) Sennikov.

Aruncus L., Geißbart

Blätt. bis 1 m lg., doppelt bis 3-fach 3–5-zählig gefied.; Blüten in lg., zuletzt überhgd. Rispen, meist eingeschl., (creme)weiß; ↕ 80–180 cm; ♃. V–VII. – Schattige Wälder u. Hochstaudenfluren, montane Stufe. – Im S *v*, im N *s* (verwild.). – Giftig! [*A. vulgaris* (Maxim.) H. Hara; *A. sylvester* Maxim.]
Wald-G., ***A. dioicus*** (Walter) Fernald

Chaenomeles Lindl., Scheinquitte

1. Junge Zweige glatt u. kahl; Blüten kräftig rot, selten rosa od. weiß, ∅ 35–50 mm; ↕ 50–200 cm; ♄. V–VI. – Zierstrauch (Heimat: China); häufig angepfl., *s* verwild.; D: BB, BW, HE, RP, SN; NL. [*C. speciosa* (Sweet) Nakai] Chinesische S., ***C. lagenaria*** (Loisel.) Koidz.
— Junge Zweige behaart, im 2. Jahr warzig; Blüten ziegelrot od. orangerot, ∅ 25–30 mm; ↕ 30–90 cm; ♄. IV–V. – Zierstrauch (Heimat: Japan), *s* verwild.; D: BB, BW, BY, HE, NI, NRW, SH; CH; F; NL. Japanische S., ***C. japonica*** (Thunb.) Spach

Häufig angepflanzt wird die Hybride ***C. × superba*** (Frahm) Rehder (*C. japonica × C. speciosa*). Deren Blüten fehlt oft der Frkn.

Comarum L. [*Potentilla* L. p. p.], Blutauge (Bearbeiter: Thomas Gregor)

Kronblätt. braunrot, schmal, halb so lg. wie der ebenfalls braunrote Kelch; Fr.Boden u. Kelchblätt. sich z. Frzt. vergrößernd; Grundachse kriechend, meist untergetaucht od. im Schlamm; Blütensprosse 25–100 cm lg.; Blätt. m. 2–3 Paaren scharf gesägter, ellipt.-lanzettl. Fiedern, Endfieder bis 7 cm lg.; ♃. VI–VII. – Moore, Gewässerufer. – *z*; *s* F: Els. [*P. palustris* (L.) Scop.]
Blutauge, Sumpf-Fingerkraut, ***C. palustre*** L.

Cormus Spach [*Sorbus* L. p. p.], Speierling (Bearbeiter: Peter A. Schmidt)

Der Speierling wird entw. als Untergattung *Cormus* der Gattung *Sorbus* zugeordnet od. als eigene Gattung aufgefasst (s. unter *Sorbus*). Vegetativ den Ebereschen (*Sorbus* Untergattung *Sorbus*) ähnl., aber in Blüten- u. Fr.Merkmalen abweichend u. m. keiner Art von *Sorbus* s. l. sich kreuzend.

Blätt. unpaarig gefiedert, Fiedern (11–)15–17(–21), längl., 3–8 cm lg. (*410/1*), im unt. Drittel meist ganzrandig, darüber gesägt, Zähne an der Spitze bis zum Frühsommer m. bräunl. Drüse; Infl. kegelf. Schirmrispe m. meist 30–60 Blüten, Kronblätt. weiß, Gr. 5(–7); Fr. apfel- od. birnf. Kernapfel, (1,5–)2–3,5(–5) cm lg., 1,5–3(–4) cm ∅, grünl.gelb bis gelb, rotbackig, herbsauer, duftend, zuletzt braun u. teigig, dann süßsäuerl. u. essbar; Knospen klebrig; Baum m. rauer Rinde, später schuppiger Borke; ↕ 8–20 m; ♄. IV–V. – Lichte Laubwälder; kalkhold. – *s*, S- u. M-D; A: Bgl, NÖ; CH (nördl. Jura, bes. Schaffhausen); CZ; I: Bz; auch gepfl. u. verwild. [*S. domestica* L.]
Speierling, ***C. domestica*** (L.) Spach

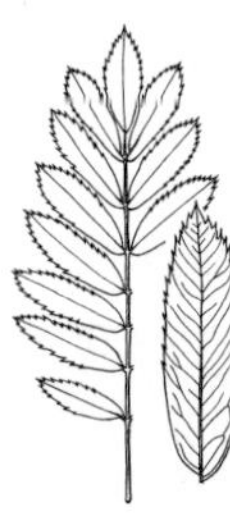

410/1

Cotoneaster Medik., Zwergmispel (Bearbeiter: Peter A. Schmidt)

Die Blattgröße trifft für Kurztriebblätt., die Fr.Farbe für reife Fr. zu. Die Zahl der Steinkerne (werden teilw. auch als Nüsschen aufgefasst) entspricht der Zahl der Gr., auf deren zusätzl. Nennung im Schlüssel verzichtet wird; liegen keine Fr. vor, kann zur Bltzt. die Zahl der Gr. ermittelt werden.

Es werden nicht nur einheim. Arten verschlüsselt, da inzwischen viele kult. Arten verwild. od. eingebürg. auftreten. Bis heute existieren unterschiedl. Konzepte zur Abgrenzung der Arten. Hier wird in Anlehnung an Dickoré & Kasperek (2010), Dickoré et al. (2023) u. Schmidt (2021) weiter gefassten Arten (teils Artengruppen/agg. entsprechend) der Vorzug gegeben, wenn auch, Apomixis voraussetzend, in anderen Florenwerken (z.B. Stace 2010) die Zahl aufgenommener Arten („Kleinarten") wesentl. höher ist. Weiter gefasste Arten werden durch (s.l.) nach dem Artnamen gekennzeichnet, die Synonyme lassen erkennen, welche Sippen einbezogen wurden.

Alle Arten giftig!

1. Kronblätt. (dk.)rot, aufr. sthd.; Spr. zumindest bei einem Teil der Blätt. m. deutl. gewelltem Rand; — Fr. (orange)rot, m. (1–)2(–3) Steinkernen, Gr. an der Innenseite unterh. der Spitze abghd.; sommergrüner Spalierstrauch m. niederlgd., kriechenden od. bogig aufstgd. Ästen u. unregelm., sparriger Verzweigung, meist < 0,7 m hoch, zuw. bis 1,5 m u. Zweige übergeneigt; Blüten zu 1–3; Blätt. 8–15 mm lg.; ↕ 0,2–0,7(–1,5) m; ♄. V–VI. – Ziergehölz (Heimat: Himalaja bis S-China); häufig kult., *s* verwild., D: BY, NRW, ST. [*C. praecox* (Bois & Berthault) M. Vilm.; *C. nanshan* Mottet] Spalier-Z., ***C. adpressus*** Bois (s.l.)

— Kronblätt. weiß, rosa od. weiß u. rosa, wenn rot, dann m. weißem od. rosa Saum, entw. aufr. bis zus.neigend od. seitl. absthd.; Spr. ohne gewellten Rand, wenn zuw. gewellt (*C. divaricatus*, s. Nr. **13**), dann 1,5–2(–3) m hoher, aufr. Strauch; — Fr. rot, dk. braunviolett od. schwarz; Spaliersträucher m. niederlgd. u. aufstgd. Ästen od. ± aufr. Klein- u. Großsträucher **2**

2. Aufr., > 1 m hohe Sträucher, 1–2 od. 1–4(–8) m hoch, — wenn selten < 1 m hoch (s. Nr. **10**–), dann Blätt. unterseits bleibend filzig behaart; Fr. rot, dk. braunviolett od. schwarz **7**

— Flach ausgebr., niederlgd. Sträucher m. dem Boden anlgd. od. aufstgd. Ästen, wenn aufr. Zwerg- od. Kleinsträucher, dann meist nur ≤ 1 m hoch u. Pfl. breiter als hoch; — Blätt. unterseits striegelhaarig od. flaumig behaart, meist verkahlend, nie bleibend filzig; Fr. rot **3**

3. Pfl. immergrün; Blüten durch ausgebr. Krone m. seitl. absthd., rein weißen (höchstens in Knospe rötl. getönt) Kronblätt. deutl. in Erscheinung tretend, Gr. an der Spitze der Steinkerne; Äste nicht auffallend in einer Ebene verzweigt; — Blätt. 0,5–3(–4) cm lg. **5**

— Pfl. sommergrün; Blüten weniger auffallend, Kronblätt. aufr. bis zus.neigend, weißl.rosa od. rosa, teils m. rotem Grund u. hellem Saum; Gr. unterh. der Spitze an der Innenseite des Steinkerns abghd.; Äste zumind. teilw. deutl. 2-zeilig (fischgrätenart.) verzweigt, seitl. Zweige in einer Ebene; — Blätt. 0,5–1,5 cm lg.; Fr. m. (2–)3 Steinkernen **4**

4. Blüten zu 1–3; Blätt. ± lederig, bis zu Beginn des Winters bleibend, 0,5–1,2 cm lg., rundl. bis br. ellipt., spitz od. stumpf u. fein zugespitzt, oberseits meist ± kahl u. glzd.; Fr. kugelig bis ellipsoidisch, 5–6 mm lg.; Äste horizontal ausgebr. od. aufstgd., Zweige dicht u. regelm. 2-zeilig (*411/1*); — Blätt. unterseits striegelhaarig; ↕ 0,3–1 m; ♄. V–VI. – Ziergehölz (Heimat: Tibet bis S-China); häufig kult., *z* verwild., teils eingebürg., z.B. an Mauern u. Felsen: D; A; B; CZ. [*C. perpusillus* (C. K. Schneid.) Flinck & Hylmö, *C. atropurpureus* Flinck & Hylmö] Fächer Z., ***C. horizontalis*** Decne. (s.l.)

— Blüten meist einzeln; Blätt. kaum lederig, dünn, im Herbst abfallend, 0,8–1,5 cm lg., br. eif. bis fast rundl., kurz zugespitzt, oberseits meist bleibend behaart u. kaum glzd.; Fr. abgeflacht kugelig bis verkehrt eif., 6–10 mm lg.; Äste ± aufr. od. aufstgd., Zweige unregelm. bis deutl. 2-zeilig; ↕ 0,3–1 m; ♄. V–VI. – Ziergehölz (Heimat: Tibet bis S-China); *s* verwild. D: BW, BY, HE, SH. Bespitzte Z., ***C. apiculatus*** Rehder & E. H. Wilson

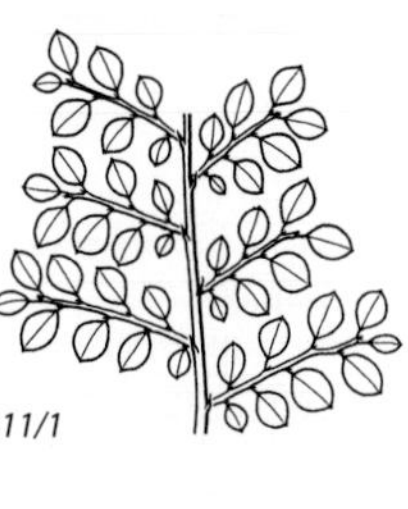

411/1

5 (3). Fr. m. (3–)5 Steinkernen; Blätt. 1–3(–4) cm lg. (wenn nur 1–1,5 cm lg.: var. *radicans* Dammer); Spalierstrauch m. sich bewurzelnden Kriechsprossen; — Blätt. ellipt. bis längl. od. verkehrt eif., oberseits (matt) glzd. dk.grün, unterseits graugrün, verkahlend, vorn stumpf, kurz zugespitzt od. ausgerandet; Blüten zu 1–3, ≈ 1 cm ∅; Fr. kugelig, 6–7 mm ∅; ↕ 0,1–0,5 m; ♄. V–VI. – Ziergehölz (Heimat: China); häufig kult., *s* verwild., z. T. eingebürg., z. B. an Mauern u. Felsen: D; A; B. Teppich-Z., Kriech-Z., ***C. dammeri*** C. K. Schneid.

— Fr. m. 2–3 Steinkernen; Blätt. 0,5–2 cm lg.; – Spalierstrauch m. dem Boden anlgd. od. aufstgd., sich nur teilw. od. kaum bewurzelnden Sprossen od. Zwergstrauch bis 1 m hoher Kleinstrauch m. bogigen bis aufr. Ästen 6

6. Blüten meist einzeln; Blätt. 0,5–1(–1,3) cm lg., verkehrt eif. bis (br.) ellipt., ihr Rand flach, vorn stumpf, gestutzt od. ausgerandet, oberseits meist kahl od. nur auf der Mittelrippe behaart, unterseits anfangs dünn striegelhaarig; Fr. kugelig, 6–7 mm ∅; Spalierstrauch m. dem Boden anlgd. Ästen od. ausgebr. bis niederlgd., dicht u. sparrig verzweigter Kleinstrauch; ↕ 0,1–1 m; ♄. V–VI. – Ziergehölz (Heimat: China); *s* verwild. [*C. procumbens* G. Klotz; *C. cochleatus* (Franch.) G. Klotz] Kleinblättrige Z., ***C. microphyllus*** Lindl. (s. l.)

— Blüten zu 1–3; Blätt. 0,5–2 cm lg., längl. od. schmal ellipt. bis eif., ihr Rand ± umgebogen, meist spitz, oberseits zumind. anfangs ± behaart, unterseits dicht flaumig behaart, teils verkahlend; Fr. ellipsoidisch bis verkehrt eif., bis 9 mm lg.; Zwergstrauch od. bis 1 m hoher Kleinstrauch m. sparrig verzweigten, ± aufr. od. bogigen u. übergeneigten Ästen; ↕ 0,2–1 m; ♄. V–VI. – Ziergehölz (Heimat: Himalaja bis S-China); *s* verwild. [*C. prostratus* Baker; *C. conspicuus* Marq.] Ganzrandige Z., Bogen-Z., ***C. integrifolius*** (Roxb.) G. Klotz (s. l.)

Häufiger kult. u. verwild. ist die fertile Hybride m. *C. dammeri* (s. Nr. **5**), die Schwedische Z., ***C.*** × ***suecicus*** G. Klotz: Äste teils niederlgd., teils aufr. bis bogig so weit übergeneigt, dass Zweigspitzen den Boden erreichen u. sich bewurzeln; Fr. m. 2–4 Steinkernen; Blätt. ± ellipt.

7 (2). Kronblätt. rosa od. weiß m. rosa Grund, aufr. bis zus.neigend, dadurch Blüten weniger auffallend; Gr. an der Innenseite des Steinkerns in halber Höhe bis unterh. der Spitze abghd.; — Infl. wenig- od. reichblütig 9

— Kronblätt.weiß, waagr. absthd., durch ausgebr. Krone Blüten deutl. in Erscheinung tretend; Gr. an der Spitze der Steinkerne; — Infl. meist reichblütig, (8–)10–20(–50) Blüten; Fr. rot ... 8

8. Pfl. sommergrün; Blätt. grau- bis blaugrün, dünn, 2–5 cm lg., br. eif. bis fast rundl., vorn stumpf bis abgerundet, unterseits nur anfangs behaart, bald verkahlend; Infl. locker, m. 10–20 Blüten, unangenehm (fischart.) riechend; Fr. eif. bis kugelig, 8–9 mm ∅, meist 2 Steinkerne, scheinbar nur 1 Sternkern, da die 2 dicht aneinandergepresst; ↕ 1–3(–5) m; ♄. V. – Ziergehölz (Heimat: W- u. M-As. bis N-China); *s* verwild. Vielblütige Z., ***C. multiflorus*** Bunge

— Pfl. immergrün; Blätt. grün, lederig, 3–12 cm lg., lanzettl. bis schmal ellipt., spitz od. lg. zugespitzt, oberseits durch die eingesenkten Seitennerven meist runzelig, unterseits dicht filzig behaart bis ± kahl; Infl. m. 8–50 Blüten; Fr. meist kugelig, 4–6 mm ∅, m 2 Steinkernen; ↕ 1–6(–8) m; ♄. VI. – Ziergehölz (Heimat: China); häufig kult., siedlungsnah verwild. in Wäldern u. Gebüschen, *s* eingebürg. [*C. floccosus* (Rehder & E. H. Wilson) Flinck & Hylmö; *C. sargentii* G. Klotz] Weidenblättrige Z., ***C. salicifolius*** Franch. (s. l.)

Formenreich, darunter einige Sorten, die < 1 m hoch bleiben, teils dem Boden anlgd., u./od. kleinere Blätt. haben, aber meist vielblütig wie die Art sind. Kult. u. *s* verwild. auch eine Hybride m. *C. frigidus* Lindl.: ***C.*** × ***watereri*** Exell, ähnl., aber Blätt. ellipt. eif., stumpf od. kurz zugespitzt, oberseits nicht od. weniger runzelig, unterseits verkahlend.

9 (7). Zweige nur anfangs behaart, gelbl. borstig, später verkahlend; Blätt. unterseits anfangs behaart, verkahlend od. Nerven behaart bleibend, meist spitz od. zugespitzt 13

— Zw. zumind. im 1. Jahr bleibend behaart, weißl. bis grau od. gelbl. filzig od. dicht striegelhaarig; Blätt. unterseits bleibend behaart, filzig od. dicht zottig, vorn abgerundet, stumpf od. spitz, oft m. aufgesetzter Stachelspitze 10

10. Blütenbecher, Kelchblätt. u. Blütenstiele weißfilzig; Fr. m. 3–5 Steinkernen; — Pfl. 1–2,5 m hoch 12

— Blütenbecher u. Kelchblätt. kahl od. nur am Rand gleich den Blütenstielen schwach behaart; Fr. m. 2–3 Steinkernen; — Pfl. 0,4–2 m hoch; Fr. 6–8 mm ∅, kahl; Blätt. unterseits locker filzig behaart 11

11. Fr. vollreif (kastanienbraun bis) schwarz, bläul. bereift; Infl. meist aufr., 2–12-blütig; Blätt. oberseits anfangs locker behaart, später kahl, – schwach glzd. od. matt dkl. grün; ↕ 0,4–1,5(–2) m;

♄. V–VI. – Waldränder, felsige Abhänge. – *s*, CZ; DK (Bornholm); PL; A? [incl. *C. melanocarpus* Lodd. et al.; *C. niger* (Wahlb.) Fries] Schwarze Z., ***C. laxiflorus*** J. Lindl. (s. l.)

— Fr. reif rot; Infl. meist hgd., (1–)3–4-blütig; Blätt. oberseits kahl; ↕ 0,5–2 m; ♄. IV–VI. – Sonnige Felsbänder, lichte Trockenwälder. – *v* Alp., *z* S- u. M-D; A; B; CH; CZ; F: Els; I: Bz; L; *s* PL. Ⓖ. [incl. *C. pyrenaicus* Gand.] Gewöhnliche Z., ***C. integerrimus*** Medik. (s. l.)

12 **(10).** Junge Zweige weiß- bis graufilzig; Blätt. 2–7 cm lg., br. ellipt., vorn stumpf od. abgerundet, m. aufgesetzter Stachelspitze, unterseits weißfilzig; — Infl. (1–)3–12-blütig, Kronblätt. mattweiß, rosa od. grünl. getönt; Fr. 6–8 mm ∅, blutrot, flaumig behaart; ↕ 1–2 m; ♄. IV–V. – Felsen, lichte Wälder; kalkstet. – *s*, Alp. u. Vorland, SchwAlb; A; CH; F: Els; I: Bz. Filz-Z., ***C. tomentosus*** (Aiton) Lindl.

— Junge Zweige dicht gelbl. striegelhaarig; Blätt. 1–2,5(–3) cm lg., eif. bis ellipt., spitz, stumpf od. ausgerandet, nur an Langtrieben zugespitzt, unterseits gelb- bis graufilzig, — oberseits glzd. grün, Nerven leicht eingesenkt; Infl. meist 3–7-blütig; Kronblätt. rot m. weißem Saum; Fr. kugelig, 6 mm ∅, scharlachrot; ↕ 1,5–2 m; ♄. V–VI. – Ziergehölz (Heimat: China); siedlungsnah verwild. in Wäldern, auch Kiefernforste; *s* eingebürg., D; A. Diels-Z., ***C. dielsianus*** Diels

Ähnl., aber nur *s* verwild. (Heimat: China): Zabel-Z., ***C. zabelii*** C. K. Schneid.: Blätt. an der Spitze meist stumpf u. kurz zugespitzt, Nerven oberseits nicht eingesenkt, Fr. verkehrt eif., bis ellipsoidisch, bis 8 mm ∅, meist nur m. 2 Steinkernen.

13 **(9).** Blätt. ≤ 3 cm lg., meist 0,7–2,5 cm, zuw. Spr. etwas wellig, — ellipt. bis br. eif., spitz bis stumpf, auch an Langtrieben nicht zugespitzt, oberseits glzd., unterseits fast kahl, nur an Mittelrippe u. Rand striegelhaarig; Infl. 2–4-blütig; Fr. dk.rot, ellipsoidisch bis walzenf., 8–12 mm lg., m. 2 Steinkernen; sparrig verzweigter Strauch, Äste schräg aufstgd. od. bogenf., Endtriebe oft m. in einer Ebene sthd. Seitenzw. („fischgrätenart."), junge Zw. meist rötl.; ↕ 1–2(–3) m; ♄. V–VI. – Ziergehölz (Heimat: China); siedlungsnah verwild., auf Ruderal-StO, an Waldrändern u. in Wäldern; *s* eingebürg. D; A; B. Sparrige Z., Spreizende Z., ***C. divaricatus*** Rehder & E. H. Wilson

— Blätt. 2–10(–15) cm lg., im Mittel > 3 cm, Spr. od. ihr Rand nie wellig, — eif. bis eif. rautenf. od. eilängl., spitz od. zugespitzt; Infl. 1–30(–50)-blütig; Fr. rot, schwarz od. dk. braunviolett **14**

14. Fr. rot, m. (4–)5 Steinkernen; Blätt. oberseits stark runzelig bis blasig aufgetrieben, da alle Nerven tief eingesenkt, — matt od. schwach glzd., unterseits locker filzig, aber bleibend behaart, Spr. eif. bis br. ellipt., 3,5–8 cm lg., Herbstfärbung orange bis scharlachrot; Infl. 5–30-blütig; ↕ 1–4 m; ♄. V–VI. – Ziergehölz (Heimat: China); siedlungsnah verwild. in Wäldern; *s* eingebürg. D; A; B. [*C. rehderi* Pojark.; C. *boisianus* G. Klotz] Runzel-Z., ***C. bullatus*** Bois (s. l.)

— Fr. dk. braunviolett bis schwarz, m. 2–4(–5) Steinkernen; Blätt. oberseits m. nicht od. weniger tief eingesenkten Nerven, ± glatt od. leicht runzelig **15**

15. Fr. m. 3–4(–5) Steinkernen, kugelig bis kreiself.; — Blätt. 4–7(–9) cm lg., zugespitzt, oberseits ± glzd., leicht runzelig, nur Hauptnerven etwas eingesenkt, unterseits anfangs zottig behaart, Behaarung zumindest an Nerven u. Spr.Rand bleibend, Herbstfärbung dk. purpurrot; Infl. 2–25-blütig; ↕ 1–4 m; ♄. V. – Ziergehölz (Heimat: China); siedlungsnah verwild. an Waldrändern bis in Wälder; *s* eingebürg. [*C. cornifolius* (Rehder & E. H. Wilson) Flinck & Hylmö] Moupin-Z., Hartriegelblättrige Z., ***C. moupinensis*** Franch. (s. l.)

— Fr. m. 2–3 Steinkernen; walzenf. od. verkehrt eif. bis kugelig; Blätt. entw. kleiner, im Mittel bis 4 cm lg., od. länger, im Mittel > 7 cm lg., spitz od. zugespitzt **16**

16. Blätt. (3–)5–12(–15) cm lg., (1,5–)3–7 cm br., oberseits leicht runzelig, Nerven etwas eingesenkt, unterseits gelbl. filzig, Herbstfärbung gelb; Fr. walzenf.; Infl. m. 1–5(–11) Blüten; ↕ 1–3 m; ♄. V–VI. – Ziergehölz (Heimat: China); siedlungsnah verwild. an Waldrändern bis in Wälder; *s* eingebürg. [*C. villosulus* (Rehder & E. H. Wilson) Flinck & Hylmö] Zweifelhafte Z., Feinzottige Z., ***C. ambiguus*** Rehder & E. H. Wilson (s. l.)

— Blätt. 2–5(–7) cm lg., 1,5–4 cm br., oberseits glatt, Nerven nicht eingesenkt, matt bis stark glzd., unterseits dünn striegelhaarig, bes. auf den Nerven, verkahlend, Herbstfärbung dkl. rot; Fr. kugelig bis verkehrt eif.; Infl. m. (2–)5–15 Blüten; ↕ 1–2,5(–4) m; ♄. V–VI. – Ziergehölz (Heimat: Sibirien bis O-As.); siedlungsnah verwild. an Waldrändern bis in Wälder; *s* eingebürg. [*C. lucidus* Schltdl.] Peking-Z., Glanz-Z., ***C. acutifolius*** Turcz. (s. l.)

Crataegus L., Weißdorn (Bearbeiter: Peter A. Schmidt)

Zur Bestimmung sind Kurztriebe z. Bltzt. bzw. Frzt. erforderl., auf die sich auch die angegebenen Merkmale für Blätt. u. Nebenblätt. beziehen. Für die Ermittlung der Anzahl der Gr. bzw. Steinkerne, der Kelchblatt- u. Fr.Merkmale stets mehrere Blüten bzw. Fr. untersuchen.

Da Hybridbildung verbr. ist u. stellenw. Hybriden häufiger als Elternarten sein können, wurden sie im Schlüssel aufgenommen. Auch Mehrfachhybriden u. Rückkreuzungen sind mögl. (Näheres s. Schmidt 2018). Mit Ausnahme einer Art u. ihrer Hybriden (s. Nr. 1) wurden einige als Ziergehölze kult. Arten, die zuw. verwild., nicht im Schlüssel berücksichtigt, z. B. Scharlach-W. od. Scharlachdorn (***C. coccinea*** L., Heimat N-Am.) m. auffälligen, leuchtend scharlach- od. orangeroten Fr.) od. Blut-W. (***C. sanguinea*** Pall., Heimat: O-Eur. bis NO-China) m. saftigen blutroten Fr. Zu ihrer Bestimmung s. Schmidt (2023).

Für alle Arten gilt: ↕ 2–8(−12) m; ħ–ħ. V–VI (wenn *C. monogyna* u. *C. laevigata* benachbart wachsen, dann Bltzt. *C. laevigata* 2 Wochen früher).

1. Seitennerven der Blätt. nur in Zähne od. Lappen endend, nicht in Buchten zw. den Zähnen od. den Lappen; Blattspr. nicht od. nur angedeutet gelappt, Rand scharf fein gesägt (*415/1*); Pfl. stark dornig, Dornen 3–8 cm lg. – Ziergehölz (Heimat: N-Am.); *s* verwild.
Hahnensporn-W., ***C. crus-galli*** L.

Häufiger kult. u. zuw. verwild. sind 2 vermutl. Hybriden von *C. crus-galli*: Lederblättriger W. od. Apfeldorn (***C.* × *lavallei*** Lavallée 'Carrieri') u. Pflaumenblättriger W. (***C.* × *persimilis*** Sarg. 'Prunifolia').

— Seitennerven der Blätt. nicht nur in die Blattlappen verlfd., sondern von der Mittelrippe auch zum Grund der Buchten; Blattspr. meist gelappt od. fiederteilig, wenn ± ungelappt, dann Rand stumpf gesägt bis gekerbt (*415/2–415/5*); Dornen kürzer 2

2. Blüten m. 2(−3) Gr.; Fr. m. 2(−3) Steinkernen 7

— Blüten nur 1-griffelig od. 1- u. 2-griffelige Blüten an einer Pfl.; Fr. nur m. 1 Steinkern od. z. T. auch m. 2 Steinkernen 3

3. Blüten ausschließl. 1-griffelig; Fr. m. nur 1 Steinkern 5

— Blüten einer Pfl. sowohl 1- als auch 2-griffelig, Fr. sowohl m. 1 als auch m. 2 Steinkernen 4

4. Kelchblätt. wenigstens z. T. schmal 3-eckig bis eilanzettl., 2–3-mal so lg. wie br., zugespitzt, der Fr. anlgd., absthd. od. aufr.; Blätt. m. spitzen od. zugespitzten Lappen, Rand fein u. scharf gesägt (zw. *415/4* u. *415/5* variierend), unterseits heller grün, aber nicht graugrün od. bläul. grün. – Laubwälder, Waldränder, Gebüsche. – *v*. [*C. laevigata* × *C. rhipidophylla* agg.]
Artengruppe Großfrüchtiger W., ***C.* × *macrocarpa*** agg.

a. Kelchblätt. zumind. teilw. aufr. sthd.; Fr. oft zylindr., meist heller rot. – *z*. [*C. laevigata* × *C. lindmanii*; *C. calciphila* Hrabětová; *C.* × *macrocarpa* nothosubsp. *hadensis* (Hrabětová) K. I. Chr.] Geradkelchiger W., ***C.* × *calycina*** Peterm.

— Kelchblätt. zurückgebogen, der Fr. anlgd. bis waagr. absthd.; Fr. ellipsoidisch bis kugelig, meist dk.rot. – *v*. [*C. laevigata* × *C. rhipidophylla*; *C.* × *macrocarpa* nothosubsp. *macrocarpa*]
Großfrüchtiger W., ***C.* × *macrocarpa*** Hegetschw.

— Kelchblätt. alle br. 3-eckig, etwa so lg. wie am Grund br., meist ± stumpfl., an der Fr. zurückgebogen bis anlgd.; Blätt. unterseits graugrün bis bläul.grün. – Waldränder, Gebüsche. – *z*. [*C. laevigata* × *C. monogyna*] Mittlerer W., Bastard-W., ***C.* × *media*** Bechst.

5 (3). Kelchblätt. br. 3-eckig, < 2-mal so lg. wie br.; Blattlappen nur an der Spitze m. wenigen Zähnen (*415/2*); Nebenblätt. ganzrandig od. m. wenigen groben, nicht drüsigen Zähnen. – Lichte Laubwälder, Waldränder, Gebüsche. – *v*. Eingriffeliger W., ***C. monogyna*** Jacq.

— Kelchblätt. alle od. wenigstens z. T. schmal 3-eckig, eilanzettl. bis pfrieml., 2–3-mal so lg. wie br.; Nebenblätt. stets od. meist gesägt, m. od. ohne drüsenköpfige Zähne 6

6. Kelchblätt. z. T. br. 3-eckig, z. T. schmal 3-eckig bis pfrieml.; Nebenblätt. meist gesägt, oft nur m. vereinzelten Drüsenzähnen; Blattlappen meist nur an der Spitze u. am unt. Rand fein gesägt (*415/3*). – Laubwälder, Gebüsche. – *v*. [*C. monogyna* × *C. rhipidophylla* agg.; *C.* × *heterodonta* Pojark. s. l.; *C. kyrtostyla* auct. s. l.] Artengruppe Verschiedenzähniger W., ***C.* × *subsphaerica*** agg.

a. Kelchblätt. an der Fr. wenigstens z. T. aufr. sthd. – *s*. [*C. lindmanii* × *C. monogyna*; *C.* × *subsphaerica* nothosubsp. *domicensis* (Hrabětova) P. A. Schmidt] Domica-W., Kranzkelchiger W., ***C.* × *domicensis*** Hrabětova

— Kelchblätt. zurückgebogen, der Fr. anlgd., selten schräg absthd. – *v*. [*C. monogyna* × *C. rhipidophylla*; *C.* × *raavadensis* Raunk.; *C.* × *fallacina* Klokov; C. × *subsphaerica* nothosubsp. *subsphaerica*]
Verschiedenzähniger W., ***C.* × *subsphaerica*** Gand.

— Kelchblätt. alle schmal 3-eckig, eilanzettl. bis pfrieml.; Nebenblätt. stets fein gesägt, meist m. Drüsenzähnchen; alle Blattlappen fein u. scharf gesägt (*415/4*). – Laubwälder, Gebüsche. – *z*. [*C. curvisepala* Lindm. nom. illegit., s. l.; *C. rosiformis* auct. non Janka, s. l.]
Artengruppe Großkelch-W., ***C. rhipidophylla*** agg.

a. Kelchblätt. an der Fr. aufr. sthd. od. oben zus.neigend; Fr. zylindr., hellrot. [*C. rhipidophylla* subsp. *lindmanii* (Hrabětová) P. A. Schmidt] Lindman-W., Langkelch-W., ***C. lindmanii*** Hrabětová

— Kelchblätt. zurückgebogen, der Fr. anlgd. od. waagr. absthd.; Fr. ellipsoidisch bis kugelig, dk.rot. [*C. curvisepala* s.str.; *C. praemonticola* Holub] Großkelch-W., Krummkelch-W., ***C. rhipidophylla*** Gand.

7 (2). Blätt. schwach gelappt, zuw. ungelappt u. nur stumpf gesägt bis gekerbt (*415/5*), Blattlappen meist stumpf od. abgerundet; Kelchblätt. br. 3-eckig. – Laubwälder, Gebüsche. – *v*. [*C. oxyacantha* auct.] Zweigriffeliger W., ***C. laevigata*** (Poir.) DC.

— Blätt. stärker gelappt; Lappen spitz, scharf gesägt; Kelchblätt. wenigstens z. T. schmal 3-eckig, 2–3-mal so lg. wie br. .... ***C. × macrocarpa*** agg., s. Nr. **4**

Cydonia Mill., Quitte

Strauch od. bis 8 m hoher Baum; Blätt. eif., oberseits dk.-, unterseits graugrün, in der Jugend flockigfilzig; Blüten einzeln, rötl.weiß; Apfelfr. groß (6–12 cm ∅), gelb, filzig behaart, apfel- od. birnenf.; ♄–♄. V–VII. – Obstbaum (Heimat: SW-As.); zuw. verwild., *z* D: Oberrhein-, Main-, Neckargebiet, sonst *s* [*C. vulgaris* Pers.] Echte Q., ***C. oblonga*** Mill.

Dasiphora Raf. [*Potentilla* L. p. p.], Fingerstrauch (Bearbeiter: Thomas Gregor)

Pfl. 50–140 cm hoch; Blätt. 3–5-zählig gefied., unterseits behaart, Blattrand umgerollt; Kronblätt gelb, selten weiß; ♄. V–IX. – Zierpfl. (Heimat: As.); *s* verwild. [*P. fruticosa* L.]
Echter F., ***D. fruticosa*** (L.) Rydb.

Dryas L., Silberwurz

Spalierstrauch; Blätt. längl. ellipt., gekerbt, lederig, unterseits weißfilzig; Blüten einzeln, 2,5–4 cm ∅, meist m. 8 Kronblätt.; Gr. z. Fr.Reife veräng. u. zottig behaart; ↔ 10–50 cm; ↕ 2–10 cm; ♄. VI–VII. – Steinrasen; auf Kalk; bis 3100 m; *v* Alp., *s* Vorland, Schweizer Jura; früher D: HE (Meißner).
Weiße S., ***D. octopetala*** L.

Drymocallis Rydb. [*Potentilla* L. p. p.], Steinfingerkraut (Bearbeiter: Thomas Gregor)

Pfl. bis 60 cm hoch, oberw. drüsig behaart; Grundblätt. gefied. m. 5–7 zum Blattgrund kleiner werdenden Fiedern; Stg.Blatt ungestielt, 3-zählig; Kronblätt. weiß; Fr. kahl; ♃. V–VII. – Trockene Wälder, Magerwiesen, Felsspalten der Hügel- u. Bergregion. – D: *s* S- u. M-D, früher BB; *s* A; CH; CZ; F: Els; FL; *z* I: Bz; *s* NL; PL. [*P. rupestris* L.] Felsen-S., ***D. rupestris*** (L.) Soják

Filipendula Mill., Mädesüß

1. Stg. kräftig, kantig; Blätt. unterbrochen gefied. (*415/6*), m. 2–5 Paaren großer, > 3 cm lg., eif., doppelt gesägter Fiedern; Blüten ≤ 9 mm ∅, gelbl.weiß, duftend; ↕ 50–180 cm; ♃. VI–VIII. – Nasswiesen, Gräben, Flussufer. – *v*. [*Spiraea ulmaria* L.] Echtes M., ***F. ulmaria*** (L.) Maxim.
   a. Blätt. unterseits grün. – *v*. Grünes M., subsp. ***denudata*** (J. Presl & C. Presl) Hayek
   — Blätt. unterseits weißfilzig .... **b**

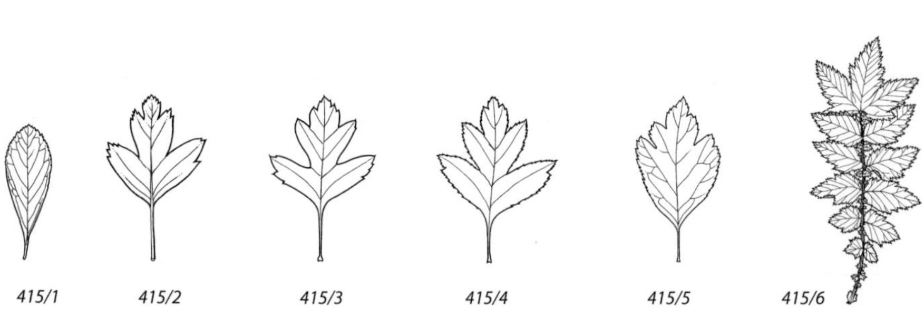

415/1 *415/2* *415/3* *415/4* *415/5* *415/6*

b. Blätt. gesägt-gekerbt bis schwach doppelt gesägt; Fr. kahl. – *v*. Echtes M. (i. e. S.), subsp. ***ulmaria***
— Blätt. doppelt gesägt bis seicht gelappt; Fr. behaart. – Wechselfeuchte Auenwiesen. – *s*, A: NÖ (Marchtal); CZ. Steppen-M., subsp. ***picbaueri*** (Podp.) Smejkal

— Stg. dünn, stielrund od. schwach gerillt; Blätt. unterbrochen gefied., m. > 20 Fiederpaaren, Fiedern ≤ 2,5 cm lg., tief eingeschnitten; Blüten 10–18 mm ∅, weiß od. rosa; Wurzeln knollig verdickt; ↕ 30–60 cm; ♃. V–VII. – Trockenrasen, Gebüsch; überwgd. auf Kalk. – *z*, *s* im NW. [*F. hexapetala* Maxim.] Knolliges M., ***F. vulgaris*** Moench

Fragaria L., Erdbeere

1. Spr. der Blättchen meist 6–9 cm lg., oberseits kahl, etwas lederig; Fr. 1–5 cm ∅; ↕ 15–40 cm; ♃. V–VI. – Kulturpfl. [*F. chiloensis* (L.) Mill. × *F. virginiana* Mill.]
Garten-E., Brestling, ***F.*** × ***ananassa*** (Weston) Rozier
— Spr. der Blättchen meist < 6 cm lg.; Fr. < 1 cm ∅ **2**
2. Alle Blütenstiele absthd. behaart, die Blätt. deutl. überragend; Blättchen oft > 4 cm lg.; — Ausläufer kurz, oft fehlend; ↕ 15–40 cm; ♃. V–VI. – Lichte Laubwälder, Gebüsch. – *z*, *f* in Hochalp. [*F. elatior* Ehrh.] Zimt-E., ***F. moschata*** Weston
— Seitl. od. alle Blütenstiele angedrückt od. aufr. absthd. behaart, nur wenig länger als die Blätt.; Blättchen meist < 4 cm lg. **3**
3. Kelchblätt. schon im Abblühen waagr. absthd. od. zurückgeschlagen; Kronblätt. weiß, 5–6 mm lg.; Blätt. unterseits seidenhaarig, oberseits locker anlgd. behaart; — Ausläufer meist lg.; ↕ 5–20 cm; ♃. V–VI. – Wälder u. Gebüsch. – *v*. Wald-E., ***F. vesca*** L.
— Kelchblätt. schon im Abblühen aufw. gerichtet, z. Frzt. der Sammelfr. angedrückt; Kronblätt. gelbl.weiß, 6–10 mm lg.; Blätt. beiderseits seidenhaarig; Sammelfr. gelbl.weiß, nur an der Spitze rot u. meist m. leichtem Knall abtrennbar; — Ausläufer kurz, oft fehlend; ↕ 5–20 cm; ♃. V–VI. – Halbtrockenrasen; auf Kalk. – *z*, *s* im N. [*F. collina* Ehrh.]
Knackelbeere, ***F. viridis*** Weston

Geum L., Nelkenwurz

1. Kronblätt. leuchtend orangerot, ausgebr.; Blüten ± aufr., zuw. teilw. gefüllt; ↕ 15–60 cm; ♃. V–VIII. – Zierpfl. (Heimat: SO-Eur., Anatolien); *s* verwild., D: BY, RP, SN.
Rote N., ***G. coccineum*** Sm.
— Kronblätt. gelb od. außen rötl., innen blassgelb; wenn rötl., dann aufr. bis zus.neigend u. Blüten nickend **2**
2. Stg. mehrblütig; Gr. z. Frzt. verholzend u. hakig geglied. (*416/2–416/4);* Blüten gelb od. rötl., ≤ 2 cm ∅ **4**
— Stg. meist 1-blütig; Gr. gerade, z. Frzt. federig behaart, bis 3 cm lg., gerade od. gekrümmt, aber nicht hakig geglied. (*416/1*); Blüten lebhaft gelb, ≥ 3 cm ∅ **3**
3. Pfl. ohne Ausläufer; Seitenfiedern viel kleiner als die große, stumpf lappige Endfieder; — Blüten 3–4 cm ∅; Gr. z. Frzt. ausgebr. od. etwas zus.neigend, nicht umeinander verdreht; ↕ 5–40 cm; ♃. V–VIII. – Matten der Alp.; 700–3200 m. – *v* Alp., *s* Brocken (wohl angepfl.), Riesengeb. [*Sieversia montana* (L.) R. Br.] Berg-N., ***G. montanum*** L.

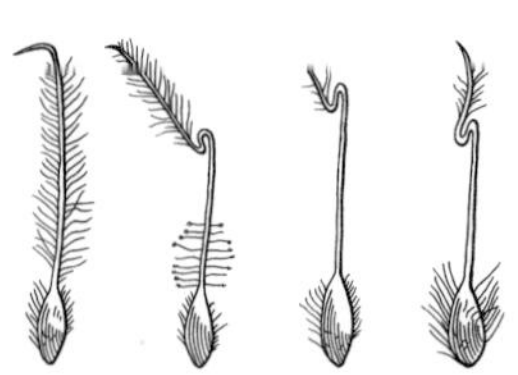

416/1 416/2 416/3 416/4

416/5

— Pfl. m. Ausläufern; Seitenfiedern nicht viel kleiner als die 2–5-spaltige Endfieder; Gr. alter Blüten u. junger Fr. oft umeinander verdreht, erst spät ± ausgebr.; — Blüten 3–5 cm ∅; ↕ 5–20 cm; ♃. VII–VIII. – Steinschutt; kalkmeidend; bis 3400 m. – *v*, Alp. [*Sieversia reptans* (L.) R. Br.] Kriechende N., ***G. reptans*** L.

4 (2). Blüten nickend; Kronblätt. außen rötl., innen blassgelb; Kelchblätt. braunrot, aufr., den Kronblätt. anlgd., z. Frzt. durch gestrecktes Internodium (Karpophor) von den Fr. getrennt; — Gr. 2-gliedrig, unt. Glied so lg. wie ob., zottig u. drüsig, das ob. federig behaart (*416/2*), abfallend; Grundblätt. lg. gestielt, unterbrochen gefied.; Endfieder sehr groß, 3-lappig; ↕ 25–60 cm; ♃. IV–VI. – Hochstaudenfluren, Auen- u. Bruchwälder, nasse Wiesen. – *v*. Bach-N., ***G. rivale*** L.

— Blüten aufr., gelb; Kelchblätt. ausgebr. od. (spätestens z. Frzt.) zurückgeschlagen, grün, zuw. rötl. überlaufen, z. Frzt. direkt unter den Fr. od. Fr. auf < 3 mm lg. Internodium **5**

5. Endfied. der Grundblätt. tief 3-lappig (über ein Drittel), am Grund keilf., Blattlappen im Umriss eif. od. zugespitzt; Blattrand grob u. ungleichm. gesägt-gezähnt; Blütenstiele u. Zweige der Infl. meist mehrfach länger als ihre Tragblätt.; unt. Gr.Glied (fast) kahl, ≈3–4-mal so lg. wie das ob. (*416/3*), dieses kahl od. m. sehr kurzen Haaren (≈ wie ∅ des Gr.); — mittl. Stg.-Blätt. 3–5-zählig, m. großen, grob doppelt gesägten Nebenblätt. (*416/5*); Blüten 10–15 mm ∅, Kelchblätt. z. Bltzt. ausgebr., später zurückgeschlagen; ↕ 25–100 cm; ♃. V–X. – Feuchte Wälder, Wegränder. – *v*. Echte N., ***G. urbanum*** L.

G. × intermedium Ehrh. [*G. rivale × G. urbanum*]: Blüten schwach geneigt; Kronblätt. 7 mm lg., gelb; Kelch braunrot; unt. Glied des Gr. 2-mal so lg. wie das ob. – *z*.

— Endfied. der Grundblätt. kaum eingeschnitten (weniger als ein Drittel), am Grund herzf., Blattlappen im Umriss rundlich; Blattrand der Grundblätt. fein u. ± gleichm. gesägt; Blütenstiele u. Zweige der Infl. kürzer bis kaum länger als ihre Tragblätt.; unt. Gr.Glied am Grund ± behaart, ≈ 2–3-mal so lg. wie das ob. (*416/4*), dieses behaart, Haare länger als ∅ des Gr. ... **6**

6. Mittl. Stg.Blätt. gestielt, 3–5-zählig, ihre Nebenblätt. 2–3 cm lg., tief gezähnt; Blüten 15–20 mm ∅; größte Seitenfied. der Grundblätt. nur wenig kürzer als die Endfied.; ↕ 40–90 cm; ♃. VII–IX. – Feuchtes Gebüsch. – Ne. (Heimat: O-Eur., As., N-Am.), wohl als Zierpfl. eingeführt; *s*, D: unbest. BW, BY; *s* CZ; PL. [*G. strictum* Aiton] Steife N., ***G. aleppicum*** Jacq.

— Mittl. Stg.Blätt. (fast) sitzend, 3-zählig od. tief 3-lappig, ihre Nebenblätt. ≤ 2 cm lg., ganzrandig od. m. wenigen Zähnen; Blüten 10–15 mm ∅; größte Seitenfied. der Grundblätt. viel kleiner als die Endfied.; ↕ 30–100 cm; ♃. VI–IX. – Parkanlagen, Gebüsche in Siedlungsnähe. – Ne. (Heimat: O-Eur., As., N-Am.); *s*, D: NI, NRW, BY; B, CZ, NL.
Großblättrige N., ***G. macrophyllum*** Willd.

Kerria DC., Ranunkelstrauch

Strauch m. Ausläufern u. lg., mehrere Jahre grün bleibenden Zweigen; Blätt. ± längl. eif., scharf doppelt gesägt; Blüten gelb, einzeln od. zu wenigen an seitl. Kurztrieben, meist gefüllt; ↕ 1–2,5 m; ♄; IV–VIII. – Zierstrauch (Heimat: O-As.); aus Gartenabfall *z* verwild.
Japanischer R., ***K. japonica*** (L.) DC.

Malus Mill., Apfelbaum

1. Blätt. höchstens unterseits auf den Nerven etwas behaart, sonst kahl; ↕ 1,5–10 m; ♄. IV–VI. – Laubwälder, Gebüsch. – *z*. [*M. acerba* Mérat.; *Pyrus malus* L.]
Wilder A., Holz-A., ***M. sylvestris*** (L.) Mill.

— Blätt. wenigstens unterseits filzig behaart (*Taf. 7: 2*) **2**

2. Fr. > 5 cm ∅; Zweige dornenlos; ↕ 1,5–10 m; ♄. IV–V. – Als Obstbaum *v* angepfl. u. verwild. [*M. pumila* Mill.] Kultur-A., ***M. domestica*** Borkh.

— Fr. < 5 cm ∅; Zweige vereinzelt m. Dornen; ↕ 1,5–10 m; ♄. V–VI. – Lichte Wälder, Gebüsche. – *s*, D; A: NÖ, OÖ, Stm, Ti, Vb; I: Bz. [*M. domestica × M. sylvestris*] Filz-A., ***M. × dasyphylla*** Borkh.

Mespilus L., Mispel

Dorniger od. dornenloser Strauch od. Baum; Blätt. lanzettl., bis 12 cm lg., unterseits behaart; Fr.Blätt. 5, m. Blütenbecher verwachsen (= Frkn. fast ganz unterst., aber Fr.Blätt. von oben erkennbar), bei Reife steinig werdend; Fr. braun, rundl., am Ende br. trichterf. eingesenkt, von den laubigen Kelchblätt. gekrönt (*399/8*); ↕ 1,5–4(–6) m; ♄–♄. V–VI. – Wälder, Gebüsche. – Wohl nur verwild. (Heimat: SO-Eur., SW-As.); *z–s* in S- u. M-D; A: OÖ, Vb; B; CH; CZ; F; I: Bz; L; NL. Echte M., ***M. germanica*** L.

Physocarpus (Cambess.) Maxim., Blasenspiere

Strauch; Blätt. 3-lappig; Blüten in halbkugeligen Doldentrauben; Krone weiß; Fr. aufgeblasen (*399/6*); ↕ 0,6–3 m; ♄. V–VI. – Zierstrauch (Heimat: N-Am.); *s* verwild. [*Spiraea opulifolia* L.]
Schneeball-B., ***P. opulifolius*** (L.) Maxim.

Potentilla L. [excl. *Comarum* L., *Dasiphora* Raf., *Drymocallis* Rydb.], Fingerkraut

(Bearbeiter: Thomas Gregor)

Die Blattformen der Vertreter der Gattung sind variabel, die Abb. können daher nur einen groben Anhaltspunkt liefern.

1. Außenkelchblätt. 3-spitzig; — Blüten gelb, meist einzeln an den Knoten der Ausläufer; Pfl. m. ausläuferart. veräng. Stg.; Fr. erdbeerähnl., aber von fadem Geschmack; Blätt. 3-zählig; ♃. V–IX. – Zierpfl. (Heimat: As.); *z* in Parks u. an Waldwegen eingebürg. [*Fragaria indica* Andrews; *Duchesnea indica* (Andrews) Focke] Scheinerdbeere, ***P. indica*** (Andrews) Th. Wolf

— Außenkelchblätt. nicht 3-spitzig **2**

2. Krone gelb **10**

— Krone weiß od. rosa **3**

3. Blüten rosa, 20–25 mm ∅; Pfl. dicht silbergrau behaart, ↕ 5–10 cm; ♃. VII–IX. – Kalkfelsen. – *s*, A: Kt, OTi; I: Bz. Dolomiten-F., ***P. nitida*** L.

— Blüten weiß; Pfl. nicht dicht silbergrau behaart **4**

4. Grundblätt. gefied. m. 5–7 Fiedern; Fr. kahl ..... ***Drymocallis***, S. 415

— Grundblätt. gefing. m. 3–5 Fiedern; Fr. behaart **5**

5. Grundblätt. 3-zählig gefing. (*418/1*) **8**

— Grundblätt. meist 5-zählig gefing. (*418/2–418/4*) **6**

6. Staubfäden behaart, wenigstens in der unt. Hälfte; — Fiedern der Grundblätt. verkehrt eif., m. 3–7 ungleichen, zus.neigenden Zähnen (*418/2*), unterseits anlgd. seidenhaarig u. drüsig; Infl. 5–20-blütig; Kronblätt. 7–9 mm lg., sich nicht deckend; ♃. VII–IX. – Kalkfelsen der Alp. (bis 2200 m) u. Voralp. – *z*, *s* im Vorland. Stängel-F., ***P. caulescens*** L.

— Staubfäden kahl **7**

7. Blattfiedern an der Spitze jederseits m. 1–4 Kerbzähnen (*418/3*), oberseits dk.grün, fast kahl, unterseits graugrün u. dicht seidig behaart; Blütenstg. die Grundblätt. nicht überragend, 5–8 cm lg.; ♃. IV–V. – Lichte Kiefern- u. Eichenwälder, Magerrasen; überwgd. auf Kalk. – *s–z* S-, M- u. O-D; A; *s* CZ; F: Els; *z* I: Bz; *s* NL; PL. Weißes F., ***P. alba*** L.

— Blattfiedern an der Spitze m. 5 ungleichen Zähnen (*418/4*), beiderseits dicht seidenhaarig, verkehrt eif.; Blütenstg. die Grundblätt. deutl. überragend; — Staubfäden u. Gr. rot überlaufen; Kronblätt. an der Spitze ausgerandet; ♃. VI–VIII. – Kalkfelsen der Alpen; 1500–2100 m. – *s*, D: BY; *z* A: S-Kt, NÖ, OÖ, Sb, Stm. Ostalpen-F., ***P. clusiana*** Jacq.

418/1 *418/2* *418/3* *418/4* *418/5* *418/6*

8 **(5).** Blütenstg. m. > 5 Blüten, länger als die Blätt., dicht u. schief absthd. behaart u. m. Drüsenhaaren; — Kronblätt. 6–7,5 mm lg., etwas kürzer als die Kelchblätt., gelbl.weiß; ↕ 10–30 cm; ♃. VII–VIII. – Silikatfelsen. – *s*, nur S-CH: Gr (Misox), Ur, Vs (Centovalli).
Schmalkronblättriges F., ***P. grammopetala*** Moretti

— Blütenstg. m. 1–4 Blüten, meist kürzer als die Blätt., ohne Drüsenhaare **9**

9. Kelchblätt. innen am Grund gelbl.grün; Kronblätt. ≈ 5 mm lg.; Staubfäden schmaler als die Staubbeutel, kahl; Blattfiedern jederseits m. 4–6 Sägezähnen (*418/5*), bläul.grün; ♃. III–V. – Laubwälder, Waldränder. – *v*, *s* im NW, NO; CZ. Erdbeer-F., ***P. sterilis*** (L.) Garcke

— Kelchblätt. innen purpurrot; Kronblätt. 3–5 mm lg.; Staubfäden fast so br. wie die Staubbeutel, bis zur Mitte bewimpert; Blattfiedern jederseits m. 6–11 Zähnen (*418/1*), grün; ♃. III–V. – Eichen- u. Kiefern-Mischwälder, Waldränder. – D: *s* BW (Hochrhein), BY (Schlierseegebiet, Steigerwald), HE (Mittelrhein), *z* RP; *s* A: Kt, NÖ, Sb, Stm, Ti; CH (Schaffhausen); F: Vog; I: Bz; NL. Rheinisches F., ***P. micrantha*** DC.

10 **(2).** Blüten 5-, selten 4-zählig **12**

— Blüten in der Mehrzahl 4-, selten 5-zählig **11**

11. Stg. ausläuferart., niederlgd., an den Knoten wurzelnd; Grundblätt. 3–5-zählig; Fiedern keilf., br. gesägt, Endzahn nicht hervorsthd. (*418/6*); unt. Stg.Blätt. 1–2 cm lg gestielt; Kronblätt. doppelt so lg. wie der Kelch; ♃. V–IX. – Feuchte Mischwälder, Flach- u. Hochmoore. – D: *z* im S *s; s* A; CZ; DK; F; *v* NL; *z* PL; *f* CH; I: Bz. – Als Hybride aus P. *erecta* u. *P. reptans* entstanden; Rückkreuzungen m. den Eltern zerstreut u. davon schwer unterscheidbar. [*P. procumbens* Sibth.; *Tormentilla reptans* L.] Niederliegendes F., ***P. anglica*** Laichard.

— Stg. aufstgd. bis niederlgd., aber nicht wurzelnd; Grundblätt. 3-zählig (*419/1*); Fiedern keilf., grob gesägt, m. vorsthd. Endzahn; Stg.Blätt. bis 0,5 cm lg gestielt; Kronblätt. ≈ 1,5-mal so lg. wie der Kelch; ♃. V–VIII. – Nasse bis trockene Wiesen, Heiden, Wälder. – *v*. [*P. tormentilla* Neck.; *Tormentilla erecta* L.] Aufrechtes F., Blutwurz, ***P. erecta*** (L.) Räusch.

12 **(10).** Grundblätt. gefing., m. 3–7 Fiedern (nur bei *P. norvegica*, s. Nr. **16**, Grundblätt. zuw. 4–5-zählig gefied.) **15**

— Grundblätt. gefied., m. (2–)3 od. mehr Fiederpaaren, höchstens die ob. Stg.-Blätt 3-zählig gefing. **13**

13. Blätt. doppelt gefied., — m. linealischen Zipfeln, unterseits weiß; Kronblätt. 5–7 mm lg., wenig länger als die Kelchblätt.; Pfl. aufstgd., ↕ 5–15 cm; ♃. VI–VIII. – Alp. Lägerstellen. – *s*, I: Bz. Schlitzblättriges F., ***P. multifida*** L.

— Blätt. 1-fach gefied.; — Infl. wenigblütig **14**

14. Grundblätt. unterbrochen vielpaarig gefied., bis 20 cm lg., unterseits weiß-seidenhaarig; Fiedern tief gesägt; Kronblätt. doppelt so lg. wie der Kelch; Stg. niederlgd., kriechend, wurzelnd; ♃. V–VIII. – Nährstoffreiche Böden, Weiden, Wegränder. – *v*. Gänse-F., ***P. anserina*** L.

— Grund- u. unt. Stg.Blätt 2–5-paarig gefied. (*419/2*), beiderseits grün; Fiedern unregelm. tief eingeschnitten gesägt; Kronblätt. so lg. wie od. kürzer als der Kelch, blassgelb; Stg. niederlgd. bis aufr.; ☉–⊙. IV–IX. – Schlamm, feuchter Sand, an Fluss- u. Seeufern. – *z*, in NW-D *s*.
Niedriges F., ***P. supina*** L.

15 **(12).** Blätt. (wenigstens die Grundblätt.) meist 5- u. mehrzählig gefing. **20**

— Blätt. vorwgd. 3-, seltener 5-zählig gefing. **16**

16. Stg.Blätt. unter Blütenstand m. auffallend großen, bis 3 cm lg Fiedern; Tieflagen; – Stg. steif aufr., 20–50 cm hoch, reich beblätt.; Infl. reichblütig; Fiedern verkehrt eif., spitz gesägt, bei-

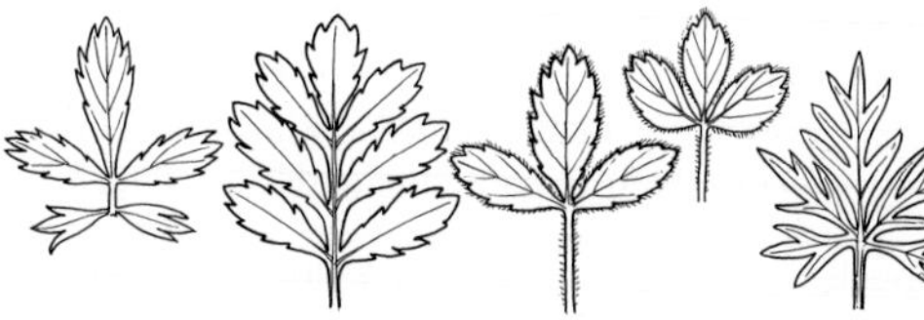

419/1 *419/2* *419/3* *419/4* *419/5*

derseits absthd. behaart (*419/3*); ⊙–♃. VI–IX. – Frische Ruderal-StO, Ufer, Teichböden. – *z*.
Norwegisches F., ***P. norvegica*** L.

— Stg.Blätt. unter Blütenstand nicht m. auffallend großen Fiedern; Pfl. der Alp. **17**

17. Blüten groß, bis 3 cm ∅; Kronblätt. ≈ doppelt so lg. wie Kelchblätt., 10–15 mm lg.; — Stg. 10–30 cm lg., aufstgd.-aufr., locker behaart; ♃. VI–VII. – Magerwiesen, Felsfluren der Alp.; kalkmeidend; 700–3000 m. – *z*, A: Sb, Ti, Vb; CH; FL; I: Bz. Großblütiges F., ***P. grandiflora*** L.

— Blüten < 2 cm ∅; Kronblätt. wenig länger als die Kelchblätt., 3–7 mm lg. **18**

18. Stg. dicht seidig-zottig behaart; — aufstgd., 3–10 cm lg., m. 1–3 Blätt.; Infl. m. 1–3 Blüten, die Blätt. kaum überragend; ♃. VII–VIII. – Felsspalten, begraste Felsbänder, Krummseggenrasen; kalkmeidend; bis 3500 m. – Z- u. W-Alp.; *s*, A: Kt, Sb, Ti, Vb; CH; I: Bz.
Gletscher-F., ***P. frigida*** Vill.

— Stg. nicht dicht seidig-zottig behaart **19**

19. Fiedern unterseits nur auf den Nerven u. am Rand angedrückt behaart, oberseits frischgrün, kahl, eif., gesägt (*419/4*); Blüten einzeln, 7–12 mm ∅; ♃. VII–VIII. – Schneetälchen der Kalk-Alp.; 1100–2500 m. – *v*, D: BY; z A; CH; I: Bz. [*P. minima* Haller f.] Zwerg-F., ***P. brauneana*** Hoffm.

— Blätt. unterseits dicht weißfilzig, oberseits fast kahl, Fiedern tief eingeschnitten gesägt bis gekerbt; Blüten 1–4, 10–15 mm ∅; — Infl. die Blätt. meist weit überragend; ♃. VI–VIII. – Magerrasen, Steinschutthalden der Alp.; 1600–3100 m. – *s*, A: Ti, OTi; I: Bz. Schnee-F., ***P. nivea*** L.

20 (15). Alle Stg. ausläuferart. niederlgd., an den Knoten wurzelnd, ≤ 1 m lg.; — Blüten einzeln, 17–25 mm ∅; ♃. VI–VIII. – Wiesen, Wegränder, Ruderalfluren, Äcker. – *v*.
Kriechendes F., ***P. reptans*** L.

— Stg. aufr. od. niederlgd., aber nicht ausläuferart. verläng., meist nicht an den Knoten wurzelnd; Pfl. aber oft dichtrasig **21**

21. Nebenblätt. der Stg.Blätt. tief fiederspaltig; Blüten 25–30 mm ∅, — meist schwefelgelb; Staubblätt. 25–30; Pfl. aufr., nur oberw. verzweigt; Stg. dicht absthd. behaart, neben längeren Haaren kurze steife Borsten; Blätt. m. 5–7 Fiederblätt., diese 15–100 mm lg. u. 5–35 mm br., meist gleichm. gesägt; ↕ 30–80 cm; ♃. VI–VII. – Halbtrockenrasen, Straßenböschungen. – *z*, im S u. O. ursprüngl., sonst eingebürg. (Heimat: S- u. O-Eur., W-As.). – Auch Zierpfl.; formenreich. [incl. subsp. *pilosa* (Poir.) Rothm.] Hohes F., ***P. recta*** L.

— Nebenblätt. der Stg.Blätt höchstens gezähnt; Blüten < 20 mm ∅ **22**

22. Blätt. unterseits weißfilzig, oberseits kahl od. schwach behaart; Fiedern am Rand umgerollt, — tief gezähnt bis fiederteilig; Zipfel linealisch bis lanzettl. (*419/5*); Blüten hellgelb, klein, ca. 12 mm ∅; ↕ 20–30 cm; ♃. VI–VIII. – Sandige Magerrasen, Wegränder, Mauern; kalkmeidend. – *v*. – Formenreich. [incl. *P. neglecta* Baumg.] Silber-F., ***P. argentea*** L.

— Blätt. unterseits nicht weißfilzig, höchstens graufilzig; Rand der Stg.Blätt nicht umgerollt .. **23**

23. Mehrzahl der Grundblätt. u. unt. Stg.Blätt 7-(od. 9-)zählig gefing. **33**

— Mehrzahl der Grundblätt. 5-zählig gefing. **24**

24. Fiedern am Rand m. silbrig-weißer Haarkante, — verkehrt eif., an der Spitze scharf gesägt-gezähnt (*421/1*), unterseits m. deutl. sichtbarem, engmaschigem Nervennetz; Kronblätt. doppelt so lg. wie der Kelch, goldgelb, am Grund m. orangerotem Fleck; ↕ 5–20 cm; ♃. IV–IX. – Subalp. u. alp. Magerrasen; kalkmeidend; bis 3000 m. – *v* Alp., *s* D: BW (Schw.); CZ/PL: Sudeten; F: Vog. Gold-F., ***P. aurea*** L.

— Fiedern am Rand ohne silbrig-weiße Linie **25**

25. Blätt. wenigstens unterseits m. Sternhaaren (*41/5*; Lupe!) **31**

— Blätt. ohne Sternhaare **26**

26. Blätt. unterseits nicht filzig behaart **28**

— Blätt. unterseits grau od. grüngrau filzig **27**

27. Stg. aufr. od. aufstgd., 20–50 cm hoch; — mittl. Fiedern der Grundblätt. auf jeder Seite m. 6–9 Zähnen; Blätt. unterseits graufilzig, im Alter verkahlend; Stg. an der Basis flaumig-zottig; Blüten goldgelb, 12–15 mm ∅; ♃. V–VIII. – Trockenrasen, Magerrasen. – *s* D, *f* NW-D; *s* A; CH: Basel-Stadt, Zürich; *z* CZ; F: Els; I: Bz; *s* PL. – Wahrscheinl. entstanden aus *P. recta* × *P. argentea*. [*P. canescens* Besser] Graues F., ***P. inclinata*** Vill.

— Stg. aufstgd., meist < 30 cm hoch .... Artengruppe Hügel-F., ***P. collina*** agg. s. Nr. **32**—

28 (26). Triebe am Grund 2-zeilig beblätt.; Nebenblätt. der Grundblätt. eif.; — Kronblätt. doppelt so lg. wie der Kelch, ausgerandet, goldgelb, am Grund oft m. orangerotem Fleck (vgl. auch *P. aurea*, s. Nr. **24**); Fiedern tief eingeschnitten, stumpf gesägt-gekerbt, unterseits wie am Rand lg. absthd. behaart; Endzahn bei den Grundblätt. so br. wie die Nachbarzähne, aber nicht ganz so weit vorragend; Rhizom dick; ↕ 5–15 cm; ♃. VI–IX. – Subalp. u. alp. Magerrasen; auf Kalk. – *z* in Alp., Vog. Zottiges F., ***P. crantzii*** (Crantz) Fritsch

— Triebe am Grund ringsum beblätt.; Nebenblätt. der Grundblätt. lanzettl. **29**

29. Mittl. Blättchen der Grundblätt. meist 2–6 mm lg. gestielt; Fiedern m. 12–16 zieml. br. Zähnen, vom Grund an gesägt-gekerbt; — Infl. reichblütig, Staubbeutel so lg. wie br.; Pfl. aufr., ↕ 20–50 cm; ⊙–♃. VI–IX. – Ruderalstellen, Wegränder. – Aus dem O eingeschleppt u. eingebürg. (Heimat: N-Eur., Russland); *z–s; f* A; CH: Zürich; CZ; DK; PL. Mittleres F., ***P. intermedia*** L.

Die Blattformen sind sehr variabel (*421/3*), auffällig ist die Reichblütigkeit.

— Mittl. Blättchen ungestielt; Fiederblätt. etwa von der Mitte an gesägt-gezähnt **30**

30. Blätt. unterseits nur m. einfachen Haaren, — oberseits kahl od. locker m. einfachen Haaren besetzt; Blattoberseite schimmernd od. glzd.; Pfl. rasenbildend, m. zahlr. sterilen Rosetten; Stg. u. Blattstiele aufr.-absthd. behaart; Infl. 3–5-blütig; Blüten hell- bis dk.gelb, 15–20 mm ∅; Fr.Stiele herabgebogen; ↕ 5–15 cm; ♃. III–V. – Trockenrasen, Felsen. – *v*, im N *z*, in A *s*. – Formenreich. [*P. tabernaemontani* Asch. auct.; *P. neumanniana* Rchb.] Frühlings-F., ***P. verna*** L.

— Blätt. unterseits m. einfachen Haaren u. m. Kräuselhaaren
Artengruppe Hügel-F., ***P. collina*** agg. s. Nr. **32**—

31 (25). Blätt. dicht m. Sternhaaren besetzt, diese mit 10–30 gleichlg. Strahlen (Lupe!), — Blätt. oberseits graugrün; Grundblätt. 5-zählig (*421/2*), seltener 3-zählig; ↕ 5–15 cm; ♃. III–V. – Trockenrasen. – *z*, im N nur D: BB; DK; im NW *f*; *f* B; NL. [*P. cinerea* Vill. subsp. *incana* (G. Gaertn. et al.) Asch.] Sand-F., ***P. incana*** G. Gaertn. et al.

— Blätt. locker m. Sternhaaren m. einem deutl. verläng. Strahl („Zackenhaare") besetzt **32**

32. Blätt. m. Zackenhaaren, aber ohne Kräuselhaare; ♃. III–V. – Magerrasen. – *s* S-D: BY; *v* A. [*P. pusilla* Host auct.; *P. gaudinii* Gremli] Sternhaariges F., ***P. puberula*** Krašan

Formenreich, aus Kreuzungen von *P. incana* u. *P. verna* entstanden, nicht von Spontanhybriden *P. incana* × *P. verna* abgrenzbar.

— Blätt. m. Zackenhaaren, unterseits m. wenigen bis zahlr. Kräuselhaaren, aber nicht weißfilzig; Pfl. aufstgd., z. Bltzt. meist ohne sterile Rosetten, ↕ 10–30 cm; ♃. V–VIII. – Sandige Trockenrasen, Ruderalstellen. – *s*. Artengruppe Hügel-F., ***P. collina*** agg.

Formenreiche Artengruppe, die aus Kreuzungen von *P. argentea* m. *P. verna* u. *P. incana* entstanden ist u. neben zu Kleinarten gewordenen Hybriden v. a. Spontanhybriden umfasst. Im Gebiet werden ca. 10 Kleinarten unterschieden.

33 (23). Fiedern m. 17–23 Blattzähnen, — > 5 mm br.; Stg. von der Mitte an verzweigt, kurz flaumig u. m. längeren, absthd. Haaren; Blüten goldgelb, 1–2 cm ∅; ↕ 20–60 cm; ♃. V–VII. – Lichte Wälder u. deren Säume, Bergwiesen. – *s*, D: BY, TH; CH: Gr; CZ. [*P. chrysantha* Rchb. non Trevir.] Thüringisches F., ***P. thuringiaca*** Link

Formenreich, wahrscheinl. aus Kreuzungen hervorgegangen.

— Fiedern m. 11–17 Blattzähnen — 4–11 mm br.; Außenkelchblätt. so br. wie od. wenig schmaler als die Kelchblätt.; weißl. Zottenhaare am Stg. waagr. absthd.; Nüsschen glatt; ↕ 20–50 cm; ♃. IV–VI. – Magerwiesen; auf Kalk. – *z*, in NW-D *s; z*, A; CZ; PL; *s*, CH: Schaffhausen, Zürich, DK, F: Els; f, B; FL; I: Bz; L; NL. [*P. opaca* L.] Rötliches F., ***P. heptaphylla*** L.

421/1

421/2

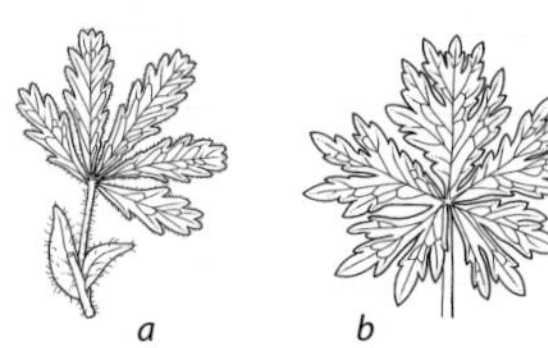

a *b*

421/3

Prunus L. [incl. *Padus* Mill., Traubenkirsche; *Cerasus* Mill., Kirsche; *Persica* Mill., Pfirsich; *Armeniaca* Scop., Aprikose], Kirsche, Pflaume, Aprikose, Mandel, Pfirsich

1. Blätt. immergrün, derb lederig; — Spr. eif. bis lanzettl., ganzrandig od. am Rand fein u. entfernt gesägt, oberseits glzd. dk.grün, unterseits heller grün; Blüten weiß, in aufr., 5–12 cm lg. Trauben; Fr. kugelig eif., schwarz; ↕ 0,5–4 m; ħ. IV–V. – Zierpfl. (Heimat: SO-Eur., Kaukasus); häufig kult., *v* verwild. – Giftig!
Kirschlorbeer, Lorbeer-Kirsche, ***P. laurocerasus*** L. (subsp. ***laurocerasus***)

— Blätt. sommergrün **2**

2. Blüten einzeln (*422/4*) od. zu 2–4 in doldenart. Büscheln (*422/3*); wenn Infl.Achse erkennbar (*422/2*), dann viel kürzer als die Blütenstiele **5**

— Blüten in Trauben, weiß; Infl.Achse mind. so lg. wie die Blütenstiele **3**

3. Trauben m. 5–8(–12) Blüten (*422/1*); — Blätt. kurz u. stumpf gesägt-gezähnt; Fr. < 10 mm ∅, dk.rot, später schwarz, bitter schmeckend; sparrig-ästiger Strauch od. Baum; ↕ 1–6 m; ħ–ħ̄. IV–V. – Sonnige Felshänge. – *z*, D: Oberrhein-, Donau-, Altmühltal; A: Bgl, NÖ, OÖ, Ti (Sb, Stm, Vb verwild.); CH; CZ; F: Els; I: Bz; sonst *z* verschleppt. [*Cerasus mahaleb* (L.) Mill.]
Steinweichsel, Felsenkirsche, ***P. mahaleb*** L.

— Trauben m. (12–)15–30 Blüten **4**

4. Blattspr. m. oberseits eingesenkten Seitennerven, matt, am Rand scharf gesägt; Blütenbecher innen wollig behaart; Blüten stark riechend; Fr. kugelig, schwarz glzd.; ↕ 2–20 m; ħ–ħ̄. – Auen- u. Laubmischwälder. – *v*. – Giftig! [*Padus avium* Mill.]
Gewöhnliche Trauben-K., ***P. padus*** L.

a. Trauben (über-)hgd.; Blattspr. dünn, beiderseits frisch grün, kahl; junge Zweige bald verkahlend; Pfl. meist baumf. – Auenwälder, Gebüsche. – *v*. [*Padus avium* subsp. *avium*] Gewöhnliche T. (i. e. S.), subsp. ***padus***

— Trauben fast aufr. bis waagr. absthd.; Blattspr. derb, unterseits wachsig m. hervortretenden Nerven; junge Zweige stärker behaart; Pfl. meist strauchig. – Felshänge u. Gebüsch. – *s* in Alp. u. Voralp., D: BY, Schw., Harz; A: Kt, OTi, Sb, Ti, Vb; FL; CZ/PL: Sudeten; *f* CH. [subsp. *petraea* (Tausch) Domin]
Felsen-Trauben-K., Berg-Trauben-K., subsp. ***borealis*** (A. Blytt.) Nyman

— Blattspr. glatt, glzd., am Rand gekerbt-gesägt; Blütenbecher innen kahl; Trauben aufr.-überhgd.; Fr. dk. schwarzrot, etwas bitter schmeckend; Steinkern glatt; ↕ 2–15 m; ħ–ħ̄. V–VII. – Wälder, Gebüsche. – Heimat: N-Am.; *v* eingebürg. [*Padus serotina* (Ehrh.) Borkh.]
Späte Trauben-K., ***P. serotina*** Ehrh.

5 (2). Blüten in kurzen Doldentrauben (*422/2*) od. doldenart. Büscheln (*422/3*), meist je 2–3(–6) Blüten pro Büschel oberh. ihrer Knospenschuppen **12**

— Blüten einzeln (*422/4*) od. an Kurztrieben gehäuft, jeweils einzeln m. Knospenschuppen am Grund des Blütenstiels **6**

6. Blüten u. Fr. fast sitzend; Frkn. u. Fr. filzig behaart; — Blüten meist rosa od. m. roten Kelchblätt. **10**

— Blüten u. Fr. deutl. gestielt (*422/4*); Frkn. u. Fr. kahl, aber Blütenstiele zuw. behaart; — Blüten rosa od. weiß **7**

7. Äste meist reichdornig (*Taf. 4:1*), in der Jugend oft filzig; Pfl. vor dem Laubaustrieb blhd.; Kronblätt. 4–8 mm lg., weiß; — stark verzweigter, sparriger Strauch; Blattspr. 2–5 cm lg., längl. verkehrt-eif., (doppelt) gesägt; Fr. kugelig, schwarz-bläul., bereift, m. grünem, saurem Fleisch; Steinkern sich nicht vom Fleisch lösend; ↕ 1–3 m; ħ. III–VI. – Halbtrockenrasen u. lichte Laubwälder, Hecken. – *v*. Schlehe, Schwarzdorn, ***P. spinosa*** L. (subsp. ***spinosa***)

422/1

422/2

422/3

422/4

— Äste dornenlos od. schwachdornig, kahl od. samtig behaart; Pfl. vor od. m. dem Laubaustrieb blhd.; Kronblätt. 7–15 mm lg., weiß od. rosa; — Blätt. meist > 5 cm lg.; meist angepfl., Obst- od. Zierbäume od. Sträucher **8**

8. Blütenstiele behaart; — junge Blätt. unterseits meist dicht behaart; Blüten oft zu 2; Kronblätt. weiß; Fr. eif., blauschwarz, bereift; ↕ 1,5–10 m; ♄–♄. IV–V. – Obstgehölz (Heimat: SW-As.). – In zahlr. Kulturformen kult. Pflaume, Zwetschge, ***P. domestica*** L.

— Blütenstiele kahl; — Kronblätt. weiß od. rosa **9**

9. Kelchblätt. ausgebr.; Blüten 3–10 mm lg. gestielt, meist gefüllt, rosa; wenn ungefüllt, dann m. > 40 Staubblätt.; — Kronblätt. meist unregelm. ausgerandet; Blattspr. meist lg. zugespitzt, zuw. an der Spitze fast 3-lappig; ↕ 0,8–3 m; ♄. IV–V. – Zierpfl. (Heimat: China); häufig auf ein kurzes Stämmchen gepfropft. Ziermandel, Mandelröschen, ***P. triloba*** Lindl.

— Kelchblätt. bei älteren Blüten zurückgeschlagen; Blüten 10–25 mm lg. gestielt, meist ungefüllt; Staubblätt. ≈ 20–30; — Kronblätt. weiß od. (bei roten Blätt.) rosa, ellipt. bis verkehrt eif., zuw. einfach ausgerandet; ↕ 2–5(–10) m; ♄–♄. III–V. – Zierpfl., seltener Obstgehölz (Heimat: SW-As., Kaukasus); *s–z* verwild. Kirsch-Pflaume, ***P. cerasifera*** Ehrh.

V. a. in der Form 'Pissardii' ['Atropurpurea'] angepfl.: Blätt. purpurrot; Blüten rosa; Fr. dk.rot.

10 (6). Blätt. br. eif. bis fast herzf.; Kronblätt. blassrosa bis weiß; — Fr. gelb bis orange; Steinkern glatt, scharfkantig; ↕ 2–5(–10) m; ♄–♄. III–IV. – Obstbaum (Heimat: Z-As.), *s* gepfl. in wärmeren Lagen. [*Armeniaca vulgaris* Lam.] Aprikose, ***P. armeniaca*** L.

— Blätt. längl. bis lanzettl., ≥ 2-mal so lg. wie br.; Kronblätt. lebhaft rosa **11**

11. Strauch, 0,5–1,5 m hoch, m. Wurzelsprossen; Kronblätt. längl. spatelf., 2–3-mal so lg. wie br.; Blätt. 3–5 cm lg. u. 1–2 cm br., lanzettl.; Fr. 12–20 mm ∅; Steinkern schwach gefurcht; ↕ 0,3–1,5 m; ♄. III–V. – Waldränder, Gebüsche. – *s*, D: unbest. BB, BY, ST, TH; A: Bgl, NÖ (Weinviertel); CZ (Mähren). [*P. nana* (L.) Stokes] Zwerg-Mandel, ***P. tenella*** Batsch

— Kleiner Baum, 2–8 m hoch; Kronblätt. ≤ 1,5-mal so lg. wie br.; Blätt. 7–15 cm lg. u. 2–4 cm br.; Fr. 50–80 mm ∅, grünl. od. rötl.gelb; Steinkern tief gefurcht u. grubig; ↕ 2–8 m; ♄. IV–V. – Obstbaum (Heimat: O-As.); *z* gepfl., bes. in warmen Lagen, *s* verwild. [*Persica vulgaris* Mill.] Pfirsich, ***P. persica*** (L.) Batsch

12 (5). Knospenschuppen der Infl. mind. doppelt so lg. wie die Kelchblätt; Infl. über den zurückgeschlagenen Knospenschuppen ohne Laubblätt. (*422/3*); — Blattstiel m. 1–2 Drüsen (*Taf. 22: 1*); ↕ 2–25 m; ♄. IV–V. – Wälder, Hecken. – *v*. – Auch als Obstbaum. [*Cerasus avium* (L.) Moench] Süß-Kirsche, ***P. avium*** (L.) L.

a. Fr. klein (5–8 mm ∅), dünnfleischig. – Laubwälder, bis in die Voralp. – *z*. Vogelkirsche, subsp. ***avium***

— Fr. >10 mm ∅ .... **b**

b. Fr. weichfleischig, rot od. schwarz. – Obstbaum. Herz-K., subsp. ***juliana*** (L.) D. Rivera et al.

— Fr. hartfleischig, gelb od. rot. – Obstbaum. Knorpel-K., subsp. ***duracina*** (L.) D. Rivera et al.

— Knospenschuppen der Infl. max. so lg. wie die Kelchblätt.; Infl. über den aufr. Knospenschuppen m. 1–3 Laubblätt. (*422/2*); — Blattstiel m. od. ohne Drüsen **13**

13. Niedriger Strauch, 0,5–1 m hoch, m. Wurzelsprossen; Blüten ≈ 1,5 cm ∅; Kronblätt. verkehrt eif., bei voller Blüte meist nicht überlappend; Blätt. 3–4 cm lg.; Spr. längl.-lanzettl., an der Spitze abgerundet od. stumpf; Steinkern spitz, 2-kantig; — Blattstiel ohne Drüsen; Fr. < 10 mm ∅, korallenrot, genießbar; ↕ 0,3–3 m; ♄. IV–V. – Trockenes Gebüsch; vorwgd. auf Kalk u. Lehm. – *s*, D: N-BY, RP (östl. Rheinhessen, Vorderpfalz), S-ST, TH; A: Bgl, NÖ; CZ; F; PL. [*Cerasus fruticosa* (Pall.) Woronow] Zwerg-Kirsche, Strauch-Kirsche, ***P. fruticosa*** Pall.

— Baum od. höh. Strauch; Blüten ≈ 2–2,5 cm ∅; Kronblätt. fast kreisrund, meist überlappend; Blätt. 6–8 cm lg.; Spr. ellipt., beidendig zugespitzt; Steinkern kugelig, 2-furchig; — Blattstiel m. od. ohne Drüsen; Fr. hell- od. dk.rot; ↕ 1,5–10 m; ♄–♄. IV–V. – Obstbaum (Heimat: SW-As.). [*Cerasus vulgaris* Mill.] Sauerkirsche, Weichsel, ***P. cerasus*** L.

a. Baum m. aufr. Zweigen; Fr. glasig hellrot m. nichtfärbendem Saft (var. *cerasus*, Glas-K., Amarelle) od. dk.rot m. färbendem Saft. [var. *austera* L., Süßweichsel, Morelle] Baum-Weichsel, subsp. ***cerasus***

— Strauch od. Baum m. schlaffen, überhgd. Ästen; Fr. dk.rot, sauer, m. färbendem Saft. Strauch-Weichsel, subsp. ***acida*** (Ehrh.) Asch. & P. Graebn.

Pyracantha M. Roem., Feuerdorn

Dorniger Strauch; Blätt. grün überwinternd, längl. ellipt. bis verkehrt eif., gekerbt-gesägt, 2–5 cm lg.; Blüten bis 10 mm ∅, in Schirmrispen; Fr. kugelig, 5–7 mm ∅, rot, orange od. gelb; ↕ 0,5–3 m; ♄. V–VI. – Zierstrauch (Heimat: Balkan bis Kaukasus); in Siedlungsnähe *z* verwild.
Europäischer F., ***P. coccinea*** M. Roem.

Pyrus L., Birnbaum

1. Fr. groß, 5–16 cm lg., essbar; — Äste dornenlos; ↕ 1,5–20 m; ħ. IV–V. – Als Obstbaum *v* angepfl. [*P. domestica* Medik.] Garten-B., ***P. communis*** L.
— Fr. < 5,5 cm lg., hart, meist nicht süß ... 2
2. Blätt. kaum 1,5-mal so lg. wie br., 2,5–7 cm lg. u. 2–5 cm br., unterseits kahl; — Äste m. Dornen; ↕ 1,5–20 m; ħ–♄. IV–V. – Wälder, Gebüsche. – *z* im S, *s* im N [*P. achras* Gaertn.] Wilder B., ***P. pyraster*** (L.) Burgsd.
— Blätt. > 1,5-mal so lg. wie br., unterseits dicht behaart (*P. nivalis* Jacq. s. l.) ... 3
3. Gr. am Grund dicht behaart; — Blätt. 5–9 cm lg. u. 3–4 cm br.; Fr. fast kugelig; ↕ 1,5–15 m; ♄. V. – Waldränder, Gebüsche. – *s*, A: Bgl, NÖ, OÖ, Stm; CZ. [*P. communis* subsp. *nivalis* (Jacq.) Gams] Schnee-B., ***P. nivalis*** Jacq. s. str.
— Gr. fast kahl ... 4
4. Blätt. 6–9 cm lg. u. 3–5 cm br., an der Spitze gekerbt-gesägt, oberseits kahl, unterseits gelbgrau filzig; Äste ohne Dornen; ↕ 1,5–25 m; ħ. V. – Waldränder, Gebüsche. – *s*, A: NÖ, Stm, vielleicht nur verwild. u. eingebürg. – Pfropfunterlage, vielleicht hybridogen (*P. pyraster* × *P. nivalis*?). Österreichischer B., ***P. austriaca*** A. Kern.
— Blätt. 4–7 cm lg. u. 2–3,5 cm br., ganzrandig, oberseits anfangs mäßig behaart, unterseits graufilzig; Äste dornig; ↕ 1,5–15 m; ♄. V. – Waldränder, Gebüsche. – *s*, A: NÖ. [*P. communis* subsp. *salviifolia* (DC.) Gams] Salbeiblättriger B., ***P. salviifolia*** DC.

Rosa L., Rose (Bearbeiter: Klaus Kaplan)

Die nordhemisphärisch verbreitete Gattung *Rosa* umfasst je nach Artauffassung ≈ 100–250 Arten (Henker 2000). Im Florengebiet des Schmeil-Fitschen werden derzeit 29–36 Arten (einschließl. 3 Neophyten) unterschieden. Kennzeichnendes Merkmal der Gattung ist die als Hagebutte od. Butte bekannte Sammelfr. (*Taf. 30: 2*). Der eingesenkte Blütenboden umschließt bei ihr eine größere Anzahl an kleinen Nüsschen. Die gefied. Kelchblätt. (auch ungefied. kommen vor) weisen ebenfalls ein charakterist. Rosenmerkmal auf. Nur 3 der 5 Kelchblätter sind gefied., die beiden äuß. beiderseits, das mittl. nur einseitig. Der Kürze u. des in Floren häufigen Gebrauchs wegen wird hier der eher ungenaue Begriff „gefied." verwendet (richtiger: „fiederteilige Kelchblätt." od. „Anhängsel der Kelchblätt."). Merkmale der Fr. einschließl. der Gr. m. dem Narbenpolster, der Stacheln u. der Blätt. sind i. d. R. bestimmungswichtig. Wichtige diagnost. Merkmale sind der Drüsenbesatz von Fr. u. Fr.Stiel, der Blätt., selten auch der Zweige sowie die Behaarung der Blätt. u. des Gr. Die Drüsen sind überwegd. als ≈ 0,2–2,0(–2,5) mm lg. Stieldrüsen ausgebildet. Vielfach sind Übergänge zu Nadelstacheln vorhanden (Drüsenborsten).

Rosen gehören zu den bestimmungskritischen Arten der mitteleurop. Flora. Das betrifft bes. die Arten der sect. *Caninae*, die alle sehr vielgestaltig u. oft schwierig gegeneinander abzugrenzen sind. Sie hybridisieren häufig, auch m. Arten anderer Rosensektionen. Meist pentaploid, eint sie die *Canina*-Meiose, bei der vier Fünftel des Genoms vom Samenelter stammen, ein Fünftel vom Pollenelter. Hybriden der *Caninae*-Arten ähneln daher stark dem Samenelter. Das väterl. Genom bestimmt v. a. den Gr.Kanal-∅ sowie die Stellung u. Persistenz der Kelchblätt. (Ritz & Wissemann 2003). Diese Merkmale sind wichtig für die Unterscheidung der Taxa innerh. der Artengruppen, z. B. in der *R. canina*-Artengruppe (unbehaarte Hundsrosen) von *R. canina*, der „Zwischenart" *R. subcanina* u. *R. dumalis*. Bei den Weinrosen (subsect. *Rubigineae*) sind Individuen m. u. ohne hybridogenen Hintergrund weitghd. merkmalsgleich u. schwierig zu unterscheiden (Herklotz et al. 2017). Bei Hybriden anderer Subsektionen scheinen sich auch väterl. Merkmale zuw. stärker durchzusetzen (Kaplan 2021). Die meisten *Caninae*-Arten dürften Hybriden einschließen (vgl. Herklotz & Ritz 2014) u. „Morphospezies" darstellen.

Einkreuzung (Introgression) von Merkmalen trägt stark zur Formenvielfalt u. netzf. Verteilung von Merkmalen innerh. der sect. *Caninae* bei. Das spiegelt sich bei den Arten in zahlr. Formen u. Varietäten wider. Eindeutige bzw. konstante art- od. artengruppenspezifische Merkmale sind eher selten; beim Bestimmen der *Caninae*-Rosen muss daher oft der gesamte Merkmalskomplex hinzugezogen werden (Henker 2000). Auch StO-Faktoren u. Witterungsverlauf können Einfluss auf die Merkmalsausprägung haben, bes. auf Blattgröße, Drüsenanzahl u. -farbe od. Kelchblattstellung u. Gr.Kanal-∅.

Bei den *Caninae*-Rosen lassen sich die „Arten der Ebene" u. die „Arten der Bergregion" gut unterscheiden. Erstere charakterisieren herabgeschlagene Kelchblätt. (es gibt Ausnahmen), ein enger Gr.Kanal, ein meist lockerer Wuchs (L-Wuchstyp, Reichert 1998), oftmals lg. Fr.Stiele, schwach behaarte Gr. m. schmalem Narbenpolster, konvexer Diskus (Ringscheibe zw. Gr.Kanal u. Staubblätt.) u. meist blasse Blütenfarben, die „Arten der Bergregion" ± aufr., seltener absthd. Kelchblätt., weiter Gr.Kanal, meist gedrungener Wuchs (D-Wuchstyp) sowie kurze Fr.Stiele, stark behaarte Gr. m. br. Narbenpolster, ein ebener od. konkaver Diskus u. meist kräftige Blütenfarben. Zw. ihnen vermitteln die Arten vom L/D-Wuchstyp m. Gr.Kanal-∅ „um

1 mm" (was je nach Art u. Autor ≈ 0,8–1,2 mm bedeutet), absthd. od. flatterigen (teils absthd., teils herabgeschlagenen, teils aufr.) Kelchblätt. Wegen fließ. Übergänge von Merkmalen, bes. des Gr.Kanal-∅, bereitet ihre Abgrenzung von Arten des L- u. D-Wuchstyps Schwierigkeiten. Zwischenarten werden taxonom. sehr unterschiedl. beurteilt (als Art, intraspezifisches Taxon, ohne Rang). Hier werden sie, meist älteren Autoren folgend, meist als Varietäten den Arten des D-Wuchstyps zugeordnet, denen sie deutl. näherzustehen scheinen. Ihre Wertung als intraspezifische Taxa dürfte den geringen Merkmalsunterschieden besser gerecht werden. Bei den Filzrosen ist die Abgrenzung der Zwischenart „*R. pseudoscabriuscula*" bes. schwierig (s. Nr. **13** im Schlüssel). Der taxonomische Status von *R. subcanina* u. *R. subcollina* ist weiter abzuklären. Sie werden hier vorerst als Arten geführt, dürften aber ebenfalls den Arten vom D-Wuchstyp, *R. dumalis* u. *R. caesia*, bes. nahestehen, die ein kleineres Verbreitungsgebiet als die Zwischenarten aufweisen. Nach Auswertung zahlr. Messungen bestehen zumind. in den W-Alp. auch zw. *R. caesia* u. *R. subcollina* fließ. Übergänge bezügl. des Gr.Kanal-∅. Da sich taxonom. Auffassungen bei den Rosen immer wieder ändern, sollten die hier verschlüsselten Varietäten möglichst mitkartiert werden.

Bestimmungshinweise: Die Kelchblattstellung u. -persistenz ist erst an reiferen Fr. sicher feststellbar. Der Gr.Kanal-∅ kann bereits an jungen Fr. ermittelt werden (vgl. Reichert 2011), dann jedoch an frischem Material, da Trocknung zu stark veränderten Werten führt (Querschnitt unterh. der Kelchblätt.; Messlupe). In Zweifelsfällen Mittelwerte aus ≈ 10 Messungen an Einzelfr., Terminal- u. Seitenfr. von unterschiedl. Zweigen ermitteln. Hilfreich sind Belege, die zu verschiedenen Zeiten gesammelt werden, im Frühjahr wegen der Blütenfarbe, im Spätsommer wegen der Kelchblattstellung. Witterungsverlauf u. StO können Einfluss auf den Gr.Kanal-∅ u. die Kelchblattstellung haben u. gelegentl. bei einem Strauch von Jahr zu Jahr bzw. innerh. von einheitl. Rosenpopulationen zu unterschiedl. Bestimmungsergebnissen führen. In Zweifelsfällen u. bei auffälligen Einzelexemplaren von Rosenpopulationen die Bestimmung in Folgejahren wiederholen bzw. m. benachbarten Exemplaren vergleichen. Drüsen-, Behaarungs- u. Stachelmerkmale sind bei den entsprechenden Pflanzenteilen nicht immer gleichm. deutl. ausgebildet. Oft ist eine sorgfältige Untersuchung eines Individuums od. auch die von benachbarten Exemplaren der Population notwendig.

Jahreszeitl. Veränderung von Merkmalen u. unterschiedl. (gute) Ausprägung von Merkmalen auf einer Pfl. beachten: Drüsen u. Haare können bes. zum Ende der Vegetationsperiode hin abgebaut werden. Bei einigen Arten sind bes. Drüsenmerkmale der Blätt. nur bei einem Teil der Blätt. od. nur bei bes. jungen Blätt. deutl. ausgeprägt. Auch beim Gr.Kanal-∅ können die Werte von einzelnen Zweigen eines Strauchs erhebl. abweichen, wenn auch eher selten. Die im Schlüssel angegebenen Werte für den Gr.Kanal-∅ stellen Durchschnittswerte dar (gilt auch für die Werte in Klammern).

Verbr. u. Gefährdung: Rosen bevorzugen sonnige, magere, meist basen- u. kalkreiche StO; sie sind selten od. fehlen in Gebieten basenarmer Böden. Verbr.Schwerpunkte liegen im strukturreichen Offenland m. Hecken, Gebüschen an Weiderändern u. Magerrasen. Starker Rückgang dieser Lebensräume u. Eutrophierung der verbliebenen haben zur Gefährdung vieler Rosenarten geführt. Exotische u. gebietsfremde heim. Sippen wurden in den letzten Jahrzehnten häufig als Straßenbegleitgrün od. in Flurbereinigungshecken angepflanzt u. sind aufgrund mögl. Hybridisierung u. starker Ausbreitung eine Gefahr für viele autochthone Rosenpopulationen.

1. Gr. frei, zuw. säulenart. bei Arten m. sehr engem Gr.Kanal (*425/4*), jung verklebt bei *R. stylosa*; Narbenpolster als br. Kissen/Halbkugel (*425/2*) od. als schmale Halbkugel/schmaler Kegel dem Diskus auflgd. (*425/3*) od. ihn bukettf. m. sichtbaren Gr. überragend (*425/4*) **3**

— Gr. zu schmaler Säule dauerhaft verbunden (*425/1*), den flachen bis schwach (seltener stark) konvexen Diskus (Ringscheibe zw. Gr.Kanal u. Staublätt.) 2,5–5 mm lg. überragend **2**

2. Nebenblätt. m. fiederart. Zipfeln; Blüten in vielblütigen Rispen; Fr. 5–8 mm lg.; — Blätt. meist 7-zählig gefied.; Kronblätt. weiß, selten rosa; Fr. ellipt. bis fast kugelig; hochwüchsig, m. überhgd. Zweigen, zuw. kletternd; ↕ bis 3,5 m; ♄; 2n = 14, 21. VI–VIII. – Oft in Hecken u. an Straßen angepfl. (Heimat: O-As.); *z–v*, *s* Alp., in Einbürg. – Veredelungsunterlage.
Büschel-R., Vielblütige R., ***R. multiflora*** Thunb.

— Nebenblätt. ungeteilt, zuw. etwas gezähnt; Blüten einzeln; Fr. 8–18 mm lg.; — Blättchen (Fiedern) (3–)5–7, kahl od. unterseits schwach anlgd. behaart; Kronblätt. weiß; Kelchblätt. längl. eif. m. schmaler Spitze, früh abfallend, die äuß. selten m. einzelnen Fiedern; niedrigwüchsig, m. gleichmäßig grünen, niederlgd. od. kletternden Ästen; ↕ bis 1,5 m; ♄; 2n = 14. VI–VII. – Waldränder, lichte Wälder, Hecken; frische bis wechselfeuchte, basenreiche Böden; planare bis unt. montane Stufe. – *v* S u. W, *z* Alp., im N u. O *f*; CZ (?). [*R. repens* Scop.] – Auch angepfl. Feld-R., Kriechende R., ***R. arvensis*** Huds.

3 (1). Alle Kelchblätt. ganzrandig, selten m. kleinen Zähnen od. einzelnen schmalen Fiedern **27**

— Äuß. Kelchblätt. m. 4 u. mehr, selten m. 2–3 Fiedern **4**

425/1

425/2

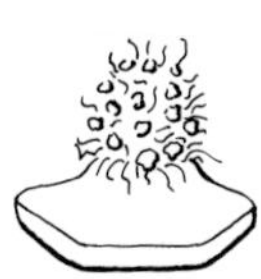

425/3

425/4

4. Blätt. lederig, meist 5-zählig gefied.; Kronblätt. (25–)30–45 mm lg.; — Blätt. groß, ihre Endfiedern meist 4–6 cm lg.; Blüten stark duftend, einzeln; Blütenstiel meist 2,5–5 cm lg., dicht stieldrüsig; stark Ausläufer bildend; ↕ 0,5–1 m; ♄; 2n = 28. VI–VII. – Lichte Laubwälder, Waldränder, trockenwarme, magere Raine; basenreiche, trockene Böden; (planar bis) kollin bis montan. – *z* in S- u. M-D, *s* in A: Bgl., NÖ (auch Wien), Stm, Kt, früher OÖ; *s* B; CH: Basel, Genf, Obwalden, Ts, Vd, Vs, Zürich; CZ; F: Els; PL (Schlesien); im N u. NW stellenw. verwild., sonst *f.* – Stammpfl. vieler Garten-(*Centifolia*-)Rosen. Essig-R., ***R. gallica*** L.

— Blätt. nicht od. schwach lederig, 5–7(–9)-zählig gefied.; Kronblätt. (8–)15–25(–30) mm lg. . . **5**

5. Stacheln durchweg paarweise am Blattansatz gegenüber sthd., schlank, meist gerade; — Zweige rötl., Blättchen schmal-ellipt., unbehaart, glzd.; äuß. Kelchblätt. nur m. wenigen Fiedern; ↕ 1–2 m; ♄. V–VI. – In Hecken angepfl. (Heimat: N-Am.), in Einbürg.; *z* D; *s* A; *z* B; *s* CH; DK; *z* NL; ? CZ; PL. [*R. lucida* Ehrh.] Glanz-R., Virginische R., ***R. virginiana*** Mill.

— Stacheln nicht paarweise am Blattansatz gegenüber sthd. sthd. (zuw. teilw. paarig), leicht bis stark gebogen od. hakig, selten alle gerade (*R. villosa*) **6**

6. Blätt. u. Kelchblätt. geruchlos od. m. Harzduft; Blättchen unterseits ohne od. m. Stieldrüsen, die oft auf den Hauptnerv begrenzt sind; Drüsen auf u. zw. Seitennerven, zuw. auch auf Hauptnerv meist nur m. 10–15-facher Lupe zu erkennen **11**

— Blätt. u. Kelchblätt. m. Apfel-/Weinduft (selten m. Harzduft); Blättchen auf gesamter Unterseite m. zahlr., meist ohne od. m. schwacher Lupe sichtbaren Drüsen (*R. zalana* m. weniger kräftigen Drüsen), — mäßig bis schwach behaart, sich rau u. wie Kelchblätt. meist klebrig anfühlend; Stacheln stark gebogen bis hakig, oft verschiedenstachelig **7**

7. Fr. u. Fr.Stiel meist ohne Stieldrüsen; Blütenzweige ohne Nadelstacheln od. Borsten; Blättchen keilf., meist schmal ellipt., seltener br. ellipt. **10**

— Fr. u. Fr.Stiel m. zahlr. Stieldrüsen, oft m. Drüsenborsten u. Borsten untermischt, selten ohne od. m. zarten, nur ≈ 0,5 mm lg. Stieldrüsen (*R. zalana*); Blütenzweige meist verschiedenstachelig (selten bei *R. micrantha*), neben gebogenen od. hakigen Stacheln m. Nadelstacheln u. Drüsenborsten, selten zusätzl. m. zahlr. feinen Stieldrüsen (*R. zalana*); Blättchen rundl. bis eif., oft etwas zugespitzt, an der Basis ± abgerundet, selten auch schmal ellipt., etwas keilf. (*R. zalana*) **8**

8. Blütenzweige neben kräftigen gebogenen Stacheln auf ganzem Jahrestrieb auch m. Stachelborsten, Drüsenborsten u. meist zahlr. kurzen Stieldrüsen (verschied. Zweige untersuchen); Fr. kugelig, oft breiter als hoch u. etwas abgeflacht, Fr.Stiel ohne od. häufig m. feinen, bis ≈ 0,5 mm lg. Stieldrüsen in unterschiedl. Anzahl; Kelchblattrücken nur spärl. drüsig; — Blättchen meist auch oberseits m. zahlr. Stieldrüsen; Kelchblätt. m. Stieldrüsen u. „Drüsenzähnen" stark gewimpert, oft zweifach gefied.; Blättchen recht variabel, oft schmal, ± keilf., zuw. auch br. ellipt. bis eif. m. abgerundeter Basis (so bes. blütennah); Gr.Kanal-∅ um 1 mm; Kelchblätt. ausgebr., z. Frzt. od. später abfallend; Fr.Stiel kräftig (∅ ≈ 1,2–1,4 mm); ↕ 0,5–2 m; ♄; 2n = 35. VI–VII. – Waldränder, Feldraine. – *s*, A: Bgl; Slowakei; PL. [*R. caryophyllacea* Besser var. *zalana* (Wiesb.) J. B. Keller] Zalaer R., ***R. zalana*** Wiesb.

Die Art ist vermutl. hybridogen entstanden. Mit der wahrscheinl. ebenfalls hybridogenen *R. rhaetica* (s. Nr. **24**) hat sie folg. auffälligen Merkmale gemeinsam: neben zahlr. recht feinen Stieldrüsen auf der Unterseite der Fiedern auch zahlr. auf der Oberseite; Fr.Stiele fakultativ m. sehr zarten Stieldrüsen; Zweige meist m. zahlr. Stieldrüsen. Als ein Elter von *R. zalana* wird meist eine Weinrose vermutet (doch könnte wie bei *R. rhaetica* auch eine Filzrose in Betracht kommen).

— Blütenzweige neben gebogenen Stacheln meist blütennah, zuw. auf ganzem Trieb, m. Stachelborsten u. Drüsenborsten (bei *R. micrantha* oft ohne), meist ohne Stieldrüsen; Fr. nicht auffällig kugelig u. abgeflacht; Fr.Stiel (u. oft auch Fr.) m. zahlr. Stieldrüsen (> 0,5 mm lg.), oft auch m. Borsten; Kelchblattrücken m. zahlr. Stieldrüsen; — Blättchen oberseits ohne, zuw. (regional häufig) m. Stieldrüsen; Fiedern an der Basis immer ± abgerundet **9**

9. Gr.Kanal-∅ (0,8–)0,9–1,6(–2,0) mm; Kelchblätt. ausgebr., flatterig (teils absthd., teils aufr., teils herabgeschlagen) od. schräg bis steil aufgerichtet, meist bis zur Fr.reife od. länger anhaftend; Kronblätt. rosa bis rosenrot, selten weiß; Gr. meist stark behaart, Narbenpolster dem Diskus meist auflgd.; — Fr.Stiel meist nicht länger als Fr.; ↕ 1–2 m; ♄; 2n = 35; V–VII. – Trockenrasen, Magerweiden, Hecken, Trockengebüsche; basenhold, *s* auf basenarmem Sand; planar bis montan, in den Inneralp. bis 1850 m. – *v*, meist *s* im NW, *v–z* Küstendünen der Nordseeinseln. – Oft angepfl. [*R. eglanteria* L.; incl. *R. gremlii* (Christ) Gremli] Wein-R., ***R. rubiginosa*** L.

Nach Herklotz et al. (2017) lässt sich *R. gremlii* als Zwischenart (Gr.Kanal-∅ um 1 mm) nicht aufrechterhalten. Auch auf Borkum weist der Gr.Kanal-∅ auf keine klare Trennung von „*R. gremlii*" m. tief rosa Kronblätt. u. *R. rubiginosa*. Die Beschreibung von *R. rubiginosa* var. *gremlii* bei Christ (1873) lässt eher an eine (regionale?) var. von *R. micrantha* od. Hybride denken: Stacheln lg., hakig, gelbl., Nadelstacheln fehlen; Blätt. gelbl., klein; Blütenstiele lg.; Kelchblätt. zurückgeschlagen, der Rücken wenig drüsig; Kronblätt. milchweiß (!); Gr. bukettf., Narbenpolster schwach behaart.

— Gr.Kanal-∅ 0,4–0,7(–0,8) mm; Kelchblätt. nach Bltzt. zurückgeschlagen, meist vor der Fr. Rötung abfallend; Gr. bukettf., schwach behaart; Diskus konvex; Kronblätt. weißl. m. hellrosa Flecken od. hellrosa; — Blüten meist klein; Fr.Stiel 0,5–1,3(–1,5)-mal so lg. wie Fr.; Fr. gewöhnl. auffallend klein, schmal flaschenf.; Wein-/Apfelgeruch der Blätt. oft nur schwach; ↕ 1,5–3 m; ♄; 2n = 28, 35, 42. V–VII. – Lichte Gebüsche, Hecken, trockenwarme Hänge, Extensivweiden; planar bis montan. – *z* im S, *s–z* im N u. NW. Kleinblütige R., ***R. micrantha*** Sm.

Regional überwiegen Individuen m. dem Chromosomensatz 2n = 42 u. hybridogenem Hintergrund. Sie sind morpholog. kaum von nicht-hybridogenen zu unterscheiden: Blättchengrund weniger stark abgerundet, oft etwas keilf.; Drüsenbesatz meist schwächer (Herklotz et al. 2017).

10 (7). Gr.Kanal-∅ 0,8–1,6(–2,0) mm; Narbenköpfchen dem Diskus meist auflgd.; Kelchblätt. ausgebr./flatterig od. aufr., bis zur Fr.Reife od. länger anhaftend; — Kronblätt. rosa od. weiß; ↕ 1–2(–2,5) m; gedrungener bis lockerästiger ♄; 2n = 35, 42. V–VII. – Trockene, offene Hänge, Magerweiden, Hecken; basenreiche Böden; planar bis montan (bis subalp.), in den westl. Z-Alp. bis 2060 m. – *z*, *s* od. *f* im NW. [incl. *R. elliptica* Tausch] Duftarme R., ***R. inodora*** Fries

R. elliptica Tausch [Gr.Kanal-∅ (1,0–)1,1–1,6(–2,0) mm, Kelchblätt. aufr.] u. *R. inodora* [Gr.Kanal-∅ 0,8–1,0(–1,1) mm, Kelchblätt. absthd.] lassen sich nach genet. u. morpholog. Studien (Herklotz et al. 2017) nicht unterscheiden. Ihre Unterscheidung als var. dürfte weiterhin bes. anhand des Gr.Kanals zu rechtfertigen sein.

— Gr.Kanal-∅ 0,4–0,7(–0,8) mm; Narbenköpfchen meist deutl. gestielt; Kelchblätt. nach der Bltzt. zurückgeschlagen, vor der Fr.Rötung abfallend; — Blättchen oft sehr schmal; Kronblätt. weiß, selten blassrosa; ↕ 1–2 m; ♄; 2n = 35, 42. V–VII. – Magerweiden, Trockenrasen, Lesesteinhaufen, Hecken; basenreiche Böden; planar bis montan, in den westl. Zentralalp. bis 1860 m. – *s–z* D: SH; A; B; CZ; früher DK; *s–v* in Alp. u. Mittelgeb.; *z* östl. der Elbe bis PL. [*R. sepium* Thuill.] Acker-R., ***R. agrestis*** Savi

11 (6). Stacheln stark gekrümmt m. verbreiterter Basis, seltener schlank u. schwach gebogen bis gerade (dann Blätt. unbehaart od. schwach behaart, Arten der Alp.); Nebenblattzipfel oft > als 7 mm lg.; — Blättchen unbehaart od. behaart, selten filzig, wie Kelchblätt. duftlos, bei drüsigen Formen zuw. m. schwachem Harzduft (junge Blätt. u./od. Kelchblätt. reiben), selten m. deutl. Harzduft (Arten der Alp. u. des Jura) **14**

— Stacheln schlank, gerade od. leicht gebogen, zuw. einige auch stärker gekrümmt, m. br. Basis (bes. bei Schösslingen u. überhgd. Zweigen); Nebenblattzipfel der Blütenzweige meist (2–)3–6(–7) mm lg.; — Blättchen unterseits ± dicht filzig behaart, meist auch oberseits deutl. behaart, sich weich anfühlend, ihr Rand 1- bis unregelm. 2-fach gesägt, dann oft m. zwiebelf., drüsenarmen Zähnen od. 2- bis mehrfach, meist drüsenreich gesägt; Blätt., Kelchblätt., Blütenbecher u. -stiel meist drüsenreich u. m. schwachem bis deutl. Harzduft **12**

12. Stacheln alle gerade, schlank; Kelchblätt. an der Basis deutl. verdickt, meist steil aufr., oft zus.-neigend, wenig gefied., noch im Folgejahr m. Fr. fest verbunden; Rand der Kronblätt. oft drüsig gewimpert; — Blättchen längl.-eif. bis eif., oft sehr groß, (2,5–)3–6(–7) cm lg.; Gr.Kanal-∅ 1,6–4,0 mm; Kronblätt. kräftig rosa bis rot, selten weißl.; Kelchblätt. u. Fr. m. kräftigen Stieldrüsen od. Drüsenborsten, sehr klebrig, intensiv nach Harz duftend; gedrungener Wuchs; ↕ 0,5–1,5 m; ♄; 2n = 28, 56. V–VII. – Strandwälle, Graudünen, Gebüsche, Magerweiden, Steinhaufen, Bahndämme, lichte Wälder, Brachen; meist auf basenreichen Böden; in den W-Alp. bis 2300 m. – *z* Alp., *s* benachbarte Mittelgeb., *s* N, O, Ostseeküste; sonst wahrscheinl. nur Kulturrelikt (oft hochwüchsig, große Fr.), verwild. u. stellenw. eingebürg. [*R. pomifera* Herrm.; incl. *R. mollis* Sm.] Apfel-R., ***R. villosa*** L.

Pfl. m. meist mittelgroßen, bis ≈ 3 cm lg., rundl.-eif. Blättchen werden in D: SH, MV; DK u. P als *R. mollis* Sm. od. *R. villosa* subsp. *mollis* (Sm.) Hook. f. unterschieden. Genet. u. morpholog. Untersuchungen rechtfertigen nicht die Aufspaltung in zwei Arten (vgl. Kellner et al. 2014; Kaplan 2016a). Angaben von *R. mollis* beziehen sich auf kleinblätt. Formen od. auch auf drüsenärmere mutmaßl. Hybriden von *R. villosa*.

— Stacheln mäßig gebogen bis nahezu gerade, schlank, zuw. einige auch stark gebogen, an der Basis br.; Kelchblätt. an der Basis nicht verdickt, ausgebr./flatterig, mehr herabgeschlagen od. schräg bis steil aufgerichtet; Rand der Kronblätt. ungewimpert **13**

13. Gr.Kanal-∅ (0,4–)0,5–1,0(–1,4) mm, Gr.Köpfchen schmal halbkugelig, stumpfkegelig od. bukettf., schwach bis mäßig rauhaarig, zuw. stark behaart; Krone blassrosa od. weißl., selten rosa, lange glockenf.; Fr.Stiel viel länger als Fr., zuw. so lg. wie od. kürzer als die Fr. (trockene StO; regionale Formen); Zahnung der Blättchen meist unregelm. 2-fach bis mäßig komplex u. mäßig drüsenreich, auch ± einfach u. drüsenarm, zuw. stark komplex u. drüsenreich, die Zähne oft zwiebelf. m. aufgesetzter Spitze; die Unterseite schwach bis mäßig, zuw. stark drüsig; — Blätt. meist graugrün; Kelchblätt. meist ± absthd. bis leicht aufgerichtet m. etwas herabhgd. Endzipfeln, m. der Fr.Reife od. später abfallend, aufgerichtet u. lange anhaftend od. bes. im O mehr herabgeschlagen (Stellung kann von Jahr zu Jahr unterschiedl. sein); lockerwüchsig, gedrungen im trockenen Offenland; ↕ 1,5–3,5 m, kletternd bis 6 m; ♄; 2n = 35. (V–) VI. – Waldränder, Hecken, Wegränder; mäßig feucht bis mäßig trocken, mäßig basenarm bis basenreich; planar bis montan. – *v–z*. – Zuw. angepfl. [incl. *R. pseudoscabriuscula* sensu Henker & G. Schulze 1993 non R. Keller 1931 u. *R. scabriuscula* Sm.] Filz-R., ***R. tomentosa*** Sm.

Einander genäherte Formen von *R. tomentosa* u. *R. sherardii* (incl. *R. tomentosa* Sm. subsp. *pseudoscabriuscula* Keller 1931) können beim Bestimmen Schwierigkeiten bereiten, da die Fr.Stiellänge bei beiden Arten, die Kelchblattstellung u.die Blättchenränder bes. bei *R. tomentosa* recht variabel sein können. Auch bei *R. tomentosa* kommen ± aufgerichtete Kelchblätt. vor (vgl. Kaplan 2016b), bei *R. sherardii* lg. Fr.Stiele (s. u.). Viele nach Kelchblattstellung od. Zahnung der Blättchen als *R. pseudoscabriuscula* bestimmte Pfl. dürften *R. tomentosa* zuzuordnen sein. Auch Individuen m. 2-fach bis komplex u. drüsig gesägten Blättchen, mäßig drüsiger Blattunterseite, ± aufr. Kelchblätt., aber engem Gr.Kanal (∅ meist ≤ 1,0 mm, wenn um 1 mm, oft m. and. Merkmalen wie nur einfach bis unregelm. 2-fach gesägten Blättchen; ggf. Gr.Kanal mehrerer Nachbarsträucher der Population untersuchen) u. weißl. bis blassrosa Kronblätt. sind *R. tomentosa* zuzuordnen, Pfl. m. Gr.Kanal-∅ um 1 mm, aber rosa bis dk.rosa Kronblätt. u. stark drüsigen Blättchen *R. sherardii*.

— Gr.Kanal-∅ 1,0–2,5 mm; Kronblätt. rosa bis rosenrot (selten hellrosa); Gr.Köpfchen br., meist wollig, selten nur mäßig behaart; Fr.Stiel gewöhnl. höchstens so lg. wie Fr., zuw. bis etwa 3-mal so lg. (*R. pseudoscabriuscula* sensu Keller); Blättchen stark drüsig, komplex gesägt, unterseits meist zahlr. Drüsen; — Stacheln der Blütenzweige meist schwach gebogen, zuw. gerade; Blätt. meist dicht behaart, oberseits blau- bis graugrün, unterseits oft hell graugrün; Kelchblätt. schräg bis steil aufr., zuw. absthd., lange anhaftend (oft noch an vorj. Fr.); gedrungen, *R. pseudoscabriuscula* sensu Keller auch lockerästig; ↕ (0,5–)1–2 m; ♄; 2n = 35, 28, 42. VI. – Hecken, Extensivweiden, Wegränder; meist auf basenreicheren, zuw. auf mäßig sauren Böden. – *z* im NO u. O, Jura, sonst *s* od. *f*. [*R. omissa* Déségl., incl. *R. tomentosa* subsp. *pseudoscabriuscula* Keller 1931] Unbeachtete R., Samt-R., ***R. sherardii*** Davies

R. tomentosa Sm. subsp. *pseudoscabriuscula* Keller 1931 [*R. tomentosa* Sm. subsp. *scabriuscula* (H. Braun) Schwertschlager, *R. scabriuscula* auct. div. non Sm., *R. pseudoscabriuscula* sensu Henker 2000 p. p.] wird hier wegen zahlr. gemeinsamer Merkmale zu *R. sherardii* gestellt (ausführl. Begründung bei Kaplan 2024). Wegen ihrer lg. Fr.Stiele u. oft ± geraden Stacheln sollte sie als var. weiter unterschieden werden. Die var. wird jedoch hier nicht validiert, da noch überprüft werden muss, ob *R. dubia* Wibel 1799 der gültige Name für *R. tomentosa* subsp. *pseudoscabriuscula* ist.

Sie wäre wie folgt zu charakterisieren: Fr.Stiel 1–2(–3)-mal so lg. wie Fr.; Stacheln meist sehr schlank, gerade (bis schwach gebogen), konisch, zuw. auch ähnl. typischer *R. sherardii*; Gr.Kanal-∅ (0,9–)1,1–2,3 mm; ↕ 1–2,5 m.

Verbr. unzureichend bekannt. V. a. im Gebiet der typischen var. (?); scheint jedoch regional (z. B. FrAlb, OSchweiz) die typische var. weitghd. zu ersetzen. Individuen m. zahlr. degenerierten Nüsschen weisen auf mögl. Hybriden hin.

14 (11). Blättchen unterseits m. stark hervortretendem Nervennetz, — mehrfach drüsig gesägt, oberseits unbehaart, oft glzd., unterseits unbehaart od. auf den Nerven schwach behaart, zumind. Hauptnerv m. zahlr. feinen Stieldrüsen; Stacheln leicht gekrümmt bis fast gerade; Kronblätt. meist dk.rosa, groß; Fr.stiel länger als Fr., m. Stieldrüsen u. Drüsenborsten; Gr.Kanal-∅ 1,0–1,6 mm, Kelchblätt. nach der Bltzt. zurückgeschlagen, m. der Fr.reife abfallend; ↕ 1–2,5 m; ♄; 2n = 42. VI. – Extensivweiden, besonnte Waldränder, Hecken u. Gebüsche; (planar bis) kollin bis montan. – *s*, D: SO-BB, S- u. M-D; A: Bgl, Kt?, NÖ, Stm, Vb, früher OÖ; *s* CH: Jura-Geb., Vs; CZ; F: Vog.; I: Bz?; SW-PL; *f* im N. [*R. jundzillii* Besser; *R. trachyphylla* A. Rau] Raublättrige R., ***R. marginata*** Wallr.

— Nervennetz der Blättchen unterseits nicht auffällig hervortretend **15**

15. Blätt. behaart, zumind. Rhachis u. unterseits Hauptnerven (*R. uriensis, R. rhaetica* selten unbehaart) **20**

— Blätt. unbehaart (bis auf Haarreihen an Rinne der Rhachisoberseite, selten Rhachis, dann and. Merkmale beachten) **16**

16. Stacheln deutl. gebogen bis hakig, zuw. schlank u. schwach gebogen (bes. drüsige Formen der Alp.); Blättchen meist deutl. länger als br., meist zugespitzt (*R. dumalis* zuw. m. kurz eif.,

z. T. gestutzten Blättchen); — Blätt. u. Blüten drüsenarm, seltener drüsenreich, duftlos od. m. schwachem Harzduft (Kelchblätt., junge Triebe reiben) **18**

— Stacheln schwach gebogen bis gerade, bis zur Basis schlank; Blättchen kaum bis 1,5-mal länger als br., kurz eif., kurz zugespitzt, abgerundet od. nicht selten gestutzt, zuw. auch eif. bis ellipt., lg. zugespitzt, — meist entfernt sthd., bläul.grün, unterseits heller, weit u. meist komplex gesägt, am Rand u. unterseits wenige Drüsen; Hochblätter oft rötl.; Zweige rötl.; Fr., Fr.Stiel u. Kelchblattrücken m. zahlr., stark klebrigen Stieldrüsen, Drüsenborsten od. Borsten, meist deutl. nach Harz duftend; Alp., Jura (Merkmale bei *R. chavinii* auch weniger stark ausgeprägt) **17**

17. Gr.Kanal-∅ (1,4–)1,6–2,5 mm; Kelchblätt. nach der Bltzt. ausgebr., später meist aufgerichtet, lange anhaftend, die äuß. ohne od. m. wenigen schmalen Fiedern; Fr. schlank, eif. bis flaschenf., selten kugelf., m. zahlr., kräftigen Stieldrüsen od. Drüsenborsten; — meist auffallend lockerwüchsig („durchsichtig"), Äste überhgd.; Kronblätt. rosenrot bis blassrosa; ↕ bis 3 m, selten kletternd bis 6 m; ♄; 2n = 35, 42. VI, VII. – Extensivweiden, Lesesteinhaufen, Waldränder; montan bis subalp., in den W-Alp. bis 2300 m. – *s–z* Alp., Jura; A: NÖ, Kt?, Sb?, Stm?; CH: Jura-Geb., Vd, Vs, Ts; I: Bz. [*R. glabrata* Vest] Berg-R., ***R. montana*** Chaix

Sehr ähnl. sind in den Alp. Formen (Hybriden m. *R. montana*?) von *R. dumalis* (s. Nr. **19**) m. drüsigen Fr.Stielen u. Fr.; Wuchs gedrungener, Stacheln kräftiger, meist stärker gebogen.

— Gr.Kanal-∅ (0,7–)0,8–1,2(–1,4) mm; Kelchblätt. ausgebr. od. flatterig bis leicht herabgeschlagen, m. der Fr.Rötung abfallend, m. mehreren ellipt. Fiedern; Fr. längl.-eif. bis kugelig-eif.; — Blättchen variabler als bei *R. montana*, nicht selten auch deutl. zugespitzt; Kronblätt. blassrosa od. weiß; ↕ 1,5–3 m; ♄. VI–VII. – Magerrasen, Gebüsche sonniger, steiniger Hänge; (kollin bis) montan, bis 2000 m. – CH: *s* Genf, Neuenburg, *z* Vs. – Endemit der W-Alp. Chavin-R., ***R. chavinii*** Rapin

Durch Merkmale des Gr.Kanals u. der Kelchblätt. meist gut von *R. montana* zu unterscheiden. Verwechslungsgefahr m. *R. canina* var. *andegavensis*.

18 (16). Gr.Kanal-∅ 0,4–0,8(–1,0) mm; Kelchblätt. herabgeschlagen u. früh abfallend, zuw. mehr absthd. bis flatterig (dann Vergleich m. Nachbarstrauch); — Blättchen häufig unregelm. 2-fach, etwas drüsig gesägt, seltener einfach od. mehrfach, stark drüsig; Pfl. lockerwüchsig m. überhgd. Ästen; ↕ 1,5–3,5 m, kletternd bis 6 m; ♄; 2n = 35, 28, 42. V–VII. – Hecken, Waldränder, Gebüsche, Magerrasen; frische bis trockene, meist nährstoffärmere Böden; planar bis montan, in den W-Alp. bis 1900 m. – *v*, nur in Gebieten basenarmer Böden *f* od. *s*. – Häufigste Rosenart; oft angepfl. Hunds-R., ***R. canina*** L.

Individuen m. drüsigen Fr.Stielen u. drüsenarmen, 1- bis 2-fach gesägten Blättchen werden als var. ***andegavensis*** (Bastard) Desportes unterschieden, m. drüsig gesägten Blättchen, stark drüsiger Rhachis u. Blättchenunterseite (zumind. gesamter Hauptnerv) als var. ***scabrata*** auct., sowohl m. drüsenreichen Blättchen als auch Fr.Stielen als var. ***blondeana*** (Ripart) Crépin. Wahrscheinl. Hybriden od. Introgression von Merkmalen.

— Gr.Kanal-∅ 0,9–1,8(–2,4) mm; Kelchblätt. zur Fr.Reife absthd. od. aufgerichtet **19**

19. Gr.Kanal-∅ (1,1–)1,2–1,8(–2,4) mm, Kelchblätt. zur Fr.Reife aufgerichtet, seltener absthd.; oft nur wenig, bei drüsigen Formen stark gefied.; Fr.Stiel so lg. wie od. kürzer als Fr.; Gr.Polster br., wollig behaart; — zuw. verschiedenstachelig, selten zusätzl. m. Stieldrüsen an den Zweigen (hybridogene Formen?); ↕ 1–2(–2,5) m; Wuchs gedrungen; ♄; 2n = 35, 42. V–VII. – Hecken, Gebüsche, Magerweiden; (kollin bis) montan bis subalp., in den W-Alp. bis 2280 m, im N u. O planar. – *v–z* im N, O, in den Mittelgeb. u. Alp., im NW weitghd. *f*. [*R. vosagiaca* auct., *R. glauca* Vill.] Vogesen-R., Blaugrüne R., ***R. dumalis*** Bechst.

— Gr.Kanal-∅ 0,9–1,1(–1,2) mm, Kelchblätt. zur Fr.Reife flatterig od. absthd.; Fr.Stiel oft länger als Fr.; — Wuchs gedrungen bis lockerästig; ↕ 1–2,5 m; ♄; 2n = 35. – Hecken, Gebüsche, Magerweiden; planar bis subalp. – *z–v*, im NW *s* od. *f*, über das Verbr.Gebiet von *R. dumalis* hinausghd. – Zuw. angepflanzt. [*R. glauca* Vill. subsp. *subcanina* (Christ) v. Hayek] Falsche Hunds-R., ***R. subcanina*** (Christ) Vuk

Individuen m. flatterigen Kelchblätt., aber engem Gr.Kanal sind *R. canina* (s. Nr. **18**) zuzuordnen.

20 (15). Gr.Kanal-∅ (0,8–)0,9–2,4 mm; Kelchblätt. flatterig, absthd. od. aufgerichtet **24**

— Gr.Kanal-∅ (0,3–)0,4–0,8(–0,9) mm, bei *R. abietina* bis 1,1 mm; Kelchblätt. herabgeschlagen u. früh abfallend, zuw. mehr absthd. od. flatterig **21**

21. Blättchen unregelm. 2-fach bis mehrfach drüsig gesägt, unterseits Stieldrüsen auf den Mittelnerv beschränkt od. auch auf den Seitennerven u. zw. den Nerven (bes. junge Blätt.), Drüsen oft sehr klein (15-fache Lupe); Blattstiel u. Rhachis m. ± zahlr. Stieldrüsen; — Kelchblätt. drüsig gewimpert; Kelchblätt. u. junge Triebspitzen gerieben meist m. schwachem Harzduft 23

— Blättchen meist einfach gesägt, unterseits ohne od. m. wenigen Drüsen; Blattstiel u. Rhachis drüsenarm; Kelchblätt. wie junge Triebspitzen ohne Harzduft (Ausnahme *R. corymbifera* var. *deseglisei*); — Diskus meist konvex od. kegelf.; Kronblätt. weiß, seltener hellrosa od. rosa; Infl. oft vielblütig 22

22. Fr.Stiele meist auffällig lg. (bis 4 cm), m. kurzen, zarten Stieldrüsen; Kelchblattrücken ohne od. m. wenigen Stieldrüsen; Diskus kegelf., selten stark konvex (hybridogene Form?); Stacheln br. 3-eckig; Gr.Kanal sehr eng; Gr. jung verklebt, oft den Gr.Kanal überragend; — Blättchen entfernt sthd., längl.-ellipt., oft lg. zugespitzt, oberseits glzd., meist einfach gesägt; ↕ bis 3 m; ♄; 2n = 35, 42. VI. – Gebüsche; planar bis kollin (bis montan). – *s*, D: BW (Oberrhein), NRW, RP; B; W-CH; F: Vog.; *f* Alp. (westl. verbr. Art). Verwachsengrifflige R., ***R. stylosa*** Desv.

Die Kombination von drüsigen Blütenstielen m. drüsenarmen Kelchblätt. ist ungewöhnl.

— Fr.Stiele meist länger als Fr., aber nicht auffällig lg., ohne, selten m. Stieldrüsen (dann Kelchblattrücken drüsig); Diskus konvex, zuw. kegelf.; — Blättchen meist genähert u. oft überlappend, einfach gesägt, matt, seltener entfernt sthd. od. oberseits glzd., grün, m. eingetieftem Nervennetz; Kronblätt. weiß bis hellrosa, selten rosa. ↕ 1,5–2(–3) m; ♄; 2n = 35, 28. VI–VII. – Hecken, Wald- u. Wegränder, Gebüsche; gebietsweise recht häufig, an Boden anspruchsvoller als *R. canina*; planar bis montan, in den W-Alp. bis 1900 m. – *v*, in Gebieten basenarmer Sandböden *f* od. *s*. [*R. dumetorum* Thuill.; *R. obtusifolia* Desv.] Hecken-R., ***R. corymbifera*** Borkh.

Var. ***deseglisei*** (Boreau) Thiry m. drüsigen Fr.Stielen u. Kelchblattrücken, aber einfach, drüsenlos gesägten Blättchen.

23 (21). Fr., Fr.Stiel u. Kelchblattrücken ohne, selten m. Stieldrüsen (s. Anmerkung); Kronblätt. weiß, selten blassrosa od. rosa; Blattstiel u. Rhachis neben kurzen Stieldrüsen meist auch m. Drüsenborsten; — Stacheln meist kräftig, oft stark gebogen hakig; Blättchen zwei- bis mehrfach drüsig gesägt, oberseits tiefgrün, glzd., etwas runzelig durch eingetieftes Nervennetz; Kelchblätt. drüsig gewimpert, gewöhnl. herabgeschlagen, zuw. etwas ausgebr. od. flatterig; junge Triebspitzen u. Kelchblätt. gerieben m. leichtem Harzgeruch; ↕ 1,5–3,5 m; ♄; 2n = 42, 35. VI–VII. – Hecken, lichte Laubwälder; planar bis montan. – *v–z*. [*R. tomentella* Léman; *R. obtusifolia* auct.] Stumpfblättrige R., ***R. balsamica*** Besser

Individuen m. längl., keilf. Blättchen werden als var. ***sclerophylla*** (Scheutz) Christ unterschieden (D: SH, TH; F: Vog.). Regional (bes. küstennah, D; B; NL; Alp.) kommen vereinzelt Individuen m. drüsigen Fr.Stielen, drüsigen Kelchblattrücken u. z.T. auch rosa Kronblätt. vor, meist als var. ***friedlaenderiana*** (Besser) R. Keller unterschieden od. in den Alp. u. a. als var. ***tiroliensis*** (Kerner) Christ. Ihre Hybrideigenschaft, Eigenständigkeit od. ihr Anschluss an *R. abietina* sind abzuklären. Pfl. m. drüsenlosen Fr.Stielen herrschen im Verbr.Gebiet der Art deutl. vor. *R. tomentella* Léman dürfte ihr gültiger Name sein, wenn Individuen m. drüsigem Fr.Stiel als auszuschließende Hybriden od. *R. balsamica* s. str. angesehen werden (vgl. Bakker et al. 2019).

— Fr., Fr.Stiel u. Kelchblattrücken m. zahlr. ≈ 0,8–1,2 mm lg. Stieldrüsen (bis ≈ so lg. wie ∅ des Fr.Stiels), Borsten fehlen (vgl. *R. uriensis*, drüsige Formen von *R. caesia*); Kronblätt. rosa bis dk.rosa, regional blassrosa; Blattstiel u. Rhachis meist m. zahlr. kurz gestielten Drüsen; — Stacheln der Blütenzweige meist mäßig kräftig, gebogen, gelegentl. schwach gebogen bis fast gerade; Blättchenrand etwas bis stark drüsig, 1–2-fach, zuw. komplex gesägt, oberseits meist rein grün, meist etwas glzd. u. m. vertieftem Nervennetz; Gr.Kanal-∅ (0,5–)0,6–1,0(–1,1) mm; Kelchblätt. gewöhnl. mehr absthd. od. flatterig, oft m. herabhgd. Endzipfeln ähnl. nah verwandter *R. tomentosa*; gedrungen bis lockerwüchsig m. überhgd. Ästen; ↕ 1–2,5 m; ♄. V–VI. – Waldränder, Gebüsche, Wegränder; ± basenreich; montan. – D: *s* Alp. u. Alp.Vorland (BY); *z* CH: Alp. u. Alp.Vorland, Jura; *s* A: Ti, Vb; FL. [*R. obtusifolia* Desv. subsp. *abietina* (Christ) F. Herm.] Tannen-R., ***R. abietina*** Christ

Regionale morpholog. Unterschiede deuten auf mehrfache hybridogene Entstehung; sie führen zu teilw. abweichenden Beschreibungen bei Grenier (1865), Christ (1873) u. Keller (1931). Außerh. des bekannten Areals sind Vorkommen der Art od. von merkmalsgleichen Primärhybriden mögl. Die Zugehörigkeit zur Art ist bei abweichenden Formen zu prüfen, so in D: BY (Alp.) m. spärl. behaarten Blätt., Fr.Stiele nur m. wenigen bis 0,8 mm lg., zarten Stieldrüsen. Angaben aus Schw. u. Vog. sind fragl.; sie dürften drüsige *R. caesia* (weiter Gr.Kanal) bzw. *R. tomentosa* betreffen.

24 (20). Zweige meist verschiedenstachelig, neben schlanken, gebogen Stacheln auch Nadelstacheln u. Stieldrüsen; Blättchen meist auch oberseits m. zahlr. Stieldrüsen, — unterseits m. zahlr. sehr feinen, oft gelbl. Stieldrüsen; Blätt. sattgrün od. gelbl.grün, selten blaugrün, etwas lederig-dickl., m. ± intensivem Harzduft, meist schwach behaart, selten kahl; Fr.Stiel ohne od. m. zarten, kurzen Stieldrüsen, Stieldrüsen meist deutl. kürzer als ∅ des Fr.Stiels; Kelchblätt. drüsig gewimpert, der Rücken meist spärl. drüsig; Gr.Kanal-∅ (1,0–)1,2–1,6(–1,8) mm; ↕ bis 2 m; ♄; VI–VII. – Magerweiden, Gebüsche, Böschungen, Wegränder, Brachen; 600–1900 m. – *s*, A: Ti (Nauders, Gschnitztal); CH: Gr (Unterengadin), Vs; I: früher Bz; außerh. des Gebiets: Aosta, Brescia, Bergamo, Valtellina. – Alp.Endem. Bündner R., ***R. rhaetica*** Gremli

— Zweige gleichstachelig, ohne Stieldrüsen, selten unterh. der Blüten verschiedenstachelig (*R. uriensis*); Blättchen oberseits ohne Stieldrüsen; — Blätt. meist blau- od. graugrün, selten grün **25**

25. Fr. u. Fr.Stiel m. zahlr. kräftigen, bis 2–3 mm lg. Stieldrüsen, Drüsenborsten u. Borsten; Blättchen meist kurz eif., wenig länger als br., seltener eif., zugespitzt u. etwas keilf., 2-fach bis komplex drüsig gesägt, selten unbehaart u. einfach gezähnt; — Stacheln schlank, meist schwach gebogen; Fiedern unterseits m. od. ohne Stieldrüsen; ↕ 1–2 m; ♄; VI–VII. – Gebüsche, trockene Hänge; 600–1900 m. – *s*, CH: Gr, SG, Ts, Uri, Vs. – Alp.Endemit. Uri-R., ***R. uriensis*** Lagger & Puget

Verwechslungsgefahr m. drüsigen Formen von *R. caesia* (s. Nr. **26**); diese nur selten m. kurz eif. Blättchen, Stieldrüsen/Borsten der Früchte weniger lg. u. kräftig.

— Fr.Stiel meist ohne, zuw. m. bis zu 1,5–2 mm lg. Stieldrüsen (bes. Alp.); Blättchen deutl. länger als br., meist 1-fach ohne Drüsen, zuw. drüsig 2-fach gesägt; — Stacheln gebogen bis hakig m. br. Basis, zuw. schwach gebogen (bes. drüsige Formen der Alp.); Fiedern unterseits ohne, zuw. m. Stieldrüsen **26**

26. Gr.Kanal-∅ (1,1–)1,2–1,8(–2,0) mm; Kelchblätt. zur Fr.Reife aufr., zuw. absthd./flatterig, lange anhaftend; Fr.Stiel kurz; — Pfl. gedrungen; ↕ 1–2 m; ♄; 2n = 35, 42. VI–VII. – Gebüsche, Hecken, Magerweiden; montan bis subalp., in den W-Alp. bis 2100 m, planar bis kollin im N. – *v–z* im N, in Mittelgeb. u. Alp., *s–z* Dünen der Nordseeküste u. -inseln (Borkum, B, NL), sonst *s*, im W weitghd. *f* od. eingeschleppt (Bahngelände). [*R. coriifolia* Fries] Lederblättrige R., ***R. caesia*** Sm.

Bes. Alp. (dort z.T. zu *R. uriensis* überleitend), benachbarte Mittelgeb., SH Varietäten/Formen (Hybriden?) m. bis zu 1,5–2,0 mm lg. Stieldrüsen u. Drüsenborsten an Fr.Stiel u. Fr; Stacheln oft nur schwach gebogen. Die Hybriden *R. canina* × *rubiginosa* u. *R. corymbifera* × *rubiginosa* entsprechen morpholog. *R. caesia* (Ritz & Wissemann 2003).

— Gr.Kanal-∅ (0,8–)0,9–1,1(–1,2) mm; Kelchblätt. flatterig od. absthd., meist m. der Fr.Rötung abfallend; Fr.Stiel oft länger als Fr.; — Pfl. gedrungen od. lockerästig; ↕ 1,5–2,5 m; ♄; 2n = 35, 42. VI–VII. – StO ähnl. *R. caesia*; (planar) montan bis subalp. – *s–z*, über das Verbr.Gebiet von *R. caesia* hinausghd. – Zuw. angepfl. [*R. coriifolia* subsp. *subcollina* (Christ) v. Hayek; *R. caesia* subsp. *subcollina* (Christ) Soó] Falsche Hecken-R., ***R. subcollina*** (Christ) Vuk.

Fr., FrStiel u. Kelchblattrücken m. zahlr. bis 1,2 mm lg. Stieldrüsen; Drüsen auf der Blattunterseite zahlr., zumind. auf Hauptnerv, Blättchenrand ± drüsig (Alp., Jura): *R. abietina* (s. Nr. **23—**).

27 (3). Blätt. blaugrün, jung rötl., ihre Nerven rötl.violett, Zweige auffallend rötl.violett, bläul. („hechtblau") bereift; — Blätt. überwgd. 7-zählig gefied.; Blüten 3–4 cm ∅; Kronblätt. kräftig rosa m. weißem Zentrum; Fr. klein, kugelf.; ↕ bis 3 m; ♄; 2n = 28. VI–VII. – Felsen, steinige Hänge, Gebüsch; montan bis subalp. – *v* Alp.; *z* D: BW; F: Els; sonst *s* od. *f*. – Auch als Zierpfl. [*R. rubrifolia* Vill.] Rotblättrige R., ***R. glauca*** Pourr.

— Blätt. u. Zweige nicht auffallend rötl.violett u. bläul. bereift.......... **28**

28. Blüten ohne Tragblätt.; Blätt. kahl, — 5–11-zählig gefied.; Kronblätt. weiß, selten rosa; Äste dicht nadelstachelig; Kelchblätt. nach der Bltzt. zurückgeschlagen, z. Fr.Reife ± aufr. u. lange anhaftend; Fr. schwärzl.; ↕ 10–80 cm, selten höher; ♄; 2n = 28. V–VI. – Dünen, Felsbänder, Lesesteinhaufen, skelettreiche Hänge, lichte Gebüsche; planar bis subalp. – *v* Nordseeküste u. Inseln; *z* D: Schw., SchwAlb, Rhein-Maingebiet, TH; A; CH; I: Bz; sonst *s*. [*R. pimpinellifolia* L.] Dünen-R., Bibernell-R., ***R. spinosissima*** L.

Var. ***altaica*** (Willd.) Rehder vielfach angepfl., nicht heim., ↕ bis 1,60 m, Fr. früh schwarzbraun.

— Blüten m. zungenf. Tragblätt.; Blätt. wenigstens unterseits behaart.......... **29**

29. Blätt. stark runzelig; Zweige dicht stachelborstig; — Blätt. unterseits dicht filzig; Blüten groß, 6–8 cm ∅, Kronblätt. dk.rosa, selten weiß; Wuchs gedrungen; ♄; ↕ 1–1,5 m; 2n = 14. V–VIII. – An Böschungen, Straßenrändern u. Dünen gepfl. u. verwild. – Ne. (Heimat: NO-As.); gebietsweise (Küsten, Inseln) invasiv. Kartoffel-R., ***R. rugosa*** Thunb.

— Blätt. nicht runzelig; Blütenzweige nicht dicht stachelborstig **30**

30. Stacheln, auch an den Blütenzweigen, gekrümmt od. gerade, oft in Wirteln od. paarig am Blattgrund, unt. Zweigabschnitte oft m. Nadelstacheln; Blättchen meist (5–)7, einfach, drüsenlos gesägt, unterseits graufilzig; Fr. kugelf.; — Äste dünn, glzd., braunrot; Blättchen oberseits bläul.grün, anlgd. behaart; Kelchblätt. nach der Bltzt. aufgerichtet; ↕ bis 1,5 m; ♄; 2n = 14. V–VI. – Bes. Auenwälder, Gebüsche, Felsbänder der Alp.; kollin bis montan (bis subalp.). – *v* Alp.Vorland, *z* Alp., sonst *s*; vielfach verwild. [*R. cinnamomea* auct.]
Mai-R., Zimt-R., ***R. majalis*** Herrm.

— Stacheln an den Blütenzweigen meist fehlend, an unt. Sprossabschnitten zahlr., gerade, nadelf.; Blättchen 7–11, scharf doppelt drüsig gesägt, unterseits zerstreut behaart; Fr. flaschenf.; — Blättchen dünn, oberseits matt; Blüten einzeln; Kronblätt. lebhaft dk.rot; Fr. von den zus.neigenden Kelchblätt. gekrönt, nickend; ↕ 0,25–3 m; ♄; 2n = 28. V–VII. – Laub- u. Nadelwälder, Hochstaudenfluren, steinige Matten; montan bis subalp. (bis alp.), in den W-Alp. bis 2450 m. – *v* S-D; A; CH; CZ; FL; I: Bz; sonst *s*. [*R. alpina* L.] Alpen-Hecken-R., ***R. pendulina*** L.

Rubus L., Brombeere, Himbeere, Steinbeere, Moltebeere (Bearbeiter: Peter A. Schmidt)

1. Pfl. strauchig, oberird. Sprosse m. verholzenden Achsen u. meist 2-j., im 1. Jahr („Schösslinge") nicht blhd., im 2. Jahr blhd. u. nach der Frzt. absterbend; Nebenblätt. 1–3 mm oberh. Blattstielgrund entspringend u. m. ihm z.T. verwachsen, selten (fast) am Blattstielgrund u. frei, dann Kronblätt. rosarot; — Krone meist weiß, zuw. rosa od. rot; Pfl. > 30 cm hoch **3**

— Pfl. eine Staude, Sprossachsen nicht verholzend, oberird. Sprosse im Winter (fast) bis zum Grund absterbend; Nebenblätt. am Stg. od. Blattstielgrund entspringend, frei; — Krone stets weiß; Pfl. 5–25(–30) cm hoch **2**

2. Blätt. einfach, (3–)5–7-lappig; Pfl. m. unterird. kriechendem Rhizom, dem aufr. Blütentriebe entspringen; Blüten einzeln, endst., (unvollkommen) eingeschl.; Krone 1,5–2,5 cm ∅, Kronblätt. br. verkehrt eif., ausgebr.; Sammelfr. m. bis > 20 zusammenhgd. Frch., anfangs hellrot, später orangegelb; — Stg. stachellos, ♃. V–VI. – Hoch- u. Zwischenmoore. – *s*, D: NI; CZ; DK; PL. Ⓖ! Moltebeere, ***R. chamaemorus*** L.

— Blätt. zus.gesetzt, 3-zählig; Pfl. m. bis 2 m lg. niederlgd., sich bewurzelnden vegetativen Sprossen; Blütentriebe aufr.; Blüten zu 3–10 in Schirmtrauben, ⚥; Krone 0,5–1 cm ∅, Kronblätt. lineal-lanzettl., aufr.; Sammelfr. m. nur 1–6, kaum miteinander verbundenen, glzd. roten Frch.; — Stg. ohne od. m. bis 1,5 mm lg., weichen nadelf. Stacheln; ♃. V–VI. – Lichte Wälder u. Gebüsche. – *z*. Steinbeere, Felsen-H., ***R. saxatilis*** L.

3 (1). Blätt. einfach, (3–)5-lappig (*432/1*), — 10–20(–30) cm lg., (10–)15–25 (–30) cm br., unterseits wie Zweige u. Blütenstiele stieldrüsig; Blüten 4–5 cm ∅; Krone rosarot; Fr. abgeflacht halbkugelig, blassrot, fade, kaum genießbar; Pfl. ohne Stacheln; ↕ bis 1,5–2,5 m; ♄. V–VII. – Zierpfl. (Heimat: N-Am.); zuw. verwild., *s* eingebürg. Zimt-H., ***R. odoratus*** L.

— Blätt. zus.gesetzt, gefied., gefing. od. 3-zählig **4**

4. Blätt. 3–5-zählig gefing., meist zumind. z.T. 5-zählig, wenn alle 3-zählig, dann unterseits nicht weiß u. Kronblätt. nicht rosa; Fr. bläul. bis schwarz od. schwarzrot, sich einschließl. des Blütenbodens lösend; — Pfl. sommer- od. wintergrün, Sprosse aufr., bogig od. kriechend, meist m. Stacheln, stets ohne rote Drüsenborsten **7**

432/1

432/2

432/3

— Blätt. 3-zählig od. gefied., wenn ausnahmsweise 5-zählig gefing., dann Zweig m. auffälligen roten Drüsenborsten; Fr. rot, selten gelb od. orange, sich unter Zurücklassung des Blütenbodens ablösend; — Pfl. sommergrün; Sprosse meist ± aufr., m. od. ohne Stacheln, zuw. m. roten Drüsenborsten **5**

5. Blätt. unterseits grün, ± behaart, aber nie filzig; Blüten > 2 cm ∅, — Krone rosa bis rot; Blätt. 3-zählig, Fiedern eif., 4–15 cm lg. u. br., oft gelappt, Rand grob u. doppelt gesägt (*432/2*); Fr. kugelig bis eif., 1–2 cm ∅, blassgelb bis orangerot, essbar; Zweige ohne od., bes. im unt. Teil der Schösslinge, m. Stacheln; ↕ 1–2,5 m; ♄. IV–VII. – Zier- u. Obstpfl. (Heimat: N-Am.); zuw. verwild., *s* eingebürg. Pracht-H., Lachs-H., ***R. spectabilis*** Pursh

— Blätt. unterseits weißl., weiß- od. graufilzig; Blüten < 1,5 cm ∅, — Krone meist weiß, selten rosa bis purpurrot, kürzer als der Kelch **6**

6. Sprossachsen nicht rot drüsenborstig, aber m. zahlr. < 3 mm lg., schwarzvioletten, feinen pfrieml. bis kegelf. Stacheln, zuw. auch (fast) stachellos; Blüten 7–12 mm ∅, Krone weiß, unscheinbar; Fr. m. matt roten, flaumig behaarten Frch.; Blätt. 3- od. 5(–7)-zählig gefied., Fiedern (br.) eif. bis lanzettl.; ↕ 0,6–2 m; ♄. V–VII. – Gebüsche, Wälder, Waldränder u. -lichtungen. – *v*. – Auch als Obstpfl. kult. Gewöhnliche H., Wald-H., ***R. idaeus*** L.

Spontan entsthd. Hybriden m. *R. caesius z* vorkommend: Bastard-H., ***R. × idaeoides*** Ruthe [*R. × pseudidaeus* (Weihe) Lej. non F. W. Schmidt], m. bogenf. bis kriechenden Schösslingen, rötl. bis violetten, oft > 3 mm lg. Stacheln, 3- od. 5-zähligen Blätt. u. unterseits schwach graufilzigen Fiedern, Fr. entw. nicht ausgebildet od. m. 1–2 Frch.

— Sprossachsen, Blattstiele u. Kelch m. auffälligen roten, bis 5–6 mm lg. Drüsenborsten besetzt, zudem an Zweigen wenige feine, 6–8 mm lg. Stacheln; Blüten 6–8 mm ∅, Krone rosa bis purpurrot; Fr. m. glzd. orangen bis roten, kahlen Frch.; Blätt. 3-zählig, zuw. auch 5-zählig gefing., Fiedern eif. bis br. eif. od. rautenf., endst. oft gelappt (*432/3*); ↕ 1–2(–3) m; ♄. VI–VIII. – Zier- u. Obstpfl. (Heimat: O-As.); zuw. verwild., *s* eingebürg. Wein-H., Japanische Weinbeere, ***R. phoenicolasius*** Maxim.

7 (4). Blätt. m. fiederteiligen („schlitzblättr.") od. (fast doppelt) gefied. Fiedern (*433/1*); Kronblätt. an der Spitze tief eingeschnitten, — Krone weiß bis rosa; Fr. kugelig, 1,5 cm ∅, schwarz; Pfl. m. kletternden u. niederlgd. Sprossen von 2–4 m Länge; Stacheln gekrümmt (bei Sorten auch fehlend); ♄. VI–VIII. – Zier- u. Obstpfl. (Herkunft unbekannt); oft verwild., *z* eingebürg. – Zu Artengruppe *R. fruticosus* agg., s. Nr. **11**—. Schlitzblatt-B., ***R. laciniatus*** Willd.

— Blätt. nicht m. tief eingeschnittenen Fiedern, diese am Rand gesägt od. doppelt gesägt, auch gelappt, aber nie fiederteilig, nur Endfieder zuw. tiefer gespalten od. 2–3-teilig; Kronblätt. ganzrandig od. Spitze leicht eingekerbt **8**

8. Blätt. 3-zählig (*433/2*), selten einzelne 4- od. 5-zählig; Fiedern beiderseits hellgrün, meist leicht behaart; Achsen 1-j. Sprosse im ∅ rundl., stark bläul.weiß bereift, zieml. dünn, selten > 5 mm ∅, m. kurzen, bis 2(–3) mm lg. dünnen, fast nadelf. Stacheln; Krone weiß; Fr. schwarz, aber stark hellbläul. bereift, m. meist < 20 Frch.; Pfl. sommergrün, m. niederlgd. bis kriechenden, sich bewurzelnden od. kletternden Sprossen von 1,5–3 m Länge; ↕ 0,5–1,5 m; ♄. V–VII. – Auenwälder, Waldlichtungen u. -ränder, Gebüsche, Wegränder, Äcker. – *v*. Acker-B., Kratzbeere, ***R. caesius*** L.

— Blätt. alle od. zumind. z. T. 5-zählig (*433/3*); Fiedern oberseits meist dk.grün, unterseits hellgrün u. kahl bis dicht weißfilzig; Achsen 1-j. Sprosse im ∅ rundl. bis deutl. kantig, ohne od. m. bläul.weißem Reif, meist > 5 mm, zuw. bis 30 mm ∅; Stacheln sehr verschieden, dünn od. kräftig, gerade od. gebogen; Krone weiß od. rosa; Fr. schwarz od. schwarzrot, unbereift,

433/1

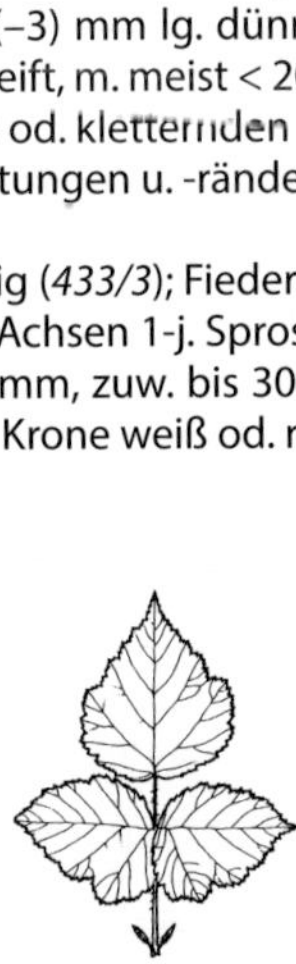

433/2

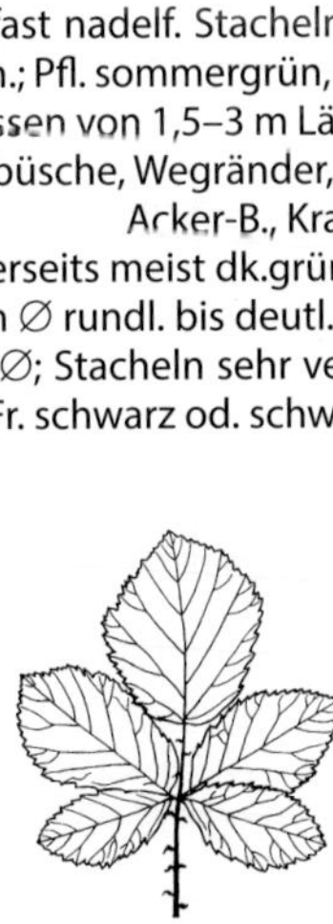

433/3

glzd., m. meist > 20 Frch.; Pfl. sommer- od. oft wintergrün, m. aufr., bogigen, niederlgd. od. kletternden Sprossen von 1–5 m Länge **9**

9. Blattstiel oberseits durchghd. rinnig; Fiedern sich oft überlappend, d. h. Endfieder die Ränder der darunter befindl. Seitenfiedern bedeckend, bei 5-zähligen Blätt. die unt. Fiedern randl. von den darüberlgd. Fiedern überdeckt; im Bereich der Infl. unt. Fiedern 5-zähliger Blätt. u. seitl. Fiedern 3-zähliger Blätt. sitzend od. nur 1(–2) mm lg. gestielt; Nebenblätt. schmal lanzettl., 1–3 mm br.; Kronblätt. meist rundl. u. oft etwas knittrig; ↕ 0,5–1,5(–2) m; ♄. VI–VIII. – Wälder, Waldlichtungen u. -ränder, Gebüsche, Wegränder. – *v*.
Artengruppe Haselblatt-B., ***R. corylifolius*** agg.

Zur Artengruppe *R. corylifolius* agg., die heute als Sektion Haselblattbrombeeren, Sect. *Corylifolii* Lindl., eingestuft wird, gehören zahlr., z. T. schwierig unterscheidbare apomiktische Kleinarten, die aus Kreuzungen u. Rückkreuzungen von *R. caesius* (s. Nr. **8**) u. *R. fruticosus* agg. (s. Nr. **11**—), z. T. unter Beteiligung von *R. idaeus* (s. Nr. **6**), entstanden sind. Zu ihrer Bestimmung ist Spezialliteratur erforderl. (s. unter **11**—).

— Blattstiel oberseits meist nur an der Basis rinnig; Ränder der Fiedern sich nicht überlappend; im Bereich der Infl. unt. Fiedern 5-zähliger Blätt. u. die seitl. Fiedern 3-zähliger Blätt. 1–8(–12) mm lg. gestielt; Nebenblätt. fädl. od. linealisch bis schmal lanzettl., 0,5–1 mm br.; Kronblätt. meist ellipt., nicht knittrig **10**

10. Blätt. alle od. zumind. die im Bereich der Infl. oberseits dicht fein sternhaarig (*41/5*; Lupe!), unterseits grau- bis weißfilzig u. weichhaarig; Kronblätt. weiß, beim Trocknen gelbl.; — Fiedern grob tief gesägt bis fast eingeschnitten; Achsen 1-j. Sprosse kantig, 3–6 mm ∅, m. gelbl., gekrümmten, 4–6 mm lg. Stacheln; ↕ 1–2 m; ♄. VI–VII. – Lichte Trockenwälder u. Gebüsche, Felshänge. – *z* im S in Weinbaugebieten, nördl. bis TH, ST u. Westf. – Zu Artengruppe *R. fruticosus* agg., Nr. **11**—.
Filz-B., ***R. canescens*** DC.

— Blätt. oberseits nicht sternhaarig, unterseits entw. grün u. ± behaart od. grau- bis weißfilzig; Kronblätt. weiß od. rosa, beim Trocknen nicht gelbl. werdend **11**

11. Blätt. unterseits grau- bis weißfilzig, Blütenstiele (fast) ohne Stieldrüsen, Achsen 1-j. Sprosse zerstreut m. kleinen Büschelhärchen besetzt, (0,8–)1–2(–3) cm ∅; Kanten im Sommer rot (später sonnseitig flächig weinrot), Stacheln auf grünem Grund auffällig rotfüßig; — Kelch außen auf der Fläche graugrün bis weißgrau; Krone blassrosa; Pfl. wintergrün; Blätt. m. br. eif. bis verkehrt eif., im frischen Zustand konvexer Endfieder; ↕ 1–3 m; ♄. VI–VII. – Zier- u. Obstpfl. (Heimat: S-Kaukasien, Anatolien); häufig verwild., *v* eingebürg. – Zu Artengruppe *R. fruticosus* agg., Nr. **11**—.
Armenische B., ***R. armeniacus*** Focke

— Blätt. unterseits grün u. ± behaart od. schwach graugrün filzig, wenn grau- bis weißfilzig, dann Blütenstiele m. > 10 Stieldrüsen od. Achsen 1-j. Sprosse (fast) kahl od. nur bis 1 cm ∅ u. Stacheln nur 5–7 mm lg.; Sprossachsen im ∅, in der Behaarung u. Farbe sowie Stacheln sehr verschiedenart., wenn zuw. Stachelfuß u. Kanten rot, dann Sprossachsen (fast) kahl; — Kelch außen grün od. graugrün bis weißgrau; Krone weiß od. rosa bis rot; Pfl. sommer- od. wintergrün; ↕ 1–3 m, kletternd bis 5 m; ♄. V–VIII. – Wälder, Waldlichtungen u. -ränder, Gebüsche, Wegränder. – *v*. – Auch als Obstpfl. kult.
Artengruppe Echte B., ***R. fruticosus*** agg.

Zur Artengruppe *R. fruticosus* agg., die heute als Sektion Echte Brombeeren, Sect. *Rubus*, eingestuft u. in diverse Subsektionen u. Serien gegliedert wird, gehören zahlr., z. T. schwierig unterscheidbare apomiktische Kleinarten, von denen nur 2 leicht ansprechbare in den Schlüssel aufgenommen wurden (Nr. 7, 11), außerdem eine der wenigen Arten in M-Eur. m. sexueller Fortpflanzung (Nr. 10). Zur Bestimmung ist Spezialliteratur erforderl., z. B. Weber (1995, 2016, 2021).

Sanguisorba L. [incl. *Poterium* L.], Wiesenknopf

1. Blütenköpfchen dk.rot; Blattfiedern jederseits m. ≈ 12 Zähnen (*435/5*), unterseits blaugrün; Staubblätt. 4 (*435/1*); Gr. 1; ↕ 30–90 cm; ♃. VI–IX. – Feuchte Wiesen. – *v*, im N *z; f DK*.
Großer W., ***S. officinalis*** L.

— Blütenköpfchen grünl., kugelig; Blattfiedern jederseits m. 3–9 Zähnen (*435/6*), unterseits grün; ♂ Blüten m. zahlr. Staubblätt. (*435/2*); ♀ Blüten m. 2 Gr. (*435/3*); ♃. V–VI. – Trockene Wiesen, Waldränder. – *v*, im N *z*. [*P. sanguisorba* L.]
Kleiner W., ***S. minor*** Scop.

a. Stg. 20–40 cm hoch; Fr.Becher m. schmalen Randleisten, die Fläche netzf. runzelig (*435/4*). – *v*, im N *z*.
Kleiner W. (i. e. S.), subsp. ***minor***

— Stg. 30–80 cm hoch; Fr.Becher m. schmalen bis br. Flügeln am Rand, die Fläche unregelm. aber tief gefurcht, m. scharfen Erhebungen. – *s*, A; CZ; I: Bz; eingeschleppt in D; B; CH; DK; NL; PL. [*P. polygamum* Waldst. & Kit.; *S. muricata* Gremli]
Grubiger W., subsp. ***balearica*** (Nyman) Muñoz Garm. & C. Navarro

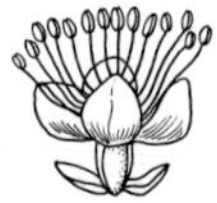

435/1 *435/2*

435/3 *435/4*

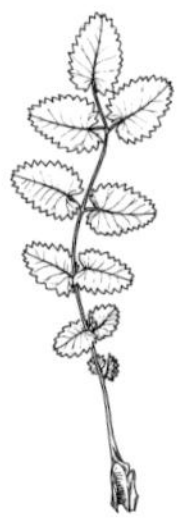

435/5 *435/6*

Sibbaldia L., Gelbling

Niederlgd. Halbrosettenstaude; Grundblätt. lg. gestielt, 3-zählig; Fiedern verkehrt eif., an der Spitze 3-zähnig, graugrün, unterseits dicht behaart; Blüten klein; Kronblätt. 1–2 mm lg., gelbgrün, hinfällig; ↕ 2–5 cm; ♃. VI–VIII. – Schneetälchen; kalkmeidend. – Alp. (1200–3400 m) u. Vog., *z*.
Alpen-G., ***S. procumbens*** L.

Sorbaria (Ser.) A. Braun, Fiederspiere

Bis 2 m hoher Strauch; Blätt. gefied., m. (6–)7(–10) Fiederpaaren; Fiedern gesägt; Blüten in endst. Rispen; Krone weiß; Balgfr.; ♄. VI–VIII. – Grünanlagen, lichte Wälder. – Zierstrauch (Heimat: O-As.), *z* verwild.
Sibirische F., ***S. sorbifolia*** (L.) A. Braun

Sorbus L. s. l. [incl. *Aria*, Mehlbeere; *Chamaemespilus*, Zwergmehlbeere; *Torminalis*, Elsbeere; excl. *Cormus*], Eberesche, Elsbeere, Mehlbeere, Vogelbeere, Zwergmehlbeere (Bearbeiter: Peter A. Schmidt)

Zur Systematik der Gattung *Sorbus* bestehen derzeit unterschiedl. Auffassungen. *Sorbus* wird entw. unter Einbeziehung von *Aria, Chamaemespilus, Cormus, Torminalis* (*Torminaria*) u. *Sorbus* s. str. (*Aucuparia*) als Untergattungen weit gefasst (z. B. Fischer et al. 2008, Kaplan 2019, Müller et al. 2021, Schmidt & Hecker 2020) od. die genannten Untergattungen werden als eigene Gattungen behandelt (z. B. Sennikov & Kurtto 2017). Während zw. den Arten and. Untergattungen (bzw. Gattungen) zahlr. Hybriden, sowohl spontan auftretende Primärhybriden als auch nach Hybridisierung entstandene agamosperme Sippen (Apomikten), bekannt sind, zeichnet sich *S. domestica* = *Cormus* durch das Fehlen jeglicher Kreuzungsbereitschaft aus, weshalb nur in diesem Fall der Abtrennung als eigene Gattung gefolgt wird (Schmidt & Schulz 2023). Für die Bestimmung der zahlr., oft schwierig unterscheidbaren apomiktischen Kleinarten, die meist aus Hybridisierung hervorgegangen sind, ist Spezialliteratur erforderl. (z. B. Meyer 2016 für D, Lepší & Lepší 2019 für CZ). Sie werden hier unter Einbeziehung von Primärhybriden zu Artengruppen (agg.) zusammengefasst.

1. Blätt. einfach, ungeteilt od. gelappt, nicht gefied., auch nicht an der Basis der Spr.; — Kronblätt. weiß od. rosa; Fr. rot, orange od. braun **3**

— Blätt. gefied., entw. ganzes Blatt (*436/1*) od. nur unt. Teil der Spr. (*436/2*); — Kronblätt. weiß; Fr. rot **2**

2. Blätt. vollst. gefied., m. (4–)5–7(–8) Fiederpaaren, Endfieder etwa so groß wie seitl. Fiedern (*436/1*), unterseits kahl od. behaart, aber nicht filzig; Blüten 0,8–1,2 cm ∅; — Gr. 2–4; junge Zweige, Knospen u. Infl.Achsen anfangs ± filzig, behaart bleibend (subsp. ***aucuparia***) od. verkahlend u. z. Bltzt. schon fast kahl (subsp. ***glabrata*** (Wimm. & Grab.) Hedl.; Alp., Sudeten u. Mittelgeb.); Fiedern am Grund oft asymmetr., vom Grund bis unt. Viertel od. Drittel (bei var. ***moravica*** (Zengerl.) Gams bis über die Hälfte) ganzrandig, darüber gesägt; Fr. kugelig (bis eif.), 0,8–1 cm ∅, zuw. bis 1,2–1,5 cm u. bitterstoffarm (var. ***moravica***, Süße Eberesche); Stammrinde glatt; ↕ 3–15(–20) m; ♄–♄. V–VII. – Lichte Wälder, Waldlichtungen u. -ränder, Felshänge. – *v*; oft gepfl., auch als Obstgehölz.
Gewöhnliche Eberesche, Vogelbeere, ***S. aucuparia*** L.

Ebenfalls gefied. Blätt., aber größ. Blüten (1,5–1,8 cm ∅) m. 5 Gr., größ. (>1,5 cm ∅), birn- od. apfelf., rötl.gelbe bis olivbraune Fr. u. raue Stammrinde, später schuppige Borke hat der Speierling, *S. domestica* – s. unter *Cormus*, S. 410.

— Blätt. nur im unt. Teil gefied., m. 1–3(–7) Fiederpaaren, darüberlgd. Teil der Spr. bzw. Endabschnitt deutl. größer als seitl. Fiedern u. höchstens fiederteilig od. -spaltig (*436/2*), z.T. auch unt. Blatthälfte nur fiederteilig u. nicht gefied., unterseits grün- bis graufilzig; Blüten 1–1,5 cm ∅; ↕ 5–15(–20) m; ħ. V–VI. – Im gemeinsamen Verbr.Gebiet von *S. aria* agg. u. *S. aucuparia*; Weiteres s. Nr. **6**. Artengruppe Bastard-Eberesche, Bastard-M., ***S. hybrida*** agg.

Diese Merkmale kennzeichnen die Primärhybride *S. aria* × *S. aucuparia*: Thüringer Bastard-Eberesche, ***S. × pinnatifida*** (Sm.) Düll [*Hedlundia × thuringiaca* (Nyman) Sennikov & Kurtto], m. variablen Blätt., entw. in unt. Blatthälfte m. 1–3(–7) Fiederpaaren od. nur tief fiederteilig. – Lichte Wälder u. Gebüsche, Lichtungen in Laubwäldern; kalkhold. – *s* im S des Gebiets, nördl. bis CZ, D: TH u. HE; auch oft als Park- u. Straßenbaum gepfl. u. zuw. verwild. – Zu den Apomikten von *S. hybrida* agg. ohne basale Fiedern der Blätt. s. Nr. **6**.

3 **(1).** Blätt. unterseits bleibend weiß-, grau- od. gelbl.filzig; Kronblätt. weiß, ausgebr. **5**

— Blätt. unterseits anfangs lockerfilzig od. schwach behaart, ausgewachsen ± kahl od. schwach behaart, bes. auf den Nerven, wenn dünnfilzig, dann Kronblätt. rosa u. aufr. **4**

4. Blätt. fiederspaltig m. spitzen Lappen u. Buchten, jederseits 3–4 am Rand fein gesägte 3-eckige Lappen, die beiden untersten fast waagr. absthd. (*436/3*), jederseits der Mittelrippe (3–)4–5(–7) Seitennerven; Blattstiel 2–5 cm lg.; Blüten 1–1,5 cm ∅, Krone weiß, ausgebr.; Fr. kugelig bis eif. od. verkehrt eif., 1,2–1,5 cm ∅, anfangs rötl., dann bräunl., hell punktiert, zur Reife weich; ↕ 3–15 m; ħ. V–VI. – Lichte Laubwälder, Gebüsche, Felshänge; kalkhold. – *z, s* im N. [*T. glaberrima* (Gand.) Sennikov & Kurtto] Elsbeere, ***S. torminalis*** (L.) Crantz

— Blätt. ungelappt, Rand gleichm. dicht u. fein gesägt (*436/4*) bis undeutl. doppelt gesägt, jederseits der Mittelrippe 5–10 Seitennerven; Blattstiel 0,3–0,7 cm lg.; Blüten 0,8–1 cm ∅, Kronblätt. rosa bis blassrot, aufr.; Fr. verkehrt eif. bis kugelig, 0,8–1,3 cm ∅, rot bis braunrot; ↕ 0,4–3 m; ♄. VI–VII. – Lichte Gebirgswälder, subalp. Gebüsche. – *z*, Alp., Schw., Vog., Schweizer Jura. [*C. alpina* (Mill.) K. R. Robertson & J. B. Phipps]
Echte Z., Zwergmispelmehlbeere, ***S. chamaemespilus*** (L.) Crantz

Aus Hybridisierungen dieser Art m. Echten M. (*S. aria* agg.) u. Bastard-M. (*S. hybrida* agg.) entstanden Primärhybriden u. Apomikten m. ebenfalls strauchigem Wuchs u. rötl. od. rosa Krone (zumind. Rand der Kronblätt. od. Blütenknospe rosa), aber dünnfilziger Blattunterseite, die 2 Artengruppen zugeordnet werden können:

S. sudetica agg. (*S. aria* agg. × *S. chamaemespilus*) m. Blätt., deren Rand gröber u. zumind. in ob. Spr.Hälfte doppelt gesägt ist, Blattstiel 0,6–1 cm lg.; hierzu Sudeten-Z., ***S. sudetica*** (Tausch) Bluff, Nees & Schauer (Riesengeb.), u. Allgäuer Z., ***S. algoviensis*** N. Mey. (Alp., Schw.).

S. hostii agg. (*S. chamaemespilus* × *S. hybrida* agg.) m. Blätt., deren Rand gekerbt bis seicht gelappt u. doppelt gesägt ist, Blattstiel 1–1,5 cm lg.; hierzu z.B. Dörr-Z., ***S. doerriana*** N. Mey. (Alp.).

5 **(3).** Blätt. am Rand gleichm. gesägt bis ungleichm. doppelt gesägt (*112/2, 437/1*), höchstens in ob. Spr.Hälfte angedeutet gelappt, unterseits bleibend dicht weiß- bis grauweißfilzig, Filz nicht gelbl. getönt; — Spr. eif. ellipt. bis verkehrt eif., auch ellipt. lanzettl., rautenf. od. rundl. m. stumpfer od. kurz zugespitzter Spitze, Stiel 1–2,5 cm lg., jederseits der Mittelrippe m. (7–)9–14 (–15) Seitennerven; Blüten 1–1,7 cm ∅; Fr. länger als br. bis breiter als lg., längl., eif., kugelig od. abgeflacht kugelig, blass- bis tiefrot, orange- bis scharlachrot, m. wenigen großen od. zahlr. kleinen Lentizellen; Zweige anfangs grau- bis weißfilzig, verkahlend; ↕ 3–16 m; ħ–♄. V–VI. – Lichte Wälder meist trocken-warmer StO, Felsen, subalp. Gebüsche; kalkhold. – *z* im S u. W, nördl. bis CZ, TH u. HE, *s* Westf.; auch gepfl. u. zuw. eingebürg., z.B. D: BB, MV, ST.
Artengruppe Echte M., ***S. aria*** agg.

Hierzu neben der Gewöhnlichen od. Echten M., ***S. aria*** (L.) Crantz s. str. [*A. edulis* (Willd.) M. Roem.] (Verbr. s. Artengruppe) mehrere, z.T. apomiktische, Arten m. derberen Blattspr. u. -stielen, weniger Seitennerven (jederseits 7–11),

436/1

436/2

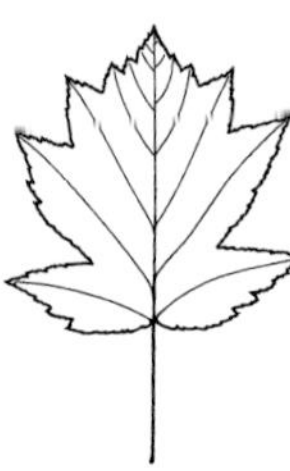

436/3

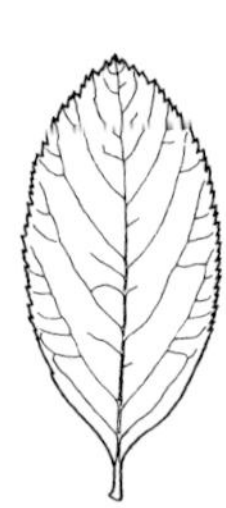

436/4

neben in der Mitte eher in ob. Hälfte größter Breite der Spr. u. dunkler roten, neben kugeligen eher breiter als lg. Fr., z. B. Griechische M., ***S. graeca*** (Spach) Schauer (D: BY, BW, RP; A, CZ), Donau-M., ***S. danubialis*** (Jáv.) Kárpáti (D: BY; A; CZ) u. Felsen-M., ***S. rupicola*** (Syme) Hedl. (DK).

— Blätt. ± ringsum deutl., wenn auch z. T. nur seicht, gelappt (*437/2, 437/3*), unterseits graufilzig bis gelbl.- od. weißl.filzig, Filz bleibend od. sich verdünnend u. dann Unterseite mehr grünl. filzig **6**

6. Blattzähne ohne braune Drüsenspitze; Spr. unterseits bleibend hellgrau- od. weißl.- bis grünl.-filzig, Filz nie m. Gelbstich; Spr. 1,3–2-mal so lg. wie br., — ellipt. bis längl. ellipt., jederseits m. meist > 5 gut ausgebildeten, spitzen, stumpfen od. abgerundeten Blattlappen u. 7–12 Seitennerven (*437/3*), Einschnitte zw. den Lappen unterschiedl. tief, von weniger als ein Fünftel bis über die Mitte der Spr.Hälfte, zuw. bis zur Mittelrippe reichend od. in unt. Hälfte einige Fiedern (*436/2*) (s. Nr. **2**—); Fr. ± kugelig od. etwas länger als br., rot; ↕ 5–15(–20) m; ♄. V–VI. – Lichte Wälder u. Gebüsche, Waldlichtungen u. -ränder, Felshänge; kalkhold; im gemeinsamen Verbr.Gebiet von *S. aria* agg. u. *S. aucuparia, z,* S-D bis TH u. HE; A; CH; CZ.
Artengruppe Bastard-M., Bastard-Eberesche, ***S. hybrida*** agg.

Aus Hybridisierungen von Echten M. (*S. aria* agg.) u. Vogelbeere (*S. aucuparia*) entstanden neben in der Blattform sehr variablen Primärhybriden zahlr. Apomikten m. konstanten Merkmalen. *S.* × *pinnatifida* (s. Nr. **2**—) kann auch Blätt. aufweisen, die nur fiederspaltig sind, also unt. Teil der Spr. ohne Fiedern. Neben den apomiktischen Kleinarten m. sehr begrenztem Vorkommen (Lokalendemiten) wie z. B. Hersbrucker M., ***S. pseudothuringiaca*** Düll (D: N-FrAlb), sind einige Arten weiter verbreitet, so ***S. hybrida*** L. s. str. (N-Eur., im Gebiet nur DK, sonst kult.) u. 2 Arten montaner od. subalp. Wälder u. Gebüsche:

Vogesen-M., ***S. mougeotii*** Soy.-Will. & Godr.: Blätt. ellipt., 1,5–2-mal so lg. wie br., Einschnitte bis ein Viertel der Spr. Hälfte; Fr. etwas länger (1–1,3 cm) als br. (1 cm ∅), m. wenigen kleinen Lentizellen. – *s* Alp. bis Vog., auch gepfl.

Österreichische M., ***S. austriaca*** (Beck) Hedl.: Blätt. br. ellipt., 1,3–1,5-mal so lg. wie br., Einschnitte bis ein Drittel der Spr.Hälfte; Fr. kugelig, 1–1,3 cm ∅, m. vielen großen Lentizellen. – *s*, A; CZ; in D bisher nur gepfl. bekannt.

— Blattzähne, zumind. einige an jungen Blätt., m. brauner Drüsenspitze; Spr. unterseits grau- bis gelbl.filzig, weißl. gelbfilzig, gelbgrau- bis graugrünfilzig, zuw. weniger dicht filzig bis verkahlend; Spr. ≤ 1,5-mal so lg. wie br. **7**

7. Blätt. 1,5-mal so lg. wie br., deutl. gelappt, Lappen vorn abgerundet; Spr. längl. ellipt. bis eif. od. verkehrt eif., Spitze stumpf, jederseits der Mittelrippe 6–9 Seitennerven (*437/3*), derb lederig, oberseits glzd. dk.grün, unterseits grau- bis gelbl.graufilzig; Fr. ellipsoidisch bis eif., orangerot, gelbfleischig; ↕ 3–10 m; ♄–♄. V–VI. – Wälder, Gebüsche, Küstenhänge. – *s* im N: DK, N-PL, sonst *v* als Park- u. Straßenbaum gepfl., zuw. verwild. u. *s* eingebürg. – Entstanden aus *S. aria* agg. (*S. rupicola*) × *S. aucuparia* × *S. torminalis*. [*S. suecica* (L.) Krok & Almq.; *S. scandica* Fr., *Scandosorbus intermedia* (Ehrh.) Sennikov]
Schwedische M., ***S. intermedia*** (Ehrh.) Pers.

— Blätt. 1–1,5-mal so lg. wie br., seicht gelappt, Lappen ± 3-eckig, spitz od. zugespitzt; Spr. eif. od. verkehrt eif., br. ellipt. od. ± rundl., Spitze spitz od. stumpf, jederseits der Mittelrippe m. 7–12 Seitennerven (*437/2*), dünn od. derb, oberseits matt bis schwach glzd. dk.grün, unterseits grau- bis gelbl. weißfilzig od. blass gelbgrün, zuw. verkahlend; Fr. verkehrt eif., eif. od. kugelig, grünl.gelb, gelb- od. rotbraun, hell od. orangerot; ↕ (3–)5–15(–20) m; ♄. V–VI. – Lichte Laubwälder, Waldlichtungen u. -ränder, Kiefernforste, Felshänge; kalkhold. – Im gemeinsamen Verbr.Gebiet von *S. aria* agg. u. *S. torminalis*; *s* im S: D: BW, BY, HE, RP, TH; A.
Artengruppe Bastard-Elsbeeren od. Breitblättrige M., ***S. latifolia*** agg.

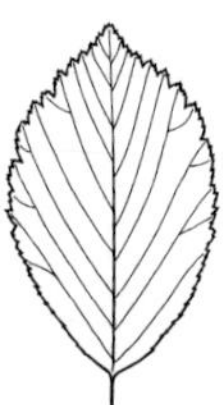

437/1

437/2

437/3

Aus Hybridisierungen von Echten M. (*S. aria* agg.) u. der Elsbeere (*S. torminalis*) entstanden neben der variablen Primärhybride ***S.*** × ***decipiens*** (Bechst.) Petz. & Kirchn. [*S.* × *tomentella* Gand; *S.* × *vagensis* Wilmott, *Karpatiosorbus hybrida* (Borkh.) Sennikov & Kurtto] zahlr. konstante Apomikten, von denen eine Vielzahl lokaler Endemiten als Arten beschrieben wurde, z. B. die Badische M., ***S. badensis*** Düll (D: NW-BY, N-BW). od. die Fränkische M., ***S. franconica*** Düll (D: N-FrAlb). ***S. latifolia*** (Lam.) Pers. s. str. im Gebiet nur kult.

Spiraea L., Spierstrauch, Spiere (Bearbeiter: Peter A. Schmidt)

Außer den verschlüsselten können weitere Arten u. Hybriden außerh. von Gärten u. Grünanlagen auftreten (z. B. *S.* × *arguta* Zabel, *S. prunifolia* Siebold & Zucc., *S. thunbergii* Blume) wobei nicht immer ersichtl. ist, ob es sich um Reste ehemaliger Pflanzungen („Kulturrelikte") od. verwild. Vorkommen handelt.

1. Infl. stets endst. an seitl. Kurztrieben, einfach, Schirmtraube od. Dolde (*438/3*), zuw. anstelle der untersten Blüten ebensolche Infl. 2. Ord.; — Kronblätt. stets weiß **9**

— Infl. am Ende von Langtrieben od. zusätzl. an Seitentrieben, mehrfach verzweigt, Rispe od. Schirmrispe (*438/1, 438/2*); — Kronblätt. weiß, rosa od. rot **2**

2. Infl. Rispe, deutl. höher als br. (*438/1*) od. mind. so hoch wie br. (*438/4*) **4**

— Infl. Schirmrispe, breiter als hoch (*438/2*).................... **3**

3. Aufr. Kleinstrauch, ≥ 0,5 m hoch, Zweige gerade, oft straff aufr.; Infl. > 10 cm br.; Staubblätt. deutl. länger als Kronblätt.; Krone hell- bis dk.rosa, rot bis rotviolett (selten in Kultur auch weiß); Blätt. 2–8(–10) cm lg., unterseits zumind. auf den Nerven behaart, — eif., ellipt. eif. bis lanzettl. od. längl. lanzettl., scharf doppelt gesägt (*439/1*), seltener 1-fach gesägt bis gekerbt; ↕ 0,5–1,5 m; ♄. VII–VIII. – Zierpfl. (Heimat: China, Japan); *z* verwild., *s* eingebürg.
Japan-S., ***S. japonica*** L. f.

— Zwerg- od. Spalierstrauch, ≤ 0,5 m hoch, Zweige niederlgd. bis aufstgd.; Infl. 3–5 cm br.; Staubblätt. etwa so lg. wie Kronblätt.; Krone weiß; Blätt. 1–4 cm lg., — ellipt. bis längl. od. verkehrt eif. (*439/2*), am Rand m. Ausnahme Spr.Grunds gesägt bis doppelt gesägt; ↕ 0,25–0,5 m; ♄. V–VI. – Trockene Felsfluren. – Ob (noch) im Gebiet (A: S-Kt.)?; sonst oft gepfl.
Niederliegender S., Friaul-S., Kärntner S., ***S. decumbens*** W. D. J. Koch

4. **(2)** Infl. etwa so hoch wie br., — zus.gesetzte Rispe m. dichtblütigen Teilinfl. (*438/4*); Blätt. 6–9 cm lg., längl. bis längl. lanzettl., im unt. Drittel ganzrandig, sonst scharf doppelt gesägt, unterseits kurz filzig behaart; Kronblätt. rosa, halb so lg. wie Staubblätt.; Frch. kahl, Gr. endst.; ↕ 0,5–1,5 m; ♄. VII–VIII. – In Kultur entstandene Hybride *S. douglasii* × *S. japonica*, Zierpfl.; *s* verwild., z. B. D: SN Sanssouci-S., ***S.*** × ***sanssouciana*** K. Koch

— Infl. deutl. höher als br. (*438/1*) **5**

5. Rand des Blütenbechers ohne od. m. lückenhaftem Drüsenring; Blätt. unterseits filzig bis zerstreut behaart, ausgewachsen auch zw. den Nerven ± behaart bleibend **7**

— Rand des Blütenbechers m. vollst. Drüsenring; Blätt. unterseits kahl od. anfangs schwach behaart, ausgewachsen höchstens Nerven (bes. Mittelrippe) u. Rand noch etwas behaart, — Spr. 2–9 cm lg., 0,5–3 cm br. **6**

438/1

438/2

438/3

438/4

6. Kronblätt. weiß, zuw. m. rosa Tönung, bes. bei Entfaltung od. durch rötl. Drüsenring so erscheinend; Infl. schmal bis br. kegelf., meist locker u. sparrig, unt. Rispenäste lg. absthd., nach oben allmähl. kürzer werdend; Blätt. (*439/3–439/4*) 3–4-mal so lg. wie br., lanzettl. bis verkehrt eilanzettl., fein gesägt (var. ***alba***, *439/3*) od. 2–3-mal so lg. wie br., ellipt. bis verkehrt eif., grob gesägt (var. ***latifolia*** (Aiton) Dippel, *439/4*); Spr.Spitze stumpf od. spitz; ↕ 0,5–2 m; ♄. VI–VIII. – Zierpfl. (Heimat: N-Am.); häufig gepfl., *z* verwild. u. zuw. eingebürg. [incl. *S. latifolia* (Aiton) Borkh.] Weißer S., ***S. alba*** Du Roi

— Kronblätt. rosa; Infl. schmal kegelf. bis schmal eif. od. zylindr., seitl. Rispenäste oft ± gleich lg.; Blätt. längl. ellipt. bis lanzettl. od. schmal rautenf., scharf gesägt (*439/5*), zuw. doppelt bis eingeschnitten doppelt gesägt, Spitze zugespitzt od. spitz; ↕ 0,5–2 m; ♄. VI–VII. – Ufergebüsche. – *s*, A: Kt, NÖ, OÖ, Stm; CZ; sonst Zierpfl., *s* verwild., aber z.T. verwechselt m. *S. alba* u. *S.* × *billardii* agg. Weidenblättriger S., Weiden-S., ***S. salicifolia*** L.

7 (5). Junge Zweige u. Blätt. unterseits behaart, aber nicht dicht filzig, Blattunterseite entw. dünnfilzig u. kaum heller als -oberseite od. nur schwach behaart, grüne Blattfläche sichtbar; Drüsenring meist z.T. vorhanden, aber lückenhaft; — Blätt. lanzettl., längl. ellipt. bis schmal od. br. eif., fast vom Spr.Grund an gesägt od. im unt. Drittel ganzrandig u. darüber > 8 Blattzähne jederseits; ↕ 0,5–2 m; ♄. VI–VII. – In Kultur entstandene Hybriden von *S. douglasii* m. *S. alba* u. *S. salicifolia*, Zierpfl.; *v* verwild., *z* eingebürg. Hybridgruppe Bastard-S., ***S.* × *billardii*** agg.

Hierzu die schwer unterscheidbaren Hybriden Billard-S., ***S.* × *billardii*** Hérinq [vermutl. *S. alba* × *S. douglasii*], m. dichten od. lockeren, br. od. schmal kegelf., z.T. mehr zylindr. Infl., fein od. grob u. unregelm. gesägten Blätt. u. blassrosa Blüten, u. Falscher Weidenblatt-S., ***S.* × *pseudosalicifolia*** Silverside [vermutl. S. *douglasii* × *S. salicifolia*], m. schmal kegelf. bis zylindr. Infl., zieml. fein u. regelm. gesägten Blätt. u. deutl. rosa Blüten.

— Junge Zweige u. Blätt. unterseits dicht filzig, Blattunterseite heller als -oberseite, grüne Blattfläche durch Filz nicht sichtbar; Drüsenring fehlend **8**

8. Junge Zw. u. Blätt. unterseits weiß- bis blaugraufilzig; Blätt. längl. bis ellipt. od. verkehrt eif., stumpf od. m. kurzer Spitze, mind. unt. Hälfte ganzrandig, teils auch fast bis zur Spitze, darüber gesägt (*439/6*), oberseits nicht od. kaum runzelig; Frch. ± kahl; — Kronblätt. hell- bis dk.rosa; ↕ 0,5–2 m; ♄. VI–VIII. – Zierstrauch (Heimat: N-Am.); zuw. verwild., *s* eingebürg., z.B. D: BY, SH, SN. Douglas-S., Oregon-S., ***S. douglasii*** Hook.

— Junge Zweige u. Blätt. unterseits gelbgrau- bis braunfilzig; Blätt. schmal ellipt. bis eif., spitz, höchstens im unt. Drittel ganzrandig, darüber grob u. unregelm. gesägt (*440/1*), oberseits runzelig; Frch. dicht behaart; — Kronblätt. rosa, selten weiß; ↕ 0,5–1,5 m; ♄. VII–IX. – Zierstrauch (Heimat: N-Am.); *s* verwild., eingebürg. nur D: SN u. BB: Lausitz. Gelbfilziger S., Filziger S., ***S. tomentosa*** L.

9 (1). Infl. ± sitzende Dolden, am Grund ohne Blätt.; — Blätt. entw. schmal ellipt. bis verkehrt eilanzettl., ≥ 3-mal so lg. wie br. (subsp. *hypericifolia*), od. verkehrt eif., < 3-mal so lg. wie br. (subsp. *obovata* (Willd.) H. Huber), ganzrandig od. nur an der Spitze gekerbt, spitz od. stumpf, oft auffällig m. 3 od. 5 Längsnerven, da im unt. Teil von der Mittelrippe kräftige Seitennerven abgehen (*440/2*); ↕ 0,5–1,5 m; ♄. V–VII. – Zierpfl. (Heimat: S-Eur. bis M-As. u. S-Sibirien); *s* verwild. (subsp. *obovata*), z.B. D: BY; S-B. Hartheu-S., ***S. hypericifolia*** L.

— Infl. Schirmtrauben, am Grund m. Blätt. **10**

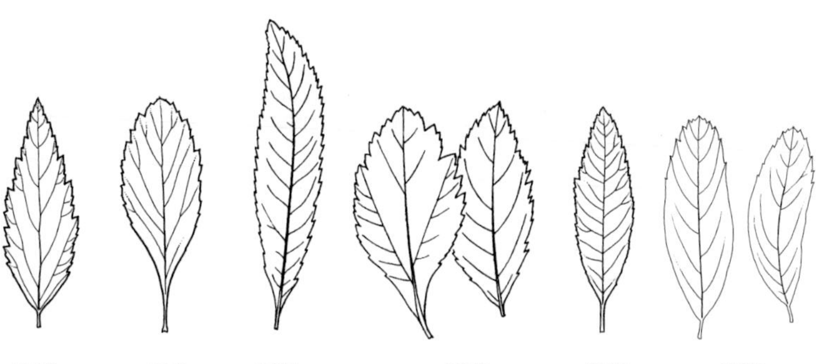

439/1 *439/2* *439/3* *439/4* *439/5* *439/6*

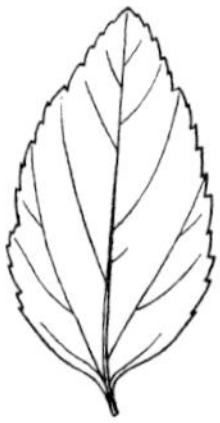

440/1

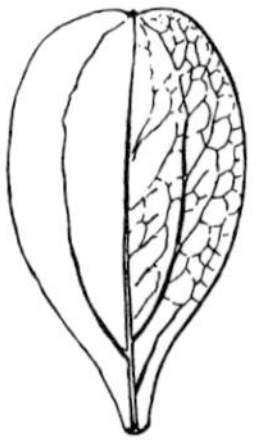

440/2

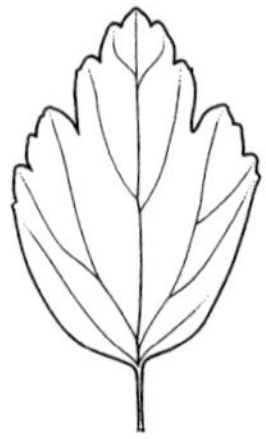

440/3

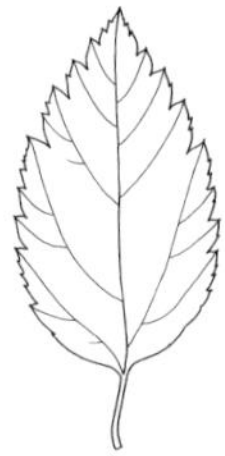

440/4

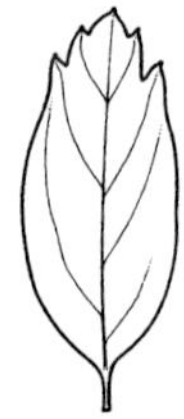

440/5

10. Kelchblätt. z. Frzt. aufr.; — Blätt. eif., rautenf. od. verkehrt eif., 3–4 cm lg., kahl, mind. von der Mitte an kerbig gesägt, schwach 3–5-lappig (*440/3*), oberseits dk.grün, unterseits graugrün bis -blau; Zweige kahl, an der Spitze überhgd.; ↕ 1–3 m; ♄. V–VI. – In Kultur entstandene Hybride *S. cantoniensis* Lour. × *S. trilobata* L., Zierstrauch; häufig gepfl., oft in Hecken; *s* verwild., z. B. D: BY; A. Belgischer S., ***S.*** × ***vanhouttei*** (Briot) Zabel

— Kelchblätt. z. Frzt. zurückgeschlagen od. absthd. **11**

11. Zweige ± scharfkantig; Blüten 8–12 mm ∅; Blätt. br. eif., ellipt. eif. bis längl. lanzettl., vorn spitz, nur am Grund od. im unt. Drittel ganzrandig, darüber od. an Blütentrieben z. T. erst spitzenw. fein od. doppelt gesägt (*440/4*), an Langtrieben auch eingeschnitten gesägt, ± kahl; ↕ 1–2 m; ♄. V–VII. – Waldränder u. Gebüsche trockenwarmer Hänge. – *s*, nur A: Kt; sonst als Zierstrauch gepfl., *s* verwild., z. B. D: BY, NRW, RP; A. [*S. ulmifolia* Scop.] Ulmen-S., ***S. chamaedryfolia*** L.

— Zweige im ∅ rund; Blüten 8 mm ∅; Blätt. br. ellipt. bis längl. eif., vorn stumpf, nur oberh. der Mitte jederseits m. 2–4 großen Zähnen (*440/5*), an Blütentrieben auch völlig ganzrandig, kahl od. unterseits etwas behaart, bes. in Nervenwinkeln; ↕ 0,5–1,5 m; ♄. V–VI. – Felsen, steinige Hänge. – *s*, nur A: Bgl, NÖ, Stm.; zuw. als Zierstrauch gepfl., *s* verwild.

Karpaten-S., ***S. media*** F. Schmidt

Waldsteinia Willd., Waldsteinie

1. Grundblätt. 3-zählig, grob gekerbt bis gelappt; — Blüten goldgelb; ♃. IV–V. – Abhänge, Heiden. – Nur A: Kt (Koralpe); sonst als Zierpfl., zuw. verwild.

Dreiteilige W., ***W. ternata*** (Stephan) Fritsch

— Grundblätt. ungeteilt, handf. (3–)5(–7)-lappig; — Blüten gelb; ♃. IV–V. – Zierpfl. (Heimat: SO-Eur.), in Hecken u. Wäldern verwild.; *s* D: BB, BW, BY, SN, TH; DK; CH: Bern, Zürich; NL.

Gelapptblättrige W., ***W. geoides*** Willd.

Familie: Elaeagnaceae, Ölweidengewächse (Bearbeiter: Jens G. Rohwer)

Bäume od. Sträucher, z.T. dornig; Blätt. wechsel- od. gegenst., Spr. dicht m. Schildhaaren (*440/6*) besetzt; Blüten klein, eingeschl. od. ⚥, 2- od. 4-zählig (*440/8–440/9*); Blütenhülle einfach; Fr. Nuss, diese von fleischig werdender Perigonröhre (*440/7*) umschlossen, daher steinfruchtart.

1. Blattspr. 3–10 mm br., oberseits ± grün, mäßig schildhaarig bis fast kahl, unterseits dicht weiß od. grau schildhaarig; Blüten eingeschl., 2-häusig; ♂ Blüten m. tief 2-teiliger Hülle (*440/8*), ♀ winzig, meist nur gelbe Narbe erkennbar; Pfl. meist stark dornig ***Hippophaë***, 441

440/6

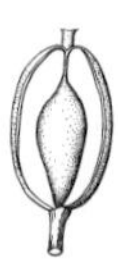

440/7

440/8

440/9

— Blattspr. 8–45 mm br., beiderseits durch Schildhaare (*440/6*) graugrün od. oberseits nur spärl. schildhaarig; Blüten ⚥, glockig, trichterig (*440/9*), weiß od. (innen) gelb, wohlriechend; Pfl. m. od. ohne Dornen .... ***Elaeagnus***, 441

Elaeagnus L., Ölweide

1. Blätt. immergrün, lederig; Blüten weiß, hgd.; Bltzt. im Spätherbst; — in Kultur oft buntlaubig; ↕ 1–2,5 m; ♄. X–XI. – Zierstrauch (Heimat: O-As.); *s* verwild., CH: Ts.
Dornige Ö., ***E. pungens*** Thunb.

— Blätt. sommergrün; Blüten innen gelb; Bltzt. im Frühjahr od. Sommer **2**

2. Pfl. m. Dornen; junge Zweige silbrig-schülferig; Blätt. 8–25 mm br., unterseits nur m. silbrig-weißen Schildhaaren (*440/6*); Fr. ellipsoidisch, orangegelb bis rötl., süßl.; ↕ 1,5–8 m; ♄–♄. V–VI. – Zierpfl. (Heimat: östl. MMG); stellenw. verwild.; *s–z* D; A; B; CH: Bern, Vd, Zürich; F; I: Bz; NL Schmalblättrige Ö., ***E. angustifolia*** L.

— Pfl. ohne Dornen; junge Zweige rotbraun-schülferig; Blätt. bis 45 mm br., unterseits m. silbrigen u. zumind. einigen bräunl. Schildhaaren; Blüten waagr. bis hgd.; Fr. silbrig, mehlig; ↕ 1–4 m; ♄. III–V. – Zierstrauch (Heimat: N-Am.); *s* verwild., D: BB, BW, SN, ST, TH; A; DK; NL [*E. argentea* Pursh] Silber-Ö., ***E. commutata*** Rydb.

Hippophaë L., Sanddorn

± dorniger Strauch, selten baumf., oft m. Wurzelschösslingen; Blüten gehäuft an seitl. (Kurz-)Trieben, die ♀ sehr unscheinbar; Fr. orangerot, selten gelb; ↕ 1–5 m; ♄(–♄). III–IV. – Küstendünen, Ufer der Gebirgsflüsse auf Sand, Kies od. Schotter, trockene Kiefernwälder. – *z* verwild.
Gewöhnlicher S., ***H. rhamnoides*** L.

a. Pfl. spärl. dornig; Blätt. 3–6 mm br.; Samen eif., nicht abgeflacht; — Äste veräng. zuw. überhgd.; Fr. kugelig bis verkehrt-eif. – Flussschotter, Felsschutt, trockene Kiefernwälder. – *v* in Alp. u. Vorland bis zur Donau, Bodensee u. südl. Rheintal. Fluss-S., subsp. ***fluviatilis*** Soest

— Pfl. stark dornig; Blätt. 5–10 mm br.; Kerne etwas abgeflacht, längl.-ellipt. od. fast lanzettl. .... **b**

b. Fr. längl.-ellipsoidisch; Schösslinge oft gedreht-knotig; Kerne an beiden Enden eher stumpf; — Zweige überwgd. kurz, steif-aufr. – Dünen u. Küsten. – *v*. [subsp. *maritima* Soest] Küsten-S., subsp. ***rhamnoides***

— Fr. ± kugelig; Schösslinge gerade; Kerne meist ein- od. beidseitig etwas zugespitzt. – Sandige Auen. – *s*, D: Alp.-Vorland, bes. Isarauen; Verbr. ungenügend bekannt Karpaten-S., subsp. ***carpatica***

Familie: Rhamnaceae, Kreuzdorngewächse (Bearbeiter: Jens G. Rohwer)

Holzgewächse, m. ungeteilten, gegen- od. wechselst. Blätt u. häufig verdornten Zweigen; Blüten ⚥ od. eingeschl., 4–5-zählig, m. Diskus; Staubblätt. auf Lücke zu Kelchblätt. sthd., vor den Kronblätt. (wenn vorhanden); Fr. steinfruchtart. Beere.

1. Blüten meist 5-zählig; Blätt. ganzrandig; Gr. ungeteilt .... ***Frangula***, 441

— Blüten meist 4-, selten 5-zählig; Blätt. am Rand fein gesägt; Gr. 2–5-spaltig; — Pfl. häufig m. Dornen .... ***Rhamnus***, 441

Frangula Mill., Faulbaum

Zweige dornenlos; Blätt. wechselst., ganzrandig; Fr. kugelige, anfangs rote, später schwarzviolette Steinfr.; ↕ 1–4 m; ♄–♄. V–VI. – Feuchte Wälder, Heidemoore. – *v*. – Giftig! [*Rhamnus frangula* L.]
Echter F., ***F. alnus*** Mill. (subsp. ***alnus***)

Rhamnus L. [incl. *Oreoherzogia* W. Vent], Kreuzdorn

1. Blätt. m. 2–4 bogenf. Seitennerven jederseits der Mittelrippe (*99/1*); Zweige meist gegenst., dornig **3**

— Blätt. m. 4–20 Seitennerven jederseits der Mittelrippe; Zweige dornenlos **2**

2. Aufr., bis 4 m hoher Strauch; Blätt. an Langtrieben (7–)10–13 cm lg., jederseits m. 7–20 Seitennerven; ♄. V–VI. – Lichte Wälder, Gebüsch. – *s*. Alpen-K., ***R. alpina*** L.

a. Zweige u. Knospenschuppen behaart. – *s*, W-CH; F: Els (Jura). Alpen-K. (i. e. S.), subsp. ***alpina***

— Zweige kahl; Knospenschuppen kahl od. bewimpert. – *s*, A: Kt (Karawanken). Krainer K., Krain-K., subsp. ***fallax*** (Boiss.) Maire & Petitm.

— Kriechender, bis 20 cm hoher Spalierstrauch; Blätt. 1,5–2,5(–6) cm lg., jederseits m. 4–9(–13) Seitennerven; ♄. VI–VII. – Felsspalten der Kalk-Alp., 1400–2000 m. – *v*. [*O. pumila* (Turra) W. Vent] Zwerg-K., ***R. pumila*** Turra

3 (1). Aufr., bis 3 m hoher Strauch; Blattstiel 2–4-mal so lg. wie die hinfälligen Nebenblätt.; Blätt. 3–6 cm lg., m. 3–4 Nervenpaaren (*99/1*); ♄. V–VI. – Sonnige, steinige Hänge, Auenwälder. – *v*, im N *z*. – Giftig! Echter K., ***R. cathartica*** L.

— Niederlgd. od. aufstgd. Strauch, 0,3–1(–1,5) m hoch, sparrig verzweigt; Blattstiel etwa so lg. wie die Nebenblätt.; Blätt. 1–3 cm lg., m. 2–4 Nervenpaaren; ♄. V–VI. – Felsige Hänge u. Gebüsch, trockene Wälder; nur auf Kalk. – *z* in Alp.Tälern; D: BW, BY; CH: N-CH, Gr, Ts. Felsen-K., ***R. saxatilis*** Jacq.

Familie: Ulmaceae, Ulmengewächse (Bearbeiter: Jens G. Rohwer)

Holzpfl., m. 2-zeilig gestellten, asymmetr. Blätt. (*111/2, 442/1–442/3*); Nebenblätt. früh abfallend; Blüten in büschelart. Infl.; Blütenhülle einfach, 4–5-blättr.; Staubblätt. 3–8; Fr. br. geflüg. Nuss (*442/4, 442/5*).

Ulmus L., Ulme, Rüster

1. Blüten lg. gestielt, herabhgd.; Staubblätt. 6–8; Fr.Flügel am Rand zottig bewimpert; — Seitennerven der Blätt. nur in der unt. Spr.Hälfte verzweigt (*442/1*); ↕ 5–30 m; ♄̄. III–V. – Auenwälder. – *v*, D: BB, ST, O-SN, Oberrhein; F; PL; sonst *z–s*. [*U. effusa* Willd.; *U. pedunculata* Foug.] Flatter-U., ***U. laevis*** Pall.

— Blüten fast sitzend, aufr.-absthd.; Staubblätt. 3–6; Fr. kahl **2**

2. Blattspr. oberseits kahl od. kaum borstig, unterseits in den Nervenwinkeln bärtig, nie mehrspitzig, 4–10 cm lg., m. 7–12(–15) Seitennerven jederseits der Mittelrippe (*442/2*); Blattstiel 1–4(–6) mm lg.; Samen im ob. Teil der Fr. (*442/4*); Zweige oft m. Korkleisten, zuw. br. borkig geflüg.; Pfl. oft m. Wurzelschösslingen; ↕ 2–40 m; ♄–♄̄. III–IV. – Wälder. – *v*. [*U. campestris* L.; *U. carpinifolia* Gled.] Feld-U., ***U. minor*** Mill.

— Blattspr. oberseits durch angedrückte Borsten rau, z.T. verkehrt eif., oft mehrspitzig, 8–16 cm lg., m. 12–18 Seitennerven jederseits der Mittelrippe (*442/3*; *Taf. 10: 3*); Blattstiel 3–5(–15) mm lg.; 1-j. Zweige fein behaart; Samen in der Mitte der Fr. (*442/5*; *Taf. 30: 8*); Pfl. ohne Wurzelschösslinge; ↕ 5–30 m; ♄̄. III–IV. – Wälder. – *v*. [*U. montana* Stokes; *U. scabra* Mill.] Berg-U., ***U. glabra*** Huds.

Hybride *U. glabra* × *U. minor* = ***U.*** × ***hollandica*** häufig angepfl.; Rückkreuzungen m. beiden Eltern.

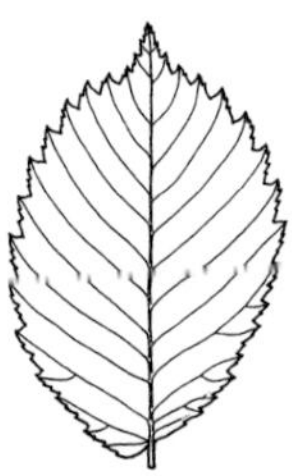

442/1

442/2

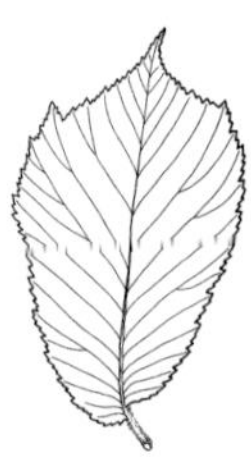

442/3

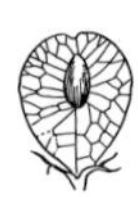

442/4

442/5

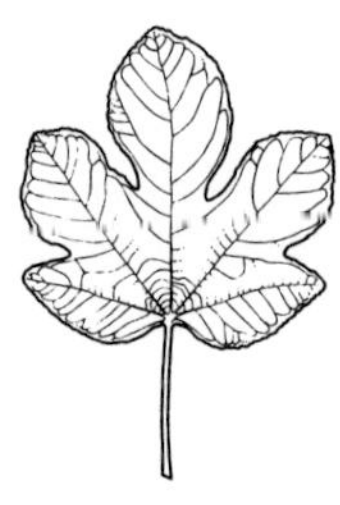

442/6

Familie: Cannabaceae, Hanfgewächse (Bearbeiter: Jens G. Rohwer)

Pfl. krautig od. holzig, ohne Milchsaft; Blattspr. gefing., gelappt od. ungeteilt; Blüten 2-häusig u. Fr. kleine Nuss (*Humulus, Cannabis*) od. Blüten 1-häusig od. (seltener) ⚥ bzw. ♂ u. Fr. Steinfr. (*Celtis*).

1. Bäume .... ***Celtis***, 443
— Krautige Pfl. **2**
2. Stg. windend; Blätt. gelappt .... ***Humulus***, 443
— Stg. aufr., nicht windend; Blattspr. 5–9-zählig gefing. .... ***Cannabis***, 443

Cannabis L., Hanf

Pfl. 2-häusig; Blattfiedern gesägt; ↨ 50–200 cm; ⊙; VII–VIII. – Kulturpfl. (Heimat: As.); stellenw. verwild. od. verschleppt. Hanf, ***C. sativa*** L.

a. Blütenhülle der ♀ Blüten verkümmert; Fr. 3,5–5 mm lg., kaum ausfallend. – Kulturpfl. Kultur-Hanf, subsp. ***sativa***
— Blütenhülle der ♀ Blüten vorhanden; Fr. 2,5–3,5 mm lg., leicht ausfallend. – Ruderalstellen. – *s*. [*C. ruderalis* Janisch.] Wilder H., subsp. ***spontanea*** Serebr.

Celtis L., Zürgelbaum

1. Blattspr. unterseits blassgrün, kahl od. nur an den Nerven behaart, oberseits glzd. hellgrün; Fr. rundl. eif., orange bis fast schwarz, fade schmeckend; ↨ 2–25 m; ♄. III–V. – Parkbaum (Heimat: N-Am.); in D: BB, BW, HE, RP in Einbürg.; O-A; CH; F; NL Westlicher Z., ***C. occidentalis*** L.
— Blattspr. unterseits graugrün, flaumhaarig, oberseits dk.grün; Fr. anfangs gelbl.weiß, später rötl. bis violettbraun, wohlschmeckend; ↨ 2–20 m; ♄–♄. III–V. – Gebüsche an Felsen. – Parkbaum (Heimat: S-Eur., SW-As. u. N-Afr.), zuw. verwild.; in D lokal unbest.: BB, BW, BY, HE, RP, ST; TH; *s*, CH; F; I: Bz; NL. Südlicher Z., ***C. australis*** L.

Humulus L., Hopfen

Blätt. gegenst., aus herzf. Grund tief 3–5-lappig; Nebenblätt. verwachsen; Blüten 2-häusig; ♂ Infl. rispenart.; ♀ Blüten in Scheinähren, sich z. Frzt. zu gelbgrünen pargamentart. Fr.Zapfen entwickelnd; ↨ 2–6 m; ♃. VII–VIII. – Auenwälder, Erlenbrüche. – *v*. – Auch als Kulturpfl. (Bierwürze). Gewöhnlicher H., ***H. lupulus*** L.

Familie: Moraceae, Maulbeergewächse (Bearbeiter: Jens G. Rohwer)

Bäume od. Sträucher m. Milchsaft (zuw. unscheinbar aber klebrig); Blätt. gelappt od. ungeteilt; Blüten eingeschl.; Blütenhülle einfach, unscheinbar, meist 4-zählig; ♂ Blüten m. (3–)4 Staubblätt.; Fr.Verbände fleischig.

1. Blätt. 3–12 cm lg. gestielt, tief gelappt (*442/6*); junge Zweige dick, kurz unter der Endknospe > 5 mm ∅; Fr.Verband eine birnenf. Feige (*Taf. 30: 5*) .... ***Ficus***, 443
— Blätt. 1,5–5 cm lg. gestielt, an blhd. Zweigen meist ungeteilt, v. a. an Schösslingen gelappt (*110/1*); junge Zweige schlank, kurz unter der Endknospe 2–3 mm ∅; Fr.Verband aus kleinen Steinfr. (*Taf. 30: 4*) .... ***Morus***, 444

Ficus L., Feigenbaum

Zweige oft kandelaberart. gebogen; Blätt. handf. 3–5(–7)-lappig (*442/6*), 10–20 cm lg., unregelm. gezähnt, m. 3–12 cm lg. Stiel; Blattlappen gegen die Spitze wieder verbreitert, Buchten gerundet; Fr.Verband birnenf. (*Taf. 30: 5*); ↨ 1,5–5 m; ♄–♄. V–VIII. – Kulturpfl. (Heimat: MMG); *s* an Felsen, Mauern od. in Trockenrasen verwild., D; A; CH; F; I: Bz. Gewöhnlicher F., ***F. carica*** L. (subsp. ***carica***)

Morus L., Maulbeerbaum

1. Blattspr. dünn, beiderseits fast kahl, oberseits (fast) glatt; Fr.Verband deutl. gestielt, weißl. bis rot, erst spät zuw. schwarz; ↕ 2–12 m; ♄–♄. V–VI. – Angepfl. (Heimat: N-Indien bis China), zuw. verwild.; *s*, D: BB, BW, BY, HE, NRW, RP, ST, SN, TH; *z* O-A, sonst *s*; *s* CH; F; I: Bz.
Weißer M., ***M. alba*** L.

— Blattspr. derb, oberseitss rauhaarig; Fr.Verband sitzend od. kurz gestielt (Stiel bis halb so lg. wie der Fr.Verband), rasch schwarz werdend; ↕ 1,5–15 m; ♄. V–VI. – Angepfl. (Heimat: S-Kaukasus bis Iran),); *s* verwild., D: BY, HE, NRW, RP, SN, ST, TH; A; CH; F; I: Bz; NL.
Schwarzer M., ***M. nigra*** L.

Familie: Urticaceae, Brennnesselgewächse (Bearbeiter: Jens G. Rohwer)

Pfl. krautig, oft m. Brennhaaren; Blätt. gegen- od. wechselst.; Blüten in Knäueln (*76/3*), Scheinähren, Rispen od. Köpfchen, eingeschl., 1- od. 2-häusig; Blütenhülle einfach, 4-zählig; Frkn. oberst., 1-fächerig.

1. Blätt. gegenst., gesägt; Pfl. m. Brennhaaren (zuw. spärl.) .... ***Urtica***, 444

— Blätt. wechselst., ganzrandig; Pfl. ohne Brennhaare .... ***Parietaria***, 444

Parietaria L., Glaskraut

1. Pfl. 1-j., aufr.; Blütenknäuel meist m. wenigen (≈ 5) Blüten, umgeben von mehreren lg. zugespitzen Hochblätt., diese 2–3-mal so lg. wie die Blüten; reife Fr. braun; ↕ 20–80 cm; ⊙; V–XI. – An Mauern u. Ruderalstellen. – Aus N-Am. eingeschleppt, in D *s*, v. a. BB, SN, ST; *s* DK.
Pennsylvanisches G., ***P. pensylvanica*** Willd.

— Pfl. ausd.; Blütenknäuel m. > 5 Blüten, Hochblätt. kürzer od. nur einzelne länger als die Blüten; reife Fr. schwarz **2**

2. Stg. aufr., einfach od. spärl. verzweigt; größte Blätt. meist > 10 cm lg., längl. eif. (*76/3*); Hochblätt. am Grund frei; ↕ 20–80(–100) cm; ♃. VI–IX. – Frische bis feuchte Mauerritzen, Ruderalstellen, Gebüsche. – *z* D: ST, sonst *s*. [*P. erecta* Mert. & W. D. J. Koch]
Aufrechtes G., ***P. officinalis*** L.

— Stg. niederlgd. od. aufstgd., ausgebr. ästig; größte Blätt. meist < 8 cm lg., eif.; Hochblätt. am Grund verwachsen; ↕ 5–40 cm; ♃. V–X. – Frische bis feuchte Mauerritzen, Wegränder, Gebüsche. – Aus S-Eur. eingeschleppt u. eingebürg.; *z* D: Rhein- u. Moselgebiet; NL; sonst *s*. [*P. ramiflora* Moench; *P. diffusa* Mert. & W. D. J. Koch; *P. punctata* Willd.] Mauer-G., ***P. judaica*** L.

Urtica L., Brennnessel

1. ♀ Blüten in gestielten, kugeligen Köpfchen (*444/1*); — Blätt. längl. eif., eingeschnitten gesägt, m. größ. Endzahn; ↕ 30–80 cm; ⊙; VI–X. – Aus S-Eur. eingeschleppt; *s* u. unbest., z. B. D: BB (Berlin), BW, BY, HE, NI, NRW, SN, ST, TH; NL. Pillen-B., ***U. pilulifera*** L.

— Alle Blüten in Rispen **2**

444/1

444/2

444/3

2. Pfl. 1-j. u. 1-häusig; Rispen m. ♂ u. ♀ Blüten, kürzer als der Blattstiel; Blätt. eif. od. ellipt., gesägt, im Umriss stumpfl. (*444/2*), bis 4,5 cm lg.; ↕ 10–50 cm; ⊙; V–IX. – Ruderalstellen, Gärten. – *v*. Kleine B., ***U. urens*** L.

— Pfl. ausd.; Rispen länger als der Blattstiel; Blätt. längl., grob gesägt, lg. zugespitzt, am Grund herzf. (*444/3*), oft > 5 cm lg. **3**

3. Nebenblätt. der ob. Blätt. paarweise bis zur Hälfte verwachsen; Pfl. 1-häusig, die unt. Infl. ♂, die ob. ♀; Stg. aufr. od. aufstgd., m. nur wenigen Brennhaaren u. ohne Borstenhaare; ↕ 50–200 cm; ♃. VII–IX. – Gebüsch. – *z*, D: Erlenbrüche des Havellands u. der Elbe von Magdeburg bis Stendal, BB, ST, *s* MV; A: NÖ (March); früher CZ. [*U. bollae* Kanitz] Sumpf-B., ***U. kioviensis*** Rogow.

— Alle Nebenblätt., auch die der ob. Blätt., frei; Pfl. meist 2-häusig; Stg. aufr., m. Brenn- u. zahlr. Borstenhaaren **4**

4. Blätt. (fast) ohne Brennhaare, gelbl.grün; zumind. unterseits dicht behaart; ↕ 50–200 cm; ♃. VI–X. – Flussufer, im Überflutungsbereich, Erlenwälder. – *z* an Elbe, Rhein u. Donau, sonst *s*?; Verbr. ungenügend bekannt. [*U. dioica* subsp. *subinermis* (R. Uechtr.) Weigend; *U. galeopsifolia* auct. non Opiz] Auen-B., ***U. subinermis*** (R. Uechtr.) Hand & Buttler

— Blätt. m. zahlr. Brennhaaren, dk.grün, spärl. bis mäßig behaart, zuw. nur auf den Nerven; ↕ 30–200 cm; ♃. VI–X. – Nährstoffreiche Ruderalstellen, Wälder. – *v*. – Formenreich. Große B., ***U. dioica*** L. (subsp. ***dioica***)

Zweifelhaft bleibt, ob die Grauhaarige B., ***U. galeopsifolia*** Opiz, m. unterseits dicht grauhaarigen Blättern, im Gebiet vorkommt (Hauptverbreitung: O Eur.). Die meisten Angaben (A; I: Bz; PL: Oder-Gebiet) beziehen sich vermutl. auf stärker behaarte Exemplare von *U. dioica* od. dunkler gefärbte von *U. subinermis*.

Ordnung: Fagales, Buchenartige

Familie: Fagaceae, Buchengewächse (Bearbeiter: Peter A. Schmidt)

Meist 1-häusige, sommer- od. immergrüne Bäume u. Sträucher; Blätt. wechselst., spiralig od. 2-zeilig, einfach, ungeteilt od. ± fiederspaltig; Nebenblätt. früh abfallend; Infl. kätzchenart. Thyrsen od. Ähren, büschelart. bzw. köpfchenf. Dichasien; Blüten meist eingeschl., m. unscheinbarer Blütenhülle; Frkn. 3–6-fächerig; Nussfr., einzeln od. zu mehreren, von Fr.Becher (Cupula) ganz od. teilw. umschlossen (*445/1–445/3*).

1. Immergrüner Baum od. Strauch; derb-lederige Blätt. > 1,5 Jahre an Pfl. ... ***Quercus ilex***, 446

— Sommergrüne Bäume; Blätt. im Herbst abfallend od. abgestorbene braune Blätt. bis in den Winter am Baum **2**

2. Blattspr. fiederlappig bis -spaltig, m. unterschiedl. tiefen Buchten (*446/1–446/6*, *Taf. 9: 6*); Fr. einzeln (Eicheln), nur im unt. Teil von napf- od. becherf., außen beschuppten Fr.Becher umschlossen (*445/2*; *Taf. 29: 7*); ♂ Blüten. in lockeren, hgd. kätzchenart. Ähren ***Quercus***, 446

— Blattspr. ganzrandig od. gezähnt; zuw. Rand wellig-buchtig, aber nicht gelappt; Fr. zu (1–)2–3 vom Fr.Becher ganz umschlossen, dieser z. Frzt. klappig aufspringend od. unregelm. aufreißend, außen borstig, weich- od. scharfstachelig **3**

3. Knospen lg. spindelf. (*Taf. 10: 7*); Blattspr. ganzrandig od. Rand geschweift, wellig-buchtig (*111/6*); ♂ Blüten in lg. gestielten, hgd., köpfchenf. Büscheln (*Taf. 26: 1*); ♀ Blüten zu 2(–3), von gemeinsamer Hülle umgeben, aufr.; Fr.Becher außen m. linealischen, borstigen bis weichstacheligen Anhängseln, (*445/1*), m. 2(–3) 3-kantigen Nüssen (Bucheckern) (*445/1*) ***Fagus***, 446

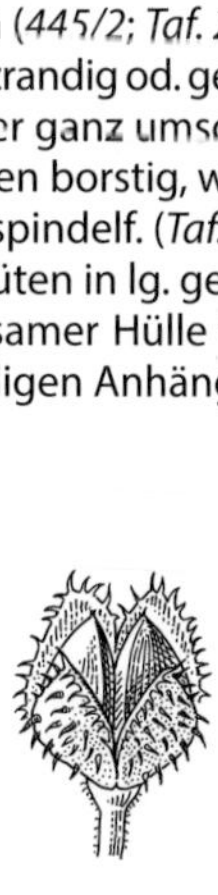

445/1

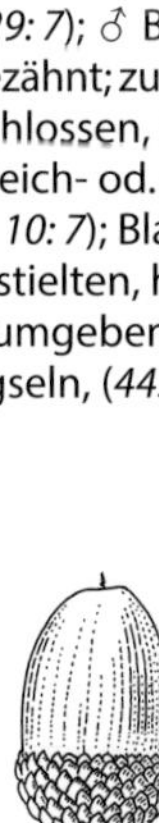

445/2

445/3

— Knospen ei- bis kegelf.; Blattspr. stachelspitzig gezähnt (*111/1*); ♂ Blüten in Knäueln an aufr. od. absthd. kätzchenf. Thyrsen, an deren Grund ♀ Blüten; Fr.Becher kugelig, dicht m. stechend scharfen Stacheln besetzt, m. 1–3 einseitig abgeflachten Nüssen (Maronen) (*445/3*) .... ***Castanea***, 446

Castanea Mill., Kastanie, Edelkastanie

Blätt. (8–)10–25(–30) cm lg., längl. lanzettl. bis schmal ellipt. (*111/1*), oberseits glzd. dk.grün, unterseits matt hellgrün; Blüten nach den Blätt. erscheinend, stark u. etwas unangenehm riechend; Stamm oft drehwüchsig, Rinde anfangs glatt, später tief längsrissige Borke; ↕ 15–30(–35) m; ♄. V–VII. – Laubwälder. – Ob ursprüngl. in S-A; S-CH; I: Bz?; als Zier- u. Obstbaum (Heimat: MMG bis Kaukasus) häufig gepfl. u. *z* eingebürg., bes. im S des Gebiets, in D bes. von SW- bis M-D.

Ess-K., Europäische E., ***C. sativa*** Mill.

Fagus L., Buche, Rotbuche (*Taf. 10: 7, 26: 1*)

Blätt. 4–10 cm lg., ellipt. bis eif., zumind. anfangs am Rand lg. bewimpert; Blüten m. den Blätt. erscheinend; Stammrinde glatt, grau; ↕ 15–30(–45) m; ♄. IV–V. – Laubwälder frischer StO vom Tief- bis ins Bergland, Bergmischwälder. – *v*; auch gepfl. als Park- u. Forstbaum

Europäische B., Rot-B., Gewöhnliche R., ***F. sylvatica*** L.

f. ***purpurea*** (Aiton) C. K. Schneid. u. zahlr. rotlaubige Sorten (Atropunicea-Gruppe), Blut-B.: Blätt. blut- bis braunrot.

Quercus L., Eiche

1. Immergrüner Baum od. Strauch; — Blätt. hart, lederig, unterseits dicht graufilzig, eif. lanzettl., ellipt. od. fast rundl., ganzrandig od. dornig gezähnt, 2–9 cm lg.; ↕ 5–20 m; ♄ od. ♄. IV–V. – Ziergehölz (Heimat: MMG); gepfl. in wintermilden Lagen; in CH: Ts an Felshängen verwild.

Stein-E., ***Q. ilex*** L.

— Sommergrüne Bäume, selten strauchf. **2**

2. Blattlappen zugespitzt, entw. m. lg. haarf. Granne od. zumind. m. kurzer, nur bis 1 mm lg. Knorpelspitze (*446/4–446/6*); Fr.Reife im 2. Jahr, daher Fr.tragende Zweigabschnitte ohne Blätt. **5**

— Blattlappen abgerundet, stumpf (*446/1–446/3*), wenn selten spitz, dann weder in haarf. Granne noch in Knorpelspitze endend; Fr.Reife im 1. Jahr, Fr.tragende Zweigabschnitte beblätt. ... **3**

3. Junge Zweige, Knospen, Fr.Becher u. Blattstiele filzig behaart; Blätt. unterseits graugrün, bleibend weichhaarig (Büschelhaare, *41/6*), — oberseits anfangs grau behaart, dann verkahlend, dk.grün; Spr. variabel, jederseits m. 4–8 meist abgerundeten, selten spitzen Lappen (*446/1*); ↕ 2–20 m; ♄–♄. IV–V. – Lichte Trockenwälder, Trockengebüsche; kalkhold. – *s*, D: BB, S-BW, HE, TH; A: Bgl, Kt, NÖ, Stm, Ti; B; CH; CZ; F: Els; I: Bz; L; PL. Flaum-E., ***Q. pubescens*** Willd.

Die Abgrenzung der Flaum-E. ist durch das Auftreten von Hybriden, insbes. *Q. petraea* × *Q. pubescens* [*Q.* × *calvescens* Vuk.], erschwert. Möglicherweise gehören hierzu auch Angaben zu ***Q. virgiliana*** (auct. non Ten.?) aus A u. CZ.

— Junge Zweige, Knospen, Fr.Becher u. Blattstiele kahl; Blätt. kahl od. schwach m. winzigen, nur m. Lupe sichtbaren Sternhaaren (*41/5*) behaart **4**

446/1

446/2

446/3

446/4

446/5

446/6

4. Blattstiel 1–3 cm lg.; Spr. meist symmetr., keilf. in den Stiel verschmälert (*446/2*), selten gestutzt, nie geöhrt, unterseits meist winzige Sternhaare; Fr.Stand sitzend od. kurz gestielt, Stiel < 1 cm lg.; ↕ 10–30(–40) m; ħ. IV–V. – Laubwälder trockener bis frischer StO, Eichen-Kiefernwälder. – *v–z;* auch gepfl. als Zier- u. Forstbaum [*Q. sessiliflora* Salisb.; incl. *Q. dalechampii* auct. u. *Q. polycarpa* Schur] Trauben-E., ***Q. petraea*** (Matt.) Liebl. (subsp. ***petraea***)

In A (Bgl, NÖ, Stm) u. CZ (S-Mähren) beobachtete Pfl. m. einigen abweichenden Merkmalen werden zuw. zu *Q. dalechampii* Ten. u. *Q. polycarpa* gestellt, sie sind vermutl. durch Introgression von *Q. petraea* m. SO-europ. Arten entstanden u. bedürfen weiterer Studien.

— Blattstiel sehr kurz, 2–5(–8) mm lg.; Spr. meist asymmetr., am Grund gestutzt, herzf. od. am Stiel umgebogen (geöhrt) (*446/3*; *Taf. 9: 6*), unterseits meist völlig kahl; Fr.Stand lg. gestielt, Stiel 2–4(–8) cm lg.; ↕ 10–30(–50) m; ħ. IV–V. – Laubwälder trockener u. feuchter bis nasser StO, Eichen-Kiefernwälder. – *v*; auch gepfl. als Zier- u. Forstbaum. [*Q. pedunculata* Ehrh.] Stiel-E., ***Q. robur*** L. (subsp. ***robur***)

Nicht selten auftretende Hybriden zw. Stiel- u. Trauben-Eiche (*Q. petraea* × *Q. robur* = *Q.* × *rosacea* Bechst.) können die Zuordnung einzelner Pfl. erschweren.

5 (2). Blattlappen m. kleiner Knorpelspitze, Blätt. (*446/4*) anfangs beiderseits, ausgewachsen zumind. unterseits fein sternhaarig filzig, auf den Nerven bleibend, — Spr. sehr variabel, unregelm. seicht bis tief gelappt, jederseits 4–9 Lappen; Nebenblätt. fädl., mind. 2 Jahre bleibend; Fr.Becher m. lineal-pfrieml., sparrig absthd. Schuppen; ↕ 10–35 m; ħ. IV. – Lichte Trockenwälder. – *s*, A: Bgl, NÖ, Stm; CH: Ts; CZ; F: Burgund; auch kult. u. *s* verwild. Zerr-E., ***Q. cerris*** L.

— Blattlappen m. lg. haarf. Granne; Blätt. bis auf braune Achselbärte in den Nervenwinkeln der Unterseite kahl **6**

6. Blätt. 8–12 cm lg., tief fiederspaltig bis -teilig, Buchten tief, bis unter die Mitte der Spr.Hälfte reichend, jederseits 2–4 längl., fast waagr. absthd. Lappen, die schmaler als die Buchten sind (*446/5*), beiderseits glzd. grün; Fr. halbkugelig, 1–1,5 cm lg.; Knospen 3–4 mm lg., ihre Schuppen kahl od. am Rand bewimpert; ↕ 10–28(–40) m; ħ. V. – Zier- u. Forstbaum (Heimat: N-Am.). Sumpf-E., ***Q. palustris*** Münchh.

Ein Zierbaum, die ebenfalls aus N-Am. stammende Scharlach E., ***Q. coccinea*** Münchh., zuw. auch in Wäldern gepfl.: Blattform ähnl., aber größ. Blätt. (8–15 cm lg.) u. Fr. (1,3–2,5 cm lg.); Knospen 3–6 mm lg., ihre Schuppen anlgd. behaart.

— Blätt. 10–23 cm lg., fiederlappig od. -spaltig, Buchten höchstens bis zur Mitte der Spr.Hälfte reichend, jederseits 4–6 br., spitze u. grob gezähnte Lappen, die breiter als die Buchten sind (*446/6*), oberseits tiefgrün u. matt, unterseits blass- bis graugrün od. gelbl.grün; Fr. halbkugelig bis eif., 2–3 cm lg.; Knospen 5–7 mm lg., Schuppenrand bewimpert; ↕ 10–30(–50) m; ħ. V. – Forst- u. Zierbaum (Heimat: N-Am.); *z* verwild. u. eingebürg. Rot-E., ***Q. rubra*** L.

Familie: Myricaceae, Gagelgewächse (Bearbeiter: Peter A. Schmidt)

Sommer- od. immergrüne Bäume, Sträucher od. Halbsträucher; dicht m. Harzdrüsen besetzt, dadurch aromat. riechend; Blätt. wechselst., einfach, zuw. fiederlappig; Infl. dicht kätzchenf. Ähren; Blüten eingeschl., unscheinbar, meist ohne Blütenhülle; Stein- od. Nussfr.

Neben folg., im Gebiet natürl. vorkommender Art sehr *s* verwild. (nur D: MV) Amerikanische Gagel, ***Myrica pensylvanica*** Mirb. = Wachsgagel, ***Morella pensylvanica*** (Mirb.) Kartesz: Zweige m. Endknospe; Blüten an diesj. Zweigen; Fr. kugelig, von weißl. Wachs bedeckt; Blätt. beiderseits behaart.

Myrica L. [*Gale* Adans.], Gagel

Bis 2,5 m hoher, 2-häusiger Strauch; Zweige ohne Endknospe, Blüten im Vorjahr angelegt, vor den Blätt. erscheinend; Blätt. längl. verkehrt eif. bis lanzettl., zur Spr.Basis keilf. verschmälert, spitzenw. entfernt gesägt (*107/4*), oberseits kahl; Fr. m. verdickten Vorblätt. verwachsen, dadurch 3-spitzig, ohne Wachs, nur m. gelben Harzdrüsen (*447/1*); ħ. IV–V. – Birken-Moorwälder, Weiden-Moorgebüsche, Hoch- u. Heidemoore. – *v* im NW u. N von B bis DK, *z–s* D u. PL: Ostseeküste, *s* D: BB, ST. [*Gale palustris* (Lam.) Chevall.] Moor-G., Gagelstrauch, ***M. gale*** L.

447/1

Familie: Juglandaceae, Walnussgewächse (Bearbeiter: Peter A. Schmidt)

Meist 1-häusige sommergrüne Bäume, selten strauchf.; Blätt. meist wechselst. u. unpaarig gefied., ohne Nebenblätt.; ♂ Blüten in vielblütigen, meist hgd. Kätzchen (*Taf. 26: 3*), ♀ Blüten in hgd. od. aufr. Ähren; Frkn. unterst.; Fr. steinfr.ähnl. Nuss m. grünl., aufspringender, fleischig faseriger Außenschale (*Taf. 29: 6*) od. Flügelnuss.

Neben den kult. u. verwild. od. eingebürg. *Juglans*-Arten *s* verwild. die Kaukasische Flügelnuss, ***Pterocarya fraxinifolia*** (Lam.) Spach: Blätt. m. 7–25 Fiedern; Nüsse 2-seitig geflüg., in 20–50 cm lg. hgd. Ähren; oft mehrstämmiger Baum m. Wurzelsprossen; Mark der Zweige wie bei *Juglans* quergefächert.

Juglans L., Walnuss

1. Blätt. m. (5–)7–9 Fiedern, Endfieder größer als seitl., Fiedern ± ganzrandig, beim Zerreiben stark aromat.; Fr.Außenschale glatt, grün, Nuss meist dünnschalig, etwas runzelig, seicht ge- u. zerfurcht, nicht längsrippig, bei Reife meist aus der am Baum verbleibenden Außenschale fallend; ↕ bis 25 m; ♄. IV–V. – Frucht- u. Forstbaum (Heimat: SW- u. M-As.); *v* verwild., auch eingebürg. in Wäldern, Gebüschen, auf Ruderalflächen. Echte W., ***J. regia*** L.

— Blätt. m. 9–23 Fiedern, Endfieder nicht größer als seitl., oft reduziert od. fehlend, Fiedern gesägt; Fr.Außenschale rau od. warzig, Nuss dickschalig, grob u. unregelm. gefurcht, m. deutl. Längsrippen, bei Reife m. der schwarz werdenden Außenschale abfallend; ↕ bis 40 m; ♄. V. – Zier- u. Forstbaum (Heimat: N-Am.); *s* verwild. Schwarze W., Schwarznuss, ***J. nigra*** L.

Zuw. als Forstbaum (z. B. SW-D) u. in Plantagen kult. Bastard-W., ***J. × intermedia*** Carrière [*J. nigra* × *J. regia*]: Fiedern meist 11, endst. kaum größer als seitl.; Nuss m. unterbrochenen, abgeflachten Längsrippen.

Familie: Betulaceae [incl. Corylaceae, Haselnussgewächse], Birkengewächse

(Bearbeiter: Peter A. Schmidt)

1-häusige, sommergrüne Bäume u. Sträucher, selten Zwerg- u. Spaliersträucher; Blätt. einfach, wechselst., 2-zeilig od. spiralig, Rand gesägt od. gezähnt, Nebenblätt. hinfällig; Blüten klein, m. od. ohne Blütenhülle, in eingeschl. ährenf. od. büscheligen Infl., meist in walzl. hgd. Kätzchen (*Taf. 26: 2* u. *4*), zuw. in Knospen eingeschlossen; Fr. geflüg. (*Alnus, Betula*) od. ungeflüg. Nuss, m. od. ohne Vorblatt-Hülle.

1. Fr. weder ganz noch teilw. von Fr.Hülle umgeben, < 3 mm lg. abgeflachte Nuss m. 2 seitl. häutigen Flügeln (*448/4*), diese zuw. schmal bis fast fehlend, in den Achseln bis zur Reife bleibender Hochblätt., die m. Tragblätt. ± zu einer 3-lappigen Fr.Schuppe verwachsen (*Betula, 448/5, 448/6*) od. unter Beteiligung von Vorblätt. zur Reife verholzen u. einen zapfenart. Fr.Stand bilden (*Alnus, Taf. 24: 1*); ♂ Blüten zu je 3 in Achsel eines Hochblatts, Staubbeutel kahl; alle Zweige od. zumind. Kurztriebe m. Endknospe **4**

— Fr. m. einer aus Trag- u. Vorblätt. gebildeten 3-teiligen, becherf. od. sackf., die > 3 mm lg. Nuss ganz od. teilw. umgebenden Fr.Hülle, ungeflüg. (*448/2*) od. die 1-seitige Fr.Hülle bildet einen die Nuss weit überragenden, anfangs grünen Flügel (*448/1*); ♂ Blüten einzeln in Achsel eines Hochblatts; Staubbeutel an der Spitze m. Haarbüschel; Zweige ohne Endknospe .. **2**

2. Pfl. z. Bltzt. noch ohne Blätt.; ♀ Blüten in Knospen verborgen, z. Bltzt. nur fadenf. rote Narben herausragend (*65/2, Taf. 26: 2*); Nuss > 8 mm lg., m. becherf. Fr.Hülle (*448/2*); Knospen stumpf, m. bis zu 7 sichtbaren Schuppen; junge Zweige u. Blattstiele m. (rötl.) Drüsenhaaren; — ♂ Kätzchen hgd. u. schon im Spätsommer des Vorjahrs erscheinend .... ***Corylus***, 451

— Pfl. z. Bltzt. m. Blätt.; ♀ Blüten in hgd. kätzchenf. Ähren; Nuss 3–6 mm lg., am Grund einer flachen, 3-teiligen, als Flügel dienenden Fr.Hülle (*448/1*) od. von sackart. Hülle umschlossen (*448/7*); Knospen spitz od. zugespitzt, m. > 8 sichtbaren Schuppen; junge Zweige u. Blattstiele ohne Drüsenhaare **3**

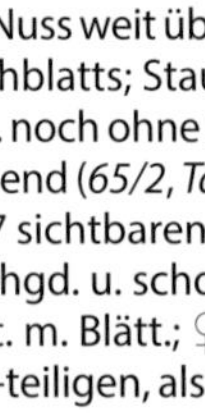
448/1

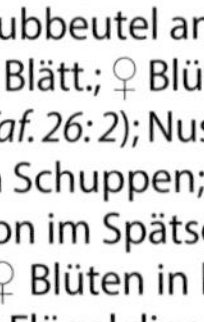
448/2

448/3

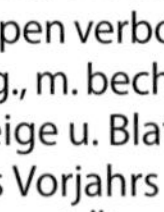
448/4

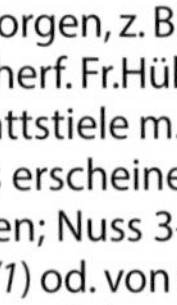
448/5

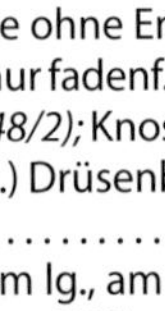
448/6

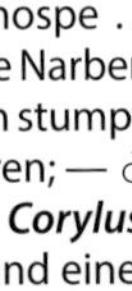
448/7

3. Fr. am Grund einer flachen 3-teiligen, als Flugorgan dienenden Hülle sitzend (*448/1*); ♂ Kätzchen erst z. Bltzt. erscheinend, meist 2–5 cm lg.; Stammrinde glatt u. grau, nur zuw. bei Altbäumen aufreißend u. graubraune Borke ausbildend; Knospen m. bis zu 20 Schuppen ***Carpinus***, 451

— Fr.Hülle die Nuss sackart. umschließend (*448/7*); ♂ Kätzchen schon im Herbst des Vorjahrs angelegt, nackt überwinternd, meist 5–8 cm lg.; Stammrinde nur anfangs glatt, bald rissig, m. brauner Schuppenborke; Knospen m. 10–12 Schuppen; — Fr.Stände denen des Hopfens (*Humulus lupulus*, S. 443) ähnl. . . . . ***Ostrya***, 451

4 (1). Fr.Stand eif., zapfenart., da die 4–5-lappigen Fr.Schuppen nach der Reife verholzen, lange am Baum verbleibend (*Taf. 24: 1*); ♂ Kätzchen vor od. m. dem Blattaustrieb stäubend; Staubblätt. nicht gespalten; Nüsse z. T. nur wenig od. kaum geflüg.; Langtriebe immer m. Endknospe, diese ≥ 8 mm lg., Seitenknospen gestielt od. sitzend; — Wurzeln m. Wurzelknöllchen (Bindung von Luftstickstoff durch Bakterien; *Taf. 2: 7*) . . . . ***Alnus***, 449

— Fr.Stand walzl. bis eif., zerfallend, da die 3-lappigen Fr.Schuppen (*448/5, 448/6*) zur Reife abfallen; ♂ Kätzchen m. dem Blattaustrieb stäubend; Staubblätt. 2-spaltig (*448/3*); Fr. stark geflüg. (*448/4*); Langtriebe meist ohne Endknospe, wenn diese vorhanden, dann < 5 mm lg., Seitenknospen sitzend ***Betula***, 449

Alnus Mill., Erle (*Taf. 2: 7* u. *24: 1*)

1. Sträucher, zuw. spalierart. („Laublatsche"), selten baumf.; Knospen sitzend, spitz bis lg. zugespitzt; ♂ Kätzchen erst m. Erscheinen der herb duftenden Blätt. stäubend; Fr. br. geflüg.; — Blätt. br. eif. bis ellipt., spitz bis kurz zugespitzt, scharf doppelt gesägt, beiderseits grün, unterseits auf den Nerven od. in den Nervenwinkeln ± behaart; ↕ 1–3(–6) m; ♄(–♄). IV–VI. – Subalp. Gebüsche in Krummholzstufe u. Lawinenrunsen, m. Hochstaudenfluren u. in lichten Wäldern; kalkmeidend. – *v* Alp. u. Vorland bis Schw., Vog., Böhmw. u. S-CZ; auch gepfl. u. zuw. eingebürg., z. B. D: SN (Lausitzer Bergland). [*A. viridis* (Chaix) DC.; *Duschekia viridis* (Chaix) Opiz] Grün-E., ***A. alnobetula*** (Ehrh.) K. Koch (subsp. ***alnobetula***)

— Bäume; Knospen gestielt, m. stumpfer Spitze; ♂ Kätzchen vor der Blattentfaltung stäubend; Fr. schmal od. kaum geflüg. **2**

2. Blätt. spitz od. zugespitzt, doppelt gesägt (*112/1*), teilw. schwach gelappt, unterseits grau- bis blaugrün, anfangs filzig, später verkahlend u. nur Nerven behaart, m. 8–12 Seitennerven jederseits der Mittelrippe; junge Zweige wie die Knospen anfangs behaart, nicht klebrig; Fr.Zapfen sitzend od. bis 4 mm lg. gestielt; Stammrinde grau, glatt, keine Borke bildend; ↕ 10–15(–25) m; ♄. III–IV. – Auenwälder, Bachufer; kalkhold. – *v*, Alp. u. deren Vorland bis in Mittelgeb. von D: BW u. BY; A u. CZ; sonst meist gepfl. u. eingebürg. Grau-E., Weiß-E, ***A. incana*** (L.) Moench (subsp. ***incana***)

Zuw. gepfl. u. verwild. (D: SN; CZ; PL) die Runzelblatt-E., ***A. rugosa*** (Du Roi) Spreng. (Heimat: N-Am.), die bei weiter Fassung der Grau-E. als euroamerikanische Art *A. incana* s. l. dieser als Unterart zugeordnet wird: subsp. ***rugosa*** (Du Roi) R. T. Clausen, junge Zweige u. Nerven an Blattunterseite rostfarben behaart.

— Blätt. an der Spitze stumpf bis abgerundet, gestutzt od. ausgerandet, ungleich grob gesägt od. ausgeschweift gezähnt (*110/3*), unterseits grün, ausgewachsen nur in den Nervenwinkeln bärtig, sonst kahl, anfangs klebrig, m. 5–8 Seitennerven jederseits der Mittelrippe; junge Zweige wie die Knospen anfangs klebrig, nicht behaart; Fr.Zapfen 5–15 mm lg. gestielt; Stammrinde nur anfangs glatt, grünl.braun, später schwarzbraune Schuppenborke; ↕ 10–20(–40) m; ♄. III–IV. – Bruch- u. Auenwälder, Bachufer. – *v*. Schwarz-E., Rot-E., ***A. glutinosa*** (L.) Gaertn.

Bei gemeinsamen Vorkommen von *A. glutinosa* u. *A. incana* ist auf die Hybride beider Arten zu achten: ***A.* × *pubescens*** Tausch (Blätt. ellipt. u./od. Blattspitze zumind. bei einem Teil der Blätt. spitz, junge Zweige u./od. Blattunterseite etwas behaart).

Betula L., Birke

1. Aufr. Sträucher od. Spaliersträucher, 0,2–2(–3) m hoch; Blätt. klein, Stiel kurz, 1–5(–7) mm lg., Spr. 0,4–2,5(–3) cm lg., rundl. od. rundl. eif. bis ellipt., vorn stumpf od. abgerundet (*450/3, 450/4*); ♂ Kätzchen aufr.; Fr.Flügel schmaler als die Nuss; Rinde graubraun **3**

— Bäume, selten aufr. Sträucher, > 3 m hoch; Blätt. größer, Stiel > 10 mm lg., Spr. > 2,5 cm lg., deltoid od. 3-eckig-rautenf., eif. bis rautenf. od. rundl., vorn spitz od. zugespitzt (*450/1*, *450/2*); ♂ Kätzchen zuletzt hgd. (*Taf. 26: 4*); Fr.Flügel so br. wie od. breiter als die Nuss; Rinde weiß od. grauweiß, gelbl., bräunl., selten rötl.braun bis schwarzbraun **2**

2. Junge Zweige hgd., bes. an älteren Bäumen auffällig überhgd., (m. Ausnahme von Jungpfl. u. Stockausschlag) stets kahl, reichl. m. warzigen Harzdrüsen; Blätt. (m. Ausnahme von Jungpfl. u. Stockausschlag) stets kahl, Spr. aus gestutztem od. br. keilf. Grund 3-eckig deltoid bis rautenf. (*Taf. 10: 11*), m. nicht od. kaum abgerundeten Seitenecken, lg. zugespitzt (*450/1*), doppelt gesägt; Mittellappen der Fr.Schuppen kürzer als die beiden stets zurückgebogenen Seitenlappen (*448/5*); Stammrinde leuchtend weiß, glatt od. sich abrollend (Ringelkork), im Alter m. schwarzer, grober Schuppenborke; ↕ 18–25(–30) m; ♄. IV–V. – Trockene bis feuchte Vor- u. Pionierwälder, lichte Laub- u. Nadelwälder, Moore, Heidewiesen. – *v*. [*B. verrucosa* Ehrh.; incl. *B. oycoviensis* Besser u. *B. obscura* A. Kotula]
Gewöhnliche B., Hänge-B., Sand-B., Warzen-B., ***B. pendula*** Roth

Die für CZ u. PL angegebenen Sippen *B. oycoviensis* u. *B. obscura* werden taxonom. unterschiedl. eingeordnet u. bedürfen weiterer Studien.

— Junge Zweige aufr. od. absthd., nie hgd., ± dicht u. kurz weichhaarig, nicht od. kaum m. warzigen Harzdrüsen; Blätt. zumind. anfangs weichhaarig, wenn verkahlend, dann unterseits meist Nerven od. in Nervenwinkeln bleibend behaart, aus abgerundetem, seicht herzf. od. gestutztem Grund br. eif. bis 3-eckig eif. od. deltoid, selten rautenf., m. abgerundeten Seitenecken, spitz od. kurz zugespitzt (*450/2*), meist 1-fach gesägt; Mittellappen der Fr.Schuppen länger als die aufw. gebogenen Seitenlappen (*448/6*); Stammrinde meist grauweiß bis gelbl.-weiß, erst im Alter an der Stammbasis grauschwarze rissige Borke; ↕ 1–25 m; ♄. IV–V. – Moor- u. Bruchwälder, Moorgebüsche, Heidemoore, Moorränder, Geb.-Blockschutthalden. – *v*.
Moor-B., ***B. pubescens*** Ehrh.

a. Junge Zweige behaart bleibend; Blätt. 3–8 cm lg., auch ausgewachsen unterseits noch behaart, entw. flächig od. zumind. auf den Nerven u. in den Nervenwinkeln, Spr. unterh. der Mitte am breitesten (*450/2*), 1-fach gesägt; Stammrinde gelbl.weiß od. grauweiß; ↕ bis 25 m. – StO u. Verbr. wie für *B. pubescens* angegeben.
Echte Moor-B., subsp. ***pubescens***

— Junge Zweige verkahlend, oft zuletzt ± kahl; Blätt. 2,5–5 cm lg., anfangs behaart, verkahlend bis auf Nervenwinkel unterseits, Spr. in der Mitte am breitesten, meist unregelm. doppelt gesägt; Stammrinde gelbl.braun, rötl.braun od. schwarzbraun; ↕ bis 10 m. – Moorgehölze, Moorränder, montane u. subalp. Blockschutthalden. – *z* Alp. u. Mittelgeb., im Tiefland *s*. [var. *glabrata* Wahlenb., subsp. *glutinosa* Berher; *B. carpatica* Willd.]
Karpaten-B., subsp. ***carpatica*** (Willd.) Simonk.

3 (1). Blätt. m. Stiel 1–4 cm lg.; Spr. länger als br., ellipt., eif. bis verkehrt eif. od. rundl. eif., Rand ungleich grob gesägt (*450/3*), jederseits der Mittelrippe 4–5 Seitennerven; junge Zweige m. Harzdrüsen; ↕ 0,5–2(–3) m, aufr.; ♄. IV–V. – Nieder- u. Zwischenmoore, Erlenbrüche. – *s*, NO-D westl. bis zur Elbe, Alp.Vorland; A: Kt, OÖ, Stm, früher Sb; PL; früher CZ. Ⓖ.
Niedrige B., Europäische Strauch-B., ***B. humilis*** Schrank

— Blätt. m. Stiel 0,5–1,5 cm lg.; Spr. so br. wie od. breiter als lg., rundl., stumpf gekerbt (*450/4*), jederseits der Mittelrippe 2–4 Seitennerven; junge Zweige behaart, aber ohne Harzdrüsen; ↕ 0,2–0,8 m, Spalierstrauch od. aufr.; ♄. IV–V. – Hochmoore, Torfbrüche. – D: *s* BW, BY, ST (Harz), früher MV, eingebürg. BB (Uckermark), SN (Erzgeb.), unbest. TH; *s* A; CH; CZ: Erzgeb., Iser- u. Riesengeb. Ⓖ. Zwerg-B., ***B. nana*** L.

Hybridbildungen zw. allen Arten bekannt, möglicherw. stellt auch *B. pubescens* subsp. *carpatica* eine hybridogene Sippe [*B. pendula* × *B. pubescens*] dar.

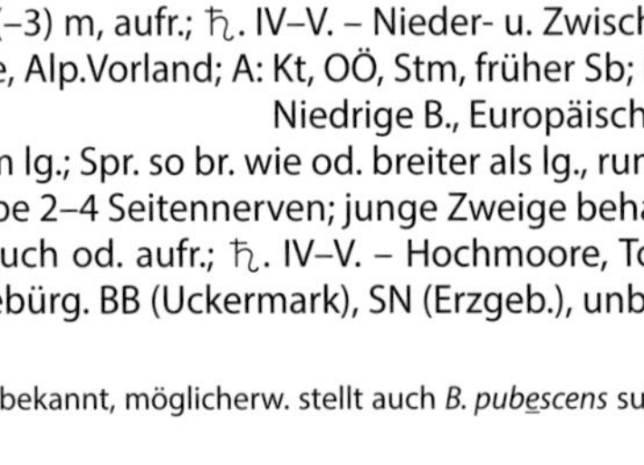

450/1 *450/2* *450/3* *450/4*

Carpinus L., Hainbuche

Bis 25 m hoher Baum m. glatter, grauer Rinde; Stamm spannrückig (m. Längswülsten); Blätt. 2-zeilig, Spr. ellipt. bis eif., durch oberseits eingetiefte Nerven faltig, am Rand doppelt gesägt (*Taf. 9: 9*), jederseits der Mittelrippe 10–13 Seitennerven; ♄. IV–V. – Laubwälder, Gebüsche, Hecken. – *v*.
Gewöhnliche H., Europäische H., Weißbuche, ***C. betulus*** L.

Corylus L., Hasel, Haselnuss

1. Strauch, wenn baumf., dann mehrstämmig; Zweige u. Äste m. glatter Rinde; Blätt. beiderseits weichhaarig, ihr Stiel 0,5–1,5 cm lg.; Nebenblätt. längl., stumpf; Fr. einzeln od. zu 2–4, Fr.Hülle etwa so lg. wie Nuss, glockig, offen, Rand gelappt bis gespalten, Lappen gesägt, nicht drüsig (*448/2*); ↕ 1–6(–10) m; ħ(–♄). II–III. – Laubwälder, Gebüsche. – *v*.
Gewöhnliche H., ***C. avellana*** L.

— 1-stämmiger Baum; Zweige m. korkiger Rinde, Äste m. rauer Borke; Blätt. unterseits auf den Nerven behaart, ihr Stiel 1,5–3 cm lg.; Nebenblätt. lanzettl., spitz od. zugespitzt; Fr. zu 8–10 in kugeligen Büscheln, Fr.Hülle ≥ 2-mal so lg. wie die Nuss, tief zerschlitzt, durch Drüsenborsten klebrig; ↕ 12–15(–25) m; ♄. II–III. – Heimat: SO-Eur., W-As.; als Straßen- u. Parkbaum, zuw. auch als Forstbaum, gepfl.; *s* verwild., teilw. eingebürg. Baum-H., ***C. colurna*** L.

Ostrya Scop., Hopfenbuche

Stamm nur jung m. fast glatter Rinde, später m. Schuppenborke, ohne Längswülste; Blätt. 2-zeilig, Spr. meist eif., spitz od. zugespitzt, Rand scharf doppelt gesägt, oberseits zw. den Seitennerven m. einem Haarstreifen, unterseits auf den Nerven behaart; ♀ Kätzchen anfangs aufr., z. Bltzt. hgd.; ↕ bis 15(–20) m; (ħ–)♄. IV–VI. – Hangwälder, Felsschutthalden. – A: *z* Kt, *s* Stm, Ti (Nikolsdorf, Innsbruck); CH: *s* Gr, *z* Ts; *z* I: Bz. – Auch als Ziergehölz gepfl. Europäische H., ***O. carpinifolia*** Scop.

Ordnung: Cucurbitales, Kürbisartige

Familie: Cucurbitaceae, Kürbisgewächse (Bearbeiter: Michael Koltzenburg)

Niederlgd. od. m. einfachen od. verzweigten Ranken kletternde Kräuter od. Stauden; Blüten radiär, 5-zählig, eingeschl., Pfl. 1- od. 2-häusig; Krone trichterf. glockig; Frkn. unterst., 3-fächerig; Beerenfr.

1. Pfl. ohne Ranken; Fr. z. Reifezt. bei Berührung vom Stiel abbrechend u. Inhalt unter Druck hinausspritzend ... ***Ecballium***, 452
— Pfl. m. Ranken; Fr.Inneres nicht hinausspritzend ... 2
2. Blattspr. ungeteilt bis ± gelappt, am Grund meist deutl. herzf. ... 3
— Blattspr. 1–2-fach fiederteilig, am Grund nicht herzf. ... ***Citrullus***, 452
3. Ranken verzweigt ... 6
— Ranken einfach, ohne Äste ... 4
4. Krone weißl.grün od. gelbl.grün; Blüten in blattachselst. Trauben; Fr. erbsengroß; — Sprosse bis 4 m weit kletternd ... ***Bryonia***, 452
— Krone gelb; Blüten meist einzeln, blattachselst.; Fr. sehr groß ... 5
5. Pfl. 1-häusig; Staubblätt. 3; — Sprosse bis 4 m lg., niederlgd. bis kletternd ... ***Cucumis***, 452
— Pfl. 2-häusig; Staubblätt. 5 ... ***Thladiantha***, 453
6 (3). Krone goldgelb, 7–10 cm ∅; — Fr. > 15 cm ∅; Blattspr. > 15 cm ∅, herzf., ± gelappt; Sprosse 1–10 m lg., niederlgd. bis kletternd ... ***Cucurbita***, 452
— Krone weiß, grünl.weiß od. gelbl., kleiner ... 7
7. Krone weiß, 6-zipfelig; reife Fr. 4–5 cm lg.; Fr. einzeln, 2-fächerig, pro Fach m. 1 Samen ***Echinocystis***, 452
— Krone grünl.weiß od. gelbl., 5-zipfelig; reife Fr. 1,2–1,5 cm lg.; Fr. zu mehreren, 1-samig ***Sicyos***, 453

Bryonia L., Zaunrübe

1. Pfl. 1-häusig, m. ♂ u. ♀ Blüten; Narben kahl; Beeren schwarz; ↔ bis 4 m; ♃. VI–VII. – Hecken, Zäune, Gebüsch. – *v* im NO; CZ; PL; sonst *s*. Giftig! Weiße Z., ***B. alba*** L.

— Pfl. 2-häusig, nur m. ♂ od. nur m. ♀ Blüten; Narben rauhaarig; Beeren scharlachrot; ↔ bis 4 m; ♃. VI–IX. – Hecken, Zäune, Auenwälder. – *v–z* im S u. W, sonst *z–s*. – Giftig! Zweihäusige Z., Rotbeerige Z., ***B. dioica*** Jacq.

Citrullus Schrad., Koloquinte, Wassermelone

1. Pfl. ausd.; Blätt. 3–5-fach gelappt, — bis 9 cm lg. u. br., beiderseits behaart; Blüten einzeln, gelb; Fr. ≤ 7(–12) cm ∅; Sprosse niederlgd. bis kletternd, ↔ bis 2 m; ♃. V–VII. – Kulturpfl. (Heimat: N-Afr., SW-As.); *s* an warmen Ruderalstellen verwild. – Giftig! Koloquinte, ***C. colocynthis*** (L.) Schrad.

— Pfl. 1-j.; Blätt. gefied.; — Blätt. beiderseits behaart; Blüten einzeln, gelb; Fr. ≤ 60 cm lg., grün, Fr.Fleisch meist rot (auch andersfarbige Sorten); Sprosse niederlgd. bis kletternd, ↔ bis 10 m; ⊙. V–VII. – Kulturpfl. (Heimat: W-Afr.); *z*, an warmen Ruderalstellen verwild. Wassermelone, ***C. lanatus*** (Thunb.) Matsum. & Nakai

Cucumis L., Gurke, Melone

1. Fr. walzl.; Krone goldgelb; Blattspr. herzf., 5-eckig m. spitzen Ecken; ↔ bis 4 m; ⊙. VI–VIII. – In vielen Sorten kult. (Heimat: Indien); *s* an warmen Ruderalstellen verwild. od. eingebürg. Gurke, ***C. sativus*** L.

— Fr. kugelig od. eif.; Krone blassgelb; Blattspr. br. herzf., 5-eckig m. abgerundeten Ecken; ↔ bis 4 m; ⊙. VI–IX. – In wärmeren Gebieten in zahlr. Sorten kult. (Heimat: trop. As. u. Afr.); *s* an warmen Ruderalstellen verwild. od. eingebürg. Melone, ***C. melo*** L.

Weitere Arten verwild.

Cucurbita L., Kürbis

1. Stiel der ♀ Blüten u. Fr. kantig-gefurcht; Fr.Fleisch beim Kochen faserig bleibend; — Fr. grün, gelb bis orange, rundl. od. längl., 15–40 cm ∅; ↔ bis 8 m; ⊙. VI–IX. – In zahlr. Sorten (z. B. Zucchini, Spaghettikürbis, Steirischer Ölkürbis, Zierkürbis) kult. (Heimat: M-Am.); *z* an warmen Ruderalstellen unbest. verwild. Garten-K., ***C. pepo*** L.

— Stiel der ♀ Blüten u. Fr. stielrund, borkig aufplatzend; Fr.Fleisch beim Kochen zerfallend; — Fr. orange, grün od. grau; ↔ bis 9 m; ⊙. VI–IX. – In zahlr. Sorten (z. B. Riesen-K. m. Fr. bis mehrere 100 kg schwer; Hokkaido-K.) kult. (Heimat: S-Am.); *s* an warmen Ruderalstellen verwild. Riesen-K., ***C. maxima*** Duchesne

Weitere niederlgd. bis kletternde Kulturpfl., Blüten 6–10 cm lg. – *s* verwild.:
Moschus-K., ***C. moschata*** Duchesne: Sprosse bis 3–8 m lg.; Blätt. ganzrandig bis gekerbt; Fr. längl., flaschenf. od. rundl.
Feigenblatt-K., ***C. ficifolia*** Bouché: Sprosse 1–3 m lg.; Blätt. feigenblattähnl. gebuchtet; Fr. kugelig, bis 30 cm ∅.

Ecballium A. Rich., Spritzgurke

Blattspr. ≤ 10 cm lg., ungeteilt bis ± gelappt, gezähnt, m. herzf. Grund; Krone ≤ 2 cm lg., hellgelb; Fr. walzl., grün, ≤ 5 cm lg., dicht borstig; Pfl. 1-häusig; Sprosse niederlgd., ↔ bis 80 cm; ♃. V–IX. – Ruderalstellen. – *s* unbest. verwild. (Heimat: MMG). Spritzgurke, ***E. elaterium*** (L.) A. Rich.

Echinocystis Torr. & A. Gray, Stachelgurke

Blattspr. 5-lappig; Stg. kantig gefurcht; Blüten weiß, ihre Zipfel beiderseits zottig; Fr. lg.stachelig; Sprosse kletternd, ↔ bis 6 m; ⊙. VI–VIII. – Ufer der Flüsse. – Verwild. od. eingebürg. (Heimat: N-Am.); D: *s* BW

(Oberrhein-, Neckartal), *z* BB (Spreetal), HE, MV, NRW, SN/ ST/TH (Elbe-, Saaletal), unbest. BB, BY, MV, NI; *z–s* A: Bgl, NÖ, Stm, Ti; CZ; PL. [*Sicyos lobatus* Michx.] Gelappte S., ***E. lobata*** (Michx.) Torr. & A. Gray

Sicyos L., Haargurke

Blattspr. herzf., 5-eckig; Blüten in mehrblütigen Trauben, grünl.weiß; Fr. borstig u. weißwollig; Sprosse kletternd, ↔ bis 10 m; ⊙. VII–VIII. – Zierpfl. (Heimat: N-Am.); unbest.; stellenw. verwild. u. eingebürg.; D; A; CH: Ts; CZ. Haargurke, ***S. angulatus*** L.

Thladiantha Bunge, Quetschgurke

Krone goldgelb; Fr. walzl., ≤ 5 cm lg., anfangs schwarzgrün, reif dk.rot; Sprosse kletternd, ↔ bis 4 m; ♃. VI–VIII. – Zierpfl. (Heimat: China); zuw. verwild. od. eingebürg.; D: BB, BW, BY, MV, RP, SN; A: Kt, NÖ, Sb, Stm, Ti; B; CZ. Gewöhnliche Q., ***T. dubia*** Bunge

Ordnung: Celastrales, Baumwürgerartige

Familie: Celastraceae [incl. Parnassiaceae, Herzblattgewächse], Spindelstrauchgewächse od. Baumwürgergewächse

(Bearbeiter: Peter A. Schmidt)

Sommer- u. immergrüne Bäume, Sträucher u. Lianen, selten Stauden; Blätt. wechsel- od. gegenst., selten grundst., einfach, Nebenblätt. meist klein u. hinfällig od. fehlend; Blüten ⚥ od. eingeschl., 4–5-zählig, radiär; Kronblätt. frei, Kelchblätt. frei od. verwachsen; Kapsel-, Stein- od. Beerenfr.; Samen oft ganz od. teilw. von auffällig gefärbtem Samenmantel (Arillus) umhüllt.

1. Holzpfl., meist Sträucher; Blätt. gegenst. .... ***Euonymus***, 453
— Krautige Pfl.; Blätt. grundst. od. wechselst. .... ***Parnassia***, 454

Euonymus L. [*Evonymus* L.], Spindelstrauch, Spindelbaum, Pfaffenhütchen

Neben folg. im Gebiet natürl. vorkommenden sommergrünen Arten 2 immergrüne, häufig kult. Ziergehölze sehr *s* verwild. (Heimat: O-As.): Kletter-Sp., ***E. fortunei*** (Turcz.) Hand.-Mazz., m. niederlgd. u. aufstgd. od. kletternden Sprossen u. 2–6 cm lg., ellipt. bis eif. ellipt. Blätt. (verwild. z. B. D: SN; A: Sb; B), u. Japan-Sp., ***E. japonicus*** L. f., aufr. Strauch m. 3–8 cm lg., eif. bis schmal ellipt. Blätt. (verwild. z. B. B; I: Bz).

1. Zweige dicht m. schwarzbraunen Korkwarzen besetzt; Kronblätt. gelbgrün, dicht rötl. punktiert, dadurch braunrot erscheinend; Samen nur teilw. vom orange- bis scharlachroten Samenmantel umhüllt, freier Teil schwarz; Blätt. 2–3 mm lg. gestielt; — Blätt. 3–6 cm lg.; Kronblätt. 4, rundl.; Fr.Kapsel anfangs gelbrot, später purpurn, 4-kantig; ↕ 1–2,5 m; ♄. V–VI. – Wälder, Gebüsche. – *z*, nur in A: Bgl, Kt, NÖ (früher OÖ); CZ; PL. – Giftig! Warzen-S., ***E. verrucosus*** Scop.
— Zweige ohne Korkwarzen; Kronblätt. grünl., blassgrün od. gelbl. grün u. hellpurpurn überlaufen; Samen weiß, vom orangeroten Samenmantel völlig umhüllt; Blätt. 4–10 mm lg. gestielt 2
2. Zweige im ∅ rundl. bis stumpf 4-kantig, später oft durch 4 schmale Korkleisten schwach geflüg.; Knospen eif., Seitenknospen 2–4(–6) mm, Endknospe 4–6 mm lg.; Blätt. 3–8 cm lg.; Kronblätt 4, längl.; Kapseln abgerundet 4-kantig, rosa bis karminrot (*Taf. 27: 4*); ↕ 1,5–3(–7) m; ♄. V–VII. – Laubwälder, Gebüsche, Hecken. – *v*. – Giftig! Gewöhnlicher S., Europäisches P., ***E. europaeus*** L.
— Zweige im ∅ rundl., etwas zus.gedrückt, aber weder 4-kantig noch m. Korkleisten; Knospen spindelf., Seitenknospen 8–15 mm, Endknospe bis > 20 mm lg.; Blätt. 6–15 cm lg.; Kronblätt. (4–)5, rundl.; Kapsel an den Kanten geflüg., karminrot; ↕ 1,5–6 m; ♄. V–VI. – Laub- u. Nadelmischwälder, bes. Schluchtwälder; kalkhold. – *z* Alp. u. Vorland; auch als Zierstrauch gepfl. Breitblättriger S., ***E. latifolius*** (L.) Mill.

Parnassia L., Herzblatt

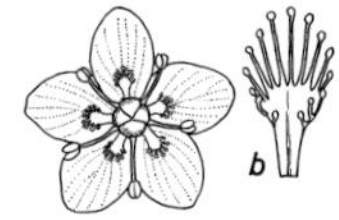

Grundblätt. zahlr., rosettig, lg. gestielt; Spr. herz-eif., ganzrandig, kahl; Blütenstg. 10–45 cm hoch, kantig, im unt. Drittel sitzendes herzf. Laubblatt tragend, 1-blütig; Kronblätt. weiß, mehrnervig (*454/1a*); Staminodien spatelig, vorn gefranst u. m. gelben Drüsenköpfen besetzt (*84/6, 454/1b*); ↕ 5–30 cm; ♃. VII–IX. – Flach- u. Quellmoore, Moorwiesen u. Magerrasen; kalkhold. – *z*. Ⓖ.

Sumpf-H., Studentenröschen, ***P. palustris*** L.

Ordnung: Oxalidales, Sauerkleeartige

Familie: Oxalidaceae, Sauerkleegewächse (Bearbeiter: Michael Koltzenburg)

Kräuter od. Stauden; Blätt. 3–4-zählig gefing.; Blüten einzeln od. in doldenähnl. Wickeln, radiär, 5-zählig; Staubblätt. 10, am Grund miteinander verbunden; Frkn. oberst., 5-fächerig, Blüten meist heterostyl (tristyl); Kapselfr.

Oxalis L., Sauerklee

1. Kronblätt. gelb; — Stg. beblätt., aufr. od. kriechend; Blüten in 2–6-blütigen Wickeln 6
— Kronblätt. weiß od. rosa bis purpurn 2
2. Kronblätt. weiß bis hellrosa; Grundachse kriechend, — m. dem fleischig verdickten Grund abgefallener Blätt. besetzt; Blätt. grundst.; ↕ 5–15 cm; ♃. IV–V. – Feuchte, humose Laub- u. Nadelwälder. – *v*. Wald-S., ***O. acetosella*** L.
— Kronblätt. rosa bis purpurn; Pfl. m. Zwiebel u. Nebenzwiebeln 3
3. Blätt. 4-zählig gefing.; ↕ 15–40 cm; ♃. VI–X. – Gärten, Gebüsche. – Adventiv (Heimat: Mexiko); *s* unbest. [*O. deppei* Lodd.] Glücksklee, ***O. tetraphylla*** Cav.
— Blätt. 3-zählig od. 5–11-zählig gefing. 4
4. Blätt. 5–11-zählig gefing., Teilblättchen linealisch, am Ende geteilt, — unterseits grün bis purpurn; Fr. oval, 3–11 mm lg.; ↕ 10–20 cm; ♃. VI–VII. – Gärten, Gebüsche. – Adventiv (Heimat: Arizona bis Mexiko); *s* unbest. Zehnblättriger S., ***O. decaphylla*** Kunth.
— Blätt. 3-zählig gefing., Teilblättchen 3-eckig bis angedeutet herzf., schwach ausgerandet .. 5
5. Teilblätt. in der Mitte am breitesten, unterseits dk. punktiert; ↕ 10–30 cm; ♃. VI–VIII. – Gärten, Gebüsche. – Adventiv (Heimat: S-Am.); *s* unbest. Brasilianischer S., ***O. debilis*** Kunth.
— Teilblätt. am ob. Ende am breitesten, unterseits nicht punktiert; ↕ 5–20 cm; ♃. VI–VIII. – Gärten, Gebüsche. – Adventiv (Heimat: M- u. S-Am.); *s* unbest. Breitblättriger S., ***O. latifolia*** Kunth
6 (1). Fr. 8–12(–15) mm lg., ohne abw. gerichtete kurze Haare; Fr.Stiele aufr. od. waagr. absthd.; Nebenblätt. fehlend; — Stg. aufr.; sich m. abbrechenden Seitensprossen vegetativ ausbreitend; ↕ 10–40 cm; ⊙–♃. VI–X. – Gärten, Äcker, Ruderalstellen, Waldwege. – Im 19. Jh. eingeschleppt u. eingebürg. (Heimat: N-Am. u. O-As.); *v*. [incl. *O. fontana* Bunge = *O. europaea* Jord.; taxonom. noch unklar] Steifer S., Aufrechter S., ***O. stricta*** L.
— Fr. 12–25 mm lg., dicht m. kurzen, abw. gerichteten Haaren besetzt; Fr.Stiele deutl. zurückgeschlagen; Nebenblätt. unscheinbar, am Blattstiel angewachsen 7
7. Stg. aufr., an den Knoten nicht bewurzelt, m. niederlgd., fast grundst. Seitenästen; Blätt. gegenst. od. quirlst., grün; Querrippen der Samen m. deutl. weißen Linien; ↕ 10–40 cm; ⊙. VI–XI. – Gärten, Friedhöfe. – Eingeschleppt u. lokal eingebürg. (Heimat: N-Am.); *z*. [*O. navieri* Jord.] Dillenius-S., ***O. dillenii*** Jacq.
— Stg. kriechend, an den Knoten bewurzelt; Blätt. wechselst., oft purpurbraun; Querrippen der Samen ohne deutl. weiße Linien; ↕ 10–50 cm; ⊙–♃. VI–XI. – Pflasterfugen, Kieswege, Parks. – Eingebürg. (Heimat: W-As., MMG); *v*. [incl. *O. repens* Thunb. (*O. repens* var. *atropurpurea* Planch. oft m. blaugrünen bis braunroten Blätt.)] Horn-S., Gehörnter S., ***O. corniculata*** L.

Weitere unbest. verwild. Arten.

Ordnung: Malpighiales, Malpighiaartige

Familie: Euphorbiaceae, Wolfsmilchgewächse (Bearbeiter: Michael Koltzenburg)

Stauden od. Kräuter; Blätt. einfach, wechsel- od. gegenst.; Blüten eingeschl., Pfl. 1- od. 2-häusig; ♂ Blüten m. 1 od. vielen Staubblätt.; ♀ Blüten m. 2–3-fächerigem Frkn.; Synfl. bei *Euphorbia* in 3- bis vielstrahligen Pleiochasien (*48/2*), die nach wiederholter Verzweigung in Dichasien übergehen (*455/2*); jeder Ast m. einer als Cyathium (*455/2*, Cy) bezeichneten Infl. endend, von Hochblätt. (*455/2*, T) gestützt; d. h. Infl. besteht aus einem zentralen, gestielten, später heraushgd., 3-blättr. Frkn. (= ♀ Blüte; *455/3*, F) u. 5 Reihen von ♂ Blüten (*455/3a–b*, Bl), von denen jede ein einzelnes Staubblatt vortäuscht (*457/1*); Grenze zw. Blütenstiel u. Staubfaden durch leichte Einkerbung gekennzeichnet (*457/1*); Infl. von einem Becher umschlossen, an dessen 4(–5)-teiligem Saum die ellipt. od. halbmondf. Nektardrüsen (*455/3*, Ho; *457/2*) sitzen; Kapselfr.

1. Pfl. m. Milchsaft; Blätt. wechselst., selten gegenst.; Synfl. 3- bis vielstrahlige Pleiochasien (*48/2*) .... ***Euphorbia***, 455
— Pfl. ohne Milchsaft **2**
2. Pfl. ≤ 40 cm hoch; Blätt. gegenst.; Pfl. 2-häusig; Blüten eingeschl., in reichblütigen Scheinähren; ♂ Blüten m. 3-zähliger Blütenhülle u. 9–12 Staubblätt. (*455/1a*); ♀ Blüten m. 2-fächerigem Frkn. (*455/1b*) .... ***Mercurialis***, 459
— Pfl. 60–300 cm; Blätt. wechselst., handf. geteilt; Pfl. 1-häusig; Blüten getrenntgeschlechtl., ohne Kronblätt., in endst. Trauben od. Rispen; ♂ Blüten m. > 100 Staubblätt.; ♀ Blüten m. 3-fächerigem Frkn. .... ***Ricinus***, 459

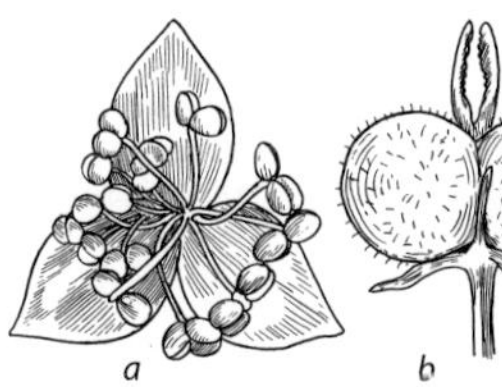

455/1

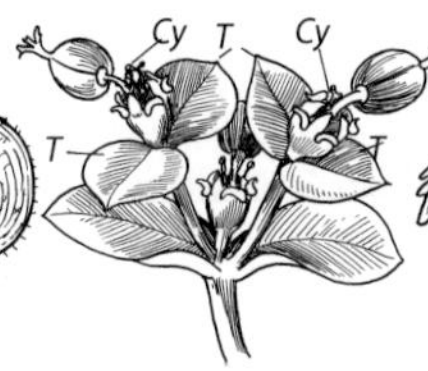

455/2

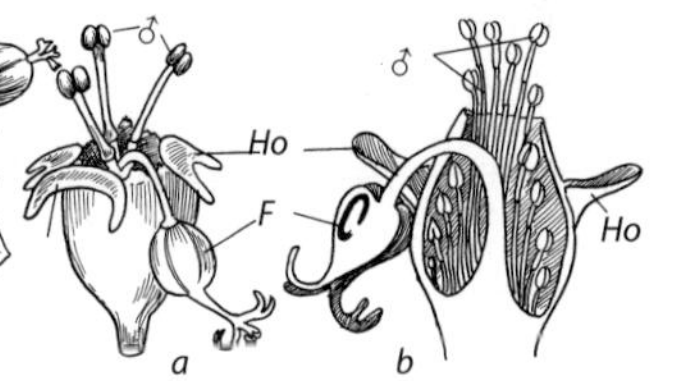

455/3

Euphorbia L. [incl. *Chamaesyce* Gray, Zwergwolfsmilch, Schiefblattwolfsmilch; *Tithymalus* Ség.], Wolfsmilch

Milchsaft giftig!

1. Blätt. gegenst., aber nicht in 4 Längsreihen, m. Nebenblätt.; Pfl. meist niederlgd.; — Blätt. am Grund auffallend asymmetr. (*Chamaesyce*) **28**
— Blätt. wechselst., selten gegenst. in 4 Längsreihen, stets ohne Nebenblätt.; Pfl. meist aufr. od. aufstgd. **2**
2. Pfl. der Küste, etwas fleischig; — kahl, blaugrün, aufr.; Stg. sehr dicht gleichm. beblätt.; Blätt. lanzettl.-ellipt., bis 30 mm lg., ganzrandig; Synfl. 3–6-strahlig; Strahlen bis zu 3-mal gegabelt; Nektardrüsen ausgerandet; ↕ 20–70 cm; ♃. VI–VIII. – Meeressandstrand. – *s*, B; NL; unbest. D: HE, SH. [*T. paralias* (L.) Hill] Strand-W., ***E. paralias*** L.
— Pfl. and. StO u. nicht fleischig **3**
3. Stg.Blätt. gegenst., in 4 Längsreihen; — Blätt. dk.grün; Synfl. 2–4-strahlig; Nektardrüsen kurz 2-hörnig; ↕ 20–120 cm; ⊙. VI–VIII. – Zier- u. Heilpfl. (Heimat: S- u. SO-Eur.); *z* verwild., stellenw. eingebürg. [*T. lathyris* (L.) Hill] Kreuzblättrige W., Spring-W., ***E. lathyris*** L.
— Blätt. wechselst. **4**
4. Nektardrüsen halbmondf. od. 2-hörnig (*455/3a*, Ho) **16**
— Nektardrüsen rundl. od. quer eif. (*457/2*) **5**
5. Reife Fr. glatt od. fein punktiert (bei *E. illirica* zuw. m. kleinen Warzen besetzt) **13**
— Reife Fr. deutl. warzig (außer den Warzen zuw. auch noch Haare, *457/3–457/5*); — Samen glatt **6**

6. Synfl. > 5-strahlig; Pfl. > 50 cm hoch; — Stg. dick, hohl, am Grund oft rot, kahl, zuw. an der Spitze etwas behaart; Pfl. einer kleinen Weide ähnl.; ↕ 50–150 cm; ♃. V–VI. – Ufer, Feuchtwiesen u. Staudenfluren im Bereich der großen Ströme u. Flüsse. – *z–s*. ⓖ. [*T. palustris* (L.) Hill] Sumpf-W., ***E. palustris*** L.

— Synfl. 3–5-strahlig; Pfl. < 50 cm hoch ... **7**

7. Fr.Warzen längl. walzl. (*457/3*), — an der Spitze orange- bis erdbeerfarbig; Blätt. sitzend, an der Spitze abgerundet; Hochblätt. (*455/2*, T) hellgelb; ↕ 30–50 cm; ♃. V–VI. – Waldränder, Gebüsche; auf Kalk. – *s*, A: Bgl, Kt, NÖ, Stm?; früher D: BY (Landshut); auch als Zierpfl., *s* verwild. [*E. polychroma* A. Kern.; *T. epithymoides* (L.) Klotzsch] Vielfarbige W., ***E. epithymoides*** L.

— Fr.Warzen halbkugelig od. kurz walzl. (*457/4, 457/5*) ... **8**

8. Ob. Stg.Blätt. m. herzf. od. gestutztem Grund sitzend; — Pfl. 1-j. od. ausd.; Geruch unangenehm ... **12**

— Alle Stg.Blätt. m. verschmälertem Grund sitzend od. kurz gestielt; — Pfl. ausd. ... **9**

9. Cyathium > 5 mm lg. gestielt; Hochblätt. ganzrandig (vgl. *455/2*, T), — am Grund abgerundet od. verschmälert; Nektardrüsen gelb; Stg. am Grund schuppig; Fr. 5 mm lg.; ↕ 20–40 cm; ♃. V–VII. – Lichte Laubwälder, Bergwiesen. – Sehr *s*, A: Kt (Weißbriach bei Hermagor), Ti; CH: Gr, Ts; I: Bz. [*T. carniolicus* (Jacq.) Raf.] Krainer W., ***E. carniolica*** Jacq.

— Cyathium < 5 mm lg. gestielt; Hochblätt. (vgl. *455/2*, T) vorn fein gesägt (Lupe!); — Nektardrüsen gelb, gelbgrün od. rot ... **10**

10. Pfl. lichtliebend; Rhizom senkr.; Hüllblätt. der Synfl. gelb, später orange; — vielstängelig; Hochblätt. verkehrt eif. bis ellipt., auffallend gelb, später grün od. rötl.; Nektardrüsen gelb; Fr. 3–4 mm lg.; ↕ 30–50 cm; ♃. V–VI. – Magerwiesen, Schafweiden; auf Kalk. – *z–v* D: BW, BY, TH; A (*f* Ost-Ti); CH; F: Els. [*E. brittingeri* Opiz; *T. verrucosus* (L.) Hill] Warzen-W., ***E. verrucosa*** L.

— Pfl. des Waldschattens; Rhizom waagr.; Hüllblätt. der Synfl. nicht auffallend gelb ... **11**

11. Stg. stielrund, oberw. behaart; mittl. u ob. Stg.Blätt. 40–90 mm lg. u. 10–20 mm br.; Hochblätt. (vgl. *455/2*, T) 3-eckig, am Grund gestutzt; Nektardrüsen erst gelbgrün, dann dk.purpurn; Fr. 3–4 mm lg.; ↕ 25–40 cm; ♃. V–VI. – Laubwälder. Süße W., ***E. dulcis*** L.

a. Fr. stets u. bleibend dicht behaart. – *z*, im Tiefland nur unbest. Süße W. (i. e. S.), subsp. ***dulcis***

— Fr. nur jung behaart, später kahl. – *z*, nur im S u. W. [subsp. *incompta* (Ces.) Nyman] Purpur-W., subsp. ***purpurata*** (Thuill.) Murr

— Stg. oberw. scharf 4-kantig, kahl; mittl. u. ob. Stg.Blätt. 20–35 mm lg. u. 6–12 mm br.; Hochblätt. (vgl. *455/2*, T) rundl. 3-eckig; Nektardrüsen gelbl.orange; Fr. 2,5 mm ∅, kahl; — Rhizom verläng.; ↕ 20–50 cm; ♃. V–VI. – Lichte Wälder, Gebüsche. – *z*, D: SW-BY (Andechs); A: Bgl, Kt, NÖ, Stm, Ti; CH. [*T. angulatus* (Jacq.) Raf.] Kanten-W., ***E. angulata*** Jacq.

12 (8). Fr. 3–4 mm lg., m. halbkugeligen Warzen (*457/5*); Synfl. meist 5-strahlig; Blätt. unterseits meist behaart; — Hochblätt. vorn fein gesägt (*457/6*); ↕ 20–60 cm; ⊙. VI–IX. – Äcker, Gärten, Straßenränder. – Im S u. W *v–z*, im Tiefland *s–f*. [*T. platyphyllos* (L.) Hill] Breitblättrige W., ***E. platyphyllos*** L. (subsp. ***platyphyllos***)

— Fr. 2 mm lg., dicht m. kurz walzl. Warzen (*457/4*) besetzt; Synfl. meist 3-strahlig, unterh. des Pleiochasiums noch zahlr., lg. gestielte, achselst. Teil-Synfl.; Blätt. beiderseits kahl, selten zerstreut lg.haarig; ↕ 20–45 cm; ⊙. VI–VII. – Waldränder, Auenwälder. – *v* W- u. S-D; *z* A; CH; S-PL; sonst *s*. [*E. serrulata* Thuill.; *T. strictus* (L.) Klotzsch & Garcke] Steife W., ***E. stricta*** L.

13 (5). Blätt. oberseits kahl od. flaumig, unterseits weichhaarig, — am Grund abgerundet od. fast herzf., sitzend od. kurz gestielt, längl. od. längl.-spatelf.; Kapsel kahl, zerstreut behaart od. wimperhaarig; Stg. kahl; ↕ 50–120 cm; ♃. V–VI. – Nasse Wiesen, Gebüschsäume, Hochstauenfluren, frische Wälder. – D: BY (Passau); *z*, A: B gl, Kt, NÖ, OÖ, Stm. [*E. villosa* Willd.; *T. villosus* (Willd.) Pacher; incl. Österreichische W., *E. austriaca* A. Kern. der nördl. Kalk-Alp.] Illyrische W., Wollige W., Zottige W., ***E. illirica*** Lam.

— Blätt. kahl ... **14**

14. Pfl. 1-j.; Synfl. meist 5-strahlig; — Blätt. spitzenw. an Größe zunehmend, keilf. verkehrt eif., im vord. Drittel fein gesägt, an der Spitze abgerundet; ↕ 10–30 cm; ⊙. IV–XI. – Gärten, Äcker. – *v*. [*T. helioscopius* (L.) Hill] Sonnen-W., Sonnenwend-W., ***E. helioscopia*** L.

— Pfl. ausd.; Synfl. meist ≥ 5-strahlig ... **15**

15. Mittl. Stg.Blätt. br. lanzettl., 40–55 mm lg., 6–16 mm br., stumpf, oberseits auffallend matt; Fr. anfangs behaart; Synfl. 5–8-strahlig; — ihre Strahlen max. 1–2-mal dichotom gegabelt;

Fr. 3 mm lg., zumind. anfängl. behaart, runzelig, aber ohne Warzen; ↕ 30–60 cm; ♃. VI–VII. – Halbtrockenrasen. – Sehr *s*, nur A: Bgl, NÖ; unbest. D: BB. [*T. nicaeensis* subsp. *glareosus* (Pall. ex M. Bieb.) Soják; *E. glareosa* Pall. ex M. Bieb.]

Pannonische W., ***E. nicaeensis*** All. subsp. ***glareosa*** (M. Bieb.) Radcl.-Sm.

Nach neueren Informationen (Hand, Thieme u. Mitarbeiter 2020f) kommt auch die Nizza-W., ***E. nicaeensis*** subsp. ***nicaeensis*** in D vor: *s* unbest. TH.

— Mittl. Stg.Blätt. lineal-lanzettl., 10–20 mm lg., 2–4 mm br., m. Stachelspitze, bläul.grün; Fr. kahl; Synfl. > 8-strahlig, — ihre Strahlen 1–2(–5)-mal dichotom gegabelt; Fr. 2–3 mm lg.; ↕ 15–60 cm; ♃. IV–VI. – Trockenrasen. – *s*, D: Rhein-, Main-, Nahe-, Mosel-, Lippe-, Ems-, Unstrut-, Saale- u. Elbegebiet; A: Bgl, NÖ; S-CH; CZ; F: Els; I: Bz; NL; PL. [*T. seguierianus* (Neck.) Prokh.]

Steppen-W., ***E. seguieriana*** Neck. (subsp. ***seguieriana***)

16 (4). Hochblätt. paarweise zu Becher verwachsen (*458/7*); — Blätt. der nichtblhd. Triebe 40–70 mm lg., kahl od. flaumig behaart; Pfl. grün überwinternd; ↕ 30–60 cm; ♃. IV–VI. – Kalkbuchenwälder der Mittelgeb. – *z*. [*T. amygdaloides* (L.) Hill]

Mandelblättrige W., ***E. amygdaloides*** L. (subsp. ***amygdaloides***)

— Hochblätt. frei, nicht verwachsen **17**

17. Synfl. 3–5-strahlig; Fr. glatt; Samen runzelig od. grubig **23**

— Synfl. > 5-strahlig; Fr. fein punktiert, rau; Samen glatt **18**

18. Blätt. beiderseits drüsig behaart u. fein bewimpert; Fr. undeutl. runzelig; — Blätt. längl. lanzettl., sitzend; Nektardrüsen anfangs gelb, später purpurfarbig; ↕ 30–70 cm; ♃. VI–VII. – Trockenrasen, Waldränder. – *s*, A: Bgl, NÖ; CZ; PL; *s* eingebürg. D: BY (Brandlberg b. Regensburg, Nürnberg). [*T. salicifolius* (Host) Klotzsch & Garcke]

Weidenblättrige W., ***E. salicifolia*** Host

— Blätt. kahl; Fr. fein punktiert **19**

19. Blätt. zum Grund hin verschmälert, oberh. der Blattmitte am breitesten od. durchwegs gleich br.; — Stg. unter der Synfl. meist noch m. nichtblhd. Trieben **22**

— Blätt. unterh. der od. in der Blattmitte am breitesten, nach der Spitze hin verschmälert; — Pfl. 30–150 cm hoch **20**

20. Blätt. oberseits stark fettig glzd., an der Basis am breitesten; Seitennerven in fast rechtem Winkel vom Mittelnerv abzweigend; ↕ 40–130 cm; ♃. V–VII. – Sumpfwiesen, Flussufer. – *s*, D: Isar-, Oberrhein- (b. Gimbsheim), Odergebiet; A: Bgl, NÖ; CZ (Erzgeb.); PL; eingebürg. NL. ⓖ. [*T. lucidus* (Waldst. & Kit.) Klotzsch & Garcke]

Glänzende W., Glanz-W., ***E. lucida*** Waldst. & Kit.

— Blätt. glanzlos od. schwach glzd., größte Breite in od. unterh. der Mitte; Seitennerven in spitzem Winkel vom Hauptnerv abzweigend; — Blätt. oberseits auf der gesamten Fläche m. Spaltöffnungen **21**

21. Blätt. sehr kurz gestielt, größte Blattbreite unterh. der Blattmitte, von der etwas verbreiterten Basis bis zur verläng. Spitze kontinuierl. verschmälert, am Grund abgerundet bis br. keilf.; endst. Teil-Synfl. oft 3-ästig; — Blätt. 4–10 mm br., Spaltöffnungen auf der Oberseite flächig vorh.; ↕ 30–80(–150) cm; ♃. V–VIII. – Halbtrockenrasen, Getreidefelder. – *s* in S-, M- u. NO-D; A; S-CH; CZ; PL; Verbr. ungenügend bekannt. [*E. pseudovirgata* (Schur) Soó; *E. waldsteinii* (Soják) Radcl.-Sm.; *E. tommasiniana* Bertol.] Ruten-W., ***E. virgata*** Waldst. & Kit.

— Blätt. sitzend, in der Mitte meist über eine längere Strecke parallelrandig, im ob. Drittel verschmälert, am Grund plötzl. verschmälert bis keilf.; endst. Zyme mind. 6-ästig; — Blätt.

457/1 *457/2* *457/3* *457/4* *457/5* *457/6* *457/7*

4–5 mm br., Spaltöffnungen auf der Oberseite flächig vorh.; ↕ 40–120 cm; ♃. V–VII. – Halbtrockenrasen, Ruderalstellen. – *s*, D; A; B; CZ; DK; L; NL; PL; Verbr. noch ungenügend bekannt. – Wohl hybridogene Sippe m. Ursprung im Donaubecken. [*E. pseudovirgata* auct.; *E. virgultosa* Klokov; *E. podperae* Croizat] Sarato-W., Streifenblättrige W., Buschige W., ***E. saratoi*** Ard.

22 **(19).** Blätt. stachelspitzig od. zugespitzt, 3–5(–8) mm br., längl. lanzettl., größte Breite oberh. der Mitte; Hochblätt. grün od. gelbl.; — junge Triebe auffällig braun bis purpurn; Spaltöffnungen nur an den unt. Blätt. auf der Oberseite flächig vorh., sonst nur auf dem od. nahe des Mittelnervs; Pfl. m. Wurzelsprossen, ↕ 30–80 cm; ♃. VI–VIII. – Weiden, Wegraine, Gebüsche. – V. a. Stromtalpflanze, *v–z* NO-D, Weser, N-Oberrhein-Mittelrhein, Donau unterh. Regensburg, in D sonst *s*; *v–z* A; B; CZ; L; NL; PL; eingebürg. in I: Bz. [incl. subsp. *pinifolia* (Lam.) P. Fourn.; *T. esula* (L.) Hill] Scharfe W., Esels-W., ***E. esula*** L. (subsp. ***esula***)

Hierher auch:

Iberische W., ***E. iberica*** Boiss.: Blätt. 10–20 mm br., größte Breite in der Mitte; ↕ 30–80 cm. – Adventiv (Heimat: O-Eur.); *s*, D: MV.

Mecklenburger W., ***E. megapolitana*** Henker & Kiesew.: Blätt. 20–25 mm br., 7–8 cm lg., am Grund keilf.; ↕ 50–70 cm. Wohl hybridogen aus *E. esula* u. *E. salicifolia* entstanden. – *s*, D: MV.

— Blätt. nicht stachelspitzig, 1–3 mm br. u. bis 5 cm lg., linealisch; Hochblätt. gelb, zuletzt rot; — Blätt. am Rand umgerollt; Pfl. m. Wurzelsprossen, ↕ 15–40 cm; ♃. IV–VII. – Truppweise auf Trockenrasen, Böschungen u. Weiden. – *v*. [*T. cyparissias* (L.) Hill] Zypressen-W., ***E. cyparissias*** L.

Bei Befall m. dem endoparasit. Erbsenrost *Uromyces pisi* nicht blhd. u. m. abweichendem Habitus (Sprossachse verläng., Blätt. breiter u. kürzer, Pfl. gelbl.).

23 **(17).** Pfl. ausd., m. blhd. u. nichtblhd. Trieben; — Blätt. am Triebende schopfig gehäuft, lineal-keilf., vorn abgerundet od. ausgerandet, bläul.grün; Pfl. aufstgd.; ↕ 5–20 cm; ♃. V–VI. – Schwarzkiefernwälder, Felsfluren. – *s*, nur A: NÖ. [*T. saxatilis* (Jacq.) Raf.] Felsen-W., ***E. saxatilis*** Jacq.

— Pfl. 1-j., ohne nichtblhd. Triebe **24**

24. Fr. m. Flügelleisten; Hochblätt. stumpf, br. eif.; Blätt. gestielt, eif. rundl., — an der Spitze stumpf; ↕ 4–35 cm; ⊙. VI–XI. – Äcker, Gärten. – *v*. [*T. peplus* (L.) Hill] Garten-W., ***E. peplus*** L.

— Fr. nicht geflüg.; Hochblätt. zugespitzt od. stachelspitzig; Blätt. sitzend, lanzettl. od. linealisch, — stumpf od. spitz **25**

25. Hochblätt. so lg. wie od. länger als br. **27**

— Hochblätt. breiter als lg., nieren- bis rautenf. **26**

26. Blätt. linealisch, 1–3 mm br.; Infl. 5–6-strahlig, Strahlen bis zu 5-mal dichotom gegabelt; Hochblätt. rautenf., 3-eckig bis quer eif.; ↕ 10–30 cm; ⊙. VI–VII. – Äcker. – Adventiv (Heimat: MMG); *s*. [*T. segetalis* (L.) Hill] Saat-W., ***E. segetalis*** L.

— Blätt. lineal-lanzettl., 3,5–5 mm br.; Infl. 3–5-strahlig; Hochblätt. schief rautenf.; — Nektardrüsen gelb, m. 2 dünnen rosafarbenen Hörnern; ↕ 5–15 cm; ⊙. V–VII. – Bahnhöfe. – Adventiv (Heimat: MMG); *s*. [*T. taurinensis* (All.) Klotzsch & Garcke] Turiner W., ***E. taurinensis*** All.

27 **(25).** Blätt. linealisch, 1–4 mm br., zugespitzt; Hochblätt. m. br. herzf. Grund, mehrmals länger als br.; ↕ 5–20 cm; ⊙. V–VI. – Lehmäcker. – *v*, *s* im Tiefland. [*T. exiguus* (L.) Hill] Kleine W., ***E. exigua*** L.

— Blätt. lanzettl., bis 5 mm br., stachelspitzig; Hochblätt. eif. bis 3-eckig, — fein gezähnelt; ↕ 8–40 cm; ⊙. VI–X. – Getreideäcker. [*T. falcatus* (L.) Klotzsch & Garcke] Sichel-W., ***E. falcata*** L.

a. Pfl. bläul.grün; Nektardrüsen gelbl. – *z*, D: BW (ob noch?), BY, RP, TH; A; CZ. Sichel-W. (i. e. S.), subsp. ***falcata***

— Pfl. dk.grün; Nektardrüsen purpurn. – *s*, in A: Bgl; in NÖ eingebürg. (Heimat: MMG). [*E. acuminata* Lam.] Dunkle Sichel-W., subsp. ***acuminata*** (Lam.) Simonk.

28 **(1).** Stg. u. Blätt. behaart **31**

— Stg. u. Blätt. kahl **29**

29. Nebenblätt. auf beiden Stängelseiten paarweise miteinander verwachsen, auffällig; — Stg. niederlgd., an den Knoten wurzelnd; ↔ bis 15 cm; ⊙. VI–VIII. – Friedhöfe, Pflasterfugen. – Adventiv (Heimat: S-Am.); *s* unbest. od. eingebürg., z. B. in D: BW, BY, HE; A: NÖ; PL. [*C. serpens* (Kunth) Small] Schlängel-W., ***E. serpens*** Kunth

— Nebenblätt. nicht verwachsen, unauffällig **30**

30. Reife Samen m. 4–7 Querfurchen; — Stg. niederlgd.; ↔ 20 cm; ♄. VI–X. – Ruderalstellen, Dämme. – Adventiv (Heimat: N-Am.); sehr *s* unbest., A: NÖ; CH: früher Basel. [*C. glyptosperma* (Engelm.) Small] Querfurchige W., Furchensamen-W., ***E. glyptosperma*** Engelm.

— Reife Samen ohne Querfurchen, oft scheckig gefärbt; — Stg. niederlgd.; ↔ 15–25 cm; ☉. VI–IX. – Friedhöfe, Pflasterfugen, Wege. – Adventiv (Heimat: SO-As.); *z* unbest. od. eingebürg., z. B. D; A; CH; F: Els; I: Bz. [*C. humifusa* (Willd.) Prokh.] Niederliegende W., ***E. humifusa*** Willd.

31 (28). Fr. kahl; Pfl. meist aufr., meist nur wenig behaart; — Blattspr. (10–)15–30 mm lg., 5–10(–14) mm br., oft m. dk. Fleck; ↕ 5–30(–60) cm; ☉. VII–IX. – Bahnhöfe. – Eingeschleppt (Heimat: N-Am.); D: *s* BW, unbest. BY, HE, MV, RP, SN; *s* A: Kt, Stm; CH; I: Bz. [*C. nutans* (Lag.) Small] Nickende W., ***E. nutans*** Lag.

— Fr. behaart, Pfl. meist niedrig, behaart **32**

32. Fr. v. a. an den Kanten absthd. behaart, Fr.Flächen fast kahl; Blätt. 1,5–2-mal so lg. wie br.; Blattspr. ohne Fleck; — Samen m. 5–8 tiefen Querfurchen; Stg. niederlgd.; ↔ bis 30 cm; ☉. VI–X. – Friedhöfe, Pflasterfugen. – Adventiv (Heimat: trop. u. subtrop. Am.); D: *s* BW, eingebürg. HE, unbest. BB (Berlin), BY, MV, NI, RP, ST; *s* A: Kt, NÖ, Stm, Ti; CH: Ts; I: Bz. [*C. prostrata* (Aiton) Small] Ungefleckte W., ***E. prostrata*** Aiton

— Fr. anlgd. u. gleichm. behaart; Blätt. 2,5–3-mal so lg. wie br.; Blattspr. meist m. dk.rotem Fleck; — alle Nebenblätt. getrennt; Stg. niederlgd.; ↔ bis 25 cm; ☉. VI–IX. – Friedhöfe, Pflasterfugen. – Adventiv (Heimat: N-Am); *z* unbest. od. eingebürg. [*C. maculata* (L.) Small] Gefleckte W., ***E. maculata*** L.

Hybridbildungen. Zahlr. weitere unbest. verwild. Arten, z. B.:

Schnee auf dem Berge, Weißrand-W., ***E. marginata*** Pursh: Hochblätt. weiß m. schmalem grünem Mittelteil; ↕ bis 80 cm; ☉. – Zierpfl., zuw. verwild. (Heimat: N-Am, Mexiko).

Walzen-W., Myrten-W., ***E. myrsinites*** L.: Blätt. wechselst., ledrig, blaugrün, 1–2-mal so lg. wie br., am Ende zugespitzt; Pfl. niederlgd.; ↔ 10–40 cm; ♃. – Zierpfl., zuw. verwild. (Heimat: SO-Eur.).

Meerstrand-W., ***E. peplis*** L.: Blätt. gegenst., oval, 1,2 cm lg., graugrün, m. rötl. Nerven.; Pfl. niederlgd.; ↔ bis 20 cm; ☉. – Adventiv (Heimat: Küsten MMG, Eur.-Atlantik, Schwarzmeer); *s* unbest. D: BW; CZ (Böhmw.); wo noch?

Mercurialis L., Bingelkraut

1. Pfl. 1.-j., m. spindelf. Wurzeln; Stg. stumpf 4-kantig, ästig; Blüten meist 2-geschl., seltener eingschl.; ↕ 10–40 cm; ☉. V–X. – Gärten, Äcker, Weinberge, Ruderalstellen. – *v* in der Mitte des Gebiets, *s* in höh. Lagen im N u. S. – Giftig! Einjähriges B., ***M. annua*** L.

— Pfl. ausd., m. unterird. Ausläufern; Stg. rund; Blüten stets 2-geschl. **2**

2. Blätt. deutl. gestielt, ellipt. bis längl. eif.; Stg. unterh. der Laubblätt. m. Niederblätt.; ↕ 15–40 cm; ♃. IV–V. – Schattige Wälder. – *v–z*, *s* im NW. – Giftig! Wald-B., Ausdauerndes B., ***M. perennis*** L.

— Blätt. fast sitzend, rundl. eif.; Stg. unterh. der normalen Blätt. noch m. kleineren Laubblätt.; ↕ 15–40 cm; ♃. IV–V. – Lichte Wälder, Steinschutthalden. – *s*, D: BY (Donaugebiet); *z* A: Bgl, Kt, NÖ, Stm, Ti; CH: Gr; CZ; I: Bz. – Giftig! Eiblättriges B., Eiblatt-B., ***M. ovata*** Sternbg. & Hoppe

Bastard-Bingelkraut, ***M.*** × ***paxii*** Graebn. [*M. ovata* × *M. perennis*]: *s*, D: BY (Donaugebiet); A: Wien.

Ricinus L., Wunderbaum

Blätt. wechselst., handf. geteilt; Pfl. 1-häusig; Blüten getrenntgeschlechtl., ohne Kronblätt., in endständ. Trauben od. Rispen; ♂ Blüten an der Basis der Infl., m. > 100 Staubblätt.; ♀ Blüten im ob. Teil der Infl., m. 3-fächerigem Frkn.; Fr. m. Stacheln; ↕ 60–300 cm; (im Gebiet noch) ☉. VIII–X. – Zierpfl. (Heimat: O-Afr., dort ♃). – Verwildernd D: BB, BW, BY, NRW, RP, SH; A; B; CH; NL. – Giftig! Wunderbaum, Rizinus, ***R. communis*** L.

Familie: Elatinaceae, Tännelgewächse (Bearbeiter: Michael Koltzenburg)

Kleine Sumpf- od. Wasserpfl.; Blätt. gegen- od. quirlst., ungeteilt, m. Nebenblätt.; Blüten einzeln, blattachselst., 2–5-zählig; Frkn. oberst.; Kapselfr.

Elatine L., Tännel

1. Blätt. quirlst., sitzend; Stg. aufr. od. aufstgd.; Blüten grünl.weiß, — 4-zählig, m. 8 Staubblätt. (*460/1*); Blätt. unter Wasser in 8–16-zähligen, außerh. des Wassers in 3-zähligen Quirlen (*119/2*); ↕ 5–50 cm; ♃. VI–IX. – Sthd. Gewässer. – *s*, v.a. in O-D, sonst Oberrhein, Mainfranken; in A nur Bgl, früher NÖ; *s* CH; CZ; PL; zurückghd. Quirl-T., ***E. alsinastrum*** L.

— Blätt. gegenst., gestielt; Stg. niederlgd.; Blüten rötl.weiß; — Stg. wurzelnd, verzweigt **2**

2. Krone 3-blättr. (*460/2*); Staubblätt. 3 od. 6; Blattstiel kürzer als die Spr. **4**

— Krone 4-blättr.; Staubblätt. 8; Blattstiel meist länger als die Spr. .... ***E. hydropiper*** agg. **3**

3. Samen hakig gekrümmt (*460/3a*); Kapsel kugelig, an der Spitze eingedrückt (*460/3b*); ↔ 2–15 cm; ⊙. VI–IX. – Sthd. Gewässer. – *s*, in A nur NÖ; CZ. [*E. hydropiper* subsp. *gyrosperma* Fr.; *E. gyrosperma* (Fr.) Meinsh.] Wasserpfeffer-T., ***E. hydropiper*** L.

— Samen fast gerade od. wenig gekrümmt (*460/4a*); Kapsel längl., an der Spitze nicht eingedrückt (*460/4b*); ↔ 2–15 cm; ⊙. VI–IX. – Sthd. Gewässer. – *s*, D: SH. [*E. hydropiper* subsp. *orthosperma* (Düben) Fr.] Geradsamiges T., ***E. orthosperma*** Düben

4 (2). Blüten sitzend, unscheinbar; Staubblätt. 3 (*460/2*); Kelch 2-teilig; ↔ 2–15 cm; ⊙. VI–IX. – Sthd. Gewässer. – *s*, D; A: NÖ, Stm, früher OÖ, Sb; *s* B; CH; CZ; PL. Dreimänniges T., ***E. triandra*** Schkuhr

— Blüten gestielt; Staubblätt. 6; Kelch 3-teilig; ↔ 2–20 cm; ⊙. VI–IX. – Sthd. Gewässer. – *s*, D; A: NÖ, früher OÖ, Vb; B; *s* CH: Jura, früher Bern; *s* CZ; NL; PL. Sechsmänniges T., ***E. hexandra*** (Lapierre) DC.

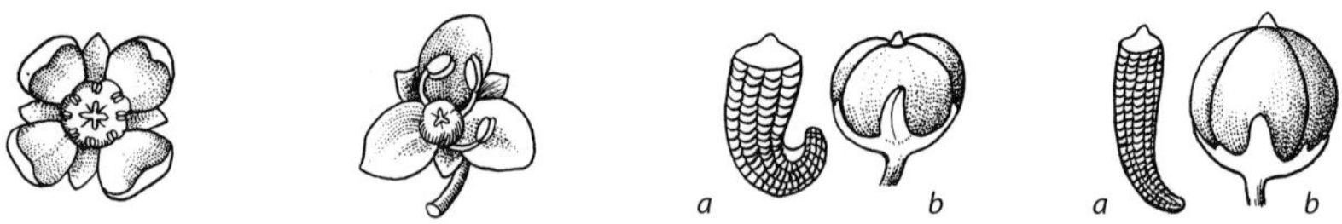

460/1 *460/2* *460/3* *460/4*

Familie: Salicaceae, Weidengewächse (Bearbeiter: Peter A. Schmidt)

Sommer- u. immergrüne, oft 2-häusige Bäume, Sträucher u. Zwergsträucher; Blätt. wechselst., selten ± gegenst., einfach, ungeteilt, zuw. gelappt, fast immer m. Nebenblätt., diese zuw. klein u. früh abfallend; Blüten meist eingeschl. u. ohne od. nur m. rudimentärer Blütenhülle, meist in kätzchenart. Infl., einzeln in Achseln schuppenf. Tragblätt. (Deckblätt.; „Kätzchenschuppen"); Fr. meist Kapseln; Samen oft m. Haarschopf.

1. An Knospen nur 1 Schuppe sichtbar, die Knospe umhüllend (*112/4a*); Deckblätt. ganzrandig (*65/5*); Frkn. am Grund m. 1–2 Nektardrüsen; — Kätzchen meist aufr. od. bogig absthd., selten hgd.; Blätt. linealisch bis lanzettl., längl. bis ellipt., eif. od. verkehrt eif. bis rundl., nie gelappt .... ***Salix***, 462

— Knospen m. mehreren, dachziegelig angeordneten Schuppen (*112/5a*); Deckblätt. zerschlitzt od. gezähnt; Frkn. in becherf. Diskus (*65/1*), ohne Nektardrüsen; — Kätzchen schlaff, stets herabhgd.; Blätt. 3-eckig bis deltoid, herzf., eif. bis rautenf., ellipt. bis rundl., zuw. gelappt ***Populus***, 460

Populus L., Pappel

1. Blätt. unterseits kahl od. ± behaart, aber nie filzig, entw. grün od. wenn graugrün bis blaugrau, dann Blattstiele seitl. zus.gedrückt **5**

— Blätt. entw. unterseits weiß- bis graufilzig od. wenn nicht filzig, aber weißl. bis blaugrau, dann Blattstiele im ∅ rundl., höchstens im ob. Teil leicht abgeflacht, aber dorsiventral **2**

2. Junge Zweige, Knospen u. Blattunterseite dicht weiß- bis schwach graufilzig; Knospen nicht klebrig; Deckblätt. ± zottig bewimpert (*65/1*); Blattstiele im ∅ rundl., zuw. im ob. Teil etwas seitl. zus.gedrückt; (Weißpappeln) **4**

— Junge Zweige, Knospen u. Blattunterseite kahl od. zuw. schwach behaart, aber nie filzig; Knospen klebrig u. balsamisch duftend; Deckblätt. kahl; Blattstiele im ∅ rundl., oberseits rinnig od. im ob. Teil leicht dorsiventral abgeflacht; (Balsampappeln) **3**

3. Fr.Kapsel 2-klappig, eif. bis kugelig, kahl; junge Zweige im ∅ rundl. od. nur spitzenw. etwas kantig, kahl; Endknospe 1,2–2,5 cm lg.; Blattspr. eif., zuw. br. eif., am Grund abgerundet od. schwach herzf., Blattstiel meist kahl; meist Wurzelsprosse bildend; ↕ 15–25(–35) m; ♄. IV. – Forst- u. Zierbaum (Heimat: N-Am.); zuw. verwild. [*P. tacamahacca* Mill.]
Echte Balsam-P., Nordamerikanische Balsam-P., ***P. balsamifera*** L.

— Fr.Kapsel 3–4-klappig, kugelig, behaart bis kahl; junge Zweige ± kantig, anfangs schwach behaart; Endknospe (0,9–)1,2–1,5 cm lg.; Blattspr. eif. bis eif. längl. od. eif. deltoid, am Grund meist gestutzt bis schwach herzf., selten abgerundet, Blattstiel unauffällig kurz, aber oft dicht, behaart; selten m. Wurzelsprossen; ↕ 20–40 m; ♄. IV. – Forst- u. Zierbaum (Heimat: N-Am.); zuw. verwild. Westliche Balsam-P., Westamerikanische Balsam-P., ***P. trichocarpa*** Hook.

Neben diesen beiden, ohne Fr. oft schwierig zu bestimmenden Balsampappeln sind Hybriden dieser Arten m. der Nordamerikanischen Schwarz-P. (*P. deltoides* Marshall) in Kultur u. *s* verwild.: die Ontario-P., ***P.*** × ***jackii*** Sarg. [*P. balsamifera* × *P. deltoides*; *P. candicans* auct.; *P.* × *gileadensis* Rouleau] (junge Zweige im ∅ rundl., wie Blattstiele behaart; Wurzelsprosse reichl.) u. die Vortreffliche P., ***P.*** × ***generosa*** A. Henry [*P. deltoides* × *P. trichocarpa*] (junge Zweige kantig, wie Blattstiele ± kahl; ohne Wurzelsprosse). Ebenfalls *s* verwild. Simons Balsam-P., ***P. simonii*** Carrière (Heimat: O-As.), m. kantigen, aber kahlen Zweigen u. unterseits blassgrüner bis weißl., rautenf. ellipt. bis verkehrt eif. Blattspr., die sich zur Basis keilf. verschmälert.

4 (2). Spr. von Langtriebblätt. 3–5-lappig (*461/1*), unterseits bleibend dicht weißfilzig, an Kurztrieben Spr. eif. rundl. bis ellipt., ungelappt, unregelm. grob buchtig gezähnt (*461/2*), unterseits weiß- bis graufilzig; Spr. am Blattstielansatz ohne Drüsen; junge Zweige u. Knospen dicht weißfilzig; Deckblätt. nicht eingeschnitten, nur kurz gezähnt, wenig bewimpert; Stammrinde weiß bis grau; ↕ 15–30(–35) m; ♄. III–IV. – Weichholz-Auenwälder u. -gebüsche. – D: *z* S-D (Donau u. Rhein m. Nebenflüssen), *s* BB (Oder); *s* A; CZ; PL; sonst häufig gepfl., *v* eingebürg. Silber-P., ***P. alba*** L.

— Spr. von Langtriebblätt. schwach gelappt od. nur unregelm. grob buchtig gezähnt, deltoid od. rautenf. bis eif., unterseits mehr graufilzig, z. T. verkahlend, an Kurztrieben Spr. rundl. bis eif., unterseits nur schwach graufilzig bis fast kahl; Spr. am Stielansatz m. 0–4 Drüsen; Deckblätt. tief eingeschnitten, stärker bewimpert; Stammrinde gelbgrau; ↕ 15–30(–45) m; ♄. IV. – Hybride *P. alba* × *P. tremula*, *s* in Auenwäldern, aber häufig gepfl. u. *z* eingebürg.
Grau-P., ***P.*** × ***canescens*** (Aiton) Sm.

5 (1). Blattspr. oberseits mattgrün, unterseits grau- bis blaugrün, an der Spitze abgerundet, stumpf od. spitz, Rand grob buchtig gezähnt, ohne od. m. sehr schmalem, kaum m. Lupe erkennbarem durchsichtigem Saum; Spr. rundl. bis br. eif. (*461/3*), 3–5(–7) cm lg., aber an starken Langtrieben u. Schösslingen größer (bis > 10 cm lg.) u. br. eif. od. deltoid eif. bis 3-eckig herzf.; Deckblätt. tief eingeschnitten, am Rand lg. bewimpert; ↕ 10–20(–40) m; ♄. II–IV. – Lichte Wälder, Waldlichtungen, Gebüsche, Brachen. – *v*.
Espe, Aspe, Zitter-P., ***P. tremula*** L.

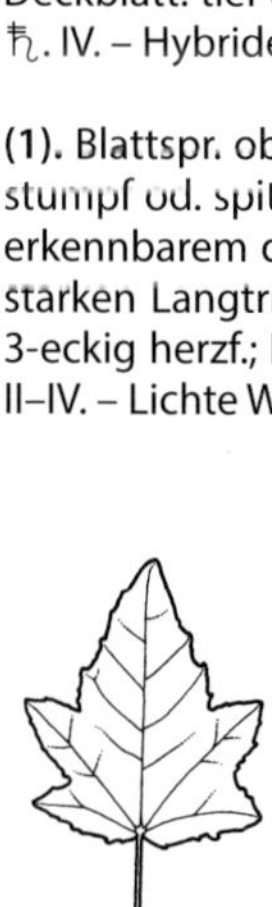
461/1

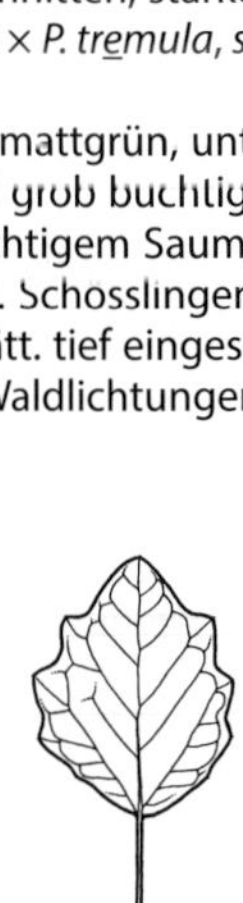
461/2

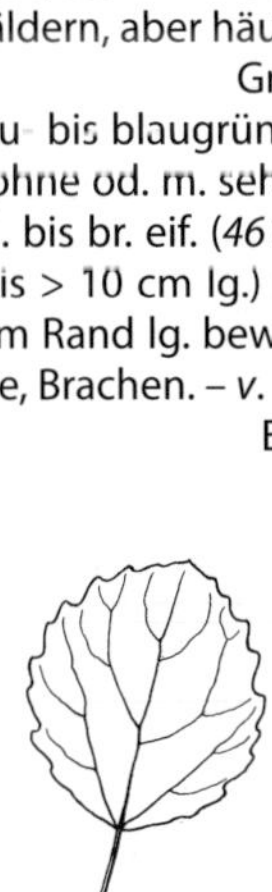
461/3

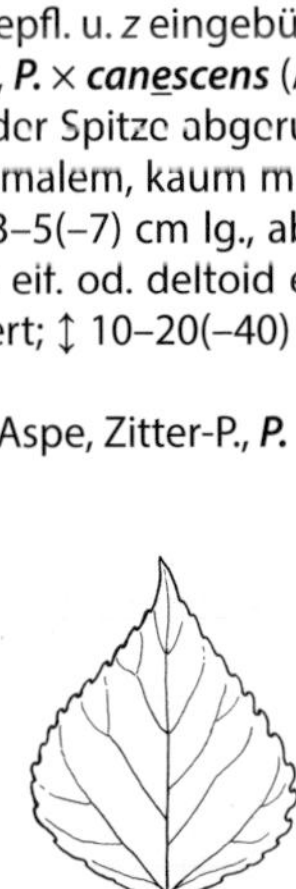
461/4

— Blattspr. beiderseits grün, unterseits heller, an der Spitze kurz od. lg. zugespitzt, Rand ± gleichm. gekerbt-gesägt, m. deutl. durchsichtigem Saum (gegen das Licht m. Lupe sichtbar); Spr. im Umriss mehr 3-eckig, deltoid bis eif. od. rautenf. (*461/4*), (3–)5–12(–14) cm lg.; Deckblätt. kahl od. wenig behaart **6**

6. Blattspr. am Rand nicht bewimpert, an der Basis am Stielansatz ohne Drüsen, meist lg. zugespitzt; Narben 2, Fr.Kapsel stets 2-klappig; junge Zweige gelbl.braun, im ∅ rundl., kahl; Stamm schwarzgrau, Borke früh rissig, im Alter dick, meist netzart. tief gefurcht, m. auffälligen horizontalen Korkwülsten; ↕ bis 35 m; ♄. III–IV. – Auenwälder, Ufergehölze. – *z–s* in Flussauen. Europäische Schwarz-P., ***P. nigra*** L.

Unklar ist die Verbr. der für das Gebiet (z. B. D: BY) außer subsp. ***nigra*** angegebenen südeurop. Unterart subsp. ***betulifolia*** (Pursh) Buttler & Hand, deren Blätt. kleiner u. wie die jungen Zweige anfangs behaart sind. Häufig kult. ist die im Habitus stark abweichende Säulen- od. Pyramiden-P. (*P. nigra* 'Italica') m. säulenf. Krone. Eine in Kultur entstandene Hybride dieser Sorte m. der Lorbeer-P., *P. laurifolia* Ledeb., ist die Berliner Lorbeer-P., ***P. × berolinensis*** K. Koch, m. unterseits blassgrünen bis weißl., ellipt. eif. bis rautenf. eif. Blätt. u. sehr schmalem durchsichtigem Saum (Lupe!) am Rand der Spr.; oft gepfl., *s* verwild.

— Blattspr. am Rand wenigstens anfangs bewimpert, an der Basis am Stielansatz m. 0–2 Drüsen, kurz od. lg. zugespitzt; Narben 2–4; Fr.Kapsel 2–4-klappig; junge Zweige mehr grau, im ∅ rundl. od. etwas kantig, kahl od. schwach behaart; Borke alter Stämme meist heller (grau), weniger tief gefurcht u. m. weniger auffälligen Korkwülsten; ↕ bis 35(–40) m; ♄. IV–V. – Forst- u. Zierbaum. – Häufig gepfl., *z* eingebürg. – In Kultur entstandene Hybride *P. deltoides* × *P. nigra* [*P.* × *euramericana* (Dode) Guinier].
Euroamerikanische Schwarz-P., Hybrid-Schwarz-P., ***P.* × *canadensis*** Moench

Zahlr. Sorten dieser Hybride gepfl. für die Holzproduktion, in Windschutzpflanzungen od. Kurzumtriebsplantagen. Die Elternart ***P. deltoides*** Marshall, die Nordamerikanische Schwarz-P. (Heimat: Östl. N-Am. bis N-Mexiko), wird nur *s* gepfl., bei ihr ist der Blattrand stets ± dicht bewimpert, am Stielansatz der Spr. stets Drüsen (2–6); Narben 3–4; Fr.Kapsel 3–4-klappig.

Salix L., Weide (*Taf. 26: 5*) (Bearbeiter: Gregor Aas)

Da die Weiden 2-häusig sind u. die Blütenkätzchen oft vor den Blätt. erscheinen, ist zum Bestimmen eine der 3 folg. Tabellen (I Bestimmung von beblätt. Zweigen m. od. ohne Blüten- od. Fr.kätzchen, S. 462; II von Zweigen m. ♂ Blütenkätzchen, S. 472; III von Zweigen m. ♀ Blütenständen, S. 475) zu benutzen. Die Farbe der Deckblätt. (= Tragblätt. der Blüten; „Kätzchenschuppen"; *471/3*) gilt für den frischen Zustand, da sich beim Trocknen Farbänderungen ergeben können. Striemen sind < 1 mm br., scharf hervortretende Längsrippen auf dem Holz, die nach Entfernung der Rinde an den 2–4-j. Zweigen sichtbar sind.

Es wurden m. wenigen Ausnahmen nur wildwachsende (einheim. u. aus Kultur verwild.) Arten u. Hybriden aufgenommen (für kult. Arten s. Aas in Schmidt & Schulz 2023).

Die Bltzt., Verbr.- u. StO-Angaben zu den Arten sind der Tabelle I zu entnehmen.

Hinweis zur Größe der *Salix*-Blätt.: Der Strich neben der Abb. entspricht jeweils 10 mm.

I. Tabelle zum Bestimmen von beblätt. Zweigen m. od. ohne Blüten- od. Fr.kätzchen

1. Am od. im Boden kriechende Spaliersträucher in den höh. Lagen der Geb. (subalp., alp., v. a. Alp.) **45**

— Aufr. wachsende Bäume, Sträucher od. Zwergsträucher, wenn niederlgd. Zwergsträucher, dann in tieferen Lagen vorkommend **2**

2. Bäume, Sträucher od. Zwergsträucher; Zweige aufr. od. absthd., ± gerade od. gebogen, aber weder lg. hgd. noch korkenzieherart. gedreht **4**

— Bäume; Zweige dünn, lg. u. schlaff hgd. (Trauer-Weiden, s. aber *S. alba* 'Tristis', Nr. **17**) od. Zweige korkenzieherart. gedreht (Korkenzieher-Weiden); — Spr. längl. od. lanzettl. m. lg. ausgezogener Spitze, unterseits oft graugrün bereift, zerstreut seidig behaart od. kahl **3**

3. Zweige peitschenart. lg. herabhgd., nicht korkenzieherart. gedreht, hellgelb, Spr. 8–14 cm lg.; Kätzchen meist m. ♂ u. ♀ Blüten; ↕ bis 20 m; ♄. IV–V. – Zierbaum.
Dotter-Trauer-W., ***S.* × *sepulcralis*** Simonk. nothovar. ***chrysocoma*** (Dode) Meikle

S. auch *S. alba* 'Tristis' (Nr. **17**).

— Zweige korkenzieherart. gedreht, bei jüngeren Pfl. straff aufr., bei älteren ± überhgd., gelbl.-braun bis grünl.; Spr. 5–10 cm lg., oft wellenart. gewunden; Kätzchen entw. ♂ od. ♀; ↕ bis 13 m; ♄. IV–V. – Zierbaum. [*S. matsudana* Koidz. 'Tortuosa']
Korkenzieher-W., ***S. babylonica*** L. 'Tortuosa'

4 (2). Zweige nicht bereift; wenn Nebenblätt. vorhanden, dann nicht m. dem Blattstiel verwachsen; — Bäume, Sträucher od. Zwergsträucher 6

— Zweige weißl. od. blassblau bereift (mehrere Zweige prüfen!); Nebenblätt. ± deutl., am Grund m. dem Blattstiel verwachsen (bleiben beim Entfernen des Blatts oft am Blattstiel haften); — Bast (inn. Rinde) gelb; Bäume od. höh. Sträucher 5

5. Blattstiel 5–10(–15) mm lg., Spr. (*463/1*) 3–5-mal so lg. wie br., 4–10(–12) cm lg. u. 1,5–3(–4) cm br.; Sprossachse u. Blätt. anfangs ± behaart (im Austrieb oft flaumig), später ± kahl; Zweige kräftig, ± aufr.; ↕ bis 10(–20) m; ħ–ħ. III–IV. – Bach- u. Flussufer, Kies- u. Schotterauen, Küstendünen. – *v* Alp. u. Vorland, *z* BW (Rheintal), MV u. PL: Ostsee-Küste; PL/CZ: Sudeten; auch gepfl. u. verwild. Reif-W., ***S. daphnoides*** Vill.

— Blattstiel 12–20 mm lg., Spr. (*463/2*) meist > 5-mal so lg. wie br., 6–15 cm lg. u. 1–2,5 cm br.; Sprossachse u. Blätt. meist auch anfangs kahl; Zweige dünn, meist ± bogenf. überhgd.; ↕ bis 6 m; ħ–ħ. III–IV. – Dünen, Ufer, Bahndämme. – Heimat: O-Eur., N- u. M-As.; gepfl. u. verwild. [*S. daphnoides* subsp. *acutifolia* (Willd.) Ahlfv.]
Spitzblättrige W., Kaspische Reif-W., ***S. acutifolia*** Willd.

6 (4). Blattstiel am Übergang zur Spr. m. > 2 deutl., höcker- od. stielart. Drüsen; ♂ Blüten m. (3–)5(–8) Staubblätt.; — Blätt. anfangs klebrig u. balsamisch duftend; Spr. (*463/3*) 5–12 cm lg. u. 1,5–4 cm br., am Rand dicht drüsig gesägt, oberseits ± glzd. dk.grün, unterseits heller grün, aber nie bereift; Nebenblätt. klein, meist fehlend; junge Zweige gelbl. bis rötl.braun, kahl; Kätzchen m. od. meist nach dem Laubaustrieb, an 2–5(–7) cm lg. Stielen, diese m. 3–8 am Rand drüsig gesägten Blätt.; Deckblätt. 1-farbig; ♀ Kätzchen ± überhgd., Samenreife erst im Spätsommer od. Herbst, Kätzchen oft bis nach dem Laubfall bleibend; ↕ bis 12(–25) m; ħ–ħ. V–VI. – Feuchte Wälder, Moore, Fluss- u. Bachufer. – *z*. – Auch Zierbaum.
Lorbeer-W., ***S. pentandra*** L.

— Blattstiel am Übergang zur Spr. ohne od. m. 1–2 (selten 3–4) ± undeutl. Drüsen; ♂ Blüten m. 2 od. 3 Staubblätt. (od. scheinbar nur 1 Staubblatt); — Samenreife im Frühjahr od. Frühsommer, Kätzchen danach abfallend 7

7. Spr. meist < 4-mal so lg. wie br. **20**

— Spr. meist > 4-mal so lg. wie br. 8

8. Blätt. u. Kätzchen z.T. (schief) gegenst. (v.a. an der Triebbasis, mehrere Zweige prüfen!); Nebenblätt. stets fehlend; Blattstiel 2–8 mm lg.; Spr. (*463/4*) längl. od. (verkehrt) eilanzettl., 3–8(–12) cm lg. u. 0,5–2 cm br., im vord. Teil fein gesägt, im unt. Teil meist ganzrandig, unterseits grau- od. blaugrün bereift, anfangs zuw. zerstreut od. flaumig behaart, sonst kahl; Blätt. beim Trocknen ± schwarz od. schwarzfleckig werdend; die 2 Staubfäden der ♂ Blüten verwachsen, dadurch scheinbar 1 Staubblatt pro Blüte (*471/3*); Zweige dünn, oft purpurrot, kahl; ↕ bis 8(–10) m; ħ(–ħ). III–IV(–V). – Auengebüsche, Niedermoore, Quellsümpfe, Ufer, feuchte Hänge, Kiesgruben, Ruderalflächen. – *v*. – Auch Zierstrauch. [incl. subsp. *lambertiana* (Sm.) Macreight] Purpur-W., ***S. purpurea*** L.

463/1

463/2

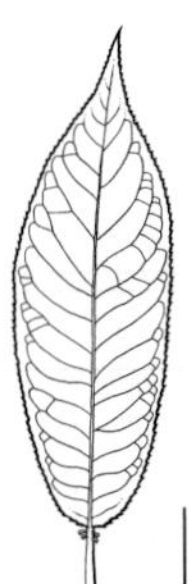
463/3

463/4

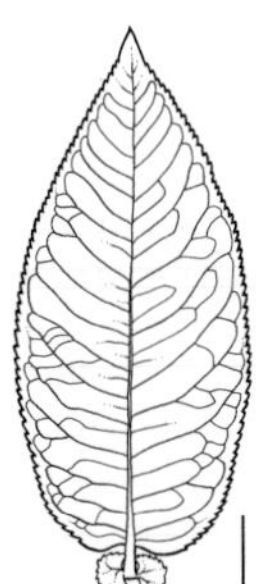
463/5

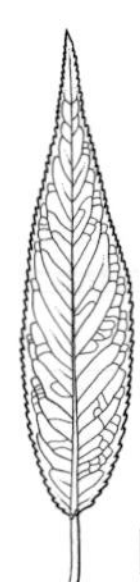
463/6

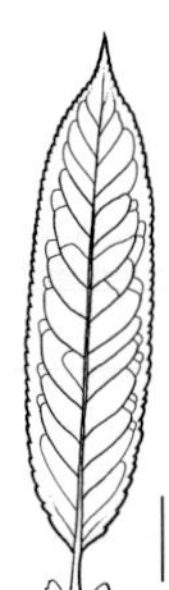
463/7

463/8

— Nicht so, insbes. Blätt. u. Kätzchen stets wechselst. (bei *S. repens*, s. Nr. **19**, Blätt. an der Basis der Triebe zuw. auch ± gegenst.) **9**

9. Spr. voll entwickelter Blätt. unterseits bleibend behaart (zumind. zerstreut) **12**

— Spr. voll entwickelter Blätt. unterseits kahl, höchstens auf den Nerven zerstreut behaart (im Austrieb zuw. stärker behaart) **10**

10. Grund der Spr. (*463/5*) herzf. (zumind. bei einem Teil der Blätt.!) od. gestutzt bis abgerundet; — Spr. eif. od. ellipt. bis längl., 6–14 cm lg. u. 1–3(–4) cm br., gesägt, unterseits hell- bis graugrün, ± bereift; Blätt. im Austrieb oft rötl.; Nebenblätt. meist groß u. deutl.; br.wüchsiger Strauch; ↕ bis 3(–6) m; ♄. IV–V. – Wege u. Böschungen. – Heimat: N-Am; gepfl., ob. verwild.? – *s*. [*S. cordata* Muhl. non Michx.; *S. rigida* Muhl.] Herzblättrige W., ***S. eriocephala*** Michx.

— Grund der Spr. keilf. bis abgerundet, nie herzf.; — Baum od. Strauch **11**

11. Baum; Spr. (*463/6*) lanzettl. m. lg. ausgezogener Spitze, 8–18 cm lg. u. 1,5–3(–4) cm br., meist unterh. der Mitte am breitesten, unterseits oft ± grauweiß bereift; Blattstiel 0,5–2 cm lg.; Rinde an Stamm u. stärkeren Ästen nicht flächig abschuppend; ♂ Blüten m. 2 Staubblätt.; Deckblätt. bis zur Spitze m. ± lg. Haaren, meist vor der Fr.reife abfallend; ↕ bis 15(–25) m; ♄̄. (III–)IV–V. – Erlen- u. Weiden-Ufergehölze der Bach- u. Flussauen des Hügel- u. Berglands. – *z*; oft auch kult. u. verwild. Bruch-W., ***S. fragilis*** L.

Ähnl. ist die häufig spontan vorkommende u. auch gepfl. Hohe od. Fahl-Weide, ***S.*** × ***rubens*** Schrank [Hybride *S. alba* × *S. fragilis*]; im Unterschied zu *S. fragilis* Blätt. (v. a. unterseits) u. junge Zweige zumind. in den Blattachseln u. an den Knospen zerstreut seidig behaart, nie ganz kahl. IV–V. – *v*. – Zu dieser soll auch das Typus-Exemplar von *S. fragilis* L. gehören, weshalb es Bestrebungen gibt, die Fahl-W. *S.* × *fragilis* zu nennen, dann Bruch-Weide *S. euxina* I. V. Belyaeva.

— Strauch (selten kleiner Baum); Spr. (*463/7*) schmal ellipt., längl. od. lanzettl., kurz zugespitzt, 5–10(–13) cm lg. u. 1,5–3 cm br., ± in der Mitte am breitesten, beiderseits grün [subsp. *triandra*] od. unterseits grauweiß bereift [subsp. *amygdalina* (L.) Schübl. & G. Martens]; Blattstiel 0,6–1,3 cm lg.; Rinde an Stamm u. stärkeren Ästen flächig abschuppend, junge Rinde darunter zimtbraun; ♂ Blüten m. 3 Staubblätt.; Deckblätt. im unt. Teil ± kraus behaart, zur Spitze hin ± kahl od. kurzhaarig, meist bis zur Fr.reife bleibend; — an 2–3-j. Zweigen oft paarige Knospen an der Blattnarbe od. am Grund der Seitentriebe, oft aus diesen blhd.; ↕ bis 4(–7) m; ♄ (selten ♄̄). IV–V. – Auengebüsche, Bach-, Fluss- u. Seenufer. – *v*. – Auch kult. für Flechtwerk. [*S. amygdalina* L.] Mandel-W., ***S. triandra*** L.

12 (9). Spr. meist < 7-mal so lg. wie br. **16**

— Spr. meist > 7-mal so lg. wie br. **13**

13. Spr. meist < 5 cm lg., — lanzettl., (4–)5–10-mal so lg. wie br., ganzrandig, unterseits ± dicht anlgd. seidig behaart; ↕ bis 1,5 m; ♄; IV–V. – Moore. – *z–s* im O: NO-D; A; CZ; PL; außerdem S-D: BY bis S-BW. [*S. repens* subsp. *rosmarinifolia* (L.) Čelak.]
Rosmarin-W., ***S. rosmarinifolia*** L., s. auch Nr. **19**—

— Spr. meist > 5 cm lg. **14**

14. Spr. unterseits zerstreut behaart (im Austrieb zuw. dichter), längl., Rand nicht od. kaum umgerollt, — 6–15 cm lg. u. 0,8–3 cm br. (*463/8*); ↕ 3–5 m; ♄–♄̄. III–IV. – Als Zierstrauch kult. u. verwild., zumeist die Sorte 'Sekka' (Drachen-Weide) m. abgeflachten, mehrere cm br. (verbänderten) Zweigen (mehrere Zweige prüfen). – Verbr. in D ungenügend bekannt, BW, BY, ST, sonst?; ob von der Art nicht verbänderte Wildformen vorkommen? [*S. sachalinensis* F. Schmidt] Sachalin-W., ***S. udensis*** Trautv. & C. A. Mey.

— Spr. unterseits dicht behaart (Epidermis ganz verdeckt), längl. bis linealisch, am Rand deutl. umgerollt, — 0,5–2 cm br.; Zweige nicht verbändert **15**

15. Spr. (*465/1*) unterseits durch dicht anlgd., den Seitennerven ± parallele, helle Haare ± seidig schimmernd, meist ≥ 9-mal so lg. wie br., 5–15(–20) cm lg. u. (0,5–)1–2 cm br., ganzrandig od. selten undeutl. kerbig gesägt, Kätzchen ellipsoidisch; Frkn. behaart, Deckblätt. 2 farbig, an der Spitze dunkel; ↕ bis 6(–10) m; ♄–♄̄. III–IV. – Ufer von Flüssen u. Bächen, Weichholz-Auengebüsche. – *v*, im Geb. *z*; außerh. von Auen meist gepfl., häufig als Bienenweide od. als Korbweide für Flechtwerk kult.; auch verwild. Korb-W., ***S. viminalis*** L.

— Spr. (*465/2*) unterseits durch filzige Behaarung mattgrau od. weißgrau, nicht schimmernd, (3–)5–12(–15) cm lg. u. 0,5–1,5(–2) cm br., ganzrandig od. selten zur Spitze hin undeutl. kerbig gesägt; Kätzchen ± längl.; Frkn. kahl, z. Bltzt. vom 1-farbig gelbgrünen, an der Spitze mitunter rötl. Deckblatt ± verdeckt; ↕ bis 15(–20) m; ħ–ħ̄. IV–V. – Fluss- u. Bachauen m. Kies- u. Schotterfluren. – *v* Alp. u. Vorland, Schweizer Jura; *s* am Oberrhein, Bayrw.; CZ. [*S. incana* Schrank] Lavendel-W., ***S. eleagnos*** Scop.

16 **(12).** 0,2–1,5 m hoher Strauch, nur in höh. Lagen der Z-Alp. .... ***S. glaucosericea***, s. Nr. **27**

— Strauch (< od. > 1,5 m hoch) od. Baum von der Ebene bis in mittl. Gebirgslagen, fehlt in den höh. Lagen der Z-Alp. **17**

17. Spr. (*465/3*) regelm. fein drüsig gesägt, Rand flach, nicht umgerollt, — unterseits ± dicht anlgd., silbrig seidig behaart (Haare ± parallel zur Mittelrippe), Spr. schmal ellipt. bis lanzettl., 5–12 cm lg. u. 1–2 cm br., Blattstiel 3–10 mm lg.; Knospen u. junge Triebe anfangs dicht anlgd. behaart, verkahlend; junge Zweige beim Anlegen an die Tragachse nicht leicht abbrechend; ↕ bis 25(–35) m; ħ̄. IV–V. – Fluss- u. Bachufer, Gräben, Weichholz-Auenwälder u. Gebüsche. – *v* bes. im Tief- u. Hügelland, *z–s* im Bergland; oft gepfl. u. verwild. Silber-W., ***S. alba*** L.

Bei der Typus-Varietät (var. ***alba***) junge Zweige braunrot bis gelbgrün, abweichend davon: (1) Dotter-W., ***S. alba*** var. ***vitellina*** (L.) Stokes ['Vitellina']: Zweige hellgelb, oft ± kahl, Spr. u. junge Triebe nur spärl. behaart. Zierbaum. (2) Mennige-W., Kermesin-W., ***S. alba*** var. ***britzensis*** Spaeth ['Chermesina']: Zweige v. a. im Winter orange- bis zinnoberrot. Zierbaum. (3) ***S. alba* 'Tristis'**: Kulturform m. lg. hgd. Zweigen, Kätzchen nie m. ♀ u. m ♂ Blüten; s. auch *S. × sepulcralis* Nr. **3**.

Ähnl. ist die häufig spontan vorkommende u. auch gepfl. Hohe od. Fahl-Weide, ***S. × rubens*** Schrank (= *S. alba × S. fragilis*); im Unterschied zu *S. alba* junge Zweige, Knospen u. Spr. unterseits nur zerstreut behaart bis fast kahl; junge Zweige beim Anlegen an die Tragachse ± leicht abbrechend; Blattstiel 8–18 mm lg.

— Spr. ganzrandig od. unregelm. gesägt, Rand meist ± umgerollt (selten flach); — Strauch od. kleiner Baum **18**

18. Blattstiel 1–2,5 cm lg.; Spr. 8–15(–23) cm lg. u. 2–4(–5) cm br. (*465/4*), unterseits behaart (zuw. seidig) od. bis auf die Nerven kahl; junge Zweige kräftig, wie die Knospen dicht grau bis schwarzgrau samtig od. ± absthd. behaart; stets aufr. wachsender Strauch od. Baum; ↕ bis 6 m; ħ–ħ̄. III–IV. – Flussufer, Auengebüsche. – Einheim. wohl nur im NO u. O (D: MV, SH; PL); sonst als Bienen- u. Korbweide kult. u. verwild. [*S. dasyclados* Wimm.] Filzast-W., Bandstock-W., ***S. gmelinii*** Pall.

Es bedarf noch der Klärung, ob diese Sippe hybridogen aus *S. caprea × S. cinerea × S. viminalis* entstanden ist. Verwechslungsgefahr besteht m. den Hybriden ***S. × holosericea*** Willd. [*S. cinerea × S. viminalis*] u. ***S. × smithiana*** Willd. [*S. caprea × S. viminalis*]. Beide *z*, auch kult. u. verwild.

— Blattstiel 0,1–0,4 cm lg.; Spr. 1–5(–6) cm lg. u. < 2 cm br., unterseits bleibend silbrig-seidig behaart; 0,2–1,8 m hoher Strauch; Zweige dünn, anfangs anlgd. seidig behaart, verkahlend, aufr. od. niederlgd., auch wurzelnd u. unterird. kriechend (Artengruppe ***S. repens*** agg.) **19**

19. Spr. (*465/5*) br. lanzettl., ellipt. bis längl. od. verkehrt eif., 2–5-mal so lg. wie br., m. kurzer, oft etwas gekrümmter Spitze, Seitennervenpaare 4–10, am Rand meist umgerollt, ganzrandig bis entfernt gesägt od. gezähnt; Kätzchen eif. bis kurz kegelf., 1–2,5-mal so lg. wie br.; Frkn. u. Fr. behaart od. kahl; ↕ bis 1(–2) m; ħ. IV–V. – Moore, feuchte Magerrasen u. Heiden, Wegränder, Küstendünen. – *v–s*. Kriech-W., ***S. repens*** L.

a. Spr. ellipt. bis längl. 2–5-mal so lg. wie br., oberseits verkahlend, unterseits bleibend silbrig-seidig; Blätt beim Trocknen zuw. ± schwarz werdend. – *v–z*. [*S. repens* s. str.] Kriech-W. (i. e. S.), subsp. ***repens***

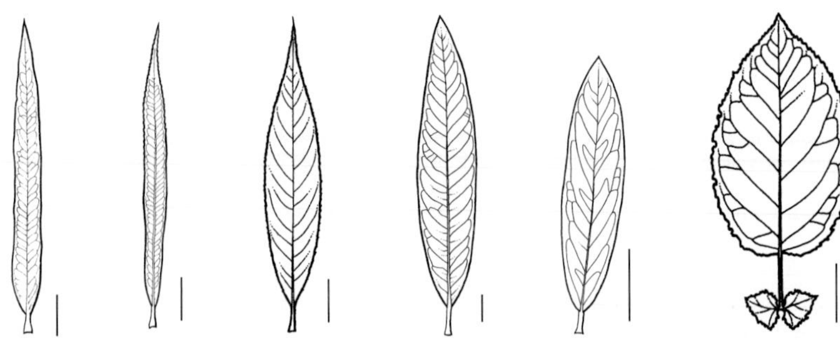

465/1 *465/2* *465/3* *465/4* *465/5* *465/6*

— Spr. ellipt. bis rundl., bis 2,5-mal so lg. wie br., beiderseits bleibend silbrig-seidig behaart; Blätt. beim Trocknen nicht schwarz werdend. – Küstendünen *v*, sonst *z* im NW u. N, *s* im NO. [*S. arenaria* L.; *S. argentea* Sm.]
Dünen-(Kriech-)W., subsp. ***dunensis*** Rouy

— Spr. schmaler u. länger, lineal-lanzettl. bis längl. lanzettl., (3–)5–10-mal so lg. wie br., m. ± lg. u. gerader Spitze, Seitennervenpaare 8–14, Rand flach bis umgerollt, meist ganzrandig, kaum od. nicht gezähnt; Kätzchen kugelig bis kurz kegelf., ± so lg. wie br.; Frkn. u. Fr. stets behaart; ↕ bis 1(–2) m; ♄. IV–V. – Moore. – *z–s* im O: NO-D; A; CZ; PL; außerdem S-D: BY bis S-BW. [*S. repens* subsp. *rosmarinifolia* (L.) Čelak.] Rosmarin-W., ***S. rosmarinifolia*** L., s. auch Nr. **13**

20 (7). Spr. (*465/6*) unterseits grauweiß bereift, aber ganz an der Spitze grün (nicht bereift), kahl od. ± behaart; Nebenblätt. meist deutl., br. eif. ; Blätt. beim Trocknen stets schwarz od. schwarzfleckig werdend; Spr. ellipt., verkehrt eif. od. längl., 2–7(–12) cm lg. u. 1–4 (–5) cm br., gekerbt od. gesägt; junge Zweige dicht od. zerstreut grau behaart bis kahl; ↕ 1,5–4(–8) m; ♄. IV–VI. – Weidengebüsche u. Grauerlenwälder, Bach- u. Flussufer, Kiesbänke, feuchte Hänge; v. a in der montanen u. subalp. Stufe, im Norden auch in tieferen Lagen. – Voralp. *v*, sonst *z*, im NW u. D: HE *f*. [*S. nigricans* Sm.].
Schwarz-W., Schwarzwerdende W., ***S. myrsinifolia*** Salisb.

Hierher auch Apennin-W., ***S. myrsinifolia*** var. ***apennina*** Borzi [*S. apennina* A. K. Skvortsov]: Blätt. unterseits bis einschließl. Spitze grauweiß bereift u. auf dem Mittelnerv helle u. rostbraune Haare. – *s*, CH: S-Ts.

Ähnl. u. schwer abzugrenzen von *S. myrsinifolia* ist *S. hegetschweileri* Heer, s. Nr. **43**.

— Spr. unterseits grün (nicht bereift) od. bis einschließl. Spitze (!) grauweiß bereift, kahl od. behaart, zuw. dicht hell behaart (Epidermis dann nicht sichtbar); Nebenblätt. deutl. od. fehlend; Blätt. beim Trocknen nicht od. selten schwarzfleckig werdend **21**

Auch *S. waldsteiniana* (Nr. **44**) u. *S. foetida* (Nr. **41**) unterseits bereift u. zuw. m. grüner Spitze, aber ohne od. m. undeutl. Nebenblätt.; beide bis 1 m hohe Sträucher u. nur in höh. Lagen der Alp.

21. Voll entwickelte Blätt. (spätestens nach dem Austreiben) unterseits kahl od. nur m. einzelnen Haaren **33**

— Blätt. auch nach dem Austreiben unterseits bleibend behaart, zumind. auf den Nerven ... **22**

22. Holz ohne Striemen od. Striemen < 5(–8) mm lg. u./od. undeutl.; Nebenblätt. vorhanden od. fehlend **24**

— Holz m. deutl., 5–25 mm lg. Striemen; Nebenblätt. vorhanden u. deutl., br. eif. **23**

23. Triebe u. Knospen ± rotbraun od. braun, anfangs behaart, rasch verkahlend, Zweige oft schon im 1. Jahr kahl; Spr. (*467/1*) unterseits anfangs grau behaart, oft bis auf die Nerven verkahlend, verkehrt eif., 1,5–2,5-mal so lg. wie br., 2–6(–7) cm lg. u. 1,5–3,5 cm br., größte Breite meist über der Mitte, m. 7–10 Nervenpaaren, am Rand ± wellig-buchtig u. unregelm. kerbig gesägt, oberseits durch eingesenkte Nerven runzelig (v. a. an lichten StO) u. anfangs stumpf dk.grün, später schwach glzd.; ↕ bis 3 m; ♄. IV–V. – Moorgebüsche, Ufer v. a. sthd. Gewässer, Bruchwälder, Gräben, Nasswiesen; nasse, saure, eher nährstoffarme Böden. – *v*.
Ohr-W., ***S. aurita*** L.

— Dies- u. oft auch vorj. Triebe sowie Knospen samtig braun bis schwarzgrau behaart, nie rotbraun; Spr. (*467/2*) anfangs beiderseits grau behaart, oberseits verkahlend, unterseits ± bleibend behaart, schmal ellipt. bis längl. verkehrt eif., 2–4-mal so lg. wie br., 5–10(–12) cm lg. u. 1,5–3,5(–4,5) cm br., größte Breite in od. über der Mitte, m. meist > 10 Nervenpaaren, unregelm. kerbig gesägt bis ganzrandig, oberseits nicht od. nur wenig runzelig, mattgrün; ↕ bis 4(–6) m (subsp. *oleifolia* bis 12 m); ♄. III–IV. – Bachufer, an Gräben, Moor- u. Nasswiesen, Quellsümpfe, Bruchwälder, feuchte Ruderal-StO; mäßig nährstoffreiche, nasse Böden. – *v*.
Grau-W., Asch-W., ***S. cinerea*** L.

Neben subsp. ***cinerea*** (nur m. grauen Haaren auf der Unterseite der Spr.) die Rostnervige W., subsp. ***oleifolia*** Macreight [*S. atrocinerea* Brot.]: Spr. unterseits grau behaart u. m. rostfarbenen Haaren, bes. auf den Nerven; Blätt. u. Triebe stärker verkahlend; ↕ bis 12 m; ♄ od. ♄. *s*, D: RP; B; F: Els; NL; auch kult.

Ähnl. die Ägyptische W., ***S. aegyptiaca*** L. (s. Nr. **29**), Spr. aber < 2,5-mal so lg. wie br. (*467/3*), Striemen meist nur bis 10 mm lg.; Knospen u. Blattstiele oft rötl.

Folg. Hybriden in ihren Merkmalen ± intermediär zw. den Elternarten, oft aber einer Elternart genähert u. deshalb schwer abzugrenzen: Vielnervige W., ***S. × multinervis*** Döll [*S. aurita × S. cinerea*]; ***S. × reichardtii*** A. Kern. [*S. caprea × S. cinerea*], s. Nr. **29**; ***S. × holosericea*** Willd. [*S. cinerea × S. viminalis*], s. Nr. **18**.

24 (22). > 1 m hohe Sträucher od. Bäume **29**

— 0,1–1(–1,5) m hohe Sträucher **25**

25. 0,2–1,5 m hoher Strauch von der Ebene bis in montane Berglagen; Zweige aufr. od. niederlgd. bis aufstgd., auch unterird. kriechend u. wurzelnd; Spr. v.a. unterseits bleibend dicht anlgd., silbrig-seidig behaart .... ***S. repens***, s. Nr. **19**
— Sträucher höh. Lagen der Geb. (hochmontan bis alp.; m. Ausnahme von *S. lapponum* nur Alp.) **26**
26. 0,05–0,5 m hohe Zwerg- od. Spaliersträucher der subalp. u. alp. Stufe der Alp.; Spr. ellipt., 1–3,5(–4) cm lg. u. 0,5–2 cm br., unterseits grün, kahl od. anfangs wollig od. seidig behaart, die grüne Epidermis aber sichtbar, zw. den Seitennerven deutl. netznervig (Artengruppe ***S. alpina*** agg.) **49**
— 0,2–1,5 m hohe aufr. Sträucher, mitunter Zweige bogig aufstgd.; Spr. unterseits dicht hellgrau bis weißl. behaart, zw. den Seitennerven nicht deutl. netznervig bzw. Nervatur nicht erkennbar **27**
27. Spr. (2–)3–4(–5)-mal so lg. wie br., 3–6(–8) cm lg. u. 1–2(–2,5) cm br. (*467/4*), unterseits ± anlgd. u. oft seidig behaart, oberseits matt grün, behaart od. kahl; Deckblätt. 1-farbig hell od. an der Spitze rötl.; ↕ bis 1(–1,5) m; ♄. VI–VII. – Feuchte, steinige Hänge, Bachufer, Hochstaudengebüsche der Alp. (v.a. Z-Alp.); kalkmeidend. – *s* A: Sb, OTi, Ti; *z* CH; *s* I: Bz.
Seiden-W., ***S. glaucosericea*** Flod., s. auch Nr. **16**
— Spr. 2–3-mal so lg. wie br., unterseits grau- bis weißfilzig behaart, oberseits glzd. dk.grün u. kahl, seltener grau bis weißl. behaart; Deckblätt. 2-farbig, an der Spitze dk.braun bis schwarz **28**
28. Vorkommen nur in den Alp.; Blätt. u. junge Triebe zumind. anfangs dicht zottig weißl. behaart; Blätt. an den Zweigenden nicht od. wenig gehäuft; Spr. 3–6(–9) cm lg. u. 1–3,5 cm br., ellipt. od. br. lanzettl. (*467/5*); Kätzchen m. dem Laubaustrieb, kurz gestielt, an der Basis meist m. einigen Blättchen, zylindr., z. Fr.Reife deutl. verläng.; Frkn. kurz gestielt; ↕ 0,3–1(–1,5) m; ♄. V–VII. – Blockschuttflächen, Zwergstrauchheiden, Bachufer. – *s*, Alp. von A; CH; I: Bz. [*S. lapponum* var. *helvetica* (Vill.) Andersson] Schweizer W., ***S. helvetica*** Vill.
— Vorkommen außerh. der Alp.; Blätt. u. junge Triebe weniger dicht behaart, ± grau; Blätt. an den Zweigenden oft gehäuft; Spr. sonst wie *S. helvetica*; Kätzchen vor dem Laubaustrieb, ± sitzend, an der Basis meist ohne Blättchen, zylindr., z. Fr.Reife wenig verläng., Frkn. sitzend; ↕ 0,3–1(–2) m; ♄. V–VII. – Moore, Sumpfwiesen. – *s* PL u. CZ: Riesengeb., Altvatergeb.; D: S-Schw.? Lappland-W., ***S. lapponum*** L.
Beide Sippen schwer zu unterscheiden, möglicherweise geograph. Unterarten einer Art.
29 (24). Spr. (*467/6*) < 2,5-mal so lg. wie br.; Nebenblätt. meist nur an kräftigen Trieben vorhanden, sonst undeutl. od. fehlend; Rinde an Stamm u. stärkeren Ästen m. großen, rautenf. Korkwarzen; — Mark der Zweige braun; Spr. ellipt., 5–10(–15) cm lg. u. 2,5–4(–7) cm br., am Rand wellig, undeutl. u. unregelm. gekerbt od. (fast) ganzrandig, oberseits nur anfangs behaart, verkahlend, unterseits graugrün, dicht bis locker behaart bis fast kahl, m. deutl. hervortretenden Nerven; ↕ bis 12 m; ♄–♄. III–IV. – Lichte Wälder, Waldlichtungen u. -ränder,

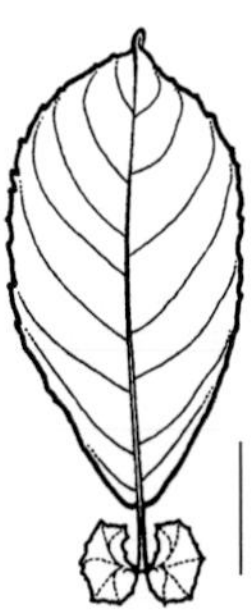
467/1

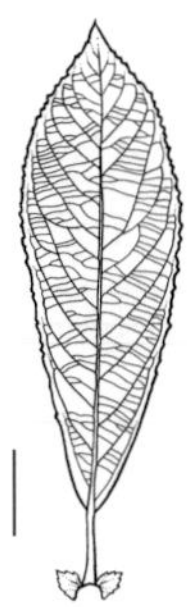
467/2

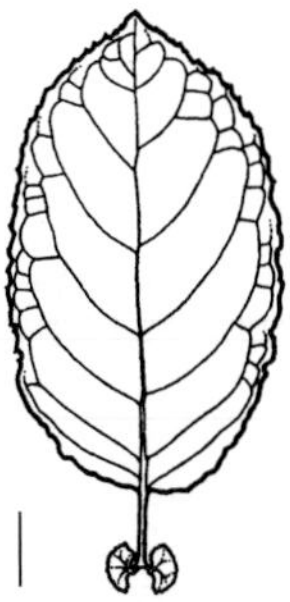
467/3

467/4

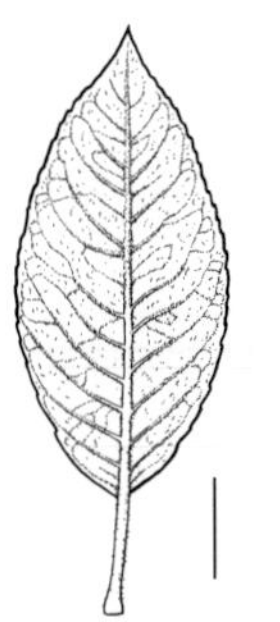
467/5

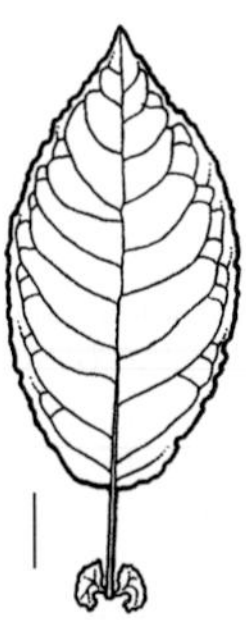
467/6

Gebüsche, Wegränder, Ruderal-StO; von der Ebene bis in die subalp. Stufe der Geb. – *v*, im N *z*. Sal-W., ***S. caprea*** L.

Ähnl. sind folg. spontan vorkommende Hybriden: **S.** × ***reichardtii*** A. Kern. [*S. caprea* × *S. cinerea*]: Holz m. ± deutl. Striemen; Spr. meist 1,5–2,5(–3) cm br., Zweige ± behaart (s. Nr. **23**—); Kübler-W., **S.** × ***smithiana*** Willd. [*S. caprea* × *S. viminalis*]: Spr. etwa 3–6-mal so lg. wie br. (s. Nr. **18**)

Ähnl. Ägyptische W., ***S. aegyptiaca*** L.: Holz meist m. bis 10 mm lg. Striemen; junge Zweige, Knospen u. Spr. unterseits ± zottig grau behaart; Knospen u. Blattstiel oft rötl. – Heimat: Klein- bis W-As.; gelegentl. gepfl., ob verwild.?

— Spr. > 2,5-mal so lg. wie br.; Nebenblätt. deutl.; Rinde an Stamm u. stärkeren Ästen ohne große, rautenf. Korkwarzen **30**

30. Strauch od. Baum tieferer Lagen; — Spr. unterseits zuw. anlgd. seidig behaart ***S. gmelinii***, s. Nr. **18**

— Strauch od. Baum höh. Lagen der Geb. (hochmontan bis subalp., nur Alp. u. Sudeten) **31**

31. Junge Triebe oft bis ins 2. Jahr dicht filzig od. samtig behaart; Spr. (*468/1*) unterseits behaart, auf der Fläche nie ganz kahl; Blätt. beim Trocknen teilw. schwarz werdend; — Äste stark knotig, schwarzbraun; Vorkommen nur Z-Alp.; ↕ bis 3 m; ♄. V–VI. – Bachufer, Grünerlengebüsche, feuchte Felshänge u. Blockhalden. – *s* Alp. von A: OTi u. Ti bis CH: Gr, Vs, Vd. [*S. pubescens* A. Kern. & J. Kern.] Flaum-W., ***S. laggeri*** Wimm.

— Junge Triebe anfangs behaart, im 1. Jahr verkahlend, Spr. unterseits behaart, oft bis auf die Nerven verkahlend; Blätt. beim Trocknen nicht schwärzend **32**

32. Vorkommen in den Alp., im Alp.Vorland, Schw., Schweizer Jura; Spr. (*468/2*) 2,5–4-mal so lg. wie br., 5–14(–18) cm lg. u. 3–5 cm br.; Frkn. u. meist auch Fr. behaart; ↕ bis 6 m; ♄–♄. IV–V. – Latschen- u. Grünerlengebüsche, Hochstaudenfluren, Bachufer. – *v* Alp., *z* Alp.Vorland, Bayrw., Schw., Schweizer Jura; CZ. [*S. grandifolia* Ser.] Großblättrige W., ***S. appendiculata*** Vill.

— Vorkommen nur in den Sudeten; Spr. (*468/3*) 2–3(–4)-mal so lg. wie br., (3–)4–10 cm lg. u. 1,5–4 cm br.; Blätt. im Austrieb oft auffallend rötl.; Frkn. u. Fr. kahl; ↕ bis 3(–6) m; ♄. IV–VI. – Hochstaudenfluren, Bachufer. – *s*, nur CZ u. PL: Sudeten (Riesengeb. bis Glatzer Kessel) u. Vorland. Schlesische W., ***S. silesiaca*** Willd.

33 (21). Sträucher od. Zwergsträucher höh. Gebirgslagen (hochmontan bis alp., v. a. Alp.) **38**

— Sträucher od. Zwergsträucher tieferer Lagen (planar bis montan) **34**

34. Bis 1,5 m hohe Sträucher; Spr. < 5(–6) cm lg. (bei *S. glabra* auch länger); Nebenblätt. vorhanden od. fehlend **36**

— Meist > 1,5 m hohe Sträucher; Spr. 5–14 cm lg.; Nebenblätt. fast stets vorhanden, br. eif. bis rundl. **35**

35. Spr. am Grund keilf. bis abgerundet, nie herzf; Rinde an Stamm u. stärkeren Ästen flächig abschuppend, darunter zimtbraun; ♂ Blüten m. 3 Staubblätt.; Deckblätt. 1-farbig hell ***S. triandra***, s. Nr. **11**—

— Spr. am Grund herzf. (zumind. bei einem Teil der Blätt., mehrere Zweige prüfen!) od. gestutzt bis abgerundet; Rinde nicht flächig abschuppend; ♂ Blüten m. 2 Staubblätt.; Deckblätt. 2-farbig, am Grund hell, an der Spitze dunkel .... ***S. eriocephala***, s. Nr. **10**

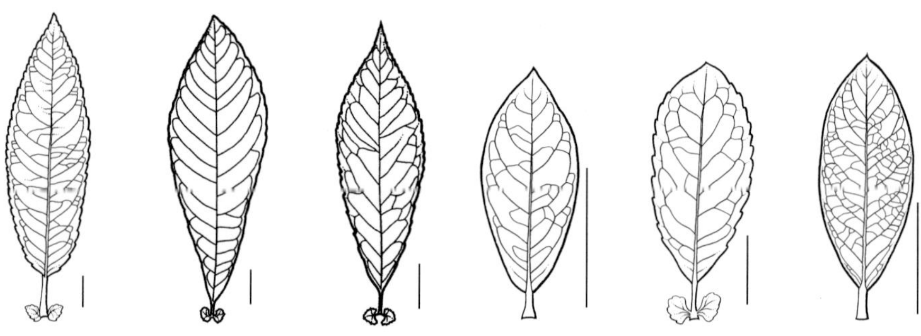

468/1 *468/2* *468/3* *468/4* *468/5* *468/6*

36 (34). Spr. (*468/4*) oberseits matt grün bis blaugrün (± bereift), nicht glzd., ganzrandig (selten undeutl. gesägt), — ellipt. bis längl., 1,5–3,5 cm lg. u. 0,7–1,8 cm br., kahl od. anfangs etwas behaart; Nebenblätt. fehlend; niedriger Strauch m. unterird. kriechenden Ästen u. aufstgd. od. aufr., kahlen, nur anfangs behaarten, rotbraunen Zweigen; ↕ 0,2–0,5(–1) m; ♄. V–VII. – Übergangs- u. Verlandungsmoore, Weiden-Birken-Gebüsche; Tiefland (nur NO-PL), Mittelgeb., Alp.Vorland u. montane Stufe der Alp. – *s*, D: S- u. NO-BY; A: Sb; CH: SG; CZ; PL. Heidelbeer-W., ***S. myrtilloides*** L.

— Spr. oberseits grün u. ± glzd. (nicht bereift), gesägt od. ganzrandig; — Nebenblätt. vorhanden od. fehlend **37**

37. Nebenblätt. meist vorhanden u. deutl., br. eif.; Blätt. beim Trocknen nicht schwärzend; Frkn. u. Fr. dicht behaart; — Spr. (*468/5*) ellipt. bis verkehrt eif., 2–6 cm lg. u. 1–3 cm br., ganzrandig od. unregelm. gesägt, anfangs beidseitig ± behaart, verkahlend u. dann oberseits grün u. ± glzd., unterseits grauweiß bereift; niedriger Strauch m. niederlgd. bis aufstgd., dünnen, gelbl. braunen, glzd., nur anfangs kurz behaarten, dann kahlen Zweigen; ↕ 0,2–0,7(–1) m; ♄. IV–V. – Wechselfeuchte Magerwiesen, Moore. – *s*, D: O-BB, S-BW; *v* PL; früher CZ. [*S. livida* Wahlenb.; *S. depressa* auct. non L.] Bleiche W., ***S. starkeana*** Willd.

— Nebenblätt. klein od. fehlend; Blätt. beim Trocknen schwärzend; Frkn. u. Fr. kahl; — nur in der montanen u. subalp. Stufe der Alp. . . . . ***S. glabra***, s. Nr. **44**

38 (33). Spr. (*468/6*) oberseits matt grau- od. blaugrün, nicht glzd., unterseits heller, ganzrandig od. nur selten zur Spitze hin einzelne Zähnchen, — ellipt., 1–3(–6) cm lg. u. 0,5–2(–3) cm br., kahl; Blattstiel 2–4 mm lg.; Strauch m. bogig aufstgd. od. aufr., kahlen Zweigen; ↕ 0,3–1(–1,5) m; ♄. V–VII. – Subalp. bis alp. Auengebüsche an Gebirgsbächen, Quellfluren, nasse Wiesen, Moore. – *s*, Alp. von D: BY; A: Kt, OTi, Ti, Vb; CH; I: Bz. Blaugrüne W., ***S. caesia*** Vill.

— Spr. oberseits grün, oft ± glzd., gesägt od. ganzrandig **39**

39. Spr. ober- u. unterseits verschiedenfarbig, unterseits grau bis weißl. bereift **41**

— Spr. auf beiden Seiten ± grün, unterseits nicht bereift **40**

40. Aufr., bis 4 m hoher Strauch; Blattstiel 3–10 mm lg.; Spr. (*469/1*) ellipt., 3,5–7(–10) cm lg. u. 1,5–3(–4) cm br., — am Rand gesägt, nur anfangs etwas behaart, später kahl, unterseits ± glzd.; ♄; V–VI. – Bachufer, Grünerlengebüsche. – *s*, Voralp. von A: Kt, OÖ, Sb, Stm, Ti; I: Bz. Tauern-W., ***S. mielichhoferi*** Saut.

— 0,05–0,5 m hohe Zwerg- od. Spaliersträucher der subalp. u. alp. Stufe der Alp.; Blattstiel ≤ 3 mm lg.; Spr. ellipt., 1–3,5(–4) cm lg u. 0,5–2 cm br. (Artengruppe ***S. alpina*** agg.) **49**

41 (39). Spr. (*469/2*) 1–2,5(–5) cm lg. u. 0,5–1,5(–2,5) cm br., regelm., deutl. u. dicht scharf gesägt m. meist auffallend hellen (getrocknet dunkleren) Drüsen auf den Zähnen; — Blattstiel 2–5 mm lg.; Strauch m. aufr., zuletzt kahlen Zweigen; ↕ 0,3–1,5(–2) m ; ♄. V–VII. – Subalp. Hochstaudengebüsche, Bachufer, Quellfluren der S- u. W-Alp. – *s*, A: OTi, Ti (Fimbertal), Vb; *z* CH; *s* I: Bz. [*S. arbuscula* subsp. *foetida* (Schleich.) Braun-Blanq.] Ruch-W., ***S. foetida*** Schleich.

— Spr. meist >2,5 cm lg., ganzrandig od. gesägt, wenn m. Drüsen, dann diese nicht auffallend hell **42**

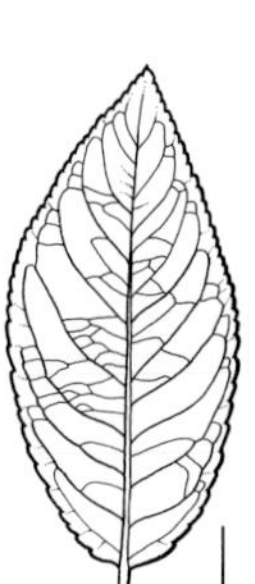

469/1

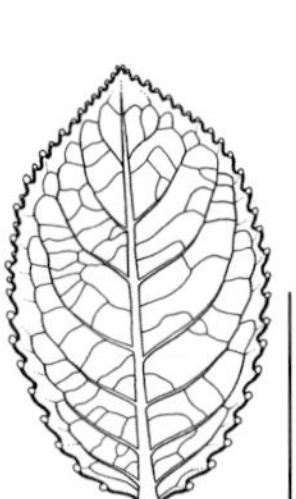

469/2

469/3

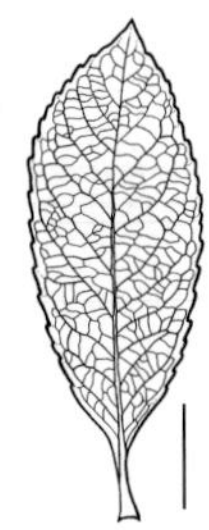

469/4

469/5

42. Nebenblätt. deutl., br. eif.; — Frkn. u. Fr. kahl; junge Triebe am Grund oft auffallend lg. behaart; Spr. (*469/3*) ellipt. bis verkehrt eif., am Grund keil- bis herzf., (3–)4–8(–10) cm lg. u. 2–5 cm br., gesägt, aber oft zur Spitze hin ganzrandig, selten ± ganzrandig, anfangs ± behaart, rasch kahl; Deckblätt. der Blüten m. 3–5 mm lg. Haaren; Kätzchen dadurch auffallend wollig-zottig, ihre Stiele weißzottig; Strauch m. anfangs zottig behaarten, später m. Ausnahme der Triebbasis kahlen, meist glzd. Zweigen; ↕ bis 1,5(–2,5) m; ♄. V–VI. – Hochmontane u. subalp. Hochstaudenfluren, Bachufer, Grünerlen- u. Latschengebüsche. – *z*, Alp. u. Voralp. von D: BY; A; CH; I: Bz; auch D: SH (Amrum), früher ST: S-Harz (Alter Stolberg); *s* CZ (Gesenke); DK; F: Vog.
Spieß-W., ***S. hastata*** L.

S. hegetschweileri (s. Anmerkung bei Nr. **43**) zuw. auch m. deutl. Nebenblätt., dann aber Spr. meist bis zur Spitze gesägt; Frkn. u. Fr. meist behaart.

— Nebenblätt. fehlend od. klein u. undeutl. (nur an kräftigen Langtrieben zuw. deutl.); — Frkn. u. Fr. behaart od. kahl **43**

43. Spr. ganzrandig od. selten undeutl. gesägt; — Frkn. u. Fr. behaart; Spr. 3–5(–8) cm lg. u. 1,5–2,5(–4) cm br. (*469/4*), anfangs behaart, z.T. seidig, rasch kahl, oberseits ± glzd. grün, unterseits matt grau- bis blaugrün bereift; ↕ 1–2,5(–4) m; ♄. V–VII. – Hochstaudengebüsche, Bachufer, Quellmoore. – *s*, D: Harz; A: Kt (Gurktaler Alp.), Sb; CH: Ur; PL/CZ: Sudeten. [*S. phylicifolia* auct.]
Zweifarbige W., ***S. bicolor*** Willd.

S. waldsteiniana (Nr. **44**) zuw. auch m. ± ganzrandigen Blätt., dann m. *S. bicolor* leicht zu verwechseln. Von beiden Arten schwer abzugrenzen ist ***S. hegetschweileri*** Heer, die Hochtal-W.: Spr. ellipt., (2–)4–7(–9) cm lg. u. 1–4 cm br., gesägt od. fast ganzrandig, anfangs behaart, später kahl, oberseits glzd. grün, unterseits grau- od. blaugrün bereift; Nebenblätt. meist deutl., seltener undeutl. bis fehlend; ↕ 1–2(–3) m; ♄. V–VI. – Hochstauden-, Grünerlen- u. Uferweiden-Gebüsche der Alp. – *s*, A: Ti; CH; I: Bz.

S. bicolor u. *S. hegetschweileri* gehören zur *S. phylicifolia*-Gruppe; ob auch *S. phylicifolia* L. (Grün-Weide) in den Alp. (CH) vorkommt, bedarf der Klärung.

— Spr. deutl. drüsig gesägt (bei *S. waldsteiniana* selten ± ganzrandig); — Frkn. u. Fr. kahl od. behaart **44**

44. Frkn. u. Fr. kahl; Spr. (*469/5*) unterseits grau- od. blaugrün bis fast weiß bereift (oft auffallend hell), oberseits grün u. ± glzd. (zuw. lackart.), beim Trocknen schwarz od. schwarzfleckig werdend, 2–7(–9) cm lg. u. 1–3(–3,5) cm br., gesägt; ↕ bis 1,5 m; ♄. V–VI. – Montane bis subalp. Hochstaudenfluren, Latschengebüsche, Schuttfluren, an Bächen. – *s*, D: BY, Alp.Vorland; *v* A: Alp.; *s* CH: Ts; I: Bz.
Kahle W., Glanz-W., ***S. glabra*** Scop.

— Frkn. u. Fr. behaart; Spr. unterseits grau- od. blaugrün bereift, oberseits matt od. glzd., beim Trocknen nicht schwärzend, 2–5(–7) cm lg. u. 0,5–3 cm br., gesägt od. selten fast ganzrandig (*470/1*); ↕ 0,3–2 m; ♄. V–VII. – Hochmontane bis subalp. Hochstaudenfluren, Grünerlen- u. Latschengebüsche, Zwergstrauchheiden. – *v* Alp. [*S. arbuscula* auct. non L.]
Bäumchen-W., ***S. waldsteiniana*** Willd.

Ähnl. ist *S. hegetschweileri*, s. Nr. **43**.

45 (1). Spr. (*470/2*) unterseits graugrün bis weißl. bereift, oberseits durch tief eingesenkte Nerven deutl. runzelig; — Spr. rundl. bis br. ellipt. od. verkehrt eif., vorn stumpf, 2–4 cm lg. u. 1–3(–4) cm br., ganzrandig od. selten am Rand schwach gekerbt, Blattstiel 5–20 mm lg.;

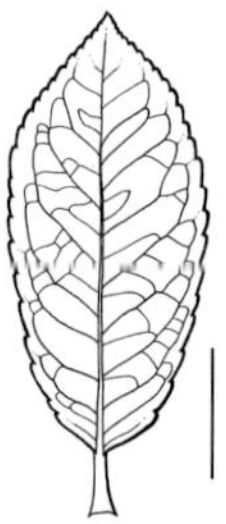
470/1

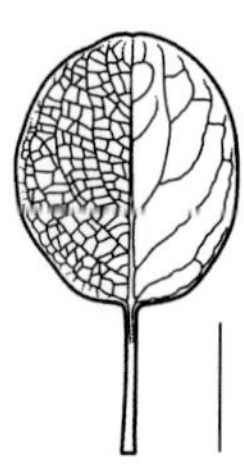
470/2

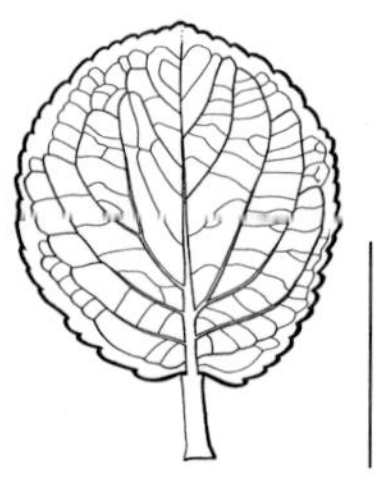
470/3

470/4

niederlgd. Spalierstrauch; ↕ 0,02–0,1 m; ♄. VII–VIII. – Feuchte Felshänge, Steinschutt, Schneetälchen; v. a. auf Kalk. – *z* Alp., *s* Schweizer Jura. Netz-W., ***S. reticulata*** L.

— Spr. unterseits grün, oft etwas heller als oberseits, aber nicht bereift, oberseits ± glatt **46**

46. Mehrj., verholzte Sprosse unterird., nur die diesj., 2–10 cm hohen Sprosse oberird.; Spr. (*470/3*) fast rund, so lg. wie od. wenig länger als br., — 1–2(–3) cm lg., am Rand gekerbt, unterseits glzd. grün; ♄. VI–VIII. – Feuchte Rasen, Schneetälchen. – *v* Alp. (1800–3300 m), *s* Sudeten (Riesengeb., Gesenke). Kraut-W., ***S. herbacea*** L.

— Mehrj. verholzte Sprosse oberird.; Spr. ± ellipt., deutl. länger als br. **47**

47. Spr. spitz od. stumpf, aber nicht ausgerandet, dicht bis zerstreut behaart od. ± kahl, zw. den nur schwach bogenf. Seitennerven deutl. netznervig; Blätt. beim Trocknen ± schwärzend; Frkn. u. Fr. behaart (bei *S. alpina* Fr. zuw. kahl); Deckblätt. der Blüten ± 2-farbig m. dunkler Spitze (Artengruppe Alpen-W., ***S. alpina*** agg.) **49**

— Spr. vorne stumpf bis abgerundet (selten spitz), zumind. teilw. ausgerandet, kahl od. m. einzelnen Haaren, zw. den deutl. bogenf. Seitennerven nur undeutl. netznervig; Blätt. beim Trocknen nicht schwärzend; Frkn. u. Fr. kahl; Deckblätt. 1-farbig hell (Artengruppe Stumpfblättrige W., ***S. retusa*** agg.) **48**

48. Spr. (*470/4*) 8–30 mm lg. u. 5–10 mm br., m. 3–6 Paar Seitennerven; Kätzchen 1–2 cm lg., die Blätt. an seiner Basis z. Bltzt. deutl. überragend, m. meist >10 Blüten; Pfl. ± locker verzweigt, die Äste dem Boden ± locker anlgd.; Spalierstrauch m. lg. kriechenden, an der Spitze zuw. aufstrebenden Zweigen; ↕ 0,01–0,1 m; ♄. VI–VIII. – Felsen, Steinschutt, Schneetälchen; bis 2640 m. – *v* Alp., *s* Schweizer Jura Stumpfblättrige W., ***S. retusa*** L.

— Spr. 4–11 mm lg. u. 2–4 mm br., m. 2–4 Paar Seitennerven; Kätzchen < 1 cm lg., die Blätt. an seiner Basis z. Bltzt. nicht od. kaum überragend, m. 3–8 Blüten; dicht verzweigter Spalierstrauch, die kurzen, meist nur bis 10 cm lg. Zweige dem Boden dicht angepresst; ↕ 0,01–0,05 m; ♄. VII–VIII. – Alp. Rasen, Steinschutt; bis 3200 m. – *v* Alp.
Quendelblättrige W., ***S. serpillifolia*** Scop.

49 (26, 40, 47). Spr. (*471/1*) am Rand dicht drüsig gesägt, anfangs wollig („spinnwebig") od. anlgd. behaart, ± verkahlend bis fast kahl, häufig oberseits stärker behaart bleibend als unterseits, unterseits dann stärker glzd. als oberseits, 1–3(–4) cm lg. u. 0,5–1,5(–2) cm br.; Frkn. u. Fr. sitzend; Strauch m. niederlgd. bis aufstgd. Zweigen; ↕ 0,05–0,5 m; ♄. VI–VII. –Subalp.-alp. Rasen, Schuttfluren, Zwergstrauchheiden; oft auf Kalk. – *s* D: SO-BY; *z* A; *v* CH; *z* I: Bz.
Kurzzahn-W., Matten-W., ***S. breviserrata*** Flod.

— Spr. (*471/2*) ganzrandig od. m. wenigen, undeutl. Zähnen, nur anfangs ± seidig behaart, verkahlend, oberseits ± kahl, meist nur am Rand bewimpert bleibend, beidersts. glzd., 1–3,5 cm lg. u. 0,6–1,8 cm br.; Frkn. u. Fr. kurz gestielt; Strauch m. niederlgd. bis aufstgd., Zweigen; ↕ 0,05–0,3 m; ♄. VI–VII. – Subalp. bis alp. Felsfluren u. Zwergstrauchheiden, Steinschutthalden; meist auf Kalk. – *s*, D: SO-BY; *z* A; *s* CH: Gr; I: Bz.
Ostalpen-W., Myrten-W., ***S. alpina*** Scop.

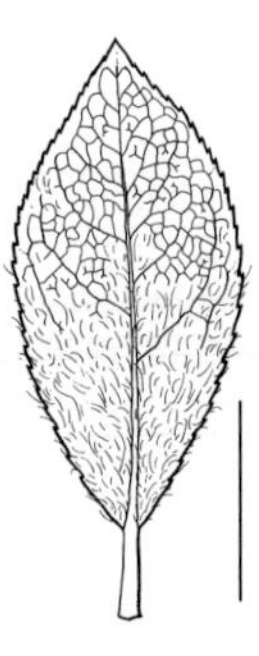

471/1

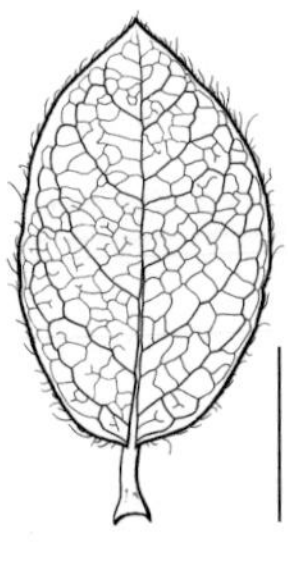

471/2

471/3

II. Tabelle zum Bestimmen von Zweigen m. ♂ Kätzchen

1. Staubfäden frei … **4**

— Staubfäden am Grund, bis zur Hälfte od. ganz miteinander verwachsen (mehrere Kätzchen prüfen!) … **2**

2. Staubfäden meist bis zu den Staubbeuteln miteinander verwachsen, dadurch scheinbar nur 1 Staubblatt (m. 4 Staubbeuteln) pro Blüte (*471/3*); Deckblätt. 2-farbig, am Grund hell, an der Spitze dk.braun bis schwarz (*471/3*); Kätzchen z. T. gegenst. (v. a. an der Basis der Triebe) od. schief gegenst. Purpur-W., ***S. purpurea***, s. **Tab. I** Nr. **8**

— Staubfäden unterschiedl. weit miteinander verwachsen, oft nur am Grund, selten bis fast zu den Staubbeuteln; Deckblätt. 1-farbig hell- od. gelbgrün, zuw. an der Spitze rötl.; Kätzchen stets wechselst. … **3**

3. > 1,5 m hoher Strauch od. Baum; Kätzchen längl., > 2,5-mal so lg. wie br.; Staubbeutel vor dem Aufblühen nicht auffallend rötl.; Spr. längl., unterseits dicht grau- bis weißfilzig behaart Lavendel-W., ***S. eleagnos***, s. **Tab. I** Nr. **15**—

— 0,3–1(–1,5) m hoher Strauch; Kätzchen eif., 1–2(–2,5)-mal so lg. wie br.; Staubbeutel vor dem Aufblühen auffallend rötl.; Spr. ellipt., unterseits seidig behaart od. kahl Blaugrüne W., ***S. caesia***, s. **Tab. I** Nr. **38**

4 (1). Blüten m. 2 Staubblätt. (*S. herbacea*, Nr. **16**, selten m. 3 od. 4) … **6**

— Blüten m. ≥ 3 Staubblätt. … **5**

5. Blüten m. 3 Staubblätt.; Kätzchen kurz vor od. m. dem Laubaustrieb, bis 1 cm lg. gestielt, am Grund m. 0–4(–5) kleinen Hochblätt.; Kätzchen außer an vorj. Trieben zuw. auch an 2–3-j. Zweigen (Kätzchen dann aus Knospen seitl. von Blattnarben od. an der Basis von Seitentrieben); Blätter im Austrieb oft ± rötl.; Rinde an Stamm u. stärkeren Ästen flächig abschuppend, darunter zimtbraun; Strauch Mandel-W., ***S. triandra***, s. **Tab. I** Nr. **11**—

— Blüten m. (3–)5(–8) Staubblätt.; Kätzchen m. od. nach dem Laubaustrieb, > 1,5 cm lg. gestielt, am Grund m. (4–)5–8 klebrigen u. balsamisch duftenden, den Laubblätt. ähnl. Blättchen; Blätter im Austrieb stets grün; Rinde nicht flächig abschuppend; Strauch od. Baum Lorbeer-W., ***S. pentandra***, s. **Tab. I** Nr. **6**

6 (4). Deckblätt. z. Bltzt. deutl. 2-farbig, an der Spitze braun bis schwarz, an der Basis heller, gelbgrün od. zuw. rötl., meist noch z. Frzt. vorhanden … **18**

— Deckblätt. z. Bltzt. 1-farbig gelbgrün, zuw. an der Spitze rötl., od. Deckblätt. 1-farbig rötl. bis hellbraun, z. Frzt. oft hinfällig … **7**

7. Kleine, bis 1,5(–2) m hohe Sträucher, Zwerg- od. Spaliersträucher … **11**

— Bäume od. > 2 m hohe Sträucher … **8**

8. Sträucher od. Bäume; Zweige aufr. od. absthd., ± gerade od. gebogen, aber weder lg. hgd. noch korkenzieherart. gedreht … **10**

— Bäume; Zweige dünn, lg. u. schlaff hgd. od. Zweige korkenzieherart. gedreht … **9**

9. Zweige korkenzieherart. gedreht (Korkenzieher-Weiden); Kätzchen nur m. ♂ (od. nur m. ♀) Blüten Korkenzieher-W., ***S. babylonica*** 'Tortuosa', s. **Tab. I** Nr. **3**—

— Zweige ± gerade, lg. u. schlaff hgd. (Trauer-Weiden); Kätzchen meist m. ♀ u. m. ♂ Blüten Dotter-Trauer-W., ***S. × sepulcralis*** nothovar. ***chrysocoma***, s. **Tab. I** Nr. **3**

10 (8). Deckblätt. meist nur am Grund behaart, an der Spitze kahl od. spärl. behaart; Zweige braunrot bis gelbgrün od. gelb, beim Anlegen an die Tragachse nicht leicht abbrechend; Knospen, Spitze der jungen Sprossachse u. Spr. der jungen Blätt. unterseits ± dicht anlgd. silbrig-seidig behaart Silber-W., ***S. alba***, s. **Tab. I** Nr. **17**

— Deckblätt. bis zur Spitze behaart; Zweige lehmgelb bis braun, beim Anlegen an die Tragachse leicht abbrechend; Knospen, junge Sprossachse u. Spr. der jungen Blätt. unterseits kahl od. zerstreut behaart Bruch-W., ***S. fragilis***, s. **Tab. I** Nr. **11**

Intermediar zwischen *S. alba* u. *S. fragilis* ist deren Hybride ***S. × rubens***, s. Anm. zu Tab. **I** Nr. **11**.

11 (7). Am Boden kriechende, bis 10 cm hohe Spaliersträucher … **15**

— Aufr., höhere Zwergsträucher od. Sträucher … **12**

12. Staubfäden kahl; Vorkommen in tieferen Lagen od. bis in die Randlagen der Alp. (bis montan) … **14**

— Staubfäden zumind. im unt. Teil behaart; Vorkommen in den Alp. (hochmontan bis subalp.) 13

13. Kätzchen nach dem Laubaustrieb, an ihrer Basis stets m. einigen dicht seidig behaarten Blättchen; Blätt. ganzrandig, dicht seidig behaart, nicht glzd.; kalkmeidend Seiden-W., ***S. glaucosericea***, s. **Tab. I** Nr. **27**

— Kätzchen m. od. kurz nach dem Laubaustrieb, m. od. ohne Blättchen, diese wie die jungen Blätt. am Rand gesägt, spärl. behaart od. kahl u. glzd.; meist auf Kalk Kahle W., Glanz-W., ***S. glabra***, s. **Tab. I** Nr. **44**

Vgl. auch ***S. foetida*** (Nr. **42**) m. kahlen Staubfäden u. am Rand dicht drüsig gesägten Blätt. m. auffallend hellen Drüsen; Deckblätt. aber ± deutl. 2-farbig, an der Spitze braun od. rötl.braun.

14 (12). Staubbeutel vor dem Stäuben rötl.; Kätzchen m. dem Laubaustrieb, daher meist an der Basis m. Blättchen; Holz ohne Striemen; Spr. oberseits blau- od. graugrün, ganzrandig Heidelbeer-W., ***S. myrtilloides***, s. **Tab. I** Nr. **36**

— Staubbeutel vor dem Stäuben gelb; Kätzchen vor od. m. dem Laubaustrieb, m. od. ohne Blättchen; Holz m. kurzen Striemen; Spr. oberseits grün, ganzrandig od. unregelm. gesägt (s. auch Nr. **21**) Bleiche W., ***S. starkeana***, s. **Tab. I** Nr. **37**

15 (11). Staubfäden am Grund ± behaart; Kätzchen 1–3 cm lg. gestielt; Blattstiel 5–20 mm lg. Netz-W., ***S. reticulata***, s. **Tab. I** Nr. **45**

— Staubfäden kahl; Kätzchen < 1 cm lg. gestielt; Blattstiel 1–5 mm lg. 16

16. Spr. rundl., ± so lg. wie br., am Rand gekerbt; verholzte Sprosse unterird., nur die kurzen diesj. Sprosse oberird. Kraut-W., ***S. herbacea***, s. **Tab. I** Nr. **46**

— Spr. ± ellipt., deutl. länger als br., ganzrandig od. selten ± schwach gesägt; verholzte Sprosse oberird. 17

17. Kätzchen kurz gestielt, 10–20 mm lg., z. Bltzt. die Blätt. an seiner Basis meist überragend, meist m. 10–20 Blüten; Spr. 8–30 mm lg. u. 5–10 mm br.; Pfl. ± locker verzweigt, die Äste dem Boden ± locker anlgd. Stumpfblättrige W., ***S. retusa***, s. **Tab. I** Nr. **48**

— Kätzchen fast sitzend, 4–8 mm lg., z. Bltzt. meist kürzer als od. so lg. wie die Blätt. an seiner Basis, meist m. 3–8 Blüten; Spr. 4–11 mm lg. u. 2–4 mm br.; Pfl. dicht verzweigt, die Äste dem Boden dicht angepresst Quendelblättrige W., ***S. serpillifolia***, s. **Tab. I** Nr. **48**—

18 (6). Bäume, Sträucher od. aufr. Zwergsträucher, wenn niederlgd., dann in tieferen Lagen vorkommend; Deckblätt. am Grund gelbgrün; Staubblätt. vor dem Aufblühen gelbl. od. seltener ± rötl. 20

— Bis 0,3(–0,4) m hohe, niederlgd. bis aufstg. Spaliersträucher subalp. u. alp. Lagen der Alp.; Deckblätt. am Grund meist rötl., an der Spitze schwarz; Staubblätt. vor dem Aufblühen rötl.; — Kätzchen am Grunde stets m. Blättchen 19

19. Spr. ganzrandig od. undeutl. gesägt Ostalpen-W., Myrten-W., ***S. alpina***, s. **Tab. I** Nr. **49**—

— Spr. dicht u. deutl. drüsig gesägt Kurzzahn-W., Matten-W., ***S. breviserrata***, s. **Tab. I** Nr. **49**

20 (18). Holz der 2–4-j. Zweige ohne od. nur m. wenigen, undeutl., 2–5 mm lg. Striemen 24

— Holz der 2–4-j. Zweige m. deutl., 3–25 mm lg. Striemen 21

21. 0,2–0,7(–1) m hoher Strauch, — m. niederlgd. bis aufstgd. dünnen, gelbl.braunen Zweigen; vorj. Sprossachse kahl od. zerstreut behaart (s. auch Nr. **14**) Bleiche W., ***S. starkeana***, s. **Tab. I** Nr. **37**

— > 0,7 m hoher Strauch 22

22. Striemen auf dem Holz meist nur bis 5 mm lg.; Staubfäden kahl od. nur am Grund m. einzelnen Haaren; vorj. Sprossachse ± dicht filzig od. samtig behaart (s. auch Nr. **38**) Filzast-W., Bandstock-W., ***S. gmelinii***, s. **Tab. I** Nr. **18**

— Striemen auf dem Holz ∞ u. bis 25 mm lg.; Staubfäden am Grund meist behaart; vorj. Sprossachse samtig behaart od. kahl 23

23. Vorj. Sprossachse u. Knospen rotbraun bis braun, ± kahl; Kätzchen 1–3 cm lg.; Bltzt. April–Mai, nach *S. cinerea* Ohr-W., ***S. aurita***, s. **Tab. I** Nr. **23**

— Vorj. Sprossachse u. Knospen samtig braun bis schwarzgrau behaart, nie rotbraun; Kätzchen 2–5 cm lg.; Bltzt. März–April, vor *S. aurita* Grau-W., Asch-W., ***S. cinerea***, s. **Tab. I** Nr. **23**—

Die Unterscheidung zwischen subsp. *cinerea* u. subsp. *oleifolia* ist im blhd. Zustand nur schwer mögl.; s. **Tab. I** Nr. **23**.

24 (20). Kätzchen > (1–)1,5 cm lg., meist > 2-mal so lg. wie br., nie kugelig; Bäume od. > 1 m hohe Sträucher; wenn < 1(–1,5) m hohe Sträucher, dann Vorkommen nur in höh. Lagen der Geb. (v. a. Alp.); Sprossachse u. Knospen kahl od. behaart ... **26**

— Kätzchen ≤ 1,5 cm lg., 1–2(–2,5)-mal so lg. wie br., kugelig, eif. od. kurz kegelf.; 0,2–1(–1,5) m hohe Sträucher tieferer Lagen (planar bis montan) m. bogig aufstgd., sehr dünnen, z. T. unterird. kriechenden Zweigen; junge Sprosse u. Knospen kurz anlgd. silbrig-seidig behaart **25**

25. Kätzchen eif., 1–2,5-mal so lg. wie br.; Spr. < 4(–5)-mal so lg. wie br.
Kriech-W., ***S. repens***, s. **Tab. I** Nr. **19**

— Kätzchen kugelig bis kurz kegelf., ± so lg. wie br.; Spr. > (4–)5-mal so lg. wie br.
Rosmarin-W., ***S. rosmarinifolia***, s. **Tab. I** Nr. **19**—

Diese beiden Arten sind ohne gut entwickelte Blätt. schwer zu unterscheiden.

26 (24). Staubfäden kahl od. nur m. einzelnen Haaren ... **34**

— Staubfäden an der Basis dicht od. zerstreut behaart ... **27**

27. Spr. der jungen Blätt. unterseits dicht behaart; vorj. Triebe behaart od. kahl ... **31**

— Spr. der jungen Blätt. unterseits kahl u. glzd., zuw. zerstreut u. v. a. entlang der Mittelrippe seidig behaart; vorj. Triebe stets kahl ... **28**

28. Spr. der jungen Blätt. unterseits grün, nicht bereift Tauern-W., ***S. mielichhoferi***, s. **Tab. I** Nr. **40**

— Spr. der jungen Blätt. unterseits grau- od. blaugrün bereift ... **29**

29. Spr. der jungen Blätt. ganzrandig; Blätt. beim Trocknen nicht schwarz od. schwarzfleckig werdend Zweifarbige W., ***S. bicolor***, s. **Tab. I** Nr. **43**

— Spr. der jungen Blätt. am Rand gesägt; Blätt. beim Trocknen schwarz od. schwarzfleckig werdend ... **30**

30. Deckblätt. an der Spitze dk.braun bis schwarz; junge Zweige meist ± dicht behaart; Nebenblätt. meist deutl.; Spr. der jungen Blätt. unterseits bereift, aber an der Spitze grün
Schwarz-W., Schwarzwerdende W., ***S. myrsinifolia***, s. **Tab. I** Nr. **20**

— Deckblätt. an der Spitze hellbraun bis rötl.; junge Zweige meist kahl; Nebenblätt. fehlend od. undeutl.; Spr. der jungen Blätt. unterseits meist bis zur Spitze bereift
Kahle W., Glanz-W., ***S. glabra***, s. **Tab. I** Nr. **44**

31 (27). Blätt. beim Trocknen nicht schwarz od. schwarzfleckig werdend ... **33**

— Blätt. beim Trocknen schwarz od. schwarzfleckig werdend ... **32**

32. Vorj. Zweige ± dünn, meist kahl; Spr. der jungen Blätt. eif. od. ellipt., meist < 2-mal so lg. wie br., unterseits graugrün bereift, aber ganz an der Spitze grün u. nicht bereift, behaart od. (fast) kahl Schwarz-W., Schwarzwerdende W., ***S. myrsinifolia***, s. **Tab. I** Nr. **20**

— Vorj. Zweige ± dick u. an den Knoten deutl. verdickt, oft behaart; Spr. der jungen Blätt. schmal ellipt. bis längl., 2–4-mal so lg. wie br., unterseits bis zur Spitze graugrün u. meist dicht wollig od. filzig behaart Flaum-W., ***S. laggeri***, s. **Tab. I** Nr. **31**

33 (31). Vorj. Sprossachse kahl od. fast kahl Großblättrige W., ***S. appendiculata***, s. **Tab. I** Nr. **32**

Sehr ähnl. ist *S. silesiaca* (s. Tab. I Nr. **32**): Vorkommen aber nur in CZ u. PL (Sudeten u. Vorland), *S. appendiculata* dagegen kommt nur in den Alp. u. im Vorland sowie im Bayrw., Jura u. Schw. vor.

— Vorj. Sprossachse behaart; — Vorkommen nur in den Z-Alp.
Flaum-W., ***S. laggeri***, s. **Tab. I** Nr. **31**

34 (26). Kätzchen m. od. nach dem Laubaustrieb, ± gestielt, an der Basis stets m. ± gut entwickelten Blättchen; Sträucher ... **39**

— Kätzchen deutl. vor dem Laubaustrieb, ± sitzend, an der Basis meist ohne od. nur m. wenigen, kleinen Blättchen; höh. Sträucher od. Bäume ... **35**

35. Zweige nicht weißl. bereift ... **37**

— Zweige stellenweise weißl. (hechtblau) bereift (mehrere Äste prüfen!) u. Bast (inn. Rinde) gelbl. ... **36**

36. Zweige ± kräftig, ± aufr.; junge Triebe anfangs oft dicht behaart
Reif-W., ***S. daphnoides***, s. **Tab. I** Nr. **5**

— Zweige ± dünn, oft ± bogig überhgd.; junge Triebe anfangs nur spärl. behaart od. kahl
Spitzblättrige W., Kaspische Reif-W., ***S. acutifolia***, s. **Tab. I** Nr. **5**—

Diese beiden Arten sind im blhd. Zustand schwer zu unterscheiden.

37 (35). Knospen u. vorj. Sprossachse kahl od. zerstreut behaart; Zweige m. braunem Mark; Rinde am Stamm u. an stärkeren Ästen m. großen, rautenf. Korkwarzen; Holz ohne Striemen; Spr. ellipt. Sal-W., ***S. caprea***, s. **Tab. I** Nr. **29**

— Knospen u. vorj. Sprossachse (zumind. an der Spitze) samtig behaart, selten kahl; Zweige m. weißem od. hellbraunem Mark; Rinde ohne rautenf. Korkwarzen; Holz oft m. kurzen Striemen; Spr. längl. **38**

38. Holz ohne Striemen, wenn Striemen vorhanden, dann < 5 mm lg.; vorj. Sprossachse fein samtig behaart od. ± kahl; Blattstiel 0,5–1 cm lg.; Spr. < 2 cm br. u. > 7-mal so lg. wie br. Korb-W., ***S. viminalis***, s. **Tab. I** Nr. **15**

Ähnl. ist *S. udensis*, die zumeist als Sorte 'Sekka' m. abgeflachten, mehrere cm br. (verbänderten) Zweigen kult. wird (mehrere Zweige prüfen!); s. **Tab. I** Nr. **14**.

— Holz oft m. > 5 mm lg. Striemen; vorj. Sprossachse ± dicht filzig od. samtig behaart; Blattstiel 1–2 cm lg.; Spr. 2–4 cm br. u. ≤ 6-mal so lg. wie br. Filzast-W., Bandstock-W., ***S. gmelinii***, s. **Tab. I** Nr. **18**

39 (34). Spr. der jungen Blätt. unterseits dicht weiß wollig-filzig behaart (Epidermis nicht sichtbar); Staubbeutel vor dem Aufblühen rötl. Schweizer W., ***S. helvetica***, s. **Tab. I** Nr. **28**

Sehr ähnl. u. an ♂ blhd. Zweigen kaum zu unterscheiden ist *S. lapponum* (s. **Tab. I** Nr. **28**—); diese aber nur s PL u. CZ (Riesengeb., Altvatergeb.); ob auch im Schw.?; *S. helvetica* nur in den Alp.

— Spr. unterseits kahl od. zerstreut behaart (Epidermis sichtbar); Staubbeutel vor dem Aufblühen gelb od. zuw. ± rötl. **40**

40. 0,3–3 m hoher Strauch tieferer Lagen (kult., ob verwild.?); Spr. 6–18 cm lg. Herzblättrige W., ***S. eriocephala***, s. **Tab. I** Nr. **10**

— 0,3–1,5(–2) m hoher Strauch hochmontaner bis subalp. Lagen der Geb. (v. a. Alp.); Spr. 2–8 cm lg. **41**

41. Deckblätt. auffallend lg. behaart, Haare 3–5 mm lg.; Kätzchen 3–4 cm lg.; Nebenblätt. deutl. Spieß-W., ***S. hastata***, s. **Tab. I** Nr. **42**

— Deckblätt. nur kurz behaart, Haare bis 2 mm lg.; Kätzchen 1–3 cm lg.; Nebenblätt. fehlend od. undeutl. **42**

42. Kätzchen 1–1,5 cm lg.; Spr. der jungen Blätt. dicht gesägt m. auffallend hellen Drüsen; kalkmeidend Ruch-W., ***S. foetida***, s. **Tab. I** Nr. **41**

— Kätzchen 1,5–2,5(–3) cm lg.; Spr. der jungen Blätt. gesägt, aber Drüsen nicht auffallend hell; meist auf Kalk Bäumchen-W., ***S. waldsteiniana***, s. **Tab. I** Nr. **44**—

Vgl. auch *S. bicolor* (Nr. **29**), im Unterschied zu *S. foetida* u. *S. waldsteiniana* Spr. ganzrandig.

III. Tabelle zum Bestimmen von Zweigen m. ♀ Kätzchen

1. Deckblätt. z. Bltzt. deutl. 2-farbig, an der Spitze stets dk.braun bis schwarz, am Grund heller, gelbgrün od. zuw. rötl., meist noch z. Frzt. vorhanden **17**

— Deckblätt. z. Bltzt. 1-farbig gelbgrün od. hellbraun, zuw. an der Spitze rötl. od. 1-farbig rötl., z. Frzt. oft hinfällig **2**

2. Kleine, bis 1,5(–2) m hohe Sträucher, Zwerg- od. Spaliersträucher **9**

— Bäume od. > 2 m hohe Sträucher **3**

3. Sträucher od. Bäume; Zweige aufr. od. absthd., ± gerade od. gebogen, aber weder lg. hgd. noch korkenzieherart. gedreht **5**

— Bäume; Zweige dünn, lg. u. schlaff herabhgd. od. Zweige korkenzieherart. gedreht **4**

4. Zweige korkenzieherart. gedreht (Korkenzieher-Weiden); Kätzchen nur m. ♀ (od. nur m. ♂) Blüten Korkenzieher-W., ***S. babylonica*** 'Tortuosa', s. **Tab. I** Nr. **3**—

— Zweige ± gerade, lg. u. schlaff hgd. (Trauer-Weiden); Kätzchen meist m. ♀ u. m. ♂ Blüten Dotter-Trauer-W., ***S. × sepulcralis*** nothovar. ***chrysocoma***, s. **Tab. I** Nr. **3**

5 (3). Blüten z. Bltzt. der Kätzchenachse dicht anlgd., Frkn. vom ± so lg. Deckblatt ± umschlossen, meist nur Gr. u. Narben sichtbar; Kätzchen sehr schlank, sitzend od. bis 7(–10) mm lg. gestielt, — an aufr. Zweigen ± waagr. absthd. u. oft bogig abw. gekrümmt; Spr. längl. bis linealisch, unterseits dicht filzig behaart Lavendel-W., ***S. eleagnos***, s. **Tab. I** Nr. **15**—

— Blüten z. Bltzt. leicht von der Kätzchenachse absthd. u./od. Frkn. zumind. z. T. sichtbar (Deckblatt kürzer als Frkn.); Kätzchen >10 mm lg. gestielt **6**

6. Stiele der Kätzchen 2–7 cm lg., länger als diese, m. (4–)5–8 gut entwickelten, drüsig gesägten, den Laubblätt. ähnl. Hochblätt., deren Stiele am Übergang zur Spr. m. > 2 höcker- bis stielart. Drüsen; Deckblätt. an der Spitze kahl; ♀ Blüte m. 2 Nektarien; Bltzt. nach dem Laubaustrieb (die am spätesten blhd. Weide); — Zweige rotbraun Lorbeer-W., ***S. pentandra***, s. **Tab. I** Nr. **6**

— Stiele der Kätzchen 0,5–3 cm lg., kürzer als diese, m. 2–4(–6) Hochblätt., deren Stiele am Übergang zur Spr. ohne od. m. 1–2 (selten 3–4) Drüsen; Deckblätt. an der Spitze kahl od. behaart; ♀ Blüte m. 1 Nektarium; Bltzt. m. dem Laubaustrieb **7**

7. Deckblätt meist bis zur Fr.Reife bleibend, nur im unt. Teil behaart, zur Spitze hin ± kahl od. selten kurzhaarig; Kätzchen außer an vorj. zuw. auch an 2–3-j. Zweigen, dann Kätzchen aus Knospen seitl. von Blattnarben od. an der Basis von Seitentrieben; Strauch; Rinde an Stamm u. stärkeren Ästen flächig abschuppend, darunter zimtbraun
Mandel-W., ***S. triandra***, s. **Tab. I** Nr. **11**—

— Deckblätt. vor der Fr.Reife abfallend, zur Spitze hin kahl od. lg. behaart; Kätzchen stets an vorj. Zweigen; Bäume; Rinde nicht flächig abschuppend **8**

8. Deckblätt. an der Außenseite zur Spitze hin oft nur spärl. behaart bis kahl; Zweige braunrot bis gelbgrün, jüngere Zweige beim Anlegen an die Tragachse nicht leicht abbrechend; Knospen, Spitze der Sprossachse u. Unterseite der Spr. ± dicht, anlgd. silbrig-seidig behaart
Silber-W., ***S. alba***, s. **Tab. I** Nr. **17**

— Deckblätt. auch an der Spitze behaart; Zweige lehmgelb od. braun, beim Anlegen an die Tragachse leicht abbrechend; Knospen, Sprossachse u. Unterseite der Spr. kahl od. zerstreut behaart Bruch-W., ***S. fragilis***, s. **Tab. I** Nr. **11**

Intermediär zw. *S. alba* u. *S. fragilis* ist deren Hybride *S.* × *rubens* (s. Anm. zu Tab. **I** Nr. **11**).

9 (2). Aufr., höh. Zwergsträucher od. Sträucher **13**

— Kriechende, bis 10 cm hohe Spaliersträucher **10**

10. Frkn. dicht behaart; Kätzchen 1–3 cm lg. gestielt; Blattstiel 5–20 mm lg.
Netz-W., ***S. reticulata***, s. **Tab. I** Nr. **45**

— Frkn. kahl od. höchstens zerstreut behaart; Kätzchen < 1 cm lg. gestielt; Blattstiel 1–5 mm lg. **11**

11. Verholzte Sprosse unterird., nur die kurzen diesj. Sprosse oberird.; Spr. rundl., ± so lg. wie br., gekerbt; Frkn. oft rötl. Kraut-W., ***S. herbacea***, s. **Tab. I** Nr. **46**

— Verholzte Sprosse oberird.; Spr. ± ellipt., deutl. länger als br., ganzrandig od. selten ± schwach gesägt; Frkn. meist grünl. **12**

12. Kätzchen kurz gestielt, 10–20 mm lg., z. Bltzt. die Blätt. an seiner Basis überragend, meist m. 10–20 Blüten; Fr. 3–5 mm lg.; Spr. 8–30 mm lg. u. 5–10 mm br.; Pfl. ± locker verzweigt, die Äste dem Boden ± locker anlgd. Stumpfblättrige W., ***S. retusa***, s. **Tab. I** Nr. **48**

— Kätzchen fast sitzend, < 8(–10) mm lg., z. Bltzt. meist kürzer als od. so lg. wie die Blätt. an seiner Basis, m. 3–8 Blüten; Fr. 2–3 mm lg.; Spr. 4–11 mm lg. u. 2–4 mm br.; Pfl. dicht verzweigt, die Äste dem Boden dicht angepresst Quendelblättrige W., ***S. serpillifolia***, s. **Tab. I** Nr. **48**—

13 (9). Frkn. behaart **15**

— Frkn. kahl **14**

14. Stiel des Frkn. länger als das Deckblatt; Spr. ganzrandig
Heidelbeer-W., ***S. myrtilloides***, s. **Tab. I** Nr. **36**

— Stiel des Frkn. kürzer als das Deckblatt; Spr. drüsig gesägt Kahle W., ***S. glabra***, s. **Tab. I** Nr. **44**

15 (13). Frkn. ≥ 2 mm lg. gestielt, Stiel mehr als ein Viertel so lg. wie der Frkn., z. Frzt. oft ± so lg. wie der Frkn.; Pfl. planar bis montan verbreitet (s. auch Nr. **34**)
Bleiche W., ***S. starkeana***, s. **Tab. I** Nr. **37**

— Frkn. sitzend od. < 1(–2) mm lg. gestielt, Stiel weniger als ein Viertel so lg. wie der Frkn.; Pfl. der Alp. **16**

16. Kätzchen 1–2 cm lg.; Spr. ellipt., kahl od. fast kahl, beidseitig blass-, grau- od. blaugrün
Blaugrüne W., ***S. caesia***, s. **Tab. I** Nr. **38**

— Kätzchen bis 4,5 cm lg.; Spr. längl., v. a. unterseits ± dicht anlgd. behaart, oberseits grün
Seiden-W., ***S. glaucosericea***, s. **Tab. I** Nr. **27**

17 (1). Bäume, Sträucher od. aufr. Zwergsträucher, wenn niederlgd., dann Pfl. tieferer Lagen u. Deckblätt. am Grund gelbgrün … **19**
— Bis 30(–40) cm hohe Spalier- od. Zwergsträucher der Alp.; Deckblätt. am Grund meist rötl., an der Spitze schwarz; — Narben u. Gr. meist rötl. … **18**
18. Frkn. u. Fr. kurz gestielt; Spr. ganzrandig od. undeutl. gesägt
Myrten-W., ***S. alpina***, s. **Tab. I** Nr. **49**—
— Frkn. u. Fr. sitzend; Spr. dicht u. deutl. drüsig gesägt Matten-W., ***S. breviserrata***, s. **Tab. I** Nr. **49**
19 (17). Frkn. ± dicht behaart … **27**
— Frkn. kahl, zuw. anfangs zerstreut behaart … **20**
20. Zweige nicht weißl. bereift; Sträucher, meist < 3 m hoch … **22**
— Zweige stellenw. weißl. od. hechtblau bereift (mehrere Äste prüfen!), kahl u. glzd. rötl., gelbbraun od. grünl.; Bäume od. große Sträucher; — Kätzchen deutl. vor dem Laubaustrieb, sitzend, am Grund ohne od. nur m. einigen kleinen Blättchen; Frkn. gestielt, seitl. deutl. zusammengedrückt, kahl; Gr. lg. … **21**
21. Deckblätt. der Blüten so lg. od. fast so lg. wie der Frkn.; Narben meist kürzer als der Gr.; Kätzchen 3–3,5 cm lg., dick zylindr.; Zweige kräftig, ± aufr., junge Triebe anfangs oft dicht behaart Reif-W., ***S. daphnoides***, s. **Tab. I** Nr. **5**
— Deckblätt. der Blüten nur ≈ halb so lg. wie der Frkn.; Narben so lg. wie od. länger als der Gr.; Kätzchen bis 2,5 cm lg.; Zweige dünn, oft ± bogig überhgd., junge Triebe anfangs nur spärl. behaart od. kahl Spitzblättrige W., ***S. acutifolia***, s. **Tab. I** Nr. **5**—
Diese beiden Arten sind im blhd. Zustand schwer zu unterscheiden.
22 (20). Kätzchen z. Bltzt. eif., 1–2,5-mal so lg. wie br., 1–1,5(–2) cm lg.; Zweige dünn, vorj. Sprossachse v.a. an der Spitze u. an den Knospen dicht anlgd. ± seidig behaart; 0,2–1 m hoher Strauch tieferer Lagen (planar bis montan); — m. unterird. kriechenden Sprossen u. bogenf. aufstgd., dünnen Zweigen (s. auch Nr. **38**) Kriech-W., ***S. repens***, s. **Tab. I** Nr. **19**
— Kätzchen z. Bltzt. meist > 2-mal so lg. wie br., > (1,5–)2 cm lg.; vorj. Sprossachse kahl od. behaart, aber nicht dicht anlgd. seidig; > 1 m hoher Strauch, in höh. Lagen der Geb. (v. a. Alp.) auch < 1 m hoch … **23**
23. Blätt. beim Trocknen nicht schwarz od. schwarzfleckig werdend … **26**
— Blätt. beim Trocknen oft schwarz od. schwarzfleckig werdend … **24**
24. Spr. der jungen Blätt. unterseits grün, nicht bereift Tauern-W., ***S. mielichhoferi***, s. **Tab. I** Nr. **40**
— Spr. der jungen Blätt. unterseits grau- od. blaugrün bereift … **25**
25. Frkn. anfangs oft etwas behaart; vorj. Sprossachse behaart od. kahl, im Austrieb meist dicht behaart; Spr. unterseits behaart, selten kahl; Nebenblätt. meist deutl.; 1–5 m hoher Strauch (s. auch Nr. **44**) Schwarz-W., Schwarzwerdende W., ***S. myrsinifolia*** , s. **Tab. I** Nr. **20**
— Frkn. kahl.; vorj. Sprossachse kahl, Sprossachse im Austrieb wenig behaart bis kahl; Spr. kahl; Nebenblätt. fehlend od. undeutl.; 0,3–1,5 m hoher Strauch Kahle W., ***S. glabra***, s. **Tab. I** Nr. **44**
26 (23). Frkn. seitl. zusammengedrückt, meist < 1,2 mm lg. gestielt; bis 1,5 m hoher Strauch; Spr. 4–8 cm lg.; — Kätzchen vor dem Aufblühen auffallend dicht wollig, hell behaart
Spieß-W., ***S. hastata***, s. **Tab. I** Nr. **42**
— Frkn. im ∅ rundl., meist > 1,2 mm lg. gestielt; > 1,5 m hoher Strauch; Spr. 6–18 cm lg.
Herzblättrige W., ***S. eriocephala***, s. **Tab. I** Nr. **10**
27 (19). Frkn. deutl. gestielt, Stiel meist mehr als ein Viertel so lg. wie der Frkn. … **33**
— Frkn. ± sitzend, höchstens z. Frzt. kurz gestielt … **28**
28. Gr. sehr kurz, ≈ 0,1 mm lg., Narbe dem Frkn. daher fast aufsitzend; Kätzchen, Knospen u. Blätt. z.T. schief gegenst. bis gegenst. (v.a. an der Basis der Triebe); — Kätzchen vor dem Laubaustrieb, dichtblütig, sitzend od. kurz gestielt, am Grund ohne od. nur m. schuppenf. Hochblätt. Purpur-W., ***S. purpurea***, s. **Tab. I** Nr. **8**
— Gr. länger u. deutl.; Kätzchen, Knospen u. Blätt. stets wechselst. … **29**
29. Höh. Sträucher (selten kleine Bäume) tieferer Lagen; Narbenäste fädig, > 1 mm lg.; Spr. längl. … **32**
— Bis 1,5(–2) m hohe Alpensträucher (hochmontan bis subalp.); Narbenäste kurz, < 1 mm lg.; Spr. ellipt. bis br. lanzettl. … **30**

30. Spr. unterseits weißl., dicht wollig-filzig behaart; Kätzchen 2–5(–8) cm lg.; Deckblätt. an der Spitze auffallend schwarz Schweizer W., ***S. helvetica***, s. **Tab. I** Nr. **28**

Sehr ähnl. u. an ♀ blhd. Zweigen kaum zu unterscheiden ist *S. lapponum* (s. **Tab. I** Nr. **28**—); diese aber nur *s* PL u. CZ: Sudeten (Riesengeb., Altvatergeb.); ob auch im Schw.?; *S. helvetica* nur in den Alp.

— Spr. unterseits kahl, höchstens etwas seidenhaarig; Kätzchen 1,5–3(–4) cm lg.; Deckblätt. an der Spitze hellbraun bis rötl. braun **31**

31. Gr. u. Narben oft rötl.; Spr. der jungen Blätt. dicht gesägt m. auffallend hellen Drüsen; kalkmeidend Ruch-W., ***S. foetida***, s. **Tab. I** Nr. **41**

— Gr. u. Narben meist grünl.; Spr. der jungen Blätt. gesägt, aber Drüsen nicht auffallend hell; meist auf Kalk (s. auch Nr. **46**) Bäumchen-W., ***S. waldsteiniana***, s. **Tab. I** Nr. **44**—

32 (29). Holz ohne Striemen, wenn Striemen vorhanden, dann < 5 mm lg.; vorj. Sprossachse fein samtig behaart od. ± kahl; Blattstiel 0,5–1 cm lg.; Spr. < 2 cm br., > 7-mal so lg. wie br. Korb-W., ***S. viminalis***, s. **Tab. I** Nr. **15**

— Holz oft m. > 5 mm lg. Striemen; vorj. Sprossachse ± dicht filzig od. samtig behaart; Blattstiel 1–2 cm lg.; Spr. 2–4 cm br., ≤ 6-mal so lg. wie br. (s. auch Nr. **35** u. Nr. **43**) Filzast-W., Bandstock-W., ***S. gmelinii***, s. **Tab. I** Nr. **18**

Beide Arten im blhd. Zustand schwer zu unterscheiden.

33 (27). Holz ohne od. nur m. wenigen u./od. undeutl., bis 5 mm lg. Striemen **37**

— Holz m. zahlr. deutl. u. bis zu 25 mm lg. Striemen **34**

34. Stiel des Frkn. ≈ so lg. wie der Frkn. od. länger, meist länger als das Deckblatt; Striemen meist nur bis 6 mm lg.; niederlgd. bis aufstgd., 0,2–0,7(–1) m hoher Strauch (s. auch Nr. **15**) Bleiche W., ***S. starkeana***, s. **Tab. I** Nr. **37**

— Stiel des Frkn. kürzer als der Frkn. u. kürzer als das Deckblatt; Striemen 5–25 mm lg.; aufr., > 1 m hohe Sträucher **35**

35. Gr. ≈ halb so lg. wie der Frkn., m. lg. Narbenästen; Striemen zuw. undeutl. od. fehlend (s. auch Nr. **32** u. Nr. **43**) Filzast-W., Bandstock-W., ***S. gmelinii***, s. **Tab. I** Nr. **18**

— Gr. < halb so lg. wie der Frkn., m. kurzen Narbenästen; Striemen deutl. u. ∞ **36**

36. Vorj. Sprossachse u. Knospen rotbraun bis braun u. meist kahl, höchstens zerstreut behaart; Gr. sehr kurz, bis 0,2 mm lg.; Kätzchen 1–3(–4) cm lg., z. Frzt. nur wenig verläng.; Bltzt. April–Mai, nach *S. cinerea* Ohr-W., ***S. aurita***, s. T**ab. I** Nr. **23**

— Vorj. Sprossache u. Knospen samtig braun bis schwarzgrau behaart, nie rotbraun; Gr. deutl., 0,5–1 mm lg.; Kätzchen 3–4(–9) cm lg., z. Frzt. deutl. verläng.; Bltzt. März–April, vor *S. aurita* Grau-W., Asch-W., ***S. cinerea***, s. **Tab. I** Nr. **23**—

Die Unterscheidung zwischen subsp. *cinerea* u. subsp. *oleifolia* ist im blhd. Zustand nur schwer mögl.

37 (33). Kätzchen meist > 1,5 cm lg., > (1,5–)2-mal so lg. wie br.; Bäume od. Sträucher **39**

— Kätzchen 1–1,5(–2) cm lg., kuglig od. ei- bis kegelf., 1–2(–2,5)-mal so lg. wie br.; niedrige, 0,2–1(–1,5) m hohe Sträucher, — in tieferen Lagen (planar bis montan), m. unterird. kriechenden Sprossen u. bogig aufstgd., dünnen Zweigen; vorj. Zweige (v. a. an der Spitze), Knospen u. Spr. unterseits dicht anlgd. ± seidig behaart **38**

38. Kätzchen eif., 1–2,5-mal so lg. wie br.; Frkn. u. bes. Fr. zuw. ± kahl; Spr. < 4(–5)-mal so lg. wie br. (s. auch Nr. **22**) Kriech-W., ***S. repens***, s. **Tab. I** Nr. **19**

— Kätzchen kuglig bis kurz kegelf., ± so lg. wie br.; Frkn. u. Fr. stets behaart; Spr. > (4–)5-mal so lg. wie br. Rosmarin-W., ***S. rosmarinifolia***, s. **Tab. I** Nr. **13**

Beide Arten im blhd. Zustand nur schwer zu unterscheiden.

39 (37). Gr. deutl., > 0,5 mm lg., so lg. wie od. länger als die Narbenäste **42**

— Gr. kurz, < 0,5 mm lg., meist kürzer als die Narbenäste **40**

40. Stiel des Frkn. z. Bltzt. höchstens halb so lg. wie der Frkn. u. kürzer als das Deckblatt (z. Frzt. oft länger), Kätzchen vor dem Laubaustrieb; Zweige m. braunem Mark; Rinde am Stamm u. an stärkeren Ästen m. großen, rautenf. Korkwarzen; Holz ohne Striemen Sal-W., ***S. caprea***, s. **Tab. I** Nr. **29**

— Stiel des Frkn. z. Bltzt. ≈ halb so lg. wie der Frkn. od. länger, fast so lg. wie das Deckblatt (z. Frzt. deutl. länger); Kätzchen kurz vor od. m. dem Laubaustrieb; Zweige m. hellem od. hellbraunem Mark; Rinde ohne rautenf. Korkwarzen; Holz oft m. undeutl., kurzen Striemen ... **41**

41. Vorj. Sprossachse kahl od. fast kahl Großblättrige W., ***S. appendiculata***, s. **Tab. I** Nr. **32**

Sehr ähnl. ist *S. silesiaca* (s. Tab. I Nr. **32**—), Vorkommen aber nur in CZ u. PL (Sudeten u. Vorland), *S. appendiculata* dagegen nur Alp. u. Vorland sowie Bayrw., Jura u. Schw.

— Vorj. Sprossachse behaart; — Vorkommen nur in den Z-Alp. Flaum-W., ***S. laggeri***, s. **Tab. I** Nr. **31**

42 (39). Kätzchen kurz vor od. m. dem Laubaustrieb, gestielt, m. mehreren Hochblätt.; Spr. ± ellipt., meist < 3-mal so lg. wie br., meist < 6 cm lg., unterseits behaart; kleine od. große Sträucher **44**

— Kätzchen vor dem Laubaustrieb, sitzend od. kurz gestielt, ohne od. nur m. 1–2(–3) winzigen Hochblätt.; Spr. längl., > 3-mal so lg. wie br., zumind. z. T. > (6–)8 cm lg., unterseits kahl od. behaart; große Sträucher od. kleine Bäume **43**

43. Vorj. Sprossachse u. Knospen ± dicht grau bis schwarzgrau behaart; Nebenblätt. meist vorhanden u. deutl.; Spr. 2,5–6-mal so lg. wie br., unterseits ± dicht behaart (s. auch Nr. **32** u. Nr. **35**) Filzast-W., Bandstock-W., ***S. gmelinii***, s. **Tab. I** Nr. **18**

— Vorj. Sprossachse meist kahl; Nebenblätt. meist fehlend od. undeutl.; Spr. > 6-mal so lg. wie br., unterseits zerstreut behaart; — Zweige z. T. auffällig abgeflacht (= verbändert), mehrere cm br. (mehrere Zweige prüfen!) Sachalin-W., ***S. udensis***, s. **Tab. I** Nr. **14**

44 (42). Blätt. beim Trocknen oft schwarz od. schwarzfleckig werdend; Spr. gesägt; Nebenblätt. fast stets vorhanden u. deutl.; Frkn. oft ± kahl (s. auch Nr. **25**) Schwarz-W., Schwarzwerdende W., ***S. myrsinifolia***, s. **Tab. I** Nr. **20**

— Blätt. beim Trocknen nicht schwarz od. schwarzfleckig werdend; Spr. ganzrandig od. gesägt; Nebenblätt. fehlend od. undeutl.; Frkn. stets behaart **45**

45. Frkn. dicht weiß wollig-filzig behaart; Spr. unterseits dicht weiß wollig-filzig od. seidig behaart Schweizer W., ***S. helvetica***, s. **Tab. I** Nr. **28**

Sehr ähnl. u. an blhd. Zweigen kaum zu unterscheiden ist *S. lapponum* L. (s. **Tab. I** Nr. **28**—); diese aber nur s PL u. CZ: Sudeten (Riesengeb., Hohes Gesenke); ob auch im Schw.?; *S. helvetica* nur in den Alp.

— Frkn. ± anlgd. hell behaart; Spr. kahl od. behaart, aber nicht dicht wollig-filzig **46**

46. Frkn.Stiel kürzer als ein Viertel der Frkn.länge; bis 1(–2) m hoher Strauch; Holz ohne Striemen (s. auch Nr. **31**) Bäumchen-W., ***S. waldsteiniana***, s. **Tab. I** Nr. **44**—

— Frkn.Stiel länger als ein Viertel der Frkn.länge; bis 2(–4) m hoher Strauch; Holz meist m. kurzen Striemen Zweifarbige W., ***S. bicolor***, s. **Tab. I** Nr. **43**

Familie: Violaceae, Veilchengewächse (Bearbeiter: Gerald Parolly)

Kräuter u. Stauden; Blätt. m. großen, oft gefransten Nebenblätt. (*481/4–481/7*); Blüten einzeln, lg. gestielt, nickend, zygomorph (*479/1*), zuw. geschlossen bleibend (kleistogam, *479/2*); Kelchblätt. 5, am Grund m. krautigen Anhängseln (*479/3*, A); Kronblätt. 5, das unt. gespornt (*479/1*); Staubblätt. 5, die beiden unt. m. in den Sporn hineinragendem, Nektar absonderndem Anhängsel (*479/1*); Frkn. oberst., 3-blättr.; Kapselfr. (*479/3*).

Viola L., Veilchen, Stiefmütterchen

1. Seitl. Kronblätt. beide nach oben gerichtet u. die beiden ob. m. den Rändern deckend (*479/6*); — Kronblätt. violett, gelb, gelbl.weiß od. 3-farbig **22**

— Seitl. Kronblätt. beide nach abw. gerichtet (*479/7*); — Kronblätt. blau od. violett, rötl.lila, selten weiß, niemals gelb, jedoch zuw. gelbgrün u. 2-farbig **2**

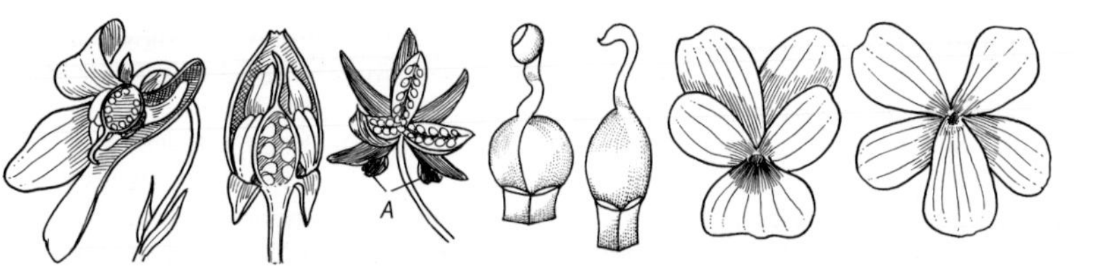

479/1 *479/2* *479/3* *479/4* *479/5* *479/6* *479/7*

2. Stg. (oft erst z. Frzt. richtig ausgebildet?) u. Blattstiele 1-reihig behaart; — Blätt. m. br. herzf., in der Jugend tütenf. eingerollter Blattspr.; Kronblätt. blasslila; Sporn grünl.weiß, dick, stumpf; Blüten wohlriechend; ↕ 3–12 cm, m. Sommerblätt. bis 25 cm; ♃. IV–V. – Lichte Laubwälder, auf Kalk. – *z*, *f* im NW. Wunder-V., ***V. mirabilis*** L.

— Stg. u. Blattstiele kahl od. behaart (aber nicht 1-reihig behaart) **3**

3. Pfl. m. entwickelten u. beblätt., oberird. Blütentrieben; Blüten in den Achseln der Stg.Blätt.; Kelchblätt. zugespitzt **16**

— Pfl. ohne entwickelte oberird. Stg., Blätt. deshalb alle in grundst. Rosette; Blüten in den Achseln der Rosettenblätt.; Kelchblätt. stumpf **4**

4. Blätt. handf. 3–5-teilig; — Kronblätt. hellviolett; ↕ 3–8 cm; ♃. VI. – Felsspalten, Gesteinsfluren. – *s*, A: Kt, Ti; CH: Gr, SG, Ts, Vs; I: Bz. Fieder-V., ***V. pinnata*** L.

— Blätt. ungeteilt **5**

5. Narbe schief, scheibenf. (*479/4*); Blattspr. nierenf., an der Spitze meist abgerundet; — Sumpfpfl. od. Zierpfl. **13**

— Narbe hakig gebogen, geschnäbelt (*479/5*); Blattspr. herzf. (*481/1–481/3*), deutl. zugespitzt **6**

6. Pfl. ohne Ausläufer **10**

— Pfl. m. ober- od. unterird., zuw. allerdings nur kurzen Ausläufern; — Blüten wohlriechend .. **7**

7. Blütenstiele in od. über der Mitte m. 2 schuppenf. Vorblätt.; Blätt. behaart **9**

— Vorblätt. unterh. der Mitte der Blütenstiele (nur bei der gelbgrün beblätt. *V. pyrenaica* nahe der Mitte der Blütenstiele); Blätt. kahl, glzd., — Nebenblätt. schmal linealisch, lg. gefranst; Ausläufer bis 10 cm lg. **8**

8. Blätt. lebhaft grün, fettig glzd.; Kronblätt. dk.violett bis dk.blau, am Grund weißl.; — Ausläufer ober- od. unterird., bis 5 cm lg., m. 2,5 mm ∅ zieml. dick; ↕ 3–10 cm, m. Sommerblätt. 20 cm; ♃. III–IV. – Auenwälder, Eichenwälder; auf Kalk. – Einheim. in A (ehem. Kt, *f* Sb, OTi); CH: Vs; CZ; I: Bz; sonst kult. u. stellenw. verwild. – Zierpfl. [*V. beraudii* Boreau; *V. cyanea* Čelak.; *V. sepincola* Jord.] Blau-V., ***V. suavis*** M. Bieb.

— Blätt. gelbl.grün; Kronblätt. lila bis blauviolett, in der unt. Hälfte weiß; — Pfl. m. kurzem, verzweigtem Rhizom, mehrere Rosetten bildend, aber keine Ausläufer; ↕ 3–10 cm, m. Sommerblätt. 20 cm; ♃. IV–VII. – Felsen, Steinschutt, Magerwiesen, Geb.-Wälder; auf Kalk; bis 2300 m. – *s*, D: Allgäuer Alp.; A: Kt, OÖ, Stm, Ti; CH; I: Bz. [*V. sciaphila* W. D. J. Koch] Pyrenäen-V., Glattes Berg-V., ***V. pyrenaica*** DC.

9 (7). Nebenblätt. linealisch, spitz, 4–10-mal so lg. wie br.; Blattstiel absthd. behaart; Blattspr. fast 3-eckig-herzf., spitz, weichhaarig; — Nebenblätt. entfernt lg. fransig behaart; Kronblätt. meist weiß, selten violett; Sprosse weichhaarig; ↕ 3–10 cm, m. Sommerblätt. 20 cm; ♃. III–IV. – Lichte, frische Laubwälder nährstoffreicher StO; kolline bis montane Stufe. – *s*, D: BW, BY, RP (Merzig); *z* A; *s* CH; CZ; F: Els. Weiß-V., ***V. alba*** Besser

a. Krone violett. – *s*, A: Bgl, NÖ. Violettes Weiß-V., var. ***violacea*** Dichtl

— Krone weiß; — Sporn gelbgrün od. violett .... **b**

b. Sporn gelbgrün; Blätt. u. Fr. hellgrün. III–IV. – Lichte Laubwälder, Gebüsche, Säume. – *z–s*; Verbr. wie Art. Weiß-V. (i. e. S.), subsp. ***alba***

— Sporn violett; Blätt. u. Fr. dk.grün. IV. – Gebüsche. – *z–s*, D: Bodenseegebiet, Oberrheintal; A: Bgl, NÖ, Vb; CH; FL; I: Bz. Dunkelblättriges Weiß-V., subsp. ***scotophylla*** (Jord.) Nyman

— Nebenblätt. eif., zugespitzt, 1–4-mal so lg. wie br.; Blattstiel abw. anlgd. behaart; Blattspr. rundl. nierenf. bis herz-eif., vorn abgerundet, fein behaart, unterseits oft glzd.; — Kronblätt. dk.violett, selten rosa od. weiß; Blüten wohlriechend; Rhizom bis 20 cm lg., dünn (1,5 mm ∅); ↕ 3–10 cm, m. Sommerblätt. 20 cm; ♃. III–IV. – Auenwälder, Bachufer. – Wohl nur aus Gärten verwild. u. eingebürg. (Heimat: MMG); *v*. – Zierpfl. März-V., ***V. odorata*** L.

10 (6). Nebenblätt. lanzettl., ganzrandig od. nur kurz gefranst, kahl; Blüten geruchlos; — Blattspr. durch seichte, weite Bucht herzf., beiderseits behaart, am Rand regelm. gekerbt (*481/1*); Kronblätt. hellblau-violett, am Grund weiß; Sporn dünn, rötl.violett; ↕ 3–10 cm, m. Sommerblätt. 20 cm; ♃. III–V. – Trockene Wiesen, Trockenrasen. – *v*, *s* im NO, *f* im NW. Raues V., ***V. hirta*** L.

— Nebenblätt. m. zieml. lg., bewimperten Fransen; Blüten wohlriechend **11**

11. Blattspr. durch engen Ausschnitt tief herzf., — am Rand fein gekerbt (*481/2*), unterseits fast wollig; Fransen der Nebenblätt. ≈ so lg. wie deren Breite; Kronblätt. hellviolett bis weißl., m.

weißl. Sporn; ↕ 3–10 cm, m. Sommerblätt. 20 cm; ♃. III–IV. – Hügel, lichte Wälder, bis in die Voralp.; auf Kalk. – *z*, *f* im NW. Hügel-V., ***V. collina*** Besser

— Blattspr. am Grund seicht herzf. bis fast gestutzt **12**

12. Blätt. am Grund gestutzt od. schwach herzf.; Kronblätt. dk.violett; Sporn dick; Kelchblätt. ≈ 3,5 mm lg.; Nebenblätt. 10–15 mm lg.; Rhizom > 2 mm ∅; ↕ 3–10 cm, m. Sommerblätt. 20 cm; ♃. IV–V. – Trockene Bergwiesen, Heiden; kalkmeidend. – *s*, A: Bgl, NÖ; CZ; *f* D (Angaben aus TH: Kyffhäuser wohl irrtüml.). Steppen-V., Pontisches V., ***V. ambigua*** Waldst. & Kit.

— Blätt. m. offener Bucht seicht herzf.; Kronblätt. lila od. fast weiß; Sporn schlank; Kelchblätt. ≈ 2,5 mm lg.; Nebenblätt. 5–10 mm lg.; Rhizom < 2 mm ∅; — Kelchblätt. behaart; ↕ 3–10 cm, m. Sommerblätt. 20 cm; ♃. IV–VI. – Magerwiesen, Felsspalten; 950–1800 m. – *s*, A: OTi, Ti; CH; I: Bz. Schweizer V., ***V. thomasiana*** Songeon & E. P. Perrier

13 (5). Nebenblätt. bis zur Mitte dem Blattstiel angewachsen, drüsig gezähnelt; Blattstiel geflüg.; Blattspr. herz-eif., bis 6 cm lg. u. bis 4 cm br., — am Rand seicht gekerbt; Kronblätt. hellviolett; ↕ 10–20 cm; ♃. (III–)IV–VI. – Bachtäler, Moorwiesen, Bruchwälder. – *s*, D: SN (Lausitz), ehem. BB, BY, TH, *f* MV; *s* DK; PL. Moor-V., ***V. uliginosa*** Besser

— Nebenblätt. frei, fransig gezähnelt od. ganzrandig; Blattstiel höchstens oberw. etwas geflüg.; Blattspr. nierenf., etwa so lg. wie br. **14**

14. Nebenblätt. 4–6-mal so lg. wie br.; Rhizom dick, > 5 mm ∅; — Kronblätt. weiß m. violetten Nerven, unt. Kronblatt (m. Sporn) 18–25 mm lg., seitl. Kronblätt. innen m. an der Spitze keulig verdickten Haaren; ↕ 10–20 cm; ♃. V–VI. – Rasenflächen. – Ne. (Heimat: N-Am.); *s* verwild. u. eingebürg., z. B. in D: BW, NI; A: Kt, Sb; CH: Gr, Ts; CZ; I: Bz. – Zierpfl. Im Gebiet weitere amerikan. Arten m. Verwild.potenzial, darunter *V. sororia* Willd., die m. *V. obliqua* hybridisiert. [*V. cucullata* Aiton] Amerikanisches V., ***V. obliqua*** Hill

— Nebenblätt. 2–3-mal so lg. wie br.; Rhizom < 5 mm ∅ **15**

15. Blätt. 2–6, meist zu 4, rosettig gehäuft; Blattspr. meist breiter als lg., an der Spitze stumpf, kahl, glzd. gelbgrün; die 2 Vorblätt. etwas oberh. der Mitte des Blütenstiels sitzend; Blüten 10–15 mm lg.; unt. Kronblatt m. dk. (violetten) Nerven; — Kronblätt. rötl.lila bis weiß; Pfl. m. Ausläufern; ↕ 4–10 cm; ♃. VI–VII. – Hoch- u. Flachmoore. – *v*. Sumpf-V., ***V. palustris*** L. (subsp. ***palustris***)

— Blätt. stets nur 2; Blattspr. länger als br., meist zugespitzt, unterseits zerstreut behaart; die 2 Vorblätt. im ob. Drittel des Blütenstiels sitzend; Blüten 15–20 mm lg.; Kronblätt. alle ohne dk. Nerven; ↕ 8–15 cm; ♃. V. – Flach- u. Hochmoore. – *s* im N u. NO (MV, ob BB?); DK; PL; früher auch D: SH (u. Hamburg), SN. Torf-V., ***V. epipsila*** Ledeb.

16 (3). Lg. gestielte Grundblätt. vorhanden, in ihren Achseln beblätt. Seitenäste entspringend; Blattspr. br. eif. od. rundl., am Grund deutl. herzf. **20**

— Lg. gestielte Grundblätt. am Stg.Grund fehlend; Blattspr. eif. od. längl. eif., am Grund nur schwach herzf. **17**

17. Sporn 4–8 mm lg., 1–3-mal so lg. wie die Kelchanhängsel, — weiß od. gelbl., selten grünl.; Nebenblätt. schmal lanzettl., 5–10 mm lg., entfernt gezähnt bis gefranst (*481/3b*); Stg. niederlgd. bis aufstgd., 5–15 cm lg., schwach behaart od. kahl; Blätt. lg. gestielt, m. schmal bis br. eif., derber Blattspr. (*481/3a*); Kronblätt. blauviolett, am Grund weißl.; ↕ 3–25 cm; ♃. IV–VI(–VII). – Wiesen, Wälder, Heiden, Moore. – Formenreich. Hunds-V., ***V. canina*** agg.

a. Sporn 2–3-mal so lg. wie die Kelchanhängsel, — aufw. gebogen, ausgerandet; Nebenblätt. ein Drittel bis halb so lg. wie die Blattstiele, gefranst; ↕ bis 15 cm. – Feuchte (Mager)Wiesen; kollin bis submontan. – *z* in Voralp.

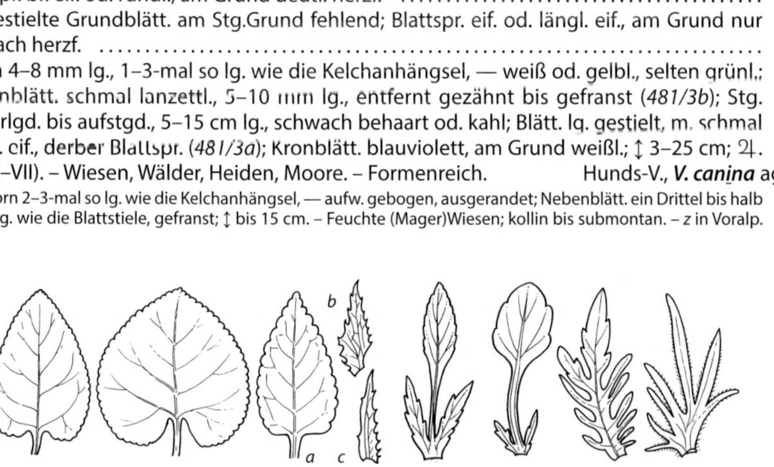

481/1 *481/2* *481/3* *481/4* *481/5* *481/6* *481/7*

u. Mittelgeb.; A: Bgl, OÖ?, Sb, Stm; CH; CZ?; PL; I: Bz; *f* D. – Taxonomie umstritten. Zumind. Nachweise aus D werden vermehrt in eine weiter gefasste *V. canina* L. inkludiert. [*V. canina* subsp. *schultzii* (Billot) Döll]
Schultz-V., ***V. schultzii*** Billot

— Sporn 1–2(–3)-mal so lg. wie die Kelchanhängsel, meist grünl. od. gelbl.weiß .... **b**

b. Frkn. ellipsoidisch, gleichm. kegelf. zugespitzt; ob. Nebenblätt. meist fast so lg. wie der Blattstiel, bis 20 mm lg.; Krone (im Umriss) höher als br., — unt. Nebenblätt. ein Viertel bis halb so lg. wie die Blattstiele, gefranst od. tief gezähnt (*481/3b*); ↕ bis 25 cm. – Feuchte bis mäßig trockene Magerwiesen u. -rasen, Heiden, Waldränder; kollin bis montan. – Im ganzen Gebiet, *z* in Voralp. u. Mittelgeb.; in D: BW, BY, HE?, NRW, SN, TH; *f* MV. – Verbr. ungenügend bekannt [*V. montana* auct., non L.; *V. canina* subsp. *montana* auct., non (L.) Hartm.; *V. canina* subsp. *ruppii* (All.) Schübl. & G. Martens] Berg-V., Rupp-V., ***V. ruppii*** All.

— Frkn. fast kugelf. bis br. eif., stumpf od. höchstens m. kurzem aufgesetztem Spitzchen; ob. Nebenblätt. ≈ halb so lg. wie der Blattstiel, kaum 10 mm lg.; Krone (im Umriss) beinahe quadrat., seltener breiter als lg.; — unt. Nebenblätt. nur ein Sechstel bis ein Drittel so lg. wie die Blattstiele, gefranst, zuw. ganzrandig (*481/3c*); ↕ bis 15 cm. – Heiden, Magerwiesen, Kiefernwälder. – *v*. [*V. canina* subsp. *canina*]
Gewöhnliches Hunds-V., ***V. canina*** L. s. str.

Ähnl. das Milch-V., ***V. lactea*** Sm., m. bläul.weißen Kronblätt.; Sporn 3–4 mm lg., doppelt so lg. wie die Kelchanhängsel; unt. (u. mittl.) Nebenblätt. halb so lg., ob. so lg. wie der Blattstiel; ↕ 10–15(–20) cm; ♃. VI–VII. – Feuchte Heiden, Moorwiesen, Moore; Silikatzeiger. – *s* in B (W-Flandern; Hauptverbr.: W-Eur.).

— Sporn 2–3 mm lg., kaum länger als die Kelchanhängsel, — grünl. bis grünl. gelb; Nebenblätt. groß, gefranst-gesägt, die mittl. meist so lg. wie od. länger als der halbe Blattstiel **18**

18. Nebenblätt. groß, blattart., fast so lg. wie der Blattstiel (*481/4*); Blattspr. lanzettl.-keilf., in br. geflüg. Stiel überghd.; Stg. nur 1–1,5(–3,5) cm lg.; — Kronblätt. hellviolett, oft m. dk. Nerven; ↕ 2–15 cm; ♃. V–VI. – Trockene Magerwiesen. – *s* in D im Gebiet des Ober- u. Mittelrheins, Mains, der Donau, Elbe, Elster, Saale, Unstrut, Bode, ehem. BB, *f* SO-MV; *s* A: Bgl, NÖ; B; CZ.
Zwerg-V., ***V. pumila*** Chaix

— Nebenblätt. meist kürzer als der Blattstiel (*481/5*); Blattspr. schwach keilf. od. flach herzf., 2–4-mal so lg. wie br.; Stg. > 1,5 cm lg. **19**

19. Stg. spitzenw. gleich den Blätt. flaumhaarig, 20–45 cm lg.; Blüten 20–25 mm lg.; Kronblätt. hellblau, gestreift, am Grund weiß; — Stg. kräftig; Blattspr. 3–7 cm lg., 1–2 cm br., in den 2–4 cm lg., undeutl. geflüg. Stiel überghd.; Nebenblätt. 2–3 cm lg., ganzrandig od. am Grund grob gezähnt; ↕ 20–40(–50) cm; ♃. V–VI. – Feuchte Wiesen; Stromtalpfl. – *z* im Gebiet der großen Flüsse. [*V. erecta* auct.] Hohes V., ***V. elatior*** Fr.

— Stg. fast kahl, 15–20 cm lg.; Blüten klein, 10–15 mm lg.; Kronblätt. milchweiß, m. lilafarbenen Nerven; — Stg. ästig; Blattspr. 2–4 cm lg., am Grund seicht herzf.; Blattstiel oberw. geflüg.; Nebenblätt. halb so lg. wie Blattstiel, gezähnt; ↕ 10–30 cm; ♃. IV–V. – Flachmoore. – *s*, bes. in den großen Stromtälern. [*V. persicifolia* auct.]
Graben-V., Pfirsichblättriges V., ***V. stagnina*** Schult.

20 (16). Blätt. u. Stg. meist flaumig behaart; Stg. 4–6 cm lg.; Blattspr. rundl. eif. bis herz-nierenf., fast so lg. wie br.; — Nebenblätt. eif., gezähnt; Blattspr. bläul.-grün, unterseits oft violett; Kronblätt. blauviolett bis weiß; Sporn 2–3-mal so lg. wie die Kelchanhängsel; Kapsel fein behaart; ↕ 4–8 cm; ♃. IV–V. – Trockenwiesen, Dünen, Felsschutt, Felsspalten; bis in die alp. Stufe. – *z*, *s* im W. [*V. arenaria* DC.] Sand-V., ***V. rupestris*** F. W. Schmidt

— Blätt. u. Stg. ± kahl; Stg. 8–25 cm lg.; Blattspr. br. herzf., stets länger als br. **21**

21. Sporn 5–6 mm lg., schlank, dk.violett, kaum gefurcht, abw. gebogen; Blüten < 20 mm lg.; Kronblätt. rötl.violett; Kelchanhängsel kurz; Nebenblätt. schmal lanzettl., — lg. gefranst bis ganzrandig; Blattspr. oberseits zerstr. behaart, unterseits oft violett; ↕ bis 10 cm; ♃. IV–VI. – Wälder. – *v*. [*V. sylvestris* Lam.] Wald-V., ***V. reichenbachiana*** Boreau

— Sporn 3 mm lg., dick, unterseits gefurcht, weißl. od. gelbl.weiß, ± nach oben gebogen; Blüten > 20 mm lg.; Kronblätt. hellviolett; Kelchanhängsel quadrat.; Nebenblätt. br., — gefranst; ↕ bis 15 cm; ♃. IV–V. – Wälder. – *v*. [incl. subsp. *minor* (Greg.) Valentine]
Hain-V., ***V. riviniana*** Rchb.

22 (1). Sporn so lg. wie die Kronblätt.; — Pfl. bis 10 cm hoch **31**

— Sporn kürzer, bis halb so lg. wie die Kronblätt. **23**

23. Blattspr. nierenf., — ringsum gekerbt, frischgrün; Nebenblätt. meist ganzrandig; Kronblätt. gelb, bräunl. gestreift; Gr. m. abgeflachtem, 2-lappigem Narbenkopf; ↕ 5–20 cm; ♃. V–VI. – Feuchte Wälder, Hochstaudenfluren; bis 3000 m. – Alp. u. Vorland *v*, sonst *s* in D: NRW, SN (Elbsandsteingeb.), TH; CH: Jura; CZ. Zweiblütiges V., ***V. biflora*** L. (subsp. ***biflora***)

— Blattspr. nicht nierenf. **24**

24. Blätt. alle grundst.; — Spr. eif.; Kronblätt. violett, 15–30 mm lg.; Sporn 3–4 mm lg.; ↕ 4–10 cm; ♃. VII–VIII. – Gesteinsfluren der Alp. – *z*, A: Kt, NÖ, OÖ, Stm. Alpen-S., ***V. alpina*** Jacq.

— Stg. beblätt. **25**

25. Kronblätt. die Kelchblätt. deutl. überragend; Blüten > 15 mm lg. **27**

— Kronblätt. kürzer als od. max. so lg. wie die Kelchblätt.; Blüten ≤ 15 mm lg. **26**

26. Nebenblätt. handf. geteilt; größte Blätt. beiderseits m. 1–2 Kerben; ↕ 2–10(–15) cm; ⊙. V–X. – Ackerränder, Magerwiesen. – *s*, D: Rheintal, TH; A: Bgl, NÖ, Stm; CH: Vs; CZ. Kleines S., ***V. kitaibeliana*** Schult.

— Nebenblätt. fiederig geteilt (ähnl. *481/6*); größte Blätt. beiderseits m. 5 Kerben; ↕ (5–)10–20 cm; ⊙. IV–X. – Äcker, Wegränder. – *v*. Acker-S., Feld-S., ***V. arvensis*** Murray

a. Krone 8–15 mm lg., ≈ so lg. wie od. oft deutl. kürzer als der Kelch, ± trichterf., hellgelb, höchstens die 2 ob. Kronblätt. weißl. od. violett überlaufen; Sporn ≈ so lg. wie die Kelchanhängsel, zuw. violett; Blüten nicht duftend. IV–X. – Äcker, ruderale StO. – *v*. Acker-S. (i. e. S.), subsp. ***arvensis***

— Krone 18–26(–35) mm lg., deutl. länger als der Kelch, flach, oft ± blau(violett) überlaufen u./od. Rand der 2 ob. Kronblätt. purpurfleckig; Sporn deutl. länger als die Kelchanhängsel, zuw. violett; Blüten meist duftend. – Getreideäcker. – Bes. *v* im Bergland, in tieferen Lagen *z–s*, dort auch zahlr. Übergänge zur Nominatsippe; A: Kt, NÖ, OÖ, Sb, Stm, Vb; CH; F: Els; I: Bz. – Angaben aus D: BW, BY, HE (Altweilnau), NRW (N-Eifel), RP (Imsbach), TH (Thw), SN, ST teilw./alle (?) nicht gesichert u. vielleicht nur großblütige Formen von subsp. *arvensis*. [*V. megalantha* Nauenb. ex G. H. Loos, nom. inval.] Großblütiges Acker-S., subsp. ***megalantha*** Nauenb.

27 (25). Kronblätt. gelbl.weißl., z. T. blau überlaufen od. am ob. Rand m. purpurnen Flecken (vgl. Nr. **26a**—) ***V. arvensis*** subsp. ***megalantha***

— Kronblätt. violett od. gelb **28**

28. Nebenblätt. m. stark vergrößertem mittl. Abschnitt, ± ganzrandig; Pfl. ohne unterird. Ausläufer; ↕ 10–35 cm; ⊙–♃. V–X. – Äcker, Dünen, Wiesen; bis in die subalp. Stufe aufstgd. – *v*. – Mehrere, überregional nicht immer einheitl. abgrenzbare Sippen. Weiterer Forschungsbedarf. Wildes S., Gewöhnliches S., Dreifarben-S., ***V. tricolor*** L.

a. Kronblätt. gelb, höchstens oben schwach bläul. überlaufen; — Krone 20–30 mm lg.; ↕ 20–30 cm; ♃. V–X. – Frische Wiesen, Steinschuttfluren; submontan bis subalp. – *s* Alp., Mittelgeb.; D: BY (nur Berchtesgadener Alp.?); SN (Erzgeb.); A (*f* Bgl); CH; CZ; F: Els; PL; D: *f* BW u. HE. – Verbr. ungenügend bekannt. [*V. saxatilis* F. W. Schmidt; *V. alpestris* (DC.) Jord.; *V. tricolor* subsp. *subalpina* auct. p. p.] Gebirgs-S., Fels-S., subsp. ***alpestris*** (DC.) Ces.

— Kronblätt. zuerst weißl. od. blau, dann von oben nach unten blau- bis rotviolett überlaufen, die seitl. u. bes. das unt. zuw. weißl. bleibend od. alle Kronblätt. rotviolett, m. ± großem gelbem Saftmal („tricolor") .... b

b. Blätt. derb bis fleischig; nur Spr. der unt. Blätt. eif., mittl. schmal eilanzettl. bis lanzettl., allmähl. in den Grund verschmälert, ob. lineal-lanzettl.; Stg. fast stets unterird. (Sand oberflächl. entfernen) stark verzweigt; — Pfl. kahl od. sehr spärl. kurzhaarig; Stg. niederlgd. bis aufstgd.; Nebenblätt. fiederschnittig; Krone meist violett, (10–)15–20 mm lg.; ↕ 10–35 cm; (meist) ♃. IV–VI. – Dünen u. küstennahe Sandtrockenrasen, lichte Dünen-Kiefernwälder; kalkmeidend. – *v*, Küsten der Nord- u. Ostsee; D: NI (Inseln), *s* MV (Küste), SH (Inseln); *f* HE; *v* B; DK; NL; PL; *f* A: NÖ (Sandgebiete an der March: die *curtisii*-ähnl. Pfl. sind wohl zu subsp. *tricolor* zu stellen). [incl. subsp. *coniophila* Wittr.; subsp. *stenochila* Wittr.; *V. tricolor* var. *maritima* C. G. Hagen; subsp. *curtisii* auct., non (E. Forst.) Syme] Strand-S., Dünen-S., subsp. ***ammotropha*** Wittr. s. l.

— Blätt. weder derb noch fleischig; Spr. der unt. u. mittl. Stg.Blätt. eif. bis br. eif, m. herzf., gestutztem od. kurz verschmälertem Grund, ob. Stg.Blätt. eilanzettl. bis lanzettl.; Stg. nur oberird. verzweigt; — Pfl. locker kurzhaarig; Stg. aufr. bis aufstgd.; Nebenblätt. meist nur fiederteilig, m. flächigem Grund c

c. Pfl. 1–3-j.; — Krone 15–25(–30) mm lg., variabel, oft 3-farbig gefärbt; ↕ 10–25 cm; ⊙, ⚇ od. 3-j. V–X. – Nährstoffreiche Böschungen u. Wegränder, Sandtrockenrasen, extensiv genutzte Äcker; kalkmeidend; planar bis montan. – *v–z*, regional bes. in höh. Lagen auch *s*. Eigentliches Dreifarben-S., subsp. ***tricolor***

— Pfl stets ausd.; — Krone 20–35 mm lg., meist rotviolett; ↕ 10–25 cm; ↕. – Basenreiche Gebirgswiesen, Zwergstrauchheiden. – *s* Alp.; Mittelgeb.; D: BW?, O-BY, SN (Erzgeb.); A; CZ. [*V. polychroma* A. Kern.; *V. tricolor* var. *polychroma* (A. Kern.) Gams; *V. saxatilis* subsp. *polychroma* (A. Kern.) Kirschner & Skalickỳ; *V. tricolor* subsp. *subalpina* auct.] Vielfarben-S., subsp. ***polychroma*** (A. Kern.) Nyman

— Nebenblätt. m. wenig vergrößertem, ganzrandigem mittl. Abschnitt (*481/7*); Pfl. m. unterird. Ausläufern **29**

29. Stg. kräftig; unterird. Stg. kurz kriechend; — Kronblätt. gelb od. violett; Pfl. oft in den Hochlagen, selten auf Schwermetallböden; ↕ 8–20(–40) cm; ♃. VI–VIII. – Magerwiesen, Magerweiden; meist montane bis subalp. Stufe. – *s*, Alp., Mittelgeb., seltener Tiefland. Gelbes S., Gelbes Alpen-S., ***V. lutea*** L.

a. Stg. < 1 mm ∅; Blätt. samt Nebenblätt. dicht behaart; Zipfel der Nebenblätt. 1–1,5 mm br.; unt. Kronblatt 10–15 mm br. – *s*, W-CH; F: Vog.; NL? [incl. *V. lutea* subsp. *elegans* W. Becker] Gelbes S. (i. e. S.), subsp. ***lutea***

— Stg. > 1 mm ∅; Blätt. u. Nebenblätt. kahl od. nur spärl. behaart; Zipfel der Nebenblätt. 1,5–3 mm br.; unt. Kronblatt bis 20 mm br.; ↕ 8–20(–40) cm. – *s*, A: Stm; CZ; SW-PL. Sudeten-S., subsp. ***sudetica*** (Willd.) W. Becker

Ähnl.: ⓢ Gelbes Galmei-S., ***V. calaminaria*** (Ging.) Lej. [*V. lutea* subsp. *calaminaria* (Ging.) Rothm.], m. zarten Stg. u. gelben, selten von oben schwach bläul. überlaufenen Kronblätt.; ↕ 10–25 cm; ♃. VI–VIII. – Auf offenen, mageren Schwermetallböden (Zink) der kollinen Stufe. – *s*, Rheinisch-Belg. Schiefergeb. bis S-NI; B; NL.

— Stg. zart; unterird. Stg. weit kriechend; — Pfl. der Schwermetallböden der Tieflagen **30**
30. Kronblätt. gelb, zuw. von oben blau überlaufen .... ***V. calaminaria***, s. Nr. **29**
— Kronblätt. purpurviolett bis blau; ↕ 10–25(–40) cm; ♃. V–X. – Schwermetallböden. – Sehr *s*, nur D: NRW (Blankenrode). ⓖ. [*V. calaminaria* var. *westfalica* W. Ernst]
Westfälisches Galmei-V., Violettes Galmei-S., ***V. guestphalica*** Nauenb.
31 (22). Blätt. alle ganzrandig, ≈ 1 cm lg.; Nebenblätt. ganzrandig od. am Grund m. 1–2 Zipfeln; — Blütenstiel 2–4 cm lg.; Kronblätt. violett; Sporn 5–8 mm lg.; ↕ 3–10 cm; ♃. VII. – Felsschutt; auf Kalk. – *s*, W-CH. Mont-Cenis-V., ***V. cenisia*** L.
— Wenigstens unt. Blätt. jederseits m. 1–3 Kerben, 1–4 cm lg.; Nebenblätt. gezähnt od. fiederspaltig; — Blütenstiel 3–9 cm lg.; Sporn 6–15 mm lg., so lg. wie die br. eif. Kronblätt.; ↕ 3–10 cm; ♃. VI–VII. – Felsen, steinschuttreiche Rasen; auf Dolomit; 1600–3000 m. – Alp. *v*, *z* D: Allgäuer Alp.; A: Ti, Vb. ⓖ. Gesporntes V., Sporn-S., ***V. calcarata*** L.
a. Kronblätt. meist violett; Stg. 1–2-blütig; ↕ 3–10 cm. – *v*. ⓖ. Sporn-S. (i. e. S.), subsp. ***calcarata***
— Kronblätt. meist gelb; Stg. 1-blütig; ↕ 3–8 cm. – *s*, nur A: Kt. Zoys-S., subsp. ***zoysii*** (Wulfen) Murb.

Die Gattung neigt stark zur Hybridbildung.

Häufig kult.: Garten-S., ***V.* × *wittrockiana*** Nauenb. & Buttler [*V. hortensis* auct.], Nebenblätt. fiederspaltig, m. längerem, gekerbtem Endzipfel (*481/6*) u. Blüten > 30 mm lg., ist eine Hybride, wahrscheinl. zw. *V. lutea* Huds. u. *V. tricolor* L.

Weitverbr. hybridogene Sippen sind: Bastard-Wald-V., ***V. bavarica*** Schrank [*V.* × *dubia* Wiesb.; *V. reichenbachiana* × *V. riviniana*], in den Merkmalen zw. den Eltern sthd., an der Länge des Kelchanhängsels (> 1 mm lg.) u. der Färbung des Sporns zu identifizieren, dieser hellblau u. heller als Krone; Rauhaariges V., ***V. scabra*** F. Braun [*V. hirta* × *V. odorata*], zw. den Eltern sthd., m. *V. odorata*-ähnl., aber spitzeren u. behaarten Blätt; m. od. ohne Ausläufer.

Familie: Linaceae, Leingewächse (Bearbeiter: Michael Koltzenburg)

Kräuter od. Stauden m. einfachen, wechselst., seltener gegenst. Blätt.; Blüten radiär, ⚥, 4–5-zählig; Staubblätt. 4–5 od. 10, ihre Staubfäden an der Basis verbreitert u. ± hoch hinauf zu einer Röhre vereinigt; Frkn. oberst., 5-blättr., durch falsche Scheidewände oft 10-fächerig; Kapselfr. Die in der 97. Auflage noch getrennt behandelte Gattung *Radiola* wurde inzwischen in die Gattung *Linum* eingegliedert.

Linum L. [incl. *Radiola* Hill], Lein ⓖ

1. Blüten 4-zählig; Kelchblätt. an der Spitze 2–3-zähnig; — Stg. zart, wiederholt gabelig verzweigt; Blüten in reich verzweigten, fast knäueligen Dichasien, Krone weiß; ↕ bis 10 cm; ⊙. VII–VIII. – Feuchte Sand- u. Moorböden, Heidegebiete. – Im N (Nord- u. Ostseeküste von B bis PL u. Tiefland) u. Lausitz *z*, sonst *s* u. stark zurückghd.; in A nur Bgl (vermutl. ausgestorben); *s* CZ; I: Bz (Castelfeder). [*R. linoides* Roth] Zwergflachs, Zwerg-L., ***L. radiola*** L.
— Blüten 5-zählig; Kelchblätt. ganzrandig **2**
2. Blätt. gegenst., oberw. zuw. wechselst. werdend; Blüten 0,4–0,5 cm br.; — Blüten weiß, am Grund gelb, homostyl, vor dem Aufblühen nickend, in Dichasien; ↕ 5–20(–30) cm; ⊙. VI–VII. – Magerrasen, Moorwiesen. – *v*. – Formenreich. Purgier-L., ***L. catharticum*** L.
— Blätt. wechselst.; Blüten > 1 cm br. **3**
3. Blüten blau, selten weiß **8**
— Blüten andersfarbig **4**
4. Blüten gelb, — heterostyl **7**
— Blüten rötl. bis blasslila u. purpurn od. karminrot **5**
5. Blüten karminrot; — Staubblätt. violett; Kelchblätt. lanzettl., am Rand häutig, borstig; Stg. u. Blätt. kahl; ↕ 30-40 cm; ⊙. VI–IX. – Ansaaten (Sorten auch andersfarbig), zuw. adventiv (Heimat: Algerien); D; A; B; Els; CH; CZ. Großblütiger L., Roter L., ***L. grandiflorum*** Desf.
— Blüten rötl. bis blasslila u. purpurn, — homostyl **6**
6. Stg. absthd. zottig-weichhaarig; Blätt. längl. eilanzettl., 4–9 mm br., locker zottig behaart, am Rand bes. bei ob. Blätt. drüsig; Krone rosarot bis purpurn, m. dk. Nerven; ↕ 30–60 cm; ♃. V–VII. – Trockenrasen, Waldränder; auf Kalk; bis Bergwaldstufe. – *s*, Alp. (D: BY; A: Ti, Sb, Kt, OÖ; I: Bz) u. Vorland (D: Lech, Ammer, ob. Isar). ⓖ. – Auch Zierpfl.
Klebriger L., ***L. viscosum*** L.

— Stg. nur am Grund kurzflaumig, sonst kahl; Blätt. linealisch, 1,5 mm br., am Rande rau; Krone helllila; ↕ 10–45 cm; ♃. VI–VII. – Kalktrockenrasen in Wärmegebieten. – *z*, SW- u. M-D.; *s* A: Bgl, Kt, NÖ, OÖ, Stm, Ti; *z* B; CH: N-CH, Jura, S-Ts, Vs, Vd; *s* CZ; F: Els; I: S-Bz. ©.
Schmalblättriger L., ***L. tenuifolium*** L.

7 (4). Kelchblätt. 6–9 mm lg.; Kronblätt. 15–20 mm lg.; ↕ 20–60 cm; ♃. VI–VII. – Trockenrasen, Waldränder. – *s*, D: BW (Donaualb), BY (Memmingen), unbest. RP; *s* A: Bgl, SO-Kt, NÖ, Stm, früher auch OÖ; *s* NW-CZ. ©! – Auch Zierpfl. Gelber L., ***L. flavum*** L. (subsp. ***flavum***)

— Kelchblätt. 3 mm lg.; Kronblätt. ≤ 15 mm lg.; ↕ 20–60(–80) cm; ♃. VI–X. – Feuchte, schwach salzige Wiesen. – Sehr *s*, nur A: Bgl (Seewinkel). Strand-L., ***L. maritimum*** L. (subsp. ***maritimum***)

8 (3). Pfl. 1-j.; Kelchblätt. an der Spitze bewimpert, nicht drüsig; — Infl. vielblütig, Blüten lg. gestielt; Kelchblätt. 6–9 mm lg.; Kronblätt. 12–15 mm lg.; Stg.Blätt. 2–4 mm br.; Stg. meist einzeln; ↕ 50–80 cm; ⊙. VI–VIII. – Bereits seit der jüngeren Steinzeit angepfl. Öl- u. Faserpfl.; Stammpflanze: *L. bienne*; *s* verwild. Echter L., Flachs, ***L. usitatissimum*** L.

Zweijähriger Lein, ***L. bienne*** Miller: Infl. wenigblütig; Kelchblätt, 4–5 mm lg.; Stg.Blätt. 0,5–1 mm br. – Wildpfl. (Heimat: MMG); *s* adventiv D: BW, NRW, SN; B; CH; NL.

— Pfl. ausd.; Kelchblätt. kahl od. drüsig behaart; — Stg. meist zu mehreren **9**

9. Pfl. behaart, bes. die ob. Blätt.; — Kronblätt. 20–32 mm lg.; Blätt. längl. eif., ≤ 1 cm br.; ↕ 20–60 cm; ♃. VI–VII. – Trockenrasen, lichte Gebüsche. – *s* A: Bgl, NÖ, früher auch OÖ, Stm, ob Kt? ©. Zotten-L., ***L. hirsutum*** L. (subsp. ***hirsutum***)

— Pfl. kahl **10**

10. Kelchblätt. 10–14 mm lg., lg. zugespitzt u. m. br. Hautrand; Kronblätt. 25–40 mm lg.; Deckblätt. m. häutigen Rand; Narbe veräng., fast fadenf.; — Kronblätt. blau; Pfl. aufr. od. aufstgd., ↕ 40–60 cm; ♃. V–VII. – Felsige Hänge; auf Kalk. – *s*, CH: Vs (Visp).; *s* adventiv D: BY.
Narbonner L., ***L. narbonense*** L.

— Kelchblätt. < 9 mm lg., stumpf u. m. br. Hautrand od. zugespitzt u. schmal hautrandig; Kronblätt. ≤ 25 mm lg.; Deckblätt. ohne Hautrand; Narbe kopfig **11**

11. Blüten homostyl; —Stg. m. 1–3(–5) Blüten; Pfl. aufstgd., ↕ 5–20 cm; ♃. V–VII. –Trockenrasen. – *s* D: HE, Taubertal, Saargebiet (Perl bis Merzig), O-Westf., S-NI, ST (Heimburg), W-TH, früher SchwAlb (Blaubeuren); *s* B; F: Lothringen. ©. [*L. anglicum* auct.]
Lothringer L., ***L. leonii*** F. W. Schultz

— Blüten heterostyl **12**

12. Blütenstiele nach dem Verblühen abw. gekrümmt; ↕ 30–70 cm; ♃. V–VII. – Trockenrasen, Böschungen. – *z* A: Bgl, NÖ, Kt; CH; sonst *z* unbest. od. eingebürg. ©.
Österreichischer L., ***L. austriacum*** L. (subsp. ***austriacum***)

— Blütenstiele auch nach der Blüte stets aufr. **13**

13. Inn. Kelchblätt. stumpf, länger als die äuß.; ↕ 30–100 cm; ♃. VI–VII. – Trockenrasen, Kiefernwälder. – *s*, D: BY, HE, früher BW; *s* A: NÖ, früher OÖ; *s* CZ. ©! – Auch angepfl.
Ausdauernder L., ***L. perenne*** L. (subsp. ***perenne***)

— Kelchblätt. spitz od. stumpf, etwa gleich lg.; ↕ ≤ 30 cm; ♃. VI–VIII. – Kalkmagerrasen, Felsfluren der Alp. – *s*, D: BY (Berchtesgadener Alp.); A; CH; FL. ©. [*L. montanum* auct.; *L. perenne* subsp. *alpinum* (Jacq.) Ockendon; incl. subsp. *ockendonii* (Greuter & Burdet) Seybold]
Alpen-L., ***L. alpinum*** Jacq.

Weitere unbest. Arten.

Familie: Hypericaceae [Guttiferae], Johanniskraut- od. Hartheugewächse

(Bearbeiter: Michael Koltzenburg)

Stauden od. Halbsträucher; Blätt. gegenst., sitzend, oft von Öldrüsen durchscheinend punktiert; Blüten in endst. Infl.; Kelchblätt. 5, an der Fr. erhalten bleibend; Kronblätt. 5, in der Knospenlage gedreht; Staubblätt. ∞. in 3 od. 5 vor den Kronblätt. sthd. Bündeln (*486/1*); Frkn. oberst., 3- od. 5-blättr.; Kapselfr. od. Beere.

Hypericum L., Johanniskraut, Hartheu

1. Stg. aufr. **3**
— Stg. niederlgd. bis aufstgd., — am Grund oft wurzelnd **2**
2. Stg. stielrund, oberw. gleich den Blätt. dicht weißhaarig; — Kelchblätt. eif., am Rande rotdrüsig; Blüten in wenigblütigen Rispen; ↕ 10–30 cm; ♃. VI–VIII. – Torfige u. feuchte Wiesen. – *s*, D: Niederrheingebiet bis Weser, N-Oberrheingebiet, S-BB, unbest. SH; *s* B; F: Vog.; NL; früher D: BY, HE, RP, SN; A: OÖ. ⓖ. [*Elodes palustris* Spach] Sumpf-J., Sumpf-H., ***H. elodes*** L.
— Stg. 2-kantig, kahl, < 1 mm ∅, hohl; Blätt. blaugrün, kahl, oval; — Kelchblätt. eif. längl., ungleich groß, am Rand drüsig punktiert; ↕ 5–20 cm; ♃. VI–IX. – Feuchte Sand-, Lehmböden, Magerwiesen, Ruderalstellen; bis Bergwaldstufe. – *v*; *z* im N u. Alp.
Niederliegendes J., Liegendes H., ***H. humifusum*** L.
3 (1). Halbsträucher; Blätt. immergrün od. grün überwinternd; Staubblätt. in 5 Bündel verwachsen **17**
— Stauden; Blätt. sommergrün; Staubblätt. in 3 Bündel verwachsen **4**
4. Blätt. zu 3–5 quirlst.; — Blätt. nadelf.-linealisch, durchscheinend punktiert, am Rand umgerollt; Kronblätt. gelb, 9–10 mm lg., drüsenlos; Kelchblätt. am Rand m. gestielten Drüsen; ↕ 10–45 cm; ♃. VI–VIII. – Kalkfelsen. – *s*, östl. Z-CH; I: S-Bz. Nadel-J., ***H. coris*** L.
— Blätt. gegenst. **5**
5. Kelchblätt. m. Fransen, die z. T. länger sind als die Kelchblätt. br. **16**
— Kelchblätt. am Rand m. kürzeren Fransen od. ohne Fransen **6**
6. Kelchblätt. am Rand drüsig gesägt od. gefranst (*486/3*) **13**
— Kelchblätt. ganzrandig od. am Rand fein gesägt (*486/2*), nur selten m. vereinzelten Drüsen **7**
7. Stg. rund od. 4-kantig **9**
— Stg. m. 2 erhabenen Längsleisten (Lupe), markig, kahl **8**
8. Stg. unten nur m. 2 Hauptleisten; Kelchblätt. ganzrandig; — Infl. reichbltg.; ↕ 15–100 cm; ♃. VI–VIII. – Halbtrockenrasen, Böschungen, Magerrasen. – Formenreich.
Tüpfel-J., Tüpfel-H., ***H. perforatum*** L.

a. Blätt. kurz gestielt (nur oberstes sitzend); Blattrand nicht umgerollt; ↕ 30–100 cm. – *v*.
Tüpfel-J. (i. e. S.), Tüpfel-H. (i. e. S.), subsp. ***perforatum***
— Blätt. mind. z. T. sitzend; Blattrand nach unten umgerollt.; ↕ 15–100 cm. – *s*, S- u. M-D; A; CH; I: Bz.
Veronenser Tüpfel-J., Veronenser Tüpfel-H., subsp. ***veronense*** (Schrank) Ces.

— Stg. unten neben den Hauptleisten meist m. Nebenleisten; Kelchblätt. drüsenlos gezähnelt, — lineal-lanzettl., m. feiner Haarspitze; ↕ 20–70 cm; ♃. VI–VIII. – Moorwiesen. – *s*, D: BW, BY, HE, MV, NRW, RP, SH, SN; A: Sb?, Vb?; CH; CZ; F: Els; FL?; NL. [*H. dubium* × *H. perforatum*]
Des Ètangs H., ***H. desetangsii*** Lamotte

Hierher auch Schlankes J., ***H. patzkei*** Bomble: früher blühend, Kronblätt. auf Außenseite gestrichelt; Seitenäste schräg aufr. – *s* D: NRW (Aachen); B.

9. Stg. rund; Blätt. 3-eckig-herzf. .... Schönes J., Schönes H., ***H. pulchrum*** L., s. Nr. **13**
— Stg. wenigstens unten 4-kantig od. 4-kantig geflüg.; Blätt. eif. od. ellipt. **10**
10. Stg. deutl. 4-kantig, geflüg.; — Kronblätt. 5–7,5 mm lg., hellgelb; Kelchblätt. schmal lanzettl., zugespitzt; Blätt. br. ellipt., halb stg.umfassend, dicht u. fein punktiert, Rand nicht nach unten umgebogen; ↕ 30–60(–80) cm; ♃. VII–VIII. – Gräben, Ufer. – *v*. [*H. acutum* Moench; *H. quadrangulum* L.] Flügel-J., Flügel-H., ***H. tetrapterum*** Fr.
— Stg. stellenw. 4-kantig, nicht geflüg. **11**

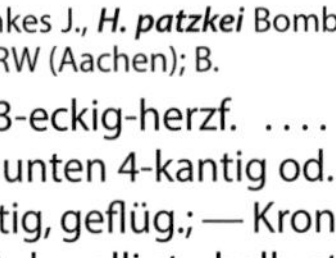

486/1

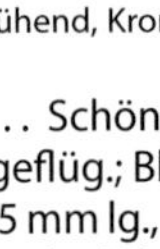

486/2

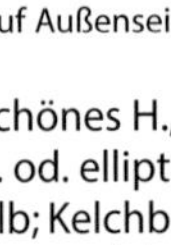

486/3

11. Kelchblätt. lanzettl., spitz; Kronblätt. 3–6 mm lg., blassgelb, nicht punktiert; Blätt. dicht punktiert; ↕ 10–35 cm; ♃. VI–VII(–VIII). – Ruderalstellen. – Adventiv (Heimat: N-Am.); *s* eingebürg., D: BB, BY. Kanadisches J., ***H. majus*** (A. Gray) Britton

— Kelchblätt. ellipt., stumpf; Kronblätt. 9–14 mm lg., gelb, meist randl. u. auf der Fläche schwarz punktiert; Blätt. spärl. punktiert, — br. eif., am Grund abgerundet; ↕ 20–100 cm; ♃. VI–IX. – Magerweiden, Moorwiesen. – Formenreich. [*H. quadrangulum* auct.]
Geflecktes J., Kanten-H., ***H. maculatum*** agg. **12**

12. Stg. ± 4-kantig; Blüten ≤ 2,5 cm ∅; Kelchblätt. stumpf, ganzrandig; Kronblätt. meist nur auf der Fläche m. dk. Drüsen; ↕ 20–60 cm; ♃. VI–VIII. – *v*. [*H. maculatum* subsp. *maculatum* Crantz]
Geflecktes J. (i. e. S.), Kanten-H. (i. e. S.), ***H. maculatum*** Crantz s. str.

— Stg. meist nur an der Basis 4-kantig, oberw. 2-kantig; Blüten 2,5–3,5 cm ∅; Kelchblätt. eif. längl., m. buchtig gezähnter Spitze; Kronblätt. auf der Fläche u. am Rand hell u. dk. drüsig punktiert; ↕ 30–100 cm; ♃. VI–VIII. – *s*, D; A: Kt, NÖ, OÖ, OTi, Stm, Vb; B; CH; CZ; DK; FL; NL; Verbr. nicht genau bekannt. [*H. maculatum* subsp. *obtusiusculum* (Tourlet) Hayek]
Stumpfliches H., Zweifelhaftes Geflecktes J., ***H. dubium*** Leers

13 (6). Stg. u. Blätt. dicht kurzhaarig; — Blüten auf behaarten Stielen, in lockerem, pyramidenf. Infl.; ↕ 40–80 cm; ♃. VI–VIII. – Wälder u. Gebüsche. – *v* in S-, M-D; *z* im NW; A; CH; S-PL; CZ.
Behaartes J., Behaartes H., ***H. hirsutum*** L.

— Stg. u. Blätt. kahl, zuw. aber drüsig **14**

14. Kelchblätt. stumpf eif., fein gesägt, zuw. m. Drüsen (*486/2*); Blätt. am Rand ohne schwarze Drüsenpunkte, — 3-eckig-herzf., halb stg.umfassend, unterseits blaugrün; Stg. stielrund, kahl, oft rötl.; Blüten in lockeren veräng. Infl.; ↕ 30–80 cm; ♃. VII–IX. – Trockene Nadel- u. Laubwälder; auf kalkarmen Böden. – *v* im W u. NW bis SH; *s* im O; *s* A: OÖ; CH; CZ (Elbsandsteingeb.). Schönes J., Schönes H., ***H. pulchrum*** L.

— Kelchblätt. spitz, m. gestielten Drüsen (*486/3*); Blätt. am Rand m. schwarzen Drüsenpunkten **15**

15. Stg. auch oben stielrund, ohne Drüsenpunkte; oberste Internodien ca. 2–3 cm lg.; Blätt. am Rand flach; Kronblätt. hellgelb, am Rand nicht schwarz punktiert; Infl. wenigblütig, fast kopfig; ↕ 30–80 cm; ♃. VI–VIII. – Wälder, Waldränder. – *v* im S, *s* im N.
Berg-J., Berg-H., ***H. montanum*** L.

— Stg. oben 2-kantig, an den Leisten m. schwarzen Drüsenpunkten; oberste Internodien ca. 5–10 cm lg., deutl. länger als die and,; Blätt. am Rand umgerollt; Kronblätt. goldgelb, am Rand schwarz punktiert; Infl. locker, vielblütig; ↕ 15–30 cm; ♃. VI–VII. – Trockenrasen; auf Kalk. – *s*, D: RP, ST, TH; A: NÖ; CZ. Zierliches J., Zierliches H., ***H. elegans*** Willd.

16 (5). Kronblätt. 9–10 mm lg., m. zahlr. schwarzen Punkten; Blätt. lineal-lanzettl. bis eif., m. dk. Punkten, netznervig m. hervortretenden Nerven; ↕ 20–50(–70) cm; ♃. V–VI. – Waldränder, Waldwiesen. – *s*, früher A: Bgl, NÖ, Stm, ob noch? Bart-J., ***H. barbatum*** Jacq.

— Kronblätt. 15–20 mm lg., m. zahlr. schwarzen Punkten; Blätt. eif., am Grund herzf., nicht od. wenig durchscheinend punktiert, netznervig m. unauffälligen Nerven; ♃. VI–VII. – Weiden, Hochstaudenfluren; auf Kalk. – *s*, CH: Neuchâtel, Vs, Vd. Alpen-J., ***H. richeri*** Vill. (subsp. *richeri*)

17 (3). Kronblätt. 25–40 mm lg.; Stg. m. 4 Langsleisten; Staubbeutel rot; Gr. 5; Kapselfr.; — Blätt. eif., 4–8 cm lg., immergrün; ↕ 20–40 cm; ♄. VI–VIII. – Zierpfl. (Heimat: Balkan, O-MMG); *s* verwild., D; A: Kt, NÖ; CH; NL. Großblütiges J., ***H. calycinum*** L.

— Kronblätt. 6–12 mm lg.; Stg. m. 2 Längsleisten; Staubbeutel gelb; Gr. 3; Fr. beerenart., erst rot, später schwarz; — Blätt. eif., 5–10 cm lg., immergrün; ↕ 50–90 cm; ♄. V–VII. – Feuchte schattige Orte. – *s*, CH: Ts. – Auch Zierpfl. (Heimat: MMG, Kaukasus).
Mannsblut, Blut-J., ***H. androsaemum*** L.

Hybridbildungen. – Weitere Arten als Zierpfl., auch adventiv.

Ordnung: Geraniales, Storchschnabelartige

Familie: Geraniaceae, Storchschnabelgewächse (Bearbeiter: Michael Koltzenburg)

Kräuter u. Stauden; Blätt. wechsel- od. gegenst., gefied. od. handf. geteilt, m. Nebenblätt.; Blüten meist radiär, 5-zählig; Frkn. oberst.; Fr.Blätt. sich schnabelart. verlängernd; Fr. in 1-samige Teilfr. zerfallend (*488/1, 488/2*).

1. Blätt. handf. geteilt od. gefing. (selten gefied.); 10 fertile Staubblätt.; die 5 Fr.Fächer sich beim Reifen plötzl. von der Mittelsäule u. voneinander ab- u. aufw. biegend (*488/1*) ***Geranium***, 488

— Blätt. gefied.; 5 der 10 Staubblätt. m. Staubbeuteln; Teilfr. sich der Länge nach spiralig einrollend (*488/2*); — Pfl. drüsig .... ***Erodium***, 488

Adventiv (Heimat: S-Afr.): Zonal-Pelargonie, ***Pelargonium zonale*** m. zygomorphen Blüten. – *s* unbest. D: BY, NRW.

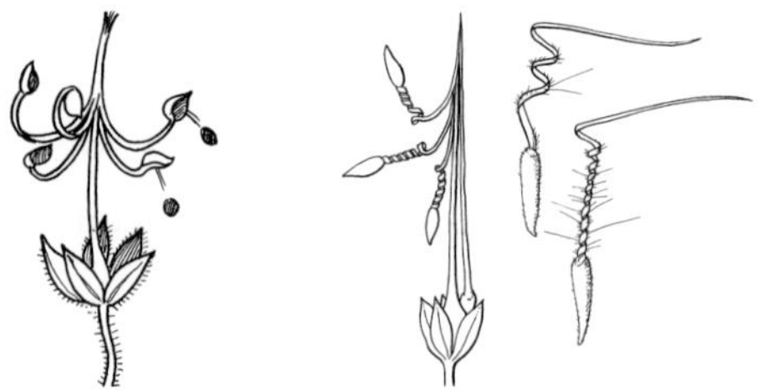

488/1 *488/2*

Erodium L'Hér., Reiherschnabel

1. Blätt. doppelt. fiederteilig, Rhachis außerdem m. kleinen Lappen od. Zähnen; Kelchblätt. ≥ 10 mm lg.; Fr. inkl. Schnabel > 6 cm lg.; ↕ 10–70 cm; ☉. IV–VIII. – Trockenwarme Wegränder, Schuttplätze. – Adventiv (Heimat MMG); *s* unbest. D: BW, BY, NRW, RP, SN; A; B; CH; NL. Großer R., ***E. ciconium*** (L.) L'Hér

— Blätt gefied., Rhachis ohne weitere Anhängsel; Kelchblätt. ≤ 8 mm lg.; Fr. inkl. Schnabel < 5 cm lg. **2**

2. Fiedern gestielt, gezähnt; Trag- u. Nebenblätt. stumpf; — Stg. veläng.; fertile Staubblätt. am Grund 2-zähnig; ↕ 10–45 cm; ☉. V–VI. – Ruderalstellen, Wegränder. – Adventiv (Heimat: MMG); *s* unbest. Moschus-R., ***E. moschatum*** (L.) L'Hér.

— Fiedern sitzend, tief fiederspaltig od. fiederteilig; Trag- u. Nebenblätt. spitz od. zugespitzt; ↕ 4–40 cm; ☉-⊙. Artengruppe Gewöhnlicher R., ***E. cicutarium*** agg.

a. Ruderalpfl.; — Infl. (3–)5–8(–10)-blütig; Blüten 12–17 mm ∅; Fr.Schnabel 30–40 mm lg.; Fr. an der Spitze m. von einer Furche umgebener Grube; Kronblätt. am Grund zuw. dk. gefleckt; Stg. kaum drüsig. IV–X. – Sandige Äcker, Weinberge, Sandrasen. – *v*. [incl. *E. aethiopicum* (Lam.) Brumh. & Thell.: Infl. 2–3-blütig; Fr.Schnabel 20–30 mm lg.; Kronblätt. ohne dunkle Flecken; auf Sand; *s*, CH: Gr (Rheintal), Vs (Rhônetal)] Gewöhnlicher R., ***E. cicutarium*** (L.) L'Hér.

— Dünenpfl.; — Infl. 2–5-blütig, Blüten 7–12 mm ∅; Fr.Schnabel 18–30 mm lg.; Fr. an der Spitze m. Grube ohne deutl. Furche. IV–X. – Dünen der Nord- u. Ostseeküste, Sandäcker. – *z*. [*E. glutinosum* Dumort.] Drüsiger R., ***E. lebelii*** Jord.

Dänischer R., ***E. danicum*** K. Larsen [*E. cicutarium* × *E. lebelii*; *E. glutinosum* Dumort. subsp. *danicum* (K. Larsen) Rothm.]: Dünen der Küste; *s*, DK.

Weitere unbest. Arten aus dem MMG.

Geranium L., Storchschnabel

1. Blüten ≤ 1,5 cm ∅; Kronblätt. meist wenig länger als, max. aber doppelt so lg. wie der Kelch; — Pfl. 1-j. bis ausd. **11**

— Blüten 1,5–4 cm ∅; Kronblätt. meist doppelt so lg. wie der Kelch (bei *G. phaeum*, s. Nr. **5**, Kronblätt. zuw. nur so lg. wie od. wenig länger als der Kelch); — Pfl. ausd., m. dickem Wurzelstock **2**

2. Teilinfl.Stiele m. 1 leuchtend rotvioletten Blüte; — Blätt. gegenst.; Spr. fast bis zum Grund in lineal-lanzettl. Abschnitte geteilt (*490/1*); Sprosse absthd. behaart, im Herbst intensiv rot; ↕ 20–50 cm; ♃. V–IX. – Trockenwarme Säume, Gebüsche, lichte Wälder. – *v–z, s* im N.
Blutroter S., Blut-S., ***G. sanguineum*** L.

— Teilinfl.Stiele m. ≥ 2 Blüten **3**

3. Pfl. 8–15 cm hoch; Blätt. ober- u. unterseits von anlgd. Haaren silberweiß; — Blätt. 25–40 mm br., meist alle grundst., m. lineal-lanzettl., tief eingeschnittenen Blattzipfeln; Kronblätt. ausgerandet, blassrosa, 14–15 mm lg.; ♃. VII–VIII. – Felsen; auf Kalk od. Dolomit. – Sehr *s*, im Gebiet nur I: Bz (Seiser Alm). Silber-S., ***G. argenteum*** L.

— Pfl. > 20 cm hoch; Blätt. nicht beiderseits silbrig behaart **4**

4. Kronblätt. spatelig, m. lg. Nagel, — Kronblätt. rot od. rosa, 20–28 mm lg.; Staubblätt. 18–22 mm lg., aus der Blüte herausragend; Pfl. aromat. riechend; ↕ 20–50 cm; ♃. V–VI. – Felsen, Gebüsche. – *s*, nur A: Kt (Plöcken-Pass); häufig als Zierpfl. (Heimat: S(O)-Eur.); eingebürg. z. B. in D: HE; unbest. D: BY, NRW, RP, SH, TH; CH; NL; in Ausbr. Felsen-S., ***G. macrorrhizum*** L.

— Kronblätt. verkehrt eif. od. verkehrt herzf. **5**

5. Kronblätt. trüb schwarzviolett, rotbraun od. schmutzig lila, oft nur wenig länger als der Kelch, flach ausgebr. bis zurückgeschlagen; Fr.Klappen quer runzelig, absthd. behaart; ob. Stg.Blätt. wechselst.; ↕ 30–70 cm; ♃. V–VIII. – Hochstaudenfluren, Bergwiesen. Brauner S., ***G. phaeum*** L.

a. Kronblätt. rotbraun bis schwarzviolett, am Rand stark wellig. – *z* A; CH; CZ; S-PL; auch Zierpfl. u. verwild., *s–z*, unbest. od. eingebürg. D; B; DK; I: Bz; NL. Brauner S. (i. e. S.), subsp. ***phaeum***

— Kronblätt. schmutzig-lila, am Rand kaum wellig. – *v*, Alp. u. Voralp., D: Karwendelgeb.; A; CH; I: Bz.
Blassvioletter S., subsp. ***lividum*** (L'Hér.) Hayek

— Kronblätt. blau, violett od. rot. selten weiß, stets etwa doppelt so lg. wie der Kelch; Fr.Klappen glatt; ob. Stg.Blätt. gegenst. **6**

6. Kronblätt. tief eingeschnitten; Blattspr. 7–9-lappig, Blattzipfel abgerundet; — Blätt. im Umriss rundl. nierenf., beiderseits locker behaart, jeder Lappen m. 5–9 Zipfeln (*489/1*); Kronblätt. lebhaft violett, 6–10 mm lg. Stg. aufr., zottig; ↕ 25–50 cm; ♃. V–X. Gebüsche. Weiden, Äcker u. Gärten. – Ne. (Heimat: S- u. W-Eur.); *v–z*.
Pyrenäen-S., ***G. pyrenaicum*** Burm. f. (subsp. ***pyrenaicum***)

— Kronblätt. ungeteilt od. nur seicht ausgerandet; Blattspr. 3–7-lappig, Blattzipfel zugespitzt **7**

7. Kronblätt. seicht ausgerandet, — blasslila m. violetten Nerven; Blattspr. bis über die Mitte 3–5-teilig; Stg. an den Verzweigungen etw. verdickt; Blütenstiele dicht m. abw. gerichteten Haaren besetzt; ↕ 20–50 cm; ♃. V–IX. – Laubwälder. – *s*, CH: Ts; auch Zierpfl. u. verwild., z. B. D: BW, BY, HE; B; NL. Sanikelblättriger S., Knotiger S., ***G. nodosum*** L.

— Kronblätt. vorn abgerundet **8**

8. Blütenstiele drüsenlos; — Stg. m. rückw. gerichteten Haaren **10**

— Blütenstiele drüsig behaart; — Samen punktiert **9**

9. Kronblätt. blau, hell blaulila od. weißl.blau; Blütenstiele nach der Blüte herabgeschlagen, sich z. Frzt. wieder aufrichtend; Staubfäden am Grund plötzl. auf 1,5–2 mm verbreitert; Blätt. tief 5–7-teilig, Blattlappen doppelt fiederspaltig, m. lanzettl. Zähnen (*489/2*); — Kronblätt. 15–22 mm lg.; ↕ 30–80 cm; ♃. VI–VIII. – Fettwiesen; bis unt. Bergwaldstufe. – *v*, *s* im N, unbest. im NW. Wiesen-S., ***G. pratense*** L.

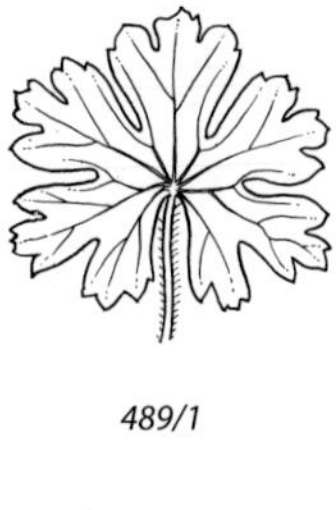

489/1

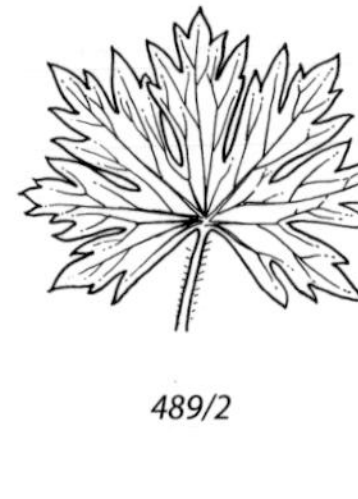

489/2

489/3

489/4

— Kronblätt. violett; Blütenstiele nach der Blüte aufr.; Staubfäden am Grund allmähl. auf 1 mm verbreitert; Blätt. bis über die Mitte 5–7-teilig, Blattlappen grob u. unregelm. gezähnt (*489/4*); — Kronblätt. 13–18 mm lg.; ↕ 3–70 cm; ♃. VI–VII. – Wiesen, Staudenfluren; höher aufstgd. als *G. pratense*. – Mittelgeb. u. Alp., *v*, sonst *z*. Wald-S., ***G. sylvaticum*** L.

10 **(8).** Kronblätt. weiß, m. violett-roten Nerven; Fr.Stiele aufr.; Blattlappen in Zipfel zerschlitzt, die auch weiter als die Mitte gezähnt sind (ähnl. *489/3*); — Kronblätt. 11–15 mm lg.; ↕ 20–60 cm; ♃. VII–VIII. – Lärchen- u. Arvenwälder; kalkmeidend. – *s*, Alp.; CH: Gr, Uri, Vs; I: Bz (Vinschgau). [*G. sylvaticum* subsp. *rivulare* (Vill.) Rouy] Bach-S., ***G. rivulare*** Vill.

— Kronblätt. rot, m. dk. Nerven; Fr.Stiele zurückgeschlagen; Blattlappen bis zur Mitte grob u. unregelm. gezähnt, m. kurz zugespitzten Zähnen (*489/3*); — Kronblätt. 12–18 mm lg.; Samen längsstreifig; ↕ 20–80 cm; ♃. VI–IX. – Feuchte Wiesen, Gräben, Ufer. – *v–z*, im W *s*. Sumpf-S., ***G. palustre*** L.

11 **(1).** Blätt. 5–9-teilig gelappt, handf. gespalten, nicht aus gestielten Fiedern zus.gesetzt **13**

— Blätt. 3–5-zählig gefing., aus doppelt fiederspaltigen, gestielten Fiedern zus.gesetzt (*490/2*); — ganze Pfl. oft purpurrot überlaufen **12**

12. Kronblätt. 5–9 mm lg., m. einfachen Nerven; Staubbeutel gelb; — Pfl. zuw. ähnl. wie *G. robertianum* riechend, m. wenigen lg. u. absthd. Haaren; ↕ 20–40 cm; ⊙. V–IX. Bahnschotter. – Seit ca. 1990 überall in Ausbr. begriffen u. lokal eingebürg. (Heimat: MMG bis W-As.); *s–z*. [*G. robertianum* subsp. *purpureum* (Vill.) Nyman] Purpur-S., ***G. purpureum*** Vill.

— Kronblätt. 9–12 mm lg., m. gabeligen Nerven; Staubbeutel rotbraun; ↕ 10–50 cm; ⊙. V–X. – Wälder, schattige Felsen, Mauern, Schotter. Stinkender S., Ruprechtskraut, ***G. robertianum*** L.

a. Pfl. stark drüsig behaart, ± aufr.; Fr. dk.braun, behaart; — Pfl. markant riechend. – *v*. Stinkender S. (i. e. S.), subsp. ***robertianum***

— Pfl. ± kahl, niederlgd., kurzgliedrig; Fr. hellbraun, kahl. – Geröll der Ostseeküste; *s*. Strand-S., Strand-Ruprechtskraut, subsp. ***maritimum*** (G. Don) Baker

13 **(11).** Kronblätt. an der Spitze ausgerandet od. eingeschnitten **16**

— Kronblätt. an der Spitze abgerundet.. **14**

14. Blattspr. handf. geteilt, m. 3–5 schmalen, rhomb., gezähnten Zipfeln; — Blütenstiele m. weichen u. drüsigen Haaren; Kronblätt. 7–9 mm lg., weißl., m. violetten Nerven; Staubfäden behaart, Staubblätt. blauviolett, Narbe rosa; Kelchblätt. außen fast kahl, 1–2 mm lg. begrannt; Fr. m. Schnabel 1,9–2,7 cm lg., Fr.klappen behaart; ↕ 15–70 cm; ♃. IV–IX. – Ruderalstellen. – Adventiv (Heimat: O-As.); *s*, D: bislang BB, BW, BY, SN. [*G. peregrinum* Thell.] Thunbergs S., ***G. thunbergii*** Lindl. & Paxton

— Blattspr. rundl. nierenf., m. stumpf gekerbten Lappen u. stumpfl. Zipfeln **15**

15. Pfl. dicht weich-drüsenhaarig; Blätt. matt bis schwach glzd., meist 3-lappig (*490/3*); Kronblätt. keilf. spatelf., rosarot; — Pfl. ähnl. wie *G. robertianum* riechend; ↕ 10–30 cm; ⊙. VI–X. – Mauern, Äcker, Wegränder. – *s*, D: BW/RP/S-Westf./BY (Oberrhein-, Mittelrhein-, Mosel-, Nahe-, Maingebiet, Franken), sonst *s* unbest.; *s* A; CH; NW-CZ; F: Els; I: Bz; NL. Rundblättriger S., ***G. rotundifolium*** L.

— Pfl. fast kahl; Blätt. auffallend glzd., 5-lappig (*490/4*); Kronblätt. verkehrt eif., hellrot; — Stg. meist rot, zerbrechl.; ↕ 10–40 cm; ⊙. V–VI. – Gebüsche, Felsen, Mauern der Hügel- u. unt. Bergwaldstufe. – *z* D in einem Streifen RP–Harz–BB, NL; *s* A: NÖ; CH: Genf, Jura, Vs. Glänzender S., ***G. lucidum*** L.

490/1

490/2

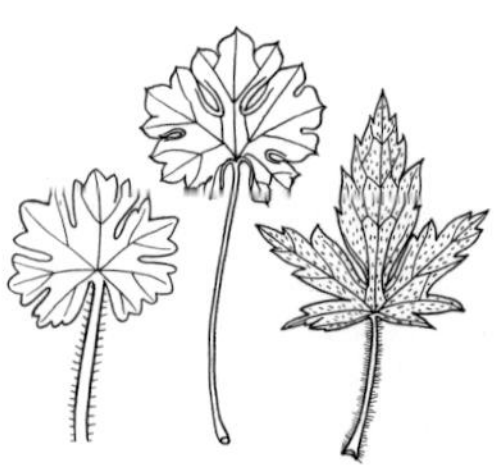

490/3 *490/4* *490/5*

16 (13). Blattspr. fast bis zum Grund geteilt, m. fiederspaltigen Lappen (*490/5, 491/4, 491/5*) (bei *G. pusillum*, s. Nr. **20**, sind nur ob. Stg.Blätt. fast bis zum Grund geteilt) **22**
— Blattspr. nur bis zur Mitte od. etwas tiefer eingeschnitten (*491/1–491/3*) **17**
17. Blattspr. im Umriss rundl. (*491/2, 491/3*); Kelchblätt. kurz bespitzt **20**
— Blattspr. im Umriss vieleckig (*490/5, 491/1*); Kelchblätt. lg. bespitzt **18**
18. Staubfäden zottig behaart; Kronblätt. blauviolett; Fr.Klappen dicht drüsenhaarig; — Kelchblätt. 1–3 mm lg. bespitzt, wie die Fr. dicht drüsenhaarig; ↕ 20–100 cm; ⊙. VII–IX. – Feuchte Bergwälder, an Brandstellen. – D: *s* NO-BY, unbest. RP, früher SN (Oberlausitz); *s* CH: Gr, Vs; A: früher OTi; *s* NW-CZ; früher I: Bz. Böhmischer S., ***G. bohemicum*** L.
— Staubfäden kahl; Kronblätt. rosa; Fr.Klappen kurz u. angedrückt behaart **19**
19. Stg. m. rückw. gerichteten Haaren, aber drüsenlos; Teilinfl. oft 1-blütig; Fr.Klappen glatt; — Stg.Blätt. 3–5-lappig, beiderseits angedrückt behaart (*490/5*); ↕ 20–80 cm; ♃. VI–VIII. – Auen, Hecken, Ruderalstellen. – Früher W-Grenze des Vorkommens Odergebiet, O-A, seit Beginn des 20. Jh. sich nach W ausbreitend; *s* eingebürg. D: BW (Kaiserstuhl), BY, TH; unbest. D: BB, SH, MV; *s–z* A: Bgl, Kt, NÖ, Stm, Ti; *s* CH: Gr, Ts, Vs; CZ (Altvatergeb.); I: Bz; SW-PL.
Sibirischer S., ***G. sibiricum*** L.
— Stg. außer m. absthd. Wollhaaren auch noch m. Drüsenhaaren; Teilinfl. meist 2-blütig; Fr.Klappen querrunzelig; — Stg.Blätt. 5-lappig (*491/1*); ↕ 20–60 cm; ⊙. VI–VII. – Gebüsch, Ruderalstellen, Weinberge. – *s* D: O-BB, SN (Elbe), sonst *s* unbest.; *z* A: NÖ; CH: Gr, Vs; CZ; I: Bz; SW-PL.
Spreizender S., ***G. divaricatum*** Ehrh.
20 (17). Krone ca. 1,5 cm ∅; Kronblätt. doppelt so lg. wie der Kelch
Pyrenäen-S., ***G. pyrenaicum*** Burm. f., s. auch Nr. **6**
— Krone ≤ 1 cm ∅; Kronblätt. ≤ 1,5-mal so lg. wie der Kelch; — Blattspr. beiderseits absthd. weich behaart **21**
21. Kronblätt. schwach ausgerandet, blasslila; Stg. gleichlang kurzhaarig; — Kronblätt. 3–4 mm lg.; Blattspr. 5–7-lappig, Lappen oft 3-zipfelig (*491/2*); Fr.Klappen u. Fr.Schnabel behaart; ↕ 10–30(–70) cm; ⊙–⊙. V–X. – Wege, Äcker, Ruderalstellen. – *v*.
Kleiner S., Zwerg-S., ***G. pusillum*** L.
— Kronblätt. tief ausgerandet, rosaviolett; Stg. m. kurzen u. m. längeren zottigen, 1–2 mm lg. Haaren; — Kronblätt. (3,5–)5–8 mm lg.; Blattspr. 7–8-lappig (*491/3*); ↕ 10–45 cm; ⊙–⊙. V–IX. – Wegränder, Ruderalstellen. Artengruppe Weicher S., ***G. molle*** agg.
a. Fr.Klappen fein querrunzelig, kahl od. am Grund m. einzelnen Wimperhaaren. – *v*. Weicher S., ***G. molle*** L.
— Fr.Klappen glatt, am Grund dicht bewimpert. – D: *z–s* HE, SH, NRW, RP, *s* unbest. BY, SN; *z–s*, B; NL.
Glattfrüchtiger S., ***G. aequale*** (Bab.) Aedo
22 (16). Stg. angedrückt behaart; Teilinfl. die Tragblätt. überragend; Kronblätt. 7–10 mm lg., so lg. wie od. etwas länger als der Kelch, violett-purpurn, am Nagel behaart; Blattspr. 5–7-lappig m. doppelspaltigen Abschnitten (*491/4*); Fr. nur an den Grannen behaart; ↕ 15–40(–60) cm; ⊙–⊙. V–VII. – Gebüsche, Weg- u. Ackerränder. – *v*, *z* im N.
Tauben-S., Stein-S., ***G. columbinum*** L.
— Stg. absthd. behaart; Teilinfl. meist kürzer als die Tragblätt.; Kronblätt. 4–6 mm lg., so lg. wie od. kürzer als die Kelchblätt., rotviolett; Blattspr. weniger zerteilt als bei voriger (*491/5*); Fr. drüsig behaart; ↕ 15–40(–60) cm; ⊙. V–X. – Äcker, Wegränder. – *v*, im NO *z*.
Schlitzblättriger S., ***G. dissectum*** L.

Weitere kultiv. u. unbest. verwild. Arten u. Hybriden.

491/1

491/2

491/3

491/4

491/5

Ordnung: Myrtales, Myrtenartige

Familie: Lythraceae [incl. Trapaceae, Wassernussgewächse, u. Punicaceae, Granatapfelgewächse], Blutweiderichgewächse (Bearbeiter: Michael Koltzenburg)

Kräuter od. Stauden, seltener Sträucher (*Punica*), m. meist gegenst., seltener quirlst. od. spiralig angeordneten Blätt.; Blüten radiär; Blütenhülle doppelt od. einfach; Fr.Blätt. meist 2; Kapselfr. (*492/3*), Nussfr. (*492/4a*) od. Apfelfr. (*Punica*).

1. Wasserpfl. m. Schwimmblattrosette .... ***Trapa***, 493
— Land- od. Sumpfpfl. **2**
2. Strauch m. 4-kantigen Zweigen .... ***Punica***, 492
— Krautige Pfl. .... ***Lythrum***, 492

Lythrum L. [incl. *Peplis* L.], Blutweiderich

1. Stg. niederlgd.; Blätt. verkehrt eif.; Kronblätt. fehlend od. < 1 mm lg. (*492/1*); — Stg. an den Knoten wurzelnd, zuw. flutend, meist rot; Blätt. gegenst., verkehrt eif., 1–2 cm lg.; Blüten einzeln, achselst., 1 mm lg.; zw. den an der Spitze drüsig verdickten Kelchzähnen pfrieml. Zwischenzähne (*492/1*, Z); ↕ 5–30 cm; ⊙. VI–IX. – Feuchte Orte, Teich- u. Seeufer, auf Schlamm, Kies, Sand od. Ton; kalkmeidend. – *z*, *s* im S, *f* Hochalp. [*P. portula* L.]
Sumpf-B., Sumpfquendel, ***L. portula*** (L.) D. A. Webb
— Stg. aufr.; Blätt. lanzettl.; Kronblätt. stets vorhanden (*492/2*) **2**
2. Staubblätt. 2–6; Blüten einzeln, blattachselst.; homostyl; — Kronblätt. rötl.lila; ↕ 5–50 cm; ⊙. VI–IX. – Ufer, feuchte Äcker. – *s*, zurückghd., im NO *f*. Ysop-B., ***L. hyssopifolia*** L.
— Staubblätt. 10–12; Blüten in 2–3-blütigen Dichasien, diese zu dichten Thyrsen vereinigt; heterostyl; Pfl. 30–120 cm hoch, ausd. **3**
3. Pfl. kahl; Blätt. am Grund keilf. verschmälert, unt. gegenst.; Krone purpurrot; — Staubblätt. 12; Zwischen-Kelchzähne so lg. wie die Kelchzähne; ↕ 10–30 cm; ♃. VI–VIII. – Sumpfwiesen. – Heimat: O- u. SO-Eur.; wild *z* A: Bgl, NÖ; CH?; sonst nur *s* verwild. Ruten-B., ***L. virgatum*** L.
Ähnl.: Binsen-B., ***L. junceum*** Banks & Sol.: unt. Blätt ± wechselst.; 6 Kelchzähne br. 3-eckig, 1 mm lg., dazw. 6 schmalere, zurück gebogene Kelchzähne; Pfl. niederlgd.-aufstgd.; ↕ 20–70 cm; ♃. IV–IX. – Ruderalstellen. – Adventiv (Heimat: MMG, SW-Eur.); *s* unbest., D: BW, BY, NRW, SN, TH; A; B; CH; NL.
— Pfl. behaart; Blätt. am Grund abgerundet od. herzf.; Krone bläul.purpurrot; — Staubblätt. 10–12 (5–6 lange u. 5–6 kurze; *492/2*); Pfl. verzweigt; ↕ 50–150 cm; ♃. VI–IX. – Teich-, See-, Bachufer, Flachmoore. – *v*. Gewöhnlicher B., ***L. salicaria*** L.
Heterostylie: 3 Blütentypen, die sich in der Gr.Länge u. im Ansatz der Staubblätt. unterscheiden.

Punica L., Granatapfel

Zweige meist in Dorn endend; Blätt. gegenst. od. wirtelig, schmal ellipt., ganzrandig; Blüten 3–4 cm ∅; Krone leuchtend rot; Staubblätt. zahlr.; Frkn. unterst.; apfelähnl. Panzerbeere; ↕ 1–5 m; ♄ od. ♄. V–VII. – Kulturpfl. (Heimat: O-MMG?, SW- u. Z-As.); *s* verwild., CH: Ts, Vs; I: Bz.
Granatapfel, ***P. granatum*** L.

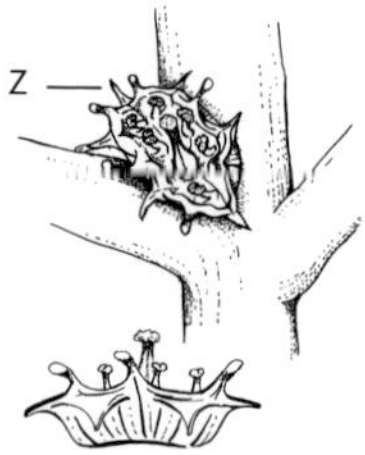

492/1

492/2

492/3

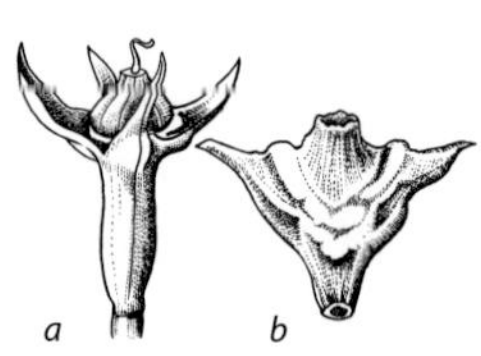

a b

492/4

Trapa L., Wassernuss

Blätt. rosettig, m. blasig aufgetriebenem Stiel (*73/6*); Blüten einzeln, blattachselst.; Krone weiß; Kelchblätt. 4, nach der Blüte zu Dornen auswachsend; Fr. dk.braun, holzig (*492/4a–b*); Stg. flutend od. kriechend; ↔ bis 3 m; ⊙. VI–IX. – Gesellig in 1–2 m tiefen, nährstoffreichen, sthd. Gewässern. – D: *z* Elbesystem BB, ST, SN, Oberrhein, sonst *s* u zurückghd.; *s* A: Bgl. NÖ; CH: Jura, Ts; CZ (Elbe); S-PL. Ⓖ. Gewöhnliche W., ***T. natans*** L.

Familie: Onagraceae [Oenotheraceae], Nachtkerzengewächse (Bearbeiter: Michael Koltzenburg)

Kräuter od. Stauden; Blätt. gegenst., seltener quirlig od. spiralig; Blüten ⚥, radiär od. zygomorph, m. doppelter od. 1-facher Blütenhülle, meist 4-, seltener 2-zählig (*Circaea*); Frkn. unterst., m. röhren- od. becherf. verläng. u. oft lebhaft gefärbter Blütenachse verwachsen (*85/2*); Staubblätt. 2, 4 od. 8; Kapsel- od. Nussfr.

1. Blütenhülle einfach, grünl.; — Blätt. gegenst.; Sumpf- od. Wasserpfl. .... ***Ludwigia***, 496
— Blütenhülle doppelt, Krone vorhanden 2
2. Blüten 2-zählig; — Krone weiß .... ***Circaea***, 493
— Blüten 4-zählig od. 5-zählig 3
3. Krone rot, rosa od. weißl., — 4-zählig; Samen m. Haarschopf .... ***Epilobium***, 494
— Krone gelb 4
4. Blüten 5-zählig; — Sumpf- od. Wasserpfl. .... ***Ludwigia***, 496
— Blüten 4-zählig 5
5. Frkn. (m. Hypanthium) schon z. Bltzt. > 10 mm lg. (*85/3*) .... ***Oenothera***, 497
— Frkn. z. Bltzt. nur 4–6 mm lg.; — Sumpf- od. Wasserpfl. .... ***Ludwigia***, 496

Arten der Gattungen *Fuchsia*, *Lopezia* u. *Clarkia* aus Anpflanzungen zuw. adventiv.

Circaea L., Hexenkraut

1. Blattspr. am Grund nicht od. kaum herzf., matt;, Blattstiel ringsum behaart, Blüten ohne Tragblätt; — Stg. dicht bis zerstreut behaart; Kronblätt. 2–4 mm lg., verkehrt herzf., tief 2-spaltig; Fr. m. gleichen Fächern (*493/1*); ↕ 20–70 cm; ♃. VI–VIII. – Schattige, feuchte Wälder; bis in die Bergwaldstufe. Gewöhnliches H., Wald-H., ***C. lutetiana*** L.

a. Fr. ungefurcht; Stg. dicht behaart. – *v*. Gewöhnliches H. (i. e. S.), subsp. ***lutetiana***
— Fr. m. 4 tiefen Furchen; Stg. fast kahl. – Sehr *s*, nur A: Kt (Oberdrautal), OTi. Vierfurchen-H., subsp. ***quadrisulcata*** (Maxim.) Asch. & Magnus

— Blattspr. am Grund deutl. herzf., glzd.; Blattstiel kahl od. etwas kurzhaarig; Blüten m. borstenf. Tragblätt.; — Stg. kahl od. zerstreut behaart 2

2. Kronblätt. ≤ 1,5 mm lg., kürzer als der Kelch; Narbe kopfig od. schwach ausgerandet; Fr. schief eif., keulig, 1-fächerig (*493/2*); Blattspr. oberseits etwas glzd., unterseits bläul.grün, scharf gezähnt; Infl. fast kahl, sich erst nach der Bltzt. verlängernd; ↕ 4–20 cm; ♃. VI–VIII. – Feuchtes Gebüsch, Moore; höher aufstgd. als vorige Art. – *v* Alp., sonst *z–s*. Alpen-H., ***C. alpina*** L.

— Kronblätt. 2–4 mm lg., so lg. wie der Kelch; Narbe ausgerandet, 2-lappig; Fr. verkehrt eif., kugelig, 2-fächerig, 2-samig; Blattspr. geschweift-gezähnt, zugespitzt; Infl. drüsig-flaumig, sich schon vor der Bltzt. verlängernd; ↕ 10–40 cm; ♃. VI–VIII. – Bacheschenwälder, Auenwälder; überwgd. Berg- u. Hügelstufe. – *z*, *s* im N. [Naturhybride, *C. alpina* × *C. lutetiana*] Mittleres H., ***C.*** × ***intermedia*** Ehrh.

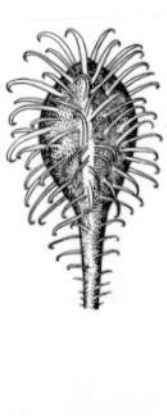

493/1

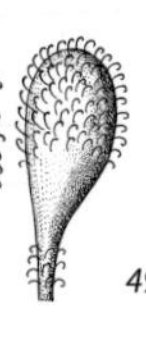

493/2

Epilobium L. [incl. *Chamaenerion* Ség.], Weidenröschen

1. Pfl. 1-j.; — Stg. stark verzweigt, rund, unten kahl, oberw. drüsig behaart, m. Pfahlwurzel; Blätt. wechselst., lineal-lanzettl., 0,5–2(–4) cm lg., 2–3(–4) mm br., entlang der Mittelrippe gefaltet; Kronblätt. ≤ 7 mm lg., tief eingeschnitten, rosa, m. violetten Nerven; Fr. 2–3,5 cm lg.; ↕ 20–100(–150) cm; ⊙. VII–IX. – Bahnhöfe, Schotterbrachen. – Heimat: N-Am., Mexiko; seit 1994 in D: z. B. Oberrheingebiet, Pfw., Mannheim, Wetterau, Taunus, Franken; *s* W-CZ.
Kurzfrüchtiges Weidenröschen, ***E. brachycarpum*** C. Presl

— Pfl. ausd. **2**

2. Blüten radiär; Krone trichterf. (*495/1*); Gr. aufr.; Blätt. gegen- od. quirlst., wenigstens die unt. **5**

— Blüten schwach zygomorph; Krone flach ausgebr., ohne od. m. kurzer Röhre; Gr. abw. geneigt (*495/2, 495/3*); alle Blätt. wechselst. (*Chamaenerion*) **3**

3. Blätt. 1–2,5 cm br., unterseits blaugrün, m. hervortretenden Seitennerven, am Rand zuw. zurückgerollt; Kronblätt. kurz genagelt, purpurrot, verkehrt eif.; — Blüten in verläng. Trauben; ↕ 50–150 cm; ♃. VI–VIII. – Kahlschläge, Heiden, Ruderalstellen. – *v*. [*C. angustifolium* (L.) Scop.; *Chamerion angustifolium* (L.) J. Holub]
Schmalblättriges W., Wald-W., ***E. angustifolium*** L.

— Blätt. ≤ 0,5 cm br., unterseits nicht blaugrün, nur Mittelnerv hervortretend, Rand flach; Kronblätt. kaum genagelt, rosa **4**

4. Gr. so lg. wie die längeren Staubblätt., gerade, nur im untersten Drittel weiß-zottig behaart; Stg. aufr., m. unterird., fleischigen, roten Ausläufern; ↕ 30–110 cm; ♃. VII–IX. – Kiesige, sandige Orte, Kiesbänke an Flussufern, felsige Abhänge; auf Kalk; kollin bis montan. – D: *z* Oberrhein, Bodensee, *s* Lech, Iller, Isar, Inn, Lausitz, unbest. bis in Einbürg. BB, BY, HE, NRW, RP, TH; *z–s* A; CH; CZ; S-PL. [*C. palustre* auct.; *C. dodonaei* (Vill.) Schur; *C. rosmarinifolium* Haenke) Moench]
Rosmarin-W., ***E. dodonaei*** Vill.

— Gr. halb so lg. wie die Staubblätt., gekrümmt, bis zur Hälfte weißfilzig (*495/1*); Stg. aufstgd., m. unterird. Ausläufern; ↕ 10–40 cm; ♃. VII–IX. – Fluss- u. Bachkies, Moränenschutt der subalp. Stufe; kalkmeidend. – *s*, D: Allgäuer Alp.; *v* Alp. u. Voralp. von A: Ti, Vb, Sb; CH; I: Bz. [*C. fleischeri* (Hochst.) Fritsch]
Kies-W., Fleischer-W., ***E. fleischeri*** Hochst.

5 (1). Narbe kopfig od. keulig, ungeteilt (*495/4a*) **12**

— Narbe m. 4 deutl. absthd. Ästen (*495/4b*) **6**

6. Stg. kahl od. kurz anlgd. behaart; Blätt. (wenigstens die unt.) meist gestielt; Blütenknospen überwgd. nickend **8**

— Stg. absthd. behaart; Blätt. meist sitzend; Blütenknospen aufr. **7**

7. Kronblätt. 10–20 mm lg., purpurrot; Stg. ästig; Blätt. halb stg.umfassend, etwas herablfd., am Rand stark gesägt bis gezähnt; ↕ 50–150 cm; ♃. VI–IX. – Staudenfluren an Gräben, Bächen u. Quellen, nasse Wiesen u. Ruderalstellen; bis in die Bergwaldstufe. – *v*.
Behaartes W., Zottiges W., ***E. hirsutum*** L.

— Kronblätt. ≤ 10 mm lg., hellrosa; Blätt. nicht stg.umfassend, am Rand entfernt schwach gezähnt, weichhaarig od. filzig; ↕ 15–50 cm; ♃. VI–IX. – Staudenfluren an Gräben, Bächen u. Quellen, Röhrichte, Ruderalstellen; bis in die Bergwaldstufe. – *v*.
Kleinblütiges W., ***E. parviflorum*** Schreb.

8 (5). Blätt. m. 0,4–0,8 cm lg. Stiel, längl. eif., am Grund keilf., in der Mitte am breitesten; — Stg. aufstgd.; Kronblätt. 6–10 mm lg., anfangs weißl., später rosa; ↕ 20–60 cm; ♃. V–VIII. – Feuchte, steinige, buschige Orte. – D: *v–z* BW, HE, NRW, RP, *s* BY, NI, ST, TH; *s* B; CH: Gr, Ts, Vs, Zürich; NL.
Lanzettblättriges W., ***E. lanceolatum*** Sebast. & Mauri

— Blätt. kürzer gestielt, m. abgerundetem (nicht keilf. verschmälertem), fast herzf. Grund, daher am Grund am breitesten **9**

9. Stg. vom Grund an ästig; — Blätt. 1–5(–15) cm lg., 0,5–1,5(–4,5) cm br., unregelm. geschweift-gezähnt; Kronblätt. 4–6 mm lg., rosarot; ↕ 10–40 cm; ♃. VI–IX. – Mauern, Felsen; kalkmeidend; von der Ebene bis in die subalp. Stufe. – *v* südl. einer Linie B–L–Harz–SN–S-PL; sonst im N *f*.
Hügel-W., ***E. collinum*** C. C. Gmel.

— Stg. einfach od. nur wenig verzweigt **10**

10. Blätt. ganzrandig; — Kronblätt. 5–6 mm lg., hellrosa; mittl. Stg.Blätt. eif.; ↕ 30–80 cm; ♃. VII–IX. – Wälder. – *s*, nur CZ (Böhmen). – Wohl nur Mutation der folg. Art.
Hartheu-W., ***E. hypericifolium*** Tausch

— Blätt. gezähnt od. wenigstens entfernt gezähnelt **11**

11. Pfl. ohne Ausläufer; Stg. aufr.; Kelchblätt. 3,5–5 mm lg.; Samen 1 mm lg.; ↕ 30–80 cm; ♃. VI–IX. – Laub- u. Nadelwälder, Gärten u. Parks. – *v*. Berg-W., ***E. montanum*** L.

— Pfl. m. unterird. Ausläufern; Stg. aufstgd.; Kelchblätt. 5–6 mm lg.; Samen 1,7–2 mm lg.; ↕ 20–40 cm; ♃. VII. – Hochstaudenfluren. – *s*, S-Schw.; CH: Jura, Vs; F: Vog.
Pyrenäen-W., Durieu-W., ***E. duriaei*** Godron

12 (5). Stg. stielrund, zuw. m. 2 Haarleisten, — am Grund m. unterird., rötl. Ausläufern, die im Herbst m. einem haselnussgroßen, von Niederblätt. gebildeten Schuppenrhizom (*495/5*) abschließen; Kronblätt. 3–8 mm lg., rosa bis hellviolett; Blätt. gegenst.; ↕ 10–50 cm; ♃. VII–IX. – Sumpf- u. Moorwiesen, feuchte Waldstellen; kalkmeidend. – *v*.
Sumpf-W., ***E. palustre*** L.

— Stg. ± kantig, m. 2–4 erhabenen Längsleisten **13**

13. Blätt. zu 3–4 quirlst., sitzend, — die unt. meist kurz gestielt, am Rand stark gezähnt, auf den Nerven flaumig behaart; Kronblätt. 8–18 mm lg., hellpurpurn; ↕ 30–100 cm; ♃. VII–IX. – Hochstaudenfluren, feuchter Steinschutt. – *v* in Alp., *s* im Vorland u. Mittelgeb. (Schweizer Jura, S-Schw., Vog., Erzgeb., O-Sudeten). [*E. trigonum* Schrank] Voralpen-W., ***E. alpestre*** (Jacq.) Krock.

— Unt. Blätt. gegen-, ob. wechselst. **14**

14. Bis 25 cm hohe Gebirgspfl. (nicht unterh. 800 m); — Krone blassviolett **19**

— 20–100(–140) cm hohe Pfl. überwgd. der tieferen Lagen **15**

15. Blätt. bis 1 cm lg. gestielt, — eif.-lanzettl., am Rand u. auf den Nerven behaart, unterseits m. hervortretendem Nervennetz; Krone ≤ 6 mm ∅, anfangs weißl., später hellrosa; ↕ 20–80 cm; ♃. VII–X. – Bachufer, Gräben. – *v*. Rosarotes W., ***E. roseum*** Schreb.

— Blätt. sitzend od. kurz gestielt; — Kronlätt. rosa, auch weißl. od. dk.rosa **16**

16. Stg. am Grund m. lg., oberird. Ausläufern; — Stg. leicht zus.drückbar, an der Basis kahl, oben fein kraushaarig; Blattspr. eif., entfernt gezähnt, matt dk.grün; junge Blüten nickend; ↕ 30–60(–100) cm; ♃. VI–IX. – Feuchte Wälder, Bäche, Moor- u. Torfwiesen. – *z*.
Dunkelgrünes W., ***E. obscurum*** Schreb.

— Stg. am Grund ohne Ausläufer, aber m. Blattrosetten **17**

17. Infl.Achse drüsig; Blätt. 18–30 mm br.; — Blätt. gestielt; Kronblätt. 2–10 mm lg.; ↕ 30–80 (–140) cm; ♃. VI–X. – Kahlschläge, Böschungen. – Aus N-Am. eingeschleppt.
Drüsiges W., Wimper-W., ***E. ciliatum*** agg.

Nach Jonsell et al. in Hand & Buttler (2011) u. Bomble (2017)

a. Fr. m. zahlr. absthd. Drüsenhaaren u. drüsenlosen Haaren; Hochblätt. deutl. kleiner als die mittl. Blätt; Infl. meist verzweigt .... **c**

— Fr. m. absthd. Drüsenhaaren u. kaum drüsenlosen Haaren; Hochblätt. fast so groß wie die mittl. Blätt; Infl. meist nicht verzweigt .... **b**

b. Blüten kräftig rosa, recht groß, 5–10 mm lg.; Blätt. mittelgrün, ohne Grauton u. nicht bleich.; reifende Früchte deutl. vom Stg. absthd.; Samen beidseitig stumpf, am ob. Ende m. kurzem wenig auffälligem Anhängsel; Pfl. auffallend kräftig. – *s*, D: NRW, SH, sonst unbest. [*E. glandulosum* Lehm.]
Drüsiges Wimper-W., subsp. ***glandulosum*** (Lehm.) Hoch & Raven

— Blüten weiß bis zartrosa, < 5 mm lg.; Blätt. hellgrün, oft auffallend bleich od. schwach glauk; reifende Früchte kaum vom Stg. absthd. (fast senkr. sthd.); Samen spindelf., zumind. am unt. Ende spitz, am ob. Ende m. deutl. Anhängsel; Pfl. nicht kräftiger als *E. adenocaulon* s. l. – *s*, D: NRW; NL. – Herkunft u. taxonom. Wert unklar.
Bleichdrüsiges W., ***E. palliglandulosum*** Bomble

495/1

495/2

495/3

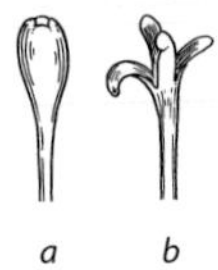

495/4

495/5

c (a). Pfl. nur oben verzweigt; Überwinterungsknospen vorhanden; Krone dk.rosa; Fr.Stiele < 10 mm lg. – *v*, im S *z*. [*E. adenocaulon* Hausskn.] Drüsenstängeliges Wimper-W., subsp. ***adenocaulon*** (Hausskn.) Hand & Buttler

— Pfl. vom Grund an verzweigt; Überwinterungsknospen meist fehlend; Krone rosa bis weiß; Fr.Stiele oft > 10 mm lg. – *s* D: BY, SN. Wimper-W. (i. e. S.), subsp. ***ciliatum***

— Infl.Achse ohne Drüsen; Blätt. 3–10 mm br.; — Blätt. gestielt od. sitzend; Kronblätt. 3–6 mm lg.; ↕ 30–100 cm; ♃. VII–X. – Gräben, Ufer, Waldwege; auf Lehmböden. Artengruppe Vierkantiges W., ***E. tetragonum*** agg. **18**

18. Unt. u. mittl. Blätt. sitzend, etwas am Stg. herablfd., dicht gezähnt, hellgrün, kahl; Papillen der Samenoberfläche längl. spitz. – *z–v*. [*E. adnatum* Griseb.] Vierkantiges W. (i. e. S.), ***E. tetragonum*** L. s. str.

— Unt. u. mittl. Blätt. kurz gestielt, entfernt gezähnt, graugrün, am Rand u. Mittelrippe der ob. Blätt. unterseits behaart; Papillen der Samenoberfläche flach. – *z–s*, seltener als vorige Art. [*E. tetragonum* subsp. *lamyi* (F. W. Schultz) Nyman] Graugrünes W., Lamy-W., ***E. lamyi*** F. W. Schultz

19 (14). Stg. am Grund m. unterird. Ausläufern; Kronblätt. 8–12 mm lg., — tief ausgerandet, m. dk. Nerven; Blattspr. kurz gestielt bis sitzend, eif. lanzettl., dk.grün, glzd., fast ganzrandig; Samen an der Spitze m. durchscheinendem Anhängsel; ↕ 10–25 cm; ♃. VI–IX. – Quellige Orte, Hochstaudenfluren. – *v*, Alp.; *z–s* Schweizer Jura, S-Schw., Erzgeb., Bayrw., Böhmw., Iser- u. Riesengeb., Altvatergeb. Mierenblättriges W., ***E. alsinifolium*** Vill.

— Stg. am Grund m. oberird., beblätt. Ausläufern; Kronblätt. < 5 mm lg. **20**

20. Stg. einzeln, unverzweigt, an der Spitze fein kraushaarig, kurz bogig aufstgd., z. Bltzt. überhgd.; Fr. behaart; Samen feinhöckerig; — Blätt. eif., ganzrandig; Kronblätt. ≤ 5 mm lg.; ↕ 10–25 cm; ♃. VII–IX. – Quellige Orte; kalkmeidend; oberh. 800 m. – *z*, S-Schw., Alp., Erzgeb., Böhmw., Isergeb., Riesengeb., Altvatergeb. Nickendes W., ***E. nutans*** F. W. Schmidt

— Stg. meist zu mehreren, kahl, nur an den schwach erhabenen Kanten behaart, an der Spitze z. Bltzt. überhgd.; Fr. verkahlend; Samen glatt; — Blätt. eif. längl., ganzrandig, 1–2(–2,5) cm lg.; Kronblätt. 4–5 mm lg.; ↕ 4–10 cm; ♃. VII–IX. – Quellige Orte der höh. Mittelgeb. u. Alp. oberh. der Baumgrenze; überwgd. auf Silikatgestein. – *s* S-Schw., Bayrw. (ob noch?), *z* Alp., Schweizer Jura, Böhmw., Erzgeb., Isergeb., Riesengeb. [*E. alpinum* auct. non L.] Gauchheil-W., ***E. anagallidifolium*** Lam.

Kriechendes Weidenröschen, ***E. komarovianum*** Lév.: Blüten weißl.rosa, einzeln m. bis 5 cm lg. Stängeln aus niederlgd., bis 20 cm lg. Sprossen aufstgd.; Blätt. rundl., bis 7 mm lg.; ♃. VI–VII. – Gartenflüchtling (Heimat: Neuseeland); *s*, D: BW, SH, SN; NL; DK.

Weitere unbest. verwild. Arten. Die Gattung *Epilobium* neigt stark zur Hybridbildung.

Ludwigia L. [incl. *Isnardia* L. u. *Jussiaea* L.], Heusenkraut

1. Blüten 4-zählig; Blätt. gegenst. **3**

— Blüten 5–6-zählig; Blätt. wechselst.; — Stg. bis > 5 m lg. kriechend u. sich bewurzelnd; eingeschleppt (Heimat: trop. Am.); lokal verwild.; submers in Gräben, langsam fließ. Gewässer od. emers auf nassem Schlamm **2**

2. Kronblätt. 11–30 mm lg.; Nebenblätt. lg.gestreckt 3-eckig u. wenig drüsig; — Triebe u. Blätt. samtig behaart bis kahl; ♃. VI–IX. – Adventiv (Heimat: Am.); *s*, D: BW, BY, NI, RP, SN?; B; CH: Genf, Zürich; NL. – INV. [*J. repens* auct.; *L. uruguayensis* (Camb.) H. Hara] Großblütiges H., ***L. grandiflora*** (Michx.) Greuter & Burdet

— Kronblätt. ≤ 9 mm lg.; Nebenblätt. nierenf. u. stark drüsig.; — Stg. bis > 2 m lg. kriechend; Blütenstiele lg. behaart; ♃. VI–IX. – Adventiv (Heimat: Am.); neu beobachtet in D: BY, SN; B; F. – Potenziell INV. [*J. montevidensis* Spreng.] Portulak H., ***L. peploides*** (Kunth) P. H. Raven subsp. ***montevidensis*** (Spreng.) P. H. Raven

3 (1). Blütenhülle doppelt, Kronblätt. gelb; — Blätt. ellipt. bis verkehrt eif., 1–4 cm lg.; ↕ 40–60 cm; ♃. VI–IX. – Langsam fließ. Gewässer. – Eingeschleppt (Heimat: N-, M-Am.), unbest. verwild.; *s* D: NI (bei Hannover); A: Kt; NL. [*L. natans* Elliot] Kriechendes H., ***L. repens*** J. R. Forster

— Blütenhülle nur aus 4 bleibenden Kelchblätt. besthd., grünl.; — Blätt. verkehrt eif.; Stg. kriechend od. flutend, oft rot; Blüten einzeln, blattachselst.; ↕ 15–50 cm; ⊙–♃. VI–VIII. – Sthd. u. langsam fließ. Gewässer. – *s*, D: Oberrhein, Ems, Lausitz bis ST; B; A: Bgl, Stm; CH: Genf, Jura, S-Ts; NL. [*I. palustris* L.] Sumpf-H., ***L. palustris*** (L.) Elliott

Hybride: Kent-Heusenkraut, ***L.*** × ***kentiana*** E. J. Clement [wahrscheinl. *L. palustris* × *L. repens*]: ähnl. *L. palustris*, aber Blüten m. unscheinbaren, hinfälligen, gelbweißen Kronblätt. u. 2 ca. 1–1,5 mm lg. Vorblätt.; Fr. steril, ohne dunklere Nerven; ↕ 15–30 cm. – D: BW; CH.

Oenothera L. [*Onagra* Mill.], Nachtkerze

Nach Angaben von Dietrich in Wisskirschen & Hauepler (1998) u. Rostański & Gutte in Jäger (2017); vgl. Hassler et al. (2020), Hand, Thieme u. Mitarbeiter (2022); zur weiterghd. Bestimmung ist Spezialliteratur erforderl.: Die Gattung befindet sich in intensiver Bearbeitung. Heimat aller ursprüngl. Arten Am., aber nach Verwilderung in Eur. neophyt., durch komplexe Heterozygotie spontan od. in Kultur stark hybridisierend u. neue Arten hervorbringend.

1. Unt. u. mittl. Stg.Blätt. auf der Fläche gewellt; Kelchblätt. der reifen Blütenknospen so lg. wie die Blütenröhre; Narbe die Staubblätt. überragend; — Kronblätt. 35–50 mm lg., m. roten Streifen u. Flecken; ↕ 0,8–1,8 m; ⊙. IV–IX. – Straßenränder, Bahnanlagen. – Gartenflüchtling; *z*. – In Eur. durch Hybridisierung entstanden. [*O. erythrosepala* Borbás; incl. *O. coronifera* Renner] Rotkelchige N., Rotgestreifte N., Kronen-N., ***O. glazioviana*** M. Micheli

— Blätt. glatt od. am Rand gewellt; Kelchblätt. der reifen Blütenknospen ≤ zwei Drittel so lg. wie die Blütenröhre; Narbe die Staubblätt. nicht überragend **2**

2. Kelchzipfel aufr., sich berührend; Infl. aufr.; Kronblätt. 15–30 mm lg. **4**

— Kelchzipfel spreizend; Gipfel der Infl. gebogen; Kronblätt. 8–15 mm lg. **3**

3. Blätt. graugrün; Stg. u. Fr. überwgd. anlgd. behaart, m. roten Flecken; Gipfel der Infl. stark gebogen; ⊙. VI–IX. – Flussufer, Dünen, Sandfelder. – Aus N-Am. eingeschleppt; Elbetal, Nordseeküste u. Inseln *v*, sonst *z*. [incl. *O. ammophila* Focke]
Oakes-N., Küsten-N., Sand-N., ***O. oakesiana*** (A. Gray) S. Watson & J. M. Coult.

— Blätt. grün; Stg. u. Fr. absthd. behaart od. fast kahl, ohne Flecken; Gipfel der Infl. nur wenig gebogen; ↑ 0,5–1,5 m; ⊙. VI–IX. – Flussufer, Bahnanalagen, Ruderalstellen. – Aus N-Am. eingeschleppt; *z*. [*O. rubricuspis* Rostański; *O. silesiaca* Renner; *Onagra parviflora* (L.) Moench]
Kleinblütige N., ***O. parviflora*** L.

4 (2). Blätt. grün; Stg., Frkn. u. Kelchblätt. m. absthd. Haaren, Frkn. auch m. Drüsenhaaren; — Kronblätt. 15–30 mm lg., länger als Staubblätt., Narbe die Staubblätt. nicht überragend; ↕ bis 1,5 m; ⊙. VI–IX. – Bahndämme, Sandfelder, Ruderalstellen. – Aus N-Am. eingeschleppt (od. Lokalsippen regional entstanden); *v*. [incl. *O. acutifolia* Rostański, *O. brevispicata* Hudziok, *O. cambrica* Rostański, *O. casimiri* Rostański, *O. compacta* Hudziok, *O. editicaulis* Hudziok, *O. ersteinensis* Linder & Jean, *O. fallax* Rostański, *O. flaemingina* Hudziok, *O. inconspecta* Hudziok, *O. jueterbogensis* Hudziok, *O. macrosperma* Hudziok, *O. mediomarchica* Hudziok, *O. nuda* Rostański, *O. obscurifolia* Hudziok, *O. octolineata* Hudziok, *O. paradoxa* Hudziok, *O. punctulata* Rostański & Gutte, *O. pycnocarpa* G. F. Atk. & Bartlett = *O. chicaginensis* Renner & R. E. Cleland, *O. pyramidiflora* Hudziok, *O. rostanskii* V. Jehlik, *O. royfraseri* R. R. Gates, *O. rubricaulis* Kleb., *O. rubricauloides* Rostański, *O. suaveolens* Desf., *O. victorinii* R. R. Gates]
Zweijährige N., Gewöhnliche N., ***O. biennis*** L.

— Blätt. graugrün; Stg., Frkn. u. Kelchblätt. anlgd. behaart; Frkn. ohne Drüsenhaare; — Kronblätt. ≤ 25 mm lg.; ↕ 0,5–2 m; ⊙. VI–IX. – Flussufer, Bahnanlagen, Ruderalstellen. – Aus N-Am. eingeschleppt (od. Lokalsippen regional entstanden); *s*. [incl. *O. canovirens* E. S. Steele, *O. depressa* Greene, *O. renneri* H. Scholz] Wollige N., Renner-N., Graublättrige N., ***O. villosa*** Thunb.

Ordnung: Crossosomatales, Pimpernussartige

Familie: Staphyleaceae, Pimpernussgewächse (Bearbeiter: Peter A. Schmidt)

Bäume u. Sträucher; Blätt. gegenst., 3-zählig od. unpaarig gefied., m. hinfälligen Nebenblätt.; Blüten ⚥ od. eingeschl., radiär, 5-zählig; Fr. Kapsel, Schließ- od. Balgfr.

Staphylea L., Pimpernuss

Blätt. 5–7-zählig gefied.; Blüten in hgd. Rispen, Kelch weiß, oft purpurrosa überlaufen, Krone weiß; Fr. dünnhäutige aufgeblasene, fast kugelige Kapsel, 2,5–3 cm ∅; Samen kugelig, hartschalig, hell- bis gelbbraun; ↕ bis 5 m; ♄. V–VI. – Laubwälder. – *s*, D: BW, BY; A; CH: Aargau, Appenzell, SG; CZ; FL; PL; sonst als Zierstrauch gepfl., *z* verwild. Gewöhnliche P., Europäische P., ***S. pinnata*** L.

Ordnung: Sapindales, Seifenbaumartige

Familie: Anacardiaceae, Sumachgewächse (Bearbeiter: Peter A. Schmidt)

Sommer- od. immergrüne Bäume u. Sträucher, m. Harzgängen in Zweigen u. Blätt.; Blätt. meist wechselst., einfach od. zusammengesetzt, ohne od. m. hinfälligen Nebenblätt.; Blüten klein, in Ähren, Rispen od. Thyrsen, ⚥ od. eingeschl., oft 2-häusig verteilt, radiär, meist 3–5-zählig; Fr. Steinfr., Nuss od. Kapsel.

1. Blätt. einfach, ungeteilt (*99/7*); Blütenstiele z. Frzt. veräng., m. lg. absthd. Haaren, Fr.Stand daher perückenart.; — Harzgänge der Zweige m. klarem Harz; Knospen von Schuppen bedeckt .... ***Cotinus***, 498

— Blätt. 3-zählig od. gefied.; Fr.Stiele ohne veräng. Haare, Fr.Stand nicht perückenart.; — Harzgänge m. klarem od. milchigem Harz; Knospen meist nackt **2**

2. Blätt. 3-zählig; Strauch < 1 m hoch, aufr. od. niederlgd., teils kriechend, wenn höher, dann m. Haftwurzeln kletternd; Fr. gelbl. od. grünl.weiß; — Endknospe vorhanden ***Toxicodendron***, 499

— Blätt. gefied.; > 2 m hoher aufr. Strauch od. kleiner Baum; Fr. rot od. bräunl. **3**

3. Blütenhülle doppelt, m. je 5 Kelch- u. Kronblätt.; junge Zweige dicht behaart; Harzgänge der Zweige m. milchigem Harz; — Endknospe fehlend .... ***Rhus***, 499

— Blütenhülle einfach, m. 1–5 Perigonblätt.; Zweige kahl; Harzgänge m. klarem Harz ***Pistacia***, 498

Cotinus Mill., Perückenstrauch

Blätt. einfach, 2–5 cm lg. gestielt, Spr. verkehrt eif., ellipt. eif. (*Taf. 10: 9*) bis rundl., ganzrandig, kahl (*99/7*); Steinfr. 1-samig, nussart.; Holz gelb; ↕ 3–5 m; ♄–♄. VI–VII. – Eichenwälder, Waldränder. – *s*, A: Stm, NÖ; CH; I: Bz; sonst gepfl. u. verwild.; *s* eingebürg., z. B. in D: BW, BY, SN, TH. – Giftig! Europäischer P., ***C. coggygria*** Scop.

Pistacia Mill., Pistazie

Blätt. unpaarig gefied., 10–20 cm lg., Fiedern meist 7–9, eilanzettl., 3–5 cm lg., ganzrandig; Blüten eingeschl.; Steinfr. eif. bis kugelig, zugespitzt, anfangs rot, zuletzt bräunl.; ↕ 2–6(–12) m; ♄–♄. IV–VII. – Wälder u. Gebüsche trockenwarmer Hänge. – *s*, nur I: Bz. Terpentin-P., Terebinthe, ***P. terebinthus*** L. (subsp. *terebinthus*)

Rhus L. [excl. *Toxicodendron* Mill.), Sumach

Blätt. unpaarig gefied., 15–50 cm lg., Fiedern 11–30, ≤ 12 cm lg., gesägt; Zweige u. Blütenstiele dicht zottig; 1-samige Steinfr. in dichten Rispen, karmin- bis scharlachrot; reichl. Wurzelsprosse bildend; ↕ 5–10 m; ħ–♄. VI–VII. – Ziergehölz (auch m. fiederschnittigen Blättchen; Heimat: N-Am.); oft verwild., *z* eingebürg. [*R. hirta* (L.) Sudw.] Kolben-S., Essigbaum, ***R. typhina*** L.

Toxicodendron Mill. [*Rhus* L. p. p.], Giftsumach

1. Pfl. aufr., niederlgd. od. kletternd; Blätt. 3-zählig, Blättchen eif. bis rautenf., ganzrandig od. nur spärl. schwach buchtig gezähnt; Steinfr. meist kahl, grauweiß; ↕ 0,2–1,2 m, kletternd > 2 m; ħ–ʃ. VI–VII. – Zuw. kult. Ziergehölz (Heimat: N-Am.); *s* verwild. – Sehr giftig! [*Rhus radicans* L.] Kletternder G., ***T. radicans*** (L.) Kuntze

— Pfl. aufr. od. niederlgd., nicht kletternd; Blätt. 3-zählig, Blättchen br. rautenf. eif., buchtig gesägt bis schwach gelappt; Steinfr. meist behaart, gelbl.weiß bis grünl.weiß; ↕ 0,3–2 m; ħ. VI–VII. – Zuw. kult. Ziergehölz (Heimat: N-Am.); *s* verwild. – Sehr giftig! [*T. quercifolium* (Michx.) Greene; *Rhus toxicodendron* L.] Behaarter G., Eichenblättriger G., ***T. pubescens*** Mill.

Familie: Sapindaceae [incl. Aceraceae, Ahorngewächse; Hippocastanaceae, Rosskastaniengewächse], Seifenbaumgewächse (Bearbeiter: Peter A. Schmidt)

Bäume od. Sträucher, selten Lianen od. Stauden; Blätt. gegen- od. wechselst., entw. einfach, ungeteilt od. gelappt, od. zus.-gesetzt, gefied. od. gefing., meist ohne Nebenblätt.; Blüten ⚥ od. eingeschl., zuw. polygam, radiär od. zygomorph, 4–5-zählig, zuw. Blütenhülle fehlend, oft m. Diskus (*499/1*, D; *Taf. 22: 13*); Fr. 2-fächerige Spaltfr. (*Acer*, *499/2*; *Taf. 29: 10*), 3-fächerige Zerfallskapsel (*Aesculus*), Nuss, Beere od. Steinfr.

499/1

499/2

1. Blätt. gefing. (*39/6*); Blüten ± zygomorph; Kelchblätt. ± verwachsen; Fr. kugelf. Zerfallskapsel m. wenigen großen Samen .... ***Aesculus***, 501

— Blätt. entw. einfach, jedoch meist handf. gelappt (*38/11*), selten ungeteilt, od. zus.gesetzt, 3-zählig od. gefied. (*39/1*, *39/2*); Blüten meist radiär, zuw. Blütenhülle fehlend; Kelchblätt. frei; Fr. flach, in 2 geflüg. Teilfr. aufspaltend (*499/2*) .... ***Acer***, 499

Acer L., Ahorn

1. Blätt. zus.gesetzt, 3-zählig od. unpaarig gefied.; Pfl. 2-häusig, Blüten stets eingeschl., — ohne Kronblätt., vor den Blätt. erscheinend, in lg. hgd. Trauben; junge Zweige häufig m. bläul. abwischbarem Reif; ↕ bis 15 m; ♄. IV. – Ziergehölz (Heimat: N-Am.); *v* gepfl. u. verwild., *z* eingebürg., z. B. auf Brachen, an Bahnlinien od. Flussufern. – Potentiell invasiv. Eschen-A., ***A. negundo*** L.

— Blätt. nicht zus.gesetzt, sondern einfach, aber handf. 3–7-lappig, selten ungeteilt; Pfl. unvollst. 1-häusig, Blüten ⚥ od. funktionell eingeschl. (meist Rudimente des jeweils and. Geschlechts vorhanden) **2**

2. Blätt. ungeteilt bis seicht gelappt m. 1–2 stumpfen Seitenlappen, an Jungpfl. u. starken Trieben auch deutl. 3-lappig; Spr. m. 1 Hauptnerv, eif., am Grund herzf., Rand unregelm. doppelt gesägt; — Blüten nach den Blätt. erscheinend, in aufr. Rispen, Krone grünl.weiß; Fr.Flügel

m. spitzem Winkel od. fast parallel; ↕ 3–6 m; ħ od. ħ̄. V–VI. – Auenwälder. – Nur A: Bgl, NÖ; sonst gepfl. u. zuw. verwild. Tataren-A., Tatarischer Steppen-A., ***A. tataricum*** L.

Zu *A. tataricum* agg. auch der Mongolische Steppen-A., Amur- od. Feuer-A., ***A. ginnala*** Maxim. [*A. tataricum* subsp. *ginnala* (Maxim.) Wesm.] m. deutl. 3-lappigen Blätt., längerem u. schmalerem Mittellappen u. zugespitzten Seitenlappen, die oft nochmals gelappt sind. – Ziergehölz (Heimat: O-As.); zuw. verwild.

— Blätt. handf. 3- od. 5–7-lappig (*500/1–500/4*); Spr. m. 3 od. 5–7 fingerf. vom Ende des Blattstiels ausghd. Hauptnerven, Lappen gezähnt, gesägt od. gekerbt, wenn nur 3-lappig, dann Blattlappen ganzrandig od. gekerbt bis gelappt **3**

3. Blätt. stets 3-lappig; Lappen ganzrandig, — stumpf, seitl. Lappen ± waagr. absthd. (*500/1*); Blüten m. od. vor den Blätt. erscheinend, in anfangs aufr., später nickenden Infl.; Fr.Flügel ± parallel; ↕ 3–6(–10) m; ħ od. ħ̄. IV–V. – Sonnige Felshänge. – *s*, D: RP u. SW-HE (Mittelrheingebiet u. Seitentäler), NW-BY; sonst als Ziergehölz gepfl. u. zuw. verwild., *s* eingebürg. D: ST; A. Französischer A., Burgen-A., Felsen-A., ***A. monspessulanum*** L. (subsp. ***monspessulanum***)

— Blattspr. 5–7-, selten auch 3-lappig, dann Lappen gekerbt od. gezähnt od. zumind. mittl. nochmals 3-lappig **4**

4. Blätt. unterseits auffällig weißl., silbrig od. bläul.grau; Blüten ohne Krone, Kelch rötl.gelb, — vor den Blätt. erscheinend; Blätt. tief 5-lappig, Lappen lg. zugespitzt, scharf gesägt; ↕ 20–40 m; ħ̄. III–IV. – Ziergehölz (Heimat: N-Am.); häufig gepfl., zuw. verwild. Silber-A., ***A. saccharinum*** L.

— Blätt. unterseits grün, zuw. graugrün od. rötl.; Blüten m. Kelch u. Krone, gelbl.grün od. grünl., — vor, m. od. nach den Blätt. erscheinend **5**

5. Infl. aufr. od. absthd.; Fr.Flügel einen stumpfen Winkel bildend od. waagr.; Blattstiel m. Milchsaft; Blattlappen m. wenigen lg. zugespitzen Zähnen od. seicht u. unregelm. gelappt, unt. auch ganzrandig **7**

— Infl. hgd. od. nickend; Fr.Flügel einen spitzen bis rechten Winkel bildend; Blattstiel ohne Milchsaft; Blattlappen ungleich grob gesägt od. gekerbt **6**

6. Knospen braun, ob. Schuppen auf dem Rücken dicht weiß behaart; Blüten in nickenden Schirmrispen; Blätt. 3- od. 5-lappig, wenn 5-lappig, dann unt. beiden Lappen deutl. kleiner od. oft nur angedeutet, Lappen stumpf, Rand nur schwach u. oft undeutl. gekerbt od. gezähnt; ↕ bis 12 m; ħ̄. IV. – Lichte Laubwälder; kalkhold. – *s*, D: S-BW (Grenzach); *z* W-CH. [*A. opulifolium* Chaix] Schweizer A., Schneeball-A., ***A. opalus*** Mill. (subsp. ***opalus***)

— Knospen grün, kahl, Schuppen nur m. schmalem braunem Rand; Blüten in hgd., walzenf. Rispen; Blätt. 5-lappig, Lappen spitz, Rand stets u. deutl. unregelm. u. grob gesägt (*500/2*); ↕ bis 25(–30) m; ħ̄. IV–V. – Schluchtwälder, Bergwälder. – *v*, aber gebietsweise nur eingebürg., da als Forst-, Park- u. Straßenbaum gepfl. u. oft verwild. Berg-A., ***A. pseudoplatanus*** L.

7 (5). Endknospe > 7 mm lg., Knospen weinrot; Blattlappen lg. zugespitzt, m. wenigen lg. zugespitzten Zähnen (*500/3*); Blüten gelbgrün, vor den Blätt. erscheinend, Blütenstiele kahl; Fr.Flügel einen stumpfen Winkel bildend bis fast waagr. (*Taf. 29: 10*); ↕ bis 20(–35) m; ħ̄. IV–V. – Laubmischwälder. – *v*, aber gebietsweise nur eingebürg., da häufig als Park- u. Straßenbaum gepfl. u. verwild. Spitz-A., ***A. platanoides*** L.

— Endknospe 4–6 mm lg., Knospen braun; Blattlappen stumpf bis abgerundet, der mittl. u. die beiden ob. seitl. seicht u. unregelm. gelappt, die unt. oft ganzrandig (*500/4*); Blüten grünl., m. od. nach den Blätt. erscheinend, Blütenstiele behaart; Fr.Flügel waagr.; — Zweige zuw. m. Korkleisten; ↕ 2–15(–20) m; ħ–ħ̄. V. – Trockene bis frische Laubwälder, Auenwälder, Gebüsche. – *v*; auch oft gepfl. u. verwild. Feld-A., Maßholder, ***A. campestre*** L.

500/1

500/2

500/3

500/4

Aesculus L., Rosskastanie, Pavie

1. Winterknospen nicht klebrig; Kelch röhrenf., > 2-mal so lg. wie der ∅; Krone gelb bis rot; Blättchen der gefing. Blätt. alle deutl. gestielt; — Fr. stets ohne Stacheln; ↕ 3–6 m, aber kult. oft hochstämmig veredelt, dann bis 12 m; ħ–ħ. V–VI. – Ziergehölz (Heimat: N-Am.); *s* verwild. – Giftig! Echte P., ***A. pavia*** L.
— Winterknospen ± klebrig; Kelch glockenf., < 2-mal so lg. wie der ∅; Krone weiß m. gelben u. roten Flecken od. fleischfarbig, rosa bis scharlachrot; Blättchen sitzend od. nur die mittl. kurz gestielt; — 10–20(–25) m hoch **2**
2. Knospen dk.braun, stark klebrig u. glzd.; Kronblätt. weiß, m. gelben u. roten Flecken (Saftmale); Fr. stark u. derb bestachelt; alle Blättchen sitzend; ħ. IV–VI. – Park- u. Straßenbaum (Heimat: SO-Eur.); oft verwild. u. zuw. eingebürg. – Giftig! Gewöhnliche R., Balkan-R., ***A. hippocastanum*** L.
— Knospen olivgrün bis braun, nur leicht klebrig; Kronblätt. fleischfarbig, rosa bis scharlachrot; Fr. ohne od. m. wenigen weichen Stacheln; mittl. Blättchen kurz gestielt; ħ. V. – Park- u. Straßenbaum; *s* verwild. – In Kultur entstandene Hybride *A. hippocastanum* × *A. pavia*. – Giftig! Rote R., ***A.* × *carnea*** Hayne

Familie: Rutaceae, Rautengewächse (Bearbeiter: Peter A. Schmidt)

Bäume od. Sträucher, selten Stauden, reich an ätherischen Ölen, deshalb meist ± intensiv duftend; Blätt. meist wechselst., einfach, 3-zählig od. gefied., durch Öldrüsen durchscheinend punktiert; Blüten meist ⚥, radiär od. zygomorph, (2–)5-zählig; Blütenachse zw. od. über den Staubblätt. zu scheibenf. Diskus (*501/2*, D) erweitert; Kapsel-, Stein-, Beeren- od. Nussfr.

1. Strauch od. kleiner mehrstämmiger Baum; Blätt. 3-zählig; Kronblätt. grünl.weiß bis blass gelbl.grün; Fr. abgeflachte, ringsum br. geflüg. Nuss (*501/4*) .... ***Ptelea***, 502
— Nur basal verholzender Halbstrauch od. Staude; Blätt. gefied.; Kronblätt. gelb od. weiß bis rötl. m. dunkleren Nerven; Kapselfr. **2**
2. Basal verholzender, teilimmergrüner Halbstrauch; Blätt. 2–3-fach gefied. od. fiederteilig; Blüten radiär, 4-zählig (*501/1*), nur Endblüten 5-zählig; Krone 1–2 cm ∅, gelb ..... ***Ruta***, 502
— Staude; Blätt. 1-fach gefied.; Blüten zygomorph, 5-zählig (*501/3*); Krone 4–6 cm ∅, weiß bis rötl., m. dk. Nerven .... ***Dictamnus***, 501

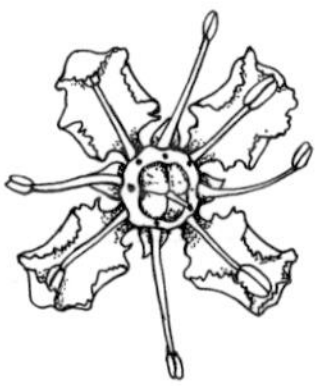

501/1

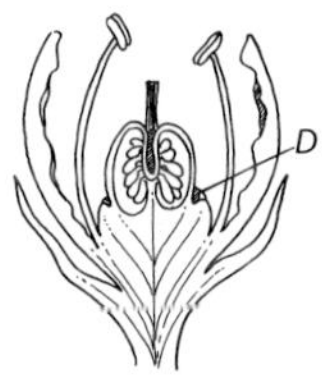

501/2

501/3

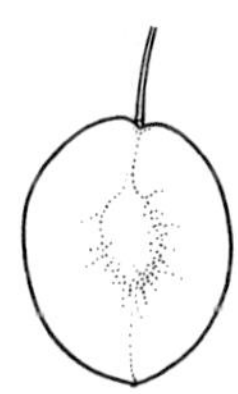

501/4

Dictamnus L., Diptam

Ob. Stg.Blätt. 7–9-zählig gefied.; Blüten in Trauben, auf drüsigen Stielen; Pfl. beim Zerreiben zitronenart. duftend (Vorsicht, kann bei Berührung Dermatitis verursachen!); ↕ 0,6–1,2 m; ♃. V–VI. – Trockenwälder u. deren Säume, lichte Trockengebüsche; kalkhold. – *z–s* in S- u. M-D; A: Bgl, NÖ; CH: Schaffhausen, Ts, Vs; CZ; F: Els; I: Bz; PL. ©. Gewöhnlicher D., ***D. albus*** L.

Ptelea L., Lederstrauch, Kleeulme

Blättchen 6–12 cm lg., eif. ellipt.; Blüten 4–5-zählig, 1–1,2 cm ∅, in 5–8 cm br. Schirmrispen; Fr. ähnl. Ulmenfr., aber 2-samig, 2,2–2,8 cm ∅; ↕ 3–5(–8) m; ħ–ħ̄. VI. – Ziergehölz od. gepfl. zur Rekultivierung (Heimat: N-Am.); zuw. verwild. Dreiblättriger L., Dreiblättrige K., ***P. trifoliata*** L.

Ruta L., Raute

Blätt. 6–12 cm lg., bläul.grün, kahl, von aromat. Geruch; Blüten in Dichasien; Kronblätt. löffelf. ausgehöhlt, kapuzenf. eingekrümmt, m. gefranstem Rand, drüsig punktiert (*501/1*); ↕ 0,3–5 m; ħ. VI–VIII. – Zier- u. Heilpfl. (Heimat: S- u. SO-Eur.); verwild., *s* eingebürg. – Giftig! Wein-R., ***R. graveolens*** L.

Familie: Simaroubaceae, Bittereschengewächse (Bearbeiter: Peter A. Schmidt)

Bäume, Sträucher od. Lianen; Blätt. wechsel- od. gegenst., meist gefied., ohne Nebenblätt.; Blüten ⚥ od. eingeschl., m. Kelch u. Krone, radiär, 3–8-zählig, m. deutl. Diskus; Infl. Rispen; Fr. Kapsel, Steinfr. od. Nuss.

Ailanthus Desf., Götterbaum

Blätt. 1-fach gefied., unpaarig bis paarig, 0,3–1(–1,7) m lg.; Blättchen eilanzettl., lg. zugespitzt, nahe der Basis m. 1–2(–4) groben Zähnen (*502/1*), diese unterseits m. je 1 Drüse, beim Zerreiben stinkend; Blüten in 10–20 cm lg. Rispen; Krone grünl.gelb, stark riechend; Sammelfr. m. 3–5 Frch., Nüsschen 2-flügelig, Flügel gedreht, hellbraun bis leuchtend rot; ↕ 20–25 m; ħ̄. VII. – Park- u. Straßenbaum (Heimat: China); häufig kult., verwild. u. eingebürg., z. B. auf städtischen Brachen, entlang von Straßen u. Bahnlinien, auch in Pionier- u. Auenwäldern. – INV. [*A. glandulosa* Desf.]
Drüsiger G., ***A. altissima*** (Mill.) Swingle

502/1

Ordnung: Malvales, Malvenartige

Familie: Malvaceae [incl. Tiliaceae, Lindengewächse], Malvengewächse

(Bearbeiterin: Birgit Nordt)

Bäume (*Tilia*), Sträucher, Stauden od. Kräuter; Blätt. wechselst. m. früh abfallenden Nebenblätt.; Blüten radiär, Kelch oft m. Außenkelch (*82/2b, AK*); Staubblätt. zahlr., zu Bündeln vereint (*Tilia*) od. zu einer den Gr. umgebenden Röhre verwachsen (*504/1; Taf. 19: 6, 21: 5, 22: 3*); Frkn. oberst.; Fr. Nussfr., Kapselfr. od. in Teilfr. zerfallend (*82/2b*).

1. Bäume; Staubblätt. frei; — Blätt. herzf. .... ***Tilia***, 505
— Pfl. krautig od. strauchig; Staubblätt. zu einer Röhre verbunden 2
2. Außenkelch vorhanden (*82/2b, AK; Taf. 12: 9,* AK); — Fr. in Teilfr. zerfallend od. Kapsel 4
— Außenkelch fehlend; — Fr. in geschnäbelte Teilfr. zerfallend 3
3. Pfl. 1-stämmig, 1-j.; Kelch kürzer als die Fr.; Teilfr. mehrsamig .... ***Abutilon***, 503
— Pfl. verzweigt, meist mehrj. (krautig od. halbstrauchig); Kelch länger als die Fr.; Teilfr. 1-samig .... ***Sida***, 505
4 (2). Außenkelch 3(–5)-blättr. od. 3-spaltig .... ***Malva***, 504
— Außenkelch 6–13-spaltig 5
5. Kapselfr.; Gr. 5; — Außenkelch 7–13-spaltig, schmal lanzettl. bis fadenf.; Pfl. krautig od. strauchig .... ***Hibiscus***, 503
— Fr. scheibenf. in radiär angeordnete Teilfr. zerfallend (*82/2b*, Teilfr.); Gr. > 5; — Außenkelch 6–9-spaltig; Pfl. krautig 6
6. Kronblätt. 30–55 mm lg.; Blüten in lg. vielblütigen Infl. .... ***Alcea***, 503
— Kronblätt. 10–20 mm lg.; Blüten zu 1–3 blattachselst. .... ***Althaea***, 503

Noch nicht ausgeschlüsselt sind die als Zierpflanzen kult. u. in den letzten Jahren vermehrt als unbest. Ne. im Gebiet (bes. im W u. SW) auftretenden Gattungen *Anisodontea, Anoda, Kitaibela, Malope, Malvastrum* u. *Sidalcea*.

Abutilon Mill., Samtpappel, Chinajute

Pfl. 1-stämmig, dicht samtig behaart; Blätt. lg. gestielt, herzf., spitz; Kronblätt. gelb; Fr. (halb)kugelig, in 12–15 Teilfr. zerfallend; ↕ 50–150(–200) cm; ⊙. VII–IX. – Ruderalstellen. – Ne. (Heimat: As.); unbest. bis eingebürg.; *s*, D; A; B; CH; CZ; DK; I: Bz; NL; PL. [*A. avicennae* Gaertn.]
Chinesische S., ***A. theophrasti*** Medik.

Alcea L., Stockrose, Pappelrose

1. Kronblätt. (wenn flach ausgebr.) sich nicht seitl. überdeckend, tief ausgerandet, länger als br., — 30–45 mm lg., blassrosa bis helllila; Stg. (dicht) filzig behaart; Blattspr. rundl. bis eif., gekerbt, z.T. seicht ausgerandet (bis 3-lappig), beiderseits behaart; ↕ 30–120 cm; ⚇–♃. VII–IX. – Ruderalfluren, auf Löss. – Unbest. in D: BW, BY; sehr *s* in A: NÖ; CZ. [*A. pallida* (Willd.) Waldst. & Kit.] Blasse S., ***A. biennis*** Winterl

— Kronblätt. (wenn flach ausgebr.) sich m. den Rändern überdeckend, nur seicht ausgerandet, breiter als lg., — 40–55 mm lg., gelb, weiß, rosa od. violett; Stg. unten meist verkahlend od. locker borstig behaart **2**

2. Teilfr. 7 mm lg.; Blattspr. 5–7-eckig od. schwach gelappt (sehr selten tief geteilt); — Kronblätt. gelb, auch rosa, weiß od. (tief)violett; Stg. locker behaart bis kahl; ↕ 100–250 cm; ⚇–♃. VI–X. – Ruderalstellen. – Ne. (Heimat: W-As. bis O-As.?), vielleicht als Kulturhybride von *A. biennis* abstammend; *z* verwild. – Zier-, Arznei- u. Färbepfl.; formenreich. [*Althaea rosea* (L.) Cav.]
Gewöhnliche S., ***A. rosea*** L.

— Teilfr. 4 mm lg.; Blattspr. tief 5(–7)-teilig, runzelig; — Kronblätt. blassgelb; Stg. borstig, im ob. Teil oft filzig behaart; ↕ 50–200 cm; ⚇–♃. VII–IX. – Ruderalstellen, Gebüsche. – Ne. (Heimat: Ukraine bis Kaukasus, S-Russland); *z* verwild. – Zier-, Arznei- u. Färbepfl.; oft m. *A. rosea* verwechselt. Gelbe S., Russische S., ***A. rugosa*** L.

Althaea L. [incl. *Dinacrusa* G. Krebs, Raueibisch], Eibisch

1. Stg. dicht filzig-zottig; Teilfr. behaart; Staubbeutel violett; Blütenstiele kürzer als die Tragblätt.; — Blüten 3–5 cm ∅, zu (1–)3 in blattachselst. Büscheln; Kronblätt. weiß od. rosa; Blätt. beiderseits samtfilzig, graugrün; ↕ 60–140 cm; ♃. VII–IX. – Feuchte Wiesen, Ruderalstellen, bes. auf schwach salzhaltigen Böden. – Ne. (Heimat: SO-Eur., As.); *z*, Ostseeküste u. Salzstellen im Binnenland, sonst *s* aus Kultur verwild. Ⓖ. – Arzneipfl. Echter E., ***A. officinalis*** L.

— Stg. lg. rauhaarig, nicht filzig; Teilfr. kahl; Staubbeutel weißl.; Blütenstiele länger als die Tragblätt.; — Blüten ≈ 2,5 cm ∅, einzeln, blattachselst.; Kronblätt. blasslila; ob. Stg.Blätt. rauhaarig, fast bis zum Grund eingeschnitten; ↕ 15–50 cm; ⊙. V–VIII. – Äcker, Weinberge, Ruderalstellen. – *s*. [*D. hirsuta* (L.) G. Krebs ; *Malva setigera* K.F. Schimp. & Spenn.]
Rauer E., Rauhaar-E., ***A. hirsuta*** L.

Als unbest. Ne. tritt im Gebiet gelegentl. ***A. cannabina*** L. auf, die durch ihre tief handf. geteilten sternhaarigen Blätter auffällt; die rosa-violetten Blüten sind auffällig lg. gestielt.

Hibiscus L., Roseneibisch

1. Pfl. krautig, niederlgd. bis aufr., sparrig verzweigt; Blätt. handf., 3–5-teilig (zumind. die ob. tief geteilt); Kronblätt. gelbl.weiß, basal m. tiefpurpurnem Fleck; Außenkelch 10–13-spaltig; Kelch zur Fr.Reife aufgeblasen m. vortretenden Nerven; Samen kahl; ↕ 0,15–0,6 m; ⊙. VII–VIII. – Ruderalstellen, Äcker. – Ne. (Heimat: SO-Eur., As.); *s* verwild.
Stundenblume, Stunden-R., ***H. trionum*** L.

— Pfl. strauchig; Blätt. schwach 3-lappig, grob gekerbt bis gesägt; Kronblätt (weiß), rosa od. violett; Außenkelch 7–9-spaltig; Kelch zur Fr.Reife nicht aufgeblasen; Samen m. weißem Haarkranz; ↕ 1–4 m; ♄. VII–X. – Ruderalstellen. – Ne. (Heimat: China); *s* verwild., v.a. im W in Einbürg. – Zierpfl. Straucheibisch, Syrischer R., ***H. syriacus*** L.

Malva L. [incl. *Lavatera* L., Strauchpappel; excl. *Althaea* L., Eibisch], Malve

Molekulargenet. Studien weisen schon länger auf die Polyphylie von *Malva* u. ihren Verwandten hin (Ray 1995, Escobar García 2009). Dies bestätigen auch neuere morpholog. Untersuchungen (z. B. Arabameri 2020). *Althaea* wird hier vorerst noch entsprechend des traditionellen Gattungskonzeptes als eigenständig behandelt, anstatt die annuelle *A. hirsuta* als *M. setigera* in eine weiter gefasste Gattung *Malva* einzugliedern.

1. Außenkelchblätt. zu unter dem Kelch eingefügter, 3-spaltiger Hülle verwachsen; — Spr. der Grundblätt. herzf. rundl., kurz 5-eckig, die der Stg.Blätt. handf. 3–5-lappig; Blüten 5–8 cm br., in lockeren Trauben; Kronblätt. rosa, m. dk. Nerven, an der Spitze tief ausgerandet, am Grund behaart; ↕ 60–100 cm; ♃. VII–X. – Waldränder, Wege u. Raine. – *z*, D: HE, SN, ST, TH; A: Bgl, NÖ, früher OÖ; CZ; PL; sonst *s* verschleppt auf Ruderalstellen. [*L. thuringiaca* L.]
Thüringer Strauchpappel, ***M. thuringiaca*** (L.) Vis. (subsp. ***thuringiaca***)

— Außenkelchblätt. frei, am Grund m. dem Kelch verwachsen **2**

2. Blattspr. 5–7-lappig, nicht tief geteilt (*504/4, 555/5*), herzf. bis rundl.; Blüten in blattachselst. Büscheln; — Kronblätt. 4–30 mm lg. **4**

— Blattspr. fast bis zum Grund handf. 5–7-teilig, m. fiederspaltigen Abschnitten (*504/2, 504/3*); Blüten einzeln, blattachselst.; — Kronblätt. > 20 mm lg. **3**

3. Außenkelchblätt. eif., am Grund verbreitert; Stg. m. anlgd. Sternhaaren; Blattabschnitte grob gesägt (*504/2*); Fr. meist kahl; Blüten geruchlos; — Kronblätt. rosa; ↕ 50–125 cm; ♃. VI–IX. – Trockene Ruderalstellen, Gebüsch. – *v*. Sigmarswurz, Spitzblatt-M., ***M. alcea*** L.

— Außenkelchblätt. br. lineal-lanzettl., am Grund verschmälert; Stg. absthd. behaart; Blattabschnitte in linealische Zipfel zerteilt (*504/3*); Fr. dicht rauhaarig; Blüten nach Moschus duftend; — Kronblätt. rosa od. weiß; ↕ 20–100 cm; ♃. VII–VIII. – Trockene Wiesen, Gebüsch. – *v*. Moschus-M., ***M. moschata*** L.

4 (2). Kronblätt. 25–30 mm lg., 3–4-mal so lg. wie der Kelch, rosa-violett m. 3 dunkleren Streifen, — am Grund dicht bewimpert, tief ausgerandet; Fr.Stiele aufr. od. absthd.; Teilfr. scharf berandet, am Rücken netzig-grubig; Blattlappen eif.-3-eckig, ± wellig (*504/4*); ↕ 20–120 cm; ⊙–♃. V–IX. – Wege, Ruderalfluren. – *v*. Wilde M., ***M. sylvestris*** L.

a. Kronblätt. rosa m. violetten Adern; — Stg. meist niederlgd. od. aufstgd., dicht behaart; Blattstiel ringsum dicht behaart. – *v*. Wilde M. (i. e. S.), subsp. ***sylvestris***

— Kronblätt. rosa-violett m. tief purpurnen Adern (diese basal oft zu einem dk. Fleck verschmelzend), — teilw. > 30 mm lg.; Stg. aufr., meist schwach behaart; Blattstiel meist nur oberseits flaumig behaart. – Ruderalfluren. – Ne. (Heimat: W-MMG); *z* verwild. – Zierpfl. Mauretanische Wilde M., subsp. ***mauritiana*** (L.) Cout.

Mit zunehmender Häufigkeit sind in den letzten Jahren bes. in Siedlungsnähe viele Hybridpopulationen zu beobachten, oft m. intermediären Behaarungsmustern an Stg. u. Blätt.; Blattspr. teilw. > 10 cm lg.; Blüten meist dk. (wie subsp. *mauritiana*) u. gelegentl. m. > 5 Kronblätt.

— Kronblätt. 4–12 mm lg., höchstens doppelt so lg. wie der Kelch, (hell)rosa bis weiß **5**

5. Kronblätt. ≈ so lg. wie der Kelch, 4–5 mm lg., — schwach ausgerandet; Teilfr. runzelig, scharf berandet **7**

— Kronblätt. ≈ doppelt so lg. wie der Kelch, 7–12 mm lg. **6**

6. Blütenstiele sehr kurz, < 10 mm lg., z. Frzt. höchstens doppelt so lg. wie der Kelch; Stg. aufr.; Teilfr. schwach gerippt; Kronblätt. ± weiß, ≈ 7 mm lg., seicht ausgerandet, genagelt; — Blätt. glatt od. am Rand wellig kraus (var. *crispa* L.); ↕ (40–)60–200 cm; ⊙. VII–IX. – Ruderalstellen. – Ne. (Heimat: O-As.); *s* verwild. – Kulturpfl. Quirl-M., ***M. verticillata*** L.

504/1

504/2

504/3

504/4

504/5

— Blütenstiele z. Frzt. mehrmals länger als der Kelch; Stg. niederlgd. bis aufstgd.; Teilfr. glatt, an den Kanten abgerundet; Kronblätt. rosa bis weiß m. dk. Längsstreifen, 9–13 mm lg., tief ausgerandet, nicht genagelt; — Blätt. ± wellig gelappt (*504/5*); ↔ 10–50 cm, ↕ 5–25 cm; ⊙–♃. VI–XI. – Ruderalstellen. – *v.* Käsepappel, Weg-M., ***M. neglecta*** Wallr.

7 **(5).** Kelch kahl od. kurzhaarig, sich zur Fr.Reife vergrößernd; Blüten achselst. zu 2–3; — Kronblätt. rosa bis weiß; Stg. aufr.; ↕ 20–50 cm; ⊙. VI–X. – Ruderalstellen. – Ne. (Heimat: S-Eur., SW-As.); *z–s* verwild., meist unbest. in D: BB, BW, BY, HE, MV, NRW, SH (Hamburg), SN, ST, TH; B; CH. Kleinblütige M., ***M. parviflora*** L.

— Kelch m. lg. steifen Haaren; Blüten büschelig gehäuft zu 4–10; — Kronblätt. ± weiß; Stg. niederlgd. bis aufr.; ↕/↔ 10–50 cm; ⊙. VII–IX. – Wege, Ruderalstellen. – *z–s,* D; A: Bgl, Kt, NÖ; B; CZ; DK; NL; PL. [*M. rotundifolia* L.; *M. borealis* Wallman]
Kleinblütige M., Nordische M., ***M. pusilla*** Sm.

Sida L. [incl. *Ripariosida* Weakley & D. B. Poind.], Malvinde

1. Blätt. 5–7-fach handf. geteilt. (Ahorn-ähnl.); Kelch nicht kantig, — m. dunkler Basis; Blüten zu 2–10, achselst.; Kronblätt. weiß, 8–10 mm lg.; Fr. in 8 Teilfr. zerfallend, sternhaarig; ↕ 1–2,5 (–5) m; ♃. VII–IX. – Ruderalstellen. – Ne. (Heimat: N-Am.); *s* verwild., meist noch unbest., z. B. D: BY, RP, TH; PL. – Energie- u. Futterpfl. [R. *hermaphrodita* (L.) Weakley & D. B. Poind.]
Virginia-M., Virginiamalve, ***S. hermaphrodita*** (L.) Rusby

— Blätt. nicht geteilt; Kelch m. Längsrippen, kantig **2**

2. Teilfr. 8–14; Blütenstiel 1–3 cm lg.; Blattgrund keilf.; Nebenblätt. pfrieml., 5–6 mm lg.; — Blüten einzeln achselst.; Kronblätt. weiß bis gelb, 10–12 mm lg.; ↕ 0,3–0,8 m; (⊙–)♃. VIII–X. – Ruderalstellen. – Ne. (Heimat: trop. u. subtrop. As. u. Afr.); *s* verwild., meist noch unbest.; D: BW, BY, MV, SL (Hamburg), SN; B; CZ. – Kulturpfl. Rautenblättrige M., ***S. rhombifolia*** L.

— Teilfr. 5; Blütenstiel < 1 cm lg.; Blattgrund (fast) herzf.; Nebenblätt. zu Dornen umgebildet, 0,5–1,5 mm lg.; — Blüten zu 1–5 achselst.; Kronblätt. gelb bis orange, 7–9 mm lg.; ↕ 0,3–1 m; (⊙–)♃. VI–X. – Ruderalstellen. – Ne. (Heimat: trop. u. subtrop. Am.); *s* verwild., meist noch unbest.; D: BW, BY, MV, NI, SL (Hamburg), SN; B; CZ; F: Els; NL. – Kulturpfl.
Dorn-M., ***S. spinosa*** L.

Vereinzelt treten unbest. neophyt. Vorkommen weiterer kult. *Sida*-Arten auf. Häufig kommen diese allerdings nicht zur Blüte u. sind daher nur schwierig zu bestimmen.

Tilia L., Linde

1. Blätt. unterseits weißfilzig; — Infl. 6–9-blütig; Blüten gelbl.weiß; ↕ bis 30(–40) m; ♄. VII–VIII. – Angepfl. (Heimat: SO-Eur., W-As.) [*T. argentea* Desf.] Silber-L., ***T. tomentosa*** Moench

a. Blattstiel kaum halb so lg. wie die Spr.; Blattrand unregelm. gesägt. Silber-L. (i. e. S.), subsp. ***tomentosa***

— Blattstiel halb so lg. wie od. länger als die Spr.; Blattrand regelm. gesägt. [*T. petiolaris* DC.]
Hänge-Silber-L., subsp. ***petiolaris*** (DC.) Soó

— Blätt. unterseits kurzhaarig od. kahl, höchstens in den Winkeln der Nerven behaart, — grün od. bläul.grün **2**

2. Blattzähne m. aufgesetzter Grannenspitze; — Blätt. kahl, unterseits blaugrün, in den Nervenwinkeln (rot)braunbärtig, oberseits glzd. dk.grün; ↕ bis 20 m; ♄. VII. – Angepfl. (Heimat: Krim-Hl); *s* verwild. [*T. cordata* Mill. × *T. dasystyla* Steven] Krim-L., ***T.*** × ***euchlora*** K. Koch

— Blattzähne ohne aufgesetzte Grannenspitze **3**

3. Blätt. beiderseits kahl, nur unterseits in den Nervenwinkeln braunbärtig, oberseits matt dk.grün, unterseits bläul.grün, bis 10 cm lg.; — Infl. 5–11-blütig; Fr. dünnschalig, zerbrechl., undeutl. kantig; ↕ bis 30 m; ♄. VI–VII. – Wälder. – *v*; oft angepfl. [*T. parvifolia* Hoffm.]
Winter-L., ***T. cordata*** Mill.

— Blätt. (ober- u.) unterseits (bes. auf den Nerven) kurzhaarig, später oft verkahlend, in den Nervenwinkeln weiß- od. gelbl.bärtig, beiderseits gleichfarbig grün, meist > 10 cm lg.; — Infl. 2–7-blütig **4**

4. Achselbärte der Blätt. weiß; — Infl. (2–)3(–5)-blütig; Fr. dickwandig, holzig, deutl. 5-kantig; junge Triebe behaart, im 2. Jahr verkahlend; ↕ bis 30(–40) m; ♄. VI. – Wälder. – *v–z*; oft angepfl. – Formenreich. [incl. *T. grandifolia* Hoffm.] Sommer-L., ***T. platyphyllos*** Scop.

— Achselbärte der Blätt. gelbl.; — Infl. 3–7-blütig; Fr. kugelig, undeutl. kantig; Zweige kahl; ↕ bis 30 m; ♄. VI–VII. – Angepfl.; natürl. u. verwild. Populationen dieser Sippe schwer zu differenzieren; *s*. [*T.* × *vulgaris* Hayne; *T. cordata* × *T. platyphyllos*] Holländische L., ***T.*** × ***europaea*** L.

Familie: Thymelaeaceae, Seidelbastgewächse (Bearbeiterin: Birgit Nordt)

Sträucher, seltener Kräuter; Blätt. wechselst.; Blüten ⚥, 4–5-zählig; Blütenachse röhrig; Kelchblätt. kronblattart., am Grund in den Achsenbecher überghd.; Kronblätt. fehlend; Staubblätt. 4–8, der Röhre des Achsenbechers angeheftet (85/6), Frkn. oberst.; meist Stein- od. Nussfr.; giftig!

1. Pfl. krautig; Achsenbecher bauchig; Blüten unscheinbar; Fr. geschnäbelte Nuss ***Thymelaea***, 507

— Sträucher; Achsenbecher röhrig; Kelchblätt. kronblattart. auffällig; Steinfr. ..... ***Daphne***, 506

Daphne L., Seidelbast, Steinröschen, Kellerhals ⓖ

Zu beachten: Kronblätt. sind in dieser Gattung nicht vorhanden, die Schaufunktion der Blüten wird von den meist farbigen Kelchblätt. ausgeübt!

1. Kelchblätt. grünl.gelb; Fr. schwarz; — Blüten in meist 5-blütigen, blattachselst., nickenden Trauben; Blätt. immergrün, bis 12 cm lg. u. 3 cm br., lederig; ↕ 40–120 cm; ♄. II–IV. – Steinige Laubwälder. – *s*, D: BW, RP; A: Kt, NÖ, OÖ, Stm; B; CH; DK; F: Els (Jura). ⓖ. – Giftig! Lorbeer-S., ***D. laureola*** L.

— Kelchblätt. rot, rosa od. weiß; Fr. nicht schwarz; — immergrün od. sommergrün **2**

2. Kelchblätt. rot od. rosa **4**

— Kelchblätt. weiß; — Blüten in köpfchenart. Dolden **3**

3. Sommergrüner Kleinstr. (Blüten nach den Blätt. erscheinend); Infl. 4–10-blütig, ohne Hochblatthülle; Fr. rot; ↕ 20–60(–100) cm; ♄. V–VI. – Felsen, Steinschutthalden. – *s*, A: Kt; CH; FL (Balzers). ⓖ. – Giftig! Alpen-S., ***D. alpina*** L.

Zumind. die Populationen in A u. FL zu subsp. ***scopoliana*** Urbani.

— Immergrüner Zwergstr.; Infl. 10–20-blütig, von einer Hülle aus grünl., häutigen Hochblättern umgeben; Fr. weißl.; — duftend; Ausläufer bildend; ↕ 20–30 cm; ♄. III–V. – Schutthalden, Kalkfelsen, in Siedlungsnähe auch ruderal. – Ne. (Heimat: SO-Eur.); *s* verwild., sich etablierend in D: BY. – Zierstrauch. Königs-S., ***D. blagayana*** Freyer

4 (2). Blüten meist zu 3 in den Achseln vorj. u. im Herbst abgefallener Blätt., — vor der Entfaltung der diesj. Blätt. erscheinend, stark duftend; Blätt. verkehrt längl.-lanzettl. (*99/8*), 3–8 cm lg., frischgrün; Fr. scharlachrot; ↕ 30–100(–150) cm; ♄. II–IV. – Bergwälder; auf Kalk. – *z*, *f* im NW, *s* im NO. ⓖ. – Giftig! Kellerhals, Gewöhnlicher S., ***D. mezereum*** L.

— Blüten in endst. Infl. an beblätt. Trieben **5**

5. Kelchblätt. 1-farbig rot bis dk.rosa; Achsenbecher dicht kurzfilzig; Fr. gelbbraun; Blätt. 3–4-mal so lg. wie br., gleichm. an den Zweigen verteilt, — spatelf., 10–18(–25) mm lg.; ↕ 5–20(–40) cm; ♄. IV–VI. – Steinige, meist kalkhaltige, buschige Hänge, Heidewiesen. – *z*, *s* im Alp.Vorland, D: BW, BY, S-Pfalz; A: Bgl, Kt, OÖ, NÖ, Stm; B; CH; CZ; F: Els; I: Bz. ⓖ. – Giftig! Rosmarin-S., Heideröschen, ***D. cneorum*** L.

a. Blattrand nicht eingerollt; Wuchs niederlgd.-aufstgd.; ♄. IV–VI. – Meist auf Kalk. Rosmarin-S. (i. e. S.), subsp. ***cneorum***

— Blattrand eingerollt; Wuchs aufr.; ♄. IV–VI. – Kalkmeidend. – Nur A: Bgl. Strauchartiger Rosmarin-S., subsp. ***arbusculoides*** (Tuzson) Soó

— Kelchblätt. hellrot, fein längsgestreift; Achsenbecher kahl; Fr. orangegelb bis rötl.; Blätt. 5–6-mal so lg. wie br., an den Zweigenden büschelig gehäuft, — spatelf., 18–30 mm lg., stachelspitzig; ↕ 10–35 cm; ♄. V–VII. – Steinige, trockene Böden, überwgd. des Krummholzgürtels

der Kalk-Alp., 900–2900 m. – *z*, D: Bayr. Alp.; A: Kt, Ti, Vb; O-CH; FL; I: Bz. ⓖ. – Giftig!
Steinröschen, Gestreifter S., ***D. striata*** Tratt.

Thymelaea Mill., Spatzenzunge, Vogelkopf

Blätt. linealisch; Blüten klein, gelbl.grün, einzeln od. in Knäueln, blattachselst. (*77/1*); Kelchblätt. 4; Staubblätt. 8; Fr. behaart; ↕ 6–40 cm; ⊙. VII–IX. – Brachäcker, Wegränder, Weinberge; auf Kalk. – *s*, D; A; CH; CZ; I: Bz; im N *f*. – Giftig! Acker-S., ***T. passerina*** (L.) Coss. & Germ.

Familie: Cistaceae, Zistrosengewächse (Bearbeiterin: Birgit Nordt)

(Zwerg-)Sträucher, Halbsträucher od. Kräuter; Blätt. gegen- od. wechselst.; Nebenblätt. vorhanden od. fehlend; Blüten radiär; Kelchblätt. ungleich, meist 3 größ. u. 2 kleinere; Kronblätt. 5, in der Knospe gedreht, geknittert; Staubblätt. ∞; Frkn. oberst., 1-fächrig od. gefächert; Kapselfr.

1. Kronblätt. gelb 3
— Kronblätt. weiß (selten am Grund gelb) od. (selten) zartrosa 2
2. Äuß. Kelchblätt. größer als die inn.; — Blüten-∅ (2–)3–5 cm; Blätt. 6–20 mm br. ***Cistus***, 507
— Äuß. Kelchblätt. kleiner als die inn.; — Blüten-∅ 2–3 cm; Blätt. 2–8 mm br. ***Helianthemum apenninum***, 507
3 (1). Blätt. alle wechselst., schmal, nadelf.; äuß. Staubblätt. ohne Staubbeutel ***Fumana***, 507
— Unt. Blätt. gegenst.; Blätt. nicht nadelf.; Staubblätt. alle m. Staubbeuteln 4
4. Stg.Blätt. längl., sitzend, m. 3 Längsnerven; Pfl. 1-j., — m. Blattrosette; Kronblätt. am Grund meist m. braunem Fleck .... ***Tuberaria***, 508
— Unt. Stg.Blätt. gestielt; Pfl. (meist) ausd. .... ***Helianthemum***, 507

Cistus L., Zistrose

1. Pfl. nicht drüsig-klebrig; Blätt. gestielt, ellipt., beidseitig behaart, — 10–40 mm lg. u. 6–20 mm br., runzelig; Blüten gestielt, ∅ 3–5 cm; Kronblätt. weiß, am Grund gelb; Kelchblätt. 5, die 2 äuß. am Grund herzf.; Zweige filzig behaart; Pfl. immergrün, aromat. duftend; ↕ 30–100 cm; ♄. IV–V. – Felsige Abhänge. – *s*, nur CH: Ts (Hauptverbr.: MMG).
Salbeiblättrige Z., ***C. salviifolius*** L.
— Pfl. drüsig-klebrig; Blätt. sitzend, schmal lanzettl., oberseits fast kahl, unterseits dicht sternhaarig, — 30–80 cm lg. u. 10–30 mm br., m. 3 Hauptnerven; Blüten-∅ 2–3 cm; Kronblätt. weiß; Kelchblätt. 5; Pfl. überwinternd grün; ↕ 30–120 cm; ♄. IV–VII. – Ne. (Heimat: MMG); *s* verwild., nur im S. – Zierpfl. Montpellier-Z., Französische Z., ***C. monspeliensis*** L.

Fumana (Dunal) Spach, Nadelröschen, Heideröschen

1. Blütenstiele drüsig, länger als das zugehörige Blatt, kurz absthd. behaart; Fr.Stiele nur an der Spitze gekrümmt; mittl. Blätt. blhd. Zweige meist größer als die übrigen; ↕ 10–30 cm; ♄. IV–VII. – Felsrasen; auf Kalk. – *s*, CH; I: Bz. Felsen-N., ***F. ericoides*** (Cav.) Gand.
— Blütenstiele nicht drüsig, höchstens so lg. wie das zugehörige Blatt, anlgd. behaart; Fr.Stiele vom Grund an zurückgebogen; Blätt. blhd. Zweige kaum größer als die übrigen; ↕ 2–15 cm; ♄. V–VIII. – Trockenrasen, Kiefernwälder; auf Kalk. – *s* in M- u. S-D; A; B; CH; CZ; F: Els; FL; I: Bz. [*Helianthemum fumana* L.] Zwerg-N., Gewöhnliches N., ***F. procumbens*** (Dunal) Gren.

Helianthemum Mill., Sonnenröschen

1. Kronblätt. weiß (bis zartrosa), am Grund meist zitronengelb; — Nebenblätt. lineal-pfrieml. bis fadenf., die der unt. Blätt. ≈ so lg. wie der Blattstiel, die der ob. Blätt. länger; lockerrasiger

Halbstrauch m. aufr. Stg.; ↕ 10–30 cm; ♄. V–VII. – Trockenrasen. – *s,* D: BW, BY, RP, ST; A; B; CH: Ts; I: Bz. ⓖ. Apenninen-S., ***H. apenninum*** (L.) Mill.

— Kronblätt. gelb (weißl.gelb bis orangegelb) **2**

2. Blätt. m. Nebenblätt. **5**

— Blätt. ohne Nebenblätt. **3**

3. Blätt. unterseits grau- bis weißfilzig; — Blütenknospen kugelig; Kronblätt. 4–6 mm lg.; Fr.Stiele aufr. od. waagr.; Pfl. reich verzweigt; ↕ 10–20 cm; ♄. V–VI. – Trockenrasen; auf Kalk. – *s,* D: BW, BY, ST, TH; A: Bgl, NÖ; CH: Jura, Vs; CZ; I: Bz. ⓖ. Graues S., ***H. canum*** (L.) Baumg. (subsp. ***canum***)

— Blätt. beiderseits grün, anlgd. behaart od. kahl **4**

4. Blätt. ellipt.-eif. bis längl.-linealisch, stumpf; Infl. 2–6-blütig; — Kronblätt. 7–10 mm lg.; ↕ 3–15 cm; ♄. V–VIII. – Trockenrasen, felsige Hänge. – *v,* Alp., D: BY; A; CH; FL; I: Bz. Alpen-S., ***H. alpestre*** (Jacq.) DC.

— Blätt. lanzettl., meist spitz; Infl. 6–20-blütig; — Kronblätt. 5–9 mm lg.; ↕ 5–20 cm; ♄. V–VIII. – Felsen. – *s,* nur CZ (Mähren). Felsen-S., ***H. rupifragum*** A. Kern.

5 (2). Pfl. 1-j.; Gr. kurz u. gerade od. fehlend; — Kronblätt. 5–10 mm lg.; Blätt. 5–30 mm lg. u. 3–10 mm br.; Nebenblätt. linealisch, selten lineal-lanzettl., ≈ ein Drittel so lg. wie das zugehörige Blatt; Pfl. m. wenigen Wurzeln; ↕ 5–20 cm; ⊙. III–V. – Felsrasen, Trockenrasen. – *s,* nur CH: Vs. Weidenblättriges S., ***H. salicifolium*** (L.) Mill.

— Pfl. ausd.; Gr. 2–3-mal so lg. wie der Frkn., gebogen; — Kronblätt. 8–18 mm lg.; Blätt. 5–50 mm lg. u. 2–15 mm br.; Nebenblätt. lanzettl. bis lineal-lanzettl., länger als der Blattstiel, ≤ ein Viertel so lg. wie das zugehörige Blatt; ↕ 10–40 cm; ♃–♄. V–IX. – Halbtrockenrasen, Alpenmatten. – Formenreich. Gewöhnliches S., ***H. nummularium*** (L.) Mill.

a. Blätt. unterseits von Sternhaaren dicht grau- od. weißfilzig .... d

— Blätt. (meist) ohne Sternhaare, zerstreut behaart od. kahl .... b

b. Kronblätt. 8–12 mm lg.; inn. Kelchblätt. 5–8 mm lg., meist behaart; Staubbeutel 0,4–0,6 mm lg.; ↕ 5–20(–30) cm. V–IX. – Trockenrasen, Waldränder. – *v.* [*H. ovatum* (Viv.) Dunal; *H. vulgare* Gaertn.] Dunkles S., subsp. ***obscurum*** (Čelak.) Holub

— Kronblätt. 10–18 mm lg.; inn. Kelchblätt. 7–10 mm lg., zw. den Nerven kahl; Staubbeutel 0,5–0,8 mm lg. ... c

c. Blätt. kahl od. nur am Rand u. unterseits am Mittelnerv bewimpert; — inn. Kelchblätt. zuw. m. Büschelhaaren; ↕ 5–15(–25) cm. VII–IX. – Matten u. Legföhrengebüsche der Alp. – *s,* D: BY; A: NÖ, OÖ, Sb, Stm, Ti; CH; F: Els. [*H. nitidum* Clementi] Kahles S., subsp. ***glabrum*** (W. D. J. Koch) Wilczek

— Blätt. beiderseits od. wenigstens oberseits zerstreut behaart; — Kelchblätt. auf den Nerven m. lg. Büschelhaaren; ↕ 8–15(–30) cm. VII–IX. – Alpenmatten,. – *v* in Alp., *s* in D: BW, BY; A; CH; CZ; I: Bz; F: Vog; FL. [*H. grandiflorum* (Scop.) DC.] Großblütiges S., subsp. ***grandiflorum*** (Scop.) Schinz & Thell.

d (a). Kronblätt. 10–16 mm lg.; Blätt. 5–15 mm br.; ↕ (5–)10–30 cm. V–VIII. – Trockenrasen. – *s,* CH: Ts, Vs; I: Bz. Filziges S., subsp. ***tomentosum*** (Scop.) Schinz & Thell.

— Kronblätt. 8–10 mm lg.; Blätt. 2–5 mm br.; ↕ 5–20 cm. V–IX. – Trockenrasen. – *z, s* im N. Gewöhnliches S. (i. e. S.), subsp. ***nummularium***

Tuberaria (Dunal) Spach, Sandröschen

Stg. steif aufr., behaart; Grundblätt. rosettig; unt. Stg.Blätt. gegenst., ob. wechselst.; Kronblätt. zitronengelb, am Grund z. T. m. schwarzem od. rötl.braunem Fleck; ↕ 5–40 cm; ⊙. V–VIII. – Sandfelder, Kiefernwälder. – *s,* D: BB, NI, RP; B; F: Els; NL. [*Helianthemum guttatum* (L.) Mill.] Geflecktes S., ***T. guttata*** (L.) Fourr.

Ordnung: Brassicales, Kreuzblütlerartige

Familie: Tropaeolaceae, Kapuzinerkressengewächse (Bearbeiter: Gerald Parolly)

1-j. od. Stauden; Blätt. schildf.; Blüten zygomorph, m. Sporn; Staubblätt. 8, Gr. 1; Fr. in drei 1-samige Schließfr. zerfallend.

Tropaeolum L., Kapuzinerkresse

1. Blätt. schildf. (*37/9, Taf. 10: 6*), Spr. leicht gekerbt, unterseits kahl, ihre Blattnerven nicht stachelspitzig hervorsthd.; Blüten 3–6 cm ∅; Kronblätt. orange bis rot, selten dottergelb, die ob. 2 nicht zerschlitzt, ohne Flecken am Grund; — Pfl. kriechend od. kletternd; ↕/↔ 30–500 cm; ⊙–⚇. VI–X. – Siedlungsnahe, nährstoffreiche Orte. – Ne. (Heimat: S-Am.); *s* unbest. verwild., in D: BB, BW, BY, HE, NI, NRW, SH, SN, TH; A; B; CH; NL. – Wohl hybridogene Gartenzierpfl., auch Arznei- u. Salatpfl. Große K., ***T. majus*** L.

— Blätt. 5–7-lappig, Spr. unterseits flaumig behaart, ihre Blattnerven stachelspitzig hervorsthd.; Blüten bis 3,5 cm ∅; Kronblätt. zitronengelb, die ob. 2 zerschlitzt, m. roten Flecken am Grund; — Pfl. kletternd; ↕/↔ 50–400 cm; ⊙. VII–X. – Siedlungsnahe, nährstoffreiche Orte. – Ne. (Heimat: Peru, Ecuador); *s* unbest. verwild., z. B.: D: BY, NRW; B; NL. – Gartenzierpfl. Kletternde K., ***T. peregrinum*** L.

Weitere Arten als Zierpfl.

Familie: Resedaceae, Waugewächse, Resedagewächse

(Bearbeiter: Gerald Parolly)

509/1

509/2

1-j., Stauden od. Halbsträucher; Blätt. wechselst., einfach od. geteilt, m. kleinen, drüsenähnl. Nebenblätt.; Blüten zygomorph; Kelch- u. Kronblätt. 4–6(–7); Staubblätt. 3–∞ (*509/1*); Frkn. oberst., 2–6-blättr., aber 1-fächerig u. im reifen Zustand an der Spitze meist offen (*509/2*); Kapselfr.

1. Fr.Blätt. 3–4, mind. zur Hälfte verwachsen, z. Frzt. nicht sternf. ausgebr.; Samen ∞; wenigstens ob. Blätt. geteilt .... ***Reseda***, 509

— Fr.Blätt. 4–6 (meist 5), frei, z. Frzt. sternf. ausgebr.; Samen 1; alle Blätt. ungeteilt ***Sesamoides***, 510

Reseda L., Wau, Resede

1. Alle Blätt. ganzrandig od. schwach gezähnt od. einige wenige m. 1–2 Seitenlappen **3**

— Zumind. ob. u. mittl. Stg.Blätt. tief fiederspaltig (häufig alle Blätt. geteilt) **2**

2. Kelch u. Krone 6-teilig; Kronblätt. gelb od. gelbl.; Fr.Blätt. 3; Staubbfäden nach der Bltzt. abfallend; Samen glatt; ↕ 20–75 cm; (⊙–)⚇–♃. (V–)VI–VIII(–IX). Wegraine, Steinbrüche, Ruderalstellen, Äcker. – *v*. Gelber W., ***R. lutea*** L. (subsp. ***lutea***)

— Kelch u. Krone 5-teilig; Kronblätt. weiß; Fr.Blätt. 4; Staubbfäden bis z. Fr.Reife bleibend; Samen gehöckert; — Blüten wohlriechend; ↕ 30–80 cm; (⊙–)⚇–♃. VII–X. – Wegränder, Ruderalstellen. – Ne. (Heimat: MMG); *s* verwild. – Zierpfl. Weißer W., ***R. alba*** L.

3 (1). Kelch u. Krone 4-teilig; Blütenstiele kaum 2,5 mm lg.; Krone gelb; reife Fr. dicht gedrängt, steif. aufr., kurz, fast kugelig, 3–6 mm lg.; — alle Blätt. ungeteilt; ↕ 30–150 cm; ⚇. VI–IX. – Wegränder, Ruderalstellen. – Ne. (Heimat: SO-Eur. u. W-As.), aus früheren Kulturen verwild. u. eingebürg.; *z*. – Alte Färbepfl. Färber-W., ***R. luteola*** L.

— Kelch u. Krone 6-teilig; Blütenstiele > 5 mm lg.; Krone nicht rein gelb; reife Fr. locker angeordnet, hgd., verkehrt eif., > 6 mm lg. **4**

4. Kronblätt. weißl., kammart. gefiedert; Blüten kaum duftend; Blätt. spatelig; Fr. 13–14 mm lg.; — Kelchblätt. z. Frzt. stark vergrößert; ↕ 10–40 cm; ⊙. VI–IX. – Trocken-warme Äcker, Wegränder, Weinberge. – *s*, A: Bgl, NÖ, Stm, ehem. Sb; *s*, B; W-CH; CZ; in D stellenw. unbest. Rapunzel-W., ***R. phyteuma*** L.

— Kronblätt. gelbgrün bis bräunl., ihr Nagel breiter als die Platte, diese gleichmäß. in lg. Seitenzipfel zerteilt; Blüten wohlriechend; Blätt. längl.-lanzettl. od. eif.; Fr. (7–)9–11 mm lg.; ↕ 15–30 cm; (⊙–)♃. VII–X. – Ruderalstellen. – Ne. (Heimat: N-Afr.); *s* u. meist unbest. verwild. – Gartenzierpfl. Wohlriechende Resede, ***R. odorata*** L.

Sesamoides All., Sternfrucht, Spanische Resede

Pfl. blaugrün; Blüten weißl., in dichter ährenf. Traube; Kelchblätt. (4–)5(–6), am Grund bis 1,5 mm lg. verwachsen; Kronblätt. (4–)5(–7), ungleich, 2–3 mm lg., 4–9-teilig; Gr. seitl. auf Fr.Blätt. sitzend; ↕ 5–35 cm; ♃, ♄. VI–VIII. – Ackerbrachen, Wegränder, Ruderalstellen, Pappelplantagen. – Ne. (Heimat: Westl. MMG); *s* eingebürg., D: BB (Angermünde), MV (Parchim), unbest. RP. [*Reseda purpurascens* L.; *Astrocarpa purpurascens* (L.) Dumort.] Purpur-S., ***S. purpurascens*** (L.) G. López

Familie: Brassicaceae [Cruciferae], Kreuzblütler (Bearbeiter: Gerald Parolly)

Kräuter od. Stauden, seltener Halbsträucher; Blätt. wechselst., im Alter ohne Nebenblätt.; Blüten in einfachen Trauben od. Doppeltrauben, selten in Schirmtrauben, ohne Gipfelblüte, disymmetr. (Blütenhülle meist radiär, selten zygomorph), fast stets ohne Tragblätt.; Kelchblätt. 4, Kronblätt. 4, kreuzweise angeordnet (*511/3*, daher Kreuzblütler); Staubblätt. meist 6, in 2 Kreisen, davon 4 lange u. 2 kurze (*511/1, 511/2*), selten 4 od. 2, am Grund der Staubblätt. häufig Nektar- od. Saftdrüsen (*511/2*, H); Frkn. oberst., selten mittelst., 2-blättr., durch falsche Scheidewand in 2 Fächer geteilt (*511/3*, S); Fr. eine 2-klappig (*49/3*) aufspringende Schote (*511/4*) od. Schötchen (*511/6*), seltener Gliederschote, -schötchen od. Nuss. Viele Arten infolge des Gehalts an Senfölglykosiden scharf riechend u. schmeckend.

Hinweise zur Bestimmung: Ob die Fr. sich zu einer Schote od. einem Schötchen entwickelt, ist zwar bereits meist in jungen Entwicklungsstadien festzustellen, aber ohne reife Fr. ist eine sichere Bestimmung od. die Zuordnung zu einer Öffnungsfr. (Schote od. Schötchen; häufig) od. Schließfr. (alle anderen o. g. Fr.Typen) manchmal nicht mögl. Aus pragmat. Gründen sind (wenn nötig) die Taxa m. Schließfr. in beide Schlüssel integriert.

Die Samen sind 1-reihig angeheftet, wenn sie ≈ bis zur Mitte der Scheidewand vorspringen u. 1 Längszeile bilden (*511/7*); sie sind 2-reihig, wenn sie mehr dem Rand der Fr. genähert sind u. somit in 2 Zeilen auftreten (*511/8*).

Bestimmungsprobleme können (tendenziell) schotenfrüchtigte Taxa in überwgd. schötchenfrüchtigen Gattungen bereiten. Wenn Pfl. (meist) gabel- od. sternhaarig u. Blattspr. ungeteilt, ganzrandig, seicht gelappt, gezähnt od. gesägt, vgl. *Aubrieta* (Krone lila, violett od. bläul.) u. *Draba* (Krone weiß; Fr. < 12 mm lg.).

Vorsicht bei Farbangaben der Kronblätt.: Arten m. roten, rosa od. violetten Kronblätt. können gelegentl. auch in weiß blhd. Formen auftreten, während bei Arten m. normalerweise rein weißen Kronblätt. diese im Abblühen u. bes. beim Vertrocknen (Herbar!) vergilben u. daher gelbl. od. gelb erscheinen können. Umgekehrt können selbst kräftig gelbe Kronblätt. schon beim Vertrocknen an der lebenden Pfl. weiß werden. Mehrere Pfl. vergleichen!

1. Rosettenblätt. 30–100 cm lg., Blattspr. 15–50 × 8–30 cm, längl. eif. bis längl., ungeteilt, dk.grün; Fr. (fast) nie entwickelt; — Stg.Blätt. differenziert, die unt. zumind. im Frühjahr fiederschnittig, nach ob. zu ungeteilt, lanzettl.; Infl. vielästig u. -blütig; Krone weiß ***Armoracia***, 524

— Rosettenblätt. deutl. kleiner (wenn ähnl. groß, blaugrün bereift od. geteilt od. Krone gelb) od. fehlend; Fr. sich (fast immer) bis zur Samenreife entwickelnd 2

2. Fr. ≥ 3-mal so lg. wie br. (*511/4, 511/5*), eine Schote, Gliederschote (od. selten) eine Flügelnuss . . . . Schotenfrüchtige Kreuzblütler, **Tabelle I**, 510

— Fr. ≤ 3-mal so lg. wie br. (*511/6, 515/3–515/8, 529/1, 542/1*), ein Schötchen, Gliederschötchen, eine Nuss od. Spaltfr., sehr selten fleischig Schötchenfrüchtige Kreuzblütler, **Tabelle II**, 514

Tabelle I: Schotenfrüchtige Kreuzblütler

1. Blattspr. (wenigstens die der Grundblätt.) gefied., gefing., fiederspaltig od. buchtig, stets tief eingeschnitten **33**

— Blattspr. (auch die der Grundblätt.) ungeteilt, ganzrandig, seicht gelappt, gezähnt od. gesägt, aber niemals tief eingeschnitten **2**

2. Blätt. (zuw. nur die Stg.Blätt.) m. herz- od. pfeilf. Grund stg.umfassend (*515/1*) sitzend . . . **24**

— Blätt. gestielt od. sitzend, wenn am Grund herzf., dann aber nicht stg.umfassend **3**

3. Kronblätt. gelb od. bräunl. **20**

— Kronblätt. weiß, rot, lila, violett od. bläul. (wenn gelbgrün, aber m. auffällig violetten Nerven: *Hesperis tristis*; wenn zuw. u. nur beim Aufblühen gelbl., sonst rosa od. purpurn: *Malcolmia maritima*) **4**
4. Blattspr. am Grund herzf. ausgerandet **18**
— Blattspr. am Grund nicht herzf. ausgerandet **5**
5. Narbenlappen hornf. gebogen (*513/3*); — Blätt. schmal, graufilzig .... ***Matthiola***, 544
— Narbenlappen nicht hornf. gebogen **6**
6. Kronblätt. rot, violett, bläul. od. gelbgrün u. dann m. violetten Nerven **8**
— Kronblätt. weiß (selten etwas rötl.) **7**
7. Narbe tief 2-lappig .... ***Hesperis***, 539
— Narbe stumpf, ungeteilt **14**
8 (6). Blätt. dickfleischig, — kahl; Schote 2-samig u. 2-gliedrig, das ob. Glied dolchart. (*513/4*); Strandpfl. .... ***Cakile***, 528
— Blätt. nicht dickfleischig **9**
9. Fr.Schnabel 12–30 mm lg. .... ***Chorispora***, 532
— Fr.Schnabel 0–3 mm lg. **10**
10. Schoten kahl; Blüten > 10 mm lg. gestielt; — Narbenlappen auf dem Rücken ohne Anhangsgebilde; Kronblätt. rot od. gelbgrün u. m. violetten Nerven, 14–30 mm lg. .... ***Hesperis***, 539
— Schoten behaart; Blüten ≤ 8 mm lg. gestielt; — Kronblätt. rot od. lila, selten weiß **11**
11. Pfl. m. Drüsenhöckern; Narbenlappen ± stumpf, — m. einem höckerf. Anhängsel; Pfl. ausd. .... ***Matthiola***, 544
— Pfl. ohne Drüsenhöcker; Narbenlappen sehr spitz, bis hoch hinauf verwachsen (***Malcolmia*** s. ampl.) **12**
12. Pfl. 1-j., ohne sterile Triebe am Grund, nicht filzig behaart; — Stg. vom Grund an verzweigt; Blätt. schmal-längl., ganzrandig od. buchtig gezähnt **13**
— Pfl. ausd., am Grund verholzt, m. zahlr. sterilen Rosetten, dichtfilzig behaart; — Blätt. fast sitzend, ganzrandig od. gelappt .... ***Marcus-kochia***, 544
13. Kelchblätt. nicht od. höchstens die seitl. ganz schwach ausgesackt; Schoten vom Stg. absthd. u. dicht absthd. behaart, Fr.Stiele 1–2 mm lg.; Gr. so lg. wie die Schote br. ... ***Strigosella***, 550
— Zumind. seitl. Kelchblätt. deutl. ausgesackt; Schoten ± aufr., angedrückt behaart; Fr.Stiele 4–15 mm lg.; Gr. länger als die Schote br. .... ***Malcolmia***, 543
14 (7). Schoten < 1 mm br., — rundl.-4-kantig, etwas gebogen; Blüten klein, ≈ 2(–3) mm br., ihre Kronblätt. ≤ 4,5 mm lg.; Blätt. am Stg.Grund gehäuft .... ***Arabidopsis***, 521
— Schoten > 1 mm br. **15**
15. Samen in die Scheidewand der Fr. eingesenkt; Fr.Klappen flach, netznervig, aber nicht höckerig .... ***Arabis***, 522
— Samen nicht in die Scheidewand eingesenkt; Fr.Klappen daher über den Samen höckerig **16**
16. Samen 2-reihig (*511/8*) (manchmal nur undeutl. 2-reihig); — Kronblätt. weiß, beim Trocknen violett werdend, keilf. bis verkehrt herzf., 3–4 mm lg.; Grundblätt. ganzrandig od. undeutl. gezähnt, kahl od. m. angedrückten, 2–3-gabeligen Haaren; Alpenpfl. .... ***Braya***, 527
— Samen 1-reihig (*511/7*) **17**
17. Pfl. frischer od. feuchter, humoser Böden; Grundblätt. (u. ganze Pfl.) kahl od. nur einfache Haare vorhanden .... ***Cardamine***, 529

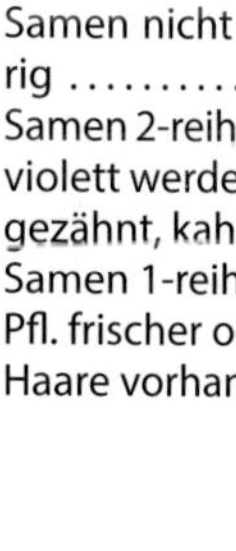

511/1

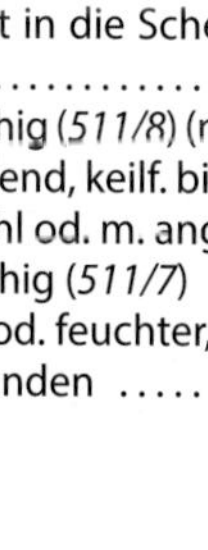

511/2

511/3

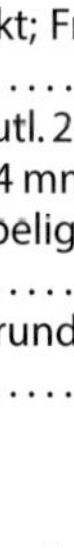

511/4

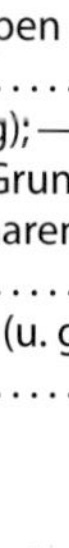

511/5

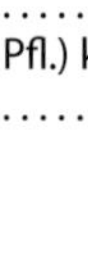

511/6

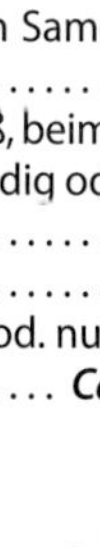

511/7

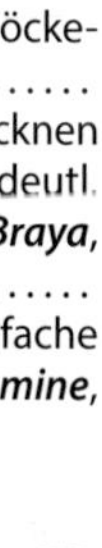

511/8

— Pfl. der Kalkfelsen; Grundblätt. von einfachen u. Gabelhaaren rau **_Arabidopsis lyrata_** subsp. **_petraea_**, 522

18 (4). Kronblätt. hellviolett; Schoten groß, (10–)20–90 mm, br. ellipt., flach, bei der Reife pergamentart.; — Blattspr. lg. zugespitzt, unregelm. gezähnt .... **_Lunaria_**, 543

— Kronblätt. weiß; Schoten anders **19**

19. Blätt. beim Zerreiben stark nach Knoblauch riechend; Schoten 4-kantig .... **_Alliaria_**, 519

— Blätt. beim Zerreiben nicht nach Knoblauch riechend; Schoten abgeflacht ...... **_Arabis_**, 522

20 (3). Narbe tief 2-lappig (*513/6*), Lappen später zurückgekrümmt; — Blätt. ganzrandig; Kronblätt. meist bräunl. od. gelb (zahlr. Gartenformen!), stark duftend **_Erysimum cheiri_**, 537

— Narben einfach, ungeteilt **21**

21. Kelchblätt. aufr.; — Schoten 4-kantig; Fr.Klappen 1-nervig; Blätt. entfernt gezähnt od. ganzrandig, von 3- od. 2-spaltigen Haaren etwas rau .... **_Erysimum_**, 537

— Kelchblätt. absthd. **22**

22. Stg. u. Seitenäste steif aufr., — Stg. 0,5–1(–2) m hoch; Blätt. gezähnt; Schoten bis 60 mm lg., aufr. absthd., m. 3-nervigen Fr.Klappen .... **_Sisymbrium strictissimum_**, 549

— Stg. ± absthd.-sparrig-ästig, — bis 1,2 m hoch **23**

23. Schoten 10–20 mm lg., — aufr., durch den Schnabel bespitzt .... **_Brassica_**, 526

— Schoten 25–40 mm lg., — aufr. bis waagr. absthd., m. bis 10 mm lg. Schnabel **_Sinapis arvensis_**, 549

Bei Vertretern mancher Gattungen ist der Gr. stark entwickelt, wächst bei der Fr.Reife heran u. bildet den Schnabel der Fr. (*513/1, 513/2*).

24 (2). Kronblätt. weiß, gelbl.weiß od. lila **28**

— Kronblätt. rein gelb **25**

25. Fr. hgd., — zur Zeit der Reife fast schwarz, abgeflacht, geflüg. (*513/7*), 1-samig .... **_Isatis_**, 541

— Fr. aufr. **26**

26. Schoten 8-kantig, m. kurzem Schnabel .... **_Conringia austriaca_**, 533

— Schoten stielrund **27**

27. Pfl. kahl od. m. einfachen Haaren; — Schoten m. meist lg. Schnabel (*513/8*) ... **_Brassica_**, 526

— Pfl. m. kompassnadelf. u. 3–4-strahligen Sternhaaren, selten oberw. verkahlend; — Schoten ≤ 0,8 mm lg. geschäbelt .... **_Olimarabidopsis_**, 547

28 (24). Kronblätt. lila, 13–18 mm lg.; — Pfl. m. Drüsenhaaren .... **_Hesperis sylvestris_**, 539

— Kronblätt. weiß od. gelbl.weiß, meist kürzer **29**

29. Samen 2-reihig (*511/8*); — Schoten 4-kantig, dem Stg. angedrückt; Kronblätt. gelbl.weiß **_Turritis_**, 551

— Samen 1-reihig (*511/7*) **30**

30. Kronblätt. gelbl.weiß **32**

— Kronblätt. rein weiß **31**

31. Pfl. kahl; Stg.Blätt. bereift, ganzrandig; Kronblätt. 6–7 mm lg. .... **_Fourraea_**, 539

— Pfl. teilw. behaart, nicht bereift, wenn fast kahl, dann Stg.Blätt. gezähnt u. Kronblätt. nur 4–5 mm lg. .... **_Arabis_**, 522

32 (30). Stg.Blätt. behaart, gezähnt; Schoten überhgd.; Pfl. lichter Wälder; — Schoten 80–150 mm lg. .... **_Pseudoturritis_**, 547

— Stg.Blätt. kahl, ganzrandig (*515/1*); Schoten aufr.; Pfl. der Äcker; — Schoten 60–110 mm lg. .... **_Conringia orientalis_**, 533

33 (1). Kronblätt. gelb od. gelbl.weiß (bei *Eruca sativa* können die Nerven so kräftig violett gefärbt sein, dass sie die gelbe Farbkomponente des Kronblatts überlagern) **43**

— Kronblätt. rötl., violett od. reinweiß, selten fehlend **34**

34. Blätt. (zumind. die unt.) gefied. (*39/1*), gefing. (*39/10*) od. 3-zählig (*39/7*) (aus getrennten Fiedern zus.gesetzt) **41**

— Blätt. buchtig gezähnt, fiederspaltig (*38/9*) od. leierf. fiederspaltig (*38/8*); Fiedern (meist) nicht bis zur Rhachis getrennt **35**

35. Blätt. dickfleischig, kahl; — Schoten 2-gliedrig, das ob. Glied dolchf. (*513/4b*); Strandpfl. **_Cakile_**, 528

— Blätt. nicht dickfleischig, ± behaart **36**

36. Kronblätt. > 10 mm lg. **39**

— Kronblätt. 3–8 mm lg.; — Schoten nicht perlschnurart. eingeschnürt, linealisch, flach ... **37**
37. Blütentraube bis zur Spitze beblätt. .... ***Erucastrum supinum***, 536
— Blütentraube blattlos **38**
38. Oberste Stg.Blätt. ganzrandig od. buchtig gezähnt; Kronblätt. 4–8 mm lg., verkehrt eif., — lila od. weiß .... ***Arabidopsis***, 521
— Oberste Stg.Blätt. fiederspaltig, m. jederseits 4–6 Abschnitten; Kronblätt. 3–4 mm lg., vorn ausgerandet, — weiß; Grundblätt. meist ungeteilt, stumpf gezähnt od. leierf. fiederspaltig; Stg.Blätt. 6–9 .... ***Murbeckiella***, 544
39 (36). Narbe ungeteilt .... ***Raphanus sativus***, 547
— Narbe tief 2-teilig **40**
40. Fr.Schnabel 12–30 mm lg. .... ***Chorispora***, 532
— Fr.Schnabel ≤ 3 mm lg. .... ***Hesperis***, 539
41 (34). Kronblätt. rötl. od. lilarötl. .... ***Cardamine***, 529
— Kronblätt. weiß, gelbl.weiß od. fehlend **42**
42. Stg. hohl; Pfl. ohne Blattrosette; — Staubbeutel gelb; Schoten stielrund, 10–24 mm lg.; Samen 1- od. 2-reihig (*511/7, 511/8*) .... ***Nasturtium***, 545
— Stg. markig, wenn hohl, dann Pfl. m. Blattrosette; — Staubbeutel gelb od. violett; Samen 1-reihig (*511/7*) .... ***Cardamine***, 529
43 (33). Schoten meist ≤ 10 mm lg., so lg. wie od. kürzer als die Fr.Stiele, ungeschnäbelt, — absthd.; Fr.Klappen ohne Nervatur; Samen undeutl. 2-reihig .... ***Rorippa***, 548
— Schoten ≥ 10 mm lg. (wenn kürzer, dann lg. geschnäbelt), z. Reifezt. länger als die Fr.Stiele **44**
44. Mittl. u. ob. Stg.Blätt. m. herzf., pfeilf. od. geöhrtem Grund stg.umfassend **61**
— Stg.Blätt. nicht stg.umfassend **45**
45. Blätt. 3–5-zählig gefing., — quirlst.; Kronblätt. gelbl.weiß; Blüten in überhgd. Trauben ***Cardamine***, 529
— Blätt. ungeteilt, fiederspaltig od. gefied. **46**
46. Blätt. 2–3-fach gefied. od. fiederspaltig **60**
— Blätt. 1-fach fiederspaltig, leierf. fiederspaltig od. buchtig gelappt **47**
47. Schoten perlschnurart. eingeschnürt (*511/5*); — Kronblätt. hellgelb od. m. weißvioletten Nerven; Kelch aufr. .... ***Raphanus raphanistrum***, 547
— Schoten nicht perlschnurart. eingeschnürt **48**
48. Schoten absthd., der Achse nicht angedrückt **52**
— Schoten aufr., der Achse anlgd. od. angedrückt **49**
49. Kronblätt. 2–3 mm lg.; Schoten pfrieml.-kegelf. .... ***Sisymbrium officinale***, 549
— Kronblätt. 6–24 mm lg.; Schoten linealisch **50**
50. Schoten m. lg. schwertf. Schnabel (*513/1*); — Kronblätt. gelbl.weiß, stets m. dk.violetten Nerven .... ***Eruca***, 536
— Schotenschnabel nicht schwertf., rundl. (*513/2a*) od. ± 4-kantig (*513/2b*) **51**
51. Schoten 15–20 mm lg., ihre Klappen durch hervortretenden Mittelnerv gekielt; — Schnabel dünn (*513/2a*) .... ***Brassica nigra***, 526
— Schoten 8–12 mm lg.; Mittelnerv nicht hervorspringend; — Fr.Stiel z. Fr.Reife keulig verdickt (*517/2*) .... ***Erucastrum incanum***, 537

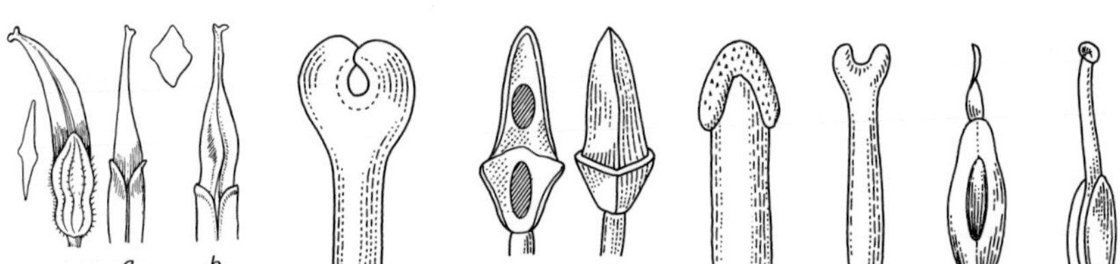

513/1 *513/2* *513/3* *513/4* *513/5* *513/6* *513/7* *513/8*

52 **(48).** Fr.Schnabel fehlend od. < 4 mm lg., meist schmal zylindr. **55**
— Fr.Schnabel 5–25 mm lg. **53**
53. Fr.Schnabel 5–10 mm lg., — kegelf., samenlos .... ***Brassica juncea***, 527
— Fr.Schnabel (7–)10–35 mm lg. (wenn Fr.Schnabel < 12 mm lg., dann schwertf.) **54**
54. Kelchblätt. z. Bltzt. aufr., eng zus.schließend, die seitl. am Grund ausgesackt; — Kronblätt. nach dem Verblühen oft weißl.violett; Fr.Schnabel m. 1–6 Samen, schwertf. .... ***Coincya***, 532
— Kelchblätt. z. Bltzt. ± waagr. absthd., am Grund nicht ausgesackt; — Fr.Schnabel bisw. m. 1–4 Samen, kegelf. od. schwertf. .... ***Sinapis***, 549
55 **(52).** Stg. zumind. oberw. blattlos, die meisten Blätt. grundst.; — Samen eif., 2-reihig (*511/8*) .... ***Diplotaxis***, 534
— Stg. auch oberw. beblätt. **56**
56. Unterste Blüten der Traube m. Tragblätt.; — Kronblätt. weißl.gelb ***Erucastrum gallicum***, 537
— Alle Blüten ohne Tragblätt. **57**
57. Fr.Schnabel 3–4 mm lg., m. 1 Samen .... ***Erucastrum nasturtiifolium***, 537
— Fr.Schnabel < 3 mm lg., stets samenlos **58**
58. Schoten 15–25 mm lg. u. 1,5–2,5 mm br., im Kelch 0,5–3 mm gestielt; — Samen kugelig ***Brassica elongata***, 526
— Schoten 25–100 mm lg. od. kürzer (bis 20 mm lg., dann aber nur 0,5–1,5 mm br. u. im Kelch ungestielt) **59**
59. Samen 2-reihig (*511/8*); Fr.Schnabel 2–2,5 mm lg.; — Blätt. kahl, beim Zerreiben stark nach Rucola riechend; Schoten 25–35 mm lg. u. 2 mm br. .... ***Diplotaxis tenuifolia***, 534
— Samen 1-reihig (*511/7*); Fr.Schnabel meist bis 0,5 mm lg. (selten bei *S. austriacum* 1–2 mm lg.) .... ***Sisymbrium***, 549
60 **(46).** Kronblätt. grünl.gelb, kürzer als die Kelchblätt.; Schoten 0,5–0,75 mm br. ***Descurainia***, 533
— Kronblätt. goldgelb, länger als die Kelchblätt.; Schoten 1,2–1,5 mm br. .... ***Hugueninia***, 540
61 **(44).** Kronblätt. gelbl.weiß; Samen 2-reihig; — Stg.Blätt. ganzrandig; Schoten dem Stg. angedrückt .... ***Turritis***, 551
— Kronblätt. gelb; Samen 1-reihig **62**
62. Pfl. m. kompassnadelf. u. 3–4-strahligen Sternhaaren, selten oberw. verkahlend ***Olimarabidopsis***, 547
— Pfl. kahl od. m. einfachen Haaren **63**
63. Stg.Blätt. grasgrün, m. pfeilf. Grund, fiederspaltig od. gezähnt; Schoten kurz geschnäbelt ***Barbarea***, 524
— Stg.Blätt. graugrün, m. pfeilf. od. geöhrtem Grund, meist ganzrandig; Schoten lg. geschnäbelt (*513/2a*) .... ***Brassica***, 526

Tabelle II: Schötchenfrüchtige Kreuzblütler

1. Krone stets vorhanden **4**
— Krone fehlend **2**
2. Blätt. gefied.; Stg. niederlgd.-aufstgd.; Schötchen rundl. kugelig (*515/5*); — Staubblätt. 2, selten 4; Pfl. unangenehm riechend .... ***Lepidium didymum***, 542
— Stg.Blätt. ungeteilt; Stg. aufr.; Schötchen flachgedrückt, rundl. eif. od. 3-eckig; — Staubblätt. 6, 4 od. 2 .... **3**
3. Schötchen verkehrt herzf. 3-eckig, am Rand nicht geflüg., mehrsamig; Staubblätt. 6 ***Capsella***, 529
— Schötchen rundl. eif., an der Spitze geflüg., 2-samig; Staubblätt. 4 od. 2 .... ***Lepidium***, 541
4 **(1).** Kronblätt. alle gleich groß **6**
— Kronblätt. ungleich groß (*515/2*) **5**
5. Blätt. in grundst. Rosette, leierf. fiederspaltig; Kelchblätt. bis 1 mm lg.; äuß. Kronblätt. bis 2 mm lg.; Staubblätt. am Grund m. kronblattart. Anhängsel; Fächer des Schötchens 2-samig .... ***Teesdalia***, 550
— Blätt. nicht in grundst. Rosette; Kelchblätt. ≥ 1,5 mm lg.; äuß. Kronblätt. ≥ 6 mm lg. (*515/2*); Staubblätt. ohne Anhängsel; Fächer des Schötchens 1-samig .... ***Iberis***, 540

6 (4). Kronblätt. gelb od. gelbl.weiß (nach dem Verblühen oft weiß verbleichend) … **39**

— Kronblätt. rötl., violett od. rein weiß … **7**

7. Kronblätt. ungeteilt od. höchstens seicht ausgerandet … **9**

— Kronblätt. tief 2-spaltig … **8**

8. Stg. blattlos, Blätt. in grundst. Rosette; Pfl. 2–15 cm hoch … ***Draba***, 534

— Stg. bis in den Infl.Bereich beblätt.; Pfl. 25–50 cm hoch, — grauhaarig … ***Berteroa***, 525

9 (7). Blattspr. 20–60 cm lg. u. bis 25 cm br., in den Blattstiel verschmälert; — Kronblätt. weiß … **38**

— Blattspr. < 20 cm lg. (nur die rötl. blhd. *Lunaria* hat zieml. große Blätt., jedoch m. herzf. Spr.-Grund) … **10**

10. Blätt., zumind. die Grundblätt. u. mittl. Stg.Blätt., fiederteilig, fiederspaltig od. an der Spitze 3–5-spaltig (wenn Grundblätt. fehlend od. nur tief gezähnt u. Pfl. behaart, vgl. *Lepidium virginicum*) … **29**

— Blätt. ganzrandig, gezähnt od. gesägt, jedoch nicht fiederteilig od. fiederspaltig … **11**

11. Pfl. m. Kompassnadelhaaren (2-strahlige, anlgd. Haare); — Kronblätt. weiß od. violett ***Lobularia***, 543

— Pfl. kahl od. m. andersart. Haaren (einfache Haare od. Stern- od. Gabelhaare) … **12**

12. Kronblätt. weiß (s. Nr. **13** für weiße Farbvarianten von Taxa m. rötl. od. violetten Kronblätt., wenn Pfl. kahl u. bläul. bereift od. Stern- od. Gabel- od. Kompassnadelhaare [2-strahlige, anlgd. Haare] vorh.) … **16**

— Kronblätt. rötl. od. violett … **13**

13. Schötchen sehr groß, bis 30 mm br.; Blätt. gestielt, m. herzf. Spr.Grund; Pfl. 30–140 cm hoch … ***Lunaria***, 543

— Schötchen viel kleiner; Blätt. sitzend; Pfl. bis 25 cm hoch … **14**

14. Pfl. grau behaart, m. Sternhaaren- u./od. Gabelhaaren; Kronblätt. 12–20 mm lg., — blau- bis rotviolett; Blätt. nicht stg.umfassend; Pfl. dichte od. lockere Kissen bildend … ***Aubrieta***, 524

— Pfl. kahl, bläul. bereift; Kronblätt. 2–8 mm lg., — hellviolett, rötl. od. weiß … **15**

15. Ob. Blätt. stg.umfassend; Schötchen ungeflüg.; Kronblätt. 5–8 mm lg., Pfl. ausd., m. sterilen Seitentrieben … ***Noccaea rotundifolia***, 545

— Ob. Blätt. nicht stg.umfassend; Schötchen ringsum geflüg. (*518/1*); Kronblätt. 2–4 mm lg.; Pfl. 1-j.; — Staubfäden der 4 längeren Staubblätt. geflüg. … ***Aethionema***, 518

16 (12). Stg. auch über dem Grund beblätt. … **19**

— Blätt. in grundst. Rosette … **17**

17. Blätt. pfrieml., grasart. (*73/4*); Wasserpfl., — 2–8 cm hoch … ***Subularia***, 550

— Blätt. lanzettl. od. eif.; Landpfl. … **18**

18. Schötchen kugelig, gedunsen; Traube beblätt. … ***Rhizobotrya***, 548

— Schötchen seitl. abgeflacht; Traube ohne Blätt. … ***Draba***, 534

19 (16). Stg. u. Blätt. ± behaart (Lupe!) … **24**

— Stg. u. Blätt. kahl … **20**

20. Schötchen hgd. (ihre Stiele ausgebr. bis abw. gebogen), — rund, br. geflüg., 1-samig ***Peltaria***, 547

— Schötchen aufr. … **21**

21. Schötchen an der Spitze ausgerandet u. meist geflüg. (*518/5–518/10*), — senkr. zur Scheidewand zus.gedrückt; Fächer 1- bis mehrsamig (***Thlaspi*** s. l.) … **55**

— Schötchen nicht ausgerandet u. nicht geflüg. … **22**

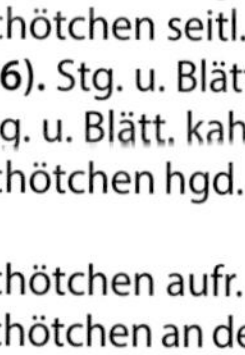
515/1

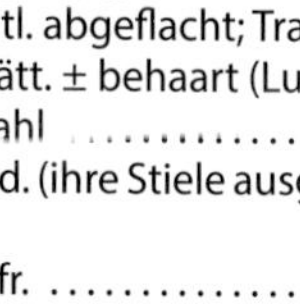
515/2

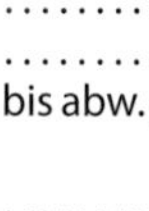
515/3

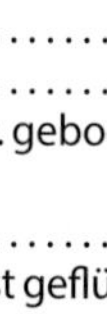
515/4

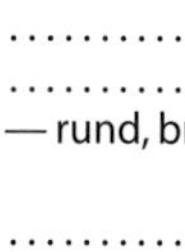
515/5

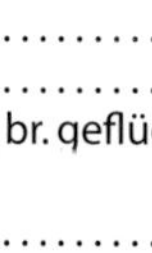
515/6

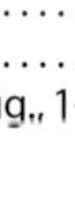
515/7

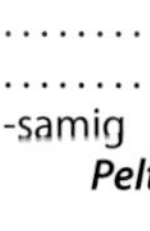
515/8

22. Schötchen fast kugelig, m. stark gewölbten Fr.Klappen u. dk. Mittelnerv; ob. Stg.Blätt. geöhrt bis stg.umfassend od. gestielt (im letzteren Fall die mittl. Stg.Blätt. 3–5-lappig) ***Cochlearia***, 532
— Schötchen deutl. zus.gedrückt; ob. Blätt. nicht stg.umfassend … **23**
23. Pfl. 10–100 cm hoch; Infl. $>$ 10-blütig; jedes Schötchenfach 1-samig … ***Lepidium***, 541
— Pfl. nur 2–6 cm hoch; Infl. 2–6-blütig; jedes Schötchenfach 3–10-samig; — Stg. auffallend dünn … ***Hornungia pauciflora***, 540
24 (19). Schötchen nicht kugelrund … **27**
— Schötchen fast kugelrund … **25**
25. Pfl. $\leq$ 4 cm hoch; — Rosettenpfl. im Hochgeb. … ***Rhizobotrya***, 548
— Pfl. $\geq$ 10 cm hoch … **26**
26. Pfl. ausd., m. einfachen Haaren; Grundblätt. rosettig gehäuft; Fr. bei Reife klappig aufspringend; — Stg. dünn, zickzackf. gebogen; Grundblätt. spatelf., anlgd. borstig behaart ***Kernera***, 541
— Pfl. 1-j., m. einfachen u. gabelig verzweigten Haaren; Grundblätt. nicht rosettig gehäuft; Fr. sich nicht öffnend, — kugelig, behaart, m. kegelf., gekrümmtem, behaartem Gr. (*515/3*) ***Euclidium***, 538
27 (24). Stg.Blätt. m. br., halb stg.umfassendem Grund sitzend; Scheidewand des Schötchens br.; — Schötchen länger zugespitzt (*515/4*), vielsamig … ***Draba***, 534
— Wenigstens die ob. Stg.Blätt. m. pfeilf. Grund stg.umfassend; Scheidewand des Schötchens schmal … **28**
28. Fr. verkehrt herzf. 3-eckig (*529/3*), nahe der Spitze am breitesten, — m. vielsamigen Fächern … ***Capsella***, 529
— Fr. eif. od. herzf., am Grund am breitesten (*515/7, 542/1*) … ***Lepidium***, 541
29 (10). Schötchen nierenf. od. 2-knöpfig, — dickwandig, runzelig od. höckerig (*517/4, 517/5*), nicht aufspringend; Stg. niederlgd.; Trauben den Blätt. gegenübersthd. … ***Lepidium***, 541
— Schötchen weder nierenf. noch 2-knöpfig … **30**
30. Jedes reife Schötchen nur m. 1–2 Samen … **36**
— Jedes reife Schötchen m. $\geq$ 4 Samen … **31**
31. Blätt. 0,4–0,6 cm lg., keilf., an der Spitze 3–5-spaltig; — Kronblätt. rosa bis lila; Schötchen m. 4 Samen (selten 2); dichtrasige Hochgebirgspfl. … ***Petrocallis***, 547
— Blätt. größer u. anders gestaltet … **32**
32. Jedes Fach des Schötchens m. $>$ 2 Samen … **35**
— Jedes Fach des Schötchens m. 2 Samen … **33**
33. Stg.Blätt. vorhanden, gefied.; — Schötchen eif. bis ellipt., an der Spitze stumpf (*515/7*) ***Hornungia petraea***, 539
— Blätt. alle grundst., gefied., fiederspaltig od. leierf. fiederspaltig … **34**
34. Alpenpfl.; Schötchen br. lanzettl., — durch einen kurzen Gr. bespitzt (*515/6*) ***Hornungia alpina***, 539
— Pfl. sandiger StO in tieferen Lagen; Schötchen fast verkehrt herzf., schmal geflüg. ***Teesdalia***, 550
35 (32). Schötchen verkehrt herzf. 3-eckig (*529/3*); Stg. meist aufr. … ***Capsella***, 529
— Schötchen verkehrt eif. bis rundl.; Stg. von Grund an ästig u. meist niederlgd. ***Hornungia procumbens***, 540
36 (30). Blätt. 0,4–0,6 cm lg., an der Spitze 3–5-spaltig; — Alpenpfl. … ***Petrocallis***, 547

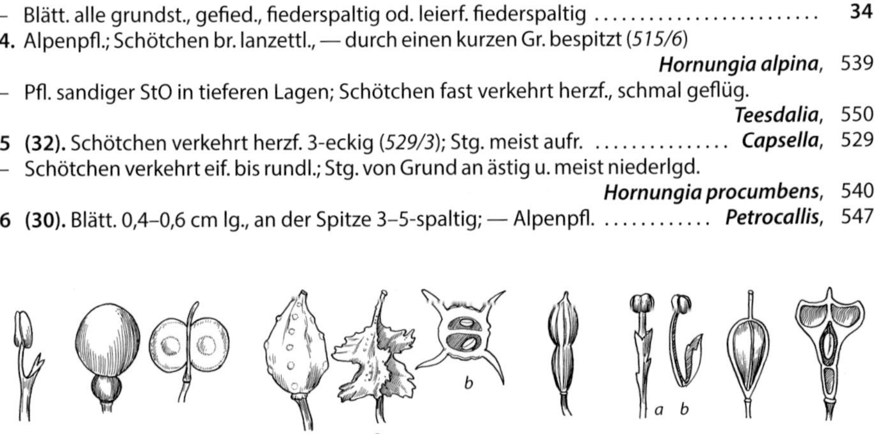

516/1 516/2 516/3 516/4 516/5 516/6 516/7 516/8 516/9

— Blätt. größer u. anders gestaltet **37**
37. Schötchen 1-fächerig, 1-samig, verkehrt birnf., nussart., tief netzig-runzelig (*515/8*); — Grundblätt. rosettig, grob gebuchtet bis leierf. fiederspaltig; Stg.Blätt. m. pfeilf. Grund stg.-umfassend .... ***Calepina***, 528
— Schötchen 2-fächerig, 2-samig, rundl., geflüg. od. eif.-spitz .... ***Lepidium***, 541
38 (9). Schötchen m. 2 ungleichen, übereinander sthd. Gliedern (vgl. *516/2*); unt. Blätt. fiederteilig od. fiederlappig, fleischig; — Stg. u. Infl. sparrig-ästig; längere Staubblätt. m. Zahn (*516/1*) .... ***Crambe***, 533
— Schötchen kugelig, nicht 2-gliedrig; unt. Blätt. ungeteilt (höchstens Stg.Blätt. lappig od. kammf. gefied.), nicht fleischig, — kahl, gekerbt .... ***Armoracia***, 524
39 (6). Schötchen m. 2 kreisf. Fächern, dadurch brillenähnl. (*516/3*); — Fächer 1-samig ***Biscutella***, 525
— Schötchen nicht brillenähnl. **40**
40. Ob. Stg.Blätt. m. herz- od. pfeilf. Grund stg.umfassend **50**
— Ob. Stg.Blätt. nicht stg.umfassend od. ob. Stg.Blätt. fehlend **41**
41. Schötchen kugelig, kahl, ≈ 10 mm ∅; — Gr. 7–10 mm lg. .... ***Alyssoides***, 519
— Schötchen nicht kugelig od. kleiner **42**
42. Pfl. kahl; — Blätt. fiederspaltig od. ungeteilt; Staubfäden am Grund m. Drüse; Schötchen kugelig od. längl. .... ***Rorippa***, 548
— Pfl. (zuw. nur die Blätt.) drüsig od. behaart **43**
43. Schötchen schief eif. (*516/4*) od. unregelm. 4-kantig geflüg. (*516/5a–b*); — Grundblätt. meist leierf. fiederspaltig .... ***Bunias***, 528
— Schötchen weder schief eif. noch geflüg. **44**
44. Blätt. meist leierf. fiederspaltig; Schötchen 2-gliedrig, m. einem unt. stielart. u. ob. kugeligen, geschnäbelten Abschnitt (*516/6, 517/3*), sich nicht öffnend .... ***Rapistrum***, 548
— Blätt. ungeteilt; Schötchen nicht 2-gliedrig **45**
45. Schötchen hgd., rund, — 1-samig; Kronblätt. 1–2 mm lg., gelb, später weißl.; Fr. in veräng. Trauben .... ***Clypeola***, 532
— Schötchen nicht hgd., meist längl. od. eif., nicht rund **46**
46. Schötchen längl., zugespitzt (*515/4*); Staubfäden nicht geflüg., ohne Anhängsel; — Blätt. oft in kugeligen Rosetten .... ***Draba***, 534
— Schötchen rundl. bis eif.; Staubfäden ± hoch hinauf geflüg., oft gezähnt (*516/7a*) od. am Grund m. Anhängsel (*516/7b*); — Blätt. oft grau- od. weißfilzig **47**
47. Schötchen kahl (Lupe!) **49**
— Schötchen m. Sternhaaren (*41/5*, Lupe!) **48**
48. Blüten in (fast schirmf.) Doppeltrauben; Samenanlage 1 pro Fach; — Kronblätt. vorn abgerundet; Staubfäden gezähnt u. m. Anhängseln; Rhizom holzig, verzweigt ***Odontarrhena***, 546
— Blüten in einfachen Trauben; Samenanlagen ≥ 2 pro Fach; — Kronblätt. vorn ausgerandet od. abgerundet; Staubfäden ungezähnt od. gezähnt, m. od. ohne Anhängsel ***Alyssum***, 519
49. Pfl. 1-j.; Kronblätt. 2–3 mm lg., bleichgelb; — Pfl. 10–15 cm hoch ***Alyssum turkestanicum***, 519
— Pfl. ausd.; Kronblätt. 3–8 mm lg., kräftig gelb .... ***Aurinia***, 524
50 (40). Grundblätt. 2–3-fach gefied., — m. schmalen Fiedern; ob. Stg.Blätt. ungeteilt, am Grund herzf.; Schötchen flach; Fächer 1-samig .... ***Lepidium perfoliatum***, 542
— Grundblätt. ungeteilt od. 1-fach gefied. **51**

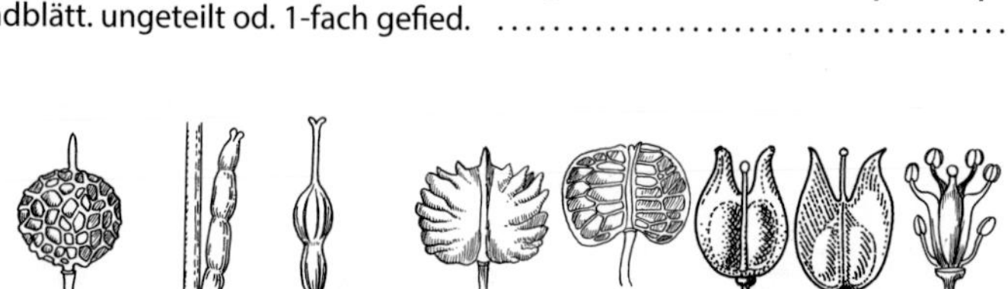

517/1 517/2 517/3 517/4 517/5 517/6 517/7 517/8

51. Fr. hgd., — geflüg. (*513/7*), 1-samig, reif fast schwarz .... ***Isatis***, 541
— Fr. aufr., absthd. od. anlgd. **52**
52. Stg.Blätt. am Grund herzf. od. m. spitzen Öhrchen; — Schötchen kugelig bis längl., mehrsamig; meist Pfl. feuchter StO .... ***Rorippa***, 548
— Stg.Blätt., wenigstens die ob., am Grund pfeilf.; — Schötchen kugelig od. birnenf.; Acker- u. Ruderalpfl. **53**
53. Schötchen sich öffnend, mehrsamig, — birnenf., deutl. berandet (*516/8*); Blätt. fiederspaltig od. ungeteilt .... ***Camelina***, 528
— Schötchen bei Reife sich nicht öffnend, 1-samig **54**
54. Pfl. kahl, gleich den Blätt. bläul. bereift; Schötchen birnenf., — m. 1 unt., 1-samigen Fach u. 2 ob., leeren Fächern (*516/9*) .... ***Myagrum***, 544
— Pfl. von gabelspaltigen Haaren rau; Schötchen kugelrund, — kurz bespitzt, grubig-netzig (*517/1*) .... ***Neslia***, 545
55 (21). Pfl. 2-j. od. ausd., am Grund meist m. nichtblhd. Rosetten .... ***Noccaea***, 545
— Pfl. 1-j., ohne nichtblhd. Triebe **56**
56. Stg. stielrund; Stg.Blätt. eif., m. abgerundeten Öhrchen; Schötchen nur im ob. Teil deutl. geflüg.; Samen gelb, gelbbraun od. rotbraun, glatt (Lupe); Pfl. (5–)10–20 cm hoch, beim Zerreiben ohne auffälligen Geruch; — Kronblätt. spatelf.; Gr. sehr kurz, ≈ 0,3 mm lg. (*518/8*) ***Microthlaspi***, 544
— Stg. kantig; Stg.Blätt. schmal ellipt., meist m. spitzen Öhrchen; Schötchen fast bis zum Grund deutl. geflüg.; Samen dk.graubraun, runzelig od. grubig (Lupe); Pfl. (10–)20–60(–90) cm hoch, beim Zerreiben ± stark nach Knoblauch riechend .... ***Thlaspi***, 551

Aethionema W. T. Aiton, Steintäschel

1. Pfl. 1-j.; Infl. z. Frzt. gestaucht, sehr kompakt; Schötchen dicht am Stg. anlgd.; — Blätt. lineal- bis eif.-lanzettl., kahl, blaugrün bis grün; Kronblätt. weiß od. rosa, 2–3 mm lg.; Staubfäden gezähnt; Schötchen 8–10 mm lg., ganzrandig (ungezähnt), an der Spitze 3–4 mm tief ausgerandet, > 1 mm br. geflüg., Gr. < 1 mm lg.; ↕ 10–15(–20) cm. ⊙. IV–VI. – Felsige Hänge, trocken-warme Ruderalstellen. – Ne. (Heimat: SW-As., Kaukasus); sehr *s* lokal verwild., meist unbest., z. B. D: RP, ST; wo noch? Arabisches S., ***A. arabicum*** (L.) Lipsky
— Pfl. ausd., am Grund manchmal verholzt; Infl. z. Frzt. verläng.; Schötchenstiele u. Schötchen absthd. **2**
2. Blätt. dickl., die ob. lineal-lanzettl., die unt. breiter, meist eif., am Grund stielart. verschmälert; Kronblätt. 3–6,5 × 1–2,5 mm; Staubfäden an der Innenseite geflüg., meist gezähnt (*517/8*); Fr. meist 2-gestaltig: 2-klappige rundl. Schötchen, 8–10 × 5–7 mm, ringsum 1–3 mm br. geflüg. (*518/1*) auf bogig absthd. Stielen u. (oft?) 1-samige, ≈ 3 mm lg. Nüsse auf geraden, aufr. Stielen; — Pfl. ausd.-monokarp, selten 2-j., mehrstängelig, blhd. Stg. nicht verzweigt; Blätt. blaugrün (bläul. bereift), ganzrandig, sich überlappend; Blüten in dichter Traube; Kronblätt. erst weiß, m. purpurnen Nerven, später rosa od. lila; längere Staubblätt. paarweise zus.neigend; Samen 2–4(–6); ↕ 5–20 cm; (⊙)♃. IV–VI(–VII). – Steinschutt- u. Flussgeröllfluren, selten Felsen; 600–1900 m. – *z*, Alp., selten im Vorland m. den Flüssen herabgeschwemmt; in D wild nur BY (*f* BW); unbest. u. eingeschleppt in NRW.
Alpen-S., Felsen-S., ***A. saxatile*** (L.) W. T. Aiton (subsp. ***saxatile***)

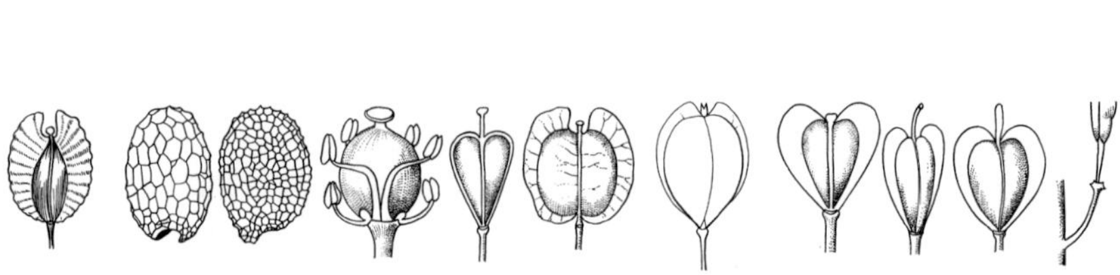

518/1 *518/2* *518/3* *518/4* *518/5* *518/6* *518/7* *518/8* *518/9* *518/10* *518/11*

— Blätt. lederig, schmal, lineal-längl., sitzend; Kronblätt. größer, 5–11 × 3,5 mm; Staubfäden leicht verbreitert, aber nicht gezähnt; Fr. eingestaltig, nur 2-klappige eif. od. runde Schötchen, 8–10 × 10–12 mm, diese 2–3 mm br. geflüg.; — Pfl. ausd., aufr., vielstängelig; blhd. Stg. verzweigt od. nicht; Blätt. gleichm. am Stg. verteilt; Kronblätt. kräftig rosa; Samen 1–2; ↕ 15–30 cm; ♃. IV–VI. – Felsige Hänge, trocken-warme Ruderalstellen. – In Gärten kult., Ne. (Heimat: SW-As.); lokal verwild., sehr *s*, meist unbest., z. B.: D: RP; wo noch? – Zierpfl. [*A. pulchellum* Boiss. & Huet] Großblütiges S., Persisches S., ***A. grandiflorum*** Boiss. & Hohen.

Weitere teilw. sehr variable Arten als Zierpfl. in Gärten, siedlungsnah verwild.

Alliaria Fabr., Knoblauchsrauke, Lauchhederich, Lauchkraut

Stg. schwach kantig, am Grund absthd. behaart; Grundblätt. nierenf., buchtig gekerbt, beim Zerreiben nach Knoblauch riechend; Kronblätt. weiß; Schoten 35–60 mm lg., absthd.; ↕ 20–100 cm; ⊙–♃. IV–VI. – Nährstoffreiche Waldränder, Hecken, Ruderalstellen. – *v*. [*A. officinalis* Andrz.]
Knoblauchsrauke, ***A. petiolata*** (M. Bieb.) Cavara & Grande

Alyssoides Mill., Blasenschötchen

Stg. dicht beblätt.; Stg.Blätt. kahl; Kronblätt. gelb, 15–20 mm lg.; Gr. 7–10 mm lg.; Schötchen kugelig, 10 mm ∅; ↕ 15–50 cm; ♃. IV–V. – Felsspalten, Trockenrasen. – *s*, einheim. nur CH: Vs (unt. Rhônetal u. Seitentäler); andernorts Ne. (Heimat: MMG, W-Alp.), oft angepfl. u. *s* verwild.; teilw. in Einbürg. wie in D: NRW. – Zierpfl. Gewöhnliches B., ***A. utriculata*** (L.) Medik. (subsp. ***utriculata***)

Alyssum L. s. str. [excl. *Odontarrhena* Ledeb.], Steinkraut, Steinkresse

1. Fr. kahl, auf den Flächen ohne Sternhaare; — Kelchblätt. ≤ 2 mm lg., z. Frzt. nicht mehr vorhanden, spitzenw. m. 2-4-strahligen Sternhaaren, deren Strahlen < 0,7 mm lg.; Kronblätt. (2,1–)2,3–2,6(–2,8) mm lg., bleichgelb, äuß. Staubfäden m. Anhängsel, inn. am Grund verbreitert; Fr. kreisrund, ihr Gr. ≤ 0,8 mm lg.; ↕ 10–15(–20) cm; ⊙. IV–V. – Sandige Trockenrasen. – *s*, A: NÖ; in D nur unbest. in BB, BW, BY, RP, SH, SN; früher CZ (Mähren). [*A. desertorum* Stapf]
Steppen-S., ***A. turkestanicum*** Regel & Schmalh.

— Fr. auf den Flächen m. Sternhaaren (*41/5*) 2

2. Fr. ohne Gr. (2,8–)3–5,5(–7) mm lg. (wenn Fr. > 5,5 mm lg., dann Pfl. 1-j.), (fast) kreisrund, selten br. ellipt., dicht sternhaarig (selten verkahlend); Blätt. graugrün; Samen 1,2–2 mm lg.; — 1-j. od. ausd., in den Hochlagen der Alp. meist fehlend 4

— Fr. ohne Gr. 6–8(–8,8) mm lg., ellipt., zerstreut sternhaarig, zuletzt fast kahl (hierher auch Pfl. vom Hochschwab m. stärker behaarten Fr. u. weißl. Blätt., s. Nr. **4**, *A. neglectum*); Blätt. grün od. weißl.; Samen 2,5–3 mm lg.; — ausd. Pfl. der Alp., meist in höh. Lagen (Artengruppe Wulfen-S., ***A. wulfenianum*** agg.) 3

3. Blattunterseite (mittl. Stg.Blätt.) dicht sternhaarig, m. (12–)15–20(–22) Haaren auf 1 mm^2; Haare m. (16–)18–24(–26) Strahlen; Blätt. weißl., — (schmal) verkehrt eif.; ↕ bis 12 cm; ♃. V–VII. – Alp. Mager- u. Felsrasen, Ruhschutthalden; auf Kalk. – *s*, NO-Kalk-Alp.; A: Stm (bisher nur: Hochschwabmassiv). [*A. ovirense* auct.]
Hochschwab-S., Übersehenes S., ***A. neglectum*** Magauer et al.

— Blattunterseite (mittl. Stg.Blätt.) spärlich(er) sternhaarig, m. (4–)6–11(–13) Haaren auf 1 mm^2; Haare m. (8–)10–14(–17) Strahlen; Blätt. grün; ↕ 5–20 cm; ♃. V–VIII(–IX). – *z–s* SO-Kalk-Alp. (A). [*A. cuneifolium* Ten.] Wulfen-S., ***A. wulfenianum*** Willd.

a. Unt. Blätt. allmähl. in den Stiel verschmälert; Stg.Blätt. blhd. Triebe nach oben zu größer werdend; Kronblätt. häufiger verkahlend; Fr.Stiele häufig doppelt so lg. wie die Fr.; ↕ bis 20 cm; ♃. V–VII. – Flussgeröll, seltener Steinschutt der (sub)montanen Stufe; auf Kalk. – Sehr *s*, A: Kt (Gail- u. Gailitztal); außerdem in I: Friaul, Julische Alp. [*A. wulfenianum* Willd.] Wulfen-S. (i. e. S.), subsp. ***wulfenianum***

— Unt. Blätt. plötzl. in den Stiel verschmälert; Stg.Blätt. blhd. Triebe nach oben zu kleiner werdend; Kronblätt. außen behaart; Fr.Stiele häufig kaum länger als die Fr.; ↕ bis 12 cm; ♃. VI–VIII(–IX). – (Subalp. bis) alp. Steinschutt, seltener Felsrasen u. -treppen; auf Kalk; oberh. 1900 m. – *z–s*, A: Kt; außerdem in I: Friaul, Monte Baldo, Belluneser Alp.; Slowenische Karawanken; südl. Dinarisches Geb. [*A. ovirense* A. Kern.]
Obir-S., Karawanken-S., subsp. ***ovirense*** (A. Kern.) Magauer et al.

4 (2). Pfl. ausd.; Kelchblätt. m. weißem Hautrand, stumpf; Kronblätt. verkehrt-eif.; — länger als der Kelch, 3,5–7 mm lg., sattgelb bis goldgelb, selten blassgelb, verwelkend nur langsam verbleichend; Kelchblätt. z. Frzt. nicht mehr vorhanden; Gr. z. Frzt. stets > 1 mm lg.; Fr. fast kreisrund bis eif. **8**

— Pfl. 1-j., seltener 2-j.; Kelchblätt. ohne Hautrand, spitz-eif.; Kronblätt. schmal keilf., — kaum länger als der Kelch, 2–5 mm lg., gelbl.weiß, verwelkend meist rasch verbleichend; Kelchblätt. z. Frzt. bleibend od. nicht mehr vorhanden; Gr. z. Frzt. meist ≤ 0,8 mm lg. (bei *A. hirsutum* aber teilw. 1,2–2 mm u. bei *A. campestre* bis 1,2 mm lg.) **5**

5. Sternhaare im vegetativen Bereich > 10-strahlig, dicht anlgd., kurzschenklig; Fr. m. nur einem Haartyp, dieser aus ≈ symmetr., nicht auf kleinen Höckern sitzenden Sternhaaren besthd.; — Sternhaare der Fr. ≤ 0,3(–0,4) mm ∅; Kelchblätt. spitzenw. m. 2–4-strahligen Sternhaaren, deren Strahlen > 1 mm lg. **7**

— Sternhaare im vegetativen Bereich < 10-strahlig, absthd., langschenklig; Fr. m. 2 Haartypen, neben ≈ symmetr., nicht auf Höckern sitzenden Sternhaaren auch ≈ asymmetr., auf Höckern sitzende (teilw. zu einfachen Borsten reduzierte) Sternhaare; — Sternhaare der Fr. > 0,3(–0,4) mm ∅ **6**

6. Asymmetr. Sternhaare gabelhaarf., der stark vergrößerte Strahl des Haares < 1 mm lg.; Haare schwach gehöckert (Höcker ≈ 0,5 mm ∅); — Kronblätt. 2–3(–3,5) mm lg.; Kelchblätt. z. Frzt. bleibend od. nicht mehr vorhanden; Fr. bis 5,5 mm lg.; Samen 0,2–0,3(–0,4) mm br. geflüg.; ↕ 10–20 cm; ⊙. IV–V. – Böschungen, Erdanrisse, ruderale Halbtrockenrasen; kollin. – Ne. (Heimat: MMG–Z-As.); sehr *s* u. im Gebiet nur unbest., z. B. D: BW; A: NÖ.
Schmächtiges S., ***A. strigosum*** Banks & Sol. (subsp. ***strigosum***)

— Asymmetr. Sternhaare durch sehr starke Vergrößerung eines Strahls borstenhaarf., dieser meist > 1 mm lg.; Haare grob gehöckert (Höcker mind. 0,7 mm ∅); — Kronblätt. (2,5–)3–4,5(–5) mm lg.; Fr. 5–6(–7) mm lg.; Samen 0,3–0,5 mm br. geflüg.; ↕ 10–40 cm; ⊙. IV–V. – Böschungen, Ruderalfluren, Wegränder; kollin. – Ne. (Heimat: Balkan-HI bis SW-As.); sehr *s* u. im Gebiet nur lokal eingebürg., z. B. A: NÖ; B; in D: BB (Berlin) u. CH (SG) unbest.
Borsten-S., ***A. hirsutum*** M. Bieb.

7 (5). Kelchblätt. 1,8–2,5 mm lg., bleibend, die Fr. einhüllend; Staubfäden ohne Zahn; Fr. 3–4 × 2,5–3,5 mm; Gr. etwas eingesenkt, (0,2–)0,4–0,5(–0,6) mm lg.; — Sternhaare dicht anlgd., kurzschenklig; Blätt. 4,5–6-mal so lg. wie br., unterseits silbergrau, oberseits graugrün; Kronblätt. (2,5–)2,8–4(–4,5) mm lg., gelbl.weiß, nach dem Verblühen weiß; Fr. fast kreisrund, nur spärl. sternhaarig; ↕ (3–)5–20(–30) cm; ⊙(–⊙). IV–IX. – Kalkmagerrasen, sandige Brachen, Erdanrisse. – Im ganzen Gebiet *v–z*, in N-D u. DK wohl nur eingebürg. [*A. calycinum* L.]
Kelch-S., ***A. alyssoides*** (L.) L.

— Kelchblätt. 0,7–1,6 mm lg., z. Frzt. nicht mehr vorhanden; Staubfäden am Grund m. großem Zahn; Fr. 4–6 × 4–5,5 mm; Gr. nicht eingesenkt, 0,7–1,5 mm lg.; — Sternhaare locker verteilt; Blätt. oberseits blaugrün, unterseits grauweiß; Kronblätt. 2–3 mm lg.; ↕ 10–25(–40) cm; ⊙. IV–V. – Weinberge, steinige Ruderalfluren. – Ne. (Heimat: W-, S- u. O-Eur.), eingeschleppt; in Einbürg., *s*, D: BY (Keuper-Lias-Land), unbest. in D: BB, BW, HE, MV, NRW, RP, SH; B; CH (nur außerh. des Gebiets?); NL; D: *f* TH. [*A. parviflorum* M. Bieb.; *A. simplex* Rudolphi; *A. minus* auct.] Kleines S., Kleinblütiges S., ***A. campestre*** (L.) L.

8 (4). Stg. u. Blütenstiele m. angedrückten Sternhaaren; Sternhaare auf der Blattunterseite meist m. 16 (stets aber > 10) Strahlen; — Infl. z. Frzt. verläng.; Samen ≈ 2 mm lg., 0,2–0,4 mm br. geflüg.; längere Staubblätt. meist 1-seitig geflüg. u. über der Mitte 1–3-zähnig (*516/7a, b*); ↕ 5–25 cm; ♃. II–X. – Felsen, Trockenrasen, Sandfluren. – *z*, D: BB, M-D, SN; A: Kt, Stm (Kraubath); PL; früher A: Bgl, NÖ, OÖ, Sb; früher CZ; *f* (bzw. sehr *s* Ne.) B; DK; I: Bz; L; NL. ⊚.
Berg-S., ***A. montanum*** L.

Merkmale der Unterarten von *A. montanum* teilw. nach Hand & Buttler (2013).

a. (Größte) Kronblätt. (1,1–)1,3–2,4(–2,7) mm br.; Blattunterseite (mittl. Stg.Blätt.) schwächer behaart, m. 6–14(–15) Haaren auf 0,5 mm^2; Blätt. meist schmal linealisch; Kronblätt. überwgd. blassgelb; Schötchen meist verkahlend. (IV–)V–X(–XI). – Flugsande, Sandtrockenrasen. – *s*, im größ. Teil des Gebiets; D: O-BB, BW (Oberrhein), BY (Würzburg), HE, RP, SN; A: NÖ; CZ. ⊚. Dünen-S., Gmelin-Berg-S., subsp. ***gmelinii*** (Jord. & Fourr.) Em. Schmid

— (Größte) Kronblätt. (2,2–)2,4–3,5(–3,8) mm br.; Blattunterseite (mittl. Stg.Blätt.) stärker behaart, m. (12–)14–21(–22) Haaren auf 0,5 mm^2; Blätt. meist br. linealisch bis eif.; Kronblätt. überwgd. goldgelb; Schötchen meist behaart. (II–)III–IV(–V). – Felsfluren; auf Kalk, Silikat u. Serpentin. – *z*, D: BB, BW, BY, HE, NRW, RP, SN, ST, TH; CH; F: Els; wo noch? ◎. Berg-S. (i. e. S.), subsp. ***montanum***

— Stg. u. Blütenstiele m. absthd. Stern- u. Gabelhaaren; Sternhaare auf der Blattunterseite meist m. 8 (stets aber < 10) Strahlen; — Infl. z. Frzt. stark veräng. **9**

9. Pfl. ausd., Stg. am Grund verholzt, verzweigt, m. sterilen Rosetten; Blätt. grün, locker sternhaarig; Kronblätt. außen fast stets kahl (selten einzelne Haare); Samen 1,5–2 mm lg., 0,1–0,2 mm br. geflüg.; — Kronblätt. 5–8 mm lg.; ↕ 20–60 cm; ♃. VI–VII. – Warme Felsbänder, lichte Nadelwälder; über Kalk u. Serpentin; kollin bis hochmontan. – *s*, A: Kt, Stm. [*A. transsilvanicum* Schur] Kriechendes S., ***A. repens*** Baumg. (subsp. ***repens***)

— Pfl. höchstens 2-j.; Blätt. grau, dicht sternhaarig; Kronblätt. außen dicht behaart; Samen ≈ 2 mm lg., 0,3–0,5 mm br. geflüg.; — Kronblätt. 4,5–6 mm lg.; ↕ 20–60 cm; ⊙.–⊙. VI–VII. – Ruderalfluren; kollin bis submontan. – Ne. (Heimat: SO-Eur., Kaukasus), eingeschleppt; sehr *s* u. noch unbest., z. B. D: BB, SH, TH; A: OÖ; wo noch? Schnabel-S., ***A. rostratum*** Steven

In D (u. anderswo?) eine weitere, derzeit noch unbest. 1-j. Art: Pfl. aufr., grau-haarig; Kronblätt. 2,5–3 mm lg.; Infl. z. Frzt. kurz u. dicht; Fr. 2-gestaltig behaart, Klappen aufgeblasen, ihr Rand flach; Gr. 1–2 mm lg.; Samen 1–1,5 mm lg., ungeflüg.; ↕ 10–25 cm; ⊙. V–VI. – Ruderalfluren; kollin bis submontan. – Ne. (Heimat: SW-As., Kaukasus), eingeschleppt; sehr *s* u. noch unbest., z. B. D: BW; wo noch? Raufrüchtiges S., ***A. dasycarpum*** Willd.

Arabidopsis Heynh. [incl. *Cardaminopsis* (C. A. Mey.) Hayek, Schaumkresse], Schmalwand

1. Alle Blätt. einfach, ungeteilt; Kronblätt. 2–4(–4,5) mm lg., — weiß; Grundblätt. ganzrandig bis gezähnt; Blüten klein; Schoten aufr., 10–20(–30) mm lg.; ↕ 5–30 cm; ⊙. IV–V. – Äcker, Weinberge, Magerrasen. – *v*. [*Stenophragma thalianum* (L.) Čelak.] Ackerschmalwand, ***A. thaliana*** (L.) Heynh.

— Zumind. die Grundblätt. teilw. fiederteilig; Kronblätt. 4–9 mm lg., — weiß, rötl. od. lila **2**

2. Alle Stg.Blätt. ganzrandig **4**

— Mind. unt. Stg.Blätt. leierf. fiederspaltig, — behaart **3**

3. Pfl. ohne Ausläufer u. sterilen Rosetten; Stg. nur m. einfachen Haaren, diese 0,5–1 mm lg.; Blätt. deutl. behaart; Grundblätt. in den kurzen Stiel verschmälert, Spr. längl. od. verkehrt eilanzettl., nie rundl. herzf., fiederspaltig bis -teilig; ob. Stg.Blätt. lineal-lanzettl., — meist 4–8-mal so lg. wie br., tief u. grob gezähnt; Kronblätt. 6–8(–9) mm lg., weiß od. rötl., m. 1 Paar Zähnchen am Nagel; Schoten 10–50 × 1–1,7 mm; ↕ (5–)15–40(–70) cm; (⊙–)⊙–♃. IV–VI(–VIII). – Waldränder u. -schläge, Felsen, Bahngelände. – Im ganzen Gebiet *v*. – Formenreich. [*Arabis arenosa* (L.) Scop.; *C. arenosa* (L.) Hayek] Sand-S., ***A. arenosa*** (L.) Lawalrée

a. Endzipfel der Grundblätt. viel größer als die 1–6 Paar Seitenzipfel; — Krone meist weiß, selten rötl.; Schoten 0,6–1,1 mm br.; (⊙–)⊙. Sand-S. (i. e. S.), subsp. ***arenosa***

— Endzipfel der Grundblätt. kaum größer als die 4–9 Paar Seitenzipfel; — Krone meist rötl., selten weiß; Schoten 0,9–1,7 mm br.; ⊙–♃. – Steinige, bodensaure u. basenreiche StO, Vulkanite. – *z–s*, D: BB, BW, BY?, HE, SW-NRW, RP, SN, ST, TH (genaue Verbr. ungenügend bekannt); CZ; F: Els (u. Lothringen); PL; *f* B (?); NL. Borbás-Sand-S., subsp. ***borbasii*** (Zapal.) Pawł.

Sehr ähnl. ist die Schwedische Schmalwand, ***A. suecica*** (Fr.) Norrl. [*C. suecica* (Fr.) Norrl.; *Hylandra suecica* (Fr.) Á. Löve]: Stg.Blätt. meist tief gezähnt; Kronblätt. 4–6(–8) mm lg., ohne Zähnchen am Nagel; Schoten 20–30 × 0,7–1 mm; ⊙–⊙. V–VI. – Sandige Magerrasen. – *s* in D: BB (ehem.?), MV, SH u. in DK, wohl aus Skandinavien eingeschleppt. – Entstanden vermutl. als Hybride von *A. thaliana* × *A. arenosa*.

— Pfl. m. oberird., wurzelnden Ausläufern u. sterilen Rosetten; Stg. m. einfachen u. 2–3-strahligen Haaren, diese bis 0,5 mm lg.; Blätt. fast kahl; Grundblätt. lg. gestielt, ungeteilt, Spr. rundl.-herzf. od. Grundblätt. gefied. m. rundl. Endzipfel; ob. Stg.Blätt. eif., — 2–4-mal so lg. wie br., ganzrandig od. gezähnt; Kronblätt. 4–6 mm lg., weiß, selten lila; äuß. Kelchblätt. nicht ausgesackt; ↕ 15–50 cm; ♃. IV–VI. – Feuchte Wiesen, Schwermetallböden, Wälder der montanen Stufe. – *z*, M- u. S-D (im N lokal eingeschleppt); A; B (Ne.); CH; CZ; I: Bz; PL (Schlesien); *f* DK; FL; L; NL. [*Arabis halleri* L.; *C. halleri* (L.) Hayek] Wiesen-S., ***A. halleri*** (L.) O'Kane & Al-Shehbaz

a. Ob. Stg.Blätt. meist ganzrandig; Krone meist weiß; Fr.Stiele 5–10 mm lg. – *z*, Verbr. wie Art (Hauptverbr. der Unterart: W-Eur., M-Eur. Mittelgeb .). Wiesen-S. (i. e. S.), subsp. ***halleri***

— Ob. Stg.Blätt. gezähnt; Krone lila od. violett; Fr.Stiele 10–14 mm lg. – *s*, O- u. SO-Alp.: A: Kt, Stm; I: Bz nur Ne.? (außerh.: Slowenien). Obir-Wiesen-S., subsp. ***ovirensis*** (Wulfen) O'Kane & Al-Shehbaz

4 **(2).** Pfl. m. Ausläufern .... ***A. halleri***, s. Nr. **3**—

— Pfl. ohne Ausläufer; — Grundblätt. ganzrandig od. unregelm. grob gesägt; Stg.Blätt. linealisch, ganzrandig; Kronblätt. weiß; Schoten 20–45 mm lg., flach; ↕ 5–30 cm; ♃. V–VII. – Trocken-warme Kalkfelsen, Steinbrüche. – *s*, NO-Alp; Jura, S-Harz; D: N-BY, SO-NI, TH; A: Kt, NÖ, Stm, ehem. OÖ; *s* CZ; I: Bz? [*Arabis petraea* (L.) Lam.; *C. hispida* (L.) Hayek; *C. petraea* (L.) Hiitonen; *A. petraea* (L.) Dorofeev] Felsen-S., ***A. lyrata*** subsp. ***petraea*** (L.) O'Kane & Al-Shehbaz

Arabis L. [excl. *Fourraea* Greuter & Burdet, *Pseudoturritis* Al-Shebaz u. *Turritis* L.], Gänsekresse

1. Kronblätt. blaulila od. rosa **16**

— Kronblätt. weiß od. gelbl.weiß **2**

2. Stg.Blätt. m. herz- od. pfeilf. Grund stg.umfassend **10**

— Stg.Blätt. m. abgerundetem od. verschmälertem Grund sitzend (Grund nicht herz- od. pfeilf.) **3**

3. Samen nicht geflüg. **6**

— Samen 0,1–0,8 mm br. geflüg., zuw. aber nur im vord. Teil; — Kronblätt. weiß (wenn Kronblätt. gelbl.weiß; Stg. nur an der Basis m. einfachen Haaren, sonst kahl; Stg.Blätt. 1–4; Samen 0,1–0,2 mm br. berandet; FO: CH, vgl. *A. scabra*, s. Nr. **9**) **4**

4. Traube 3–10-blütig; — Stg.Blätt. 1–6; ↕ 5–25 cm; ♃. VI–VIII. – Feuchter Felsschutt; 500–3000 m. – *v* Kalk-Alp., *s* herabgeschwemmt. [*A. pumila* Jacq. s. l.] Zwerg-G., ***A. bellidifolia*** Crantz

a. Pfl. 10–25 cm hoch; Haare am Rand der Grundblätt. 2-teilig; — Stg.Blätt. meist 3–6; ↕ 3–25 cm. – *v*, D: BY; A; CH; FL; I: Bz. Zwerg-G. (i. e. S.), subsp. ***bellidifolia***

— Pfl. 5–10 cm hoch; Haare am Rand der Grundblätt. 3–4-teilig; — Stg.Blätt. meist 2–3; ↕ 3–10 cm. – *v*, D: BY; A; CH; I: Bz; ob FL? [*A. stellulata* Bertol.; *A. pumila* subsp. *stellulata* (Bertol.) Nyman] Stern-Zwerg-G., subsp. ***stellulata*** (Bertol.) Greuter & Burdet

— Traube > 10-blütig; — Stg.Blätt. ≥ 3 .... **5**

5. Pfl. (fast ganz) kahl; Haare, wenn vorhanden, einfach; Blätt. ± stark glzd.; — Stg.Blätt. (3–)4–12(–14); Traube 10–25-blütig; Kronblätt. 5,5–7 mm lg., weiß; Schoten aufr., 20–40 mm lg.; ↕ 15–30 cm; ♃. V–VII. – Feuchter Felsschutt, Quellfluren. – *v* Kalk-Alp., 500–2900 m, *s* herabgeschwemmt. [*A. bellidifolia* Jacq. non Crantz; *A. jacquinii* G. Beck] Glanz-G., ***A. soyeri*** subsp. ***subcoriacea*** (Gren.) Breistr.

— Pfl. behaart; Haare einfach u. 2–5-strahlig; Blätt. nicht glzd.; — Stg.Blätt. 3–12; Traube 8–15-blütig; Kronblätt. 6–9 mm lg., weiß; Schoten dem Stg. anlgd., 30–70 mm lg.; ↕ 10–20(–30); ♃. III–V. – Felsen, Mauern u. Steinschutt der Tieflagen; auf Kalk. – *s*, Ne. (Heimat: MMG); eingebürg. z. B. in D: BY; B; CH; außerdem unbest. in D: BW, MV, RP; früher I: Bz. [*A. muralis* Bertol.] Hügel-G., ***A. collina*** Ten.

Ähnl. ist die Rosafarbene G., ***A. rosea*** DC.: Kronblätt. 7–10 mm lg., hellpurpurn (vs. weiß); Infl. vor der Bltzt. überhgd. (vs. aufr.); Gr. 0,8–1,5 mm lg. (vs. 0,5–1 mm lg.); ♃. IV–VI. – Gartenpfl. (Heimat: S-I); sehr *s*, A: NÖ; CH: Neuchâtel u. um Genf, eingebürg.

6 **(3).** Rosettenblätt. auf der Fläche kahl, nur am Rand m. angedrückten 2-strahligen Haaren, — ganzrandig; Stg. gabelhaarig; Kronblätt. 5–7 mm lg., weiß; Schoten 8–15 × 1,5–2 mm; ↕ 5–15 cm; ♃. VI–VII. – Feuchte Schuttfluren; auf Kalk; 100–2200 m. – *s*, im Gebiet nur A: S-Kt. [*A. vochinensis* Spreng.] Wocheiner G., ***A. arabiformis*** (Hohenw.) Soldano

Ähnl. ist die Kriech-G., Schaum-G., ***A. procurrens*** Waldst. & Kit., aber Pfl. m. oberird. Ausläufern; Stg. kahl; Kronblätt. 8–10 mm lg.; Schoten 12–35 mm lg.; ↕ 10–30 cm; ♃. IV–VI. – Ruderalfluren, bes. Friedhöfe; auf Kalk; kollin. – Ne. (Heimat: S-Karpaten, Balkan-HI); lokal eingebürg., *s*, A: Bgl, Kt, Stm, Sb; B; CH: Bern, Genf, SG, Zürich; CZ; in D: BY (Bayreuth, Kempten) in Einbürg., anderswo unbest., z. B. HE, SN. – Zierpfl.

— Rosettenblätt. am Rand m. absthd. einfachen od. lg. gestielten verzweigten Haaren, — ganzrandig od. gezähnt **7**

7. Stg.Blätt. 1–4; — Stg.Blätt. gezähnt u. Kronblätt. gelbl.weiß od. Stg.Blätt. ganzrandig u. Kronblätt. weiß **9**

— Stg.Blätt. (3–)4–10; — ganzrandig; Kronblätt. weiß **8**

8. Unterste Schoten die Blüten nicht überragend; Stg. kahl od. am Grund m. absthd. einfachen u. 2(–3)-strahligen Haaren m. 0,2–0,5 mm lg. Stiel; Kronblätt. 3,5–4 mm lg.; Samen 0,8–1 mm lg.; — Blätt. m. absthd. Haaren, angedrückte 2-spaltige Haare fehlend; Stg.Blätt. 4–10; Infl.

dicht, bis 30-blütig, im ob. Teil oft überhgd.; Schoten 1–1,3 mm br.; ↕ 6–25 cm; ⊙–♃. V–VII. – Matten, alp. Steinrasen. – *v* Alp., *s* Voralp., Schweizer Jura. [*A. corymbiflora* Vest]
Dolden-G., ***A. ciliata*** Clairv.

— Unterste Schoten die Blüten überragend; Stg. nur m. 2–4-strahligen Haaren m. kurzem Stiel (bis 0,2 mm lg.); Kronblätt. 5–6 mm lg.; Samen 1–1,5 mm lg.; — Stg. aufr. od. aufstgd., etwas hin u. her gebogen; Stg.Blätt. 3–8; Infl. locker, 4–12(–15)-blütig; Schoten 0,8–1,1 mm br.; ↕ 10–35 cm; ⊙–♃. VI–VIII. – Felsen; auf Kalk. – *s*, CH: Alp. (Gl, Sz), Jura.
Quendel-G., ***A. serpillifolia*** Vill.

9 **(7).** Blätt. m. einfachen od. m. gegabelten Haaren, entfernt gezähnt; Kronblätt. gelbl.weiß, — 5–8 mm lg.; Blätt. glzd., in einen kurzen Stiel verschmälert; Infl. 3–9-blütig; Samen 1,5–2 mm lg., m. 0,1–0,2 mm br. flügelf. Rand; ↕ 5–20 cm; ♃. V–VII. – Felsen, Steinschutt; auf Kalk; montane bis subalp. Stufe. – *s*, im Gebiet nur CH bei Genf (sonst SW- u. W-Eur., W-Alp.). [*A. stricta* Huds.; *A. hirta* Lam.]
Raue G., ***A. scabra*** All.

— Blätt. meist nur m. mehrstrahligen Sternhaaren, ganzrandig; Kronblätt. weiß
A. serpillifolia, s. Nr. **8**—

10 **(2).** Reife Schoten absthd. **14**

— Reife Schoten aufr., dem Stg. angedrückt **11**

11. Stg. kahl od. am Grund m. einfachen, unverzweigten Haaren; Kronblätt. 5–7 mm lg.; — Fr.Klappen m. deutl. Mittelnerv **13**

— Stg. am Grund m. 2–5-strahligen Gabelhaaren, seltener m. einfachen Haaren; Kronblätt. 4–5 mm lg. **12**

12. Stg. am Grund überwgd. m. lg. einfachen, absthd. u./od. 0,2–0,8 mm lg. gestielten 2(–4)-strahligen Haaren, an der Spitze auch m. ± 5-strahligen Gabelhaaren; Schoten fast flach, d.h. Samen sich nicht stark durch die Fr.Klappen durchdrückend; Mittelnerv der Fr.Klappen an trockener Fr. (Lupe!) bis ins ob. Viertel sehr kräftig u. oft bis zur Spitze reichend; — Stg.Blätt. 6–30, m. 0,5–1 mm lg. Öhrchen halb stg.umfassend od. m. br. Grund sitzend; Schoten 20–50 × > 0,8 mm; Samen ringsum od. nur an der Spitze geflüg.; ↕ (10–)30–60(–80) cm; ⊙–♃. V–VII. – Halbtrockenrasen, lichtes Gebüsch. – *z*.
Rauhaarige G., ***A. hirsuta*** (L.) Scop.

— Stg. am Grund ohne einfache Haare, nur m. fast ungestielten, anlgd. 2(–4)-strahligen kompassnadelart. Haaren, zur Spitze hin kahl; Schoten ± knotig-perlschnurart., da Samen sich stark durch die Fr.Klappen durchdrückend; Mittelnerv der Fr.Klappen an trockener Fr. (Lupe!) fehlend od. schwach; — Stg.Blätt. 20–55, m. pfeilf. Grund u. angedrückten Öhrchen; Schoten 30–50 × 0,6–0,9 mm; Samen nur an der Spitze geflüg.; ↕ (20–)30–80(–120) cm; ⊙. V–VII. – Stromtalwiesen. – *s*, D: BB, BW, BY, HE, RP, ST, ehem. SN; *s* A: Bgl, OÖ, NÖ; CH (nur W-CH?); CZ; PL; *f* B; DK; I: Bz; NL. [*A. planisiliqua* subsp. *nemorensis* (Hoffm.) Soják]
Auen-G., ***A. nemorensis*** (Hoffm.) W. D. J. Koch

13 **(11).** Stg. am Grund kahl; Stg.Blätt. ≈ 10, kahl, nur am Rand bewimpert; Fr.Stiele bis 6–12 mm lg.; Schoten 1,2–1,8 mm br. — u. 25–35 mm lg.; ↕ 20–40 cm; ♃. VI–VII. – Feuchte Felsen der Geb. – *s*, A: Kt, Sb, Stm; CZ/PL: Riesengeb.
Sudeten-G., ***A. sudetica*** Tausch

— Stg. am Grund m. einfachen, absthd. Haaren; Stg.Blätt. 12–50, behaart; Fr.Stiele 4–6 mm lg.; Schoten 0,8–1,1 mm br. — u. 25–60 mm lg.; Stg.Blätt. m. abspreizenden, spitzen Öhrchen; Kronblätt. 5–6,5 mm lg.; Mittelnerv der Fr.Klappen nur in der unt. Hälfte deutl.; ↕ (15–)35–60(–80) cm; ⊙. V–VI. – Halbtrockenrasen. – *z*.
Pfeilblättrige G., ***A. sagittata*** (Bertol.) DC.

14 **(10).** Pfl. ausd., m. zahlr., nichtblhd. Achseltrieben; — Grundblätt. rosettig, eif. längl., grob gezähnt, durch Sternhaare rau; ↕ 5–40 cm; ♃. III–IX. – Feuchte Felsen, Geröll, Steinschutt. – *v* Alp. (auch herabgeschwemmt), *s* D: SchwAlb, S-Harz, NRW; F: Els; CZ/PL: Riesengeb.
Alpen-G., ***A. alpina*** L.

a. Blätt. grün; Kelchblätt. 3–5 mm lg.; Kronblätt. 6–10 mm lg. u. 2–3,5 mm br.; Schoten 20–40 mm lg. – Wildpfl.
Alpen-G. (i. e. S.), subsp. ***alpina***

— Blätt. grau; Kelchblätt. 5–8 mm lg.; Kronblätt. 9–18 mm lg. u. 5–8 mm br.; Schoten 40–70 mm lg. – Steingartenpfl., auch Ne. (Heimat: O-MMG, Kaukasus); stellenw. verwild. [*A. caucasica* Willd.; *A. albida* Jacq.]
Kaukasus-Alpen-G., subsp. ***caucasica*** (Willd.) Briq.

— Pfl. 1–2-j., Grundblätt. meist ohne sterile Achselsprosse **15**

15. Längste Fr.Stiele < 5 mm lg.; Grundblätt. in der Mitte am breitesten; Schoten 10–30 mm lg.; Samen ungeflüg.; — Kronblätt. schmal keilf., 3–4,2 mm lg.; ↕ 5–40 cm; ☉–⊙. IV–V. – Trockenhänge, Sandfelder, Felsen, Mauern; auf Kalk. – *s*, D: S-D, BB, ST, TH; A: Bgl, NÖ; CH: Vs; CZ; F: Els; ehem. I: Bz. [*A. recta* Vill.] Öhrchen-G., ***A. auriculata*** Lam.

— Längste Fr.Stiele > 10 mm lg.; Grundblätt. oberh. der Mitte am breitesten; Schoten 50–70 mm lg.; Samen schmal geflüg.; — Kronblätt. keilf., 4–6 mm lg.; ↕ 10–40 cm; ☉–⊙. VI–VII. – Felshänge. – *s*, A: Ti; CH: Alp., Jura; I: Bz. [*A. saxatilis* All.] Felsen-G., ***A. nova*** Vill.

16 (1). Kronblätt. hell blaulila; — Rosettenblätt. an der Spitze 3–7-zähnig, nur am Rand bewimpert, dickl., grasgrün; ↕ 2–12 cm; ♃. VII–VIII. – Feuchter Felsschutt, Schneetälchen, Lägerfluren der Kalk-Alp.; meist 2000–3500 m. – *z*. Blaue G., ***A. caerulea*** All.

— Kronblätt. purpurn bis rosa; Pfl. 10–20 cm hoch .... ***A. rosea*** unter ***A. collina***, s. Nr. **5—**

Wenn: Krone hell- bis dk.lila; Pfl. 1–2-j., abstdh. behaart; Blätt. (fast) alle in dichter, grundst. Rosette; Infl. wenigblütig; ↕ 5–30 cm; ☉–⊙. IV–V. – Trockenhänge, Felsen, Mauern, ruderale StO; auf Kalk. – Ne. (Heimat: MMG); eingeschleppt; *s*, z. B. D: BW; CH; F: Els; I: Bz; wo noch? Frühlings-G., ***A. verna*** (L.) W. T. Aiton

Armoracia G. Gaertn. et al., Meerrettich, Kren

Wurzel dick, fleischig, scharf riechend u. schmeckend; Stg. bis 125 cm hoch, kantig gefurcht; Grundblätt. bis 1 m lg., am Grund herzf.; Stg.Blätt. gelappt bis kammf. gefied.; Schötchen kugelig bis verkehrt eif., 4–6 mm lg.; ↕ 60–125 cm; ♃. V–VII. – Als Gewürzpfl. angepfl., auch Ne. (Heimat: wahrscheinl. S-Russland u. O-Ukraine); zuw. an Bachufern verwild. [*Cochlearia armoracia* L.; *A. lapathifolia* Gilib.] Meerrettich, ***A. rusticana*** G. Gaertn. et al.

Aubrieta Adans., Blaukissen

Pfl. durch Sternhaare grau behaart, 10–20 cm hoch, dichte Kissen bildend; Kronblätt. blau- od. rotviolett, 12–20 mm lg.; ↕ 8–20 cm; ♃. IV–V. – Kult. u. Ne. (Heimat: östl. MMG); an Mauern gepfl., *s* verwild. – Zierpfl. Griechisches B., ***A. deltoidea*** (L.) DC.

Die Gattung umfasst schötchen- u. schotenfrüchtige Taxa. Weitere Zierpfl. (Heimat: mittl. u. östl. MMG) in Kultur u. teilw. verwild., z. B. Garten-B., ***A.*** × ***cultorum*** Bergmann [*A. deltoidea* × *A. columnae* Guss.] u. Pinard-B., ***A. pinardii*** Boiss. aus S- u. Inneranatolien, das Schoten ausbildet.

Aurinia Desv. [*Alyssum* L. p. p.], Felsensteinkraut

1. Pfl. halbstrauchig, Sprossachse am Grund verholzt; Blätt. ± filzig grau; Kronblätt. wenig ausgerandet; Fr.Trauben kurz; — Kelchblätt. 2–4 mm lg.; ↕ 10–50 cm; ħ–♄. IV–V. – Sonnige Felsfluren. – Im Gebiet als häufige Steingartenpfl. (auch gefüllte Formen) meist nur verwild. (Heimat: bes. O-MMG bis SO-M-Eur.); z. B. *s*, D: BB, BW, BY (bes. FrAlb), HE, MV, NI, RP, SH, SN (ob. Elbegebiet), TH; A: Kt, NÖ, OÖ, Sb, Stm, Ti; CZ (Böhmen); I: Bz; in A: NÖ (Wachau u. im Kamptal) u. S-CZ einheim.? ⓖ. – Zierpfl. [*Alyssum saxatile* L.]
Echtes F., ***A. saxatilis*** (L.) Desv. subsp. ***saxatilis***

Im Gebiet eine weitere, sehr ähnl. Sippe: Fr. so br. wie od. breiter als lg., ihre Spitze ausgerandet, bis 6 mm br. (Fr. meist länger als br., ihre Spitze abgerundet bei der subsp. *saxatilis*, bis 4(–5) mm br.); Grundblätt. deutl. gezähnt od. buchtig fiederspaltig, selten ganzrandig (vs. Grundblätt. ganzrandig od. etwas gezähnt); Gr. 0,5–1,5 mm lg. (vs. Gr. 0,3–0,8 mm lg.). – Felsen. – Kult. u. Ne. (Heimat: S-Balkan-HI, SW-As.); unbest., sehr *s*, D: BW; wo noch? – Zierpfl. Orient-F., subsp. ***orientalis*** (Ard.) T. R. Dudley

— Pfl. krautig; Blätt. grün; Kronblätt. tief ausgerandet; Fr.Trauben verläng.; — Kelchblätt. ≈ 2 mm lg.; ↕ 20–40 cm; ♃. V–VI. – Felsige StO. – Ne. (Heimat: SO-Eur.); *s*, D: in Einbürg. in BB (Berlin), BY, TH; A. – Zierpfl. [*Alyssum petraeum* Ard.] Venezianisches F., ***A. petraea*** (Ard.) Schur

Barbarea R. Br., Barbarakraut, Winterkresse

1. Ob. Stg.Blätt. ungeteilt, gezähnt; reife Schoten deutl. dicker als die Stiele **3**

— Alle Blätt. gefied. od. fiederspaltig; reife Schoten kaum dicker als ihre Stiele **2**

2. Grundblätt. m. 6–8(–10) Paar rundl., ganzrandiger bis gebuchteter Seitenfiedern; Schoten (35–)40–70(–75) mm lg., abgeflacht, (leicht) bogig aufw. gekrümmt, — 4–8 mm lg. u. gestielt, die Stiele ± zylindr.; Infl. z. Frzt. locker; Kelchblätt. 3,5–4,5 mm lg.; ↕ 10–50(–70) cm; ⊙. IV–VI. – Ne. (Heimat: SW-Eur.), meist eingeschleppt; *s*. – Alte Kultur-(Öl-)Pfl. [*B. praecox* (Sm.) R. Br.] Frühlings-B., ***B. verna*** (Mill.) Asch.

— Grundblätt. m. (2–)3–5 Paar schmal längl. Seitenfiedern; Schoten 20–30(–35) mm lg., im ∅ 4-eckig, gerade, — 3–5 mm lg. gestielt, die Stiele kantig; ob. Stg.Blätt. am Grund geöhrt; Infl. z. Frzt. dicht; Kelchblätt. 2,5–3,5 mm lg.; ↕ 20–80 cm; ⊙. IV–V. – Äcker, Wege, Ruderalstellen. – *z*. Mittleres B., ***B. intermedia*** Boreau

Die Ausgestaltung der Endfieder (ein in vielen Floren benutztes Merkmal) ist m. E. viel zu variabel, um die beiden unter 2. ausgeschlüsselten Arten zu trennen.

3 (1). Grundblätt. m. 1–2(–4) Paar rundl. eif., kleiner Seitenfiedern u. großer, eif., am Grund nicht herzf. Endfieder; Kronblätt. wenig länger als der Kelch; Kelchblätt. an der Spitze m. kurzen Haaren; Schoten steif aufr., der Achse angedrückt; Gr. 0,5–1,5 mm lg.; ↕ 40–70 cm; ⊙. IV–VI. – Flussufer, feuchte Äcker, bes. in den Stromtälern. – *z*, im N u. O häufiger. Steifes B., ***B. stricta*** Andrz.

— Grundblätt. m. 5–9 Paar längl., ausgeschweift gezähnter Seitenfiedern u. kleiner, rundl. eif., am Grund oft herzf. Endfieder; Kronblätt. fast doppelt so lg. wie der Kelch; Kelchblätt. an der Spitze kahl (wie bei allen anderen Arten des Gebiets); Schoten schräg aufr. bis bogig absthd.; Gr. 2–3 mm lg.; — Schoten 15–25 mm lg.; ↕ 20–90 cm; ⊙. IV–VII. – Kies- u. Sandböden, feuchte Äcker. – *v*. [*B. iberica* (Willd.) DC.; *B. rivularis* Martrin-Donos] Echtes B., ***B. vulgaris*** W. T. Aiton

a. Endzipfel der Grundblätt. am Grund herzf.; Trauben kompakt; Stiele der Schoten schräg absthd.; Fr.Gr. 2,5–3 mm lg. – *v*. [incl. subsp. *rivularis* (Martrin-Donos) Rothm. in Sudre] Echtes B. (i. e. S.), subsp. ***vulgaris***

— Endzipfel der Grundblätt. am Grund keilf. verschmälert; Trauben locker; Stiele der Schoten waagr. absthd. u. dann bogig aufstgd.; Fr.Gr. ≈ 2 mm lg. – *v*. [*B. arcuata* (Opiz) Rchb.] Bogenfrüchtiges B., Krummfrüchtige W., subsp. ***arcuata*** (Opiz) Hayek

Taxonomie (nur eine versus 2–3 Sippen, teilw. auch im Artrang) u. teilw. auch Nomenklatur umstritten. Weiterer Forschungsbedarf.

Berteroa DC., Graukresse

Ganze Pfl. von Sternhaaren graugrün; Kronblätt. weiß, tief 2-spaltig; Schötchen ellipt. (*529/2*); ↕ 20–60 cm; ⊙. VI–X. – Trockene, sonnige Ruderalstellen, Sandfelder. – Meist Ne. (Heimat: SO-Eur. u. Z-As.); *v*, *z* in W, in D u. angrenzenden Gebieten überall eingebürg., in O-A u. S-CZ einheim.? – Giftig für Pferde? [*Farsetia incana* (L.) R. Br.] Gewöhnliche G., ***B. incana*** (L.) DC.

Biscutella L., Brillenschötchen

1. Pfl. ausd.; Stg. nur am Grund beblätt.; inn. Kelchblätt. ohne Sporn; Kronblätt. 4–8 mm lg., hellgelb; Grundblätt. rosettig gehäuft, keilf.-längl., ganzrandig od. buchtig gezähnt, borstig bewimpert od. kahl; ↕ 15–30(–40) cm; ♃. V–VII. – Trockenrasen, Felsen; nur auf Kalk; bis in die alp. Stufe. – Alp. *v*, sonst *z* in S-, M-D; A; CH; CZ; F: Els; PL?; nördl. bis NRW u. B. Ⓖ. – Formenreich. Gewöhnliches B., ***B. laevigata*** L.

Die Merkmale der Unterarten sind sehr variabel, daher alle Merkmale an mehreren Pfl. untersuchen. Angaben für die Grundblätt. beziehen sich jeweils auf die größten Blätt. blhd. Triebe. In den Alp. außerh. des Gebiets weitere Taxa.

a. Fr. stets behaart; Stg. verzweigt, wie die Infl.Achse weit hinauf behaart; — Grundblätt. 50–80 × 7–10 m, spitz gezähnt, dicht weich behaart. IV–VII. – Präalp., steinige Kieferntrockenwälder, Halbtrocken- u. Trockenrasen, Felsensteppen; auf Kalk, Dolomit u. Serpentin. – *z* D: S- u. M-BY (Voralp., Jura); A: NÖ (Wachau, Dunkelsteiner Wald, Wald- u. Weinviertel). Kerner-B., subsp. ***kerneri*** Mach.-Laur.

— Fr. meist kahl (wenn kurz behaart, Grundblätt. gebuchtet od. ganzrandig od. rauhaarig od. nur am Rand behaart, od./u. < 50 mm lg.); Stg. unverzweigt od. verzweigt, samt Infl.Achse höchstens bis zur Mitte behaart .... **b**

b. Blätt. tief gebuchtet; — Pfl. nicht in den Alp. u. Voralp. vorkommend .... **g**

— Blätt. ganzrandig od. gezähnt .... **c**

c. Grundblätt. ganzrandig, — bis 80 × 10–15 mm; Stg. verzweigt. V–VI. – Felsspalten- u. Felsfluren; auf Kalk. – *s*, D: S-NI (lokalendem. Süntel): Hohenstein. Westfälisches B., subsp. ***guestphalica*** Mach.-Laur.

— Grundblätt. gezähnt .... **d**

d. Pfl. aus M-D; — Grundblätt. ≤ 50 mm lg. .... f
— Pfl. der Alp. u. Voralp.; — Grundblätt. 35–120 mm lg. .... e
e. Grundblätt. lg. gestielt, groß, > 4-mal so lg. wie br., (50–)70–120 × 9–12(–20) mm, lanzettl. bis verkehrt eilanzettl., meist matt, rauhaarig od. nur am Rand behaart; Stg. verzweigt, am Grund rauhaarig. V–IX. – Felsspalten- u. Felsfluren, Steinschutt- u. Geröllfluren, Kalkrasen, auch Alpenschwemmling, Kiefernwälder auf Dolomit, auch sonst auf Karbonatböden. – *v* Alp., Voralp. von D: BY; A (*f* Bgl, NÖ); CH: Vd. Alpen-B., subsp. ***laevigata***
— Grundblätt. kurz gestielt, klein bis mittelgroß, ≤ 4-mal so lg. wie br., 35–50(–75) × 7,5–9,5 mm, schmal lanzettl. bis schwach verkehrt eilanzettl., oft glzd., zerstreut behaart; Stg. verzweigt, — Fr. stets kahl. IV–VII(–X). – Magerrasen, Felsfluren, Steinschutt- u. Geröllfluren, Kiefernwälder auf Dolomit, meist auf Karbonat, zuw. auf Serpentin. – *v–s* Alp., Voralp. von A (Bgl, NÖ, OÖ, Stm; östl. der Ennstaler Alp. u. des Grazer Bergland, m. vorheriger Unterart vikariierend). Österreichisches B., subsp. ***austriaca*** (Jord.) Mach.-Laur.
f **(d).** Grundblätt. lanzettl., lg. gestielt, m. spitzen Zähnen; Stg. verzweigt. IV–V. – Silikatfelsfluren, Sandtrockenrasen, kalkmeidend. – *z* D: BB, O-ST (endem., Elbtal bis Magdeburg, Saaletal, Jerichower Land, Arneburg, Halle bis Rothenburg), ehem. SN; *z* CZ; S-PL. Zierliches B., subsp. ***gracilis*** Mach.-Laur.
— Grundblätt. längl., kurz gestielt, m. stumpfen Zähnen; Stg. wenig od. nicht verzweigt. V. – Halbtrockenrasen, auf Kalk. – *s*, D: NW-TH (Harzvorland). Schmalblättriges B., subsp. ***tenuifolia*** (Bluff & Fingerh.) Mach.-Laur.
g **(b).** Grundblätt. groß, 50–80 × 10–12 mm, lanzettl.; Stg. verzweigt; — Fr. (im Gebiet) kahl, außerh. (im Meuse-Tal) aber auch sehr kurz behaart [var. *dasycarpa* (Lawalrée) Markgraf]. V–VI. – Basische Felsen u. Felsfluren. – D: *s* S-BY (u. a. ob. Donau), HE (Rhein), *z* RP (Rheintal u. Nebentäler); *s* B; F: Els u. angrenzende Gebiete. [*B. alsatica* Jord.; *B. varia* Dumort.] Veränderliches B., subsp. ***varia*** (Bluff & Fingerh.) Rouy & Foucaud

Von manchen Autoren werden alle hier aufgeschlüsselten Sippen außerh. der Alp. (subsp. *subaphylla*, subsp. *gracilis*, subsp. *guestphalica* u. subsp. *tenuifolia*) zu einer weitgefassten subsp. *varia* gestellt.

— Grundblätt. klein, 30–40 × 5–7(–10) mm, linealisch bis längl.; Stg. kaum verzweigt. V–VII. – Felsen. – *s*, D: BY (FrAlb, Altmühltal). – Wohl kaum von subsp. *kerneri* zu trennen. Blattarmes B., subsp. ***subaphylla*** Mach.-Laur.

— Pfl. 1-j.; Stg. dicht beblätt.; inn. Kelchblätt. m. 3–4 mm lg. sackf. Sporn; Kronblätt. ≈ 15 mm lg., goldgelb; — Blätt. lanzettl., buchtig gezähnt, bewimpert; ↕ 30–60 cm; ⊙. IV–VI. – Felsen, Trockenrasen. – *s*, CH: Ts. Wegwartenblättriges B., ***B. cichoriifolia*** Loisel.

Brassica L. [incl. *Guenthera* Regel u. *Rhamphospermum* Besser p. p., Schnabelsame], Kohl

1. Ob. Stg.Blätt. am Grund abgerundet od. herzf. stg.umfassend, sitzend 6
— Ob. Stg.Blätt. gestielt od. am Grund wenigstens stielart. verschmälert 2
2. Fr. aufr., der Stg.Achse z. Frzt. dicht angedrückt, — 15–20 mm lg., 4-kantig, ihre Klappen m. deutl. Mittelnerv; Fr.Schnabel kurz, 1–4 mm lg., samenlos; Fr. am Grund nicht bauchig; alle Blätt. gestielt, leierf.-fiederspaltig; Kelch aufr.-absthd., kahl; Kronblätt. goldgelb; ↕ 50–100 cm; ⊙. VI–IX. – Als alte Kulturpfl. (Heimat: SO-Eur., MMG bis SW-As.) verwild. u. eingebürg., in D im Rhein-, Mosel-, Neckar-, Weser-, Elbe- u. Unstruttal; auch A; B; CH; CZ. – Gewürzpfl. (Senf); schwach giftig! [*Sinapis nigra* L.; *R. nigrum* (L.) Al-Shebaz] Senf-K., Schwarzer Senf, ***B. nigra*** (L.) W. D. J. Koch

Könnte m. *Erucastrum incanum* [*Hirschfeldia incana*] verwechselt werden, hier aber Kelch spärl. behaart; Fr. am Grund bauchig, ihre Klappen ohne deutl. Mittelnerv; Fr.Schnabel länger, 4–7 mm lg., m. 0–1(–2) Samen, vgl. S. 537.

— Fr. dem Stg. nicht dicht angedrückt 3
3. Pfl. 1-j.; Fr. über dem Kelchansatz nicht gestielt; Fr.Schnabel (4–)6–16(–20) mm lg. (wenn ≤ 4 mm lg., dann Fr. aufr., dem Stg. z. Frzt dicht angedrückt, vgl. 2, *B. nigra*) 5
— Pfl. 2-j.–ausd.; Fr. über dem Kelchansatz deutl. (0,5–3(–5) mm lg.) gestielt (*518/11*); Fr.Schnabel kurz, max. 4(–6) mm lg.; — Grundblätt. z. Bltzt. meist abgestorben; Fr. dem Stg. nicht dicht angedrückt 4
4. Grundblätt. u. unt. Stg.Blätt. fast kahl od. nur zerstreut m. geraden, pfrieml. Börstchen behaart, leierf.-fiederspaltig, m. sehr großem, oft rundl. Endabschnitt; Fr.Schnabel 3–6 mm lg.; — Fr.Schnabel meist eif.-lanzettl., 0–2-samig; ↕ 30–90 cm; (⊙–)⊙–♃. VI–IX. – Ruderalstellen, Wegränder. – Ne. (Heimat: MMG), eingeschleppt u. meist unbest.; *s*, D: BW, RP; CH; wo noch? Strauch-K., Mittelmeer-K., ***B. fruticulosa*** Cirillo (subsp. ***fruticulosa***)
— Grundblätt. u. unt. Stg.Blätt. dicht m. gekrümmten Börstchen besetzt, fiederspaltig od. fiedrig-gelappt, m. ≈ gleichgroßen Abschnitten, od. auch ungeteilt (gekerbt bis gebuchtet); Fr.Schnabel (1–)1,5–2(–2,5) mm lg.; — Fr.Schnabel dünn-kegelf. bis linealisch; Grundblätt. meist grasgrün; ob. Stg.Blätt. blaugrün, kahl; ↕ 50–100 cm; ⊙–♃. VI–IX. – Ruderalstellen, Wegränder, Ufer. – *s*, ehem. A: Bgl, NÖ; CZ; sonst auch aus SO- u. O-Eur. eingeschleppt u. meist unbest. [*G. elongata* (Ehrh.) Besser] Langrispen-K., ***B. elongata*** Ehrh.

a. Unt. u. mittl. Stg.Blätt. fiederspaltig. – Dolomitgrushalden, Ruderalstellen (?); kollin. – Ehem. Vorkommen im pannon. A: Bgl, NÖ ausgestorben (?), sonst *s*, eingeschleppt u. meist unbest. (Hauptverbr.: Ungarn, S- u. O-Eur.); z. B. D: BB, BW, BY, RP, SN (?), TH (?); CZ; DK; NL. Eigentlicher Langrispen-K., subsp. ***elongata***

— Unt. u. mittl. Stg.Blätt. gekerbt bis gebuchtet. – Trockene Ruderalstellen; kollin bis montan. – Eingeschleppt (Hauptverbr.: Ukraine bis Z-As.) u. unbest., regional oft wieder schwunden; *s*, D: BB (auch Berlin), BW, BY, HE, MV, NI, NRW, RP, SN, TH; A: Bgl, NÖ, Sb, Stm; B; CH; CZ; DK; PL. [subsp. *armoracioides* (Czern.) Asch. & Graebn.; subsp. *persica* (Boiss. & Hohen.) Thell.; *G. persica* (Boiss. & Hohen.) D. A. German] Ganzblättriger Langrispen-K., Persischer K., subsp. ***integrifolia*** (Boiss.) Breistr.

5. Unt. Laubblätt. leierf.-fiederspaltig, zerstreut borstl. behaart; Stg.Blätt. nach oben allmähl. kleiner werdend; ob. Stg.Blätt. nicht hochblattart., verkehrt-längl. bis schmal verkehrt lanzettl.; Kronblätt. ≈ 3 mm br., ihre Platte rundl.-verkehrt eif.; Fr.Schnabel (4–)6–10(–12) mm lg., schmal kegelf., zu Spitze sich fast fadenf. verschmälernd, dort schmaler als die fast kopfige Narbe; — Kelchblätt. 4–5 mm lg.; Kronblätt. blass- bis lebhaft gelb; Blätt. blaugrün; ↕ 40–100 cm; ⊙. VI–IX. – Ruderalstellen, Äcker, Wegränder; kollin bis montan. – Ne. (Heimat: S- u. SO-As.), eingeschleppt; *s*. – Alte, im Gebiet kaum mehr angebaute Kulturpfl. (Öl, Gemüse, Senf), entstanden aus *B. nigra* × *B. rapa*. Ruten-K., Sarepta-Senf, ***B. juncea*** (L.) Czern.

— Unt. Laubblätt. schrotságef.-fiederspaltig, wie die Stg.Basis unterseits dicht steifborstig u. bewimpert; Stg.Blätt. nach oben plötzl. kleiner werdend; ob. Stg.Blätt. wenig auffällig, hochblattart., fast linealisch; Kronblätt. ≈ 1,5 mm br., schmal längl.-verkehrt eif.-spatelf.; Fr.Schnabel 10–16(–20) mm lg., br. linealisch, stumpf, an der Spitze so br. wie die Narbe; — Kelchblätt. 2,5–4,5 mm lg., aufr.; Kronblätt. blassgelb, zuletzt weiß; Blätt. blaugrün; ↕ 30–100 cm; ⊙. V–VII. – Ruderalstellen, Wegränder. – Ne. (Heimat: N-Afrika, MMG u. SW-As.), eingeschleppt, gelegentl. angebaut; *s*, B; F: Els. Tournefort-K., Sahara-Senf, ***B. tournefortii*** Gouan

6 (1). Kronblätt. schwefelgelb; Kelchblätt. u. alle Staubblätt. aufr.; ob. Stg.Blätt. am Grund abgerundet od. verschmälert; ↕ 40–120 cm; ♃. V–IX. – Küstenfelsen u. -verbauungen; salztolerant. – Einheim. (Klippen-K.!) im Gebiet wohl nur D: SH (Helgoland); in B; DK; NL nur synanthrop? – Alte Kulturpfl., diese ⊙, ⊙ od. kurz ♃.
Wild-K., Gemüse-K., ***B. oleracea*** L. (subsp. ***oleracea***)

In zahlr. Kulturformen (Gemüse, Futterpfl.) angepfl.: Markstammkohl, Grün- od. Krauskohl, Rosenkohl, Wirsingkohl, Kopfkohl (Weiß- u. Rotkohl), Blumenkohl, Broccoli, Kohlrabi; auch verwild.

— Kronblätt. goldgelb; Kelchblätt. u. kürzere Staubblätt. absthd.; ob. Stg.Blätt. am Grund herzf. **7**

7. Blütenknospen von den geöffneten Blüten überragt; Kronblätt. 5–12 mm lg.; Grundblätt. grasgrün u. borstig-rau; Stg.Blätt. blaugrün bereift; ↕ 40–80 cm; ⊙–⊙. IV–IX. – Äcker, Ruderalstellen. – Kulturpfl. (Heimat: As.?); auch verwild. Rübsen, Stoppelrübe, ***B. rapa*** L.

Mit verdickter Wurzel als Gemüsepfl. die Stoppelrübe, subsp. ***rapa***; m. unverdickter Wurzel als Ölpfl. der Rübsen, subsp. ***oleifera*** (DC.) Metzg.; als ± eingebürg. Ackerunkraut subsp. ***campestris*** (L.) A. R. Clapham, *s* D; *z* A; *s* B; *z* DK; NL; *f* F: Els; L.

Hierher auch der Pekingkohl, subsp. ***pekinensis*** (Lour.) Hanelt, u. der Chinakohl, subsp. ***chinensis*** (L.) Hanelt, beides Gemüsepfl. aus O-As.

— Blütenknospen die geöffneten Blüten überragend; Kronblätt. 11–18 mm lg.; alle Blätt. blaugrün bereift; kahl; ↕ 100–140 cm; ⊙–⊙. IV–IX. – Äcker, auch frische Ruderalstellen. – Alte Kulturpfl. (Gemüse, Öl), wahrscheinl. entstanden aus *B. oleracea* × *B. rapa*; auch lokal verwild. – In größeren Mengen für Rinder, Rehe u. Hasen giftig! Raps, Kohlrübe, ***B. napus*** L.

a. Wurzel rübenf. verdickt, oben m. Blattschopf; Gemüsepfl. Kohlrübe, Steckrübe, Wruke, subsp. ***rapifera*** Metzg.

— Wurzel nicht verdickt; Stg. verläng., Blätt. deshalb nicht in Rosette; Ölpfl. Raps, subsp. ***napus***

Braya Sternb. & Hoppe, Schotenkresse, Breitschötchen

Pfl. rosettenbildend; Rosettenblätt. schmal, spatelig bis linealisch; Infl. eine wenigblütige Traube; Kronblätt. weiß (sich beim Trocknen violett verfärbend); Schoten 5–11 m × 1–1,7 mm; ↕ 5–15 cm; ♃. VIII. – Feinschutt u. alp. Rasen auf Kalk u. Silikat, meist Glimmerschiefer. – *s*, Alp; A: Kt, Sb, Ti; I: Bz.
Alpen-S., ***B. alpina*** Sternb. & Hoppe

Bunias L., Zackenschötchen

1. Reife Nuss schief eif., ungeflüg. (*516/4*), 1–2-fächerig, warzig; Kronblätt. goldgelb; nur ob. Stg. u. Infl. rot-drüsig-warzig; — Grundblätt. längl., buchtig fiederteilig, selten ungeteilt; ↕ 25–120 cm; ⊙. V–VIII. – Getreideäcker, Ruderalstellen, Wegränder. – Ne. (Heimat: O-Eur. u. SW-As.), eingeschleppt; fast überall eingebürg., *v* in D: S-SN, TH (bes. um Jena), sonst *z*.
Morgenländisches Z., ***B. orientalis*** L.

— Reife Nuss ellipt., gezackt-geflüg. (*516/5*), 4-fächerig; Kronblätt. hellgelb; ganzer Stg. u. Infl. rot-drüsig-warzig; — Grundblätt. leierf., schrotsägef. fiederteilig; ↕ 15–50(–60) cm; ⊙. V–VII. – Brachäcker, Getreidefelder, Wegränder. – Ne. (Heimat: MMG), eingeschleppt; regional eingebürg., im N unbest.; *z* im S, *f* im N des Gebiets (B; DK; FL; NL). Senfblättriges Z., ***B. erucago*** L.

Cakile Mill., Meersenf

Blätt. dickl., fleischig, ungeteilt bis doppelt fiederspaltig; Kronblätt. lila bis rosa od. weißl.; Fr. 2-gliedrig, ob. Glied dolchf. (*513/4b*); ↕ 15–30(–50) cm; ⊙. VII–X. – Sandige, nährstoffreiche Dünen-StO der Küste der Nord- u. Ostsee, *v; s* im Binnenland, z. B. D: SH, SN (Leipzig). Meersenf, ***C. maritima*** Scop.

a. Unt. Glied der Fr. gewöhnl. an der Spitze m. 2 rückw. gerichteten Auswüchsen (*529/1a*), oft > 1 mm lg.; Blätt. 1–2-mal fiederteilig, letzte Abschnitte 10–20-mal so lg. wie br. – Nur Ostseeküste; *v*.
Baltischer M., Ostsee-M., subsp. ***baltica*** (Rouy & Foucaud) P. W. Ball

— Unt. Glied der Fr. gewöhnl. ohne Auswüchse (*529/1b*) od. nur m. sehr kurzen Anhängseln; Blätt. ungeteilt od. fiederteilig, letzte Abschnitte ≤ 5-mal so lg. wie br. – Nur Nordseeküste (sonstige Verbr.: Atlantikküste); *v*.
Ganzrandiger M., subsp. ***integrifolia*** (Hornem.) Greuter & Burdet

Die Nominatrasse des Meersenfs, subsp. ***maritima***, ist nach neueren Angaben auf das MMG beschränkt.

Calepina Adans., Wendich

Grundblätt. rosettig, grob gebuchtet bis leierf. fiederspaltig; ob. Stg.Blätt. ungeteilt, m. pfeilf. Grund stg.umfassend; Kronblätt. klein, 2–3 mm lg., weiß, etwas ungleich groß; ↕ 20–50 cm; ⊙. V–VI. – Brachfelder. – Ne. (Heimat: MMG), eingeschleppt; *s*, D: BW, im Rheintal u. Nebentälern (Mainz bis Köln), RP; A: Bgl, OÖ; NÖ; B; CH; F: Els; I: Bz; NL. [*Myagrum irregulare* Asso; *C. corvinii* (All.) Desv.]
Wendich, ***C. irregularis*** (Asso) Thell.

Camelina Crantz, Leindotter

1. Stg. kahl od. locker m. verzweigten Haaren besetzt; Samen 1,5–3 mm lg.; — Schötchen 7–10 mm lg.; ↕ 15–60(–100) cm; ⊙. V–VIII. – Äcker, früher Kulturpfl.; *z*.
Artengruppe Saat-L., ***C. sativa*** agg.

a. Schötchen hartschalig, birnenf., m. dem Gr. 7–9 mm lg., aufr.-absthd.; Stg.Blätt. ganzrandig od. fein gezähnt. ↕ 30–70(–100) cm; ⊙. V–VIII. – Kult. u. verwild. (Heimat: O-Eur. u. W-As.). [*C. sativa* subsp. *sativa*]
Saat-L., ***C. sativa*** (L.) Crantz

— Schötchen weichschalig, fast kugelig, m. dem Gr. 9–12 mm lg., auf waagr. absthd. od. herabgebogenen Stielen; Stg.Blätt. gezähnt bis fiederspaltig. ↕ 15–60(–100) cm; ⊙. VI–VII. – Leinäcker. – Ne. (Heimat: As.), eingeschleppt; *s*, in D u. A wohl verschwunden. [*C. dentata* (Willd.) Pers.; *C. sativa* subsp. *alyssum* (Mill.) Hegi & Em. Schmid]
Gezähnter L., ***C. alyssum*** (Mill.) Thell.

— Stg. u. Blätt. dicht m. unverzweigten Haaren (od. zusätzl. m. verzweigten Haaren) besetzt; Samen 0,8–1,5 mm lg **2**

2. Kronblätt. 5–9 mm lg.; gelbl.weiß; Pfl. ohne od. m. wenigen verzweigten Haaren; Mittelnerv der Schötchenklappen deutl.; — Grundblätt. z. Bltzt. meist vorhanden; Schötchen (ohne Gr.) 5–8 mm lg., birnenf.; ↕ (15–)20–40(–60) cm; ⊙. V–VII. – Getreideäcker, Ruderalstellen, Trockenrasen; kollin. – Ne. (Heimat: SO-Eur., SW-As.), eingeschleppt, *s*, A: Bgl, NÖ; B; PL; früher CZ.
Balkan-L., ***C. rumelica*** Velen.

— Kronblätt. 2,5–4,5 mm lg., hellgelb; Pfl. m. zahlr. verzweigten Haaren; Mittelnerv der Schötchenklappen schwach bis fehlend; — Grundblätt. z. Bltzt. meist vertrocknet; Schötchen (ohne Gr.) 4–7,2 mm lg., br. birnenf.; ↕ (15–)20–60 cm; ⊙. IV–VII. – Halbtrockenrasen, Äcker, Böschungen. – Eingeschleppter Ne. od. Archäophyt (Heimat: SO-Eur., Z-As.) u. oft unbest.; *v* im O, sonst *z*. Kleinfrüchtiger L., Wild-L., ***C. microcarpa*** DC.

a. Kronblätt. 2,5–3,5 mm lg.; Schötchen (ohne Gr.) 4,0–5,2 × (2,0–)2,5–3,4(–3,5) mm; Pfl. hellgrün; — Mittelnerv der Schötchenklappen undeutl. bis fehlend; Pfl. meist sommerannuell. – Ruderalstellen, Bahnanlagen. – Sehr *s* u. unbest., ob in D? [*C. microcarpa* subsp. *microcarpa*] Kleinfrüchtiger L. (i. e. S.), subsp. ***microcarpa***

— Kronblätt. 3,5–4,5 mm lg.; Schötchen (ohne Gr.) 5,2–6,8(–7,2) × (–3,5 3,7–4,4(–4,8) mm; Pfl. dk.grün; — Mittelnerv der Schötchenklappen deutl.; Pfl. meist winterannuell. – Äcker, trockene Ruderalstellen, Halbtrockenrasen; oft auf Kalk. – Alteingebürg., *v–z*. [subsp. *silvestris* (Wallr.) Hiitonen] Wilder L., subsp. ***pilosa*** (DC.) Hiitonen

Capsella Medik., Hirtentäschelkraut

1. Kronblätt. rein weiß, 2–3 mm lg., länger als die Kelchblätt., selten fehlend (u. dann meist m. 10 Staubblätt.); Fr. an der Spitze seicht ausgerandet (*529/3*), ohne Öhrchen, daher ihre Seitenränder gerade od. etwas konvex erscheinend; — Kelchblätt. grün, selten rötl. od. purpurn; Fr. meist länger als br., 4–10 × 4–9 mm, meist grün; Grundblätt. rosettig, ungeteilt, buchtig gelappt bis fiederspaltig; Stg.Blätt. ungeteilt, m. br. Öhrchen stg.umfassend; ↕ 10–70 cm; (⊙–)⚇. II–IX(–XII). – Als Kulturbegleiter an trockenen bis frischen StO *v*, Ruderalstellen. – Sehr formenreich, ≈ 200 erbbest. Varianten, die als Kleinarten beschrieben wurden; auch Mutanten m. ellipt., nicht abgeflachten Fr. wie „*C. heegeri*" Solms. – Wildgemüse. Gewöhnliches H., ***C. bursa-pastoris*** (L.) Medik.

— Kronblätt. rötl. od. weiß m. rötl. Rand, 1,5–2 mm lg., kaum länger als die Kelchblätt.; Fr. an der Spitze tief (≈ bis zur Mitte) 2-teilig, m. 2 nach den Seiten vorspringenden Öhrchen, daher ihre Seitenränder konkav erscheinend (*529/4*); — Kelchblätt. oft, zumind. an Spitze, rötl.; Fr. meist ≈ so lg. wie br., 4–6 mm lg. u. br., oft dk.rot; ↕ 5–40 cm; ⊙ –⚇. II–IX. – Äcker, Ruderalstellen. – Ne. (Heimat: Westl. MMG), eingeschleppt; *s*. Rötliches H., ***C. rubella*** Reut.

Cardamine L. [incl. *Dentaria* L., Zahnwurz], Schaumkraut

1. Blattgrund ohne Öhrchen 3

— Blattgrund m. Öhrchen 2

2. Grundblätt. ungeteilt, br. eif.; Kronblätt. weiß, 4,5–6 mm lg., 2–3-mal so lg. wie der Kelch; — Schoten 12–22 mm lg.; Stg.Blätt. fiederteilig; ↕ 1–15 cm; ♃. V–VII. – Feuchte Felsen u. Schneetälchen; kalkmeidend; 600–3500 m. – Silikat-Alp. *v*, *s* Kalk-Alp. u. Mittelgeb., z. B. D: SW- u. O-BY, Allgäuer Alp., Wettersteingeb.; CZ: Böhmw.; CZ/PL: Riesengeb. Resedablättriges S., ***C. resedifolia*** L.

— Grundblätt. gefied.; Kronblätt. weißl., 2–3 mm lg., nicht länger als der Kelch, oft fehlend; — Schoten 18–30 mm lg.; ↕ 10–85 cm; ⚇. V–VII. – Schattige, feuchte, nährstoffreiche Wälder; v. a. montane Stufe. – *z*, *s* im N. Spring-S., ***C. impatiens*** L.

3 (1). Kronblätt. > 5 mm lg. 7

— Kronblätt. < 5 mm lg. 4

4. Alle Blätt. ungeteilt od. seicht gelappt; — Kronblätt. weiß; Schoten 10–15 mm lg., an der Spitze oft violett; ↕ 1–11 cm; ♃. VII–VIII. – Schneetälchen der Silikat-Alp.; 1600–3100 m. – *z*, in den Kalk-Alp. *s*. [*C. bellidifolia* L. subsp. *alpina* (Willd.) B. M. G. Jones] Alpen-S., ***C. alpina*** Willd.

— Blätt. wenigstens teilw. gefied. od. fiederteilig 5

5. Grundblätt. hinfällig, Fiedern der Grundblätt. längl., keilf., ganzrandig, sitzend; Kronblätt. 2–2,5 mm lg.; Pfl. kahl; — Schoten 8–20 mm lg.; ↕ 5–20 cm; ⊙. V–VII. – Flussufer, feuchte

529/1 *529/2* *529/3* *529/4* *529/5* *529/6* *529/7* *529/8*

überschwemmte Böden. – *s* D: bes. Elbe-, Oder- u. Havelgebiet, auch HE u. BW?; A: Bgl, NÖ; B; CZ. Kleinblütiges S., ***C. parviflora*** L.

— Grundblätt. in bleibender Rosette; Fiedern der Grundblätt. rundl. od. gezähnt, gestielt; Kronblätt. 2,5–4(–5,5) mm lg.; Pfl. (meist) etwas behaart **6**

6. Stg. 5–10-blättr., aufr. od. aufstgd.; Blütenstiele 3–4 mm lg.; Stb.Blätt. meist 6; Gr. 0,5–1 mm lg.; — Schoten 12–24 mm lg.; ↕ 10–50 cm. (⊙–)⚇–♃. IV–VI. – Feuchte, schattige Wälder; v. a. montane Stufe. – *z*, *s* im N. [*C. sylvatica* Link] Wald-S., ***C. flexuosa*** With.

Das Japanische Reisfeld-S., ***C. occulta*** Hornem. [*C. flexuosa* subsp. *debilis* O. E. Schulz; *C. hamiltonii* G. Don] unterscheidet sich von *C. flexuosa* (u. *C. hirsuta*) im Habitus (bei *C. occulta* Blattrosette undeutl. od. fehlend), in der Form der Fiederblättchen (meist 3-lappig) u. der Behaarung (v. a. Stg.Blätt. oberseits kahl); Stg. Blätt. 2–4-paarig; ↕ 5–30 cm; ⊙. VI–XI? – Meist urbane Vegetation, Gewächshäuser, Gärtnereien, Blumentröge, Pflasterritzen. – Eingeschleppt (Heimat: O-As.; sich in Eur. ausbreitend); *s* (oft übersehen) u. lokal eingebürg., z. B. D: Bodensee, Aachen, Eifel; A: Kt (St. Veit, Längsee), NÖ (Krems, Wien), OÖ (Schärding), Sb (Salzburg), Stm (Graz), Vb; B; CH; I: Bz; NL.

— Stg. 2–4-blättr., aufr.; Blütenstiele 1,5–2 mm lg.; Staubblätt. meist 4; Gr. 0,3–0,5 mm lg.; — Schoten 18–25 mm lg.; ↕ 5–30 cm; ⊙(–⚇); III–VI. – Gärten, Parkrasen, Weinberge, Baumschulen, Ruderalstellen. – *v*, im N *z*. Behaartes S., Ruderal-S., ***C. hirsuta*** L.

Ähnl. ist das Neuseeland-S., ***C. corymbosa*** Hook. f., aber: Stg.Blätt. (0–)2–3, oft bräunl., m. 3–7 Fiedern; Pfl. niederlgd. bis aufstgd.; Infl. 1–4(–5)-blütig; Blüten lg. gestielt (z. Frzt. bis 5 cm lg.); Kronblätt. 3–5,5 mm lg., ausgebr. (Frühjahr) od. fehlend (Sommer); Staubblätt. meist 6; Schoten 10–22 mm lg.; ↕ 3–10 cm. IV–VII(?). – Gärtnereien u. Baumschulen. – Ne. (Heimat: Neuseeland), in den 1970er-Jahren nach Großbritannien eingeschleppt u. sich von W-Eur. ausbreitend; *s* u. lokal eingebürg., z. B. D: Osnabrück; A: OÖ.

7 **(3).** Blattquirl unterh. der Infl. fehlend **10**

— Blattquirl unterh. der Infl. vorhanden **8**

8. Blätt. gefied., — m. 2–6 Fiederpaaren; Fiedern schmal lanzettl., gesägt; Kronblätt. blassgelb, 15–22 mm lg.; Blüten stark duftend; Schoten 40–65 mm lg.; ↕ 25–40 cm; ♃. IV–V. – Buchenwälder, Schluchtwälder. – *s*, nur A: Ti, Vb; CH; FL. [*D. polyphylla* Waldst. & Kit.] Vielblättrige Z., ***C. kitaibelii*** Becherer

— Blätt. gefing. od. 3-zählig **9**

9. Kronblätt. gelbl., — 12–16 mm lg.; Blattquirl m. 3 dreizähligen Blätt.; Blüten nickend; Schoten 40–75 mm lg. u. 3,5–4 mm br.; ↕ 20–30(–40) cm; ♃. IV–VII. – Schattige Laubwälder der Alp. u. Mittelgeb., Lausitz. – *z*. [*D. enneaphyllos* L.] Neunblättrige Z., ***C. enneaphyllos*** (L.) Crantz

— Kronblätt. purpurn, — 12–22 mm lg.; Blüten in wenigblütiger Traube; Schoten 35–60 mm lg. u. 2–3 mm br.; ↕ 12–25 cm; ♃. IV–VI. – Schattige Laubwälder. – Im Gebiet nur eingeschleppter Ne. (Heimat: Karp., PL, Slowakei, SO-Eur.); sehr *s*, nur in A: S-Stm (Ehrenhausen); CZ. [*D. glandulosa* Waldst. & Kit.] Drüsen-Z., ***C. glanduligera*** O. Schwarz

10 **(7).** Blätt. gefied., m. meist > 3 Fiederblätt. **14**

— Blätt. gefing., 3-zählig od. ungeteilt **11**

11. Blätt. alle ungeteilt, — herz- bis nierenf., die unt. lg. gestielt, ihre Spr. ≈ 6 cm ∅, geschweift-gezähnt; Kronblätt. weiß, 6–10 mm lg.; Schoten 20–30 mm lg.; Stg. aufstg.; ↕ 20–40 cm; ♃. V–VIII. – Quellfluren, Bachufer; auf kalkarmen Böden. – *s*, nur CH: Gr (Puschlav). Haselwurz-S., ***C. asarifolia*** L.

— Blätt. gefing. od. 3-zählig **12**

12. Blätt. gesägt, m. zahlr. Zähnen, meist 5-zählig gefing.; Kronblätt. 14–22 mm lg., — rosarot; Schoten 2,5–4 mm br.; ↕ 25–50 cm; ♃. IV–VI. – Feuchte Buchenwälder der Alp. u. der benachbarten Mittelgeb. – *z*. [*D. pentaphyllos* L.; *D. digitata* Lam.] Finger-Z., ***C. pentaphyllos*** (L.) Crantz

— Blätt. undeutl. gesägt, m. wenigen Zähnen, 3-zählig gefing.; Kronblätt. 9–12 mm lg., — weiß od. rosa **13**

13. Stg.Blätt. ≥ 3; Fiederblätt. eif., länger als br.; Blätt. sommergrün; Staubbeutel violett; — Kronblatt. weiß, 10–12 mm lg.; Schoten 20–35 × 2 mm; ↕ 12–30(–50) cm; ♃. IV–V. – Bergwälder, Schluchten. – *s*, nur A: Stm. [*D. trifolia* Waldst. & Kit.] Dreiblättrige Z., ***C. waldsteinii*** Dyer

— Stg.Blätt. 1–2; Fiederblätt. br. rautenf., ≈ so br. wie lg. od. breiter; Blätt. wintergrün; Staubbeutel gelb; — Kronblätt. weiß od. rosa, 9–11 mm lg.; Schoten 17–27 × 2 mm; ↕ 20–30 cm; ♃. IV–VI. – Schattige, feuchte Bergwälder; Rohhumos, modrig-saure Substrate, aber meist über Kalk. – *z* O-Alp., von CH: Gr ostw., auch D: BW (Treherz), BY (u. a. Ingling bei Passau); Schweizer Jura; Sudeten, Böhmw. Kleeblatt-S., ***C. trifolia*** L.

14 (10). Rhizom fehlend od. dünn, ohne Niederblätt.; Blätt. m. 2–10 Fiederpaaren; Fiedern klein (< 35 mm lg.), stumpf u. ganzrandig, gekerbt-gebuchtet od. stumpf gelappt-gezähnt; Kronblätt. 5–10(–15) mm lg.; Schoten linealisch; Fr.Gr. 1–2,5 mm lg.; Samen 1,3–1,5 × 0,8–1,1 mm **16**

— Rhizom dick, fleischig, kriechend, m. zahnf. Niederblattschuppen; Blätt. m. 2–4 Fiederpaaren; Fiedern groß (> 35 mm lg.), zugespitzt u. kerbig-gesägt; Kronblätt. 12–20 mm lg.; Schoten lineal-lanzettl., Fr.Gr. > 3 mm lg., zugespitzt; Samen 2,5–4 × 1,5–3,5 mm **15**

15. Ob. Stg.Blätt. ungeteilt, in den Achseln m. braunvioletten, eif. Brutsprossen (Bulbillen); — Kronblätt. hellviolett, selten weiß; Traube verläng.; ↕ 30–60 cm; ♃. IV–VI. – Laubwälder; auf Kalk. – *v*, im NW *f*. [*D. bulbifera* L.] Zwiebel-Z., ***C. bulbifera*** (L.) Crantz

— Alle Blätt. gefied., Stg.Blätt. in den Achseln ohne Bulbillen; — Kronblätt. weiß od. blass lila; Traube nicht verläng.; ↕ 30–60 cm; ♃. IV–V. – Bergwälder. – Im SW: *s* SW-BW, Schw., Alp. W des Bodensees; F: Vog. [*D. heptaphylla* Vill.; *D. pinnata* Lam.]
Fieder-Z., ***C. heptaphylla*** (Vill.) O. E. Schulz

16 (14). Stg. nur anfangs markig, später hohl, ± rund; Fiedern der Stg.Blätt. ganzrandig, schmal; Kronblätt. lila, seltener weiß; Staubbeutel gelb; Grundblätt. rosettig, — 3–11-zählig gefied. m. größ. 3-lappiger Endfied., zuw. m. Brutpfl.; ↕ 10–60 cm; ♃. IV–VII. – Feuchte Wiesen, Laubwälder. – *v*. – Formenreich. Artengruppe Wiesen-S., ***C. pratensis*** agg.

a. Blattfiedern der Stg.Blätt. kurz gestielt, — meist gezähnt, oft hinfällig; Kronblätt. (9–)12–16(–19) mm lg., weiß; ↕ 20–50 cm. IV–VI. – Sumpfwiesen. – Im ganzen Gebiet *z*; *f* I: Bz. [*C. palustris* (Wimm. & Grab.) Peterm.]
Sumpf-S., ***C. dentata*** Schult.

— Blattfiedern der Stg.Blätt. ungestielt; — Kronblätt. 4–9(–16,5) mm lg., weiß od. blassviolett .... b

b. Schoten 1,6–2,5 mm br.; unt. Blattfiedern der unt. Stg.Blätt. meist waagr. absthd., ± spitz; — Kronblätt. meist blassviolett, selten purpurn od. weiß........ d

— Schoten 0,8–1,5 mm br.; unt. Blattfiedern der unt. Stg.Blätt. meist abw. gerichtet, an der Spitze abgerundet, ganzrandig; — Kronblätt. meist weiß c

c. Kronblätt. 5–9(–12) mm × 2,5–5,5(–6,0) mm; Pollenkörner 24,0–27,8 µm ∅; — Schoten 12–34 × 0,8–1,3 mm; ↕ 10–50 cm. IV–V. – Feuchtwiesen, Niedermoore, frische Fettwiesen; kollin. – *z–s*, A: Kt, NÖ, Stm, Ti?, Vb?; CH; CZ; FL?; I: Bz?; PL. Mattioli-S., ***C. matthioli*** Moretti

— Kronblätt. 8,5–16,5 × (5,0–)5,5–12 mm; Pollenkörner 28,3–32,3 µm ∅; — Schoten 18–46 × 0,9–1,3(–1,4) mm; ↕ 15–50 cm. IV–VI. – Feuchtwiesen u. -weiden, Auenwälder; kollin. – *s*, A: S-Bgl, SO Stm?; CZ.
Májovský-S., ***C. majovskii*** Marhold & Záborský

d (b). Haare am Rand der unt. Blätt. 2–5-mal so lg. wie br., an ihrer Basis 0,05–0,08 mm br.; zumind. am Rand der Grundblätt. einzelne Haare stets vorhanden; — unt. Stg.Blätt. m. 2–6 Fiederpaaren; ↕ 10–60 cm. IV–VI. – Wälder, Wiesen. – *v*. [incl. *C. nemorosa* Lej. u. *C. pratensis* subsp. *picra* De Langhe & D'hose]
Gewöhnliches Wiesen-S., ***C. pratensis*** L.

— Haare am Rand der unt. Blätt. ganz fehlend od. 5–12-mal so lg. wie br., an ihrer Basis 0,02 –0,05 mm br.; — unt. Stg.Blätt. m. 4–10 Fiederpaaren .... e

e. Endfied. der obersten Blätt. höchstens drei Viertel so lg. wie das restl. Blatt.; Kronblätt. 4–7(–10) mm lg., kräftig purpurn; — Rosetten meist m. 1 Stg., dieser meist aufr. u. nicht verzweigt; Grundblätt. nicht früh verwelkend; Blätt. derb, dickl.; ↕ 10–50 cm. VI–VIII(?). – Feuchtwiesen, Flachmoore, Quellfluren; montan bis subalp. – *z*, Alp. u. Vorland; A: Kt, Sb, Stm; CH; CZ; I: Bz. Bach-S., ***C. rivularis*** auct. non Schur

Echte ***C. rivularis*** Schur ist karpat. u. kommt im Gebiet wohl nicht vor. Eine Sippe m. Klärungsbedarf. – Auch die folg. Sippe ist taxonom. umstritten; sie wird oft zu *C. pratensis* s. str. gestellt u. ihre Verbr. ist ungenügend bekannt.

— Endfied. der obersten Blätt. bis 1,5-mal so lg. wie das restl. Blatt.; Kronblätt. 7–12 mm lg., blassviolett od. weiß; — Rosetten meist m. mehreren Stg., dieser oft aufstgd. u. meist verzweigt; Grundblätt. früh verwelkend, ↕ 20–60 cm. IV–V(?). – Bachauen, Moorwiesen, Flachmoore; kollin (bis submontan). – *s*, Alp. u. Vorland; z. B. D: BW, BY; A: Kt, NÖ, Ti, Vb; CH. Moor-S., ***C. udicola*** Jord.

— Stg. meist markig, kantig, am Grund niederlgd., m. Ausläufern; Fiedern der Stg.Blätt. eckig gezähnt, br.; Kronblätt. weiß; Staubbeutel violett; Grundblätt. nicht rosettig, — (im Tiefland) meist 5–9-zählig fiederteilig; ↕ 10–60 cm; ♃. IV–VII. – Quellfluren, Bachufer. – *v*.
Kressen-S., Bitteres S., ***C. amara*** L.

Im Gebiet wohl 2 Sippen, deren Bestimmung im Gelände (breite Merkmalsüberlappung; Pollengrößen) in den Übergangsbereichen erhebl. Schwierigkeiten bereiten kann: eine tetraploide, in allen Teilen (Pollen, Stg.-∅, Kronblätt., Staubblätt.) robustere Sippe in höh. Lagen der O-Alp. u. angrenzenden Gebieten u. eine diploide Tieflagensippe fast im gesamten Gebiet. Zur subsp. *austriaca* auch behaarte, im ob. Stg.Abschnitt vielblättr. u. wenigblütige Hochlagen-Formen m. > 6 Fiederpaaren u. dickeren Rhizomen [subsp. *opicii* auct.].

a. Stg.Blätt. (4–)6–14(–40), unt. m. (3–)4–9(–11) Fiederpaaren. – Selten submontan, meist montan-subalp. bis alp.; D (SO-BY); A (*f* NÖ, Bgl); CH; CZ; I: Bz?; PL. [*C. austriaca* (Marhold) Landolt]
Österreichisches Kressen-S., subsp. ***austriaca*** Marhold

— Stg.Blätt. (2–)3–8(–10), unt. m. 2–4(–6) Fiederpaaren. – Kollin, selten submontan.
Kressen-S. (i. e. S.), subsp. ***amara***

Chorispora DC., Gliederschote

Blätt. lanzettl., ganzrandig od. gesägt., die unt. oft fiederspaltig; Kronblätt. 10–12 mm lg., dk.lila; Schote (ohne Fr.Schnabel) 15–30 mm lg., in 2-samige Segmente zerbrechend; Fr.Schnabel 10–12 mm lg.; ↕ 10–40(–60) cm; ⊙. V. – Äcker, Ruderalstellen. – Ne. (Heimat: SO- u. O-Eur., As.), m. Saatgut eingeschleppt?; *s*, A: Bgl, Kt, NÖ; CH: Vs; CZ; in D: BY, MV, NI, SN, ST, TH unbest.
Zarte G., Moschussenf, ***C. tenella*** (Pallas) DC.

Clypeola L., Schildkraut

Pfl. von Sternhaaren grauweiß, Stg. zuw. rotviolett überlaufen; Blätt. spatelf.; Kronblätt. 1–2 mm lg., gelb, später weißl.; Traube z. Frzt. verläng.; Schötchen kreisrund, m. Rand, flach, 2–5 mm lg., hgd.; ↕ 2–15(–35) cm; ⊙. III–VI. –Trockene, felsige Hänge, lückige Rasen. – Sehr *s*, einheim. nur CH: Vs; Hauptverbr.: MMG, gelegentl. andernorts unbest. eingeschleppt. Schildkraut, ***C. jonthlaspi*** L.

Cochlearia L., Löffelkraut ⓖ

1. Stg.Blätt. nicht geöhrt, — meist handf. 5–7-lappig (efeuähnl.); Grundblätt. 3-eckig-herzf., ganzrandig; Stg. niederlgd. bis aufstgd.; Schötchen rundl.-eif., beidendig abgerundet-stumpf, durch den kurzen Gr. bespitzt (*529/5*); ↕ 10–20 cm; ⊙. V–VI. – Strandrasen, Salzwiesen. – Nord- u. Ostseeküste *z*, D: MV, NI, SH; sonst *s*, sekundär an gesalzenen Straßen; z. B. D: BW, BY, HE, NRW, ST, TH; A: NÖ (b. Pöchlarn), OÖ (Innviertel, Hausruckviertel); B; CH; CZ. ⓖ.
Dänisches L., ***C. danica*** L.

— Ob. Stg.Blätt. deutl. geöhrt **2**

2. Grundblätt. keilf. ellipt., am Rand oft unregelm. gezähnt, am Grund abgerundet; Schötchen br. ellipt., beidendig stumpf, aufgeblasen, z. Reifezt. netznervig; ↕ 20–30 cm; ⊙. V–VII. – Grabenränder, Salzwiesen u. -röhrichte. – Nord- u. Ostseeküste *z*, z. B. in D: W-MV, NI, SH, im Binnenland (Salzstellen) *s*. ⓖ. Englisches L., ***C. anglica*** L.

— Grundblätt. rundl. herzf. bis nierenf. selten eif.; Schötchen kugelig bis eif., durch den kurzen Gr. bespitzt (*529/6*); — Stg.Blätt. eif., grob gezähnt; Blüten wohlriechend; ↕ 5–60 cm; ⊙–♃. IV–VIII. – Feucht-StO. – ⓖ. Artengruppe Gebräuchliches L., ***C. officinalis*** agg.

a. Pfl. ≤ 15 cm hoch; Kronblätt. gelbl.weiß; —Schötchen bis 4,5 mm lg.; ↕ 5–10(–17) cm. VII–VIII. – Feuchter Steinschutt der Alp; nur auf Schiefer u. Gneis; 1900–2400 m. – Sehr *s*, endem. in Seckauer u. Gurktaler Alp., A: Kt, Stm. [*C. pyrenaica* subsp. *excelsa* (Fritsch) O. Schwarz] Ostalpen-L., ***C. excelsa*** Fritsch

— Pfl. meist höher; Kronblätt. reinweiß .... **b**

b. Schötchen ≈ eif.-kugelig, an beiden Enden abgerundet; Fr.Stiele meist waagr. absthd. .... **d**

— Schötchen ≈ ellipt., an beiden Enden verschmälert; Fr.Stiele aufr.; — Samen > 1,5 mm lg. .... **c**

c. Pollen 26–30 µm lg.; — Stg. z. Bltzt. meist 15–30 cm hoch; Gr. an der reifen Fr. 0,3–0,5(–0,6) mm lg.; Grundblattspr. 1–3,8 × 1,2–4,5 cm; ↕ (10–)15–30(–40) cm. IV–VII. – Quellfluren, Bachufer, Moorgräben; auf Kalk. – *s*, SW des Gebiets, D: BW, BY, HE, NRW; A: NÖ, OÖ, Stm; B; CH: Bern, Fribourg; NL. ⓖ. Pyrenäen-L., ***C. pyrenaica*** DC. s. str.

— Pollen 31–36 µm lg.; — Stg. z. Bltzt. meist 25–45 cm hoch; Gr. an der reifen Fr. 0,4–0,8(–1,0) mm lg.; Grundblattspr. 1,5–5,5 × 2–6 cm; ↕ 25–45(–60) cm. IV–VI. – Quellfluren, Bachufer. – *s*, nur D: BY. ⓖ. – Aus *C. officinalis* u. *C. pyrenaica* entstanden. Bayrisches L., ***C. bavarica*** Vogt

d **(b).** Samen > 1,5 mm lg.; — Grundblätt. an der Basis der Spr. gestutzt od. nur schwach herzf., diese eif.; Rhizom m. dichtem Wurzelfilz; ↕ 25–35(–40) cm. IV–VI. – Quellaustritte in Flachmooren; kollin. – Extrem *s*, nur A: NÖ (Moosbrunn). – Lokalendemit. Dickwurzel-L., ***C. macrorrhiza*** (Schur) Pobed.

— Samen 1–1,5 mm lg.; ↕ 20–50 cm. V–VI. – Salzböden der Küste u. des Binnenlands, nasse Salzwiesen u. -röhrichte. – *z*; *f* A; CH; CZ; L; PL. – Auch als Gewürz- u. Salatpfl. angebaut. Gebräuchliches L., ***C. officinalis*** L. (subsp. ***officinalis***)

Coincya Rouy [*Brassicella* O. E. Schulz, Schnabelsenf], Lacksenf

Stg. borstig; Grundblätt. u. unt. Stg.Blätt. leiert. fiederspaltig, unterseits borstig; Kelchblätt. aufr., röhrig zus.schließend; Kronblätt. schwefelgelb, m. grünl. Nerven; Schoten waagr. absthd., 4–7 cm lg., m. lg. Schnabel; ↕ 50–60 cm; ⊙. VI–X. – Ruderalstellen, Äcker, Weinberge, Sandtrockenrasen; kalkmeidend. – *s*, bes. Rheintal u. Nebentäler (Verbr. W-Eur., bis W-D); D: BY, HE, MV, NI, NRW, SN; B; CH: SG; F: Els; L; in A: Bgl. Stm u. NL(?) nur eingeschleppt u. unbest.; *f* DK. [*B. erucastrum* O. E. Schulz; *Rhynchosinapis cheiranthos* (Vill.) Dandy; *C. monensis* (L.) Greuter & Burdet subsp. *cheiranthos* (Vill.) Aedo et al.]
Lacksenf, Schnabelsenf, ***C. cheiranthos*** (Vill.) Greuter & Burdet

Conringia Fabr., Ackerkohl

1. Kronblätt. gelbl.weiß od. grünl.weiß, 10–13 mm lg.; Gr. 1,5–2 mm lg.; Fr. 4-kantig, ihre Klappen 1-nervig; Samen 2–2,5 mm lg., eif.; ↕ 10–50(–70) cm; ⊙. V–VII. – Lehm- u. Kalkäcker; kollin bis montan. – Ne. od. im SO alteingebürg. (?) (Heimat: O-MMG, SW-As.), eingeschleppt; *s* in S-, M-D; A: Bgl, NÖ, sehr *s* Kt, OÖ, Vb; *s* B; CH; F: Els; PL; früher CZ u. I: Bz; *f* B; DK; NL. [*Erysimum orientale* (L.) R. Br.] Orient-A., Weißer A., ***C. orientalis*** (L.) Dumort.

— Kronblätt. zitronengelb, 6–8(–10) mm lg.; Gr. 3–4 mm lg.; Fr. 8-kantig, ihre Klappen 3-nervig; Samen 2,8–3 mm lg., längl.; ↕ 10–100 cm; ⊙–⊙. V–VI(–VIII). – Steinige, trockene Abhänge, Mergelschuttfluren; kollin. – Sehr *s*, A: NÖ; ob noch CZ? (Hauptverbr.: SO-Eur., SW-As.); in D Ne. u. stellenw. unbest. Österreichischer A., ***C. austriaca*** (Jacq.) Sweet

Crambe L., Meerkohl

1. Pfl. 1-j.; Grundblätt. leierf.-fiederspaltig, m. großem, fast nierenf. Endlappen u. 0–1(–2) Paaren deutl. kleinerer Seitenlappen, nicht dickl.; — ob., kugeliger Teil der Fr. 3–4,5 mm ∅; Pfl. meist borstig, selten kahl; Grundblätt. 5–20 cm lg., kahl od. behaart; Blüten 4–12 mm lg. gestielt **4**

— Pfl. ausd.; Grundblätt. geteilt einfach od. bis 2–3-fach fiederspaltig, dann aber ohne nierenf. u. deutl. vergrößertem Endlappen u. oft dickl.; — ob., kugeliger Teil der Fr. meist größer ... **2**

2. Grundblätt. bis 2–3-fach fiederspaltig; Fr. 4-rippig; — Pfl. ganz od. teilw. steif behaart; Grundblätt. dk.grün, unterseits steif behaart; Kronblätt. 3–6 mm lg.; ob., kugeliger Teil der Fr. 3–6(–7) mm ∅; ↕ 60–90(–120) cm; ♃. IV–VI. – Steppenrasen, Böschungen; auf Löss. – Sehr *s*, nur A: NÖ (NO-Weinviertel); CZ (Mähren; Hauptverbr.: SO-Eur.). FFH24. [*C. tatarica* Pall.] Tatarischer M., ***C. tataria*** Sebeók.

— Grundblätt. unzerteilt bis einfach fiederspaltig; Fr. höchstens undeutl. gerippt **3**

3. Pfl. kahl, < 1 m hoch; Grundblätt. kahl, blau bereift, am Rand gewellt, etwas fiederlappig (3–5-lappig); Stg.Blätt. zahlr. u. ähnl. wie Grundblätt.; — Kronblätt. 6–8(–10) mm lg.; Fr. rippenlos, ihr ob., kugeliger Teil 6–8(–11) mm ∅; ↕ 30–80 cm; ♃. V–VII. – Meeresstrand, Dünen. – *s*, Ostseeküste: DK; östl. bis Rügen; Nordsee: B; NL. ©. Nördlicher M., ***C. maritima*** L.

— Pfl. spärl. behaart, ≥ 1 m hoch; Grundblätt. behaart, dk.grün, Rand fast plan, herzf.; Stg.Blätt. sehr wenige, viel kleiner als Grundblätt.; — diese bis 1 m lg.; Blütenrispen stark verzweigt, fast waagr. ausladend; Kronblätt. 6–10 mm lg.; Fr. kaum gerippt, weißl., netzig-grubig, ihr ob., kugeliger Teil 2,6–7 mm ∅; ↕ 100–150(–200) cm; ♃. V–VII. – In Gärten kult., Ruderalfluren. – Ne. (Heimat: N-Kaukasus); *s* verwild. u. meist unbest., z. B. in B. – Zierpfl. Herzblättriger M., ***C. cordifolia*** Steven

4. Grundblätt. herzf.; unt. Teil der Fr. 1,5–2,5 mm lg.; Fr. zerfallend; — Kronblätt. 3–4 mm lg.; ↕ (25–)50–100(–120) cm; ⊙.; 2n = 60. V. – Ruderalfluren, Brachäcker; kollin. – Ne. (Heimat: MMG); *s*, meist unbest., z. B. D: BB (Berlin); A: NÖ. [incl. subsp. *glabrata* (DC.) Cout.?; *C. hispanica* subsp. *hispanica*] Spanischer M., ***C. hispanica*** L.

— Grundblätt. eif.; unt. Teil der Fr. 0,3–1 mm lg.; Fr. bleibend; — Kronblätt. 2,5–3,5 mm lg.; ↕ 50–150 cm; ⊙; 2n = 90. VI–VII. – Ruderalfluren, Flussufer; kollin. – Ne. (Heimat: O-Afr.); *s*, unbest., z. B. D: SN; B. – Zierpfl., selten auch industriell genutzte Kulturpfl. (Ölpfl.). [*C. hispanica* subsp. *abyssinica* (R. E. Fr.) A. Prina] Abessinischer M., Äthiopischer M., Öl-Krambe, ***C. abyssinica*** R. E. Fr.

Descurainia Webb & Berth., Besenrauke

Blätt. graugrün, fein doppelt bis 3-fach gefied.; Kronblätt. blassgelb, ≈ so lg. wie der Kelch; Schoten aufr., sichelf. gebogen, 10–20 mm lg.; ↕ 20–70 cm; ⊙. V–VII(–IX). – Ruderalstellen, Äcker; kollin bis montan. – *v–z*. [*Sisymbrium sophia* L.] Gemeine B., Sophienrauke, ***D. sophia*** (L.) Prantl

Diplotaxis DC., Doppelsame, Doppelrauke

1. Kronblätt. weiß, m. lilafarbenen Nerven, später oft blasslila; Pfl. locker kurz steifhaarig, Stg.-Haare 0,3–0,5 mm lg., abw. gerichtet angedrückt; Blattzähne u. -lappen m. schwielenart. weißl. Knorpelspitzchen; — Blätt. fiederlappig bis fiederspaltig; Kelchblätt. 4–5 mm lg.; Kronblätt. (5–)7–13 mm lg.; Schote nicht od. bis 1 mm lg. im Kelch gestielt; ↕ 10–50 cm; ⊙. VI–IX. – Trockene, warme Ruderalstellen, Weinberge; kollin. – Ne. (Heimat: weiteres MMG), eingeschleppt; regional in Einbürg., meist noch unbest., *s*, z. B. D: BB (auch Berlin), BW, BY, HE, MV (Rostock), NRW, SN (Leipzig); A: Bgl, OÖ, NÖ (Wien); CH; CZ; F: Els; I: Bz.
Raukenähnlicher-D., Rauken-D., ***D. erucoides*** (L.) DC.
— Kronblätt. gelb; Pfl. fast kahl, vorhandene Stg.Haare 0,5–1 mm lg., waagr. absthd., an der Stg.-Basis abw. gerichtet; Blattzähne u. -lappen ohne Knorpelspitzchen 2
2. Kronblätt. 9–15 mm lg.; Kelchblätt. 5–7 mm lg.; Schote im Kelch 0,8–3 mm lg. gestielt; Blattabschnitte schmal, meist > 4-mal länger als br.; — Stg. am Grund etwas verholzend; Blätt. beim Zerreiben stark riechend; ↕ 30–80 cm; ♃. V–IX. – Ruderalstellen, Wegränder. – *z* im ganzen Gebiet, oft wohl nur eingeschleppt (od. alteingebürg. aus MMG), z. B. in D, bes. im Rheingebiet u. ST; CZ. – Auch Nutzpfl. Schmalblättriger D., ***D. tenuifolia*** (L.) DC.
— Kronblätt. 3–8 mm lg.; Kelchblätt. 2–4 mm lg.; Schote nicht od. nur ≤ 0,5 mm lg. im Kelch gestielt; Blattabschnitte breiter, selten > 3-mal so lg. wie br. 3
3. Kelchblätt. 3–4 mm lg.; Kronblätt. 5–8 mm lg., plötzl. in den Nagel verschmälert; außer einer Rosette auch m. 1–2 Stg.Blätt.; Blütenstiele so lg. wie die sich öffnenden Blüten; ↕ 15–60 cm; ⊙–⊙⊙. VI–IX. – Bahnhöfe, Wegränder, Kiesgruben. – Ne. (Heimat: MMG), eingeschleppt; *z*.
Mauer-D., ***D. muralis*** (L.) DC.
— Kelchblätt. 2–2,5 mm lg.; Kronblätt. 3–4 mm lg., allmähl. in den Nagel verschmälert, blassgelb; alle Blätt. in einer Rosette; Blütenstiele kürzer als die sich öffnenden Blüten; ↕ 10–20 cm; ⊙. VI–IX. – Ruderalstellen, nährstoffreiche Hackkulturen, Weinberge. – Ne. (Heimat: MMG), eingeschleppt; *s*, Oberrheingebiet, teilw. auch D: BY (bes. Franken). Ruten-D., ***D. viminea*** (L.) DC.

Draba L. [incl. *Erophila* DC., Hungerblümchen], Felsenblümchen

Schlüssel überwgd. nach Buttler (1967).

1. Kronblätt. tief 2-spaltig, — weiß; Blätt. in grundst. Rosette; Stg. blattlos; ↕ 2–15(–25) cm; ⊙. II–V. – Trockenrasen, Mauern, Äcker, Wegränder. – *v*. – Formenreich.
Artengruppe Frühlings-H., ***D. verna*** agg.
Von dieser äußerst variablen Sammelart gibt es eine enorme Anzahl von in sich durch Selbstbestäubung konstanten Reinen Linien (incl. zahlr. für D endemischen Sippen), die in alternativen, in der Tradition von Jordan u. Winge sthd. Klassifikationsansätzen (Literatur u. kritische Würdigung s. zus.fassend Schultze-Motel 1985) bis in neueste Zeit (z. B. Bomble 2011, 2017) m. einer Vielzahl von Namen (oft im Rang von Kleinarten) belegt wurden. Obgleich solche Ansätze zumind. regional gut nachvollziehbar sind, fehlt eine Synthese, die das gesamte Areal von „*Erophila*" berücksichtigt u. eine praktikable Klassifikation liefern könnte.
a. Schötchen 6–10 mm lg., mind. doppelt so lg. wie br. (*529/7*); — Blätt. überwgd. m. verzweigten Haaren. – *v*. [*E. verna* (L.) Chev.; *D. verna* subsp. *verna*] Frühlings-H., ***D. verna*** L.
— Schötchen bis 6 mm lg. .... b
b. Schötchen fast kreisrund, kaum 5 mm ∅ (*529/8*). – *s*, D: BW, BY, HE, MV, NI, RP, SH, SN; A; B; CH; CZ; I: Bz. [*E. spathulata* (Láng) Sadler, nom. illeg.; *D. verna* subsp. *spathulata* (Láng) Rouy & Foucaud]
Rundfrüchtiges H., ***D. boerhaavii*** (H. C. Hall) Raus
— Schötchen br. ellipt., 4–6 mm lg.; — Blätt. überwgd. m. einfachen Haaren. – *s*, D: BW, BY, HE, MV, NI, RP, SH, SN, ST, TH; A; B; CH: Fribourg; FL; L. [*E. praecox* (Stev.) DC.; *D. verna* subsp. *praecox* (Stev.) Rouy & Foucaud]
Frühes H., ***D. praecox*** Stev.
— Kronblätt. ungeteilt od. höchstens seicht ausgerandet 2
2. Kronblätt. weiß 9
— Kronblätt. gelb od. gelbl.weiß 3
3. Blütenstg. auch über dem Grund beblätt.; — Blätt. br. eif., stumpf gezähnt, von Sternhaaren rau; Kronblätt. hellgelb, vorn ausgerandet; Schötchen waagr. absthd., 6–10 mm lg. gestielt, ellipt., 3,5–7 mm lg.; ↕ 10–40 cm; ⊙. V–VI. – Magerwiesen, Trockenrasen, Mauern. – *s*, A: Bgl, Kt, NÖ, Sb, Stm, Ti; CH: Gr, Ts, Vs; CZ; I: Bz; in D nur eingebürg. in NRW, teilw. in BB, BY, MV.
Hellgelbes F., Hain-F., ***D. nemorosa*** L.

— Blütenstg. ohne Blätt., diese in dichten, kugeligen Rosetten **4**

4. Kronblätt. schwefelgelb bis weißl.gelb; — Blätt. lineal-lanzettl. bis lanzettl.-eif., 1,5–4 mm br.; Staub- u. Kronblätt. ≈ gleich lg.; ↕ 1–3,5(–4,5) cm; ♃. VIII. – Kalk- u. Dolomit-Felsen. – Sehr *s*, A: Ti (Brenner); I: Bz. Dolomiten-F., ***D. dolomitica*** Buttler

— Kronblätt. leuchtend gelb **5**

5. Staubfäden deutl. kürzer als die Kronblätt.; — Pfl. lockerrasig; Schötchen 4–5 mm lg. gestielt; Gr. 0,5–1 mm lg.; ↕ 2–15 cm hoch; ♃. VI–VII. – Felsspalten der Kalk-Alp.; 1900–2800 m. – *s*, D: BY (Berchtesgadener u. Chiemgauer Alp.); A: OÖ, Sb, Stm, Ti. ⓖ. Sauter-F., ***D. sauteri*** Hoppe

— Staubfäden so lg. wie die Kronblätt. **6**

6. Gr. z. Frzt. < 1 mm lg.; — Stg. m. 3–6(–8) Blüten; ↕ (1–)2–4(–6) cm; ♃. VII–VIII. – Felsspalten u. Schuttfluren. – Kalk-Alp., von 2600–3200 m; *s*, A; CH. Hoppe-F., ***D. hoppeana*** Rchb.

— Gr. z. Frzt. ≥ 1,5 mm lg., die Kronblätt. beim Abblühen überragend **7**

7. Kronblätt. 3–7(–10) mm lg.; Schötchen kahl od. nur am Rand behaart, — (4,5–)6–11(–13) mm lg.; ↕ (1–)5–10(–20) cm; ♃. III–VIII. – Felsspalten, Steinschutt; auf Kalk. – *v* Alp., *s* D: SchwAlb, FrAlb; B; CH: Jura; F: Vog; I: Bz. ⓖ. – Formenreich. Immergrünes F., ***D. aizoides*** L.

Hierher auch, aber nicht klar abgrenzbar u. m. intermediären Vorkommen, Voralpisches Immergrünes F., Becker-F., subsp. ***beckeri*** (A. Kern.) Nyman: Rosettenblätt. spreizend (nicht zus.neigend wie meist bei *D. aizoides* s. str.); Kronblätt. (5,5–)6–8(–10) mm lg.; Schötchen 7–13 mm lg.; ↕ (1–)5–10(–20) cm; ♃. II–IV. – Rasen an N- od. W-exponierten Felswänden der (sub)montanen Stufe (selten höher stgd.). – *s*, A: NÖ (zw. Mödling, Höllental u. Reisalpe), Stm (Grazer Bergland) u. außerh. des Gebiets: Kleine Karpaten der Slowakei.

— Kronblätt. 3–5 mm lg.; Schötchen dicht sternhaarig od. borstenhaarig **8**

8. Pfl. ≥ 8 cm hoch; Blätt. 2–3 mm br.; Kronblätt. 4–5 mm lg.; Schötchen borstenhaarig, — 6–9 mm lg.; ↕ 8–20 cm; ♃. III–IV. – Kalkfelsen. – Sehr *s*, A: NÖ (Mödlinger Klause, Teufelsstein). [*D. aizoon* Wahlenb.] Karpaten-F., ***D. lasiocarpa*** Rochel

— Pfl. ≤ 7 cm hoch; Blätt. ≤ 1,2 mm br.; Kronblätt. ≈ 3 mm lg.; Schötchen dicht sternhaarig, — 6 mm lg., aufgeblasen; ↕ 1,5–3(–7) cm; ♃. VI–VII. – Felsen, Steinschutt. – Nur A: Kt (Petzen). [*D. aizoides* subsp. *bertolonii* Nyman] Raues F., ***D. aspera*** Bertol.

9 (2). Stg. (außer den Grundblätt.) m. bis zu 3 Stg.Blätt.; Pfl. meist ausd. **12**

— Stg. (außer den Grundblätt.) m. > 3 Stg.Blätt.; Pfl. meist 1–2-j., selten ausd. **10**

10. Kronblätt. 1,5–2 mm lg.; — Stg. 10–30 cm hoch, sternhaarig; Stg.Blätt. halb stg.umfassend, an der Spitze grob gezähnt, beiderseits sternhaarig; Schötchen kahl; ↕ 8–30(–45) cm; ⊙–⊙⊙. IV–VII. – Magerrasen, Erdanrisse, Mauern, Gebüsch. – *s* in S-, SO- u. M-D, MV, in SH eingeschleppt; *s* A: Kt, NÖ, OÖ, Sb, Stm; B; CH; CZ (Böhmen); DK; F: Els; L. Mauer-F., ***D. muralis*** L.

— Kronblätt. 4–5 mm lg. **11**

11. Blätt. ohne einfache Haare auf der Fläche, nur m. vielstrahligen Sternhaaren; Schötchen sternhaarig; Samen 0,8–1,0 mm lg.; ↕ 8–30 cm; ⊙⊙–♃. V–VII. – Felsen, Gämsläger. – *s*, Alp., D: nur Allgäuer Alp.; A: Kt, Stm (Rax), Ti; CH: Gr, Vs; FL; I: Bz. ⓖ. [*D. stylaris* W. D. J. Koch] Schweizer F., ***D. thomasii*** W. D. J. Koch

Vielleicht nicht (klar) von der folg. Art zu trennen.

— Wenigstens einzelne Blätt. auf der Fläche m. einfachen u. gabeligen Haaren; Schötchen kahl od. behaart; Samen 1,0–1,5 mm lg.; ↕ 5–30 cm; ⊙–⊙⊙. V–VII. – (Meist) Felsfluren; überwgd. subalp. bis alp. – Sehr *s*, D: Allgäuer Alp. (1 Vorkommen); CH (Appenzell, Säntisgebiet, Pilatus, Stockhornkette); DK: Dünen des nördl. Jütland. ⓖ. Graues F., ***D. incana*** L.

12 (9). Stg. bis zur Infl. behaart **14**

— Stg. kahl od. nur im unt. Drittel behaart **13**

13 (12, 17). Fr.Stand kurz doldentraubig, weniger als halb so lg. wie der restl. Stg.; — Stg. m. 0–1(–2) Blätt., kahl, sehr selten unten lg. behaart; Grundblätt. kahl od. wenn behaart, nie m. Sternhaaren; ↕ 0,5–8 cm; ♃. VI–VIII. – Basenreicher Steinschutt, Steinrasen; über Kalk u. Silikat; 1600–3500 m. – *s*, D: Allgäuer Alp.; A: Kt, Sb, Stm, Ti, Vb; CH; FL; I: Bz. ⓖ. Flattnitzer F., ***D. fladnizensis*** Wulfen

— Fr.Stand verläng., mind. halb so lg. wie der restl. Stg.; — Stg. m. 0–4 Blätt., kahl od. unten m. Gabel- u. Sternhaaren; Grundblätt. kahl od. behaart, dann m. vielen Sternhaaren od. nur m. einfachen u./od. Gabelhaaren; ↕ (1–)3–15(–20) cm; ♃. VI–VII. – Felsspalten der Kalk-Alp.; 1500–3400 m. – *s*, D: Allgäuer Alp.; A: Kt, Sb, Stm, Ti, Vb; CH; FL; I: Bz. ⓖ. [*D. carinthiaca* Hoppe] Kärntner F., ***D. siliquosa*** M. Bieb.

14 (12). Blätt. u. Stg. sternhaarig; Sternhaare m. kurzem Stiel, fast sitzend, ihre Strahlen in einer Ebene angeordnet; ↕ 4–20 cm; ♃. V–VII. – Alp. Rasen, Schneeböden, Felsspalten; subalp. bis alp. – *s*, A: Kt, Sb, Stm. [*D. norica* Widder] Tauern-F., ***D. pacheri*** Stur

— Pfl. kahl od. behaart; Sternhaare lg. gestielt, ihre Strahlen nicht in einer Ebene lgd. **15**

15. Blattrand am Grund m. einfachen Haaren, gegen die Spitze m. Sternhaaren **18**

— Blattrand m. einfachen od. gabeligen Haaren, manchmal m. Sternhaaren gemischt **16**

16. Gr. 0,7–1,2 mm lg.; — Kronblätt. weiß m. blassgelbem Nagel od. gelbl.weiß; Schötchen 5–9 mm lg., einfach behaart; ↕ 1–5 cm; ♃. VII–VIII. – Dolomitfelsen u. -schutt; 2600–3000 m. – *s*, CH: Gr (Unterengadin). Bündner F., ***D. ladina*** Braun-Blanq.

— Gr. kürzer, bis 0,4(–0,7) mm lg. **17**

17. Stg. bis zu den Blütenstielen behaart; ↕ 3–5 cm; ♃. VI–VII. – Felsen, steinige Hänge. – *s*, A: NÖ, Stm (Raxalpe). [*D. kotschyi* auct.] Norwegisches F., ***D. norvegica*** Gunnerus

— Stg. kahl od. nur im unt. Drittel m. Haaren **13**

18 (15). Schötchen überwgd. sternhaarig .... Schweizer F., ***D. thomasii***, s. Nr. **11**

— Schötchen kahl od. behaart, aber m. mehr Wimper- u. Gabelhaaren als Sternhaaren **19**

19. Blattflächen kahl .... Kärntner F., ***D. siliquosa***, s. Nr. **13**—

— Blattflächen wenigstens z. Bltzt. bei einigen Blätt. behaart **20**

20. Gr. (0,6–)0,7–1,2(–2) mm lg.; Kronblätt. 3–6 mm br.; — 4,5–8 mm lg.; ↕ 3–8 cm; ♃. VI–VII. – Kalkfelsen, Kalkschneeböden; alp. – *z*, NO-Kalk-Alp. u. Niedere Tauern; A: NÖ, OÖ, Stm. [*D. austriaca* Crantz] Sternhaar-F., ***D. stellata*** Jacq.

— Gr. 0,1–0,7 mm lg.; Kronblätt. ≤ 2,8 mm br.; —≤ 6 mm lg. **21**

21. Mehrzahl der Sternhaare der Blattflächen nur wenig verzweigt (nur 1–2 Strahlen pro Haar haben einen Seitenast) .... Kärntner F., ***D. siliquosa***, s. Nr. **13**—

— Mehrzahl der Sternhaare der Blattflächen reich verzweigt (> 2 Strahlen pro Haar haben 1–2 Seitenäste) **22**

22. Schötchen ellipt., an beiden Enden abgerundet, wie ihr Stiel stets dicht behaart (einfach- u. gabelhaarig); — Stg. dicht behaart; Schötchen nicht in sich verdreht; Gr. 0,2–0,7 mm lg.; ↕ 2–10 cm; ♃. VII–VIII. – Felsspalten der Kalk-Alp. – *z*. Filziges F., ***D. tomentosa*** Clairv.

— Schötchen lanzettl., an beiden Enden zugespitzt, wie ihr Stiel kahl od. locker sternhaarig; — Stg. locker sternhaarig; Schötchen oft in sich verdreht; Gr. 0,1–0,4 mm lg.; ↕ 1–15 cm; ♃. VI–VIII. – Basenreiche, auch kalkarme Felsspalten; 1700–3800 m. – *s–z*, D: Allgäuer Alp.; A: Kt, Ti, Sb, Stm, Vb; CH; FL; I: Bz. Ⓖ. [*D. frigida* Saut.] Kälte-F., Eis-F., ***D. dubia*** Suter

Eruca Mill., Senfrauke, Gartenrauke, Rukola (italienisch: Rucola)

Stg. aufr., ± ästig, kantig gestreift; Blätt. leierf. fiederteilig; Pfl. rauflaumig bis kahl, von starkem Geruch, ↕ 5–40 cm; ⊙–⊙. V–VI. – Äcker, Wege, Grassaaten. – Alte Kulturpfl. (Rukola-Salat; Heimat: MMG), verwild.; *s*. [*E. vesicaria* subsp. *sativa* (Mill.) Thell.] Senfrauke, ***E. sativa*** Mill.

Erucastrum (DC.) C. Presl [incl. *Hirschfeldia* Moench, Grausenf], Hundsrauke

1. Kronblätt. weiß, 2–4 mm lg.; Samen 2-reihig; — Stg. meist zu mehreren, niederlgd.-ausgebr., bis zur Spitze beblätt.; Blätt. buchtig-fiederspaltig; Pfl. kurz weiß borstl. behaart; ↔ 10–30 (–50) cm; ⊙. VII–VIII. – Kiesig-sandige Ufer, uferbegleitende nährstoffreiche Staudenfluren. – *s*, D: MV, O-RP (früher auch Mosel, Landau), SH (Helgoland); CH: Waadt (Lac de Joux); früher B; NL. FFH24; Ⓖ. [*Braya supina* (L.) W. D. J. Koch; *Sisymbrium supinum* L.] Zwergrauke, Niedrige H., ***E. supinum*** (L.) Al-Shehbaz & Warwick

— Kronblätt. weißl.gelb, blassgelb od. goldgelb, 6–12 mm lg., Samen 1 od. (in der Mitte der Schote) undeutl. 2-reihig **2**

2. Schoten aufr., der Achse anlgd. od. angedrückt (*517/2*); Infl. tragblattlos; Fr.Stiel z. Reifezt. keulig verdickt, fast so dick wie Schote; — Grundblätt. dicht grauflaumig behaart, leierf. fiederspaltig; Kronblätt. blassgelb; Schoten 8–12 mm lg.; Infl. später rutenf. verläng.; ↕ 20–100 cm; ⊙. V–X. – Äcker, Ruderalstellen, Wegränder. – Ne. (Heimat: MMG), eingeschleppt; *s*, im ganzen

Gebiet, eingebürg. z. B. in D: NRW (Ruhrgebiet), SN (Leipzig), sonst unbest. [*H. incana* (L.) Lagr.-Foss.; *Sinapis incana* L.] Grausenf, Rempe, ***E. incanum*** (L.) W. D. J. Koch

— Schoten absthd., der Achse nicht anlgd.; Infl. m. Tragblätt.; Fr.Stiel z. Reifezt. kaum verdickt, viel dünner als die Schote **3**

3. Ob. Stg.Blätt. u. Tragblätt. der Infl. ungeteilt, nur gezähnt, eif.-längl. bis lanzettl., m. br. Grund sitzend; Infl. bis zur Spitze durchblätt.; Schotenstiele < 30° absthd.; Schoten fast aufr.; ↕ 20–100 cm; ⊙. V–X. – Ruderalstellen, Häfen, Bahnhöfe. – Ne. (Heimat: Eritrea bis Äthiopien, SW-Arabien), eingeschleppt; sehr *s*, fast stets unbest., z. B. D: RP (wo noch?) Abessinische H., ***E. abyssinicum*** (A. Rich.) O. E. Schulz / E. R. Fries

— Ob. Stg.Blätt. u. Tragblätt. der Infl. (wie alle anderen Blätt.) geteilt; Infl. höchstens am Grund durchblätt.; Schotenstiele > 30°, meist 60–90° absthd. **4**

4. Unt. Blüten in den Achseln von Tragblätt.; Kelchblätt. fast aufr.; Kronblätt. weißl.gelb, m. grünl. Nerven, seltener goldgelb, 7–8 mm lg.; Schote sichelf. gebogen, über dem Kelchansatz nicht gestielt; ↕ 30–60 cm; ⊙–⊙. V–IX. – Flussufer, Äcker. – *v–z* in S- u. M-D; A; B; CH; CZ; F: Els, Vog.; FL; *s* u. oft unbest. im N. [*E. pollichii* G. W. Schimp. & Spenn.] Französische H., ***E. gallicum*** (Willd.) O. E. Schulz

— Alle Blüten ohne Tragblätt.; Kelchblätt. waagr. absthd.; Kronblätt. lebhaft gelb, 8–12 mm lg.; Schoten meist gerade, über dem Kelchansatz gestielt; ↕ 40–80 cm; ⊙–♃. V–VIII. – Äcker, Ruderalstellen. – *z*, S-D: BW, BY; A; CH; CZ (O-Sudeten); F: Els; FL; *s* u. teilw. unbest. in M-D u. im N. [*E. obtusangulum* (Schleich.) Rchb.] Stumpfkantige H., ***E. nasturtiifolium*** (Poir.) O. E. Schulz (subsp. ***nasturtiifolium***)

Erysimum L. [incl. *Cheiranthus* L., Goldlack], Schöterich

1. Gr. 3–6 mm lg.; — Stg. oben sparrig verzweigt; Krone schwefelgelb; Schoten 15–25 mm lg., seitl. stark zus.gedrückt., der Infl.Achse dicht anlgd.; ↕ 70–80 cm; ⊙–⊙. VI–X. – Ruderalstellen. – Ne. (Heimat: O- u. SO-Eur., W-As. bis Kaukasien); *s*, eingebürg., z. B. D: BB (Lychen), HE (Untermainebene), MV (Greifswald, Riems), SN (Dresden), A; CZ. [*C. cuspidatus* (M. Bieb.) DC.] Stachelspitziger S., ***E. cuspidatum*** (M. Bieb.) DC.

— Gr. < 3 mm lg. **2**

2. Narbe tief 2-lappig; — Kronblätt. bräunl. od. gelb, stark duftend; Schoten behaart, 25–60 mm lg., aufr. absthd.; ↕ 20–60(–70) cm; ⊙–♃, ältere Pfl. oft halbstrauchig. V–VI. – Felsen, alte, kalkhaltige u. oft stickstoffreiche Mauerfugen; kollin bis montan. – Seit Langem im ganzen Gebiet aus Gärten verwild. u. eingebürg. (Heimat: SO-Eur.), bes. im W u. SW; *f* DK (?). – Zierpfl.; giftig! [*C. cheiri* L.] Goldlack, ***E. cheiri*** (L.) Crantz

— Narben kopfig, ungeteilt **3**

3. Pfl. 2-j. od. ausd.; vorj. Blattreste am Stg.Grund vorhanden **5**

— Pfl. 1-j.; vorj. Blattreste am Stg.Grund fehlend **4**

4. Kronblätt. 6–10 mm lg.; Fr.Stiele 2–5 mm lg.; Schoten fast waagr. absthd., im ∅ rundl., 30–100 mm lg.; Klappen der Schoten wellig eingeschnürt; — Grundblätt. lineal-lanzettl., ausgeschweift bis buchtig gezähnt, grau; ↕ 15–35(–60) cm; ⊙. IV–VII. – Äcker u. Ruderalstellen. – Aus dem SO eingeschleppt, meist unbest., vereinzelt eingebürg., z. B. D: BW, BY, TH; einheim. nur pannon. A u. CZ *z*, sonst *s*; I: Bz verschollen. Spreiz-S., Brach-S., ***E. repandum*** L.

— Kronblätt. 4–5 mm lg.; Fr.Stiele 6–12 mm lg.; Schoten im Winkel von 40–55° absthd., im ∅ 4-kantig, 12–30 mm lg.; Klappen der Schoten glatt, nicht eingeschnürt; — Grundblätt. ganzrandig od. unregelm. gezähnt; ↕ (3–)15–60(–100) cm; ⊙. V–IX. – Äcker, Ruderalstellen, Flussauen. – *v*. Acker-S., ***E. cheiranthoides*** L. (subsp. ***cheiranthoides***)

5 (3). Staubbeutel 2–4 mm lg. **8**

— Staubbeutel 1–2 mm lg. **6**

6. Schoten absthd. od. zurückgebogen; — Kronblätt. 8–12 mm lg. u. 3 mm br.; Staubbeutel 1,5–2 mm lg.; Pfl. m. vielen 3–4-strahligen Sternhaaren; ↕ 40–170 cm; ⊙. V–VII. – Robinienforste. – Ne. (Heimat: Russland, Ukraine); sehr lokal aus Gärten verwild., eingebürg. bislang nur in A: Stm (Grazer Schlossberg). – Zierpfl. Gold-S., ***E. aureum*** M. Bieb.

— Schoten aufr. absthd. **7**

7. Kronblätt. 8–16 mm lg., goldgelb, außen behaart; Kelchblätt. 4–8,5 mm lg.; Schoten > 30 mm lg.; Pfl. lebhaft grün; ↕ 30–110 cm; ⊙. VI–VIII. – Auenwaldränder, Flussufer, Ruderalstellen; stickstoffreiche Böden, auf Kalk. – Fast im ganzen Gebiet verbr. u. wie in D meist *z*, nur im NW fast *f* u. im NO *s*; *z* A: Bgl, NÖ, OÖ, Ti; B; CH: bes. Gr, Vs; CZ; NL; PL. [incl. *E. hungaricum* Zapał.; *E. hieraciifolium* auct.] Steifer S., ***E. virgatum*** Roth

— Kronblätt. 6–8 mm lg., schwefelgelb, kahl; Kelchblätt. 2–5 mm lg.; Schoten 23–30 mm lg.; Pfl. graugrün; — Blätt. schmal lanzettl., nur undeutl. gezähnt; ↕ 20–90 cm; ⊙. VI–IX. – Trockenrasen, Wegränder, Ruderalstellen, lichte Eichenwälder. – *s*, D: BY, MV, NI, NRW, SN, ST, TH (sonst unbest.); A: Bgl, NÖ; CZ; F: Els; Ne. (?) in PL. [*E. durum* J. Presl & C. Presl] Harter S., Bieberstein-S., ***E. marschallianum*** M. Bieb.

8 (5). Haare alle 2-strahlig (kompassnadelf.) **10**

— Auch 3- u. mehrstrahlige Sternhaare vorhanden **9**

9. Haare auf den Blätt. überwgd. 3-strahlig (daneben wenige 2-, 4- u. 5-teilige Haare); Kronblätt. 4–7 mm br.; Stg. m. vielen 2-teiligen, kompassnadelf. Haaren, aber auch einigen 3-teiligen Haaren; — Schoten grau behaart m. verkahlenden Kanten; ↕ 20–90(–130) cm; ⊙. VI–VII. – Kalkfelsen, Trockenrasen. – *s*, M- u. S-D; A: Bgl, NÖ, OÖ, Stm, Ti; B; CZ; PL. [*E. hieraciifolium* L. non auct., nom. illeg.; *E. pannonicum* Crantz; *E. erysimoides* (L.) Fritsch] Wohlriechender S., ***E. odoratum*** Ehrh.

— Haare auf den Blätt. überwgd. 2-strahlig u. kompassnadelf. (daneben wenige 3- u. 4-teilige Haare); Kronblätt. 2–4 mm br.; Stg. nur m. 2-strahligen, kompassnadelf. Haaren; — Schoten grau behaart; ↕ 15–80 cm; ⊙–♃. IV–VII. – Fels- u. Trockenrasen. – *s*, v. a. M- u. S-D; CZ; F: Els. – Für Gänse giftig (durch Bitterstoff Erysimupikrin)! Bleicher S., Gänsesterbe, ***E. crepidifolium*** Rchb.

10 (8). Kelchblätt. am Grund deutl. ausgesackt **12**

— Kelchblätt. am Grund nicht od. nur schwach ausgesackt; — Kronblätt. außen m. 2-strahligen Haaren; oft vegetative Sprosse in den Blattachseln **11**

11. Alle Blätt. ganzrandig, Blattspitze oft zurückgekrümmt; Fr.Stiele absthd.; Kronblätt. 8–10 mm lg., hellgelb; — Gr. 1(–1,5) mm lg.; ↕ 30–100 cm; ⊙. V–VII. – Trockenrasen, Ruderalstellen. – D: unbest. z. B. BB, BW, BY, NI (Alfeld), SH (Hamburg), RP, SH, SN (Elbe), TH; A: *s* Bgl, NÖ, früher OÖ; *s* CZ; PL. – Giftig! [*E. canescens* Roth] Grauer S., ***E. diffusum*** Ehrh.

— Unt. Blätt. buchtig gezähnelt, ob. oft m. aufgesetzten Zähnen, Blattspitze nicht zurückgekrümmt; Fr.Stiele aufr.-absthd.; Kronblätt. 10–16 mm lg., dk.gelb; — Gr. (1,2–)1,5–1,5 mm lg.; ↕ 30–90(–120) cm; ⊙. V–VII. – Trockenwaldränder. – *s*, A: Bgl, NÖ; CZ. [*E. diffusum* Ehrh. p. p.] Verkannter Grau-G., Andrzejowski-S., ***E. andrzejovskianum*** DC.

12 (10). Gr. 0,8–1,5 mm lg., — von der Fr. nicht abgesetzt; Kelchblätt. 10–15 mm lg.; Kronblätt. 15–25 mm lg.; Samen nicht geflüg.; ↕ 8–30 cm; ♃. V–VII. – Lichte Wälder, Trockenrasen der Voralp.; meist auf Kalk. – *z*, A; I: Bz; in D nur unbest., z. B. BY. [*C. sylvestris* Crantz; *E. cheiranthus* Pers.] Wilder S., Felsen-S., ***E. sylvestre*** (Crantz) Scop.

— Gr. 2–8 mm lg. **13**

13. Kelchblätt. 7,5–9 mm lg.; Kronblätt. 4–5 mm br. u. 16–20 mm lg., gelb; Gr. 2,6–3,2 mm lg.; — Samen an der Spitze schmal geflüg.; ↕ 10–110 cm; ♃. V–VIII. – Felsen, Trockenrasen. – *s*, A: Ti (Oberinntal); CH: Gr, Vs, Ts; I: Bz. [*E. helveticum* auct.] Schweizer S., ***E. rhaeticum*** (Hornem.) DC.

— Kelchblätt. 9–12 mm lg.; Kronblätt. 5–10 mm br. u. 16–27 mm lg., anfangs zitronengelb, später strohgelb; Gr. 3–8 mm lg.; — Wurzelstock stark verzweigt, sterile Rosetten bildend; Stg. niederlgd. od. aufstgd.; ↕ 10–50 cm; ♃. V–VI. – Felsschutt. – *s*, nur CH: Jura. [*E. humile* Pers.] Blassgelber S., ***E. ochroleucum*** (Schleich.) DC.

Regional noch weitere, derzeit unbest. Ne.

Euclidium R. Br., Schnabelschötchen

Stg. reich verzweigt, 4-kantig, m. einfachen u. 2-teiligen Haaren; Blüten in dichter Traube, klein; Kronblätt. weiß; Schötchen behaart, schief eif., m. gekrümmtem, kegelf. Gr. (*515/3*); ↕ 20–40 cm; ⊙. V. – Weinberge, Wegränder, Ruderalstellen. – A: *s* Bgl, NÖ, früher Stm, Ti; *s* CZ (Mähren); sonst zuw. eingeschleppt u. in Einbürg., z. B. D: BW, BY, MV, SN, ST, TH; CH. Syrisches S., ***E. syriacum*** (L.) R. Br.

Fourraea Greuter & Burdet [*Arabis* L. p. p.], Kohlkresse

Blätt. wie der Stg. kahl, blau bereift, ganzrandig; Blüten in dichter Traube; Kronblätt. weiß; ↕ 30–100 cm; ⊙. V–VII. – Lichte Wälder, Waldränder, Gebüsche; meist auf Kalk. – *z*, S-, W- u. M-D; A; B; CZ; CH; F: Els; FL; I: Bz. [*A. pauciflora* (Grimm) Garcke; *A. brassiciformis* Wallr.; *A. brassica* (Leers) Rauschert]
Alpen-K., ***F. alpina*** (L.) Greuter & Burdet

Hesperis L., Nachtviole

1. Grundblätt. z. Bltzt. vorhanden, lg. gestielt; Kronblätt. gelbl.grün, m. violetten Nerven; — Blüten meist groß, ≈ 3 cm ∅, in lockeren Trauben; bis auf unterste Stg.Blätt. alle Blätt. sitzend; Stg. dick, stark behaart; Blüten nachts stark nach Hyazinthe duftend; ↕ 35–50(–60) cm; ⊙–♃. V–VI. – Trockenrasen, lichte Gebüsche, Waldränder, teilw. auch ruderalisierte, sandige StO; auf Kalk. – *s*, A: Bgl, NÖ; CZ; auch eingeschleppt u. unbest., z. B. D: BB (Berlin), BW, RP, ST.
Trübe N., ***H. tristis*** L.

— Grundblätt. z. Bltzt. bereits abgestorben, kurz gestielt; Kronblätt. lila od. weiß; — Blüten meist kleiner, ≈ 2 cm ∅ **2**

2. Mittl. u. ob. Stg.Blätt. ± kurz gestielt, nie stg.umfassend; Pfl. meist ohne Drüsenhaare; — Kronblätt. purpurn, violett od. weiß, 20–25 mm lg.; Spr.Grund der (ei)lanzettl. Stg.Blätt. abgerundet (Unterschied zur vegetativ ähnl. *Lunaria annua*, s. S. 543); ↕ 40–80(–100) cm; ⊙–♃. V–VII. – Feuchte Gebüsche, Parkanlagen, Auenwälder, bes. in Erlen-Auenwäldern der montanen Stufe u. über Kalk. – Nur A: Stm; sonst oft aus Gärten verwild. (Verbr.: S-Eur. bis Z-As.), *v*. – Zierpfl.; schwach giftig! Gewöhnliche N., ***H. matronalis*** L.

a. Kronblätt. violett (aber weißblhd. Kultivare!); — (Stg.-)Haare meist gabelig bis z. T. bäumchenart.; Kronblätt. 20–25 mm lg. – Wie Art, *v*. Gewöhnliche N. (i. e. S.), subsp. ***matronalis***

— Kronblätt. weiß; Stg.Haare meist einfach, unt. Stg.Haare lg., borstig, abw. gerichtet; Blattrand selten m. sehr kurzen Drüsenborsten; Kronblätt. ≈ 20 mm lg. – Wild in A: Stm; regional auch andernorts verschleppt u. unbest., z. B. D: RP. [subsp. *candida* (Kit.) Hegi & Em. Schmid] Schneeweiße N., subsp. ***nivea*** (Baumg.) Kulcz.

— Mittl. u. ob. Stg.Blätt. sitzend, ± stg.umfassend; — Pfl. (bes. im ob. Stg.Bereich inkl. Infl.) stets m. Drüsenhaaren; Kronblätt. helllila, ≈ 20 mm lg.; ↕ 40–80 cm; ⊙–♃. V–VII. – Lichte Wälder, Gebüsche, Waldsäume; kollin bis submontan. – Sehr *s*, einheim. nur A: Bgl, NÖ, Stm; CZ; regional auch eingeschleppt u. unbest., z. B. D: BW, MV, NRW u. TH. [*H. inodora* L.]
Echte N., ***H. sylvestris*** Crantz

Hornungia Rchb. [incl. *Pritzelago* Kuntze (= *Hutchinsia* W. T. Aiton), Gämskresse, u. *Hymenolobus* Nutt., Salzkresse], Felskresse

1. Alle Blätt. in grundst. Rosette; Pfl. ausd.; — Blätt. ungeteilt bis gefied., dickl., kahl; Kronblätt. doppelt so lg. wie der Kelch, 1,5–5 mm lg.; Schötchen auf behaarten Stielen; ↕ 2–15 cm; ♃. V–VIII. – Feuchter Felsschutt, Steinschutt, Felsspalten, Schneetälchen; montan bis hochalp. – Alp. *v*. [*Hutchinsia alpina* (L.) R. Br.; *P. alpina* (L.) Kuntze] Gämskresse, ***H. alpina*** (L.) O. Appel

a. Kronblätt. 2–3 mm br., plötzl. in den Nagel verschmälert, Grundblätt. m. 2–5 Fiederpaaren; Fr.Stand verläng.; — Schötchen 4–5 mm lg.; ↕ 5–15 cm; ♃. – Auf Kalk; bis 3000 m. – *v–z*. Alpen-G., subsp. ***alpina***

— Kronblätt. 0,4–1,7 mm br., allmähl. in den Nagel verschmälert; Grundblätt. m. 1–3 Fiederpaaren; Fr.Stand nicht verläng.; — Schötchen 2,5–4 mm lg. . . . . **b**

b. Kronblätt. 2,5–3 mm lg.; Antheren längl.; — Schötchen 3–4 mm lg.; ↕ 4–7 cm; ♃. – Auf Kalk. – *s*, A: Kt; I: Bz. [*P. alpina* subsp. *austroalpina* (Trpin) Greuter & Burdet] Südalpen-G., subsp. ***austroalpina*** (Trpin) O. Appel

— Kronblätt. 1,5–2,6 mm lg.; Antheren rundl.; — Schötchen 2,5–3,5 mm lg. (*515/6*); ↕ 2–4 cm; ♃. – Auf Silikat; bis 3200 m. – *v*. [*Hutchinsia brevicaulis* Spreng.; *P. alpina* subsp. *brevicaulis* (Spreng.) Greuter & Burdet]
Kurzstängel-G., subsp. ***brevicaulis*** (Spreng.) O. Appel

— Stg.Blätt. vorhanden; Pfl. 1- od. 2-j. **2**

2. Kronblätt. 0,5–1 mm lg.; Pfl. m. Sternhaaren (*41/5*); Blätt. alle fiederteilig; Schötchen 4-samig, — ellipt., 2–3 mm lg.; Stg. aufr., ästig, meist rot, behaart; Kelchblätt. aufr.-absthd., so lg. wie die Kronblätt.; ↕ 2–15 cm; ⊙. IV–VI. Trockenrasen, Felsen. – *z* Alp., *s* D: S- u. M-D, NI (Oldenburg), NRW; A: Bgl, NÖ; B; CH: Vs, auch Jura; F: Els; I: Bz.
Felskresse, ***H. petraea*** (L.) W. T. Aiton

— Kronblätt. 1–3 mm lg.; Pfl. ohne Sternhaare; Blätt. alle ungeteilt od. teilw. fiederspaltig; Schötchen 6–20-samig, — ellipt. **3**

3. Blätt. fiederspaltig; Infl. vielblütig, m. > 6 Blüten; Schötchen 2–3-mal so lg. wie br.; ↕ 5–15 (–30) cm; ⊙. IV–V. – Feuchte Salzstellen. – *s*, D: HE, NI (Hildesheim), ST, N-TH. [*Hutchinsia procumbens* (L.) Desv.; *Capsella procumbens* (L.) Fr.; *Hymenolobus procumbens* (L.) Nutt.] Niederliegende S., ***H. procumbens*** (L.) Hayek

— Blätt. ungeteilt, ganzrandig; Infl. 2–6-blütig; Schötchen 1–1,5-mal so lg. wie br.; ↕ 2–6 cm; ⊙. V–VI. – Felsen, Felsnischen, Wildlagerplätze. – Sehr *s*, A: Ti; CH: Gr; I: Bz. [*Hymenolobus pauciflorus* (W. D. J. Koch) Hill; *H. procumbens* subsp. *pauciflorus* (W. D. J. Koch) Schinz & Thell.] Armblütige S., Armblütiges Zartschötchen, ***H. pauciflora*** (W. D. J. Koch) Soldano et al.

Hugueninia Rchb., Rainfarnrauke

Pfl. aufr.; m. kleinen Sternhaaren; Blüten in Trauben od. Rispen; Kronblätt. goldgelb; Blätt. jederseits m. 5–10 eingeschnittenen Fiedern (dem Rainfarn ähnl.); Schoten 8–15 mm lg.; ↕ 20–100 cm; ♃. VII–VIII. – Lägerfluren, Wegränder. – *s*, nur CH: Vs. Rainfarnrauke, ***H. tanacetifolia*** (L.) Rchb.

Iberis L., Schleifenblume, Bauernsenf

1. Pfl. ausd., oft halbstrauchig, zumind. am Grund holzig; — Blätt. dickl., ganzrandig, immergrün, lederig; Kronblätt. weiß, seltener rosa od. rötl. **5**

— Pfl. 1–2-j., ganz krautig **2**

2. Blätt. lineal-lanzettl., (zumind. die ob. u. die des 2. Jahres) ganzrandig; — Kronblätt. hellrosa bis purpurn, seltener weiß **4**

— Blätt. längl. keilf., entfernt fiederspaltig, m. beiderseits 2–3 linealischen, zahnf. Zipfeln; — Kronblätt. meist weiß **3**

3. Zähne der Blätt. kürzer als die Breite der Rhachis; Fr.Stand viel länger als br.; — Kronblätt. weiß, selten blassviolett; Schötchen schmal geflüg. (*517/6*), kahl; ↕ 10–40 cm; ⊙–⊙. V–VIII. – Äcker, an Ufern u. in Auen; oft auf Kalk. – *s*, D: Rhein-, Main-, Mosel-, Saar-, Nahe- u. Taubergebiet, O-D; A; B; CH; F: Els; L. – Auch als Zierpfl.; giftig! Bittere S., ***I. amara*** L.

— Zähne der Blätt. viel länger als die Breite der Rhachis; Fr.Stand doldig, kaum länger als br.; — Kronblätt. weiß; ↕ 10–30 cm; ⊙. V–VII. – Äcker, Trockenrasen; kollin, wärmebedürftig. – Sehr *s*, nur in CH (Genfer See, Yverdon, Jura), dort am Arealrand (Hauptverbr.: S-Eur., MMG); in A: NÖ (Wiener Becken) eingebürg.; anderswo wie in D: BB, BW, BY, RP, SN, TH; B; teilw. als Südfruchtbegleiter über Bahnhöfe eingeschleppt u. unbest. – Zierpfl. Fieder-S., ***I. pinnata*** L.

Weitere verwild. Annuelle m. schirmtraubigen Infl. u. fiederspaltigen od. fiederzähnigen Blätt. sind:

Kamm-S., ***I. pectina*** Boiss. & Reut.: Stg. aufr., nur oben verzweigt; Blätt. kammf. gezähnt; Fr. papillös-warzig; Pfl. rauhaarig. – Auf Kalk. – Ne. (Heimat: Z- u. S-Spanien); sehr *s* unbest. verwild., z. B. D: RP. – Zierpfl.

Wohlriechende S., ***I. odorata*** L.: Stg. aufstg., vom Grund an verzweigt, Äste oft gebogen; unt. Blätt. fiederspaltig m. 1–2 Abschnitten je Seite; Fr. kahl; Pfl. kurz rauhaarig; äuß. Blüten kaum strahlend. – Ruderalfluren, Halbtrockenrasen. – Ne. (Heimat: MMG, SW-As.); sehr *s* verwild., in D: BB; B in Einbürg. – Zierpfl.

4 (2). Infl. dicht doldig, erst z. Frzt. sich verlängernd; 2 Kelchblätt. ausgesackt; Schötchen m. 2 großen Flügeln, vom Grund an geflüg. (*517/7*); unt. Stg.Blätt. kerbzähnig, ob. ganzrandig; ↕ 20–50 cm; ⊙–⊙. V–VII. – Ruderalstellen, trocken-warme StO. – Im ganzen Gebiet nur kult. (Heimat: S- u. SO-Eur.), zuw. verwild. u. eingebürg.; D: S-BY, Jura, Ruhrgebiet, Aachen; A; B; CZ; F: Els. – Zierpfl. Doldige S., ***I. umbellata*** L.

— Infl. kurztraubig bis längl.-traubig; Kelchblätt. ohne Aussackung; Schötchen an der Spitze br., am Grund kaum geflüg.; ↕ (20–)30–60 cm; ⊙–⊙. VI–VII. – Ruderalstellen, Weinberge, Felsen, Steinschuttböden. – *s*, wild nur als taxonom. umstrittene, lokalendemische Unterart in D: RP, weitere Sippen der Art (Heimat: F, N-I) auch kult., zuw. verwild. – Zierpfl.; giftig! [*I. intermedia* Guers.] Mittlere S., ***I. linifolia*** L.

a. Ob. Stg.Blätt. > 3 mm br., Krone hellrosa, fast weiß; Infl. längl.-traubig; — Schötchen am Gr. weit ausgerandet, Bucht 100–110° br. – Steinige Weinbergbrachen, Felsen; auf Schiefer. – Nur D: NO-RP (Boppard/Rhein); auch verwild. u. unbest. in D: TH. Boppard-S., subsp. ***boppardensis*** (Jord.) Korneck

— Ob. Stg. Blätt. < 3 mm br. Krone kräftig rosa bis purpurn; Infl. kurztraubig; — Schötchen am Gr. schmaler ausgerandet (?). – Ruderalstellen, Steinschuttböden. – Verwild. u. unbest. z. B. in D: N-BY; B; wo noch? subsp. ***linifolia*** (u. weitere Sippen?)

5 (1). Blätt. 1–1,5(–1,8) mm br., schmal linealisch, an nichtblhd. Sprossen dick, fast halbstielrund, — sonst flach; Pfl. meist ≤ 10 cm hoch; Stg. bis zur Infl. holzig u. zerbrechl.; Blätt. bis 20 mm lg., spitz; Schötchen oben br. geflüg., tief ausgerandet; Gr. ≈ so lg. wie die Ausrandung; ↕ 5–10(–15) cm; ♄. IV–VI. – Felsen. – *s*, nur CH: nördl. Jura. Felsen-S., ***I. saxatilis*** L.

— Blätt. > 2 mm br., spatelf., seltener linealisch; Blätt. auch an nichtblhd. Sprossen flach; — Pfl. meist > 10 cm hoch **6**

6. Schötchen viel breiter als lg., 5–8 × 10–14 mm; Stg. bis zur Infl. holzig u. zerbrechl.; unt. Blätt. 7–18 mm br., br. spatelf.; Schötchen fast ungeflüg., oben seicht ausgerandet; Gr. ≈ 1 mm lg.; Samen geflüg.; — Blätt. 3–7 cm lg.; Fr.Stand kurz, m. wenigen Fr.; Gr. ≈ 1 mm lg.; ↕ bis 80 cm; ♃–♄. V–VII. – Ruderalstellen. – Kult. (Heimat: S-I bis Tunesien); *s* verwild., z. B. D: BW. – Zierpfl. Immerblühende S., ***I. semperflorens*** L.

— Schötchen eher länger als br., kreisrund od. eif., 6–7 × 5,5(–7) mm; Stg. unter der Infl. krautig, biegsam; Blätt. 2,5–5 mm br., längl. spatelig (selten linealisch); Schötchen br. geflüg., an der Spitze tief ausgerandet; Gr. 1,2–2 mm lg., länger als die Ausrandung; Samen ungeflüg.; — Blätt. stumpf, immergrün; Fr.Stand traubig, später verläng.; ↕ 20–30 cm; ♃–♄. IV–VIII. – Felsen, Steinbrüche, Gartenbrachen; oft auf Kalk. – Häufig in Steingärten kult. (Heimat: MMG, SW-As.); *s* verwild. – Zierpfl.; nach Rettich riechend. Immergrüne S., ***I. sempervirens*** L.

Ähnl. der vorigen Art, immergrün, aber: weniger halbstrauchig u. in vielen Bereichen der Pfl. deutl. größer: Infl. z. Frzt. dicht schirmtraubig (nicht traubig); Blätt. bis 12 mm br.; Infl. 40–50 mm br.; Kronblätt. lila bis weiß, die äuß. 12–15 mm lg.; Fr. 10–12 × 8–10 mm; ↕ 15–40 cm; ♃(–♄). IV–VII. – Felsen, Gartenbrachen. – In Steingärten kult. (Heimat: Gibraltar, Marokko); sehr *s* unbest. verwild., z. B. D: RP; B. – Zierpfl. Gibraltar-S., ***I. gibraltarica*** L.

Isatis L., Waid

Stg. am Grund weichhaarig, oberw. kahl u. bläul. bereift; ob. Stg.Blätt. m. herzf. bis pfeilf. Grund; Blüten zahlr.; Kronblätt. gelb; Fr. hgd., 1-samig (*513/7*), bei Reife dk.violett werdend; ↕ 50–140 cm; ⊙. V–VII. – Trockene Hänge, Ruderalstellen, Felsen, Dämme. – Aus ehem. Kulturen (früher wichtige, den Indigofarbstoff liefernde Pfl.) verwild. u. eingebürg.; im Rheingebiet *v*, sonst *z*, im N *s*, DK. – Färbepfl. Färber-W., ***I. tinctoria*** L.

Kernera Medik., Kugelschötchen

Grundblätt. rosettig, spatelf., behaart; Stg. dünn, zickzackf. gebogen; Kronblätt. weiß; längere Staubblätt. knief. nach ausw. gebogen (*518/4*); Schötchen fast kugelig, bis 3 mm lg.; ↕ 10–30 cm; ♃. V–VII. – Felsspalten, Felsschutt, lichte Wälder; auf Kalk; montan bis subalp. (auch herabgeschwemmt). – Kalk-Alp. u. Vorland, SchwAlb u. FrAlb, Schweizer Jura, *z*. Felsen-K., ***K. saxatilis*** (L.) Rchb.

Lepidium L. [incl. *Cardaria* Desv., Pfeilkresse, u. *Coronopus* Zinn, Krähenfuß], Kresse

1. Fr. ein Schötchen (sich durch Fr.Klappen öffnend), abgeflacht, — oft geflüg.; Gr. sehr kurz, kaum aus der Ausrundung der Fr. ragend [***Lepidium*** s. str.] **4**

— Fr. eine Nuss od. nussart., 2-teilige Spaltfr. (sich nicht öffnend), nicht abgeflacht, — ungeflüg. **2**

2. Blätt. ungeteilt; Kronblätt. 2,5–4 mm lg.; Fr. herzf.; — ob. Stg.Blätt. m. herzf. bis pfeilf. Grund stg.umfassend, entfernt buchtig gezähnt; Infl. in dichten Schirmrispen; Blüten wohlriechend; Fr. herzf. (*542/1*), m. lg. Gr.; ↕ 20–50 cm; ♃. V–VII. – Bahndämme, Böschungen, Weinberge, Ruderalstellen; kollin bis montan. – Im ganzen Gebiet *z–v* (aber wohl nur in SO einheim.). [*Cardaria draba* (L.) Desv.] Pfeil-K., ***L. draba*** L.

— Blätt. fiederspaltig od. gefied.; Kronblätt. 0,5–2 mm lg.; Fr. nicht herzf.; — Trauben einem Blatt gegenübersthd. [*Coronopus*] **3**

3. Blütenstiele kürzer als Blüten od. Fr.; Kronblätt. weiß, 1–1,5 mm lg., länger als der Kelch; Fr. 2,5–3 × 3–4 mm, eine Nuss, nierenf., am Rand warzig-scharfzackig (*517/4*), durch den Gr. bespitzt; Gr. 0,3–0,5 mm lg.; — Stg. niederlgd. od. aufstgd., kahl; ↕ 5–30 cm; ☉. V–VIII. – Lehmige Feldwege, Äcker, oft an feuchten salz- u. ammoniakhaltigen Stellen. – *z*, wohl nur in

SO des Gebiets heim., sonst unbest. od. eingebürg? [*Coronopus procumbens* Gilib.; *C. ruellii* All.; *C. squamatus* (Forssk.) Asch.; *L. squamatum* Forssk.]
Niederliegender Krähenfuß, ***L. coronopus*** (L.) Al-Shebaz

— Blütenstiele länger als Blüten od. Fr.; Kronblätt. gelbl., 0,5 mm lg., kürzer als der Kelch od. fehlend; Fr. 1,5–1,7 × 2–2,5 mm, eine 2-knotige, (auch am Rand) glatte Spaltfr., an der Spitze ausgerandet (*517/5*); Gr. < 0,2 mm lg. od. ganz fehlend; — Stg. aufr. od. niederlgd., kahl od. absthd. lg. behaart; Pfl. zerrieben unangenehm riechend; ↕ 10–30 cm; ⊙. VI–VII. – Ruderalstellen, Wege. – Ne. (Heimat: S-Am.), eingeschleppt u. z. T. eingebürg.; *s*. [*Coronopus didymus* (L.) Sm.] Zweiknotiger Krähenfuß, ***L. didymum*** L.

4 (1). Kronblätt. blassgelb; — unt. Stg.Blätt. doppelt fiederspaltig, m. fast linealischen Zipfeln, ob. Stg.Blätt. ungeteilt, ganzrandig, m. tief herzf. Grund stg.umfassend; ↕ 20–40 cm; ⊙. V–VI. – Salzwiesen, Wege, Ruderalstellen. – Ne. (Heimat: O-Eur., As.), eingeschleppt; *s*.
Durchwachsenblättrige K., ***L. perfoliatum*** L.

— Kronblätt. weiß od. fehlend **5**

5. Ob. Stg.Blätt. nicht stg.umfassend **8**

— Ob. Stg.Blätt. m. herzf. bis pfeilf. Grund stg.umfassend od. am Grund pfeilf. geöhrt **6**

6. Pfl. kahl; — Stg. bogig aufstgd.; Blätt. ganzrandig, lederig, dickl., blaugrün; Schötchen eif., ≈ 3 mm ∅; ↕ 20–30 cm; ♃. V–VI. – Salzwiesen. – *s*, A: Bgl (Seewinkel). [*L. crassifolium* Waldst. & Kit.] Knorpel-K., ***L. cartilagineum*** (J. C. Mayer) Thell.

— Pfl. flaumig-filzig **7**

7. Gr. die Ausrandung überragend (*542/2*); Pfl. ausd., m. dicker, vielköpfiger Wurzel, an ihrem ob. Ende faserige Hülle toter Blätt.; Grundblätt. leierf. fiederspaltig; — Stg. u. Blütenstiele von absthd. Haaren flaumig bis filzig; Fr. meist ohne schuppig raue Papillen; ↕ 15–45 cm; ♃. V–VI. – Felsen, Weg- u. Ackerränder; kollin. – Eingeschleppt (Heimat: SW-Eur.); *s*, D: BB, BY, NI, NRW, SH; A: Sb; B; CZ; DK; NL. [*L. smithii* Hook.] Verschiedenblättrige K., ***L. heterophyllum*** Benth.

— Gr. die Ausrandung nicht überragend (*542/3*); Pfl. 1–2-j.; Wurzel spindelig, 2-köpfig, ohne Faserschopf; Grundblätt. (z. Bltzt. meist abgestorben) leierf. fiederspaltig; — Stg. flaumig-filzig; Fr. schuppig rau; ↕ 20–60 cm; ⊙–⊙. V–VI. – Wege, Dämme, Ruderalstellen. – *v*.
Feld-K., ***L. campestre*** (L.) R. Br.

8 (5). Schötchen an der Spitze deutl. ausgerandet; — Grundblätt. (meist) fiederspaltig, selten fehlend **10**

— Schötchen spitz od. abgerundet, aber nicht ausgerandet **9**

9. Schötchen kahl, eif., durch den kurzen Gr. bespitzt (*542/4*); Kelchblätt. von der Mitte an weiß berandet; Grundblätt. lanzettl. spatelf., — kerbig gezähnt; Stg.Blätt. lineal-lanzettl.; ↕ 40–70 cm; ♃. VI–VII. – Wege, Umschlagplätze, Flussufer; kollin bis montan. – Eingeschleppt od. regional einheim. (Hauptverbr.: MMG), lokal eingebürg. od. unbest.; *s*, D: BW, BY, HE, MV, NRW, RP, SH (Hamburg), SN; A: (ehem?) NÖ, OTi; B; CH; I: Bz; NL. Grasblättrige K., ***L. graminifolium*** L.

— Schötchen jung weichhaarig, br. ellipt. bis kreisrund (*542/5*); Kelchblätt. fast vom Grund an br. weiß berandet; Grundblätt. meist eif.; mittl. u. ob. Stg.Blätt. eif. bis eilanzettl.; — Pfl. von scharfem Geschmack; ↕ 50–100(–150) cm; ♃. VI–VII. – SalzStO, Ruderalstellen. – *z*, einheim. nur an der Nord- u. Ostseeküste u. an Binnenlandsalzstellen; *s*, im ganzen Gebiet sich ruderal (evtl. auch als Kulturrelikt?) ausbreitend; D: BB, BW, BY, HE, MV, NI, NRW, RP, SH, SN, TH; A: Bgl, OÖ, NÖ; B; CH; CZ (außerh. des Gebiets); F: Els; FL; NL; Hauptverbr.: W-Eur., MMG, As. – Alte Gewürzpfl. Breitblättrige K., Pfefferkraut, ***L. latifolium*** L.

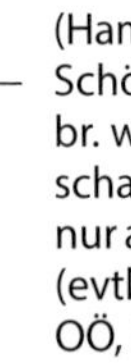
542/1

542/2
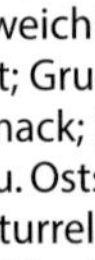
542/3
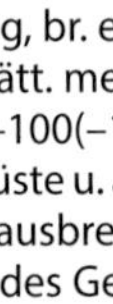
542/4
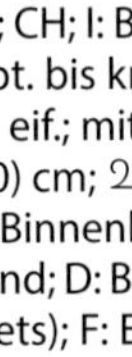
542/5
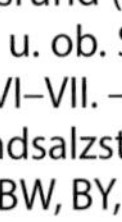
542/6
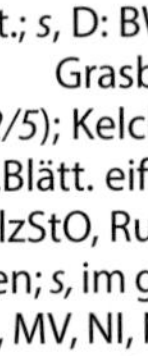
542/7
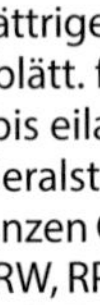
542/8
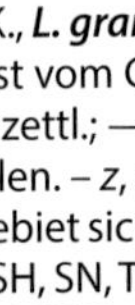
542/9
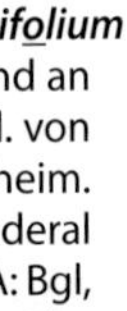
542/10

10 **(8).** Schötchen 5–6 mm lg., Fr.Stiele aufr.; Pfl. kahl, bläul. bereift; — Schötchen 3–4 mm br., rundl. eif., an der Spitze br. geflüg. (*542/6*); ↕ 20–40 cm; ⊙. V–VII. – Ruderalstellen. – Als Gewürz- u. Salatpfl. kult. (Heimat: MMG, SW-As.) u. verwild.; *v*. – Alte Kulturpfl. Garten-K., ***L. sativum*** L.

— Schötchen bis 4 mm lg., Fr.Stiele absthd.; Pfl. nicht bläul. bereift **11**

11. Kronblätt. vorhanden, den Kelch überragend; — Grundblätt. (gelegentl. fehlend) leierf. fiederspaltig od. gezähnt, borstig behaart; Stg.Blätt. längl. lanzettl., scharf gezähnt; Schötchen fast kreisrund, an der Spitze etwas geflüg. (*542/7*); ↕ 30–50 cm; ⊙. V–VIII. – Sandige Ruderalstellen, Bahndämme. – Ne. (Heimat: M- u. N-Am.), eingeschleppt; *z*, im S *v* eingebürg. – Wildgemüse. Virginia-K., ***L. virginicum*** L.

— Kronblätt. fehlend od. verkümmert **12**

12. Pfl. stinkend; Fr. 2–2,5 × 1,5–2 mm ; — Grundblätt. doppelt fiederteilig, ob. Stg.-Blätt. linealisch, ganzrandig; Fr.Traube locker; Schötchen eif., an der Spitze geflüg. (*542/8*); ↕ 10–30 cm; ⊙–⊙. V–VII. – Ruderalstellen, Wege, Salzrasen. – *v*. Schutt-K., Stink-K., ***L. ruderale*** L.

— Pfl. nicht stinkend; Fr. 3–4 × 2,5–3 mm **13**

13. Ob. Stg.Blätt. entfernt gezähnt, 3-nervig, am Grund lg. bewimpert; Fr.Stiele nicht auffallend dünn, 4–5,5 mm lg., schräg nach oben absthd.; Fr. ellipt., 3–4 × 2,5–3 mm; — Fr.Traube dicht; Schötchen tief, aber schmal ausgerandet, m. schmalen Flügeln (*542/9*); ob. Stg.Blätt. lineal-lanzettl.; ↕ (1–)5–40 cm; ⊙–⊙. V–VII. – Sandige Ruderalstellen, Bahndämme. – Ne. (Heimat: N-Am.), eingeschleppt; *z*, stellenw. eingebürg. [*L. apetalum* auct.] Dichtblütige K., ***L. densiflorum*** Schrad.

— Ob. Stg.Blätt. ganzrandig, 1-nervig, am Rand papillös; Fr.Stiele sehr dünn, ≈ 3 mm lg., fast waagr. absthd.; Fr. ≈ kreisrund, ≈ 3 mm im ∅ od. breiter als lg. (*542/10*); — ob. Stg.Blätt. linealisch; ↕ 20–40 cm; ⊙–⊙. V–VII. – Trockene, sandige Ruderalstellen, Schuttdeponien. – Ne. (Heimat: N-Am.), eingeschleppt u. stellenw. eingebürg. Verkannte K., ***L. neglectum*** Thell.

Lobularia Desv., Silberkraut, Strandkresse

Pfl. von Kompassnadelhaaren (2-strahlige, anlgd. Haare) graugrün; Stg. verzweigt; Blätt. ganzrandig; Blüten duftend; Kronblätt. ≈ 3 mm lg., weiß od. violett; ↕ 5–35 cm; ⊙–♃. V–X. – Kult. u. Ne. (Heimat: weiteres MMG); *s* stellenw. im ganzen Gebiet in Ruderalfluren u. auf Friedhöfen verwild. u. eingebürg. – Zierpfl., formenreich. [*Alyssum maritimum* L.] Strand-S., ***L. maritima*** (L.) Desv. (subsp. ***maritima***)

Lunaria L., Silberblatt

1. Alle Blätt. gestielt; Schötchen ellipt. lanzettl., beidendig kurz zugespitzt, Flächen (etwas) netzig; — Fr.Träger meist länger als der Fr.Stiel, im Ganzen gebogen; Kronblätt. hellviolett bis weiß; ↕ (5–)30–140 cm; ♃. V–VII. – Feuchte, schattige Laubwälder; meist montan. – *z*, im N *s*. ⓐ. Wildes S., ***L. rediviva*** L.

— Ob. Stg.Blätt. sitzend; Schötchen br. ellipt., fast rund, beidendig abgerundet, Flächen kaum netzig; — Fr.Träger meist kürzer als der Fr.Stiel, nur an der Spitze bogenf. geknickt; Kronblätt. dk.violett, selten weiß; ↕ 30–100 cm; ⊙–♃. IV–VI. – Gärten, Parkanlagen, Wege, Mauern, Waldsäume, steinige Hänge; frische, humose Lehm- u. Steinböden. – Ne. (Altbürger?; Heimat: N-MMG, SO-Eur.); im Gebiet nur verwild.; stellenw. eingebürg., *z*. – Zierpfl. Gewöhnliches-S., Judas-S., ***L. annua*** L.

Malcolmia W. T. Aiton [excl. *Strigosella* Boiss. u. *Marcus-kochia* Al-Shebaz], Meerviole

Die Segregate *Strigosella* u. *Marcus-kochia* sind durch molekulare Untersuchungen gut gestützt u. weder m. *Malcolmia* noch untereinander näher verwandt (s. BrassiBase, https://brassibase.cos.uni-heidelberg.de/).

Pfl. 1-j., ohne sterile Triebe am Grund, nicht filzig behaart; — Stg. vom Grund an verzweigt; Blätt. verkehrt eif. od. verkehrt lanzettl. (d.h. an der Spitze am breitesten), ganzrandig od. buchtig gezähnt; Kelchblätt. z. Frzt. fehlend, zumind. seitl. deutl. ausgesackt; Kronblätt. violett, 10–21(–25) mm lg.; Schoten ≈ aufr., angedrückt behaart; Fr.Stiele 4–15 mm lg.; Gr. länger als die Schote br.; ↕ 10–50 cm;

⊙. IV–VII. – Ruderalstellen. – Ne. (Heimat: N-MMG), eingeschleppt; in Einbürg. D: RP; A: Kt, NÖ (auch Wien), OÖ, Sb, Stm; CH; B; CZ; NL; in D: BW, BY, HE, NRW, SH noch unbest.; wo noch? – Zierpfl.
Meerstrand-M., Graue M., ***M. maritima*** (L.) W. T. Aiton

Marcus-kochia Al-Shebaz [*Malcolmia* W. T. Aiton p. p.], Marcuskochie, Strandlevkoje

Pfl. am Grund verholzt, m. zahlr. sterilen Rosetten, dichtfilzig behaart; Blätt. fast sitzend, ganzrandig od. gelappt; Kronblätt. rosa bis purpurn, 15–18 mm lg.; Schoten vom Stg. absthd., 30–60 mm lg.; Gr. lg. u. dünn, abfallend; ↕ 10–40 cm; ♃. IV–VII. – Gärten, Ruderalstellen. – Ne. (Heimat: W-MMG); *s* verwild. u. unbest., z. B. D: BW; wo noch? – Zierpfl. [*Cheiranthus littoreus* L.; *Malcolmia littorea* (L.) W. T. Aiton]
Strand-M., ***M. littorea*** (L.) Al-Shebaz

Matthiola R. Br., Levkoje

1. Pfl. 30–60 cm hoch, graufilzig, oft verzweigt; Blüten gestielt, Blütenstiele 7–10 mm lg.; Schoten 3–5 mm br.; — Blätt. schmal lanzettl., stumpf; Kronblätt. violett, rosa od. weiß; Blüten stark duftend, oft gefüllt; ↕ 20–80 cm; ⊙–♃. IV–X. – Gärten, an Ruderalstellen u. auf Mauern. – Im Gebiet nur verwild. Ne. (Heimat: MMG); *s* eingebürg, meist unbest. u. 1-j., z. B. D: BB (Berlin), BY, HE, MV, SH, SN; A; B; CZ (Mähren). – Zierpfl. Garten-L., ***M. incana*** (L.) R. Br. (subsp. ***incana***)

— Pfl. 10–20 cm hoch, graufilzig, unverzweigt, m. Blattrosetten; Blüten sitzend od. fast sitzend, Blütenstiele 0–3 mm lg.; Schoten 1–2 mm br.; — Blätt. lineal-lanzettl.; Kronblätt. lila; ↕ 5–30 cm; ♃. V–VIII. – Felsspalten, Gesteinsschutt. – *s*, nur CH: Vs. [*M. fruticulosa* subsp. *valesiaca* (Boiss.) P. W. Ball]
Walliser L., ***M. valesiaca*** Boiss.

Microthlaspi F. K. Mey. [*Thlaspi* L. p. p.], Kleintäschel, Kleintäschelkraut

Für die Bestimmung müssen mehrere Pfl. einer Population untersucht werden.

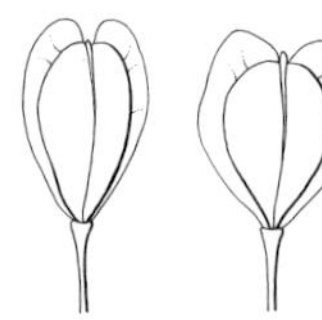

544/1 544/2

1. Nagel der Kronblätt. undeutl., br.; Fr. verläng.-herzf., Winkel am Grund u. zw. den Flügeln an der Spitze meist spitz (*544/1*); ↕ 5–20(–25) cm; ⊙. IV–VI. – Kalkmagerrasen, Böschungen, Äcker. – *s* od. *z* M-D, S-D; A; B; CZ; F: Els; NL; PL? – Genaue Verbr. noch unklar. [*T. erraticum* Jord.]
Unstetes K., ***M. erraticum*** (Jord.) T. Ali & Thines

— Nagel der Kronblätt. meist deutl.; Fr. herzf., Winkel am Grund u. zw. den Flügeln an der Spitze meist stumpf (*544/2*); ↕ 7–20 cm; ⊙. IV–VI. – Kalkmagerrasen, Böschungen, Äcker. – *z*, SW-D, M-D; A; CH; CZ; FL; I: Bz; PL; *s* im N. [*T. perfoliatum* L.]
Stängelumfassendes K., ***M. perfoliatum*** (L.) F. K. Mey.

Murbeckiella Rothm., Fiederrauke

Stg. dicht beblätt.; Blüten in Doldentrauben; Schoten 15–25 mm lg.; ↕ 5–25 cm; ♃. VII–VIII. – Feuchter Felsschutt im Hochgeb.; auf Silikatgestein. – *s*, CH: Vs. Fiederrauke, ***M. pinnatifida*** (Lam.) Rothm.

Myagrum L., Hohldotter

Pfl. kahl, blaugrün bereift, beim Zerreiben unangenehm riechend; Stg.Blätt. m. herzf. bis pfeilf. Grund stg.umfassend; Kronblätt. gelb; Fr. m. 1 unt., 1-samigen u. 2 ob., hohlen Fächern; ↕ 20–50 cm; ⊙–⊙. VI–VII. – Äcker, Ruderalstellen; kollin. – Nur im SO des Gebiets möglicherweise heim.; sehr *s*, A: Bgl, NÖ, OÖ?, Stm; CH; CZ (Prag); I: Bz.; sonst Ne., in D: BW, BY, RP eingebürg./in Einbürg. od. (noch) unbest. in BB (inkl. Berlin), SH (auch Hamburg), NI, NR, SN, ST, TH; B; CZ?; PL; Hauptverbr.: SO-Eur., SW-As.
Durchwachsenblättriger H., ***M. perfoliatum*** L.

Nasturtium R. Br., Brunnenkresse

1. Schoten dünn, 16–24 × 1,2–1,8 mm; Samen 1-reihig, fein u. dicht gerunzelt; Samenschale jederseits m. ≈ 100 Feldern (*518/3*); Blätt. im Winter rotbraun werdend; ↕ 20–80(–90) cm; ♃. V–VIII. – Quellen, fließ. Gewässer. – *z*, bes. N-M-Eur., *v* in D: S-BW u. SH. – In England auch als Kulturpfl. (bisher meist m. folg. Art verwechselt!). [*Rorippa microphylla* (Boenn.) Hyl.]
Kleinblättrige B., ***N. microphyllum*** (Boenn.) Rchb.

— Schoten dick, 10–18 × 1,8–2,5 mm; Samen deutl. 2-reihig, grob netzig gerunzelt; Samenschale jederseits m. ≈ 25–50 Feldern (*518/2*); Blätt. während des Winters grün bleibend; ↕ 20–80 cm; ♃. V–VIII. – Quellen, langsam fließ. Bäche. – *v*. [*Rorippa nasturtium-aquaticum* (L.) Hayek]
Gebräuchliche B., Apotheken-B., ***N. officinale*** R. Br.

Die ähnl. *Cardamine amara* (S. 531) hat einen markigen Stg. u. violette Staubbeutel.

Unfruchtbare B., ***N.*** × ***sterile*** (Airy-Shaw) Hand [*N. microphyllum* × *N. officinale*]: Fr. nur 12 mm lg.; viele Fr./Samen nicht entwickelt; Blätt. im Winter braun; ↕ 20–80 cm; ♃. – Quellen, fließ. Gewässer. – *z*, regional häufiger als Elternarten, aber oft nicht von *N. officinale* unterschieden; D: BW, BY, HE, MV, NI, NRW, RP, SH (Hamburg), TH; *s*, z. B. A: NÖ, OÖ, Sb; B; CZ; wo noch? – In England als „winter-cress", aber auch anderswo, kult.

Neslia Desv. [*Vogelia* Medik.], Finkensame

Stg. 15–80 cm hoch; Stg.Blätt. m. tief pfeilf. Grund sitzend; Kronblätt. goldgelb; Schötchen kugelig (*517/1*), sich nicht öffnend, 1-samig; ↕ 15–80 cm; ⊙. V–VII. – Lehm- u. Kalkäcker; kollin bis montan. – *z*, aber unbest., *f* im NW. [*V. paniculata* (L.) Hornem.] Artengruppe Finkensame, ***N. paniculata*** agg.

a. Fr. breiter als lg., ohne Längsrippen, beidendig stumpf, ihr Rand undeutl. gekielt. – *z*, im NW teilw. *f*. [*N. paniculata* subsp. *paniculata*] Eigentlicher F., ***N. paniculata*** (L.) Desv.

— Fr. länger als br., beidendig spitz, ihr Rand scharf gekielt. – *s*, unbest., nur D: BW, NRW, SN; B; CH: Ts. [*N. paniculata* subsp. *thracica* (Velen.) Bornm.] Zugespitzter F., Thrakischer F., ***N. apiculata*** Fisch. et al.

Noccaea Moench [*Thlaspi* L. p. p.], Täschelkraut

1. Kronblätt. hellviolett od. rosa; — Blüten in verkürzten Schirmtrauben; Schötchen kaum od. nicht geflüg. (*518/5*); ↕ 5–12 cm; ♃. (IV–)VI–X. – Kalkschutthalden der Hochlagen, m. den Flüssen herabstgd.; meist subalp. bis alp. – Alp. *v*. [*T. rotundifolium* (L.) Gaudin]
Rundblättriges T., ***N. rotundifolia*** (L.) Moench s. l.

a. Jedes Fr.Fach m. 4–6 Samen; Grundblätt. stumpfzähnig; ob. Stg.Blätt. ohne Öhrchen; — Samen ≈ 2 mm lg. IV–V(–VII). – Im Gebiet nur auf Kalk- u. Dolomit-Flussschotterfluren, Schwermetallzeiger; submontan (außerh. auch deutl. höher stgd.). – *s*, A: Kt (Arnoldstein); Hauptverbr.: SO-Alp., Slowenien, Friaul. [*T. rotundifolium* subsp. *cepaeifolium* (Wulfen) Rouy & Foucaud] Dickblatt-T., ***N. cepaeifolia*** (Wulfen) Rchb.

— Jedes Fr.Fach m. 1–3 Samen; Grundblätt. meist ganzrandig, ob. Stg.Blätt. geöhrt .... **b**

b. Gr. 1–2 mm lg.; Samen 1,6–2,4 mm lg.; Stg.Blätt. meist m. stumpfen Öhrchen. – Alp. *v*. [*T. rotundifolium* (L.) Gaudin] Rundblättriges T. (i. e. S.), ***N. rotundifolia*** (L.) Moench s. str.

— Gr. 2–3,5 mm lg.; Samen 0,8–1,2 mm lg.; Stg.Blätt. meist m. spitzen Öhrchen. – *s*, CH: Gr, Ts, Vs. [*T. lereschеanum* (Burnat) A. W. Hill; *T. rotundifolium* subsp. *corymbosum* (J. Gay) Pignatti; *T. rotundifolium* subsp. *corymbosum* (J. Gay) Jauzein] Doldentraubiges T., ***N. corymbosa*** (J. Gay) F. K. Mey.

— Kronblätt. weiß **2**

2. Kelchblätt. 1–1,5(–2) mm lg.; Kronblätt. 1–3(–4) mm lg.; — Staubblätt. so lg. wie od. länger als die Kronblätt.; Schötchen verkehrt eif., kerbig (*518/9*); ↕ 10–30(–60) cm; (⊙–)♃. IV–VI. – Bergwiesen, Weiden. – Alp., Mittelgeb. u. in den großen Stromtälern *z*, *s* im N. [*T. caerulescens* J. Presl & C. Presl] Bläuliches T., ***N. caerulescens*** (J. Presl & C. Presl) F. K. Mey.

a. Stg. meist ästig; Staubbeutel gelb bleibend; Kronblätt. 2–3 mm lg., wenig länger als die Kelchblätt.; ♃. IV–VI. – *z*, CH. [*T. caerulescens* subsp. *brachypetalum* (Jord.) Jalas; incl. *T. salisii* Brügg.]
Tiroler T., subsp. ***brachypetala*** (Jord.) Tzvelev

— Stg. meist einfach; Staubbeutel blauviolett werdend; Kronblätt. 2,5–4 mm lg., bis doppelt so lg. wie die Kelchblätt. .... **b**

b. Kronblätt. 3,5–4 mm lg.; Gr. 1,5–4 mm lg., weit vorragend; — Blätt. frischgrün; Infl. halbkugelig; Staubblätt. so lg. wie die Kronblätt.; Fr.Stand < 5 cm lg.; ♃. IV–VI. – Bergwiesen. – *s*, CH: Ts, Uri, Vs. [*T. caerulescens* subsp. *virens* (Jord.) Laínz] Grünes T., subsp. ***virens*** (Jord.) Kerguélen

— Kronblätt. < 3,5 mm lg.; Gr. 0,7–1,5 mm lg. .... **c**

c. Pfl. 2–3-j.; Kronblätt. höchstens so lg. wie die Staubblätt.; — Kronblätt. ≤ 3 mm lg.; ⊙–♃. IV–VI. – Bergwiesen. – *z*–*s*. [*T. alpestre* L. subsp. *sylvestre* (Jord.) Gillet & Magne; *T. sylvestre* Jord.]
Bläuliches T. (i. e. S.), subsp. ***caerulescens***

— Pfl. ausd.; Kronblätt. länger als die Staubblätt.; — Kronblätt. ≤ 3,5 mm lg.; ♃. V–VI. – Schwermetallhalden. – *s*, NL; B; östl. bis D: Aachen u. Osnabrück. [*T. calaminare* (Lej.) Lej. & Court.; *T. caerulescens* subsp. *calaminare* (Lej.) Dvoráková] Galmei-T., subsp. ***calaminaris*** (Lej.) Holub

— Kelchblätt. 2–3 mm lg.; Kronblätt. (3,5–)4–8 mm lg. 3

3. Flügel des Schötchens 0,5 mm br. 6

— Flügel des Schötchens > 1 mm br. 4

4. Wurzelstock m. lg., ausläuferart. Verzweigungen; — Fr. an der Spitze br. geflüg. (*518/10*); ↕ 10–25 cm; ♃. IV–V. – Lichte Wälder, Berghänge; meist auf Kalk. – *z* von B u. M-D bis Alp., auch A: NÖ; NW-CH; CZ; F: Els. [*T. montanum* L.] Berg-T., ***N. montana*** (L.) F. K. Mey.

— Wurzelstock m. kurzen Verzweigungen; — Rosetten ± dichte Rasen bildend 5

5. Kronblätt. 7–8 mm lg.; Infl. verzweigt; ↕ 20–50 cm; ♃. IV–V. – Steinschutt, feuchte Hänge. – *s*, A: Bgl, NÖ (Gösing), Stm. [*T. goesingense* Halácsy] Gösing-T., ***N. goesingensis*** (Halácsy) F. K. Mey.

— Kronblätt. 5–7 mm lg.; Infl. einfach; ↕ 5–15 cm; ♃. III–IV. – Lichte Wälder, buschige Hänge; montan bis subalp. – *s*, A: SO-Kt, Stm (angesalbt b. Graz); Hauptverbr.: Balkan-HI. [*T. praecox* Wulfen] Frühes T., ***N. praecox*** (Wulfen) F. K. Mey.

6. Kronblätt. 5 mm lg.; Gr. 1–1,5 mm lg.; ↕ (3–)5–10 cm; ♃. V–VI. – Alp. Rasen. – *s*, A: Kt (Karawanken). [*T. kerneri* Huter; *T. minimum* Ard.; *T. alpestre* Jacq. non L.] Zwerg-T., ***N. minima*** (Ard.) F. K. Mey.

— Kronblätt. 6–7 mm lg.; Gr. 2–3 mm lg.; ↕ 5–15 cm; ♃. V–IX. – Alp. Rasen. – *z*. [*T. alpinum* Crantz] Alpen-T., ***N. crantzii*** F. K. Mey. s. l.

a. Äste der Grundachse lg., ausläuferähnl.; Grundblätt. eif. od. oft kreisrund, unterseits oft violett; Gr. 2 mm lg. – *z*, A: NÖ, OÖ, N-Stm. Ostalpen-T., ***N. crantzii*** F. K. Mey.

— Äste der Grundachse sehr kurz, nicht ausläuferähnl., Pfl. rasenf.; Grundblätt. längl. spatelf., in den Stiel verschmälert; Gr. 2–3 mm lg. – *s*, CH: Vs. [*T. alpinum* subsp. *sylvium* (Gaudin) A. R. Clapham; *N. alpestris* subsp. *sylvium* (Gaudin) Kerguélen] Matterhorn-T., ***N. sylvia*** (Gaudin) F. K. Mey.

Odontarrhena C. A. Mey. in Ledeb. [*Alyssum* L. p. p.], Zahnkresse

1. Blätt. alle deutl. 2-farbig, oberseits grün od. grau-grün, unterseits grau od. weißl., da auffallend filzig behaart; — Stg. aufr.; Kronblätt. goldgelb 3

— Blätt. beiderseits (fast) gleichfarbig (aber sternhaarig), die Stg.Blätt. manchmal von den Grundblätt. verschieden; Grundblätt. rundl.-spatelf. 2

2. Fr. kahl od. verkahlend; Pfl. > 30 cm hoch, blhd. Stg. aufr., am Grund verholzt; Stg.Blätt. 15–35 mm lg.; — Grundblätt. u. Blätt. an nichtblhd. Trieben bis 15 mm lg.; Kelchblätt. ≈ 2 mm lg.; Kronblätt. 2,5–3 mm lg.; ↕ 30–60 cm; ♃. V–VI. – Steingärten, Mauern, Trockenrasen. – Ne. (Heimat: W-Anatolien, in Korsika eingebürg.); *s* lokal verwild. u. unbest. od. eingebürg., z. B.: D: RP; wo noch? – Zierpfl. [*A. corsicum* Duby] Korsische Z., ***O. corsica*** (Duby) Španiel et al.

— Fr. sehr dicht sternhaarig; Pfl. < 20 cm hoch, blhd. Stg. (meist) niederlgd., am Grund nicht od. kaum verholzt; Stg.Blätt. 4–7 mm lg.; — Grundblätt. u. Blätt. an nichtblhd. Trieben bis 10 mm lg.; Kelchblätt. 2–2,5 mm lg.; Kronblätt. (2–)3–3,5 mm lg., goldgelb; Samen einseitig geflüg.; ↕ 5–20 cm; ♃. VII–VIII. – Felsen, Felsschutt, basenreiche StO; 2500–3100 m. – *s*, nur CH: Vs (Zermatt); unbest. D: BW. [*A. alpestre* L.] Alpen-Z., ***O. alpestris*** (L.) Ledeb.

3 (1). Fr. mäßig dicht sternhaarig, die Klappen unter den Haaren gut sichtbar; Sternhaare auf der Fr. ≥ 0,35 mm ∅, 6–10(–13)-strahlig; Samen ≈ 3 mm lg.; — Stg.Blätt. 10–20 mm lg.; Kronblätt. 2–3,5 mm lg.; ↕ 25–70 cm; ♃. (IV–)V–VI. – Steingärten, Mauern, Trockenrasen. – Ne. (Heimat: SO-Eur., SW-As.); *s* lokal verwild., unbest. od. eingebürg., z. B.: D: BB, BW, BY, HE, MV, NRW, SN, TH; A: Bgl, Kt, OÖ, NÖ, Stm; B; CZ. – Zierpfl. [*A. murale* Waldst. & Kit.] Mauer-Z., ***O. muralis*** (Waldst. & Kit.) Endl.

— Fr. sehr dicht sternhaarig, Haare die Klappen vollständig verbergend; Sternhaare auf der Fr. ≈ 0,5 mm ∅, 15–22-strahlig; Samen ≈ 2,5 mm lg.; — Stg.Blätt. 10–15(–20) mm lg.; Kronblätt. 3,5–4 mm lg.; ↕ 15–50 cm; ♃. (IV–)V–VI. – Steingärten, Mauern, ruderale Trockenrasen. – Ne. (Heimat: SW-Alp.); *s* lokal verwild., unbest. od. in Eingebürg., z. B.: D: BW, HE, SN; wo noch? – Zierpfl. [*A. argenteum* All.] Silber-Z., ***O. argentea*** (All.) Ledeb.

Olimarabidopsis Al-Shehbaz et al., Urschmalwand

Pfl. m. kurzgestielten od. fast sitzenden kompassnadelf. u. 3–4-strahligen Sternhaaren, selten oberw. verkahlend; Stg. aufr., kaum verzweigt; Blätt. behaart, meist grob gezähnt, selten ganzrandig od. die untersten fiederspaltig od. gefied., alle spitz; Grundblätt. nicht rosettig gehäuft, früh verwitternd, gestielt, ihre Spr. lanzettl.-spatelf., bis 12 × 0,5–2(–3) cm; mittl. Stg.Blätt. eif.-lanzettl., m. geöhrtem bis pfeilf. Grund sitzend; Fr.Stiele kürzer als Fr., absthd., aufstgd. od. zurückgekrümmt; Kelchblätt. u. Kronblätt. ≈ 1,4–2,5 × 0,3–0,8 mm; Kronblätt. gelb, vertrocknet weißl.; Fr. linealisch, stielrund, gekrümmt od. gerade, 15–32(–40) × 0,8–1,2 mm, ihre Klappen m. 2–3-strahligen Haaren, 15–60-samig; Gr. 0,1–0,4(–0,8) mm lg.; ↕ (3–)5–40(–60) cm; ⊙. V–VI(–IX). – Frische bis feuchte, nährstoffreiche Äcker, Ruderalfluren, Ruderalstellen. – Ne. (Heimat: Krim, SW-As. bis W-Himalaja); lokal in Einbürg., sehr *s*, D: BW. [*Stenophragma pumilum* Čelak.; *Arabidopsis pumila* (Čelak.) N. Busch]
Niedrige U., ***O. pumila*** (Čelak.) Al-Shehbaz et al.

Peltaria Jacq., Scheibenschötchen, Scheibenkraut

Pfl. kahl, beim Zerreiben nach Lauch riechend; Blätt. herzf. stg.umfassend, ganzrandig; Kronblätt. 3,5–4,5 mm lg.; Fr. rechtwinklig zur Scheidewand abgeflacht, (fast) kreisrund, 5–10 mm ∅, 1-samig, sich nicht öffnend; ↕ (30–)40–60 cm hoch; ♃. V–VI. – Waldränder, steinige Abhänge, Steinschutt; kollin bis montan. – *s*, A: Bgl, NÖ, OÖ, Stm; CZ (Mähren); unbest. D: BW, RP, TH; Hauptverbr.: Ungarn, Balkan-Hl. Scheibenschötchen, ***P. alliacea*** Jacq.

Petrocallis R. Br., Steinschmückel

Blätt. in grundst. Rosette, keilf., 3–5-spaltig, 4–6 mm lg.; Kronblätt. helllila, ≈ doppelt so lg. wie der Kelch; Schötchen verkehrt eif., 4–5 mm lg.; Pfl. dichtrasig bis polsterf., ↕ 2–8 cm; ♃. VI–VII. – Felsen u. Steinschutt der Kalk-Alp.; 1700–3400 m. – *z*. ©. Pyrenäen-S., ***P. pyrenaica*** (L.) R. Br.

Pseudoturritis Al-Shehbaz [*Arabis* L. p. p.], Bogenkresse

Blätt. geschweift-gezähnt, unterseits oft violett; Kronblätt. gelbl.weiß; Schoten bis 8–15 cm lg., 1-seitig bogig überhgd., auf kurzem, dem Stg. angedrückten Stiel; ↕ 4–70 cm; ⊙–♃. IV–V. – Lichte Wälder, Gebüsche, Felsen; v. a. auf Kalk. – *z*, Voralp., S-, W- u. M-D; A; CH; *s* B; CZ; F: Els. [*A. turrita* L.]
Bogenkresse, ***P. turrita*** (L.) Al-Shehbaz

Raphanus L., Rettich, Hederich

1. Schoten lg., perlschnurart. eingeschnürt (511/5), bei Reife (fast stets) in 1-samige Glieder zerfallend; Kronblätt. weißl. od. hellgelb, oft m. violetten Nerven (dadurch Krone oft hellviolett erscheinend); — Kelch aufr.; Wurzeln oft dünn; ↕ 30–60(–80) cm; ⊙ (–⊙–♃). VI–VIII(–X). – Äcker, Ruderalstellen, Meeresklippen; planar bis montan. – *v*. Hederich, ***R. raphanistrum*** L.
   a. Schote m. zylindr. od. verläng. Fr.Gliedern, normalerweise länger als br.; — Fr.Schnabel (2,5–)3–6-mal so lg. wie das oberste Fr.Glied; Pfl. meist wenig verzweigt; Kronblätt. weiß, hellgelb od. hellviolett; Schoten 25–90 × 2–5,5(–6) mm, m. (1–)3–8(–10) Fr.Gliedern u. Fr.Schnabel 6–30 mm lg.; ↕ 30–60(–75) cm; ⊙(–⊙). VI–VIII(–X). – Ackerunkraut, auch in Ruderalfluren. – *v*, wie Art. Eigentlicher R., Hederich., subsp. ***raphanistrum***
   — Schote m. ≈ kugeligen Fr.Gliedern, diese ≈ so lg. wie br.; — Fr.Schnabel 1–3(–4)-mal so lg. wie das oberste Fr.Glied; Pfl. meist stark verzweigt; Kronblätt. gelb od. weiß, ohne od. nur m. wenigen dk. Nerven; Schoten (10–)15–55 × 4,5–10 mm, m. 1–5(–6) Fr.Gliedern u. Fr.Schnabel 5–25 mm lg.; Pfl. vielblättr.; ↕ 40–60(–80) cm; ⊙–♃. VI–X. – Nährstoffreiche steinige od. sandige Küsten, auch ruderal; planar. – *s*, D: SH (Helgoland, NP Wattenmeer); B; DK?; NL. Küsten-R., subsp. ***maritimus*** (Sm.) Thell.

— Schoten kurz, nicht perlschnurart. geglied., gedunsen, bei Reife nicht in 1-samige Glieder zerfallend; Kronblätt. weiß od. violett; — Wurzeln oft rötl. u. verdickt; ↕ 30–100 cm; ⊙–⊙. V–VI. – Kulturpfl. aus SW-As. [*R. raphanistrum* subsp. *sativus* (L.) Domin] Garten-R., ***R. sativus*** L.

Als Gemüsepfl. kult. (Rettich, mehrere Varietäten); Radieschen [var. *sativus*], auch als Ölpfl. [var. *oleiformis* Pers.]. – Auch teilw. fertile Hybriden der beiden Arten (Kleinblütiger R., ***R. × micranthus*** (Uechtr.) O. E. Schulz), meist m. weißen Kronblätt. u. dünnen Wurzeln, sonst intermediär u. m. teilw. zerfallenden Schoten.

Rapistrum Crantz, Rapsdotter, Windsbock

1. Gr. z. Frzt. kurz kegelf., < halb so lg. wie das ob. Fr.Glied u. von ihm nicht deutl. abgesetzt, kantig gefurcht, an der Spitze kaum schmaler als die Narbe (*516/6*); Blütenstiele deutl. länger als der Kelch; Kronblätt. kräftig gelb; Blattzähne deutl. weiß-knorpelig; — ob. Fr.Glied eif., stets kahl, tief längsfurchig gerippt; Grundblätt. fiederspaltig, steifhaarig-zottig; ↨ 30–100 cm; (⊙–)♃. VI–VIII. – Trockenrasen u. Raine. – *z*, D: BW, RP, ST, TH; A: Bgl, NÖ; CH: Jura, Mittelland, Alp.; CZ; sonst verschleppt. Ausdauernder R., ***R. perenne*** (L.) All.

— Gr. z. Frzt. fädl., halb bis 1,5-mal so lg. wie das ob. Fr.Glied, von ihm deutl. abgesetzt, an der Spitze schmaler als die Narbe (*517/3*); Blütenstiele kürzer bis höchstens so lg. wie der Kelch; Kronblätt. hellgelb; Blattzähne sehr undeutl. weiß-knorpelig; — ob. Fr.Glied eif. bis kugelig, behaart od. kahl, glatt od. stark gerippt; Grundblätt. leierf. fiederspaltig, zerstreut borstig; ↨ 20–80 cm; ⊙(–⊙). V–IX. – Äcker u. Brachen, Ruderalstellen. – Eingeschleppt (Heimat: SW-As.) u. regional eingebürg.; im Gebet bes. D: Oberrhein u. Main, BB, BW, BY, HE, MV, NI, NRW, RP, SH (auch Hamburg), ST, TH; A (bes. pannon. Gebiete); B; CH; CZ; I. Bz. – Formenreich (taxonom. Wert der folg. Unterarten umstritten). Runzliger R., ***R. rugosum*** (L.) All.

a. Fr.Stiel dick, kurz, höchstens 1,5-mal so lg. als das unt. Fr.Glied; dieses ellipsoidisch, — 1-samig; ob. Fr.Glied eif. bis kugelig, (stets?) borstig behaart, tief gefurcht bis gerippt, die meist gehöckerten Rippen in einen lg. Gr. auslfd. – *v*, wie Art. Eigentlicher Runzeliger R., subsp. ***rugosum***

— Fr.Stiel schlank, (>1,5–)2–4-mal so lg. wie das unt. Fr.Glied, dieses schmal zylindr. od. stielart. schlank; — (0–)1(–2)-samig .... **b**

b. Unt. Fr.Glied schmal zylindr.; ob. Fr.Glied 2–3 mm ∅, tief gefurcht bis gerippt, die gehöckerten Rippen plötzl. in einen eher kurzen Gr. verschmälert; — Fr.Stiel bis 3-mal so lg. wie das unt. Fr.Glied; ob. Fr.Glied br. eif. bis kugelig, (stets?) kahl. – Ruderalstellen. – Unbest., D: BW, BY, HE, MV, NRW, RP?, ST; A: Bgl, Kt, NÖ, NTi, Sb, Stm, Vb; B; I: Bz; NL; wo noch? Orient-R., subsp. ***orientale*** (L.) Arcang.

— Unt. Fr.Glied stielart. schlank; ob. Fr.Glied 1,5–2 mm ∅, kaum gefurcht, langsam in einen mäßig lg. Gr. auslfd.; — Fr.Stiel bis 4-mal so lg. wie das unt. Fr.Glied; ob. Fr.Glied eif. bis kugelig, kahl od. borstig behaart. – Ruderalstellen. – Unbest., D: BB (Berlin), BW, MV, NI, NRW; B; NL; wo noch? Linné-R., subsp. ***linnaeanum*** (Boiss. & Reut.) Rouy & Foucaud

Rhizobotrya Tausch, Zwergkugelschötchen

Rosettenpfl. m. nur bis 4 cm hohen Stg.; Blätt. spatelf., lg. gestielt, ganzrandig od. gezähnt, dick, borstig m. Sternhaaren behaart; Trauben beblätt.; Kelchblätt. an der Fr. bleibend; Kronblätt. 2–2,5 mm lg., weiß; Schötchen eif. kugelig, 2–3 mm lg., gedunsen, m. kurzer Gr.Spitze; ↨ 1–4 cm; ♃. VII–VIII. – Dolomitfelsen, Steinschutt; 1900–2800 m. – *s*, I: Bz. Alpen-Z., ***R. alpina*** Tausch

Rorippa Scop., Sumpfkresse

1. Kronblätt. länger als der Kelch, goldgelb **3**

— Kronblätt. max. so lg. wie der Kelch, bleichgelb **2**

2. Blüten winzig, Kelchblätt. < 1,6 mm lg.; Stg. niederlgd. od. aufstgd., — meist m. Rosette; Schote 2–3-mal so lg. wie ihr Stiel; ↨ (5–)10–20(–25) cm; (⊙–)♃. VI–IX. – See- u. Flussufer der Z-Alp.; 1300–3600 m. – *s*, A: Kt, Ti; CH: Gr, Vs; F: Els, Vog.; I: Bz. Isländische S., ***R. islandica*** (Gunnerus) Borbás

— Blüten größer, Kelchblätt. > 1,6 mm lg.; Stg. aufr.; — Schote 2-mal so lg. wie ihr Stiel; ↨ (10–)20–60(–80) cm; ⊙–⊙. VI–IX. – Ufer, Gräben, Äcker. – *v*. Gewöhnliche S., ***R. palustris*** (L.) Besser

3 (1). Fr. ≈ so lg. wie ihr Stiel, aufr., linealisch; — Blätt. gefied., m. gezähnten bis gekerbten Fiedern; Stg. kantig, am Grund Ausläufer bildend; ↨ 15–40(–60) cm; ♃. VI–IX. – Feuchte Orte, Äcker, Waldwiesen. – *v*. Wilde S., ***R. sylvestris*** (L.) Besser

— Fr. viel kürzer als ihr Stiel, kugelig bis längl. **4**

4. Stg.Blätt. tief fiederteilig, — am Grund stg.umfassend, geöhrt **6**

— Stg.Blätt. ungeteilt, gezähnt od. gesägt **5**

5. Schötchen kugelig, 1,5–3 mm lg., m. fast ebenso lg. Gr., 7–15 mm lg. gestielt; ob. Stg.Blätt. halb stg.umfassend, geöhrt; ↨ 40–100 cm; ♃. VI–VIII. – Flussniederungen. – *z*, D: Rhein, Elbe, Neiße, Odertal, SH; A; B; CZ; DK; I: Bz; NL; PL; sonst *s*. Österreichische S., ***R. austriaca*** (Crantz) Besser

— Schötchen ellipt., 3–7 mm lg., m. 1–2 mm lg. Gr., auf 6–17 mm lg., waagr. absthd. od. herabgeschlagenen Stielen; ob. Stg.Blätt. m. verschmälertem Grund sitzend; — Stg. dick, gefurcht, hohl (bei Wasserformen blasig aufgetrieben), oft Ausläufer treibend; ↕ 40–120 cm; ♃. V–VIII. – Ufer langsam fließ. Gewässer. – *v*. Wasser-S., ***R. amphibia*** (L.) Besser

Vgl. auch folg. Sippe: Grundblätt. leierf. fiederspaltig m. unregelm. gezähnten Fiedern, dk.blaugrün; Schötchen 5–7 mm lg., kürzer als ihr Stiel; ↕ 30–100 cm; ♃. V–IX. – Röhrichte, Flussufer. – *z*, aber nicht häufig, v. a. in Niederungen der großen Flüsse (Elbe, Ems). [*R. prostrata* (Bergeret) Schinz & Thell., wahrscheinl. Hybride zw. *R. amphibia* u. *R. sylvestris*] Niederliegende S., ***R.*** × ***anceps*** (Wahlenb.) Rchb.

6 (4). Fr. Schötchen, 2,5–6 × 1,5–2 mm, max. so lg. wie sein Stiel; Kronblätt. 3–4 mm lg.; ↕ 5–40 cm; ♃. V–VIII. – Feuchte Wiesen u. Sand. – *s* in D: Baden, eingebürg. im Elbetal von Magdeburg bis Dessau, Lausitz, adventiv Fichtgeb.; einheim. u. *s* CH; F: Vog.; L. [*R. stylosa* (Pers.) Mansf. & Rothm.] Pyrenäen-S., ***R. pyrenaica*** (L.) Rchb.

— Fr. Schote, (10–)12–20 × 1 mm; Kronblätt. 4–5 mm lg.; ↕ 10–30 cm; ♃. V–VII. – Feuchte Wiesen. – *s*, nur A: S-Kt (Föderlach). Karst-S., Karstkresse, ***R. lippizensis*** (Wulfen) Rchb.

Sinapis L., Senf

1. Ob. Stg.Blätt. sitzend, meist ungeteilt, ungleich grob gezähnt; Kronblätt. schwefelgelb; Schoten meist kahl; Samen schwarz; — Stg.Blätt. ± borstig behaart; ↕ 30–80 cm; ⊙. V–X. – Ackerunkraut. – *v*. [*Rhamphospermum arvense* (L.) Andrz.] Acker-S., ***S. arvensis*** L.

— Ob. Stg.Blätt. gestielt, fiederspaltig bis gefied.; Kronblätt. hellgelb; Schoten borstig behaart, ihr Schnabel zus.gedrückt (*513/1*); Samen gelbl.; ↕ 30–130 cm; ⊙. VI–XI. – Kulturpfl. (Heimat: MMG), zuw. verwild. [*Leucosinapis alba* (L.) Spach] Weißer S., ***S. alba*** L.

a. Endlappen der Blätt. viel größer als die Seitenlappen; Pfl. steifhaarig; Fr. meist rauhaarig. – Häufige Herbstsaat zur Gründüngung. – *v*. Kultur-S., subsp. ***alba***

— Endlappen der Blätt. nur wenig größer als die Seitenlappen; Pfl. verkahlend; Fr. wenig behaart od. kahl. – Beikraut, überwgd. in Leinfeldern. – *s*. [*S. dissecta* Lag.] Schlitzblatt-S., subsp. ***dissecta*** (Lag.) Bonnier

Sisymbrium L., Rauke

1. Blätt. sämtl. ungeteilt, gezähnt, — unterseits grau weichflaumig; Kronblätt. lebhaft gelb, doppelt so lg. wie der Kelch; Schoten bis 60 mm lg., schmal linealisch; ↕ 50–100(–200) cm; ♃. VI. – Flussufer. – *z*, *s* in D: BY u. HE (Maintal), MV, TH, Elbe; A; CH: u. a. Genf, Gr, Vs; CZ; F: Els; PL; *f* in NW-D. Steife R., ***S. strictissimum*** L.

— Alle Blätt. od. wenigstens die Grundblätt. fiederspaltig 2

2. Schoten aufr., dem Stg. dicht angedrückt, 10–15 mm lg., — pfrieml. kegelf.; Blätt. fiederspaltig, unterste Fiederpaare zuw. ohrenart., dem Stg. genähert, behaart; Kronblätt. blassgelb; ↕ 30–60 cm; ⊙. V–X. – Wegränder, Ruderalstellen. – *v*. [*Chamaeplium officinale* (L.) Wallr.] Weg-R., Gebräuchliche R., ***S. officinale*** (L.) Scop.

— Schoten absthd., > 15 mm lg. 3

3. Schoten nicht viel dicker als ihr Stiel 7

— Schoten dick, deutl. vom dünneren Fr.Stiel abgesetzt 4

4. Äuß. Kelchblätt. unterh. der Spitze gehörnt, 4–4,5 mm lg.; — Pfl. m. kriechendem Rhizom, blaugrün; Kronblätt. 6–10 mm lg.; ↕ 30–75 cm; ♃. V–VIII. – Trockene, sandig-kiesige Stellen. – Vermutl. aus SO-Russland eingewandert u. eingebürg.; *s* in D: BY, NO-D, NRW, Ost- u. Nordseeküste; auch in A: NÖ; CZ; DK; F: Els; NL. Wolga-R., ***S. volgense*** E. Fourn.

— Äuß. Kelchblätt. unterh. der Spitze nicht gehörnt; Kronblätt. 2–4 mm lg. 5

5. Stg. u. Grundblätt. (z. Bltzt. meist fehlend) rauhaarig borstig; Schoten sichelf. aufw. gebogen, ≈ doppelt so lg. wie die Fr.Stiele; — Blätt. schrotsägef. fiederspaltig, m. 3-eckig eif., am Grund oft spießeckigen Endlappen; ↕ 30–150(–200) cm; ⊙–⊙. VI–VII. Wegränder, Ruderalstellen. – Ne. (Heimat: SO-Eur.), eingeschleppt; *v* NO-D; CZ; sonst *z*–*s*. Loesel-R., ***S. loeselii*** L.

— Stg. u. Blätt. kahl od. kaum borstig; Schoten absthd., mehrmals länger als ihre Stiele 6

6. Junge Schoten die Blütenknospen überragend; Kronblätt. blassgelb, klein (3–4 mm lg.), die 2–2,5 mm lg., ungesackten Kelchblätt. kaum überragend; ↕ 10–50 cm; ⊙. V–VI. – Äcker, Ruderalstellen. – Ne. (Heimat: östl. MMG), eingeschleppt; *z*, D: Berlin (eingebürg.), sonst *s* u. unbest. Schlaffe R., ***S. irio*** L.

— Junge Schoten die Blütenknospen nicht (od. kaum) überragend; Kronblätt. goldgelb od. hellgelb, 4–7 mm lg., ≈ doppelt so lg. wie die kurz ausgesackten, 2,5–4 mm lg. Kelchblätt.; — Blätt. schrotsägef. bis leierf. fiederspaltig; ↕ 20–85 cm; ⊙–♃
Artengruppe Österreichische R., ***S. austriacum*** agg.

a. Kronblätt. goldgelb, 0,7–1 mm br.; Kelchblätt. 2,5–4 mm lg.; Schoten leicht eingeschnürt, meist kürzer u. breiter (21–34(–47) × 0,7–1 mm), ± stark absthd. u. alle nach unten gebogen, ihre Stiele nicht auffällig spiralig um die Traubenachse gebogen; Gr. meist nur 0,5–1,0(–3,0) mm lg.; Samen 0,6–0,8 mm lg.; Synfl. m. 6–15 seitl. Trauben; Pfl. eher niedrigwüchsig, blhd. ≈ 20–30 cm, z. Frzt. 25–50(–60) cm hoch; 2n = 14. V–VI(–VII). – Felsige, buschige Orte, Mauern, in A bes. Lägerfluren in Halbhöhlen im Geb., seltener halbruderal, auch kollin; oft auf Kalk. – *s* im SW, D: BW (Schwäb. Alb), N-BY, NI (Süntel), RP, ST, M-TH; A: Bgl, Kt, NÖ, Stm, Ti; B; CH (ob teilw. od. ganz zu *S. pallescens*?); NL (Maas); früher CZ; in I: Bz Ne. Österreichische R., ***S. austriacum*** Jacq. (subsp. ***austriacum***)

— Kronblätt. hellgelb, 0,6 mm br.; Kelchblätt. 4 mm lg.; Schoten nicht eingeschnürt, meist länger u. schmaler (32–38 × 0,6 mm), überwgd. nicht (nur ≈ jede 5. Schote) absthd. u. meist leicht aufw. gebogen, viele ihrer Stiele auffällig spiralig um die Traubenachse gebogen; Gr. meist (0,5–)1,0–2,0(–2,2) mm lg.; Samen 0,4 mm lg.; Synfl. m. 3–6(–11) seitl. Trauben; Pfl. deutl. höherwüchsig, blhd. 30–70 cm, z. Frzt. 50–85 cm hoch; 2n = 28. V–VI(–VII). – Montane bis subalp. Hochstaudenfluren, auch ruderal. – *s*, A: N-Ti (Oberinntal); CH: Gr (unklar, ob in A u. O-CH [Engadin] einheim. od. eingeschleppt; überwgd. in den SW-Alp. verbr.), ehem. D: BB (Berlin-Friedrichshain). [*S. austriacum* subsp. *villarsii* (Jord.) Rouy & Foucaud; *S. glaucescens* Jord.]
Bleiche R., ***S. pallescens*** Jord.

7 **(3).** Kelchblätt. aufr.; ganze Pfl. grau behaart; ob. Stg.Blätt. gestielt, meist 3-teilig spießf.; ↕ 40–60 cm; ⊙. IV–VI(–X). – Wege, Ruderalstellen. – Vorüberghd. eingeschleppt (Heimat: O-Eur., SW-As.); *z*, in I: Bz *v*. [*S. columnae* Jacq.] Orientalische R., ***S. orientale*** L.

— Kelchblätt. weit absthd.; Pfl. nur an der Basis behaart; ob. Stg.Blätt. meist sitzend, fiederteilig m. linealischen Fiedern; ↕ 30–60 cm; ⊙. V–VII. – Sandige Ruderalstellen. – Eingeschleppt (Heimat: SW-As.); in NO-D. *v*, in S-D (südl. der Donau) *s*, sonst *z* eingebürg. [*S. sinapistrum* Crantz; *S. pannonicum* Jacq.] Hohe R., Ungarische R., ***S. altissimum*** L.

Wenn Pfl. bis 30(–50) cm hoch; Traube bis zur Spitze beblätt.; Kronblätt. weiß; Schoten bis 30 mm lg.; Samen 2-reihig, vgl. ***Erucastrum supinum*** (L.) Al-Shebaz & Warwick. [*S. supinum* L.], S. 536.

Strigosella Boiss. [*Malcolmia* W. T. Aiton p. p.], Borstenlevkoje

Pfl. 1-j., ohne sterile Triebe am Grund; Stg. vom Grund an verzweigt; Blätt. lanzettl., ganzrandig od. buchtig gezähnt; Kelchblätt. nicht od. höchstens die seitl. ganz schwach ausgesackt, oft bis zur Frzt. bleibend; Kronblätt. violett, (5–)6,5–12 mm lg.; Schoten vom Stg. absthd. u. dicht absthd. behaart; Fr.Stiele 1–2 mm lg.; Gr. so lg. wie die Schote br.; ↕ 10–40 cm; ⊙. IV–VII. – Bahngelände, Äcker; kollin. – Ne. (Heimat: S-Eur., SW-As., N-Afr.); sehr *s*, in A: NÖ eingebürg., sonst in Einbürg. bzw. unbest. in D: BB, BY, MV, NRW, SH (auch Hamburg), SN; A: Bgl, Kt, Stm; CH (Basel, Vd); CZ; I: Bz. – Zierpfl. [*Hesperis africana* L.; *M. africana* (L.) W. T. Aiton; incl. *S. africana* var. *laxa* (Lam.) Botsch.]
Afrikanische B., ***S. africana*** (L.) Botsch.

Subularia L., Pfriemenkresse (*73/4*)

Alle Blätt. grundst.; Blüten sehr klein; Kronblätt. weiß; Schötchen ellipt., 3–5 mm lg.; ↕ 2–8 cm; ⊙. VI–VII. – Untergetaucht od. am Rand von nährstoffarmen bis moorigen Gewässern; kalkmeidend. – *s*, D: NI (Braunschweig); B (Antwerpen, Brüssel); DK; F: Vog.; früher auch D: BW, BY (Dinkelsbühl, Erlangen), RP, SH; NL. Pfriemenkresse, ***S. aquatica*** L.

Teesdalia R. Br., Bauernsenf, Rahle

Blätt. in grundst. Rosette, meist leierf. fiederspaltig.; Kronblätt. weiß, Kronblätt. ungleich groß; Staubblätt. am Grund m. 1 blumenblattart. Anhängsel; Schötchen br. ellipt., schmal geflüg., löffelf. gebogen; ↕ 8–15 cm; ⊙. IV–V. – Sandige Äcker, Sandrasen. – *v* im N, sonst *z*; in A nur NÖ, OÖ; *f* CH.
Nacktstängeliger B., ***T. nudicaulis*** (L.) W. T. Aiton

Thlaspi L., Hellerkraut [excl. *Microthlaspi* F. K. Mey. u. *Noccaea* Moench; incl. *Mummenhoffia* Esmailbegi & Al-Shebaz]

1. Schötchen 10–18 mm ∅, ringsum 3–5 mm br. geflüg. (*518/6*); — Kronblätt. 3–4 mm lg.; ↕ 15–40 cm; ⊙. IV–VI. – Äcker, Gärten, Ruderalstellen. – *v*. Acker-H., ***T. arvense*** L.

— Schötchen 6–10 mm ∅, schmal geflüg. (*518/7*); — Fr.Stand sehr stark verläng. Traube; ↕ 20–60 cm; ♃. V–VI. – Äcker. – *s*, nur D: BW (Hochrhein), BY (Berchtesgadener Alp., Ramsau); A: Bgl, NÖ, OÖ, Sb, Stm, Ti; CH; CZ; unbest. auch in D: RP u. SN. [*M. alliacea* (L.) Esmailbegi & Al-Shebaz] Lauch-H., ***T. alliaceum*** L.

Turritis L. [*Arabis* L. p. p.], Turmkresse, Turmkraut

Stg. am Grund kurzhaarig; Grundblätt. rosettig, ganzrandig od. buchtig gezähnt, rauhaarig, z. Bltzt. verwelkt; Schoten 4-kantig, dem Stg. angedrückt; Fr.Klappen gewölbt, m. starkem Mittelnerv; Samen 2-reihig (*511/8*); Pfl. oberw. kahl, blaugrün bereift, ↕ 60–120 cm; ♃. V–VII. – Waldränder, Gebüsche. – *v*, *z* im NW. [*A. glabra* (L.) Bernh.] Kahle T., ***T. glabra*** L.

Ordnung: Santalales, Sandelartige

Familie: Santalaceae [incl. Viscaceae, Mistelgewächse], Leinblattgewächse

(Bearbeiter: Peter A. Schmidt)

Grüne, auf Wurzeln od. Spossachsen von and. Pfl. lebende Halbparasiten; Blätt. ungeteilt, wechselst. (*Thesium*) od. gegenst. (*Viscum*); Blüten ⚥ (*Thesium*) od. eingeschl. u. dann 2-häusig (*Viscum*, ♂ Blüte *Taf. 19: 9*); bei *Thesium* Blüten auf die Tragblätt. hinaufgerückt (*551/1, 551/2*), in traubigen od. rispigen Infl.; Frkn. unterst.; Nuss-, Beeren- od. Steinfr. Nach neueren Erkenntnissen ist die Gattung *Viscum* (früher Loranthaceae od. Viscaceae) in die Familie der Santalaceae zu stellen.

1. Sommergrüne krautige Pfl., im Erdboden wachsend, Blüten ⚥; Nussfr. .... ***Thesium***, 551

— Immergrüner, auf Bäumen wachsender Strauch, 2-häusig; Beerenfr. .... ***Viscum***, 552

Thesium L., Leinblatt, Vermeinkraut

1. Unter jeder Blüte nur 1 Hochblatt (= Deckblatt; *551/1*); Vorblätt. fehlend; Stg. oberh. der Infl. m. „Schopf" steriler Blätt. **8**

— Jede Blüte m. 3 Hochblätt. (= 1 Deckblatt u. 2 kleinere Vorblätt., *551/2–551/4*); blhd. Stg. bis zur Spitze Blüten tragend, ohne Blattschopf **2**

2. Blütenhülle z. Frzt. nur an der Spitze eingerollt, unt. Hälfte röhrig, mind. so lg. wie die Fr. (*551/3*); — Pfl. ohne Ausläufer **7**

— Blütenhülle z. Frzt. bis zum Grund eingerollt, viel kürzer als die Fr. (*551/4*) **3**

3. Infl. eine Thyrse, wenigstens teilw. Teilinfl. zymös; Fr. über dem Hochblatt gestielt **6**

— Infl. eine Traube od. Doppeltraube; Fr. über dem Hochblatt fast ungestielt, ± sitzend **4**

4. Blütentragende Seitentriebe viel kürzer als die Fr., diese dem Stg. fast anlgd.; — Blätt. schmal linealisch, 1-nervig; ↕ 6–15 cm; ♃ od. ⊙. IV–IX. – Trockenrasen. – *s*, nur A: Bgl, NÖ; CZ. [*T. humile* auct.] Niedriges L., ***T. dollineri*** Murb. (subsp. ***dollineri***)

— Blütentragende Seitentriebe so lg. wie od. länger als die Fr. **5**

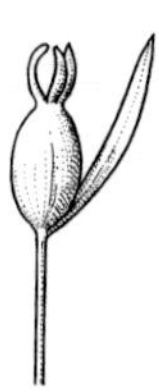
551/1

551/2

551/3

551/4

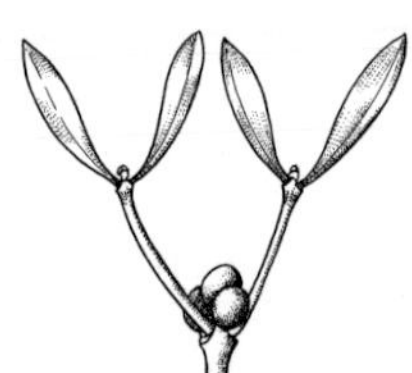
551/5

5. Blütentragende Seitentriebe so lg. wie od. wenig länger als die Fr., zuletzt fast waagr. absthd.; Blätt. 1-nervig; mittl. Hochblatt (Deckblatt) etwa so lg. wie die Fr.; ↕ 20–30 cm; ♃. VI–VII. – Trockenrasen. – *s*, nur B; F: Lothringen bei Metz; NL. Niederliegendes L., ***T. humifusum*** DC.

— Blütentragende Seitentriebe 3–4-mal so lg. wie die Fr., ca. 1 cm lg.; Blätt. linealisch bis lineal-lanzettl., 1–3-nervig; mittl. Hochblatt (Deckblatt) länger als die Fr. u. fast doppelt so lg. wie die seitl. Vorblätt.; ↕ 15–30 cm; ♃. VI–VIII. – Trockenrasen, Brachäcker. – *s*, nur A: Bgl, NÖ, früher OÖ; *s*, CZ; in D nur synanthrop: BY. Ästiges L., ***T. ramosum*** Hayne

6 (3). Pfl. ohne Ausläufer; Blätt. br. lanzettl., 2–7 mm br., im unt. Drittel am breitesten, deutl. 3–5-nervig, bläul.- od. dk.grün, schlaff; ↕ 25–70 cm; ♃. V–VII. – Trockene Gebüsche, lichte Trockenwälder u. ihre Säume, Bergwiesen; auf Kalk. – *z*, im N *f*. [*T. montanum* Hoffm.] Bayrisches L., ***T. bavarum*** Schrank

— Pfl. m. unterird. Ausläufern; Blätt. lineal-lanzettl., 1–4 mm br., in der Mitte am breitesten, 1-nervig od. undeutl. 3-nervig, hell- bis gelbgrün, zieml. steif; ↕ 15–30 cm; ♃. V–VI. – Trockenrasen, Halbtrockenrasen; kalkhold. – *z*, *s* im N, *f* im NW. [*T. intermedium* Schrad.; *T. arvense* Horv. nom illeg.] Mittleres L., ***T. linophyllon*** L. (subsp. ***linophyllon***)

7 (2). Blüten meist 4-, selten 3- od. 5-zipfelig; Blätt. 1-nervig; Fr.Stiele aufr.; Fr.Stand meist einseitswendig; ob. Hochblätt. am Rand glatt; ↕ 10–30 cm; ♃. V–VII. – Magerrasen, lichte Wälder; bis 2600 m aufstgd. – Alp. u. Voralp. *v*, sonst *s*. Alpen-L., ***T. alpinum*** L.

— Blüten meist 5-, selten 4-zipfelig; Blätt. schwach 3-nervig; Fr.Stiele waagr. absthd.; Fr.Stand allseitswendig; ob. Hochblätt. am Rand von sehr feinen Zähnen rau; ↕ 10–50 cm; ♃. V–VII. – Bergwiesen, Magerrasen, Weiden lichte Wälder. – *z–s*, *f* im N. [*T. pratense* Schrad.] Pyrenäen-V., Wiesen-L., ***T. pyrenaicum*** Pourr.

a. Stg. aufr.; Infl. locker, Blütenhülle 3–4 mm lg.; ↕ 10–50 cm. – Überwgd. montane Stufe. – *z* in S-BY u. S-BW, sonst *s* in M- u. S-D; A: Bgl, NÖ, OÖ, Vb. Pyrenäen-V. (i. e. S.), Wiesen-L. (i. e. S.), subsp. ***pyrenaicum***

— Stg. bogig aufstgd.; Infl. dicht, Blütenhülle 6–8 mm lg.; ↕ 10–20 cm. – Überwgd. subalp. bis alp. Stufe. – Alp. u. Voralp. von A. [subsp. *alpestre* (Brügger) O. Schwarz] Großblütiges Pyrenäen-V., subsp. ***grandiflorum*** (DC.) Hendrych

8 (1). Grundachse weit kriechend, Ausläufer bildend; Fr. kurz gestielt, lederig; Blütenhülle z. Frzt. max. so lg. wie die Fr. (*551/1*); ↕ 7–30 cm; ♃. V–VI. – Trockenrasen, Zwergstrauchheiden, Kiefernwälder. – *s* in N- u. NO-D, ST; A: NÖ; CZ; DK; PL. ©!; FFH24 Vorblattloses od. Schopf-L., ***T. ebracteatum*** Hayne

— Grundachse kurz, ohne Ausläufer; Fr. sitzend, fast kugelig, beerenart., saftig, gelbl.; Blütenhülle z. Frzt. doppelt so lg. wie die Fr., daher diese geschnäbelt erscheinend (*551/3*); ↕ 20–30 cm; ♃. IV–V. – Kiefernwälder, Kies der Gebirgsflüsse. – *z* in Alp., *s* in D: S-BW u. südl. BY. Schnabelfrüchtiges L., ***T. rostratum*** Mert. & W. D. J. Koch

Viscum L., Mistel

Blüten zu 3–5 in sitzenden, endst. Scheindolden (*551/5*), unscheinbar, Kronblätt. grünl.gelb; Blätt. lederig, dk.- od. gelbgrün; Beeren weiß bis gelbl.grün; auf Bäumen u. Großsträuchern wachsender immergrüner Strauch; ↕ 0,20–0,80, selten > 1 m; ♄. II–V. Artengruppe Weißbeerige M., ***V. album*** agg.

a. Auf einheim. u. eingeführten Laubbäumen u. Sträuchern, sehr selten auf Eichen, nie auf Buche; Fr. weiß, meist kugelig, m. 2–3 Keimlingen; Blätt. 3–7 cm lg., 2–4-mal so lg. wie br. – Lichte Laubgehölze, Obstanlagen, Parks, Straßenbäume. – *v* Tiefland bis unt. Bergland, *s* in ob. Berglagen u. NW, *f* Inneralp. [*V. album* L. s. str.] Laubholz-M., ***V. album*** L. subsp. ***album***

b. Auf Tannen; Fr. weißl. bis schwach grünl.weiß, ± kugelig bis birnf., m. 1–2 Keimlingen; Blätt. 4–8 cm lg., 2–3-mal so lg. wie br., dk.grün. – Wälder u. Forsten m. Weiß-Tanne (*Abies alba*), meist Bergmischwälder, aber in Parks u. Gärten auch auf nicht einheim. Tannenarten. – D: *v* BW, BY, RP, *s* S-BB, SN, TH; *v* CH; I: Bz; sonst *f* im N. [*V. abietis* (Wiesb.) Fritsch; *V. laxum* subsp. *abietis* (Wiesb.) O. Schwarz] Tannen-M., ***V. album*** L. subsp. ***abietis*** (Wiesb.) K. Malý

c. Auf Kiefern (meist *Pinus sylvestris*), selten auf Fichten (*Picea abies*); Fr. gelbl. bis gelbl.weiß, ellipsoidisch, m. 1–2 Keimlingen; Blätt. 2–4(–6) cm lg., 3–6-mal so lg. wie br., gelbgrün. – Kiefernwälder u. -forsten, Mischwälder m. Kiefern. – *v* in D: BB, BY, Oberrhein, O-SN; A; CH: Gr, Vs; I: Bz; sonst *z–s*, *f* im NW, TH u. DK. [subsp. *laxum*; *V. album* subsp. *austriacum* (Wiesb.) Vollm.] Kiefern-M., ***V. laxum*** Boiss. & Reut.

Familie: Loranthaceae, Riemenblumengewächse (Bearbeiter: Peter A. Schmidt)

Sträucher, die als Halbparasiten auf Holzpfl. wachsen, entw. auf deren Sprossachsen od. Wurzeln; Stg. oft dichotom verzweigt; Blätt. gegenst. od. quirlig, lederig bis fleischig; Blüten meist ⚥; Krone oft zu Röhre verwachsen, 3–9-zählig; Frkn. unterst.; Fr. Beere.

Loranthus Jacq., Riemenblume, Riemenmistel

Pfl. sommergrün (im Gegensatz zu immergrünen Misteln, *Viscum*), auf Eichen u. selten auf Edel-Kastanie wachsend; Blätt. dk.grün; Blüten in endst., lockeren Ähren; Kronblätt. hellgelb; Beeren gelb, kugelig bis birnf.; ↕ 0,3–0,5(–1) m; ♄. V–VI. – In D nur in SN (bei Dohma); sonst A: Bgl, NÖ, OÖ, Stm; CZ. Europäische R., Eichenmistel, ***L. europaeus*** Jacq.

Ordnung: Caryophyllales, Nelkenartige

Familie: Tamaricaceae, Tamariskengewächse (Bearbeiter: Gerald Parolly)

Bäume od. Sträucher m. schuppenf. Blätt.; Blüten in Trauben, 5-zählig; Frkn. oberst.

Myricaria (L.) Desv., Ufertamariske, Rispelstrauch

Blätt. klein, dichtdachig, graugrün; Tragblätt. länger als die Blütenstiele, Blüten hellrosa; ↕ bis 2 m; ♄; VI–VIII. – Auf Schotterterrassen entlang der Flüsse der Alp. u. im Vorland, *s–z*, vom Aussterben bedroht; D: *s*, SO-BW (Baindt, Oberbalzheim, Obereschach), *z* S-BY (entlang Lech, Loisach, Isar, Inn, Alz), *s* b. Dingolfing, ehem. b. Passau u. entlang des Rheins (BW, RP); *s* A: Kt, Sb, Stm, Ti, Vb; CH; CZ; F: Els; I: Bz; ehem. A: OÖ, NÖ; FL. Deutsche U., Rispelstrauch, ***M. germanica*** (L.) Desv.

Familie: Plumbaginaceae, Grasnelkengewächse (Bearbeiter: Gerald Parolly)

Stauden; Blätt. ganzrandig, meist in grundst. Rosetten; Infl. ährig, kopfig od. rispig; Blüten radiär, ⚥, 5-zählig; Kronblätt. am Grund verwachsen od. frei; Kelchblätt. trockenhäutig, oft gefärbt; Fr. oberst. m. 1 Gr. u. 5 Narben; Schließfr.

1. Stg. einfach, unverzweigt; Blüten in dichten Köpfchen m. Hochblätt. (*553/1a*); Krone blass rosa bis purpurn; Blätt. linealisch, grasähnl., — stets < 10 mm br. .... ***Armeria***, 553
— Stg. verzweigt; Blüten in einseitswendigen Schirmrispen (*84/6*); Krone hellviolett bis blauviolett; Blätt. verkehrt eif., — meist > 10 mm br. .... ***Limonium***, 554

Armeria Willd., Grasnelke Ⓖ

1. Blätt. lanzettl., (3,5–)4–8 mm br., 3–7-nervig; äuß. Hüllblätt. der Köpfchen lg. zugespitzt (*553/1b*), die Infl. seitl. überragend, ihre den Stg. einhüllende Röhre 3–4 cm lg. (*553/1a*, R); Krone hellrot; ↕ 20–50 cm; ♃. (V–)VI–VII. – Trockene Heidewiesen, Kiefernwälder, auf Flugsanden, häufiger über Silikatfels. – *s*, A: NÖ (Thayatal); CH: Vs (Val d'Hérens, Saastal); in F: Els Ne. (eingeschleppt); D: b. Mainz ausgestorben. Ⓖ. [*A. plantaginea* Willd.; *A. pseudarmeria* auct.; *A. alliacea* auct.] Sand-G., Wegerich-G., ***A. arenaria*** (Pers.) Schult.

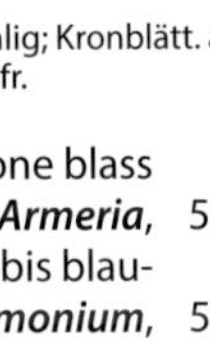

553/1

— Blätt. grasart., 1–4(–5) mm br. (meist deutl. schmaler als 4 mm), 1(–3)-nervig; äuß. Hüllblätt. die Breite des Köpfchens nicht überragend, ihre Röhre nur bis 2,5 cm lg.; Krone blass rosa bis purpurn; ↕ 5–50(–60) cm; ♃. V–X. – *z–s* auf waldfreien, sandigen, kiesigen, steinigen od. tonigen Böden. Ⓖ. – Formenreich, m. mehreren, schwierig abgrenzbaren, hier als Unterarten gewerteten Sippen. [*Statice armeria* L.; *A. vulgaris* Willd.] Gewöhnliche G., ***A. maritima*** (Mill.) Willd.

a. Hüllblätt. bleich, — die äuß. bis 25 mm lg.; Krone rosa (selten purpurn) od. blasser .... **c**
— Hüllblätt. braun, — die äuß. 8–20 mm lg.; Krone purpurn; Pfl. bis 25(–35) cm hoch .... **b**

b. Hüllblätt. 8–13 mm lg.; Köpfchen 20–30(–45) mm br.; Blätt. (2–)3–4(–5) mm br., 3-nervig, kahl od. selten am Grund bewimpert; ↕ (5–)10–25(–35) cm; ♃. VII–VIII(–X). – Mager- u. Steinrasen der Alp.; 1400–2600 m. – *z* A; CH; *f* D. ⊚. [*A. alpina* Willd.] Alpen-G., subsp. ***alpina*** (Willd.) P. Da Silva

— Hüllblätt. 12–20 mm lg.; Köpfchen 15–20(–26) mm br.; Blätt. bis 2 mm br., 1-nervig, oft behaart (vgl. aber **d**—). VI–VII(–VIII). – Seeufer, überschwemmte Kiesböden, Riedwiesen. – *s* D: BY bei Memmingen, ehem. BW: Bodensee (Untersee). ⊚! [*A. purpurea* W. D. J. Koch] Purpur-G., subsp. ***purpurea*** (W. D. J. Koch) Á. Löve & D. Löve

c **(a).** Äuß. Hüllblätt. 10–25 mm lg., — zugespitzt; Köpfchen 18–25 mm br.; Schaft kahl; Blätt. bewimpert; ↕ (5–)20–50(–60) cm; ♃. VI–VIII(–X). – Trockenrasen, Kiefernwälder. – *z* im N; im mittl. Teil des Gebiets fast *f*; *s* im S: D; A: Bgl, NÖ, Stm; CZ. ⊚. [*A. vulgaris* Willd.] Langstängelige G., subsp. ***elongata*** (Hoffm.) Bonnier

— Äuß. Hüllblätt. 2–8 mm lg.; — spitz od. stumpfl. .... **d**

d. Blätt. fleischig, bewimpert; Köpfchen 15–20 mm br.; — Schaft behaart; ↕ bis 15 cm; ♃. VII–VIII(–IX). – Sandig-tonige Salzböden. – *v* Nordseeküste von B; NL. ⊚. [*A. maritima* (Mill.) Willd. s. str.] Strand-G., subsp. ***maritima***

Weiter östl. wohl nur Übergangsformen zu subsp. *elongata*, die als Mittlere G., subsp. ***intermedia*** (T. Marsson) Buttler abgegrenzt werden können. – *v–z*, Nord- u. Ostseeküste von D; DK?; PL? ⊚.

— Blätt. derb; Köpfchen 10–15 mm br.; — Blätt. am Grund undeutl. 3-nervig. – Schwermetallböden, auf Serpentin. – *s*, D: BY, NI, NRW, ST; B; CZ. ⊚. [incl. subsp. *bottendorfensis* (A. A. H. Schulz) Rothm., subsp. *halleri* (Wallr.) Rothm., subsp. *hornburgensis* (A. A. H. Schulz) Rothm., subsp. *serpentini* (Gauckler) Rothm.] Langstängelige G., subsp. ***elongata*** (Hoffm.) Bonnier

Die hier als Syn. genannten schwermetalltoleranten Lokalsippen („Galmei-G.") sind wohl mehrfach aus subsp. *elongata* entstanden u. können höchstens als Varietäten dieses Taxons aufgefasst werden.

Limonium Mill., Strandflieder, Strandnelke

1. Blätt. stark fiedernervig, 10–20(–30) × 1,5–4 cm, ellipt. od. verkehrt eif.-lanzettl., stumpfl. od. zugespitzt, etwas stachelspitzig, im Herbst/Winter meist absterbend; zumind. einige Grundblätt. aufr. sthd.; Spr. lg. gestielt; Stg. oberh. od. etwas unter der Mitte verzweigt, alle Äste fertil; — Infl. dichtblütig; Ähren 10–50 mm lg.; Blüten in schraubeliger Anordnung (*84/6*), blauviolett; ↕ (10–)20–50 cm; ♃. VIII–IX. – Salzsümpfe, -wiesen, Schlick, in Spalten von Küstenverbauungen. – *v* Nordsee-, *s* Ostseeküste bis Rügen. ⊚. [*Statice limonium* L.] Gewöhnlicher S., ***L. vulgare*** Mill.

a. Infl. reich u. erst oberh. der Stg.Mitte verzweigt, bis 50 cm hoch, dichtblütig; Ähren meist 10–20 mm lg., m. ∅ 7 (zumind. > 4) zweiblütigen „Ährchen" pro cm; Vorblätt. spitz, 1,7–3 mm lg., m. farblosem Rand, äuß. nicht gekielt. – *v*. ⊚. Gewöhnlicher S. (i. e. S.), subsp. ***vulgare***

— Infl. wenig, aber schon unterh. der Stg.Mitte verzweigt, bis 20 cm hoch, lockerblütig; längste Ähren 20–50 mm lg., m. ∅ 2–3 zweiblütigen „Ährchen" pro cm; Vorblätt. stumpf, 3–4 mm lg., m. rötl. Rand, äuß. gekielt. VIII–IX. – Sehr *s*, nur O-DK u. Inseln; NL (Schelde-Rijnkanaal in Nieuw Vossemeer). ⊚. [*Statice bahusiensis* Fr.; *L. humile* Mill.] Niedriger S., subsp. ***humile*** (Mill.) Gams

— Blätt. parallel- bis bogennervig, m. 1–3(–5) deutl. Nerven (d. h., alle Nerven entspringen der stielart. verschmälerten Blattbasis, Seitennerven undeutl.), bis 10(–15) × 0,5–1,5 (–2,2) cm, aber meist deutl. kleiner, verkehrt eif.-spatelf., stumpf, etwas stachelspitzig, immergrün; Grundblätt. eine flache Rosette bildend (sich bis 40° vom Untergrund abhebend); Spr. undeutl. gestielt; Stg. vom Grund an od. zumind. weit unter der Mitte verzweigt; unten m. zahlr. sterilen Ästen; — Infl. dicht- od. lockerblütig; Ähren bis 30(–45) mm lg.; Blüten rosa bis blass violett; ↕ (20–)30–50(–70) cm; ♃. VIII–IX. – Felsen. – *s*, bislang nur Nordseeküste, D: SH (Helgoland); NL (Ameland); atlant. verbr., sich ausbreitende Sippe. Felsen-S., ***L. binervosum*** (G. E. Sm.) C. E. Salmon (subsp. ***binervosum***)

Gelegentl. Verwilderungen weiterer Arten wie Breitblättriger S., ***L. gerberi*** Soldano [*L. latifolium* (Sm.) O. Kuntze, nom. illeg.]: Pfl. behaart (Pfl. der oben ausgeschlüsselten Taxa kahl u. m. Blätt. bis 4 cm br.), Blätt. 25–60 × 8–15 cm; Krone hell violett bis blau; ↕ 50–100 cm; ♃. VIII–IX. Felshänge. – Ne. (Heimat: O- u. SO-Eur. bis S-Kaukasus); sehr *s* D: BY (Bamberg, Forchheim, Obertraubling,), RP (Landau), unbest. in HE, NI, NRW u. SH; wo noch? – Gartenzierpfl.

Vgl. auch: Tatarisches Goniolimon, ***Goniolimon tataricum*** (L.) Boiss., wenn Blätt. stachelspitzig u. Narbe kopfig (statt fadenf. wie bei *Limonium*); Stg. kantig bis geflüg.; ↕ 20–30 cm; ♃. VI–IX. – Kult. u. Ne. (Heimat: SO- u. O-Eur., N-Afr.), selten verwild.; *s*, D: S-ST, unbest. in BW, HE, SN. – Gartenzierpfl.

Familie: Polygonaceae, Knöterichgewächse (Bearbeiter: Gerald Parolly)

Krautige Pfl., z.T. windend, seltener holzige Windepfl., m. deutl. verdickten Knoten; Blätt. wechselst., am Grund m. stg.umfassender Nebenblattröhre (Ochrea, *555/5–555/7*); Blüten klein, ⚥ od. eingeschl.; Perigonblätt. 3–6, bis zur Fr.Reife bleibend u. oft m. der Fr. abfallend; Frkn. oberst., 1-fächerig; (2–)3-kantige, zuw. von den 3 äuß. (od. allen) Perigonblätt. umhüllte Nussfr.

Schlüssel teilw. nach Wißkirchen (2011).

1. Pfl. nicht kletternd, ihre Stg. kriechend, aufstgd. od. aufr. **3**

— Pfl. kletternd, ihre Stg. windend u./od. Stg. lianenart., spreizklimmend; — Spr. am Grund herzf., gerundet od. gestutzt; Perigonblätt. 5; Gr. 3 .... **2**

2. Stg. windend, nicht bestachelt; Perigonblätt. frei, die 3 äuß. größer, z. Frzt. gekielt, ± deutl. stark geflüg. .... ***Fallopia***, 557

— Stg. lianenart., spreizklimmend (auch windend?), wie and. Teile der Pfl. kurz bestachelt; Perigonblätt. zu ≈ einem Drittel verwachsen, z. Frzt. fleischig, strahlend blau ***Persicaria perfoliata***, 558

3 (1). Perigonblätt. 4; — Staubblätt. 6; Narben 2 (*555/3*); Gebirgspfl. .... ***Oxyria***, 558

— Perigonblätt. 5 od. 6; — Staubblätt. 5–9 .... **4**

4. Staubblätt. 9; — Blätt. m. sehr lg., dicken Stielen; Gemüsepfl. .... ***Rheum***, 561

— Staubblätt. 5–8 .... **5**

5. Perigonblätt. 6, an reifer Fr. die 3 inn. dieser eng anlgd. u. viel größer werdend als die äuß.; Narben pinself. (*555/2*); — Blattspr. längl., pfeilf., spießf. od. geigenf. (*555/4*); Gr. 3; Staubblätt. 6 .... ***Rumex***, 562

— Perigonblätt. 5, die inn. ≈ so groß wie od. etwas kleiner als die äuß.; Narben kopfig (*555/1*); — Gr. 2–3; Staubblätt. 5–8 .... **6**

6. Äuß. Perigonblätt. der reifen Fr. gekielt od. geflüg. (ähnl. *561/7*, *561/8*); — Pfl. sehr kräftig, (1–)2–4,5 m hoch, vielstängelig, meist in dichten Beständen (Herden); Stg. hohl ***Reynoutria***, 561

— Äuß. Perigonblätt. der reifen Fr. nicht gekielt u. nicht geflüg.; — Pfl. meist deutl. < 1,5 m hoch; Stg. selten hohl **7**

7. Fr. 3-kantig, meist weit aus dem Perigon herausragend, d.h. 2-mal so lg. wie das Perigon; Blattspr. 3-eckig-herzf., ≈ so lg. wie br.; — Stg. oben m. Haarleiste .... ***Fagopyrum***, 557

— Fr. linsenf. od. 3-kantig, dann aber vom Perigon eingeschlossen od. dieses nur wenig überragend, bis 1,5-mal so lg. wie das Perigon; Blattspr. deutl. länger als br., linealisch od. eif. (***Polygonum*** s. l.) **8**

8. Blüten einzeln od. in kleinen blattachselst. Knäueln (*557/1*), an den Sprossenden teilw. genähert, aber nie in deutl. abgesetzten Scheinähren; Basis der Staubfäden stark verbreitert; Staubbeutel gelb; Nektarien fehlend; Blätt. kahl; Blattstiele am Grund m. Trennstelle; Ochrea an ihrer Spitze hell („silbrig") glzd., fein längs zerschlitzt .... ***Polygonum*** (s. str.), 560

— Blüten in verläng., end- od. seitenst. Scheinähren (*557/2–557/4*), Köpfchen od. in Rispen am Ende der Sprosse; Basis der Staubfäden nicht od. kaum verbreitert; Staubbeutel weiß, rosa, rot od. violett; Nektarien am Blütengrund farbl. abgesetzt; Blätt. meist behaart; Blattstiele ohne Trennstelle; Ochrea hautig, unregelm. quer od. längs aufreißend **9**

9. Blüten in rispenf. verzweigten Infl.; Blätt. unterseits u. am Grund der Ochrea m. lg. 1-zelligen, glzd. Kapillarhaaren; — Gr. 3, m. 3 kopfigen Narben (*555/1*) .... ***Aconogonon***, 556

— Blüten in (unverzweigten) Scheinähren od. rundl. Köpfchen; Haare anders **10**

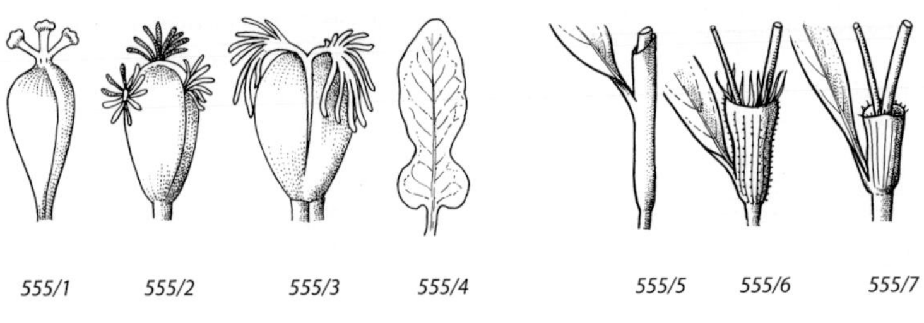

555/1 *555/2* *555/3* *555/4* *555/5* *555/6* *555/7*

10. Pfl. ohne grundst. Rosetten; Stg. ästig (od. die Grundachse verzweigt), durchghd. beblätt., m. ≥ 2 Scheinähren od. Köpfchen; Narben kopfig, warzig, matt; Blätt. unterseits u./od. am Rand m. angewinkelten bis anlgd., vorw. gerichteten Borstenhaaren; — Scheinähren dicht od. locker, meist schlank (*557/2*); Blüten oft einzeln deutl. sichtbar; Gr. 2, selten 3, bis zur Mitte verwachsen; Fr. oft beiderseits gewölbt, selten einseitig gewölbt od. 3-kantig **_Persicaria_**, 558

— Blätt. überwgd. in grundst. Rosetten; Stg. unverzweigt, (fast immer) m. einer einzigen Scheinähre abschließend; Narben kugelf., glatt, glzd.; Blätt. unterseits m. ungerichtet absthd. weichen Haaren od. kahl; — Scheinähren z. Bltzt. dicht gedrungen, walzenf. (*557/3, 557/4*); Blüten sich z. T. gegenseitig überdeckend; Gr. 3; Fr. 3-kantig .... **_Bistorta_**, 556

Aconogonon (Meisn.) Rchb. [*Polygonum* L. p. p.; *Koenigia* L. p. p.; incl. *Rubrivena* M. Král], Bergknöterich

Neuere molekularsystemat. Befunde deuten darauf hin, *Aconogonon* (u. *Rubrivena*) entw. in einer weitgefassten Gattung *Koenigia* zu vereinigen od. alternativ mehrere kleinere Segregatgattungen zu akzeptieren. Auch in dieser Aufl. wird m. Hand, Thieme et al. 2022 am bisherigen Konzept von *Aconogonon* festgehalten, bis sich die neuen Gattungskonzepte etabliert haben (vgl. zus.fassend Wesche in Kadereit et al. 2016 bzw. Wesche in Müller et al. 2022).

1. Pfl. 30–80 cm hoch; Blätt. längl. lanzettl., 3–15(–20) cm lg. u. 1–3,5 cm br.; Ochrea hell, dünnhäutig, behaart; ♃. VI–IX. – Bergwiesen; oft über Serpentin. – *s*, A: Stm (Pernegg); CH: Gr (Misox), Ts, Vs; unbest. D: BY. [*P. alpinum* All.; *Persicaria alpina* (All.) H. Gross; *K. alpina* (All.) T. M. Schust. & Reveal] Alpen-B., ***A. alpinum*** (All.) Tzelev

— Pfl. 80–200 cm hoch; Blätt. br. längl. lanzettl., (6–)10–35(–40) cm lg. u. (3–)5–10 cm br.; Ochrea dk.braun, derb, kahl; ♃. VIII–X. – Ne. (Heimat: Himalaja); *s*, aus Gärten verwild. u. lokal eingebürg./in Einbürg., z. B. D: BW, BY, HE, MV, NRW, RP, SN; A: Kt, OÖ, Stm, Ti; B; CH; CZ; FL; NL; PL. – Zierpfl. [*P. polystachyum* Meisn.; *R. polystachya* (Meisn.) M. Král; *K. polystachya* (Meisn.) T. M. Schust. & Reveal] Himalaja-B., ***A. polystachyum*** (Meisn.) Small

Bistorta (L.) Adans. [*Polygonum* L. p. p.], Wiesenknöterich

1. Dichter Spalierstrauch, Stg. lg. kriechend, den Winter überdauernd, nur. Infl. aufstgd. od. aufr.; — Ochrea 1–3 cm lg.; Blätt. 5–15 × 2,5 cm; Scheinähren dicht walzl., 1-1,5 cm ∅; ↕ 20–30 cm/↔ bis 60 cm; ♄. VIII–IX. – Steinige Hänge, Böschungen, feuchtere Ruderalfluren. – Ne. (Heimat: Himalaja); *s* unbest. verwild, z. B. D: BY, SN; A: OÖ, Sb; DK. – Zierpfl. (Bodendecker). [*P. affine* D. Don; *Persicaria affinis* (D. Don) Ronse Decr.] Teppich-W., Schnecken-W., ***B. affinis*** (D. Don) Greene

— Rhizomstaude, Stg. aufr., im Herbst bis in Bodennähe absterbend **2**

2. Blattstiele der Grund- u. unt. Stg.Blätt. ungeflüg.; Perigon rot, selten dk.rosa; — Stg. fast stets verzweigt u. m. > 1 Scheinähre, diese oft paarig, dicht; Blätt. lg. zugespitzt, am Grund herzf., die ob. stg.umfassend; ↕ 50–120 cm; ♃. VI–X. – Nährstoffreiche Staudensäume, Flussufer, Waldränder. – Ne. (Heimat: Himalaja); *s* unbest. verwild., z. B. D: BY, NRW, SH; A: NÖ; wo noch? – Zierpfl. [*P. amplexicaule* D. Don; *Persicaria amplexicaulis* (D. Don) Ronse Decr.] Stängelumfassender W., Kerzen-W., ***B. amplexicaulis*** (D. Don) Greene

— Blattstiele der Grund- u. unt. Stg.Blätt. geflüg.; Perigon weiß bis rosa; — Stg. unverzweigt .. **3**

3. Scheinähren dicht walzl., 3–5 cm lg. (*557/3*), ohne Brutknöllchen; Spr. der Grundblätt. eirund-längl., zugespitzt, oberseits dk.grün, unterseits bläul.grün, in wellig geflüg. Stiel verschmälert, bis 15 cm lg.; Pfl. 30–120 cm hoch; — Grundachse dick, walzl., schlangenart.; ob. Stg.Blätt. m. herzf. Grund sitzend; Perigon rötl.weiß bis kräftig rosa; ♃. V–VII. – Auf feuchten Wiesen, v. a. der montanen Stufe. – *v*, im N *z*. [*P. bistorta* L.; *Persicaria bistorta* (L.) Samp.] Schlangen-W., Gebräuchlicher W., ***B. officinalis*** Delarbre (subsp. ***officinalis***)

— Scheinähre dünner, an der Basis meist m. Brutknöllchen (*557/4*, B); Blattspr. eif. lanzettl., in ungeflüg. Stiel verschmälert, am Rand umgerollt, 1,5–7 cm lg.; Pfl. 5–25 cm hoch; — Perigon weiß bis rosa; ♃. VI–VIII. – Magerrasen, Borstgrasweiden, Schneetälchen. – Alp. u. Vorland,

600–3200 m, m. den Alpenflüssen herabgeschwemmt. – *v*, SchwAlb, Schweizer Jura; früher DK. [*P. viviparum* L.; *Persicaria viviparum* (L.) Ronse Decr.]
Knöllchen-W., ***B. vivipara*** (L.) Delarbre

Fagopyrum Mill., Buchweizen

1. Perigonblätt. 3–4 mm lg., weiß od. rosenrot; Fr. so lg. wie br., ihre Kanten scharf, ganzrandig; Blattspr.. meist länger als br., 3-eckig; Stg. meist rötl.; ↕ 20–80 cm; ⊙. VI–IX. – Äcker, Ruderalfluren, Waldsäume; kalkmeidend. – Kult. u. Ne. (Heimat: Turkestan, S-Sibirien, N-China); im ganzen Gebiet verwild., unbest. bis eingebürg. – Kulturpfl. [*F. sagittatum* Gilib.]
Echter B., Heidenkorn, ***F. esculentum*** Moench

— Perigonblätt. ≈ 2 mm lg., grünl.; Fr. länger als br., ihre Kanten stumpf, meist geschweift-gezähnt, selten unten abgerundet; Blattspr. meist breiter als lg.; Stg. grün; ↕ 30–100 cm; ⊙. VI–IX. – Buchweizenäcker, Ruderalstellen; kalkmeidend. – Ne. (Heimat: Z-As.); eingeschleppt als Unkraut zw. der vorigen Art, *v–s*, im ganzen Gebiet, unbest. od. in Einbürg., z. B. D: BB, BY, NI, NRW, RP, SH, SN, ST, TH; NL; in D: BW, HE u. MV verschollen. – Selten auch Kulturpfl. (Viehfutter).
Tataren-B., Falscher B., ***F. tataricum*** (L.) Gaertn.

Fallopia Adans. [*Bilderdykia* Dumort.; *Polygonum* L. p. p.; excl. *Reynoutria* Houtt.], Windeknöterich, Flügelknöterich

1. Strauchige Kletterpfl.; Blätt. längl. ei-pfeilf., an 2-j. Sprossachsen büschelig gehäuft; Infl. eine lockere Rispe; Perigonblätt. ≈ 5 mm lg.; — Blätt. am Rand oft etwas gewellt; Perigon weiß, selten rosa überlaufen; ↔ 4 bis > 10 m; ♄. VII–X. – Gebüsche, Hecken, Zäune. – Kult. u. Ne. (Heimat: O-As.); verwild., in D: SN, A u. I: Bz stellenw. eingebürg., tendenziell auch in D: BY, HE, NRW u. RP. – Zierpfl. [*P. baldschuanicum* Regel; incl. *F. aubertii* (L. Henry) Holub; *P. aubertii* L. Henry]
Silberregen, ***F. baldschuanica*** (Regel) Holub

1 j. Windepfl., bis ≈ 3 m lg.; Blätt. herzf., nicht büschelig gehäuft; Perigonblätt. 3–4 mm lg.; Infl. schmal, trauben- od. ährenähnl.; — Perigon grünl.weiß **2**

2. Blütenstiel kürzer als das dicht drüsig punktierte Perigon, wenig unterh. der Blüte geglied.; Stg. unten kantig gefurcht, körnig rau; Perigon z. Frzt. m. hellen Kielen, sehr selten schmal häutig geflüg. (*561/8*); Fr. matt schwarz, fein gekörnelt, 3,5–4,5 mm lg.; — Blattspr. herz- od. pfeilf., m. 3-eckig zugespitztem Lappen; ↔ 0,2–1,5 m; ⊙. VII–X. – Äcker, Gärten, Ruderalstellen. – Im ganzen Gebiet *v*, aber seltener in größ. Höhen. – In Eur. wohl in Kultur entstanden. [*P. convolvulus* L.; *B. convolvulus* (L.) Dumort.]
Acker-W., Gewöhnlicher W., ***F. convolvulus*** (L.) Á. Löve

— Blütenstiel so lg. wie das drüsenlose Perigon, etwas unterh. der Mitte geglied.; Stg. unten glatt; Perigon z. Frzt. br. häutig geflüg. (*561/7*); Fr. glzd. schwarz, 2,5–3,5 mm lg.; ↔ 1–3 m; ⊙. VII–IX. – Feuchte Gebüsche, Hecken, Waldsäume, nährstoffreiche StO. – *v*, aber im höh. Bergland u. den Alp. *f*. [*P. dumetorum* L.; *B. dumetorum* (L.) Dumort.]
Hecken-W., ***F. dumetorum*** (L.) Holub

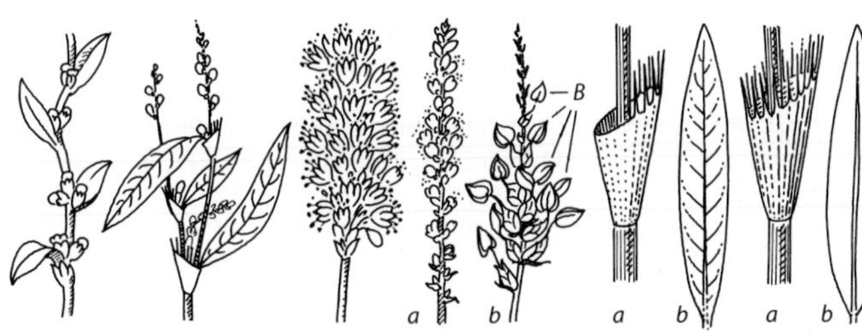

557/1 557/2 557/3 557/4 557/5 557/6

Oxyria (L.) Hill, Säuerling

Stg. nur am Grund beblätt.; Grundblätt. lg. gestielt, nierenf.; ↕ 5–15 cm; ♃. VII–VIII. – Feuchte Steinschuttfluren der Silikat-Alp.; 600–2800 m. – z. Alpen-S., ***O. digyna*** (L.) Hill

Persicaria Mill. [*Polygonum* L. p. p.], Knöterich

1. Stg. lianenart. spreizklimmend, gerippt, rötl., am Grund verholzt, m. bis 1 mm lg., zurückgekrümmten Stacheln; Blätt. gestielt, hell blaugrün, ihre Spr. 3-eckig, 4–7 × 4,5–9 cm, am Grund herzf. od. gestutzt, unterseits spärl. bestachelt; Perigon z. Frzt. vergrößert, fleischig u. strahlend blau; — Ochrea grün, flach od. br. kegelf., 9–14 mm lg.; Infl. kopfig od. ährenart., 5–12 × 5–10 mm, stachelstielig; Blüten zu 1–3 gebüschelt; Perigon z. Bltzt. grünl.weiß; Perigonblätt. zu ≈ einem Drittel verwachsen, br. ellipt., 2–3,5 mm lg.; Staubblätt. (6–)8, ihre Staubbeutel rosa, eif.; Gr. 3; Fr. vom Perigon umgeben, schwarz od. schwarzbraun, kugelig, 3–3,5 mm ∅, glzd., glatt; ↔ (50–)200–700 cm; ☉(–♄). VII–XI. – Flussufer, Waldränder. – Ne. (Heimat: SO-u. O-As.); sehr *s*, unbest. D: BW. [*Chylocalyx perfoliatus* (L.) Hassk.] Durchwachsenblättriger K., ***P. perfoliata*** (L.) H. Gross

— Keine bestachelte Kletterpfl. (wenn Stg. bestachelt, dann nicht kletternd); Blätt. nicht m. 3-eckiger Spr.; Fr. nicht in ein fleischiges, blaues Perigon eingeschlossen **2**

2. Stg. m. zurückgebogenen Stacheln, — aufr. bis aufstgd.; Blätt. 4–13 × 1–3 cm, 5–10 mm lg. gestielt, lanzettl., vorne zugespitzt, am Grund keilf., gestutzt od. herzf., oberseits kahl, unterseits behaart; Blattstiel im unt. Teil der Ochrea abzweigend; Ochrea 10–15 mm lg., häutig, behaart, lg. gewimpert; Infl. verzweigt, m. mehreren Scheinähren, diese end- od. achselst., lockerblütig; Infl.stiele dicht drüsig behaart; Tragblätt. der Blüten grün, röt. überlaufen, ohne Wimpern; Perigon weiß od. rosa; Staubblätt. 8, in Perigon eingeschlossen; Fr. matt schwarz, rundl., linsenf., 3 mm ∅; ↕ 30–80 cm; ☉. VII–IX. – Hackfruchtäcker, Gemüsegärten, feuchte Ruderalfluren. – Ne. (Heimat: China); sehr *s*, unbest., z. B. D: BW (N Neckarbecken), SH; DK; PL; wo noch? [*Polygonum bungeanum* Turcz.] Bunge-K., ***P. bungeana*** (Turcz.) Nakai

— Stg. ohne Stacheln **3**

3. Blüten in ± deutl. verläng. Scheinähren **5**

— Blüten in ± kugelf., unverzweigten Infl.; — Pfl. niederlgd.; Perigon drüsenlos, rötl. od. rosa; Fr. 2–2,2 mm lg. **4**

4. Pfl. 1-j.; Stg. u. Blätt. kahl od. spärl. behaart; jede Infl. am Grund m. 1–2 Blätt.; Fr. nicht glzd., — linsenf. od. gerundet 3-kantig; Blätt. zugespitzt, die unt. in einen geflüg. Blattstiel verschmälert; Blattstiel am Grund herzf.; Blütenstiele m. gestielten Drüsenhaaren; ↕ 15–50 cm; ☉. VI–IX. – Ufer, Ruderalstellen. – Ne. (Heimat: trop. u. subtrop. As., O-Afr.?); gelegentl. verwild. u. regional in Einbürg., z. B. in D: BW, BY (Rosenheim), NI, NRW, RP (Hunsrück); B; CH; I: Bz; PL; in HE unbest.; wo noch? – Zierpfl., auch in Wildackeraussaaten. [*P. alata* (D. Don) Nakai] Nepal-K., ***P. nepalensis*** (Meisn.) H. Gross

— Pfl. ausd.; Stg. u. Blätt. dicht drüsig behaart; Infl. am Grund blattlos; Fr. glzd., — 3-kantig; Stg. an den unt. Knoten wurzelnd; Blätt. eif.-ellipt., spitz, am Grund keilf. verschmälert, oft m. dk.purpurner Fleckung; Blattstiel am Grund m. Blattlappen; Blütenstiele kahl od. oberw. m. gestielten Drüsenhaaren; ↕ (5–)8–20(–50) cm; ♃, kult. auch ☉. V–VIII. – Ufer, Ruderalstellen, steinige Böschungen. – Ne. (Heimat: Himalaja, China); gelegentl. unbest. verwild. u. regional in Einbürg., z. B. D: BB, BW, BY, HE, NRW, SN; in NL eingebürg.; wo noch? – Zierpfl. (Bodendecker). Kopf-K., ***P. capitata*** (D. Don) H. Gross

5 (3). Ochrea m. absthd., flachem Kragen; — Scheinähre oft auffällig nickend bis hgd.; Perigon kräftig dk.rosa bis rot; Stg. aufr.; Spr. 8–20 cm lg., 2,5–10 cm lg. gestielt; Ochrea oben gelappt; ↕ 50–150(–300) cm; ☉. VII–X. – Ufer, Ruderalstellen. – Ne. (Heimat: O- u. SO-As.); oft verwild., unbest. bis regional in Einbürg., z. B. D: BB, BW, BY, HE, MV, NRW, RP, SH, SN; A: Bgl, Kt, OÖ, NÖ, Sb, Stm, Ti, Vb; CH; CZ; I: Bz; wo noch? – Zierpfl. Östlicher K., ***P. orientalis*** (L.) Spach

— Ochrea ohne absthd. Kragen **6**

6. Scheinähren z. Bltzt. locker, schlank, 3–5 mm ∅, zumind. im unt. Teil m. deutl. Abständen zw. den Einzelblüten **10**

— Scheinähren z. Bltzt. dicht, gedrungen, 6–15 mm ∅, (fast alle) Einzelblüten sich gegenseitig überdeckend 7

7. Pfl. ausd., m. unterird. Ausläufern; Blattstiel so lg. wie od. länger als die Ochrea, daher scheinbar in od. oberh. der Mitte der Ochrea abghd. (*555/5*); Staubblätt. 5; — Spr. längl. bis lanzettl., ganzrandig, m. abgerundetem bis herzf., jedoch nicht verschmälertem Grund; als flutende Wasser- u. aufr. Landform auftretend; Wasserform m. sehr lg. gestielten, längl. eif., am Grund herzf. bis abgerundeten, kahlen Schwimmblätt.; Landform aufr. m. längl. lanzettl., am Grund abgerundeter, behaarter Spr.; Perigon rosa; ↕/↔ 30–100 cm; ♃. VI–IX. – Sthd. od. langsam fließ. Gewässer, kiesige Ufer, feuchte Äcker. – *v.* [*Polygonum amphibium* L.]
Wasser-K., ***P. amphibia*** (L.) Delarbre

— Pfl. 1-j., ohne Ausläufer, m. Faserwurzeln; Blattscheide viel kürzer als die oben aufsitzende Ochrea, Blattstiel daher scheinbar unterh. der Mitte od. fast am Grund der Ochrea abghd. (*555/5, 555/6*); Staubblätt. meist 6; — Blätt. längl. ellipt. bis lanzettl.; Perigon rosa, weiß od. grünl. 8

8. Ochrea auf der Fläche kurz rauhaarig, am ob. Rand 1–2 mm lg. bewimpert (*555/6*); Scheinährenachsen stets drüsenlos; — Fr. linsenf., einseitig gewölbt od. 3-kantig; Blätt. eher kurz gestielt (meist weniger als halb so lg. wie die jeweilige Spr.); Blattspr. lanzettl., zugespitzt, oberh. der Mitte am breitesten, unterseits auf den Nerven u. am Rand angedrückt behaart (stets ohne Haarfilz), ohne deutl. Drüsenpunkte, oberseits oft schwarz gefleckt; Ochrea dem Stg. anlgd.; Perigonblätt. rosa bis purpurrot, am Grund grünl.; ↕ (5–)20–60(–80) cm; ⊙. VII–IX. – Äcker, Ufer, Ruderalstellen. – *v.* [*Polygonum persicaria* L.]
Floh-K., Flecken-K., ***P. maculosa*** Gray

— Ochrea auf der Fläche kahl od. schwach spinnwebig filzig, am Rand kahl od. nur höchstens 0,2–0,6 mm lg. bewimpert (*555/7*); Scheinährenachsen m. sitzenden od. kurz gestielten Drüsen; — Fr. linsenf., beidseitig gewölbt, selten 3-kantig; Blätt. relativ lg. gestielt (meist ≈ halb so lg. wie od. länger als die jeweilige Spr.) 9

9. Drüsen der Scheinährenstiele sitzend; Perigonblätt. grünl.weiß od. hellrosa, zur Frzt. an der Spitze m. kräftiger ankerf. Nervatur; Fr. 1,6–2,2 mm lg. (wenn bis 3 mm lg., dann Perigon vergrünend); Blattspr. unterseits oft deutl. dicht gelbl. drüsig u./od. ± filzig; — Scheinähren 6–10 mm ∅; Perigonblätt. m. zahlr. Drüsen; Blätt. oft m. schwarzem Fleck; Fr. eif. bis rundl.; ↕ (10–)20–100(–160) cm; ⊙. VI–X. – Äcker, Ruderalstellen, Schuttplätze, Ufer. – *v.* – Formenreich. [*Polygonum lapathifolium* L.] Ampfer-K., ***P. lapathifolia*** (L.) Delarbre

a. Sprossachse häufig rot überlaufen, m. 14–30 u. mehr Knoten; Scheinähren schlank, oft überhgd.; Perigon nach dem Abblühen weißl. od. rosa, nicht vergrünend; Uferpfl. c

— Sprossachse überwgd. grün, selten etwas rot überlaufen, m. 7–14 Knoten; Scheinähren dick walzl., gerade od. etwas gebogen; Perigon nach dem Abblühen deutl. vergrünend; Ackerpfl. .... b

b. Sprossglieder lg., die Seitenäste sparrig absthd.; Blätt. br. lanzettl.; reife Fr. abfallend; ↕ 20–100 cm. VI–VIII. – Äcker, seltener Ufer. – *z.* [*Polygonum tomentosum* auct.; *P. lapathifolium* subsp. *pallidum* (With) Fr.]
Acker-Ampfer-K., Bleicher Ampfer-K., subsp. ***pallida*** (With.) Á. Löve

— Sprossglieder auffallend lg. u. schlank; die Seitenäste oft den Haupttrieb übergipfelnd; Blätt. schmal lanzettl., reife Fr. nicht abfallend, ↕ 40–100 cm. VI–VII. – Leinfelder. – *s*, D: NRW, ehem. BY. – Alte, in Eur. meist verschollene, wohl in SO-Eur. enstandene Leinacker-Pfl. [*Polygonum lapathifolium* subsp. *linicola* O. Schwarz; *P. l.* subsp. *leptocladum* Danser] Leinfeld-Ampfer-K., subsp. ***leptoclada*** (Danser) Wisskirchen

c **(a).** Pfl. aufstgd. od. aufr.; Blätt. (br.) lanzettl., 3–8-mal so lg. wie br.; ↕ 20–160 cm. (VI–)VII–X. – Ufer. – *v.*
Ampfer-K. (i. e. S.), subsp. ***lapathifolia***

— Pfl. lgd. od. aufstgd.; Blätt. eif., eif. od. rundl., die unt. höchstens 2-mal so lg. wie br.; ↕ (10–)20–70(–100) cm. (VI–)VII–X. – Kiesig-sandige Ufer, Ruderalfluren. – *s*, D: BW, BY, HE, MV, NI, NRW, RP, SH (auch Hamburg), SN, ST, bes. Ober- u. Mittelrhein, Weser, Elbe u. ob. Donau; A: Bgl, NÖ, OÖ, Sb, Stm; CZ. [*Polygonum danubiale* A. Kern.; *P. brittingeri* Opiz; *P. lapathifolium* subsp. *brittingeri* (Opiz) Soó] Donau-Ampfer-K., subsp. ***brittingeri*** (Opiz) Soják

— Drüsen der Scheinährenstiele kurz gestielt; Perigonblätt. kräftig rosa, zur Frzt. an der Spitze weder m. deutl. hervortretender noch ankerf. Nervatur; Fr. 2,5–3,5 mm lg.; Blattspr. unterseits höchstens undeutl. drüsig u. nie filzig; — Scheinähren (5–)8–12(–15) mm ∅; Stg. oberw. drüsig; Perigon nie vergrünend; Fr. rundl.; ↕ 50–150 cm; ⊙. VIII–IX. – Flussufer, Ruderalfluren. – Ne. (Heimat: N-Am.); *s*, D: BW, NRW (Niederrhein); B; CZ; DK; NL; oft noch unbest., aber regional in Einbürg.? [*Polygonum pensylvanicum* L.; *Persicaria mississippiensis* (Stanford) Small]
Pennsylvanischer K., ***P. pensylvanica*** (L.) M. Gómez

10 (6). Ochrea auf der Fläche kahl, am Rand m. wenigen, ungleich lg. Wimpern; Perigon drüsig punktiert, — meist 4-teilig; Ochrea kurz, aufgeblasen; Blätt. br. lanzettl., beim Zerkauen pfefferart. schmeckend; Fr. höckerig-rau; ↕ 20–70 cm; ⊙. VII–IX. – Ufer, Äcker, Waldwege. – *v.* [*Polygonum hydropiper* L.] Wasserpfeffer, ***P. hydropiper*** (L.) Delarbre

— Ochrea auf der Fläche kurzhaarig, am Rand lg. borstig bewimpert (*557/5a*); Perigon drüsenlos, selten schwach drüsig, — 4–5-teilig **11**

11. Blattspr. beidendig verschmälert (*557/2, 557/5b*), längl. lanzettl., deutl. fiedernervig (*557/5b*), unterseits am Rand u. auf den Nerven lg. borstig bewimpert; Ochrea am Rand m. 3–5 mm lg. Borsten (*557/5a*); Perigon 3–3,5 mm lg.; Staubblätt. 6; ↕ 20–70 cm; ⊙. VII–X. – Gräben, Quellen, Ufer, feuchte Waldwege. – *v–z.* [*Polygonum mite* Schrank; *Persicaria dubia* (A. Braun) Fourr.] Milder K., ***P. mitis*** (Schrank) Assenov

— Blattspr. am Grund abgerundet, linealisch, undeutl. fiedernervig (*557/6b*); Ochrea am Rand m. zahlr., ungleich lg. Wimpern (*557/6a*); Perigon 2–2,5 mm lg.; Staubblätt. 5; ↕ (7–)15–30 (–50) cm; ⊙. VII–X. – Waldwege, Gräben, Teiche. – *v–z.* [*Polygonum minus* Huds.] Kleiner K., ***P. minor*** (Huds.) Opiz

Hybridbildung. – Bes. an Flussufern u. Ruderalstellen weitere lokal auftretende u. oft unbest. Ne.

Polygonum L. [excl. *Aconogonon* (Meisn.) Rchb., *Bistorta* (L.) Adans, *Fallopia* Adans., *Persicaria* Mill. u. *Reynoutria* Houtt.], Vogelknöterich

1. Äste bis zur Spitze beblätt.; alle Blütenbüschel daher deutl. blattwinkelst.; Stg. meist niederlgd. od. aufstgd. **3**

— Blätt. an den Astspitzen so klein, dass die Blütenbüschel scheinbar blattlose Ähren bilden; Stg. aufr., meist stark verzweigt; Blätt. hinfällig; Fr. glzd.; Pf. 1-j. **2**

2. Infl. eine lockere Ähre aus (1–)2–4, fast sitzenden Blüten; Perigonblätt. 3–5 mm lg.; Fr. 3–5 mm lg., selbst der Gr. das Perigon nicht überragend; Blätt. alle lineal-lanzettl. bis längl., — 25–45 mm lg.; ↕ 20–100 cm; ⊙. VI–X. – Sandige Salz- u. Ruderalfluren, Äcker, Weinberge. – Ne. (Heimat: SO-Eur., SW-As.); *s* in A: Bgl, NÖ (andernorts unbest.); früher F: Els; in D stellenw. unbest., u. a. BB (Berlin), BW, BY, HE, MV, NRW, RP, SH, SN; TH; B; CZ. [*P. patulum* auct. non M. Bieb.; incl. *P. kitaibelianum* Sadler] Ungarischer V., ***P. bellardii*** All.

— Infl. dichtblütig, zumind. an den Astenden zus.gedrängt; Perigonblätt. 1,7–2,4(–2,7) mm lg.; Fr. (1,5–)2–3 mm lg., so lg. od. etwas länger als das Perigon, zumind. der Gr. aus ihm herausragend; zumind. die ob. Blätt. linealisch; — Pfl. ähnl. der vorgenannten Art, aber Habitus graziler; Blätt. kleiner u. schmaler; ↕ 20–100 cm; ⊙. VI–X. – Sandige, trockene Magerrasen u. Ruderalfluren. – Ne. (Heimat: Östl. M-Eur., SO-Eur.); sehr *s*, nur stellenw. u. unbest., u. a. D: BB (Berlin), BW, MV, NRW, SN; A: Bgl (Status dort unklar). [*P. bellardii* subsp. *patulum* (M. Bieb.) Arcang.] Ausgebreiteter V., ***P. patulum*** M. Bieb.

3. Ochrea im Bereich der Infl. länger als die Internodien, m. 8–12 deutl. verzweigten Nerven; — Stg. niederlgd., m. am Rand umgerollten Blätt.; Pfl. kräftig, teilw. fleischig, blaugrün; ↔/↕ 10–50 cm; ♃. (V–)VII–X. – Küstendünen. – *s*, im Gebiet nur NL (N-Beveland). Dünen-V., ***P. maritimum*** L.

— Ochrea kürzer als die Internodien, m. ≤ 6 unverzweigten Nerven **4**

4. Fr. das Perigon um ein Drittel bis zur Hälfte überragend, 3–6,5 mm lg., — braungrün bis schwarz, glatt, glzd.; Blätt. lanzettl., bis 30 × 10 mm, grün; Perigon grün, die freien Abschnitte rötl., sich kaum miteinander deckend; ganze Pfl., auch die Triebspitzen, niederlgd.; ↔ 10–80 cm; ⊙(–♃); VII–IX. – Sandstrand der Nord- u. Ostseeküste. – *s*. Strand-V., ***P. oxyspermum*** Ledeb.

a. Fr. braungrün od. hellbraun, längl., das Perigon um die Hälfte überragend; Perigonblätt. rot berandet; ↔ 10–80 cm. – *s*, Ostsee, D: MV (Rügen, Hiddensee)?; PL; unbest. in D: SN. Strand-V. (i. e. S.), subsp. ***oxyspermum***

— Fr. dk.braun bis schwarz, das Perigon um ein Drittel überragend; Perigonblätt. weiß bis rosa berandet; ↔ 10–50 cm. – Küstenspülsäume. – *s*, Nordsee, in D nur SH (Helgoland, St. Peter, Eidermündung, Föhr); B; DK; NL; Ne., eingeschleppt u. unbest. in D: BY. [*P. robertii* auct.; *P. raii* Bab.] Rai-V., subsp. ***raii*** (Bab.) D. A. Webb & Chater

— Fr. kaum länger als das Perigon, 1,4–3 mm lg., — rot bis schwarzbraun **5**

5. Seitenflächen der Fr. konkav; Perigon tief geteilt (*561/5*); — Stg. niederlgd. od. aufr.; Staubblätt. 7–8; ↔/↕ 5–50(–80) cm; ⊙. VI–XI. – Äcker, Ruderalstellen, Küstendünen. – *v.* [*P. monspeliense* Pers.] Echter V., ***P. aviculare*** L.

561/1 561/2 561/3 561/4 561/5 561/6 561/7 561/8

a. Blätt. frischgrün bis bläul.grün, die unt. vorn stumpf, — 5–20 mm br. – Äcker, Ruderalstellen. – *v.*
Echter V. (i. e. S.), subsp. ***aviculare***

— Blätt. graugrün, alle zugespitzt, — 1–12 mm br. – Äcker, Küsten-StO, Ruderalstellen, Dünen, Sandfelder in S-M-Eur. – *v.* [*P. heterophyllum* auct.; *P. rectum* (Chrtek) H. Scholz; incl. *P. rurivagum* Boreau]
Schmalblatt-V., subsp. ***neglectum*** (Besser) Arcang.

— Seitenflächen der Fr. konvex (*561/6a, b*); Perigon mind. im unt. Drittel verwachsen (*561/1, 561/2*); — Stg. niederlgd.; Staubblätt. 5–8; ↔ 5–50 cm; ⊙. VII–XI. – Ruderalstellen, Wegränder, Gärten. – *v.* Artengruppe Gewöhnlicher V., ***P. depressum*** agg.

a. Fr. bis 2,5 mm lg., matt, gerieft od. punktiert (*561/3*); Blätt. br. eif., zugespitzt, früh abfallend. – *v.* [*P. arenastrum* Boreau (subsp. *arenastrum*)] Gewöhnlicher V., ***P. depressum*** Meisn.

— Fr. 1,5–2 mm lg., glatt, meist glzd. (*561/4*); Blätt. schmal, längl., bis zum Spätherbst vorhanden u. grün ...... **b**

b. Perigonblätt. mind. bis zur Hälfte verwachsen (*561/1*); freie Perigonzipfel der längl. Fr. eng anlgd.; — Staubblätt. 5–6. –Auf Sand. – *z*, bes. im O. [*P. arenastrum* subsp. *calcatum* (Lindm.) Wisskirchen] Sand-V., ***P. calcatum*** Lindm.

— Perigonblätt. bis über die Hälfte geteilt (*561/2*); freie Perigonzipfel von der kurzen u. gedrungenen Fr. absthd.; — Staubblätt. 6–8. – *s* in (S)W-D: BW?, BY, NRW, RP, SN. – Kritische Sippe, oft als Synonym von *P. depressum* aufgefasst. [*P. arenastrum* Boreau subsp. *microspermum* (Boreau) H. Scholz]
Kleinsamiger V., ***P. microspermum*** Boreau

Gut erkennbar ist der Schachtelhalm-V., ***P. equisetiforme*** Sm.: Rhizom lg. u. verzweigt (alle and. Taxa des Gebiets: Rhizom fehlend); Stg. am Grund verholzt, zumind. einige aufr.; blhd. Stg. wenige, m. lg. Internodien; Ochrea bräunl., viel kürzer als Internodium; Blätt. schmal lanzettl. bis linealisch, 2–4 cm lg., früh hinfällig; Tragblätt. viel kleiner u. schmaler als Blätt.; Blüten zu 2–3, in schlaffen, endst. Ähren; ↕/↔ 30–100 cm; ♃. VI–VII. – Ruderalfluren, Bauschutt; kollin. Sehr *s* Ne. (Heimat: MMG); nur in I: Bz; wo noch?

Tropen-V., ***P. plebeium*** R. Br.: Unterscheidet sich von *P. aviculare* u. *P. depressum* agg. u. a. durch: Blütenstiele in der Mitte geglied. u. Fr. glatt, stark glzd. (vs. Blütenstiele oben geglied. u. Fr. matt punktiert, kaum glzd.) – Ruderalstellen, Gärten. – Ne. (Heimat: Altweltl. Tropen u. Subtropen, SO-MMG); sehr *s* u. unbest., z. B. D: NRW; F: Els; wo noch?

Reynoutria Houtt. [*Polygonum* L. p. p.; *Fallopia* Adans. p. p.], Staudenknöterich

1. Stg. rot gefleckt; Blattspr. 10–20 × 13 cm, am Grund gestutzt; Perigon weiß; ↕ 1–3 m; ♃. VII–IX. – Fluss- u. Bachufer, Ruderalstellen. – Ne. (Heimat: O-As.); *v.* – Auch Zierpfl. [*P. cuspidatum* Siebold & Zucc.; *F. japonica* (Houtt.) Ronse Decr.]
Japanischer S., ***R. japonica*** Houtt.

— Stg. grün; Blattspr. 20–45 × 27 cm br., am Grund herzf.; Perigon grünl.; ↕ 2–4,5 m; ♃. VII–IX. – Fluss- u. Bachufer, Waldwege. – Ne. (Heimat: Japan, Sachalin); *z* verwild. [*P. sachalinense* F. Schmidt; *F. sachalinensis* (F. Schmidt) Ronse Decr.]
Sachalin-S., ***R. sachalinensis*** (F. Schmidt) Nakai

Hybride: Stg. teilw. rötl. gefleckt; ↕ 2–3 m; ♃. VII–IX. – Fluss- u. Bachufer, Waldwege. – *z.* [*F. japonica* × *F. sachalinensis*; *F.* × *bohemica* (Chrtek & Chrtkova) J. P. Bailey] Bastard-S., ***R.*** × ***bohemica*** Chrtek & Chrtkova

Rheum L., Rhabarber

1. Grundblätt. bis auf behaarte Spr.unterseite kahl, ganzrandig od. leicht gelappt, m. ganzrandigen, stumpfen od. gerundeten Lappen, am Rand ± deutl. wellig; blühende Stg. kahl; Perigon grünl.-weißl.; — Stg. in der Infl. blattlos; Infl. ausladend-rispig; Grundblätt. oft bis 1 m lg., herzf., die Stiele 3–4 cm dick u. essbar; Fr. 6–12 mm lg., ↕ (60–)100–180 cm; ♃. V–VI. – Gärten, selten als Kulturrelikt; nährstoffreiche StO, Waldränder, Flussufer. – Ne. (Heimat: Mongolei, O-As.); sehr *s* verwild. u. meist unbest., z. B. D: BB (Berlin), BW, BY, HE, MV, RP, SN,

TH; A; B; CH; CZ; DK. [*R. undulatum* L.; incl. *R.* × *hybridum* Murr.] – Stielgemüsepfl.
Gemüse-R., ***R.* × *rhabarbarum*** L.

Ähnl., aber Grundblätt. am Rand kaum wellig, unterseits kahl; Stg. in der Infl. beblätt.; Infl. pyramidenf.; ↕ 100–150 cm; ♃. V–VI. – Gärten, Parkanlagen, Waldränder. – Ne. (Heimat: SO-Eur., As.); sehr *s* verwild. u. meist unbest., D: BW, HE, MV, NRW, SH; CZ. – Zierpfl., früher Heilpfl. Sibirischer R., Bulgarischer R., ***R. rhaponticum*** L.

— Grundblätt. spärl. behaart, deutl. gelappt bis fiederspaltig, m. > 5 spitzen (schmal 3-eckigen), gezähnten Lappen, am Rand nicht wellig; blühende Stg. behaart; Perigon rötl. bis purpurn, selten gelb; — Teilinfl. zumind. z. Frzt. steil aufw. gerichtet; ↕ 150–250 cm; ♃. IV–V(–VI). – Gärten, Parkanlagen, Waldränder, Flussufer. – Ne. (Heimat: W-China); sehr *s* im Gebiet verwild. u. meist unbest., z. B. A: Sb; B; CZ; wo noch? – Zierpfl., früher Heilpfl.
Zier-R., ***R. palmatum*** L.

Ähnl., aber m. br. 3-eckigen Lappen u. abstd. Teilinfl.; Perigon gelb, weißl. od. rosa; ↕ 150–300 cm; ♃. VI–VII. – Gärten, Parkanlagen, Waldränder. – Ne. (Heimat: Himalaja); meist nur kult.; sehr s verwild. u. meist unbest., z. B. B; CZ; eingebürg. in I: Bz; wo noch? – Zierpfl., früher Heilpfl. Apotheken-R., Gebräuchlicher R., ***R. officinale*** Baill.

Rumex L. [incl. *Acetosa* Mill., Sauerampfer, u. *Acetosella* (Meisn.) Fourr., Kleinsauerampfer, Zwergsauerampfer], Ampfer

Schlüssel teilw. nach Wißkirchen (2011). Die Valven sind die inn., der Fr. anlgd. Perigonblätt. u. meist ausgeprägt netznervig (Merkmale an reifer Fr. beobachten).

1. Blattspr. am Grund pfeil- od. spießf.; Blätt. sauer schmeckend; Pfl. 2-häusig **19**
— Blattspr. am Grund keilf. verschmälert, abgerundet od. herzf., aber nicht spieß- od. pfeilf.; Blüten ⚥ od. eingeschl. u. dann Pfl. 1-häusig **2**
2. Valven ganzrandig, kaum gezähnt (*562/2, 562/3–562/5*) **8**
— Valven m. kurzen od. lg., borstenf. Zähnen, — fast immer m. Schwiele (*562/1*) **3**
3. Valven jederseits m. 3–9 kurzen (0,5–1 mm lg.) Zähnen, selten ganzrandig, 3-eckig **6**
— Valven jederseits m. 2–3(–6) lg., borstenf. Zähnen (*562/1*) **4**
4. Valven jederseits m. 3 borstenf. Zähnen; Infl. z. Frzt. oft purpurn; — Stg. vom Grund an verzweigt (selten unverzweigt) u. fast vom Grund an Blüten tragend; Grundblätt. klein, verkehrt eif., am Rand ± gewellt; ↕ 15–20 cm; ⊙. VII–VIII. – Sandige, schlammige Ufer. – *s*, PL (unt. Weichsel bis Danziger Bucht); Hauptverbr.: O-Eur. Ukrainischer A., ***R. ucranicus*** Spreng.
— Valven jederseits nur m. 2 borstenf. Zähnen; Infl. z. Frzt. gold- od. grünl.- bis bräunl.gelb ... **5**
5. Infl. sehr dicht, z. Frzt. goldgelb; ↕ 10–50 cm; ⊙. VII–IX. – Auf nährstoffreichen, feuchten, oft salzhaltigen Böden. – *v* im Küstengebiet, *z* im Binnenland, in A bes. in den pannon. Gebieten. Strand-A., ***R. maritimus*** L.
— Infl. locker, unterbrochen, z. Frzt. bräunl.gelb; ↕ 10–80 cm; ⊙. VII–IX. – Auf feuchten, lehmigen Böden in der Nähe von Gewässern. – *v* im N, in M- u. S-D nur im Bereich großer Flüsse; A: Bgl, NÖ, OÖ; B; CH?; CZ; F: Els; I: Bz; PL. [*R. limosus* auct.] Sumpf-A., ***R. palustris*** Sm.
6 (3). Grundblätt. fehlend; in den Achseln der Stg.Blätt. beblätt. Seitentriebe, die nach dem Hauptspross blühen u. diesen übergipfeln; — basale Stg.Blätt. lineal-lanzettl., 12–15 cm lg.; inn. Valven 3-eckig; ↕ 30–100 cm; ♃. VI–IX. – Flussufer, feuchte Ruderalstellen. – Ne., oft unbest. (Heimat: N-Am.); *s*, D: BB (Berlin), HE, MV, NI, NRW, SN, ST, TH; A; B; CZ; NL. [*R. salicifolius* Weinm.] Weidenblatt-A., ***triangulivalvis*** (Danser) Rech. f.
— Grundblätt. vorhanden; Hauptspross ohne später blhd. Seitenäste **7**

562/1

562/2

562/3

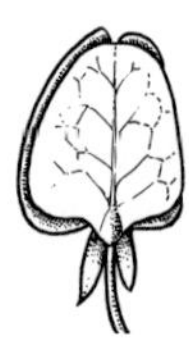
562/4

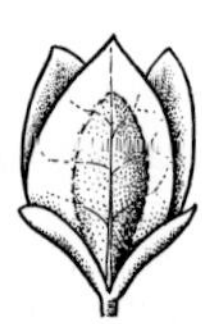
562/5

7. Infl. locker, fast bis zur Spitze beblätt.; Äste sparrig absthd.; Scheinwirtel voneinander entfernt; Grundblätt. klein, ihre Spr. meist < 10 cm lg., — geigenf. (*555/4*), am Grund herzf. ausgerandet, unterseits flaumig behaart; ↕ 15–60 cm; ⊙. V–VII. – Ruderalstellen, Wege. – *s*, D: südl. Oberrheintal; A: Kt, NÖ, Stm (b. Graz); B; CH; I: Bz; sonst Ne., verschleppt.
Schöner A., ***R. pulcher*** L.

— Infl. von der Mitte an blattlos; Äste ± aufr. bis absthd.; Scheinwirtel einander genähert; Grundblätt. groß, ihre Spr. meist > 10 cm lg., — am Grund abgerundet bis herzf., an der Spitze meist stumpf; ↕ 40–120 cm; ♃. VI–VIII. – Flussufer, frische Ruderalstellen, überdüngte Wiesen u. Weiden, Waldsäume. – Im ganzen Gebiet *v*. Stumpfblatt-A., ***R. obtusifolius*** L.

a. Valven klein, 3–4 mm lg., schmal, zungenf. od. längl. 3-eckig, m. undeutl. Nerven, ganzrandig od. zuw. am Grund gezähnelt, — fast alle m. längl. Schwiele, diese fast die ganze Valvenbreite einnehmend; Blätt. unterseits kahl od. nur m. sehr kurzen Papillen. – StO wie Art. – Verbr. eher östl.; *z* D: BB?, ST, *s* BW, BY, HE, MV, RP, SN, TH; *s* A (*f* Ti); CZ; F: Els. – Schwach giftig! Östlicher Stumpfblatt-A., subsp. ***sylvestris*** (J. Becker) Čelak.

— Valven größer, (4–)5–6 mm lg., längl. 3-eckig, m. deutl. Nerven, Rand m. deutl., verläng. Zähnen .... **b**

b. Längste Zähne so lg. wie die Valvenbreite; Valven meist nur 1 m. Schwiele; — Valven stumpf, eif. bis eif.-3-eckig, (4,5–)6 mm lg. (*563/1*); Blätt. unterseits auf Stielen u. Nerven dicht kurz papillös behaart. – StO wie Art. – Verbr. eher westl. – Schwach giftig! [subsp. *agrestis* (Fr.) Danser]
Westlicher Stumpfblatt-A., Stumpfblättriger A. (i. e. S.), subsp. ***obtusifolius***

Ähnl., aber: Valven spitz, schmal-3-eckig od. zungenf., ≈ 5 mm lg.; Blätt. unterseits meist nicht papillös. – Wiesen, Staudenfluren. – Ob im Gebiet? (Hauptverbr.: Balkan. Geb., Karpaten); möglicherweise A: NÖ (Schneeberggebiet?); CZ? – Schwach giftig!
Balkan- Stumpfblatt-A., Südöstlicher Stumpfblatt-A., subsp. ***subalpinus*** (Schur) Rech. f.

— Längste Zähne kürzer als die halbe Valvenbreite; Valven alle m. Schwiele, diese ungleich groß; — Valven 4–5 mm lg.; Blätt. unterseits kahl od. papillös. – D: *z* BB, BW, N-BY, NI, RP, SH, SN, ST, *s* S-BY, HE, MV, TH; *s* A; B; I: Bz. – Schwach giftig! Mittlerer Stumpfblatt-A., subsp. ***transiens*** (Simonk.) Rech. f.

8 (2). Valven rundl. od. eif., z. Frzt. so lg. wie od. wenig länger als br. (*562/1/7, 563/3*), 3,5–8 mm lg. **10**

— Valven schmal längl., z. Frzt. mehrfach länger als br., 2–3 mm lg. **9**

9. Infl. bis zur Spitze beblätt.; alle Valven m. längl., (fast) gleich großer Schwiele (*563/2*); Blütenstiele ≈ in der Mitte geglied.; — Grundblattspr. längl. eif., m. herzf. Grund; ↕ 30–70 cm; ♃. VII–IX. – Ufer, Gräben. – *v*. Knäuel-A., ***R. conglomeratus*** Murray

— Infl. nur bis zur Mitte beblätt.; nur 1 Valve m. fast kugelf. Schwiele (*563/4*) (selten 2 od. 3 Valven m. Schwielen, dann aber sehr ungleich groß); Blütenstiele am Grund geglied.; — Grundblattspr. längl. eif., m. herzf. Grund; Stg. oft rötl.; ↕ 50–80 cm; ♃. VI–VIII. – Auenwälder, Waldwege. – *v*. [*R. nemorosus* Willd.] Hain-A., ***R. sanguineus*** L.

10 (8). Alle od. wenigstens eine der Valven m. deutl. Schwielen **14**

— Valven alle schwielenlos od. Schwielen undeutl. **11**

11. Spr.Grund der unt. Blätt. tief herzf., — Spr. der Grundblätt. 1–2,5-mal so lg. wie br. **13**

— Spr.Grund der unt. Blätt. verschmälert, nicht herzf. **12**

12. Unt. Stg.Blätt. 6–8-mal so lg. wie br.; Valven 3,2–4,8 mm br.; — unt. Stg.Blätt. alle schmal lineal-lanzettl., wellig; Infl. lg., schmal u. dicht; ↕ 80–150 cm; ♃. VII–VIII. – Auenwiesen. – Sehr *s*, A: NÖ (March); B; NL; PL. [*R. fennicus* (Murb.) Murb.] Finnischer A., ***R. pseudonatronatus*** Borbás

— Unt. Stg.Blatt. 3–4-mal so lg. wie br.; Valven 5,5–6,5 mm br., — nierenf. od br. herzf.; Blattstiel oberseits flach; Grundblätt. etwas wellig-kraus; ↕ 60–120 cm; ♃. VII–VIII. – Flussufer, Ruderalstellen. – *s* im NW, D: BB, BY, HE, MV, NRW, SH, SN, ST, TH; A: Stm, Ti (Oberinntal); CH: Gr; CZ; DK. – Wahrscheinl. Kulturrelikt (ehem. Gemüsepfl., enststanden aus *R. aquaticus* × *R. crispus*?). [*R. domesticus* Hartm.] Langblatt-A., Gemüse-A., ***R. longifolius*** DC.

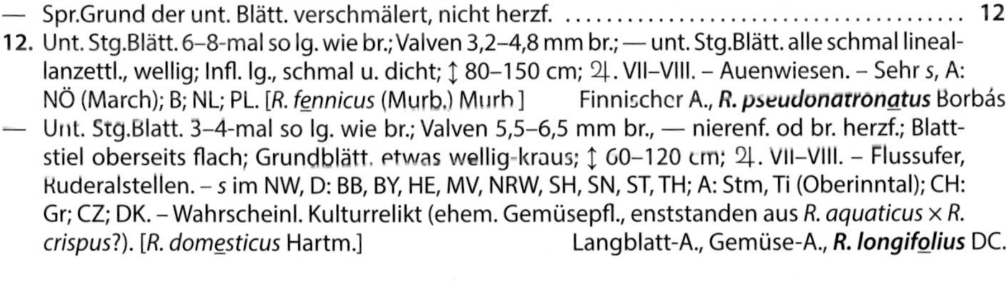

563/1 *563/2* *563/3* *563/4* *563/5* *563/6*

a. Unt. Stg.Blätt. lanzettl., 3–4,7-mal so lg. wie br., auffallend kraus. – Flussufer, feuchte Ruderalfluren, Auen; bis montan-subalp. Stufe. – *s.* Langblatt-A. (i. e. S.), subsp. ***longifolius***
— Unt. Stg.Blätt. eif.-lanzettl. bis ellipt., 2–3,3-mal so lg. wie br., am Rand gewellt. – *z–v*, bisher nur CZ/PL (*v* Sudeten, bes. Riesengeb.; *z* Böhmerw.; Verbr. ungenügend bekannt). Šourek-Langblatt-A., subsp. ***sourekii*** Kubát

13 **(11).** Grundblattspr. 1–1,5-mal so lg. wie br., im Umriss rundl., Spitze abgerundet; Fr.Stiele unter der Fr. kreiself. verdickt (*562/1*), z. Frzt. geglied.; Valven 4,5–5 × 3,5–5 mm; — Spr. am Grund abgerundet od. herzf., Rand wellig, zuw. gekerbt; ↕ 50–200 cm; ♃. VI–VII. – Gesellig auf Lägerfluren der Alp. (700–2700 m) u. Vorland, SO-BY (Passau), sonst nur Schw., Vog., Schweizer Jura, Fichtelgeb., CZ. [*R. pseudoalpinus* Höfft] Alpen-A., ***R. alpinus*** L.

— Grundblattspr. 1,5–2-mal so lg. wie br., im Umriss 3-eckig eif.; Fr.Stiele unter der Fr. kaum verdickt (*562/3*), z. Frzt. kaum geglied.; Valven 5–7 × (3,5–)5–7 mm; — Spr. am Grund tief herzf. u. abgerundet, Rand wellig; ↕ 90–175 cm; ♃. VII–VIII. – Ufer, Wiesen. – *v–z*. Wasser-A., ***R. aquaticus*** L.

14 **(10).** Grundblattspr. am Grund tief herzf., fast so br. wie lg., — 10–30 cm lg. u. lg. gestielt; junge Blätt. unterseits weichhaarig; Valven meist breiter als lg., hellgrün; ↕ 50–100 cm; ♃. VII–VIII. – Ruderalstellen, Bahnhöfe. – Ne. (Heimat: östl. M-Eur. bis O-As.), eingeschleppt; *s*, D: BB, SW-SH (Hamburg); A: Kt, NÖ, Stm; B; CZ; PL. Gedrungener A., ***R. confertus*** Willd.

— Grundblattspr. am Grund keilf. od. gerundet, falls herzf., dann Spr. doppelt so lg. wie br. . . . **15**

15. Grundblattspr. 50–100 cm lg., — 4–5-mal so lg. wie br.; Valven 3-eckig-rautenf., bis 7 mm lg. (*563/4*), alle m. Schwielen; ↕ 100–250 cm; ♃. VII–VIII. – Ufer, Seggenröhrichte. – *v*. Fluss-A., ***R. hydrolapathum*** Huds.

— Grundblattspr. viel kleiner **16**

16. Grundblattspr. 4–8-mal so lg. wie br. **18**

— Grundblattspr. 3–4-mal so lg. wie br. **17**

17. Valven ganzrandig; Seitennerven der Grundblätt. in der Spr.Mitte in einem Winkel von 45–60° abzweigend; Nuss hellbraun; — Stg. stark gefurcht, meist rot; Blattstiel oberseits rinnig; Blätt. zugespitzt, am Rand wellig; meist nur 1 Valve m. Schwiele; Schwielen klein, sich spät entwickelnd (*563/5*); ↕ 80–200 cm; ♃. V–VII. – Gartenland, frische u. feuchte Ruderalstellen u. Straßenböschungen. – Kult. u. Ne. (Heimat: SO-Eur., SW-As.); verwild., *s*, D; *z*, A; B; CH; CZ; F: Els. – Formenreich; Gemüsepfl. Garten-A., Ewiger Spinat, ***R. patientia*** L.

a. Valven 4–6 × 4–8 mm. – *v* A: Bgl; sonst *s* (verwild. u. zumind. teilw. eingebürg.) in D: BW, BY, HE, MV, NI, NRW, RP, SN, ST, TH; A: Kt, OÖ, Sb, Stm, OTi, Ti, Vb; B; CH; F: Els. Garten-A. (i. e. S.), subsp. ***patientia***
— Valven 6–8 × 8–10 mm. – Ruderalstellen; kollin. – *s*, verwild. bis lokal eingebürg., bes. A: NÖ; B. Östlicher Garten-A., subsp. ***orientalis*** Danser

— Valven gezähnelt; Seitennerven der Grundblätt. in der Spr.Mitte in einem Winkel von 60–90° abzweigend; Nuss dk.braun; — Grundblattspr. zugespitzt, herzf., ihr Stiel bis halb so lg. wie die Spr.; ↕ 60–200 cm; ♃. VII–VIII. – Ruderalstellen. – Ne. (Heimat: SO-Eur., Sizilien), eingeschleppt; *s–z*, lokal eingebürg. [*R. graecus* Boiss.] Griechischer A., ***R. cristatus*** DC.

a. Valven 6–8 mm lg., m. unregelm., 0,7–1 mm lg. Zähnen, oft m. 3 Schwielen; ↕ 60–200 cm. – Ne. (Heimat: Griechenland, Sizilien); *s* eingebürg., D: BY (Würzburg); A: NÖ (Wien). Griechischer A. (i. e. S.), subsp. ***cristatus***
— Valven 5 mm lg., nur am Grund m. ≤ 0,5 mm lg. Zähnen, meist m. nur 1 Schwiele; — Blätt. unterseits m. glasigen Papillen; ↕ 60–90(–120) cm. – Ne. (Heimat: SO-Eur.); *s*, A: Kt, NÖ, OÖ, Stm; B; I: Bz; in Ausbr. begriffen. [*R. kerneri* Borbás] Kerner-A., subsp. ***kerneri*** (Borbás) Akeroyd & D. A. Webb

18 **(16).** Valven ganzrandig, selten m. wenigen u. undeutl. Zähnchen, rundl. herzf. (*563/6*); Schwielen der Valven unterschiedl. groß (nur 1 Valve m. großer Schwiele, die beiden and. m. kleinen, undeutl. Schwielen); Blütenstiele 2–2,5-mal so lg. wie die Valven; Grundblattspr. am Rand meist deutl. wellig-kraus; — Infl. bis zur Spitze beblätt.; ↕ 30–100(–150) cm; ♃. V–VII. – Unkrautfluren, Ufer, Äcker, Weiden, Wiesen. – *v*. – Formenreich; schwach giftig! Krauser A., ***R. crispus*** L.

— Valven deutl. gezähnt, Zähne zahlr., 0,5(–1) mm lg.; Schwielen der Valven alle groß; Blütenstiele 1,5–2-mal so lg. wie die Valven; Grundblattspr. flach od. schwach wellig; ↕ 60–100 cm; ♃. VII–VIII. – Feuchte Wiesen, Gräben, Ruderalstellen; oft auf Salzböden; kollin. – Wohl nur im O des Gebiets einheim. (Hauptverbr.: O-Eur., SW-As.), sonst Ne?; *s*, D: BB, HE, MV, NI, NRW, RP, SH, SN, ST, TH?; A: bes. Bgl, NÖ, auch Kt, Stm; CZ; DK. [*R. odontocarpus* (Borbás) Borbás] Schmalblättriger A., ***R. stenophyllus*** Ledeb.

19 (1). Äuß. Perigonblätt. zurückgeschlagen, z. Frzt. dem Blütenstiel anlgd. (*562/4*); Valven m. Schwielen **21**

— Äuß. Perigonblätt. aufr. (*562/5*); Valven schwielenlos **20**

20. Blätt. rundl. spießf., lg. gestielt, blaugrün bereift; Valven z. Frzt. vergrößert (*565/1*), — länger als die Fr., zuw. rötl.; ↕ 10–50 cm; ♃. V–VI. – Steinschutthalden, Felsspalten. – *z,* Alp. u. Vorland, Schweizer Jura; D: BW, HE, NRW, RP; B; L; sonst *s.* [*Acetosa scutata* (L.) Mill.]
Schild-A., ***R. scutatus*** L.

— Blätt. lanzettl. od. linealisch, zuw. ohne Spießecken; Valven z. Frzt. kaum vergrößert (*565/2*); — Ochrea silberweiß, fransig zerschlitzt; Pfl. sich durch Wurzelbrut vermehrend; ↕ 5–30 cm; ♃. V–VII. – Magerrasen, Wegraine, Äcker; kalkmeidend; kollin bis subalp. – *v.* [*Acetosella multifida* (L.) Á. Löve] Kleiner Sauer-A., ***R. acetosella*** L.

a. Valven fest m. der Fr. verbunden, beim Reiben nicht ablösbar. – *z* D: BW, BY, HE, NRW, SN, ST, TH; A; *v* B; *z* CH?; CZ; FL; I: Bz. [*R. angiocarpus* auct. non Murb.]
Verwachsenfrüchtiger Kleiner Sauer-A., subsp. ***pyrenaicus*** (Lapeyr.) Akeroyd

— Valven nicht fest m. der Fr. verbunden, beim Reiben ablösbar. [*Acetosella vulgaris* (W. D. J. Koch) Fourr.]
Kleiner Sauer-A. (i. e. S.), subsp. ***acetosella***

A. Blätt. längl. lanzettl.; Fr. 1,5 mm lg.; ↕ 10–30 cm. – *v.* var. ***acetosella***

— Blätt. schmal linealisch bis fast fädl.; Fr. 1 mm lg.; ↕ 5–15 cm. – Häufiger auf sandigen StO. – *z.* [*R. tenuifolius* (Wallr.) Á. Löve] var. ***tenuifolius*** Wallr.

Formenreich. Teilw. werden noch weitere Taxa unterschieden.

21 (19). Stg. 7–20 cm hoch, — nur am Grund beblätt. od. m. 1–2 Stg.Blätt.; Grundblätt. dickl., rundl. eif., lg. gestielt; ♃. VIII. – Steinschutthalden, steinige Wiesen, Schneetälchen der Alp.; kalkstet; 1600–2800 m. – *z.* [*Acetosa nivalis* (Hegetschw.) Holub]
Schnee-A., ***R. nivalis*** Hegetschw.

— Stg. höher als 20 cm, beblätt. **22**

22. Ochrea ganzrandig; Blätt. dünn, weich; — unt. Stg.Blätt. fast 3-eckig, kaum doppelt so lg. wie br., m. fast waagr. absthd. Spießecken; ↕ 30–100 cm; ♃. VI–VIII. – Weiden, Gebüsche der Alp. (800–2400 m) u. höh. Mittelgeb. – *z.* [*R. alpestris* auct.; *Acetosa arifolia* (All.) Schur]
Berg-A., ***R. arifolius*** All.

— Ochrea gezähnt od. zerschlitzt; Blätt. dickl., derb **23**

23. Infl. locker; Blütenäste einfach od. selten spärl. verzweigt; — Grundblätt. lg. gestielt, eif. längl., 2–3 cm br.; Fr. bis 2,5 mm lg., auf roten Stielen; ↕ 30–100 cm; ♃. V–VI. – Wiesen, Weiden. – *v.* [*Acetosa pratensis* Mill.] Großer Sauer-A., ***R. acetosa*** L.

— Infl. dicht; Blütenäste wiederholt u. reich verzweigt; — Stg.Blätt. 4–14-mal so lg. wie br., die ob. sehr schmal m. absthd. Basallappen; ↕ 30–120 cm; ♃. VII–VIII. – Trockene Ruderalstellen, Bahndämme, Wegränder. – *z,* bes. Flusstäler. [*Acetosa thyrsiflora* (Fingerh.) Á. Löve & D. Löve] Rispen-A., ***R. thyrsiflorus*** Fingerh.

Die Gattung *Rumex* neigt stark zur Hybridbildung; bes. verbr. ***R.*** × ***heterophyllus*** Schultz [*R. aquaticus* × *hydrolapathum*] (*565/3*) u. ***R.*** × ***pratensis*** Mert. & W. D. J. Koch [*R. crispus* × *obtusifolius*] (*565/4*). Außerdem zahlr. lokal auftretende u. oft unbest. Ne.

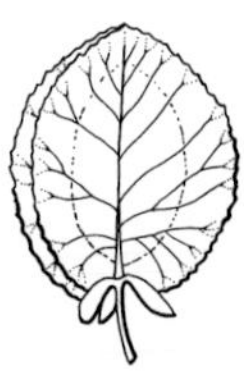

565/1

565/2

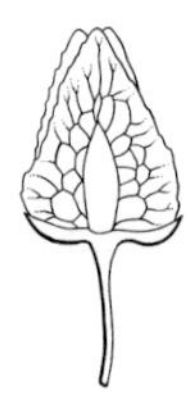

565/3

565/4

Familie: Droseraceae, Sonnentaugewächse (Bearbeiter: Andreas Fleischmann)

Tierfangende (karnivore) Land- od. Wasserpfl.; Blattspr. m. lg. Drüsenhaaren (Tentakel; *556/1–556/3*) od. schnell zus.klappend; Blüten in einfachen Wickeln od. einzeln, 5-zählig, ephemer (nur 1 Tag geöffnet, nur bei Sonnenschein); Frkn. oberst., 3(–4)-zählig, verwachsen; Kapselfr.

1. Untergetauchte, frei schwimmende, wurzellose Wasserpfl.; Blätt. quirlst.; Blattspr. 2-klappig (*72/1*), bei Berührungsreiz in Sekundenschnelle längs der Mittelrippe zus.klappend ***Aldrovanda***, 566

— Landpfl.; Blätt. in grundst. Rosette; Blattspr. m. lg. Drüsenhaaren (*566/1–566/3*) ***Drosera***, 566

Aldrovanda L., Wasserfalle ⓖ!

Blätt. in 5–9-zähligen Quirlen; Blattstiel keilf., am ob. Rand m. Borsten; Spr. 2-klappig, stark konkav (*72/1*); Blüten einzeln, weiß (in D nur selten blhd.); ↔ 3–20 cm; ♃. VII–VIII. – Nährstoffarme, saure, warme Gewässer. – *s*, D: BB ausgestorben, BY ausgestorben (Bodenseegebiet), angesalbt (N-BY), BW angesalbt, ausgestorben, NRW angesalbt; A: ausgestorben; CH: angesalbt Bodenseegebiet, Jura, Zürich; W-PL; CZ nur noch angesalbt; NL: angesalbt. FFH24; ⓖ! Wasserfalle, ***A. vesiculosa*** L.

Drosera L., Sonnentau ⓖ

1. Blätt. ± flach am Boden anlgd.; Blattspr. quer-eif. bis kreisrund (*556/1*); Samen braun, fadenf.; ↕ 5–15 cm; ♃. VI–VIII(–X). – Hochmoore, Zwischenmoore, feuchte saure Böden, oft in Torfmoospolstern. – *z*, im S *v*. ⓖ. Rundblättriger S., ***D. rotundifolia*** L.

— Blätt. aufr. bis halb aufr.; Blattspr. deutl. länger als br.; Samen schwarz, rundl. bis rechteckig **2**

2. Blütenstg. an der Basis bogig aufstgd.; Infl. seitl., die Blätt. meist nur wenig überragend; Blätt. halb aufr.; Blattspr. ≈ 2–4-mal so lg. wie br., schmal eif. (*555/2*); Blattstiel auch an der Basis kahl; Kapseln rundl.; Samen rundl., papillös; ↕ bis 10 cm; ♃. VII–VIII(–IX). – Hochmoore, nackte Torfschlenken u. -böden, feuchte saure Sandgruben, oft im Wasser sthd., meist größ. Bestände bildend. – *z*, im NW *v*. ⓖ. Mittlerer S., ***D. intermedia*** Hayne

— Blütenstg. aufr.; Infl. aus Rosettenmitte, die Blätt. deutl. überragend; Blätt. aufr.; Blattspr. 4–8-mal so lg. wie br., längl. eif., Blattränder oft nahezu parallel (*556/3*); Blattstiel an der Basis behaart; Kapseln längl. eif.; Samen längl. rechteckig, m. netzart. Oberfläche; ↕ 5–20 cm; ♃. VI–VIII. – Hoch-, Zwischen- u. Flachmoore, oft in Torfmoosschlenken. – *z–s*. ⓖ. [*D. longifolia* L.] Langblättriger S., ***D. anglica*** Huds., nom. cons.

Gelegentl. Hybridbildung bei gemeinsamem Vorkommen der Elternarten, Hybriden steril (kein Samenansatz):
D. × obovata Mert. & W. D. J. Koch [*D. rotundifolia × D. anglica*]. – *z*.
D. × eloisiana T. S. Bailey [*D. rotundifolia × D. intermedia; D. × beleziana* E. G. Camus, nom. illeg.]. – *s*, nur D: M-BY.

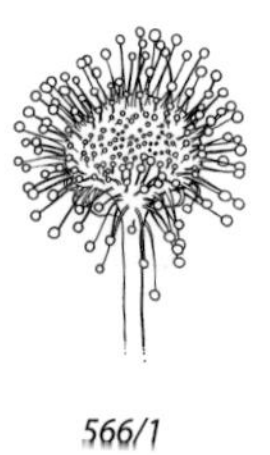

566/1

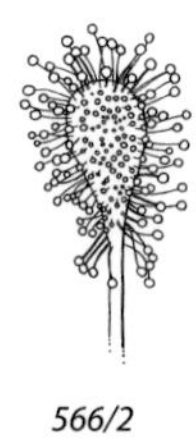

566/2

566/3

Familie: Caryophyllaceae [incl. Illecebraceae, Knorpelkrautgewächse, u. Alsinaceae, Mierengewächse], Nelkengewächse (Bearbeiter: Gerald Parolly)

Krautige Pfl., selten halbstrauchig, m. ungeteilten, gegenst. od. quirligen Blätt.; Blüten häufig in Dichasien, radiär, oft m. doppelter Blütenhülle; Kelch u. Krone 4–5-zählig; Kelchblätt. frei od. verwachsen (*567/1* K), zuw. von Hochblätt. (= Außenkelch, *567/1*, AK) umgeben; Kronblätt. 4, 5, 10 od. fehlend, zuw. m. Nebenkrone (*567/2*, NKr), häufig in Platte u. Nagel geglied. (*42/5, Taf. 23: 5*); Staubblätt. 1–10; Frkn. oberst., 2–5-blättr., meist 1-fächerig; sich m. Zähnen öffnende Kapselfr. (*567/1b*), seltener Beeren.

Die Gattungen *Illecebrum*, *Herniaria* (Paronychieae), *Polycarpon*, *Spergula*, *Spergularia* (Polycarpeae), *Corrigiola* u. *Telephium* (Corrigioleae) werden auch in der Familie Illecebraceae zus.gefasst (hier: Unterfamilie Paronychoideae der Nelkengewächse; vgl. übereinstimmend auch Hernández-Ledesma et al. 2015; G. Kadereit in Kadereit et al. 2016).

1. Kelchblätt. getrennt, zuw. nur am Grund etwas verwachsen, od. Blütenhülle einfach (Krone fehlend) .... **Tabelle A**, 567

— Kelchblätt. fast vollst. od. zumind. fast bis zur Mitte röhrig verwachsen (*567/1b*, K); Blüten stets m. Kelch u. Krone .... **Tabelle B**, 569

Tabelle A: Kelchblätt. getrennt, zuw. nur am Grund verwachsen, od. Krone fehlend

1. Blüten zu mehreren geknäuelt in den Blattachseln sitzend (*568/4a*); — Stg. niederlgd., ausgebr. **27**

— Blüten nicht in blattachselst., sitzenden Knäueln **2**

2. Blätt. wechselst. (*568/3a*) od. in 4-blättr. Quirlen **25**

— Blätt. gegenst. od. in vielblättr. Scheinquirlen (*568/1*) **3**

3. Blütenhülle einfach (Kronblätt. fehlend); — Kelchblätt. grün, weiß berandet, den Frkn. röhrig umschließend; Blüten endst., knäuelig gehäuft; Blätt. lineal-pfrieml., graugrün ***Scleranthus***, 587

— Blütenhülle doppelt (wenn einfach, dann Blüten nicht geknäuelt) **4**

4. Kronblätt. tief gespalten **21**

— Kronblätt. ungeteilt (zuw. an der Spitze seicht ausgerandet od. gezähnelt) od. Kronblätt. fehlend **5**

5. Blätt. in vielblättr. Scheinquirlen (*568/1*); — Blattspr. lineal-pfrieml.; Gr. 5; reife Kapsel 5-klappig aufspringend .... ***Spergula***, 591

— Blätt. gegenst. **6**

6. Blätt. am Grund m. trockenhäutigen, verwachsenen, silbern glzd., papierart. Nebenblätt. (*567/3*); — Kelchblätt. m. schmalem, weißem Hautrand; Blüten rosa bis rot, seltener weiß; Gr. 3; reife Kapsel 3-klappig aufspringend .... ***Spergularia***, 591

— Blätt. ohne derart. Nebenblätt. **7**

7. Blütenstiele nach der Bltzt. nicht abw. gekrümmt **9**

— Blütenstiele nach der Bltzt. abw. gebogen (ähnl. *568/1*), sich dann zuw. aber wieder aufrichtend **8**

8. Blüten in mehrblütigen Scheindolden (*568/1*), bei schwachwüchsigen Pfl. selten auch mal zu 1–2; — Kronblätt. an der Spitze gezähnelt .... ***Holosteum***, 581

— Blüten in Dichasien (*48/6*) **28**

9 (7). Blätt. dickfleischig, — eif., dicht 4-zeilig (*568/2*); Pfl. des Meeresstrands ***Honckenya***, 581

— Blätt. nicht dickfleischig **10**

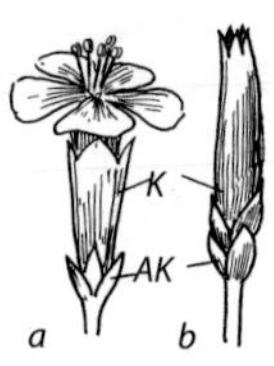

567/1

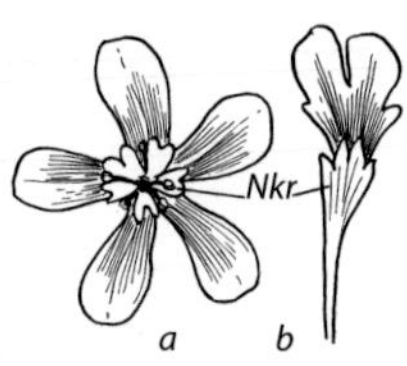

567/2

567/3

10. Gr. 2; — Kapsel m. 2 Klappen aufspringend (nur CH: Vs) . . . . ***Bufonia***, 572

— Gr. 3–5 . . . . **11**

11. Gr. 3 (nur in Einzelblüten selten 4, z. B. bei *Facchinia*, s. S. 579, u. *Eremogone*, s. S. 579) **13**

— Gr. 4–5; Blüten 4- od. 5-zählig **12**

12. Kelchblätt. lg. zugespitzt, weiß berandet; Blätt. lanzettl. od. lineal-lanzettl.; Gr. vor den Kelchblätt. sthd.; Kapsel 8- od. 10-zähnig aufspringend . . . . ***Moenchia***, 584

— Kelchblätt. stumpf od. nur kurz zugespitzt, nicht weiß berandet; Blätt. linealisch; Gr. m. den Kelchblätt. abwechselnd (alternierend); Kapsel 4- od. 5-zähnig aufspringend . . . . ***Sagina***, 586

13 (11). Reife Kapsel m. 4–6 Zähnen od. Klappen aufspringend (doppelt so viele wie Gr.); Blätt. eif. od. lanzettl., pfrieml. od. linealisch **19**

— Reife Kapsel m. so viel Klappen wie Gr. [3(–4)] aufspringend; Blätt. linealisch bis pfrieml., rundl. eif. od. eilanzettl.; — Kelch oft trockenhäutig . . . . (***Minuartia*** s. l.) **14**

14. Blätt. rundl. eif., eilanzettl. od. lanzettl., — am Grund nicht scheidenf. verbreitert; Kelchblätt. spitz, eif. bis lineal-lanzettl.; Kelchblätt. 3- bis 5-nervig, wenn 5-nervig, dann Seitennerven nicht deutl. über die Mitte der Länge der Kelchblätt. reichend; (im Gebiet) m. nur 1 Blüte pro Stg.; Kelch- u. Kronblätt. 4–5, lanzettl. (Kronblätt. manchmal fehlend); niedrige, z. T. polsterbildende Alpenpfl. . . . . ***Facchinia***, 579

— Blätt. linealisch od. pfrieml., — am Grund (bei einigen Arten) ± scheidenf. verbreitert **15**

15. Kronblätt. meist fehlend (wenn vorhanden, dann grünl., linealisch, kürzer als der Kelch); — Blätt. dicht dachig, lineal-pfrieml., am Grund paarweise miteinander verwachsen; Blüten sitzend od. kurz gestielt; niedrige Alpenpfl. . . . . ***Cherleria sedoide***s, 575

— Kronblätt. stets vorhanden, weiß; — Blüten meist länger gestielt **16**

16. Kelchblätt. knorpelig od. trockenhäutig, am Grund stark verhärtend, weißl., m. 1–2 grünen Mittelstreifen . . . . ***Minuartia*** s. str., 583

— Kelchblätt. grün od. nur am Rand trockenhäutig, am Grund schwach od. nicht verhärtend **17**

17. Kronblätt. so lg. wie od. länger als der Kelch **18**

— Kronblätt. halb so lg. wie der Kelch . . . . ***Sabulina***, 585

18. Kelchblätt. stumpf, längl.; Blätt. nervenlos od. 1-nervig, sehr schmal; — Blütenstiele kurz, ± 5 mm lg., ≈ so lg. wie der Kelch (wenn Blätt. nervenlos od. 1-nervig u. sehr schmal u. Blütenstiele auffallend veräng., 15–35 mm lg., dann: *Sabulina*, s. S. 585); Pfl. kahl od. m. einzelligen Haaren . . . . ***Cherleria***, 575

— Kelchblätt. spitz, eif. bis lineal-lanzettl.; Blätt. unterseits deutl. 3-nervig od. (wenigstens getrocknet) 5–7-nervig . . . . ***Sabulina***, 585

19 (13). Samen m. weißem Anhängsel, schwarz glzd.; — Kelch- u. Kronblätt. 4 od. 5; Kelch ≈ doppelt so lg. wie die Krone . . . . ***Moehringia***, 583

— Samen ohne Anhängsel, matt, gekörnt; — Kelch- u. Kronblätt. stets 5; Kelch halb od. doppelt so lg. wie die Krone **20**

20. Blätt. schmal linealisch, 30–100 mm lg. — u. 1 mm br. . . . . ***Eremogone***, 579

— Blätt. eif. lanzettl. od. linealisch, ≤ 15 mm lg. . . . . ***Arenaria***, 571

21 (4). Gr. 3, selten in einzelnen Blüten 2 od. 4 . . . . **23**

— Gr. 5, selten 4 . . . . **22**

568/1

568/2

568/3

568/4

568/5

568/6

22. Kronblätt. höchstens bis zur Mitte gespalten; Kapsel längl.-walzl., m. (8–)10 kurzen Zähnen aufspringend (d. h. Kapselzähne doppelt so viele wie Gr.) .... ***Cerastium***, 572
— Kronblätt. fast bis zum Grund gespalten; Kapsel eif., sich m. 5 an der Spitze 2-zähnigen Klappen öffnend .... ***Stellaria aquatica***, 592
23 **(21).** Kapsel ± zylindr. (Form schon am Fr.Knoten erkennbar), sich m. 6 kurzen Zähnen öffnend .... ***Dichodon***, 579
— Kapsel kugelig (Form schon am Fr.Knoten erkennbar), sich m. 6 Klappen öffnend **24**
24. Dünnes, kriechendes Rhizom m. kugeligen bis rübenf. Wurzelknollen vorhanden (nur A, CH); Kronblätt. deutl. weniger als bis zur Hälfte gespalten; — Infl. m. 1–3 Blüten, gelegentl. m. kleineren, 4-zähligen, kleistogamen Blüten in den unt. Blattachseln; Blätt. sitzend, kahl; Gr. (2–)3; ohne sterile oberird. Triebe .... ***Pseudostellaria***, 584
— Rhizom ohne Wurzelknollen; Kronblätt. zur Hälfte od. tiefer gespalten; — Infl. meist m. > 3 Blüten, kleistogame Blüten stets fehlend; Blätt. sitzend od. gestielt, kahl, drüsig behaart od. bewimpert; Gr. 3 .... ***Stellaria***, 592
25 **(2).** Blätt. in 4-blättr. Quirlen; — Blüten ≈ 2 mm ∅, grünl. .... ***Polycarpon***, 584
— Blätt. wechselst. **26**
26. Kronblätt. 4–7 mm lg.; Blätt. verkehrt eif., — etwas fleischig .... ***Telephium***, 594
— Kronblätt. ≈ 1 mm lg.; Blätt. längl., — am Grund keilf. (*568/3a*) .... ***Corrigiola***, 568
27 **(1).** Blütenknäuel weiß; Kelchblätt. an der Spitze auf dem Rücken m. absthd. Granne, — aufr., zus.neigend, an der Basis zu sehr kurzem Achsenbecher vereinigt (*78/3*) .... ***Illecebrum***, 582
— Blütenknäuel gelbl.grün; Kelchblätt. meist ohne Granne (*568/4b*), aber zuw. stachelspitzig; — Blätt. im Bereich der Infl. wechselst. (*568/4a*) .... ***Herniaria***, 581
28 **(8).** Blüten 4-zählig; Blätt. pfrieml., — bewimpert .... ***Sagina***, 586
— Blüten 5-zählig; Blätt. nicht pfrieml. **29**
29. Gr. 2; Blätt. lineal-lanzettl., sitzend .... ***Lepyrodiclis***, 582
— Gr. 3; Blätt. eif., gestielt .... ***Moehringia***, 583

Tabelle B: Kelchblätt. fast vollst. od. zumind. fast bis zur Mitte röhrig verwachsen; Blüten stets m. Kelch u. Krone

1. Gr. u. Narben 3–5 od. Pfl. nur m. ♂ Blüten (wenn Blüten m. 3 Narben u. Nebenkrone, vgl. auch *Saponaria officinalis*!) **7**
— Gr. u. Narben 2 .... **2**
Zahl der Gr. immer an mehreren Pfl. ermitteln!
2. Kelch m. Außenkelch (*567/1*, *AK*, *567/2*), dieser den eigentl. Kelch zuw. ganz einhüllend .. **6**
— Kelch ohne Außenkelch **3**
3. Kelch ohne trockenhäutige Streifen, gleichm. grün od. rot; Kronblätt. in Platte u. Nagel geglied.; Blüten meist > 15 mm ∅ **5**
— Kelch m. grünem Mittelstreifen u. br. hautrandig; Kronblätt. nach dem Grund keilf. verschmälert; Blüten < 15 mm ∅ **4**
4. Pfl. stets 1-j., m. Faserwurzeln; Stg. unt. flaumhaarig, in der Infl. kahl; — Narbe auf der Innenseite des Gr. herablfd. .... ***Psammophiliella***, 584
— Pfl. (zumind. im Gebiet u. bei Ausschluss von *Vaccaria*) ausd., m. Pfahlwurzel; Stg. m. unterschiedl. Behaarung, aber nie in exakt obiger Kombination .... ***Gypsophila***, 580
5 **(3).** Krone im Schlund m. Nebenkrone (*567/2*, *Nkr*); Kelch ungeflüg. .... ***Saponaria***, 587
— Krone ohne Nebenkrone; Kelch 5-kantig geflüg., — bauchig .... ***Vaccaria***, 594
6 **(2).** Kelch m. weißl., trockenhäutigen Streifen; Kronblätt. vorne ganzrandig, oft etwas ausgerandet, allmähl. in den Nagel verschmälert; — Blüten einzeln (*567/1*) od. zu mehreren zu von trockenhäutigen Hochblätt. umschlossenem Köpfchen vereinigt (*568/6*) ***Petrorhagia***, 584
— Kelch meist ohne trockenhäutige Streifen (Ausnahme: *Dianthus armeria*); Kronblätt. vorne meist gezähnelt bis zerschlitzt, plötzl. in den Nagel verschmälert .... ***Dianthus***, 576

7 **(1).** Pfl. kletternd od. kriechend, stark ästig, 60–150 cm hoch; Fr. beerenart., außen schwarz, innen grün; — Kelch glockig aufgeblasen, später zurückgeschlagen; Kronblätt. grünl.weiß, zungenf., schmal .... ***Silene baccifera***, 588

— Pfl. nicht kletternd, meist niedriger; Fr. eine Kapsel **8**

8. Kelchzipfel länger als die 20–45 mm lg. Kronblätt.; Pfl. lg. seidenhaarig; — Blüten einzeln; Krone purpurrot .... ***Agrostemma***, 570

— Kelchzipfel kürzer als die Kronblätt.; Pfl. kahl od. m. unterschiedl. Haarkleid (aber nicht seidenhaarig) (***Silene*** s. l.) **9**

9. Gr. 5 .... **16**

— Gr. 3 (selten einzelne Blüten 2-, 4- od. 5-griffelig) od. Blüten nur m. Staubblätt. **10**

10. Kronblätt. auf dem Nagel m. zusätzl. Flügelleisten; Platte vorn höchstens seicht ausgerandet, — 7–9 mm lg.; Kronblätt. rot; Pfl. 3–5(–10) cm hoch; Blätt. 13–26 mm lg. ***Saponaria pumila***, 587

— Kronblätt. ohne zusätzl. Flügelleisten (aber Nagel zuw. seitl. geflüg.); Platte (oft) tief 2-spaltig, manchmal gezähnt; — Kronblätt. weiß, grünl.weiß, gelbl.grün, rot od. rosa **11**

11. Pfl. dichte Polster bildend, 1–5 cm hoch; — Stg. unverzweigt; Blüten einzeln; Blätt. linealisch; Krone rosarot .... ***Silene acaulis***, 588

— Pfl. keine Polster bildend, > 8 cm hoch; — Stg. oft mehrblütig **12**

12. Blüten eingeschl. .... ***Silene***, 588

— Blüten ⚥ **13**

13. Kelch > 7 mm lg. **15**

— Kelch 3–7 mm lg. **14**

14. Stg. oben klebrig; Kronblätt. vorn 2-, 4- od. 6-zähnig .... ***Heliosperma***, 580

— Stg. oben nicht klebrig; Kronblätt. ausgerandet; — Stg. u. Blätt. bläul. bereift, kahl ***Atocion rupestre***, 572

15 **(13).** Blüten in Scheindolden; Kronblätt. hellpurpurn od. rosa, — ausgerandet od. abgerundet; Stg. u. Blätt. bläul. bereift; ob. Blätt. eif., stg.umfassend; Kelch 11–20 mm lg.; Pfl. kahl ***Atocion armeria***, 572

— Blüten nicht in Scheindolden; Kronblätt. meist weiß, wenn rosa, dann Pfl. anders gestaltet .... ***Silene***, 588

16 **(9).** Stg. unterh. der Knoten z. T. m. klebrigem Leimring; — Kronblätt. abgerundet od. schwach ausgerandet, purpurrot, 10–18 mm lg.; Kelch 9–13 mm lg. ... ***Viscaria vulgaris***, 594

— Stg. ohne klebrige Leimringe (falls unter den Knoten schwach klebrig, dann Krone tief 4-teilig, rosarot) **17**

17. Kronblätt. tief 4-spaltig (*582/1*); Blätt. kahl od. am Grund spärl. rau behaart, lineal-lanzettl.; — Kronblätt. hell rotviolett, 16–25 mm lg.; Kelch 6–10 mm lg. .... ***Lychnis flos-cuculi***, 582

— Kronblätt. höchstens 2-spaltig (wenn 4-zipfelig, dann Blätt. dicht filzig behaart) **18**

18. Blüten eingeschl.; Kronblätt. weiß od. rot (incl. rosa u. hell rotviolett), 15–30 mm lg.; Kapselzähne 10; — Kronblätt. 2-zipfelig .... ***Silene***, 588

— Blüten ⚥, m. Staubblätt. u. Frkn.; Kronblätt. kräftig purpurn, orange, scharlachrot od. rosa; Kapselzähne 5 .... **19**

19. Pfl. 5–15 cm hoch, kahl od. fast kahl; Kelch 4–6 mm lg., kahl; Kronblätt. 6–8 mm lg. ***Viscaria alpina***, 594

— Pfl. (20–)30–120 cm hoch, lg. filzig behaart od. rau; Kelch 15–20 mm lg.; Kronblätt. 14–35 mm lg. .... ***Lychnis***, 582

Agrostemma L., Kornrade

Pfl. zottig seidenhaarig; Kronblätt. trüb purpurn; Kapsel hart, länger als Kelchröhre, nicht gefächert, sich m. 5 (od. 4) Zähnen öffnend; ↕ 30–100 cm; ⊙. VI–IX. – Getreidefelder. – *s*, überall stark zurückgegangen. – Samen giftig! Kornrade, ***A. githago*** L.

Arenaria L. [excl. *Eremogone* Fenzl], Sandkraut

1. Blätt. gestielt; Kronblätt. länger als der Kelch; Pfl. ausd. **4**
— Blätt. sitzend od. nur die unt. kurz gestielt; Kronblätt. kürzer als der Kelch; Pfl. 1–2-j. **2**
2. Kelchblätt. 1,8–3 mm lg.; Fr.Stiele 2–3-mal so lg. wie der Kelch; Kapsel zylindr. bis eif., ≈ 2-mal so lg. wie dick; — Pfl. dünnstängelig, stark ästig; ↕ 3–30 cm; ☉. V–IX. – Wege, Mauern. – *z*. [*A. serpyllifolia* subsp. *tenuior* (W. D. J. Koch) Arcang.] Südliches S., ***A. leptoclados*** (Rchb.) Guss.
— Kelchblätt. 3–4 mm lg.; Fr.Stiele zwei Drittel bis 2-mal so lg. wie der Kelch; Kapsel eif. kugelig, am Grund stark bauchig erweitert; — Stg. steif, reich verzweigt; Blütenstiele mehrmals länger als die Blüten **3**
3. Pfl. borstenhaarig; Haare der Blätt. u. Kelchblätt. 0,2–0,5 mm lg.; Stg. meist nur oberw. gabelig verzweigt; Infl. dicht doldig-rispig; ↕ 2–10 cm; ☉–⊙. VII–VIII. – Steinschutthalden, offene Hänge der alp. Stufe; 2000–3300 m. – *z* in Alp., A: Kt, OTi, Sb, Ti; S-CH; I: Bz. [*A. serpyllifolia* subsp. *marschlinsii* (W. D. J. Koch) Nyman] Alpen-S., ***A. marschlinsii*** W. D. J. Koch
— Pfl. kurz drüsenhaarig (*571/1*) od. kahl; Haare der Blätt. u. Kelchblätt. 0,1–0,2 mm lg.; Stg. vom Grund an verzweigt, aufr. od. aufstgd.; Infl. locker gabelig-doldig; ↕ 3–30 cm; ☉. V–IX. – Äcker, Wegränder, Trockenrasen; vom Tiefland bis in die alp. Stufe. – *v*. – Formenreich.
Quendelblatt-S., ***A. serpyllifolia*** L.

Im Gebiet 3 eher schwach (?) differenzierte Taxa m. zahlr. Übergängen. – Schlüssel nach Jäger (2017).

a. Pfl. ± drüsig behaart; Blütenstiele aufr.; Kapsel fast kugelig. – Trockenrasen, Ruderalfluren, auf basenreichen Böden. – *z*, D: BY, RP, SN; B. – Verbr. ungenügend bekannt. [*A. viscida* Loisel.]
Drüsen-S., Drüsiges Quendelblatt-S., subsp. ***glutinosa*** (Mert. & W. D. J. Koch) Arcang.
— Pfl. nie drüsig, spärl. behaart od. fast ganz kahl; Kapsel eif. .... **b**
b. Pfl. graugrün; Blütenstiele 2–3-mal so lg. wie der Kelch od. länger; — inn. Kelchblätt. meist br. hautrandig. – Verbr. u. StO wie Art. [*A. serpyllifolia* var. *scabra* Ledeb.] Quendelblatt-S. (i. e. S.), subsp. ***serpyllifolia***
— Pfl. grün; Blütenstiele so lg. wie der Kelch od. bis 0,5-mal länger. – Trockenrasen, Dünen. – Küstengebiete, D: MV (Hiddensee), NI; B; NL; PL? [*A. serpyllifolia* subsp. *macrocarpa* (J. Lloyd) F. H. Perring & P. D. Sell, nom. illeg.; subsp. *lloydii* Jord.] Lloyd-Quendelblatt-S., subsp. ***lloydii*** (Jord.) Bonnier

4 (1). Blätt. 6–20-mal so lg. wie br., m. 1 mm lg., grannenart. Stachelspitze, — lederig, schmal lanzettl., 5–13 mm lg., Mittelrippe u. Rand unterseits verdickt; Kelchblätt. 3–5,5 mm lg., stachelspitzig (*571/2*); Stg. 1–3(–6)-blütig; reife Kapsel zuletzt ≈ doppelt so lg. wie der Kelch; ↕ 3–15 cm; ♃. VII–VIII. – Felsen, Steinschutt; auf Kalk. – *s*, A: NÖ, Stm, Ti; CH: Jura; CZ (Mähren); unbest. Ne. in D: BW, NRW. Großblütiges S., ***A. grandiflora*** L.
— Blätt. 1–4-mal so lg. wie br., ohne Stachelspitze **5**
5. Kelchblätt. außen drüsig behaart, — 4–6,5 mm lg.; Blätt. behaart, doppelt so lg. wie br.; Stg. 1–2-blütig; reife Kapsel zuletzt kürzer als der Kelch; ↕ 5–20 cm; ♃. VI–VIII. – Dolomitfelsen. – *s*, nur I: Bz (Pragser Dolomiten). Huter-S., ***A. huteri*** A. Kern.
— Kelchblätt. außen kahl, höchstens bewimpert **6**
6. Spr. am Rand kahl (Blattstiel aber oft bewimpert!), rundl., stumpf, glzd.; Kronblätt. nur wenig länger als die Kelchblätt.; — Stg. niederlgd., dicht beblätt.; Blüten einzeln od. zu 2, an kurzen Seitensprossen; ↕ 10–30 cm; ♃. VII–IX. – Schneetälchen, feuchter Steinschutt, bis 3100 m. – *z*, Alp., *f* D. Zweiblütiges S., ***A. biflora*** L.
— Spr. am Rand bewimpert, lanzettl., spitz; Kronblätt. doppelt so lg. wie die Kelchblätt.; ↕ (2–) 4–10(–15) cm; ♃. VII–VIII. – Rasen, Steinschuttfluren; 1400–3200 m. – *v* Alp. – Formenreich.
Bewimpertes S., Wimper-S., ***A. ciliata*** L.

a. Pfl. 1–2-j., ohne sterile Triebe, aufr., bis 15 cm hoch; — Blüten an 2–3 cm lg. Seitensprossen. VI–IX. – Seeufer. – *s*, nur CH (Lac de Joux). [*A. gothica* Fr.] Schweizer Wimper-S., subsp. ***gothica*** (Fr.) Hartm.
— Pfl. ausd., m. sterilen Trieben, niederlgd., bis 10 cm hoch, rasenbildend .... **b**
b. Blätt. 3–4-mal so lg. wie br., spärl. od. ganz bewimpert; Kronblätt. 7–7,5 mm lg. – Alp. Rasen, bes. Krummseggen- u. Nacktriedrasen; auf Kalk; – *v*, Alp. (ostalp.); D: ehem. BY (Jenner, Berchtesgadener Alp.); A (*f* Bgl); CH; CZ/PL (Tatra); I: Bz. [*A. tenella* Kit.] Wimper-S. (i. e. S.), subsp. ***ciliata***

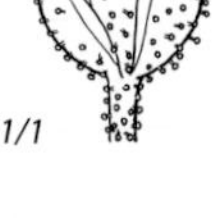

571/1

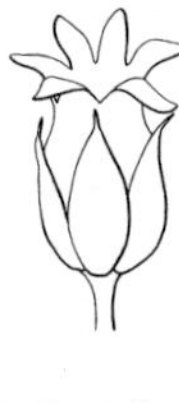

571/2

— Blätt. nur 2–3-mal so lg. wie br., von der Basis bis zu zwei Drittel der Blattlänge bewimpert; Kronblätt. 4–5 mm lg.; — Blüten zu (1–)3–7(–11) pro Zweig; ↕ 4–10 cm. – Lückige alp. Rasen, bes. Nacktriedrasen; meist auf Kalk. – *z*, Alp. (westalp.); D: SW-BY (Allgäuer Alp.); A: Kt, OTi, Vb; CH: N-Alp., Jura, Ts; FL; (ehem.?) I: Bz. [subsp. *moehringioides* (Murr) Murr; *A. multicaulis* L.] Vielstängeliges Wimper-S., subsp. ***multicaulis*** (L.) Ces.

Das Berner Wimper-S., subsp. ***bernensis*** Favarger, ist vegetativ ähnl. subsp. *multicaulis*, aber m. nur 1–2 Blüten pro Trieb u. Kronblätt. 7–8 mm lg. – *s*, nur CH (Freiburger Voralp., Gantrisch, Stockhornkette).

Atocion Adans. [*Silene* L. p. p.], Felsenleimkraut

1. Pfl. unter den ob. Knoten nicht klebrig; Kelch 4–7 mm lg.; Kelchzähne fast halb so lg. wie die Kelchröhre; Kronblätt. 6–9 mm lg., ausgerandet; — Krone weiß, selten rosa; Pfl. blaugrün, kahl; ↕ 10–25 cm; ⊙–♃. VII–VIII. – Felsspalten, Erdanrisse, Wege; auf kalkarmen Böden. – *v* in Silikat-Alp., *s*, D: Schw.; CZ; F: Vog. [*S. rupestris* L.] Gewöhnliches F., ***A. rupestre*** (L.) Oxelman

— Stg. unter den ob. Knoten m. ≈ 1 cm lg. klebrigen Ringen; Kelch 11–20 mm lg., schmal, meist rötl.; Kelchzähne ≈ ein Fünfzehntel so lg. wie die Kelchröhre; Kronblätt. 10–19 mm lg., ausgerandet od. abgerundet; — Krone hellpurpurn bis rosa; Blätt. eif., die ob. stg.umfassend, wie der Stg. bläul. bereift; Blüten in dichten Scheindolden; ↕ 15–60 cm; ⊙–⊙. V–X. – Kastanienwälder, Felsfluren, Trockenrasen; auf kalkarmen Böden. – *s*, D: Rheingebiet, Rhön, Harz; B; CH: Gr, Ts, Vs; B; I: Bz; L; sonst aus Gärten verwild. [*S. armeria* L.] Nelken-F., ***A. armeria*** (L.) Raf.

Bufonia L., Buffonie

Blätt. pfrieml., am Grund verwachsen; Kronblätt. 4, linealisch; Kelchblätt. 4; Kapsel kürzer als der Kelch; ↕ 5–40 cm; ⊙. VII–VIII. – Trockenrasen. – *s*, früher CH: Vs. Rispige B., ***B. paniculata*** Dubois

Cerastium L [excl. *Dichodon* (Rchb.) Rchb.], Hornkraut

1. Kronblätt. ≈ doppelt so lg. wie der Kelch, > 8 mm lg. **7**

— Kronblätt. < doppelt so lg. wie der Kelch, fast stets ein wenig länger als, gleich lg. wie od. kürzer als der Kelch, ≤ 8 mm lg., zuw. fehlend (wenn Kronblätt. 1,3–1,5(–2?)-mal so lg. wie der Kelch, aber > 8 mm lg., vgl. *C. ligusticum* unter **8**). **2**

2. Ob. Tragblätt. am Rand ± br. trockenhäutig, an der Spitze kahl od. fast kahl **5**

— Ob. Tragblätt. krautig, ohne Hautrand, an der Spitze absthd. behaart (*572/4*) **3**

3. Blüten 4-zählig; Gr. 4; — Kelchblätt. m. kurzer Spitze; Pfl. frischgrün, stark drüsig; ↕ 4–15 cm; ⊙–⊙. III–VI. – Dünen u. sandige Weiden. – *s*, Nordseeküste u. Inseln; D: NI, SH; DK; NL. [*C. tetrandrum* Curtis] Viermänniges H., ***C. diffusum*** Pers.

Wenn Blüten an einer Pfl. bzw. in einer Population 4- u. 5-zählig u. Pfl. an Salzstellen, vgl. auch *C. subtetrandrum*, Ergänzung zu **Nr. 8b**—.

— Blüten 5-zählig; Gr. 5 .... **4**

4. Blüten in dicht geknäuelten Infl. (*573/1*); Fr.Stiele kürzer als der Kelch; Staubfäden kahl; Pfl. blass- bis gelbgrün; ↕ 2–45 cm; ⊙–⊙. III–IX. – Feuchte Gebüsche, Gräben, Ufer, Wegränder. – *v*. [*C. viscosum* auct.] Knäuel-H., ***C. glomeratum*** Thuill.

— Infl. locker; Fr.Stiele 2–3-mal so lg. wie der Kelch; Staubfäden bewimpert; Pfl. graugrün; ↕ 5–40 cm; ⊙–⊙. IV–VI. – Trockenrasen, Böschungen. – *z*. [*C. tauricum* Spreng.] Kleinblütiges H., ***C. brachypetalum*** Pers.

a. Haare der Kelchblätt. u. am Blütenstiel absthd. od. etwas aufw. gerichtet (*572/2*); — Drüsenhaare vorhanden od. fehlend; ↕ 5–40 cm. – *z*. Kleinblütiges H. (i. e. S.), subsp. ***brachypetalum***

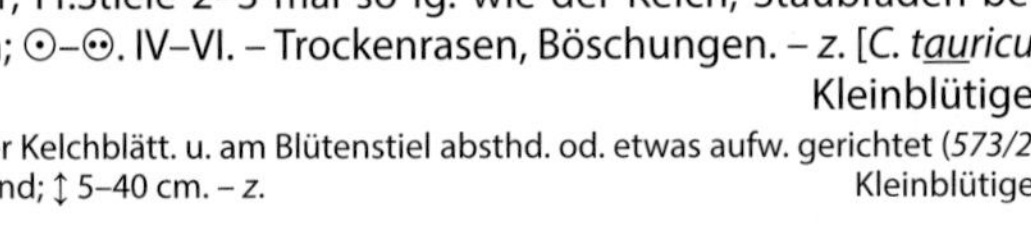

a b a b a b

572/1 572/2 572/3 572/4

573/1

573/2

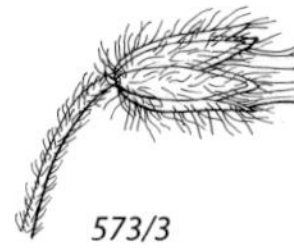

573/3

573/4

b. Haare der Kelchblätt. u. am Blütenstiel aufw. anlgd. (*573/3*); — Drüsenhaare stets fehlend; ↕ 5–18 cm. – *s*, D: BY (Allgäu, Oberfranken); A: Bgl, SO-Kt, NÖ, OÖ, Sb, Stm, Vb; CH: Gr, Ts; CZ; I: Bz. [*C. tenoreanum* Ser.]
Tenore-H., subsp. ***tenoreanum*** (Ser.) Soó

5 (2). Pfl. selten drüsig, m. blhd. u. sterilen Trieben; Kapsel 8–18 mm lg.; ↕ (5–)10–50(–60) cm; ♃. III–VI. – Wiesen, Äcker. – *v*. Artengruppe Gewöhnliches H., ***C. fontanum*** agg.

a. Kelchblätt. 3–5(–7) mm lg.; Kapsel bis 12 mm lg.; ↕ 5–50 cm. III–VI. – Wiesen, Rasen, Äcker. – *v*. [*C. caespitosum* Gilib.; *C. triviale* Link; *C. fontanum* subsp. *triviale* (Link) Jalas; *C. f.* subsp. *vulgare* (Hartman) Greuter & Burdet; *C. holosteoides* subsp. *vulgare* (Hartman) Buttler] Gewöhnliches H., ***C. holosteoides*** Fr.

— Kelchblätt. 6–9 mm lg.; Kapsel 12–18 mm lg. .... **b**

b. Pfl. dicht drüsenhaarig; Kronblätt. bewimpert, ≈ so lg. wie der Kelch; ↕ 10–60 cm. IV–VI. – Feuchte, schattige StO. – *s*, D: BB, BW, BY (u. a. am unt. Inn), MV, NI, SN, ST, TH?; *z–s*, A; CH; CZ; FL?; PL. [*C. fontanum* subsp. *lucorum* (Schur) Soó; *C. macrocarpum* auct.] Großfrüchtiges H., ***C. lucorum*** (Schur) Möschl

— Pfl. dicht behaart, drüsenlos od. wenig drüsig; Kronblätt. unbewimpert, meist deutl. länger als der Kelch; ↕ (10–)20–40 cm. IV–VI. – Geb.Rasen, feuchte Gesteinsfluren; kalkmeidend; bis in die alp. Stufe aufstgd. – Alp. *z*. Quellen-H., ***C. fontanum*** Baumg.

— Pfl. dichtdrüsig, nur m. blhd. Trieben; Kapsel 5–8 mm lg.; — meist 1-j. **6**

6. Hautrand der Tragblätt. (*572/1a, b*) sehr br., oft fast ganzes Blatt trockenhäutig; — Stg. meist reich drüsig, aufr. od. niederlgd.; ↕ 3–30 cm; ⊙–⊙. III–V. – Lückige Trockenrasen, Weg- u. Ackerränder, Ruderalstellen. – Von der Ebene bis in die Voralp., *v–z*.
Sand-H., ***C. semidecandrum*** L.

Ähnlich, aber: unt. Tragblätt. ohne häutigen Rand, auch oberseits behaart, ob. nur m. schmalem Hautrand; Kronblätt. 1,3–1,5(–2?)-mal so lg. wie der Kelch, — auf ein Sechstel bis ein Viertel ihrer Länge ausgerandet; Pfl. basal verzweigt u. überwgd. nur basal beblätt.; Infl. sehr stark verzweigt, vielblütig; Blütenstiele 5–15 mm lg., in Fr. 2–4-mal so lg. wie der Kelch; Staubblätt. 5–10; Kelch glockig; Kelchblätt. 5–6 mm lg.; ↕ 5–40 cm; ⊙(–⊙). III–V. – Trockenrasen, trockene Ruderalstellen; kollin. – Ne. (Heimat: Z-MMG); sehr *s* u. meist nur unbest., z. B. D: BW; CH: S-TS, VS (auch dort nur nur adventiv?). [*C. campanulatum* Viv.]
Ligurisches H., ***C. ligusticum*** Viv. (subsp. ***ligusticum***)

— Hautrand der Tragblätt. fehlend (d. h. Tragblätt. krautig [*572/3b*]) od. sehr schmal (*572/2b, 572/3a*), höchstens ob. etwas breiter hautrandig (*572/2a*), Hautrand höchstens ein Viertel der Blattlänge erreichend; — Pfl. dicht drüsig-klebrig; ↕ 2–20(–40) cm; ⊙(–⊙). III–V. – Lückige Trockenrasen, Äcker, Bahnanlagen. – *z* im S, *s* im N.
Artengruppe Niedriges H., Zwerg-H., ***C. pumilum*** agg.

a. Blütenstiele u. Kronblätt. viel kürzer als (die 5–6 mm lg.) Kelchblätt.; Blüten in Büscheln; ↕ 10–15 cm; ⊙. – Ruderalstellen. – Sehr *s* adventiv (Hauptverbr.: Z-MMG) in F; N-I; *f* D (Angaben für Marburg beziehen sich auf *C. subtetrandrum*, s. Nr. **8b—**). Sizilianisches H., ***C. siculum*** Guss.

— Blütenstiele länger als Kelchblätt.; Kronblätt. so lg. wie od. etwas länger als Kelchblätt.; Blüten in lockeren Dichasien .... **b**

Schlüssel teilw. nach Letz et al. in Hand & Buttler (2013).

b. Reife Gr.Äste (1,0–)1,1–1,5(–1,7) mm lg.; längste Drüsenhaare der Kelchblätt. 0,35–0,55(–0,65) mm lg.; größte reife Samen 0,55–0,60(–0,70) mm; unterstes Tragblattpaar meist ganz krautig (*572/3b*), oft beiderseits behaart; Pfl. oft dk.grün; ⊙. [*C. obscurum* Chaub.] Dunkles Zwerg-H., ***C. pumilum*** Curtis

573/5

573/6

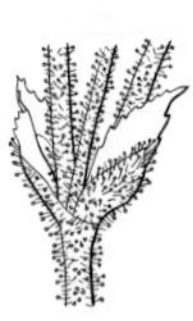

573/7

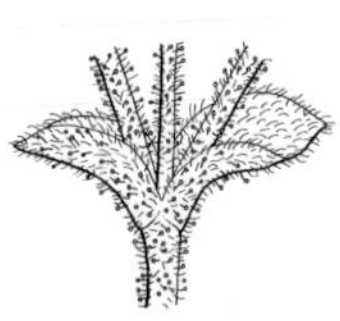

573/8

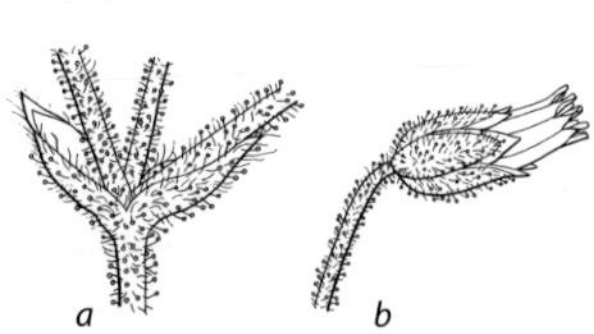

573/9

— Reife Gr.Äste (0,5–)0,6–0,9(–1,0) mm lg.; längste Drüsenhaare der Kelchblätt. (0,20–)0,25–0,35(–0,40) mm lg.; größte reife Samen (0,40–)0,45–0,55(–0,65) mm; unterstes Tragblattpaar meist m. sehr schmalem Hautrand (*572/2b*), oberseits meist kahl; Pfl. meist gelbgrün; ⊙. [*C. pallens* F. W. Schultz; *C. pumilum* subsp. *glutinosum* (Fr.) Corb.] Bleiches Zwerg-H., ***C. glutinosum*** Fr.

In neuester Zeit (z. B. Gilli & Niklfeld 2018) wird folg., *C. glutinosum* ähnelnde Sippe wieder als selbstst. Art geführt, nachdem sie lange als geringwertige Variante der Salz-StO od. als Hungerform von *C. pumilum* betrachtet wurde (Differentialmerkmale gegenüber *C. glutinosum*): Tragblätt. alle vollst. krautig; Fr.Stiele aufr., auch direkt unter dem Kelch ± gerade; Kapseln z. Frzt. oft rötl.; Blüten oft 5-zählig, manchmal an einer Pfl. 4- u. 5-zählig. III–V. – Offene Stellen in Salzwiesen der Küste u. des Binnenlands. – *s*, D: N-BY (Tennenlohe), HE (Marburg); A: Bgl (Neusiedler See), NÖ (Marchfeld, Zwingendorf/Weinviertel), in OÖ adventiv u. ruderal an streusalzbeinflussten Straßenrändern; N-PL. [*C. pumilum* fo. *subtetrandrum* Lange; *C. diffusum* subsp. *subtetrandrum* (Lange) P. D. Sell & Whitehead; *C. glutinosum* var. *bracteatum* Westerl.] Salz-Z.-H., ***C. subtetrandrum*** (Lange) Murb.

7 **(1).** Zumind. die ob. Tragblätt. hautrandig **10**

— Alle Tragblätt. ohne Hautrand, — den Laubblätt. ähnl.; niedrige, ausd. Alpenpfl. m. 1–3-blütigem Stg.; Blätt. > 3 mm br. **8**

8. Zähne der geöffneten Kapsel zurückgekrümmt; Krone glockig, die Kelchblätt. höchstens ein Drittel überragend; — Pfl. lockerrasig, schwach flaumhaarig; Blätt. brüchig, starr, grasgrün; ↕ 3–8 cm; ♃. VI–VIII. – Steinige Böden der Silikat-Alp.; 2000–3200 m. – *z*, A: Kt, OTi, Sb, Ti, Vb; CH; I: Bz. [*C. filiforme* Schleich.] Stiel-H., ***C. pedunculatum*** Gaudin

— Zähne der geöffneten Kapsel nicht zurückgekrümmt; Krone meist becherf., > doppelt so lg. od. kaum doppelt so lg. wie der Kelch **9**

9. Kronblätt. > doppelt so lg. wie der Kelch; Pfl. lockerrasig, dicht kurz-drüsig, aber nicht zottig behaart; ↕ 3–10 cm; ♃. VII–VIII. – Steinschutt u. Felsen der Kalk-Alp.; 1700–3400 m. – *z*. Breitblättriges H., Kalkalpen-H., ***C. latifolium*** L.

— Kronblätt. kaum doppelt so lg. wie der Kelch; Pfl. dichtrasig, m. Drüsenhaaren u. drüsenlosen Gliederhaaren dicht zottig behaart; — Stg. 1–3-blütig; ↕ 2–8 cm; ♃. VII–IX. – Stein- u. Moränenschutt, Schneetälchen; überwgd. Silikat-Alp.; 1600–3500 m. – *z*. Einblütiges H., Silikatalpen-H., ***C. uniflorum*** Clairv.

10 **(7).** Unt. Blätt. 10–15 mm br., spatelig, lg. gestielt, — weich, zerstreut behaart; unt. Tragblätt. groß, laubig, ganz krautig; Stg. schlaff aufstgd., Ausläufer bildend; ↔/↕ 30–60 cm; ♃. VI–VII. – Feuchte Wälder, Torfbrüche. – *s*, A: Bgl, NÖ, OÖ, Stm; PL. Wald-H., ***C. sylvaticum*** Waldst. & Kit.

— Blätt. schmaler, alle sitzend **11**

11. Blätt. längl. lanzettl. od. linealisch, in den Blattachseln m. Blattknospen od. beblätt. Sprossen (bei Pfl. aus CZ, s. auch Nr. **15**, *C. alsinifolium*); — Tragblätt. m. ± br. Hautrand **15**

— Blätt. eif. ellipt., seltener längl., in den Achseln meist ohne beblätt. Sprosse **12**

12. Kelchblätt. 7–10 mm lg., spitz (*C. alpinum* s. l.) **14**

— Kelchblätt. 3–6 mm lg., stumpf bis stumpfl. **13**

13. Tragblätt. ganz krautig; Kelchblätt. 3–4 mm lg., stumpf; Infl. (3–)5–12(–15)-blütig; — blütentragende Stg. in den Blattachseln häufig m. Blattknospen od. beblätt. Sprossen; Blätt. 5–15 mm lg. u. 1–6 mm br., meist starr, hellgrün, kahl od. leicht bewimpert od. schwach (drüsig) behaart; im Habitus ähnl. *C. arvense*, rasenbildend; ↕ bis 25 cm; ♃. V–VI. – Serpentinfelsen. – *s*, nur W-CZ (Mariánske Lazne, Marienbad). FFH24. Mierenblättriges H., Serpentin-H., ***C. alsinifolium*** Tausch

— Tragblätt. ± hautrandig, zumind. m. trockenhäutiger Spitze; Kelchblätt. (3–)5–6 mm lg., stumpfl.; Infl. 1–3(–7)-blütig; — blütentragende Stg. in den Blattachseln stets ohne Blattknospen od. beblätt. Sprosse; Blätt. 13–26 mm lg. u. 3–8 mm br., spitz; Pfl. lockerrasig, ↕ bis 20 cm; ♃. VI–IX. – Felsschutt, Gesteinsfluren. – *z* Kalk-Alp., *f* D u. A: Vb. Kärntner H., ***C. carinthiacum*** Vest

Tradionell werden 2 Sippen unterschieden; ihre Einstufung als Unterarten ist aber wahrscheinl. zu hoch bewertet.

a. Ob. Tragblätt. m. br. Hautrand; Pfl. bes. oberw. meist dichtdrüsig. – *z*. Kärtner H. (i. e. S.), subsp. ***carinthiacum***

— Ob. Tragblätt. (fast) ohne Hautrand, nur m. trockenhautiger Spitze, Pfl. meist (fast) kahl, selten oberw. drüsenlos behaart. – *s*, A: Kt, OTi, Stm; CH: Ts; I: Bz. Südalpen-H., subsp. ***austroalpinum*** (H. Kunz) Janch.

14 **(12).** Rosetten an der Spitze m. auffällig dicht weißwollig behaarten Blätt.; oft m. Drüsenhaaren; ältere Blätt. dicht behaart; Infl. meist 3–8-blütig; — Blütenstiele 10–25 mm lg.; ↕ 5–20 cm; ♃.; diploid. VII–VIII. – Felsen, Magerrasen; auf Kalk. – *s*, D: BY (Allgäuer Alp.); *z*, A: Kt (Gurktaler Alp.), Stm, Sb?; Verbr.: O-Alp., Karpaten. [subsp. *lanatum* (Lam.) Ces. p. p.] Wolliges H., ***C. eriophorum*** Kit.

— Rosetten an der Spitze ohne auffällig weißwollige Blätt., aber oft dicht behaart; Drüsenhaare fehlend; ältere Blätt. verkahlend; Infl. meist 1–3-blütig; — Blütenstiele 4–20 mm lg.; ↕ 5–20 cm; ♃.; tetraploid. VII–IX. – Felsen, Steinschutt; kalkmeidend. – *z*, Alp. – Formenreich. [subsp. *lanatum* (Lam.) Ces. p. p.] Alpen-H., ***C. alpinum*** L.

15 **(11).** Stg. u. Blätt. dicht weißfilzig; — Haare nicht verzweigt; Blüten in 5–15-blütigen Dichasien; ↕ (5–)20–40 cm; ♃. V–VII. – Gärten u. Parkanlagen, aber auch Ruderalfluren, auf Mauern u. Felsen. – Kult. u. Ne. (Heimat: S- u. SO-Eur.); verwild. u. stellenw. eingebürg., *s*. – Zierpfl. Artengruppe Filziges H., ***C. tomentosum*** agg.

a. Blätt. 10–30 mm lg.; Kelch 5–7 mm lg.; Kapsel 9–12 mm lg., ihre Zähne leicht nach außen gebogen; Samen 1,3–1,8 mm lg.; ↕ (5–)20–30 cm; ♃. V–VI(–VII). – Gärten u. Parkanlagen, Ruderalfluren, an Wegrändern, Uferböschungen, auf Mauern u. Felsen. – Kult. u. Ne. (Heimat: M- u. S-I); im ganzen Gebiet *s*, stellenw. in Einbürg. od. eingebürg., z. B. in D: BB, BW, BY, HE, MV, NI, NRW, RP, SH, SN; A; B; CH; CZ; I: Bz. – Viele Nachweise beziehen sich möglicherweise auf *C. maureri* (s. unten). – Zierpfl. Filziges H., ***C. tomentosum*** L.

— Blätt. 35–45 mm lg.; Kelch 8–10 mm lg.; Kapsel 12–14 mm lg., ihre Zähne gerade; Samen 1,8–2,3 mm lg.; ↕ 25–40 cm; ♃. V–VI. – Steingärten, aber auch in Ruderalfluren u. steinigen Stellen. – Kult. u. Ne. (Heimat: Krim); *s*, stellenw. verwild. u. meist unbest., z. B. D: BY, SN; A; CH. – Zierpfl. Marschall-H., ***C. biebersteinii*** DC.

Weitere weißfilzige Arten in Kultur u. ggf. lokal an trocken-warmen, steinigen StO verwild., wie Reinweißes H., ***C. candidissimum*** Correns (Haare sternf. verzweigt) aus Griechenland.

Auch Hybr. innerh. der Gruppe u. m. *C. arvense* s. l. Eine sich regional einbürg., weitghd. stabilisierte Sippe m. überwgd. intermediären Merkmalen ist das Maurer-H., ***C. maureri*** Schulze [*C. arvense* subsp. *arvense* × *tomentosum*], an steinigen od. sandigen, teilw. ruderalisierten StO in D: BY, RP, SN]; B; NL; wo noch?

— Stg. u. Blätt. dicht kurzhaarig, aber nicht weißfilzig, spitzenw. drüsig **16**

16. Blütenstiele z. Frzt. gerade; — Stg. oberw. drüsig; Blätt. nur am Grund bewimpert, steif, m. gekielter Mittelrippe u. umgeschlagenem Rand; ↕ 7–12 cm; ♃. VII–VIII. – Felsen, Steinrasen; auf Kalk. – Nur A: Kt (Karawanken). Julisches H., ***C. julicum*** Schellm.

— Blütenstiele z. Frzt. unterh. des Kelch gebogen; ↕ (3–)10–30 cm; ♃. IV–IX. – Feldraine, Magerrasen der Geb. – *v*. Acker-H., ***C. arvense*** L.

a. Sterile Sprosse nur wenig kürzer als die blhd.; Blätt. oberseits meist behaart; — Vorblätt. bis zur Spitze behaart; Pfl. kräftig, ↕ 10–30 cm. – Feldraine, Bahndämme. – *v*. Acker-H. (i. e. S.), subsp. ***arvense***

— Sterile Sprosse viel kürzer als die blhd.; Blätt. oberseits meist kahl .... **b**

b. Fr. kaum länger als die Kelchblätt., — diese 4–6 mm lg.; Vorblätt. bis zur Spitze behaart; ↕ 3–10 cm. – Felsen, steinige Rasen. – *v* Alp. u. Voralp., Schweizer Jura, D: BY wohl *f*. [*C. strictum* Haenke; subsp. *strictum* (W. D. J. Koch) Schinz & R. Keller, nom. illeg.] Steifes Acker-H., subsp. ***strictum*** Gaudin

— Fr. 1,5–2-mal so lg. wie die Kelchblätt. .... **c**

c. Stg. schlaff; Blätt. schmal linealisch, — leicht zurückgekrümmt, 10–40 mm lg.; Vorblätt. br. hautrandig, nur im unt. Drittel behaart; ↕ 10–30 cm. – *s*, A: OTi; CH: Gr; I: Bz? Halbstrauchiges Acker-H., subsp. ***suffruticosum*** (L.) Ces.

— Stg. steif aufr.; Blätt. lineal-lanzettl., — 10–25 mm lg.; ↕ 10–25 cm. – *z*, A: OTi, Stm, Ti? [subsp. *calcicola* (Schur) Borza; subsp. *ciliatum* (Waldst. & Kit.) Hayek] Weiches Acker-H., subsp. ***molle*** (Vill.) Arcang.

Eine im Gebiet gut kenntl. adventive Art ist das Gabel-H., ***C. dichotomum*** L. (subsp. ***dichotomum***): Pfl. aufr., verzweigt; drüsig-lg.haarig; Tragblätt. krautig; Kelch z. Frzt. unterschiedl. deutl. aufgeblasen; Kronblätt. kürzer als Kelchblätt.; Gr. 5; Kapsel groß (14 –24 mm lg.), den 7–11 mm lg. Kelch weit überragend; Kapselzähne 10, gerade, am Rand abgeflacht; ↕ 6–20 cm; ⊙. III–V? – Lückige Trockenrasen, Äcker, Bahnanlagen. – Ne. (Heimat: MMG, SW-As.); unbest., z. B. D: BB, BW, BY, HE, MV, NRW; A: Stm; B; wo noch?

Cherleria L. [incl. *Alsine* Gaertn.; *Minuartia* L. p. p.], Polstermiere, Bergmiere

Minuartia ist nach molekularen Untersuchungen (Dillenberger & Kadereit 2014, 2015; Moore & Dillenberger 2017) eindeutig polyphylet., was zur Abgrenzung mehrerer Segregatgattungen führt.

1. Kronblätt. meist fehlend, wenn vorhanden, dann grünl. od. weißl., — linealisch, kürzer als der Kelch; Blätt. dicht dachig, lineal-pfrieml., am Grund paarweise miteinander verwachsen; Pfl. kompakte Flachpolster bildend; ↕ 4–8 cm; ♃. VII–VIII. – Felsspalten, Felsschutt, Matten; vorwgd. auf Kalk u. Dolomit; 1700–3400 m. – Alp. *v*. [*A. sedoides* (L.) Kittel; *M. sedoides* (L.) Hiern] Mauerpfeffer-P., Zwergmiere, ***C. sedoides*** L.

— Kronblätt. stets vorhanden, weiß, so lg. wie od. länger als der Kelch **2**

2. Blätt. 3–8-mal so lg. wie br., stumpf, bis 10 mm lg.; — Kelchblätt. kahl; Blüten zu 1–2(–3), z. Bltzt. wenig geöffnet; Pfl. dichtrasig; ↕ 3–10 cm; ♃. VI–VIII. – Rasenbänder, Gletscherböden; 2000–3400 m. – *s*, Alp. von A: Kt, OTi, Sb, Ti; CH: Gr, Vs; I: Bz; *f* D. [*A. biflora* (L.) Wahlenb.; *M. biflora* (L.) Schinz & Thell.] Zweiblütige P., ***C. biflora*** (L.) A. J. Moore & Dillenb.

— Blätt. > 10-mal so lg. wie br., meist spitz, 5–20 mm lg. 3

3. Kelchblätt. 3-nervig, im obersten Drittel meist m. nicht od. (selten) kaum erkennbaren Seitennerven; Blütenstiele u. Kelchblätt. dicht behaart m. 0,2–0,4 mm lg., drüsigen Haaren; Samen 1,5–2 mm lg.; — Blätt. linealisch, 10–20 mm lg.; Kelchblätt. 5–7 mm lg.; ↕ 5–20 cm; ♃. VI–VIII. – Kalkfelsen – *s*, nur CH: Jura; I: Bz. [*M. capillacea* (All.) Graebn.] Haar-P., ***C. capillacea*** (All.) A. J. Moore & Dillenb.

— Kelchblätt. 3(–5)-nervig, die Seitennerven auf ganzer Länge deutl.; Blütenstiele u. Kelchblätt. dicht flaumig behaart m. 0,1–0,2 mm lg., meist drüsenlosen Haaren; Samen 0,8–1,5 mm lg.; — Blätt. linealisch, 5–12(–15) mm lg.; Kelchblätt. 4–7 mm lg.; Infl. locker dichasial, meist 3–6-blütig; Pfl. lockerrasig, reichästig, m. kurzen, dicht beblätt. sterilen Sprossen; ↕ 8–30 cm; ♃. VII–VIII. – Felsen, Felsschutt. – *s–z*, Alp. [*A. laricifolia* (L.) Crantz; *M. laricifolia* (L.) Schinz & Thell. s. l.; *C. laricifolia* (L.) Iamonico s. l.] Artengruppe Lärchennadel-P., ***C. laricifolia*** agg.

a. Kelchblätt. 4–4,4 mm lg.; Kapsel 1–1,5-mal so lg. wie die Kelchblätt.; Samen 0,8–1 mm lg. – Auf Silikat. – *s*, A: W-Ti; CH; I: Bz. [*M. laricifolia* (L.) Schinz & Thell.] Lärchennadel-P., ***C. laricifolia*** (L.) Iamonico

— Kelchblätt. 5–7 mm lg.; Kapsel 1,5–2-mal so lg. wie die Kelchblätt.; Samen 1,2–1,5 mm lg. – Auf Kalk. – *z*, nur A: NÖ, OÖ, Stm. [*M. kitaibelii* (Nyman) Pawł; *M. laricifolia* subsp. *kitaibelii* (Nyman) Mattf.; *M. langii* (G. Reuss) Holub] Karpaten-P., Kitaibel-M., ***C. langii*** (G. Reuss) A. J. Moore & Dillenb.

Corrigiola L., Hirschsprung

Pfl. blaugrün, m. zahlr. niederlgd. Seitenästen (*568/3a*); Kelchblätt. br. weißhäutig berandet, etwas länger als die Kronblätt. (*568/3b*); ↕ 1–30 cm; ⊙. V–VII. – Sandig-kiesige Uferfluren entlang von Fließgewässern, Ruderalstellen, sandige Äcker. – *s*, *f* Alp. Hirschsprung, ***C. litoralis*** L. (subsp. ***litoralis***)

Dianthus L., Nelke ⓖ

1. Platte der Kronblätt. wenigstens bis zur Mitte zerschlitzt 13

— Platte der Kronlätt. nur an der Spitze gezähnt (selten ganzrandig) 2

2. Blüten kopfig od. büschelig gehäuft; Einzelblüten sitzend od. kurz gestielt 9

— Blüten einzeln, zu zweit od. in lockeren Infl.; Einzelblüten länger gestielt 3

3. Stg. kurzhaarig; — Außenkelchblätt. 2, m. grannenart. Spitze, halb so lg. wie die Kelchröhre; Kronblätt. purpurrot, weiß punktiert u. dk. gestreift; Grundblätt. längl. spatelf., stumpf; ↕ 15–40 cm; ♃. VI–IX. – Silikatmagerrasen, Kiefernwälder, oft auf Sand. – *z*. ⓖ. Heide-N., ***D. deltoides*** L.

— Stg. kahl 4

4. Außenkelchblätt. kürzer als die halbe Kelchröhre; — Pfl. ≤ 30 cm hoch, dichtrasig, d. h. m. mehrköpfigem Rhizom u. dicht sthd. Blattrosetten 7

— Außenkelchblätt. ≈ halb so lg. wie od. länger als die Kelchröhre (wenn nur ein bis zwei Drittel so lg. wie die Kelchblätt., dann Pfl. ≥ 25 cm hoch, lockerrasig, m. dünnem, weit verzweigtem Rhizom u. einzeln sthd. Blattrosetten) 5

5. Pfl. der tieferen Lagen, 30–60 cm hoch, lockerrasig; — Blüten zu (1–)2(–3); Außenkelchblätt. am Rande trockenhäutig, ein Drittel bis fast so lg. wie die Kelchröhre; Kronblätt. im Schlund m. Kranz tiefroter Punkte; ↕ 25–60 cm; ♃. VI–VIII. – Lichte Wälder, Felshänge, Gebüsche, Magerrasen. – *z–s*. Artengruppe Busch-N., ***D. seguieri*** agg.

a. Blätt. 1–2 mm br.; Außenkelchblätt. samt kurzer Granne halb bis vier Fünftel so lg. wie die Kelchblätt.; Schlund der Krone m. einzelnen Haaren; — Blüten zu 2–8; ↕ 30–60 cm. – Gebüsche, lichte Wälder; überwgd. auf Kalk; kollin bis subalp. – *s*, CH: Gr, Ts; I: Bz. Busch-N., ***D. seguieri*** Vill. (subsp. ***seguieri***)

— Blätt. 2–5 mm br.; Außenkelchblätt. nur kurzspitzig, ein Drittel bis zwei Fünftel so lg. wie die Kelchblätt.; Schlund der Krone kahl; — Blüten zu 1–3; ↕ 25–50 cm. – Gebüsche, Säume, Magerrasen; kalkmeidend; montan. – D: *z* BB, BW, BY, SN, *s* ST, TH; *s* A: Vb; CZ (Böhmen). ⓖ. [*D. seguieri* subsp. *glaber* Čelak.] Kahle Busch-N., ***D. sylvaticus*** Willd.

— Niedrige, lockerrasige bis dicht polsterf. Pfl. der Hochalp.; — Blüten einzeln, selten zu 2–3 6

6. Blätt. lineal-lanzettl., die untersten 3–5 mm br. (ob. 1–2,5 mm br.); Kronblätt. 2-mal so lg. wie der Kelch; Außenkelch meist länger die Kelchröhre; Platte der Kronblätt. 15–18 mm lg., horizontal absthd., purpurn, am Schlund tief purpurrot u. weiß gesprenkelt; Kapsel kürzer als der Kelch; — Blätt. 15–35 mm lg.; Pfl. lockerrasig, ↕ 2–20 cm; ♃. VI–VIII. – Steinige Rasen der östl. Kalk-Alp. – *s*, A: NÖ, OÖ, N-Stm; *f* D; CH. Alpen-N., ***D. alpinus*** L.

— Blätt. linealisch, auch die untersten nur 1–2 mm br.; Kronblätt. 1,5-mal so lg. wie der Kelch; Außenkelch ≈ so lg. wie die Kelchröhre; Platte der Kronblätt. 9–10 mm lg., schräg absthd., purpurrot, kaum gefleckt; Kapsel länger als der Kelch; — Blätt. stumpf, dickl., am Rand etwas rau, 20–50 mm lg.; Außenkelchblätt. m. lg., krautiger Spitze; Pfl. dichtrasig, ↕ 1–4 cm; ♃. VII–VIII. – Rasen der Silikat-Alp.; 1800–2900 m. – *s*, A: Kt, Sb, Stm, Ti; CH: Gr; I: Bz; *f* D. Gletscher-N., ***D. glacialis*** Haenke

7 (4). Kronblätt. am Grund der Platte bärtig; — Blätt. blaugrün; Stg. meist 1-blütig; Außenkelchblätt. 4–6, höchstens ein Viertel so lg. wie die Kelchröhre; Kronblätt. hellrot; Pfl. dichtrasig bis polsterbildend; ↕ 10–25 cm; ♃. V–VI. – Kalk- u. Silikatfelsfluren, steinige Trockenrasen; meist in tieferen Lagen (bis montane Stufe). – *z–s*, D: BB, BW (Jura, Bodenseegebiet), BY (Alp.-vorland, Jura, Fichtelgeb.), N-HE, N-RP, mittl. SN (Elbe), SW-ST (Thale), S-TH; B; CH; CZ, F: Els; PL; *f* Alp.; NL; auch als Zierpfl. u. *s* verwild. u. eingebürg. (D: S-NI/Süntel; A: OÖ, Sb, Vb). ⓖ. [*D. caesius* Sm.] Grenobler N., Pfingst-N., ***D. gratianopolitanus*** Vill.

— Kronblätt. im Schlund nicht gebärtet od. gepunktet **8**

8. Blätt. ganzrandig od. nur am Grund rau, 2–10 mm br., blaugrün; — Außenkelch 4–6-blättr.; Stg. 1- bis vielblütig; Kronblätt. verschiedenfarbig; Blüten häufig gefüllt; ↕ 30–50 cm; ♃. VII–VIII. – Gartenpfl. (Heimat: S-Eur.); *s*. Land-N., Garten-N., ***D. caryophyllus*** L.

— Blätt. am Rand rau, 1–2 mm br., gras- od. meergrün; — Außenkelchblätt. 2–4, ≈ ein Viertel so lg. wie die Kelchröhre; Stg. 1–4-blütig; Kronblätt. rosa; ↕ (5–)10–30 cm; ♃. VI–VII. – Steinige Wiesen u. Felsen; bis 2800 m. – Alp. *v*. ⓖ. Stein-N., ***D. sylvestris*** Wulfen (subsp. ***sylvestris***)

9 (2). Außenkelch u. Kelch rauhaarig; Pfl. 2-j.; — Blätt. lineal-lanzettl., steif aufr.; Blüten klein; Kronblätt. purpurn, hell gepunktet; ↕ 30–60 cm; ⊙. VI–VII. – Lichte, buschige Abhänge, Waldränder. – *z*, *s* im N. ⓖ. Raue N., ***D. armeria*** L. (subsp. ***armeria***)

— Außenkelchblätt. kahl od. nur am Rand rau; Pfl. ausd. **10**

10. Infl. schirmf., dicht, m. (20–)30–50(–60) Blüten; Blätt. 5–18 mm br., lanzettl.; — Außenkelch u. Kelchzähne lg. grannenart. zugespitzt; Kronblätt. hell- bis dk.rot, am Grund oft m. weißen Punkten (als Zierpfl. auch andersfarbig od. gefüllt); ↕ (20–)30–50(–70) cm; ♃. VII–VIII. – Wälder, Wiesen. – *z*, A: Bgl, Kt, OTi, Stm, Ti; I: Bz. ⓖ. – Sonst Gartenzierpfl. od. verwild. [Incl. subsp. *compactus* (Kit.) Heuff.] Bart-N., ***D. barbatus*** L.

— Infl. nicht schirmf., ± locker gebüschelt bis kopfig, m. (1–)2–16 Blüten; Blätt. (1–)2–5(–8) mm br., linealisch bis lanzettl. **11**

11. Blattscheiden 2–4-mal so lg. wie die Spr.Breite; Außenkelchblätt. trockenhäutig, gelbbraun begrannt; — Blüten in 2–16-blütigen Köpfchen (Artengruppe Kartäuser-N. i. w. S., ***D. carthusianorum*** s. l.) **13**

— Blattscheiden kurz, ≈ so lg. wie die Spr.Breite; Außenkelchblätt. krautig od. nur am Rand trockenhäutig, oft violett **12**

12. Grundblätt. z. Bltzt. fehlend (vertrocknet); Stg.Blätt. 3–8 mm br., von der Mitte zur Spitze hin sich verschmälernd; Blüten zu 2–8 (locker) gebüschelt; — Pfl. an Stg. u. Blätt. rau; Krone (dk.) purpurn; ↕ 20–80 cm; ♃. VI–IX. – Wechselfeuchte Wiesen der Tieflagen. – *s* A: N (Marchtal). ⓖ. Hügel-N, ***D. collinus*** Waldst. & Kit. (subsp. ***collinus***)

— Grundblätt. z. Bltzt. vorhanden u. ± eine Rosette bildend; Stg.Blätt. meist 1–2 mm br., linealisch; Blüten zu (1–)2(–3) (s. auch Nr. **5**). – ⓖ. Busch-N., ***D. seguieri*** agg.

13 (11). Platte 4–6(–8) mm lg., halb so lg. wie ihr Nagel; Köpfchen (5–)8–16-blütig; Außenkelchblätt. allmähl. in kurze Granne zugespitzt; — Krone rosa; ↕ 20–60 cm; ♃. V–IX. – Trockenrasen. – *s*, A: Bgl, NÖ, OÖ; CZ. ⓖ.
Pannonische Kartäuser-N., Kleinblütige Kartäuser-N., ***D. pontederae*** A. Kern.

— Platte 5–12 mm lg., halb bis dreiviertel so lg. wie ihr Nagel; Köpfchen meist 2–10-blütig; Außenkelchblätt. m. aufgesetzter lg. Granne; ↕ (15–)20–60(–70) cm; ♃. VI–IX. – Trockenrasen, Heiden, sandige Wälder. – *v*. ⓖ. – Formenreich. [incl. subsp. *sudeticus* Kovanda]
Kartäuser-N., ***D. carthusianorum*** L.

a. Blätt. 0,5–1,3 mm br.; Infl. nur m. 1–6 Blüten; ↕ 20–30 cm. – Auf Serpentin. – A: Bgl, NÖ, Stm.
Haarblättrige Kartäuser-N., subsp. ***capillifrons*** (Borbás) Neumayer

— Blätt. meist > 2 mm br.; Blüten in 6- od. mehrblütigen Köpfchen .... **b**

b. Köpfchen meist 6-blütig; — Blätt. 2–3 mm br.; Krone rosa- bis purpurrot; ↕ 15–60(–70) cm. – *v*, *f* im NW.
Kartäuser-N. (i. e. S.), subsp. ***carthusianorum***

— Köpfchen meist > 6-blütig .... **c**

c. Blätt. 2–3 mm br., — m. kräftigen Nerven; Köpfchen meist 10-blütig; Krone dk.purpurrot; Pfl. dichtrasig, ↕ 15–35 cm. – Kalkmeidend. – *z* in Alp. von A: Sb, Ti; CH: Gr, Ts, Vs; I: Bz. [*D. vaginatus* Chaix]
Scheidige Kartäuser-N., subsp. ***vaginatus*** (Chaix) Hegi

— Blätt. 3–5 mm br.; — Köpfchen 6–15-blütig; Krone tief purpurrot; ↕ bis 60 cm. – *s* in Voralp. von A: Bgl, NÖ, OÖ, Sb, Stm; CZ. Breitblättrige Kartäuser-N., subsp. ***latifolius*** (Griseb. & Schenk) Hegi

In den weiteren Umkreis von *D. carthusianorum* (u. als solche manchmal in Saatgutblumenmischungen deklariert!) gehört auch die Große N., ***D. giganteus*** D'Urv.: Außenkelchblätt. spitz od. gleichm. lg. zugespitzt (nicht am Grund abgerundet u. plötzl. nach oben grannenart. zus.gezogen); Pfl. blaugrün, robust, (20–)40–100 cm hoch; meist m. 8–16 Blüten; Krone purpurrosa; Blätt. 3–8 mm br. – V. a. aus Böschungsansaaten verwild. (Heimat: SO-Eur., SW-As. bis Kaukasus); *s*, D: BY (Altötting, Memmingen, München), HE (Lahn-Dill), MV (Boblitz), RP, ST; A: Bgl (Parndorfer Platte), NÖ (Wienerwald), OÖ (Innviertel), Sb; B; CZ; wo noch?

14 (1). Alle Blätt. laubblattart. **16**

— Oberstes Blattpaar schuppenf. od. kurz u. starr aufr. **15**

15. Blattscheiden ≈ 2 mm lg.; Kelch 4–5-mal so lg. wie br.; Kronblätt. bis zur Mitte handf. zerschlitzt (*579/1*); Platte weiß od. rot, ungefleckt; ↕ (10–)15–25(–30) cm; ♃. IV–VII. – Felsen, steinige Hänge. – *z–s*, A; CZ; in NO-D *s* verwild. ©. – Auch als Zierpfl.
Artengruppe Feder-N., ***D. plumarius*** agg.

In die Artengruppe (Nr. **15**) ist wahrscheinl. auch das *D. hyssopifolius* agg. einzugliedern (Fischer et al. 2008), siehe Nr. **16**—.

a. Stg. stielrund, grasgrün; Blätt. von Grund an schmaler werdend, — 1–2 mm br.; Krone weiß; Stg. 2–5-blütig; ↕ 20–30 cm; ♃. VII–X. – Sandsteppen. – *s*, A: NÖ (Marchfeld). [*D. hungaricus* Pers.]
Späte Feder-N., ***D. serotinus*** Waldst. & Kit.

— Stg. ± 4-kantig, oft (Ausnahme: *D. plumarius* subsp. *hoppei*) blaugrün bereift; Blätt. oberh. der Mitte verschmälert .... **b**

b. Krone weiß; — Stg. 1-blütig. – Steppenrasen; auf Kalk. – *s*, A: NÖ (Hainburger Berge); CZ. FFH24. [*D. plumarius* subsp. *lumnitzeri* (Wiesb.) Domin] Hainburger Feder-N., Lumnitzer-Feder-N., ***D. lumnitzeri*** Wiesb.

Hierher vielleicht auch (als Unterart?) die Mährische N., ***D. moravicus*** Kovanda: Stg. 1(–3)-blütig; 4 Außenkelchblätt. angedrückt, inn. m. aufgesetzer Spitze; Kelch 17–20 mm lg. – *s*, CZ (Mähren). FFH24.

— Krone rosa od. rötl.; Stg. 1–5-blütig .... Feder-N., ***D. plumarius*** L. s. str. **c**

c. Nagel den Kelch um 5 mm überragend; — Pfl. blaugrün bereift. – Felsen. – *s*, A: OÖ; Sb, Stm. [*D. blandus* (Rchb.) Hayek] Schöne Feder-N., subsp. ***blandus*** (Rchb.) Hegi

— Nagel den Kelch nicht od. kaum überragend .... **d**

d. Pfl. grasgrün; Kelch ≈ 30 mm lg. – Felsen. – *z*, A: Kt, Stm. [*D. hoppei* Port.]
Steirische Feder-N., Hoppe-Feder-N., subsp. ***hoppei*** (Port.) Hegi

— Pfl. blaugrün; Kelch 18–23 mm lg. – Felsen. – *s*, nur A: NÖ. [*D. neilreichii* Hayek]
Mödlinger Feder-N., Neilreich-Feder-N., subsp. ***neilreichii*** (Hayek) Hegi

— Blattscheiden ≈ 1 mm lg.; Kelch 5–9-mal so lg. wie br., oben verengt; Kronblätt. bis über die Mitte eingeschnitten (*579/2*); Platte weiß, Basis grünl. u. weiß od. purpurn gebärtet; ↕ (10–)20–35(–45) cm; ♃. VI–VIII. – Kiefernwälder, Heiden, Dünen. – *s*, nur D: O-BB, O-MV; A: NÖ; CZ; PL. ©. [incl. subsp. *bohemicus* (Novák) O. Schwarz]
Sand-N., ***D. arenarius*** L. subsp. ***borussicus*** Vierh.

16 (14). Platte sehr tief u. unregelm. zerschlitzt, 15–35 mm lg.; Stg. m. 10–15 gestreckten Internodien; — Kronblätt. bleichrosa bis purpurrot; ↕ (20–)25–80(–100) cm; ♃. (V–)VI–IX(–X). – Feucht- u. Gebirgswiesen, Magerrasen, lichte Wälder. – *v*, fast im ganzen Gebiet bis in die alp. Stufe. ©. Pracht-N., ***D. superbus*** L.

Die in M-Eur. üblicherweise unterschiedenen Unterarten sind zumind. regional z. T. wenig differenziert u. stellen vielleicht nur ökologische Rassen dar.

a. Blätt. schmal linealisch, hell blaugrün bereift; Pfl. hochwüchsig, 50–80(–100) cm hoch, lockerrasig, stark verzweigt u. reich beblätt.; ♃. (V–)VI–VIII(–X). – Mäßig trockene od. wechselfrische, lichte Laubmischwälder, bes. Eichenwälder. – *s–z*, D: BW, BY, S-HE, RP, O-TH, ST; CZ; Verbr. nicht genau bekannt. [subsp. *autumnalis* Oberd.]
Spätblühende Pracht-N., subsp. ***sylvestris*** Čelak.

— Blätt. lineal-lanzettl., dk. blaugrün bereift od. grün; Pfl. 20–40(–50) cm hoch, wenig verzweigt .... **b**

b. Infl. 1- od. wenigblütig; Stg. bläul. bereift, steif aufr.; Kelch braunrot od. violett; Platte der Kronblätt. ≈ 30 mm lg., kaum bis über die Mitte gabelig in lineale Abschnitte zerschlitzt, am Grund schwarz getüpfelt; ♃. VI–VII. – Sickerfrische (Borstgras-)Rasen der (montanen bis)subalp. bis alp. Stufe der Alp. u. einzelner höh. Mittelgeb. (Vog., Sudeten: Riesengeb., Gesenke, Glatzer Schneeberg), außerh. Karpaten. – *z–s*, D: S-BY; A: Kt, OTi, Sb, Stm, Vb?; CH (*f* N-Ts, Vs); CZ; FL; F: Els; I: Bz; PL. [subsp. *speciosus* (Rchb.) Hayek] Alpen-Pracht-N., subsp. ***alpestris*** (Uechtr.) Čelak.

— Infl. vielblütig; Stg. grün, ästig, am Grund niederlgd. bis aufstgd.; Kelch grün od. purpurn; Platte der Kronblätt. ≈ 20 mm lg., bis weit über die Mitte unregelm. fiederig zerschlitzt, am Grund m. grünl. Fleck; ♃. VI–VIII. – Wechselfeuchte bis nasse Wiesen, bes. über Kalk. – *z*, *s* im NW; *f* B; I: Bz; ehem. NL.
Feuchtwiesen-Pracht-N., subsp. ***superbus***

— Platte höchstens bis zur Mitte zerschlitzt, bis 18 mm lg.; Stg. m. 3–5 gestreckten Internodien; ↕ 10–60 cm; ♃. VI–IX. – Rasen der Alp., Kalkschutt. – *s*, A: Kt, Sb, Stm; CH: Ts; I: Bz. [*D. monspessulanus* L.] Artengruppe Dolomiten-N., ***D. hyssopifolius*** agg.

a. Pfl. 10–20(–30) cm hoch; Stg.Blätt. starr; Platte 15–20 mm lg.; Blüten 1(–3); Krone rosa bis schwach purpurn. VII–VIII(–IX). – Steinige Rasen u. Kalkschutt in höh. Lagen. – *s*, A: Kt, Sb, Stm. [*D. h.* subsp. *sternbergii* (Capelli) Graebn. & Graebn. f.; *D. waldsteinii* Sternb.] Dolomiten-N., Dolomiten-Feder-N., ***D. sternbergii*** Capelli

— Pfl. meist 20–60 cm hoch; Stg.Blätt. weich; Platte 12–15 mm lg.; Blüten 2–5; Krone weiß bis rosa. VI–VIII. – Felsige Hänge, trockenwarme Gebüsche u. Wälder in tieferen Lagen. – *s*, CH: Ts; I: Bz; *f* A; in D: NRW lokal verwild. – Zierpfl. [*D. monspessulanus* L. subsp. *monspessulanus*] Montpellier-N., ***D. hyssopifolius*** L.

Dichodon (Rchb.) Rchb. [*Cerastium* L. p. p.], Spaltzahn

1. Ausd. Gebirgspfl., lockerrasig; Tragblätt., Kelch u. oft die ganze Pfl. kahl od. fast kahl (nur Stg. m. 1 Haarleiste); Stg. niederlgd., m. aufr. Ästen; Blüten 12–18 mm ∅, in 1–3-blütigen Infl.; Fr.Stiel herabgebogen; ↕ 5–15 cm; ♃. VII–VIII. – Quellfluren, Schneetälchen; Alp. von 1200 bis 3300 m. – *z–v*. [*C. cerastoides* (L.) Britton; *C. trigynum* Vill.]
Hornkraut-S., Dreigriffel-S., ***D. cerastoides*** (L.) Rchb.

— 1-j. Pfl. tieferer Lagen, nicht rasenbildend; Tragblätt u. Kelch (u. oft fast ganze Pfl.) drüsig-flaumig; Stg. aufr. od. aufstgd.; Blüten ≈ 9 mm ∅, zu 1–3 endst.; Fr.Stiele aufr.; ↕ 6–30 cm; ⊙. IV–VI. – Ufer, Wege, auf Tonböden. – *s*, D: BB, N-BW?, BY, HE, MV, NI, RP, SN, ST (Elbetal); A: Bgl, NÖ; CH (dort eingeschleppter Ne.); CZ; F: S-Els; PL. [*C. anomalum* Waldst. & Kit.; *C. dubium* (Bastard) Guépin] Klebriger S., ***D. viscidum*** (M. Bieb.) Holub

Eremogone Fenzl [*Arenaria* L. p. p.], Grassandkraut

Stg. steif aufr.; Blätt. immergrün, schmal linealisch, 30–100 mm lg., ≈ 1 mm br.; Infl. vielblütig, endst., locker; ↕ 10–40 cm; ♃. VI–VII. – Kiefernwälder. – Im Gebiet nur A: N-Bgl; früher W-PL; Ne. in D: RP. [*A. procera* Spreng.; *A. graminifolia* Schrad.; *A. biebersteinii* Schltd.; incl. *A. procera* subsp. *glabra* (N. F. Williams) Holub; *E. micradenia* (P. A. Smirn.) Ikonn.; *E. graminifolia* auct. non Fenzl]
Grassandkraut, ***E. procera*** (Spreng.) Rchb.

Facchinia Rchb. [*Alsine* sect. *Facchinia* (Rchb.) Griseb.; *Minuartia* L. p. p.], Felsenmiere, Facchinimiere

1. Kelch u. Krone 5-zählig; Staubblätt. 10; Blattspr. flach (*579/5*); Pfl. lockerrasig, kriechend, m. aufstgd. od. aufr. Stg., — oft ≥ 5 cm hoch; Kelchblätt. meist drüsig behaart; Blätt. lanzettl., bewimpert, 2,1–4,7 × 1–1,6 mm; Blüten einzeln (in den SW-Alp. außerh. des Gebiets auch paarweise); Gr. 3; Kapsel 3-spaltig, 1,6–4,3 mm lg.; ↕ (3–)4–8(–15) cm; ♃. VII–VIII. – Felsspalten u. Steinschutt (überwgd. auf Kalk) der Alp.; 1900–2800 m. – *s*, D: BY (Allgäuer Alp., Berchtesgadener Alp.); A: Kt, OTi, Sb, Ti, Vb; CH: Gr; I: Bz. [*M. rupestris* (Scop.) Schinz & Thell. subsp. *rupestris*] Felsen-F., ***F. rupestris*** (Scop.) Dillenb. & Kadereit (subsp. ***rupestris***)

— Kelchblätt. 4, Kronblätt. 4 od. fehlend; Staubblätt. 8; Blattspr. im ∅ konvex, oberseits rinnig (*579/3*); Pfl. dicht polsterf., m. dicht beblätt., säulenf. Stämmchen, — ≤ 5 cm hoch; Kelchblätt. kahl; Blätt. längl.-ellipt., kahl od. bewimpert, 1,3–2,6 × 1–1,3 mm; Blüten einzeln, ≤ 1 mm lg. gestielt; Gr. 3 (bei Einzelbüten auch selten 4); Kapsel 3- (selten 4)-spaltig, 1,8–2,7 mm lg. . . **2**

2. Blätt. bewimpert (*579/4*); Kapseln 1,8–2,3 mm lg.; Pfl. nur auf Silikat (CH); — Blätt. m. 3–5 Nerven, oft nur der Mittelnerv deutl., 1,3–2,2 × 1–1,3 mm; ↕ 2–5 cm; ♃. VII–VIII. – Felsspalten u. Steinschutt.; silikatstet. – *s*, CH: Gr, Ts, Vs. (außerh. auch ital. S-Alp.). [*M. herniarioides* (Rion)

579/1

579/2

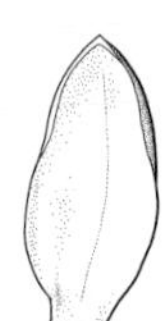
579/3

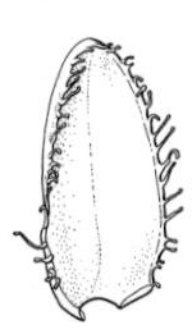
579/4

579/5

M. E. Hess; *M. cherlerioides* subsp. *rionii* (Gremli) Friedrich]
Bruchkraut-F., Rion-F., ***F. herniarioides*** (Rion) Dillenb. & Kadereit

— Blätt. kahl; Kapseln 2,4–2,7 mm lg.; Pfl. auf Kalk (nördl. u. südl. Kalk-Alp.); — Blätt. m. 3(–5) Nerven, oft nur der Mittelnerv deutl., 1,5–2,6 × 1,1–1,2 mm; ↕ 2–5 cm; ♃. VII–VIII. – Felsspalten u. Steinschutt. – Alp. [*M. cherlerioides* (Sieber) Bech.; *A. octandra* (Sieber) A. Kern.]
Polster-F., ***F. cherlerioides*** (Sieber) Dillenb. & Kadereit

a. Kronblätt. vorhanden. – *s*, nördl. Kalk-Alp., D: BY (Berchtesgadener Alp.); A: OÖ, Sb, Stm, Vb?; *f* CH. [*M. aretioides* (J. Gay) Schinz & Thell.; *M. cherlerioides* subsp. *quadrifaria* (Hoppe) Bech.]
Nördliche Polster-F., ***F. cherlerioides*** subsp. ***aretioides*** (J. Gay) Dillenb. & Kadereit

— Kronblätt. fehlend (od. nur zu einer im Kelch eingeschlossenen Schuppe reduziert?). – *s*, südl. Kalk-Alp., A: Kt, OTi (Gailtaler Alp.); I: Bz; *f* CH. [*M. cherlerioides* subsp. *cherlerioides*]
Südliche Polster-F., ***F. cherlerioides*** (Sieber) Dillenb. & Kadereit subsp. ***cherlerioides***

Gypsophila L. [excl. *Vaccaria* Wolf u. *Psammophiliella* Ikonn.], Gipskraut

Molekularsystemat. Untersuchungen (Hernández-Ledesma et al. 2015 [u. Literatur darin]; Madhani et 2018) legen es nahe, *G. muralis* (zus. m. 3 Z-asiat. Arten) zu *Psammophiliella* zu stellen.

1. Infl. kahl 4

— Infl. drüsig behaart 2

2. Blüten dicht schirmf. gedrängt; ↕ 15–40 cm; ♃. VI–VIII. – Auf Sand- u. Gipsböden. – *z*, D: NO-D, Mainzer Becken, O-SN, ST, TH; A: NÖ; CZ; PL. ⓖ. – Formenreich (die Unterarten wohl nur schwach differenziert). Büschel-G., ***G. fastigiata*** L.

a. Samen m. kurzen, stumpfen Papillen. – Im größten Teil des Areals. Büschel-G. (i. e. S.), subsp. ***fastigiata***

— Samen m. lg., kegelf. Papillen. – Im pannon. Teil des Areals; A: NÖ (Lassee/Marchfeld); CZ; in D: RP adventiv. [*G. arenaria* Waldst. & Kit.] Sand-Büschel-G., subsp. ***arenaria*** (Waldst. & Kit.) Domin

— Infl. locker 3

3. Blätt. > 10 mm br.; Krone ≈ 10 mm ∅; Kronblätt. unterseits hell lilarosa, oberseits weiß; — Blütenstiele am Grund drüsig; Kronblätt. ausgerandet; ↕ 50–180 cm; ♃. VI–IX. – Ruderalstellen, salztolerant, u. a. auf Rückstandshalden des Kali-Bergbaus. – Ne. (Heimat: Kaukasus); *s* verwild. u. eingebürg., D: BB, Oberrhein, SN, ST, TH; A: NÖ. – Zierpfl.
Schwarzwurzelblättriges G., ***G. scorzonerifolia*** Ser.

— Blätt. < 10 mm br.; Krone ≈ 4 mm ∅; Kronblätt. beiderseits weiß ***G. paniculata*** L., s. Nr. **5**—

4 (1). Blätt. > 10 mm br., eif., — stg.umfassend; Krone 5 mm ∅; Kronblätt. abgerundet od. gestutzt, unterseits purpurlila, oberseits hell lilarosa; Pfl. gelbgrün, unten drüsig, oberw. kahl, ↕ 30–100 cm; ♃. VII–IX. – Ruderalstellen. – Ne. (Heimat: SO-Eur., W-As.), eingeschleppt; *s*, z. B. D: BB, BW, HE, NI, SN, ST, TH. Stängelumfassendes G., ***G. perfoliata*** L.

— Blätt. schmaler; Kronblätt. weiß, seltener blassrosa 5

5. Stg. kriechend od. aufstgd., kahl; Pfl. rasenbildend, m. sterilen Trieben; Blüten in lockeren Dichasien; Staubblätt. kürzer als die Krone; — Pfl. blaugrün; ↕ 8–25 cm; ♃. V–VIII. – Steinschutt u. Felsen, Geröllfluren der Alp.flüsse, Halbtrockenrasen; kalkstet. – Kalk-Alp. u. Vorland *v*, sonst *s* in D: S-Harz, früher BW. Kriechendes G., ***G. repens*** L.

— Stg. aufr., unt. kurzhaarig, ob. kahl; Pfl. stets nur m. blhd. Trieben; Blüten in reichverzweigten Rispen m. dichasialen Endverzweigungen; Staubblätt. länger als die Krone; — Kronblätt. vorn abgerundet; Blätt. lanzettl., scharf zugespitzt; ↕ 50–90 cm; ♃. VI–IX. – Sandtrockenrasen. – *s*; wild in A: NÖ; CZ (Mähren); oft angepfl. u. *s* verwild., z. B. D: MV; I: Bz.
Schleierkraut, Rispiges G., ***G. paniculata*** L.

Heliosperma (Rchb.) Rchb. [*Silene* L. p. p.], Strahlensame

1. Blütentriebe seitenst.; Nagel bewimpert; unterste Stg.Glieder m. 2 Haarleisten; — Kapsel den Kelch weit überragend; ↕ 10–30 cm; ♃. VI–VIII. – Feuchter Felsschutt u. steinige Bachfluren der Alp. u. Voralp.; nur auf Karbonatgestein; 1200–2200 m. – *v* in A (*f* Vb); I: Bz?; *f* D. [*S. alpestris* Jacq.] Großer S., ***H. alpestre*** (Jacq.) Griseb.

— Blütentriebe endst.; Nagel kahl; auch unterste Stg.Glieder ohne Haarleisten (***H. pusillum*** s. l.) 2

2. Stg. dicht u. lg. weiß-wollig behaart; ↕ 10–20(–25) cm; ♃. V–VII. – Felsen, Höhleneingänge, unter Felsüberhängen; auf Kalk. – *s*, A: Kt, OTi, Stm; I: Bz. [*S. veselskyi* (Janka) Neumayer; incl. subsp. *widderi* Kofol.-Sel. & Wraber u. subsp. *heufleri* (Nyman) Neumayer]
Wolliger S., ***H. veselskyi*** Janka s. l.

— Stg. kahl od. etwas flaumig behaart **3**

3. Kronblätt. weiß; Kelchblätt. 3,5–5,5 mm lg.; mind. 3 Kelchzähne abgerundet, höchstens randl. purpurn überlaufen; ↕ 8–16 cm; ♃. VI–IX. – Felsen, Quellfluren. – *v* Kalk-Alp., *s* Voralp. [*S. quadridentata* auct.; *S. quadrifida* Jacq. non L.; *S. pusilla* Waldst. & Kit.]
Kleiner S., ***H. pusillum*** (Waldst. & Kit.) Rchb.

— Kronblätt. rosa; Kelchblätt. 5,5–6,5 mm lg.; höchstens 2 Kelchzähne abgerundet, meist ganz purpurn überlaufen; — Kelch m. sehr kurzen Drüsenhaaren; ↕ 17–25 cm; ♃. VII–IX. – Quellfluren, Bäche; meist auf Silikatgestein. – *z*, A: Kt, Sb, Ti; genaue Verbr. noch nicht bekannt. [*S. pudibunda* Hoffmanns.] Rosaroter S., ***H. pudibundum*** (Hoffmanns.) Griseb.

Herniaria L., Bruchkraut

1. Ganze Pfl. (m. Ausnahme des Stg.) kahl, frisch- bis gelbgrün; Fr. länger als die Kelchblätt. (*581/1*); ↔ 5–30 cm; ⊙–♃. VII–X. – Wege, Sandrasen, Pflasterfugen, Bahnanlagen; kalkmeidend. – *v*. Kahles B., ***H. glabra*** L.

— Ganze Pfl. ± steifhaarig, meist graugrün; Fr. von den Kelchblätt. eingeschlossen **2**

2. Kelchblätt. borstig-stachelspitzig (*581/2*); Blütenknäuel ≈ 10-blütig; ↔ 5–20 cm; ⊙–♃. VII–IX. – Sandäcker, Sandrasen. – *z*, bes. Rheintal, *s* im N. Behaartes B., ***H. hirsuta*** L.

— Kelchblätt. ohne Stachelspitze; Blütenknäuel 3–6-blütig **3**

3. Kelchblätt. m. lg. (stachelspitzig-)borstigen Haaren; Blätt. 6–10 mm lg., lanzettl.; Stg. reich verzweigt, bisw. aufstgd.; — Blütenknäuel bis 6-blütig; ↔ 5–20 cm; ♃. VII–X. – Ruderale Trockenrasen. – In D Ne. (Heimat: S-Eur. u. SW-As.), eingeschleppt; *s* NW-BY (Schweinfurt); A: NÖ (Hainburger Berge, ehem. [?] Wien u. Marchfeld); CZ. Graues B., ***H. incana*** Lam.

— Kelchblätt. m. kurzen, zerstr. sthd. Borstenhaaren; Blätt. 2–5 mm lg., eif.; Pfl. dichtrasig bis polsterf.; — Blütenknäuel 3-blütig; ↔ 5–20 cm; ♃. VII–VIII. – Steinschutt u. Moränen der Z-Alp.; 1900–3000 m. – A: *s* OTi, Ti, früher Vb; *s* CH: Gr, Ts, Vs; I: Bz. Alpen-B., ***H. alpina*** Chaix.

Holosteum L., Spurre

Kronblätt. gezähnelt (*581/3a*); Stg. 3–25 cm lg., spitzenw. drüsig (Lupe!); Fr.Stiele anfangs abw. gekrümmt (*581/3b*), später wieder aufr.; ↕ 5–25 cm; ⊙. III–V. – Sandfelder, Dünen, Trockenrasen. – *v*, *s* Alp. – Formenreich. Dolden-S., ***H. umbellatum*** L.

Honckenya Ehrh., Salzmiere

Pfl. gelbgrün; Stg. fleischig, niederlgd.–aufr., an den Knoten wurzelnd (*568/2*); Blüten in gedrängten Infl.; Kronblätt. weiß; ↕ 10–30 cm; ♃. VI–VII. – Meeresstrand, Küstendünen. – Nord- u. Ostsee, einschließl. Inseln; *z*. [*Arenaria peploides* L.; *Minuartia peploides* (L.) Hiern]
Gewöhnliche S., ***H. peploides*** (L.) Ehrh. (subsp. ***peploides***)

581/1

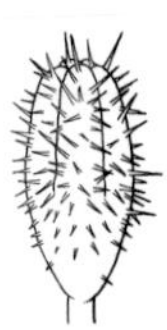

581/2

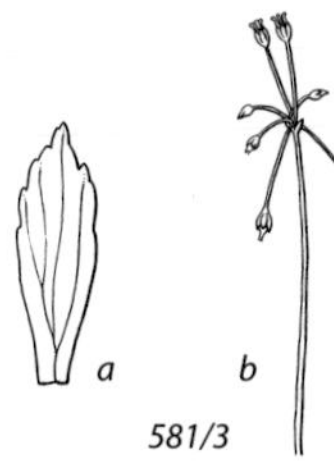

581/3

581/4

Illecebrum L., Knorpelmiere, Knorpelblume

Stg. niederlgd.; Blätt. verkehrt eif., kahl; Blüten zu 4–6 in blattachselst., knäueligen Wickeln (*581/4*); ↕ 5–25 cm; ⊙. VII–IX. – Sandäcker, sandige Ufer, wechselfeuchte sandig-kiesige Ruderalstellen; kalkmeidend. – *z–s*. Quirl-K., ***I. verticillatum*** L.

Lepyrodiclis Fenzl, Blasenmiere

Pfl. drüsig behaart, habituell an *Stellaria holostea* erinnernd, niederlgd. bis aufstgd.; Blüten 5-zählig; Kelchblätt. am Grund kurz miteinander verwachsen, außen drüsig behaart; Kronblätt. an der Spitze schwach, aber deutl. ausgerandet; Staubblätt. 10; Gr. 2, starr; Kapsel sich m. 2 Klappen öffnend, jede 2 Samen enthaltend; ↕ 40–100 cm; ⊙. V–VI. – Äcker, häufig in Gesellschaft von *Trifolium resupinatum*. – Ne. (Heimat: SW-As. bis Himalaja), eingeschleppt, unbest.; *s*, D: z. B. BW, BY, HE, O-Westf., RP, SN, ST; A: Stm; B. Blasenmiere, ***L. holosteoides*** (C. A. Mey.) Fisch. & C. A. Mey.

Lychnis L. [*Silene* L. s. l. p. p.; excl. *Viscaria* Bernh.], Lichtnelke

1. Blüten an der Spitze der meist unverzweigten Stg. in dichten, traubig-kopfigen Infl.; Kronblätt. 2-spaltig **3**

— Blüten in rispenf. Infl. od. einzeln in lockeren, gabeligen Scheindolden; Kronblätt. 4-spaltig od. höchstens seicht ausgerandet **2**

2. Kronblätt. tief 4-spaltig (*582/1*), m. ungleichen, schmal linealischen Zipfeln, hellrot, 16–25 mm lg.; Pfl. kahl od. spärl. behaart, etwas rau; Blätt. lineal-lanzettl.; Kelch 6–10 mm lg., kahl, gleichm. 10-rippig; ↕ 30–80 cm; ♃. V–VIII. – Nasse Wiesen, Moore. – *v*. [*S. flos-cuculi* (L.) Clairv.] Kuckucks-L., ***L. flos-cuculi*** L. (subsp. ***flos-cuculi***)

— Kronblätt. ungeteilt, abgerundet od. seicht ausgerandet (*582/2*), leuchtend dk.rot, selten weiß, 20–35 mm lg.; Pfl. dicht zottig-graufilzig behaart, oft verzweigt; Blätt. eif. lanzettl.; Kelch 15–18(–20) mm lg., ungleich 5–10-rippig; — Blütenstiele 2–14 cm lg.; ↕ 30–120 cm; ♃. VI–IX. – Wälder, Böschungen. – *s* einheim., A?; CH: Ts, Vs; I: Bz; meist kult. u. Ne. (Heimat: SO-Eur., Anatolien bis Himalaja); *s* verwild., z. B.: D; B; NL. – Gartenzierpfl. [*S. coronaria* (L.) Clairv.] Kronen-L., ***L. coronaria*** (L.) Desr.

3. Infl. m. 20–50 Blüten; Stg. rauhaarig; Grundblätt. eif., Stg.Blätt. m. herzf. Grund; Kelch 14–18 mm lg.; Kronblätt. ≈ 15 mm lg., leuchtend orange, scharlach- od. feuerrot; ↕ 30–100 cm; ♃. VI–VII. – Siedlungsnahe Ruderalstellen u. Gebüsche. – Überwgd. kult. (Heimat: O-Eur. bis NW-China); *s* lokal verwild. – Gartenzierpfl. [*S. chalcedonica* (L.) Krause] Brennende Liebe, Scharlach-L., ***L. chalcedonica*** L.

— Infl. m. 4–10 Blüten; Pfl. dicht wollig-weißfilzig; Blätt. alle spatelf. lanzettl.; Kelch 11–13 mm lg.; Kronblätt. 20–30 mm lg., hellpurpurn; — Nebenkrone 3 mm hoch; ↕ 20–90 cm; ♃. VI–VII. – Lärchenwälder; 1100–2000 m. – *s*, S-CH u. SG; I: Bz. [*S. flos-jovis* (L.) Clairv.] Jupiter-L., ***L. flos-jovis*** (L.) Desr.

582/1

582/2

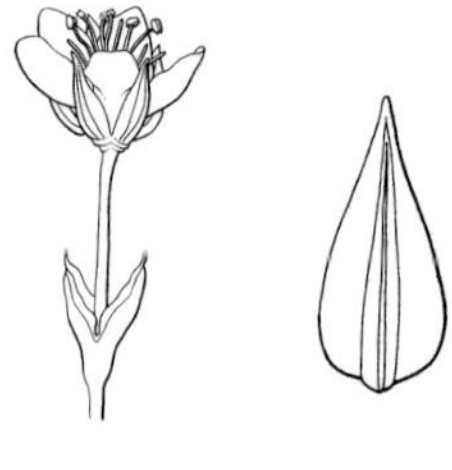

582/3

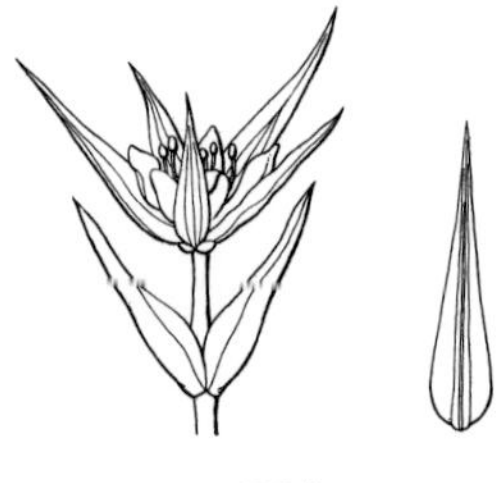

582/4

Minuartia L. [incl. *Alsine* Gaertn. p. p.; excl. *Cherleria* L.; *Facchinia* Rchb.; *Sabulina* Rchb.], Miere, Meirich

Minuartia ist nach molekularen Untersuchungen (Dillenberger & Kadereit 2014) eindeutig polyphylet., was zur Abgrenzung mehrerer Segregatgattungen führt.

1. Infl. locker, dichasial verzweigt; Blütenstiele 2–4-mal so lg. wie der Kelch; Kronblätt. etwas länger als die Kelchblätt.; — Stg. zahlr., aufstgd., Rasen bildend, m. sterilen Sprossen; ↕ 5–20 cm; ♃. V–VIII. – Trockenrasen, Kalkfelsen; nur bis 400 m aufstgd. – D: *s* BY (Donau-, Naab-, Altmühltal), früher BW (Kaiserstuhl); *s* A: Bgl, NÖ, OÖ?, Stm, Ti?; CZ. – Formenreich. [*A. setacea* (Thuill.) Mert. & W. D. J. Koch] Borsten-M., ***M. setacea*** (Thuill.) Hayek

— Infl. büschelig gedrängt; Blütenstiele kürzer als der Kelch, nur die der gabelst. Blüten höchstens bis doppelt so lg. wie der Kelch; Kronblätt. kürzer als die Kelchblätt. **2**

2. Kronblätt. höchstens halb so lg. wie die Kelchblätt.; Kelchblätt. lg. zugespitzt, — 4–6 mm lg.; Blüten büschelig-doldenart. gehäuft; Pfl. m. einzelnen, kahlen Stg., aufr., ohne nichtblhd. Sprosse; ↕ 8–25 cm; ⊙–⊙. VII–VIII. – Trockenrasen; bis 2000 m. – *s*, D: BW (Breisgau), BY, RP; A: NÖ, Bgl, NÖ; CZ; F: Els; I: Bz. [*A. fasciculata* auct.; *M. fastigiata* (Sm.) Rchb.; *M. mucronata* (L.) Schinz & Thell.] Büschel-M., ***M. rubra*** (Scop.) McNeill

— Kronblätt. nur wenig kürzer als die Kelchblätt.; Kelchblätt. schmal lanzettl., — 3,5–5,5 mm lg.; Pfl. kompakt, rasenbildend, m. nichtblhd. Sprossen; ↕ 5–15 cm; ♃. VI–VIII. – Felsspalten, Steinschutt; bis 2800 m. – *s*, Alp. von CH: Gr, Vs; I: Bz. [*M. mutabilis* (Lapeyr.) Bech.] Schnabel-M., ***M. rostrata*** (Pers.) Rchb.

Moehringia L., Nabelmiere

1. Blüten 4-zählig; Staubblätt. 8; — Stg. dünn, sparrig verzweigt; Blätt. fädl., bis 35 mm lg., 0,5–1 mm br.; ↕ 5–20 cm; ♃. V–IX. – Schattige, feuchte Stellen, Felsen u. Steinschutt; auf Kalk. – Alp. u. Vorland, Böhmw., Fichtelgeb., *z–s*. Moos-N., ***M. muscosa*** L.

— Blüten 5-zählig; Staubblätt. 10 .... **2**

2. Unt. Stg.Blatt. lanzettl. bis eif., — zum Grund hin verschmälert **5**

— Blätt. alle linealisch bis lineal-lanzettl. **3**

3. Pfl. grün; Blütenstiele 10–15 mm lg.; — Blüten meist zu 1–2; Blätt. nadelart., 5–10 mm lg., am Grund meist kurz bewimpert; reife Kapsel um ein Drittel länger als der Kelch; ↕ 5–20 cm; ♃. VI–VIII. – Feuchte Gesteinsfluren, Felsen, auch als Alpenschwemmling; bis 3200 m. – Kalk-Alp.; *v*. [*M. polygonoides* (Scop.) Dalla Torre] Bewimperte N., Wimper-N., ***M. ciliata*** (Scop.) Dalla Torre

— Pfl. blaugrün; Blütenstiele 10–30 mm lg.; — Blätt. kahl **4**

4. Blätt. 1–1,5 mm ∅, stark fleischig, nervenlos, am Ende ± flach; Kelchblätt. 3–4 mm lg.; Kronblätt. deutl. länger als der Kelch (bis doppelt so lg. wie der Kelch); — mittl. u. ob. Stg.Blätt. 10–20(–30) mm lg.; Blüten meist zu 2–5; reife Kapsel so lg. wie od. wenig länger als der Kelch; Pfl. lgd. od. hgd.; ↔/↕ 5–20 cm; ♃. VI–VIII. – Senkr. od. überhgd. Kalkfelsen. – *s*, nur A: Stm; I: Bz. Steirische N., ***M. bavarica*** (L.) Gren. (subsp. ***bavarica***)

— Blätt. 0,3–0,6 mm ∅, etwas fleischig, deutl. 1-nervig, am Ende nicht abgeflacht; Kelchblätt. 2,5–3 mm lg.; Kronblätt. nur wenig länger als der Kelch; — mittl. u. ob. Stg.Blätt. 10–15 mm lg.; Blüten zu 1–3; reife Kapsel so lg. wie der Kelch; Pfl. dicht rasenf.; ↕ 5–15 cm; ♃. V–VII. – Schattige senkr. od. überhgd. Kalkfelsen. – *s*, nur I: Bz (Pustertal, Gadertal). Graugrüne N., ***M. glaucovirens*** Bertol.

5 (2). Pfl. kahl; Kronblätt. so lg. wie der Kelch; unt. Blätt. eif., ob. lanzettl.; ↕ 10–30 cm; ⊙–⊙. VI–VII. – Felsspalten, Steinschutt, nur auf Silikat. – *s*, A: Steirisches Randgeb. vom Rennfeld bis südl. Koralpe (Kt, Stm). Verschiedenblättrige N., ***M. diversifolia*** W. D. J. Koch

— Pfl. behaart; Kronblätt. ein Drittel bis halb so lg. wie der Kelch; alle Blätt. eif.; ↕ 10–30 cm; ⊙–♃. V–VII. – Wälder, Gebüsch. – *v*. Dreinervige N., ***M. trinervia*** (L.) Clairv. (subsp. ***trinervia***)

Moenchia Ehrh., Weißmiere

1. Pfl. 3–10 cm hoch; Blüten 4-zählig; Kelchblätt. 3–4 mm lg.; Kronblätt. höchstens so lg. wie der Kelch (meist kürzer); Kapsel 8-zähnig; — Blätt. bis 12 mm lg., z. Bltz. meist vorhanden; Infl. m. 1–4(–8) Blüten; Kronblätt. weiß; ↕ (1–)3–10(–15) cm; ⊙. IV–V. – Sandrasen, Brachäcker; kalkmeidend; kollin. – *s*, D: BB, HE, NRW, RP, ST, TH, ehem. od. nur unbest. BW, BY, NI, NRW, SH, SN; *s* B; NL; PL; ehem. CZ; *f* Alp.; A. Aufrechte W., ***M. erecta*** (L.) G. Gaertn. et al. (subsp. ***erecta***)

— Pfl. 10–30 cm hoch; Blüten 5-zählig; Kelchblätt. 6–10 mm lg.; Kronblätt. länger als der Kelch; Kapsel 10-zähnig (genauer: 5 2-spaltige Zähne); — Blätt. bis 30 mm lg., z. Bltz. oft fehlend; Infl. m. 3–9 Blüten; Kronblätt. weiß, rosa od. hellblau; ↕ 10–30(–40) cm; ⊙. V–VI. – Weiden, trockene od. wechselfeuchte Magerwiesen; kollin. – *s*, A: Bgl, Stm; CH: Gr, SG; in D in BW, BY, RP, SN stellenw. unbest.; Hauptverbr.: MMG. Fünfzählige W., ***M. mantica*** (L.) Bartl.

Die Blaue Weißmiere, subsp. ***caerulea*** (Boiss.) A. R. Clapham, von Hand et al. (2020) für D angeben, unterscheidet sich durch die Farbe der Kronblätt. (rosa, hellblau) u. längere, den Kelch überragende Kapseln von der Nominatrasse (subsp. ***mantica***; Kelchblätt. weiß; Kapseln ≈ so lg. wie der Kelch). – Ruderale Trockenrasen. – Ne. (Heimat: MMG); sehr *s* u. unbest., D: BW; A: Bgl? – Taxonom. Wert umstritten.

Petrorhagia (Ser.) Link [incl. *Tunica* auct.; *Kohlrauschia* Kunth], Nelkenköpfchen, Felsennelke

1. Blüten zu mehreren in endst., von trockenhäutiger Hochblatthülle umgebener köpfchenart. Infl. (*568/6*); Stg. aufr., meist einfach, kahl; Kelch röhrenf., 9–13 mm lg.; — Kronblätt. hellpurpurrosa, m. 1 dunkleren Nerv, klein; ↕ (15–)30–40 cm; ⊙. VI–X. – Trockenrasen, sandige Hügel. – *z*, *s*–*f* im NW. [*T. prolifera* (L.) Scop.; *K. prolifera* (L.) Kunth] Nelkenköpfchen, Sprossende F., ***P. prolifera*** (L.) P. W. Ball & Heywood

— Blüten einzeln u. deutl. gestielt in lockerer, rispenart. Infl.; Stg. niederlgd. bis aufstgd., reichästig; Kelch glockenf., 4–6 mm lg.; — Kelch m. fein zugespitzten Außenkelchblätt. (*567/1, AK*); Kronblätt. hellpurpurrosa bis weißl., m. 3 dunkleren Nerven; ↕ 10–25(–35) cm; ♃. VI–IX. – Steinige Abhänge, Trockenrasen, Flusskies. – *z* in Alp., Voralp., Schweizer Jura. – Auch Zierpfl. u. verwild. [*T. saxifraga* (L.) Scop.] Steinbrech-F., ***P. saxifraga*** (L.) Link

Polycarpon L., Nagelkraut

Pfl. kahl, vielstängelig; Blätt. verkehrt eif., in 4-zähligen Quirlen; Blüten in reich verzweigten Dichasien; ↕ 5–15 cm; ⊙. VII–IX. – Sandige Wegränder, Pflasterfugen. – Ne. (Heimat: MMG), eingeschleppt; *s*, D: z. B. BW, BY, HE, MV, NI, NRW, RP, ST, TH; A: Ti; NÖ (Mödling, Wien); B; CH: Ts; I: Bz; NL; früher CZ; in Ausbr. Gewöhnliches N., ***P. tetraphyllum*** (L.) L. (subsp. ***tetraphyllum***)

Psammophiliella Ikonn. [*Gypsophila* L. p. p.; *Psammophila* Ikonn., nom. illeg., non Schult.], Sandgipskraut

Pfl. faserwurzelig; Blätt. linealisch, blaugrün; Blüten in lockeren Dichasien; Tragblätt. vorhanden; Kelch m. häutigen Kommissuren (d. h. Kelchblätt über ein Häutchen miteinander verbunden); Kronblätt. rosa, m. dk. Nerven, ausgerandet od. gekerbt; Narbe auf der Innenseite des Gr. herablfd.; Kapsel längl., sich m. 4 Zähne öffnend; ↕ 4–25(–40) cm; ⊙. VI–X. – Sandige Äcker, Brachen, Weg- u. Uferränder; kalkmeidend. – *z*, *s* im N, W u. DK. [*G. muralis* L.] Mauer-S., Acker-Gipskraut, ***P. muralis*** (L.) Ikonn.

Pseudostellaria Pax, Knollenmiere

Pfl. m. Wurzelknollen; Blätt. sitzend, ellipt. bis lanzettl.; Blüten zu 1–3, 9–13 mm ⌀; Kelchblätt. 4–7 mm lg.; Kronblätt. weniger als zur Hälfte gespalten; ↕ 5–15 cm; ♃. IV–V. – Feuchte Erlenwälder. – *z*, nur A: Kt, Stm; CH: Ts. [*Stellaria bulbosa* Wulfen] Europäische K., ***P. europaea*** Schaeftl.

Sabulina Rchb. [incl. *Alsine* Gaertn. p. p.; *Minuartia* L. p. p.], Sändling

Minuartia ist nach molekularen Untersuchungen (Dillenberger & Kadereit 2014, 2015; Moore & Dillenberger 2017) eindeutig polyphylet., was zur Abgrenzung mehrerer Segregatgattungen führt. – Da sich die Segregate morpholog. teilw. weniger eindeutig charakterisieren lassen als molekular, sind im Schlüssel entsprechende Querverweise eingebaut.

1. Blätt. linealisch od. pfrieml. 2

— Blätt. rundl. eif., eilanzettl. od. lanzettl.; — niedrige, z.T. polsterbildende Alpenpfl. m. nur 1 Blüte pro Stg. .... ***Facchinia***, 579

2. Kronblätt. stets vorhanden, weiß 3

— Kronblätt. meist fehlend (wenn vorhanden, dann kürzer als der Kelch) ***Cherleria sedoides***, 575

3. Kelchblätt. knorpelig od. trockenhäutig, weißl., m. 1–2 grünen Mittelstreifen ***Minuartia*** s. str., 583

— Kelchblätt. grün od. nur am Rand trockenhäutig 4

4. Kronblätt. so lg. wie od. länger als der Kelch 6

— Kronblätt. halb so lg. wie der Kelch; — Pfl. 1-j. 5

5. Kelchblätt. schmal lanzettl., 2–2,5(–3) mm lg., so lg. wie od. länger als die Kapsel; Kapsel 2(–3) mm lg.; Stg. vom Grund an dichtästig, — drüsig behaart; ↕ 3–10 cm; ⊙. V–VII. – Sandäcker, Kiefernwälder, Trockenrasen. – *s*, D: NRW, SH, ST; A: NÖ; CH: Vs; CZ; in D sonst verschwunden. [*A. viscosa* Schreb.; *M. viscosa* (Schreb.) Schinz & Thell.] Klebriger S., ***S. viscosa*** Rchb.

— Kelchblätt. eif. lanzettl., 3–4 mm lg., kürzer als die Kapsel; Kapsel 3,8–4,8 mm lg.; Stg. vom Grund an lockerrasig, — meist kahl od. drüsig behaart, steif aufr.; ↕ 7–20 cm; ⊙. V–VII. – Sandäcker, Magerrasen, Bahngelände. – *z–s*, Alp. u. im N *f*. [*M. hybrida* (Vill.) Schischkin; *S. hybrida* (Vill.) Fourr.] Schmalblättriger S., Zarter S., ***S. tenuifolia*** (L.) Rchb.

a. Pfl. kahl; Kelchblätt. eif.-lanzettl., spitz, seitl. Nerven gekrümmt; Kapsel eif.-zylindr. – *z*, *f* D: S- u. O-BY. [*A. tenuifolia* (L.) Crantz; *M. tenuifolia* (L.) Hiern; *M. hybrida* subsp. *tenuifolia* (L.) Kerguélen] Eigentliche Schmalblättrige S., subsp. ***tenuifolia***

— Pfl. v. a. im Bereich der Infl. drüsig behaart; Kelchblätt. lineal-lanzettl., sehr spitz, seitl. Nerven parallel zum mittl.; Kapsel schmal zylindr. – *s*, D. BW, NO- u. SW-BY, RP; A: Sb, Vb; CH; I: Bz. [*M. hybrida* (Vill.) Schischkin subsp. *hybrida*] Bastard-S., subsp. ***hybrida*** (Vill.) Dillenb.

Ähnl. ist der Mittelmeer-S., ***S. mediterranea*** Rchb. [*M. mediterranea* (Link) K. Malý], aber Infl. sehr dichtblütig; ob. Blütenstiele deutl. kürzer als der Kelch, teilw. fehlend; Kronblätt. weniger als halb so lg. wie der Kelch; Staubbeutel häufig reduziert. – D: SW-BW (Schutterwald); B (Gent); CH (Lausanne); I: Bz; *f* A.

6 (4). Blätt. unterseits deutl. 3-nervig od. 5–7-nervig (wenigstens getrocknet) 8

— Blätt. nervenlos od. 1-nervig, sehr schmal 7

7. Blütenstiele auffallend verläng., 15–35 mm lg.; — Blüten meist zu 3; Pfl. dichtrasig, kahl, im Habitus an *Sagina* erinnernd, ↕ 5–20 cm; ♃. VI–VIII. – Hochmoore. – Sehr *s* in D: BY (Alp.Vorland). [*A. stricta* Wahlenb.; *M. stricta* (Sw.) Hiern] Steifer S., ***S. stricta*** (Sw.) Rchb.

— Blütenstiele kurz, ± 5 mm lg., ≈ so lg. wie der Kelch .... ***Cherleria***, 575

8. (6). Kronblätt. 1,5 bis 2-mal so lg. wie der Kelch, — am Rand keilf. verschmälert; Stg. 1–2-blütig, aus niederlgd., schwach verholztem Grund aufstgd.; Kapsel länger als der 3-nervige Kelch; Pfl. lockerrasig; ↕ 8–20 cm; ♃. VI–VIII. – Felsen u. Felsschutt der Kalk-Alp.; 1400–2400 m. – *z* O-Alp., D: BY (Karwendel, Wettersteingeb.); A (*f* Vb); I: Bz; *f* in CH. [*A. austriaca* (Jacq.) Wahlenb.; *M. austriaca* (Jacq.) Hayek] Österreichischer S., ***S. austriaca*** Rchb.

— Kronblätt. so lg. wie od. wenig länger als der Kelch 9

9. Kelchblätt. 3-nervig; Nerven scharf begrenzt; — Blütenstg. aufr. od. aufstgd.; Pfl. kahl od. meist drüsenhaarig; ↕ (2–)5–15 cm; ♃. V–VIII. – Steinige Rasen, Felsen, Feinschutt, Flussgeröll. – *v* Alp., *z* Jura, *s* auf Schwermetallböden in D: NI, Westf., ST, TH; B; A; CZ. Formenreich. [*A. verna* (L.) Bartl. s. l.; *S. verna* Rchb. s. l.; incl. *M. corcontica* Dvořaková] Artengruppe Frühlings-S., ***S. verna*** agg.

a. Pfl. ± lockerrasig, am Grund m. ± zahlr., deutl. achselst. Blattbüscheln; Blätt. fein, schmal pfrieml., m. 3 nahe beieinander lgd. Nerven; Infl. (6–)10–20(–30)-blütig; Kelchblätt. (2,5–)3–3,5(–4) mm, lanzettl.; Samen 0,4–0,6(–0,7) mm br. – Meist auf kalkarmem Substrat u. schwermetallhaltigen Bergbauhalden, Dolomit. – *s–z*, D: BY (Jura), NI, Westf., ST, TH; B; in den Alp. nur Tieflagen; A: Bgl, Kt, NÖ, Stm; CH?; CZ; I: Bz. [*M. caespitosa* (Willd.) Degen; *M. verna* subsp. *hercynica* (Willk.) O. Schwarz; *S. verna* subsp. *hercynica* (Willk.) Dillenb. & Kadereit; *M. verna* subsp. *collina* (Neilr.) Domin; *M. glaucina* Dvořaková; *S. glaucina* (Dvořaková) Dillenb. & Kadereit; *M. smejkalii* Dvořaková; *M. verna* (L.) Hiern subsp. *verna*] Frühlings-S., ***S. verna*** Rchb. (subsp. ***verna***)

586/1

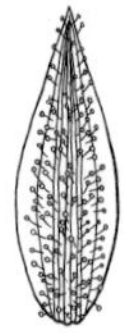

586/2

586/3

— Achselst. Blattbüschel undeutl. od. fehlend; Blätt. gröber, ± linealisch-flach, etwas fleischig, die 3 Nerven ± deutl. getrennt; Infl. 1–5(–7)-blütig; Kelchblätt. 3,5–4,5(–5) mm, lanzettl. eif. (*586/3*); Samen (0,5–)0,7–1 mm br. – Meist auf Silikat, *s* auf Kalk. – *z–v*, höh. Lagen der Alp., D: S-BY; A: Kt, NÖ; OÖ, Sb, Stm, Ti; CH; I: Bz; PL. [*M. verna* subsp. *gerardii* (Willd.) Graebn.; *M. gerardii* (Willd.) Hayek; *S. verna* subsp. *gerardii* (Willd.) Dillenb.]
Alpen-S., ***S. gerardii*** (Willd.) Rchb.

Die Gliederung der *S. verna*-Artengruppe bleibt kontrovers. Dickoré (2012) folgend werden nur 2 mitteleur. Sippen unterschieden, im Gegensatz zu 4 bei Dvořaková (1990) u. 3 bei Dillenberger & Kadereit (2014) u. Jäger (2017).

— Kelchblätt. 5–7-nervig; Nerven undeutl. begrenzt; — Stg. am Grund verholzt; Blätt. meist sichelf. nach einer Seite gekrümmt; Pfl. dichtrasig bis polsterbildend; ↕ 2–20 cm; ♃. VII–VIII. – Moränenschutt, grusige Stellen der Silikat-Alp.; kalkmeidend, 1700–3500 m. – *z*, A: Kt, OTi, Ti, Vb; CH; I: Bz. [*A. recurva* (All.) Wahlenb.; *M. recurva* (All.) Schinz & Thell.]
Krummblatt-S., ***S. recurva*** Rchb.

Sagina L., Mastkraut

1. Kelch- u. Kronblätt. 5 4
— Kelch- u. Kronblätt. 4, — letztere oft hinfällig u. kürzer als der 4-blättr. Kelch 2
2. Zwei äuß. Kelchblätt. m. kleiner, aufgesetzter Stachelspitze (*587/1a*); Blätt. lg. stachelspitzig (*587/1b*); Samen m. gerundeten od. spitzen Papillen; ↕ 3–10 cm; ⊙. V–IX. – Äcker, zw. Pflasterfugen. – *z*. Artengruppe Wimper-M., Kronloses M., ***S. apetala*** agg.
   a. Kelchblätt. von reifer Kapsel sternf. absthd. (*587/1a*). – Siedlungen, Pflasterfugen. – *z–v*. [*S. apetala* subsp. *erecta* F. Herm.; incl. *S. leiosperma* (Thell.) Bomble; *S. apetala* var. *leiosperma* Thell.]
   Aufrechtes M., ***S. micropetala*** Rauschert
   Die Abgrenzung einer glattsamigen Sippe (*S. leiosperma* (Thell.) Bomble (Samen m. gerundeten Papillen; beschrieben aus dem Aachener Raum) gegenüber einer Sippe m. spitzpapillösen Samen erscheint nach derzeitigem Kenntnisstand wenig belastbar.
   — Kelchblätt. der reifen Kapsel angedrückt. – Sandtrockenrasen, Teichschlammflächen, seltener Siedlungsflächen. – *s–z*. [*S. ciliata* Fr.] Wimper-M., ***S. apetala*** Ard.
— Alle Kelchblätt. stumpf; Blätt. kurz stachelspitzig 3
3. Kelchblätt. an der Spitze kapuzenf. zus.gezogen, nicht stachelspitzig; Fr.Stiele aufr.; Kronblätt. sehr klein od. fehlend; Pfl. meist aufr., ohne zentrale Rosette; ↕ 5–7 cm; ⊙. V–VIII. – Dünen u. Salzwiesen der Küstengebiete. – *z*. [*S. densa* Jord.; *S. stricta* Fr.] Strand-M., ***S. maritima*** Don
— Kelchblätt. br. eif., nicht kapuzenf. zus.gezogen; Blütenstiele postfloral hakig zurückgekrümmt, später wieder aufr.; Pfl. niederlgd. od. aufstgd., m. zentraler Blattrosette; ↕ 2–15 cm; ♃. V–IX. – Feuchte Äcker, Wegränder, Pflasterfugen. – *v*. – Formenreich.
Niederliegendes M., ***S. procumbens*** L.
4 (1). Kronblätt. so lg. wie od. nur wenig länger als der Kelch 6
— Kronblätt. doppelt so lg. wie der Kelch 5
5. Blätt. im Bereich der Infl. nur 1–2 mm lg., unt. Stg.Blätt. 5–25 mm lg.; — ob. Blattachseln m. Blattbüscheln; Blätt. kahl; Stg. kahl od. m. einzelnen Drüsenhaaren, niederlgd. bis aufstgd.; ↕ 5–15 cm; ♃. VI–VIII. – Moorwiesen, Gräben, Heiden. – *s*, *z* im N.
Knotiges M., ***S. nodosa*** (L.) Fenzl (subsp. ***nodosa***)
— Alle Blätt. nahezu gleich lg., 4–10 mm lg.; — Stg. u. Blätt. kahl; Stg. fast stets kriechend, am Grund wurzelnd; Blüten einzeln, blattachselst., 5–10 mm ∅; ↕ 1–10 cm; ♃. VII–VIII. – Rasen, Weiden, bes. in der Krummholzstufe. – *s*, Alp. von CH: Gr, Vs; *f* A.
Kahles M., ***S. glabra*** (Willd.) Fenzl
6 (4). Blätt. drüsig bewimpert, m. 1,5 mm lg. Stachelspitze; Kapsel kaum länger als der oft drüsige Kelch; Pfl. dichtrasig, ↕ 1–10 cm; ♃. VI–VIII. – Offene Sandböden. – D: *s* BB (Berlin), MV,

RP (Saarland), SH, SN, früher BY, NI, TH; *s* A: Bgl, NÖ; CH: Ts; CZ; DK; I: Bz; PL; früher NL. – Als „Sternmoos" oft angepfl. [*S. subulata* (Sw.) C. Presl, nom. illeg.]
Pfriemen-M., ***S. alexandrae*** Iamonico

— Blätt. kahl, m. bis 0,3 mm lg. Stachelspitze; Kapsel doppelt so lg. wie der meist kahle Kelch; Pfl. polster- u. rasenbildend, ↕ 1–10 cm; ♃. V. – Feuchte Felsspalten, Steinschutt. – Alp., Voralp. u. Mittelgeb., *z*. – Formenreich. [*S. linnaei* C. Presl; incl. S. *saginoides* subsp. *macrocarpa* (Rchb.) Soó]
Alpen-M., ***S. saginoides*** (L.) Karst.

Vgl. Norman-M., ***S. × normaniana*** Lagerh. [*S. procumbens × S. saginoides*; *S. scotica* (Druce) Druce]: Ähnl. *S. procumbens*, aber dichte u. breitere Rasen bildend; Blüten klein, überwgd. 5-zählig, m. 4-zähligen gemischt; Fr. häufig verkümmert; ↕ 3–15 cm; ♃. VI–VIII. – Bergwiesen, meist von 1000–1500 m, im Ötztal bis 3000 m; kalkmeidend. – Im Verbr.Gebiet von *S. saginoides* vorkommend, *s*, D: SN (Erzgeb.; b. Klingenthal, ob noch?); BW?; A: Stm, N-Ti; CZ. – Auch Zierpfl.

Saponaria L., Seifenkraut

1. Kronblätt. hellgelb; — Blätt. lineal-lanzettl., ≈ 2 mm br.; Platte der Kronblätt. 3–4 mm lg.; Infl. kopfig; Pfl. aufr.; ↕ 5–10 cm; ♃. VII–VIII. – Alp. Rasen. – Nur CH: Ts (Basodino, Nufenen).
Gelbes S., ***S. lutea*** L.

— Kronblätt. rot, rosa od. weiß **2**

2. Stg. 1-blütig, kurz; — Kelch aufgeblasen; Krone 20–25 mm ∅, lebhaft rot; Pfl. dichtrasig bis polsterbildend, ↕ 3–5 cm; ♃. VIII–IX. Matten u. Felsfluren. – *z*, Silikat-Alp. (meist 1700–2600 m) von A: Kt, Sb, Stm, Ti; I: Bz; *f* D; CH. [*S. pumilio* (L.) A. Braun] Niedriges S., ***S. pumila*** Janch.

— Stg. mehrblütig, verläng. **3**

3. Kelch 17–25 mm lg.; Kronblätt. 30–40 mm lg., blassrosa bis weiß; Blüten in dichten Dichasien; Stg. aufr., fein flaumig od. kahl, — Ausläufer bildend; ↕ 30–70 cm; ♃. VI–IX. – Flussauen (ursprüngl. StO?), Straßenränder, Ruderalstellen. – *v–z*. – Auch Zierpfl.; schwach giftig!
Gebräuchliches S., ***S. officinalis*** L.

— Kelch 7–12 mm lg.; Kronblätt. 12–18 mm lg., lebhaft rot; Blüten in lockeren Dichasien; Stg. niederlgd. bis aufstgd., kurz drüsenhaarig; ↕ 10–25 cm; ♃. IV–X. – Felsige Abhänge, Steinschutthalden; auf Kalk. – *z*, bes. Alp. – Auch Zierpfl. Rotes S., ***S. ocymoides*** L.

Scleranthus L., Knäuel

„Scheinfr." bezieht sich auf die Fr. samt Perigon.

1. Perigonzipfel stumpf, 0,3–0,5 br. weiß berandet, — z. Frzt. zus.neigend; ↕ 5–15 cm; ♃. V–IX. – Kalkfreie Felsfluren, Dünen, Wege. – *z*. Ausdauernder K., ***S. perennis*** L.

— Perigonzipfel spitz, schmal (bis 0,2 mm br.) häutig berandet; ↕ 3–20 cm; ☉. IV–X. – Äcker, Wege, Erdanrisse. – *v*. Artengruppe Einjähriger K., ***S. annuus*** agg.

a. Reife Scheinfr. 3,2–5,3 mm lg.; Perigonzipfel spreizend (*587/2*); ↕ 5–20 cm. V–X. – Äcker, Wege. – *v*. [*S. annuus* subsp. *annuus*]
Einjähriger K., ***S. annuus*** L.

— Reife Scheinfr. 1,5–3,8 mm lg.; Perigonzipfel gerade od. etwas einw. gekrümmt (*587/3*, *587/4*) .... **b**

b. Perigonzipfel gleich lg. (*587/3*); Scheinfr. 2,2–3,8 mm lg.; Pfl. grasgrün; ↕ (2–)3–19(–17) cm. IV–IX. – Wege, Erdanrisse, kalkmeidend. – *z*, *s* im N. [*S. alpestris* Hayek.; S. *annuus* subsp. *polycarpos* (L.) Bonnier & Layens]
Triften-K., Wilder K., ***S. polycarpos*** L.

— Perigonzipfel ungleich lg., die 3 längeren einw. gebogen (*587/4*); Scheinfr. 1,5–2,2 mm lg.; Pfl. gelbgrün; ↕ 3–8(–12) cm. VI–VII. – Trockenrasen, Erdanrisse, auf Kalk. – *s*, D: HE, ST, TH; A: Bgl, NÖ, Stm; CH: Gr, Vs; früher CZ. [S. *collinus* Opiz; *S. annuus* subsp. *collinus* (Hornung) Schübl. & G. Martens; *S. annuus* subsp. *verticillatus* (Tausch) Arcang.]
Quirl-K., Hügel-K., ***S. verticillatus*** Tausch

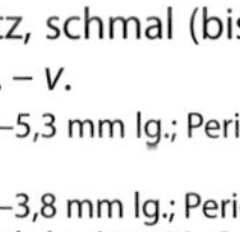

a *b*

587/1

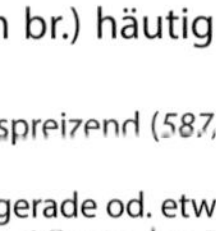

587/2

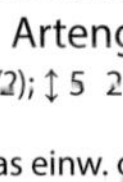

587/3

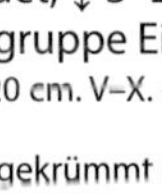

587/4

Silene L. [incl. *Melandrium* Roehl., Lichtnelke, u. *Cucubalus* L., Taubenkropf; excl. *Atocion* Adans., *Lychnis* L. u. *Viscaria* Bernh.], Leimkraut

1. Kelch zuerst glockig, später aufgeblasen u. dann breiter als lg., auch schüsself. offen; Fr. kugelig, beerenart., glzd., schwarz; — Pfl. stark verzweigt, klimmend; Blätt. eif. längl., zugespitzt; Krone weiß; ↕ 60–120(–200) cm; ♃. VII–IX. – Flusstäler, Auenwaldgebüsche, Waldsäume; kollin. – *z*, im N nur Oder- u. Elbetal; A: Bgl, Kt, OÖ, NÖ; B; CZ; PL; *s* S-CH; F: Els; I: Bz; NL. – Schwach giftig! [*C. baccifer* L.] Taubenkropf, Hühnerbiss, ***S. baccifera*** (L.) Durande

— Kelch walzl., länger als br. od. eif. aufgeblasen, aber nicht breiter als lg. u. schüsself. offen; Fr. eine Kapsel **2**

2. Niedrige Polsterpfl., 1–3(–4) cm hoch; Blüten einzeln; — Kronblätt. rosa; Blätt. linealisch; ♃. VI–IX. – Steinige Magerrasen der Alp.; 1200–3500 m. Stängelloses L., ***S. acaulis*** (L.) Jacq.

a. Blütenstiele verläng., 10–30 mm lg., nicht geflüg.; Blüten deshalb deutl. gestielt, dk.rosa; Kapsel ellipt., länger als der 5–8 mm lg. Kelch; — Blätt. 5–12 mm lg., aufr.-absthd.; Kelch am Grund plötzl. verschmälert. – Kalkstet. – Alp. *v*. Hohes Stängelloses L., subsp. ***longiscapa*** Vierh.

— Blütenstg. sehr kurz, 1–5 mm lg., etwas geflüg.; Blüten deshalb fast sitzend, hellrosa; Kapsel kugelig, kaum länger als der 3–5 mm lg. Kelch; — Blätt. 4–6 mm lg., aufr.; Kelch am Grund allmähl. od. plötzl. verschmälert. – Kalkmeidend. – *z* Alp., *f* D. [*S. exscapa* All.] Silikat-L., Kiesel-L., subsp. ***exscapa*** (All.) Vierh.

— Pfl. höherwüchsig; Stg. mehrblütig **3**

3. Alle Blüten ⚥; — Gr. stets 3 .... **7**

— Blüten eingeschl.; — Gr. 3 od. 5 .... **4**

4. Gr. 3; Kronblätt. 25 mm lg., ungeteilt, ohne Nebenkrone, gelbl. od. grünl.; — Staubblätt. weit aus der Krone herausragend **6**

— Gr. 5 od. Blüten nur m. Staubblätt.; Kronblätt. 15–30 mm lg., 2-spaltig, m. Nebenkrone, weiß od rot **5**

5. Kronblätt. weiß, selten hellrosa, 25–30 mm lg.; Kelchblätt. 15–30 mm lg.; Kelchzähne schmal 3-eckig; Blüten sich (zumind. an sonnigen Tagen) meist erst nachmittags öffnend, stark duftend; — Kelch aufgeblasen; Stg. spitzenw. lg. drüsig, weichhaarig; ↕ (30–)50–100 cm; ⊙–⊙. VI–IX. – Straßendämme, Äcker, Ruderalstellen. – *v*. [*M. album* (Mill.) Garcke; *S. alba* (Mill.) E. H. L. Krause] Weiße Lichtnelke, ***S. latifolia*** Poir.

a. Kelchzähne zugespitzt, später nach außen gekrümmt. – *s*, A: Ti; auch Ne., z. B.: D: BB, NI, TH; Hauptverbr.: MMG. – Trennung der Unterarten aber fragl. [*S. alba* subsp. *divaricata* (Rchb.) Walters] Breitblättrige L., subsp. ***latifolia***

— Kelchzähne stumpf, auch später aufr. – *v*. [*S. alba* (Mill.) Krause subsp. *alba*] Weiße L. (i. e. S.), subsp. ***alba*** (Mill.) Greuter & Burdet

— Kronblätt. rot (rosa, hellpurpurn), 18–25 mm lg.; Kelchblätt. 10–15 mm lg.; Kelchzähne br. 3-eckig; Blüten am Tage geöffnet, geruchlos; — Kapselzähne zurückgerollt; Pfl. dicht weichhaarig, z. T. drüsig, ↕ 30–90 cm; ⊙–♃. IV–IX. – Wiesen, Laubwälder, Kahlschläge. – *v*. [*M. rubrum* (Weigel) Garcke; *M. silvestre* (Hoppe) Roehl.; *M. dioicum* (L.) Coss. & Germ.] Rote Lichtnelke, ***S. dioica*** (L.) Clairv.

6 (4). Kelch kahl, 3–4 mm lg.; Blütenstiele kahl; Kronblätt. 3–4 mm lg.; Kapsel 3,5–6 mm lg., eif.; ↕ 20–60 cm; ⊙–♃. V–VIII. – Trockenrasen, Kiefernwälder, oft auf Sand. – *z*. – Formenreich. [incl. *S. pseudotites* Rchb. u. subsp. *hungarica* Wrigley] Ohrlöffel-L., ***S. otites*** (L.) Wibel

— Kelch behaart, 2–3 mm lg.; Blütenstiele dicht kraushaarig; Kronblätt. 2–3 mm lg.; Kapsel 2–3 mm lg., kugelig; ↕ 30–60 cm; ⊙–♃. V–IX. – Kiefernwälder, Sanddünen. – *s*, PL; CZ?; Hauptverbr.: O-Eur., Z-As. bis China. [*S. otites* subsp. *parviflora* (Ehrh.) Schmalhausen] Kleinblütiges L., ***S. borysthenica*** (Gruner) Walters

7 (3). Kelch 10-nervig, nicht aufgeblasen **10**

— Kelch 20–30-nervig, ± aufgeblasen, zuw. netznervig **8**

8. Pfl. ausd.; Kelch 20-nervig, bleich; — Krone weiß, selten rosa, meist ohne Nebenkrone; ↕ 10–70(–100) cm; ♃. VI–IX. – Trockene Wiesen, Raine, Wege, Kiesflächen. – *v*. – Formenreich. [*S. cucubalus* Wibel; *S. inflata* Sm.] Taubenkropf-L., ***S. vulgaris*** (Moench) Garcke

a. Pfl. 30–100 cm hoch; — Infl. 5–20-blütig .... e

— Pfl. 10–30 cm hoch; — Infl. 1–7-blütig .... b

b. Blätt. eif. bis rundl.; — Kronblätt. meist ohne Nebenkrone; Stg. niederlgd., 1–3-blütig; Blätt. bis 30 mm lg.; Pfl. rasenbildend. – *s*, CH: Gr, Ts, Vs. Alpen-L., subsp. ***prostrata*** (Gaudin) Schinz & Thell.

— Blätt. schmal lanzettl. od. lanzettl. c

c. Hochblätt. trockenhäutig; Kronblätt. ohne Nebenkrone. – Pfl. nur auf Schwermetallböden. – *s*, D; F: Els. [subsp. *humilis* (Schubert) Rauschert; die Sippe ist taxonom. umstritten; oft nicht akzeptiert] Galmei-L., var. ***humilis*** Schubert

— Hochblätt. krautig; Kronblätt. m. Nebenkrone; — Kapselzähne absthd. od. zurückgekrümmt .... **d**

d. Kelch 16–20 mm lg.; Blüten meist einzeln (selten bis zu 4). – Kiesstrand od. Felsen in Jütland (DK); *s*. [*S. uniflora* Roth; *S. maritima* With.] Strand-L., subsp. ***maritima*** (With.) Á. Löve & D. Löve

— Kelch 12–15 mm lg.; Blüten zu (1–)3–7. – Steinschuttfluren, Schotterterrassen entlang der Alp.Flüsse. – *z*, Alp. Steinschutt-L., subsp. ***glareosa*** (Jord.) Marsden-Jones & Turrill

e (a). Stg.Blätt. linealisch od. lanzettl. bis eif., am Grund verschmälert; Kronblätt. meist ohne Nebenkrone. – *v*. Taubenkropf-L. (i. e. S.), subsp. ***vulgaris***

— Stg.Blätt. längl.-eif., 4–9 cm lg. u. 2–4 cm br., am Grund abgerundet od. herzf.; Kronblätt. m. Nebenkrone; Stg.-Basis oft verholzt. – Bergwiesen. – *s*, A; CZ; in D: Ne. in BB (Berlin), SH (Helgoland). [subsp. *antelopum* (Vest) Hayek p. p.; subsp. *bosniaca* (G. Beck) Janch.] Gämsen-L., subsp. ***commutata*** (Guss.) Hayek

— Pfl. 1-j.; Kelch 30-nervig, grün; — Krone rosa **9**

9. Kronblätt. tief ausgerandet; Kelch 10–15(–18) mm lg.; Kapsel 7–12 mm lg.; Blätt. rosettig gehäuft; — Kronblätt. m. Nebenkrone; ↕ 10–40 cm; ⊙. VI–VII. – Sandrasen, sandige Äcker. – *s* im Rheintal u. Nebentälern, Mainzer Becken; A: Bgl, NÖ; B; CZ; L; NL; PL; sonst stellenw. (z. B. O- u. N-D) eingebürg. Kegel-L., Kegelfrüchtiges L., ***S. conica*** L.

— Kronblätt. kaum ausgerandet; Kelch 15–28(–30) mm lg.; Kapsel 12–18 mm lg.; Blätt. nicht rosettig gehäuft; ↕ 20–60 cm; ⊙. VI–VII. – Äcker, Grünbrachen, Kleefelder, bes. m. *Trifolium resupinatum*-Ansaaten. – Ne. (Heimat: S-Eur. u. SW-As.), eingeschleppt; sehr *s* bis *s* u. unbest. D: BW, BY, MV, NI, NRW, RP, SN, TH; A: Bgl; OÖ, NÖ; Stm. Kugel-L., Großkegelfrüchtiges L., ***S. conoidea*** L.

10 (7). Nebenkrone vorhanden **15**

— Nebenkrone fehlend **11**

11. Stg. klebrig-zottig behaart od. m. klebrigen Ringen **13**

— Stg. kahl od. kurz flaumig behaart, nicht klebrig; — Stg.Blätt. lineal-lanzettl. **12**

12. Stg. fast od. ganz kahl, am Grund verholzt, ohne Rosettentriebe; Stg.Blätt. in 12–16 Paaren; Kapselstiel (in der Blüte) ein Viertel bis halb so lg. wie die Kapsel; — Kelch 9–13 mm lg.; Kronblätt. weiß od. grünl.weiß, meist kahl; Blüten in aufr. Scheintrauben, beim Aufblühen nickend; Blätt. fein gezähnt (Lupe!); ↕ 30–60 cm; ♃. VII–IX. – Sandige Flussufer. – *s*, nur im O, Oder-, Weichsel-, Memelgebiet; in D nur O-BB. Tataren-L., ***S. tatarica*** (L.) Pers.

— Stg. kurz flaumhaarig, am Grund m. dicht sthd. Rosettentrieben; Stg.Blätt. in 6–8 Paaren; Kapselstiel (in der Blüte) ≈ so lg. wie die Kapsel; — Kelch 11–15 mm lg.; Kronblätt. weiß, 12–15 mm lg., kahl od. kurz kraushaarig; ↕ 30–90 cm; ♃. VI–VII. – Wechselfeuchte Wiesen. – Nur A: Bgl, früher NÖ. Vielblütiges L., ***S. multiflora*** (Ehrh.) Pers.

13 (11). Pfl. in allen Teilen dicht drüsig u. klebrig; — Stg. oft unverzweigt, aufr.; Kronblätt. milchweiß, 18–28 mm lg.; Blätt. ungleich gekerbt od. gezähnt, am Rand wellig; ↕ 30–70 cm; ⊙. V–VI. – Sandtrockenrasen; kalkmeidend. – D: *s* Rügen, früher BB, ST; *s* A: Bgl, NÖ; CZ; DK. [*M. viscasum* (L.) Čelak.] Klebriges L., ***S. viscosa*** (L.) Pers.

— Stg. nur im ob. Teil drüsig-klebrig, sonst kurzhaarig-flaumig od. kahl; Blätt. nicht klebrig ... **14**

14. Stg. im unt. Teil kahl, im ob. Teil klebrig; Blätt. kahl; Kronblätt. weiß, rosa od. grünl., 20–29 mm lg.; Kelch kahl, — 8–31 mm lg.; Kapsel 10–15 mm lg.; ↕ 20–40 cm; ♃. VII. – Steppenrasen, Ackerraine. – *s*, nur CZ. [*S. longiflora* Ehrh.] Langblütiges L., ***S. bupleuroides*** L.

— Stg. im unt. Teil behaart; Blätt. dicht kurzhaarig; Kronblätt. oberseits weiß, unterseits m. grauen od. hellvioletten Nerven, 13–20 mm lg.; Kelch kurz behaart, — 14–22 mm lg.; Kapsel 8–11 mm lg.; ↕ 30–80 cm; ⊙–♃. V–VIII. – Trockenrasen, lichte Wälder. Artengruppe Italienisches L., ***S. italica*** agg.

a. Pfl. m. sterilen Laubtrieben; Rispe locker; Nagel der Kronblätt. meist wimperig behaart; ↕ 30–60 cm; ♃. – *s*, A: Ti?; CH: Jura; I: Bz; in D: BY teilw. eingebürg. Italienisches L., ***S. italica*** (L.) Pers.

— Pfl. ohne sterile Laubtriebe; Rispe dicht; Nagel der Kronblätt. meist kahl; ↕ 60–80 cm; ⊙. – *s*, D: Rheintal, SN; A; CZ; I: Bz. [*S. italica* subsp. *nemoralis* Waldst. & Kit.) Nyman] Hain-L., ***S. nemoralis*** Waldst. & Kit.

15 (10). Kronblätt. (zumind. oberseits) weiß, rosa od. rot **17**

— Kronblätt. gelbl.grün od. grünl.weiß **16**

16. Kelch 9–12 mm lg.; Kronblätt. gelbl.grün; Blätt. schmal linealisch, < 10 mm br.; Pfl. kahl; ↕ 30–60 cm; ♃. VII–VIII. – Kiefernwälder. – D: *s* BB, früher MV, SN; *s* PL. Heide-L., ***S. chlorantha*** (Willd.) Ehrh.

— Kelch 15–20 mm lg.; Kronblätt. grünl.weiß; Blätt. br. eif.; Pfl. behaart; ↕ 50–100 cm; ♃. VI–VII. – Flaumeichenwälder. – Sehr *s*, A: S-Stm. Grünblütiges L., ***S. viridiflora*** L.

17 (15). Kelch > 7 mm lg. **19**

— Kelch 3–7 mm lg. **18**

18. Stg. nicht klebrig; Kronblätt. an der Spitze ausgerandet, — weiß, selten rosa; Pfl. blaugrün, kahl .... ***Atocion rupestre***, 572

— Stg. oben klebrig; Kronblätt. an der Spitze 2-, 4- od. 6-zähnig .... ***Heliosperma***, 580

19 (17). Kronblätt. an der Spitze abgerundet bis kurz ausgerandet, — rosa od. rot, selten weiß **24**

— Kronblätt. tief 2-spaltig, — weiß od. blassrosa **20**

20. Pfl. ausd., m. nichtblhd. Trieben **22**

— Pfl. 1-j., am Grund ohne nichtblhd. Rosetten **21**

21. Stg. behaart, nicht drüsig; Blüten in wiederholt verzweigten Dichasien, Dichasialäste in einseitswendige Wickel überghd.; — Grundblätt. längl. lanzettl., kurz gestielt, dicht kraushaarig; ↕ 30–70 cm; ⊙. VII–VIII. – Kleeäcker, Wegränder. – Ne. (Heimat: SO-Eur. bis SW-As.), eingeschleppt u. stellenw. eingebürg., *s*. Gabelästiges L., ***S. dichotoma*** Ehrh.

— Stg. oberw. klebrig-drüsenhaarig; Blüten in wenig verzweigten Dichasien; — Blüten sich erst gegen Abend öffnend; Krone bleichrosa bis weiß; ↕ 15–40 cm; ⊙. VII–IX. – Lehm- u. Kalkäcker. – *z*, in S-D *v*. [*M. noctiflorum* (L.) Fr.] Nacht-L., Acker-L., ***S. noctiflora*** L.

22 (20). Stg. m. > 3 Blüten; — Infl. m. mehreren Stockwerken; Blüten nachts geöffnet; Krone dann nicht eingerollt, weiß; ↕ 25–100 cm; ♃. VI–VIII. – Waldränder, lichte Wälder, Felsen, Magerrasen. – *v*, *s* im NW. Nickendes L., ***S. nutans*** L.

a. Infl. allseitswendig; Blüten aufr. od. waagr.; Kronblätt. innen gelbl.weiß; Kapsel 9–15 mm lg. – *s*, nur CH: Ts; I: Bz. [*S. insubrica* Gaudin; *S. livida* auct.] Insubrisches L., subsp. ***insubrica*** (Gaudin) Soldano

— Infl. einseitswendig; Blüten nickend; Kronblätt. innen weiß; Kapsel 7–10 mm lg. – *v*. Nickendes L. (i. e. S.), subsp. ***nutans***

— Stg. 1–3-blütig; — Pfl. 5–40 cm hoch **23**

23. Kelch 18–28 mm lg., drüsig; Kronblätt. rosa, unterseits rot, 28–35 mm lg.; Blätt. 4–12 mm br.; ↕ 5–20 cm; ♄. VII–VIII. – Fels- u. Schuttfluren; meist auf kalkarmem Boden. – *s*, nur CH: Vs. Walliser L., ***S. vallesia*** L.

— Kelch 8–15 mm lg., kahl; Kronblätt. weiß, unterseits rötl. od. grünl., 12–20 mm lg.; Blätt. linealisch, ≤ 3 mm br.; ↕ 10–40 cm; ♄. VI–VIII. – Kalkfelsen, steinige Abhänge; submontan bis subalp. – *z*, Alp., *f* in D (Hauptverbr.: S-europ. Geb.). Artengruppe Steinbrech-L., ***S. saxifraga*** agg.

a. Nägel der Kronblätt. den Kelch nur wenig überragend; Kapsel zumind. am Grund vom Kelch eingeschlossen. – *z*, A: Kt, OTi; I: Bz. Steinbrech-L., ***S. saxifraga*** L.

— Nägel der Kronblätt. den Kelch weit überragend; Kapsel ganz aus dem Kelch herausragend. – *s*, A: S-Kt, OTi; I: Bz. [*S. s.* subsp. *hayekiana* Hand.-Mazz. & Janch.) Graebn.] Karst-L., ***S. hayekiana*** Hand.-Mazz. & Janch.

24 (19). Blüten in traubenähnl., häufig einseitswendigen Wickeln (*568/5*, E = Endblüten); — Kelch ≤ 10 mm lg., in der Mitte am breitesten, dicht rau- u. drüsenhaarig; Kronblätt. ganzrandig, gezähnelt od. etwas ausgerandet; Stg. oberw. drüsig; ↕ 10–45 cm; ⊙. VI–VII. – Äcker. – *s*, bes. im W u. S. Französisches L., ***S. gallica*** L.

— Blüten in dichten Scheindolden od. wenigblütigen Dichasien **25**

25. Die meisten Blütenstiele viel kürzer als der Kelch; Blüten in dichten Scheindolden ***Atocion armeria***, 572

— Blütenstiele länger als der Kelch; Blüten in wenigblütigen Dichasien; — ehem. Begleitflora der Leinäcker **26**

26. Stg. nur an der Basis behaart, sonst kahl, spitzenw. klebrig geringelt; Blütenstiele viel länger als der Kelch; Kelch zw. den Rippen nervenlos, grün; Kelchzähne spitz, br. weißrandig; — Kronblätt. rosarot, meist 2-lappig, selten ausgerandet; Blätt. hellgrün; ↕ 10–70 cm; ⊙. VI–VII. – Leinäcker. – Ne. (Heimat: MMG), eingeschleppt; sehr *s*. Kreta-L., ***S. cretica*** L.

— Gesamter Stg. kurzflaumig; Blütenstiele meist kürzer als der Kelch; Kelch m. Nerven zw. den Rippen, grünl.weiß; Kelchzähne stumpf; — Kronblätt. ausgerandet, hellrosarot, am Grund m. 3 purpurroten Streifen u. kleiner Nebenkrone; Stg.Blätt. lineal-lanzettl., an den Nerven kurzhaarig-flaumig; ↕ 30–60 cm; ⊙. VI–IX. – Leinfelder u. Äcker. – Im Leinbau entstanden, wohl (fast?) überall ausgestorben u. nur noch in Erhaltungskulturen; früher D: BW, BY; A: Kt, NÖ, OÖ, Stm. Flachs-L., ***S. linicola*** C. C. Gmel.

Spergula L., Spark

1. Samen fast kugelig, schmal (0,2 mm br.) geflüg. (*591/1*); Blätt. umgerollt, daher unterseits m. Längsfurche, — oberseits gewölbt; Kronblätt. weiß od. rosa, nicht od. etwas länger als der Kelch; ↕ 10–100 cm; ⊙. VI–X. – Sandige Äcker, Wege; planar bis montan (bis subalp.). – Im ganzen Gebiet *v*. – Auch als Futterpfl. Feld-S., ***S. arvensis*** L.

Im Gebiet mind. 4 schwer zu unterscheidende u. nicht allgemein akzeptierte u. in den verschied. Floren unterschiedl. abgegrenzte Unterarten; manchmal werden auch nur die Sippen m. papillösen u. glatten Samen gegeneinander differenziert u. die größersamigen Pfl. jeweils als Kulturformen innerh. einer weit gefassten subsp. *arvensis* (s. l.) u. einer subsp. *sativa* (s. l.) zugeordnet.

a. Samen glatt od. fein punktiert (Lupe!) c
— Samen m. deutl., weißen od. braunen Papillen .... b
b. Pfl. ≤ 50 cm hoch; Samen (0,7–)0,8–1,3(–1,4) mm ∅; — Pfl. meist ± reichästig, oft drüsig behaart, seltener kahl; ↕ 10–30(–50) cm. – Äcker, sandige Ruderalstellen. – Verbr. wie Art. Acker-S., subsp. ***arvensis***
— Pfl. > 50 cm hoch, kräftig; Samen (1,3–)1,6–2,1(–2,8) mm ∅; — Pfl. wenig verzweigt, kahl od. etwas drüsig behaart; ↕ 50–100 cm. – Feuchte Äcker, Gärten, auch kult. (Futterpfl.; in Kultur entstanden?). – D: HE?, MV, NRW, RP, SH?, SN; A; B?; CZ. Großer Acker-S., subsp. ***maxima*** (Weihe)
c **(a).** Samen fein punktiert, — 0,8–1,5(–3) mm ∅; — Pfl. meist stark verzweigt, meist kahl; Stg. dick; Blätt. fleischig. – Im N kult., meist unbest.; *s*. – D: BY, HE?, MV, SN; A; B; CZ; PL. Saat-S., subsp. ***sativa*** (Boenn.) Ces.
— Samen glatt, — (0,8–)1,2–1,4 mm ∅; Pfl. unverzweigt od. m. wenigen Ästen am Grund, aufr., meist samtig-drüsig (?). – Ehem. (?) als Beikraut in Leinfeldern. – D: ehem. BY, MV, SH; A; CZ. [*S. linicola* Boreau] Lein-S., subsp. ***linicola*** (Boreau) Janch., nom. inval.

— Samen linsenf., 0,4–0,8 mm br. geflüg., strahlig gerieft; Blätt. unterseits ohne Längsfurche, — pfrieml.; Kronblätt. weiß (***S. pentandra*** agg.) 2

2. Staubblätt. 5; Kronblätt. lanzettl., sich gegenseitig nicht deckend; Samen m. br., weißem Hautrand (*591/2*); — Kronblätt. meist länger als Kelchblätt.; ↕ 5–20 cm; ⊙. IV–V. – Sandfelder, Dünen. – *s*, D; A (ob noch M-Bgl?); F: Els; PL; ehem. B; *f* CH (?); CZ. Fünfmänniger S., ***S. pentandra*** L.

— Staubblätt. 10; Kronblätt. eirundl., sich gegenseitig deckend; Samen m. br., braunem Hautrand (*591/3*); — Kronblätt. meist kürzer als Kelchblätt.; ↕ 5–30 cm; ⊙. IV–VI. – Brachäcker, Dünen. – *z–s*, in N-D *z*, A: NÖ (Marchtal); B; F: Els; L; NL; PL; *f* Alp. u. Vorland. [*S. vernalis* auct.] Frühlings-S., ***S. morisonii*** Boreau

591/1

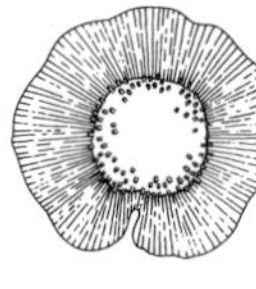

591/2

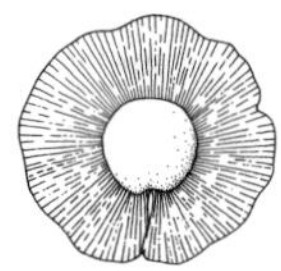

591/3

Spergularia (Pers.) J. Presl & C. Presl [incl. *Delia* Dumort.], Spärkling, Schuppenmiere

Zum Bestimmen sind reife Fr. (Samen; Lupe!) notwendig. Merkmale teilw. nach Kúr & Ducháček (2016) u. Kúr et al. (2016, 2017).

1. Stg. aufr.; Kelchblätt. weiß, trockenhäutig, m. grünem Rückennerv; ↕ 3–10 cm; ⊙. VI–VII. – Feuchte Äcker. – Sehr *s*, D: BB, NRW, ST, TH; B (ob noch?); F: Els; PL; früher NL. [*D. segetalis* (L.) Dumort.] Saat-S., ***S. segetalis*** (L.) G. Don

— Stg. niederlgd. od. aufstgd.; Kelchblätt. grün, nur am Rand trockenhäutig 2

2. Alle Samen br. weiß geflüg.; Kapsel doppelt so lg. wie der Kelch; — Pfl. nur selten ganz kahl, meist oberw. stark drüsig behaart; Kronblätt. weiß od. rosa; Staubblätt. 10; ↕ 5–40 cm; ♃. VII–IX. – Feuchte Salzwiesen, Pioniervegetation am Meeresstrand. – Nord- u. Ostsee (D; NL) u. Salzstellen des Binnenlands von D: BW, NRW, RP, ST, TH, ehem. BY (München); A: Bgl, NÖ; B; CZ; sekundär sich entlang von Autobahnen ausbreitend. [*S. marginata* (C. A. Mey.) Kittel; *S. maritima* (All.) Chiov.]
Atlantischer Flügel-S., ***S. media*** subsp. ***angustata*** (Clavaud) Kerguélen & Lambinon

Ähnl., aber: Pfl. 1-j., kahl; Kapsel so lg. wie od. etwas kürzer als der Kelch; Staubblätt. (6–8)10; ↕ 8–40 cm; ⊙. VI–VII(?). – Ruderalfluren. – Ne. (Heimat: S-MMG, SW-As.), eingeschleppt; sehr *s* u. unbest.; bislang nur D: BW; wo

noch? – Meist unter *Spergula* klassifiziert, aber morpholog. (u. a. Gr. u. Kapselklappen 3) näher an *Spergularia* u. dort Schwester zu allen and. Arten (Kool & Thulin 2017). [*Spergula fallax* (Lowe) E. H. L. Krause]
Trügerischer, S., ***S. fallax*** Lowe

— Alle Samen od. doch die meisten ungeflüg.; Kapsel so lg. wie od. etwas länger als der Kelch; — Kronblätt. tiefrosa 3

3. Samen schwarz od. braun, am Rand m. zahlr. stacheligen Papillen, auf den Flächen m. spitzen Wärzchen; ↕ 4–10 cm; ⊙. VI–VIII. – Nasse Schlammböden entlang von Flüssen u. Teichen. – *z*, D: Elbegebiet in BB, MV, NI, SH, SN, ST, früher BW; *z* A: NÖ; CZ.
Stachelsamiger S., ***S. echinosperma*** (Čelak.) Asch. & Graebn.

a. Samen schwarz; Blätt. kürzer (durchschnittl. 9,1 mm lg.); Kapselstiele länger (durchschnittl. 5,6 mm lg.). – *s*, D: BB (Rathenow/Havel); *z* A: NÖ; SW-CZ. Stachelsamiger S. (i. e. S.), subsp. ***echinosperma***

— Samen braun bis dk.braun; Blätt. länger (durchschnittl. 11,5 mm lg.); Kapselstiele kürzer (durchschnittl. 4,1 mm lg.). – *z*, D (Elbegebiet); *s* O-CZ; ehem. A: NÖ (entlang der March). Elbe-S., subsp. ***albensis*** Kúr et al.

Wenn Samen schwarz, vgl. die stabilisierte Hybride ***S. kurkae*** F. Dvořák [*S. echinosperma* × *S. rubra*]: Nebenblätt. 1–1,7-mal länger als br. (*S. echinosperma*: 0,7–1,2 × länger als br.); Samen 0,5–0,6 (vs. 0,4–0,5) mm lg., am Rand dicht papillös m. 8–14 auffällig großen, kräftigen u. stumpfen Papillen pro Samenviertel (vs. sehr dicht papillös m. 12–17 lg., stumpfen od. stumpfl. Papillen); Kapsel 3,0–4,3 (vs. 2,5–3,5) mm lg.; ⊙. VI–VIII. – Schlammböden. – D: *s*, BB, NI, SN, ST (z. B. Dessau); *z* A: NÖ (Waldviertel); CZ (bes. W u. S).

— Samen (hell)braun, nicht bestachelt, spärl. warzig od. fein runzelig 4

4. Blätt. (wenigstens die ob.) stachelspitzig; Staubblätt. 10; Kapsel so lg. wie der Kelch; Nebenblätt. silberweiß glzd., — verläng. (> 2-mal länger als br.); Kronblätt. rosenrot; Samen braun; ↕ 4–25 cm; ⊙. V–IX. – Sandige Äcker, Wege; kalkmeidend. – *v*. [*S. campestris* (L.) Asch.]
Roter S., ***S. rubra*** (L.) J. Presl & C. Presl

— Blätt. stumpfl.; Kapsel länger als der Kelch; Staubblätt. meist 5, selten weniger; Nebenblätt. kaum glzd.; — Kronblätt. tiefrosa, gegen den Grund plötzl. weiß; ↕ 5–20 cm; ⊙. V–IX. – Salzwiesen. – Küstengebiete u. Salzstellen des Binnenlands, *z*. [*S. salina* J. Presl & C. Presl]
Salz-S., ***S. marina*** (L.) Besser

Stellaria L. [incl. *Myosoton* Moench u. *Malachium* Fr., Wasserdarm; *Rabelera* M. T. Sharples & E. A. Tripp, Rabelermiere], Sternmiere

Myosoton Moench u. *Rabelera* M. T. Sharples & E. A.Tripp werden weiterhin in der polyphylet. Gattung *Stellaria* ausgeschlüsselt, bis tragfähige alternative Gattungskonzepte für die Verwandtschaftkreise um *Stellaria*, *Cerastium*, *Holosteum* u. *Moenchia* vorliegen (vgl. Dillenberger in Kadereit 2016).

1. Gr. 5; — Stg. schlaff, zerbrechl., spitzenw. dicht drüsig behaart, im unt. Teil 4-kantig, kahl; unt. Stg.Blätt. sitzend od. nur kurz gestielt (bei der ähnl. *S. nemorum* diese 1–2 cm lg. gestielt); ↕ 20–50 cm; ⊙–♃. VI–IX. – Auenwälder, Ufer, Weidengebüsche. – *v*. [*Myosoton aquaticum* (L.) Moench; *Malachium aquaticum* (L.) Fr.] Wasserdarm, ***S. aquatica*** (L.) Scop.

— Gr. 3 2

2. Stg. unten 4-kantig; Blätt. alle sitzend, lineal-lanzettl. 4

— Stg. stielrund; grundst. Blätt. gestielt 3

3. Stg. 1-reihig behaart, niederlgd.; Kronblätt. nicht länger als der Kelch, oft fehlend; Staubblätt. 1–5(–10); — Blätt. klein, herz-eif., abgerundet, kurz gestielt; ↕ (5–)20–80 cm; ⊙. I–XII. – Gärten, Äcker, Weinberge, Ruderalstellen, Wälder. – *v*. Artengruppe Vogelmiere, ***S. media*** agg.

Eine schwierige Gruppe m. (seit 2019) 4 Kleinarten u. weiterem Forschungsbedarf. Zur Bestimmung sind reife Samen notwendig. Die Merkmalszustände sind statistisch signifikant unterschieden, überschneiden sich aber etwas, weswegen der gesamte Merkmalskomplex an möglichsten vielen Exemplaren zu beachten ist. Der folg. vorläufige Schlüssel integriert die teilw. abweichende Angaben von Jäger (2017), des Schlüssels der 97. Aufl. (Parolly 2019) u. Lepši et al. (2019).

a. Kronblätt. fehlend od. sehr kurz, grünl.weiß, ≤ 1,5 mm lg., bis zu ein Drittel der Kelchblattlänge erreichend; Kelchblätt. 2–3,5 mm lg., am Grund oft rot überlaufen; Staubbeutel grauviolett; Fr.Stiele aufr.; Samen (0,5–)0,6–0,9(–1,2) mm lg.; — Pfl. meist niedrigwüchsig, gelbgrün; ob. Stg.Blätt. u. Tragblätt. eif. od. ellipt.; Infl. (z. Bltzt.) meist auffällig dicht gedrängt, die ersten Internodien der Dichachiumäste nicht auffällig ungleich lg.; Blütenstiele nicht auffällig dünn, (0,16–)0,24–0,40(–0,56) mm ∅; Staubblätt. (0–1–)2–3(–5); Narben aufstgd. u. zurückgekrümmt; Samen hellbraun bis braun; Samenhöcker (Tuberkeln) kurz, gerundet od. kurz kegelf., meist so lg. wie br. od. etwas länger als br., m. zerstreuten Papillen auf dem ob. Teil der Oberfläche; ↕ bis 35 cm; 2n = 22. III–V. – Sandige Ruderalstellen, Kiefernwälder. – *z*. [*Alsine pallida* Dumort.; *S. pallida* (Dumort.) Crépin]
Bleiche S., ***S. apetala*** Ucria

— Kronblätt. (fast) stets vorhanden, weiß, (1–)1,5–4 mm lg., um ein Drittel kürzer als, so lg. wie od. länger als die Kelchblätt.; Kelchblätt. 3–6,2 mm lg., am Grund nie rot überlaufen (ob immer auch bei *S. ruderalis*?); Staubbeutel purpurrot bis violett; Fr.Stiele meist herabgeschlagen; Samen meist ≥ 1 mm lg. .... b

b. Staubblätt. ([2–] (8–)10(–11); Blütenstiele auffällig dünn, 0,16–0,24 mm ∅; — Pfl. kräftig, bis 80 cm hoch, grün; ob. Stg.Blätt. u. Tragblätt. eif. od. ellipt.; Infl. locker, die ersten Internodien der Dichachiumäste nicht auffällig ungleich lg.; Kronblätt. mind. so lg. wie der 5–6,5 mm lg. Kelch; Staubbeutel purpurrot; Narben aufr., aber m. zurückgerollter Spitze; Samen ± dk.braun, oft dk.rotbraun, 1,3–1,7 mm lg.; Samenhöcker lg., kegelf., m. entfernt sthd. Papillen auf dem ob. Teil der Oberfläche; ↕ 20–80 cm; 2n = 22. IV–VII. – Waldränder, Ufer, feuchte Staudenfluren; kollin. – *z*. Übersehene S., Auwald-S., ***S. neglecta*** Weihe

— Staubblätt. meist weniger als 8 (überwgd. 3–5, selten 0, 1 od. 10); Blütenstiele nicht auffällig dünn, (0,16–)0,24–0,40(–0,48) mm ∅; — Kronblätt. kürzer als od. so lg. wie die Kelchblätt. c

c. Samenhöcker lg., (spitz) kegelf., länger als br., m. wenigen od. keinen Papillen auf dem ob. Teil der Oberfläche; Infl. z. Bltz. meist dicht gedrängt, die ersten Internodien der Dichachiumäste nicht auffällig ungleich lg.; — Pfl. groß, bis 80 cm hoch, ± gelbgrün; ob. Stg.Blätt. u. Tragblätt. eif. od. ellipt.; Blütenstiele nicht auffällig dünn, (0,16–)0,24–0,32(–0,48) mm ∅; Staubblätt. 3–5(–10); Staubbeutel purpurviolett; Narben meist aufstgd., selten aufr., nur an der Spitze zurückgerollt; Samen hellbraun (bis dk.braun?), (1,1–)1,2–1,3(–1,5) mm lg.; ↕ 20–80 cm; 2n = 44. IV–V. – Feuchte Ruderalstellen, Wälder, Forste, Gebüsche; oft anthropogene Substrate, aber auch auf Flussschotter; planar bis (sub)montan. – *z–v* (aber genaue Verbr. noch nicht bekannt); D: BB, BW, BY, NRW (u. a. Aachen), RP, SH; *v* A: Bgl, NÖ, OÖ, OTi, Sb; CZ (S- u. M-Böhmen); DK; wo noch? – Wohl entstanden aus *S. apetala* u. *S. neglecta*. Ruderale S., Schutt-S., ***S. ruderalis*** M. Lepeí et al.

— Samenhöcker kurz, ihre Spitze abgeflacht od. gerundet, selten kurz kegelf., meist so hoch wie br., m. zerstreuten od. zahlr. Papillen auf dem ob. Teil der Oberfläche; Infl. z. Bltz. nicht dicht gedrängt, die ersten Internodien der Dichachiumäste deutl. ungleich lg.; — Pfl. eher niedrigwüchsig, oft niederlgd., bis 50 cm hoch, grün bis dk.grün; ob. Stg.Blätt. u. Tragblätt. oft br. eif. od. ellipt.; Blütenstiele nicht auffällig dünn, (0,16–)0,32–0,40(–0,48) mm ∅; Staubblätt. 3–7(–10); Staubbeutel meist rotviolett; Narben meist aufr., nur an der Spitze zurückgerollt; Samen rötl.braun bis dk.braun, (0,8–)0,9–1,4 mm lg.; ↕ (3–)30–40(–50) cm; 2n = 40. I–XII. – StO wie Artengruppe. – *v*. Vogelmiere (i. e. S.), ***S. media*** (L.) Vill. s. str.

— Stg. spitzenw. ringsum drüsig behaart, zerbrechl., niederlgd., Ausläufer treibend; Kronblätt. doppelt so lg. wie der Kelch; Staubblätt. 10; — Gr. 3; ↕ 15–50 cm; ♃. V–IX. – Feuchte Laubwälder. – *v*. Artengruppe Hain-S., ***S. nemorum*** agg.

a. Reife Samen am Rand m. kurzen Papillen; erstes Blattpaar oberh. der untersten Blüte mind. halb so lg. wie das darunter; ↕ 20–40(–50) cm. – *v*. Hain-S., ***S. nemorum*** L.

— Reife Samen m. morgensternart. Papillen; erstes Blattpaar oberh. der untersten Blüte mehr als ein Drittel so lg. wie das darunter; ↕ 15–30 cm. – *z*, D: BW, BY, MV, SH, SN; A: Kt, Stm; B; CH: Bern, Gr, Ts; DK; FL; I: Bz; L; NL. [*S. montana* Pierrat, nom. illeg.; *S. n.* subsp. *montana* (Pierrat) Berher, *S. n.* subsp. *glochidisperma* Murb.] Stachelsamige S., ***S. glochidisperma*** (Murb.) Freyn

4 (2). Kronblätt. bis zur Mitte geteilt, — ≈ doppelt so lg. wie der Kelch; Tragblätt. der Blüten krautig; ↕ 15–30 cm; ♃. IV–VI. – Laubwälder, Gebüsche. – *v–z*. [*R. holostea* (L.) M. T. Sharples & E. A. Tripp] Große S., Rabelermiere, ***S. holostea*** L.

— Kronblätt. fast bis zum Grund geteilt 5

5. Stg. spitzenw. u. Blattrand durch Papillen rau; — Kelchblätt. in frischem Zustand m. undeutl. Nerven; Tragblätt. trockenhäutig; ↕ 10–25 cm; ♃. VI–VIII. – Feuchte Wälder, Waldmoore. – *z*, D: BB, BY, SN, TH; A; CH: Gr; CZ; I: Bz; PL. [*S. friesiana* Ser.; *S. diffusa* Schltdl.] Langblättrige S., ***S. longifolia*** Willd.

— Stg. glatt 6

6. Kelchblätt. in frischem Zustand undeutl. 3-nervig, — kürzer als die Kronblätt.; Tragblätt. krautig; Blätt. dickl., fleischig, saftig grün; ↕ 3–15(–30) cm; ♃. VII–VIII. – Torfwiesen, Brüche. – Sehr *s*, D: NRW; DK; W-PL; früher D: BB (inkl. Berlin), BW, BY (FrAlb), MV, NI, SH. Dickblättrige S., ***S. crassifolia*** Ehrh.

— Kelchblätt. auch in frischem Zustand deutl. 3-nervig 7

7. Kronblätt. viel kürzer als der am Grund trichterf. Kelch; Kelchblätt. 2,5–3,5 mm lg.; — Blätt. bläul.grün, am Grund bewimpert; Tragblätt. trockenhäutig; Blütenstiele nach der Blüte hakig abw. gebogen; ↕ 10–40 cm; ♃. V–VI. – Bäche, Gräben, nasse Waldwege. – *v*. [*S. uliginosa* Murray] Bach-S., ***S. alsine*** Grimm

— Kronblätt. so lg. wie od. länger als der am Grund abgerundete Kelch; Kelchblätt. 4–7 mm lg. 8

8. Tragblätt. am Rand etwas bewimpert, trockenhäutig; Stg. schlaff, aufstgd., meist stark verzweigt; Blätt. dünn, grasgrün; ↕ 10–50 cm; ♃. V–VII. – Waldränder, Gebüsche, Feldraine. – *v*. Gras-S., ***S. graminea*** L.

— Tragblätt. am Rand kahl, trockenhäutig; Stg. aufr., wenig verzweigt; Blätt. etwas fleischig, blaugrün; ↕ 10–45 cm; ♃. V–VII. – Feuchte Wiesen, Ufer, Gräben. – *v* im N, *s* im S, in A nur NÖ, OÖ. [*S. glauca* With.] Sumpf-S., ***S. palustris*** Hoffm.

Telephium L., Zierspark, Telephie

Kleiner Halbstrauch; Stg. niederlgd. bis aufstgd., dicht beblätt.; Blätt. dickl., stumpf, bis 13 mm lg.; Nebenblätt. unscheinbar; Kronblätt. weiß, so lg. wie od. wenig länger als die Kelchblätt.; ↔/↕ 10–30(–40) cm; ♄. VI–VII. – Felsen, Kiefernwälder. – *s*, CH: Vs (Rhônetal); I: Bz (Vinschgau).
Imperato-Z., ***T. imperati*** L. (subsp. ***imperati***)

Vaccaria Wolf [*Gypsophila* L. p. p.], Kuhkraut

Eine molekularsystemat. Studie (Madhani et al. 2018) legt den zukünftigen Einschluss von *Vaccaria* in *Gypsophila* nahe.

Pfl. kahl; Blätt. lanzettl., spitz, bläul. bereift; Blüten in lockeren, reich verzweigten Dichasien; Krone rosa bis blassrot; ↕ 30–60 cm; ⊙. VI. – Äcker, Ruderalstellen, Wegränder. – *s* u. oft nur unbest., im Geb. *f*. [*Saponaria vaccaria* L.; *V. vulgaris* Host; *V. pyramidata* Medik.; *V. hispanica* subsp. *grandiflora* (Ser.) Natho; *G. vaccaria* (L.) Sm.] Spanisches K., ***V. hispanica*** (Mill.) Rauschert

Viscaria Bernh. [*Lychnis* L. p. p.; *Silene* L. s. l. p. p.], Pechnelke

1. Stg. unter den Knoten stark klebrig, 30–60 cm hoch; Infl. stockwerkart.-rispenf.; Kelch (9–) 11–13 mm lg., 10-rippig; Kronblätt. 10–18 mm lg., purpurrot; Nebenkrone ≈ 3 mm hoch; Kapsel ≈ 7 mm lg.; ♃. V–VII. – Trockenrasen, lichte Eichenwälder; kalkmeidend. – *v*, *z* im N. [*V. viscosa* Asch.; *S. viscaria* (L.) Borkh.; *L. viscaria* L. subsp. *viscaria*]
Gewöhnliche P., ***V. vulgaris*** Bernh. (subsp. ***vulgaris***)

— Stg. unter den Knoten nicht klebrig, 5–15 cm hoch; Infl. am Ende des Stg. dicht kopfig; Kelch 4–6 mm lg., m. undeutl. Nerven; Kronblätt. 6–8 mm lg., hellpurpurn; Nebenkrone ≈ 1 mm hoch; Kapsel ≈ 5 mm lg.; ♃. VII–VIII. – Steinschutt u. Rasen der Silikat-Alp.; 1900–3000 m. – *z*, A: Kt, OTi; CH: Gr, Vs; I: Bz. [*L. alpina* L.; *S. suecica* (Lodd.) Greuter & Burdet]
Alpen-P., ***V. alpina*** (L.) G. Don

Familie: Chenopodiaceae, Gänsefußgewächse (Bearbeiter: Gerald Parolly)

Kräuter, Halbsträucher od. Sträucher m. einfachen, öfter spießf. (*601/1–601/6, 603/1–603/2*), zuw. fleischigen od. schuppenf. Blätt.; Blüten klein, unscheinbar, ⚥ od. eingeschl., meist in knäueligen Thyrsen od. Dichasien; Blütenhülle (Perigon) fehlend od. einfach, 1–5-blättr., grünl. od. rötl., nach der Blüte sich oft vergrößernd, fleischig od. hart werdend u. dann oft die Fr. umschließend; Frkn. oberst., m. 1–5 Narben. Abweichend von APG IV werden die Chenopodiaceae wieder im engeren Sinne aufgefasst u. von den Amaranthaceae (s. dort) abgetrennt (z. B. Fuentes-Bazán et al. 2012; Hernández-Ledesma et al. 2015; G. Kadereit in Kadereit et al. 2016).

Unter Fr.Hülle werden die beiden Vorblätt. der Blüte zur Zeit der Fr.Reife verstanden. – Bei *Oxybasis* treten dimorphe (2-gestaltige) Blüten auf, die endst. Blüten ⚥, ihre Perigonblätt. 3–5, fast bis zum Grund frei, m. 1(–5) Staubblätt., 2(–3) Narben u. Samen nur waagr.; die seitl. Blüten meist ♀, ihre Perigonblätt. 3(–4), unterschiedl. weit verwachsen, m. 0–1 Staubblätt., 2 Narben u. Samen senkr. od. waagr.

1. Stg. knotig eingeschnürt (*596/1*), scheinbar blattlos, fleischig; — Blüten ⚥, meist zu 3, in die Vertiefungen der Stg.Glieder eingesenkt; Pfl. extremer Salz-StO .... ***Salicornia***, 605
— Stg. nicht knotig geglied., deutl. beblätt. **2**
2. Stark ästiger kleiner Strauch, —20–100 cm hoch, dicht sternhaarig; Haare sich trocken rotbraun verfärbend .... ***Krascheninnikovia***, 604
— Pfl. krautig, meist 1-j. od. höchstens am Grund etwas verholzt **3**
3. Blätt. sitzend, alle schmal lineal-pfrieml. od. nadelf., < 5 mm br.; — Blüten zu 1–3 blattachselst. **14**
— Blätt. gestielt, (wenigstens die an der Basis) flächig, nicht lineal-pfrieml., meist > 5 mm br.; — Blüten in mind. 2-blütigen Knäueln, diese meist in ährenf. bis rispenf. Infl. **4**
4. Blüten ganz überwgd. ⚥, alle m. Perigon **7**
— Blüten ganz überwgd. eingeschl.; Pfl. 1- od. 2-häusig; ♀ Blüten ohne Perigon, — m. Vorblätt. **5**

5. Pfl. 2-häusig, kahl; Gr. 4–5; Blätt. wechselst., anfangs rosettig, — lebhaft grün; Kulturpfl. ***Spinacia***, 606
— Pfl. 1-häusig, oft mehlig bestäubt; Gr. 2; Blätt. (zumind. am Grund) meist gegenst. (***Atriplex*** s. l.) **6**
6. Fr.Hülle hoch verwachsen, sich nach oben stark verbreiternd, nahe der Spitze am breitesten u. absthd. 3-lappig; Blätt. längl. ellipt. bis spatelig eif., dicht grauschilferig, fast immer ganzrandig .... ***Halimione***, 604
— Fr.Hülle unverwachsen od. bis etwas oberh. der Mitte verwachsen, in od. unterh. der Mitte am breitesten, nicht 3-lappig, im Umriss rundl., 3-eckig, rautenf. od. br. lanzettl.; Blätt. spießf., 3-eckig, rautenf., lanzettl. od. linealisch, meist grün, selten grauschilferig, meist gezähnt bis gelappt, selten fast ganzrandig .... ***Atriplex***, 596
7 (4). Perigonblätt. am Grund m. dem Frkn. verwachsen, 5-spaltig, z. Frzt. anschwellend u. verholzend; Blätt. anfangs in Rosetten, ganzrandig, kahl; Blütenknäuel meist 2–3-blütig; — Wurzel bei Kulturformen rübenf. verdickt .... ***Beta***, 599
— Perigonblätt. frei, z. Frzt. krautig od. fleischig u. scharlachrot; Pfl. ohne Rosetten od. wenige Blätt. in grundst. Rosette, diese dann gezähnt od. gelappt, oft mehlig bestäubt; Blütenknäuel meist vielblütig (***Chenopodium*** s. l.) **8**
8. Pfl. (meist stark) aromat. riechend; Blätt. wenigstens unterseits m. gelbl. gestielten u./od. sitzenden Drüsenhaaren, — gezähnt od. fiederspaltig .... ***Dysphania***, 603
— Pfl. nicht aromat. riechend, aber zuw. stinkend; Blätt. ohne gelbe Drüsenhaare (bei *Teloxys*, s. S. 607, auch manchmal wenige gestielte Drüsen, aber Pfl. nicht aromat.), — kahl od. ± verkahlend, oft (zumind. bei jungen Blätt.) m. durchsichtigen bis weißl. Blasenhaaren (*41/3*), dadurch mehlig bestäubt **9**
9. Infl. aus ährenf. od. traubenf. angeordneten dichten Knäueln m. wenigen bis ∞ Blüten; — Pfl. zumind. jung mehlig od. ± kahl **11**
— Infl. aus dichasialen od. monochasialen lockeren Zymen; — Blätt. ± stachelspitzig; Pfl. fast kahl od. verkahlend **10**
10. Blätt. linealisch, eif.-linealisch od. lineal-lanzettl., die größeren schwach geschweift gezähnt; oberste (dichasiale) Blütenstandsachsen (Knäueläste) an der Spitze blütenlos, zugespitzt u. fein bedornt; Haare, wenn vorhanden, Stieldrüsen; — Pfl. reichästig .... ***Teloxys***, 607
— Blätt. ellipt., eif. od. rautenf.-eif., auch die größeren ganzrandig, seltener im unt. Teil beiderseits m. einem Zahn; oberste (dichasiale) Blütenstandsachsen ohne lg., sterile u. fein bedornte Spitze; Haare, wenn vorhanden, Blasenhaare; — Pfl. locker verzweigt, fast ganz kahl, oft rot überlaufen, geruchlos; Gr. kurz, fast fehlend .... ***Lipandra***, 604
11 (9). Stg. unverzweigt od. spärl. verzweigt; Blätt. am Grund rosettig gehäuft, dort auch die größten; Perigon z. Frzt. sich verändernd, fleischig u. scharlachrot werdend od. sich verhärtend (dann Narben 1–1,5 mm lg.), manchmal auf ein einziges Segment reduziert; — Narben 2–4; Samen senkr.; Pfl. oft mehrstängelig, 1-j. od. ausd. .... ***Blitum***, 599
— Stg. meist vielästig; Grundblätt. nicht in Rosetten, die größten Blätt. in der (unt.) Mitte des Stg.; Perigon z. Frzt. krautig (sich nicht verändernd, nicht reduziert); — Narben 2(–3), bis 0,5 mm lg.; Samen senkr. u./od. waagr.; Pfl. stets 1-stängelig u. 1-j. **12**
12. Staubblätt. 1–3; Blüten oft 2-gestaltig (dimorph); Perigon der Seitenblüten 3(–5)-teilig; — Samen meist senkr., selten waagr.; Blütenstiele u. Perigon fast kahl, nicht mehlig (nur bei *O. urbicum* zuw. anfangs etwas mehlig) bestäubt .... ***Oxybasis***, 604
— Staubblätt. fast stets 5; Blüten eingestaltig; Perigon 5-teilig; — Samen nur waagr.; Stg. u. Blätt. anfangs m. kugeligen Blasenhaaren, bei Reife diese bleibend od. hinfällig, auf unterschiedl. Weise vertrocknend **13**
13. Perigonblätt. inn. ohne deutl. sichtbaren Mittelnerv; Blasenhaare vertrocknet schüsself., — bei Reife meist bleibend; junge Stg. u. Blätt. dicht blasenhaarig; Samen glatt od. streifig u. etwas runzelig, manchmal grubig; Fr. von Perigon vollst. eingeschlossen ***Chenopodium***, 600
— Perigonablätt. inn. m. deutl. sichtbaren Mittelnerv; Blasenhaare vertrocknet vollst. zus.gefallen, — meist hinfällig, selten bei Reife noch vorhanden; junge Stg. u. Blätt. blasenhaarig; Samen deutl. grubig bis (manchmal) runzelig od. fast glatt; Pfl. unangenehm riechend bis stinkend .... ***Chenopodiastrum***, 600

14 (3). Blätt. stumpf, höchstens kurz bespitzt, aber nicht steif u. stechend; Blüten in Knäueln **17**
— Blätt. stachelspitzig u. stechend; Blüten einzeln, zuw. in Ähren; — Perigon meist 5-blättr. **15**
15. Perigon fehlend od. als 1–3 dünne, durchsichtige Schüppchen vorhanden (*596/5a*); — Staubblätt. 1–5; Blüten in dichtblütigen u. verläng. Ähren (*596/5b*) .... ***Corispermum***, 602
— Perigonblätt. 5, stets vorhanden; — Staubblätt. 3 od. 5 .... **16**
16. Perigonblätt. auf dem Rücken quer gekielt (*596/7*); Staubblätt. 5 .... ***Salsola***, 606
— Perigonblätt. nicht quer gekielt; Staubblätt. 3 .... s. Amaranthaceae (***Polycnemum***), 609
17 (14). Pfl. kahl; Perigonblätt. z. Frzt. meist ohne Anhängsel **19**
— Pfl. wenigstens im ob. Teil des Stg. behaart; Perigonblätt. z. Frzt. m. auffälligen Anhängseln **18**
18. Infl.Achse korkenzieherart. gedreht; Perigon z. Frzt. m. dornigen Anhängseln (*606/1*) ***Spirobassia***, 606
— Infl.Achse nicht korkenzieherart. gedreht; Perigon z. Frzt. m. horizontalen, flügelart. (*596/6*) Anhängseln od. m. Warze .... ***Bassia***, 598
19 (17). Perigonblätt. 4, häutig, 2 längere u. 2 kürzere .... ***Camphorosma***, 599
— Perigonblätt. 5, alle gleich lg. .... ***Suaeda***, 606

Atriplex L. [excl. *Halimione* Aellen u. *Obione* Gaertn., Salzmelde, Keilmelde], Melde

Teilw. nach Wißkirchen (2014), veränd. – Unter Fr.Hülle werden die beiden Vorblätt. der Blüte zur Fr.Reife verstanden.

1. Blätt. lg. linealisch (bandf.) bis lineal-lanzettl., meist regelm. gezähnt od. gewellt ganzrandig, ohne deutl. Seitennerven, Spießecken fehlend; — Blütenknäuel entfernt, an steif aufr., rutenf. Ästen; Fr.Hülle (= Vorblätt.) reich gezähnt, auf der Fläche m. 2 kräftigen, basal verdickten Anhängseln, mehlig; ↕ 30–80 cm; ⊙. VII–IX. – Salzstellen. – *z–s*.
Artengruppe Strand-M., ***A. littoralis*** agg.

a. Vorblätt. 3-eckig, groß, an der Spitze lg.gestreckt; Samen (dk.)rotbraun. – *z*, Nord- u. Ostseeküste, *s* im Binnenland an Salzstellen (auch adventiv); *f* A. Strand-M., ***A. littoralis*** L.
— Vorblätt. rautenf, kleiner, an der Spitze nicht lg.gestreckt; Samen hellbraun. – *s* im Binnenland an salzigen Gewässerufern, überwgd. in Alluvionen, kaum auf typischen Salzböden, A: Bgl (Seewinkel); CZ; in D: HE in Einbürg. [*A. littoralis* auct.] Binnenland-M., ***A. intracontinentalis*** A. P. Suchorokow

— Blätt. breiter, höchstens schmal lanzettl. (wenn linealisch, dann Pfl. am Süßwasser u. Fr.Hülle auf der Fläche ohne deutl. Anhängsel sowie Blätt. höchstens am Blattgrund m. 2 Zähnen, vgl. schmalblättr. Formen von *A. patula*) **2**
2. Vorblätt. bis zur breitesten Stelle (nahe der Mitte) verwachsen, m. überwgd. kantigem Umriss (3-eckig, rautenf., lanzettl.), oben oft deutl. spitz, am Rand gezähnt bis gelappt, — auf der Fläche glatt od. m. Zähnen u. Knötchen **6**
— Vorblätt. nur am Grund verwachsen, eif. bis rund, oben gerundet od. leicht spitz, am Rand glatt (selten ein einzelner kurzer Zahn), — auf der Fläche glatt, sehr selten m. vereinzelten Knötchen **3**
3. ♀ Blüten alle senkr. sthd. u. von großen Vorblätt. eingehüllt; Fr. ungestielt, ihre Nerven sich schon am Grund aufspaltend **5**
— ♀ Blüten von 2-facher Gestalt, senkr. sthd. m. großen Vorblätt. od. waagr. sitzende m. kleinem Perigon; Fr. gestielt, ihr Hauptnerv sich erst 1–3 mm oberh. der Ansatzstelle in 3 Zweige aufspaltend **4**

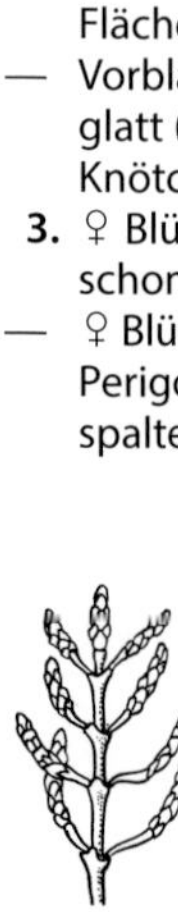
596/1

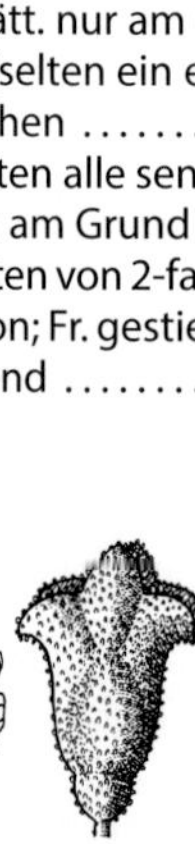
596/2

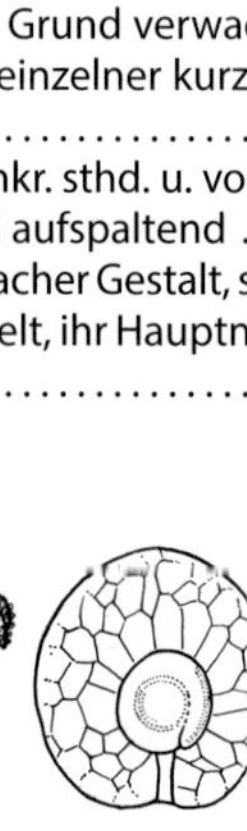
596/3

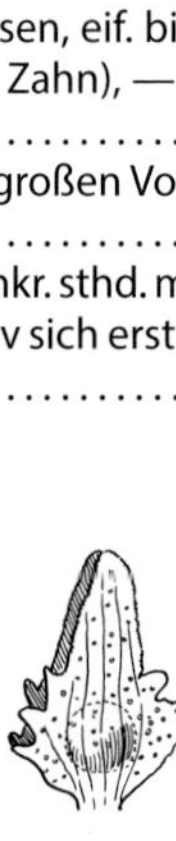
596/4

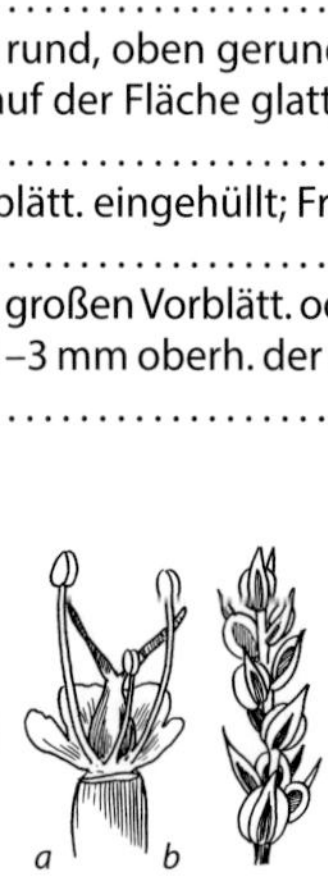

596/5

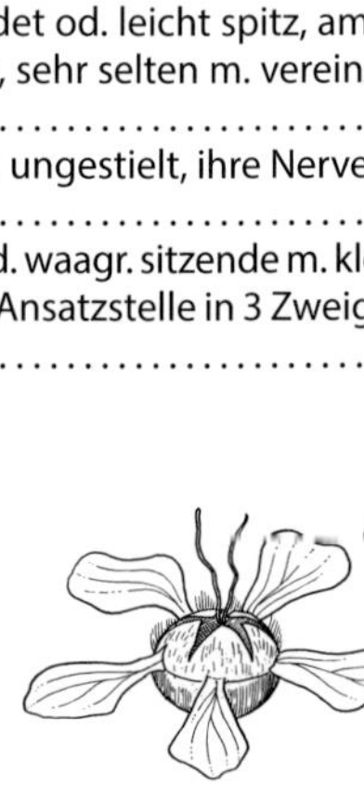
596/6

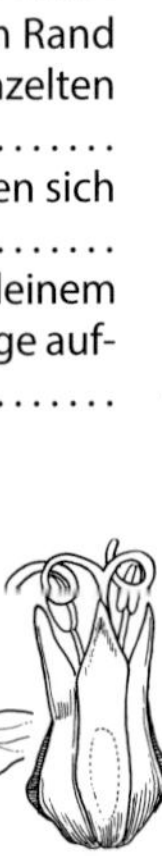
596/7

4. Blätt. ± matt, beidseitig grün (od. rot), unterseits etwas heller; Grundblattspr. herzf. 3-eckig, die der mittl. Blätt. aus spießf. Grund längl., unt. ohne Spießecken, ob. kurz verjüngt; Blattrand glatt od. nur seicht gezähnt; Fr.Hülle fast kreisrund, netznervig, ganzrandig (*596/3*), bis 15 mm groß; Fr. (innerh. der Vorblätt.) 3 mm lg. gestielt; Pfl. zuw. rot überlaufen, ↕ 30–125 cm; ⊙. VII–VIII. – Kult. u. Ne. (Heimat: Z-As. bis S-Eur.); stellenw. verwild. – Gemüsepfl.
Garten-M., ***A. hortensis*** L.

— Blätt. oberseits stark glzd., dk.grün, unterseits graugrün bis weißl.; Grundblattspr. gleichseitig 3-eckig od. spießf. m. 2 basalen Seitenlappen u. (an der Pfl. nach oben zunehmend) m. lg. ausgezogener, ± ganzrandiger Spitze, Blattrand gezähnt bis tief gelappt, selten fast glatt; Fr.Hülle rundl.-eif. bis längl.-herzf., oben zugespitzt, m. wenig hervortretenden Nerven, bis 10 mm groß; Fr. 1 mm lg. gestielt; ↕ 60–80(–200) cm; ⊙. VII–IX. – Wegränder, Ruderalstellen. – *z*. [*A. acuminata* Waldst. & Kit.; *A. nitens* Schkuhr] Glanz-M., ***A. sagittata*** Borkh.

5 (3). Blätt. gleichseitig 3-eckig, am Rand gezähnt bis gelappt (sehr ähnl. wie bei manchen Formen von *A. sagittata*), — unterseits blasenhaarig u. etwas heller, schwach glzd., insges. leicht graugrün; Fr.Hülle stark vergrößert, rundl., anfangs krautig, später trockenhäutig, m. stark hervortretenden, bis zum Grund getrennten Nerven (Unterschied zu *A. sagittata*); Fr. br. rundl., am Grund meist in einen kurzen Fuß ausgezogen, oben in eine kurze stumpfwinklige Spitze verjüngt, ohne horizontalen Samen; ↕ bis 150 cm; ⊙. VI–IX. – Straßenränder. – Ne. (Heimat: SO-Eur.), eingeschleppt; *z–s*, D; A: Stm; F: Els; NL. [*A. heterosperma* Bunge]
Verschiedensamige M., ***A. micrantha*** Ledeb.

— Blätt. lanzettl. bis eif. lanzettl., im unt. Teil der Pfl. relativ br. u. an der breitesten Stelle beiderseits m. einem großen Zahn, oben zunehmend schmaler u. ungezähnt, — graugrün; Fr.Hülle nur am Grund verwachsen, rundl. eif., oben zugespitzt, meist ganzrandig, stachellos (*597/3*), mitunter an der breitesten Stelle m. je einem kleinen Zahn, auf der Fläche in der Regel glatt, nur selten m. vereinzelten Knötchen; Seitenäste steif aufr.; Scheinähren an der Spitze nickend; ↕ 30–120(–150) cm; ⊙. VII–IX. – Wege, Ruderalstellen. – *z*, *s* im N.
Langblättrige M., ***A. oblongifolia*** Waldst. & Kit.

Pfl. ähnl. *A. oblongifolia*, grün bis graugrün, Zweige gerade bis angewinkelt abstd.; Fr.Hülle unterschiedl. stark (oft bis zur Mitte) verwachsen, auf der Fläche oft m. Anhängseln, an den Seiten etwas gezähnt, mitunter fast rautenf. u. m. ausgezogener Spitze; in den Merkmalen intermediär od. oft näher an *A. oblongifolia* (Introgression). – Ruderalstellen. – Im Verbr.Gebiet von *A. oblongifolia*, aber auch außerh., *z*. [*A. oblongifolia* × *A. patula*]
Nordhäuser M., ***A. × northusiana*** Wein

6 (2). Blätt. gegen das Licht betrachtet gleichm. grün (normale C3-Pfl.); Fr.Hülle im unt. Teil nicht verhärtend (Ausnahme: *A. glabriuscula*) u. gleichm. grün **9**

— Blätt. gegen das Licht betrachtet m. feinverästelter dk.grüner Nervatur, die Bereiche dazw. deutl. heller (Kranz-Anatomie; C4-Pfl.); Fr.Hülle im unt. Teil sich verhärtend u. gelbl.bräunl. verfärbend, im ob. Teil grün bleibend **7**

7. Blütenknäuel in abgesetzten endst. Scheinähren, diese nicht od. nur am Grund beblätt.; Blätt. (dk.)grün, stark lappig eingeschnitten; — Fr.Hülle rautenf., spitz, gezähnt (oben oft schwach), oft 3-lappig (*597/6*); ↕ 30–150 cm; ⊙. VII–X. – Ruderalstellen. – *s*, im W *f* od. unbest.; *z* A: Bgl, NÖ. Tataren-M., ***A. tatarica*** L.

— Blütenknäuel alle blattachselst.; Blätt. graugrün, nicht lappig eingeschnitten; — Fr.Hülle meist stark gezähnt **8**

8. Pfl. aufr. od. aufstgd.; unt. Blätt. eif. rautenf., ungleich lappig gezähnt, ob. eif.; der Rand gleichm. scharf gezähnt, flach; — Scheinähren fast bis zur Spitze beblätt.; Fr.Hülle 3-eckig bis br. rautenf., bis 5 mm lg., ungleich gezähnt, auf der Fläche glatt od. höckerig (*597/7*);

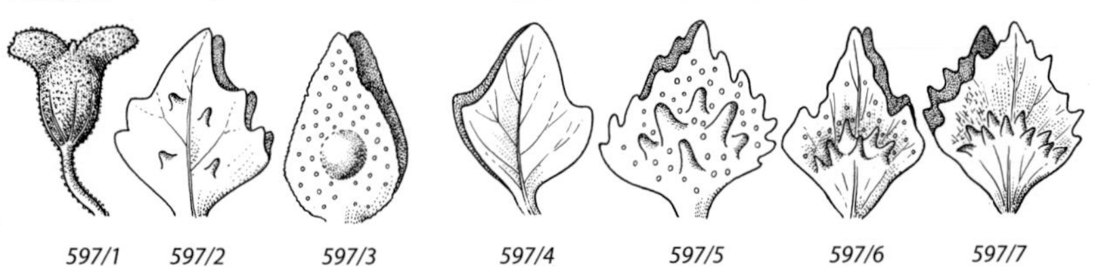

597/1 *597/2* *597/3* *597/4* *597/5* *597/6* *597/7*

Binnenlandpfl., weißl., ± mehlig, ↕ 25–90 cm; ⊙. VII–IX. – Wegränder, Ruderalstellen. – *s*, D: BW, BY, NI, RP, SN, ST, TH; A: Bgl, NÖ ; CZ; eingebürg. od. unbest. in D: MV, SH (Hamburg); DK; PL. Rosen-M., ***A. rosea*** L.

— Pfl. niederlgd. bis aufstgd., vom Grund an verzweigt; unt. Blätt. 3-eckig-eif., br., tief buchtig, zuw. 3-lappig, bis fast ganzrandig; ob. Blätt. lanzettl.-spießf.; — Scheinähre bis zur Spitze beblätt.; Fr.Hülle br. rautenf. bis spießf., bis 10 mm lg., meist breiter als lg., an der Spitze etwas 3-lappig, auf der Fläche oft m. großen Anhängseln; Küstenpfl.; ↕ 30–60 cm; ⊙. VIII–IX. – Salzwiesen, Sand- u. Schlickböden. – *s*, Nordseeküste, Ostseeküste, D: NI, SH; B; DK; NL. [*A. maritima* L.; *A. sabulosa* Rouy] Gelappte M., ***A. laciniata*** L.

9 **(6).** Fr.Hülle in der unt. Hälfte schwammig-knorpelig aufgetrieben u. verhärtend, — br. rautenf., spitz, oben am Rand m. kleinen Zähnen od. fast glatt, auf der Fläche m. zahnf., weichstacheligen Anhängseln (*597/5*), der verhärtete Teil braun bis schwarz werdend, der ob. Teil zunächst grün bleibend; Grundblätt. 3-eckig-spießf., ungleich buchtig gezähnt; Scheinähren fast bis zur Spitze beblätt.; Pfl. mehlig bestäubt; ↕ 30–60 cm; ⊙. VII–IX. – Salz- u. Sandböden. – *z*, Meeresküsten aller Länder im Gebiet. [*A. babingtonii* J. Woods] Kahle M., ***A. glabriuscula*** Edmondston

— Fr.Hülle im Ganzen krautig bleibend **10**

10. Blätt. rautenf. lanzettl., am Grund keilf. (Blattgrundwinkel der untersten Blätt. 150°) **12**

— Blätt. 3-eckig, am Grund fast gerade (Blattgrundwinkel der untersten Blätt. > 160°) **11**

11. Fr.Hülle tief eingeschnitten gesägt (am Rand m. sehr lg., oft gebogenen Zähnen), nur am Grund verwachsen, zugespitzt (*596/4*), meist > 7(–14) mm lg.; — Grundblätt. fast 3-eckig spießf., tief buchtig gezähnt; mittl. Stg.Blätt. spießf., lanzettl.; Pfl. nur wenig bemehlt; ↕ 30–100 cm; ⊙. VI–IX. – *z*, Strand der Ostseeküste, sonst *s* verschleppt. Pfeilblättrige M., ***A. calotheca*** (Rafn) Fr.

— Fr.Hülle rautenf. 3-eckig, ganzrandig od. geschweift gezähnt (*597/2*), meist < 7 mm lg.; — Grundblätt. 3-eckig-spießf., ganzrandig od. gezähnt; ob. Stg.Blätt. lanzettl., spießf.; ↕ 10–60 (–120) cm; ⊙. VI–IX. – StrandStO, Straßenränder, Ruderalstellen. – *v–z*. – Formenreich. [*A. hastata* auct.] Spieß-M., ***A. prostrata*** DC.

12 **(10).** Blüten lg. gestielt; — Fr.Hülle 3-eckig-rautenf., längl., laubblattähnl., meist ganzrandig, m. 3 Längsnerven; Blätt. grün bis blaugrün, jung spärl. schilferig, dick, saftig; Fr.Reife ab VII; ↕ 20–50 cm; ⊙. VI–VIII. – Salz- u. Sandböden. – *s*, Nord- u. Ostseeküste, D: MV; DK u. Inseln; NL. Langblättrige M., ***A. longipes*** Drejer

— Blüten kurz gestielt bis sitzend **13**

13. Pfl. nur 5–20 cm hoch; unt. Äste nicht auffallend lg.; Blätt. längl. eif. bis eilanzettl. od. lanzettl., ohne od. m. undeutl. Basalzähnen; Fr.Reife ab VI(–VII); — Vorblätt. m. 1 Längsnerv; ⊙. V–VI. – Küstenökosysteme. – *z*, im Gebiet nur Boddenküste von N-MV. Frühe M., ***A. praecox*** Hülph.

— Pfl. meist > 20 cm hoch; unt. Äste auffallend lg.; Blätt. rautenf. lanzettl., wenig gezähnt, aber m. deutl., vorw. gerichteten Basalzähnen, bzw. Basallappen; Fr.Reife ab IX; — Äste absthd.; Scheinähren meist aufr.; Fr.Hülle durch kurzen Zahn beiderseits über dem Grund etwas spießf. (*597/4*), glatt od. weichstachelig; ⊙. VII–X. – Strand, Ruderalstellen, Kulturland. – *v*. Spreizende M., ***A. patula*** L.

Bassia All. [*Kochia* Roth p. p.; excl. *Spirobassia* Freitag & G. Kadereit], Radmelde

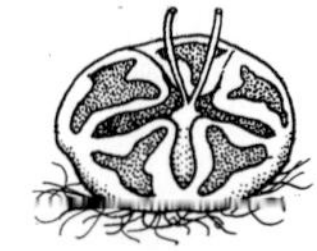

598/1

1. Blätt. flach, lanzettl. od. lineal-lanzettl., 1–3-nervig; Anhängsel des Perigons klein, oft nur warzig, nicht deutl. voneinander getrennt (*598/1*); ↕ (5–)30–200 (–250) cm; ⊙. VII–IX. – Kult. (Heimat: SO-Eur. bis As.); *s* verwild. – Gartenzierpfl. [*K. scoparia* (L.) Schrad.] Besen-R., Besenkraut, ***B. scoparia*** (L.) A. J. Scott

a. Scheinähren verläng., locker; Pfl. kahl od. spärl. behaart; ↕ (5–)30–100(–150) cm. – Kultursippe; Zierpfl., *s* verwild. Besen-R. (i. e. S.), Sommerzypresse, subsp. ***scoparia***

— Scheinähren gedrungen, dicht; Pfl. stärker behaart; ↕ (5–)30–200(–250) cm. – Wildsippe; an Ruderalstellen im NO *s* eingebürg. Dichtblütige R., subsp. ***densiflora*** (B. J. Jacks.) Cirujano & Velayos

— Blätt. linealisch bis pfrieml., 1-nervig; Perigon z. Frzt. m. trockenhäutigen Anhängseln **2**

2. Pfl. ausd., m. geraden, lg. Ästen, flaumig behaart; Perigonanhängsel z. Frzt. > 2 mm br.; Blätt. linealisch, — 5–20 mm lg., zottig behaart; Blüten in kleinen Knäueln, in Scheinähren od.

Rispen; ↕ 20–60(–80) cm; ♃. VII–IX. – Lösshänge. – Im Gebiet nur A: NÖ (Weinviertel); CZ (Mähren); früher A: Bgl. – Nacheiszeitl. Steppenrelikt. Halbstrauchige R., ***B. prostrata*** (L.) Beck

— Pfl. 1-j., niederlgd. od. aufstgd.; Perigonanhängsel z. Frzt. < 1 mm br.; Blätt. fädl. pfrieml., — unterseits gefurcht; Blüten von einem Kranz von Borsten umgeben (*596/6*); Perigonanhängsel 5, deutl. getrennt, rautenf., trockenhäutig (*596/6*); ↕ 5–80 cm; ⊙. VIII–X. – Sandrasen, Brachäcker. – *s*, D: BW, HE u. RP (Oberrhein); A: NÖ, früher auch Bgl; *s* CZ; früher W-PL. [*K. laniflora* (S. G. Gmel.) Borbás; *K. arenaria* (G. Gaertn. et al.) Roth]
Sand-R., ***B. laniflora*** (S. G. Gmel.) A. J. Scott

Beta L., Rübe

1. Perigonblätt. weiß od. gelb, ohne deutl. Hautsaum; Narben 3; Staubbeutel das Perigon deutl. überragend; — Perigonblätt. (2,5–)3–4(–5) mm lg.; Blätt. ≤ 20 cm lg.; Stg.Blätt. oft herzf.; ↕ 50–100 cm; ♃. VII–VIII. – Ufer, Gebüsche. – Ne. (Heimat: O-Eur., SW-As.), eingeschleppt; *s* u. meist unbest. z. B. in D: BW, BY (Schlaifhausen), NRW, SN, TH; A: NÖ (Weinviertel).
Dreinarbige R., ***B. trigyna*** Waldst. & Kit.

— Perigonblätt. grün, m. schmalem, aber deutl. Hautsaum; Narben 2(–3); Staubbeutel das Perigon nicht od. kaum überragend; — Perigonblätt. 2–2,5(–3) mm lg.; Blüten zu 2–4 in Knäueln, insges. zu lg., beblätt., rispiger Infl. vereinigt; Perigonblätt. bei Fr.Reife erhärtend u. Fr. einschließend; ↕ 50–100 cm; ♃, ⚇ od. ⊙. VI–IX. Beta-R., ***B. vulgaris*** L.

a. Pfl. ausd., m. niederlgd. Ästen u. kleinen Blätt.; Wurzel nicht rübenart. verdickt. – *s*, D: Küstengebiet von Helgoland, MV u. SH (Ostsee); B; DK; NL. [*B. perennis* (L.) Freyn] Wilde Bete, subsp. ***maritima*** (L.) Arcang.

b. Pfl. 1-j.; Wurzel wenig verdickt; Blätt. groß, hellgrün. – Als Blattgemüse kult. Mangold, subsp. ***vulgaris***

c. Pfl. 2-j.; Wurzel dick fleischig. – Als Runkel-R. (var. *crassa* Helm), Rote R., Rote Beete, Rote Bete (var. *conditiva* Alef.) u. Zucker-R. (var. *altissima* Döll) feldm. angepfl. [*B. rapa* Dumort.; oft auch zu subsp. *vulgaris* gestellt]
subsp. ***rapacea*** (W. D. J. Koch) Döll

Blitum L. [*Chenopodium* L. p. p.], Spinatgänsefuß, Erdbeerspinat

1. Blütenhülle z. Frzt. trockenhäutig; Pfl. ausd., mehlig bestäubt; — Stg. zahlr., aufstgd. bis aufr.; Blattspr. 3-eckig spießf. m. nach hinten od. seitl. absthd. Spießecken (*603/2*), am Rand oft wellig, sehr groß, lg. gestielt; Blütenknäuel in endst., nur am Grund beblätt. Infl.; Narben verläng., Narbenäste 1–2 mm lg.; ↕ 15–60 cm; ♃. IV–X. – Düngeplätze, Lägerfluren, Wegränder; bis 2800 m. – *v*. [*C. bonus-henricus* L.]
Guter Heinrich, Dorf-S., ***B. bonus-henricus*** (L.) Rchb.

— Blütenhülle z. Frzt. fruchtfleischart. saftig, ± miteinander verschmelzend, leuchtend rot, später eintrocknend, zuletzt braun bis schwarz werdend (*599/1*); Pfl. 1-j., meist kahl **2**

2. Ob. Blütenknäuel ohne Tragblätt.; Knäuel teilw. sehr gedrängt, 0,6–1,5 cm ∅; Blätt. spießf. 3-eckig, Spr. schwach gezähnt od. ganzrandig, Schmalseite der Samen gekielt; ↕ 30–60 cm; ⊙. VI–VIII. – Ruderalstellen. – Selten angepfl., Ne. (Heimat: SW-As.) u. verwild.; *s*. [*C. capitatum* (L.) Asch.] Kopfiger E., ***B. capitatum*** L.

— Alle Blütenknäuel m. Tragblätt.; Knäuel stets deutl. getrennt, 0,4–0,8 cm ∅ (meist kleiner als bei ob. Art); Blätt. 3-eckig, Spr. (auch der Hochblätt.) tief u. spitz gezähnt (*599/1*); Schmalseite der Samen gerundet, nur m. Rille; ↕ 20–40(–60) cm; ⊙. VI–VIII. – Angepfl. u. Ne. (Heimat: MMG bis Z-As.) u. *s* verwild. – Kulturpfl. [*C. virgatum* Asch.]
Echter E., Durchblätterter E., ***B. foliosum*** L.

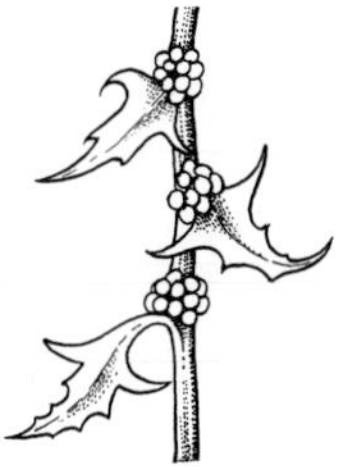
599/1

Camphorosma L., Kampferkraut

Stg. spärl. behaart, aufstgd. od. aufr.; Blätt. pfrieml., 5–15 mm lg.; Perigon oft rosa; ↕ 5–40 cm; ⊙. VIII–IX. – Salzstellen. – *s*, nur A: Bgl (Seewinkel).
Einjähriges K., ***C. annua*** Pall.

Chenopodiastrum S. Fuentes et al. [*Chenopodium* L. p.p.], Sterngänsefuß, Sternmelde

Die Zerlegung von *Chenopodium* s.l. in monophylet. Segregate (z.B. Fuentes-Bazán et al. 2012; G. Kadereit in Kadereit et al. 2016) macht die Schaffung der hier vorgeschlagenen deutschen (Bücher-)Namen erforderl.

1. Infl. länger als das Tragblatt; Samen grubig-warzig, (1,2–)1,5–2 mm ∅, matt; Spr. der unt. Stg.-Blätt. am Grund seicht herzf., ± br. 3-eckig bis 5-eckig, beiderseits m. 1–3(–5) weitbuchtig getrennten, lg. zugespitzten Zähnen; Perigonzipfel ohne Höcker; — Blätt. bis 22 cm × 16 cm, stachelspitzig, oberseits glzd., unterseits weniger glzd.; Blüten m. 5 wenig bemehlten Perigonblätt.; Samen zus.gedrückt, im Umriss kreisf., am Rand abgerundet od. gekielt; Pfl. zunächst m. Blasenhaaren, diese später völlig zusammenfallend u. hinfällig, so dass die Pfl. verkahlen; alte Blätt. beiderseits ± kahl; Pfl. stinkend (nach Stechapfel riechend); ↕ (10–)30–80(–100) cm; ⊙. (V–)VI–VIII(–IX). – Ruderalstellen, Äcker, Gärten, Gartenland; bis in die montane Stufe. – Im ganzen Gebiet weit *v*, aber im NW u. Alp.vorland *s*, *f* Alp. [*Chenopodium hybridum* L.]
Bastard-S., Stechapfelblättrige S., ***C. hybridum*** (L.) S. Fuentes et al.

— Infl. kürzer als das Tragblatt; Samen papillös, 1–1,2 mm ∅, glzd.; Spr. unt. Stg.Blätt. am Grund gestutzt od. keilf., scharf gesägt, beiderseits m. > 3 Zähnen; Perigonzipfel m. stumpfem Höcker; — Blätt. eif.-rautenf. bis längl.-rautenf., 1,5–10 cm × 1–8 cm, stachelspitzig, oberseits glzd., unterseits wenig bemehlt, später oft verkahlend; Perigon oft rot überlaufen; Perigon u. Blütenstiele kaum bemehlt; Samen linsenf., im Umriss rundl., am Rand scharf gekielt; Pfl. unangenehm riechend; ↕ 15–60(–150) cm; ⊙. (VI–)VII–IX(–X). – Wegränder, Schuttplätze, Dorfplätze, Hausmauern; kollin bis submontan. – Wohl nur südl. der Alp. einheim., aber heute im ganzen Gebiet; im O u. S sehr *z*, sonst *s* u. vielerorts verschwunden; D: BB, BW, BY, MV, NI, NRW, RP, SN, TH; A; B; CH; CZ; DK; NL; PL. [*Chenopodium murale* L.]
Mauer-S., ***C. murale*** (L.) S. Fuentes et al.

Chenopodium L. s. str. [excl. *Blitum* L., *Chenopodiastrum* S. Fuentes et al., *Dysphania* R. Br., *Lipandra* Moq., *Oxybasis* Kar. & Kir. u. *Teloxys* Moq.], Gänsefuß

Der hier angebotene Schlüssel zu *Chenopodium* s.str. (z.B. Fuentes-Bazán et al. 2012; G. Kadereit in Kadereit et al. 2016) umfasst auch Querverweise auf die o.g. Segregate, da sich einige von ihnen morpholog. relativ schwer charakterisieren lassen (vgl. dazu u.a. Wißkirchen 2014).

1. Blattspr. ganzrandig od. höchstens beiderseits m. einem Zahn, am Grund zuw. spießf.; — Samen glzd. **12**
— Blattspr. gezähnt od. gelappt (wenigstens die unt. u. die mittl.) **2**
2. Spr. der Grundblätt. am Grund seicht herzf. .... ***Chenopodiastrum***, 600
— Blattspr. am Grund ± keilf. in den Stiel verschmälert, nicht herzf. **3**
3. Blütenstiele u. Perigon kahl, nicht mehlig (bei *O. urbica* zuw. anfangs etwas mehlig) bestäubt .... ***Oxybasis***, 604
— Blütenstiele u. Perigon mehlig bestäubt (bisw. verkahlend); — Fr. von Perigon vollst. eingeschlossen; Fr.Hülle gekielt, die fast schwarze Fr. ganz bedeckend; reife Samen glzd., stumpfrandig **4**
4. Blattspr. viel länger als br. (*601/1*) **6**
— Blattspr. nur wenig länger als br. (bis 2-mal so lg. wie br.; vgl. aber auch **10**, Formen von *C. album* s.l.) (*601/2*) **5**
5. Pfl. geruchlos; unt. u. mittl. Stg.Blätt. ≈ so lg. wie br., rundl., br. eif. bis rautenf., dickl. (*601/2*), < 3 cm lg.; Samenschale radial gerillt, fast papillös; — Stg. sparrig verzweigt; Perigonzipfel auf dem Rücken gekielt; ↕ 30–100 cm; ⊙. VII–IX. – Schuttplätze, Wege, Äcker. – *z*, *s* im N. (zu Artengruppe Weißer G., *C. album* agg.).
Schneeballblättriger G., ***C. opulifolium*** W. D. J. Koch & Ziz
— Pfl. übelriechend (nach verfaultem Fisch stinkend); unt. Stg.Blätt. 2-mal so lg. wie br., tief 3-lappig, spießf.; Samenschale bienenwabenart. grubig; — Pfl. ± stark mehlig; ↕ 20–100 cm; ⊙. VII–IX. – Schuttplätze, Häfen, Güterbahnhöfe. – Ne. (Heimat: S-Am.), eingeschleppt; *z*.
Bock-G., ***C. hircinum*** Schrad.

6 **(4).** Unt. Stg.Blätt. nicht od. undeutl. 3-lappig, veräng., buchtig-gezähnter Mittellappen fehlend; reife Samen glatt od. nur wenig skulpturiert (nicht grubig punktiert), meist glzd. **9**

— Unt. u. mittl. Stg.Blätt. 3-lappig, m. veräng., buchtig-gezähnten Mittellappen (*601/1*); reife Samen grubig punktiert (Lupe!); — Pfl. ± mehlig **7**

7. Samen 0,8–1 mm ∅, deutl. grubig bienenwabenart. punktiert (Lupe!); — mittl. u. bes. unt. Blätt. lanzettl., deutl 3-lappig; Mittellappen der Blätt. schmal, lg., fast parallelrandig, unregelm. buchtig gezähnt (*601/1*); Seitenlappen tief sthd.; Pfl. buschig, ↕ 30–120(–170) cm; ⊙. VII–VIII. – Flussufer, Äcker, Bauschuttdeponien. – Ne. (Heimat: S-Eur., W-As.), eingeschleppt; *z.* [*C. serotinum* auct. non L.] Feigenblättriger G., ***C. ficifolium*** Sm. (subsp. ***ficifolium***)

Ähnl. Berlandier-G., ***C. berlandieri*** Moq. [*C. zschackei* Murr]: Samen 1–1,4 mm ∅, deutl. grubig bienenwabenart. punktiert; mittl. u. bes. unt. Blätt. br. eif bis rautenf., undeutl. 3-lappig; Mittellappen der Blätt. br., vom Grund an verschmälert; Seitenlappen ≈ in der Mitte der Spr.; ↕ 50–150 cm; ⊙. VII–IX. – Ruderalstellen, Häfen, Bahngelände, Bauschuttdeponien. – Ne. (Heimat: S-Eur. u. W-As.), eingeschleppt; *z.*

— Samen meist > 1 mm ∅, undeutl. grubig punktiert; — Pfl. bis 100 cm hoch, selten mehlig bestäubt **8**

8. Mittellappen der Blattspr. schmal, stufenf. od. gleichm. zugespitzt, m. wenigen, unregelm., scharfen Zähnen; — Seitenlappen 1–2-lappig, scharf zugespitzt (*601/3*); Pfl. sich leicht rötend, später gelb werdend; ↕ 30–100 cm; ⊙. VIII–X. – Sandige Flussufer, Ruderalstellen. – *s*, PL, früher Danziger Bucht. Ahornblättriger G., ***C. acerifolium*** Andrz.

— Mittel- u. Seitenlappen br., reich u. vielfach gezähnt (*601/4*); — Stg. dünnwandig, im ob. Teil meist leicht zus.drückbar; Pfl. grün, anfangs blasenhaarig (*41/3*), später kahl, vom Grund an lockerästig; ↕ 30–100 cm; ⊙. VI–VIII. – Äcker, Gärten, Ruderalstellen. – *z.* [*C. viride* auct.] (zu Artengruppe Weißer G., *C. album* agg.) Schwedischer G., Grüner G., ***C. suecicum*** Murr

9 **(6).** Blätt. klein (meist nur 1–3 cm lg.) u. kurz gestielt (0,4–1 cm lg.); Spr. sehr schmal, linealisch bis lanzettl., ganzrandig od. höchstens m. 1 kleinen Zahn, außer dem Mittelnerven nur basales Seitennervenpaar sichtbar, welches bis gut zur Mitte parallel zum Rand verläuft (*601/6a*); Pfl. graugrün, stark graumehlig bereift; — ob. Stg.Blätt. lanzettl., plötzl. fein zugespitzt (*601/6b*); ↕ 50–100 cm; ⊙. VI–VIII. – Ruderalstellen. – Ne. (Heimat: N-Am.), eingeschleppt; *z.* [*C. desiccatum* auct.; *C. leptophyllum* auct.] Schmalblatt-G., ***C. pratericola*** Rydb.

— Blätt. > 4 cm lg. u. unterschiedl. lg. gestielt; Spr. in der Form sehr veränderl., aber meist deutl. breiter, rautenf. bis lanzettl. od. zuw. undeutl. 3-lappig, m. mehreren sichtbaren Seitennervenpaaren (bes. wichtig, falls Blätt. lanzettl.!; *603/1*); Pfl. meist weißmehlig bereift. (Aggregatsgruppe Weißer G., ***C. album*** agg. s. l.) **10**

Schlüssel nach Wißkirchen (2015), veränd. – Zum sehr weit gefassten Aggregat gehören außerdem *C. suecicum* u. *C. opulifolium*.

10. Stg. grün- od. rotstreifig; Pfl. am Grund meist m. nach oben abgewinkelten Ästen; Blätt. 4–12 cm lg., meist 1,5-mal so lg. wie br., nicht od. nur selten rot berandet, z. Frzt. flach; Blütenknäuel meist unregelm. klumpig gehäuft od. unregelm. aufgelockert; Perigon bei Reife geschlossen bleibend od. sich nur wenig öffnend; Samen kreisrund bis schwach eirund, 1,2–1,5 mm ∅ (bzw. lg.), etwas glzd., Oberfläche schwach gemustert; ↕ (10–)30–200(–350) cm; ⊙. V–X. – Ruderalstellen, Gärten, Äcker. – *v.* Weißer G. (i. w. S.), ***C. album*** (s. l.)

a. Blätt. kaum länger als br., 4–6 cm lg., nicht dickl., 3-lappig od. zumind. am Grund abgesetzt lappig-gezähnt, bis zur Spitze m. großen Zähnen, Blattspitze oft gerundet, stumpfl. od. nur kurz spitz; Blütenknäuel regelm. dicht gereiht; ↕ 20–150 cm. – Ruderalstellen, Bahnanlagen. – *s*; Verbr. ungenügend bekannt. [*C. album* subsp. *borbasii* (Murr) Soó] Dreilappiger Weißer G., ***C. borbasii*** Murr

Ähnl. ist Probst-G., ***C. probstii*** Aellen: Blätt. 4–10 cm lg., dickl., sich früh über gelb u. orange nach rot verfärbend (bei *C. borbasii* nicht od. nur selten rotrandig), rautenf.-3-eckig bis eif.-rautenf., m. gezähnten, oft mehrf. bis

601/1 *601/2* *601/3* *601/4* *601/5* *601/6*

doppelt gezähnten Seitenlappen u. gleichm. verjüngtem, durchghd. tief, zuw. doppelt gezähntem Mittellappen (bei *C. borbasii* ist dieser wie bei *C. opulifolium* etwas parallelrandig); Stg. sich oft früh rotviolett verfärbend; ↕ 150–200(–350) cm; VII–X? Ruderalstellen. – Ne. (Heimat: N-Am.? Australien?), eingeschleppt; *s* u. meist unbest. in fast ganz D, in BY u. SN in Einbürg.; A.

— Blätt. deutl. länger als br., nicht od. nur andeutungsweise 3-lappig, vorne spitz; Blütenknäuel meist etwas klumpig, unregelm. gehäuft od. aufgelöst u. Einzelblüten sichtbar .... **b**

b. Blätt. (br.) 3-eckig-rautenf. bis eilanzettl., meist deutl. u. dicht gezähnt m. unten meist 2 größ. Zähnen; Blütenknäuel vielblütig, an den Scheinähren in geringen Abständen, oft klumpig gehäuft; Infl. relativ kompakt m. angewinkelten Scheinähren, seltener aufgelockert; Pfl. meist stärker bemehlt; ↕ 20–170 cm. VI–VII(–VIII). – Ruderalstellen. – *v*. [*C. album* var. *lanceolatum* (Murr) Aellen; *C. album* subsp. *album*; incl. *C. lobodontum* H. Scholz] Weißer G. (i. e. S.), ***C. album*** L. s. str.

— Blätt. längl.-ellipt. bis lanzettl., nicht gezähnt od. m. wenigen spitzen Zähnen besetzt; Blütenknäuel wenigblütig, in kleinen Gruppen od. in Form gestielter Einzelblüten m. deutl. Abständen zueinander; Infl. sehr locker, die Äste oft gabelspaltig; Pfl. wenig bemehlt; ↕ 10–100(–150) cm. V–VI. – Ruderalstellen. – *v*. [*C. album* subsp. *pedunculare* (Bertol.) Arcang.] Stielblütiger Weißer G., ***C. pedunculare*** Bertol.

Vielleicht nur eine standörtl. Modifikante der vorigen Art.

— Stg. intensiv rotstreifig, zuletzt oft ganze Pfl. violett-rötl. verfärbt; Pfl. am Grund m. zunächst ± gerade absthd. od. lgd. Seitenästen; Blätt. relativ schmal, meist (1,5–)2–3-mal so lg. wie br., 2–6 cm lg., am Rand früh rötl. u. z. Frzt. oft etwas gewellt, ungeteilt; Blütenknäuel meist gleichm. fein-perlschnurart. gereiht; Perigon sich bei Reife weit öffnend; Samen ± eif., etwas länger als br., 0,9–1,3 mm lg., stark glzd., Oberfläche nicht od. sehr flach gemustert **11**

11. Blätt. 3–6 cm lg., längl. ellipt., eilängl. od. (br.) eilanzettl., Ränder fast parallel, sich zur Spitze hin nur etwas annähernd (*601/5a*), Spitze br. abgerundet bis kurz spitz, gleichm. fein gezähnt bis (oben) fast ganzrandig (*601/5b*); Stg. frühzeitig rotviolettstreifig; Perigon wenig blasenhaarig, Blütenknäuel daher z. Bltzt. gelbl.grün, später (dk.)olivgrün; Pfl. meist relativ groß, 20–150 cm hoch, am Grund m. waagr. absthd., oft bodenanlgd., aufstgd. Ästen; ⊙. VIII–X. – Ruderalstellen, Schuttdeponien, Bahnanlagen. – *z*. [*C. striatum* (Krašan) Murr; *C. album* L. subsp. *striatum* (Krašan) Murr] Gestreifter G., ***C. strictum*** Roth

Der korrekte Name für die Sippe ist eigentl. *C. betaceum* Trautv., während *C. strictum* zu einer Gruppe von Taxa aus SO-As. gehört. Buttler & Hand (2018) raten zur Zurückhaltung bei der Umsetzung, da der Name *C. strictum* im Sinne der bisherigen Verwendung konserviert werden könnte.

— Blätt. 1–4 cm lg., längl. rautenf. 3-eckig bis eilanzettl., nach oben gleichm. verjüngt, spitz od. etwas stumpfl., oft etwas buchtig gezähnt, die der Seitenäste deutl. kleiner, schmal eif. bis eilanzettl., wenig u. sehr fein gezähnt bis ganzrandig; Stg. früh gelbl., später rötl. verfärbend; Perigon dicht blasenhaarig, Blütenknäuel daher graugrün; Pfl. zierl., meist nur 10–40 cm hoch, m. lg., bogig aufstgd. Seitenästen, locker buschig wirkend; ⊙. VIII–X. – Trockene, sandige Ruderalstellen, Bahndämme, Mauern. – Verbr. unvollst. erfasst. [*C. strictum* subsp. *striatiforme* (Murr) Uotila] Kleinblättriger G., ***C. striatiforme*** Murr

12 (1). Blattspr. 3-eckig-spießf. (*603/2*), am Rande oft wellig, sehr groß, lg. gestielt; Narben verläng., ≥ 1 mm lg. [*C. bonus-henricus* L.]
Guter Heinrich, ***Blitum bonus-henricus*** (L.) Rchb., 599

— Blattspr. eif. bis längl., nicht spießf.; Narben bis 0,5 mm lg. **13**

13. Pfl. beim Zerreiben ekelhaft nach verfaultem Fisch stinkend, kleiig bestäubt; Blätt. eif. rautenf., klein; Blüten in geknäuelten Scheinähren; — Stg. lgd., ↔ 15–40 cm; ⊙. V–IX. – Mauern, Bauschuttdeponien, Ruderalstellen. – *z*, oft nur unbest. Stinkender G., ***C. vulvaria*** L.

— Pfl. geruchlos, nicht kleiig; Blätt. eif. längl., dünn; Blütenknäuel klein, ∞, in blattachsel- u. endst. Scheinähren .... ***Lipandra***, 604

Corispermum L., Wanzensame

1. Fr. br. geflüg., Flügel halb so br. wie der Samen, dünnhäutig, an beiden Enden ausgerandet, am Rande gezähnt (*603/3*); — Ähre dichtblütig; Pfl. anfangs grau sternhaarig; ↕ 30–40 cm; ⊙. VII–IX. – Dünen u. Sandfelder. – Ne., wohl aus dem O u. SO eingeschleppt; *s*, D: BW (Mannheim, Neckarmündung), MV, unt. Elbe; in Berlin unbest., früher Brandenburg; *s* NL; Ostseeküste, PL (Frische Nehrung). Grauer W., ***C. marschallii*** Steven

— Flügel der Fr. schmaler, höchstens ein Drittel der Breite des Samens, ± dickl., ganzrandig od. undeutl. gezähnt **2**

2. Flügel sehr schmal, nur als durchscheinender Saum, ganzrandig (*603/4*); — Ähre an der Basis locker-, an der Spitze dichtblütig; ↕ 10–60 cm; ⊙. VII–IX. – Ne. (Heimat: O-Eur.), eingeschleppt; *s*, D: O-BB PL. Großblättriger W., ***C. hyssopifolium*** L.

— Flügel der Fr. etwas breiter u. stets deutl. (*603/5*) **3**

3. Ähre schlank, verläng., an der Basis lockerblütig; — Pfl. m. ausgebr. Ästen, zierl., kaum sternhaarig, verkahlend, oft rot überlaufen; ↕ 10–40 cm; ⊙. VIII–X. – Sandige Stellen, Wegränder. – Ne. (Heimat: SO-Eur.), meist eingeschleppt; im Gebiet sehr *s*, z. B. D: BB (Berlin), MV (Warnemünde); A: NÖ, früher Bgl; sehr *s* PL. Glänzender W., ***C. nitidum*** Kit.

— Ähre meist dick, walzl., im ob. Teil dichtblütig, an der Basis lockerblütig **4**

4. Perigon meist fehlend; Staubblätt. 1 od. 3; Fr. ellipt. bis rundl., m. breiterem, an der Spitze abgerundetem, durchscheinendem Flügel (*603/5*); Pfl. aufr., m. verläng., ± rot überlaufenen, in der Jugend dicht sternhaarigen Ästen; ↕ 10–30 cm; ⊙. VIII–IX. – Sandböden. – *s*, Ostseeküste von PL; in D keine etablierten Vorkommen. Dünen-W., ***C. intermedium*** Schweigg.

— Perigon meist 1-blättr., rundl. bis eif., nur am ob. Rand unregelm. u. fein gezähnt; Staubblätt. 1–5, meist 3, die mittl. länger; Fr. m. schmal dickl. od. breiterem u. durchscheinendem Flügel; Pfl. grün, kahl, vom Grund an reichästig; ↕ 10–60 cm; ⊙. VI–IX. – Sandflächen. – *z*, D: Dünen im Binnenland (Oberrheingebiet, Mainz, Darmstadt, Berlin), NO-D; A: NÖ, OÖ, Ti (Innsbruck); B; CZ; NL. – Formenreich. [*C. hyssopifolium* auct. non L.; *C. leptopterum* (Asch.) Iljin]
Pallas-W., Schmalflügeliger W., ***C. pallasii*** Steven

Dysphania R. Br. [*Chenopodium* L. p. p.], Drüsengänsefuß

1. Blüten in lockeren, achselst. Dichasien; — Blüten voneinander entfernt **3**

— Blüten in blattachselst. Knäueln **2**

2. Blütenknäuel 2–3 mm ∅; Stg. u. Äste aufr.; Blätt. lanzettl., spitz, entfernt gezähnt, unterseits drüsig; Spr. 4–12 cm lg.; Pfl. stark aromat. riechend (Kampfergeruch); — Infl. rispenähnl.; ↕ 25–80(–120) cm; ⊙. VII–VIII. – Nur noch vereinzelt kult.; auch Ruderalstellen. – Ne. (Heimat: M Am.); *s* verwild. u. eingebürg., z. B. D: SW-BW, NRW; CH: Ts; sonst unbest. D (fast im ganzen Land); A: Kt, NÖ, OÖ, Stm; CZ; I: Bz; NL. – Früher Heilpfl. (Tee gegen Würmer); giftig! [*C. ambrosioides* L.]
Wohlriechender D., Mexikanisches Teekraut, ***D. ambrosioides*** (L.) Mosyakin & Clemants

— Blütenknäuel 3–5 mm ∅; Stg. unten reich verzweigt, Äste niederlgd. od. aufstgd.; Blätt. rautenf.-eif.; Spr. 1–4 cm lg.; Pfl. (nur schwach?) aromat. riechend (Geruch erinnert an frisches Basilikum); ↕ 20–80 cm; ⊙. VI–IX. – Ruderalstellen. – Ne. (Heimat: Australien); teilw. eingebürg., vielerorts unbest.; *s*, D; B; A: Bgl, NÖ; CH; CZ; NL. [*C. pumilio* R. Br.]
Australischer D., ***D. pumilio*** (R. Br.) Mosyakin & Clemants

3 (1). Perigonzipfel auf dem Rücken m. kammart. Höckern, oberw. br. hautrandig; Pfl. wenig klebrig; Blätt. eif. ellipt., meist buchtig-fiederspaltig, jederseits m. 3–5(–10) schmalen Lappen; Buchten meist ohne Zwischenlappen; ↕ 30–90 cm; ⊙. VII–IX. – Ruderalstellen. – Ne. (Heimat: trop. Afr.); *s*. – Giftig! [*C. schraderianum* Schult.]
Schrader-D., ***D. schraderiana*** (Schult.) Mosyakin & Clemants

— Perigonzipfel ohne Höcker, auf dem Rücken abgerundet, schmal hautrandig; Pfl. stark klebrig; Blätt. längl. ellipt., tief gebuchtet, m. br. Buchten; ↕ 30–70 cm; ⊙. VII–VIII. – Ruderalstellen. – Ne. (Heimat: MMG, As.); nur lokal eingebürg., meist unbest.; *z*. [*C. botrys* L.]
Klebriger D., ***D. botrys*** (L.) Mosyakin & Clemants

603/1 *603/2*

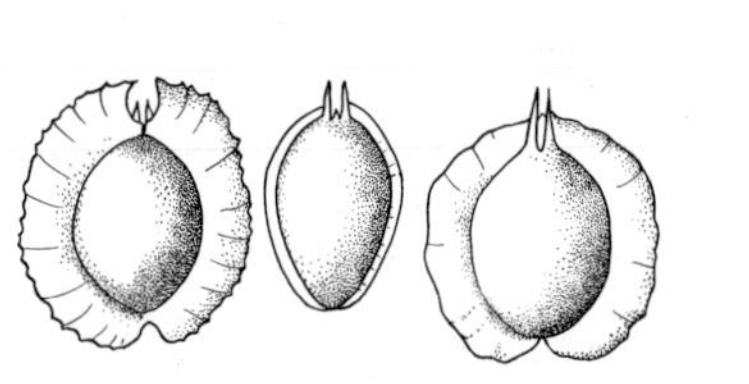

603/3 *603/4* *603/5*

Halimione Aellen [*Obione* Gaertn.; *Atriplex* L. p. p.], Salzmelde, Keilmelde

Unter Fr.Blatthülle werden die beiden Vorblätt. der Blüte zur Fr.Reife verstanden.

1. Stg. am Grund verholzt (Halbstrauch); Stg.Blätt. meist bis weit hinauf gegenst.; Blüten sitzend; stielf. unt. Teil der Fr.Blatthülle (sog. Basalstück) z. Frzt. kurz (Fr. fast ungestielt), 3-lappig, Mittellappen nur etwas größer als die kaum ausgestellten Seitenlappen (*596/2*); Vorblätt. z. Frzt. an der Basis verwachsen; ↕ 30–80 cm; ♄. VII–VIII. – Salzwiesen. – *z*, Nordseeküste, D: NI, W-SH; B; DK (nur Ne.?); NL. [*A. portulacoides* L.; *O. portulacoides* (L.) Moq.]
Strand-S., Portulak-S., ***H. portulacoides*** (L.) Aellen

— Ganze Pfl. krautig; Stg.Blätt. meist wechselst., nur im untersten Teil des Stg. gegenst.; stielf. unt. Teil der Fr.Blatthülle (Basalstück) z. Frzt. lg. gestielt, 3-eckig, an der Spitze m. großen, seitl. ausgestellten Seitenlappen u. kleinem Mittellappen (Vorblätt. im Umriss fast hammerf.; *597/1*); ↕ 10–50 cm; ⊙. VII–X. – Salzwiesen. – *v–z*, Nord- u. Ostseeküste, *s* an Salzstellen in M-D. [*A. pedunculata* L.; *O. pedunculata* (L.) Moq.]
Gestielte S., Stielfrüchtige S., ***H. pedunculata*** (L.) Aellen

Krascheninnikovia Gueldenst., Hornmelde

Pfl. stark verzweigt, m. steifen Ästen, fein sternhaarig; Blüten eingeschl., ♂ Blüten in dichter ähriger Infl.; Perigon 4-blättr.; ♀ Blüten ohne Perigon, m. 2 die Fr. umhüllenden seidig-zottigen (trocken rotbraune Sternhaare!) Vorblätt.; Blätt. verkehrt eif. bis lanzettl., kurz gestielt, 10–45 mm lg.; ↕ 20–100 cm; ♄; VII–IX. – Lösshänge. – Sehr *s*, nur A: NÖ (Weinviertel); CZ; Hauptverbr.: Z- u. O-As. – In M-Eur. nur sehr lokal als eiszeitl. Kältesteppenrelikt. [*Eurotia ceratoides* (L.) C. A. Mey.; *Ceratoides latens* (J. F. Gmel.) Reveal & N. H. Holmgren] Hornmelde, ***K. ceratoides*** (L.) Gueldenst.

Lipandra Moq. [*Chenopodium* L. p. p.], Fischmelde

Pfl. locker verzweigt, in der unt. Hälfte m. abstdh. Ästen, bis auf wenige Blasenhaare auf einigen Blattunterseiten kahl, sehr oft rot überlaufen, geruchlos; Stg. 4-kantig; Blätt. ellipt., eif. od. rautenf.-eif., bis 8 cm lg. u. 5 cm br., ganzrandig, seltener im unt. Teil beiderseits m. einem bis 0,5 cm lg. Zahn, ± stachelspitzig, m. deutl. Seitennerven, bei Jungpfl. oft m. rotem Rand; Gr. kurz, fast fehlend; Fr. reif im offenen Perigon sichtbar; ↕ 15–60(–100) cm; ⊙. VI–IX. – Ruderalstellen, Äcker, Gärten. – Im ganzen Gebiet *v* u. meist häufig. – Formenreich (stark abweichende Habitusformen). [*C. polyspermum* L.; *C. acutifolium* Sm.; *C. polyspermum* subsp. *cymosum* (Chev.) Arcang., *C. polyspermum* subsp. *spicatum* (Moq.) Arcang., *C. polyspermum* var. *acutifolium* (Sm.) Gaud.]
Vielsamige F., ***L. polysperma*** (L.) S. Fuentes et al.

Oxybasis Kar. & Kir. [*Chenopodium* L. p. p.], Spitzmelde, Spitzgrund

Die Zerlegung von *Chenopodium* s. l. in monophylet. Segregate (z. B. Fuentes-Bazán et al. 2012; G. Kadereit in Kadereit et al. 2016) macht die Schaffung der hier vorgeschlagenen deutschen (Bücher-)Namen erforderl.

1. Blätt. auffallend 2-farbig, unterseits bläul.grau, — stark bemehlt, oberseits dk.grün, entfernt buchtig gezähnt; Blüten in dichten, nur am Grund beblätt. Scheinähren; Pfl. zuw. blutrot überlaufen, ↕ 10–50 cm; ⊙. VII–X. – Dorfstraßen, Ruderalstellen; salz- u. stickstoffliebend. – *z*. [*C. glaucum* L.] Graugrüne S., ***O. glauca*** (L.) S. Fuentes et al.

— Blätt. unterseits grünl. **2**

2. Infl. fast blattlos, achselst., steif aufr.; alle Blüten eines Knäuels m. 5 Perigon- u. 5 Staubblätt.; — Blätt. 3-eckig rautenf., geschweift-gezähnt bis ganzrandig; Perigon anfangs zuw. etwas mehlig; reife Fr. von oben her zus.gedrückt, im Perigon sichtbar; ↕ 50–100 cm; ⊙. VII–IX. – Ruderalstellen, Bauschuttdeponien. – *s*, stark zurückgegangen. [*C. urbicum* L.; *C. rhombifolium* Willd.; *O. urbica* subsp. *rhombifolia* (Willd.) Mered'a; *O. rhombifolia* (Willd.) M. Hassl]
Städte-S., ***O. urbica*** (L.) S. Fuentes et al.

— Infl. reich beblätt., nicht steif aufr.; nur die Endblüte eines Knäuels m. 5 Perigon- u. 5 Staubblätt., die übrigen Blüten m. (2–)3 Perigon- u. (2–)3 Staubblätt. (Artengruppe Rote S., ***O. rubra*** agg.) 3

3. Perigonblätt. der Seitenblüten der Knäuel meist bis zum Grund getrennt, m. schwachem, kaum kielig hervortretendem Mittelnerv; Pfl. vom Grund an ästig, meist rot überlaufen; — Blätt. tief buchtig gezähnt, rautenf., fast 3-lappig; Samen von der Seite her zus.gedrückt; ↕ 25–35(–90) cm; ♃. VI–VIII. – Ufer, Ruderalstellen, Bauschuttdeponien, Dorfstraßen. – *z*. [*C. rubrum* L.] Rote S., ***O. rubra*** (L.) S. Fuentes et al.

— Perigonblätt. der Seitenblüten der Knäuel fast bis zur Spitze miteinander verwachsen u. die Fr. einschließend, m. grünen, deutl. ausgebuchteten Kielen; Pfl. grün, sich selten rötend; — Blätt. meist fleischig, scharf buchtig gezähnt; ↕ 10–50 cm; ♃. IX–X. – Schlick- u. Sandböden der Meeresküsten, im Binnenland nur an Salzstellen. – *s*. [*C. chenopodioides* (L.) Aellen; *C. botryodes* Sm.; *C. crassifolium* Hornem.] Gänsefuß-S., Dickblättrige S., ***O. chenopodioides*** (L.) S. Fuentes et al.

Salicornia L., Queller, Glasschmalz

Die Taxonomie u. Nomenklatur der Klein- u. Unterarten des *S. europaea*-Aggregats ist nach wie umstritten; wir folgen hier Jäger (2017) u. Wißkirchen (2015). Für die hier unter *S. procumbens* s. l. geführten Sippen schlägt Wißkirchen (2021) neuerdings Unterartsrang vor; es besteht allerdings noch weiterer Forschungsbedarf. – Grundsätzl. Einigkeit herrscht bezügl. der Abgrenzung von diploiden (*S. europaea*) u. tetraploiden (*S. procumbens*) Sippen, was u. a. auch m. der Staubbeutelgröße korreliert. Nach molekularen Untersuchungen (Kadereit et al. 2012) sind Pfl. aus dem Binnenland, die hier zu *S. europaea* subsp. *brachystachya* gestellt werden, dem kontinental verbr. Ausdauernden Q., *S. perennans* Willd., zuzuordnen, der für D noch nicht sicher nachgewiesen ist. Da sich die Küsten- u. Binnenlandpopulationen morpholog. aber kaum (nicht) trennen lassen, wird dieser Auffassung nicht gefolgt. Die Verbr. der Sippen ist noch ungenügend bekannt.

Schüssel nach Jäger (2017), veränd.

Alle Sippen gehören zur Artengruppe Gewöhnlicher Q., ***S. europaea*** agg.
Stg. dickfleischig, 10–40 cm hoch, einfach od. armleuchterart. verzweigt (*596/1*), grün od. graugrün, gewöhnl. sich rot verfärbend; Blätt. m. kurzer Spitze; ☉. VIII–X. – Erstbesiedler auf mäßig bis stark salzhaltigen Böden. – Küste *v*, sonst *s* an Salzstellen des Binnenlands (D: BW, NI, ST, TH; A: Bgl; CZ; früher auch D: BB, BY, HE, Saarland; A: NÖ). – Sehr formenreich.

1. Oberste Äste in einem Winkel von > 45° schräg absthd.; Scheinähren kurz, 1–4(–5) cm lg., sichtbarer Teil der Seitenblüten klein, kürzer als die halbe Mittelblüte; Staubbeutel 0,2–0,5 mm lg.; Samen rundl., — 1–1,7 mm lg.; VIII–X. – Küstenwatt u. Binnensalzstellen. – *v*. [*S. herbacea* L.] Gewöhnlicher Q., ***S. europaea*** L.

a. Scheinähren bis 3 cm lg., tonnenf. geglied., > 3 mm dick; Pfl. dk.grün, im Herbst meist intensiv rot verfärbend. – Schlickreiche Stellen in Salzwiesen, Küste u. Binnenland. [*S. adpressa* Dumort.; *S. patula* Duval-Jouve; *S. obscura* P. W. Ball; *S. ramosissima* Woods; *S. ramosissima* subsp. *ramosissima* sensu Aellen] Kurzähren-Q., subsp. ***brachystachya*** (G. Mey.) Dahmen & Wisskirchen

— Scheinähren bis 5 cm lg., zylindr., bis 2,5 mm dick, spitz, oft paarweise; Pfl. hellgrün, im Herbst gelb bis rötl. verfärbend. – Schlickwatt im Tidenbereich u. im Flachwasserbereich der Küsten; *v*. [*S. europaea* subsp. *gracilis* (G. Mey.) Kloss; *S. ramosissima* subsp. *gracilis* (G. Mey.) Aellen] Gewöhnlicher Q., subsp. ***europaea*** L.

— Oberste Äste in einem Winkel von < 45° (selten 45°) steil nach oben absthd.; Scheinähren 3–10 cm lg. od. länger; Seitenblüten mind. halb so lg. wie die Mittelblüte; Staubbeutel 0,6–1 mm lg.; Samen längl., — 1,4–2,2 mm lg. (***S. procumbens*** s. l.) 2

2. Stg. niederlgd. bis schräg aufstgd.; Scheinähren 3–10(–20) cm lg., in unterschiedl. Richtungen wachsend, 4–5(–8) mm dick; Mittelblüten oben stumpf gerundet, nur wenig größer als Seitenblüten; Pfl. im Herbst gelb od. braun-orange verfärbend. – Sandwatt, feuchte Dünen. – *z–v?*, D: NI, bes. SH (W-Küste u. Ostfries. Inseln). [*S. lutescens* P. W. Ball & Tutin; *S. dolichostachya* Moss; *S. dolichostachya* subsp. *decumbens* (Aellen) Kloss; *S. fragilis* P. W. Ball & Tutin; *S. stricta* subsp. *decumbens* Aellen] Sandwatt-Q., ***S. procumbens*** Sm.

— Stg. u. Äste aufr.; Scheinähren bis 8 cm lg., weitghd. parallel zueinander wachsend, 3,5–4 mm dick; Mittelblüten oben etwas zugespitzt, beinahe doppelt so groß wie die Seitenblüten; Pfl. im Herbst nicht verfärbend. – Schlickwatt, Küsten. – *z–v?*, D: NI, seltener SH. [*S. strictissima*

Gram; *S. dolichostachya* subsp. *strictissima* (Gram) P. W. Ball; *S. stricta* subsp. *stricta*; *S. procumbens* var. *stricta* (G. Mey.) J. Duvign. & Lambinon; *S. procumbens* subsp. *strictissima* (Gram) Wissk.] Schlickwatt-Q., ***S. stricta*** Dumort. s. str.

Salsola L. [incl. *Kali* Adans., Kalikraut], Salzkraut

Pfl. fleischig, meist graugrün, zuw. rötl., zerstreut kurzhaarig, vom Grund an verzweigt; Blüten zu 1–3 blattachselst.; Vorblätt. die Blüten überragend, lg.grannig, lederig; ↕ 10–100 cm; ⊙. VII–IX. – Meeresstrand, Dünen u. Sandfelder des Binnenlands. – *z.* Artengruppe Kali-S., ***S. kali*** agg.

a. Pfl. von Grund an verzweigt, meist niederlgd., kahl od. kurzhaarig; Perigonzipfel durch austretende Mittelrippe scharfendig u. starr, trocken aufr., vorw. gerichtet (*606/1a*); ↕ 10–60 cm. – Spülsäume der Meeresküsten (Vordünen). – *v.* [*S. kali* subsp. *kali*; *K. australis* (L.) Akhani & Roalson] Küsten-S., ***S. kali*** L.

— Pfl. aufr.; alle Perigonzipfel dünnhäutig, weiß, m. rosaroten Nerven, im Zentrum etwas aufgerichtet, aber vertrocknend od. 1 Zipfel dornart. bespitzt (var. *monocantha* Aellen, *606/1b*); ↕ 10–100 cm. – Küstengebiet, sandig-schotterige Stellen des Binnenlandes, Ruderalstellen. – *z.* [*S. kali* subsp. *tragus* (L.) Čelak.; subsp. *ruthenica* (Iljin) Soó; subsp. *iberica* (Sennen & Pau) Rilke] Binnenland-S., ***S. tragus*** L. (subsp. ***tragus***)

Spinacia L., Spinat

Blätt. lg.gestielt, die Spr. der ob. pfeilf., lebhaft dk.grün; ♂ Blüten in unbeblätt. Scheinähren, ♀ in achselst. Knäueln, bei neuen Sorten Blüten oft ⚥; ↕ 30–45 cm; ⊙–⊙. (V–)VI–IX. – Gärten, Äcker, feuchte Ruderalstellen – Kult. u. Ne. (Heimat: SW-As.); *s* verwild. – Gemüsepfl.

Spinat, ***S. oleracea*** L.

Spirobassia Freitag & G. Kadereit [*Bassia* All. p. p.], Dornmelde

Infl.Achse korkenzieherart. gedreht; Blätt. linealisch, fleischig, bis 15 mm lg.; Blüten zu 1–2 blattachselst.; Perigonblätt. (oft nur 3 der 5) z. Frzt. m. 1 mm lg. dornigen Anhängseln geflüg.; Perigon krugf., ± behaart (*606/2*); Pfl. niederlgd. od. aufstgd., rauhaarig, selten verkahlend; ↕ 10–60 cm; ⊙. VIII–IX. – Sand- u. Salzböden der Nord- u. Ostseeküste. – *s*, D: SH; B; DK; früher D: MV u. NL. [*Kochia hirsuta* (L.) Nolte; *Echinopsilon hirsutum* (L.) Moq.; *B. hirsuta* (L.) Asch.]

Rauhaarige D., ***S. hirsuta*** (L.) Freitag & G. Kadereit

Suaeda Scop., Sode

Pfl. saftig, oft rot überlaufen, niederlgd. bis aufstgd.; Blätt. 10–50 mm lg.; Blüten zu 2–3, achselst.; ↕ (3–)7–25(–40) cm; ⊙. VII–IX. – *z–s*, Strand von Nord- u. Ostsee, Salzstellen des Binnenlands. – Formenreich. Artengruppe Strand-S., ***S. maritima*** (L.) Dumort.

a. Perigon ohne häutigen Rand; — Blätt. 15–30 mm lg.; Samen 1,2–1,4 mm ∅; Pfl. mehr aufr., m. wenigen verläng. Ästen; ↕ 3–25(–40) cm. – *z–s*, Küste, N- u. M-D, ST, N-TH. Echte Strand-S., ***S. maritima*** (L.) Dumort.

— Perigon m. häutigem Rand; — heterokarp (Bildung von 2 verschiedenen Fr.Typen, hier zusätzl. m. unterschiedl. Samen) .... **b**

b. Blätt. 10–30(–40) × 1,5–2(–2,5) mm, meist gebogen bis fast sichelf., zur Fr.Reife meist grünl., seltener orange verfärbt, zuletzt oft schwärzl.; kleine Samen (1,2–)1,3–1,5(–1,6) × 1,0–1,2 mm, dk.rotbraun bis schwarz, glzd., fast glatt; große Samen 1,4–1,6 mm ∅, hellbraun; Pfl. kräftig, reichästig; ↕ 3–10(–40) cm. – *s*, Salzstellen. – A: Bgl, NÖ. [*S. maritima* subsp. *pannonica* (Beck) P. W. Ball] Große Strand-S., ***S. pannonica*** Beck

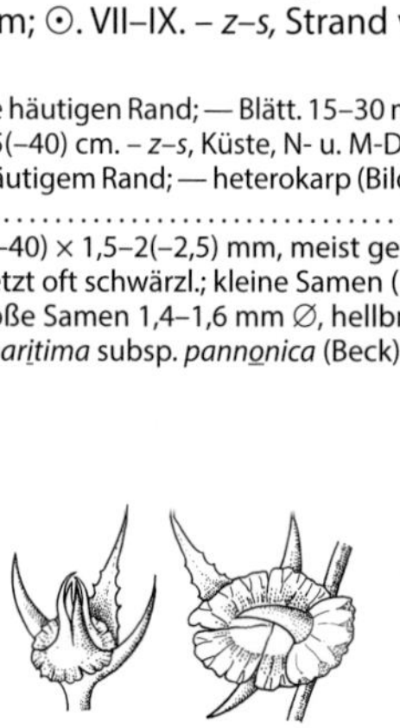

606/1

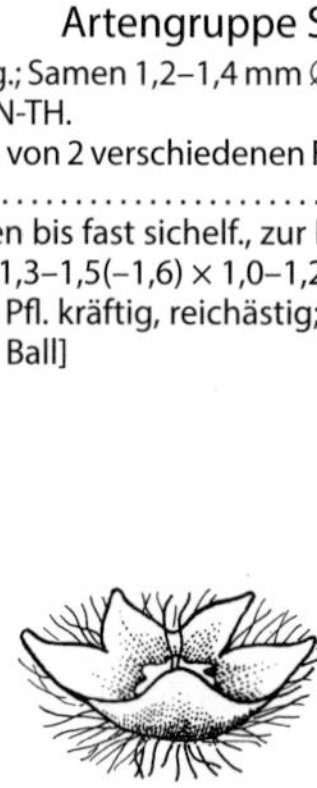

606/2

— Blätt. 5–15(–20) × 0,7–1,3 mm, ± gerade, bikonvex, zur Fr.Reife meist purpurrot verfärbt, nicht schwärzl. werdend; kleine Samen 0,8–1,1 × 0,75–1,0 mm, schwarz, matt bis schwach glzd., deutl. skulpturiert; große Samen 0,9–1,3 mm ∅, braun; Pfl. zierl.; ↕ 3–10 cm. – Salzstellen. – *s*, nur A: Bgl (früher auch NÖ); CZ. [*S. pannonica* auct.; *S. maritima* subsp. *prostrata* (Pall.) Soó] Kleine Strand-S., ***S. prostrata*** Pall.

Teloxys Moq. [*Chenopodium* L. p. p.], Grannengänsefuß

Pfl. fast kahl, m. nur wenigen Drüsen, geruchlos; Blätt. schmal eif.-lanzettl., ganzrandig od. m. wenigen kleinen Zähnen; oberste Blütenstandsachsen (Knäueläste) an der Spitze blütenlos, zugespitzt u. fein bedornt; Blütenknäuel sehr locker; Blüten einzeln, kurz gestielt; ↕ 5–20 cm; ⊙. VIII–X. – Ruderalstellen. – Ne. (Heimat: N-Am., As.); sehr *s* u. unbest., z. B. D: BB, BW, BY, MV, NI, NRW, SN, TH; A: Stm; B; eingebürg. in PL. [*C. aristatum* L.; *Dysphania aristata* (L.) Mosyakin & Clemants]
Grannengänsefuß, ***T. aristata*** (L.) Moq.

Familie: Amaranthaceae [excl. Chenopodiaceae], Amarantgewächse, Fuchsschwanzgewächse (Bearbeiter: Gerald Parolly)

Kräuter, meist 1-j.; Blätt. ganzrandig, Nebenblätt. fehlend; Tragblätt. oft häutig, 2; Blüten meist klein, unscheinbar, einzeln in od. in meist knäueligen Teilinfl., diese köpfchenf., ährenf. od. rispenf. Thyrsen bildend; Perigon meist radiär, trockenhäutig, 1–5-blättr., teilw. lebhaft gefärbt; zw. den (1–)3–5 Staubblätt. oft kronblattart. Zipfel; Staubblätt. am Grund röhrenf. vereinigt; Staubbeutel bilokular; Frkn. oberst., 2–3-blättr.; Gr. od. Narben 1–3; Fr. meist Nuss od. Deckelkapsel.

Fuentes-Bazán et al. (2012), Hernández-Ledesma et al. (2015) u. G. Kadereit in Kadereit et al. (2016) folgend werden die Amaranthaceae abweichend von APG IV hier wieder im engeren Sinne (also excl. Chenopodiaceae) aufgefasst. Die Chenopodiaceae-Polycnemoideae stehen aufgrund molekularsystemat. u. klassischer morpholog. Befunde den Amaranthaceae näher; entsprechend wird die einzige Gattung dieser Gruppe im Gebiet (*Polycnemum*) hier mitaufgeschlüsselt.

1. Blätt. pfriemen-, nadelf. od. haarf., spitz; Fr. stets eine Nuss; Samenschale warzig-papillös, dadurch matt; — Blüten ⚥, stets einzeln in Achseln von Laub- od. Hochblätt.; Perigonblätt. 5, häutig, einheitl. gleich lg. u. weißl., leicht zugespitzt (nie dornig grannenspitzig) ***Polycnemum***, 609
— Blätt. immer flächig, meist eilanzettl., ellipt. od. (schmal) spatelf., selten linealisch, oft (schwach) ausgerandet od. spitz; Fr. (fast immer) eine Deckelkapsel, sehr selten Nuss; Samenschale (fast immer) glatt, glzd.; — Blüten eingeschl. od. ⚥ (*Celosia*), in kompakten achselst. Knäueln od. dichten, verzweigten od. ährenf. Thrysen; Perigonblätt. (2–)3–5, häutig od. krautig, oft unterschiedl. lg. u. reduziert, meist grünl.bräunl., gelegentl. (lebhaft) purpurn, orange od. gelb, selten weißl. (dann meist m. grünl. ♂), spitz, stumpf, ausgerandet, teilw. dornig grannenspitzig 2
2. Blüten eingeschl. (meist 1-, sehr selten 2-häusige Pfl.), in achselst. Knäueln od. dichten Thrysen (Scheinähren); Perigonblätt. grünl.bräunl., selten purpurn; Staubfäden frei; Narben 2–3; — Fr. 1-samig .... ***Amaranthus***, 607
— Blüten ⚥, in scheinährenf., bei Ziersorten pyramidenf. od. fächerf. verbreiterten (Verbänderung!) Thyrsen (Scheinähren); Perigonblätt. lebhaft bunt gefärbt (Zierpfl.); Staubfäden am Grund verwachsen; Gr. 1, m. kopfiger Narbe; — Fr. 1–3-samig .... ***Celosia***, 609

Amaranthus L., Amarant, Fuchsschwanz

Teilw. nach Jäger (2017).

1. Infl. lg. überhgd., dk.purpurrot, — zus.gesetzt; ↕ 30–120 cm; ⊙. VII–IX. – Ne. (Heimat: S-Am.; entstanden aus *A. quitensis* Kunth); *s* verwild. – Gartenzierpfl. Garten-F., ***A. caudatus*** L.
— Infl. wenig überhgd., höchstens nickend, grün, selten rot 2
2. Perigonzipfel (2–)3 11
— Perigonzipfel (4–)5 (bei *A. bouchonii* einzelne Blüten zuw. nur m. 3) 3
3. Blüten in achselst. Knäueln; Vorblätt. kürzer als die Perigonblätt.; Stg. lgd. bis aufstgd. 9
— Blüten in endst. Infl.; Vorblätt. 1,5–2-mal so lg. wie die Perigonblätt.; Stg. aufr. 4

4. Perigonzipfel der ♀ Blüten spitzenw. verbreitert, ausgerandet od. abgerundet, zuw. stachelspitzig; — Stg. flaumig-zottig; Infl. dicht, scheinährig; Vorblätt. derb, ± stechend; Pfl. blassgrün; ↕ 15–100 cm; ⊙. VI–IX. – Flussufer, Weinberge, Hackfruchtäcker, Ruderalstellen. – Ne. (Heimat: N-Am.); *v.* Zurückgebogener A., Rauhaariger A., ***A. retroflexus*** L.

— Perigonzipfel der ♂ u. ♀ Blüten schmal eif. od. ellipt., spitz (Artengruppe Grünähriger A., ***A. hybridus*** agg.) **5**

5. Fr. eine Nuss (sich nicht durch einen Querriss öffnend); — Vorblätt. pfrieml.-lanzettl., lg. begrannt; Perigonzipfel ungleich lg., die inn. kürzer als die Fr.; ↕ 20–100 cm; ⊙. VI–X. – Maisäcker, Ruderalstellen. – Ne. (Heimat: Westl. N-Am. od. in Eur. entstanden?); mittl. Elbtal, SN, Oberrhein *z*, sonst *s.* Bouchon-A., ***A. bouchonii*** Thell.

— Fr. eine Deckelkapsel (die sich m. einem kreisf. Querriss öffnet u. den ob. Teil als Deckel abwirft) **6**

6. Längere Vorblätt. der meisten ♀ Blüten nur 1–1,5-mal so lg. wie das Perigon, 2–4 mm lg., kurz stachelspitzig; Blätt. ± rautenf. **8**

— Längere Vorblätt. der meisten ♀ Blüten ≈ doppelt so lg. wie das Perigon, (2–)4–6(–8) mm lg., lg. stachelspitzig; Blätt. längl. bis rautenf.-eif. **7**

7. Infl. hellgrün, nicht auffällig vergrößert, unten locker; Vorblätt. 4–8 mm lg., — derb, stechend; Stg. kahl bis flaumhaarig; Äste lg. u. straff aufr.; Blätt. bis 20 cm lg.; Pfl. erst spät rot überlaufen; ↕ 20–100 cm; ⊙. VII–IX. – Ruderalstellen, Äcker. – Ne. (Heimat: trop. Am.); *z.* [*A. hybridus* auct.; *A. chlorostachys* auct.] Grünähriger A., ***A. powellii*** S. Watson

— Infl. rötl. bis gelbl, auffällig vergrößert, unten dicht; Vorblätt. 3,5–4 mm lg.; — Pfl. früh rot überlaufen; ↕ 20–150 cm; ⊙. VII–IX. – Ruderalstellen, Äcker. – Ne. (Heimat: Am., in Kultur entstanden); *s*, D: BW, BY, HE, NRW, SN, TH. – Zierpfl. [*A. hybridus* var. *erythrostachys* Moq.] Trauer A., ***A. hypochondriacus*** L.

8 (6). Infl. grünl., kurzästig; Vorblätt. 2,8–4 mm lg.; Stg. ± behaart; ↕ 20–100 cm; ⊙. VII–X. – Ruderalstellen. – Ne. (Heimat: trop. Am.?); *z*, in D u. a. in BW (Mannheim), BY, HE (Gießen), NRW, SH (Hamburg), SN (Leipzig), TH. [*A. patulus* Bertol.] Ausgebreiteter A., ***A. hybridus*** L.

— Infl. rötl. bis gelb., zuw. grün, oft auffallend groß; Vorblätt. 2,5–3 mm lg.; Stg. fast kahl; ↕ 20–150 cm; ⊙. VII–X. – Ruderalstellen. – Ne. (Heimat: Tropen–Subtropen); im ganzen Gebiet, aber *s.* – Zierpfl. [*A. paniculatus* L.; *A. hybridus* subsp. *cruentus* (L.) Thell.] Rispiger A., ***A. cruentus*** L.

9 (3). Fr. glattschalige Deckelkapsel; — Stg. niederlgd., weißl., kahl od. spitzenw. flaumig; Blätt. 15–30 mm lg.längl. lanzettl., schmal hautrandig; ♂ Blüten meist 4-, ♀ Blüten 4–5-zählig; ↕ 15–50 cm; ⊙. VII–IX. – Trockene Ruderalstellen. – Ne. (Heimat: W-Am.), eingeschleppt; *s*, D; A; CZ; NL. Westamerikanischer A., ***A. blitoides*** S. Watson

— Fr. faltig-runzelige Nuss; — Blätt. 3–30 mm lg., am Rand ± wellig-kraus **10**

10. Stg. dicht weichhaarig; Blätt. 5–15(–20) mm lg., am Rand stark wellig-kraus; ↕ 10–40 cm; ⊙. VII–IX. – Ruderalstellen. – Ne. (Heimat: trop. Am.); *s*, z. B.: D: BW, sonst vielerorts unbest. od. verschollen. Krauser F., ***A. crispus*** (Lesp. & Thév.) N. Terracc.

— Stg. spärl. behaart; Blätt. 30–50 mm lg., am Rand nur schwach wellig-kraus; ↕ 10–40 cm; ⊙. VII–IX. – Ruderalstellen. – Ne. (Heimat: trop. Am.); *s.* [*A. vulgatissimus* auct.] Standley-A., ***A. standleyanus*** Covas

11 (2). Fr. nussart. (bisw. unregelm. aufreißend); Vorblätt. ein Drittel bis halb so lg. wie das Perigon **13**

— Fr. Deckelkapsel; Vorblätt. drei Viertel bis doppelt so lg. wie das Perigon **12**

12. Vorblätt. doppelt so lg. wie die Perigonblätt., stachelspitzig, stechend; Blätt. längl. spatelig, stumpf od. ausgerandet, m. Stachelspitzchen, — am Rand wellig; Stg. weißl., aufr., m. ausgebr. Ästen, ↕ 10–50 cm, ⊙. VIII–X. – Bahngelände, Ruderalstellen, Äcker. – Ne. (Heimat: N-Am.), eingeschleppt u. eingebürg.; *z.* Weißer A., ***A. albus*** L.

— Vorblätt. ≈ drei Viertel so lg. wie die Perigonblätt., weich, kurz stachelspitzig; Blätt. spitz, — schmutziggrün od. rötl.; ↕ 15–70 cm; ⊙. VII–IX. – Ruderalstellen, Äcker. – Ne. (W-As., Euras.), eingeschleppt; *s*, Starkwärmezeiger, in D: BW, HE, RP u. ST eingebürg. [*A. angustifolius* Lam.; *A. silvestris* Vill.] Wilder A., ***A. graecizans*** L. subsp. ***silvestris*** (Vill.) Brenan

13 (11). Stg. völlig kahl; Blätt. 1–6 cm lg., lg. gestielt (Stiel so lg. wie od. länger als die halbe Spr.); Spr. abgerundet bis ausgerandet, stachelspitzig, oberseits oft m. hellem od. dk. Fleck, am

Rand häufig wellig; Samen die zus.gedrückte Fr. fast ausfüllend.

Artengruppe Aufsteigender A., ***A. blitum*** agg.

a. Samen (1,1–)1,2–1,5(–1,6) mm lg.; reife Fr. rotbraun od. dk.grün; Blätt. u. Hochblätt. vorne schmal, abgerundet, gestutzt bis seicht ausgerandet („eingedellt"); — Pfl. aufstgd., meist dk.grün, z. T. m. Rotfärbung; Blätt. anfangs meist rötl., oft gefleckt; Perigonblätt. 3, die der ♀ Blüten ≥ 1,5 mm lg., oft spitzl.; ↕ 20–80(–120) cm; ⊙. VI–X. – Gärten, Äcker, Flussufer, feuchte Ruderalstellen; bes. in tieferen Lagen. – *z*. – Ehem. Gemüsepfl.; formenreich. [*A. lividus* L.; *A. ascendens* Loisel.; *A. blitum* subsp. *blitum*]

Aufsteigender A., Gemüse-A., Roter Heinrich, ***A. blitum*** L.

— Samen 0,7–1,1 mm lg.; reife Fr. ockerbraun; Blätt. u. Hochblätt. fast stets tief ausgerandet („eingedellt"); — Pfl. niederlgd. bis aufstg., meist hellgrün, ohne Rotfärbung; Blätt. ungefleckt; Perigonblätt. 2–3, die der ♀ Blüten ≈ 1 mm lg., stumpf; ↕ 5–100(–150) cm; ⊙. VI–X. – Feuchte bis nasse, sandige Flussufer, Ruderalstellen, Äcker; kollin. – Ne. (Heimat: trop. S-Am., SO-As.), eingebürg.; *z*. [*A. blitum* subsp. *emarginatus* (Uline & W. L. Bray) Carretero et al.] Stutzblatt-A., Ausgerandeter A., ***A. emarginatus*** Uline & W. L. Bray

A. Pfl. niederlgd., reich verzweigt; ohne od. m. sehr kurzer endst. Scheinähre; Blätt. 1–3(–5) cm lg., rundl., stumpf bis spitz, unterschiedl. tief ausgerandet; ↕ 5–20 cm. ⊙. VI–X. – Kies- u. Sandbänke an Flüssen, Ruderalstellen, Gärten. – Im Gebiet *z*, A *f*. Stutzblatt-A. (i. e. S.), subsp. ***emarginatus***

— Pfl. aufstgd., reich verzweigt; endst. Scheinähre (z. Frzt.) lg., dünn, schlaff u. bald überhgd., unten locker verzweigt; Blätt. 1,5–4(–6) cm lg., sehr tief u. meist spitzwinklig ausgerandet; ↕ 20–100(–120) cm. ⊙. VI–X. – Gärtnereien, Kläranlagen. – *s*, eingebürg. in D: BW, HE, MV, RP, SN, *s* u. unbest., D: z. B. NRW, SH (Hamburg); A; CH; CZ. Zierlicher Stutzblatt-A., subsp. ***pseudogracilis*** (Thell.) Hügin

— Stg. spitzenw. dicht flaumig behaart; Blätt. kurz gestielt (Stiel 1,5–3 cm lg., kürzer als die halbe Spr.); Spr. m. stumpfer Spitze; Samen viel kleiner als die aufgeblasene Fr.; — Perigonblätt. 2(–3); ↕ 20–40 cm; ⊙–♃. VI–X. – Trockene Ruderalstellen, Umschlagplätze. – Ne. (Heimat: trop. Am.); *s*. – Vogelfutterunkraut. Herabgebogener A., Liegender A., ***A. deflexus*** L.

Celosia L., Brandschopf

Perigonblätt. kräftig rot, purpurn, orange, gelb, selten weiß, viel länger als die Hochblätt.; Infl. eine endst. Scheinähre, oft verfärbt; ↕ 30-60 cm; ⊙. VII–IX. – Gärten, nährstoffreiche Gebüschsäume, Ruderalstellen. – Ne. (Heimat: Indien?); lokal verwild. u. meist unbest. – Zierpfl. [*C. cristata* L.]

Brandschopf, Hahnenkamm, ***C. argentea*** L.

Polycnemum L., Knorpelkraut

Die beiden Blätt. an der Basis der Blüte (= Vorblätt.) sind in Abb. *609/1* u. *609/2* m. V bezeichnet.

1. Blätt. u. Tragblätt. fädl., nur 0,25–0,4 mm ∅, — zurückgekrümmt; Pfl. oft drüsig behaart; ↕ 5–20(–30) cm; ⊙. VII–IX. – Äcker, Brachen, ruderalisierte Trockenrasen, lichte Wälder. – Sehr *s*, A: Bgl; früher A: NÖ; CZ; Hauptverbr.: SO-Mittel- u. SO-Eur. Heuffel-K., ***P. heuffelii*** Láng

— Blätt. 3-kantig, ≥ 0,5 mm ∅, — kahl **2**

2. Vorblätt. länger als das 2–2,5 mm lg. Perigon (*609/1*); — Fr. bis 2 mm lg.; Pfl. kräftig, Äste dick, steif; ↕ 10–20(–30) cm; ⊙. VII–X. – Ruderalstellen, Brachacker. – *s*, S- u. M-D; A: NÖ, OÖ, Stm; CH: N-CH, Ts, Vs; CZ; F: Els; I: Bz; stark zurückgegangen. Großes K., ***P. majus*** A. Braun

— Vorblätt. höchstens so lg. wie das 1–1,7 mm lg. Perigon (*609/2*); — Pfl. kräftig od. zart, am Grund m. zahlr. Ästen, 2–30 cm hoch (Artengruppe Acker-K., ***P. arvense*** agg.) **3**

3. Tragblätt. der Blüten (*609/1, 609/2*, T) 2-4-mal so lg. wie das 1–1,5 mm lg. Perigon; Pfl. kräftig; Stg. im Bereich der Infl. ± gerade; ↕ (2–)5–30 cm; ⊙. VII–X. – Äcker, Wege. – *s*, *f* im NW; A: nur Bgl, NÖ, OÖ; CH: Vs; I: Bz. Acker-K., ***P. arvense*** L.

— Tragblätt. der Blüten ± 2-mal so lg. wie das 1,5–1,7 mm lg. Perigon; Pfl. zart; Stg. im Bereich der Infl. zickzackf.; ↕ 5–15(–30) cm; ⊙. VII–X. – Trockenrasen, Ackerbrachen, Sandböden; kollin. – Sehr *s*, A: NÖ (Marchfeld); CZ; früher D: BY, RP; A: Bgl. Warziges K., ***P. verrucosum*** Láng

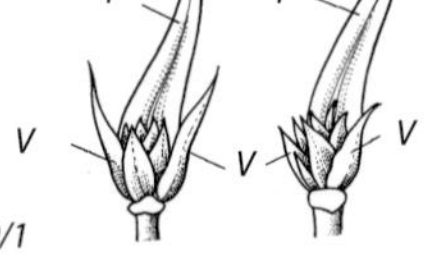

609/1 *609/2*

Familie: Phytolaccaceae, Kermesbeerengewächse (Bearbeiter: Gerald Parolly)

Stauden; Blätt. wechselst., ganzrandig; Infl. groß, traubig, endst., durch Übergipfelung von Seitenästen aber den Blätt. scheinbar gegenübersthd.; Blütenhülle einfach, 4–5-zählig; Staubblätt. 6–16; Frkn. 8–10(–16), frei od. verwachsen; Fr. beerenart., bei der Reife teilw. in Einzelfr. zerfallend.

Phytolacca L., Kermesbeere

1. Blüten m. 10 verwachsenen Fr.Blätt.; Fr.Stand überhgd.; Fr. schwarze, saftige, 10-rippige Beere; Staubblätt. 10; ↕ 100–300 cm; ♃. VII–VIII. – Gärten, Waldlichtungen, Ruderalstellen. – Ne. (Heimat: N-Am.); *s* verwild. u. eingebürg., D: BB, BY, BW, NRW, RP, SH, SN, ST; CH; NL. – Zierpfl., Kulturpfl. (Fr. z. Färben von Wein u. Lebensmitteln); giftig! [*P. decandra* L.]
Amerikanische K., ***P. americana*** L.

— Blüten m. 8 freien Fr.Blätt.; Fr.Stand aufr.; Fr. beerenart., schwarz; Staubblätt. 8(–9); ↕ 100–200 cm; ♃. VII–VIII. – Gärten, Gebüschsäume, frische Ruderalstellen, Weinberge. – Ne. (Heimat: O-As.); *s* verwild., eingebürg. bis unbest., z. B. D (*f* in höheren Lagen); A: Bgl, Kt, NÖ, Stm; CH; I: Bz. – Zierpfl. (in As. Gemüsepfl.). Essbare K., Asiatische K., ***P. esculenta*** Van Houtte
Für die hier *P. esculenta* genannte Pfl. wird neuerdings der ältere Name *P. acinosa* Roxb. verwendet. Die Taxonomie der Gruppe bedarf aber weiterer Abklärung (Hand & Buttler 2017).

Familie: Nyctaginaceae, Wunderblumengewächse (Bearbeiter: Gerald Parolly)

Im Gebiet aufr., gabelig verzweigte Kräuter (sonst auch v. a. Bäume, Sträucher u. Lianen); Blätt. gegenst. od. quirlig, oft ungleich, gestielt, ihre Spr. ungeteilt u. oft ganzrandig; Blüten ⚥ od. 1-geschl., meist radiär, in Zymen od. Rispen, zu mehreren von oft auffällig gefärbten, kelchähnl. Hochblatthüllen umgeben u. dadurch köpfchenähnl. Teilinfl. bildend; Blütenhülle verwachsen, einfach, (3–)4–5(–7)-teilig; Staubblätt. 1–10(–40), am Grund oft röhrig verwachsen; Fr. nussart., aus 1 oberst. Fr.Blatt m. 1 Samenanlage. – Nur Ne.

Mirabilis L. [incl. *Oxybaphus* Willd., Regenschirmkraut], Wunderblume

1. Perigon 8–10 mm ∅ u. 5–10 mm lg.; Perigonröhre 1–2 mm lg.; Hochblatthülle unterh. einer Gruppe von 2–4 Blüten br.-kegelf., 5-teilig, z. Frzt. auf 8–15 mm anwachsend; — Blätt. 2–20 mm lg. gestielt; Spr. 3-eckig, 60–80 x 50–60 mm (ob. Blätt. kleiner), am Grund herzf., kahl od. oberseits kurzhaarig, nicht fleischig; Teilinfl. kopfig; Perigon purpurrosa od. (später im Jahr) grün, verkümmert (u. Blüten kleistogam); Staubblätt. 3–5; Staubbeutel gelb; Fr. verkehrt eif., 3,4–5 mm lg., m. 5 knotigen Rippen, behaart, feucht verschleimend; ↕ 50–90 cm; ♃. VI–IX(–X). – Trockene Ruderalstellen, Mauern, Weinberge, Gärten. – Sehr *s* u. lokaler Ne. (Heimat: Illinois/USA); in D: SN (Dresden) u. CZ (Prag) eingebürg.; sonst in Einbürg., D: BY (Bamberg) od. unbest. in BB (Berlin), NRW u. TH; A: NÖ, Kt; CZ; PL. – Früher Färbepfl. [*O. nyctagineus* (Michx.) Sweet]
Regenschirm-W., Regenschirmkraut, ***M. nyctaginea*** (Michx.) MacMill.

— Perigon 20–30 mm ∅ u. > 30 mm lg.; Perigonröhre 25–45 mm lg.; Hochblatthülle unterh. der einzelnen Blüten kelchart., röhrenf., sich z. Frzt. nicht vergrößernd; — unt. Blätt. fast sitzend, 40–130 mm lg., eif., ganzrandig, ob. bis 40 mm lg. gestielt; Spr. beiderseits kahl od. am Rand etwas behaart; Blüten ⚥, sich nachmittags öffend u. nachts aufgeblüht bleibend u. duftend; Perigon farbl. (selbst an einer Pfl. [Name!]) variabel, gelb, rot, rosa, weiß, auch 2- u. mehrfarbig; Staubblätt. 5–6, 30–60 mm lg.; Gr. 40–60 mm lg.; Fr. eif., ≈ 5–6 mm lg., m. 5 knotigen Rippen; ↕ 50–80(–100) cm; ♃ (aber meist als ☉ kult.). VI–X. – Trockene Ruderalstellen. – Sehr *s*, lokaler u. (meist?) unbest., im S des Gebiets auch eingebürg. Ne. (Heimat: trop. Mexiko); z. B.: D: BW, BY, MV, RP, SN; A: Ktn, NÖ; B; CZ; I: Bz. – Gartenzierpfl., früher Versuchspfl. (zur Demonstration der Mendelschen Gesetze). Gewöhnliche W., Mexikanische W., ***M. jalapa*** L.

Familie: Montiaceae, Quellkrautgewächse (Bearbeiter: Gerald Parolly)

Kräuter od. Stauden; Blätt. wechselst. od. grundst.; Blüten ⚥, klein, weiß; äuß. Perigon m. 2 kelchblattähnl. Hochblätt., inn. Perigonblätt. (= Tepalen) hinfällig; Kapselfr. – Die Montiaceae wurden früher m. den Portulacaceae vereinigt.

1. Grundst. Blätt. lg. gestielt, in Rosetten; Staubblätt. 5 .... ***Claytonia***, 611
— Grundst. Blätt. fehlend, alle Blätt. gegenst.; Staubblätt. 3 .... ***Montia***, 611

Claytonia L., Claytonie

1. Tragblätt. unterh. der Infl. zu einem Trichter verwachsen; Perigonblätt. 2–3 mm lg., vorn abgerundet od. schwach ausgerandet, — weiß; Grundblätt. lg. gestielt, rautenf. eif.; ↕ (7–) 10–20(–35) cm; ⊙. IV–VII. – Grünanlagen, Wegränder, Dünen, Ruderalstellen. – Ne. (Heimat: N-Am.), aus Gärten stellenw. verwild.; im NW *v*. – Zierpfl., selten Salatpfl. [*Montia perfoliata* (Willd.) Howell] Tellerkraut, Winterportulak, ***C. perfoliata*** Willd.
— Tragblätt. der Infl. nicht miteinander verwachsen; Perigonblätt. 6–12 mm lg., tief ausgerandet bis 2-spaltig, — weiß bis rosa; Grundblätt. lg. gestielt, br. eif., ↕ 5–30 cm; ⊙–♃. V–VIII. – Parks, Gebüsche, feuchte, schattige u. kalkarme Sandböden. – Ne. (Heimat: N-Am.); *s* eingebürg. z. B. D: BB, HE, NRW; B; CZ; NL, andernorts unbest. [incl. *C. alsinoides* Sims] Sibirische C., ***C. sibirica*** L.

Montia L., Quellkraut

Stg. niederlgd. od. aufstgd., aufr. od. flutend; Blätt. sitzend, längl. bis spatelf.; ↕ 5–30 cm; ⊙–♃. (IV–) V–VIII(–IX). – Bäche, Gräben, feuchte Äcker, bes. im Bergland. – *v–z*. – Formenreich. Artengruppe Bach-Q., ***M. fontana*** agg.

Zur Bestimmung sind reife Samen u. eine starke Lupe (40 ×) notwendig.

a. Samen matt od. wenig glzd., — m. großen, stumpfen Warzen auf gesamter Oberfläche der Samenschale; Pfl. stark verzweigt, ↕ 5–30 cm; ⊙–⊙. IV–V. – Feuchte Äcker, am Rand kleiner, sthd. Gewässer, überwgd. der tieferen Lagen. – *z* im N u. NW, *s* im S, auch CH: Ts; I: Bz; *f* in Bayr. Alp. u. A. [*M. fontana* subsp. *chondrosperma* (Fenzl) Walters; *M. verna* auct.; *M. minor* auct.] Acker-Q., ***M. arvensis*** Wallr.
— Samen (oft m. Ausnahme des Kiels) glatt u. glzd.; ↕ 5–30 cm; ⊙–♃. IV–IX. – Bäche, Gräben, Quellfluren. Bach-Q., ***M. fontana*** L.,
  A. Samen auch am Kiel glatt, stark glzd.; ♃. IV–IX. – Quellfluren, Wiesengräben. – Von der Ebene bis in die Mittelgeb. *z*, *f* in Fichtelgeb., Bayrw., Böhmw., Bayr. Alp. [*M. lamprosperma* Cham.; *M. rivularis* auct.] Glanzsamiges Bach-Q., subsp. ***fontana***
  — Samen wenigstens am Kiel m. ± deutl., dicht sthd. u. mehrreihigen, spitzen (subsp. *amporitana* s. str.) od. entfernt sthd., niedrigen, stumpfen od. zugespitzten („subsp. *variabilis*") Warzen, sonst glzd.; Pfl. häufig flutend od. in dichtrasigen Landformen auf Schlamm; ⊙–♃ (in tieferen Lagen), oft wintergrün. V–IX. – *z* im NW; *v* Mittelgeb.; *z* I: Bz; *s* CH: Ts; CZ; *f* NO, Jura, Alp. [*M. lusitanica* Sampaio; *M. hallii* (Gray) Greene; *M. rivularis* auct.; incl. subsp. *variabilis* Walters] Spitzsamiges Bach-Q., subsp. ***amporitana*** Sennen

611/1

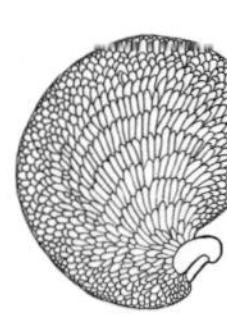

611/2

Familie: Portulacaceae, Portulakgewächse (Bearbeiter: Gerald Parolly)

Kräuter; Blätt. wechselst. od gegenst., oft etwas fleischig, oft rot überlaufen; Blüten ⚥; Kapselfr.

Portulaca L., Portulak

Nach Walter (2006).

1. Spr. schmal linealisch, im ∅ stielrund; Perigonblätt. viel länger als die Hochblätt., rötl. od. in verschied. Farbvarianten; Samenschale silbrig-grau, metallisch irisierend, am Rand m. feinen, dünnen stäbchenart. Höckern, auf der Breitseite m. flachen, deutl. sternf. bis puzzleart. verzahnten Zellgrenzen; — Samen 0,6–0,8 mm groß; auch Pfl. m. gefüllten Blüten vorkommend; ↕ 3–10 cm; ⊙. VII–IX. – Brachen, Ruderalstellen. – Ne. (Heimat: Brasilien), aus Gärten verwild.; *s*, D; A; CH; CZ. – Zierpfl. Portulakröschen, Großblütiger P., ***P. grandiflora*** Hook.

— Spr. schmal verkehrt eif., im ∅ flach; Perigonblätt. höchstens so lg. wie die Hochblätt., gelb, oft verkümmert u. in den Hochblätt. eingeschlossen; Samenschale schwarz, am Rand glatt od. m. blasig- bis höckerig-warzigen Skulpturen, auf der Breitseite m. flachen, nicht od. deutl. erkennbaren sternf. bis puzzleart. verzahnten Zellgrenzen; — Samen 0,6–1,5 mm groß; ↕ 2–30 cm; ⊙. VII–X. – Gärten, Brachen, Pflasterfugen. – Ne. (Heimat: As.?); *z*. – Gartenpfl. (Wildgemüse, Gemüse- u. Salatpfl.); oft auch als auch Artengruppe Gemüse-P., ***P. oleracea*** agg. Gemüse-P., ***P. oleracea*** L.

Portulaca oleracea besitzt neben normal entwickelten, nur vormittags geöffneten Blüten häufig auch kleistogame (stets geschlossene u. reduzierte) Blüten. Der Garten-P., ***P. oleracea*** subsp. ***sativa*** (Haw.) Čelak., wird zuw. als Gemüsepfl. kult. u. verwild. (regional eingebürg.). Er unterscheidet sich von den Wildsippen (Stg. niederlgd.; kelchblattähnl. Hochblätt. auf dem Rücken stumpf gekielt) durch den aufr. Stg. u. kelchblattähnl. Hochblätt., die auf dem Rücken geflüg. sind. Bis vor wenigen Jahren wurden alle Wildsippen in M-Eur. als subsp. ***oleracea*** [subsp. *silvestris* (DC.) Čelak.] bezeichnet. Vielfach kommen aber zumind. lokal die folg. Sippen viel häufiger vor als die subsp. *oleracea*: subsp. ***granulatostellulata*** (Poelln.) Danin & H. G. Baker; subsp. ***nitida*** Danin & H. G. Baker; subsp. ***papillatostellulata*** Danin & H. G. Baker; subsp. ***stellulata*** Danin & H. G. Baker. Die Bestimmung der Unterarten (resp. Kleinarten) basiert v. a. auf Merkmalen der Samengröße u. Skulpturierung der Samenschale (mind. 40-fache Vergrößerung nötig). Da dies kaum geländetaugl. Merkmale sind u. zudem der Wert der Sippen umstritten bleibt, wird auf Spezialliteratur verwiesen (z. B. Walter 2006 u. Bomble 2013, hier auch eine ausführlichere Synonymie).

Familie: Cactaceae, Kakteengewächse (Bearbeiter: Gerald Parolly)

Pfl. sukkulent, säulenf. od. in zylindr. od. scheibenf. Segmente geglied., meist stark dornig, auf der Fläche m. einzelnen Höckern, die Dornen (Blätt.) od. Büschel aus Borsten tragen (Areolen; *Taf. 4: 4*); laubige Blätt. (hier) fehlend od. borstl., hinfällig; Blüten radiär; Blütenhüllblätt. u. Staubblätt. ∞; Gr. 1, Narben 2–∞; Frkn. unterst.; Fr. Beere. – Nur Ne. Aus pragmat. Gründen wird auf einen Gattungsschlüssel verzichtet.

Opuntia Mill., Feigenkaktus, u. *Cylindropuntia* (Engelm.) F. M. Knuth, Cholla

1. Pfl. niederlgd., bis 50 cm hoch, m. dickfleischigen, scheibenf. Stg.Gliedern; Dornen (bei Jungpfl.) vorhanden, meist einzeln, bis 5 cm lg., oft fehlend; Perigon gelb; Fr. fleischig, rot; — Blüten 5–9 cm ∅; ♄. VI–VII. – Felsige Abhänge. – Lokal eingebürg. Ne. (Heimat: N-Am.); *s*, in A: Ti (Ötztal) u. CH: Ts, Vs, Waadt; in D: BB, BW u. HE in Einbürg. – Zierpfl. Kleiner F., ***O. humifusa*** (Raf.) Raf.

— Pfl. strauchart., bis 2 m hoch, m. zylindr. Stg.Gliedern; Dornen zahlr., bis 25 mm lg., in Gruppen zu 10–30; Perigon rot od. rotviolett; Fr. fleischig, gelb; — Blüten 5–7 cm ∅; ♄. VI–VII. – Felsige Abhänge. – Ne. (Heimat: Westl. N-Am.); lokal eingebürg., *s*, CH: Vs; in D: BW (Hohentwiel) wohl wieder verschwunden. – Zierpfl. [*O. imbricata* (Haw.) DC.] Dachziegelige C., ***C. imbricata*** (Haw.) F. M. Knuth

Auspflanzungen u. lokale Verwilderungen weiterer Opuntienarten nehmen in den wärmeren Gebieten zu.

Ordnung: Cornales, Hartriegelartige

Familie: Cornaceae, Hartriegelgewächse (Bearbeiter: Peter A. Schmidt)

Bäume u. Sträucher, selten Stauden; Blätt. gegen- od. wechselst., einfach, meist ohne Nebenblätt.; Blüten klein, meist ⚥, radiär, in Köpfen, Dolden od. Rispen, zuw. von auffälligen Hochblätt. (*78/2*) umgeben; Kelchblätt. 4, zu Röhre verwachsen; Kron- u. Staubblätt. 4; Frkn. unterst., 2-fächerig; Gr. m. kopfiger Narbe; Nektar offen darbietende „Scheibenblumen"; Steinfr., selten Beere.

Cornus L., Hartriegel, Kornelkirsche

1. Staude, 10–25 cm hoch, Stg. 4-kantig; Kronblätt. rotbraun, Infl. von 4 auffälligen weißen Hochblätt. umgeben (*78/2*); ♃. V. – Moore, Zwergstrauchheiden, Nadelwälder. – *s*, nur im N, D: NI, SH; DK; sehr *s* NL. Ⓖ [*Chamaepericlymenum suecicum* (L.) Asch. & Graebn.]
Schwedischer H., ***C. suecica*** L.

Ebenfalls eine Staude, deren Blüten von weißen Hochblätt. umgeben sind, aber Pfl. immergrün, m. nur 1 Blattpaar am Stg. u. spitzenw. wirtelig genäherten Blätt. sowie gelbl. weißen Kronblätt. ist der Kanadische H., ***C. canadensis*** L., lokal eingebürg., sehr *s*: D: O-TH (Heimat: N-Am. u. O-As.).

— Sträucher, > 1 m hoch; Kronblätt. weiß od. gelb; Infl. nicht von auffälligen weißen Hochblätt. umgeben **2**

2. Blüten vor den Blätt. erscheinend, Krone gelb, Infl. Dolde, am Grund von schuppenf. gelbl.-grünen Hochblätt. umgeben; Blattspr. unterseits in den Nervenwinkeln dicht behaart (Achselbärte); Fr. hgd., längl., scharlachrot (*Taf. 29: 5*); ♄. III–IV. – Trockenwälder u. -gebüsche, Auenwälder, Felsen. – D: *z* M-BY, TH u. S-ST, *s* RP, NRW, S-NI, SN, unbest. SH, sonst *f* in N-D u. in den Geb.; *v* A; CH; CZ; *s* B; F: Els; L; kult. als Zier- od. Obstgehölz, oft verwild. u. eingebürg.
Europäische K., Herlitze, Gelber H., ***C. mas*** L.

— Blüten nach den Blätt. erscheinend, Krone weiß, Infl. Schirmrispe, am Grund ohne Hochblätt.; Blattspr. unterseits ohne Achselbärte; Fr. aufr., kugelf., (blau)schwarz, weiß od. bläul. **3**

3. Fr. blauschwarz bis schwarz; Blattspr. beiderseits gleichfarbig grün, m. 3–4 Nervenpaaren; Zweige ohne Lentizellen; ♄. V–VI. – Laubwälder, Waldränder, Gebüsche. – *v*, *z* im N. [*Thelycrania sanguinea* (L.) Fourr.; *Swida sanguinea* (L.) Opiz] Blutroter H., ***C. sanguinea*** L.

a. Blätt. (blhd. u. fruchtender Zweige) unterseits m. absthd., einfachen, meist ± gekräuselten, nicht parallel angeordneten Haaren, ohne od. höchstens am Spr.Rand m. anlgd. 2-schenkligen Haaren. – *v*.
Echter Blutroter H., subsp. ***sanguinea***

— Blätt. (blhd. u. fruchtender Zweige) unterseits auf der Spr.Fläche nur od. zumind. z.T. m. 2-schenkligen Haaren .... **b**

b. Blätt. unterseits nur m. 2-schenkligen, parallel angeordneten anlgd. Haaren („Kompassnadelhaare"). – Verbr. ungenügend bekannt, *s*, bisher wohl nur A; CZ (Mähren); in D nur gepfl. u. zuw. verwild.
Südlicher Blutroter H., subsp. ***australis*** (C. A. Mey.) Jáv.

— Blätt. unterseits sowohl m. Kompassnadelhaaren als auch einfachen, absthd., ± gekräuselten Haaren. – Verbr. ungenügend bekannt, *s*, bisher nur A; CZ; ob in D einheim. od. nur gepfl. u. oft verwild.?, *z* BY, HE, MV, RP, SN. Ungarischer Blutroter H., subsp. ***hungarica*** (Kárpáti) Soó

— Fr. weiß od. hellblau; Blätt. oberseits grün, unterseits graugrün, m. 5–7 Nervenpaaren; Zweige m. Lentizellen; ♄; V–VII. – Zierstrauch (Heimat: O-Eur., N- bis O-As. u. N-Am.); zuw. verwild. [*Thelycrania alba* (L.) Pojark. s. l.; *Swida alba* (L.) Opiz s. l.] Weißer H. (i. w. S.), ***C. alba*** L. s. l.

a. Fr. weiß od. hellblau, Steinkern ellipsoidisch, länger als br., beidendig zugespitzt; Pfl. ohne od. m. wenigen wurzelnden, ausläuferart. Sprossen, Zweige meist aufr.; Blattspr. 4–8(–20) cm lg. – Zierstrauch (Heimat: O-Eur. u. As.). [*C. tatarica* Mill.] Sibirischer Weißer H., Tatarischer H., subsp. ***alba***

— Fr. weiß, Steinkern ± kugelf. bis breiter als lg., nicht od. nur unten zugespitzt; Pfl. m. zahlr. wurzelnden, ausläuferart. Sprossen, Zweige meist ± ausgebr. bis überhgd.; Blattspr. (5–)10–20 cm lg. – Zierstrauch (Heimat: N-Am.). [*Thelycrania stolonifera* (Michx.) Pojark.; *C. stolonifera* Michx.; *C. sericea* auct. non L.]
Nordamerikanischer Weißer H., Seidiger H., Sprossender H., subsp. ***stolonifera*** (Michx.) Wangerin

Familie: Hydrangeaceae [incl. Philadelphaceae, Pfeifenstrauchgewächse], Hortensiengewächse (Bearbeiter: Peter A. Schmidt)

Sommer- u. immergrüne Sträucher od. kleine Bäume, auch Lianen od. Stauden; Blätt. gegenst., zuw. wirtelig zu 3, einfach, ohne Nebenblätt.; Blüten ⚥, radiär, (3–)4–5(–12)-zählig; Infl. Rispen, Schirmrispen od. Trauben, zuw. m. sterilen Randblüten; Frkn. unterst.; Kapselfr., selten Beere.

Zu dieser Familie auch die häufig kult. Deutzien (***Deutzia*** Thunb.) m. anlgd. Sternhaaren, Blüten 5-zählig, Staubblätt. 10; nur ausnahmsweise verwild., z. B. A: ***D. crenata*** Siebold & Zucc. [*D. scabra* auct. non Thunb.].

Philadelphus L., Pfeifenstrauch, Falscher Jasmin

Bis 3 m hoher Strauch; Blätt. ellipt. bis eif., gezähnt (*99/6*), unterseits achselbärtig, sonst kahl od. locker behaart, nie sternhaarig; Infl. traubig, meist 5–9-blütig; Blüten 4-zählig, Krone weiß, stark duftend; Staubblätt. ∞; ♄. V–VII. – Felsen, Gebüsch. – *s*, nur A: OÖ, Sb, Stm (Weizklamm); I: Bz; sonst kult. u. zuw. verwild. Großer P., Europäischer P., ***P. coronarius*** L.

Außer dieser Art werden weitere *Philadelphus*-Arten u. -Hybriden (auch Sorten m. gefüllten Blüten) als Ziersträucher gepfl.

Ordnung: Ericales, Heidekrautartige

Familie: Balsaminaceae, Balsaminengewächse (Bearbeiter: Michael Koltzenburg)

1-j. Kräuter m. saftigen, glasig durchscheinenden, an den Knoten oft verdickten Stg.; Blüten zygomorph; Kelch durch Ausfall der beiden vord. Kelchblätt. 3-blättr.; hint. Kelchblatt gespornt u. kronblattart. (*85/2*); Kronblätt. 5, paarweise miteinander verbunden; Staubblätt. 5; Frkn. Oberst., 5-blättr.; Fr. bei Berührung elastisch aufspringende Saftkapsel.

Impatiens L., Springkraut

1. Stg. am Grund bis > 1 cm ∅; Blätt. gegenst. od. quirlst., — gezähnt, am Stiel m. Drüsen; Krone 25–40 mm lg., rot, rosa od. weiß; Pfl. oft m. Adventivwurzeln; ↕ bis > 300 cm; ⊙. VII–X. – Auenwälder, Bachufer, feuchte Waldwege. – Zierpfl. (Heimat: Himalaja); *v* eingebürg., im NO noch in Ausbr. – INV. [*I. roylei* Walp.] Drüsiges S., ***I. glandulifera*** Royle

— Stg. < 1 cm ∅; Blätt. (überwgd.) wechselst.; — Pfl. ohne Adventivwurzeln **2**

2. Krone rot, rosa od. weiß **6**

— Krone gelb od. orangegelb **3**

3. Blüten aufr.; Krone blassgelb, m. geradem Sporn; — Blüten 6–18 mm lg.; Trauben 4–16-blütig, die Tragblätt. meist überragend; Blätt. jederseits m. 13–35 Zähnen; ↕ 30–60 cm; ⊙. VI–IX. – Laubwälder, Waldwege, Gebüsche. – Adventiv (Heimat: O-As.); *v* u. überall eingebürg. Kleinblütiges S., ***I. parviflora*** DC.

— Blüten hgd.; Krone goldgelb od. orange, m. gekrümmtem Sporn (*75/2*); — Blüten 15–35 mm lg.; Trauben 3–6-blütig **4**

4. Krone orange, m. großen rotbraunen Flecken; — Sporn 5–9 mm lg., bis um 180° gekrümmt; Blätt. jederseits m. 5–14 Zähnen; ↕ 20–60 cm; ⊙. VII–X. – Flussufer. – Adventiv (Heimat: N-Am.); *s*, D: z. B. BW, BY, HE, MV, NRW, RP (Rhein, Mosel, Lahn); B; NL; PL (Stettiner Haff); in Ausbr. Orangefarbenes S., ***I. capensis*** Meerb.

— Krone andersfarbig; — Sporn 6–12 mm lg., selten > 90° gekrümmt (*75/2*); Blätt. jederseits m. 7–20 (od. mehr) Zähnen **5**

5. Krone goldgelb, innen m. roten Punkten; ↕ 30–100 cm; ⊙. VII–IX. – Feuchte Laubwälder. – *v*. Rührmichnichtan, Großes S., ***I. noli-tangere*** L.

— Krone bunt (variabel hellgelb, gelb, blass violett-blau), innen m. brauner Schlundzeichnung; ↕ bis 120(–220) cm; ⊙. VI–VII. – Waldsäume, Weg- u. Grabenränder. – Zierpfl. (Heimat: Himalaja); *s* verwildernd, D: BB, BW, BY, HE, NRW, SN, ST, TH; NL; in Ausbr. Buntes S., ***I. edgeworthii*** Hook. f.

6 (2). Sporn 12–18 mm lg.; Krone > 25 mm lg.; Fr. kahl; ↕ 15–120 cm; ⊙. VII–IX. – Zierpfl. (Heimat: Himalaja); *s* verwild. an Ruderalstellen; D: Ober- bis Niederrhein, BB; A; CH; I: Bz; NL. Balfour-S., ***I. balfourii*** Hook. f.

— Sporn 4–10 mm lg.; Krone < 25 mm lg.; Fr. behaart; — Blüten oft gefüllt; ↕ 20–70 cm; ⊙. VII–VIII. – Zierpfl. (Heimat: As.); *s* verwild. D: BB, BW, BY, HE, SN, TH. Garten-S., ***I. balsamina*** L.

Weitere noch unbest. Arten.

Familie: Polemoniaceae, Himmelsleitergewächse (Bearbeiter: Michael Koltzenburg)

Kräuter od. Stauden; Blätt. wechselst.od. gegenst, ohne Nebenblätt.; Blüten ⚥, radiär; Krone rad-, trichter- od. trompetenf.; Kelch-, Kron- u. Staubblätt. 5; Frkn. oberst., 3-fächerig; Kapselfr.

1. Blätt. unpaarig gefied.; Blüten fast radf. .... ***Polemonium***, 615
— Blätt. ungeteilt; Blüten stieltellerf. (*119/5*) **2**
2. Kronblätt. zuerst gelb bis orange, später rötl., Kronröhre kürzer als die Staubblätt.; — Infl. endst., kopfig m. drüs. Hüllblätt. .... ***Collomia***, 615
— Kronblätt. rot, lila od. weiß, Kronröhre so lg. wie od. länger als die Staubblätt. — Infl. rispig, Blüten ohne Hüllblätt. .... ***Phlox***, 615

Collomia Nutt., Leimsaat (*119/5*)

Pfl. oberw. meist reichästig, drüsig; Blätt. lanzettl.; ↕ 30–70 cm; ⊙. VI–VII. – Flussufer, Bahndämme. – Zierpfl. (Heimat: N-Am.), *z* eingebürg.; D: HE, NRW, RP, TH, unbest. z. B. Berlin, Niederrhein, SN, ST; CH. Großblütige L., ***C. grandiflora*** Lindl.

Weitere noch unbest. Arten.

Phlox L., Phlox, Flammenblume

Stg. kahl; Blätt. bis 5 cm br.; Kronröhre außen behaart; ↕ 70–120(–150) cm; ♃. VII-IX. – Zierpfl. m. Sorten (Heimat N-Am.), sich unbest. etablierend. Stauden-P., Rispige F., ***P. paniculata*** L.

Weitere noch unbest. Arten.

Polemonium L., Himmelsleiter

Stg. kantig gefurcht, kahl; Rispe drüsig behaart; Krone blau od. weiß; ↕ 20–50 cm; ♃. VI–IX. – Wiesen, Flachmoore, Staudenfluren, Flusskies. – *z–s*, D: BW, BY, MV, RP; CH; PL. ⑥. – Sonst oft kult., auch verwild. u. eingebürg. Blaue H., ***P. caeruleum*** L.

Kriechende H., P. ***reptans*** L.: niederlgd.-aufstgd., ↕ bis ≤ 30 cm; Krone rosa, blau od. violett; ♃. IV–VI. – Adventiv (Heimat: östl. N-Am.); *s* D: RP, TH.

Nordische H., Nördliche H., ***P. boreale*** Adams subsp. ***richardsonii*** (Graham) J. P. Anderson; ↕ ≤ 30 cm; Krone blau od. violett; ♃. V–VII. – Adventiv (Heimat: Arktis); *s* D: NRW.

Weitere noch unbest. Arten.

Familie: Primulaceae [incl. Myrsinaceae, Myrsinengewächse, u. Theophrastaceae, Theophrastengewächse], Primelgewächse (Bearbeiter: Michael Koltzenburg)

Kräuter od. Stauden; Blätt. häufig in Rosetten; Blüten radiär, ⚥, einzeln od. in doldigen, traubigen, ährigen od. rispigen Infl.; Kronblätt. 5, verwachsen; Staubblätt. 5, selten 7 od. 10; Frkn. oberst., 1-fächerig, m. zentraler Plazenta (*617/1*); Fr. eine Kapsel. – Die Gattungen *Anagallis* (incl. *Centunculus*), *Glaux* u. *Trientalis* werden auch zur Gattung *Lysimachia* gestellt, die aber von and. Autoren als paraphylet. eingestuft wird; daher wird hier die Trennung noch beibehalten.

1. Blätt. kammf. gefied. (ähnl. *72/3*); — Blüten in Quirlen, heterostyl; Krone hellrosa, im Schlund gelb; Wasser- od. Sumpfpfl. .... ***Hottonia***, 619
— Blätt. ungeteilt; — Land- od. Sumpfpfl. **2**
2. Blätt. in grundst. Rosetten, höchstens unterh. der Infl. od. der Blüten unscheinbare Hochblätt. **10**

— Stg. beblätt. ... **3**
3. Blütenhülle einfach, rosa; — Blüten einzeln, sitzend ... ***Glaux***, 619
— Blütenhülle doppelt, in Kelch u. Krone geglied. ... **4**
4. Blätt. an der Stg.Spitze rosettig gehäuft (*85/1*), 1–9 cm lg., zur Stg.Spitze hin an Größe zunehmend; — Blüten 11–19 mm ∅, Krone weiß, meist 7-zählig; Pfl. 5–20 cm hoch, ausd. ***Trientalis***, 622
— Blätt. nicht an der Stg.Spitze rosettig gehäuft, zur Stg.Spitze hin nicht auffällig an Größe zunehmend ... **5**
5. Krone gelb, m. lg. Röhre ... ***Androsace vitaliana***, 617
— Krone rot, blau od. weiß, falls gelb, dann ohne lg. Röhre ... **6**
6. Pfl. polsterf.; Sprosse dachziegelig beblätt., säulenf.; — Blätt. 3–5 mm lg.; Gebirgspfl. ***Androsace***, 617
— Pfl. nicht polsterf.; Sprosse nicht dachziegelig beblätt. ... **7**
7. Blätt. gegenst. od. quirlst. ... **9**
— Blätt. wechselst. ... **8**
8. Krone 5-teilig; Blütentraube endst., nicht achselst.; Blätt. fleischig, die unt. rosettig gehäuft; — Krone weiß; Staubblätt. 10, davon 5 steril (als Zipfel zw. den Kronblätt.) ... ***Samolus***, 621
— Krone 4-spaltig; Blüten blattachselst. (*88/5*); Blätt. nicht fleischig, die unt. nicht rosettig gehäuft, — 5 mm lg.; Krone weiß od. rötl.; Pfl. 2–8 cm hoch, 1-j. ... ***Anagallis minima***, 616
9 (7). Krone gelb; — Pfl. niederlgd. bis aufstgd. od. aufr. ... ***Lysimachia***, 619
— Krone rot, rosa od. blau; — Pfl. niederlgd. bis aufstgd. ... ***Anagallis***, 616
10 (2). Krone zerschlitzt, — glockig-trichterf. (*617/6, 617/7*) ... ***Soldanella***, 621
— Krone nicht zerschlitzt ... **11**
11. Krone glockig, ohne ausgebr. Saum; Blätt. rundl. herzf.; — Krone rötl.; Blätt. lg. gestielt, gesägt-gelappt ... ***Primula matthioli***, 619
— Krone röhrenf., m. meist radf. ausgebr. Saum; Blätt. nicht herzf. ... **12**
12. Zipfel der Krone zurückgeschlagen; Blätt. nierenf.-herzf.; — Krone rosa; Pfl. m. Knolle, ≤ 15 cm hoch ... ***Cyclamen***, 618
— Zipfel der Krone nicht zurückgeschlagen; Blätt. nicht nierenf. od. herzf. ... **13**
13. Saum der Krone meist < 10 mm ∅ (*617/4, 617/5*); Krone m. kurzer Röhre; — Blätt. lanzettl., oft zu kugeligen Rosetten vereinigt ... ***Androsace***, 617
— Saum der Krone meist > 15 mm ∅ (*617/2, 617/3*); Krone m. lg. Röhre ... **14**
14. Blätt. linealisch, < 12 mm lg. u. < 2 mm br.; — Krone gelb ... ***Androsace vitaliana***, 617
— Blätt. nicht linealisch, > 12 mm lg. u. > 2 mm br.; — Krone gelb, rot od. violett; Blüten meist heterostyl ... ***Primula***, 619

Anagallis L. [incl. *Centunculus* L., Zwerggauchheil; *Lysimachia* L. p. p.], Gauchheil

1. Blätt. wechselst.; — Stg. aufr.; Blüten einzeln, blattachselst. (*88/5*); Krone weißl. bis rosa; ↕ 2–8 cm; ⊙. V–IX. – Feuchte Äcker, Ufer; kalkmeidend. – *z–s*, oft verschwunden. [*C. minimus* L.; *L. minima* (L.) U. Manns & Anderb.]
Zwerggauchheil, Acker-Kleinling, ***A. minima*** (L.) E. H. L. Krause
— Blätt. gegenst. ... **2**
2. Blätt. kurz gestielt, 4–6 mm lg.; Krone trichterf., rosa, m. dunkleren Nerven, viel länger als der Kelch; — Stg. niederlgd., fädl., wurzelnd; ↕ 5–20 cm; ♃. VII–VIII. – Torfmoore. – D: *s* S-Baden, NRW b. Paderborn, früher Waghäusel, Niederrhein, Aurich, Ibbenbüren; A: früher Sb (Saalfelden), Ti (Kitzbühel); *s* B; CH: Vd; F: Els (Belfort?); NL. Ⓖ! [*L. tenella* L.]
Zarter G., ***A. tenella*** (L.) L.
— Blätt. sitzend, 15–25 mm lg.; Krone radf., blau od. orangerot, wenig länger als der Kelch; — Stg. niederlgd. bis aufstgd., selten wurzelnd ... **3**
3. Kronblätt. am Rand drüsig (Lupe!), orangerot — [selten blau: var. ***azurea*** (Hyl.) Marsden & Weiss], ≤ 6 mm br.; Blätt. stumpfl.; ↕ 5–30 cm; ⊙. VI–X. – Äcker, Gärten, Straßenränder. – *v*, im NW *z–s* u. zurückghd. – Giftig! [*L. arvensis* (L.) U. Manns & Anderb.]
Roter G., Acker-G., ***A. arvensis*** L.

— Kronblätt. am Rand fast drüsenlos, blau, — < 3,5 mm br.; ↕ 5–25; ⊙. VI–IX. – Äcker. – Im S *z*, im Tiefland *s–f*, zurückghd. [*A. coerulea* Schreb. non L.; *L. foemina* (Mill.) U. Manns & Anderb.]
Blauer G., ***A. foemina*** Mill.

A. × ***doerfleri*** Ronn. [*A. foemina* × *A. arvensis*]: Krone fleischrot. – *s* M-D.

Androsace L. [incl. *Aretia* L., Aretie, u. *Vitaliana* Sesl. p. p., Goldprimel p. p.], Mannsschild

1. Krone gelb; Kronröhre doppelt so lg. wie der Kelch; — Blätt. linealisch, 1,2 mm br.; Pfl. rasig wachsend, ↕ 5–12 cm; ♃. VI–VII. – Felsen, steinige Rasen; 1700–3100 m. – *s*, Alp. [*V. primuliflora* Bertol.] Gelber M., Echte Goldprimel, ***A. vitaliana*** (L.) Lapeyr.
a. Blätt. dk.graugrün, unterseits u. am Rand reichl. sternhaarig. – Nur CH: Ts, Vs. Goldprimel (i. e. S.), subsp. ***vitaliana***
— Blätt. lebhaft grün, kahl od. nur am Rand m. einzelnen Sternhaaren. – Nur A: Kt (Gailtal); I: Bz (Dolomiten). Sesler-Goldprimel, subsp. ***sesleri*** (Sünd.) Kress
— Krone weiß, rot od. rosa, m. kurzer Röhre **2**
2. Blüten in Dolden **9**
— Blüten einzeln; — Blätt. dicht dachig (*Aretia*) **3**
3. Pfl. überwgd. m. unverzweigten od. 2-spaltigen Haaren **8**
— Pfl. überwgd. m. mehrfach verzweigten Haaren **4**
4. Pfl. dicht sternhaarig-weißfilzig, — dichte Polster bildend; Blätt. 3–6 mm lg., schmal spatelig, die Sprossachse dicht dachziegelig verhüllend; Blütenstiele 2–6 mm lg.; Kelch m. stumpfl. Zipfeln; Krone weiß, m. gelbem Schlund; ↕ 2–10 cm; ♃. VI–VII. – Felsen; kalkmeidend. – *s*, S-CH; I: Bz. [*Aretia vandellii* Turra] Vielblütiger M., Vandell-M., ***A. vandellii*** (Turra) Chiov.
— Pfl. nicht dicht weißfilzig **5**
5. Krone 4–5 mm ∅; Zweige keine Polster bildend, — m. wenigen Rosetten; Krone rosa m. gelbem Schlund, ihre Zipfel etwas ausgerandet; Blätt. deutl. oberh. der Mitte am breitesten, nicht gekielt, flach, nach dem Vertrocknen nicht bleibend; Kelchzipfel 3-eckig, kaum länger als br. (*617/4*); ↕ 2–50 cm; ♃. VII–VIII. – Felsspalten, Steinschutt; nur auf Kalk; 1900–3200 m. – *s*, D: BY (Berchtesgadener Alp.); A. Kt, Sb (Loferer u. Leoganger Steinberge), Stm bis OÖ (Hochmölbing), Ti; I: Bz. ©. [*Aretia hausmannii* (Leyb.) Nyman]
Dolomiten-M., ***A. hausmannii*** Leyb.
— Krone 7–12 mm ∅; Zweige Polster bildend **6**
6. Blätt. gekielt, lanzettl.-spitz, — 3–5 mm lg.; Blütenstiele 4–12 mm lg., doppelt so lg. wie der nicht bis zur Mitte gespaltene Kelch; Krone 10–12 mm ∅, dk.rosa, m. gelbem Schlund; Kronblätt. an der Spitze ausgerandet; ↕ 2–5 cm; ♃. VI–VII. – Gesteinsfluren; kalkmeidend; 2100–2600 m. – *s*, A: Kt, Sb, Stm. [*Aretia wulfeniana* (W. D. J. Koch) Nyman]
Steirischer M., ***A. wulfeniana*** W. D. J. Koch
— Blätt. nicht gekielt, flach, stumpfl. **7**
7. Mind. einzelne Blütenstiele 2–4-mal so lg. wie die Blätt.; Kronzipfel meist ausgerandet; — Krone rosa, m. gelbem Schlund, 5–8 mm ∅; Sternhaare 2–3-strahlig; ↕ 2–5 cm; ♃. VI–VII. – Felsgrate; nur auf Silikatgestein; 1700–2200 m. – *s*, CH: Gr (Misox), S-Ts. [*Aretia brevis* Hegetschw.] Charpentier-M., ***A. brevis*** (Hegetschw.) Ces.
— Blütenstiele 1–2-mal so lg. wie die Blätt., 5–10 mm lg.; Kronzipfel nur gestutzt; — Krone weiß od. rosa m. gelbem Schlund, 6–8 mm ∅; Sternhaare 2–8-strahlig; Kelchzipfel lanzettl., 2-mal so lg. wie br. (*617/5*); ↕ 2–5 cm; ♃. VII–VIII. – Felsspalten, Steinschutt; kalkmeidend; 1900–4200 m. – *z*, Alp. von A; CH; FL; I: Bz. [*Aretia alpina* L.] Alpen-M., ***A. alpina*** (L.) Lam.
var. ***tiroliense*** (Wettst.) Hand.-Mazz.: Kelchzipfel so lg. wie br., 3-eckig. – A: Kt, N-Ti.

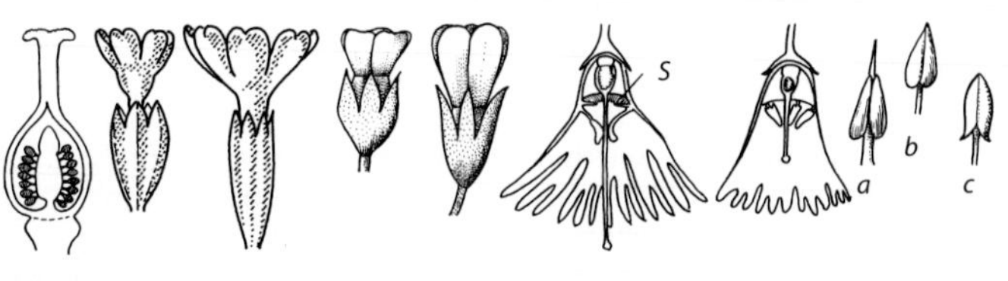

617/1 617/2 617/3 617/4 617/5 617/6 617/7 617/8

8 (3). Polster dicht, halbkugelig; Blätt. 2–3 mm lg., nach dem Verwelken erhalten bleibend; Blütenstiele ≤ 1 mm lg.; — Polster graugrün; Krone weiß, m. gelbem Schlund, 4–6 mm ∅; ↕ 2–5 cm; ♃. V–VII. – Felsspalten; auf Kalk; 1600–3500 m. – *z*, Alp. von D: BY; A; CH; FL; I: Bz. Ⓖ. [*Aretia helvetica* (L.) L.] Schweizer M., ***A. helvetica*** (L.) All.

— Polster locker, flach, Blätt. 4–10 mm lg., nach dem Verwelken meist nicht bleibend; Blütenstiele ≈ 5 mm lg.; — Krone weiß od. rosa m. gelbem Schlund, 4–6 mm ∅; ↕ 2–5 cm; ♃. VI–VII. – Felsspalten; auf Kalk. – *s–z*, nur CH: W-CH, SG. [*Aretia pubescens* (DC.) Loisel] Weichhaariger M., ***A. pubescens*** DC.

9 (2). Pfl. ausd., m. blhd. u. sterilen Rosetten; Blätt. meist ganzrandig; Pfl. der höh. Lagen **12**

— Pfl. 1–2-j., nur m. blhd. Rosetten; Blätt. gezähnt; Pfl. der tieferen Lagen; — Rosetten m. mehreren Infl. **10**

10. Krone länger als der kahle Kelch; — Tragblätt. 2–3 mm lg., lineal-lanzettl.; ↕ 5–20 cm; ⊙. V–VI. – Sandmagerrasen. – *s*, D: Maingebiet; A: NÖ (Wienerwald), Ti (Ötztal); CH: Gr, Vs; NW-CZ; PL; in D – u. auch sonst – vielfach verschwunden. Nordischer M., ***A. septentrionalis*** L.

— Krone kürzer als der behaarte (oft aber verkahlende) Kelch, — viel kürzer als der Blütenstiel **11**

11. Blütenstiele schon z. Bltzt. viel länger als die 3–8 mm lg., lanzettl.-spitzen Tragblätt.; Rosettenblätt. lanzettl.; ↕ 2–8 cm; ⊙. IV–V. – Trockenrasen, Äcker. – *s*, D: BB, BY, HE, RP, SN, ST, TH; A: Bgl, NÖ; NW-CZ; PL. Verlängerter M., ***A. elongata*** L.

— Blütenstiele auch z. Frzt. nur wenig länger als die 10 mm lg., verkehrt eif. Tragblätt.; Rosettenblätt. eif. bis br. lanzettl.; ↕ 2–15 cm; ⊙. IV. – Getreidefelder, Brachäcker. – *s*, A: Bgl, NÖ; CH: Vs; F: Els (Colmar); früher D: RP. Kelch-M., ***A. maxima*** L.

12 (9). Pfl. kahl, nur die Blattspitzen behaart; — Blütenstiele viel länger als die Tragblätt.; Krone weiß; ↕ 2–20 cm; ♃. V–VII. – Felspalten; Alp., meist 1000–2300 m. – D: *z* Bayr. Alp., *s* SchwAlb (Ob. Donau); *v* A; *z* CH: Berner Oberland, Fribourg, Jura; FL; *v* I: Bz. Ⓖ. Milchweißer M., ***A. lactea*** L.

— Pfl. behaart, bes. Kelch u. Blütenstiele **13**

13. Stg. u. Blütenstiele lg.haarig-zottig, Haare 0,5–2 mm lg. **16**

— Stg. u. Blütenstiele kurzhaarig **14**

14. Kelch behaart; Blätt. oberh. der Mitte am breitesten, — lanzettl., stumpfl.; Krone weiß; Pfl. ohne Drüsenhaare; ↕ 2–10 cm; ♃. VI–VII. – Magerrasen; kalkmeidend; 1600–3400 m. – *s*, D: Wettersteingeb., Berchtesgadener Alp.; *v* A; CH; FL; I: Bz; früher PL: Riesengeb. (Schneegrube). Ⓖ. Stumpfblättriger M., ***A. obtusifolia*** All.

— Kelch kahl; Blätt. unterh. der Mitte am breitesten; — Krone rosarot od. weiß **15**

15. Blätt. auf den Flächen kahl, aber am Rand bewimpert, —10–25 mm lg., vertrocknet m. Längsfalten; Krone 6–9 mm ∅, rosa; ↕ 3–18 cm; ♃. VI–VII. – Schutthalden. – Nur F: S-Vog. oberh. 1300 m. [*A. carnea* subsp. *rosea* (Jord. & Fourr.) Gremli] Haller-M., ***A. halleri*** L.

— Blätt. wenigstens unterseits auf der Fläche behaart, — ganzrandig u. ohne randl. Verdickungen, 6–15 mm lg., ≤ 2 mm br., größte Breite unterh. der Mitte, m. 2- bis mehrstrahligen Haaren; vertrocknete Blätt. fein netzig-runzelig; Krone 5–6 mm ∅, rosa od. weiß; ↕ 2–10 cm; ♃. VI–VIII. – Feuchte, kalkarme Rasen. – *s*, CH: Vs. Fleischroter M., ***A. puberula*** Jord. & Fourr.

16 (13). Blätt. überall zottig; Rosetten fast kugelig; Pfl. dichtrasig; — Krone weiß od. rötl., Schlund gelbrot; ↕ 2–7 cm; ♃. VI–VII. – Rasen u. Felsen der östl. Kalk-Alp. – *s*, A: Kt, Stm; CH: SW-Jura. Zottiger M., ***A. villosa*** L. (subsp. ***villosa***)

— Blätt. nur am Rand zottig; Rosetten flach; Pfl. lockerrasig; — Krone weiß, Schlund gelb; ↕ 2–10 cm; ♃. VI–VII. – Rasen der Kalk-Alp.; 900–3000 m. – *v*, Alp. von D; A; CH; FL. Ⓖ. Haariger M., ***A. chamaejasme*** Wulfen

Cyclamen L., Alpenveilchen

1. Kronzipfel am Grund geöhrt; Blüten stark duftend; Blätt. z. Bltzt. fehlend, sommergrün, 5-eckig herzf., längl., zugespitzt, gezähnt, unterseits braunrot od. grün, — oberseits oft weiß gefleckt; ↕ 5–15 cm; ♃. VIII–X. – Laubwälder; kalkmeidend. – *s*, CH: Genf, Vd (Roche); *s* verwild. od. lokal in Einbürg., z. B. D: BW, BY, HE, NRW (Bochum), TH; A: Stm. – Giftig! [*C. neapolitanum* Ten.] Herbst-A., Efeublättriges A., ***C. hederifolium*** Aiton

— Kronzipfel nicht geöhrt; Blätt. z. Bltzt. vorhanden, wintergrün, rundl. nierenf. bis herzf. **2**
2. Farbe am Grund der Kronblattzipfel etwa wie die der Fahne; — Kronblätt. 14–25 mm lg.; Blüten duftend; Blätt. schwach gekerbt, unterseits auffallend rot; ↕ 5–15 cm; ♃. VI–IX. – Steinige Laubwälder; auf Kalk; bis 2000 m. – *z*, D: BY; A; CH; *s* CZ; *z* FL; I: Bz (Mendelzug); *s* PL (Riesengeb.). ⓖ. – Außerdem oft gepfl. Giftig! [*C. europaeum* sensu Boiss.]
Wildes A., Gewöhnliches A., ***C. purpurascens*** Mill.
— Grund der Kronblattzipfel m. dunklem Fleck u. heller Basis; — Kronblätt. 7–15 mm lg.; Blätt. ganzrandg.; ↕ 5–8 cm; ♃. I–IV. – Zierpfl. (Heimat Levante, Schwarzmeerküste); zuw. verwild., z. B. D: BW, BY, NW, lokal in Einbürg. ST; B; CH; NL. Freiland-A., ***C. coum*** Mill.

Glaux L. [*Lysimachia* L. p. p.], Milchkraut

Stg. kriechend bis aufstgd., dicht beblätt.; Blätt. dickl., unt. gegenst., ob. wechselst.; Blüten 4 mm ∅; ↕ 3–25 cm; ♃. V–VIII. – Strandwiesen. – *v* Meeresküsten, *s* Salzstellen im Binnenland (D: NRW bis BB; A: NÖ; B; NW-CZ; NL; PL); im Binnenland oft verschwunden. [*L. maritima* (L.) Galasso, Banfi & Soldano] Strand-M., ***G. maritima*** L.

Hottonia L., Wasserfeder

Blüten in 3–6-blütigen Quirlen, heterostyl; Krone rosa; Blätt. rosettig, kammf. (*72/3*); ↕ 15–50 cm; ♃. V–VII. – Tümpel, Gräben, Altwässer. – *v* im Tiefland im N von NL bis PL, *z–s* im S (Oberrhein, Main, Donau); O-A; CH: Mittelland. ⓖ. Europäische W., ***H. palustris*** L.

Lysimachia L., Gilbweiderich

1. Blüten in gestielten, dichten, achselst. Trauben; — Krone 4–5 mm lg., ihre meist 6 Zipfel linealisch, von den Staubblätt. überragt; Blätt. gegenst., schmal lanzettl.; ↕ 25–70 cm; ♃. V–VII. – Teiche, Gräben, Flachmoore; kalkmeidend; D bis 700 m, A bis 1200 m. – *v* im N, S- u. O-BY, *z–s* in der Mitte u. im SW. Straußblütiger G., ***L. thyrsiflora*** L.
— Blüten nicht in gestielten, achselst. Trauben **2**
2. Blüten einzeln, blattachselst.; Staubfäden frei od. nur am Grund verwachsen; Stg. lgd. bis aufstgd.; — Blätt. gegenst. **4**
— Blüten in endst. beblätt. Rispen od. Trauben; Staubfäden ≈ ein Drittel bis zur Hälfte verwachsen; Stg. aufr.; — Blätt. quirlig od. gegenst. **3**
3. Kronzipfel kahl; Kelchzipfel rot berandet; Stg. undeutl. kantig, kurz behaart; ↕ 40–150 cm; ♃. VI–VIII. – Nasse Wiesen, Bruch-, Auenwälder; bis 1800 m. – *v*. Gewöhnlicher G., ***L. vulgaris*** L.
— Kronzipfel am Rand drüsig bewimpert (Lupe!); Kelchzipfel grün; Stg. kantig, schmal geflüg., flaumig-drüsig behaart; — Blätt. unterseits m. dk. Punkten (Drüsen); ↕ 50–100 cm; ♃. VI–VIII. – Ufer, feuchtes Gebüsch. – Ursprüngl. nur in A; CZ; PL; in D: O-BY (b. Berchtesgaden) verschwunden; oft als Zierpfl., verwild. u. *v* eingebürg. Punktierter G., ***L. punctata*** L.
4 (2). Blätt. rundl., stumpf; Kelchblätt. herzf., 3–6 mm br.; Kronblätt. 8–15 mm lg.; Pfl. niederlgd.; ↕ 10–50 cm; ♃. V–VII. – Feuchte Wiesen, Gräben. – *v*. Pfennigkraut, ***L. nummularia*** L.
— Blätt. eif., spitz; Kelchblätt. linealisch bis pfrieml., ≤ 1 mm br.; Kronblätt. 4–7 mm lg.; Pfl. aufstgd.; ↕ 10–30 cm; ♃. V–VII. – Feuchte Wälder. – *v*, im NO *z–s*. Hain-G., ***L. nemorum*** L.

Weitere noch unbest. Arten.

Primula L. [incl. *Cortusa* L., Heilglöckchen], Primel, Schlüsselblume ⓖ

1. Krone glockig; Blätt. rundl. herzf., grob gesägt od. gelappt; — Blüten zu 6–8 in Dolden, nickend, Krone rosa, m. ungleichen, ganzrandigen od. gezähnten Hüllblätt.; ↕ 20–50 cm; ♃. V–VIII. – Hochstaudenfluren; montane u. subalp. Stufe, 1100–2100 m. – *s*, D: Allgäuer Alp., Tegernseer Berge; *v* Alp. von A; CH: Gr; I: Bz; *s* CZ (Brünn). ⓖ. – Formenreich. [*C. matthioli* L.; incl. subsp. *moravica* (Podp.) Soják] Heilglöckchen, ***P. matthioli*** (L.) V. A. Richt.

— Krone m. Röhre u. radf. ausgebr. Saum; Blätt. nicht herzf. od. gelappt **2**

2. Blätt. in Knospenlage nach oben eingerollt; Kelch stielrund **7**

— Blätt. in Knospenlage nach unten eingerollt; Kelch kantig **3**

3. Blätt. glatt od. schwach runzelig, kahl, unterseits mehlig bepudert; Krone rosa-violett; Kelch stumpfkantig **6**

— Blätt. deutl. runzelig, behaart, unterseits nicht mehlig bepudert; Krone gelb; Kelch scharfkantig **4**

4. Doldenstiel sehr kurz bis fehlend; Blütenstiel lg.haarig; Blätt. ohne deutl. Stiel, oberseits kahl, — am Grund allmähl. verschmälert; Krone meist schwefelgelb; ↕ 5–10 cm; ♃. III–V. – Lichte Wälder, Gebüsche; bis 1500 m. – D: *z* SH, *s* im NW (wie in MV oft verschwunden), sonst S-BW, S-BY; *v* A; CH; *s* CZ; *v* FL; I: Bz. Ⓖ. – Unbest. zahlr., auch mehrfarbige Sorten als Zierpfl. [*P. vulgaris* Huds. subsp. *vulgaris*] Stängellose S., Schaftlose S., ***P. acaulis*** (L.) L. (subsp. ***acaulis***)

— Dolde bis 30 cm lg. gestielt; Blütenstiel kurzhaarig; Blätt. deutl. gestielt, zuw. geflüg., beiderseits behaart **5**

5. Kelch weit glockenf.; Kronsaum meist vertieft (*617/2*), dottergelb, am Schlund m. 5 roten Flecken; Blüten duftend; — Blattspr. an der Basis meist plötzl. verschmälert; ↕ 8–30 cm; ♃. IV–V. – Trockene Wiesen, Gebüsche, Waldränder. – Ⓖ. – Formenreich. [*P. officinalis* (L.) Hill] Wiesen-S., Duftende S., ***P. veris*** L.

a. Kelch ≤16 mm lg., meist kürzer als die Kronröhre; Krone 9–12 mm ∅; Kelchzähne länger als br. – *v*, *s–f* im NW. [incl. subsp. *canescens* (Opiz) Lüdi] Wiesen-S. (i. e. S.), subsp. ***veris***

— Kelch >16 mm lg., so lg. wie od. länger als die Kronröhre; Krone 10–22 mm ∅; Kelchzähne kürzer als br.; Blätt. unterseits grau- od. weißfilzig. – *z*, CH. Graufilzige Frühlings-S., subsp. ***columnae*** (Ten.) Lüdi

— Kelch eng anlgd.; Kronsaum flach ausgebr. (*617/3*), schwefelgelb, am Schlund m. hell orangefarbenem od. grünl.gelbem Ring; Blüten nicht od. sehr schwach duftend; — Blattspr. an der Basis meist allmähl. in den Stiel verschmälert; ↕ 10–30 cm; ♃. III–V. – Laubwälder, Gebüsche, Wiesen. – Ⓖ. Wald-S., Hohe S., ***P. elatior*** (L.) L.

a. Kelchzähne 3–7 mm lg., mehr als doppelt so lg. wie br.; Krone > 20 mm ∅; — Blattspr. deutl. runzelig; ↕ 10–30 cm. – *v* im S, *z* im N, unbest. in D: BB. [incl. subsp. *corcontica* (Domin) Kovanda (CZ: Riesengeb.) u. subsp. *tatrensis* (Domin) Soó (CZ: Altvatergeb.)] Hohe S. (i. e. S.), subsp. ***elatior***

— Kelchzähne 2–3 mm lg., weniger als doppelt so lg. wie br.; Krone ≤ 20 mm ∅; — Blattspr. schwach runzelig; ↕ 5–20 cm. – *s*, CH: Vs; I: Bz; ob A? Südliche S., subsp. ***intricata*** (Gren. & Godr.) Widmer

6 (3). Blüten heterostyl; Kronröhre ≈ so lg. wie der Kelch (3–6 mm), — am Schlund intensiv gelb; Infl.Stiel 2–15 cm lg.; ↕ 5–20 cm; ♃. V–VII. – Flachmoore, alp. Rasen bis 2800 m. – *v* Alp., *z* Vorland bis Schweizer Jura; D: *z* BY, SchwAlb, *s* MV, NO-BB?; *s* DK. Ⓖ. Mehl-P., Mehl-S., ***P. farinosa*** L.

— Blüten homostyl; Kronröhre 2–3,5-mal so lg. wie der Kelch (20–30 mm lg.); — ↕ 10–30 cm; ♃. VI–VII. – Rasen der Kalk-Alp.; 1000–2900 m. – *z*, A: Kt, OTi, Sb, Ti; CH: Gr, Vs; I: Bz. [*P. longiflora* All.] Langblütige P., Haller-P., ***P. halleri*** J. F. Gmel.

7 (2). Krone rosa, rot od. violett **9**

— Krone gelb **8**

8. Krone hellgelb, Kelch u. Schlund mehlig bestäubt; Blüten duftend; Blätt. schmal verkehrt eif. bis lanzettl., ganzrandig od. gekerbt, glzd. – Steinrasen. – Ⓖ. Aurikel, Platenigl, ***P. auricula*** L.

a. Blätt. etwas fleischig, jung mehlig bestäubt, nur am Rand schwach behaart, — ≤ 7 cm br.; ↕ 5–25 cm; ♃. IV–VI. – *v*, Kalk-Alp. bis 2900 m, *z* Vorland; D: bei Kelheim; *s* CZ (Böhmw.) ob? [incl. *P. lutea* Vill.: CH: nördl. Jura]. Aurikel (i. e. S.), subsp. ***auricula***

— Blätt. zart, krautig, lanzettl., unbemehlt, lg. u. dicht behaart, — m. schmalem knorpeligem Rand; ↕ 5–25 cm; ♃. IV–VI. – Auf Gneis. – *s*, D: S-Schw. Schwarzwald-Aurikel, subsp. ***widmerae*** (Pax) L. B. Zhang

Zu *P.* × *pubescens* Jacq. s. Anm. bei *P. hirsuta*, s. Nr. **11**.

— Krone dk.gelb; Kelch u. Schlund ohne Mehlstaub; Blüten geruchlos; Blätt. br. verkehrt eif., oft gezähnt, nicht glzd., — oft mehlig bestäubt, oberseits u. am Rand dicht von bis 0,4 mm lg. Drüsenhaaren bedeckt; ↕ 5–25 cm; ♃. V–VI. – Auf Kalk. – *s*, A: SW-Kt, NÖ, O-Ti; I: Bz. [*P. auricula* subsp. *balbisii* (Lehm.) Nyman] Petergstamm, ***P. balbisii*** Lehm.

9 (7). Tragblätt. länger als die Blütenstiele **13**

— Tragblätt. kürzer als die Blütenstiele; — Pfl. drüsig **10**

10. Schlund der Krone mehlig bestäubt, von gleicher Farbe wie der Saum — u. die Röhre innen; Krone trichterf.; Dolde 2–20-blütig, einseitswendig; Blütenstiele 2–20 mm lg.; Krone violett, in der Knospe dk.; Blätt. eif. lanzettl., etwas wellig, dicht m. hellen Drüsenhaaren besetzt;

↕ 3–18 cm; ♃. VI–VII. – Felsspalten; kalkmeidend; 1800–3000 m. – *s*, CH: Gr; I: Bz. [*P. viscosa* All.] Breitblättrige S., ***P. latifolia*** Lapeyr.

— Schlund der Krone nicht mehlig bestäubt, anders gefärbt als der Saum, — wie die Röhre innen weiß **11**

11. Infl.Stiel meist kürzer als die Laubblätt.; Kelch von der Kronröhre absthd.; — Köpfchen der Drüsenhaare farblos bis gelb od. bräunl. bis schwärzl.; ↕ 3–10 cm; ♃. IV–VII. – Felsspalten; kalkmeidend; 700–3600 m. – *s*, D: BW (früher Belchen, ob damals indigen?); *z*, A; CH; I: Bz. Ⓖ. Behaarte S., ***P. hirsuta*** All.

Bastard-Aurikel, ***P.* × *pubescens*** Jacq.: fruchtbare, daher hinsichtl. der Blüten vielfarbige Hybride *P. auricula* L. × *P. hirsuta* All.; ♃. V–VII. – Felsspalten, basenreich. – *s*, D: BW (Belchen), BY; A: Ti, Vb. – Hieraus entstand die verbr. kult. Garten-S., ***P.* × *hortensis*** Wettst.

— Infl.Stiel meist länger als die Laubblätt.; Kelch der Kronröhre anlgd. **12**

12. Blätt. längl. keilf., selten verkehrt eif., — 6–12 mm br.; längste Blütenstiele 1–6 mm lg.; Stg. m. 2–8 Blüten; ↕ 3–10 cm; ♃. VI. – Felsspalten, alp. Weiden; kalkmeidend; 1600–2800 m. – *z*, A: SW-Ti; CH: Gr; I: Bz. [*P. oenensis* Gremli] Rätische S., ***P. daonensis*** (Leyb.) Leyb.

— Blätt. rundl. verkehrt eif. od. eif., — 9–16 mm br.; längste Blütenstiele 4–15 mm lg.; Stg. m. 2–5 Blüten; ↕ 3–15 cm; ♃. IV–VI. – Felsen; kalkmeidend; 1500–2200 m. – *z*, A: Kt, Sb, Stm. Zottige S., ***P. villosa*** Wulfen

13 (9). Blätt. ganzrandig **15**

— Blätt. gezähnt **14**

14. Blüten einzeln; Blätt. br. keilf., an der Spitze grob gesägt; — Krone leuchtend rot bis rosa; Blätt. 5–30 mm lg.; ↕ ≤ 5 cm; ♃. VI–VIII. – Humose Böden, Schneetälchen; kalkmeidend; Alp. 800–3300 m. – *s*, D (Karwendel, Wettersteingeb., Berchtesgadener Alp.); *z* A (östl. einer Linie Brenner–Innsbruck); I: Bz; *s* Riesengeb. Ⓖ. Zwerg-S., ***P. minima*** L.

— Dolden meist 3–4(1–7)-blütig; Blätt. lanzettl., in der ob. Hälfte fein gesägt; — Krone rosa bis hellviolett; Blätt. 15–50 mm lg., knorpelrandig; ↕ 5–10 cm; ♃. VII–VIII. – Magerrasen, Felsen; 1900–3400 m. – *z* A; CH: Gr; I: Bz. Klebrige S., ***P. glutinosa*** Wulfen

15 (13). Blätt. ohne Knorpelrand, weich, — am Rand m. ≤ 1 mm lg. Drüsen; Blütenstiel ≤ 3,5 mm lg.; ↕ 2–6 cm; ♃. VI–VII. – Magerrasen, Schneetälchen; kalkmeidend; 1600–3100 m. – *z–s*, A: W-Ti, Vb; CH; FL. Ganzblättrige S., ***P. integrifolia*** L.

— Blätt. m. Knorpelrand, steif **16**

16. Blätt. graugrün, m. schmalem Knorpelrand; Kronblätt. bis zur Mitte 2-spaltig; — Blütenstiel 2–12 mm lg.; Stg. 1–4-blütig; ↕ 2–6 cm; ♃. V–VII. Felsfluren, feuchte Rasen; auf Kalk; 600–2200 m. – *s*, D: BY (Berchtesgadener Alp.); A: NÖ, OÖ, Sb, Stm. Ⓖ. Clusius-S., ***P. clusiana*** Tausch

— Blätt. blaugrün, m. br. Knorpelrand; Kronblätt. bis zu einem Drittel 2-spaltig; — Blütenstiel 2–8 mm lg.; Stg. 1–2-blütig; ↕ 2–7 cm; ♃. VI–VIII. – Felsen, alp. Rasen; auf Kalk; 1200–2100 m. – *s*, A: Kt. Wulfen-S., ***P. wulfeniana*** Schott

P.* × *media Peterm. [*P. elatior* × *veris*]: *s* D: BW, BY, SH, SN, TH; CZ; PL.

Weitere Hybriden u. noch unbest. Arten. Zahlr. Ziersorten.

Samolus L., Bunge

Blätt. fleischig, die unt. rosettig gehäuft; Blüten in Trauben od. Rispen; Krone weiß, 2–4 mm ∅; Blütenstiel in der Mitte m. lanzettl. Tragblatt (*119/7*); ↕ 15–50 cm; ♃. VI–IX. – Röhrichte, Teichufer. – *v–s* Meeresküsten (v. a. Ostsee), *s* Binnenland (Oberrhein, Main, Ems, Weser, Elbe, Havel); A: Bgl, NÖ; CH: Genf, Thurgau, Vd; CZ (Erzgeb.; ob noch?); N-PL. Salzbunge, ***S. valerandi*** L.

Soldanella L., Alpenglöckchen, Troddelblume Ⓖ

1. Krone röhrig, gleichm. auf max. ein Drittel der Länge zerschlitzt, ohne Schlundschuppen (*617/7*); Staubbeutel meist nicht zugespitzt (*617/8b–c*); Gr. kürzer als die Krone; — Krone röt. violett od. blasslila bis fast weiß; Stg. meist 1-blütig **3**

— Krone trichterf., ungleichm., meist über ein Drittel ihrer Länge zerschlitzt, m. Schlundschuppen (*617/6*, S); Staubbeutel lg. zugespitzt (*617/8a*); Gr. länger als die Krone; — Krone blauviolett; Stg. meist mehrblütig 2

2. Blatt- u. Blütenstiele nur in der Jugend spärl. m. sitzenden Drüsen; Blattspr. dickl., ganzrandig; Schlundschuppen breiter als lg., ausgebuchtet; — Blätt. 1,5–3,5 cm br.; ↕ 5–20 cm; ♃. IV–VII. – Alpine Matten, Schneetälchen; 700–3000 m. – *v* Alp.; *s* S-Schw., Schweizer Jura. ©. Gewöhnliches A., ***S. alpina*** L.

— Blatt- u. Blütenstiele in der Jugend dicht m. gestielten Drüsen; Blattspr. zart, gekerbt; Schlundschuppen länger als br., 2-lappig; — Blätt. 2,5–7 cm br.; Schlundschuppen länger als br., 2-lappig; ↕ 10–35 cm; ♃. V–VI. – Waldwiesen, humusreiche Nadelwälder; kalkmeidend; bis 1700 m. – ©. Berg-A., ***S. montana*** Willd.

a. Drüsenhaare der Blattstiele 0,5 mm lg., bleibend. – D: *z* Bayrw., *s* Bad Tölz/Kreuth (BY); *z* A: NÖ, OÖ, Sb, Stm; CZ (Böhmw.). Berg-A. (i. e. S.), subsp. ***montana***

— Drüsenhaare der Blattstiele 0,2 mm lg., später oft verschwindend. – *z–s*, A: Kt, NÖ, Sb, Stm. [*S. hungarica* Simonk.] Ungarisches Berg-A., subsp. ***hungarica*** (Simonk.) Lüdi

3 (1). Blatt- u. Blütenstiele spärl. drüsig, später verkahlend; Spr. zart, ± nierenf., oberseits m. vorspringenden Nerven; Staubbeutel am Grund zugespitzt (*617/8c*); Krone rötl.violett; ↕ 4–10 cm; ♃. V–VIII. – Alp. Schneetälchen, feuchte Bergwiesen; kalkmeidend; 1200–3100 m. – *v–z* Alp. ©. [*S. alpicola* F. K. Mey.] Zwerg-A., ***S. pusilla*** subsp. ***alpicola*** (F. K. Mey.) Chrtek

— Blatt- u. Blütenstiele dicht drüsig, später nicht od. nur etwas verkahlend; Spr. dickl., rundl., oberseits ohne hervortretende Nerven; Staubbeutel am Grund abgerundet (*617/8b*) 4

4. Blattspr. rund od. etwas länger als br.; Drüsenbehaarung dicht, bleibend. — Krone blasslila bis fast weiß; ↕ 2–10 cm; ♃. V–VII. – Alp. Schneetälchen, feuchte Bergwiesen; kalkstet; 600–2500 m. – *s*, D: BY (Ammergeb.); A: Kt, Ti; I: Bz. ©. Kleinstes A., ***S. minima*** Hoppe

— Blattspr. schwach nierenf., nicht länger als br.; Drüsenbehaarung locker, später (bes. Blattstiele) etwas verkahlend; ↕ 2–10 cm; ♃. V–VII. – Alpine Schneetälchen, Gesteinsschutt. – *s*, D: BY (Chiemgauer Alp.); A: NÖ, OÖ, Sb (N-Schladminger Tauern), N-Stm. ©. [*S. minima* Hoppe subsp. *austriaca* (Vierh.) Lüdi] Österreichisches A., ***S. austriaca*** Vierh.

Hybriden nicht selten.

Trientalis L. [*Lysimachia* L. p. p.], Siebenstern

Blüten 11–19 mm ∅, lg. fadenf. gestielt, meist einzeln, Krone weiß, meist 7-zählig; ↕ 5–20 cm; ♃. V–VII. – Moore, Nadelwälder. – *v* im N, *z* südl. bis D: Rhein-Main, NO-BY, SN, TH; CZ; PL; *s* Geb. im S (bis 2000 m), A; CH; I: Bz. [*L. europaea* (L.) U. Manns & Anderb.] Europäischer S., ***T. europaea*** L.

Familie: Ericaceae [incl. Pyrolaceae, Wintergrüngewächse, Monotropaceae, Fichtenspargelgewächse, u. Empetraceae, Krähenbeerengewächse], Heidekrautgewächse

(Bearbeiter: Michael Koltzenburg)

Sträucher, Zwergsträucher u. Stauden; Blätt. oft nadelf. u./od. lederig, bei Stauden rosettig (*Pyrola*, *Chimaphila*) od. schuppenf. (*Hypopitys*, *Calluna*); Blüten radiär od. leicht zygomorph, 4–5-zählig; Krone frei od. verwachsen; Staubblätt. 5–10; Frkn. ober- od. unterst. (*Vaccinium*); Kapsel-, Beeren- od. Steinfr. Viele Ericaceae werden an den Blätt. od. den gesamten Trieben von Pilzen der Gattung *Exobasidium* befallen. Sie sind dann missgestaltet, aufgeblasen od. weisen rötl. verfärbte Blätt. auf.

1. Ganze Pfl. wachsgelb-braun; Blätt. schuppenf., beim Trocknen schwarz werdend; — Stg. fleischig, 5–25 cm hoch; Infl. zuerst nickend, z. Frzt. aufr. .... ***Hypopitys***, 625

— Pfl. m. grünen Blätt. 2

2. Pfl. strauchig 6

— Pfl. krautig, m. Blattrosette 3

3. Blüten in doldenähnl. Schirmtrauben .... ***Chimaphila***, 624

— Blüten einzeln od. in Trauben 4

4. Blüten einzeln; Krone 25–35 mm ∅, — weiß; Pfl. 5–15 cm hoch .... ***Moneses***, 625

— Stg. mehrblütig; Krone < 25 mm ∅ 5

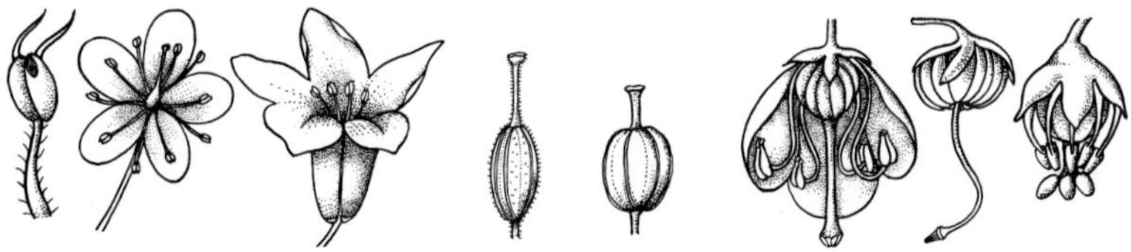

623/1 *623/2* *623/3* *623/4* *623/5* *623/6* *623/7* *623/8*

5. Blütentraube einseitswendig; Blätt. spitz, deutl. gesägt .... ***Orthilia***, 625
— Blütentraube allseitswendig; Blätt. rundl., stumpf, schwach gekerbt od. gesägt ***Pyrola***, 625
6 (2). Blätt. flächig, > 2 mm br. **9**
— Blätt. nadel- od. schuppenf. **7**
7. Blätt. schuppenf., gegenst., 4-zeilig angeordnet (*95/3*), — 1–4 mm lg., Krone rosa, tief 4-spaltig; Kelchblätt. 4, strohig, rosa .... ***Calluna***, 624
— Blätt. nadelf., wechselst. od. quirlst., — 3–8 mm lg. 8
8. Blätt. wechselst., hohl (*95/2*); Krone 3-zählig; Staubblätt. 2–3; Fr. beerenart., — schwarz; Blätt. unterseits. m. weißem Längsstreifen (*95/1*) .... ***Empetrum***, 624
— Blätt. quirlst., nicht hohl; Krone 4–5-zählig; Staubblätt. 8; Fr. eine Kapsel; — Blätt. am Rand oft umgerollt .... ***Erica***, 624
9 (6). Frkn. unterst.; — Krone 4–5-zähnig od. tief 4-teilig .... ***Vaccinium***, 627
— Frkn. oberst.; — Krone 5-zählig **10**
10. Staubblätt. 5 .... **17**
— Staubblätt. 10 .... **11**
11. Krone fast vollst. getrenntblättr. (*623/2*), — weiß; Blätt. am Rand umgerollt, unterseits rostrot filzig .... ***Rhododendron tomentosum***, 626
— Krone verwachsenblättr. (zuw. aber fast bis zum Grund geteilt, rosenrot, *Rhodothamnus*) **12**
12. Krone weit geöffnet od. glockig, > 8 mm lg., zumind. ihr Saum tief 5-spaltig (*623/2, 623/3*) **15**
— Krone krugf. bis urnenf., 4–7 mm lg., kurz 5-zähnig od. 5-lappig **13**
13. Niederlgd. Spalierstrauch; — Blätt. unterseits grün, am Rand nicht umgebogen ***Arctostaphylos***, 624
— Stg. aufr. od. nur am Grund lgd. **14**
14. Krone rosa; Blätt. unterseits weißl. .... ***Andromeda***, 623
— Krone weiß; Blätt. unterseits bräunl. .... ***Chamaedaphne***, 624
15 (12). Blätt. quirlst., — immergrün; Moorpfl. .... ***Kalmia angustifolia***, 625
— Blätt. wechselst. **16**
16. Krone etwa bis zur Hälfte gespalten (*623/3*); Blätt. > 15 mm lg.; Pfl. meist > 40 cm hoch ***Rhododendron***, 626
— Krone bis fast zum Grund gespalten (ähnl. *623/2*); Blätt. 5–10 mm lg.; Pfl. < 40 cm hoch ***Rhodothamnus***, 626
17 (10). Pfl. niederlgd.; Blätt. immergrün; Krone rötl. .... ***Kalmia procumbens***, 625
— Pfl. aufr.; Blätt. sommergrün; Krone gelb .... ***Rhododendron luteum***, 626

Andromeda L., Poleigränke, Rosmarinheide

Zwergstrauch m. weithin kriechender Grundachse; Blätt. lineal-lanzettl., wintergrün, oberseits dk.grün, unterseits bläul.grün, am Rand umgerollt; Schirmtrauben 2–8-blütig; Blüten nickend, Krone rötl., kugelig-eif.; ↕ 10–40 cm; ♃. V–VI. – Hochmoore; bis 2000 m. – *v* im N u. Alp., sonst *z–s*. – Giftig!
Poleigränke, ***A. polifolia*** L.

Arctostaphylos Adans. [incl. *Arctous* (A. Gray) Nied.], Bärentraube

1. Blätt. wintergrün, derb, ganzrandig, beiderseits kahl, unterseits vertieft netznervig; Fr. scharlachrote Beere; — Blüten zu 3–12, Krone weiß od. rötl.; ↕ 5–10 cm, aber als Spalier ↔ bis 50 cm; ♄. III–VII. – Kiefernwälder (tiefere Lagen), Zwergstrauchheiden (bis 2800 m). – *z* Alp., Schweizer Jura u. im N, *s* Alp.Vorland, Fr, NI (v. a. Harz), SN; CZ (Erzgeb.); PL; NL (Westfries. Inseln); oft verschwunden. Ⓖ. Immergrüne B., ***A. uva-ursi*** (L.) Spreng.

— Blätt. sommergrün, nicht derb, scharf gezähnt, am Grund lg. bewimpert, beiderseits netznervig; Fr. anfangs rote, später glzd. schwarzblaue Beere; — Blätt. im Herbst rot werdend; Blüten zu 2–5, Krone grünl.weiß; ↕ 5–15 cm; ♄. V. – Zwergstrauchheiden; 1200–2700 m. – *v* Alp. [*Arctous alpina* (L.) Nied.] Alpen-B., ***A. alpinus*** (L.) Spreng.

Calluna Salisb., Besenheide, Heidekraut

Zwergstrauch; Blätt. lineal-lanzettl., 1–3,5 mm lg., 4-zeilig dachig angeordnet (*95/3*); Blüten nickend, in einseitswendigen, dichtblütigen Infl.; Krone tief 4-spaltig; ↕ 20–100 cm; ♄. VII–XI. – Heiden, Moore, lichte Wälder; kalkmeidend. – *v*. Heidekraut, ***C. vulgaris*** (L.) Hull

Chamaedaphne Moench, Torfgränke

Strauch; Blätt. wintergrün, oberseits dk-, unterseits weißl.grün, eilanzettl., ≤ 3 cm lg., beiderseits dicht m. rostbraunen Schuppenhaaren; Krone glockig, weiß; ↕ 50–100 cm; ♄. V–VII. – Hochmoore. – *s* unbest. D: Berlin; *s* N-PL. – Giftig! Torfgränke, ***C. calyculata*** (L.) Moench

Chimaphila Pursh, Winterlieb

Blätt. nach Jahrestrieben gehäuft, lederig, oberseits dk.-, unterseits hellgrün, scharf gesägt; Pfl. am Grund holzig, ↕ 10–20 cm; ♃. VI–VIII. – Trockene, sandige Kiefernwälder. – *s*, D: BB, BW (Oberrhein)?, BY, HE, MV, SN, ST, TH, vielfach verschwunden; *s* A; CZ; DK; F: Els; *v* PL; früher auch CH: Bern, Zürich (ob noch?). Ⓖ. [*Pyrola umbellata* L.] Dolden-W., ***C. umbellata*** (L.) Barton

Empetrum L., Krähenbeere

1. Blüten überwgd. eingeschl.; Sprosse niederlgd.-ausgebr., einwurzelnd; junge Triebe rötl.; — Blätt. 3–5-mal so lg. wie br.; ↕ 15–45 cm; ♄. V–VI. – Moore, Heiden, Küstendünen. – *v–z* im N von NL bis PL; *z* Mittelgeb. (Schw., Sauerland, Harz, Rhön, Thw., Bayrw., SN); *s* A: NÖ, Sb, Stm, ob OÖ?; *s* CH: Vd (Jura), früher auch Gr; *s* Böhmw., Erzgeb., Altvatergeb., Riesengeb. Schwarze K., ***E. nigrum*** L.

— Blüten überwgd. ⚥, an reifen Fr. oft noch Staubblattreste vorhanden; Sprosse aufr.; junge Triebe grün; — Blätt. 2–3-mal so lg. wie br.; ↕ 15–50 cm; ♄. V–VII. – Heiden, Moore. – *s*, D: BW (Belchen); *v* Alp. von 1000 bis 3000 m; *s* Böhmw., Erzgeb., Riesengeb., Altvatergeb. [*E. nigrum* subsp. *hermaphroditum* (Lge.) Böcher] Zwittrige K., ***E. hermaphroditum*** Hagerup

Erica L., Heide, Erika

1. Staubbeutel von krugf. Krone eingeschlossen 3

— Staubbeutel aus der Krone herausragend 2

2. Blätt. am Rand steifhaarig bewimpert, meist in 4-zähligen Quirlen; Blüten in endst., 5–15-blütigen kopfigen Dolden; Krone rosa, — 6–8 mm lg.; ↕ 15–50 cm; ♄. VII–VIII. – Heidemoore. – *v–z* im N von NL bis PL, D: SN; CZ (Böhmw., Erzgeb., Riesengeb., Altvatergeb.), sonst *s* (A, CH) od. verschleppt, unbest. I: Bz. Glocken-H., ***E. tetralix*** L.

— Blätt. kahl, meist in 3-zähligen Quirlen, glzd.; Blüten in quirligen Trauben; Krone hellpurpurn, — 4–7 mm lg.; ↕ 20–60 cm; ♄. VI–VII. – Lichte Wälder, Heiden. – Sehr *s*, D: NW-Rheinland; *z* B; sehr *s* NL. Graue H., ***E. cinerea*** L.

3 **(1).** Blütenstiele max. so lg. wie die Blüten; Krone zylindr., 4,5–5 mm lg., in einseitswendigen Trauben; — Blätt. nadelf., meist in 4-blättr. Quirlen; Krone rosa od. weiß; ↕ 15–30 cm; ♄. III–VI. – Kiefernwälder; auf Kalk u. Serpentin; bis Krummholzstufe (2700 m). – *v,* Alp. u. Vorland, Lech, Isar, *s* FrAlb, Böhmw. bis Vogtland. [*E. herbacea* L.] Schnee-H., ***E. carnea*** L.

— Blütenstiele 2–3-mal so lg. wie die Blüten; Krone glockig, 2,5–3,5 mm lg., in allseitswendigen Trauben; — Blätt. zu 4–5 in Quirlen; Krone rosa; ↕ > 30 cm; ♄. VI–X. – Heiden; kalkmeidend. – Sehr *s*, CH: Genf. Wander-H., ***E. vagans*** L

Schlanke Heide, ***E. gracilis*** Wendl.: Staubbeutel m. je 2 Anhängseln; ↕ 30–50 cm; ♄. IX–XII. –Zierpfl., zuw. verwildernd, z. B. D: BY, NI, NRW, SH

Hypopitys Hill [*Monotropa* L.], Fichtenspargel

1. Frkn. länger als br. (*623/4*); Stg. oberw. u. Blüte ± behaart; ↕ 10–25 cm; ♃. VI–VIII. – Überwgd. in Nadelwäldern, wohl m. Fichtenkulturen weiter verbr. – *v–z*, *s* im NW. [M. *hypopitys* L. subsp. *monotropa*] Fichtenspargel, ***H. monotropa*** Crantz

— Frkn. so lg. wie br. (*623/5*); Pfl. kahl; ↕ 10–25 cm; ♃. VI–VIII. – Überwgd. in Laubwäldern. – Seltener als vorige. [*M. hypopitys* var. *glabra* Roth; *M. hypophegea* Wallr.; *M. hypopitys* subsp. *hypophegea* (Wallr.) Tzvelev] Buchenspargel, ***H. hypophegea*** (Wallr.) G. Don

Kalmia L. [incl. *Loiseleuria* Desv., Gämsheide, Alpenazalee], Berglorbeer, Lorbeerrose

1. Aufr. Zierstrauch; Blätt. in Scheinquirlen; Krone 8–12 mm ∅, — schüsself.; ↕ bis 100 cm; ♄. VI–VII. – Moore. – Zierpfl. (Heimat: östl. N-Am.); *s* eingebürg., D: BY (Chiemsee), NI (zw. Hannover u. Aurich), NRW (bei Rheine); A: OÖ; NL. – Giftig!
Schmalblättriger B., ***K. angustifolia*** L.

— Spalierstrauch; Blätt. gegenst.; Krone 4–5 mm ∅; — Blätt. 5–7 mm lg.; Schirmtrauben 2–5-blütig; ↕ 10–40 cm; ♄. VI–VII. – Zwergstrauchheiden, Windkanten der Silikat-Alp.; 1200–3000 m. – *v*. – Giftig! [*L. procumbens* (L.) Desv.]
Alpenazalee, Gämsheide, ***K. procumbens*** (L.) Galasso, Banfi & F. Conti

Moneses A. Gray, Moosauge

Stg. m. einer weißen, nickenden, radf. ausgebr., duftenden Blüte; Blätt. eif.-eilängl., 1–3 cm lg.; ↕ 5–10(–15) cm; ♃. VI–VII. – Lichte, moosreiche Nadelwälder. – *v–z* südöstl. einer Linie CH–Karlsruhe–Harz–Rügen; PL; CZ; *s* in W- u. N-D, dort oft verschwunden; *s* NL (Westfries. Inseln); DK. [*Pyrola uniflora* L.] Einblütiges M., Einblütiges Wintergrün, ***M. uniflora*** (L.) A. Gray

Orthilia Raf. [*Ramischia* Garcke], Birngrun

Blüten in einseitswendiger Traube; Krone fast kugelig, 5–6 mm ∅; Staubblätt. nach ausw. u. oben umgebogen (*623/6*); Blätt. eif. längl., gesägt, hellgrün, 2–4 cm lg.; ↕ 5–25 cm; ♃. VI–VII. – Lichte Nadelwälder. – *v–z* südöstl. einer Linie CH–Schw.–Harz–Rügen; CZ; PL; *s* W- u. NW-D (dort oft verschwunden). [*Pyrola secunda* L.] Nickendes B., Nickendes Wintergrün, ***O. secunda*** (L.) House

Pyrola L., Wintergrün

1. Krone offen, flachglockig; Staubblätt. umgebogen (wie *623/6*); Gr. deutl. nach vorne gekrümmt (*623/7*) **3**

— Krone fast kugelig, halb offen; Staubblätt. über dem Frkn. zus.neigend; Gr. gerade (*623/8*) od. wenig gekrümmt **2**

2. Gr. ≈ so lg. wie der Frkn. (*623/8*), nicht verdickt; Kelchblätt. 3-eckig, ≈ so lg. wie br., der Krone anlgd. (*623/8*); ↕ 10–30 cm; ♃. VI–VIII. – Wälder bis Krummholzstufe, Dünen, Moore. – *v–z*, im NW seltener u. oft verschwunden. Kleines W., ***P. minor*** L.

— Gr. ≈ doppelt so lg. wie der Frkn., unterh. der Narbe verdickt; Kelchblätt. br. lanzettl., fast doppelt so lg. wie br., absthd. bis zurückgeschlagen; ↕ 15–30 cm; ♃. VI–VII. – Schattige, moosige Wälder, Waldwiesen. – *s*, D: BB, BW, BY, HE, NRW, RP, SN, TH; A; CH; CZ; DK; I: Bz; PL; oft verschwunden. Mittleres W., ***P. media*** Sw.

3 (1). Kelchblätt. lanzettl., absthd., ≈ halb so lg. wie die weiße, zuw. rot überlaufene Krone; Infl. meist 8–15-blütig; ↕ 15–35 cm; ♃. VII–VIII. Rundblättriges W., ***P. rotundifolia*** L.

a. Kelchzipfel zugespitzt, 3,5–4,5 mm lg.; — Infl.Stiel m. ≤ 2 Schuppenbl. – Schattige Nadelwälder. – *z*, Alp. u. Vorland, D: N-BY, ST, TH; CZ; *s* im N u. NW, oft verschwunden. Rundblättriges W. (i.e. S.), subsp. ***rotundifolia***

— Kelchzipfel stumpf, 2–3 mm lg.; — Infl.Stiel m. 2–5 Schuppenbl. – Küstendünen. – *s*, D: NI, Sylt; B; DK: NL. Dünen-W., subsp. ***maritima*** (Kenyon) E. F. Warb.

— Kelchblätt. 3-eckig, der Blüte anlgd., bis ein Drittelso lg. wie die weiße bis grünl.weiße Krone; Infl. meist 3–5-blütig; ↕ 10–25 cm; ♃. VI–VII. – Lichte Nadelwälder. – *z* südöstl. einer Linie CH–Karlsruhe–Harz–Rügen; CZ; PL; zurückghd. [*P. virens* Schweigg.] Grünblütiges W., ***P. chlorantha*** Sw.

Rhododendron L. [incl. *Ledum* L., Porst], Alpenrose, Porst

1. Blätt. sommergrün; Krone gelb, — außen drüsig behaart; Blüten stark duftend; Staubblätt. 5; ↕ 100–300 cm; ♄. V–VI. – Felsige Abhänge. – *s*, A: nur Kt (NW Spittal a. d. Drau); D: BY bei Kitzingen nach Pflanzung um 1880 etabliert, sonst Zierpfl. (Heimat: O-Eur., O-MMG), *s* verwild., z. B. D: BW, Lausitz; A: NÖ, Stm.; B; NL. FFH24. – Giftig! [*R. flavum* G. Don] Gelbe A., „Pontische Azalee", ***R. luteum*** Sweet

— Blätt. wintergrün; Krone rot, purp urviolett od. weiß **2**

2. Krone weiß (*Ledum*) **5**

— Krone rot od. purpurviolett **3**

3. Blätt. 8–25 cm lg., — kahl, unterseits grün; Krone purpurviolett; ↕ 200–500(–800) cm; ♄. V–VI. – Zierpfl. (Heimat: S-Eur., SW-As.); *s* unbest., D: BW, HE, NI, NRW, SH, TH; in NL u. B in Wäldern verwild. – Giftig! Pontische A., ***R. ponticum*** L.

— Blätt. < 4 cm lg. **4**

4. Blätt. oberseits dk.grün, unterseits rostbraun, kahl, glzd.; Krone dk.rot; ↕ 30–130 cm; ♄. V–VII. – Zwergstrauchstufe der Silikat-Alp., bis 2900 m; kalkmeidend. – *v*, Alp; *s* Alp.Vorland, Schweizer Jura, CZ (Erzgeb., Altvatergeb.). – Giftig! Rostblättrige A., ***R. ferrugineum*** L.

— Blätt. oberseits hellgrün, unterseits m. anfangs bleichgelben, später dk.braunen Drüsenschuppen, am Rand bewimpert; Krone rosa; ↕ 20–100 cm; ♄. V–VII. – Zwergstrauchstufe der Kalk-Alp., bis 2600 m. – *v*, Alp; *s* Alp.Vorland, Schweizer Jura; CZ (SO České Budějovice). – Giftig! Behaarte A., Almrausch, ***R. hirsutum*** L.

In Kontaktgebieten der Elternarten Bastard-A., ***R. × intermedium*** Tausch [*R. ferrugineum* × *R. hirsutum*], Merkmale intermediär.

5 (2). Blätt. linealisch; Staubblätt. 10; — Blüten in reichblütigen Schirmtrauben, stark duftend; ↕ 50–150 cm; ♄. V–VI. – Hochmoore, moorige Wälder. – *z* im O (westl. bis O-Holstein, Hannover, ST, Lausitz), Bayrw. (Spiegelau); CZ (Böhmw., Erzgeb., Riesengeb., Altvatergeb.), früher *s* N-Schw.; A: OÖ, NÖ, verschwunden Stm; *s* angesalbt. ©. – Giftig! [*L. palustre* L.] Sumpf-P., ***R. tomentosum*** Harmaja

— Blätt. br. lanzettl. bis eif.; Staubblätt. 5–8; — ↕ 50–150 cm; ♄. V–VI. – Torfmoore. – Adventiv (Heimat: N-Am., Grönland, Sibirien); *s* eingebürg. D: NRW (Lüdinghausen), sonst NI *s* unbest. – Giftig! [*L. groenlandicum* Oeder] Grönland-P., ***R. groenlandicum*** (Oeder) Kron & Judd

Weitere Kulturflüchtlinge.

Rhodothamnus Rchb., Zwergalpenrose

Blätt. am Rand weiß-borstig bewimpert (*626/1*); Blüten zu 1–3, bis 2,5 cm br.; Krone rot, bläul. überlaufen; ↕ 20–40 cm; ♄. VI–VII. – Zwergstrauchstufe der Kalk-Alp., 1200–2400 m. – *v* im O, nach W seltener, *f* CH. Zwergalpenrose, ***R. chamaecistus*** (L.) Rchb.

626/1

Vaccinium L. [incl. *Oxycoccus* Hill, Moosbeere], Heidelbeere, Preiselbeere

1. Krone tief 4-teilig m. zurückgeschlagenen Zipfeln; Stg. fadenf., kriechend, — Triebe 15–80 cm lg., Pfl. 2–6(–10) cm hoch; Beere rot (*Oxycoccus*) **4**

— Krone krug- od. glockenf.; Stg. kräftig, aufr. od. aufstgd.; — Beere rot od. blau **2**

2. Blätt. derb, wintergrün, ganzrandig (*627/1*); Krone 4-spaltig, weiß od. rötl.; Beere glzd. scharlachrot; ↕ 5–15 cm; ♄. V–VII. – Nadelwälder, Moore, Zwergstrauchheiden; kalkmeidend. – *v–z*. Preiselbeere, ***V. vitis-idaea*** L.

M. an Heidelbeere erinnernden, aber grün überwinternden Blätt., Fr. blauschwarz m. unterschiedl. starkem rötli. Schimmer, zuw. bereift: ***V.* × *intermedium*** Ruthe [*V. vitis-idaea* × *V. myrtillus*]. – *s*, D: BB, BW, BY, NI, NRW, MV, RP, SN; NL.

— Blätt. zart, sommergrün; Krone 5-zähnig; Beere blau od. blauschwarz, bereift **3**

3. Krone grünl. bis rot; Blätt. rundl.-eif., zugespitzt, am Rand fein gesägt (*627/2*), beiderseits grün; Stg. grün, scharfkantig (*627/2*); Beere blauschwarz, m. rotem Saft; — Blüten einzeln; ↕ 10–60 cm; ♄. V–VI. – Wälder, Gebüsche; kalkmeidend; bis Zwergstrauchstufe. – *v*. Blaubeere, Heidelbeere, ***V. myrtillus*** L.

— Krone weiß od. rötl.; Blätt. verkehrt eif., ganzrandig, unterseits blaugrün, m. hervortretendem Nervennetz (*627/3*); Stg. bräunl., rund; Beere blau, m. farblosem Saft; — Blüten zu 1–4; ♄. V–VI. – Moorige Wälder, Hochmoore, alp. Zwergstrauchheiden; kalkmeidend. Rauschbeere, Moorbeere, ***V. uliginosum*** L.

a. Pfl. aufr; Blätt. oft > 1 cm br.; ↕ 20–100 cm; 2n = 48. – Kollin bis montan. – *v* Alp., *z* Vorland u. Mittelgeb., Böhmw., Erzgeb., Riesengeb., Altvatergeb., Teutoburger Wald/Weser bis MV, sonst *s*. Moorbeere (i. e. S.), Rauschbeere, subsp. ***uliginosum***

— Pfl. niederlgd. bis aufstgd; Blätt. ≤ 1 cm br.; ↕ 5–15 cm; 2n = 24. – Subalp. – *z*, in D wohl Alp. u. S-Schw.; A; CH; I: Bz. [*V. uliginosum* subsp. *pubescens* (Hornem.) Hornem.; *V. uliginosum* subsp. *microphyllum* (Lange) Tolm.] Gebirgs-Moorbeere, ***V. gaultherioides*** Bigelow

4 (1). Blätt. eif.-zugespitzt (*627/4*); Beere rund, 5–13 mm ∅; — Blätt. 3–8 mm lg., Rand nach unten umgerollt; ↕ 2–6 cm; ♄. V–VII. – Hochmoore. [*O. palustris* Pers.] Gewöhnliche M., ***V. oxycoccos*** L.

a. Blütenstiel behaart; Blätt. ≈ in der Mitte am breitesten; Kronzipfel ≤ 6,2 mm lg.; Fr. > 9 mm ∅; 2n = 48. – *v* im N, Alp., Bayrw., Böhmw., Erzgeb., Riesengeb., Altvatergeb. sonst *z–s*. Gewöhnliche M. (i. e. S.), ***V. oxycoccos*** L. s. str.

Hierher auch: Kronzipfel ≥ 6,3 mm lg.; Fr. ≤ 9 mm ∅; 2n = 72. – Montan bis hochmontan. – *s*, Bayrw., Böhmw., Erzgeb. Hagerup-M., ***V. hagerupii*** (A Löve & D. Löve) Ahokas

— Blütenstiel kahl; Blätt. am Grund am breitesten, stumpf; Beere birnf., ≤ 8 mm ∅; — Pfl. in allen Teilen kleiner; 2n = 24. – *s*, D: BY; A; CH; CZ; I: Bz. [subsp. *microcarpum* (Turcz.) A. Blytt; *O. microcarpus* Rupr.] Kleinfrüchtige M., ***V. microcarpum*** (Rupr.) Schmalh.

— Blätt. lanzettl.-stumpfl.; Beere bis 20 mm ∅; — Blätt. 6–17 mm lg., Rand fast flach; Pfl. in allen Teilen kräftiger als vorige Art; ↕ 10–20 cm; ♄. V–VII. – Angepfl. (Heimat: östl. N-Am.); oft verwild., stellenw. eingebürg., bes. N-D; NL; vereinzelt auch D: BW, BY, SN. [*O. macrocarpos* (Aiton) Pursh] Großfrüchtige M., ***V. macrocarpon*** Aiton

Der hybridogene Kultursortenkomplex Strauch-Heidelbeere, *V.* × *atlanticum* E. P. Bicknell. [*V. angustifolium* Aiton × *V. corymbosum* L.] Heimat: N-Am.) in Kiefernforsten u. Mooren in N-D (NI), B, NL eingebürg.; potenziell invasiv.

Niedere Rebhuhnbeere, Niedere Scheinbeere, ***Gaultheria procumbens*** L.: Pfl. niederlgd.; Blätt. eif., ganzrandig od. schwach gesägt, m. wenigen kleinen Stacheln, vorne ohne Stachelspitze, oberseits dk.grün; Krone weiß bis rosa, Kelch fleischig; Staubblätt. m. 4 spitzen Anhängseln; Fr. beerenähnl. – Zierpfl. in Moorbeeten (Heimat östl. N-Am.); unbest. verwild., z. B. D: BY; B; NL.

627/1

627/2

627/3

627/4

Ordnung: Gentianales, Enzianartige

Familie: Rubiaceae, Rötegewächse, Krappgewächse (Bearbeiter: Jens G. Rohwer)

Pfl. krautig; Blätt. einfach, gegenst.; Nebenblätt. den Laubblätt. gleichgestaltet, sodass mehrblättr. Wirtel vorgetäuscht werden (*35/6; Taf. 5: 8*); Blüten in lockeren bis kopfigen Thyrsen, m. lg. od. kurzer Kronröhre; Frkn. unterst., 2-blättr., bei der Reife meist in 2 Teilfr. zerfallend (*629/1*).

1. Krone 3–4-zipfelig (allenfalls einzelne Blüten 5-zipfelig) **3**
— Krone 5–6-zipfelig (allenfalls einzelne Blüten 4-zipfelig) **2**
2. Blüten lilarosa, m. 10–12 mm lg. Kronröhre u. weit herausragendem Gr.; Infl. köpfchenart. ***Phuopsis***, 633
— Blüten grünl.gelb, Kronröhre kurz, Gr. nicht herausragend; Infl. locker zymös ..... ***Rubia***, 633
3 (1). Kelch deutl. entwickelt, (4–)6-zähnig, — am Grund verwachsen; Krone (blass)lila; Blüten am Ende des Stg. kopfig gehäuft .... ***Sherardia***, 633
— Kelch undeutl. od. fehlend **4**
4. Blüten in gedrängten, blattachselst., doldenart. Quirlen, in zahlr. Etagen übereinander; Krone gelb bis grünl.gelb; — Blätt. in 4-zähligen Quirlen, 8–20 mm lg. .... ***Cruciata***, 629
— Infl. endst., oft stark verzweigt u. locker; wenn achselst. od. etagenf. angeordnet, dann Krone weiß **5**
5. Krone radf. od. flach glockig, ohne deutl. Röhre (*629/3*) od. Röhre kürzer als die Kronzipfel .... ***Galium***, 629
— Krone trichterf. bis lg. glockig, m. deutl. Röhre (*629/2*), länger als die Kronzipfel **6**
6. Krone blau od. rötl. od. weiß (dann aber 3-zipfelig u. Blüten sehr kurz gestielt od. Röhre mehrfach länger als die Zipfel u. Blüten fast sitzend); Blüten zuw. köpfchenart. gehäuft ***Asperula***, 628
— Krone weiß, 4-zählig (selten 3-zählig, dann Infl. nur 1–3-blütig); Blüten deutl. gestielt, nicht köpfchenart. gehäuft .... ***Galium***, 629

Asperula L., Meier

1. Blüten blass lila od. hellblau, — köpfchenart. gehäuft; ob. Stg.Blätt. in 6–8-zähligen Quirlen, linealisch, am Rand u. unterseits auf dem Mittelnerv borstig rau; Fr. kahl; ↕ 10–30 cm; ⊙. V–VIII. – Kalk- u. Lehmäcker. – Früher *z*, jetzt *s*, D: BW, BY, SN, ST, TH; A; CH; F; I: Bz; NL; sehr stark zurückgegangen. Acker-M., ***A. arvensis*** L.
— Blüten weiß od. rötl., wenn blass lila, dann ob. Stg.Blätt. in ≤4-zähligen Quirlen **2**
2. Blätt. eilanzettl., 1–3 cm br., — in 4-zähligen Quirlen, bewimpert; Blüten meist weiß, in fast kopfigen Infl.; Stg. locker absthd. behaart; ↕ 20–60 cm; ♃. V–VI. – Buchenwälder. – *s*, D: BW, BY; *z–s* A: Vb; CH; FL; I: Bz; NL. Italienischer M., ***A. taurina*** L. (subsp. ***taurina***)
— Blätt. schmal linealisch **3**
3. Kronröhre 2–4-mal so lg. wie ihre Zipfel, — außen rau, rötl.lila, innen gelbl.; Fr. warzig; ↕ 10–50 cm; ♃. VII–IX. – Felsen, Felsschutt. – *s*, A: S-Kt, S-Stm (Karawanken?); CH: Ts, Vs; I: Bz; PL. Grannen-M., ***A. aristata*** subsp. ***oreophila*** (Briq.) Hayek
— Kronröhre nur 1–2-mal so lg. wie ihre Zipfel **4**
4. Krone weiß, meist 3-zipfelig; — Fr. glatt, nicht rau od. gekörnelt; Triebe meist einzeln, aufr.; ↕ 30–60 cm; ♃. VI–VII. – Trockenrasen, lichte Wälder. – *z* in S- u. O-D, *f* im NW; *z–s* A; CH; PL. [incl. subsp. *hungarorum* (Jáv.) Soó] Färber-M., ***A. tinctoria*** L.
— Krone rosa, helllila od. (blass)purpurn bis dk.rot, selten rein weiß, meist 4-zipfelig **5**
5. Krone (blass)purpurn bis dk.rot; zumind. einige Blattquirle m. > 4 Blätt.; Fr. glatt; ↕ 10–50 cm; ♃. V–VII. – Sonnige, felsige Abhänge, Steinschutt. – *s*, A: S-Kt; CH: Gr, Ts; I: Bz. Purpur-M., ***A. purpurea*** (L.) Ehrend.
— Krone rosa od. helllila, selten weiß; Blattquirle m. ≤ 4 Blätt.; Fr. dicht gekörnelt, rau (*629/1*) **6**
6. Unt. Stg.Blätt. z. Bltzt. meist vertrocknet, mittl. u. ob. Stg.Blätt. meist kürzer als die Internodien; Krone hellrosa od. blasslila bis weiß, außen meist raukörnig; Fr. deutl. warzig; Hochblätt. den Frkn. nicht od. nur wenig überragend; Pfl. meist lockerrasig, ↕ 10–40 cm; ♃. VI–IX. – Halb-

trockenrasen, Sandfluren; auf Kalk. – *v–z,* D: BW, BY, RP, ST, TH, nach NW seltener, bis D: BB, S-MV, S-NI, *f* SH; *v–z* A; *s* B; *v–z* CH; F; FL; I: Bz; *s* NL; PL; *f* DK.
Hügel-M., ***A. cynanchica*** L. (subsp. ***cynanchica***)

— Unt. Stg.Blätt. z. Bltzt. erhalten, verkehrt eif., zurückgekrümmt, mittl. u. ob. Stg.Blätt. meist so lg. wie od. länger als die Internodien; Krone rosa, außen glatt; Fr. undeutl. warzig; Pfl. dichtrasig, ↕ 5–15 cm; ♃. VI–IX. – Schutt- u. Gesteinsfluren; kalkstet; 1700–2100 m. – *s*, D: BY (Chiemgauer Alp. u. Ammergeb.); A: NÖ, OÖ, Stm, Ti; CH: Jura. Felsen-M., ***A. neilreichii*** Beck

Cruciata Mill., Kreuzlabkraut

1. Stg. oberw. u. Blütenstiele kahl; —Teilinfl. ohne Tragblatt, m. 3–5 Blüten; Blätt. 7–16 mm lg. u. 3–7 mm br.; ↕ 10–30 cm; ♃. IV–VI. – Waldränder, Wiesen, Gebüsche; kalkmeidend. – *s*, D: BB, BW, BY, RP, SN, ST, TH; *z* A; *s* CH: Bern, Gr, SG, Ts; CZ; F; I: Bz; PL. [*C. glabra* (L.) Ehrend.; *Galium vernum* Scop.] Kahles K., ***C. verna*** (Scop.) Gutermann & Ehrend.

— Stg. u. Blütenstiele behaart **2**

2. Blüten < 1 mm ∅; Blätt. 4–10 mm lg. u. 2–4 mm br.; Stg. behaart u. rau; Teilinfl. ohne Tragblatt, m. 1–3 Blüten; ↕ 10–35 cm; ⊙. IV–V. – Trockenrasen, Gebüsche. – *s*, D: BY (in Einbürg.); A: Bgl, NÖ; CH: Ts, Vs; CZ; I: Bz. [*Galium pedemontanum* (Bellardi) All.]
Piemont-K., ***C. pedemontana*** (Bellardi) Ehrend.

— Blüten 2–3,5 mm ∅; Blätt. 12–20 mm lg. u. 4–10 mm br.; Stg. steifhaarig bis zottig; Teilinfl. m. je 2 Tragblätt., m. 5–9 Blüten; ↕ 15–50 cm; ♃. IV–VI. – Waldränder, Auenwälder, Gebüsche. – *v*. [*Galium cruciata* (L.) Scop.] Gewöhnliches K., ***C. laevipes*** Opiz

Galium L., Labkraut

1. Blätt. 1-nervig od. undeutl. nervig, in 4–13-zähligen Quirlen **4**

— Blätt. 3-nervig (selten die unt. nur 1-nervig), in 4-zähligen Quirlen; — Krone weiß; Stg. 4-kantig, kahl **2**

2. Blätt. eif. bis ellipt., ≤ 2,5-mal so lg. wie br.; Stg. zart, schlaff, lgd. od. aufstgd., bis 20 cm lg.; Blüten in wenigblütigen, lockeren Infl.; — Fr. meist dicht hakig-borstig; ↕ 10–30 cm; ♃. VI–VII. – Nadelwälder. – *v* im S, sonst *z–s*, *f* im NW. [*G. scabrum* auct.]
Rundblättriges L., ***G. rotundifolium*** L.

— Blätt. lanzettl., > 3-mal so lg. wie br.; Stg. steif aufr.; Blüten in dichten Infl. **3**

3. Blätt. 15–40 × 3–5(–8) mm, ≥ 5-mal so lg. wie br.; Blüten 3–4 mm ∅, (1–)2–3 mm lg. gestielt; Fr. dicht m. kurzen, gekrümmten Haaren bedeckt; ↕ 20–50 cm; ♃. VI–VIII. – Heide- u. feuchte Wiesen, Flachmoore; auf Kalk. – *v–z* im S u. O, im NW seltener.
Nordisches L., ***G. boreale*** L. (subsp. ***boreale***)

— Blätt. 35–80 × 9–25 mm, ≤ 4-mal so lg. wie br.; Blüten 3,5–5(–6) mm ∅, (2–)3–5 mm lg. gestielt; Fr. kahl od. nur schwach behaart; ↕ 40–100 cm; ♃. VI–VIII. – Feuchte Wiesen, Auen. – *s*, D: BB (unbest.), BY (bei Traunstein), RP (Saarland); A; CH; CZ.
Krappartiges L., ***G. rubioides*** L. (subsp. ***rubioides***)

4 (1). Krone ohne deutl. Röhre (*629/3*) **8**

— Krone m. deutl. Röhre (*629/2*) **5**

5. Blätt. lanzettl.-zugespitzt, > 5 mm br. **7**

— Blätt. schmal linealisch bis nadelf., 0,5–3 mm br. **6**

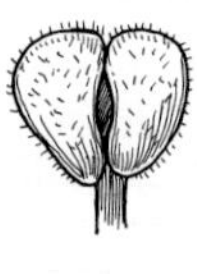
629/1

629/2

629/3

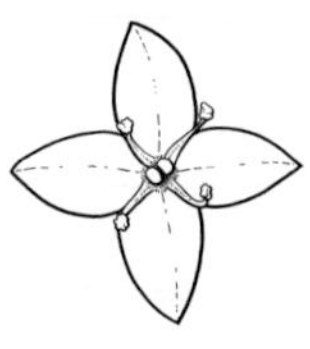
629/4

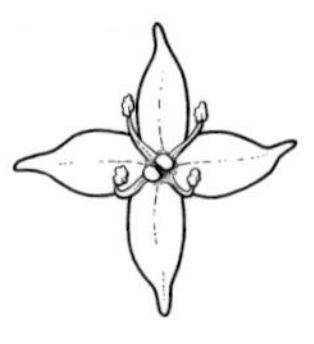
629/5

629/6

629/7

6. Pfl. meist m. > 10 cm lg. Ausläufern; Blätt. in 7–10-zähligen Quirlen, 1–3 mm br., oberseits dk.grün, unterseits bläul.; ↕ 30–70 cm; ♃. V–VII. – Trockenrasen, Gebüschränder. – *z*, D: BW, BY, RP, ST, TH, sonst *s*, *f* im N; *v* in O-A, sonst *s*; B; CH; CZ, F: Els; PL. [*Asperula glauca* (L.) Besser]
Blaugrünes L., ***G. glaucum*** L. (subsp. ***glaucum***)

— Pfl. ohne od. m. kurzen (< 5 cm lg.) Ausläufern; Blätt. in 9–13-zähligen Quirlen, bis 1 mm br.; ↕ 30–70 cm; ♃. V–VI – Auf Vulkan-Gestein. – *s*, A: Bgl, O-Stm. Vulkan-L., ***G. eruptivum*** Krendl

7 (5). Pfl. 60–100(–200) cm hoch; Fr. kahl bis fein gekörnelt; Stg. rau durch rückw. gerichtete Stachelborsten; ♃. VII–VIII. – Auenwälder. – *s*, A: NÖ; CZ; PL. [*Asperula aparine* M. Bieb.]
Bach-L., ***G. rivale*** (Sibth. & Sm.) Griseb.

— Pfl. 15–30 cm hoch; Fr. hakig-borstig; Stg. glatt; ♃. IV–V. – Schattige (Buchen-)Wälder. – *v*, oft in Massenbeständen. [*Asperula odorata* L.] Waldmeister, ***G. odoratum*** (L.) Scop.

8 (4). Krone rosa bis kräftig purpurn, ihre Zipfel grannig verläng., Fortsatz mind. halb so lg. wie der flächige Teil; — Blätt. lineal-lanzettl. bis linealisch, zu 7–10 pro Quirl, m. zurückgerolltem Rand u. rückw. gerichteten Stachelborsten; Pfl. niederlgd. bis aufstgd.; ↕ 20–50 cm; ♃. VII–VIII. – Magerwiesen, Kastanienwälder. – *s*, CH: Gr, Ts, Uri, Vs; I: Bz. Rotes L., ***G. rubrum*** L.

— Krone grünl., gelb od. (meist) weiß, selten rosa überlaufen, dann Fortsatz der Kronzipfel nur kurz **9**

9. Stg. ohne abw. gerichtete Stachelborsten **17**

— Stg. m. abw. gerichteten Stachelborsten **10**

10. Blätt. m. Stachelspitze **12**

— Blätt. an der Spitze stumpf, in meist 4–5-zähligen Quirlen **11**

11. Krone meist 3-zipfelig; Teilinfl. nur 1–3-blütig in der Blattachsel; Fr.Stiele zurückgekrümmt; Pfl. zart; ↕ 5–15(–40) cm; ♃. VI–VII. – Moosig-moorige Stellen. – *s*, A: Kt (Turracher See), Stm.
Dreispaltiges L., ***G. trifidum*** L. (subsp. ***trifidum***)

— Krone meist 4-zipfelig; Teilinfl. reichblütig; Fr.Stiele gerade; — Staubbeutel meist rötl. überlaufen; Fr. feinkörnig rau; ↕ 10–150 cm hoch; ♃. V–VIII. – Wiesen, Gräben. – *v*.
Sumpf-L., ***G. palustre*** L.

a. Stg. weißkantig, etwas geflüg.; Blätt. der Stg.Mitte 15–35 mm lg., am Rand kurz behaart; Blüten 3–4,5 mm ∅; Pfl. meist groß, ↕ 30–120(–150) cm. – *z*. [*G. elongatum* C. Presl]
Hohes Sumpf-L., subsp. ***elongatum*** (C. Presl) Lange

— Stg. nicht weißkantig, ungeflüg.; Blätt. der Stg.Mitte 5–15 mm lg., am Rand kahl; Blüten 2–3,5 mm ∅; Pfl. meist kleiner, ↕ 10–30(–60) cm. – *v*. Sumpf-L. (i. e. S.), subsp. ***palustre***

12 (10). Fr.Stiele überwgd. deutl. zurückgekrümmt; Teilfr. m. Höckern od. Papillen **16**

— Fr.Stiele ± gerade; Teilfr. glatt, sehr fein papillös, behaart od. m. hakigen Borsten **13**

13. Borsten am Blattrand nach vorn gerichtet; Blattoberseite kahl od. fein angedrückt behaart, ohne Hakenborsten; — Teilinfl. 5–15-blütig u. lg. gestielt, 2–5-mal so lg. wie die Blätt.; Blüten 0,5–1 mm ∅, zuw. rötl. überlaufen (zuw. auch ganze Pfl.); Teilfr. ≈ 1 mm lg., meist hakenborstig, zuw. kahl; ↕ 10–25 cm; ⊙. VI–IX. – Äcker, Ruderalstellen; auf Kalk. – *s*, D: BB, BW, BY, NRW, RP, SH (Hamburg), ST, TH, früher (?) HE, MV, NI; *s* A: Bgl, NÖ, Stm; CH: Aargau, Basel, Genf, Ts, Vs; I: Bz. Pariser L., ***G. parisiense*** L.

— Borsten am Blattrand rückw. gerichtet od. seitl. absthd., dann Blattoberseite m. nach vorn gekrümmten Hakenborsten **14**

14. Teilfr. 1–1,5 mm ∅, fein papillös; Blüten 1,3–2 mm ∅, breiter als die reife Fr.; Pfl. ausd., an feucht-nassen StO; Stg. lgd. od. aufstgd.; ↕ 10–60 cm; ♃. V–IX. – Flachmoore, nasse Wiesen, Ufer. – *v*. Moor-L., ***G. uliginosum*** L.

— Teilfr. 1,5-6 mm ∅, meist dicht m. Hakenborsten besetzt, selten kahl, dann glatt; Blüten 0,8–1,7 mm ∅, schmaler als die reife Fr.; Pfl. 1-j., häufig ruderal **15**

15. Teilfr. 4–6 mm lg., dicht hakig-borstig, kugelig (*Taf. 5: 8*), Krone 1,5–2 mm br.; Stg. lgd. od. klimmend; ↔ bis 1,5 m; ⊙. V–X. – Gebüsche, Zäune, Wegränder. – *v*.
Klebkraut, Kletten-L., ***G. aparine*** L.

— Teilfr. 1,5–3 mm lg., kahl u. glzd. bis hakig-borstig, halbkugelig; Krone ≈ 1 mm br.; ↕ 20–40 (–100) cm); ⊙. V–IX. – Ruderalstellen, Äcker (Getreide, Lein). – *z*, *s* im N. Acker-L., ***G. spurium*** L.

16 (12). Teilfr. auffällig sternart. (*629/7*; meist 2 solcher Teilfr. an einem Stiel), 2,5–6 mm ∅, dicht m. längsfaltigen od. blasigen Höckern besetzt; Stg. m. gerundeten Kanten, aufstgd.

bis aufr.; Borsten am Blattrand nach vorn gerichtet; ↕ 5–20 cm; ⊙. VI–VII. – Äcker. – Heimat: MMG; *s* u. z. T. unbest. in D: BB, BW, HE, NI, NRW, RP, SH, SN, TH; CH: Vs; F. [*G. valantia* Weber; *G. saccharatum* All.] Warzenfrüchtiges L., Anis-L., ***G. verrucosum*** Huds.

— Teilfr. m. etwas getrennt sthd. Papillen, nicht sternart.; Stg. m. scharfen Kanten, spreizklimmend; Borsten am Blattrand rückw. gerichtet; ↕ 10–50 cm; ⊙. VI–X. – Äcker, Ruderalstellen; auf Kalk. – *z–s* in S u. M-D, sonst *s*, zuw. nur eingeschleppt; *s* A; B; CH; I: Bz; NL; PL. [*G. tricorne* Stokes p. p.] Dreihörniges L., ***G. tricornutum*** Dandy

17 (9). Pfl. dichtrasig bis polsterart., 4–10(–14) cm hoch; Internodien auch an blhd. Sprossen meist kürzer als die Blätt., selten bis 1,5-mal so lg.; — Blätt. meist etwas dickl. bis fast stielrund; Teilinfl. die Blätt. nicht od. nur wenig überragend; (junge) Blüten grünl. od. gelbl.weiß; Alpenpfl., auf Kalk **31**

— Pfl. meist höher; wenn < 10 cm hoch, dann aufr., aufstgd. od. lockerrasig; Internodien zumind. an blhd. Sprossen meist > doppelt so lg. wie die Blätt. **18**

18. Blüten gelb **30**

— Blüten weiß, gelbl.- bis grünl.weiß od. rot **19**

19. Stg. durchghd. 4-kantig od. im ob. Teil ± rund, dann Blüten gelbl.; wenn undeutl. 4-kantig, dann Blätt. < 15 mm lg. **22**

— Stg. zumind. im unt. Teil stielrund, allenfalls m. feinen Längsrippen, oben zuw. ± 4-kantig, aufr., kahl, bis 120 cm lg.; Blätt. > 20 mm lg. u. > 3 mm br., unterseits meist bläul.grün; in Wäldern **20**

20. Stg. im ob. Teil 4-kantig, nur unten stielrund; Krone (3–)4–5 mm ∅; — Blätt. lanzettl. (*629/6*), 25–60 × 3–12 mm; ↕ 30–120 cm; ♃. VII–IX. – Laubwälder. – *z–s*, D: N-BY, SN, TH; A: Bgl, Kt, NÖ, Stm; *v* CZ; *z* PL. [*G. schultesii* Vest] Glattes L., ***G. intermedium*** Schult.

— Stg. durchghd. stielrund, allenfalls m. feinen Längsrippen; Krone (2–)2,5–3,5(–4) mm ∅ ... **21**

21. Blätt. 20–40 × 3–10 mm; Ausläufer fehlend; Blütenstiel meist länger als der ∅ der Krone; ↕ 30–80(–130) cm; ♃. VII–IX. – Laubwälder, Kahlschläge. – *v* in S- u. M-D; A; N-CH; F; *z–s* in NW u. NO-D; Alp., CZ; I: Bz; NL; PL; *f* DK. Wald-L., ***G. sylvaticum*** L. (subsp. ***sylvaticum***)

— Blätt. 40–75 × 3–7(–11) mm; Ausläufer vorhanden, oft jedoch kurz; Blütenstiel etwa so lg. wie der ∅ der Krone; ↕ 30–120 cm; ♃. VI–IX. – Lichte Laubwälder; kolline bis montane Stufe. – *s*, A: Kt; CH: Ts; I: Bz. Glatt-L., ***G. laevigatum*** L.

22 (19). Zipfel der Krone allmähl. zugespitzt (*629/4*), allenfalls m. sehr kurzem Spitzchen; — Pfl. m. aufr. od. aufstgd. Wuchs u. derberem Stg. **27**

— Zipfel der Krone m. feiner aufgesetzt erscheinender Spitze od. Granne (*629/5*) **23**

23. Stg. nur am Grund deutl. 4-kantig, oben rundl.; Blüten ± gelbl. (zumind. Blütenknospen gelb), etwas geknäuelt, in dichten, allseitswendigen, voneinander getrennten Gruppen
G.* × *pomeranicum Retz., s. Nr. **30**

— Stg. durchghd. 4-kantig; Blüten meist weiß, meist nicht geknäuelt **24**

24. Blätt. ± nadelf., linealisch, 10–25(–30) × 0,5–2 mm, oberseits glzd., am Rand ± umgerollt; Fr. glatt; ↕ 20–70 cm; ♃. VI–IX. Artengruppe Glänzendes L., ***G. lucidum*** agg.

a. Blätt. am Rand etwas rau (Lupe!); Pfl. m. Ausläufern; Stg. ganz grün; Krone weiß. – Lichte Laubwälder, Trockenwiesen. – *s*, D: BY (unbest.); A; CH; F: Vog; I: Bz. Glänzendes L., ***G. lucidum*** All. s. str.

— Blätt. am Rand glatt; Pfl. ohne od. m. kurzen Ausläufern; Krone oft gelbl. bis grünl.weiß ..... **b**

b. Pfl. aufr., ohne Ausläufer; Stg. am Grund rötl. – Gesteinsfluren, Felsen, Steinschutt; kalkstet; 700–2000 m. – *s*, D: SO-BY (Bad Reichenhall/Thumsee, Berchtesgadener Alp.); A: NÖ, OÖ, Sb, Stm.
Traunsee-L., ***G. truniacum*** (Ronniger) Ronniger

— Pfl. ± aufstgd., m. kurzen Ausläufern; Stg. am Grund grünl.; ♃. VI–VIII. – Trockene Schutt- u. Gesteinsfluren; kalkstet. – *s*, A: NÖ (Rax-Schneeberg), NO-Stm. Honig-L., ***G. meliodorum*** (Beck) Fritsch

— Blätt. (verkehrt) lanzettl. bis schmal ellipt., 10–65 × 2–8 mm, die unt. > 3 mm br., flach od. Rand nur sehr wenig umgebogen **25**

25. Blätt. 40–65 × 3–5 mm, überwgd. ≈ 10-mal länger als br., kahl, unterseits graugrün, deutl. heller als oberseits; — Stg. vom Grund an stumpf 4-kantig; Infl. meist sehr reichblütig, m. gleichm. im Raum verteilten Blüten; ↕ 20–60 cm; ♃. VI–VIII. – Bergwälder. – *z*, Alp. von D: BY (östl. des Lech); A: Sb, Ti; CH: Gr, Ts; I: Bz. Grannen-L., ***G. aristatum*** L.

— Blätt. 10–40 × 2–7 mm, 2–6-mal so lg. wie br., beidseits gleichfarbig od. wenn graugrün, dann stark behaart (Artengruppe Wiesen-L., ***G. mollugo*** agg.) **26**

26. Blüten 2–3 mm br., ihre Stiele 3–4 mm lg.; Fr.Stiele stark spreizend, dadurch Fr.Stand locker; Blätt. 2–4-mal so lg. wie br.; ↕ 30–100 cm; ♃. V–VII. – Fettwiesen, Auenwälder. – *z*, in NW-D *s*. Wiesen-L., ***G. mollugo*** L.

— Blüten 3–4 mm br., ihre Stiele 1–3 mm lg.; Fr.Stiele spitzwinklig zur Achse, dadurch Fr.Stand gedrängt; Blätt. 3–6-mal so lg. wie br.; ↕ 30–150 cm; ♃. V–IX. – Fettwiesen, Böschungen, Ruderalfluren. – *v*. Weißes L., ***G. album*** Mill.

a. Pfl. meist kahl, zuw. mäßig behaart, frisch grün, ↕ 30–100 cm, m. Ausläufern, oft in lockeren Gruppen. – *v*. Weißes Wiesen-L., subsp. ***album***

— Pfl. dicht behaart, dadurch graugrün erscheinend, kräftig, aufr., ↕ 50–150 cm, ohne Ausläufer, daher Stg. in kompakten Gruppen. – Waldränder, Trockenrasen. – *s*, D: NRW, RP, ST; A: Bgl, NÖ, Stm; CZ. [*G. pycnotrichum* (Heinr. Braun) A. Kern.] Behaartes Wiesen-L., subsp. ***pycnotrichum*** (Heinr. Braun) Krendl

27 (22). Blattspitze stumpf bis gerundet, ohne aufgesetztes Spitzchen ***G. palustre*** L., s. Nr. 11—

— Blattspitze fein zugespitzt od. stumpf, aber m. aufgesetzter Spitze **28**

28. Blätt. verkehrt lanzettl. bis fast linealisch, > 6-mal länger als br., meist allmähl. fein zugespitzt Artengruppe Kleines L., ***G. pusillum*** agg.

a. Mittl. Internodien 1–2-mal so lg. wie die Blätt., unt. kürzer als die Blätt., ob. bis 3-mal so lg.; — Blattrand rau od. bewimpert; Pfl. dichtrasig, m. zahlr. nichtblhd. Trieben, trocken grün bleibend; Fr. glatt od. m. meist stumpfen Papillen; ↕ 5–15(–25) cm; ♃. VII–IX. – Alp. Steinschuttfluren. – *v–z* in Alp., *s* D: BW (SchwAlb), BY (ob. Isar) Alpen-L., ***G. anisophyllon*** Vill.

— Mittl. Internodien 1,5–4,5(–6)-mal so lg. wie die Blätt., auch die unt. kaum kürzer .... **b**

b. Blütenstiele ≈ 0,5 mm lg.; Blüten geknäuelt, klein, 1–2,3 mm ∅; mittl. Internodien 3–6-mal so lg. wie die Blätt.; — Stg. dünn, < 0,7 mm ∅; ↕ 10–30 cm; ♃. VII–VIII. – Magerrasen, Kiefernwälder. – *s*, D: BB, ST (ausgestorben?); W-PL. Schwedisches L., ***G. suecicum*** (Sterner) Ehrend.

— Blütenstiele 1–2 mm lg., od. wenn knapp 1 mm lg., dann Stg. kräftig, > 0,7 mm ∅; Blüten nicht od. kaum geknäuelt, meist größer, 2–3,5 mm ∅; mittl. Internodien (1,5–)2–4-mal so lg. wie die Blätt. .... **c**

c. Blätt. auffallend lg. begrannt, Granne ≈ ein Zehntel so lg. wie die Blattspr.; — Stg. am Grund rot; Blattrand ± umgerollt; Fr. glatt od. m. stumpfen Papillen; ↕ 10–20(–30) cm; ♃. VI–VIII. – Trockenrasen, Schwarzkiefernwälder. – *z–s*, A: Bgl, Kt, NÖ; CZ. Österreichisches L., ***G. austriacum*** Jacq.

— Blätt. bespitzt bis kurz begrannt, Granne weniger als ein Zehntel so lg. wie die Blattspr. .... **d**

d. Pfl. fast schwarz trocknend; Stg. zart, < 0,7 mm ∅, — auch unterh. der Mitte verzweigt .... **f**

— Pfl. grün od. grünl.braun trocknend; Stg. meist kräftiger .... **e**

e. Stg. am Grund nicht rötl., erst oberh. der Mitte verzweigt; Fr. glatt od. m. stumpfen Papillen; Stg. u. Blätt. kahl; Blätt. oft leicht abw. gekrümmt; ↕ 10–40(–70) cm; ♃. VI–VIII. – Magerrasen, Trockenrasen. – *v* in S- u. M-D; A; CH; F; I: Bz; *s–f* nördl. der Mittelgeb.; B; NL; PL. Heide-L., ***G. pumilum*** Murray

— Stg. am Grund rötl.; Fr. m. ± spitzen Papillen; Stg. u. Blätt. ± dicht absthd. behaart, zuw. (fast) kahl; Blätt. gerade od. leicht aufw. gekrümmt; ↕ 5–30 cm; ♃. VI–VII. – Steinige Rohböden, Gebüschränder. – *s*, D: BW, BY, SN, ST, TH; A: NÖ, OÖ; CZ; DK; PL. Mährisches L., ***G. valdepilosum*** Heinr. Braun

f (d). Pfl. z. Bltzt. m. zahlr. nicht-blhd. Trieben; Infl. schmal kegelf., meist > 2-mal so lg. wie br.; ↕ 5–15 cm; ♃. VI–VIII. – Rohböden der Küste. – Nur D: SH (Sylt); DK. [*G. pumilum* subsp. *septentrionale* Sterner] Sterner-L., ***G. sterneri*** Ehrend.

— Pfl. z. Bltzt. m. nur wenigen nicht-blhd. Trieben; Infl. br. kegelf. od. schirmf., < 2-mal so lg. wie br., m. lg. Seitenästen; ↕ 10–60 cm; ♃. VII–VIII. – Basalt- u. Serpentin-Rohböden. – *s*, CZ; S-PL. FFH24. Sudeten-L., ***G. sudeticum*** Tausch

— Blätt. zumind. im vegetativen Bereich od. an nicht-blhd. Sprossen ellipt., schmal ellipt. od. verkehrt eif., 2–5-mal länger als br., Spitze stumpfwinklig bis gerundet, m. aufgesetztem Spitzchen; — Tragblätt. der Teilinfl. zuw. schmaler u. fein zugespitzt **29**

29. Pfl. lockerrasig; nicht-blhd. Sprosse zahlr., niederlgd., meist < 15 cm hoch, blhd. Sprosse bis 40 cm; mittl. Blätt. 4–11(–15) × 1,5–3,5 mm, getrocknet schwarz werdend; Fr. dicht m. spitzen Papillen bedeckt (Lupe!); Teilinfl. meist > 3-blütig.; ♃. VI–VIII. – Heiden, lichte Wälder, Moore; kalkmeidend. – *v* Flachland u. Mittelgeb., in D bis 1500 m; *s* Alp. [*G. harcynicum* Weigel] Felsen-L., Harzer L., ***G. saxatile*** L. (subsp. ***saxatile***)

— Pfl. ± aufstgd. bis spreizklimmend, Sprosse 30–90 cm lg., sterile u. blhd. kaum verschieden, glatt od. schwach behaart; mittl. Blätt. 12–30(–60) × (4–)6–10(–14) mm; Fr. dicht m. hakenf. Haaren bedeckt; Teilinfl. in den Blattachseln meist 3-blütig; ♃. VII–VIII. – Fichtenwälder. – *s*, CH: Gr, Vs. Dreiblütiges L., ***G. triflorum*** Michx.

30 (18). Stg. am Grund deutl. 4-kantig; Kronblätt. ± hell gelb, m. feiner aufgesetzter Stachelspitze od. Granne (*629/5*); ↕ 40–100 cm; ♃. VI–IX. – Trockenrasen, Wegränder. – *z*. [*G. verum* × *G. album*] Weißgelbes L., Gelbweißes L., ***G.*** × ***pomeranicum*** Retz.

— Stg. am Grund stumpf 4-kantig bis rund; Blüten kräftig gelb (goldgelb od. zitronengelb), in endst. Rispen; — Blätt. in 8–12-blättr. Quirlen, linealisch, 15–25 mm lg., fein zugespitzt, am Rand zurückgerollt; Stg. aufr., ↕ 30–70 cm; ♃. VI–IX. Echtes L., ***G. verum*** L.

a. Stg.Glieder so lg. wie od. kürzer als die Blätt.; längste Seitenzweige länger als die Stg.Glieder; Blätt. 0,5–1(–2) mm br., glzd.; Blüten goldgelb, duftend; Fr. glatt. VI–IX. – Trockenrasen, Wegränder. – *v.* Echtes L. (i. e. S.), subsp. ***verum*** L.

— Stg.Glieder länger als die Blätt.; längste Seitenzweige kürzer als die Stg.Glieder; Blätt. 1–3 mm br., matt; Blüten zitronengelb, nicht duftend; Fr. warzig; frühblhd. Sippe. V–VI. – Trockenwiesen, Trockenrasen. – *z–s*. [*G. praecox* (K. H. Lang) Heinr. Braun; *G. wirtgenii* F. W. Schultz] Wirtgen-L., subsp. ***wirtgenii*** (F. W. Schultz) Oborný

31 (17). Blätt. auffallend verschieden, unt. eif. ellipt. u. oberseits deutl. papillös, ob. verkehrt lanzettl. bis linealisch, oft glatt, — Blattquirle 6–8-zählig; ↕ 4–8 cm; ♃. VII–VIII. – Felsschuttfluren; auf Kalk. – *s*, I: Bz. Perlschnur-L., ***G. margaritaceum*** A. Kern.

— Blätt. nicht auffallend verschieden, alle verkehrt lanzettl. bis linealisch u. oberseits glatt ... **32**

32. Blätt. am Rand meist rau, m. winzigen, nach vorn gerichteten Zähnchen (Lupe!), flach bis etwas dickl.; Blattquirle meist 6–7-zählig; — Fr.Stiele herabgebogen; ↕ 2–5(–10) cm; ♃. VII–VIII. – Felsen, Steinschuttfluren; kalkstet; 2000–2800 m, auch herabgeschwemmt. – *z*, N- u. Z-Alp. [*G. helveticum* Weigel] Schweizer L., ***G. megalospermum*** All.

— Blätt. am Rand glatt; Blattquirle meist 8–9-zählig ... **33**

33. Blätt. > 1 mm br.; Krone 3–3,5 mm ∅; Blätt. länger als die Internodien; ↕ 4–14 cm; ♃. VII–IX. – Felsen, Felsschutt; auf Kalk; 1600–2700 m. – *s*, D: Berchtesgadener Alp.; *v* A: Kt, NÖ, OÖ; Sb, Stm; *f* CH. Norisches L., ***G. noricum*** Ehrend.

— Blätt. < 1 mm br.; Krone 3,5–5 mm ∅; ob. Internodien zuw. länger als die Blätt.; ↕ 4–7 cm; ♃. VII–VIII. – Magerrasen; auf Kalk. – *s*, I: Bz. Monte-Baldo-L., ***G. baldense*** Spreng.

Viele Sippen schlecht getrennt u. von verschiedenen Autoren unterschiedl. umgrenzt. Hybridisierung nicht selten, am auffälligsten *G. album* × *G. verum* = ***G.*** × ***pomeranicum*** Retz. (s. Nr. **30**) m. gelbl.weißen Blüten.

Phuopsis (Griseb.) Hook. f., Baldriangesicht

Stg. aufr., 4–6-kantig, hohl; Quirle 7–8-blättr.; Blätt. m. vorw. gerichteten Härchen; jede Blüte m. 1 Trag- u. 2 Vorblätt., alle rosarandig u. m. dichten, vorw. gerichteten Borstenhärchen; ↕ 15–25 cm; ⊙. VI–VII. – Zierpfl. (Heimat: S-Kaukasus bis Iran); *s* verwild., z. B. D: BY; A: Stm.; B; CH: Bern, SG, Vd; NL. Langgriffliger Rosenwaldmeister, ***P. stylosa*** (Trin.) B. D. Jacks.

Rubia L., Färberröte, Krapp

Aufstgd. Staude m. rotem Rhizom; Blätt. in 4–6-zähligen Quirlen, eilanzettl., am Rand u. unterseits am Mittelnerv rau; Blüten in endst. u. achselst. Dichasien; ↕ 50–100 cm; ♃. VI–VIII. – Als Farbstoffpfl. (Krapp) früher angepfl. (Heimat: O-MMG); *s* verwild., D: BY, HE, RP, SN, ST, TH; A: Kt, NÖ; CH: Vd, Vs; F: Els; I: Bz; NL; PL. Echte F., ***R. tinctorum*** L.

Sherardia L., Ackerröte

Stg. niederlgd. bis aufstgd., 4-kantig, ± rauhaarig; Blätt. lanzettl. spitz, am Rand borstig bewimpert; Blüten in wenigblütigen, kopfigen, von 8–10-blättr. Hülle umgebenen Infl.; ↕ 5–20 cm; ⊙. V–X. – Äcker, Ruderalstellen. – *v*, im N *z*. Ackerröte, ***S. arvensis*** L.

Familie: Gentianaceae, Enziangewächse (viele Arten Ⓖ) (Bearbeiter: Jens G. Rohwer)

Pfl. krautig; Blätt. meist gegenst., einfach; Blüten radiär, ⚥, (4–)5(–8)-zählig; Kelch röhren- od. glockenf.; Krone trichter-, glocken- od. stieltellerf.; Staubblätt. so viele wie Kronzipfel, der Kronröhre eingefügt; Frkn. oberst., 2-blättr.; Kapselfr.

1. Krone kräftig gelb ... **8**

— Krone blau, violett, rot, rosa, weiß. od. blassgelb m. violetten Punkten ... **2**

2. Krone glockenf. (nur bis zu einem Drittel gespalten; *637/2*), od. m. lg. Röhre u. tellerf. ausgebr., 4–5-zipfeligem Saum (*637/1*), von verschiedener Farbe; Kelch verwachsen (zuw. nur am Grund) od. 1-seitig aufgeschlitzt ... **4**

— Krone fast bis zum Grund geteilt, violett, blassblau od. fast weiß; Kelch tief 5-teilig ... **3**

3. Narbe nur an der Spitze des Frkn., kurz 2-lappig; Kronblätt. m. je 2 auffälligen, dk. Nektarschuppen am Grund; Pfl. ausd., 15–60 cm hoch; Stg. einfach, erst oberw. verzweigt **_Swertia_**, 639

— Narbe beidseits am Frkn. herablfd. (*637/3*); Kronblätt. m. hellen Fransen am Grund; Pfl. 1-j., 2–15 cm hoch, vom Grund an verzweigt .... **_Lomatogonium_**, 639

4 (2). Staubblätt. u. Gr. deutl. aus der Kronröhre herausragend; Krone rosa bis rotviolett, selten weißl.; Gr. scharf vom Frkn. abgesetzt (*637/4*); — Saum der Krone meist flach ausgebr. **_Centaurium_**, 634

— Staubblätt. in der Kronröhre eingeschlossen, allenfalls an der Mündung sichtbar; Krone meist blau od. violett, zuw. bräunl., gelbl. od. purpurn, selten weißl.; Gr. nicht deutl. vom Frkn. abgesetzt (*637/5*) **5**

5. Krone ganz ohne Fransen od. Wimpern .... **_Gentiana_**, 635

— Krone am Rand m. Wimpern od. im Schlund m. Fransen **6**

6. Kronzipfel am Rand u. im Schlund m. Fransen .... **_Gentianopsis_**, 639

— Krone am Rand nicht gefranst, nur im Schlund m. bärtigen Schlundschuppen (*637/9, 637/10*) **7**

7. Schlundschuppen kegelf. zus.neigend, die Narbe verdeckend; Kelchblätt. nur am Grund verwachsen; Blüten blau bis blauviolett, selten blassviolett od. weiß; Krone 5–15 mm lg.; Blütenstiele meist deutl. länger als die Blüten .... **_Comastoma_**, 635

— Schlundschuppen aufr., Narbe von oben sichtbar; Kelchblätt. zu mehr als ein Viertel verwachsen; Blüten meist hell rotviolett; Krone 10–50 mm lg.; Blütenstiele meist kürzer als die Blüten .... **_Gentianella_**, 637

8 (1). Blüten 4-zählig; Pfl. zart, 2–12 cm hoch .... **_Cicendia_**, 635

— Blüten 5–8-zählig; Pfl. kräftiger, meist größer **9**

9. Blüten in endst. Dichasien; Kronzipfel 6–8, am Rand überlappend; Stg.Blätt. am Grund miteinander verwachsen, bläul. bereift .... **_Blackstonia_**, 634

— Blüten in dichten Scheinquirlen in den Achseln laubiger Hochblätt.; Kronzipfel 5–7, am Rand nicht überlappend; Stg.Blätt. am Grund nicht verwachsen .... **_Gentiana lutea_**, 635

Blackstonia Huds. [*Chlora* L.], Bitterling

1. Grundblätt. rosettig; Stg.Blätt. m. ihrer ganzen Breite verwachsen; Blütenstiel bis 1 cm lg.; Kelchzipfel 1-nervig, etwas kürzer als die Krone; Pfl. kräftig; ↕ 10–50 cm; ⊙. VI–VIII. – Halbtrockenrasen, Flachmoore. – *s*, D: Helgoland, Oberrheingebiet; A: Vb; B; CH; F: Els; I: Bz; NL. Durchwachsener B., ***B. perfoliata*** (L.) Huds.

— Grundst. Rosette oft fehlend; Stg.Blätt. nur am abgerundeten Grund verwachsen; Blütenstiel bis 4 cm lg.; Kelchzipfel schwach 3-nervig, so lg. wie die Krone; Pfl. zart; ↕ 10–30 cm; ⊙. VI–VIII. – Schlammböden auf Lehm od. Kies. – *s*, D: Oberrheingebiet; A: Bgl, NÖ, ausgestorben in Stm, Vb?; *s* CH: Genf, Vd, Vs, Zürich; F; I: Bz. [*B. serotina* (Rchb.) Beck] Später B., ***B. acuminata*** (W. D. J. Koch & Ziz) Domin

Centaurium Hill [*Erythraea* Borkh.], Tausendgüldenkraut Ⓖ

1. Stg. ohne grundst. Rosette, vom Grund an od. in der unt. Stg.Hälfte verzweigt; — Blüten in Dichasien; Kelch kürzer als die Kronröhre; Krone bis 15 mm lg.; ↕ 2–15 cm; ⊙. VI–IX. – Feuchte Äcker, Wiesen; Salz ertragend. – *z–s*. Ⓖ. Ästiges T., ***C. pulchellum*** (Sw.) Druce

— Stg. m. grundst. Rosette, meist erst in der ob. Hälfte verzweigt **2**

2. Stg.Blätt. linealisch, 1–3-nervig; Grundblätt. bis 5 mm br.; ↕ 5–25 cm; ⊙. VII–IX. – Ⓖ. [*C. vulgare* Rafn] Strand-T., ***C. littorale*** (Turner) Gilmour

- **a.** Stg., Blattränder u. Kelchkanten kahl. – Strandwiesen, Dünen. – *v*, Meeresküsten. Strand-T. (i. e. S.), subsp. ***littorale***
- — Stg., Blattränder u. Kelchkanten kurzhaarig-rau. – Feuchte Wiesen, Salzsteppen. – *s*, D: BB, NI, SN, ST, TH; A: Bgl, NÖ; CZ. [*C. uliginosum* (Waldst. & Kit.) Fritsch] Sumpf-T., subsp. ***compressum*** (Hayne) Kirschner

— Stg.Blätt. eif. lanzettl., meist 5-nervig (äuß. Nerven nahe dem Blattrand); Grundblätt. bis 15 mm br. **3**

3. Pfl. 2–5 cm hoch; Kelch beim Aufblühen so lg. wie od. länger als die Kronröhre; Staubblätt. der Basis der Kronröhre ansitzend; Infl. m. sehr kurzen Zweigen, Blüten fast köpfchenart. gedrängt; ⊙. VII–IX. – Trockene Dünen, Salzwiesen. – *s,* D: Nordfries. Inseln, NW-SH; DK. Ⓖ. [*C. erythraea* var. *capitatum* (Roem. & Schult.) Melderis]
Kopfiges T., ***C. capitatum*** (Roem. & Schult.) Borbás

— Pfl. (5–)10–50 cm hoch; Kelch beim Aufblühen kürzer als die Kronröhre; Staubblätt. im Schlund der Kronröhre ansitzend; Infl. ± locker dichasial, Blüten oft fast in einer Ebene; ⊙. VII–IX. – Wiesen, Waldlichtungen, Trockenhänge; bis 1400 m. – *v–z.* Ⓖ. [*E. centaurium* (L.) auct.; *C. minus* auct.; *C. umbellatum* auct.] Echtes T., ***C. erythraea*** Rafn

Cicendia Adans. [*Microcala* Hoffmanns. & Link], Zindelkraut, Fadenenzian

Zarte, 2–12 cm hohe Pfl.; Stg. dünn, fast vom Grund an gabelästig, m. lg. gestielten Blüten; Krone ausgebr. 6 mm im ∅; ⊙. VII–X. – Sandige Heide- u. Moorböden. – *s* D: BY (unt. Maingebiet), NI, NRW, früher BB; BW, HE, MV, RP, SH, SN; *s* B; DK; F: Els; NL; stark zurückghd., vielfach erloschen.
Heide-Z., ***C. filiformis*** (L.) Delarbre

Comastoma Toyok. [*Gentiana* L. p. p., Enzian z. T.], Haarschlund, Zwergenzian

1. Krone meist 4-zählig, Kronröhre ≈ 2–4-mal so lg. wie br., 5–15 mm lg., blass graublau bis hell violett; Blütenstiel meist deutl. länger als die Blüten; ↕ 2–12 cm; ⊙. VII–IX. – Magerrasen, Felsschuttfluren, Krummholzstufe; 1600–3400 m. – *s,* D: BY; *z* A; CH; FL; I: Bz. Ⓖ. [*G. tenella* Rottb.; *Gentianella tenella* (Rottb.) Börner] Zarter H., ***C. tenellum*** (Rottb.) Toyok.

— Krone meist 5-zählig, Kronröhre ≈ 1,5-mal so lg. wie br., 3–7 mm lg., blau bis blauviolett; Blütenstiel etwas kürzer bis deutl. länger als die Blüten; ↕ 2–5(–8) cm; ⊙–⊙⊙. VII–X. – Felsfluren, Moränen; kalkmeidend; 2200–3400 m. – *s,* A: Kt, OTi, Sb, Ti; I: Bz. [*G. nana* Wulfen; *Gentianella nana* (Wulfen) N. M. Pritch.]
Zwerg-H., Zwergenzian (i. e. S.), ***C. nanum*** (Wulfen) Toyok.

Gentiana L., Enzian Ⓖ

1. Blüten einzeln, endst., in locker verzweigten Infl. od. zu 1–3 in den ob. Blattachseln 7
— Blüten am Stg.Ende kopfig gehäuft od./u. (schein-)quirlig in den Blattachseln 2
2. Blüten goldgelb od. blassgelb, zuw. dk. punktiert 5
— Blüten höchstens innen etwas gelb, sonst blau od. rötl. bis purpurn u. punktiert 3
3. Krone 4-zipfelig, außen grünviolett, innen himmelblau; Grundblätt. am Grund scheidig verwachsen; ↕ 15–50 cm; ♃. VII–X. – Trockene Wiesen, buschige Hänge, auf Kalk. – *z–s,* D: BB, BW, BY, MV, S-NI, NRW, ST, TH; A; CH; F; I: Bz; NL; PL. Ⓖ. Kreuz-E., ***G. cruciata*** L. (subsp. ***cruciata***)
— Krone 5–8-zipfelig, ± dk. rötl. bis purpurn; Grundblätt. nicht scheidig verwachsen 4
4. Kelch 5(–8)-teilig, m. zurückgekrümmten Zipfeln; — Krone trübpurpurn bis rotviolett, innen blass gelbl., schwarzrot punktiert; ↕ 20–60 cm; ♃. VIII–IX. – Wiesen, Karfluren, Krummholz; auf Kalk; 500–2300 m. – *s,* Bayr. Alp., Bayrw.; verwild. Harz; *z,* A; *s* CZ: Böhmw.; CZ/PL: Riesengeb.; O-CH; I: Bz. Ⓖ. Ungarischer E., Brauner E., ***G. pannonica*** Scop.
— Kelch 2-teilig, 1-seitig aufgeschlitzt; — Krone dk.rot bis purpurn, innen gelbl., ± punktiert; ↕ 20–60 cm; ♃. VIII–IX. – Hochstaudenfluren, alp. Weiden; 1000–2750 m. – *s,* D: Allgäuer Alp., Schw.; A: W-Ti, Vb; F (Vog.); FL; *z* CH. Ⓖ. Purpurroter E., ***G. purpurea*** L.
5 (2). Krone fast bis zum Grund 5–7-teilig, ± ausgebr., einfarbig leuchtend gelb; Kronzipfel schmal lanzettl.; Kelch 1-seitig aufgeschlitzt; Blätt. bläul.grün; ↕ 50–140 cm; ♃. VI–VIII. – Bergwiesen, Gebüsch, Flachmoore; bis 2500 m. – *v,* Alp. D: BW, BY (östl. bis Inn), in Mittelgeb. *s* kult.; *v* A: Ti, Vb; CH: Alp., Schweizer Jura, *z* Vorland; CZ; F: Vog.; I: Bz. FFH5; Ⓖ.
Gelber E., ***G. lutea*** L.

a. Tragblätt. die Infl. nicht überragend, grün. – Alp. u. Vorland. Gelber E. (i. e. S.), subsp. ***lutea***
— Tragblätt. die Infl. weit überragend, grünl.gelb. – A: SW-Kt (Karawanken im Lesachtal); I: Bz.
Slowenischer Gelber E., subsp. ***vardjanii*** Wraber

— Krone zu weniger als ein Viertel eingeschnitten, röhrig-bauchig od. glockig, fast immer m. dk. Punkten od. Streifen **6**

6. Blätt. eif. bis ellipt., 3–7 cm br., m. 5(–7) fast gleich starken Nerven; Krone m. 5–8 stumpfen Zipfeln, blassgelb, dk.violett getüpfelt; Kelch m. 5–8 gleichlg. Zipfeln; ↕ 20–60 cm; ♃. VII–IX. – Matten u. Zwergstrauchstufe; 1400–3200 m. – *z* Alp. ⓢ. Punktierter E., ***G. punctata*** L.

— Blätt. ± lanzettl., < 1 cm br., 1-nervig; Krone m. 5 dreieckigen Zipfeln, weißl. od. gelbl., selten blass bläul., außen m. dk. grünl.- od. violettblauen Streifen u. Punkten; ↕ 5–10(–15) cm; ♃. VII–IX. – Steinige Matten, Felsen, Steinschuttfluren; kalkmeidend; 2000–2400 m. – *s*, A: N-Stm (Niedere Tauern). Tauern-E., ***G. frigida*** Haenke

7 (1). Krone stieltellerf., m. walzenf. Röhre u. flach ausgebr. Saum (*637/1*), — blau **14**

— Krone trichterf. glockig (*637/2*) **8**

8. Stg. ohne grundst. Blattrosette, meist mehrblütig; Narbenlappen nicht gefranst **11**

— Stg. m. grundst. Blattrosette, 1-blütig; Narbenlappen gefranst-gekräuselt; — Pfl. 5–15 cm hoch **9**

9. Rosettenblätt. kaum länger als br., 1–3 cm lg.; Blüten sitzend od. fast sitzend; — Krone 3–4 cm lg., dk.blau, m. grünen Flecken; Kelchzähne von der Mitte bis zum Grund kaum zus.gezogen; ↕ 4–10 cm; ♃. VI–VIII. – Magerrasen; 2000–2600 m. – *s*, S- u. W-Alp. in CH: Gr, Ts, Vs. Südalpen-E., ***G. alpina*** Vill.

— Rosettenblätt. ≥ 1,5-mal so lg. wie br.; Blüten (kurz) gestielt **10**

10. Kelchzähne der Kronröhre anlgd., 3-eckig, spitz, am Rand von Papillen rau, m. spitzen Buchten zw. den Kelchzipfeln (*637/7*); Grundblätt. lanzettl. (bis etwas breiter), am Rand papillös; Krone innen ohne grünl. Flecken; ↕ 5–15 cm; ♃. IV–VIII. – Magerrasen, Moore; auf Kalk; bis 2800 m. – *v–z* Alp., *z–s* Vorland (Lechtal bis Donau), Schweizer Jura; früher S-Schw. ⓢ. Clusius-E., ***G. clusii*** E. P. Perrier & Songeon

— Kelchzähne von der Kronröhre absthd., spatelf., spitz, am Rand glatt, m. br. Buchten zw. den Kelchzipfeln (*637/8*); Grundblätt. ellipt. (bis eif.), am Rand glatt; Krone innen m. grünen Flecken; ↕ 5–15 cm; ♃. VI–VIII. – Magerrasen, Moore; kalkmeidend; 600–3000 m. – *v* Alp. (in D nur *z* Allgäuer Alp. bis Wettersteingeb.); *z*, CH: Schweizer Jura; *f* A: NÖ. ⓢ. [*G. kochiana* E. P. Perrier & Songeon] Stängelloser E., Kiesel-Glocken-E., Koch-E., ***G. acaulis*** L.

11 (8). Blätt. eif. lanzettl., 5-nervig, 2–5 cm br.; — Blüten zahlr., zu je 1–3 in den ob. Battachseln u. meist 1-seitig am überhgd. Stg.; ↕ 25–80 cm; ♃. VII–IX. – Moorwiesen, Hochstaudenfluren. – *v*, Alp. u. Vorland; *s* D: BW (Bodenseegebiet, SchwAlb), BY (Bayerw.); eingebürg.? Mittelgeb. in S-NI, NRW, SN, ST, TH; *s* CZ. ⓢ. Schwalbenwurz-E., ***G. asclepiadea*** L. (subsp. ***asclepiadea***)

— Blätt. nur linealisch bis lanzettl., 1- od. 3-nervig, < 1,5 cm br.; — Pfl. 5–40 cm hoch **12**

12. Moor- u. Heidepfl. unterh. 1000 m; Sprosse mehrblütig; Blätt. ± gleichm. am Stg. verteilt; Krone innen m. 5 grünen Streifen; ↕ 20–30(–40) cm; ♃. VII–X. – Flachmoore, feuchte Heiden; bis 1000 m. – In D im S u. N *z* (stellenw. *v*), sonst *s; z–s* im übrigen Gebiet. ⓢ. Lungen-E., ***G. pneumonanthe*** L.

— Hochalp. Pfl. oberh. 1800 m; Sprosse meist 1(–2)-blütig; Blätt. am Grund des Stg. gehäuft; Pfl. 5–10(–15) cm hoch **13**

13. Krone himmelblau bis blauviolett, zuw. m. grünl. Punkten im Schlund; Blätt. 3-nervig; Staubbeutel röhrenf. verbunden bleibend; ↕ 5–10 cm; ♃. VII–IX. – Steinige Matten, Felsen, Steinschuttfluren; kalkstet; 1800–2400 m. – *s*, A: S-Kt (Karawanken). Karawanken-E., ***G. froelichii*** Rchb.

— Kronzipfel hell blau(-violett), Kronröhre weißl. od. gelbl., außen m. dk. grünl.- od. violettblauen Streifen u. Punkten; Blätt. 1-nervig; Staubbeutel frei .... ***G. frigida*** Haenke, s. Nr. **6**

14 (7). Zipfel zw. den Kronblätt. fast so groß wie diese, Krone daher scheinbar 8- od. 10-blättr. (*638/1*); — Pfl. vom Grund an verzweigt, ohne nichtblhd. Triebe; ↕ 2–7 cm; ☉. VII–VIII. – Magerrasen; 1600–2800 m. – *z*, A: Kt, OTi, Sb, Stm, Ti; CH: Gr; I: Bz. Niederliegender E., ***G. prostrata*** Haenke

— Zipfel zw. den Kronblätt. nur als kürzere Zähnchen od. fehlend **15**

15. Blütenstg. 1-blütig, unverzweigt, meist sehr kurz; Pfl. ausd., meist m. blhd. u. nichtblhd. Trieben **17**

— Blütenstg. 2- od. mehrblütig, verzweigt; Pfl. 1-j., ohne nichtblhd. Triebe **16**

16. Kelch aufgeblasen, m. br. geflüg. Kanten, > 3-mal so br. wie die Kronröhre; ↕ 8–25 cm; ⊙. VI–VIII. – Feuchte Wiesen, Flachmoore; auf Kalk; bis 2400 m. – *z* Alp., *s* Vorland, früher Oberrhein b. Mannheim u. Freiburg; *s* F: Vog. Ⓖ. Schlauch-E., ***G. utriculosa*** L.

— Kelch nicht aufgeblasen; Kanten nur gekielt od. schmal geflüg., kaum breiter als die Kronröhre; ↕ 2–15 cm; ⊙. VI–VIII. – Magere Steinrasen; auf Kalk; 1700–3000 m. – *v–z* Alp., *s* Schweizer Jura. Ⓖ. Schnee-E., ***G. nivalis*** L.

17 (15). Blätt. bis zum Grund der Blüte dicht dachziegelig überlappend, eif., ± zugespitzt, alle gleichart., entlang des Rands rau (papillös) u. schmal hautrandig; Kelch inkl. Zähne max. halb so lg. wie die Kronröhre; ↕ 5–10 cm; ♃. VII–VIII. – Matten, Gesteinsfluren; auf Kalk; Krummholz- u. alp. Stufe, 1900–2700 m. – *s*. [incl. *G. imbricata* Froel.] Triglav-E., ***G. terglouensis*** Hacq.

a. Oberste Blätt. des Blütenstg. aufr.; Kelchzähne halb so lg. wie die Kelchröhre. – *s*, A: Kt, OTi; I: Bz. Triglav-E. (i. e. S.), subsp. ***terglouensis***

— Oberste Blätt. des Blütenstg. absthd. od. aufr.-absthd.; Kelchzähne ein Drittel so lg. wie die Kelchröhre. – *s*, CH: Vs. [*G. schleicheri* (Vacc.) Kunz] Schleicher-E., subsp. ***schleicheri*** (Vacc.) Tutin

— Blätt. meist nicht bis zum Grund der Blüte dachziegelig überlappend, Grundblätt. u. Stg.Blätt. meist verschieden; Kelch inkl. Zähne meist mehr als halb so lg. wie die Kronröhre **18**

18. Unterste Blätt. max. so groß wie die ob. Stg.Blätt., meist kleiner, am Blütenstg. keine dichte Rosette bildend; — Blätt. entlang des Rands glatt, oberh. der Mitte am breitesten, am Ende gerundet; Kelchzähne zwei Drittel so lg. wie die Kelchröhre; ↕ 5–15 cm; ♃. VII–IX. – Feuchte Matten, Schneetälchen; 1400–3500 m. – *v* Alp., in D *z–s*. Ⓖ. Bayrischer E., ***G. bavarica*** L.

— Unterste Blätt. meist (etwas) größer als die ob. Stg.Blätt., am Grund des Blütenstg. dicht rosettig **19**

19. Längste Rosettenblätt. etwa doppelt so lg. wie die Stg.Blätt.; Kelch entw. gleichm. ≈ 1 mm br. geflüg. (var. ***verna***) od. Flügelkanten ungleich u. an der Basis ≈ 2 mm br. (var. ***alata*** Griseb.); Krone bis 30 mm br.; ↕ 5–15 cm; ♃. III–VII. – Schafweiden, Flachmoore, Alpenmatten; bis 3600 m. – *v* Alp., *z–s* Vorland, zurückghd.; sonst D: *z* BW, BY, *s* ST, TH, ausgest.? BB, HE, SN; *z* CH: Schweizer Jura; *s* CZ; F: Els. Ⓖ. Frühlings-E., ***G. verna*** L. (subsp. ***verna***)

— Längste Rosettenblätt. nicht od. nur wenig länger als die Stg.Blätt.; Kelch nicht od. schmal geflüg., bis 1 mm br.; Pfl. bis 12 cm hoch, meist ≤ 6 cm **20**

20. Rosetten- u. Stg.Blätt. lineal-lanzettl., spitz, ≈ 4-mal so lg. wie br.; Kelchzipfel 6–7 mm lg., ≈ 5-mal so lg. wie br.; ↕ 4–10 cm; ♃. VI–VIII. – Matten; nur auf Kalk; 1600–2400 m. – *z–s*, A: Kt, NÖ, OÖ, Stm. Zwerg-E., ***G. pumila*** Jacq.

— Blätt. rundl. bis eif., max. doppelt so lg. wie br.; Kelchzipfel ≤ 5 mm lg. u. 3-mal so lg. wie br. **21**

21. Kelchkanten ungeflüg. od. ≤ 0,3 mm br. geflüg.; Zipfel der Krone eif. lanzettl., mind. doppelt so lg. wie br.; Kelchröhre 2,5–4 mm br.; Blätt. meist ± zugespitzt; ↕ 3–6(–12) cm; ♃. VII–VIII. – Matten; kalkmeidend; 1800–4200 m. – *s* Alp.; *f* D. Kurzblättriger E., ***G. brachyphylla*** Vill.

— Kelchkanten 0,5–1 mm br. geflüg.; Zipfel der Krone br. eif., bis 1,5-mal länger als br.; Kelchröhre 4–5 mm br.; Blätt. meist ± gerundet; ↕ 3–6 cm; ♃. VII–VIII. – Magerrasen; kalkstet; 2000–2800 m. – *s*, Alp., D: Allgäuer Alp., Wettersteingeb., Berchtesgadener Alp.; A; CH; FL; I: Bz. Ⓖ. [*G. brachyphylla* subsp. *favratii* (Rittener) Tutin] Rundblättriger E., ***G. orbicularis*** Schur

Gentianella Moench [*Gentiana* L. p. p., Enzian z. T.], Kranzenzian Ⓖ

1. Blüten überwgd. 4-zählig, höchstens einzelne 5-zählig; Schlundschuppen fast so lg. wie die Kronzipfel (*637/10*); — Krone bis 25 mm lg., rosa-violett, zuw. weißl.; Blütenstiel kürzer

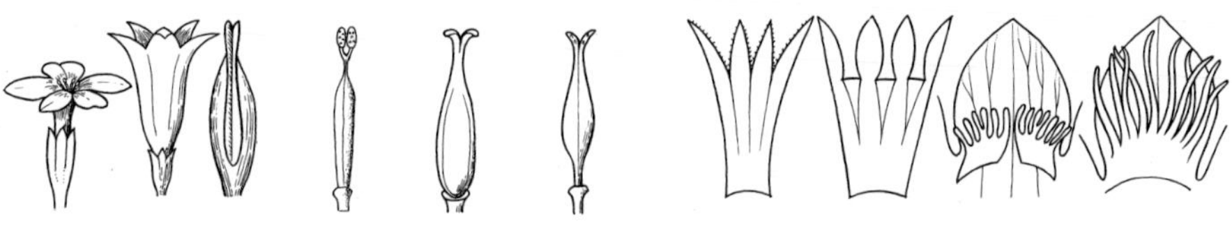

637/1 *637/2* *637/3* *637/4* *637/5* *637/6* *637/7* *637/8* *637/9* *637/10*

als die Blüten; Pfl. m. verzweigter Infl. (nur Zwergformen 1-blütig), ↕ 10–35 cm; ⊙–⚇. V–X. – Magerrasen. – *z*, D: BY (Alp.), S-NI/ST (Harz), sonst *s*, stark zurückgegangen; *v–z* Alp. von A u. CH; *z* Schweizer Jura, sonst *s*. [*Gentiana campestris* L.] Feld-K., ***G. campestris*** (L.) Börner

a. Stg. erst ab der Mitte verzweigt; Pfl. z. Bltzt. noch m. Keimblätt., alle Blätt. frisch grün; Grundblätt. lanzettl. eif., am Grund am breitesten; ⊙. VIII–X. – Moorwiesen. – *s* im N (NL, Borkum, SH bis PL) u. im mittl. Gebiet (NRW bis CZ). [*G. baltica* Murb.] Baltischer K., subsp. ***baltica*** (Murb.) N. M. Pritch.

— Stg. oft vom Grund an verzweigt, z. Bltzt. ohne Keimblätt.; Grundblätt. im vord. Drittel am breitesten; ⊙ od. ⚇. V–X. – Magerrasen. – *z* Alp. bis 2600 m, sonst *s*. Feld-K. (i. e. S.), subsp. ***campestris***

— Blüten überwgd. 5-zählig, höchstens einzelne 4-zählig; Schlundschuppen meist deutl. kürzer als die Kronzipfel **2**

2. Kelchzipfel sehr ungleich br., meist 2 von ihnen ≈ 3-mal so br. wie die übrigen **10**

— Kelchzipfel gleich bis etwas ungleich br., die breitesten ≤ doppelt so br. wie die übrigen .. **3**

3. Krone 20–45 mm lg. **6**

— Krone 10–20 mm lg. **4**

4. Frkn. u. Kapsel im Kelch 2–5 mm lg. gestielt (*637/6*); Pfl. gedrungen, buschig verzweigt; — Krone helllila; Kelchröhre viel kürzer als die Kelchzipfel; ↕ 2–15(–25) cm; ⚇. VII–IX. – Alp. Matten; auf kalkarmem Boden. – *z*, S-CH; I: Bz. Ⓖ. [*Gentiana ramosa* Hegetschw.] Büschel-K., ***G. ramosa*** (Hegetschw.) Holub

— Frkn. u. Kapsel im Kelch ungestielt (*637/5*); Pfl. wenig verzweigt; — Moorwiesen der Ebene bis montanen Stufe **5**

5. Pfl. z. Bltzt. noch m. Keimblätt.; Grundblätt. spitz; Kelch bei Blütenöffnung (fast) so lg. wie die Kronröhre; Stg. meist unverzweigt; ↕ 2–20 cm; ⊙. VIII–X. – Sumpfwiesen. – *s*, D: BB, MV, NI (Borkum, sonst ausgest.), SH, früher NRW; *s* B; DK; NL; PL. Ⓖ. [*Gentiana uliginosa* Willd.] Sumpf-K., ***G. uliginosa*** (Willd.) Börner

— Pfl. z. Bltzt. ohne Keimblätt.; Grundblätt. stumpf; Kelch deutl. kürzer als die Kronröhre; Stg. meist verzweigt; ↕ 3–60 cm; ⚇. VI–X. – Moorwiesen. – *s*, D: SN (Erzgeb.), TH, ausgest.? in BB, ST; *s* A: W-Ti; B; CH: Gr; CZ; NL? (incl. *G. uliginosa*?); PL. Ⓖ. – Formenreich. [*G. axillaris* (F. W. Schmidt) Á. Löve & D. Löve; *Gentiana lingulata* C. Agardh; *G. amarella* L.] Bitterer K., ***G. amarella*** (L.) Börner

6 (3). Buchten zw. den Kelchzipfeln spitz (*638/2*); Kelchzähne am Rand meist rau-papillös od. bewimpert **8**

— Buchten zw. den Kelchzipfeln ± abgerundet (*638/3*); Kelchzähne am Rand glatt **7**

7. Unt. Seitentriebe zieml. lg., Infl. daher fast schirmart.; Krone 25–45 mm lg.; Kelchzähne deutl. länger als die Kelchröhre (*638/4*); ↕ meist 10–20 cm; ⚇. VII–X. – Bergwiesen. – *s*, D: Bayrw.; A: Bgl, NÖ, OÖ?, Kt?, N-Stm; CZ; PL. FFH24; Ⓖ! [*Gentiana austriaca* A. Kern & Jos. Kern.] Österreichischer K., ***G. austriaca*** (A. Kern. & Jos. Kern.) Holub

— Unt. Seitentriebe zieml. kurz, Infl. daher rispig; Krone (18–)20–25 mm lg.; Kelchzähne kaum länger als die Kelchröhre; ↕ 3–40 cm; ⚇. VI–X. – Torfige Wiesen u. Matten. – *s*, D: Erzgeb.; A: W-Kt, Stm; CZ; PL. FFH24; Ⓖ! – Formenreich. [*G. bohemica* Skalický; *G. lutescens* (Velen.) Holub] Karpaten-K., ***G. praecox*** (A. Kern. & Jos. Kern) Dostál

G. austriaca wird oft als Synonym von *G. praecox* behandelt, bei Fischer et al. (2008) jedoch unterschieden.

8 (6). Kelchzipfel nicht bewimpert, glatt od. etwas rau; — Krone 25–35 mm lg.; Blüten röhrig-trichterf.; Frkn. 0–4 mm lg. gestielt; Pfl. meist m. aufstrebenden Ästen; Stg. oft purpurn überlaufen; ↕ 3–40 cm; ⊙–⚇. V–X. – Trockenrasen, Flachmoore. – Alp. *v*, sonst *z*, im N bis D: S-NI, ST; *s* B, F; NL; PL. Ⓖ. – Formenreich. [*Gentiana germanica* Willd.] Deutscher K., ***G. germanica*** (Willd.) Börner

638/1

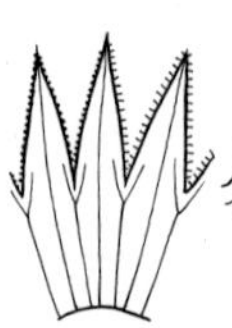

638/2

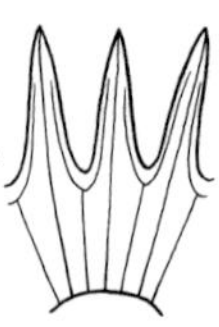

638/3

638/4

— Kelchzipfel bewimpert **9**

9. Mittl. Stg.Blätt. 2–3-mal so lg. wie br., ellipt. bis eif.; Kelchzipfel br. 3-eckig, so lg. wie od. wenig länger als die Kelchröhre; Krone 27–39 mm lg.; Frkn. u. Fr. 2–6 mm lg. gestielt; unt. Stg.-Blätt. verkehrt eif. bis spatelig; ↕ 5–30 cm; ⊙ od. ⊙⊙. V–X. – Moorwiesen, Halbtrockenrasen; auf Kalk; bis 2500 m. – *z* O-Alp.; D: BY (*s* auch Vorland bis Donau, Bayrw.); A; O-CH; CZ. Ⓖ. – Formenreich. [*Gentiana aspera* Hegetschw. & Heer]
Rauer K., ***G. aspera*** (Hegetschw. & Heer) Skalický et al.

— Mittl. Stg.Blätt. 4–6-mal so lg. wie br.; Kelchzipfel schmal 3-eckig, 1,5–2,5-mal so lg. wie die Kelchröhre; Krone 27–33 mm lg.; Frkn. u. Fr. sitzend od. ≤ 1–2 mm lg. gestielt; unt. Stg.Blätt. schmal lanzettl.; Pfl. einfach od. vom Grund an ästig; ↕ 4–20 cm; ⊙. IX. – Magerrasen; kalkstet. – *s*, A: Kt; I: Bz. [*Gentiana pilosa* Wettst.] Behaarter K., ***G. pilosa*** (Wettst.) Holub

10 (2). Frkn. u. Kapsel im Kelch sitzend od. < 1 mm lg. gestielt; Krone trübpurpurn, — 15–24 mm lg.; Pfl. vom Grund an verzweigt; ↕ 4–15 cm; ⊙⊙. VII–VIII. – Magerrasen; auf Kalk. – *s*, CH: Gr; I: Bz. [*Gentiana engadinensis* (Wettst.) Braun-Blanq. & Sam.]
Engadin-K., ***G. engadinensis*** (Wettst.) Holub

— Frkn. u. Kapsel im Kelch 1–6 mm lg. gestielt; Krone hell bläul.violett **11**

11. Krone 21–30 mm lg.; Rand der Kelchzipfel deutl. umgerollt; ↕ 5–30(–80) cm; ⊙–⊙⊙. VI–X. – Magerrasen, auf Silikat. – *s*, SO-Alp.; A; CH: Gr; I: Bz. [*Gentiana anisodonta* Borbás]
Dolomiten-K., ***G. anisodonta*** (Borbás) Á. Löve & D. Löve

— Krone < 20 mm lg.; Rand der Kelchzipfel kaum umgerollt; ↕ 10–25 cm; ⊙⊙. VI–X. – Waldwiesen; auf Kalk. – *s*, CH: Ts. [*Gentiana insubrica* Kunz] Insubrischer K., ***G. insubrica*** (Kunz) Holub

Mehrere Arten (od. besser Unterarten?) sind durch Hybridformen miteinander verbunden. Zudem zeigen manche Sippen jahreszeitl. variierende Merkmale.

Gentianopsis Ma [*Gentiana* L. p. p.], Fransenenzian

Blüten einzeln; Krone 23–55 mm lg., blau, m. 4 am Rand lg. gefransten Zipfeln; ↕ 6–15 cm; ⊙. VII–IX. – Trockenrasen, Gebüsche, Wegränder; kalkstet. – D: *z* im S, nördl. bis S-NI, früher SN; *z* A; *s* B; *z* CH; F; I: Bz; *s* S-NL; PL. Ⓖ. [*Gentiana ciliata* L.; *Gentianella ciliata* (L.) Borkh.]
Gewöhnlicher F., ***G. ciliata*** (L.) Ma (subsp. ***ciliata***)

Lomatogonium A. Braun, Saumnarbe, Tauernblümchen

Grundblätt. längl., stumpf, nicht rosettig; Krone blassblau od. weiß; Narben beiderseits am Frkn. herablfd. (*637/3*); ↕ 2–15 cm; ⊙. VIII–X. – Kurzgrasige Weiden; 1400–2760 m. – *s*, D: Berchtesgadener Alp.; *z* A: Kt, Sb, Stm, Ti, CH: Glarus, Gr, Vs; I: Bz. Ⓖ. Kärntner S., ***L. carinthiacum*** (Wulfen) Rchb.

Swertia L., Tarant, Sumpfenzian

Grundblätt. eif., gestielt; Stg.Blätt. sitzend; Krone radf., stahlblau bis schmutzig violett, dk. punktiert; ↕ 15–50 cm; ♃. VII–IX. – Moorige Wiesen, Quellfluren; bis 2330 m. – *z*, Alp.(-Rand) u. nördl. Vorland; D: *s* S-BW, Bayrw., BB, MV, früher NI, SH; *z* A; CH: Schweizer Jura u. Alp.-Rand; *s* CZ/PL: Riesengeb.; I: Bz. Ⓖ. Blauer T., ***S. perennis*** L.

Familie: Apocynaceae [incl. Asclepiadaceae, Schwalbenwurzgewächse], Hundsgiftgewächse, Immergrüngewächse (Bearbeiter: Jens G. Rohwer)

Stauden u. niederlgd. Halbsträucher, oft m. Milchsaft; Blätt. gegenst.; Blüten 5-zählig; Staubblätt. 5; Frkn. 2-blättr., oberst.; Samen oft m. Haarschopf.

1. Blüten blau od. violett, selten rosa, > 2 cm ∅, windradf., m. ungleichseitigen Kronzipfeln (*69/1*); Pfl. niederlgd. bis aufstgd. .... ***Vinca***, 640

— Blüten weiß od. graurosa, < 2 cm ∅, m. gleichseitigen Kronzipfeln; Pfl. ± aufr. **2**

2. Kronzipfel absthd., cremeweiß; Nebenkrone höckerart., kaum aus Kronröhre ragend; Blätt. unterseits kahl .... ***Vincetoxicum***, 640
— Kronzipfel zurückgeschlagen, graurosa; Nebenkrone tütenf., die Krone weit überragend; Blätt. unterseits filzig .... ***Asclepias***, 640

Asclepias L., Seidenpflanze

Pfl. m. Milchsaft; Blüten doldig, fleischrot, stark duftend; Blätt. unterseits graufilzig; ↕ 1–2 m; ♃. VI–VIII. – Häufig gepfl. (Heimat: N-Am.); stellenw. verwild., *z* eingebürg., D; O-A; CH; sonst (noch?) *s*. – Giftig! INV. [*A. cornuti* Decne.] Echte S., ***A. syriaca* L.**

Vinca L., Immergrün

1. Pfl. sommergrün, niederlgd; Blätt. 15–40 mm lg. u. 4–15 mm br., die ob. 2,5–4-mal so lg. wie br.; Sprosse sich nicht bewurzelnd; Kelchzipfel 4–8 mm lg.; Krone blau bis blauviolett, 20–35 mm ∅; ↕ 5–20 cm, ↔ 20–80 cm; ♃. V–VI. – Lichte Wälder. – Sehr *s*, nur A: Bgl, NÖ. Krautiges I., ***V. herbacea*** Waldst. & Kit.
— Pfl. grün überwinternd, z. Bltzt. noch vorj. Blätt. vorhanden, die ob. 1,5–3-mal so lg. wie br. **2**
2. Krone 25–30 mm ∅, blau, violett od. rosa; Kelchzipfel 3–5 mm lg.; Blütentriebe bis 20 cm lg., ausläuferart. sterile Sprosse bis 60 cm; Blätt. ellipt. bis längl. lanzettl., am Grund verschmälert, 15–45 mm lg. u. 5–25 mm br.; ↕ 10–20 cm, ↔ 20–80 cm; ♃. III–IV. – Laubwälder. – *v* im S, oft in dichten Beständen, häufig angepfl. u verwild., im N *z* eingebürg. Kleines I., ***V. minor* L.**
— Krone 30–50 mm ∅, blau bis violett, Kelchzipfel 7–17 mm lg.; Blütentriebe bis 40 cm lg., überhgd. sterile Sprosse bis 200 cm; Blätt. eif., am Grund abgerundet od. fast herzf., 25–90 mm lg. u. 20–60 mm br.; ↕ 15–50 cm, ↔ 50–200 cm; ♃. IV–VII. – Zierpfl. (Heimat: MMG, SW-As.); *v* kult., zuw. verwild., eingebürg. Großes I., ***V. major*** L.

Vincetoxicum Wolf, Schwalbenwurz

Pfl. m. Milchsaft; Blüten gelbl.weiß, in ungleich gegabelten, lockeren Teilinfl.; Blätt. längl. herzf., zugespitzt; ↕ 30–120 cm; ♃. V–VIII. – Trockenrasen, Gebüsch; auf Kalk. – *v–z* im S, *s–f* im N. – Giftig! [*V. officinale* Moench; *Cynanchum vincetoxicum* (L.) Pers.] Weiße Sch., ***V. hirundinaria*** Medik.

Ordnung: Boraginales, Boretschartige

Familie: Boraginaceae [incl. Hydrophyllaceae], Raublattgewächse (Bearbeiter: Jens G. Rohwer)

Pfl. krautig, meist steif behaart; Blätt. wechselst., ohne Nebenblätt., meist ungeteilt; Infl. Wickel (*48/3*), zuw. schneckenf. eingerollt (*Taf. 25: 7*), Blüten radiär od. leicht zygomorph (*Echium*, *88/2*, *Anchusa arvensis*, *640/2*), ⚥, 5-zählig; Kronröhre oft durch 5 hohle, zuw. behaarte Ausstülpungen (= Schlundschuppen, *640/1b*, *640/2a*, S) verengt; Frkn. oberst., 2-blättr., meist durch falsche Scheidewand in 4 Fächer (Klausen = Teilfr.) geteilt, zw. denen der Gr. steht (*88/1*; *Taf. 22: 12*, *Taf. 29: 11*), bei Reife in 4 einsamige Nüsschen (Klausen) zerfallend; bei *Phacelia* 2-spaltige Kapsel.

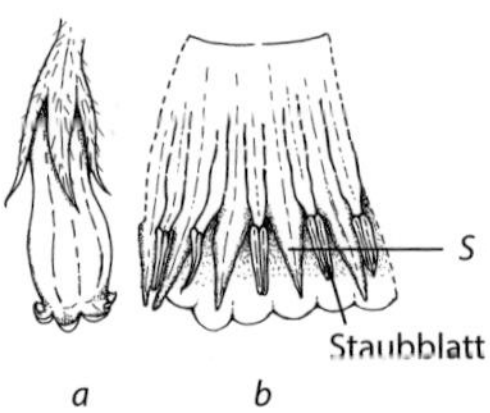

640/1

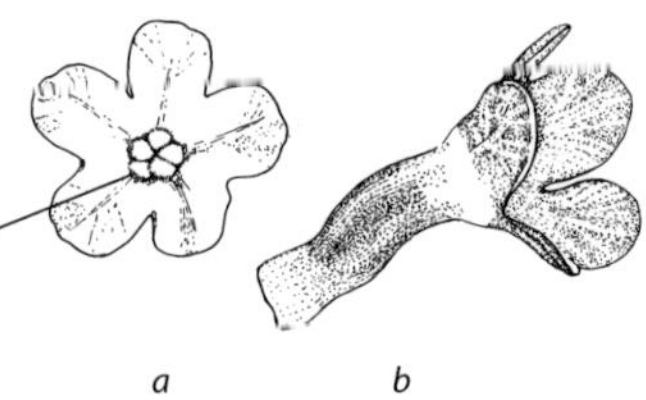

640/2

1. Staubblätt. deutl. aus der Blüte ragend, zumind. die längeren **22**

— Staubblätt. in der Kronröhre eingeschlossen, im Schlund od. zw. zus.neigenden Kronzipfeln **2**

2. Pfl. ± behaart od. wenn fast kahl, dann Blüten stieltellerf. **4**

— Pfl. ganz kahl; Blüten röhren- bis glockenf. **3**

3. Kronröhre im ob. Teil glockig, zur Mündung hin erweitert; Blüten hellblau, in Knospe oft rosa; — Strandpfl. .... ***Mertensia***, 646

— Kronröhre röhrenf. od. leicht bauchig, zur Mündung hin gleich br. od. wieder enger; Blüten meist gelb, zuw. m. purpurner Röhre od. rötl. Flecken, bei Zierpfl. auch tief violett zw. blauviolett überlaufenen Tragblätt. .... ***Cerinthe***, 644

4 (2). Teilfr. ohne Stacheln (zuw. aber gezähnt), oft lange im Kelch eingeschlossen **7**

— Teilfr. m. widerhakigen Stacheln, schon gleich nach der Bltzt. gut sichtbar (*641/1, 641/2*) .. **5**

5. Teilfr. abgeflacht, Fr. insges. breiter als hoch (*641/1*); Krone trichterf., 4–6 mm ∅, rot od. violett .... ***Cynoglossum***, 644

— Teilfr. ± 3-eckig, Fr. insges. pyramidenf. (ähnl. *641/2*); Blüten 3–4 mm ∅, hellblau od. weiß **6**

6. Blütenstiele kürzer als der Kelch; Fr.Stiele aufr.; Teilfr. an den Kanten m. 2–3 Reihen von Stacheln; Stg. meist nur oberw. sparrig-ästig verzweigt .... ***Lappula***, 645

— Blütenstiele zumind. bei älteren Blüten länger als der Kelch; Fr.Stiele nach der Blüte herabgekrümmt, veräng.; Teilfr. an den Kanten nur m. je 1 Reihe Stacheln (*641/2*); Stg. meist schon vom Grund an verzweigt .... ***Hackelia***, 645

7. (4). Blüten walzl., bauchig od. etwas glockig, meist nickend od. hgd., m. sehr kleinen Kronzipfeln (*640/1a*), diese weniger als halb so lg. wie die Kronröhre, gerade od. nach außen gekrümmt, keinen trichterf. Saum bildend **20**

— Blüten stielteller-, trichter- od. radf., m. ausgebr., größ. Kronzipfeln od. trichterf. erweitertem Saum **8**

8. Schlundschuppen deutl., als Höcker od. Ring über die Mündung der Kronröhre herausgehoben, meist farbl. abgesetzt (außer bei weißen Blüten); — Krone trichter-, stielteller- od. radf. **13**

— Schlundschuppen fehlend od. unscheinbar im Schlund, sehr klein (*641/3*, S) od. nur als Haarbüschel; — Krone trichterf. **9**

9. Krone kräftig gelb, m. lg. Röhre, oft m. orangen Flecken am Schlund; Kelch bis zum Grund 5-spaltig .... ***Amsinckia***, 642

— Krone blau, violett, purpurn, rot od. weiß; wenn hellgelb, dann Kelch nur bis zur Mitte 5-zipfelig **10**

10. Stg.Blätt. gestielt, eif. lanzettl. bis ellipt., bis 4 cm br.; Blüten in vielblütigen unbeblätt. Wickeln; Krone weiß, im Schlund grünl.gelb .... ***Heliotropium***, 645

— Stg.Blätt. sitzend od. wenn gestielt, dann Krone blau; wenn Blüten weiß, dann m. laubigen Tragblätt. **11**

11. Kelch fast bis zum Grund geteilt .... ***Buglossoides***, 643

— Kelch höchstens bis zur Mitte geteilt **12**

12. Krone hellgelb, dk. purpurn od. rotviolett bis blau m. gelbem Schlund, — m. kleinen Schlundschuppen (*641/3*) od. diese nur als Haarbüschel .... ***Nonea***, 647

— Krone anfangs rot, dann blau, nicht gelb im Schlund .... ***Pulmonaria***, 649

641/1

641/2

641/3

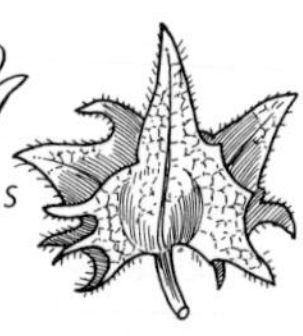

641/4

641/5

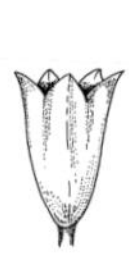

641/6

13 **(8).** Kelch nach der Bltzt. stark vergrößert (*641/4*), abgeflacht, m. gezähnten Zipfeln **_Asperugo_**, 643
— Kelch nach der Bltzt. nicht od. anders als in *641/4* vergrößert **14**
14. Pfl. 2–5 cm hoch; Blätt. zottig-lg.haarig; Polsterpfl. der alp. Stufe .... **_Eritrichium_**, 645
— Pfl. meist höher, falls polsterf. wachsend, dann an Seeufern od. Blätt. fast kahl **15**
15. Schlundschuppen insges. stark papillös od. bärtig, Papillen bzw. Haare auch ohne Lupe erkennbar, die Kronröhre (fast) verschließend (ähnl. *640/2a, S*), weiß od. violett überlaufen, nur bei blassgelben Blüten ebenso gelbl. .... **_Anchusa_**, 643
— Schlundschuppen gelb, orange od. weiß, an der Spitze glatt od. (unter der Lupe) etwas papillös, dann aber die Kronröhre nicht verschließend, nur seitl. zuw. bärtig **16**
16. Teilfr. abgeflacht, oberseits m. deutl. Ring (*648/1*), gleich nach der Bltzt. erkennbar; — Kronröhre sehr kurz, weniger als halb so lg. wie der Saum (*Taf. 23: 7*) .... **_Omphalodes_**, 648
— Teilfr. oberseits ohne Ring, anders gestaltet, oft ± eif. od. rundl., glatt od. rau **17**
17. Größte Blätt. > 5 cm br.; — Stg.Blätt. m. ± br. gerundetem Spr.Grund sitzend **19**
— Größte Blätt. < 4 cm br., — ganzrandig **18**
18. Verwachsungsnaht der Kronblätt. im Kronsaum flach od. kielf. hervortretend; Krone meist ± blau, Schlundschuppen meist gelb; Kelch nicht bis zum Grund geteilt ...... **_Myosotis_**, 646
— Verwachsungsnaht der Kronblätt. im Kronsaum an den Schlundschuppen grubenf. eingesenkt; Krone weiß, 4–5 mm ∅, im Zentrum oft blass grünl.gelb; Kelch (fast) bis zum Grund geteilt .... **_Lithospermum_**, 645
19 **(17).** Krone 3–7 mm ∅; Blütenstiele u. Kelch sehr kurz angedrückt behaart; Grundblätt. lg. gestielt, m. tief herzf. Spr.Grund, oft weißfleckig; Blattrand ohne stechende Borsten **_Brunnera_**, 643
— Krone 8–10 mm ∅; Blütenstiele u. Kelch dicht u. rau absthd. behaart; Grundblätt. in den Stiel verschmälert, selten weißfleckig; Blattrand meist m. stechenden Borsten, zuw. gezähnt **_Pentaglottis_**, 648
20 **(7).** Krone ohne Schlundschuppen od. Haarbüschel .... **_Onosma_**, 648
— Krone m. Schlundschuppen (*640/1b*, S) od. Haarbüscheln **21**
21. Schlundschuppen etwa so lg. wie die Staubblätt. od. länger, schmal spitz-3-eckig (*640/1b, Taf. 23: 6* [Mitte]); Blätt. > 2 cm br., ihr Grund oft am Stg. flügelart. herablfd.; Krone weiß, blau bis rotviolett od. gelb .... **_Symphytum_**, 650
— Schlundschuppen klein, unscheinbar (*641/3*) od. bärtig; Blätt. ≤ 2 cm br., ihr Grund am Stg. nicht herablfd.; Krone rosa, blauviolett m. gelbem Schlund, gelb od. bräunl. .... **_Nonea_**, 647
22 **(1).** Blüten blassgelb, röhrenf., Kronzipfel nach vorn gerichtet ... **_Symphytum bulbosum_**, 651
— Blüten blau, violett od. rötl., selten weiß, ± glocken-, trichter-, schalen- od. radf., Kronzipfel schräg aufr. bis ausgebr. **23**
23. Staubblätt. in der Mitte der Blüte einen Kegel bildend; Schlundschuppen deutl. **25**
— Staubblätt. frei, nicht kegelf. zus.neigend; Schlundschuppen fehlend **24**
24. Blüten etwas zygomorph (*88/2*); Kronröhre am Grund ± gekrümmt, mind. 3-mal so lg. wie die Kronzipfel; Staubfäden ± aufw. gekrümmt .... **_Echium_**, 645
— Blüten radiär; Kronröhre gerade, doppelt so lg. wie die Kronzipfel od. kürzer (*Taf. 25: 7*) **_Phacelia_**, 648
25 **(23).** Kronzipfel eif., zugespitzt, sternf. ausgebr.; Blattgrund zugespitzt bis br. abgerundet; Blattrand am Stiel herablfd. .... **_Borago_**, 643
— Kronzipfel fast linealisch, eingerollt; Blattgrund herzf., Blattrand nicht am Stiel herablfd. **_Trachystemon_**, 651

Amsinckia Lehm., Geigenhals, Amsinckie

1. Kronröhre im Schlund behaart; Staubbeutel in der Kronröhre unterh. des behaarten Bereichs; Krone kräftig gelb, meist m. orangen Flecken, 8–12 mm lg., 5–8 mm ∅; ↕ 20–50 cm; ⊙. IV–VI. – Heimat: N-Am.; *s* adventiv, W- u. S-D (Rheingebiet); B; F: Els; NL.
Krummhals-A., ***A. lycopsoides*** (Lehm.) Lehm.

— Kronröhre im Schlund kahl; Staubbeutel in der Mündung der Kronröhre; Krone hellgelb, ohne orange Flecken, 4–7 mm lg., 3–5 mm ∅; ↕ 20–50 cm; ⊙. IV–VI. – Heimat: N-Am.; *s* adventiv, D; B; DK; NL. Kleinblütige A., ***A. micrantha*** Suksd.

Vereinzelt weitere Arten gemeldet [Schmalblättrige od. Kelch-A., ***A. calycina*** (Moris) Chater, Douglas-A., ***A. douglasiana*** A. DC., Mittlere A., ***A. intermedia*** Fisch. & C. A. Mey., Menzies-A., ***A. menziesii*** (Lehm.) A. Nelson & J. F. Macbr.], überwgd. unbest.

Anchusa L., Ochsenzunge

1. Krone blassgelb, selten rot überlaufen; — Kelch m. häutig berandeten Zipfeln; Blätt. meist < 10 mm br.; Pfl. dicht beblätt., ↕ 30–80 cm; ⊙–♃. V–IX. – Ruderalstellen. – Heimat: SO-Eur., Anatolien; *s* u. unbest., D: BB, NRW, RP, ST; A: NÖ; F; NL. Gelblichweiße O., ***A. ochroleuca*** M. Bieb.

— Krone blau, selten purpurn od. weiß 2

2. Krone m. gekrümmter Röhre (*640/2*), 4–6 mm ∅, hellblau, m. weißen, bärtigen Schlundschuppen; Blätt. lanzettl., stechend-steifhaarig; ↕ 20–50 cm; ⊙. V–VII. – Sandige Äcker. – *v*, im S *z–s*, *f* Geb. [*Lycopsis arvensis* L.] Wolfsauge, Krummhals, ***A. arvensis*** (L.) M. Bieb.
   a. Blätt. schmal lanzettl., wellig-runzelig, gezähnt; Kronröhre 5–7 mm lg. – *v*. Krummhals, Wolfsauge (i. e. S.), subsp. ***arvensis***
   — Blätt. br. lanzettl., kaum gewellt, fast ganzrandig; Kronröhre 4–5 mm lg. – Heimat: As., SO-Eur.; *s* adventiv, A: Bgl, NÖ. [*Lycopsis arvensis* subsp. *orientalis* (L.) Kusn.; *A. ovata* Lehm.] Orient-K., subsp. ***orientalis*** (L.) Nordh.

— Krone m. gerader Röhre, tief blau bis violett; Blätt. rau, aber nicht stechend behaart 3

3. Kelch bis etwa zur Mitte gespalten, z. Frzt. bis 7 mm lg.; Krone 5–10 mm ∅; Schlundschuppen stark papillös, weiß; ↕ 30–80 cm; ⊙–♃. V–IX. – Ruderalstellen, Trockenrasen. – *v*, D: BB, MV, ST; PL; sonst *z–s*. Gewöhnliche O., ***A. officinalis*** L.

— Kelch fast bis zum Grund gespalten, 6–10 mm lg., z. Frzt. bis 18 mm lg.; Krone (8–)10–15 mm ∅; Schlundschuppen fransig-bärtig, die äuß. oft ± violett; ↕ 50–130 cm; ⊙. V–IX. – Zierpfl. (Heimat: MMG); an Ruderalstellen *s* eingebürg., D; A; CH; F: Els; I: Bz; NL. [*A. italica* Retz.] Italienische O., ***A. azurea*** Mill.

Asperugo L., Scharfkraut

Niederlgd., aufstgd. od. klimmend; Stg. m. zurückgekrümmten Stachelhaaren; Kelch z. Frzt. abgeflacht 2-teilig, grob gezähnt (*641/4*); ↕ 20–50 cm, ↔ bis 100 cm; ⊙. V–VIII. – Felsen, Viehläger, Mauern. – *z*, D: BB, ST, TH; A; CH; I: Bz; sonst *s*. Schlangenäuglein, ***A. procumbens*** L.

Borago L., Borretsch

Blüten nickend, himmelblau bis hell violett, ≈ 2,5 cm ∅; Schlundschuppen in 2 Kreisen, kurze äuß. weiß, lange inn. m. violetter Spitze; Staubbeutel schwarz-violett; ↕ 20–70 cm; ⊙. V–IX. – Heimat: W-MMG; oft kult. u. zuw. verwild. Garten-B., ***B. officinalis*** L.

Brunnera Steven, Kaukasusvergissmeinnicht

Grundblätt. herzf., lg. gestielt, 10–15 cm lg.; Krone 3–7 mm ∅, m. 1 mm lg. Röhre, blau; Teilfr. runzelig; ↕ 15–50 cm; ♃. V–VI. – Häufige Zierpfl. (Heimat: Kaukasus); zuw. verwild., *s* eingebürg. D; A: Sb; N-Ti, Vb; B; CH; DK; F; NL. Großblättriges K., ***B. macrophylla*** (Adams) I. M. Johnst.

Buglossoides Moench [incl. *Aegonychon* Gray; *Lithospermum* L. p. p., Steinsame z. T.], Rindszunge

1. Krone 10–15 mm br., anfangs rotviolett, später kräftig blau; nichtblhd. Triebe bogig wachsend u. an der Spitze einwurzelnd; ↕ 15–50 cm; ♃. IV–V. – Steppenheidewälder; auf Kalk. – *z*, M- bis S-D, nördl. bis Weserbergland/N-ST; A: Bgl, NÖ, Stm; B; CH; CZ; F: Els; I: Bz; PL. [*L. purpurocaeruleum* L.; *A. purpurocaeruleum* (L.) Holub] Blaurote R., Purpurblaue R., ***B. purpurocaerulea*** (L.) I. M. Johnst.

— Krone 4–5 mm br., cremeweiß, hellblau, bläul. od. rötl.; Stg. aufr., wenig verzweigt, 5–50 (–70) cm hoch; 1-j.; auf Kalk. (*B.* ***arvensis*** agg.) 2

2. Fr.Stiele nicht auffallend verdickt; Krone stets cremeweiß; Klausen 3–3,5(–4) mm lg.; ↕ 20–70 cm; ⊙. V–VII. – Äcker. -*v*–*z*, im N s, zurückghd. [*L. arvense* subsp. *sibthorpianum* (Griseb.) Stojanoff & Stef.; subsp. *sibthorpiana* (Griseb.) R. Fern.]
Acker-R. (i. e. S.), ***B. arvensis*** (L.) I. M. Johnst. (subsp. ***arvensis***)

— Unt. Fr.Stiele auffallend verdickt; Krone meist hellblau, seltener rötl. od. cremeweiß; Klausen (1,5–)2,3–2,8 mm lg.; ↕ 5–30 cm; ⊙. IV–V. – Trockenrasen, Kiefernwälder, Äcker. – *s*, D: BB, BY, HE, MV, ST, TH; A: NÖ, OÖ, Sb; CZ; I: Bz. [*L. arvense* subsp. *coerulescens* (DC.) Rothm.; *B. arvensis* subsp. *sibthorpiana* auct.; *B. incrassata* subsp. *leithneri* (Boiss.) E. Zippel & Clermont, nom. inval.] Dickstiel-R., ***B. incrassata*** (Guss.) I. M. Johnst.

a. Verdickung der Fr.Stiele zylindrisch; Klausen nicht eingesenkt. – Trockenrasen, Ruderalstellen, Äcker, lichte Kiefernwälder. – *s*, D: BB, BY, HE, MV, NRW, RP, ST, TH; A: NÖ, OÖ, Sb; CZ; I: Bz. [*L. arvense* subsp. *coerulescens* (DC.) Rothm.; *B. arvensis* subsp. *sibthorpiana* auct.; *B. incrassata* subsp. *leithneri* (Boiss.) E. Zippel & Clermont, nom. inval.] Splitgerber-Dickstiel-R., subsp. ***splitgerberi*** (Guss.) E. Zippel & Selvi

— Verdickung der Fr.Stiele keulenf.; Klausen z.T. in den verdickten Stiel eingesenkt. – Beweidete Trockenrasen, Lägerfluren. – *s*, A: NÖ; I: Bz [*Lithospermum gasparrinii* Guss., *L. arvense* subsp. *gasparrinii* (Guss.) Laínz]
Gasparrini-Dickstiel-R., subsp. ***incrassata***

Möglicherweise als Arten zu akzeptieren, wenn sich die Auffassung von Meyer (Flora.de) durchsetzt, dass sie von *D. incrassata* s. str. verschieden sind.

Cerinthe L., Wachsblume

1. Krone fast bis zur Mitte gespalten, 10–14 mm lg.; Kronzipfel zus.neigend; — Kelchzipfel fein bewimpert; Blätt. oft weiß gefleckt; ↕ 15–60 cm; ⚇. V–VII. – Wald- u. Wegränder, Ruderalstellen. – *s*; *f* in N-D: MV, N-NI, SH; DK. Kleine W., ***C. minor*** L.

— Krone nicht tief gespalten, m. kurzen, nach außen gekrümmten Zipfeln, zuw. m. Längsfalten 2

2. Kronröhre 9–12 mm lg., in der ob. Hälfte zw. den Zipfeln längs nach innen gefaltet, im mittl. Teil rot(-fleckig); Kelchzipfel kahl; Grundblätt. nicht gefleckt; ↕ 30–60 cm; ♃. VI–VIII. – Hochstaudenfluren; bis 2700 m. – *z*, Alp., D: Allgäuer Alp., Illertal bis Donau; A: Kt (noch?), Sb, Ti, Vb; CH (auch Jura); I: Bz. [*C. alpina* Schult.] Alpen-W., ***C. glabra*** Mill.

— Kronröhre 20–30 mm lg., zylindr., nur in Knospe gefaltet, rein gelb od. am Grund purpurn, bei Zierpfl. auch tief violett zw. blauviolett überlaufenen Tragblätt; Kelchzipfel fein bewimpert; ↕ 30–80 cm; ⊙–⚇. V–IX. – Zierpfl. (Heimat: MMG); *s* verwild. Große W., ***C. major*** L.

Cynoglossum L., Hundszunge

1. Blätt oberseits fast kahl, glzd. grün; — Krone violett, m. braunrotem Saum; Teilfr. am Rand nicht verdickt, gleichm. m. Haken besetzt; ↕ 30–90 cm; ⚇. V–VI. – Schluchtwälder. – *s*, D: Mittelgeb. in BW, N-BY, HE, S-NI, NRW, RP, ST, TH; A: NÖ, Vb, Stm (?); B; CH: Jura; F: Vog.
Deutsche H., ***C. germanicum*** Jacq.

— Blätt. filzig behaart 2

2. Teilfr. m. nach oben gebogenem Rand, m. dort dichter sthd. Haken; Krone trüb braunrot, Saum kürzer als die Röhre; unt. Stg.Blätt. kurz gestielt; ↕ 20–90 cm; ⚇. V–VI. – Trockenrasen, Ruderalstellen, Gebüsche. – *z*–*v*, im NW u. Alp.Vorland *s*.
Echte H., Gewöhnliche H., ***C. officinale*** L. (subsp. ***officinale***)

— Teilfr. gleichm. m. Haken besetzt; Krone trübrot, Saum länger als die Röhre; Stg.Blätt. sitzend bis halb stg.umfassend; ↕ 15–50 cm; ⚇. V–VII. – Trockenrasen, Ruderalstellen. – *s*, A: Bgl, NÖ; CZ. [*C. hungaricum* Simonk.] Ungarische H., ***C. montanum*** L.

Echium L., Natternkopf

1. Krone blutrot; Blüten in schmalen, ährenähnl. Thyrsen, die seitl. Wickel sehr kurz; Gr. ungeteilt (aber m. 2 Narbenköpfchen); ↕ 30–100 cm; ⊙–⊙⊙. VI. – Trockenrasen. – Sehr *s*, A: Bgl, früher NÖ; CZ (Mähren). [*E. rubrum* Jacq.; *E. russicum* J. F. Gmel.; *Pontechium maculatum* (L.) Böhle & Hilger] Roter N., ***E. maculatum*** L.

— Krone blau, violett, rosa od. weiß; Blüten in Thyrsen m. > 3 cm lg. seitl. Wickeln; Gr. 2-spaltig (*88/2*) **2**

2. Blüten in gegabelten od. 3-spaltigen Wickeln; Krone meist weiß od. rosa, selten hellblau, 9–12 mm lg.; ↕ 40–100 cm; ⊙–⊙⊙. VI–IX. – Sandfluren. – Sehr *s*, in D lokal unbest.: BW, BY, NRW, RP, TH; A: Bgl, Kt, früher NÖ. [*E. altissimum* Jacq.] Hoher N., ***E. italicum*** L.

— Wickel nicht gegabelt; Krone blau(violett), selten rosa od. weiß, 14–30 mm lg. **3**

3. Blüten 20–30 mm lg.; nur 2 der 5 Staubblätt. länger als die Krone; seitl. Wickel oft länger als die Hauptachse des Thyrsus; ↕ 20–60 cm; ⊙–⊙⊙. V–VII. – Unbest. Ne. (Heimat: MMG), zunehmend aus Saatmischungen verwild.; D: BW, BY, NI, NRW, RP, SN; A; CH: Basel, Bern, Vd, Zürich; F; NL. Wegerich-N., ***E. plantagineum*** L.

— Blüten 14–22 mm lg.; 4 der 5 Staubblätt. länger als die Krone; seitl. Wickel deutl. kürzer als die Hauptachse des Thyrsus; ↕ 20–100 cm; ⊙–⊙⊙. V–X. – Schotterfluren, Ruderalstellen, Trockenrasen. – *v*. Gewöhnlicher N., ***E. vulgare*** L.

Eritrichium Gaudin, Himmelsherold

Polsterpfl.; Blüten stieltellerf., blau, 7–9 mm br.; Schlundschuppen kahl, gelb, selten weiß; ↕ 2–6 cm; ♃. VII–VIII. – Felsspalten; 2100–3600 m. – *s*, A: Kt, Sb (Lungau), Stm; *z* CH (bes. im S); I: Bz. Himmelsherold, ***E. nanum*** (Vill.) Gaudin

Hackelia Opiz, Klettenkraut

Blätt. lanzettl., ob. sitzend, unt. kurz gestielt; Infl. z.Frzt. stark veräng.; ↕ 20–100 cm, ⊙. VI–VIII. – Felsen, Lägerfluren, Schluchten in Nadelwäldern. – *s*, D: BY, TH, Harz, SchwAlb; *z–s* A; CH; I: Bz; *s* CZ; PL. [*Lappula deflexa* (Wahlenb.) Garcke] Nickendes K., Wald-K., ***H. deflexa*** (Wahlenb.) Opiz

Heliotropium L., Sonnenwende

Blätt. beiderseits weich behaart; Blüten in oft veräng. (Doppel-)Wickeln, in 2 Zeilen nach oben gerichtet; ↕ 15–30 cm; ⊙. VII–IX. – Weinberge, Brachäcker; Ruderalflächen. – *s*, D: BB, BW, BY, HE, NRW, RP, SN, TH; A: Bgl, NÖ; CH: Genf, Gr, Vd, Vs; CZ; F; I: Bz; NL. – Giftig! Europäische S., ***H. europaeum*** L.

Lappula Moench, Igelsame

Grundblätt allmähl. in den Stiel überghd., z. Bltzt. oft fehlend; ↕ 10–40 cm; ⊙. VI–VII. – Weinberge, Brachäcker, Ruderalstellen. – *z*, D: Rheingau, ST, TH; sonst *s*; A; CH (bes. Inn- u. Rhonetal); F; I: Bz; NL; PL. [*L. myosotis* Moench; *L. echinata* Gilib.] Kletten-I., ***L. squarrosa*** (Retz.) Dumort.

a. Stacheln der Fr. etwa gleich lg., 1–1,5 mm lg., die der inn. Reihe am Grund nicht vereinigt. – *z–s*. Kletten-I. (i. e. S.), subsp. ***squarrosa***

— Äuß. Reihe von Stacheln der Fr. sehr kurz, die der inn. Reihe 2–3 mm lg., am Grund vereinigt. – *s*, CZ. [*L. semicincta* (Steven) Popov; *L. heteracantha* (Ledeb.) Gürke] Verschiedenstachliger Kletten-I., subsp. ***heteracantha*** (Ledeb.) Chater

Lithospermum L. [excl. *Buglossoides* Moench], Steinsame

Stg. reichästig; Krone weiß od. gelbl.weiß, m. deutl. Schlundschuppen; ↕ 30–100 cm; ♃. V–VII. – Auenwälder, Halbtrockenrasen. – *z* im S, *s* in NW-D, NL u. PL. Echter St., ***L. officinale*** L.

Mertensia Roth, Mertensie, Blauglöckchen

Sprosse z. T. kriechend; Blätt. 2–6 cm lg., bläul.grün, eif., m. punktierter Oberfläche; Stg. bläul. bereift; Blüten 6 mm ∅, blau od. rosa; ↕ 10–30 cm, ↔ bis 70 cm; ♃. VI–VIII. – Kiesig-steiniger Strand. – Nur DK: N-Jütland. Strand-M., Strand-B., ***M. maritima*** (L.) Gray

Myosotis L., Vergissmeinnicht

1. Kelch absthd. behaart, Haare alle od. z.T. hakig gekrümmt (*41/8*; Lupe!); —Stg. behaart **4**

— Kelch angedrückt od. etwas absthd. behaart, Haare ± gerade, an der Spitze nicht hakig gekrümmt **2**

2. Kelchzipfel länger als die Kelchröhre; Stg. u. Blätt. absthd. behaart, — Stg.Blätt. schmal lanzettl. bis linealisch, m. aufgesetztem Spitzchen; Grundblätt. bis 5 mm br., deutl. gestielt; Randsaum der Fr. sehr schmal; Krone intensiv blau; ↕ 5–35 cm; ♃. V–VIII. – Trockene Rasen u. Wälder; auf Serpentinböden. – *s*, A: Bgl, NÖ, Stm; CZ. [*M. alpestris* subsp. *stenophylla* (Knaf) Metz.-Krop.] Schmalblättriges V., ***M. stenophylla*** Knaf

— Kelchzipfel höchstens so lg. wie die Kelchröhre; Stg. u. Blätt. ± behaart bis fast kahl; — Kelch z. Frzt. offen bleibend; Pfl. feuchter StO od. auf Strandwiesen **3**

3. Kelch z. Frzt. etwa zur Hälfte seiner Länge gespalten, Kelchzipfel schmal 3-eckig; Pfl. 1–2-j., ohne Ausläufer; — Stg. rund., m. rückw. gerichteten anlgd. Haaren; ↕ 20–80 cm; ⊙–⊙. V–VII. Schlaffes V., Rasen-V., ***M. laxa*** Lehm.

a. Stg. aufstgd.; Blütenstiele der unt. Blüten bis 2,5 cm lg.; Kelch bis 8 mm lg.; Teilfr. 2 × 1,5 mm. – Strandwiesen. – Ostseeküste in DK. [*M. baltica* Lindm.] Baltisches Rasen-V., subsp. ***baltica*** (Lindm.) Nordh.

— Stg. aufr; Blütenstiele der unt. Blüten < 1 cm lg.; Kelch < 5 mm lg.; Teilfr. 1,5 × 1 mm. – Ufer, Gräben, nasse Wiesen. – *v* im NW (bes. D: NI; DK; NL), sonst *z–s*, m. großen Verbr.Lücken. [*M. caespitosa* Schultz] subsp. ***caespitosa*** (Schultz) Nordh.

— Kelch z. Frzt. zu ≈ einem Viertel seiner Länge gespalten, Kelchzipfel br. 3-eckig; Pfl. ausd. Artengruppe Sumpf-V., ***M. scorpioides*** agg.

a. Pfl. 2–10(–15) cm hoch, rasenart. wachsend; Krone 8–12 mm ∅; Kelch z. Frzt 4 mm lg., länger od. wenig kürzer als sein Stiel; — Teilfr. 1,8 mm lg.; ♃. IV–V. – Bodenseeufer (D; A; CH), D: Starnberger See; FL. FFH24, ⓖ! Bodensee-V., ***M. rehsteineri*** Wartm.

— Pfl. meist > 20 cm, nicht rasenart. wachsend; Kelch z. Frzt. meist viel kürzer als sein Stiel .... **b**

b. Blüten groß, 10–12 mm ∅; Kelch z. Frzt. ≈ 6 mm lg.; — Teilfr. bis 2,5 mm lg.; ↕ 20–50 cm; ♃. VI–VIII. – Strandwiesen. – *s*, D: MV, SH; PL. [*M. scorpioides* subsp. *praecox* (Hülph.) Dickoré] Großblütiges V., Ostsee-V., ***M. praecox*** Hülph.

— Blüten kleiner, 4–8 mm ∅; Kelch z. Frzt. bis 5 mm lg.; Teilfr. nur bis 1,5 mm lg. .... **c**

c. Stg. scharfkantig, (kahl od.) m. abw. weisenden Haaren; unt. Stg.Blätt. unterseits m. basalw. weisenden, oberseits m. vorw. gerichteten Haaren; ↕ 10–40 cm; ♃. V–VIII. – Sumpfwiesen, feuchte Waldstellen. – *v–z*, D: BW, BY, S-NRW, RP, SN, TH, Harz, im N *s*; *z–s*, A; B; CH; F; I: Bz. [*M. strigulosa* Rchb.] Hain-V., ***M. nemorosa*** Besser

— Stg. stumpfkantig bis stielrund, seine Haare waagr. absthd. od. aufw. weisend; unt. Stg.Blätt. beiderseits m. absthd. bis zur Spitze gerichteten Haaren; ↕ 10–70(–100) cm; ♃. V–IX. – Nasse Wiesen, Gräben, Ufer. – *v*. [*M. palustris* Hill; *M. laxiflora* Rchb.] Sumpf-V., ***M. scorpioides*** L.

4 (1). Saum der Krone 2–4 mm br., trichterf. vertieft (*646/1*) **7**

— Saum der Krone 6–10 mm br., flach ausgebr. (*646/2*); Fr.Stiele so lg. wie od. länger als der Kelch **5**

5. Teilfr. z. Frzt. eif. bis stumpf eif., 2–2,5 mm lg., in der Mitte am breitesten; Krone intensiv- bis azurblau; Kelch m. ± absthd. Haaren; Fr.Stiel so lg. wie der Kelch; Pfl. ausd.; — Stg.Blätt. eif. bis lanzettl., stumpfl.; Grundblätt. gestielt od. sitzend; Randsaum der Fr. br.; ↕ 5–20 cm; ♃. VI–IX. – Magerrasen; 1400–2700 m. – *v* Alp., *s* Hoch-Vog., Schweizer Jura, CZ; auch Zierpfl., *s* verwild. Alpen-V., ***M. alpestris*** F. W. Schmidt (subsp. ***alpestris***)

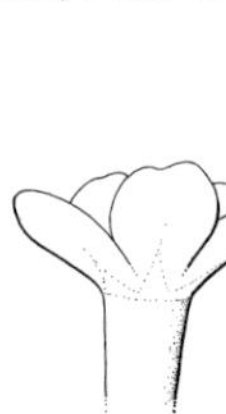

646/1

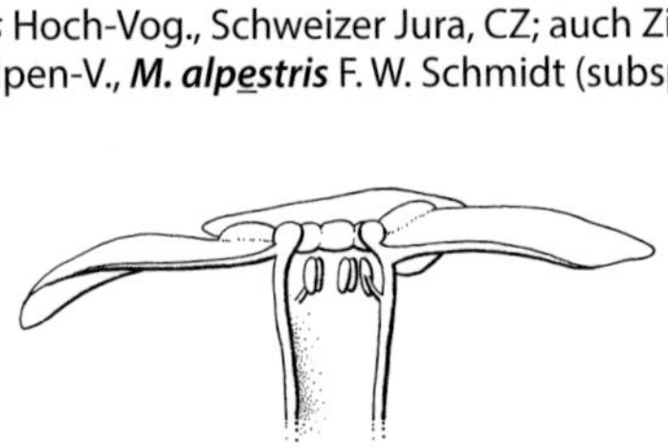

646/2

— Teilfr. spitz eif., 1,5–2 mm lg.; Krone hellblau; Kelch fast durchweg m. absthd., hakig gekrümmten Haaren; Fr.Stiel bis doppelt so lg. wie der Kelch; Pfl. 1-j. **6**

6. Stg.Blätt. br. lanzettl.; Grundblätt. kaum gestielt; Kelch so lg. wie od. länger als die Kronröhre; absthd. Haare des Kelchs ≈ 0,2 mm lg.; Teilfr. ≈ 1,6 mm lg., m. kleiner, runder Abbruchstelle; Fr.Stiele ≈ 5 mm lg.; ↕ 15–40 cm; ⊙. V–VII. – Wiesen, Wälder. – *v–z*, im N *z–s*.
Wald-V., ***M. sylvatica*** Hoffm.

Hierher auch die meisten *v* kult. Gartenvergissmeinnicht, öfters verwild.

— Stg.Blätt. eif.; Grundblätt. lg. gestielt; Kelch oft wenig od. viel kürzer als die Kronröhre; absthd. Hakenhaare des Kelchs ≈ 0,5 mm lg.; Teilfr. ≈ 2 mm lg., m. eif. Abbruchstelle; Fr.Stiele ≈ 3 mm lg.; ↕ 15–40 cm; ⊙. VI–VIII. – Quellfluren, feuchte Wälder.
Veränderliches V., Niederliegendes V., ***M. decumbens*** Host

a. Kronröhre nur wenig länger od. kürzer als der Kelch; Gr. nicht länger als die Kronröhre. – *s*, D: Allgäu, südl. Rosenheim; A; CH; I: Bz. [*M. frigida* (Vestergr.) Á. Löve & D. Löve] Niederliegendes V. (i. e. S.), subsp. ***decumbens***

— Kronröhre doppelt so lg. wie der Kelch; Gr. länger als die Kronröhre .... **b**

b. Staubbeutel die Kronröhre überragend. – *s*, A; I: Bz. Steirisches V., subsp. ***variabilis*** (Angelis) Grau

— Staubbeutel die Kronröhre nicht überragend. – *z*, A: OÖ, OTi, Sb, Stm, N-Ti; CZ/PL: Sudeten.
Kerner-V., subsp. ***kerneri*** (Dalla Torre & Sarnth.) Grau

7 (4). Fr.Stiele kürzer als od. so lg. wie der Kelch **9**

— Fr.Stiele meist 2–3-mal so lg. wie der Kelch **8**

8. Kelch z. Frzt. offen; Fr.Stiele ± zurückgekrümmt; Teilfr. m. weißem Anhängsel (Ölkörper); Infl. veräng., lockerblütig, an ihrer Basis noch m. Laubblätt. bzw. großen Tragblätt.; ↕ 10–40 cm; ⊙. IV–VI. – Feuchtes Gebüsch, Auenwälder; bis 800 m. – D: *z* in M- u. O-D: bes. Elbe-, Havel- u. Odergebiet, BB, SN, ST (westl. bis Harz), *s* BY (b. Schweinfurt u. Passau), MV, NI, TH; *z–s* A: Bgl, Kt, NÖ, OÖ, Sb, Stm, Ti; CZ; PL. Lockerblütiges V., ***M. sparsiflora*** Pohl

— Kelchzipfel z. Frzt. zus.neigend; Fr.Stiele ± waagr. absthd.; Teilfr. ohne Anhängsel; Infl. dichtblütig, an ihrer Basis nicht beblätt. bzw. auch unt. Blüten ohne Tragblätt.; ↕ 5–40(–60) cm; ⊙. V–VIII. – Äcker, Wegränder, Gebüsche. – *v*. – Formenreich. [*M. intermedia* Link]
Acker-V., ***M. arvensis*** (L.) Hill

9 (7). Krone zunächst gelb, dann rosa, zuletzt blau, ihre Röhre bis 2-mal so lg. wie der Kelch; — Fr.Stiele nur halb so lg. wie der z. Frzt. geschlossene Kelch; ↕ 5–30 cm; ⊙. IV–VI. – Äcker, Wegränder. – *v–z*, in S-D zurückghd.; DK; F; NL; PL; *s* A: Bgl, NÖ, OÖ, Stm, Sb; B; CH (*f* Alp.). [*M. versicolor* Sm.; *M. collina* Hoffm.] Buntes V., ***M. discolor*** Pers.

— Krone blau, ihre Röhre höchstens so lg. wie der Kelch **10**

10. Kelch z. Frzt. offen, ± so lg. wie die waagr. absthd. Fr.Stiele; reife Teilfr. hellbraun; ↕ 5–25 cm; ⊙. IV–VI. – Trockenrasen, Sandböden, Waldränder; bis 700 m. – *v–z* im N u. W, *z–s* im S. [*M. collina* auct.; *M. hispida* D. F. K. Schltdl.] Hügel-V., ***M. ramosissima*** Rochel

— Kelchzipfel z. Frzt. zus.neigend; aufw. weisende Fr.Stiele max. halb so lg. wie der Kelch; reife Teilfr. schwarzbraun; ↕ 5–20 cm; ⊙. III–V. – Sandböden, Äcker, Trockenrasen. – *v–z*, D (*s* BW); DK; F; PL; *s*, A; B; CH; NL. [*M. micrantha* auct.; *M. arenaria* Schrad.]
Sand-V., ***M. stricta*** Roem. & Schult.

Nonea Medik., Mönchskraut

1. Krone rosaviolett, zuletzt bläul., ihre Röhre innen gelb od. gelb gestreift; — Pfl. locker borstl. behaart, oberw. auch drüsig; ↕ 20–40 cm; ⊙. VI–VII (auch IV–IX). – Äcker, Gärten, Parks. – Heimat: Kaukasus–Iran/Irak; gelegentl. eingeschleppt; D: BW, BY, RP, ST, TH; DK.
Vielfarbiges M., Napfkraut, ***N. versicolor*** (Steven) Sweet

— Krone hellgelb od. dk. purpurn, nicht heller im Schlund **2**

2. Krone dk. purpurn bis schwarzbraun od. braunviolett; Blätt. grau-weichhaarig; ↕ 20–60 cm; ♃. V–VIII. – Trockenrasen, Wegränder; kalkstet. – D: *s* BB, S-D, MV, *z* Harz, ST, TH; *s* A: Bgl, NÖ, OÖ; CH: Gr, Vs (Rhonetal); CZ; PL; sonst zuw. eingeschleppt. [*N. erecta* Bernh.]
Braunes M., ***N. pulla*** (L.) DC.

— Krone lebhaft hellgelb; Blätt. borstig behaart; ↕ 10–40 cm; ⊙. IV–VI. – Zierpfl. (Heimat: SO-Eur., Kaukasus); zuw. verwild., *s* D: BW, BY, NRW, SN, ST, TH; A: Kt; B; CH: Aargau, Bern, Gr, Vs; DK; NL. Gelbes M., ***N. lutea*** (Desr.) DC.

Omphalodes Mill., Nabelnuss, Hundsvergissmeinnicht

648/1

1. Blätt. lanzettl. bis spatelf., < 2 cm br.; Blüten einzeln in den Blattachseln, 3–4 mm ∅, hellblau, m. gelben Schlundschuppen; Ring auf den Klausen kreisrund, mind. halb so dick wie der tief eingesenkte Innenraum; ↕ 10–30 cm; ⊙–⊙. IV–VI. – Auen- u. Bergwälder, Gebüsche. – *s*, D: BY, NI, SN, ST; A; CZ; PL.
Vergissmeinnichtähnliche N., ***O. scorpioides*** (Haenke) Schrank

— Blätt. br. eif.-zugespitzt, Grundblätt. lg. gestielt, > 3 cm br.; Blüten in mehrblütigen Infl., 8–10 mm ∅, dk.- bis himmelblau, m. weißen (zuw. rot punktierten) Schlundschuppen (*Taf. 23: 7*); Ring auf den Klausen eif.-ellipt, dünn u. flach (*648/1*); ↕ 5–20 cm; ♃. IV–V. – Zierpfl.; *z* verwild. u. eingebürg.; vermutl. ursprüngl. A: Kt (Karawanken) Frühlings-N., ***O. verna*** Moench

Onosma L., Lotwurz

Zur Erkennung der Borstenhaare auf den Blätt. ist eine sehr gute Lupe, besser eine Binokularlupe, erforderl.

1. Staubbeutel auf der ganzen Länge verbunden; Höcker der Borstenhaare auf der Oberseite der Grundblätt. ohne sternf. angeordnete, kurze seitl. Borstenhaare; — Krone zunächst weiß, bald blassgelb, 15–20 mm lg., ≈ 1,3-mal so lg. wie der Kelch; Stg. schon im unt. Teil verzweigt, oft braunrot überlaufen; Umriss der Pfl. kugelig; Kelch z. Bltzt. 10–17 mm lg., z. Frzt. 18–25 mm lg.; Staubbeutel 6–9 mm lg., ganzrandig; Klausen warzig, 4–6 mm lg.; ↕ 30–50 cm; ⊙. V–VI. – Trockenrasen. – Sehr *s*, nur A: NÖ. Dalmatinische L., ***O. visianii*** Clementi

— Staubbeutel nur am Grund verbunden; Höcker der absthd. Borstenhaare auf der Oberseite der Grundblätt. alle od. z.T. m. kurzen sternf. angeordneten Borstenhaaren **2**

2. Krone 15–25 mm lg.; Höcker der Borstenhaare meist m. 5–10 sternf. angeordneten seitl. Borstenhaaren; — Pfl. meist aufr. u. oberw. verzweigt; ↕ 15–60 cm; ⊙–♃. V–VI. – Trockenrasen. – *s*, A: NÖ (Wachau); CH: Vd, Vs (Rhonetal); I: Bz. [incl. *O. arenaria* subsp. *pennina* Braun-Blanq., *O. pseudoarenaria* Schur, *O. tridentina* Wettst., *O. austriacum* Beck, *O. vaudensis* Gremli]
Schweizer L., ***O. helvetica*** (DC.) Boiss. s. l.

— Krone 12–18 mm lg.; Höcker der Borstenhaare m. ≤ 5 sehr kurzen seitl. Borstenhaaren; — Kelch z. Bltzt. 6–12 mm lg., z. Frzt. bis 18 mm lg.; Staubbeutel 5–7 mm lg., an der 2-hörnigen Spitze gezähnt; Klausen glatt, 2,5–3 mm lg.; Stg. erst über der Mitte verzweigt; ↕ 20–50 cm; ⊙. V–VI. – Trockenrasen. – *s*, D: RP (b. Mainz); A: Bgl, NÖ; CZ (Mähren). ©!
Sand-L., ***O. arenaria*** Waldst. & Kit.

Pentaglottis Tausch, Fünfzunge

Unt. Stg.Blätt. lg. gestielt; Krone himmelblau, 8–10 mm ∅; Kelch 2,5–5 mm lg., z. Frzt. bis 8 mm lg.; Teilfr. kurz gestielt; ↕ 30–90 cm; ♃. V–VI. – Zierpfl. (Heimat: S-Eur.); zuw. verwild., *s*, D: BW, HE, NRW, SN, ST; B; CH: Genf; F; *v* NL. [*Anchusa sempervirens* L.]
Immergrüne F., ***P. sempervirens*** (L.) L. H. Bailey

Phacelia Juss., Büschelschön

1. Blätt. gefied., m. fiederteiligen Fiedern; Blüten hell violett, in schneckenf, eingerollten, dichtblütigen Wickeln (*Taf. 25: 7*); Pfl. behaart; ↑ 30–70 cm; ⊙. V–VIII. – Häufig, auch feldweise, kult. als Bienenfutterpfl. u. zur Gründüngung (Heimat: Kalifornien); zuw. verwild.
Rainfarn-B., ***P. tanacetifolia*** Benth.

— Blätt. einfach, grob gekerbt-gezähnt; Blüten kräftig blau, m. weißem, violett gemustertem Zentrum, in wenigblütigen Wickeln; Pfl. deutl. drüsig behaart; ↕ 10–40 cm; ⊙. VI–VII. – Zierpfl., oft aus Saatmischungen (Heimat: Kalifornien); *s* verwild., D: BW, NRW.
Klebriges B., ***P. viscida*** Torr.

Saatmischungen enthalten zuw. weitere *Phacelia*-Arten, die aber im Gebiet allenfalls unbest. auftreten.

Pulmonaria L., Lungenkraut

Pulmonaria ist eine ausgesprochen schwierige Gattung, deren Sippengliederung noch nicht abgeschlossen ist u. bei der die Verbr. einiger Sippen noch nicht genau genug bekannt ist. Eine sichere Bestimmung ist nur mittels Überprüfung mehrerer Pfl. bzw. mehrerer Stadien im Jahreszyklus (Blüten u. z. Bltzt. noch nicht vorhandene Sommerblätt.) mögl. Das Auftreten von Hybriden erschwert die Bestimmung überdies. – Zur Erkennung der Stachelhöckerchen auf den Blätt. ist eine sehr gute Lupe, besser eine Binokularlupe, erforderl. – Schlüssel weitghd. in Anlehnung an die Untersuchungen von W. Sauer (1975).

1. Oberseite der Grundblätt. entw. nur m. Borsten od. m. Borsten, Haaren u. Stieldrüsen, stets ohne Stachelhöcker; Grundblätt. nichtblhd. Sprosse lanzettl. bis schmal ellipt., ihre Spr. allmähl. in den Stiel überghd. **4**

— Oberseite der Grundblätt. dicht m. winzigsten Stachelhöckern bedeckt u. m. wenigen Borstenhaaren; Grundblätt. nichtblhd. Sprosse eif., ihre Spr. ± plötzl. in den Stiel überghd. **2**

2. Voll entwickelte Grundblätt. (‚Sommerblätt.') meist dünn u. weich, dk.grün, ungefleckt od. zuw. m. unregelm. heller grünen Flecken; — Kelch frisch geöffneter Blüten schmal U-f. (*641/5*), 2,5–4,5-mal so lg. wie br.; Blattspr. kürzer als ihr bis > 20 cm lg. Stiel; ↕ 10–30 cm; ♃. III–V. – Laub- u. Mischwälder, Gebüsche. – *v–z* in D; N- u. W-CH; F; PL; *s* in A: OÖ; NL. [*P. officinalis* subsp. *obscura* (Dumort.) Murb.] Dunkles L., ***P. obscura*** Dumort.

— Voll entwickelte Grundblätt. meist derber, fast stets m. weißen od. hellgrünen Flecken **3**

3. Blätt. meist deutl. hellgrün bis weiß gefleckt; neben lg. Borstenhaaren noch dicht sthd. Stachelhöcker; — Kelch frisch geöffneter Blüten V-f. (*641/6*), 1,5–2,5-mal so lg. wie br.; Krone 12–20 mm lg.; Blattspr. länger als ihr bis 15 cm lg. Stiel; ↕ 10–40 cm; ♃. III–V. – Laubwälder. – D: *v–z* südl. der Donau, MV, NRW, SN, sonst *s* (eingebürg.?); *v–z*, A; B; CH (*s* Alp.); CZ; F; FL; I: Bz; NL. [*P. officinalis* subsp. *maculosa* (Hayne) Gams] Echtes L., ***P. officinalis*** L. (s. str.)

— Blätt. undeutl. hellgrün gefleckt bis fast ungefleckt; neben lg. Borstenhaaren noch zahlr. kurze Borsten; — Krone 15–24 mm lg.; ↕ 20–60 cm; ♃. III–V. – Laubwälder. – Sehr *s*, nur CH zw. Neuenburger u. Genfer See. Schweizer L., ***P. helvetica*** Bolliger

4 (1). Sommerblätt. oberseits m. weichen u. m. Drüsenhaaren, ungefleckt; Kelch 5-nervig, klebrig; Grundblätt. > 3 cm br.; — Krone innen m. dichterem Haarring; ↕ 10–40 cm; ♃. IV–V. – ©. [*P. mollissima* A. Kern.] Weichblättriges L., Weiches L., ***P. mollis*** Hornem.

a. Blätt., Kelch u. Infl.Achse dicht m. Haaren u. Stieldrüsen, nur m. wenigen Borsten (weich); Krone zuletzt lila (selten rötl.). – Trockenwälder, Auenwaldränder. – *z–s*, D: BW, BY, HE, S-NRW, RP, S-TH; A: Bgl, NÖ, OÖ, Stm; *f* CH; Nordgrenze: O-B/Eifel/Spessart/Rhön. Weiches L. (i. e. S.), subsp. ***mollis***

— Blätt., Kelch u. Infl.Achse lockerer u. steifer behaart, m. vielen Borsten (rau); Krone zuletzt leuchtend blauviolett bis blau. – Nadel- u. Mischwälder bis subalp. Matten der Krummholzstufe. – *z* Kalk-Alp., *s* Vorland; D: BY; A; Sb, Ti; N- u. W-CH; F: Vog. Voralpen-L., subsp. ***alpigena*** W. Sauer

— Blätt. beiderseits, ebenso Stg. u. Kelch, dicht borstenhaarig, ohne od. nur m. wenigen kurzen Drüsenhaaren; Kelch 10-nervig, nicht klebrig; Grundblätt. < 2 cm br. **5**

5. Sommerblätt. m. kurzen u. lg. Borstenhaaren u. zerstr. auch m. Drüsenhaaren u. weichen Haaren **8**

— Sommerblätt. m. steifen, ± gleich lg. Borstenhaaren, aber (fast) ohne Drüsenhaare; — Krone zuletzt intensiv blauviolett, innen unterh. des Haarrings kahl **6**

6. Haare der Blattoberseite deutl. unterschiedl. lg., stets m. gestielten Drüsenhaaren (manchmal nur wenige); — Grundblätt. längl. eif., spitz zulfd., nicht od. nur zuw. schwach gefleckt; ↕ 10–30 cm; ♃. III–V. – Lichte Wälder, Trockenwiesen. – *s*, A: NÖ, Ti; *z* S-CH: Gr, Ts, Vs; I: Bz. [*P. visianii* Degen & Lengyel] Südliches L., ***P. australis*** (Murr) W. Sauer

— Haare der Blattoberseite m. (fast) gleich lg. Borstenhaaren **7**

7. Grundblätt. u. Stg.Blätt. 7–10-mal so lg. wie br., ungefleckt; Infl. m. zahlr. Borstenhaaren u. wenigen Drüsenhaaren; ↕ 10–30 cm; ♃. III–V. – Trockenwälder, Gebüschränder. – D: *z* NW-BY, *s* ST, TH, früher HE, MV, SN; *s* A: Bgl, NÖ, Stm; CZ; DK (Seeland); PL. ©. [*P. azurea* Besser] Schmalblättriges L., ***P. angustifolia*** L.

— Grundblätt. u. Stg.Blätt. nur 3–6-mal so lg. wie br., meist m. scharf begrenzten weißen Flecken; Infl. m. etwa gleich vielen Borsten- u. Drüsenhaaren; ↕ 10–30 cm; ♃. III–V. – Wälder, Gebüsche, Waldwiesen. – *s*, A: NÖ, OÖ, N-Stm. Kerner-L., ***P. kerneri*** Wettst.

8 (5). Sommerblätt. nicht gefleckt od. selten m. unscharfen, heller grünen Flecken; — Krone zuletzt blauviolett **10**

— Sommerblätt. deutl. gefleckt **9**

9. Grundblätt. (eif.) lanzettl., meist in lg., feine Spitze auslfd.; Blätt. fast stets m. ± rundl., scharf begrenzten weißen Flecken; Blütenstg. wenigstens am Grund m. dichtem Haarkleid aus Borsten u. Drüsenhaaren; Krone intensiv azurblau; Staubbeutel schwarzbraun bis schwarzviolett; ↕ 10–30 cm; ♃. IV–VI. – Feuchte Laub- u. Nadelwälder, Bachläufe; 600–1600 m. – *z–s,* A: O-Kt, Stm. Steirisches L., ***P. stiriaca*** A. Kern.

— Grundblätt. br. ellipt. bis eif. lanzettl., zugespitzt, nicht selten ungefleckt od. m. unterschiedl. großen grünl. od. weißl. Flecken; Blütenstg. u. Blattstiele ohne auffälliges Haarkleid; Krone meist blasser violett bis blauviolett; Staubbeutel gelb bis dk. ockerbraun; ↕ 10–30 cm; ♃. V–VI. – Wiesen, Hochstaudenfluren, Krummholz; 1100–1800 m. – *s,* A: Kt (Karnische Alp., Karawanken) (Endemit). Kärntner L., ***P. carnica*** W. Sauer

10 (8). Ob. Stg.Blätt. kurz zugespitzt, m. br. Grund ± stg.umfassend; Stg. spärl. drüsig, nicht klebrig; Krone zuletzt dk. blauviolett, innen unter dem Haarring spärl. behaart bis kahl; ↕ 10–50 cm; ♃. III–V. – Lichte Laubwälder, Hecken, auch auf sandigen Böden. – *z,* D: BW, S-HE, S-NRW, RP, TH; SO-B; W-CH (v. a. Schweizer Jura); F; *s* NL. Ⓖ. [*P. tuberosa* auct.] Berg-L., Knollen-L., ***P. montana*** Rchb.

— Ob. Stg.Blätt. lg. zugespitzt, am Grund gerundet; Stg. reichlicher drüsig, etwas klebrig; Krone zuletzt blauviolett, innen unter dem Haarring ± behaart; ↕ 10–30 cm; ♃. III–V. – Lichte Laubwälder, Gebüsche. – *s,* D: BW (Hegau, M-Neckar, W-Bodensee), BY (b. München), TH; W-CH. Hügel-L., ***P. collina*** W. Sauer

Symphytum L., Beinwell

1. Grundfarbe der Krone gelb od. weiß; Kronröhre zuw. blass blauviolett, Saum zuw. rot überlaufen; Pfl. meist < 50 cm hoch **6**

— Grundfarbe der Krone rotviolett bis blau; Pfl. meist > 50 cm hoch **2**

2. Blätt. überwgd. gestielt, nur oberste Blätt. sitzend, nicht od. < 3 mm herablfd.; Stg. stachelborstig, fast alle Borsten m. stark verdicktem Grund (Lupe!); — Kelchzipfel deutl. kürzer als die Kronröhre; Blütenknospen u. junge Blüten rötl. bis hell violett, ältere Blüten meist himmelblau; ↕ 100–175 cm; ♃. VI–IX. – Zierpfl. (Heimat: Kaukasus); *s* verwild. Rauer B., Kaukasuscomfrey, ***S. asperum*** Lepech.

— Unt. Blätt. gestielt, mittl. u. ob. Blätt. sitzend, mind. 10 mm herablfd.; Stg. mäßig od. nicht stachelborstig, Borsten ohne od. nur z.T. m. verdicktem Grund (Lupe!) **3**

3. Blütenknospen rötl., offene Blüten hell bläul. violett bis rein blau; Schlundschuppen deutl. länger als die Staubblätt.; Staubfäden schmaler als Staubbeutel; — Kelchzipfel kürzer als die Kronröhre **5**

— Blütenknospen u. Blüten ± gleich gefärbt od. Knospen dunkler, offene Blüten hell od. kräftig violett, nicht rein blau; Schlundschuppen ± so lg. wie die Staubblätt.; Staubfäden ± so br. wie die Staubbeutel; — Kelchzipfel wenig kürzer od. oft länger als die Kronröhre **4**

4. Blattrand höchstens zu einem Drittel bis zum nächsten Knoten herablfd.; Stg. ungeflüg., im unt. Teil kahl; Blätt. zerstreut borstig; — Krone kräftig rotviolett; ↕ 50–100 cm; ♃. V–VII. – Nasse Wiesen, Ufer. – *s,* D: BW, BY, RP; A: Bgl, NÖ (March); F: Els. [*S. officinale* subsp. *uliginosum* (A. Kern.) Nyman] Sumpf-B., ***S. tanaicense*** Steven

— Rand der ob. Blätt. ganz bis zum nächsten Knoten herablfd., dadurch Stg. geflüg.; Blätt. dicht borstig; — Blüten hell blauviolett bis kräftig rotviolett; ↕ 40–120 cm; ♃. V–VII. – Feuchte Wiesen, Gräben, Ufer. – *v,* häufiger im N. Gewöhnlicher B., ***S. officinale*** L. (subsp. ***officinale***)

5 (3). Stg. ohne Stachelborsten; Blätt. unterseits weich behaart; Kelchzipfel kürzer als Kelchröhre; ↕ 40–70 cm; ♃. VI–VIII. – Zierpfl. (Heimat: Kaukasus); *s* an Straßenrändern verwild., D: NRW, SN; B; NL. Kaukasus-B., ***S. caucasicum*** M. Bieb.

— Stg. m. Stachelborsten; Blätt. rau behaart; Kelchzipfel länger als Kelchröhre; ↕ 100–200 cm; ♃. VI–IX. – Kulturpfl. (Schweinefutter). – *z* verwild. [*S. officinale* × *S. asperum*] Futter-B., Comfrey, ***S. × uplandicum*** Nyman

6 (1). Stg. kräftig, am Grund meist > 5 mm ∅, 40–100 cm hoch, durch herablfd. Blattrand geflüg., schon in der unt. Hälfte verzweigt; Blätt. dicht borstig; — Blüten 10–15 mm lg., gelbl.

weiß bis blass gelb; ♃. V–VII. – Feuchte Wiesen, Gräben, Ufer. – *v*, häufiger im S.
Böhmischer B., ***S. officinale*** subsp. ***bohemicum*** (F. W. Schmidt) Čelak.

— Stg. dünner, am Grund 2–4 mm ∅, 15–50 cm hoch, nicht geflüg., unverzweigt od. nur ob. gabelästig; Blätt. spärl. bis mäßig borstig **7**

7. Schlundschuppen aus der Blüte herausragend; Krone 8–14 mm lg.;— Blüten blass gelb bis fast weiß, nur selten Saum schwach rötl. überlaufen; Staubbeutel so lg. wie die Staubfäden; Rhizom dünn, m. knollenf. Anschwellungen u. Ausläufern; ↕ 20–50 cm; ♃. V–VI. – Hecken, Waldränder, Weinberge; zuw. kult. – *s*, D: BW (N-Oberrheingebiet); CH: Vd, Ts; I: Bz; NL.
Kleinblütiger B., ***S. bulbosum*** K. F. Schimp.

— Schlundschuppen nicht aus der Blüte herausragend; Krone 15–24 mm lg.; — Blüten blass gelb od. weiß; Kronröhre zuw. blass blauviolett, Saum zuw. rot überlaufen **8**

8. Krone 20–24 mm lg., weiß od. blass gelb; Kronröhre oft blass blauviolett, Saum oft rot überlaufen; Blütenknospen meist rot; Staubbeutel ≈ so lg. wie die Staubfäden; Pfl. meist m. oberird. Ausläufern; ↕ 15–50 cm; ♃. V–VII. – Zierpfl. (Heimat: Kaukasus); *s* verwild., S-D; A; B; CH (nördl. der Alp.). Großblütiger B., ***S. grandiflorum*** DC.

Die Form m. blass blauvioletter Kronröhre ist als 'Hidcote Blue' im Handel

— Krone 15–20 mm lg.; blass gelb, Saum selten rötl. überlaufen; Blütenknospen meist grünl. gelb; Staubbeutel doppelt so lg. wie die Staubfäden; Pfl. ohne Ausläufer; — Rhizom durchwegs knollig verdickt; ↕ 20–40 cm; ♃. IV–VI. – Schattige Wälder, Hochstaudenfluren. – D: *v–z*, BY, SN (Elbegebiet), *s* BB, BW, HE, NRW, RP, SH, ST, TH; A; CH (*v* Ts, sonst *s*); CZ/PL (Sudeten).
Knolliger B., Knoten-B., ***S. tuberosum*** L.

Trachystemon D. Don, Rauling

Staude, bis 60 cm hoch; Grundblätt. ± herzf., lg. gestielt; Kronblätt. eingerollt; Schlundschuppen weiß, deutl. vorgewölbt, 2-lappig; Staubfäden am Grund weiß, Spitze violett; ↕ 20–60 cm; ♃. IV–VI. – Zierpfl. (Heimat: O-Eur, Anatolien); *s* verwild., D: BW, NRW; B; CH (nördl. der Alp.); NL; PL.
Östlicher R., ***T. orientalis*** (L.) G. Don

Ordnung: Solanales, Nachtschattenartige

Familie: Convolvulaceae [incl. Cuscutaceae, Teufelszwirngewächse], Windengewächse

(Bearbeiter: Jens G. Rohwer)

Kräuter od. Stauden, m. meist windenden, grünen, gelbl. od. rötl. Sprossen; Blätt. einfach, wechselst., ohne Nebenblätt., groß u. oft ± spießf. (*Taf. 10: 5*) od. unscheinbar schuppenf.; Blüten groß, m. trichterf. bis fast radf. (*92/2*), in der Knospenlage gedrehter radiärer Krone od. klein u. unscheinbar; Frkn. oberst.; Kapselfr.

1. Schmarotzerpfl. ohne grüne Blätt.; Sprossachsen bleich, gelbl., orange od. rötl.; Blüten < 5 mm ∅ (*85/4*) .... ***Cuscuta***, 652

— Pfl. m. grünen Blätt.; Sprossachsen meist grün (od. rötl.braun); Blüten > 20 mm ∅ (*92/2*) .. **2**

2. Narbe undeutl. 2-lappig, fast kopfig; Blätt. herzf. od. 3-lappig; — Krone 4–6 cm ∅, purpurn, blau, weiß od. rosa .... ***Ipomoea***, 653

— Narbe m. 2 deutl., oft lg. Narbenästen; Blätt. ± spießf. (*37/14*), nierenf. od. lineal-lanzettl., selten herzf. .... ***Convolvulus***, 651

Convolvulus L., Winde [incl. *Calystegia* R. Br., Zaunwinde]

1. Kelch von 2 großen, grünen Vorblätt. z.T. verdeckt (*652/1, 652/2*) **3**

— Vorblätt. klein, linealisch, vom Kelch entfernt **2**

2. Pfl. windend od. niederlgd., 20–200 cm hoch od. lg., kahl od. spärl. kurzhaarig; Blätt. alle gestielt, spießf. od. pfeilf.; Krone 2–4 cm ∅, rosa, weiß od. rosa u. weiß gestreift; ♃. V–X. – Zäune, Äcker, Gärten. – *v*. Acker-W., ***C. arvensis*** L.

— Pfl. aufr. od. aufstgd., nicht windend, 20–40 cm hoch, zottig behaart; Blätt. längl. lanzettl., nur unt. gestielt.; Krone 3–4 cm ∅, rosa; ♃. VI–VII. – Trockenrasen. – Sehr *s*, nur A: NÖ (Baden); in D: BW unbest. Kantabrische W., ***C. cantabrica*** L.

3 **(1).** Stg. niederlgd., kaum windend; Blätt. nierenf., etwas fleischig; — Krone rötl. m. 5 weißen Streifen; ↔ 10–50 cm; ♃. VI–VIII. – Stranddünen. – *s*, D: Ostfries. Inseln, Sylt; B; W-DK; NL. ⓖ! [*Calystegia soldanella* (L.) R. Br.] Strand-W., ***C. soldanella*** L.

— Stg. windend; Blätt. ± pfeil- od. spießf. (*Taf. 10: 5*), nicht fleischig **4**

4. Vorblätt. am Grund kaum ausgesackt u. kaum überlappend, 1,5–2 mal so lg. wie die Kelchblätt (*652/2*); Krone bis 5 cm lg., meist weiß, selten zartrosa; ↕/↔ 100–300 cm; ♃. VI–IX. – Hecken, Zäune, Gebüsche, Ruderalstellen, Röhricht. – *v*. [*Calystegia sepium* (L.) R. Br.] Zaun-W., ***C. sepium*** L.

Eine Form m. zartrosa Blüten aus Röhrichten der Ostseeküste wurde häufig als Unterart abgetrennt [*Calystegia sepium* subsp. *baltica* Rothm.]

— Vorblätt. am Grund deutl. ausgesackt u. einander überdeckend, nur wenig länger als die Kelchblätt. (*652/1*) **5**

5. Krone weiß, 6–8 cm lg.; Pfl. kahl; ↕/↔ 100–300 cm; ♃. VI–IX. – Gebüsche, Ruderalstellen. – Heimat: S-Eur., Kaukasus; *s* eingebürg., D: MV (Stralsund), SN (Leipzig); ST; B; CH: Genf, Gr, Ts, Zürich; NL. [*Calystegia silvatica* (Kit.) Griseb.] Wald-W., ***C. silvaticus*** Kit.

— Krone rosa, 4,5–6 cm lg.; Blattstiel behaart; ↕/↔ 100–300 cm; ♃. VI–IX. – Gebüsche, Ruderalstellen. – Heimat: O-As.?; *z* eingebürg., D: MV, SH, SN; A: Ti; CZ; sonst *s*. [*Calystegia pulchra* Brummit & Heywood] Schöne W., ***C. dubius*** J. L. Gilbert

652/1 *652/2*

Cuscuta L., Seide, Teufelszwirn

1. Gr. 1, m. fast kopff., 2-lappiger Narbe; Teilinfl. meist nur bis 6-blütig; — Stg. oft purpurn; ↔ 50–200 cm; ⊙. VII–IX. – Ufergebüsch der Stromtäler, bes. auf *Salix*. – *z*, D: Täler von Rhein, Mosel, Main, Elbe, Spree, Saale, Oder; sonst A: Bgl, NÖ, Stm?; B; CZ; NL; PL. Pappel-S., ***C. lupuliformis*** Krock.

— Gr. 2, getrennt; Blüten in vielblütigen Knäueln **2**

2. Narben fadenf.; Blüten meist sitzend **6**

— Narben kopfig; Blüten wenigstens z. T. gestielt; — Schlundschuppen lg. gefranst **3**

3. Stg. 1–1,5 mm ∅, meist kräftig orange; Blütenknäuel dicht, geruchlos **5**

— Stg. 0,5–1 mm ∅, gelb bis blassorange, glatt; Blütenknäuel locker, duftend **4**

4. Schlundschuppen groß, fast so lg. wie die durch sie verschlossene Kronröhre; Gr. ± so lg. wie der br. walzl. Frkn.; ↔ 25–50 cm; ⊙. VIII–IX. Luzerne- u. Kleefelder. – Heimat: Chile; *s* eingebürg.: D: westl. Köln, westl. Koblenz, Pfalz (Bad Kreuznach); A; PL; sonst *s* u. unbest. Chilenische S., ***C. suaveolens*** Ser.

— Schlundschuppen klein, kaum halb so lg. wie die von ihnen nicht verschlossene Kronröhre; Gr. etwas kürzer als der oben abgeplattete, ± kugelige Frkn.; ↕ 25–50 cm; ⊙. VI–IX. – Luzerne- u. Kleefelder. – Heimat: MMG, Trop.; *s*, D (v. a. Rheintal); A: Bgl, NÖ; CH; I: Bz. [*C. cesatiana* Bertol.] Südliche S., ***C. scandens*** subsp. ***cesatiana*** (Bertol.) Soó

5 **(3).** Schlundschuppen kurz, nicht aus der Blüte herausragend; Stg. etwas rau; ↔ 50–200 cm; ⊙. VIII–IX. – Flussufer, bes. auf *Salix, Urtica, Brassica*. – Heimat: N-Am.; *z* M- u. Niederrhein-, Main-, Mosel-, Lahntal, ob. Elbe. Weiden-S., ***C. gronovii*** Roem. & Schult.

— Schlundschuppen so lg. wie die Kronzipfel, aus der Blüte herausragend, schmal zugespitzt, fransig; Stg. glatt; ↔ 25–50 cm; ⊙. VII–IX. – Luzerne- u.- Kleefelder. – Heimat: südöstl. N-Am.; *z* D: Elbe- u. nördl. Oberrheingebiet, sonst *s*, oft nur unbest. eingeschleppt; A; B; CH; *z* NL. [*C. arvensis* auct.] Nordamerikanische S., ***C. campestris*** Yunck.

6 (2). Schlundschuppen zus.neigend, die Kronröhre verschließend; Kronzipfel fast so lg. wie die Kronröhre; Blütenknäuel 5–12 mm ∅; — Gr. m. Narben etwa doppelt so lg. wie der Frkn.; Blüten u. Stg. meist rötl.; ↔ 30–80 cm; ⊙–⊙. VII–IX. – Halbtrockenrasen, Heiden, Äcker. – *z–s*. Quendel-S., ***C. epithymum*** (L.) L.

a. Blütenknäuel 5–6 mm ∅; Krone 1,5–2,5 mm lg. – *s*, I: Bz. Kotschy-Quendel-S., subsp. ***kotschyi*** (Des Moul.) Arcang.

— Blütenknäuel 7–12 mm ∅; Krone 3–5 mm lg. .... **b**

b. Blüten 12–25 pro Infl., meist deutl. gestielt; Krone 4–5 mm lg.; Kelchzipfel kürzer als die Kronröhre; Stg. fast weiß od. rötl. — meist auf *Trifolium* od. *Medicago*. – *s*, stark zurückgegangen. Klee-Quendel-S., subsp. ***trifolii*** (Bab.) Berher

— Blüten 8–12 pro Infl., (fast) sitzend; Krone 3–4 mm lg.; Kelchzipfel ± so lg. wie die Kronröhre; Stg. meist purpurrot. — bes. auf *Thymus, Teucrium, Calluna, Artemisia*. – *v* in O-A, sonst im Gebiet *z–s*, zurückghd. Quendel-S. (i. e. S.), subsp. ***epithymum***

— Schlundschuppen die Kronröhre nicht verschließend; Kronzipfel ≈ halb so lg. wie die Kronröhre; Blütenknäuel meist > 10 mm ∅ **7**

7. Kronröhre walzl. glockig; Krone 4(–5)-zählig; Schlundschuppen meist 2-teilig, die Teile ganzrandig od. m. je 1–4 Zähnchen od. kurzen Fransen, od. Schlundschuppen (fast) fehlend; Stg. u. Krone meist rötl.; ↔ 30–150 cm; ⊙. VI–IX. – Ufer, Auenwälder, Hecken (bes. auf *Salix, Alnus, Humulus, Urtica*), Feldkulturen (bes. auf Kartoffeln). – *v–z*. – Formenreich. Europäische S., ***C. europaea*** L.

— Kronröhre kurzbauchig; Krone 5-zählig; Schlundschuppen zungenf., ringsum gleichm. u. kurz gefranst; Blüten u. Stg. meist gelbl.; ↔ 25–50 cm; ⊙. VI–VIII. – Äcker; fast nur auf *Linum*; m. Rückgang des Flachsanbaus fast überall ausgestorben. Flachs-S., ***C. epilinum*** Weihe

Ipomoea L., Trichterwinde

Stg. windend, behaart; Krone bis 8 cm lg., meist purpurn, blau, weiß od. rosa; ↕/↔ 1,5–3(–5) m; ⊙. VI–IX. – Zierpfl. (Heimat: trop. Am.); *v* gepfl., *s* verwild., unbest. [*Pharbitis purpurea* (L.) Voigt] Purpur-T., ***I. purpurea*** (L.) Roth

Familie: Solanaceae, Nachtschattengewächse (Bearbeiter: Jens G. Rohwer)

Pfl. krautig, seltener Sträucher; Blätt. wechselst., ungeteilt od. gefied., ohne Nebenblätt., Blüten meist einzeln od. in Wickeln, meist radiär, ⚥, Kelch-, Kron- u. Staubblätt. 5; Frkn. oberst., meist 2-fächerig; Scheidewand des Frkn. schräg zur Mediane (Mittellinie) der Blüte gestellt; Beeren- od. Kapselfr.

1. Staubbeutel zus.neigend, zu Kegel od. Röhre verbunden; — Krone radf. (*92/3*; *Taf. 18: 3*); Stauden, Halbsträucher od. Lianen; saftige Beerenfr. .... ***Solanum***, 656

— Staubbeutel getrennt, nicht zu einer Röhre vereinigt **2**

2. Blüten zygomorph, Einschnitt zw. den unt. Kronzipfeln deutl. tiefer als zw. den übrigen; Krone ± blassgelb m. violettbraunem Nervennetz u. Zentrum; — Fr. Deckelkapsel, vom erhärtenden Kelch umschlossen (*653/1*) .... ***Hyoscyamus***, 655

— Blüten radiär, gleichm. eingeschnitten; Krone andersfarbig **3**

3. Strauch, 0,5–5 m hoch, m. überhgd., rutenf., oft dornigen Ästen; — Blüten zu 1–3 blattachselst., Kronzipfel ± sternf. ausgebr., etwa so lg. wie die Kronröhre, (schmutzig-)violett ***Lycium***, 655

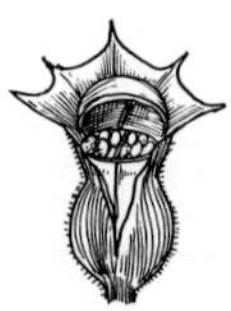

653/1

— Krautige bis halbstrauchige Pfl. 4
4. Blüten in Rispen (Thyrsen) od. Trauben, meist stieltellerf. .... ***Nicotiana***, 655
— Blüten einzeln od. zu wenigen in den Blattachseln od. endst., schalen-, trichter-, glocken- od. röhrenf. 5
5. Kelchblätt. frei, ± in der Mitte am breitesten; — Blätt., Spross u. Stiele dicht drüsig, klebrig; Krone > 5 cm ∅, verschiedenfarbig .... ***Petunia***, 656
— Kelchblätt. zu mind. einem Viertel verwachsen, Kelchzipfel am Grund am breitesten 6
6. Kelch br. geflüg., am Grund meist dk. olivgrün bis schwarz; Spitzen der Flügel zum Blütenstiel zurückgekrümmt; — Krone blau bis violett m. weißem Schlund .... ***Nicandra***, 655
— Kelch nicht geflüg., ohne zum Blütenstiel zurückgekrümmte Spitzen 7
7. Krone lg.gestreckt trichterf., 4–10 cm lg., m. fein zugespitzten Zipfeln, weiß od. blassviolett; Fr. meist stachelige Kapsel; — Stg. gabelästig, kahl; Blüten einzeln, aufr., in den Astgabeln .... ***Datura***, 655
— Krone röhrig, glockig, sternf. od. br. trichterf., < 3,5 cm lg.; Fr. nicht stachelig 8
8. Krone gelb m. dunklen Flecken od. weiß, nur am Grund oft grünl., selten hell violett, m. kurzer, ganz im Kelch verborgener Röhre u. ausgebr. Saum 10
— Blüten außen braun bis braunviolett od. grünl. m. braunvioletten Zipfeln, röhrig od. glockig; Kronröhre mind. 3-mal so lg. wie der Kelch 9
9. Kelchzipfel länger als Kelchröhre; Blüten waagr. bis nickend; Kronzipfel ± ausgebr., auch auf der Innenseite braunviolett .... ***Atropa***, 654
— Kelchzipfel viel kürzer als Kelchröhre; Blüten hgd.; Kronzipfel nicht od. kaum ausgebr., auf der Innenseite gelb .... ***Scopolia***, 656
10 (8). Kronzipfel nur am Grund u. durch die Kronröhre verbunden, zu mehr als drei Viertel frei; Kelch nach der Blüte wenig heranwachsend, nur am Grund der Fr.; Beere hohl — Kronsaum sternf., weiß od. blass violett, zuw. am Grund grünl., häufig 6–7-zählig .... ***Capsicum***, 654
— Kronzipfel mindestens zur Hälfte verbunden; Kelch nach der Blüte stark vergrößert, aufgeblasen, die Beere vollständig umschließend; Beere fleischig, nicht hohl — Kronsaum br. sternf., 5-eckig od. fast kreisrund, gelb m. dunklen Schlundflecken od. weiß, am Grund oft grünl. 11
11. Krone gelb, m. dunklen Schlundflecken; Kelch z. Frzt. hell bräunl., trockenhäutig, 2–4 cm lg.; Beere gelb bis orange .... ***Physalis***, 656
— Krone weiß; Kelch nach der Blüte stark anwachsend, z. Frzt. lebhaft orangerot, 3–8 cm lg. (*Taf. 23: 2*); Beere orangerot .... ***Alkekengi***, 654

Alkekengi Mill., Lampionblume

Staude; ob. Blätt. lanzettl. bis eif., unt. br. eif. bis fast herzf., Rand zuw. m. wenigen groben Zähnen; ↕ 30–60(–100) cm; ♃. VI–VIII. – Wälder, Weinberge, Ruderalstellen. – Zierpfl. (Heimat: O-As), zuw. verwild.; *z* D: Berlin, Hamburg, BY (v.a. nördl. der Donau); S-NI, ST, TH, sonst *s*; *z* O-A; B; CH (*s* Alp.); F: Els; NL; PL; sonst *s*. [*Physalis alkekengi* L.] Gewöhnliche L., ***A. officinarum*** Moench

Häufig kult. wird var. ***franchetii*** (Mast.) Makino [*Physalis franchetii* Mast.] m. großen (5–8 cm), längl.eif. Fr.Kelchen.

Atropa L., Tollkirsche

Blätt. im Bereich der Infl. paarweise genähert, je 1 größ. u. 1 kleineres; Blüten einzeln; reife Beeren glzd. schwarz, m. bleibendem Kelch, stark giftig!; ↕ 80–150 cm; ♃. VI–VIII. – Laubwälder, Kahlschläge; bes. montane Stufe. – *z* nördl. bis NL/Münsterland/Dümmer See/Braunschweig/SN, sonst im N nur *s* verwild. – Giftig! Echte T., ***A. bella-donna*** L.

Capsicum L., Chili, Paprika, Peperoni

Sparrig verzweigtes Kraut m. hohlen Stängeln; Blätt. kahl, eif. bis lanzettl.; Blüten einzeln (selten zu 2) in den Blattachseln, 5–7-zählig; Beeren sehr unterschiedl., kugelig bis lg.gestreckt, bei Reife rot,

gelb, gelbl.grün od. kräftig violett; ↕ 20–50 cm; ⊙. VI–IX. – Als Gemüse od. Gewürzpfl. kult. (Heimat: M-Am.); *s* unbest. verwild., D: BB (Berlin), BW, BY, HE, NRW, RP, SN; A: Kt, OÖ; CH: Zürich.
Chili, Paprika, Peperoni, ***C. annuum*** L.

Datura L., Stechapfel

1. Stacheln der Kapsel bis 15 mm lg., zahlr. u. ± gleichm. auf allen Seiten, selten fehlend; Krone 6–10 cm lg., weiß, selten blauviolett; ↕ 30–120 cm; ⊙. VI–X. – Ruderalstellen, Gartenland. – Heimat: Mexiko; *z* verwild. u. eingebürg. – Giftig! Gewöhnlicher St., ***D. stramonium*** L.

— Stacheln der Kapsel bis 30 mm lg., oben deutl. länger als am Grund; Krone 4–6 cm lg., weiß; ↕ 50–140 cm; ⊙. VI–X. – Heimat: China; *s* eingeschleppt (Wollkämmereien). – Giftig!
Dorniger St., ***D. ferox*** L.

Hyoscyamus L., Bilsenkraut

Stg. durch Drüsenhaare klebrig; Blätt. meist grob buchtig gezähnt; Kelch bleibend, m. stechenden Zähnen; ↕ 20–80 cm; ⊙. VI–X. – Ruderalstellen, Wegränder. – *v* in D: ST, TH; PL; sonst *z–s*, oft unbest. – Giftig! Schwarzes B., ***H. niger*** L.

In NL unbest. auch *H. albus* L., m. gelbl.weißen Blüten ohne dunkles Nervennetz, zuw. auch ohne dunkles Zentrum.

Lycium L., Bocksdorn

1. Blätt. lanzettl., am breitesten in der Mitte, allmähl. in den Stiel verschmälert; Zipfel des Kronsaums zwei Drittel bis drei Viertel so lg. wie die Kronröhre; ↕ 80–300 cm; ♃. VI–VIII. – Gepfl. (Heimat: China); oft verwild. u. *v* eingebürg. [*L. halimifolium* Mill.]
Gewöhnlicher B., ***L. barbarum*** L.

— Blätt. eilanzettl. bis eif., am breitesten unterh. der Mitte, ± plötzl. in den Stiel verschmälert; Zipfel des Kronsaums etwa so lg. wie od. länger als die Kronröhre; ↕ 80–300 cm; ♃. VI–VIII. – Seit Kurzem häufiger gepfl. (Heimat: O-As.); *s* verwild., v. a. im städtischen Bereich. – Vielleicht nur eine Kulturform von *L. barbarum*. [*L. rhombifolium* Dippel]
Chinesischer B., Gojibeere, ***L. chinense*** Mill.

Nicandra Adans., Giftbeere

Stg. etwas kantig, sparrig verzweigt; Blüten einzeln, überhgd.; Fr. vom Kelch umschlossen; ↕ 30–130 cm; ⊙. VII–X. – Aus Gärten *z* verwild. (Heimat: Peru). – Giftig!
Giftbeere, ***N. physalodes*** (L.) Gaertn.

Nicotiana L., Tabak

1. Krone grünl.gelb, 12–20 mm lg.; wenigstens die unt. Blätt. gestielt, eif. stumpfl., stark drüsig; ↕ 60–120 cm; ⊙. VI–IX. – Kulturpfl. (Heimat: M-Am.); *v* kult. bes. im S, *s* Ruderalstellen. – Giftig! Bauern-T., ***N. rustica*** L.

— Krone rosa, rötl. od. weiß., > 35 mm lg.; Blätt. sitzend, am Stg. herablfd. 2

2. Kronröhre eng, 2–3 mm ∅, erst kurz unter dem Saum deutl. erweitert; Infl. meist ± traubig, wenig verzweigt; Blüten weiß, rosa, rotviolett bis rot, Saum > 4 cm ∅; ↕ 20–70 cm; ⊙. VI–IX. – Zierpfl. (Heimat: S-Am.); *s* verwild. Flügel-T., ***N. alata*** Link & Otto

— Kronröhre am Grund 3–5 mm ∅, nach zwei Dritteln ihrer Länge plötzl. auf 8–12 mm ∅ erweitert; Infl. meist rispig, stärker verzweigt; Blüten rosa bis rötl., Saum < 3,5 cm ∅; ↕ 80–200(–250) cm; ⊙. VII–VIII. – In zahlr. Sorten angepfl., heute dominierende Tabakart; entstanden vermutl. in N-Argentinien/Bolivien; *s* Ruderalstellen. – Giftig! [incl. *N. latissima* Mill.; *N. angustifolia* Mill.] Maryland-T., Virginischer T., ***N. tabacum*** L.

Petunia Juss., Petunie

Pfl. in fast allen Teilen klebrig, drüsig behaart; Blätt. gegenst.; Krone in zahlr. Farbtönen, auch mehrfarbig; ↕/↔ 20–80 cm; ⊙. VI–IX. – Verbr. kult., Züchtungsformen aus mehreren Arten, insbes. *P. axillaris* (Lam.) Britton et al., deren Heimat: S-Am.; *s* verwild., z. B. A; NL.
Petunie, ***P.*** × ***atkinsiana*** (Sweet) W. H. Baxter

Physalis L., Blasenkirsche, Andenkirsche, Kapstachelbeere

Pfl. meist br. verzweigt; Blätt. eif. bis herzf., stark behaart, am Rand oft m. wenigen groben Zähnen; ↕ 50–100 cm; ⊙(–♃). VII–VIII. – Obstpfl. (Heimat: Peru); *s* verwild., D; A: Kt, Stm. – In der Regel nicht winterhart. Peruanische B., ***P. peruviana*** L.

Scopolia Jacq., Tollkraut

Stg. aufr., am Grund m. schuppenf. Niederblätt.; Blätt. gestielt, verkehrt eif.; ↕ 30–60 cm; ♃. IV–V. – Lichte Wälder, Gebüsche. – *s*, A: Stm; *s* aus Gärten verwild., D: BB, BW, MV, NRW, SN, ST, TH; NL. – Giftig! Krainer T., ***S. carniolica*** Jacq.

Solanum L. [incl. *Lycopersicon* Mill., Tomate], Nachtschatten

1. Blätt. ungeteilt, tief buchtig gelappt bis 1-fach fiederspaltig, od. am Grund m. 1–2 Zipfeln od. Fiedern **4**
— Blätt. unterbrochen gefied. (*Taf. 7: 7*) od. doppelt fiederspaltig, > 3-zählig **2**
2. Blätt. doppelt fiederspaltig; Stg., Blätt. u. Kelch m. gelben Stacheln; — Krone gelb; ↕ 40–100 cm; ⊙. VI–VII. – Ruderalstellen, Bahnhöfe. – Heimat: SW-USA, Mexiko; nicht selten eingeschleppt, aber unbest.; D: *z* NRW, sonst *s*; A: NÖ, Ti; B; W-CH; F: Els; NL. – Giftig!
Stachel-N., ***S. rostratum*** Dunal
— Blätt. unterbrochen gefied. (zuw. doppelt); Pfl. stachellos **3**
3. Krone violett, rosa od. weiß; Fr. grüne od gelbl. Beere; Pfl. m. Ausläuferknollen; ↕ 40–90 cm; ♃. VI–IX. – Nutzpfl. (Heimat: Anden von Peru, Bolivien u. N-Argentinien); in vielen Sorten *v* kult. – Beeren u. Kraut giftig! Kartoffel, ***S. tuberosum*** L.
— Krone gelb; Fr. meist rote (od. gelbe) Beere; Pfl. ohne Ausläuferknollen; ↕ 40–150 cm; ⊙. VII–X. – Nutzpfl. (Heimat: S-Am., bes. Peru), in vielen Sorten *v* kult. [*L. esculentum* Mill.]
Tomate, ***S. lycopersicum*** L.
4 (1). Krone dk.violett (*Taf. 18: 3*); Pfl. ausd., Stg. am Grund verholzt, oft windend-kletternd; — Blätt. eif. lanzettl., zuw. m. 2 seitl. Lappen od. Fiedern am Grund, die obersten oft spießf. bis geöhrt; Beeren glzd. rot; ↕ 40–250 cm; ♃. VI–VIII. – Feuchte Gebüsche, Auenwälder, Hecken. – *v*. – Giftig! Bittersüßer N., ***S. dulcamara*** L.
— Krone weiß (zuw. rötl. od. blasslila); Pfl. (bei uns) 1-j., nicht kletternd **5**
5. Blätt. tief buchtig eingeschnitten bis fiederspaltig, m. schmalen Abschnitten, etwas dickl.; — Pfl. m. niederlgd. Trieben, sparrig verzweigt; beim Zerreiben unangenehm riechend; ↕ 20–100 cm; ⊙. VII–VIII. – Nährstoffreiche, meist sandige, trocken-warme StO. – Ne. (Heimat: N-Am.); zuw. eingebürg., *z*, D: Niederrhein; B; NL, sonst *s*. – Giftig!
Dreiblütiger N., ***S. triflorum*** Nutt.
— Blätt. ungeteilt bis unregelm. gelappt **6**
6. Kelch nur den Grund der reifen Beere bedeckend **8**
— Kelch knapp die Hälfte od. mehr der reifen Beeren bedeckend; — Beeren grün bis violett, glzd. **7**
7. Kelchzipfel. m. stumpfen, abgerundeten Buchten verbunden; Beeren m. ≈ 25 Samen; Blattspr. an der Basis keilf. verschmälert; Blätt. m. leichtem Kartoffelgeruch; Behaarung aus mehr Haaren als Drüsen(haaren) besthd., nicht klebrig; ↕ 15–40 cm; ⊙. VI–IX. – Ruderalstellen, Äcker. – Heimat: S-Am.; eingeschleppt u. eingebürg., *z*, D: Rhein- u. Main-Gebiet, Ob. Elbe/Saale/

Havel-Gebiet, sonst *s*; *s* A: Bgl, NÖ, Stm; CH: Vd; I: Bz. – Giftig! [*S. nitidibaccatum* Bitter] Glanzfrüchtiger N., ***S. physalifolium*** Rusby (var. ***nitidibaccatum*** (Bitter) Edmonds)

— Kelchzipfel. längl., m. spitzen Buchten u. einem durchsichtigen Häutchen verbunden; Beeren m. ≈ 75 Samen; Blattspr. an der Basis leicht herzf.; Blätt. m. aromat.Tomatengeruch; Behaarung aus mehr Drüsen(haaren) als Haaren, klebrig; ↕ 20–60 cm; ⊙. VI–IX. – Ruderalstellen, Äcker. – Heimat: S-Am.; *s*, D (v. a. Rheinl.); B; F: Els; NL. – Giftig! Saracha-N., ***S. sarrachoides*** Sendtn.

8 **(6).** Fr.Stiele auffallend abw. gerichtet; — Beeren matt schwarz; Zweige dicht anlgd. behaart; Blätt. meist ganzrandig; Infl. doldig; Krone weiß; ↕ 10–70 cm; ⊙. VI–IX. – Wegränder, Ruderalstellen. – Heimat: S-Am.; *s* eingebürg., CH: Ts, Vd, Vs; F; I: Bz; NL; in D sehr *s* u. unbest. [*S. sublobatum* Roem. & Schult.] Zierlicher N., ***S. chenopodioides*** Lam.

— Fr.Stiele meist aufr. absthd., nicht auffallend abw. gerichtet; — Beeren schwarz, grünl.gelb, goldgelb od. rot **9**

9. Kelchbuchten spitz; Beeren schwarz, seltener grünl.gelb; Infl. 10–30 mm lg. gestielt **11**

— Kelchbuchten stumpf; Beeren goldgelb od. rot; Infl. 5–15 mm lg. gestielt **10**

10. Stg. meist absthd. behaart, rund od. leicht kantig; Beeren meist goldgelb; Pfl. gelbgrün, ↕ 10–50 cm; ⊙. VI–X. – Ruderalfluren. – *s*, D; A: NÖ, Stm; CH: Basel, Bern Genf, Ts, Vd; CZ; F; I: Bz; NL; PL. – Giftig! [*S. luteum* Mill.] Gelber N., ***S. villosum*** Mill.

— Stg. zerstreut behaart od. verkahlend, schmal geflüg.; Beeren rot; Pfl. dk.grün, ↕ 10–50 cm; ⊙. VI–X. – Ruderalfluren. – *s*, D; A: NÖ, OÖ, Stm; B; CZ; I: Bz; PL. – Giftig! [*S. villosum* subsp. *alatum* (Moench) Dostál; *S. villosum* subsp. *miniatum* (Willd.) Edmonds] Rotbeeriger N., Mennigroter N., ***S. alatum*** Moench

11 **(9).** Stg. u. Blätt. kahl od. anlgd. behaart, ohne Drüsenhaare; Blätt. ± ganzrandig; ↕ 10–80 cm; ⊙. VI–X. – Weinberge, Gärten, Ruderalstellen. – *v*. – Giftig! Schwarzer N., ***S. nigrum*** L.

— Stg. u. Blätt. locker bis dicht behaart, Stg. oberw. absthd. drüsenhaarig; Blätt. buchtig gezähnt; ↕ 10–70 cm; ⊙. VI–X. – Wegränder, Ruderalstellen. – *z–s*. – Giftig! [*S. nigrum* subsp. *schultesii* (Opiz) Wessely] Täuschender N., ***S. decipiens*** Opiz

Ordnung: Lamiales, Lippenblütlerartige

Familie: Oleaceae, Ölbaumgewächse (Bearbeiter: Peter A. Schmidt)

Bäume u. Sträucher, selten Lianen; Blätt. meist gegenst. od. schief gegenst., zuw. wechselst. od. ± quirlig, einfach, gefied. od. 3-zählig, ohne Nebenblätt.; Blüten ⚥ od. selten eingeschl., radiär; Kelch meist 4-zähnig; Kronblätt. (2–)4(–12), meist verwachsen, zuw. fehlend; Staubblätt. 2; Frkn. oberst., 2-fächerig; Fr. Kapsel, Flügelnuss, Beere od. Steinfr.

1. Zweige m. Blätt., Pfl. bereits verblüht od. erst m. od. nach der Laubentfaltung blhd., od. Pfl. immergrün **4**

— Zweige z. Bltzt. ohne Blätt., Pfl. vor der Laubentfaltung od. nach dem Laubfall blhd. **2**

2. Blüten unscheinbar, Krone fehlend, Kelch vorhanden od. fehlend; Bäume; — Knospen gegenst., schief gegenst., zuw. quirlig zu 3 . . . . ***Fraxinus***, 658

— Blüten auffällig, Krone gelb, wie Kelch stets vorhanden; Sträucher; — Knospen gegenst. **3**

3. Zweige m. vollem Mark; Kronzipfel 5–7 . . . . ***Jasminum***, 659

— Zweige nur in den Knoten m. vollem Mark, zw. den Knoten hohl od. m. gefächertem Mark; Kronzipfel 4 . . . . ***Forsythia***, 658

4 **(1).** Blätt. unterseits dicht m. silbrigen Schuppenhaaren besetzt, weißfilzig erscheinend; Pfl. immergrün . . . . ***Olea***, 659

— Blätt. unterseits kahl od. behaart, weder m. silbrigen Schuppen noch weißfilzig, wenn selten weißl.grün, dann durch papillöse Wachsausscheidungen; Pfl. sommer- od. wintergrün . . **5**

5. Bäume; Blätt. unpaarig gefiedert, sehr selten (*F. excelsior*, *F. angustifolia*) auf Endfieder reduziert u. dadurch einfach; Fr. 1-seitig lg. geflüg. Nuss (*658/1*); — Kelch u./od. Krone meist fehlend (*65/7*, *Taf. 19: 13*), wenn Krone vorhanden (*F. ornus*), dann Kronblätt. frei ***Fraxinus***, 658

— Sträucher; Blätt. einfach, meist ungeteilt, selten 3-teilig, od. 3-zählig; Fr. Steinfr., Beere od. Kapsel; — Kelch u. Krone stets vorhanden, Kronblätt. verwachsen **6**

6. Blattspr. am Grund herzf. od. gestutzt, — Blätt. einfach, ganzrandig, selten gelappt; Krone lila, violett, rot od. weiß; Fr. 2-spaltige Kapsel .... ***Syringa***, 660

— Blattspr. am Grund nicht herzf. od. quer gestutzt, — Blätt. einfach od. 3-teilig bis 3-zählig, ganzrandig od. gesägt; Krone gelb od. weiß; Fr. Kapsel, Beere od. Steinfr. **7**

7. Krone weiß, trichterf., < 1 cm ∅; Blätt. stets ungeteilt u. ganzrandig; Fr. schwarze beerenart. Steinfr. .... ***Ligustrum***, 659

— Krone gelb, > 1 cm ∅; Blätt. entw. ungeteilt, zumind. teilw. gezähnt od. 3-teilig, od. Blätt. 3-zählig; Fr. Beere od. Kapsel **8**

8. Zweige m. vollem Mark, grün, riefig-kantig; Blätt. wechselst., 3-zählig, selten einfach; Kronzipfel kürzer als die schlanke Kronröhre; Fr. schwarze Beere .... ***Chrysojasminum***, 658

— Zweige nur in den Knoten m. vollem Mark, zw. den Knoten hohl od. m. gefächertem Mark, ockergelb u. olivgrün bis violett, durch von den Blattnarben herablfd. Ränder kantig; Blätt. gegenst., meist einfach u. ungeteilt, nur an wüchsigen Zweigen zuw. 3-teilig bis 3-zählig; Kronzipfel länger als die kurz glockenf. Kronröhre; Fr. Kapsel .... ***Forsythia***, 658

Chrysojasminum Banfi [*Jasminum* L. p. p.], Goldjasmin

Blätt. wechselst., meist 3-zählig, zuw. einfach, Fiedern 0,8–2 cm lg., gewimpert; winter- bis immergrüner, 0,5–2 m hoher, meist aufr. Strauch; Blüten zu 2–5 an kurzen Seitentrieben, Kronzipfel 4–5; ↕ 1–2 m; ♄. VI–IX. – Zierpfl. (Heimat: MMG bis W-As.), frostempfindl., zuw. kult.; *s* verwild.; eingebürg. L. [*J. fruticans* L.] Strauch-G., Sommerjasmin, ***C. fruticans*** (L.) Banfi

Forsythia Vahl, Forsythie, Goldflieder od. Goldweide

Krone 4-zipfelig, goldgelb, 35–55 mm ∅; Blätt. eilängl. bis lanzettl. (*99/4*), zuw. 3-zählig; Zweige in den Knoten m. vollem Mark, im Umfeld der Knoten Mark gefächert, im mittl. Bereich Internodien hohl (Längsschnitt!); ↕ bis 3 m; ♄. III–IV. – Sehr häufiger Zierstrauch, in vielen Sorten; zuw. verwild. [*F. suspensa* (Thunb.) Vahl × *F. viridissima* Lindl.] Hybrid-F., ***F.*** × ***intermedia*** Zabel

Kult. werden auch and. Arten, darunter die aus China stammenden Elternarten Grüne F. (*F. viridissima*, Zweige m. durchgängig gefächertem Mark, auch in den Knoten) u. Hänge-F. (*F. suspensa*, Zweige in den Knoten m. vollem Mark, Internodien hohl), letztere Art *s* verwild.

Fraxinus L., Esche

1. Knospen grau; Blüten m. der Laubentfaltung erscheinend, ⚥ u. ♂; Kronblätt. linealisch, weiß; Infl. endst. an diesj. Trieben, am Grund meist beblätt.; — Blätt. 7–9-zählig gefiedert; ↕ bis 10 m; ♄. V–VI. – Laubwälder trocken-warmer StO. – Ursprüngl. nur A: Bgl, Kt, NÖ, OTi, Stm, Ti (Innsbruck); CH: Ts; I: Bz; sonst angepfl. u. verwild. Manna-E., Europäische Blumen-E., ***F. ornus*** L.

— Knospen braun od. schwarz; Blüten vor dem Laubaustrieb, ⚥, ♂ od. ♀; Krone fehlend; Infl. seitenst. an vorj. Trieben, unbeblätt. **2**

2. Kelch vorhanden, auch an der Fr. erhalten; Nuss im ∅ rundl.; Knospen braun; seitl. Fiedern deutl. gestielt, Stiel 2–14 mm lg. **4**

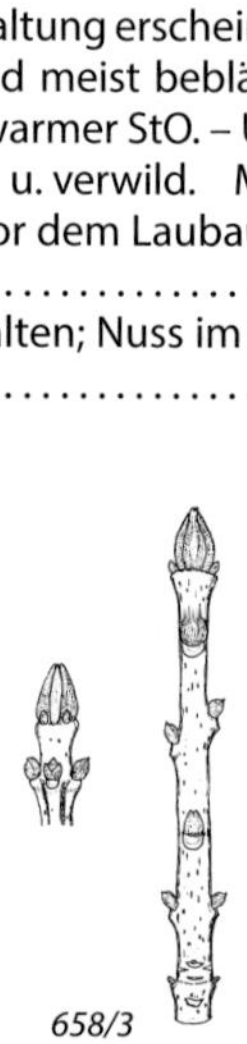

658/1 *658/2* *658/3* *658/4* *658/5*

— Kelch fehlend (*65/7*); Nuss stark abgeflacht; Knospen schwarz od. wenn braun, dann seitl. Fiedern (fast) sitzend od. höchstens bis 2 mm lg. gestielt **3**

3. Knospen schwarz, Endknospe 8–10 mm br., meist breiter als hoch (*658/2*); Blätt. gegenst., Fiedern m. doppelt so vielen Zähnen wie Seitennerven, sitzend; Blätt. 9–13-zählig, im Herbst oft nicht verfärbend, grün abfallend; Infl. rispig; ↕ bis 40 m; ♄. IV–V. – Auenwälder („Wasseresche"), Laubmischwälder nährstoffreicher StO, Pioniergehölze auf basenreichen StO („Kalkesche"). – *v*, oft gepfl., zuw. auch die *s* spontan auftretende u. in Kultur genommene Einblatt-E. (Sorte 'Diversifolia') m. einfachen Blätt.
Gewöhnliche E., Europäische E., ***F. excelsior*** L. (subsp. ***excelsior***)

— Knospen braun, Endknospe < 5 mm br., meist höher als br. (*658/3*); Blätt. u. Knospen zumind. teilw. wirtelig zu 3 (*658/3*, links), Fiedern m. ebenso vielen Zähnen wie Seitennerven, sitzend od. bis 2 mm lg. gestielt; Blätt. 5–13-zählig, Herbstfärbung purpur- bis braunrot od. violett; Infl. traubig; ↕ bis 25 m; ♄. III–V. – Auenwälder. – Nur A: Bgl, NÖ (March, Leitha); CZ. – Auch Ziergehölz. Schmalblatt-E., ***F. angustifolia*** Vahl

Natürl. Vorkommen in A u. CZ zu subsp. ***danubialis*** Pouzar; Park- u. Straßenbäume meist subsp. ***angustifolia***, sehr *s* auch Sorte m. einfachen Blätt. ('Monophylla').

4 (2). Fiedern unterseits weißl.grün, durch weißl. papillöse Wachsausscheidungen marmoriert erscheinend (Lupe!), 5–14 mm lg. gestielt, Herbstfärbung oft violett od. purpurn; junge Zweige stets kahl; Endknospe 6–8 mm br., meist breiter als hoch, abgerundet od. stumpf, Blattnarbe hufeisen- od. halbmondf., die Knospe ± umfassend (*658/4*); ↕ 15–30 m; ♄. IV–V. – Zierbaum (Heimat: östl. N-Am.), zuw. forstl. angepfl., *s* verwild. Weiß-E., ***F. americana*** L.

— Fiedern unterseits grünl., (1–)2–5(–8) mm lg. gestielt, Herbstfärbung gelb; junge Zweige meist behaart; Endknospe 3–5 mm br., höher als br., spitz, Blattnarbe halbkreis- od. schildf., ob. Rand ± gerade (*658/5*); ↕ 12– 25 m; ♄. IV–V. – Forst- u. Zierbaum (Heimat: östl. N-Am.), bes. in Auen forstl. angepfl. u. eingebürg., D: BB, BW, BY, HE, MV, ST, SN; A; CZ.
Rot-E., Grün-E., Pennsylvanische E., ***F. pennsylvanica*** Marshall

Jasminum L. [excl. *Chrysojasminum* Banfi], Jasmin

Blätt. gegenst., 3-zählig, Fiedern 1–3 cm lg., kahl; sommergrüner, meist kletternder Strauch (Spreizklimmer) m. bogig überhgd., rutenf., 4-kantigen Zweigen; Blüten einzeln in Blattachseln vorj. Triebe, vor dem Blattaustrieb erscheinend, Kronzipfel 5–7; ↕ bis 3 m; ♄. XII–IV. – Zierpfl. (Heimat: O-As.), oft kult.; *s* verwild. [*J. sieboldianum* Blume] Winter-J., ***J. nudiflorum*** Lindl.

Ligustrum L., Liguster

1. Röhre der Krone etwa so lg. wie deren Zipfel; junge Zweige behaart; Blätt. schmal eif., längl. ellipt. bis lanzettl., beiderseits grün, unterseits heller; Pfl. meist sommergrün; ↕ bis 5 m; ♄. VI–VIII. – Lichte Wälder, Gebüsche, Auenwälder. – *v*, im N seltener od. eingebürg., häufig gepfl. (Hecken) u. verwild. – Giftig! Gewöhnlicher L., Rainweide, ***L. vulgare*** L.

— Röhre der Krone 3-mal so lg. wie deren Zipfel; junge Zweige kahl; Blätt. ellipt. eif., unterseits gelbl.grün; Pfl. meist wintergrün; ↕ bis 5 m; ♄. VI–VII. – Häufig gepfl. als Heckenstrauch (Heimat: Japan, Korea); *s* verwild. – Giftig! Wintergrüner L., Japanischer L., ***L. ovalifolium*** Hassk.

Olea L., Ölbaum, Olivenbaum

Blätt. ellipt. bis lanzettl., 3–8 cm lg. u. 0,5–2 cm br., lederig, oberseits dk.- bis graugrün, unterseits silbrig bis weißl.grün; Blüten klein, ≈ 5 mm ∅, Krone cremeweiß, in kurzen achselst. Rispen; Steinfr. ellipsoidisch, gelbgrün bis dk.blau; ↕ bis 10–20 m; ♄. V. – In CH: Ts u. I: Bz gepfl., sonst meist als Kübelpfl. kult. (Heimat: MMG). Echter Ö., Echter O., ***O. europaea*** L. (subsp. ***europaea***)

Syringa L., Flieder

Blätt. br. eif. od. eif., am Grund herzf. od. gestutzt, 5–15 cm lg., wie die Zweige kahl; Blüten stark duftend; Krone 4-zipfelig, lila, violett, rötl. od. weiß; ↕ 2–6 m; ♄. V–VI. – In zahlr. Hybriden u. Sorten gepfl. (Heimat: SO-Eur.), auch als Hecke, als Kulturrelikt sich lange haltend u. vegetativ ausbreitend, *v* verwild. u. eingebürg. Gewöhnlicher F., ***S. vulgaris*** L.

Kult. werden weitere Arten u. Hybriden, darunter *s* verwild. Hänge-F. (***S. reflexa*** C. K. Schneid.; Blütenrispen nickend od. überhgd.; Heimat: China) u. Persischer F. (***S.* × *persica*** L. [*S. protolaciniata* P. S. Green & M. C. Chang × *S. vulgaris*], neben einfachen Blätt. auch gelappte od. fiederschnittige).

Familie: Plantaginaceae [incl. Callitrichaceae, Wassersterngewächse; Hippuridaceae, Tannenwedelgewächse; Veronicaceae, Ehrenpreisgewächse, u. Globulariaceae, Kugelblumengewächse], Wegerichgewächse (Bearbeiter: Michael Koltzenburg)

Kräuter, seltener Sträucher, auch zarte Wasserpfl. (*Callitriche*); Blätt. gegenst. od. wechselst, auch grundst. od. quirlst.; Blüten meist in ährigen od. kopfigen Infl., selten einzeln; Staubblätt. meist 4 od. 2, selten 1 (*Callitriche, Hippuris*); Frkn. oberst., Kapsel-, Nuss- od. Steinfr. Früher umfasste die Familie nur die Gattungen *Plantago, Psyllium* u. *Littorella*. Nach neueren systemat. Erkenntnissen sind auch die o. g. Familien u. ein Teil der Scrophulariaceae hier einzugliedern. Damit entsteht eine sehr heterogene Gruppe.

1. Blätt. in 6–12(–16)-zähligen Quirlen (*119/1*); — Wasser- od. Uferpfl. .... ***Hippuris***, 664
— Stg. ohne od. höchstens m. 4-zähligen Blattquirlen **2**
2. Staubblätt. 1; — Blütenhülle fehlend; Blüten in den Blattachseln sitzend; Wasserpfl., seltener auf Schlamm; Blätt. gegenst. .... ***Callitriche***, 661
— Staubblätt. 2 od. 4 .... **3**
3. Staubblätt. 4 (alle 4 od. nur 2 m. Staubbeuteln) **6**
— Staubblätt. 2, m. Staubbeuteln **4**
4. Krone ausgebr. radf., oft fast radiär (*660/4*) od. 2-lippig (*660/5*), dann aber m. 4-teiligem Kelch .... ***Veronica***, 668
— Krone 2-lippig, ihre Röhre länger als br.; — Alpenpfl. **5**
5. Rosettenpfl.; Blätt. 8–17 cm lg., gekerbt .... ***Wulfenia***, 674
— Stg. beblätt.; Blätt. ≤ 3 cm lg., gezähnt.................... ***Paederota***, 666
6 (3). Nur 2 Staubblätt. m. Staubbeuteln, die beiden and. steril (*660/1*) .... ***Gratiola***, 664
— Alle 4 Staubblätt. m. Staubbeuteln **7**
7. Blüten in von Hüllblätt. umgebenen Köpfchen; — m. immergrüner Blattrosette; Krone hell- bis violettblau .... ***Globularia***, 664
— Blüten einzeln, in Ähren, Trauben od. in Köpfchen, die dann aber nicht von Hüllblätt. umgeben sind **8**
8. Stg. beblätt. **10**
— Alle Blätt. grundst. **9**
9. Uferpfl., Ausläufer treibend (*73/1*); — Blätt. lineal-pfrieml., am Grund scheidig; Blüten eingeschl., ♂ Blüten lg. gestielt, einzeln, am Grund m. 2–3 sitzenden ♀ Blüten (*73/1a, b*); Pfl. 2–14 cm hoch .... ***Littorella***, 666
— Landpfl., ohne Ausläufer; — Blätt. borstl. (< 2 mm br.) od. > 2 mm br., linealisch, eif. od. ellipt.; Blüten ⚥, in in Seitenansicht eif. od. köpfchenart. Ähren .... ***Plantago***, 667
10 (8). Krone am Grund nicht gespornt, zuw. aber sackf. ausgestülpt (*660/3*) **15**
— Krone am Grund m. deutl. Sporn (*660/2*) **11**

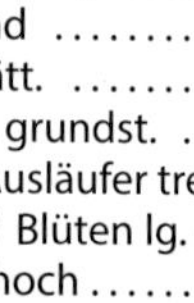

660/1

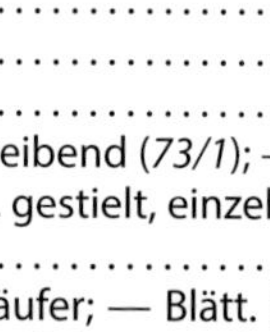

660/2

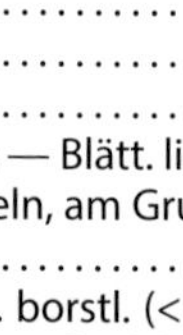

660/3

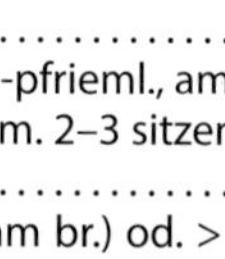

660/4

660/5

11. Unterlippe der Krone ohne Aufwölbung, daher Einblick in den Schlund mögl.; — Stg.Blätt. 3–5-teilig .... ***Anarrhinum***, 661
— Unterlippe der Krone m. Aufwölbung, daher Schlund fast od. ganz verschlossen („maskiert", *660/2a, b*) **12**
12. Stg. aufr.; Blattspr. > 2-mal so lg. wie br. **14**
— Stg. kriechend od. niederlgd.-aufstgd.; Blattspr. ≤ 2-mal so lg. wie br. **13**
13. Stg. u. Blätt. behaart, z.T. drüsig; Krone gelb m. schwarzvioletter Oberlippe .... ***Kickxia***, 665
— Stg. u. Blätt. kahl; Krone hellviolett .... ***Cymbalaria***, 663
14 (12). Schlund der Krone völlig geschlossen; Krone den Kelch weit überragend; Pfl. höchstens in der Infl. etwas drüsig behaart .... ***Linaria***, 665
— Schlund der Krone nicht völlig geschlossen, zw. Ober- u. Unterlippe noch ein freier Spalt; Krone den Kelch wenig überragend; Pfl. drüsig behaart .... ***Chaenorhinum***, 663
15 (10). Schlund der Krone durch Ausstülpung der Unterlippe geschlossen („maskiert", *660/3*); — Krone am Grund sackf. ausgestülpt **18**
— Schlund der Krone offen **16**
16. Blätt. gegenst., — linealisch, < 4 mm br.; Blüten in köpfchenf. Ähren ***Plantago arenaria***, 667
— Blätt. wechselst. **17**
17. Krone hgd., > 9 mm lg.; Kronzipfel nach vorne gerichtet; Pfl. 40–150 cm hoch ***Digitalis***, 663
— Krone aufr., < 9 mm ∅; Kronzipfel ausgebr.; Pfl. 5–30 cm hoch; — Alpenpfl. .... ***Erinus***, 664
18 (15). Stg. niederlgd.; Blattspr. ≤ 2-mal so lg. wie br.; Blüten blattachselst. .... ***Asarina***, 661
— Stg. aufr.; Blattspr. ≥ 3-mal so lg. wie br.; Blüten in Ähren od. Trauben **19**
19. Krone 25–45 mm lg., rot, weiß od. andersfarbig, viel länger als die Tragblätt. ***Antirrhinum***, 661
— Krone 8–25 mm lg., rosarot, kürzer als die Tragblätt., — m. dk. Nerven .... ***Misopates***, 666

Anarrhinum Desf., Lochschlund

Grundblätt. rosettig, verkehrt eif., gesägt bis gekerbt; Stg.Blätt. meist 3–5-teilig, m. linealischen Zipfeln; Blüten in schlanken Ähren; Krone hellviolett, m. weiter Röhre, 3–4 mm lg., m. nach vorw. gerichtetem, kurzem Sporn; ↕ 20–80 cm; ⊙. VI. – Felsen, steinige Äcker. – *s*, D: RP (Saar-, Mosel-, Ruwertal), früher BY (Spalt). Gänseblümchen-L., ***A. bellidifolium*** (L.) Willd.

Antirrhinum L., Löwenmaul

Krone 25–45 mm lg., meist rot, weiß od. bunt, viel länger als die Tragblätt.; Kelchblätt. viel kürzer als die Kronröhre (*660/3*); ↕ 20–120 cm; ♃. VI–IX. – Mauern, Flusstäler. – Zierpfl. (Heimat: W-MMG); oft verwild., *z–s* eingebürg. Großes L., Garten-L., ***A. majus*** L.

Breitblättriges L., ***A. latifolium*** Mill.: Krone blassgelb, bis 48 mm lg.; ganze Pfl. drüsig behaart, Blätt. bis 70 mm lg u. 30 mm br., eif.; ↕ bis 100 cm; ♃. VI–IX. – Heimat: MMG; *s* verwild., D: BY, NRW.

Asarina Mill., Kriechendes Löwenmaul, Asarine, Gloxinienwinde

Pfl. drüsig-zottig; Blätt. herzf. nierenf., gekerbt; Krone gelbl., rosa gestreift, 30–35 mm lg.; ↕ 10–50 cm; ♃. VII–IX. – Mauern. – Heimat: SW-Eur.; *s* verschleppt, z. B. D: NRW, SN, TH; SW-CH; NL. [*Antirrhinum asarina* L.] Kriechendes Löwenmaul, Liegende A., ***A. procumbens*** Mill.

Callitriche L., Wasserstern

Anm.: *Callitriche*-Bestimmungen sind schwierig u. bedürfen vergleichender Erfahrung. Zur Bestimmung sind frische Exemplare nötig, die neben Blüten auch reife Fr. aufweisen müssen. Die Längen-/„Höhen"-angaben beziehen sich auf submerse Pflanzen; die landlebenden Formen liegen auf dem Boden. Für weitere Abbildungen sei auf Breitfeld (2001) verwiesen.

1. Pfl. meist m. Schwimmblätt. (*662/5*) [Ausnahme: *C. hamulata* (**8**—)]; Blätt. fest, undurchsichtig, zur Basis hin etwas verschmälert; Blüten m. 2 Vorblätt. (*662/1, 662/6*); Blätt. m. Schildhaaren

(starke Lupe!); — entw. im Wasser lebend od. auf feuchten, meist schlammigen Böden kriechend 3
— Pfl. ohne Schwimmblätt., immer submers; Blätt. durchscheinend, zur Basis hin etwas verbreitert; Blüten ohne Vorblätt.; Blätt. ohne Schildhaare; — Pfl. fast nur im Wasser untergetaucht lebend (*662/3*) 2

2. Fr. kreisrund, geflüg., > 1,5 mm br.; Tauchblätt. lineal-lanzettl., bis 2 mm br. u. 18 mm lg.; ↔/↕ 10–60 cm; ♃. VI–IX. – Nährstoffarme sthd. u. langsam fließ. Gewässer. – *s* im N, D: BB, MV, SH, ST, TH, früher BY, HE, NI; *s* B; CZ; NL; PL. [*C. autumnalis* L.] Herbst-W., ***C. hermaphroditica*** L.
— Fr. breiter als lg., ungeflüg., 1 mm br.; — Tauchblätt. linealisch, bis 1,3 mm br. u. 11 mm lg.; ↔/↕ 8–20(–50) cm; ⊙.–♃. IV–VI. – Nährstoffreichere sthd. u. langsam fließ. Gewässer. – *s–z*, D: RP; B; NL. Gestutzter W., ***C. truncata*** Guss. subsp. ***occidentalis*** (Rouy) Braun-Blanq.

3 (1). Teilfr. entlang ihrer Rückennaht deutl. durchghd. geflüg. (*662/2*) 6
— Teilfr. entlang ihrer Rückennaht nicht geflüg., entw. stumpfkantig, nur gekielt od. (*C. palustris*) nur an der Spitze kurz geflüg. 4

4. Teilfr. in Seitenansicht ellipt., Kanten br. abgerundet, 1,5–2 mm lg.; — Narben aufr. (wie in *662/4*), mehrmals länger als die Fr.; Schwimmblätt. m. 3 Rippen, untersts. deutl. hervortretend; Schildhaarköpfchen 8–10-zellig; ↔/↕ 10–60 cm; ♃. IV–X. – Kalkhaltige, sthd. u. fließ. Gewässer. – *s* im W (D: HE, NI, Rheinl., Oberrheingebiet; B; F: Els; NL) u. S (D: BY; A: NÖ, OÖ; CH; eingebürg. I: Bz). Nussfrüchtiger W., ***C. obtusangula*** Le Gall
— Teilfr. in Seitenansicht abgeflacht, rundl. bis eif., < 1,5 mm 5

5. Teilfr. rundl., ungeflüg.; Narben mehrmals länger als die Teilfr. (≤ 6 mm lg.); Schildhaarköpfchen 8–15-zellig; ↔/↕ 10–25 cm; ♃. V–X. – Meist kalkhaltige, nährstoffärmere, sthd. u. fließ. Gewässer. – *z* D: BW, BY, SH, *s* u. lückenhaft zw. Rhein u. Ostsee; *z* A; CH; CZ; DK; FL; I: Bz; NL; PL. [*C. polymorpha* Lönnr.] Stumpfkantiger W., ***C. cophocarpa*** Sendtn.
— Teilfr. verkehrt eif., nur oberw. geflüg.; Narben stark reduziert (*662/7*), nur halb so lg. wie die Teilfr.; Schildhaarköpfchen 16-zellig; ↔/↕ 10–100 cm; ♃. VI–VIII. – Kalk- u. nährstoffarme, sthd., episodisch austrocknende Gewässer, feuchte, lehmige Böden (meist als Landform). – Wohl *v–z* u. lückenhaft, aber früher oft von and. Arten nicht unterschieden; insges. vermutl. seltener als bisher angenommen. [*C. verna* L.] Sumpf-W., ***C. palustris*** L.

6 (3). Blüten submers; erhalten bleibender Gr. den Schmalseiten der Fr. dicht angedrückt; Tauchblätt. ausgerandet; — Schildhaarköpfchen 10–15-zellig 8
— Blüten oberh. der Wasseroberfläche; erhalten bleibender Gr. der Fr. nicht angedrückt; Tauchblätt. nicht ausgerandet; — Landformen ohne deutl. Blattrosette 7

7. Gr. zurückgekrümmt; Blätt. blassgrün, br. ellipt. bis rundl.; Teilfr. br. geflüg.; Schildhaarköpfchen 8–10-zellig; ↔/↕ 10–30 cm; ♃. V–X. – Kalkarme, nährstoffreiche sthd. u. langsam fließ. Gewässer, meist an Schlammufern, abgelassene Teiche, Fahrspuren, zuw. teppichart. Rasen. – D *z–v*, aber zu überprüfen; *s* A: OÖ, Stm, Vb; *z* CH; CZ; *v* NL; *s* I: Bz; PL. Teich-W., ***C. stagnalis*** Scop.
— Gr. aufr. od. absthd.; Blätt. dk.grün, ellipt.; Teilfr. schmal geflüg., robust; Schildhaarköpfchen 10–12-zellig; — häufig nicht blhd. od. nicht fruchtend, dann üppig wachsend u. Sprosse bis über meterlang; ↔/↕ 20–70 cm; ♃. V–X. – Sthd. u. fließ. Gewässer. – *v* im NW u. W (D; B; DK; NL); nach S u. O *z–s* u. lückenhaft, A (NÖ, OÖ, Sb, Stm); CH; CZ (Böhmw., Erzgeb. bis Riesengeb.). Flachfrüchtiger W., ***C. platycarpa*** Kütz.

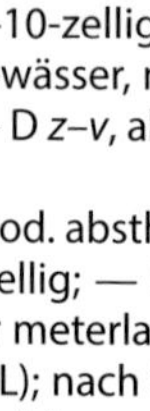
662/1

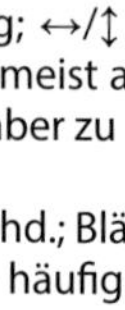
662/2

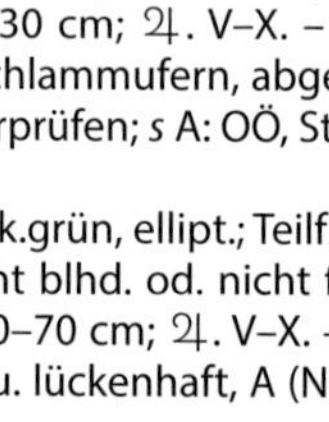
662/3

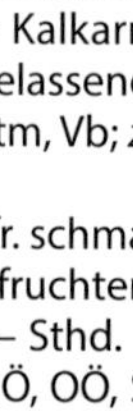
662/4

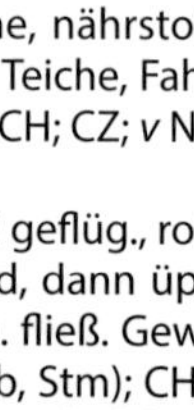
662/5

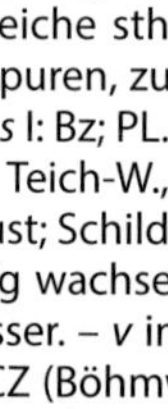
662/6

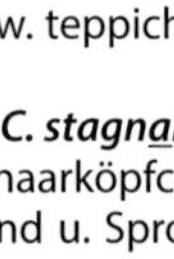
662/7

8 (6). Zarte Pfl.; Fr. 1,4 mm br., rundl., bei der Wasserform sehr kurz, bei der Landform bis 5 cm lg. gestielt, Teilfr. sehr br. geflüg.; Spitze der Tauchblätt. („Zange") unregelm.; ↔/↕ 5–30 cm; ♃. V–IX. – Sthd. u. seichte Gewässer. – *s*, D: SH, unbest. Vogtland; B; DK; NL. [*C. pedunculata* DC.] Stielfrüchtiger W., ***C. brutia*** Petagna var. ***brutia***

— Robuste Pfl.; Fr. 1–1,2 mm br., deutl. länger als br., fast sitzend od. (auch bei der Landform) nur kurz gestielt; Fr. sitzend bis kurz gestielt, Teilfr. schmal geflüg.; Spitze der Tauchblätt. („Zange") regelm.; ↔/↕ 2–15 cm; ♃. IV–VI. – Kalk- u. nährstoffarme, auch nährstoffreiche sthd. u. fließ. Gewässer. – D *v–z*, häufigste Art; *z–s* A: Bgl, NÖ, OÖ, Sb, Vb, Ti; B; CH; CZ; DK; L; *v* NL; *z* PL. [*C. brutia* var. *hamulata* (W. D. J. Koch) O. Bolòs & J. Vigo] Haken-W., ***C. hamulata*** W. D. J. Koch

Hybriden:

Bastard-Wasserstern, ***C.*** × ***vigens*** K. Martinsson [*C. cophocarpa* × *platycarpa*]: D: BW, BY, HE, NI; CZ.

Nyra-W., ***C.*** × ***nyrensis*** Prancl [*C. cophocarpa* × *stagnalis*]: CZ (Böhmw.).

C. cophocarpa × *hamulata*

Chaenorhinum (DC.) Rchb. [*Microrrhinum* (Endl.) Fourr.], Orant, Klaffmund, Löwenmäulchen

1. Kronblätt. am Ende ausgerandet; Blätt. rundl.; — Krone lila, im Schlund weißl.gelb; Stg. kriechend-aufstgd.; Stg.blätt. gegenst. – Zierpfl. (Heimat: MMG); *s* verwild., z. B. D: BW, BY, NI, NRW, TH; A; NL. Majoranblättriges L., Majoranblättriger O., ***C. origanifolium*** (L.) Kostel.

— Kronblätt. am Ende abgerundet; Blätt. linealisch 2

2. Krone helllila, im Schlund gelb; Blütenstiele 3–4-mal so lg. wie der Kelch; Fr.Stiele 8–20 mm lg.; — Blüten in lockeren, beblätt. Trauben; Krone 6–10 mm lg., m. kurzem, fast geradem Sporn; ↕ 5–25 cm; ⊙. VI–X. – Äcker, Weinberge, Mauern, Bahngelände. – *v*, im N *z*. [*Linaria minor* (L.) Desf.; *M. minus* s. str. (L.) Fourr.] Kleiner O., Gewöhnlicher K., Kleines Leinkraut, ***C. minus*** (L.) Lange (subsp. ***minus***)

— Krone hellblau bis violett; Blütenstiele 1–2-mal so lg. wie der Kelch; Fr.Stiele 3–8 mm lg.; ↕ 5–25 cm; ⊙. VI–VIII. – Ruderalstellen, Bahnanlagen. – Heimat: Adriagebiet; *s* unbest., D: BW; eingebürg. A: Kt, Sb, Stm, Ti, NÖ; CH. [*M. litorale* (Willd.) Speta] Strand-O., Strand-K., ***C. litorale*** (Willd.) Fritsch

Cymbalaria Hill, Zimbelkraut

Krone hellviolett, m. gelbem Gaumen; Blüten einzeln, lg. gestielt; Blätt. lg. gestielt, rundl. nierenf., 5–7-lappig, bis ein Drittel des ∅ eingeschnitten, unterseits oft rotviolett; Spross kriechend, ↕ 15–60 cm; ♃. VI–IX. – Mauerritzen, Felsen; bis 800 m. – Zierpfl. (Heimat: S-Eur.), eingebürg.; *v*, im O u. N seltener. [*Linaria cymbalaria* (L.) Mill.] Mauer-Z., ***C. muralis*** P. Gaertn. et al. (subsp. ***muralis***)

Weitere Zierpfl., unbest. verwild., z. B. Blasses Z., ***C. pallida*** (Ten.) Wettst.: Krone dk.violett, Gaumen gelb; Blätt kaum eingeschnitten.

Digitalis L., Fingerhut

1. Krone purpurrot, innen gefleckt (zuw. rosa od. weißl.), — bis 6 cm lg., innen behaart, außen kahl; zuw. m. monströser Endblüte; ↕ 50–120 cm; ⊙. VI–VII. – Waldlichtungen, buschige Hänge; kalkmeidend. – *v* im W u. SW, *z* D: BY; CZ; im O; A; CH; I: Bz nur eingebürg.; im NO unbest. – Giftig! Roter F., ***D. purpurea*** L. (subsp. ***purpurea***)

— Krone nicht purpurrot 2

2. Infl. allseitswendig; Kronröhre gelbbraun, Unterlippe weiß, — fast so lg. wie die Kronröhre, herabgeschlagen; Blütenstiel u. Kelch lg. behaart, auch drüsig; ↕ 40–100 cm; ♃. VI–VII. – Angebaut (Heimat: SO-Eur., NW-Anatolien), zuw. verwild. u. eingebürg.; z. B. D; A; CZ; L; NL. – Giftig! Wolliger F., ***D. lanata*** Ehrh.

— Infl. einseitswendig; Krone gelb bis gelbl. 3

3. Krone 3–4 cm lg., br. bauchig, innen braun gefleckt; Stg. u. Blütenstiele drüsig-flaumig; Blätt. unterseits u. am Rand flaumig; ↕ 40–120 cm; ♃. VI–IX. – Laubwälder, buschige Hänge. – Im S *v*, sonst *z*, nördl. bis Hohes Venn/ Wesergeb./Wendland/Stettin. ⓖ. – Giftig! [*D. ambigua* Murray] Großblütiger Gelber F., ***D. grandiflora*** Mill.

— Krone 2–2,5 cm lg., schlank; Stg., Blütenstiele u. Blätt. kahl; ↕ 40–80 cm; ♃. VI–VIII. – Buschige Hänge. – *z* D: RP, Schw., SchwAlb; A: Ti, Vb; *s* B; *z* CH; *s* CZ (Böhmw., Riesengeb.); *z* FL; I: Bz; *s* NL. ⓖ. – Giftig! Kleinblütiger Gelber F., ***D. lutea*** L. (subsp. ***lutea***)

Rostfarbiger F., ***D. ferruginea*** L.: Krone gelb bis gelbbraun od. rostrot, innen m. deutl. Nerven, bis 3,5 cm lg.; Unterlippe zungenf., ober- u. unterseits m. lg. hellen Härchen; ↕ 60–180 cm; ♃. VII–VII. – Zierpfl. (Heimat: Balkan- bis O-MMG); *s* unbest. verwild., D: BW, HE, RP; NL.

Hybridbildungen.

Erinus L., Alpenbalsam

Grundblätt. rosettig, keilf. längl., gekerbt-gesägt; Blüten in wenigblütiger Traube od. Rispe; Krone hellviolett; ↕ 5–20 cm; ♃. V–VII. – Felsspalten; auf Kalk; bis 2400 m. – *z*, A: Vb; CH; FL. Alpen-Steinbalsam, ***E. alpinus*** L.

Globularia L., Kugelblume ⓖ

1. Stg. bis zur Infl. beblätt., Stg.Blätt. sitzend; — Grundblätt. lg. gestielt, spatelf., an der Spitze ausgerandet; ↕ 5–30 cm; ♃. V–VI. – Trockenrasen; auf Kalk. – *z–s* im S, Hoch-/Oberrhein, SchwAlb, FrAlb, Iller-Isar-Inn; nördl. bis S-B, D: Eifel, ST, TH; *z–s* A; CH; NW-CZ; I: Bz. ⓖ. [*G. willkommii* Nyman; *G. elongata* Hegetschw.; *G. punctata* Lapeyr.] Gewöhnliche K., ***G. bisnagarica*** L.

— Stg. nur m. 2–3 schuppenf. Hochblätt. **2**

2. Rosettenblätt. 6–12 cm lg. u. 1–3 cm br., an der Spitze meist abgerundet; Pfl. ohne Ausläufer, — Köpfchen 1,5–3 cm ∅; ↕ 8–25 cm; ♃. VI–VIII. – Steinige Gebirgsrasen, Felsfluren; auf Kalk; 500–2600 m. – *v–z*, Alp. u. Vorland. ⓖ. Nacktstängelige K., ***G. nudicaulis*** L.

— Rosettenblätt. bis 2,5 cm lg. u. bis 0,8 cm br., spatelf., vorn meist tief ausgerandet; Spalierstrauch m. ausläuferart. Sprossen, — Köpfchen 1–2 cm ∅; ↕ 3–10 cm; ♄. V–VI. – Felsfluren; kalkstet; bis 2800 m. – *v* Alp., *z–s* Vorland (Lech-, Isargebiet), auch Schweizer Jura. ⓖ. Herzblättrige K., ***G. cordifolia*** L.

Gratiola L., Gnadenkraut

1. Pfl. kahl; Blütenstiele kürzer als die Tragblätt.; Krone weiß, m. roten Nerven, — 10–18 mm lg. (*660/1*); Blätt. gesägt; ↕ 10–50(–80) cm; ♃. VI–VIII. – Moorwiesen, Röhricht. – *z–s*, in D v. a. Gebiete von Elbe, Spree, Oder, Rhein, Bodensee, auch Donau, Weser, Aller, zurückghd.; *z–s*, A; B; CH; CZ; NL; PL. ⓖ. – Giftig! Echtes G., ***G. officinalis*** L.

— Pfl. oberw. drüsig behaart; Blütenstiele mind. so lg. wie die Tragblätt.; Krone gelb, rot gestreift, — 8–12 mm lg.; Pfl. nach Zitrone duftend, ↕ 5–30 cm; ⊙. V–IX. – Kiesflächen. – Adventiv (Heimat: N-Am.); D: in BB u. BY (Deuringer Heide b. Augsburg) in Einbürg.; früher F: Els (Rheinebene), wieder verschwunden. Übersehenes G., ***G. neglecta*** Torr.

Hippuris L., Tannenwedel

664/1

Blätt. in 6–12(–16)-zähligen Quirlen, linealisch, ganzrandig (*Taf. 6: 8, 10: 8*); Blüten einzeln, unscheinbar, blattachselst., grünl., eingeschl. od. ⚥; Krone fehlend; Staubblätt. 1 (*664/1*); ↕ über Wasser bis 40 cm, im Wasser bis 200 cm; ♃. V–VIII. – Sthd. u. langsam fließ. Gewässer. – *z*, sehr lückenhaft – Auch Zierpfl. in Gartenteichen, des Öfteren verschleppt od. angesalbt. Gewöhnlicher T., ***H. vulgaris*** L.

Kickxia Dumort., Tännelkraut, Schlangenmaul

1. Blütenstiele kahl; Blattspr. am Grund pfeil- od. spießf.; Krone gelbl.weiß, m. violetter Oberlippe, m. fast geradem Sporn, 8–11 mm lg.; Spross niederlgd., ↔ 15–60 cm; ⊙. VII–IX. – Äcker. – *z*, aber lückenhaft, im N im Tiefland *s–f*. [*Linaria elatine* (L.) Mill.]
Echtes T., ***K. elatine*** (L.) Dumort. (subsp. ***elatine***)

— Blütenstiele lg.haarig-zottig; Blattspr. br. eif., am Grund abgerundet; Krone hellgelb, m. schwarzvioletter Oberlippe, m. deutl. gebogenem Sporn, 10–13 mm lg.; Spross niederlgd.-aufstgd.; ↔ 30–50 cm; ⊙. VII–IX. – Äcker. – *z* im mittl. Teil des Gebiets; *z–s* A; CH; CZ; S-PL. [*Linaria spuria* (L.) Mill.] Unechtes T., ***K. spuria*** (L.) Dumort. (subsp. ***spuria***)

Linaria Mill., Leinkraut

1. Krone gelb, oft m. dk.gelbem bis orangefarbenem Schlund **7**

— Krone violett od. rötl.violett od. hellgelb m. violetten Nerven **2**

2. Blätt. in 3–4-zähligen Quirlen; Stg. niederlgd. od. aufstgd.; — Blätt. lanzettl. verkehrt eif., etwas fleischig, bläul.grün bereift; Krone lebhaft violett m. orangegelbem Gaumen od. 1-farbig heller od. dunkler violett; ↕ 3–20 cm; ♃. VI–VII. – Felsschutt, Flussschotter; bis 4100 m.
Alpen-L., ***L. alpina*** (L.) Mill.

a. Sporn unterseits abgeflacht; Pfl. niederlgd., ↕ 10–30 cm. – *v* Alp., *s* Alp.Vorland. Alpen-L. (i. e. S.), subsp. ***alpina***

— Sporn zylindr.; Pfl. aufstgd., ↕ 10–20 cm. – Montang. – *s*, A: NÖ, OÖ, Stm; CH: Jura.
Aufrechtes Alpen-L., Jura-L., subsp. ***petraea*** (Jord.) Rouy

— Nur die unt. Blätt. in Quirlen od. alle wechselst.; Stg. aufr. **3**

3. Krone 1-farbig, hellblau-violett, — m. Sporn 18–20 mm lg.; Blütenstiele etwas drüsig, doppelt so lg. wie der Kelch; Samen ungeflüg.; ↕ 15–50 cm; ⊙. VI–VII. – M. Kleesaat eingeschleppt (Heimat: NW-Afr., Spanien), auch als Zierpfl. u. zuw. verwild. [*L. bipartita* (Vent.) Willd.]
Zweiteiliges L., ***L. incarnata*** (Vent.) Spreng. (subsp. ***incarnata***)

Hierher auch Marokkanisches L., ***L. maroccana*** Hook f. u. Kulturhybriden m. *L. incarnata* in verschiedenen Farben.

— Krone bläul. bis violett, dk. gestreift, rosa, blass- od. hellgelb **4**

4. Krone m. Sporn 15–18 mm lg.; Samen scharf 3-kantig, ungeflüg.; Blütenstiele kahl, — höchstens wenig länger als der Kelch; ↕ 15–45 cm; ♃. VII–VIII. – Ruderalstellen, Äcker, Mauern. – Eingeschleppt (Heimat: W-, SW-Eur.), zuw. eingebürg.; sehr *z*. [*L. striata* DC.]
Gestreiftes L., ***L. repens*** (L.) Mill.

— Krone m. Sporn < 12 mm lg. **5**

5. Krone m. Sporn 9–12 mm lg., einfarbig violett (od. rosa od. gelbl.), — Gaumen bärtig; Pfl. dicht beblätt., unt. Blätt. quirlst.; dichtblütig; ↕ 40–80 cm; ♃. VI–X. – Zierpfl. (Heimat: S-I), verwild. Purpur-L., ***L. purpurea*** (L.) Mill.

— Krone m. Sporn 4–9 mm lg.; — Samen ringsum geflüg.; Blütenstiele drüsig **6**

6. Krone bläul. bis violett; Sporn stark gekrümmt; ↕ 10–30 cm; ⊙. VII–IX. – Äcker. – *s*, D: N-BY, RP, b. Köln, NW-Sauerland, b. Marburg, Odenwald, Spessart, b. Hannover, O-D; A: NÖ; B; CH; CZ; F: Els; NL; stark zurückghd. Acker-L., ***L. arvensis*** (L.) Desf.

— Krone hellgelb, oft m. violetten Nerven; Sporn fast gerade; ↕ 10–40 cm; ⊙. VII–IX. – Ruderalstellen. – Adventiv (Heimat: S-Eur.); *s*. [*L. arvensis* subsp. *simplex* (Willd.) Lange]
Einfaches L., ***L. simplex*** (Willd.) DC.

7 (1). Blätt. lederig, eif. lanzettl., m. abgerundetem Grund, — blaugrün bereift; Samen 3-kantig, flügellos; Krone (m. Sporn) 13–50 mm lg., m. dunklerem Gaumen; ↕ 20–120 cm; ♃. VI–IX. – Trockenrasen, Gebüsche. Ginsterblättriges L., ***L. genistifolia*** (L.) Mill.

a. Blätt. ≥ 4-mal so lg. wie br.; — Krone 13–22 mm lg. – *s–z* A: Bgl, NÖ; CZ (Erzgeb.); PL; in D unbest. od. eingebürg., z. B. Unna, Riesa, Seligenstadt, Bayreuth, Würzburg, Nürnberg; Hauptverbr.: SO-Eur., Anatolien.
Ginsterblättriges L. (i. e. S.), subsp. ***genistifolia***

— Blätt. < 4-mal so lg. wie br.; — Krone 20–50 mm lg. – Wegränder u. Böschungen. – Unbest. od. eingebürg. (Heimat: SO-Eur., SW-As.); *s*, D; A; CH: Vs; NL. [*L. dalmatica* (L.) Mill.]
Dalmatiner L., subsp. ***dalmatica*** (L.) Maire & Petitm.

— Blätt. nicht lederig, lineal-lanzettl. bis linealisch od. pfrieml. **8**

8. Krone 5–9 mm lg. .... ***L. simplex***, s. Nr. **6**—

— Krone 12–30 mm lg. **9**

9. Blätt. ≈ 1 mm br.; — Blätt. lineal-priemI., blaugrün, dickl. **12**
— Blätt. > 1 mm br. **10**
10. Krone 1-farbig schwefelgelb; Stg. locker beblätt., — stark verzweigt, bereift; Blüten duftend; Krone 12–18 mm lg.; ↕ 15–90 cm; ☉. VII–VIII. – Sandstrand, Dünen. – *z*, N-PL.
Wohlriechendes L., ***L. odora*** (M. Bieb.) Fisch. (subsp. ***odora***)
— Krone gelb, m. orangefarbenem Gaumen; Stg. dicht beblätt.; — Krone 13–33 mm lg.; Sporn so lg. wie od. länger als die Unterlippe **11**
11. Kelchzipfel lineal-lanzettl.; Infl.Achse kahl; Kapsel fast kugelig; — Krone 13–20 mm lg.; ↕ 15–90 cm; ♃. VI–VIII. – Steinige Böden, Äcker. – *s*, A: Ti (Mühlau); S-CH; I: Bz; unbest. D: BW, NRW. [*L. italica* Trevir.] Italienisches L., Schmalblatt-L., ***L. angustissima*** (Loisel.) Borbás
— Kelchzipfel eif. bis verkehrt lanzettl.; Infl.Achse oft drüsig-flaumig; Kapsel eilängl.; — Krone 19–33 mm lg., zuw. m. monströser Endblüte; ↕ 20–80 cm; ♃. VI–IX. – Ruderalstellen, Steinbrüche, Wegränder. – *v*. Gewöhnliches L., ***L. vulgaris*** Mill. (subsp. ***vulgaris***)
12 **(9).** Stg. niederlgd. od. aufstgd.; Blütenstiele z. Bltzt. 1–2 mm lg., z. Frzt. bis 6 mm lg., kürzer als die Tragblätt.; Samen schwarz, runzelig, ungeflüg.; — Blätt. ≤ 15 mm lg.; Krone 13–27 mm lg.; Sporn 10–15 mm lg.; ↕ 5–30 cm; ☉. V–VII. – Kalkschutt, Bahnhöfe. – Adventiv (Heimat: W-MMG); D: *s* in Einbürg. in BW, *s* unbest. BY, RP, SH; *s* unbest. A; B; CH; NL.
Niederliegendes L., ***L. supina*** (L.) Chaz. (subsp. ***supina***)
— Stg. aufr.; Blütenstiele 3–15 mm lg., viel länger als die Tragblätt.; Samen schwarz, geflüg.; — Blätt. 7–40 mm lg.; Krone 18–30 mm lg.; Sporn 9–18 mm lg.; ↕ 15–60 cm; ☉. VII–IX. – Äcker, Trockenrasen. – Kulturbegleiter des *Serradella*-Anbaus (Heimat: Iberische HI); *z*, D: in Einbürg. in BB, ST, unbest. BW, MV (Rostock), SN; *z* PL. Ruten-L., ***L. spartea*** (L.) Chaz.

Weitere Zierpfl. unbest. verwild.

Littorella P. J. Bergius [*Plantago* L. p. p.], Strandling

Pfl. Ausläufer treibend (*73/1*); Blätt. grundst., lineal-pfrieml., am Grund scheidig; Blüten eingeschl.; ♂ Blüten lg. gestielt, einzeln, am Grund m. 2–3 sitzenden ♀ Blüten (*73/1a, b*); ↕ 2–14 cm; ♃. V–VI. – Ufer nährstoffarmer Gewässer. – *z* im N, sonst sehr *z–s*; in A nur am Bodensee u. in Kt; *z* CH an den großen Seen; *s* CZ; zurückghd. [*P. uniflora* L.] Strandling, ***L. uniflora*** (L.) Asch.

Misopates Raf., Ackerlöwenmaul

1. Blütenstandsachse drüsig; Krone 8–15 mm lg., rosarot; Kelchblätt. fast so lg. wie die Krone; Fr. m. Drüsenhaaren; ↕ 10–3 (–70) cm; ☉. VII–IX. – Äcker, Weinberge, Ruderalstellen; kalkmeidend. – *v–z*. [*Antirrhinum orontium* L.]
Ackerlöwenmaul, Gewöhnliches Katzenmaul, ***M. orontium*** (L.) Raf.
— Blütenstandsachse (fast) kahl; Krone > 19 mm lg., weißl.; Kelchblätt. kürzer als die Krone; Fr. kahl od. zerstreut drüsig; ↕ 10–90 cm; ☉. IV–VI (-IX). – Äcker, Ruderalstellen; kalkmeidend. – Adventiv (Heimat: MMG); *s*, D: BW; B; CH. Bleiches A., ***M. calycinum*** (Vent.) Rothm.

Paederota L., Mänderle

1. Krone gelb; Staubblätt. ± so lg. wie die Krone; Blätt. 3–7 cm lg., m. jederseits > 10 Zähnen; ↕ 10–35 cm; ♃. VI–VIII. – Felsspalten; kalkstet; 1000–2200 m. – *s*, nur A: S-Kt (Karawanken, Karnische Alp.), Sb (Hochkönig). [*Veronica lutea* (Scop.) Wettst.] Gelbes M., ***P. lutea*** Scop.
— Krone blau (selten rosa); Staubblätt. deutl. länger als die Krone; Blätt. 1,5–3 cm lg., m. jederseits ≤ 5 Zähnen; ↕ 5–15 cm; ♃. VI–VIII. – Felsspalten; kalkstet; 1000–2500 m. – *s*, A: Sb (Kitzbühler Alp., Leoganger u. Loferer Steinberge), W-Kt (Karnische u. Gailtaler Alp., Nockgebiet), OTi; I: Bz. [*Veronica bonarota* L.] Blaues M., ***P. bonarota*** (L.) L.

Churchill-M., ***P. × churchillii*** Huter [*P. lutea × P. bonarota*]: Blüten blasslila bis hell-fleischfarbig, morpholog. intermediär. – *s*, A: S-Kt.

Plantago L. [incl. *Psyllium* Mill., Flohsame; excl. *Littorella* P. J. Bergius], Wegerich

1. Stg. beblätt., — Blätt. gegenst., linealisch, behaart; Stg. ästig, m. 5–8 cm lg. gestielten, eif., köpfchenart. Ähren; ↕ 10–40 cm; ⊙. VI–IX. – Sandrasen, Ruderalstellen, Äcker; kollin. – D: *v* Hoch- bis Oberrhein, im O *z* eingebürg., oft nur eingeschleppt; *s* O-A; *z* CH; CZ; PL; in Einbürg. B; NL; früher I: Bz. [*Psyllium arenarium* (Waldst. & Kit.) Mirb.; *P. ramosa* Asch.; *P. indica* L., nom. rej. propos.] Sand-W., Flohsame, ***P. arenaria*** Waldst. & Kit.

— Blätt. alle grundst. **2**

2. Blätt. 1-fach fiederspaltig od. nur gezähnt, — absthd. kurzhaarig; ↕ 5–25 cm; ⊙–⊙. VI–IX. – Dünen, Triften, Salzwiesen. – *v–z*, im Binnenland verschleppt, durch Streusalz an Straßen gefördert. Krähenfuß-W., Schlitz-W., ***P. coronopus*** L.

a. Kronröhre kahl od. im ob. Teil m. wenigen gekräuselten Haaren besetzt; — Blütentragblatt 2,0–2,6 mm lg., ≈ bis zur Spitze der Kelchblätt. reichend, m. lg. ausgezogener, pfriemart. fast parallelrandiger Spitze, diese ≈ so lg. wie der verbreiterte Basisteil; hyaliner Rückenkiel der hint. Kelchblätt. 0,2–0,3 mm br. – *v–z* Meeresküsten von B, NL, D (auch Ems), DK, PL; im Binnenland *z–s* D: nördl. einer Linie Oberrhein–Neckar bis ST; A: Kt, Ti, NÖ; CH; CZ. Krähenfuß-W., (i. e. S.), subsp. ***coronopus***

— Kronröhre absthd. behaart; — Blütentragblatt 1,6–2,3 mm lg., die Spitze der Kelchblätt. nicht erreichend, keilf. in eine kurze Spitze verschmälert, diese ≈ halb so lg. wie der verbreiterte Basisteil; hyaliner Rückenkiel der hint. Kelchblätt. 0,4–0,6 mm br. – Adventiv (Heimat: MMG); D: *s* BY (Oberfr., Mittenwald, Kochelsee), unbest. BW, SN. subsp. ***commutata*** (Gussone) Pilger

— Blätt. ungeteilt, höchstens zuw. etwas gezähnt **3**

3. Blätt. meist > 2 mm br. **5**

— Blätt. < 2 mm br. **4**

4. Pfl. ausd., Blätt. gekielt, 3-kantig; Ähre 3–10 cm lg., kürzer als ihr Schaft, nicht unterbrochen; Kronröhre außen behaart; — Infl. oft viel länger als die Blätt.; Pfl. dichte Rasen bildend; ↕ 10–30 cm; ♃. V–VII. – Magerrasen. – Im Gebiet nur A: Stm (Hochschwab); früher I: Bz. Kielblättriger W., ***P. holosteum*** Scop.

— Pfl. 1-j.; Blätt. borstl. bis schmal linealisch; Ähre so lg. wie ihr Schaft, am Grund oft unterbrochen; Kronröhre außen kahl; — Infl. meist kürzer als die Blätt.; ↕ ≤ 10 cm; ⊙. IV–VI. – Feuchte Rasen auf Salzböden. – Sehr *s*, A: Bgl, früher auch NÖ. Dünnähriger W., ***P. tenuiflora*** Waldst. & Kit.

5 (3). Blätt. lanzettl. od. lineal-lanzettl. **7**

— Blätt. rundl. eif., ellipt. od. br. lanzettl. **6**

6. Blattstiel ≈ so lg. wie die br. eif. Spr.; Ähre lineal-walzl., so lg. wie ihr Schaft; Staubfäden weiß od. rot; — Spr. 3–7-nervig, kahl od. spärl. behaart; ↕ 3–50 cm; ♃. VI–X. – Sehr formenreich. Artengruppe Großer W., Breit-W., ***P. major*** L.

a. Blattspr. vom Stiel deutl. abgesetzt, herzf., meist 5–7-nervig, kahl, derb lederig; Fr.Ähre. dicht; — Kapsel m. meist 6–10 Samen; ↕ 10–50 cm. – Wege, Ruderalstellen, Gräben. – *v*. Großer W. (i. e. S.), Gewöhnlicher Breit-W., subsp. ***major***

— Blattspr. in Blattstiel verschmälert, meist 3–5-nervig, kurzhaarig; Fr.Ähre locker, am Grund meist unterbrochen; — Pfl. bis 15 cm hoch .... b

b. Kapsel m. meist 8–12 Samen; Blätt. dickl., ≤ 1,5-mal so lg. wie br., meist 3-nervig; ↕ bis 15 cm. – Salzwiesen, Wegränder, Salzabbaustellen. – D: *v* Ostseeküste, im Binnenland *z–s* BB, N-BY, HE, NI, SH, SN, ST, TH; *z* A: Bgl; CH; NW-CZ. [var. *salina* Wirtg.] Salz-W., Salz-Breit-W., subsp. ***winteri*** (P. W. Wirtgen) W. Ludw.

— Kapsel m. > 15 (bis 25) Samen; Blätt. zart, > 1,5-mal so lg. wie br., 3–5-nervig, oft buchtig gezähnt; ↕ bis 15 cm; ⊙. – Ufer, Schlammböden, feuchte Äcker u. Ruderalstellen. – *v–z;* Verbr. ungenügend bekannt. [subsp. *intermedia* (Gilib.) Lange; *P. intermedia* DC.] Kleiner W., Vielsamiger W., ***P. uliginosa*** F. W. Schmidt

— Blattstiel kürzer als die br. ellipt. bis br. lanzettl. Spr.; Ähre walzl., viel kürzer als ihr Schaft; Staubfäden hell- bis dk.lila; — Spr. 5–9-nervig, ganzrandig od. buchtig gezähnt, locker behaart; ↕ 10–50 cm; ♃. V–IX. – Magerwiesen, Wegränder. – *v*, *z–s* im NW. [incl. subsp. *longifolia* (G. Mey.) Witte; CZ] Mittlerer W., ***P. media*** L. (subsp. ***media***)

Blattbreite standörtl. variabel, unzureichend untersucht.

7 (5). Kronröhre kahl; Blätt. m. 3–7 deutl. Nerven; Ähre längl. eif. **10**

— Kronröhre behaart; Blätt. undeutl. 3-nervig; Ähre längl. walzl. **8**

8. Seitennerven dem Blattrand näher als dem Mittelnerv; Scheiden der abgestorbenen Blätt. bald verwitternd, Wurzelstock daher später nackt; — Blätt. dickl., kahl; Ähre 1–5 cm lg.; ↕5–15 cm; ♃. V–VII. – Gebirgswiesen; 900–3000 m. – *v–z*, D: Alp. vom Allgäu bis zur Isar; A: Ti, *s* Sb; *s* CH: Jura; verschleppt CZ (Riesengeb.; ob noch?). Alpen-W., ***P. alpina*** L.

— Seitennerven vom Blattrand u. dem Mittelnerv gleich weit entfernt; Scheiden der abgestorbenen Blätt. nicht verwitternd, Wurzelstock schuppig; — Blätt. ± fleischig; Ähre 4–10 cm lg. **9**

9. Blätt. kahl; Tragblätt. u. Kelchblätt. kahl; ↕ 5–40 cm; ♃. VII–X. – Meeresküsten, salzhaltige Orte. – Küsten *v* D, B, NL, DK, PL; im Binnenland *s* D: BY (Wunsiedel), HE (Wetterau), NI, NRW, S-ST, TH; A; CZ. Strand-W., ***P. maritima*** L. subsp. ***maritima***

— Blätt. derb; Tragblätt. u. Kelchblätt. lg. wimperhaarig; ↕ 10–30 cm; ♃. VI–VIII. – Gebirgswiesen, Steinschuttfluren; bis 2600 m. – *z* Alp (D: b. Partenkirchen, b. Mittenwald); A: *z* Ti, *s* Vb; CH; I: Bz. [*P. serpentina* All.; *P. strictissima* L.]
Schlangen-W., ***P. maritima*** subsp. ***serpentina*** (All.) Arcang.

10 (7). Ährenschaft rund, zuletzt lgd.-aufstgd.; alle Kelchblätt. frei; — Tragblätt. an der Spitze bewimpert; Blattstiel br., scheidig; ↕ 5–20 cm lg.; ♃. V–VIII. – Gebirgswiesen, Felsschutt; 800–2800 m. – *v* Alp.; auch Schweizer Jura; CZ (subsp. *sudetica* (Pilg.) Holub: Altvatergeb.). [*P. montana* Lam.] Berg-W., ***P. atrata*** Hoppe (subsp. ***atrata***)

— Ährenschaft gefurcht, aufr.; vord. Kelchblätt. verwachsen zu einem 2-teiligen Doppel-Kelchblatt **11**

11. Ährenschaft meist 5-furchig; Doppel-Kelchblatt bis zu einem Viertel lappig gespalten; — Ähre walzl. bis kugelig; Blätt. kahl bis zottig behaart;, ↕ 15–50 cm lg.; ♃. V–IX. – Wiesen, Weiden. – *v*. Spitz-W., ***P. lanceolata*** L.

— Ährenschaft m. 5–9 tieferen, außerdem seichteren Zwischenfurchen; Doppel-Kelchblatt nur gering gelappt od. nur ausgerandet; — ↕ 30–90 cm lg.; ♃. V–VI. – Nasse salzige Wiesen. – *s*, A: Bgl, Kt, NÖ, OÖ?; I: Bz; unbest. in D: BW, BY?, SN, ST, TH. Hoher W., ***P. altissima*** L.

Weitere Arten. unbest. adventiv, z. B.:

Flohsamen-W., ***P. afra*** L.: Ähren kugelig, in Dolden; Pfl. drüsig; Blätt. linealisch, bis 4 cm lg.; ↕ 5–35 cm; ⊙. IV–VI. – Ruderalstellen. – Adventiv (Heimat: MMG, SW-As., O-Afr.).

Hasenfuß-W., ***P. lagopus*** L.: Trag- u. Kelchblätt. der Blüten dicht wollig behaart; ↕ 10–50 cm. ⊙. IV–VI. – Ruderalstellen, Küsten. – Adventiv (Heimat: MMG, SW-As.).

Veronica L. [incl. *Pseudolysimachion* Opiz, Blauweiderich], Ehrenpreis

1. Krone ± ausgebr.-radf., oft fast radiär, ihre Röhre kürzer als br. (*660/4*) (*Veronica* s. str.) **4**

— Krone (zuw. undeutl.) 2-lippig, ihre Röhre länger als br. (*660/5*) (*Pseudolysimachion*) **2**

2. Blütenstiele mind. so lg. wie ihre Tragblätt., locker m. fast sitzenden Drüsenhaaren; Stg. oberw. m. abw. gekrümmten kurzen Haaren u. meist überdies m. Drüsenhaaren; — Stg.Blätt. (wenigstens z.T.) in 3–4-zähligen Quirlen; ↕ ≤ 120 cm; ♃. VI–VIII. – Trockenrasen, buschige Hänge. – *s* A: Bgl; früher D: ST, TH; CZ. [*V. paniculata* L.; *V. foliosa* Waldst. & Kit.; *P. spurium* subsp. *foliosum* (Waldst. & Kit.) Danihelka] Unechter E., ***V. spuria*** L.

— Blütenstiele kürzer als die Tragblätt., ohne Drüsenhaare; Stg. andersart. behaart **3**

3. Alle Stg.Blätt. scharf doppelt bis 1-fach gesägt, lanzettl., gegenst. od. in 3–4-zähligen Quirlen; ↕ 50–120 cm; ♃. VI–VIII. – Feuchte Wiesen, Gräben, Ufer, bes. entlang der Stromtäler. – *v* Donau-, Rhein-, Ems-, Weser-, Elbe-, Odertal; A: Bgl, NÖ, Stm; B; F: Els; CH: Gr; CZ; NL; PL. Ⓖ. – Auch als Zierpfl. [*V. longifolia* L. s. l.; *P. maritimum* Á. Löve & D. Löve; *P. longifolium* subsp. *maritimum* (L.) Hartl & Wagenitz] Langblättriger E., Strand-E., ***V. maritima*** L.

Als asiat. Sippe wird ***V. longifolia*** L. [*V. longifolia* subsp. *longifolia*; *P. longifolium* (L.) Opiz] abgetrennt. Frühere Angaben für D waren falsch (Hand, Thieme u. Mitarbeiter 2020). Vgl. auch Trávníček (2000).

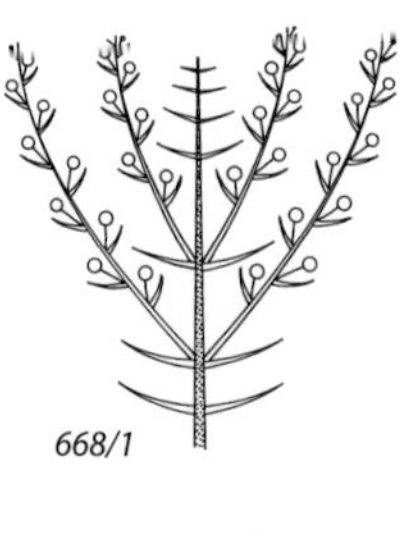
668/1

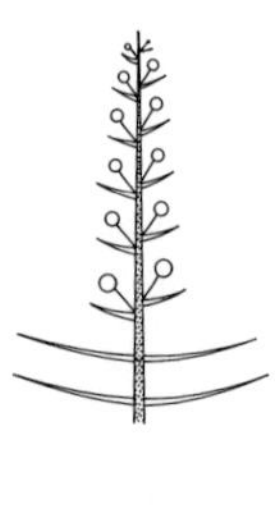
668/2

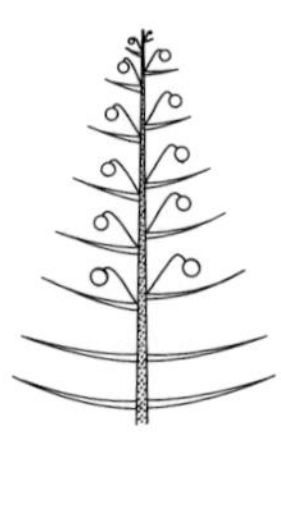
668/3

— Mittl. Stg.Blätt. grob gezähnt bis gekerbt u. gegenst., die ob. m. allmähl. Verschwinden der Zähnung (bis ganzrandig) u. wechselst. werdend; ↕ ≤ 50 cm; ♃. VII–IX. – Trockenrasen, buschige Hänge, Dünen. ⓖ. [*P. spicatum* (L.) Opiz] Ähriger E., ***V. spicata*** L.

a. Blätt. matt, behaart; Drüsenhaare im Infl.Bereich kurz u. sehr locker; seitl. Kronzipfel seitl. abgespreizt. – *z*, O-D, Main-Rhein-Nahe-Gebiet, Bodensee, Donau-Iller-Isargebiet, in NW-D nur NI (Meppen); A; CH; CZ; F: Els; I: Bz; NL; PL. – Auch Zierpfl. u. zuw. verwild. Ähriger E. (i. e. S.), subsp. ***spicata***

— Blätt. glzd., (fast) kahl; Drüsenhaare im Infl.Bereich lg. u. dicht sthd.; seitl. Kronzipfel leicht in sich verdreht, aber m. dem unt. (fast) parallel. – *s*, A: Bgl, NÖ, Stm, Sb (wohl verschleppt); *f* D [*V. orchidea* Crantz; *P. orchideum* (Crantz) Wraber] Orchideen-E., subsp. ***orchidea*** (Crantz) Hayek

4 (1). Blätt. rosettig; — Infl. lg.gestielt, blattlos, als 2–5-bütige Traube (zuw. fast doldig); Blütenstiele länger als die Tragblätt., ebenso wie der 4-teilige Kelch u. die rundl., oben etwas ausgerandete Fr. dicht drüsig behaart; ↕ 3–6 cm; ♃. VI–VIII. – Gebirgswiesen, Steinschutt, Schneetälchen; auf Kalk; (900–)1200–3000 m. – *v* Alp., auch CH: Jura. Blattloser E., ***V. aphylla*** L.

— Stg. beblätt. **5**

5. Blüten in seitl. Trauben od. Ähren, der Stg. meist m. Laubblätt. abschließend (*668/1*) **26**

— Blüten einzeln in den Blattachseln od. in endst. Trauben od. Ähren (*668/2, 668/3*) **6**

6. Infl. deutl. vom beblätt. Stg. abgesetzt, d. h., Tragblätt. auch der unt. Blüten deutl. von den Laubblätt. verschieden (kleiner u. meist einfacher gestaltet; Übergang Laubblätt. zu Tragblätt. erfolgt ± plötzl.); Fr.Stiele aufr.-absthd. (*668/2*) **15**

— Infl. nicht von der beblätt. Stg.Basis deutl. abgesetzt, d. h., Blüten stehen einzeln in der Achsel von Tragblätt., die sich in Größe u. Gestalt nur wenig von den basalen Laubblätt. unterscheiden (Übergang Laubblätt. zu Tragblätt. erfolgt allmähl.); Fr.Stiele zurückgebogen (*668/3*); — Stg. meist niederlgd. **7**

7. Stg.Blätt. kurz gestielt bis sitzend, ihre Spr. meist länger als br., ± regelm. gesägt bis gekerbt (*669/1*); jedes Fr.Fach m. mehreren Samen, diese < 2 mm lg. **11**

— Stg.Blätt. lg.gestielt, ihre Spr. so lg. wie br. od. breiter als lg., seicht od. tiefer 3–7-lappig, efeuähnl.; jedes Fr.Fach m. 1–2 Samen, diese 2–3 mm lg.; — Kelchzipfel meist lg. bewimpert **8**

8. Blätt. fast halbkreisf., m. deutl. eingeschnittenen (5–9) Lappen, der mittl. Lappen nicht doppelt so br. wie die übrigen (*669/3*); Kelchzipfel eif., am Grund verschmälert, z. Frzt. absthd. bis zurückgeschlagen; Fr. behaart od. kahl, 4-furchig, aber 2-lappig, oben deutl. ausgerandet, in Aufsicht ± eif.; Krone weiß; Blütenknospen nickend; Stg. niederlgd., ↔ 5–40 cm; ⊙. III–VI. – Ruderalstellen. – Eingeschleppt (Heimat: MMG); *s*, z. B. D: BW, BY, HE, MV; CH; NL. Zimbelkraut-E., ***V. cymbalaria*** Bodard

— Stg.Blätt. rundl., br. u. wenig tief gesägt u. dadurch 3–7-lappig, efeuähnl., aber etwas breiter, lg. gestielt, der mittl. Lappen fast doppelt so br. wie die übrigen (*669/2*); Kelchzipfel br. herzf., z. Frzt. über der Fr. zus.neigend, diese kahl, fast kugelig, oben abgeflacht, in Aufsicht abgerundet 4-eckig; Krone blasslila bis intensiv blau; Blütenknospen aufr.; trockene Waldränder bis Auenwälder, Wegränder, Äcker (***V. hederifolia*** agg.). **9**

9. Kelch auf der Außenseite dicht angedrückt flaumhaarig; unt. Tragblätt. tief 3-lappig (u. kleiner); Blütenstiel z. Frzt. 4–8 mm lg., ≤ 1–2-mal so lg. wie der Kelch; — Krone intensiv (blau)violett, m. weißer Mitte; Blattstiele bis 3,5 mm lg.; Samen graugelbl.; ↕ 5–20 cm; ⊙. III–V. – Äcker, offene StO. – *s–z*, D: BW, N-BY, RP, ST; A: Bgl, NÖ, OÖ; CH; CZ; S-PL; wo noch? [*V. hederifolia* subsp. *triloba* (Opiz) Čelak.] Dreilappiger E., ***V. triloba*** (Opiz) Wiesb.

— Kelch auf der Außenseite kahl bis zerstreut locker behaart; unt. Tragblätt. (3–)5–7-lappig; Blütenstiel z. Frzt. 2–7-mal so lg. wie der Kelch; — Blütenstiel m. 1 deutl. Haarreihe **10**

10. Neben der Haarreihe auf dem Blütenstiel oft ringsum zerstreut noch kürzere u. längere Haare; Blütenstiel 3–5(–7)-mal so lg. wie der Kelch; Gr. 0,3–0,6 mm lg.; Kelchblätt. auf der

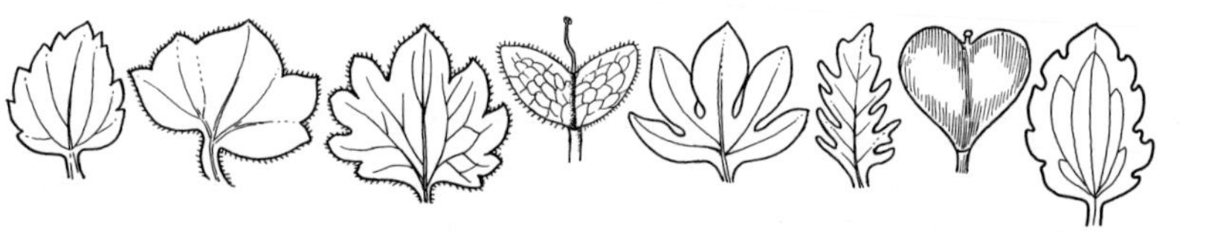

669/1 *669/2* *669/3* *669/4* *669/5* *669/6* *669/7* *669/8*

Außenseite schwach behaart bis kahl, am Rand m. 0,5–1,0 mm lg. Wimperhaaren; Samen rötl.braun, m. weißl., glattem, glzd. Randsaum; Krone blasslila bis weißl.; — Blütenstiel z. Frzt. meist 10–18 mm lg.; ↕ 5–20 cm; ⊙. III–V. – Feuchte (Auen-)Wälder, Gärten. – D: *v* N-BY bis NW-D, auch RP, sonst *z*; *v–z* A; CH; CZ; I: Bz; NL; PL. [*V. hederifolia* subsp. *lucorum* (Klett & Richt.) Hartl] Hain-E., Hecken-E., ***V. sublobata*** M. A. Fisch.

— Neben der Haarreihe auf dem Blütenstiel nur sehr vereinzelt weitere Haare; Blütenstiel 2–3-mal so lg. wie der Kelch; Gr. 0,7–1,1 mm lg.; Kelchblätt. auf der Außenseite kahl, am Rand m. 1,0–1,3 mm lg. Wimperhaaren; Samen hellgelb, Randsaum unauffällig; Krone hellblau, Zentrum weiß; — Blütenstiel z. Frzt. meist 7–14 mm lg.; Stg. niederlgd.-aufstgd., ↔ 5–20 cm; ⊙. III–V. – Unkrautfluren, offene StO. – *v*. Efeublättriger E. (i. e. S.), ***V. hederifolia*** L. subsp. ***hederifolia***

11 **(7).** Fr.Stiele so lg. wie od. nur wenig länger als ihre Tragblätt.; Krone 5–7 mm ∅; Gr. z. Frzt. bis 1,8 mm lg., gerade **13**

— Fr.Stiele meist deutl. länger als ihre Tragblätt.; Krone 9–14 mm ∅; Gr. z. Frzt. 2–4 mm lg., geschlängelt **12**

12. Stg. kräftig, niederlgd.-aufstgd., kaum wurzelnd; Fr. 8–10 mm br. u. 4–6 mm hoch, Winkel ihrer Ausrandung > 90° (*669/4*); ↔ 10–30 cm; ⊙. I–XII. – Gärten, Äcker, Ruderalstellen. – Adventiv (Heimat: Geb. SW-As.), eingebürg.; *v*. [*V. tournefortii* C. C. Gmel.] Persischer E., ***V. persica*** Poir.

— Stg. fadenf., kriechend, deutl. wurzelnd; Fr. 4–5 mm br. u. hoch, Winkel ihrer Ausrandung < 90°; ↔ 5–20 cm; ♃. III–VI. – Wiesen, Parkrasen. – Eingeschleppt (Heimat: Kaukasus, Anatolien), eingebürg.; *z*, im NO noch *s* (in Ausbr.). Faden-E., ***V. filiformis*** Sm.

13 **(11).** Kelch an der Basis m. 0,6–1,2 mm lg. Haaren; Blätt. dk.grün u. matt, — locker weichhaarig; Fr.Fach m. je 5–6 Samen; Fr. gekielt, kraushaarig bis zottig, m. meist ± geschlängelten Haaren, m. wenigen längeren Drüsenhaaren; Gr. ≈ so lg. wie die Höhe der Ausrandung der Fr. tief; Stg. niederlgd.-aufstgd.; ↔ 10–25 cm; ⊙. III–X. – Äcker, Gärten, Ruderalstellen; bes. auf (kalkhaltigen) Lehmböden. – *v* im O, nach W seltener u. bis Elbemündung/Verden/Ruhrgebiet/NL; *s* im SW. Glanzloser E., ***V. opaca*** Fr.

— Kelch an der Basis m. ≤ 0,5 mm lg. Haaren; Blätt. frischgrün bis glzd. **14**

14. Fr.Fach m. je 5–6 Samen; Gr. so lg. wie die Ausrandung der Fr. tief; Fr. gekielt, ausschließl. m. Drüsenhaaren (drüsenlose Haare fehlen gänzl.!); Blätt. beiderseits gleich locker weichhaarig; Kelchblätt. linealisch; Krone bläul.weiß od. blassrosa; Stg. niederlgd.-aufstgd.; ↔ 10–25 cm; ⊙. IV–X. – Äcker, Gärten; kalkarme bis sandige Böden. – *z–v*. Acker-E., ***V. agrestis*** L.

— Fr.Fach m. je ≈ 10 Samen; Gr. länger als die Ausrandung der Fr. tief; Fr. nicht gekielt, dicht drüsenlos kurzhaarig, außerdem m. längeren Drüsenhaaren; Blätt. glzd., unterseits deutl. dichter behaart als oberseits; Kelchblätt. eif.; zumind. die ob. Zipfel der Krone tiefblau; Stg. niederlgd.-aufstgd., nicht wurzelnd; ↔ 5–10 cm; ⊙. III–X. – Unkrautfluren (Kulturbegleiter), Ruderalstellen, bes. in warmen u. trockenen Lagen; auf Kalk. – *z–v* im mittl. Gebiet, *s–z* im N, bes. kolline bis submontane Stufe. Glänzender E., ***V. polita*** Fr.

15 **(6).** Alle Stg.Blätt. ungeteilt **18**

— Mittl. u. ob. Stg.Blätt. fiederspaltig od. handf. geteilt (z. B. *669/6*); — Fr. drüsig bewimpert .. **16**

16. Ob. Stg.Blätt. sitzend u. handf. geteilt (*669/5*); Fr.Stiele so lg. wie od. etwas länger als Kelch u. Tragblätt.; Fr.Fläche kahl od. locker drüsenhaarig; — Krone dk.blau; Gr. viel länger als die Höhe der Ausrandung der Fr. tief (ähnl. *673/2*); ↕ 5–10 cm; ⊙. III–V. – Äcker, Ruderalstellen; kalkmeidend. – *v–z* im NO, N-BY, RP; CZ; PL; seltener im NW, S-D; A; CH. Finger-E., ***V. triphyllos*** L.

— Ob. Stg.Blätt. fiederspaltig (*669/6*); Fr.Stiele kürzer als Kelch u. Tragblatt.; Fr.Fläche dicht kurz drüsenlos behaart **17**

17. Gr. viel länger als die Höhe der Ausrandung der Fr. tief; Krone dk.blau, 4–5 mm br.; Stg. oberw. drüsig-flaumig behaart; Stg.Blätt. dickl., gräul.grün; ↕ 10–40 cm; ⊙. IV–V. – Sandtrockenrasen; kalkmeidend. – *z–v* im O, D: BB, MV, SN, ST, TH; PL; seltener D: N-BY, RP; A: Bgl, NÖ, OÖ, Ti; CH: Gr, Vs; CZ; I: Bz. Dillenius-E., ***V. dillenii*** Crantz

— Gr. nur so lg. wie die Höhe der flachen Ausrandung der Fr. tief (ähnl. *669/7*); Krone hellblau, 3 mm br.; Stg. oberw. spärl. behaart u. m. zerstreuten Drüsenhaaren; Stg.Blätt. zart, grasgrün;

↕ 5–15 cm; ⊙. IV–VI. – Trockenrasen. – *v–z* im O, nördl. u. westl. bis D: Neumünster (SH)/nördl. Harzvorland/Gießen/Eifel, RP, N-BW, N-BY, nach W seltener; auch A; CH; CZ; I: Bz; PL; sonst nur verschleppt. Frühlings-E., ***V. verna*** L.

18 **(15).** Fr.Stiele so lg. wie od. länger als der Kelch **20**

— Fr.Stiele höchstens halb so lg. wie der Kelch; — Pfl. 1-j. **19**

19. Stg.Blätt. lanzettl. bis schmal ellipt., am Grund keilf. bis stielf. verschmälert, entfernt gezähnelt, kahl; Gr. die geringe Ausrandung der Fr. nicht überragend (*669/7*); Krone 3–5 mm br., weißl.; Fr. kahl; Stg. aufstgd.-aufr., ↕ 10–15 cm; ⊙. IV–VI. – Gärten, Flussufer. – Adventiv (Heimat: N-Am.), eingebürg.; *v*, D: BW, Rheintal, NW-D, SN; A; B; CH; I: Bz; NL; sonst nur sehr z. Amerikanischer E., ***V. peregrina*** L.

— Stg.Blätt. eif., am Grund abgerundet, kerbig-gesägt, zerstreut behaart (*669/8*); Gr. die tiefe Ausrandung der Fr. etwas überragend (*673/1*); Krone 2–3,5 mm br., hell- bis kräftiger blau; Fr. bewimpert; ↕ 5–30 cm; ⊙. IV–V(–IX). – Äcker, Wegränder, Ruderalstellen. – *v*. Feld-E., ***V. arvensis*** L.

20 **(18).** Pfl. ausd.; m. blhd. u. nichtblhd. Trieben; — Grundachse kriechend **22**

— Pfl. 1-j.; ohne nichtblhd. Triebe **21**

21. Fr. breiter als lg., sehr tief gespalten (*673/2*); Fr.Stiele 2–3-mal so lg. wie der Kelch; — Krone blassblau m. dunkleren Nerven od. dk.blau; ↕ 5–25 cm; ⊙. IV–VI. – Nasse Äcker. – *s*, D: BW, BY, HE, RP; A: Stm; B; CH; F: Els. Steinquendelblättriger E., Kölme-E., Drüsiger E., ***V. acinifolia*** L.

— Fr. ± so br. wie lg., kaum halb so tief ausgerandet wie bei voriger (*673/3*); Fr.Stiele so lg. wie der Kelch od. wenig länger, ± aufgerichtet; — Krone dk.blau; ↕ 5–20 cm; ⊙. III–VI. – Äcker, Trockenrasen. – *z–s*, im NW *s–f*. Frühblühender E., ***V. praecox*** All.

22 **(20).** Blüten in kurzer od. verläng. Traube; Fr. zieml. tief ausgerandet, breiter als lg. (ähnl. *673/1*); — Krone weißl. bis bläul., m. dunkleren Nerven, 5–6 mm br.; Stg.Blätt. kahl; ♃. V–VIII. – Wiesen, Weiden, Wegränder. Quendelblättriger E., Quendel-E., ***V. serpyllifolia*** L.

a. Stg. aufr. bis kurz kriechend, ↕ ≤ 30 cm; Stg.Blätt. eif. bis ellipt., meist gesägt; Traube verläng. (bis 40-blütig); Krone weißl. – *v–z*. Quendel-E. (i. e.S.), subsp. ***serpyllifolia***

— Stg. weithin kriechend, aufstgd., ↕ ≤ 15 cm; Stg.Blätt. eif. bis rundl., ganzrandig bis gekerbt; Traube wenigblütig; Krone hellblau. – *v–z* Alp., D; A; CH; FL; I-Bz; *s* Schw. (Feldberg) u. *z* Schweizer Jura. [*V. humifusa* Dicks.] Niederliegender Quendel-E., subsp. ***humifusa*** (Dicks.) Syme

— Blüten in wenigblütiger Traube; Fr. kaum ausgerandet, mind. so lg. wie br.; — Pfl. 5–20 cm hoch; in Hochlagen **23**

23. Grundblätt. rosettig gehäuft, deutl. größer als die ebenfalls dicht behaarten wenigen (2 Paare) Stg.Blätt.; — Traube drüsig-zottig; Krone blauviolett, 6–9 mm br.; ↕ 5–20 cm; ♃. VII–VIII. – Alp. Magerrasen, Zwergstrauchheiden; kalkmeidend; 1400–3200 m. – *z* Alp., in D *s* nur Allgäuer Alp. u. Wettersteingeb.; *s* Riesengeb., Altvatergeb. Gänseblümchen-E., Maßlieb-E., ***V. bellidioides*** L.

— Grundblätt. nicht rosettig gehäuft, kleiner als die Stg.Blätt.; — Krone 4–7 mm ∅ **24**

24. Stg. am Grund krautig, locker behaart; Blätt. locker behaart (od. fast kahl), nicht drüsenhaarig; Traube m. > 0,5 mm lg. absthd., drüsenlosen Haaren; Gr. ≤ 2 mm lg.; — Krone blaulila; ↕ 5–10 cm; ♃. VII–VIII. – Gebirgsrasen, Schneetälchen, felsige Stellen, Quellfluren; 1100–3000 m, Ötztaler Alp. bis 3400 m. – *v*, Alp.; *s* Riesengeb. (ob noch?) [subsp. *australis* (Wahlenb.) Á. Löve & D. Löve; incl. subsp. *pumila* (All.) Dostál = *V. pumila* All.; Taxonomie noch unklar] Südlicher Alpen-E., ***V. alpina*** L.

— Stg. am Grund verholzt; Blätt. fast kahl, am Rand kurz bewimpert, etwas lederig; Traube m. < 0,3 mm lg. ± anlgd., gebogenen Haaren u./od. (längeren) Drüsenhaaren; Gr. > 2 mm lg. .. **25**

25. Krone rosa, dunkler gestreift, Schlund grünl.weiß; Blütenstiel u. Kelch m. Drüsenhaaren; Blütentriebe m. 8–12 diesj. Blattpaaren; Blätt. lineal-lanzettl., mind. doppelt so lg. wie die Internodien; Traube (5–)8–20-blütig, alle Tragblätt. wechselst.; reife Fr. kaum länger als der Kelch; ↕ 5–25 cm; ♄. VI–VII. – Felsen, Schutthalden, auch Gebirgsrasen; auf Kalk; bis 2800 m, m. den Flüssen tiefer. – *s*, D: Allgäuer Alp., Ammergeb., Wettersteingeb., südl. Rosenheim; *z–s* A: Kt, Ti, Vb; CH (*s* auch Jura); FL; I: Bz. Halbstrauch-E., ***V. fruticulosa*** L.

— Krone azurblau, im Schlund weiß, m. Purpurring; Blütenstiel u. Kelch ohne (od. nur m. sehr vereinzelten) Drüsenhaaren, dicht anlgd. kurz krummhaarig; Blütentriebe m. 3–6 diesj. Blattpaaren; Blätt. verkehrt lanzettl., spatelf. od. verkehrt eif., meist kürzer als bis nur wenig länger als die Internodien; Traube 1–8-blütig, die beiden unt. Tragblätt. gegenst.; reife Fr. deutl. länger als der Kelch; ↕ 5–10 cm; ♃–♄. VI–VIII. – Gebirgswiesen, Felsen; kalkmeidend. – *v–z* Alp. (bis 3100 m); *s* D: BW (b. Waldshut, S-Baden); CH: Jura nördl. bis Chasseral; F: Vog. [*V. saxatilis* Scop.; *V. fruticulosa* subsp. *fruticans* (Jacq.) Rouy] Felsen-E., ***V. fruticans*** Jacq.

26 **(5).** Kelch 4-teilig (*673/4*) **31**

— Kelch 5-teilig, der hint. (ob.) Zipfel kleiner als die übrigen (*673/5*) (Artengruppe Österreichischer E., ***V. austriaca*** agg.).................... **27**

27. Alle Triebe aufr. od. bogig aufstgd.; Fr. tiefer ausgerandet (ähnl. *673/1*); — Stg.Blätt. ungeteilt, lanzettl., sitzend bis kurz gestielt, fast ganzrandig, wenig behaart; Krone dk.blau, 10–15 mm br.; Kelch u. Fr. kahl od. behaart; Gr. 4–5 mm lg. (*673/5*); Pfl. 20–40 cm hoch **29**

— Nichtblhd. Triebe niederlgd., blütentragende Stg. ± aufr.; Fr. wenig ausgerandet (ähnl. *673/4*); — Fr. u. Kelch kahl **28**

28. Infl. reichblütig (im ∅ 25 Blüten); Krone blassblau, ≤ 9 mm br.; Blätt. lanzettl. bis längl. eif., ± (bes. unterseits) kurzhaarig, Haare < 0,2 mm lg.; Kelchblätt. schmal u. spitz; Pfl. niederlgd.-aufstgd., ↕ 10–20 cm; ♃; 2n = 16 (diploid). IV–VI. – Steppenhänge, Trockenrasen. – *z*, D: östl. des Harzes, BB, SN, TH; A: Bgl, NÖ, OÖ, Ti; *s* B; *z* CH: Gr, Vs; CZ; I: Bz; *s* NL; *z* PL. [*V. teucrium* subsp. *prostrata* (L.) Rouy; *V. satureiifolia* Poit. & Turpin] Niederliegender E., ***V. prostrata*** L.

— Infl. wenigblütig (im ∅ 15 Blüten); Krone dk.blau, 9–12 mm br.; Blätt. linealisch bis lanzettl., fast kahl; Kelchblätt. br. u. stumpfl.; Pfl. niederlgd.-aufstgd.; ↕ 10–25 cm; ♃; 2n = 32 (tetraploid). IV–VII. – Halbtrockenrasen. – *z* im W (D: nördl. Oberrhein-, Maingebiet, SchwAlb, Hegau; B; CH: Jura; F: Els). [*V. prostrata* subsp. *scheereri* J. P. Brandt] Scheerer-E., ***V. scheereri*** (J. P. Brandt) Holub

29 **(27).** Blätt. des blütenlosen Gipfeltriebs linealisch, < 5 mm br., meist ganzrandig; Stg.Blätt. kerbig bis scharf gesägt, m. verschmälertem Grund sitzend od. kurz gestielt; Kelch u. Fr. meist kahl; ↕ 20–40 cm; ♃. V–VI. – Steppenrasen, Waldwiesen; auf Kalk. – *s*, D: SchwAlb, FrAlb, BY (b. München); A; CZ; PL. [*V. teucrium subsp. austriaca (L.) Arcang.*] Österreichischer E., ***V. austriaca*** L. subsp. ***austriaca***

— Blätt. des blütenlosen Gipfeltriebs längl. eif., 5–10(–15) mm br., gekerbt bis gesägt; Stg.Blätt. oft schmal eif., m. br. bis herzf. Grund sitzend; Kelch u. Fr. meist behaart; — Stg.Blätt. oberseits locker-, unterseits kraushaarig; Gr. 4–7 mm lg. **30**

30. Pfl. ± aufr.; Blätt. des blütenlosen Gipfeltriebs 3–5-paarig, die größten > 20 mm lg.; Krone dk.blau; Gr. 6–7 mm lg.; — Krone 12–18 mm ∅; ↕ 30–80 cm; ♃; 2n = 48, 64. V–VII. – Halbtrockenrasen, Gebüsche, Säume; auf Kalk. – *v–z* im S, nach N u. O seltener, nördl. u. westl. bis Rügen/Altmark/b. Hannover/Sauerland/Niederrhein/NL. [*V. austriaca* subsp. *pseudochamaedrys* (Jacq.) Nyman; *V. teucrium* L.] Großer E., ***V. austriaca*** L. subsp. ***teucrium*** (L.) D. A. Webb

— Pfl. niederlgd.; Blätt. des blütenlosen Gipfeltriebs 1–2-paarig, die größten < 20 mm lg.; Krone hellblau; Gr. 4–5 mm lg.; — Krone < 15 mm ∅; ↕ < 30 cm; ♃; 2n = 16, 32. V–VII. – Halbtrockenrasen. – *s*, D: RP; B; CH: am Lac de Neuchâtel; F: Els. [*V. teucrium* subsp. *orsiniana* (Ten.) Watzl; *V. austriaca* L. subsp. *vahlii* (Gaudin) D. A. Webb] Orsini-E., ***V. orsiniana*** *Ten.*

31 **(26).** Sumpf- u. Wasserpfl.; Stg. u. Blätt. kahl (selten spärl. drüsig) u. zuw. glzd. **38**

— Wald-, Wiesen- u. Ruderalpfl.; Stg. u. Blätt. behaart **32**

32. Stg. rundum ± gleichm. behaart; Fr. länger als der Kelch **36**

— Stg. (meist) 2-zeilig behaart; Fr. kürzer als der Kelch; — Stg.Blätt. eif.-spitz, grob gekerbt, sitzend, die unt. kurz gestielt; Krone himmelblau (zuw. rosa od. weißl.), m. dunkleren Nerven (Artengruppe Gamander-E., ***V. chamaedrys*** agg.).................... **33**

33. Kelch ohne Drüsenhaare; Blätt. längl. eif., jederseits m. 9–11 spitzen Zähnen; — Stg. zw. den Haarleisten locker behaart; Krone hellblau, 9–12 mm ∅; ↕ 15–30(–40) cm; ♃. VI–VII. – Laubwälder, krautreiche Rasengesellschaften; auf Kalk. – *v–z*, D: BY (Ammergeb., Berchtesgadener Alp.); A; *s* I: Bz. [*V. chamaedrys* subsp *micans* M. A. Fisch.] Glanz-Gamander-E., ***V. micans*** (M. A. Fisch.) Landolt

— Kelch drüsig behaart; Blätt. im Umriss eif. 3-eckig, jederseits nur m. 3–8 Zähnen **34**

34. Kelch locker lg.drüsig behaart; Blattzähne stumpfl.; Stg. zw. den Haarleisten locker behaart; Krone intensiv blau, 11–15 mm ∅; ↕ 10–30 cm; ♃. IV–X. – Lichte Wälder, Gebüsche, Wiesen. – *v*. Gamander-E. (i. e. S.), ***V. chamaedrys*** L. (subsp. ***chamaedrys***)

— Kelch dicht kurzdrüsig behaart; Blattzähne spitz; Stg. zw. den Haarleisten (fast) kahl; Krone hellblau bis zartrosa, 9–12 mm ∅; ↕ 15–30 cm; ♃. IV–V. – Eichenwälder, Trockenwiesen. – *z*, D: FrAlb bis Straubing; *s* A: Bgl, Kt, NÖ, OÖ, Stm; CZ. [*V. chamaedrys* subsp. *vindobonensis* M. A. Fisch.] Wiener E., ***V. vindobonensis*** (M. A. Fisch.) M. A. Fisch.

35 (32). Pfl. 1-j., aufr.; unt. Stg.Blätt. kurz gestielt, die ob. ungestielt, schmal eif., gleichm. entfernt, aber scharf u. kurz gezähnt, bis 3 cm lg.; — Stg., Blätt., Blütenstiel u. Kelch behaart, die beiden letzteren auch m. Drüsenhaaren; Krone 5 mm ∅, intensiv blau, max. so lg. wie der Kelch, dieser z. Frzt. stark vergrößert; ↕ 10–25 cm; ⊙. IV–VI. – Böschungen im Siedlungsbereich. – Adventiv (Heimat: Geb. Z- u. SW-As., Griechenland); *s*, D: BW (b. Heilbronn, b. Stuttgart); A: Ti (Innsbruck). Spitzzahn-E., Gesägtblättriger E., ***V. arguteserrata*** Regel & Schmalh.

— Pfl. ausd., niederlgd., wenn aufr., dann Stg.Blätt. br. eif. u. bis 10 cm lg. **36**

36. Stg.Blätt. mind. 7 mm lg. gestielt, eif., grob aber scharf gesägt; Fr. ≈ 8 mm br.; — Teilinfl. wenigblütig; Blütenstiele fädl., länger als die brillenf. Fr. (*673/4*); Krone blasslila, meist m. dunkleren Nerven; Pfl. kriechend-aufstgd., ↕ 10–25 cm; ♃. V–VII. – Laubwälder. – *v–z*, *s* in den Trockengebieten. Berg-E., ***V. montana*** L.

— Stg.Blätt. sitzend od. sehr kurz gestielt; Fr.< 6 mm br. **37**

37. Stg.Blätt. br. eif., zugespitzt, scharf gesägt, 6–10 cm lg. u. 2–5 cm br., die ob. m. herzf. Grund sitzend, die unt. sehr kurz gestielt; Blütenstiele etwas länger als die Fr., diese apfelf., in der unt. Hälfte am breitesten; Krone blassrosa, zuw. weißl.; ↕ 20–70 cm; ♃. VI–VIII. – Schluchtwälder, feuchte Gebüsche, Hochstaudenfluren; bes. montane Stufe. – *v* Alp., Alp.Vorland, Schweizer Jura, *s* bis Bodenseegebiet, Hochrhein, S-Bayrw. Brennnesselblättriger E., ***V. urticifolia*** Jacq.

— Stg.Blätt. br. lanzettl. bis verkehrt schmal-eif., ≈ 4 cm lg., regelm. (aber weniger tief als bei voriger) gesägt bis gekerbt, alle 2–6 mm lg. gestielt; Blütenstiele deutl. kürzer als die Fr. (*673/6*), diese spitzenw. sich verbreiternd; Krone hellblau bis blasslila, zuw. weißl.; — Stg. kriechend; ↔ 10–20 cm; ♃. VI–VIII. – Trockene Wälder, Heiden; kalkmeidend. – *v*. Wald-E., ***V. officinalis*** L. (subsp. ***officinalis***)

38 (31). Blätt. lineal-lanzettl., 2–4 mm br., m. feinen rückw. gerichteten Sägezähnchen; Trauben nur je 1 pro Blattpaar, abwechselnd rechts u. links; Fr. deutl. ausgerandet; Stg. schlaff; — Fr. deutl. länger als der Kelch; Krone weißl. bis rosa od. blasslila; Pfl. kahl; ↕ 5–30(–50) cm; ♃. VI–IX. – Ufer, Gräben, Sumpfwiesen. – *v–z*. Schild-E., ***V. scutellata*** L.

— Blätt. > 4 mm br., ohne Sägezähnchen; Trauben jeweils 2 gegenst.; Fr. nur seicht ausgerandet; Stg. dick u. fleischig, oft stark verzweigt **39**

39. Mittl. Stg.Blätt. kurz, aber deutl. gestielt **42**

— Mittl. Stg.Blätt. sitzend, oft stg.umfassend; — Stg. ± 4-kantig **40**

40. Fr. längl. ellipt., ≈ 1,5-mal so lg. wie br. (*673/7*); Stg. markig; Blätt. meist 3–4-quirlig; — Blütenstiele fein drüsenhaarig; Fr.Stiele fast waagr. absthd.; ↕ 5–40 cm; ⊙–♃. VI–X. – Ufer, Gräben, Schlammböden. – *s*, D: Donau-Altmühl, ST; sonst A: Bgl, NÖ, OÖ, Vb; CH: Jura, Vs. Schlamm-E., ***V. anagalloides*** Guss.

— Fr. rundl. bis br. ellipt., höchstens wenig länger als br. (*673/8*); Stg. hohl; Blätt. gegenst. **41**

41. Fr.Stiele ± waagr. absthd., ± so lg. wie der Kelch; Fr. etwas länger als die Kelchzipfel, Tragblätt. länger als die Blütenstiele, stumpfl.; — Traube zerstreut drüsig behaart; ↕ 20–60 cm; ♃. VII–X. – Ufer, Schlammböden. – *z* in Flusstälern. [*V. aquatica* Bernh.] Roter Wasser-E., Bleicher Gauchheil-E., ***V. catenata*** Pennell

— Fr.Stiele aufr.-absthd., viel länger als der Kelch (*673/8*); Fr. etwas kürzer als die Kelchzipfel; Tragblätt. höchstens so lg. wie die Blütenstiele, spitzl., variabel; — Traube kahl [subsp. *ana-*

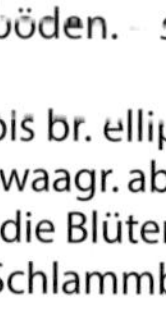
673/1

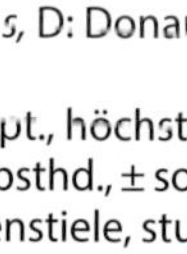
673/2

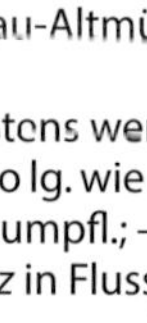
673/3

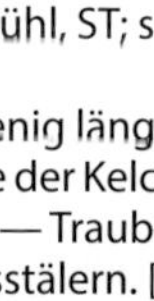
673/4

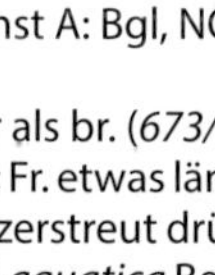
673/5

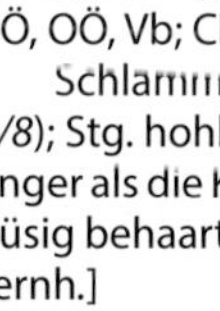
673/6

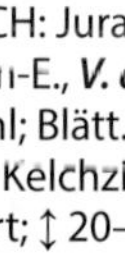
673/7

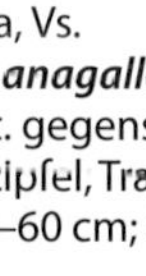
673/8

gallis-aquatica; v] od. drüsig [subsp. *divaricata* Krösche; taxonom. Status noch unklar*; s*, D: Konstanz, SO Schweinfurt, Dinslaken, ST]; ↕ 20–60 cm; ♃. V–IX. – Ufer, Gräben, Schlammböden. – *v*. Blauer Wasser-E., Gauchheil-E., ***V. anagallis-aquatica*** L.

Bei kugelf. erscheinenden Fr. handelt es sich um Gallbildungen.

Merkmale intermediär: *V. anagallis-aquatica* × *catenata* = ***V.*** × ***lackschewitzii*** Keller; *s*, D: BW, BY; A.

42 (39). Blätt. oft fast etwas lederig, am Grund gestutzt, grün, ± glzd.; Krone blau, 5–7 mm ∅; — Blütentrauben bis 3-mal so lg. wie das Tragblatt; Fr. fast kugelig; Stg. rund; Pfl. niederlgd.-aufstgd.; ↕ 30–50 cm; ♃. V–VIII. – Bäche, Gräben, Quellfluren, oft untergetaucht. – *v*. Bachbunge, Bach-E., ***V. beccabunga*** L.

— Blätt. zart, keilf. in den Stiel verschmälert, hellgrün od. purpurn überlaufen; Krone blasslila bis fast weiß, 4 mm ∅; — Blütentrauben bis 6-mal so lg. wie das Tragblatt; Fr. fast kugelig, im ob. Teil zus.gedrückt; ↕ 5–20(–40) cm; ♃. VI–X. – Bachufer; auf Serpentin. – sehr *s*, A: Bgl, NÖ. Serpentin-E., Balkan-E., ***V. scardica*** Griseb.

Enzian-E., ***V. gentianoides*** Vahl: Blätt. glzd., ellipt., 2–8 cm lg., Rosetten bildend; Krone weiß bis blau, 10–16 mm ∅; ↕ 30–40 cm; ♃. V–VI. – Heimat: Bergwiesen von Kaukasus, Krim, Anatolien; *s* unbest. verwild., D: BW, BY; A: OÖ.

Weitere unbest. Arten. Hybridbildungen.

Wulfenia Jacq., Wulfenie

Rosettenblätt. verkehrt eif., regelm. gekerbt, glzd.; Infl. m. Schuppenblätt., einseitswendig, Blüten dicht sthd., Krone blauviolett; ↕ 20–50 cm; ♃. VII–VIII. – Bergweiden; bis 2000 m. – Im Gebiet nur A: Kt (östl. Karnische Alp.); auch Dinar. Geb. Kärnter W., Kuhtritt, ***W. carinthiaca*** Jacq.

Familie: Scrophulariaceae [incl. Buddlejaceae, Sommerfliedergewächse], Braunwurzgewächse (Bearbeiter: Jens G. Rohwer)

Pfl. krautig od. Sträucher (*Buddleja*); Blätt. gegenst. od. wechselst.; Krone zygomorph od. fast radiär, verwachsen; Kelchblätt. 4–5; Staubblätt. 4–5; Frkn. oberst., aus 2 Fr.Blätt.; Kapselfr. Früher wurden auch große Teile der Orobanchaceae u. der Plantaginaceae sowie die Linderniaceae u. Phrymaceae zu den Scrophulariaceae gerechnet.

1. Sträucher .... ***Buddleja***, 674
— Krautige Pfl. **2**
2. Blätt. spatelf., < 10 mm br., alle in grundst. Rosette (*73/3*); Pfl. im Wasser od. auf feuchtem Schlamm .... ***Limosella***, 674
— Blätt. breiter, auch am aufr. Stg.; Landpfl. **3**
3. Blätt. wechselst.; Staubblätt. 5 (*88/4*) .... ***Verbascum***, 675
— Blätt. gegenst.; Staubblätt. 4 (*675/1*) .... ***Scrophularia***, 675

Buddleja L., Sommerflieder, Fliederspeer

Blätt. gegenst., eif. lanzettl., gezähnt, unterseits weißfilzig; Rispe 10–30 cm lg.; Krone lila, weiß od. rosa; ↕ 50–300 cm; ♄; VII–VIII. – Ruderalstellen, Bahngelände; auch Zierstrauch. – Ne. (Heimat: China); *z* eingebürg., stark zunehmend, stellenw. invasiv. [*B. variabilis* Hemsl.] Gewöhnlicher S., ***B. davidii*** Franch.

Limosella L., Schlammkraut, Schlammling

Blätt. lineal-spatelig; Blüten einzeln, grundst., 2–5 cm lg. gestielt (*73/3*), weiß; ↕ 2–8(–20) cm; ⊙. VI–IX. – Sandige, schlammige Ufer, Röhricht. – Sehr *z, v* Rhein-/Main-/Donau-/Elbe-/Odertal, zurückghd. Gewöhnliches S., ***L. aquatica*** L.

Scrophularia L., Braunwurz

1. Krone fast radiär, blass grünl.gelb; — achselst. Teilinfl. lg. gestielte, knäuelf. Dichasien; Blätt. herzf., lg. gestielt, doppelt gesägt, weichhaarig; Stg. 4-kantig, drüsig-zottig; ↕ 30–70 cm; ♃. V–VI. – Feuchte Wälder, Gebüsch (bes. montane Stufe), Parks. – *s*, A: Bgl, Kt, NÖ, Sb, Stm, Ti; CZ; in D *s* eingebürg.; auch B; CH, DK, F: Els, PL; *z* NL. Frühlings-B., ***S. vernalis*** L.

— Krone zygomorph (*675/1*) 2

2. Blätt. doppelt fiederteilig; — Krone ≈ 5 mm lg., braunviolett; ↕ 20–60 cm; ♃. VI–VIII. – Flussschotter, Wegränder. Hunds-B., ***S. canina*** L.

a. Oberlippe der Krone kürzer als die halbe Kronröhre; Drüsenköpfchen im Infl.Bereich (fast) sitzend. – Bis 1200 m. – *z*, D: Hochrhein, Oberrheintal, BW, RP, *s* HE, NRW; *z* A: Kt; *s* B; *z* CH; *s* F: Els; z I: Bz; *s* NL. Hunds-B. (i. e. S.), subsp. ***canina***

— Oberlippe der Krone länger als die halbe Kronröhre; Drüsenköpfchen im Infl.Bereich deutl. gestielt. – Hochgebirgsform (bis 2500 m). – *z*, A: bes. S-Alp, Kt, Stm, Ti; CH: Ts; I: Bz. [*S. juratensis* Wydler] Alpen-Hunds-B., subsp. ***hoppei*** (W. D. J. Koch) P. Fourn.

— Blätt. ungeteilt 3

3. Stg. u. Blattstiele kurzhaarig-zottig; — Stg. 4-kantig, nicht geflüg.; Blätt. weichhaarig; Infl. dichtdrüsig; Krone braungrün; ↕ 40–70(–100) cm; ♃. VI–IX. – Wälder, Gebüsch, Hochstaudenfluren. – Sehr *s*, D: BY, eingeschleppt NRW; *s* A: Kt (*v* Karawanken), Stm (bis 1500 m); I: Bz; *z* CZ/PL (Sudeten). Drüsige B., ***S. scopolii*** Hoppe

— Pfl. kahl, nur Infl. meist drüsig behaart 4

4. Stg. scharf 4-kantig, nicht geflüg.; — Kelchzipfel schmal häutig berandet; Krone braunrot, am Grund grünl., 6–8 mm lg.; Blätt. doppelt gesägt; ↕ 40–120 cm; ♃. VI–VII. – Feuchte Wälder u. Gebüsche, Ufer. – *v*. Knotige B., ***S. nodosa*** L.

— Stg. u. Blattstiele br. geflüg. 5

5. Blattspr. stumpfl., am Grund herzf., stumpf gekerbt, meist m. Öhrchen; Krone 8–10 mm lg., rotbraun; Staminodium (das 5., sterile Staubblatt) rundl.-nierenf., nicht ausgerandet; ↕ 40–100 cm; ♃. VI–VIII. – Ufer, Gräben, Röhricht. – D: *z* Rheinl., Moseltal, *s* Oberrhein; *z* B; CH: Genf (*s* Vd); F; *v* NL. [*S. aquatica* auct.; *S. balbisii* Hornem.] Wasser-B., ***S. auriculata*** L.

— Blattspr. spitz, am Grund abgerundet od. verschmälert, ohne Öhrchen; ob. Blätt. scharf gesägt; Krone 6–8 mm lg., grünl.rot od. rotbraun; Staminodium an der Spitze ± ausgerandet 6

6. Staminodium verkehrt herzf., m. auseinander spreizenden Lappen; Krone grünl.rot; unt. Blätt. scharf gesägt; Infl.Triebe ± waagr. absthd.; ↕ 40–120 cm; ♃; 2n = 26. VI–VIII. – Bäche, Gräben, Auenwälder. – *z*, D (*s* im NW u. SN); *z* A; CH nördl. der Alp.; *s* DK; *z* F; *v* NL; *z* PL; Verbr. ungenügend bekannt. [*S. aquatica* L. p. p.; *S. alata* auct.] Geflügelte B., ***S. umbrosa*** Dumort.

— Staminodium quer-längl., 3-mal breiter als lg.; Krone rotbraun; unt. Blätt. gekerbt; Infl.Triebe aufr.-absthd.; ↕ 40–120 cm; ♃; 2n = 52. VI–IX. – Röhricht, Bruch- u. Auenwälder. – D: *z* im SW, sonst *s*?; *s* A: Kt, OÖ, SB, Ti, Vb; F; FL; Verbr. ungenügend bekannt (meist als subsp. von *S. umbrosa* geführt od. nicht unterschieden). [*S. umbrosa* subsp. *neesii* (Wirtg.) E. Mayer] Gekerbte B., ***S. neesii*** Wirtg.

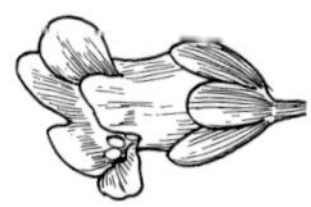

675/1

Verbascum L., Königskerze

1. Krone dk.violett; — Blüten in lg. Trauben, lg. gestielt; ↕ 30–100 cm; ♃. V–VI. – Trockenrasen, buschige Hänge. – *s*, D: BB, BW, BY, HE, SO-NI, NRW, RP, SN, ST; A: Bgl, NÖ; CH: Bern, Zürich; CZ; DK; F: Els; I: Bz; NL; PL. – Natürl. Verbr. umstritten; auch als Zierpfl. u. verwild. Violette K., ***V. phoeniceum*** L.

— Krone gelb, seltener weiß 2

2. Staubfäden weiß- bis gelbwollig; — Blüten zu je 2–5 büschelig gehäuft 7

— Staubfäden violett-wollig 3

3. Blüten jeweils einzeln in der Achsel ihrer Tragblätt., lg. gestielt; Blätt. kahl; — Krone hellgelb, außen oft rötl. überlaufen; ↕ 40–120 cm; ⊙. VI–VIII. – Wegränder, Ufer, Gebüsche. – *z* im S, in D bes. Rhein- u. Donautal m. Nebenflüssen, M-Elbetal; CH (*s* Alp); CZ; F; NL; sonst *s*, bes. im N. Schaben-K., ***V. blattaria*** L.

— Blüten zu je 2–7 knäuelig gehäuft.; Blätt. bes. unterseits stark behaart **4**

4. Grundblätt. entlang der gesamten Ränder stark u. gleichm. wellig gebuchtet bis fiederspaltig; Pfl. dicht grau bis gelbl. behaart; ↕ 70–150 cm; ⊙. VI–VII. – Eingeschleppt (Heimat: MMG bis Slowenien); ob eingebürg.?; A: Stm; I: Bz; in D *s* unbest. Gewelltblättrige K., ***V. sinuatum*** L.

— Grundblätt. ungeteilt od. nur am Grund schwach gelappt, nicht tief wellig u. nicht gelbhaarig **5**

5. Infl. meist stark verzweigt; unt. Blätt. am Grund br. keilf.; Blütenstiele etwa so lg. wie der Kelch; — Stg. oben kantig; Krone außen dicht behaart; ↕ 50–100 cm; ♃. VII–IX. – Trockenrasen, Gebüschränder. Österreichische K., ***V. chaixii*** Vill.

a. Grundblätt. gegen die Basis etwas gelappt, unterseits graufilzig. – Sehr *s*, D: BY, SN; CH: Ts; I: Bz. Chaix-K., subsp. ***chaixii***

— Grundblätt. nicht gelappt, unterseits grün. – *z*, A (*s* im W); CZ; I: Bz. Österreichische K. (i. e. S.), subsp. ***austriacum*** (Roem. & Schult.) Hayek

— Infl. unverzweigt, nur zuw. am Grund m. kurzen Seitentrieben; unt. Blätt. am Grund herzf.; längere Blütenstiele 2–3-mal so lg. wie der Kelch **6**

6. Krone außen (zumind. am Grund; herauszupfen!) dicht behaart; mittl. Stg.Blätt. einfach gekerbt, unterseits behaart bis lockerfilzig; ↕ 40–120 cm; ♃. V–IX. – Ruderalstellen, Böschungen, Ufer. – *v*. Schwarze K., ***V. nigrum*** L.

— Krone außen (fast) kahl; mittl. Stg.Blätt. fast doppelt gekerbt, unterseits auch zw. den Nerven dicht filzig; ↕ 40–120 cm; ♃. V–VII. – Bergwälder, Bergwiesen, Schuttfluren. – *s*, A: Kt, NÖ, OÖ, Sb (Lungau), Stm. [*V. lanatum* Schrad.] Alpen-K., ***V. alpinum*** Turra

7 (2). Alle Staubfäden dicht wollig; Blattgrund nicht od. nur wenig am Stg. herablfd. **11**

— Beide unt. Staubfäden kahl od. lockerhaarig, länger als die 3 übrigen; Blattgrund meist am Stg. herablfd. **8**

8. Staubfäden der beiden längeren Staubblätt. höchstens doppelt so lg. wie ihre lg. herablfd. Staubbeutel; — Blüten 35–55 mm ∅; Blätt. beiderseits filzig behaart **10**

— Staubfäden der beiden längeren Staubblätt. 3–7-mal so lg. wie ihre kurz herablfd. Staubbeutel; — Stg.Blätt. bis zum nächstunt. Blatt herablfd. **9**

9. Unt. Stg.Blätt. kurz gestielt bis sitzend; Blüten 12–20 mm ∅; Staubfäden der unt. Staubblätt. kahl bis schwach bewimpert; ↕ 30–200 cm; ⊙. VII–IX. – Ruderalstellen, Waldränder, Gebüsche. – *v*, im N *z*. Kleinblütige K., ***V. thapsus*** L.

— Unt. Stg.Blätt. lg. gestielt; Blüten 15–30 mm ∅; Staubfäden der unt. Staubblätt. oberw. kahl u. insges. weniger wollig als die 3 übrigen; ↕ 30–150 cm; ⊙. VIII–IX. – Gebüschränder, trockene, felsige Hänge. – Sehr *s*, A: Ti (noch ?), Vb; CH. [*V. montanum* Schrad.; *V. thapsus subsp. montanum* (Schrad.) Bonnier & Layens] Berg-K., ***V. crassifolium*** DC.

10 (8). Stg.Blätt. bis zum nächstunt. Blatt herablfd., deutl. gekerbt; ↕ 50–200 cm; ⊙. VII–IX. – Ruderalstellen, Ufer. – *v–z*. [*V. thapsiforme* Schrad.] Großblütige K., ***V. densiflorum*** Bertol.

— Stg.Blätt. nur wenig herablfd., undeutl. gekerbt; ↕ 50–200 cm; ⊙. VII–IX. – Ruderalstellen, Ufer, Schotter u. Trockenrasen. – *z–s*. Windblumen-K., ***V. phlomoides*** L.

11 (7). Blätt. oberseits fast kahl, unterseits graufilzig; — Krone 12–20 mm ∅, gelbl.weiß od. gelb; längere Blütenstiele 6–11 mm lg.; Kelch 1,5–4 mm lg.; Stg. ob. kantig; ↕ 50–150 cm; ⊙. VI–IX. – Weg- u. Waldränder, Trockenrasen, Steinbrüche. – *v–z*, in NW-D u. DK *s*. [incl. subsp. *moenchii* (Schultz) Holub & F. Mladý] Mehlige K., ***V. lychnitis*** L.

— Blätt. oberseits filzig bis flaumig behaart **12**

12. Filz der Blätt. nicht abreibbar; Seitenzweige kantig; — Krone 18–30 mm ∅; längere Blütenstiele 3–12 mm lg.; Kelch 3–6 mm lg.; ↕ 50–150(–200) cm; ⊙. VI–VII. – Trockenrasen, Waldränder. – Ursprüngl. sehr *s*, A: Bgl, NÖ; CZ; als Bestandteil von Saatmischungen in Einbürg. in D; CH; DK; I: Bz; NL. Prächtige K., ***V. speciosum*** Schrad.

— Filz der Blätt. abreibbar; Stg. u. Seitenzweige rund; — Krone 18–25 mm ∅; längere Blütenstiele 2–7 mm lg.; Kelch 2–3,5 mm lg.; Zweige bogig absthd.; ↕ 50–130 cm; ⊙. VII–VIII. – Ruderalstellen, Waldlichtungen. – D: *z–s* Rheingebiet (BW, S-HE, NRW, RP), sonst *s* u. unbest. in S- u. M-D; A: NÖ; CH; I: Bz; NL. Flockige K., ***V. pulverulentum*** Vill.

Hybridisierung häufig!

Familie: Linderniaceae, Büchsenkrautgewächse (Bearbeiter: Jens G. Rohwer)

Kräuter, 1-j.; Stg. 4-kantig; Blätt. gegenst.; Blüten (meist) einzeln in den Blattachseln; Kelch m. 5 gleichen Zipfeln; Krone 2-lippig, Oberlippe 2-lappig, kurz, Unterlippe 3-lappig; Narbe 2-lappig; Kapselfr.

Lindernia All. [incl. *Ilysanthes* Raf.], Büchsenkraut

1. Alle 4 Staubblätt. m. Staubbeuteln; Krone 4–6 mm lg., weiß bis hell rötl. violett; Blütenstiele länger als die Tragblätt.; Blätt. ganzrandig; ↕ 5–15 cm; ⊙. VIII–X. – Schlammige Teichufer, feucht-sandige Stellen. – *s*, D: BW (Oberrhein, Maulbronn), BY (Bayrw., östl. Donautal), SN (Elbetal), ST; A: Bgl, Kt, NÖ, Stm; CH: Ts; S-CZ; F: Els; S-PL. FFH4; ⓖ! [*L. pyxidaria* L.]
Niederliegendes B., ***L. procumbens*** (Krock.) Philcox

— Nur 2 Staubblätt. m. Staubbeuteln, die and. steril; Krone 7–8 mm lg., (blass) violett; Blütenstiele kürzer als die Tragblätt.; Blätt. entfernt gezähnt; ↕ 5–20 cm; ⊙. VIII–IX. – Schlammige Fluss- u. Teichufer. – Ne. (Heimat: N-Am.); *s*, D: BY, S-HE (Rheinebene); Elbegebiet (BB, NI, MV, SH); B; CH: Ts; F: Els; *z* NL (Rhein-Maasgebiet). [*Ilysanthes dubia* (L.) Barnhart]
Großes B., ***L. dubia*** (L.) Pennell

Familie: Bignoniaceae, Trompetenbaumgewächse (Bearbeiter: Jens G. Rohwer)

Bäume; Blätt. gegenst. od. zu 3 quirlst., ohne Nebenblätt.; Blüten zygomorph, Staubblätt. 4; Frkn. oberst., Fr. lg.gestreckte schotenf. Kapsel.

Catalpa Scop., Trompetenbaum

Bäume; Blätt. 20–30(–40) cm lg., br. eif. bis herzf., zuw. undeutl. gelappt, ganzrandig; Blüten 30–50 mm lg., weiß m. purpurnen u. gelben Flecken; Fr. schotenf. lg.gestreckt; ↕ 3–12(–18) m; ♄. VI–VII. – Zierpfl. (Heimat: N-Am.); in warmen Lagen u. Städten *s* verwild.; D: BB (Berlin), BW, BY, S-HE, NRW, RP, SH (Hamburg), ST; A; CH; I: Bz. Trompetenbaum, ***C. bignonioides*** Walter

Familie: Lamiaceae [Labiatae], Lippenblütler (Bearbeiter: Jens G. Rohwer)

Pfl. krautig od. Halbsträucher, selten Sträucher; Stg. 4-kantig, dekussiert beblätt.; Blatt. meist einfach, ohne Nebenblätt.; Blüten meist ungestielt, dicht gedrängt (= in dichten Zymen) u. quirlf. in den Achseln von Hochblätt., od. m. ± lg., zuw. mehrfach verzweigten Stielen; Blütenquirle ihrerseits entfernt sthd. od. zu kugeligen (*679/1*), scheinährigen (*679/2*) od. rispenf. Infl. vereinigt; Blüten stark zygomorph (*678/1–678/5*), selten fast radiär (*678/6*), ⚥ od. gynodiözisch (⚥ u. ♀); Kelch glockig-röhrig, meist 5-zähnig (*679/3*), oft 2-lippig (*679/4*); Kronblätt. 5, davon meist 2 die Oberlippe u. 3 die Unterlippe bildend (*678/2*); Staubblätt. 4, der Kronröhre eingefügt, 2 längere u. 2 kürzere, selten 2; Frkn. oberst., 2-fächerig, durch falsche Scheidewand in 4 sich emporwölbende Klausen (im Schlüssel: Teilfr.) geteilt, zw. denen der Gr. steht (*679/5*), bei Reife in vier 1-samige nüsschenart. Klausen zerfallend; Pfl. reich an ätherischen Ölen (zahlr. Gewürzpfl.).

Hinweis: Sofern die blattachselst. Teilinfl. dicht verzweigt u. die Blüten kurz gestielt bis sitzend sind, werden diese im Schlüssel kurz als „Halbquirle" (je Blatt) bzw. als „Quirle" (je Blattpaar) bezeichnet. Sind sie reichblütiger u. wiederholt u. länger gestielt verzweigt, werden sie „rispenf." od. „rispenart. verzweigt" genannt.

1. Krone deutl. zygomorph, meist 2-lippig (*678/1, 678/2*), zuw. nur die Unterlippe ausgebildet (*678/5*) 6

— Krone fast radiär, < 5 mm ∅, m. 4–5 nur wenig ungleichen Zipfeln (*678/6; Taf. 15: 7*) 2

2. Staubblätt. 2; Krone weiß, innen rot punktiert; — Blätt. tief gesägt bis fiederspaltig
Lycopus, 687

— Staubblätt. 4 (selten steril); Krone rot od. violett, zuw. sehr hell, selten weiß 3

3. Blüten in stark einseitswendigen Scheinähren; Tragblätt. der Halbquirle fast so lg. wie die Blüten u. fast doppelt so br. wie lg. . . . . ***Elsholtzia***, 684

— Blüten in allseitswendigen Infl., in getrennten Scheinquirlen, kopfig-doldig gehäuft (*679/1*) od. zu ährenähnl. (*679/2*), rispenf. od. doldenrispenf. Infl. vereinigt … **4**

4. Blätt. linealisch; Blüten kräftig (blau)violett, m. röhrenf., grau- bis violettfilzigem Kelch, in lg. gestielter Scheinähre (*Taf. 1: 1*) … ***Lavandula***, 687

— Blätt. ellipt. bis eif. od. lanzettl.; Blüten weiß, rosa od. hell violett … **5**

5. Pfl. m. Pfefferminzgeruch; Blüten in dichten Quirlen od. endst. Scheinähren (*679/1, 679/2*) … ***Mentha***, 688

— Pfl. würzig duftend, nicht nach Pfefferminze; Blüten in stärker verzweigten, rispenart. Infl. … ***Origanum***, 690

6 (1). Blüten deutl. m. Ober- u. Unterlippe (*678/1, 679/6, 679/7*) … **8**

— Blüten nur m. deutl. Unterlippe; Oberlippe kurz u. unscheinbar (*678/4*) od. fehlend (*678/5*) … **7**

7. Unterlippe 3-lappig; Oberlippe sehr kurz 2-lappig (*678/4*); Kronröhre innen m. Haarring … ***Ajuga***, 682

— Unterlippe durch herabgerückte Oberlippenzipfel scheinbar 5-lappig (*678/5*); Kronröhre innen ohne Haarring … ***Teucrium***, 694

8 (6). Blüten ♀, ohne Staubblätt. od. nur m. winzigen sterilen Staubblätt. … **47**

— Blüten ⚥, m. 2 od. 4 fertilen Staubblätt. … **9**

9. Staubblätt. 4, u. zwar 2 längere u. 2 kürzere … **12**

— Staubblätt. 2 (zuw. noch 2 winzige sterile) … **10**

10. Krone leuchtend scharlachrot, 30–50 mm lg.; — Infl. meist nur m. 1 endst. dichtblütigen Quirl … ***Monarda***, 689

— Krone blau, bläul., gelbl.weiß, gelb, rosa od. violett, meist kleiner … **11**

11. Blätt. linealisch, bis 3,5 mm br., ganzrandig, Rand nach unten umgerollt; Staubblätt. länger als die Oberlippe … ***Rosmarinus***, 691

— Blätt. breiter, längl., eif. od. herzf., Rand nicht nach unten umgerollt, meist gesägt od. gekerbt; Staubblätt. meist kürzer als die Oberlippe … ***Salvia***, 691

12 (9). Staubblätt. nicht über die Oberlippe hinausragend (*678/1*) … **19**

— Staubblätt. (wenigstens die längeren) die Oberlippe überragend (*678/2*) … **13**

13. Kelch deutl. 2-lippig (*679/4, 680/2–680/3*) od. scheinbar 1-lippig … **16**

— Kelch ± regelm. 5-zähnig (*679/3*) … **14**

14. Krone rosa, blasslila, zuw. weiß; nur die längeren Staubblätt. die Oberlippe überragend — Staude; Stg. am Grund etwas holzig; Blüten in stark verzweigten, scheinbar (dolden-) rispigen Infl. … ***Origanum vulgare***, 690

— Krone kräftig violettblau; alle 4 Staubblätt die Oberlippe überragend — Strauch od. Halbstrauch … **15**

15. Halbstrauch; Stg. nur am Grund etwas verholzt; Blätt. lineal-lanzettl., ganzrandig, kahl od. behaart, aber nicht filzig; Blüten in einseitswendigen Scheinähren; Unterlippe 2-lappig, nicht gefranst; kürzere Staubblätt. die Oberlippe nur wenig überragend … ***Hyssopus***, 686

— Strauch; Blätt. ellipt. bis lanzettl., oberseits dk. grün, matt, unterseits graufilzig, wenigstens z.T. grob gesägt; Blüten in allseitswendigen Zymen; Unterlippe m. lg. Fransen; alle 4 Staubblätt. die Blüte weit überragend … ***Caryopteris***, 684

16 (13). Kelch scheinbar 1-lippig, ohne Zähne … ***Origanum majorana***, 690

— Kelch 2-lippig, 5-zähnig … **17**

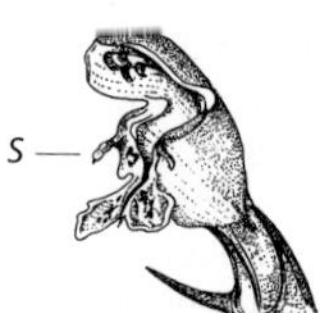

678/1

678/2

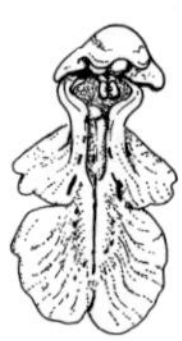

678/3

678/4

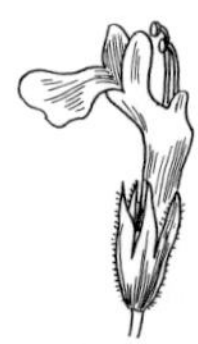

678/5

678/6

17. Oberlippe des Kelchs schildf.-rund, Unterlippe 4-zähnig; Oberlippe der Krone 4-zipfelig; — Krone ≈ 10 mm lg., weiß od. rötl. .... ***Ocimum***, 690
— Kelch m. 3-zähniger Ober- u. 2-zähniger Unterlippe (*679/4, 680/2, 680/3, 680/5, 680/6*) ... **18**
18. Blätt. sitzend od. kurz gestielt, linealisch bis ellipt., (verkehrt) eif. od. rundl., 3–20(–30) mm lg., ganzrandig .... ***Thymus***, 695
— Blätt. lg. gestielt, Blattspr. eif. u. zugespitzt, bis 70 mm lg., gekerbt .... ***Melissa***, 688
19 (12). Oberlippe des Kelchs m. aufsitzendem, schaufelart. Höcker (*680/1*, Pfeil); Kelch 2-lippig, ganzrandig .... ***Scutellaria***, 693
— Kelch ohne aufsitzenden Höcker, 5-zähnig (regelm. od. 2-lippig) **20**
20. Kelch m. 5 gleichen (*679/3*) od. etwas unterschiedl. langen, aber gleichmäßig verteilten Zipfeln (*679/7*) **29**
— Kelch deutl. 2-lippig, m. 3-zähniger Oberlippe u. 2-zähniger Unterlippe (*679/4, 680/2, 680/3, 680/5, 680/6*), od. oberster Kelchzipfel mehr als doppelt so br. wie die anderen **21**
21. Krone von den Kelchzipfeln weit überragt, — gelb m. rotbraunem Rand ***Sideritis montana***, 693
— Krone länger als der Kelch **22**
22. Blüten einzeln, zu wenigen od. in ± dichten Scheinquirlen, m. laubblattart. Tragblätt. (ähnl. *679/1*) **24**
— Blüten in dichten od. lockeren endst. Scheinähren; Tragblätt. der Halbquirle viel kleiner als die Laubblätt. (nur das unterste Paar zuw. laubblattart.) (ähnl. *679/2*) **23**
23. Blätt. in grundst. Rosette; Stg.Blätt. (wenn vorhanden) viel kleiner; Infl. etwas einseitswendig, unt. Halbquirle m. deutl. Abstand voneinander; Oberlippe der Krone flach, an der Spitze nach oben gebogen .... ***Horminum***, 686
— Blätt. am Stg. verteilt; Blüten in dichter allseitswendiger, oft köpfchenart. Scheinähre; Oberlippe der Krone löffelf. gewölbt (ähnl. *678/1, 679/7*) .... ***Prunella***, 691
24 (22). Kronröhre oberh. des Kelchs stark bauchig, > 5-fach erweitert; — Blüten > 20 mm lg. .... ***Dracocephalum***, 684
— Kronröhre zum Schlund hin allmähl. erweitert, nicht bauchig **25**
25. Blüten (fast) sitzend, in dichten, (achsel- u.) endst., halbkugeligen, köpfchenart. Scheinquirlen .... ***Clinopodium***, 684
— Blüten od. Halbquirle deutl. gestielt, Stiel mehr als ein Drittel so lg. wie der Kelch; Blüten nicht endst. köpfchenart. gehäuft **26**
26. Kelchzähne br. 3-eckig, nicht grannig zugespitzt, der mittl. der Oberlippe viel größer als die seitl. (*680/2*); Krone 25–40 mm lg., — weiß od. rosa, Mittellappen der Unterlippe meist dunkler rot(violett) .... ***Melittis***, 688
— Kelchzähne (zumind. die unt.) grannig zugespitzt (*680/3, 680/5, 680/6*); Krone meist < 25 mm lg. (außer bei *Calamintha grandiflora*, S. 683) **27**
27. Kelch vom Grund zur Mündung deutl. erweitert (*680/3*); Mittellappen der Unterlippe der Krone länger u. breiter als die Seitenlappen; Blüten weiß bis gelbl. od. zart rosa; Gartenpfl. m. starkem Zitronenduft .... ***Melissa***, 688
— Kelch gleichm. röhrenf. (*680/6*) od. im unt. Teil bauchig erweitert (*680/5*); Lappen der Unterlippe der Krone gleich od. Mittellappen breiter, aber nicht länger; Pfl. nicht nach Zitrone duftend **28**

679/1

679/2

679/3

679/4

679/5

679/6

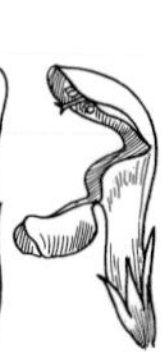
679/7

28. Blüten in gestielten, ± locker verzweigten Teilinfl.; Kelchröhre walzenf. (*680/6*); Blätt. meist > 2 cm lg. .... ***Calamintha***, 683
— Blüten kurz gestielt, zu (1–)3(–4) in sitzenden Halbquirlen; Kelchröhre bauchig erweitert (*680/5*); Blätt. < 2 cm lg. .... ***Acinos***, 682
29 (20). Staubblätt. (zumind. die längeren) aus Kronröhre herausragend, unter der Oberlippe (ähnl. *678/1*) od. seitl. am Schlund sichtbar **35**
— Staubblätt. in der Kronröhre eingeschlossen, nicht frei sichtbar **30**
30. Blüten achselst., zu wenigen od. in dichten Scheinquirlen, m. laubblattart.Tragblätt. **32**
— Blüten in endst., gestielten Scheinähren; Tragblätt. der Halbquirle viel kleiner als normale Laubblätt. **31**
31. Blüten kräftig (blau)violett; Kelch röhrenf., grau- bis violettfilzig, Kelchzähne winzig ***Lavandula***, 687
— Blüten weiß bis blass gelbl.; Kelch grün, Kelchzähne lg. zugespitzt ***Sideritis hyssopifolia***, 693
32 (30). Blätt. ganzrandig, linealisch bis schmal lanzettl., 2–5 mm br. .... ***Satureja***, 692
— Blätt. gesägt, gezähnt od. gekerbt, > 10 mm br. **33**
33. Pfl. m. kriechenden, wurzelnden Trieben, niederlgd. bis aufstgd. (*Taf. 1: 6*); Blätt. nieren- bis rundl.-herzf., gekerbt (*Taf. 9: 3*); Blüten blauviolett .... ***Glechoma***, 685
— Pfl. aufr., ohne kriechende Triebe; Blüten weiß bis rötl. **34**
34. Blüten weiß., m. lg. 2-zipfeliger, aufw. gekrümmter Oberlippe .... ***Marrubium***, 688
— Blüten rosa od. weiß m. rötl. Flecken, m. ungeteilter, flach löffelf., nicht aufw. gekrümmter Oberlippe .... ***Leonurus***, 687
35 (29). Blätt. tief gelappt bis handf. geteilt .... ***Leonurus cardiaca***, 687
— Blätt. ungeteilt (aber oft m. gesägtem od. gekerbtem Rand) **36**
36. Unterlippe der Krone m. einem großen, deutl. 2-lappigen Zipfel u. 2 kleinen, nur zahnf. (leicht vertrocknenden) Seitenzipfeln (*678/1, S*) .... ***Lamium***, 686
— Unterlippe der Krone m. einem großen, 2-lappigen od. ungeteilten Mittellappen u. 2 seitl., br., meist stumpfen Lappen (*678/3*); Seitenlappen meist ausgebr., selten seitl. am Schlund u. aufr. od. zurückgeschlagen **37**
37. Unterlippe der Krone am Grund beiderseits m. einem hohlen, zahnf. Höcker (*680/4, H*); — Seitenlappen der Unterlippe im Umriss br. u. stumpf; Kelchzähne meist grannig ***Galeopsis***, 684
— Unterlippe der Krone ohne zahnf. Höcker **38**
38. Blüten meist kräftig gelb, seltener blassgelb u. nur der Mittellappen der Unterlippe kräftig gelb; Oberlippe ungeteilt, ± horizontal, tief löffelart. konvex (ähnl. *679/7*); Mittellappen der Unterlippe ungeteilt, m. rötl. Zeichnung, Seitenlappen m. zusätzl. Spitze (leicht vertrocknend!); — Blätt. oft m. heller Zeichnung .... ***Lamium galeobdolon***, 686
— Blüten rot, rötl., violett, blau od. weiß; wenn gelbl.weiß, dann Mittellappen nicht dunkler u. Oberlippe 2-spitzig od. aufw. gebogen **39**
39. Blattrand gesägt od. gekerbt; wenn Blätt. scheinbar ganzrandig, dann dicht grau- od. weißfilzig behaart u. > 10 mm br. **41**
— Blätt. ganzrandig, linealisch bis lanzettl., < 7 mm br., kahl bis mäßig behaart, aber nicht dicht grau- od. weißfilzig **40**
40. Blüten kräftig blauviolett, > 20 mm lg. .... ***Dracocephalum***, 684
— Blüten weiß bis blass violett, 5–15 mm lg. .... ***Satureja***, 692

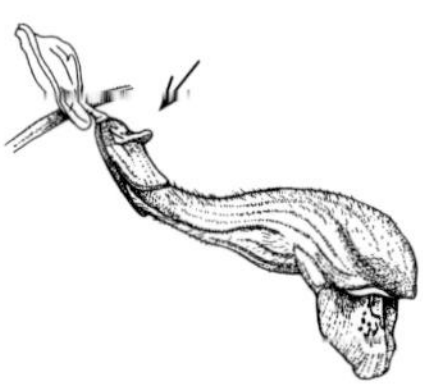
680/1

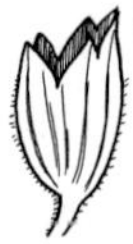
680/2

680/3

680/4

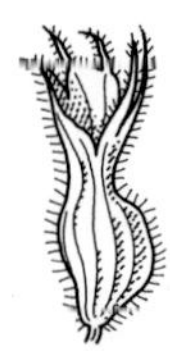
680/5

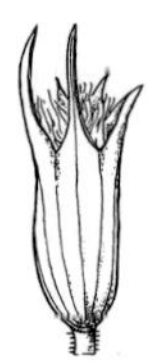
680/6

41 (39). Pfl. m. kriechenden, wurzelnden Trieben, niederlgd. bis aufstgd. (*Taf. 1: 6*); Blüten blauviolett, zu 1–3(–5) in den Achseln der Laubblätt. .... ***Glechoma***, 685
— Pfl. aufr.; Blüten meist in mehrblütigen Infl. **42**

42. Mittellappen der Unterlippe der Krone br., in Aufsicht insges. muschelf. bis schüsself. vertieft, m. ± regelm. gekerbtem Rand; — Seitenlappen zurückgeschlagen; Kelchröhre oft gekrümmt; Krone weißl. bis rötl. od. blau .... ***Nepeta***, 690
— Mittellappen der Unterlippe der Krone nicht insges. muschelf. vertieft, ungeteilt bis 2-lappig, aber nicht m. mehrmals gekerbtem Rand **43**

43. Blüten in dichten endst. Scheinähren ohne laubige Tragblätt. od. nur das unterste Paar laubig; ohne deutl. Abstände zw. den Scheinquirlen od. nur der unterste deutl. von den ob. entfernt; Infl. lg. gestielt, letztes Internodium unter dem blütentragenden Teil etwa so lg. wie dieser od. länger .... ***Betonica***, 683
— Blüten in Scheinquirlen; Infl. zumind. im unt. Teil m. deutl. Abständen zw. den Scheinquirlen, im ob. Teil zuw. scheinährig, nicht auffällig gestielt, d. h., letztes Internodium unter dem blütentragenden Teil kürzer als dieser **44**

44. Halbquirle deutl. kurz gestielt; ob. Quirle nicht zu Scheinähre zus.tretend; Kelch m. 10 stark hervortretenden Nerven .... ***Ballota***, 682
— Halbquirle nicht gestielt; Quirle deutl. getrennt od. ob. zu Scheinähre vereinigt; Kelch m. unauffälligen Hauptnerven od. meist m. 5 stärkeren u. 5 schwächeren Nerven **45**

45. Grundblätt. 20–30 cm lg., herzf., lg. gestielt; Stg.Blätt. ohne Blüten nur 1–3 Paar, (viel) kleiner als Grundblätt.; Blüten rosa(violett), 15–20 mm lg., m. mehrzipfeliger, dicht lg.haariger Oberlippe u. lg. bewimperten Kelchzipfeln, in ≈ 20–30-blütigen Quirlen .... ***Phlomis***, 691
— Grundblätt. fehlend od. ähnl. wie Stg.Blätt.; Oberlippe der Blüten 2-zipfelig od. ungeteilt, selten dicht lg.haarig; Kelchzipfel kahl od. behaart **46**

46. Kelch leicht bauchig, in der Mitte so weit wie od. etwas weiter als an der Mündung; Blüten in ≈ 16–30-blütigen Quirlen; Krone < 10 mm lg., rosa bis fast weiß, kaum länger als die stechenden Kelchzipfel; Blätt. grob gesägt, zugespitzt .... ***Leonurus marrubiastrum***, 687
— Kelch glockig, an der Mündung weiter als in der Mitte; Blüten meist weniger pro Quirl; Krone meist. > 12 mm lg., länger als die Kelchzipfel, wenn kürzer, dann Blätt. gekerbt u. m. gerundeter Spitze .... ***Stachys***, 693

47 (8). Kelch m. 5 gleichen (*679/3*) od. etwas unterschiedl. langen, aber gleichmäßig verteilten Zipfeln (*679/7*) **52**
— Kelch deutl. 2-lippig, m. 3-zähniger Oberlippe u. 2-zähniger Unterlippe **48**

48. Blüten in rispenart. verzweigten Infl., m. deutl. gestielten Teilinfl. (Stiele länger als der Kelch) .... ***Calamintha***, 683
— Blüten in Scheinquirlen od. diese zu Scheinähren vereinigt; Teilinfl. sitzend od. sehr kurz gestielt (aber Blüten zuw. gestielt) **49**

49. Blätt. ganzrandig, linealisch bis ellipt., (verkehrt) eif. od. rundl., 3–20(–30) mm lg., 1–8 mm br.; Blüten < 10 mm lg. .... ***Thymus***, 695
— Blätt. gekerbt od. gesägt (zuw. undeutl.), selten ganzrandig, dann längl. eif., > 25 mm lg. u. > 10 mm br.; Blüten oft > 10 mm lg. **50**

50. Kelchröhre abgeflacht, fast doppelt so br. wie hoch, unt. Kelchzähne fast bis zum Grund frei von den ob.; Blüten in dichter, oft köpfchenart. Scheinähre .... ***Prunella***, 691
— Kelchröhre nicht abgeflacht, etwa so br. wie hoch; Kelchröhre etwa so lg. wie Kelchzipfel od. länger; Blüten in Scheinquirlen od. die ob. zu Scheinähren vereinigt **51**

51. Kelchröhre bauchig erweitert (*680/5*); Blüten zu (1–)3(–4) in Halbquirlen; Oberlippe flach od. wenig gewölbt, am Ende 2-zipfelig u. meist aufw. gebogen; Blätt. < 2 cm lg. ***Acinos***, 682
— Kelchröhre ± glockig, nicht bauchig; Blüten in meist mehrblütigen, dichten Scheinquirlen od. Scheinähren; Oberlippe konvex aufgewölbt, meist zu einer Röhre zus.gefaltet; Blätt. > 4 cm lg. .... ***Salvia***, 691

52 (47). Blüten in rispenart. verzweigten Infl., m. lg. gestielten Teilinfl. .... ***Origanum***, 690
— Blüten zu wenigen in den Blattachseln od. in ± vielblütigen Scheinquirlen, od. diese zu Scheinähren vereinigt; Teilinfl. sitzend od sehr kurz gestielt (aber Blüten zuw. gestielt) ... **53**

53. Pfl. m. kriechenden, wurzelnden Trieben, niederlgd. bis aufstgd. (*Taf. 1:6*); Blüten blauviolett, zu 1–3(–5) in den Achseln der Laubblätt.; — Blätt. nieren- bis rundl.-herzf., gekerbt (*Taf. 9: 3*) . . . . ***Glechoma*** 685
— Pfl. aufr.; Blüten meist in mehrblütigen Infl. **54**
54. Blätt. ganzrandig, linealisch bis schmal lanzettl., 2–5 mm br. . . . . ***Satureja***, 692
— Blätt. gesägt, gezähnt od. gekerbt, > 10 mm br.; zuw. so dicht filzig behaart, dass der Blattrand kaum erkennbar ist . . . . ***Stachys***, 693

Acinos Mill. [*Clinopodium* L. p. p.], Steinquendel

1. Krone 7–12 mm lg., meist hell violett; Kelchzähne z. Frzt. zus.neigend u. ± gleich lg., Kelch daher geschlossen; Blätt. am Rand oft umgerollt; ↕ 10–35 cm; ⊙–3-j. VI–IX. – Trockenrasen, Felsen, Mauern, Dünen. – *v–z*; in NW-D, B u. DK *s*. [*Satureja acinos* (L.) Scheele; *Calamintha acinos* (L.) Clairv.; *Clinopodium acinos* (L.) Kuntze; *Ziziphora acinos* (L.) Melnikov]
Gewöhnlicher St., ***A. arvensis*** (Lam.) Dandy
— Krone 15–20 mm lg., kräftig violett; Kelchzähne z. Frzt. aufr. abspreizend, verschieden lg. (*680/5*); Kelch offen; ↕ 10–20 cm; ♃. VII–IX. – Kiefernwälder, Steinschutt, Magerrasen; auf Kalk; 400–1500 m. – *v* Alp. u. Voralp.; sonst nur *s* D: BY; F; Els; *z* CH: Jura. [*Satureja alpina* (L.) Scheele; *Clinopodium alpinum* (L.) Kuntze; *Ziziphora granatensis* subsp. *alpina* (L.) Bräuchler & Gutermann]
Alpen-St., ***A. alpinus*** (L.) Moench

Ajuga L., Günsel

1. Krone gelb; Blüten einzeln blattachselst.; Blätt. tief 3-spaltig, m. linealischen Zipfeln; — Stg. zottig behaart; ↕ 5–20 cm; ⊙. V–IX. – Äcker, Wegränder. – D: *z* BW, BY, ST, TH; sonst *s*, in NW-D *f*; *z–s* A: Bgl, NÖ, OÖ; Stm; CH (bes. Genfer See, Rhonetal); F; I: Bz; NL; PL.
Gelber G., ***A. chamaepitys*** (L.) Schreb.
— Krone blau bis violett, selten rötl. od. weiß; Blüten in mehrblütigen Quirlen; Laubblätt. ungeteilt **2**
2. Pfl. m. oberird. Ausläufern; Stg. an der Basis ± kahl; — Rosettenblätt. m. geflüg. Stiel, gekerbt; oberste Tragblätt. kürzer als die Blüten; ↕ 7–30 cm; ♃. V–VIII. – Wiesen, Gebüsche, Wälder. – *v*.
Kriechender G., ***A. reptans*** L.
— Pfl. ohne Ausläufer; Stg. auch an der Basis behaart **3**
3. Blätt. grob gekerbt bis gesägt, ± so lg. wie die Internodien; Tragblätt. der Quirle ± so lg. wie die meist dk.blaue Krone; Infl. ± locker, lg. gestreckt; — Stg. zottig behaart; ↕ 7–30 cm; ♃. VIII–IX. – Trockenrasen, lichte Wälder; auf Kalk. – *v–z*, in NW-D u. NL *s*; *f* DK.
Genfer G., ***A. genevensis*** L.
— Blätt. ganzrandig od. seicht u. entfernt gekerbt; auch die ob. Tragblätt. der Quirle viel länger als die Blüten; Krone hellblau bis lebhaft rotviolett; Infl. anfangs dicht, 4-kantig, pyramidenf.; ↕ 7–25 cm; ♃. V–VII. – Magerwiesen, Zwergstrauchheiden; montan u. subalp. – *v* Alp., sonst *z–s*.
Pyramiden-G., ***A. pyramidalis*** L.

Hybriden nicht selten; Hybrid-G., ***A.*** × ***hybrida*** Kern. [*A. reptans* × *A. genevensis*]. *z* verwild.

Ballota L., Schwarznessel, Stinkandorn

Stg. u. Blätt. weich behaart, widerl. riechend; Blüten rosa, rötl. od. hell blauviolett; ↕ 20–120 cm; ♃ IV–VII. – Hecken, Ruderalstellen.
Schwarznessel, ***B. nigra*** L.

a. Kelchzähne m. Granne 2–6 mm lg., schmal 3-eckig, allmähl. grannig zugespitzt; Kelchröhre 5–7 mm lg.; Spr. der Stg.Blätt. bis 7 cm lg., bis doppelt so lg. wie br. – *v*, im NW-D u. NL seltener. [subsp. *ruderalis* (Sw.) Briq.]
Gewöhnliche Sch., subsp. ***nigra***
— Kelchzähne 1–2 mm lg., sehr br. 3-eckig, dann plötzl. in aufgesetzte Stachelspitze überghd.; Kelchröhre 7–10 mm lg.; Spr. der Stg.Blätt. max. 4 (meist 2–2,5) cm lg., ± so lg. wie br. – *z* in W-D (bes. HF, NRW, RP); A; B; CH; F; I: Bz; NL; *s* im mittl. u. östl. Gebiet, Verbr. noch unsicher. [subsp. *foetida* (Vis.) Hayek]
Stinkende Schw., subsp. ***meridionalis*** (Bég.) Bég.

Betonica L., Betonie

1. Krone blassgelb, ihre Röhre innen m. Haarring; — Blattspr. herzf. bis eif. zugespitzt, max. doppelt so lg. wie br.; Kronröhre nur so lg. wie der Kelch; ↕ 20–50 cm; ♃. VI–IX. – Magerrasen, Weiden, Krummholz; auf Kalk; bis 2000 m. – D: *z* Berchtesgadener Alp., *s* bei Garmisch, Allgäu; *z* Alp. von A; I: Bz; *s* CH: Bern, Ts. [*Stachys alopecuros* (L.) Benth. subsp. *jacquinii* (Gren. & Godr.) Vollm.; *B. divulsa* Ten.]
Fuchsschwanz-B., ***B. alopecuros*** L. subsp. ***jacquinii*** (Gren. & Godr.) O. Schwarz

— Krone rot bis rotviolett (selten weißl.), ihre Röhre innen ohne Haarring 2

2. Blätt. (auch Grundblätt. oberseits) u. Sprosse dicht, fast zottig behaart; ↕ 10–30 cm; — Krone 15–22 mm lg.; ♃. VII–VIII. – Zwergstrauchheiden, Hochstaudenfluren; auf Kalk; 700–2400 m. – *s*, A: Kt (Karnische u. Gailtaler Alp.); S-CH; I: Bz (Seiseralm). [*Stachys densiflora* Benth.; *S. pradica* (Zanted.) Greuter & Pignatti] Zottige B., ***B. hirsuta*** L.

— Blätt. (zumind. Grundblätt. oberseits) gering od. rau behaart, nicht zottig; Pfl. 25–100 cm hoch 3

3. Krone 10–17 mm lg., Kronröhre außerhalb des Kelchs fast gerade; ob. Stängelblätt. viel schmaler als Grundblätt., schmal 3-eckig bis längl., 3–5-mal so lg. wie br., m. ± gestutzem Grund; ↕ 30–100 cm; ♃. VII–X. – Magerwiesen, lichte Wälder. – *v*, im N seltener, *f* NW-NI; *v–z* A; *s* B; DK; *v–z* F, I: Bz; *s* NL; *v–z* PL. [*Stachys officinalis* (L.) Trevir.]
Echte B., Heilziest, ***B. officinalis*** L.

Hierher auch die Späte B., subsp. ***serotina*** (Host) Hayek: Stg. stark rauhaarig; Infl. locker, oft unterbrochen; Blattspr. der unt. Stg.Blätt. m. gestutztem Grund, nicht herzf. VIII–X. – *s*, nur CH: Ts.

— Krone 25–40 mm lg., Kronröhre außerhalb des Kelchs deutl. gekrümmt; Stängelblätt. (außer Tragblätt. in der Infl.) kleiner als Grundblätt. aber kaum anders geformt, herzf.; 1,3–2-mal so lg. wie br.; ↕ 25–60 cm; ♃. VI–VIII. – Zierpfl. (Heimat: Kaukasus), *s* siedlungsnah verwild., D: BY, RP, SN, TH; DK. [*B. grandiflora* Willd., nom. illeg.; *Stachys grandiflora* (Willd.) Benth.]
Großblütige B., ***B. macrantha*** K. Koch

Calamintha Mill. [*Clinopodium* L. p. p.], Bergminze

Muss wahrscheinlich in *Clinopodium* eingeschlossen werden.

1. Blüten groß, Kelch 10–13 mm lg., Krone (v. a. der ⚥ Blüten) 25–40 mm lg.; Stg. kahl; Blätt. grob gesägt; ↕ 20–50 cm; ♃. VII–IX. – Schattige Wälder. – *s*, nur A: SO-Kt (Karawanken); CH: Bern, Ts. [*Clinopodium grandiflorum* (L.) Stace] Großblütige B., ***C. grandiflora*** (L.) Moench

— Blüten kleiner, Kelch 3–10 mm lg., Krone 8–22 mm lg.; Stg. zottig behaart (aber oft verkahlend); Blätt. gesägt od. nur m. seichten Kerbungen (Artengruppe Echte B., ***C. menthifolia*** agg.) .. 2

2. Unt. Kelchzähne > 2 mm lg., 2(–3)-mal so lg. wie die ob. (*680/6*) 4

— Unt. Kelchzähne 1–2 mm lg., kaum länger als die ob. 3

3. Halbquirle 5–20-blütig; Kelch 5–7 mm lg.; Krone 8–12 mm lg.; ↕ 25–80 cm; ♃. VII–IX. – Felsen, Mauern, Schuttflächen; auf Kalk. – *s*, D: BY, sonst unbest., im N bis Harz; *s* A: Kt, Ti, Vb; CH; F: Els; FL; I: Bz; sonst *s* aus Kultur. [*Clinopodium nepeta* (L.) Kuntze; incl. *Calamintha nepetoides* Jord. u. *C. glandulosa* (Req.) Benth.] Echte B., Kleinblütige B., ***C. nepeta*** (L.) Savi

— Halbquirle ± 3-blütig; Kelch 3–5 mm lg.; Krone 12–15 mm lg.; ↕ 25–80 cm; ♃. VII–IX. – Sonnige Felsfluren, Gebüsche. – *s*, Alp. von D: BY (Berchtesgadener Alp.); A: Bgl, Kt, NÖ, OÖ, Sb, Stm. [*C. subisodonta* Borbás; *C. brauneana* (Hoppe) Jáv.; *C. einseleana* F. W. Schultz; *Clinopodium einseleanum* (F. W. Schultz) Peruzzi & F. Conti; *Clinopodium foliosum* Asch.]
Österreichische B., ***C. foliosa*** Opiz

4 (2). Kelch 6–10 mm lg.; Krone 15–22 mm lg.; Halbquirle 5–20 mm lg. gestielt; ↕ 35–80 cm; ♃. VII–IX. – Lichte Wälder, Wegränder; meist auf Kalk. – *z* in D: BW, S-HE; RP, sonst *s*; *z* A; *s* B; *z* CH; I: Bz; *s* NL. [*C. sylvatica* Bromf.; *Clinopodium menthifolium* (Host) Stace)]
Wald-B., ***C. menthifolia*** Host

— Kelch 5–7 mm lg.; Krone 12–15 mm lg.; Halbquirle ≤ 5 mm lg. gestielt; ↕ 35–80 cm; ♃. VII–IX. – Lichte, warme Wälder – *s*, CH; F: Els; eingeschleppt? B; NL. [*Satureja ascendens* (Jord.) K. Malý; *Clinopodium ascendens* (Jord.) Samp.] Aufsteigende B., ***C. ascendens*** Jord.

Caryopteris Bunge, Bartblume

Strauch; Blätt. unterseits graufilzig, oberseits dk.grün, matt, wenigstens z.T. grob gesägt; Blüten in gestielten Doppelwickeln in den Achseln der ob. Blätt.; Krone leuchtend blau bis blauviolett; ↕ 50–120 cm; ♄. VIII–X. – Zierpfl. (*C. incana* Miq. × *C. mongholica* Bunge, beide O-As.), oft gepfl., *s* verwild., unbest. D: BW, BY, RP; *s* A: NÖ, Sb; CH: Bern Vd, Vs; NL.

Clandon-Bartblume, ***C.*** × ***clandonensis*** Simmonds

Clinopodium L. [excl. *Acinos* Mill., *Calamintha* Mill., *Satureja* L.), Wirbeldost

Über die Gattungsumgrenzung im *Clinopodium*-Komplex wurde noch kein Konsens erreicht (vgl. Kadereit et al. 2016)."

Blüten in 10–20-blütigen, dichten, zu 1–4 übereinandersthd. Quirlen; Krone hell rotviolett, selten weiß; Stg., Blätt. u. Kelch lg. zottig behaart; Kelchzähne begrannt; Kelchröhre leicht gebogen; Pfl. ohne auffälligen Duft; ↕ 30–60 cm; ♃. VII–IX. – Trockenrasen, Gebüsche, Waldränder. – *v–z*, in NW-D u. DK *z–s*. [*Calamintha clinopodium* Spenn.; *Satureja vulgaris* (L.) Fritsch]

Gewöhnlicher W., ***C. vulgare*** L. (subsp. ***vulgare***)

Dracocephalum L., Drachenkopf

1. Blätt. in linealische, < 2,5 mm br. Zipfel zerteilt; Krone 35–50 mm lg., dk.violett; — Stg. dicht behaart; Staubbeutel wollig behaart; ↕ 20–40 cm; ♃. V–VI. – Trockenrasen, Schwarzkiefernwälder. – *s*, A: NÖ (Alp.Rand, Hainburger Berge); CH: Gr, Vs; CZ; I: Bz.
Österreichischer D., ***D. austriacum*** L.

— Blätt. ungeteilt, ≥ 2 mm br.; Krone < 30 mm lg. **2**

2. Blätt. schmal linealisch, ganzrandig; Stg. kahl; Kelch fast regelm. 5-zähnig; Staubbeutel wollig behaart; — Krone blau(violett), 20–28 mm lg.; ↕ 10–40 cm; ♃. VII–VIII. – Magerrasen, Kiefernwälder. – *s*, A: Kt (Mallnitz), Ti (Lechtal, Hohe Tauern); CH: Alp.Täler in Bern, Gr, Uri, Vs; FL; I: Bz; PL; früher D: BY, MV, ST. ⓖ. Nordischer D., ***D. ruyschiana*** L.

— Blätt. lanzettl. od. eif. lanzettl., gesägt; Kelch 2-lippig; Staubbeutel kahl; Pfl. 1-j. **3**

3. Krone 20–25 mm lg., weiß od. violett; Kelch 2-lippig, m. 3-zähniger Ober- u. 2-zähniger Unterlippe; Zähne der Tragblätt. m. lg. Granne; ↕ 30–50 cm; ⊙. VII–VIII. – Als Zier- u. Heilpfl. kult. (Heimat: Sibirien, Z-As.); *s* verwild. Türkischer D., Türkische Melisse, ***D. moldavica*** L.

— Krone 7–9 mm lg., hell blauviolett; Kelch 2-lippig, Oberlippe 1-zähnig; Zähne der Tragblätt. ohne Granne; — Blattspr. 10–35 mm lg. u. 7–20 mm br., am Grund herzf., gesägt, kahl; ↕ 10–20 cm; ⊙. VI–VII. – Ruderalstellen, Kleefelder. – Eingeschleppt (Heimat: W-Sibirien); *s*, D: BB, BW, BY, HE, SH, SN; A: Stm; B; DK; NL; PL. Thymian-D., ***D. thymiflorum*** L.

Elsholtzia Willd., Kammminze

Blätt. eif. zugespitzt, 3–4 cm lg., regelm. scharf gesägt, stark aromat. duftend; Infl. einseitswendige Scheinähren m. großen, br. ellipt. zugespitzten Tragblätt.; Krone rosa od. helllila; ↕ 30–50 cm; ⊙. VII–IX. – Ruderalstellen, Bahn- u. Hafenanlagen. – Als Gewürzpfl. (Heimat: O- u. Z-As.) angebaut u. stellenw. verwild.; *s*, D; DK; NL; PL. [*E. cristata* Willd.] Echte K., ***E. ciliata*** (Thunb.) Hyl.

Galeopsis L., Hohlzahn, Hanfnessel

1. Stg. m. deutl. verdickten Knoten, abstehd. borstig behaart, Haare abw. gerichtet (zuw. fast kahl: *G. pubescens*, **Nr. 5.**); — Kelch drüsig u. flaumig behaart **4**

— Stg.Knoten kaum verdickt, weich behaart od. kahl **2**

2. Krone gelbl.weiß od. weiß m. gelbem Schlundfleck, 20–30 mm lg., höchstens die Schlundzähne violett überlaufen; Blätt. eif., die ob. (bes. aber Stg. u. Kelch) drüsig-flaumig; ↕ 15–45 cm; ⊙. VII–VIII. – Acker, Geröll, Kies, Sand, Wegränder, Gebüsch. – *v–z* in W-D, bes. S-NRW, RP, östl. einer Linie Schw.–Stralsund *s*; *s* B; W-CH, CZ; *z* NL. [*G. ochroleuca* Lam.]

Gelber H., ***G. segetum*** Neck.

— Krone meist rot bis hell violett, 10–20 mm lg.; Blätt. kahl bis schwach flaumig u. gering drüsenhaarig **3**

3. Blätt. schmal lanzettl., 2–5 mm br., ganzrandig od. spärl. u. seicht gezähnt; Krone ≈ 3-mal so lg. wie der Kelch; Kelch weißl., m. dicht anlgd. u. wenigen absthd. Haaren; ↕ 10–50(–70) cm; ☉. VI–X. – Kalkschotter, Bahndämme. – *z* in S- u. M-D, *s* in N- u. O-D (nördl. vom Harz, östl. von Leipzig); *z–s* A; B; CH; CZ; *s* DK; *z–s* I: Bz; NL; PL. – Von folg. Art meist nicht unterschieden! Schmalblättriger H., ***G. angustifolia*** Hoffm.

— Blätt. eif. lanzettl., 7–15 mm br., jederseits m. 3–7 Zähnen; Krone ≈ doppelt so lg. wie der Kelch; Kelch grün, m. absthd., durchsichtigen Haaren; ↕ 10–50(–70) cm; ☉. VI–X. – Äcker, Geröll, Ruderalstellen. – D: *z* im O (östl. einer Linie Cuxhaven–Regensburg), seltener im W, zurückghd.; *s* A, *z* CH; DK; F; *v* I: Bz; *s* NL, *z* PL. – Von *G. angustifolia* meist nicht unterschieden! Breitblättriger H., ***G. ladanum*** L.

4 (1). Krone gelb, m. violettem Mittellappen der Unterlippe, 20–35 mm lg.; — Kronröhre etwa doppelt so lg. wie der Kelch; Stg. unter den Knoten m. steifen, absthd. Haaren, sonst meist kahl; ↕ 20–70(–100) cm; ☉. VI–X. – Ackerränder, Wälder, Kahlschläge, Hecken. – D: *v–z* O-BW, BY, MV, NI, N-NRW, SH, SN, ST, TH, *s* W-BW, HE, S-NRW, RP; *v–z* A (nach W seltener); *s* B; O-CH: Gl, Gr, SG, Sz; *v–z* CZ; DK; I: Bz; NL; PL. Bunter H., ***G. speciosa*** Mill.

— Krone weiß u. rosa od. rot, selten hellgelb u. zuw. m. violetter Zeichnung auf dem Mittellappen, 10–25 mm lg. **5**

5. Stg. unter den mäßig verdickten Knoten außer m. Borstenhaaren auch m. weichen, anlgd. Flaum- u. lg. gestielten Drüsenhaaren; Kronröhre mind. doppelt so lg. wie der Kelch; Krone 18–25 mm lg.; ↕ 20–50(–60) cm; ☉. VII–IX. – Gebüsch, Kahlschläge, Äcker. Weichhaariger H., ***G. pubescens*** Besser

a. Krone rot m. gelbem Schlundfleck. – *v*, D: SO-BB, BY, SN, O-TH, sonst *z*, nach W seltener; *v–z* A (nach W seltener); *s* B; *v–z* CH: Ts (sonst *s*); *s* DK; *v–z* I: Bz; *s* NL; *v–z* PL. Weichhaariger H. (i. e. S.), subsp. ***pubescens***

— Krone insges. hellgelb od. m. violetter Zeichnung auf dem Mittellappen. – *s*, D: S-BY, unbest. BW; SH (angesät?); A: NÖ, Sb, Stm, Ti. Murr-H., subsp. ***murriana*** (Borbás & Wettst.) Murr

— Stg. unter den stark verdickten Knoten nur m. Borstenhaaren u. wenigen, kurzen Drüsenhaaren; Kronröhre nur so lg. wie od. wenig länger als der Kelch; Krone rot od. weiß **6**

6. Mittellappen der Kron-Unterlippe fast rechteckig, kaum ausgerandet, rot punktiert m. gelbem Gaumenfleck; Krone 15–20 mm lg., rot bis weiß; Drüsenhaare der Infl. schwarzköpfig; ↕ 15–50(–80) cm; ☉. VII–X. – Gebüsch, Äcker, Ruderalstellen. – *v*. Gewöhnlicher H., ***G. tetrahit*** L.

— Mittellappen der Kron-Unterlippe im Umriss eif., aber an der Spitze deutl. ausgerandet, am Rand später zurückgerollt, m. 2 gelben Schlundflecken; Krone 10–15 mm lg., blassrot; Drüsenhaare der Infl. gelbköpfig od. Infl. drüsenlos; ↕ 20–60(–70) cm; ☉. VII–X. – Wälder, Gräben, Kahlschläge, Ruderalstellen; auf kalkarmen Böden. – D: *v* NI, SH, SN, *z* BB, HE, NRW, RP, TH, *s* BW, Alp; *s* A; *z* B; *s* CH; *v* DK; *s* F: Els; I: Bz; *v* NL; PL. Zweispaltiger H., ***G. bifida*** Boenn.

Hybridisierung häufig!

Glechoma L., Gundermann

1. Stg. u. Blätt. sehr kurz u. unscheinbar behaart, Haare absthd. bis rückw. gerichtet, nur Knoten oft m. lg. Haaren; Blattspr. bis 3 cm br.; Krone bis 20 mm lg.; Kelchzähne nur ein Drittel so lg. wie die Kelchröhre, 3-eckig-zugespitzt; ↕ 5–30 cm, ↔ 10–200 cm; ♃; 2n = 18. IV–VII. – Feuchte Wiesen u. Wälder, Wegränder, Gärten. – *v*. [subsp. *glabriusculum* (Neilr.) Gams] Gewöhnlicher G., ***G. hederacea*** L.

— Stg. u. Blätt. stärker behaart, Haare absthd. bis anlgd., mind. halb so lg. wie die Breite des Stg.; Blattspr. meist 4–5 cm br.; Krone 20–30 mm lg.; ob. Kelchzähne halb so lg. bis so lg. wie die Kelchröhre, lineal-lanzettl.; ↕ 10–40 cm, ↔ 10–200 cm; ♃; 2n = 36. IV–VI. – Trockene Wälder, Gebüsche. – *z–s* A: Bgl, Kt, NÖ, OÖ, Stm; CH (bes. im W u. S); CZ; I: Bz. [*G. hederacea* subsp. *hirsuta* (Waldst. & Kit.) Gams] Behaarter G., ***G. hirsuta*** Waldst. & Kit.

Horminum L., Drachenmaul

Blätt. in grundst. Rosette, gestielt m. eif. zugespitzter, gleichm. gekerbt-gesägter, unterseits runzeliger, derber Spr.; Blüten in meist 6-blütigen, einseitswendigen Halbquirlen; Krone violett; ↕ 10–30 cm; ♃. VI–VIII. – Magerrasen; auf Kalk; bis 2400 m. – *s,* D: Berchtesgadender Alp.; A: *z* Sb, *s* SW-Kt (Karnische u. Gailtaler Alp.), OTi, Ti (bei Wörgl); *s* CH: Gr, Ts; I: Bz. ©. Pyrenäen-D., ***H. pyrenaicum*** L.

Hyssopus L., Ysop

Halbstrauch, 20–70 cm hoch; Blätt. lineal-lanzettl., 1–4 cm lg., fast sitzend; Krone blauviolett, in 7–15-blütigen, einseitswendigen Quirlen; ↕ 20–50 cm; ♄. VII–VIII. – Trockenrasen, Felsfluren; auch als Gewürz- u. Bienenpfl. kult. (Heimat: MMG bis S-Alp.), zuw. verwild. u. eingebürg.; D: *z* RP, S-ST, TH, sonst *s; s* A; B; CH: Vd, Vs (*z* Rhonetal); DK; F; I: Bz; NL. Echter Y., ***H. officinalis*** L.

a. Pfl. kahl od. fast kahl Echter Y. (i. e. S.), subsp. ***officinalis***

— Pfl. grau- od. weißfilzig. – *s,* CH: Vs. Filziger Y., subsp. ***canescens*** (DC.) Briq.

Lamium L. [incl. *Galeobdolon* Adans., *Lamiastrum* Fabr. p. p., Goldnessel], Taubnessel, Bienensaug

1. Krone gelb (meist goldgelb, selten blassgelb); Unterlippe 3-lappig, m. einem großen, ungeteilten Mittellappen u. 2 seitl., etwa ebenso großen Seitenlappen — Mittellappen m. rötl. Zeichnung; Blätt. oft m. heller, silbriger Zeichnung (*Taf. 11: 4*); ↕ 20–60 cm, ↔ zuw. bis 2 m; ♃. IV-VII. – Wälder, Gebüsche, Wegränder, Hochstaudenfluren. – *v,* oft auch kult. u. verwild. [*G. luteum* Huds., s. l.] Gelbe T., Goldnessel, ***L. galeobdolon*** (L.) L.

a. Pfl. ohne Ausläufertriebe; Krone blassgelb, 14–18 mm lg.; Stg. meist m. blhd. Seitentrieben; — Blätt. ungefleckt bis stark gefleckt; Blütenquirle m. 10–15 Blüten; 2n = 18. V–VII. – Wälder, Hochstaudenfluren; montan. – *z,* D: BY; A; CH: Gr, Ts, Vs; I: Bz. [*G. flavidum* (F. Herm.) Holub]
Blassgelbe G., subsp. ***flavidum*** (F. Herm.) Á. Löve & D. Löve

— Pfl. m. sterilen Ausläufertrieben; Krone goldgelb, größer; Stg. ohne blhd. Seitentriebe .... **b**

b. Silbrige Blattflecken der sterilen u. fertilen Triebe ganzj. vorhanden, oft mehr als die Hälfte der Spr.Fläche einnehmend; Oberlippe der Krone 7,5–11 mm br., m. bis 2 mm lg. Wimpern; Blüten- u. Fr.Stiele fein querrunzelig gerippt; — Blütenquirle 5–10-blütig; Krone 21–26 mm lg.; Ausläufer zahlr.; Stg.Basis fast nur an den Kanten behaart; 2n = 36. IV–VI. – Wälder. – *v* kult., oft verwild. u. eingebürg. – In Kultur entstanden. [*Lamium argentatum* (Smejkal) G. H. Loos; *G. argentatum* Smejkal] Silbrige G., subsp. ***argentatum*** (Smejkal) J. Duvign.

— Silbrige Flecken nicht bei allen Blätt. vorhanden, oft weniger als die Hälfte Spr.Fläche einnehmend; Oberlippe der Krone flacher, 5,5–8,5 mm br., ihre Wimpern 0,7–1,3 mm lg.; Blüten- u. Fr.Stiele glatt .... **c**

c. Ausläufertriebe am Grund auffällig fast nur entlang der Kanten behaart; Blütenquirle wenigblütig, m. 2–8 Blüten; Tragblätt. im Umriss rundl. bis eif.; Krone 17–21 mm lg.; 2n = 18. IV–VII. – Wälder; bis montane Stufe. – *v,* im S seltener; genaue Verbr. noch nicht bekannt. [*G. luteum* Huds.; *Lamiastrum galeobdolon* (L.) Ehrend. & Polatschek] Echte G., subsp. ***galeobdolon***

— Ausläufertriebe ringsum behaart; Stg. der Blütentriebe ringsum behaart, später oben verkahlend; Blütenquirle reichblütig, m. 8–18 Blüten; Tragblätt. im Umriss lanzettl., scharf gezähnt; Krone 18–25 mm lg.; 2n = 36. V–VII. – Wälder; bes. submontan u. montan. – *v–z,* v. a. Alp. u. Mittelgeb. [*G. montanum* (Pers.) Rchb.; *Lamium endtmannii* (G. H. Loos) Holub; *L. montanum* (Pers.) Hoffm. ex Kabath; *L. galeobdolon* subsp. *montanum* (Pers.) Hayek] Berg-G., subsp. ***montanum*** (Pers.) Hayek

— Krone weiß (ohne rötl. Zeichnung), rot od. purpurn **2**

2. Staubbeutel kahl; — Krone schmutzig rot bis rot (Zierformen zuw. weiß), 25–35 mm lg., ihre Oberlippe außen zottig behaart; Stg.Blätt. bis 10 cm lg. gestielt, Spr. bis 15 cm lg., herzf., scharf gesägt; ↕ 30–100 cm; ♃. IV–VI. – Hochstaudenfluren, Schluchtwälder, Waldränder. – *z,* A: Kt, NÖ, OTi, S-Stm, früher Sb (Pass Lueg), im S u. O häufiger als im N u.W; *s* I: Bz; auch als Zierpfl., *s* verwild., D: BY, RP; NL. Großblütige T., ***L. orvala*** L.

— Staubbeutel bärtig behaart (*Taf. 18: 6*); — Pfl. in allen Teilen kleiner **3**

3. Krone weiß (*Taf. 15: 6*), — Kronröhre gekrümmt, innen m. schrägem Haarring; Blätt. lg. zugespitzt, scharf gesägt; ↕ 20–50 cm; ♃. IV–VIII. – Ruderalstellen, Hecken. – *v.* Weiße T., ***L. album*** L.

— Krone rot od. purpurn **4**

4. Krone 20–30 mm lg., purpurn, m. dk. gefleckter Unterlippe u. aufw. gebogener Röhre, innen m. geradem Haarring; Blätt. bis 4 cm lg. gestielt, Spr. bis 8 cm lg.; ↕ 20–50(–60) cm; ♃. IV–IX. – Wälder, Hecken, Hochstaudenfluren, Straßengräben. – *v, z–s* in NW- u. NO-D, Alp. u. DK. Gefleckte T., ***L. maculatum*** L.

— Krone 10–15(–20) mm lg., m. gerader od. fast gerader Röhre, m. od. ohne Haarring; Blätt. kurz gestielt od. sitzend, Spr. < 3 cm lg.; Pfl. 1-j. **5**

5. Tragblätt. der Halbquirle breiter als lg., stg.umfassend, sitzend; Kronröhre 3–5-mal so lg. wie der Kelch, innen ohne Haarring; — Stg.Blätt. gestielt, rundl. nierenf., tief gekerbt; Blüten oft geschlossen bleibend; ↕ 5–30 cm; ⊙. III–V. – Äcker, Ruderalstellen. – *v*, D (*z* in SH); *z* A (*s* Alp.); *v* B; *z* CH (bes. N u. W); *v* DK; *z* F; I: Bz; *v* NL; PL. Stängelumfassende T., ***L. amplexicaule*** L.

— Tragblätt. der Halbquirle nicht stg.umfassend, zumind. die unt. kurz gestielt od. zuw. sitzend; Kronröhre so lg. wie od. wenig länger als der Kelch **6**

6. Kelch 8–12 mm lg., Kelchröhre kürzer als Kelchzähne; Mittellappen der Unterlippe der Krone ≈ 4 mm lg.; — unt. Tragblätt. ± eif., deutl. gestielt; Kronröhre m. undeutl. Haarring; ↕ 10–40 cm; ⊙. V–IX. – Äcker. – *s*, D: MV, NI, NRW, SH, ST; DK; NL; PL. – Entstanden aus *L. amplexicaule* × *L. purpureum*. [*L. intermedium* Fr.; *L. moluccellifolium* auct.] Mittlere T., ***L. confertum*** Fr.

— Kelch 5–7 mm lg., Kelchröhre mind. so lg. wie Kelchzähne; Mittellappen der Unterlippe der Krone 1,5–2,5 mm lg. **7**

7. Blattstiel der obersten Blätt. nicht stark verbreitert; unt. Blätt. rundl., wenig gekerbt, oft rot überlaufen, ob. Blätt. eif.-3-eckig; Kronröhre innen m. Haarring; ↕ 10–40 cm; ⊙. III–X. – Äcker, Gärten, Ruderalstellen. – *v* (*z* Alp). Rote T., ***L. purpureum*** L.

— Blattstiel der ob. Blätt. stark verbreitert; alle Blätt. eif. rundl., tief gekerbt bis fiederspaltig; Kronröhre innen ohne od. m. undeutl. Haarring; ↕ 10–30 cm; ⊙. III–VI. – Äcker, Gärten. – *z* NW- u. W-D: MV, NI, NRW, SH; W-CH; DK; NL; sonst *s*. – Entstanden aus *L. amplexicaule* × *L. bifidum* Cirillo. [*L. incisum* Willd.; *L. purpureum* var. *incisum* (Willd.) Pers.] Bastard-T., ***L. hybridum*** Vill.

Lavandula L., Lavendel

Halbstrauch; Blätt. lineal-lanzettl., bis 5 cm lg., bis 5 mm br., graufilzig (*Taf. 1: 1* u. *Taf. 6: 7*); Blüten in unterbrochenen, lg.gestielten Scheinähren, violett; Kelch außen grau od. violett-filzig; ↕ 20–60 cm; ♄. VII–VIII. – Duft- u. Heilpfl. (Heimat: MMG); *v* kult. u. zuw. verwild. [*L. officinalis* Chaix] Schmalblättriger L., ***L. angustifolia*** Mill.

Leonurus L., Herzgespann

1. Grundblätt. handf., meist 5-spaltig; ob. Stg.Blätt. 3-lappig, unterseits hellgrün; Krone länger als der Kelch; ↕ 50–150 cm; ♃. VI–IX. – Hecken, Ruderalstellen, Wegränder. – *z*, in D bes. im O; *z–s* A; *s* B; *z–s* CH; F; I: Bz; NL; *v* PL. Echtes H., Löwenschwanz, ***L. cardiaca*** L.

a. Alle Stg.Blätt. 3-lappig; Stg. fast kahl bis schwach behaart (bes. entlang der Kanten); Blätt. schwach behaart; Kelch am Rand bewimpert; Krone 9–10 mm lg. – *z–s*. Echtes H. (i. e. S.), subsp. ***cardiaca***

— Wenigstens einige Stg.Blätt. 5-lappig; Stg., Blätt. u. Kelch dicht (bis zottig) behaart; Krone 11–12 mm lg. – Aus dem O eingeschleppt, zunehmend als Bienenweide gepflanzt u. eingebürg.; *z–s*. Wolliges Echtes H., subsp. ***villosus*** (d'Urv.) Hyl.

— Grundblätt. eif. zugespitzt, Stg.Blätt. br. lanzettl., gesägt u. zugespitzt, am Grund allmähl. keilf. verschmälert, unterseits graufilzig; Krone höchstens so lg. wie der Kelch; ↕ 50–200 cm; ⊙. VII–VIII. – Flussauen, feuchte Gebüsche, Wegränder. – *z* in Strom- u. Flusstälern, in D im Oder-, Elbe- u. Saalegebiet, in A im March-Gebiet, sonst *s*; in D auch Main-, Oberrhein- u. Donaugebiet; *s* F; CZ; NL. [*Chaiturus marrubiastrum* (L.) Rchb.] Filziges H., Falscher Andorn, Katzenschwanz, ***L. marrubiastrum*** L.

Lycopus L., Wolfstrapp

1. Blätt. meist < 4 cm br., tief gezähnt bis gesägt, am Grund fiederspaltig; Kelchzähne länger als Kelchröhre; Pfl. m. Bodenausläufern; Stg. ästig, ↕ 20–100 cm; ♃. VII–IX. – Ufer, Gräben. – *v*. Gewöhnlicher W., ***L. europaeus*** L.

a. Stg. u. Blätt. kahl bis spärl. kurzhaarig; Blätt. lanzettl. – *v*. Gewöhnlicher W. (i. e. S.), subsp. ***europaeus***

— Stg. u. Blätt. beiderseits dicht flaumig bis kurzzottig behaart; Laubblätt. breiter, bis eif. – *s*, D: Berchtesgadener Alp., Chiemgau; A; F: Els; I: Bz. Flaumiger W., subsp. ***mollis*** (A. Kern.) Skalický

— Blätt. meist > 4 cm br., alle tief fiederspaltig; Kelchzähne meist nur so lg. wie die Kelchröhre; Stg. meist unverzweigt, ↕ 90–150 cm; ♃. VII–VIII. – Flussufer. – *s,* D: BY (Chiemgau), sonst ausgest.? (früher HE, ST); *s* A: Bgl, NÖ, Kt (verwild.); CZ. Hoher W., ***L. exaltatus*** Ehrh.

Marrubium L., Andorn

1. Kelch m. 10 zurückgekrümmten, hakigen, an der Spitze kahlen Zähnen; Blätt. rundl., runzelig, anfangs dicht weiß-wollig, später verkahlend; ↕ 30–50 cm; ♃. VI–VIII. – Trockene Weiden, Ruderalstellen, Wegränder. – Früher *z*, stark zurückgegangen, überall *s* od. *f*, am häufigsten noch D: ST, TH; A: Bgl, NÖ (noch?), Stm, Ti; FL; CH (bes. Rhonetal); F: Els; I: Bz; NL; PL. Gewöhnlicher A., ***M. vulgare*** L.

— Kelch m. 5 ± geraden, bis zur Spitze filzigen Zähnen; Blätt. br. lanzettl. bis schmal ellipt., am Grund keilf. verschmälert, weißfilzig; ↕ 30–70 cm; ♃. VII–VIII. – Weiden, Ruderalstellen, Trockenrasen. – Heimat: Balkan, O-Eur.; sehr *s,* D: ST, unbest. BW, RP, TH; A: Bgl, NÖ; CZ. [*M. creticum* Mill.] Ungarischer A., ***M. peregrinum*** L.

Melissa L., Melisse

Blätt. m. eif. bis rhomb., grob u. regelm. kerbig-gesägter Spr., m. starkem Zitronenduft; ↕ 20–80 cm; ♃. VI–VIII. – Als Gewürzpfl. (Heimat: SW-As., östl. MMG) *v* kult.; zuw. verwild. u. *z* eingebürg. Zitronen-M., ***M. officinalis*** L.

Melittis L., Immenblatt

Stg., Blätt. u. Blattstiele dicht weichhaarig; Stg.Blätt. gestielt, m. eif., am Grund abgerundeter u. ringsum grob gesägter Spr.; ↕ 20–50 cm; ♃. V–VI. – Lichte Laub- u. Nadelwälder; auf Kalk; v. a. montan. – D: *v–z* S-Oberrhein bis SchwAlb, Donaugebiet, sonst *s, f* MV; *v–z* A; *s* B; *v–z* CH (bes. Schweizer Jura, Ts, Vd); CZ; F: Els; I: Bz; *s* PL; *f* DK. ⓖ. Melissenblättriges I., ***M. melissophyllum*** L.

Mentha L., Minze

In der Gattung *Mentha* besteht eine starke Tendenz zu Hybridisierung. Obwohl die Hybriden meist steril sind (Pollen verkümmert), sind sie durch ihre reichl. Ausläuferbildung oft vitaler als ihre Eltern u. verdrängen diese nicht selten. Kult. werden v. a. solche Hybridminzen. Nicht alle im Gebiet vorkommenden „Sippen" (hier nur Auswahl) lassen sich m. dem folg. Schlüssel bestimmen; hierfür muss auf Spezialliteratur verwiesen werden. Beste neuere u. kurze Zus.fassung in Müller et al. (2021).

1. Blüten in endst., dichtblütigen Scheinähren, d. h., Quirle dicht sthd., die Tragblätt. der Halbquirle meist kleiner als die Blüten, dadurch im Aspekt nicht hervortretend; Infl. schlank pyramidenf., mehr als doppelt so lg. wie br. u. meist deutl. vom basalen, m. größ. Laubblätt. versehenen Stg.Teil abgesetzt; neben der endst. Scheinähre wiederholt sich bei kräftigen Pfl. die Infl.Bildung seitenst., aber schwächer ausgebildet (*679/2*) **5**

— Blüten in ± kugelf. Scheinquirlen; Tragblätt. der Halbquirle zur Spitze hin etwas kleiner werdend, aber nicht deutl. von den Stg.Blätt. verschieden (allenfalls unter dem terminalen Abschnitt deutl. kleiner; *679/1*); Infl. nicht deutl. vom basalen Stg.Teil abgesetzt, od. wenn Blüten in endst. Infl., dann diese kugelig bis ellipsoidisch, weniger als doppelt so lg. wie br. **2**

2. Stg. m. einer köpfchenart., kugeligen bis ellipt. Blütengruppe abschließend (*679/1*), — darunter meist 1–3 (halb)kugelige Scheinquirle in den Achseln normaler Laubblätt., ↕ 20–80 cm; ♃. VII–X. – Gräben, Sumpfwiesen, Ufer. – *v.* Wasser-M., ***M. aquatica*** L.

— Stg. m. Laubblätt. abschließend **3**

3. Stg.Blätt. 1–2 cm lg., oft nur undeutl. gesägt; Tragblätt. der Halbquirle kaum doppelt so lg. wie die Blüten; Kelch etwas ungleichzähnig, die 2 Zähne der Unterlippe etwas schmaler als die 3 der Oberlippe; Kelch z. Frzt. durch Haarkranz verschlossen, außen dicht kurzhaarig; Pfl. m. oberird. Ausläufern; ↕ 10–40 cm; ♃. VI–IX. – Feuchte Wiesen, Fluss- u. Seeufer. – Stromtäler, in D *z* im Elbe-, Oder- u. Rheingebiet, sonst *s*, zurückghd.; *s* A (bes. Donau-, March- u. Murgebiet); B; CH: Genf, Ts; CZ; *z* F: Els; *s* I: Bz; *z* NL (Rhein-Maas-Gebiet); *s* PL; sonst weithin *s* u. lückenhaft; *f* DK. Polei-M., ***M. pulegium*** L.

— Stg.Blätt. 3–8 cm lg., schwach bis deutl. gesägt; Tragblätt. der Halbquirle > 3-mal so lg. wie die Blüten; Kelch gleichm. 5-zähnig, außen lg.haarig, Haarkranz innen fehlend od. nur sehr schwach ausgebildet; Pfl. m. unterird. Ausläufern **4**

4. Kelch m. deutl. hervortretenden Nerven; Kelchzähne schmal, länger als br., fast so lg. wie die Kelchröhre; Pfl. häufig steril; ↕ 20–80 cm; ♃. VII–VIII. – Gräben, sandige Ufer, Auenwälder. – In D *z* bis lückenhaft, bes. NRW, SN (Verbr. unvollst. bekannt); *z* A; B; DK; F; *s* I: Bz; *v* NL; *z* PL. – Hierher 5 Hybridenschwärme, also sehr formenreich. [*M. aquatica* × *M. arvensis*]
Wirtel-M., ***M.*** × ***verticillata*** L.

— Kelch m. nur wenig hervortretenden Nerven; Kelchzähne 3-eckig, nur ein Fünftel bis ein Drittel so lg. wie die Kelchröhre; ↕ 15–40 cm; ♃. VII–IX. – Gräben, Sumpfwiesen, feuchte Äcker. – *v*. – Formenreich. Acker-M., ***M. arvensis*** L.

5 **(1).** Stg.Blätt. nur wenig länger als br., weich, m. gerunzelter Ober- u. filzig behaarter Unterseite, selten verkahlend, br. eif., am Grund fast herzf.; — Kelch kurz u. locker behaart, auch drüsig, Kelchzähne kurz 3-eckig; Pfl. m. ober- u. unterird. Ausläufern; Krone helllila bis weißl.; ↕ 30–80 cm; ♃. VII–IX. – Wegränder, nasse Weiden. – *z* im W (D: BW, NRW, RP; B; W-CH; F: Els; NL), sonst *s* u. sehr lückenhaft; Verbr. unvollst. bekannt. [*M. rotundifolia* auct.]
Rundblättrige M., ***M. suaveolens*** Ehrh.

Die häufige Hybride *M. spicata* × *M. suaveolens* = ***M.*** × ***villosa*** ist steril, aber in Blüte nur schwer von *M. suaveolens* zu unterscheiden; im direkten Vergleich ist ihre Krone etwas rötlicher.

— Stg.Blätt. schmal eif. bis br. lanzettl., zugespitzt, mind. 2-mal so lg. wie br., oberseits nicht runzelig, unterseits nicht filzig behaart **6**

6. Stg.Blätt. u. Tragblätt. der seitenst. veräng. Teilinfl. deutl. gestielt; — Infl.Form zieml. variabel, meist zieml. dick u. bis 20 mm br.; Pfl. steril; Ausläufer überwgd. oberird.; Krone lila; ↕ 40–80 cm; ♃. VI–VII. – Vermutl. nicht ursprüngl.; Kulturpfl.; *v* kult. u. *z* verwild. [*M. aquatica* × *M. spicata*] Pfeffer-M., ***M.*** × ***piperita*** L.

Hier schließen sich auch die Hybridenschwärme ***M.*** × ***dumetorum*** Schult. [*M. aquatica* × *M. longifolia*] u. ***M.*** × ***maximilianea*** F. W. Schultz [*M. aquatica* × *M. suaveolens*] m. jeweils ungenau bekannter Verbr. an.

— Stg.Blätt. u. Tragblätt. der seitenst. veräng. Teilinfl. sitzend, zuw. die untersten Blätt. kurz gestielt **7**

7. Pfl. m. oberird. Ausläufern; Stg. ± kahl; Blütenstiel u. Kelchbasis kahl; Stg.Blätt. kahl od. nur auf den Nerven behaart; ↕ 30–80 cm; ♃. VII–IX. – Gräben, Ufer, Äcker, feuchte Ruderalstellen. – Nicht ursprüngl. (Heimat unbekannt), vermutl. erst in Kultur entstanden; *v* kult., *z* verwild., in N-D seltener; Verbr. ungenügend bekannt. [*M. viridis* (L.) L.; *M. crispa* L.]
Grüne M., ***M. spicata*** L.

— Pfl. m. unterird. Ausläufern; Stg. wollig behaart; Blütenstiel u. Kelchbasis ± behaart; Stg.Blätt. wenigstens unterseits behaart; ↕ 40–120 cm; ♃. VII–IX. – Gräben, Ufer, nasse Wegränder; bes. montane Stufe. – D: *v* im S (BW, BY, HE, TH), *z* im mittl. Gebiet (S-NI, NRW, RP, SN, ST), *s* im N (BB, MV, SH), *v* A; *z* B; *v* CH (nördl. der Alp); *s* DK; *z* F: Els; *v* I: Bz; *z* NL; PL.
Ross-M., ***M. longifolia*** (L.) Huds.

Monarda L., Goldmelisse

Stg. meist m. nur 1 endst. reich- u. dichtblütigen Quirl (selten 2), zuw. noch m. 1–2 lg. gestielten seitl.; Kelch sehr schlank, etwas gebogen, 4-mal so lg. wie br.; Krone scharlachrot, 4–5 cm lg.; ↕ 40–100 cm; ♃. VII–VIII. – Als Zierpfl. (Heimat: östl. N-Am.) häufig kult.; zuw. verwild., meist unbest., *s*, D: BW; NRW; RP; A: Kt, Stm, Vb; NL. Scharlach-Monarde, ***M. didyma*** L.

Nepeta L., Katzenminze

1. Kelchröhre gerade, Kelchzähne gleich lg.; — Stg.Blätt. sitzend, längl. eif., nur die unt. 1–5 (–10) mm lg. gestielt, locker flaumhaarig bis fast kahl; Krone blasslila bis weiß, den Kelch nur wenig überragend; Fr. glatt; ↕ 40–100 cm; ♃. VII–VIII. – Trockenrasen, Gebüsche, Wegränder. – In D *s* eingebürg.: BW, BY, HE, S-NI, NRW, RP, ST, TH; auch F: Els; DK; ursprüngl. *s* A: Bgl, Kt, NÖ, Stm; CH: Vs; I: Bz; CZ; PL. [*N. pannonica* L.] Ungarische Kelch, ***N. nuda*** L.

— Kelchröhre gekrümmt, ob. Kelchzähne etwas länger als die unt.; — Stg.Blätt. meist deutl. gestielt, nur im Infl.Bereich zuw. sitzend **2**

2. Krone weiß od. blass rosa; Unterlippe m. zahlr. rosa bis purpur-violetten Flecken; Kronröhre kaum lg. als der Kelch; — Pfl. zuw. nach Zitrone riechend; Stg. bis zum Grund u. Stg.Blätt. filzig behaart; Teilfr. glatt; ↕ 40–100 cm; ♃. VII–IX. – Ruderalstellen, Wegränder. – Alte Heilpfl. (Heimat: SW-As., S- u. SO-Eur.), *z* eingebürg., aber oft wieder verschwunden; *z*, D; A; *s* B; *z* CH; *s* DK; *z* F; NL; PL. Echte K., ***N. cataria*** L.

— Krone blauviolett; Unterlippe ohne od. m. 1–2 dunkleren Flecken; wenn weiß, dann ohne Flecke; Kronröhre 1,5–2-mal so lg. wie der Kelch **3**

3. Blüten 14–18 mm lg., Kelch 9–12 mm lg., kurz u. steif behaart; Stg. wenigstens im unt. Teil kahl; Blätt. grün, oberseits feinflaumig bis fast kahl, unterseits feinflaumig; — Teilfr. warzig; Krone (violett)blau, selten weiß, fast doppelt so lg. wie der Kelch; ↕ 40–100 cm; ♃. VII–VIII. – Zierpfl. (Heimat: Kaukasus); *s* verwild., D: BY, TH, SN, sonst unbest.; NL. Großblütige K., ***N. grandiflora*** M. Bieb.

— Blüten 7–14 mm lg., Kelch 5–9 mm lg., dicht weich behaart; Stg. u. Blätt. (zumind. unterseits) ± grau, flaumig bis filzig behaart **4**

4. Blätt. oberseits wenig behaart, ± rundl.-herzf., ≤ 1,5 mal so lg. wie br.; Teilinfl. < 3 mm lg. gestielt; Klausen oft gut entwickelt; ↕ 15–40 cm; ♃. IV–VIII. – Zierpfl. (Heimat: W-As., Kaukasus), *s* verwild., zuw. ruderal; *s* D: BB, BW, BY, HE, RP, SN, ST; CH; I: Bz; NL. [*N. mussinii* Henckel] Trauben-K., ***N. racemosa*** Lam.

— Blätt. auch oberseits meist filzig behaart, zumind. die ob. z. T. längl., > 2-mal so lg. wie br.; unt. Teilinfl. meist > 10 mm lg. gestielt; Klausen steril, nach der Bltzt. nicht weiter entwickelt; ↕ 15–40 cm; ♃. VII–IX. – Zierpfl., in Kultur entstanden (*N. racemosa* × *N. nepetella* L.); *v* gepflanzt, *s* verwild. – Nur vegetativ vermehrt. Hybrid-K., ***N.*** × ***faassenii*** Stearn

Ocimum L., Basilienkraut, Basilikum

Pfl. kahl, aromat. u. charakterist. duftend; Blätt. eif. rhomb., weich, ganzrandig bis entfernt gezähnelt, zuw. stärker eingeschnitten od. kraus; 1–2 cm lg. gestielt; Krone weiß od. rötl.; ↕ 15–40 cm; ⊙. VI–IX. – Als Gewürzpfl. angebaut (Heimat: Vorderindien); *s* verwild., CH: Ts; F: Els. Gewöhnliches B., ***O. basilicum*** L.

Origanum L., Dost

1. Kelch scheinbar 1-blättr. (die beiden unt. Kelchzipfel unterdrückt u. die ob. vollst. verwachsen); Krone weiß od. blasslila; Blüten kugelig köpfchenf. od. ährig zus.gedrängt, die Gruppen zuw. lg. gestielt; Tragblätt. rundl., durch Behaarung graugrün, dachig angeordnet u. die Blüten fast einhüllend; Pfl. stark aromat. duftend; ↕ 15–40 cm; ⊙. VII–IX. – Als Gewürzpfl. (Heimat: SW-As., östl. N-Afr.) *v* kult.; *s* verwild., A; CH; DK; NL. [*Majorana hortensis* Moench] Majoran, ***O. majorana*** L.

— Kelch glockig, 5-zähnig; Krone rosa bis blasslila, zuw. weiß; end- u. blattachselst. Teilinfl. lg. gestielt, rispig verzweigt u. als ± dichte Doldenrispen erscheinend; Hochblätt., Tragblätt. u. Kelchzähne dk.purpurn überlaufen; Pfl. erst beim Zerreiben duftend; Blätt. eif., ganzrandig; ↕ 20–60 cm; ♃. VII–IX. – Halbtrockenrasen, lichte Gebüsche. Echter D., Wilder Majoran, Oregano, ***O. vulgare*** L.

a. Infl. im Umriss kugelig u. insges. zieml. dichtblütig. – Gebüsche, Waldränder. – *v*, in D nördl. der Mittelgeb. *z–s*. Gewöhnlicher D., subsp. ***vulgare***

— Infl. im Umriss lg. pyramidenf., alle Teilinfl. voneinander entfernt. – Trockenrasen. – Im Gebiet ursprüngl. wohl nur *s* A: Bgl, NÖ, Ti, Vb; CZ; sonst kult. u. *s* verwild. u. eingebürg. [subsp. *prismaticum* Gaudin]
Wintermajoran, subsp. ***megastachyum*** (Link) Ces.

Phlomis L., Brandkraut

Blätt. runzelig nesselart., herzf. zugespitzt, fein gekerbt; Grundblätt. sehr lg. gestielt; Krone hellrot bis lila, außen weißfilzig; ↕ 60–150 cm; ♃. VI–VIII. – Trockene Wälder, Wegränder, Gebüsche. – D: *s* BB (Berlin), BY, sonst *s* unbest. verwild.; *s* A: Bgl, NÖ; CZ. [*Phlomoides tuberosa* Moench]
Knollen-B., ***P. tuberosa*** L.

Prunella L., Braunelle

1. Ob. Stg.Blätt. meist fiederspaltig, gleich dem Stg. dicht weiß behaart; Krone gelbl.weiß, 15–17 mm lg.; ↕ 5–15(–30) cm; ♃. VI–VIII. – Trockenrasen, lichte Eichen- u. Kiefernwälder; auf Kalk. – D: *z* BW, RP, sonst *s*; *z–s* A: Bgl, Kt, NÖ, Stm; *s* B; *z–s* CH (bes. am Fuß des Jura); *s* DK; *z–s* F: Els; I: Bz; *s* NL; PL. [*P. alba* Pall.] Weiße B., ***P. laciniata*** (L.) L.
— Blätt. ganzrandig; Krone blauviolett od. rötl., selten weiß **2**
2. Krone 7–15 mm lg., m. gerader Röhre; mittl. Zahn der Kelch-Oberlippe breiter als die seitl.; Blattspr. 1,5–3 cm lg.; ↕ 5–20(–30) cm; ♃. VI–IX. – Wiesen, Parkrasen, Waldränder. – *v*.
Gewöhnliche B., ***P. vulgaris*** L.
— Krone 20–25 mm lg., m. gekrümmter Röhre; mittl. Zahn der Kelch-Oberlippe nicht breiter als die seitl.; Blattspr. 3–6 cm lg.; ↕ 10–40 cm; ♃. VI–VIII. – Trockenrasen, Waldränder; auf Kalk. – D: *v–z* Odergebiet, Mittelgeb., Alp., sonst *s*; *v–z* A; *v–z* CH; *s* DK; *v–z* F: Els; I: Bz; *s* NL; *v–z* PL.
Großblütige B., ***P. grandiflora*** (L.) Scholler

Rosmarinus L., Rosmarin

Strauch, ↕ 40–100(–150) cm; Blätt. immergrün, 15–40 mm lg. u. 1,2–3,5 mm br., lederig, m. umgerolltem Rand, zerrieben aromat. duftend; Krone hell blau(-violett), 10–12 mm lg.; Blütenstiele sternhaarig-filzig; ♄. III–X. – Gewürzpfl. (Heimat: MMG); oft kult., in S-CH u. I: Bz *s* verwild.
Rosmarin, ***R. officinalis*** L.

Salvia L., Salbei

1. Stg. am Grund verholzt; Blätt. (br.) lanzettl., fein runzelig, am Grund verschmälert, seltener abgerundet od. fast gestutzt, — Jung weißfilzig; Blütenquirle 4–10-blütig; Krone violett od. weiß; Oberlippe der Krone gerade; ↕ 30–80 cm; ♄. VI–VII. – Stark aromat. duftende Gartenpfl. (Heimat: MMG); *s* verwild. Echter S., ***S. officinalis*** L.
— Stg. in allen Teilen krautig; Blätt. am Grund herzf. od. abgerundet **2**
2. Krone hellgelb bis kräftig gelb, 3–4 cm lg.; — Sprosse u. Kelch dicht klebrig-drüsig behaart; Spr. der unt. Blätt. bis 15 × 12 cm; Stg.Blätt. lg. gestielt, scharf gesägt, am Grund oft leicht spießf.; ↕ 40–100 cm; ♃. VII–IX. – Laub- u. Mischwälder, Hochstaudenfluren; bes. montane u. subalp. Stufe (bis 1700 m). – *v* Alp., Vorland u. Schweizer Jura, *z–s* SchwAlb/Donautal/Bodensee/südl. Oberrhein, S-Bayrw.; CZ/PL (Sudeten); F: Els; sonst *s*, zuw. verwild.
Klebriger S., ***S. glutinosa*** L.
— Krone blauviolett bis hellblau, rosa od. rein weiß; wenn gelbl.weiß, dann < 2,5 cm lg. **3**
3. Quirle 15–30-blütig, fast kugelig, zu 4–10 übereinander sthd.; Blütenstiele (z.T.) länger als der Kelch; Kronröhre innen m. Haarring; — Krone helllila, 8–15 mm lg.; Blattspr. herz-eif. zugespitzt, am Stiel oft noch ein Paar öhrchenf. Fiedern; ↕ 30–60 cm; ♃. VI–IX. – Trockenrasen, Böschungen; auf Kalk. – In SO-A z.T. ursprüngl. (Heimat: SO-Eur. bis Kaukasus), sonst oft eingebürg., *z* in S- u. M-D, in N-D *s*; *v–z* A; *s* B; *v–z* CH; *s* DK; *v–z* F: Els; I: Bz; *s* NL.
Quirlblütiger S., ***S. verticillata*** L.
— Quirle ≤ 10-blütig; Blüten sitzend od. sehr kurz gestielt; Kronröhre innen ohne Haarring ... **4**

4. Kelchzähne lg. dornig begrannt; Stg.Blätt. dicht behaart bis weiß-filzig; Infl. meist reich verzweigt **8**

— Kelchzähne 3-eckig od. stachelspitzig, aber nicht begrannt, die 3 ob. zus.neigend; Stg.Blätt. meist schwach bis mäßig behaart; Infl. unverzweigt od. m. wenigen der Hauptinfl. gleichenden Seitenzweigen **5**

5. Staubblätt. viel länger als die Oberlippe, weit herausragend; Krone (gelbl.-)weiß, 1,5–2 cm lg.; — Sprosse u. Kelch dicht zottig behaart; Blätt. in grundst. Rosette; Stg. nur m. 1 Blattpaar; Blätt. doppelt gekerbt bis fiederspaltig; ↕ 50–80(–100) cm; ♃. V–IX. – Trockenrasen, Steppenwiesen. – Ursprüngl. nur A: Bgl, NÖ; CZ; eingebürg. A: Stm; *s* D: BW, ST; TH.
Österreichischer S., ***S. austriaca*** Jacq.

— Staubblätt. kürzer als die Oberlippe u. meist darin verborgen; Krone meist blau bis violett, selten rosa od. weiß **6**

6. Oberlippe des Kelchs br. abgerundet u. kurz 2–3-zähnig; Stg.Blätt. ungleich bis doppelt gekerbt bis buchtig gespalten; Krone blauviolett bis hellblau, 6–10(–15) mm lg.; ↕ 20–60 cm; ♃. VI–IX. – Magerwiesen, Ruderalstellen. – Ursprüngl. wohl nur *s* B; NL; sonst eingeschleppt u. zuw. eingebürg. *s* D (*f* NI, SH); CH; F: Els; I: Bz. Eisenkraut-S., ***S. verbenaca*** L.

— Oberlippe des Kelchs zugespitzt 3-zähnig (ähnl. *680/3*); Stg.Blätt. 1-fach bis doppelt gekerbt bis gesägt, niemals tiefer gespalten **7**

7. Blätt. überwgd. am Stg.; Tragblätt. der Halbquirle häufig violett, ± so lg. wie der Kelch od. länger; Blattunterseite, Stg. u. Kelch grau-weichhaarig, drüsenlos od. Kelch m. sitzenden Drüsen; Krone 10–15 mm lg., kräftig violett, selten rosa; ↕ 20–70 cm; ♃. VI–VII. – Trockenrasen, Steppenheiden, lichte Wälder; auch Zierpfl. – *z* D: ST, TH, sonst *s*, in N-D wohl meist aus Kultur verwild.; *v* A: Bgl, NÖ, sonst *s*; *s* B; DK; F: Els; I: Bz; NL; PL.
Steppen-S., Hain-S., ***S. nemorosa*** L.

— Blätt. überwgd. grundst.; Tragblätt. grün, die ob. kürzer als der Kelch, zuletzt zurückgeschlagen; Pfl. kurz borstig behaart, oberw. drüsig-klebrig; Krone 18–25 mm lg., dk.blau(violett), selten weiß od. rosa; ↕ 30–70 cm; ♃. V–VIII. – Trockenwiesen, Feldraine; auf Kalk. – D: *v* BW, BY, HE, RP, ST, TH, *z* BB, O-MV, S-NI, NRW, SN, sonst *s*; *v* A; *s* B; *v* CH; CZ; *s* DK; *v* F; I: Bz; *s* NL; *z* PL. – Zuw. durch Saatmischungen eingeschleppt. Wiesen-S., ***S. pratensis*** L.

8 **(4).** Blätt. jung weißwollig; Stg. nicht drüsig behaart; Infl. rispenart. verzweigt; Tragblätt. der Quirle krautig, grünl. u. wenigstens die ob. m. häutigem u./od. ± violettem Rand, max. so lg. wie der Kelch; Krone weiß; ↕ 40–120 cm; ⚇. VI–VIII. – Trockenrasen. – *s*, ursprüngl. nur A: Bgl, NÖ; CZ; sonst häufig als Zierpfl. (Heimat: SO-Eur.), *s* verwild., D: BB, BW, BY, NRW, RP, ST, TH; CH: Solothurn; NL. Mohren-S., ***S. aethiopis*** L.

— Blätt. graufilzig; Stg. oberw. drüsig behaart; Tragblätt. der Quirle krautig, stets farbig (blass rötl. bis lila), viel länger als der Kelch, die unt. oft etwa so lg. wie die Krone, diese m. hell-lila Oberlippe u. (fast) weißer Unterlippe; ↕ 50–110 cm; ⚇. VI–VII. – Alte Heil- u. Gewürzpfl. (Heimat: O-MMG bis Iran); zuw. verwild., *s* eingebürg., D: BB, BW, BY, HE, S-NI, NRW, RP, SN, ST, TH; A: Bgl, NÖ, OÖ; CH (bes. Vs: Rhonetal); CZ; I: Bz; NL. Muskateller-S., ***S. sclarea*** L.

Nach Will & Claßen-Bockhoff (2014) muss *Salvia* in mehrere Gattungen aufgeteilt werden. Im Gebiet wäre davon nur *S. glutinosa* betroffen.

Satureja L., Bohnenkraut

Muss möglicherweise in *Clinopodium* eingeschlossen werden (vgl. Kadereit et al. 2016)

1. Stg. höchstens an der Basis etwas verholzt, flaumig behaart, oft violett überlaufen, buschig verzweigt; Krone 4–6 mm lg., lila od. weiß; ↕ 10–30 cm; ⊙. VII–IX. – Als Gewürzpfl. (Heimat: O-MMG) kult. u. verwild.; D: *z* BY, RP, sonst *s*; *s* A: Kt, OÖ, Sb; Stm; Ti; Vb; B; CH; DK; F: Els; I: Bz; NL. Sommer-B., ***S. hortensis*** L.

— Stg. deutl. verholzt, kahl od. angedrückt behaart; Krone 7–10 mm lg., weiß, rosa od. lila; ↕ 15–50 cm; ♄. VIII–X. – Als Gewürzpfl. (Heimat: MMG) kult.; *s* verwild., D: BW, BY, NRW, RP, SN, TH; A: OÖ, Sb, Ti; CH; F: Els; NL. Winter-B., ***S. montana*** L.

Scutellaria L., Helmkraut

1. Tragblätt. der Blüten viel kleiner als die Stg.Blätt., ganzrandig 4
— Tragblätt. der Blüten von den Stg.Blätt. kaum verschieden 2
2. Blätt. eif. lanzettl., m. beiderseits 4–8 Kerbezähnen; — Krone blauviolett, 12–18 mm lg., wie der Kelch kahl od. kurzhaarig, aber nicht drüsig; ↨ 10–40 cm; ♃. VI–IX. – Verlandungssümpfe, Flachmoore, Bruchwälder, nasse Wiesen, Ufer. – *v*, D; B; DK; F; NL; PL; *z* Alp: A; CH; I: Bz. Sumpf-H., ***S. galericulata*** L.
— Blätt. ganzrandig, nur am Grund m. 1–2 Zähnen 3
3. Kelch u. Krone kurzdrüsig behaart; Krone blauviolett, 15–22 mm lg.; ↨ 10–40 cm; ♃. VI–VIII. – Sumpfwiesen der größ. Stromtäler, Ufer. – D: *z* entlang Elbe, Saale, Oder, Weser, Mittelrhein, Donau b. Straubing, sonst *s*; *s* A; CZ; DK; F: Els; I: Bz; *z* Flusstäler in PL. Spießblättriges H., ***S. hastifolia*** L.
— Kelch u. Krone behaart, ohne Drüsen; Krone hellrosa, 6–8 mm lg.; ↨ 5–30 cm; mehrj.; VII–VIII. – Nährstoffarme Flachmoore, Bruchwälder, nasse Wiesen; kalkmeidend. – D: *z* in W-D u. SN, sonst sehr lückenhaft; *s* A: OÖ; *z* B, F: Els; NL (Maas-Rheingebiet); *s* PL. Kleines H., ***S. minor*** Huds.
4 (1). Pfl. 50–100 cm hoch; Infl. einseitswendig, locker; Blätt. lg. gestielt, gezähnt; Kelchschild größer als der übrige Kelch; Krone 15–18 mm lg., blauviolett, Unterlippe weiß; ↨ 50–100 cm; ♃. VI–VIII. – Laubwälder. – Zierpfl. (Heimat: Kaukasus, SO-Eur.); zuw. verwild., *s* eingebürg., D; A: Bgl, NÖ, OÖ, Stm; B; CH (nördl. der Alp.); CZ; DK; F: Els; NL; PL. Hohes H., ***S. altissima*** L.
— Pfl. 20–30 cm hoch, aufstgd.; Blüten in dichter, ähriger, 4-seitiger Infl.; Blätt. kurz gestielt, stumpf gezähnt; Krone 20–30 mm lg., blauviolett; ↨ 10–40 cm; ♃. VI–VIII. – Steinige Rasen; auf Kalk. – *s*, nur CH: Vs. Alpen-H., ***S. alpina*** L.

Sideritis L., Gliedkraut

1. Krone gelb m. braunem Saum, 5–7 mm lg., viel kürzer als der 2-lippige Kelch; Scheinquirle entfernt sthd., ihre Tragblätt. von den and. Stg.Blätt. wenig verschieden; Pfl. meist wenig verzweigt; ↨ 10–25 cm; ⊙. VII–IX. – Halbtrockenrasen, Äcker, Ruderalstellen. – *s*, (ursprüngl.) A: Bgl, NÖ, OÖ; *s* (eingeschleppt) D; CH; CZ; F: Els; I: Bz; NL. Feld-G., ***S. montana*** L.
— Krone blassgelb bis gelbl. weiß, 8–10 mm lg., länger als der fast radiäre Kelch; zumind. die ob. Scheinquirle zu einer Scheinähre vereinigt, ihre Tragblätt. kürzer als die Stg.Blätt., stachelig gezähnt; ↨ 10–40 cm; ♄. VII–IX. – Kalkfelsen. – *s*, CH: Vd. Felsen-G., ***S. hyssopifolia*** L.

Stachys L., Ziest [excl. *Betonica* L., Betonie, Heilziest]

1. Krone gelb od. gelbl.weiß, zuw. rötl. gefleckt 7
— Krone rot bis lila 2
2. Quirle meist m. < 10 Blüten 5
— Quirle 10- bis vielblütig 3
3. Pfl. grün, locker rau- od. weichhaarig, oberw. auch drüsig; Krone schmutzig- bis dk.rot(violett), 15–18 mm lg.; — Tragblätt. auch der ob. Blütenquirle deutl. länger als diese (Infl. daher „durchblättert"); ↨ 40–100 cm; ♃. VII–IX. – Wälder, Hochstaudenfluren, Kahlschläge; auf Kalk; bes. montane u. subalp. Stufe. – D: *z* Alp. u. Voralp., SchwAlb, Sauerland, N-HE bis Harz, sonst *s*, *f* BB, MV, SH; A: *z* Alp, sonst *s*; *s* B; *z* CH (bes. Voralp. u. Schweizer Jura); I: Bz; CZ/PL: Sudeten. Alpen-Z., ***S. alpina*** L.
— Pfl. weißwollig bis filzig, ohne Drüsenhaare; Krone hell rotviolett, kleiner 4
4. Stg.Blätt. längl. eif., gekerbt bis gesägt, oberseits weniger stark behaart als unterseits, Blattfläche meist sichtbar; Spr.Grund deutl. vom Stiel abgesetzt, fast herzf.; ↨ 30–100 cm; ⊙. VI–VIII. – Trockenrasen, Gebüsche, Waldränder; auf Kalk; auch als Zierpfl. – D: *z* in S- u. M-D (BW, BY, N-HE, S-NI, ST, TH), sonst *s*, vermutl. oft nur verwild.; *s* A; CH; CZ; F; I: Bz; NL; PL. Deutscher Z., ***S. germanica*** L.

— Stg.Blätt. br. lanzettl., undeutl. gekerbt bis fast ganzrandig, ebenso wie der Stg. dicht filzig, auch oberseits die Blattfläche völlig verdeckend; Spr. am Grund keilf. verschmälert od. stumpf; — Kelch fast völlig im Wollfilz verborgen; ↕ 30–80 cm; ♃. VI–VIII. – Zierpfl. (Heimat: Türkei, Kaukasus); *v* kult., zuw. verwild., *z–s* eingebürg., D; A: NÖ, OÖ, Sb, Stm; CH; F: Els; DK; NL. [*S. lanata* Jacq. non Crantz] Filz-Z., ***S. byzantina*** K. Koch

5 (2). Krone kaum länger als der Kelch, blasslila; Stg. niederlgd.-aufstgd., zottig behaart, 10–30 cm hoch; — Blätt. rundl. eif., 10–30 mm lg., stumpfl. gekerbt; Quirle meist 6-blütig; ↕ 10–30 cm; ⊙. VII–X. – Feuchte Äcker, Wegränder. – D: *z*, bes. im W u. NW, BW (Oberrhein), NRW, RP, NI, SH, ST; sonst *s*; *s* A: NÖ; B; CH (bes. im W); z DK, NL; PL. Acker-Z., ***S. arvensis*** (L.) L.

— Krone 2-mal so lg. wie der Kelch; Pfl. 30–120 cm hoch **6**

6. Blätt. br. herz-eif., zugespitzt, gesägt, absthd. behaart; auch ob. Stg.Blätt. gestielt, beim Zerreiben stark unangenehm riechend; Krone kräftig rotviolett bis dk.purpurn; ↕ 30–100 cm; ♃. VI–VIII. – Feuchte Laubmischwälder, Gebüsche. – *v*. Wald-Z., ***S. sylvatica*** L.

— Blätt. längl. lanzettl., sehr eng gekerbt bis gesägt, locker anlgd. behaart bis fast kahl; ob. Stg. Blätt. sitzend, nicht stark riechend; Krone blass bis hell rotviolett; ↕ 30–100 cm; ♃. VI–VIII. – Ufer, feuchte Äcker u. Wiesen, Auenwälder. – *v* D; *z* A; *v* B; *z* CH; *v* DK; *z* I: Bz; *v* NL; PL. Sumpf-Z., ***S. palustris*** L.

Hybride *S. palustris* × *S. sylvatica* = ***S. × ambigua*** v. a. an feuchen, gestörten StO, *z*, bes. in D: NRW.

7 (1). Kelchzähne allmähl. zugespitzt, > 2-mal so lg. wie br., fast bis zur Spitze behaart; Quirle 4–6-blütig; Blätt. fast kahl, alle deutl. gestielt, Stiel der Grundblätt. ± so lg. wie die Spr.; ↕ 10–30 cm; ⊙. VI–X. Äcker, Brachland, trockene Ruderalstellen; auf Kalk. – D: *z* BW, N-BY, HE, RP, S-ST, TH, sonst *s*; *z* A (*v* im SO, sonst *z–s*); CH (bes. im W u N); CZ; *s* DK; I: Bz; NL; *z* PL. Einjähriger Z., ***S. annua*** (L.) L.

— Kelchzähne 3-eckig, bis ≈ 1,5 mal so lg. wie br., m. aufgesetzter kahler Stachelspitze; Quirle 6–10-blütig; Blätt. kurzhaarig, die unt. kurz gestielt, die ob. sitzend; ↕ 20–40 cm; ⊙. VI–X. – Trockenrasen, Sandfluren, Felshänge, lichte Gebüsche; auf Kalk. – In S-, M- u. O-D *v–z*, in NW-D *s*; *v–z* A (bes. im SO); *s* B; *v–z* CH; F; I; *s* NL; *v–z* PL. Aufrechter Z., ***S. recta*** L.

a. Kelch 5–7 mm lg.; Unterlippe 5–7 mm lg. – *v–z* (wie die Art). Aufrechter Z. (i. e. S.), subsp. ***recta***

— Kelch 7–11 mm lg.; Unterlippe 7–12 mm lg. .... **b**

b. Mittl. u. ob. Blätt. 7–10 mm br., gekerbt-gesägt. – Sehr *s*, A: Kt?; CH: Ts; I: Bz. [*S. labiosa* Bertol.; subsp. *labiosa* (Bertol.) Briq.] Großblütiger Z., subsp. ***grandiflora*** (Caruel) Arcang.

— Mittl. u. ob. Blätt. 1–6 mm br., ganzrandig od. schwach gekerbt. – Nur A: S-Kt (Karawanken b. Ferlach). [*S. karstiana* Borbás] Dalmatinischer Z., subsp. ***subcrenata*** (Vis.) Briq.

Nach Salmaki et al. (2013) ist *Stachys* polyphylet. u. muss (weiter) aufgeteilt werden.

Teucrium L., Gamander

1. Blätt. einfach bis doppelt fiederspaltig; — Stg. drüsig-zottig, meist unangenehm riechend; Krone rötl. bis hell violett; Kelch am Grund ausgesackt; ↕ 10–40 cm; ⊙. VII–IX. – Trockenrasen, Kiesgruben; Schotterflächen; auf Kalk. – D: *z* Mittelgeb., sonst *s*, *f* MV, N-NI, SH; *z* A; CH (*s* Alp); F: Els; *s* I: Bz; NL; CZ/PL: Sudeten. Trauben-G., ***T. botrys*** L.

— Blätt. ungeteilt, gezähnt, gekerbt od. ganzrandig **2**

2. Kelch 2-lippig, m. aufw. gebogener, br. zugespitzter Ober- u. kurz 4-zähniger Unterlippe; — Krone blass grünl.gelb; Blüten in einseitswendigen Quirlen; Blattspr. am Grund herzf., runzelig, gekerbt, beiderseits kurz weich-wollig behaart; Pfl. m. Bodenausläufern, ↕ 30–50(–70) cm; ♃. VII–IX. – Wälder, Heiden; kalkmeidend. – D: *v* im W u. SW (BW, HE, S-NI, NRW, RP), sonst *z*, im NO *s*; *z* A; *v* B; CH (*s* Alp.); *s* DK; *v* F; NL; *s* PL. Salbei-G., ***T. scorodonia*** L.

— Kelch fast regelm. 5-zähnig **3**

3. Blätt. ganzrandig, unterseits weißfilzig; Krone gelbl.weiß; — Quirle halbkugelig-köpfchenf. gedrängt sthd.; niederlgd. Spalierstrauch; ↕ 5–30 cm; ♄; VI–VIII. – Trockenrasen, steinige Hänge; auf Kalk. – D: *v* Alp., SchwAlb, FrAlb, *z* Lech- u. Isartal, ST, TH, sonst *s*, Mittelgeb., *f* N-D Tiefebene; *v* A; *z* CH (bes. Alp. u. Schweizer Jura); F: Els; *v* I: Bz; sehr *s* NL. Berg-G., ***T. montanum*** L. (subsp. ***montanum***).

— Blätt. gekerbt od. gesägt; Krone rötl., selten weiß; — Pfl. m. Bodenausläufern **4**

4. Blätt. am Grund keilf., stielart. verschmälert, gekerbt, unterseits heller, m. hervortretenden Nerven; Blüten in endst., ± einseitswendigen Scheinähren, d. h., Tragblätt. wenigstens der ob. Quirle meist kürzer als die Blüten; Sprossachse an der Basis verholzt; ↕ 10–40 cm; ♄; VII–IX. – Trockenrasen, steinige Hänge, lichte Trockenwälder; auf Kalk. – D: *z* in S- u. M-D (BW, BY, HE, RP, ST, TH, sonst *s*, *f* N-D Tiefebene; *v–z* A; CH; *s* DK; *v–z* F: Els; I: Bz; *s* NL; PL (Sudeten).
Echter G., ***T. chamaedrys*** L. (subsp. ***chamaedrys***)

— Blätt. sitzend, grob gekerbt bis gesägt, unterseits auf den Nerven absthd. behaart; Blüten in 4-blütigen Quirlen, nur halb so lg. wie die Tragblätt.; Pfl. schwach nach Knoblauch riechend; Spross an der Basis krautig; ↕ 10–50 cm; ♃. VII–VIII. – Nasse Wiesen, Gräben, Ufer, auch etwas salzhaltige StO. – D: *z* u. lückenhaft, meist im Gebiet der Strom- u. größ. Flusstäler, stark zurückghd., *s* NW-D, in SH ausgestorben; *s* A; B; N-CH; DK; F: Els; I: Bz; NL; *z* PL (bes. Odergebiet). Knoblauch-G., ***T. scordium*** L. (subsp. ***scordium***)

Thymus L., Thymian, Quendel (Bearbeiter: Peter A. Schmidt)

Zur Bestimmung sind mehrj. Sprosse m. Blütentrieben erforderl.; Querschnitt u. Behaarung der Stg. sind an Blütentrieben am 2.–3. Stg.Glied unterh. der Infl., die Blattnervatur unterseits an trockenen Blätt. festzustellen. Bei mehreren Arten sich nur in der Behaarungsstärke unterscheidende Populationen, neben Pfl. m. nur bewimperten Blätt. auch Pfl. m. oberseits od. beiderseits dicht behaarten Blätt. u. insges. auffälliger, zottiger Behaarung (auch Stg., Kelch). Arten meist gynodiözisch, ♀ Pfl. m. kleineren Blüten als ⚥ Pfl., Größenangaben beziehen sich auf ⚥ Pfl. Die Zusammensetzung ätherischer Öle variiert zw. den Arten (nur einige als Heilpfl. geeignet) u. innerh. der Arten (bei einigen Arten Chemotypen m. auffälligem Zitronengeruch). Bei gemeinsamen Vorkommen von 2 Arten ist m. Hybriden zu rechnen.

1. Blätt. unterseits dicht kurz weißfilzig bis weißsamtig; Spr. m. deutl. zurückgerolltem Rand, am Grund ohne Wimpern; Stg. stark verholzt, aufr. od. bogig aufstgd.; ↕ 20–40 cm; Zwergstrauch. V–X. – Als Gewürz- u. Heilpfl. oft kult. (Heimat: SW-Eur.), lokal verwild.
Garten-T., Gewürz-T., ***T. vulgaris*** L.

— Blätt. unterseits kahl od. lg.haarig, nicht weißl. durch dichte u. kurze Haare; Spr.Rand flach od. zuw. an trockenen Blätt. schwach umgerollt, am Grund meist m. Wimpern; Stg. kriechend, niederlgd. od. aufstgd., nur am Grund od. Kriechsprosse verholzt; Pfl. 5–30 cm hoch; Zwerghalbstrauch od. Spalier-Zwerg(halb)strauch 2

2. Stg. der Blütentriebe stumpf 4-kantig, zuw. fast rundl. erscheinend, ringsum behaart (*695/1b*) od. nur auf zwei gegenüberlgd. Flächen behaart 4

— Stg. der Blütentriebe deutl. 4-kantig, nur an den Kanten behaart (*695/1a*) (Artengruppe Arznei-T., ***T. pulegioides*** agg.) 3

3. Stg. lg. kriechend, m. lgd. vegetativem Jahrestrieb abschließend, wenn dieser fehlt, dann z. Bltzt. 2-j. lgd. Sprosse vorhanden, die m. vegetativem Triebende, nicht m. Infl., abschließen; Blütentriebe stets od. meist seitenst. (*695/2*); Blattspr. an den Blütentrieben von unten nach oben deutl. größer werdend, unt. Blätt. verkehrt eif. od. rundl. spatelf.; Infl. kopfig; Blätt. u. ob. Kelchzähne meist ohne Wimpern. VII–IX. – Felsspalten u. -simse. – *s*, Riesengeb., Böhm. Erzgeb., Vog., Schw. (Feldberg). Riesengebirgs-T., ***T. alpestris*** (Čelak.) A. Kern.

— Stg. aufstgd. od. niederlgd. u. dann aufstgd., spätestens im 2. Jahr m. Infl. abschließend, z. Bltzt. ohne lgd. 2-j. vegetative Triebe; Blütentriebe end- u. seitenst. (*696/1*); Blattspr. an den Blütentrieben in der Größe u. Form meist nicht auffallend verschieden (s. aber **c**); Infl. kopfig

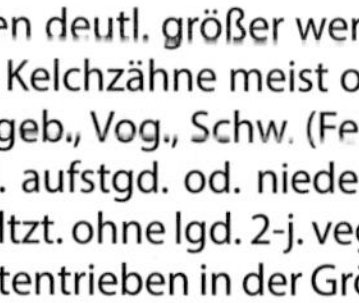

a *b*

695/1

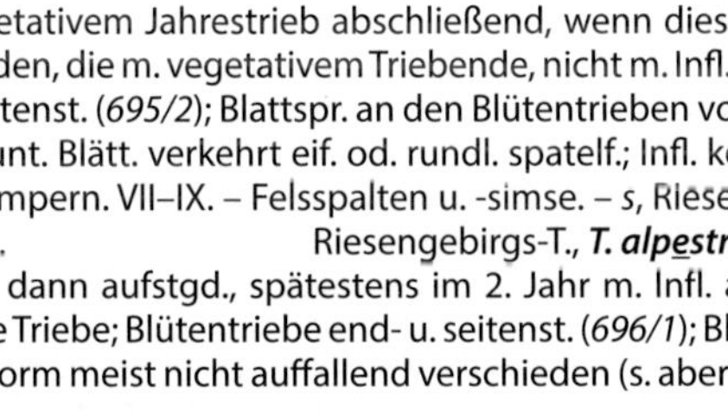

695/2

od. veräng., oft unterbrochen; Blattspr. am Grund u. ob. Kelchzähne meist m. Wimpern (s. aber **b**). VI–IX. – Sand- u. Halbtrockenrasen, Magerrasen, Wiesen, Heiden, Steinbrüche. – *v.*
Arznei-T., Feld-T., ***T. pulegioides*** L.

a. Blattspr. beiderseits lg. behaart; — Stg. u. Kelch zottig behaart. – *z–s*, im N *f.* [var. *vestitus* (Lange) Jalas; *T. froelichianus* Opiz] Krainer T., subsp. ***carniolicus*** (Borbás) P. A. Schmidt
— Blattspr. höchstens am Grund bewimpert .... **b**
b. Kelchröhre außen fast od. ganz kahl, ob. Kelchzähne ohne lg. Wimpern; Blattspr. am Grund meist ohne Wimpern. – Ruderalstellen. – *s*, D: früher ST; O-A?; CZ Istrischer T., subsp. ***montanus*** (Benth.) Ronniger
— Kelchröhre ringsum od. unterseits zerstreut behaart, ob. Kelchzähne meist bewimpert; Blattspr. am Grund meist bewimpert .... **c**
c. Blattspr. an den Blütentrieben von unten nach oben deutl. größer werdend, unt. Blätt. rundl. spatelf.; ↕ nur 5–10 cm. VI(!). – *s*, Alp., Mittelgeb. u. Vorland. [var. *praeflorens* (Ronniger) P. A. Schmidt; *T. alpestris* var. *praeflorens* Ronniger, *T. praeflorens* (Ronniger) Loos] Frühblühender Arznei-T., subsp. ***similialpestris*** M. Debray
— Blattspr. an den Blütentrieben in der Größe u. Form nicht auffallend verschieden; ↕ 5–30 cm. VII–IX. – *v.* [*T. chamaedrys* Fr.] Gewöhnlicher Arznei-T. od. Qu., subsp. ***pulegioides***

4 (2). Stg. lg. kriechend, m. lgd. vegetativem Jahrestrieb abschließend, wenn dieser fehlt, dann z. Bltzt. 2-j. lgd. Sprosse vorhanden, die m. vegetativem Triebende, nicht m. Infl., abschließen (*695/2*); Blütentriebe stets od. meist seitenst.; — Blätt. nur am Grund od. Rand bewimpert, zuw. auch Spr. oberseits od. beiderseits lg. behaart **7**
— Stg. aufstgd. od. niederlgd. u. dann aufstgd, spätestens im 2. Jahr m. Infl. abschließend, z. Bltzt. ohne lgd. 2-j. vegetative Triebe; Blütentriebe end- u. seitenst. (*696/1*); — Blätt. entw. nur am Grund bewimpert od. Spr. beiderseits dicht u. lg. behaart, dann auch Stg. u. Kelch zottig behaart (Artengruppe Steppen-T., ***T. pannonicus*** agg.) **5**

5. Blätt. sitzend, zuw. kurz stielart. verschmälert, unt. von ob. Blätt. der Blütentriebe in Größe u. Form kaum verschieden; Blätt. linealisch, längl. bis schmal ellipt., unterseits Nerven nicht hervortretend; Kelch 2,5–3,5(–4) mm lg.; Infl. veräng., walzenf., meist unterbrochen; Wuchs meist buschig, ↕ 10–30 cm. VI–VIII. – Kontinentale Trockenrasen, trockene Böschungen. – *s*, D: SN u. S-BB: Elbtal; A: Bgl, NÖ; CZ; PL. – Auch gepfl. u. verwild. [*T. marschallianus* auct.; *T. kosteleckyanus* Opiz] Steppen-T., ***T. pannonicus*** All.
— Blätt. kurz, aber deutl., gestielt, zuw. im ob. Teil der Blütentriebe sehr kurz, im unt. länger gestielt; Kelch (3–)4–5 mm lg.; Infl. kopfig, zuw. veräng., bes. nach der Bltzt.; Wuchs mehr niederlgd. u. aufstgd., Pfl. 5–20 cm hoch **6**

6. An Blütentrieben unt. von ob. Blätt. in Größe u. Form kaum verschieden; Blätt. 5–15 mm lg., 1,5–4 mm br., derb, unterseits m. deutl. hervortretenden, oft weißl. Nerven; Kelchzähne postfloral meist gelb u. stechend; ↕ 5–15 cm. VI–VIII. – Inneralp. Trockenrasen. – *s*, A: Ti; CH: Gr, Ts, Vs; I: Bz. [*T. glabrescens* Willd. subsp. *decipiens* (Heinr. Braun) Domin]
Innsbrucker T., Tiroler T., ***T. oenipontanus*** Heinr. Braun
— An Blütentrieben ob. von unt. Blätt. in Größe u. Form verschieden, unt. länger gestielt u. m. kleinerer Spr., verkehrt eif. bis rundl. spatelf.; Blätt. 10–20 mm lg., 3–8 mm br., dünn, unterseits m. nicht od. schwach hervortretenden Nerven; ↕ 10–20 cm. VI–VIII. – Kontinentale Trockenrasen. – *s*, A: Bgl, NÖ; CZ. [*T. austriacus* sensu Ronniger; *T. loevyanus* Opiz; *T. odoratissimus* Mill.) Österreichischer T., ***T. glabrescens*** Willd.

Es wird der gebräuchl. Name *T. glabrescens* beibehalten, zumal seine Konservierung gegenüber dem älteren Namen *T. odoratissimus* beantragt wurde.

7 (4). Ob. Kelchzähne br. 3-eckig, etwa so lg. wie br. (*696/2a*); unt. von ob. Blätt. an den Blütentrieben in Größe u. Form kaum verschieden, linealisch, längl., schmal ellipt. od. verkehrt

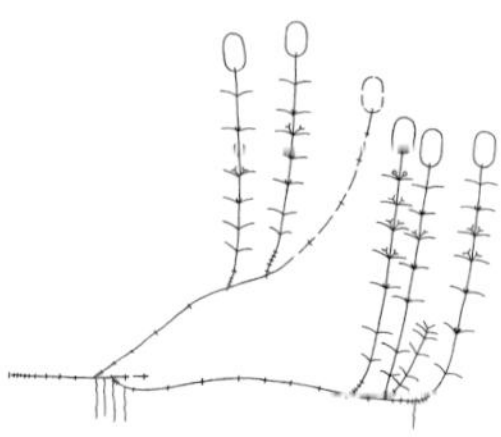

696/1

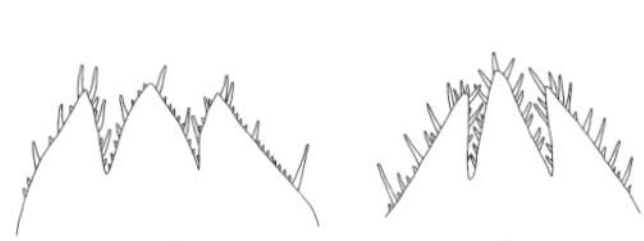

a *b*

696/2

eilanzettl., 1–3 mm br., ± sitzend, wenn unterseits Nerven hervortretend, dann stumpf, oberstes Seitennervenpaar zur Blattspitze verlfd. u. sich verlierend, keinen Randnerv bildend; Spr. am Grund od. auch darüber bewimpert, sonst kahl, selten oberseits etwas behaart; Stg. stets ringsum behaart. VII–IX. – Sandtrockenrasen, trockene Kiefernwälder auf Sand, selten Silikat-Felsfluren; kalkmeidend. – Im NO *v–z*, sonst *s*, auch A: Bgl, NÖ; B; CZ; DK; NL; PL; *f* Alp., Mittelgeb.; F: Els. Sand-T., ***T. serpyllum*** L. (subsp. ***serpyllum***)

— Ob. Kelchzähne schmal 3-eckig, länger als br. (*696/2b*), wenn br. 3-eckig, dann Stg. an 2 Seitenflächen kahl; ob. von unt. Blätt. an den Blütentrieben meist in Größe u. Form deutl. verschieden, ob. kurz gestielt, ellipt., eif. od. rundl., unt. lg. gestielt u. m. deutl. kleinerer Spr., verkehrt eif. od. rundl. spatelf., Blätt. 2–8 mm br., unterseits Nerven scharf hervortretend, oberstes Seitennervenpaar an Blattspitze einen Randnerv bildend, wenn Blätt. an den Blütentrieben in Größe u. Form weniger verschieden u. kaum ein Randnerv an der Blattspitze ausgebildet, dann Stg. nur an 2 Seiten behaart; Spr. entw. nur am Rand bewimpert od. oberseits od. beiderseits lg. behaart; Stg. entw. ringsum od. nur an 2 Seiten behaart. V–VII. – Fels- u. Steinschuttfluren, Trocken- u. Halbtrockenrasen, Magerrasen; meist auf Kalk od. basenreichem Silikat-Gestein. – *z*, S- u. M-D; A; CH; CZ; I: Bz; sonst *s* od. *f*. – Auch kult. u. verwild. [incl. *T. praecox* Opiz; *T. polytrichus* Borbás; *T. drucei* Ronniger]
Artengruppe Frühblühender T., Kriech-T., ***T. praecox*** agg.

a. Stg. an 2 Seitenflächen kahl od. fast kahl .... **c**
— Stg. ringsum behaart .... **b**

b. Blätt. 0,4–1 cm lg.; Blütentriebe 3–10 cm hoch. – Fels- u. Steinschuttfluren, Trockenrasen; kalkhold; kollin bis montan (bis subalp.). – *z*, S- u. M-D; A; CH; CZ; I: Bz; sonst *s* od. *f*.
Frühblühender T., Gewöhnlicher Kriech-T., ***T. praecox*** Opiz subsp. ***praecox***
— Blätt. bis 1–1,5 cm lg.; Blütentriebe bis 10–15 cm hoch; Pfl. m. sehr lg., zuw. an Felsen weit herabhgd. Kriechsprossen. – Felsfluren basenreicher Silikat-Gesteine; nicht auf Kalk. – *s*, D: NI u. ST (Harz), RP, O-TH; A: NÖ; CZ.
Felsen-Kriech-T., ***T. praecox*** Opiz subsp. ***clivorum*** (Lyka) Domin

c **(a).** Blätt. am ganzen Rand m. wulstig verdicktem Randnerv, da alle der unterseits hervortretenden Seitennerven sich am Blattrand miteinander verbindend. – Felsfluren, lichte Kiefernwälder. – *s*, nur O-Rand der Alp.: A: NÖ, Stm. Ostalpen-T., Widders Kriech-T., ***T. praecox*** subsp. ***widderi*** (Machule) P. A. Schmidt
— Blätt. unterseits nur spitzenw. m. einem deutl. Randnerv, da nur das oberste Seitennervenpaar sich am Blattrand vereinigend; Randnerv zuw. undeutl. ausgeprägt, dann Blätt. u. Kelch kleiner .... **d**

d. Blätt. 4–15 mm lg., 3–8 mm br., unt. Blätt. der Blütentriebe meist deutl. kleiner als ob., Spr. meist rundl. spatelf., stielart. verschmälert, dieser Stiel meist mindestens halb so lg. wie die Spr.; unterseits oberstes Seitennervenpaar an der Spitze meist deutl. Randnerv bildend; Kelch 3,5–5 mm lg. – Fels- u. Steinschuttfluren, Magerrasen; subalp. u. alp. – *z* Alp. u. Vorland. [*T. trachselianus* Opiz; *T. alpigenus* (Heinr. Braun) Ronniger; *T. alpestris* auct. p. p.]. Alpen-T., Gebirgs-Kriech-T., ***T. praecox*** subsp. ***polytrichus*** (Borbás) Ronniger.
— Blätt. 3–8 mm lg., 2–4 mm br., unt. Blätt. der Blütentriebe meist nicht auffallend von ob. verschieden, wenn auch stielart. verschmälert, dann Stiel aber weniger als halb so lg. wie die Spr.; unterseits Seitennerven hervortretend, aber oberstes Paar sich nicht immer zu einem Randnerv vereinigend; Kelch 3–4 mm lg., ob. Kelchzähne kürzer, schmal od. br. 3-eckig. – Häufig kult. Zierpfl. (Heimat: W- u. NW-Eur.), bes. Pfl. m. oberseits od. beiderseits behaarten Blätt.; zuw. verwild. [*T. praecox* subsp. *britannicus* (Ronniger) Holub; *T. polytrichus* subsp. *britannicus* (Ronniger) Kerguélen; *T. pseudolanuginosus* Ronniger]. Britischer T., ***T. drucei*** Ronniger

Einen auffälligen, noch deutlicher als bei *T. praecox* subsp. *widderi* ausgeprägten wulstigen Randnerv an den Blätt. weist der Karpaten-T., ***T. pulcherrimus*** Schur subsp. ***sudeticus*** (Lyka) P. A. Schmidt [*T. carpaticus* Čelak.], auf. – Nur sehr *s* im äußersten Osten des Gebiets im Altvatergeb. (Hohes Gesenke, CZ).

Im äußersten Süden (A: S-Kt; S-CH) ist auf den Dalmatiner od. Langstängel-T., ***T. longicaulis*** Presl (subsp. ***longicaulis***), m. an der Basis der Blütentriebe rosettig genäherten kleinen Blätt., undeutl. Seitennerven u. kurzer Kelchröhre zu achten.

Unter den Hybriden treten v. a. *T. praecox* × *T. pulegioides* [*T.* × *braunii* Borbás], *T. pulegioides* × *T. serpyllum* [*T.* × *oblongifolius* Opiz] u. *T. pannonicus* × *T. pulegioides* [*T.* × *porcii* Borbás] auf. Im Umfeld der Vorkommen von *T. alpestris* ist auf *T.* × *pseudoalpestris* Nachychko [*T. pulegioides* × *T. alpestris*] zu achten, nicht zu verwechseln m. *T. pulegioides* subsp. *similialpestris*. Häufig kult. u. *s* verwild. ist *T. pulegioides* × *T. vulgaris* [*T.* × *citriodorus* (Pers.) J. F. Lehm.], dessen zitronenart. Duft auf den Elter *T. pulegioides* zurückgeht, bei dem zuw. entsprechende Chemotypen auftreten.

Familie: Phrymaceae, Gauklerblumengewächse (Bearbeiter: Jens G. Rohwer)

Pfl. krautig; Blätt. gegenst., gezähnt; Kelch röhrig, bleibend; Krone verwachsen, 2-lippig; Staubblätt. 4; Narbe 1- od. 2-lappig.

Mimulus L., Gauklerblume

1. Stg. aufr., kahl, nur oben etwas drüsig; ob. Blätt. sitzend; Krone 25–40 mm lg., gelb, meist m. roten Flecken; ↕ 25–60 cm; ♃. VI–X. – Bach- u. Teichufer. – Zierpfl. (Heimat: W-N-Am.); *z* eingebürg., D; A; B; CH; DK; F: Els; *s* I: Bz; *z* NL; PL. Gelbe G., ***M. guttatus*** DC.

— Stg. niederlgd.-aufstgd., wie Blätt. drüsig-zottig behaart; alle Blätt. kurz gestielt; Krone 14–20 mm lg., gelb, m. Moschusgeruch; ↕ 10–25 cm; ♃. VI–VIII. – Bach- u. Teichufer. – Zierpfl. (Heimat: W-N-Am.), *s* eingebürg., D: S-BB, BW, BY, HE, NI, RP, SN, ST; A (unbest.); CH; CZ; F: Els; I: Bz; NL; PL. Moschus-G., ***M. moschatus*** Lindl.

Familie: Paulowniaceae, Blauglockenbaumgewächse (Bearbeiter: Jens G. Rohwer)

Bäume; junge Sprosse u. Blätt. dicht drüsig behaart; Blätt. gegenst., ohne Nebenblätt.; Blüten zygomorph, Staubblätt. 4; Frkn. oberst., Fr. eif. Kapsel.

Paulownia Siebold & Zucc., Blauglockenbaum

Bäume; Blätt.12–25(–40) cm lg., br. herzf. od. leicht 3–5-lappig, ganzrandig; vor dem Laubaustrieb blhd.; Blüten 40–50 mm lg., hell blauviolett; Fr. eif. Kapsel; ↕ 3–12(–20) m; ♄. IV–V. – Zierpfl. (Heimat: O-As.), in warmen Lagen zuw. verwild., bes. in Städten; D: *z* BW/RP (Rheinebene), *s* BB, BY, HE, NRW, SN, ST, TH; *z* A; B; CH; CZ; *s* DK; *z* F: Els; I: Bz; NL; *s* PL.
Blauglockenbaum, ***P. tomentosa*** (Thunb.) Steud.

Familie: Orobanchaceae, Sommerwurzgewächse (Bearbeiter: Andreas Fleischmann)

Krautige Pfl., Halbschmarotzer od. Vollschmarotzer; Blüten in endst. Ähren od. Trauben; Krone verwachsen, 2-lippig; Staubblätt. 4; Kapselfr. (Früher wurde hierher nur die Gattung *Orobanche* gestellt, jetzt rechnet man auch die verwandten Halbschmarotzer dazu.)

Ähnl. wie *Gentiana* zeigen auch die Gattungen *Euphrasia, Melampyrum, Odontites* u. *Rhinanthus* einen Saisondimorphismus, d. h. eine Differenzierung ihrer Arten in aestivale (Sommer-) u. autumnale (Herbst-) Ökotypen, zuw. noch in monomorphe (Zwischen-)Ökotypen. Bei *Euphrasia* u. *Rhinanthus* können sich diese außerdem noch in Tal- u. Gebirgsökotypen gliedern, wobei aber bei der erstgenannten Gattung der Formenreichtum damit immer noch nicht erschöpft ist. In systemat. Hinsicht werden alle diese Ökotypen im Allgemeinen als subsp. aufgefasst u. so benannt. Eine genaue Bestimmung der Ökotypen ist nur m. umfangreicherem Material, einiger Erfahrung u. Spezialliteratur mögl. Die Aufgliederung in die einzelnen Ökotypen ergibt sich im Wesentlichem nach folg. Schema:

Sommerökotyp: Stg. unverzweigt, m. wenigen Internodien, die länger als die Blätt. sind; z. Bltzt. [V–VI(–VII)] noch alle Blätt. u. meist sogar noch die Keimblätt. erhalten; Interkalarblätt. (s. Hinweis bei *Odontites*, S. 703) (meist) fehlend.
Zwischenökotyp: Stg. nur oberw. verzweigt; unterste Internodien kürzer, oberste länger als die Blätt.; z. Bltzt. (VI–VII) oft noch alle Blätt. erhalten; Interkalarblätt. 0–2.
Herbstökotyp: Stg. ± reich verzweigt, m. bogig aufstgd., stets blhd. Seitentrieben; Internodien zahlr. u. kürzer als die Blätt.; Blätt. z. Bltzt. [VII–VIII(–X)] ± verwelkend; Keimblätt. abgefallen; Interkalarblätt. zahlr.
Talökotyp: Pfl. groß, reich verzweigt, grün bis gelbl.grün, kaum m. Rotfärbung; Infl. reichblütig.
Gebirgsökotyp: Pfl. kleiner, weniger verzweigt (zuw. sogar einfach od. nur m. nichtblhd. Seitentrieben), in der Farbe dunkler bis bräunl. od. rötl.; Infl. wenigblütiger.

698/1

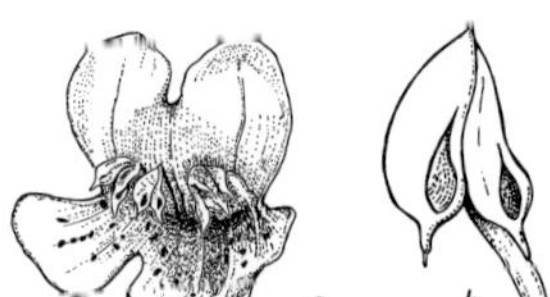

a *b*

698/2

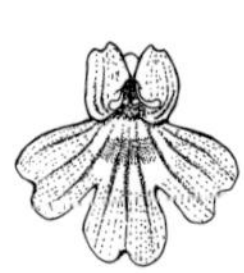

698/3

1. Pfl. ohne grüne Blätt. 9
— Pfl. m. grünen Blätt. 2
2. Blätt. fiederspaltig od. gefied.; — Krone 2-lippig; Oberlippe helm- bis röhrenf., zus.gedrückt (*708/1–708/3*) .... ***Pedicularis***, 707
— Blätt. ungeteilt, höchstens tief gezähnt 3
3. Kelch aufgeblasen, — abgeplattet, viel höher als br., an der Spitze verengt, 4-zähnig (*698/1*) .... ***Rhinanthus***, 710
— Kelch nicht aufgeblasen 4
4. Kronzipfel deutl. ausgerandet bis 2-lappig, die unt. größer u. ausgebr., die ob. zus.neigend od. aufw. gekrümmt (*698/3*); — Krone meist weiß bis (hell)violett m. dk. Längsstreifen u. gelbem Schlundfleck, seltener ganz gelb .... ***Euphrasia***, 699
— Kronzipfel ungeteilt, spitz bis br. gerundet 5
5. Krone schwach zygomorph (*698/2a*), 5–8 mm ∅, gelb, ob. Kronzipfel aufw. gebogen, — die unt. m. roten bis braunen Punkten; Staubbeutel am Grund m. spitzen Fortsätzen (*698/2b*) .... ***Tozzia***, 711
— Krone deutl. 2-lippig; ob. Zipfel ± zus.neigend, allenfalls ihr Rand zurückgebogen 6
6. Oberlippe der Krone seitl zus.gedrückt m. umgeschlagenen Rändern (*702/1–702/4*), diese dicht behaart .... ***Melampyrum***, 702
— Oberlippe der Krone helm- bis röhrenf., ihr Saum nach innen bis wenig nach außen gekrümmt 7
7. Krone 3–12 mm lg., fleischrot, blass rosa bis weiß od. gelb; Staubblätt. etwa so lg. wie die Oberlippe od. länger, anfangs oft eingeschlossen, später meist herausragend ***Odontites***, 703
— Krone 15–24 mm lg., trübviolett od. gelb; Staubblätt. in der Oberlippe verborgen 8
8. Krone trübviolett bis dk. purpurn, ihre Unterlippe kürzer als die Oberlippe ..... ***Bartsia***, 699
— Krone gelb, ihre Unterlippe deutl. länger als die Oberlippe .... ***Parentucellia***, 707
9 (1). Blüten in allseitswendigen Ähren .... ***Orobanche*** (incl. ***Phelipanche***), 703
— Blüten entw. in dichten, einseitswendigen Trauben, rosa, od. grundst., ohne Stg., violett ***Lathraea***, 701

Bartsia L., Alpenhelm

Blätt. eif., m. herzf. Grund sitzend, die ob. trüb violett; Blüten in fast kopfiger Ähre, in den Achseln laubiger Tragblätt.; Krone dk. schmutziglila; ↨ 10–20(–30) cm; ♃. VI–VIII. – Feuchte Matten, Quellfluren; bis 3100 m. – *v* Alp. u. Voralp., *s* Vorland, S-Vog., Schweizer Jura, S-Schw., Riesengeb., Gesenke.
Alpenhelm, Alpen-Bartschie, ***B. alpina*** L.

Euphrasia L., Augentrost

Mit Ergänzungen durch Ernst Vitek.

Die Taxonomie der Augentrost-Arten ist bis heute unbefriedigend gelöst. Die einzelnen Sippen werden von den verschiedenen Spezialisten z.T. ganz and. Gruppen zugeordnet. Dieser Schlüssel, der sich hauptsächl. auf die Bearbeitungen von P. F. Yeo u. E. Vitek stützt (Yeo 1978), kann nur eine grobe Übersicht über die Sippen des Gebiets geben. Eine genauere u. sichere Bestimmung ist nur m. Hilfe von Herbarien u. Spezialliteratur mögl. Daher sind auch die Verbr.Angaben als vorläufig zu betrachten.

Wenn nicht anders angegeben, sind die Blüten weiß bis hell violett, m. violetter bis dk.violetter Oberlippe u. m. dk. Längsstreifen u. gelbem Schlundfleck auf der Unterlippe.

1. Stg.Blätt. ± eif., jederseits m. je (2–)3–7(–9) dicht zus. sthd. Zähnen, dazw. m. spitzen (*700/1, 700/2*), seltener eng gerundeten Einschnitten (*700/3*); — unreife Kapsel meist weich od. borstig behaart (zuw. nur am Rand od. Scheitel), kann später verkahlen 4
— Stg.Blätt. lanzettl. bis linealisch, jederseits m. 1–4 Zähnen, m. deutl., ± breiten Abständen zw. den Blattzähnen (*700/4*); — Kapsel kahl od zuw. am Rand m. wenigen Härchen 2
2. Tragblätt. jederseits m. (2–)3–5 zugespitzten Zähnen; unt. Stg.Blätt. im Umriss br. lanzettl., < 3-mal so lg. wie br.; Krone 4–9 mm lg., sich während des Blühens kaum streckend; — Blätt. meist purpurn überlaufen, gelegentl. grün; ↨ 5–20 cm; ⊙. VI–X. – Matten, Felsen, Felsschutt;

bis 3300 m. – *v* Alp., *z* Vorland, *s* SchwAlb; CZ (Sudeten); F: Els.
Salzburger A., ***E. salisburgensis*** Hoppe

a. Tragblätt. schmal linealisch, jederseits m. 2–3 Zähnen. – *s*, A: NÖ, Stm.
Steiermark-A., subsp. ***striaca*** (Wettst.) Halácsy
— Tragblätt. breiter, ± rautenf., jederseits m. 3–5 Zähnen .... **b**
b. Krone 4–7,5 mm lg.; Internodien 2–4-mal so lg. wie die Blätt. – *v* Alp, *z* Vorland, Schw., ob. Donautal.
Salzburger A. (i. e. S.), subsp. ***salisburgensis***
— Krone 7,5–9 mm lg.; Internodien 1–2-mal so lg. wie die Blätt. –*s*, nur I: Bz. [*E. portae* Wettst.]
Porta-A., subsp. ***portae*** (Wettst.) Hartl

— Tragblätt. jederseits m. 1–3 grannig zugespitzten Zähnen; unt. Stg.Blätt. linealisch, > 3-mal so lg. wie br.; Krone 8–15 mm lg., sich während des Blühens deutl. streckend **3**

3. Tragblätt. m. nur je 1 kurzen Zahn nahe der Spitze (selten ohne Zähne), schmal linealisch; Krone 10–15 mm lg.; ↕ 5–20 cm; ⊙. VII–X. – Felsen, Schutt, steinige Hänge, auf Kalk. – *s*, nur I: Bz. Dreizähniger A., ***E. tricuspidata*** L.

— Tragblätt. m. 1–3 Zähnen pro Seite; Krone 8–10 mm lg.; ↕ 5–20 cm; ⊙. VII–X. – Felsen, Schutt, steinige Hänge; auf Kalk. – *s*, A: S-Kt., Ti; in D fragl., SO-BY? (südl. Rosenheim). [*E. tricuspidata* subsp. *cuspidata* (Host) Hartl] Krainer A., ***E. cuspidata*** Host

4 (1). Krone sich während des Blühens streckend, zuletzt (7–)9–15 mm lg.; Gr. deutl. aus der Blüte ragend, am Blühbeginn nicht od. kaum gekrümmt **14**

— Krone sich während des Blühens nicht od. kaum streckend, kleiner, (3–)5–10 mm lg.; Gr. kaum aus der Blüte ragend, am Blühbeginn deutl. gekrümmt **5**

5. Pfl. zumind. im ob. Teil dicht behaart, m. lg. Drüsenhaaren **17**

— Pfl. kahl bis dicht behaart, meist ohne Drüsenhaare, seltener m. kurzen Drüsenhaaren **6**

6. Pfl. stets ohne Drüsenhaare **8**

— Pfl. fast immer m. kurzen Drüsenhaaren (in DK selten fehlend); — Krone 6,5–10 mm lg., nicht gelb; Blätt. kahl bis spärl. behaart; unterh. der Infl. mind. 4 Internodien **7**

7. Zähne der Tragblätt. stumpf; ↕ 3–10 cm; ⊙. VII–VIII. – Dünen. – *s*, DK (Skagen). [*E. borealis* auct.] Nordischer A., ***E. arctica*** Rostr. subsp. ***minor*** Yeo

— Zähne der Tragblätt. zugespitzt u. (kurz) begrannt; ↕ 5–10 cm; ⊙. VII–IX. – Trockenrasen. – *z–s*, CH; CZ. Kurzhaariger A., ***E. brevipila*** Burnat & Gremli

8 (6). Krone mittelgroß, (6–)7–10 mm lg., weiß od. violett; Tragblätt. m. keilf. Grund, jederseits m. 4–6 Zähnen, ihre Zähne stets zugespitzt bis lg. begrannt, oft m. dk.roter Granne (*700/1*); — Stg.Blätt. u. Tragblätt. kahl bis kurz borstig behaart; ↕ 10–25 cm; ⊙. VII–IX. – Trockenrasen, Magerrasen; 0–1500(–2300) m. – *v–z*. [incl. *E. pectinata* auct.; *E. tatarica* Spreng.]
Steifer A., ***E. stricta*** J. F. Lehm.

— Krone klein, 3–7,5 mm lg., weiß, gelb od. violett; Zähne der Tragblätt. stumpf bis zugespitzt, zuw. kurz begrannt **9**

9. Buchten zw. den Zipfeln der Tragblätt. überwgd. eng gerundet (*700/3*); Krone 3–4 mm lg.; ↕ (1–)2–8 cm; ⊙. VII–IX (?). – Magerrasen auf Kalk; 1700–2000 m. – *s*, A: N-Ti.
Buchten-A., ***E. sinuata*** Vitek & Ehrend.

— Buchten zw. den Zipfeln der Tragblätt. spitz (*700/2*); Krone 4–7 mm lg.; meist nicht auf Kalk **10**

10. Tragblätt. m. keilf. Grund (*700/2*), meist länger als br. **13**

— Tragblätt. m. herzf., selten keilf. Grund, meist etwa so lg. wie br. **11**

11. Stg. oft am Grund gebogen; Stg.Blätt. jederseits m. 4–7 stumpfen bis spitzl. Zähnen; — unterh. der Infl. 2–4(–5) Internodien; reife Kapsel so lg. wie od. länger als der Kelch; ↕ 3–15 cm; ⊙. V–VII. – Magerrasen, Weiden. – *s*, Mittelgeb. von D: BY (Spessart), HE, NI (Harz), NRW, RP (Hunsrück), SN, früher TH; *f* A? Skandinavischer A., ***E. frigida*** Pugsley

700/1

700/2

700/3

700/4

700/5

— Stg. aufr.; Stg.Blätt. jederseits m. 2–4 Zähnen **12**

12. Krone (5–)6–7 mm lg., weiß, gelb od. selten hellviolett m. dk.violett überlaufener Oberlippe; größ. Pfl. meist verzweigt; ↕ (1–)2–15 cm; ⊙. VII–IX. – Magerrasen; 1200–3400 m. – *v* Alp., auch Schweizer Mittelland u. Schweizer Jura, *s* Riesengeb. [incl. *E. tatrae* Wettst.] Zwerg-A., ***E. minima*** Lam.

— Krone 4–5(–6) mm lg., weiß bis blass violett; Pfl. meist unverzweigt od. m. 1–2 Seitenzweigen; ↕ (1–)2–10(–15) cm; ⊙. VII–IX(?). – Silikat-Magerrasen; 1800–2000 m. – *s*, A: Ti (ob. Ötztal). Überraschungs-A., ***E. inopinata*** Ehrend. & Vitek

13 (10). Krone 5–7,5 mm lg., weiß bis violett; Stg. m. kräftigen Seitenästen; Blätt. kahl bis dicht behaart, m. 3–9 Paaren spitzer Zähne; Kapsel wenig kürzer als der Kelch; ↕ 10–35 cm; ⊙. VII–X. – Weiden, Waldränder. – D: *z* Mittelgeb., SH, sonst *s*; *z* A: NÖ (Waldviertel); CH: Jura, Vs; CZ; PL. [incl. *E. curta* (Fr.) Wettst.; *E. coerulea* Hoppe & Fürnr.; *E. uechtritziana* Junger & Engl.] Hain-A., ***E. nemorosa*** (Pers.) Wallr.

— Krone 4,5–6,5 mm lg., violett od. purpurn; Seitenäste dünn; Blätt. kahl od. schwach behaart, m. 1–6 Paaren spitzer Zähne; Kapsel kürzer als der Kelch; ↕ 3–25 cm; ⊙. VI–IX. – Saure Magerrasen, Kiefernwälder, Moore; kalkmeidend. – *s*, stark zurückgegangen; D: *s* M u. N; in A nur NÖ, OÖ; *f* CH. [*E. gracilis* (Fr.) Drejer] Schlanker A., ***E. micrantha*** Rchb.

14 (4). Zähne der Tragblätt. nicht begrannt, höchstens kurz zugespitzt; Krone weiß bis hell violett; Pfl. zuw. m. lg. Drüsenhaaren **16**

— Zähne der Tragblätt. in eine (zuw. kurze) Granne auslfd.; Krone violett, weißl. od. gelb; Blätt. kahl od. behaart, aber ohne lg. Drüsenhaare **15**

15. Mittl. u. unt. Stg.Blätt. schmal, 2–4-mal so lg. wie br.; ↕ 5–25(–40) cm; ↕ 5–25 cm; ⊙. VII–X. – Kastanienwälder, Weiden; 200–800 m. – *s*, CH: Gr, Ts. [*E. alpina* subsp. *cisalpina* (Pugsley) Breistr.] Tessiner A., ***E. cisalpina*** Pugsley

— Mittl. u. unt. Stg.Blätt. breiter, 1,5–2,5-mal so lg. wie br.; ↕ 2–12 cm; ⊙. V–X. – Alp. Magerrasen; auf Silikat; bis 2800 m. – *z*. Alpen-A., ***E. alpina*** Lam.

a. Krone gelb; ↕ (2–)4–10 cm. – *s*, CH: Ts, Vs. [*E. christii* Favrat] Christ-A., subsp. ***christii*** (Favrat) Hayek

— Krone weiß od. violett; ↕ 8–12 cm. – *z*, S-CH; I: Bz. Alpen-A. (i. e. S.), subsp. ***alpina***

16 (14). Grund der Tragblätt. schmal keilf., bei den unt. jederseits m. 3–5(–9) Zähnen, meist kahl, selten drüsenhaarig; ↕ 5–20 cm; ⊙. V–X. – Feuchtwiesen im Alp.Vorland. – *s*, O-A. Kerner-A., ***E. kerneri*** Wettst.

— Grund der Tragblätt. abgerundet bis herzf., selten br. keilf., jederseits m. 2–4(–5) Zähnen; ↕ 5–25 cm; ⊙. Gewöhnlicher A., ***E. officinalis*** L.

a. Pfl. ± dicht u. lg. drüsenhaarig. VII–X. – Magere Wiesen, Weiden; 0–1900(–2200) m. – *v*. [*E. rostkoviana* Hayne; *E. montana* Jord.] Gewöhnlicher Echter A., subsp. ***rostkoviana*** (Hayne) F. Towns.

— Pfl. ohne lg. Drüsenhaare. VI–X. – Wiesen der Alp. u. alp. Rasen; 1400–2500(–2900) m. – *z*. [*E. picta* Wimm.; *E. versicolor* A. Kern.; *E. officinalis* subsp. *versicolor* (A. Kern.) Vitek] Bunter A., subsp. ***picta*** (Wimm.) Čelak.

17 (5). Tragblätt. jederseits m. 3–7 stumpfen, unbegrannten Zähnen (ähnl. *700/5*), dicht m. lg. gestielten Drüsenhaaren besetzt; Stg.Blatt. m. weißen Borsten- u. gestielten Drüsenhaaren; ↕ 5–25 cm; ⊙. VI–IX. – Magerrasen der Alp.; 1700–2000 m. – *s*, D: Allgäuer Alp.; A: Ti, Vb; CH; FL; I: Bz. Zottiger A., ***E. hirtella*** Reut.

— Tragblätt. u. Stgblätt. jederseits m. 2–3 spitzen Zähnen, dicht behaart, auch m. lg. Drüsenhaaren; ↕ 5–20 cm; ⊙. VII–IX. – Dünen; 0–30 m. – *s*, DK (Bulbjerg). Dünen-A., ***E. dunensis*** Wiinst.

Lathraea L., Schuppenwurz

1. Blüten violett, 40–50 mm lg., grundst., Infl. m. nur kurzem, unterird. Stiel; ♃. IV–V. – Laubwälder; auf *Salix, Populus, Alnus*. – *s*, B (Flämische Ardennen, W-Flandern); NL; in D *s* adventiv u. eingebürg.: S-BY (Grafrath). [*Clandestina rectiflora* Lam.] Pracht-S., ***L. clandestina*** L.

— Blüten rosa, 14–20 mm lg., in dichter, einseitswendiger, anfangs nickender Traube; ↕ 10–30 cm; ♃. IV–V. Aufrechte S., ***L. squamaria*** L.

a. Stg. kahl; Oberlippe der Krone 5 mm, Unterlippe 4 mm br.; Gr. kahl; ♃. IV–V. – Auen- u. Schluchtwälder; auf Laubgehölzen (nur?), bes. auf *Alnus, Corylus*; bis 1600 m. – *z*, im NW *s*. Aufrechte S. (i. e. S.), subsp. ***squamaria***

— Stg. spärl. behaart; Oberlippe der Krone 8 mm, Unterlippe 6 mm br.; Gr. in der Mitte behaart; ♃. IV–V. – Nur auf *Picea*. – *s*, D: BY; A: Kt (Karawanken), Stm (Gleinalpe), Ti (Halltal). Tatra-S., subsp. ***tatrica*** Hadač

Melampyrum L., Wachtelweizen

Saisondimorphismus (vgl. S. 698) beachten. Zur Bestimmung der Ökorassen Spezialliteratur benutzen.

1. Infl. einseitswendig u. lockerbltg. od. Blüten einzeln u. blattachselst. **4**
— Infl. allseitswendig u. dicht od. Blüten in 4 Reihen **2**
2. Tragblätt. längs gefaltet, im unt. Teil kammf. gezähnt, dicht dachig in 4 Reihen angeordnet; — Krone gelbl.weiß, meist rot überlaufen; ↕ 10–30(–)50 cm; ⊙. V–IX. – Gebüsche, Waldränder. – *z* S- u. M-D, A, sonst *s*, auch B. – Formenreich. Kamm-W., ***M. cristatum*** L.
— Tragblätt. nicht längs gefaltet u. nicht in 4 Reihen angeordnet **3**
3. Tragblätt. hell- bis lilarot; Krone 20–25 mm lg., Lippe rötl., Röhre gelbl. bis weißl., am Grund zuw. rötl.; Kelch flaumig behaart, fast so lg. wie die Kronröhre, die Unterlippe der Oberlippe fast anlgd. (*702/1*); ↕ 10–30 cm; ⊙. V–IX. – Äcker, Trockenhänge. – *v* im S (aber *s* D südl. der Donau), *s* im N u. Alp., *f* in NW-D. – Formenreich. Acker-W., ***M. arvense*** L.
— Tragblätt. gelbl.grün; Krone 15–25 mm lg., blassgelb; Kelch oft lg. zottig behaart, nur halb so lg. wie die Kronröhre, die Unterlippe deutl. von der Oberlippe abgespreizt (*702/2*); ↕ 15–35 cm; ⊙. VI–VIII. – Trockenrasen. – *s*, A: Bgl, Kt, NÖ; früher CZ. – Auch eingeschleppt. Bart-W., ***M. barbatum*** Willd.
4 (1). Ob. Tragblätt. tief (blau)violett, eif., lg. gezähnt; Kelch lg. zottig behaart; — Krone goldgelb, oft z.T. rötl. überlaufen; ⊙. VI–IX. – Laubwälder, Gebüsche, Kahlschläge. Artengruppe Hain-W., ***M. nemorosum*** agg.
a. Kelch lg.zottig behaart; Blätt. ≤ 40 mm br.; ↕ 10–30(–60 cm). – *v* im O, *z–s* in NO-D, westl. nur *z* bis SO-DK/O-SH/O-NI/Rhön/ob. Main/O-FrAlb, westl. u. südl. davon einzelne Funde in HE, Odenwald, BY, b. München, Salzach-Gebiet. Hain-W., ***M. nemorosum*** L. (s. str.)
— Kelch schwach behaart (oft nur auf den Hauptnerven) bis kahl; Blätt. ≤ 15 mm br. .... **b**
b. Kelchzähne m. lg. granniger Spitze, ± abgespreizt; ↕ 10–30 cm. – *s* im O (D: BB (?); PL). Polnischer W., ***M. polonicum*** (Beauverd) Soó
— Kelchzähne fast linealisch bis lg. zugespitzt, aber ohne grannige Spitze, fast gerade vorgestreckt; ↕ 10–50 cm. – A: NÖ, Stm; CZ. [incl. *M. angustissimum* Beck u. *M. bohemicum* A. Kern.] Alpenostrand-W., ***M. subalpinum*** (Jur.) A. Kern.
— Ob. Tragblätt. nicht tiefblau; Kelch ± kahl **5**
5. Krone 12–20 mm lg., gelbl.weiß, die Rückenlinie ihrer Röhre fast gerade (*702/3*); Kelch weniger als halb so lg. wie die Kronröhre, Kelchzähne linealisch, ungleich ansitzend u. (insbes. die ob.) abgespreizt; Schlund der Krone nur halb geöffnet; offene Blüten fast waagr. von der Infl.Achse absthd.; ↕ 10–30(–50) cm; ⊙. V–IX. – Lichte Wälder, Gebüsche, Waldwiesen, Moore. – *v*. – Formenreich. [incl. *M. paludosum* (Gaudin) Prantl] Wiesen-W., ***M. pratense*** L.
— Krone 6–10 mm lg., goldgelb, die Rückenlinie ihrer Röhre deutl. aufw. gekrümmt (*702/4*); Kelch mind. zwei Drittel so lg. wie die Kronröhre, Kelchzähne 3-eckig-lanzettl., unter sich gleichart. u. abgespreizt; Schlund der Krone ganz geöffnet; offene Blüten aufr. bis schräg seitl. von der Infl.Achse absthd.; ↕ 10–25 cm; ⊙. V–IX. – Nadelwälder; Zwergstrauchstufe. – *v* Alp. u. Voralp., *v–z* Mittelgeb. (Harz, Sauerland, Thw., Frw., Erzgeb., Fichtelgeb., Bayrw., S-Schw., S-SchwAlb), sonst *s*. – Formenreich. Wald-W., ***M. sylvaticum*** L.

702/1

702/2

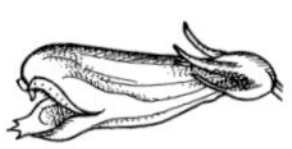
702/3

702/4

Odontites Ludwig [incl. *Orthantha* (Benth.) A. Kern.; *Orthanthella* Rauschert], Zahntrost

Saisondimorphismus (vgl. S. 698) beachten. Zur Bestimmung der Ökorassen Spezialliteratur benutzen.

Interkalarblätt. sind die zw. dem obersten Seitentrieb u. den untersten Blüten der endst. Infl. befindl. Blattpaare.

1. Krone gelb, kahl od. schwach behaart **4**
— Krone blass rosa bis fleischrot od. weiß, außen filzig behaart (Artengruppe Acker-Z., ***O. vernus*** agg.) **2**

2. Stg.Blätt. dickl., stumpf, die ob. meist rot überlaufen; Kelchzähne kurz 3-eckig; — Infl. wenigblütig (bis 20); Pfl. unverzweigt od. wenig verzweigt, ↕ 5–20 cm; ⊙. V–VI. – Salzwiesen. – *v–s* Meeresküsten. Salz-Z., ***O. litoralis*** (Fr.) Fr.

— Stg.Blätt. nicht dickl., oft spitz; Kelchzähne linealisch; — Infl. m. meist > 20 Blüten; Pfl. verzweigt 3

3. Pfl. in Getreidefeldern; Stg. oberh. der Mitte m. Blüten tragenden, aufr.-absthd. Seitentrieben, meist ohne Interkalarblätt.; ↕ 10–50 cm; ⊙. V–VI. – Äcker. – *z; s* NW-D; DK. [*O. ruber* subsp. *vernus* (Bellardi) Vollm.] Acker-Z., ***O. vernus*** (Bellardi) Dumort.

— Weidepfl.; Stg. schon von der Basis an verzweigt, m. bogig aufstgd. Seitentrieben; m. od. ohne Interkalarblätt.; ↕ 20–60 cm; ⊙. VII–X. – Weideflächen, Wegränder. – *v*. – Formenreich. [*O. serotinus* (Lam.) Dumort.; *O. ruber* (Baumg.) Besser] Roter Z., ***O. vulgaris*** Moench

4 (1). Pfl. behaart, aber ohne Drüsenhaare; Krone deutl. bewimpert, goldgelb, 5–6 mm lg.; Kapsel 4–5 mm lg., länger als der Kelch; ↕ 10–60 cm; ⊙. VII–X. – Trockenrasen, Sandfluren. – *z* M- u. S-D; A; CH; CZ; FL; I: Bz; sonst *s*. [*Orthantha lutea* (L.) Wettst.; *Euphrasia lutea* L.] Gelber Z., ***O. luteus*** (L.) Clairv.

— Stg., Blätt. u. Kelch dicht drüsig behaart; Krone m. wenigen kurzen Haaren, blassgelb, 7–8 mm lg.; Kapsel 4 mm lg., kürzer als der Kelch; ↕ 15–50 cm; ⊙. VIII–IX. – Kiefernwälder. – *s*, nur CH: Vs. Klebriger Z., ***O. viscosus*** (L.) Clairv.

Orobanche L. [incl. *Phelipanche* Pomel], Sommerwurz

Beim Bestimmen ist auf die umgebenden Pfl. zu achten sowie auf die Farbe der Narbe im frischen Zustand! Bei Arten m. dunkler (rötl., bräunl.) Narbe kommen zuw. Exemplare m. gelben Narben vor. Die Form der Kronröhre ist am besten bei voll aufgeblühten, aber noch nicht welkenden Blüten zu beurteilen.

Die allermeisten Arten der Gattung sind hapaxanth.

Übersicht der Wirtspfl.:
Araliaceae: *O. hederae* (*Hedera*)
Apiaceae: *O. bartlingii* (*Seseli*), *O. alsatica* (*Peucedanum*), *O. amethystea* (*Eryngium*), *O. picridis* (*Daucus*), *O. mayeri* (*Laserpitium*), *O. laserpitii-sileris* (*Laserpitium*)
Asteraceae: *O. coerulescens* (*Artemisia*), *O. flava* (*Petasites, Tussilago, Adenostyles*), *O. elatior* (*Centaurea*), *O. centaurina* (*Centaurea, Echinops*), *O. laevis* (*Artemisia*), *O. lanuginosa* (*Artemisia*), *O. purpurea* (*Achillea, Artemisia, Cirsium*), *O. reticulata* (*Cirsium, Carduus, Carlina*), *O. artemisiae-campestris* (*Artemisia*), *O. picridis* (*Picris, Crepis*)
Berberidaceae: *O. lucorum* (*Berberis*)
Cannabaceae: *O. ramosa* (*Cannabis*)
Caprifoliaceae: *O. reticulata* (*Knautia, Scabiosa*), *O. pancicii* (*Knautia*)
Fabaceae: *O. rapum-genistae (Cytisus, Genista, Ulex)*, *O. gracilis* (verschiedene, bes. *Lotus, Hippocrepis, Dorycnium, Genista*), *O. lutea (Medicago, Melilotus, Trifolium)*, *O. minor (Trifolium, Medicago, Onobrychis, Ornithopus)*
Lamiaceae: *O. alba (Thymus, Origanum, Clinopodium, Teucrium)*, *O. salviae (Salvia)*, *O. teucrii (Teucrium)*
Ranunculaceae: *O. lycoctoni (Aconitum)*, *O. elatior (Thalictrum)*
Rubiaceae: *O. caryophyllacea* (*Galium*)
Solanaceae: *O. ramosa* (*Solanum, Nicotiana*)

Während der letzten Jahrzehnte ist ein starker Rückgang der *Orobanche*-Vorkommen zu verzeichnen. Fast alle Arten im Gebiet sind gefährdet!

1. Blüten in der Achsel eines Tragblatts u. ohne Vorblätt., sitzend; Kelchblätt. 2, seitl. sthd. (daher oft wie Vorblätt. wirkend), ungeteilt bis tief 2-teilig, frei od. ± verwachsen 6

— Blüten m. Tragblatt u. 2 seitl. sthd. Vorblätt., kurz gestielt; Kelch röhrig-glockig, 4- od. 5-zähnig (= *Phelipanche* Pomel) 2

2. Stg. verzweigt; Kelch kurzglockig, 4-zähnig; Krone 10–12(–20) mm lg., blau od. violett m. weißem Schlundfleck, selten (creme)weiß; ↕ 6–40 cm; ⊙. VIII–X. – Äcker; vorwgd. auf *Cannabis, Nicotiana, Solanum*. – Unbest., *z*, A: Kt; S-CH; in D nur noch wenige Vorkommen: BB, N-Oberrhein, Saarland. [*P. ramosa* (L.) Pomel] Ästige S., ***O. ramosa*** L.

— Stg. einfach, selten ästig; Kelch 5-zähnig, hint. Zahn sehr klein; Krone (15–)18–35 mm lg.; Pfl. 15–60 cm hoch; nicht auf Kultur- od. Zierpfl. 3

3. Staubbeutel gegen die Basis wollig-zottig behaart; — Krone 25–35 mm lg., blauviolett; Lappen der Unterlippe abgerundet; Stg. gelbl.weiß od. blasslila, drüsig behaart, m. < 10 Schuppenblätt.; ↕ 15–45 cm; ⊙–mehrj. hapaxanth. VI–VII. – Trockenrasen; auf *Artemisia campestris* u.

A. vulgaris; bes. auf Sandböden. – *z*, D: BB, BW, Maingebiet, MV, RP, ST; A: Bgl, NÖ, Sb, Ti; CH: Gr, Vs; CZ; F: Els; I: Bz. [*P. arenaria* (Borkh.) Walp.; *O. laevis* auct.] Sand-S., ***O. arenaria*** Borkh.

— Staubbeutel kahl od. höchstens an der Spitze etwas behaart **4**

4. Infl. weißwollig; Krone 15–20(–25) mm lg., helllila; ↕ 10–30 cm; mehrj. hapaxanth. VI–VII. – Trockenrasen; auf *Artemisia pontica* u. *A. austriaca*. – Sehr *s*, A: Bgl, NÖ; CZ. [*O. lanuginosa* (C. A. Mey.) Greuter & Burdet; *P. caesia* (Rchb.) Soják] Weißwollige S., ***O. caesia*** Rchb.

— Infl. kurzhaarig, nicht weißwollig; Krone 18–30 mm lg., lila m. dk. Nerven **5**

5. Infl. 10–20(–25)-blütig, locker; ob. Kelchzahn weniger als ein Drittel so lg. wie die übrigen Kelchzähne; Stg. oberw. wenig beschuppt; ↕ 8–50 cm; ⊙–mehrj. hapaxanth. VI–VII. – Trockenrasen; auf *Achillea*, auch auf *Artemisia vulgaris* od. *Cirsium acaulon*. – *z–s*, bes. S-D; auch A; B; CH; DK; F: Els; I: Bz; NL; PL. [*P. purpurea* (Jacq.) Soják] Violette S., ***O. purpurea*** Jacq.

— Infl. (15–)20–55-blütig, dicht; ob. Kelchzahn mindestens halb so lg. wie die übrigen Kelchzähne; Stg. oberw. reich beschuppt; — Narbe gelbl.weiß; ↕ 15–50 cm; ⊙–mehrj. hapaxanth. VI–VII. – Trockenrasen; auf *Artemisia campestris*. – Sehr *s*, D: O-D.; A: NÖ, Ti; CH: Gr, Vs; CZ; I: Bz. [*O. purpurea* subsp. *bohemica* (Čelak.) Kubát] Böhmische S., ***O. bohemica*** Čelak.

6 (1). Staubblätt. in der Mitte der Kronröhre ansitzend, darunter Kronröhre bauchig erweitert; Krone hellblau od. lila, an der Basis gelbl.weiß, (10–)15–23 mm lg.; Narbe weißl.; — Stg. an der Spitze weiß-wollig; ↕ bis 40 cm; mehrj. hapaxanth. VI–VII. – Sandböden; auf *Artemisia campestris*. – D: *s* nur b. Pegnitz (FrAlb), b. Regensburg; A: früher NÖ, OÖ; *s* CZ; PL.
Bläuliche S., ***O. coerulescens*** Willd.

— Staubblätt. unterh. der Mitte der Kronröhre ansitzend, diese am Grund nicht erweitert; Krone meist bräunl., weißl. od. gelbl., zuw. auf hellem Grund m. bläul. Nerven, selten bläul. od. violett; Narbe gelb, rötl. od. purpurn bis sehr dk. **7**

7. Staubblätt. deutl. [(1–)2–7 mm] oberh. der Basis der Krone ansitzend **11**

— Staubblätt. an od. bis zu 1 (selten 2) mm oberh. der Basis der Krone ansitzend **8**

8. Staubfäden an der Basis kahl — u. verbreitert, an der Spitze nicht-drüsig behaart; Krone 20–25 mm lg., weit, röhrig-glockig, hellgelbl. od. rötl.braun, gegen den Saum m. hellen Drüsenhaaren; Rückenlinie der Krone ± gleichm. gebogen (*704/1*); Tragblätt. so lg. wie od. länger als die Krone; ↕ bis 85 cm; mehrj. hapaxanth. V–VII. – Heiden, lichte Wälder; auf *Cytisus scoparius*, selten auf *Genista*, *Ulex*. – *z* im W, östl. bis Dümmer See (nördlichstes Vorkommen)/Münster (Westf.)/Sauerland/Nahegebiet/N-Schw.; CH: Gr, Ts.
Ginster-S., ***O. rapum-genistae*** Thuill.

— Staubfäden an der Basis behaart **9**

9. Krone innen glzd., dk. blutrot, außen wachs- bis goldgelb, gegen den Saum trübpurpurn, glockig, drüsig behaart; Rückenlinie der Krone ± gleichm. gebogen (ähnl. *704/1*); Narbe gelb, meist m. purpurnem Rand; ↕ bis 60 cm; ⊙–mehrj. hapaxanth. V–VIII. – Magerwiesen, Trockenrasen; auf verschiedenen Fabaceae (bes. *Lotus, Hippocrepis, Dorycnium, Genista*). – *v*, D: BY südl. der Donau u. FrAlb; A; S-CH; I: Bz; sonst *s* in S-D. Blutrote S., ***O. gracilis*** Sm.

— Krone innen nicht glzd. u. nicht dk. blutrot; Rückenlinie der Krone gerade bis kaum gekrümmt u. erst in Höhe der Oberlippe ± rechtwinklig abgebogen (ähnl. *704/2*); Narbe purpurn bis bräunl. **10**

10. Blüten nach Nelken duftend; Krone 20–30 mm lg., hellbraun bis fleischrosa od. blass rotviolett, selten gelbl.weiß, auf der Oberlippe m. hellen Drüsenhaaren; Stg. meist ähnl. wie die Krone gefärbt od. heller; ↕ 10–60 cm; mehrj. hapaxanth. VI–VII. – Trockenrasen; auf Rubiaceae. – *v*, A; D: Alb, Eifel; sonst sehr *z* u. lückenhaft; *f* in NW-D. [*O. vulgaris* Poir.]
Labkraut-S., ***O. caryophyllacea*** Sm.

704/1 *704/2* *704/3*

— Blüten duftlos; Krone 18–25 mm lg., weiß od. gelbl. bis fleischrosa, m. rötl. od. violetten Nerven; Oberlippe m. dk. Drüsenhaaren; Stg. meist dunkler als die Krone; ↕ 10–70 cm; ⊙–mehrj. hapaxanth. IV–VIII. – Magerwiesen, Sandböden; auf Lamiaceae (bes. *Thymus*). – *v* nur A; CH; Bz; CZ; D: RP; sonst im S sehr *z*; nördl. bis B/D: b. Wuppertal/Sauerland/N-TH u. S-ST, SN (b. Chemnitz). [*O. epithymum* DC.; incl. var. *major* Čelak.] Quendel-S., Weiße S., ***O. alba*** Willd.

11 (7). Narben rot, braunrot, purpurn od. violett (bei einzelnen Exemplaren zuw. gelb); Rückenlinie der Kronröhre (bei voll geöffneten Blüten) meist gerade bis kaum gekrümmt u. erst in Höhe der Oberlippe ± rechtwinklig nach vorn abgebogen (ähnl. *704/2*; Ausnahme: *O. amethystea* u. zuw. *O. minor* u. *O. picridis*) **24**

— Narbe gelb (erst später rötl. od. bräunl. werdend); Rückenlinie der Kronröhre meist ± gleichm. gebogen (ähnl. *704/1*; Ausnahme: *O. lutea, O. lycoctoni* u. *O. bartlingii*) od. nur am Grund gebogen **12**

12. Krone außen m. dunklen Drüsenhaaren; Narbe nur bei Blütenöffnung gelb, im Laufe der Bltzt. rötl. u. dunkler werdend; — Staubfäden behaart, oberw. drüsig; Blüten stark duftend (nach Gewürznelken); Krone 20–28 mm lg.; ↕ 15–50 cm; mehrj. hapaxanth. V. – Magerrasen; auf *Knautia drymeia*. – Sehr *s*, nur A: Bgl, Stm. Pančić-S., ***O. pancicii*** Beck

— Krone außen ohne dunkle Drüsenhaare (aber oft m. hellen); Narbe erst kurz vor dem Verblühen dunkler werdend **13**

13. Rückenlinie der Kronröhre ± gleichm. gebogen (bisw. an der Basis gerade), bes. zum Saum hin nicht abw. gebogen **15**

— Rückenlinie der Kronröhre am Grund gebogen, im Mittelteil ± gerade , kurz unterh. des Saums deutl. abw. gebogen **14**

14. Blüten 25–30 mm lg.; Rückenlinie der Kronröhre in Höhe der Oberlippe fast rechtwinklig abgebogen (*704/2*); Krone gelbl. bis hellbraun od. rötl.braun, zuw. violett überlaufen; — Stg. deutl. dunkler als die Krone, an der Basis dicht, an der Spitze locker beschuppt; ↕ bis 50 cm; ⊙–mehrj. hapaxanth. V–VI. – Gebüsche, Klee- u. Luzernefelder; auf Fabaceae (bes. *Medicago, Melilotus, Trifolium*). – *z–s*, D. nördl. bis Ruhrgebiet/Harz/BB (Odergebiet); *v* A; CH; CZ; I: Bz; *s* PL. Gelbe S., ***O. lutea*** Baumg.

— Blüten 12–17(–20) mm lg.; Rückenlinie der Kronröhre in Höhe der Oberlippe stumpfwinklig abgebogen; Krone meist ± fleischrosa, zuw. gelbl., od. violett überlaufen; ↕ 20–35 cm; mehrj. hapaxanth. VI–VII. – Trockenwiesen, Waldränder; auf Kalk; nur auf *Seseli libanotis*. – Sehr *s*, D: BW, BY, HE, MV (b. Peenemünde), S-NI, TH; A: Kt, Stm; CH: Jura. (Früher m. *O. alsatica* verwechselt.) [*O. libanotidis* Rupr.] Bartling-S., ***O. bartlingii*** Griseb.

15 (13). Infl. im Lauf der Bltzt. zumind. in der unt. Hälfte lockerer werdend, Abstände zw. den unt. Blüten größer als deren Länge; meist an frischen, ± schattigen StO **20**

— Infl. dicht bleibend, Abstände zw. den Blüten kleiner als deren Länge, allenfalls bei reichblütigen Infl. die untersten 1–2 Blüten etwas weiter entfernt; meist an trockenen StO **16**

16. Stg. zumind. im ob. Teil locker beschuppt, Schuppenblätt. meist kürzer als die Internodien; Oberlippe der Kronröhre meist deutl. ausgerandet bis 2-lappig; auf Apiaceae **18**

— Stg. bis zur Infl. ± dicht beschuppt, Schuppenblätt. meist länger als die Internodien; Oberlippe der Kronröhre kaum ausgerandet; auf *Centaurea, Echinops* od. *Thalictrum* **17**

17. Infl. u. Krone rötl., blassrosa od. orange; Krone aufr.; Rückenlinie der voll aufgeblühten Krone in der Mitte ± gerade; ↕ 30–40 cm; mehrj. hapaxanth. (VI–)VII–VIII. – Trockenrasen, Schuttfelder; auf *Centaurea* od. *Echinops*. – *s*, D (BY: Berchtesgadener Alp.); *z* A; CH; CZ; PL. [*O. echinopis* Pančič, *O. kochii* F. W. Schultz] Kochs S., ***O. centaurina*** Bertol.

— Infl. u. Krone bräunl. od. gelb; voll aufgeblühte Krone waagr. absthd.; Rückenlinie der Krone gleichm. gekrümmt; ↕ 40–80 cm; mehrj. hapaxanth. VI. – Buschige Trockenrasen; auf *Centaurea scabiosa* u. *Thalictrum*. – *s*, D (*f* im NW); A; CH; CZ; F: Els; PL. [*O. major* auct.] Große S., ***O. elatior*** Sutton

18 (16). Krone 12–17(–20) mm lg.; Gr. kahl od. spärl. drüsenhaarig; Staubblätt. 2–4 mm oberh. der Basis der Krone ansitzend; ↕ 30–50 cm; mehrj. hapaxanth. VI–VIII. – Gebüschränder; nur auf *Laserpitium latifolium*. – *s*, Endemit der SchwAlb. Mayer-S., ***O. mayeri*** (Suess. & Ronniger) Bertsch & F. Bertsch

— Krone (15–)20–30 mm lg.; Gr. mäßig bis dicht drüsenhaarig; Staubblätt. 4–7 mm oberh. der Basis der Krone ansitzend **19**

19. Staubfäden am Grund dicht behaart, im ob. Teil kahl; ↕ bis 40 cm; mehrj. hapaxanth. VI–VII. – Trockenhänge, lichte Wälder; auf *Peucedanum, Laserpitium, Seseli*. – D: BB (Oder), Oberrhein, BY (Franken, Donaugebiet), TH; A: NÖ, Stm; CH: Bern; CZ; F: Els; *s* PL.
Elsässer S., ***O. alsatica*** Kirschl.

— Staubfäden auf ganzer Länge drüsig behaart; ↕ 30–70 cm; mehrj. hapaxanth. VII. – Trockene, sonnige Böden; nur auf *Laserpitium siler*. – Sehr *s*, A: NÖ, Stm, Vb; CH; I: Bz.
Bergkümmel-S., ***O. laserpitii-sileris*** Reut.

20 **(15).** Kronröhre kurz unterh. des Saums deutl. verengt; — Krone außen kahl bis mäßig drüsig behaart, 10–15 mm lg., weißl. od. gelbl., auf dem Rücken meist rosa-violett überlaufen, oft m. violetten Nerven; ↕ 10–60 cm; ⊙–♃. V–VII. – Waldränder, Parkanlagen, Ruinen; auf *Hedera helix*. – *z* im Rheingebiet, sonst *s*, aber in Ausbr.; auch A: Ti, Vb; B; CH; I: Bz; NL.
Efeu-S., ***O. hederae*** Duby

— Kronröhre oberh. der Mitte nicht verengt; — Krone außen drüsig behaart; nur Alp. u. Vorland **21**

21. Zipfel der Oberlippe der Krone nicht zurückgeschlagen, gerade vorgestreckt; — Krone rötl.gelb, m. helleren Drüsenhaaren; Gr. kahl od. spärl. drüsenhaarig; ↕ 15–30 cm; ⊙–♃. VII–VIII. – Gebüsche; auf *Berberis vulgaris*, selten auf *Rubus* od. *Crataegus*. – Sehr *z* Alp. u. Vorland (*f* A: OÖ, Stm). – Zuw. synanthrop. [*O. rubi* Duby]
Hain-S., ***O. lucorum*** A. Braun ex F. W. Schultz nom. cons. prop.

— Zipfel der Oberlippe der Krone zurückgeschlagen **22**

22. Krone weißl. od. hell gelbl.; Krone weitglockig; Rückenlinie der Kronröhre aus ± gerader Basis gekrümmt; ↕ bis 40 cm; mehrj. hapaxanth. VII–VIII. – Hochstaudenfluren; auf Kalk; nur auf *Aconitum lycoctonum*. – *s*, Alp. (D: Berchtesgadener Alp.); A: Kt, St; CH: Fribourg, SG, Gr, Sz.
Eisenhut-S., ***O. lycoctoni*** Rhiner

— Krone bräunl. od. gelb; Krone röhrig; Rückenlinie der Kronröhre ± gleichm. gekrümmt **23**

23. Oberlippe der ockergelben, selten braunvioletten Krone tief ausgerandet, m. fast kahlen, rötl. Zipfeln; Staubfäden > 4 mm über dem Grund bis fast in der Mitte der Kronröhre ansitzend, oberw. drüsig; Gr. spärl. drüsig; ↕ 15–40 cm; ⊙–mehrj. hapaxanth. VI–VII. – Hochstaudenfluren, (Fluss-)Schotter; auf Kalk; auf *Petasites, Tussilago, Adenostyles*. – *z* Alp., *s* Vorland (Lechtal bis zur Donau); CZ; PL. Blassgelbe S., ***O. flava*** F. W. Schultz

— Oberlippe der anfangs gelben, später braunen Krone schwach ausgerandet, m. randl. drüsig behaartem Zipfeln; Staubfäden 3–5 mm über dem Grund der Kronröhre ansitzend, oberw. kahl bis wenig drüsig; Gr. reichl. drüsig; ↕ bis 55 cm; mehrj. hapaxanth (–♃?). VII–VIII. – Bergwälder; auf *Salvia glutinosa*. – *v* Alp., *z* Vorland, in D *s*. Salbei-S., ***O. salviae*** F. W. Schultz

24 **(11).** Oberlippe der Krone m. violetten Drüsenhaaren (zuw. sehr spärl.); Kelchblätt. ungeteilt; ⊙–mehrj. hapaxanth. VI–IX. – Wiesen, Ruderalfluren; auf *Cirsium, Carduus, Carlina, Knautia, Scabiosa*. Netzige S., Distel-S., ***O. reticulata*** Wallr.

a. Krone nur an der Basis gelb, sonst violett, m. dk. Nerven, ihre Oberlippe dicht drüsenhaarig; ↕ 10–35 cm. – *z* Alp., *s* Vorland, Donautal (BW); F: Vog. [*O. platystigma* Rchb.] Netzige S. (i. e. S.), Netzige Distel-S., subsp. ***reticulata***

— Krone weißl.gelb, zu den Lippen hin schwach lila, m. spärl. Drüsenhaaren; ↕ 25–70 cm. – D: *z* BW südl. der Donau, *s* O-BB, BW b. Karlsruhe, ObSchwaben, Rhön, N-Pfalz, Harz, ST, TH, nördl. Rheintal, O-Westf.; A: Bgl, NÖ; CZ, *z* DK; *s* L; NL; *z* PL. Blassblütige Distel-S., subsp. ***pallidiflora*** (Wimm. & Grab.) Hayek

— Oberlippe der Krone m. hellen Drüsenhaaren; Kelchblätt. ± tief 2-spaltig **25**

25. Krone 10–12(–18) mm lg., gelbl.weiß, Staubfäden am Grund spärl. drüsenlos behaart, oberw. kahl; Gr. kahl; ↕ 10–30(–50) cm hoch; ⊙. V–VII. – Auf Wiesen u. Kleeäckern; bis 800 m; auf *Trifolium pratense* u. *T. medium*, zuw. auf *Medicago sativa, Onobrychis viciifolia, Ornithopus sativus*. – D: *z*–*s* W- u. S-D, *s* Odergebiet (b. Frankfurt); *z*–*s* A; CH; CZ; I: Bz; PL.
Kleine S., ***O. minor*** Sm.

— Krone 15–25(–30) mm lg.; Staubfäden meist dichter behaart u./od. m. Drüsenhaaren; Gr. meist drüsig behaart; — Zipfel der Oberlippe absthd.-zurückgebogen **26**

26. Rückenlinie der Krone ± gleichm. gebogen, nur am Grund über dem Ansatz der Staubblätt. etwas stärker; — Blüten später fast waagr. absthd. (*704/3*); Krone 15–20 mm lg., (gelbl.)weiß u. gegen die Lippen violett überlaufen od. wenigstens m. violetten Nerven; Tragblätt. meist länger als ihre Blüten, violett; Stg. meist rötl. bis violett; ↕ bis 45 cm; ⊙. VI–VII. – Trockenrasen; auf *Eryngium campestre*. – *s*, D: Kaiserstuhl, Rheinhessen, unt. Neckar u. Main; F: Els; NL. Amethystblaue S., ***O. amethystea*** Thuill.

— Rückenlinie der Krone gerade bis kaum gekrümmt, schräg aufstgd., ganz gestreckt od. erst in Höhe der Oberlippe ± rechtwinklig abgebogen (ähnl. *704/2*) **27**

27. Kelchblätt. tief (zu mehr mehr als zwei Drittel) ungleich 2-spaltig, längere Kelchzähne fast so lg. wie die Krone; Gr. reichl. drüsig behaart; ↕ bis 40 cm; ⊙– mehrj. hapaxanth. VI–VII. – Trockenrasen; auf *Artemisia campestris*. – *s*, D: ST, TH; CH: Gr, Vs; CZ; früher A: NÖ. [*O. loricata* Rchb.] Beifuß-S., ***O. artemisiae-campestris*** Gaudin

— Kelchblätt. zu einem Drittel bis zur Hälfte (bis zwei Drittel) ungleich 2-spaltig, auch die längeren Kelchzähne deutl. kürzer als die Krone; Gr. spärl. (drüsig) behaart **28**

28. Krone bräunl. bis blass rotlila, (15–)20–30 mm lg.; Staubfäden am Grund behaart, oben drüsenhaarig, an der Anheftungsstelle (3–7 mm oberh. der Basis) von einem hellen, mondf. Fleck umgeben; ↕ bis 40 cm; ⊙– mehrj. hapaxanth. VI–VII. – Trockenrasen, auf *Teucrium*. – *v* A, *z* u. lückenhaft in S u. W-D, Oberrhein, Schw., SchwAlb, Donaugebiet, Alp., nördl. bis S-B/ Eifel/mittl. Neckar; CH; CZ; I: Bz. Gamander-S., ***O. teucrii*** Holandre

— Krone am Grund weiß od. gelbl.weiß, zum Saum hin häufig rötl. od. violett bzw. m. violetten Nerven, 15–20 mm lg.; Staubfäden am Grund drüsenlos behaart, oben (fast) kahl; ↕ bis 40 cm; ⊙. VI–VII. – Wiesen, Ruderalstellen; auf Asteraceae, bes. *Picris, Crepis*, zuw. auf *Daucus*. – Sehr *z* in D: Saarland, S-Pfalz, unt. Neckar u. Main, b. Darmstadt, Werratal, b. Hildesheim; A: Kt, NÖ, früher OÖ, Stm; sehr *z* B; CH; CZ; DK; F: Els, Vog.; NL. Bitterkraut-S., ***O. picridis*** F. W. Schultz

Parentucellia Viv., Teerkraut

Pfl. stark drüsig behaart (klebrig); Blätt. eif. lanzettl., sitzend; Infl. in kurzer Traube; Tragblätt. laubig, so lg. wie die gelbe Krone; ↕ 50–70 cm; ⊙. V–VIII. – Feucht-sandige, offene Orte. – Adventiv (Heimat: MMG), ob fest eingebürg.?; *s*, D: Oberrheinebene, BY, HE, NI, NRW, S-SH; B; NL. [*Bartsia viscosa* L.; *Eufragia viscosa* (L.) Benth.] Gelbes T., Gelbe Bartschie, ***P. viscosa*** (L.) Caruel

Pedicularis L., Läusekraut Ⓖ

1. Krone rot, purpurn od. rosa (selten braun, grünl. od. weißl.) **9**

— Krone gelb od. gelbl., nur an der Spitze zuw. rötl., bräunl. od. violett **2**

2. Krone nicht schnabelf. vorgezogen **5**

— Krone m. abw. weisender, schnabelf. verläng. Spitze (ähnl. *708/2*), — blassgelb **3**

3. Kelchzähne ganzrandig od. undeutl. gezähnt, — auf der Innenseite kahl, so lg. wie die Kelchröhre; Kelchröhre kahl; Krone bis 15 mm lg., gelb; Kapsel doppelt so lg. wie der Kelch; ↕ 15–30 cm; ♃. VII–VIII. – Alp. Weiden; auf Kalk; 1800–2300 m. – *z*, nur SW-CH. [*P. barrelieri* Rchb.] Aufsteigendes L., ***P. ascendens*** Gaudin

— Kelchzähne am Rand lappig od. gezähnt **4**

4. Kelchzähne innen kahl; blhd. Stg. am Grund wollig behaart; Tragblätt. am Rand bewimpert; — Krone 14–20 mm lg.; ↕ 10–20 cm; ♃. VI–VIII. – Lichte Wälder, Weiden, Moorwiesen, Felsentriften; kalkmeidend; bis 2800 m. –*z* A (*f* Stm, Sb); CH; I: Bz. Knollen-L., ***P. tuberosa*** L.

— Kelchzähne innen flaumig behaart; blhd. Stg. am Grund 2–3-zeilig behaart; Tragblätt. kahl bis zottig behaart; — Krone 12–16 mm lg.; ↕ bis 40 cm; ♃. VII–VIII. – Matten der Krummholzstufe; auf Kalk; 1300–2300 m. Ⓖ. Langähriges L., ***P. elongata*** A. Kern.

a. Tragblätt. ± kahl; Kelch außen kahl, Innenseite seiner Zipfel flaumig behaart. – *s*, A: Kt (Dobratsch), Ti (Brenner); I: Bz; verschleppt D: O-SchwAlb. Langähriges L. (i. e. S.), subsp. ***elongata***

— Tragblätt. unterseits u. am Rand sowie Kelch außen zottig behaart (daher Infl. grau bis silbrig), Innenseite seiner Zipfel ± flaumig. – *s*, A: Kt (Karawanken, Steiner Alp.). [*P. julica* E. Mayer] Julisches L., subsp. ***julica*** (E. Mayer) Hartl

5 (2). Krone 26–38 mm lg., ihr Schlund durch die zus.neigenden Lippen fast geschlossen; Unterlippe zu keiner Zeit entfaltet, an der Spitze meist blutrot (zuw. nur blass rotviolett); — Krone schwefelgelb; Blätt. tief fiederteilig, Fiedern gekerbt; ↕ 30–100 cm; ♃. VII–VIII. –

Flachmoore. – D: *s* BW, BY, früher MV; A: *s* Stm, früher Sb; früher S-CZ; *v* PL. ⓖ!
Karlszepter, ***P. sceptrum-carolinum*** L.

— Krone (10–)15–28 mm lg.; Unterlippe entfaltet, daher Schlund geöffnet **6**

6. Oberlippe der Krone zumind. an der Spitze purpurn bis bräunl.; Tragblätt. kürzer als die Blüten; Fiedern der Grundblätt. 3-eckig, bis doppelt so lg. wie br., gekerbt bis gesägt; ↕ 4–20 cm; ♃. VI–VIII. – Alpenmatten; auf Kalk; 1600–2400 m. – *z* Alp., D: Ammergeb. u. Schlierseer Berge; A (*s* Ti, Stm, Vb); CH; I: Bz. ⓖ. Buntes L., ***P. oederi*** Vahl

— Oberlippe der Krone meist (blass)gelb, selten bräunl. od. violett überlaufen; Tragblätt. (etwas) länger als die Blüten; Fiedern der Grundblätt. mehr als doppelt so lg. wie br., tief eingeschnitten od. nochmals gefied. **7**

7. Oberlippe der Krone außen filzig-zottig; Kelch auf der Unterseite nicht gespalten; Kelchzähne deutl. ausgebildet, etwa doppelt so lg. wie br.; — Infl. dicht; ↕ 20–50 cm; ♃. VI–VIII. – Alpenmatten, Hochstaudenfluren; auf Kalk; Krummholzstufe, 730–2500 m. – *z* Alp., *s* SchwAlb, Vog., Schweizer Jura. ⓖ. Durchblättertes L., ***P. foliosa*** L.

— Oberlippe der Krone außen (fast) kahl od. nur seitl. behaart; Kelch auf der Unterseite bis zur Hälfte gespalten; Kelchzähne winzig od. breiter als lg. **8**

8. Kelch außen behaart bis wollig u. Tragblätt. am Grund wollig; Kronröhre innen behaart; Infl. dicht, oft gedrungen; ↕ 30–120 cm; ♃. VII–VIII. – Wiesen, Hochstaudenfluren; 1200–1700 m. – *s*, A: Kt (Karnische u. Gailtaler Alp., Karawanken); I: Bz. Venezianisches L., ***P. hacquetii*** Graf

— Kelch kahl od. m. wenigen Haaren auf den Nerven u. Tragblätt. am Grund kahl od. spärl. behaart; Kronröhre innen kahl; Infl. meist lg. gestreckt; ↕ 100–200 cm; ♃. VI–VIII. – Wiesen, Gebüsche. – Nur CZ (Weiße Karpaten). Hohes L., ***P. exaltata*** Besser

9 (1). Stg.Blätt. zu 3–4(–5) quirlst.; — Krone ± purpurrot (blass rosa bis rotlila); Infl. gedrungen; Tragblätt. u. aufgeblasener Kelch oft purpurn überlaufen; ↕ 5–20 cm; ♃. VI–VIII. – Matten, Quellmoore; bis 2800 m. – *v* Alp., in D *s*, erst östl. der Ammergauer Berge. ⓖ.
Quirlblättriges L., ***P. verticillata*** L.

— Stg.Blätt. nicht in Quirlen **10**

10. Oberlippe der Krone deutl. schnabelf. verläng. (*708/2*), am Ende röhrenf.rundl. **15**

— Oberlippe der Krone seitl. abgeflacht, deutl. höher als br., am Ende gestutzt (*708/1*), selten undeutl. geschnäbelt (*708/3*) **11**

11. Kelch u. Infl.Achse kahl od. spärl. kurzhaarig, Infl. vor dem Aufblühen nicht weißwollig; Kelchzähne etwas ungleich bis Kelch 2-lippig **13**

— Kelch u. Infl.Achse ± dicht lg.haarig, daher Infl. zumind. vor dem Aufblühen meist weißwollig; Kelchzähne (fast) gleich, lg. 3-eckig (ein Drittel bis die Hälfte der Länge des Kelchs); — Blätt. überwgd. in grundst. Rosette **12**

12. Rückenlinie der Krone stark gekrümmt, ihre Spitze etwas zurückgekrümmt (*708/3*); Unterlippe dk. gefleckt; Kelchzähne an der Spitze gezähnelt; — Infl. 10–25 cm lg.; ♃. V–VII. – Quellige Stellen u. Hochmoore; 1000–1500 m. – *s*, Riesengeb. (Eiszeitrelikt).
Sudeten-L., ***P. sudetica*** Willd.

— Rückenlinie der Krone fast gerade, an der Spitze kaum mehr als rechtwinklig gebogen (ähnl. *708/1*); Unterlippe nicht gefleckt; Kelchzähne lg. zugespitzt, nicht gezähnelt; — Infl. 5–15 cm lg.; ♃. VII–VIII. – Polsterseggenrasen, Gesteinsfluren; auf Kalk; 1900–2700 m. – *z*, A: Kt, NÖ, OÖ (Höllengeb.), Sb (Radstädter Tauern), Stm; I: Bz. Rosarotes L., ***P. rosea*** Wulfen

708/1

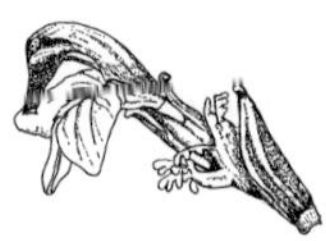

708/2

708/3

13 (11). Krone braunrot bis purpurn, selten grünl., bräunl. überlaufen; Kelchzähne zugespitzt, nicht od. kaum gezähnt; ↕ 20–60 cm; ♃. VII–VIII. – Feuchte Weiden, Gebüsche, Hochstaudenfluren; 1100–2600 m. – *v* Alp., in D bes. Allgäuer u. Berchtesgadener Alp. Ⓢ.
Gestutztes L., ***P. recutita*** L.

— Krone rosa bis hell rotviolett; Kelchzähne od. -Lappen ungleich, deutl. eingeschnitten-gezähnt **14**

14. Stg. aufr., meist im ob. Teil verzweigt, Seitenzweige spitzwinklig aufstgd.; Blätt. am Stg. verteilt; Kelch tief 2-teilig, m. eingeschnitten-gezähnten, krausen Lappen; ↕ 5–70(–150) cm; ⊙. – Sumpfwiesen, Flachmoore. – Ⓢ. Sumpf-L., ***P. palustris*** L.

a. Krone 18–25 mm lg.; Rhachis flach, ca. 2 mm br. V–VI. – Alp u. Vorland *v*, sonst *z–s*, stark zurückgegangen.
Sumpf-L. (i. e. S.), subsp. ***palustris***

— Krone ca. 15 mm lg.; Rhachis dickl., rinnenf., kaum 1 mm br. VII–VIII. – *s*, D: MV (Rügen, Usedom); *z* DK.
Schmalblättriges Sumpf-L., subsp. ***opsiantha*** (Ekman) E. B. Almquist

— Stg. zu mehreren bzw. am Grund verzweigt, der mittl. aufr., fast vom Grund an m. Blüten, die seitl. niederlgd. (bis aufstgd.); Blätt. überwgd. grundst.; Kelch 5-zähnig, tief gezähnelt, z. Frzt. aufgeblasen; ↕ 5–15 cm; ⊙. V–VI. – Feuchte Wiesen, Flach- u. Hochmoore. – *z*, bes. Erzgeb., Frw., Fichtelgeb., Bayrw., sonst lückenhaft; in A nur Kt, OÖ, Vb; *f* S-CH; I: Bz. Ⓢ.
Wald-L., ***P. sylvatica*** L.

15 (10). Kelchzähne zumind. der ob. Blüten ganzrandig; Infl. lockerblütig, verläng.; — Kelch spinnwebig-wollig; Krone fleischrot bis purpurn (zuw. rosa bis weißl.), bis 13 mm lg., ihre Röhre nur so lg. wie der Kelch, ihre Unterlippe nicht bewimpert; ↕ 15–45 cm; ♃. VII–VIII. – Matten, Magerrasen; auf Kalk; bis 2700 m. – *z* Alp. Ⓢ. [*P. incarnata* Jacq. non L.]
Ähren-L., Fleischrotes L., ***P. rostratospicata*** Crantz

a. Kelchzähne auch der unt. Blüten ganzrandig. – *s*, D (Berchtesgadener Alp.); *z* A; *f* CH; *z* I: Bz.
Ähren-L. (i. e. S.), subsp. ***rostratospicata***

— Kelschzähne der unt. Blüten fein gesägt; — Kelch dicht wollig-zottig. – *s*, A: Ti; CH: Gr, Vs.
Schweizer Ähren-L., subsp. ***helvetica*** (Steininger) O. Schwarz

— Kelchzähne deutl. gesägt bis gekerbt; Infl. überwgd. dicht, (oberw.) köpfchenart., od. m. nur wenigen Blüten **16**

16. Unterlippe der Krone am Rand (meist) bewimpert; Infl. meist > 15 cm lg. u./od. m. > 5 Blüten **19**

— Unterlippe der Krone am Rand kahl; Infl. bis zu 15 cm lg. u. meist m. nur 1–5 Blüten **17**

17. Kelch u. ob. Teil des Stg. wollig-zottig; Blätt. nur 2–4 cm lg.; — Krone 13–18 mm lg., Schnabel 4–6 mm lg.; ↕ 3–8 cm; ♃. VII–VIII. – Magerrasen, Schuttfluren; über Kalkschiefer; 1200–2800 m. – *v*, A; CH: Gr; I: Bz. Farnblättriges L., ***P. aspleniifolia*** Willd.

— Kelch kurz flaumig bis kahl; größ. Blätt. meist > 5 cm lg.; — Infl. nur 1–4-blütig **18**

18. Krone 21–30 mm lg.; Kelch höchstens am Rand u. auf den Nerven etwas flaumig, sonst kahl; Infl. endst. aus der zentralen Blattrosette entsthd.; ↕ 2–8(–10) cm; ♃. VI–VIII. – Magerrasen, Felsschutt; 1800–2600 m. – *s*, A: N-Kt, NÖ, Sb (Lungau), Stm.
Zweiblutiges L., ***P. portenschlagii*** Rchb.

— Krone 17–20 mm lg.; Kelch gleichm. flaumig bis kahl; Infl. seitl., zentrale Blattrosette vegetativ weiterwachsend; ↕ 5–15 cm; ♃. VII–VIII. – Magerrasen, Schuttfluren; kalkmeidend; 2100–3300 m. – *z*, A (*f* OÖ, Stm); CH; I: Bz. [*P. rhaetica* Kern.] Bündner L., ***P. kerneri*** Dalla Torre

19 (16). Krone 24–32 mm lg., Schnabel der Oberlippe br. u. 2–3 mm lg.; Kelch dicht behaart; — Pfl. gleichm. dicht behaart, ↕ 15–25 cm; ♃. VI–VII. – Gesteinsfluren, Felsen; auf Kalk; 1500–2800 m. – *s*, CH: Gr, Ts, Vs; I: Bz. Gedrehtes L., ***P. gyroflexa*** Vill.

— Krone 12–24 mm lg., Schnabel der Oberlippe 3,5–5 mm lg.; Kelch kahl od. am Rand u. auf den Nerven flaumig behaart; ↕ 5–20 cm; ♃. VII–VIII. – Gesteinsfluren, Matten, Felsspalten; auf Kalk, auch auf Schiefer; 900–2900 m. – *v*, Alp. von A; CH: Gr, SG (*f* W-CH); I: Bz. Ⓢ. [*P. jacquinii* W. D. J. Koch] Kopfiges L., Geschnäbeltes L., ***P. rostratocapitata*** Crantz

Rhinanthus L. [*Alectorolophus* Zinn], Klappertopf (*698/1*)

Saisondimorphismus (vgl. S. 698) beachten. Zur Bestimmung der Ökorassen Spezialliteratur benutzen.

1. Kelch drüsig behaart **8**
— Kelch kahl od. behaart, aber ohne Drüsen **2**
2. Kelch auf der ganzen Oberfläche behaart; — Zähne der Tragblätt. ohne Grannen; Krone ca. 20 mm lg.; Stg. oberw. absthd. behaart, ohne schwarze Striche; ⊙. V–IX. – Magere Wiesen. – *v*, im N *z–s*, nördl. bis S-NL, S-NI, SN, ST, S-PL. – Formenreich. [*R. hirsutus* Lam.]
Zottiger K., ***R. alectorolophus*** (Scop.) Pollich
a. Unterlippe der Krone waagr. absthd., der Oberlippe nicht angedrückt; Schlund offen; — Röhre der Krone aufw. gebogen; ↕ 10–20 cm. – *s*, I: Bz. [*R. facchinii* Chabert] Facchini-Zotten-K., subsp. ***facchinii*** (Chabert) Soó
— Unterlippe der Oberlippe angedrückt, Schlund daher geschlossen .... **b**
b. Zähne der Oberlippe gerade vorgestreckt; Haare des Kelch alle kurz; ↕ 10–60 cm. – *s*, A: Kt, Sb; I: Bz. [*R. freynii* (Sterneck) Fiori] Südalpen-Zotten-K., subsp. ***freynii*** (Sterneck) Hartl
— Zähne der Oberlippe nach unten gerichtet; Kelch auch m. zahlr. lg. Haaren; ↕ 10–80 cm. – *v*.
Zottiger K. (i. e. S.), subsp. ***alectorolophus***
— Kelch kahl od. nur an den Kanten borstig **3**
3. Stg. zumind. unten deutl. absthd. behaart; Blätt. unterseits dicht behaart; Endzahn des obersten Blattpaars unterh. der Infl. so lg. wie br.; — Krone 12–17 mm lg.; Zähne der Oberlippe ≈ 1 mm lg., etwa so lg. wie br., bläul.; mittl. Tragblätt. m. auffällig lg., bis 6 mm lg. Zähnen; ↕ 5–15 cm; ⊙. VII–VIII. – (Sub)alp. Rasen; auf Kalk; bis 2500 m. – *s*, nur CH: Glarus, Gr, Ts.
Bergamasker K., ***R. antiquus*** (Sterneck) Schinz & Thell.
— Stg. spärl. od. 2-zeilig behaart bis kahl; Blätt. spärl. behaart bis kahl; Endzahn des obersten Blattpaars unterh. der Infl. länger als br. **4**
4. Rückenlinie der Kronröhre gerade od. fast gerade, Röhre kürzer als der Kelch; Zähne der Kronoberlippe < 1 mm lg., breiter als lg., weißl.bläul.; — Krone 13–15(–20?) mm lg.; Zähne der Tragblätt. gleich groß, unbegrannt; ↕ 5–40 cm; ⊙. V–IX. – Magere Wiesen. – *v*, im N *z–s*. – Formenreich. Kleiner K., ***R. minor*** L.
— Rückenlinie der Kronröhre ± deutl. aufw. gekrümmt, Röhre so lg. wie od. länger als der Kelch; Zähne der Kronoberlippe meist > 1 mm lg., länger als br., meist blauviolett, seltener weißl. **5**
5. Unterlippe der Krone abgespreizt, Eingang in die Kronröhre daher offen; Kronröhre stark aufw. gekrümmt, Rückenlinie der Oberlippe meist höher als Oberkante des Kelchs **7**
— Unterlippe der Krone der Oberlippe anlgd., Eingang der Kronröhre daher verschlossen; Kronröhre sanft aufw. gekrümmt, Rückenlinie der Oberlippe nicht höher als Oberkante des Kelchs **6**
6. Blätt. m. angedrückten Zähnen; ↕ 50–70 cm; ⊙. V–VIII. – Magerwiesen, Trockenrasen, Dünen. – *v–z*, in den Alp. seltener; in A nur Bgl, NÖ, OÖ, Sb, N-Stm. – Formenreich. [*R. major* Ehrh. non L.; *R. glaber* Lam. p. p.; *R. grandiflorus* (Wallr.) Soó; *R. angustifolius* C. C. Gmel.]
Großer K., ***R. serotinus*** (Schönh.) Oborný
— Blätt. m. spitzen, absthd. Zähnen; ↕ 20–50 cm; ⊙. V–IX. – Feuchte Wiesen. – *s*, nur A: Bgl, NÖ. Puszta-K., ***R. borbasii*** (Dörfl.) Soó
7 (5). Tragblätt. der mittl. Blüten am Grund m. grannig verläng. Zähnen (*710/1*); Stg. fast kahl; — Krone 15–20 mm lg.; ↕ 10–50 cm; ⊙. VI–IX. – Bergwiesen. – *v* Alp. u. Vorland, sehr *z* nördl. bis D: HE, S-NI, TH, früher ST. [*R. aristatus* Čelak.; *R. angustifolius* auct. non C. C. Gmel.]
Grannen-K., ***R. glacialis*** Personnat
— Tragblätt. der mittl. Blüten am Grund m. zugespitzten, aber nicht grannenart. Zähnen (*710/2*); Stg. 2-zeilig behaart; — Krone ± 15 mm lg.; ↕ 15–50 cm; ⊙. VII–IX. – Bergwiesen; oberh.

710/1

710/2

1000 m. – *s*, Erzgeb. bis Gesenke; A: O-Kt, W-Stm. [*R. alpinus* Baumg.; *R. pulcher* Opiz]
Alpen-K., ***R. riphaeus*** Krock.

8 (1). Kronröhre verschlossen, am Rücken schwach aufw. gebogen; Tragblätt. gleichm. gezähnt u. drüsig behaart; — Stg. schwarz gestrichelt; ↕ 15–50 cm; ⊙. V–VIII. – Halbtrockenrasen. – Nur D: TH (Jena). [*R. aschersonianus* (M. Schulze) O. Schwarz; *R. alectorolophus* subsp. *aschersonianus* (M. Schulze) Hartl] Drüsiger K., ***R. rumelicus*** Velen.

— Kronröhre offen; Tragblätt. u. Kelch dicht u. lg. drüsenhaarig; — Krone ≈ 15 mm lg.; ↕ 5–50 cm; ⊙. V–VIII. – Hochmontane bis subalp. Silikatrasen. – Sehr *s*, A: Kt (Saualpe), Stm (Seetaler Alp.). [*R. alpinus* subsp. *carinthiacus* (Widder) Hartl] Kärntner K., ***R. carinthiacus*** Widder

Tozzia L., Alpenrachen

Grundachse m. fleischigen Niederblätt.; Stg. an den Kanten behaart; Blätt. kahl, glzd., m. schwach herzf. Grund sitzend; Blüten goldgelb m. rot punktierter Unterlippe (*698/2a*); Staubbeutel am Grund spitz (*698/2b*); ↕ 10–50 cm; ♃. VI–VIII. – Hochstaudenfluren u. Bachränder; auf Kalk; 800–2400 m. – *z* Alp., *s* Schweizer Jura. Alpenrachen, ***T. alpina*** L.

Familie: Lentibulariaceae, Wasserschlauchgewächse

(Bearbeiter: Andreas Fleischmann)

Land- od. Wasserpfl., m. tierfangenden (karnivoren) Blätt.; Blüten einzeln od. in Trauben; Krone verwachsen, 2-lippig, am Grund ausgesackt od. gespornt, Schlund oft durch Ausstülpung der Unterlippe verschlossen; Staubblätt. 2; Frkn. oberst.; Kapselfr.

1. Landpfl.; Blätt. in grundst. Rosette, ungeteilt, am Rand nach oben umgerollt, drüsig-klebrig; Blüten einzeln, lg. gestielt, gespornt, violett od. weiß .... ***Pinguicula***, 711

— Wasserpfl., meist untergetaucht, selten emers; Blätt. fein zerteilt, meist m. tierfangenden Blasen (*72/4*); Blüten in lg. gestielten Trauben, gelb .... ***Utricularia***, 712

Pinguicula L., Fettkraut

1. Krone weiß, im Schlund m. gelbem Fleck, 10–14 mm lg.; Blütenstiel (nahezu) drüsenlos; Mittelrippe der Blätt. ohne Drüsenhaare, nur m. einfachen Haaren; ↕ 5–15 cm; ♃. V–VI. – Feuchte, quellige Stellen; meist auf Kalk; bis 2600 m. – *v* Alp. u. Voralp., Schweizer Jura, *s* Vorland bis Bodensee/Oberschwaben bis Augsburg u. München. ⓖ. Alpen-F., ***P. alpina*** L.

— Krone meist blauviolett, selten rosa, hell rotviolett od. weiß, ≥ 15 mm lg.; Blütenstiel m. Drüsenhaaren; Mittelrippe der Blätt. m. Drüsenhaaren (wie die ganze Blattfläche) **2**

2. Lappen der Kronunterlippe deutl. länger als br., meist überlappend; Sporn kurz, zugespitzt, 3–6(–10) mm lg., weniger als halb so lg. wie die übrige Krone, diese 15–22 mm lg., meist hellviolett m. weißem Schlundfleck, seltener dk. blauviolett od. rein weiß; Blätt. vorn zugespitzt; ↕ bis 15 cm; ♃. V–VIII. – Hoch- u. Flachmoore, Quellfluren. – *v* Geb., *s* tiefere Lagen, dort stark zurückghd. ⓖ. [incl. *P. gypsophila* Wallr.] Gewöhnliches F., ***P. vulgaris*** L.

— Lappen der Kronunterlippe etwa so lg. wie br.; Sporn zuw. länger, meist stumpf; Krone 16–35 mm lg., dk. blauviolett (selten hell violett, rosa od. rein weiß); Blätt. vorn abgerundet **3**

3. Krone (samt Sporn) 25–35 mm lg., Unterlippe etwa so lg. wie Oberlippe od. wenig länger, ohne Schlundflecken, im Schlund weiß, oft m. dk. Nerven; Sporn länger als die Kronröhre; ↕ 5–15 cm; ♃. VI–VII. – Sickerfluren, Bachufer, Quellmoore, nährstoffarme Feuchtwiesen; auf Kalk; nur in der alp. Höhenstufe. – *s*, nur Schweizer Jura.
Großblütiges F., ***P. grandiflora*** Lam.

— Krone (samt Sporn) 16–25 mm lg., Unterlippe länger als Oberlippe, m. 1–3 weißen Schlundflecken; Sporn kürzer als od. so lg. wie die Kronröhre; ↕ bis 10 cm; ♃. V–VII. – Sickerfluren, Bachufer, Flach- u. Quellmoore, Rieselfluren, feuchte Felsritzen; nicht auf Kalk; bis 3000 m. – *z*, A: Kt, Sb, Ti, Vb; CH: Gr, Ti, Vs; I: Bz. Dünnsporniges F., ***P. leptoceras*** Rchb.

Utricularia L., Wasserschlauch

1. Pfl. meist m. bleichen Erdsprossen im Schlamm verankert, nur ausnahmsweise frei schwimmend; Wasserblätt. wenig zerteilt, m. abgeflachten Fiedern, m. 0–10 Fangblasen; — Pfl. meist nur 10–40 cm lg. **3**

— Pfl. frei schwimmend, ohne bleiche Erdsprosse; Wasserblätt. in viele haarf. Zipfel geteilt, m. 10–200 Fangblasen; — Pfl. 20–150 cm lg. **2**

2. Unterlippe der Krone flach ausgebr., in rechtem od. stumpfem Winkel zur Oberlippe sthd.; Blütenstiele 3–5-mal so lg. wie ihre Tragblätt., bis 20 mm lg., nach der Bltzt. sich bis auf 40 mm verlängernd, waagr. bis aufr. absthd., stets ohne entwickelte Fr. (Pfl. steril); ♃. VI–VIII. – Sthd. bis langsam fließ., oft saure Gewässer. – *z*, in NO-D *s*. [*U. neglecta* Lehm.]
Verkannter W., ***U. australis*** R. Br.

— Unterlippe der Krone seitl. nach unten gekrümmt, in spitzem Winkel zur Oberlippe sthd.; Blütenstiele 2–3-mal so lg. wie ihre Tragblätt., bis 15 mm lg., nach der Bltzt. leicht abw. gebogen, oft m. entwickelten Fr.; ♃. VI–VIII. – Sthd. bis langsam fließ., meist nährstoffarme Gewässer. – *z*, in N- u. O-D häufiger als vorige. Gewöhnlicher W., ***U. vulgaris*** L.

3 (1). Grüne Wasserblätt. ohne Fangblasen od. nur wenige m. einzelnen Fangblasen, am Rand m. feinen Wimperborsten (Lupe!) auf kleinen Zähnchen; Winterknospen behaart; Gaumen der Unterlippe gewölbt, den Schlund verschließend; Sporn 3–4-mal so lg. wie br., zugespitzt od. stumpf; — große Fangblasen an den bleichen Schlammsprossen **5**

— Alle Wasserblätt. m. Fangblasen (mind. je 1); Wasserblätt. ohne Borsten (Lupe!) am seitl. Rand; Winterknospen kahl; Gaumen der Unterlippe flach, den Schlund nicht ganz verschließend; Sporn kurz kegelig bis zylindr. **4**

4. Unterlippe der Krone länger als br., längl. eif., 5–8 mm br., ihre Seitenänder meist abw. gebogen; Traube bis 6-blütig; Wasserblätt. m. wenigen (ca. 5–20) Zipfeln; Pfl. sehr zart; ♃. VI–IX. – Moore, Gräben, Tümpel, auch in sehr flachen Gewässern. – *z*, m. großen Verbr.Lücken im mittl. Gebiet. Kleiner W., ***U. minor*** L.

— Unterlippe der Krone ± kreisf., 8–9 mm br., flach ausgebr.; Traube bis 15-blütig; Wasserblätt. m. relativ vielen (ca. 10–50) Zipfeln; Pfl. in allen Teilen kräftiger; ♃. VII–IX. – Moorige Gewässer. – *s*, D: HE, Fr, früher Oberrheintal; *s* A: Kt, NÖ, früher VB; *s* CH: SG, Vs, Zürich; F: Els; I: Bz. Ⓖ! Zierlicher W., ***U. bremii*** Heer

5 (3). Blattzipfel ± stumpf, m. aufgesetzter Spitze (*712/1*); grüne Blätt. stets ohne Fangblasen, ihre Zipfel am Rand m. 4–12 mikroskopischen Borsten; Kronunterlippe flach ausgebr., Sporn meist der Kronunterlippe anlgd., 7–10 mm lg.; ♃. VI–IX. – Tümpel, Seen, Moore, Quellfluren. – *z*–*s* in S-D (Bodenseegebiet–Alp.Vorland–Bayrw.) u. O-D, in NW-D weitghd. verschwunden; *s* A; B; DK; PL. Mittlerer W., ***U. intermedia*** Hayne

— Blattzipfel allmähl. spitz zulfd. (*712/2*); grüne Blätt. m. od. ohne Fangblasen, ihre Zipfel am Rand ohne od. m. bis zu 7 mikroskopischen Borsten; Kronunterlippe am Rand meist nach unten od. nach oben gebogen; Sporn meist von der Kronunterlippe absthd., 3–7 mm lg. .. **6**

6. Wasserblätt. regelm. m. einzelnen Fangblasen, ihre Zipfel am Rand m. 0–3(–5) Borsten; Kronunterlippe am Rand meist nach unten gebogen; Krone meist hell gelb; ♃. VI–VIII. – Moorige Gewässer. – *s* in O- u. S-D; CZ; PL; früher auch N-D u. A. Ⓖ.
Blassgelber W., ***U. ochroleuca*** R. W. Hartm.

— Wasserblätt. nur sehr selten m. Fangblasen, ihre Zipfel am Rand m. 3–7 Borsten; Kronunterlippe am Rand meist nach oben gebogen; Krone meist kräftig gelb, zuw. rötl. überlaufen; ♃. VI–VIII. – Tümpel, Gräben, Schlenken. – *s*, D: BB, BW, BY, NRW, RP, SN, früher SH; *s* A: Ti; I: Bz. Sumpf-W., ***U. stygia*** G. Thor

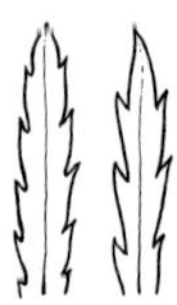

712/1 712/2

Familie: Verbenaceae, Eisenkrautgewächse (Bearbeiter: Jens G. Rohwer)

Kräuter od. Stauden; Blätt. gegenst., ohne Nebenblätt., grob gekerbt od. gesägt bis fiederteilig, rauhaarig; Blüten undeutl. zygomorph bis fast 2-lippig; Staubblätt. 4 (2 längere u. 2 kürzere); Frkn. oberst., in 4 einsamige Nüsschen zerfallend.

Verbena L., Eisenkraut, Verbene

1. Blüten in 40–120 cm lg., endst. Thyrsen m. 5–30 cm lg. Zweigen 1. Ordn., diese am Ende m. scheindoldig gehäuften, ährenart. Wickeln (*713/1, 713/2*); — unt. Blätter kaum anders als ob., ungeteilt bis undeutl. fiederspaltig; Blüten hell violett; ↕ 50–150 cm; ♃. VI–X. – Zierpfl. (Heimat: S Am); in Siedlungsnähe *s* verwild., D: BW, BY, HE, NRW, RP, SH, SN; *z* CH; DK; *s* F: Els; *z* NL; *s* PL. Argentinische V., ***V. bonariensis*** L.

— Blüten in end- u. seitenst. bzw. am Grund verzweigten, rutenf. Ähren (*88/6*) **2**

2. Blüten blass lila; Ähren in der unt. Hälfte m. deutl. Abständen zw. den jungen Fr.; unt. Blätt. fiederspaltig bis fiederteilig; ↕ 30–80 cm; ♃. VII–VIII. – Ufer, Wegränder, Schuttplätze, Ruderalfluren. – D: *v–z*, in NW-D *s*, zurückghd.; *v–z* A; B; CH; *s* DK; *v–z* F; I: Bz; NL; PL. Echtes E., ***V. officinalis*** L.

— Blüten kräftig violett; Ähren dichter, nur ganz unten m. deutl. Abständen zw. den jungen Fr.; Blätter ungeteilt, Rand grob gesägt; ↕ 60–150 cm; ♃. VII–IX. – Ruderalstellen, feuchte Wegränder. – Zierpfl. (Heimat: N Am); zuw. verwild., in D bisher nur unbest.?; *s* A; *z* B; *s* DK; *z* NL. – In B u. NL unter Beobachtung als potenziell invasiv. Lanzen-E., Blaue V., ***V. hastata*** L.

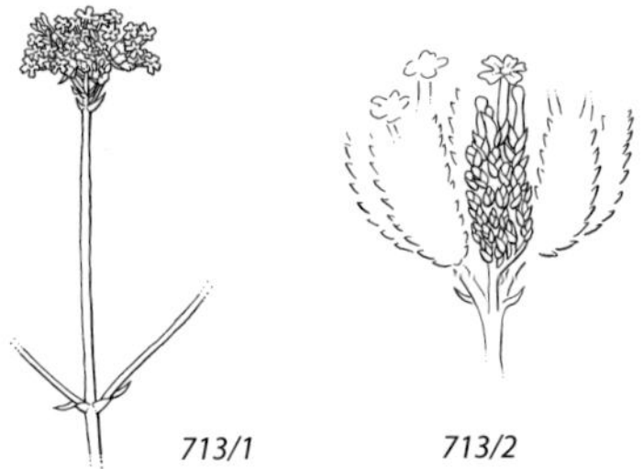

713/1 *713/2*

Ordnung: Aquifoliales, Stechpalmenartige

Familie: Aquifoliaceae, Stechpalmengewächse (Bearbeiter: Peter A. Schmidt)

Sträucher od. kleine Bäume, sommer- od. immergrün; Blätt. wechselst., einfach, deutl. gestielt; Nebenblätt. fehlend od. klein u. hinfällig; Blüten meist eingeschl. u. 2-häusig verteilt, selten ⚥, radiär, 4(–9)-zählig; Frkn. oberst.; Fr. mehrsamige Steinfr.

Ilex L., Stechpalme, Stechhülse, Hülse

Pfl. immergrün, meist 2-häusig; Blätt. eif. bis ellipt., 3–9 cm lg., derb, lederig, glzd., Rand ± stark gewellt, dornig gezähnt (*102/3; Taf. 9: 2*) od. ganzrandig; Blüten duftend, Krone weiß; Steinfr. kugelf., rot; ↕ bis 10 m; ♄–♄. V–VI. – Als Unterwuchs im Laubwald, oft Buchenwald. – *v–z* SW-, W- u. NW-D bis MV, *s* Alp. u. Voralp., NW-BB, N-ST; auch *v* in B; DK; F: Els; L u. NL. ©. – Oft kult. als Ziergehölz (auch m. gelben Fr., gelb od. weiß berandeten Blätt.) u. verwild., zuw. eingebürg.
Gewöhnliche S., Europäische S., Hülse, ***I. aquifolium*** L.

Ordnung: Apiales, Doldenblütlerartige

Familie: Araliaceae, Araliengewächse, Efeugewächse (Bearbeiterin: Birgit Nordt)

Holzgewächse od. Stauden; Blätt. m. od. ohne Nebenblätt.; Blüten 5-zählig, in Dolden; Frkn. unterst.; Beeren-, Stein- od. Spaltfr. Die Unterfamilie Hydrocotyloideae wird gelegentlich auch als eigenst. Familie Hydrocotylaceae betrachtet (früher zu den Apiaceae gestellt).

1. Immergrüne m. Haftwurzeln (*Taf. 5: 4*), meist an größ. Gehölzen kletternde od. am Boden kriechende Holzpfl. (*Taf. 6: 1*); — Blätt. lederig, nicht schildf., vorn ± zugespitzt **Hedera**, 714

— Pfl. sommergrün, nicht kletternd, — krautig od. strauchig **2**

2. Große kräftige Stauden od. wenig verzweigte Sträucher trockener bis frischer StO, 0,5–8 m hoch; Blätt. 2–3-fach gefied., meist deutl. > 50 cm lg.; Fr. fleischig, rundl.; — Pfl. kräftige Ausläufer bildend; Zierpfl., teilw. verwild. ..... ***Aralia***, 714

— Zarte krautige Pfl. feuchter bis nasser StO; Blätt. schildf. od. quer eif., vorne abgerundet od. stumpf., ∅ ≤ 10 cm; Fr. trocken, abgeflacht, geflüg.; — Blätt. nicht lederig ***Hydrocotyle***, 715

Aralia L., Aralie

1. Strauch (selten Baum) m. stachelbewehrten Zweigen (bzw. Stamm), kaum verzweigt; ↕ 2–5 (–8) m; ♄(–♄). VIII–IX. – Kult. u. Ne. (Heimat: O-As.); *s* verwild., in Ausbr. (in D v. a. BW, BY). – Zierpfl. Japanische A., ***A. elata*** L.

Die ebenfalls gelegentl. verwild., sehr ähnl. *A. chinensis* L. (Chinesische A.) gehört zur Artengruppe *A. elata* agg. u. wird häufig auch zu *A. elata* L. gestellt.

— Mehrj. Kräuter (od. Halbsträucher), unbewehrt **2**

2. Fiedern eif. bis längl., zugespitzt, ihr Grund rundl. bis fast herzf., — gesägt; Blatt meist > 1 m lg.; Fiedern 1. Ordn. 15–30 cm lg.; Infl. mind. 40-blütig; Fr. dk.violett; ↕ 2–3 m; ♃. VII–VIII. – Kult. u. Ne. (Heimat: Westl. N-Am.); *s* verwild., meist nur unbest. – Zierpfl. Kalifornische A., ***A. californica*** S. Wats.

— Fiedern br. eif. m. ± ausgezogener Spitze, ihr Grund ± herzf., — gesägt bis gezähnt **3**

3. Doldige Teilinfl. (7–)10–25-blütig; Blütenstiel bis 8 mm lg.; Fr. dk.violett bis braun; ↕ 1–2 m; ♃. VI–VIII. – Kult. u. Ne. (Heimat: Östl. N-Am.); sehr *s* verwild., meist nur unbest. – Zierpfl. Traubige A., ***A. racemosa*** **L.**

— Doldige Teilinfl. ≥ 40-blütig; Blütenstiel 10–12 mm lg.; Fr. schwarz; ↕ 0,5–3 m; ♃. VII–VIII. – Kult. u. Ne. (Heimat: O-As.); sehr *s* verwild., meist nur unbest. – Zierpfl. Japanische A., ***A. cordata*** Thunb.

Hedera L., Efeu

1. Alle Blätt. ± gleichart., höchstens schwach gelappt, eif.-ellipt., 10–25 cm lg.; — im Gebiet nur selten fruchtend; ♄. IX–X. – Wälder. – Ne. (Heimat: Schwarzmeerküste, Kaukasus); *s*, in M-Eur. in Ausbr.; D: BY, BW, NI, NRW; CH, F: Els. – Zierpfl. Kolchischer E., ***H. colchica*** (K. Koch) K. Koch

— Blätt. nichtblhd. Triebe 3–5-eckig gelappt (*102/1a*, *Taf. 11: 8*), die der Blütentriebe ei-rautenf., lg. zugespitzt (*102/1b*, *Taf. 11: 8*), 5–10 cm lg.; — Blätt. 2-zeilig; Blüten in halbkugeligen Dolden, unscheinbar, grünl.; Fr. kugelig, zuletzt blauschwarz; ♄. IX–X. – Wälder, an Felsen u. Mauern. – *v.* – Auch als Zierpfl.; giftig! Gewöhnlicher E., ***H. helix*** L. (subsp. ***helix***)

Häufig kult. u. derzeit noch unbest. verwild. in D: BY, SN, B, DK; F: ***H. helix*** subsp. ***hibernica*** (G. Kirchn.) Carrière, unterscheidet sich von subsp. *helix* durch teilw. gezähnte Blätt. m. 5 zugespitzten Ecken, nach unten gebogenen Blatträndern u. die größ. Blütendolden. Außerdem in verschied. Formen als Zierpfl. verbr.

Hydrocotyle L., Wassernabel

1. Blätt. oft auf dem Wasser schwimmend, nierenf., gekerbt od. gelappt, am Grund m. tiefer Bucht, 40–100(–180) mm ∅; Infl. doldenf., — m. 5–10 Blüten; Kronblätt. grünl.weiß bis hellgelb; ↕ 20–35 cm; ♃. VIII–X. – Wassergräben. – Ne. (Heimat: wahrscheinl. N- u. S-Am, SW-As., evtl. auch S-I); *s*, in M-Eur. in Ausbr., D: NRW (unbest. in BY); B; CH; NL. – INV.
Großer W., ***H. ranunculoides*** L. f.

— Blätt. nicht schwimmend, schildf., am Grund ohne Bucht; 10–40 mm ∅; Infl. kopfig od. Blüten in Quirlen übereinander; — Kronblätt. < 1 mm lg., weiß bis rötl.; ↕ 6–20 cm; ♃. VI–IX. – Moore, Teiche, Gräben, Feuchtwiesen. – Im N *v*, sonst *z–s*. Gewöhnlicher W., ***H. vulgaris*** L.

Familie: Apiaceae [Umbelliferae], Doldenblütler (Bearbeiterin: Birgit Nordt)

Kräuter od. Stauden; Blätt. wechselst., meist gefied., zuw. m. großer Blattscheide (*Taf. 8: 3* u. *6*); Stg. oft hohl, knotig u. wie die Wurzeln u. Fr. von Ölgängen durchzogen, Pfl. deshalb meist von aromat. Geruch; Blüten in Köpfchen, einfachen (*46/7*) od. häufiger zus.gesetzten Dolden (*47/5*, *Taf. 24: 8*). Im letzteren Fall werden die Tragblätt. der Hauptdoldenstrahlen als Hülle, jene der Döldchenstrahlen als Hüllchen bezeichnet (*Taf. 12: 5 u. 6*); Blüten radiär (*715/1*) od. (v. a. die randst. einer Dolde) zygomorph (*715/2*), meist ⚥; Kelch- u. Kronblätt. in Knospenlage eingeschlagen (*715/1*), zuw. hinfällig; Kelch oft stark reduziert bis fehlend; Staubblätt. 5; Gr. 2, einem rundl. kegeligen, drüsigen Gr.Polster (= Stylopodium, = Diskus; *715/1*, D) aufsitzend; Frkn. unterst., 2-fächerig, sich bei der Reife an der Verwachsungsstelle beider Fr.Blätt. (= Fugenfläche; *893/3*, F) lösend u. in 2 einsamige Spaltfr. zerfallend, die längere Zeit an einem 2-schenkligen Fr.Träger (*715/3*, Ft = Karpophor, *Taf. 28: 5*) hängen bleiben. Der erhalten bleibende Gr. m. dem oben verschmälerten Teil des Frkn. wird als Schnabel (*715/4*) bezeichnet. Zur Bestimmung vieler Gattungen sind reife Fr. notwendig! Schlüssel z. T. verändert nach Schmitz & Froebe (1988).

1. Pfl. distelart., m. harten, dornigen Blätt.; — Blüten in kugeligen od. walzenf. Köpfchen, die am Grund von einer Hülle dorniger Hochblätt. umgeben sind (*729/1–729/4*) ***Eryngium***, 728
— Pfl. nicht distelart. ... 2
2. Blätt. gelappt, gefied., handf. geteilt od. 3-zählig; Grund- u. ob. Stg.Blätt. zuw. aber ungeteilt ... 4
— Blätt. alle m. ungeteilter Spr. ... 3
3. Blätt. schildf. (*37/9*), am Rand gekerbt; Blüten klein, weißl. od. gelbl., in Köpfchen, einfachen Dolden od. Quirlen; Sumpf- od. Wasserpfl. ... ***Hydrocotyle*** (s. Araliaceae), 715
— Blätt. grasart. od. br. längl. (bis eif.), zuw. vom Stg. durchwachsen (*36/9*); Blüten gelb, selten rötl.grün, in zus.gesetzten Dolden; Landpfl.; — Döldchen häufig von einer auffälligen Hochblatthülle umgeben (*76/4*) ... ***Bupleurum***, 725
4 (2). Fr. m. lg. Schnabel, dieser so lg. wie der samentragende Teil der Fr. od. länger (*715/4*, *Taf. 28: 10*); Frkn. bereits z. Bltzt. verläng.; — Blätt. 2–4-fach fiederteilig ... ***Scandix***, 737
— Fr. ungeschnäbelt od. m. nur kurzem Schnabel; Frkn. zur Bltzt. nicht verläng. ... 5
5. Blüten in Doppeldolden od. in deutl. zus.gesetzten, nicht köpfchenf. Dolden ... 10
— Blüten in einfachen Dolden (*75/1*, *84/1*, *Taf. 12: 5*), Köpfchen od. köpfchenf. zus.gezogenen Döldchen, diese teilw. m. auffälliger Hochblatthülle ... 6
6. Blätt. handf. geteilt od. ungeteilt ... 8
— Blätt. gefied. ... 7
7. Frkn. m. Stacheln; Pfl. trockener StO ... ***Torilis nodosa***, 739
— Frkn. ohne Stacheln; Sumpfpfl. ... ***Oenanthe***, 733
8 (6). Kronblätt. grünl.gelb, — in einfachen, von großen Hüllblätt. umgebenen Dolden (*84/4*); alle Blätt. grundst. ... ***Hacquetia***, 730

715/1

715/2

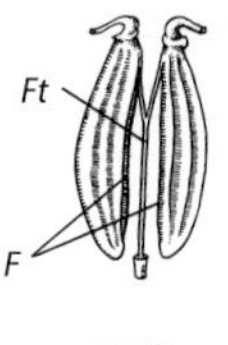

715/3

715/4

— Kronblätt. weiß od. rötl. **9**

9. Dolde einfach, von auffälligen, weißen, grünl. od. rötl. Hüllblätt. umgeben (*84/1, Taf. 12: 5, H*) .... ***Astrantia***, 724

— Dolde zus.gesetzt, m. kleinen, köpfchenf. Döldchen; Hüllblätt. grünl., unscheinbar; — Stg.-Blätt. viel kleiner als die grundst. Rosettenblätt. (*716/2*) .... ***Sanicula***, 737

10 (5). Krone reinweiß od. rötl., selten cremeweiß **31**

— Krone gelb, grünl.gelb od. grünl.weiß **11**

11. Hülle fehlend od. aus 1–2, selten mehr Blätt. (dann hinfällig) **14**

— Hülle u. Hüllchen 3- bis mehrblättr.; — Spaltfr. am Rand geflüg. **12**

12. Grundblätt. 3-fach gefied., m. schmal linealischen (*716/1*), dünnen, am Rand rauen Fiedern; — Kelch deutl. 5-zähnig .... ***Peucedanum***, 735

— Grundblätt. 1-fach gefied., doppelt gefied. od. doppelt 3-teilig, m. br. eif. od. linealischen, dickfleischigen Fiedern **13**

13. Blattfiedern dünn; Pfl. aromat. riechend, 100–200 cm hoch; Gartenpfl. .... ***Levisticum***, 732

— Blattfiedern dickfleischig; Pfl. ohne auffälligen Geruch, 15–50 cm hoch; Küstenpfl. ***Crithmum***, 728

14 (11). Fiedern eif., lanzettl. od. linealisch, > 0,5 mm br.; Stg. kantig, gerillt od. gestreift **16**

— Fiedern lg. linealisch, ≤ 0,5 mm br.; Stg. glatt; — aromat. riechende Gartenpfl. **15**

15. Fr. ungeflüg., ± zylindr.; Blattscheiden der Stg.Blätt. 3–6 cm lg.; eine Zwiebel bildend; — Pfl. 80–200 cm hoch .... ***Foeniculum***, 729

— Fr. br. geflüg., linsenf.; Blattscheiden kurz, kaum > 2 cm lg.; nie eine Zwiebel bildend; — Stg. weiß gestreift; Pfl. 40–120 cm hoch .... ***Anethum***, 722

16 (14). Blätt. 2–3-fach gefied., fiederteilig od. 1- bis mehrfach 3-zählig zus.gesetzt; ob. Stg.-Blätt. zuw. ungeteilt **18**

— Blätt. 1-fach gefied., m. br., gekerbten, gesägten, oft gelappten od. handf. geteilten Fiedern; — reife Fr. geflüg. **17**

17. Hüllchen 1–2-blättr. od. fehlend; Randblüten nicht vergrößert (nicht strahlend); Kronblätt. gelb .... ***Pastinaca***, 734

— Hüllchen mehrblättr. od. (häufig) fehlend; Randblüten vergrößert (*715/2*); Kronblätt. gelbgrün .... ***Heracleum***, 730

18 (16). Ob. Stg.Blätt. am Grund tief herzf., stg.umfassend, — ungeteilt, gekerbt, gelb; Stg. spitzenw. häutig geflüg. .... ***Smyrnium***, 739

— Ob. Stg.Blätt. nicht herzf. u. stg.umfassend **19**

19. Pfl. ≤ 120 cm hoch (selten bis 150 cm) **22**

— Pfl. meist > 120 cm hoch **20**

20. Blattzipfel linealisch, 1–3 mm br.; Kronblätt. gelb .... ***Peucedanum officinale***, 735

— Blattzipfel > 3 mm br.; Kronblätt. gelbl.grün od. grünl. **21**

21. Oberste Zweige u. Dolden quirlst.; Kelch deutl. 5-zähnig .... ***Peucedanum verticillare***, 735

— Oberste Zweige u. Dolden nicht gegenst. od. quirlst.; Kelchblätt. am Rand fast ungezähnt .... ***Angelica archangelica***, 723

716/1

716/2

716/3

22 **(19).** Blattzipfel schmal, nicht gezähnt od. gesägt **26**
— Blattzipfel im Umriss br. eif., gezähnt, gesägt od. gelappt **23**
23. Hüllchen vorhanden **25**
— Hüllchen fehlend **24**
24. Grundblätt. (meist) einfach gefied.; Fr. ellipt. bis eif., z. Reife bräunl., schmal geflüg. ***Pastinaca***, 734
— Grundblätt. (meist) 3-fach 3-zählig gefied.; Fr. eif. bis kugelig, gerippt, z. Reife schwarz, ungeflüg. .... ***Smyrnium olusatrum***, 739
25 **(23).** Blattzipfel der unt. Blätt. 1–2 cm lg.; Doldenstrahlen ungefähr gleich lg.; — Pfl. beim Zerreiben nach Petersilie riechend .... ***Petroselinum***, 735
— Blattzipfel der unt. Blätt. 2–8 cm lg.; Doldenstrahlen auffallend ungleich lg. ***Laserpitium***, 731
26 **(22).** Pfl. 2-häusig; die meisten Blüten eingeschl.; — Pfl. sparrig verzweigt; Blattzipfel schmal linealisch, < 1 mm br. .... ***Trinia***, 740
— Blüten alle ⚥ **27**
27. Hüllchen stets vorhanden, vielblättr. **29**
— Hüllchen fehlend **28**
28. Doldenstrahlen innen kurz behaart; — Kronblätt. grünl.weiß od. blassgelb ***Dichoropetalum carvifolia***, 728
— Doldenstrahlen kahl; — Kronblätt. hellgelb .... ***Peucedanum***, 735
29 **(27).** Einw. gebogenes Ende der Kronblätt. gleichm. zur Spitze verschmälert; — Grundblätt. 2(–3)-fach gefied. .... ***Selinum pyrenaeum***, 737
— Einw. gebogenes Ende der Kronblätt. riemenf. od. verbreitert, — 1–4-spitzig **30**
30. Grundblätt. 3–4-fach gefied. (*716/3*) .... ***Silaum***, 738
— Grundblätt. 1-fach gefied. .... ***Peucedanum***, 735
31 **(10).** Frkn. u. Fr. kahl (Lupe!) **47**
— Frkn. u. Fr. ± kurz behaart, borstig od. stachelig (*717/1a–717/3*), z. Fr.Reife mitunter wieder kahl **32**
32. Fr. m. kurzem schnabelart. Fortsatz (*717/1a*) .... ***Anthriscus***, 723
— Fr. ohne schnabelart. Fortsatz **33**
33. Hüllchen fehlend od. 1–2-blättr.; Grundblätt. ungeteilt, herzf. rundl., würzig riechend od. gefied. u. dann geruchlos .... ***Pimpinella***, 736
— Hüllchen 3- bis vielblättr.; Grundblätt. gefied. od. fiederteilig **34**
34. Zumind. die Grundblätt. 2–3-fach gefied. **37**
— Blätt. alle 1-fach gefied. od. fiederteilig **35**
35. Blätt. bis 60 cm lg.; Blattscheiden bauchig aufgeblasen; Hülle fehlend od. 1–2-blättr.; — Randblüten vergrößert; Fr. linsenf., br. geflüg., jung behaart; Stg. rauhaarig, an den Knoten m. Borstenkranz .... ***Heracleum***, 730
— Blätt. viel kleiner; Blattscheiden nicht bauchig aufgeblasen; Hülle mehrblättr. **36**
36. Dolden vielstrahlig, Strahlen dick, gleich den Blütenstielen m. aufr.-absthd., gekörnelten Börstchen; Hülle vielblättr.; Fr. auf der Außenseite m. kurzen anlgd. Borstenhaaren; Pfl. 2-j.; — Fr. rundl. ellipt., m. wulstigem Randring .... ***Tordylium***, 739
— Dolden 2–5-strahlig, Strahlen nicht verdickt, ohne Börstchen; Hülle 2–5-blättr., unscheinbar; Fr. widerhakig bestachelt; Pfl. 1-j. .... ***Turgenia***, 740

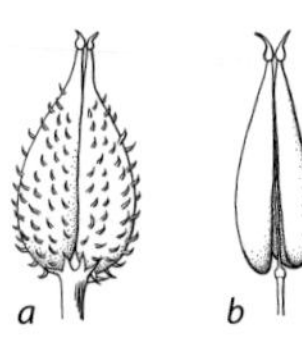

717/1

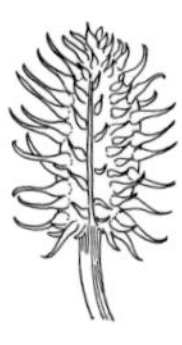

717/2

717/3

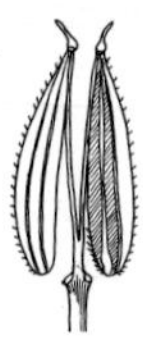

717/4

717/5

717/6

37 **(34).** Fr. bestachelt, borstig-haarig od. warzig (*717/1a–717/4*) **41**
— Fr. kahl od. kurzhaarig (*Athamanta*), aber nicht bestachelt od. borstig **38**
38. Blattzipfel ≥ 2 mm br. **40**
— Blätt. fein zerteilt, m. schmal linealischen Zipfeln, diese ≈ 1 mm br. **39**
39. Pfl. 15–40 cm hoch, dicht grau behaart .... ***Athamanta***, 724
— Pfl. 50–120 cm hoch; Stg. meist kahl .... ***Seseli***, 738
40 **(38).** Basale Fiedern 2. Ordn. an die Rhachis gerückt u. hier kreuzweise gestellt (*721/4*); Stg. (fast) kahl; Fr. nicht geflüg., aber oft m. vortretenden Rückenrippen .... ***Seseli***, 738
— Basale Fiedern 2. Ordn. anders angeordnet, nicht kreuzweise gestellt; Stg. steifhaarig, kantig gefurcht; Fr. schmal geflüg. .... ***Laserpitium prutenicum***, 731
41 **(37).** Hülle 3- bis mehrblättr. **44**
— Hülle fehlend od. 1–2-blättr.; — Hüllchen 3- bis vielblättr. **42**
42. Fr. 15–25 mm lg., linealisch, nur an den Kanten haarig bis borstenhaarig (*717/4, Taf. 28: 9*); — Pfl. stark nach Anis riechend .... ***Myrrhis***, 733
— Fr. ≈ 10 mm lg., m. vielen hakigen Stacheln od. rauhaarig **43**
43. Fr. 6–13 mm lg.; Fr.Stacheln in Reihen (*717/2*); — Dolde 2–5-strahlig; Pfl. 10–30 cm hoch ***Caucalis***, 726
— Fr. 3–5 mm lg.; Fr.Stacheln regellos angeordnet (*717/3*); — Dolde 4–10-strahlig; Pfl. 30–100 cm hoch .... ***Torilis arvensis***, 740
44 **(41).** Hüllblätt. fiederspaltig; — Doldenstrahlen z. Fr.Reife meist vogelnestart. zus.neigend .... ***Daucus***, *728*
— Hüllblätt. ungeteilt; — Doldenstrahlen z. Fr.Reife nicht vogelnestart. zus.neigend **45**
45. Dolde 20–30-strahlig; Fr. kurzhaarig; — Stg. gefurcht .... ***Seseli***, 738
— Dolde bis 12-strahlig; Fr. stachelig **46**
46. Randblüten strahlend, viel größer als zentrale Blüten (*717/5, Taf. 12: 6*); Fr.Stacheln in Reihen angeordnet; Hüllchenblätt. häutig berandet, (ei)lanzettl.; — Kronblätt. weiß .... ***Orlaya***, 734
— Randblüten kaum vergrößert; Fr.Stacheln regellos angeordnet (*717/3*); Hüllchenblätt. ohne Hautrand, pfrieml.; — Kronblätt. weiß od. rötl. .... ***Torilis japonica***, 740
47 **(31).** Hülle fehlend od. 1–2-, selten mehrblättr., dann aber meist unscheinbar, spätestens zur Fr.Reife hinfällig **69**
— Hülle u. Hüllchen 3- bis mehrblättr. **48**
48. Zumind. die Grundblätt. 2–4-fach gefied., fiederteilig od. 3-zählig zus.gesetzt **52**
— Blätt. 1(–2)-fach gefied. (bei *Sium* sind nur die Unterwasserblätt. doppelt gefied., bei *Sison* teilw. die jeweils unt. Fiederpaare tief eingeschnitten bis geteilt) **49**
49. Stg. niederlgd., flutend od. im Schlamm wurzelnd; — Dolde 3–6-strahlig, meist den Blätt. gegenübersthd. .... ***Helosciadium***, 730
— Stg. aufr. **50**
50. Dolde 3–6-strahlig; Kelch fehlend (od. winzig); Pfl. meist trockener StO; — Blätt. teilw. tief geteilt bzw. 2-fach gefied. .... ***Sison***, 738
— Dolde 10–30-strahlig; Kelch m. 5 deutl. Zähnen; Pfl. nasser StO **51**
51. Stg. kantig gefurcht; Endfieder ungeteilt; Dolden alle endst.; Hüllblätt. linealisch, nicht geteilt; Fr. längl., Rippen stark hervortretend; Pfl. ohne Ausläufer .... ***Sium***, 739
— Stg. stielrund, leicht gerillt; Endfieder ± 3-teilig; Dolden z.T. seitenst.; Hüllblätt. meist unregelm. eingeschnitten; Fr. ± eif.; Pfl. m. Ausläufern .... ***Berula***, 724
52 **(48).** Hüllblätt. alle ungeteilt **56**
— Hüllblätt. wenigstens z.T. (z.B. an den Seitendolden) fiederspaltig **53**
53. Hüllblätt. der deutl. abgesetzten u. meist größeren Gipfeldolde ungeteilt, an den Seitendolden fiederspaltig od. gezähnt; Pfl. 80–150 cm hoch; auffälliger Geruch beim Zerreiben ***Molopospermum***, 733
— Hüllblätt. alle fiederspaltig **54**
54. Kelchrand deutl. 5-zähnig; Kronblätt. nicht ausgerandet; — Stg. röhrig, gefurcht; Blätt. dk.grün, glzd., 60–100 cm lg. .... ***Pleurospermum***, 737
— Kelchrand undeutl. 5-zähnig od. wulstig; Kronblätt. ausgerandet **55**

55. Dolden 8–20-strahlig; Pfl. ausd., 5–15 cm hoch; Stg. fast nur am Grund beblätt. ***Ligusticum mutellinoides***, 732
— Dolden 20–30-strahlig; Pfl. 1-j., 30–100 cm hoch; Stg.Blätt. vorhanden, — die ob. m. schmal lanzettl. od. linealischen Zipfeln, gezähnt .... ***Ammi***, 722
56 (52). Spaltfr. auch auf dem Rücken geflüg. **66**
— Spaltfr. ungeflüg. od. nur am Rand geflüg. od. gerippt **57**
57. Blätt. 3-zählig gefied. od. jede dieser 3 Fiedern nochmals bis 3-zählig gefied. (= doppelt 3-zählig), bzw. Fiedern 3-spaltig od. 3-lappig, kreisrund od. lineal-lanzettl. **64**
— Blätt. (wenigstens die Grundblätt.) mehrfach (aber nicht 3-zählig) gefied. **58**
58. Fr. ungeflüg., z. T. gerippt, nicht zus.gedrückt **60**
— Fr. geflüg., linsenf. zus.gedrückt; — Kelch deutl. gezähnt **59**
59. Stg.Grund ohne od. m. rudimentärem Faserschopf; Blätt. beiderseits gleichfarbig grün; — Fr.flügel meist dünn .... ***Peucedanum***, 735
— Stg.Grund m. ausgeprägtem Faserschopf; Blätt. oberseits (hell)grün, unterseits graugrün, — derb, ungleich gezähnt; Zähne z. T. m. gelbbrauner Grannenspitze; Fiedern 1. Ordn. nach vorne gerichtet, eif. bis rautenf.; Fr.flügel dick .... ***Cervaria rivini***, 726
60 (58). Hüllchen einseitswendig, nur an äuß. Seite der Döldchen (*717/6*); Fr. m. wellig gekerbten Rippen; — Stg. kahl, bläul. bereift, am Grund oft gefleckt; Pfl. unangenehm riechend (Giftig! Nicht zerreiben!) .... ***Conium***, 727
— Hüllchen allseitswendig; Fr.Rippen nicht gewellt **61**
61. Kelch deutl. 5-zähnig; — Fr. walzl., an der Spitze halsf., vom Kelch gekrönt; Sumpf- od. Wasserpfl. .... ***Oenanthe***, 733
— Kelch undeutl. od. nicht 5-zähnig **62**
62. Blätt. im Umriss linealisch bis dünn walzl., m. kurzen, fast quirlig angeordneten Seitenfiedern (*721/1*) .... ***Trocdaris***, 740
— Blätt. im Umriss 3-eckig; Fiedern nicht quirlig angeordnet; — reife Fr. schwarzbraun **63**
63. Nährgewebe der Teilfr. im ∅ stumpf 5-eckig (Fr. durchschneiden!), an der Fugenfläche abgeflacht; Stg. markig; — unterird. Knolle rundl. .... ***Bunium***, 724
— Nährgewebe der Teilfr. im ∅ nierenf., an der Fugenfläche tief gefurcht; Stg. hohl, — unterird. Knolle rundl. od. unregelm. geformt .... ***Conopodium***, 728
64 (57). Fiedern längl.-linealisch, < 10 mm br., — bis 15 cm lg., oft sichelf., scharf gesägt m. grannenart. Sägezähnen; Pfl. blaugrün, sparrig-ästig .... ***Falcaria***, 729
— Fiedern rundl., > 10 mm br. **65**
65. Fiedern vorn abgerundet, ungleich br. gekerbt; — Dolde bis 25 cm ∅, 11–20-strahlig; Pfl. m. Kümmelgeruch .... ***Laser***, 731
— Fiedern vorn zugespitzt, gesägt; — Dolde 4–6 cm ∅, 8–20-strahlig .... ***Ligusticum***, 732
66 (56). Flügel der Spaltfr. ungleich br., die am Rand viel breiter als die auf dem Rücken ***Laserpitium***, 731
— Flügel der Spaltfr. alle ± gleich br. **67**
67. Pfl. 3–15 cm hoch, fast nur am Grund beblätt.; Blattzipfel schmal linealisch, nur ≈ 1 mm br.; — Alpenpfl. .... ***Ligusticum mutellinoides***, 732
— Pfl. > 15 cm hoch, m. mehreren Stg.Blätt.; Blattzipfel > 5 mm br. **68**
68. Dolde 25–50-strahlig, bis > 20 cm ∅; Blattzipfel am Grund oft herzf., 0,7–10 cm br.; Stg. markig; Pfl. 60–150 cm hoch; Fr. 2–2,5 mm br. geflüg., Flügel oft wellig ***Laserpitium latifolium***, 732
— Dolde 8–20-strahlig, 4–6 cm ∅; Blattzipfel am Grund keilf.; Stg. hohl; Pfl. 15–90 cm hoch; Fr. schmal geflüg. .... ***Ligusticum***, 732
69 (47). Blätt. 1- bis mehrfach gefied., jedoch nicht 3-zählig (zuw. nur die Grundblätt. od. diese ungeteilt) **75**
— Blätt. 1-fach od. 2–3-fach 3-zählig gefied., — m. eif. längl. bis rundl. Fiedern **70**
70. Fiedern rundl., meist 3-lappig, grob gekerbt, unterseits bläul.; — Stg. stielrund, fein gerillt, kahl; Fr. zus.gedrückt; Kelch deutl. 5-zähnig; Pfl. m. Kümmelgeruch .... ***Laser***, 731
— Fiedern eif., zugespitzt, gesägt od. gezähnt, beiderseits grün **71**

71. Dolden 4–8-strahlig; zahlr. Dolden eine rispenart. Synfl. bildend; — Fiederblätt. grob gesägt, 5–11 cm lg. (an *Aegopodium podagraria* erinnernd); Hüllchen 3–5-blättr. ***Trochiscanthes***, 740
— Dolden 8–50-strahlig, keine rispenart. Synfl. bildend **72**
72. Fiederblätt. nur in der ob. Hälfte gezähnt, — in der unt. meist keilf. verschmälert, 2–5 cm lg.; Dolde 8–20-strahlig; Hüllchen 1–7-blättr. .... ***Ligusticum***, 732
— Fiederblätt. auch in der unt. Hälfte gezähnt od. gesägt **73**
73. Dolde 20–50-strahlig; Fr. br. geflüg., — linsenf.; Hüllchen borstl., hinfällig; Blattstiel rundl. kantig; Pfl. aromat. .... ***Peucedanum ostruthium***, 735
— Dolde 10–20-strahlig; Fr. ohne Flügel **74**
74. Hüllchen vorhanden; Fr. 8–15 mm lg.; Pfl. beim Zerreiben m. aromat. Geruch; — Blättchen zurückgeschlagen, bewimpert; Blätt. 2–3-fach 3-zählig gefied. ***Chaerophyllum aromaticum***, 727
— Hüllchen fehlend; Fr. 3–4 mm lg.; Pfl. geruchslos; — Blätt. meist (doppelt) 3-zählig gefied. (*721/2*); Blattstiel auffallend 3-kantig .... ***Aegopodium***, 722
75 (69). Fr. linsenf., eif. od. kugelig, ≤ 2,5-mal so lg. wie br. **79**
— Fr. zumind. an älteren Blüten längl. od. linealisch, 3–6-mal so lg. wie br. **76**
76. Kronblätt. am Rand deutl. bewimpert .... ***Chaerophyllum***, 726
— Kronblätt. am Rand kahl **77**
77. Fr. (sehr) kurz geschnäbelt, der Schnabel meist 10-rippig, sonst ± glatt, — ≤ 12 mm lg. (*717/1b, Taf. 28: 8*) .... ***Anthriscus***, 723
— Fr. ungeschnäbelt, in reifem u. trockenem Zustand der ganzen Länge nach gerippt **78**
78. Fr. 15–25 mm lg., scharf gerippt, an den Kanten kurz borstenhaarig, — reif glzd. braun (*Taf. 28: 9*); Blätt. zottig behaart; Pfl. stark nach Anis riechend .... ***Myrrhis***, 733
— Fr. ≤ 15 mm lg., stumpf gerippt, kahl .... ***Chaerophyllum***, 726
79 (75). Hüllchen (2–)3–8(–12)-blättr., — zuw. am Grund verwachsen, oft sehr klein u. unscheinbar **83**
— Hüllchen fehlend od. 1–2-blättr. **80**
80. Fr. m. br. geflüg. Randrippen, 2–2,5-mal so lg. wie br., — eif. ***Dichoropetalum carvifolia***, 728
— Fr. ungeflüg., meist ≤ 1,5-mal so lg. wie br., — linsenf., eif. od. kugelig **81**
81. Grundblätt. doppelt bis 3-fach gefied., — unterstes Fiederpaar 2. Ordn. an die Rhachis herabgerückt u. kreuzweise gestellt (*721/4*); Kronblätt. verkehrt herzf.; Pfl. m. Kümmelgeruch .... ***Carum carvi***, 726
— Grundblätt. ungeteilt od. 1-fach gefied.; — Fiedern zuw. tief eingeschnitten **82**
82. Dolden kurz gestielt, — endst. od. den Blätt. gegenübersthd.; Fiedern rautenf. od. keilf., tief eingeschnitten .... ***Apium***, 723
— Dolden mehrere cm lg. gestielt; — Fiedern der Grundblätt. im Umriss rundl. od. längl. eif. ***Pimpinella***, 736
83 (79). Wenigstens die Stg.Blätt. 2–3-fach gefied. **86**
— Blätt. 1-fach gefied. **84**
84. Stg. fadenf.; Pfl. flutend od. auf Schlamm kriechend; — Dolden den Blätt. gegenübersthd. .... ***Helosciadium***, 730
— Stg. nicht fadenf.; Pfl. trockener StO **85**
85. Pfl. kahl; ob. Blätt. m. linealischen Zipfeln; Dolde 6–12-strahlig, 2–5 cm ∅; Fr. 2–3 mm lg. ***Ptychotis***, 737
— Pfl. behaart; ob. Blätt. m. br. Zipfeln; Dolde oft > 15-strahlig, > 5 cm ∅; Fr. > 7 mm lg. ***Heracleum***, 730
86 (83). Kelch deutl. 5-zähnig; Kelchzähne zuw. ungleich groß **96**
— Kelch undeutl. 5-zähnig od. nur als Saum ausgebildet **87**
87. Hüllchenblätt. 3, einseitswendig (*717/6*); — Blätt. glzd. dk.grün .... ***Aethusa***, 722
— Hüllchenblätt. allseitswendig **88**
88. Blattfiedern haarfein, — zahlr., quirlig gestellt; Kronblätt. weiß; Fr. nicht geflüg.; Pfl. aromat. riechend .... ***Meum***, 733
— Blattfiedern breiter, nicht haarfein **89**

89. Stg. hohl **93**

— Stg. markig; — Kronblätt. reinweiß; Stg.Blätt. (meist) > 2; Pfl. 30–150 cm hoch **90**

90. Fr. nicht geflüg., — 6-kantig; Dolde 30–40-strahlig; Papillen der Doldenstrahlen (Lupe!) aufw. gerichtet .... ***Selinum silaifolium***, 737

— Fr. geflüg. **91**

91. Seitl. Flügel der Fr. breiter als die Flügel am Rücken; Stg. stark gefurcht, oben fast geflüg.; — Dolde 15–20-strahlig; Blattzipfel m. weißer Stachelspitze; Pfl. feuchter StO ***Selinum carvifolia***, 737

— Seitl. Flügel der Fr. nicht auffallend breiter; Stg. nur gerillt **92**

92. Blattfiedern 1. Ordn. aufr. bis absthd.; Fiedern letzter Ordn. am Rand glatt, m. grannenart. Spitze, meist ≈ 1 mm br., die mittl. nicht auffallend verläng.; Hüllchen 5–8-blättr., ≈ halb so lg. wie das Döldchen; Rippen der Fr. nicht aufgeblasen; Pfl. der S-Alp.; — Dolde 20–50-strahlig .... ***Ligusticum lucidum***, 732

— Blattfiedern 1. Ordn. absthd. bis zurückgebogen; Fiedern letzter Ordn. am Rand papillös rau (Lupe!), oft sichelig gebogen, meist 1–2 mm br., die mittl. oft auffallend verläng.; Hüllchen ≈ 10-blättr.; Rippen der Fr. hohl, aufgeblasen; Pfl. nur in PL; — Dolde 15–30-strahlig ***Cenolophium***, 726

93 (89). Blattfiedern herzf. bis eif., 15–30 mm br., — scharf gesägt; Blattscheiden stark aufgeblasen; Fr. geflüg. .... ***Angelica sylvestris***, 722

— Blattfiedern (längl.-eif. bis) lanzettl. bis linealisch, < 15 mm br. **94**

94. Kronblätt. oft rötl.; Hüllchenblätt. lanzettl., — zuw. hautrandig; Gebirgspfl. ***Ligusticum mutellina***, 732

— Kronblätt. stets weiß; Hüllchenblätt. pfrieml. **95**

95. Pfl. 60–150 cm hoch; Blattscheiden aufgeblasen; — Fr.Rippen geflüg., die randst. breiter als die mittl.; Stg. bereift; Äste gefurcht .... ***Conioselinum***, 727

— Pfl. 10–60 cm hoch; Blattscheiden nicht aufgeblasen; — Fr.Rippen schwach geflüg., teilw. die randst. breiter als die mittl.; Stg. gerillt bis gefurcht, teilw. unverzweigt ..... ***Selinum***, 737

96 (86). Blattfiedern groß, herzf. bis eif. (20–30 mm br.) od. schmal lanzettl., bis 60 mm lg. (*727/3*) **100**

— Blattfiedern schmal linealisch; — Blätt. (zumind. die mittl. Stg.Blätt.) fein zerteilt **97**

97. Fr. walz. längl., — vom bleibenden Kelch gekrönt **99**

— Fr. einfach od. doppelt kugelig; — Pfl. stark (nach Wanzen) riechend **98**

98. Fr. einfach kugelig (*721/5*, *Taf. 28: 6*); Stg. rund, gestreift; Kelch deutl. 5-zähnig, die beiden äuß. Kelchblätt. auffallend länger; — Grundblätt. m. eif. Abschnitten, gekerbt, bald absterbend; Randblüten vergrößert .... ***Coriandrum***, 728

— Fr. doppelt kugelig (*721/6*), breiter als lg.; Stg. kantig gefurcht; Kelch undeutl. 5-zähnig ***Bifora***, 724

99 (97). Sumpfpfl.; Kelchzähne lg. zugespitzt; Gr. aufr.; — Stg. u. Blattstiele zuw. röhrig u. blasig aufgetrieben (*721/3*) .... ***Oenanthe***, 733

— Landpfl.; Kelchzähne 3-eckig, kurz; Gr. zurückgebogen; — Hüllchenblätt. zuw. zu becherf., am Rand gezähnter Scheide verwachsen (*721/7*) .... ***Seseli***, 738

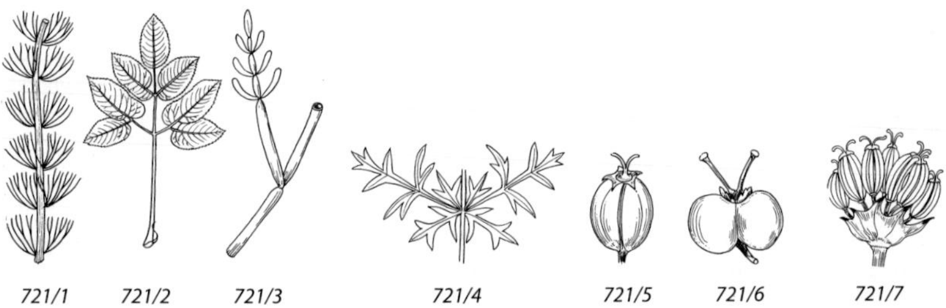

721/1 *721/2* *721/3* *721/4* *721/5* *721/6* *721/7*

100 **(96).** Blattfiedern schmal lanzettl., scharf gesägt (*727/3*); Fr. ± kugelig, gerippt; — Stg.Basis rhizomart., hohl, von möhrenart. Geruch, durch Querwände gekammert; Sumpfpfl. der Verlandungszone (Giftig!) .... ***Cicuta***, 727
— Blattfiedern schief herz-eif.; Fr. eif., geflüg.; — feuchte Wiesen, Wälder ***Ostericum palustre***, 734

Aegopodium L., Giersch, Geißfuß

Pfl. m. unterird. Ausläufern; Stg. kantig gefurcht; Blätt. doppelt 3-zählig; Fiedern 1. Ordn. oft nur 2-spaltig, einem Ziegenfuß (Name!) ähnl. (*721/2*); Fr. längl. eif. (*Taf. 28: 5*); ↕ 50–100 cm; ♃. V–IX. – Feuchte Gebüsche, Hecken, Flussufer. – *v*. Gewöhnlicher G., ***A. podagraria*** L.

Aethusa L., Hundspetersilie

Blätt. im Umriss 3-eckig, unterseits stark glzd. (Unterschied zum ähnl. *Petroselinum*); ↕ 5–80(–220) cm; ☉–⊙. VI–X. – Äcker, Gebüsche, Wälder. – *v*. – Giftig! Gewöhnliche H., ***A. cynapium*** L.

a. Pfl. niedrigwüchsig, (5–)30–80 cm hoch, von Grund an verzweigt; Stg.-∅ am Grund 2–5(–12) mm. – Ackerbrachen, feuchte Ruderalstellen, Gärten. – *v*. [*A. cynapium* subsp. *segetalis* (Boenn.) Schübl. & G. Martens; subsp. *agrestis* (Wallr.) Dostál] Acker-H., subsp. ***cynapium***
— Pfl. hochwüchsig, 140–220 cm hoch, erst oberh. der Mitte verzweigt; Stg.-∅ am Grund 6–15(–25) mm. – Feuchte Wälder, Waldsäume, Ufersäume. – *z*–*s*. [*A. cynapioides* M. Bieb.] Wald-H., subsp. ***elata*** (Hoffm.) Schübl. & G. Martens

Ammi L., Knorpelmöhre

1. Grundblätt. 1-fach bis doppelt gefied., m. br. ellipt., gesägten Fiedern, ob. Stg.Blätt. fein zerteilt m. linealischen Fiedern; Hüllblätt. 3-spaltig bis fiederteilig, zahlr.; Hüllchenblätt. m. weißem Hautrand; Doldenstrahlen schlank, z. Fr.Reife nicht zus.gedrängt; ↕ 30–100 cm; ☉. VI–X. – Äcker. – Kult. u. Ne. (Heimat: S-Eur., Afr., SW-As.); *s* verwild. – Gewürz- u. Heilpfl. Große K., ***A. majus*** L.
— Blätt. alle 3-fach gefied., m. linealischen Fiedern; Hüllblätt. einfach, linealisch, zugespitzt; Hüllchenblätt. ohne Hautrand; Doldenstrahlen verdickt u. starr, z. Fr.Reife zus.gedrängt; ↕ 50–100 cm; ☉–⊙. VII–IX. – Kult. u. Ne. (Heimat: S-Eur., As., N-Afr.); *s*. – Heilpfl. Zahnstocher-K., ***A. visnaga*** (L.) Lam.

Anethum L., Dill

Blätt. 3–4-fach fein gefied.; Dolden groß, bis 50-strahlig; Hülle u. Hüllchen fehlend; Pfl. oberw. bläul. bereift, kahl, von durchdringend würzigem Geruch; ↕ 30–100 cm; ☉. VI–IX. – Wegränder, Kulturland. – Kult. u. Ne. (Heimat: SW-As.); *s* verwild. – Gewürzpfl. Gewöhnlicher D., ***A. graveolens*** L.

Angelica L. [incl. *Archangelica* Wolf; excl. *Ostericum* Hoffm.], Engelwurz, Brustwurz

1. Blattstiel oberseits rinnig; Blattfiedern am Rande rau u. unterseits behaart; Doldenstrahlen flaumig behaart; Kronblätt. weiß od. rötl.; Gr. schon z. Bltzt. veräng.; — Pfl. dk.grün; ↕ 50–150 cm; ♃. VII–IX. – Feuchte Wiesen, Auenwälder, Flachmoore. – *v*. Wilde E., ***A. sylvestris*** L.

a. Fr. 4–5,5 mm lg.; Fiedern eif. bis eilanzettl., (1,1–)1,4–1,7(–2,3)-mal so lg. wie br., kaum herablfd.; Dolden meist > 40-blütig. – Wiesen, Gebüsche, Wälder, 0–1800 m. – *v*. Wilde E. (i. e. S.), subsp. ***sylvestris*** L.
— Fr. 6–8 mm lg.; Fiedern lanzettl., (2,2–)2,6–3,6(–5)-mal so lg. wie br., die ob. herablfd.; Dolden meist < 30-blütig. – Feuchte Bergwälder, Hochstaudenfluren. – *z* in Alp. u. Mittelgeb. [*A. s.* var. *elatior* Wahlenb., *A. s.* subsp. *„bernardiae"* Reduron] Berg-E., subsp. ***bernardae*** Reduron

— Blattstiel rund, hohl; Blattfiedern unterseits kahl; Doldenstrahlen nur spitzenw. behaart; Kronblätt. grünl.; Gr. z. Bltzt. kurz; — Fr. 5–8 mm lg. u. 3,5–5 mm br., m. 3 stark vorspringenden, scharfen Rippen; Hüllchenblätt. linealisch, kürzer als od. so lg. wie das Döldchen; Stg. würzig schmeckend; Pfl. hellgrün, ↕ 120–300 cm; ⊙–♃. VII–VIII. – Feuchte Wiesen, Ufer. – *z*. – Auch als Gewürz- u. Heilpfl. [*Archangelica officinalis* Hoffm.] Echte E., Garten-E., ***A. archangelica*** L.

a. Hüllchenblätt. so lg. wie die Döldchenstiele, linealisch; Fr. fast rechteckig, m. 3 hervorspringenden Rückenrippen, 6–9 mm lg. u. — 4–5 mm br.; Pfl. von angenehmem Geruch, ↕ 120–250 cm; ⊙–♃. VI–VIII. – Hochstaudenfluren, Feuchtwiesen. – Kult. u. Ne. (Heimat: O-Eur.); *z–s* verwild. – Kulturpfl. Echte E. (i. e. S.), subsp. ***archangelica***

— Hüllchenblätt. halb so lg. wie die Döldchenstiele, pfrieml.; Fr. ellipt., m. wenig hervorspringenden Rückenrippen, 5–6 mm lg. u. — 3,5–4,5 mm br.; Pfl. von scharfem Geruch, ↕ 180–300 cm; ♃. VI–VIII. – Feuchte Ufer, Gebüsche u. Hochstaudenfluren der Küstenregion. – *z–v* in Flusstälern, sonst *s*; auch A: NÖ, OÖ. [*Archangelica litoralis* (Fr.) DC.] Küsten-E., subsp. ***litoralis*** (Fr.) Thell.

Anthriscus Pers., Kerbel

1. Dolden 8–15-strahlig, deutl. gestielt (> 1 cm); Hüllchen 5–8-blättr.; Stg. gefurcht (Artengruppe Wiesen-K., ***A. sylvestris*** agg.) **3**

— Dolden 2–6-strahlig, kurz gestielt bis sitzend; Hüllchen 1–4(–5)-blättr.; Stg. rundl., fein gerillt **2**

2. Doldenstrahlen dicht weichflaumig; Fr. linealisch, glatt, doppelt so lg. wie der Schnabel, kahl od. m. steifen Borsten (var. ***trichocarpus*** Neilr. [subsp. *trichospermus* Nyman]); — Blätt. 2–4-fach gefied., weich, zart, hellgrün, im Umriss 3-eckig; Pfl. m. Anisgeruch (zerreiben!); ↕ 20–70 cm; ⊙. V–VIII. – Kult. u. Ne. (Heimat: wahrscheinl. SO-Eur.); *z* verwild. – Kulturpfl. [*Scandix cerefolium* L.] Garten-K., ***A. cerefolium*** (L.) Hoffm.

— Doldenstrahlen fast kahl; Fr. eif., dicht hakig-borstig (*717/1a*); — Blätt. 3–4-fach gefied., unterseits an den Nerven absthd. weichborstig; Kronblätt. ≈ 0,5 mm lg.; ↕ 15–80 cm; ⊙. V–VI. – Hecken, Ruderalstellen, Küstendünen. – *z*, N- bis M-D (*s* in S-D); A; B; CH; *s* CZ; DK; *z* F: Els; *s* I: Bz; *z* PL. [*A. scandicina* Mansf.; *A. vulgaris* Pers. non Bernh.; *Chaerophyllum anthriscus* (L.) Crantz] Hunds-K., ***A. caucalis*** M. Bieb.

3 (1). Randblüten wenig vergrößert; Fr. (*Taf. 28: 8*) länger als ihr Stiel, meist > 6 pro Döldchen; Stg. bes. unt. dicht rauhaarig; Blätt. 2–3-fach gefied., unterseits ± matt; unterstes Fiederpaar 1. Ordn. viel kleiner als übriger Teil der Spr. (*726/1*); ↕ (60–)80–160 cm; ⊙. IV–VIII. – Wiesen, Hecken, Straßenränder. – *v*. – Formenreich. [*Chaerophyllum sylvestre* L.] Wiesen-K., ***A. sylvestris*** (L.) Hoffm.

a. Endabschnitte der Fiedern < 2 mm br., lineal-lanzettl. VII–VIII. – Kalkschutthalden. – *s*, D: BW; CH: Jura. Schmalzipfeliger Wiesen-K., subsp. ***stenophyllus*** (Rouy & E. G. Camus) Briq.

— Endabschnitte der Fiedern > 2 mm br., br. lanzettl. IV–VI. – Wiesen, Straßenränder. – *v*. Wiesen-K. (i. e. S.), subsp. ***sylvestris***

In D: BY, I: Bz, im Els u. den Franz. Alp. auch der Alpen-Wiesen-K., subsp. ***alpinus*** (Vill.) Gremli, m. schmal lanzettl. Endabschnitten der Fiedern; Nerven ohne Haare. Es ist allerdings umstritten, ob dieser als eigene Subsp. geführt werden sollte.

— Randblüten deutl. vergrößert, strahlend; Fr. (*717/1b*) meist kürzer als ihr Stiel, 2–6 pro Döldchen; Stg. kahl od. zerstreut borstig; Blätt. doppelt 3-zählig gefied., unterseits stark glzd.; unterstes Fiederpaar fast so groß wie übrige Spr.; ↕ 60–120 cm. VI–VIII. – Schluchtwälder. – *z*, Alp. u. Mittelgeb. [*Chaerophyllum nitidum* Wahlenb.] Glänzender K., ***A. nitidus*** (Wahlenb.) Hazsl.

Apium L. [excl. *Helosciadium* W. D. J. Koch], Sellerie

Stg. aufr.; Blattfiedern br. rautenf. od. keilf.; Hülle u. Hüllchen fehlend; Dolde 6–12-strahlig; ↕ 30–100 cm; ⊙. VI–X. – Salzstellen. – *z* im N, *s* im S. Echter S., ***A. graveolens*** L.

Neben der ungenießbaren Wildform (subsp. od. var. ***graveolens***) auch die essbaren Kulturvarietäten var. ***rapaceum*** (Mill.) DC. (Knollen-S.) m. verdicktem Stg.Grund u. var. ***dulce*** (Mill.) DC. (Garten-S.) m. verläng., fleischig verdickten Blattstielen. Die Taxonomie innerhalb der Art ist umstritten.

Astrantia L., Sterndolde, Strenze

1. Kelchblätt. pfrieml. u. lg. zugespitzt bis lanzettl. u. lg. stachelspitzig; Hüllblätt. derb, m. hervorsthd. Quernerven, — grünl. bis rosa (*Taf. 12: 5*); Teilfr. 3-mal so lg. wie br. (*Taf. 28: 7*); Blätt. 3–7-teilig; Pfl. kräftig, ↕ 30–100 cm; ♃. VI–VIII. – Gebüsche, Wiesen. – *v*, *s* im W, im N nur in D: S-BB. Große S., ***A. major*** L.

a. Hüllblätt. ≤ 16 mm lg., wenig (1,2–1,4-mal) länger als die Dolde, weißl. od. grünl., seltener rosa; Kelchzähne sehr spitz, kaum länger als die Kronblätt. – *z* im S, *s* D: SN, TH. Große S. (i. e. S.), subsp. ***major***

— Hüllblätt. > 16 mm lg., deutl. (1,5–2,5-mal) länger als die Dolde, an der Spitze zuw. 3-zähnig, oft (purpur)rosa; Kelchzähne länger als die Kronblätt. – *s*, D: BY; *z* A; I: Bz; F; *f* CH?. [subsp. *carinthiaca* Arcang.] Kärntner S., subsp. ***involucrata*** (W. D. J. Koch) Ces.

— Kelchblätt. (ei)lanzettl., stumpf bis kurz zugespitzt; Hüllblätt. dünn, m. undeutl. Quernerven 2

2. Grundblätt. (5–)7(–9)-teilig, Abschnitte schmal, sich nicht seitl. überlappend, meist alle bis zum Grund frei; — Hüllblätt. so lg. wie od. wenig länger als die Dolde; ↕ 20–40 cm; ♃. VII–VIII. – Bergwiesen, Steinschutt; kalkmeidend; 1000–2700 m. – *f* in D; *z* Alp. von CH; I: Bz. Kleine S., ***A. minor*** L.

— Grundblätt. 5-teilig, Abschnitte br., sich überlappend, wenigstens die seitl. Abschnitte am Grund ≥ 5 mm lg. verwachsen 3

3. Hüllblätt. die Dolde überragend; Mittelabschnitt der Grundblätt. bis zur Basis frei; Fr. längl., ≈ 4 mm lg.; ↕ 20–50 cm; ♃. VI–VII. – Bergwiesen; 900–2300 m. – *s*, östl. Kalk-Alp. in D: BY; A: S-Kt, N-Ti; *f* CH. Bayerische S., ***A. bavarica*** F. W. Schultz

— Hüllblätt. höchstens so lg. wie die Dolde; Abschnitte der Grundblätt. alle meist bis zur Mitte verwachsen; Fr. eif. bis kugelig, ≈ 3 mm lg.; ↕ 30–75 cm; ♃. VI–VIII. – Laubwälder, Hochstaudenfluren, Bachufer; 800–2100 m. – *s*, nur A: Kt. Krainer S., ***A. carniolica*** Jacq.

Athamanta L., Augenwurz

1. Dolden 15–25-strahlig, mittl. Dolde die seitl. meist deutl. überragend; Blätt. meist verkahlend, glzd.; ↕ 20–40 cm; ♃. VI–VII. – Schattige Kalkfelsen. – *s*, nur I: Bz. Südalpen-A., ***A. vestina*** A. Kern.

— Dolden 5–12-strahlig, mittl. Dolde die seitl. höchstens undeutl. überragend; Blätt. rauhaarig, graugrün; ↕ 15–30 cm; ♃. V–VIII. – Felsspalten; nur auf Kalk. – *v*, Alp., 900–2700 m; *s* D: BW, BY; *z* A; CH: Jura; *s* F: Els; FL. Gewöhnliche A., ***A. cretensis*** L.

Berula W. D. J. Koch, Berle, Merk

Stg. fein gerillt, am Grund m. Ausläufern; Dolden wenigstens z. T. den Blätt. gegenübersthd., 8–20-strahlig; Fiedern ungleich grob gesägt; Hüllblätt. oft fiederspaltig; ↕/↔ 30–100 cm; ♃. VI–VIII. – Bäche, Gräben. – *v*–*z*. [*B. angustifolia* Mert. & W. D. J. Koch; *Sium erectum* Huds.] Berle, Aufrechter M., Wassersellerie, ***B. erecta*** (Huds.) Coville

Bifora Hoffm., Hohlsame, Stinkkoriander

Blätt. 2–3-fach gefied.; Hülle 0–1-blättr.; Hüllchen einseitswendig, 2–3-blättr.; Randblüten vergrößert; Fr. doppelkugelig, ± glatt (*721/6*); Pfl. nach Wanzen riechend (ähnl. Koriander); ↕ 15–40 cm; ⊙. V–VIII. – Brachäcker, Ruderalstellen. – *s*, M- u. S-D (etabliert nur in BW, BY, TH); *z*–*s* A; *s* CH; *z*–*s* I: Bz; sonst Ne.; Hauptverbr.: SO-Eur., SW-As. Strahlen-H., Stinkdolde, ***B. radians*** M. Bieb.

Bunium L., Knollenkümmel

Blätt. 2–3-fach gefied., m. ellipt.-lanzettl. Abschnitten; Stg. markig, am Grund m. kugeliger, dk.brauner, bis 4 cm dicker, essbarer Knolle; Nährgewebe an der Fugenfläche der Fr. abgeflacht; ↕ 30–100 cm; ♃. VI–VII. – Ton- u. Kalkäcker, Weiden. – *z* in M- u. W-D, *v* in RP, *s* in N-BY; *s* A: Kt, NÖ (Wien); B; CH: Jura, Gr, Vs; DK; F: Els; NL. Echter K., ***B. bulbocastanum*** L.

Bupleurum L., Hasenohr

1. Stg.Blätt. eif. bis längl., mittl. u. ob. vom Stg. durchwachsen (*36/9*); — Kronblätt. gelb; Hüllchenblätt. br. eif., zugespitzt, gelbgrün, z. Bltzt. absthd., z. Reifezt. zus.neigend; ↕ 15–50 cm; ⊙. VI–VIII. – Kalkäcker. – *s*. Durchwachsenes H., Acker-H., ***B. rotundifolium*** L.

— Stg.Blätt. längl. lanzettl. bis linealisch, nicht durchwachsen, z.T. aber stg.umfassend **2**

2. Mehrj. Staude m. kräftigem Wurzelstock **6**

— 1-j. Pfl. m. kurzen Wurzeln **3**

3. Unt. Blätt. unterseits m. vorspringendem Kiel, — am Grund plötzl. in eine Blattscheide verschmälert; Kronblätt. goldgelb; Dolden 2–5-strahlig; Hüllchen die Spitzen der Fr. nicht erreichend; Fr. 4–6 mm lg., glatt; Pfl. im Herbst auffallend violett; ↕ 20–100(–150) cm; ⊙. VII–IX. – Magerrasen; auf Kalk. – *f* in D; *s* A: NÖ (Alp.-E-Rand). [*B. junceum* L.] Simsen-H., ***B. praealtum*** L.

— Blätt. unterseits ohne vorspringenden Kiel **4**

4. Dolden 2–3-strahlig; — Döldchen 3–5-blütig; Kronblätt. gelbl.grün; Fr. höckerig, rau; Blätt. linealisch, 5–7-nervig; Pfl. ästig, vom Grund an verzweigt; ↕ 5–30(–70) cm; ⊙. VIII–XI. – Salzwiesen der Küsten u. des Binnenlands. – *s*. Feines H., ***B. tenuissimum*** L. (subsp. ***tenuissimum***)

— Dolden ≥ 4-strahlig **5**

5. Pfl. m. zahlr. kurzen, aufr. absthd. od. anlgd. Zweigen; Kronblätt. rötl.grün bis violett; Hüllchenblätt. die Spitzen der Fr. überragend; — Blätt. lineal-lanzettl., 2–5 mm br.; Enddolden 3–8-strahlig; ↕ 20–70 cm; ⊙. VII–IX. – Wegränder, Weinberge. – *s*, nur A: Bgl, NÖ; CZ. Ungarisches H., ***B. affine*** Sadler

— Pfl. m. wenigen lg. Zweigen; Kronblätt. gelb; Hüllchenblätt. die Fr. meist nicht überragend, — lanzettl.-pfrieml.; Stg. dünn, nur im ob. Teil verzweigt; Blätt. lineal-lanzettl., 3–5-nervig, ohne deutl. Zwischennerven; Dolden 2–5-strahlig; ↕ 20–60 cm; ⊙. VII–VIII. – Trockenrasen; kalkmeidend. – Ne. (Heimat: SW-Eur.); *s*, eingebürg. nur in D: ST (Harz). [*B. gerardi* auct.] Südliches H., ***B. virgatum*** Cav.

6 (2). Stg. m. mehreren Blätt. **8**

— Stg. ohne Blätt. od. (bis auf Hochblätt.) nur m. 1 Blatt **7**

7. Blätt. m. netzart. verbundenen Seitennerven; Hüllchenblätt. bis zum ob. Drittel verwachsen, becherf., — 8–12; Grundblätt. 3–15 mm br., schmal linealisch od. schmal lanzettl.; ↕ 15–40 cm; ♃. VII–VIII. – Felsspalten, Gebirgsrasen; auf Silikatgestein; 900–2800 m. – *s*, D: nur unbest. in RP; A: Vb; *z* CH; *s* I: Bz. Sterndolden-H., ***B. stellatum*** L.

— Blätt. parallelnervig; Hüllchenblätt. frei od. am Grund etwas verwachsen, — 5–10; Grundblätt. 2–5 mm br., grasart.; ↕ 20–30(–50) cm; ♃. VII–VIII. – Felsspalten, subalp. u. alp. Rasen; auf Kalk; 1800–3000 m. – *z*, nur A: S-Kt. Felsen-H., ***B. petraeum*** L.

8 (6). Hüllchenblätt. lanzettl., unscheinbar; ob. Stg.Blätt. am Grund verschmälert, — längl.-lanzettl., 5–7-nervig, m. deutl. Zwischennerven; Stg. etwas zickzackf. gebogen; ↕ 20–100 cm; ♃. VII–IX. – Trockenrasen, Waldränder; auf Kalk. – *z*, *f* im NW. – Formenreich. Sichel-H., ***B. falcatum*** L. (subsp. ***falcatum***)

— Hüllchenblätt. auffällig, meist größer als die Blüten; ob. Stg.Blätt. m. herzf. Grund sitzend .. **9**

9. Blätt. m. deutl. Mittelnerv u. netzart. verbundenen Seitennerven; ob. Stg.Blätt. stg.umfassend; unt. Stg.Blätt. 3–8 cm br.; Fr. 4–5,5 mm lg.; Hüllchenblätt. fast kreisrund, am Grund kurz verwachsen, — 5–8 (*76/4b*), ± grün; Grundblätt. lg. gestielt, längl. eif.; ↕ 30–100 cm; ♃. VI–VIII. – Lichte Laubwälder; auf Kalk. – *z*, im N u. NW *f*. [incl. subsp. *vapincense* (Vill.) Todor, incl. subsp. *aureum* (Hoffm.) Soó] Langblättriges H., ***B. longifolium*** L.

— Blätt. parallelnervig, nicht stg.umfassend; unt. Blätt. grasart., schmal, < 1 cm br.; Fr. 2,5–3 mm lg.; Hüllchenblätt. br. lanzettl. bis ellipt., am Grund nicht verwachsen, — 5–7, (grünl.)gelb; ↕ 10–30(–50) cm; ♃. VII–VIII. – Felsen, alp. Rasen; auf Kalk. – Alp. *s*, D: BY (Allgäuer u. Berchtesgadener Alp.); A: Sb, Stm, Ti, Vb; CH; FL. Hahnenfuß-H., ***B. ranunculoides*** L.

Im ganzen Gebiet (in D bes. im SW) finden sich weitere Arten, deren Vorkommen noch als unbest. einzustufen sind u. die daher hier noch nicht ausgeschlüsselt werden. Dazu gehören z. B. die immer häufiger auftretenden, im MMG heim. Arten wie das sparrig verzweigte, m. lg. lanzettl. Hüllblätt. ausgestattete ***B. odontites*** L. u. ***B. subovatum*** Spreng. m. durchwachsenen, eilanzettl. Stängelblätt.

(Noch?) selten sind unbest. Vorkommen des im MMG u. in SW-As. heim. Südlichen H., ***B. testiculata*** (L.) Roth, das sich durch nicht vergrößerte Randblüten sowie Teilfr. m. warziger Oberfläche unterscheidet.

Carum L. [excl. *Trocdaris* Raf., Quirlkümmel], Kümmel

Stg. am Grund m. Faserschopf; Wurzel rübenf.; Grundblätt. doppelt bis 3-fach gefied., unterste Paare der Fiedern 2. Ordn. kreuzweise gestellt (*721/4*); Scheide der ob. Stg.Blätt. m. nebenblattart. Fiederpaaren; Hülle 0–1-blättr.; ↕ 30–80 cm; ♃. V–VII. – Wiesen, Wegränder. – Gewürzpfl.; *v*. Echter K., ***C. carvi*** L.

Caucalis L., Haftdolde

Blätt. 2–3-fach gefied.; Döldchen wenigblütig; Hüllblätt. 0–2; Hüllchenblätt. 3–5, schmal berandet; Kronblätt. weiß, selten rötl., tief 2-lappig; ↕ 10–30 cm; ⊙. V–VII. – Brachäcker, Weinberge; auf Kalk. – *z*. [*C. daucoides* auct.; *C. lappula* Grande] Acker-H., ***C. platycarpos*** L.

a. Fr.Stacheln lg., an der Spitze m. kräftigem Haken. – Im S *z*, im N *s*. Acker-H. (i. e. S.), subsp. ***platycarpos***

— Fr.Stacheln kurz, kaum 1 mm lg., borstenf. – *s*, D (teils unbest.): BW, BY, HH, MV, NRW, RP, SN; A: Bgl, NÖ, OÖ, Ti, früher Vb, Kt, Ti; früher auch CH; *s* CZ. Stachelige Acker-H., subsp. ***muricata*** (Čelak.) Holub

Cenolophium W. D. J. Koch, Hohlrippe

Blätt. doppelt bis 5-fach gefied.; Hülle fehlend; Hüllchenblätt. zahlr.; Fr. m. aufgeblasenen Rippen; ↕ 60–150 cm; ♃. VII–VIII. – Wiesen. – Nur in NO-PL. [*C. fischeri* (Spreng.) W. D. J. Koch] Baltische H., Baltische Petersilie, ***C. denudatum*** (Hornem.) Tutin

Cervaria Wolf [*Peucedanum* L. p. p.], Hirschwurz

Blätt. derb, fast lederig, oberseits hell-, unterseits blassgrün, netznervig, 2–3-fach gefied.; Fiedern 1. Ordn. im spitzen Winkel nach vorn gerichtet, Fiedern letzter Ordn. eif., scharf gesägt; ↕ 50–100 cm; ♃. VII–IX. – Trockenhänge, lichte Wälder. – *z–s*, im NW u. N *f*. [*P. cervaria* (L.) Lapeyr.] Gewöhnliche H., ***C. rivini*** Gaertn.

Chaerophyllum L., Kälberkropf

1. Kronblätt. am Rand deutl. bewimpert (Lupe!), oft rötl.; Stg. unter den Knoten nicht deutl. verdickt; — Blätt. 3–4-fach gefied., meist behaart; Hüllchen lg. bewimpert; ↕ 30–100 cm; ♃. V–VIII. – Feuchte Wiesen, Bergwälder. – *v* Alp. u. Mittelgeb., sonst *z*, im N nur D: BB. Artengruppe Behaarter K., ***C. hirsutum*** agg.

a. Unterste Fiedern fast so groß wie die übrige Blattspr., Blätt. daher 3-teilig erscheinend; Fiedern fast flächendeckend, sich z. T. etwas überlappend; Fiedern letzter Ordn. br., wenig geteilt; Fr.Träger nur im obersten Drittel 2-spaltig, am Grund etwas verdickt; — Fr. bis 12 mm lg.; Dolden z. Bltzt. klein u. stark gewölbt. V–VII. – *v–z*, N-D *s–f*. [subsp. *cicutaria* (Vill.) Briq.] Behaarter K., ***C. hirsutum*** L.

— Unterste Fiedern kleiner als die übrige Blattspr., Blätt. daher mehrteilig gefied. erscheinend; Fiedern getrennt, sich nicht überlappend; Fiedern letzter Ordn. schmal, tief geteilt; Fr.Träger bis zum Grund 2-spaltig, nicht verdickt .... **b**

b. Blätt. unterseits borstl. behaart od. kahl; seitl. Dolden wechselst.; Scheiden der obersten Blätt. 2–10 mm lg.; — Dolden groß, flach; Fr. 8–20 mm lg. VI–VIII. – Hochstaudenfluren der Alp. u. Voralp. bis 2400 m, auch Schweizer Jura. – *z*. [*C. hirsutum* subsp. *villarsii* (W. D. J. Koch) Arcang.] Gebirgs-K., ***C. villarsii*** W. D. J. Koch

726/1

726/2

726/3

— Blätt. unterseits flaumig behaart; seitl. Dolden gegenst. od. quirlst.; Scheiden der obersten Blätt. 15–20 mm lg.; — Fr. 8–12 mm lg. V–VIII. – *s*, CH: Vs (Großer St. Bernhard). [*C. hirsutum* subsp. *elegans* (Gaudin) Arcang.] Zierlicher K., ***C. elegans*** Gaudin

— Kronblätt. kahl, weiß; Stg. unter den Knoten meist verdickt **2**

2. Hüllchen kahl; Hypocotylknolle vorhanden, diese meist kugelig; Endabschnitte der Fiedern schmal linealisch; — Stg. rot gefleckt, oben kahl, blaugrün bereift; ↕ 80–180 cm; ⊙–♃. VI–VIII. – Flussufer, feuchte Wälder. – Ne. (Heimat: SO-Eur., W-As.); *z*. – Giftig! (außer Knollen) Knolliger K., ***C. bulbosum*** L. (subsp. ***bulbosum***)

— Hüllchen bewimpert; Hypocotylknolle fehlend; Endabschnitte der Fiedern lanzettl. bis eif. **3**

3. Grundblätt. 2–3-fach 3-zählig gefied., ihre Fiedern 3–7 cm lg.; Fiedern letzter Ordn. ungeteilt, ellipt., gesägt; — Fr. 8–15 mm lg.; Stg. borstig behaart; Pfl. m. Möhrengeruch; ↕ 60–100 cm; ♃. VI–VIII. – Feuchte Laubwälder, Bäche. – D: *z* SN, *s* BB, BY (Bayrw.), MV, NRW, SH (Hamburg); *s* A: Bgl, NÖ, OÖ, in Stm eingeschleppt; *s* CZ; PL. Gewürz-K., ***C. aromaticum*** L.

— Grundblätt. 2–4-fach gefied., ihre Fiedern < 3 cm lg.; Fiedern letzter Ordn. teilw. fiederspaltig **4**

4. Endfiedern der Blätt. m. stumpfer Spitze, eif. (*727/1*); Dolde 6–12-strahlig; Gr. so lg. wie das Gr.Polster; Fr. 4–7 mm lg.; Wurzel spindelf.; — Blätt. 2–3-fach gefied.; Stg. bis oben gefleckt, borstig behaart; ↕ 30–100 cm; ⊙–⊙. V–VII. – Gebüsche, Waldränder. – *z*. – Giftig! [*C. temulentum* L.] Taumel-K., Hecken-K., ***C. temulum*** L.

— Endfiedern der Blätt. lg. zugespitzt (*726/2, 727/2*); Dolde 12–18-strahlig; Gr. 2–3-mal so lg. wie das Gr.Polster; Fr. 8–12 mm lg.; Pfl. m. kräftigem verzweigtem Rhizom; — Blätt. 3–4-fach gefied.; Stg. rot gefleckt (Unterschied zu *Anthriscus sylvestris*), feinflaumig behaart; ↕ 80–120 (–180) cm; ♃. VI–VII. – Wiesenraine, Gebüsche, Waldränder. – Im S *v*, sonst *z*, im N *s*. Gold-K., ***C. aureum*** L.

Cicuta L., Wasserschierling

Stg.Basis verdickt, möhrenähnl., aber hohl u. durch Scheidewände gekammert; Blätt. groß, 2–3-fach gefied., m. lanzettl., scharf gesägten Fiedern (*727/3*); Hülle fehlend; Hüllchenblätt. zahlr.; Dolden reichblütig, gedrungen; ↕ 60–120 cm; ♃. VII–IX. – Moore, Moor- u. Auenwälder, Gräben, Teiche. – *z*, im Geb. *f*. – Sehr giftig! Gift-W., ***C. virosa*** L.

Conioselinum Hoffm., Schierlingssilge

Stg. gerillt, bereift; Blätt. gelbgrün, im Umriss 3-eckig-rautenf., 2–3-fach gefied.; Hülle fehlend; Fr. 8-flügelig, vom Rücken her zus.gedrückt; ↕ 50–150 cm; ♃. VII–IX. – Buschige Hänge, Wälder. – *s*, Voralp. von A: Kt, Sb, Stm; NO-CZ (Riesengeb.); PL (Karpaten). [*C. vaginatum* (Spreng.) Thell.; *Ligusticum vaginatum* Spreng.] Scheiden S., ***C. tataricum*** Hoffm.

Conium L., Schierling

Stg. kahl, fein gerillt, bläul. bereift, am Grund meist rot gefleckt; Blätt. weich, kahl, 2–4-fach gefied., im Umriss 3-eckig (*726/3*); Hüllchenblätt. einseitswendig; ↕ 50–200 cm; ⊙–⊙. VI–IX. – Hecken, Straßenränder. – *z*. – Giftig! Gefleckter S., ***C. maculatum*** L.

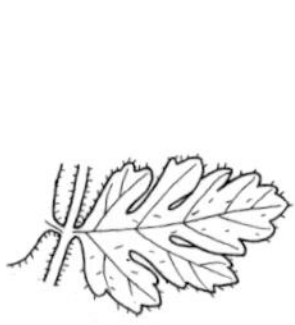

727/1

727/2

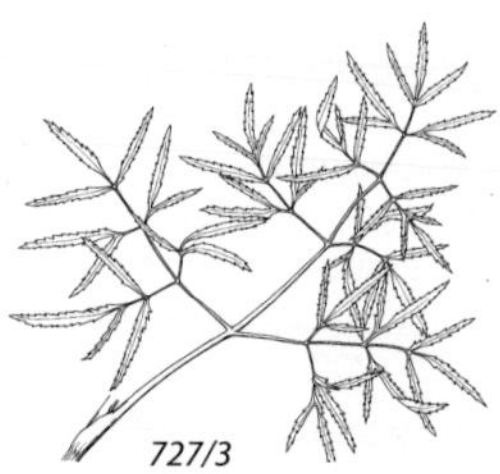

727/3

Conopodium W. D. J. Koch, Erdkastanie

Pfl. ähnl. *Bunium*, von diesem durch den hohlen Stg. u. das im ∅ nierenf. Nährgewebe der Fr. zu unterscheiden; Hülle meist fehlend; Hüllchen 2–5-blättr.; ↕ 20–50 cm; ♃. VI–VII. – Wiesen. – *s*, D: BW, BY, NI, NRW, SH, SN, ST, TH; B; DK: Jütland, Seeland; F: Els; L. [*Bunium majus* Gouan; *C. denudatum* (DC.) W. D. J. Koch] Französische E., ***C. majus*** (Gouan) Loret

Coriandrum L., Koriander

Grundblätt. (bald absterbend) ungeteilt, gekerbt; Stg.Blätt. 2–3-fach gefied., m. linealischen Zipfeln (*Taf. 8: 4*); Fr. kugelig (*721/5*, *Taf. 28: 6*), braun bis strohgelb; Pfl. nach Wanzen riechend, ↕ 30–50 cm; ⊙. VI–VII. – Kult. u. Ne. (Heimat: S-Eur.); *s* verwild. – Gewürzpfl. Echter K., ***C. sativum*** L.

Crithmum L., Meerfenchel

Blätt. doppelt 3-teilig, dickfleischig; Fiedern lineal-lanzettl., oft nach oben gerichtet; Kronblätt. gelbl.-grün; ↕ 20–50 cm; ♃. VII–X. – Hafenmolen, Küstenfelsen. – *s*, D: Helgoland; B; DK; NL. Gewöhnlicher M., ***C. maritimum*** L.

Daucus L., Möhre

Stg. borstig behaart; Blätt. 2–4-fach gefied. (*Taf. 8: 3*); Dolden z. Bltzt. flach gewölbt, in der Mitte häufig m. rudimentärer schwarz-purpurner Blüte; Doldenstrahlen z. Fr.Reife meist vogelnestart. zus.neigend; ↕ 50–120 cm; ⚇. V–VII. – Wiesen, Wege, Ruderalfluren. – *v*. Wilde M., ***D. carota*** L.

a. Doldenstrahlen z. Fr.Reife vogelnestart. zus.neigend. – Vorherrschende Subsp. im Gebiet subsp. ***carota***
— Dolde zur Fr.Reife ± flach. – Küstenfelsen. – *v* B; DK (Hauptverbr.: W- u. S-Eur.). subsp. ***gummifer*** (Syme) Hook. f.
Weitere Subsp. v. a. im MMG verbreitet.

Garten-Möhre, ***D. carota*** subsp. ***sativus*** (Hoffm.) Arcang., m. stark verdickter gelb-orangener Primärwurzel. Als Wurzelgemüse in zahlr. Sorten kult.

Dichoropetalum Fenzl [*Holandrea* Reduron et al.; *Peucedanum* L. p. p.], Kümmelblatthaarstrang

Stg. wenigstens oberw. kantig gefurcht; Blätt. doppelt gefied.; Fiedern linealisch, beiderseits glzd.; Doldenstrahlen innen kurz behaart; Hüllchen 0–2-blättr.; Kronblätt. blassgelb od. grünl.- bis rötl.weiß; ↕ 30–80(–120) cm; ♃. VII–IX. – Halbtrockenrasen, Waldränder. – *s*, D: BY, NRW, RP; A: Bgl, Kt, NÖ, Stm; B; CH: Jura; CZ; F: Els; L; NL. [*P. carvifolia* Vill.; *H. carvifolia* (Vill.) Reduron et al.] Echter K., ***D. carvifolia*** (Vill.) Pimenov & Kljuykov

Eryngium L., Mannstreu

1. Köpfchen von > 25 Hüllblätt. umgeben, bis 6 cm lg.; Hüllblätt. z. T. doppelt fiederspaltig, lg. dornig begrannt (*729/1*), — blau; Grundblätt. ungeteilt, ungleich grob gesägt; ↕ 30–100 cm; ♃. VII–IX. – Felsige Weiden, Hochstaudenfluren der Alp. – *s*, A: Kt, Vb; CH; FL. FFH24. – Außerh. der Alp. verwild.; Zierpfl. Alpen-M., ***E. alpinum*** L.
— Köpfchen von < 25 Hüllblätt. umgeben, meist deutl. kleiner; Hüllblätt. gezähnt bis fiederspaltig **2**
2. Hüllblätt. linealisch bis lanzettl., meist dornig gezähnt, ≥ 3 mal so lg. wie br. **4**
— Hüllblätt. verkehrt eif., seicht 3-lappig, gezähnt (*729/2*), meist < doppelt so lg. wie br., — sich m. den Rändern deckend **3**
3. Pfl. 15–60 cm hoch; Grundblätt. nierenf., gegen die Spitze 3–5-lappig, am Rand buchtig-dornig gezähnt, weiß bereift; Infl. kugelig, meist 5 Hüllblätt.; — Kronblätt. blau; ♃. VI–X. – Dünen der Nord- u. Ostsee m. Inseln. – *z*. ⓢ. Stranddistel, ***E. maritimum*** L.
— Pfl. (70–)100–120(–200) cm hoch; Grundblätt. 3-eckig herzf., gesägt, meist grün; Infl. walzenf., 5–10 cm lg., Hüllblätt. 6–10; — Kronblätt. bläul. od. grünl.weiß; ⊙–⚇. VII–VIII. – Ruderalfluren.

– Kult. u. Ne. (Heimat: Kaukasus, NO-Anatolien); *s* verwild., regional in Einbürg., D; A; B; CH; DK; FL. – Zierpfl. Riesen-M., ***E. giganteum*** M. Bieb.

4 (2). Unt. u. mittl. Stg.Blätt. wie die Grundblätt. ungeteilt; Spr.Basis der Grundblätt. eirund bis herzf., am Rand dornig gekerbt-gesägt; Hüllblätt. meist wenig länger als das Köpfchen (*729/4*); — ob. Stg.Blätt. sitzend, handf., 3–5-teilig; Köpfchen eif.; Kronblätt. meist blau; Pfl. oberw. ästig, dort oft blau überlaufen; ↕ 30–100 cm; ♃. VI–IX. – Trockenrasen, Flussniederungen. – *z* D: BB (Odergebiet), *s* übriges D; A: Kt, NÖ, OÖ, Stm; CZ; DK; PL. – Auch Zierpfl. u. verwild. Flachblättrige M., ***E. planum*** L.

— Unt. u. mittl. Stg.Blätt. wie die Grundblätt. der blhd. Pfl. fiederteilig; Spr.Basis der Grundblätt. nicht herzf.; Hüllblätt. oft viel länger als das Köpfchen (*729/3*) **5**

5. Mittl. u. ob. Stg.Blätt. sitzend, bis zum Grund gezähnt u. stg.umfassend; Pfl. weißl.grün, sparrig-ästig, einen halbkugeligen Busch bildend; — Blätt. handf. fiederspaltig od. doppelt fiederspaltig; Blattstiel der Grundblätt. ungeflüg.; Köpfchen fast kugelig (*729/3*); Hüllblätt. ganzrandig od. m. 1–2 Dornpaaren, graugrün; Spreublätt. ungeteilt; Kronblätt. weißl. od. graugrün; ↕ 15–60 cm; ♃. VII–IX. – Trockenrasen, Wegränder, Böschungen. – *z*, *f* Alp. u. höh. Mittelgeb; früher I: Bz. Ⓖ. Feld-M., ***E. campestre*** L. (subsp. ***campestre***)

— Mittl. u. ob. Stg.Blätt. m. br. geflüg. Stiel, nicht stg.umfassend; Pfl. blau überlaufen, aufr., oberw. ästig; — Hüllblätt. m. 1–4 Dornpaaren, hellblau; Spreublätt. ungeteilt od. 3-spitzig; Kronblätt. blau; ↕ 20–45 cm; ♃. VII–X. – Kult. u. Ne. (Heimat: SO-Eur.); *s* verwild., unbest. in D: BW, NI, RP; früher I: Bz. – Zierpfl. Amethyst-M., ***E. amethystinum*** L.

Falcaria Bernh., Sichelmöhre

Stg. sparrig-ästig; Blätt. starr, doppelt 3-zählig gefied.; Endfieder 3-teilig; Fiedern scharf gesägt; Dolden 12–18-strahlig; ↕ 30–80 cm; ♃. VII–X. – Trockenrasen, Raine; auf Löss u. Kalk. – *z*, *s* im N, *f* im NW bis W-MV u. in den Geb. [*F. rivini* Host; *F. sioides* Asch.] Gewöhnliche S., ***F. vulgaris*** Bernh.

Foeniculum Mill., Fenchel

Blätt. 3–5-fach gefied., m. fädl. Abschnitten; Dolden groß, bis 25-strahlig; Hülle u. Hüllchen fehlend; Pfl. oberw. bläul. bereift, kahl, aromat. duftend; ↕ 80–200 cm; ⊙–♃. VI–X. – Trockenrasen. – Kulturpfl., *s* verwild. Gewöhnlicher F., ***F. vulgare*** Mill.

a. Fiedern meist > 10 mm lg., schlaff; mittl. Dolde von den seitl. Dolden nicht überragt; Dolden 12–25-strahlig; Fr. süß schmeckend. – *s* verwild., D; A; CH; I: Bz. – Kulturpfl. Gewöhnlicher F. (i. e. S.), subsp. ***vulgare***

Gewürz-F., var. ***dulce*** (Mill.) Thell.: Fr. als Gewürz verwendet; Knollen-F., var. ***azoricum*** (Mill.) Thell.: Blattscheiden am Stg.Grund eine essbare Zwiebel bildend, diese als Gemüse verwendet.

— Fiedern selten > 10 mm lg., steif u. fleischig; mittl. Dolde oft von den seitl. Dolden überragt; Dolden 4–10-strahlig; Fr. scharf schmeckend. – Trockenrasen. – *s*, I: Bz. Pfeffer-F., subsp. ***piperitum*** (Ucria) Cout.

729/1

729/2

729/3

729/4

Hacquetia DC., Schaftdolde

Einfache köpfchenf. Dolde von 5–6 grob gezähnten, gelbl.grünen Hüllblätt. umgeben (*84/4*); Doldenstrahlen ± gleichm. lg.; Kronblätt. (grünl.)gelb; Blätt. sommergrün, meist 2, grundst., handf., 3-teilig; ↕ (10–)20–25 cm; ♃. IV–V. – Lichte Laubwälder. – A: Kt, Stm; CZ; PL; Ne. in D: BY (Kaufbeuren), HE; Hauptverbr.: südöstl. M-Eur. [*Sanicula epipactis* (Scop.) E. H. L. Krause]
Schaftdolde, ***H. epipactis*** (Scop.) DC.

Helosciadium W. D. J. Koch [*Apium* L. p. p.], Sumpfschirm

1. Unterwasserblätt. 2–4-fach gefied., m. haarf. Zipfeln, Luftblätt. 1-fach gefied.; Hülle fehlend; Dolden 2–3-strahlig; ↕ 10–60 cm; ♃. VI–VII. – Sthd. u. langsam fließ. Gewässer. – *z–s*, v. a. im NW, östl. bis D: BB, MV; *s* F: Els; I: Bz; früher PL. ⓖ. [*A. inundatum* (L.) Rchb. f.]
Flutender S., ***H. inundatum*** (L.) W. D. J. Koch
— Alle Blätt. 1-fach gefied.; Hülle 1–6-blättr.; Dolden > 3-strahlig 2
2. Blattfiedern rundl. eif., unregelm. grob gezähnt bis gelappt; Hülle 3–6-blättr.; Stg. kriechend, an den Knoten wurzelnd; Dolden lg. gestielt, — 4–7-strahlig; ↕ 10–30 cm; ♃. VII–VIII. – Sthd. u. langsam fließ. Gewässer. – *z–s*. FFH24; ⓖ! [*A. repens* (Jacq.) Lag.]
Kriechender S., ***H. repens*** (Jacq.) W. D. J. Koch
— Blattfiedern eif. lanzettl., gleichm. seicht gezähnt; Hülle 1–2-blättr.; Stg. niederlgd., nur am Grund wurzelnd; Dolden fast sitzend, — 5–12-strahlig; ↕ 30–100 cm; ♃. VII–VIII. – Sthd. u. langsam fließ. Gewässer. – *z–s*, D: BW, HE, NRW, RP; B; CH; DK; F: Els; I: Bz; L; NL; PL. [*A. nodiflorum* (L.) Lag.] Knotenblütiger S., ***H. nodiflorum*** (L.) W. D. J. Koch

Heracleum L., Bärenklaue, Bärenklau

1. Pfl. 10–60 cm hoch; Stg. ≤ 4 mm ∅, stielrund; Dolden (5–)8–12(–15)-strahlig; — Blattscheiden wenig aufgeblasen; Hüllchenblätt. fast fädl.; ♃. VII–VIII. – Magerrasen der Kalk-Alp.; 600–2100 m. – *z–s*, D: BY; A; CH. Österreichische B., ***H. austriacum*** L.
a. Kronblätt. weiß. – *z*, D: BY (Chiemgauer u. Berchtesgadener Alp.); *v* A; *s* CH: Bern, Luzern.
Weiße Österreichische B., subsp. ***austriacum***
— Kronblätt. rosa. – *s*, nur A: S-Kt. Rote Österreichische B., subsp. ***siifolium*** (Scop.) Nyman
— Pfl. 50–500 cm hoch; Stg. > 4 mm ∅; Dolden 15–150-strahlig 2
2. Pfl. 50–150 cm hoch; Stg. 4–20 mm ∅; Doppeldolden bis 20 cm ∅, — 15–45-strahlig; Blätt. gekerbt-gesägt (*Taf. 8: 6*); Kronblätt. meist weiß od. rosa, seltener gelbl.grün; ⊙–♃. VI–X. – Wiesen, Wälder, Hochstaudenfluren. – *v*. – Formenreich. Wiesen-B., ***H. sphondylium*** L.
a. Kronblätt. gelbl.grün bis grünl.weiß; Randblüten höchstens schwach vergrößert. – Wiesen, Waldränder. – *z*, D: O-BB, MV bis O-SH, BY; A: Bgl, NÖ; CZ; DK; PL. [*H. flavescens* Willd.; *H. s.* subsp. *chloranthum* (Borbás) H. Neumayer; *H. s.* subsp. *glabrum* (Huth) Holub] Grüne Wiesen-B., subsp. ***sibiricum*** (L.) Simonk.
— Kronblätt. weiß od. rosa; Randblüten meist deutl. vergrößert .... b
b. Grundst. Blätt. gefied. (meist 5-teilig); — Krone weiß od. rosa. VI–IX. – Fettwiesen, Wälder. – *v*.
Wiesen-B. (i. e. S.), subsp. ***sphondylium***
— Grundst. Blätt. gelappt od. 3-teilig; — Krone weiß c
c. Fiederlappen der grundst. Blätt. abgerundet; Grundblätt. max. ein Drittel eingeschnitten. V–VII. – Bergwälder. – *z*, Schweizer Jura. [*H. juranum* P. A. Genty; *H. alpinum* L.; *H. s.* subsp. *juranum* (Genty) Thell.]
Alpen-Wiesen-B., subsp. ***alpinum*** (L.) Bonnier & Layens
— Fiederlappen der grundst. Blätt. zugespitzt; Grundblätt. mind. bis zur Hälfte eingeschnitten .... d
d. Blätt. unterseits zw. den Nerven kahl. VII–VIII. – Gebirgswiesen, Hochstaudenfluren. – *z*, Alp., Schweizer Jura. [subsp. *montanum* (Gaudin) Briq.] Berg-Wiesen-B., subsp. ***elegans*** (Crantz) Schübl. & G. Martens
— Blätt. unterseits zw. den Nerven weich behaart. VII–VIII. – Kalkschutt der subalp. Stufe. – *z*, A: Kt, OTi, Ti, Vb; CH: Gr; I: Bz. [*H. s.* subsp. *pollinianum* (Bertol.) Pedrotti & Pignatti]
Veroneser Wiesen-B., subsp. ***pyrenaicum*** (Lam.) Bonnier & Layens
— Pfl. 180–500 cm hoch; Stg. bis 100 mm ∅, meist purpurn gefleckt; Doppeldolden bis 50 cm ∅, — 35–150-strahlig; Kronblätt. weiß 3
3. Stg. am Grund 50–100 mm ∅; Blätt. m. längl., schmalen Fiederlappen, unregelm. gezähnt, m. weißen Spitzen; Fr. m. 0,5–1 mm lg. Drüsenhaaren; — Dolden 50–150-strahlig; Stg. meist nur 1; ↕ bis 200–500 cm; ⊙–♃. VI–VIII. – Straßenränder, Waldränder, Flussufer. – Ne. (Heimat: Kaukasus); *z* eingebürg. – Vorsicht bei Berührung: Hautausschlag! Brandblasen! INV.
Riesen-B., Herkulesstaude, ***H. mantegazzianum*** Sommier & Levier

— Stg. am Grund 30–40 mm ∅; Blätt. m. kurzen, br. Fiederlappen, ± regelm. kurz gezähnt; Fr. m. > 1 mm lg. drüsenlosen Haaren; — Dolden 35–85-strahlig; Stg. 1–5; Pfl. m. anisähnl. Geruch; ↕ 180–280 cm; ♃. VI–VIII. – Straßenränder, Waldränder, ruderal. – Ne. (Heimat: Iran, Irak, Anatolien); *s*, in D; A; CZ; DK in Einbürg. – Vorsicht bei Berührung: Hautausschlag! Brandblasen! INV. Persische B., ***H. persicum*** Fisch.

Weitere Arten der *H. persicum*-Gruppe aus SW-As. u. dem Kaukasus sind in Ausbr. Richtung W-Eur. u. teilw. sind Hybride zu finden (u.a. auch m. *H. sphondylium*). Zumind. unbest. Populationen von ***H. pubescens*** (Hoffm.) M. Bieb. [= *H. sosnowskyi* Manden.] sind bereits im Gebiet bekannt. Die Taxonomie innerhalb dieser Gruppe ist teilw. noch unklar.

Laser Borkh., Rosskümmel

Stg. fein gerillt, bläul. bereift; Grundblätt. groß, 3-mal 3-zählig gefied.; Fiedern ± kreisrund, stumpf gekerbt, unterseits bläul. bereift; Pfl. m. starkem Kümmelgeruch; ↕ 60–120 cm; ♃. V–VI. – Verbuschte Berghänge. – *s*, D: BY, HE, NI, NRW (S-Westfalen), RP; A: Bgl, Kt, NÖ, Stm; B; CZ; F: Lothringen. ©. [*Siler trilobum* Crantz; *Laserpitium trilobum* L.] Gewöhnlicher R., ***L. trilobum*** (L.) Borkh.

Laserpitium L. [incl. *Silphiodaucus* (Koso-Pol.) Spalik et al.; *Siler* Crantz, Bergkümmel], Laserkraut

Neuere molekulargenet. Untersuchungen weisen auf die Polyphylie innerh. der Gattung *Laserpitium* (i.w.S.) hin, so dass alternativ auch eine eigenst. Stellung der Gattung *Silphiodaucus* u. *Siler* gerechtfertigt wäre (Spalik in Kadereit et al. 2016).

1. Blattfiedern in sehr schmale Zipfel geteilt, Zipfel ≤ 2 mm br. — u. 3 mm lg.; Stg. kurzborstig-steifhaarig; Hülle u. Hüllchen bewimpert, br. hautrandig; Kronblätt. weiß od. rötl.; Pfl. an *Athamanta cretensis* (S. 724) erinnernd, ↕ 15–60 cm; ♃. VI–VII. – Steinige Magerrasen; kalkmeidend; 1200–2700 m. – *z*, Alp. u. Voralp. von A: Ti, Vb; CH; I: Bz. Rauhaar-L., ***L. halleri*** Crantz

— Blattzipfel ≥ 3 mm br. 2

2. Stg. rund, etwas gerillt, kahl od. schwach behaart; Hüllblätt. nicht bewimpert, — wenige od. zahlr. 5

— Stg. kantig, gefurcht, mind. im unt. Teil behaart; Hüllblätt. bewimpert, — ∞ 3

3. Hülle u. Hüllchen den Doldenstrahlen anlgd., — hautrandig; Dolden 20–40(–45)-strahlig, ihre Strahlen rundum lg. absthd., steifhaarig; Kronblätt. weiß, getrocknet gelbl.; Fr. ≈ 6 mm lg., ellipsoid bis längl.; Stg. absthd. behaart; Blattscheiden etwas bauchig; ↕ 30–120 cm; ⊙. VII–VIII. – Ruderalflächen, Steinbrüche. – Ne. (Heimat: SO-Eur.); *s* in Einbürg. in D: HE; DK. [*Silphiodaucus hispidus* (M. Bieb.) Spalik & al.] Borstiges L., ***L. hispidum*** M. Bieb.

— Hülle u. Hüllchen zurückgeschlagen 4

4. Stg. nur im unt. Teil rauhaarig; oberste Blattscheiden nicht aufgeblasen; Dolden 10–20 (–30)-strahlig, ihre Strahlen innen rau od. kurz steifhaarig; — Blätt. 2–3-fach gefied.; Blättchen 10–25 mm lg. u. 2–10 mm br.; Hülle u. Hüllchen br. hautrandig; Kronblätt. (gelbl.) weiß; Fr. kurz borstig behaart, 3,5–4,5 mm lg.; Stg. meist ≤ 3 mm ∅; ↕ 30–100 cm; ⊙. VII–IX. – Moorwiesen, trockene Eichen- u. Kiefernwälder; kalkmeidend. – *s*, im NW *f*, überall stark zurückgegangen. [*Silphiodaucus prutenicum* (L.) Spalik & al.] Preußisches L., ***L. prutenicum*** L. (subsp. ***prutenicum***)

— Stg. auch oben, bes. an den Knoten, behaart; oberste Blattscheiden stark aufgeblasen; Dolden 20–40-strahlig, ihre Strahlen absthd. weichhaarig; — Stg. hohl; Blätt. 3–4-fach gefied.; Blättchen 20–60 mm lg. u. 10–50 mm br., gezähnt; Hülle br. hautrandig; Kronblätt. weiß, z.T. außen rötl. überlaufen; Pfl. an *Angelica* erinnernd (S. 722); ↕ 80–150 cm; ♃. VII–VIII. – Hochstaudenfluren. – Sehr *s*, A: OÖ; CZ (Gesenke); PL; in D *f*. Engelwurz-L., ***L. archangelica*** Wulfen

5 (2). Fiedern br. eif., gesägt, gekerbt od. eingeschnitten ; — Stg. kahl, blaugrün bereift 7

— Fiedern lineal-lanzettl., ganzrandig ; — Stg. kahl od. schwach behaart 6

6. Dolden 2–15-strahlig, 5–8 cm ∅; Hüllblätt. 5–8; Fiedern längl., — 15–100 mm lg. u. 2–12 mm br.; Kronblätt. blasspurpurn bis weißl.; ↕ 30–60(–100) cm; ♃. VI–VIII. – Bergwiesen. – *z*, A: Kt, Ti; I: Bz. Haarstrang-L., ***L. peucedanoides*** L.

— Dolden 20–40-strahlig, 10–25 cm ∅; Hüllblätt. zahlr.; Fiedern ellipt., — seegrün, etwas lederig, 15–70 mm lg. u. 3–25 mm br.; Kronblätt. weiß; ↕ 30–100 cm; ♃. VI–VIII. – Trockene Bergwie-

sen, sonnige Felsen; auf Kalk. – *v* Alp.; *z* Schweizer Jura; *s* D: BY u. SchwAlb. [*Siler montanum* Crantz]
Berg-L., ***L. siler*** L. (subsp. ***siler***)

7 **(5).** Dolden 5–20-strahlig; Döldchenstiele auffallend ungleich lg.; Hüllblätt. (0–)2–5(–8), hinfällig; Kronblätt. kaum 1,5 mm lg., grünl.gelb, m. rotem Rand u. rotem Mittelstreifen; Fiedern 2. Ordn. meist 3-teilig, unregelm. gesägt; — Blättchen der ob. bzw. unt. Blätt. deutl. verschieden; ↕ 50–120 cm; ♃. VI–VIII. – Berghänge. – *z–s*, A: N-/W-Ti; CH: Gr, Vs, Ts; I: Bz. [*L. gaudinii* Moretti]
Schweizer L., ***L. krapfii*** subsp. ***gaudinii*** (Moretti) Thell.

— Dolden 25–50-strahlig; Stiele der äuß. Döldchen nur wenig länger als die der inn.; Hüllblätt. zahlr., bleibend; Kronblätt. 2–2,5 mm lg., weiß; Fiedern 2. Ordn. ungeteilt, oft asymmetr., regelm. gesägt; ↕ 60–150 cm; ♃. VI–VIII. – Bergwiesen, Steppenheidewälder, Hochstaudenfluren; auf Kalk. – *v* in Alp. u. Schweizer Jura; *z* S- u. M-D (im N nur BB); CZ; DK; F: Vog.; L; PL.
Breitblättriges L., ***L. latifolium*** L.

Levisticum Hill, Liebstöckel

Stg. rund; Blätt. dk.grün, dickl., glzd., bis 3-fach gefied.; Fiedern bis 11 cm lg., verkehrt eif., eingeschnitten gezähnt; Pfl. nach Maggi-Gewürz riechend; ↕ 100–200 cm; ♃. VII–VIII. – Kult. u. Ne. (Heimat: SW-As.); *v* kult., *s* verwild. – Gewürzpfl.
Garten-L., ***L. officinale*** W. D. J. Koch

Ligusticum L. [incl. *Coristospermum* Bertol.; *Mutellina* Wolf; *Neogaya* Meisn.], Mutterwurz

Molekulargenet. Untersuchungen zeigen deutl. die Polyphylie dieser auch morpholog. schwer zu fassenden Gattung (Kadereit et al. 2016, Zhou et al. 2020). Daraus folgt entw. eine Abspaltung von *L. mutellina* u. *L. mutellinoides* als eigene Gattungen (*Mutellina* bzw. *Neogaya/Pachypleurum*) od. deren Eingliederung in unterschiedl. Taxa, deren Abgrenzung ebenfalls nicht abschließend geklärt ist. Auch eine Ausgliederung von *L. ferulaceum* u. *L. lucidum* müsste dann in Betracht gezogen werden. *Ligusticum* wäre nach Zhou et al. (2020) auf *L. scoticum* u. die in Japan heim. *L. holopetalum* reduziert. Solange nicht für alle im Gebiet vorkommenden Arten die taxonom. Einordnung klarer ist, wird hier vorerst die weitere, wenn auch nicht monophylet. Fassung der Gattung *Ligusticum* beibehalten u. auf die entsprechenden Synonyme verwiesen.

1. Stg. blattlos od. höchstens m. 1–2 Blätt.; — Pfl. ≤ 50 cm hoch; Blätt. im Umriss ± 3-eckig; 1–2 (selten mehr) kurz gestielte Dolden; Alpenpfl. **2**

— Stg. m. mind. 3 Blätt.; — Pfl. oft > 50 cm hoch **3**

2. Hülle fehlend od. 1–2-blättr., ganzrandig; Kronblätt. beim Aufblühen oft purpurn; Stg. m. 1–2 Blätt., am Grund m. Faserschopf; — Blätt. im Umriss 3-eckig, 2–3-fach fiederteilig; ↕ 10–50 cm; ♃. VI–VIII. – Alp. Matten, Magerrasen; 1300–3000 m. – *v–z*, Alp.; *s* D: BW (Schw.), BY (Bayrw.); CZ; PL. [*M. adonidifolia* (J. Gay) Gutermann; *M. purpurea* (Poir.) Reduron et al.; *Meum mutellina* (L.) Gaertn.]
Alpen-M., ***L. mutellina*** (L.) Crantz

— Hüllblätt. 5–10, oft fiederspaltig; Kronblätt. weiß; Stg. meist blattlos, am Grund ohne Faserschopf; — (Grund-)Blätt. im Umriss längl.-3-eckig; ↕ 3–15 cm; ♃. VII–VIII. – Matten u. Schuttfluren der Alp.; kalkmeidend; 1700–3000 m. – *z*. [*Laserpitium mutellinoides* Crantz; *L. simplex* L.; *N. simplex* (L.) Meisn.; *Pachypleurum mutellinoides* (Crantz) Holub; *P. simplex* (L.) Rchb.]
Zwerg-M., ***L. mutellinoides*** (Crantz) Vill.

3 **(2).** Fiedern schmal lanzettl. bis linealisch, ganzrandig; Blätt. mehrfach gefied. **4**

— Fiedern ei-rautenf., 2–5 cm lg., vorne gekerbt-gesägt; Blätt. doppelt 3-zählig, — 10–20 cm lg.; Dolden 2–20-strahlig; Hülle u. Hüllchen linealisch, 1–7-blättr.; Kronblätt. weiß od. zart rosa; Fr. 5–8 mm lg.; Stg. verzweigt, hohl; Pfl. kahl; ↕ 15–90 cm; ♃. VII. – *s*, Küste von N-DK.
Schottische M., ***L. scothicum*** L.

4. Hülle 5–10-blättr., ihre Blätt. z. T. fiederschnittig m. Hautrand, persistierend; Hüllchenblätt. zahlr.; — Dolden 20–30-strahlig; Kronblätt. weiß, Pfl. kräftig; ↕ 30–60 cm; ♃. VI–VII. – Felsige Abhänge; auf Kalk. – *s*, Jura, W-Alp. [*Coristospermum ferulaceum* (All.) Reduron et al.]
Piemonteser M., ***L. ferulaceum*** All.

— Hülle 0–3-blättr., ihre Blätt. einfach, hinfällig; Hüllchenblätt. 5–8; — Dolden 20–50-strahlig; Kronblätt. weiß; Blätt. ≈ 30 cm lg.; ob. Äste gegenst. od. quirlst.; Stg. am Grund m. Faserschopf; ↕ 60–150 cm; ♃. VII–VIII. – Felsige Abhänge; auf Kalk. – *s*, CH: Ts. [*Coristospermum lucidum* (Mill.) Reduron et al.]
Glänzende M., ***L. lucidum*** Mill.

Meum Mill., Bärwurz

Blätt. vielfach gefied., m. haarf. Zipfeln; Hüllchen 3–8-blättr.; Döldchen reichblütig; Kronblätt. gelbl.-weiß, oft rötl.; Pfl. m. stark würzigem Geruch; ↕ 15–45 cm; ♃. V–VIII. – Wiesen u. Weiden; kalkmeidend. – *v–z*, im N *f*, in D v. a. Mittelgeb.: BB (*s*), BW, BY (*s*), HE, NI (Harz), NRW, RP, SN, ST, TH.
Gewöhnliche B., ***M. athamanticum*** Jacq.

Molopospermum W. D. J. Koch, Striemensame

Blätt. 2–4-fach gefied., bis 1 m lg.; Endfieder längl. spitz zulfd.; Gipfeldolde groß, 15–40-strahlig, oft m. 2–6 quirlig sthd. Seitendolden; Kronblätt. weiß; Fr. 12 mm lg., flach gerippt, ungeflüg.; Pfl. unangenehm riechend; ↕ 80–150 cm; ♃. VI–VII. – Felsige Abhänge; 750–2000 m. – *s*, nur CH: Gr, Ts, Vs.
Peloponnesischer S., ***M. peloponnesiacum*** (L.) W. D. J. Koch

Myrrhis Mill., Süßdolde

Blätt. 2–4-fach gefied., unterseits borstig-zottig; reife Fr. bis 2,5 cm lg., braunschwarz glzd., an den Kanten kurzborstig-rau (*717/4*); Pfl. ähnl. *Chaerophyllum* od. *Anthriscus*, aber nach Anis riechend; ↕ 60–120 cm; ♃. V–VII. – Hochstaudenfluren. – *s*, D: Bayr. Alp., Erzgeb., Harz; A: Kt, Sb, Stm, Ti; B; CH; F: Els; L; CZ/PL: Riesengeb. – Sonst aus ehemaligen Kulturen verwild.
Echte S., ***M. odorata*** (L.) Scop.

Oenanthe L., Wasserfenchel, Rebendolde, Pferdesaat

1. Blüten alle gestielt u. ♀, die randl. nicht strahlend; Dolden kurz gestielt, meist blattgegenst.; Stg.Blätt. 2–3-fach gefied., m. gekerbten Abschnitten letzter Ordn.; Wurzeln nicht knollig verdickt (Artengruppe Gewöhnlicher W., ***O. aquatica*** agg.) **8**

— Mittl. Blüten der Döldchen (fast) sitzend, ⚥; Randblüten lg. gestielt, ♂, strahlend; Dolden lg. gestielt, endst.; Stg.Blätt. 1-fach bis doppelt gefied., m. ganzrandigen Abschnitten; Wurzeln oft knollig verdickt **2**

2. Blatt- u. Doldenstiele röhrig-hohl, oft bauchig (*721/3*), leicht zus.drückbar; Dolden 2–4-strahlig; — Stg. rund, röhrig, fein gerillt, am Grund m. Ausläufern; Döldchen zur Fr.Reife fast kugelig; ↕ (30–)40–80 cm; ♃. V–VII. – Röhrichte, Gräben. – *v–z* im N, *s* im S, *f* in Alp. u. deren Vorland.
Röhren-W., ***O. fistulosa*** L.

— Blattstiele nicht röhrig-hohl; Dolden 5- bis vielstrahlig **3**

3. Doldenstiel z. Frzt. nicht verdickt **5**

— Doldenstiel z. Frzt. leicht verdickt **4**

4. Hülle 0–1-blättr.; Fr.Döldchen halbkugelig bis fast kugelig; Blätt. ± gleichart. m. lineal-lanzettl. Zipfeln; — Stg.Blätt. 1–3-fach gefied.; Fr. kreiself.-kantig, 3–4 mm lg.; Gr. ≈ 2 mm lg., so lg. wie die Fr.; Dolden 4–10-strahlig; Wurzelknollen kurz gestielt bis fast sitzend; ↕ 50–80 cm; ♃. V–VII. – Nasse Wiesen. – A: *s* NÖ, früher Bgl; *s* B; früher CZ (Mähren); *s* I: Bz; *f* in D (verschollen), in jüngster Zeit wieder unbest. in BY, RP, TH. [incl. *O. media* Griseb.]
Silgen-W., ***O. silaifolia*** M. Bieb.

— Hülle 4–5-blättr.; Fr.Döldchen flach; Grundblätt. m. br. eif. bis rautenf., gezähnten bis gelappten Teilblätt., deutl. verschieden von den Stg.Blätt. m. lineal-lanzettl. Fiedern; — Stg.Blätt. 1-fach bis doppelt gefied.; Fr. zylindr., 3–6 mm lg.; Gr. fast so lg. wie die Fr.; Dolden 8–15-strahlig; Wurzelknollen gestielt; ↕ 25–50 cm; ♃. VI–VII. – Feuchte Wiesen. – In D nur unbest. in BW; *z* B; NL.
Bibernell-W., ***O. pimpinelloides*** L.

5. Hülle 0–1-blättr.; Blätt. ± gleichart. m. lineal-lanzettl. Zipfeln; — reife Fr. ellipsoidisch **7**

— Hülle 4–6-blättr.; zumind. unt. Blätt. m. eif. bis keilf. Zipfeln; — reife Fr. verkehrt eif. bis zylindr.; Randblüten nur leicht vergrößert; Hüllchen so lg. wie die Blütenstiele **6**

6. Mittl. Stg.Blätt. meist einfach gefied. m. lineal-lanzettl. Zipfeln, diese ≥ 3-mal so lg. wie br.; Dolden (5–)7–12(–20)-strahlig; Kronblätt. bis zur Mitte gespalten; reife Fr. längl. bis verkehrt eif., 2–3,5 mm lg.; ↕ 30–90 cm; ♃. VII–VIII. – Sumpfwiesen, Gräben, auf Salzböden. – *z* im W

u. im Küstengebiet, *s* D: Oberrheingebiet bis Bingen; CH; DK. Wiesen-W., ***O. lachenalii*** C. C. Gmel.

— Mittl. Stg.Blätt. meist doppelt gefied. m. eif. bis keilf. Zipfeln, diese max. 2-mal so lg. wie br.; Dolden (6–)12–40-strahlig.; Kronblätt. ausgerandet.; Fr. zylindr., (3–)4–6 mm lg.; — Wurzeln m. safrangelbem Milchsaft; ↕ 50–150 cm; ♃. VI–VIII. – Brackwasseröhrichte, auf Salzböden – Ne. (Heimat: W-Eur., W-MMG); *s*, D: SH; B; DK; NL. – Giftig! Safran-W., ***O. crocata*** L.

7 **(5).** Fr.Döldchen deutl. gewölbt bis halbkugelig; — Fr. ellipsoidisch, ≈ 1,5 mm br., unter dem Kelch zus.geschnürt; Gr. 1,5–2 mm lg., ≈ halb so lg. wie die Fr.; Dolden 5–12-strahlig; Randblüten deutl. vergrößert, 2–3 mm lg.; Hülle 0–1-blättr.; Hüllchen kürzer als die Blütenstiele; mittl. Stg.Blätt. meist doppelt gefied.; ↕ 30–60 cm; ♃. V–VII. – Feuchte Wiesen, Gräben. – *s*, D: BY, HE, NRW, RP; B; CH: Ts; NL. Haarstrangblättriger W., ***O. peucedanifolia*** Pollich

— Fr.Döldchen ± flach; — Fr. 1,5–2 mm br.; Gr. ≈ 1 mm lg., ein Viertel so lg. wie die Fr.; — Dolde 9–16-strahlig; Hülle 0(–1)-blättr.; mittl. Stg.Blätt. 1–3-fach gefied.; ↕ 60–90 cm; ♃. V–VI. – Nasse Wiesen, Bruchwälder. – Sehr *s*, nur A: Bgl (Rauchwart). Banat-W., ***O. banatica*** Heuff.

8 **(1).** Fiedern der Luftblätt. 2–6 mm lg., ungeteilt od. 2–3-spaltig; Unterwasserblätt. haarf. zerschlitzt; Fr. 3,5–4,5 mm lg.; — Stg. aufr. (Landform) od. aufstgd. (Wasserform), bis 8 cm ∅; ↔ 30–120(–150) cm; ⊙–♃. VI–VIII. – Sthd., seichte Gewässer. – Im N *v*, im S *z*. – Giftig! [*Phellandrium aquaticum* L.] Gewöhnlicher W., ***O. aquatica*** (L.) Poir.

— Fiedern der Luftblätt. > 6 mm, m. br., z. T. gekerbten Zipfeln; Wasserblätt. fehlend od. nicht haarf. zerschlitzt; Fr. 5–6 mm lg. **9**

9. Stg. im Wasser flutend od. im Schlamm wurzelnd; Wasserblätt. vorhanden, reich zerteilt, m. linealischen, gegen die Spitze gesägten Fiedern; Luftblätt. 3-fach gefied., — schmal rautenf.; ↔ 100–300 cm; ⊙. VI–VII. – Fließ. Gewässer. – *s*, B; DK; F: Els, Lothringen; ehem. D (Oberrheingebiet). Flutender W., ***O. fluviatilis*** (Bab.) Coleman

— Stg. aufr.; Wasserblätt. meist fehlend, wenn vorhanden, in linealische Zipfel auslfd.; Luftblätt. des 1. Jahres (= Grundblätt.) 1-fach gefied., die des 2. Jahres doppelt gefied., denen von *Conium maculatum* (S. 727) ähnl.; ↕ 100–200 cm (gelegentl. 10–30 cm hohe Kümmerformen); ⊙. VI–VII. – In D nur an regelm. überfluteten Stellen der Unterelbe, *z* auch in B. FFH24; ⓢ! Schierling-W., ***O. conioides*** Lange

Orlaya Hoffm., Breitsame

Randblüten der Döldchen stark vergrößert (*717/5, Taf. 12: 6*); Blätt. 2–3-fach gefied.; Stg. kahl, gefurcht; ↕ 10–30(–60) cm; ⊙. V–VIII. – Weinberge, Trockenrasen; auf Kalk u. Lehm. – *s*, D; A; B; CH; CZ; I: Bz; oft unbest. Strahlen-B., ***O. grandiflora*** (L.) Hoffm.

Ostericum Hoffm. [*Angelica* L. p. p.], Sumpfengelwurz

Der hier gewählte deutsche Büchername bezieht sich letztlich nur auf die einzige im Gebiet vorkommende Art, die nun aus *Angelica* ausgegliedert wird. Der für *A. palustris* etablierte Name Sumpf-Engelwurz wird mangels besserer Alternativen hier beibehalten. Für and., vorwgd. in As. vorkommende Arten der Gattung *Ostericum* wäre dieser aufgrund ihrer abweichenden Ökologie nicht passend.

Stg. scharfkantig gefurcht, wenigblättr.; Blätt. 3- bis mehrfach fiederteilig, ihre Fiedern spitz, grob kerbig gesägt, m. Knorpelspitzchen, am Rand u. unterseits rau; Blüten weiß, in kugeligen Döldchen; Doldenstiele kahl; Kelchsaum m. 5 deutl. br. Zähnen; randl. Rippen der Teilfr. flügelart.; ↕ 50–100 cm; ♃. VII–VIII. – Feuchte Wiesen. – *z*, D: BB, MV, ST, TH; PL; früher A: Kt. FFH24; ⓢI [*A. palustris* (Besser) Hoffm.] Sumpfengelwurz, ***O. palustre*** (Besser) Besser

Pastinaca L., Pastinak

Stg. borstig-rau behaart (zuw. verkahlend), meist kantig; Blätt. meist 1-fach gefied., m. 2–5 Paaren am Rand ungleich gekerbter Fiedern; Kronblätt. gelb; ↕ 30–100 cm; ⊙–♃. VII–VIII. – Wiesen, Trockenhänge. – *v*. – Auch als Kulturpfl. Gewöhnlicher P., ***P. sativa*** L.

a. Stg. kantig; Dolden flach, Doldenstrahlen daher ungleich lg., 7–20-strahlig; Fr. br. ellipt.; — Pfl. behaart bis verkahlend; Wurzeln fleischig, essbar (Gartenpfl.: var. *sativa*) od. dünn u. holzig. – Wiesen, Wegränder. – *v*. [*P. s.* var. *pratensis* Pers., incl. *P. s.* subsp. *sylvestris* (Mill.) Rouy & E. G. Camus] Gewöhnlicher P. (i. e. S.), subsp. ***sativa***

— Stg. fast stielrund, höchstens gerieft; Dolde gewölbt, Doldenstrahlen ± gleich lg., 5–7-strahlig; Fr. schmal ellipt.; — Pfl. dicht grauhaarig, oft verkahlend. – Äcker, Felsen. – *s*, D: BW, BY (Oberpfalz), HE, MV, NRW, RP, SH, SN; A: Kt, Stm, Ti; CH: Vs; CZ (Böhmen); I: Bz. Grauhaariger P., Brenn-P., subsp. ***urens*** (Godr.) Čelak.

Petroselinum Hill, Petersilie

Blätt. 3-eckig, doppelt bis 3-fach gefied., dk.grün glzd.; Dolden lg. gestielt; Kronblätt. grünl.gelb; Gr. ± so lg. wie der Träger; Wurzel ± rübenf.; ⊙. VI–VII. – Kult. u. Ne. (Heimat: wahrscheinl. SO-Eur.); *v* kult. u. *z* verwild. – Gewürzpfl., formenreich. [*P. sativum* Hoffm.; *P. hortense* Hoffm.]
Garten-P., ***P. crispum*** (Mill.) Fuss

a. Wurzel dünn, nicht genießbar; Blattfiedern glatt od. kraus. – In mehreren Sorten kult. [*P. hortense* subsp. *foliosum* (Alef.) Janch.] Blatt-P., subsp. ***crispum***

— Wurzel fleischig, essbar. [*P. hortense* subsp. *tuberosum* (Rchb.) Janch.]
Knollen-P., Wurzel-P., subsp. ***tuberosum*** (Schübl. & G. Martens) Soó

Peucedanum L. [incl. *Imperatoria* L., Meisterwurz; *Oreoselinum* Mill., Bergsilge; *Thysselinum* Adans., Sumpfsilge; *Tommasinia* Bertol., Quirlsilge; *Xanthoselinum* Schur, Gelbsilge; excl. *Cervaria* Wolf, Wolfswurz; *Dichoropetalum* Fenzl, Kümmelblatthaarstrang], Haarstrang

1. Hülle u. Hüllchen vielblättr., bleibend **5**
— Hülle fehlend od. wenigblättr., abfallend **2**
2. Fiederabschnitte letzter Ordn. br. eif., gesägt od. gezähnt **4**
— Fiederabschnitte letzter Ordn. linealisch, meist ganzrandig **3**
3. Fiederabschnitte letzter Ordn. stumpf od. m. aufgesetzter Spitze, 4–20 mm lg., oberh. der Mitte am breitesten, lederig, unterseits ohne deutl. vorspringende Randnerven; — unt. Blätt. 3–4-fach gefied.; Kronblätt. hellgelb; ↕ 90–150 cm; ♃. VII–IX. – Trockenrasen. – Früher CZ (Mähren). Sand-H., ***P. arenarium*** Waldst. & Kit.
— Fiederabschnitte letzter Ordn. linealisch, fein zugespitzt, 25–90 mm lg., unterh. der Mitte am breitesten, unterseits m. 2 deutl. vorspringenden Randnerven; — Blätt. reisbesenart. (*735/1*); Kronblätt. gelb; Stg. stielrund; ↕ 60–200 cm; ♃. VII–IX. – Halbtrockenrasen, Auenwiesen, bes. der Stromtäler. – *z* in S- u. M-D, im N nur im Elbetal; *z* A: Bgl, NÖ; CZ; F: Els.
Echter H., ***P. officinale*** L.
4 (2). Pfl. 120–360 cm hoch; Kronblätt. grünl.gelb; unterste Blätt. 2–3-fach gefied. (an *Laserpitium latifolium* erinnernd); — ob. Zweige gegenst. od. quirlst.; Stg. oft purpurn überlaufen; ♃. VI–VIII. – Trockene Abhänge; auf Kalk. – *z*, A (*f* Sb u. OÖ); O-CH; CZ; FL; I: Bz; unbest. auch in D: BY. [*Angelica verticillaris* L.; *P. altissimum* (Mill.) Thell.; *Tommasinia verticillaris* (Mill.) Bertol.]
Riesen H., ***P. verticillare*** (L.) DC.
— Pfl. 30–100 cm hoch; Kronblätt. weiß od. rosa; unterste Blätt. 3-zählig m. tief 3-teiligen Fiedern; ♃. VI–VIII. – Wiesen u. Hochstaudenfluren; 1200–2200 m. – *v* in Alp. u. Mittelgeb., sonst *s*. [*I. ostruthium* L.] Meisterwurz, ***P. ostruthium*** (L.) W. D. J. Koch

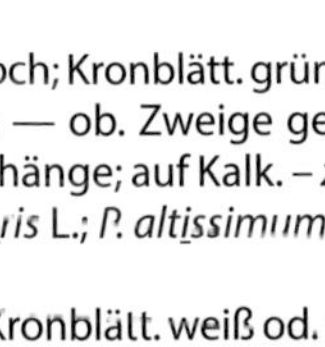

735/1

735/2

5 (1). Kronblätt. gelbl.; Hülle aufr. absthd.; — Stg. kantig gefurcht; Blätt. im Umriss 3-eckig, 2–4-fach gefied.; Blattzipfel schmal, ganzrandig;; ↕ 60–120 cm; ♃. VII–IX. – Waldränder, Gebüsche. – *z* im W u. SW, *s* in M-D; A: Bgl, NÖ, früher Stm; PL. [*X. alsaticum* (L.) Schur] Elsässer H., ***P. alsaticum*** L. (subsp. ***alsaticum***)

— Kronblätt. weiß; Hülle zurückgeschlagen **6**

6. Stg. kantig gefurcht **7**

— Stg. stielrund, fein gerillt, — markig; Blätt. nicht lederig, beiderseits grün u. glzd.; Rhachis bei jedem Fiederpaar abw. geknickt; Fiedern 1. Ordn. im rechten bis stumpfen Winkel ansetzend; ↕ 30–100 cm; ♃. VII–IX. – Trockene Wiesen u. Wälder. – *z–v*, im NW bis D: O-SH *f*. [*O. nigrum* Delarbre] Berg-H., ***P. oreoselinum*** (L.) Moench

7. Dolden 20–40-strahlig; Gr. bis 1 mm lg.; Stg. am Grund oft stark purpurn, — hohl, kantig gefurcht; Flügel der reifen Fr. 0,5–0,75 mm br.; Fr. 4–5 mm lg.; Blattzipfel kurz zugespitzt (*735/2*); ↕ 50–150 cm; ♃. VII–VIII. – Sumpfwiesen, Moore; bis in die montane Stufe aufstgd. – *v–z*. [*Thysselinum palustre* (L.) Hoffm.] Sumpf-H., ***P. palustre*** (L.) Moench

— Dolden 6–20-strahlig; Gr. 1,5–3 mm lg.; Stg. am Grund nicht purpurn **8**

8. Stg. hohl; Dolden klein, 6–15-strahlig; Hülle absthd.; Fr. 5,5–6 mm lg.; — Doldenstrahlen innen auf der ganzen Länge gezähnelt-flaumig; Blätt. ähnl. *P. alsaticum*; Gr. 2–3-mal so lg. wie das Gr.Polster; ↕ 50–100 cm; ♃. VII–VIII. – Steinige Abhänge, lichte Wälder. – *s*, nur CH: Ts, Vs; I: Bz. [*X. venetum* (Spreng.) Soldano & Banfi] Venezianischer H., ***P. venetum*** (Spreng.) W. D. J. Koch

— Stg. markig; Dolden groß, 15–20-strahlig; Hülle schon z. Bltzt. zurückgeschlagen; Fr. 6–9 mm lg.; — Flügel der reifen Fr.1,5–2,5 mm br.; Blattzipfel m. verläng. Spitze, eif.; ↕ 60–120 cm; ♃. VII–VIII. – Waldränder, Gebüsche. – *s*, nur A: Bgl, Kt, NÖ, Stm; CH; CZ; unbest. Vorkommen in S-D. [*Selinum austriacum* Jacq.] Österreichischer H., ***P. austriacum*** (Jacq.) W. D. J. Koch (s. l.)

a. Blattzipfel bis 5-mal so lg. wie br.; Kronblätt. beiderseits weiß. VII–VIII. – *s*, D: BW (unbest.); A: Bgl, Kt, NÖ, Stm, OÖ?; W-CH. Österreichischer H. (i. e. S.), ***P. austriacum*** (Jacq.) W. D. J. Koch (s. str.)

— Blattzipfel mehr als 10-mal so lg. wie br.; Kronblätt. außen oft rosa. VII–VIII. – *s*, D: BY (unbest.); A: Kt; CH: Gr, Ts; I: Bz. [*P. austriacum* var. *rablense* (W. D. J. Koch) W. D. J. Koch; *P. austriacum* subsp. *rablense* (W. D. J. Koch) Čelak.] Raibler H., ***P. rablense*** W. D. J. Koch

Pimpinella L., Bibernelle

1. Fr. kahl; Grundblätt. gefied. **3**

— Fr. behaart; Grundblätt. ungeteilt, — z. Bltzt. oft nicht mehr vorhanden **2**

2. Haare der Fr. absthd., Fr. 1,5–2 mm lg.; Hüllchen fehlend; — Dolden m. 8–50 meist ungleich lg. Strahlen, vor dem Aufblühen nickend; ↕ 60–90 cm; ⊙. V–VII. – Böschungen. – Ne. (Heimat: S-Eur., W-As.); *s*. Fremde B., ***P. peregrina*** L.

— Haare der Fr. angedrückt, Fr. 3–5 mm lg.; Hüllchenblätt. linealisch;— Dolden m. 7–15 ± gleich lg. Strahlen; Fr. nach Anis riechend; ↕ 15–50 cm; ⊙. VII–VIII. – Kult. u. Ne. (Heimat: O-MMG); *s* verwild. – Gewürzpfl. Anis, ***P. anisum*** L.

3 (1). Stg. kantig gefurcht, bis zur Spitze beblätt.; — Fiedern kurz gestielt od. sitzend; Kronblätt. weiß od. rosa; Gr. z. Bltzt. länger als der Frkn.; ↕ 20–100 cm; ♃. VI–IX. – Wiesen, Gebüsche. – *v*. [*P. magna* L.] Große B., ***P. major*** (L.) Huds.

a. Kronblätt. weiß bis blassrosa. – *v*. Große B. (i. e. S.), subsp. ***major***

— Kronblätt. dk.rosa. – *z* in Alp., Voralp. u. Mittelgeb. Rotblütige Große B., subsp. ***rubra*** (Hoppe) O. Schwarz

— Stg. stielrund od. etwas kantig, fein gerillt, spitzenw. fast blattlos; — Fiedern der Grundblätt. sitzend; Kronblätt. meist weiß, selten rosa; Gr. z. Frzt. kürzer als der Frkn.; ↕ 5–80 cm; ♃. VII–IX. – Magerweiden, Raine. – *v*. – Formenreich. Artengruppe Kleine B., ***P. saxifraga*** agg.

a. Stg. im unt. Teil dicht zottig behaart; — Blätt. beiderseits dicht behaart; Dolden 15–24-strahlig; ↕ 30–80 cm. – Kiefernwälder, Trockenwiesen. – *z–s*, D im NO (ST, BB, MV); A; S-CH; CZ; *s* I: Bz. Schwarze B., ***P. nigra*** Mill.

— Stg. kahl od. höchstens am Grund locker behaart .... **b**

b. Stg. (wie die ganze Pfl.) völlig kahl, am Grund m. Faserschopf; Kronblätt. kahl; — Dolden 8–12-strahlig; ↕ 5–30 cm. – Alp. Rasen. – *f* in D; *s–z* A (NÖ, Stm); CH; *f* in I: Bz. Alpen-B., ***P. alpina*** Host

— Stg. kahl, höchstens am Grund locker behaart, ohne Faserschopf; Kronblätt. bewimpert; — Dolden 8–15-strahlig; Blätt. oberseits kahl; ↕ (5–)30–60 cm. – Magerweiden, Halbtrockenrasen, Wegränder. – *v*. Kleine B. (i. e. S.), ***P. saxifraga*** L. (s. str.)

Pleurospermum Hoffm., Rippensame

Stg. sehr dick, gefurcht, röhrig, an den Kanten kurz rauflaumig; Blätt. dk.grün glzd., bis 50 cm lg.; Dolden 10–40-strahlig, ∅ 10–15 cm; Fr. kürzer als ihr Stiel, reif gelb bis blassbräunl.; ↕ 60–150(–200) cm; ⊙–♃. VI–VIII. – Wälder, Bachschluchten. – *v* Alp., sonst auch D: BW, BY, HE (Rhön), RP, TH; A; CH; CZ; I: Bz; PL. Österreichischer R., ***P. austriacum*** (L.) Hoffm.

Ptychotis W. D. J. Koch, Faltenohr

Grundst. Blätt. 1-fach gefied., m. br. eif., gezähnten Abschnitten; Stg.Blätt. m. linealischen Zipfeln, diese < 1 mm br.; Kronblätt. weiß; Pfl. ästig; ↕ 30–60 cm; ⊙. VII. – Geröll der Seeufer. – *s*, B; CH: W-Alp., Jura, früher Genf, Vd; I: Bz; unbest. in D: HE?, RP. Steinbrech-F., ***P. saxifraga*** (L.) Loret & Barrandon

Sanicula L. [excl. *Hacquetia* DC., Schaftdolde], Sanikel

Dolde u. köpfchenf. Döldchen m. linealischen Hochblätt.; Doldenstrahlen ungleichm. lg.; Kronblätt. weiß (selten rosa überlaufen); Grundblätt. wintergrün, meist > 2, handf., 3–5-teilig (*716/2*); ↕ 20–60 cm; ♃. V–VII. – Schattige Laubwälder. – *z*. Wald-S., ***S. europaea*** L.

Scandix L., Venuskamm, Nadelkerbel

Fr.Schnabel bis 6-mal so lg. wie die Fr. (*715/4, Taf. 28: 10*); Dolden scheinbar blattgegenst., 1–3-strahlig; Hülle meist fehlend; Hüllchen 5-blättr., meist fiederschnittig; Blätt. 2–3-fach gefied.; Stg. absthd. steifhaarig; ↕ 15–30 cm; ⊙. IV–VII. – Saatfelder; meist auf Kalk u. Lehm. – *s*, *f* in höh. Lagen der Mittelgeb. u. der Alp. Gewöhnlicher V., ***S. pecten-veneris*** L.

Als unbest. Ne. im Gebiet auch Südlicher V., ***S. australis*** L.: Hüllchenblätt. nicht fiederschnittig, schmal längl. ellipt. bis ellipt., z. T. m. 2-geteilter Spitze.

Selinum L. [incl. *Angelica* L. p. p., Engelwurz; *Cnidium* Cusson p. p., Brenndolde; *Kadenia* Lavrova & V. N.Tikhom., Sumpfbrenndolde], Silge

1. Dolden 20–40-strahlig; Fr. ungeflüg. **3**

— Dolden ≤ 20-strahlig; Fr. mind. seitl. geflüg. **2**

2. Dolden 15–20-strahlig, Strahlen gleich lg.; Stg. markig; Blattzipfel lanzettl. m. weißer Spitze; Teilfr. ± gleichm. 5-flügelig, — 3–4 mm lg.; Hüllblätt. 0–2; Kronblätt. weiß–rosa; Stg. stark gefurcht, oben fast geflüg., meist verzweigt; ↕ 40–80 cm; ♃. VII–IX. – Moorwiesen. – *v*, im NW bis W-MV *s*. Kümmel-S., ***S. carvifolia*** (L.) L.

— Dolden < 10-strahlig, Strahlen untersch. lg.; Stg. hohl; Blattzipfel lineal.-lanzettl., ohne weiße Spitze; Teilfr. m. 2 br. Rand- u. 3 schmalen Rückenflügeln, — (3–)4–5 mm lg.; Hülle fehlend; Kronblätt. gelbl.weiß; Stg. stark gefurcht, meist unverzweigt; Stg.Blätt. 0–2; ↕ 10–40 (–60) cm; ⊙–♃. VII–VIII. – Bergwiesen, Zwergstrauchheiden, Feuchtwiesen, Gebüschsäume. – *z*, D: BW (Schw.); F: Vog. Pyrenäen-S., ***S. pyrenaeum*** (L.) Gouan

3 (1). Stg. hohl; Dolden 20–30-strahlig; Teilfr. 2–3 mm lg., — m. 5 stark hervortretenden Rippen; mittl. u. ob. Blattscheiden dem Stg. ± anlgd.; Stg. unten glatt, oben gefurcht; ↕ 30–100 cm; ⊙. VII–X. – Moorwiesen. – *z*, D: BB, ST, sonst *s*; auch A: Bgl, NÖ; CZ; DK; *f* CH. [*C. venosum* (Hoffm.) W. D. J. Koch; *C. dubium* (Schkuhr) Thell.; *K. dubia* (Schkuhr) Lavrova & V. N. Tikhom.; *S. venosum* (Hoffm.) Prantl] Brenndolde, ***S. dubium*** (Schkuhr) Leute

— Stg. markig; Dolden 30–40-strahlig; Teilfr. 3–4 mm lg., — 5-rippig; Blattscheiden locker, vom Stg. absthd.; ob. Blätt. denen der Petersilie ähnl.; ↕ 60–120 cm; ♃. VI–VIII. – Felsige Abhänge. – *s*, einheim. nur in CH: Ts; Ne. in D: BY (Hassfurt), A: Bgl; CZ; DK. [*C. silaifolium* (Jacq.) Simk.] Brennsaat, ***S. silaifolium*** (Jacq.) Beck

Seseli L. [incl. *Libanotis* Hill, Heilwurz], Sesel

1. Blattzipfel 3-eckig, > 2 mm br.; Stg. stark kantig gefurcht; — Blätt. 2-fach fiederteilig; basales Fiederpaar der Fiedern 2. Ordn. an die Rhachis gerückt u. hier kreuzweise gestellt (*721/4*); ↕ 30–120 cm; ⊙–♃. VII–IX. – Trockenrasen, Waldränder; meist auf Kalk. – *z*. [*L. pyrenaica* (L.) Bourgeau; *L. montana* Crantz] Heilwurz, ***S. libanotis*** (L.) W. D. J. Koch (subsp. ***libanotis***)

— Blattzipfel linealisch, ≈ 1 mm br.; Stg. nicht scharf kantig gefurcht **2**

2. Hüllchenblätt. becherf. verwachsen (*721/7*); — Grundblätt. blaugrün, 2- bis mehrfach fiederschnittig, m. schmal linealischen Zipfeln; ob. Blattscheiden ohne Spr.; ↕ 15–50 cm; ♃. VII–VIII. – Trockenrasen, Kalkfelsen. – *s*, D: S-BW (Kaiserstuhl), RP (Nahetal, Rheinhessen), ST (Saale, Unstrut, O-Harz); A: Bgl, NÖ, früher OÖ; *s* CH; CZ; PL. [*Hippomarathrum pelviforme* G. Gaertn. & al.] Pferde-S., ***S. hippomarathrum*** Jacq. (subsp. ***hippomarathrum***)

— Hüllchenblätt. frei **3**

3. Doldenstrahlen (fast) rund, kahl **6**

— Doldenstrahlen kantig, wenigstens auf der Innenseite flaumig od. papillös **4**

4. Pfl. flaumig behaart; Hüllchenblätt. m. br., häutigem Rand, — z. Bltzt. länger als das Döldchen; Dolde 12–40-strahlig; ↕ 10–90 cm; ♃. VII–X. – Kalkmagerrasen. – *s*, stark zurückgegangen, *f* im NW. [*S. coloratum* Ehrh.] Steppenfenchel, ***S. annuum*** L. (subsp. ***annuum***)

— Pfl. (fast) kahl; Hüllchenblätt. m. schmalem, häutigem Rand **5**

5. Fr. kahl, eif., m. sich berührenden Hauptrippen; — Dolde 5–12-strahlig; ↕ 20–60 cm; ♃. VII–IX. – Kalktrockenrasen. – *s*, D: NI (Harz), unbest. in BY; B; CH: Jura; F: Els; NL. Berg-S., ***S. montanum*** L. (subsp. ***montanum***)

— Fr. behaart, Rippen sich nicht berührend; — Dolde 7–15-strahlig; Stg. grün bis lila überlaufen; ↕ 50–120(–150) cm; ⊙. VIII–X. – Trockenrasen. – Ne. (Heimat: SO-Eur. bis Kaukasus); *s* eingebürg. in A: NÖ. Ost-S., Feld-S., ***S. campestre*** Besser

6 **(3).** Blattstiel oberseits rinnig; — Dolde 15–25-strahlig; ↕ 30–120 cm; ⊙–♃. VIII–X. – Trockenrasen. – *s*, A: Bgl, NÖ; CH; I: Bz. Bunter Bergfenchel, ***S. pallasii*** Besser

— Blattstiel rund; — Dolde 8–15(–20)-strahlig; ⊙–♃; VII–IX. – Trockenrasen. – *s*, D; *z* A. (Artengruppe Hoher S., ***S. elatum*** agg.) **7**

7. Endzipfel der Blätt. m. winzigen Papillen; Fr. kahl od. schwach behaart, — m. 1(–2) Ölstriemen zw. den Rippen; ↕ 30–120 cm; ⊙–♃. VII–VIII(–X). – Felsfluren, sonnige Abhänge. – *s*, D: ST; A: Bgl, NÖ, OÖ; CZ. Seegrüner S., ***S. osseum*** Crantz

— Endzipfel der Blätt. meist völlig kahl; Fr. dicht papillös behaart, — m. (1–)2–3 Ölstriemen zw. den Rippen; ↕ 30–80 cm; ⊙–♃. VIII–IX. – Felssteppen; auf Kalk. – *z*, A: Kt, NÖ, OÖ, Stm; *f* in I: Bz. Österreichischer S., ***S. austriacum*** (Beck) Wohlf.

Silaum Mill., Silau, Wiesensilge, Rossfenchel

Stg. seicht gerillt, fast blattlos; Grundblätt. 2–4-fach gefied., Fiedern z. T. lg. gestielt (*716/3*); Kronblätt. grünl.gelb; Hüll- u. Hüllchenblätt. weißhäutig berandet; Fr.Rippen scharf, schmal geflüg.; ↕ (30–)50–100 cm; ♃. VI–IX. – Wiesen, Flachmoore, Gebüsche. – *z–v*, im N *s*. [*Silaus pratensis* Besser; incl. *S. alpestre* (L.) Thell.] Wiesen-S., ***S. silaus*** (L.) Schinz & Thell.

Sison L., Sison

1. Fr. m. schmalen Rippen, in der ob. Hälfte dazw. m. braunen Schwielen; Pfl. zerrieben m. auffallendem Geruch nach Petroleum; — Blätt. 1–2-fach gefied. m. (3–)7–9 längl. eif. Fiederpaaren; Fiedern gesägt bis gelappt; Dolden 3–6-strahlig; Döldchenstrahlen sehr ungleich lg.; Hüll- u. Hüllchenblätt. linealisch; ↕ 30–50 cm; ⊙. VII–IX. – Hecken, schattige Ruderalstellen. – *s*, B; CH; F: Els; auch kult.; in D zuw. verwild. Gewürz-S., Gewürzdolde, ***S. amomum*** L.

— Fr. m. dicken Rippen, ohne Schwielen; Pfl. nicht nach Petroleum riechend; — Blätt. 1-fach gefied. m. 4–12 rundl. bis eif. lanzettl. Fiederpaaren; Fiedern grob gezähnt bis gekerbt; Dolden 2–10-strahlig; Döldchenstrahlen ungleich lg.; ↕ 30–100 cm; ⊙. VIII–IX. – Weiden, Hecken,

aufgegebenes Kulturland. – *s*, B; NL; in D zuw. verwild. [*Petroselinum segetum* L. (L.) W. D. J. Koch]
Saat-S., ***S. segetum*** (L.) W. D. J. Koch

Sium L., Merk

Stg. kantig gefurcht; Pfl. ohne Ausläufer, am Grund m. Büscheln sprossbürtiger Wurzeln; alle Dolden endst., 20–30-strahlig; Unterwasserblätt. fein zerteilt, 2–3-fach gefied.; Überwasserblätt. 1-fach gefied.; Fiedern scharf gesägt; Hüllblätt. ungeteilt; Fr. 3–4 mm lg.; ↕ 60–150 cm; ♃. VII–VIII. – Röhrichte. – *v* im N, *z* in M u. S-D; A: Bgl, NÖ, OÖ; B; *s* CH; CZ; *f* in Alp. u. Vorland. – Giftig!
Breitblättriger M., ***S. latifolium*** L.

Aus der Kultur nahezu verschwunden ist der früher häufig als Gemüsepfl. angepfl. (Heimat: O-Eur. bis W-As.) Zucker-M. (Zuckerwurz), ***S. sisarum*** L.: Wurzeln fleischig verdickt, genießbar; Stg. gestreift; Blattfiedern längl. bis eilanzettl.

Smyrnium L., Gelbdolde

1. Grundblätt. 1- bis mehrfach 3-zählig gefied.; ob. Stg.Blätt. ungeteilt m. tief herzf. Grund stg.-umfassend; Stg. oberw. m. 2–4 sternhaarigen Längsflügeln (typisch für subsp. *perfoliatum*); Fr. ± kugelig, eher breiter als lg., höchstens undeutl. gerippt, 2–3,5 mm lg.; — oft ganze Pfl. gelbgrün; ↕ 50–120 cm; ⊙. VI–VII. – Äcker, Ruderalflächen. – Ne. u. kult. (Heimat: MMG, SW-As.); *s* verwild. u. vereinzelt eingebürg. in D: BW, BY, HE, NRW, RP, SH, SN, ST, TH; A: NÖ, Stm (Graz); B; CH: Genf; CZ; DK; NL: Texel.
Stängelumfassende G., ***S. perfoliatum*** L. (subsp. ***perfoliatum***)

— Alle Blätt. 1- bis mehrfach 3-zählig gefied.; Stg. ungeflüg.; Fr. eif. bis kugelig, deutl. gerippt, 6,5–8 mm lg.; ↕ 50–120(–150) cm; ⚇. V–VI. – Ruderalflächen. – Ne. u. kult. (Heimat: MMG); *s* verwild., D: SH (Helgoland), unbest. in D: BW, NRW; B; NL.
Gespenst-G., Pferdeeppich, ***S. olusatrum*** L.

Tordylium L., Zirmet, Drehkraut

Stg. kantig gefurcht, m. rückw. gerichteten Borstenhaaren; Blätt. 1-fach gefied., m. 2–4 Fiederpaaren; Doldenstrahlen dick, borstig behaart; Randblüten vergrößert; Fr. borstig-rau m. wulstigem Rand; ↕ 30–120 cm; ⚇. VI–VIII. – Magerrasen, Hecken, Wege. – *s* in M-, W- u. O-D; A: Bgl, NÖ; B; CH: Vs; CZ; I: Bz.
Großer Z., ***T. maximum*** L.

Torilis Adans., Klettenkerbel

1. Äuß. Teilfr. widerhakig bestachelt, inn. nur warzig (*739/1b*); Dolden fast sitzend, — 2–3-strahlig, geknäuelt (*739/1a*), einem Blatt gegenüber sthd.; ↕ 10–35 cm; ⊙–⚇. IV–IX. – Marschen der Nordsee u. Unterelbe *z*, sonst *s*. Knotiger K., ***T. nodosa*** (L.) Gaertn.

— Teilfr. alle stachelig (*739/2*); Dolden meist deutl. gestielt, — 2–12-strahlig **2**

2. Dolden 1–4(–6) cm lg. gestielt, 2–3(–4)-strahlig, zur Fr.Zeit verdickt; Fr.Stacheln in Reihen angeordnet (895/2); — Hüllblätt. 0; ↕ 10–40 cm; ⊙–⚇. IV–VI. – Ruderalflächen. – *z*, F: Els, unbest. in D: BB, BW, BY, NW, RP; *s* in A; CH; NL. Feinblättriger K., ***T. leptophylla*** (L.) Rchb. f.

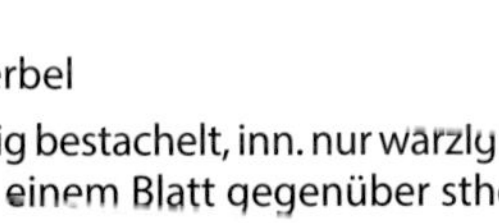

a *b*

739/1

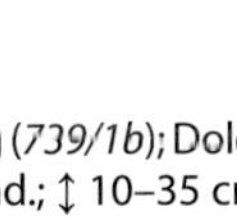

739/2

— Dolden mind. 5 cm lg. gestielt, 4–12-strahlig, zur Fr.Zeit nicht verdickt; Fr.Stacheln nicht in Reihen angeordnet 3

3. Hüllblätt. ≥ 5; Fr.Stacheln gebogen, ohne Widerhaken (*717/3*); ↕ 30–120 cm; ⊙–⊙. VI–VIII. – Wälder, Hecken. – *v*. [*T. anthriscus* (L.) C. C. Gmel.] Gewöhnlicher K., ***T. japonica*** (Houtt.) DC.

— Hüllblätt. 0–2; Fr.Stacheln gerade, vorn m. Widerhaken (*739/2*); ↕ 30–90 cm; ⊙. VI–IX. – Weinberge, Wegränder; auf Kalk. – *z*, *s* im N, *f* im Geb. [*T. infesta* (L.) Clairv.] Acker-K., ***T. arvensis*** (Huds.) Link

Trinia Hoffm., Faserschirm

1. Hüllchen vorhanden, 5-blättr.; Pfl. erst oberw. stark verzweigt, — 2-häusig; Blätt. doppelt gefied., m. schmal linealischen Zipfeln; ↕ 30–80 cm; ⊙–♃. V–VI. – Trockenrasen. – Sehr *s*, nur A: NÖ (Marchfeld, Weinviertel). [*T. ramosissima* (Trevir.) W. D. J. Koch; *T. ucrainica* Schischk.; *T. longipes* Borbás] Großer F., ***T. kitaibelii*** M. Bieb.

— Hüllchen fehlend; Pfl. vom Grund an ästig, Äste oft fast so lg. wie der Stg., — 2-häusig, blaugrün; Blätt. m. schmal linealischen Zipfeln; Döldchen der ♂ Pfl. klein, 4–8-blütig, die der ♀ Pfl. 4–10-blütig; ↕ 15–30(–50) cm; ⊙. IV–V. – Trockenrasen. – *s*, D: BW, NW-BY, RP, früher HE; *s*, A: Bgl, NÖ, OÖ; CH; CZ; I: Bz. [*T. vulgaris* DC.] Kleiner F., ***T. glauca*** (L.) Dumort. (subsp. ***glauca***)

Trocdaris Raf., Quirlkümmel

Stg. am Grund ohne Faserschopf; Wurzeln fleischig, in Büscheln; Grundblätt. im Umriss zylindr., m. 25–30 Paar quirlig gestellter, fein zerteilter Fiedern (*721/1*); Scheide der Stg.Blätt. ohne Fiederpaare; Hülle mehrblättr.; ↕ 30–80 cm; ♃. VII–VIII. – Feuchte Wiesen. – *s*, D: HE, (in NRW, RP verschollen); B; F: Els; NL. [*Carum verticillatum* (L.) W. D. J. Koch] Quirlkümmel, ***T. verticillata*** (L.) Raf.

Trochiscanthes W. D. J. Koch, Radblüte

Stg. m. zahlr. gegenst. od. quirlst. Zweigen; Blätt. mehrfach 3-zählig; Teilblätt. 5–11 cm lg. u. 2–4,5 cm br., unregelm. gesägt; ↕ 100–200 cm; ♃. VI–VIII. – (Kastanien-)Wälder. – *s*, nur CH: Vs (unt. Rhonetal). Gewöhnliche R., ***T. nodiflora*** (All.) W. D. J. Koch

Turgenia Hoffm., Klettendolde

Blätt. 1-fach gefied.; Fiedern eingeschnitten gezähnt; Döldchen wenigblütig; Randblüten vergrößert; Kronblatt. weiß od. rot, tief 2-lappig; Hüllblätt. 2–5; Hüllchenblätt. 5–7, br. hautrandig, behaart; Fr. eif. m. ± geraden Stacheln; ↕ 15–50 cm; ⊙. VI–VIII. – Äcker auf Kalk, Trockenrasen. – *s*, meist unbest. [*Caucalis latifolia* L.] Breitblättrige K., ***T. latifolia*** (L.) Hoffm.

Ordnung: Asterales, Asternartige

Familie: Campanulaceae [incl. Lobeliaceae, Lobeliengewächse], Glockenblumengewächse (Bearbeiter: Gerald Parolly)

Kräuter od. Stauden, meist Milchsaft führend; Blätt. wechselst., ungeteilt od. gelappt, ohne Nebenblätt.; Blüten einzeln, in Trauben, Rispen, Ähren od. Köpfchen; Krone radiär, selten leicht zygomorph, röhrig, trichterf.; Staubbeutel frei, sich nach innen öffnend u. den Pollen auf „Fegehaare" des Gr. entleerend, Staubfäden frei; Frkn. unterst., meist 3(–5)-blättr.; 2, 3 od. 5 Narbenlappen; Kapselfr.

1. Kronzipfel schmal linealisch, anfangs oft an der Spitze vereinigt, später sich vom Grund her trennend (Fensterblüten, *92/1*); Blüten in am Grund von Hochblatthülle umgebenen verläng. Ähren od. Köpfchen **8**

— Kronzipfel nicht schmal linealisch, anfangs nicht an der Spitze miteinander vereinigt; Blüten in Trauben od. Rispen od. lockeren Ähren ohne deutl. Hochblätthülle **2**

2. Krone radiär; Staubblätt. ± frei **4**

— Krone zygomorph; Staubblätt. röhrig verwachsen **3**

3. Blüten gestielt; — Kapsel keulenf. bis kegelf. .... ***Lobelia***, 748

— Blüten sitzend, aber Frkn. stielart. u. unterst. .... ***Downingia***, 747

4 (2). Krone fast radf. ausgebr., kürzer als der verläng.-zylindr., stielf., im ∅ deutl. kantige Frkn. (*741/6*); — Krone nicht od. nur wenig länger als Kelchzipfel .... ***Legousia***, 748

— Krone (br. od. schmal) glockig od. br. trichterf. (*741/1–741/5*), länger als der längl., eif. od. halbkugelige, im ∅ nicht kantige od. nur rundkantige Frkn.; — Krone meist (deutl.) länger als Kelchzipfel **5**

5. Kapsel sich m. 3–5 seitl. Poren od. Klappen unterh. der Kelchzähne öffnend (die Poren können aber nahe am Kelch liegen); — Blüten meist deutl. > 10 mm lg.; Stg. nie ganz niederlgd. **7**

— Kapsel sich an der Spitze (d. h. oberh. der od. zw. den bleibenden Kelchblätt.) m. 3–5 Längsspalten od. -klappen (fachspaltig) öffnend; — Pfl. kahl **6**

6. Krone in der Knospe nicht aufgeblasen, später glockig-trichterf., < 10 mm ∅, die Kronblätt. (5–)8–10 mm lg.; Kriechstaude, Stg. niederlgd.; Kapsel sich an der Spitze zw. den bleibenden Kelchblätt. öffnend; Blätt. herzf. rundl., eckig 5-lappig; Kronblätt. hellblau bis bläul.weiß; Blüten einzeln, lg. u. dünn gestielt .... ***Hesperocodon***, 748

— Krone in der Knospe glühbirnenf. od. ballonart. aufgeblasen, später br.glockig, 50–80 mm ∅, die Kronblätt. >35 mm lg.; Stg. aufr.; Kapsel sich oberh. der Kelchblätt. (klappig) öffnend; Blätt. eif.-lanzettl., ganzrandig od. gesägt; Kronblätt. blauviolett bis bläul.weiß, stets m. dunkleren violetten Nerven; Blüten in Rispen .... ***Platycodon***, 750

7 (5). Gr. am Grund von einem röhrig-becherf. Drüsenring umgeben [nach Entfernung der Staubblätt. zu sehen (*741/1*, D)], meist weit aus der Krone herausragend; Kapsel sich m. 3 nach oben gerichteten Klappen öffnend, — Öffnungen am Kapselgrund; Rosettenblätt. fehlend .... ***Adenophora***, 742

— Gr. am Grund ohne od. m. flachem Drüsenring, nicht od. wenig aus der Krone herausragend; Kapsel sich m. Poren öffnend (selten Poren fehlend), — diese am Grund, in der Mitte od. nahe der Spitze der Kapsel .... ***Campanula***, 742

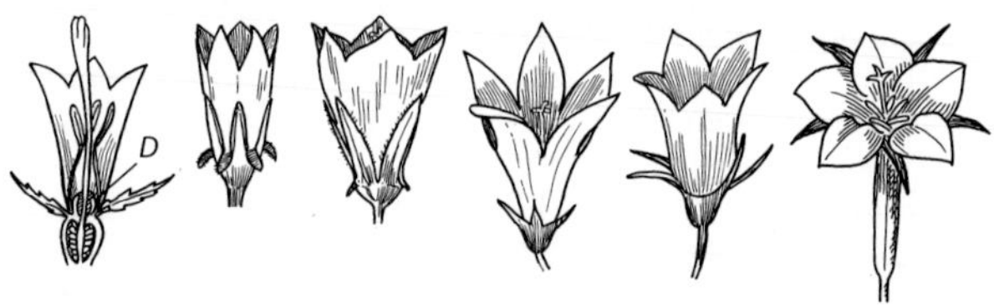

741/1 *741/2* *741/3* *741/4* *741/5* *741/6*

8 **(1).** Blüten ohne Tragblätt.; Blütenknospen gerade; — Krone blau(violett) ...... ***Jasione***, 748
— Blüten m. Tragblätt.; Blütenknospen gebogen **9**
9 Blüten rosa od. purpurn, kurz gestielt; Kronzipfel an der Spitze bleibend zus.hgd.; Blüten 16–20 mm lg.; — Felsspaltenpfl., 5–15 cm hoch .... ***Physoplexis***, 748
— Blüten weißl., gelb, violett, blau od. schwarz, sitzend od. fast sitzend; Kronzipfel sich zuletzt an der Spitze trennend; Blüten stets < 15 mm lg. .... ***Phyteuma***, 748

Adenophora Fisch., Becherglocke, Schellenblume

Blüten nickend, blassblau-lila, hgd., wohlriechend, in Trauben od. Rispen; ↕ 30–100 cm; ♃. VII–IX. – Auenwälder, feuchte Wiesen. – Sehr *s* D: BY (unt. Isar); *s* A: NÖ, Stm, früher Bgl; *s* CH: Ts; CZ; PL. FFH24; Ⓖ!
Wohlriechende B., ***A. liliifolia*** (L.) A. DC.

Campanula L. [incl. *Favratia* Feer u. *Symphyandra* A. DC., Steinglocke], Glockenblume

Campanula (wie auch weitere Gattungen der Familie) ist nach zahlr. Studien hochgradig polyphylet. (z. B. Mansion et al. 2012). Die hier in *Campanula* einbezogenen Gattungen lassen sich nicht (*Symphyandra*) od. zumind. derzeit kaum (*Favratia*) als eigenst. Gattungen charakterisieren. – Bei allen Arten können Individuen u. Bestände m. weißen Kronen auftreten.

1. Staubbeutel z. Bltzt. röhrenf. um den Gr. herum verwachsen; — Stg. bis zur Infl. beblätt.; Blätt. ellipt.-zugespitzt, gleichm. fein gezähnt; Infl. etwas einseitswendig, m. hgd. Blüten; Krone 20–30 mm lg., gelbl.- bis bläul.weiß; Kelchblätt. br. 3-eckig, halb so lg. wie die Krone u. dieser anlgd.; ↕ 20–50 cm; ⊙. VII–VIII. – Felshänge. – Ne. (Heimat: Bosnien), aus Gärten verwild. u. regional eingebürg.; z. B. A: Stm. – Zierpfl. [*S. hofmannii* Pant.]
Bosnische S., Hofmann-G., ***C. hofmannii*** (Pant.) Greuter & Burdet
— Staubbeutel z. Bltzt. untereinander frei **2**
2. Buchten zw. den Kelchzipfeln m. zurückgeschlagenen, lappenf. Anhängseln (*741/2, 741/3*) **35**
— Buchten zw. den Kelchzipfeln ohne Anhängsel (*741/4, 741/5*) **3**
3. Blüten sitzend, in Ähren, Rispen, Knäueln od. Büscheln (wenn Krone br.glockig u. > 30 mm lg. u. ∅, s. auch 8).. **32**
— Blüten gestielt, einzeln, in Trauben od. Rispen **4**
4. Kronzipfel zus.neigend, nach vorn einen Stern bildend, innen dicht weißhaarig; Narbe kopfig; — Krone röhrig, am Grund bauchig, gegen die Spitze verengt, hellblau; Traube 1–4-blütig; Kapsel z. Reifezt. m. Öffnungen deutl. oberh. der Mitte; ↕ 5–10 cm; ♃. VII–VIII. – Felsen, Felsschutt; auf Kalk. – *s*, im Gebiet nur: A: Kt (Karawanken, Sarntaler Alp.). FFH24. [*F. zoysii* (Wulfen) Feer]
Zois-G., Krainer G., ***C. zoysii*** Wulfen
— Kronzipfel nicht zus.neigend, innen nicht weiß behaart; Narbe lappig bis fadenf. **5**
5. Buchten zw. den Zipfeln der Krone fast kreisf. ausgeschnitten; — Rosettenblätt. herzf.-kreisf., gesägt; Stg.Blätt. lineal-lanzettl.; Kelchzipfel linealisch; Krone 15–25 mm lg., engglockig, hellblau; Blüten zu 1–3; Knospen nickend; ↕ 5–15 cm; ♃. VII–VIII. – Felsen, Gesteinsschutt; auf Silikatgestein. – *z*, CH: Ts, Vs.
Ausgeschnittene G., ***C. excisa*** Murith
— Buchten zw. den Zipfeln der Krone spitz **6**
6. Blätt. bis oberh. der Stg.Mitte herzf., eif. od. lanzettl., meist ≤ 3-mal so lg. wie br. (wenn schmaler, dann unt. Stg.Blätt. nesselart.) **21**
— Blätt. von der Stg.Mitte aufw. (meist schon darunter) schmal linealisch bis lanzettl., > 3-mal so lg. wie br., auch unt. Blätt. nicht nesselart. **7**
7. Kapsel z. Reifezt. m. Öffnungen am Grund (od. selten ganz fehlend); Grundblätt. lg. gestielt, von den Stg.Blätt. verschieden, rundl. bis herzf. (z. Bltzt. manchmal bereits fehlend) **10**
— Kapsel z. Reifezt. m. Öffnungen in od. oberh. der Mitte; Grundblätt. kurz gestielt, von den Stg.Blätt. kaum verschieden, längl. od. spatelf. **8**
8. Kelchblätt. am Grund > 1 mm br. (meist 2–4 mm), ihre Zipfel lanzettl.; Krone br.glockig, 25–40(–50) mm lg. u. br., ein Viertel bis ein Drittel gespalten; — Fr.Knoten 4–5 mm lg., kahl od. (seltener) dicht weißborstig; Kapsel längl.-eif., 10–13 mm lg., meist kahl od. m. Resten von Borstenhaaren; ↕ 30–70(–100) cm; ♃. VI–VIII. – Lichte Wälder, Waldränder. – *v–z*, *s* NW-D

(v. a. Elbegebiet). – Auch Zierpfl. u. vielfach verwild. Formenreich.
Pfirsichblättrige G., ***C. persicifolia*** L. (subsp. ***persicifolia***)

Ähnl.: Sitzendblütige G., subsp. ***sessiliflora*** (K. Koch) Greuter & Burdet: Blüten sehr groß, bis 50 mm ∅, sitzend; Tragblätt. eif., am Rand gesägt; Kelchzipfel 3-eckig-eif. (vs. lineal-lanzettl.). – Häufig kult., Ne. (Heimat: Balkan-HI) teilw. regional (z. B. D: BY) verwild. – Zierpfl.; taxonom. Wert umstritten.

— Kelchblätt. am Grund bis 1 mm br., ihre Zipfel pfrieml.; Krone trichterf., 15–25 mm lg., zu einem Drittel od. bis zur Hälfte gespalten **9**

9. Krone zur Hälfte od. zu einem Drittel gespalten; Blütenstiele in der Mitte m. 2 kleinen Vorblätt.; Infl. br. rispig (Blüten oft bis 90° geneigt); Hauptwurzel dünn, spindelig; ↕ 25–60 cm; ♃. V–VIII. – Wiesen, Gebüsche, – *v*, *s* im W u. N, NW-D nur eingebürg. Wiesen-G., ***C. patula*** L.

a. Kelchblätt. 19–22 mm lg., länger als die Hälfte der Kronblätt., gezähnt u. bewimpert; Krone 16–34 mm lg. – *s*, A: Ti; CH: Ts, Vs; I: Bz. Costa-Wiesen-G., Südwestliche Wiesen-G., subsp. ***costae*** (Willk.) Nyman

— Kelchblätt. 10–18 mm lg., kürzer als die Hälfte der Kronblätt., nicht bewimpert .... **b**

b. Kelchblätt. 13–18 mm lg.; — Krone 20–37 mm lg. – Kalkmeidend. – *z*, A; CZ?; I: Bz; *f* FL.
Jahorina-Wiesen-G., subsp. ***jahorinae*** (K. Malý) Greuter & Burdet

— Kelchblätt. 10–11 mm lg.; — Krone 14–29 mm lg. – *v*. Wiesen-G. (i. e. S.), subsp. ***patula***

— Krone meist bis ≈ einem Drittel gespalten; Blütenstiele am Grund m. kleinen Vorblätt.; Infl. lg. u. schmal rispig (Rispenäste straff aufr. sthd., Blüten aufr.); Hauptwurzel deutl. verdickt; ↕ 30–100 cm; ♃. V–VIII. – Wiesen, Waldränder. – *v* im west. u. mitt. Teil des Gebiets, im N *s*, südl. bis CH; I: Bz; in A nur Bgl, früher NÖ; eingebürg. in DK. Rapunzel-G., ***C. rapunculus*** L.

10 **(7).** Frkn. glatt **16**

— Frkn. außen ± papillös (starke Lupe!; oft findet man nur am Grund der Frkn.Furchen einige Papillen) **11**

11. Kapsel aufr.; Kelchzähne meist absthd. bis zurückgeschlagen **14**

— Kapsel nickend bis hgd.; Kelchzähne überwgd. aufr., — halb so lg. wie die Krone; junge Knospen aufr. **12**

12. Wurzelstock holzig, zerbrechl., (3–)6–15 mm ∅; Stg. kahl od. schwach kurzflaumig behaart; — Stg.Blätt. schmal linealisch, höchstens 1,6 mm br. u. ± am Stg.Grund gedrängt; Rispe vielblütig, zus.gezogen; Krone 16–25 mm lg.; Kapsel schwach holzig; ↕ 25–50 cm; ♃. VI–IX. – Magerrasen, Kiefernwälder. – *s*, A: Bgl, Kt, NÖ, Stm, Tl; CZ (Mähren). [*C. rotundifolia* subsp. *xylorrhiza* O. Schwarz] Mährische G., ***C. moravica*** subsp. ***xylorrhiza*** (O. Schwarz) Kovanda

— Wurzelstock nicht holzig, elastisch, 1–2 mm ∅; Stg. unten dicht kurzflaumig behaart (nicht nur auf den Kanten; bei *C. rotundifolia* selten auch kahle Formen!) **13**

13. Stg.Blätt. im unt. Drittel gehäuft; ob. fadenf., die unt. (schmal) linealisch, 1–2,5 mm br.; Infl. 1- od. wenigblütig; Samen papillös; — Krone 12–18 mm lg., blass violett; Kapsel 3–5(–6) mm lg.; ↕ 15–35(–40) cm; ♃. VI–VIII. – Felsen; auf Kalk od. Dolomit. – *s*, D: BY (FrAlb, Vogtland: Wojaleite); nördl. A; CZ (Böhmen). Edle G., ***C. gentilis*** Kovanda

— Stg.Blätt. gleichm. verteilt, die unt. schmal lanzettl., 2,5–8 mm br.; Infl. meist vielblütig u. br.; Samen glatt .... ***C. rotundifolia,*** s. Nr. **20—**

14 **(11).** Junge Knospen aufr.; Stg. meist vielblütig, — unten dicht kurzhaarig; Infl. traubig bis rispig, Äste oft auffällig waagr. ausgebr.; Kelchzähne z. T. krallenf. gebogen, sonst zurückgebogen; ↕ 10–40 cm; ♃. VII–IX. – Kalk- u. Dolomitfelsspalten, 1200–1600 m. nur A: NÖ, Stm (bes. Rax). [*C. rotundifolia* subsp. *praesignis* (Beck) Hayek]
Auffallende G., ***C. praesignis*** Beck

— Junge Knospen geneigt bis hgd.; Stg. 1- bis wenigblütig **15**

15. Kelchzipfel halb so lg. bis ≈ gleich lg. wie die Länge der Krone, weit absthd. bis zurückgebogen; — Stg. ∞, meist kahl (selten zottig behaart), aufstgd. od. überhgd.; Krone 20–30 mm lg.; ↕/↔ 15–40 cm; ♃. VII–VIII. – Felsen, Felsschutt; auf Kalk; bis 2200 m. – *s*, A: S-Kt (Karnische Alp.); I: Bz. [*C. linifolia* Scop.]
Leinblättrige G., Karnische G., ***C. carnica*** Mertens & W. D. J. Koch (subsp. ***carnica***)

— Kelchzipfel meist nur wenig länger als die halbe Länge der Krone, absthd. bis zurückgeschlagen; — Stg. zu mehreren, rasig, kahl (selten am Grund flaumig behaart), am Grund meist aufstgd.; Krone 16–24 mm lg.; ↕ 20–35 cm; ♃. VII–X. – Felsfluren. – Im Gebiet *s*, Sudeten inkl. Gesenke. Siebenbürgische G., ***C. kladniana*** (Schur) Witasek

16 **(10).** Stg. 1–6-blütig (wenn mehr Blüten, dann mittl. Stg.Blätt. < 4 mm br.) **18**

— Stg. > (6–)10-blütig; mittl. Stg.Blätt. 4–7 mm br.; — Krone glockig, 15–18 mm lg., blauviolett **17**

17. Stg. am Grund fast zottig behaart (selten verkahlend); Blätt. ≈ in der Mitte am breitesten, — zumind. die unt. Stg.Blätt. (meist) deutl. gestielt, meist am Rand u. Mittelnerv behaart (zuw. auch flächig behaart); ↕ 15–100 cm; ♃. (VII–)VIII(–IX). – Bergwiesen, buschige, steinige Orte, Waldränder. – *s*, D: W-HE (Taunus), RP (Pfälzer Bergland); F: Vog.
Lanzettblättrige G., ***C. baumgartenii*** Becker

— Stg. an den Kanten etwas borstig, sonst kahl; Blätt. ≈ im unt. Drittel am breitesten, — Stg.-Blätt. (meist) undeutl. gestielt, gelegentl. sitzend (Spr.Grund fast abgerundet), kahl od. am Rand kurz rauborstig, manchmal Spr.Grund gewimpert; ↕ 15–80 cm; ♃. VII–IX. – Wiesen, Gebüsche, lichte Wälder. – *z*, Voralp.; A: NÖ, N-Stm. [*C. baumgartenii* subsp. *beckiana* (Hayek) Podlech] Vielblütige G., ***C. beckiana*** Hayek

18 (16). Blätt. der sterilen Rosetten keilf. in den (recht br.) Stiel verschmälert, dieser höchstens ≈ so lg. wie die eif. Spr.; — Blätt. kahl, dickl., glzd.; Stg. mehrblütig, unterw. fein flaumig behaart; Staubbeutel ≈ so lg. wie die Staubfäden (der verbreiterte Teil m. eingerechnet); Pfl. rasenbildend (wenn Stg. 1-blütig, vgl. *C. pulla* Nr. **30**—); ↕ 10–40 cm; ♃. VIII–IX (später blhd. als *C. cochleariifolia*). – Felsschutt, Bachgeröll; kalkstet; 600–2200 m. – *z–s*, A: Kt, NÖ, OÖ, OTi, Stm; I: Bz; f D: BW. Rasen-G., ***C. cespitosa*** Scop.

— Blätt. der sterilen Rosetten m. schmalem Stiel, dieser länger als die Spr. **19**

19. Unt. Stg.Blätt. eif. bis ellipt., gesägt, nach oben allmähl. linealisch werdend; Blüten blassviolett; — Stg. unten m. zahlr. bis spärl. weißen Börstchen besetzt; Stg. 2–6-blütig; Knospen u. Blüten nickend bis hgd.; Staubbeutel meist kürzer als die Staubfäden; ↕ 5–20 cm; ♃. VI–IX. – Steinschutt, Geröllfluren entlang der Alpenflüsse, steinige Rasen; v. a. auf Kalk; bis 3100 m. – *v* Alp., *z* Vorland, Schweizer Jura; *s* S-D: BW (S-Schw., Baar, Bodenseegebiet, SchwAlb); F: Vog. [*C. pusilla* Haenke] Kleine G., ***C. cochleariifolia*** Lam.

— Unt. Stg.Blätt. lanzettl.; Blüten meist dk. violettblau **20**

20. Unt. Stg.Blätt. sitzend, am Grund bewimpert (oft nur spärl.; Lupe!; wenn Stg.Blätt. völlig kahl, dann vermutl. reduzierte traubige Form von *C. rotundifolia*); Knospen nickend; — Stg. kahl od. seltener behaart, 1- bis mehrblütig; ↕ 4–50 cm; ♃. VI–IX. – Magerrasen, Felsfluren; 700–3300 m. Artengruppe Scheuchzer-G., ***C. scheuchzeri*** agg.

a. Blüten einzeln od. in 2–5(–11)-blütigen Trauben; Krone (16–)18–25(–30) mm lg.; Wurzeln ohne rübenf. Verdickung; ↕ 4–40 cm; ♃. VI–VIII – *v*, Alp., *s* S-Schw., Schweizer Jura, *f* böhm. Randgeb.
Scheuchzer-G., ***C. scheuchzeri*** Vill.

— Blüten in vielblütigen Rispen; Krone (10–)12–16 mm lg.; Wurzeln fast stets m. rübenf. Verdickung; ↕ 10–50 cm; ♃. VII–IX. – *s*, A: Kt, NÖ, Stm, W-Ti; I: Bz. [*C. scheuchzeri* subsp. *witasekiana* (Vierh.) Hayek]
Witasek-G., ***C. witasekiana*** Vierh.

In diese Gruppe vielleicht auch (aber Blütenknospen aufr.):

Böhmische G., ***C. bohemica*** Hruby: Stg.Blätt. spitz od. zugespitzt; Blütenknospen nicht auffällig dick u. groß, aufr.; Blüten nickend; Krone glockig, 15–20 mm lg., dk. blauviolett; Rosettenblätt. rundl.-herzf., gekerbt, lg. gestielt, z. Bltzt. vertrocknet; ↕ 20–50 cm; ♃. VII–VIII(–IX). – Wiesen, steinige Hänge, Felsen; montan bis subalp. – Sehr *s*, CZ (Sudeten); PL. FFH24.

Eis-G., ***C. gelida*** Kovanda: Stg.Blätt. an der Spitze verbreitert od. stumpf; Blütenknospen auffällig dick u. groß; Blüten aufr.; Krone glockig-trichterf., gleichm. verengt, 17–20(–22) mm lg. ; Rosettenblätt. rundl.-nierenf., ganzrandig od. entfernt gekerbt-gezähnt, lg. gestielt, z. Bltzt. vertrocknet; ↕ (10–)14–18(–20) cm; ♃. VII–VIII. – Montan bis subalp. – *s*, CZ (nur östl. Sudeten). FFH24.

— Unt. Stg.Blätt. ± lg. gestielt, nicht bewimpert; Knospen aufr., erst vor der Blüte nickend; — Stg. unten fein behaart, selten kahl; ↕ 10–60 cm; ♃. VI–IX. – Wiesen, Halbtrockenrasen, trockene Wälder. – *v*. – Sehr formenreich. [incl. *C. polymorpha* Witasek]
Rundblättrige G., ***C. rotundifolia*** L.

21 (6). Kapsel z. Reifezt. m. Öffnungen am Grund (od. selten ganz fehlend); — Blätt. nicht ganzrandig **23**

— Kapsel z. Reifezt. m. Öffnungen nahe am ob. Rand od. zumind. deutl. oberh. der Mitte **22**

22. Unt. Blätt. sitzend, br. eif. bis verkehrt eif., ganzrandig, stumpf; Krone br.glockig, ≈ 15 mm ∅; Stg.Blätt. sitzend; Kelchzipfel u. Frkn. rau behaart; — Kelchzipfel ≈ halb so lg. wie die Krone; Kronzipfel unten bewimpert; Infl. 1(–3)-blütig; Kapsel eif.; Stg. zahlr., aufstg.; ↕ 3–10 cm; ♃. VII–VIII. – Felstriften, Steinschuttfluren; auf Kalk; 2200–3700 m. – *s*, A: Ti, Vb; CH; I: Bz.
Mont-Cenis-G., ***C. cenisia*** L.

— Unt. Blätt. lg. gestielt, rundl. od. herzf., grob gezähnt; Krone schüsself. (br. sternf.), 30–40 mm ∅; Stg.Blätt. gestielt; Kelchzipfel u. Frkn. kahl; — Grundblattspr. 25–50 mm lg.; Blüten meist einzeln; Kapsel eif.-zylindr., Poren nahe am ob. Rand; Stg. aufr. od. aufstgd.; ↨ (10–)25–50 cm; ♃. (V–)VI(–VIII). – Felshänge, Mauern, Friedhöfe, Wiesen. – Ne. (Heimat: Karpaten), aus Gärten verwild. u. eingebürg. (teilw. auch in abweichenden kult. Formen); z. B. *s*, D: in Einbürg. in BB, BY od. noch unbest. in BW, HE, NI, NRW, SH, SN; A: NÖ (auch Wien), Sb, Stm, Ti; B; CH; NL. – Zierpfl. (auch in Wiesenaussaaten). Karpaten-G., ***C. carpatica*** Jacq.

23 (21). Stg. 1(–2)-blütig; — Pfl. nur 3–15 cm hoch; Kapsel fast stets nickend (wenn Kapsel aufr.: *C. morettiana* Rchb., s. Nr. **31**) **31**

— Stg. mehrblütig, sehr selten 2-blütig **24**

24. Unt. Stg.Blätt. < 10 mm br. .... ***C. cochleariifolia***, s. Nr. **19**

— Unt. Stg.Blätt. > 10 mm br. **25**

25. Kelchzipfel pfrieml., ganzrandig; — Stg. kantig, ± kahl; Blätt. alle sitzend, ei-rautenf.; Blütenstiele länger als der Kelch; Blüten in wenigblütiger, einseitswendiger Traube; Krone br.glockig, 12–22 mm lg., blauviolett; ↨ (5–)10–60(–70) cm; ♃. VI–VIII. – Wiesen. – *v* CH; sonst Ne. (W-alpisch), eingeschleppt u. eingebürg.; *s* z. B. D: Schw., Saargebiet (Merzig), Bayrw., HE, TH; A: OÖ, OTi, Stm, Vb; B; CZ; F: Vog; NL. Rautenblättrige G., ***C. rhomboidalis*** L.

— Kelchzipfel lanzettl. od. eif. lanzettl. **26**

26. Kapsel aufr.; Triebe bis 60 cm lg., niederlgd. bis aufstgd. od. hgd., — m. zahlr., locker sthd. Blüten (wenn nur 2 Blüten, vgl. *C. morettiana* Rchb., s. Nr. **31**); Grundblätt. herzf., rundl., einem kräftigen Wurzelstock entspringend (ursprüngl. Felspfl.); ↨ bis 30 cm; ♃. V–IX. – Mauern, Felsen, steinige Hänge. – Ne. (Heimat: MMG). – Eine taxonom. schwierige Gruppe von Zierpfl., vielfach kult. u. gelegentl. verwild. ***C. portenschlagiana***, ***C. garganica*** u. weitere Arten

C. poscharskyana, *C. fragilis* u. *C. fenestrellata* werden auch (teilw. als Synonyme) zu *C. garganica* gestellt; neuere molekulare Untersuchungen stützen aber nur für *C. garganica* u. *C. fenestrellata* enge verwandtschaftl. Beziehungen. – Durch die züchterische Bearbeitung entsprechen die Gartenpfl. morpholog. nicht in allen Merkmalen ihren wilden Vorfahren (Größen, Behaarung); eine Bestimmung der Arten ist nicht immer mögl.!

a. Krone glockenf.-trichterf., nur zu einem Viertel ihrer Länge zipfelig gespalten; — ≈ 18 mm lg., 20 mm ∅. – Mauern u. Felsen. – Häufig kult. (Heimat: S-Dalmatien), verwild. u. in Einbürg.; *s*, z. B. D. BW, BY, HE, MV, NI (Göttingen), NRW, SN; A: NÖ, OÖ, Sb, Ti, Vb; B; CH; NL. Dalmatinische G., ***C. portenschlagiana*** Schult.

— Krone radf. (br. sternf. ausgebr.) bis weit trichterf., zu einem Viertel bis zur Hälfte ihrer Länge zipfelig gespalten .... b

b. Krone 7–20 mm ∅; Kelchzipfel 3–5 mm lg.; — Gr. weit aus der Krone ragend .... e

— Krone 20–40 mm ∅; Kelchzipfel 8–12 mm lg. c

c. Grundblätt. doppelt gesägt; — Krone weit tricherf. bis br. sternf., 30–40 mm ∅, blauviolett; ↨ 10–30 cm; ♃. VI–IX. – Mauern, Felsen, steinige Hänge. – Als Zierpfl. vielfach kult. (Heimat: S-Dalmatien, Montenegro), zuw. verwild.; *s* eingebürg., D: BW, BY (Karlstadt), HE, NI (Göttingen), NRW, SN; A: NÖ, OÖ, Sb, Stm (b. Graz); B; CH. Poscharsky-G., Hängepolster-G., ***C. poscharskyana*** Degen

— Grundblätt. gekerbt-gezähnt od. stumpf gezähnt .... d

d. Grundblätt. bleibend, etwas länger als die mittl. Stg.blätt.; sterile Sprosse m. Grundblattrosette; — Krone 25–40 mm ∅; Kelchzähne absthd.; ↨ 7–15 cm; ♃. VI–VII. – Mauern, Felsen, steinige Hänge. – Kult. (Heimat: M- u. S-I), zuw. verwild.; *s* u. unbest., z. B: D; BY. – Vielleicht nur eine großblütige Sippe von *C. garganica*. Zerbrechliche G., ***C. fragilis*** Cirillo

— Grundblätt. hinfällig, kürzer als die mittl. Stg.blätt.; sterile Sprosse ohne Grundblattrosette; — Gr. aus Krone ragend; Kapsel eif.; ↨ 10–15 cm; ♃. V–VII. – Mauern, Felsen. – Kult. (Heimat: S-I), zuw. unbest. verwild.; *s* D: BY; NL. Gleichblättrige G., ***C. isophylla*** Moretti

e (b). Pollen gelb; — Krone br. trichterf. bis radf.; Infl. locker, die Äste 1–2-blütig; ↨ 10–15(–20) cm; ♃. V–VII. – Trockene Mauern u. Felsen. – Häufig kult. (Heimat: S-I bis westgriech. Inseln) u. zuw. unbest. verwild.; *s*, D: BW, BY, HE, NRW, ST; A: NÖ, OÖ, Stm; B; CH. Sternpolster-G., Gargano-G., ***C. garganica*** Ten.

— Pollen violettblau; — Krone br. sternf., 12–20 mm ∅; ↨ (10–)15–20 cm; ♃. V–VII. – Trockene Mauern u. Felsen. – Selten kult. (Heimat: Istrien bis Albanien) u. zuw. unbest. verwild., z. B: *s*, B; NL. Istrien-G., Gefensterte G., ***C. fenestrellata*** Feer

— Kapsel nickend; Stg. aufr., > 50 cm hoch **27**

27. Blüten absthd. od. aufr.; Krone 35–45 mm lg.; Tragblätt. der Blüten nur wenig von den Laubblätt. verschieden; Kelchblätt. aufr., der Krone anlgd.; — Blüten zu 1–3 achselst.; Krone blauviolett, zuw. weißl. **30**

— Blüten meist nickend; Krone < 35 mm lg.; Tragblätt. der Blüten deutl. von den Laubblätt. verschieden u. viel kleiner; Kelchblätt. abspreizend **28**

28. Kelchblätt. gesägt, kahl; Infl. allseitswendig; Krone weißl. od. hell blauviolett; — Gr. weit aus der Krone herausragend (*741/1*) .... ***Adenophora***, S. 742

— Kelchblätt. ganzrandig; Infl. ± einseitswendig; Krone kräftig blauviolett **29**

29. Blätt. unterseits grau-samtig; Stg. stielrund, kurz weichhaarig, ohne Ausläufer; Blüten zu 1–3, blattachselst., allseitswendig; Krone 10–20 mm lg.; ↕ 30–100 cm; ♃. VII–X. – Trockenwiesen, Waldränder. – *s* im O (westl. bis Harz); A: Bgl, Kt?, NÖ; CH: Ts, Vs; CZ; I: Bz; PL. ⓖ. – Selten auch Zierpfl. Filzige G., Bologneser G., ***C. bononiensis*** L.

— Blätt. unterseits grün, kurzhaarig; Stg. stumpfkantig, absthd. rau behaart, m. unterird. Ausläufern; Blüten meist einzeln, einseitswendig; Krone 20–30 mm lg.; — Grundblätt. herzf. 3-eckig, spitz gekerbt; ↕ 20–100 cm; ♃. VI–IX. – Äcker, Gebüsch, Wälder. – *v*, im NW nur *z*. Acker-G., ***C. rapunculoides*** L.

30 (27). Stg. ± scharfkantig, steifhaarig; Grundblätt. lg. gestielt, eif.-herzf., steifhaarig, brennnesselart.; Blütenstiele am Grund m. 2 Vorblätt.; ↕ 30–150 cm; ♃. VII–IX. – Gebüsche, lichte Wälder, Parkanlagen, – *v*, *z* NW-D. Nesselblättrige G., ***C. trachelium*** L. (subsp. ***trachelium***)

— Stg. stielrund od. stumpf gerillt, fast kahl; Grundblätt. kurz gestielt, eif. längl., beiderseits weichhaarig; Blütenstiele in ihrer Mitte m. 2 Vorblätt.; ↕ 50–150 cm; ♃. VI–VIII. – Schluchtwälder, Gebüsche, Hochstaudenfluren. – *v–z* Alp.; sonst sehr *z–s*; B verwild. ⓖ. – Auch Zierpfl. Breitblättrige G., ***C. latifolia*** L. (subsp. ***latifolia***)

31 (23). Grundblätt. steif absthd. behaart; Blütenknospen u. Blüten aufr.; Kelchblätt. 4–6 mm lg.; Kelchzipfel < halb so lg. wie die Kronröhre, lanzettl.; Krone br. glockig-trichterig, 18–25 mm lg. u. bis 20 mm ∅, (hell)violett; Staubbeutel ≈ 4 mm lg.; Pfl. kriechend;— Kapsel ohne Poren (Fr.wand verwittert zur Samenaussaat); ↔/↕ 3–6 cm; ♃. VII–IX. – Felsen, feuchter Steinschutt; auf Kalk u. Dolomit. – *s*, I: Bz. FFH24. Dolomiten-G., ***C. morettiana*** Rchb.

— Blätt. kahl od. fast kahl, eif. bis ellipt., gekerbt bis stumpf gesägt; Blütenknospen nickend; Kelchblätt. 7–12 mm lg.; Kelchzipfel ≥ halb so lg. wie die Kronröhre, lineal-lanzettl.; Krone br.glockig, 15–25 mm lg., dk.violett; Staubbeutel ≈ 1 mm lg.; Pfl. ± aufr.; ↕ 5–15 cm; ♃. VII–VIII. – Schneeböden, feuchter Steinschutt, anmoorige Magerrasen, auf Kalk; 1500–2200 m. – *z*, A: Kt, NÖ, OÖ, Sb, Stm. Dunkle G., ***C. pulla*** L.

32 (3). Krone blassgelb bis fast rein weiß, — Stg. kantig, steifhaarig-zottig; Blätt. steifhaarig, schwach wellig, längl. linealisch; Infl. eine ± dichte, kolbenf. Ähre; ↕ 10–120 cm; ⊙–♃ (hapaxanth); VII–VIII. – Rasen, Kiefernwälder; 1400–2600 m. ⓖ. Strauß-G., ***C. thyrsoides*** L.

a. Infl. dichtblütig, 8–20 cm, von unten nach oben aufblhd.; Krone blassgelb; Tragblätt. so lg. wie die Blüten; ↕ 10–60 cm. – Frische Magerrasen, v. a. Rostseggenrasen, ruhender Steinschutt. – *z* Kalk-Alp., *s* Schweizer Jura. Strauß-G. (i. e. S.), subsp. ***thyrsoides***

— Infl. lockerblütig, 20–60 cm, von oben nach unten aufblhd.; Krone weißl. bis fast rein weiß; Tragblätt. doppelt so lg. wie die Blüten; ↕ 40–120 cm. – Kiefernwälder, Steinschutt, Geb.Rasen. – *s*, A: Kt (westl. bis Nockgebiet). Krainer Strauß-G., subsp. ***carniolica*** (Sünd.) Podlech

— Krone blau **33**

33. Infl. rispig–ährenf. (nicht köpfchenf.), die seitl. Teilinfl. nicht od. bis deutl. gestielt, ohne endst. Blütenknäuel; — Gr. kürzer als die Krone; Stg. u. Blätt. steifhaarig; ↕ 20–100 cm; ♃. VI–VII. – Steinige Hänge, Magerrasen, inneralp. Trockenvegetation; bis 1400 m. – *s*, A: Kt, OTi, Ti; CH: Gr, Ts, Vs; I: Bz. Ähren-G., ***C. spicata*** L.

— Infl. m. köpfchenf., endst. Blütenknäuel, darunter entfernt noch wenigblütige Teilinfl. **34**

34. Grundblattspr. keilf. in den Blattstiel verschmälert, wie der Stg. stechend borstig behaart; Kelchblätt. stumpf bis abgerundet, meist < halb so lg. wie die Kronröhre; Gr. meist aus der Krone hervorragend; — Krone heller blau als bei folg. Art; ↕ 25–100 cm; ⊙–♃. VI–VII. – Feuchte Wiesen, lichte Wälder. – Sehr *z* u. lückenhaft im südl. u. mittl. Gebiet, nördl. bis S-B/Nahe/Westerw./Hildesheim/S-ST/BB. ⓖ. Borsten-G., Borstige G., ***C. cervicaria*** L.

— Grundblattspr. am Grund herzf. od. abgerundet, wie der Stg. kahl od. locker bis dicht kurz behaart; Kelchblätt. spitz bis zugespitzt, oft < halb so lg. wie die Kronröhre; Gr. meist nicht aus der Krone herausragend, ↕ 5–60(–80) cm; ♃. VI–IX. – Magerrasen u. lichte Wälder. – Im ganzen Gebiet (außer B?), *v–z*. Knäuel-G., Geknäuelte G., ***C. glomerata*** L.

a. Stg. aufstgd.; Pfl. 5–15 cm hoch; — Infl. endst. u. köpfchenf.; Grundblätt. fast so lg. wie der Stg. VIII–IX. – Trockenrasen, lichte Wälder. – *s*, D: BY?; A: Ti; I: Bz. Späte Knäuel-G., subsp. ***serotina*** (Wettst.) O. Schwarz

— Stg. aufr.; Pfl. > 20 cm hoch .... **b**

b. Infl. nicht verzweigt, kopfig; Blätt. unterseits graufilzig; mittl. Stg.Blätt. < 5 cm lg., 1,5–3-mal so lg. wie br. VII–IX. – Trockenrasen, Kiefernwälder. – *s*, D: BW; A: NÖ; CH: Ts, Vs; CZ; I: Bz. Mehlige Knäuel-G., subsp. ***farinosa*** (Besser) Kirschl.

— Infl. meist verzweigt; Blätt. kahl od. flaumhaarig; mittl. Stg.Blätt. bis 10 cm lg., 3–5-mal so lg. wie br. VI–VIII. – Halbtrockenrasen, Wiesen. – *v–z* im S, nördl. bis NL, Osnabrück, Braunschweig, O-D; auch DK.
Knäuel-G. (i. e. S.), subsp. ***glomerata***

35 (2). Gr. 5-spaltig; Blüten aufr. bis schräg absthd.; — Kelchanhängsel stumpf; Krone walzl.-br.glockig, 40–60 mm lg., verschiedenfarbig (hellblau, rosa od. weiß), kurz gestielt; Pfl. steifhaarig, ↕ 30–90 cm; ⊙–⊙. VI–IX. – Ruderalfluren, Gebüsche, lichte Wälder. – Oft kult. (Heimat: W-MMG); weit *v*, auch gefüllt, zuw. verwild.; z. B. D: BW, BY, HE, NRW, SN; A: Bgl, NÖ, OÖ, Sb, Ti; B; CH. – Gartenzierpfl. Marien-G., ***C. medium*** L.

— Gr. 3-spaltig; Blüten nickend **36**

36. Kelchanhängsel sehr kurz (*741/3*); Kelchzipfel linealisch, viel länger als die halbe Länge der Krone; — Blätt. locker wollig-zottig, verkehrt lanzettl., an der Spitze seicht gekerbt; Kelch u. seine Anhängsel wollig-zottig; Blüten in oft bis zur Stg.Basis reichender Traube, spitzenw. aufblhd.; Krone meist hellblau; ↕ 5–15(–30) cm; ⊙–♃. VII–VIII. – Bodensaure Rasen; Zwergstrauchstufe, 1200–2300 m. – D: *z* in den Berchtesgadener u. Reichenhaller Alp., sonst nur Schlierseer Berge; *z* A: Kt, NÖ, OÖ, Sb, Stm. Alpen-G., ***C. alpina*** Jacq.

— Kelchanhängsel fast so lg. wie die Kelchröhre; Kelchzipfel kürzer als die halbe Länge der Krone **37**

37. Krone weiß bis hellgelb, (20–)30–45 mm lg.; Grundblätt. lg. gestielt, br. 3-eckig bis nierenf., ≈ so lg. wie br., am Grund m. herzf. Ausrandung, — unterseits weißl.; Pfl. grau steifhaarig; Blüten einseitswendig; Krone innen nicht bärtig; ↕ (30–)50–60(–90) cm; ♃. VII. – Waldränder, Staudensäume. – Ne. (Heimat: Anatolien, Kaukasus); lokal eingebürg. od. in Einbürg., z. B. D: NI (b. Lüneburg), RP; A: Stm (Bad Aussee, Graz); CZ; sonst unbest. (z. B. D: BB (Berlin), HE, SH, TH). – Zierpfl. Knoblauchsraukenblättrige G., ***C. alliariifolia*** Willd.

— Krone (hell)blau, deutl. kleiner als bei vorheriger Art; Grundblätt. schmal lanzettl., am Grund ohne Verbreiterung **38**

38. Krone innen am Rand bärtig hellblau bis hellviolett, selten weiß; Stg. einfach; Kelchanhängsel stumpf; — Infl. wenigblütig, eine etwas einseitswendige Traube; ↕ 8–40(–60) cm; ♃. VI–VIII. – Magerrasen; kalkmeidend; Zwergstrauchstufe, 800–2500 m. – *v* Alp. (in D *v* Allgäuer Alp., *s* Wettersteingeb., Berchtesgadener Alp.); *s* O-Sudeten.
Bart-G., Bärtige G., ***C. barbata*** L.

a. Blüten nickend; Krone meist hellblau, selten weißl. od. rötl. – Im ganzen Gebiet.
Bart-G. (i. e. S.), Nickende Bart-G., subsp. ***barbata***

— Blüten aufr.; Krone meist dunkler, lila bis violettbraun. – A: OTi; Vb; CH; I: Bz; Sudeten.
Aufrechte Bart-G., subsp. ***strictopedunculata*** (Rchb.) Hirschm.

— Krone innen am Rand kahl, blaulila; Stg. verzweigt; Kelchanhängsel spitz (*741/2*); — Infl. 3–5-blütig, Blüten an aufr. Ästen, daher eine schmale Rispe; ↕ 15–60 cm; ⊙. VI–VIII. – Heidewiesen, Steppen. – *s*, D: O-BB, SO-MV; A: Bgl, NÖ; CZ; PL.
Sibirische G., ***C. sibirica*** L. (subsp. ***sibirica***)

In D noch 2 weitere unbest., gut kenntliche Arten:

Leberbalsam-G., ***C. erinus*** L.: Pfl. 1-j., rauhaarig, gabelig verzweigt; Blüten sitzend; Krone winzig, 3–5(–7) mm lg., hellblau bis weißl.; Kapsel hgd.; ↕ 3–10(–30)cm; ⊙. V? – Offene Ruderalfluren, Gleisanlagen, Gründächer – Ne. (Heimat: S-Eur., MMG); sehr *s*, aber immer wieder eingeschleppt, z. B. D: BW, NRW, SN; B; CH (SG), NL.

Waldstein-G., ***C. waldsteiniana*** Schult.: Stg. ∞; Grundblätt. sehr klein, eif.-rundl., manchmal herzf., zur Bltzt. bereits fehlend; Kelchzipfel linealisch, ≈ ein Sechstel so lg. wie die Krone, diese radf. ausgebr., ≈ 20 mm ∅; Kapsel aufr., sich m. 2 Poren öffnend; ↕ 20–30 cm; ♃.; VI–VII. – Kult., auch Wiesen u. Staudenfluren. – Ne. (Heimat: Geb. Kroatiens), *s* u. unbest. verwild.; z. B. D. BY; B. – Zierpfl.

Downingia Torr., Scheinlobelie

Sprosse niederlgd. bis aufstgd.; Blätt. schmal-eif.-zugespitzt, 1 cm lg.; unterst. Frkn. stielart., bis 3 cm lg.; Krone nicht geschlitzt, ≈ so lg. wie der Kelch, bläul., violett bis purpurn, Lippenzentrum m. einem weißen Fleck, im Schlund intensiver gestreift; ↕ 15–40 cm; ⊙. VI–VII. – Wiesen. – Ne. (Heimat: W-N-Am.), m. Grassaat zuw. eingeschleppt; z. B. D: BY, NI, ob dauerhaft?
Zierliche S., ***D. elegans*** (Dougl.) Torr.

Hesperocodon Eddie & Cupido [*Wahlenbergia* Roth p. p.], Moorglöckchen

Stg. fädl., schlaff, niederlgd.; Blüten einzeln, lg. gestielt; Krone hellblau bis lila, 8–10 mm lg.; Fr. (fast) kugelig; ↕ 5–30 cm; ♃. VI–IX. – Moore, Bruchwälder. – *s* im W; D: b. Freiburg/Br., Maintal, b. Aachen, Pfalz; B; F: W-Vog.; NL. Ⓖ. [*W. hederacea* (L.) Rchb.] Efeu-M., ***H. hederaceus*** (L.) Eddie & Cupido

Jasione L., Sandglöckchen

1. Pfl. ohne Ausläufer; Blätt. am Rand meist wellig-kraus, kahl od. steifhaarig; Infl. 1,5–2,5 cm br.; Kelchzähne behaart; Krone himmelblau; ↕ 10–45 cm; ⊙⊙. VI–VIII. – Sandige Heiden u. Ruderalfluren, Trockenrasen, Nadelwälder, Felsriegel, Brachäcker. – *v–z*.
Berg-S., ***J. montana*** L. (subsp. ***montana***)

— Pfl. m. bis 15 cm lg. Ausläufern; Blätt. flach, zerstreut lg.haarig od. nur am Grund gewimpert; Infl. 2,5–3 cm br.; Kelchzähne kahl; Krone blaulila; ↕ 25–60 cm; ♃. VII–VIII. – Buschige, sandige Abhänge, Heiden; kalkmeidend. – *s–z*, D: S- u. O-BW (S-Schw., SchwAlb), SO-RP; F: Vog.; *f* L. [*J. perennis* Lam.] Ausdauerndes S., ***J. laevis*** Lam. (subsp. ***laevis***)

Legousia Durande [*Specularia* A. DC.], Frauenspiegel

1. Kelchzipfel linealisch, (fast) so lg. wie der Frkn. u. kürzer od. kaum länger als die Krone, z. Frzt. weit absthd.; Krone 15–20(–25) mm ∅; Kapsel 10–15 mm lg.; — Stg. beinahe kahl od. wenig behaart; Blätt. etwas wellig; Krone violett; ↕ 10–40 cm; ⊙. VI–VIII. – Getreideäcker, Sandfelder. – *v* im SO u. A, *z* im SW, W u. CH, nördl. *s* bis Osnabrück/Hannover/TH/ST; B; NL. [*S. speculum* A. DC.] Gewöhnlicher F., ***L. speculum-veneris*** (L.) Chaix

— Kelchzipfel lanzettl., halb so lg. wie der Frkn. u. länger als die Krone, z. Frzt. aufr.-absthd.; Krone 8–15 mm ∅; Kapsel 15–25(–30) mm lg.; — Stg. meist kurz rauhaarig; Blätt. meist. deutl. gewellt; Krone (blass) violett od. rotviolett; ↕ 10–25 cm; ⊙. V–VII. – Getreidefelder. – *s*, D: östl. bis BY, NI, ST, TH, *f* NW-D; *s* A: Kt, NÖ; B; CH: Schaffhausen; I: Bz; NL; *f* DK. [*S. hybrida* A. DC.]
Kleiner F., ***L. hybrida*** (L.) Delarbre

Lobelia L., Lobelie

1. Pfl. 1-j.; Krone intensiv blau bis azurblau (selten blass bis weißl.); Stg. aufstgd., — ästig, mehrblütig; Blattspr. eif., gezähnelt bis gekerbt, 2–3 cm lg.; ↕ 10–30 cm; ⊙. V–VIII. – Als Zierpfl. (Heimat: S-Afr.) kult. u. zuw. verwild. Blaue L., ***L. erinus*** L.

— Pfl. ausd., Krone blassblau bis weißl.; Stg. aufr. **2**

2. Landpfl.; Stg. beblätt., markig; Blätt. gesägt; Infl. meist rispig; ↕ 20–60 cm; ♃. VI–VIII. – Feuchte Waldlichtungen, Feuchtwiesen, Gräben; auf sauren Böden. – *s*, im Gebiet nur B.
Brenn-L., Land-L., ***L. urens*** L.

— Wasserpfl. m. untergetauchten Blätt.; Stg. fast blattlos, hohl (*73/2*), m. grundst. Rosette; Blätt. ganzrandig; Infl. traubig; ↕ 20–50(–100) cm; ♃. VII–VIII. – Ufer von Seen. – *s*, D: Westf., NI, SH; B; DK; NL; PL. Ⓖ! Wasser-L., ***L. dortmanna*** L.

Physoplexis (Endl.) Schur [*Phyteuma* L. p. p.], Schopfteufelskralle

Infl. 8–20-blütig; Krone am Grund bauchig aufgetrieben, 16–20 mm lg., rosa bis blassrot; Schnabel dk.violett; ↕ 5–15 cm; ♃. VI–VIII. – Felsspalten der S-Alp.; auf Kalk od. Dolomit. – *s*, A: S-Kt, Tl (Brenner); I: Bz (Dolomiten). FFH24. [*Phyteuma comosum* L.] Schopfteufelskralle, ***P. comosa*** (L.) Schur

Phyteuma L. [excl. *Physoplexis* (Endl.) Schur], Teufelskralle, Rapunzel

1. Blüten in (2–)5–∞-blütigen, kugeligen Köpfchen (od. köpfchenf. Ähren, nicht od. kaum länger als br.); — Pfl. 5–50 cm hoch **7**

— Blüten in dichten, ∞-blütigen, eif. bis walzl. Ähren (Infl. deutl. länger als br.); — Pfl. 20–100 cm hoch **2**

2. Krone vor dem Aufblühen fast gerade; — Alpenpfl. **5**

— Krone vor dem Aufblühen gekrümmt; — basale Stg.Blätt. 1–2-mal so lg. wie br., herzf. **3**

3. Krone grünl.- bis gelbl.weiß, selten hellblau; — mittl. u. ob. Stg.Blätt. m. deutl. entwickelter Spr.; ↕ 30–80 cm; ♃. V–VIII. – Laubwälder, Wiesen; von der Ebene bis 2300 m. Artengruppe Ährige T., ***P. spicatum*** agg.

a. Krone grünl.- bis gelbl.weiß; Narben (u. Gr.) gelb bis gelbl.braun; Infl. erst später walzl. – *v–z*, im NW *s–f*. Ährige T., ***P. spicatum*** L.

— Krone bläul.; Narben gelbl.braun bis blau; Infl. schon beim Aufblühen walzl. – *z*, Alp. (D: Allgäuer Alp.; A: Sb, Stm, Vb, Vb; FL), *s* D: Odenw., Westerw., b. Rheine (W-NI), ob anderswo? - Unklarer u. heterogener Sippenkomplex (einige Populationen nur hellere Farbvarianten von *P. nigrum*?). [*P. spicatum* subsp. *coerulescens* (Bogenh.) Rothm.; *P. spicatum* subsp. *coeruleum* (Gremli) Rich. Schulz; *P. spicatum* subsp. *occidentale* Rich. Schulz; *P. nigrum* var. *amethysteum* Hoffm.] Blassblaue T., ***P. adulterinum*** Wallr.

— Krone dk.blau bis schwarzviolett, selten blau, weißl. od. gelbl. (dann aber Spr. der Grundblätt. nicht dk. gefleckt wie oft bei *P. spicatum* agg.) **4**

4. Mittl. Stg.Blätt. an der Basis herzf. od. abgerundet, die ob. m. ± voll entwickelter Spr.; Grundblattspr. so lg. wie br. od. wenig länger, doppelt gekerbt-gesägt, — an der Basis tief herzf.; Krone 10–13 mm lg., schwarzblau bis schwarzviolett, vor dem Aufblühen stark gekrümmt; ↕ 30–100 cm; ♃. VII–VIII. – Feuchte Wiesen, Hochstaudenfluren, Buchenwälder; auf Kalk; 1000–2100 m. – *z*, Alp. (D: Allgäuer Alp. bis Karwendel; A: Kt, Stm, Ti, Vb; CH; I: Bz). [*P. halleri* All.] Haller-T., ***P. ovatum*** Honck.

— Mittl. Stg.Blätt. an der Basis verschmälert, die ob. m. stark reduzierter Spr.; Grundblattspr. ≈ doppelt so lg. wie br., gekerbt-gesägt, — an der Basis herzf. od. abgerundet; Krone 8–11 mm lg., schwarzviolett, selten od. weißl., vor dem Aufblühen schwach gekrümmt; ↕ 20–60 cm; ♃. V–VII. – Frische bis feuchte (Berg-)Wiesen, Laubmischwälder; kalkmeidend; bis 1400 m. – *v* bes. in den Mittelgeb., sonst *z–s*, östl. bis zur Elbe; A: NÖ, OÖ; B (Ardennen); CZ; verwild. od. adventiv in CH; DK; NL. Schwarze T., ***P. nigrum*** F. W. Schmidt

5 (2). Grundst. Blätt. allmähl. in den Stiel verschmälert, — z. Bltzt. abgestorben; Infl. auffallend lg. u. schlank; Krone hellblau; ↕ 30–90 cm; ♃. VI–VII. – Lichte Wälder, Wiesen. *s*, nur CH: S-Ts. Schwarzwurzelblättrige T., ***P. scorzonerifolium*** Vill.

— Grundst. Blätt. an der Basis herzf. od. gestutzt **6**

6. Alle od. fast alle Blüten m. 2 Narben; Stg. gleichm. fast bis zur Spitze beblätt.; — Grundblattspr. lanzettl., an der Basis abgerundet bis seicht herzf., meist kahl, Grundblätt. z. Bltzt. meist abgestorben; Infl. 4–10(–13) cm lg., zylindr., erst pyramidal, später stark verläng. u. locker; ↕ 25–90 cm; ♃. VII–VIII. – Wiesen, Waldränder; kalkmeidend; 700–2000 m. – *z*, A: Kt, OÖ, OTi, Sb, Stm, Ti. [*P. persicifolium* A. DC.] Pfirsichblättrige T., ***P. zahlbruckneri*** Vest

— Alle Blüten m. 3 Narben; Stg. im ob. Drittel od. Viertel oft fast blattlos; — Grundblattspr. schmal lanzettl. bis eilanzettl., an der Basis abgerundet; Infl. 2–10 cm lg., erst eif., später zylindr.; ↕ 20–70 cm; ♃. VI–IX. – Rasen der Alp.; kalkmeidend; 700–2700 m. – *z*, D: BY (nur Allgäuer Alp.); A: Kt, Sb, OTi, Ti, Vb; CH; I: Bz. – Formenreich. Ziestblättrige T., ***P. betonicifolium*** Vill.

7 (1). Grundblattspr. linealisch, grasart. od. zungenf. spatelig, gegen die Basis keilf. verschmälert; — Narben meist 3 .... **10**

— Grundblattspr. herz-eif. bis lanzettl., an der Basis meist abgerundet bis herzf.; — Narben 2 od. 3 .... **8**

8. Äuß. Hüllblätt. der Infl. linealisch, so lg. wie od. etwas länger als die Infl.; Krone in der Knospe gerade; — äuß. Hüllblätt. kahl; ↕ 10–40 cm; ♃. VI–VIII. – Felsfluren; Krummholzstufe. – *s*, Alp. von A: Ti; CH; I: Bz. Scheuchzer-T., ***P. scheuchzeri*** All.

a. Rosettenblätt. am Spr.Grund herzf. – *s*, CH: Gr, Ts; I: Bz. Horn-T., subsp. ***columnae*** (Gaudin) Bech.

— Rosettenblätt. am Spr.Grund keilf. – *s*, A: Ti; CH; I: Bz. Scheuchzer-T. (i. e. S.), subsp. ***scheuchzeri***

— Äuß. Hüllblätt. der Infl. zumind. im unt. Teil eif. verbreitert, meist kürzer, selten so lg. wie die Infl.; Krone in der Knospe stark gekrümmt **9**

9. Grundblätt. der Blütentriebe ungestielt, gegen die Basis zu keilf. verschmälert od. nur kurz gestielt; Hüllblätt. br. eif. bis rundl.; — Stg.Blätt. br. lanzettl. bis eif., gezähnt; Blätt. meist deutl. behaart; ↕ 5–30 cm, meist niedriger; ♃. VII–IX. – Dolomitfelsfluren, steinige Rasen; kalkstet; 1600–2600 m. – *s*, A: Kt, OTi; I: Bz. Dolomiten-T., ***P. sieberi*** Spreng.

— Grundblätt. der Blütentriebe lg. gestielt, ihr Stiel oft länger als die Spr.; Hüllblätt. spitz eif. bis lanzettl.; — Stg.Blätt. lanzettl., gekerbt od. gesägt; Blätt. kahl, selten zerstreut behaart; ↕ 5–50 cm; ♃. V–IX. – Magerrasen, Halbtrockenrasen, Moorwiesen; bis 2500 m. – *z* im S, sonst *s*, *f* im N. – Formenreich (Abgrenzung der Unterarten vorläufig; Ausbildung der Hüllblätt. wohl ein konstantes Trennmerkmal). Kugel-T., Kugelige T., ***P. orbiculare*** L.

a. Narben (2–)3; Stg. locker beblätt.; Blätt. gekerbt od. grob gesägt, Seitennerven unterseits wenig auffällig; Hüllblätt. eif. lanzettl., zugespitzt, so lg. wie od. länger als das Köpfchen; Kelchzipfel 2–3 mm lg., 1–3-nervig. – Verbr. u. StO wie Art. Kugel-T. (i. e. S.), subsp. ***orbiculare***

— Narben 2(–3); Stg. dicht beblätt.; Blätt. fein u. scharf gesägt, Seitennerven unterseits deutl.; Hüllblätt. klein, schmal 3-eckig, kürzer als das Köpfchen; Kelchzipfel br. 3-eckig, ≤ 1,8 mm lg., 1-nervig. – Halbtrockenrasen. – *s*, D: BW, RP (Rheinhessen); F: Els (v. a. SW-Eur.). Zarte Kugel-T., subsp. ***tenerum*** (Rich. Schulz) P. Fourn.

10 (7). Blätt. gegen die Spitze verbreitert; — Grundblätt. kurz gestielt bis sitzend **13**

— Blätt. linealisch, in der Mitte am breitesten **11**

11. Blütenknospen gerade; Hüllblätt. am Grund < 2 mm br., in eine lg. Spitze auslfd., — 20–40 mm lg., das Köpfchen weit überragend, entfernt gezähnt; Grundblätt. entfernt gesägt; ↕ 3–15 cm; ♃. VII–VIII. – Silikatfelsen u. steinige Rasen. – *s*, nur CH: Gr. Rätische T., ***P. hedraianthifolium*** Rich. Schulz

— Blütenknospen gebogen; Hüllblätt. am Grund 3–6 mm br., eif. lanzettl., zugespitzt **12**

12. Grundblätt. ganzrandig, 2–4 mm br., linealisch, nach oben zu etwas verbreitert bis schmal zungenf.; Hüllblätt. lg. zugespitzt, so lg. wie od. länger als das Köpfchen, am Grund m. scharfen Zähnen; — Köpfchen 15–30 mm ∅; ↕ 3–12 cm; ♃. VII–VIII. – Silikatfelsen. – *s*, nur CH: Vs (Vispertäler). Niedrige T., ***P. humile*** Gaudin

— Grundblätt. fast grasart., 1–2 mm br., parallelrandig od. in der Mitte am breitesten; Hüllblätt. kurz zugespitzt, eif. lanzettl., meist kürzer als das Köpfchen, 2–4-mal so lg. wie br., meist ganzrandig, höchstens am Grund m. wenigen stumpfen Zähnen; — Köpfchen 10–20 mm ∅; ↕ 3–20 cm; ♃. VII–VIII. – Alp. Rasen; kalkmeidend; 1700–3300 m. – *v–z* Alp.; in D nur Allgäuer Alp. u. Wettersteingeb., früher Berchtesgadener u. Chiemgauer Alp. Halbkugelige T., ***P. hemisphaericum*** L.

13 (10). Blätt. linealisch bis spatelig-längl., ihre Spitze die obersten Blattzähne überragend; ↕ 3–15 cm; ♃. VII–IX. – Alp. Rasen, Zwergstrauchheiden; kalkmeidend; 1700–2500 m. – *v*, A: Kt, SO-Sb, Stm. [*P. nanum* Schur, nom. nud.] Verwechselte T., Zwerg-T., Zungenblättrige T., ***P. confusum*** A. Kern.

— Blätt. verkehrt eif. bis lanzettl., ihre Spitzen die obersten Blattzähne nicht überragend od. Blätt. ganzrandig; ↕ 1–13 cm; ♃. VII–IX. – Hochgeb.rasen, bes. Krummseggenrasen, Gesteinsfluren; v. a. auf Silikat u. Kalkglimmerschiefer; bis 3300 m. – *s–z*, Alp. [*P. pauciflorum* L. p. p., nom. conf.] Kugelblumenblättrige T., Armblütige T., ***P. globulariifolium*** Sternb. & Hoppe

a. Pfl. 1–5(–6) cm hoch; Blätt. flach, stumpf, ganzrandig od. an der Spitze meist undeutl. gekerbt-gezähnt (die 3, selten 5 Kerbzähne einander genähert); Spr. meist deutl. vom Blattstiel abgesetzt; äuß. Hüllblätt. fast rund, zuw. sogar breiter als lg., stumpf, oberh. der Mitte am breitesten; — Infl. 2–7-blütig; äuß. Hüllblätt. ganzrandig od. m. wenigen Kerbzähnen an der Spitze. – *z* Z-Alp. östl. der Etsch-Brenner-Furche; A: Kt, OTi, Sb, Stm, Ti; CH: Gr, Glarus, SG, Ts, Vs (bes. im östl. Verbr.Gebiet); I: Bz. Kugelblumenblättrige T. (i. e. S.), subsp. ***globulariifolium***

— Pfl. (1–)5–13 cm hoch; Blätt. an der Spitze oft kapuzenf., stets spitz u. meist deutl. 3-zähnig (Kerbzähne getrennt); Spr. allmähl. in Blattstiel verschmälert; äuß. Hüllblätt. ± (ei)lanzettl., kurz zugespitzt, unterh. der Mitte am breitesten; — Infl. 4–12- blütig; äuß. Hüllblätt. ganzrandig od. am Grund kerbzähnig; Blätt. insges. länger als bei subsp. *globulariifolium*. – *s*, Alp. westl. der Etsch-Brenner-Furche; A: Ti, Vb; CH: Ts, Vs (bes. im westl. Verbr.-Gebiet); I: Bz (Ortler-Sevenna-Gruppe). Piemonteser T., subsp. ***pedemontanum*** (Rich. Schulz) Bech.

Platycodon A. DC., Ballonblume, Ballonglocke

Pfl. kahl, blaugrün; Wurzel fleischig, rübenart.; Blätt. br. lanzettl., meist gesägt, leicht bewachst; Krone jung ballonart. aufgeblasen, später br.glockig, 50–80 mm ∅; Kronblätt. blauviolett, hellblau bis bläul. weiß, m. dunkleren violetten Nerven, ihre Zipfel spitz; Blüten in Rispen; ↕ 30–70 cm; ♃. VI–VIII(–IX). – Waldsäume u. Gebüsche. – Ne. (Heimat: O-As.), häufig kult. u. *s* meist unbest. verwild.; z. B. D: BY, SN; B; NL. – Zierpfl. Großblütige B., ***P. grandiflorus*** (Jacq.) A. DC.

Familie: Menyanthaceae, Fieberkleegewächse (Bearbeiter: Gerald Parolly)

Wasser- u. Sumpfpfl.; Blätt. wechsel- bzw. grundst., ungeteilt od. 3-zählig, ohne Nebenblätt.; Blüten ⚥, radiär; Kelch 5-teilig; Krone 5-blättr. u. verwachsen; Frkn. oberst.; Gr. 1; Kapselfr.

1. Blätt. ungeteilt, rundl. herzf., seerosenähnl., schwimmend; Krone goldgelb; Blüten in Doldenrispen, einzeln erscheinend .... ***Nymphoides***, 751
— Blätt. 3-zählig gefing.; Krone weiß od. weißl.rosa; Blüten in traubigen Rispen ***Menyanthes***, 751

Menyanthes L., Fieberklee, Bitterklee

Grundachse lg. kriechend; Blätt. lg. gestielt, 3-zählig gefing., m. verkehrt eif. Fiedern; Krone kurz trichterf., m. 5 zurückgeschlagenen, bärtigen Zipfeln; ↕ 15–30 cm; ♃. V–VI(–VIII). – Moore, Gräben, Sumpfwiesen, Schwingrasen, kalkarme, nasse StO; planar bis montan (bis subalp.). – *v–z*. ⓖ. – Schwach giftig! Fieberklee, ***M. trifoliata*** L.

Nymphoides Hill, Seekanne

Schwimmblätt. oberseits dk.grün, unterseits graugrün od. rötl.violett; Blüten in Doldenrispen; ↔ 80–150 cm/↕ (über der Wasseroberfläche) 5–15 cm; ♃. VII–IX. – Altwasser. – D: *z* Rheintal (ab Strasbourg nördl.), Elbetal, *s* BY, BW, M-HE, NI, SH, Spreetal, SN; *s* A: NÖ, O-Stm, Ti; B; CH; CZ; F: Els; NL. ⓖ. [*Limnanthemum nymphaeoides* Hoffmanns. & Link]
Gewöhnliche S., ***N. peltata*** (S. G. Gmel.) Kuntze

Familie: Asteraceae [Compositae], Korbblütler, Köpfchenblütler

(Bearbeiter: Gerald Parolly [Hauptschlüssel A–C, Asteroideae, *Centaurea* u. *Cyanus*], Eckhard von Raab-Straube [Carduoideae excl. *Centaurea* u. *Cyanus*, Cichorioideae], Robert Vogt [*Leucanthemum* s. ampl.])

Krautige Pfl. u. Zwergsträucher (sehr selten im NW eine invasive strauchige Art); Blätt. wechsel-, seltener gegenst., ohne Nebenblätt.; Blüten zu mehreren bis vielen in einer köpfchenf., von Hüllblätt. (= Involucrum) umgebenen Infl. (Capitulum = Köpfchen[1]), oft eine Einzelblüte vortäuschend (*76/1*); Köpfchen einzeln od. zu vielen zu übergeord. Synfl. (Köpfchenstände) vereinigt; Hüllblätt. 1- bis mehrreihig, oft dachziegelig (= dachig, *753/5, 753/6*), die inn. zuw. blumenblattart. gefärbt (*Carlina, Xeranthemum, Helichrysum, Gnaphalium*); Blüten auf scheibenf. verbreitertem, walzenf., kugeligen od. schüsself. vertieftem Köpfchenboden (*752/1–752/4*, schraffiert), entw. ohne Tragblätt. (*752/1*, „nackter" Köpfchenboden) od. von schuppenf. Tragblätt. (= Spreublätt., *751/1* S) bzw. (Spreu-)Borsten gestützt, meist ⚥, selten eingeschl. (*Xanthium, Ambrosia* od. zuw. Randblüten des Köpfchens); Kelch aus unscheinbaren Schuppen, rauen od. federigen Borsten (= Strahlen,„Haaren") (= Pappus, *751/2* P, *751/5* P, *751/6* P) besthd. od. fehlend (*751/1*), oft der reifen Fr. als Flugorgan dienend; Krone entw. radiär, m. trichterf., 5-zipfeliger Röhre (= Röhrenblüten, *751/1*, *752/2*), od. stark zygomorph, zungenf. (= Zungenblüten, *751/3*, *752/1*); bei den sog. „gefüllten" Köpfchen stehen anstelle der Röhrenblüten ebenfalls Zungenblüten; Staubblätt. 5, ihre Staubbeutel zu einer den Gr. umgebenden Röhre (*751/3*, R) verwachsen, nach innen aufspringend u. den Pollen auf „Fegehaare" des Gr. entleerend; Frkn. unterst., 2-blättr.; Fr. eine 1-samige, meist vom 1- od. mehrreihigen Pappus gekrönte Schließfr. (*751/5*, *751/6*, = Achäne; Fr.- u. Samenschale miteinander verwachsen).

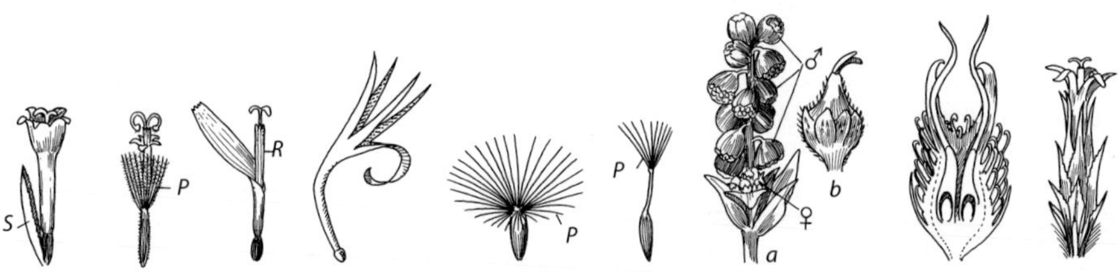

751/1 *751/2* *751/3* *751/4* *751/5* *751/6* *751/7* *751/8* *751/9*

[1] In vielen Floren wird je nach Größe u. Ausformung der Infl.Achse zw. Köpfchen od. Köpfen (Achse aufgewölbt; klein vs. groß) u. Körbchen od. Körben (Achse eingesenkt; klein vs. groß) unterschieden. Hier werden sie, der Übersetzung des Begriffes Capitulum entsprechend, ungeachtet ihrer Größe u. Form einheitl. als Köpfchen bezeichnet u. die übergeordneten Synfl. konsequent als Köpfchenstand.

Die Ausbildung des Pappus möglichst an den zentralen Blüten untersuchen, die Pappusborsten (= -strahlen, „-haare") dabei umbiegen.

Die im Gebiet vorkommenden u. eingebürg. Korbblütler gehören nach neuerer Systematik zu 3 größ. Unterfamilien (Carduoideae, Cichorioideae u. Asteroideae), deren Umgrenzung nicht m. der früher verwendeten Zweiteilung übereinstimmt. Zur einfacheren Bestimmung ist es jedoch zweckmäßig, an dem Konzept der zungenblütigen u. der röhrenblütigen Korbblütler festzuhalten. Während die zungenblütigen Korbblütler ausnahmslos zu den Cichorioideae gehören, verteilen sich die röhrenblütigen auf die beiden übrigen Unterfamilien.

1. Alle Blüten des Köpfchens zungenf. (*752/1*), 5-zipfelig (*751/4*); Pfl. (bes. jüngere Teile) meist Milchsaft führend. Zungenblütige Korbblütler, „Liguliflorae" (Cichorioideae)... **Tabelle C**, 762

— Höchstens randl. Blüten zungenf., diese m. 3-zipfeliger Zunge (*752/4*) od. ganzrandig; übrige Blüten röhrenf.; Pfl. nur selten m. Milchsaft, dann aber Köpfchen nur m. Röhrenblüten. Röhrenblütige Korbblütler, „Tubuliflorae" **2**

Bei „gefüllten" Gartenformen der Asteroideae können auch sämtl. Blüten zungenf. sein, dann aber die Zunge niemals 5-zipfelig u. Pfl. stets ohne Milchsaft.

2. Alle Blüten des Köpfchens röhrenf. (*752/2, 752/3*), hierbei zuw. die randst. vergrößert u. leicht zygomorph (u. zuw. auch steril) (*752/4, 752/3*); Pfl. sehr selten m. Milchsaft **Tabelle A**, 752

— Nur die Scheibenblüten des Köpfchens röhrenf., von einem 1(–3)-reihigen Kranz randst. Zungenblüten (*752/4*) umgeben; niemals m. Milchsaft .... **Tabelle B** **3**

3. Krone der randl. Zungenblüten rein weiß, gelbl. (cremefarben), blau, violett, rötl. od. kräftig rot .... **Tabelle B1**, 756

— Krone der randl. Zungenblüten gelb, orange bis orangerot od. bräunl. (hierher auch 2-farbige Zungenblüten, z. B. gelb u. rot bei *Gaillardia*, gelb u. weiß bei *Glebionis*) ..... **Tabelle B2**, 759

Tabelle A: Köpfchen nur m. Röhrenblüten

1. Aufr., stark verzweigter, bis 4 m hoher Strauch; — 2-häusige Pfl. küstennaher StO in B (u. NL?) .... ***Baccharis***, 773

— Krautige Pfl. od. Zwergstrauch **2**

2. Alle Blüten des Köpfchens ⚥ (wenn eingeschl., dann Pfl. 2-häusig u. alle Köpfchen der Pfl. untereinander gleich); Randblüten zuw. ♀ od. steril **5**

— Alle Blüten eingeschl., Pfl. 1-häusig: neben Köpfchen m. nur ♂ Blüten in größ. Zahl finden sich Köpfchen m. nur 1–2 ♀ Blüten **3**

3. Pfl. m. zahlr. 0,4–0,5 cm br., grünl.-weißen, nickenden Köpfchen in ährenart. od. rispenart. Köpfchenständen, jedes Köpfchen m. 8–20 ♂ u. außen 5 ♀ Blüten; — Blätt. 7–30 cm lg., br. herzf., lg. gestielt, fast gegenst. .... ***Iva***, 805

— Pfl. nicht m. zahlr. nickenden grünl.weißen Köpfchen aus eingeschl. Blüten **4**

4. ♂ Blüten in halbkugeligen, nickenden Köpfchen m. verwachsener Hülle, zu endst. (tragblattlosen!) traubigart. Köpfchenständen vereinigt (*751/7a* ♂), darunter die 1-blütigen ♀ Köpfchen (*751/7b* ♀); Blätt. oft gegenst.; — Pfl. flaumig bis zottig behaart .... ***Ambrosia***, 768

— ♂ Köpfchen in achselst. aufr. Knäueln m. freiblättr. Hülle, darunter die 2-blütigen, von einer Stachelhülle umgebenen (*751/8*) ♀ Köpfchen; Blätt. wechselst., groß, rau .... ***Xanthium***, 831

5 (2). Köpfchen 1-blütig (*751/9*), m. mehrblättr. Hülle, zu einem kugeligen, von oben nach unten aufblhd. Köpfchenstand m. 4–8 cm ∅ zus.tretend; — Blüten stahlblau bis weiß; Blätt. distelart., unterseits weiß wollig-filzig .... ***Echinops***, 793

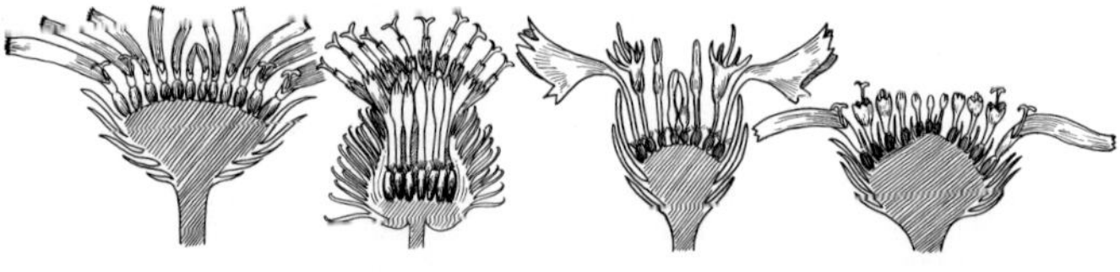

752/1 *752/2* *752/3* *752/4*

— Köpfchen mehrblütig, von außen nach innen aufblhd.; Einzelblüten nicht von besonderer Hülle umgeben **6**

6. Stg. z. Bltzt. nur m. schuppenf. Blätt.; Laubblätt. meist erst nach der Bltzt. erscheinend, — meist sehr groß u. völlig anders als Schuppenblätt.; Blüten rötl., weißl. od. hellgelb; Köpfchenboden ohne Spreublätt. .... ***Petasites***, 812

— Stg. z. Bltzt. m. normalen Laubblätt. **7**

7. Inn. Hüllblätt. nicht strahlend, nicht ähnl. wie Zungenblüten, wenn zungenart. verläng., dann aufr. u. grün **11**

— Inn. Hüllblätt. zungenart. verläng. u. kronblattart. gefärbt (strahlend), dadurch Zungenblüten vortäuschend (Kriterium: beim vollst. Herauszupfen solcher Blätt. hängen niemals Staubblätt., Gr. u. Frkn. an; Ansatz der Hüllblätt. meist zieml. br., auf Grund u. Seiten der Hülle beschränkt), trockenhäutig **8**

8. Pfl. distelart.; — inn. Hüllblätt. gelb od. silbergrau; Köpfchen 2–13 cm ∅, oft einzeln ***Carlina***, 777

— Pfl. nicht distelart. **9**

9. Köpfchen knäuelig od. doldig gehäuft, 0,6–1 cm ∅; — Pfl. wollig behaart **35**

— Köpfchen einzeln od. deutl. voneinander entfernt, 1,5–5 cm ∅ **10**

10. Pfl. kahl od. rau .... ***Xerochrysum bracteatum***, 832

— Pfl. wollig bis filzig behaart .... ***Xeranthemum***, 832

11 (7). Blüten ohne Pappus od. dieser höchstens als ein kleines Krönchen ausgebildet (*753/1*) **50**

— Blüten m. verläng. Pappus (*751/2*, P; bei *Bidens* nur wenige grannenart. Borsten vorhanden; *753/2*, *775/1*) **12**

12. Köpfchenboden ohne Spreublätt., Borsten od. Haare (nur bei *Filago* zw. den äuß. Blüten den Hüllblätt. ähnl. Spreublätt.) **31**

— Köpfchenboden m. Spreublätt. od. Borsten **13**

13. Blätt. gegenst., ungeteilt, fiederspaltig od. gefied.; — Fr. m. 2–5 grannenart. Pappusborsten (*753/2*, *775/1*); Hüllblätt. z.T. laubblattart. .... ***Bidens***, 774

— Blätt. wechselst., zuw. in grundst. Rosette **14**

14. Hüllblätt. (wenigstens die äuß.!) m. meist hakig eingerollter Dornspitze (*752/2*); — Blätt. ungeteilt, die grundst. bis 50 cm lg. .... ***Arctium***, 770

— Hüllblätt. nicht hakig eingerollt, wohl aber zuw. in eine Dornspitze auslfd. **15**

15. Blüten blau, violett, purpurn, rötl., seltener rosa od. weiß **20**

— Blüten gelbl.weiß, gelb bis rotgelb **16**

16. Blüten goldgelb, nach der Blüte orangerot; — Köpfchen von dornig gezähnten Hochblätt. umgeben; Blätt. kahl; Pappus zuw. fehlend .... ***Carthamus***, 778

— Blüten gelbl.weiß bis gelb **17**

17. Pappus federig (*753/4*); — Köpfchen fast stets ohne Außenhüllblätt. .... ***Cirsium***, 784

— Pappusborsten glatt bis rau **18**

18. Stg. durch die herablfd., wollig graufilzigen, lineal-lanzettl. Blätt. geflug. ..... ***Centaurea***, 778

— Stg. nicht geflüg. **19**

19. Stg.Blätt. dornig-schrotsägezähnig, klebrig, bis 20 cm lg., — stg.umfassend sitzend, im Umriss br. lanzettl. .... ***Centaurea benedicta***, 782

— Stg.Blätt. ganzrandig, nicht klebrig, nie > 2 cm lg., — wie der Stg. u. die Köpfchen meist ± filzig behaart .... ***Filago***, 797

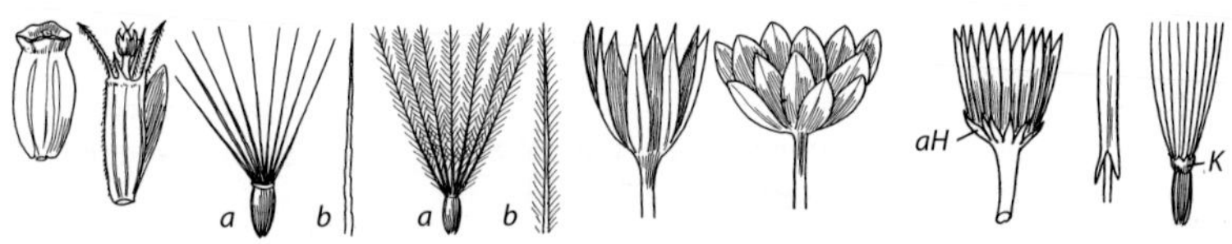

753/1 *753/2* *753/3* *753/4* *753/5* *753/6* *753/7* *753/8* *753/9*

20 (15). Blätt. weißl. gefleckt, marmoriert; — Hüllblätt. m. lg., an ihrem Grund gezähnter Dornspitze .... ***Silybum***, 824
— Blätt. nicht weiß gefleckt od. marmoriert **21**
21. Pappusborsten einfach, nicht federig behaart (*753/3*), zuw. aber kurz gezähnt (rau) **23**
— Pappusborsten (wenigstens die inn.!) federig behaart (*753/4*) **22**
22. Laub- u. Hüllblätt. nicht dornig gezähnt; — Köpfchen einzeln od. doldenart. gehäuft; Alpenpfl., nur 5–40 cm hoch .... ***Saussurea***, 816
— Laub- u. oft auch Hüllblätt. dornig gezähnt .... ***Cirsium***, 784
23 (21). Laubblätt. dornig gezähnt od. dornig fiederteilig .... ***Carduus***, 776
— Laubblätt. nicht dornig **24**
24. Hüllblätt. ohne trockenhäutige Anhängsel; Randblüten nicht vergrößert **28**
— Hüllblätt. m. trockenhäutigem Anhängsel (*778/1–778/8, 779/1–779/6*) od. m. geradem od. gefied. Dorn (*779/7–779/9*); Randblüten oft vergrößert u. steril (*752/4*) **25**
25. Hülle 4–9 cm ∅; Köpfchen einzeln; Fr. im ∅ kantig; — inn. Pappusborsten länger als die äuß. .... ***Rhaponticum scariosum***, 816
— Hülle < 4 cm ∅; Stg. meist m. zahlr. Köpfchen; Fr. im ∅ rund **26**
26. Mittl. Hüllblätt. m. fast ganzrandigem Anhängsel (*816/1*); Randblüten fertil; — Pfl. stark buschig verzweigt, m. aufw. strebenden Ästen, nicht sparrig, m. vielen Köpfchen ***Rhaponticum repens***, 816
— Mittl. Hüllblätt. in vielfältiger Weise geschlitzt bis gefedert (*778/1–778/8, 779/1–779/9*) od. bedornt; Randblüten steril (***Centaurea*** s. l.) **27**
27. Krone der Randblüten leuchtend blau (selten weiß), auffallend vergrößert, strahlend (*752/3*); trockenhäutiges Anhängsel der Hüllblätt. an deren Rand beiderseits in Form eines kammart. gefransten Saums weit herablfd. (*778/1–778/2*); — mittl. u. ob. Stg.Blätt. ungeteilt (od. selten leierf. gelappt); Krone der inn. Blüten meist (blau)violett .... ***Cyanus***, 791
— Krone der Randblüten rötl.lila bis purpurrot; Hüllblätt. m. einem deutl. abgesetzten trockenhäutigen Anhängsel (*778/3–778/8, 779/1–779/2*) od. m. einem am Rand (etwas) herablfd., dk. Saum (*779/3–779/6*) od. in einer ± lg. Dornspitze endend (*779/7–779/9*) ***Centaurea*** (s. str.), 778
28 (24). Blätt. unterseits grau- od. weißfilzig .... ***Jurinea***, 805
— Blätt. unterseits nicht filzig **29**
29. Stg.Blätt. alle gefied., m. linealischen Zipfeln; Pfl. 1-j. .... ***Crupina***, 791
— Stg.Blätt. ungeteilt od. fiederspaltig, aber Zipfel nicht linealisch; Pfl. ausd.; — Blätt. oft m. großer Endfieder **30**
30. Stg. m. nur 1 Köpfchen .... ***Klasea***, 805
— Stg. m. mehreren Köpfchen, — diese rispen- bis fast doldenart. angeordnet ... ***Serratula***, 823
31 (12). Blätt. br. bis sehr br. od. fiederspaltig bis tief gesägt **40**
— Blätt. schmal linealisch od. lineal-lanzettl., ganzrandig **32**
32. Blätt. kahl od. wenig behaart od. stark drüsig behaart, aber unterseits nicht filzig **61**
— Blätt. wenigstens unterseits filzig **33**
33. Köpfchen von sternf. ausgebr., weißfilzigen Hochblätt. umgeben (Edelweiß) ***Leontopodium***, 808
— Köpfchen nicht von sternf. ausgebr. Hochblätt. umgeben **34**
34. Hülle im ∅ 5-kantig; Hüllblätt. krautig-filzig, am Rand trockenhäutig; — zw. den äuß. ♀ Blüten oft den Hüllblätt. ähnl. Spreublätt.; Köpfchen zu Knäueln od. rundl. Köpfchen 2. Ordn. vereinigt (*755/3*) .... ***Filago***, 797
— Hülle im ∅ rundl., nicht 5-kantig; Hüllblätt. trockenhäutig, z. T. gefärbt **35**
35 (34 u. 9). Pfl. 2-häusig; Köpfchen der ♀ Pfl. nur m. Fadenblüten; Köpfchen der ♂ Pfl. m. ⚥, keine Fr. ansetzenden Blüten; — Pappus beider Blütenformen unterschiedl.; Köpfchen doldenart. angeordnet .... ***Antennaria***, 769
Fadenblüten stehen zw. den ♀ Zungenblüten u. den ⚥ Röhrenblüten; sie sind ♀, engröhrig u. fadenf. dünn.
— Pfl. nicht 2-häusig; ⚥ Röhrenblüten u. ♀ Randblüten in einem Köpfchen vereinigt **36**
36. Hüllblätt. gelbl. od. braun, br. trockenhäutig berandet **38**
— Hüllblätt. lebhaft gelb od. weiß, strohart. **37**
37. Hüllblätt. gelb .... ***Helichrysum arenarium***, 800

— Hüllblätt. weiß ... ***Anaphalis***, 769

38 **(36).** Köpfchen an der Stg.Spitze geknäuelt (*755/8*), aber ohne od. höchstens m. kurzen Hochblätt.; — Blätt. 5–8 mm br.; Hüllblätt. strohgelb, bräunl. od. weißl.; Pfl. 1-j. ***Helichrysum luteoalbum***, 800

— Köpfchen in ähren- od. traubenart. Köpfchenständen, wenn an der Spitze geknäuelt, dann von Hochblätt. überragt (*755/7*); — Pfl. 1-j. od. ausd. (***Gnaphalium*** s. l.) ... **39**

39. 1-j. Kraut m. spindelf. Wurzel; Stg. meist von Grund an ästig; Köpfchen 0,3–0,4 cm lg., zu 3–10 in von Hochblätt. überragten Knäueln (*755/7*) ... ***Gnaphalium uliginosum***, 799

— Staude m. Wurzelstock; Stg. unverzweigt; Köpfchen 0,5–0,7 cm lg., einzeln od. zu 2–8 in Knäueln ähren- od. traubenart. angeordnet ... ***Omalotheca***, 810

40 **(31).** Krone nicht gelb ... **44**

— Krone gelb bis rötl.gelb ... **40**

41. Hülle ohne Außenhülle ... **43**

— Hülle m. Außenhülle ... **42**

42. Köpfchen am Rand m. 2 od. mehreren Reihen fadenf. Blüten; Blätt. lanzettl., doppelt unregelm. gezähnt bis gesägt; — Fr. spärl. behaart ... ***Erechtites***, 794

— Köpfchen auch am Rand m. ⚥ Blüten; Blätt. meist buchtig-fiederspaltig ... ***Senecio***, 819

43 **(41).** Hüllblätt. mehrreihig od. dachziegelig, — sich m. den Rändern deckend ***Pentanema squarrosum***, 811

— Hüllblätt. 1-reihig ... ***Tephroseris***, 828

44 **(40).** Pfl. distelart., — bis > 2 m hoch; Stg. br. dornig geflüg.; Fr. 4-kantig; Köpfchenboden tief bienenwabig-grubig ... ***Onopordum***, 811

— Pfl. nicht distelart.; — Blätt. herz-eif. rundl. bis eif.-nierenf. od. gefied. ... **45**

45. Blätt. wechselst. od. grundst., — zuw. erst nach der Bltzt. erscheinend ... **48**

— Blätt. (wenigstens die der unt. Stg.Hälfte) gegenst. ... **46**

46. Blätt. handf. 3–5 schnittig zerteilt (die ob. gelegentl. unzerteilt), — die unt. u. mittl. kurz gestielt; Gr.Äste rosa od. weiß; Pappus aus zahlr. Borsten; 50–150 cm hohe Wildpfl. ***Eupatorium***, 796

— Blätt. unzerteilt, — alle deutl. gestielt; gelegentl. verwild. Zierpfl., bes. an gestörten, siedlungsnahen StO ... **47**

47. Krone u. Gr.äste stets weiß; Fr. m. Haarpappus; — Pfl. meist > 60 cm hoch ... ***Ageratina***, 767

— Krone u. Gr.äste blau (selten rosa, lila od. weiß); Pappus aus kleinen, oft begrannten Schuppen od. ein grannenloses Krönchen; — Pfl. meist 10–50 cm hoch ... ***Ageratum***, 768

48 **(45).** Blhd. Sprosse bis zum Köpfchenstand m. Laubblätt., — diese sehr groß, am Rand gezähnt; Blüten purpurrot, rosa od. weiß; die meist wenigblütigen Köpfchen in doldenrispenart. Köpfchenständen aus zahlr. Köpfchen ... ***Adenostyles***, 767

— Blhd. Sprosse nur m. Schuppenblätt. besetzt; Laubblätt. rosettig, grundst., — zuw. erst nach der Bltzt. erscheinend ... **49**

49. Blhd. Sprosse m. nur 1 Köpfchen; Blattspr. < 4,5 cm lg., derb lederig, — nierenf. ***Homogyne***, 803

— Blhd. Sprosse m. zahlr., rispenart. angeordneten Köpfchen; Blattspr. meist > 10 cm lg., krautig ... ***Petasites***, 812

755/1

755/2

755/3
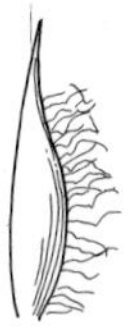
755/4
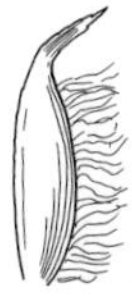
755/5

755/6

755/7

755/8

50 (11). Hüllblätt. m. trockenhäutigem, oft gefied. od. in eine Dornspitze auslfd. Anhängsel (*778/1–778/8, 779/1–779/9*); — Randblüten oft vergrößert, steril (*752/3*) ...... ***Centaurea***, 778
— Hüllblätt. ohne Anhängsel **51**
51. Köpfchenboden ohne Spreublätt., — kahl od. behaart **56**
— Köpfchenboden m. Spreublätt. **52**
52. Blätt. einfach bis doppelt fiederteilig **54**
— Blätt. ungeteilt **53**
53. Blätt. sitzend, wechselst., dornig gezähnt ...... ***Carthamus***, 778
— Blätt. lg. gestielt, meist gegenst., gesägt ...... ***Iva***, 805
54 (52). Blätt. dornig gezähnt ...... ***Carthamus lanatus***, 778
— Blätt. nicht dornig gezähnt **55**
55. Blätt. kammf. fiederteilig ...... ***Santolina***, 816
— Blätt. doppelt fiederteilig ...... ***Cota tinctoria***, 787
56 (51). Pfl. m. starkem Kamillengeruch; — Köpfchen 0,5–0,8 cm ∅, einzeln od. zu wenigen am Ende der Triebe; Blüten grünl.gelb [wenn Blüten auffallend goldgelb u. in schirmrispigen Synfl. m. >10 Köpfchen, vgl. *Tanacetum vulgare* u. *T. balsamita*, beide herb aromat. riechend] ...... ***Matricaria discoidea***, 810
— Pfl. nicht nach Kamille duftend **57**
57. Köpfchen einzeln am Ende längerer Triebe **60**
— Köpfchen gehäuft, in Knäueln, Köpfchen 2. Ordn. in doldentrauben-, rispen- od. traubenart. Köpfchenständen (*755/6–755/8*) **58**
58. Hüllblätt. in 2 Reihen (*753/5*), unterseits lg. behaart; Stg. gabelig verzweigt; — Köpfchen in kugeligen, endst. u. seitenst. Knäueln; Pfl. dicht weißwollig filzig, 5–20 cm hoch ***Bombycilaena***, 775
— Hüllblätt. meist deutl. mehrreihig, dachziegelig (*753/6*); Stg. nicht gabelig verzweigt **59**
59. Köpfchen bis 0,6 cm ∅, in ährenart., traubenart., rispenart. od. kopfigen Köpfchenständen ...... ***Artemisia***, 770
— Köpfchen > 0,6 cm ∅, in schirmf. od. lockeren doldenrispigen Köpfchenständen ***Tanacetum***, 827
60 (57). Köpfchen nickend; Blätt. rautenf. eif.; äuß. Hüllblätt. laubblattart., — ungleich groß, zurückgebogen ...... ***Carpesium***, 778
— Köpfchen z. Bltzt. ± aufr.; Blätt. scheidig stg.umfassend, tief fiederteilig, etwas fleischig; Hüllblätt. nicht laubblattart., — in 2–3 Reihen ...... ***Cotula***, 788
61 (32). Pfl. stark drüsig-klebrig; — Pfl. bäumchenart. verzweigt; Blätt. linealisch; Synfl. traubenart.; Pappus aus 1 Reihe am Grund verwachsener Haare ...... ***Dittrichia***, 791
— Pfl. nicht auffallend drüsig-klebrig **62**
62. Mittl. Stg.Blätt. schmal linealisch, fast nadelf., (1–)2–3 mm br.; Stg. auffallend dicht beblätt.; — Hüllblätt. spitz, ≈ 1 mm br.; Köpfchen klein, ≈ 1 cm ∅; Pfl. kahl ...... ***Galatella linosyris***, 798
— Mittl. Stg.Blätt. oft > 5 mm br.; Stg. locker beblätt. **63**
63. Blätt. kahl od. nur am Rand fein bewimpert, etwas dickfleischig; Köpfchen meist schirmtrauben- od. schirmrispenart. angeordnet; — Hüllblätt. stumpf, oft > 1 mm br.; Pfl. salzhaltiger StO (im Bestand meist auch Pfl. m. Zungenblüten) ...... ***Tripolium***, 831
— Blätt. auf der Fläche behaart, nicht dick od. fleischig; Köpfchen nicht schirmtrauben- od. schirmrispenart. angeordnet **64**
64. Hülle halbkugelig, 0,7–1,0 cm ∅ ...... ***Pulicaria vulgaris***, 816
— Hülle zylindr., ≤ 0,5 cm ∅; – Pfl. m. sehr vielen kleinen Köpfchen ...... ***Erigeron***, 794

Tabelle B1: Köpfchen m. Röhren- u. randl. Zungenblüten, ihre Krone weiß, gelbl., blau, violett, rötl. od. rot

1. Sprossachse m. Laubblätt. **4**
— Sprossachse blattlos od. m. schuppenf. Hochblätt.; Laubblätt. grundst. **2**

2. Köpfchen rispen- od. traubenart. angeordnet; Stg. z. Bltzt. nur m. schuppenf. Hochblätt., — grüne Grundblätt. vorhanden od. nicht; zungenf. Blüten (wenn vorhanden) kurz, rötl., weißl. od. gelbl. … ***Petasites***, 812

— Köpfchen einzeln; Stg. z. Bltzt. völlig blattlos (d. h. ein Schaft), selten unten beblätt. [*Bellis annua*; Pfl. 1-j.], grüne Blätt. alle in grundst. Rosette od. zumind. nahe am Stg.Grund [*Bellis annua*]; — Krone der Zungenblüten stets deutl., weiß, gelegentl. (bes. unterseits) rötl. überlaufen od. rosa; Fr. zus.gedrückt, zumind. oben behaart … **3**

3. Fr. längl., m. Pappus aus einfachen Haaren; Hüllblätt. spitz; — Fr. ≈ 2–2,5 mm lg.; Pfl. 10–35 cm hoch … ***Bellidiastrum***, 774

— Fr. verkehrt eif., ohne Pappus; Hüllblätt. stumpf (selten spitzl.); — Fr. ≈ 1–2,5 mm lg.; Pfl. 4–15(–40) cm hoch … ***Bellis***, 774

4 (1). Blätt. alle wechselst. (u./od. nur grundst.) … **9**

— Blätt. (zumind. die unt.) gegenst. … **5**

5. Blätt. einfach u. ungeteilt … **8**

— Blätt. (zumind. einige u. teilw.) gefied. od. fiederteilig; — Hülle 2-reihig … **6**

6. Seitl. (mittl.) Blattabschnitte od. -fiedern ≈ 20–30 mm br., ihr Rand gekerbt-gesägt; — Kronen in verschiedenen Farben; Blüten oft gefüllt … ***Dahlia***, 791

— Seitl. (mittl.) Blattabschnitte od. -fiedern ≈ 0,5–15 mm br., ganzrandig … **7**

7. Fr. (5–)8–14 mm lg., längl., im ∅ quadrat., geschnäbelt (inn. deutl., äuß. kaum); — Blätt. 2-mal fiederschnittig; Kronen der Zungenblüten purpurn, lila od. weiß; Fr. auf den Flächen längsrillig, äuß. Fr. kleiner als inn.; Pappus meist fehlend … ***Cosmos***, 787

— Fr. ≈ 3mm lg., flach zus.gedrückt, nicht geschnäbelt; — Blätt. ungeteilt od. 1(–2)-mal fiederschnittig; Kronen der Zungenblüten oberseits purpurn, unterseits meist gelbfleckig od. streifig; Fr. (bes. die äuß.) meist geflüg.; Pappus fehlend od. aus 2 kleinen, zahnf. Schuppen besthd. … ***Coreopsis***, 786

8. Hüllblätt. schwarzrandig; Köpfchen (zumind. bei kult. Formen) > 10 mm ∅; — Zungenblüten 5–21 (bei gefüllten Formen mehr), in vielen verschiedenen Farben … ***Zinnia***, 832

— Hüllblätt. nicht schwarzrandig; Köpfchen 4–7 mm ∅; — Zungenblüten meist 4–5, weiß; Korbboden kegelf.; Pappus aus weißl., wimperig gefransten Schuppen besthd. ***Galinsoga***, 798

9 (4). Äuß. Hüllblätt. laubblattart., groß, eif.-ellipt., absthd.; Köpfchen 5–10 cm ∅; — Zungenblüten purpurn, lila, blau od. weiß; Pappus wenigstens der mittl. Fr. m. Haarkranz; Pfl. bis 60 cm hoch … ***Callistephus***, 776

— Äuß. Hüllblätt. nicht laubblattart. u. nicht absthd.; Köpfchen deutl. < 5–10 cm ∅ … **10**

10. Röhrenblüten weiß od. grau; — Köpfchen klein, Hülle 0,2–0,8 cm ∅, in dichten doldenrispigen Köpfchenständen … ***Achillea***, 764

— Röhrenblüten gelb, bräunl.weiß, rötl. od. purpurn; — nicht in o. g. Merkmalskombination **11**

11. Pappus haarf. (wenigstens der der mittl. Blüten aus mind. einem Haarkranz besthd.); — Blätt. ungeteilt, ganzrandig, gesägt od. gelappt; Hüllblätt. mehrreihig … **19**

— Pappus ein kurzes Krönchen od. fehlend; Blätt. fiederspaltig od. gefied. … **12**

12. Blätt. ungeteilt, seicht od. tief kerbzähnig, bzw. gesägt, gelappt, 1-fach gefied. od. (mehrfach) fiederspaltig … **27**

— Blätt. doppelt od. mehrfach gefied.; — Pfl. oft m. Kamillen-ähnl. Erscheinungsbild u. aromat. riechend … **13**

13. Köpfchenboden m. Spreublätt., meist flach gewölbt, selten kegelf. verläng., — nicht hohl **16**

— Köpfchenboden ohne Spreublätt., kegelf. aufgewölbt, — hohl od. markig … **14**

14. Blattzipfel lanzettl., nicht fädl. … ***Glebionis coronaria***, 799

— Blattzipfel fädl. … **15**

15. Köpfchenboden hohl … ***Matricaria chamomilla***, 810

— Köpfchenboden markig … ***Tripleurospermum***, 830

16 (13). Äuß. Fr. br. knorpelig geflüg., Flügel schon z. Bltzt. die Fr. überragend; — Fr. zus.gedrückt … ***Anacyclus***, 768

— Fr. nicht zus.gedrückt, nicht od. nur sehr schmal geflüg. … **17**

17. Spreublätt. stumpf; Krone der Röhrenblüten am Grund m. einem sackart. Fortsatz, der die Spitze der Fr. allseitig meist etwas schief umschließt (*783/1*) .... ***Chamaemelum***, 783
— Spreublätt. spitz od. stachelspitzig (*769/2–769/6*); Krone der Röhrenblüten am Grund ohne sackart. Fortsatz (***Anthemis*** s. l.) **18**
18. Fr. im ∅ zylindr. od. schwach 4-kantig (nicht deutl. zus.gedrückt), 10-rippig; Köpfchenboden kegelf. bis walzl. verläng. (nur bei *A. cretica* halbkugelig; Längsschnitt!) .... ***Anthemis***, 769
— Fr. im ∅ schief rautenf., stark von vorne nach hinten zus.gedrückt, 12–20-rippig; Köpfchenboden halbkugelig gewölbt od. flach; — Blätt. fiederteilig m. regelm. kammf. fiederspaltigen Zipfeln od. doppelt gefied. u. Fiedern 2. Ordn. flach kammf. .... ***Cota***, 787
19 (11). Zungenblüten kürzer als die Hülle .... ***Erigeron***, 794
— Zungenblüten deutl. länger als die Hülle **20**
20. Zungenblüten schmal linealisch bis fädl., 0,2–1 mm br., ± deutl. mehrreihig; Hüllblätt. schmal, lineal-lanzettl., meist ± gleich lg., krautig od. zum Rand od. zur Spitze hin häutig; Fr. meist 2-nervig; Pappusborsten meist zerbrechl. (vorsichtig umbiegen!) .... ***Erigeron***, 794
— Zungenblüten breiter, 1–3 mm br., 1-reihig; Hüllblätt. meist deutl. dachziegelig angeordnet, häutig m. meist krautiger Spitze; Fr. meist mehrnervig; Pappusborsten (beim Umbiegen) nicht zerbrechl. **21**
21. Stg. nur m. 1 Köpfchen (selten m. wenigen Köpfchen); — Pfl. 5–30 cm hoch ***Aster alpinus***, 773
— Stg. m. mehreren, meist zahlr. Köpfchen **22**
22. Blätt. grauflaumig filzig behaart; Zungenblüten ohne od. m. verkümmertem Gr.; — mittl. Stg.Blätt. ellipt. bis lanzettl., oft nur bis 3 cm lg. .... ***Galatella***, 798
— Blätt. kahl od. rauhaarig, aber nicht flaumig-filzig; Zungenblüten m. deutl. Gr.; — zumind. einige mittl. Stg.Blätt. > 3 cm lg. **23**
23. Blätt. kahl, nur am Rand rau od. bewimpert **26**
— Blätt. rauhaarig **24**
24. Unt. Blätt. lg. gestielt, ihr Grund herzf.; Spr. der unt. u. mittl. Stg.Blätt. herzf.-eif., > 4 cm br.; Köpfchenstand schirmrispig; — Röhrenblüten reif dk.rotbraun; Zungenblüten weiß, purpurn überlaufen od. hell- bis dk.blauviolett; Fr. linealisch, kaum zus.gedrückt; Pfl. (bei der im Gebiet häufigsten Art) m. zahlr. sterilen Grundblattrosetten, einen dichten Laubteppich bildend .... ***Eurybia***, 796
— Unt. Blätt. kurz gestielt od. schwach geöhrt sitzend, ihr Grund nie deutl. herzf.; Spr. der unt. u. mittl. Stg.Blätt. schmal lanzettl. bis verläng. eif., < 3 cm br.; Köpfchenstand verläng., trauben- od. rispenart.; — Fr. linealisch, kaum zus.gedrückt; Blätt. am Grund verschmälert ... **25**
25. Stg. oberw. drüsig behaart; Hüllblätt. pfrieml., spitz, drüsig behaart; Pfl. 100–150 cm hoch .... ***Symphyotrichum novae-angliae***, 825
— Stg. kurzhaarig, ohne Drüsenhaare; Hüllblätt. stumpf, ohne Drüsenhaare; Pfl. 20–70 cm hoch .... ***Aster***, 773
26 (23). Hüllblätt. 2–3 mm br., stumpf, — die inn. m. häutigem Rand; Blätt. (fast) sukkulent; Pfl. salzhaltiger StO .... ***Tripolium***, 831
— Hüllblätt. 0,5–1,5 mm br., spitz, — zur Spitze hin krautig .... ***Symphyotrichum***, 825
27 (12). Köpfchen zu 2 od. mehr in einer nur wenig gewölbten Ebene (Köpfchenstand schirmrispig) **32**
— Köpfchen einzeln od. zu wenigen, aber nicht in einer Ebene **28**
28. Röhrenblüten ohne Pappus; Pappus der Zungenblüten fehlend od. als kurzes schiefes Krönchen **31**
— Pappus aller Fr. als kurzes Krönchen (ähnl. *753/1*) **29**
29. Unt. Blätt. mehrfach fiederteilig, drüsig punktiert; Pfl. tieferer Lagen, — aromat. duftend, meist kult. .... ***Tanacetum cinerariifolium***, 827
— Unt. Blätt. gekerbt od. 1-fach fiederteilig; Gebirgspfl. **30**
30. Ob. Stg.Blätt. ganzrandig, deutl. kleiner als die meist kammf. fiederspaltigen Grundblätt. ***Leucanthemopsis***, 808
— Stg.Blätt. u. grundst. Blätt. gleichm. grob u. tief gesägt .... ***Leucanthemum***, 808
31 (28). Zungenblüten ≈ 6 mm lg., m. gelbl. Basis; Pfl. 1-j. .... ***Mauranthemum***, 810
— Zungenblüten > 8 mm lg., weiß; Pfl. ausd. .... ***Leucanthemum***, 808

32 **(27).** Blätt. ungeteilt, deutl. länger als die Internodien .... ***Leucanthemella***, 808
— Blätt. gefied. od. tief fiederspaltig .... ***Tanacetum***, 827

Tabelle B2: Köpfchen m. Röhren- u. randlichen Zungenblüten, ihre Krone gelb, orange bis orangerot od. bräunl.

Zungenblüten meist gelb, selten orange bis orangerot (bei *Calendula*, *Gaillardia*, *Grindelia*, *Senecio abrotanifolius* u. *Tephroseris* spp.) od. bräunl. (*Tagetes*). Hierher auch 2-farbige Zungen (gelb u. orangerot bei *Gaillardia*, gelb u. weiß bei *Glebionis*).

1. Hüllblätt. 1-reihig, fast vollst. zu einem gezähnten Becher verwachsen; — unt. Blätt. gegenst., ob. meist wechselst.; Spr. unpaarig gefied. od. fiederschnittig, drüsig punktiert, ihr Rand gezähnt; Hüllblätt. (3–)5–10(–13); Spreublätt. fehlend; Zungen gelb bis orange od. braun; Fr. linealisch-walzl., längsrinnig; Pappus aus linealischen Schuppen; Pfl. m. charakterist. Geruch .... ***Tagetes***, 826
— Hüllblätt. nicht miteinander verwachsen **2**
2. Stg. nur m. Schuppenblätt.; Blätt. nach der Bltzt. erscheinend, — grundst., groß, herzf., entfernt gesägt, unterseits graufilzig, oberseits verkahlend; Stg. nur m. 1 Köpfchen, Blattstiel rinnig .... ***Tussilago***, 831
— Stg. zur Bltzt. m. Laubblätt. (nicht nur m. schuppigen Hochblätt.) **3**
3. Blätt. wechselst. (bei *Helianthus*, s. Nr. 15— u. 22, können die untersten Blätt. gegenst. sein) **16**
— Alle Blätt. od. wenigstens die unt. Blätt. gegenst. od. ob. Blätt. gegenst. u. unt. in Grundblattrosette **4**
4. Köpfchenboden ohne Spreublätt. od. Borsten (aber meist kurzhaarig); Grundblätt. in Rosetten, ganzrandig, parallelnervig; — Hülle glockig, 2-reihig; Köpfchen 6–8 cm ∅; Pfl. 20–50 cm hoch, drüsig behaart, duftend .... ***Arnica***, 770
— Köpfchenboden m. Spreublätt.; Grundblätt. nicht in Rosetten od., wenn Blätt. am Grund rosettig gehäuft, diese nicht ganzrandig u. parallelnervig **5**
5. Pappus aus 2–4 bleibenden, meist widerhakigen Grannen besthd. (*753/2, 775/1*); — Stg. kahl, selten oberw. zerstr. behaart (dann Blätt. ungeteilt u. Zungenblüten 6–8); Blätt. gefied., fiederteilig od. ungeteilt, kahl od. wenig behaart; Köpfchen meist am Ende der Stg. u. Zweige; Hüllblätt. nicht klebrig, äuß. oft laubblattart. .... ***Bidens***, 774
— Pappus anders, nicht aus widerhakigen Grannen besthd., fehlend, als kurze Haarreihe od. aus 2 hinfälligen Borsten besthd. **6**
6. Blätt. einfach u. ungeteilt **9**
— Blätt. (zumind. einige u. teilw.) gefied. od. fiederteilig; — Hülle 2-reihig **7**
7. Seitl. (mittl.) Blattabschnitte od. fiedern ≈ 20–30 mm br., ihr Rand gekerbt-gesägt; — Kronen in verschiedenen Farben; Blüten oft gefüllt .... ***Dahlia***, 791
— Seitl. (mittl.) Blattabschnitte od. -fiedern ≈ 0,5–15 mm br., ganzrandig **8**
8. Fr. > 5 (meist 8–14) mm lg., längl., im ∅ quadrat., geschnäbelt (inn. deutl., äuß. kaum); — Blätt. 2–3-mal fiederschnittig; Kronen der Zungenblüten gelb od. orange; Fr. auf den Flächen längsrillig, äuß. Fr. kleiner als inn.; Pappus meist fehlend .... ***Cosmos***, 787
— Fr. ≈ 3mm lg., flach zus.gedrückt, nicht geschnäbelt; — Blätt. ungeteilt od. 1(–2)-mal fiederschnittig; Kronen der Zungenblüten gelb od. orange, am Grund oft braun bis dk.purpurn; Fr. (bes. die äuß.) meist geflüg.; Pappus fehlend od. aus 2 kleinen, zahnf. Schuppen besthd.; Hülle deutl. 2-gliedrig, äuß. Hüllblätt. absthd., inn. angedückt; Pfl. < 70 cm hoch ***Coreopsis***, 786
9. Hüllblätt. nicht schwarzrandig **10**
— Hüllblätt. schwarzrandig; — Zungenblüten 5–21 (bei gefüllten Formen mehr), gelb od. orange .... ***Zinnia***, 832
10. Stg.Blätt. am Grund frei, nie trichterf. verwachsen; — Fr. meist nicht gleichzeitig sehr flach u. geflüg. (Ausnahme: *Coreopsis*) **11**
— Stg.Blätt. am Grund paarweise trichterf. miteinander verwachsen; Fr. sehr flach zus.gedrückt, br. geflüg.; — Spr. 3-eckig-eif.; alle Hüllblätt. angedückt; Pfl. > 1 m hoch ***Silphium***, 824

11. Blätt. gesägt bis gezähnt **13**
— Blätt. ganzrandig; Stg. m. mehreren bis zahlr. Köpfchen, diese einzeln, endst. **12**
12. Köpfchen ≈ 2 cm ∅; Fr. nicht zus.gedrückt u. nicht geflüg.; — Zungen auch am Grund gelb; Fr. kahl; Köpfchenboden kegelf. .... ***Sanvitalia***, 816
— Köpfchen ≈ 3–6 cm ∅; Fr. flach zus.gedrückt., geflüg.; — Zungen am Grund oft braun bis dk.purpurn .... ***Coreopsis***, 786
13. Stg.Blätt. sitzend, m. schwach herzf. Grund halb stg.umfassend; Stg. oberw. drüsig behaart; Köpfchen ∞, Köpfchenstand rispenart.; — Köpfchen 2,5–4 cm ∅; Hüllblätt. anlgd., eif., nicht drüsig-klebrig, äuß. krautig, inn. häutig; Zungenblüten 8–13 .... ***Guizotia***, 799
— Stg.Blätt. gestielt od. m. stielart. verschmälertem Grund; Stg. oberw. nicht drüsig; Köpfchen einzeln od. zu wenigen **14**
14. Äuß. Hüllblätt. drüsig-klebrig, strahlig absthd.; Köpfchen (ohne die Hüllblätt.) 0,5–0,8 cm ∅; Zungenblüten wenige (≈ 6); — Stg.Blätt. br. herzf., zugespitzt, m. stielart. verschmälertem Grund; äuß. Hüllblätt. lineal-spatelf., viel länger als das Köpfchen; Pfl. 50–150 cm hoch ***Sigesbeckia***, 824
— Äuß. Hüllblätt. nicht drüsig-klebrig, angedrückt od. absthd.; Köpfchen ≥ 4(–40) cm ∅; Zungenblüten ≥ 8 .... **15**
15. Köpfchenboden steil kegelf. (Längsschnitt!) aufgewölbt; Fr. 3–4 mm lg.; — Zungenblüten 8–18; Blätt. lg. gestielt; Blattspr. beiderseits rau; Randblüten ♀, 10–15; Fr. kahl, ohne Pappus, od. (selten) m. bis zu 3 häutigen Zähnchen; Pfl. 100–180 cm hoch (wenn oberste Blätt. wechselst. od. (selten?) gegenst. u. Randblüten ungeschl.; Pappus aus leicht abfallenden Grannen, dazw. selten noch hinfällige Schüppchen; Köpfchen 4–40 cm ∅; Pfl. bis > 300 cm hoch, vgl. Nr. **50**, *Helianthus*) .... ***Heliopsis***, 800
— Köpfchenboden flach od. wenig gewölbt; Fr. 5–15 mm lg.; — Köpfchen einzeln, lg. gestielt; Pappus fehlend od. aus 2 hinfälligen, spitzen Schuppen besthd. .... ***Helianthus***, 800
16 (3). Köpfchenboden ohne Spreublätt. **24**
— Köpfchenboden m. Spreublätt. od. Spreuborsten; — Hüllblätt. oft dachziegelig **17**
17. Köpfchen einzeln am Stg. des Stg. (od. von Zweigen), fast stets deutl. >15 mm lg. gestielt; — Hülle meist > 0,8 cm ∅ **18**
— Köpfchen ∞, dicht doldentraubig od. schirmrispig angeordnet, nur 1–15 mm lg. gestielt; — Hülle schmal, 0,2–0,8 cm ∅; Blätt. fiederteilig od. gefied. .... ***Achillea***, 764
18. Pappus aus 5–10 silbrig-weißen, lg.grannigen Schuppen besthd., diese länger als die Fr.; — Blätt. ungeteilt bis fiederteilig; Köpfchenboden m. Spreuborsten; Zungen verkehrt eif.; Pfl. von Grund auf verzweigt, rauhaarig .... ***Gaillardia***, 797
— Pappus anders gestaltet od. fehlend **19**
19. Köpfchenboden steil kegelf. aufgewölbt (Längsschnitt!); — Röhrenblüten grünl.gelb, dk.purpurn od. schwarzbraun; Fr. ± 4-kantig od. seitl. zus.gedrückt; Zungenblüten oft bald herabgeschlagen; Pappus fehlend od. als sehr kurzes, zerschlitztes Krönchen ***Rudbeckia***, 816
— Köpfchenboden flach od. schwach bis halbkugelig gewölbt (*752/1–752/4*) **20**
20. Blätt. ganzrandig, gesägt, gezähnt od. schwach gelappt **21**
— Blätt. doppelt fiederteilig; — Köpfchenboden halbkugelig; Spreublätt. lanzettl., m. Stachelspitze (*787/1*) .... ***Cota tinctoria***, 787
21. Pappus aus Borsten fehlend; — Köpfchen 3–7 cm ∅ **23**
— Pappus aus 2 hinfälligen Borsten besthd. **22**
22. Köpfchen 4–40 cm ∅; Pfl. 100–300 cm hoch .... ***Helianthus***, 800
— Köpfchen 1,5–3 cm ∅; Pfl. bis 60 cm hoch .... ***Verbesina***, 831
23 (21). Blätt. 6–30 cm br., herz-eif., einfach bis grob doppelt gesägt; Zungenblüten 1 mm br.; randst. Fr. ≈ 6 mm lg., undeutl. 3-kantig; Pappus ein niedriger, gezackter Saum; Köpfchen 6–7 cm ∅ .... ***Telekia***, 828
— Blätt. bis 2 cm br., längl. lanzettl., entfernt gezähnt od. ganzrandig; Zungenblüten 2–3 mm br.; randst. Fr. ≈ 4 mm lg., 3-kantig geflüg.; Pappus ein aus zerschlitzten Schüppchen besthd. Krönchen; Köpfchen 3–4 cm ∅; — Mittelnerv der Spreublätt. gekielt ... ***Buphthalmum***, 775
24 (16). Blätt. tief zerteilt (handf. zerteilt, gefied. od. fiederspaltig) **38**
— Blätt. ungeteilt, ganzrandig od. gezähnt **25**

25. Pappus fehlend od. aus 2 leicht abfallenden kurzen Borsten (dazw. gelegentl. m. ebenfalls hinfälligen Schüppchen) od. (1–)2–6(–8) hinfälligen, säbelf., an der Spitze manchmal keulenf. verdickten Schuppen od. borstenf. Grannen od. aus zerschlitzten Schüppchen od. aus einem niedrigen gezackten Saum besthd. **36**
— Pappus aus zahlr. Borsten unterschiedl. Textur vorhanden (höchstens bei den Randblüten fehlend) **26**
26. Hüllblätt. dachziegelart. angeordnet, — ungleich lg. (*753/6*) **30**
— Hüllblätt. nicht dachziegelart. angeordnet (*753/5, 753/7*), — 1–3-reihig **27**
27. Köpfchen einzeln, 4–6 cm ∅; Hülle 2–3-reihig (*753/5*), — aber ohne Außenhülle, halbkugelig od. flach; Köpfchenboden gewölbt .... ***Doronicum***, 792
— Köpfchen meist zu mehreren, < 4 cm ∅; Hülle 1-reihig, — m. od. ohne Außenhülle **28**
28. Unt. Blätt. m. auffälliger Blattscheide; — Köpfchen zu 20–40 in lg. trauben- od. ährenart. od. kurzen schirmtraubigen Köpfchenständen .... ***Ligularia***, 809
— Unt. Blätt. ohne auffällige Blattscheide; — Köpfchen rispenart. od. in kurzen trauben- od. doldentraubenart. Köpfchenständen (dann aber lg. gestielt) **29**
29. Hülle am Grund m. Außenhülle (*753/7* aH, *819/1, 819/2*); Hüllblätt. an der Spitze meist gefleckt bzw. schwärzl. .... ***Senecio***, 819
— Hülle am Grund ohne Außenhülle; Hüllblätt. an der Spitze nicht gefleckt; — Laubblätt. ungeteilt .... ***Tephroseris***, 828
30 (26). Pfl. auffallend drüsig-klebrig, — 15–50 cm hoch, 1-j. .... ***Dittrichia***, 791
— Pfl. nicht od. nur wenig drüsig **31**
31. Zungenblüten 5–15, — klein; zahlr. Köpfchen in lockeren, kegelf. rispen- od. schirmrispenart. Köpfchenständen **35**
— Zungenblüten > 15; — Staubbeutel am Grund verläng. (*753/8*) **32**
32. Pappus 2-reihig, die äuß. Reihe kurz, ein Krönchen bildend; Pappusborsten zerbrechl. (*753/9*, K) .... ***Pulicaria***, 815
— Pappus 1-reihig, einfach; Pappusborsten nicht od. kaum zerbrechl.; — Fr. ≈ zylindr. („***Inula***" s. l.) **33**
33. Pfl. halbstrauchig; Blätt. fleischig, ihr ∅ rund bis kantig; Fr. m. 5 auch äußerl. sichtbaren Sekretgängen; an der Meeresküste; — Köpfchenboden schwach grubig u. bewimpert; Fr. längsrippig, m. Zwillingshaaren .... ***Limbarda***, 809
— Stauden (höchstens der Wurzelstock verholzt); Blätt. nicht fleischig, flach (höchstens etwas lederig verdickt); Fr. ohne Sekretgänge; nicht an salzbeeinflussten StO; — Köpfchenboden kahl od. schwach grubig u. bewimpert; Fr. undeutl. 4(–6)-kantig od. längsrippig, kahl od. m. Zwillingshaaren behaart **34**
34. Äuß. u. mittl. (br.)eif. Hüllblätt. m. großen krautigen Anhängseln, inn. Hüllblätt. an der Spitze verbreitert, spatelig od. trapezf., äuß. fast laubblattart., (6–)8–10 mm br.; Pappusborsten 50–80 (meist ≈ 65); Köpfchenboden grubig u. bewimpert; Stg. m. Harzkanälen; — Grundblätt. u. unt. Stg.Blätt. (5,5–)15–25 cm br.; Köpfchen (5–)6–7(–15) cm ∅; Fr. 3–4(–5) mm lg., undeutl. 4(–6)-kantig, kahl od. ob. spärl. kurz behaart; sehr kräftige Hochstauden, meist deutl. > 1 m hoch .... ***Inula***, 804
— Äuß. u. mittl. Hüllblätt. ohne verbreiterte Anhängsel, linealisch bis eilanzettl., äuß. nicht laubblattart., 0,5–3,5(–4,5) mm br.; Pappusborsten < 45; Köpfchenboden kahl; Stg. ohne Harzkanäle; — Grundblätt. u. unt. Stg.Blätt. deutl. schmaler (meist höchstens 4 cm br., nur bei wenigen Zierpfl. u. unbest. Sippen aus As. gelegentl. > 6 cm br.); Köpfchen meist deutl. < 5 cm ∅; Fr. 0,5–3 mm lg., ≈ längsrippig, im ∅ rund od. leicht zus.gedrückt, kahl od. behaart; Pfl. häufig (d. h. die meisten Arten) < 1 m hoch .... ***Pentanema***, 811
35 (31). Stg.Blätt. ganzrandig, linealisch; Köpfchenboden bewimpert; Köpfchen zu 2–5 schirmart. angeordnet .... ***Euthamia***, 796
— Stg.Blätt. gezähnt od. gesägt; Köpfchenboden kahl; Köpfchen in kegelf. rispenart. Köpfchenständen .... ***Solidago***, 824
36 (25). Reife Fr. 5–25 mm lg., wenigstens teilw. ringf. od. kahnf. gekrümmt u. höckerig; Zungenblüten in 2 od. 3 Reihen; Röhrenblüten unfruchtbar; — Blätt. ganzrandig od. entfernt gezähnt; Zungenblüten gelb od. orange; Fr. 5–25 mm lg. .... ***Calendula***, 775

— Reife Fr. gerade od. wenig gekrümmt; Zungenblüten in 1 Reihe; Röhrenblüten fruchtbar; — Hüllblätt. mehrreihig; Fr. 2–7 mm lg. **37**
37. Hüllblätt. ganz krautig, schmal-3-eckig-lanzettl., spitz, stark harzig-klebrig, ihre Spitzen sparrig absthd. od. zurückgekrümmt; Pappus hinfällig, aus (1–)2–6(–8) säbelf., an der Spitze manchmal keulenf. verdickten Schuppen od. borstenf. Grannen; — Blätt. sitzend, ganzrandig od. unterschiedl. gekerbt od. gesägt-gezähnt, meistens kahl u. oft stark drüsig punktiert; Hülle kugelig, halbkugelig od. becherf. .... ***Grindelia***, 799
— Hüllblätt. am Rand trockenhäutig, verläng. eif., stumpf, nicht klebrig, angedrückt; Pappus fehlend; — Blätt. unzerteilt, vorn verbreitert; grob gezähnt bis 3-spaltig eingeschnitten; Pfl. ohne Grundblattrosette; Fr. bis 2,5 mm lg. .... ***Glebionis segetum***, 799
38 (24). Fr. ohne haarf. Pappus (dieser höchstens als Krönchen; *753/1, 819/1*) **41**
— Fr. m. haarf. Pappus **39**
39. Blattgrund nicht scheidenf. erweitert; — Köpfchen einzeln od. in schirmrispenart. Köpfchenständen; — Hülle glockig-walzl. .... ***Senecio***, 819
— Blattgrund scheidenf. erweitert **40**
40. Spr. fiederschnittig; Pappus rein weiß; Hülle nur 1,5–2 mm br.; Pfl. m. Knollenrhizom ***Sinacalia***, 824
— Spr. handf. zerteilt; Pappus bräunl. od. rötl.; Hülle ≥ 2 mm (meist 3–15 mm) br. ***Ligularia***, 809
41 (38). Blätt. kahl, — oft bläul.grün; Zungenblüten gelb od. 2-farbig gelb u. weiß ***Glebionis***, 799
— Blätt. behaart, — zuw. grau bis weißl. filzig; Pappuskrönchen bis 2 mm lg., m. fransigem Rand; Zungenblüten 8–12; Fiedern 1. Ordn. m. 1–2(–3) Fiederpaaren 2. Ordn. ..... ***Eriophyllum***, 796

Tabelle C: Köpfchen nur m. Zungenblüten

Zuw. treten verwild. verschiedene als Gartenpfl. kult. Arten der röhrenblütigen Korbblütler [=„Tubuliflorae"] m. „gefüllten" Köpfchen auf. Diese sind nach Tab. B (Vorschlüssel 2—, S. 752) zu bestimmen; **Milchsaft fehlt ihnen!**

1. Fr. m. Pappus (zumind. die Fr. in der Mitte des Köpfchens) **5**
— Fr. ohne deutl. ausgebildeten Pappus **2**
2. Blüten himmelblau; — Pappus nur aus kurzen, unscheinbaren Schüppchen gebildet ***Cichorium***, 784
— Blüten andersfarbig **3**
3. Stg. beblätt. .... ***Lapsana***, 807
— Alle Blätt. in grundst. Rosette **4**
4. Schaft oben auffällig keulig verdickt, kahl; Blätt. entfernt grob gezähnt; Hüllblätt. z. Frzt. kugelig zus.neigend; Kronblätt. blassgelb .... ***Arnoseris***, 770
— Schaft oben nicht auffällig keulig verdickt, oben mehlig; Blätt. schrotsägef., löwenzahnart.; Hüllblätt. z. Frzt. aufr.; Kronblätt. goldgelb .... ***Aposeris***, 770
5 (1). Köpfchenboden m. hinfälligen, sich leicht ablösenden Spreublätt.; — Grundblätt. meist rosettig; Stg.Blätt. wenige od. fehlend; Fr. geschnäbelt (die randl. nicht immer) ***Hypochaeris***, 804
— Köpfchenboden ohne Spreublätt. **6**
6. Pappusborsten einfach, höchstens kurz gezähnt (*753/3*) **14**
— Pappusborsten (wenigstens z.T.) federig (*753/4*) **7**
7. Stg. m. Laubblätt. **10**
— Stg. blattlos od. nur m. schuppenf. Blätt. **8**
8. Blätt. ganzrandig, meist kahl, zuw. am Grund od. jung weichhaarig; Fiedern der Pappusborsten ineinander verwoben .... ***Scorzonera***, 817
— Blätt. schwach bis buchtig gezähnt, wenn ganzrandig, dann deutl. behaart; Fiedern der Pappusborsten frei **9**
9. Haare der Blätt. auf lg. Stiel gabelig od. sternf., selten alle fehlend; Köpfchen vor dem Aufblühen nickend, — zu 1–2 .... ***Leontodon***, 807
— Haare der Blätt. einfach, selten alle fehlend; Köpfchen auch vor dem Aufblühen aufr., — zu 1–7 .... ***Scorzoneroides***, 818

10 (7). Hüllblätt. 1(–2)-reihig, gleich lg., am Grund etwas verwachsen; Fr. lg. geschnäbelt (*751/6*); Blätt. linealisch; — Fiedern der Pappusborsten ineinander verwoben ...... ***Tragopogon***, 830

— Hüllblätt. 2- bis vielreihig, dachziegelig od. gleich lg.; Fr. kurz u. deutl. od. kaum geschnäbelt (*751/5, 755/1*), wenn lg. geschnäbelt, dann Blätt. lanzettl. u. borstig **11**

11. Blätt. ± tief fiederspaltig; — Fiedern der Pappusborsten ineinander verwoben ***Scorzonera laciniata***, 817

— Blätt. ungeteilt, höchstens schwach buchtig gezähnt **12**

12. Blätt. linealisch, lanzettl. od. schmal eif., ganzrandig od. gezähnelt, glatt od. selten weich behaart; Fiedern der Pappusborsten ineinander verwoben .... ***Scorzonera***, 817

— Blätt. buchtig gezähnt bis ganzrandig, borstig rau; Fiedern der Pappusborsten nicht ineinander verwoben; — Außenhülle ± deutl. ausgebildet; Pappus leicht abfallend **13**

13. Äuß. Hüllblätt. herz-eif., zu 3–5, nur wenig kürzer als die 5–10 inn., schmaleren ***Helminthotheca***, 801

— Alle Hüllblätt. schmal linealisch, die äuß. viel kürzer als die meist 8 inn. .... ***Picris***, 814

14 (6). Fr. ungeschnäbelt (*751/5*) **20**

— Fr. geschnäbelt (zuw. nur kurz), Pappus dadurch stielart. emporgehoben (*751/6*) **15**

15. Blätt. in grundst. Rosette, schrotsägef.; Schaft vollkommen blattlos, röhrig, hohl, m. nur 1 Köpfchen .... ***Taraxacum***, 827

— Stg. beblätt. (wenigstens m. kleinen Schuppenblätt.), meist nicht hohl, m. mehreren Köpfchen **16**

16. Stg. m. normalen Laubblätt. **18**

— Stg. nur m. schuppenf. od. kleinen, linealischen Hochblätt., zuw. noch m. 1 normalen Laubblatt; — Hülle m. Außenhülle; Fr. lg. geschnäbelt **17**

17. Köpfchen 7–15-blütig; Stg. oberw. kahl; Hülle flaumig behaart; Fr. oberw. höckerig (*783/2a*) .... ***Chondrilla***, 783

— Köpfchen vielblütig; Stg. oberw. gleich der Hülle dicht schwarz-steifhaarig; Fr. oben m. gezähntem Krönchen (*783/2b*) .... ***Willemetia***, 831

18 (16). Fr. fast stielrund; — Krone gelb; Hüllblätt. 2-reihig .... ***Crepis***, 788

— Fr. ± flach zus.gedrückt; — Krone gelb od. blau **19**

19. Fr.Schnabel mind. so lg. wie die übrige Fr. (selten ein Drittel bis halb so lg. u. dann reif schwarz, *Lactuca quercina*); Pappus mehrreihig, aus gleich lg. Borsten; Köpfchen m. meist > 6 Blüten .... ***Lactuca***, 805

— Fr.Schnabel ein Viertel bis halb so lg. wie die übrige Fr., weißl.; Pappus 2-reihig, inn. aus lg. Borsten, äuß. aus kurzen Börstchen; Köpfchen 5–6-blütig .... ***Mycelis***, 810

20 (14). Blüten gelb od. orangerot **23**

— Blüten rötl. od. blau **21**

21. Köpfchen 5-blütig, in lockeren rispenart. Köpfchenständen; Hüllblätt. 6–8 ***Prenanthes***, 815

— Köpfchen vielblütig; Hüllblätt. zahlr.; — Fr. etwas zus.gedrückt **22**

22. Stg. oberw. dicht drüsenhaarig; Blätt. m. 3-eckig-spießf. Endabschnitt; Köpfchen in verlang. trauben- od. rispenart. Köpfchenständen .... ***Cicerbita alpina***, 783

— Stg. kahl (*Lactuca plumieri*) od. Blätt. borstig-drüsig behaart (*L. macrophylla*); Blätt. m. herz-eif. od. eif. längl. Endabschnitt; Köpfchen in schirmrispenart. Köpfchenständen ***Lactuca***, 805

23 (20). Blätt. am Rand borstig-dornig gezähnt; Fr. ± deutl. zus.gedrückt .... ***Sonchus***, 825

— Blätt. nicht borstig-dornig (aber zuw. borstig); Fr. walzl. od. undeutl. zus.gedrückt **24**

24. Fr. nach oben verschmälert (*753/1*); Pappus meist reinweiß, biegsam; äuß. Hüllblätt. oft eine Außenhülle bildend (= Hülle 2-reihig) .... ***Crepis***, 788

— Fr. oberw. nicht verjüngt (*764/1*); Pappus meist schmutzigweiß; äuß. Hüllblätt. nur selten eine Außenhülle bildend **25**

25. Grundblätt. zahlr., linealisch, ganzrandig, kahl, blaugrün; Stg. m. 0–2, viel kürzeren Hochblätt.; Hüllblätt. deutl. 2-reihig, äuß. viel kürzer als inn.; Pappusborsten 1-reihig, reinweiß, gleich lg., biegsam; Pfl. m. unterird. Ausläufern .... ***Tolpis***, 830

— Grundblätt., falls vorhanden, fast ausnahmslos breiter, oft behaart; Stg. häufig beblätt.; Hüllblätt. dachziegelig bis mehrreihig; Pappusborsten 1- od. 2-reihig, schmutzigweiß, gleich od. verschieden lg., steif, zu Staub zerreibbar; Fr. vgl. *764/1a, b*; Pfl. ohne od. m. oberird., selten unterird. Ausläufern **26**

26. Fr. 1,5–2(–3,5) mm lg., ihre 10 Rippen gezähnt (d. h. jede Rippe in einen kurzen, zahnart. Vorsprung endigend, *764/1a*); Pfl. meist m. Ausläufern (3 Ausnahmen); Pappusborsten 1-reihig, gleich lg.; — Blätt. ganzrandig bis entf. u. schwach gezähnt, selten m. tieferer Blattkontur, ohne deutl. Stiel; Stg. wenigblättr. ***Pilosella***, 814

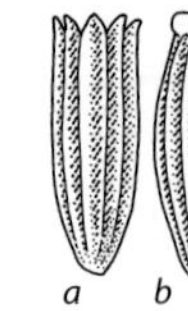

764/1

— Fr. (1,5–)3–5 mm lg., ihre 10 Rippen zahnlos (d. h. an der Spitze in einen ringf. Wulst verschmelzend, *763/1b*); Pfl. ohne Ausläufer; Pappus 2-reihig, aus kürzeren u. längeren Borsten; — Blätt. meist deutl. gezähnt u. m. deutl. Stiel; Stg. wenig- od. reichblättr. **27**

27. Blüten weißl.gelb bis blassgelb; Pfl. klebrig-drüsig .... ***Schlagintweitia***, 817

— Blüten hell- bis dk.gelb; Pfl. meist nicht klebrig-drüsig (vgl. aber *H. amplexicaule*, s. Nr. **17**), aber ± reichl. behaart u. höchstens der Köpfchenstand drüsig .... ***Hieracium***, 801

Achillea L., Schafgarbe (Bearbeiter: Gerald Parolly)

1. Blätt. fiederteilig od. gefied. **3**

— Blätt. ungeteilt, – fein gesägt (Artengruppe Sumpf-S., ***A. ptarmica*** agg.) **2**

2. Köpfchen 12–17 mm ∅; Zungenblüten zu 8–13; Blätt. nicht punktiert, Sägezähne nochmals reichl. gesägt u. m. feinen Knorpelspitzchen (Lupe!); — Zunge der Zungenblüten 4–7 mm lg.; ↕ 30–100(–150) cm; ♃. VII–IX. – Wiesenmoore, Gräben. – *v–z*, Alp. u. A zieml. *s*. – Gelegentl. kult. Sorten m. gefüllten Köpfchen aus Gärten verwild.
Bertram-S., Sumpf-S., Sumpf-Bertram, ***A. ptarmica*** L.

— Köpfchen 10–12 mm ∅; Zungenblüten zu 7–8; Blätt. beiderseits dicht durchscheinend drüsig punktiert (Lupe!), Sägezähne nochmals wenig gesägt u. m. deutl. Knorpelspitze; — Zunge der Zungenblüten 3–5 mm lg.; ↕ 50–120(–180) cm; ♃. VII–IX. – Wiesenmoore, Gräben. – *s*, Oder u. Flusstäler östl. der Oder, Elbetal b. Stendal (ST). [*A. cartilaginea* Rchb.]
Knorpelblättrige S., ***A. salicifolia*** Besser

3 (1). Zungenblüten weiß od. rosa **5**

— Zungenblüten goldgelb **4**

4. Zungenblüten 1–2 mm lg.; 15–50 Köpfchen; Köpfchenstand meist 50–80 mm ∅; Pfl. filzig behaart, höchstens 40 cm hoch; — Köpfchen in doldenähnl. rispenart. Köpfchenständen, m. 4–6 Zungenblüten; Hülle 3 mm ∅; ↕ (5–)12–30(–40) cm; ♃. V–VIII. – Trockenrasen. – *s*, nur CH: Vs; I: Bz; verwild. D: BW, NI, NRW, RP, ST; B; NL. Gelbe S., ***A. tomentosa*** L.

— Zungenblüten 0,7–1 mm lg.; 50–500 Köpfchen; Köpfchenstand meist 20–40 mm ∅; Pfl. dünn anlgd. behaart; ↕ 50–130 cm; ♃. VI–VIII. – Gärten, Parkanlagen, Ruderal-StO. Ne. (Heimat: SW- bis Z-As., Kaukasus); *s*, z. B. D. BW, BY, RP, TH; A; CH; NL. – Gartenzierpfl.
Gold-S., Hohe Gelbe S., ***A. filipendulina*** Lam.

5 (3). Zunge der Randblüten die Hülle um weniger als die Länge der Hüllblätt. überragend; Randblüten meist 5, selten 4 od. 6 .... **12**

— Zunge der Randblüten die Hülle mind. um die Länge der Hüllblätt. überragend; Randblüten 5–20; — Gebirgspfl. **6**

6. Blätt. u. ganzer Stg. dicht zottig, anlgd. seidig od. wollig behaart **11**

— Blätt. kahl bis zerstreut behaart; Stg. unten (fast) kahl, oberw. zerstreut (selten dichter) behaart (bei *A. moschata* oben auch drüsig) **7**

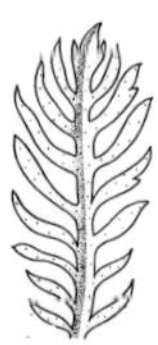
764/2

764/3

764/4

7. Pfl. 30–100 cm hoch; Zungenblüten meist 5(–8); Fiedern 1-fach bis doppelt scharf gesägt, ≤ 10 mm br.; — Blätt. bis fast 3-mal so lg. wie br., m. 5–7 Fiederpaaren; ↕ (30–)50–100 cm; ♃. VII–IX. – Hochstaudenfluren, feucht-schattige Schluchten, Grünerlengebüsch; 900–2200 m. – *z*, D: Allgäuer Alp.; A: Kt, OTi, Ti, Vb; CH; FL; I: Bz. Großblättrige S., ***A. macrophylla*** L.

— Pfl. 5–30 cm hoch; Zungenblüten 6 od. mehr (bis 20, selten nur 5); Fiedern ganzrandig od. 1-fach bis doppelt fiederspaltig, alle Abschnitte linealisch; — Blätt. mehrmals länger als br. **8**

8. Stg. meist m. 1 Köpfchen; Zunge der Randblüten > 6 mm lg.; — Blätt. nicht drüsig punktiert; Hüllblätt. grün, ringsum m. schwarzbraunem Hautrand; ↕ (8–)10–20(–30) cm; ♃. VII–IX. – Steinige Rasen, Felsfluren; kalkstet; 1500–2500 m. – *s*, A: Kt (Gailtaler u. Karnische Alp.), OTi; I: Bz. Dolomiten-S., ***A. oxyloba*** (DC.) S. Bip.

— Stg. m. mehreren Köpfchen; Zunge der Randblüten < 6 mm lg. **9**

9. Blätt. dicht drüsig punktiert, 1-fach fiederteilig; Zungenblüten 6–8; — Abschnitte 0,5–1 mm br., kammf. (*764/2*), diese zuw. (Grundblätt.) m. 1–3 Zähnchen; ↕ 7–20 cm; ♃. VII–IX. – Felsköpfe, Magerrasen; kalkmeidend; meist 1500–3400 m, *s* tiefer. – *v* Silikat-Alp., *s* Kalk-Alp. [*A. moschata* Wulfen] Moschus-S., ***A. erba-rotta*** subsp. ***moschata*** (Wulfen) Vacc.

— Blätt. nicht drüsig punktiert, z.T. od. ganz doppelt fiederteilig; Zungenblüten 7–12 .... **10**

10. Basale Fiederpaare der Blätt. ungeteilt (*764/3*); Zunge der Randblüten 5–6 mm lg.; Pfl. kaum aromat. riechend; — Köpfchen 11–16 mm ∅; ↕ 8–25 cm; ♃. VII–IX. – Steinschuttfluren, Moränen, Schneetälchen; auf Kalk; 1300–2300 m, *s* tiefer. – *v* Kalk-Alp., *s* Silikat-Alp. ©. – Formenreich. [*A. halleri* Crantz] Schwarze S., ***A. atrata*** L.

— Sämtl. Fiedern der Blätt. geteilt, die ob. oft doppelt (*764/4*); Zunge der Randblüten 3–4 mm lg.; Pfl. stark aromat. riechend; — Köpfchen 9–12 mm ∅; ↕ (10–)15–30 cm; ♃. VII–IX. – Wie vorige Art; kalkstet. – *s*, A: NÖ, OÖ, N-Stm. [*A. atrata* subsp. *clusiana* (Tausch) Heimerl] Ostalpen-S., ***A. clusiana*** Tausch

11 (6). Stg., Blätt. u. Hülle dicht wollig-zottig behaart; Stg. nicht kantig; Zunge der Randblüten halb so lg. wie die Hülle; Pfl. m. aromat. Geruch, — weißgrau; ↕ 5–10(–15) cm; ♃. VII–IX. – Felsen, Steinschuttfluren, Schneetälchen; kalkmeidend; 2000–3300 m. – W-Alp. (östl. bis Ortler- u. Adamello-Gruppe); *s*, CH; I: Bz. Zwerg-S., ***A. nana*** L.

— Stg., Blätt. u. Hülle anlgd. seidig behaart, bisw. verkahlend; Stg. kantig; Zunge der Randblüten so lg. wie die Hülle; Pfl. ohne aromat. Geruch; ↕ 5–30 cm; ♃. VII–IX. – Felsen, Steinschuttfluren, steinige Rasen; kalkstet; 1500–2500 m, *s* tiefer. – *v* Kalk-Alp. östl. Achensee; *s* Silikat-Alp.; auch CH: Ts; I: Bz. ©. [*A. „clavennae"*] Steinraute, Weiße S., Weißer Speik, ***A. clavenae*** L.

12 (5). Stg.Blätt. wenig länger als br., im Umriss eif.; Fiedern lanzettl., scharf doppelt gesägt; — Pfl. der subalp. Stufe .... ***A. macrophylla***, s. Nr. **7**

— Stg.Blätt. viel länger als br.; Fiedern stärker zerteilt, nicht doppelt gesägt **13**

13. Fiedern der mittl. Stg.Blätt. im Umriss (längl.) eif., ihre Rhachis gezähnt, m. 7–12 Fiederpaaren u. deutl. voneinander entfernten Fiedern; — Zunge der Randblüten ≈ ein Drittel so lg. wie die Hülle, weiß bis gelbl.weiß, unterseits zerstreut m. sitzenden Drüsen; Pfl. ohne Ausläufer; ↕ 20–60(–80) cm; ♃. VI–X. – Trockenrasen, Mauern, Weinberge. – *z–s*, nördl. bis L/Köln/Lahntal/Harz/ST; auch A: Bgl, NÖ; CH: Vs, Jura; CZ; I: Bz; eingebürg. in D: SO-BY (bei Passau); A: Stm; NL. [*A. neilreichii* A. Kern.] Edel-S., ***A. nobilis*** L.

— Fiedern der mittl. Stg.Blätt. im Umriss längl.-lanzettl., m. > 12 Fiederpaaren u. meist einander genäherten od. sich berührenden Fiedern **14**

14. Pfl. ohne unterird. Ausläufer; Zunge der Randblüten breiter als lg., ≈ halb so lg. wie die Hülle, oberseits gelbl.weiß; ↕ 20–60 cm; (⊙.–)♃. VII–IX. – Trockenrasen, Ruderalstellen; kollin. – Ursprüngl. nur CZ (Hauptverbr.: O- u. SO-Eur.); sonst Ne. (eingeschleppt) u. teilw. eingebürg. z. B. in D: BB, BW, BY, HE, SH; A: NÖ, Stm, Ti; CH; CZ; I: Bz?; PL. Meerfenchelblättrige S., ***A. crithmifolia*** Waldst. & Kit.

— Pfl. m. unterird. Ausläufern u. sterilen Trieben; Zunge der Randblüten ≈ so lg. wie br., kürzer als die halbe Hüllenlänge, oberseits weiß, seltener rosa; ♃. – Sehr formenreich (Sippen meist bestimmungskritisch). Artengruppe Wiesen-S., ***A. millefolium*** L. agg.

Zur Bestimmung eignen sich nur mehrere ausgewachsene, kräftige Pfl. Die Bestimmung bleibt ohne die Untersuchung zytolog. u. biochem. Merkmale sowie die Ermittlung der Pollengröße oft unsicher. Zur Beurteilung von Blattmerkmalen verwende man, falls nicht anders angegeben, stets die mittl. Stg.Blätt.

Folg. Schlüssel teilw. nach Fischer et al. (2008).

a. Grundblätt. meist längl. verkehrt eif. bis fast spatelf. (am breitesten über der Spr.Mitte), ihre Rhachis ungezähnt od. höchstens im vord. Teil gezähnelt, ohne Zwischenfiedern; Grundblätt. meist deutl. schmaler; fast nur auf Wiesen-StO .... **b**

— Grundblätt. meist lanzettl. (am breitesten in der Spr.Mitte), ihre Rhachis zw. den Fiedern 1. Ordn. deutl. gezähnt, meist m. Zwischenfiedern; Grundblätt. meist 3–8 cm br.; — Rhachis 2–4(–5) mm br.; ↕ 40–120 cm. VII–IX. – Magerwiesen, Hochstaudenfluren, lichte Wälder. – Formenreich. (Artenuntergruppe Zahnblatt-S., ***A. distans*** Willd. s. l.) .... **A**

A. Internodien in der Stg.Mitte oft deutl. gestaucht; schirmrispiger (Haupt-)Köpfchenstand 4–10 cm ∅, sehr dicht (schlecht pressbar), oft von seitl. Köpfchenständen übergipfelt; Rhachis 1–2 mm schmal geflüg. (selten breiter); — Blattfiedern 3–6-mal so lg. wie br.; Zungenblüten weiß, seltener rosa, (2,2–)2,8(–3,8) mm lg.; ↕ (20–)30–40(–60) cm. VI–X. – Kiefernwälder, Magerwiesen; auf Kalk. – *s*, A: NÖ (Rax-Schneeberg-Gebiet; S-CH; CZ; I: Bz? [Taxonom. Status u. Synonymie ungeklärt; Benennung nur vorläufig; incl. *A. distans* subsp. *stricta* (Gremli) Janch.?; *A. „raxensis"* sensu Fischer et al. 2008]
Rainfarn-S., ***A. distans*** subsp. ***tanacetifolia*** (Fiori) Janch.

— Internodien in der Stg.Mitte nie deutl. gestaucht; schirmrispiger (Haupt)Köpfchenstand 3–10 cm ∅, weder auffällig dicht noch von seitl. Köpfchenständen übergipfelt; Rhachis deutl. 2–5 mm br. geflüg.; — Zungenblüten rosa bis weiß; fast nur in Waldgesellschaften .... **B**

B. (Haupt-)Köpfchenstand 3–5(–8) cm ∅; Köpfchen klein: Hüllenlänge × Hüllenbreite ≈ (7–)9(–11) mm^2; Zungenlänge × Zungenbreite ≈ (3–)4(–6) mm^2; Pfl. oft auffällig rasig wachsend; ↕ 40–120 cm. VII–IX. – Lichte, felsige Laubwälder u. Gebüsche der montanen Stufe über basischem Silikat. – *z*, A: NÖ (Kremstal, Thayatal, Weitental), Stm (Murtal) u. Sb (Lungau); CZ. [*A. distans* subsp. *styriaca*, des. inval.]
Steirische S., ***A. styriaca*** Saukel & Danihelka

— (Haupt)-Köpfchenstand 5–10 cm ∅; Köpfchen groß: Hüllenlänge × Hüllenbreite ≈ (11–)13(–14) mm^2; Zungenlänge × Zungenbreite ≈ (6–)8(–10) mm^2; Pfl. oft einzeln wachsend; ↕ 20–80 cm. (VI–)VII–IX. – Lichte, felsige Kiefern- u. Laubwälder, trockenwarme Gebüsche u. Magerwiesen; Kalk; submontan bis montan. – *s*, A: Bgl, NÖ; I: Bz; in D: BY (Berg a. Laim, Trudering) Ne. (eingeschleppt). [*A. distans* Willd. subsp. *distans*]
Zahnblatt-S. (i.e. S.), ***A. distans*** Willd. s str.

b. Grundblätt. frisch m. deutl. 3-dimensional angeordneten Fiedern; Fiederenden borstl., nur 0,2–0,3(–0,4) mm br., grannig auslfd. (*767/1*); Zunge der Randblüten nur ein Drittel so lg. wie die Hülle, — weiß, selten gelbl.; Grundblätt. nur bis 10 mm br.; Stg.Blätt. doppelt gefied., im Umriss lanzettl.; Pfl. seidig od. wollig behaart; ↕ 15–40(–60) cm. V–VI. – Steppenrasen, steinige Weiden. – *z–s*, D: BB, SH (Hamburg), SN (Elbtal), ST, TH; A: Bgl, NÖ; CH: Bern, Gr (Puschlav), SG, Ts, Vs; CZ; PL. Feinblatt-S., ***A. setacea*** Waldst. & Kit.
Ähnl. ist die Wollige S., ***A. lanulosa*** Nutt. [*A. millefolium* subsp. *lanulosa* (Nutt.) Piper]: Aber Blätt. steriler Sprosse viel breiter (15–50 mm vs. bis 10 mm br.); — ganze Pfl. robuster u. m. größ. Köpfchen; Köpfchenstand sehr locker; ↕ 50–100 cm. VI–VII. – Ruderalfluren. – Ne. (Heimat: Westl. N-Am.). – *s*, D: BB (Berlin), SH (Hamburg); wo noch? – Zierpfl.?

— Grundblätt. frisch (außer bei *A. roseoalba*) m. flächig ausgebreiten Fiedern; Fiederenden nicht borstl., ihre letzten Enden nicht büschelig sthd.; Zunge der Randblüten halb so lg. wie die Hülle, — weiß, rötl. od. rosa .... **c**

c. Stg. blhd. Sprosse meist kräftig, meist deutl. > 2 mm ∅; Pfl. wenig bis dicht lg. behaart; Zungenblüten weiß (selten rosa); Hüllblätt. ± dicht lg. behaart; schirmrispiger (Haupt-)Köpfchenstand (außer bei *A. collina*) meist (viel) breiter als 4 cm (bis 15 cm ∅); oberster Köpfchenstand („Endschirm") meist > 1,5 cm lg. .... **f**

— Stg. blhd. Sprosse zart, 1–2(–3) mm ∅; Pfl. fast kahl bis mäßig behaart; Zungenblüten meist rötl. od. purpurrosa (seltener weiß); Hüllblätt. kahl bis sehr zerstreut behaart; schirmrispiger Köpfchenstand nur 2–3(–4) cm ∅; oberster Köpfchenstand („Endschirm") meist < 1,5 cm lg. .... **d**

d. Unt. Stg.Blätt. meist auffallend gestielt, Fiedern flächig; Blätt. dickl., m. knorpeligen Fiederenden, frisch oft stechend; — Zungenblüten kräftig purpurrosa; Stg. oft hin u. her gebogen; Fiedern 1. Ordn. der ob. Stg.Blätt. gezähnt bis gelappt; Flügelung der Rhachis an den ob. Stg.Blätt. stärker ausgeprägt als an den unt.; Pfl. fast kahl; ↕ (25–)35–50(–75) cm. (V–)VI(–IX). – Nasse, auch leicht salzhaltige Mager- u. Flachmoorwiesen; kollin. – *z*, A: Bgl, NÖ; CZ; in D: SN in Einbürg. Farnblättrige S., ***A. aspleniifolia*** Vent.

— Unt. Stg.Blätt. meist fast sitzend, Fiedern wenig flächig u. oft gedreht; Blätt. dünn, Fiedern ohne knorpelige Enden; — Zungenblüten rosa od. weiß .... **e**

e. Pfl. auffällig rasig wachsend (bis zu 50 Stg. fleckweise auftretend); Stg. wenigstens im unt. Drittel stielrund, leicht zus.drückbar; Stg.Blätt. grobschnittig, flächig, nach oben zu kaum kleiner werdend u. meist waagr. absthd., ob. bis 10 cm lg.; Flügelung der Rhachis an den ob. Stg.Blätt. stärker ausgeprägt als an den unt., oft auch gezähnt; — längste Stg.Glieder bis 18 cm lg.; Zungenblüten weiß bis rosa, selten dk. rosa; ↕ (20–)30–50(–90) cm. V–IX. – Frische bis feuchte Wiesen; Tieflagen bis Bergwaldstufe. – Verbr. in D noch nicht vollst. bekannt, *s–z*, z. B. BY (Oberstdorf, Regensburg, Haßberge), SN (Elbtal von Riesa bis Krippe; Leipziger Land), TH (Plaue, Jena); *z–v* A; CH (genaue Verbr. unbekannt); CZ. Wiesen-S., Rasige S., ***A. pratensis*** Saukel & R. Länger

— Pfl. meist einzeln wachsend; Stg. auch im unt. Drittel kantig, nicht zus.drückbar; Stg.Blätt. feiner zerteilt, nicht flächig, nach oben zu kleiner werdend u. schräg absthd., ob. 2–6 cm lg.; Rhachis kaum geflüg., ungezähnt; — Stg. oft bogig aufstgd.; längste Stg.Glieder bis 11 cm lg.; Zungenblüten hell bis dk. rosa, selten weiß; ↕ (25–)35–55(–75) cm. VI–IX. – Frische bis feuchte Wiesen, bodensaure Flachmoore. – *s*, D: BY (Grettstadt), Illertal, TH (Meuselwitz, ob noch?), auch regional verwild.; *s* A: Kt, Ti, Vb; CH: Gr, Schaffhausen, SG, Ts, Vs; FL; I: Bz. Südalpen-S., Blassrote S., ***A. roseoalba*** Ehrend.

f **(c).** Stg. u. Blätt. dicht wollig bis zottig behaart; mittl. Stg.Blätt. 8–10-mal so lg. wie br., ihre Fiedern 1. Ordn. sehr dicht sthd. (*767/4*); ↕ (20–)30–60(–100) cm. VI–VIII. – Trockenrasen, Felsbänder, Gebüschränder. – *z–s*, D: BB, BY, Harz, SN, ST, TH; A: Bgl, NÖ; CZ; F: Els; PL. [*A. seidlii* J. Presl & C. Presl]
Pannonische S., Ungarische S., ***A. pannonica*** Scheele

— Stg. u. Blätt. wenig bis zerstreut-locker behaart; mittl. Stg.Blätt. im Verhältnis kürzer, ihre Fiedern 1. Ordn. weniger dicht sthd. .... **g**

767/1 *767/2* *767/3* *767/4*

g. Rosettenblätt. 5–8-mal so lg. wie br.; Fiedern 1. Ordn. der mittl. Stg.Blätt. relativ br., fiederteilig; — Fiedern 2. Ordn. gezähnt (*767/3*); Hüllblätt. m. schmalem, hellbraunem Rand; ↕ 30–50(–70) cm. VI–VIII. – Trockenrasen. – *z*, D: BB, BY, HE, NI, RP, SH (Hamburg), SN, N-ST, TH, ob noch MV (Hiddensee)?, N-ST, vermutl. S-D (z. B. FrAlb); A; CZ; F: Els; PL. Hügel-S., ***A. collina*** (Wirtg.) Heimerl

— Rosettenblätt. 7–15-mal so lg. wie br.; Fiedern 1. Ordn. der mittl. Stg.Blätt. relativ schmal, doppelt fiederteilig (*767/2*). VI–X. – *v*. Gewöhnliche S., ***A. millefolium*** L. s. str.

A. Hüllblätt. m. schmalem, hellbraunem Rand; Zungenblüten fast stets weiß; — Pfl. schwach behaart, ↕ bis 100 cm. – Tiefere Lagen: Wiesen, Wegränder, Halbtrockenrasen (Höhenobergrenze?). – *v*. Gewöhnliche S. (i. e. S.), subsp. ***millefolium***

— Hüllblätt. m. mittel- bis schwarzbraunem Rand; Zungenblüten meist ± rötl.; — Pfl. insges. stärker behaart, ↕ kaum > 50 cm. – V. a. Gebirgswiesen u. Zwergstrauchheiden der montanen u. subalp. Stufe (bis 2500 m). – *v* Alp., *z* Vog., Sudeten, Erzgeb. Sudeten-S., subsp. ***sudetica*** (Opiz) Oborny

Weitere Arten als Zierpfl. aus Gärten gelegentl. verwild.; zahlr. Arten neigen zur Hybridbildung!

Adenostyles Cass., Alpendost (Bearbeiter: Gerald Parolly)

1. Köpfchen 10–30-blütig; Hüllblätt. filzig; ↕ 20–40 cm; ♃. VII. – Gesteins- u. Steinschuttfluren der Silikat-Alp.; bis 3000 m. – *s*, A: Ti (Ötztal); CH; I: Bz. [*A. tomentosa* Schinz & Thell., nom. illeg.] Filziger A., ***A. leucophylla*** (Willd.) Rchb.

— Köpfchen 3–6-blütig; Hüllblätt. kahl, zuw. etwas flaumig **2**

2. Ob. Stg.Blätt. stets gestielt, ihr Blattstiel am Grund nicht geöhrt; Blätt. gleichm. gezähnt, unterseits graugrün u. nur auf den Nerven behaart; Nervennetz engmaschig; Krone hellviolett; ↕ 30–60 cm; ♃. VII–VIII. – Felsschutt, Schluchtwälder; auf Kalk; bis 2700 m. – *v* Alp., *z* Vorland, Schweizer Jura. [*A. calcarea* Brügger; *A. glabra* (Mill.) DC.] Grüner A., ***A. alpina*** (L.) Bluff & Fingerh. (subsp. ***alpina***)

— Ob. Stg.Blätt. halb stg.umfassend sitzend, wenn gestielt, dann m. geöhrtem Blattgrund; Blätt. ungleichm. gezähnt, unterseits graufilzig; Nervennetz weitmaschig; Krone fleischrot; ↕ 40–180 cm; ♃. VII–VIII. – Hochstaudenfluren, Schluchtwälder; bis 2700 m. – *v* Alp., *z* Vorland, Schweizer Jura, Schw., Vog., Sudeten. [*A. albifrons* (L. f.) Rchb.] Grauer A., ***A. alliariae*** (Gouan) A. Kern.

Ageratina Spach, Natternwurz (Bearbeiter: Gerald Parolly)

Kräftige, schwach kurzhaarige od. weitghd. kahle Staude; Köpfchen m. (9–)12–25 Blüten, 7–8 mm ∅; mittl. Stg.Blätt. 2–5 cm lg. gestielt; Spr. eif., zugespitzt, am Grund schwach herzf., gerundet od. br. keilf., grob gesägt, ≈ 10–16 x 6–12 cm, oft auffällig 3-nervig; ↕ (30–)60–150 cm; ♃. VII–IX. – Warme Waldränder, Gebüsche. – Ne. (Heimat: östl. N-Am.), kult.; *s* verwild., lokal eingebürg. in A: Kt, NÖ, Stm; unbest. in D: BY, HE; B; CZ; PL. – Gartenzierpfl. [*Eupatorium rugosum* Houtt.] Hohe N., ***A. altissima*** (L.) R. M. King & H. Rob.

Außerdem: Klebrige N., ***A. adenophora*** (Spreng.) R. M. King & H. Rob.: Pfl. drüsig flaumig behaart; Köpfchen m. 12–24 Blüten, ≈ 6 mm ∅; Hüllblätt. rötl. drüsig; Pappus hinfällig, m. 5–10 weißen Borsten, 3–4 mm lg.; ↕ 50–200 cm; ♃ (bei idealen Bedingungen strauchf.). VII–IX. – Gebüsche? – Ne. (Heimat: M-Am.); sehr *s* verwild u. unbest. in D: BW. – Zierpfl.

Ageratum L., Leberbalsam (Bearbeiter: Gerald Parolly)

Blätt. herzf., regelm. gesägt bis gekerbt; Hüllblätt. drüsig behaart; Krone blau, rosarot bis weiß; Narben blau, weit aus Krone herausragend; ↕ 15–40(–60) cm; ⊙–♃. VII–IX. – Ruderalfluren, Gebüsche. – Ne. (Heimat: S-Mexiko, Guatemala, Belize); *s* verwild.; z. B. D: BB (Berlin), BW (Bodensee), BY (FrAlb), NI, NW, SN; A; CH. – Gartenzierpfl. [*A. mexicanum* Sims] Gewöhnlicher L., ***A. houstonianum*** Mill.

Weitere Zierpfl., die gelegentl. siedlungsnah unbest. an Ruderalstellen verwildern können:

Mexikanischer L., ***A. conyzoides*** L.: Wie *A. houstonianum* m. behaarter Fr. u. in Grannen auslfd. Schuppen-Pappus, aber Grund der Blattspr. keilf.; Hüllblätt. spärl. nicht drüsig behaart; ⊙. VII–IX .– Ne. (Heimat: Mexiko, Z-Am., Karibik); *s* verwild.; z. B. D: BW.

Trugdoldiger L., ***A. corymbosum*** Zucc.: Pf. halbstrauchig, Fr. kahl, m. winzigem Krönchen ohne Grannen; ♄. VII–IX. – Ne. (Heimat: Sonora, Mexiko bis Honduras); *s* verwild.; z. B. D: BB (Berlin), BW.

Ambrosia L., Ambrosie, Traubenkraut (Bearbeiter: Gerald Parolly)

1. Blätt. handf. 3(–5)-lappig (*768/1*), die ob. (selten alle) ungeteilt; — Stg. behaart bis kahl; ↕ bis > 2 m ; ⊙. VIII–X. – Ruderalstellen. – Ne. (Heimat: N-Am.), eingeschleppt; *s*, regional eingebürg., z. B. D: Oberrhein, Rheinl., NO-D; A: OÖ, Sb, Stm; CZ. Dreilappige A., ***A. trifida*** L.

— Blätt. gefied. od. fiederteilig **2**

2. Stg. u. Blätt. unterseits dicht weiß bis grau behaart; — Blätt. doppelt fiederteilig; Fiedern 1. Ordn. im Umriss schmal eif. (*768/2*); ↕ bis 1 m; ⊙. VIII–X. – Ruderalstellen. – Ne. (Heimat: MMG), eingeschleppt; sehr *s*, D: Oberrhein (Mannheim, Ludwigshafen). Strand-A., ***A. maritima*** L.

— Stg. u. Blätt. kahl bis locker u. zerstreut behaart **3**

3. Pfl. 1-j., bis 1,5 m hoch; Blätt. dünn, die unt. stets doppelt fiederspaltig (*768/3*); Hülle der ♂ Köpfchen kahl od. schwach behaart; ⊙. VIII–X. – Äcker, Straßenränder, Ruderalstellen. – Ne. (Heimat: N-Am.), eingeschleppt; meist unbest., *z*. [*A. elatior* L.] Beifußblättrige A., ***A. artemisiifolia*** L.

— Pfl. ausd., bis 80 cm hoch; Blätt. dickl.; Fiedern 1. Ordn. höchstens gezähnt (*768/4*); Hülle der ♂ Köpfchen dicht behaart; ♃. VIII–X. – Ruderalstellen, Flussufer. – Ne. (Heimat: N- u. M-Am.), eingeschleppt; *s*, D: BB (auch Berlin), BW, BY, HE, MV, NW, RP, SH (Hamburg), SN, ST; TH; A: OÖ; Sb; CH: Ts, Vs, Vd; F: Els; NL; PL (Breslau). [*A. coronopifolia* Torr. & A. Gray] Stauden-A., Ausdauernde A., ***A. psilostachya*** DC.

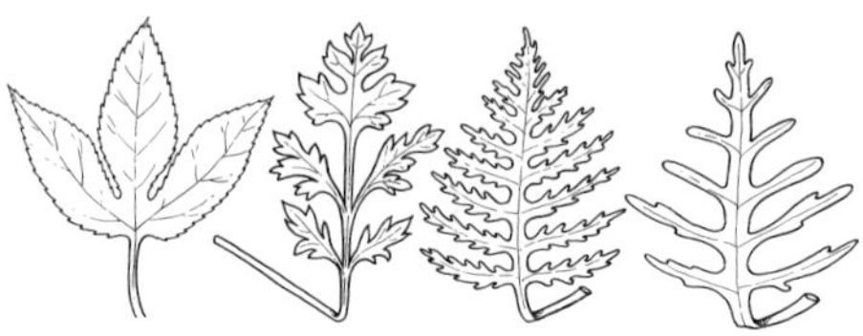

768/1 *768/2* *768/3* *768/4*

Anacyclus L., Bertram, Bertramwurzel (Bearbeiter: Gerald Parolly)

Blätt. 2–3-fach gefied.; Köpfchen 1 cm ∅, einzeln, auf verdickten, hohlen, aufr. Stielen; äuß. Fr. br. geflüg., Flügel das Fr.Ende etwas überragend, inn. Fr. ungeflüg.; ↕ 15–30 cm; ⊙. VI–VII. – Alte Heilpfl. (Heimat: MMG), noch gelegentl. angebaut (meist als „*A. officinarum*") u. zuw. verwild.; z. B. D : BB, BW, NRW, SH (Hamburg), SN u. TH; B; CH, CZ, F: Els; NL; PL; *f* A. Keulen-B., ***A. clavatus*** (Desf.) Pers.

Wenige weitere Arten der Gattung aus dem MMG werden im Gebiet kult., wie z. B. ***A. pyrethrum*** (L.) Link (Pfl. ausd.; Stg. niederlgd., u. a. adventiv in D: NRW, RP, SH (Hamburg) u. ST.).

Anaphalis DC. [*Gnaphalium* L. p. p.], Silberimmortelle, Perlkraut, Perlpfötchen
(Bearbeiter: Gerald Parolly)

Stg.Blätt. lineal-lanzettl., unterseits filzig; Hülle perlweiß; ↕ 30–60(–80) cm; ♃. VII–IX. – Waldwege u. Lichtungen, ruderalisierte Magerrasen. – Ne. (Heimat: N-Am., NO-As.); *s*, in Einbürg., z. B. D; A. – Zierpfl. [*G. margaritaceum* L.] Großblütige Silberimmortelle, ***A. margaritacea*** (L.) Benth. & Hook. f.

Antennaria Gaertn., Katzenpfötchen (Bearbeiter: Gerald Parolly)

1. Anhängsel der Hüllblätt. weiß (♂ Pfl.) od. dk.rot bis rosa (♀ Pfl.); oberird. Ausläufer vorhanden; Blätt. oberseits kahl od. behaart, unterseits weißwollig-filzig; ↕ 5–20 cm; ♃. V–VII. – Heiden, trockene Wälder, Magerrasen; bis 3200 m. – *v*, im NW *s*; stark im Rückgang begriffen. ⓖ. Gewöhnliches K., ***A. dioica*** (L.) Gaertn.

— Anhängsel der Hüllblätt. bräunl.; oberird. Ausläufer fehlend; Blätt. beiderseits lockerwollig-filzig; ↕ 5–15 cm; ♃. VI–VIII. – Steinrasen; 1500–3300 m. – *z* (*s* in den Kalk-Alp.), D (Allgäuer u. Berchtesgadener Alp.); A (*f* Bgl, NÖ); CH; FL; I: Bz; PL/CZ (Riesengeb.). – Formenreich. Schweizer Karpaten-K., ***A. carpatica*** subsp. ***helvetica*** (Chrtek & Pouzar) Chrtek & Pouzar

Anthemis L. [excl. *Cota* J. Gay], Hundskamille (Bearbeiter: Gerald Parolly)

1. Pfl. ausd., m. verholztem Wurzelstock; Stg. meist unverzweigt; Köpfchenboden halbkugelig (Längsschnitt!), auf der ganzen Fläche m. (br.) lanzettl. Spreublätt.besetzt; — Blätt. einfach od. unregelm. doppelt fiederteilig; Köpfchen einzeln; Krönchen der Fr. sehr kurz; ↕ 10–25 cm; ♃. VI–VIII. [*A. montana* L., nom. illeg.] Kretische H., ***A. cretica*** L.

a. Köpfchen 2–3 cm ∅; Hüllblätt. m strohfarbenem bis hellbraunem Hautsaum, dicht behaart; Spreublätt. lanzettl., vorn schwach gezähnt, an der Spitze oft bräunl.; Krönchen der Fr. nur ≈ 0,1 mm lg.; ↕ 10–20 cm; ♃. VI–VIII. – Kiefernwälder, Felsen. – *s*, nur in CZ (Böhmen). Berg-H., subsp. ***columnae*** (Ten.) Franzén

— Köpfchen 3,5–4,5 cm ∅; Hüllblätt. m. br., schwarzem od. braunem Hautsaum, zerstreut behaart; Spreublätt. br. lanzettl., tief gesägt, die äuß. m. schwarzbrauner Spitze (*769/6*); Krönchen der Fr. < 0,5 mm lg.; – Zungenblüten länger als der ∅ des Köpfchenbodens; ↕ 10–25 cm; ♃. VII–VIII. – Fels- u. Schuttfluren, auf Silikatgestein; 1800–2300 m. – Nur A: Stm (Niedere Tauern). [*A. carpatica* Willd.] Karpaten-H., subsp. ***carpatica*** (Willd.) Grierson

— Pfl. 1–2-j.; Stg. meist reich verzweigt; Köpfchenboden kegelf. bis walzl. veräng. (Längsschnitt!), nur im ob. Teil od. auf der ganzen Fläche m. lineal-borstl. od. längl. od. lanzettl. Spreublätt. besetzt **2**

2. Zungenblüten steril; Fr. knotig-gerieft u. warzig-drüsig; Spreublätt. lineal-borstl. (*769/2*), (fast immer) nur im ob. Teil der Fläche des Köpfchenbodens (d. h. bei den äuß. Röhrenblüten fehlend); Pfl. stinkend, — fast kahl; Blätt. doppelt fiederspaltig, zerstreut behaart; ↕ (10–)20–50(–60) cm; ⊙. VII–IX. – Äcker, Brachen, Ruderalstellen. – *z*–*s*. – Schwach giftig! Stinkende H., ***A. cotula*** L.

— Zungenblüten ♀; Fr. m. glatten Rippen; Spreublätt. längl. od. lanzettl., überall vorhanden; Pfl. nicht unangenehm riechend **3**

3. Spreublätt. an der Spitze gezähnt, verkehrt-eif. längl. (*769/4*), stachelspitzig; Fr. m. schiefem Krönchen; Pfl. meist angedrückt weißwollig behaart, von stark aromat. Geruch; ↕ 10–40 cm; ⊙. VI–IX. – Ruderalstellen, Äcker. – *s*, D: S-D, BB, MV, SH, SN, ST, TH; A: Bgl, NÖ; B; CZ; PL. Ruthenische H., ***A. ruthenica*** M. Bieb.

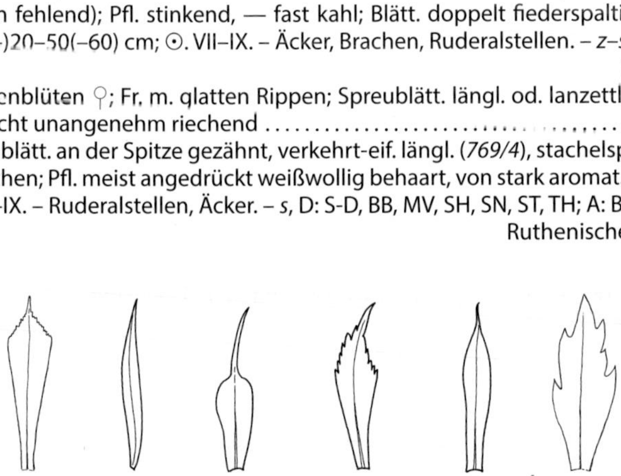

769/1 *769/2* *769/3* *769/4* *769/5* *769/6*

— Spreublätt. zugespitzt lanzettl., meist ganzrandig, stachelspitzig (*769/5*); Fr. ohne Krönchen; Pfl. kahl od. weichhaarig, ohne aromat. Geruch; — Fr. stumpf 4-kantig; ↕ (10–)20–50 cm; ⊙(–♃); VI–IX. – Äcker, Ruderalstellen. – *v*. Acker-H., ***A. arvensis*** L. (subsp. ***arvensis)***

Wenn Fr.Stiele röhrig, oberw. verdickt, sonst wie obiges Taxon, vgl. subsp. ***incrassata*** (Loisel.) Nyman: Bahnhöfe, Ruderal-StO. – Nördl. der Alp. Ne. (eingeschleppt) u. unbest. (Heimat: MMG); z.B. D: NRW; I: Bz; wo noch? Taxonom. Wert unklar.

Auch Hybriden zw. den kurzlebigen Arten u. gelegentl. weitere bislang unbest. adventive Sippen aus dem MMG u. SW-As.

Aposeris Cass., Hainsalat, Stinksalat (Bearbeiter: Eckhard von Raab-Straube)

Pfl. m. weißem, stinkendem Milchsaft; Köpfchen einzeln; Hüllblätt. schwärzl., mehlstaubig; Fr. ohne Pappus; ↕ 5–25 cm; ♃. VI–VIII. – Schattige Wälder, Gebüsche; bis 2200 m. – *v* Alp., *z* Vorland; D: *v* S-BY, *s* SO-BW; *s* CZ. Stinkender H., ***A. foetida*** (L.) Less.

Arctium L., Klette (Bearbeiter: Eckhard von Raab-Straube)

1. Hüllblätt. dicht spinnwebig-wollig miteinander verbunden, die inn. m. gerader, rötl. Spitze, fast strahlend, nur äuß. widerhakig; Blätt. unterseits dicht grauweiß filzig; — Stiele der Grundblätt. markig, oft rötl.; Fr. 5–6 mm lg.; ↕ 50–120 cm; ⊙. VII–IX. – Wegränder, Ruderalstellen. – *v–z*. Filzige K., ***A. tomentosum*** Mill.

— Hüllblätt. spärl. od. nicht spinnwebig-wollig miteinander verbunden, alle an der Spitze hakig gekrümmt; Blätt. unterseits kahl bis schwach graufilzig **2**

2. Stiele der Grundblätt. markig; Hüllblätt. so lg. wie od. etwas länger als die Blüten, bis zur Spitze grün; — Köpfchen 3–5 cm ∅; Fr. 6–8 mm lg.; ↕ 80–150 m; ⊙. VII–IX. – Wegränder, Ruderalstellen, Flussschotter. – *v–z*. [*A. vulgare* (Hill) Druce] Große K., ***A. lappa*** L.

— Stiele der Grundblätt. hohl; Hüllblätt. höchstens so lg. wie die Blüten, an der Spitze rötl. **3**

3. Köpfchen 2,5–4 cm ∅; inn. Hüllblätt. so lg. wie die Blüten; Fr. 7–11 mm lg.; ↕ 100–250 cm; ⊙. VII–IX. – Lichte Laubwälder, Kahlschläge, Gebüsche. – *v–z*. [*A. vulgare* auct.] Hain-K., ***A. nemorosum*** Lej.

— Köpfchen 1–3 cm ∅; inn. Hüllblätt. kürzer als die Blüten; Fr. 5–7 mm lg.; — Seitenäste aufr.-absthd.; ↕ 50–150 cm; ⊙. VII–IX. – Wegränder, Ruderalstellen. – Im ganzen Gebiet, meist *v*, *z* Alp. [*A. minus* subsp. *pubens* (Bab.) Arènes] Kleine K., ***A. minus*** (Hill) Bernh.

Hybridbildung häufig!

Arnica L., Arnika, Wohlverleih (Bearbeiter: Gerald Parolly)

Stg. einfach od. wenigästig; Köpfchen 6–8 cm ∅; Köpfchenboden behaart; Blüten dk.dottergelb; ↕ 20–60 cm; ♃. V–VIII. – Trockene Rasen, Heiden, Moorwiesen, austrocknende Hochmoore; kalkmeidend; bis 2900 m. – *v* Alp. u. südl. Mittelgeb., in der Ebene *s*; stark zurückgegangen, bes. D: N-BW, Nl. FFH5; ⓖ. – Schwach giftig! Echte A., Berg-W., ***A. montana*** L.

Arnoseris Gaertn., Lämmersalat (Bearbeiter: Eckhard von Raab-Straube)

Stg. m. 1–4 Köpfchen, unterh. der Köpfchen allmähl. verdickt; Blätt. keilf., verkehrt eilängl., bewimpert, gezähnt, unterseits behaart; ↕ 5–25 cm; ⊙. VI–IX. – Sandige Böden; kalkmeidend. – *z* im NO (vielfach verschwunden), sonst *s*; A: NÖ, OÖ; CZ; früher CH. Kleiner L., ***A. minima*** (L.) Schweigg. & Körte

Artemisia L., Beifuß, Edelraute, Wermut (Bearbeiter: Gerald Parolly)

1. Blätt. ungeteilt, — lanzettl., ganzrandig od. schwach gesägt, kahl; Köpfchen aufr., Pfl. aromat. duftend; ↕ 50–150 cm; ♃. VIII–X. – Als Gewürzpfl. kult. (Heimat: Sibirien) u. stellenw. verwild.; z.B. D: BW, BY, O-D; F: Els. Estragon, ***A. dracunculus*** L.

— Blattspr. geteilt **2**

2. Pfl. 1- od. 2-j., ohne sterile Blattrosetten; — Pfl. meist an Ruderalstellen eingeschleppte Ne. (Ausnahme: *A. scoparia*) ... **21**

— Pfl. ausd., oft m. sterilen Blattrosetten ... **3**

3. Köpfchenboden zottig behaart; — äuß. Hüllblätt. kahl, grün; Köpfchen ≈ 5 mm ∅, halbkugelig; Blätt. kahl, unt. 2-fach fiederschnittig, ob. 1-fach fiederteilig; Stg. behaart; Blüten goldgelb; ↨ 8–40 cm; ♃. IX–XI. – Wechselfeuchte Salzrasen im Binnenland. – D: N-TH, früher NI, ST (heute nur noch in Erhaltungskultur). ©! Fels-B., ***A. rupestris*** L.

— Köpfchenboden kahl (wenn behaart, dann Pfl. anders gestaltet) ... **4**

4. Blattstiel am Grund m. Öhrchen ... **13**

— Blattstiel ohne Öhrchen ... **5**

5. Blätt. 2–3-fach fiederspaltig ... **10**

— Blätt. 3–5-teilig gefied. od. handf. gelappt ... **6**

6. Stg.Blätt. handf. lappt ... **9**

— Stg.Blätt. gefied. od. fiederteilig (Hochblätt.) ... **7**

7. Köpfchenboden behaart; — Rosettenblätt. 5- bis mehrteilig, jeder Abschnitt 3-spaltig bis ungeteilt; Köpfchen nickend, m. > 20 Blüten; größte Köpfchen > 6 mm ∅; Blüten an der Spitze behaart; Fr. kahl; ↨ bis 40 cm; ♃. VIII–IX. – Kalkfelsen; meist subalp. Stufe, 1300–2400 m. – *s*, A: S-Kt (Karnische Alp., Dobratsch), OTi. Glänzende E., ***A. nitida*** Bertol.

— Köpfchenboden kahl; — Köpfchenstand ährenart. ... **8**

8. Pfl. kahl; Köpfchen 2–3 mm ∅; Fr. kahl; — Stg. dk.rot überlaufen; Köpfchen an der Spitze gehäuft; ↨ 4–10 cm; ♃. VII–IX. – Felsspalten, Felsschutt. – *s*, CH: Vs (Zermatt). Schnee-E., ***A. nivalis*** Braun-Blanq.

— Pfl. filzig od. seidig behaart; Köpfchen aufr., (2,5–)3–4,5 mm ∅; Fr. graufilzig; — Rosettenblätt. 3-teilig, jeder Abschnitt fingerart. gespalten, zuw. ungeteilt; Köpfchen aufr., ↨ 5–15 cm; ♃. VII–IX. – Moränen, Felsschutt; kalkmeidend; 1700–3500 m. – *z*, A; CH; I: Bz. FFH5. Schwarze E., ***A. genipi*** Stechm.

9 (6). Köpfchen an der Spitze des Stg. zu 3–10 kopfart. gehäuft, m. 30–40 Blüten; Krone kahl; Fr. kahl; — Stg. aufr. od. aufstgd.; Köpfchen 4–6 mm ∅; Köpfchenboden dicht u. kurz behaart, die Haare < 1 mm lg.; Krone goldgelb; Pfl. weißseidig behaart; ↨ bis 18 cm ; ♃. VII–VIII. – Felsen, Felsschutt; auf kalkarmem Boden. – *s*, nur CH: S-Vs. Gletscher-E., ***A. glacialis*** L.

— Köpfchen einzeln in lockeren ährenart. od. (falls unten gestielt) traubenart. Köpfchenständen, m. 10–20 Blüten; Krone an der Spitze zerstreut behaart; Fr. (meist) behaart, m. sitzenden Drüsen; — Stg. aufr.; Köpfchen 3–5 mm ∅; Köpfchenboden behaart, die Haare ≈1 mm lg.; ↨ bis 25 cm; ♃. VII–IX. – Moränen, Felsschutt; kalkmeidend; bis 3600 m. – *z*, D: nur Allgäuer Alp.; A; CH. ©. [*A. laxa* Fritsch; *A. mutellina* Vill] Echte E., ***A. umbelliformis*** Lam.

10 (5). Köpfchenboden rauhaarig; — Grundblätt. 2–3-fach fiederteilig; Blätt. seidig-filzig; Fiederzipfel 2–3 mm br., stumpf; Köpfchen 2–4 mm ∅; Hüllblätt. filzig; Stg. silbergrau, fein punktiert (Öldrüsen!); Pfl. stark aromat., bitter schmeckend; ↨ 60–120 cm; ♄. VII–IX. – Ruderalstellen. – *v–z*. – Auch Heil- u. Gewürzpfl.; schwach giftig! Wermut, ***A. absinthium*** L.

— Köpfchenboden kahl ... **11**

11. Hülle kurzhaarig; Pfl. m. Zitronenduft; Blätt. doppelt fiederspaltig m. sehr feinen fädl. Endzipfeln; — Blattfiedern spitzwinklig absthd.; Köpfchen 3–4 mm ∅; Blüten weißl.; ↨ 60–150 cm; ♄. VII–X. – Als Gewürzpfl. kult. (Heimat: SW-As.; auch Teile SO-Eur.?); *s* verwild. Eberraute, Zitronenkraut, ***A. abrotanum*** L.

— Hülle kahl; Pfl. geruchlos; Blattzipfel linealisch od. schmal lanzettl., nicht fädl. ... **12**

12. Blätt. kahl od. fast kahl; Spr. meist > 3-mal so lg. wie die längste Fieder; Hüllblätt. zerschlitzt hautrandig; — Blattfiedern rechtwinklig absthd., in 4–6 Paaren; Köpfchen br.glockig; ↨ 10–50 cm; ♃. VIII–X. – Magerwiesen; auf Salzböden. – *s*, A: Bgl, früher NÖ; D: früher ST, TH (Artern), letzter Nachweis um 1900. FFH24; ©! Schlitzblättriger B., ***A. laciniata*** Willd.

— Blätt. unterseits seidig-dünnfilzig behaart; Spr. meist < 3-mal so lg. wie die längste Fieder; Hüllblätt. m. br.häutigem Rand; — Endfieder am Grund > 1,5 mm br.; Köpfchen nickend; ↨ 20–50 cm; ♃. IX–X. – Halbtrockenrasen. – *s*, A: Bgl, NÖ; CZ (Mähren). Steppen-B., Steppen-W., ***A. pancicii*** Danihelka & Marhold

13 (4). Randblüten ♀ ... **16**

— Randblüten ⚥ (Artengruppe Strand-B., *A. **maritima*** agg.) **14**

14. Pfl. m. holzigen Wurzelstock, aufr., m. zahlr. kurzen Blattrosetten; unt. Blätt. zur Bltzt. noch vorhanden; oberste Blätt. nur selten ungeteilt; Blattzipfel sehr schmal, 0,3–0,5 mm br.; — ganze Pfl. weißfilzig, nicht verkahlend; Köpfchen ellipt. bis eif., länger als br., aufr., sitzend, 2–3 mm ∅; ↕ 10–45 cm; ♄. VIII–X. – Trockenrasen. – *s*, nur CH: Vs (Rhônetal). [*A. maritima* subsp. *vallesiaca* (All.) Hegi] Walliser B., ***A. vallesiaca*** All.

— Pfl. am Grund wenig verholzt; unt. Blätt. z. Bltzt. meist vertrocknet; oberste Blätt. ungeteilt od. m. wenigen Zipfeln; Blattzipfel breiter, 0,5–1,2 mm br. **15**

15. Köpfchen ellipt. bis br. eif.; inn. Hüllblätt. behaart; äuß. Hüllblätt. die inn. zu einem Drittel bis zur Hälfte überlappend; Blätt. beiderseits wie der Stg. u. die Hüllblätt. schneeweiß- bis graufilzig, später kahl; — Endfieder < 1 mm br.; ↕ 20–80 cm; ♃. VII–X. – Dünen, Strandwiesen. – *v* Nordsee, *z* Ostseeküste, *s* im Binnenland (D: S-ST, TH), lokal auch als Kulturpfl. verwild. [*A. salina* Willd.] Strand-B., ***A. maritima*** L.

— Köpfchen eif. bis schmal ellipt.; inn. Hüllblätt. verkahlend; äuß. Hüllblätt. viel kürzer als die inn.; Stg. früh verkahlend; — mittl. Stg.Blätt. 1–3 cm lg.; unt. Blätt. z. Bltzt. meist vertrocknet; ↕ 20–60 cm; ♃. IX–X. – Trockenrasen, Salzböden; kollin. – *s*, nur A: Bgl (Seewinkel), NÖ (Marchfeld). [*A. monogyna* Waldst. & Kit.] Salz-B., Salzsteppen-W., ***A. santonicum*** L.

16 (13). Hülle außen kahl; — Wurzelstock m. zahlr. niederlgd. bis aufstgd. sterilen Blattrosetten u. oft rotem Stg.; Blätt. anfangs seidenhaarig, später oft kahl; Köpfchen 1,5–5 mm lg., in sparrigen rispenart. Köpfchenständen; Blüten rötl. bis rotbraun; ↕ 8–80 cm; ♃. VIII–X. – Dünen, trockene Wiesen, Feldraine, Gebirgsvegetation. – *z*. – Formenreich (Untergliederung noch sehr vorläufig). Feld-B., Feld-W., ***A. campestris*** L. (s. l.)

a. Köpfchen 3–4(–5) mm lg. u. 4–6 mm ∅; Pfl. bis 25 cm hoch; Stg. wenig od. nicht verzweigt, — unterschiedl. dicht behaart; ↕ 8–25 cm. – Alpenmatten u. Zwergstrauchheiden; auf Silikat; hochmontan bis alp. – *z*, A: Kt, Sb, Ti; CH: Ts, Vs; I: Bz? [*A. nana* Gaudin; *A. borealis* Pall.] Nordischer Feld-B., subsp. ***borealis*** (Pall.) H. M. Hall. & Clem.

Intermediäre Pfl. u. Populationen bes. der inneralpischen Trockentäler, die zur subsp. *campestris* vermitteln, werden z.T. als Voralpen-B. od. Silber-B., subsp. ***alpina*** (DC. Arcanq. [*A. argyrea* (Jord. & Fourr.) O. Schwarz] abgetrennt. Ihre taxonom. Bewertung bleibt umstritten.

— Köpfchen 1,5–3 mm lg. u. ∅; Pfl. 30–80 cm hoch; Stg. oft reich verzweigt, — kahl bis seidig behaart; von den Tieflagen bis zur montanen Stufe .... b

b. Blätt. u. Stg. verkahlend; — Stg. oft rotviolett überlaufen; Blattzipfel ≈ 1 mm br. – *v*. Feld-B. (i. e. S.), subsp. ***campestris***

— Blätt. u. Stg. bleibend seidenhaarig c

c. Blhd. Äste aufr.; Blattzipfel ≈ 1 mm br.; — Köpfchen ≈ 2–2,5 mm lg. – Basenreiche, kalkarme Felsbänder. – D: BY, NRW, RP, SN, TH. [*A. campestris* (ohne Rangstufenangabe) *lednicensis* (Spreng.) Jáv.] Filziger Feld-B., subsp. ***lednicensis*** (Spreng.) Greuter & Raab-Straube

— Blhd. Äste nickend; Blattzipfel > 1 mm br. – Dünen der Ostsee. – D: MV, SH. [subsp. *sericea* (Fr.) Lemke & Rothm.] Duftloser Feld-B., Seidiger Feld-B., subsp. ***inodora*** Nyman

Abgenzung gegenüber den anderen Tieflagensippen umstritten.

— Hülle außen behaart **17**

17. Köpfchenboden spärl. behaart; — Blätt. schwach behaart bis filzig; Köpfchen kugelig, 4–5 mm ∅; äuß. Hüllblätt. flaumig behaart, aber m. fast kahlem Hautrand; Pfl. von kampferart. Geruch, ↕ 30–80 cm; ♄. VIII–X. – Trockenrasen; auf Kalk. – Sehr *s*, S-B; F: Els (Rouffach); I: Bz; ehem. A: Bgl, NÖ, Ti. [*A. camphorata* Vill.] Kampfer-B., Kampfer-W., ***A. alba*** Turra

— Köpfchenboden kahl **18**

18. Blattabschnitte > 2 mm br., — oberseits kahl, dk.grün, unterseits weißfilzig **20**

— Blattabschnitte < 1 mm br. **19**

19. Köpfchen länger als br.; Krone rötl.gelb; Blätt. oberseits graufilzig; Fiederzipfel 6–10 mm lg.; Hüllblätt. kurz absthd. behaart; ↕ 20–60 cm; ♃. VII–IX. – Ruderalstellen, sandige Trockenrasen. – Ursprüngl. nur A: Bgl, NÖ; früher CZ; sonst *s* Ne. (eingeschleppt), eingebürg. od. in Einbürg., z. B. D: BB (Berlin), BW, BY (Gerbersdorf), HE, NRW, SN, ST, TH; unbest. in D: NI, RP, SH; B; CZ. Österreichischer B., Österreich-W., ***A. austriaca*** Jacq.

— Köpfchen so lg. wie br., im Umriss fast kugelig; Krone gelb; Blätt. oberseits graugrün; Fiederzipfel nur 3–4 mm lg.; Hüllblätt. anlgd. behaart; ↕ 40–80 cm; ♃. VIII–X. – Trockenrasen. – Nur A: Bgl, Kt, NÖ; CZ; sonst *s*, auch Ne. (eingeschleppt) u. eingebürg., z. B. D: BW, NRW, RP, ST, TH. Pontischer B., Römischer W., ***A. pontica*** L.

20 **(18).** Fiedern der ob. Stg.Blätt. lanzettl., tief gesägt; äuß. Hüllblätt. filzig; — Pfl. ohne Ausläufer, ↕ 60–250 cm; ♃. VII–X. – Ruderalstellen, Wegränder, Ufer. – *v*. [*A. vulgaris* subsp. *coarctata*, des. inval.] Gewöhnlicher B., ***A. vulgaris*** L.

— Fiedern der ob. Stg.Blätt. linealisch, ganzrandig; äuß. Hüllblätt. verkahlend, — linealisch; Pfl. beim Zerreiben stark nach Kampfer riechend; ↕ 50–250 cm; ♃. IX–XI. – Frische bis feuchte Ruderalstellen. – Ne. (Heimat: O-As.), *z* verwild.; eingebürg., z. B. D: BW, BY, SN (Leipzig); A; B; CH; CZ; NL; in Einbürg. in D: BB, HE, MV, NRW, RP; sonst *s*. – Ehem. Gartenpfl. Kamtschatka-B., Verlot-B., ***A. verlotiorum*** Lamotte

21 **(2).** Blätt. seidig-filzig, am Grund geöhrt; Köpfchenboden behaart; — Köpfchen 4–6 mm ∅; ↕ 60–120 cm; ⊙–⊙. VII–IX. – Ruderalstellen. – Ne. (Heimat: Russland, As.), eingeschleppt; in B (Gent etc.) eingebürg., (noch) unbest. in D: BY, MV, SN; A; CZ; PL. Sivers-B., ***A. siversiana*** Willd.

— Blätt. kahl; Köpfchenboden kahl **22**

22. Blattzipfel linealisch, schmal, < 1 mm br.; — Köpfchen 1–2 mm ∅, nickend, in kurzen gedrängten traubenart. Synfl.; ↕ 30–60 cm; ⊙. VIII–X. – Trockenrasen, Ruderalstellen. – *z–s*, D: SO-BY (Donautal zw. Passau u. Jochenstein); A; CZ; sonst *s* u. z. T. unbest. Ne., in D: BB, BW, MV, NI, NRW, RP, SN, ST, TH; F: Els. Besen-B., ***A. scoparia*** Waldst. & Kit.

— Blattzipfel lineal-lanzettl. od. ellipt., > 1 mm br.; — Köpfchen (meist) ≥ 2 mm ∅ **23**

23. Fiederabschnitte letzter Ordn. fiederspaltig od. ganzrandig, m. stumpfen Spitzen; Köpfchen nickend, — kugelig, ≤ 2 mm ∅; Hüllblätt. < 2 mm lg.; Pfl. kräftig, aromat. duftend; Blätt. 2-fach gefied., oberste Fiedern an der Rhachis herablfd.; ↕ bis 1,5 m; ⊙. VII–IX. – Ufervegetation, Ruderalstellen, Hafengebiete. – Ne. (Heimat: As.), oft eingeschleppt; bes. in D im unt. Elbetal (NI, SH, Hamburg), aber auch in BB, SN, ST, TH u. A: Kt; NL in Einbürg. od. eingebürg. Einjähriger B., ***A. annua*** L.

— Fiederabschnitte letzter Ordn. scharf gesägt; Köpfchen aufr. **24**

24. Blätt. 1-fach fiederteilig; Fiedern letzter Ordn. schmal lanzettl., entfernt eingeschnitten-gesägt; Blätt. ohne Zwischenfiedern; Hüllblätt. schmal hautrandig, rundl. eif., innerseits m. mehreren parallelen Ölstriemen; Pfl. schwach aromat. riechend; ↕ 30–100 cm; ⊙–⊙. VII–IX. – Ruderalstellen. – Ne. (Heimat: westl. N-Am.), immer wieder eingeschleppt u. z. T. eingebürg.; z. B. D: Baden, Rheinl., Westf., NI, SH, SN, Elbetal; NL. Zweijähriger B., ***A. biennis*** Willd.

— Blätt. doppelt fiederteilig; Fiedern letzter Ordn. längl. ellipt., dicht (scharf) gesägt; Blätt. meist m. Zwischenfiedern; Hüllblätt. br. hautrandig, eif. längl., innerseits nur m. 1 Ölstriemen; Pfl. nicht duftend; ↕ 50–200 cm; ⊙. VII–IX. – Ruderalstellen. – Ne. (Heimat: S-Russland bis Himalaja), zuw. eingeschleppt u. gelegentl. eingebürg.; z. B. D: Rheinl., BY, NI, SN, ST, TH; CH; CZ, NL; PL. Armenischer B., ***A. tournefortiana*** Rchb.

Aster L., Aster [excl. *Bellidiastrum* Scop., *Galatella* Cass., *Symphyotrichum* Nees u. *Tripolium* Nees] (Bearbeiter: Gerald Parolly)

1. Stg. m. 1 od. wenigen Köpfchen; Blätt. stumpf od. seicht ausgerandet, oft nahe der Spitze am breitesten, stets ganzrandig; Hülle 8–12 mm lg.; — Zungenblüten violett-blau; ↕ 5–30 cm; ♃. VI–VIII. – Gebirgsrasen, Felsfluren; bis 3200 m. – *v*, Alp., Schweizer Jura; *s*, D: O-Harz, TH; CZ. ⓖ. – Auch Zierpfl. Alpen-A., ***A. alpinus*** L. (subsp. ***alpinus***)

— Stg. m. zahlr. Köpfchen; Blätt. spitz, nahe der Mitte am breitesten; grundst. Blätt. ganzrandig od. etwas gezähnt; Hülle 6–8 mm lg.; — Zungenblüten blaulila, selten rötl. od. weiß; ↕ 20–70 cm; ♃. VII–X. – Trockenrasen; auf Kalk; meist in der kollinen Stufe. – *z* in D: BW, BY; A; B; CH; I: Bz; nördl. *s* bis L; D: Eifel, BB, NI, ST, TH; CZ. ⓖ. Berg-A., Kalk-A., ***A. amellus*** L. (subsp. ***amellus***)

Baccharis L., Kreuzstrauch (Bearbeiter: Gerald Parolly)

Aufr., stark verzweigter, bis 4 m hoher sommergrüner, 2-häusiger, drüsig-klebriger Strauch; Blätt. wechselst., kahl, gestielt, in der ob. Hälfte grob gezähnt; Köpfchen klein, ≈ 2 mm ∅, in endst., locker beblätt. rispenart. Synfl.; Blüten weiß; Pappus 1-reihig, weiß, auffällig bei ♀ Pfl.; ↕ (1,5–)2–4(–6) cm;

♄. X. – (Meist) küstennahe, salzbeeinflusste StO, Gebüsche. – Ne. (Heimat: N-Am.); nur in frostarmen Gebieten, im Gebiet daher *s*, nur B (zunehmend invasiv); aus NL wieder verschwunden? – INV.
Meldenblättriger K., ***B. halimifolia*** L.

Bellidiastrum Scop. [*Aster* L. p. p.], Alpenmaßliebchen (Bearbeiter: Gerald Parolly)

Im Habitus einer großen *Bellis* ähnl.; Blätt. in grundst. Rosette; Stg. m. 1 Köpfchen; Zungenblüten weiß od. rötl.; ↕ 5–25 cm; ♃. IV–IX. – Quellfluren, Blaugrashalden; auf Kalk; bis 2600 m. – *v* Alp. u. Vorland, Schweizer Jura, *s* SchwAlb, Schw. [*A. bellidiastrum* (L.) Scop.] Alpenmaßliebchen, ***B. michelii*** Cass.

Bellis L., Gänseblümchen (Bearbeiter: Gerald Parolly)

1. 1-j. Pfl., ihr Stg. unten verzweigt u. beblätt., aber ohne deutl. Grundblattrosette; Wurzeln ≈ 0,3 mm ∅; Blätt. aderig, aber nicht 1–3-nervig, am Grund bewimpert, sonst kahl; Hülle ≤ 4 mm br.; Hüllblätt. 2,5–3 mm lg.; Zungenblüten 20–30; Fr. ≈ 1 mm lg.; — Blätt. spatelf., klein, 10–15(–30) mm lg., 4–8 mm br., ganzrandig od. m. 2–3 Zähnen nahe der oft abgerundeten Spitze; Hüllblätt. spitz; Köpfchen m. ausgebr. Zungenblüten 6–10(–12) mm ∅; Zungenblüten 4–5 mm lg.; Fr. kurz behaart; ↕ 4–7(–20) cm; ⊙. III–V. – Ruderale Magerrasen, Wiesen, Äcker; Lehmböden. – Ne. (Heimat: MMG), eingeschleppt; *s* u. unbest., z. B. D: BW, BY, HE, SN; oft nur übersehen; wo noch? Einjähriges G., ***B. annua*** L. (subsp. ***annua***)

— Stauden m. unverzweigten Stg. (Schäften) u. Grundblattrosette; zumind. einige Wurzeln 0,5–1 mm ∅; Blätt. 1–3-nervig, auf beiden Flächen absthd. behaart; Hülle ≥ 5 mm ∅; Hüllblätt. ≥ 4,5 mm lg.; Zungenblüten 30–50; Fr. 1,5–2 mm lg.; Blätt. ganzrandig od. spitzenw. stumpf gezähn(el)t 2

2. Rosettenblätt. 1-nervig, selten undeutl. 3-nervig, spatelf. bis verkehrt eif., ihre Spr. ± abrupt zu einem geflüg. Blattstiel verschmälert; Hülle 5–10 mm ∅; Hüllblätt. 4,5–5(–6) mm lg., meist stumpf; Krone der Röhrenblüten 1,5–2 mm lg., die der Zungenblüten 5–7 mm lg.; Fr. an der Spitze gerundet, 1,3–1,5 mm lg., spärl. kurz behaart, selten kahl; — Blätt. 2–30(–40) mm lg., 0,5–15 mm br.; Köpfchen m. ausgebr. Zungenblüten 15–30 mm ∅; Zungenblüten 30–50; ↕ 4–15(–25) cm; ♃. (I–)III–XI(–XII). – Wiesen, Grasplätze, Parkrasen. – *v*.
Ausdauerndes G., ***B. perennis*** L.

In Gärten als „Tausendschön" m. gefüllten Köpfchen, auch rotblhd., kult.

— Rosettenblätt. deutl. 3-nervig, verkehrt lanzettl. bis verkehrt eif., ihre Spr. allmähl. in den Blattstiel verschmälert; Hülle 10–15 mm ∅; Hüllblätt. (6–)7–10(–11) mm lg., meist spitzl.; Krone der Röhrenblüten 2,2–2,5 mm lg., die der Zungenblüten 7,5–10 mm lg.; Fr. an der Spitze oft seicht ausgerandet, 1,6–2,3 mm lg., dicht behaart; — Blätt. 30–110 mm lg., 7,5–15 mm br.; Köpfchen m. ausgebr. Zungenblüten (25–)30–35(–40) mm ∅; Zungenblüten ≈ 50; ↕ (5–)20–40 cm; ♃. (III–)VI–X (?). – Ruderale Gebüsche, Wiesensäume (?). – Ne. (Heimat: MMG), eingeschleppt; *s* u. unbest., z. B. D: BW; wo noch? Wildes G., Herbst-G., ***B. sylvestris*** Cirillo

Bidens L., Zweizahn (Bearbeiter: Gerald Parolly)

1. Blätt. 3–5-spaltig od. gefied. 3

— Blätt. (zumind. die mittl. u. ob.) ungeteilt; — Fr. m. 4 ± gleich lg. Grannen 2

2. Köpfchen nickend, ≈ 30 mm ∅, meist m. 6–8 Zungenblüten, diese 5 mm br. u. 10–15 mm lg., gelb; Blätt. hellgrün, sitzend; Fr. am ganzen Seiten u. m. rückw. gerichteten Borsten; — ob. Stg.Blätt. paarweise kurz miteinander verwachsen; ↕ 5–100 cm; ⊙. VII–IX. – Ufer, Gräben, Altwasser. – *v*, im W nur *z*. Nickender Z., ***B. cernua*** L.

— Köpfchen aufr., ≈ 15 mm ∅, meist ohne Zungenblüten; Blätt. dk.grün, in einen geflüg. Stiel verschmälert; Fr. nur oben m. rückw. gerichteten Borsten; — Blätt. ungeteilt, selten die unt. etwas fiederspaltig; ↕ 15–100 cm; ⊙. VIII–X. – Fluss- u. Teichufer, Gräben. – Ne. (Heimat: N-Am.), eingeschleppt; sehr *z*, häufiger nur an N-Rhein, Elbe u. im O; NL; *f* A; DK.
Verwachsenblättriger Z., ***B. connata*** Willd.

3 **(1).** Blätt. doppelt gefied. od. zumind. die Fiedern gelappt **6**

— Blätt. 1-fach gefied. od. nur fiederteilig **4**

4. Unt. Blätt. gefied.; Seitenfiedern kurz gestielt; Fr. borstig-höckerig, schwärzl., m. 2 Grannen, diese m. meist rückw. gerichteten Stacheln (*775/1*) (var. *anomala* Fernald [*B. anomala* (Fernald) G. H. Loos et al.] aber m. vorw. gerichteten Stacheln); — Blätt. 1–2-paarig gefied., oft purpurviolett überlaufen; ↕ 5–100 cm; ⊙. VII–X. – Flussufer, Ruderalstellen. – Ne. (Heimat: N-Am.); entlang der größ. Flüsse vielfach eingebürg.; *z*, D; A; B; CH; CZ; I: Bz; NL. [*B. melanocarpa* Wiegand] Schwarzfrüchtiger Z., ***B. frondosa*** L.

— Alle Blätt. fiederteilig; Seitenfiedern am Grund verschmälert, an der Blattspindel herablfd.; Fr. glatt, nur am Rand rückw. stachelig-rau, braun-grün, m. 2 längeren u. oft 2 kürzeren Grannen (*753/2*)] **5**

5. Blattzähne deutl. einw. gekrümmt (*775/2b*); Köpfchen breiter als hoch; äuß. blattart. Hüllblätt. 10–12; Spreublätt. schmal linealisch, so lg. wie die Fr. (inkl. Grannen); Blätt. gelbgrün, selten rötl.; ↕ 15–100 cm; ⊙. VIII–X. – Gräben, Ufer, Teiche, schlammige Stellen. – Sehr *z* u. lückenhaft, z. B. Elbetal; in A nur Bgl, NÖ, Stm; *f* B; NL; D: SH bis PL. Strahlen-Z., ***B. radiata*** Thuill.

— Blattzähne fast gerade (*775/2a*); Köpfchen so br. wie hoch; äuß. blattart. Hüllblätt. nur 5–8; Spreublätt. br. linealisch, so lg. wie der Frkn.; Blätt. dk.grün; ↕ 15–100 cm; ⊙. VII–X. – Ufer, Gräben. – *v*. Dreiteiliger Z., ***B. tripartita*** L. (subsp. ***tripartita***)

6 **(3).** Zipfel der Fiedern rautenf., nur am Rand u. unterseits behaart; Fr.Borsten 2–4 mm lg.; ↕ 30–130 cm; ⊙. VII–X. – Ruderalstellen. – Ne. (Heimat: südöstl. N-Am.), eingeschleppt; *s*, CH: Gr, Ts; in D stellenw. unbest. Fiederblättriger Z., ***B. bipinnata*** L.

— Zipfel der Fiedern schmal lanzettl., oberseits kurzborstig behaart; Fr.Borsten 1–2,5 mm lg.; ↕ bis 2 m; ⊙. VII–X. – Ruderalstellen. – Ne. (Heimat: S-Am.), eingeschleppt; *s*. Rio-Grande-Z., ***B. subalternans*** DC.

775/1

775/2

775/3

775/4

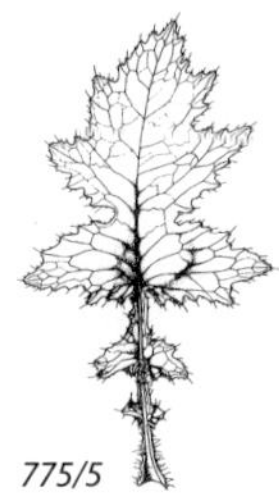

775/5

Bombycilaena (DC.) Smoljan., Falzblume (Bearbeiter: Gerald Parolly)

Stg. niederlgd.-aufstgd.; Hülle im ∅ 5-kantig; Blüten gelbl.weiß; jede Fr. von einem Hüllblatt eingeschlossen; ↕ 5–20 cm; ⊙. V–IX. – Trockenrasen, steinige Äcker – Sehr *s*, CH: Vs; F: Els (Rouffach); I: Bz; früher A: NÖ (Wien). [*Micropus erectus* L.] Aufrechte F., ***B. erecta*** (L.) Smoljan.

Buphthalmum L., Ochsenauge (Bearbeiter: Gerald Parolly)

Pfl. steif aufr., kaum verzweigt; Köpfchen einzeln am Ende lg. beblätt. Triebe, 3–6 cm ∅; ↕ 20–60 cm; ♃. VI–IX. – Kalkmagerrasen, lichte Eichen- u. Kiefernwälder; auf Kalk. – *v* Alp. u. Vorland, *z*–*s* D: BW, BY, TH; CH: Jura; CZ; F: Els. Gewöhnliches O., Weidenblättriges O., ***B. salicifolium*** L.

Calendula L., Ringelblume (Bearbeiter: Gerald Parolly)

1. Köpfchen 10–20 mm ∅; Zungenblüten hellgelb; Blätt. längl. lanzettl.; Fr.Köpfchen übergeneigt; äuß. Fr. eingerollt, am Rücken deutl. stachelig, die mittl. kahnf.; ↕ 10–25 cm; ⊙. VI–IX. – Äcker, Weinberge; auf Kalk. – Regional eingebürg. (Heimat: MMG?); *z*, D: Pf/Rheingau, sonst

sehr *s* D: N-BB, N-BW, NW-BY, b. Düsseldorf, RP, S-ST; A; S-B; CH: Jura, Gr, Vs; F: Els; NL.
Acker-R., ***C. arvensis*** L.

— Köpfchen 20–50(–60) mm ∅; Zungenblüten orangegelb; Blätt. spatelf.; Fr.Köpfchen aufr.; meist alle Fr. geflüg.; ↕ 30–50 cm; ⊙. VI–IX. – Aus Gärten u. früheren Kulturen gelegentl. verwild. (Heimat: MMG?); *s*. Apotheken-R., ***C. officinalis*** L.

Callistephus Cass., Gartenaster, Sommeraster (Bearbeiter: Gerald Parolly)

Blätt. wechsel- od. grundst., unt. Blätt. gestielt, gezähnt od. gesägt, ob. sitzend, ± ganzrandig; Stg. m. 1 od. wenigen großen Köpfchen, 5–10 cm ∅; äuß. Hüllblätt. laubblattart., groß, eif.-ellipt. (od. spatelf.), absthd.; Zungenblüten purpurn, lila, blau od. weiß; ↕ 20–50(–100) cm; ⊙. (VII–)VIII–X. – Ruderale StO, Staudensäume u. Gebüsche. – Ne. (Heimat: O-As.), häufig kult. u. *s* meist unbest. verwild.; z. B. D: BB, BW, BY, HE, MV, NW, SN, TH; A; B; CH; CZ; NL; PL. – Zierpfl. (≈ 400 Sorten).
Gartenaster, ***C. chinensis*** (L.) Nees

Carduus L., Distel, Ringdistel (Bearbeiter: Eckhard von Raab-Straube)

1. Köpfchen meist zu mehreren gehäuft, kurz gestielt **4**

— Köpfchen meist einzeln (wenn Pfl. mehrtriebig od. ästig verzweigt, dann die Seitenäste m. nur 1 lg. gestielten Köpfchen), ± nickend, lg. gestielt **2**

2. Köpfchen 2–6 cm ∅, fast kugelig; Hüllblätt. oberh. des eif. Grunds eingeschnürt, dann meist m. starrer, zurückgebogener Dornspitze; — Blüten purpurn; ↕ 30–100 cm; ⊙. VII–IX. – Trockenrasen, Wegränder, Weiden. – *v–z*. – Formenreich. [incl. C. *nutans* subsp. *platylepis* (Rchb. & Saut.) Nyman; subsp. *leiophyllus* (Petrović) Stoj. & Stef.; subsp. *alpicola* (Gillot) Chass. & Arènes] Nickende D., ***C. nutans*** L.

— Köpfchen 1,5–3 cm ∅, längl. kugelig; Hüllblätt. ohne Einschnürung, nur an der Spitze ausw. gespreizt; — Blüten purpurn bis hellviolett, selten weiß **3**

3. Blätt. tief fiederspaltig, die einzelnen Lappen deutl. voneinander getrennt, je 5–7 beiderseits der Rhachis; Stg.Flügel nicht durchghd., in einzelne, dornige Lappen getrennt; Köpfchen kaum länger als 5 cm gestielt; ↕ 10–80 cm; ♃. VI–IX. – Lichte Wälder, Weiderasen; kalkstet; oberh. 1500 m. – *z*, A: S-Kt (Karawanken, Karnische u. Gailtaler Alp.).
Stieglitz-D., ***C. carduelis*** (L.) Gren.

a. Blätt. kraus, gelappt, kräftig bedornt; — Köpfchenstiel bis 20 cm lg.; Hüllblätt. stumpfl., 1–1,5 mm br.; Fr. glatt. – *z*, A: OTi, Ti; CH; I: Bz. [*C. rhaeticus* (DC.) A. Kern.; *C. defloratus* subsp. *tridentinus* (Evers) Ladurner]
Rätische Alpen-D., subsp. ***rhaeticus*** (DC.) Murr

— Blätt. ± flach, wenig geteilt, kurzdornig, kaum stechend .... **b**

b. Blätt. blaugrün, fleischig; Stg.Blätt. derb dornig gezähnt, m. 25–50 Paaren von bis 2 mm lg. Dornzähnchen; mittl. Hüllblätt. ≈ in der Mitte etwas eingeschnürt, m. eif., stumpfl. Spitze; Fr. m. gleichm. Vorwölbung an der Spitze. – *s*, A; CH: Ts; I: Bz. [*C. defloratus* subsp. *glaucus* auct.; *C. defloratus* subsp. *crassifolius* (Willd.) Hayek]
Dickblättrige Alpen-D., subsp. ***summanus*** (Pollini) Arcang.

— Blätt. grün, nicht fleischig; Stg.Blätt. weich dornig gezähnt, m. 12–25 Paaren von Dornzähnen, diese bis 5 mm lg.; mittl. Hüllblätt. lineal-pfrieml., ohne Einschnürung, m. feinem Dornspitzchen; Fr. m. leicht 5-lappiger Vorwölbung an der Spitze. – *z* im S, Alp., Vorland u. Mittelgeb. (nördl. bis HE, ST u. TH); A (*f* Bgl, NÖ (Wien), OÖ); CH; FL; I: Bz. Alpen-D. (i. e. S.), subsp. ***defloratus***

4 (1). Blätt. beiderseits grün, lg. u. derb dornig (*775/3*); Köpfchen zu wenigen doldig-traubig gehäuft, hellpurpurn, — ihre Stiele gekräuselt geflüg.; Blätt. alle fiederspaltig; ↕ 30–100 cm; ⊙. V–X. – Weiden, Ruderalstellen, Wegränder; kollin bis submontan. – D: *v* BY, NRW, RP, ST, TH, *z–f* BB, BW, MV, NI, SH, SL; *v–s* A (f Vb); *v* CZ; *v–s* NL; in B; CH; PL als Ne. (eingeschleppt) u. zumind. regional eingebürg.; *f* FL. Weg-D., ***C. acanthoides*** L. (subsp. ***acanthoides***)

— Blätt. unterseits ± graufilzig, kurz- u. weichdornig; Köpfchen meist zu 3–5 knäuelig gehäuft, dk.rot; — Pfl. 50–200 cm hoch **5**

5. Köpfchen längl.-walzl. (*775/4*), z. Frzt. als Ganzes abfallend; Krone gleichm. 5-spaltig; — Blätt. tief buchtig-fiederspaltig; ♃. VI–VIII. – Ruderalstellen. – *s*, B; CH: Genf, Jura; NL; in D stellenw. unbest. (BW, BY; NI, SH, SN, TH). Schmalköpfige D., ***C. tenuiflorus*** Curtis

— Köpfchen ± rundl., z. Frzt. nicht abfallend; 1 Zipfel der Krone tiefer eingeschnitten als die übrigen **6**

6. Ob. Stg.Blätt. ungeteilt, aber ± regelm. dornig fein gezähnt, am Grund abgerundet od. halb stg.umfassend; äuß. Hüllblätt. fast so lg. wie inn.; Fr. spitzenw. etwas verschmälert; — Stg. schmal gekräuselt geflüg.; ↕ 50–160 cm; ♃. VII–VIII. – Bachufer, Hochstaudenfluren, Krummholz, Wiesen; auf Kalk; bis 2300 m. – *v* Alp., *z* Vorland u. Mittelgeb., nördl. bis D: HE, SN u.TH; CZ; SW-PL; in D stellenw. unbest. (MV).
Kletten-D., ***C. personata*** (L.) Jacq. (subsp. ***personata***)

— Ob. Stg.Blätt. fiederspaltig od. tief doppelt gezähnt (*775/5*); äuß. Hüllblätt. kürzer als inn., oft spinnwebig miteinander verbunden; Fr. spitzenw. etwas verbreitert; — Stg. br. kraus geflüg.; ↕ 50–140 cm; ⊙. VII–IX. – Auenwälder, Gräben, Wegränder. – *v–z*. Krause D., ***C. crispus*** L.

a. Mittl. Stg.Blätt. fiederlappig bis fiederspaltig, unterseits grau, spinnwebig-filzig; die längsten Blattdornen bis 2,5 mm lg. – *v–z*. Krause D. (i. e. S.), subsp. ***crispus***

— Mittl. Stg.Blätt. fiederteilig, unterseits grün, spärl. behaart; die längsten Blattdornen 3–5 mm lg. – *s*, D: NI, RP; B; W-CH. [*C. crispus* subsp. *occidentalis* Chass. & Arènes] Vielblütige Krause D., subsp. ***multiflorus*** (Gaudin) Franco

Hybridbildung häufig.

Carlina L., Eberwurz, Golddistel, Silberdistel (Bearbeiter: Eckhard von Raab-Straube)

1. Rosettenpfl.; Köpfchen meist einzeln, unmittelbar der Blattrosette aufsitzend, bis 15 cm ∅; inn. strahlende Hüllblätt. gelbl. bis zitronengelb; Blüten > 22 mm lg.; Pappus 20–25 mm lg.; — Blattrosette bis 50 cm ∅; ↕ 3–10 cm; ♃. VII–IX. – Trockenrasen. – Kult. (Heimat: W-Eur.), gelegentl. verwild.; *s* eingebürg., D: BY (Bamberg), BW (Mühlacker). – Zierpfl.
Pyrenäen-E., ***C. acanthifolia*** All. (subsp. ***acanthifolia***)

— Pfl. m. kurzer od. verläng. Sprossachse; Köpfchen einzeln od. zu mehreren, meist ± gestielt, bis 7 cm ∅; inn. strahlende Hüllblätt. silbrig, zuw. rötl. getönt od. strohgelb; Blüten bis 18 mm lg.; Pappus 10–12 mm lg. 2

2. Strahlende Hüllblätt. oberseits silberweiß (selten rötl.), 3–5 cm lg.; Köpfchen 4–7 cm ∅; — Laubblätt. 8–25 cm lg., deutl. fiederteilig; ↕ 1–50 cm; ♃. VII–IX. – Halbtrockenrasen, Magerrasen. – *v* Alp., sonst *z–s*, im W u. N *f*. ⓖ. Silberdistel, Wetterdistel, Stängellose E., ***C. acaulis*** L.

a. Endzipfel der Fiedern 1. Ordn. in der Blattmitte eif. bis lanzettl., Zipfel an seiner Basis > 6 mm br. (*777/1*), durch gezähnte Rhachisflügel miteinander verbunden; Stg. fast stets m. 1 Köpfchen, meist 1–3 (selten bis 10) cm lg.; ↕ 3–15(–20) cm. – Nur im O u. S, D: SO-BY, SO-SN; A; S-CH; CZ; FL; I: Bz; PL.
Stängellose E. (i. e. S.), Silberdistel (i. e. S.), subsp. ***acaulis***

— Endzipfel der Fiedern 1. Ordn. in der Blattmitte lanzettl. bis pfrieml., Zipfel an seiner Basis < 6 mm br. (*777/2*), Rhachis nicht od. nur schmal geflüg.; Stg. fast stets m. mehreren Köpfchen, meist länger als 15 cm; ↕ (3–)20–60 cm. – Schafweiden. – *v* Alp., sonst *z–s*, im W u. N *f*. [*C. caulescens* Lam.; *C. acaulis* subsp. *simplex* (Waldst. & Kit.) Nyman] Hohe Stängellose E., Hohe S., subsp. ***caulescens*** (Lam.) Schübl. & G. Martens

— Strahlende Hüllblätt. oberseits strohgelb, 1–2 cm lg.; Köpfchen (1,5–)2–3,5(–4) cm ∅; — mittl. Stg.Blätt. 2–10 cm lg., ungeteilt od. fiederlappig bis fiederteilig; ↕ 15–60(–100) cm; ⊙–♃. VI–IX. – Trockenrasen, Kiefernwälder, Wiesen. – *v*, *z* im N. Formenreich.
Artengruppe Golddistel, ***C. vulgaris*** agg.

a. Stg.Blätt. fiederlappig bis fiederteilig, alle distelart. kraus (*777/5*); ↕ 10–30(–60) cm. – *v*, *z* im N.
Golddistel, Gewöhnliche E., ***C. vulgaris*** L.

— Stg.Blätt. meist ungeteilt, die unt. flach, die ob. höchstens in ihrer unt. Hälfte kraus; ↕ 20–60(–100) cm.
Langblatt-G., ***C. biebersteinii*** Hornem.

A. Stg. meist m. 1(–5) Köpfchen; Köpfchen (2,5–)3–4 cm ∅; äuß. Hüllblätt. 1,8–3 cm lg.; ob. Stg.Blätt. flach, nicht kraus (*777/3*); ↕ 20–50(–80) cm. – *z* Alp., *s* D: BY, TH, früher MV, SN; Alp.Vorland; F: Vog.; CZ/PL: Sudeten. [incl. *C. biebersteinii* subsp. *sudetica* Kovanda; *C. vulgaris* subsp. *longifolia* (Grab.) Nyman; *C. longifolia* Rchb.; *C. stricta* (Rouy) Fritsch] Langblatt-G. (i. e. S.), subsp. ***biebersteinii***

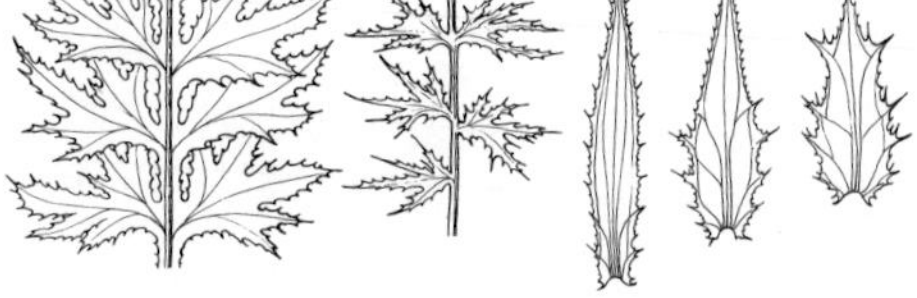

777/1 *777/2* *777/3* *777/4* *777/5*

— Stg. meist m. mehreren (3–10) Köpfchen; Köpfchen (1–)1,5–2,5 cm ⌀; äuß. Hüllblätt. 1,4–1,8 cm lg.; ob. Stg.Blätt. höchstens in ihrer unt. Hälfte kraus (*777/4*); ↕ 30–70(–120) cm. – *s*, D: BY; A: Bgl, NÖ, O-Stm; CZ; PL. [*C. intermedia* Schur; *C. vulgaris* subsp. *brevibracteata* (Andrae) Bornm.; *C. vulgaris* subsp. *intermedia* (Schur) Hayek] Mittlere Langblatt-G., subsp. ***brevibracteata*** (Andrae) K. Werner

Carpesium L., Kragenblume (Bearbeiter: Gerald Parolly)

Stg. m. mehreren Köpfchen, weichhaarig bis zottig; Blätt. rautenf. eif., in den Stiel keilf. verschmälert, unterseits behaart; Köpfchen nickend, 1,5–2,5 cm ⌀; Fr. drüsig; ↕ 20–80 cm; ⊙–⊙. VII–IX. – Frische, lichte nährstoffreiche Wälder, Gebüsche; kollin. – In D: SO-BY (Inn, Donau, Salzach) entlang der Grenze zu A: OÖ wohl verschwunden; *s*, A: Kt, NÖ, OÖ, S-Stm; CH: Gr (Misox), Ts, Vs; I: Bz; Hauptverbr.: Slowenien bis SW-As. Nickende Kragenblume, ***C. cernuum*** L.

Carthamus L., Saflor (Bearbeiter: Eckhard von Raab-Straube)

1. Blätt. fiederspaltig, stechend dornig gezähnt; Stg. zunächst spinnwebig wollig, später verkahlend; Blüten hellgelb; Pappus vorhanden; ↕ 20–60 cm; ⊙. VI–VIII. – Wegränder, Weiden, Ruderalstellen. – *s*, CH: Vs; I: Bz; sonst Ne. (eingeschleppt) u. unbest.; *s*, D: BB, BW, BY, HE, MV, NI, NRW, SH, SN, TH; *z* in B; CZ; PL; Hauptverbr.: MMG. Wolliger S., ***C. lanatus*** L. (subsp. ***lanatus***)

— Blätt. ungeteilt, fein dornig gezähnt od. ganzrandig, halb stg.umfassend; Stg. kahl; Blüten orangegelb, später rot; Pappus meist fehlend; ↕ 30–80 cm; ⊙. VII–IX. – Kult. u. Ne. (Heimat: SW-As.), *s* verwild.; z. B. D: BB, BW, BY, HE, MV, NI, NRW, RP, SH, SN, TH. – Alte Kulturpfl., auch Zierpfl. Färberdistel, Färber-S., ***C. tinctorius*** L.

Centaurea L. [incl. *Cnicus* L., Bendediktenkraut; excl. *Cyanus* Mill.], Flockenblume (Bearbeiter: Gerald Parolly)

Wenn im Schlüssel ohne weitere Angaben von Hüllblätt. die Rede ist, sind stets die äuß. Hüllblätt. gemeint.

1. Hüllblätt. stechend, in eine ± lg. Dornspitze auslfd. (*779/7–779/9*) 11

— Hüllblätt. ohne Dornspitze, m. trockenhäutigem Anhängsel od. an der Spitze trockenhäutig (*778/1–778/8, 779/1–779/6*) 2

2. Blätt. sämtl. fiederteilig od. fiederspaltig; trockenhäutiges Anhängsel der Hüllblätt. an deren Rand beiderseits etwas herablfd. (*779/3–779/6*) 9

— Blätt. ungeteilt od. nur die unt. fiederspaltig, die mittl. u. ob. stets ungeteilt; trockenhäutiges Anhängsel der Hüllblätt. deutl. von ihrer Basis abgesetzt (*778/3–778/8, 779/1–779/2*) 3

3. Pappus vorhanden, zuw. aber sehr kurz 5

— Pappus fehlend od. nur aus einzelnen Borsten besthd.; — Randblüten vergrößert 4

4. Äuß. Hüllblattanhängsel (dk.)braun bis weißl., rundl., eingerissen-zerschlitzt u. teilw. fein gezähnelt (*778/2, 778/4*) od. kammf. gefranst (*778/5, 778/6*), die darüber sthd. ganz verdeckend; ↕ (15–)20–90(–150) cm; ♃. VI–X. – Wiesen, Halbtrockenrasen. – *v*. – Formenreich u. sehr schwierig zu gliedern! Artengruppe Wiesen-F., Gewöhnliche F., ***C. jacea*** agg.

a. Hüllblattanhängsel der mittl. Hüllblätt. 3-eckig eif. bis eilanzettl., regelm. kammf. gefranst .... d

— Hüllblattanhängsel der mittl. Hüllblätt. rundl. (oft breiter als lg.), fast ganzrandig bis (unregelm.) eingerissen-zerschlitzt .... b

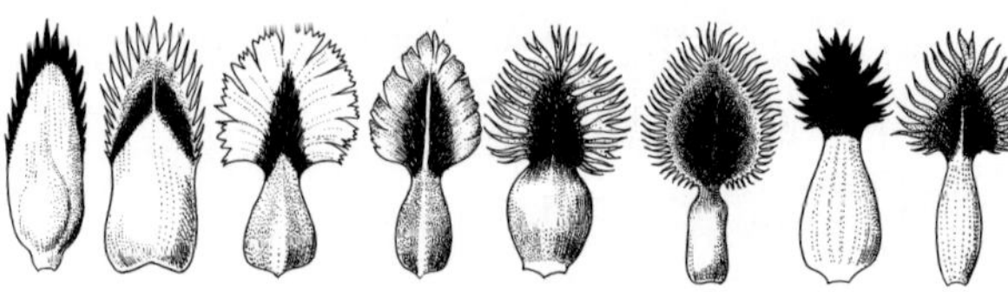

778/1 778/2 778/3 778/4 778/5 778/6 778/7 778/8

b. Hüllblattanhängsel (5–)6–7(–8) mm br. u. meist < 5 mm lg., sehr hohl, weißl. (selten bräunl.); — Stg. einfach od. erst oberh. der Mitte verzweigt, unter den Köpfchen reich beblätt.; Stg.Blätt.eilanzettl. bis lanzettl., die ob. am Grund oft (halb)spießf., die unt. Blätt. meist ungeteilt (selten leierf. fiederlappig); Hülle (12–)14–20 mm ∅; Pfl. dicht weißfilzig; ↕ 20–50 cm. VI–VIII. – Trockene Wiesen, Felshänge, lichte Kiefernwälder. – *s–z*, südl. Alpentäler, A: W-Kt, OTi; CH: Gr, Ts; CZ (eingebürg.?); I: Bz. [*C. bracteata* Scop.; *C. jacea* subsp. *gaudiniii* (Boiss. & Reut.) Gremli] Gaudin-F., Hellschuppige F., ***C. gaudinii*** Boiss. & Reut.

Ähnl. ist Welden-F., ***C. weldeniana*** Rchb. [*C. jacea* subsp. *weldeniana* (Rchb.) Greuter; *C. amara* subsp. *weldeniana* (Rchb.) Kušan], m. ebenfalls stark vergrößerten, weißl. membranösen, etwas kleineren Hüllblattanhängseln (4–6 mm br.), aber: Stg. schon unter der Mitte reichästig; Stg.Blätt. lanzettl., die ob. schmal lanzettl. bis linealisch, nur 1–3 mm br.; Hülle (12–)13–15 mm lg. u. 7–10 mm ∅; — Pfl. dicht weißfilzig; ↕ > 60 cm. – Brachwiesen. – Sehr *s*, nur A: NÖ (Perchtoldsdorf); Hauptverbr.: Z-MMG.

— Hüllblattanhängsel 4(–5) mm br. u. meist 2,5–4 mm lg., gewölbt, hell- bis dk.braun c

c. Pfl. grün, fast kahl bis kurz rau behaart, wenig u. meist nur oberh. der Stg.Mitte verzweigt; Zweige kurz u. wenigblättr.; Blätt. ellipt. bis br. eilanzettl., meist 7-mal so lg. wie br., spitz; Hülle 15–18 mm lg., 12–14(–15) mm ∅; — Blüten purpurn, vergrößerte Randblüten stets vorhanden, fast immer strahlend; Pappus fehlend od. auf wenige Börstchen reduziert; ↕ 15–60 cm. (V–)VI–VIII(–XI). – Frische bis feuchte Wiesen u. Weiden, auch ruderal, bes. auf basenreichen StO. – *v*, in Trockengebieten u. höh. Lagen *s*. [*C. pratensis* (Lam.) Salisb.; *C. vulgaris* (W. D. J. Koch) G. H. Loos; *C. jacea* subsp. *jacea*] Eigentliche Wiesen-F., ***C. jacea*** L. s. str.

— Pfl. graugrün, spinnwebig bis flockig-grünfilzig (später oft verkahlend), bereits unter der Stg.Mitte reich verzweigt; Zweige rutenf. verläng. u. vielblättr.; Blätt. lanzettl. bis lineal-lanzettl., ≥ 8-mal so lg. wie br., unt. fast immer ungeteilt; Hülle ≈ 15–16 mm lg., 10–12 mm ∅; — Blüten (purpur)rosa, vergrößerte Randblüten stets vorhanden, strahlend; Pappus fehlend (sehr selten auf wenige Börstchen reduziert); ↕ (30–)40–100(–150) cm. VII–IX(–X). – Halbtrockenrasen, Säume, Ruderalfluren, im S auch Niedermoorwiesen, bes. auf basenreichen StO. – D: *v* ST, *z* BY, BW, HE, S-RP, SN, TH, *s* NRW, MV, BB?, NI? (Verbr. in D ungenügend bekannt); *s* A: Kt, OÖ, OTi, Sb (*v* Bgl. u. NÖ); CH; CZ; F: Els; FL. [*C. jacea* subsp. *pannonica* (Heuff.) Hayek; *C. jacea* subsp. *angustifolia* (DC.) Gremli; *C. pannonica* Heuff. subsp. *pannonica*]
Pannonische F., Ungarische F., Östliche Schmalblättrige F., ***C. pannonica*** (Heuff.) Simonk.

Sehr ähnl. (wenn überhaupt sinnvoll differenzierbar?) u. in D im südl. Rheingebiet u. BY m. vorheriger Sippe durch Übergänge verbunden ist die westl. Vikariante der Pannonischen F.: Pfl. meist (bleibend?) stark spinnwebig graufilzig; Blätt. schmal linealisch, ob. oft nur 1–2 mm br., zumind. unt. überwgd. fiederlappig; ↕ 20–90 cm. VIII–X. – Trockenrasen; auf Kalk. – *s*, D: RP; B; F: Els; NL. [*C. pannonica* subsp. *approximata* (Rouy) G. H. Loos; *C. jacea* subsp. *timballii* (Martrin-Donos) Braun-Blanq.]
Timbal-Lagrave-F., Westliche Schmalblättrige F., ***C. timballii*** Martrin-Donos

d (a). Hüllblattanhängsel < 2,5 mm lg., zurückgebogen bis zurückgekrümmt, selten anlgd., dünn; — Randblüten nicht strahlend (wenn Randblüten strahlend u. Hülle dk.braun/schwärzl. u. grün gescheckt, s. *C. nigrescens*!); Spr. lanzettl.; Pfl. stark verzweigt, ↕ 20–90 cm. VII–X. – Trockenwiesen, Ruderalfluren. – *s*, D: RP, SW-NRW?, TH?; B; F: Els; NL. [*C. decipiens* Thuill. subsp. *microptilon* (Godr.) G. H. Loos; *C. jacea* subsp. *microptilon* (Godr.) Gremli]
Kleinfederige F., ***C. microptilon*** (Godr.) Godr. & Gren.

— Hüllblattanhängsel > 2,5 mm lg., meist anlgd. od. aufr., selten etwas zurückgebogen; — Randblüten strahlend od. nicht .... e

e. Pfl. graugrün, z. T. weich u. lg. behaart, seltener rau bis fast kahl; Blätt. schmal lanzettl. bis linealisch; Köpfchen eif., < 14 mm lg.; Randblüten nicht (od. kaum) strahlend; — Pappus fehlend; ↕ 20–100 cm. VIII–X. – Trockenrasen, Heiden, Ruderalfluren. – *s*, D: NRW?, RP; B; DK; F: Els; L; NL. [*C. jacea* subsp. *decipiens* (Thuill.) Čelak.]
Täuschende F., ***C. decipiens*** Thuill.

— Pfl. grün, fast kahl od. kurz rau behaart; Blätt. lanzettl. bis eif. ellipt.; Köpfchen zieml. groß, ≈ 14–15 mm lg.; Randblüten strahlend; — Pappus fehlend od. reduziert .... f

f. Hüllblattanhängsel angedrückt, dk.braun; Hülle fast kugelig; rudimentärer Pappus meist vorhanden; ↕ 20–90 cm. VI–VIII. – Wiesen, Wegränder. – *s–z*, D: BW, BY, HE, RP, ST, MV?, NRW?; B; DK; F: Els; L; NL. [*C. pratensis* Thuill. non Salisb.; *C. jacea* subsp. *grandiflora* (Gaudin) Schübl. & G. Martens]
Thuillier-F., ***C. thuillieri*** J. Duvign. & Lambinon

Ob wirkl. von *C. decipiens* abtrennbar?

— Hüllblattanhängsel aufr., absthd. bis zurückgebogen, hellbraun od. schwarzbraun; Hülle eif., Pappus fehlend; — ↕ 50–80 cm .... g

g. Hüllblattanhängsel schwarzbraun, 3-eckig eif. bis eilanzettl., aufr., die endst. Franse kaum länger als die seitl.; Stg. unter den Köpfchen verdickt; ↕ 60–80 cm. VI–VIII. – Halbtrockenrasen; kollin bis montan. – In D nicht sicher nachgewiesen (ob BB, BY, MV, RP, SN?); *z*, A: Sb; FL; CZ. [*C. jacea* subsp. *subjacea* (Beck) Hyl.; *C. subjacea* Beck]
Preissmann-F., ***C. preissmannii*** Hayek

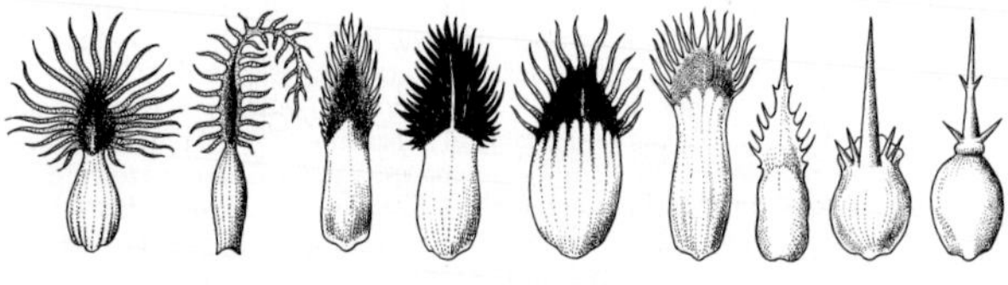

779/1 779/2 779/3 779/4 779/5 779/6 779/7 779/8 779/9

— Hüllblattanhängsel hellbraun, eilanzettl., absthd. bis zurückgebogen (selten aufr.), die endst. Franse viel länger als die seitl.; Stg. unter den Köpfchen nicht verdickt; ↕ 50–80 cm. VI–VIII. – Wechselfeuchte Wiesen; kollin. – *z*, A: Bgl, Kt, NÖ, OTi, Sb, Stm; CZ; PL. [*C. jacea* subsp. *macroptilon* (Borbás) Hayek]
Fiederschuppen-F., ***C. macroptilon*** Borbás

Anmerkung: *Centaurea decipiens*, *C. microptilon*, *C. thuillieri* u. *C. timballii* sind wohl hybridogenen Ursprungs (Hybridbildung m. *C. nigra* bzw. *C. nigrescens*) u. von unklarem taxonom. Wert (als „Arten" vielleicht zu hoch bewertet). Zahlr. weitere kritische Sippen wurden beschrieben, von denen nur die wenigsten biologische Einheiten darstellen dürften. Zum Bestimmen ggf. Spezialliteratur verwenden.

— Äuß. Hüllblattanhängsel 3-eckig, schwarz, klein (*778/7*), die darüber sthd. Hüllblätt. nur teilw. verdeckend; Hülle daher meist schwarz-grün gescheckt; ↕ 20–80 cm; ♃. VI–VIII. – Trockenrasen, Wegränder. – *s*. – Formenreich, Sippen durch Übergänge untereinander u. z. T. durch Hybridisierung m. *C. jacea* s. l. verbunden! [*C. dubia* subsp. *nigrescens* (Willd.) Hayek]
Schwärzliche F., ***C. nigrescens*** Willd.

a. Alle Hüllblattanhängsel 3-eckig, kammf. gefranst. VII–IX. – Wiesen, Halbtrockenrasen; kalkmeidend. – *s*, D (bes. M-D, eingebürg. 19. Jh.); A: Bgl, NÖ, OÖ; CZ. [*C. dubia* subsp. *nigrescens* (Willd.) Hayek]
Schwärzliche F. (i. e. S.), subsp. ***nigrescens***

— Inn. Hüllblattanhängsel rundl., eingerissen-zerschlitzt, äuß. 3-eckig, kammf. gefranst .... **b**

b. Ob. Stg.Blätt. lanzettl. bis eilanzettl.; Hüllblattanhängsel meist 1,5–2 mm lg., den grünen Teil der Hüllblätt. weitghd. verdeckend. VIII–IX. – Säume. – Südl. Kalk-Alp., *z*, A: Kt, Ti, Vb?; CH; I: Bz. [*C. dubia* Suter non S. G. Gmel.] Südliche Schwärzliche F., subsp. ***transalpina*** (DC.) Nyman

— Ob. Stg.Blätt. eif. bis rundl.-eif.; Hüllblattanhängsel < 1,5 mm lg., grüner Teil der Hüllblätt. daher gut sichtbar. VI–VII. – Feuchte Hochstaudenfluren. – *z* A: Bgl, Kt NÖ, Stm; in D: BW unbest. [*C. nigrescens* var. *vochinensis* W. D. J. Koch; *C. carniolica* Host] Wocheiner Schwärzliche F., Krainer F., subsp. ***vochinensis*** (W. D. J. Koch) Nyman

5 **(3).** Strahlende Randblüten fehlend; — Hüllblattanhängsel aufr. od. etwas zurückgebogen; ↕ 20–70 cm; ♃. VII–IX. – Wiesen, Gebüsch, Waldränder. Schwarze F., ***C. nigra*** L.

a. Hüllblattanhängsel schwarz bis schwarzbraun, an der Spitze etwas zurückgebogen, br. eif. bis rundl., ≈ so br. wie die Länge seiner Fransen (*778/8*); Hülle 15–20 mm ∅; Pappus ein Sechstel bis ein Drittel so lg. wie die Fr.; Pfl. wenig verzweigt. – *z*, D: W-HE, N-Rheinl., N-SN, eingebürg. SH; *z* B; F: Els (W-Vog., Sundgau); NL.
Schwarze F. (i. e. S.), subsp. ***nigra***

— Hüllblattanhängsel braun, aufr., 3-eckig-lanzettl., schmaler als die Länge seiner Fransen (*779/1*); Hülle 10–15 mm ∅; Pappus fehlend od. winzig; Pfl. reich verzweigt. – *v* im SW u. CH (*f* O-BY, A), *z* bis D: Rheinl./HE/Fr, nördl. davon oft eingebürg. [*C. nemoralis* Jord.; *C. debeauxii* Gremli & Godr. subsp. *nemoralis* (Jord.) Dostál; *C. decipiens* Thuill. subsp. *nemoralis* Jord.] Hain-F., subsp. ***nemoralis*** (Jord.) Gremli

— Randblüten vergrößert u. strahlend **6**

6. Hüllblattanhängsel nicht grannenart. ausgezogen u. absthd. od. zurückgekrümmt, — ungeteilt, ganzrandig od. zerschlitzt, glzd. weiß, m. br. Hautrand u. dk. Mittelteil; unt. Blätt. unregelm. fiederteilig; Hülle 11–12 mm ∅; Blüten blassrosa; Pfl. oberh. der Mitte rispig verzweigt, ↕ 50–100 cm hoch; ⊙. VII–VIII. – Wegränder, Mauern. – *s*, nur CH: Gr (Misox), Ts. [*C. splendens* auct.; *C. alba* subsp. *splendens* auct.; *C. deusta* subsp. *concolor* (DC.) Hayek]
Glänzende F., ***C. deusta*** Ten.

Sehr ähnl., aber Anhängsel m. hell(er)em Mittelteil: Weiße Flockenblume, ***C. alba*** L. (Heimat: Iberische HI); unbest. in D: RP, *f* SN (Literaturangaben irrig).

— Hüllblattanhängsel grannenart., federig (gefied. Granne), absthd. od. zurückgekrümmt ... **7**

7. Stg. m. (1–)2–3 Köpfchen; — Blätt. am Grund nicht gestutzt; Strahlenblüten deutl. 2-lippig; ↕ 20–120 cm; ♃. VII–IX. – Wiesen, Waldränder. Artengruppe Phrygische F., ***C. phrygia*** agg.

a. Gefied. Granne absthd. bis (leicht) zurückgebogen, den grünen Teil der Anhängsel nicht verdeckend; — Anhängsel der innersten Hüllblätt. gefranst, m. 2–3 mm lg., fadenf. Spitze, die der äuß. m. bis 6 mm lg., federiger Spitze, alle dk.braun bis schwarz; ob. Stg.Blätt. nicht stg.umfassend; ↕ 20–80 cm. VIII–IX. – *s*, D: SN (Lausitz), Rhön?; *v* CZ; PL. [*C. austriaca* Willd.; *C. phrygia* subsp. *phrygia*] Phrygische F., ***C. phrygia*** L.

— Gefied. Granne sehr lg., stark bogenf. zurückgekrümmt, den grünen Teil der Anhängsel vollst. verdeckend . **b**

b. Hülle ≈ kugelig, (12–)15–20 mm ∅; Hüllblattanhängsel dk.braun, unt. Teil schmal 3-eckig, (ohne Wimpern) ≈ 1 mm br.; Anhängsel der innersten Hüllblätt. ungeteilt, fast ganzrandig, die der äuß. m. bis 12 mm lg., federiger, zurückgebogener Spitze (*779/2*); Blätt. nicht spinnwebig-filzig, meist rau; ob. Stg.Blätt. eif., im unt. Drittel am breitesten, m. abgerundetem od. herzf. Grund halbstg.umfassend sitzend; innerste Pappusborsten kaum halb so lg. wie der Frkn., — mittl. Stg. Blätt. meist 2-3-mal so lg. wie br.; ↕ 20–120 cm. – *v* Alp., *z* S- u. M-D; CZ; im N nur D: BB, MV, NI, SH; DK; *f* B; F: Els; NL. [*C. phrygia* subsp. *pseudophrygia* (C. A. Mey.) Gugler]
Gewöhnliche Perücken-F., ***C. pseudophrygia*** C. A. Mey.

— Hülle ≈ eif. bis zylindr., (8–)10(–14) mm ∅; Hüllblattanhängsel hellbraun, unt. Teil pfrieml., (ohne Wimpern) 0,3–0,5 mm br.; Anhängsel der innersten Hüllblätt. ringsum fein gesägt, ihr Grund lanzettl., die mittl. m. lg. federig gefranster Spitze; Blätt. (bes. jung) ± spinnwebig filzig, nicht rau; ob. Stg.Blätt. lanzettl., in der Mitte am breitesten, m. verschmälertem Grund sitzend; innerste Pappusborsten so lg. wie der Frkn.; — mittl. Stg. Blätt. meist 3-4-mal so lg. wie br.; ↕ (40–)50–120 cm. – Waldränder. – *s*, südl. Donauvorland, D: BW (unbest.), BY? (*f* SN; Angaben irrig); A: Bgl, NÖ, Stm; CZ. [C. *phrygia* subsp. *stenolepis* (A. Kern.) Gugler]
Schmalschuppige F., Fransen-F., ***C. stenolepis*** A. Kern.

Ähnl. vorherigen Arten: Hülle 7–10 mm ∅; Hüllblätt. hellbraun, wollig behaart; Spitze des Anhängsels sehr schmal, deutl. < 10 mm lg., den grünen Teil der Anhängsel nicht verdeckend; Blätt. schmal lanzettl., blaugrün, ≈ 4–8 × 0,5–1,5 cm; ob. Stg.Blätt. m. abgerundetem od. leicht herzf. Grund halb stg.umfassend sitzend; Stg. stark verzweigt; Fr. 3–4 mm lg.; ↕ 40–70 cm; ♃. VI–VIII. – Ruderale Halbtrockenrasen. – Ne. (Heimat: SO-Eur., As.); sehr *s*, in D: TH (Roter Berg b. Erfurt) in Einbürg., in BW, NRW unbest.; PL.
Haarköpfige F., ***C. trichocephala*** Willd.

— Stg. stets m. nur 1 Köpfchen; — Pfl. 10–40 cm hoch **8**

8. Hülle kugelig, 18–25 mm ∅; Pfl. rau; Hüllblattanhängsel die unt. Teile der Hülle verdeckend; ↕ 10–40 cm; ♃. VII–VIII. – Bergwiesen. – *z*, A: S-Kt; S-CH; I: Bz. [*C. uniflora* subsp. *nervosa* (Willd.) Bonnier & Layens]
Federige F., ***C. nervosa*** Willd.

— Hülle längl., nur 8–15 mm ∅; Pfl. kaum rau; Hüllblattanhängsel die unt. grünen Teile der Hülle nicht ganz verdeckend; ↕ 10–40 cm; ♃. VI–VIII. – Kiefernwälder. – *s*, CH: Gr, Ts.
Rätische F., ***C. rhaetica*** Moritzi

9 **(2).** Blätt. dk.grün, beiderseits spärl. rau behaart, selten ganz kahl, fiederspaltig, m. br. lanzettl. Abschnitten; Stg. nur oberw. m. 1–2 Seitenzweigen m. jeweils nur 1 Köpfchen; Köpfchen ≈ 20 mm lg.; — Hüllblätt. nervenlos; ↕ 30–120(–200) cm; ♃. VI–X. – Trockene Wiesen, lichte Wälder, steinige Rasen.; kollin bis subalp. – Im ganzen Gebiet, *z*.
Skabiosen-F., Große F., ***C. scabiosa*** L.

a. Hüllblattanhängsel 5–7 mm lg., beiderseits m. je > 15 Fransen (*779/4*); Nägel der Hüllblätt. von den Anhängseln der nächstunt. völlig bedeckt, Hülle daher einheitl. schwarz; Stg. meist 1-triebig, unverzweigt u. nur m. 1–3 Köpfchen; — Hülle (16–)20–30(–40) mm ∅; ↕ 30–70 cm; ♃. VII–VIII. – Bergwiesen. – *z*, Alp. [*C. alpestris* Hegetschw.]
Alpen-F., subsp. ***alpestris*** (Hegetschw.) Nyman

— Hüllblattanhängsel 1–5 mm lg., beiderseits m. je 5–15 Fransen (*779/3*); Nägel der Hüllblätt. von den Anhängseln der nächstunt. nicht verdeckt, Hülle daher grün u. schwarz gescheckt; Stg. meist mehrtriebig u. m. mehreren Köpfchen .... **b**

b. Anhängsel der mittl. Hüllblätt. rundl., weißl. m. schwarzem Mittelfleck; ↕ 60–100 cm; ♃. VI–VII(?). – Trockenrasen; *s*, A: NÖ (Marchfeld); außerh: SO-Eur.; in Einbürg. in D: BB, MV, SN u. ST. [*C. sadleriana* Janka]
Ungarische Skabiosen-F., Sadler F., subsp. ***sadleriana*** (Janka) Asch. & Graebn.

— Anhängsel der mittl. Hüllblätt. 3-eckig, m. schwarzer Spitze .... **c**

c. Blätt. ganz kahl u. glatt; — Stg. meist m. 1–3 Köpfchen; ↕ (30–)60–100 cm; ♃. VI–VII. – Felsen, Waldränder. – *s*, A: NÖ; CZ. [*C. badensis* Tratt.]
Badener Skabiosen-F., subsp. ***badensis*** (Tratt.) Gugler

— Blätt. wenigstens am Rand rau .... **d**

d. Hülle 18–25 mm ∅; Hüllblattanhängsel beiderseits m. 8–12 Fransen, m. br. Hautsaum herablfd., bewimpert; ungeteiltes Mittelstück des Anhängsels zwei Drittel so lg. bis so lg. wie br.; Blätt. beiderseits rau, kaum glzd.; Blattfiedern eif. bis lanzettl., m. flachen Rändern; ↕ 30–120 cm; ♃. VI–VIII. – Trockene Wiesen, Trockenrasen. – *v*, *s* im NW.
Skabiosen-F. (i. e. S.), subsp. ***scabiosa***

— Hülle 14–18 mm ∅; Hüllblattanhängsel schmal herablfd., kurz bewimpert od. ungeteilt, ohne Spitze; ungeteiltes Mittelstück des Hüllblattanhängsels (von der Spitze des grünen Teils bis zur Basis der Endfranse) 1–2,5-mal so lg. wie br.; Blätt. oberseits glatt, glzd.; Blattfiedern m. verdickten Rändern .... **e**

e. Stg. wenig verzweigt, bis > 1 m hoch; Fiedern lanzettl.; Hülle 14–15 mm ∅; Hüllblattanhängsel beiderseits m. 3–5 Fransen; äuß. Blüten wenig länger als die inn.; ↕ bis 120 cm; ♃. VI–VIII. – Trockenwiesen, Steppenrasen. – *s*, CH: Gr, Jura, Ts, Vs; I: Bz. [*C. grinensis* Reut.; *C. scabiosa* subsp. *tenuifolia* (Gaudin) Geilinger]
Zartblättrige F., Grigna-Skabiosen-F., subsp. ***grinensis*** (Reut.) Nyman

— Stg. stärker verzweigt, bis 2 m hoch; Fiedern eif.-lanzettl.; Hülle 15–18 mm ∅; Hüllblattanhängsel m. beiderseits 5–7 Fransen; äuß. Blüten deutl. länger als die inn.; ↕ bis 200 cm; ♃. VI–VIII. – Felsige Abhänge. – *s*, A: S-Kt, OTi. [*C. fritschii* Hayek]
Fritsch-Skabiosen-F., subsp. ***fritschii*** (Hayek) Hayek

— Blätt. weißfilzig, gefied., m. schmal linealen Abschnitten; Stg. schon unterh. der Mitte sparrig-ästig verzweigt, m. zahlr. Köpfchen; Köpfchen bis 14 mm lg. **10**

10. Hüllblattanhängsel weiß bis hellbraun, manchmal m. schwarzem Fleck; unterste (nicht freie) Fransen der Hüllblattanhängsel bis über die Mitte verwachsen.; Pappus 1 mm lg., ein Drittel so lg. wie die Fr.; — Hüllblattanhängsel jederseits m. 2–6 Fransen, diese 1–2 mm lg.; Hülle 8–10 mm ∅; Pfl. dicht weißfilzig behaart; ↕ 20–50 cm; ⊙. VII–IX. – Steppenrasen, Felsen, Kiefernwälder. – *s*, CH: Vs.
Walliser F., ***C. valesiaca*** (DC.) Jord.

— Hüllblattanhängsel braun od. schwarz; unterste (nicht freie) Fransen der Hüllblattanhängsel höchstens zu einem Drittel verwachsen; Pappus 1–1,8 mm lg., halb so lg. wie die Fr.; — Hüllblattanhängsel jederseits m. 4–10(–12?) Fransen; Hülle 5–11(–12) mm ∅; Hüllblätt. m. vorspringenden Nerven; Pfl. zerstreut weißfilzig behaart; ↕ (10–)20–150(–200) cm; ⊙–♃. VII–IX. – Trockenrasen, Ruderalstellen, Wegränder; kollin bis (sub)montan. – Im ganzen Gebiet, *z–s*, einheim. wohl nur A; CZ u. I: Bz (Hauptverbr.: S- u. O-Eur.), sonst Ne. (eingeschleppt). [*C. rhenana* Boreau; *C. maculosa* Lam.]
Gefleckte F., ***C. stoebe*** L.

a. Pfl. meist 1-stängelig u. 2-j.; Hüllblattanhängsel schwarz (*779/5*) od. braun (*779/6*), ihre Fransen (m. Ausnahme der Basis) weißl., — beiderseits 6–10; Hülle 6,5–11(–12) mm ∅; ↕ (10–)20–120 cm; ⊙. – *z* im S u. O, sonst *s*;

einheim. A; CZ, I: Bz; sonst Ne., eingebürg. in D: BB, BW, BY, HE?, MV, NI, RP, SH, SN, ST, TH; NL u. PL; unbest. in CH; DK; *f* B. Rhein-F., Gefleckte F. (i. e. S.), subsp. ***stoebe***

— Pfl. meist mehrstängelig u. ausd.; Hüllblattanhängsel am Grund ohne Fleck, ihre Fransen dk., — beiderseits 4–7; Hülle 5–8 mm ∅; ↕ 40–150(–200) cm; (⚇–)♃. – *s*, A: Bgl, Kt, NÖ; CZ; eingeschleppt *s*, D: BY, HE, RP; CH; DK; PL. [subsp. *micranthos* (Griseb.) Hayek; *C. maculosa* subsp. *micranthos* (Griseb.) Gugler] Kleinblütige F., Schmalköpfige F., subsp. ***australis*** (A. Kern.) Greuter

11 (1). Blüten hell- od. kräftig gelb **14**

— Blüten weiß, rosa od. hellpurpurn; — Stg. nicht geflüg. **12**

12. Anhängsel der mittl. Hüllblätt. deutl. abgesetzt, lanzettl., in beiderseits m. (4–)5–7 dornigen Fransen versehenen, (1,5–)2,5–3,5(–4,5) mm lg. Mitteldörnchen auslfd. (*779/7*); Fr. 2–3 mm lg.; Blätt. grünl.grau; — Mitteldorn deutl. länger als Seitendornen, 2–4 mm lg.; Krone weiß, selten rosa; Pfl. stark verzweigt; ↕ 10–60 cm; ⚇. VII–IX. – Hafengebiete, Bahndämme, Ruderalstellen. – Ne. (Heimat: SO-Eur., SW-As., Kaukasus), eingeschleppt; stellenw. eingebürg.; z. B. D: BB, BW, N-BY (Nürnberg, Würzburg), Rheintal, HE, SN, ST, TH; A: NÖ; CH; B; CZ; NL. Sparrige F., ***C. diffusa*** Lam.

Sehr ähnl. der vorigen Art, aber Mitteldorn der Hüllblätt. kaum länger als die Seitendornen; — Mitteldorn der Hüllblätt. 2–4 mm lg., jederseits m. 5–7 Dörnchen; Krone weiß od. rosa; Pfl. stark verzweigt; ↕ 10–60 cm; ⚇. VII–VIII. – Ruderalstellen. – Hybridogen im Gebiet entstanden; *s*, bes. Rheinebene; D: BB (auch Berlin), BW, BY, HE, NRW, SN, ST, TH; A; B; CZ. [*C. diffusa* × *C. stoebe*] Sandbürtige F., ***C.*** × ***psammogena*** Gayer

— Anhängsel der mittl. Hüllblätt. klein, undeutl. abgesetzt, m. kräftigem, (5–)10–25(–30) mm lg. Mitteldorn, an dessen Grund beiderseits je 1–3 kurze Dornen (*779/8*); — Mitteldorn strohfarben; Randblüten nicht strahlend, Pfl. 1- od. 2-j., von Grund auf stark verzweigt, die Zweige kurz unterh. der endst. Köpfchen ansetzend u. diese übergipfelnd **13**

13. Hülle (7–)9–12(–15) mm ∅, eif. bis becherf.; Pappus 1–2,5(–3) mm lg.; — Blätt. spärl. behaart, die unt. gestielt, fiederspaltig od. leierf. m. bis 6 Paaren von gezähnelten od. gelappten Seitenfiedern, die mittl. u. ob. sitzend, zunehmend einfacher; Fr. 3–4 mm lg.; ↕ 20–80(–100) cm; ⊙–⚇. VII–IX. – Hafengebiete, Bahndämme, Ruderalstellen, Felder. – Ne. (Heimat: SO-Eur., Kaukasus, SW- u. M-As., Kaukasus), eingeschleppt; unbest.; z. B. D: BB, SH (Hamburg), SN, ST, TH. Iberische F., ***C. iberica*** Spreng.

— Hülle (4–)5–7 mm ∅, längl. bis zylindr.; Pappus fehlend; — Pfl. meist graziler als bei *C. iberica*; Blätt. grün; Fr. 3–7 mm lg.; ↕ 15–60(–80) cm; ⚇. VII–VIII(–IX). – Hafengebiete, Ruderalstellen. – Ne. (Heimat: S- u. SO-Eur.), eingeschleppt u. eingebürg., vielfach wieder verschwunden; z. B. D: BW (Mannheim, ob noch?), BY, HE, ST, TH; A; CH (in der S-CH einheim.); CZ; NL; sonst unbest. im ganzen Gebiet. Fußangel-F., Stern-F., ***C. calcitrapa*** L.

14 (11). Stg. nicht geflüg., — borstig behaart; ob. Blätt. sitzend, stg.umfassend, dornig berandet, schrotsägef., klebrig; Köpfchen von großen Außenhüllblätt. umgeben; äuß. Hüllblätt. des Köpfchens ohne Anhängsel, aber m. lg. Dorn, inn. in lg. gefied. u. geknieten Dorn auslfd.; ↕ (15–)30–60 cm; ⊙. VI–VII. – Ruderalstellen. – Ne. (Heimat: MMG, SW-As.), *s* verwild.; z. B. D: BB (Berlin), BW, BY, MV, NRW, SH (Hamburg), SN, TH; A; B; CH; CZ. – Alte Kulturpfl. [*Cnicus benedictus* L.] Benedikten-F., Benediktenkraut, ***C. benedicta*** (L.) L.

— Stg. durch die herablfd. Blätt. geflüg. **15**

15. Hüllblattanhängsel aus einem 5–8 mm lg. u. m. 1–3 seitl. Dornpaaren besetzten Mitteldorn besthd. (*779/9*); Krone dicht m. sitzenden Drüsen bedeckt; ↕ 30–60 cm; ⊙. VIII–X. – Hafengebiete, Bahndämme. – Ne. (Heimat: MMG), regelm. eingeschleppt, aber stets regional u. unbest.; *s*, D: BB (auch Berlin), BW, BY, HE, MV, NI, NRW, RP, SH, SN, TH; A; B; CZ; NL. Malteser-F., Malteserdistel, ***C. melitensis*** L.

— Hüllblattanhängsel aus einem 10–15 mm lg. Mitteldorn besthd., dieser am Grund m. 2–4 kleinen Dornen; Krone drüsenlos; ↕ 20–80 cm; ⊙. VI–X. – Hafengebiete, Bahndämme, Klee- u. Luzernefelder. – Ne. (Heimat: SO-Eur.), eingeschleppt u. lokal eingebürg.; z. B. D: *z* bes. M- u. Niederrhein, BB (auch Berlin), BW, BY, HE, NI, NRW, RP, SH (Hamburg), SN, sonst unbest.; *s* A: Bgl, Stm, ehem. OÖ, NÖ, N-Ti, Sb; B; CH; CZ; I: Bz; NL. Sonnenwend-F., ***C. solstitialis*** L. (subsp. ***solstitialis***)

Außerdem: Ersatz-Wiesen-F., ***C. jacea*** subsp. ***substituta*** (Czerep.) Mikheev [*C. substituta* Czerep.] (Heimat: O-Eur., Kaukasus), in Einbürg. in D: BW, NRW.

In D noch Nachweise weiterer Arten an ruderalen StO, alle bislang unbest. u. überwgd. sehr *s*:

Ähnliche F., *C.* ***affinis*** Friv. (Heimat: SO-Eur., O-MMG) in D: TH; Aschgraue F., *C.* ***albanica*** Bornm. (Heimat: Griechenland) in D: TH; Alexandriner-F., *C.* ***alexandrina*** Delile (Heimat: S-MMG) in D: NRW; Raue F., *C.* ***aspera*** L. (Heimat: MMG) in D: BB (Berlin), SH (Hamburg), SN, ST, TH; Brugière-F., *C.* ***bruguiereana*** (DC.) Hand.-Mazz. (Heimat: SW-As.) in D: SN; Distelähnliche F., *C.* ***carduiformis*** DC. (Heimat: O-MMG, SW-As.) in D: NI; Hügel-F., *C.* ***collina*** L. (Heimat: W-MMG) in D: BW, RP; Kamm-F., *C.* ***cristata*** Bartl. (Heimat: MMG) in D: BW, RP, SH (Hamburg); Trübe F., *C.* ***diluta*** Aiton subsp. ***diluta*** (Heimat: SW-MMG) in D: BB, BW, BY, HH, NRW, RP, SN; A; CH; CZ; PL; Algerische F., *C.* ***diluta*** subsp. ***algeriensis*** (Coss. & Durieu) Maire [*C. algeriensis* Coss. & Durieu] (Heimat: S-MMG) in D: NRW, TH; Woll-F., *C.* ***eriophora*** L. (Heimat: SW-MMG) in D: BW, MV; Glasschuppige F., *C.* ***hyalolepis*** Boiss. (Heimat: SW- u. O-MMG) in D: BB, BW; Orient-F., *C.* ***orientalis*** L. (Heimat: SO-Eur.) in D: BW, BY, NRW, RP; B; CH; Bläuliche F., *C.* ***ornata*** Willd. (Heimat: Iberische HI) in D: BY; Schaf-F., *C.* ***ovina*** Willd. (Heimat: Kaukasus) in D: BB (auch Berlin), NRW; Angedrückte Skabiosen-F., *C.* ***scabiosa*** subsp. ***adpressa*** (Ledeb.) Gugler [*C. adpressa* Ledeb.] (Heimat: O-Eur., Kaukasus) in D: BW; Sizilianische F., *C.* ***sicula*** L. [*C. nicaeensis* All.] (Heimat: W u. M.-MMG) in D: BY, NRW.

Chamaemelum Mill. [*Anthemis* L. p. p.], Spornkamille, Römische Kamille (Bearbeiter: Gerald Parolly)

Pfl. intensiv aromat. riechend; Blätt. 2–3-fach fiederschnittig; Spreublätt. br. spatelf., stumpf (*783/1b*), m. grünem Mittelstreif u. durchsichtigem Rand; Krone am Grund ringsum m. schiefer Aussackung (*783/1a*); ↕ 10–30 cm; ♃. VI–X. – Straßenränder, Ruderalfluren. – Kult. u. *s* (zuw. m. gefüllten Köpfchen) u. meist unbest. verwild.; z. B. D: BB (Berlin), BW, BY (NW, BayrW, Passau), HE, MV, NRW, RP, SH, SN, TH; A; wo noch? – Heilpfl. [*A. nobilis* L.] Römische Kamille, ***C. nobile*** (L.) All.

Chondrilla L., Knorpellattich (*783/2a*) (Bearbeiter: Eckhard von Raab-Straube)

1. Pfl. nur oberw. m. wenigen, kürzeren Seitentrieben; Köpfchen in endst. doldenrispigen Köpfchenständen; Stg. kahl; Grundblätt. z. Bltzt. noch vorhanden; — Grundblätt. rosettig, kahl, entfernt knorpelig gezähnt; ↕ 10–30 cm; ♃. VII–VIII. – Kiesbänke u. Geröllfluren der Alpenflüsse; kalkstet; bis 1500 m. – In D nur zw. Hindelang (Allgäu) u. Wolfratshausen; sehr *z*, A; CH: Gr, SG; I: Bz. Alpen-K., ***C. chondrilloides*** (Ard.) H. Karst.

— Pfl. sparrig, bereits oberh. der Grundblätt. ausladend verzweigt; Köpfchen in lockeren ährenart. Köpfchenständen, an rutenf. Ästen; Stg.Basis abstHd. weißborstig; Grundblätt. z. Bltzt. vertrocknet; — Stg. blaugrün; Grundblätt. blaugrün bereift, schrotsägef., unterseits am Mittelnerv borstig behaart; ↕ 30–100 cm; ♃. VII–IX. – Trockenrasen, Flussschotter, Dünen. – *z*, S- u. O-D; A; CH: Ts, Vs; CZ; I: Bz; sonst *s*; *f* DK. Binsen-K., ***C. juncea*** L.

Cicerbita Wallr. [*Lactuca* L. p. p.], Milchlattich (Bearbeiter: Eckhard von Raab-Straube)

Nach Angaben des „Cichorieae Systematics Portal" (Kilian et al. 2009+) gehören *Cicerbita plumieri* u. *C. macrophylla* in die Gattung *Lactuca*, während *C. alpina* zu *Cicerbita* gehört.

Blätt. fast kahl; Grundblätt. m. 3-eckigem Endlappen u. 1(–2) Paaren kleiner Seitenlappen; Köpfchen in trauben- od. rispenart. Köpfchenständen; Blüten blauviolett; Fr. ungeflüg., m. 5 Hauptrippen; ↕ 60–140 cm; ♃. VII–IX. – Hochstaudenfluren, Schluchtwälder. – *v* Alp., Voralp., *z–s* Mittelgeb., D: BW, BY, HE, NI, NRW, SN, ST, TH; A; CH; CZ. [*L. alpina* (L.) A. Gray; *Mulgedium alpinum* (L.) Less.] Alpen-M., ***C. alpina*** (L.) Wallr.

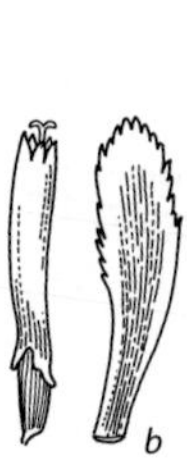

a b

783/1

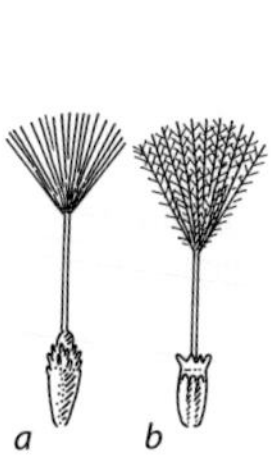

a b

783/2

Cichorium L., Wegwarte (Bearbeiter: Eckhard von Raab-Straube)

1. Grundblätt. unterseits borstl. behaart; ob. Stg.Blätt. längl.-lanzettl.; — Grundblätt. schrotsägef.; Stg. sparrig-ästig; ↕ 30–150 cm; ♃. VII–IX. – Straßen- u. Wegränder. – *v*, *z* im N.
Gewöhnliche W., ***C. intybus*** L.

Verschiedene Kultursorten: Chicoree [var. ***foliosum*** Hegi], nur kult.; Kaffee-Zichorie [var. ***radicosum*** (Alef.) O. Harz]; Saat-Zichorie [var. ***sativum*** DC.] m. schwach gezähnten, ungeteilten Grundblätt. u. fleischiger Wurzel, nur noch *s* kult. (Kaffee-Ersatz), eingebürg. auf Helgoland.

— Blätt. alle kahl; ob. Stg.Blätt. br. eif. od. 3-eckig **2**

2. Ob. Stg.Blätt. br. eif., m. herzf. Grund stg.umfassend, zuw. alle kraus gewellt; Fr. 2–3,5 mm lg., undeutl. gerippt; — Grundblätt. ungeteilt bis fiederteilig, schwach gezähnt; ↕ 30–120 cm; ⊙. VII–X. – In zahlr. Sorten als Salatpfl. kult. (Heimat: MMG bis W-As.), *s* verwild.
Endivie, ***C. endivia*** L.

— Ob. Stg.Blätt. 3-eckig; Fr. 1,5–2 mm lg., glatt; — Grundblätt. ungeteilt, gezähnt; ↕ 30–60 cm; ⊙. VII–IX. – Ne. (Heimat: Äthiopien); *s* u. unbest. auf Kleeäckern eingeschleppt; D: BW, BY, HE, MV, NI, NRW, TH; A: Bgl, NÖ, Stm. Kahlfrüchtige W., ***C. calvum*** Asch.

Cirsium Mill., Kratzdistel (Bearbeiter: Eckhard von Raab-Straube)

1. Blüten rötl., violett od. purpurn, selten weiß (aber nicht gelbl.weiß) **5**

— Blüten gelbl.weiß **2**

2. Köpfchen zu mehreren gehäuft an der Spitze des Stg., von bleichgelben Hochblätt. eingehüllt **4**

— Köpfchen einzeln (od. zu 2–3) an der Spitze des Stg., nicht von Hochblätt. eingehüllt **3**

3. Stg. furchig, oberw. (wie Hochblätt.) zieml. dicht behaart; unt. Blätt. ungeteilt bis fiederspaltig; äuß. Hüllblätt. lg. dornig bewimpert, dicht behaart, — Haare im ob. Teil der Synfl. manchmal rotbraun werdend; ↕ 30–120 cm; ♃. VII–VIII. – Hochstaudenfluren, Fettwiesen, Krummholz; auf Kalk; bis 1800 m. – *z* A: Kt, NÖ, OÖ, Sb (S-Lungau), N-Stm. Krainer K., ***C. carniolicum*** Scop.

— Stg. nicht furchig, oberw. flaumig-klebrig; unt. Blätt. tief fiederteilig; äuß. Hüllblätt. ganzrandig, dicht drüsig; ↕ 50–200 cm; ♃. VII–IX. – Quellfluren, lichte Wälder; bis 2000 m. – *z*, A; CH: Gr, Jura, Ts; I: Bz. Klebrige K., ***C. erisithales*** (Jacq.) Scop.

4 **(2).** Hochblätt. ungeteilt, eif., gleich den Laubblätt. dornig bewimpert; — Blätt. weich, ungeteilt bis tief fiederspaltig; ↕ 30–150 cm; ♃. VI–IX. – Feuchte Wiesen, Flachmoore. – *v*, im NW *z*. Kohl-K., ***C. oleraceum*** (L.) Scop.

— Hochblätt. gleich den Laubblätt. tief fiederspaltig, derb- u. reichdornig; — Pfl. dicht beblätt.; ↕ 20–80 cm; ♃. VII–IX. – Feuchte Rasen, Gesteinsschutt, Bachränder; 750–3000 m. – *v* Alp.
Alpen-K., Dornige K., ***C. spinosissimum*** (L.) Scop. (subsp. ***spinosissimum***)

5 **(1).** Blätt. oberseits kahl od. kurzhaarig **7**

— Blätt. oberseits dornig-steifhaarig, doppelt fiederspaltig **6**

6. Blätt. nicht am Stg. herablfd., sämtl. Fiederabschnitte fein gezähnt, unterseits weißfilzig; Köpfchen z. Bltzt. in Höhe der Blüten kaum breiter als der oberste Teil der Hülle, letztere m. spinnwebig verwobenen, dornspitzigen Hüllblätt.; — Köpfchen 4–7 cm ∅; ↕ 50–150 m; ⊙. VII–IX. – Weiden, Halbtrockenrasen. – *v*, D: BW, BY, RP, SO-NI, ST, TH; CH: Jura; sonst *z*–*s*, B; CZ; SW-NL; zuw. unbest., D: BB, SH. Wollige K., ***C. eriophorum*** (L.) Scop. (subsp. ***eriophorum***)

— Blätt. am Stg. herablfd., sämtl. Fiederabschnitte deutl. dornig gezähnt u. in einen lg. gelben Dorn auslfd. (*785/3*); Köpfchen z. Bltzt. in Höhe der Blüten fast doppelt so br. wie der oberste Teil der Hülle, letztere ohne Wollfilz; — Köpfchen 2–4 cm ∅; ↕ 30–200 cm; ⊙. VII–X. – Ruderalstellen, Kahlschläge. – *v*. – Formenreich. [*C. lanceolatum* (L.) Scop. non Hill]
Gewöhnliche K., ***C. vulgare*** (Savi) Ten.

7 **(5).** Stg. durch den herablfd. Blattgrund dornig-kraus geflüg. (zuw. nur an der Basis) **15**

— Stg. größtenteils glatt; Blätt. am Stg. nicht od. wenig herablfd. (*C. arvense*) **8**

8. Stg. kurz (≤ 20 cm lg.), m. nur 1 Köpfchen; — Blätt. buchtig fiederspaltig, dornig gezähnt (*785/4*); Köpfchen fast sitzend, von den obersten Blätt. umhüllt; ↕ 5–25 cm; ♃. VII–IX. – Halbtrockenrasen, Magerrasen; auf Kalk. – D: *v* M- u. S-D, *z* O-D, *s* NW- u. SO-BY; *z* A; CH; CZ; FL; I: Bz; NL. Stängellose K., ***C. acaulon*** (L.) Scop. (subsp. ***acaulon***)

— Stg. > 20 cm lg., meist m. mehreren Köpfchen **9**

9. Hülle 6–12 mm ∅; Stg. traubig od. rispig verzweigt, m. vielen Köpfchen, — bis oben reich beblätt.; Blätt. ungeteilt bis buchtig-gezähnt, fein dornig bewimpert u. Blattvorsprünge m. starren, ± 5 mm lg. Dornen (*785/1*); farbiger Kronsaum bis zum Grund 5-spaltig, rötl.lila; Pfl. unvollkommen 2-häusig; ↕ 20–120 cm; ♃. VII–IX. – Äcker, Ruderalstellen. – *v*.
Acker-K., ***C. arvense*** (L.) Scop.

— Hülle > 12 mm ∅; Stg. einfach od. m. wenigen Köpfchen an lg. Ästen **10**

10. Blätt. unterseits schneeweiß filzig, oberseits kahl, ungeteilt; — mittl. Stg.-Blätt. m. herzf. Grund stg.umfassend, m. beiderseits noch 1–2 schmalen zur Blattspitze hin weisenden, schmal 3-eckigen, zugespitzten Zipfeln; Stg. wollig-filzig, meist m. 1(–2) Köpfchen; ↕ 50–150 cm; ♃. VI–VIII. – Feuchte Wiesen, Bachufer; bes. montane Stufe, bis 2100 m. – *v*, D: BY, SN, TH; A; CZ; sonst *s*, Alp.; D: S-BB, BW, HE, SH; CH; DK; I: Bz. [*C. helenioides* auct.]
Verschiedenblättrige K., ***C. heterophyllum*** (L.) Hill

— Blätt. unterseits grün od. locker spinnwebig-wollig; — Stg. oberw. blattlos od. nur m. unscheinbaren Hochblätt. **11**

11. Köpfchen einzeln, höchstens entfernt davon m. 1 seitl. Köpfchen; — Stg. einfach od. m. wenigen von der Stg.Mitte ausghd. Seitenästen; Blätt. unterseits spinnwebig-wollig; Blattstiel am Grund verbreitert, fast geöhrt **14**

— Köpfchen zu 2–4 am Stg.Ende gehäuft **12**

12. Unt. Stg.Blätt. < 10 cm br.; — Hüllblätt. aufr., äuß. m. schwachem Dorn, mittl. ohne Dorn; Grund- u. unt. Stg.Blätt. ungestielt, am Grund fein gezähnt-geflüg., tief kammf. gespalten, unterseits höchstens locker kraushaarig; Köpfchen einzeln od. zu 2–5, aufr.; Krone 16–25 mm lg., bis zur Hälfte gespalten; ↕ 30–120 cm; ♃. VI–VII. – Moorwiesen, Flachmoore. – *v* Alp.; S-D; CH; CZ; *s* im O u. N, dort z.T. Ne. [*C. salisburgense* (Willd.) G. Don]
Bach-K., ***C. rivulare*** (Jacq.) All.

— Unt. Stg.Blätt. > 10 cm br. **13**

13. Blätt. behaart, ungeteilt; — Grund- u. unt. Stg.Blätt. lg. gestielt, im Umriss br. eif. bis rundl., bis 30 cm lg. u. 18 cm br., unterseits spinnwebig behaart bis locker filzig, später verkahlend; Hüllblattspitzen absthd., mittl. ohne Dorn; Köpfchen zu 3–8, nickend; Krone 4,5–20(–23) mm lg., rubinrot; ↕ 50–200 cm; ♃. VII–VIII. – Hochstaudenfluren, Bachufer. – *z*, O-Alp.; A: Kt, Stm, OÖ? (auch Dinar. Geb.). [*C. waldsteinii* auct.] Greimler-K., ***C. greimleri*** Bureš

— Blätt. kahl bis fast kahl, fiederspaltig; — Fiedern schmal 3-eckig bis eif.; Spitzen der äuß. u. mittl. Hüllblätt. absthd. od. zurückgebogen, in einen Dorn auslfd.; Köpfchen zu 2–8, aufr., manchmal von mehreren ob. Blätt. überragt; ↕ 80–180 cm; ♃. VI–VIII. – Feuchte Wiesen, Bachufer. – *z*, I: Bz. [*C. montanum* (Willd.) Spreng. non Hill]
Berg-K., ***C. alsophilum*** (Pollini) Soldano

14 (11). Laubblätt. unterseits schwach spinnwebig wollig, dennoch grün, tief fiederspaltig; Pfl. ohne Ausläufer, m. dünnrübigen Wurzeln; ↕ 50–150 cm; ♃. VII–VIII. – Feuchtwiesen, Gräben; bis 1200 m. – D: *z* S-D, *s* nach N bis Eifel/Rheingau/Maintal/Haßberge/TH, sonst W-SN, ST; *s* SO-B; CH: Sz, Zürich; früher A: Ti. Knollige K., ***C. tuberosum*** (L.) All.

785/1

785/2

785/3

785/4

— Laubblätt. unterseits stark spinnwebig-wollig, grau, nur fiederlappig, die ob. oft ungeteilt; Pfl. m. Ausläufern; — Stg.Blätt. ungeteilt od. buchtig; ↕ 30–100 cm; ♃. VI–VII. – Moorwiesen, Heiden. – D: *z* Ostfriesland, *s* b. Bremen, b. Bielefeld, b. Emmerich; *z* B; F: W-Vog.; NL. [*C. anglicum* (Lam.) DC.] Englische K., ***C. dissectum*** (L.) Hill

15 (7). Köpfchen in kurz gestielten Knäueln **17**

— Köpfchen einzeln; — Blätt. ungeteilt **16**

16. Inn. Hüllblätt. an der Spitze eif. verbreitert; Pappusborsten an der Spitze deutl. verdickt; Blätt. meist buchtig-fiederteilig u. lg. dornig gezähnt; ↕ 30–150 cm; ♃. VII–X. – Nasse Wiesen, Moore. – *s*, D: BB, N-BY (b. Bayreuth), SN, ST, TH; A: Bgl, Kt, NÖ, früher OÖ, Stm; *s* CH: Vs; *v–z* CZ; *s* PL. Graue K., ***C. canum*** (L.) All.

— Inn. Hüllblätt. nicht verbreitert, lg. zugespitzt; Pappusborsten an der Spitze nicht verdickt; Blätt. dornig bewimpert; ↕ 30–100 cm; ♃. VI–VII. – Sumpf-, Bergwiesen. – *s*, A: Bgl, Kt, NÖ, OÖ, Stm; CZ; PL. Ungarische K., ***C. pannonicum*** (L. f.) Link

17 (15). Stg. auch oben beblätt. u. dornig geflüg., oft purpurn überlaufen, Blätt. behaart (*785/2*); Krone dk.rot; — Hülle 9–17 mm lg.; ↕ 30–200 cm; ⊙. VII–IX. – Flachmoore, Gräben, Waldwege, Auenwälder; bis 1700 m. – *v*. Sumpf-K., ***C. palustre*** (L.) Scop.

— Stg. im ob. Teil nicht geflüg., Blätt. kahl; Hülle 7–10 mm lg.; Krone helllila; — ↕ 30–100 cm; ⊙–♃. VI–IX. – Flachmoore, Sumpfwiesen. – *s*, A: Bgl, NÖ; CZ (Mähren). FFH24. Kurzköpfige K., ***C. brachycephalum*** Jur.

Die Gattung *Cirsium* neigt stark zur Hybridbildung; aus dem Gebiet wurden bisher über 50 Hybriden beschrieben.

Coreopsis L., Mädchenauge, Schöngesicht (Bearbeiter: Gerald Parolly)

1. Zungenblüten rosa, selten weiß; — Köpfchen 2–5 cm ∅, kurz gestielt; ↕ 20–60 cm; ♃. VI–VII. – Feuchte Wiesen, Teichränder. – Ne. (Heimat: östl. N-Am.), gelegentl. in Gärten kult. u. sehr *s* unbest. verwild.; z. B. D: MV. – Zierpfl. Rosa M., Rosa-Sch., ***C. rosea*** Nutt.

— Zungenblüten gelb **2**

2. Blätt. handf. 3–5-teilig, die Teile br. linealisch od. verkehrteif.-lanzettl.; Pfl. ≥ 1 m hoch; — äuß. Hüllblätt. viel schmaler u. kürzer als inn.; Blätt. kahl, bis 4,5 cm lg. gestielt; Röhrenblüten sich von gelb zu braun od. purpurn verfärbend; ↕ 100–250 cm; ♃. VII–IX. – Gewässerränder, feuchte Gebüsche u. Staudensäume. – Ne. (Heimat: Atlant. N-Am.), häufig kult., gelegentl. unbest. verwild.; z. B. D: BY, NRW, SN, in HE in Einbürg. – Zierpfl. Hohes M., Dreifiedriges M., ***C. tripteris*** L.

— Blätt. unzerteilt, fiederteilig od. gefied. (wenn handf. 3–5-teilig, dann Fiedern < 2 mm br.); Pfl. < 1 m hoch (wenn höher, dann 1-j.) **3**

3. Pfl. 1-j.; Köpfchen 2,5–3 cm ∅; Röhrenblüten dk.rot, — 4-zähnig; Blätt. 1–2-mal fiederschnittig, m. linealischen od. lineal-lanzettl. Abschnitten, 1–4 mm br.; Pfl. kahl; ↕ 40–120 cm; ⊙. VII–IX. – Ruderale StO u. Gebüsche. – Ne. (Heimat: Atlant. N-Am.), gelegentl. kult.; *s* meist unbest. verwild.; z. B. D: BB, BE, BW, BY, NI, NRW, SH (Hamburg), SN; A; B; CH; NL; PL. – Zierpfl.; im Heimatgebiet ehem. Färbepfl. Färber-M., ***C. tinctoria*** Nutt.

— Pfl. ausd.; Köpfchen 3,5–6 cm ∅; Röhrenblüten gelb bis bräunl. gelb **4**

4. Blätt. bis zum Grund unregelmäß. doppelt 3-teilig, Zipfel linealisch, 0,3–1,5 mm br., eine quirlige Blattstellung vortäuschend, — 30–60 mm lg.; Köpfchen 3,5–5 cm ∅; Pfl. m. Ausläufern; kahl; ↕ (20–)40–60 cm; ♃. VI–IX. – Ruderale StO u. Gebüsche. – Ne. (Heimat: O-USA), häufig kult. u. *s* meist unbest. verwild.; z. B. D: BY, HE, NRW, SN; A: OTI; B. – Zierpfl. Scheinquirl-M., Netzblattstern, ***C. verticillata*** L.

— Blätt unzerteilt od. beiderseits m. 1–5(–9) Seitenfiedern **5**

5. Gestreckter Stg.Abschnitt (hinauf bis zum 1. Köpfchenstiel) m. 1–3(–5) Knoten u. Blattpaaren; Stg. nur unterh. der Mitte beblätt. (meist alle Blätt. im unt. Stg.-Viertel od. -Drittel); äuß. Hüllblätt. längl.-eif.; — Blattspr. meist unzerteilt, verkehrteif.-lanzettl., selten beiderseits m. 1–2 Fiedern (diese meist > 1,5, mm br.), bis 150 mm lg.; Köpfchen 4–6 cm ∅; einzeln, auf 10–35 cm lg. Stielen; Fr. (2,6–)3–4 mm lg.; Pfl. behaart od. kahl; ↕ 20–60 cm; ♃. VI–VIII(–X). – Ruderale StO, lichte Wälder. – Ne. (Heimat: Atlant. N-Am.), häufig kult.; auch verwild. u. in Einbürg.; z. B. D: BB, BY, HE, SN; A; B; PL. – Zierpfl. Lanzettblättriges M., ***C. lanceolata*** L.

— Gestreckter Stg.Abschnitt (hinauf bis zum 1. Köpfchenstiel) m. (5–)6–12 Knoten u. Blattpaaren; Stg. bis weit über die Stg.mitte beblätt.; äuß. Hüllblätt. lanzettl. bis pfrieml.; — Blattspr. normalerweise unregelmäß. 1(–2)-mal gefied. od. ± handf. gelappt, m. (3–)5–9(1–2) Fiedern, wenn unzerteilt, dann wie die Endfiedern schmal lanzettl., linear bis fadenf., (0,5–)2–8(–12) mm br.; Köpfchen auf 8–20 cm lg. Stielen, diese kürzer als der Rest des Stg.; Fr. 4–6 mm lg.; Pfl. bis auf kurzhaarigen Blattstiel kahl; ↕ (30–)45–60(–90) cm; ♃, kult. auch ⊙. VII–X. – Ruderalfluren. – Ne. (Heimat: Östl. N-Am.), in Gärten kult.; auch verwild. u. in Einbürg.; z. B. D: BB (Berlin), BY, BW, BY; B; A: NÖ, Sb; CZ. – Zierpfl.
Großblumiges M., Großköpfiges M., ***C. grandiflora*** Sweet

Cosmos Cav., Kosmee, Schmuckkörbchen (Bearbeiter: Gerald Parolly)

1. Blattzipfel bis 1,5 mm br.; äuß. Hüllblätt. am Grund eif., in lg. Spitze ausgezogen, länger als die inn.; Zungen purpurn, lila od. weiß; Stg. im ∅ ± rund; — Blätt. 2-mal fiederschnittig; Zungen 20–50 mm lg.; ↕ 60–150 cm; ⊙. VII–X. – Ruderale StO, Staudensäume. – Ne. (Heimat der Stammsippe: Am., Arizona bis Bolivien), häufig kult. (mehrere Sorten); *s* unbest. verwild. (frostempfindl.); z. B. D: BB (Berlin), BW, BY, HE, MV, NI, RP, SH, SN, ST; A; B; CZ; FL; NL; PL. – Zierpfl. Garten-K., Rosa S., ***C. bipinnatus*** Cav.

— Blattzipfel > 2 mm br.; äuß. Hüllblätt. lanzettl. od. lineal-lanzettl., kürzer als die inn.; Zungen orange, seltener goldgelb; Stg. 4-kantig; — Blätt. 2–3-mal fiederschnittig; Zungen ≈ 30 mm lg.; ↕ 60–120 cm; ⊙. VIII–X. – Ruderalfluren, Parkwiesen. – Ne. (Heimat: Mexiko bis nördl. S-Am.), in Gärten kult. (wenige Sorten); sehr *s* unbest. verwild. (frostempfindl.), z. B. D: BW, BY, NRW; A: Stm; B; CZ; PL. – Zierpfl. Gelbe K., ***C. sulphureus*** Cav.

Cota J. Gay [*Anthemis* L. p. p.], Scheinkamille (Bearbeiter: Gerald Parolly)

1. Zungenblüten gelb, selten fehlend; — Blätt. doppelt fiederteilig, unterseits anlgd. kurzhaarig; Köpfchen 15–25 mm ∅; Spreublätt. lanzettl., m. starrer Stachelspitze (*769/1*); Pfl. zerstreut behaart bis weißwollig, in der ob. Hälfte meist verzweigt; ↕ 20–60(–80) cm; ⚇–♃. VI–IX. – Trockenrasen, Böschungen, Weinberge; auf Kalk. – *v–z*, im S u. N von D *z–s* (auch kult. u. verwild.). [*A. tinctoria* L.; incl. *A. subtinctoria* Dobroc.]
Färber-S., ***C. tinctoria*** (L.) J. Gay (subsp. ***tinctoria***)

— Zungenblüten weiß **2**

2. Staude m. kurzem, verholztem, ± waagr. Wurzelstock; Blätt. fiederteilig m. regelm. kammf. fiederspaltigen Zipfeln; — Köpfchen (25–)30–50 mm ∅; Köpfchenboden schüsself.; Hüllblätt. m. häutigem Rand u. lg. Haaren; Spreublätt. ei-langl., m. kurzer starrer Spitze; Zungenblüten 11–20 mm lg., oft fehlend; Krönchen ein Viertel bis halb so lg. wie die 3–4(–5)-kantige Fr.; Pfl. oberh. der Mitte verzweigt, Äste m. nur 1 Köpfchen, damit ähnl. *C. tinctoria* (s. Nr. 1); ↕ 30–90 cm; ♃. VII–VIII. – Trockenrasen, Gebüsche. – *s*, nur CI I: S-Ts. [*A. triumfettii* (L.) DC.]
Trionfetti-S., ***C. triumfettii*** (L.) J. Gay

— 1-j. (selten 2-j.) Kraut m. dünner, spindelf. u. reich verzweigter Wurzel; Blätt. doppelt fiederschnittig m. regelm. kammf. fiederspaltigen Zipfeln; — Köpfchen 20–35(–40) mm ∅ **3**

3. Köpfchenboden halbkugelig; Köpfchenstiel z. Frzt. nicht verdickt; Spreublätt. kurz zugespitzt, Spitze viel kürzer als der unt. Teil; ↕ 10–60 cm; ⊙(–⚇). VII–IX. – Ruderalstellen, Bahndämme, Äcker. – *z–s*, D: S-D, SN; A: NÖ; CZ. – Sonst nur Ne. (eingeschleppt). [*A. austriaca* Jacq.]
Österreichische S., ***C. austriaca*** (Jacq.) Sch. Bip.

— Köpfchenboden flach; Köpfchenstiel z. Frzt. etwas verdickt u. hohl; grannenart. Spitze der Spreublätt. ≈ so lg. wie der unt. Teil (*769/3*); ↕ 20–60 cm; ⊙. VII–IX. – Bahnhöfe, Häfen, Ruderalfluren. – Ne. (Heimat: S-Eur., SW- u. Z-As.), eingeschleppt; meist (immer?) unbest.; *s*, z. B.: D: BW, BY, HE, MV, NRW, SH (Hamburg), SN; B; CH; PL; wo noch? [*A. altissima* L.; *A. cota* L.]
Hohe S., ***C. altissima*** (L.) J. Gay

Cotula L., Laugenblume (Bearbeiter: Gerald Parolly)

Stg. niederlgd. od. aufstgd.; Blätt. tief gezähnt bis unregelm. fiederteilig; Köpfchen 1–wenige, lg. gestielt, überhgd.; ↕ 8–20 cm; ⊙. VII–VIII. – Strandwiesen, Dörfer (Dungstellen). – Ne. (Heimat: S-Afr.), eingeschleppt; lokal völlig eingebürg.; *v*, Meeresküsten östl. bis Kiel, Fehmarn, MV; DK: NW-Jütland; NL; PL; weiter im Binnenland nur nahe der Mündungen von Ems, Weser, Elbe, sonst meist wieder erloschen. Krähenfuß-L., ***C. coronopifolia*** L.

Crepis L. [*Barkhausia* Moench], Pippau, Grundfeste (Bearbeiter: Eckhard von Raab-Straube)

1. Fr. ungeschnäbelt, höchstens zur Spitze hin etwas verjüngt; — Pappus rein weiß bis gelbl. **4**

— Fr., wenigstens die inn., m. fadenf. Schnabel; — Pappus stets schneeweiß **2**

2. Junge Köpfchen nickend; Gr. gelb; — Grundblätt. schrotsägef. bis fiederspaltig, kurz grau behaart; Stg. zieml. ästig, kantig; äuß. Blüten unterseits rötl. gestreift; ↕ 10–50 cm; ⊙. VI–X. – Trockene Hügel, Wegränder, Ruderalstellen; auf Kalk. – D: *z* N-BW, RP, *s* S-BW, BY (nördl. der Donau), HE, Rheinl., SO-NI, S-ST, SN, TH, im N *s* b. Schwerin (MV); *z* B; *s* CH; CZ; F: Els; I: Bz; NL; PL. Stink-P., ***C. foetida*** L.

a. Äuß. Hüllblätt. 0,5–0,8 mm br., z.T. drüsig behaart; randl. Fr. 7–9 mm lg. – Verbr. wie Art. Stink-P. (i. e. S.), subsp. ***foetida***

— Äuß. Hüllblätt. 1–1,5 mm br., meist drüsenlos; randl. Fr. 5–7 mm lg. – *v* A: Bgl, NÖ; CZ; I: Bz; PL; *s* unbest. bis eingebürg. D: BW, BY, MV, RP, SH; A: Kt, OÖ, Sb, Stm. [*C. rhoeadifolia* M. Bieb.] Mohnblättriger Stink-P., subsp. ***rhoeadifolia*** (M. Bieb.) Čelak.

— Junge Köpfchen aufr.; Gr. grünl.-braunschwarz **3**

3. Äuß. Hüllblätt. von Beginn der Bltzt. an absthd., wie Köpfchenstiele reichl. borstig, ≈ so lg. wie der Pappus; Köpfchenboden kahl; Blüten hell zitronengelb; — Stg. weißborstig behaart; ↕ 15–50 cm; ⊙. VII–IX. – Wiesen, Äcker. – Ne. (Heimat: MMG), eingeschleppt; *z* im SW, sonst *s* im W, S u. O (ST, TH) eingebürg., auch A; S-CH; CZ. Borsten-P., ***C. setosa*** Haller f.

— Äuß. Hüllblätt. erst beim Abblühen absthd., kahl od. nur spärl. schwärzl. behaart, kürzer als der Pappus; Köpfchenboden behaart; Blüten gelb, unterseits rot gestreift; — Stg. gefurcht, fast kahl; ↕ 30–80 cm; ⊙. V–VI. – Wegränder, Wiesen. – D: *z* BW, RP, *s* BY, HE, NI, NRW, TH; *s* A: NÖ, Ti, Vb; B; *z* CH; *s* CZ; *s* FL; *z* F: Els; NL. [*C. polymorpha* Pourr.; *C. taraxacifolia* Thuill.] Blasen-P., ***C. vesicaria*** subsp. ***taraxacifolia*** (Thuill.) Thell

4 (1). Randfr. br. geflüg., von den inn. Fr. stark unterschieden; Blätt. alle od. fast alle grundst.; Blattspr. leierf. fiederspaltig od. nur gezähnt; Köpfchenboden steifhaarig; — ↕ 5–30 cm; ⊙. VI–VII. – Äcker, Ruderalstellen. – Ne. (Heimat: MMG), eingeschleppt; *s* eingebürg., z. B. B; CH; F: Els. [*Lagoseris sancta* subsp. *nemausensis* P. Fourn.] Hasensalat, Belgischer P., ***C. sancta*** subsp. ***nemausensis*** (P. Fourn.) Babc.

— Alle Fr. ungeflüg., meist alle Fr. gleich (Ausnahme: *C. pulchra*, s. Nr. **20**); Stg. beblätt. od. Pfl. ausd. u. Blätt. ungeteilt; Köpfchenboden kahl od. weich behaart **5**

5. Pappus reinweiß, weich u. biegsam **11**

— Pappus schmutzigweiß bis gelbl., oft steif u. zerbrechl. **6**

6. Blütentriebe 1-köpfig, selten m. bis zu 3 Köpfchen; Blätt. ungeteilt; — Köpfchenstiele unterh. des Köpfchens verdickt; Alpenpfl. **9**

— Blütentriebe stets m. mehreren Köpfchen; Blätt. ungeteilt od. fiederteilig **7**

7. Pfl. 5–25 cm hoch; Stg.Blätt. fiederteilig m. lg. linealischem Endabschnitt; — Grundblätt. lanzettl., ganzrandig bis entfernt gezähnt; Fr. 10–20-rippig; ↕ 5–25 cm; ♃. VI–VIII. – Steinschutt, auf Kalk; (800–)1500–3000 m. – Alp. Felsen-P., ***C. jacquinii*** Tausch

a. Stg. m. 2–6 Köpfchen; Hülle 9–11 mm lg., m. wenigen schwärzl., lg. Haaren; unterste Grundblätt. entfernt gezähnelt; ↕ 12–25 cm. – *z*, A: NÖ, OÖ, Sb, Stm. Felsen-P. (i. e. S.), subsp. ***jacquinii***

— Stg. m. 1–3 Köpfchen; Hülle 11–13 mm lg., weißfilzig, m. zahlr. schwärzl., lg. Haaren; unterste Grundblätt. ganzrandig; ↕ 5–15 cm. – *z*, D; A; CH: Gr; FL; I: Bz. Kerner-Felsen-P., subsp. ***kerneri*** (Rech. f.) Merxm.

— Pfl. 30–120 cm hoch; Stg.Blätt. ungeteilt, eif., zugespitzt, am Grund geöhrt bis stg.umfassend **8**

8. Gr. schwärzl.grün; Hüllblätt. kurz behaart u. drüsig; Fr. 10-rippig; ↕ 30–100 cm; ♃. V–VIII. – Feuchte Wiesen, Flachmoore, Auenwälder. – *v*, *z* im NW. Sumpf-P., ***C. paludosa*** (L.) Moench

— Gr. gelb (auch getrocknet); Hüllblätt. dicht schwarz rauhaarig-zottig, aber drüsenlos; Fr. 20–30-rippig; ↕ 30–150 cm; ♃. VII–VIII. – Grasig-buschige Hänge, Hochstaudenfluren, Krummholz. – *s*, CZ (Jeseníky). Sibirischer P., ***C. sibirica*** L.

9 **(6).** Stg.Blätt. fiederteilig m. lg., linealischem Endabschnitt; Grundblätt. lanzettl., ganzrandig bis entfernt gezähnt; — Fr. 10–12-rippig; Pfl. 5–30 cm hoch
Felsen-P., ***C. jacquinii*** Tausch, s. Nr. **7**

— Grund- u. Stg.Blätt. ungeteilt, nur entfernt bis enger gezähnt; — Köpfchenstiele unterh. des Köpfchens verdickt **10**

10. Köpfchen 4–5 cm ∅; Hüllblätt. braungrün zottig, m. Sternhaaren; Fr. 10-rippig; ↕ 20–60 cm; ♃. VI–VIII. – Magerrasen, Hochstaudenfluren; auf Kalk; 1100–2500 m. – *z*, Alp. [*C. montana* Tausch; *C. bocconei* P. D. Sell] Berg-P., ***C. pontana*** (L.) Dalla Torre

— Köpfchen 1–2 cm ∅; Hüllblätt. gelbl. zottig, ohne Sternhaare; Fr. 20-rippig; ↕ 5–15 cm; ♃. VII. – Felsschutt, steinige Hänge; 1900–3000 m. – *s*, A: Ti; CH; I: Bz.
Rätischer P., ***C. rhaetica*** Hegetschw.

11 **(5).** Stg. entw. m. vielen od. nur 1–3 Köpfchen, dann aber beblätt. **14**

— Stg. m. 1–3 Köpfchen u. blattlos od. höchstens m. 1–2 kleinen bis schuppenf. Blätt. **12**

12. Blüten orangerot; Fr. 20-rippig; — Blätt. buchtig gezähnt bis schrotsägef., kahl; Hülle u. ob. Teil des Stg. dicht kurz absthd. zottig; ↕ 5–20 cm; ♃. VI–IX. – Bergwiesen, steinige Rasen; bis 2800 m. – *v* Alp., *s* Vorland, Schweizer Jura. Gold-P., ***C. aurea*** (L.) Cass. (subsp. ***aurea***)

— Blüten gelb; Fr. 10–13-rippig **13**

13. Köpfchenstiel unterh. des Köpfchens auffällig verdickt u. schwarzzottig; Fr. 4–5 mm lg.; — Blätt. schrotsägef. bis fiederspaltig; Köpfchen ≤ 5 cm ∅; Hüllblätt. dicht schwarzzottig, drüsenlos; ↕ 5–10 cm; ♃. VII–VII. – Felsschutt; kalkstet; 1800–2900 m. – *z* Alp., *s* in D.
Triglav-P., ***C. terglouensis*** (Hacq.) A. Kern.

— Köpfchenstiel unterh. des Köpfchens nicht auffällig verdickt; Fr. 6–12 mm lg.; — Blätt. ungeteilt, verkehrt lanzettl. u. gezähnelt bis schwach schrotsägef.; Köpfchen ≤ 3,5 cm ∅; Hüllblätt. sternhaarig grauflaumig u. m. schwarzen drüsenlosen u. drüsigen Haaren; ↕ 10–30 cm; ♃. V–VIII. – Trockenwiesen, Ruderalstellen, lichte Kiefernwälder; kalkstet. – *v* Alp., *z* Vorland, Hegau/Alb bis Regensburg. Voralpen-P., ***C. alpestris*** (Jacq.) Tausch

14 **(11).** Stg. bis zur Spitze beblätt. **16**

— Stg. außer der Blattrosette blattlos od. selten noch m. 1 kleinem Stg.Blatt **15**

15. Köpfchen zu 8–20 in lg. gestreckten trauben- od. armköpfigen rispenart. Köpfchenständen; Hüllblätt. zerstreut borstig bis flaumig; Rosettenblätt. 10–16 cm lg.; — Blüten hellgelb; Fr. ≈ 20-rippig; ↕ 20–60 cm; ♃. V–VI. – Magerrasen, Waldränder, auf Kalk. – *z–s*, bes. in S- u. M-D, NRW; A; B; CH; CZ; FL; PL. Abgebissener P., ***C. praemorsa*** (L.) Walther

— Köpfchen zu 2–10 in doldenrispenart. Köpfchenständen; Hüllblätt. nur am Grund flaumig, sonst kahl; Rosettenblätt. 6–8 cm lg.; — Fr. ≈ 20-rippig; ↕ 15–40(–60) cm; ♃. V–VI. – Trockenrasen, Kalkschuttfluren, Schwarzkiefernwälder. – *s*. Frölich-P., ***C. froelichiana*** Froel.

a. Blüten blasslila bis weiß; Köpfchenstandsstiele bogig absthd.; — Hülle 7–9 mm lg. – *s*, A: S-Kt, OTi; I: Bz. [*C. incarnata* Tausch] Fleischroter Frölich-P., Dinarischer Frölich-P., subsp. ***dinarica*** (Beck) Gutermann

— Blüten hellgelb; Köpfchenstandsstiele spitzwinklig absthd.; — Hülle 8–13 mm lg. – *s*, CH: Ts; I: Bz.
Frölich-P. (i. e. S.), subsp. ***froelichiana***

16 **(14).** Alle Blätt., auch die ob. Stg.Blätt., lg. gestielt; — Grundblätt. leierf. fiederspaltig, 3–11 cm lg. u. 1–3 cm br., m. großem eif. rundl. Endabschnitt u. meist 2–4 kleinen Lappen od. Zähnen am Blattstiel; Blattstiel geflüg., ≈ 1–3-mal so lg. wie der Endabschnitt; Blätt. unterseits oft violett; Hülle 10–15 mm lg., grauflockig; Gr. gelb; Fr. 4–6,5 mm lg., 20–25-rippig; ↕ 5–15 cm; ♃. VII–VIII. – Feuchter Felsschutt, auf Kalk. – *s*, nur CH: Bern, Gr, Uri, Vd, Vs; I: Bz; *s* eingebürg. A: NÖ. Zwerg-P., ***C. pygmaea*** L.

— Wenigstens die ob. Stg.Blätt. sitzend; ↕ > 10 cm **17**

17. Pfl. 1–2-j., m. weißl., spindeligen Wurzeln; Hüllblätt. kahl od. borstig behaart **20**

— Pfl. ausd., m. dk., kräftigem Rhizom; Hüllblätt. lg. behaart od. schwarzdrüsig; — Fr. 20-rippig **18**

18. Gr. schwärzl.grün; unt. Stg.Blätt. längl. eif., die ob. lanzettl., alle seicht entfernt gezähnt, die ob. m. abgerundetem od. herzf. Grund geöhrt bis stg.umfassend; Hülle 8–14 mm lg.; — äuß.

Hüllblätt. deutl. kürzer als die inn.; Stg. entfernt beblätt.; ↕ 30–60(–90) cm; ♃. VI–VIII. – Feuchte Wiesen, Flachmoore, Ufer. – *v–s*, südl. bis A (*f* Kt); N-CH; I: Bz; westl. bis zum Rhein, nördl. bis Sauerland, SN; CZ; PL. Weicher P., ***C. mollis*** (Jacq.) Asch.

a. Mittl. Stg.Blätt. beiderseits dicht weichhaarig, ganzrandig od. in der unt. Hälfte schwach gezähnelt, meist 2–5-mal so lg. wie br. – Verbr. wie Art. Weicher P. (i. e. S.), subsp. ***mollis***

— Mittl. Stg.Blätt. kahl od. schwach behaart; gezähnt, meist 5–10-mal so lg. wie br. – *z*, D: BY, SN; A: Kt, NÖ, OÖ, Stm, Ti; I: Bz. [*C. hieracioides* Waldst. & Kit. non Lam.; *C. mollis* subsp. *hieracioides* (Domin) Domin; *C. succisifolia* (All.) Tausch] Abbissblättriger P., subsp. ***succisifolia*** (All.) Dostál

— Gr. gelb; Stg.Blätt. m. pfeilf. Grund sitzend; Hülle meist > 14 mm lg.; — Blätt. flaumig-zottig behaart **19**

19. Hülle 16–20 mm lg.; äuß. Hüllblätt. viel kürzer als die inn.; Köpfchenstiele an der Spitze verdickt, wie die Hüllblätt. m. Drüsenhaaren; Hüllblätt. auf der Innenseite behaart; Stg. entfernt beblätt.; — Blüten gold- bis orangegelb; ↕ 20–60 cm; ♃. VII–IX. – Bergwiesen, sonnige Magerrasen, kalkmeidend; bes. subalp. u. alp. Stufe, 500–2200 m. – *z*, Alp., in D nur Allgäu u. nördl. Garmisch; A: Bgl, NÖ; CZ. [*C. grandiflora* (All.) Tausch] Großköpfiger P., ***C. conyzifolia*** (Gouan) A. Kern.

— Hülle 13–17 mm lg.; Hüllblätt. ± gleich lg.; Köpfchenstiele an der Spitze nicht verdickt, wie die Hüllblätt. ohne Drüsenhaare; Hüllblätt. auf der Innenseite kahl; Stg. bis oben hin dicht beblätt.; — Blüten goldgelb; ↕ 25–70 cm; ♃. VI–VIII. – Hochstaudenfluren, Bergwiesen, Krummholz (800–2300 m); auf Kalk. – *v* Alp., *s* Schw. (Feldberg), Hoch-Vog., Schweizer Jura. [*C. blattarioides* (L.) Vill.] Schabenkraut-P., ***C. pyrenaica*** (L.) Greuter

20 (17). Hülle kahl, walzl., 5–8 mm lg.; — Stg. im unt. Teil drüsig-klebrig, im ob. kahl; Köpfchenstiele kahl; Köpfchen 15–20 mm ∅; Fr. 10–13-rippig, randst. Fr. rau, mittl. Fr. glatt; ↕ 30–70 cm; ⊙. V–VII. – Weinberge, Wegränder. – D: *s–z* BW, *s* BY, MV, NI, NRW, RP; *s* A; I: Bz. Schöner P., ***C. pulchra*** L. (subsp. ***pulchra***)

— Hülle behaart, glockig **21**

21. Hüllblätt. auf der Innenseite kahl **23**

— Hüllblätt. auf der Innenseite behaart (Lupe!) **22**

22. Gr. gelb; Köpfchen 25–35 mm ∅; Stg.Blätt. am Grund verschmälert od. höchstens angedeutet pfeilf., ihre Sägezähne abw. gerichtet; Fr. 5–8 mm lg., 10–13-rippig; Pfl. frischgrün, ↕ 50–120 cm; ⚇. V–X. – Fettwiesen, Äcker. – *v* im S u. im mittl. Teil des Gebiets, *z* im N. Wiesen-P., ***C. biennis*** L.

— Gr. schwärzl.grün; Köpfchen 15–20 mm ∅; Stg. ± reich verzweigt, flaumig behaart bis kahl; mittl. u. ob. Stg.Blätt. am Rand nach unten eingerollt, linealisch, m. nur wenigen Sägezähnen; Fr. 10–13-rippig; Pfl. graugrün, ↕ 10–60 cm; ⊙. VI–X. – Sandfelder, Brachäcker, Ruderalstellen. – *z* im NW, W u. O, sonst *s*; unbest. B. Dach-P., ***C. tectorum*** L.

23 (21). Hülle 20–25 mm lg., graufilzig; Köpfchen 40–50 mm ∅; — Stg.Blätt. dickl., starr, die ob. m. pfeilf. Grund sitzend; Köpfchenstiele sparrig absthd. bis aufw. gekrümmt; Gr. gelb; Fr. 20-rippig; ↕ 25–100 cm; ⚇. VI–VIII. – Trockenrasen. – *s*, A: NÖ (Weinviertel); CZ. Ungarischer P., ***C. pannonica*** (Jacq.) K. Koch

— Hülle 3–10 mm lg.; Köpfchen 10–25 mm ∅ **24**

24. Gr. gelb; Köpfchen 10–15 mm ∅; Fr. (ohne Pappus) 1,4–2,5 mm lg., 10–13-rippig; — Hülle 3–9 mm lg.; Stg.Blätt. m. pfeilf. Grund sitzend, ihre Sägezähne aufw. gerichtet; äuß. Blüten unterseits rot überlaufen; ↕ 15–60(–100) cm; ⊙. VI–IX. – Rasenflächen, Weiden. – *v*. [*C. virens* L.] Grüner P., ***C. capillaris*** (L.) Wallr.

— Gr. schwärzl.grün od. braun; Köpfchen 20–25 mm ∅; Fr. (ohne Pappus) 2,5–3,8 mm lg., 10-rippig. — Hülle 8–10 mm lg.; Stg. kaum verzweigt, borstig-rau; Stg.Blätt. am Rand nicht nach unten eingerollt, m. zahlr. Sägezähnen; ↕ 30–90 cm; ⚇. V–VI. – Wiesen, Ruderalstellen. – Meist unbest. Ne. (Heimat: S-Eur.); *s*, D: BB, BW (in Einbürg.), BY, NRW, SH, RP, SN, TH; B; CH; CZ; DK; PL. Französischer P., ***C. nicaeensis*** Pers.

Crupina (Pers.) DC., Schlupfsame (Bearbeiter: Eckhard von Raab-Straube)

Stg. ästig, auch oberw. beblätt.; Blätt. m. fein gezähnten, linealischen Zipfeln; Hülle 8–15 mm lg. u. 2–2,5 mm ∅; Hüllblätt. ohne Anhängsel; Köpfchen m. 3–5 Blüten; Pappus schwarz-braun; ↕ 20–80 cm; ⊙. VII–IX. – Trockenrasen. – *s*, CH: Vs; *s* Ne. wie in D: BW (Stromberg) eingebürg., sonst unbest. D: SN; PL; Hauptverbr.: MMG, SW-As. Gewöhnlicher S., ***C. vulgaris*** Cass.

Cyanus Mill. [*Centaurea* L. p. p.], Blauflockenblume (Bearbeiter: Gerald Parolly)

Mit Hüllblätt. sind stets die äuß. Hüllblätt. gemeint. – Status als eigenständige Gattung umstritten.

1. Pfl. 1-j.; mittl. u. ob. Stg.Blätt. schmal linealisch, < 6 mm br., nicht am Stg. herablfd.; Stg. kantig, oft zahlr. Köpfchen; Fransen der Hüllblätt. meist silbrig; Fr. 3–3,3 mm lg., ihr Pappus ≈ 1 mm lg., kräftig, rostbraun, selten heller; ↕ (20–)30–80 cm; ⊙. VI–IX. – Kornfelder, Ruderalfluren. – *v*, aber vielfach zurückghd. – Auch Zierpfl. (in Wiesenblumensaatmischungen oft gefüllte Sorten). [*Centaurea cyanus* L.] Kornblume, Acker-B., ***C. segetum*** Hill

Ähnl., aber: Fr. 4–5 mm lg., Pappus fehlend; — Stg. vom Grund auf verzweigt; ↕ 15–40 cm; ⊙. VI–VII? – Ruderalfluren. – Ne. (Heimat: O-MMG/Levante); in Einbürg. (od. doch nur unbest.?), *s*, in D: BY (lange Jahre im Südbahnhof München). – Zierpfl. (Schnittblume). [*Centaurea cyanoides* Wahlenb.] Kornblumenähnliche B., ***C. cyanoides*** (Wahlenb.) Wagenitz & Greuter

— Pfl. ausd.; Stg. Blätt. > 10 mm br., am Stg. herablfd.; Stg. meist m. 1–3 Köpfchen; Hüllblätt. m. schwarzem, kammf. gefranstem Anhängsel (*778/1, 778/2*) **2**

2. Fransen der Hüllblätt. schwarz, höchstens so lg. wie deren schwarzer Rand (*778/1*); Blätt. eif.-zugespitzt, unterseits ± filzig, verkahlend; ↕ 20–80 cm; ♃. V–VII. – Hochstaudenfluren, Waldlichtungen; auf Kalk. – *v* Alp. u. Vorland, sonst *z* od. *s*. – Auch Zierpfl. u. verwild.; z. B. NL. Artengruppe Berg-B., ***C. montanus*** agg.

a. Fransen der Hüllblätt. ≈ so lg. wie die Breite des schwarzen Rands; Blätt. weich, am Stg. lg. herablfd., zuletzt beiderseits grün. – *v–z*, StO u. Verbr. wie Aggregat. [*Centaurea montana* L.] Berg-B., ***C. montanus*** (L.) Hill

— Fransen der Hüllblätt. sehr kurz, zahnf.; Blätt. derb, am Stg. kurz herablfd., unterseits meist graufilzig. – *s*, CZ (Mähren). [*Centaurea mollis* Waldst. & Kit.; *Centaurea montana* subsp. *mollis* (Waldst. & Kit.) Gugler] Weiche B., ***C. mollis*** (Waldst. & Kit.) J. Presl & C. Presl

— Fransen der Hüllblätt. hell, ≈ 2-mal so lg. wie deren schwarzer bis brauner Rand (*778/2*); Blätt. lanzettl. bis br. lanzettl., beiderseits weißfilzig; ↕ 10–60 cm; ♃. V–VII. – Waldränder, Halbtrockenrasen. – *s*, D: BY (München, Deggendorf); A: Bgl, S-Kt, NÖ, OÖ; CH: Ts, Vs; CZ; I: Bz; PL; sonst auch gelegentl. unbest. verwild.; z. B. D: MV. [*Centaurea triumfetti* All.; incl. *Centaurea axillaris* Willd., nom. illeg.; *Cyanus triumfetti* subsp. *axillaris* (Čelak.) Štěpánek] Filzige B., ***C. triumfetti*** (All.) Á. Löve & D. Löve

Dahlia Cav., Dahlie, Georgine (Bearbeiter: Gerald Parolly)

Pfl. m. Wurzelknollen; Blätt. gefied. od. fiederteilig, netznervig, oberseits dk.grün, unterseits heller; Blattabschnitte od. -fiedern ≈ 20–30 mm br., ihr Rand gekerbt-gesägt; äuß. Hüllblätt. oft laubblattart.; Blüten oft gefüllt; Kronen in verschiedensten Farben; ↕ 60–180 cm; ♃, kult. im Gebiet nur ⊙. VII–X. – Parkanlagen u. Gärten, auch ruderale StO u. Gebüsche. – Häufig kult. (> 1000 Sorten, Hybriden), Ne. (Heimat der Stammsippe: Mexiko), sehr *s* verwild.; stets unbest. (frostempfindl.), z. B. D: HE, NRW, TH; B; CZ; PL. – Zierpfl. [*D. pinnata* Cav.] Dahlie, ***D.*** × ***hortensis***

Dittrichia Greuter, Klebalant [*Inula* L. p. p.] (Bearbeiter: Gerald Parolly)

1. Pfl. 1-j., beim Zerreiben stark nach Kampfer riechend; Zungenblüten (2,5–)3–4,5 mm lg., die Hüllblätt. nicht od. kaum überragend; Köpfchen 4–5(–10) mm ∅; ↕ (5–)20–40(–60) cm; ⊙. VIII–X. – Autobahnen, Industriebrachen, Ruderalstellen; wechselfeuchte Böden. – Ne. (Heimat: MMG); im ganzen Gebiet sich rasch ausbreitend u. regional eingebürg.; *z*, D: BB, BW, BY, HE, MV, NI, NRW, RP, SH, SN, ST (noch unbest. in TH); A: OÖ, NÖ, Stm; B; CH; CZ; F: Els; FL; NL. [*I. graveolens* (L.) Desf.] Stinkender K., ***D. graveolens*** (L.) Greuter

— Pfl. ausd., am Grund verholzt, beim Zerreiben harzig riechend; Zungenblüten 8–10 mm lg., viel länger als die Hüllblätt.; Köpfchen (8–)10–15(–20) mm ∅; ↕ 40–130 cm; ♃. VIII–X. – Industriebrachen, Ruderalstellen. – Ne. (Heimat: MMG) u. meist noch unbest.; *s*, D: BB (Berlin), BW, MV, NRW; A: NÖ; B (dort eingebürg.); NL; F: Els? [*I. viscosa* (L.) Aiton]
Gewöhnlicher K., ***D. viscosa*** (L.) Greuter

Doronicum L., Gämswurz (Bearbeiter: Gerald Parolly)

1. Randblüten ohne Pappus; Stg. oft m. mehreren Köpfchen **4**
— Alle Blüten m. Pappus; Stg. meist m. 1 Köpfchen; — Alpenpfl. **2**
2. Grundblätt. br. eif.; ob. Stg.Blätt. deutl. stg.umfassend; — Stg. m. 1(–5) Köpfchen, diese 4–6 cm ∅; Stg.Blätt. am Rand m. mehrzellreihigen Zotten-, kurzen Drüsen- sowie kurzen, einzellreihigen Gliederhaaren (*792/1*); ↕ (12–)20–50(–60) cm; ♃. VII–VIII. – Felsschutt; kalkstet; subalp. u. alp. Stufe, 1500–3200 m. – *v*, in D *z*. Großblütige G., ***D. grandiflorum*** Lam.
— Grundblätt. längl. bis längl. lanzettl.; ob. Stg.Blätt. am Grund nur seicht herzf. u. wenig stg.-umfassend; — Stg. fast stets nur m. 1 Köpfchen (Artengruppe Zottige G., ***D. clusii*** agg.) **3**
3. Blätt. am Rand m. steifen, mehrzellreihigen Wimper- u. kurzen Drüsenhaaren, aber ohne Wollhaare (*792/2*); — Köpfchen 3,5–4,5 cm ∅; ↕ (5–)8–25(–35) cm; ♃. VII–VIII. – Steinige Wiesen, Moränen, Schneemulden; 1600–2900 m. – *z* Alp. östl. Innsbruck; D nur BY (Nationalpark Berchtesgaden). – 2 geograph. sich ausschließende Unterarten.
Gletscher-G., ***D. glaciale*** (Wulfen) Nyman

a. Rand der Laubblätt. u. der Hüllblätt. m. kurzen Drüsen- u. m. Wimperhaaren. – *z*.
Gletscher-G. (i. e. S.), subsp. ***glaciale***
— Rand der Laubblätt. nur m. Wimperhaaren, (fast) ohne Drüsenhaare; Hüllblätt. m. lg. Drüsenhaaren, m. Wimperhaaren od. ohne. – *z*, A: NÖ, NO-Stm. [*D. calcareum* Vierh.]
Östliche Gletscher-G., subsp. ***calcareum*** (Vierh.) Hegi

— Blätt. am Rand m. weichen, einzellreihigen Wollhaaren u. mehrzellreihigen Wimperzotten, ohne Drüsenhaare (*792/3*); — Köpfchen 3,5–6 cm ∅; ↕ 10–30 cm; ♃. VII–IX. – Wie vorige, 1600–3400 m, meist (außerh. S-Alp.) kalkmeidend. – *v*, A; CH; I: Bz.
Artengruppe Clusius-G., ***D. clusii*** (All.) Tausch

a. Blätt. auch auf der Fläche zottig behaart; Köpfchenstiele u. Hülle locker drüsenhaarig; tetraploid. – *s* (bes. Z-Alp., Karpaten), A: Kt (Gurktaler Alp.), Sb (Lungau), N-Stm. [*D. clusii* subsp. *stiriacum* (Vill.) Soják; *D. clusii* subsp. *villosum* (Beck) Vierh.] Steirische G., Zottige G., ***D. stiriacum*** (Vill.) Dalla Torre
— Blätt. fast kahl, nur auf dem Mittelnerv behaart; Köpfchenstiele u. Hülle dicht drüsenhaarig; diploid. – *v* (Kreuzeckgruppe bis Seealp.), A: Kt (Schober- u. Kreuzeckgruppe), Sb (Oberpinzgau), Ti, Vb; CH; FL; I: Bz. [*D. clusii* subsp. *clusii*] Clusius-G., ***D. clusii*** (All.) Tausch

4 (1). Grundblätt. lg. gestielt, ohne verbreiterten Blattgrund, eif. u. nur angedeutet herzf., fast glattrandig; — Stg.Blätt. nur wenige, die unt. m. verbreitertem Grund, die ob. sitzend, ihre Ränder m. wenigen Wimper-, zahlr. einzelligen Woll- u. spärl. Drüsenhaaren; Stg. m. 1 Köpfchen, lg. gestielt, schwach drüsig behaart; ↕ 40–80 cm; ♃. V–VI. – Kult. u. Ne. (Heimat: W-MMG); *v* eingebürg. NL; in D unbest. in HE, RP, SH u. TH. – Zierpfl. Wegerich-G., ***D. plantagineum*** L.
— Grundblätt. m. br. herzf. Spr. u. meist deutl. gezähnt **5**
5. Pfl. z. Bltzt. ohne Grundblätt.; — Stg.Blätt. m. plötzl. verschmälertem u. dann herzf. Grund sitzend (*792/4*), gezähnt; ↕ (50–)80–120(–150) cm; ♃. VI–VIII. – Hochstaudenfluren, Wälder der Alp. u. Mittelgeb. – *s*, D: BY; *v* A; CZ; *s* F: Vog.; *v* I: Bz; PL; *f* CH.
Österreichische G., ***D. austriacum*** Jacq.

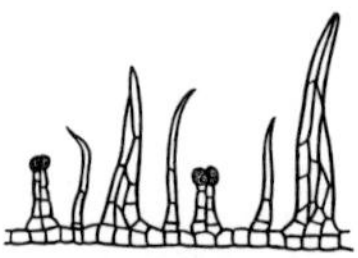
792/1

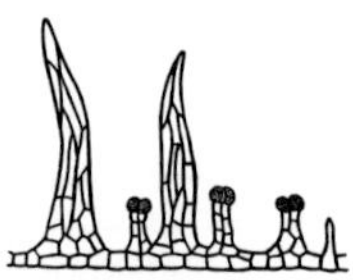
792/2

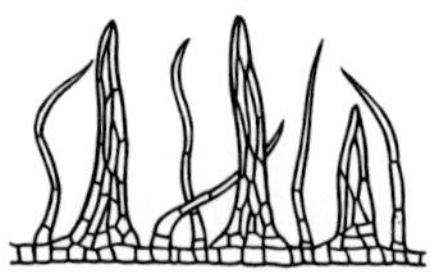
792/3

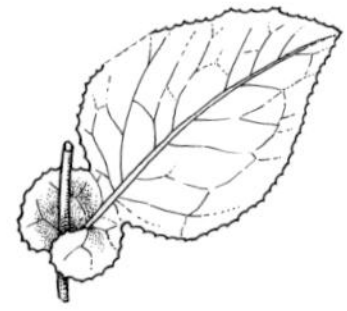
792/4

— Pfl. z. Bltzt. m. Grundblätt. an od. neben dem Stg.; — Spr. der Grundblätt. am Grund tief herzf. 6

6. Stg. m. ≤ 12 Köpfchen; — Grund- u. Stg.Blätt. groß, bis 20 cm lg. u. 16 cm br., herzf., ± regelm. gezähnt; Rand der Stg.Blätt. m. einzellreihigen Flaumhaaren u. locker sthd. Drüsenhaaren, später ± verkahlend; Pfl. ohne unterird. Ausläufer; ↕ 80–130 cm; ♃. VII–IX. – An Bächen, in Quellfluren u. zw. u. auf feuchten Steinblöcken, auf Gneis. – Sehr *s*, A: Kt/Stm (Endemit der Koralpe). Sturzbach-G., ***D. cataractarum*** Widder

— Stg. nur m. 1–2(–3) Köpfchen; — Pfl. 15–100 cm hoch 7

7. Blattstiele dicht behaart, — etwas geflüg.; Pfl. m. lg. unterird. Ausläufern; Grundblätt. br. herzf., am Grund br. geöhrt, Spr. fast ganzrandig; Stg. samthaarig bis zottig; Blätt. am Rand m. Wimper- u. Wollhaaren; ↕ (40–)50–90 cm; ♃. VII–IX. – Bergwälder, Bäche, Ufer. – Einheim. nur im S (*f* A) u. nördl. bis S-NL(?)/Eifel/Koblenz/Lahntal/Würzburg/Bayrw.; nördl. Vorkommen, auch NL u. DK; aber auch A: Bgl, OÖ, NÖ vermutl. aus Kultur verwild. u. eingebürg. Kriechende G., ***D. pardalianches*** L.

— Blattstiele kahl od. nur sehr spärl. behaart 8

8. Pfl. m. lg. unterird., behaarten Ausläufern, diese am Ende m. Blattrosetten; Stg. unten schwach behaart, oberw. m. einzellreihigen Woll- u. m. Drüsenhaaren; Blattspr. nur seicht gezähnt; — Stg. m. (1–)2–5(–8) Köpfchen u. 1–2(–3) Blätt.; ↕ 40–60(–80) cm; ♃. VI–VII. – Ne. (Heimat: SO-Eur., Anatolien, Kaukasus), zuw. verwild.; z. B. D: RP, TH; A: NÖ, OÖ, Stm; FL. – Zierpfl. [*D. caucasicum* M. Bieb.] Östliche G., Kaukasus-G., ***D. orientale*** Hoffm.

— Pfl. ohne unterird. Ausläufer; Stg. unten kahl, oberw. drüsig-weichhaarig; Bögen der Sägezähne des Blattrands flach, aber deutl.; — Stg. fast immer m. 1 Köpfchen (sehr selten 2) u. 3–4(–5) Blätt.; ↕ (15–)30–50 cm; ♃. V–VIII. – Hochstaudenfluren, Schluchtwälder, Felsschutt; kalkstet; 1000–2300 m. – *z* A: SW-Kt, Sb, Ti; I: Bz; in D *s* Berchtesgadener Alp.; zuw. als Zierpfl. verwild. (z. B. D: Allgäu, N-BY; PL). [*D. cordifolium* Sternb.; *D. cordatum* auct.] Herzblättrige G., ***D. columnae*** Ten.

Echinops L., Kugeldistel (Bearbeiter: Eckhard von Raab-Straube)

Nach Krumbiegel & Klotz (1995).

1. Hüllblätt. an ihrer Spitze deutl. gekrümmt, wie die gesamte Pfl. ohne Drüsenhaare; — Krone weiß od. grau, nur selten grünl.; Hüllborsten in der unt. Hälfte verwachsen; Rand der Laubblätt. fein rau (Lupe!); ↕ 40–200 cm; ♃. VII–VIII. – Zuw. aus Gärten verwild., Ne. (Heimat: O- u. SO-Eur.); z. B. D: BY, HE, MV, NRW, RP, SN, ST, TH; A; NL; eingebürg. B; CH (Genf); CZ; PL. – Zierpfl. [*E. commutatus* Jur.] Drüsenlose K., ***E. exaltatus*** Schrad.

— Hüllblätt. gerade od. nur schwach gekrümmt; Pfl. wenigstens auf der Blattunterseite m. Drüsenhaaren 2

2. Blätt. am Rand umgerollt, glzd., oberseits drüsenhaarig m. wenigen einfachen Haaren, unterseits weißfilzig; — Krone bläul.grau; Hüllborsten in der unt. Hälfte verwachsen; ↕ 30–70 cm; ♃. VII–VIII. – Trockenrasen. – *s*, A: NÖ; CZ; sonst zuw. aus Gärten verwild.; z. B. D: BY [*E. ruthenicus* M. Bieb.] Ruthenische K., ***E. ritro*** subsp. ***ruthenicus*** (M. Bieb.) Nyman

— Blätt. am Rand nicht (kaum) umgerollt, nicht glzd., auch oberseits ± stark behaart 3

3. Hüllblätt. ohne Drüsenhaare; Krone bläul.grau; Hüllborsten bis zur Mitte verwachsen; Rand der Laubblätt. dicht fein rau; ↕ 50–120 cm; ♃. VII–VIII. – Kult. (Heimat: SO-Eur.), zuw. aus Gärten verwild.; zumindest in D: SN eingebürg. – Zierpfl. Banater K., ***E. bannaticus*** Schrad.

— Hüllblätt. m. Drüsenhaaren; Krone weißl. od. graugrün; Hüllborsten nur im unt. Drittel verwachsen; Rand der Laubblätt. glatt; 50–180(–300) cm; ♃. VII–VIII. – Bahndämme, Straßenränder, Ruderalstellen. – *v–z*, A: Bgl, Kt, NÖ, OÖ, OTi, Ti; CH; sonst *v* eingebürg., z. B. D; CZ. Bienen-K., ***E. sphaerocephalus*** L.

Erechtites Raf., Scheinkreuzkraut (Bearbeiter: Gerald Parolly)

Pfl. 50–100(–180) cm hoch, kaum verzweigt; Köpfchen 10–15 mm lg., 1–2 cm lg. gestielt; Hüllblätt. braunrot, weiß hautrandig, 1-reihig; Blüten schwefelgelb; ⊙. VII–IX. – Waldlichtungen, Waldränder. – Ne. (Heimat: Am.); von O her eingewandert u. stellenw. eingebürg.; z. B. D: SO-BY (bes. entlang der Donau zw. Regensburg u. Jochenstein, unt. Inn), SN; A: Bgl, Kt, NÖ, OÖ, Stm; CZ (S-Mähren); W-PL. Habichtskrautblättriges S., ***E. hieraciifolius*** (L.) DC.

Erigeron L. [incl. *Stenactis* Cass., Feinstrahl, u. *Conyza* Less, Katzenschweif], Berufkraut (Bearbeiter: Gerald Parolly)

1. Randblüten m. absthd. Zunge, fast doppelt so lg. wie die Röhrenblüten, rötl., lila od. weiß; Köpfchen meist > 15 mm ∅ **5**

— Randblüten m. kurzer, aufr. Zunge, diese so lg. wie od. wenig länger als die Röhrenblüten; Köpfchen < 12 mm ∅ **2**

2. Zungenblüten erst gelb, später hellviolett, rötl. od. lila; Köpfchenstand trauben- od. rispenart. aus wenigen, selten > 30 Köpfchen; — Hülle 6–12 mm ∅; Zungenblüten kaum länger als die Röhrenblüten, ± aufr.; Röhrenblüten grünl.gelb; Fr. 2 mm lg.; Pappus 2-mal so lg. wie die Fr.; Pfl. bis auf Hüllblätt. drüsenlos; ↕ 10–70 cm; ⊙–♃. V–IX. Scharfes B., ***E. acris*** L.

a. Blätt. auf den Flächen fast kahl, am Rand meist bewimpert; Stg. kahl od. angedrückt behaart; Hüllblätt. zerstreut behaart od. fast kahl, m. od. ohne Drüsen .... **c**

— Blätt. beiderseits behaart; Stg. u. Hüllblätt. (dicht) steifhaarig .... **b**

b. Stg.Blätt. meist 8–12, flach, mittl. u. ob. 1,5–2,5-mal so lg. wie Stg.Glieder, am Rand nicht kraus u. winklig verbogen; Blattachseln ohne sterile Kurztriebe; Stg. meist grün, selten rot, wie Blätt. dicht behaart; ↕ (5–)15–40(–60) cm. (V–)VI–VII. – Trockenrasen, Sandfluren, Wald- u. Wegränder. – *v–z*, D; A; B; CH; F: Els; FL; NL; PL. Scharfes B. (i. e. S.), subsp. ***acris***

— Stg.Blätt. meist 15–25, wellig, gedreht, unt. rinnig, zur Basis zurückgebogen, mittl. u. ob. 2–4,5-mal so lg. wie Stg.Glieder, am Rand kraus u. winklig verbogen; Blattachseln oft m. kleinen sterilen Kurztrieben; Stg. häufig rot, wie Blätt. zerstreut bis mäßig dicht behaart; ↕ 10–60 cm. VII–X. – Sonnige Felsrasen, Mauern, Bahnanlagen, Schotterflächen; kollin. – *s–z*, D: BB, BW, BY, HE, MV, NI, NRW, RP, SN, TH; A?; CH; CZ; I: Bz; PL. [*E. serotinus* Weihe; *E. muralis* Lapeyr.] Mauer-B., Spätes B., subsp. ***serotinus*** (Weihe) Greuter

c (a). Hüllblätt. meist locker bis zerstreut lg.haarig; — Stg. aufr.; Stg.Blätt. auf der Fläche kahl, aber am Rand bewimpert; Köpfchen 5–30; ↕ 10–70 cm. VII–IX. – Schotterfluren entlang der Flüsse. – *z*, D: BY, NI; A; F: Els; FL; I: Bz; PL (ob. Oder u. Weichsel); *f* D: BW (ehem. Iller, Rhein, Wutach); CZ. [*E. angulosus* Gaudin] Kantiges B., subsp. ***angulosus*** (Gaudin) Vacc.

— Hüllblätt. kahl od. fast kahl (od. m. sitzenden Drüsen besetzt) .... **d**

d. Hüllblätt. einheitl. gefärbt, wie ob. Stg.Abschnitte dk.rotbraun, drüsig behaart; Stg.Blätt. kahl, etwas glzd.; Köpfchen 5–30; ↕ 10–30 cm; — Stg. bogig aufstgd. VII–IX. – Moränen. – *s*, nur CH: Gr, Ts, Vs. Glattes B., subsp. ***politus*** (Fr.) H. Lindb.

— Hüllblätt. grün m. violetter Spitze; Stg.Blätt. kahl, die ob. bewimpert; Köpfchen (30–)150–300; ↕ 30–60 cm; VII–VIII. – Felsrasen. – *z*, D: BB, SN; A: NÖ, Sb, Stm; CZ; ehem. D: NI. [subsp. *macrophyllus* (Herbich) Gutermann; *E. podolicus* auct. non Besser; *E. droebachiensis* O. F. Müll.] Großblättriges B., subsp. ***droebachiensis*** (O. F. Müll.) Arcang.

— Zungenblüten schmutzigweiß; Köpfchenstand rispenart. m. zahlr. (oft > 100) Köpfchen; — Hülle z. Bltzt. ≈ 2–5 mm ∅; Köpfchen m. wenigen Zwitterblüten [*Conyza*, Katzenschweif] .. **3**

3. Unt. Stg.Blätt. fast nur auf den Nerven u. am Rand behaart; Hülle kahl od. fast kahl; Röhrenblüten meist 4-zipfelig; — Köpfchenstand zylindr., nicht von unt. Seitenästen überragt; Hülle 3–4 mm lg. u. 2–3 mm ∅; Pappus 2–2,5 mm lg.; ↕ 20–75(–100) cm; ⊙–⊙. VI–X. – Ruderalstellen, Straßenpflaster, Trockenrasen. – Ne. (Heimat: N-Am.); im ganzen Gebiet schon lange eingebürg.; *v*, in höh. Lagen *s*. [*C. canadensis* (L.) Cronquist] Kanadisches B., ***E. canadensis*** L.

— Unt. Stg.Blätt. auf der Fläche kurzhaarig, am Rand nicht bewimpert; Hülle behaart; Röhrenblüten meist 5-zipfelig **4**

4. Endst. rispenart. Köpfchenstände länger als die Seitenzweige; mittl. Stg.Blätt. ellipt. od. eif., m. Hauptnerv u. deutl. Seitennerven; Köpfchen z. Bltzt. ≈ 3–4 mm ∅, z. Frzt. 8 mm erreichend; — Hülle 4–5 mm lg., meist grün; Pappus 3–4 mm lg.; ↕ 50–200 cm; ⊙. VI–X. – Ruderalstellen. – Ne. (Heimat: SO-As.), eingeschleppt u. in Einbürg.; *s*, z. B. D: BW, HE, NI, NRW u. RP; A: NÖ, Sb, Stm; B; I: Bz; NL. [*C. albida* Spreng.] Sumatra-B., Weißes B., ***E. sumatrensis*** Retz.

— Endst. rispenart. Köpfchenstände von Seitenzweigen übergipfelt; mittl. Stg.Blätt. lineal-lanzettl., nur der Hauptnerv deutl.; Köpfchen z. Bltzt. ≈ 5 mm ∅, z. Frzt. 11 mm erreichend; — Hülle 4–6 mm lg., an der Spitze oft purpurn überlaufen; ↕ 50–100 (?) cm; ⊙. VII–X. – Ruderalstellen.

– Ne. (Heimat: trop. u. subtrop. Am.), eingeschleppt u. in Einbürg.; *s*, z. B. D: BW (Oberrhein), BY, NRW, RP, SN; A: Sb, Stm; B; NL. [*C. bonariensis* (L.) Cronquist]
Argentinisches B., ***E. bonariensis*** L.

5 (1). Pfl. niederlgd. od. aufstgd., Stg. am Grund etwas verholzt; unt. Blätt. meist 3-lappig (beiderseits m. 1 großen Zahn); — Köpfchen gestielt, 15 mm ∅; Zungenblüten weiß od. rosa, unterseits purpurn, 5–6 mm lg. u. ≤ 1 mm br.; ↕ 10–30 cm; ♄. VII–VIII. – Mauern, Felsfluren, an Seeufern, in Städten. – Ne. (Heimat: Mexiko, Guatemala), eingeschleppt; oft unbest., in Einbürg. od. eingebürg.; *s*, D: BW (Mannheim, Bodensee), BY (Wasserburg, Mühldorf), NI (Goslar); A: NÖ; B; CH; I: Bz; NL. Karwinski-B., Mauergänseblümchen, ***E. karvinskianus*** DC.

— Pfl. aufr., Stg. am Grund krautig; Blätt. ungeteilt, zuw. gezähnt **6**

6. Blütentriebe m. 1 od. mehreren Köpfchen; Fr. anlgd. behaart; Pappus 3–5 mm lg.; — Alpenpfl. **8**

— Blütentriebe m. zahlr. Köpfchen; Fr. gering behaart; Pappus der Röhrenblüten ≈ 2 mm lg.; — Zungenblüten in 2 Reihen; Pfl. drüsenlos; aus N-Am. eingeschleppte u. eingebürg. Arten [*Stenactis*, Feinstrahl] **7**

7. Pappus aller Blüten einfach; Zungenblüten tief rosa (selten weiß); ↕ 20–70 cm; ⊙–♃. VI–IX. – Parkrasen, Auen, Ruderalfluren. – Ne. (Heimat: N-Am.), zuw. eingeschleppt; z. B. D: Oberrhein, S-BY; A: Stm; B; NL. [*S. philadelphica* (L.) Hayek]
Philadelphia-F., Philadelphia-B., ***E. philadelphicus*** L.

— Pappus der Röhrenblüten am Grund von Kranz winziger Börstchen umgeben; Zungenblüten nur m. diesen Börstchen; ↕ (40–)50–100(–150) cm; ⊙. VI–X. – Auenwälder, Ruderalstellen, Flussufer. – Eingebürg. (Heimat: N-Am.); *v*. [*S. annua* (L.) Nees]
Einjähriger F., Feinstrahl-B., ***E. annuus*** (L.) Pers.

a. Mittl. Stg.Blätt. (nicht im Köpfchenstand u. an Seitenästen!) entfernt gezähnt; Stg. dicht absthd. lg.haarig; Zungenblüten rötl.-lila, selten weiß, bis 10 mm lg. VI–X(–XI). – Im ganzen Gebiet *v*.
Lila F., Lila Feinstrahl-B., subsp. ***annuus***

— Mittl. Stg.Blätt. ganzrandig; Stg. anlgd. od. spärl. absthd. behaart; Zungenblüten weiß, selten bläul., bis 6 mm lg. VI–X. – Sandmagerrasen. – *z–v*, D bes. in der M u. im S, A; B; CH; CZ; FL; I: Bz; NL; PL. [incl. subsp. *strigosus* auct.] Weißer F., Weißes Feinstrahl-B., subsp. ***septentrionalis*** (Fernald & Wiegand) Wagenitz

8 (6). Pfl. drüsenlos; — Blütentriebe m. 1 (selten m. wenigen) Köpfchen **10**

— Pfl. drüsig behaart **9**

9. Stg. kräftig, steif aufr., kantig, dicht beblätt.; Blütentriebe meist m. mehreren Köpfchen, nur im ob. Drittel verzweigt; Zungenblüten intensiv purpurn, 5–8 mm länger als die Hülle; ↕ 20–60 cm; ♃. VII–IX. – Steinige Magerrasen, Felsspalten; meist auf Kalk; 1100–2100 m. – *s*, D: Allgäuer Alp. (Rappenkopf, Fellhorn, Höfats); *z*, A: Kt, NTi, Sb, Stm, Vb; CH; I: Bz. [*E. villarsii* Bellardi]
Drüsiges B., ***E. atticus*** Vill.

— Stg. schwach, meist bogig aufstgd., undeutl. kantig, locker beblätt.; Blütentriebe m. 1 Köpfchen od. wenigen Verzweigungen bis unterh. der Mitte, Zungenblüten purpurn, blasslila od. weiß, 3–5 mm länger als die Hülle; ↕ 10–30 cm; ♃. VII–VIII. – Felsen, Moränen; 500–3100 m. – *s*, D: BW (Feldberg); A (*f* OÖ, NÖ, Bgl); CH; I: Bz. [*E. glandulosus* Hegetschw. non Poir.; *E. gaudinii* Brügger]
Felsen-B., ***E. schleicheri*** Gremli

10 (8). Zw. den ⚥ Röhrenblüten (*795/1a*, ohne Pappus!) u. den ♀ Zungenblüten engröhrige Fadenblüten vorhanden (*795/1b, 755/2*, ohne Pappus!); — Köpfchen 20–35 mm ∅; Stg. oft purpurn überlaufen. (Artengruppe Alpen-B., ***E. alpinus*** agg.) **12**

Fadenblüten stehen zw. den ♀ Zungenblüten u. den ⚥ Röhrenblüten; sie sind ♀, engröhrig u. fadenf. dünn.

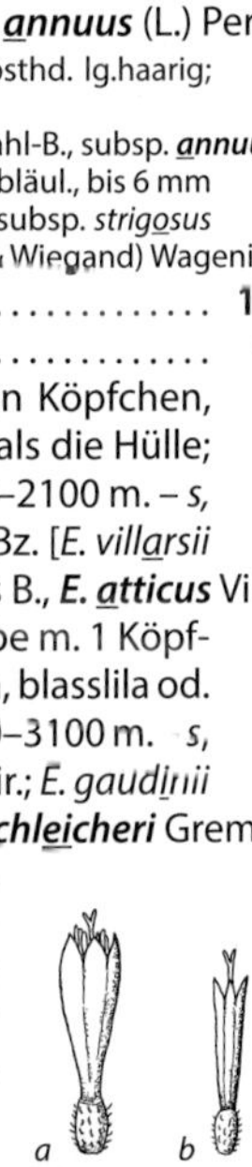

a *b*

795/1

— Fadenblüten zw. Röhren- u. Zungenblüten fehlend **11**

11. Pappus aus einem Kranz lg. dünner Borsten, außerdem m. unscharf abgesetzter äuß. Reihe sehr kurzer Borsten; Hüllblätt. randl. u. unterseits dicht verwoben wollig-zottig; — Stg. m. 1(–3) Köpfchen, diese 10–25 mm ∅; Zungenblüten weißl.-blasslila; ↕ 2–12 cm; ♃. VII–IX. – Steinige Rasen, Moränen; eher kalkmeidend; 1400–3500 m. – Silikat-Alp., *z–s* Kalk-Alp. von D; A; CH; FL; I: Bz. Einblütiges B., ***E. uniflorus*** L.

— Pappus nur 1-reihig, aus einem Kranz lg. Borsten; Hüllblätt. nur spärl. bis dicht angedrückt behaart, Haare nicht verwoben; ↕ (3–)5–30(–40); ♃. VII–IX. – Steinige Rasen; kalkstet; montane bis alp. Stufe der Alp. [*E. polymorphus* auct.] Kahles B., ***E. glabratus*** Bluff & Fingerh.

a. Zungenblüten lila bis rosa; Stg. m. 2–6 Köpfchen; Köpfchen 15–25 mm ∅; ↕ (5–)10–30(–40) cm. VII–IX. – Frische Magerrasen u. Felsspalten; kalkstet; 800–2700 m. – *v–s*, montane bis alp. Stufe der Alp. (D; A; CH; FL; I: Bz).
Kahles B. (i. e. S.), subsp. ***glabratus***

— Zungenblüten reinweiß; Stg. m. 1 Köpfchen; Köpfchen ≈ 15 mm ∅; ↕ (3–)5–20 cm. VII–VIII. – Rasen auf Kalkbändern. – *s*, A: Kt/Stm (Norische Alp., Endemit der Koralpe). [*E. candidus* Widder]
Koralpe-B., subsp. ***candidus*** (Widder) W. Huber

12 (10). Pappus aus einem Kranz lg., dünner Borsten, außerdem m. unscharf abgesetzter äuß. Reihe sehr kurzer Borsten; Blätt. auch auf ihren Flächen lg.haarig bis zottig; — Stg. m. 1–6(–15) Köpfchen; ↕ 5–20(–40) cm; ♃. VII–IX. – Meist kalkarme, steinige Magerrasen u. Felsbänder; 700–3000 m. – D: *z* Allgäuer Alp.; A: *z* Kt, OTi, Stm, *v* Ti, Vb; *z* CH; FL; I: Bz. Alpen-B., ***E. alpinus*** L.

a. Stg. m. 1 od. wenigen Köpfchen; ↕ selten > 15 cm. – *z–s*, D: Allgäuer Alp., A: Kt, OTi, Sb, Stm, Vb; CH; FL; I: Bz.
Niedriges Alpen-B., subsp. ***alpinus***

— Stg. m. 3–15 Köpfchen; ↕ meist bis 30(–40) cm. – *s*, D: Allgäuer Alp.?, A: Ti, Vb; CH; I: Bz? [*E. intermedius* Rchb.]
Hohes Alpen-B., subsp. ***intermedius*** (Rchb.) Pawł.

— Pappus nur aus einem Kranz lg., dünner Borsten; Blätt. am Rand wimperig, auf den Flächen (bes. oberseits) kahl; — Stg. m. 1 Köpfchen; ↕ 10–20(–30) cm; ♃. VII–VIII. – Steinige Magerrasen; auf Kalk; 1800–2700 m. – Sehr *z*, D: Allgäuer Alp.; A: Kt, OTi, Sb, Ti, Vb; CH; FL; I: Bz.
Übersehenes B., ***E. neglectus*** A. Kern.

Eriophyllum L., Wollblatt (Bearbeiter: Gerald Parolly)

Köpfchen 5–10 cm lg. gestielt, 2–2,5 cm ∅; Fiedern 2. Ordn. nur aus 1–2(–3) Paaren, deutl. voneinander entfernt; Spreublätt. fehlend; Pappus als fransiges, ≤ 2 mm lg. Krönchen; ↕ 20–60 cm; ♃. VII–VIII. – Ruderalstellen. – Ne. (Heimat: westl. N-Am.), eingeschleppt u. in Einbürg. (?); D: HE (Vogelsberg), NRW (Hagen). Großblütiges W., ***E. lanatum*** (Pursh) Forb.

Eupatorium L., Wasserdost, Wasserhanf (Bearbeiter: Gerald Parolly)

Stg. einfach; Blätt. handf. 3–7-spaltig, grob gesägt; Krone rosa, selten weiß; Narben rosa-gelbl., weit aus der Krone herausragend; Köpfchen 4–6-blütig, in dichten doldenrispigen Köpfchenständen; ↕ 50–150 cm; ♃. VII–IX. – Feuchte Waldstellen, Gräben, Kahlschläge. – *v*.
Gewöhnlicher W., Kunigundenkraut, ***E. cannabinum*** L. (subsp. ***cannabinum***)

Eurybia (Cass.) Cass. [*Aster* L. p. p.], Waldaster (Bearbeiter: Gerald Parolly)

Pfl. m. zahlr. sterilen Grundblattrosetten teppichart. den Boden deckend; unt. Stg.Blätt. herz-eif., 6–14 cm br., gestielt; ob. Stg.Blätt. eif., sitzend; Köpfchenstände schirmrispig, wie der ob. Stg. u. Bereiche der Hüllblätt. drüsenhaarig; Röhrenblüten reif dk.rotbraun; Zungenblüten 9–15(–20), weiß, purpurn überlaufen, bis dk.blauviolett; ↕ (15–)60–110 cm; ♃. VII(–VIII). – Gebüsche, lichte Wälder. – Ne. (Heimat: Atlant. N-Am.), häufig kult. u. regional eingebürg.; z. B. in D: BB, BY, HE, MV, SN; A; CZ; NL; PL. – Zierpfl. [*A. macrophyllus* L.] Großblättrige W., ***E. macrophylla*** (L.) Cass.

Daneben auch weitere Arten als Zierpfl. kult. u. sehr lokal unbest. verwild., wie die Verzweigte W., ***E. divaricata*** (L.) G. L. Nesom (z. B. D: BB [Berlin], BY, MV; B) u. die Raspel-W., ***E. radula*** (Aiton) G. L. Nesom (z. B. in D: BW).

Euthamia (Nutt.) Cass., Grasblättrige Goldrute (Bearbeiter: Gerald Parolly)

Stg.Blätt. linealisch, ganzrandig; Köpfchen 5–6 mm lg., sitzend od. sehr kurz gestielt, in schirmrispigen Köpfchenständen; Köpfchenboden bewimpert; ↕ 50–80 cm; ♃. VII–X. – Feuchte Wiesen, Ufer. – Ne. (Heimat: N-Am.), verwild. u. z. T. eingebürg.; *s*, z. B. D: BB, BW, BY, MV, NI, ST; A: NÖ, Vb; B; CH; NL. – Gartenzierpfl. [*Solidago graminifolia* (L.) Salisb.; *S. lanceolata* L.]
Grasblättrige Goldrute, ***E. graminifolia*** (L.) Nutt.

Filago L. [incl. *Logfia* Cass.], Fadenkraut, Filzkraut, Filzblume (Bearbeiter: Gerald Parolly)

1. Laubblätt. die Köpfchenknäuel nicht od. wenig überragend (wenn deutl., dann Blätt. spatelf. u. bis 4-mal so lg. wie br.) 3

— Laubblätt. die Köpfchenknäuel weit überragend, lanzettl. bis pfrieml., > 6-mal so lg. wie br., bis 2 cm lg. 2

2. Laubblätt. lineal-lanzettl., bis 2 mm br.; Köpfchen eif. rundl.; mittl. Hüllblätt. etwas, aber gleichm. nach oben gewölbt; ↕ 6–20 cm; ⊙. VII–IX. – Äcker, Sandböden. – Ehem. D (u. a. RP: Rödersheim, dort zuletzt 1901); S-B; F: W-Vog.; NW-Els; offenbar überall ausgestorben. [*L. neglecta* (Soy.-Will.) Holub] Übersehenes F., ***F. neglecta*** (Soy.-Will.) DC.

— Laubblätt. pfrieml. linealisch, bis 1 mm br.; Köpfchen pyramidenf.; mittl. Hüllblätt. m. einem sich verhärtenden Kiel nach außen gewölbt, Kiel die Fr. völlig einschließend; ↕ 5–15 cm; ⊙. VII–IX. – Sandig-kiesige, trockene Böden. – *s*, D: SH (Hamburg) unbest.; CZ (unbest.); F: Els; L; ehem. D: Saarland. [*L. gallica* L.] Französisches F., ***F. gallica*** L.

3 (1). Köpfchen zu 2–7 geknäuelt; Hüllblätt. z. Frzt. ausgebr., die äuß. zugespitzt, die mittl. stumpfl. 6

— Köpfchen zu 8–30 geknäuelt; Hüllblätt. z. Frzt. aufr. od. wenig abspreizend, die äuß. u. mittl. m. fädl., grannenart. Spitze (***F. germanica*** agg.) 4

4. Hülle rundl., da mittl. Hüllblätt. kaum gekielt, diese nur oberh. der Mitte locker lg.haarig, sonst kahl, m. ± gerader Spitze (wie *755/4*); Laubblätt. am Rand meist wellig; — Knäuel aus 20–30 Köpfchen; ↕ 10–40 cm; ⊙. VII–IX. – Brachäcker, sandige u. trockene Böden. – Im ganzen Gebiet *z–s*, regional *f* od. ausgestorben; sehr *s*, A: Bgl, OTi, Stm; I: Bz; NL. [*F. vulgaris* Lam.] Deutsches F., ***F. germanica*** (L.) Huds.

— Hülle ± 5-kantig, da mittl. Hüllblätt. deutl. gekielt, diese reich wollig behaart; Laubblätt. flach 5

5. Pfl. locker gelbl.grau behaart, m. bogig aufstgd. Ästen; mittl. Hüllblätt. m. ± gerader (*755/4*), bes. vor dem Aufblühen purpurner Spitze, reichl. wollig-filzig behaart; Köpfchen m. 2–4 ⚥ u. m. zahlr. Fadenblüten; — Knäuel aus 10–25 Köpfchen; ↕ 5–30 cm; ⊙. VII–IX. – Wie vorige. – *s*, D: BW, BY, HE, NI, NRW, RP, SH, O-D; A: Bgl, NÖ; B; CH: Vs (Fully); CZ; DK; F: Els; I: Bz; NL; früher FL. [*F. apiculata* Bab.] Grüngelbes F., ***F. lutescens*** Jord.

Fadenblüten stehen zw. den ♀ Zungenblüten u. den ⚥ Röhrenblüten; sie sind ♀, engröhrig u. fadenf. dünn.

— Pfl. filzig grauweiß behaart, m. fast waagr. absthd. Ästen; mittl. Hüllblätt. m. bogig absth. (*755/5*), gelbl. Spitze; Köpfchen m. 5–7 ⚥ u. m. ≤ 7 ♀ Fadenblüten; — Knäuel aus 8–16 Köpfchen; ↕ 5–30 cm; ⊙. VII–IX. – Wie vorige. – Sehr *s*, D: S-Oberrhein, b. Naumburg (S-ST); B; CH: Genf (früher auch Gr, SG); F: Els; NL (ob noch?); früher FL. [*F. spathulata* C. Presl] Spatelblättriges F., ***F. pyramidata*** L.

6 (3). Stg. meist m. ± durchghd. Hauptachse u. kurzen Seitentrieben; Köpfchen 4–5 mm lg., vom Tragblatt überragt; Hüllblätt. bis zur Spitze dicht wollig-filzig, nicht gekielt; ↕ 10–40 cm; ⊙. VI–VIII. – Steinige u. sandig-kiesige Orte, Brachäcker; kalkmeidend. – *v* D: NO BY, RP, sonst *z–s* (*f* NW-D); A (*f* Vb); CH; CZ; I: Bz; NL. [*L. arvensis* (L.) Holub] Acker-F., ***F. arvensis*** L.

— Stg. meist schon vom Grund an lg. gabelästig verzweigt, ohne dominierende Hauptachse; Köpfchen 3 mm lg., vom Tragblatt nicht überragt; Hüllblätt. nur an der Basis filzig behaart, an der Spitze strohart. glzd., gekielt; ↕ 3–15(–30) cm; ⊙. VI–VIII. – Sandtrockenrasen, Dünen; kalkmeidend. – *v* im N, *z–s* im mittl. u. südl. Gebiet; A: Bgl, Kt, NÖ, OÖ, Stm; CH: Ts, Vs; CZ; I: Bz. [*L. minima* (Sm.) Dumort.] Zwerg-F., Kleines F., ***F. minima*** (Sm.) Pers.

Gaillardia Foug., Kokardenblume, Borstenkörbchen (Bearbeiter: Gerald Parolly)

Pfl. von Grund auf verzweigt, rauhaarig; Pappus aus 5–10 silbrig-weißen, lg.grannigen Schuppen besthd., diese länger als die Fr.; Blätt. ungeteilt bis fiederteilig; Köpfchenboden m. grannenart. Spreuborsten; Zungen verkehrt eif.; ↕ 20–80 cm; ⊙–♃. VI–IX. – Ruderale StO u. Gebüsche. – Ne. (Heimat: N-Am.), häufig kult. u. *s* meist unbest. verwild.; z. B. D: BW, BY, NI, RP, SN, in BB, HE u. A: NÖ in Einbürg.; *s*, B; CZ; FL. – Zierpfl. Garten-K., ***G. × grandiflora*** hort. van Houtte

Die Bestimmung verwild. Kokardenblumen ist kaum mögl., da im Blumenhandel fast nur hybridogene Kultursorten angeboten werden. Unkrit. Nachweise unbest. Vorkommen der Prärie-K., ***G. aristata*** Pursh (Pfl. kurzlebig ausd.; Zungenblüten meist gelb, m. purpurnem Grund od. ganz dk.rot bis purpurn; Grannen der Spreublätt. deutl. länger als die Fr.; bisher D: BB), sowie der Schönen od. Kurzlebigen K., ***G. pulchella*** Foug. (Pfl. 1-j.; Zungenblüten purpurn m. gelber Spitze; Grannen der Spreublätt. so lg. wie od. nur wenig länger als die Fr.; D: BY), der beiden Elternarten der Garten-K., beziehen sich oft auch auf diese vielgestaltige Hybride.

Galatella Cass. [*Aster* L. p. p.], Steppenaster, Ödlandaster (Bearbeiter: Gerald Parolly)

1. Zungenblüten fehlend; Köpfchen goldgelb; Blätt. kahl; Köpfchen ≈ 9(–10) mm ∅; Blüten geruchslos; Stg.Blätt. alle 1-nervig, — die mittl. 1–2(–3) mm br., linealisch, in eine feine Spitze verschmälert, oberseits drüsig punktiert; Stg. auffallend dicht beblätt.; ↕ 15–45(–50) cm; ♃. VII–IX. – Halbtrocken- u. Steppenrasen, trocken-warme Gebüschsäume; auf Kalk. – D: *z* BY, RP, *s* BB, BW, HE, M-D, MV, NRW; *s* A: Bgl, Kt, B, NÖ, OÖ; CH; CZ; I: Bz; PL. [*A. linosyris* (L.) Bernh.]
Goldaster, Gold-S., ***G. linosyris*** (L.) Rchb. f.

Vgl.: Pfl. filzig behaart; Köpfchen goldgelb u. m. kurzen gelben Zungenblüten; Blätt. lanzettl.; ↕ 30–45(–70) cm; ♃. VII–IX. – Ruderalstellen. – Ne. (Heimat: SO- u. O-Eur., W-As.), im Gebiet sehr *s* unbest., aus Gärten verwild.; z. B. D: RP; CH; CZ; NL. – Zierpfl. [*Chrysocoma villosa* L.; *A. villosus* (L.) Sch. Bip.] Filz-S., ***G. villosa*** (L.) Rchb. f.

— Zungenblüten meist vorhanden, blauviolett (selten fehlend), Röhrenblüten goldgelb; Blätt. zumind. teilw. behaart; Köpfchen 10–35 mm ∅; Blüten wohlriechend; — zumind. unt. Stg.-Blätt. meist 3-nervig, die mittl. meist > 2 mm br. 2

2. Stg. u. Blätt. blaugrün, kahl od. schwach (aber nicht grauflaumig) behaart; Hüllblätt. (meist) kahl, — die inn. meist spitz; Blätt. oft drüsig („eingestochen") punktiert, rau, die mittl. (1–)3–10 mm br.; Köpfchen bis 25 mm ∅; ↕ 20–100 cm; ♃. (VII–)VIII–IX(–X). – Trockenrasen, Ruderalfluren; auf Kalk. – Ne. (Heimat: überwgd. SW- u. O-Eur., W-As.), im Gebiet fast überall nur unbest., aus Gärten verwild., z. B. D: BB, BY, RP; A; B; CH. – Zierpfl. [*A. sedifolius* L.]
Scharfe S., ***G. sedifolia*** (L.) Greuter

a. Köpfchen m. 5–15 Blüten, — m. wenigen (–6) Zungenblüten u. 5–15 Röhrenblüten; Blätt. drüsig punktiert. – Ruderalfluren. – Ne. (Heimat: O-Eur., Kaukasus, SW-As.); meist *s* u. unbest., einbürg. in A; B. – Zierpfl. [*A. dracunculoides* Lam.; *G. dracunculoides* (Lam.) Nees] Russische S., subsp. ***dracunculoides*** (Lam.) Greuter

— Köpfchen m. > 15 Blüten, — m. 5–10 Zungenblüten; Hüllblätt. kahl .... b

b. Blätt. drüsig punktiert; — mittl. Stg.Blätt. 3–5(–10) mm br.; Pfl. oberseits verzweigt, mehrköpfig; Hüllblätt. oft etwas glzd.; Stg. rau, Blätt. schmal lanzettl., ob. Blätt. 1-nervig, selten länger als 3 cm, unt. meist 3-nervig. VII–X. – Trockene Ruderalfluren. – Ne. (Heimat: O-Eur.), *s*, aus Gärten (noch) unbest. verwild.; z. B. D: BY; wo noch? Eigentliche Scharfe S., subsp. ***sedifolia***

— Blätt. nicht drüsig punktiert; — mittl. Stg.Blätt. 1–4 mm br.; Pfl. verzweigt, m. ∞ Köpfchen. VIII–IX. – Ruderale, trockene u. offene StO. – Ne. (Heimat: SW-MMG), *s*, aus Gärten (noch) unbest. verwild.; z. B. D: RP; CH. – Zierpfl. [*A. trinervis* Pers.; *A. sedifolius* subsp. *trinervis* (Pers.) Thell.]
Steifblättrige S., Dreinervige S., subsp. ***rigida*** (DC.) Greuter

— Stg. u. Blätt. dicht grauflaumig-spinnwebig behaart; Hüllblätt. schwach flaumig behaart, — die inn. stumpf; Stg.Blätt. längl.-ellipt., 3-nervig, die mittl. 5–10 mm br.; Köpfchen 10–25 mm ∅; ↕ 30–100 cm; ♃. VIII–X. – Wechselfeuchte Wiesen. – Sehr *s*, A: Bgl (Seewinkel), NÖ (Marchfeld); früher CZ (Mähren). [*A. canus* Waldst. & Kit.; *A. sedifolius* subsp. *canus* (Waldst. & Kit.) Merxm.] Graue S., ***G. cana*** (Waldst. & Kit.) Nees

Galinsoga Ruiz & Pav., Franzosenkraut, Knopfkraut (Bearbeiter: Gerald Parolly)

1. Spreublätt. 3-spaltig od. ungleich 2-spaltig; Stg. kahl od. oberw. wenig u. kurz anlgd. behaart; Köpfchenstiele dicht behaart m. wenigen kurzen Drüsenhaaren; Pappus der Zungenblüten aus wenigen kurzen Börstchen; ↕ 10–60 cm; ⊙. V–X. – Sandig-lehmige, stickstoffreiche Äcker, Gärten, Weinberge, mäßig frische Ruderalfluren; Pflasterfugen. – Ne. (Heimat: Andines S-Am.), eingeschleppt; als Acker- u. Gartenunkraut weit *v*. Kleinblütiges F., ***G. parviflora*** Cav.

— Spreublätt. ungeteilt; Stg. oberw. absthd. grauzottig behaart; Köpfchenstiele locker behaart m. zahlr. lg. Drüsenhaaren (Lupe!); Pappus der Zungenblüten einseitig, auf der Innenseite m. deutl. stumpfen Schuppen; ↕ 10–80 cm; ⊙. IV–X. – Äcker, Gärten, Weinberge, mäßig frische Ruderalfluren. – Ne. (Heimat: Andines S-Am. u. M-Am.), eingeschleppt; *v*, oft häufiger als vorige Art. [*G. ciliata* (Raf.) S. F. Blake] Behaartes F., ***G. quadriradiata*** Ruiz & Pav.

Glebionis Cass. [*Chrysanthemum* L. p. p.], Wucherblume (Bearbeiter: Robert Vogt)

1. Röhrenblüten gelb; Blätt. fiederspaltig; Stg. einfach, nur oberw. etwas verzweigt; — Blätt. bläul.grün; ↕ 20–60 cm; ⊙. VI–IX. – Getreidefelder, Ruderalstellen; kalkmeidend. – *v–z* im N, *z–s* im mittl. Gebiet, *s* im S. [*C. segetum* L.] Saat-W., ***G. segetum*** (L.) Fourr.

— Röhrenblüten grünl.; Blätt. doppelt fiederspaltig; Stg. reich verzweigt; ↕ 30–80 cm; ⊙–⊙. VI–IX. – Ne. (Heimat: MMG), zuw. verwild. – Zierpfl. [*C. coronarium* L.] Goldblume, Kronen-W., ***G. coronaria*** (L.) Spach

Gnaphalium L. [excl. *Omalotheca* Cass.; incl. *Filaginella* Opiz], Sumpfruhrkraut (Bearbeiter: Gerald Parolly)

Köpfchen nur 3–4 mm lg., zu 3–10 in von Hochblätt. überragten Knäueln (*755/7*); Stg. meist von Grund an ästig ausgebr.; Stg.Blätt. 1–4 mm br.; ↕ 2–20 cm; ⊙. VI–X. – Feuchte Äcker, Gräben, Schlammböden. – *v*. [*F. uliginosa* (L.) Opiz] Sumpfruhrkraut, ***G. uliginosum*** L.

Grindelia Willd., Gummikraut, Grindelie, Teerkraut (Bearbeiter: Gerald Parolly)

1. Stg. meist (zumind. oben) spinnwebig, wollig, abstd. lg. behaart od. kurz rauhaarig, manchmal zusätzl. drüsenhaarig, verkahlend, selten kahl u. dann harzig; — Blattspr. auf den Flächen unterschiedl. behaart, kaum drüsig punktiert, selten kahl (u. dann am Rand kurz rauhaarig u. spärl. bis dicht drüsig punktiert), ihre Ränder meist gesägt od. gezähnt, die Zähne kurz zugespitzt bis grannenart.; Hüllblätt. kahl od. auß. behaart; Stg.Blätt. (5–)10–80(–140) mm lg., 2–8(–10)-mal so lg. wie br.; Hülle 4–8(–9)-reihig, (6–)8–15(–20) × (6–)10–28 mm; Fr. (2–)4–6 (–7) mm lg., ihr Pappus aus 2–3(–6) meist gedrehten od. gekrümmten, selten geraden, meist glatten (selten rauen) säbelf. Schuppen od. borstenf. Grannen, (1–)4–5(–7) mm lg.; Stg. aufr., selten niederlgd. od. aufstgd.; ↕ 8–60(–200) cm; ♃(–♄), kult. ⊙. VI–IX. – Ruderalfluren. – Ne. (Heimat: N-Am.), sehr *s* aus Gärten verwild.; D: BY; wo noch? – Zierpfl. [*G. acutifolia* Steyerm.; *G. nana* Nutt.; *G. rubricaulis* DC.; *G. stricta* DC.] Raues G., ***G. hirsutula*** Hook. & Arn.

   Teil einer Sammelart (?) aus sehr nah verwandten (bes. *G. hirsutula* u. *G. decumbens*) u. variablen (u. entsprechend schwer zu verschlüsselnden) Sippen, die in N-Am. auch m. *G. squarrosa* hybrisieren. Literaturangaben zur Verbr. von *G. squarrosa* in Eur. beziehen sich möglicherweise auf die Sammelart. – In die Synonymie von *G. hirsutula* gehört wohl auch das Oregon-G., ***G. oregana*** A. Gray, in D: BY (Bayreuth) in Einbürg.

— Stg. kahl; — Blattspr. auf den Flächen kahl u. meist mäßig stark bis sehr stark drüsig punktiert, ihre Ränder meist gesägt-gezähnt; Hüllblätt. kahl; Stg. aufr. 2

2. Blätt. stumpf kerbzähnig, m. 3–6(–9) Zähnen pro cm, Zähne meist m. harzigen Spitzen, selten ganzrandig; — Stg.Blätt. (10–)15–70 mm lg., 2–5(–10)-mal so lg. wie br.; Hülle 5–6-reihig, 6–11 × 8–20(–23) mm; Fr. 1,5–4,5 mm lg., ihr Pappus aus 2–3(–8), geraden od. gedrehten od. gekrümmten, glatten od. rauen säbelf. Schuppen od. borstenf. Grannen, 2,5–5,5 mm lg.; ↕ (10–)40–100 cm; ⊙–♃, kult. fast nur ⊙. VI–X. – Ruderalfluren. – Ne. (Heimat: M-N-Am.), aus Gärten verwild. u. einbürg.; *s*, z. B. D: BY, MV, NI, NRW, RP, SN, ST; A: Kt, Stm; B; NL. – Zierpfl., auch Heilpfl. Sparriges G., ***G. squarrosa*** (Pursh) Dunal

— Blätt. gesägt (die Zähne meist kurz zugespitzt) u. an der Blattspitze, selten ganzrandig; — Stg.Blätt. 15–40(–80) mm lg., 3–7(–15)-mal so lg. wie br.; Hülle 4–5(–6)-reihig, 5–9(–11) × 6–10(–17) mm; Fr. 3–3,5 mm lg., ihr Pappus aus 2–4 geraden od. leicht gedrehten, glatten od. rauen borstenf. Grannen od. säbelf. Schuppen, 3,5–5 mm lg.; ↕ 15–50(–80) cm; ♃. VI–IX. – Ruderalfluren. – Ne. (Heimat: N-Am.), sehr *s* u. unbest. aus Gärten verwild.; z. B. D: RP. – Zierpfl. Niedriges G., ***G. decumbens*** Greene

Guizotia Cass., Ramtillkraut (Bearbeiter: Gerald Parolly)

Pfl. im Habitus an *Bidens* erinnernd; Zungenblüten goldgelb; Köpfchen 3–4 cm ∅; äuß. Hüllblattreihe krautig, inn. häutig; ↕ 0,5–1,5 m; ⊙. IX–X. – Ruderalfluren. – Ne. (Heimat: Äthiopien), als Vogelfutterpfl. immer wieder eingeschleppt u. auf Wildäckern angesät, unbest., *s* eingebürg.; z. B. D: Allgäu, b. Köln u. Münster (Westf.); A: Kt, Stm, Ti, Vb. – Ölpfl. Abessinisches R., ***G. abyssinica*** (L. f.) Cass.

Helianthus L., Sonnenblume (Bearbeiter: Gerald Parolly)

1. Pfl. 1-j.; Spr. herzf.-3-eckig; — Röhrenblüten braun; Köpfchen nickend, 10–50 cm ∅; ↕ 1–3 (–4) m; ⊙. VII–X. – Als Zierpfl. u. Ölfruchtpfl. (Heimat: N-Am.) *v* kult., zuw. an Ruderalstellen u. Mauern verwild. Gewöhnliche S., ***H. annuus*** L. (subsp. ***annuus***)

— Pfl. mehrj.; Spr. am Grund ± keilf., nicht herzf. **2**

2. Äuß. Hüllblätt. anlgd., stumpf od. spitz, aber nie in eine Spitze ausgezogen, deutl. verschieden lg. **3**

— Äuß. Hüllblätt. locker absthd., in eine Spitze ausgezogen, wenig verschieden lg.; — Röhrenblüten gelb; Blätt. eif. bis eilanzettl., am Rand grob gesägt; Köpfchen aufr., 4–10 cm ∅; Stg. m. kartoffelart. Knollen an unterird. Ausläufern; ↕ (1–)1,5–3 m; ♃. VIII–X. – Stellenw. (bes. mittl. Oberrhein) feldmäßig angebaut (Heimat: N-Am.), verwild. u. vielfach eingebürg.; bes. an Flussufern *v*, D; A; CH; CZ; F: Els; I: Bz. Erdbirne, Topinambur, ***H. tuberosus*** L.

3. Röhrenblüten rot bis purpurbraun; Hüllblätt. dachig angeordnet, deutl verschieden lg., stumpf od. stumpfl.; — Blätt. rautenf. lanzettl., ganzrandig, allmähl. in den kurzen Stiel verschmälert; Stg. gleichm. beblätt.; oberste Blätt. kaum verkleinert; Köpfchen 5–7 cm ∅; ↕ 0,5–2 m; ♃. VIII–X. – Kult. u. Ne. (Heimat: mittl. USA); lokal verwild. u. eingebürg., bes. an Flussufern *z*. – Zierpfl. [*H. rigidus* Desf.] Steife S., Wenigköpfige S., ***H. pauciflorus*** Nutt.

— Röhrenblüten gelb (bis bräunl.?); Hüllblätt. weniger deutl. verschieden lg., meist spitzl. bis spitz; Blätt. rautenf.-eif., am Rand ± deutl. gesägt; — in den Merkmalen auch sonst zw. den Eltern sthd.; ↕ 1–2,5 m; ♃. VIII–X. – Ne.; lokal verwild. u. z.T. häufiger als die Eltern, z.B. D: SH (Hamburg). – Zierpfl. [*H. pauciflorus* × *H. tuberosus; H. serotinus* Tausch] Herbst-S., ***H.* × *laetiflorus*** Pers.

Helichrysum Mill. [incl. *Laphangium* (Hilliard & B. L. Burtt) Tzvelev u. *Pseudognaphalium* Kirp., Scheinruhrkraut], Strohblume (Bearbeiter: Gerald Parolly)

Die systemat. Stellung von *H. luteoalbum* ist nach wie vor unklar (Galbany-Casals in Kadereit 2016), m. den Gattungen *Pseudognaphalium* u. *Laphangium* als alternativen Klassifikationsmöglichkeiten, sodass wir bei einem breiten Gattungskonzept bleiben.

1. Staude m. sterilen Rosetten; Hüllblätt. lebhaft gelb od. orangegelb, glzd.; — Stg. aufr., grauweißfilzig; Blätt. weißfilzig, die Grundblätt. u. unt. Stg.Blätt. stumpfl., die ob. schmaler u. zugespitzt; Köpfchen 6–8 mm ∅, in dichtem schirmrispigem Köpfchenstand; ↕ 10–40 cm; ♃. VII–X. – Sandige Böden, Wegränder, Kiefernwälder der Ebene. – *v* im N (MV–PL) u. O; D: *z* N-Oberrhein, Fr, SN, *s* NRW, TH; *s* A: Bgl, NÖ; B; NL. ⓖ. Sand-S., ***H. arenarium*** (L.) Moench (subsp. ***arenarium***)

— 1-j., ohne Ausläufer od. sterile Rosetten; Hüllblätt. strohgelb, bräunl. od. weißl.; — Stg. aufr. od. aufstgd., meist einfach; Stg.Blätt. stumpf, weißfilzig, oberseits oft verkahlend, 5–8 mm br.; Köpfchenknäuel meist ohne Hochblätt. (*755/8*); ↕ 20–50 cm; ⊙. VI–X. – Kahlschläge, Teichränder, Heiden. – *s* u. vielfach verschwunden, *f* im Geb. [*Gnaphalium luteoalbum* L.; *P. luteoalbum* (L.) Hilliard & B. L. Burtt; *L. luteoalbum* (L.) Tzvelev] Gelbes Ruhrkraut, ***H. luteoalbum*** (L.) Rchb.

Heliopsis Pers., Sonnenauge (Bearbeiter: Gerald Parolly)

Pfl. m. gegenst., gesägten, lanzettl. eif., oberseits rauen Blätt.; Köpfchen 6–7 cm ∅; Zungenblüten orangegelb; Röhrenblüten m. gelben Zipfeln; Fr. schwarz; Pappus fehlend od. aus 1–3 kleinen, hautigen Zähnchen; herausgezupfte Zungenblüten behalten die Fr.!; ↕ 50–150 cm; ♃. VI–IX. – Ne. (Heimat: M.- u. NO-Am.); *v* kult., zuw. verwild. (in D adventiv in mehreren Bundesländern), eingebürg. in A: Kt. – Zierpfl. Sonnenblumen-S., ***H. helianthoides*** (L.) Sweet

Helminthotheca Zinn, Wurmlattich (Bearbeiter: Eckhard von Raab-Straube)

Äuß. Hüllblätt. herz-eif., zu 3–5, wenig kürzer als die inn.; inn. Fr. gerade, kahl, die randst. Fr. stark gekrümmt, weißl., auf der Innenseite zottig, auf der Außenseite kahl, alle lg. geschnäbelt; ↕ 30–80 cm; ⊙. VII–VIII. – Äcker, Bahndämme. – Ne. (Heimat: MMG); vielfach meist unbest. eingeschleppt, bes. in S-D; auch A: Bgl, NÖ, OÖ, Stm, Ti; CH; I: Bz. [*Picris echioides* L.]
Natternkopf-W., ***H. echioides*** (L.) Holub

Hieracium L. s. str. [excl. *Pilosella* Hill u. *Schlagintweitia* Griseb.], Habichtskraut
(Bearbeiter: Eckhard von Raab-Straube)

Hieracium s. l. (ohne *Schlagintweitia*) ist eine der formenreichsten Gattungen des Pflanzenreichs u. in der heim. Flora m. 2 (oft auch als Untergattungen aufgefassten) Artengruppen vertreten, die heute zunehmend als eigene Gattungen, *Hieracium* s. str. (Echte Habichtskräuter) u. *Pilosella* (Mausohrhabichtskräuter, S. 814), akzeptiert werden. Beide Gattungen umfassen neben ihren „Haupt"- u. „Zwischen"arten eine Unzahl von Unterarten, Varietäten u. Formen, deren Bestimmung ein jahrelanges Spezialstudium erfordert u. die noch dadurch erschwert wird, dass die einzelnen Arten leicht zur Hybridbildung neigen. Dem liegt v. a. eine weitghd. asexuelle Vermehrung (sog. Apomixis, Aposporie) zugrunde, die bei den Arten der Gattung *Hieracium* fast durchghd. stattfindet, während es innerh. der Gattung *Pilosella* noch verhältnism. häufig zur sexuellen Fortpflanzung kommt. Die mittlerweile recht umfangreichen cytogenetischen Kenntnisse innerh. der Gattung decken sich leider in vielen Fällen nicht mehr m. der im Wesentlichen nach 1920 geprägten Nomenklatur. Für beide Gattungen sind hier nur die Hauptarten aufgeführt. Nur solche Pfl. lassen sich m. diesem Buch eindeutig bestimmen, die in ihren Merkmalen dem „Typus" einer dieser Hauptarten entsprechen. Eine konzentrierte Übersicht der Hieracien-Problematik (einschließl. Literatur) findet sich bei Gottschlich (in Hegi, Bd. VI/4, S. 1437–1442, 1987).

1. Hüllblätt. fast 2-reihig, stumpf, schwarzgrün; — Blätt. längl. lanzettl., in den Stiel verschmälert, spärl. behaart, blaugrün; ↕ 10–80 cm; ♃. VII–IX. – Felsfluren, Krummholz. – *s*, A: Kt, Sb, Ti; CZ/PL: Jeseníky. [incl. *H. silesiacum* E. Krause] Zerstreutköpfiges H., ***H. sparsum*** Friv.
— Hüllblätt. mehrreihig, ± dachig 2
2. Grundblätt. z. Bltzt. fehlend; — Stg.Blätt. 10 u. mehr 20
— Grundblätt. z. Bltzt. vorhanden; — Stg.Blätt. bis 10 3
3. Haare der Pfl. lg. rau gezähnt; Zähne der Haare > 2-mal so lg. wie der Haar-∅ 19
— Haare der Pfl. einfach od. nur kurz gezähnt 4
4. Blätt. u. ganze Pfl. drüsenhaarig 17
— Blätt. drüsenlos, aber m. Borstenhaaren; Pfl. wenigstens im unt. Teil drüsenlos (s. aber *H. schmidtii*, Nr. **12**) 5
5. Hüllblätt. unregelm. dachig, wenigreihig, die äuß. kurz, nicht allmähl. in die gleichlg. inn. überghd. 12
— Hüllblätt. regelm. dachziegelig angeordnet, die äuß. allmähl. in die inn. überghd.; — Gebirgspfl. 6
6. Zungenblüten an ihrer Spitze behaart; — Köpfchenstiele u. Hüllblätt. schwarzdrüsig; Blätt. längl. lanzettl., fast ganzrandig, rau behaart; ↕ 15–60 cm; ♃. VII–VIII. – Felsschuttfluren. – *s*, F: S-Vog. (oberh. 1300 m). [*H. vogesiacum* (Kirschl.) Fr.] Vogesen-H., ***H. juranum*** Rapin
— Zungenblüten an ihrer Spitze kahl 7
7. Äuß. Hüllblätt. lg. u. fein zugespitzt, dicht u. lg. zottig; ganze Pfl. lg.- u. weichhaarig 10
— Äuß. Hüllblätt. stumpf, nicht od. schwach behaart; ganze Pfl. kahl od. nur einzelne Teile schwach behaart; — Blätt. blaugrün 8
8. Rosettenblätt. deutl. gestielt, lanzettl., gezähnt, bläul.grün; Stg.Blätt. 2–6; — Hülle 8–12 mm lg.; Stiele der seitl. Köpfchen ausw. aufstgd., dadurch Köpfchenstand sparrig m. 4–8 Köpfchen; ↕ 20–60 cm; ♃. VII–IX. – Felsfluren, Steinschutt; bis 2000 m. – *z* Alp., *s* Vorland.
Blaugrünes H., ***H. glaucum*** All.
— Rosettenblätt. ungestielt, fast ganzrandig, blaugrün; Stg.Blätt. zahlr. (> 5), nach oben allmähl. kleiner werdend 9
9. Fr. rotbraun bis schwarz; Blätt. lanzettl.; Hülle deutl. vom Köpfchenstiel abgesetzt, > 12 mm lg.; Stiele der seitl. Köpfchen aufr. weisend, dadurch Köpfchenstand gedrungen; ↕ 20–50 cm; ♃. VII–VIII. – Steinschutt, Felsen; kalkstet; bis 2400 m. – *z* Alp. u. Vorland, *s* SchwAlb, FrSchweiz, Schweizer Jura. Hasenohr-H., ***H. bupleuroides*** C. C. Gmel.
— Fr. strohfarben; Blätt. linealisch od. schmaler; Hülle allmähl. in den Köpfchenstiel überghd., < 12 mm lg.; Stiele der seitl. Köpfchen gebogen ausw. weisend, dadurch Köpfchenstand

sparrig; ↕ 30–60 cm; ♃. VII–IX. – Felsfluren; bis 2000 m. – *z*, A: Kt, NÖ, OÖ, OTi, Stm; I: Bz.
Lauchblättriges H., ***H. porrifolium*** L.

10 **(7).** Stg. blattlos od. 1-blättr., fast immer m. 1 Köpfchen; — Hüllblätt. schmal, ebenso wie die Blätt. sehr lg. behaart; ↕ 5–20 cm; ♃. VII–VIII. – Steinige Magerrasen, Moränen; 1700–2500 m. – *z* Alp., *s* in D (nur Allgäuer u. Berchtesgadener Alp.). [incl. *H. granduliferum* Hoppe]
Haartragendes H., ***H. piliferum*** Hoppe

— Stg. mehrblättr., m. 1 bis wenigen Köpfchen; Hülle 12–18 mm lg. **11**

11. Äuß. Hüllblätt. längl. lanzettl., blattart., grün, absthd., inn. linealisch, lg. zugespitzt, oft dk.; Stg.Blätt. 4–8; Stg. m. 2–4 Köpfchen; ↕ 15–35 cm; ♃. VII–VIII. – Felsen, Steinschuttfluren; auf Kalk; 1300–2500 m. – *z* Alp., *s* CZ/PL: Jeseníky. Zottiges H., ***H. villosum*** Jacq.

— Alle Hüllblätt. gleich gestaltet, lineal-lanzettl., die äuß. anlgd., nicht blattart.; Stg.Blätt. 3–6; Stg. m. 1–3 Köpfchen; ↕ 10–30 cm; ♃. VII–VIII. – Felsspalten, steinige Magerrasen. – *z*, Alp. [incl. *H. morisianum* Rchb. f.] Wollköpfiges H., ***H. pilosum*** Froel.

12 **(5).** Blätt. oberseits, bes. am Rand, borstenhaarig, m. zerstreuten, winzigen Drüsenhaaren, blaugrün; Gr. gelb; — Stg.Blätt. 0–1; Grundblätt. deutl. gestielt; Stg. m. 2–12 Köpfchen, oberw. u. z. T. tief herab ± drüsig; Köpfchenstiele drüsig; Zungenblüten an der Spitze meist bewimpert; ↕ 20–40 cm; ♃. V–VII. – Felsen, Steinschutt. – *z* Alp., sonst seltener, nördl. bis Eifel/Harz/SN. [incl. *H. pallidum* Biv.] Blasses H., ***H. schmidtii*** Tausch

— Blätt. ± weich kraushaarig, ohne Drüsenhaare, hell- bis dk.-, selten blaugrün (*H. caesium*); Gr. oft dk. **13**

13. Köpfchenstand gedrängt bis lockerrispig, gleich der Hülle reichdrüsig, aber nicht od. nur schwach behaart; Blätt. ungefleckt **15**

— Köpfchenstand m. wenigen Köpfchen, gleich der Hülle meist drüsenlos, ± reich behaart, oft dicht sternhaarig (flockig); Blätt. zuw. gefleckt **14**

14. Stg.Blätt. 0–2; Stg. m. 4–8 Köpfchen; Rosettenblätt. br. eif., buchtig gezähnt bis fiederspaltig, deutl. gestielt; ↕ 10–40 cm; ♃. VI–VIII. – Felsen, Steinschutt, Bergwiesen; auf Kalk; bis 2500 m. – *v* Alp., Vorland, Schweizer Jura, Alb, FrSchweiz, Harz/TH, CZ.
Zweigabeliges H., ***H. bifidum*** Hornem.

— Stg.Blätt. 2–8; Stg. m. 1–4 Köpfchen; Blätt. br. lanzettl., gezähnt, zugespitzt, blaugrün, meist dk. gefleckt, höchstens kurz gestielt, am Rand behaart; ↕ 20–60 cm; ♃. VI–VIII. – Wie vorige Art. – *z* Alp. u. Vorland, *s* SchwAlb, Harz, Sudeten. Blaugraues H., ***H. caesium*** (Fr.) Fr.

15 **(13).** Rosettenblätt. zahlr. (> 12), sehr dicht kurz behaart; Hüllblätt. grünl., ohne (drüsenlose) Haare; — Rosettenblätt. allmähl. in den Stiel verschmälert; ↕ 30–80 cm; ♃. VI–VIII. – Lichte Wälder. – *s*, A: Stm (Deutschlandsberg). Siebenbürger H., ***H. transsylvanicum*** Heuff.

— Rosettenblätt. meist nur 5–6, geringer behaart (oft nur am Rand, auf dem Rückennerv od. am Stiel); Hüllblätt. meist schwärzl., meist m. (drüsenlosen) Haaren **16**

16. Stg.Blätt. 0–1; Grundblätt. längl. eif., ± gestielt; Spr.Grund grob bis eingeschnitten gezähnt, oft m. 1–2 großen, rückw. gerichteten Zähnen, graugrün, ungefleckt; Hüllblätt. an der Spitze ohne Wimperbüschelchen; ↕ 20–80 cm; ♃. V–VI. – Wälder, Magerrasen. – *v*, im N *z*. [*H. sylvaticum* (L.) Gouan] Wald-H., ***H. murorum*** L.

— Stg.Blätt. 3–5; Grundblätt. br. längl. lanzettl., beidendig zugespitzt, in den Stiel verschmälert, ± gesägt-gezähnt, dk.grün, unterseits oft rötl., am Rand behaart; Hüllblätt. an der Spitze fein pinself. bewimpert; ↕ 30–70 cm; ♃. VI–VII. – Wälder, Gebüsche. – *v–z*. [*H. vulgatum* auct.]
Gewöhnliches H., ***H. lachenalii*** Suter

17 **(4).** Pfl. dicht klebrig-drüsig, sonst schwach behaart bis kahl; Stg.Blätt. 3–6, eif., m. geöhrtem od. herzf. Grund stg.umfassend sitzend; Stg. reichästig, m. 2–12 Köpfchen; Hülle meist kahl; — Zungenblüten an der Spitze bewimpert [wenn Blüten nur blassgelb u. ihre Zungen an ihrer Spitze kahl, *Schlagintweitia intybacea*, s. S. 817]; ↕ 10–50 cm; ♃. VI–VIII. – Felsen, steinige Weiden. – *z* Alp., *s* SO-Schw., sonst zuw. als Zierpfl. u. verwild. (Mauern, z. B. N-TH, Harz, unt. Neckar). Stängelumfassendes H., ***H. amplexicaule*** L.

— Pfl. reichdrüsig u. behaart, aber nicht klebrig; Stg.Blätt. 1–4; Stg. m. 1 bis wenigen Köpfchen; Hülle behaart **18**

18. Blätt. eif., tief buchtig gezähnt; Grundblätt. zuw. fast fiederteilig; Stg. vom Grund an gabelästig, m. 2–8 Köpfchen; Stg.Blätt. 2–4; Zungenblüten an der Spitze nicht bewimpert; ↕ 10–30 cm;

♃. VI–VIII. – Kalkfelsen; bis 2200 m. – *z* Alp., SchwAlb, *s* S-Schw., *z* Schweizer Jura, *s* Vog.
Niedriges H., ***H. humile*** Jacq.

— Blätt. eilanzettl., ganzrandig bis schwach gezähnt; Stg. einfach od. wenig gabelästig, m. 1–3 Köpfchen; Stg.Blätt. 0–1(–2); Zungenblüten an der Spitze behaart; ↕ 5–30 cm; ♃. VII–VIII. – Magerrasen, Zwergstrauchheiden; 1500–2700 m. – *z* Alp., *s* Vog., Harz, Sudeten.
Alpen-H., ***H. alpinum*** L.

19 **(3).** Pfl. dicht weißfilzig, ohne Drüsenhaare, m. 2–5 sitzenden Stg.Blätt. u. 2–5 sehr lg. gestielten Köpfchen; — Grundblätt. ellipt. od. eif., ganzrandig od. m. wenigen Zähnen, 3,5–10 cm lg. u. 1,5–4 cm br., Hülle 12–18 mm lg. u. 10–16 mm ∅, ohne Sternhaare; ↕ 10–40 cm; ♃. VI–VII. – Steppenrasen, Kiefernwälder; 300–2100 m. – *s*, nur CH: Jura (Neuchâtel), Vs.
Filziges H., ***H. tomentosum*** L.

— Pfl. nicht weißfilzig, oft mehrstängelig, m. 1–3 Stg.Blätt.; — Blattoberseite oft gefleckt, meist kahl; Grundblätt. gezähnelt bis buchtig gezähnt; Hülle 9–13 mm lg.; Hüllblätt. schwarzgrün, hellrandig; ↕ 10–35 cm; ♃. VII–VIII. – Felsen, Kiefernwälder; 400–1700 m. – *s*, nur CH: Vs.
Geflecktes H., ***H. pictum*** Pers.

20 **(2).** Pfl. dicht klebrig-drüsig, sonst unbehaart; Stg. dick, gefurcht, 5–30 cm hoch, m. 1–3 Köpfchen; — Blüten blassgelb, ihre Zungen an der Spitze kahl [wenn Blüten reingelb u. ihre Zungen an der Spitze bewimpert, *H. amplexicaule*, s. Nr. **17**]
Schlagintweitia intybacea (All.) Griseb., S. 817

— Pfl. nicht klebrig-drüsig (jedoch ± reichl. behaart), höchstens der Köpfchenstand etwas drüsig; Stg. schlank; Stg.Blätt. meist behaart; Pfl. selten < 30 cm, meist höher u. bis > 100 cm hoch **21**

21. Hülle u. Köpfchenstand drüsig; mittl. Stg.Blätt. br. eif. lanzettl., m. herzf. Grund stg.umfassend, unterseits netznervig; Zungenblüten an der Spitze bewimpert; — Stg. hohl, dicht u. reichl. beblätt.; ↕ 40–120 cm; ♃. VII–VIII. – Felsige Abhänge, Wiesen; Krummholz; 1200–2200 m. – *z* Alp. (in D *s*), *s* S-Schw., Hoch-Vog., Schweizer Jura, Sudeten.
Hasenlattich-H., ***H. prenanthoides*** Vill.

— Hülle u. Köpfchenstand drüsenlos od. wenigdrüsig; Stg.Blätt. am Grund verschmälert, höchstens m. schwach stg.umfassendem Grund sitzend, zuw. gestielt; Zungenblüten an der Spitze nicht bewimpert **22**

22. Pfl. m. 1–2 Grundblätt.; Stg.Blätt. 10–15, ei-lanzettl., buchtig gezähnt, entfernt sthd.; Hüllblätt. meist unregelm. dachig, die inn. spitz, nicht zurückgebogen, spärl. drüsig, bleichrandig; ↕ 30–120 cm; ♃. VI–VIII. – Gebüsch, Waldränder, Bergwiesen, Moore. – *v*, stellenw. nur *z*.
Glattes H., ***H. laevigatum*** Willd.

— Pfl. ohne Grundblätt.; Stg.Blätt. bis über 50; Hüllblätt. regelm. dachig, alle stumpf, drüsenlos od. spärl. drüsig **23**

23. Hüllblätt. an der Spitze absthd., zurückgebogen, drüsenlos; Blätt. lineal-lanzettl., am Rand oft zurückgerollt; Köpfchen in doldenart. Köpfchenständen; Gr. meist gelb; ↕ 20–100 cm; ♃. VII–X. – Wälder, Heiden, Dünen, Gebüsch. – *v*, stellenw. nur *z*. Dolden-H., ***H. umbellatum*** L.

— Hüllblätt. an der Spitze nicht zurückgebogen, meist drüsig; Blätt. breiter; Köpfchen nicht in doldenart. Köpfchenständen; Gr. meist dk. **24**

24. Stg.Blätt. ± gleichm. verteilt, eif. lanzettl., nur stielart. verschmälert, grob gesägt bis gezähnt; Hüllblätt. schwarz, meist haar- u. drüsenlos; seitl. Köpfchen lg. gestielt, gebogen aufw. weisend; Fr. braun bis schwarz; ↕ 50–120 cm; ♃. VIII–X. – Waldränder, Sand- u. Heideböden. – *v*, *z–s* im NW. [*H. silvestre* Tausch] Savoyer H., ***H. sabaudum*** L.

— Blätt. am Grund des Stg. od. in dessen Mitte oft dicht gedrängt, eine Scheinrosette bildend, längl. lanzettl., rasch in den Stiel verschmälert, schwach gezähnelt; Hüllblätt. grünl., meist behaart u. m. Drüsen; seitl. Köpfchen sehr kurz gestielt; Fr. ledergelb bis braun; ↕ 10–80 cm; ♃. VII–X. – Lichte Wälder; bis montane Stufe. – *s*, D: BB, HE; *z* A; CH; CZ; FL; I: Bz; *s* PL.
Traubiges H., ***H. racemosum*** Willd.

Homogyne Cass., Alpenlattich (Bearbeiter: Gerald Parolly)

1. Blattstiel u. Blätt. unterseits weißfilzig; Pappus schmutzigweiß; — Pfl. ohne Ausläufer; ↕ 10–25 cm; ♃. VI–VIII. – Steinige Magerrasen, Zwergstrauchheiden, Schneetälchen; kalkstet;

700–2400 m. – *z* Alp., D: Berchtesgadener Alp.; A (*f* Bgl, Vb); I: Bz.
Filziger A., ***H. discolor*** (Jacq.) Cass.

— Blätt. unterseits grün od. grauwollig; Pappus schneeweiß **2**

2. Blätt. handf., seicht gelappt, die 3 mittl. Lappen meist spitz 3-zähnig; Pfl. ohne Ausläufer; ↕ 15–25 cm; ♃. V–VI. – Wälder, Gebüsche; montane u. subalp. Stufe. – *s*, A: Kt, Sb (Pass Lueg); weitere Verbr.: I: Udine; Slowenien. Wald-A., ***H. sylvestris*** (Scop.) Cass.

— Blätt. nierenf., seicht gekerbt-gezähnt; Pfl. m. beblätt. Ausläufern; ↕ 10–40 cm; ♃. VI–VIII. – Feuchte Gebüsche, quellige Orte, Zwergstrauchheiden; 500–3300 m. – *v* Alp., Bayrw., *z* Alp. Vorland, Schweizer Jura, *s* S-Schw., böhm. Randgeb. Gewöhnlicher A., ***H. alpina*** (L.) Cass.

Hypochaeris L. , Ferkelkraut [incl. *Trommsdorffia* Bernh., Borstenferkelkraut]

(Bearbeiter: Eckhard von Raab-Straube)

1. Pappus 1-reihig, alle Borsten federig; Stg. steifhaarig, meist m. 1–2 Blätt. **3**

— Pappus 2-reihig, äuß. Borsten einfach, inn. federig; Stg. kahl, nur m. schuppenf. Hochblätt. **2**

2. Blätt. zerstreut-borstig, schrotsägef. gezähnt; Randblüten länger als die Hülle, ihre Zunge unterseits grünl.graurot bis graublau, tief gezähnt; Fr. meist alle lg. geschnäbelt; Köpfchen > 2,5 cm ∅; — Stg. blaugrün; ↕ 15–80 cm; ♃. V–IX. – Magerrasen, Heiden. – *v*. [incl. *H. radicata* subsp. *ericetorum* Soest] Gewöhnliches F., ***H. radicata*** L. (subsp. ***radicata***)

— Blätt. kahl, buchtig gezähnt; Randblüten so lg. wie die Hülle, ihre Zunge unterseits weißl., kurz gezähnt; Randfr. ungeschnäbelt; Köpfchen < 2,5 cm ∅; — Stg. grün; ↕ 10–40 cm; ⊙. VI–X. – Sandfelder, Heiden, Dünen, Äcker. – *z* im N, sonst *s*, D: BW, BY; CH: Ts; CZ; F: Els; früher auch A: NÖ, OÖ; L. Kahles F., ***H. glabra*** L.

3 (1). Alle Hüllblätt. ganzrandig; Stg. m. 1–3 Köpfchen, oberw. kaum verdickt; — Blätt. längl. verkehrt-eif., oberseits oft rotbraun gefleckt; ↕ 30–100 cm; ♃. V–VIII. – Trockenrasen, auf Kalk. – *z–s* im S, *s* im N; B; früher L; NL; *f* NW-D. [*T. maculata* (L.) Bernh.] Geflecktes F., ***H. maculata*** L.

— Äuß. Hüllblätt. zerrissen gefranst; Stg. m. 1 Köpfchen, oberw. stark keulenf. verdickt; — Blätt. längl. keilf.; ↕ 15–50 cm; ♃. VII–IX. – Magerrasen, Zwergstrauchheiden; kalkmeidend; 1000–2600 m. – *z* D: Allgäuer Alp.; A: Kt, Sb, Stm, Ti, Vb; *v* CH; *z* CZ (Sudeten); FL; I: Bz. [*T. uniflora* (Vill.) Soják] Einblütiges F., ***H. uniflora*** Vill.

Inula L. (s. str.), Alant [excl. *Dittrichia* Greuter, *Limbarda* Adans. u. *Pentanema* Cass.]

(Bearbeiter: Gerald Parolly)

1. Köpfchen meist sitzend od. kurz (< 3 cm lg.) gestielt, ihre Stiele dem Stg. dicht angedrückt, in lg., traubiger Synfl. — 5–8 cm ∅; Grundblattspr. bis 30 × 16 cm, lg. gestielt; ob. Stg.Blätt. halb stg.umfassend, gelappt; äuß. Hüllblätt. laubblattart., br. 3-eckig, an der Spitze zurückgebogen, inn. linealisch; ↕ 100–200 cm; ♃. VII. – Parkanlagen, naturnahe Gärten, frische Wald- u. Gebüschsäume. – Ne. (Heimat: W-Himalaja); *s*, meist unbest. verwild., aber stellenw. in Einbürg.; z. B. D: BY, SN, TH; B; NL; wo noch? – Zier- u. Heilpfl.; auch intermediäre Hybriden m. der folg. Art. Traubiger F., ***I. racemosa*** Hook. f.

— Köpfchen > 3 cm lg. gestielt, ihre Stiele vom Stg. absthd., einzeln od. in schirmtraubiger Synfl., — 6–15 cm ∅; Grundblattspr. 15–60 × (3–)4–25 cm **2**

2. Hülle ≤ 3 cm ∅; Köpfchen (6–)7–8 cm ∅, zu 3–8(–12) in ≈ dichter, schirmtraubiger Synfl., auch zusätzl. Seitenäste m. 1(–2) Köpfchen; — inn. Hüllblätt. an der Spitze verbreitert, spatelf., äuß. 6–8 mm br. u. auß. filzig; Grund- u. unt. Stg.Blätt. lg. geflüg. gestielt, sehr groß, 40–60 cm lg. u. (12–)15–20(–25) cm br., unterseits graufilzig; Zungenblüten 10–30 mm lg.; Pappus 8–10 mm lg.; ↕ (80–)100–200(–250) cm; ♃. VII–IX. – Gärten, Parkanlagen, Weg- u. Waldränder, Flussufer, nährstoffreiche Wiesen, Staudenfluren. – Als alte Kulturpfl. (Heimat: SO-Eur., MMG, As.) überall im Gebiet stellenw. eingebürg.; *z*, z. B. D: NI, NRW, RP, O-D; A; B; CZ; F: Els; I: Bz; NL; PL. – Zier- u. Heilpfl. Echter A., Helenenkraut, ***I. helenium*** L. (subsp. ***helenium***)

— Hülle ≥ 3,5 cm ∅; Köpfchen (8–)9,5–15 cm ∅, einzeln od. zu 2–3(–4) in ≈ schirmtraubiger Synfl. **3**

3. Grund- u. unt. Stg.Blätt. (3–)3,5–5,5 cm br.; Zungenblüten bis 30(–40) mm lg.; — Köpfchen 1–2; Hülle 3,5–5 cm br.; Blüten goldgelb bis orange; Pappus ≈ 1,3 mm lg.; ↕ (30–)60–80(–120) cm; ♃. VII–VIII. – Gärten, Parkanlagen, Weg- u. Waldränder, Flussufer, nährstoffreiche StO. – Ne. (Heimat: Kaukasus, NO-Anatolien), sehr *s* aus Gärten verwild. – Zierpfl.
Großkopf-A., ***I. macrocephala*** Boiss.

— Grund- u. unt. Stg.Blätt. 6–25 cm br.; Zungenblüten 38–53 mm lg.; — Köpfchen (1–)2–4; Hülle 4,5–6,5 cm br.; Röhrenblüten orange; Zungenblüten goldgelb; ↕ 100–200 cm; ♃. VII–VIII. – Gärten, Parkanlagen, Weg- u. Waldränder, Flussufer, nährstoffreiche StO. – Ne. (Heimat: W- u. Z-Kaukasus), sehr *s* aus Gärten verwild. – Zierpfl. Pracht-A., ***I. magnifica*** Lipsky

Iva L., Schlagkraut (Bearbeiter: Gerald Parolly)

Blätt. 7–30 cm lg., herzf., zugespitzt, lg. gestielt, doppelt gezähnt, fast gegenst.; Köpfchen nickend, sehr zahlr. in verzweigten, ähren- od. rispenart. Köpfchenständen, 4–5 mm ∅, außen m. 5 ♀, innen m. 8–20 ♂ Blüten; ↕ 90–200 cm; ⊙. VIII–X. – Unkrautgesellschaften (bes. Häfen, Bahnanlagen). – Ne. (Heimat: westl. N-Am.), häufig eingeschleppt u. eingebürg.; *z*, z. B. D: Berlin, O-D, Rheintal; A; L; NL; PL (Breslau); ehem. D: SH (Hamburg). Schlagkraut, ***I. xanthiifolia*** Nutt.

Jurinea Cass., Bisamdistel, Silberscharte (Bearbeiter: Eckhard von Raab-Straube)

1. Stg. meist ästig; Äste meist m. nur 1 Köpfchen; Köpfchen 2–3 cm ∅; Hüllblätt. filzig, aufr., nicht zurückgebogen; Fr. glatt, nur etwas grubig; — Blätt. fast stets fiederspaltig, m. lineal-lanzettl., am Rand umgerollten Fiedern, unterseits dicht weißfilzig; ↕ 25–45 cm; ♃. VII–IX. – Sandfluren, Kiefernwälder. – *s*, S- u. M-D; CZ (Böhmen); stark zurückgegangen. FFH24; ©!
Sand-B., Silberscharte, ***J. cyanoides*** (L.) Rchb.

— Stg. meist unverzweigt u. m. nur 1 Köpfchen; Köpfchen 3–5 cm ∅; Hüllblätt. spinnwebig-wollig, die äuß. zurückgebogen; Fr. schuppig-querrunzelig; Blätt. fiederspaltig od. ungeteilt; ↕10–80 cm; ♃. V–VI. – Trockenrasen, Felsfluren. – *s*, A: Bgl, NÖ; CZ (Mähren).
Spinnweben-B., ***J. mollis*** (L.) Rchb.

Klasea Cass. [*Serratula* L. p. p.], Zwitterscharte (Bearbeiter: Eckhard von Raab-Straube)

1. Stg. nur unten beblätt., m. 1 Köpfchen; Blätt. z. T. fiederspaltig, gesägt-gezähnt; Hülle z. Bltzt. 15–20 mm ∅; ↕ 25–100 cm; ♃. VI–VII. – Magerwiesen, Trockenrasen. – *s*, A: NÖ; CZ (Mähren). [*S. lycopifolia* (Vill.) A. Kern.] Wolfsfuß-Z., ***K. lycopifolia*** (Vill.) Á. Löve & D. Löve

— Stg. gleichm. beblätt., m. mehreren gestielten Köpfchen; Blätt. meist 5-zählig fiederteilig, gezähnt-gekerbt; Hülle z. Bltzt. 9–15 mm ∅; ↕ 30–70 cm; ♃. VIII –IX. – Ne. (Heimat: Kaukasus), *s* verwild.; A: NÖ (Wien). – Zierpfl. [*S. quinquefolia* Willd.]
Fünfblatt-Z., ***K. quinquefolia*** (Willd.) Greuter & Wagenitz

Lactuca L. [*Mulgedium* Cass., incl. *Cicerbita* Wallr. p. p.], Lattich, Salat
(Bearbeiter: Eckhard von Raab-Straube)

1. Blüten gelb 5
— Blüten blau, rötl.violett od. lila 2
2. Fr. deutl. geschnäbelt; Blätt. nicht m. verbreitertem Endlappen 4
— Fr. ungeschnäbelt; Blätt. leierf. fiederteilig, m. br. Endlappen 3
3. Pfl. kahl; Blätt. bläul.grün, tief fiederspaltig, m. mehreren Fiederpaaren; Blüten hellblau; ↕ 60–130 cm; ♃. VII–VIII. – Hochstaudenfluren. – *s*, D: Schw. (Feldberg); W-CH; F: Hoch-Vog. [*C. plumieri* (L.) Kirschl.; *M. plumieri* (L.) DC.] Französischer L., ***L. plumieri*** (L.) Gren. & Godr.
— Pfl. m. Blätt. u. Synfl. dicht borstig-drüsig behaart; Blätt. nur unterseits bläul.-grün, m. sehr großem herz- bis spießf. Endlappen u. max. 1 Paar kleiner Seitenlappen; Blüten lilarötl.;

↕ 60–180 cm; ♃. VII–VIII. – Kult. u. Ne. (Heimat: Kaukasus), in Parkanlagen; auch verwild.; z. B. D: BB, BW, BY, HE, MV, NRW, RP, SN, ST, TH; B; CH: Gr; CZ; F: Els. [*C. macrophylla* (Willd.) Wallr.; *M. macrophyllum* (Willd.) DC.] – Zierpfl. Großblättriger L., ***L. macrophylla*** (Willd.) A. Gray

4 (2). Blätt. m. geöhrtem Grund stg.umfassend, weich; Endabschnitt höchstens so lg. wie die lanzettl. Fiederzipfel; Fr. beiderseits 1-rippig; Fr.Schnabel so lg. wie die schwarze Fr.; Hüllblätt. nicht purpurn gefleckt; ↕ 20–60 cm; ♃. V–VII. – Trockenrasen, Felsfluren; auf Kalk. – *z–s*, D: BW, BY, HE, RP, SN, ST, TH; A: Kt, Ti; B; CH; CZ; F: Els; I: Bz. – Giftig! Blauer L., ***L. perennis*** L.

— Blätt. m. verschmälertem Grund sitzend, ungeteilt bis schrotsägef. fiederspaltig; Endabschnitt länger als die seitl. Zipfel; Fr. rundum längsfurchig; Fr.Schnabel viel kürzer als die braungrüne Fr.; Hüllblätt. purpurn gefleckt; ↕ 30–100 cm; ♃. VII–VIII. – Strandheiden, Dünen. – Ne. (Heimat: O-Eur., As.), eingeschleppt u. sich ausbreitend; D: *z* MV, NI, SH, *s* BB, SN, ST; *s* A: NÖ; CZ; NL (Insel Schiermonnikoog); *z* PL. [*M. tataricum* (L.) DC.] Tataren-L., ***L. tatarica*** (L.) C. A. Mey.

5 (1). Stg. hohl, grün od. rötl.; Fr.Schnabel halb so lg. wie die übrige Fr.; — Blätt. tief pfeilf. stg.-umfassend, fiederspaltig; Köpfchen vielblütig, in doldentraubigen Köpfchenständen; Fr. schwärzl.; ↕ 60–120 cm; ⊙. VI–IX. – Lichte Wälder, Gebüsche; auf Kalk. – *s*, D: BY (Schweinfurt), ST, TH, früher HE; *s* A: Bgl, NÖ; CZ. Eichen-L., ***L. quercina*** L.

— Stg. markig, weiß od. gelbl.weiß; Fr.Schnabel mind. so lg. wie die übrige Fr. **6**

6. Stg.Blätt. am weißen Stg. herablfd.; Köpfchen 5-blütig; — Blätt. fiederspaltig bis fiederteilig, stets m. lg. linealischem Endzipfel; Köpfchen an veräng., verzweigten, rutenf., aufr. absthd. Ästen; ↕ 30–60 cm; ⊙. VII–VIII. – Trockenrasen, Felsfluren. – *s*, A: Bgl, NÖ; CH: Vs; CZ; früher D: SN. Ruten-L., ***L. viminea*** (L.) J. Presl & C. Presl

— Stg.Blätt. nicht am Stg. herablfd., stg.umfassend; Köpfchen 10–16-blütig **7**

7. Salatpfl. (Anbau); Köpfchen klein, zahlr., in flachen schirmrispigen Köpfchenständen; — Grundblätt. rosettig (vielfach „kopfbildend"), frischgrün; Stg.Blätt. eif. bis rundl., ganzrandig, m. herzf. Grund stg.umfassend; kahl; ↕ 60–100 cm; ⊙–⊙. VII–VIII. – In zahlr. Sorten als Salatpfl. kult., *s* verwild. – Vermutl. in SW-As. aus *L. serriola* entstanden.

Garten-L., Grüner S., Garten-S., ***L. sativa*** L.

Verschiedene Kultursorten: Kopfsalat, Eisbergsalat [var. *capitata* L.]; Römischer Salat, Sommer-Endivie [var. *longifolia* Lam.]; Schnittsalat [var. *crispa* L.]

— Wildpfl.; Köpfchen in lockeren bis sparrigen rispenart. Köpfchenständen; — Blätt. unterseits auf dem Mittelnerv meist stachelig, m. pfeilf. Grund stg.umfassend; Blätt. ± bläul.grün **8**

8. Fr.Schnabel doppelt so lg. wie die Fr.; Fr. braun, 7–8 mm lg.; ob. Stg.Blätt. linealisch, ± ganzrandig, unt. u. Grundblätt. buchtig bis fiederspaltig m. schmal lanzettl. Zipfeln u. sehr lg., ungeteiltem Endabschnitt; — Köpfchen an rutenf. Ästen, insges. in schmaler rispenart. Synfl.; ↕ 30–60 cm; ⊙–⊙. VII–IX. – Trockenhänge, Wegränder, Ruderalstellen. – *s*, D: BW, RP, TH, früher BB, BY, HE, NI, ST; *s* A: Bgl, NÖ, Stm; B; CH; CZ, F: Els; SW-NL. Weiden-L., ***L. saligna*** L.

— Fr.Schnabel ± so lg. wie die Fr.; Fr. schwärzl., 2,5–3,5 mm lg.; auch die ob. Stg.Blätt. ± fiederspaltig **9**

9. Blätt. oft senkr. sthd. u. nach N u. S weisend („Kompasspfl."); grob buchtig gezähnt bis fiederteilig (*806/2, 806/3*); Stacheln auf der Mittelrippe länger als ihr Abstand (*806/4*); Fr. graubraun, rau, an der Spitze borstig; Hüllblätt. bunt, ungleich violett überlaufen; ↕ 60–120 cm; ⊙–⊙. VII–IX. – Wegränder, Ruderalstellen, Weinberge. – *v*, *z–s* im N u. Geb. [*L. scariola* L.]

Kompass-L., Stachel-L., ***L. serriola*** L.

— Blätt. m. ihrer Fläche waagr. sthd.; Stacheln auf der Mittelrippe kürzer als ihr Abstand (*806/1*); Fr. schwarz, kahl, schmal berandet; Hüllblätt. grün, m. weißl. Rand; — Pfl. m. widerl. Geruch; ↕ 50–150 cm; ⊙–⊙. VII–IX. – Ruderalstellen, Trockenrasen. – D: *z* RP, *s* BB, BW, BY, HE, MV, O-NI, NRW, SH, SN, ST, TH; *s* A: M-Stm; *z* SO B; *s* CH: Ts, Vd, Vs; CZ; FL; I: Bz; NL. – Giftig!

Gift-L., ***L. virosa*** L.

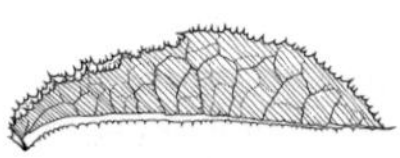

806/1

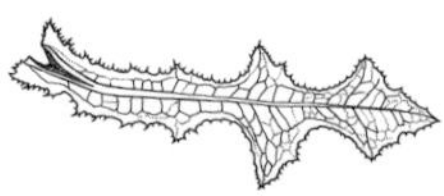

806/2

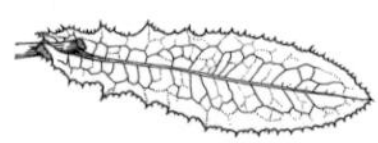

806/3

806/4

Lapsana L., Rainkohl (Bearbeiter: Eckhard von Raab-Straube)

Grundblätt. leierf. fiederspaltig, m. 1–2 Paar ± buchtig gezähnten Lappen; Endlappen groß, 3-eckig-eif.; Köpfchen zahlr., in lockeren rispenart. Köpfchenständen; Fr. ohne Pappus; ↕ 20–120 cm; ⊙–♃. V–IX. – Waldränder, Gebüsche, Gärten. – *v*, *z* im O. Gewöhnlicher R., ***L. communis*** L.

a. Köpfchen 7–12 mm ∅; Zungenblüten blassgelb, ≤ 1,5-mal so lg. wie die Hülle; ↕ 20–120 cm; ⊙. – *v*. Gewöhnlicher R. (i. e. S.), subsp. ***communis***

— Köpfchen ≈ 30 mm ∅; Zungenblüten goldgelb, 2–2,5-mal so lg. wie die Hülle; ↕ 25–100 cm; ⊙–♃. – *s*, A: NÖ (ob noch?), früher Vb; *s* F: Vog.; I: Bz; *s* eingebürg., D: NRW (Iserlohn); RP (Nahegebiet); CH; L; PL. [*L. intermedia* M. Bieb.] Mittlerer Gewöhnlicher R., subsp. ***intermedia*** (M. Bieb.) Hayek

Leontodon L. [excl. *Scorzoneroides* Moench], Leuenzahn (Bearbeiter: Eckhard von Raab-Straube)

1. Pappus der randl. Fr. ein zerschlitztes Krönchen bildend; Pappus der inn. Fr. 2-reihig, äuß. Pappus kürzer u. rau gezähnelt, inn. federig; Hüllblätt. schwarz berandet; — Blätt. lineal-lanzettl., seicht gezähnt od. schrotsägef., zerstreut behaart; Randblüten unterseits blaugrau überlaufen; Haare m. lg. Stiel u. 2 kurzen Gabelästen; ↕ 3–30 cm; ⊙–♃. VII–VIII. – Feuchte Wiesen, Parkrasen, Dünen. – *z* im N, nach S seltener; A; CH; CZ; SW-PL. [*Thrincia hirta* auct.; *L. taraxacoides* (Vill.) Mérat; *L. nudicaulis* subsp. *taraxacoides* (Vill.) Schinz & Thell.] Nickender L., Hundslattich, ***L. saxatilis*** Lam. (subsp. ***saxatilis***)

— Pappus aller Fr. aus lg. Borsten; Hüllblätt. nicht schwarz berandet 2

2. Stg. u. Blätt. grün, nicht graufilzig behaart; Blätt. grob gezähnt bis fiederspaltig; Stg. m. 0–2 Schuppenblätt. 4

— Stg. u. Blätt. von (3–)4-gabeligen Sternhaaren fast graufilzig (Lupe!); Blätt. ganzrandig od. entfernt seicht gezähnt; Stg. m. 2–4 pfrieml. Schuppenblätt. 3

3. Sternhaare 4–6-strahlig; inn. Hüllblätt. m. einfachen Haaren u. Sternhaaren; Pappus viel länger als die Fr.; ↕ 15–45 cm; ♃. V–VI. – Felsen, Trockenrasen; nur auf Kalk. – *v* Alp., *z* Vorland, D: BW, BY; F: Vog. Grauer L., ***L. incanus*** (L.) Schrank

— Sternhaare 2–3(–4)-strahlig; inn. Hüllblätt. kahl od. nur m. einfachen Haaren; Pappus ≈ so lg. wie die Fr.; — Blätt. weniger dicht behaart als bei *L. incanus*; ↕ 15–45 cm; ♃. IV–VI. – Felsen, Trockenrasen; nur auf Kalk. – *s*, CH: Ts. [*L. incanus* subsp. *tenuiflorus* (Gaudin) Schinz & R. Keller] Schmalköpfiger L., ***L. tenuiflorus*** (Gaudin) Rchb.

4 (2). Fr. behaart, 8–15 mm lg.; alle Pappusborsten gefied.; — Blätt. grob buchtig gezähnt bis fiederspaltig, beiderseits von gestielten Gabel- u. 3-teiligen Sternhaaren rau; Hülle 12–15 mm lg., kahl od. am Grund etwas kraushaarig; ↕ 10–30 cm; ♃. V–VII. – Trockenrasen, Felsen. – *s*, CH: Gr, Vs. Krauser L., ***L. crispus*** Vill.

— Fr. kahl, 4–8 mm lg.; äuß. Pappusborsten nicht gefied.; — Blätt. buchtig gezähnt od. tief fiederspaltig, m. verbreitertem Stiel, kahl od. m. 2–4-spaltigen Gabel- od. Sternhaaren; Hülle 12–17 mm lg., kahl bis weißl.-borstig behaart; ↕ 10–70 cm; ♃. VI–X. – Wiesen, Heiden, Moore. – *v*, im N *z*. Wiesen-L., Steifhaariger L., Rauer L., ***L. hispidus*** L.

a. Blätt. meist rauhaarig, selten kahl, etwas lederig derb, entfernt gezähnt bis fiederteilig; Schaft der meisten Gabelhaare 5–10-mal so lg. wie ihre Schenkel, diese ankerart. zurückgekrümmt; äuß. Zungenblüten unterseits rein gelb; ↕ 10–30 cm. – Steinschutt, Felsspalten; nur auf Kalk. – *z–s*, D: BY; A: Kt, OÖ, Sb, Stm, Ti; I: Bz. [*L. dubius* (Hoppe) Poir.] Zweifelhafter Wiesen-L., subsp. ***dubius*** (Hoppe) Pawłowska

— Blätt. behaart od. kahl, nicht rau, krautig; Schaft der meisten Gabelhaare 1–5-mal so lg. wie ihre Schenkel, diese aufr. bis waagr. absthd., aber nicht ankerart. zurückgekrümmt; äuß. Zungenblüten unterseits meist purpurn überlaufen .... b

b. Blätt. fiederteilig, meist kahl; Blattzipfel mehrfach länger als br.; Blattstiel u. Mittelnerv häufig rot überlaufen; ↕ 10–30 cm. – Steinschutt, Felsfluren; nur auf Kalk. – *v–z*, Alp., auch SchwAlb, HE. [*L. hyoseroides* subsp. *pseudocrispus* (Bisch.) Greuter; *L. hispidus* subsp. *hyoseroides* (Rchb.) Murr; *L. hyoseroides* Rchb.] Schlitzblättriger Wiesen-L., subsp. ***hyoseroides*** (Rchb.) Murr

— Blätt. entfernt gezähnt bis buchtig fiederspaltig, behaart od. kahl; Blattzipfel nicht od. wenig länger als br.; Blattstiel u. Mittelnerv meist grün; ↕ 10–80 cm. – Wiesen, Heiden, Moore. – *v* im S, *z–s* im N. [*L. hispidus* subsp. *opimus* (W. D. J. Koch) Finch & P. D. Sell; *L. hispidus* subsp. *hastilis* (L.) Corb.; *L. hispidus* subsp. *glabratus*, des. inval.] Wiesen-L. (i. e. S.), subsp. ***hispidus***

Leontopodium Cass., Edelweiß (Bearbeiter: Gerald Parolly)

Meist 5–6 Köpfchen in endst., von 5–13 lanzettl. Hochblätt. umgebenem Köpfchenstand; ganze Pfl. weißwollig-filzig; ↕ 3–20 cm; ♃. VII–IX. – Steinige Wiesen, Felsspalten; auf Kalk; (500–)1600–3200 m. – Alp., *s–z* D: BY (Allgäuer Alp., Karwendel, Berchtesgadener Alp.); *z* A (*f* Bgl, OÖ); CH; FL; I: Bz. ⓖ. [*L. alpinum* Cass.] Alpen-E., ***L. nivale*** subsp. ***alpinum*** (Cass.) Greuter

Leucanthemella Tzvelev [*Chrysanthemum* L. p. p.], Herbstmargerite (Bearbeiter: Robert Vogt)

Blätt. tief vorw. gesägt; Zungenblüten > 20, weiß od. rötl., 10–20 mm lg.; ↕ 40–150 cm; ♃. IX–X. – Ufer u. Röhrichte, Ruderalfluren. – Ne. (Heimat: SO-Eur.); *s* eingebürg., z. B. D: BW, BY (Bodensee), meist unbest., D: RP, SH, MV; A: Ti, Vb; CH; CZ; FL. – Zierpfl. [*C. serotinum* L.] Späte H., ***L. serotina*** (L.) Tzvelev

Leucanthemopsis (Giroux) Heywood [*Chrysanthemum* L. p. p.; *Leucanthemum* Mill. p. p.], Alpenmargerite (Bearbeiter: Robert Vogt)

Hüllblätt. m. schwarzbraunem Hautrand; ↕ 5–15 cm; ♃. VII–VIII. – Schneetälchen der Alp.; kalkmeidend. – *v* Silikat-Alp., *z* Kalk-Alp.; in D *s*; A: Kt, Sb, Stm, Ti, Vb; CH; FL; I: Bz. – Genaue Verbr. der Unterarten noch unklar, m. Überschneidung in den Rätischen Alp.; in den Allgäuer Alp. möglicherweise beide Unterarten. Formenreich. [*C. alpinum* L.] Alpenmargerite, ***L. alpina*** (L.) Heywood

a. Fiedern der Grundblätt. > doppelt so lg. wie der unzerteilte Teil des Blatts. – *z*, W- u. Z-Alp. [incl. *Leucanthemum alpinum* var. *hutchinsiifolium* Murr] Westliche A., subsp. ***alpina***

— Fiedern der Grundblätt. < doppelt so lg. wie der unzerteilte Teil des Blatts. – *z*, O-Alp. [*Leucanthemum alpinum* var. *cuneifolium* Murr] Östliche A., subsp. ***cuneifolia*** (Murr) Tomasello & Oberpr.

Leucanthemum Mill. [*Chrysanthemum* L. p. p.], Margerite (Bearbeiter: Robert Vogt)

1. Fr. der Röhrenblüten oben abgerundet, ohne Pappus; Pappus der Zungenblüten fehlend od. als schiefes Krönchen; — ob. Blätt. kürzer als die Stg.Glieder; Pfl. 20–100 cm hoch, in Wiesen 4

— Fr. der Röhrenblüten u. Zungenblüten m. deutl. krönchenart. Pappus (ähnl. *753/1*); — Grund- u. Stg.Blätt. gleichm. grob u. tief gesägt; Pfl. 10–40 cm hoch, auf steinig-felsigen Substraten 2

2. Zähne der mittl. Stg.Blätt. 3-eckig, gerade nach vorn gerichtet; ↕ (10–)20–40 cm; ♃. VI–IX. – Ruhender Steinschutt, Felsfluren; auf Kalk; 1400–2900 m, *s* tiefer. – *v* Alp., *s* Flusstäler; *z*, nur A: NÖ, OÖ, Stm. [*C. atratum* Jacq.] Schwarzrandige M., ***L. atratum*** (Jacq.) DC.

— Zähne der mittl. Stg.Blätt. lanzettl. bis linealisch, absthd. bis zurückgebogen 3

3. Mittl. Stg.Blätt. linealisch, ohne die Zähne ≈ 2 mm br.; ↕ 5–20 cm; ♃. VII–IX. – Subalp. u. alp. Kalkgrus- u. -felsfluren. – *s*, nur A: S-Kt (Steiner Alp.). [*C. atratum* subsp. *lithopolitanicum* E. Mayer; *L. atratum* subsp. *lithopolitanicum* (E. Mayer) Horvatić] Steineralpen-M., ***L. lithopolitanicum*** (E. Mayer) Polatschek

— Mittl. Stg.Blätt. lanzettl., ohne die Zähne > 2 mm br.; ↕ 10–20 cm; ♃. VII–VIII. – Steinschutt. – *z*, Alp., D: BY; A: NW-Kt, Sb, N-Ti, Vb; CH: Gr, Ts, Vs; FL. [*L. atratum* subsp. *halleri* (Vitman) Heywood] Haller-M., ***L. halleri*** (Vitman) Ducommun

4 (1). Mittl. Stg.Blätt. im vord. Drittel am breitesten 6

— Mittl. Stg.Blätt. nahe der Mitte am breitesten 5

5. Grundst. Blätt. gekerbt bis fast ganzrandig; Stg. im ob. Drittel ohne Blätt.; Hüllblätt. meist schwarzbraun berandet; — Stg. einfach, meist m. nur 1 Köpfchen; ↕ 20–60 cm; ♃. VI–VIII. Berg-M., ***L. adustum*** (W. D. J. Koch) Gremli

a. Stg. im unt. Teil behaart. – Felsfluren. – *z*, Alp., D: BW, BY; A: N-Ti, Vb, CH: Gr, Jura, Ts, Vs; FL; I: Bz. Westliche Berg-M., subsp. ***adustum***

— Stg. kahl. – Schwarzkiefernwälder. – *s*, A: NÖ, Stm; CZ; PL. Östliche Berg-M., subsp. ***margaritae*** (Jáv.) Holub

— Grundst. Blätt. gesägt; Stg. fast bis oben beblätt.; Hüllblätt. hellbraun berandet; ↕ 30–50 cm; ♃. VII–IX. – Magerrasen. – *z*, S-Alp., A: Kt; CH: Gr, Ts; I: Bz. Verschiedenblättrige M., ***L. heterophyllum*** (Willd.) DC.

6 (4). Rosettenblätt. bis 3 cm lg. (selten etwas mehr);— Stg. stets unverzweigt; Rosettenblätt. fleischig; Hautrand der Hüllblätt. dk.- bis schwarzbraun; ↕ (10–)20–30 cm; ♃. VI–VIII. – Alp.

Rasen. – *z*, A: Kt, OÖ, Sb, Stm; I: Bz. [*C. alpicola* (Gremli) Hess et al.]
Gebirgs-M., ***L. gaudinii*** Dalla Torre (subsp. ***gaudinii***)

— Rosettenblätt. meist > 3,5 cm lg.; Stg. verzweigt od. unverzweigt **7**

7. Spr. der mittl. Stg.Blätt. zum Grund hin wenig verschmälert; unt. Zähne meist kürzer als die Breite der Spr.; ↕ 25–75 cm; ♃. V–IX(–X). – Fettwiesen. – *v*.
Gewöhnliche M., Wiesen-M., ***L. ircutianum*** DC.

— Spr. der mittl. Stg.Blätt. zum Grund hin deutl. verschmälert; unt. Zähne länger als die Breite der Spr.; — Stg. meist kahl; ↕ 20–80 cm; ♃. V–X. – Trockene Wiesen. – *z*. [*L. praecox* (Horvatić) Villard; *C. leucanthemum* L.] Kleine Wiesen-M., ***L. vulgare*** Lam.

Mit dieser Gruppe nahe verwandt ist die Garten-M., ***L. maximum*** (Ramond) DC. [*C. maximum* Ramond], m. Köpfchen > 7 cm ∅; Blätt. scharf u. gleichm. gesägt; ↕ 30–100 cm. – Kult. (Heimat: Pyrenäen). – Zierpfl.; hierher die meisten kult. Gartenmargeriten, auch Hybriden m. ***L. lacustre*** (Brot.) Samp. [= *L. × superbum* (Ingram) Kent].

Ligularia Cass., Goldkolben (Bearbeiter: Gerald Parolly)

1. Köpfchenstand nicht veräng., schirmtrauben- od. schirmrispenart., m. 3–10 Köpfchen; Zungenblüten orangegelb; — Hüllblätt. 11–13; Grundblätt. lg. gestielt, ihre Spr. unzerteilt, nierenf., stumpf, m. br. Bucht, ≈ 15–32 × 20–40 cm, m. br. bespitzen Sägezähnen; Zungenblüten 9–15, 25–40 mm lg.; Röhrenblüten braungelb; Fr. 8–18 mm lg., ihr Pappus rötl., so lg. wie od. wenig kürzer als Fr.; ↕ 70–120 cm; ♃. VIII–IX. – Parkanlagen, Feuchtwiesen, Bach-, Teich- u. feuchte Waldränder. – Ne. (Heimat: O-As.), sehr *s* u. nur sehr lokal aus Gärten verwild., dort aber best.; z. B. A: NÖ; in D: BW, BY, TH noch unbest. – Zierpfl.
Gezähnter G., Japan-G., ***L. dentata*** (A. Gray) Hara

— Köpfchenstand veräng., trauben- od. ährenart., m. > 15 Köpfchen; Zungenblüten gelb; — Stg. braunrot überlaufen **2**

2. Grundblattspr. handf. zerteilt, im Umriss eif., die 4–7 Abschnitte grob u. scharf gezähnt bis gespalten; Köpfchenstand m. 40–100 sehr kurz gestielten Köpfchen; Hülle schmal zylindr., 7–11 × 2–3 mm, aus (3–)4–6–5(–7) Hüllblatt.; Zungenblüten pro Köpfchen (1–)2–3 [wenn Hülle < 2 mm br., vgl. *Sinacalia*, S. 824, m. fiederschnittigen Blattspr.]; Pappus kürzer als Fr., ≈ 4 mm lg., purpurbraun; — Röhrenblüten (2–)3(–4); Zungenblüten bis 17 mm lg.; Blattspr. ≈ 18(–30) × 4,5–12 cm; Fr. 5–7 mm lg., braun; ↕ 80–150(–200) cm; ♃. VIII–IX. – Parkanlagen, Feuchtwiesen, Bach-, Teich- u. feuchte Waldränder. – Ne. (Heimat: NW-China), sehr *s* u. nur sehr lokal aus Gärten verwild., dort aber in Einbürg./eingebürg.; z. B. D: BY (Grainau); A: Kt, Sb, Stm, Ti. – Zierpfl. Przewalski-G., Kerzen-G., ***L. przewalskii*** (Maxim.) Diels

— Grundblattspr. unzerteilt, im Umriss eif. herz- od. eif.-pfeilf., scharf gezähnt; Köpfchenstand m. 20–40 kurz gestielten Köpfchen; Hülle walzenf., (12–)15–20 × 8–15 mm, aus 8–10 Hüllblätt.; Zungenblüten pro Köpfchen 8–10; Pappus länger als Fr., ≈ 7 mm lg., bräunl.weiß; — Röhrenblüten > 5; Zungenblüten 15–20 mm lg.; Blattspr. 10–15(–18) × 8–12(–17) cm; Fr. ≈ 4–6 mm, gelbbraun; ↕ 50–200 cm; ♃. VII–VIII. – Flachmoore. – Sehr *s*, A: NÖ (bei Berndorf); CZ (dort wohl als Glazialrelikt); andernorts nur Ne; Hauptverbr.: O-u. SW-Eur., Kaukasus, As. FFH24.
Sibirischer G., ***L. sibirica*** (L.) Cass.

Weitere, teilw. unbest. verwild. asiat. Arten in Kultur, auch Hybriden.

Limbarda Adans., Salzalant [*Inula* L. p. p.] (Bearbeiter: Gerald Parolly)

Pfl. halbstrauchig, kahl; Stg. steif aufr. bis aufstgd., wenig verzweigt, basal verholzt, unterh. der Köpfchen etwas verdickt; Blätt. fleischig, im ∅ rund bis kantig, sitzend, 20–40 mm lg., absthd., lineal bis verkehrt eilanzettl., teilw. nadelf., ihre Spitze ganzrandig od. 3-zähnig; Köpfchen 1,5–3 cm ∅, einzeln od. in lockerer schirmrispiger Synfl.; Zungenblüten gelb, waagr. bis umgebogen, 15–25 mm lg., ≈ 2-mal so lg. wie die Hülle; Fr. behaart, rippig, Pappusborsten frei, grau bis hellbraun; ↕ 30–60 cm; ♄. VII–IX. – Küstennahe Salz-StO. – Aus dem W kommend (Heimat: MMG, britische Atlantikküste) sich ausbreitend; sehr *s* lokal eingebürg.; *s*, D: SH (Helgoland); NL (ob schon B?). [*I. crithmoides* L.]
Eigentlicher S., ***L. crithmoides*** (L.) Dumort. (subsp. ***crithmoides***)

Matricaria L. [*Chamomilla* Gray], Kamille (Bearbeiter: Robert Vogt)

1. Zungenblüten fehlend; Röhrenblüten grünl.gelb, 4-zähnig; — Pfl. stark duftend; ↕ 5–40 cm; ⊙. VI–VIII. – Ruderalstellen, Trittstellen. – Vollst. eingebürg. (Heimat: NO-As.); *v*. [*M. matricarioides* auct. non (Less.) Porter; *M. suaveolens* (Pursh) Buchenau non L.; *C. suaveolens* (Pursh) Rydb.] Strahlenlose K., ***M. discoidea*** DC.

— Zungenblüten meist vorhanden, zuletzt zurückgeschlagen, weiß; Röhrenblüten goldgelb, 5-zähnig; — Köpfchenboden kegelf., hohl (Längsschnitt!); Pfl. m. starkem Kamillengeruch; ↕ 15–40 cm; ⊙. V–IX. – Äcker, Weg- u. Straßenränder. – *v*. [*M. recutita* L.; *C. recutita* (L.) Rauschert] Echte K., ***M. chamomilla*** L.

Mauranthemum Vogt & Oberpr. [*Chrysanthemum* L. p. p.; *Leucanthemum* Mill. p. p.], Zwergmargerite (Bearbeiter: Robert Vogt)

Pfl. 5–20 cm hoch, kahl, buschig verzweigt; mittl. Stg.Blätt. bis zum Grund gezähnt od. fiederteilig, oft m. stg.umfassenden Basalfiedern; Zungenblüten weiß, m. gelbl. Grund; Pappus der Zungenblüten als Krönchen; ↕ 5–20 cm; ⊙. III–VI. – Kult u. Ne. (Heimat: Spanien, N-Afr.), *s* verwild.; D: BB, BW, BY, HE, NRW (Köln); A: NÖ, OTi, Stm; B; I: Bz; NL. – Zierpfl. [*L. paludosum* (Poir.) Pomel; *C. paludosum* Poir.] Sumpf-Z., ***M. paludosum*** (Poir.) Vogt & Oberpr.

Mycelis Cass., Mauerlattich (Bearbeiter: Eckhard von Raab-Straube)

Die Aufrechterhaltung der Gattung *Mycelis* ist als vorläufig zu betrachten.

Blätt. m. geflüg., stg.umfassenden Stiel, leierf. fiederspaltig, m. eckigen, gezähnten Seitenlappen u. großem Endabschnitt; Köpfchen 5-blütig; ↕ 40–80 cm; ♃. VII–IX. – Feuchte Wälder, Felsen, Mauern. – *v*, *z* im NW. [*Lactuca muralis* (L.) G. Gaertn.; *Cicerbita muralis* (L.) Wallr.] Mauerlattich, ***M. muralis*** (L.) Dumort.

Omalotheca Cass. [*Gnaphalium* L. p. p.], Ruhrkraut (Bearbeiter: Gerald Parolly)

1. Köpfchenstand kurz ährenart., nur am Ährengrund einzelne Blätt. sichtbar; Köpfchen 2–6 (–10?); Pappushaare frei, nicht verwachsen; — Blätt. beiderseits ± dicht filzig behaart; Pfl. 2–12 cm hoch; Gebirgspfl. 3

— Köpfchenstand lg., ährenf. traubenart., fast auf der ganzen Länge m. gut sichtbaren Blätt. durchsetzt; Köpfchen zahlr. (≥ 10); Pappushaare am Grund zu einem Ring verwachsen; — Blätt. nur unterseits ± dicht filzig behaart; Pfl. 10–80 cm hoch 2

2. Stg.Blätt. 1-nervig, oberseits kahl od. fast kahl; mittl. Stg.Blätt. kürzer als die unt.; Köpfchen zu (1–)3–5(–7) in meist zahlr. Knäueln, einen endst., veräng. ähren- od. traubenart. Köpfchenstand bildend (*755/6*), dieser mind. ein Drittel so lg. wie der Stg.; Hüllblätt. hell hautrandig, m. brauner Spitze; — längste Blätt. bis 7 cm lg. u. 7 mm br.; ↕ 10–80 cm; ♃. VII–IX. – Wälder, Magerrasen, Heiden. – *v*, im NW *z*. [*G. sylvaticum* L.] Wald-R., ***O. sylvatica*** (L.) Sch. Bip. & F. W. Schultz

— Stg.Blätt. 3-nervig, oberseits seidig-wollig; mittl. Stg.Blätt. nicht kürzer als die unt.; Köpfchen zu 1–3 in Knäueln, einen dichten ährenart. Köpfchenstand bildend, dieser höchstens ein Viertel so lg. wie der Stg.; Hüllblätt. br. schwarzbraun hautrandig; — längste Blätt. bis 15 cm lg. u 20 mm br.; Grundblätt. z. Bltzt. meist vertrocknet; ↕ 10–30 cm; ♃. VII–IX. – Subalp. Magerrasen u. Wegränder; kalkmeidend; 1300–2800 m. – *v–z* Alp.; *s* Vog.; Schw.; CZ. [*G. norvegicum* Gunnerus] Norwegisches R., ***O. norvegica*** (Gunnerus) Sch. Bip. & F. W. Schultz

3 (1). Hülle z. Frzt. sternf. ausgebr.; Hüllblätt. 2-reihig, längl. ellipt., zugespitzt, braunhäutig; Blätt. beiderseits dünn seidig-wollig bis filzig, 1–2 mm br., 1–2 cm lg.; ↕ 2–8(–10) cm; ♃. VI–IX. – Steinige Magerrasen, Steinschutt, Schneeböden; kalkmeidend; 1200–3300 m. – *v* Alp., *s* Schw. (Feldberg), Iser- u. Riesengeb. [*G. supinum* L.] Zwerg-R., ***O. supina*** (L.) DC. (subsp. ***supina***)

— Hülle z. Frzt. glockig ausgebr.; Hüllblätt. dachziegelig, br. ellipt., zugespitzt, br. braunschwarz berandet; Blätt. oberseits schwächer, unterseits dichter grauweiß filzig, 2–4 mm br., bis 5 cm lg.; ↕ 5–10 cm; ♃. VII–VIII. – Steinige Magerrasen, Schneeböden; auf Kalk; 1600–3000 m. – *z* Alp. [*G. hoppeanum* W. D. J. Koch]
Alpen-R., ***O. hoppeana*** (W. D. J. Koch) Sch. Bip. & F. W. Schultz

Onopordum L., Eselsdistel (Bearbeiter: Gerald Parolly)

Blätt. ungleich buchtig-dornig-gelappt; Köpfchen einzeln, 3–5 cm lg.; Pappus rötl.; ohne Spreublätt.; ↕ bis > 200 cm; ⊙. VII–IX. – Wegränder, unbebaute Plätze. – *z–s*, stellenw. *f*, vielfach verschwunden.
Gewöhnliche E., ***O. acanthium*** L. (subsp. ***acanthium***)

Pentanema Cass., Fadenalant [*Inula* L. p. max. p.] (Bearbeiter: Gerald Parolly)

Pentanema in der Umschreibung von Gutiérrez-Larruscain et al. (2018) umfasst die meisten der bisher der Gattung *Inula*/Alant zugeordneten Arten (vgl. *Inula*). Diese Erweiterung verlangt die Schaffung eines deutschen Büchernamens für *Pentanema* (bislang gebietsfremd); in Anlehnung an den wissenschaftl. Namen u. unter Bezugnahme auf den bisherigen schlagen wir hier die Bezeichnung Fadenalant vor.

1. Zungenblüten fehlend od. scheinbar fehlend, da m. sehr kurzer, kaum sichtbarer, schmutziggelber Zunge, diese die Hülle nicht (ganz selten: kaum) überragend; —Stg. meist purpurbraun, nur oberw. verzweigt; Blätt. eif. bis ellipt., die mittl. u. unt. gestielt; Rosettenblätt. runzelig; Hülle 7–9 mm br.; Röhrenblüten bräunl.; ↕ 40–80 cm; ⊙–♃. VII–IX. – Trockenrasen, Waldränder. – *v–z* im S, nördl. bis NL/Osnabrück/Hannover/Lausitz/PL, sonst nur Rügen, DK. [*I. vulgaris* Lam., nom. illeg.; *Conyza squarrosa* L.; *I. conyzae* (Griess.) DC.; *P. conyzae* (Griess.) D. Gut.Larr. & al.] Dürrwurz, ***P. squarrosum*** (L.) D. Gut.Larr. & al.
— Zungenblüten stets vorhanden, goldgelb u. meist deutl. länger als die Hülle 2

2. Inn. Hüllblätt. an der Spitze verbreitert, spatelig od. trapezf., äuß. fast laubblattart., (6–)8–10 mm br.; Pappusborsten 50–80 (meist ≈ 65); — Grund- u. unt. Stg.Blatt. 5–25(–30) cm br.; Köpfchen > 50 mm ∅; Fr. 3–4(–5) mm lg.; Pfl. meist > 1 m hoch .... ***Inula*** L., S. 804

Die folg. Sippe erinnert durch die großen Köpfchen u. die br. Blätt. an *Inula* s. str.: Pfl. oberw. braunhaarig u. drüsig behaart; Stg. aufr., dicht beblätt., m. 1(–2) Köpfchen, diese 5–9 cm ∅; Blätt. lanzettl., halb stg.umfassend, 5–12(–25) × 1,5–4(–6) cm; Fr. 2–2,5 mm lg.; Pappus bräunl., 30–35-strahlig, rau; ↕ 40–60 cm; ♃. VI–VII. – Parkanlagen, feuchte Ruderalfluren. – Ne. (Heimat: Kaukasus); *s.* u. sehr lokal verwild.; ob D: BW? – Zierpfl. [*I. orientalis* Lam.; incl. *I. grandiflora* Willd.?] Orient-F., Kolchischer F., ***P. orientale*** (Lam.) D. Gut.Larr. & al.

— Inn. Hüllblätt. lanzettl. od. linealisch, äuß. ≤ 4,5 mm br.; Pappusborsten < 45; — Grund- u. unt. Stg.Blätt. meist< 4 cm br.; Köpfchen < 50 mm ∅; Fr. 0,5–3 mm lg.; Pf. meist < 1 m hoch 3

3. Zungenblüten nur etwas (1–3 mm) länger als die Hülle; Köpfchen 7–11 mm ∅; — Zungenblüten linealisch; Stg.Blätt. m. br. herzf., stg.umfassendem Grund sitzend, 1,5–2,5(–3,0) cm br., unterseits dichter, oberseits locker lg.haarig; beiderseits dicht m. sitzenden Drüsen; Fr. kahl; ↕ 30–60(–80) cm; ♃. VII–VIII. – Trockenrasen, buschige Abhänge. – D: *z* BY: Unterfranken (Sulzheim, mittl. Maintal b. Retzbach u. Thüngersheim), SW- u. M-HE, RP: Rheinhessen, Vorderpfalz, TH/Harz bis BB, *s* O-BB (b. Eberswalde); *z* A: Bgl, NÖ; CZ. ⓖ. [*I. germanica* L.]
Deutscher F., ***P. germanicum*** (L.) D. Gut.Larr. & al.
— Zungenblüten viel länger als die Hülle; Köpfchen 20–50 mm ∅ 4

4. Ob. Stg.Blätt. m. herzf. Grund halb stg.umfassend 8
— Ob. Stg.Blätt. m. verschmälertem od. abgerundetem Grund sitzend, aber nicht stg.umfassend 5

5. Stg.Blätt. lineal-lanzettl., nur 0,3–0,6 cm br., kahl, am Rand rau od. m. Wimperhaaren; — Stg. meist nur m. 1 Köpfchen; ↕ 10–40(–50) cm; ♃. VII–VIII. – Trockenrasen, trockene Gebüsche. – *s*, A: Bgl, Kt, NÖ, früher OÖ; *s* CZ; ehem. D: BY (unt. Isar b. Moos); in BW unbest. [*I. ensifolia* L.] Schwertblättriger F., ***P. ensifolium*** (L.) D. Gut.Larr. & al.
— Stg.Blätt. > (0,8–)1,2 cm br., auf der Fläche behaart 6

6. Stg. absthd. steifhaarig; Köpfchen meist einzeln, — 30–50 mm ∅; Blätt. beiderseits ± rauhaarig bis kahl; Stg.Blätt. meist 4–6 cm × (0,8–)1,0–1,5(–2,0) cm; Fr. kahl; ↕ 15–45 cm; ♃.

VI–X. – Trockenrasen, lichte Wälder, Gebüsche; auf Kalk. – *z–s* im mittl. u. südl. Gebiet, nördl. bis D: NI, MV, BB; in B; NL nur adventiv. [*I. hirta* L.]

Behaarter F., ***P. hirtum*** (L.) D. Gut.Larr. & al.

— Stg. nicht absthd. behaart (Haare ≈ 1–2 mm lg.), höchstens behaart od. fast kahl; Köpfchen zu mehreren doldenart. angeordnet 7

7. Blätt. oberseits behaart (zuw. wenig auffällig), unterseits angedrückt graufilzig behaart; Fr. oben m. wenigen Haaren; — Köpfchen 20–30 mm ∅; Pfl. aromat. riechend; ↕ 30–60(–150) cm; ♃. VII–IX. – Moorwiesen, Auenwälder. – *s*, nur südl. Oberrhein u. CH. [*I. vaillantii* (All.) Vill.; *I. helvetica* Weber] Schweizer F., ***P. helveticum*** (Weber) D. Gut.Larr. & al.

— Blätt. oberseits kahl od. fast kahl, unterseits kurzborstig behaart od. kahl; Fr. kahl; — Köpfchen 25–30 mm ∅; Blätt. m. deutl. Nervennetz; äuß. Hüllblätt. m. grüner 3-eckiger Spitze, diese anlgd. od. absthd.; ↕ 30–60(–80) cm; ♃. VII–VIII. – Felsige Abhänge. – *s*, einheim. nur CH: S-Ts; sonst unbest. u. Ne., z. B. D: RP; B; NL. [*I. squarrosa* L.; *I. spiraeifolia* L.]

Sparriger F., ***P. spiraeifolium*** (L.) D. Gut.Larr. & al.

8 (4). Stg. u. Blätt. fast kahl; — Blätt. nur halb stg.umfassend; äuß. Hüllblätt. kürzer als die inn.; Fr. kahl; ↕ 25–60(–80) cm; ♃. VI–X. – Trockenrasen, Waldränder, Sumpfwiesen, Flussufer. – *v–z* im S, SO-NI u. im N ab MV östl., sonst *s*. Artengruppe Weidenblättriger F., ***P. salicinum*** agg.

a. Blätt. kahl od. fast kahl, ganzrandig od. entfernt gezähnt; Stg. oben kahl. VII–VIII(–X). – Verbr. u. StO wie Art; *v–z*. [*I. salicina* subsp. *salicina; I. salicina* L.] Weidenblättriger F., ***P. salicinum*** (L.) D. Gut.Larr. & al.

— Blätt. unterseits auf den Nerven behaart, fein gezähnt; Stg. oben locker behaart. VII–VIII(–IX). – Trockenrasen, Waldränder. – *s*, CZ (Mähren); v. a. S- u. SO-Eur. [*I. aspera* Poir.; *I. salicina* subsp. *aspera* (Poir.) Hayek; *P. salicinum* subsp. *asperum* (Poir.) Mosyakin] Rauer F., ***P. asperum*** (Poir.) G. V. Boiko & Korniy.

— Stg. u. Blätt. stärker behaart 9

9. Äuß. Hüllblätt. absthd. od. zurückgebogen, 7–12 × 0,5–0,8 mm; inn. Hüllblätt. 5–8 mm lg.; Hülle 7–9 mm lg.; Blätt. bes. unterseits dicht behaart; Stg.Blätt. meist länger als die Internodien; ↕ 20–60 cm; ♃. VI–IX. – Feuchte Wiesen, Flussufer. – *z* in Stromtälern, bes. Rhein, Weser, Elbe, im O häufiger, sonst *s*. [*I. britannica* L.]

Wiesen-F., Bretonischer F., ***P. britannicum*** (L.) D. Gut.Larr. & al.

— Äuß. Hüllblätt. aufr., 5–7 mm lg. u. ≈ 1 mm br.; inn. Hüllblätt. 10–12 mm lg.; Hülle 10–15 mm lg.; Blätt. seidig-filzig; ob. Stg.Blätt. oft kürzer als die Internodien; Blüten gold- bis orangegelb; ↕ (15–)20–50(–60) cm; ♃. VI–VIII. – Trockenrasen, Waldränder. – *s*, A: Bgl, NÖ; CZ; in D: BW unbest. verwild. [*I. oculus-christi* L.] Christusauge, ***P. oculus-christi*** (L.) D. Gut.Larr. & al.

Auch intermediäre, in den Merkmalen zw. den Elternarten sthd. stabilsierte Hybriden (Nothospecies) wie z. B.: Straffer F., ***P. doellianum*** Rottenst. [*I. rigida* Döll; *P. salicina* × *hirta*], *s* in Trockenrasen in D: BB, BW, BY, RP u. TH; Halbstängelumfassender F., ***P. semiamplexicaule*** (Reut.) Seregin [*I. semiamplexicaulis* Reut.; *P. helveticum* × *P. salicinum*], *s* D: BW; Steifer F., ***P. strictum*** (Tausch) Seregin [*I. stricta* Tausch; *P. ensifolium* × *P. salicinum*], *s* D: BW; Mittlerer F., ***P. medium*** (M. Bieb.) G. V. Boiko & Korniy. [*I.* × *media* M. Bieb.; *P. germanicum* × *P. salicinum*], *s* D: BY, RP, ST, TH.

Im Gebiet werden weitere, häufig bestimmungskritische Taxa aus dem MMG kult., die regional unbest. verwild. können.

Petasites Mill., Pestwurz (Bearbeiter: Gerald Parolly)

Für die im Gebiet heim. Arten, bei denen z. Bltzt. oft die Blätt. noch nicht (voll) entwickelt sind, wird eine Art Vorschlüssel für blhd. Pfl. (in Anlehnung an Wagenitz in Hegi 1987) angeboten. – Köpfchen 2-häusig-vielgeschl.: Androdynam. (funktionell „♂ Pfl.") m. zahlr. Scheinzwitterblüten m. röhrig-glockiger, 5-zähniger Krone u. m. 1–3(–5) sterilen od. ganz fehlenden randst. ♀ Blüten m. engröhriger, schief gestutzter Krone; gynodynam. Pfl. („♀ Pfl.") m. wenigen Scheinzwitterblüten in der Mitte u. zahlr. ♀ Blüten am Rand.

1. Voll entwickelte (Sommer)Blätt. vorhanden 6

— (Sommer)Blätt. fehlend od. kaum entwickelt; Pfl. blhd. 2

2. Gr.Schenkel der ⚥ Blüten verläng., lanzettl., zugespitzt 4

— Gr.Schenkel der ⚥ Blüten kurz, eif. 3

3. Stg.Schuppen (Hochblätt.) rötl.; Äste des Köpfchenstands einfach; Blüten rötl.

***P. hybridus*, s. Nr. 8**

— Stg.Schuppen bleich; Äste des Köpfchenstands der ♂ Pfl. (scheinzwittr., androdynam. Pfl.) verzweigt; Blüten schmutzig-weiß bis hellgelb .... ***P. spurius*, s. Nr. 10**

4. Stg.Schuppen bleich; Rand der Hüllblätt. weißl.; Blüten weißl. od. gelb — Hüllblätt. drüsenhaarig **5**

— Stg.Schuppen rot überlaufen; Rand der Hüllblätt. grünl.; Blüten rötl. od. rötl.weiß; — Hüllblätt. m. kurzen u. dicken Drüsenhaaren .... ***P. paradoxus*, s. Nr. 9**

5. Köpfchenstand dicht, halbkugelig od. nur wenig gewölbt; Drüsenhaare der Hüllblätt. lg. u. geglied. (od. Hülle fast kahl bei *P. japonicus*); — Blüten weißl.gelb .... ***P. albus*, s. Nr. 8—**

— Köpfchenstand locker, eif. od. eiländgl.; Drüsenhaare der Hüllblätt. kurz u. dick; — Blüten gelbl.-weiß, selten gelb; nur in den Sudeten .... ***P. kablikianus*, s. Nr. 10—**

6. Spr. im Umriss 3-eckig-herzf., unterseits dicht weißfilzig **9**

— Spr. im Umriss rund od. rundl., m. tiefherzf. Blattbuchten, unterseits höchstens graufilzig .. **7**

7. Spr. beiderseits grün, nierenf.-herzf., ihr Rand regelm. fein gezähnt; Randblüten kurz zungenf.; Köpfchenstände zus. m. Grundblätt. erscheinend, — stets ♂, gedrängt, m. höchstens 10 Köpfchen; Blüten weiß-rosa, nach Vanille duftend; ↕ 10–60 cm; ♃. I–IV. – Schattige Gebüsche. – Ne. (Heimat: MMG); lokal eingebürg.; *s*, B; CH: Ts; DK; I: Bz; in D. unbest in BW, BY. – Zierpfl. [*P. fragrans* (Vill.) C. Presl] Vanille-P., Duft-P., ***P. pyrenaicus*** (L.) G. López

— Spr. zumind. jung unterseits graufilzig, im Umriss rund od. rundl.-nierenf. (selten nierenf.), ungeregelm. gezähnt u. durch größere vorspringende Zähne im Umriss eckig wirkend; Randblüten röhrenf.; Köpfchenstände vor den Grundblätt. erscheinend, — ♂ od. ♀ **8**

8. Blüten rötl.; Blattspr. am Grund m. abgerundeten Lappen, die sich über den Blattstiel hinweg (fast) berühren, am Rand regelm. scharf (doppelt) gezähnt, unterseits graufilzig, später ± verkahlend; Blattstiel oberseits tief eng gefurcht (rinnig); — Blattspr. bis 100 × 60 cm; ↕ 15–120 cm; ♃. III–V. – Bachufer, feuchte Waldränder. – *v* u. truppweise, *z* im N (Archäophyt). – Schwach giftig! [*P. officinalis* Moench, nom. illeg.]
Gewöhnliche P., ***P. hybridus*** (L.) G. Gaertn. et al.

— Blüten gelbl.weiß; Blattspr. am Grund m. Lappen, die die Blattbucht freilassen, grob doppelt gezähnt, m. deutl. stachelspitzigen Zähnchen, unterseits (hell)grau; Blattstiel oberseits seicht u. br. gefurcht, — seitl. zus.gedrückt, Blattspr. bis 100 × 20–40 cm; ↕ 10–80 cm; ♃. III. – Feuchte, quellige Orte, Bäche, Bergwälder. – *v* Alp., Voralp., Mittelgeb. (Schweizer Jura, Vog., Schw., SchwAlb, Bayr/Böhmw., Sauerland, Harz; CZ), RP u. HE fast *f*, nördl. bis S-B/Eifel/Braunschweig/O-SH/DK, sonst *s*–*f* im N. Weiße P., ***P. albus*** (L.) Gaertn.

Ähnl. ist die Japan-P., Asiatische P., ***P. japonicus*** (Siebold & Zucc.) Maxim., aber: Stg.Schuppen 15–25(–40), br. linealisch (bei *P. albus* 8–15, eif.-lanzettl.); Blattstielfurche flügelig berandet (vs. ungeflüg.); Spr. nierenf. (vs. rundl.-nierenf.), am Rand einfach gezähnt, m. br. Blattbucht (vs. schmal), — Spr. meist deutl. größer, (20–)40–60(–100) cm br.; ↕ 60–100(–200) cm; ♃. III–V. – Parkanlagen, feuchte Bachtäler, schattige Wälder. – Ne. (Heimat: O-As.), *s* verwild.; in D: BY, NRW, SH, SN; B u. DK regional in Einbürg. od. unbest. in HE, NI; *s*, CZ; NL. – Zierpfl.

9 (6). Blüten rötl.; — Blattspr. bis ≈ 20 cm br., meist so lg. wie br.; ↕ 15–60 cm; ♃. III–V(–VIII). Bachufer, feuchter Moränenschutt; kalkstet; bis 2600 m. – *v* Alp. u. Vorland, bes. subalp. u. alp. Stufe, *z* längs der Alp.flüsse bis in die Hügelstufe herabstgd. [*P. niveus* (Vill.) Baumg.]
Alpen-P., ***P. paradoxus*** (Retz.) Baumg.

— Blüten hell- bis weißgelb **10**

10. Blattspr. breiter als lg., die basal-seitl. Teile zugespitzt, m. grob bis geschweift-gesägtem Rand, m. großer, freier Blattbucht, unterseits filzig; Hülle fast kahl; — ↕ 10–30 cm; ♃. III–IV. – Strand, Dünen, wechselfeuchte kiesig-sandige Flussufer. – *v*, Ostseeküste SH bis W-PL, Inseln von DK (*f* Fünen); *z* Stromtäler bis Magdeburg/Berlin/Küstrin. [*P. tomentosus* DC.]
Filzige P., ***P. spurius*** (Retz.) Rchb.

— Blattspr. ≈ so lg. wie br., die seitl. Teile abgerundet, m. feinem u. gleichmäßiger gesägtem Rand, im Umriss br. herzf., unterseits (fast) kahl; ↕ 15–30(–40) cm; ♃. III–V. – Feuchte Waldschluchten, Bachränder, Flussgeröll, Steinschutt; montan. – *z*, CZ/PL: Sudeten bis Gesenke (Verbr. über Karpaten bis Bosnien). [*P. glabratus* (Malý) Borbás]
Karpaten-P., ***P. kablikianus*** Bercht.

Picris L., Bitterkraut (Bearbeiter: Eckhard von Raab-Straube)

U. a. nach Slovák et al. (2012).

Alle Hüllblätt. schmal linealisch, die äuß. viel kürzer als die meist 8 inn.; alle Fr. leicht gekrümmt, gelb- bis schwarzbraun, kahl, kurz geschnäbelt; ↕ 30–80(–100) cm; ⊙–♃. V–XI.

Gewöhnliches B., ***P. hieracioides*** L.

a. Köpfchen entlang der ganzen Stg.Äste verteilt; Köpfchenstiele u. äuß. Hüllblätt. meist m. blassen, selten bräunl. od. gräul. (niemals schwarzen) 2-spaltigen u. ankerf. Haaren; inn. Hüllblätt. 6–11 mm lg.; Zungenblüten 7–13 mm lg., die äußersten oberw. meist rot gestreift; ↕ 30–100 cm; ⊙–⊙. VI–XI. – Ruderalstellen, Halbtrockenrasen. – *v*, im N *z*. [*P. hieracioides* subsp. *spinulosa* (Guss.) Arcang.]

Gewöhnliches B. (i. e. S.), Dorniges B., subsp. ***hieracioides***

— Köpfchen nur in der ob. Hälfte bis ob. Drittel der Stg.Äste; Köpfchenstiele u. äuß. Hüllblätt. m. bräunl. bis gräul. od. schwarzen (selten blassen) 2-spaltigen u. ankerf. Haaren; inn. Hüllblätt. 10–15 mm lg.; Zungenblüten 7–16 mm lg., die äußersten meist ohne rote Längsstreifen; ↕ 30–100 cm; ⊙–♃. V–X. – Bergwiesen, Hochstaudenfluren. – *z*, Alp., D: BY; A: Kt; Sb; Stm; Ti; Vb; CH: Gr, Vs; FL; I: Bz. [*P. hieracioides* subsp. *crepoides* (Saut.) Nyman; subsp. *auriculata* (Sch. Bip.) Hayek; subsp. *villarsii* (Jord.) Nyman; subsp. *grandiflora* (Ten.) Arcang.]

Großblütiges B., Villars-B., Pippau-B., Dolden-B., subsp. ***umbellata*** (Schrank) Ces.

Pilosella Hill [*Hieracium* subgen. *Pilosella* (Hill) Fr.], Mausohrhabichtskraut

(Bearbeiter: Eckhard von Raab-Straube)

Beachte die Vorbemerkung zu *Hieracium* s. l. auf S. 801.

1. Stg. beblätt.; Köpfchen 2 bis zahlr., rispig od. doldig; Ausläufer nicht immer vorhanden, kurz od. lg. **5**

— Stg. blattlos, m. 1 Köpfchen; Blattunterseite ± graufilzig; Ausläufer vorhanden; Krone der äuß. Blüten unterseits oft rötl. **2**

2. Hüllblätt. 1–2 mm br.; Ausläufer meist veräng., dünn, m. zur Spitze hin kleiner werdenden Blätt. **4**

— Hüllblätt. 1,5–4 mm br.; Ausläufer kurz, dick, m. einander genäherten großen Laubblätt.; — Hülle 10–14 mm lg.; Ausläufer u. Blätt. reichl. weißhaarig; Stg. oberw. neben anderen Haaren auch drüsig **3**

3. Hüllblätt. eif., abgerundet od. stumpfl., dachziegelig; Hülle u. Stg. wenig behaart (Haare v. a. einfach, oberw. auch wenige Drüsenhaare); ↕ 10–30 cm; ♃. V–VIII. – Wiesen, lichtes Gebüsch; bis 2900 m. – *v* Alp., *z* Vorland. [*H. hoppeanum* Schult.]

Hoppe-M., ***P. hoppeana*** (Schult.) F. W. Schultz & Sch. Bip.

— Hüllblätt. aus br. Basis scharf zugespitzt, gleich dem Stg. weißseidig behaart (m. zahlr. Sternhaaren, oberw. m. zahlr. Drüsenhaaren); ↕ 5–30 cm; ♃. V–VIII. – Kalkarme Magerrasen, Felsen. – *s*, D: BW (S-Schw.), BY (Regensburg), HE, RP, SN, ST, TH; CH: Vs; F: Els; früher A: NÖ (unbest.). [*H. peleterianum* Mérat] Peletier-M., ***P. peleteriana*** (Mérat) F. W. Schultz & Sch. Bip.

4 (2). Hüllblätt. m. Drüsenhaaren; — Hülle 7–10 mm lg.; Ausläufer lg.; ↕ 5–30 cm; ♃. V–X. – Magerrasen, Heiden. – *v*. Formenreich. [*H. pilosella* L.]

Gebräuchliches M., Kleines M., ***P. officinarum*** F. W. Schultz & Sch. Bip.

— Hüllblätt. ohne Drüsenhaare, dicht weißfilzig; — Hülle 8–12 mm lg.; Ausläufer zieml. kurz, kleinblättr.; ↕ 5–30 cm; ♃. V–VIII. – Gebirgsmagerrasen; 500–2000 m. – *s*, nur CH: Vs. [*H. niveum* (Christener) Zahn; *H. saussureoides* (Arv.-Touv.) Arv.-Touv.; *H. tardans* Peter; *P. tardans* (Peter) Soják] Schneeweißes M., Alpenscharten-M., ***P. saussureoides*** Arv.-Touv.

5 (1). Krone orangerot bis rotbraun; — Stg. m. 1–4 Blätt., reichl. behaart, oberw. reich m. schwarzen Drüsenhaaren; Köpfchen 2–12; Hülle 7–10 mm lg.; Hüllblätt. stumpfl.; ↕ 20–50 cm; ♃. VI–VIII. – Bergwiesen, Weiden. – *z* Alp. u. Vorland (900–2600 m), *s* Mittelgeb., aber vielfach (*v*–*z*) aus Kultur verwild.; stellenw. eingebürg. [*H. aurantiacum* L.]

Orangerotes M., ***P. aurantiaca*** (L.) F. W. Schultz & Sch. Bip.

— Krone gelb, allenfalls äuß. unterseits rötl. **6**

6. Stg. meist (25–)30–80 cm hoch, 1- bis mehrblättr.; Köpfchen zahlr. **9**

— Stg. < 25 cm hoch, meist 1-blättr.; Köpfchen 2–7; — Grundblätt. spatelf. bis linealisch, blaugrün **7**

7. Ausläufer verläng.; — Stg. unten kahl, oben oft m. Stern- u. Drüsenhaaren, m. 2–5 Köpfchen; Blätt. spatelf., ohne Sternhaare, ± blaugrün, glzd.; Hülle 6–8 mm lg.; Hüllblätt. weißl. berandet; Krone gelb, außen nicht rot; ↕ 5–25 cm; ♃. V–VIII. – Magerrasen, Heiden, Flachmoore. – *v–z* im S, *z–s* im N. [*H. auricula* auct.; *H. lactucella* Wallr.]
Öhrchen-M., ***P. lactucella*** (Wallr.) P. D. Sell & C. West

— Ausläufer kurz od. fehlend **8**

8. Hüllblätt. durch Seidenhaare verdeckt, 7–12 mm lg.; — Stg. m. 1–5 Köpfchen u. m. 2–3 Stg.Blätt.; Hülle 8–11 mm lg.; ↕ 10–20 cm; ♃. VII–VIII. – Alp. Rasen; auf kalkarmem Boden; 1900–2600 m. – *s*, nur CH: Vs. [*H. alpicola* Hoppe]
Seidenhaariges M., ***P. alpicola*** (Hoppe) F. W. Schultz & Sch. Bip.

— Hüllblätt. nicht durch seidige Haare verdeckt, dk., ohne Rand, 6–8 mm lg.; — Stg. oberw. lg. absthd. behaart; Blätt. grün, m. Stern- u. Drüsenhaaren; Köpfchen zu 2–7; ↕ 10–20 cm; ♃. VII–VIII. – Alp. Magerrasen; 1800–2600 m. – *s* D: Allgäuer Alp.; *z* A; CH; I: Bz. [*H. angustifolium* Hoppe; *H. glacialis* Reyn.] Gletscher-M., ***P. glacialis*** (Reyn.) F. W. Schultz & Sch. Bip.

9 (6). Stg. m. 5–20, allmähl. kleiner werdenden Blätt.; — Stg. u. Blätt. absthd. borstenhaarig; Blätt. graugrün, derb bis dickl.; Köpfchen zu 10–30 in schirmrispigen Köpfchenständen; Hüllblätt. u. Köpfchenstiele durch Sternhaare filzig, ohne Drüsenhaare; Pfl. ohne Ausläufer; ↕ 30–60 cm; ♃. VII–VIII. – Trockenrasen, Dünen, lichte Nadelwälder. – *z* im O, *s* westl. bis D: BB, MV, Harz, SN, TH; in W-D nur Zwischenarten. [*H. echioides* Lumn.]
Natternkopf-M., ***P. echioides*** (Lumn.) F. W. Schultz & Sch. Bip.

— Stg. m. 1–4(–6) Blätt. **10**

10. Blätt. ellipt. längl. od. lanzettl., ± weich, gras- bis gelbl.grün **11**

— Blätt. längl. lanzettl. od. linealisch, ± derb, blaugrün, kaum sternhaarig **12**

11. Blätt. gelbl.grün, unterseits außer m. längeren Borstenhaaren auch m. Sternhaaren; Stg. markig, nur bis 2 mm lg. behaart; Ausläufer meist fehlend; — Stg.-Blätt. 1–4; Köpfchen zu 20–50 in schirmrispigen Köpfchenständen; ↕ 30–80 cm; ♃. V–VIII. – Halbtrockenrasen, Gebüsch. – *z*, im W seltener, hier nördl. bis M-Rhein (*f* A: Vb; F: Els). [*H. cymosum* L.]
Trugdoldiges M., ***P. cymosa*** (L.) F. W. Schultz & Sch. Bip.

— Blätt. grün, unterseits spärl. sternhaarig, oberseits wie der leicht zus.drückbare, hohle Stg. dk.borstig; Stg. 3–4 mm lg. behaart, bes. an der Basis; Pfl. m. unter- od. oberird. Ausläufern; — Stg.Blätt. 2–3; ↕ 30–60 cm; ♃. V–VIII. – Halbtrockenrasen, Moorwiesen. – *z*. [*H. pratense* Tausch; *H. caespitosum* Dumort.] Wiesen-M., ***P. caespitosa*** (Dumort.) P. D. Sell & C. West

12 (10). Ausläufer fehlend; Stiele der Köpfchen u. Hüllblätt. weich drüsenhaarig; ↕ 20–80 cm; ♃. V–VIII. – Halbtrockenrasen, Steinbrüche. – *z*, im N *s–f*. [*H. florentinum* All.; *H. piloselloides* Vill.] Florentiner M., ***P. piloselloides*** (Vill.) Soják

— Ausläufer vorhanden, lg. u. dünn; Köpfchen u. Hülle meist ohne Drüsenhaare; ↕ 25–80 cm; ♃. V–VII. – Trockenrasen, Ruderalstellen. – *s* im südl. u. mittl. Gebiet, sehr *s* im N; *f* F: Els; NL. [*H. bauhini* Schult.] Bauhin-M., ***P. bauhini*** (Schult.) Arv.-Touv.

Prenanthes L., Hasenlattich (Bearbeiter: Eckhard von Raab-Straube)

Blätt. kahl, blaugrün, die ob. sitzend, m. herzf. Grund stg.umfassend; Köpfchen in lockeren rispenart. Köpfchenständen; Seitenäste überhgd.; ↕ 50–150 cm; ♃. VII–IX. – Hochstaudenfluren, schattige Wälder; bes. montane Stufe. – *v–z* Alp., BW, S- u. NO-BY, RP, nördl. bis Mosel/Lahn/Spessart/Rhön/Thw./SN, *s* Harz; CZ; F: Els; PL. Purpur-H., ***P. purpurea*** L.

Pulicaria Gaertn., Flohkraut (Bearbeiter: Gerald Parolly)

1. Goldgelbe Zungenblüten viel länger als die Röhrenblüten, 7–8 mm lg.; Stg.-Blätt. m. herzf. Grund stg.umfassend; Köpfchen 15–30 mm ∅; Stg. nur im ob. Teil meist ± aufr. verzweigt; ↕ 30–60 cm; ♃. VI–IX. – Feuchte Wiesen, Gräben, Wegränder, mäßig salzige StO. – *z* bis sehr *z*, *s* im O u. N, *f* W-PL, böhm. Randgeb. Großes F., Ruhrwurz, ***P. dysenterica*** (L.) Bernh.

— Zungenblüten kaum länger als Röhrenblüten, nur ≈ 2 mm lg.; Stg.Blätt. am Grund nicht herzf.; Köpfchen ≈ 10 mm ∅; Stg. bereits unterh. der Mitte sparrig-ästig verzweigt; ↕ 10–30 cm; ⊙.

VII–IX. – Ufer, Gräben, Überschwemmungsflächen, Flusstäler. – *z* Elbe u. Rhein, Oder, S-BB, NL, sonst sehr *z* bis *s*, vielfach verschwunden; *f* A: OTi, Sb, Vb. Kleines F., ***P. vulgaris*** Gaertn.

Rhaponticum Ludw. [*Stemmacantha* Cass.; *Leuzea* DC.; incl. *Acroptilon* Cass., Federblume], Bergscharte (Bearbeiter: Gerald Parolly)

1. Hülle 4–9 cm ∅; Stg. aufr., m. 1 Köpfchen; Blüten rötl. bis purpurn; — Grundblätt. 20–60 cm lg. u. 12–15 cm br., oberseits grün, unterseits grau- od. weißfilzig; ↕ 30–100 cm; ♃. VII–IX. – Wiesen, Gebüsche, Hochstaudenfluren; 1400–2500 m. – *s*, Alp.
Bergscharte, ***R. scariosum*** Lam.

a. Mittl. Hüllblätt. m. br. herzf., zugespitztem Anhängsel u. zurückgerolltem Rand; Hülle 4–5 cm ∅; Stg.Blätt. unterseits wollig-flockig behaart; Stg. unterh. des Köpfchens blattlos. – Kalkmeidend. – *s*, CH: Bern, Ts, Vd, Vs. [*S. rhapontica* subsp. *lamarckii* Dittrich, nom. illeg.] Lamarck-B., subsp. ***scariosum***

— Mittl. Hüllblätt. m. rundl., stumpfem Anhängsel, Rand nicht zurückgerollt; Hülle 6–9 cm ∅; Stg.Blätt. unterseits grau- bis weißfilzig; Stg. oft auch oben beblätt. – Auf Kalk. – *s*, A: Ti, Vb; CH: Gr, Ts; I: Bz. [*S. rhapontica* (L.) Dittrich; *L. rhapontica* (L.) Holub] Gewöhnliche B., subsp. ***rhaponticum*** (L.) Greuter

— Hülle 0,5–1,5 cm ∅; Stg. reich u. buschig verzweigt, m. zahlr. Köpfchen; Blüten rosa bis purpurn; — Stg.Blätt. ganzrandig od. entfernt gezähnt; Hüllblattanhängsel fast ganzrandig (*816/1*); Pappus aus zahlr. Borsten, hinfällig; ↕ 40–75 cm; ♃. VII–VIII. – Ruderalstellen; Industrieanlagen, auch bei mäßig hoher Salzkonzentration. – Ne. (Heimat: Z- u. W-As.), eingeschleppt u. zuw. in Einbürg.; *s*, z. B. D: BB, ST, TH; A; B; CZ; I: Bz; PL. [*Centaurea repens* L.; *A. repens* (L.) DC.]
Kriechende F., ***R. repens*** (L.) Hidalgo

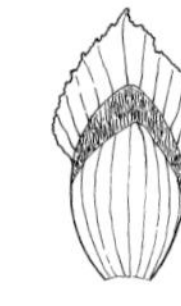

816/1

Rudbeckia L., Sonnenhut (Bearbeiter: Gerald Parolly)

1. Alle Stg.Blätt. einfach, beiderseits rau behaart; — Stg. oft fast stechend-rau; ↕ 10–100 cm; ⊙–♃. VII–X. – Ne. (Heimat: S-Kanada bis N-Mexiko); im nördl. u. mittl. Gebiet vielfach eingebürg., im S immer wieder verwild.; bes. A; FL; I: Bz. – Zierpfl. Rauer S., ***R. hirta*** L.

— Wenigstens die mittl. Stg.Blätt. gefied. od. fiederspaltig, kahl od. wenig behaart; — Stg. kahl; ↕ 50–200 cm; ♃. VII–X. – Ne. (Heimat: NO-Am.), verwild. u. eingebürg.; häufiger als vorige Art, bes. entlang von Flüssen; *z*, D; A; CH; I: Bz. – Zierpfl. Schlitzblättriger S., ***R. laciniata*** L.

Santolina L., Heiligenblume, Zypressenkraut, Mottenkraut (Bearbeiter: Gerald Parolly)

Immergrüner, buschiger, stark würzig duftender Halbstrauch, m. brüchigen Zweigen; Blätt. klein, graufilzig; ↕ 30–50 cm; ♄. VII–VIII. – Kult. u. Ne. (Heimat: W-MMG), in warmen Lagen in D: BW, BY, SH u. SN gelegentl. verwild. – Zier- u. Heilpfl. Echte H., ***S. chamaecyparissus*** L.

Sanvitalia Lam., Goldrandblümchen, Sanvitalie, Husarenknopf (Bearbeiter: Gerald Parolly)

Stg. niederlgd. bis aufstgd., ± behaart; Blätt. sitzend, lanzettl., randl. u. oberseits rauhaarig; Köpfchenboden kegelf.; Spreublätt. lanzettl., ± grannenspitzig; Zungenblüten an Fr. bleibend; ↕ 8–15 cm; ⊙. VII–IX. – Ruderale StO. – Ne. (Heimat: Mexiko), häufig kult. (bes. Balkonkästen); sehr *s* unbest. verwild.; z. B. D: BY, HE, NI, SN; A: Kt, OÖ, Sb, Stm; B. – Zierpfl. (viele Sorten).
Mexikanisches G., Aztekengold, ***S. procumbens*** Lam.

Saussurea DC., Alpenscharte (Bearbeiter: Eckhard von Raab-Straube)

1. Stg. stets m. 1 Köpfchen; Blätt. lineal-lanzettl., ganzrandig od. gezähnt, sitzend, unterseits graugrün, rauhaarig; Fr. 6–7 mm lg.; ↕ 5–20 cm; ♃. VII–VIII. – Steinige Magerrasen, Felsspalten; kalkstet; 1600–2600 m. – *z*, Alp. von A (*f* Vb); in D *s*, *f* Allgäuer Alp.
Zwerg-A., ***S. pygmaea*** (Jacq.) Spreng.

— Stg. m. 2 od. mehreren Köpfchen in doldentraubigen Köpfchenständen; Blätt. eif. lanzettl., die unt. gestielt; Fr. 4–5 mm lg.; Pfl. (2–)10–50 cm hoch **2**

2. Blätt. unterseits weißfilzig, m. lg. Stielen, diese ungeflüg.; — Köpfchen zu 3–8; ↕ 5–35 cm; ♃. VII–IX. – Felsspalten, Steinrasen; auf Kalk; 1400–2800 m. – *s*, D: BY (Allgäuer Alp.); *z* A (*f* Bgl, OÖ, Sb); CH; FL; I: Bz. Zweifarbige A., ***S. discolor*** (Willd.) DC.

— Blätt. unterseits locker spinnwebig-wollig, ihre Stiele geflüg. (bzw. Blätt. sitzend); — Köpfchen zu 5 bis vielen; ↕ 2–50 cm; ♃. VII–IX. – Magerrasen, Zwergstrauchheiden; 1700–3100 m. – *z*, Alp. Echte A., ***S. alpina*** (L.) DC.

a. 2–10 cm hoch; Stg. aufstgd.; ob. Blätt. den Köpfchenstand erreichend od. überragend; Blätt. oberseits spinnwebig-filzig behaart. – *s*, CH: Vs. [*S. depressa* Gren.] Niedrige A., subsp. ***depressa*** (Gren.) Nyman

— 10–50 cm hoch; Stg. aufr.; ob. Blätt. den Köpfchenstand nicht überragend; Blätt. oberseits kahl od. verkahlend. – *z*, Alp. [incl. *S. alpina* subsp. *macrophylla* (Saut.) Nyman] Echte A. (i. e. S.), subsp. ***alpina***

Schlagintweitia Griseb. [*Hieracium* L. p. p., Habichtskraut z. T.], Zichorienhabichtskraut
(Bearbeiter: Eckhard von Raab-Straube)

1. Blüten weißl.gelb, ihre Zungen an der Spitze kahl; — Pfl. dicht klebrig-drüsig, sonst unbehaart; Stg. dick, gefurcht, m. 1–3 Köpfchen; Blätt. längl. lanzettl., weich, unregelm. gezähnelt, am Rand gewellt; Hülle kugelig, bis 18 mm lg.; ↕ 5–30 cm; ♃. VII–IX. – Steinschuttfluren, Felsen, steinige Weiden; kalkmeidend. – *s*, D: Allgäuer Alp., S-Schw., eingebürg. ST (Brocken); *z* A; CH; I: Bz; *s* F: Hoch-Vog. [*H. intybaceum* All.]
Endivienartiges Z., Endivien-H., Zichorien-H., ***S. intybacea*** (All.) Griseb.

— Blüten blassgelb, ihre Zungen an der Spitze schwach gewimpert; — Pfl. drüsig; Stg. schlank, m. 1–12 Köpfchen; Hülle bis 15 mm lg.; ↕ 15–30(–50) cm; ♃. VIII–IX. – Silikatmagerrasen, Zwergstrauchheiden, Felsschutt; montan bis subalp. – *z*–*s*, Alp., *z* bis sehr *s*, A: Kt; Sb, Ti, Vb; *s*, CH; I: N-Bz; *s* andernorts eingebürg., D: ST (Brocken). [*H. pallidiflorum* Hausm., nom. illeg.; *H. huteri* Bamb.] Huter-Z., Blasses H., ***S. huteri*** (Bamb.) Gottschl. & Greuter
3 Unterarten.

Scorzonera L. [incl. *Podospermum* DC., Stielsamenkraut], Schwarzwurzel
(Bearbeiter: Eckhard von Raab-Straube)

1. Blätt. alle ungeteilt, höchstens schwach buchtig gezähnt **3**

— Unt. Blätt. tief fiederspaltig **2**

2. Stg. auch oberw. rund; randl. Blüten kaum länger als die Hülle, ihre Zungen unterseits gelb; Köpfchen ~ 12 mm ∅; Pfl. ohne sterile Blattrosetten; ↕ 15–45(–75) cm; ⊙. V–VII. – Trockenrasen, Wegränder. – *s*, D: BW, NW-BY, SO-NI, NRW, RP, S-ST, TH; S-B; CH: Vs; CZ (N-Böhmen); F: Els; früher A: Bgl, NÖ, Stm. [*P. laciniatum* (L.) DC.] Einjährige S., ***S. laciniata*** L.

— Stg. oberw. kantig gefurcht; randl. Blüten fast doppelt so lg. wie die Hülle, ihre Zungen unterseits rötl. getönt; Köpfchen 25–30 mm ∅; Pfl. m. sterilen Blattrosetten; ↕ 10–45(–80) cm; ♃. VI–VIII. – Halbtrockenrasen, Wegränder. – *s*, A: Bgl, NÖ; CZ; zuw. eingeschleppt, A: OÖ, Stm. [*P. canum* C. A. Mey.] Ausdauernde S., ***S. cana*** (C. A. Mey.) Griseb.

3 (1). Blüten gelb **5**

— Blüten rosa bis lilarot; — Stg. beblätt.; Fr. 10-rippig **4**

4. Blätt. bis 3 mm br., im ∅ V-f.; Stg. m. 2–4 Köpfchen; Fr.Rippen glatt; Hüllblätt. < 15; Blüten blasslila, duftend; ↕ 25–50 cm; ♃. V–VI. – Steinige Hänge, Steppenrasen, lichte Wälder; auf Kalk. – *s*, D: Vorderpfalz, Rheinhessen, unt. Lech u. Isar, Mittelfr., BB, S-ST, TH; A: Bgl, NÖ, OÖ?; CZ; PL. ⓖ! [*P. purpureum* (L.) W. D. J. Koch & Ziz] Purpur-S., ***S. purpurea*** L.

— Blätt. bis 5 mm br., flach; Stg. m. 1 Köpfchen; Fr.Rippen oberw. rau; Hüllblätt. > 15; Blüten rosarot, duftlos; ↕ 15–60 cm; ♃. VI–VIII. – Magerrasen, Gebüsche, lichte Wälder; auf Kalk; 1200–1800 m. – *s*, A: S-Kt (Karawanken, Karnische Alp.). [*P. roseum* (Waldst. & Kit.) Gemeinholzer & Greuter] Rosenrote S., ***S. rosea*** Waldst. & Kit.

5 (3). Stg. reich beblätt., — ästig, m. mehreren Köpfchen; Hüllblätt. am Rand ± wollig-flockig, zugespitzt; randst. Fr. entlang der Rippen zackig-rau; ↕ 40–130 cm; ♃. VI–VIII. – Trockenrasen,

Gebüsch, lichte Laubwälder. – *s* in S- u. M-D; A: Bgl, NÖ; CZ. Ⓖ. – Auch als Gemüsepfl. kult. u. verwild. Garten-S., ***S. hispanica*** L.

— Stg. wenigblättr. od. m. 0–6 schuppenf. Hochblätt. **6**

6. Stg. blattlos; Hüllblätt. fein zugespitzt; Fr.Rippen stachelig-rau; — Stg. m. 1 Köpfchen, kahl; Blüten doppelt so lg. wie die Hülle; Blätt. linealisch, bis 4 mm br.; ↕ 10–50 cm; ♃. VII–VIII. – Wiesen u. Magerrasen; subalp. u. alp. Stufe. – *s*, A: S- u. NW-Kt, Sb, Ti; I: Bz. Grannen-S., ***S. aristata*** DC.

— Stg. m. mehreren Schuppenblätt.; Hüllblätt. stumpfl. od. spitzl.; Fr.Rippen glatt **7**

7. Randl. Zungenblüten kaum länger als die Hülle; Blätt. schmal lanzettl., 5–15 mm br.; — Stg. u. Hüllblätt. kahl; ↕ 20–40 cm; ⊙–♃. V–VIII. – Salzwiesen des Binnenlands. – Sehr *s*, D: S-ST, N-TH; A: Bgl, NÖ; CZ. Kleinblütige S., ***S. parviflora*** Jacq.

— Randl. Zungenblüten bis doppelt so lg. wie die Hülle; Blätt. breiter **8**

8. Pfahlwurzel oben m. Faserschopf; Grundblätt. bläul.grün, linealisch bis lanzettl., 5–25 mm br.; Stg. unterh. der Hülle flaumig behaart; ↕ 25–50 cm; ♃. IV–V. – Bergwiesen, Steppenheiden, Mauern; auf Kalk. – *s*, D: S-BW; A: Bgl, NÖ, Stm, früher OÖ; *s* CH: Ts, Vs, Jura; CZ; I: Bz. Ⓖ! Österreichische S., ***S. austriaca*** Willd.

— Pfahlwurzel ohne Faserschopf, nur m. vertrockneten (nicht faserigen!) Blattresten; Grundblätt. grasgrün; Blätt. linealisch bis schmal eif., bis 50 mm br.; Stg. oberw. kahl; ↕ 10–35 cm; ♃. V–VII. – Moorige Wiesen, Heiden, Waldränder. – *z* im O u. S (*f* A: Kt), *z*–*s* im N, überall zurückghd. Ⓖ! Niedrige S., ***S. humilis*** L.

Scorzoneroides Moench [*Leontodon* L. p. p.], Schuppenlöwenzahn (Bearbeiter: Eckhard von Raab-Straube)

1. Stg. verzweigt, m. wenigen kleinen lanzettl. Hochblätt.; alle Pappusborsten federig; — Blätt. tief fiederteilig, m. linealischen Zipfeln, meist völlig kahl; Randblüten unterseits rötl. gestreift; ↕ 15–50 cm; ♃. VI–X. – Magerwiesen, Wegränder, Äcker. – *v*. – Formenreich. [*L. autumnalis* L.] Herbst-S., ***S. autumnalis*** (L.) Moench

a. Köpfchenstiele u. Hüllblätt. m. weißl. Sternhaaren bis fast kahl. – *v*. Herbst-S. (i. e. S.), subsp. ***autumnalis***

b. Köpfchenstiele u. Hüllblätt. m. schwarzen, zottigen Haaren. – *v*, Alp. u. Mittelgeb., D: BW, BY, HE, NI, SH, SN (Erzgeb.); A; CH; CZ; FL; I: Bz; PL. [*L. autumnalis* subsp. *pratensis* (Less.) Arcang.] Bergwiesen-Herbst-S., subsp. ***borealis*** (Ball) Greuter

— Stg. stets einfach; inn. Pappusborsten federig, äuß. meist nur gezähnt **2**

2. Hülle u. Stg. oberw. dicht schwarzzottig; —Blätt. längl. lanzettl., seicht bis tief buchtig gezähnt, kahl od. unterseits behaart; Fr. undeutl. kurz geschnäbelt, 5–7 mm lg.; ↕ 3–15(–20) cm; ♃. VII–VIII. – Bachschotter, feuchte Feinschuttfluren; auf Kalk; 1700–2900 m. – *v*–*z* Alp. [*L. montanus* Lam.] Berg-S., ***S. montana*** (Lam.) Holub

a. Pappus gelbl.weiß; Stg. unter dem Köpfchen nicht verdickt; Hüllblätt. m. schwarzen Haaren; ↕ 5–15 cm. – *s*, nur A: NÖ, Stm. [*L. montaniformis* Widder; *L. montanus* subsp. *montaniformis* (Widder) Finch & P. D. Sell; *S. montaniformis* (Widder) Gutermann] Nordostalpen-Berg-S., subsp. ***montaniformis*** (Widder) Seybold

— Pappus schneeweiß; Stg. unter dem Köpfchen verdickt; Hüllblätt. m. grauen od. schwarzen Haaren .... **b**

b. Hüllblätt. m. grauen Haaren; ↕ 3–20 cm. – *v* W-Alp. (CH), *s* A: Ti, OTi. Berg-S. (i. e. S.), subsp. ***montana***

— Hüllblätt. m. schwarzen Haaren. – *v* O-Alp., auch D: Allgäuer, Chiemgauer u. Berchtesgadener Alp. [*L. montanus* subsp. *melanotrichus* (Vierh.) H. Pittoni] Schwarzhaariger Berg-S., subsp. ***melanotricha*** (Vierh.) Gutermann

— Hülle nicht schwarzzottig, höchstens kraushaarig; — Pfl. 5–45 cm hoch **3**

3. Blätt. unterseits auf ganzer Fläche behaart; Blätt. deutl. gestielt; Hüllblätt. dicht schwärzl. kraushaarig; Blüten goldgelb; ↕ 5–30 cm; ♃. VII–IX. – Magerrasen, Zwergstrauchheiden; kalkmeidend; 1300–3300 m. – *v*, Alp., Schw., Vog. [*L. helveticus* Mérat; *L. pyrenaicus* subsp. *helveticus* (Mérat) Finch & P. D. Sell] Schweizer S., ***S. helvetica*** (Mérat) Holub

— Blätt. unterseits nur auf den Nerven behaart; Blattbasis schmal geflüg.; Hüllblätt. lockerer, m. schwarzen u. wenigen weißen Haaren; Blüten intensiv safrangelb; ↕ 10–45 cm; ♃. VII–VIII. – Magerrasen u. Zwergstrauchheiden; subalp. u. alp. Stufe, 1600–2100 m. – *z*, A: Kt, Stm. [*L. croceus* Haenke] Safran-S., ***S. crocea*** (Haenke) Holub

Senecio L. [incl. *Jacobaea* Mill., Jakobskraut; excl. *Tephroseris* (Rchb.) Rchb.], Greiskraut, Kreuzkraut
(Bearbeiter: Gerald Parolly)

Die Ausgliederung von *Jacobaea* aus *Senecio* erfährt aufgrund klarer molekularphylogenet. Daten in der Literatur zunehmend Akzeptanz (z. B. zus.fassend Kadereit in Kadereit et al. 2016). Jenseits dieser Befunde fehlen aber bislang geeignete Apomorphien (gemeinsame diagnost. Merkmale od. Merkmalskombinationen) zur Stützung von *Jacobaea*, sodass hier *Senecio* weiterhin im traditionellen Umfang gefasst wird (vgl. Fischer 2015). Die Synonymie ermöglicht es jederzeit, die zu einer molekular eindeutig definierten Gattung *Jacobaea* gehörigen Arten u. Unterarten alternativ zu klassifizieren.

Die angegebenen Anzahlen von Hüllblätt. u. Zungenblüten sind Durchschnittswerte für gut entwickelte Pfl. Diese Werte sind zieml. konstant.

1. Blätt. ungeteilt, aber am Rand gesägt od. gezähnt; — Fr. kahl **15**

— Blätt. fiederspaltig bis fiederteilig **2**

2. Zungenblüten vorhanden, zuw. aber kurz u. zurückgerollt **4**

— Zungenblüten (fast stets) fehlend **3**

3. Köpfchen 4–5 mm ∅; Hüllblätt. 21; — Außenhüllblätt. schwärzl., meist 8–10; Blätt. buchtig gelappt bis fiederspaltig, ringsum gezähnt, ob. geöhrt; Pfl. (meist) 1-j.; Fr. dicht flaumig, 1,5–2 mm lg.; Stg. ästig; ↕ 10–40 cm; ⊙ (sehr selten ⊙–♃). III–X (später blhd. Formen manchmal m. bis 8 kurzen Zungenblüten). – Äcker, Ruderalfluren, Gärten, Parkanlagen. – *v*.
Gewöhnliches G., ***S. vulgaris*** L. (subsp. ***vulgaris***)

Vgl. subsp. ***denticulatus*** (O. F. Muell.) P. D. Sell: Zungenblüten vorhanden. – Küstendünen in D: NI?

— Köpfchen > 10 mm ∅; Hüllblätt. 13; — Grundblätt. leierf. fiederspaltig bis fiederschnittig, z. Bltzt. meist verwelkt; Pfl. ⊙–♃. VI–X. – Küstennahe DünenStO
S. jacobaea subsp. ***dunensis***, s. Nr. **12a**

4 (2). Zungenblüten lg. u. flach ausgebr.; Hülle glockenf. (*819/3*) **6**

— Zungenblüten kurz u. zurückgerollt; Hülle walzl. (*819/2*); — Zungenblüten 13 .... **5**

5. Pfl. drüsig-klebrig; Hüllblätt. 21; Außenhüllblätt. ≈ 2–3, locker absthd., halb so lg. wie die Hüllblätt.; Pappus z. Frzt. 3-mal so lg. wie die Fr.; ↕ 15–60 cm; ⊙. VI–IX. – Kahlschläge, Sandfelder, Bahngelände. – *v*. Klebriges G., ***S. viscosus*** L.

— Pfl. nicht drüsig-klebrig, zerstreut wollhaarig bis kahl; Hüllblätt. 13; Außenhüllblätt. 2–3, angedrückt, ein Fünftel so lg. wie die Hüllblätt. (*819/2*), meist 1-farbig grün; Pappus z. Frzt. fast 2-mal so lg. wie die Fr.; ↕ 20–70 cm; ⊙. VII–VIII. – Kahlschläge. – *v–z*. Wald-G., ***S. sylvaticus*** L.

6 (4). Blätt. ± grün, nicht weißgrau filzig, sitzend; — Blattrhachis durch Herablaufen der Fiedern geflüg.; Zungenblüten 13 .... **9**

— Blätt. grau- bis weißfilzig, seltener verkahlend u. grün, gestielt; — Pfl. der Hochalp., 3–15 (–20) cm hoch (***S. carniolicus*** agg. s. l.) **7**

Der Schlüssel für das *S. carniolicus* agg. s. l. folgt weitghd. Fischer (2015).

7. Stg. m. nur 1 Köpfchen; Rosettenblätt. gekerbt; Stg.Blätt. ungeteilt, lineal-lanzettl.; Köpfchen groß, 20–25 mm ∅; Hülle m. ≈ 20 Hüllblätt., 7–10 mm lg.; — Zungenblüten 10–16, 8–10 mm lg.; ↕ 5–12 cm; ♃. VII–VIII. – Alp. Rasen, Gesteinsfluren u. Weiden; kalkmeidend. – *s–z*, Alp., nur CH: Vs. [*S. uniflorus* (All.) All., *J. uniflora* (All.) Veldkamp]
Einköpfiges G., Haller G., ***S. halleri*** Dandy

Hybridisiert bei gemeinsamen Vorkommen m. *S. incanus*.

— Stg. m. 2 od. mehreren Köpfchen; Blätt. gekerbt bis fiederteilig; Köpfchen deutl. kleiner; Hülle m. 8 Hüllblätt., 5–6 mm lg. **8**

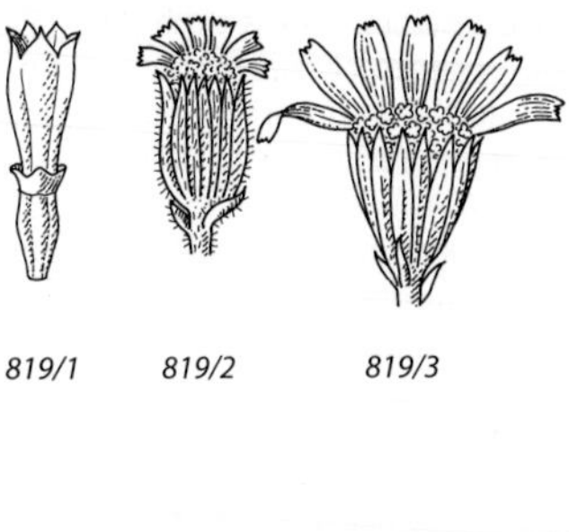

819/1 *819/2* *819/3*

8. Fr. im ob. Teil behaart; alle Blätt. weißgrau filzig; Grundblätt. tief fiederschnittig m. schmalen Seitenlappen; ↕ 4–8 cm; ♃. VII–IX. – Subalp. bis alp. Rasen, Gesteinsfluren, Zwergstrauchheiden; bes. auf Silikat. – *z*, W-Alp., CH: Bern, Ts, Uri, Vs, Gr? [*J. incana* (L.) Veldkamp] Graues G., Gelber Speik, ***S. incanus*** L. (s. str.)

— Fr. kahl; alle Blätt. grün u. fast kahl bis weißgrau filzig; Grundblätt. seicht fiederlappig bis tief fiederschnittig od. fast ganzrandig bis tief eingeschnitten (aber nie in der obigen Kombination); ↕ 3–20 cm; ♃. VI–IX. – Gesteinsfluren, Rasen der Hochlagen; v. a. auf Silikatböden. – *z–v*, Alp. Artengruppe Krainer G., ***S. carniolicus*** agg. s. str.

a. Blätt. dauerhaft dicht weißfilzig; blhd. Triebe m. 2–5(–6) Köpfchen pro Stg.; ↕ (3–)4–9(–15) cm; ♃; 2n = 40. VI–VIII. – Felsfluren, flachgründige alp. (subalp. bis subnivale) Rasen über Silikat, nur sehr selten u. lokal über Karbonat. – *z*?, westl. Z-Alp. (Tessin bis Iseltal), A: Kt, Ti; CH: Gr, Ts; I: Bz, Sondrio. [*S. carniolicus* Willd. var. *insubricus* Chenevard; *S. incanus* L. subsp. *insubricus* (Chenevard) Braun-Blanq.; *J. incana* subsp. *insubrica* (Chenevard) B. Nord. & Greuter; *J. insubrica* (Chenevard) Galasso & Bartolucci] Insubrisches G., ***S. insubricus*** (Chenevard) R. Flatscher et al.

— Blätt. kahl bis lockerhaarig, grün od. grau, od. jung dichthaarig, später verkahlend; blhd. Triebe m. (4–)6–15(–23) Köpfchen pro Stg. .... **b**

b. Blhd. Triebe (2,7–)3,8–8,1(–9,3) cm lg.; Krone der strahlenden Randblüten (4,3–)4,6–6,7 (–7,5) mm lg.; Pollenkörner (23–)25–31(–35) µm ∅; ↕ (3–)4–8(–9) cm; ♃; 2n = 40. VII–IX. – Offene alp. u. subnivale StO; bes. auf Silikat. – *v*?, östl. Teil der mittl. O-Alp. (Iseltal bis Seckauer Alp.), nur A: Kt, Sb, Stm. [*J. norica* (R. Flatscher et al.) Galasso & Bartolucci] Norisches G., ***S. noricus*** R. Flatscher et al.

— Blhd. Triebe (3,4–)5,3–17,3(–27) cm lg.; Krone der strahlenden Randblüten (3,9–)6,1–11,2 (–12,6) mm lg.; Pollenkörner (26–)28–40(–43) µm ∅; — alp. Rasen, Zwergstrauchheiden u. ä. StO m. geschlossener Vegetationsdecke im ganzen Verbr.Gebiet des *S. carniolicus* agg. .... **c**

c. Grundblätt. fiederschnittig (> zur Hälfte der Fiederlappen), ihre Seitenlappen stets fiederteilig, meist m. 1–2 fiederlappigen Seitenlappen (Sekundärlappen); voll entwickelte Blätt. kahl (in A, östl. Teilareal, von den Hohen Tauern ostw.) od. behaart (CH u. I, westl. Teilareal, zw. Bergamasker Alp. u. Ortler u. Adamello); ↕ 5–16(–19) cm; ♃; 2n = 80. VII–IX. – Steinige, flachgründige alp. bis subnivale Rasen u. Zwergstrauchheiden, häufig N-exp.; über Silikat- u. Intermediärgestein. – *z–v*, Verbr.Gebiet disjunkt (2-geteilt), A: Kt, Sb, Stm; CH: O-Gr; I: Bz, Trentino. [*J. disjuncta* (R. Flatscher et al.) Galasso & Bartolucci] Disjunktes G., ***S. disjunctus*** R. Flatscher et al.

— Grundblätt. fiederspaltig bis -lappig (< zur Hälfte der Fiederlappen) bis grob gezähnt od. selten fast ganz ungeteilt, ihre Seitenlappen höchstens so lg. wie br., Sekundärlappen nur gelegentl. vorhanden; voll entwickelte Blätt. behaart bis schwach filzig (zumind. in der Jugend), ältere oft verkahlend; ↕ (3–)7–17(–27) cm; ♃; 2n = 120. VII–IX. – Bes. alp. bis subnivale Krummseggenrasen, über Silikat. – *v*, Z-Alp. (Rätische u. Bergeller Alp. bis Gleinalpe), D (Allgäuer Alp.); A: Kt, Stm, Ti, Vb, CH: Gr; I: Bz. ◎. [*S. incanus* L. subsp. *carniolicus* (Willd.) Braun-Blanq.; *J. incana* subsp. *carniolica* (Willd.) B. Nord. & Greuter; *J. carniolica* (Willd.) Schrank] Krainer G., ***S. carniolicus*** Willd.

9 **(6).** Flügel der Blattrhachis gezähnt; — Außenhülle 6–12-blättr.; Hüllblätt. 21; Fr. angedrückt behaart **14**

— Flügel der Blattrhachis meist ganzrandig **10**

10. Zungenblüten leuchtend bis rötl. gelb; Hüllblätt. 21; Stg.Blätt. am Grund nicht geöhrt; — Grundblätt. doppelt fiederspaltig, m. linealischen Zipfeln, glzd. sattgrün; Fr. kahl; ↕ 15–40 cm; ♃. VII–IX. – Steinige Magerrasen; auf Kalk; bis subalp. u. alp. Stufe, 600–2700 m. – *z*, D: BY (östl. Bayr. Alp.); A; CH; FL; I: Bz. [*J. abrotanifolia* (L.) Moench] Eberrauten-G., ***S. abrotanifolius*** L.

a. Zungenblüten orangegelb. – Auf Kalk. – Östl. Sippe, *z* D (Berchtesgadener u. Chiemgauer Alp.); A: Kt, NÖ, OÖ, OTi, Sb, Stm; I: Bz. Eberrauten-G. (i. e. S.), subsp. ***abrotanifolius***

— Zungenblüten orange bis feuerrot. – Auf Silikat. – Westl. Sippe, *z* A: Ti, Vb; CH; FL; I: Bz. [*J. abrotanifolia* subsp. *tiroliensis* (Dalla Torre) B. Nord. & Greuter] Tiroler Eberrauten-G., subsp. ***tiroliensis*** (Dalla Torre) Gams

— Zungenblüten hell goldgelb; Hüllblätt. 13(–17); wenigstens ob. Stg.Blätt. geöhrt **11**

11. Alle Fr. (auch die der Zungenblüten) kurzhaarig; Pappus der Fr. fest anhaftend; Außenhüllblätt. meist 4–6, meist deutl. absthd., wenigstens halb so lg. wie die inn. Hüllblätt.; Pfl. m. Ausläufern; — Blätt. unterseits spinnwebig-flockig, m. schmalen, grobgesägten Fiederlappen, ohne größ. Endlappen, ohne zerschlitzte Öhrchen an der Basis; Pappus z. Frzt. 3-mal so lg. wie die Fr.; ↕ 30–120 cm; ♃. VII–IX. – Halbtrockenrasen, Wegraine, Moorwiesen. – *v–z* im S, *s* im N. – Giftig! [*J. erucifolia* (L.) G. Gaertn. et al.; incl. *S. erucifolius* subsp. *tenuifolius* (J. Presl & C. Presl) Schübl. & G. Martens; *J. erucifolia* subsp. *tenuifolia* (J. Presl & C. Presl) B. Nord. & Greuter] Raukenblättriges G., ***S. erucifolius*** L.

Wenn abweichende Merkmalskombination u. Pfl. küstennaher DünenStO, vgl. *S. jacobaea* subsp. *dunensis* (s. Nr. **12a**).

— Entw. alle Fr. od. wenigstens die der Randblüten (Ausnahme: *S. jacobaea* subsp. *dunensis* m. behaarten Randfr.) od. die der mittl. Blüten kahl; Pappus sich leicht von den Fr. lösend; Außenhüllblätt. häufig nur 1–2, kaum ein Drittel so lg. wie die inn. Hüllblätt.; Pfl. ohne Ausläufer **12**

12. Fr. der Röhrenblüten dicht kurzhaarig, die der Randblüten kahl (nur bei Pfl. küstennaher Dünen-StO behaart); Grundblätt. leierf. fiederspaltig bis fiederschnittig od. nur fiederlappig, z. Bltzt. meist verwelkt; Endlappen der Grundblätt. kürzer als übriger fiederspaltiger Anteil, an der Basis m. tief zerschlitzten Öhrchen; — Stg.Blätt. unterseits spinnwebig-wollig bis kahl, m. gröberen, breiteren u. gezähnelten Fiederlappen; ↕ 30–100 cm; ⊙–♃. (V–)VI–X. – Böschungen, Weiden, Waldränder. – *v*, im NW *z*. – Giftig für Pferde! [*J. vulgaris* Gaertn.]
Gewöhnliches Jakobskraut, Jakob-G., ***S. jacobaea*** L.

a. Zungenblüten fehlend; Fr. der Randblüten behaart; Pfl. niederwüchsig, — stark spinnwebig-wollig behaart. – Dünen-StO, meist küstennah. – *s–z*, NW-D: NI (Ostfriesland, z. B. Borkum); B; DK; NL; PL. [*S. dunensis* Dumort.; *J. vulgaris* subsp. *dunensis* (Dumort.) Pelser & Meijden]
Dünen-G., ***S. jacobaea*** subsp. ***dunensis*** (Dumort.) Kadereit & P. D. Sell

— Zungenblüten vorhanden; Fr. der Randblüten kahl; Pfl. meist hochwüchsig .... **b**

b. Grundblätt. tief fiederspaltig bis fiederschnittig; mittl. u. ob. Stg.Blätt. doppelt fiederschnittig m. sehr schmalen Abschnitten. – Böschungen, Weiden, Waldränder. – Verbr. wie Art (*f* A: Bgl, NÖ?).
Gewöhnliches Jakobskraut (i. e. S.), subsp. ***jacobaea***

— Grundblätt. nur undeutl. fiederlappig (teilw. fast ungeteilt); mittl. Stg.Blätt. m. großem, wenig fiederlappigem Endlappen, unt. Spr.Hälfte ± fiederschnittig, ob. Stg.Blätt. fiederschnittig m. vergrößertem, nur fiederspaltigem Endlappen. – Trockene StO. – *z*, offensichtl. Steppensippe m. disjunkter Verbr. (Schweden: Gotland, Öland; SO-Eur.); A: Bgl, NÖ, wo sonst? FFH24. – Genaue Verbr. unklar, da bislang nicht von subsp. *jacobaea* unterschieden u. vielleicht auch zus. vorkommend. [*S. jacobaea* var. *gotlandicus; J. vulgaris* subsp. *gotlandica* (Neuman) B. Nord.]
Gotland-G., Gotland-Jakobskraut, subsp. ***gotlandicus***

— Alle Fr. kahl od. die der mittl. od. Randblüten spärl. kurzhaarig; Grundblätt. z. Bltzt. noch vorhanden; Endlappen der Grundblätt. groß, so groß wie od. länger als übriger fiederspaltiger Anteil (Artengruppe Wasser-G., ***S. aquaticus*** agg.) **13**

13. Stg. m. sparrig ausgebr. Ästen; Seitenfiedern im rechten Winkel von der Rhachis abghd.; mittl. u. ob. Stg.Blätt. m. eif., großem Endlappen u. nur 2 Fiederpaaren; — Köpfchen 15–25 mm ∅; Fr. der Randblüten spärl. behaart od. kahl; ↕ 30–120 cm; ⊙. VII–X. – Auenwälder, nasse Wiesen, Ufer. – *z* im N, *s* im S (Verbr. ungenügend bekannt). – Giftig! [incl. subsp. *barbareifolius* (Wimm. & Grab.) Hegi; *J. erratica* (Bertol.) Fourr.] Spreizendes G., ***S. erraticus*** Bertol.

— Stg. m. aufw. strebenden Ästen; Seitenfiedern im spitzen Winkel von der Rhachis abghd.; mittl. u. ob. Stg.Blätt. m. längl. Endlappen u. 3–4 Fiederpaaren; — Köpfchen 20–30 mm ∅; Fr. alle kahl od. die der mittl. Blüten spärl. behaart; ↕ 20–60 cm; ⊙. VI–X. – Moorwiesen, Auenwälder. – *v* im S u. W, sonst *z–s* (Nordgrenze unsicher wegen Verwechslung m. voriger Art; bis Rügen?). [*J. aquatica* (Hill) G. Gaertn. et al.] Wasser-G., ***S. aquaticus*** Hill

14 (9). Pfl. der tieferen Lagen; Blätt. beiderseits ± zottig; Pappus bleibend; Außenhüllblätt. m. kahler, schwärzl. Spitze; ↕ 10–60 cm; ⊙. V–X. – Ruderalfluren, Sandrasen, Lehmäcker, Kiefernschonungen, Bahngelände. – Ne. (aus Russland eingewandert) u. im Gebiet stellenw. *v*, sonst *z–s* eingebürg. [*S. leucanthemifolius* subsp. *vernalis* (Waldst. & Kit.) Greuter]
Frühlings-G., ***S. vernalis*** Waldst. & Kit.

— Gebirgspfl.; Blätt. kahl od. unterseits etwas wollig; Pappus hinfällig; Außenhüllblätt. m. pinself. behaarter Spitze; ↕ 20–60 cm; ⊙–♃. V–VIII. – Lichte Wälder, Felsen, Lagerfluren, nährstoffreicher Steinschutt; auf Kalk. – *s* D: BY (Berchtesgadener Alp.), adventiv N-HE, NRW; *v* A (*f* Wien); CH; CZ; I: Bz. [*S. squalidus* subsp. *rupestris* (Waldst. & Kit.) Greuter]
Felsen-G., ***S. rupestris*** Waldst. & Kit.

15 (1). Blätt. längl. lanzettl. **17**

— Blätt. herzf., fast 3-eckig, gestielt; — Stg. kantig **16**

16. Stiele der ob. Blätt. geflüg. u. gelappt, zuw. m. Fiedern (*822/2*), am Grund m. großen, gezähnten Öhrchen; Blattfläche so lg. wie br., beiderseits grasgrün, unterseits höchstens auf den Nerven behaart; Zungenblüten 21; ↕ 30–70 cm; ♃. VII–IX. – Läger- u. Hochstaudenfluren, Sumpfwiesen, Wälder; 900–1800 m. – *s–z* D: Mittelgeb., v. a. Bayrw.; *v–z* bes. östl. Alp., A; CZ. [*J. subalpina* (W. D. J. Koch) Pelser & Veldkamp]
Berg-G., Voralpen-G., ***S. subalpinus*** W. D. J. Koch

— Stiel der ob. Blätt. ohne Fiedern, höchstens am Grund m. kleinen Öhrchen (*822/1*); Blattfläche länger als br., oberseits dk.grün, unterseits spinnwebig-wollig, graugrün; Zungenblüten 13–16; ↕ 30–100 cm; ♃. VII–IX. – Hochstaudenfluren, Bachufer, Viehläger; bes. montane u. subalp. Stufe, bis 2200 m. – *v–z* Alp. (bes. westl. Alp.), *z–s* Alp. u. Vorland, sehr *s* D: TH. – Wei-

deunkraut (giftig für Weidevieh). [*S. cordatus* W. D. J. Koch, nom. nov.; *J. alpina* (L.) Moench]
Alpen-G., ***S. alpinus*** (L.) Scop.

17 (15). Zungenblüten fehlend — (zuw. einige wenige, dann bleichgelb); Blätt. wenigstens unterseits kraushaarig, am Rand fein bewimpert; Blüten gelbl.weiß; ↕ 60–150 cm; ♃. VII–VIII. – Läger- u. Hochstaudenfluren, Waldränder, bis 2200 m. – *z,* D: Allgäuer Alp.; *v* A: Kt, OTi, Sb, Stm; I: Bz. (zu Artengruppe Hain-G., ***S. nemorensis*** agg.)
Pestwurz-G., Dost-G., ***S. cacaliaster*** Lam.

— Zungenblüten vorhanden **18**

18. Zungenblüten (3–)5–8; Außenhülle 5–8-blättr.; — Pfl. 50–200 cm hoch **21**

— Zungenblüten 10–20; Außenhülle ≥ 10-blättr. **19**

19. Blätt. nur 2–7 mm br., linealisch, — unregelm. fein gezähnelt, am Grund m. gezähnten Öhrchen; Außenhüllblätt. häutig u. am Rand gefranst; ↕ 25–100 cm; ♃. VI–XI. – Bahnanlagen, Straßenböschungen, Ruderalstellen. – Ne. (Heimat: S-Afr.), eingeschleppt u. eingebürg. u. sich überall rasch ausbreitend; *z,* D; A; B; CH; CZ; I: Bz; NL; PL. Schmalblättriges G., ***S. inaequidens*** DC.

— Blätt. deutl. breiter **20**

20. Stg. m. 1–3 Köpfchen, 20–40 cm hoch; Köpfchen 4–6 cm ∅; Blüten orangegelb; Stg.Blätt. lederig derb, br. lanzettl., spitz gesägt u. Zähne nach ausw. weisend (*882/3*); ↕ 20–50 cm; ♃. VII–VIII. – Felsschutt, steinige Magerrasen; auf Kalk; 1200–3100 m. – Alp., *z* D; *v* A; CH; FL; I: Bz. Gämswurz-G., ***S. doronicum*** (L.) L. (subsp. ***doronicum***)

— Stg. m. vielen Köpfchen, 50–200 cm hoch, hohl; Köpfchen 3(–4) cm ∅; Blüten hellgelb; Stg.-Blätt., lineal-lanzettl., sägezähnig u. Zähne zur Blattspitze weisend (*882/4*); ↕ (50–)80–170 (–200) cm; ♃. VI–VIII. – Feuchte Wiesen, Ufer der Stromtäler. – D: *z,* Rhein, Elbe, Weser, Donau, sonst *s–z*; *s–z,* A; B; CH; CZ; F: Els; FL; I: Bz; NL; *f* DK. [*J. paludosa* (L.) G. Gaertn. et al.]
Sumpf-G., ***S. paludosus*** L.

a. Fr. flächig behaart; Stg.Blätt. lanzettl., 8–16 cm lg., 1,2–2,3 cm br., unterseits überwgd. m. kurzen Gliederhaaren od. kahl. – *z.* Sumpf-G. (i. e. S.), subsp. ***paludosus***

— Fr. kahl; Stg.Blätt. schmal-lanzettl., 6–14 cm lg., 0,7–1,2 cm br., unterseits dicht spinnwebig behaart – *s,* D: nur HE (Rheinhessen um Mainz); *s–z* A; B; CH; CZ; F: Els; NL. [*J. paludosa* subsp. *angustifolia* (Holub) B. Nord. & Greuter] Schmalblättriges Sumpf-G., subsp. ***angustifolius*** Holub

21 (18). Stg.Blätt. ganzrandig bis gezähnelt, nach oben rasch kleiner werdend, in kleine eilanzettl. bis pfrieml. Hochblätt. überghd., — bläul.grün; Hüllblätt. meist 10–13; Zungenblüten 5–8, ↕ 40–150 cm; ♃. VI–IX. – Frische bis nasse StO. – A; CZ; *f* D; CH; PL.
Artengruppe Gold-G., ***S. doria*** agg.

a. Stg. wollig-kraus behaart; Blätt. bes. unterseits behaart; Spr. der unt. Blätt. ≈ 15–50 cm lg. u. 5–18 cm br., plötzl. in den br. geflüg. Stiel verschmälert; Zungenblüten meist 8, hellgelb; Köpfchen 25–30 mm ∅; ↕ 40–150 cm. VII–IX. – Laubwälder, Waldränder, bes. auf Kalk. – *s,* A: Bgl, NÖ; CZ. [*S. doria* subsp. *umbrosus* (Waldst. & Kit.) Soó] Schatten-G., ***S. umbrosus*** Waldst. & Kit.

— Stg. u. Blätt. kahl, höchstens oberw. etwas behaart, kohlblattart., lederig; Spr. der unt. Blätt. bis 11 cm br., allmähl. in den Stiel verschmälert; Zungenblüten 5–7, goldgelb; Köpfchen 15–20 mm ∅ (*S. doria* s. l.) ...... **b**

b. Spr. der unt. Blätt. eif. bis längl. ellipt., 15–40 cm lg., (3–)5–11 cm br.; Hülle 5–6(–7) mm lg.; Zungenblüten 5(–6); ↕ 50–150 cm. VIII–IX. – Feuchte Wiesen, Gräben, Auenwälder, bes. in den wärmeren Flusstälern. – *s,* A: Bgl, NÖ; CZ. [*S. doria* subsp. *doria*] Gold-G. (i. e. S.), Fettblättriges G., ***S. doria*** L.

— Spr. der unt. Blätt. verkehrt eilanzettl. bis längl.-lanzettl., 15–40 cm lg., 2–6 cm br.; Hülle 6–8 mm lg.; Zungenblüten (5–)6–7; ↕ 40–70(–100) cm. VII–VII. – Quellfluren u. -bäche. – Sehr *s,* A: S-Kt.
Quell-G., ***S. fontanicola*** Grulich & Hodálová

— Stg.Blätt. gesägt bis gezähnt, bis zum Köpfchenstand fast gleich groß, die ob. sehr viel größer als die Tragblätt. **22**

22. Spitze der Blattzähne etwas einw. gekrümmt (*882/4*); Hülle glockig (ähnl. *819/3*); Pfl. m. fleischigem, weithin kriechendem Rhizom u. m. Ausläufern; — Blätt. kahl; Zungenblüten

822/1

822/2

822/3

822/4

meist 7–8; ↕ 60–180 cm; ♃. VIII–X. – Ufergebüsch, Auenwälder. – Nur entlang großer Flüsse (*f* Oberrhein, Ems, Saar, Neckar, Memel u. a.); *z*, D: MV; A: Bgl, NÖ, OÖ (Donau); B; CZ; NL; *f* DK; F: Els. [*S. fluviatilis* Wallr.] Fluss-G., ***S. sarracenicus*** L.

— Spitzen der Blattzähne gerade absthd. (*822/3*); Hülle walzl. (ähnl. *819/1*); Pfl. m. fast holzigem, kurzem Rhizom (Artengruppe Hain-G., ***S. nemorensis*** agg.) **23**

Schlüssel nach Jäger (2017), veränd.

23. Ob. Stg.Blätt. sitzend, m. abgerundeter bis geöhrter Basis, halb stg.umfassend; äuß. Hüllblätt. fadenf. bis pfrieml., so lg. wie od. länger als die Hülle; Köpfchenstiele u. alle Hüllblätt. absthd. drüsig behaart; ↕ 60–150 cm; ♃. VI–VIII. – Schattig-feuchte Wälder, Hochstaudenfluren, Kahlschläge; montane u. subalp. Stufe. – *v* im S (D, A; CH; CZ; FL; I: Bz), nördl. bis Venn/Sauerland/Meißner/Harz/Thw./BB. [*S. cacaliaster* subsp. *hercynicus* (Herborg) Oberpr.]
Harzer G., ***S. hercynicus*** Herborg (subsp. ***hercynicus***)

— Ob. Stg.Blätt. gestielt od. wenigstens m. deutl. verschmälerter Basis; äuß. Hüllblätt. pfrieml. bis lineal-lanzettl.; Köpfchenstiele u. Hüllblätt. kahl od. zerstr. behaart **24**

24. Außenhüllblätt. pfrieml. bis linealisch, meist kürzer als die Hülle, kahl od. spärl. ± absthd. kurzhaarig; ob. Stg.Blätt. gestielt, selten verschmälert sitzend; ↕ 60–150 cm; ♃. VIII–IX. – Schattig-feuchte Wälder, Schlagfluren, Hochstaudenfluren. – *v*. [*S. fuchsii* C. C. Gmel.]
Fuchs-G., ***S. ovatus*** (G. Gaertn. et al.) Hoppe

a. Zungenblüten meist 5; Röhrenblüten 8–14; Köpfchenstiele 10–25 mm lg.; Stg. ohne Flaumhaare. – *v* im S, auch D; CH; CZ; FL; I: Bz; NL; PL. Fuchs-G. (i. e. S.), subsp. ***ovatus***

— Zungenblüten meist 3; Röhrenblüten 3–8; Köpfchenstiele 5–10 mm lg.; Stg. unterh. seiner Blätt. m. wenigen krausen Haaren. – D: S-Schw., Allgäuer u. Berchtesgadener Alp.; B; CH; F: Vog.
Alpen-Fuchs-G., subsp. ***alpestris*** (Gaudin) Herborg

— Außenhüllblätt. linealisch bis lineal-lanzettl., über der Mitte am breitesten, so lg. wie od. länger als die Hülle, am Rand deutl. bewimpert; ob. Stg.Blätt. m. plötzl. verschmälertem Grund sitzend od. kurz gestielt; ↕ 50–120 cm; ♃. VII–VIII. – Schattig-feuchte Wälder, Hochstaudenfluren. – *z*. [*S. nemorensis* L. p. p.; *S. jacquinianus* Rchb.]
Deutsches G., ***S. germanicus*** Wallr.

a. Stg. gekräuselt behaart, ohne Ausläufer; Pfl. häufig buschig wirkend durch vorzeitigen Austrieb basaler Seitensprosse. – *v*, A: Stm, *z* im SO, westl. u. nördl. bis Regensburg/Harz/Sachsen/Bautzen/CZ/PL. [*S. nemorensis* subsp. *jacquinianus* (Rchb.) Čelak.] Deutsches G. (i. e. S.), subsp. ***germanicus***

— Stg. kahl od. nur zerstreut anlgd. kurzhaarig, m. 10–25 cm lg. Ausläufern; ohne vorzeitigen Austrieb basaler Seitensprosse. – *z*, D: BY (Alp.Vorland); A; I: Bz. [*S. nemorensis* subsp. *glabratus* (Herborg) Oberpr.; *S. oberprieleri* G. H. Loos] Kahles Deutsches G., ***S. germanicus*** subsp. ***glabratus*** Herborg

Zwei durch ihre Merkmalskombination leicht erkennbare Ne. sind:

Hanfblättriges G., ***S. cannabifolius*** Less. [*J. cannabifolia* (Less.) E. Wiebe]: 170–250 cm hohe Rhizomstaude; Blätt. fiederschnittig, m. 5–7 Abschnitten, diese 8–10(–15) × 2–5 cm, br. lanzettl., spitz, am Rand scharf gesägt; Köpfchen ≈ 5 mm lg. u. ∅, m. 5 Zungenblüten; sehr zahlr. in traubig-rispenart. Köpfchenständen; ♃. VII. – Frische bis feuchte, halbschattige StO (Auenwaldsaum). – Ne. (Heimat: O-As.), seit einiger Zeit lokal verwild.; *s*, D: SN (Leipzig). – Zierpfl.

Weißfilziges G., Silber-G., ***S. cineraria*** DC. [*S. bicolor* subsp. *cineraria* (DC.) Chater; *J. maritima* (L.) Pelser & Meijden]: Reich verzweigter, spinnwebig filzig behaarter Halbstrauch; Blätt. in grundst. Rosetten u. am Stg.; Spr. 4–15 × 2,5–7 cm, gelappt od. fiederschnittig u. m. fiederteiligen bis gelappten od. fast ganzen Lappen, oberseits spinnwebig filzig, verkahlend, unterseits dicht weißfilzig; Köpfchenstand vielköpfig, scheindoldig; Köpfchen 12–15 mm ∅, Hüllblätt. weißfilzig, inn. ≈ 7 mm lg., äuß. bis 3 mm lg.; Zungenblüten 10–13, hellgelb, ≈ 13 mm lg.; Röhrenblüten dk.gelb bis orange; ↕ 30–100 cm; ♄. VI–VIII. – Siedlungsnahe küstennahe StO, Klippen, alte Mauern, Dünen, im Binnenland auch ruderale StO. – Häufig kult. (Heimat: MMG), selten Ne.; in B (dort nahe am Verbr.gebiet) u. NL eingebürg.; D: SH (Helgoland) in Einbürg., BY unbest. – Zierpfl.

Hybridbildung ist bei *Senecio*-Arten nicht selten!

Serratula L. [excl. *Klasea* Cass.], Scharte (Bearbeiter: Eckhard von Raab-Straube)

Stg. m. mehreren Köpfchen, rispig od. fast doldig; Blüten u. Hüllblätt. an der Spitze purpurn; Blätt. ungeteilt od. fiederspaltig m. großer Endfieder, dicht u. fein gesägt; ↕ 10–100 cm; ♃. VII–IX.
Färber-S., ***S. tinctoria*** L.

a. Köpfchen 4–6 mm ∅; unt. Stg.Blätt. lg. gestielt; Fr. 5 mm lg.; ↕ 30–100 cm. – Moorwiesen, lichte Eichenwälder, Waldränder. – *v*, im N *z*, im NW *s*. Färber-S. (i. e. S.), subsp. ***tinctoria***

— Köpfchen (6–)8–12 mm ∅; unt. Stg.Blätt. kurz gestielt; Fr. 7 mm lg.; ↕ 10–40 cm. – Bergwiesen. – *s*, A: S-Kt; S-CH; F: Hoch-Vog.; FL. [subsp. *macrocephala* (Bertol.) Wilczek & Schinz]
Großköpfige Färber-S., subsp. ***monticola*** (Boreau) Berher

Sigesbeckia L., Siegesbeckie (Bearbeiter: Gerald Parolly)

1. Blätt. eif., am Grund herzf. bis br. keilf., seicht gekerbt od. gezähnt; Blattstiele bis zum Grund geflüg., Flügel oben schmaler als unten, unten öhrchenart. erweitert u. auch den verzweigten Stg. umfassend; — äuß. Hüllblätt. ausgebr. u. viel länger als die einw. geschlagenen inn.; Köpfchen (einschl. der dicht drüsig behaarten Hüllblätt.) bis 3 cm ∅, 2–4 cm lg. gestielt; ↕ 50–150 cm; ⊙. VIII–IX. – Unkrautgesellschaften, Gärten, Straßenränder, Gebüschsäume. – Ne. (Heimat: Chile u. Argentinien, vielleicht N bis Mexiko), zuw. eingeschleppt; Pfl. nur bis ≈ –2 bis –4 °C frosthart, daher langlebigere Vorkommen bes. küstennah, u. a im Bereich der Elbemündung/SH (Hamburg, Bremen, Cuxhaven) eingebürg., in MV in Einbürg., sonst unbest., so in D: BB (Berlin), BY, NI, NRW, RP. [*S. cordifolia* auct. non Kunth]
Gesägtblättrige S., ***S. serrata*** DC.

— Blätt. 3-eckig-pfeilf., am Grund herzf. bis br. keilf., grob unregelmäß. gezähnt od. gelappt; Blattstiele am Grund kaum ausgebildet u. nicht öhrchenart. erweitert; — Stg. meist stark verzweigt; ↕ 50–120(–190) cm; ⊙. VIII–IX. – Nährstoffreiche Unkrautgesellschaften, Bahnhöfe. – Ne. (Heimat: altwelt. subtrop.-trop.); *s*, unbest. in D: BB (auch Berlin), HE, MV, NRW, SH (Hamburg), SN; B; I: Bz; NL. – Auch Heilpfl. Östliche S., Orient-S., ***S. orientalis*** L.

Ähnl. der vorigen Art, aber: Blätt. sitzend; Spr. schmal-ellipt. bis längl.-lanzettl., grob gezähnt bis fiederlappig; äuß. Hüllblätt. die inn. nicht überragend; ↕ 50–150 cm; ⊙. VIII–IX. – Nährstoffreiche Säume, Felder, Bahnhöfe. – Ne. (Heimat: Australien), sehr *s*, unbest. in D: HE, NRW. [*S. orientalis* var. *microcephala* (DC.) Thell.]
Kleinköpfige S., ***S. microcephala*** DC.

Alle Arten ursprüngl. v. a. m. Wolle eingeschleppt.

Silphium L., Becherpflanze, Silphie (Bearbeiter: Gerald Parolly)

Pfl. 1,5–2,5 m hoch; Köpfchen 5–8 cm ∅; Fr. zus.gedrückt, 2-flügelig; ↕ 1–2,5 m; ♃. VII–X. – Ruderalfluren, Auenwälder. – Ne. (Heimat: atlant. N-Am.), teilw. aus Gärten verwild.; *z*, bes. entlang einiger Flusstäler in Einbürg., z. B. D: MV, RP, S-SN, TH; A: Stm. – Zier- u. Nutzpfl.
Stängelumfassende B., Durchwachsene S., ***S. perfoliatum*** L.

Silybum Adans., Mariendistel (Bearbeiter: Eckhard von Raab-Straube)

Blätt. glzd. grün, weiß gefleckt, gelb bedornt, buchtig-gelappt; Köpfchen 4–5 cm lg.; Blüten purpurn; ↕ 60–120 cm; ⊙. VI–IX. – Kult. (Heimat: MMG, SW-As.); aus Gärten gelegentl. verwild. u. zuw. eingebürg. (u. a. BW: Nordbadische Rheinebene). – Zier- u. Heilpfl. Echte M., ***S. marianum*** (L.) Gaertn.

Sinacalia H. Rob. & Brettell, Chinagreiskraut (Bearbeiter: Gerald Parolly)

Pfl. m. Knollenrhizom; Blattspr. 10–16 × 10–15 cm, eif.-herzf., fiederschnittig, ihre Abschnitte br. lanzettl., scharf gezähnt; Köpfchen ∞, in lockerer Doppeltraube; Hülle 1,5–2 mm br.; Röhrenblüten 3–4; Zungenblüten 2(–3), goldgelb; Pappus weiß; ↕ 80–150 cm; ♃. IX–X. – Bachauenwälder, feuchte Säume, Staudenfluren; submontan. – Ne. (Heimat: M-China), aus Parkanlagen u. Gärten sehr selten punktf. verwild.; eingebürg. u. sich regional ausbreitend in A: NÖ (Ybbstaler Alp., im Steinbachtal b. Göstling); unbest. in D: BY. – Zierpfl. [*Cacalia tangutica* (Maxim.) Hand.-Mazz.; *Ligularia tangutica* (Maxim.) Mattf.; *S. henryi* (Hemsl.) H. Rob.] Tangutienkraut, Tangutisches C., ***S. tangutica*** (Maxim.) B. Nord.

Solidago L., Goldrute (Bearbeiter: Gerald Parolly)

1. Köpfchen 6–10 mm lg., in aufr. rispen- od. traubenart. Köpfchenständen; Pfl. ohne Ausläufer; — Zungenblüten länger als die Hülle; ↕ 5–100 cm; ♃. VII–X. – Lichte Wälder, Heiden, Magerrasen; Ebene bis subalp. – *v*. Echte G., ***S. virgaurea*** L.

a. Köpfchen 6–8 mm lg., 10–15 mm ∅, in rispenart. Köpfchenständen aus ∞ Köpfchen; ↕ 20–100 cm. VIII–X. – Lichte Wälder, Heiden, Magerrasen; bis 2300 m. – *v*, im NW nur *z*. Gewöhnliche G., subsp. ***virgaurea***

— Köpfchen 8–10 mm lg., 15–20 mm ∅, in traubenart. Köpfchenständen aus wenigen Köpfchen; ↕ 5–30 cm. VII–VIII. – Magerrasen; 900–2800 m. – *v* Alp., *z–s* Mittelgeb. [*S. alpestris* Willd.] Alpen-G., subsp. ***minuta*** (L.) Arcang.

— Köpfchen 3–6 mm lg., in dichten, meist einseitswendigen rispenart. Köpfchenständen; Pfl. m. Ausläufern, — daher meist bestandsbildend, 50–250 cm hoch **2**

2. Stg. grün, dicht kurzhaarig; Zungenblüten ≈ so lg. wie die Röhrenblüten; Pappus 1,5–2 mm lg., aus 20–30 Haaren; Fr. 1–1,2 mm lg.; ↕ 50–200(–250) cm; ♃. VIII–X. – Auenwälder, Flussufer, Bahndämme, Brachflächen, Ruderalstellen. – Ne. (Heimat: N-Am.); heute überall eingebürg. – *v*. – Auch Gartenzierpfl. Kanadische G., ***S. canadensis*** L.

— Stg. grau bereift, kahl, höchstens in der Infl. behaart; Zungenblüten deutl. länger als die Röhrenblüten; Pappus 2,5–3,2 mm lg., aus 32–44 Haaren; Fr. 1,3–1,8 mm lg.; ↕ 50–150(–250) cm; ♃. VIII–X. – Auenwälder, Flussufer. – Ne. (Heimat: N-Am.), heute überall eingebürg. – *v*. – Auch Gartenzierpfl. [*S. serotina* Aiton] Riesen-G., ***S. gigantea*** Aiton

Sonchus L., Gänsedistel (Bearbeiter: Eckhard von Raab-Straube)

1. Stg. meist ästig; Hülle kahl od. weißfleckig, nicht drüsig; Fr. beiderseits m. 3 Längsrippen; Pfl. 1-j. **3**

— Stg. meist einfach od. erst im Bereich des Köpfchenstands verzweigt; Hülle ± dicht drüsenhaarig; Fr. beiderseits m. 5 Längsrippen; Pfl. ausd. **2**

2. Stg.Blätt. am Grund absthd. pfeilf. zugespitzt, bläul.grün; Köpfchen in gedrungenen doldenrispigen Köpfchenständen; Hülle u. Köpfchenstiele m. anfangs gelben, später nachschwärzenden Drüsenhaaren; Fr. gelbbraun bis gelbl.weiß; ↕ 100–300 cm; ♃. VII–IX. – Flussufer, nasse Wiesen. – D: *s* BB, BY, *z* MV, SH, *s* SO-NI, RP, SN, S-ST, M-TH, unbest. NRW, früher HE; *s* A: Bgl, NÖ; N-B; CZ; DK; W-NL; *z* PL; früher CH. Sumpf-G., ***S. palustris*** L.

— Stg.Blätt. am Grund angedrückt herzf., glzd. grün; Köpfchen in lockeren doldenrispigen Köpfchenständen; Köpfchenstiele dicht gelb-drüsenborstig; Fr. dk.braun; ↕ 50–150 cm; ♃. VII–X. Acker-G., ***S. arvensis*** L.

a. Hülle u. Köpfchenstiele ± dicht drüsenhaarig. – Lehmig-tonige Äcker, Brachen, Sanddünen. – *v*, *z* Geb. Acker-G. (i. e. S.), subsp. ***arvensis***

b. Hülle u. Köpfchenstiele ± drüsenlos. – Feuchtwiesen, Ufer, Gräben; salzertragend. – *z*, bes. im N Drüsenlose Acker- G., subsp. ***uliginosus*** (M. Bieb.) Nyman

3 (1). Stg.Blätt. am Grund m. zugespitzten, vorgestreckten Öhrchen (*825/1*), weich, glanzlos, tief fiederspaltig, selten ungeteilt, dornig gezähnt; Fr. querrunzelig; ↕ 30–100 cm; ⊙. VI–X. – Ruderalstellen, Äcker. – *v*. Kohl-G., ***S. oleraceus*** L.

— Stg.Blätt. am Grund m. abgerundeten, angedrückten Öhrchen (*825/2*), steif, dk.grün glzd., meist ungeteilt, sonst nur seicht gespalten (doppelt gezähnt), m. dornigen Zähnchen; Fr. glatt; ↕ 30–80 cm; ⊙. VI–X. – Äcker, Gärten, Ruderalstellen. – *v*. Dornige G., ***S. asper*** (L.) Hill

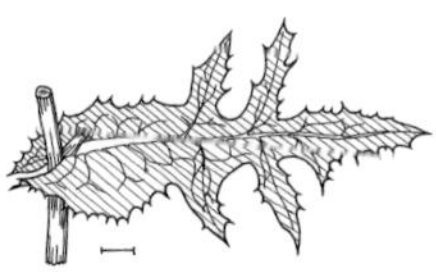

825/1

825/2

Symphyotrichum Nees [*Aster* L. p. p.], Herbstaster, Neuweltaster (Bearbeiter: Gerald Parolly)

Die nordamerikan. Herbstaster-Arten sind noch in lebhafter Artbildung begriffen. Eine abschließende Beurteilung dessen, was taxonom. abgegrenzt werden kann, ist noch nicht mögl. Daher sollen hier nur die wichtigsten Formengruppen genannt werden.

Schlüssel z. T. nach Jäger (2017) u. sicherl. nicht für das ganze Gebiet anwendbar.

1. Blätt. auf der Fläche dicht borstig behaart; Stg. steifhaarig, oberw. drüsig behaart; Hüllblätt. ± gleich lg. drüsig behaart; — ob. Stg.Blätt. stg.umfassend, ganzrandig; Zungenblüten rot, rosa, blau od. violett; ↕ 100–150 cm; ♃. IX–XI. – Flussufer, Ruderalstellen. – Ne. (Heimat: N-Am.), *z* verwild.; z. B. D: Elbe, Rhein, BB, MV; A; B; CH; I: Bz. – Zierpfl. [*A. novae-angliae* L.] Neuengland-H., Raublatt-H., ***S. novae-angliae*** (L.) G. L. Nesom

— Blätt. kahl, nur am Rand borstig rau od. bewimpert; Stg. kahl od. nur oberw. weichhaarig; Hüllblätt. nicht drüsig behaart 2

2. Hüllblätt. ± gleich lg., nicht auffallend dachziegelig angeordnet; ↕ 20–160 cm; ♃. IX–X. – Flussufer, Ruderalstellen. – *z* od. *s* (Verbr. ungenau bekannt).
Artengruppe Neubelgien-H., ***S. novi-belgii*** agg.

a. Hüllblätt. (zumind. äuß.) meist > 0,7 mm br.; Stg.Blätt. geöhrt, zumind. den halben Stg. umfassend; ↕ 20–160 cm. – Früher Zierpfl. (Heimat: N-Am.). – *v*. [*A. novi-belgii* L.] Neubelgien-H., ***S. novi-belgii*** (L.) G. L. Nesom

— Hüllblätt. meist < 0,7 mm br.; Stg.Blätt. nur wenig stg.umfassend; ↕ 20–150 cm. – Zierpfl. (vielleicht in Kultur entstanden?). [*A.* × *salignus* Willd.; *S. lanceolatum* × *S. novi-belgii*] Weiden-H., ***S.* × *salignum*** (Willd.) G. L. Nesom

— Hüllblätt. deutl. dachziegelig angeordnet 3

3. Hüllblätt. 0,4–0,8 mm br., m. lanzettl. grünem Mittelfeld, dieses bis zum Grund herablfd.; Spr. der unt. Stg.Blätt. nicht stielart. verschmälert; — Zungenblüten weißl. od. blassviolett; Stg. oben m. Haarleisten; ↕ 60–120 cm; ♃. VIII–X. – Flussufer, Auenwälder. – Ne. (Heimat: N-Am., z.T. wohl auch in Kultur entstanden), oft verwild. u. eingebürg.; *v–z*. – Zierpfl.
Artengruppe Lanzettblättrige H., ***S. lanceolatum*** agg.

a. Saum der Röhrenblüten meist höchstens ein Drittel (selten bis zur Hälfte) gespalten; Hülle meist 3–4 mm ∅; Blätt. unterseits nur auf den Nerven behaart; ↕ 60–120 cm. – *v*. [*A. lanceolatus* Willd.]
Lanzettblättrige H., ***S. lanceolatum*** (Willd.) G. L. Nesom

— Saum der Röhrenblüten bis zur Hälfte gespalten; Hülle meist < 3 mm ∅; Blätt. unterseits auf der Fläche behaart; ↕ 80–100 cm. – In Kultur entstanden(?); *z*. [*A. parviflorus* Nees; incl. *S. tradescantii* (L.) G. L. Nesom]
Kleinköpfige H., ***S. parviflorum*** (Nees) Greuter

— Hüllblätt. 0,8–1,3 mm br., m. rautenf. grünem Mittelfeld; Spr. der unt. Stg.-Blätt. stielart. verschmälert; — Zungenblüten meist blauviolett; ↕ 60–120 cm; ♃. IX–XI. – Auenwälder, Gebüsche. – Ne. (Heimat: N-Am., z.T. wohl auch in Kultur entstanden), regional verwild. u. eingebürg.; *v–z*. – Zierpfl. Artengruppe Glattblatt-H., ***S. laeve*** agg.

a. Pfl. blaugrün bereift; ob. Stg.Blätt. stg.umfassend; Blätt. der Seitentriebe deutl. kleiner als die Stg.Blätt.; ↕ 60–120 cm. – Ne. (Heimat: N-Am.); eingebürg. z. B. *s* in D: BB, BY, RP, ST, TH; A; B; NL. – Zierpfl. [*A. laevis* L.]
Kahle H., Glatte H., ***S. laeve*** (L.) Á. Löve & D. Löve

— Pfl. grün; ob. Stg.Blätt. m. verbreitertem Grund etwas geöhrt; Blätt. der Seitentriebe nur wenig kleiner als die Stg.Blätt.; ↕ 60–120 cm. – Ne. (entstanden in Eur.); eingebürg., z. B. D: BW, BY, NRW, ST, TH; A: Sb, Stm; B; CH. – Zierpfl. [*A.* × *versicolor* Willd.; *A. laevis* × *A. novi-belgii*] Bunte H., ***S.* × *versicolor*** (Willd.) G. L. Nesom

Weitere Arten wurden verwild. beobachtet, z. B. ***S. dumosum*** (L.) G. L. Nesom in B; L.

Tagetes L., Studentenblume, Samtblume (Bearbeiter: Gerald Parolly)

1. Zungenblüten (1–)3–4, < 3 mm lg., die Hülle nur 1–2 mm überragend; Hüllblattbecher < 4 mm br.; Köpfchen schirmrispig angeordnet; Blätt. unterseits m. braunen Öldrüsenpunkten; — Hüllblätt. 3–5, gelb, braun gefleckt; Zungen hellgelb; ↕ 50–100(–250) cm; ⊙. VII–X. – Siedlungsnahe ruderale StO. – Ne. (Heimat: S- u. M-Am.), häufig kult. u. *s* meist unbest. verwild.; z. B. D: BW, BY, NI, NRW, SH (Hamburg), SN; A: NÖ; CH; NL. – Zierpfl.; auch als Gewürz u. zur Bekämpfung von Schadnematoden.
Mexikanische S., Zwerg-Samtblume, Huacatay, ***T. minuta L.***

— Zungenblüten ≥ 5, >(5–)10 mm lg., die Hülle deutl. überragend; Hüllblattbecher > 5 mm br.; Köpfchen einzeln, 2–12 cm lg. gestielt; Öldrüsenpunkte nur nahe der Blattzähne; — Hüllblätt. ≥ 5 2

2. Köpfchenstiele oben deutl. angeschwollen; Hüllblätt. meist > 18–22 mm lg., 9–13-zähnig; Röhrenblüten > 100; — Stg. grün, kantig; Zungen meist 10–30 mm lg., meist einfarbig gelb od. orange; ↕ 35–75(–100) cm; ⊙. V–XI. – Siedlungsnahe ruderale StO. – Ne. (Heimat: Mexiko, M-Am.; Wildvorkommen?), sehr häufig kult. u. *s* meist unbest. verwild.; z. B. D: BB, BY, NRW, RP, SN; A: NÖ, Sb, Stm, Vb; CH (Bern); CZ; FL. – Zierpfl. Aufrechte S., ***T. erecta*** L.

— Köpfchenstiele oben nicht od. kaum angeschwollen; Hüllblätt. meist 13–15 mm lg., 5–8-zähnig; Röhrenblüten 30–70; — Stg. oft violett überlaufen, im ∅ rund.; Zungen meist (5–)10–15 mm lg., hellgelb bis orange, oft purpurn od. braun gefleckt; ↕ 15–120 cm; ⊙. V–XI. – Siedlungsnahe ruderale StO. – Ne. (Heimat: Mexiko, M-Am.), häufig kult. u. *s* meist unbest. verwild.; z. B. D: BB (Berlin), BW, BY, HE, NRW, RP, SN; A; B; CZ. – Zierpfl.
Ausgebreitete S., Gewöhnliche S., ***T. patula*** L.

Auch Bastard-S., ***T. hybrida*** hort., z. B. unbest. in D. SH (Hamburg).

Tanacetum L. [*Chrysanthemum* L. p. p., incl. *Balsamita* Mill., Balsamkraut, u. *Pyrethrum* Zinn, Insektenblume], Straußmargerite (Bearbeiter: Gerald Parolly)

1. Zungenblüten vorhanden, weiß ... 3
— Zungenblüten fehlend; — Köpfchen 5–11 mm ∅; Pfl. (nach dem Zerreiben) aromat. riechend ... 2
2. Blätt. doppelt fiederspaltig, bis 20 cm lg.; Köpfchen in flachen, dichten schirmrispigen Köpfchenständen; ↕ 30–150 cm; ♃. VII–IX. – Straßen- u. Wegränder, Ruderalfluren u. Ufersäume. – *v*. [*C. vulgare* (L.) Bernh.] Rainfarn, ***T. vulgare*** L.
— Blätt. ungeteilt, bis 10 cm lg., gleichm. gesägt bis gekerbt; Köpfchen in lockeren, nicht flachen schirmrispigen Köpfchenständen; Pfl. aromat. duftend, ↕ 50–120 cm; ♃. VIII–X. – Oft kult., Ne. (Heimat: SW-As.), zuw. verwild.; z. B. D: BB, BW, BY, HE, NRW, SN, TH; A; I: Bz. – Alte Heil- u. Gewürzpfl. [*B. major* Desf.; *C. balsamita* L.] Balsamkraut, Marienbalsam, ***T. balsamita*** L.
3 (1). Röhrenblüten bräunl.weiß; Köpfchen 6–8 mm ∅; — Blätt. nur fiederteilig, allenfalls am Grund gefied.; Zungenblüten 6–10, viel kürzer als die Hülle; ↕ 40–150 cm; ♃. VI–VIII. – Waldränder, Parks. – Kult. u. Ne. (Heimat: Balkan-HI, Kaukasus, S-Sibirien), in D; A u. DK zuw. verwild. u. *s* (D: Fr, Oberrhein, TH) eingebürg. – Zierpfl. [*C. macrophyllum* Waldst. & Kit.] Großblättrige S., ***T. macrophyllum*** (Waldst. & Kit.) Sch. Bip.
— Röhrenblüten gelb; Köpfchen > 10 mm ∅ ... 4
4. Köpfchen einzeln, — 20–35 mm ∅; Pfl. aromat.; Blätt. gestielt, drüsig punktiert, unterseits seidig behaart; Hülle 12–18 mm ∅; Hüllblätt. innen glzd. strohgelb; Zungenblüten 8–16 mm lg., weiß; Fr. 5–7-rippig; ↕ 30–60 cm; ♃. V–VII. – Angebaut (Heimat: SO-Eur.); *s* verwild.; z. B. D: RP; A; CH: Vs. [*C. cinerariifolium* (Trevir.) Vis.] Dalmatinische Insektenblume, Dalmatinische S., ***T. cinerariifolium*** (Trevir.) Sch. Bip.
— Köpfchen zu 3–30, schirmrispig angeordnet ... 5
5. Zungenblüten lineal-längl., (7–)10–15(–20) mm lg.; Köpfchen m. ausgebr. Zungenblüten 2,5–5 cm ∅; Blätt. derb, längl.; Stg.Blätt. sitzend, gefied., jederseits m. 6–15 fiederteiligen Abschnitten; Fr. 5-rippig; Pfl. geruchlos; ↕ 50–100 cm; ♃. VI–VIII. – Lichte Laubwälder, Trockengebüsche; auf Kalk. – *z* im S, nach N seltener, nördl. bis Hannover; PL; *f* CZ. [*C. corymbosum* L.] Gewöhnliche S., ***T. corymbosum*** (L.) Sch. Bip.
a. Hautrand der Hüllblätt. hellbraun; Zungenblüten (7–)10–15 mm lg. – *z*. Gewöhnliche S. (i. e. S.), subsp. ***corymbosum***
— Hautrand der Hüllblätt. schwarzbraun; Zungenblüten 15–20 mm lg. – *z–s*, A: Bgl, Kt, NÖ, Sb, Stm; FL; I: Bz. [*C. subcorymbosum* Schur; subsp. *clusii* (Rchb.) Heywood] Schwarzrandige S., Clusius-S., subsp. ***subcorymbosum*** (Schur) Pawł.
— Zungenblüten verkehrt eif., 2,5–10 mm lg.; Köpfchen m. ausgebr. Zungenblüten 1,3–2,3 (–2,5) cm ∅; Blätt. zart, eif., Stg.Blätt. jederseits m. 2–5(–6)-fiederteiligen Abschnitten; Fr. meist 10-rippig; Pfl. stark aromat. riechend ... 6
6. Zungenblüten 2,5–7 mm lg.; Blätt. gelbgrün, zerstreut behaart; ihre Abschnitte längl. eif. bis ellipt., fiederspaltig, Zipfel stumpf; Köpfchen auf straffen Stielen; — Pfl. von stark widerl. Geruch; ↕ 30–60 cm; ♃. VI– VIII. – Ruderalfluren. – Ne. (Heimat: Balkan, SW-As., Kaukasus), aus Gärten zuw. verwild u. *s* eingebürg. – Zierpfl. [*C. parthenium* (L.) Bernh.] Mutterkraut, ***T. parthenium*** (L.) Sch. Bip.
— Zungenblüten 7–10 mm lg.; Blätt. grün bis graugrün, dicht behaart; ihre Abschnitte längl., fiederschnittig, Zipfel spitz; Köpfchen auf meist gebogenen Stielen; ↕ 30–80 cm; ♃. VII– VIII. – Trockene Felsbänder, steinige Ruderalfluren, Bahnanlagen, Mauern. – Ne. (Heimat: SW-As., Kaukasus), aus Gärten zuw. verwild. u. *s* eingebürg.; z. B. D: NRW (Aachen), SN, ST, TH. – Zierpfl. [*P. partheniifolium* Willd.] Staubige S., ***T. partheniifolium*** (Willd.) Sch. Bip.

Taraxacum F. H. Wigg., Löwenzahn, Kuhblume (Bearbeiter: Eckhard von Raab-Straube)

Taraxacum ist (in ähnl. Weise wie *Hieracium*, s. S. 801ff.) eine außerordentl. formenreiche Gattung u. noch in fortlfd. Bildung neuer Sippen begriffen. Dies rührt insbesondere von einer außergewöhnl. komplexen Fortpflanzungsbiologie (u. a. Apomixis) her. Seit der letzten Neubearbeitung dieser Bestimmungsflora sind zahlr. Publikationen über *Taraxacum* erschienen, die meisten allerdings in Beziehung zu N-europ. Sippen. Die im Gebiet bisher gefundenen u. ± formbeständigen > 450 Kleinarten lassen sich nur mittels Spezialliteratur identifizieren. Daher werden hier nur die wichtigsten Sektionen der Gattung im Schlüssel aufgeführt. Beim Sammeln von Material (nur z. Hauptbltzt!) sorgfältig beobachten: Farbe von Blatt, Blattstiel, Blüten,

Narben u. Gr. notieren. Reife Fr. sind unerlässl. Sie bestehen aus einem ± gefärbten, samentragenden, verdickten Basisteil, dem eine oft warzig-schuppige, pyramidenf. Spitze aufsitzt (Fr.Spitze), einem meist farblosen Stiel (Schnabel) u. dem Pappus.

1. Hüllblätt. unterh. der Spitze verdickt bis gehörnt; — Fr. rot, braun od. strohfarben; Wurzelschopf meist kräftig entwickelt; Blätt. ± stark zerschlitzt; Fr.Spitze zylindr.; Fr. ≈ 3 mm lg.; ♃. IV–VI. – Trockenrasen, Ruderalstellen, Dünen. – *z*. [Hierher z. B. *T. erythrospermum* Besser u. *T. obliquum* (Fr.) Dahlst.] Rotfrüchtiger L., ***T.*** sect. ***Erythrosperma*** (H. Lindb.) Dahlst. Dünen-L., ***T.*** sect. ***Obliqua*** Dahlst.

— Hüllblätt. unverdickt; Fr. strohfarben ... 2

2. Zungenblüten eingerollt bis röhrig, strohfarben; ♃. V–VIII. – Magerrasen; subalp. u. alp. Stufe, 1700–2700 m. – *v*, Alp. (Hierher z. B. *T. cucullatum* Dahlst.) Strohblütiger L., ***T.*** sect. ***Cucullata*** Soest

— Zungenblüten weder eingerollt noch röhrig ... 3

3. Äuß. Hüllblätt. m. br., weißem Rand, den inn. anlgd., eif.; Pfl. feuchter StO ... 6

— Merkmale anders ... 4

4. Wurzelstock stark entwickelt u. m. zerfaserten Resten von Grundblätt. (vgl. Nr. **1**) ***T.*** sect. ***Erythrosperma*** (H. Lindb.) Dahlst.

— Wurzelstock glatt ... 5

5. Äuß. Hüllblätt. kurz u. anlgd.; Fr.Schnabel 3–6 mm lg., Fr.Spitze 0,3–0,6 mm lg.; — Blätt. kahl, grün, schrotsägezähnig; äuß. Hüllblätt. meist dk.grün, ohne od. m. sehr schmalem, weißl. Rand; ♃. VI–IX. – Magerrasen, Viehläger, Schneetälchen. – *s*, Alp. (Hierher z. B. *T. alpinum* Hegetschw.) Alpen-L., ***T.*** sect. ***Alpina*** G. E. Haglund

— Äuß. Hüllblätt. stets zurückgeschlagen bis absthd.; Fr.Schnabel u./od. Fr.Spitze länger; — Blätt. meist stark gelappt u. gezähnt; äuß. Hüllblätt. ohne od. m. sehr schmalem, weißem Rand; Fr. strohfarben, seltener bräunl., m. kegelf. Fr.Spitze; ♃. III–VII. – Fettwiesen u. -weiden, Äcker, Dünen, Ruderalstellen. – *v*. [*T.* sect. *Ruderalia* Kirschner et al.; hierher z. B. *T. officinale* F. H. Wigg.] Gebräuchlicher L., ***T.*** sect. ***Taraxacum***

6 (3). Fr.Spitze meist > 1 mm lg., zylindr.; — Blätt. schmal, meist nur entfernt gezähnelt u. wenig gelappt, ungefleckt; Hüllblätt. br. hautrandig; ♃. IV–VI. – Flachmoore, Wiesen, Salzwiesen. – *z–s*. (Hierher z. B. *T. palustre* (Lyons) Symons) Sumpf-L., ***T.*** sect. ***Palustria*** (H. Lindb.) Dahlst.

— Fr.Spitze ≤ 0,9 mm lg., ± kegelf. ... 7

7. Blätt. br. u. viellappig, oft purpurn gefleckt u. Stiele blutrot; ♃. V–VII. – Sumpfwiesen u. Flachmoore. – *s* im N u. NW. (Hierher z. B. *T. spectabile* Dahlst.) Stattlicher L., ***T.*** sect. ***Spectabilia*** (Dahlst.) Dahlst.

— Blätt. nicht purpurn gefleckt u. Stiele nicht blutrot; ♃. V–VII. – Moore; subalp. u. alp. Stufe. – *s*, Alp. (Hierher z. B. *T. fontanum* Hand.-Mazz.) Gebirgsmoor-L., ***T.*** sect. ***Fontana*** Soest

Telekia Baumg., Telekie (Bearbeiter: Gerald Parolly)

Pfl. kräftig, bis 2 m hoch; Köpfchen zu 3–7 trauben- od. doldenart. angeordnet, 5–6 cm ∅; ↕ 60–160 cm; ♃. VI–VIII. – Feuchte Wälder, Hochstaudenfluren. – Ne. (Heimat: SO-Eur., Anatolien, Kaukasus), gelegentl. aus Gärten verwild. u. *s* eingebürg.; bes. D: BY, MV, SN, TH; A; CH; PL. – Zierpfl. [*Buphthalmum speciosum* Schreb.] Pracht-T., ***T. speciosa*** (Schreb.) Baumg.

Tephroseris (Rchb.) Rchb. [*Senecio* L. p. p., Greiskraut, Kreuzkraut z. T.], Aschenkraut
(Bearbeiter: Gerald Parolly)

Die Zahlenangaben für Hüllblätt. u. Zungenblüten sind Durchschnittswerte für gut entwickelte Pfl. Diese Werte sind zieml. konstant. Die Abgrenzung der taxonom. Gruppen bleibt kontrovers, da die nah verwandten Sippen offensichtl. ein sehr junges phylogenet. Alter haben u. Arealverschiebungen zu stärkerem Genaustausch führten (Kadereit et al. 2021).

1. Stg. 1–4 cm ∅, oberw. ästig, — kantig, hohl, zottig-drüsig behaart, gelbgrün; Stg.Blätt. sitzend, halb stg.umfassend; Hüllblätt. u. Zungenblüten 21; Fr. kahl; ↕ 25–100 cm; ⊙–♃. VI–VII. – Torfstiche, Sumpfwiesen, Ufer. – *z* im N, südl. seltener u. bis NL/Aachen/Köln/Göttingen/ST/ SN/

PL, östl. bis zur Oder; früher CZ. [*S. congestus* (R. Br.) DC.; *S. palustris* (L.) Hook.; *S. tubicaulis*, nom. inval.] Moor-A., ***T. palustris*** (L.) Rchb.

— Stg. < 1 cm ∅, bis zum Köpfchenstand unverzweigt 2

2. Rosettenblätt. dem Boden angedrückt, z. Bltzt. vorhanden, kreisf. bis ellipt., ± gestielt; Hülle 5–8 mm lg.; — Stg. spinnwebig-wollig behaart, aber nicht drüsig; Köpfchen 15–25 mm ∅; ↕ 15–60 cm; ♃. [*S. integrifolius* (L.) Clairv.] Steppen-A., ***T. integrifolia*** (L.) Holub

a. Pfl. bes. oberw. dicht u. dauerhaft weißwollig; Zungenblüten gelb bis feuerrot (selten fehlend); ↕ 15–30 cm. VII–VIII. – Alpenmatten; 1800–2400 m.– *s*, A: Kt, Stm, Ti; CH: Bern, Fribourg, SG. [*S. capitatus* (Wahlenb.) Steud.] Kopf-A., subsp. ***capitata*** (Wahlenb.) B. Nord.

— Pfl. nicht dicht wollig, ± verkahlend .... b

b. Zungenblüten orange bis gelbrot (selten fehlend); — Stg. m. 2–6(–10) Köpfchen; Hüllblätt. ganz purpurn; Pfl. kahl, selbst jung nur spärl. behaart; ↕ 20–50 cm. VI–VIII. – Wiesen. – *s*, A: Bgl, Kt, NÖ, Stm; CZ. [*S. aurantiacus* (Willd.) Less.] Orangerotes A., subsp. ***aurantiaca*** (Willd.) B. Nord.

— Zungenblüten gelb bis goldgelb c

c. Hüllblätt. in der ob. Hälfte purpurn; Zungenblüten leicht orange überlaufen; — Stg. m. 2–10 Köpfchen; ↕ 25–60 cm. V–VI. – Kiefernwälder, Halbtrockenrasen. – Sehr *s*, A: Bgl. [*S. integrifolius* subsp. *serpentini* (Gáyer) Jáv.] Serpentin-A., subsp. ***serpentini*** (Gáyer) B. Nord.

— Hüllblätt. ganz grün od. an der Spitze rot überlaufen; Zungenblüten gelb od. fehlend; — Stg. m. 3–15 Köpfchen .... d

d. Pfl. relativ kräftig, 25–55 cm hoch; unt. Stg.Blätt. 2,6–5 cm lg., 1,6–3 cm br.; Hüllblätt. gelbl.grün bis grün; Zungenblüten stets vorhanden, 5,5–7 mm lg. V–VI(–VII). – Trockenrasen u. -gebüschsäume, wechselfeuchte Moorwiesen. – *s*, D: BY (M-Fr: Nordheim), ST, TH; A: Bgl, NÖ, früher OÖ; *s* CZ; DK (N-Jütland); PL. Steppen-A. (i. e. S.), subsp. ***integrifolia***

— Pfl. zierl., 15–30 cm hoch; unt. Stg.Blätt. 2–3 cm lg., 1–1,8 cm br.; Hüllblätt. an Spitze oft rot überlaufen; Zungenblüten oft fehlend, wenn vorhanden, 3–6,5 mm lg. V–VI. – Trockenrasen u. -gebüschsäume. – *s*, D: BY (Augsburger Lechfeld). Augsburger A., subsp. ***vindelicorum*** Krach

Die Sippe ist taxonom. umstritten u. wahrscheinl. nicht von subsp. *integrifolia* zu unterscheiden.

— Rosettenblätt. dem Boden nicht angedrückt, z. Bltzt. abgestorben; Hülle 8–12 mm lg. 3

3. Blätt. ganzrandig od. entfernt gezähnelt; — Rosettenblätt. eif. bis spatelf., gestielt; Köpfchen zu 3–20, 20–25 mm ∅; ↕ 20–70 cm; ♃. V–VII. – Flachmoore, Magerwiesen. – *z*. [*S. helenitis* (L.) Schinz & Thell.; *S. spathulifolius* (C. C. Gmel.) Griess.] Spatelblättriges A., ***T. helenitis*** (L.) B. Nord.

a. Fr. behaart; unt. Blätt. plötzl. in den Stiel verschmälert; Stg. u. Blätt. dicht spinnwebig behaart; Zungenblüten 13. – *z* im S, im N seltener, *s* auch CH: Sz. Spatelblättriges A. (i. e. S.), subsp. ***helenitis***

— Fr. kahl; unt. Blätt. allmähl. in den Stiel verschmälert; Stg. u. Blätt. wenig behaart, verkahlend; Zungenblüten 15–18, aber zuw. fehlend. –Sehr *s*, A: OÖ, Sb. [*S. salisburgensis* (Cufod.) Rauschert] Salzburger A., subsp. ***salisburgensis*** (Cufod.) B. Nord.

— Blätt. grob gezähnt; — Köpfchen 20–40 mm ∅ 4

4. Pfl. m. Drüsenhaaren; — Grundblätt. 1,5–3,5 cm br., m. br. geflüg. Stiel, zur Bltzt. meist abgestorben; Köpfchen zu 3–15, 20–40 mm ∅; Zungenblüten gelb od. goldgelb; ↕ 20–80 cm; ♃. [*S. ovirensis* (W. D. J. Koch) DC.] Artengruppe Langblättriges A., ***T. longifolia*** agg.

a Mittl. Blätt. m. br. geflüg. Stiel sitzend; Köpfchen 30–40 mm ∅; Hüllblätt. 21, an der Spitze oft rötl.; Pfl. stark drüsig behaart; ↕ 20–60 cm. V–VII. – Kar- u. Hochstaudenfluren, Feuchtwiesen u. Wälder. – *z*, A: Bgl, Kt, NÖ, OÖ,Sb, Stm; CZ. [*S. ovirensis* (W. D. J. Koch) DC. subsp. *ovirensis*; *T. longifolia* subsp. *longifolia*; incl. subsp. *moravica* Holub] Voralpen-A., Obir-A., ***T. longifolia*** (Jacq.) Griseb. & Schenk

— Mittl. Blätt. am Grund stielart. verschmälert; Köpfchen 20–30 mm ∅; Hüllblätt. 13, ganz grün; Pfl. nur spärl. drüsig, Stg. spinnwebig-wollig behaart; ↕ 30–80 cm. VI–VIII. – Gebirgswiesen, Bachufer, Lägerfluren; bis 2500 m. – *z*, D: BY (Nationalpark Berchtesgaden); A: Kt, OÖ, OTi, Sb, Stm; CH: Gr; I: Bz. [*S. gaudinii* Gremli; *S. ovirensis* subsp. *gaudinii* (Gremli) Cufod.; *T. longifolia* subsp. *gaudinii* (Gremli) Kerguélen] Schmalblättriges A., Schweizer A., ***T. tenuifolia*** Holub

Kadereit et al. (2021) unterstützen in ihrem Conspectus ein breites (morpholog.) Artkonzept ohne Binnendifferenzierung u. stellen auch *T. pseudocrispa* aus der folg. Artengruppe dazu.

— Pfl. (außer am Blattrand) ohne Drüsenhaare; — Grundblätt. herzf., 2–6 cm br., gezähnt od. gekerbt, ihr geflüg. Stiel 1–2-mal so lg. wie die Spr.; Spr. der Stg.Blätt. am Rand. stark bis schwach wellig-kraus, grob gezähnt; Köpfchen zu 5–15, 25–40 mm ∅; Zungenblüten gelb bis orange; ↕ 30–100 cm; ♃. VI–VIII. – Feuchte Wiesen, Quellfluren, Bachufer. – *z*–*s*. Artengruppe Krauses A., ***T. crispa*** agg.

a. Fr. kahl; Pappus doppelt so lg. wie die Fr.; Spr. der Grundblätt. stark wellig; Stg.Blätt. m. deutl. geflüg. Stiel; ↕ 30–100 cm. VI–VIII. – Staudenfluren, Feuchtwiesen, Quellfluren, Bachauen. – *z*–*s*, in D in den östl. Mittelgeb. (bis Thw., Erzgeb., Frw., Lausitz); A: Bgl, Kt, NÖ, OÖ, Sb, Stm; CZ. [*S. crispatus* DC., nom. nov.; *S. rivularis* (Waldst. & Kit.) DC. (subsp. *rivularis*); *T. crispa* subsp. *crispa*] Krauses A., Bach-A., ***T. crispa*** (Jacq.) Rchb.

— Fr. deutl. behaart; Pappus nur ein Drittel bis halb so lg. wie die Fr.; Spr. der Grundblätt. zieml. flach; Stiel der Stg.Blätt. ungeflüg. od. sehr schmal geflüg.; ↕ 30–70 cm. VI–VIII. – Feuchtwiesen, Hochstaudenfluren, Latschen-

gebüsche. – *s*, A: Kt, Stm. [*S. rivularis* subsp. *pseudocrispus* (Fiori) E. Mayer; *T. longifolia* subsp. *pseudocrispa* (Fiori) Greuter; *T. crispa* subsp. *pseudocrispa* (Fiori) B. Nord.]
Südalpen-A., Falsches Krauses A., ***T. pseudocrispa*** (Fiori) Holub

Tolpis Adans., Grasnelkenhabichtskraut (Bearbeiter: Eckhard von Raab-Straube)

Stg. meist m. 1(–5) Köpfchen; Grundblätt. stielart. verschmälert, lineal-lanzettl., entfernt gezähnelt, kahl od. behaart, blaugrün; Hülle haar- u. drüsenlos, aber mehlig blaugrün bereift; Blüten hell schwefelgelb; Fr. mattbraun, ≈ 4 mm lg.; Pfl. m. unterird. Ausläufern; ↕ 15–40 cm; ♃. VII–IX. – Bachgeröll, Moränen, Felsen; auf Kalk; bis 2200 m. – *z* Alp. u. Voralp., *s* verschleppt u. unbest., z. B. D: HE, NI; CZ. [*Hieracium staticifolium* All.; *Chlorocrepis staticifolia* (All.) Griseb.]
Grasnelkenhabichtskraut, ***T. staticifolia*** (All.) Sch. Bip.

Tragopogon L., Bocksbart (Bearbeiter: Eckhard von Raab-Straube)

U. a. nach Christensen (2009).

1. Blüten hell weinrot; — Stg. unter dem Köpfchen stark verdickt; ↕ 60–120 cm; ⊙–⚇. VI–VII. – Früher viel angebaut (Heimat: MMG); *s* verwild.; D: eingebürg. SH, unbest. BB, BW, BY, HE, MV, NI, NRW, ST, TH; A: Bgl, NÖ, OÖ; CH; CZ. [*T. sinuatus* Avé-Lall.]
Haferwurz, ***T. porrifolius*** L. (subsp. ***porrifolius***)
— Blüten gelb 2
2. Stg. u. Äste ± weiß-flockig; Hülle 8-blättr.; — Blüten wachsgelb; Fr. nur kurz geschnäbelt; ↕ 20–50 cm; ⚇. VI–VII. – Dünen. – *s*, PL; *s* verwild. u. unbest. D: RP. [*T. floccosus* subsp. *heterospermus* (Schweigg.) C. Regel] Sand-B., ***T. heterospermus*** Schweigg.
— Stg. u. Äste kahl; Hülle 8–16-blättr. 3
3. Stg. unter dem Köpfchen keulig verdickt, hohl; Fr.Schnabel (fast) so lg. wie die eigentl. Fr.; — Blüten hellgelb, viel kürzer als die Hülle; ↕ 20–60 cm; ⚇. V–VI. – Trockene, steinige Hänge, auf Kalk. – D: *v* BB, RP, ST, TH, *z–s* BW, BY, HE, MV, NI SH; *v–s* A; CH; CZ; I: Bz. [*T. dubius* subsp. *major* (Jacq.) Vollm.] Großer B., ***T. dubius*** Scop.
— Stg. unter dem Köpfchen wenig od. nicht verdickt; Fr.Schnabel kürzer od. länger als die eigentl. Fr.; ↕ 20–70 cm; ⚇–♃. V–VII. –Wiesen. – *v*. Artengruppe Wiesen-B., ***T. pratensis*** agg.
a. Blüten goldgelb, deutl. länger als die Hülle; Köpfchen 5–8 cm ∅; Zungenblüten 6–7,5 mm br.; ↕ 20–70 cm. – Wiesen. – *v* im S u. Alp., nach N seltener; Verbr. noch nicht genau bekannt. [*T. pratensis* subsp. *orientalis* (L.) Čelak.; incl. *T. grandiflorus* Saut.] Orientalischer B., ***T. orientalis*** L.
— Blüten hellgelb; Köpfchen ≤ 5,5 cm ∅; Zungenblüten 2,5–5(–6) mm br. .... b
b. Zungenblüten 2,5–4,5 mm br., ihre Länge bis vier Fünftel der Hüllblattlänge erreichend (gemessen von der Abknickstelle an); Köpfchen 2–4(–4,5) cm ∅; Hüllblätt. oft rot berandet; ↕ 20–60 cm. – Trockene Wiesen, Ruderalstellen. – *z*, bes. im W, sonst *s* od. *f*; Verbr. noch nicht genau bekannt. [*T. pratensis* subsp. *minor* (Mill.) Hartm.] Kleinköpfiger B., ***T. minor*** Mill.
— Zungenblüten 4–5(–6) mm br., ihre Länge mind. drei Viertel bis max. fünf Viertel der Hüllblattlänge (gemessen von der Abknickstelle an) erreichend; Köpfchen 3–5,5 cm ∅; ↕ 30–60 cm. – Wiesen. – *v*, *z–s* A; CH; CZ; Verbr. noch nicht genau bekannt. Gewöhnlicher Wiesen-B., ***T. pratensis*** L.

Tripleurospermum Sch. Bip. [*Matricaria* auct. p. p.], Strandkamille, Ruderalkamille
(Bearbeiter: Gerald Parolly)

1. Stg. aufr., meist nur im ob. Teil verzweigt; Fr. oben abgerundet, an od. neben der Spitze m. einer Öldrüse (Lupe!), Außenseite glatt, nur m. Längsrippe; ↕ (10–)50–100(–150) cm; ⚇. VI–VII. – Waldränder, Hecken, Felder. – Sehr *s*, nur A: Bgl, NÖ, O-Stm; Hauptverbr.: SO-Eur., Balkan-HI; in D: MV als Ne., eingeschleppt u. unbest. [*M. tenuifolia* (Kit.) Simonk.]
Feinblättrige S., ***T. tenuifolium*** (Kit.) Freyn
— Stg. bereits in unt. Hälfte verzweigt; Fr. oben m. becher- bis kragenf. Rand, ihre Außenseite längsrippig u. querrunzelig 2
2. Stg. niederlgd. bis aufstgd., vom Grund an verzweigt; Blätt. etwas fleischig; Zungenblüten 20–30; Öldrüsen auf der Fr. längl.; ↕ 10–50 cm; ⚇–♃. VII–X. – Strandwiesen, Dünen. – Ob

überhaupt im Gebiet?; evtl. *v–z* Nordsee-, weniger häufig Ostseeküste (od. nur Salzhabitatformen der folg. Art?). [*M. maritima* L.] Gewöhnliche S., ***T. maritimum*** (L.) W. D. J. Koch

— Stg. aufr., erst oberw. verzweigt; Blätt. nicht fleischig; Zungenblüten 12–20; Öldrüsen auf der Fr. rundl.; ↕ 30–60 cm; ⊙. VI–X. – Äcker, Straßenränder, Ruderalstellen. – *v*. [*M. inodora* L.; *M. perforata* Mérat; *T. perforatum* (Mérat) M. Laínz] Duftlose S., ***T. inodorum*** (L.) Sch. Bip.

Tripolium Nees [*Aster* L. p. p.], Salzaster, Strandaster (Bearbeiter: Gerald Parolly)

Stg. kahl od. fast kahl, oft rot überlaufen; Stg.Blätt. dickl., höchstens am Rand bewimpert; Hüllblätt. fast 2-reihig, längl.-eif., stumpf, anlgd., kahl; Zungenblüten hellblau-zartlila, selten weiß od. fehlend; ↕ (5–)15–80(–180) cm; ⊙. VI–X. – Nasse bis wechselfeuchte Salzwiesen u. -röhrichte, Rand salziger Gewässer u. Salzhalden. – *v* Meeresküsten von N- u. Ostsee, *s* salzhaltige Stellen im Binnenland, z. B. D: BB, HE, NI, NRW, ST, TH, unbest. BY, SN; A: Bgl, NÖ, Stm; CZ (Mähren); F: Els. [incl. *T. pannonicum* subsp. *tripolium* (L.) Greuter; *A. tripolium* L.] Salzaster, ***T. pannonicum*** (Jacq.) Dobrocz.

Zweifelhaft, ob sich eine Küstensippe (Strand-S., subsp. ***tripolium***; Stg. meist nur oben verzweigt; äuß. u. inn. Fr. kaum differenziert; Fr. 2,6–4 mm lg., ihr Pappus 4–6 mm lg.; alle [?] Vorkommen in D; B; NL; PL) von einer kontinentalen Binnenlandsippe (Pannonische S., subsp. ***pannonicum***; Stg. meist vom Grund an verzweigt; äuß. u. inn. Fr. unterschiedl.; äuß. Fr. 1,6–2,5 mm lg., ihr Pappus 6–9 mm lg.; inn. Fr. 2,8–4 mm lg., ihr Pappus 7–10 mm lg.; Vorkommen in A; CZ; F: Els?) unterscheiden lässt.

Tussilago L., Huflattich (Bearbeiter: Gerald Parolly)

Zungenblüten gelb, mehrreihig, fädl.; Fr. m. lg., mehrreihigem, seidigem Pappus; ↕ 5–30 cm; ♃. III–IV. – Feuchte Äcker (Ton u. Lehm), Wegränder, steinige Magerrasen, Moränen. – *v*. – Schwach giftig! Huflattich, ***T. farfara*** L.

Verbesina L., Kronbart, Verbesine (Bearbeiter: Gerald Parolly)

Stg. weißfilzig, meist reich verzweigt; unt. Blätt. zuw. gegenst.; Stg.Blätt. im Umriss 3-eckig, grob gezähnt bis schwach gelappt; Blattstiel meist geflüg.; Zungenblüten goldgelb; ↕ 10–50(–120) cm; ⊙. VII–X. – Unkrautgesellschaften. – Ne. (Heimat: N- u. M-Am.), zuw. eingeschleppt; *s* eingebürg., z. B. D: Mannheim; CH; CZ; DK; F: Els (Sessenheim); NL. Garten-K., ***V. encelioides*** (Cav.) A. Gray

Willemetia Neck. [*Calycocorsus* F. W. Schmidt], Kronenlattich (*783/2b*)
(Bearbeiter: Eckhard von Raab-Straube)

Blätt. kahl; Stg. oberw. wenig verzweigt u. nur m. 3(–5) Köpfchen; Blüten goldgelb, länger als die Hülle; ↕ 15–45 cm; ♃. VI–VIII. – Feuchte Wiesen, Flachmoore. – *v–z* Alp. u. Vorland, Bayrw./Böhmw. (nördl. bis Viechtach). [*C. stipitatus* (Jacq.) Rauschert] Kronenlattich, ***W. stipitata*** (Jacq.) Dalla Torre

Xanthium L., Spitzklette (Bearbeiter: Gerald Parolly)

Teilw. nach Fischer et al. (2008), Jäger (2017).

1. Blattstiel am Grund seitl. m. 1–2 kräftigen, 3-teiligen, gelben Dornen; Blätt. unterseits weißfilzig, oberseits grün, längl.-keilf., tief 3-lappig; ↕ 30–80 cm; ⊙. VIII–IX. – Trockene, sandige Ruderalfluren, Umschlagplätze. – Ne. (Heimat: S-Am.), im Gebiet meist unbest. u. sehr *z* auftretend; eingebürg. in D: BW, RP; A: Bgl, OÖ, NÖ, Stm; CH; CZ; PL. Dornige S., ***X. spinosum*** L.

— Ganze Pfl. dornenlos; Blätt. nicht filzig, unregelm. gelappt **2**

2. Fr. 12–15 mm lg., reif graugrün bis graugelb, kurz weichhaarig (nicht aber ihre Stacheln); Fr.Schnabel gerade (*832/1*) od. nur ganz schwach einw. gekrümmt; Blätt. beiderseits graugrün, am Grund herzf.; Pfl. nicht aromat. riechend; ↕ 30–100 cm; ⊙. VII–X. – Wegränder, ruderale StO, Flussufer. – Ne. (Heimat: Eur., nicht Am.!); nur entlang von Strom- u. Flusstälern, *z* D: M- u. Niederrhein, Weser, Elbe, *s* Neckar, Donau, Iller, Spree/Havel, Oder, SN; *s* A; CH; CZ; I: Bz; *z* NL; sonst *s* u. nur unbest. Gewöhnliche S., ***X. strumarium*** L.

— Fr. > 15 mm lg., reif kräftig braun u. meist stärker behaart (steifhaarig); Fr.Schnabel mehr hakig gekrümmt; Blätt. gelbl.grün; Pfl. aromat. riechend; Fr. meist deutl. > 2 cm; ↕ 10–100 cm; ⊙. VIII–X. – Ruderalstellen, Flussufer. – Ne. (Heimat: MMG); stellenw. eingebürg.
Artengruppe Großfrüchtige S., ***X. orientale*** agg.

a. Fr.Schnabel deutl. einw. gekrümmt; Fr.Stacheln hakig, von der Mitte an deutl. bogig zur Fr.Spitze. gekrümmt, locker sthd. (oft 2–3 mm Abstand); Fr. im Umriss schlank, absthd. behaart (*832/3*), auch ihre Stacheln u. Schnabel. VIII–IX. – Eingebürg. z. B. A: NÖ; F: Els; L; sonst meist unbest. [*X. orientale* L. subsp. *orientale*]
Großfrüchtige S., ***X. orientale*** L.

— Fr.Schnabel ± gerade; Fr.Stacheln gerade od. hakig gebogen, nur an der Spitze einw. gekrümmt, dicht sthd. (meist nur 1 mm Abstand); Fr. im Umriss dickl., dicht kurzhaarig, die Stacheln u. der Schnabel aber nur im unt. Teil .... **b**

b. Fr.Stacheln 5–6 mm lg., deutl. hakig; Stg. grün; Fr.Köpfe 3-mal so lg. wie br., — 20–30 mm lg. VIII–X. – Bes. entlang Rhein u. Mosel, eingebürg., z. B. A: Bgl, Kt, OÖ, Stm; CH: Ts; F: Els; I: Bz. [*X. italicum* Moretti; *X. orientale* subsp. *italicum* (Moretti) Greuter] Zucker-S., Italienische S., ***X. saccharatum*** Wallr.

— Fr.Stacheln 2,5–4 mm lg., nur wenig gebogen (*832/2*); Stg. m. rötl. od. dk.braunen Strichen od. Punkten; Fr.Köpfe 2–2,5(–3)-mal so lg. wie br., —17–25 mm lg. VIII–X. – Ruderalfluren, Flussufer. – *z* Elbe, Weser, Oder, Weichsel u. Nebentäler, sonst unbest., z. B. A: Bgl (Neusiedler See), NÖ (Wien); CZ. [*X. riparium* var. *albinum* Widder; *X. riparium* auct.] Ufer-S., Elbe-S., ***X. albinum*** (Widder) Scholz & Sukopp

A. Blattgrund nur teilw. keilf., meist gestutzt bis herzf.; Fr.Köpfe fast eif., Fr.Stacheln überwgd. hakig. – *z*, bes. an Elbe, Havel, Spree. Elbe-S. (i. e. S.), subsp. ***albinum***

— Blattgrund deutl. keilf.; Fr.Köpfe schmal-ellipt., nur einige Fr.Stacheln hakig. – *v*, D: BB, Oder. [*X. ripicola* Holub; *X. orientale* subsp. *riparium* (Čelak.) Greuter] Oder-S., subsp. ***riparium*** (Čelak.) Widder & Wagenitz

Xeranthemum L., Spreublume (Bearbeiter: Gerald Parolly)

1. Köpfchen 3–5 cm ∅, m. 70–120 Blüten; inn. Hüllblätt. bei offener Blüte ausgebr., 17–25 mm lg., rosarot bis lila; ↕ (5–)10–40(–60) cm; ⊙. VI–VIII. – Trockenrasen. – *s*, A: Bgl, NÖ; CZ; sonst Ne. (Heimat: MMG, SO-Eur.) u. *s* aus Kult. verwild. od. eingeschleppt; z. B. D: BW, BY, HE, NI, RP, SH, SN, ST, TH; A: Kt; CH: Vs; I: Bz. – Zierpfl. Einjährige S., ***X. annuum*** L.

— Köpfchen 1–2 cm ∅, m. 25–50 Blüten; inn. Hüllblätt. bei offener Blüte aufr., 13–17 mm lg., blassrosa; ↕ (5–)10–40(–50) cm; ⊙. VI–VIII. – Trockenrasen, Kiefernwälder. – *s*, nur CH: Vs; sonst *s* Ne., eingeschleppt, unbest. Felsheide-S., ***X. inapertum*** (L.) Mill.

Xerochrysum Tzvelev, Gartenstrohblume (Bearbeiter: Gerald Parolly)

Pfl. kahl od. rau; Köpfchen 2–5 cm ∅; Hüllblätt. gelb (Stammform), weißl., purpurn, violett, rosa od. rot; ↕ 20–100 cm; ⊙–⊙⊙(–♃); VII–IX. – Ne. (Heimat: Australien), zuw. meist unbest. aus Parkanlagen u. Gärten verwild. – Zierpfl. [*Helichrysum bracteatum* (Vent.) Andrews]
Immortelle, Gartenstrohblume, ***X. bracteatum*** (Vent.) Tzvelev

Weitere Arten als Zierpfl. in Kultur.

Zinnia L., Zinnie (Bearbeiter: Gerald Parolly)

Stg. aufr., unten rauhaarig; Blätt. fast parallelnervig; Köpfchen 1 od. wenige; Köpfchenboden längl.-kegelf. bis zylindr., hohl; Zungen samtig matt, meist rot, selten gelb, bräunl. od. weiß; Spreublätt. länger als die kahle, flach zus.gedrückte, ≈ 7–9 mm lg. u. 4–5 mm br. Fr.; ↕ 30–60(–100) cm; ⊙. VI–X. – Siedlungsnahe Ruderalfluren u. Gebüsche. – Ne. (Heimat: Mexiko), häufig in Gärten kult., *s* meist unbest. verwild., z. B. D: BY, SH (auch Hamburg) SN; A: NÖ (Wien); B?; CZ. – Zierpfl.
Garten Z., ***Z. elegans*** Jacq.

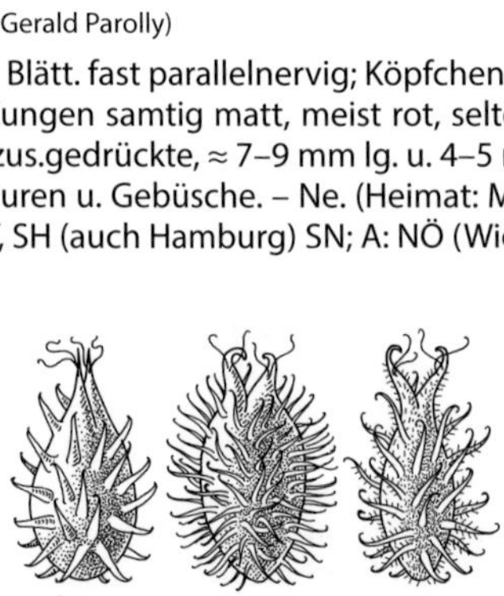

832/1 *832/2* *832/3*

Ordnung: Dipsacales, Kardenartige

Familie: Viburnaceae, Schneeballgewächse (Bearbeiter: Gerald Parolly)

Sträucher u. Kräuter; Blätt. gegenst.; Blüten radiär, oft in Schirmrispen; Krone (4–)5-zählig; Staubblätt. meist 5; Frkn. unterst.; Fr. Beere od. beerenart. Steinfr. – Nach neueren Erkenntnissen müssen *Adoxa, Sambucus* u. *Viburnum* in eine Familie gestellt werden.

1. Krautige Pfl., 5–15 cm hoch .... ***Adoxa***, 833
— Sträucher od. große Stauden, > 50 cm hoch **2**
2. Blätt. gefied. .... ***Sambucus***, 833
— Blätt. ungeteilt od. gelappt .... ***Viburnum***, 833

Adoxa L, Moschuskraut

Stg. m. 2 gegenst. (selten 3 quirlst.) Blätt., das größte grundst.; Blüten in lg.gestielten, hellgrünen, fast würfelf. Köpfchen (*77/4*); ↕ 5–15 cm; ♃. III–V. – Nährstoffreiche feuchte Wälder (bes. Auenwälder) u. Gebüsche; kollin bis subalp. – *v–z*. Moschuskraut, ***A. moschatellina*** L.

Sambucus L., Holunder

1. Pfl. krautig, 0,5–2 m hoch, unangenehm riechend; Nebenblätt. laubblattart., lanzettl., gesägt; Staubbeutel rot; — Krone weiß od. rötl.; Fr. schwarz; ♃. VI–VIII. – Feuchte Waldlichtungen, steinige, buschige Orte. – *v*, A; CH; FL; I: Bz; *z–v* im S, nördl. bis NRW, SH, zuw. hier Ne. – Giftig (nur für Pferde?)! Attich, Zwerg-H., ***S. ebulus*** L.
— Sträucher, selten baumf.; Nebenblätt. fehlend od. warzig; Staubbeutel gelb **2**
2. Krone weiß, in schirmf. Rispen; Blüten deutl. nach den Blättern erscheinend; Fr. schwarz; Mark der Äste weiß; ↕ bis 7(–12) m; ♄. VI–VII. – Auenwälder, Gebüsche, Ruderalfluren. – *v*; oft auch angepfl. Schwarzer H., ***S. nigra*** L. (subsp. ***nigra***)
— Krone grünl.gelb, in eif. od. kegelf. Rispen; Blüten zus. m. den Blättern erscheinend; Fr. rot; Mark der Äste gelb bis hellbraun; ↕ bis 4 m; ♄. III–V. – Bergwälder, Gebüsche; kalkmeidend. – *v* Geb., sonst *z*, *s* im N (dort zuw. verwild.). – Giftig für Vieh! Berg-H., Trauben-H., ***S. racemosa*** L. (subsp. ***racemosa***)

Viburnum L., Schneeball

1. Blätt. 3–5-lappig (*97/1*); randst. Blüten der Schirmrispe vergrößert (strahlend), steril (*833/1*); Beeren rot; — Blattstiel m. napff. Drüsen; ↕ bis 4 m; ♄. V–VII. – Feuchte Gebüsche, Auenwälder. – *v*. – Giftig! Gewöhnlicher S., ***V. opulus*** L. (subsp. ***opulus***)
— Blätt. ungeteilt, am Rand scharf gezähnt (*99/2*), unterseits dichtfilzig; Blüten der Schirmrispe alle gleich gestaltet, fertil; Beeren schwarz; — Blätt. unterseits dichtfilzig; ↕ bis 5 m; ♄. IV–V. – Steppenheidewälder, Gebüsche; auf Kalk. – *v*, A; CH; FL; I: Bz; *z* S-D; F: Els; nördl. seltener bis B/Köln/Höxter/Thw./N-BY/CZ; auch gepfl. u. verwild., regional eingebürg., z. B. D: ST, SN. – Auch als Zierstrauch; giftig! Wolliger S., ***V. lantana*** L.

833/1

Familie: Caprifoliaceae [incl. Diervillaceae, Buschgeißblattgewächse; Linnaeaceae, Moosglöckchengewächse; Dipsacaceae, Kardengewächse, u. Valerianaceae, Baldriangewächse], Geißblattgewächse

(Bearbeiter: Gerald Parolly)

Sträucher od. krautige Pfl.; Blätt. gegenst. od. in grundst. Rosetten; Blüten radiär od. zygomorph, m. od. ohne Sporn; Staubblätt. 1–5; Frkn. unterst.; Fr. Beere, Steinfr., Kapsel, Nuss od. Achäne. Nach neueren Erkenntnissen sind die Familien Diervillaceae, Linnaeaceae, Dipsacaceae u. Valerianaceae m. den Caprifoliaceae zu vereinigen.

1. Pfl. 5–20(–30) cm hoch; Blüten trichterf., einzeln od. zu 2 auf lg. Stielen (Linnaeaceae s. str.) .... ***Linnaea***, 838
— Pfl. höher od. Blüten nicht auf lg. Stielen **2**
2. Krautige Pfl., höchstens am Grund verholzt u. dann Blätt. grasart. schmal (*Lomelosia*, 838) **5**
— Aufr. od. windende Sträucher **3**
3. Krone tief 2-lippig (*838/1, 838/2a, 838/3a*) (Caprifoliaceae s. str.); — Sträucher od. Windepfl. .... ***Lonicera***, 838
— Blüten fast radiär, glockig bis trichterf.; — aufr. Sträucher (Diervillaceae s. str.) **4**
4. Krone 30–35 mm lg.; Kapselfr. .... ***Weigela***, 844
— Krone bis 6 mm lg.; Fr. weiße Beere .... ***Symphoricarpos***, 840
5 (2). Staubblätt. (2–)4 (Dipsaceae s. str.) **8**
— Staubblätt. 1 od. 3 (Valerianaceae s. str.) **6**
6. Krone röhrig, m. lg. Sporn (*78/6*); — nur 1 Staubblatt .... ***Centranthus***, 834
— Krone trichterf., nicht gespornt, am Grund nur ausgesackt (*78/5*) **7**
7. Pfl. 1-j.; Stg. wiederholt gabelästig (*119/4*); Kelch ± deutl. 1–6-zähnig, z. Frzt. nicht auswachsend; — Blüten bläul. bis weißl. .... ***Valerianella***, 843
— Pfl. ausd.; Stg. nicht gabelästig; Kelch z. Frzt. zu behaartem Strahlenkranz auswachsend (*78/4*); — Blüten weißl. bis rosa, nie blau .... ***Valeriana***, 840
8 (5). Stg. u. Köpfchenstiele stachelig; Blüten in walzenf. od. halbkugeligen Ähren, in den Achseln stacheliger Tragblätt. (*836/1–836/2*); — randst. Blüten nicht strahlend; Kelch ohne Borsten .... ***Dipsacus***, 835
— Stg. u. Köpfchenstiele ohne Stacheln; Blüten in verbreiterten, flachen od. halbkugeligen Köpfchen; — Randblüten oft strahlend **9**
9. Köpfchenboden ohne Spreublätt., aber behaart; Kelch m. 8–16 Borsten od. Zähnen ***Knautia***, 836
— Köpfchenboden m. Spreublätt.; Kelch m. 4–5 Borsten od. Zähnen **10**
10. Randblüten strahlend; Krone 5-zipfelig **13**
— Randblüten nicht strahlend; Krone 4-zipfelig **11**
11. Hüllblätt. in > 3 Reihen; Außenkelch m. 8 pfrieml. Zähnchen .... ***Cephalaria***, 835
— Hüllblätt. in 1–3 Reihen; Außenkelch 4-spitzig od. 8-furchig **12**
12. Außenkelch 4-kantig, rauhaarig; Krone dk.blau bis violett; Kelch m. 5 borstenf. Strahlen (*836/4*); — Außenkelch m. 4 Spitzen .... ***Succisa***, 840
— Außenkelch 8-furchig, kahl; Krone lila od. blassblau; Kelch ohne Borsten .... ***Succisella***, 840
13 (10). Blätt. ≤ 3,5 mm br., grasart., ungeteilt, ganzrandig; Röhre des Außenkelchs oben m. 8 tiefen Gruben .... ***Lomelosia***, 838
— Blätt. > 4 mm br., nicht grasart., oft geteilt od. gekerbt; Röhre des Außenkelchs längs gefurcht, ohne Gruben .... ***Scabiosa***, 839

Centranthus Lam. & DC. [*Kentranthus* Raf.], Spornblume

1. Blätt. eif. bis br. lanzettl., 5–60 mm br.; Krone dk.rot, selten weiß; Sporn der Krone 2-mal so lg. wie der Frkn. (*78/6*), 4–7 mm lg.; Infl. eine dichte Thyrse; — Blätt. blaugrün, eif., stumpfl. od. spitzl., kurz gestielt bis sitzend; ↕ 25–100 cm; ♃. V–VIII. – Felsen, Mauern. – Ne. (Heimat: MMG); gelegentl. verwild. u. in wärmeren Lagen eingebürg.; *s*, D; A; FL; *z* S-CH; I: Bz. – Zierpfl.
Rote S., ***C. ruber*** (L.) DC.

— Blätt. lineal-lanzettl. bis linealisch, 2–4 mm br.; Krone rosa; Sporn der Krone so lg. wie der Frkn., 2–4 mm lg.; Infl. meist kopfig; ↕ 30–80 cm; ♃. VI–VIII. – Felsschutt; auf Kalk. – *v–s*, CH: Jura; I: Bz. – Selten auch Zierpfl. Schmalblättrige S., ***C. angustifolius*** (Mill.) DC.

Cephalaria Schrad., Schuppenkopf

1. Krone gelb od. gelbl.weiß **3**
— Krone blau od. violett; — Pfl. 1-j. **2**
2. Hüllblätt. 3–4 mm lg.; Spreublätt. m. lg. Stachelspitze, — 8–12 mm lg.; Blätt. 3–15 × 1,5–3,5 cm, eif., gesägt bis schwach gelappt; Krone blau bis lila, 8–14 mm lg.; ↕ bis 90 cm; ⊙. VI–VII. – Ruderalstellen. – Ne. (Heimat: SW-As.), m. Vogelfutter eingeschleppt; unbest., *s*, z. B. D: BB (auch Berlin), BW, BY, MV, SN; A: Stm; CZ.
Orientalischer S., ***C. syriaca*** (L.) Roem. & Schult. (subsp. ***syriaca***)
— Hüllblätt. 5–8 mm lg.; Spreublätt. m. kurzer Spitze, — 7–10 mm lg., lg. bewimpert; Blätt. 5–12 × 1–5 cm, eif. lanzettl., ungeteilt, gesägt od. gelappt; Krone blau od. gelbl.weiß; ↕ 30–100 cm; ⊙. VII–X. – Wegränder, Böschungen. – Ne. (Heimat: SO-Eur.), eingeschleppt; unbest. od. eingebürg.; *s*, z. B. D: BW, BY, RP, SH (Hamburg), SN; *v* A: Bgl, NÖ.
Siebenbürger S., ***C. transylvanica*** (L.) Roem. & Schult.
3 (1). Blätt. 5–12 cm lg.; Pfl. 1-j. .... ***C. transylvanica***, s. Nr. **2**—
— Blätt. > 12 cm lg.; Pfl. ausd. **4**
4. Außenkelch z. Frzt. 9–12 mm lg. u. m. deutl., ≈ 1–1,5 mm lg. Zähnen; Spreublätt. 9–12 mm lg., m. Stachelspitze, seidig-zottig behaart; Hüllblätt. spitz; Krone gelbl.weiß, Randblüten nicht od. kaum strahlend; — Blätt. 8–18 cm br. (u. 15–42 cm lg.); ↕ 60–150(–200) cm; ♃. VI–VIII. – Hochstaudenfluren, Schluchtwälder. – *s*, A: Vb (Arlberg); CH; Hauptverbr.: W-Alp., I; in D: BY (Herzogstand) seit 2005 angesalbt. Alpen-S., ***C. alpina*** (L.) Roem. & Schult.
— Außenkelch z. Frzt. 5 mm lg. u. m. winzigen, < 0,5 mm lg. u. daher undeutl. Zähnen; Spreublätt. 7–9 mm lg., spitz; Hüllblätt. stumpf; Krone gelb, 12–17 mm lg.; Randblüten deutl. strahlend; — Blätt. 4–10 cm br.; Außenkelch an der Spitze verschmälert; ↕ 60–120 cm; ♃. VI–VII. – Fettwiesen; kollin. – Ne. (Heimat: Rumänien); *s*, lokal verwild. u. eingebürg., nur in A: NÖ (Kamp). – Zierpfl. Strahlender S., ***C. radiata*** Griseb. & Schenk

Ähnl., aber weitaus robuster ist der Riesen-S., ***C. gigantea*** (Ledeb.) Bobrov: Köpfchen 4–6(–8) cm ∅; Krone 15–25 mm lg.; Randblüten deutl. strahlend; ↕ 100–300(–400) cm; ♃. VII–IX. – Feuchte Staudenfluren u. Waldsäume. – Ne. (Heimat: N-Anatolien, Kaukasus); *s* verwild., z. B. D: BW, BY, HE, MV, SN, ST, TH; A; CZ. – Zierpfl.

Dipsacus L. [incl. *Virga* Hill], Karde

1. Blätt. sitzend, am Grund paarweise miteinander verwachsen; Infl. längl., aufr.; Pfl. 2-j. **3**
— Blätt. gestielt, am Grund nicht paarweise miteinander verwachsen; Infl. kugelig, vor dem Aufblühen nickend; Pfl. ausd. **2**
2. Infl. 1,5–2 cm br.; Tragblätt. 10–12 mm lg., borstig bewimpert (*836/1*); Krone weißl., Staubbeutel schwarzviolett; ↕ 60–120 cm; ♃. VII–VIII. – Auenwälder, Waldlichtungen. – *z*, im N seltener; *f* NW-D; W-PL. [*V. pilosa* (L.) Hill] Behaarte K., ***D. pilosus*** L.
— Infl. 2,5–4 cm br.; Tragblätt. 15–20 mm lg., schwach behaart; Krone blassgelb; Staubbeutel hellgrün; ↕ 80–150 cm; ♃. VII–VIII. – Ne. (Heimat: S-Russland, Ukraine), häufig angepfl.; *s* an Ruderalstellen verwild. u. eingebürg., z. B. D: BW, BY, HE, MV, NI, NRW, RP, SH; A: Bgl, NÖ; B; CZ; PL. Schlanke K., ***D. strigosus*** Roem. & Schult.
3 (1). Tragblätt. meist kürzer als die Blüten, m. starrer, zurückgekrümmter Spitze (*836/2*); — Krone violett; Hochblätt. kürzer als die Ähre; ↕ 50–200 cm; ⊙. VII–VIII. – Kult. (S-D), stellenw. verwild., z. B. Oberrhein, Bodenseegebiet; auch A: Vb. – Kulturpfl. [*D. fullonum* Huds. non L.] Weber-K., ***D. sativus*** (L.) Honck.
— Tragblätt. so lg. wie od. länger als die Blüten, m. gerader Spitze (*836/3*) **4**
4. Krone weiß; Hochblätt. weit absthd., kürzer als die Ähre; Blätt. leierf. fiederspaltig, am Rand borstig bewimpert, — unterseits an den Mittelnerven stachelig; ↕ 50–200 cm; ⊙. VII–VIII. – Ruderalstellen. – *s*, M- u. S-D; A; B; CH; CZ; NL. Gelappte K., ***D. laciniatus*** L.

— Krone lila; Hochblätt. ungleich groß, bogig aufstgd., die längeren die Ähre überragend; Blätt. ungeteilt, kahl — od. an den Mittelnerven unterseits stachelig; ↕ 50–200 cm; ⊙. VII–VIII. – Ufer, Ruderalstellen, Wegränder. – *z*, im N *s*. [*D. sylvestris* Huds.] Wilde K., ***D. fullonum*** L.

Knautia L., Witwenblume

Schwierige Gattung. Polyploidkomplex m. offenbar noch nicht abgeschlossener Sippenneubildung.

1. Ob. Stg.Blätt. fast stets leierf. fiederspaltig (sehr selten u. lokal bei *K. arvensis* auch ungeteilt), größte Blattbreite (meist) in der ob. Hälfte **5**

— Ob. Stg.Blätt. ungeteilt, aber häufig gezähnt/gezähnelt; größte Blattbreite in der unt. Hälfte **2**

2. Unt. Stg.Hälfte u. unt. Stg.Blätt. behaart **4**

— Unt. Stg.Hälfte u. unt. Stg.Blätt. kahl **3**

3. Stiele der Köpfchen drüsig behaart; Stg.Blätt. lanzettl., — zugespitzt, etwas lederig, ungeteilt, oberseits glzd., ganzrandig od. schwach gekerbt, kahl od. nur am Rand behaart; Köpfchen 3,5–6 cm ∅; Krone rosa bis purpurn; Kelch m. 8 Borsten; ↕ 20–70 cm; ♃. VII–VIII. – Weiderasen, Waldränder, Hochstaudenfluren; 1400–1800 m. – *z*, A: Kt, Sb, Ti; I: Bz; unbest. verwild. in D: MV. Langblättrige W., ***K. longifolia*** (Waldst. & Kit.) W. D. J. Koch

— Stiele der Köpfchen ohne Drüsenhaare; Blätt. lineal-lanzettl., — unt. Stg.Blätt. > 5-mal so lg. wie br., leicht gezähnt, mittl. u. ob. Stg.Blätt. am Grund keilf.; Köpfchen 2,5–4 cm ∅; Krone lila-rosa; Kelch m. 7–9 Borsten; ↕ 15–40(–50) cm; ♃. VI–VIII. – Feuchte Wiesen, Waldränder; auf Kalk. – *s*, nur CH (Schweizer Jura). Jura-W., ***K. godetii*** Reut.

4 (2). Rhizom m. dem Blütentrieb abschließend (z. Bltzt. nur m. 1 Blütentrieb u. seitl. davon eine kleine Blattrosette vorhanden); Haare am Stg.Grund 2–3,5 mm lg.; Blätt. längl. ellipt., entfernt gesägt, zum Grund hin lg. u. schmal stielart. verschmälert; Kelch m. 8 Borsten (*836/5*); ↕ (30–)60–100 cm; ♃. VI–IX. – Bergwälder, Wiesen. – *v* im S, sonst *s* u. nördl. bis B; NL; D: SN, TH; CZ; W-PL. – Formenreich (auch introgressive Hybridisierung m. *K. arvensis*, z. B. im Hunsrück). [*K. sylvatica* auct.; *K. dipsacifolia* Kreutzer] Artengruppe Wald-W., ***K. maxima*** agg.

a. Stiele der Köpfchen meist drüsig behaart; Stg.Grund u. Blätt. steif behaart; ob. Stg.Blätt. halb stg.umfassend; Pfl. robust. – StO wie Aggregat. – *v*, bes. südl. u. östl. Mittelgeb., Alp. u. Voralp., in D: nur BW, BY, TH; *f* NRW, SN. [*K. dipsacifolia* Kreutzer subsp. *dipsacifolia*] Wald-W. (i. e. S.), ***K. maxima*** (Opiz) Ortmann

— Stiele der Köpfchen meist ohne Drüsenhaare; Stg. u. Blätt. verkahlend; ob. Stg.Blätt. m. verschmälertem Grund sitzend; Pfl. schlank. – *s*, in D nur westl. Mittelgeb., S-NRW (N-Eifel, Siegerland), Westerw., RP (Saarland, W-Hunsrück, dort Introgression von *K. arvensis*), S-Pfw.), HE, TH?; B; F: Els; L; NL. [*K. sylvatica* subsp. *gracilis* (Szabó) O. Schwarz; *K. dipsacifolia* subsp. *gracilis* (Szabó) Ehrend.] Zierliche W., ***K. gracilis*** Szabó

— Rhizom m. einer zentralen, sterilen Blattrosette u. mehreren seitl. bogig aufstgd. Blütentrieben; Haare am Stg.Grund 0,4–1,5 mm lg.; Blätt. kürzer u. breiter stielart. verschmälert; Kelch m. 8–16 borstenf. Strahlen; ↕ (20–)30–80(–100) cm; ♃. V–IX.
Balkan-W., Ungarische W., ***K. drymeia*** Heuff.

Die Gliederung der sehr variablen Art in folg. 3 Sippen ist umstritten u. braucht Bestätigung.

a. Rosettenblätt. u. Stg.Grund m. steifen, gelbl. Borstenhaaren; Pfl. (20–)30–60 cm hoch u. meist wenig verzweigt. – Lichte (Nadel)Wälder, Waldränder. – *s*, A: Kt, Sb (Lungau), Stm, Ti. [*K. intermedia* Pernh. & Wettst.] Mittlere Balkan-W., subsp. ***intermedia*** (Pernh. & Wettst.) Ehrend.

— Rosettenblätt. u. Stg. m. weichen, kurzen, weißen u. gräul. Haaren; Pfl. 40–80(–100) cm hoch u. reich verzweigt .... **b**

b. Stg. dicht behaart; Stg.Blätt. oberseits hellgrün, unterseits graufilzig. – Laubmischwälder u. Gebüsche warmer, meist tieferer Lagen. – *s*, CH: Gr, Ts. Dichthaarige Balkan-W., subsp. ***centrifrons*** (Borbás) Ehrend.

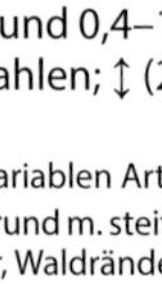
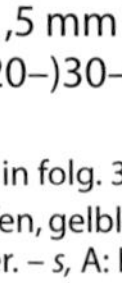
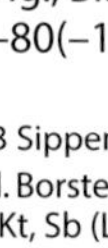
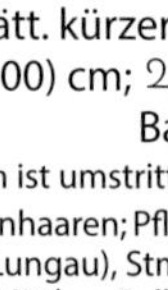
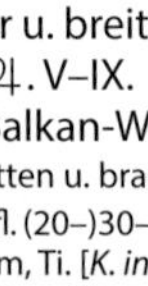

836/1 *836/2* *836/3* *836/4* *836/5*

— Stg. weniger dicht behaart; Stg.Blätt. oberseits dk.grün, unterseits behaart od. fast kahl. – Bergwälder, Waldränder, Staudenfluren. – *s*, D: SN (Sächsische Schweiz); A; CZ; in D: NRW eingebürg., in HE u. SH unbest.
Balkan-W. (i. e. S.), subsp. ***drymeia***

5 **(1).** Endlappen der Stg.Blätt. kürzer als der übrige Teil der Spr.; Blätt. meist grün, unterseits behaart 7

— Endlappen der Stg.Blätt. etwa so lg. wie der übrige Teil der Spr.; Blätt. graugrün, beiderseits stark behaart, unterseits weißl. (***K. carinthiaca*** agg.) 6

6. Stiele der Köpfchen drüsenlos; Köpfchen 2–3 cm ∅; — Krone blass lila (?); Kelch 6–8-borstig; Pfl. z. Bltzt. m. Grundblattrosette, ↕ 10–30(–50) cm; ⊙. VI–VIII. – Kiefernwälder, Hopfenbuchenwälder, auf felsigen Relikt-StO über Dolomit. – *s*, A: Kt (wohl nur im Görtschitztal).
Kärntner W., ***K. carinthiaca*** Ehrend.

Vgl. auch Norische W., ***K.*** × ***norica*** Ehrend. [*K. drymeia* × *K. carinthiaca*; *K. illyrica* auct.]: wie vorherige Art, aber Köpfchen 3–4 cm ∅; Krone (purpur)violett; z. Bltzt. meist ohne Grundblattrosette; ↕ 20–50(–70) cm. VI–VIII. – Kiefernwälder, steinige Hänge; auf Kalk u. Serpentin. – *s*, A: Kt (z. B. b. Launsdorf), Stm.

— Stiele der Köpfchen m. Drüsen; Köpfchen 3–4,5 cm ∅; — Krone hellpurpurn; Kelch 8-borstig; Fr. ≈ 4 mm lg.; ↕ 20–70 cm; ♃. VII–VIII. – Wiesen, Gebüsche; auf Kalk. – *s*, nur CH: Gr (Puschlav), Ts.
Südalpen-W., Ennetbirgische W., ***K. transalpina*** (Christ) Briq.

7 **(5).** Pfl. m. unterird. Ausläufern; Krone blauviolett (selten dk.rotviolett) bis lila, selten gelbl.-weiß; — Kelch m. 8 gefied. Borsten; Köpfchenstiele drüsig od. drüsenlos; ↕ 20–80(–150) cm; ♃. V–IX(–X). – Trockene Wiesen, Wegränder, Äcker. – *v*. – Formenreich.
Artengruppe Wiesen-W., Acker-W., ***K. arvensis*** agg.

Die Sippen der Artengruppe sind wegen der Überlappung der Merkmale teilw. schwer zu identifizieren. Dies gilt bes. für die Abgrenzung von *K. pseudolongifolia* u. *K. serpentinicola* gegenüber *K. arvensis* (die Messwerte stammen meist aus Kolář et al. 2015). Zur Bestimmung mehrere Individuen überprüfen u. die FO- u. StO-Angaben beachten.

a. Krone gelbl.weiß (Knospen gelegentl. purpurn); Stg.Grund nie m. roten Flecken; — Stg.Blätt. meist ungeteilt; ↕ 20–50 cm. VII–VIII. – Trockene Wiesen; kollin. – Ehem. D: O-SN (Zittauer Geb.); sehr *s* u. lokal A: Bgl, NÖ; CZ. [*K. arvensis* subsp. *kitaibelii* (Schult.) Szabó] Gelbe W., ***K. kitaibelii*** (Schult.) Borbás (subsp. ***kitaibelii***)

— Krone rot- od. blauviolett bis lila; Stg.Grund oft m. rötl. Flecken; — Stg.Blätt. ungeteilt od. (häufiger) geteilt . . b

b. Mittl. Stg.Blätt. schmal lanzettl. bis lanzettl., meist ungeteilt od. höchstens seicht eingeschnitten, spärl. behaart bis fast kahl; Stiele des obersten Köpfchens kräftig, 1,4–2,0(–2,2) mm ∅; Fr. (4,8–)5,2–5,7(–5,8) mm lg.; — Köpfchen relativ groß, Hülle (22–)23–33(–35) mm br.; Pfl. nicht od. kaum verzweigt; ↕ 20–65 cm; ♃; 2n = 20. VIII–IX. – Subalp. Rasen über Kalk, seltener in Zwergstrauchvegetation. – Sehr *s* u. sehr lokal, nur CZ: Riesengeb./Krkonoše-Geb. [*K. arvensis* var. *pseudolongifolia* Szabó; *K. arvensis* subsp. *pseudolongifolia* (Szabó) O. Schwarz] Scheinlangblatt-W., ***K. pseudolongifolia*** (Szabó) Žmuda

— Mittl. Stg.Blätt. meist spatelf., eif. od. seltener (br.) lanzettl., meist deutl. gefiedert od. fiederschnittig, spärl. borstig behaart bis graufilzig; Stiele des obersten Köpfchens meist < 1,4 mm ∅; Fr. meist 3,5–5,0 mm lg. . . . c

c. Pfl. schlank, (14–)25–60(–90) cm hoch, z. Bltzt. m. zahlr. seitl. Grundblattrosetten; blhd. Stg. nicht od. kaum verzweigt; mittl. Stg.Blätt. lanzettl. bis eif., (3,2–)4,3–12,1(–17,7) × (1,0–)1,4–6,9(–8,3) cm, m. 1–2(–4) Abschnitten pro Seite, selten ungeteilt, borstig behaart; Krone meist violett bis dk. rotviolett; — oberste Köpfchenstiele (0,6–)0,8–1,2(–1,4 mm) ∅; Köpfchen relativ klein, Hülle (10–)15–27(–36) mm br.; Fr. 3,5–4,7(–5,4) mm lg.; ♃; 2n = 20, 40. VII–IX. – Lichte Kiefernwälder, Felsköpfe, grasige Heiden auf Serpentinit. – *s* u. nur lokal in 4 Serpentingebieten, D: BY (Wojaleite b. Wurlitz/Oberfranken); CZ: Z- u. NW Böhmen (Slakovský les-Geb.).
Serpentin-W., ***K. serpentinicola*** Kolář et al.

— Pfl. kräftig, 45–80(–150) cm hoch, z. Bltz. ohne od. m. wenigen. seitl. Grundblattrosetten; blhd. Stg. meist verzweigt; mittl. Stg.Blätt. spatelf., oft größer, leierf. bis fiederspaltig, m. (1–)3–6(–8) Abschnitten pro Seite; Krone meist blauviolett bis helllila; Köpfchenstiele (immer?) kräftiger (> 1,2 mm ∅?). VI–IX(–X). – Meist halbruderale StO, trockene Fettwiesen, Wegränder. – *v*. Acker-W., ***K. arvensis*** (L.) J. M. Coult. d

d. Laubblätt. kahl bis behaart; Stg.Haare am Grund oft m. rötl. Flecken, derb; 2n = 40. – *v*.
Wiesen-W. (i. e. S.), subsp. ***arvensis***

— Laubblätt. graufilzig; Stg.Haare am Grund grünl., fein (graufilzig); 2n = 20. – *s*, A: Bgl, NÖ, OÖ; CZ. [*K. pannonica* Heuff.] Pannonische Wiesen-W., subsp. ***pannonica*** (Heuff.) O. Schwarz

— Pfl. ohne unterird. Ausläufer, m. blhd. Sprossen u. Blattrosetten; Krone rot bis rotviolett; — Kelch m. 8–12 Borsten; Köpfchenstiele drüsig; Köpfchen 18–35 mm ∅; ↕ (10–)15–50(–80) cm; ♃. VI–VIII. – Wiesen, Gebüsche. – *s*, CH: Vs; Hauptverbr.: SW-Alp., mittl. S-Alp., W-MMG.
Purpur-W., ***K. purpurea*** (Vill.) Borbás

Wenn wie *K. arvensis*, aber: Blätt. gleichm. über den Stg. verteilt, die unt. zur Bltzt. oft schon fehlend, meist ungeteilt, die ob. m. eif., gekerbt-gesägten Lappen; Krone meist dk.rot, selten bei einigen Pfl. violett, bei Kulturformen auch schwarzpurpurn; ↕ 40–80(–120) cm; ♃. V–IX. – Gärten, Wiesen, Wegränder, Parkanlagen. – Ne. (Heimat: Mittl. Balkan-HI, SO-Rumänien), sehr *s* verwild. u. unbest., D: BY, NRW, SN; A; B; NL (oft m. and. Arten verwechselt?). – Zierpfl.
Mazedonische W., ***K. macedonica*** Griseb.

Hybridbildung häufig, z. B. *K. arvensis* × *drymeia* (in D: SN); *K. arvensis* × *kitaibelii* (D: SN); *K. arvensis* × *maxima* (D: BY).

Linnaea L., Moosglöckchen

Sprossachse fädl., kriechend; Blätt. br. eif., m. wenigen Kerbzähnen, gestielt, unterseits bläul.; Blüten rosarot, glockig, zu 1–2 auf lg. Stielen (*69/2*), nachts nach Vanille duftend; ↕ (5–)10–20(–30) cm; ♃. VII–VIII. – Moosige Nadelwälder. – *v* in O-D bis PL, *s* im N; *z* Alp.; A; früher CZ. ⓖ.
Moosglöckchen, ***L. borealis*** L. (subsp. ***borealis***)

Lomelosia Raf. [*Scabiosa* L. p. p.], Grasblattskabiose

Stg. am Grund verholzt; Krone hellblau bis lila; Köpfchen 25–45 mm ∅; Saum des Außenkelchs 2–3,5 mm hoch; ↕ 20–50 cm; ♃. VI–VIII. – Felsen, Trockenrasen; auf Kalk. – *s*, CH: Ts; I: Bz (Salurn); anderorts gelegentl. aus Gärten verwild., z. B. D: BW. – Zierpfl. [*S. graminifolia* L.]
Grasblattskabiose, ***L. graminifolia*** (L.) Greuter & Burdet

Lonicera L., Heckenkirsche, Geißblatt

1. Stg. nicht windend 6
— Stg. (lg.) windend 2
2. Infl. > 2-blütig (häufig 6-blütig), Blüten in kopfigen Quirlen; Beeren rot od. orange 4
— Blüten zu 2 in Blattachseln; Beeren schwarz; — (halb)immergrüne Lianen m. behaarten Zweigen 3
3. Kelchzähne längl., lg. bewimpert; Krone drüsig behaart, erst weiß od. rosa, später gelb, ihre Röhre schmal trichterf. u. nicht bauchig; Tragblätt. sehr groß, blattart., br. eif. bis ellipt., Blütenpaare nicht zu auffälliger Gesamtinfl. verbunden; Beeren schwarz, glzd.; — Krone 2–4 cm lg.; Pfl. halbimmergrün; ↕ 10 m; ♄. VI–VIII. – Hecken, Waldränder. – Ne. (Heimat: O-As.), aus Parkanlagen u. Gärten verwild.; regional eingebürg.; *s*, in CH: bes. Ts, gelegentl. auch Genf, Gr u. Vd; I: Bz; in D: BW, BY unbest. – Zierpfl. Japanisches G., ***L. japonica*** Thunb.
— Kelchzähne kurz, kahl; Krone kahl, auf hellem Grund orange bis weinrot überlaufen, ihre Röhre trichterf. u. leicht bauchig; Tragblätt. klein, mehrere Blütenpaare zu endst. Gesamtinfl. verbunden; Beeren schwarz, bläul.weiß bereift; — Krone 1,5–2,4 cm lg.; Pfl. immergrün; ↕ 5 m; ♄. VIII–IX. – Hecken, Waldränder. – Ne. (Heimat: S- u. O-As.); gelegentl. siedlungsnah verwild., u. a. D: BW, BY, NRW, RP; CH (Zürich, Zug). – Zierpfl.; sehr variabel. [incl. *L. henryi* Hemsl.]
Spitzblättriges G., Immergrünes G., ***L. acuminata*** Wall.
4 (2). Alle Blätt. getrennt, auch die unterh. der Infl.; — Krone gelbl.weiß, oft rot überlaufen, meist drüsig behaart; Infl. kopfig, gestielt; Beeren rot; ↕ bis 5 m; ♄. V–VI. – Wälder, Waldränder. – *v*, *f* D: S-BY; W-PL (?); in A u. CZ nur verwild. – Giftig!
Wald-G., Deutsches G., ***L. periclymenum*** L.
— Ob. Blätt. am Grund paarweise verwachsen 5
5. Endst. Infl. sitzend (*838/1*); — Krone 3–5 cm lg., weiß, gelbl. od. rötl., kahl od. schwach behaart; Beeren rot od. orange; ↕ bis 5 m; ♄. V–VII. – Hecken, Waldränder. – Im ganzen Gebiet u. häufig kult., ob in Teilen von D, A u. S-CH einheim. (?), in D: oft eingebürg., nördl. bis Saarland/Rheingau, SN, ST, TH; *z*, A; CH; eingebürg. CZ; Hauptverbr: Östl. M-Eur., I bis Kaukasien. – Häufig als Zierstrauch.; giftig!
Jelängerjelieber, Garten-G., Wohlriechendes G., ***L. caprifolium*** L.

838/1

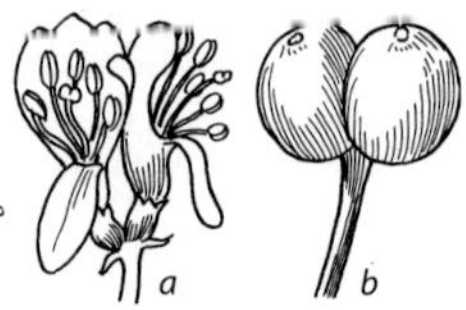

838/2

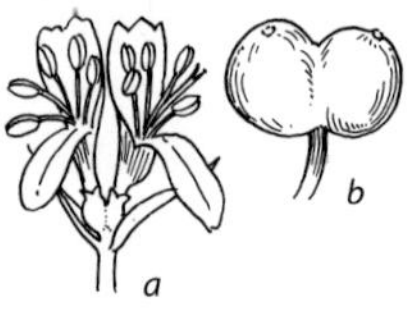

838/3

838/4

— Endst. Infl. 1–5 cm gestielt (*838/4*) ; — Krone weiß bis gelb od. rötl., wenig duftend; Beeren rot; ↕ meist < 2 m; ♄. V–VI. – Sonnige Abhänge, Auenwälder. – *s*, nur CH: Ts, Vs; in D: BW, BY als Ne. (eingeschleppt) u. unbest. Etrusker-G., ***L. etrusca*** Santi

6 **(1).** Frkn. u. Fr. eines jeden Blütenpaars vollst. od. fast vollst. miteinander verwachsen (*838/3*) **9**

— Frkn. u. Fr. eines jeden Blütenpaars getrennt od. nur am Grund miteinander verwachsen (*838/2*) **7**

7. Blätt. beiderseits flaumig, — br. eif.; gemeinsamer Blütenstiel nur wenig länger als gelbl.weiße Krone; Beeren scharlachrot; Äste hohl; ↕ bis 2 m; ♄. V–VI. – Wälder, Gebüsche; auf Kalk. – *v*, *z* im N, *f* NW-D. – Zuw. gepfl.; giftig! Rote H., ***L. xylosteum*** L.

— Blätt. kahl od. nur an den Nerven flaumig **8**

8. Gemeinsamer Blütenstiel so lg. wie od. wenig länger als die Blüten; Äste hohl; Blätt. herz-eif.; Beeren scharlachrot od. gelb; — Krone rot od. weiß; ↕ bis 4 m; ♄. V–VI. – Ne. (Heimat: Z-As.); häufig gepfl. u. stellenw. verwild., z. B. D: BB (Berlin), N-BY, SN, ST; A: NÖ. – Zierpfl. Tataren-H., ***L. tatarica*** L.

— Gemeinsamer Blütenstiel 3–4-mal so lg. wie die Blüten; Äste m. weißem Mark; Blätt. längl.-ellipt.; Beeren schwarz, bläul. bereift; — Krone rötl. od. weiß; ↕ bis 1,5 m; ♄. IV–V. – Bergwälder; bis 2200 m. – *z*, Alp. u. Voralp., Mittelgeb. (Schweizer Jura, Schw., Vog., Bayrw./Böhmw., Rhön, Thw., Lausitz, Erzgeb., Sudeten). – Giftig! Schwarze H., ***L. nigra*** L.

9 **(6).** Krone gelbl.; gemeinsamer Blütenstiel kürzer als die Blüten; Beeren schwarzblau bereift; ↕ bis 1,5 m; ♄. VI–VII. – Feuchte Wälder, Gebüsche, Krummholzstufe; kalkmeidend; bis 2700 m. – *z*, Alp., Voralp. u. Schweizer Jura; CZ. – Giftig! Blaue H., ***L. caerulea*** L. (subsp. ***caerulea***)

— Krone rötl.; gemeinsamer Blütenstiel länger als die Blüten; Beeren glzd. kirschrot; ↕ bis 2 m; ♄. V–VII. – Bergwälder, Schluchten, auf Kalk; bis 2200 m. – *v*, Alp., Schweizer Jura; *z* Voralp.; *s* D: Baar, W-SchwAlb, Bodenseegebiet; F: Els (Glaserberg). – Giftig! Alpen-H., ***L. alpigena*** L. (subsp. ***alpigena***)

Für weitere kult. u. *s* verwild. Sippen vgl. Schmidt & Schulz (2023).

Scabiosa L. [incl. *Sixalix* Raf., Knorpelskabiose; excl. *Lomelosia* Raf.], Skabiose, Grindkraut, Krätzkraut

1. Saum des Außenkelchs knorpelig; Blüten (meist) schwarzpurpurn, selten rosa od. weiß; Pfl. fast stets 1-j.; ↕ 40–120 cm; ⊙(–⊙). VII–IX. – Ruderalfluren, Parkanlagen. – Ne. (Heimat: MMG); zuw. verwild. – Zierpfl. [*Sixalix atropurpurea* (L.) Greuter & Burdet] Samt-K., ***S. atropurpurea*** L.

— Saum des Außenkelchs häutig; Blüten andersfarbig; Pfl. fast immer ausd. (selten 2-j.) **2**

2. Grundblätt. ungeteilt, ± lanzettl., ganzrandig (selten m. kleinen Zähnchen); Kelchborsten blassgelb, ≤ 2-mal so lg. wie der Saum des Außenkelchs; — Krone meist hellblau bis violett; ↕ (15–)20–50(–60) cm; ♃. VII–IX. – Trockene Wiesen, lichte Kiefernwälder; auf Kalk. – *z* S- u. O-D, *f* NW-D; auch A: Bgl, NÖ, OÖ; B; CZ; DK; F: Els; FL; *f* CH? Graue S., ***S. canescens*** Waldst. & Kit.

— Grund- u. Stg.Blätt. tief gekerbt bis fiederspaltig, jedenfalls nicht ganzrandig; Kelchborsten dk.braun bis fuchsrot, deutl. länger **3**

3. Krone gelbl.weiß bis blassgelb; Kelchborsten, bes. jung, fuchsrot; ↕ 20–80 cm; (⊙–)♃. VII–IX. – Steppenrasen, Waldränder. – *v* im O, westl. bis W-PL/ST/TH/SN, sonst nur b. Frankfurt/M., außerdem A; eingeschleppt D: Bayrw.; A: Ti; B. Gelbe S., ***S. ochroleuca*** L.

— Krone blauviolett bis purpurrot; Kelchborsten schwarz, braun od. fehlend **4**

4. Stg.Blätt. stark behaart, unterseits fast stets samtig, — Endabschnitt recht groß; Kelchborsten purpurschwarz, 4 mm lg., fast 3-mal so lg. wie der Außenkelch; ↕ 20–70 cm; ♃. VIII. – Buschig- u. felsig-sonnige Abhänge. – *s*, Slowenien. [*S. cinerea* Lam. subsp. *hladnikiana* (Host) Jasiewicz] Krainer S., ***S. hladnikiana*** Host

— Stg.Blätt. fast kahl bis zwar dicht, aber nur kurz behaart, niemals samtig (Artengruppe Tauben-S., ***S. columbaria*** agg.) **5**

5. Blätt. ± kahl, etwas glzd.; Kelchborsten (selten) fehlend, meist vorhanden u. 5–8 mm lg., gekielt, im ∅ gerundet-3-eckig; Kronblätt. purpur(lila) bis blaulila; ↕ 10–35 cm; ♃. VII–IV. –

Felsen, Steinschuttfluren, Wiesen; auf Kalk. – *z* Alp. (1300–2300 m), Schweizer Jura, *s* Vog., Riesengeb., Gesenke. – Formenreich. Glanz-S., Glänzende S., ***S. lucida*** Vill.

a. Grundblätt. z. Bltzt. fehlend; Stg. zu zwei Drittel bis drei Viertel beblätt.; Stg.Blätt. (außer den obersten) ungeteilt. – A: Kt; FL; I: Bz? Steife Glanz-S., subsp. ***stricta*** (Waldst. & Kit.) Jasiewicz

— Grundblätt. vorhanden; Stg. nur im unt. Drittel beblätt.; Stg.Blätt. (außer den untersten) 1–2-fach gefied. – Verbr. wie Art. Glanz-S. (i. e. S.), subsp. ***lucida***

— Blätt. deutl. behaart bis kraushaarig, nicht glzd.; Kelchborsten 1–5 mm lg., im ∅ rund; Kronblätt. purpurn bis hell purpurrot **6**

6. Kelchborsten kürzer als der Saum des Außenkelchs, — zu 5 od. manchmal nur 1–2, bis 3 mm lg. od. ganz fehlend; Grundblätt. u. unterste Stg.Blätt. 1-fach fiederspaltig; mittl. Stg. Blätt. 2–3-fach fiederspaltig, ihre seitl. Abschnitte 0,5–1,8 mm br.; Köpfchen 1,5–3 cm ∅; ↕ (20–)30–100 cm; ♃. VII–IX. – Trockenrasen. – *z* A; S-CH; I: Bz; in D: BY (b. Rosenheim) eingebürg. [*S. gramuntia* L.; *S. columbaria* subsp. *gramuntia* (L.) Hayek] Südliche S., ***S. triandra*** L.

— Kelchborsten (2–)3–4(–5)-mal so lg. wie der Außenkelch (*78/1, AK*), — zu 5; Grundblätt. u. unterste Stg.Blätt ungeteilt od. fiederspaltig; mittl. Stg.Blätt. 1–2-fach fiederspaltig, ihre seitl. Abschnitte 1–3 mm br.; Köpfchen 2–3,5 cm ∅; ↕ 20–60(–80) hoch; ♃. VII–X. – Trockenrasen, Magerwiesen. – *v*. – Formenreich. Tauben-S., ***S. columbaria*** L.

a. Grundblätt. meist ungeteilt, seltener fiederspaltig; Kelchborsten am Grund nicht verbreitert; — Stg.Blätt 2–4 Paar, in der unt. Stg.Hälfte gehäuft, nach oben zu deutl. kleiner werdend, m. 7–15 verkehrt eif. lanzettl. bis linealischen Fiedern; spätblhd. VII–X. – Im ganzen Gebiet *v*, *f* I: Bz. Tauben-S. (i. e. S.), subsp. ***columbaria***

— Grundblätt. (stark) fiederspaltig; Kelchborsten am Grund plötzl. verbreitert; — Stg.Blätt 3–5 Paar, gleichm. über den Stg. verteilt, nach oben kaum kleiner werdend, m. 11–19 linealischen Fiedern; frühblhd. V–VI. – In D nur Saarland, Moseltal, NRW; B; F: Els; *f* NL. [*S. pratensis* Jord.; subsp. *pratensis* (Jord.) J. Duvign. & J. Lambinion] Wiesen-Tauben-S., subsp. ***pratensis*** (Jord.) Braun-Blanq.

Succisa Haller, Teufelsabbiss

Blätt. längl. bis längl. lanzettl., ganzrandig od. schwach gekerbt; Außenkelch in 4 Spitzen auslfd.; Kelch m. 5 borstenf. Strahlen (*836/4*); Krone lila bis blauviolett, 4–7 mm lg.; Fr. 4-kantig, zottig behaart; ↕ 15–100 cm; ♃. VII–IX. – Pfeifengraswiesen, Wälder. – *v*. Wiesen-T., ***S. pratensis*** Moench

Succisella Beck, Moorabbiss

Blätt. lanzettl.; Außenkelch 8-furchig, kahl; Kelch ohne Borsten; Krone lila od. blassblau; Fr. flaschenf., ± rund; ↕ 30–120 cm; ♃. VI–IX. – Wiesenmoore. – *s*, A: Bgl, Kt, OÖ, Stm, früher NÖ; *s* W-PL (Liegnitz); sehr *s*, D: BY (heim.?), ehem. HE. [*Succisa inflexa* (Kluk) Jundz.] Eingebogener M., ***S. inflexa*** (Kluk) Beck

Symphoricarpos Duhamel, Schneebeere

Blätt. > 4 cm lg., einfach od. gelappt (*97/2, 97/3*); Gr. kahl; Beeren weiß, verschieden groß, kugelig; Blüten rötl.; ↕ 80–200 cm; ♄. VI–VIII. – Ne. (Heimat: westl. N-Am.); oft gepfl., verwild. u. eingebürg. – *v*. – Zierpfl.; giftig! [*S. racemosus* Michx.; *S. rivularis* Suksd.]

Weiße S., Knallerbse, ***S. albus*** (L.) S. F. Blake

Lokal auch Bastard-Korallenbeere, ***S.*** × ***chenaultii*** Rehd. [*S. microphyllus* Humboldt et al. × *S. orbicularis* Moench]: Blätt. bis 2 cm lg.; Gr. behaart; Beeren lichtseitig rot, schattenseitig weißl. m. roten Punkten; Blüten rötl.; ↕ 50–200 cm; ♄. VI–VIII. – Ne. (aus N-Am. Taxa 1910 b. Chenault in Orleans entstanden); in Gärten u. Parkanlagen gepfl. u. verwild., z. B. D: Hamburg. – Für weitere kult. u. *s* verwild. Sippen vgl. Schmidt & Schulz (2023).

Valeriana L., Baldrian

1. Alle Blätt. gefied.; — alle Blüten ⚥ (Artengruppe Arznei-B., ***V. officinalis*** agg.) **11**

— Unt. Blätt. od. alle Blätt. ungeteilt **2**

2. Mittl. u. ob. Stg.Blätt. gefied. od. 3-teilig **7**

— Mittl. u. ob. Stg.Blätt. ungeteilt **3**

3. Krone weiß bis rosa (rötl. bis helllila) **5**

— Krone gelbl., bräunl., trüb purpurrot od. 2-farbig gelbl. u. purpurn; — Pfl. des Hochgeb. ... **4**

4. Alle Laubblätt. ganzrandig, ± spatelf.; Krone gelb, gelbl.weiß u./bis purpurrot; — ↕ (2–)5–15(–20) cm; ♃. VII–VIII. – Weide- u. Krummseggenrasen; kalkmeidend; 800–2800 m. Baldrianspeik, Echter Speik, ***V. celtica*** L.

a. Blätt. m. 3 Längsnerven; Krone m. gelber Röhre, sonst purpur- bis braunrot, — bis 3 mm lg.; Blätt. 1–8,5 mm br.; ↕ 5–15 cm. – W-Alp., oberh. 2000 m. – *s*, CH: Vs. Keltischer B., subsp. ***celtica***

— Blätt. m. 5 Längsnerven; Krone gelb bis gelbl.weiß, — später auch (oft?) trüb purpurn, bis 4 mm lg.; Blätt. 1–14 mm br.; ↕ (2–)5–15(–20) cm; – O-Alp., 800–2400 m. – *z*, A: Kt, S-OÖ, OTi, Sb, Stm. Österreichischer Baldrianspeik, Echter Speik, subsp. ***norica*** Vierh.

— Stg.Blätt. meist grob gezähnt, im Umriss eif. bis 3-eckig; Krone bräunl., — 2–3 mm lg.; ↕ 5–25 cm; ♃. VI–VIII. – Steinschuttfluren; kalkstet; Krummholzstufe, 1400–2300 m. – *z–s*, A: Kt, OTi, NÖ, Stm; I: Bz. Ostalpen-B., ***V. elongata*** Jacq.

5 **(3).** Infl. ± locker, dolden- od. rispenart., nicht von Hüllblätt. umgeben; Blätt. wenigstens teilw. nicht ganzrandig **9**

— Infl. dicht, ± kopfig zus.gezogen, von die Blüten nicht überragenden Hüllblätt. umgeben; nur selten die obersten Stg.Blätt. 3-spaltig; sonst ungeteilt u. ganzrandig; — Pfl. bis 15 cm hoch, nur oberh. 1800 m **6**

6. Blätt. bewimpert; Stg.Blätt. umgekehrt eif. längl.; Stg. angedrückt kurzhaarig; Hüllblätt. der Infl. bewimpert; Rhizom waagr. kriechend; ↕ 5–15 cm; ♃. VII–VIII. – Felsrasen u. -treppen, Steinschuttfluren, Schneetälchen; kalkstet; 1800–3100 m. – *z*, Alp. (*s* in D: Allgäuer Alp., Wettersteingeb., Berchtesgadener Alp.; *f* A: OÖ). Zwerg-B., ***V. supina*** Ard.

— Blätt. kahl (zuw. spärl. drüsig); Stg.Blätt. linealisch od. fehlend; Stg. kahl; Hüllblätt. der Infl. kahl; Rhizom aufstgd., — unterh. der Grundblattrosette m. Hülle aus abgestorbenen Blätt.; ↕ 5–15 cm; ♃. VII–VIII. – Felsen, Magerrasen; bis 2800 m. – *s*, A: Ti; W-CH; I: Bz. Weidenblättriger B., ***V. saliunca*** All.

7 **(2).** Pfl. ≥ 70 cm hoch; — Grundblätt. lg. gestielt, herzf., unregelm. u. tief gezähnt, bis ≈ 20 cm lg. u. fast ebenso br.; ob. Stg.Blätt. m. 1–2 schmalen Fiederpaaren, Endzipfel groß; Infl. weit verzweigt; Krone rosa, ihre Röhre 2,5–3 mm lg.; ↕ 70–120 cm; ♃. VI–VIII. – Wälder, Gebüsche. – *s*, A: Vb (Rätikon, verwild.); CH: Gr (Arosa, Prättigau). Pyrenäen-B., ***V. pyrenaica*** L.

— Pfl. ≤ 50 cm hoch **8**

8. Mittl. u. ob. Stg.Blätt. gefied. od. fiederteilig, m. > 3 Fiedern; Grundblätt. gestielt, eif., ganzrandig; — Stg. am Grund m. beblätt. Ausläufern; Pfl. ± 2-häusig; ♂ Blüten rötl., 3,5 mm lg.; ♀ Blüten weiß, 1,5 mm lg.; Infl. dicht schirmf.; ↕ 15–30 cm; ♃. V–VI. – Nasse Wiesen, Gräben, Flachmoore. – *v*. Kleiner B., ***V. dioica*** L.

— Mittl. u. ob. Stg.Blätt. 3-teilig; Grundblätt. lg. gestielt, herzf., entfernt grob gesägt; — Krone weiß od. blassrosa; Infl. schirmf.; ↕ (20–)30–60 cm; ♃. IV–VII. – Felsen, Schluchtwälder; bis 2700 m. – *z*, Alp., Vorland; D: BW, BY; CH: Jura; CZ; F: Vog. – Formenreich. [incl. subsp. *tomentella* E. Walther u. subsp. *austriaca* E. Walther] Stein-B., Dreizipfliger B., ***V. tripteris*** L. (subsp. ***tripteris***)

9 **(5).** Pfl. m. beblätt. Ausläufern; — Stg. aufr., 4-kantig geflüg., kahl (aber entlang der Kanten kurze abw. gerichtete Haare); Blätt. der Ausläufer lg. gestielt, eif.; Stg.Blätt. eif., kurz gestielt bis sitzend; Krone rosarot bis weiß; ↕ 10–45 cm; ♃. V–VI. – Nasse Wiesen, Kiefernwälder. – *z–s*, CZ (Gesenke); W-PL; in A ehem. NÖ (Neuwaldegg u. Dornbach?); Hauptverbr.: Östl. M-Eur. u. O-Eur. [*V. dioica* subsp. *simplicifolia* (Rchb.) Nyman] Ganzblättriger B., ***V. simplicifolia*** (Rchb.) Kab.

— Pfl. ohne Ausläufer; — Gebirgspfl. **10**

10. Blütenstg. blattlos od. in der Mitte m. 1 Blattpaar, kahl; Stg.Blätt. linealisch, meist ganzrandig; — Blüten in wenigblütiger Infl., weiß; ↕ 5–30 cm; ♃. VI–VIII. – Felsspalten, Steinschuttfluren; kalkstet; bis 2800 m, häufig herabgeschwemmt. – *v* Alp., *s* Voralp. (A); *f* W-CH. Felsen-B., ***V. saxatilis*** L. (subsp. ***saxatilis***)

— Blütenstg. m. 3–8 Blattpaaren, am Grund behaart; ob. Stg.Blätt. eif.-lanzettl., entfernt gezähnt; — Blüten in reichblütigen Thyrsen, weiß bis helllila; ↕ (10–)20–60 cm; ♃. IV–VII. – Schattige, felsige Wälder, Steinschuttfluren; kalkstet; 600–2800 m. – *v* Alp., Vorland u. Schweizer Jura. – Formenreich. Berg-B., ***V. montana*** L.

11 (1). Fiedern der mittl. Stg.Blätt. deutl. an der Rhachis herablfd.; mittl. Stg.Blätt. m. meist schmal lanzettl. Fiedern; Endfieder so br. wie od. schmaler als Seitenfiedern; Pfl. ohne od. nur m. kurzen, unterird. Ausläufern, stockbildend; — mittl. Stg.Blätt. jederseits m. 6–12(–15) Fiedern; Kronröhre 2–5(–6) mm; Fr. 2–4 mm lg.; 2n = 14 od. 28, di- od. tetraploid **12**

— Fiedern der mittl. Stg.Blätt. nicht od. kaum an der Rhachis herablfd.; mittl. Stg.Blätt. m. ellipt. bis br. (od. selten schmal) lanzettl. Fiedern; Endfieder meist deutl. breiter als Seitenfiedern; Pfl. m. ober- u. unterird. Ausläufern (selten regional auch Pfl. m. ausschließl. unterird. Ausläufern u. linealischen Seitenfiedern); — mittl. Stg.Blätt. jederseits m. 2–8(–9) Fiedern; Kronröhre 4–8 mm lg.; Fr. 3–5,5 mm lg.; ↕ 30–210 cm; ♃; 2n = 56, hexaploid. V–VIII. – Staudenfluren in Bachauen, Feuchtwälder, Ufersäume. – D: *v*, BW, HE, NI, NRW, RP, SH, *z* BB, BY, MV, SN, ST, TH; *z* A; CZ. [*V. officinalis* subsp. *excelsa* (Poir.) Rouy; incl. subsp. *transiens* (E. Walther) Holub]

Kriech-B., ***V. excelsa*** Poir.

a. Fr. kahl; Infl. z. Frzt. 13–40 (od. mehr) cm lg.; seitl. Fiedern (meist stark) gezähnt, m. beiderseits 4–10 Zähnen; Ausläufer meist ober- u. unterird.; — Infl. locker od. dicht .... **b**

— Fr. behaart; Infl. z. Frzt. bis 13 cm lg.; seitl. Fiedern ganzrandig od. gezähnelt, m. 0–7 schwachen Zähnen; Ausläufer meist nur unterird., selten ganz fehlend; — Stg. u. Blattunterseiten behaart; Haare 0,5–2 mm lg.; unt. u. mittl. Stg.Blätt. jederseits m. (4–)5–8 Fiedern; Infl. dicht; Pfl. niederwüchsig, 40–90(–130) cm hoch, m. (bis zur Infl.) 3–6 gestreckten Stg.Gliedern; spätblhd.; ♃. VI–VIII. – Hochstaudenfluren, Grünerlengebüsche. – *s*, D: BY (nur Allgäuer Alp.); *z*, A: N-Ti u. OTi (östl. bis Brenner?), Vb; CH: Alp.; FL; I: Bz? [*V. versifolia* Brügger; *V. officinalis* subsp. *versifolia* (Brügger) Bartolucci & Soldano]

Verschiedenblättriger Kriech-B., Westalpen-B., subsp. ***versifolia*** (Brügger) Buttler et al.

b. Pfl. (fast) kahl od. spärl. anlgd. behaart; Haare 0,1–1 mm lg.; unt. u. mittl. Stg.Blätt. bis 20 cm lg., jederseits m. 2–4(–5) Fiedern; Ausläufer kurz, bis 5 cm lg.; ↕ 30–90(–130) cm; frühblhd.; ♃. V–VI. – Feuchte Wälder, Hochstaudenfluren u. Gebüsche entlang von Gewässern. – D: *z* BB, BY, MV, SN, *s* NI, O-SH, ST; *s* A: NÖ, OÖ, Sb, Stm, Kt?; CZ; I: Bz? [*V. officinalis* subsp. *sambucifolia* (Pohl) Wirtg.; *V. sambucifolia* Pohl]

Holunderblättriger Kriech-B., subsp. ***sambucifolia*** (Pohl) Holub

— Pfl. reich behaart, Haare 0,5–2 mm lg.; unt. u. mittl. Stg.Blätt. 20–40 cm lg., m. meist (3–)4–8(–9) Fiederpaaren; Ausläufer > 5–40 cm lg.; ↕ (50–)80–150(–210) cm; spätblhd.; ♃. VI–VIII. – Quellige Orte, schattige Wälder. – Westl. der vorigen Unterart, *v* bes. im Bergland; D: *v* BW, HE, NI, NRW, RP, SH, *z* BY, SN, *s* BB, MV (bis Rügen), ST; *s* A: Sb, Ti, Vb; CZ; FL?; I: Bz? [*V. procurrens* Wallr.; *V. repens* Host]

Kriech-B. (i. e. S.), Kriechender B., subsp. ***excelsa***

12. Pfl. (fast immer) nur m. unterird. Ausläufern, 1-stängelig; Seitenfiedern der mittl. Stg.Blätt. fast ganzrandig; Fr. (fast immer) behaart; — Stg. kahl bis dicht behaart; mittl. Stg.Blätt. m. 6–12 Fiederpaaren, Seitenfiedern br. lanzettl. bis linealisch, 2,5–17-mal so lg. wie br., 2–8 mm br.; ↕ 35–100(–180) cm; frühblhd.; ♃; 2n = 28, tetraploid. V–VI. – Lichte Laubmischwälder, Säume, feuchte u. trockenere Wiesen; basenhold. – *s–v*, D: *v* BW, BY, *z* BB, HE, S-NRW, RP, SW-SN, S-ST, TH; *z* A: Ti, Vb; CH: Gr; CZ; DK; F: Els; FL; L; PL.; *f* NL. Wiesen-B., ***V. pratensis*** Dierb.

a. Stg. u. Fiedern unterseits kahl, selten spärl. angedrückt behaart; Haare < 0,5 mm lg.; mittl. Stg.Blätt. jederseits m. 6–8(–13) Fiedern; längster Blattstiel 7–14 cm lg.; – Infl. z. Frzt. 10–30 cm lg.; ↕ 40–100(–180) cm. – Feuchtwiesen, wechselfeuchte Wälder, Grabenränder. – *z*, bes. Oberrheingebiet; D: BW, RP, HE, ST?, TH?, *s* BY, SO-MV; *z* A: Ti, Vb; FL; L.

Wiesen-B. (i e. S.), subsp. ***pratensis***

— Unt. Stg.Hälfte u. Fiedern wie Stg. unterseits (meist dicht) absthd. behaart; Haare 0,5–1,5(–2) mm lg.; mittl. Stg.-Blätt. jederseits m. (6–)8–12(–15) Fiedern; längster Blattstiel 0,5–7 cm lg. .... **b**

b. Pfl. niederwüchsig, 35–100(–130) cm hoch; Infl. meist dicht, z. Frzt., bis 15 cm lg.; Seitenfiedern schmal, bis 5(–8) mm br., ganzrandig bis schwach gezähnt (0–2 Zähne pro Seitenfiederhälfte). – Wechseltrockene bis -feuchte StO, oft kalkreich, lichte Wälder, wärmebegünstigte Gebüschränder, Halbtrockenrasen, trockene Niedermoorränder. – *z*, D im S u. im mittl. Gebiet, im N nur BB (bei Berlin), NW-Grenze wohl Harz/Sauerland/Eifel/B? (Verbr. wie Art; genaue Verbr. noch unklar); [*V. stolonifera* var. *angustifolia* Soó; *V. stolonifera* Czern. subsp. *angustifolia* Soó; *V. collina* auct.; *V. wallrothii* Kreyer]

Hügel-B., Schmalblättriger Wiesen-B., subsp. ***angustifolia*** (Soó) Kirschner et al.

— Pfl. hochwüchsig, (75–)125–160(–180) cm hoch; Infl. locker, z. Frzt. bis 50 cm lg.; Seitenfiedern bis 15(–18) mm br., meist deutl. gezähnt (2–5 Zähne pro Seitenfiederhälfte). – Wechselfeuchte bis frische, gelegentl. staunasse, auch bodensaure Böden, Straßengräben- u. böschungen, frische bis feuchte Waldwege u. -säume. – *z*, D: BW, BY, HE, RP, TH; F: Els.

Fränkischer Wiesen-B., subsp. ***franconica*** Meierott & T. Gregor

— Pfl. (fast immer) ohne Ausläufer, meist mehrstängelig, stockbildend; Seitenfiedern der mittl. Stg.Blätt. meist deutl. u. tief gezähnt m. 2–10(–11) Zähnen je Fiederhälfte; Fr. kahl; — Stg. kahl, unten oft rötl.; mittl. Stg.Blätt. m. 6–9 Fiederpaaren, Seitenfiedern ellipt. bis schmal lanzettl., 2–8-mal so lg. wie br., (5–)7–12 mm br.; Infl. reich verzweigt u. 15–50 cm lg. (wenn < 13 cm lg. u. Pfl. aus dem Allgäu, vgl. *V. excelsa* subsp. *versifolia*); ↕ 60–160(–200) cm; spätblhd.; ♃; 2n = 14, diploid. VII–VIII. – Feucht- u. Moorwiesen, Waldlichtungen, Hochstaudenfluren. – In D im ganzen Gebiet, *v* bes. im O, *z–s* im mittl. Teil des Gebiets; A; CH; CZ; FL; *f* NW-D; B; L; NL;

Rheinl. (genaue W-Grenze?; wohl Hamburg/Dümmer See/Edersee/Eifel).
Echter Arznei-B., ***V. officinalis*** L. (s. str.)

Die in 11. bis 12. aufgeschlüsselte weitere Artengruppe Arznei-B., ***V. officinalis*** agg., ist eine außerordentl. formenreiche u. noch in Entwicklung begriffene Gruppe. Nachgewiesen sind di-, tetra- u. hexaploide Typen, die offenbar weitghd. taxonom. Einheiten entsprechen. Alle Taxa der Gruppe sind schwach giftig! – Zur Bestimmung verwende man ausgewachsene, kräftige Pfl. – Schlüssel teilw. nach Jäger (2017) u. Gregor et al. (2016), verändert. – In der ganzen Gattung zuw. Hybriden u. Übergangsformen.

Valerianella Mill., Feldsalat, Ackersalat, Rapünzchen, Rapunzel

Nur m. reifen Fr. zu bestimmen!

1. Kelchsaum an der Fr. becherf. ausgebr., netznervig, m. 6 begrannten Zähnen (*843/1*); — Blätt. grob gezähnt; Fr. zottig behaart; ↕ 10–40 cm; ⊙. V–VI. – Steinige Äcker, Wegränder, Böschungen; kollin. – Einheim. wahrscheinl. nur außerh. des Gebiets in CH (dort sehr *s*) u. CZ, sonst Ne. (Heimat: MMG), eingeschleppt; *s* in D: RP in Einbürg., unbest. in BB, BW, BY, HU, NI, SN u. TH; A?; B; PL. Krönchen-F., ***V. coronata*** (L.) DC.

— Kelchsaum an der Fr. undeutl. od. 1–3-zähnig od. schief abgeschnitten (*843/2–843/5*) **2**

2. Fr. m. deutl., meist 1-seitig gezähntem, kurzem Kelchsaum, eif. kugelig (*843/2, 843/3*); Blätt. am Grund gezähnt; in den Astgabeln unterh. der köpfchenart. Infl. noch einzelne Blüten .. **4**

— Fr. m. undeutl. Kelchsaum u. kaum erkennbaren Zähnen (*843/2, 843/3*); Blätt. meist ganzrandig; Infl. gedrungen, die Gabeln unterh. der Köpfchen ohne weitere Blüten **3**

3. Fr. seitl. etwas zus.gedrückt, kurz zugespitzt, rundl., glatt (*843/2*), m. 1 Furche (unreif runzelig!); ob. Stg.Blätt. lanzettl.-spitz; ↕ 10–40 cm; ⊙. IV–V. – Weinberge, Äcker. – Als var. *oleracea* (Schltr.) Breistr. *v* kult. u. oft verwild.; *v*, im N *z–s*. – Salatpfl. [*V. olitoria* (L.) Pollich]
Gewöhnlicher F., ***V. locusta*** (L.) Laterr.

— Fr. längl., fast prismat. 4-kantig, auf der Vorderfläche tiefrinnig (*843/3*), ohne deutl. Kelchsaum; ob. Stg.Blätt. längl. linealisch, stumpf; ↕ 10–40 cm; ⊙. IV–V. – Kult.; Äcker, Weinberge. – *z* im südl. u. mittl. Teil des Gebiets, im N nur D: MV, NI, SH (m. Hamburg); NL. – Salatpfl.
Kiel-F., ***V. carinata*** Loisel.

4 (2). Fr. nach oben kaum verschmälert; Kelchsaum br., hoch u. schief (*843/4*), m. 5 kurzen Zähnchen; Gabeläste gespreizt; — Fr. kurzflaumig behaart; ↕ 10–30 cm; ⊙. IV–V. – Äcker, Ruderalstellen. – Zuw. eingeschleppt od. teilw. unbest. Archäophyt? (Heimat: MMG); D: BW (südl. Oberrheinebene), BY (z. B. b. Weltenburg/Donau), HE, MV, NRW; F: Els; ehem. D: RP.
Wollfrüchtiger F., ***V. eriocarpa*** Desv.

— Fr. nach oben verschmälert; Kelchsaum klein (*843/6*), nur m. 1 deutl. Zahn; Gabeläste aufr.; — Fr. kahl od. behaart **5**

5. Fr. eif. kegelig, dem Kelchzahn gegenüber gewölbt u. fein 3-rippig; neben einem großen Fr.Fach m. Samen 2 schmale, leere Fächer (*843/6*); — Fr. kahl od. behaart (var. *eriosperma* Wallr.); ↕ 10–40 cm; ⊙. VI–VIII. – Äcker, Gartenland. – *v–z* im S, *s* im N (*f* NW-D).
Gezähnter F., ***V. dentata*** (L.) Pollich

— Fr. gedunsen, fast kugelig, dem Kelchzahn gegenüber 1-furchig; die beiden leeren Fr.Fächer größer als das Samenfach (*843/7*); — Fr. kahl; ↕ 10–40 cm; ⊙. IV–V. – Äcker. – *v–z*, im N *s*, *f* NW-D u. im NO. [*V. auricula* DC.] Gefurchter F., Geöhrter F., ***V. rimosa*** Bast.

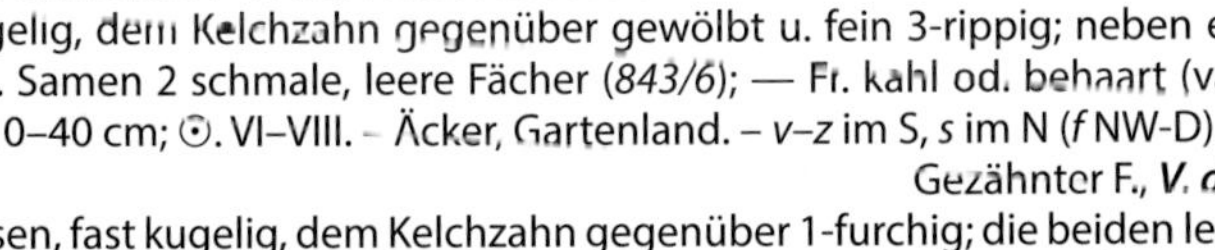

843/1 *843/2* *843/3* *843/4* *843/5* *843/6* *843/7*

Weigela Thunb., Weigelie

Blüten weiß bis dk.rot, kurz gestielt; Blätt. eif.-spitz, fein gesägt, meist behaart; ↕ bis 3,5 m; ♃. V–VI. – Ne. (Heimat: O-As.), oft als Zierstrauch angepfl., zuw. verwild.; meist Hybriden aus mehreren Stammarten. – Zierpfl. [*Diervilla florida* (Bunge) Siebold & Zucc.]

Liebliche W., ***W. florida*** (Bunge) A. DC.

Literaturverzeichnis

Die nachfolgende Auswahl ist keineswegs erschöpfend. Sie enthält nur die wichtigsten Werke für das Gebiet der Flora.

A. Allgemeine Literatur (Auswahl)

Bell, A. D. (1994): Illustrierte Morphologie der Blütenpflanzen. – Stuttgart.

Dierschke, H. (1994): Pflanzensoziologie. – Stuttgart, Wien.

Ellenberg, H. & Leuschner, C. (2010): Vegetation Mitteleuropas mit den Alpen in ökologischer, dynamischer und historischer Sicht, 6. Aufl. – Stuttgart.

Ellenberg, H. & Leuschner, C. (2010): Zeigerwerte der Pflanzen Mitteleuropas. Zusatzkapitel zu „Vegetation Mitteleuropas mit den Alpen". *https://www.utb.de/doi/suppl/10.36198/9783825281045*

Ellenberg, H. et al. (2001): Zeigerwerte von Pflanzen in Mitteleuropa, 3. Aufl. – Scripta Geobot. **18**: 1–262.

Frey, W. & Lösch, R. (2010): Geobotanik. Pflanze und Vegetation in Raum und Zeit, 3. Aufl. – Heidelberg.

Genaust, H. (1996): Etymologisches Wörterbuch der botanischen Pflanzennamen, 3. Aufl. – Basel.

Kadereit, J. W. et al. (2021): Strasburger – Lehrbuch der Pflanzenwissenschaften, 38. Aufl. – Heidelberg.

Lüttge, U., Kluge, M. & Thiel, G. (2010): Botanik. Die umfassende Biologie der Pflanzen. – Weinheim.

Mucina, L. & Grabherr, G. (ed., 1993): Die Pflanzengesellschaften Österreichs, Teil **2**. Natürliche waldfreie Vegetation. – Jena, Stuttgart, New York.

Mucina, L., Grabherr, G. & Ellmauer, T. (ed., 1993): Die Pflanzengesellschaften Österreichs, Teil **1**. Anthropogene Vegetation. – Jena, Stuttgart, New York.

Mucina, L., Grabherr, G. & Wallnöfer, S. (ed., 1993): Die Pflanzengesellschaften Österreichs, Teil **3**. Wälder und Gebüsche. – Jena, Stuttgart, New York.

Pott, R. (1995): Die Pflanzengesellschaften Deutschlands, 2. Aufl. – Stuttgart.

Pott, R. (1996): Biotoptypen. Schützenswerte Lebensräume Deutschlands und angrenzender Regionen. – Stuttgart.

Schubert, R., Hilbig, W. & Klotz, S. (2010): Bestimmungsbuch der Pflanzengesellschaften Deutschlands. – Heidelberg.

Vogellehner, D. (1983): Botanische Terminologie und Nomenklatur, 2. Aufl. – Stuttgart.

Weberling, F. & Stützel, T. (1993): Biologische Systematik. Grundlagen und Methoden. – Darmstadt.

B. Größere Florenwerke und Standardfloren der Nachbarländer

Fett hervorgehobene Autorennamen: Hier berücksichtigte Standardfloren der Nachbarländer.

Aeschimann, D. et al. (2004): Flora alpina. Ein Atlas sämtlicher 4500 Gefäßpflanzen der Alpen, 3 Bd. – Bern.

Bastin, B. et al. (1993): Flore de la Belgique, 4. Aufl. – Louvain-La-Neuve.

Bettinger, A. et al. (ed., 2013): Verbreitungsatlas der Farn- und Blütenpflanzen Deutschlands. – Bonn.

Binz, A. & Heitz, C. (1990): Schul- und Exkursionsflora für die Schweiz mit Berücksichtigung der Grenzgebiete, 19. Aufl. – Basel.

Casper, J. & Krausch, H.-D. (1980, Nachdruck 2008): Süßwasserflora von Mitteleuropa, Bd. **34**: Pteridophyta und Anthophyta, 1. Teil: Lycopodiaceae bis Orchidaceae. – Jena (Nachdruck Heidelberg).

Casper, J. & Krausch, H.-D. (1981, Nachdruck 2008): Süßwasserflora von Mitteleuropa, Bd. **24**/2: Pteridophyta und Anthophyta, 2. Teil: Saururaceae bis Asteraceae. – Jena (Nachdruck Heidelberg).

Cullen, J., Knees, S. G. & Cubey, H. S. (ed., 2011): The European Garden Flora, 5 Bd., 2. Aufl. – Cambridge.

Danihelka, J., **Chrtek** jr., J. & **Kaplan**, Z. (2012): Checklist of vascular plants of the Czech Republic. – Preslia **84**: 647–811.

Dostál, J. (1989): Nová Květena ČSSR, 2 Bd. – Prag.

Fischer, M. A., Oswald, K., Adler, W. (2008): Exkursionsflora für Österreich, Liechtenstein und Südtirol, 3. Aufl. – Linz.

Fischer, M. A., Adler, W., Oswald, K. (2024): Exkursionsflora für Österreich und die gesamten Ostalpen, 4. Aufl. – Linz. (in Vorber.)

Fournier, P. (2001): Les quatres flores de la France, 2 Bd., 2. Aufl. – Paris.

Frey, W. et al. (1995): Kleine Kryptogamenflora. Die Moos- und Farnpflanzen Europas, 6. Aufl. – Stuttgart, Jena, New York.

Guinochet, M. & Vilmorin, R. de (1973–1984): Flore de France, 5 Bd. – Paris.

Haeupler, H. & Muer, Th. (2007): Bildatlas der Farn- und Blütenpflanzen Deutschlands, 2. Aufl. – Stuttgart.

Hansen, K. et al. (ed., 1983): Dansk feltflora, 3. Aufl. – København.

Hassler, M. & Muer, T. (2022): Flora Germanica. Alle Farn- und Blütenpflanzen Deutschlands in Text und Bild, 2 Bd. – Ubstadt-Weiher.

Hegi, G. (begr., 1966–2016): Illustrierte Flora von Mitteleuropa, 7 Bd. mit zahlr. Teilbänden, z. T. in 2. od. 3. Aufl. – Berlin, Hamburg, Jena.

Hess, H. E. et al. (2015): Bestimmungsschlüssel zur Flora der Schweiz und angrenzender Gebiete, 7. Aufl. – Basel.

Hess, H. E., Landolt, E. & Hirzel, R. (1976–1980): Flora der Schweiz und angrenzender Gebiete, 3 Bd., 2. Aufl. – Basel.

Heyný, S. & **Slavík**, B. (ed., 1988–2010): Květena České (socialistické) republiky, Bd. **1–8**. – Praha.

Issler, E., **Loyson**, E. & **Walter**, E. (1982): Flore d'Alsace, 2. Aufl. – Strasbourg.

Jäger, E. et al. (ed., 2017): Rothmaler – Exkursionsflora von Deutschland. Gefäßpflanzen: Atlasband, 13. Aufl. – Heidelberg.

Jäger, E. et al. (ed., 2007; unveränd. Nachdruck 2016): Rothmaler – Exkursionsflora, Bd. **5**: Krautige Zier- und Nutzpflanzen. – Heidelberg.

Jalas, J. & Suominen, J. (ed., ab 1972): Atlas Florae Europaeae. – Helsinki.

Jávorka, S. & Csapody, V. (1979): Ikonographie der Flora des südöstlichen Mitteleuropa. – Stuttgart.

Kubát, K. et al. (2002): Klíčke květeně České republiky. – Praha.

Kaplan, Z. (ed., 2019): Klíčke květeně České republiky. – Praha.

Lambinon, J. & **Verloove, F.** (2012): Nouvelle Flore de la Belgique, du Grande-Duché de Luxembourg, du Nord de la France et des Régions Voisines: Ptéridophytes et Spermatophytes, 6. Aufl. – Meise.

Lauber, K., **Wagner, G.** & **Gygax, A.** (2018): Flora Helvetica, 6. Aufl. – Bern.

Meijden, R. v. d. (2005): H. Heukels' Flora van Nederland, 23. Aufl. – Groningen.

Mennema, J., Quene-Boterenbrood, A. J. & Plate, C. L. (ed., 1980–1989): Atlas of the Netherlands Flora, Bd. **1**: Extinct and very rare species; Bd. **2**: Zeldzame en vrij zeldzame Planten; Bd. **3**: Minder Zeldzame en algemene Soorten. – The Hague, Boston, London.

Moosberg, B. & **Stenberg, L.** (2003): Den nya nordiska floran. – Stockholm.

Müller, F. et al. (ed., 2016): Rothmaler – Exkursionsflora von Deutschland. Gefäßpflanzen: Kritischer Ergänzungsband, 11. Aufl. – Berlin, Heidelberg.

Müller, F. et al. (ed., 2021): Rothmaler – Exkursionsflora von Deutschland. Gefäßpflanzen: Grundband, 22. Aufl. – Heidelberg.

Oberdorfer, E., Schwabe, A. & Müller, T. (2001): Pflanzensoziologische Exkursionsflora für Deutschland und angrenzende Gebiete, 8. Aufl. – Stuttgart.

Schmidt, P. A. & Schulz, B. (ed., 2023): Fitschen – Gehölzflora, 14. Aufl. – Wiebelsheim.

Stace, C. (2010): New Flora of the British Isles, 3rd ed. – Cambridge.

Thommen, E. & Becherer, A. (1993): Taschenatlas der Schweizer Flora (bearb., Antonietti, A.), 7. Aufl. – Basel, Stuttgart.

Tison, J.-M., Foucault, B. de & Hallé, F. (2014): Flora Gallica. – Mèze.

Tutin, T. G. et al. (ed., 1964–1980): Flora Europaea, 5 Bd. (Bd. 1, 2. Aufl. 1993). – Cambridge.

Waldburger, E., **Pavlovic, V.** & **Lauber, K.** (2003): Flora des Fürstentums Liechtenstein in Bildern. – Bern.

Wisskirchen, R. & Haeupler, H. (1998): Standardliste der Farn- und Blütenpflanzen Deutschlands mit Chromosomenatlas von F. Albers. – Stuttgart.

Zając, A. & **Zając** (2001): Atlas rozmieszczenia roślin naczyniowych w Polsce / Distribution Atlas of Vascular Plants in Poland. – Kraków. (online: *www.atlas-roslin.pl/*)

C. Gebietsfloren und weitere verwendete bzw. zitierte Literatur

Aas, G. (2023): *Salix* L., Weide. – Pp. 693–711 in Schmidt, P. A. & Schulz, B. (ed.): Fitschen – Gehölzflora. 14. Aufl. – Wiebelsheim.

Allan, B., Woods, P. & Clarke, S. (1993): Wild orchids of Scotland. – HSMO, Royal Botanic Garden Edinburgh.

Amarell, U., Hoffer-Massard, F. & Röthlisberger, J. (2014): *Panicum barbipulvinatum* Nash (= *Panicum riparium* H. Scholz) – eine übersehene Art in der Schweiz. – Bauhinia **25**: 59–68.

Arabameri, M., Khodayari, H. & Zarre, S. (2020): Trichome micromorphology in *Alcea* L. and allied genera (Malvaceae) and its systematic implication. – Nordic J. Bot. **38**. *https://doi.org/10.1111/njb.02540*

Arndt, S. (2011): *Festuca*. – Pp. 266–274 in Jäger, E. J. et al. (ed.): Rothmaler – Exkursionsflora von Deutschland. Gefäßpflanzen: Grundband, 20. Aufl. – Heidelberg.

Bačič, T., Dolenc Koce, J. & Jogan, N. (2007): *Luzula* sect. *Luzula* (Juncaceae) in the South Eastern Alps: Morphology, determination and geographic distribution. – Bot. Helv. **117**: 75–88.

Bade, H. & Gutte, P. (2008): *Impatiens edgeworthii* Hook. f. – ein für Deutschland neues Springkraut. – Braunschweiger Geobot. Arb. **9**: 55–63.

Bakker, P. et al. (2019): Dog-roses (*Rosa* sect. *Caninae*): towards a consensus taxonomy. – Brit. Irish Bot. **1** (1): 7–19.

Banfi, E. et al. (2017): From Schedonorus and Micropyropsis to Lolium (Poaceae: Loliinae): New combinations and typifications. – Taxon **66** (3): 708–717.

Banfi, E., Galasso, G. & Bartolucci, F. (2018): Nomenclatural novelties for the Euro+Med flora. – Natural History Sciences. Atti Soc. Ital. Sci. Nat. Mus. Civico Storia Nat. Milano **5** (1): 53–57. doi: *doi.org/10.4081/nhs.2018.365*

Barthel, K.-J. & Pusch, J. (1999): Flora des Kyffhäusergebirges und der näheren Umgebung. – Jena.

Baumann, H. & Künkele, S. (1982): Die wildwachsenden Orchideen Europas. – Stuttgart.

Becker, W., Frede, A. & Lehmann, W. (1996): Pflanzenwelt zwischen Eder und Diemel. Flora des Landkreises Waldeck-Frankenberg mit Verbreitungsatlas. – Natursch. Waldeck-Frankenberg **5**: 1–510.

Belz, A., Fasel, P. & Peter, A. (1992): Die Farn- und Blütenpflanzen Wittgensteins. – Wittgenstein.

Benkert, D., Fukarek, F. & Korsch, H. (1996): Verbreitungsatlas der Farn- und Blütenpflanzen Ostdeutschlands. – Jena, Stuttgart.

Bergmeier, E. (1994): Bestimmungshilfen zur Flora Deutschlands. Eine kommentierte bibliographische Übersicht. – Gött. Florist. Rundbr., Beih. **4**: 1–420.

Blachnik-Göller, T. (1994): Flora des Bayerischen Vogtlandes. – Nordoberfränkischer Verein für Natur-, Geschichts- u. Landeskunde Bericht **38**: 1–218.

Blaufuss, A. & Reichert, H. (1992): Die Flora des Nahegebietes und Rheinhessens. – Bad Dürkheim.

Bog, M., Appenroth, K. J. & Sree, S. (2020): Key to the determination of taxa of Lemnaceae: an update. – Nord. J. Bot. **38** (8): 1–12. *https://doi.org/10.1111/njb.02658*

Bollmeier, M., Gerlach, A. & Kätzel, A. (2004): Flora des Landkreises Goslar. – Mitt. Naturwiss. Ver. Goslar **8** (1–4): 1–1223.

Bomble, F. W. (2009): *Alchemilla baltica* und *A. cymatophylla* in der Eifel. – Decheniana **162**: 9–16.

Bomble, F. W. (2011): *Draba* subgen. *Erophila* in Deutschland. Auf dem Weg zu einer natürlicheren Taxonomie. – Online-Veröff. Bochumer Bot. Ver. **3** (4): 33–43.

Bomble, F. W. (2012): Kritische und wenig bekannte Gefäßpflanzenarten im Aachener Raum II. – Veröff. Bochumer Bot. Ver. **4** (8): 64–77.

Bomble, F. W. (2013): Funde von *Portulaca granulatostellulata, P. nitida* und *P. papillatostellulata* in Nordrhein-Westfalen. – Veröff. Bochumer Bot. Ver. **5** (4): 36–43.

Bomble, F. W. (2017): Vier neue, kontrastreich gefärbte Arten von *Draba* subgen. *Erophila* in Aachen und Umgebung. – Veröff. Bochumer Bot. Ver. **9** (2): 11–27.

Bomble, F. W. (2017): Die *Epilobium ciliatum*-Gruppe im Aachener Raum. Teil I: Sippen mit Merkmalen von *Epilobium glandulosum*. – Veröff. Bochumer Bot. Ver. **9** (4:)36–49.

Bomble, F. W. (2018): *Ochlopoa supina* (= *Poa supina*) und *Ochlopoa* ×*nannfeldtii* (= *Poa* ×*nannfeldtii*) in Aachen. – Veröffentlichungen des Bochumer Botanischen Vereins **10** (3): 40–51.

Bomble, F. W. (2020): *Stellaria ruderalis* im westlichen Rheinland. – Veröff. Bochumer Bot. Ver. **12** (2): 20–28.

Bortolus, A. et al. (2019): Supporting *Spartina*: Interdisciplinary perspective shows *Spartina* as a distinct solid genus. – Ecology **100** (11): e02863. DOI: *10.1002/ecy.2863*

Bournérias, M. et al. (2005): Les orchidées de France, Belgique et Luxembourg, 2. Aufl. – Mèze.

Breitfeld, M. (2001): Hilfe zum Sammeln und Bestimmen von Arten der Gattung *Callitriche* (Wassersterne). – Mitt. Florist. Kart. Sachsen-Anhalt **6**: 35–41.

Breitfeld, M. & Horbach, H.-D. (2006): *Plantago coronopus* L. jetzt auch in Oberfranken. – Ber. Bayer. Bot. Ges. **76**: 129–134.

Brullo, S., Giusso del Gado, G. P. & Minissale, P. (2009): Taxonomic revision of the *Koeleria splendens* C. Presl group (Poaceae) in Italy based on morphological characters. – Pl. Biosystems **143** (1): 140–161.

Bundesamt für Umwelt (BAFU) (ed., 2022): Gebietsfremde Arten in der Schweiz. Übersicht über die gebietsfremden Arten und ihre Auswirkungen. *www.bafu.admin.ch/uw-2220-d*

Buttler, K. P. (1967): Zytotaxonomische Untersuchungen an mittel- und südeuropäischen *Draba*-Arten. – Mitt. Bot. Staatssamml. München **6**: 275–362.

Buttler, K. P. (2011): Revision von *Platanthera bifolia* s. l. Taxonomisch-nomenklatorische Neubewertung des Formenkreises um die Weiße Waldhyazinthe. – Jahresber. Wetterauischen Ges. Gesamte Naturk. **159–161**: 93–108.

Buttler, K. P. (2017): Zur Benennung einiger Sippen der Flora Deutschlands. – Ber. Bot. Arbeitsgem. Südwestdeutschl. **8**: 33–34.

Buttler, K. P. & Hand, R. (2007): Beiträge zur Fortschreibung der Florenliste Deutschlands (Pteridophyta, Spermatophyta). – Kochia **2**: 43–49.

Buttler, K. P. & Hand, R. (2007): Taxonomische und nomenklatorische Neuigkeiten zur Flora Deutschlands 2. – Kochia **2**: 61–68.

Buttler, K. P. & Hand, R. (2008): Beiträge zur Fortschreibung der Florenliste Deutschlands (Pteridophyta, Spermatophyta). – Zweite Folge. – Kochia **3**: 75–86.

Buttler, K. P. & Hand, R. (2008): Liste der Gefäßpflanzen Deutschlands. – Kochia, Beih. **1**: 1–107.

Buttler, K. P. & Hand, R. (2009): Taxonomische und nomenklatorische Neuigkeiten zur Flora Deutschlands 4. – Kochia **4**: 185–189.

Buttler, K. P. & Hand, R. (2011): Beiträge zur Fortschreibung der Florenliste Deutschlands (Pteridophyta, Spermatophyta). – Vierte Folge. – Kochia **5**: 83–91.

Buttler, K. P. & Hand, R. (2012): Taxonomische und nomenklatorische Neuigkeiten zur Flora Deutschlands 6. – Kochia **6**: 163–174.

Buttler, K. P. & Hand, R. (2013): Beiträge zur Fortschreibung der Florenliste Deutschlands (Pteridophyta, Spermatophyta). – Sechste Folge. – Kochia **7**: 121–130.

Buttler, K. P. & Hand, R. (2015): Beiträge zur Fortschreibung der Florenliste Deutschlands (Pteridophyta, Spermatophyta). – Achte Folge. – Kochia **9**: 109–121.

Buttler, K. P. & Hand, R. (2018): Beiträge zur Fortschreibung der Florenliste Deutschlands (Pteridophyta, Spermatophyta). – Zehnte Folge. – Kochia **11**: 91–101.

Buttler, K. P. & Schippmann, U. (1993): Namensverzeichnis zur Flora der Farn- und Samenpflanzen Hessens (Erste Fassung). – Bot. Naturschutz Hessen, Beih. **6**.

Christ, H. (1873): Die Rosen der Schweiz. – Basel, Genf, Lyon.

Christensen, E. (2009): Der Wiesen-Bocksbart (*Tragopogon pratensis* L. s. l.) im Kreis Plön. – Kieler Not. Pflanzenk. Schleswig-Holstein Hamburg **36** (2): 25–36.

Christensen, E. & Westdörp, J. (1979): Flora von Fehmarn. – Mitt. Arbeitsgem. Geobot. Schleswig-Holstein & Hamburg **30**: 1–262.

Conert, H. J. (1997): *Elymus*. – Pp. 777–802 in Conert, H. J. et al. (ed.): Hegi, G. (begr.): Illustrierte Flora von Mitteleuropa **1** (3), ed. 3. – Berlin.

Danihelka J. (2011): Znovu o rozrazilu pamětníkolistém, *Veronica acinifolia* [*Veronica acinifolia* revisited]. – Zprávy České botanické společnosti **46**: 45–50.

Dauphin, B. et al. (2017): A worldwide molecular phylogeny provides new insight on cryptic diversity within the moonworts (*Botrychium* s. s., Ophioglossaceae). – Syst. Bot. **42** (4): 620–639.

Davis, P. H. (1985): Flora of Turkey and the East Aegean Islands **8**. – Edinburgh University Press.

Demuth, S. (2001): Die Pflanzenwelt von Weinheim und Umgebung. – Ubstadt-Weiher.

Dengler, J. (1996): Anmerkungen zur Taxonomie und Bestimmung von Schaf-Schwingeln i.w.S. (*Festuca ovina* agg.) in Deutschland unter besonderer Berücksichtigung Schleswig-Holsteins. – Kieler Not. Pflanzenk. Schleswig-Holstein Hamburg **24**: 1–29.

Dengler, J. (2000): Standardliste der schmalblättrigen Schwingel-Sippen (*Festuca ovina* agg. und *F. rubra* agg.) in Deutschland. – *www.biodiversity-plants.de/downloads/JD_G07_Festuca_Liste.pdf* (23.01.2018)

Dickoré, W. B. (2011): *Hylotelephium* (Waldfetthenne; Crassulaceae). – *offene-naturfuehrer.de/web/Hylotelephium_(Mitteleuropa)*

Dickoré, W. B. (2012): *Minuartia* (Mitteleuropa). – *offene-naturfuehrer.de/web/Minuartia_(Mitteleuropa)*

Dickoré, W. B. & Kasperek, G. (2010): Species of *Cotoneaster* (Rosaceae, Maloideae) indigenous to, naturalising or commonly cultivated in Central Europe. – Willdenowia **40**: 13–45.

Dickoré, W. B. & Kasperek, G. (2013): *Cotoneaster* – Zwergmispel in Mitteleuropa – *offene-naturfuehrer.de/web/Cotoneaster_%E2%80%93_Zwergmispel_in_Mitteleuropa_(W._Bernhard_Dickor%C3%A9_%26_Gerwin_Kasperek)*

Dickoré, W. B., Kasperek, G. & Schulz, B. (2023): *Cotoneaster*. – Pp. 383–391 in Schmidt, P. A. & Schulz, B. (ed.): Fitschen – Gehölzflora, 14. Aufl. – Wiebelsheim.

Dickoré, W. B., mit Lewejohann, K. (2012): *Arenaria* (Mitteleuropa). – *offene-naturfuehrer.de/web/Arenaria_(Mitteleuropa)*

Dillenberger, M. S. & Kadereit, J. W. (2014): Maximum polyphyly: Multiple origins and delimitation with plesiomorphic characters require a new circumscription of *Minuartia* (Caryophyllaceae). – Taxon **63**: 64–88.

Dillenberger, M. S. & Kadereit, J. W. (2015): A revision of *Facchinia* (*Minuartia* s.l., Caryophyllaceae). – Edinb. J. Bot. **72**: 353–389.

Dobeš, C. (1999): Die Karyogeographie des *Potentilla verna* agg. (Rosaceae) in Österreich – mit ergänzenden Angaben aus Slowenien, Kroatien, der Slowakei und Tschechien. – Ann. Naturhist. Mus. Wien B, **101**: 599–629.

Doll, R. (1985, 1991): Kritische Flora des Kreises Neustrelitz. – Natur Natursch. Mecklenburg-Vorp. **22**: 3–60, **29**: 1–81.

Dörr, E. & Lippert, W. (2001, 2004): Flora des Allgäus und seiner Umgebung, 2 Bd. – Eching.

Dörr, E. (1964–1984): Flora des Allgäus. – Ber. Bayer. Bot. Ges. **37** ff.

Dörr, E. (1995): *Alchemilla alpina* L. – Erstnachweis für Deutschland. – Ber. Bayer. Bot. Ges. **65**: 161–170.

Duistermaat, H., Sparrius L. B. & Denters, T. (2021): Standaardlijst van de Nederlandse flora 2020. – Gorteria **43**: 109–156. *https://natuurtijdschriften.nl/pub/1019223*

Düll, R. & Kutzelnigg, H. (2022): Die Wild- und Nutzpflanzen Deutschlands. Vorkommen – Ökologie – Verwendung, 9. Aufl. – Wiebelsheim.

Dvořaková, M. (1990): *Minuartia*. – Pp. 101–109 in Hejný, S. & Slavik, B. (ed.), Květena České republiky **2**.

Dworschak, J. W. (2002): Gliederung der verschiedenen Erscheinungsformen der Mücken-Händelwurz in Südbayern. – Jahresber. Naturwiss. Ver. Wuppertal **55**: 27–45.

Eccarius, W. (2016): Die Orchideengattung *Dactylorhiza*. Phylogenie, Taxonomie, Morphologie, Biologie, Verbreitung, Ökologie, Hybridisation. – Eisenach.

Eggenberg, S. & Möhl, A. (2020): Flora Vegetativa. Ein Bestimmungsbuch für die Pflanzen der Schweiz im blütenlosen Zustand, 4. Aufl. – Bern.

Englmaier, P. (2008): *Festuca*. – Pp. 1151–1165 in Fischer, M. A., Oswald K. & Adler, W.: Exkursionsflora für Österreich, Liechtenstein und Südtirol. – Linz. (4. gebietserweiterte Aufl. in Vorbereitung).

Escobar, G. P. et al. (2009): Five molecular markers reveal extensive morphological homoplasy and reticulate evolution in the *Malva* alliance (Malvaceae). – Molec. Phylogen. Evol. **50**: 226-239. *https://doi.org/10.1016/j.ympev.2008.10.015*

Falkenberg, H. & Zündorf, H.-J. (1987): Die Farn- und Blütenpflanzen des Mittleren Elstergebirges um Gera. – Veröff. Mus. Gera, Naturwiss. Reihe **14**.

Feder, J. & Schäfer, B. (2003): Flora des Landkreises Wittmund. – Friedeburg.

Fiebig, I. (1994): Flora von Buxtehude. – Berichte des Botanischen Vereins zu Hamburg **14**: 1–98.

Fischer, M. A. (2015): Korrekturen sowie taxonomische und floristische Nachträge und Aktualisierungen zur 3. Auflage (2008) der Exkursionsflora für Österreich, Liechtenstein und Südtirol, Fortsetzung. – Neilreichia **7**: 231–293.

Fischer, M. A. & Englmaier, P. (2018): Vorläufiger Bericht über Neuerungen in der im Entstehen begriffenen vierten Auflage der Exkursionsflora. – Neilreichia **9**: 355–388.

Fischer, M. A. & Stöhr, O. (2018): (241) *Botrychium simplex*. – In: Floristische Neufunde (236–304). Zusammengestellt und redigiert von Christian Gilli und Harald Niklfeld. – Neilreichia **9**: 289–354.

Fischer, R. (2002): Flora des Rieses und seiner näheren Umgebung, 2. Aufl. – Nördlingen.

Foerster, E. (1982): Schlüssel zum Bestimmen von dreizeilig beblätterten Riedgräsern des nordwestdeutschen Flachlandes nach vorwiegend vegetativen Merkmalen. – Gött. Florist. Rundbr. **16** (1/2): 3–21.

Frank, D. et al. (2020): Man sieht nur was man kennt – Drei Zwergwasserlinsen-Arten der Gattung *Wolffia* Schleid. in Sachsen-Anhalt nachgewiesen. – Mitt. Florist. Kart. Sachsen-Anhalt **25**: 3–17.

Fraser-Jenkins, C. R. (2007): The species and subspecies in the *Dryopteris affinis* group. – Fern Gaz. **18** (1): 1–26.

Fuentes-Bazan, S., Uotila, P. & Borsch, T. (2012): A novel phylogeny-based generic classification for *Chenopodium* sensu lato, and a tribal rearrangement of Chenopodioideae (Chenopodiaceae). – Willdenowia **42**: 5–24.

Fukarek, F. & Henker, M. (2006): Flora von Mecklenburg-Vorpommern. Herausgegebem von Heinz Henker & Christian Berg im Auftrag der Arbeitsgemeinschaft Geobotanik Mecklenburg-Vorpommern – Jena.

Galunder, R., Patzke, E., Neumann, R. U. (1990): Flora des Oberbergischen Kreises. – Gummersbach.

Garve, E. (1994): Atlas der gefährdeten Farn- und Blütenpflanzen in Niedersachsen und Bremen. – Natursch. Landschaftspfl. Niedersachsen **30** (1): 1–478, **30** (2): 479–895.

Gatterer, K. F., et al. (2003): Flora des Regnitzgebietes, 2 Bd. – Eching.

Gilli, C. & Niklfeld, H. (ed., 2018): Floristische Neufunde (236–304.) – Neilreichia **9**: 289–354.

Gottschlich, G. (1987): *Hieracium*. – Pp. 1437–1451 in Wagenitz, G. (ed.): Hegi, G. (begr.): Illustrierte Flora von Mitteleuropa **6** (4), ed. 2. – Berlin, Hamburg.

Gottschlich, G. (2020): Synopse der für Deutschland nachgewiesenen Arten und Unterarten der Gattung *Hieracium* s. l. (*Hieracium* s. str. und *Pilosella*), aufgeschlüsselt nach Vorkommen in den einzelnen Bundesländern. – Forum Geobot. (2020) **9**: 1–59. *DOI 10.3264/FG.2020.0114*

Graffmann, F. (2004): Neue Flora von Herborn und dem ehemaligen Dillkreis sowie ihre Entwicklung in den letzten 250 Jahren. – BVNH, Schlitz.

Gregor, T. (1992): Flora des Schlitzerlandes. – Beitr. Naturkunde Osthessen **28**: 7–231.

Gregor, T., Hodvina, S. et al. (2022): Beiträge zur Pflanzenwelt in Hessen. – Frankfurt. Veröffentlicht im Internet unter *https://www.botanik-hessen.de/Pflanzenwelt*.

Gregor, T., Meierott, L. & Paule, J. (2016): Morphologische Variabilität bei tetraploider *Valeriana officinalis* s.l. in Deutschland: *Valeriana pratensis* subsp. *franconica* Meierott & T. Gregor, subsp. nov. – Ber. Bayer. Bot. Ges. **86**: 27–36.

Gregor, T., Paule, J. & Meierott, L. (2018): Klärung bayerischer Florenprobleme mithilfe der durchflusszytometrischen Ploidiebestimmung – ein geglückter Fall von „Citizen-Science". – Ber. Bayer. Bot. Ges. **88**: 77–90.

Grenier, M. C. (1865–1875): Flore de la chaîne jurassique. – Paris, Besançon.

Griebl, N. (2013): Die Orchideen Österreichs. Mit 72 Orchideenwanderungen. – Österreich.

Griebl, N. (2020): Kosmos Naturführer – Neophyten. Alle Arten im deutschsprachigen Raum. – Stuttgart.

Grulich, V. (1984): Generic dividion of *Sedoideae* in Europe and the adjacent regions. – Preslia **56**: 29–45.

Grundmann, H. (1992): Die wildwachsenden und verwilderten Gefäßpflanzen der Stadt Chemnitz und ihrer unmittelbaren Umgebung. – Veröff. Mus. Naturk. Chemnitz **15**: 1–240. 1992.

Gutiérrez-Larruscain, D. et al. (2018): Phylogeny of the *Inula* group (Asteraceae: *Inuleae*): evidence from nuclear and plastid genomes and a recircumscription of *Pentanema*. – Taxon **67**: 149–164. *https://doi.org/10.12705/671.9*

Gutte, P., Hardtke, H.-J. & Schmidt, P. A. (ed., 2013): Die Flora Sachsens und angrenzender Gebiete. – Wiebelsheim.

Häcker, S. (1997): Atlas zur Verbreitung der Farn- und Blütenpflanzen im Kreis Höxter und angrenzenden Gebieten. – Egge-Weser **9**: 9–151.

Haeupler, H., Jagel, A. & Schumacher, W. (2003): Verbreitungsatlas der Farn- und Blütenpflanzen in Nordrhein-Westfalen. – Recklinghausen.

Hand, R. (2020): Beiträge zur Fortschreibung der Florenliste Deutschlands (Pteridophyta, Spermatophyta) – Zwölfte Folge. – Kochia **13**: 61–76.

Hand, R. (2022): Beiträge zur Fortschreibung der Florenliste Deutschlands (Pteridophyta, Spermatophyta) – Vierzehnte Folge. – Kochia **15**: 219–229.

Hand, R. & Buttler, K. P. (2006): Taxonomische und nomenklatorische Neuigkeiten zur Flora Deutschlands 1. – Kochia **1**: 147–155.

Hand, R. & Buttler, K. P. (2008): Taxonomische und nomenklatorische Neuigkeiten zur Flora Deutschlands 3. – Kochia **3**: 97–103.

Hand, R. & Buttler, K. P. (2009): Beiträge zur Fortschreibung der Florenliste Deutschlands (Pteridophyta, Spermatophyta). – Dritte Folge. – Kochia **4**: 179–184.

Hand, R. & Buttler, K. P. (2011): Taxonomische und nomenklatorische Neuigkeiten zur Flora Deutschlands 5. – Kochia **5**: 121–128.

Hand, R. & Buttler, K. P. (2012): Beiträge zur Fortschreibung der Florenliste Deutschlands (Pteridophyta, Spermatophyta). – Fünfte Folge. – Kochia **6**: 159–162.

Hand, R. & Buttler, K. P. (2013): Taxonomische und nomenklatorische Neuigkeiten zur Flora Deutschlands 7. – Kochia **7**: 131–141.

Hand, R. & Buttler, K. P. (2014): Beiträge zur Fortschreibung der Florenliste Deutschlands (Pteridophyta, Spermatophyta). – Siebte Folge. – Kochia **8**: 71–89.

Hand, R. & Buttler, K. P. (2017): Beiträge zur Fortschreibung der Florenliste Deutschlands (Pteridophyta, Spermatophyta). – Neunte Folge. – Kochia **10**: 50–72.

Hand, R. & Buttler, K. P. (2019): Beiträge zur Fortschreibung der Florenliste Deutschlands (Pteridophyta, Spermatophyta) – Elfte Folge. – Kochia **12**: 139–148.

Hand, R. & Gottschlich, G. (2021): Beiträge zur Fortschreibung der Florenliste Deutschlands (Pteridophyta, Spermatophyta) – Dreizehnte Folge. – Kochia **14**: 149–162.

Hardtke, H.-J. & Ihl, A. (2000): Atlas der Farn- und Samenpflanzen Sachsens. – Dresden.

Hartl, H., et al. (1992): Verbreitungsatlas der Farn- und Blütenpflanzen Kärntens. – Klagenfurt.

Hassler, M. (ed., 1993): Flora und Fauna der Bruchsaler Region. – AGNUS (Arbeitsgemeinschaft für Natur und Umweltschutz), Bruchsal.

Hassler, M. et al. (2020): Neuer Schlüssel und Atlas der Nachtkerzen Europas. – *https://www.researchgate.net/publication/338711476_New_key_and_atlas_of_evening_primroses_Oenothera_in_Europe_in_German_Schlussel_und_Atlas_der_Nachtkerzen_Europas*

Havlíček, P., Fröhner, S. E. & Procházka, F. (2003): Kritische Bemerkungen zu den *Alchemilla*-Arten im Böhmerwald. – Preslia **75**: 29–37.

Henker, H. (2000): *Rosa* L. – Pp. 1–108 in Weber, H. E. (ed.): Hegi, G. (begr.): Illustrierte Flora von Mitteleuropa **4**, 2C, 2. Aufl. – Hamburg.

Henker, H. et al. (2012): Der Märkische Goldstern (*Gagea m*archica spec. nov.) – eine neue Sippe aus dem *Gagea pomeranica*-Komplex. – Bot. Rundbr. Mecklenburg-Vorp. **49**: 3–12.

Henker, H. & Schulze, G. (1993): Die Wildrosen des norddeutschen Tieflands. – Gleditschia **21**: 3–22.

Herdam, H. (1993): Neue Flora von Halberstadt. Farn- und Blütenpflanzen des Nordharzes und seines Vorlandes. – Quedlinburg.

Herklotz, V. & Ritz, C. M. (2014): Spontane Hybridisierung von Hundsrosen (*Rosa* L. sect. *Caninae* (DC). Ser.) an einem natürlichen Vorkommen in der Oberlausitz (Sachsen, Deutschland). – Peckiana **9**: 119–131.

Herklotz, V., Mieder, N. & Ritz, C. M. (2017): Cytological, genetic and morphological variation in mixed stands of dogroses (Rosa section Caninae; Rosaceae) in Germany with a focus on the hybridogenic *R. micrantha*. – Bot. J. Linn. Soc. **184**: 254–271.

Hernández-Ledesma, P. et al. (2015): A taxonomic backbone for the global synthesis of species diversity in the angiosperm order Caryophyllales. – Willdenowia **45**: 281–383. *doi: dx.doi.org/10.3372/wi.45.45301*

Hohla, A. (2012): *Bromus sitchensis* – neu für Österreich, *Plantago coronopus* – neu für Oberösterreich sowie weitere Beiträge zur Kenntnis der Flora des Innviertels. – Stapfia **97**: 180–192.

Hohla, M. & Scholz, H. (2011): Zwei neue indigene Elytrigia-Arten (Poaceae) der Flora Mitteleuropas. – Stapfia **95**: 46–54.

Höll, N. & Breunig, T. (ed., 1995): Biotopkartierung Baden-Württemberg. Ergebnisse der landesweiten Erhebungen 1981–1989.– Beih. Veröff. Natursch. Landschaftspfl. Baden-Württemberg **81**: 1–544.

Hölting, M. (2000): Atlas der Farn- und Blütenpflanzen in Solingen und der grenznahen Umgebung, 3. Aufl. – Solingen.

Hörandl, E., Florinet, F., & Hadacek, F. (2002): Weiden in Österreich und angrenzenden Gebieten. – Wien.

Horn, K. et al. (2006): Florenwerke und Verbreitungsatlanten der Gefäßpflanzen Deutschlands aus dem Zeitraum 1945 bis 2005. – Kochia **1**: 105–134.

Hroudová, Z., Gregor, T. & Zákravský, P. (2009): Die Verbreitung von *Bolboschoenus*-Arten in Deutschland. – Kochia **4**: 1–22.

Hügin, G. (2004): Wie lässt sich *Bromus grossus* von *Bromus secalinus* unterscheiden? – Florist. Rundbr. **38**: 87–100.

Hügin, G. (2006): Die Gattung *Alchemilla* im Schwarzwald und seinen Nachbargebirgen (Vogesen, Nord-Jura, Schwäbische Alb). – Ber. Bot. Arbeitsgem. Südwestdeutschl., Beiheft **2**.

Hügin, G. (2006): Die Hochlagenflora des Schwarzwaldes und seiner Nachbargebiete. Liste der in Schwarzwald, Vogesen, Nord-Jura und Schwäbischer Alb oberhalb 1000 m nachgewiesenen Farn- und Samenpflanzen. – Kochia **1**: 49–104.

Hügin, G. (2010): *Panicum dichotomiflorum, P. hillmanii,* (*P. laevifolium*), *P. miliaceum* subsp. *agricola, P. miliaceum* subsp. *ruderale* und *Setaria faberi* in Südwestdeutschland und angrenzenden Gebieten. – Ber. Bot. Arbeitsgem. Südwestdeutschl. **6**: 31–68.

Hügin, G. (2017): *Alchemilla longituba* und weitere *Alchemilla*-Erstnachweise in Baden-Württemberg: *A. baltica, A. glomerulans, A. lunaria*. – Ber. Bot. Arbeitsgem. Südwestdeutschl. **8**: 35–50.

Hügin, G., Dersch, G. & Gregor, T. (2015): Die *Stellaria-media*-Gruppe in Mitteleuropa. – Chromosomenzählungen und Anmerkungen zu den Differentialmerkmalen. – Kochia **9**: 93–103.

Hügin, G. & Fröhner, S. E. unter Mitarbeit von Purschke, C. (Kartographie) (2009): Die Gattung *Alchemilla* im Französischen und Schweizer Jura. Verbreitungskarten, Neubeschreibungen, Abbildungen, Bestimmungs- und Merkmalstabellen. – Kochia **4**: 47–134.

ICN (Hand, R., Kilian, N., & Raab-Straube, E. von, general ed., 2009+, continuously updated): International Cichorieae Network: Cichorieae Portal. Published at *cichorieae.e-taxonomy.net/portal/*]

Illmer, J. (1986): Vorläufige Florenliste von Wesel. – Wesel.

International Crassulaceae Network: *https://www.crassulaceae.ch/de/home*

Jäger, E. (ed., 2017): Rothmaler – Exkursionsflora von Deutschland. Gefäßpflanzen: Grundband, 21. Aufl. – Heidelberg.

Johannsen, K. (1987): Pflanzenatlas des mittleren Ostfriesland, 2. Aufl. – Aurich.

Jonsell, B. (ed., 2000): Flora Nordica **1**. – Stockholm.

Kadereit, G. et al. (2012): Cryptic taxa should have names. Reflections on the glasswort genus *Salicornia* (Amaranthaceae). – Taxon **61**: 1227–1239.

Kadereit, J. W. et al. (2016): Which changes are needed to render all genera of the German flora monophyletic? – Willdenowia **46**: 39–91. *doi: dx.doi.org/10.3372/wi.46.46105*

Kahlheber, H. (1979): Zur Verbreitung der Alchemillen in Hessen und seinen Randgebieten. – Jahrb. Nassau. Ver. Naturk. **104**: 41–117.

Kalveram, T. (2014): Das Bunte Springkraut (*Impatiens edgeworthii*) in Essen-Borbeck (Nordrhein-Westfalen). – Veröff. Bochumer Bot. Ver. **6** (6): 47–49.

Kaplan, K. (2016a): *Rosa mollis*, eine eigene Sippe neben *Rosa villosa*? – Ein altes Problem der Rosensystematik, nachvollzogen in Aosta/Italien. – Florist. Rundbr. **48/49**: 13–42.

Kaplan, K. (2016b): Wildrosen an Hase, Ems und Vechte (südwestliches Niedersachsen) unter besonderer Berücksichtigung von *Rosa tomentosa* und ihrer Abgrenzung zu *R. pseudoscabriuscula*. – Florist. Rundbr. **48/49**: 119–161.

Kaplan, K. (2021): Hybrids of *Rosa* L. sect. *Caninae* (DC.) Ser. observed as pioneers and as components of morphospecies - with notes on the morphology and distribution of the hybridogenic *Rosa rhaetica* Gremli. – Florist. Rundbr. **54**: 160–177.

Kaplan, K. (2024): Merkmale und Abgrenzung von *Rosa tomentosa*, *Rosa pseudoscabriuscula* und *Rosa sherardii* (*Rosa* sect. *Caninae* DC., subsect. *Vestitae* Christ). – Kochia **17** (in press)

Kaplan, K. & Jagel, A. (1997): Atlas zur Flora der Kreise Borken, Coesfeld und Steinfurt – eine Zwischenbilanz. – Metelener Schriftenreihe für Naturschutz **7**: 1–257.

Keller, R. (1931): Synopsis rosarum spontanearum Europae mediae. – Denkschr. Schweiz. Naturf. Ges. **65**.

Kellner, A., Ritz, C. M & Wissemann, V. (2014): Low genetic and morphological differentiation in the European species complex of *Rosa sherardii*, *R. mollis* and *R. villosa* (*Rosa* section *Caninae* subsection *Vestitae*). – Bot. J. Linn. Soc. **174**: 240–256.

Kiem, J. (1987): Die Gattung *Festuca* in Südtirol und Nachbargebieten. – Ber. Bayer. Bot. Ges. **58**: 53–71.

Kison, H.-U. & Wernecke, J. (2004): Die Farn- und Blütenpflanzen des Nationalparks Hochharz. – Wernigerode.

Klein, E. & W. (1985): Pflanzen des östlichen Wetteraukreises. – Beitr. Naturk. Wetterau **5** (1/2): 1–393.

Klemm, G. & Prasse, R. (1995): Zwei bemerkenswerte *Alchemilla*-Funde (*A. propinqua* Lindb. ex Juz., *A. plicata* Buser) in Berlin. – Verh. Bot. Ver. Berlin Brandenburg **128**: 155–157.

Kolář, F. et al. (2015): Populations of *Knautia* in ecologically distict refugia in the Hercynian massif belong to two endemic species. – Preslia **87**: 363–386.

König, P. (2005): Floren- und Landschaftswandel von Greifswald und Umgebung. – Jena.

Kool, A. & Thulin, M. (2017): A plant that Linnaeus forgot: Taxonomic revision of *Rhodalsine* (*Caryophyllaceae*). – Willdenowia **47**: 317 – 323. doi: *https://doi.org/10.3372/wi.47.47313*

Koopman, J., Więcław, H. & Wilhelm, M. (2016): Distribution of *Carex pallidula* (Cyperaceae) in Europe. – Acta Soc. Bot. Poloniae **85** (3): 3512. doi: *dx.doi.org/10.5586/asbp.3512*

Korneck, D. et al. (1996): Rote Liste der Farn- und Blütenpflanzen (Pteridophyta et Spermatophyta) Deutschlands. – Schriftenreihe Vegetationsk. **28**: 21–187.

Korneck, D. & Gregor, T. (2012): *Festuca rhenana* spec. nov. und *Festuca heteropachys*, zwei verkannte Schwingel der Flora Deutschlands. – Kochia **6**: 11–28.

Korneck, D. & Gregor, T. (2015): *Festuca tomanii* sp. nov., ein Dünen-Schwingel des nördlichen oberrhein-, des mittleren main- und des böhmischen Elbetales. – Kochia **9**: 37–58.

Korneck, D., Gregor, T. & Paule, J. (2014): Zur Identität von *Festuca duvalii*. – Kochia **8**: 15–26.

Korneck, D. & Scholz, H. (2007): *Stipa pulcherrima* subsp. *palatina*, eine neue Federgras-Sippe aus der Pfalz. – Kochia **2**: 1–7.

Korsch, H., Westhus, W., Zündorf, H.-J. (2002): Verbreitungsatlas der Farn- und Blütenpflanzen Thüringens. – Jena.

Kresken, G.-U. (2004): Atlas der Flora von Lauenburg und Umgebung. – Berichte des Botanischen Vereins zu Hamburg **21**: 5–106.

Kretschmar, H. (2018): Die Orchideen Deutschlands. Finden und Bestimmen. 3. Aufl. – Wiebelsheim.

Krisch, H. (2007): Kommentare zur Neubearbeitung der Exkursionsflora von Deutschland, Band 4 (Kritischer Band). 6. Zur Taxonomie und Nomenklatur einiger *Elytrigia*-Sippen. – Schlechtendalia **16**: 9–17.

Krukowski, M. & Świerkosz, K. (2004): Discovery of the gamethophytes of *Trichomanes speciosum* Willd. (Hymenophyllaceae: Pteridophyta) in Poland and their biogeographical importance. – Fern Gaz. **17** (2): 79–85.

Krumbiegel, A. & Klotz, St. 1995: Bestimmungsschlüssel spontan und synanthrop vorkommender Arten der Gattung *Echinops* in Mitteldeutschland. – *offene-naturfuehrer.de/web/Bestimmungsschlüssel_spontan_und_synanthrop_vorkommender_Arten_der_Gattung_Echinops_in_Mitteldeutschland_(Anselm_Krumbiegel_u._Stefan_Klotz_1995)*

Kúr, P. & Ducháček, M. (2016): Rod kuřinka (*Spergularia*) – výzva ke sledování. – Zprávy Moravskoslezské pobočky ČBS **5** (Floristika): 47–54.

Kúr, P. et al. (2016): Origin of *Spergularia* ×*kurkae*, a hybrid between the rare endemic *Spergularia echinosperma* and its widespread congener *S. rubra*. – Preslia **88**: 391–407

Kúr, P. et al. (2017): Taxonomy and evolutionary diversification of the Central European endemic *Spergularia echinosperma* (Caryophyllaceae). – Phytotaxa **305** (3): 149–164.

Kuzmanović, N. et al. (2017): Phylogenetic relationships in Seslerieae (Poaceae) including resurrection of *Psilathera* and *Sesleriella*, two monotypic genera endemic to the Alps. – Taxon **66** (6): 1349–1370.

Lang, W. & Wolff, P. (1993): Flora der Pfalz. Verbreitungsatlas der Farn- und Blütenpflanzen für die Pfalz und ihre Randgebiete. – Speyer.

Lauber, K., Wagner, G. & Gygax, A. (2006): Flora des Kantons Bern, 4. Aufl. – Bern, Stuttgart.

Lautenschlager, D. u. E. (1994): Die Weiden von Mittel- und Nordeuropa. Bestimmungsschlüssel und Artbeschreibungen für die Gattung *Salix*. – Basel.

Laux, H. E. & Keller, R. (1984): Unsere Orchideen sehen, erkennen und schützen. – Ingelheim.
Lenski, H. (1990): Farn- und Blütenpflanzen des Landkreises Grafschaft Bentheim. – Bad Bentheim.
Lepší, M. & Lepší, P. (2019): *Sorbus* L. – Pp. 498–510 in Kaplan, Z. (ed., 2019): Klíč ke květeně České republiky. – Praha.
Lepší, M. et al (2019): *Stellaria ruderalis*, a new species in the *Stellaria media* group from central Europe. – Preslia **91**: 391–420.
Leschus, V. (1996): Flora von Remscheid. – Jahresber. Naturwiss. Ver. Wuppertal, Beih. **3**.
Licht, W. (1995): Einführung in die Pflanzenbestimmung. – Wiesbaden.
Loiseleur Deslongchamps, J. L. A. (1828): Flora Gallica, Bd. 1, 2. Aufl. – Paris.
Løjtnant, B. & Worsøe, E. (1993): Status over den danske Flora. – København.
Lubienski, M. (2010): Die Schachtelhalme (Equisetaceae, Pteridophyta) der Flora Deutschlands – ein aktualisierter Bestimmungsschlüssel. – Jahrb. Bochumer Bot. Ver. **2**: 68–86 (2011).
Lubienski, M. (2011): Die Schachtelhalme (Equisetaceae, Pteridophyta) der Flora Deutschlands – ein aktualisierter Bestimmungsschlüssel. – Jahrb. Bochumer Bot. Ver. **2**: 68–86.
Lubienski, M. & Bennert, H. W. (2006): *Equisetum ×alsaticum* (Equisetaceae, Pteridophyta) in Mitteleuropa. – Carolinea **64**: 107–118.
Lubienski, M., Jäger, W. & Bennert, H. W. (2011): *Equisetum × ascendens* Lubienski & Bennert (Subg. *Hippochaete*, Equisetaceae), eine neue Schachtelhalm-Sippe für die Flora Nordrhein-Westfalens. – Jahrb. Bochumer Bot. Ver. **3**: 7–20 (2012).
Maas, S. (1983): Die Flora von Saarlouis. – Abhandlungen der Delattinia **13**: 1–107.
Madhani, H. et al. (2018): Untangling phylogenetic patterns and taxonomic confusion in tribe Caryophylleae (Caryophyllaceae) with special focus on generic boundaries. – Taxon **67** (1): 83–112.
Magauer, M. et al. (2014): Disentangling relationships within the disjunctly distributed *Alyssum ovirense*/A. *wulfenianum* group (Brassicaceae), including description of a novel species from the north-eastern Alps. – Bot. J. Linn. Soc. **176** (4): 486–505.
Mansion, G. et al. (2012): How to handle speciose clades? Mass taxon-sampling as a strategy towards illuminating the natural history of *Campanula* (Campanuloideae). – PLoS ONE **7** (11): e50076. *doi:10.1371/journal.pone.0050076*
Markgraf-Dannenberg, I. (1950): Die Gattung *Festuca* in den Bayerischen Alpen. – Ber. Bayer. Bot. Ges. **28**: 195–211.
Markgraf-Dannenberg, I. (1979): *Festuca*-Probleme in ökologisch-soziologischem Zusammenhang. Nachheft zum Bericht über die internationale Fachtagung „Bedeutung der Pflanzensoziologie für eine standortgemäße und umweltgerechte Land- und Almwirtschaft". – Gumpenstein, Bundesversuchsanstalt für alpenländische Landwirtschaft. (Erschienen 1981.)
Martinovský, J. O. (1970): Über drei neue *Stipa*-Sippen aus dem Verwandtschaftskreis *Stipa joannis* s. 1. XXII. Beitrag zur Kenntnis der *Stipa*-Sippen. – Österr. Bot. Z. **118** (1/2): 171–181.
Maurer, W. (ed., 1996, 1998, 2006): Flora der Steiermark. Ein Bestimmungsbuch der Farn- und Blütenpflanzen des Landes Steiermark und angrenzender Gebiete am Ostrand der Alpen, Bd. I: Farnpflanzen (Pteridophyten) und freikronblättrige Blütenpflanzen (Apetale und Dialypetale), Bd. II/1: Verwachsenkronblättrige Blütenpflanzen (Sympetale), Bd. II/2: Einkeimblättrige Blütenpflanzen (Monocotyledoneae). – Eching.
Meierott, L. (2008): Flora der Hassberge und des Grabfelds: neue Flora von Schweinfurt. – Eching.
Meinunger, L. (1992): Florenatlas der Moose und Gefäßpflanzen des Thüringerwaldes und angrenzender Gebiete. – Haussknechtia, Beih. **3** (2 Bd.).
Mergenthaler, O. (1982): Verbreitungsatlas zur Flora von Regensburg. – Hoppea **40**: 1–314.
Meszmer, F.-S. (1998): Flora des Neckar-Odenwald-Kreises. – Elztal-Dallau.
Meyer, N. (2016): *Sorbus*. – Pp. 113–130 in Müller, F. et al. (ed.): Rothmaler – Exkursionsflora von Deutschland. Gefäßpflanzen: Kritischer Ergänzungsband. 11. Aufl. – Berlin, Heidelberg.
Mizianty, M. (1998): Distribution of *Dactylis glomerata* subsp. *slovenica* (Dom.) Dom. (Poaceae) in Europe. – Pp. 89–92 in Tsekos, I. & Moustakas, M. (ed.): Progress in Botanical Research: Proceedings of the 1st Balkan Botanical Congress. – Dordrecht.
Mizianty, M. & Wilk, L. (2003): *Dactylis glomerata* L. subsp. *slovenica* (Dom.) Dom., a new taxon to Caucasus. – Acta Soc. Bot. Poloniae **72** (3): 231–234.
Moore, A. J. & Dillenberger, M. S. (2017): A conspectus of the genus *Cherleria* (*Minuartia* s.l., Caryophyllaceae). – Willdenowia **47**: 5–14. *doi: doi.org/10.3372/wi.47.47101*
Morris, J. A. (2007): A molecular phylogeny of the Lythraceae and inference of the evolution of heterostyly. – Diss. Kent State University.
Müller, F. & Heerde, A. (2006): Verbreitung, Ökologie und Soziologie von *Knautia drymeia* Heuff. in Sachsen. – Kochia **1**: 33–48.

MÜLLER, R. (1991): Flora des Landkreises Harburg und angrenzender Gebiete, 2. Aufl. – Wienen.

MÜLLER, W. (2001): Flora von Hildesheim. – Hildesheim.

NAGLER, A. & CORDES, H. (1993): Atlas der gefährdeten und seltenen Farn- und Blütenpflanzen im Land Bremen mit Auswertung für den Arten- und Biotopschutz. – Abh. Naturwiss. Ver. Bremen **42**: 161–580.

NEHRING, S. & SKOWRONEK, S. (2020): Die invasiven gebietsfremden Arten der Unionliste der Verordnung (EU) Nr. 1143/2014 – Zweite Fortschreibung 2019 – *www.bfn.de/publikationen/bfn-schriften/bfn-schriften-574-die-invasiven-gebietsfremden-arten-der-unionsliste, https://doi.org/10.19217/skr574*

NEUMANN, A. (1981): Die mitteleuropäischen *Salix*-Arten. – Mitt. Forstl. Bundes-Vers.anst. Wien **134**: 1–152.

NEWSHOLME, C. (1992): Willows. The genus *Salix*. – London.

NIKULINA, V. YU et al. (2016): Phylogenetic relationships between *Sedum* L. and related genera (Crassulaceae) based on ITS rDNA sequence comparisons. – Flora **224**: 218–229.

NITSCHE, L., NITSCHE, S. & LUCAN, V. (1988): Flora des Kasseler Raumes, Teil 1. Flora. – Natursch. Nordhessen, Sonderh. **4**: 1–150.

NITSCHE, L., NITSCHE, S. & LUCAN, V. (1990): Flora des Kasseler Raumes, Teil 2. Atlas. – Natursch. Nordhessen, Sonderh. **5**: 1–181.

OELKE, H. & HEUER, O. (1993): Die Pflanzen des Peiner Moränen- und Lößgebietes, 2. Aufl. – Beitr. Naturk. Niedersachsen, Sonderbd. **1**: 1–354.

OTTO, H. W. (2004): Die Farn- und Samenpflanzen der Oberlausitz. – Ber. Naturf. Ges. Oberlausitz **12**: 1–376.

PASSIG, H. (2000): Flora von Herrnhut und Umgebung. – Ber. Naturf. Ges. Oberlausitz **9**, Suppl.: 1–76.

PATZKE, E. (1961): Vorschlag zur Gliederung der *Festuca ovina* L.-Gruppe in Mitteleuropa. – Österr. Bot. Z. **108**: 505–507.

PAWLUS, M. (1983): Systematyka i rozmieszczenie gatunków grupy *Festuca ovina* L. w Polsce (Taxonomy and distribution of the Festuca ovina group in Poland). – Fragm. Florist. Geobot **29**: 219–295 (erschienen 1985).

PETERSON, P. M. et al. (2014): (2332) Proposal to conserve the name *Sporobolus* against *Spartina*, *Crypsis*, *Ponceletia*, and *Heleochloa* (Poaceae: Chloridoideae: Sporobolinae). – Taxon **63** (6): 1373–1374.

PETERSON, P. M. et al. (2014): A molecular phylogeny and new subgeneric classification of *Sporobolus* (Poaceae: Chloridoideae: Sporobolinae) – Taxon **63** (6): 1212–1243.

PETERSON, P. M. et al. (2014): Proposal to conserve the name *Sporobolus* against *Spartina*, *Crypsis*, *Ponceletia*, and *Heleochloa* (Poaceae: Chloridoideae: Sporobolinae) – Taxon **63** (6): 1373–1374.

PILS, G. (1980): Systematik, Verbreitung und Karyologie der *Festuca violacea*-Gruppe (Poaceae) im Ostalpenraum. – Pl. Syst. Evol. **136**: 73–124.

PILS, G. (1981): Karyologie und Verbreitung von *Festuca pallens* Host in Österreich. – Linzer Biol. Beitr. **13**: 231–241.

PILS, G. (1984): Systematik, Karyologie und Verbreitung der *Festuca valesiaca*-Gruppe (Poaceae) in Österreich und Südtirol. – Phyton (Horn) **24**: 35–77.

PIMENTEL, M., CATALÁN, P. & SAHUQUILLO, E. (2010): Morphological and molecular taxonomy of the annual diploids *Anthoxanthum aristatum* and *A. ovatum* (Poaceae) in the Iberian Peninsula. Evidence of introgression in natural populations. – Bot. J. Linn. Soc. **164**: 53–71.

PLOCEK A. (1995): *Alchemilla* L. – kontryhel. – In: SLAVÍK, B. et al. (ed.): Květena České republiky **4**: 247–270.

POLATSCHEK, A. et al. (1997–2001): Flora von Nordtirol, Osttirol und Vorarlberg, 5 Bd. – Innsbruck.

POPPENDIECK, H.-H., BRANDT, I. & PRONDZINSK, J. I. VON (2001): Die vom Aussterben bedrohten, stark gefährdeten und sehr seltenen Farn- und Blütenpflanzen von Hamburg. – Hamburg.

POPPENDIECK, H.-H., BERTRAM, H., BRANDT, I., ENGELSCHALL, B. & PRONDZINSK, J. I. VON (2011): Der Hamburger Pflanzenatlas. – Hamburg.

PPG I (2016): A community-derived classification for extant lycophytes and ferns. – J. Syst. Evol. **54** (6): 563–603.

RAABE, E. W., DIERSSEN, K. & MIERWALD, U. (1987): Atlas der Flora Schleswig-Holsteins und Hamburgs. – Neumünster.

RAUNEKER, H. (1984): Ulmer Flora. – Mitt. Ver. Naturwiss. Math. Ulm **33**: 1–280.

RAY, M. F. (1995): Systematics of *Lavatera* and *Malva* (Malvaceae, Malveae) – a new perspective. – Pl. Syst. Evol. **190**: 29–53. *https://dx.doi.org/10.1007/bf00985106*

REDL, K. (1999): Wildwachsende Orchideen in Österreich – faszinierend und schützenswert, 2. Aufl. – Altenmarkt.

RECHINGER, K.-H. (1981): *Salix*. Weide. – Pp. 44–135 in HEGI, G. (begr.): Illustrierte Flora von Mitteleuropa **3** (1), ed. 3. – Hamburg.

REICHERT, H. (1998): Die zwei Wuchstypen bei Rosen der Sektion *Caninae* und ein Vorschlag für eine Kurzbenennung derselben. – Acta Rhodol. **1**: 29–35.

Reichert, H. (2005): Vorläufiger Bestimmungsschlüssel zur Unterscheidung von *Euphorbia esula*, *Euphorbia pseudovirgata* und *Euphorbia virgata* (*waldsteinii*). – *www.flora-deutschlands.de/Euphorbia-Schluessel01.pdf*
Reichert, H. (2011): Quantitative Merkmale mitteleuropäischer Wildrosen (Rosaceae: *Rosa*) und ihre Eignung als Bestimmungsmerkmale. – Kochia **5**: 39–65.
Reichert, H., Gregor, T. & Meierott, L. (2018): *Euphorbia saratoi* (= *E. podperae*, *E. pseudovirgata* auct., *E. virgata* var. *orientalis*, *E. virgultosa*) – in Mitteleuropa und Nordamerika ein Neophyt unklarer Herkunft. – Kochia **11**: 1–36.
Resseguier, P. (2013): Zwei bemerkenswerte *Alchemilla*-Funde aus Unterfranken. – Ber. Bayer. Bot. Ges. **83**: 191–192.
Risséguier, P., Hildel, P. & Hildel, W. (1999): Flora von Marktheidenfeld. – Mitt. Naturwiss. Mus. Aschaffenburg **18**: 3–432.
Riina, R. et al. (2013): A worldwide molecular phylogeny and classification of the leafy spurges, *Euphorbia* subgenus *Esula* (Euphorbiaceae). – Taxon **62** (2): 316–342.
Ritz, C. M. & Wissemann, V. (2003): Male correlated non-matroclinal character inheritance in reciprocal hybrids of *Rosa* section *Caninae* (DC.) Ser. (*Rosaceae*). – Pl. Syst. Evol. **241** (3): 213–221.
Roloff, A. & Bärtels, A. (2018): Flora der Gehölze, 5. Aufl. – Stuttgart.
Romero-Zarco, C. (2011): *Helictochloa* Romero Zarco (Poaceae), a new genus of oat grass. – Candollea **66** (1): 87–103.
Rosenbauer, A. (2002): Flora von Korntal-Münchingen. – Jahresh. Naturk. Württemberg **158**: 119–169.
Rosenbauer, A. & Amarell, U. (2011): Bestimmungsschlüssel für eingebürgerte und neophytische *Panicum*-Arten in Deutschland. – *www.flora.naturkundemuseum-bw.de/BestimmungPanicum.pdf*
Runge, F. (1989): Die Flora Westfalens, 3. Aufl. – Münster.
Salmaki, Y. et al. (2013): Molecular phylogeny of tribe Stachydeae (Lamiaceae subfamily Lamioideae). – Molec. Phylogen. Evol. **69**: 535–551.
Sauer, E. (1993): Die Gefäßpflanzen des Saarlandes mit Verbreitungskarten. – Natur Landschaft Saarland, Sonderbd. **5**: 1–708.
Sauer, W. (1975): Karyo-systematische Untersuchungen an der Gattung *Pulmonaria* (Boraginaceae). – Biblioth. Bot. **131**: 1–85.
Schaefer, H. et al. (2012): Systematics, biogeography, and character evolution of the legume tribe Fabeae with special focus on the middle-Atlantic island lineages. – BMC Evolutionary Biology **12**: 250.
Scheller, H. (1989): Flora von Coburg. – Schriftenreihe des Naturmuseums Coburg, Sonderbd. **5**: 1–392.
Schmidt, P. A. (2018): Wild Species and Hybrids of *Crataegus* L. (Rosaceae) in W-, N- and Middle Europe. – Jaarboek Belgische Dendrologie Belge 2017: 67–82.
Schmidt, P. A. (2021): Zwergmispeln (Genus *Cotoneaster*, Rosaceae) – Annäherung an eine taxonomisch schwierige Gattung und Bestimmungstabelle für die wichtigsten Arten. – Mitt. Deutsch. Dendrol. Ges. **106**: 13–41.
Schmidt, P. A. (2023): *Crataegus*. – Pp. 391–397 in Schmidt, P. A. & Schulz, B. (ed.): Fitschen – Gehölzflora, 14. Aufl. – Wiebelsheim.
Schmidt, P. A. & Hecker, U. (2020): Die wildwachsenden und kultivierten Laub- und Nadelgehölze Mitteleuropas. Beschreibung, Herkunft, Verwendung. – Wiebelsheim.
Schmitz, J. & Froebe, H. A. (1988): Ein Schlüssel für die Umbelliferen-Gattungen Mitteleuropas. – Bot. Jahrb. Syst. **109**: 451–467.
Scholz, H. (2008): Die Gattung *Bromus* (Poaceae) in Mitteleuropa. Synopse und tabellarischer Bestimmungsschlüssel. – Kochia **3**: 1–18.
Scholz, H. (2008): Some comments on the genus *Bromus* (Poaceae) and three new species. – Willdenowia **38**: 411–422.
Schönbeck-Temesy, E. (1956): Das angebliche Vorkommen von *Poa pumila* Host in der Steiermark. – Phyton (Horn) **7** (1–3): 159–161.
Schönfelder, P. & Bresinsky, K. A. (ed., 1990): Verbreitungsatlas der Farn- und Blütenpflanzen Bayerns. – Stuttgart.
Schumacher, W. (1985): Atlas der Farn- und Blütenpflanzen des Rheinlandes. – Bonn.
Schultze-Motel, W. (1986): *Erophila* DC. – Pp. 320–327 in Hegi, G. (begr.): Illustrierte Flora von Mitteleuropa **4** (1), ed. 3. – Hamburg.
Schuwerk, V. & Schuwerk, H. (1993): Flora des Naturparks Altmühltal und seiner Umgebung, 2 Bd. – Eichstätt.
Sebald, O. et al. (ed., 1996, 1998): Die Farn- und Blütenpflanzen Baden-Württembergs, Bd. **5** u. **6**, Bd. **7** u. **8**. – Stuttgart.
Sebald, O., Seybold, S. & Philippi, G. (ed., 1992, 1993): Die Farn- und Blütenpflanzen Baden-Württembergs, Bd. **1** u. **2**, 2. Aufl., Bd. **3** u. **4**. – Stuttgart.

SEITTER, H. (1977): Die Flora des Fürstentums Liechtenstein. – Vaduz.
SEITZ, B. et al. (2012): Der Berliner Florenatlas. – Berlin.
SENNIKOV, A. N. & KURTTO, A. (2017): A phylogenetic checklist of *Sorbus* s.l. (Rosaceae) in Europe. – Memoranda Soc. Fauna Fl. Fenn. **93**: 1–78.
SEREGIN, A. (2021): Nomenclatural adjustments for hybrids of the former *Inula* L. within *Pentanema* Cass. (Asteraceae). – Turk. J. Bot. **45** (1): 95–98.
SKVORTSOV, A. K. (1999): Willows of Russia and adjacent countries. – Univ. of Joensuu, Report Ser. No. **39**.
SLAVÍK, B. (1986, 1990): Fytokartografické syntezy ČSR, 2 Bd. – Průhonice.
SLOVÁK, M. et. al. (2012): The morphological and genetic variation in the polymorphic species complex *Picris hieracioides* (Compositae, Lactuceae) in Europe strongly contrasts with traditional taxonomic concepts. – Syst. Bot. **37**: 258–278.
ŠMARDA, P. et al. (2007): Revision of Central European taxa of *Festuca* ser. *Psammophilae* Pawlus: morphometrical, karyological and AFLP analysis. – Pl. Syst. Evol. **266**: 197–232.
STACE, C. A. (2001): The interspecific hybrids of the rhizomatous couches, *Elytrigia* Desv. (Poaceae). – Watsonia **23**: 543–55.
STIEGLITZ, W. (1987): Flora von Wuppertal. – Jahresber. Naturwiss. Ver. Wuppertal, Beih. **1**: 1–227.
STOLLE, J. & KLOTZ, S. (2005): Flora der Stadt Halle (Saale). – Calendula, Sonderh. **5**: 1–164.
STOLLEY, G. (2010): Die wilden, verwildernden und das ökologische Potenzial zu verwildern besitzenden Hyazinthengewächse (Hyacinthaceae) in Deutschland. – *offene-naturfuehrer.de/wiki/Die_wilden,_verwildernden_und_das_ökologische_Potenzial_zu_verwildern_besitzenden_Hyazinthengewächse_(Hyacinthaceae)_in_Deutschland_(Gregor_Stolley)*
STREITZ, H. (2005): Die Farn- und Blütenpflanzen von Wiesbaden und dem Rheingau-Taunus-Kreis. – Abh. Senckenberg. Naturf. Ges. **562**: 1–402.
STRUMPF, K. (1992): Flora von Altenburg. – Mauritiana **13** (3): 339–523.
SZAFER, W. (ed., 1919–1980): Flora Polska, 14 Bd. – Krakowie, Warszawa.
TILLICH, H.-J. (1996): Flora von Mühlhausen/Thüringen. – Haussknechtia, Beih. **5**: 1–143.
TRAVNICEK, B. (2000): Notes on the taxonomy of *Pseudolysimachion longifolium* complex (Scrophulariaceae). – Thaiszia **10**: 1–26.
TRAXLER, G. R. (1989): Liste der Gefäßpflanzen des Burgenlandes, 2. Aufl. – Veröff. Internat. Arbeitsgem. Clusius-Forschung Güssing **7**: 1–32.
TRITTLER, J. (2006): Die Flora des Kreises Heidenheim. – Heidenheim.
UHLMANN, H. 2005): Flora Nossen/Rosswein im Klosterbezirk Altzella. – Mittweida.
VÁZQUEZ, F. M. & GUTIÉRREZ, M. (2011): Classification of species of *Stipa* with awns having plumose distal segments. – Telopea **13**: 155–176.
VERLOOVE, F. (2012): New combinations in *Cenchrus* (Paniceae, Poaceae) in Europe and the Mediterranean area. – Willdenowia **42**: 77–78.
VOIGT, O. (1993): Flora von Dessau und Umgebung, 2. Aufl. – Naturwiss. Beitr. Mus. Dessau, Sonderh. **1993**: 1–160.
VÖTH, W. & SONTAG, S. (2006):). Die intraspezifischen Varietäten der *Gymnadenia conopsea* (L.) R. Br. – J. Eur. Orch. **38** (3): 581–624.
WALTER, J. (2006): Vorkommen und Verbreitung der infraspezifischen Sippen des Gemüse-Portulaks (*Portulaca oleracea*, Portulacaceae) in Österreich – Schlüssel und erster Überblick. – Neilreichia **4**: 235–242.
WEBB, D. A. (1968): Lythraceae. – Pp. 300–303 in TUTIN, T. G. et al. (ed., 1968): Flora Europaea **2**.
WEBER, H. E. (1995): Flora von Südwest-Niedersachsen und dem benachbarten Westfalen. – Osnabrück.
WEBER, H. E. (1995): *Rubus* L. – Pp. 284–595 in HEGI, G. (begr.): Illustrierte Flora von Mitteleuropa. **4**/2A. 3. Aufl. – Berlin.
WEBER, H. E. (2016): *Rubus*. – Pp. 59–112 in MÜLLER, F. et al. (ed.): ROTHMALER – Exkursionsflora von Deutschland. Gefäßpflanzen: Kritischer Ergänzungsband, 11. Aufl.– Berlin, Heidelberg.
WEBER, H. E. (2021): *Rubus* L. – Brombeere, Fuchsbeere, Haselblattbrombeere, Himbeere, Steinbeere, Moltebeere. – Pp. 381–403 in MÜLLER, F. et al. (ed.): ROTHMALER – Exkursionsflora von Deutschland. Gefäßpflanzen: Grundband, 22. Aufl. – Berlin.
WEIGEND, M. (1995): Zur Flora von Weiden i. d. OPf.: Eine Untersuchung von Lokalverbreitungen anhand einer Feinrasterkartierung. – Ber. Bayer. Bot. Ges., Beih. **9**.
WELTEN, M. & SUTTER, R. (1982, Nachdruck 2014): Verbreitungsatlas der Farn- und Blütenpflanzen der Schweiz, 2 Bd. – Basel, Boston, Stuttgart.
WIEGLEB, G. (2020): Die Ranunculaceae der Flora von Zentraleuropa: *Ranunculus* Sektion *Batrachium*. http://www.flora-deutschlands.de/ranunculaceae.html

Wilhalm, T. (2009): *Digitaria ciliaris* in Europe. – Willdenowia **39**: 247–259. *doi.org/10.3372/wi.39.39203*

Wilhalm, T., Niklfeld, H. & Gutermann, W. (2006): Katalog der Gefäßpflanzen Südtirols. – Veröff. Naturmus. Südtirol **3**: 1–216.

Wilkinson, M. J. & Stace, C. (1991): A new taxonomic treatment of the *Festuca ovina* L. aggregate (Poaceae) in the British Isles. – Bot. J. Linn. Soc. **106**: 347–397.

Will, M. & Classen-Bockhoff, R. (2014): Why Africa matters: evolution of Old World *Salvia* (Lamiaceae) in Africa. – Ann. Bot. **114**: 61–83.

Wisskirchen, R. & Walter, J. (2015): Die Gattung *Dysphania* (Teil von: Wisskirchen, R. 2014. Chenopodiaceae – Bestimmungsschlüssel der in Deutschland wachsenden Gänsefußgewächse). *offene-naturfuehrer.de/web/Die_Gattung_Dysphania_(Rolf_Wißkirchen_und_Johannes_Walter)*; und: *offene-naturfuehrer.de/web/Chenopodiaceae_-_Bestimmungsschlüssel_der_in_Deutschland_wachsenden_Gänsefuß gewächse_(Rolf_Wißkirchen)*

Wisskirchen, R. (2011): Die Gattung *Aconogonon* (Teil von: Polygonaceae – Bestimmungsschlüssel für die in Deutschland und angrenzenden Regionen wachsenden Knöterichgewächse). – *offene-naturfuehrer.de/wiki/Polygonaceae_-_Bestimmungsschlüssel_für_die_in_Deutschlandund_angrenzenden_Regionen_wachsenden_Knöterichgewächse_(Rolf_Wißkirchen)*

Wisskirchen, R. (2011): Die Gattung *Polygonum* (Teil von: Polygonaceae – Bestimmungsschlüssel für die in Deutschland und angrenzenden Regionen wachsenden Knöterichgewächse). – *offene-naturfuehrer.de/wiki/Polygonaceae_-_Bestimmungsschlüssel_für_die_in_Deutschlandund_angrenzenden_Regionen_wachsenden_Knöterichgewächse_(Rolf_Wißkirchen)*

Wisskirchen, R. (2011): Die Gattung *Rumex* (Teil von: Polygonaceae – Bestimmungschlüssel für die in Deutschland und angrenzenden Regionen wachsenden Knöterich-gewächse). – *offene-naturfuehrer.de/wiki/Polygonaceae_-_Bestimmungsschlüssel_für_die_in_Deutschlandund_angrenzenden_Regionen_wachsenden_Knöterichgewächse_(Rolf_Wißkirchen)*

Wisskirchen, R. (2014): *Atriplex*. (Teil von: Wisskirchen, R. 2014: Chenopodiaceae – Bestimmungsschlüssel der in Deutschland wachsenden Gänsefußgewächse). – *offene-naturfuehrer.de/wiki/Chenopodiaceae_-_Bestimmungsschlüssel_der_in_Deutschland_wachsenden_Gänsefußgewächse_(Rolf_Wißkirchen)*

Wisskirchen, R. (2015): Die Gattung *Chenopodium* (Teil von: Wisskirchen, R. 2014. Chenopodiaceae – Bestimmungsschlüssel der in Deutschland wachsenden Gänsefußgewächse). – *offene-naturfuehrer.de/web/Chenopodium; und: /offene-naturfuehrer.de/web/Chenopodiaceae_-_Bestimmungsschlüssel_der_in_Deutschland_wachsenden_Gänsefußgewächse_(Rolf_Wißkirchen)*

Wittmann, H. et al. (1987): Verbreitungsatlas der Salzburger Gefäßpflanzen. – Sauteria **2**: 1–403.

Wolff-Straub, R. et al. (1988): Florenliste von Nordrhein-Westfalen, 2. Aufl. – Schriftenreihe der Landesanstalt für Ökologie, Landschaftsentwicklung und Forstplanung Nordrhein-Westfalen **7**.

Wolfstetter, K. F. (1993): Farne und Blütenpflanzen in der Umgebung von Wörth (Altlandkreis Obernburg, Bayerischer Untermain). – Nachrichten des Naturwissenschaftlichen Museums der Stadt Aschaffenburg **91**: 1–107.

Wollstonecroft, M. M. et al (2011): *Bolboschoenus glaucus* (Lam.) S.G. Smith, a new species in the flora of the ancient Near East. – Veget. Hist. & Archaeobot. 20: 459–470. doi: *doi.org/10.1007/s00334-011-0305-3*

Wu, F.-F. (2020): DNA barcoding evaluation of *Vicia* (Fabaceae): Comparative efficacy of six universal barcode loci on abundant species. – J. Syst. Evol. **58** (1): 77–88. *doi: 10.1111/jse.12474*

Yeo, P. F. (1978): A taxonomic revision of *Euphrasia* in Europe. – Bot. J. Linn. Soc. **77**: 223–334.

Zenker, W. & Schmitz, H.-W. (2004): Flora von Kerpen und Umgebung. – Naturschutzbund Rhein Erft, Erftstadt.

Zhang, L-B. & W. Kadereit, J. W. (2004): Classification of *Primula* sect. *Auricula* (Primulaceae) based on two molecular data sets (ITS, AFLPs), morphology and geographical distribution. – Bot. J. Linn. Soc. **146** (1): 1–26. doi: *doi.org/10.1111/j.1095-8339.2004.00301.x*

Zhou et al. (2020): Molecular Phylogenetics of *Ligusticum* (Apiaceae) based on nrDNA ITS sequences: Rampant polyphyly, placement of the Chinese endemic species, and a much-reduced circumscription of the genus. – Int. J. Pl. Sci. **181** (3): 306–323. *DOI: 10.1086/706851*

Ziebell, E. (1997): Atlas der Farn- und Blütenpflanzen des Landkreises Osterholz. – Lilienthal.

Zimmermann, A. et al. (1989): Atlas gefährdeter Farn- und Blütenpflanzen der Steiermark. – Mitt. Abt. Bot. Landesmus. Joanneum Graz **18/19**: 1–302.

Zürndorf, H.-J. et al. (2006): Flora von Thüringen. – Jena.

D. Abbildungsvorlagen für die neue Abbildungen in der 97. und 98. Aufl.

Hier nur die Kurzreferenzen. Die vollständigen Angaben finden Sie in den Abschnitten B und C.

Alismatales – Araceae (Arum u. Lemnoideae): Lambinon & Verloove (2012), Nouv. Fl. Belg. etc.
Alismatales – Alismataceae: Lambinon & Verloove (2012), Nouv. Fl. Belg. etc.
Alismatales – Butomaceae: Lambinon & Verloove (2012), Nouv. Fl. Belg. etc.
Alismatales – Hydrocharitaceae: Lambinon & Verloove (2012), Nouv. Fl. Belg. etc.
Alismatales – Juncaginaceae: Lambinon & Verloove (2012), Nouv. Fl. Belg. etc.
Alismatales – Potamogetonaceae: Lambinon & Verloove (2012), Nouv. Fl. Belg. etc.
Asparagales – Orchidaceae: verschied. Gattungen: Baumann & Künkele (1982); *Dactylorhiza, Malaxis, Neotinea, Ophrys, Orchis*: Laux & Keller (1984); *Epipactis* (Lippen u. Säulen): Redl (1999); *Nigritella* (Lippen): Redl (1999).
Brassicales – Resedaceae: Lambinon & Verloove (2012), Nouv. Fl. Belg. etc.
Brassicales – Brassicaceae: Lambinon & Verloove (2012), Nouv. Fl. Belg. etc.
Caryophyllales – Polygonaceae (*Rumex*): Hejný & Skalický (1990), Květena České Republ. 2; Lambinon & Verloove (2012), Nouv. Fl. Belg. etc.
Caryophyllales – Caryophyllaceae: Hejný & Skalický (1990), Květena České Republ. 2.
Caryophyllales – Chenopodiaceae (*Chenopodium*): Dostál (1989).
Caryophyllales – Montiaceae (*Montia*): Hejný & Skalický (1990), Květena České Republ. 2.

E. Onlineressourcen

- Index Kewensis: *www.ipni.org/index.html*
- Euro+Med PlantBase: *ww2.bgbm.org/EuroPlusMed/query.asp* und *https://europlusmed.org/*
- Index Herbariorum: *207.156.243.8/emu/ih/index.php*
- Deutschland-Flora: *www.deutschlandflora.de*
- Deutschland-Flora WebGis: *karten.deutschlandflora.de/map.phtml*
- Dressler, S. et al. (2015 ff.): Bestimmungskritische Taxa der deutschen Flora. Herbarium Senckenbergianum Frankfurt/Main, Görlitz & Herbarium Haussknecht Jena. – *http://webapp.senckenberg.de/bestikri*
- Flora-Web: *www.floraweb.de*
- Systematik: www.*mobot.org/MOBOT/research/APweb*
- Florenliste von Deutschland – Gefäßpflanzen. Bearb. Hand, R., Thieme, M. et al. (cont. updated) – *www.kp-buttler.de/florenliste/*
- BrassiBase, *https://brassibase.cos.uni-heidelberg.de/*
- Manual of the Alien Plants of Belgium: *https://alienplantsbelgium.myspecies.info/*
- Nationales Daten- und Informationszentrum der Schweizer Flora: *www.infoflora.ch*
- Botanik im Bild – Bild-Datenbank der Wildpflanzen Österreichs: *flora.nhm-wien.ac.at*
- Offene Naturführer: *offene-naturfuehrer.de*
- Neilreichia: *www.flora-austria.at/neilreichia.html*
- Flora-de, Flora von Deutschland: *www.blumeninschwaben.de*
- International Plant Names Index: *www.ipni.org/index.html*
- Verbreitungsatlas Niederlande: FLORON Verspreidingsatlas Planten – www.*verspreidingsatlas.nl/planten*
- Verbreitungsatlas Polen: Atlas roślin Polski – *www.atlas-roslin.pl/*
- Verbreitungsatlas Tschechische Republik: Database of the Czech Flora and Vegetation – *https://pladias.cz/en/taxon/*
- FloraFaunaSüdtirol: *www.florafauna.it/index.jsp?project=florafauna&view=BOT&locale=de*
- Flora italiana: *luirig.altervista.org/flora/taxa/floraindice.php*
- Belgian species list: *https://www.bmdc.be/species/index.html*
- Virtuelle Fachbibliothek Biologie: *www.vifabio.de/digital-collections/overview*
- Tropicos: *tropicos.org*
- Wissenschaftliches Informationssystem zum Internationalen Artenschutz (Artenschutzdatenbank des Bundesamts für Naturschutz Bonn): *www.wisia.de/*
- Flora Germanica: *https://www.flora-germanica.de/flora-von-deutschland/artenliste*
- Flora | Belgium: *https://flora.inbo.be/Pages/Common/Default.aspx*

- Naturbasen: *https://www.naturbasen.dk/*
- Global Biodiversity Information Facility (GBIF): *https://www.gbif.org*
- Inventaire national du patrimoine naturel (INPN): *https://inpn.mnhn.fr/accueil/index*
- Atlas Flore de France: *http://siflore.fcbn.fr*

Zuverlässige Bildquellen:
- *infoflora.ch*
- *flora.nhm-wien.ac.at*
- *www.floraweb.de*
- *blumeninschwaben.de*
- *daten.bayernflora.de/de/info_pflanzen.php*
- *www.luontoportti.com/suomi/de/*

Register der Fachausdrücke

Die Ziffern verweisen auf die Seite, auf der die Begriffe erklärt sind.

Register der wissenschaftlichen und deutschen Pflanzennamen

Dieses Register umfasst die Namen von Familien, Gattungen und Arten im Hauptteil ab S. 123. Letztere werden nur aufgeführt, wenn eine Gattung in der Flora mehr als 30 Arten umfasst. Wissenschaftliche Gattungs- und Artnamen stehen in kursiver Schrift, gültige Familiennamen sind halbfett hervorgehoben. Synonyme stehen in eckigen Klammern. Ebenfalls in eckigen Klammern, aber mit p. p. gekennzeichnet, listen wir „pro-parte-Synonyme". Sie sind (Teil)Synonyme von Gattungssegregaten. Sie folgen in diesem Index in einer neuen Zeile einem jeweils gleichlautenden Gattungsnamen ohne eckige Klammer (in seiner derzeit akzeptierten engeren taxonomischen Fassung). Die letzte Seitenzahl verweist in der Regel auf den Beginn der Gattungsbearbeitung bzw. die Beschreibung der Art.

Legenden zu den Farbtafeln

Tafel 1 – Wuchs- und Lebensformen
1–6 Ausdauernde Pflanzen: **1** Halbstrauch (*Lavandula angustifolia*); **2–3** Geophyten: **2** Zwiebelgeophyt (*Galanthus nivalis*); **3** Knollengeophyt (*Crocus tommasinianus*); **4–6** Hemikryptophyten: **4** Aufrecht wachsend (*Scabiosa columbaria*); **5** Pflanze mit grundständiger Rosette (*Plantago major*); **6** Niederliegend bis aufsteigend (*Glechoma hederacea*); **7** Zweijährige Pflanze (*Oenothera glazioviana*); **8** Einjährige Pflanze (*Cardamine hirsuta*).

Tafel 2 – Wurzel
1–2 Homorrhize Bewurzelung der Monokotylen: **1** *Poa annua*; **2** *Zea mays*; **3–5** Allorhize Bewurzelung der Dikotylen: **3** Haupt- (Hw) und Seitenwurzeln (Sw) (*Carpinus betulus*); **4–6** Umbildungen: **4** Pfahlwurzel (Hauptwurzel mäßig verdickt, wenige Seitenwurzeln; *Taraxacum officinale* agg.); **5** Rübe (Hauptwurzel dick und fleischig; *Daucus sativus*); **6** Wurzelknollen (sprossbürtige Wurzeln, die knollenförmig anschwellen, aber keine Seitenwurzeln erzeugen; *Ficaria verna*); **7** Wurzelknöllchen mit symbiontischen Bakterien (*Alnus glutinosa*; Aufsicht und Längsschnitt).

Tafel 3 – Ausbildung und Gestalt der Sprossachse
1–8 Ausbildungsformen und Umbildungen: **1** Stängel (*Digitalis purpurea*), mit Knoten (Kn) und Internodien (I); **2** Schaft (*Taraxacum officinale* agg.; Aufsicht, Längs- und Querschnitt); **3** Halm (*Poa pratensis*), Ausschnitt mit Knoten (Kn) und Internodien (I) Aufsicht, Längs- und Querschnitt); **4** gestauchte Achse (A) bei Zwiebelbildung (*Allium cepa*); **5** Ausläufer (*Fragaria* × *ananassa*); **6** Rhizom (ausdauernder, meist unterirdisch und horizontal wachsender, verdickter Speicherspross; *Iris sibirica*); **7** Rankenspross (Teil der Sprossachse zu Ranken umgebildet; *Vitis vinifera*); **8** Phyllokladium (blattähnlicher Flachspross, hier mit Blüte; *Ruscus aculeatus*); **9–13** Gestalt (Querschnitt) von Achsen: **9** rund und glatt (*Zea mays*); **10** rund, verholzend (*Aristolochia durior*; oben junges, unten älteres verholztes Sprossstück); **11** gerieft (*Heracleum sphondylium*; Aufsicht und Querschnitt); **12** vierkantig (*Lamium galeobdolon*; Aufsicht und Querschnitt); **13** geflügelt (*Lathyrus latifolius*, Aufsicht und Querschnitt).

Tafel 4 – Dornen und Stacheln
1–4 Dornen: **1** Sprossdorn (*Prunus spinosa*; Aufsicht und Längsschnitt); **2** Blatt- und Sprossdornen (*Ulex europaeus*); **3–4** Blattdornen: **3** *Berberis vulgaris*; **4** *Opuntia* sp.; **5–7** Stacheln: **5** *Rosa* sp.; **6** *Rubus fruticosus* agg.; **7** *Rubus idaeus*.

Tafel 5 – Kletterpflanzen
1 Windende Sprossachse (*Lonicera caprifolium*); **2** Blattspindel und Blättchenstiele mit Rankenfunktion (*Clematis vitalba*); **3** Sprossranke mit Haftscheiben (*Parthenocissus tricuspidata*); **4** Sprossbürtige Haftwurzeln (*Hedera helix*; Aufsicht und Querschnitt); **5** Ranke (*Bryonia dioca*; sich spiralig einrollende Ranken und gelappte Blätter); **6–7** Blattfiederranken: *Vicia hirsuta* (gefiederte Blätter mit meist 6–9 Fiederpaaren und Ranken an der Spitze, Fiederblättchen ausgerandet); **7** *Lathyrus latifolius* (gefiedertes Blatt mit 1 Fiederpaar, die übrigen zu Ranken umgebildet, Blattstiel geflügelt); **8** Sprosse mit Klimmhaaren (hier nicht erkennbar; *Galium aparine*; Frucht links mit Klimm- bzw. Kletthaaren).

Tafel 6 – Blattstellung
1–5 Wechselständig: **1** *Hedera helix*; **2** zweizeilig (*Iris* sp.; linke Zeile a1, a2, rechte Zeile b1, b2); **3** dreizeilig (*Carex pendula*); **4** spiralig (*Petrosedum forsterianum*); **5** Rosette (*Sempervivum arachnoideum*); **6–7** gegenständig: **6** *Symphoricarpos albus* (in 1 Ebene verschoben); **7** *Lavandula angustifolia* (dekussiert, Ansicht von oben und von der Seite); **8** quirlständig (*Hippuris vulgaris*; links oben Querschnitt, links unten Ausschnitt).

Tafel 7 – Morphologie des Blattes 1
1–2 Einfache Blätter mit Bg/U = Blattgrund/Unterblatt, MN = Mittelnerv, Nb = Nebenblätter, Stipeln, SN = Seitennerv, Spr = Spreite (Lamina), St = Blattstiel: **1** ohne Nebenblätter (*Lunaria annua*; Unterseite); **2** mit Nebenblättern (*Malus domestica*; Unterseite); **3–8** gefiederte Blätter: **3** einfach unpaarig gefiedert (*Rosa glauca*; Unterseite, mit Nebenblättern; E = Endfieder); **4** dreizählig (*Trifolium pratense*; mit Nebenblättern); **5** einfach paarig gefiedert (*Lathyrus niger*; E = Endfieder, hier verkümmert); **6** kammförmig gefiedert (*Hottonia palustris*); **7** unterbrochen gefiedert (*Solanum tuberosum*); **8** doppelt gefiedert (*Actaea* sp.).

Tafel 8 – Morphologie des Blattes 2
1 Gefingert (*Lupinus polyphyllus*); **2–3** mehrfach gefiedert: **2** *Achillea millefolium* agg.; **3** *Daucus carota*; **4** Heterophyllie (*Coriandrum sativum*; basale Stängelblätter mit gekerbten Fiederblättchen, obere Blätter 2–3-fach gefiedert mit linealischen Zipfeln; weiteres Beispiel für Heterophyllie s. *Taf. 11:8*); **5** Ochrea (*Bistorta officinalis*; O = Ochrea); **6** offene Blattscheide (*Heracleum sphondylium*).

Tafel 9 – Blattränder und Blattspreiten
1 Ganzrandig (*Syringa vulgaris*); **2** stachelig gezähnt (*Ilex aquifolium*); **3** gekerbt (*Glechoma hederacea*); **4** schrotsägeförmig (*Taraxacum officinale* agg.); **5** schwach gezähnt (*Epilobium montanum*); **6** gebuchtet (*Quercus robur*); **7** gesägt (*Rosa glauca*; Fiederblättchen); **8** gelappt (*Parthenocissus tricuspidata*); **9** doppelt gesägt (*Carpinus betulus*; unten vergrößerter Ausschnitt); **10** handförmig geteilt (*Delphinium elatum*); **11** gelappt bis fiederteilig (*Sinapis alba*); **12** Blattrand von einer Blattschneiderbiene (*Megachile*) eingeschnitten (*Syringa vulgaris*).

Tafel 10 – Blattformen und Blattnervatur
1–17 Blattformen: **1** nadelförmig (*Pinus sylvestris*); **2** schwertförmig reitend (*Iris germanica*; rechts im Querschnitt); **3** asymmetrisch (*Ulmus glabra*; asymmetrischer Spreitengrund); **4** spießförmig (*Rumex acetosella*); **5** pfeilförmig (*Calystegia sepium*); **6** schildförmig (*Tropaeolum majus*; oben schräg von unten gesehen, unten Oberseite); **7** Knospenschuppen (Niederblätter; *Fagus sylvatica*); **8** linealisch (*Hippuris vulgaris*); **9** elliptisch (*Cotinus coggygria*); **10** unifaciales Rundblatt (*Allium cepa*; rechts im Querschnitt); **11** rautenförmig (*Betula pendula*); **12** herzförmig (*Aristolochia clematitis*); **13** schuppenförmig (*Asparagus officinalis*); **14** fächerförmig gefaltet (*Trachycarpus fortunei*); **15** nierenförmig (*Hydrocotyle ranunuculoides*); **16** eiförmig, mit bogenförmiger Nervatur (*Plantago major*); **17** stielrundes sukkulentes Blatt (*Petrosedum forsterianum*; rechts unten Querschnitt); **Parallelnervatur:** 2, 10; **Netz-/Fiedernervatur:** 3, 4, 9, 11; **handförmige Nervatur:** 6, 12, 15.

Tafel 11 – Blattstiel und Blattbesonderheiten
1 Spreitengrund verwachsen (*Dianthus barbatus*); **2** Spreitengrund herablaufend (*Symphytum* sp.); **3** Blatt gekielt (*Carex pendula*; Querschnitt); **4** gefleckt (*Lamium galeobdolon*); **5** Öhrchen (Ö) am Übergang von der Blattspreite zur Blattscheide (*Hordeum vulgare*); **6** Ligula kurz fransig (*Triticum aestivum*; Lig = Ligula); **7** Blätter mit Drüsen zum Fangen und Verdauen tierischer Nahrung (*Drosera* sp.); **8** Heterophyllie (*Hedera helix*; links gelapptes Blatt nichtblühender Triebe, rechts ei-rautenförmiges Blatt der Blütentriebe; weiteres Beispiel für Heterophyllie s. *Taf. 8: 4*); **9** Übergang vom basalen Laubblatt zum Hochblatt unter der Blüte (*Helleborus foetidus*); **10** stielrunde Blätter, am Grund gespornt (*Petrosedum forsterianum*).

Tafel 12 – Hochblätter
1–2 Hochblattquirl bei Ranunculaceae: **1** mit deutlichem Internodium zwischen Hochblattquirl und Blüte (*Pulsatilla vulgaris)*, rechts Spross mit Laubblättern, Hochblattquirl und Blüte, rechts Aufsicht auf den Hochblattquirl; **2** Hochblattquirl kelchartig, direkt unter der Blüte (*Eranthis hyemalis)*; **3–4** Involucrum (H = Hüllblätter) bei Asteraceae: **3** *Bellis perennis*; **4** *Tussilago farfara*; **5–6** Hülle (H) und Hüllchen (h) bei Apiaceae: **5** *Astrantia major*; **6** *Orlaya grandiflora*; **7** Hülle bei *Scabiosa lucida*; **8** paarweise verwachsene Blätter unterhalb der Infloreszenz (*Claytonia perfoliata*); **9** aus Hochblättern gebildeter Außenkelch (AK; *Alcea rosea*); **10** Spatha (scheidenförmiges Hüllblatt um die Infloreszenz; *Arum maculatum*).

Tafel 13 – Blüte
1–3 Fruchtknotenstellung (s. S. 44/45): **1** oberständig (*Tilia platyphyllos*; Blütenlängsschnitt mit Ba = Blütenachse, Frkn = Fruchtknoten, Gr = Griffel, K = Kelchblatt, Kr = Kronblatt, N = Narbe, Sf = Staubfaden, St = Staubbeutel); **2** mittelständig (*Prunus avium*; Längsschnitt); **3** unterständig (*Malus sylvestris*; Längsschnitt); **4** Nebenkrone (Nkr) aus Krönchenschuppen (*Silene dioica*); **5–7** Kelch: **5** Kelchblätter frei (*Borago officinalis*); **6** Kelchblätter verwachsen, Kelch aufgeblasen (*Silene vulgaris*; rechts Längsschnitt); **7** Kelch (K) mit Außenkelch (AK) (*Fragaria* × *ananassa*; Ansicht von unten).

Tafel 14 – Blüten- und Blumentypen Dikotyle 1
1 Disymmetrische Blüte (*Lamprocapnos spectabilis*; Ansicht von der Seite, links um 90° gedreht); **2–4, 7** zygomorphe Blüten: **2** Rachenblume, Kelch frei (*Digitalis purpurea*; Ansicht von der Seite, unten Ansicht von vorne); **3** einfache Blütenhülle (*Aristolochia durior*; Ansicht von vorne, unten Längsschnitt); **4** maskierte Rachenblume mit gelben Flecken auf der Maske (Pfeil; *Cymbalaria muralis*); **5–6** radiärsymmetrische Blüten: **5** Krone frei, Kelch verwachsen (*Lychnis flos-cuculi*; Kronblätter tief 4-spaltig mit linealischen Zipfeln; Ansicht von oben, unten einzelnes Kronblatt, links verwachsener Kelch aufgeschnitten); **6** Röhrenblüte der

Asteraceae, Kelch fehlt, Krone verwachsen (*Leucanthemum vulgare*); **7** Zungenblüte der Asteraceae, Kelch als Pappus (P) ausgebildet (*Pilosella* sp.).

Tafel 15 – Blüten- und Blumentypen Dikotyle 2
1 Radiärsymmetrische Blüte, Kelch- und Kronblätter frei (*Hypericum perforatum*; Ansicht von oben, rechts Ansicht von unten); **2** zygomorphe Schmetterlingsblüte, Kelch verwachsen, Kronblätter frei (*Robinia viscosa*; Ansicht links oben von der Seite, rechts oben von vorn, rechts unten von der Unterseite; unten links Bestandteile der Krone: F= Fahne, Fl = Flügel, Sch = Schiffchen); **3** schwach disymmetrische Blüte (im Schlüssel als radiär behandelt), Kelch- und Kronblätter frei (*Cardamine pratensis*; Ansicht von vorne, rechts von schräg unten); **4** radiärsymmetrische Glockenblume, Krone verwachsen, Kelch frei (*Campanula persicifolia*; Ansicht von vorne, rechts von der Seite), **5** radiärsymmetrische Stieltellerblume, Kelch und Krone verwachsen (*Syringa vulgaris*; links Ansicht von der Seite, rechts von vorn); **6** stark zygomorphe Lippenblume mit gewölbter Oberlippe, Kelch und Krone verwachsen (*Lamium album*; links Ansicht von vorne, in der Mitte von der Seite, rechts Längsschnitt; OL = Oberlippe, UL = Unterlippe); **7** schwach zygomorphe Lippenblume, Kelch und Krone verwachsen (*Mentha arvensis*).

Tafel 16 – Blütentypen Monokotyle
1, 3, 5 Perigonblätter gleich gestaltet: **1** Perigon freiblättrig, Fruchtknoten oberständig (*Allium ursinum*; links Ansicht von oben, rechts Ansicht von unten); **2** Perigon basal verwachsen, innere Perigonblätter viel kleiner, Fruchtknoten unterständig (*Galanthus nivalis*; links Längsschnitt, rechts oben Ansicht von der Seite, unten Ansicht von vorne); **3** Perigon verwachsen, Fruchtknoten oberständig (*Muscari botryoides*; links Längsschnitt, rechts oben Ansicht von der Seite, unten Ansicht von vorne); **4** Perigonblätter verschieden gestaltet, genagelt, äußere (äP) zurückgebogen, innere (iP) aufrecht, Griffel (Gr) mit blumenblattartigen Ästen (*Iris sibirica*); **5** Binsenblüte, Perigon freiblättrig (*Luzula nivea*; je 6 Perigon- und Staubblätter, Fruchtknoten oberständig); **6–7** Blüten von Süßgräsern: **6** *Lolium perenne*, junge Blüte, Staubfäden noch nicht gestreckt; **7** *Dactylis glomerata*, ältere Blüte, rechts Staubfäden gestreckt, links Staubbeutel abgefallen, mit Schwellkörperchen (L = Lodiculae) und fedrigen Narbenästen; **8** zygomorphe Blüte der Orchidaceae mit Labellum (Pfeil, *Dactylorhiza majalis*).

Tafel 17 – Sporne (Sp) und Nektarblätter
1 Gespornte Nektarblätter alternierend zu den Blütenhüllblättern (*Aquilegia vulgaris*; oben links frontal = von unten gesehen, oben rechts seitlich gesehen, unten links einzelnes Nektarblatt, unten rechts Endkrümmung des Nektarblatts, längs aufgeschnitten; der Nektar wird in der Endkrümmung produziert); **2** drüsig verlängerte Staubfadenbasis im sackförmigen Sporn (*Pseudofumaria lutea*; oben links frontal, oben rechts seitlich gesehen, darunter Blütenhülle entfernt, unten Längsschnitt); **3** verlängerte Basis von 2 Staubfäden im Sporn (*Viola odorata*; oben links frontal, oben rechts seitlich gesehen, unten Längsschnitt); **4** gespornte Nektarblätter senkrecht unter dem Helm (*Aconitum napellus* agg.; oben links Blüte von vorn, rechts seitlich gesehen, unten links Helm = oberes Perigonblatt längs aufgeschnitten, rechts einzelnes Nektarblatt); **5** gespornte**s** Kelchblatt (*Impatiens parviflora*; mittleres Kelchblatt, Pfeile; die beiden anderen Kelchblätter klein).

Tafel 18 – Staubblätter
1 *Hemerocallis lilioasphodelus* (links Innen- und Außenseite, rechts Querschnitt durch Staubbeutel = Anthere; F = Filament = Staubfaden, Ko = Konnektiv, Ö = Öffnungsstelle; P = Pollenmasse im Pollensack, Th = Theke; s. auch Abb. *43/1*); **2** *Verbascum nigrum* (Staubfaden wollig behaart); **3** *Solanum dulcamara* (Blüte von vorn gesehen, Staubbeutelöffnung mit Poren); **4** *Salvia officinalis* (links Längsschnitt, rechts Unterlippe der Krone schräg von vorn gesehen, mit Staubblättern; Konnektiv und 1 Theke zu einem Hebel umfunktioniert; Ko = Konnektiv; St = steriles Staubblatt = Staminodium); **5** *Nymphaea alba* (Staubblätter gehen in Kronblätter über und werden dabei steril [Staminodien]); **6** *Lamium purpureum* (braune, weiß behaarte Pollensäcke mit orangem Pollen); **7** *Vincetoxicum hirundinaria* (Staubblätter, Narbe und Nebenkrone zu einer gemeinsamen Struktur verbunden); **8** *Vinca minor* (Staubfäden gekniet); **9** *Mahonia aquifolium* (Öffnung der Theken mit Klappen).

Tafel 19 – Androeceum und ♂ Blüten
1 *Echinops sphaerocephalus* (Kronröhre mit Androeceum und Griffel; sich nach innen öffnende Antheren bilden Röhre um den Griffel; AR = Antherenröhre); **2** *Aristolochia macrophylla* (Androeceum und Gynoeceum, Blütenhülle entfernt; Staubblätter und Griffel/Narbe zu Säulchen [Gst = Gynostemium] verwachsen); **3** *Arum maculatum* (Kolben, oben ♂, unten ♀ Blüten; über den ♂ Blüten befinden sich sterile, zu Sperrhaaren umgewandelte Blüten; rechts 2 ♂ Blüten); **4** *Ulex europaeus* (Staubfäden zu Röhre verwachsen;

unten aufgeschnitten und ausgebreitet); **5** *Hypericum perforatum* (in Bündeln stehende Staubblätter, in der Knospe [links] noch etagenförmig); **6** *Malva sylvestris* (Staubfäden zu Säule verwachsen, links sehr jung, rechts Zentrum einer älteren Blüte im Längsschnitt); **7** *Impatiens parviflora* (5 Staubblätter von vorne, darunter abgelöste Haube aus allen Staubblättern, von hinten gesehen); **8** *Dactylorhiza majalis* (Pollinien mit Klebscheibe); **9** *Viscum album* (♂ Blüte); **10** *Buxus sempervirens* (♂ Blüte); **11** *Bryonia dioica* (♂ Blüte, darunter Längsschnitt durch Teil der Krone mit Staubblättern); **12** *Cucurbita pepo* (♂ Blüte; Blütenhülle entfernt); **13** *Fraxinus excelsior* (⚥ Blüte; Frkn = Fruchtknoten, Gr = Griffel, N = Narbe, Stb = Staubblatt); **14** *Silene dioica* (rechts ♂ Blüte, Längsschnitt, links Teil des Androeceums herauspräpariert); **15** *Ruscus aculeatus* (6 Staubblätter, Staubfäden zu fleischiger Röhre verwachsen).

Tafel 20 – Gynoeceum 1

1–3 Chorikarpes Gynoeceum (Fruchtblätter frei): **1** *Delphinium elatum* (rechts Längsschnitt); **2** *Aquilegia vulgaris* (Querschnitt); **3** *Adonis vernalis* (eines von zahlreichen Fruchtblättern, Längsschnitt); **4** einzelnes Fruchtblatt (*Phaseolus vulgaris*; links Längsschnitt, rechts Querschnitt); **5** pseudocoenokarpes Gynoeceum (*Nymphaea alba;* freie Fruchtblätter von der Blütenachse so überwallt, dass der Eindruck eines coenokarpen Gynoeceums entsteht; oben Längsschnitt, unten Querschnitt, laminale Plazentation); **6–7** coenokarpes Gynoecum (Fruchtblätter verwachsen): **6** *Aristolochia clematitis* (oben Aufsicht auf Narbe, unten Blütenlängsschnitt; Gst = Gynostemium, s. auch *Taf. 19: 2*); **7** *Bryonia dioica* (♀ Blüte, links Längsschnitt, rechts Aufsicht); **8–10** Griffel und Narben: **8** *Zea mays* (1 langer Griffel pro ♀ Blüte; ♀ Infloreszenz von der Seite, Hüllblätter entfernt); **9** *Rumex obtusifolius* (Blüte mit pinselförmigen Narben, oben Aufsicht, unten Längsschnitt); **10** *Iris sibirica* (blumenblattartiger Narbenast mit darunter liegendem Staubblatt, Narbe direkt unter dem Häutchen am V-förmigen Einschnitt unten).

Tafel 21 – Gynoeceum 2: Narben und Fruchtknoten

1 *Viola tricolor* (Fruchtknoten mit Griffel und Narbe, rechts Querschnitt, parietale Plazentation); **2** *Linum usitatissimum* (Fruchtknoten mit 5 Narbenästen, links seitlich gesehen, rechts Längsschnitt, darunter Querschnitt); **3** Heterostylie bei *Primula acaulis* (oben Längsschnitte, links durch langgriffelige, rechts durch kurzgriffelige Blüte, unten Querschnitt durch Fruchtknoten, mit sehr dicker Zentralplazenta, umgeben von kleinen Samenanlagen); **4** *Jasione laevis* (oben Blüte frontal gesehen, Griffel mit Fegehaaren und Pollen, unten Längsschnitt, Fegehaare eingezogen, Narbenlappen gespreizt); **5** *Alcea rosea* (Fruchtknoten mit 5 Griffeln und scheibenförmigen Narben, rechts noch in der Staubblattröhre); **6** *Vinca minor* (Griffel mit Griffelkopf); **7** *Epilobium angustifolium* (links 4 gespreizte Narbenäste in Aufsicht, in der Blüte rechts noch nicht ganz geöffnet); **8** *Silene dioica* (5 Narbenäste, von oben gesehen).

Tafel 22 – Nektarien

1 Blattstielnektarien (*Prunus avium*); **2** Tragblattnektarien (*Euphorbia segetalis*; Tragblätter der ♂ Teilinfloreszenz); **3** Kelchblattnektarium (*Malva sylvestris*); **4** Blütenbodennektarium (*Robinia viscosa*); **5** Perigonnektarium (*Lilium* sp.); **6–8** Nektarblätter; N = Nektardrüse: **6** *Berberis vulgaris* (links Nektarblatt, rechts Blüte im Längsschnitt); **7** *Ranunculus repens* (Nektarblatt kronblattartig, rechts Längsschnitt); **8** *Helleborus niger* (Nektarblätter tütenförmig); **9–10** Staubblätter mit Nektardrüsen: **9** *Laurus nobilis* (Nektardrüsen am Staubfaden); **10** *Linum grandiflorum* (Nektardrüsen an der Staubblattbasis); **11** Nektarien am Grund der Fruchtblätter (*Sedum album*); **12** Teilfrüchte mit drüsigem Rand (intrastaminaler Diskus; *Pulmonaria mollis*); **13** Diskus (ringförmige Verdickung des Blütenbodens; *Acer platanoides*).

Tafel 23 – Weitere Blütenbesonderheiten

1–3 Kelchblätter: **1** Kelchblätter fallen bei der Blütenöffnung ab (*Chelidonium majus*); **2** Kelch bleibt auch bei der Fruchtreife erhalten, umschließt die Beere (*Alkekengi officinarum*); **3** ausgesackte Kelchblätter (*Lunaria annua*; Merkmal der beiden äußeren der 4 Kelchblätter); **4** Gynophor (Gph, gestrecktes Internodium zwischen Androeceum und Gynoeceum; *Geum rivale*); **5** Kronblatt genagelt (*Lunaria annua*; N = Nagel = stielartige Basis, Pl = verbreiterte Platte); **6–7** Schlundschuppen (Schl): **6** Schlundschuppen auf Lücke mit Staubblättern (*Symphytum* sp.; links Blüte frontal gesehen, rechts Kronröhre längs aufgeschnitten); **7** Schlundschuppen als Ring um Mündung der Kronröhre (*Omphalodes verna*; oben Aufsicht, unten Längsschnitt); **8** Griffelbürste (Grb; *Lathyrus latifolius*; links Blüte frontal gesehen, Mitte Kronblätter entfernt, rechts Gynoeceum).

Tafel – 24 Infloreszenzen 1

Razemöse Infloreszenzen: **1** ♀ Zapfen (*Alnus glutinosa*); **2** Ähre (*Plantago lanceolata*; Aufblühfolge, zuerst ♀, dann ♂); **3–5** Ährchen der Poaceae: **3** zweiblütiges Ährchen (*Poa annua*); **4** vierblütiges Ährchen (*Dactylis* *glomerata*; rechts daneben Vorspelze und Deckspelze), V = Vorspelze, D = Deckspelze, H = Hüllspelze, G = Granne; **5** siebenblütiges Ährchen (*Briza media*); **6** Traube (*Laburnum anagyroides*); **7** Scheindolde (*Allium cepa*); **8** zusammengesetzte Dolde (*Aegopodium podagraria*), Dö = Döldchen; **9–11** Köpfchen der Asteraceae: **9** nur Zungenblüten (*Pilosella aurantiaca*); **10** mit Zungenblüten (außen, weiß) und Röhrenblüten (innen, gelb) (*Bellis perennis*; oben Aufsicht, unten Längsschnitt); **11** nur Röhrenblüten (*Tanacetum vulgare;* oben Aufsicht, unten Längsschnitt).

Tafel 25 – Infloreszenzen 2
1–5 Zusammengesetzt-razemöse Infloreszenzen: **1** Rispe (*Ligustrum vulgare*); **2** zusammengesetzte Ähre (*Lolium multiflorum*); **3** Doppeltraube (*Bunias orientalis*); **4** Spirre (*Luzula sylvestris*); **5** Schirmrispe/Corymbus (*Sorbus aucuparia*); **6–8** zymöse Infloreszenzen: **6** Thyrsus (*Centranthus ruber*; oben Teilinfloreszenz); **7** Wickel (*Phacelia tanacetifolia*); **8** Dichasium (*Silene vulgaris*).

Tafel 26 – Ausgewählte Kätzchenblütler
1 *Fagus sylvatica* (♂ Blüten in kugeligen hängenden Kätzchen, ♀ Blüten zu zweien in gemeinsamer Hülle; mit den Blättern erscheinend); **2** *Corylus avellana* (♂ Blüten in hängenden länglichen Kätzchen, die schon im Spätsommer des Vorjahres erscheinen; ♀ Blüten zu mehreren, bleiben in Knospe eingeschlossen); **3** *Juglans regia* (♂ Blüten in länglichen Kätzchen am vorjährigen Holz, ♀ Blüten zu 2–3 am Ende diesjähriger Triebe); **4** *Betula pendula* (♂ und ♀ Blüten in Kätzchen, ♂ Kätzchen an vorjährigen Zweigen, zuletzt hängend, ♀ Kätzchen aufrecht od. abstehend an diesjährigen Trieben); **5** *Salix alba* (♂ und ♀ Blüten in Kätzchen, die mit oder kurz nach dem Laubaustrieb erscheinen; links Einzelbüten).

Tafel 27 – Öffnungsfrüchte
1–2 Balgfrüchte: **1** *Delphinium elatum*; **2** *Caltha palustris*; **3** Hülse (*Lathyrus latifolius*); **4–10** Kapseln: **4** loculizide Kapsel, Samen mit Arillus (*Euonymus europaeus*); **5** loculizide Kapsel (*Iris sibirica*); **6** septizide Kapsel (*Digitalis purpurea*); **7** Zähnchenkapsel (*Silene dioica*); **8–9** Porenkapseln: **8** *Papaver rhoeas*; **9** *Campanula persicifolia*; **10** Deckelkapsel (*Anagallis arvensis*); **11** Schote (*Brassica napus*); **12–13** Schötchen: **12** *Alyssum montanum*; **13** *Capsella bursa-pastoris*.

Tafel 28 – Schließfrüchte: Achänen und Spaltfrüchte
1–4 Achänen verschiedener Asteraceae; P = Pappus: **1** ohne Pappus (*Helianthus annuus*); **2** mit Pappus (*Cirsium* sp.); **3** *Taraxacum officinale* agg. (geschnäbelte Achäne mit Pappus); **4** *Arctium lappa* (Achäne mit abbrechendem Pappus); **5–10** Spaltfrüchte (Doppelachänen) verschiedener Apiaceae; D = Diskus (Nektarium, Stylopodium); Gr = Griffel; Ka = Karpophor; K = Kelch; Kr = Krone; S = Schnabel; **5** *Aegopodium podagraria*, links unreif, rechts reif; **6** *Coriandrum sativum*, links oben ganze Frucht, unten Querschnitt, rechts Längsschnitt; **7** *Astrantia major*, links ♀ Blüte, rechts Frucht; **8** *Anthriscus sylvestris*; **9** *Myrrhis odorata*, links unreif, Mitte Querschnitt, rechts reif; **10** *Scandix pecten-veneris*, oben von der Seite gesehen, links Längsschnitt, unten Querschnitt.

Tafel 29 – Schließfrüchte
1–3 Beeren: **1** *Ribes uva-crispa* (unterständige Beere; links Seitenansicht; rechts oben Querschnitt, unten Längsschnitt); **2** *Vaccinium myrtillus* (unterständige Beere; Ansicht schräg von oben; oben Querschnitt, unten Längsschnitt); **3** *Solanum lycopersicum* (oberständige Beere; unten Querschnitt); **4–5** Steinfrüchte: **4** *Prunus avium* (links längs angeschnitten, rechts aufgebrochener Steinkern mit Same); **5** *Cornus mas* (rechts Seitenansicht, Mitte Längsschnitt, rechts Querschnitt mit 2 jungen Samen); **6–7** Nussfrüchte: **6** *Juglans regia* (Nuss mit grünlicher Faserhülle); **7** *Quercus robur* (Nuss mit napfförmigen, außen geschupptem Fruchtbecher); **8** *Clematis vitalba* (Nüsschen mit bleibendem, sich verlängerndem, federig behaartem Griffel); **9** Karyopse (*Triticum aestivum;* rechts längs aufgebrochen); **10** Spaltfrucht (*Acer platanoides;* zerfällt in 2 einsamige, einseitig geflügelte Teilfrüchte); **11** Klausenfrucht (*Borago officinalis;* rechts Aufsicht auf den 2-blättrigen Fruchtknoten, der durch eine falsche Scheidewand in 4 Fächer geteilt ist, zwischen denen der Griffel steht, und bei Reife in 4 einsamige Teilfrüchte = Klausen zerfällt; links 2 reife Teilfrüchte).

Tafel 30 – Sammelfrüchte, Fruchtverbände, Ausbreitungsmechanismen
1–3 Sammelfrüchte: **1–2** Sammelnussfrucht: **1** *Fragaria vesca* (Nüsschen auf fleischigem Fruchtboden); **2** *Rosa pendulina* (Hagebutte; Nüsschen in fleischigem Fruchtbecher); **3** Sammelsteinfrucht (*Rubus idaeus*); **4–5** Fruchtverbände: **4** *Morus alba* (Perigonblätter fleischig; links Einzelfrucht, rechts Fruchtverband); **5** *Ficus carica* (unreif; Blüten und Früchte in urnenförmigem Blütenstand eingeschlossen); **6–10** Ausbreitungsmechanismen: **6** *Impatiens parviflora* (bei Berührung aufspringende Saftkapsel); **7** *Agrimonia eupatoria* (Frucht

mit Widerhaken: Klettausbreitung); **8** *Ulmus glabra* (breit geflügelte Nuss: Windausbreitung); **9** *Viscum album* (schleimig-klebrige beerenartige Steinfrucht: Verdauungsausbreitung (Misteldrossel), Mundwanderer (Kleinvögel), Klebausbreitung, da Vögel die klebrige Masse an Zweigen abstreifen); **10** *Geranium molle* (Katapultkapsel, Frucht bei Austrocknung mit blattfederartigem Griffel aufspringend, links geschlossen mit einer abgelösten Teilfrucht, rechts geöffnet).

Tafel 31 – Ausgewählte Gymnospermen

1 *Pinus* sp.: **a** 2-nadeliger Kurztrieb, **b** Spross mit jungen ♂ Blüten (Pollenzapfen), **c** ♂ Blüte längs, **d** Staubblatt, **e** junger ♀ Zapfen (Samenzapfen), **f** junger ♀ Zapfen längs, **g** Samenschuppe, Oberseite, **h** Samenschuppe, Unterseite, **i** reifer Zapfen, **j** Samenschuppe mit 2 Samen, **k** geflügelter Same; **2** *Picea abies*: **a** Nadeloberseite, daneben Nadelunterseite, **b** ♂ Blüte längs, **c** Staubblätter, **d** reifer Zapfen, **e** desgl., obere Hälfte entfernt, Blick auf Bruchfläche, **f** Samenschuppe, Unterseite, **g** Samenschuppe, Oberseite; **3** *Taxus baccata*: **a** Nadel, Ober- und Unterseite, **b** junge ♂ Blüte, **c** offene ♂ Blüte, **d** geöffnete Pollensäcke, **e** 2 Samenanlagen, **f** reifer Same mit fleischigem Samenmantel (Arillus), **g** Same, Längsschnitt.

Tafel 32 – Poaceae, Cyperaceae, Juncaceae

1 *Zea mays* (Süßgras mit getrennten ♂ und ♀ Infloreszenzen; oben endständige ♂ Infloreszenz, unten links seitenständige ♀ Infloreszenz; unten rechts Fruchtstand); **2** *Dactylis glomerata* (rispige Teilinfloreszenz mit gehäuften Ährchen, schwach einseitswendig); **3** *Anisantha sterilis* (rispige Teilinfloreszenz mit lang gestielten Ährchen); **4** *Juncus effusus* (links Fruchtstand, rechts Habitus); **5** *Carex hirta* (oben ♂, unten ♀ Infloreszenzen); **6–8** Sprossachsen: **6** *Dactylis glomerata* (Halm mit Knoten); **7** *Juncus effusus* (Sprossachse mit Durchlüftungsgewebe, links Querschnitt, rechts Längsschnitt; knotenlos); **8** *Carex pendula* (3-kantige markige Sprossachse, Querschnitt; Nodien nicht knotig verdickt); **9–11** Blattmerkmale: **9** *Poa annua* (Blattscheide offen; die meisten Poaceae haben offene Blattscheiden; Lig = Ligula, Spr = Blattspreite); **10** *Carex pendula* (Blattscheide verwachsen); **11** *Poa annua* (2-zeilige Blattstellung; bei Cyperaceae 3-zeilig); **12** *Juncus effusus* (Kapselfrucht); **13** *Carex pendula* (1-samige Nussfrucht, oben noch in Utriculus eingeschlossen, Mitte links Querschnitt, rechts Längsschnitt, unten reife Früchte). **Poaceae:** 1–3, 6, 9, 11; **Cyperaceae:** 5, 8, 10, 13; **Juncaceae:** 4, 7, 12.

Tafel 1

Tafel 2

Tafel 3

1
l
Kn
l
Kn
2
l
Kn
3
4
A
Spross-
spitze
6
Rhizom
Wurzeln
5
9
10
11
7
8
12
13

Tafel 4

Tafel 5

Tafel 6

Tafel 7

Tafel 8

Tafel 9

Tafel 10

Tafel 11

Tafel 12

Tafel 13

Tafel 14

Tafel 15

Tafel 16

Tafel 17

Tafel 18

Tafel 19

Tafel 20

Tafel 21

Tafel 22

Tafel 23

Tafel 24

Tafel 25

Tafel 26

Tafel 27

Tafel 28

Tafel 29

Tafel 30

Tafel 31

Tafel 32

Karte der wichtigsten Landschaften, Flüsse, Höhenzüge und Gebirge

Hüllsp.	Hüllspelze
in Ausbr.	in Ausbreitung befindlich, sich ausbreitend
in Einbürg.	in Einbürgerung befindlich
i. e. S.	im engeren Sinn
Infl.	Infloreszenz, Blütenstand
inn.	innere/-r/-s
innerh.	innerhalb
insges.	insgesamt
i. w. S.	im weiteren Sinn
…j., -j.	…jährig, -jährig (z. B. diesj. = diesjährig, 2-j. = 2-jährig)
kult.	kultiviert
…l.	…lich (z. B. längl. = länglich, grünl. = grünlich, nördl. = nördlich)
…lfd.	…laufend/-r/-s (z. B. herablfd. = herablaufend)
lg.	lang, lange/-r/-s
…lgd.	liegend, liegende/-r/-s (z. B. niederlgd. = niederliegend)
Lig.	Ligula
M	Mittel- (z. B. M-Eur., M-D, aber nicht M-Geb.)
m.	mit
max.	maximal
mind.	mindestens
Mittelgeb.	Mittelgebirge
mittl.	mittlere/-r/-s
morphol.	morphologisch
N	Norden, Nord-
Ne.	Neophyt
neophyt.	neophytisch
nied.	niedere/-r/-s
O	Osten, Ost-
ob.	obere/-r/-s
oberh.	oberhalb
oberird.	oberirdisch
oberw.	oberwärts
od.	oder
Ordn.	Ordnung
Pfl.	Pflanze/-n
phylogenet.	phylogentisch/-e
p. p.	pro parte (zum Teil)
prismat.	prismatisch
quadrat.	quadratisch
regelm.	regelmäßig
Reifezt.	Reifezeit
rhomb.	rhombisch/-e/-er
S	Süden, Süd-
s.	siehe
seitw.	seitwärts
senkr.	senkrecht
s. l.	sensu lato, im weiteren Sinn
Skl.	Sklerenchym
spitzenw.	spitzenwärts
Spr.	Spreite
s. str.	sensu stricto, im engeren Sinn
…st.	…ständig (z. B. unterst. = unterständig, wechsest. = wechselständig)
stellenw.	stellenweise
Stg.	Stängel
…stgd.	…steigend/-e/-er/-es (z. B. aufstgd. = aufsteigend)
sthd.	stehend, stehende/-r/-s (z. B. absthd. = abstehend)
StO	Standort/e
subalp.	subalpin
subsp.	subspecies, Unterart
subtrop.	subtropisch
symmetr.	symmetrisch
Synfl.	Synfloreszenz
systemat.	systematisch
taxonom.	taxonomisch
teilw.	teilweise
trop.	tropisch
u.	und
überwgd.	überwiegend
unbest.	unbeständig
unregelm.	unregelmäßig
unt.	untere/-r/-s/
unterh.	unterhalb
unterird.	unterirdisch
v. a.	vor allem
var.	varietas, Varietät
verbr.	verbreitet, verbreitete/-r/-s
Verbr.	Verbreitung/-s (z. B. Verbr.Gebiet = Verbreitungsgebiet)
verläng.	verlängert
verwild.	verwildert, verwilderte/-r/s
vgl.	vergleiche
vollst.	vollständig
Voralp.	Voralpen
vord.	vordere/-r/-s
Vorsp.	Vorspelze
vorwgd.	vorwiegend
vs.	versus
W	Westen, West-
waagr.	waagrecht
Z	Zentral- (z. B. Z-Alp. = Zentralalp. , Z-As. = Zentralasien)
zahlr.	zahlreich/-e/-en
z. T.	zum Teil
z. Bltzt.	zur Blütezeit
z. Frzt.	zur Fruchtzeit
z. Reifezt.	zur Reifezeit
zumind.	zumindest
zus.	zusammen (z. B. zus.gesetzt = zusammengesetzt, zus.neigend = zusammenneigend)
zuw.	zuweilen
zw.	zwischen
zylindr.	zylindrisch

3. Häufigkeitsangaben

v	verbreitet
z	zerstreut
s	selten
f	fehlend

4. Geographische Abkürzungen

Länder s. S. 4

Landschaften, Höhenzüge, Gebirge s. Karte auf dem hinteren Vorsatz